「むつ小川原開発・核燃料サイクル施設問題」研究資料集

舩橋晴俊・金山行孝・茅野恒秀 編著

東信堂

まえがき

本書は、青森県を中心に過去四十年余にわたって進展してきた「むつ小川原開発」と「核燃料サイクル施設建設」にかかわる基礎資料を集成し、この問題の歴史的経過を解明するとともに、この問題経過からどのような政策的課題と社会科学的論点とが提起されているかを明らかにし、この問題について、今後、広くなされるべき政策的検討や学術的検討に貢献するための客観的情報と分析の視点を体系的に提供することを目的とする。

青森県下北半島の市町村には、日本はもとより、全世界的にも他に見られない形で、原子力関連諸施設の集中と立地が進展してきた。すなわち、六ヶ所村には、核燃料サイクル政策の柱となる再処理工場、ウラン濃縮工場、低レベル放射性廃棄物処分場、高レベル放射性廃棄物貯蔵施設、廃炉廃棄物処分場、ＭＯＸ燃料加工工場が、むつ市には、原子力船「むつ」と使用済み核燃料中間貯蔵施設が、東通村には、東北電力と東京電力による東通原発が、大間町には大間原発が、これまでに計画され、立地・建設・操業が推進されてきた。

下北半島の中でも、もっとも原子力諸施設が集中しているのは、六ヶ所村であるが、六ヶ所村への原子力施設の集中の背景には、1970年代に巨大工業基地を誘致によって立地しようとした「むつ小川原開発」の挫折という歴史的経過がある。当初構想された石油精製・石油化学を柱とするむつ小川原開発が完全に空振りに終わったことが明らかになってから、1984年より核燃料サイクル施設建設構想が浮上し、その後、今日に至るまで、その立地が推進されてきた。

このような、むつ小川原開発と核燃料サイクル施設の建設の歴史的過程と現在の姿は、地域開発、エネルギー政策、環境政策、政策決定のあり方、自治体のあり方、民主主義と住民運動など、さまざまな問題文脈において、考察されるべき重要な意義を有する。とりわけ、2011年3月11日の東日本大震災の勃発とその中での福島原発震災の発生は、日本の地域開発政策と原子力政策についての根本的な検証と見直しとを要請している。この状況のなかで、むつ小川原開発と核燃料サイクル施設の歴史と現在の姿をトータルに把握し、再検討し、その教訓をくみ取ることの必要性は、一段と高まっている。

本書はこのような課題に応えるための学術書として､論文篇（総説）と資料篇（第Ⅰ部〜第Ⅴ部）とから構成されている。総説では、「むつ小川原開発・核燃料サイクル施設」問題をめぐる歴史的な経過の概観を描くとともに、この問題を解明するための複数の社会学的視点を提示する。資料は五部構成とし、編者三人の研究室が四十年余にわたって幅広く収集した資料のうち、重要な基本資料を選択し、オリジナルのまま収録している。このような構成をとることによって、本書は、編者としてのこの問題の把握と解明を提示するとともに、さまざまな人々がそれぞれの問題関心と視点とに立脚しつつ、この問題を検討し教訓をくみ取ろうとする時に、事実把握の共通基盤となるような客観的な情報を提供することを目指すものである。

2012年7月1日

船橋晴俊
金山行孝
茅野恒秀

目次／「むつ小川原開発・核燃料サイクル施設問題」研究資料集

I-1-1-8	(19730712)	衆議院	71-衆議院建設委員会公聴会議事録	85
I-1-1-9	(19760903)	環境庁	むつ小川原総合開発計画第2次基本計画に係る環境影響評価実施についての指針	90
I-1-1-10	(19770826)	環境庁	「むつ小川原開発第2次基本計画に係る環境影響評価報告書」に対する環境庁意見	92
I-1-1-11	(19770829)	むつ小川原総合開発会議	むつ小川原開発について	92
I-1-1-12	(19770830)	閣議口頭了解	むつ小川原開発について	94
I-1-1-13	(197903—)	石油公団	石油国家備蓄事業に関するフィージビリティスタディについて	95

■第2節　青森県資料 …………………………………………………………………………… 96

I-1-2-1	(196903—)	(財)日本工業立地センター	むつ湾小川原湖大規模工業開発調査報告書	96
I-1-2-2	(197004—)	青森県	陸奥湾小川原湖地域の開発	110
I-1-2-3	(19710211)	陸奥湾小川原湖開発促進協議会	むつ小川原総合開発案と協議会会則及役員	114
I-1-2-4	(19710331)	青森県むつ小川原開発公社	財団法人青森県むつ小川原開発公社の概要	121
I-1-2-5	(197107—)	青森県むつ小川原開発室	むつ小川原地域開発構想の概要	122
I-1-2-6	(197108—)	青森県	青森県新長期計画	131
I-1-2-7	(19710814)	青森県	むつ小川原開発推進についての考え方	134
I-1-2-8	(19710831)	青森県	青森県むつ小川原開発審議会議事録	142
I-1-2-9	(197108—)	青森県	住民対策大綱についての主な意見およびそれについての回答要旨	152
I-1-2-10	(19720101)	青森県	むつ小川原開発住民対策大綱	163
I-1-2-11	(19720213)	(財) 青森県むつ小川原開発公社	土地代金と補償金の支払いかた——補償と代替地のあらまし	170
I-1-2-12	(19720608)	青森県	土地のあっ旋基準	171
I-1-2-13	(19720926)	むつ小川原開発株式会社	むつ小川原開発に係る住民対策事業の実施に関する協定書	174
I-1-2-14	(197211—)	青森県	むつ小川原開発第1次基本計画	176
I-1-2-15	(19730222)	青森県知事	「むつ小川原開発に関する公開質問状」に対する回答	185
I-1-2-16	(19750710)	(財)青森県むつ小川原開発公社	公社の概況	187
I-1-2-17	(19751220)	青森県	むつ小川原開発第2次基本計画について	188
I-1-2-18	(19751220)	青森県	むつ小川原開発第2次基本計画	190
I-1-2-19	(197609—)	青森県むつ小川原開発公社	新市街地A住区個人住宅用宅地第二次分譲のご案内	211
I-1-2-20	(197708—)	青森県	むつ小川原開発第2次基本計画に係る環境影響評価報告書	213
I-1-2-21	(1979——)	青森県	石油貯蔵施設立地対策等交付金制度	223

■第3節　六ヶ所村資料……226

I-1-3-1	(19710808)	むつ小川原開発六ヶ所村対策協議会	むつ小川原開発六ヶ所村対策協議会規約	226
I-1-3-2	(19710920)	六ケ所村長寺下力三郎	開発についての私の考え	229
I-1-3-3	(19721221)	六ヶ所村議会議長古川伊勢松	むつ小川原開発の推進に関する意見書	232
I-1-3-4	(19721221)	六ヶ所村議会議長古川伊勢松	むつ小川原開発住民対策要望書	233
I-1-3-5	(19730109)	六ヶ所村議橋本勝四郎	村民に訴える！！	234
I-1-3-6	(19730508)	六ケ所村長寺下力三郎	村民の皆さんに訴える	235
I-1-3-7	(19740926)	六ヶ所村	村勢発展の基本構想	236

第2章　企業財界資料……247

I-2-1	(196809—)	東北経済連合会	東北地方における大規模開発プロジェクト	248
I-2-2	(196903—)	東北経済連合会	東北開発の基本構想	249
I-2-3	(197102—)	平井寛一郎	むつ小川原開発をめぐって	255
I-2-4	(19710325)	むつ小川原開発株式会社	むつ小川原開発株式会社の概要	259
I-2-5	(19711027)	株式会社むつ小川原総合開発センター	株式会社むつ小川原総合開発センターの概要	261
I-2-6	(19780605)	経済団体連合会	むつ小川原開発に関する要望	261
I-2-7	(197911—)	むつ小川原開発（株）社長阿部陽一	むつ小川原開発の現況	262
I-2-8	(199399—)	三井建設杜長　鬼沢正	六ケ所村回想	265

第3章　住民資料……267

I-3-1	(19710329)	むつ小川原開発農業委員会対策協議会	むつ小川原開発に対する要望書	268
I-3-2	(19710929)	むつ小川原開発反対同盟平沼緑青会	むつ小川原湖巨大工業開発反対趣意書	269
I-3-3	(19711012)	青森県教職員組合上北支部六ケ所地区教組	むつ・小川原巨大開発反対決議文	270
I-3-4	(19711015)	六ヶ所村むつ小川原開発反対同盟	六ヶ所村むつ小川原開発反対同盟規約	270
I-3-5	(19711104)	むつ湾小川原湖開発農委対策協議会	むつ小川原開発推進についてのアピール	271
I-3-6	(19720618)	むつ小川原開発六ヶ所村反対同盟	”ウソ”で固めた開発　—だまされまいぞ	272
I-3-7	(19720630)	六ヶ所村むつ小川原開発反対同盟	抗議文	274
I-3-8	(19720819)	木村キソ（むつ小川原反対同盟副会長）	むつ小川原開発反対運動と私たち	275
I-3-9	(19720906)	むつ小川原開発反対期成同盟会	訴え状	279
I-3-10	(19720917)	六ヶ所村むつ小川原開発反対村民総決起集会	六ヶ所村むつ小川原開発反対村民総決起集会決議文	279

Ⅰ-3-11	(197210－)	六ヶ所村むつ小川原開発反対同盟	むつ小川原開発に関する公開質問状	281
Ⅰ-3-12	(19721221)	六ヶ所村農工調和対策協議会	農工調和によるむつ小川原開発推進に関する要望書	283
Ⅰ-3-13	(197301－)	六ヶ所村むつ小川原開発反対同盟	「むつ小川原開発に関する意見書」ならびに「要望書」に対する公開質問状	284
Ⅰ-3-14	(19730203)	泊漁業協同組合	質問状	287
Ⅰ-3-15	(19730211)	石井勉（六ヶ所村泊中）	開発・住民運動と教師	288
Ⅰ-3-16	(19730406)	橋本ソヨ（六ヶ所村泊・主婦）	住民の学習運動と教師・科学者	296
Ⅰ-3-17	(19791026)	六ヶ所村弥栄平閉村記念誌刊行委員会	むつ小川原開発計画と弥栄平	302

第4章　論文等……306

Ⅰ-4-1	(197012－)	河相一成	むつ湾・小川原湖の工業開発計画と農業・農民	307
Ⅰ-4-2	(197106－)	吉永芳史	むつ小川原開発の将来性と問題点	312

第5章　裁判関係資料……319

Ⅰ-5-1	(19791023)	米内山義一郎	訴状	320
Ⅰ-5-2	(19810324)	米内山義一郎	昭和54年（行ウ）第10号損害賠償代位請求事件準備書面	321
Ⅰ-5-3	(198504－)	清水誠	米内山訴訟の意義－「巨大開発」の欺瞞との戦い－	323
Ⅰ-5-4	(19850910)	青森地方裁判所	昭和54年（行ウ）第10号、昭和55年（行ウ）第4号損害賠償代位請求事件判決	327

第Ⅱ部　核燃料サイクル施設問題前期（1984-1995）　333

第Ⅱ部　解題……茅野恒秀　335

第１章　行政資料（政府・県・六ヶ所村）……353

■第１節　政府資料……356

Ⅱ-1-1-1	(19850302)	科学技術庁長官竹内黎一ほか	原子燃料サイクル事業に係る国の対応措置について（回答）	356
Ⅱ-1-1-2	(19850424)	むつ小川原総合開発会議	むつ小川原開発について	356
Ⅱ-1-1-3	(19850426)	閣議口頭了解	むつ小川原開発について	357
Ⅱ-1-1-4	(199103－)	財団法人日本原子力文化振興財団	産業構造転換への契機となりうる核燃料サイクル	357
Ⅱ-1-1-5	(19911219)	原子力安全委員会	「日本原燃サービス株式会社六ヶ所事業所における廃棄物管理の事業及び再処理の事業に係る公開ヒアリング」における意見等の取扱いについて	361

Ⅱ-1-1-6	(19920306)	核燃料安全専門審査会	日本原燃サービス株式会社六ヶ所事業所における廃棄物管理の事業の許可について	362
Ⅱ-1-1-7	(19920326)	原子力安全委員会	日本原燃サービス株式会社六ヶ所事業所における廃棄物管理の事業の許可について（答申）	363
Ⅱ-1-1-8	(19920326)	原子力安全委員会	海外再処理に伴う返還廃棄物(ガラス固化体)の輸入に関連して所管行政庁から報告を受けるべき事項について	364

■第２節　青森県資料 ……… 365

Ⅱ-1-2-1	(198411－)	青森県	原子燃料サイクル事業の安全性に関する報告書	365
Ⅱ-1-2-2	(19850225)	青森県知事北村正哉	原子燃料サイクル事業に係る国の対応措置について（照会）	369
Ⅱ-1-2-3	(19850409)	青森県議会	青森県議会全員協議会議事録（昭和60年4月9日）	370
Ⅱ-1-2-4	(19850418)	青森県知事北村正哉	原子燃料サイクル事業に係る対応措置について	411
Ⅱ-1-2-5	(19850527)	青森県議会	青森県議会第74回臨時会会議録（昭和60年5月27日）	412
Ⅱ-1-2-6	(19880930)	青森県議会	青森県議会第175回定例会会議録（昭和63年9月30日）	420
Ⅱ-1-2-7	(198903－)	青森県	原子燃料サイクル施設の疑問に答えて	428
Ⅱ-1-2-8	(198903－)	青森県	原子燃料サイクル施設に係る環境放射線等モニタリング構想、基本計画及び実施要領	436
Ⅱ-1-2-9	(198904－)	財団法人むつ小川原地域・産業振興財団	財団の事業案内	439
Ⅱ-1-2-10	(19890810)	青森県	原子燃料サイクル施設環境放射線等監視評価会議要綱	440
Ⅱ-1-2-11	(198912－)	青森県	風評被害処理要綱	442
Ⅱ-1-2-12	(199003－)	青森県	「フォーラム・イン・青森」で多く出された質問にお答えします	443
Ⅱ-1-2-13	(198911－)	青森県	公開質問状に対する回答メモ	448
Ⅱ-1-2-14	(19910610)	青森県	核燃料サイクル施設に対する法定外普通税（核燃料物質等取扱税）の新設について	470
Ⅱ-1-2-15	(199112－)	青森県	むつ小川原開発の最近の情勢	471

■第３節　六ヶ所村資料 ……… 475

Ⅱ-1-3-1	(19850105)	原子燃料サイクル施設対策協議会	原子燃料サイクル施設立地協力要講に対する意見について	475
Ⅱ-1-3-2	(19850127)	六ヶ所村長古川伊勢松	「原子燃料サイクル事業について」への回答	477
Ⅱ-1-3-3	(19850418)	六ヶ所村長古川伊勢松	原子燃料サイクル事業の立地協力要請について	478
Ⅱ-1-3-4	(19891226)	六ヶ所村議会	平成元年第４回六ヶ所村議会定例会会議録	478

Ⅱ-1-3-5	(19901223)	六ヶ所村議会	平成２年第９回六ヶ所村議会会議録	510
Ⅱ-1-3-6	(19910412)	六ヶ所村長土田浩	村長の政治姿勢とウラン濃縮工場の安全協定に関する公開質問状に対する回答書	519

■第４節　政党等資料 …… 521

Ⅱ-1-4-1	(19841024)	日本社会党書記長田辺誠	核燃料サイクル基地について	521
Ⅱ-1-4-2	(19850425)	日本社会党中央執行委員長石橋政嗣	申入書	522
Ⅱ-1-4-3	(19890925)	日本共産党青森県委員会委員長小浜秀雄	日本社会党青森県本部への申し入れ書	522
Ⅱ-1-4-4	(19891204)	日本共産党青森県委員会	核燃料サイクル施設建設白紙撤回もとめる県民の新たな動向に対する見解と県民共同の運動を実現するための日本共産党の態度	523
Ⅱ-1-4-5	(19891211)	自由民主党青森県連原子燃料サイクル特別委員会	原子燃料サイクル施設立地にかかわる自由民主党青森県支部連合会統一見解について	524

■第５節　協定書等 …… 525

Ⅱ-1-5-1	(19850418)	青森県知事ほか	原子燃料サイクル施設の立地への協力に関する基本協定書	525
Ⅱ-1-5-2	(19890302)	青森県知事ほか	青森県むつ小川原地域の地域振興及び産業振興に関する協定書	526
Ⅱ-1-5-3	(19890331)	青森県知事ほか	風評による被害対策に関する確認書	527
Ⅱ-1-5-4	(19910725)	青森県知事ほか	六ヶ所ウラン濃縮工場周辺地域の安全確保及び環境保全に関する協定書	528
Ⅱ-1-5-5	(19910725)	青森県知事ほか	六ヶ所ウラン濃縮工場周辺地域の安全確保及び環境保全に関する協定の運用に関する細則	532
Ⅱ-1-5-6	(19910910)	三沢市長ほか	六ヶ所ウラン濃縮工場隣接市町村住民の安全確保等に関する協定書	533
Ⅱ-1-5-7	(19920921)	青森県知事ほか	六ヶ所村低レベル放射性廃棄物埋設センター周辺地域の安全確保及び環境保全に関する協定書	535
Ⅱ-1-5-8	(19920921)	青森県知事ほか	六ヶ所村低レベル放射性廃棄物埋設センター周辺地域の安全確保及び環境保全に関する協定の運用に関する細則	538
Ⅱ-1-5-9	(19921026)	三沢市長ほか	六ヶ所村低レベル放射性廃棄物埋設センター隣接市町村住民の安全確保等に関する協定書	540

第２章　企業財界資料 …… 543

Ⅱ-2-1	(198407—)	電気事業連合会	六ヶ所村のみなさまへ	544
Ⅱ-2-2	(198407—)	電気事業連合会	再処理施設の概要	546
Ⅱ-2-3	(198407—)	電気事業連合会	ウラン濃縮施設の概要	549
Ⅱ-2-4	(198407—)	電気事業連合会	低レベル放射性廃棄物貯蔵施設の概要	550

Ⅱ-2-5	(19850302)	電気事業連合会会長　小林庄一郎	原子燃料サイクル事業に係わる電気事業連合会のとるべき措置について（回答）	551
Ⅱ-2-6	(198602—)	日本原燃サービス株式会社・日本原燃産業株式会社	泊のみなさまへ	552
Ⅱ-2-7	(19870401)	むつ小川原原燃興産株式会社	会社案内	554
Ⅱ-2-8	(19881031)	日本原燃サービス株式会社代表取締役社長豊田正敏	再処理施設予定地の地質に係わる内部資料問題について	555
Ⅱ-2-9	(19900424)	電気事業連合会	電気事業連合会における青森県への企業誘致活動について	556
Ⅱ-2-10	(19900614)	財団法人電源地域振興センター	財団法人電源地域振興センターの設立について	557
Ⅱ-2-11	(19900725)	青森県原子燃料サイクル推進協議会	サイ進協だより　NO.4	557

第３章　住民資料……559

■第１節　青森県全県レベルの住民資料……561

Ⅱ-3-1-1	(19850112)	「核燃料サイクル施設」問題を考える文化人・科学者の会	「核燃料サイクル施設」は安全か－「青森県専門家会議」報告に対する見解－	561
Ⅱ-3-1-2	(19850220)	「核燃料サイクル施設」問題を考える文化人・科学者の会	「核燃料サイクル施設」についての公開質問状	571
Ⅱ-3-1-3	(19870409)	核燃まいね！意見広告を出す会	意見広告「核燃まいね！」	576
Ⅱ-3-1-4	(198801—)	放射能から子どもを守る母親の会	子どもたちに安心して暮らせる故郷を！	577
Ⅱ-3-1-5	(198905—)	木村義雄（農民政治連盟青森県本部副委員長）	農民の怒りと参院選独自候補	582
Ⅱ-3-1-6	(19890929)	自民党県連・農業四団体	核燃料サイクル施設に関する意見拝聴について	584
Ⅱ-3-1-7	(19891204)	核然料サイクル施設建設阻止農業者実行委員会	北村知事との懇談会の要旨	586
Ⅱ-3-1-8	(19891213)	核燃料阻止農業者実行委員会	自民党統一見解に対する核燃料阻止農業者実行委員会としての見解	595
Ⅱ-3-1-9	(19900303)	核燃料サイクル施設建設阻止農業者実行委員会	「ウラン濃縮機器搬入問題」に関する要請	596
Ⅱ-3-1-10	(19900402)	核燃料サイクル施設建設阻止農業者実行委員会	抗議声明	596
Ⅱ-3-1-11	(19900809)	核燃を考える県民自主ヒアリング開催実行委員会	公開質問状	597
Ⅱ-3-1-12	(199012—)	核燃料サイクル施設建設阻止農業者実行委員会	「原子燃料サイクル施設の立地への協力に関する基本協定」の破棄等を求める要請署名	598
Ⅱ-3-1-13	(19910516)	ウラン濃縮工場操業阻止農漁業者実行委員会	ウラン濃縮工場安全協定の締結に関する抗議文及び質問書	599

Ⅱ-3-1-14	(19910516)	ウラン濃縮工場操業阻止農漁業者実行委員会	ウラン濃縮工場安全協定の締結に関する陳情書	601
Ⅱ-3-1-15	(19910725)	核燃料サイクル施設建設阻止農業者実行委員会	「ウラン濃縮施設に関する安全協定」締結に対する抗議	602
Ⅱ-3-1-16	(19920412)	青森県反核実行委員会ほか	「92政治決戦勝利・反核燃の日青森県集会」集会アピール	602

■第２節　六ヶ所村レベルの住民資料……603

Ⅱ-3-2-1	(19861207)	核燃から子供を守る母親の会	要望書（社会党・土井たか子委員長宛）	603
Ⅱ-3-2-2	(19891021)	核燃サイクルから子供を守る母親の会会長ほか	政策協定書	604
Ⅱ-3-2-3	(19900809)	六ヶ所村住民有志	公開質問に対する回答書に対しての再質問に関する要望書	604
Ⅱ-3-2-4	(19960310)	菊川慶子	うつぎ　第64号	606

■第３節　泊漁業協同組合関連資料……607

Ⅱ-3-3-1	(19850526)	泊漁業協同組合総会動議提案者	核燃料サイクル学習会及び泊漁協副組長以下役員6名サイクル推進陳情更に海象海域調査に係る件	607
Ⅱ-3-3-2	(19851209)	泊漁業協同組合	理事会議事録	607
Ⅱ-3-3-3	(19851224)	泊漁業協同組合	理事会議事録	609
Ⅱ-3-3-4	(19851226)	泊漁業協同組合	理事会議事録	613
Ⅱ-3-3-5	(19851226)	泊漁業協同組合（板垣孝正組合長）	原子燃料サイクル施設立地調査に係る調査の同意について(回答)	614
Ⅱ-3-3-6	(19851226)	泊漁業協同組合（板垣孝正組合長）	原子燃料サイクル施設立地調査に係る同意条件について	614
Ⅱ-3-3-7	(19860110)	泊漁業協同組合	役員会議事録	615
Ⅱ-3-3-8	(19860110)	泊漁業協同組合	昭和60年度臨時総会召集通知	617
Ⅱ-3-3-9	(19860118)	泊漁業協同組合（滝口作兵エ組合長）	原子燃料サイクル施設立地に係る調査実施についてのお願いに対する回答	619
Ⅱ-3-3-10	(19860125)	泊漁業協同組合（滝口作兵エ組合長）	御報告書	619
Ⅱ-3-3-11	(19860303)	泊漁業協同組合（滝口作兵エ組合長）	緊急理事会開催について（通知）	620
Ⅱ-3-3-12	(19860304)	泊漁業協同組合（滝口作兵エ組合長）	会議録	620
Ⅱ-3-3-13	(19860308)	泊漁業協同組合	監事会議事及び議決確認書	621
Ⅱ-3-3-14	(19860310)	泊漁業協同組合組合長滝口作兵エ	総会招集請求顛末書	622
Ⅱ-3-3-15	(19860319)	泊漁業協同組合（滝口作兵エ組合長）	臨時総会議案及び記録	623
Ⅱ-3-3-16	(19860323)	泊漁業協同組合（板垣孝正組合長）	昭和60年度臨時総会議事録	624
Ⅱ-3-3-17	(19860329)	泊漁業協同組合（滝口作兵エ組合長）	組合金庫検査立入請求書	624
Ⅱ-3-3-18	(19860404)	泊漁業協同組合（板垣孝正組合長）	理事会議事録	625

第４章　論文等 ……626

Ⅱ-4-1 (198709－) 日本弁護士連合会公害対策・環境保全委員会 核燃料サイクル施設問題に関する調査研究報告書 627

第５章　裁判関係資料 ……632

Ⅱ-5-1 (198807－) 核燃サイクル阻止1万人訴訟原告団運営委員会 核燃サイクル阻止１万人訴訟原告団結成の呼びかけ 633

Ⅱ-5-2 (20020315) 青森地方裁判所 平成1(行ウ)7 判決（六ヶ所ウラン濃縮工場の核燃料物質加工事業許可処分無効確認・取消請求事件） 634

Ⅱ-5-3 (20060616) 青森地方裁判所 平成3(行ウ)6 判決（六ヶ所低レベル放射性廃棄物貯蔵センター廃棄物埋設事業許可処分取消請求事件） 711

Ⅱ-5-4 (19930917) 核燃サイクル阻止1万人訴訟原告団 訴状（「高レベルガラス固化体貯蔵施設」廃棄物埋設事業許可処分取消請求事件） 746

Ⅱ-5-5 (19931203) 核燃サイクル阻止1万人訴訟原告団 訴状（日本原燃株式会社六ヶ所再処理・廃棄物事業所における再処理事業指定処分取消請求事件） 771

第Ⅲ部　核燃料サイクル施設問題後期（1995-2010） 815

第Ⅲ部　解題 ……茅野恒秀 817

第１章　行政資料（政府・県・六ヶ所村） ……829

■第１節　政府資料 ……831

Ⅲ-1-1-1 (19941119) 科学技術庁長官田中眞紀子 高レベル放射性廃棄物の最終的な処分について 831

Ⅲ-1-1-2 (19950424) 科学技術庁長官田中眞紀子 高レベル放射性廃棄物の最終処分について 831

Ⅲ-1-1-3 (20030805) 原子力委員会 我が国におけるプルトニウム利用の基本的な考え方について 832

Ⅲ-1-1-4 (20040615) 原子力委員会 原子力の研究、開発及び利用に関する長期計画の策定について 833

Ⅲ-1-1-5 (20040924) 原子力委員会新計画策定会議 原子力委員会・新計画策定会議（第８回） 834

Ⅲ-1-1-6 (20041112) 原子力委員会新計画策定会議 核燃料サイクル政策についての中間取りまとめ 842

Ⅲ-1-1-7 (20051011) 原子力委員会 原子力政策大綱 846

Ⅲ-1-1-8 (20080423) 経済産業大臣甘利明 高レベル放射性廃棄物の最終処分について 851

Ⅲ-1-1-9 (20100712) 経済産業大臣直嶋正行 地層処分相当の低レベル放射性廃棄物の最終処分について 851

Ⅲ-1-1-10 (20120509) 内閣府原子力政策担当室 政策選択肢「留保」の意見について（案） 852

■第２節　青森県資料 ……………………………………………………………………853

Ⅲ-1-2-1　(19950314)　青森県議会　青森県議会第二百一回定例会会議録　853
Ⅲ-1-2-2　(199703－)　日本立地センター　むつ小川原開発第2次基本計画フォローアップ調査報告書　855
Ⅲ-1-2-3　(20040407)　青森県議会　青森県議会議員全員協議会記録　865
Ⅲ-1-2-4　(20040512)　青森県　六ヶ所再処理施設総点検に係る説明会議事録　871
Ⅲ-1-2-5　(20040726)　青森県　六ヶ所再処理施設のウラン試験に係る説明会議事録　892
Ⅲ-1-2-6　(20041118)　青森県知事三村申吾　臨時会見／ウラン試験に係る安全協定関係　903
Ⅲ-1-2-7　(20060225)　青森県　六ヶ所再処理施設におけるアクティブ試験等に係る説明会議事録　911
Ⅲ-1-2-8　(20060328)　青森県知事三村申吾　臨時会見／アクティブ試験に係る安全協定締結表明について　919
Ⅲ-1-2-9　(200705－)　青森県　新むつ小川原開発基本計画　934

■第３節　六ヶ所村資料………………………………………………………………………941

Ⅲ-1-3-1　(19941216)　六ヶ所村長土田浩　要望書　原子燃料サイクル事業の推進に伴う諸対策について　941
Ⅲ-1-3-2　(20110905)　六ヶ所村議会　平成23年第5回定例会　六ヶ所村議会会議録　945

■第４節　協定書等 ……………………………………………………………………………947

Ⅲ-1-4-1　(19941226)　青森県知事ほか　六ヶ所高レベル放射性廃棄物貯蔵管理センター周辺地域の安全確保及び環境保全に関する協定書　947
Ⅲ-1-4-2　(19941226)　青森県知事ほか　六ヶ所高レベル放射性廃棄物貯蔵管理センター周辺地域の安全確保及び環境保全に関する協定の運用に関する細則　951
Ⅲ-1-4-3　(19950125)　三沢市長ほか　六ヶ所高レベル放射性廃棄物貯蔵管理センター隣接市町村住民の安全確保等に関する協定書　952
Ⅲ-1-4-4　(19980729)　青森県知事ほか　覚書　954
Ⅲ-1-4-5　(20041122)　青森県知事ほか　六ヶ所再処理工場における使用済燃料の受入れ及び貯蔵並びにウラン試験に伴うウランの取扱いに当たっての周辺地域の安全確保及び環境保全に関する協定書　955
Ⅲ-1-4-6　(20041122)　青森県知事ほか　六ヶ所再処理工場における使用済燃料の受入れ及び貯蔵並びにウラン試験に伴うウランの取扱いに当たっての周辺地域の安全確保及び環境保全に関する協定の運用に関する細則　958
Ⅲ-1-4-7　(20041203)　三沢市長ほか　六ヶ所再処理工場における使用済燃料の受入れ及び貯蔵並びにウラン試験に伴うウランの取扱いに当たっての隣接市町村住民の安全確保等に関する協定書　960

Ⅲ-1-4-8	(20050419)	青森県知事ほか	ＭＯＸ燃料加工施設の立地への協力に関する基本協定書	962
Ⅲ-1-4-9	(20050419)	青森県知事ほか	風評による被害対策に関する確認書の一部を変更する覚書	963
Ⅲ-1-4-10	(20060329)	青森県知事ほか	六ヶ所再処理工場における使用済燃料の受入れ及び貯蔵並びにアクティブ試験に伴う使用済燃料等の取扱いに当たっての周辺地域の安全確保及び環境保全に関する協定書	964
Ⅲ-1-4-11	(20060329)	青森県知事ほか	六ヶ所再処理工場における使用済燃料の受入れ及び貯蔵並びにアクティブ試験に伴う使用済燃料等の取扱いに当たっての周辺地域の安全確保及び環境保全に関する協定の運用に関する細則	967
Ⅲ-1-4-12	(20060331)	三沢市長ほか	六ヶ所再処理工場における使用済燃料の受入れ及び貯蔵並びにアクティブ試験に伴う使用済燃料等の取扱いに当たっての隣接市町村住民の安全確保等に関する協定書	969

第２章　企業財界資料

972

Ⅲ-2-1	(19950424)	電気事業連合会会長安部浩平	高レベル放射性廃棄物の最終処分について	973
Ⅲ-2-2	(19950424)	日本原燃株式会社代表取締役社長野澤清志	高レベル放射性廃棄物の最終処分について	973
Ⅲ-2-3	(200401－)	電気事業連合会	原子燃料サイクルのバックエンド事業コストの見積もりについて	974
Ⅲ-2-4	(20040420)	日本原燃株式会社	再処理施設の総点検結果に関する説明会（六ヶ所会場）の実施結果について	975
Ⅲ-2-5	(20040617)	日本原燃株式会社	再処理工場のウラン試験に関する説明会の実施結果について	993
Ⅲ-2-6	(20060218)	日本原燃株式会社	「再処理工場のウラン試験結果及びアクティブ試験計画等に関する説明会」の開催結果について	1010
Ⅲ-2-7	(201003－)	電気事業連合会・日本原燃株式会社	海外返還廃棄物の受入れについて	1035
Ⅲ-2-8	(201203－)	新むつ小川原開発株式会社	新むつ小川原開発株式会社　会社概要	1037

第３章　住民資料

1038

Ⅲ-3-1	(19940410)	「4・9反核燃の日」六ケ所集会参加者一同	4.9六ヶ所集会における六ヶ所村長への要請書	1039
Ⅲ-3-2	(19950409)	4.9「反核燃の日」共同行動実行委員会	『1995年4.9「反核燃の日」高レベル搬入阻止共同行動』集会アピール	1040
Ⅲ-3-3	(19990415)	高レベル核廃棄物搬入六ヶ所現地抗議集会	高レベル核廃棄物の搬入に抗議する決議	1040
Ⅲ-3-4	(200204－)	止めよう再処理！全国実行委員会	再処理工場の稼働中止を求める署名のお願い	1041
Ⅲ-3-5	(20080412)	第23回「4.9反核燃の日」全国集会参加者一同	第23回「4.9反核燃の日」全国集会アピール	1042

Ⅲ-3-6	(20110603)	原水爆禁止日本国民会議ほか	六ヶ所再処理工場・青森県の原子力施設の運転・建設計画を撤回させ、青森県を放射能汚染から守る申入れ	1042
Ⅲ-3-7	(20110603)	原水爆禁止日本国民会議ほか	六ヶ所再処理工場の本格稼働をやめ、核燃サイクルから撤退する事の申し入れ	1043
Ⅲ-3-8	(20111227)	核燃サイクル阻止１万人訴訟原告団	抗議文	1044

第４章　論文等 …… 1046

Ⅲ-4-1		渡辺満久・中田高・鈴木康弘	原子燃料サイクル施設を載せる六ヶ所断層	1047

第Ⅳ部　他地域：むつ市、東通村、大間町の動向　1051

第Ⅳ部　解題 …… 茅野恒秀　1053

第１章　むつ市中間貯蔵施設問題 …… 1061

Ⅳ-1-1	(20000831)	東奥日報	「使用済み核燃料中間貯蔵施設　むつ市が誘致打診」(東奥日報記事)	1062
Ⅳ-1-2	(20010406)	(社) 原子燃料政策研究会	子供たちが世界へ羽ばたく学校を：杉山粛むつ市長インタビュー	1062
Ⅳ-1-3	(20030403)	東京電力株式会社むつ調査所	「リサイクル燃料備蓄センター」立地可能性調査報告について	1068
Ⅳ-1-4	(200306－)	むつ市役所	使用済燃料中間貯蔵施設に関する専門家会議　会議の経過と報告	1068
Ⅳ-1-5	(20030617)	むつ市議会	むつ市議会第176回定例会委員会　審査報告書	1074
Ⅳ-1-6	(20030626)	むつ市長　杉山粛	使用済燃料中間貯蔵施設に関する誘致表明	1076
Ⅳ-1-7	(200306－)	むつ市民住民投票を実現する会	チラシ　中間貯蔵施設の誘致は住民投票で決めましょう	1078
Ⅳ-1-8	(200306－)	むつ市民住民投票を実現する会	チラシ　受任者は直接請求署名を集める運動の支え手です	1079
Ⅳ-1-9	(20030815)	むつ市民住民投票を実現する会	住民投票ニュース「ふるさとの声」第7号	1080
Ⅳ-1-10	(20030827)	むつ市議会	むつ市条例制定請求書	1081
Ⅳ-1-11	(20030904)	むつ市長　杉山粛	使用済み核燃料中間貯蔵施設の誘致に関するむつ市住民投票条例（議案第54号）	1082
Ⅳ-1-12	(20030911)	むつ市議会	平成15年９月　むつ市議会会議録（第177回定例会）	1084
Ⅳ-1-13	(20040218)	東京電力株式会社	「リサイクル燃料備蓄センター」の立地協力のお願いについて	1121
Ⅳ-1-14	(20040420)	下北の地域文化研究所	むつ市中間貯蔵施設住民投票座談会	1121
Ⅳ-1-15	(20051019)	青森県知事ほか	使用済燃料中間貯蔵施設に関する協定書	1128

青森県全体図

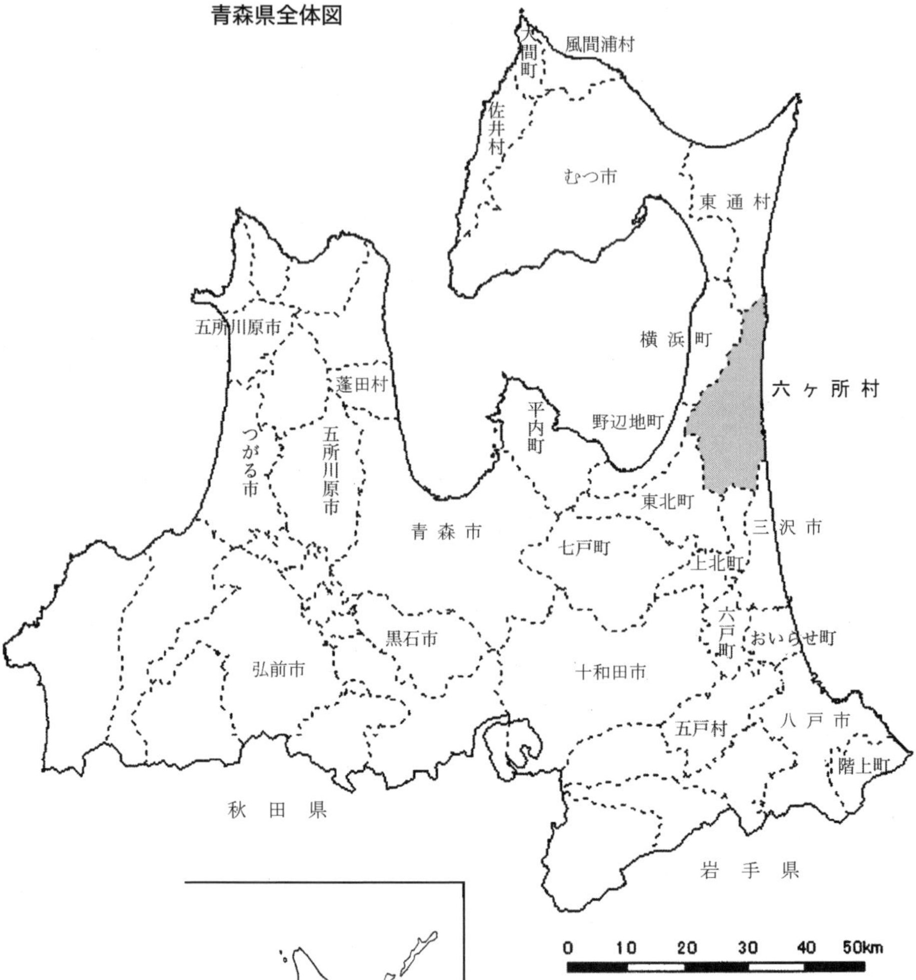
大間町
風間浦村
佐井村
むつ市
東通村
五所川原市
横浜町
蓬田村
六ヶ所村
平内町
野辺地町
つがる市
五所川原市
東北町
青森市
三沢市
七戸町
上北町
六戸町
おいらせ町
黒石市
弘前市
十和田市
五戸村
八戸市
階上町
秋田県
岩手県
0　10　20　30　40　50km

青森県
琉球諸島
小笠原諸島
硫黄列島

六ヶ所村全体図

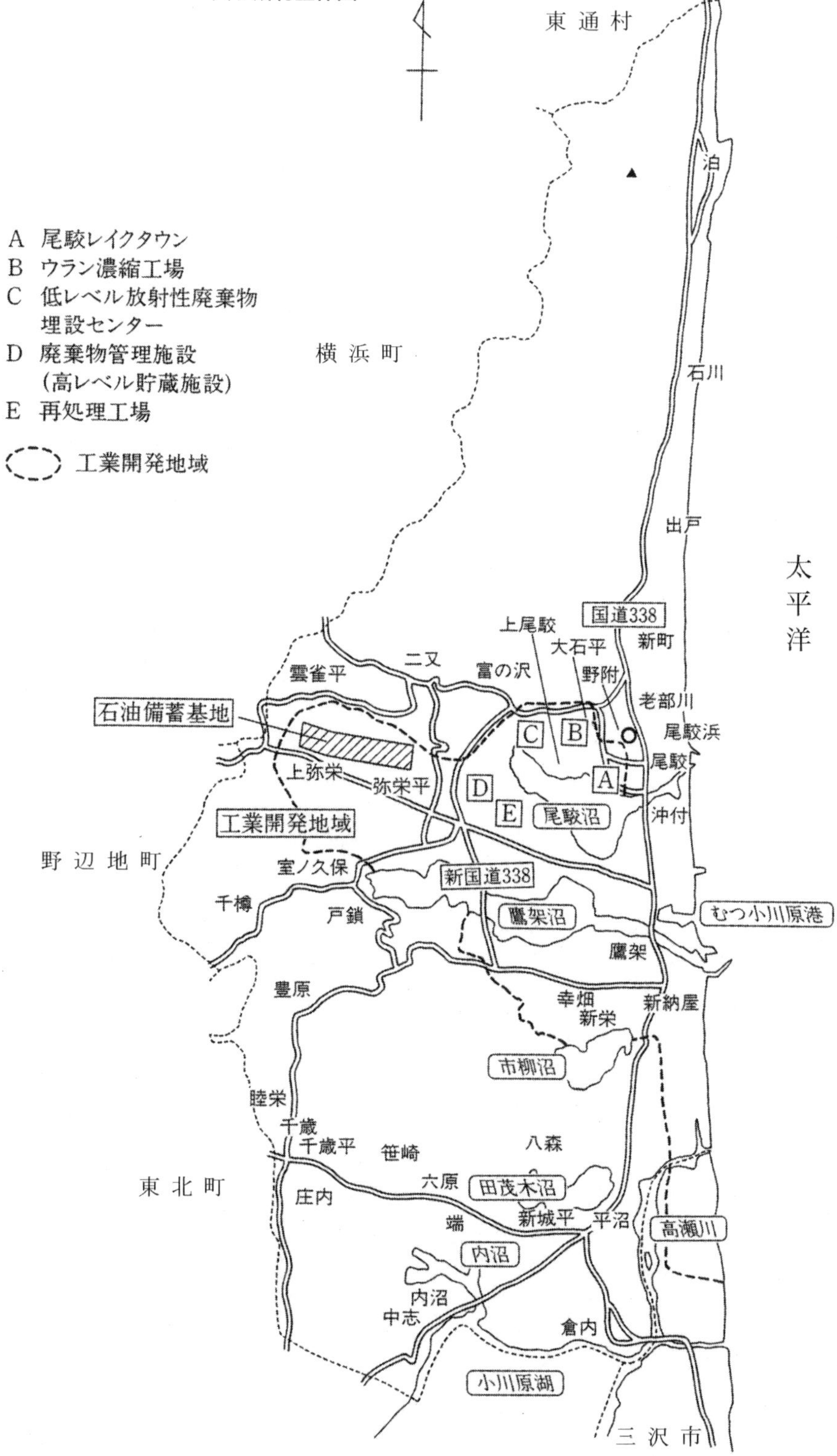

0 5km

出典：船橋・長谷川・飯島編（1998）：vを一部改変

「むつ小川原開発・核燃料サイクル施設問題」
研究資料集

論文篇

総　説

『「むつ小川原開発・核燃料サイクル施設問題」研究資料集』の意義と編集の方針

舩橋晴俊・茅野恒秀

本論では、まず、どのような問題文脈で、むつ小川原開発、核燃料サイクル施設、およびこれらに密接な関係のある原子力諸施設についての社会科学的、および、政策論的検討がなされるべきであるのかを検討したい（第１節）。

次に、むつ小川原開発、六ヶ所村の核燃料サイクル施設、他の市町村の原子力施設の計画と建設の過程が、どのように進展してきたのか、その歴史的経過を４つの節を通して概観してみたい。

新全総の柱としての巨大工業基地の建設をめざした「むつ小川原開発」はどのような内容を持ち、どのような経過と帰結をたどったのであろうか（第２節）。

石油コンビナート基地の誘致として計画されたむつ小川原開発の空振りのあと、1980年代の中頃より1990年代の前半にかけて、どのような諸主体の関与により、核燃料サイクル諸施設の建設が、計画され、実施されてきたのか（第３節）。

1995年の木村青森県知事の就任の年に、海外返還高レベル放射性廃棄物の六ヶ所村への受け入れが決定される。このことを画期として核燃料サイクル施設の性格が、工場というよりも各種の放射性廃棄物の受け入れに変容してきたと言えよう。他方、再処理工場の操業は技術的なトラブルを繰り返し、操業の延期を繰り返している。1995年以降、2011年に至る間に、核燃料サイクル施設をめぐりどのような事態が生じてきたのだろうか（第４節）。

六ヶ所村の近隣のむつ市、東通村、大間町においても、各種の原子力施設の計画と立地が、1970年代以降進展してきた。どのような施設の建設がどのような形で進展してきたのであろうか（第５節）。

以上のような歴史的経過をふまえた上で、社会科学的視点や政策論的視点から見たときに、深く検討するべき、どのような問題群があるのかを、さまざまな視点から整理してみたい。注目すべき問題群の明確化は、資料集の編集の方針を決める際に、考慮するべき条件の一つと考えられるからである（第６節）。

その上で、本資料集の編集方針を明確にしておこう。どのような経過を経て各資料を収集したのか、資料の収録に際してはどのような基準を採用したのか、また、どのような配列の原則を採用したのかについて、説明する（第７節）。

第１節　いかなる問題文脈で、この事例が重要な意義を持つか

『「むつ小川原開発・核燃料サイクル施設問題』研究資料集」の編集・刊行に際しては、本資料集が対象とする「むつ小川原開発」と「青森県を舞台にした原子力政策」が、さまざまな問題文脈において、現代日本社会にとって非常に重要な意義を持っていること、したがって、それらの歴史的

経過と日本社会にとっての意義を解明することが、学問的にも社会的にも重要かつ不可欠であることを確認しておきたい。

編者の見るところ、少なくとも以下の5つの問題文脈において、「むつ小川原開発」と「青森県を舞台にした原子力政策」は、重要な社会的・学問的意義を有するのである。これら５つの文脈において、個々の主体の行う決定や企図の意義、ならびに、その帰結ということを見つめないと、問題構造の全体像は把握しがたい。

（1）地域格差問題

「むつ小川原開発」と「青森県を舞台にした原子力政策」の出発点には地域格差がある。そして、開発の過程と帰結、とりわけ政策選択の岐路においてどのような判断がなされたのかという問題の分析には、地域格差という視点が不可欠である。

地域格差を論ずる場合、何についての格差に注目するべきだろうか。代表的な格差の次元としては、まず、経済力、財政力、政治力、情報集積、福祉サービスといった次元をあげることができる。経済力という次元を、より細かく見れば、各地域の雇用機会や所得や貯蓄などの諸次元を挙げることができる。他の諸次元についても同様の細分が可能である。青森県における地域開発を見る場合、さらに、危険施設・危険物質をめぐる格差に注目しなければならない。環境負財をどの地域が受け入れるのかという点で、都市部と農村部との間には、格差が見いだされる。原子力施設の立地は、経済力や財政力という次元での格差の縮小を目指しながら、実は、「危険の負担」という次元での格差を拡大しているのである。

地域格差を検討する場合、「中心部」と「周辺部」という総括的な理論概念が有効である。ここで、「中心部」とは、人口集積、経済力、政治的・行政的決定権、文化的・情報的集積という点で、他より優位にある地域であり、「周辺部」とは、他より、不利な立場にある地域である。この「中心部」と「周辺部」という言葉は、さまざまな空間的範域で重層的に設定することが可能である。例えば、日本全体で見れば、東京都が中心部にあるのに対して、青森県は周辺部にある。青森県の内部で見れば、青森市が中心部であるのに対して、六ヶ所村は周辺部である。

地域格差をめぐる基本的な問題関心として、次のようなテーマは、絶えず問い返されるべきである。

①地域格差を生み出す要因連関はどのようなものであろうか。地域格差は、どのように生み出され、再生産されるのだろうか。

②格差の諸次元は、どのように相互連関しているのだろうか。

③格差の階層構造の中で、それぞれの位置にいる主体は、それぞれどのような利害状況にあり、どのような行為の戦略をとるであろうか。

④地域格差の縮小の試みとして、どのような方法が、これまで採用されてきたであろうか。それぞれの方法は、どのような効果をあげたのか、あげなかったのか、どのような随伴帰結を伴ったのだろうか。

この最後の問題の検討のためには、同時に、「地域開発」の検討が必要である。

（2）地域開発政策

むつ小川原開発と核燃料サイクル施設の建設過程は、地域格差の解消を志向した地域開発政策という問題文脈からも検証されなければならない。この視点から見ると、むつ小川原開発と核燃料サイクル施設には、どのような問題点が存在するであろうか。

まず注目すべきは、地域開発の諸努力の中でも、「誘致型開発」という性格を有していたことである。

むつ小川原開発は、1969年に閣議決定された新全総の中の柱の一つとして構想されていた。新全総は高度経済成長の時代に立案されたものであり、外挿的な経済成長予測を前提とし、巨大工業基地と高速交通網の建設をその柱としていた。そして、その出発点から、この地域開発と格差問題とは結びついていた。新全総には、数カ所の大規模工業基地計画が提示されたが、もっとも熱心に立地予定県の当局が取り組んだのが、青森県のむつ小川原開発であったと言えよう。青森県は、「格差解消のための工業基地の立地」を誘致型開発によって実現しようとしたのである。他方、中央政府と財界から見れば、大規模工業基地は「格差利用の立地」という性格を持っていた。土地の価格についても、公害を論拠とした反対運動の影響力という点でも、過疎地ほど、開発推進側にとって好条件が備わっていると判断されるのである。ただし、中央政府・財界の開発志向は、「国土開発」という発想に立つのであって、全国を視野に収めた上で、どの地域にどういう機能を持たせるのが、望ましいのかという視点に立つものである。それゆえ、工業基地建設についての中央政府・財界の志向性と、地元青森県の志向性とは、常に予定調和する保証はない。両方の志向性が、一定程度、かみあうかに見えた1971年に、むつ小川原開発は、その具体化が始まった。しかし、1973年のオイル・ショックを契機に、両方の立場は、大きく乖離していく。中央政府・財界から見れば、オイル・ショックの後には、もはや素材供給型の大規模工業基地の立地は、客観的需要の欠如ゆえに不要なものであった。しかし、青森県は開発を積極的に推進しようとし、工業用地の買収を使命とするむつ小川原開発公社は、1973年に、農地の大規模な買収に着手したのである。むつ小川原開発公社の買収した土地は、むつ小川原開発株式会社に引き渡されるが、後者は借入金によるマネータンクともいうべき組織で、買収した土地を、やがて工場建設というかたちで進出してくる企業に売却することで、借入金を返済する予定であった。しかし、1974年以降、土地の買収は進展するものの、何年たっても、進出する企業はあらわれず、むつ小川原開発株式会社の借入金は利子が利子を呼ぶ形で、急速にふくれあがっていった。石油化学コンビナートとして構想されたむつ小川原開発が完全な空振りに終わったことは、第二次基本計画がつくられた1975年頃には、明瞭になった。1980年代のはじめに、石油備蓄基地の立地に伴い、200ヘクタールの土地が販売できたものの、むつ小川原開発株式会社の借入金は、1984年末には、1400億円にも達し、進出しようとする事業があれば、どんなものにでも土地を売ろうという下地ができるにいたった。

1984年に電事連は、核燃料サイクル三施設の立地を申し入れ、青森県と六ヶ所村は、1985年4月にそれを受け入れるに至る。その際、立地される施設は、再処理工場、ウラン濃縮工場、低レベル放射性廃棄物埋設施設であり、工場立地が主体の地域開発というイメージがふりまかれたのである。これら３施設は、順次着工したが、もっとも投資額の巨大な再処理工場は、技術的トラブルを多発させ、竣工の遅延を繰り返し、2013年になっても、本格操業は出来ていない。福島原発震災後、脱原発の世論が高まる中で、核燃料サイクル政策のとりやめが、真剣な政策議題になりつつある。

その結果がどうなるかは不確定であるが、少なくとも、1985年の立地協定より、28年が経過しても、再処理工場は予定通りの建設と操業ができておらず、他方、膨大な低レベル放射性廃棄物と、海外返還高レベル放射性廃棄物は、六ヶ所村に集中する構造がつくられた。その意味では、1985年の立地協定とは異なった姿になっており、核燃料サイクル施設の建設を柱とした地域開発は当初の企図とは大幅に異なる帰結に至ったと言わなければならない。

このような経過をふまえるならば、「地域開発」を焦点にして、以下のような諸問題が問われなければならない。

①新全総の巨大開発はどういう発想に立つものであり、どのような帰結をもたらしたのか。

②核燃料サイクル施設の建設は、地域開発政策という文脈では、開発推進主体によっては、どのような意義づけを与えられ，どのように推進されたのか。

③これらの二段階の政策は、開発による地域格差の解消という企図から見て、どのような結果をもたらしたのだろうか。

④青森県での歴史的経験に照らすと、「誘致型開発」にはどのような問題点があるのか。誘致型開発とは異なる、どのような他の地域開発の方法がありうるのか。

(3) 日本の原子力政策

青森県における核燃料サイクル施設の建設は、日本の原子力政策の一環としてなされているのであるから、原子力政策という文脈で、核燃料サイクル施設の建設の意味を検討する必要がある。その場合、原子力政策には、軍事利用と民生利用の二つの契機があるから、その両面からの検討が必要である。

核燃料サイクル施設のコアの施設として、六ヶ所再処理工場の建設が推進されてきた。核燃料サイクル路線の選択の理由として、顕在的に語られるのは、高速増殖炉の開発・利用によって、電力エネルギーの確保が自立的にできるというものである。しかし、再処理工場と高速増殖炉のセットによって、電力エネルギーを確保しようという政策は、アメリカ、ドイツ、イギリス、フランスという先進工業国も、すでに放棄した選択肢である。

その根拠は、技術的な困難性あるいは不可能性と、経済的な合理性の欠如である。日本においても、実際には、六ヶ所村の再処理工場は、ウラン試験に着手してからトラブルを繰り返し、本格操業がはたして可能かどうかは全く不透明である。また、再処理工場がつくり出すプルトニウムを使用しての高速増殖炉の建設は、1995年の「もんじゅ」のナトリウム漏れの事故以後、まったく停滞したままである。経営的にも、再処理工場に投入された巨額な資金の回収の見込みは全く立っていない。技術的、経営的に見ると、核燃料サイクル路線を維持し、六ヶ所再処理工場の操業を目指すのは、あまりにも合理性を欠いていると言わなければならない。にもかかわらず、その建設が固執される他の理由は何なのであろうか。この問いは、第１に、放射性廃棄物問題への対処という視点、第２に、政策変更コストという視点、第３に、日本の潜在的核武装能力の維持という視点から、検討されるべきである。

六ヶ所村の核燃施設には、再処理工場の使用済み燃料の貯蔵プールが併設されているほか、低レベル放射性廃棄物埋設施設、海外返還高レベル放射性廃棄物貯蔵施設も設置されている。何人かの論者によれば、再処理工場の存在意義は、工場それ自体ではなく、使用済み燃料貯蔵プールにあり、それが、各地の原発の使用済み燃料を受け入れることによって、各地の原発の操業が可能になっていることが重要なのだという。再処理工場は使用済み核燃料に対して、リサイクルされる資源なのだという意味付与を与え、それによって、各地の原発から排出される使用済み燃料を一手に青森県に引き受けさせることを可能にしているのである。

このことと関連するのが、青森県に対する約束の遵守と政策変更コストという問題である。青森県は、核燃料サイクル政策を前提にして「資源」という意味付与が可能なので、使用済み燃料を受け入れているのであって、核燃料サイクル政策の堅持を政府に対して、再三要求し、確約を繰り返し求めてきた。仮に核燃料サイクル政策を放棄することになれば、使用済み燃料は、もはや「資源」ではなく、単なる「放射性廃棄物」である。そうなれば、それらを青森県が受け入れる必然性は無くなる。そして、そのような状況で青森県が使用済み燃料の受け入れを拒否するのであれば、各地の原発はやがて、使用済み核燃料の保管容量の限界に達し、その操業をつづけることができなくなる。このような連関をたどるとすれば、核燃料サイクル政策の放棄は、やがて原子力発電の継続不可能性というコストを払うことになるのである。

以上の２つの理由は、核燃料サイクル政策を変更しない根拠として作用していると考えられるが、さらに、軍事的理由も作用していることが、最近になって公然と語られるようになった。それは、核兵器の潜在的製造能力を保持していることが、核攻撃に対する抑止力となるという論議である（石破，2011）。

核兵器と原発。この両者が、日本においては、いかなる関係にあるのかを再考する必要がある。これまで、日本においては、唯一の被爆国という歴史的経験を背景に、世界的な核兵器の廃絶を求める世論が強く、「非核三原則」が採用され、独自の核武装をせず、原子力は平和利用に限るというのが、公式に表明されてきた政策であった。しかし、原子力の平和利用（民事利用）と軍事利用は無関係なのであろうか。両者の関係が実際にはどのようなものであるのかの解明が必要である。

以上のような視点から見ると、青森県における核燃料サイクル施設の建設をめぐっては、次のような問いが検討されるべきである。

①日本の原子力政策の中で、核燃料サイクル施設の建設方針は、政治的に、どのように位置づけられてきたか。その位置づけは、歴史的にどう変化してきたのか。

②原子力による電力供給という方法の中でも、核燃料サイクルを採用する電力供給という選択は、技術的、経済的、倫理的にみて、どのような問題点を持っているのであろうか。そのような選択は、道理性と合理性の見地から見て、適切な政策であると言えるのか。

③日本が国際的に見ても、特殊な形で、核燃料サイクル路線を選択し、六ヶ所村の再処理工場の操業に執着している理由はなのか。

④潜在的核武装能力の維持という目的のために、原発と核燃料サイクルを推進するという動機は、これまで、どのように論議されてきたのか。そのような動機は、日本の原子力政策と核燃料サイクル政策をどのように規定してきたのか。

⑤各種の放射性廃棄物の処理は、原子力政策の論議の中で、どのように取り扱われてきたのか。な

ぜ六ヶ所村に、日本全国のあらゆる種類の放射性廃棄物が集中するようになったのか。

（4）政策決定過程論

むつ小川原開発と核燃料サイクル施設の建設過程は､いずれも､当初提示された「バラ色のビジョン」を実現するものではなく、それぞれ空振りに終わり、その現時点における帰結は、日本中からの放射性廃棄物の集中であり、危険物質の堆積という点で、地域格差の新しい次元をつくり出してしまっている。なぜ、このような結果が生じてしまうのであろうか。政策決定過程あるいは、社会的意志決定という問題文脈で、この開発にどういう問題点、あるいは、欠陥があったのかを検討する必要がある。政策決定過程は、異なる利害関心や、地域社会の将来像についての異なるビジョンを有する諸主体のせめぎ合いの過程である。そこでは、言論闘争とそれにまつわる情報操作が、本質的な役割を占める。さらには、誇大な宣伝や虚偽の宣伝がなされたり、都合の悪い事実についての隠蔽や秘密主義ということも、頻繁に起こってくる。これらの情報流通のあり方は、メディアの果たす役割がどうであったのか、という問題とも絡んでいる。以上のような視点から見れば、政策決定過程を分析するために、次のような一連の問題群を検討する必要がある。

①青森県における「むつ小川原開発・核燃料サイクル施設」をめぐる政策決定過程は、どのような特徴を持っていたのか。
- 政府、県、市町村、住民、事業主体は、それぞれの段階で、どのように判断し、どのように行為したのか。
- 当初は激しい反対運動が六ヶ所村において展開されたが、むつ小川原開発の開発主体は、どのようにしてその抵抗を排除し、開発企図を推進したのか。
- 核燃料サイクル施設建設に対しては、1990年ごろに、青森県の全県をおおう反対運動が高揚したが、核燃サイクルの建設を志向する諸主体は、どのように反対運動の抵抗を排除して、意志貫徹を実現してきたのか。
- むつ小川原開発の失敗、核燃料サイクル建設の失敗は、どのような要因に起因するのか。
- どのような計画手法が採用されたのか。その成否はどのようなものであったか。
- 民主主義という視点から見ると、どのような問題点があるのか。
- 複合的な政策過程における意図と帰結の乖離はどのようなものか

②原子力政策における安全性問題をめぐっては、どのような政策決定過程と論争がなされてきたのか。

より具体的には、各施設の安全性をめぐって、どのような論争と政策判断がなされてきたのだろうか。とりわけ、地震の危険性や活断層の存否をめぐって、どのような議論がなされてきたのであろうか。放射性物質の放出やクリプトンなどの除去施設については、どのような選択がなされてきたのであろうか。

③政策決定過程において、どういう形で、多数派形成努力がなされたのか。その際、情報操作や、重要情報の隠蔽という秘密主義がどういう形で作用していたか。どういう弊害をもたらしたか。

（５）倫理的政策分析、社会計画の規範理論

以上のような総合的な開発過程の分析をふまえて、さらに、この地域の歴史的経過からの教訓を学ぶためには、倫理的政策分析が必要である（ジョンソン，2011）。

倫理的政策分析とは、一定の倫理的評価基準を前提にした上で、特定の政策過程と政策内容がいかなるものであったのか、どのような評価が与えられるかを検討するものである。

日本の社会科学においては、政策の分析評価が課題になる時、その主流を占めてきたのは、政策効果についての「費用便益分析」である。この費用便益分析という点で見ると、日本社会におけるその実施はまだまだ不十分であり、さらなる洗練が必要である。だが、費用便益分析は、さらなる改良が加えられたとしても、根本的な二重の限界を持っている。第１に、費用便益分析の課題とするのは、「政策の結果」の評価であって、政策過程の評価ではない。だが、「政策の評価」には「政策過程の評価」も含まれるべきであり、その根拠は第２の限界に関係している。費用便益分析の第２の限界は、それが、合理性にかかわる議論しかしておらず、道理性にかかわる問題を扱わないことである（舩橋，2012）。

（６）むつ小川原開発と核燃料サイクル施設建設の歴史的諸段階

以上のような視点のもとに、次節以降では、むつ小川原開発の立案から始まり、核燃料サイクル施設立地を経て東日本大震災が生起するに至るほぼ40年の開発の歴史をふりかえることにしよう。どのような経過を経て、青森県六ヶ所村に、今日の核燃料サイクル施設の立地と放射性廃棄物の集中という事態が生じたのかを、概観したい。この経過はきわめて複雑であるが、開発の進展段階に注目すれば、大きくは、1968年から83年にかけての大規模工業基地を構想した第一期と、1984年以後の核燃料サイクル施設の立地が進展した第二期、そして、1995年以降の放射性廃棄物処分事業という性格を帯びるようになった第三期、さらに2011年の東日本大震災以降の原子力政策の転換が浮上した第四期に分けることができる。さらにより細かくは、次のような12の時期に区分することができよう。

第一期　大規模工業基地の構想期
　開発準備期（1968年–71年7月）
　開発進行期（1971年8月–73年12月）
　開発停滞期（1974–77年）
　石油備蓄基地立地期（1978–83年）
第二期　核燃料サイクル施設の立地期
　核燃施設立地準備期（1984–85年4月）
　核燃反対運動高揚期（1985年4月–89年7月）
　核燃推進側の巻き返し期（1989年8月一91年2月）
　核燃施設の操業開始期（1991年3月–95年1月）
第三期　放射性廃棄物処分事業への性格変容
　高レベル放射性廃棄物の受け入れ開始期（1995年2月–1998年9月）
　使用済み核燃料の受け入れ開始期　（1998年10月–2001年3月）

再処理工場の試運転開始期　　　　(2001年4月–2011年2月)
第四期　東日本大震災後の原子力政策の転換期 (2011年3月–)

それぞれの時期が、どういう時代背景と特徴を持ち、どういう争点が存在し、どのような形で、開発が進展して来たのかをふりかえってみよう[1]。

第2節　むつ小川原開発の歴史——大規模工業基地の構想期

(1) 開発準備期　(1968年–71年7月)

むつ小川原開発計画の内容は、その準備の過程から正式決定に至るまでの間に、何回かの変容を経ている。それを総括的に示したものが、表1である。正式に決定されたのは、第一次基本計画(1972年)と第二次基本計画(1975年)であるが、どのような経過を経て、どのような内容の開発計画がつくられたのであろうか。

表1　むつ小川原開発の計画規模の変化

		日本工業立地センター報告書	青森県の基本構想	第1次案	第2次案	第1次基本計画	第2次基本計画　1975.12.20		
		1969.3	1970.1	1971.8.14	1971.10.23	1972.6.8	第1期	第2期	全体
鉄鋼及び関連	(万t/年)	2100	2000	2000					
アルミ	(万t/年)	50	100	100					
非鉄金属	(万t/年)		127	72					
CTS	(万kl)	明示せず	2000	2000					
石油精製	(万バーレル/日)	200	150	150	200	200	50	50	100
石油化学	(エチレン換算万t/年)	200	260	200	400	400	80	80	160
火力発電	(万kw)	200	800	1050	1000	1000	120	200	320
原子力発電	(万kw)	400							
造船	(万重量t)	50-100	100						
開発面積	(ha)	約13000	15000	12000	7900	約5000			
従業員	(万人)	63000				35000	6800	9200	16000
工業出荷額	(億円)	27300					5500	6500	12000

資料：青森県むつ小川原開発室,1972,「むつ小川原開発の概要」;
青森県むつ小川原開発室,1975,「むつ小川原開発第2次基本計画」;
工藤樹一,1975,「誰のための巨大開発か—青森・むつ小川原の五年間」『住民活動』1975年4号

当初のむつ小川原開発計画は、地元の青森県や東北地方経済界の開発志向と、政府の側での全国的な開発志向とが、合流するような形で立案されている。1968年7月に、竹内青森県知事は、日本工業立地センターに対し、むつ湾小川原湖地域の工業開発の可能性と適性についての調査を委託し、同センターは、1969年3月に調査報告書をまとめている(日本工業立地センター,1969)。また、1968年9月6日の東北開発審議会委員懇談会の席上、東北経済連合会は、陸奥湾、小川原湖、下北半島南部一体に、臨海工業地帯、石油備蓄基地、原子力エネルギー基地を建設しようという提案をしている。このような動きと平行する形で、政府の側では、1966年10月の国土総合開発審議会において、第一次の全国総合開発計画(1962年策定)を見直す必要が提起され、1967年度から経企

庁の主導で設けられた「大規模開発プロジェクト研究会」が、新全国総合開発計画の策定の準備に着手した。それに続いて、国土総合開発審議会は、1968年4月からの１年余の審議を経て、「新全総（案）」をとりまとめ、それを承認する形で、新全国総合開発計画（略称、新全総）は、1969年5月30日に閣議決定された。

新全国総合開発計画の内容はいかなるものであったか。それは、第一に、高度経済成長の論理を極限にまで押し進めたという性格をもっており、巨大技術による大規模プロジェクトを中心としたものであった。新全総の構想の骨格は、全国に、新幹線網、高速道路網、フェリー網をはりめぐらし、これらの高速交通ネットワークによって、大都市からの遠隔地に配置した大規模工業基地、大規模畜産基地、大規模レクリエーション基地等を結ぶというものである。むつ小川原開発は、大規模工業基地の代表的プロジェクトとして位置づけられていた。むつ小川原開発第一次案（1971年8月発表）の開発区域面積は、関連道路、鉄道まで含めると17500haにも及ぶものであり、1960年代につくられた最大規模の鹿島コンビナート（4424ha）のおよそ4倍という巨大さである。

第二に、この巨大な開発の前提には、基幹的諸資源とエネルギーについての巨大な社会的需要が、今後、生ずることが想定されている。「基幹産業の生産規模は、昭和60年には、昭和40年水準に比し、鉄鋼4倍、石油5倍、石油化学13倍」となるとしている（下河辺淳編集，1971；77)。しかし、その予測は、正確さを欠いており、数年後には、大きくはずれたことが、明らかになる。

第三に、全国を国土開発という視点からいかに、有効利用するかという関心が中心であり、一つ一つの地域を、地域住民の意志と力に立脚していかに形成して行くかという開発思想が欠如していることである。

このような内容を持つ新全総に対しては、その発表当時より、次のような点について厳しい批判が寄せられた（近藤康男，1972；近藤完一，1972；星野芳郎，1972)．①エネルギーや資源の需要の急増を予測しているが、予測が過大でありかつずさんである。②スケールメリットをさらに追求しようとしているが、さらなる大規模化による効率上昇は疑問である。③巨大タンカーや原子力発電という巨大技術を柱としているが、事故の危険性を軽視している。④農業については現実性のある政策になっていない。⑤環境問題の重要性を無視している。⑥過疎・過密の解消には役立たない。⑦現地の実情を知らない中央官僚がデスクワークで立案していて、地域の人々の生活を無視している。

むつ小川原開発には、新全総の抱えるこのような問題点が典型的な形で露呈していたが、政府と青森県は、このような大胆な開発計画の策定に突き進んだ。そこには、どのような社会的背景があったろうか。

まず、全国的に見ると、1960年代後半は、高度経済成長期のまっただなかにあり、政府および経済界には、さらなる成長の持続についての自己陶酔的な過信が見られた。他方、青森県政レベルで見ると、戦後より1960年代にかけて、一貫した経済開発への志向性が存在していた。下北半島においても、青森県は、戦後、何回も、農業開発（ジャージ牛の導入、ビート栽培の奨励、1960年代の開田の拡大など）と工業開発（1957年以後の「むつ製鉄」計画）を試みてきた。しかし、これらの企図は、経済情勢の変化などにより、いずれも失敗に終わった。新全総の登場に際し、青森県は、今度こそは、政府や経団連と直結する形での工業開発を成功させようという希望と期待とを抱いたのである。

では、むつ小川原開発は、どのような主体群の布置連関のもとに推進されたであろうか。図1[2]は、この開発の当初の段階における主要な主体の連関を示したものである．当初、この開発を推進した中心的主体は、青森県庁、経団連、経企庁である．これらの主体は、連携しながら、開発事業を直接的に担う3つの組織、すなわち、むつ小川原開発株式会社、青森県むつ小川原開発公社、むつ小川原総合開発センターを設立した。

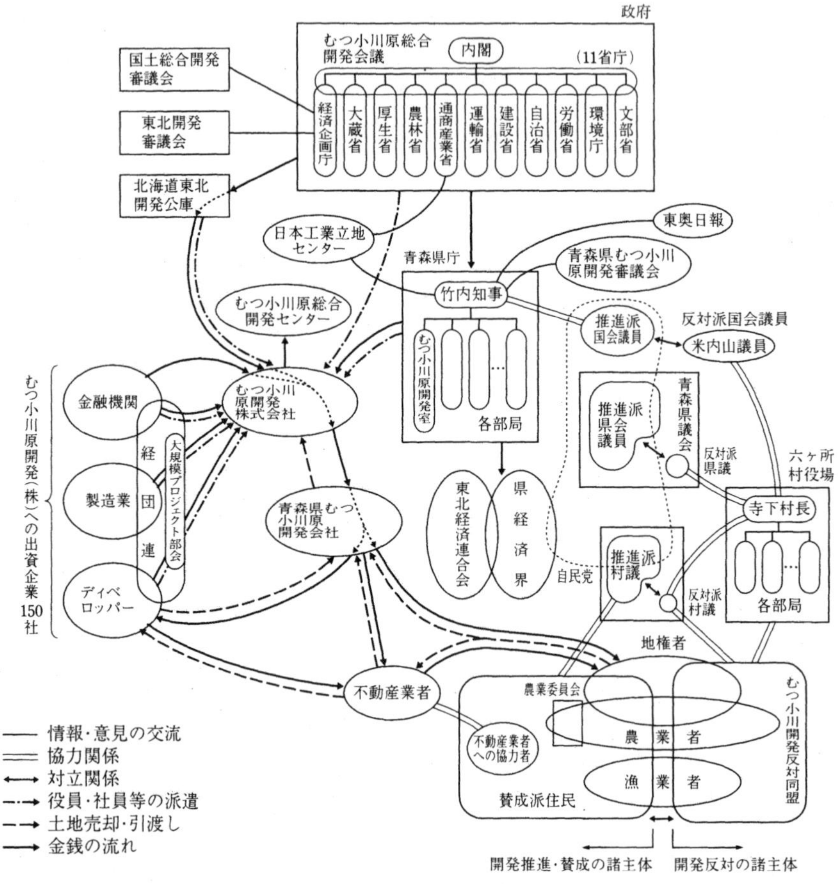

図1　むつ小川原開発をめぐる主体連関（1973年ごろ）

この三組織の中心は、むつ小川原開発株式会社である．同社は、マネータンクとも言うべき性格を持つ主体であり、開発に必要な資金を集め、その資金によって開発地域の土地を買い集め、それを工業用地として造成して、進出企業等に売却することを課題としている。同社は第三セクターとして、1971年3月に設立されており、その出資者は、青森県、北海道東北開発公庫、民間企業150社である。歴代の役員の中心は経団連関係者である。同社のまわりには、北海道東北開発公庫を中心として、同社に対して融資を行う金融機関のネットワークが、形成された。

青森県むつ小川原開発公社は、青森県が1971年3月に設立した公社であり、その職員の大半は青森県庁からの出向者である。その任務は、用地買収の実務を担当することであり、開発地域の土地を取得して、それをむつ小川原開発株式会社に引き渡すことである。むつ小川原総合開発センターは、1971年10月に発足している。同社の任務は、巨大開発を前提にしての技術的側面での調査を行うことである。

これら3組織は、開発の準備過程において設立されたが、地元住民とは隔絶していた。1971年8月に至るまでの約2年間、開発の準備は、もっぱら政府、中央財界（経団連）、東北財界、青森県庁の手によって、進められたのである。1969年12月には、後に開発問題の渦中に置かれることになる六ヶ所村で村長選挙が行われ、寺下力三郎氏が当選するが、開発問題は具体化していないので、選挙の争点にもならなかった。

しかし、そのことは、開発予定地域、とりわけ六ヶ所村が、準備過程の影響を受けなかったことを意味しない。開発が一般に公表される1971年8月以前の段階で、開発の動向を察知した大小の不動産業者の投機的土地買いが始まった。1969年8月から正式な買収が始まっていない1972年9月までの間に、六ヶ所村では合計1553haの土地所有権の移動が起こり、土地価格も急騰した。1968年以前は、10aあたり5–6千円だったものが、69–70年にかけては、5–6万円となり、三井不動産系の内外不動産は、1969–71年に平均10万円で、920haを取得したと言われている（南一郎, 1973）。

（2）開発進行期（1971年8月–73年12月）

1971年8月14日、青森県は、「住民対策大綱案」とともに、「むつ小川原開発立地想定業種（第一次案）」を発表した。その内容と、この開発の当初のイメージを提示した日本工業立地センターの報告書との大きな相違点は、竹内青森県知事の意向もあって、原子力発電がはずされていることである。竹内知事は、被爆国としての日本社会においては、原子力関連施設は、住民合意という点で難点があると考えていたのである[3]。また、第一次案は、開発区域の総面積が17500ha、うち工業用地が9500haという巨大な規模であることを示すとともに、はじめて、開発のなされる区域が六ヶ所村、三沢市、野辺地町であること、立ち退きが必要な住民は、2026世帯、9614人に上ることを明らかにした。

この第一次案の発表は、青森県内に大きな反響を呼び起こし、とりわけ開発問題の渦中に置かれることになった地元六ヶ所村では、全村的な反対運動が急速に繰り広げられた。8月20日には、寺下六ヶ所村長が、同25日には六ヶ所村議会が反対の意志を表明し、村内各地区の住民集会でも続々と反対決議がなされた。反対の主な理由は、大量の立ち退きを強要されること、公害の危険があり農林漁業に打撃を与えること、住民対策に具体性が欠けていること、住民の声を聞かずに一方的に計画が決められたことである。8月27日には、県議会全員協議会も手直しを要求するに至り、また8月31日には、むつ湾沿岸漁民が、青森市で開発反対の集会を開催した。

このような県民世論の批判を受けて、青森県庁は、9月29日に規模を縮小した第二次案を発表した。開発区域面積は7500haへと減らされ、陸奥湾沿岸地域と三沢市、野辺地町が開発区域からはずされ、六ヶ所村のみが残ることになる。六ヶ所村内でも立ち退き対象の部落数は、20から11に、人口は5323人から1812人に減らされた。立地業種も、第1次案にあった鉄鋼、非鉄金属、アルミ、CTSが一挙に削除され、石油精製、石油化学、火力発電のみが残された.

計画規模を縮小した第二次案の発表により、六ヶ所村外の反対運動は下火になるが、焦点となった六ヶ所村では、10月15日に、「六ヶ所村むつ小川原開発反対同盟」（吉田又次郎会長）が組織され、寺下村長と連携しながら青森県庁に抵抗して、激しい反対運動を続けた。しかし、青森県庁は、

71年から72年にかけて、開発の推進努力を続け、72年5月25日に、第2次案にもとづいて、「第一次基本計画案」と「住民対策大綱案」を発表し、6月12日には、これらを内閣に提出した。政府は、1972年9月13日に、第3回むつ小川原開発総合開発会議を開催し、11省庁の申合せ（「むつ小川原開発について」）を定め、翌14日に、第1次基本計画についての閣議口頭了解がなされた。

この閣議了解は、青森県内の推進派を鼓舞するものとなり、これを境目にして、開発は具体的に進展することとなった。開発関連の公共事業が大規模に開始されるとともに、開発地域における農地転用手続きが開始され、1972年12月25日から、青森県むつ小川原開発公社による土地買収も開始される。この時、公表された開発公社による正式の土地購入価格の基準は、10aあたり、水田が72–76万円、畑が60–67万円、山林・原野が50万–57万円であった。これに歩調をあわせる形で、当初、開発反対を表明していた六ヶ所村議会は、1972年12月21日に、寺下村長と決裂するかたちで、開発推進の意見書を決議し態度を転換する。

開発の具体的進展に伴い、翌1973年は、六ヶ所村内の開発推進派と反対派が、村を二分して激しく争うことになった。1月に開発反対同盟は、推進派の中心人物である橋本勝四郎村議に対してリコール手続きを行うが、これに対抗する形で開発堆進派は、寺下村長のリコール手続きを行った。二つのリコール運動はともに法廷署名数を獲得したので投票に入ったが、両方のリコール投票はともに不成立に終わった。このような動きに平行しながら、1973年を通して、土地買収は本格化し、同年末には、累計で、開発区域内の民有地のほぼ7割にあたる2260haの用地が買収されることとなった。買収の進展は、次第に反対派の勢力を縮小させ、賛成派の勢力を伸張させることとなった。1973年12月の六ヶ所村長選挙は、開発の成否にとっても、村の進路にとっても、大きな岐路となった。開発反対を掲げ反対運動の先頭に立ってきた寺下村長に対抗して、開発の推進の立場で古川伊勢松氏が立候補し、激しい選挙戦の結果、古川氏（2566票）が僅差で、寺下氏（2487票）及び積極堆進派の沼尾氏（1863票）を破り、新村長に当選した。

六ヶ所村内において、開発の是非をめぐって村内を二分した対立が続いている頃、全国的、国際的な文脈では、むつ小川原開発や新全総の前提として想定されいた諸条件そのものを揺るがすような、経済情勢の大きな変化が生じていた．すでに、新全総が策定されたころから、高度経済成長に伴う公害問題の多発は大きな社会問題となり、成長を至上とする価値観や政策に対する厳しい批判が社会的にも広がりつつあった。さらに、1971年8月、アメリカのニクソン大統領によるドル防衛策（ドル・ショック）をきっかけに、固定為替相場制から変動為替相場制への移行が世界的に生じ、輸出主導型のそれまでの日本の高度成長を支えた前提条件が変化することとなった。1971年12月には石油化学工業界と鉄鋼業界で深刻な過剰設備問題が生じ、石油化学工業界はエチレンの自主減産態勢に入り、鉄鋼業界は粗鋼についての不況カルテルを実施するに至った。さらに、1973年10月、第4次中東戦争をきっかけとして石油輸出機構（OPEC）による石油価格引き上げと石油輸出の制限措置がとられ、石油危機がおこる。これらの諸条件の変化は、高度経済成長を支えていた枠組みの崩壊を意味しており、総需要の抑制の下でのスタグフレーションの克服が、経済政策の課題となる。経済政策の理念は、「重厚長大」型の量的拡大志向ではなく、「省エネ・省資源・知識集約化」を目指すようになる（産業構造審議会,1974）。石油化学コンビナートを柱としたむつ小川原開発は、急速にリアリティを失うとともに、経済政策の方向の急旋回に、取り残されることとなるのである。

（３）開発停滞期（1974−77年）

1974年の段階では、世界的な経済情勢の変化と日本経済における高度経済成長の終了によって、むつ小川原開発をとりまく客観的状況は、この開発が当初に構想された段階とは、大きく異なるものとなっていた。しかし、1973年に土地買収は大幅に進展し、推進派の古川氏が村長に当選したことによって、それ以後、六ヶ所村当局は、青森県庁や開発推進の諸主体と連携する形で、開発に協力するようになる。青森県庁から六ヶ所村への補助金も飛躍的に増大する。1974年以後も、土地の買収は次第に進展し、1977年末までには、累計で3304haがむつ小川原開発株式会社によって取得された。しかし、工場立地の具体化は少しも進展せず、広大な工業用地が、有効利用されないまま、放置されることとなった。工場の進出とそこへの就労をあてにして、土地売却に同意した村民は、生活上の困難に直面することになる。1974年には、開発区域内での新市街地（千歳平）建設が着手され、1976年からはその分譲も始まる。そこには、土地を売却し、移転を余儀なくされた住民が売却代金を注ぎ込んで、新しい住居を次々に建設した。その中には、地元の従来の基準からすれば「豪邸」と言われるような建物も多数あった。しかし、新市街地から工場への通勤を期待していた人々も、工場が立地しない以上、出稼ぎに出ることが必要であり、1976年には、六ヶ所村からの出稼ぎ者は1662人にもなった。

1974年、国土庁の発足に伴い、むつ小川原開発の所管も経済企画庁から国土庁へと移管された。国土庁は、地価の高騰を抑制すること、新全総を見直し、第三次全国総合開発計画（三全総）の策定に取り組むことを課題としたが、その一環として、むつ小川原開発計画についても見直しが必要になった。国土庁からの要請を受けて、青森県庁は、第2次基本計画の策定に着手し、1975年12月に、第2次基本計画を政府に提出した。その内容は、第1次基本計画と同様に、石油精製、石油化学、火力発電を柱とするものであるが、全体の規模を、生産量でも従業員数でも半分以下に縮小し、さらに、全体を2期に分け、第1期計画に位置づけるのは、全体のおよそ半分というものであった。1977年の2月から8月にかけて、第2次基本計画についての環境アセスメントの手続きがなされ、同年8月30日に、第2次基本計画は、閣議で口頭了解された。また、1977年には、むつ小川原港が重要港湾に政令指定されるとともに、その第一期港湾計画が、運輸大臣によって了承される。

第2次基本計画の内容は、第1次基本計画を大幅に縮小するものであったけれども、石油製品をめぐる需要の伸びがない以上、具体的に進展することはなかった。なぜ、そのような空振りに終わる計画を、当時の関係者は、再び策定したのであろうか。ある青森県幹部職員の述懐によれば、第2次基本計画が非現実的なものであること、それは、将来、本当に実施される開発計画が登場するまでの間の「つなぎ」であることを、当時の青森県幹部は承知であった[4]。すでに、青森県としては、政府から巨額の補助金をもらいながら社会資本投資を開始している以上、開発の旗を下ろすことは、政府との関係で政治的にできなかったのである。

工場誘致の停滞という状況は、この開発の失敗を示すものであったが、土地の買収と新住区の建設の進展の中で、六ヶ所村内の反対派の政治的勢力は次第に縮小するようになる。その過程には、古川村政の開発独裁的な体質や、開発反対派に対する切り崩し工作も影響を与えた。1977年春、六ヶ所村開発反対同盟は、「六ヶ所村を守る会」に改称し、条件闘争的な姿勢を打ち出す。その背景には、同年12月の村長選挙において村政を取り戻すために、保守系で開発賛成派の暁友会ともあえて連携しようという選択があった。だが12月の村長選挙で、開発推進の古川村長（3999票）が、開発を批判する寺下前村長（3074票）を破り、再選される。

（4）石油備蓄基地立地期（1978–83年）

1978–79年にかけては、港湾工事着工の前提としての漁業補償額が、開発をめぐる動向の焦点となった。1979年2月に、竹内知事のもとで副知事を務め、この開発を推進してきた北村正哉氏が、新知事に当選する。再三の交渉と紛糾の後、1979年6月に六ヶ所村漁協と六ヶ所海水漁協が、それぞれ15億円と、118億円で、青森県との漁業補償協定書に調印する。続いて、1980年2月に、泊漁協も33億円で、県との間で港湾建設に関する漁業補償に同意する。3漁協合計で166億円となり、これは、当初に県が提示した額の約2.2倍である。これら漁業補償は、漁獲高実績を大幅に超える額が、政治的配慮から加算されるという性格をもっていた。これに対して、全県的な反対運動のリーダーである米内山義一郎氏（元社会党衆議院議員）が、不当な公金支出にあたるとして、北村知事を被告とする損害賠償代位請求訴訟を提訴する（1979年10月）[5]。この米内山訴訟は、第一審（1984年9月判決）でも、控訴審（1987年9月判決）でも、最高裁（1989年7月判決）でも原告の敗訴に終わったが、訴訟の実質的目的は、むつ小川原開発の不当性を批判することにあり、後の1989年ごろの核燃反対運動の高揚を見て、米内山氏自身は、その目的は達成されたと考えていた[6]。訴訟による批判にもかかわらず、港湾工事自体は1980年7月23日に起工式が行われ、以後、本格化していく。

漁業補償問題の決着がつき、港湾建設工事が具体化するのと前後して、はじめて、石油備蓄基地の立地という形で、開発事業が具体化することになる。通産省は、1978年6月に、エネルギー政策の一環として、全国5箇所に石油備蓄基地（CTS）を建設することとし、その一つを、むつ小川原開発地区に建設する方針を決め、1979年10月1日に立地を正式決定する。同年、12月20日に、「むつ小川原石油備蓄株式会社」が設立され、1980年11月には、地鎮祭が行われ、本体工事（51基、合計560万kl）が着工された。

石油備蓄基地は、第一次基本計画にも、また、第二次基本計画にも盛り込まれていないものであったが、その工事は1981年から本格化する。石油備蓄基地は、建設工事への就労、工事関係者の村内消費、石油貯蔵施設対策等の交付金の形で、新たな受益機会を村内に提供するものとなった。1980–82年の3年間だけでも、34億1300万円が青森県や六ヶ所村とその隣接町村に交付され、新たな公共施設が次々につくられた。開発工事に伴う受益の配分が現実化する過程で、開発反対派の政治勢力は、大幅に縮小することになる。1981年12月の村長選挙では、開発推進の古川村長が3選される。1983年8月には、石油備蓄基地の一部が完成し、9月からはオイルインが始まった。石油備蓄基地の最終的完成は、1985年9月であるが、工事がピークをすぎた1983年には、むつ小川原開発をめぐる新たな問題が浮上されるようになった。それは、第一に、むつ小川原開発株式会社の経営問題であり、第二に、工事量の低下に伴う、地元六ヶ所村での雇用不安問題の再顕在化である。むつ小川原開発株式会社は1976年末に、開発地域内の民有地のほぼ93％にあたる3050haを買収した時点においては、負債の合計は、517億円であった。しかし、その後、用地売却が進まない一方で、毎年利子分だけ、借入金は増大を続けたのである。石油備蓄基地の立地は、土地の売却（260haの用地を335億円で売却）によってむつ小川原開発株式会社の借入金を減らすという効果をもった。しかし、借入金の総額は、毎年、増大を続け、石油備蓄基地の立地がほぼ完了した1983年末には、長期・短期をあわせて、1303億円もの借入金が累積することとなった。この借入金を返済する唯一の手段は、土地の売却である。しかし、むつ小川原開発株式会社が用地取得を開始してから、10年を経過しても、当初に計画が期待したような工場立地の気運は生じなかった。その背景には、日本企業の立地戦略が、海外展開を志向するようになったという事情も作用している。

このような用地売却の行きづまりと、借入金の年ごとの増大という二つの要因は、青森県首脳部や、むつ小川原開発株式会社が、どのような事業であれ、立地する事業所を歓迎し受け入れようという態度を取らざるをえない下地となっていくのである。同時に、地元、六ヶ所村でも、石油備蓄基地の建設工事終了に伴って、また浮上してきた雇用不安に対処するために、新しい開発工事が望まれる状況になっていたのである。

第３節　核燃サイクルの歴史（その１）——核燃料サイクル施設の立地期

（1）日本における核燃料サイクル政策の採用の背景

日本においては、原子力の推進政策が同時に、核燃料サイクルの推進という方針とともに、採用されてきた。原子力の推進、とりわけ、核燃料サイクルの推進の公式の理由は、次のように説明されてきた。第１に、電力エネルギーの安定的確保である。この理由付けは、特に、1973年の第一次石油危機以後、強調されてきた。第２に、原子力発電は、安価な電力供給を可能にするという理由で正当化されてきた。政府の発表する数字においては、原発による電力価格は、石油火力、石炭火力、水力などに比べて相対的に安いとされてきた。第３に、温暖化対策に対する対処に関して、原発は温暖化促進の代表格である二酸化炭素の排出が少ないという点で、正当化されてきた。これらの理由は、それぞれにもっともらしいものであり、このような考え方は、相当範囲の専門家やマスメディアにも共有されている考え方であり、世論もそれを表出している。

しかし、2011年3月の福島原発震災は、上記のいずれに対しても、疑問符をつきつけることとなった。第１に、原発が災害に対して脆弱であることが明らかになり、電力の安定供給ということについての信頼性は地に落ちてしまった。第２に、原子力発電の真の価格とは何かが厳しく問われるようになった。大島堅一の分析によれば、仮定を積み重ねた計算式ではなく、電力会社の財務諸表から帰納的に分析すれば、原子力による発電は他の発電方式に比べて割高なのである（大島, 2010)。しかも、大島の分析においては、放射性廃棄物の処分や廃炉に伴う費用、原子力事故の損害賠償費用などは、算定されていないので、これらを計算に加えれば、さらに、原発による電力価格は、割高になるのである。第３に、温暖化対策への有効性を原発の正当化の根拠にすることは次のような難点がある。すなわち、原発は核分裂エネルギーの三分の一しか電力として利用しておらず、三分の二は温排水として排出し地球を直接に暖めているのである。また、環境保全を理由に原発を正当化することは、原発が、定常操業において放射性物質を排出し、被ばく労働を伴い、放射性廃棄物を排出するという難点を有することを考えれば、自己矛盾に陥る。環境保全をしたければ、初めから原発を運転しないことが賢明なのである。

このような難点は、福島原発震災以前にも、多数の専門家によって繰り返し指摘されてきたことであるが、福島原発震災以後は、メディアや世論においても、このような認識は格段に強まってきた。この状況の中で、日本において原発とりわけ核燃料サイクル政策の推進に作用してきたもう一つの理由、しかも、長い間隠されていた理由が、明らかになってきたのである。それは、潜在的核武装能力を維持するための原発推進という論理である。

2010年11月29日に新たに公開された資料である1969年9月25日づけの外務省の内部文書によれば、核武装の経済的・技術的な潜在能力を維持することが、明確な方針として次のように語られている。

「核兵器については、ＮＰＴに参加すると否とにかかわらず、当面核兵器は保有しない政策をとるが、核兵器の製造の経済的・技術的ポテンシャルは常に保持するとともにこれに対する掣肘をうけないよう配慮する。又核兵器一般についての政策は国際政治・経済的な利害得失の計算に基づくものであるとの趣旨を国民に啓発することとし、将来万一の場合における戦術核持ち込みに際し無用の国内的混乱を避けるように配慮する。」（外務省，1969）。

これは、歴代の政府が公式には、表明したことのない政策である。このような国民に対しては秘密とされた外交方針と軍事力に対する考え方が、実は、原発や核燃料サイクル施設の建設を推進し維持してきた隠された理由だったのであれば、経済的合理性を無視しても、核燃料サイクルへの固執がなされてきたことも説明できる。

「軍事的抑止力としての潜在的核武装能力の維持」という見地からすれば、単なる原発ではなくて、プルトニウムを抽出する再処理工場が存在することが望ましい。青森県の核燃料サイクル施設の建設の背後には、このような論理が働いていたことが考えられる。

東日本大震災の後、2011年8月10日の読売新聞の社説や、有力な保守派の政治家（石破茂・自民党政調会長）から、このような論理が公然と語られるようになった（石破，2011）。その背景には、福島原発震災による原発への批判の高まりの中で、「経済的にみたエネルギー価格の安さ」、「電力需要に対して対応できる代替電源の欠如」といった論拠では、「原発」や「再処理工場」の存在の正当化が困難になったという状況がある。

（2）青森県における核燃料サイクル施設の立地準備期

青森県における核燃料サイクル施設の建設が具体的に表面化するのは、1884年からである。この年の１月５日、電事連は核燃料サイクル施設を青森県に建設するという構想を発表する。核燃サイクル施設の内容は、再処理工場、ウラン濃縮工場、低レベル放射性廃棄物埋設施設の三点セットであり、日本の核燃サイクルを完成させるためには、不可欠のものであった。だが、これらの施設は、その時点まで、他のどこにも受け入れようという地域を見いだすことができなかった。再処理工場については、いくつかの離島への立地が試みられたが、いずれも不調に終わった。これら核燃料サイクル施設の三点セットは、同時に、日本の原子力発電の継続を可能にするという役割も持っていた。すなわち、中期的には各地の原発敷地内において、使用済み核燃料の貯蔵プールが不足することが展望されていた。もし、ある原発サイトにおいて、使用済み核燃料の持って行き場がなくなれば、その原発の操業を、停止せざるをえなくなる。したがって、六ヶ所再処理工場に併設される使用済み核燃料貯蔵プールは、各原発サイトのプールの飽和を防ぎ、原発の操業を円滑に維持するという機能をも持っているのである。

このような核燃サイクル諸施設の立地を、青森県はどのように受け止めたのであろうか。青森県が立地に前向きとなるいくつかの理由がある。第一は、むつ小川原開発計画の形を変えた実現である。前節で見たように、すでに、むつ小川原開発計画の破綻は明確になっており、むつ小川原開発株式会社は巨額の債務の累増に悩まされていた。核燃料サイクル施設の立地は、約700haの土地を一挙に売却し、債務を大幅に減らす好機であった。第二に、三点セットのうち、工場が二つであるので、工業開発の具体化という意味づけが可能である。工場立地に伴う、工業生産額や雇用や所得の増大という経済的メリット、また、固定資産税や電源三法交付金という財政的メリットが期待された。第三に、エネルギー政策にかかわる国の政策に協力することの正当性とメリットが考えられる。核燃料サイクルの推進は、国の政策として掲げられながらも、再処理工場の具体的立地が行き詰まっていた。その打開について、青森県が政府に協力することは、それとセットになって、青森県の政府に対する交渉力の拡大が可能となるであろう。このことは、以後、実際に具体化し、青森駅までのフル規格新幹線の実現をめぐる交渉に、再三、核燃施設立地問題が絡んできて、取引材料になったのである。

青森県当局のこのような受け入れの姿勢に対して、さまざまな県民と諸団体から批判の声が上げられた。その批判のもっとも中心的な主張は、諸施設の危険性であり、「下北半島を核のゴミ捨て場にするな」という言葉に集約されている。1984年から1985年にかけて、社会党、共産党、労働組合などの組織を中心に、核燃の是非を問う「県民投票条例の制定」を求めて署名運動が展開される。

しかし、青森県当局は、専門家グループの報告書をふまえて、安全性が確保されるとして、立地受け入れ政策をとる。1985年4月９日に青森県議会の多数意見の同意をふまえて北村正哉青森県知事は、核燃料サイクル施設の受け入れを表明する。

1985年5月27日に、青森県議会は、直接請求されていた「核燃料サイクル施設建設立地に関する県民投票条例」制定の提案を否決し、県民投票による選択の機会は閉ざされることになった。

このように、1984年の立地案の公表から1985年４月に至る過程において、反対運動の抵抗は、大きな政治的力を発揮することはできず、核燃料サイクル施設の立地手続きが進行していった。ところが、翌1986年4月26日に起きたチェルノブイリ原発事故後、青森県の反核燃運動は再度、大きな盛り上がりを見せるのである。

（3）　核燃反対運動高揚期（1985年4月−89年7月）

1986年4月のチェルノブイリ原発事故は、全世界の原子力政策に大きな影響を与える事件となったが、日本にも大きなインパクトを与えた。青森県の反核燃運動は、政党や労働組合の枠を超えて、市民、とりわけ女性グループ、さらに、農業者の参加を得て、1986年から1991年にかけて、空前の盛り上がりを見せるようになる。

立地点の六ヶ所村で大きな焦点になったのは、海域調査をめぐる攻防である。泊地区は六ヶ所村の北部に位置し、古くから漁業を基盤としてきた最大規模の集落である。泊地区では核燃の立地を認めるかどうかをめぐって、漁協を二分する激しい対立が起こった。核燃施設の建設についての賛成派の漁協役員（板垣組合長他）は、1986年3月22日に泊漁協総会にて海域調査に同意するという決議がなされたとしたが、これに対して、反対派の滝口理事らは、総会の前提としての理事会について「理事会を賛成派理事四人だけで開き、われわれ三理事へは連絡さえなかった」こと、総会は混乱の中で行われ明確な議決はしていないこと、（総会の）書面議決書が公表もされていないことを批判し、そのような理事会は無効であると主張し、青森県庁、水産庁、科学技術庁に訴えた（東奥日報、1986.4.5及び4.19、泊漁協資料)。しかし、総体としての行政組織は、この抗議を認めなかった。

1986年6月3日、原燃サービスは、核燃料サイクル施設の海域調査のための測定機器設置作業を泊地区の海域にて実施しようとした。これに対して、泊漁協の反対派漁民と、隣接する東通村の白糠漁協の船主組合から、約三十隻の漁船により激しい抗議・阻止行動が繰り広げられた。最終的には、海上保安庁の巡視艇約二十隻や青森県警の警備船が抗議漁船を押さえ込むことによって、調査は強行された(東奥日報、1986.6.4)。

だが、全県的な反核燃運動は、その後、さらに高揚することになる。特に鍵になったのは、保守の地盤と言われる農民層の動向である。農業者にとって、核燃料サイクル施設の操業は、放射性物質による農産物の汚染の可能性と、風評被害の可能性をもたらすものである。核燃施設と農業は両立できないと考える農業者を基盤にして、1987年12月12日には、「核燃料サイクル阻止農業者実行委員会」が結成される(東奥日報、1986.12.13)。それ以後、反核燃の運動は、農業者、市民、労働組合などが協力する形で運動を展開し、1989年7月の参院選で、核燃料サイクル反対を掲げた農業者出身の三上隆雄氏を当選させるに至る。全県で定数1の選挙で核燃批判派が当選したことは、知事選挙においても同様の可能性があることを示唆するものであり、その意義は大きく、推進派には大きな衝撃を与えた。

このような反核燃運動の高揚の一つの要因となったのは、核燃サイクル施設用地における地盤と地震との関係についての疑問である。1988年秋に、再処理工場敷地内に断層が存在することが、内部資料の流出によって、明らかになった。これに対し、日本原燃サービス(豊田正敏社長)側は10月13日に「断層は再処理工場敷地内に二本あるが、古い地層にできており、地盤は安定している」という見解を提出した(東奥日報、「核燃論議の焦点7」1988年11月28日)。また、反対派は、六ヶ所沖に約80キロにわたって存在する断層が活断層であることは、日本の地質学界が認めているとして地震の危険性を指摘した。これに対して、原燃側は、「活断層でないことが今回の調査でわかった」「国の安全審査で証明されるはず」との見解を示した(東奥日報、「核燃論議の焦点7」1988年11月28日)。また同社は、1989年2月の県議会常任委員会に対して、「十分な地質調査を行ったが、活断層は存在しない」との見解を表明した(東奥日報、1995.1.27)。このような地震の可能性と地盤の安定性についての論争は、以後も続いていく(渡辺満久他、2009)。

(4)核燃堆進側の巻き返し期(1989年8月ー91年2月)

三上の当選の五ヶ月後の1989年12月の六ヶ所村村長選挙で、核燃凍結を掲げた土田浩が、核燃を推進してきた現職の古川伊勢松を破って当選する。土田は、もともと古川陣営の幹部の位置にあったが、この段階では、古川の強引な政治姿勢を批判しつつ、核燃は凍結し、その是非については、村民の住民投票でこれを決するという協定を核燃反対派の一定部分の人々との間に結ぶという戦術を採った。土田の当選は一見すると推進派の後退のように見えるが、土田のいう「凍結」とは「慎重な推進」ということが、ほどなく明らかになってくる。というのは、土田陣営の戦術は、結果的に村内の核燃反対派を弱体化させるという効果を生んだのである。1989年の村長選挙における土田との政策協定の是非をめぐって、核燃反対派は分裂してしまう。一方で土田との政策協定を進めた中村勘次郎らのグループは、核燃絶対反対をかかげても勝利できる展望はなく、住民投票に持ち込めば勝利の可能性があると主張した。これに対して反対派の中でも、高梨酉蔵を支持する人々は、土田との政策協定は信用できず、中村グループの路線は不適切だと反発した。核燃反対派は、分裂という大きな代価を払うことになったが、結局、政策協定として掲げられた住民投票はいつまでたっても実施されず、土田村長は1990年12月12日の六ヶ所村議会で、核燃事業について「住民投票はしない」と答弁するに至る（東奥日報、1990.12.14）。土田との政策協定を信じた核燃反対派は裏切られたかたちになった。

1991年2月3日、核燃の是非が最大の争点になる形で、県知事選挙がなされる。核燃料サイクル施設の建設を推進してきた現職の北村正哉知事に対して、反核燃陣営は、弁護士の金沢茂を統一候補として擁立した。反核燃陣営は、運動の広がりに支えられて勢いがあったが、核燃推進派も全力をあげて、北村知事を応援した。当時の与党である自民党からは、小沢一郎幹事長が青森市に入り、てこ入れをした。また、電力業界は、青森県出身の電力会社員を青森県で選挙運動をさせるべく青森県に派遣した。結果的に、核燃推進の北村知事が、32万票を獲得し、反核燃の金沢（24万票）に対して競り勝ち四選を果たした。この選挙を境目として、反核燃派の政治的勢いは退潮し、以後、核燃推進の知事候補を、反核燃派が選挙で脅かすことはできなくなった。

この知事選挙の後、核燃諸施設の建設が、次々と進展することになる。1990年11月30日には、低レベル放射性廃棄物貯蔵施設が着工し、1992年3月27日には、ウラン濃縮工場が本格操業を開始する。また、1992年7月1日には、原燃産業と原燃サービスが合併し、日本原燃株式会社が発足する。そして、1993年4月28日には、再処理工場も着工するに至る。

この頃より、海外返還高レベル放射性廃棄物の受け入れ問題が政府と青森県の間での大きな交渉事項になってくる。政府は、日本の原発から排出される使用済み核燃料の再処理を、フランスとイギリスに委託してきたが、再処理後に発生するガラス固化体となった高レベル放射性廃棄物の受け入れを青森県に求めるようになった。これに対して、青森県側は、高レベル放射性廃棄物を、50年間の暫定貯蔵としては受け入れるが、その最終処分地にはしないという確約を政府に対して求めた。1994年11月19日に、科学技術庁は、高レベル放射性廃棄物の最終処分地問題について、青森県知事の意向に反しては、青森県を最終処分地には選定しないという確約書を提出したのである。

第４節　核燃料サイクル施設建設の歴史（その２）——放射性廃棄物処分事業への性格変容

(1) 海外返還高レベル廃棄物の受け入れ開始期——1995年2月より

核燃料サイクル施設の建設の歴史の中で、大きな節目となるのが、1995年である。この年、海外から返還される高レベル放射性廃棄物が六カ所村に初めて搬入され、それによって、六ヶ所村の核燃施設は、工場というよりも、放射性廃棄物処分場という性格が、色濃いものになってしまったからである。

この経過を振り返ってみよう。

青森県知事選挙は、核燃反対派にとって、政策転換のための機会であるのだが、1995年2月の知事選挙においては、核燃反対派は統一候補を擁立することができず、二人の候補が出馬することになり、結果として、大下候補（59101票）と西脇候補（29759票）の得票をあわせても、十万票に届かず、その退潮が顕著なものとなった。だが、青森県民は異なる形での変革を求めた。

1995年２月５日の青森県知事選挙において、新人の木村守男が、五選を目指した現職の北村正哉を破って当選する。木村知事が、前任者の北村知事と比べて、核燃料サイクル施設に対して、どのような政策をとるのかは、注目されることであった。就任早々の四月に、海外返還の高レベル放射性廃棄物の受け入れをめぐって、木村知事の独自の政治姿勢が打ち出されることになる。

海外返還の高レベル放射性廃棄物を六ヶ所村の施設に受け入れることは、前任の北村知事時代に決定された方針である。その実行に際して、木村知事は、青森県を高レベル放射性廃棄物の最終処分地にしないことの確約を、改めて求めたのである。そして、その確約が得られない限り、放射性廃棄物の運搬船の接岸を認めないという態度を打ち出した。船舶の接岸に対して知事は権限を持っているのであるが、そのような権限があることと、それを交換力として行使しうることを示唆したのは、みちのく銀行の元頭取である大道寺小三郎氏であったようである（本人からの聞き取り、2002年8月28日）。

木村知事の接岸拒否の姿勢に対して、改めて、科学技術庁長官は、「青森県を高レベル放射性廃棄物の最終処分地にしない」という確約書を提出する（4月25日）。これをふまえて、木村知事は、接岸を認め（4月26日）、高レベル放射性廃棄物（ガラス固化体）は、六ヶ所村の核燃施設内部に搬入されることになった。この高レベル放射性廃棄物の受け入れは、1985年の核燃サイクル施設の立地協定の対象になった施設ではなく、新たに加わった施設である。それが、工場ではなくて、日本で唯一の高レベル放射性廃棄物の一時貯蔵施設であるということは、核燃料サイクル施設の重点が、工場ではなく放射性廃棄物関連の施設に移行したという意義を有するものである。

（2）使用済み核燃料の受け入れ開始期——1998年より

では、1990年代の半ばにおいて、再処理工場をめぐる状況にはどのような変化があったであろうか。1995年12月、福井県に設置されている高速増殖炉「もんじゅ」がナトリウム漏れの火災事故を起こす。この事故以後、高速増殖炉の開発は前進することができず、再処理工場の操業の結果生み出されるプルトニウムの行き場がないという問題が浮上することになる。この状況に対して、政府は、1997年に、プルトニウムを従来の軽水炉において燃やすというプルサーマルを推進するという政策を打ち出し、2月4日の閣議において、プルサーマル推進計画を国策として了解するにいたる。だが、この後、各地の原発におけるプルサーマルの実施は、危険性を危惧する住民自治体の警戒と反対を呼び起こすことになり、円滑には進まなくなる。

次に、1998年からは、再処理工場の操業に備えるという名目で、各地の原発からの使用済み核燃料の六ヶ所村への搬入が日程に上るようになる。原発の使用済み核燃料が、立地県から搬出され、他県に移動するということは初めての事態であり、また、再処理工場の操業の前提となる操作である。ところが、この搬入は円滑には進まなかった。というのは、1998年10月に、使用済み核燃料輸送容器の性能を示すデータの改ざんが発覚したからである。科技庁および木村青森県知事は、搬入の中断を求めた。日本原燃がこれらの主体からの信頼を回復するのには時間がかかり、ようやく2000年10月12日になって、木村知事、橋本六ヶ所村長、竹内哲夫日本原燃社長の三者による安全協定と覚え書きが締結され、搬入の再開が可能になった。

また、再処理工場の建設は予定通り進まず、1999年4月26日には、日本原燃は、予定されていた2003年から2005年7月に延期することを発表した。

このように再処理工場に逆風が吹く中で、むつ小川原開発株式会社の経営は悪化を続け、経営破綻の処理が必要になった。旧むつ小川原開発株式会社は解消されて、2000年8月4日に、「新むつ小川原株式会社」が設立に至る。旧会社にたいする債権を有していた金融機関はそれぞれ債権の放棄を求められた。新会社は、借入金に頼らないかたちでの経営を実現するために、新たに、出資者を募り、今後は、土地が売却されるごとに、減資していくという経営方式をとることとなった。

六カ所村では、1997年11月末の村長選挙で、三選を目指した土田浩村長を、橋本寿氏が破って初当選する。橋本氏は明確に核燃推進の立場であるが、核燃反対派の一部からの支持もあった。その背景は、土田陣営が、1989年の村長選で、住民投票の約束をしたにもかかわらず、それを結局は実施しなかったことにより、だまされたと感じた反対派の怒りである。橋本氏は、2001年の村長選挙でも再選されるが、橋本村政は、長くは続かなかった。2002年に橋本村長をめぐり、村発注の公共事業に絡む贈収賄の疑惑が持ち上がったのである。橋本村長は、警察の事情聴取を受けた直後の2002年5月18日に自殺してしまったのである。その後の出直し村長選挙では、古川伊勢松元村長の弟である古川健治が新しい村長として当選する。

他方、木村県知事も2003年５月に女性問題をきっかけとして県知事職を辞職し、その後の６月29日の知事選挙では、自民党の推薦を受けた三村申吾氏が、初当選を成し遂げる。核燃反対派は統一候補を擁立することもできず、核燃を県政の大きな争点として打ち出すこともできなかった。

（3）再処理工場の試運転開始期——2001年4月より

三村知事と古川村長の時代になって、核燃施設の建設はどのように進んできたのであろうか。第一に、再処理工場はトラブル続きで、完工の時期の延期を繰り返しつづけている。

2001年12月に、再処理工場のプールの漏水問題が顕在化した（東奥日報，2001年12月28日）。使用済み核燃料の貯蔵プールは冷却を続け安全に貯蔵するためには水が張られていなければならない。ところが、施工不良による漏水箇所が多数、発見されたのである。2003年8月に公表された調査結果によると、ずさんな溶接は291箇所に上るなど不良施工が問題化した。この点について日本原燃は世論の批判をあびたが、再処理工場が工場として欠陥があるという問題は、試運転の過程を通して、より深刻な形で現れることになる。

再処理工場の試運転は、通水作動試験が2001年4月20日より開始された。試運転については、批判論が各方面から提出されたが、肝心の電力業界や経済産業省の中にも、ためらいや反対の意見が存在していた。だが、それらの声が核燃料サイクルの見直しを生み出すほど、強力に表出されないままに、2004年11月12日には、原子力委員会の新計画策定会議が、再処理路線の継続方針を決定し、再処理工場のウラン試験は実施されることになる。

2004年12月21日には、再処理工場で、ウラン試験が開始され、引き続き、2006年3月31日からは、実際に使用済み核燃料を使用してプルトニウムを抽出するアクティブ試験が開始された。このアクティブ試験の開始をめぐっては、あらためて賛否両論が闘わされることになる。地元ではアクティブ試験に対して、放射性物質の環境への放出が汚染をもたらすとして、青森県内の核燃反対派からも、県外の岩手県からも批判の声があがった。また、国会および中央政府にかかわる動きとしては、「原子力開発利用長期計画」の新策定会議が、2004年６月より、開始されており、再処理路線の是非が大きな論点になった。2004年７月２日には、核燃政策における「再処理方式」に比べ、「使用済み核燃料直接処分」のコストが半分以下であるという政府試算の未公表が明らかになる。このような情報の顕在化の背後には、経済産業省の中に、核燃推進派とは別に、核燃からの撤退を志向する官僚グループが存在していたという事情がある。

各方面からの批判を押し切って強行されたアクティブ試験は、2007年8月31日には第4ステップに入ることになる。しかし、次々とトラブルが発生し、竣工予定は、何回も繰り延べられるようになる。2007年9月7日には、再処理工場の竣工予定を、2008年2月に延期することが日本原燃から発表される。

2007年11月5日にはガラス固化が開始される。だが、12月後半に、ガラス固化体の蓋溶接機の故障などが起こり、12月27日からはガラス固化の作業が中止される。2008年2月14日、ガラス固化の作業を中断したまま、アクティブ試験は第5ステップに入った。だが、以後、日本原燃は、再処理工場の竣工を、2008年2月には5月に延期し、5月には7月に延期し、7月には11月に延期した。さらに、11月25日には、第15回目の竣工延期となるかたちで、2009年2月への延期を届け出た。ところが、12月11日にはガラス溶融炉の天井レンガ6キロが欠落し、炉内攪拌棒の曲がりも確認される。2009年1月には、竣工を8月に延期せざるを得なくなる。8月末には、2010年10月にさらに大幅延期を発表した。そして、2010年9月9日の日本原燃取締役会は、竣工の二年延期を決定する。これによって、早くても竣工は、2012年の10月頃となった。だがさらに、2012年9月5日には、日本原燃は19回目の延期となるかたちで、完工を1年延期（2013年10月頃）と発表した。

このように、再処理工場は延々と試運転を繰り返してきたが、2013年10月に確実に竣工するかどうかは、きわめて不透明である。そのような停滞の中で、2011年3月の東日本大震災が発生し、脱原発の世論は、空前の盛り上がりを見せるようになった。

原子力を含むエネルギー政策について、長期的視野に立った根本的見直しが必要な状況になった。技術的展望をもてず、経営的にも割高な再処理工場の操業に向けての努力を、果たして、今後も継続するべきかどうかが、あらためて問われる段階となっている。

（4）六ヶ所村をめぐる他の動向

この1995年から2011年に至る期間には、再処理工場以外にも注目するべき動向がある。

第一に、ＭＯＸ燃料加工工場の六ヶ所村立地が進展したことである。2005年4月19日に、青森県と六ヶ所村と日本原燃は、MOX燃料工場（ウラン・プルトニウム混合酸化物燃料工場）の立地について基本協定を締結し、2008年10月15日には、MOX燃料加工工場で準備工事が開始される。その後、本格工事の開始については、延期が繰り返されたが、2010年10月28日に、工事が開始され、竣工は、2016年3月と予定されている。

第二に、国際熱核融合実験炉（ITER）の誘致問題に一定の決着がついたことである。1995年10月23日、青森県は、ITERの誘致を決定した。ITERについては、国内でも国際的にもその誘致をめぐる競合がおきた。国内の競合については、青森県と六ヶ所村の政府に対する働きかけが功を奏し、競合する国内の他の候補地を退けて、六ヶ所村がその候補地として選ばれた（2002年5月29日）。しかし、2005年6月28日に関係各国の閣僚級会合において、ITERの本体は、南フランスのカダラッシュに建設が決定され、六ヶ所村には、ずっと規模の小さい、関連する実験施設などを建設するという決着になった。

第三に、青森県議会で、高レベル放射性廃棄物の拒否条例の制定問題が起こったことである。2008年3月に、青森県議会の中で、核燃料サイクル施設建設に反対の立場の五人の議員が、高レベル放射性廃棄物処分地の拒否条例を提案する。核燃を推進してきた三村知事と自民党などの会派も、少なくとも表向きは、最終処分地を拒否すると主張してきたのであるから、この条例へ賛同する可能性があるという分析に基づく取り組みであった。しかし、三村知事は拒否条例は不要という態度を示し、核燃推進派の諸会派・議員も、拒否条例を否決した。その理由は、政府との確約書があるから、拒否条例は不要というものであった。しかし、この拒否条例の否決は、青森県知事と県議会の真意に憶測を呼ぶものである。というのは、将来の状況次第では、最終処分地の立地の受け入れという選択肢を残しておきたいというメッセージではないかという解釈も可能だからである。

第四に、廃炉廃棄物処分場の立地が問題として、浮上した。各地の原発は２１世紀になってから、次々と寿命が来て廃炉になることが予想されており、その場合は、廃炉廃棄物をどのように処理するかが、大きな課題となる。この廃炉廃棄物は、放射性廃棄物の新しいカテゴリーであるが、青森県は1985年の立地協定に含まれているという主張をしている。しかし、1984-85年の核燃立地の是非をめぐる論争の中で、廃炉廃棄物は顕在的な主題としては論じられていないのである。日本原燃は「低レベル放射性廃棄物の次期埋設施設」として位置づけており、2002年11月に本格調査に着手し、ボーリング調査などを行ってきた。この廃炉廃棄物の処分場問題が具体化するのであれば、核燃料サイクル施設の性格は、決定的に放射性廃棄物埋設事業に変質することになるであろう。

第５節　関連諸地域の動向と東日本大震災の衝撃

(１) むつ市における使用済み核燃料の中間貯蔵施設の立地

[１] 先行事例としての原子力船「むつ」の母港化の経験

むつ市における原子力施設とのかかわりの最初の大きな経験は、原子力船「むつ」の母港建設とその廃船にいたる経過である。

原子力船「むつ」は日本で最初の原子力船として企画され、1968年に建造が開始された。その出発点においては、他の原子力事業と同様に、「むつ」にも大きな期待が寄せられていた。しかし、「むつ」の軌跡は、原子力政策と原子力事業の混迷を典型的に露呈させた。結果的には、経済性と競争力の欠如、陸上の原子炉以上に安全性確保が困難なこと、母港の確保についての社会的合意形成の困難さという難点が露呈したため、原子力船の実用化は断念され、「むつ」は、実験航海のみで、解役となり原子炉も撤去された（1995年)。地域社会との関係では、以下のような経過が見られた(詳細な経過は、第Ⅴ部資料編の年表を参照)。

第一に、「むつ」は危険性を懸念する各地の反対運動に直面して、当初から母港がなかなか決まらず、さらに、放射線漏れの事故により転々とせざるを得なかった。1967年、最初の候補地であった横浜市に断られた後、ようやく青森県むつ市の大湊港が最初の母港となった。多くの漁民・住民の反対を押し切って、1974年8月末に出港し最初の原子炉出力試験を実施したが、その帰結として放射線漏れが発生したため、反対論の高揚を招き、10月半ばまで帰港できず漂流することになる。その後、大湊港からの撤退、長崎県佐世保港における修理のための暫定的な受け入れ(1978年より)、むつ市関根浜での新母港の建設開始（1984年)、関根浜を母港にしての洋上試験の実施（1990年–

1991年）の全経過を通して、受け入れと航海と試験の可否をめぐって、地域紛争の焦点になり続けた。

第二に、この経過は、むつ市の中に、原子力施設の立地の是非をめぐって住民間に根深い対立を生み出すと共に、原子力施設の立地に伴い巨額の資金が地域社会に投入されるという経験を帰結した。「むつ」の母港建設についての根強い反対論に対して、政府による政策決定の方式は、巨額の補償金の投入で事態を打開しようとするものであった。1963年度から1983年度に限っても、むつの直接的な建造費が73億円であるのに対して、関連経費の総計は、486億円に達している（倉沢, 1988:104)。その中には、使い道があいまいな「その他」の費用が100億円にものぼっている。

原子力船「むつ」の歴史的経過は、本来であれば、政策決定の方式や経費肥大化についての反省の素材となるものであり、それらの改善についての教訓をくみ取るべき事業であった。しかし、実際にはそのような反省よりも、マネーフローを軸にしての立地推進方式と、マネーフローの取得と引き替えの立地受け入れという方式の確立の先例になったと言えよう。

[2] 使用済み核燃料中間貯蔵施設の建設の背景とむつ市における誘致

東日本大震災以前の段階では、わが国で稼働している原子力発電所からは、年間900 ～ 1000トンの使用済み核燃料が発生していた。使用済み核燃料は、海外へ再処理委託された分を除き、各原子力発電所のサイト内と六ヶ所村の再処理工場に貯蔵されている。各原発内に設置されている使用済み核燃料貯蔵プールは、その管理容量に対して貯蔵量が増え、限界に近づいている。総合資源エネルギー調査会・原子力部会の中間報告「リサイクル燃料資源中間貯蔵の実現に向けて」（1998年6月）では、2010年をめどに中間貯蔵施設を実現するための法制度の整備や事業者の取り組みを促す提言が行われた。この報告を受け、1999年6月に「核原料物質、核燃料物質及び原子炉の規制に関する法律（原子炉等規制法）」が改正され、「貯蔵の事業に関する規制」が定められた。このような法改正を背景に、具体的立地点の選定をめぐる折衝が始まる。

むつ市に「中間貯蔵施設」の立地計画が明らかになったのは、2000年8月のことである。後に杉山粛市長に対する『東奥日報』の取材によって明らかになったことであるが、市が中間貯蔵施設の誘致に至った背景には、経営難のむつ総合病院に拠出する負担金で危機的財政が続く中、施設立地に伴う歳入としての電源三法交付金及び固定資産税による市財政の建て直しというねらいがあった。むつ市当局は中間貯蔵施設にかかる電源三法交付金を60年間で約1290億円と試算する。なお、市当局は、1998年より市職員を財団法人電源地域振興センターに出向させ、2005年までに4人の職員が出向を経験していることから、2000年8月の誘致計画「発覚」の数年前から、水面下では中間貯蔵施設誘致の動きがあったことがわかる。

以下、むつ市における中間貯蔵施設誘致の経過を次の3期に分けて論じていく。

第１期：2000年11月から2003年3月。誘致計画の表面化から地元漁協の同意まで

第２期：2003年4月から2004年10月。市民・有識者の意見集約から市議会における誘致決定・住民投票条例制定請求の否決まで

第３期：2004年11月から2005年10月。青森県の立地同意と安全協定の締結まで

[3] 第1期：誘致計画の表面化から地元漁協の同意まで

杉山市長は、2000年11月末の市議会全員協議会で、東京電力に立地可能性調査実施要請を行うことを表明した。「核の中間貯蔵施設はいらない！下北の会」と「浜関根共有地主会」は調査実施要請の中止を申し入れたが、2001年1月30日に東京電力が市内に「むつ調査所」を開設、翌年度より立地可能性調査を開始した。関根浜漁業協同組合（松橋幸四郎組合長）は施設立地反対の立場から、調査への協力拒否の意思を表明した。

2001年9月30日に行われた市長選挙は、施設誘致に対する市民意見の把握の機会として重視された。住民団体は独自候補を擁立すべく、「市民のための市長を選ぶ会」を設立するなどしたが、会による候補者選出は実現しなかった。現職の杉山市長と、「凍結」を掲げた菊池健治県議会議員、「白紙撤回」を掲げた石橋忠雄弁護士の三つ巴となったが、杉山氏は「（中間貯蔵施設の）誘致はまだ決まっておらず、調査を終えた段階で市民や議会の意見を聞いて判断する」と強調して市内をまわり、杉山市長が当選した。『東奥日報』はこの選挙戦を、「中間貯蔵施設誘致問題は争点としては埋没。本来語られるべき本質的な部分はかやの外に置かれ、争点をぼかし、他陣営をかわした」と評した（東奥日報，2001年10月1日）。

中間貯蔵施設誘致問題が中心論点とならなかったことを受けて、住民団体から住民投票の実現をめざす動きが活発化する。2001年12月の市民集会では、市議から住民投票の必要性を訴える発言が出るなどして、翌2002年から住民投票条例制定のための署名運動に向けた活動を進めることが確認された。

東京電力の立地可能性調査に対して、関根浜漁協が協力を拒否していたが、2002年5月、新組合長に葛野繁春氏が就任、その後数ヶ月にわたって漁協理事の相次ぐ辞任等の混乱が続いたが、9月の組織会で正常化に至り、12月に杉山市長による説明会を受け入れる決議を行なった。翌2003年1月には杉山市長が関根浜漁協に対して正式に調査協力を要請するとともに、漁港整備を盛り込んだ水産基盤整備計画案を提示した。関根浜漁協は協議を行い、役員会で漁港整備などを要望するとともに調査実施を容認、3月には市長との間で立地可能性調査（海上音波探査）と漁港整備に関する協議書に調印した。

[4] 第2期：市議会における誘致決定・住民投票条例制定請求の否決

東京電力の立地可能性調査を終え、むつ市は商工・文化など各団体の幹部24人からなる「使用済燃料中間貯蔵施設対策懇話会」と、放射線や地質などの識者7人で構成する「専門家会議」を設置した。

「懇話会」は2003年4月の第一回会合を皮切りに5回の会合を重ね、6月に推進意見が大勢を占める報告書をまとめた。「専門家会議」は2003年4月の第一回会合を皮切りに、5回の会合を経て、「技術的に立地へ支障はない」「東電の立地可能性調査報告書は妥当と評価される」とする答申の方向をまとめ、5月21日に杉山市長に答申した。急ピッチで行われた審議は、2003年度決算での財政再建団体転落を防ぎたいとする市の意向を受けたもので、中立的な立場の専門家会議の主査が会見で「国や事業者を信頼していただきたい」と発言したこともあり、審議の内容以前に、専門家会議に対する不信の声が相次いだ。

「懇話会」「専門家会議」で市民・専門家の声を受けとめ、市は2003年6月の市議会定例会において誘致の是非の判断を求めることとした。当初、市議からは「国から最終処分地にしないとの担保をとらないと誘致は決定できない」、「東京電力の調査結果が出たばかりで軽々に賛成・反対と言えない」、「住民投票の結果を受け入れるべき」、「最終処分地が決まっていない段階で誘致に賛成できない」と、懐疑的な意見が出されていたが、市議会6月定例会のすべての議事が終了した閉会直前、杉山市長による誘致表明が行われた。このように3ヶ月弱の間にさまざまな手続きが行われ、むつ市は使用済み核燃料中間貯蔵施設の誘致を決定した。「住民投票を実現する会」の斎藤作治代表は「住民投票条例制定請求をやることを分かっているのに、その前に既成事実をどんどん積み上げていくのは市民の意見を聞くという姿勢に欠けている」と市当局・市議会の対応を批判した。

市長の誘致表明から4日後の2003年6月30日、「むつ市住民投票を実現する会」が住民投票条例制定請求のための署名収集活動を開始した。8月4日に市選挙管理委員会へ提出した最終的な署名数は5514筆となり、市有権者の13%弱の署名を集めた住民投票条例制定請求は、9月定例市議会で審議されることとなった。このさなか、杉山市長が、自身の支持者である会社社長に中間貯蔵施設誘致構想を漏らし、この社長が経営する砂利販売会社が立地予定地付近の原野を2000年に取得、売却していたというスキャンダルが明らかになった。

9月定例市議会は、市長不信任決議案（採決の結果は否決）の緊急動議によって幕を開け、住民投票条例案が市より提案された。提案には市長意見が付してあり、「住民投票を実施する必要はないものと判断しているので、本条例の制定には賛成できない」と異例の表明がなされた。条例案の審議過程では、杉山市長から「市民団体の署名収集には、まやかしがある」という主旨の答弁があり、市議の抗議によって会議録から削除される一幕もあった。しかし市議会は特別委員会で条例案を3対15で否決し、9月11日の本会議においても、賛成者3名、反対者17名により、中間貯蔵施設誘致の賛否を問う住民投票条例案は否決された。

［5］第3期：青森県の立地同意と安全協定の締結

その後、三村申吾青森県知事は、事業者である東京電力、受け入れ自治体であるむつ市からの立地検討の要望を長く保留していたが、2004年11月末、日本原燃との六ヶ所再処理工場ウラン試験に伴う協定の締結を行った直後、立地の検討作業に着手する方針を表明した。明けて2005年、県は中間貯蔵施設の安全性を検討する専門家会議「安全性チェック・検討会」を設置、5回の審議を経て「施設の安全性は十分確保できる」との答申をまとめた。次いで5月には県議会全員協議会が招集され、中間貯蔵施設の立地の是非が議論され、多数が中間貯蔵施設誘致推進を改めて表明した。ここで県として誘致を容認する方向が定まった。県は青森市、八戸市、むつ市、五所川原市、弘前市において県民説明会を相次いで開催するとともに、公募の県民による「中間貯蔵施設について意見を聞く会」で意見を収集した。

2005年9月、むつ市長選挙で杉山市長の再選を確認すると、三村知事は細田内閣官房長官、中川経済産業相、棚橋科学技術政策担当相、近藤原子力委員長、勝俣電事連会長（東京電力社長）と個別に会談し、核燃料サイクル政策に変更がないこと、中間貯蔵施設の貯蔵期間終了後は使用済み核燃料が施設外へ確実に搬出されることなどを確認した。三村知事が中間貯蔵施設立地に同意を正式表明したのは、同年10月19日のことである。同日、三村知事、杉山むつ市長、勝俣東京電力社長、市田日本原子力発電社長の間で、中間貯蔵施設に関する安全協定が締結された。こうして、日本で初めての使用済み核燃料中間貯蔵施設は、下北半島の中核、むつ市に立地することとなったのである。

2005年11月､東京電力と日本原子力発電が出資して｢リサイクル燃料貯蔵株式会社｣が設立され、2010年8月に中間貯蔵施設の工事が開始された。

（2）東通村

東通村は六ヶ所村の北隣に位置する村であり、 面積は294平方キロ、人口は1980年が9975人、2010年が7253人で典型的な過疎地である。村の財政力は弱く、長期に渡って、村内に村役場を設置することができず、役場はむつ市に間借りしていたほどである。それだけに、原発のもたらす経済的効果への期待は大きく、1965年以来、原発誘致の取り組みがなされてきた。

東通村における原発建設の歴史的段階は、大きくは以下のように区分できる。

第１期：1965年5月より1981年1月まで。誘致開始と下準備期。
第２期：1981年2月より1995年1月。関連する各漁協と漁業補償交渉が行われ、６漁協すべてとの漁業補償協定が結ばれる段階。
第３期：1995年2月より、1999年2月。東北電力１号機の建設のための各種手続きが進捗する段階
第４期：1999年3月より、2005年11月。東北電力１号機が着工し臨界にいたり、営業運転の準備を整えるまで。
第５期：2005年11月から2011年2月まで。
第６期：2011年３月以降

それぞれの時期の経過の概要は以下のようなものである。

［1］第１期：1965年5月より1981年1月まで。誘致開始と下準備期。

1965年5月、東通村議会は原子力発電所の誘致を決議する。また、同年10月、青森県議会は、東通村議会が提出した原子力発電所誘致請願を採択する。そして、1970年６月、東北電力および東京電力は､東通村に｢下北地点原子力発電所｣を立地することを公表した。同年７月､村議会は､｢原発建設特別対策委員会」を設置した。そして翌年、1971年6月に、東北電力と東京電力は東通村の海岸地域に、原子力発電所を建設する計画を発表する。だが、これ以後、原子力発電所の建設に向けての進展はしばらくみられなくなる。

［2］第２期：1981年2月より、1995年1月まで。関連する各漁協と漁業補償交渉が行われ、６漁協すべてとの漁業補償協定が結ばれる段階。

東通原発の建設が推進できる前提条件は、利害関係を有する周辺漁業者との補償問題の解決であった。漁業者の間には、原発に対する根強い反対の姿勢があった。東通原発の建設に利害関係を有するのは、白糠、小田野沢、尻労、猿ケ森、老部川内水面、泊の6漁協であった。

漁業補償問題は長期化したが、青森県知事が1992年6月に提示した漁業補償額130億円、漁業振興基金40億円、磯資源等倍増基金10億円に基づいた県知事の斡旋により、1992年8月、まず、白糠･

小田野沢漁業協同組合と、電力会社の間での漁業補償協定が締結される。ついで、1992年10月から周辺４漁協との交渉が開始され、1993年7月に、尻労、猿ケ森、小田野沢漁協との漁業補償協定書が締結される。

さらに、1993年11月には、老部川内水面漁協との補償協定が結ばれ、最後に、1995年1月に、六ヶ所村長の仲介により、泊漁協との漁業補償協定（補償金15億6400万円）が締結された。

［3］第３期：1995年2月より1999年2月。東北電力１号機の建設のための各種手続きが進捗する段階

東通原発においては、二つの電力会社がそれぞれ二基ずつ、合計四基が建設される計画であたが、実際に事業が進捗したのは、東北電力の一号機である。

1996年4月2日、東北電力は、平成８年度供給計画を発表し、東通原発については従来どおり、ＢＷＲ炉を二基建設する方針を示した。同年4月17日、東通原発の第一次公開ヒアリングが通産省により行われた。原発の新規立地に伴う公開ヒアリングは、1986年の北陸電力・志賀原発以来、10年ぶりである。これに対し、青森県反核実行委員会や、「函館・下北から核を考える会」などの200人の反対派が抗議行動を展開した。

同年６月9日、経済企画庁は、木村守男青森県知事に対して、7月5日までに、国の電源開発調整審議会上程について、意見をまとめるよう申し入れた。翌6月10日に、東通村議会原発促進特別委員会は、村当局が作成した県知事宛の「建設促進の意見書」を了承する。続いて、木村知事は、東通原発の一号機について、6月19日には、むつ市、および、下北郡内の６町村の首長より意見を聞き、6月26日には、三沢市と上北郡内の５町村の首長から意見を聞き関連地域の同意を確認した。そのような経過を経て、木村知事は、7月15日に東通原発の建設に同意の意向を国に伝えた。電源開発調整審議会は、7月18日に、東通原発計画を承認し、橋本首相に答申する。原発の新規立地としては、10年ぶりであり、一号機は2005年に運転予定とされた。

電源調整審の答申をふまえて、東北電力は、1996年8月30日に、国に原子炉設置許可申請を提出した。

翌1997年4月13日には、川原田敬造村長の死去に伴う村長選が行われ、原発推進の立場に立つ前助役の越前靖夫氏が初当選した。

［4］第４期1999年3月より2005年11月。東北電力１号機が着工し臨界にいたり、営業運転の準備を整えるまで。

東通原発（東北電力一号機）は、1999年３月24日に、地元での反対運動による反発をうけながらも着工される。その時点での運転開始予定は、平成17年（1995年）であった。その後、工事は、いくつかの波乱を伴いながらも進展し、2004年２月５日、青森県と東通村、東北電力の三者は、東北電力の東通一号機について、安全協定の締結にいたる。また、2004年３月２日には、東通一号機について青森県が導入しようとしている核燃料税に関し、青森県と東北電力は、税率をウラン燃料価格の12％にすることで合意する。これはこの時点で、税率としては、全国でもっとも高いものであった。そして、2004年12月24日には、東北電力東通一号機の試運転が開始される。

当時の東通村長（越善靖夫）は、原子力発電所の立地を推進することを村政の基本政策としていた。越善村長は2001年3月に無投票再選されたあと、現在まで四選されている。

このように一号機の建設は、ほぼ着工時の計画どおり進行したが、追加的に建設が予定されていた、東北電力の二号機と東京電力の二基の原発については、両社が出力アップの計画を1999年３月に発表したことにより、温排水の増加が見込まれることになった。この出力増強計画をめぐっては、新たな漁業補償交渉が必要になった。追加的な漁業補償は、五つの漁協となされることになったが、2003年５月９日に、白糠・小田野沢漁協が、補償協定に調印した。

［5］第５期：2005年12月から2011年2月まで。

2005年12月８日に東北電力の東通一号機の営業運転が開始され、東通村における原発問題は、新たな段階に入る。すなわち、東京電力と東北電力の新たな原発建設が地域政治の焦点になる。

東通原発の出力増強に伴う漁業補償交渉は難航する。2006年６月１日には、老部川内水面漁協と、両電力会社との変更漁業補償協定が締結されるが、六ヶ所村の泊漁協との交渉は、2007年11月30日に、第10回目の交渉を行うが、平行線をたどった。

この追加的漁業補償交渉の長期化については、それが、どのような理由でなされたかについて、注意が必要である。後の『東奥日報』の報道によれば（2008年5月29日）、両電力会社は、原発の早期着工、早期操業を望んでおらず、操業の開始を遅らせるために、時間のかかるであろう新たな漁案交渉を設定したという経緯があるということである。この分析が妥当であれば、タテマエとホンネの乖離を示す事例であることによって、電力会社の行為原理の複雑さに一つの照明が与えられる。同時に、この事例は、経営合理性という点で、電力会社が、本当は原発に対してどのような姿勢を持っているのを解明する手掛かりになる。

また、この段階で新たな注目をあびた問題は、越善東通村村長が、高レベル放射性廃棄物の最終処分場をめぐって、その立地に関心を示したことである。2006年12月末の『東奥日報』によれば、越善村長は、高レベル放射性廃棄物最終処分場の受け入れに意欲を示したとのことである。これに対して、県内の核燃反対派はいっせいに反発するとともに、三村知事も、「青森県を最終処分地にしない」という原則を忘れては困るという見解を発表し、越善村長の動きを抑制する姿勢を示した。高レベル放射性廃棄物問題が、青森県における新たな政策的争点として浮上したのである。

（3）大間町

大間町は、下北半島の最北端に位置する面積52平方キロ、人口6606人（1995年）の町である。漁業が盛んで、産業別就業者数における漁業の比率は32％にものぼる（1995年）（『大間町町政要覧1998』）。青森県の中でも周辺部に位置している町であるが、1970年代より、電源開発株式会社による大間原発建設の取り組みが続いている。

大間原発の立地の動きは、次のような諸段階にわけることができる。

第１期：1985年4月まで。事業主体側が事前調査などの端緒的取り組みを開始した時期。

第２期：1985年5月より、1994年5月まで。ＡＴＲ実証炉の建設計画が採用され、大間・奥戸両漁協が、魚業補償協定に調印するまで。

第３期：1994年6月より1998年8月まで。ＡＴＲからＡＢＷＲへの計画変更が提起され、大間・奥戸両漁協が、ＡＢＷＲ建設についての魚業補償協定に調印するまで。
第４期：1998年9月より2008年3月まで。着工にむけての手続きが進展する時期。
第５期：2008年4月より現在まで。設置許可がなされ、着工し、建設が開始された時期。

［1］第1期：1985年4月まで。事業主体側が端緒的取り組みを開始した時期。

大間町で原発導入の最初の動きは、1976年にさかのぼる。同年４月、大間町商工会は、大間町議会に対して、「原子力発電所新設に係わる環境調査」の実施をするように請願した。この請願は同年６月には採択される。そして、1980年7月に、大間町は立地適地調査の実施を要請し、1982年６月には、電源開発株式会社が立地適地調査を開始する。1984年12月、大間町議会は、「原子力発電所誘致」を決議し、議会内に「原発対策特別委員会」が設置される。大間町における原発の建設を具体化し、それをめぐる町内の賛否の動きも、活発化するようになる。漁協関係者の警戒心は強く、1985年１月には、大間漁協と奥戸漁協が、それぞれ臨時総会を開催するが、「原発調査対策委員会設置」は否決される。

［2］第２期：1985年5月より、1994年5月まで。ＡＴＲ実証炉の建設計画が採用され、大間・奥戸両漁協が、魚業補償協定に調印するまで。

1985年５月、通産省、科学技術庁、電気事業連合会、動力炉核燃料炉開発事業団、電源開発の三者で構成されるＡＴＲ実証炉建設推進委員会が、「大間原子力発電所計画」を丁承し、大間町における原発は、「新型転換炉（ＡＴＲ)］の実証炉とする方針が打ち出される。その後、大間漁協と奥戸漁協に対する漁業補償の成否が、原発の建設の進展を左右する最大の要因となった。その交渉は難航し長期化する。大間漁協は1987年６月の臨時総会で、「原発調査対策委員会」の設置を可決し、さらに、1989年３月には、同委員会の活動報告の承認の上で、「原子力発電所交渉委員会」の設置を可決する。それより遅く、奥戸漁協は、1988年４月の臨時総会で、「原発対策委員会」設置を可決し、そして1992年１月に、「原発交渉委員会」設置を可決し、以後、漁業補償交渉は本格化する。だが、電源開発と両漁協の漁業補償金交渉は膠着状態に陥ってしまう。1993年12月に青森県は、関係者に対し、漁業補償の仲介を行い、それをふまえて、電源開発は、1994年２月に、大間・奥戸漁協に対し、漁業補償金の見直し額を提示するに至る。その後、1994年５月に両漁協と電源開発の間で、漁業補償協定が調印され、足かけ１０年にわたる漁業補償問題は決着を迎えることになった。

［3］第３期：1994年6月より1998年8月まで。ＡＴＲからＡＢＷＲへの計画変更が提起され、大間・奥戸両漁協が、ＡＢＷＲ建設についての漁業補償協定に調印するまで

ところが、ＡＴＲ実証炉を前提にした漁業補償問題がいったん決着した直後の1995年７月に、電気事業連合会は、通産省、科学技術庁、原子力委員会、動力炉・核燃料開発事業団、電源開発に対して、ＡＴＲ実証炉計画を見直し、フルＭＯＸ装備の改良型沸騰水型軽水炉（ＡＢＷＲ）建設を申し入れた。出力は138万8000キロワットの予定である。このような炉型についての方針転換の背景にあるのは、プルトニウムの過剰問題である。六ヶ所村の再処理工場の建設が進展するなかで、プルトニウムを使用する高速増殖炉の研究開発は当初の期待に比べて、大幅に遅れており、このままでは、プルトニウムが過剰に堆積することにならざるを得ないので、その打開の道をフルＭＯＸ炉の建設に求めたものである。電源開発は、原子力委員会の大間原子力発電所計画変更正式決定を受け、1995年８月に、地元市町村及び青森県に対し計画変更の申し入れを行う。出力の変更に伴い、漁業補償交渉はやりなおしとなるが、1998年８月に電源開発と大間・奥戸漁協は追加漁業補償協定を締結するに至る。

［4］第４期：1998年9月より2008年3月まで。着工にむけての手続きが進展する時期。

1998年9月より、原発の建設に向けた手続きが進行する。1998年9月には、電源開発が資源エネルギー庁に環境影響調査書を提出し、同年12月には、資源エネルギー庁が第一次公開ヒアリングを実施する。翌1999年4月には、大間町に隣接する風間浦村、佐井村が臨時議会を開催し、大間原発計画に同意する。1999年7月、青森県知事は、下北8市町村に意見照会の上、大間原子力発電所に同意の意向を経済企画庁に対して伝える。同年8月、国の電源開発調整審議会は、大間原子力発電所計画を電源開発基本計画に組み入れることを決定する。それをふまえて、電源開発は、1999年9月、通産省に対して、原子炉設置許可申請書を提出する。このように行政的手続きは、段階を追って進展したが、用地買収は壁にぶつかりこととなる。大間原発の建設に反対する地権者の中でも、一女性地権者（熊谷あさ子氏）が、非常に堅固な信念をもって、土地の買収を拒否したからである。地元の浅見大間町長は直接的説得にのりだすが、しつこい説得活動に対しては、かえって反発が強まるだけであった。他方、今村修・社民党県連代表は、大間原発計画について、電源開発が国に申請した計画内容の一郎に虚偽があることを指摘する（2001年7月5日）。このような抵抗や批判にあう中で、電源開発は、準備工事の中断（2001年4月13日）と建設工程の延期（2002年2月6日）を行う。用地買収をめぐる困難に直面する中で、炉心位置の変更問題が浮上する。大間町町長と議長の要望（2002年12月）を受けて、電源開発は、2004年3月18日、従来の原子炉設置許可申請を取り下げて、原子炉建屋の位置変更に伴う新たな申請書を経済産業省に提出した。これにより、用地買収の難航で、2001年10月から中断していた国の安全審査が、2年半ぶりに再開されることになる。2005年10月19日、政府の原子力安全委員会は、大間町にて第二次公開ヒアリングを実施する、これに対して反対派の市民団体は、約50人の抗議集会を開いた。

この間、2003年6月には、電源開発は、反対派の女性地権者らを相手取り、建設予定地内にある奥戸共有地の分割を求める民事訴訟を青森地裁に提起する。青森地裁は、2005年5月10日に、電源開発の請求を認めるかたちで、女性地権者に移転登記を命じるが、女性地権者側は承服せず、仙台高裁に控訴する。高裁でも住民の要求は退けられ、最終的には最高裁で、住民の上告は退けられる（2006年10月12日）。

［5］第5期：2008年4月より現在まで。設置許可がなされ、着工し、建設が開始された時期。

以上のように建設手続きは難航したが、ついに、2008年4月に、大間原発の設置許可が認可される。大間原発は、経産省による設置許可が2008年4月になされた後に、同年5月には着工し、建設が開始された。燃料装荷は、平成25（2013）年度中、営業運転開始は、平成26（2014）年11月と予定されている。以後、建設工事が続けられたが、2011年3月11日の東日本大震災により、新たな局面に入ることとなった。

（4）東日本大震災の衝撃と原子力政策の転換

東日本大震災は、福島原発震災の生起により、日本社会に大きな衝撃を与え、原子力政策の見直しを迫るものとなった。そのことは、青森県における核燃料サイクル施設をはじめとする原子力施設の建設に大きな影響を与えることになる。

大震災は、短期的、直接的には、建設工事の継続や予定されていた操業を不可能にした。また、中長期的な政策選択という点でも、福島原発事故は脱原発の世論を高揚させ、原子力政策全体の見直しを要請するものとなった。

2011年9月の青森県現地調査によれば、青森県における大間原発、東通原発、むつ市の中間貯蔵施設のいずれの建設工事も停止されていた。その理由は複合的である。第一に、資材や人員の不足という要因、第二に、原子力政策の将来像の見直しが必至になったことは、いずれの施設の工事にも影響を与えざるを得ない。

そして、定期検査に入った日本各地の原発は再稼働できず、ついに、2012年5月5日には日本中の全原発が、40年ぶりに停止するにいたった。

2012年になり、政府のエネルギー政策の長期的選択が課題となった。総合資源エネルギー調査会基本問題委員会は、エネルギー政策の選択肢として、「2030年の原発の比重」について、「0%案」「15%案」「20−25%案」の三案を提示した。パブリックコメントや各種の世論調査では、2030年の原発０％案が最大の支持を集めた。8月に結果が明らかになったパブリックコメントには空前の約9万通の意見が寄せられ、その87%が「0%案」を支持した。他方、「15%案」の支持は1%、「20−25%案」の支持は8%にとどまった。民主党の野田政権は、そのような世論の高揚に押される形で、８月にはいったん「0%案」の採用に傾きかけたが、「2030年」ではなく「2030年代に0%」という脱原発を先延ばしにするような案を提示し、推進派に対して妥協的な姿勢を示した。0%案は、原発の新設は不要とするとともに、核燃料サイクル政策の継続が不要となること、したがってもんじゅの再開は不要であるし、六ヶ所村の再処理工場の操業も不要になるという含意を有するものである。

このような世論の高揚に押された形での野田政権の脱原発への傾斜に対して、原発の継続を要求する対抗的な圧力がさまざまな方面から加えられた。その中でも三つの働きかけが重要である。第一に、経済界の多数派は経団連の意見表明に見られるように「０％案」に反対であり、野田政権に圧力をかけた。第二に、青森県知事や青森県内の原子力施設立地点の首長は、次々と脱原発路線を批判するとともに、核燃料サイクル政策の継続を求める態度を表明した。日本社会全体としての世論は、原発事故に対して強い不安を感じ、原発の危険性を重視するようになり、脱原発の声が空前の高まりを見せるようになった状況であったけれども、青森県における原子力施設を立地している各自治体は、脱原発が進行することに伴う、経済的・財政的窮乏化と雇用の喪失が引きおこされかねないことにたいする不安を強く感じていた。三村知事は、もしも、核燃料サイクル政策を転換し再処理工場の操業をしないのであれば、青森県に搬入されている使用済み核燃料を搬出せよという要求をすることになるという姿勢を示した。そのことは、各地の原発の貯蔵プールがほどなく満杯になることを含意し、原発の操業が近い将来にできなくなることを含意していた。第三に、アメリカ政府は、日本のエネルギー政策が脱原発の方向に転換することに対して、ブレーキをかけるような働きかけをした。

結局、これらの政治的圧力が合成されて効果を発揮した。野田政権は、9月14日に「2030年代に原発稼働ゼロを可能とするよう、あらゆる政策資源を投入する」ことを骨子とした「革新的エネルギー・環境戦略」を提示したが、最終的には、9月19日にその閣議決定を見送り、「革新的エネルギー・環境戦略」は単なる参考文書に留まるものとなった。原子力の根本的見直しという課題は回避され、原子力政策の方向性について、不明確な漂流状態に陥った。すなわち、8月後半から9月にかけて、原発継続への揺り戻しが起こり、脱原発の世論との間に板挟みとなった野田政権は決定責任を担えなくなったのである。

第６節　検討を深めるべき諸テーマ群

本論の第１節において、「いかなる問題文脈でこの事例が重要な意義を持つか」ということを、「地域格差」「地域開発」「原子力政策」「政策決定過程」「倫理的政策分析」という五つの問題文脈に即して考察した。そして、第２節から第５節においては、四つの段階あるいは局面に分けて、歴史的経過を概観した。この歴史的経過の概観によって、社会科学的視点や、政策論的視点から見たとき、より具体的にはどのような問題群があるのかが、浮上してくる。それらの問題群をここで整理しておきたい。というのは、資料集の編集が、これらの問題群の解明に役立つものであるべきだからである。

(1) 地域格差

地域格差という点で注目しなければならないのは、「次元を変えた格差の再生産」及び「二重基準の連鎖構造」という事態である。

「次元を変えた格差の再生産」とは、経済的格差、財政的格差というような次元での格差を解消とする努力が、中心部／周辺部という社会関係の中で展開されるが、結果的には、「負の財の負担」という別の次元で、新たな格差を創り出し、格差は解消するのではなく、再生産されているという事態である。そのような事態は、経済的受益と放射性廃棄物の処分・保管という受苦とを交換するところから生じている。しかも、注目するべきは、経済的受益は永続的なものではなく、財のフローは年ごとに確保されなければならないし、財のストックもやがては減耗していく。ところが、放射性廃棄物という負財は、その危険性が、年月の経過と共に、すみやかに減少するわけではなく、半永久的に続くこと、さらに、容器の劣化による漏出の危険は年と共に、増大することである。

そして、「二重基準の連鎖構造」とは、電力の大消費地（東京など）と、原発立地県（福島、新潟など）と、放射性廃棄物の一時的受け入れ県（青森県）、高レベル放射性廃棄物の最終処分地（未定）との間に、原子力施設に由来する直接的・間接的受益と、汚染の危険性という受苦をめぐって、相対優位と相対劣位のあいだに、二重基準の採用が、連鎖的に構造化されていることである。すなわち、電力の大消費地（東京など）は、原発による受益は享受しつつも、原発の操業に伴う固有の危険（定常的汚染、被曝労働、事故の危険性）は、原発立地県（福島、新潟など）に、押しつけている。原発立地県は、原発立地に伴う受益（財政収入、電源三法交付金、雇用機会など）を自らは確保しつつ、放射性廃棄物にかかわる固有の危険については、青森県に押しつけている。さらに、青森県は、核燃料サイクル施設や使用済み核燃料の立地に伴う受益（財政的・経済的メリット）を確保しつつ、高レベル放射性廃棄物の最終処分は、「どこかよその所へ」という態度をとり続けている。

（2）地域開発政策

地域開発政策という点では、第一に「誘致型開発」の失敗が繰り返されたこと、第二に、開発の性格が、「誘致型開発」→「従属型開発」→「危険施設受け入れ型開発」→「放射性廃棄物処分事業」へと、段階的に性格が変容したことが、重要である。

「誘致型開発」とは、ある地域社会の開発を、その外部から優秀な技術力や経済力を有する主体を呼び寄せて、その経済力の生み出す波及効果を生かして地域開発を推進しようとするような開発方式である。1970年代の初頭以来のむつ小川原開発も、1980年代半ばからの核燃料サイクル施設建設も、共に、このような意味での誘致型開発という性格をもっていた。しかし、これまでの各節で歴史的経過を確認したように、石油化学コンビナートを柱としたむつ小川原開発は完全な空振りに終わった。そして、核燃料サイクル施設も、投資額として最大の再処理工場はトラブルを繰り返し、大幅な遅延を繰り返し、今後の操業についても明確な展望を得ていない。核燃料サイクル施設が予定通り稼働していないという事態は、より巨視的な視点から、その意味を把握するべきである。

1971年から40年間の巨視的推移という視点で見れば、六ヶ所村を舞台にした開発計画は、四段階にわたってその性格を変容させてきたのである。当初のむつ小川原開発は、明確に誘致型開発という性格を示していた。その中心にあった竹内知事や今野むつ小川原開発室長らの青森県首脳部は、工業基地の立地による青森県の経済的・財政的浮揚を図るという大きな目標を抱いていた。しかし、第一次オイルショック以後、前提となっていた経済成長予測は、量的にも質的にも妥当性を失ってしまった。1980年ごろには、青森県は、誘致の主体としての選択肢を失い、政府・財界の持ち込んでくる開発事業企画は、なんでも受け入れざるを得ないという姿勢を示すようになった。当初の開発計画には含まれていなかった石油備蓄が立地したころには、「従属型開発」という性格への変質が生じていた。そして、その延長上に、1985年4月の核燃料サイクル施設の立地協定が結ばれる。核燃料サイクル諸施設の立地は、石油備蓄基地とは危険性の程度という点で根本的に性格が異なる。再処理工場は、その危険性の故に、各地で立地が拒絶されてきたものであった。そして、低レベル放射性廃棄物の処分場は、各原発立地県を含め、日本のいかなる地域でも建設されたことがないものであった。だが、核燃料サイクル施設の建設は、地元青森県からは、あくまでも「地域開発」の一つの方式として意味づけられていた。それは、さまざまな波及効果への期待が、これらの危険施設の受け入れの正当化の根拠となった。それゆえ核燃料サイクル施設の建設は、「危険施設受け入れ型開発」という性格を有するのである。ところが、1995年の海外返還高レベル放射性廃棄物の受け入れを画期として、核燃料サイクル施設の建設計画は、「放射性廃棄物処分事業」に向かってその性格を変容させた。廃棄物の保管施設の及ぼす地域経済への波及効果は、工場と比べればずっと軽微なものにとどまる。

このような開発計画の性格変容がどのように生じたのか、別の選択肢はなかったのかという視点からの検証が必要である。

（3）原子力政策

むつ小川原開発が、核燃料サイクル施設の建設へと変容した過程は、原子力政策という文脈で見ると、どのような問題点を浮かびあがらせているだろうか。第一に、エネルギー政策としての原子力政策という視点で見ると、さまざまな点で、合理性や道理性を欠如していること、第二に、外交・軍事政策という視点からの原子力政策の方向付けが秘密裏に作用していたことである。

青森県における核燃料サイクル施設の建設政策の経過を振り返って見ると、それがエネルギー政策としては、いくつもの意味で、合理性と道理性を欠如していることが明らかになる。

第一に、再処理工場は、高速増殖炉が実用化されてこそ、その存在意義があるにもかかわらず、1995年の「もんじゅ」の事故によって、高速増殖炉は技術的に行き詰まっていることが明確である。高速増殖炉の開発の展望が失われているにもかかわらず、惰性的に核燃料サイクルの推進に固執していることには、合理性がない。

第二に、再処理工場自体が、トラブル続きであり、再処理の推進の立場に立ったとしても技術的な展望が得られていない。そこに、さらに巨額な経費を投入しづつけることは、合理性を欠如している。

第三に、放射性廃棄物問題に対する責任のある対処がないままに、日本の原子力政策はこれまで推進されてきており、その帰結としての危険性を、なし崩し的に青森県に集中させている。これは、道理性にもとる事態と言わなければならない。

第四に、「真の費用」を事前には潜在化させたまま、核燃料サイクル施設の建設が推進されてきており、全体としての経済的合理性が軽視されている。

第五に、危険施設の社会的管理という点では、原子力複合体の主導権のもとに、政策決定や技術的決定がなされており、安全性の確保という点で、疑問の多いまま、建設と運営が続けられてきている。

以上のように検討してみると、核燃料サイクル政策を日本が推進することの根拠は、経済性、技術的必要性と可能性、社会的な衡平といった諸基準に照らしてみると、薄弱といわなければならない。また、電力会社や電事連は、核燃料サイクルの推進を担ってきたが、その関係者の言動を詳細に分析すると、果たして、本当にその推進を望んでいたのか、という疑問も生じてくる。にもかかわらず、核燃料サイクル政策が推進されて来たのはなぜであろうか。推進政策の背景には、公然とは語られない「隠れた論理」が作用していたように思われる。

原子力政策をエネルギー政策という視点から見る限り、道理性と合理性を欠如したまま、なぜ、核燃料サイクル政策がこれまで硬直的に推進されてきたかの理由は、今ひとつわかりにくい。だが、外交・軍事政策という視点から見ると、そのような「展望がないにもかかわらず、核燃料サイクル政策に固執する」ことの異なった理由が浮上してくる。第3節で検討したように、日本の原発推進政策は、「核武装の潜在能力を保持することによって、諸外国の核兵器に対する核抑止力とする」という方針によって規定されていたのである。

福島震災以後、原発推進という政策は、これまで表向きに表明されてきた理由によっては十分な説得力を持たなくなった。電力エネルギーの需給論（原発がなくなると電力不足に陥る）、経済性論（原子力発電は安価である）、安全性が保たれている、温暖化対策の決め手であるといった、主要な立論は、福島原発震災が照らし出した事実や、再生可能エネルギーに対する評価と期待の高まりによって、急激に説得力を失ってしまったのである。そこで、これまで隠されてきた軍事的理由が、最後の原発防衛論として浮上してきた。

このような経過を把握するならば、日本の原子力政策の全体像を、平和利用と軍事利用の両面から捉え返すべきである。そして、隠されていた核武装論がどのような影響や弊害を生み出してきたのか、そこには、どのような意味で倫理的問題点が存在するのかについて、検討しなければならない。

（4）政策決定過程

以上のような開発政策と原子力政策の内容と帰結は、視角を変えて、政策決定過程論という点からも、検証されるべきである。

第一に、青森県における二回にわたる開発企図の「的はずれ」はどのような諸要因によって生じたのかを解明する必要がある。その際、「民主的意志決定」の欠落、あるいは形骸化という視点での検証が必要である。具体的なトピックとしては、①核燃料サイクル施設の受け入れ過程における海域調査のあり方と、海域調査をめぐる漁協総会の問題点、②漁業補償の妥当性を問う、米内山訴訟の意義、③1989年の六ヶ所村村長選挙における「住民投票をめぐる政策協定」とその反故化の問題、④核燃料サイクル地域における地盤の安定性と活断層の存否問題、⑤1985年の核燃立地協定の内容と、その後の実際の諸施設の立地過程との異同といった諸点の検証が必要である。

第二に、原子力政策の形成と実施の過程の特徴と問題点とを、核燃料サイクル施設の建設過程に即して、解明する必要がある。特に、「原子力複合体」がどのように形成され維持されているのか、それがどのような形で影響力を発揮してきたのか、原子力をめぐる多元的な意志決定構造はどのような過程を経過しつつ意志決定を生み出しているのか、また、核燃料サイクル施設をめぐる安全性／危険性問題をめぐる宣伝のあり方や、誇大な宣伝と同化的情報操作の問題点がどのように露呈しているのかなどを、さまざまな角度から検証すべきである。ここで、原子力複合体とは、大規模な原子力の利用に利害関心を持ち、その推進を相互に協力しながら担っているような各分野の諸主体、すなわち、電力会社、原発やその関連機器類を生産する原子力産業、行政組織、政治家、研究組織と研究者、メディアなどの総体である。原子力複合体は、巨大なマネーフローを操作することにより、世論に対する巨大な影響力と、巨大な政治力を擁するに至っている。そのような金銭フローが、地域社会にどのように流れ込み、地域社会を操作して来たのかを解明する必要がある（舩橋、2011）。

第三に、原子力政策の硬直性の問題、すなわち、核燃料サイクル政策をなぜ転換できないのかの検討が必要である。その際、「政策転換コスト」の問題と「社会的共依存」ともいうべき閉塞状態の解明が必要である。ここで、「社会的共依存」とは、政府と青森県がお互いに相手に依存しつつ、同時に、相手に拘束され、自律的な意志決定能力を失っている状態を言う。

第4に、原子力政策における秘密主義の機能を検討する必要がある。潜在的核武装能力の維持という軍事的理由が、秘密裏に日本の原子力政策を方向づけていたことが、いかなる帰結や弊害をもたらしたのかを検討しなければならない。ホンネの論議を潜在化させてきたことが、日本の原子力政策をどのようにゆがんだものにしたのか、についての反省が必要である。戦後の日本の政策決定がアメリカ合衆国の政治戦略に大きく規定されてきたことに注目するならば（孫崎、2012）、原子力政策と軍事政策の関係を解明するために、特に、日本の政策決定におけるアメリカの影響の大きさとの関係に注目しつつ解明する必要がある。

（５）規範理論的な政策分析

以上のような政策決定過程の特徴の把握をふまえて、規範理論的政策分析をする必要がある。規範理論的分析とは、なんらかの規範的評価基準を前提にして、特定の政策の内容と決定過程と帰結とを分析し、評価することを課題とする。ここには、妥当性のある規範的評価基準をどのよう設定するのが適切なのかという根本的問題がある。この問題について、すでに舩橋は社会学の原理論としての存立構造論と、社会学の基礎理論としての「経営システムと支配システムの両義性論」に基づいて、三つの規範的公準を設定し、提案している。ここではその根拠づけを再論することはせず、結論としての規範的公準を次のように提示したい（舩橋、2010)。

規範的公準１（Ｐ１）：二つの文脈での両立的問題解決の公準

支配システムの文脈における先鋭な被格差問題・被排除問題・被支配問題と、経営システムの文脈における経営問題を同時に両立的に解決するべきである。

規範的公準２（Ｐ２）；支配システム優先の逐次的順序設定の公準

二つの文脈での問題解決努力のトレードオフが表れた場合、先鋭な被格差・被排除問題の緩和と被支配問題の解決をまず優先するべきであり、そして、そのことを前提的枠組みとして、それの課す制約条件の範囲内で、経営問題を解決するべきである。

規範的公準３（Ｐ３）：受忍限度の定義問題における公正な意志決定手続きの公準

経営問題と被格差・被排除・被支配問題との間に逆連動問題が現れた時、受忍限度の適正な定義が必要になる。受忍限度の定義問題は、公正な社会的意志決定手続きを通して解決されるべきである。

この三つの規範的公準に照らして見ると、これまでのむつ小川原開発と核燃料サイクル施設の建設過程は、どのように評価されるべきであろうか。問題点を列挙しておきたい。

［１］経営システムの文脈での評価

①当初のむつ小川原開発計画は、その前提としての各種の経済予測が、1973年のオイルショックの後、まったく非現実的なものとなり、当初予定されて石油化学コンビナートという形での工業開発は挫折した。

②むつ小川原開発のためには、道路・港湾などのインフラ建設のために、巨額な財政資金が投じられたが、結果として、予定された工業基地建設はできず、地域開発の費用と効果という点て、効果が薄い投資であった。費用便益分析の欠如あるいは不徹底という問題点を指摘しなければならない。

③地域経済と地域財政の強化という点では、青森県全体としては、工業化を基盤にした、自主財源の増大に成功していない。市町村レベルでは、六ヶ所村や東通村のようにすでに、原子力施設関係の交付金や固定資産税で、財政の飛躍的収入増大を達成したところもある。ただし、これらの市町村でも、2011年の福島原発震災の後の原子力政策の見直しの動きの中で、今後の財政収入

の確保について、不透明性が増している。

④エネルギー供給システムという点で見ると、核燃料サイクルを柱とした原子力発電計画は、技術的トラブルによる遅延を繰り返すと共に、経営的にも多額の追加的投資が必要となっており、全体としては、計画がまったく実現していない

⑤日本原燃の経営問題。日本原燃は、再処理工場の稼働が、技術的にも政策的にも明確な展望を見いだせない中で、経営状態がますます悪化しつつある。多額の資金投入にもかかわらず、経営システムとしては失敗している。

［2］支配システムの文脈での評価

①当初のむつ小川原開発は、地元に非常に強固な反対意見が存在していたにもかかわらず、青森県庁、経済企画庁、経団連といった諸主体が強引に推し進めた。住民の中に開発の賛成、反対をめぐって深刻な対立が生じた。話し合いを通した合意形成手続き、あるいは、意志決定手続きにおける公正さ（fairness）という点では、大きな欠点あった。

②核燃料サイクル施設の立地に際しては、青森県全体のレベルでも、六ヶ所村のレベルでも、施設建設計画についての十分な討議がなされたとは言い難い。例えば、2000年代になって問題化する廃炉廃棄物の受け入れは、当初の段階では、県議会でも、明示的に議論されていない。

③政策形成、政策決定における十分な審議という点て、論議の回避の姿勢が、繰り返し見られた。2008年３月、高レベル放射性廃棄物受け入れ拒否条例の否決に際して、県議会は討論なしに採決した。また、渡辺満久教授たちから、核燃施設内の活断層の存在が指摘されてきたが、核燃推進側は正面からの議論を回避し、論議が深められることがなかった。

④核燃料サイクル施設の立地受け入れについては、住民投票の実施を求める運動が、青森県レベルでも、六ヶ所村レベルでも起こった。しかし、1985年に県議会は住民投票請求を退けた。六ヶ所村では、1989年の村長選挙で「核燃施設の是非は住民投票で決する」ことを公約にした土田浩村長が当選したが、住民投票が実施されることはなかった。

⑤核燃料サイクル施設の立地が一定程度進展した段階で設けられた、「原子力政策懇話会」は事業者による説明会という性格が強く、県民の世論を深化させたり、集約させたりするという点では、消極的な機能の発揮にとどまっている。その理由は、討論アリーナの構造が、利害当事者の一方が討論過程を管理する主体と重なっているという意味で「二主体型のアリーナ」にとどまっていることである。福島県のもとで、佐藤栄佐久知事のもとで、設置された「福島県エネルギー政策検討会」が内容の充実した「中間報告書」（福島県エネルギー政策検討会、2003）を提出していることと比較すると、好対照である。福島県における「エネルギー政策検討会」の内容充実は、討論過程の管理を佐藤栄佐久知事のイニシアチブで行うことにより、二主体型のアリーナを実現していた点にある。

⑥むつ小川原開発は、地域格差の是正を出発点における目標としていたが、結果として、放射性廃棄物の全国からの集中を招いた。財の分配の公平（equity）という点では、「負の財の負担」という側面で、都道府県間の不公平を拡大した結果となった。

(6) 現代日本社会とはいかなる社会であるのかという点についての反省的認識

核燃料サイクル施設も、福島原発震災も、原子力複合体の形成と行為に深く結びついている。原子力複合体の自存化、いいかえると、原子力基本法による「民主、自主、公開」の原則の形骸化を見つめるならば、現代日本社会がいかなる社会であるのかという点について、さまざまな反省が必要である。

第一に、福島原発震災は原子力に依存したエネルギー政策が、巨大な被害を社会にもたらすことを示した。福島原発の操業も青森県の核燃施設の建設もそのようなエネルギー政策の一環であった。これまでのエネルギー政策のあり方の反省とその方向転換が大きな課題となっている。

第二に、巨大な原子力施設に依存した地域振興のあり方についての反省が必要になっている。福島原発事故の教訓は、福島県において、原発に依存しない地域振興という新しい道を選択させることとなった。福島県に留まらず、青森県その他の原子力施設立地県においても、地域開発、地域振興政策として、どのような道が真に望ましいのかについて、あらためて検討が必要になっている。

第三に、科学技術の開発と利用をどのような形で行ったらよいのか。その点で、これまでの原子力政策の欠陥をどのように克服するべきかが問われている。これまで、原子力政策の領域で科学的検討が自律性を持ってなされてきたのか、地震問題をはじめ安全性についての科学的検討が十分に尊重されてきたのかについて、反省が必要である。政策上の利害関心が科学的知見の取り扱いに恣意的な選別を行わないような仕組みが必要がある。

第四に、現代社会における民主的な制御の可能性の探究が必要である。原子力複合体が示しているのは、特定の分野の社会制御システムの担い手たちが自存化し、当該の社会制御システムの運営の方針を、自らの既得権を防衛、さらには、拡大するような形で、その運営方針の選択に関与するという現代社会あり方の問題性である。このような部分的な制御システムの担い手をどのように民主的に統御したらよいのかを問わなければならない。

第７節　本書の編集方針――資料収集の方法と構成

(1) 資料集刊行の意義と編集の基本方針

本資料集は、短期的文脈でも、中期的文脈でも、長期的文脈でも、日本の地域開発政策、原子力政策に関して、意義深い情報を提供することを企図し、以下のような考え方で編集を行う。

①青森県における「むつ小川原開発・核燃料サイクル施設問題」の歴史的経過の全体像を客観的な資料によって再構成可能にしうるようなものであること。それと同時に豊富な意味発見に対して開かれたものとして編集すること。

②政策論議の基盤となるとともに、社会科学的な研究の深化に貢献しうるものであること。そのために、政策論議と社会科学的な研究にとって、重要な問題文脈が何であるのかを自覚し、その視点から意義深い資料を発掘すること。

③本資料集と組み合わせて使用するべき手掛かり情報を、豊富に提供するものであること。本資料集は、膨大な資料の集積からなるが、それでも、むつ小川原開発・核燃料サイクル施設問題にかかわる全資料から見れば、その一部をなすに過ぎない。そこで、本資料集には掲載されていない資料についても関連情報を掲載することにより、より広い範囲での情報探索の手がかりを提供す

るすることに努めた。

（2）本資料集の編集方法とその構成

［1］資料収集の方法

むつ小川原開発と核燃料サイクル施設、および、他の原子力施設に関連する基礎資料を網羅することにより、体系的で客観性のあるデータ集積を目指す。

「客観性のあるデータ集積」とは、本問題に関与するあるゆる立場の主体に関係する資料を、それぞれ集めるということであり、資料の収録の採否にあたって、資料作成主体についての恣意的な選別を編者はしないということを意味する。

むつ小川原開発・核燃料サイクル施設問題については、1972年以来、2011年に至るまでほぼ毎年、法政大学社会学部金山行孝研究室、舩橋晴俊研究室、岩手県立大学総合政策学部茅野恒秀研究室のいずれかが現地を訪れる形で調査を続けてきた。個々の研究室として見れば、金山研究室が1972年から1999年までの各年、舩橋研究室が、1990-93,1995,2002-2012年の各年、茅野研究室が2011、2012年に現地調査をしている。これらを合体させて見れば、過去４０年間にわたって、2000、2001年以外は毎年、現地を訪れて、多様な当事者に体系的な聞き取りを行うと共に、平行して多数の原資料を収集してきた。

現地調査によって収集した資料は、行政資料、裁判資料、住民運動資料、新聞記事、雑誌記事、論文等にわたり、これらが本資料集の基盤である。

［2］掲載資料の選択基準

収集された資料は非常に膨大であるので、一冊の『資料集』によっては、それをいくら厚くしても収録できるものではない。そこで、以下の視点から、掲載するべき資料を選択した。

①基盤的情報の客観的、体系的提供

各段階での公式の計画、協定、行政文書、統計資料などにより、各段階の事業計画や開発過程がどのようなものであったのかを客観的、体系的に把握できるようにする。これは、基盤的情報の提供と言いうる。

②歴史的検証という視点からの重要資料の発掘と掲載

基盤的情報に加えて、多元的、多角的な問題関心から、それぞれの関心にとって、重要な意義を有する資料を選択して収録する。そのような問題関心としては、第１節、第６節で検討してきたように、地域格差、地域開発、原子力政策、政策決定過程、政策についての規範理論的分析の五つがある。この大きな五つの問題関心から、さまざまな個別的な視点が析出されてくるので、それぞれに応じて、意味深い資料を選択した。

たとえば、原子力政策については、安全性／危険性が大きな論争点であるので、各施設の立地に際して安全性・事故対策と関係する重要資料を選択して掲載する。また例えば、政策についての規範理論的分析という問題関心からは、費用便益による政策分析のみならず、倫理的政策分析（Ethical Policy Analysis）の観点から見て、重要な資料を選択的に編集する。例えば、訴訟にかかわる資料は、そういう点で、重要である。

③臨場感の確保と深層の情報の発掘

公式の資料の収集に加えて、議会議事録や住民の生々しい声など、問題の重要な節目のリアリティを実感できる資料選択・構成を行う。また、新聞データを再掲して、回顧的な証言や調査報道に立脚することにより、各時点での表面的な情報だけではわからない、深層の情報の発掘に努める。

［3］資料の配列の基本方針

以上のような方針に基づいて採録するべき資料を決定した後に、資料の配列は、まず、大きくは、歴史的段階の区分に対応した五部構成とし、次に、各部の内部では、各主体毎に配列し、同一主体の作成した資料は、時系列的に配列するという方式を採用する。その詳細を、目次に表現した。

以上のような方針で編纂された本資料集が、さまざまな立場の読者にとって、むつ小川原開発と核燃料サイクル施設問題を理解し検討するに際しての基礎的情報の共通基盤として、有効に利用されることを願っている。

注

1　以下の第2節の記述は、船橋・長谷川・飯島（1992）の中で船橋が担当した第一章の前半の記述をほぼ再現している。

2　本図作成にあたり、小杉毅（1977:40）より示唆を得ている。

3、4　むつ小川原開発室元幹部からのヒアリング（1990年8月）による。

5　漁業補償問題および米内山訴訟については、清水誠（1985）を参照。

6　米内山氏からの聞き取り（1989年9月2日）による。

文献リスト

青森県むつ小川原開発室,1972,「むっ小川原開発の概要」青森県。

青森県むつ小川原開発室,1975,「むっ小川原開発第２次基本計画」。

石破茂,2011,「「核の潜在的抑止力」を維持するために私は原発をやめるべきだとは思いません」(『SAPIO』2011年10月5日号:85-87)。

大島堅一,2010,『再生可能エネルギーの政治経済学』東洋経済新報社。

外務省外交政策企画委員会, 1969『わが国の外交政策大綱』1969.9.25「内部文言」)（典拠:ウェブサイト『核情報』[2011年10月28日閲覧]。

関西大学経済・政治研究所環境問題研究班,1979,『むつ小川原開発計画の展開と諸問題(「調査と資料ノ第28号」』関西大学経済・政治研究所。

工藤樹一,1975,「誰のための巨大開発か一青森むつ小川原の五年間」『住民活動』1975年４号。

倉沢治雄,1988,『原子力船「むつ」–虚構の軌跡』現代書館。

小杉毅,1977,「むっ小川原の巨大開発」『関西大学経済論集』26巻６号:25-67.

近藤完一,1972,「新全総——開発ファシズム」『展望』1972年６月号:74-91.

近藤康男,1972,「新全国総合開発計画と農村」『月刊自治研究』14巻６月号:6-20.

産業構造審議会,1974,『産業構造の長期ビジョン』（財）通商産業調査会。

清水誠,1985,「米内山訴訟の意義—『巨大開発の欺隔』との戦い」『公害研究』14巻４号:53-57.

ジョンソン、ジュヌヴィエ–ヴ・フジ（船橋晴俊・西谷内博美監訳）,2011,『核廃棄物と熟議民主主義–倫理的政策分析の可能性』新泉社。
日本工業立地センター ,1969, 「むつ湾小川原湖大規模工業開発調査報告書」日本工業立地センター。
福島県エネルギー政策検討会,2003,『あなたはどう考えますか–日本のエネルギー政策　電源立地県福島からの問いかけ』福島県。
舩橋晴俊,2011,「災害型の環境破壊を防ぐ社会制御の探究」『環境社会学研究』Vol.17:191-195.
舩橋晴俊,2012,「社会制御過程における道理性と合理性の探究」舩橋晴俊・壽福眞美編『規範理論の探究と公共圏の可能性』法政大学出版局：１章。
舩橋晴俊・長谷川公一・飯島伸子,2012,『核燃料サイクル施設の社会学–青森県六ヶ所村』 有斐閣。
星野芳郎,1972, 「新全縁の思想に反対する」『展望』1972年３月号:20-37.
孫崎亨,2012,『戦後史の正体　1945–2012』創元社。
南一郎,1973,独占資本の土地収奪のからくり――『第三セクター』の欺まん性と本質」『経済』1973年12月号:170-181.
むつ小川原開発株式会社,1981,『十年の歩み』むつ小川原開発株式会社。
渡辺満久・中田高・鈴木康弘,2009,「原子力燃料サイクルを載せる六ヶ所断層」『科学』2009年2月号、岩波書店［「科学」編集部編,2011,『原発と震災』岩波書店、に再掲］。

資料篇

第Ⅰ部　むつ小川原開発期資料

第Ⅰ部　むつ小川原開発期：解題

茅野恒秀

第Ⅰ部＜むつ小川原開発期＞には、72点、267ページにわたる資料を収録した。

一般にむつ小川原開発期として位置づけられるのは、1969年に策定された全国総合開発計画において、むつ小川原地域における大規模工業基地の開発が明文化されてから、1984年に核燃料サイクル施設の立地が構想されるまでの時期をいう。詳細な事実経過の把握と評価は総説に譲るとして、この解題では、時期ごとに焦点となるべきトピックについて、本資料集に収録している資料がどのような臨場感ある情報と示唆を与えうるかという点を中心に述べる。すなわち、むつ小川原開発の契機はいかなるものであったか（第1節）。巨大開発の構想を牽引した青森県庁の動向はどのようなものであったか（第2節）。開発の焦点となった六ヶ所村の住民の反応はどのようなものであったか（第3節）。「国家的プロジェクト」としてのむつ小川原開発はいかに成立したか（第4節）。村内世論の二分と激化はどのような経過をたどったか（第5節）。オイルショック後の計画の停滞と中央経済界との温度差はどのようなものであったか（第6節）。いわゆる「米内山訴訟」は何を問うたのか（第7節）。これらの問題群を検討しつつ、一連の資料を解説する。

1．むつ小川原開発の契機

むつ小川原開発に向けた青森県の公式な動きは1968年7月、青森県庁が日本工業立地センターに対してむつ湾小川原湖大規模工業開発調査を委託したことに端を発する。報告書は1969年3月に「むつ湾小川原湖大規模工業開発調査報告書」〔**資料Ⅰ－1－2－1**〕としてまとまったが、その冒頭には、

　「むつ湾、小川原湖地域は大規模な港湾、広大な用地、豊富な用水に恵まれた古くから開発がまたれていたところである」

との記載がある。古くから開発が待たれていたとの経緯は、どのようなものか。青森県にとって「小川原湖」の開発どのようなものであったのだろうか。

時代は1960年代前半にさかのぼるが、1962年12月に提出された『八戸地域新産業都市指定に関する陳情書』において、小川原湖には、10万トン級の大型船舶が入港できる港湾、工業用水ダム、周辺2800ヘクタールの工業用地造成、石油精製、石油化学、鉄鋼一貫の大装置工業など壮大な構想が盛り込まれていた。しかし社会学者の福武直らは、これを「具体性に乏しい感じはいなめない。それもそのはずで、小川原湖工業開発の構想はいわば新産都市にあわせて提起されたものともいえる」と指摘している（福武編,1965:33）。福武らは続けて、

　「以前から小川原湖周辺の工業適地調査は行われてはいたが、なお公式に工業適地としてとりあげられるにはいたっていなかったとみてよい。（中略）小川原湖の周辺の開発構想は、県の長期経済計画の構想を大きくこえるものであり、いわば（引用者注：八戸市の新産都市）指定を有利に導くために、なお調査段階にあって計画の段階にはいたっていなかった小川原湖の開発を、所得格差の是正という点から考えればもっとも効率のよい石油化学と鉄鋼のコンビナー

トの建設という枠に急遽はめこんだものである。それだからこそ、新産都市の地域も、すでに開発が進みつつあり、当面の開発の拠点と考えられる八戸市を南端に、将来の本格的重化学工業の拠点となるべき小川原湖を含む上北町を北端において、その二つの市町にはさまれた地域をもって構成されたとみることができるのである」(福武編,1965:34)

とする。このように小川原湖の開発に期待を含ませた八戸の新産都市指定への陳情の動きであったが、その後、八戸市は目論見どおり新産都市へ指定されるものの、指定後の計画変更によって、小川原湖周辺の鉄鋼・石油コンビナートを中心とする大規模開発構想は延期された。この時点では、青森県の念願はかなわなかったのである。

新全国総合開発計画策定の動きは、その悲願をかなえる絶好の契機であった。そのために策定された「むつ湾小川原湖大規模工業開発調査報告書」は、「新全国総合開発計画」**〔資料Ⅰ－1－1－1〕**が数次の試案を経て最終的に閣議決定される2ヶ月前にまとまり、現在まで40年以上にわたる、むつ小川原開発・核燃料サイクル施設問題の原点である。しかしその内容は、むつ小川原開発・核燃料サイクル施設問題の現段階での社会的影響の大きさに比してあまりに簡単な、わずか本文8000字強の報告書なのである。

同時期、東北の経済界においても、陸奥湾・小川原湖地区を巨大コンビナートの新規立地の適地と位置づけ、1968年9月に東北開発審議会の委員懇談会の場で東北経済連合会が発表した「東北地方における大規模開発プロジェクト――昭和50年代を目標時点として」**〔資料Ⅰ－2－1〕**において、陸奥湾CTSおよび小川原湖地区における大型装置産業の立地が構想される。この文書では、日産処理能力30～50万バーレルを持つ製油所と石油化学工業が構想されているが、その実現は、京浜工業地帯のスクラップ化が始まる昭和50年代以降とされた。その半年後の1969年3月に発表された「東北開発の基本構想――20年後の豊かな東北」**〔資料Ⅰ－2－2〕**も、小川原湖周辺の大規模工業立地を「最も期待される」とするが、その始動はあくまで昭和50年代後半の既存の三大工業地帯のスクラップ化に合わせる旨としていた。つまり、経済界は、むつ小川原開発を性急に推し進めることには固執していなかった。このことは、東北経済連合会会長の平井寛一郎も『経団連月報』に掲載した「むつ小川原開発をめぐって」**〔資料Ⅰ－2－3〕**で次のように述べ、事態が急展開したことを述べている。

「むつ小川原地域を大規模工業基地の有力候補地とした時点では、実際の開発は十年先、二十年先の話と受取った産業界も電力、石油、鉄鋼、非鉄などの公害型産業の立地が住民運動のカベにぶつかり大都市周辺での工業立地が急速に困難になったことから同地域に対する関心を高め、(中略)大臣、政財界人による現地視察が相次ぎ、未来論がにわかに現実のものとして期待されはじめた。」**〔資料Ⅰ－2－3〕**

一方で、1960年代末に東北経済連合会が発表した構想には、下北半島南部一帯を原子力工業基地として、原子力発電所のみならず、ウラン濃縮工場、高速増殖炉開発の実験炉・実用炉、核燃料加工再処理施設などがすでに構想されている。ここでいう下北半島南部一帯とは、東通村のことと推察されるが、ウラン濃縮工場、核燃料再処理工場は、かなり早い時点で下北半島南部一帯に立地が構想されてきたことがわかる。この点は、上述の日本工業立地センター報告書にも言及があり、「当地域は原子力発電所の立地因子として重要なファクターである地盤および低人口地帯という条件を満足させる地点をもち、将来、大規模発電施設、核燃料の濃縮、成型加工、再処理等の一連の原子力産業地帯として十分な敷地の余力がある」とされる。核燃料サイクル施設立地の動きは、公式には、1983年12月、中曽根康弘首相（当時）が青森県を訪れた際に「下北半島を原子力のメッカに」と発言したことから始まるとされるが、潜在的には1960年代から構想が存在していたことにも注目すべきである。

2．青森県庁が牽引した開発構想

上述した平井寛一郎の説明によれば、むつ小川原開発の急展開の動きは、1970年8月に竹内俊吉青森県知事の要請によって、植村甲午郎経団連会長、平井東北経済連合会長との三者会談が実現したことによって、経団連が中心となって開発体制の構築に臨むことが決定的となった。1971年3月25日にはむつ小川原開発株式会社が、3月31日には財団法人青森県むつ小川原開発公社がそれぞれ設立された。同年10月27日には株式会社むつ小川原開発センターも設立され、いわゆる「トロイカ方式」が確立する。

「むつ小川原開発株式会社の概要」**〔資料Ⅰ－2－4〕**にあるように、同社は第3セクターで、北海道東北開発公庫、青森県に加え、民間企業150社によって出資金が構成されている。民間企業150社は、当時の日本の重厚長大型工業を担っていたそうそうたる顔ぶれであった。青森県むつ小川原開発公社は、「財団法人青森県むつ小川原開発公社の概要」**〔資料Ⅰ－1－2－4〕**にあるように、むつ小川原開発株式会社からの委託により、用地買収業務を行う組織である。「株式会社むつ小川原総合開発センターの概要」**〔資料Ⅰ－2－5〕**によれば、同社は巨大開発構想を技術的側面から支えるという位置づけを与えられていた。

1971年3月といえば、まだ地域住民には開発計画は何らも具体的に示されてはいない時期である。用地買収を行う組織が計画策定に先んじて設立されたことに示されるように、この時期の青森県庁は、東北経済連合会とともに、開発に前のめりになっていたと考えてよい。県は1970年4月1日に知事直属の組織として30人からなる「陸奥湾・小川原湖開発室」を設置し、4月20日には県および関係市町村による「陸奥湾小川原湖大規模工業開発促進協議会」が発足し、8月30日には上北郡選出の森田重次郎衆議院議員を会長とする「陸奥湾小川原湖開発促進協議会」**〔資料Ⅰ－1－2－3〕**が設立されている。この頃の開発計画に対する高揚感・期待感は、県紙である東奥日報の特集記事「巨大開発の胎動――生まれ変わる陸奥湾・小川原湖」〔第Ⅴ部に収録〕に掲載された27本の記事に見てとることができる。国はこうした動きを後押しするため、関係8省庁からなる「むつ小川原総合開発会議」**〔資料Ⅰ－1－1－3〕**を設置した。

この時期の陸奥湾・小川原湖地域の開発構想の壮大さを、資料はどのように物語っているだろうか。1970年4月に青森県庁内に陸奥湾・小川原湖開発室が設置されたのと同時に作成された、「陸奥湾小川原湖地域の開発」**〔資料Ⅰ－1－2－2〕**では、工業生産額約5兆円、工業用地約1.5万ha（約4,500万坪）、工業従業員約10万人～12万人という超巨大なコンビナートの建設が構想されている。この文書は、1969年3月の日本工業立地センター報告書の内容をほぼ踏襲しているものであるが、工業用地の面積は1万haから1.5万haへ、1.5倍[1]に増加しており、小川原湖北西部と鷹架沼周辺の丘陵地に約20万人を対象とする新市街地を形成するという壮大な構想であった。翌1971年7月に青森県が発表した「むつ小川原地域開発構想の概要」**〔資料Ⅰ－1－2－5〕**でも、工業用地の面積は具体的に記されていないものの、鉄鋼、CTS基地を含む石油精精製、石油化学等の臨海性装置工業を主体とし、非鉄金属、重化学工業、造船、自動車、電気機械などの大型機械工業およびそれらの関連工業の配置が想定されている。工業従業員は約6万人と、前年の構想に比べ見込みが半減しているが、総工業出荷額は約5兆円を見込むことに変わりはない。これらをふまえて、青森県は1971年度から1985年度を計画期間とする「青森県新長期計画」〔**資料Ⅰ－1－2－6**〕を策定した。

こうした壮大な計画を、県内の学識経験者の多くも支持していた。当時、弘前大学助教授を務めていた吉永芳史は論文「むつ小川原開発の将来性と問題点」〔**資料Ⅰ－4－2**〕で、前述した福武直らによる小川原湖の開発構想に対する懐疑的な指摘を挙げ、「小川原湖の開発が実現の可能性の疑わしいものであるとの批判は、その後の歴史の流れに徹して正しかったとはとうていいえないことは今や明白である」と述べ、むつ小川原開発の構想を全面的に支持している。吉永は開発計画に対する地域住民の意識を以下のように分析するが、そこには“都市的な豊かさを渇望する青森県民”という図式が半ば固定化されているのである。

「工業化がすでに進行し、過密状態にある場所に居住している住民の意識と、いわば工業化から取り残され、米作の将来にも大きな期待が持てず、出稼ぎを余儀なくされているような地域に居住する住民のそれとは、当然のことながら大きな相違がある。したがって多くの地域で工業化お断りといっている時に、どうして青森県は工業化に熱を入れるのかと問うても余り説得力はない。」〔**資料Ⅰ－4－2**〕

しかし先に引用した平井寛一郎（東北経済連合会会長）の文章を再度確認すれば、むつ小川原開発に対する経済界のねらいは、「公害型産業の立地が住民運動のカベにぶつかり大都市周辺での工業立地が急速に困難になったことから同地域に対する関心を高め、（中略）未来論がにわかに現実のものとして期待されはじめた」というものであった。ここに青森県と経済界の期待のズレは生じているのである。

とにもかくにも、開発の青写真を描いた青森県は、1971年8月14日に、「むつ小川原開発推進についての考え方」〔**資料Ⅰ－1－2－7**〕をまとめ、その中に住民対策大綱と立地想定業種規模（第1案）を提示した。これが具体的な開発計画と住民対策に関する県の初めての発表であった。これに対して、県は県議会、県内市町村長、市町村議会議長、市町村教育長、産業経済団体の長、青森県むつ小川原開発審議会等に対して意見聴取を実施した。8月31日に開催された「青森県むつ小川原開発審議会」〔**資料Ⅰ－1－2－8**〕では、15点ほどにまとめられた意見が提起された。これら意見聴取過程における意見と、青森県の回答は「住民対策大綱についての主な意見およびそれについての回答要旨」〔**資料Ⅰ－1－2－9**〕にまとめられている。ところが県議会全員協議会が住民対策大綱の手直しを要求するなど、県内各層の反発を招き、竹内知事は、9月2日に早くも開発規模の縮小、住民移転規模の縮小を発表せざるを得なくなる。

県内各層の中で、特に反発の度合いを強めたのは、むつ湾を生業の場とする漁民であった。漁民たちは、青森市で「開発反対」の集会を開き、デモ行進を行った。折しもホタテ貝の養殖が軌道に乗り、生産量の安定化と高品質化が達成できるようになっていた。鎌田慧はむつ湾沿岸漁民が開発反対にいち早く立ち上がった理由を、以下のように指摘する。

「湾内全体で69年が6000トン、70年で9800トンの漁獲量となり、71年の見通しでは、12000トンにまで急伸している。キロ当たり480円として、約57億6千万円の売上げが期待されている。こうして湾内漁民の陸奥湾をみつめる眼つきは、いまではまったくちがったものになった。

漁民がようやく自分の手につかんだ生活設計と、工業開発にともなう巨大タンカーの入港や石油コンビナートの建設は、まったく相容れないということが、しだいにはっきりしてきた。」（鎌田,1991:179）

こうしてむつ湾沿いの横浜漁協、野辺地漁協、むつ市漁協などは漁業権放棄に反対の立場を鮮明にし、陸奥運河やシーバースの構想は撤回せざるを得なくなった。「陸奥湾・小川原湖」の開発構想から、「陸奥湾」は事実上消え、開発の焦点は、徐々に小川原湖北部が残されるようになっていったのである。

小川原湖の北側、六ヶ所村では、県が住民対策大綱と立地想定業種規模を発表後の8月20日、寺下力三郎村長が開発反対を表明し、県のむつ小川原開発審議会の委員就任も辞退していた。村の主要な組織も反対の立場をとり、8月25日の村議会全員協議会で22名の全議員が大綱に反対を表明し、その後、「むつ小川原開発六ヶ所村対策協議会」**〔資料Ⅰ－1－3－1〕**が開発反対決議を満場一致で決議した。9月21日には寺下村長が「開発についての私の考え」**〔資料Ⅰ－1－3－2〕**を発表し、開発反対運動のため、六ヶ所村対策協議会に対して、村予算から1000万円の活動費を計上した。

1971年9月29日、竹内知事は寺下村長と六ヶ所村議団に対し、第2次住民対策案を提示する。その内容は、開発面積を7900haと大幅に縮小し、移転対象戸数も3分の1程度に縮小するものだった。10月23日には、知事が六ヶ所村に赴き、住民代表に対して初めて、第2次住民対策大綱と立地想定業種の案を説明したが、村民は激しく抗議することとなった。開発の焦点となった六ヶ所村で、反対村民がのろしを上げていた。

3．六ヶ所村の焦点化と住民運動

むつ小川原開発の構想が青森県や東北経済連合会によって徐々に明らかになる過程を、地域住民はどのように受けとめていたのだろうか。

むつ小川原開発農業委員会対策協議会（事務局は三沢市農業委員会に所在）が1971年3月29日に決議した「むつ小川原開発に対する要望書」**〔資料Ⅰ－3－1〕**では、「経済の長期的展望と農政の転機にのぞみ、われわれ農業者のこの開発にかける期待はまことに大きいものがある」と開発への期待が表明されつつ、住民対策への懸念が表明されている。この懸念は、同年8月に青森県が住民対策大綱と立地想定業種規模を発表すると、それまでの不安が堰を切ったように、各地から、開発反対の声が上がる。

六ヶ所村内でいちはやく開発反対の声を上げたのは、村南部の平沼地区に居住する吉田又次郎であった。吉田は自らが住む平沼地区で、老人会を母体としてむつ小川原開発反対同盟平沼緑青会を組織し、「むつ小川原湖巨大工業開発反対趣意書」**〔資料Ⅰ－3－2〕**を青森県知事と六ヶ所村長に提出した。

筆者の手元には、村内各地で立ち上がった開発反対運動のリストがある。この手書きメモによれば、1971年9月から10月にかけて、老部川開発対策協議会、戸鎖部落、平沼老人クラブ会、新納屋部落、漁場を守る会（泊)、戸鎖老人クラブ、倉内主婦の会、平沼部落対策協議会、平沼緑青会、酪農を守る会（幸畑)、部落を守る会（尾駮浜)、ふるさとを守る会（尾駮)、六ヶ所村漁協などの団体が、開発反対決議を行った。これら団体は10月15日、「六ヶ所村むつ小川原開発反対同盟」**〔資料Ⅰ－3－4〕**に結集することになる。反対同盟は、吉田が会長を務め、泊地区で漁場を守る会を組織した田中銀之丞と倉内主婦の会の木村キソが副会長を、事務局長には青森県教職員組合上北支部六ヶ所地区教組の中村正七が就任した。同教組も「むつ・小川原巨大開発反対決議文」〔**資料Ⅰ－3－3**〕を10月12日に決議していた。前節で述べた竹内県知事の六ヶ所村訪問は、このような状況下で行われたものであり、知事は開発反対を訴える住民に激しい反発を受け、取り囲まれることになったのである。

一方で、同時期、県内の農業関連団体には、開発推進の先鋒となるところも出ていた。県農業会議農政部会は10月14日、「むつ小川原開発の推進に関する提言」を国、県、六ヶ所村に対して提出、11月4日には、県下農業委員会長・事務局長会議の場で「むつ小川原開発推進についてのアピール」〔**資料Ⅰ－3－5**〕を採択した。六ヶ所村でも、竹内県知事の来訪から3日後の10月26日、むつ小川原開発促進六ヶ所村青年協議会が結成されている。農業団体がむつ小川原開発に対してどのような姿勢をとっていたかについては、前年の1970年に、河相一成が『農政時報』において「むつ湾・小川原湖の工業開発計画と農業・農民」〔**資料Ⅰ－4－1**〕を発表している。この論文によれば、農業者たちが開発に反発する中、農協は用地の先行取得に協力するという立場をとり、農業委員会は農民が不利になるような土地買収には積極的に対処するという立場をとっていることを明らかにしている。

六ヶ所村民が懸念したのは、大規模開発の帰結として生ずる自然破壊から来る公害と、移転によって第一次産業を生産基盤とする人びとの最後の砦である土地を失うことであった。その懸念は、例えば吉田又次郎が主導して結成されたむつ小川原開発反対同盟平沼緑青会の反対趣意書では、以下のように表されていた。

「県知事が音頭を取って、言葉の上では美しく、むつ小川原巨大開発なるものを推進しているが、この計画は工業工場を主体としているだけに、その規模が巨大であればある程に、公害も巨大である事は論を待たない。公害は自然を破壊するにとどまらず、地域住民を追出す結果になり、平和でささやかな各家庭まで破壊に導く行為に外ならない事は明々白々たるものである。」〔**資料Ⅰ－3－2**〕

むつ小川原開発の構想が住民に詳らかにされたのは1971年8月だが、1969年3月の日本工業立地センター報告書の完成後、水面下では、土地の買い占めが着実に進んでいた。前述の河相は、その状況を以下のように描写する。

「農民のこうした気持ちをよそに、県やマス・コミは無責任にも“巨大開発”がいまにもすすむかのような宣伝をくり拡げ、これに乗って不動産業者が次々とこの地域に入りこみ農家を個別訪問して“土地を売れ”と迫る。開発に対する基本理念が県・国と地元農民とで対立し、マスタープランもなしに空虚な宣伝ばかり流しこむことにより、農民たちは不安を覚え動揺の色を隠せない。“今日も隣の部落では不動産屋が歩きまわっていた”“オラの隣の家では土地を売ったらしい”こういう噂がひっきりなしに乱れとぶ。これでは落ちついていろというのが無理かもしれない。」〔**資料Ⅰ－4－1**〕

この時期、むつ小川原開発株式会社と財団法人青森県むつ小川原開発公社が設立され、公社は開発用地の確保を目的として発足して約半年が経過したところであった。しかし実態は、民間の不動産会社や個人による土地の買い占めが横行していた。その実態は、当時、三井不動産に勤務していた鬼沢正の回顧によっても確認できる〔**資料Ⅰ－2－8**〕。

その問題は、国会においても問題視されていた。時期を若干さかのぼるが、1971年2月25日の衆議院予算委員会第三分科会で小川新一郎衆議院議員が質問を行っている〔**資料Ⅰ－1－1－2**〕。小川議員は独自に調べた結果として、1970年10月時点で3000haの土地の登記変更が起こっていると問題提起した。1970年10月時点では、公社は設立されておらず、公式に用地取得に動いている組織は存在しない。続けて、小川議員はむつ小川原開発株式会社の発起人に大手不動産会社の幹部が何名も連名していることを指摘し、「自分たちのつくった政府の会社に自分たちが発起人に名を連ねて、自分が先に行って買って、必要な土地は今度はその会社に買わせるのじゃないですか」と問い質した。これに対して佐藤一郎経済企画庁長官は「これをそのまま許容するわけにはまいりません」との基本認識を示しつつも、「案をつくっているときから民間に流れることはわかり切ったことです」と、具体的な対策をとることは難しいと答弁した。

経済ジャーナリストの飯田清悦郎は、『中央公論』誌に発表した「巨大開発を操る投機集団」で、1969年から1972年にかけて、六ヶ所村内の土地取得の動向を明らかにしている。これによると、むつ小川原開発株式会社も多くの土地を取得しているが、三井不動産の子会社である内外不動産と、六ヶ所村議の橋本喜代太郎と橋本が経営する東栄興業の取得面積は、突出している。飯田は、「六ヶ所村とその周辺の土地は群がる“土地買い”の手で買い占められ、開発の是非を根本から検討できるような状態ではなくなっていた」（飯田,1973:97-98）と指摘する。

表 Ⅰ－1　六ヶ所村内の土地取得状況（飯田,1973:97）

昭和44年8月～47年12月、10万㎡以上、再売含まず

氏名	住所	面積
内外不動産	東京	5,568,855 ㎡
橋本喜代太郎	村内	807,526 ㎡
むつ小川原開発会社	東京	709,643 ㎡
東栄興業	村内	539,094 ㎡
共栄実業	東京	243,307 ㎡
山口登	千葉	201,077 ㎡
羽鳥文子	茨城	196,839 ㎡
浄法寺繁男	三沢	148,737 ㎡
久保田商店	東北町	140,128 ㎡
鈴木圭一	東京	139,470 ㎡
地商建設	東京	137,388 ㎡
上北農場	上北町	133,953 ㎡
小松製作所	東京	113,741 ㎡
十和田観光	十和田	110,806 ㎡
樋口農事組合	十和田	108,149 ㎡
中村福次郎	七戸	107,946 ㎡
松村清士	千葉	103,418 ㎡

上位の橋本氏と同氏経営の東栄興業は、三井系とも丸紅系ともみられている。

4．国家的プロジェクトとしてのむつ小川原開発

このように土地の買い占めによって既成事実が積み上げられていく中、青森県は1972年1月から

6月にかけ、むつ小川原開発公社による開発用地取得のため、住民移転の補償金〔**資料Ⅰ－1－2－11**〕や代替地の斡旋基準〔**資料Ⅰ－1－2－12**〕について定め、第1次基本計画〔**資料Ⅰ－1－2－14**〕ならびに住民対策大綱〔**資料Ⅰ－1－2－10**〕を内閣に提出した。第1次基本計画によれば、むつ小川原開発の基本計画は、十和田市、三沢市、むつ市、平内町、野辺地町、七戸町、百石町、十和田町、六戸町、横浜町、上北町、東北町、下田町、天間林村、六ヶ所村、東通村の16市町村を計画区域としている。第1次基本計画は1985年を目標年次として、六ヶ所村鷹架沼、尾駮沼を中心とする工業基地を対象に定めたものであり、県は、第2次基本計画を1973年度中に策定するとした。第1次基本計画における工業用地面積は5000haと、日本工業立地センター報告書や、1971年8月に発表した計画に比べて、大幅に縮小された。従事する従業員は35000人、200万バーレル/日の石油精製、エチレン換算400万トン/年の石油化学工業、出力1000万kWの火力発電を擁する工業基地を建設するとした。

政府はこれを受けて、9月13日にむつ小川原総合開発会議を開催し、関係11省庁による6項目の申し合わせ文書「むつ小川原開発について」〔**資料Ⅰ－1－1－5**〕を決定し、翌9月14日の閣議でこの申し合わせが口頭了解された〔**資料Ⅰ－1－1－6**〕。

ここで、むつ小川原開発が「国家的プロジェクト」といわれる所以について、指摘しておこう。経済企画庁は、1971年2月の時点の国会答弁では、青森県や経済団体が描くむつ小川原開発の構想について「とにかくビジョンを、ビジョンをと言って、ビジョンを書くのもいいけれども、考えものだと私も思っているくらいで、全くあずかり知らぬ一種の架空の予測ではないかと思います」（佐藤一郎長官）と評していた。この1ヶ月後、政府内にむつ小川原総合開発会議が設置され、約1年後の1972年3月23日、佐藤長官の後任である木村俊夫長官は、衆議院予算委員会第三分科会で小川新一郎議員に質問に対して、「わが国土の再編成という大きな政策目標からいけばまさに国家的事業でございます」と答弁している〔**資料Ⅰ－1－1－4**〕。

この答弁や半年後の閣議口頭了解をもって、むつ小川原開発は、計画の正当性を獲得したとともに、関係省庁や青森県は開発事業のための財政支出の根拠を得た。同時に、開発計画の後戻りを困難にした。しかし、同日の議事録の前半部では、古寺宏議員の質問に対して、岡部保・経済企画庁総合開発局長が以下のようなやりとりを展開している。

古寺議員「そこでお尋ねしたいのですが、このむつ小川原大規模工業開発の、開発の主体はどこになりますか。」

岡部局長「私ども現段階で考えますと、開発の主体は青森県であるという考え方に立っております。」

古寺議員「その開発の責任はどこにございますか。県でございますか、国でございますか。どこの責任においてこの開発というものは進められるわけですか。」

岡部局長「どうも具体的にこの開発を進める上での責任という点になりますと、先ほども申しましたように、開発の主体である県が一義的な責任を持っておるというふうに私どもは解しておるわけでございますが、当然、先ほども申しましたように、この事前の基礎調査にいたしましても国の関係省庁がタッチしておりますし、あるいはまた、逆にいえば、個々の市町村という問題もいろいろございますし、したがって、この開発の直接の関係者というものが、それぞれが責任を免れるというものではないと考えます。」

〔資料Ⅰ－１－１－４〕

このように、開発計画に対する責任の所在は、きわめて曖昧模糊としており、いわば共同責任論が展開されているのである。この後、木村長官は小川新一郎議員の質問に、「最終的には私は総合的な責任は国にある」と答弁しているが、共同責任論と総合的責任論の間を分かつものは明確ではない。

この責任の曖昧さは、1972年9月の閣議口頭了解を得た直後、経済企画事務次官から青森県に対して発出された「むつ小川原開発について」〔資料Ⅰ－１－１－７〕において、「工業開発の規模については、公害防止など環境問題を中心としてさらに調査を行ない再検討すること」との注文がついていることにも現れている。また、ニクソン・ショック（ドル・ショック）後の経済状況の変化に直面していた財界の発言は、この時期、きわめて少なかった。しかし、閣議口頭了解を得た青森県とむつ小川原開発株式会社は、「むつ小川原開発に係る住民対策事業の実施に関する協定書」〔資料Ⅰ－１－２－１３〕を締結し、1972年12月から、むつ小川原開発公社は工業用地の取得を開始したのである。

５．六ヶ所村における世論対立の激化

青森県と政府によって開発計画の正当化が進む中、六ヶ所村ではむつ小川原開発をめぐる村内世論が二分されていった。

むつ小川原開発六ヶ所村反対同盟を中心とする、開発に反対する住民たちはビラの配布〔資料Ⅰ－３－６〕、青森県知事や建設大臣への抗議文・訴え状・公開質問状〔資料Ⅰ－３－７〕〔資料Ⅰ－３－９〕〔資料Ⅰ－３－１１〕〔資料Ⅰ－１－２－１５〕の提出などのほか、村内外での学習会や講演会〔資料Ⅰ－３－８〕〔資料Ⅰ－３－１５〕〔資料Ⅰ－３－１６〕に取り組んだ。1972年9月には、六ヶ所村むつ小川原開発反対村民総決起集会を開催し、開発の白紙撤回、土地ブローカーの告発、公職にある者の土地ブローカー行為の自粛、村民参加の開発計画の作成・実行を求めることなどを決議した〔資料Ⅰ－３－１０〕。また、県が政府に提出した第1次基本計画の開発区域からは外れた泊地区でも、泊漁業協同組合が、竹内知事に質問状〔資料Ⅰ－３－１４〕を送るなどし、公害の発生に対する懸念を伝えた。

しかし、同集会で、公職にある者が開発へ荷担する行為が批判されたことからわかるように、村議など村内有力者は開発への賛意を表明し、村内の開発賛成世論の組織化に取り組むようになっていった。1972年10月、六ヶ所村議会に設置された特別対策委員会は、むつ小川原開発の条件付き推進を決議し、同年12月21日、六ヶ所村農工調和対策協議会から「農工調和によるむつ小川原開発推進に関する要望書」〔資料Ⅰ－３－１２〕が出され、六ヶ所村議会は、古川伊勢松議長名で14項目の要望を含む「むつ小川原開発の推進に関する意見書」〔資料Ⅰ－１－３－３〕「むつ小川原開発住民対策要望書」〔資料Ⅰ－１－３－４〕を採択したのである。この意見書・要望書の採択は、寺下力三郎村長が欠席の中で行われた。六ヶ所村むつ小川原開発反対同盟はこの採択に反発し、古川議長宛に対して「『むつ小川原開発に関する意見書』ならびに『要望書』に対する公開質問状」〔資料Ⅰ－３－１３〕を発表した。

年が明けて1973年は、六ヶ所村むつ小川原開発反対同盟による橋本勝四郎村議（村議会特別対策委員会委員長、六ヶ所村農業委員長）のリコール運動、開発推進派による寺下村長のリコール運

動で始まった。双方のリコールは請求署名が法定数を超え、リコール投票が行われたが、いずれもリコールは不成立となった。橋本村議、寺下村長ともに、自身へのリコールに対して、村民への訴えを配布している〔資料Ⅰ－１－３－５〕〔資料Ⅰ－１－３－６〕。

寺下村長は、あくまでむつ小川原開発に対する反対の立場を鮮明にしていた。1973年7月に開催された衆議院建設委員会公聴会〔資料Ⅰ－１－１－８〕の場に参考人として招かれた寺下村長は、以下のように自身の立場を表明している。

「世間ではこれを反対運動だといっておられるようでございますけれども、それは村外の方々から見た表面上のことでございまして、私たち住民にとっては、これは生きるための努力であるわけでございます。生きる権利の主張にほかならないのでございまして、村長としての私の最大の任務は、法律にも示されてありますように、住民の安全な生活と健康、福祉を保持することにあると深く心得ておるものでございます。住民の暮らしと命を守ることは行政並びに政治の原点でありますけれども、これを無視した開発がゴリ押しに進められておるのがむつ小川原の巨大開発なわけでございます。」〔資料Ⅰ－１－１－８〕

開発をめぐって村内世論が二分したままに行われた1973年12月の村長選挙は、現職の寺下村長と村議会議長を務める古川伊勢松との選挙戦となり、そのまま開発反対派と推進派の対決であった。結果は古川が2566票を獲得、寺下は2487票を獲得し、79票の僅差で古川が勝利した。ここから、六ヶ所村政はむつ小川原開発推進へと舵を切ることになった。すでに、むつ小川原開発株式会社は、開発区域内の民有地のほぼ7割にあたる面積を取得していた一方で、世界経済の先行きは10月の第4次中東戦争を契機とするオイルショックによって不安定化し、重工業中心のむつ小川原開発構想を根本から揺るがしていた。

古川新村長の下、六ヶ所村議会は、1974年4月に「村勢発展の基本構想」〔資料Ⅰ－１－３－７〕を議決し、むつ小川原開発を基軸とした村づくりを進めていくこととなったのである。

6．オイルショック後の計画の停滞と中央経済界との温度差

六ヶ所村で開発推進の体制が固まった一方で、オイルショックを前後して、中央経済界のむつ小川原開発に対する熱意は急速に減衰していった。例えば1973年7月には、三井グループがむつ小川原開発用地への工業進出を断念した。これに伴って三井不動産の子会社である内外不動産は、取得した土地をすべてむつ小川原開発株式会社へ売却した。

県が作成したむつ小川原開発第1次基本計画では、第1次基本計画に次いで1973年度に策定が予定されていた第2次基本計画は、十和田市からむつ市まで広がる計画区域についての開発計画を定めるものとされていたが、1975年12月に決定し、政府に提出された「むつ小川原第2次基本計画」〔資料Ⅰ－１－２－１７〕〔資料Ⅰ－１－２－１８〕は、第1次基本計画を単に縮小した計画であった。石油精製、石油化学、火力発電による工業開発規模は5280haと現状が維持されたが、想定される従業員規模は16000人と第1次計画の35000人に比べて半減した。政府は、青森県による第2次基本計画の提出を受け、環境庁が中心となって環境影響評価（アセスメント）の手続きを導入することを決め、青森県はこれを実施した〔資料Ⅰ－１－１－９〕〔資料Ⅰ－１－１－１０〕〔資料Ⅰ－１－２－２０〕。環境影響評価を実施した後、政府は1977年8月29日にむつ小川原総合開発会議を開催し、8点の申し合わせを行った「むつ小川原開発について」〔資料Ⅰ－１－１－１１〕を決定し、翌8月30

日に閣議口頭了解が行われた〔資料Ⅰ－1－1－12〕。総説にあるように、この第2次基本計画は、青森県幹部の後の証言によれば、非現実的なものであることは明らかであり、「つなぎ」の計画に過ぎないものであった。

計画が停滞する一方で、開発用地の買収は進み、青森県むつ小川原開発公社は1975年10月の時点で3300haの用地を取得していた〔資料Ⅰ－1－2－16〕。この頃には多くの集落が解散式を挙行し、新たな土地へと移転が進んでいった〔資料Ⅰ－3－17〕。移転に同意した住民の移転先として、新市街地・千歳平地区の分譲が1976年から開始された〔資料Ⅰ－1－2－19〕。移転後の住民の生活再建は、必ずしも順調なものではなかった。後に筆者らが行った聞き取り調査によれば、千歳平に移転した人々の中には、補償金をすぐに使い切ってしまったり、生活が破綻し自殺に追い込まれた人もいた。後発の新市街地・新城平地区へ移転した人々は、地区をあげて、補償金をムダにせず、生活をきりつめ、貯金を奨励しようと呼びかけあったという[2]。

1977年、むつ小川原開発で初めてと言ってよい大型事業が認可された。それは、むつ小川原港の事業認可であり、続く国家石油備蓄基地（CTS）の建設も合わせ、むつ小川原開発用地に導入されたのは結局のところ、「公共事業」であった。国家石油備蓄基地〔資料Ⅰ－1－1－13〕は1979年10月に通産省によって事業決定されたもので、六ヶ所村や隣接市町村、青森県に対しては、石油貯蔵施設立地対策等交付金制度〔資料Ⅰ－1－2－21〕に基づく交付金が交付されることとなった。

むつ小川原開発地域に公共事業が投下される中、むつ小川原開発株式会社設立の立役者であった経団連は、1978年6月に竹内知事に対し「むつ小川原開発に関する要望」〔資料Ⅰ－2－6〕を提出した。内容の多くは、第2次基本計画ならびに国家石油備蓄基地の構想をなぞったものであるが、インフラ整備に関する費用負担にあたって、「関連インフラストラクチャー整備については、当面の立地に対応しながら段階的に進めるとともに、その費用負担に関しては、公共負担と企業負担の適正な配分が図られるよう特段の配慮を要望する」と、青森県に対する「特段の配慮」を要望していることに注目しなければならない。1979年にむつ小川原開発株式会社社長の阿部陽一が『経団連月報』に発表した「むつ小川原開発の現況」〔資料Ⅰ－2－7〕でも、「公共事業費については、青森県は、かねてから、その地元負担分の全額を地元が負担することは困難であるとして、当社に対し応分の負担をするよう要請してきていた」が、「企業立地が具体化をみないまま公共施設の整備を先行させなければならない現段階においては、将来の進出企業に代って、当社が応分の立替負担をすることも、やむを得ない」としている。むつ小川原開発株式会社の負債は1983年末には1400億円近くに膨らみ、巨額の負債から脱却するためにも、国家石油備蓄基地に続くプロジェクトが必要となっていた。現在から振り返れば、それが核燃サイクル基地なのであった。

7．いわゆる「米内山訴訟」

むつ小川原港の建設をめぐっては、1978年から地元漁協との漁業補償交渉が行われ、1979年から80年にかけて、六ヶ所村漁協、六ヶ所村海水漁協、泊漁協などに対して総額166億円にのぼる漁業補償額で交渉がまとまった。この補償額は、当初に県が提示した額の2倍以上であり、この補償のあり方をめぐって、元社会党代議士の米内山義一郎が、竹内知事に代わって1979年に知事に就任していた北村正哉知事を被告とする損害賠償代位請求訴訟を提起した〔資料Ⅰ－5－1〕〔資料Ⅰ

－5－2）。1979年10月に提訴したいわゆる「米内山訴訟」は、1985年9月に青森地裁で原告請求を棄却する判決**（資料Ⅰ－5－4）**が出された。この訴訟の意義は、清水誠の論文「米内山訴訟の意義」**（資料Ⅰ－5－3）**によって以下のように総括されている。

「米内山訴訟は、たしかに「むつ小川原開発」という巨大な人為現象について、そのほんの1局部にのみ関わる訴訟である。しかし、その局都の摘出検査を通して全体の問題点を診断することができる。」**（資料Ⅰ－5－3）**

米内山訴訟は、その後、仙台高裁、最高裁へ法廷闘争の場を移し、1989年7月、最高裁が上告を棄却したことによって終結した。奇しくも、核燃サイクル阻止一万人訴訟原告団が、ウラン濃縮工場の事業認可取消処分を求める訴訟を提訴した翌日のことであった。

注

1　日本工業立地センター報告書では、工業用地が約1万ha、工業化に伴う都市化区域の用地規模を3千haと見積もっており、都市化区域を合わせたとしても、この時点での青森県の工業用地規模は明らかに日本工業立地センター報告書の規模を上回っている。

2　2009年9月5日、新城平地区住民への聞き取り調査による。

参考文献

福武直編,1965,『地域開発の構想と現実 Ⅱ 新産業都市への期待と現実』東京大学出版会.
飯田清悦郎,1973,「巨大開発を操る投機集団」『中央公論』88（5）:95-109.
鎌田慧,1991,『六ヶ所村の記録（上）』岩波書店.

第１章　行政資料（政府・県・六ヶ所村）

第１節　政府資料

Ⅰ-1-1-1	19690530	閣議決定	新全国総合開発計画
Ⅰ-1-1-2	19710225	衆議院	65- 衆議院予算委員会第三分科会議事録
Ⅰ-1-1-3	19710322	むつ小川原総合開発会議	むつ小川原総合開発会議設置について
Ⅰ-1-1-4	19720323	衆議院	68- 衆議院予算委員会第三分科会議事録
Ⅰ-1-1-5	19720913	むつ小川原総合開発会議	むつ小川原開発について
Ⅰ-1-1-6	19720914	閣議口頭了解	むつ小川原開発について
Ⅰ-1-1-7	19720918	経済企画事務次官	むつ小川原開発について
Ⅰ-1-1-8	19730712	衆議院	71- 衆議院建設委員会公聴会議事録
Ⅰ-1-1-9	19760903	環境庁	むつ小川原総合開発計画第２次基本計画に係る環境影響評価実施についての指針
Ⅰ-1-1-10	19770826	環境庁	「むつ小川原開発第２次基本計画に係る環境影響評価報告書」に対する環境庁意見
Ⅰ-1-1-11	19770829	むつ小川原総合開発会議	むつ小川原開発について
Ⅰ-1-1-12	19770830	閣議口頭了解	むつ小川原開発について
Ⅰ-1-1-13	197903－	石油公団	石油国家備蓄事業に関するフィージビリティスタディについて

第２節　青森県資料

Ⅰ-1-2-1	196903－	（財）日本工業立地センター	むつ湾小川原湖大規模工業開発調査報告書
Ⅰ-1-2-2	197004－	青森県	陸奥湾小川原湖地域の開発
Ⅰ-1-2-3	19710211	陸奥湾小川原湖開発促進協議会	むつ小川原総合開発案と協議会会則及役員
Ⅰ-1-2-4	19710331	青森県むつ小川原開発公社	財団法人青森県むつ小川原開発公社の概要
Ⅰ-1-2-5	197107－	青森県むつ小川原開発室	むつ小川原地域開発構想の概要
Ⅰ-1-2-6	197108－	青森県	青森県新長期計画
Ⅰ-1-2-7	19710814	青森県むつ小川原開発室	むつ小川原開発推進についての考え方
Ⅰ-1-2-8	19710831	青森県	青森県むつ小川原開発審議会議事録
Ⅰ-1-2-9	197108－	青森県	住民対策大綱についての主な意見およびそれについての回答要旨
Ⅰ-1-2-10	19720101	青森県	むつ小川原開発住民対策大綱
Ⅰ-1-2-11	19720213	（財）青森県むつ小川原開発公社	土地代金と補償金の支払いかた――補償と代替地のあらまし
Ⅰ-1-2-12	19720608	青森県	土地のあっ旋基準
Ⅰ-1-2-13	19720926	むつ小川原開発株式会社	むつ小川原開発に係る住民対策事業の実施に関する協定書

Ⅰ-1-2-14	197211－	青森県	むつ小川原開発第１次基本計画
Ⅰ-1-2-15	19730222	青森県知事	「むつ小川原開発に関する公開質問状」に対する回答
Ⅰ-1-2-16	19750710	（財）青森県むつ小川原開発公社	公社の概況
Ⅰ-1-2-17	19751220	青森県	むつ小川原開発第２次基本計画について
Ⅰ-1-2-18	19751220	青森県	むつ小川原開発第２次基本計画
Ⅰ-1-2-19	197609－	青森県むつ小川原開発公社	新市街地Ａ住区個人住宅用宅地第二次分譲のご案内
Ⅰ-1-2-20	197708－	青森県	むつ小川原開発第２次基本計画に係る環境影響評価報告書
Ⅰ-1-2-21	1979－－	青森県	石油貯蔵施設立地対策等交付金制度

第３節　六ヶ所村資料

Ⅰ-1-3-1	19710808	むつ小川原開発六ヶ所村対策協議会	むつ小川原開発六ヶ所村対策協議会規約
Ⅰ-1-3-2	19710920	六ケ所村長寺下力三郎	開発についての私の考え
Ⅰ-1-3-3	19721221	六ヶ所村議会議長古川伊勢松	むつ小川原開発の推進に関する意見書
Ⅰ-1-3-4	19721221	六ヶ所村議会議長古川伊勢松	むつ小川原開発住民対策要望書
Ⅰ-1-3-5	19730109	六ヶ所村議橋本勝四郎	村民に訴える！！
Ⅰ-1-3-6	19730508	六ケ所村長寺下力三郎	村民の皆さんに訴える
Ⅰ-1-3-7	19740926	六ヶ所村	村勢発展の基本構想

第１節　政府資料

Ⅰ－１－１－１

新全国総合開発計画

昭和 44 年 5 月 30 日（昭和 47 年 10 月 31 日一部改訂）

全国総合開発計画について

昭和44年５月30日

閣議決定

政府は、別冊新全国総合開発計画をもって国土総合開発法（昭和25年法律第205号）第７条第１項に規定する全国総合開発計画とする。

全国総合開発計画の一部改訂について

昭和47年10月31日

閣議決定

前文（略）

第一部　国土総合開発の基本計画（略）

第二部 地方別総合開発の基本構想

第１　前提（略）

第２　北海道開発の基本構想（略）

第３　東北地方開発の基本構想

１　開発の基本的方向

東北地方は、首都圏に隣接し、津軽海峡を隔てて北海道と相対する本州東北部に位し、７ブロックのうちでもっとも広い面積を有し、広大な開発適地、潤沢な水資源、多量の地下資源、俗化されないすぐれた自然環境、豊富な労働力等の諸資源に恵まれた開発可能性に富む地域である。

しかし、数多くの山地によって域内を分断された積雪地帯である等の自然的、地理的悪条件は、交通施設等の整備の立遅れ等とあいまって、域内の経済活動に大きな制約を加え､その産業構造は、稲作を主とする第１次産業へ特化し、その経済発展も大都市圏に比べて立ち遅れてきた。

しかしながら、近時の東北地方は、工業化を通じて産業構造の高度化を遂げつつ、開発の可能性を次第に顕在化し始めた。このようなすう勢に加えて、今後の道路、港湾、鉄道等の交通基盤の整備によって、首都圏に隣接する地域として、さらに、シベリア、アラスカ等北方諸国との貿易の拠点として、飛躍的発展が期待される地域である。

すなわち、工業については、既存の集積の増大に加えて、新たに首都圏等から外延的な発展が見込まれた。また、巨大な工業開発の適地に恵まれる等飛躍的発展が予想され、農業は、域内の大河川流域の広大な平野部および各地の丘陵部等に展開される高生産性農業を中心に、わが国最大の食料供給基地として発展しよう。

このような発展方向を踏まえ、本地方の特性に応じた開発を進めるため、高速道路網、高速鉄道網等を整備し、首都圏への時間距離の短縮および域内相互間の連けいを強化する。また、これとあわせて、中枢管理機能の大集積地である仙台市のほか、生産活動や地域住民の生活に必要な情報、流通等の結節的役割を果たす地方都市の育成強化を図り、高い水準の住民生活を維持するに足る社会的生活環境施設を整備する。

農林水産業については、今後の需要増大に対応して生産の合理的再編成を図るとともに、経営の近代化を進めるため、その生産、流通基盤の整備拡充を行なう。とくに、稲作および大家畜畜産について高生産性大規模主産地の形成を推進するとともに、国有林の積極的な活用を図る。

鉱工業については、既存の工業集積地および新たな工業進出が期待される地域において、工業基盤の整備および相互の連けい強化を図るとともに、豊富に賦存する地下資源の積極的な開発を行なう。

また、東北地方の豊富多彩な特色有る自然観光資源を広域的、多角的、かつ一体的に活用し、自然と調和のとれた観光開発を進め、ますますその要請が高まる青少年の錬成と国民のレクリエーションの場を提供するとともに、大規模な自然保存区域を設定し、自然の保護、保存を図るほか、国土保全および水資源の開発を行なう。

さらに、従来、地域発展の制約条件となっていた積雪寒冷等の障害の克服に努める。

２　主要開発事業の計画

開発の基本的方向に沿って、その開発を進めるに当たっては、首都圏、北海道との連けいを強化し、あわせて、域内交流を促進するため、まず、交通体系を重点的に整備する必要がある。

このため、とくに、冬期における交通確保に留意し、雪害防除対策を講じつつ、東北縦貫自動車道、東北横断自動車道、関越自動車道、常磐自動車道、北陸自動車道および基幹的な国道を計画的に整備し、東北新幹線鉄道の建設を早急に行なうとともに、奥羽本線、羽越本線等の鉄道主要幹線における電化、線増等および青函トンネルの建設を進める。さらに、流通、工業等の拠点となる新潟港等の整備を行なうとともに、航空機の大型化、高速化に対応して、仙台空港等の整備を促進する。

また、これらの幹線交通体系の整備にあわせて、仙台市においては、交通、通信、流通等の施設を整備し、中枢管理機能の高度化を図り、広域的な都市圏の形成を進める。青森市、盛岡市、秋田市、山形市、福島市、新潟市等の中核都市においては、それぞれの特性に応じ、機能的な施設の整備を計画的に行なう。

農林水産業については、恵まれた土地条件を活用し、積極的に開発を行ない、わが国の主要食料生産地域として、当面、津軽、北上、仙台、仙北、庄内、会津、新潟等の平野部において、水稲を中心に生産性の向上を図るためのかんがい排水施設の改良、ほ場整備等の土地基盤の整備を行ない、北上北岩手、阿武隈、岩船等の山地、山ろく、丘陵部において、畜産、果樹の主要地形成のため、生産、流通基盤の整備を行なう。また、増大する木材需要に対応して、奥羽山系等における広大な森林資源の総合的な開発を進め、林道網の整備および人工造林を積極的に推進するほか、三陸、佐渡等における浅海養殖漁場の造成をはじめとする水産資源の開発を進め、あわせて八戸漁港等の基幹的漁港の整備を行なう。

工業については、八戸、仙台湾、秋田湾、常磐、新潟地区等臨海部における既存の集積に加えて、新しい進出が期待される基礎資源型工業等のための基盤を整備し、仙台、郡山地区等内陸部においては、首都圏等より進出が期待される機械工業等の都市型工業の導入のための基盤整備を行なう。あわせて、仙台港、秋田北港、酒田北港、新潟東港等の新しい工業港の建設を促進する。

観光開発を進めるに当たっては、十和田八幡平、陸中海岸、磐梯朝日等の国立公園、栗駒、佐渡弥彦等の国定公園等の整備を行ない、広域的観光ルートを整備し、あわせて、自然の保存、管理を強化する。

このほか、北上川水系、阿武隈川水系、最上川水系、信濃川水系等において、治山、治水とあわせて、水資源の開発を進め、また、三陸、新潟等の海岸保全を行なう。

なお、黒鉱、地熱等域内に豊富に賦存する資源の積極的開発を行なうとともに、女川、大熊等の原子力発電基地の建設を促進する。

3　主要開発事業の構想

主要開発事業の計画のほか、今後の技術革新、経済力の増大等に対応して、慎重な調査検討のうえ、逐次、計画、実施すべき事業の構想として、おおむね、つぎのようなものを考える。

日本海沿岸新幹線鉄道、上越新幹線鉄道、東北横断新幹線鉄道、日本海沿岸縦貫自動車道、常磐・三陸縦貫高速国道、奥羽縦貫高速国道等の建設により、東北地方と首都圏、北海道および域内相互間の時間距離の短縮と、地域間交流の緊密化を図る。

さらに、東京湾等への港湾貨物の著しい集中を緩和するとともに、域内の工業開発に対処するため、仙台等に総合的機能を備えた国際貿易港の建設を図る。

また、津軽、北上、仙台、仙北、庄内および新潟等の各平野に、大型機械化体系と高度の水管理にささえられた高生産性稲作地帯の形成を図り、あわせて、北上北岩手山地、阿武隈山地等の広大な低利用地および国有林等を活用した大規模畜産地帯の実現を図り、わが国屈指の食料供給基地とする。

一方、小川原工業港の建設等の総合的な産業基盤の整備により、陸奥湾、小川原湖周辺ならびに八戸、久慈一帯に巨大臨海コンビナートの形成を図る。さらに、日本海沿岸に天然ガス供給基地を建設し、これと東北の主要工業拠点を結ぶパイプラインを建設するとともに、日本海大陸棚における地下資源開発を含む大規模海洋開発を図る。

このほか、下北地区、朝日飯豊地区に大規模自然保護区域を設定し、自然の保護、管理を強力に行ない、さらに、岩木、栗駒および磐梯の各高原リゾート都市の建設を図る。

また、雪の利用、克服を図るため総合研究機関を設置するとともに、積雪地帯における主要都市について、街路、住宅等と融雪施設、地域暖房施設等とを総合的に整備するなど、根本的な都市改造を行なう。

なお、仙台周辺に、学術の国際交流と自主技術の総合的開発のためのセンターとして、国際研究学園都市の建設を図る。

（以下略）

［出所：国土交通省国土政策局ホームページ］

Ｉ－１－１－２

65−衆議院予算委員会第三分科会議事録

昭和46年２月25日

昭和四十六年二月二十五日（木曜日）
午前十時四分開議

出席分科員
主査　登坂重次郎君
　赤澤正道君　中野四郎君　松野幸泰君　大原亨君　小林進君　西宮弘君　華山親義君
　兼務　細谷治嘉君　有島重武君　小川新一郎君
　古寺宏君　川端文夫君
出席国務大臣
　国務大臣（経済企画庁長官）　佐藤一郎君
出席政府委員
　公正取引委員会事務局長　吉田文剛君
　経済企画政務次官　山口シヅエ君
　経済企画庁審議官　西川喬君
　経済企画庁長官官房長　船後正道君
　経済企画庁長官官房会計課長　岩田幸基君
　経済企画庁調整局長　新田庚一君
　経済企画庁国民生活局長　宮崎仁君
　経済企画庁総合計画局長　矢野智雄君
　経済企画庁総合開発局長　岡部保君
　経済企画庁調査局長　小島英敏君
　厚生省環境衛生局長　浦田純一君
　厚生省医務局長　松尾正雄君
　厚生省社会局長　加藤威二君
　海上保安庁次長　上原啓君
分科員外の出席者（略）
――――――――――――――
分科員の異動（略）

本日の会議に付した案件
　昭和四十六年度一般会計予算中経済企画庁、厚生省及び自治省所管
　昭和四十六年度特別会計予算中厚生省及び自治省所管

○登坂主査　これより予算委員会第三分科会を開会いたします。

昭和四十六年度一般会計予算中、経済企画庁所管を議題といたします。

この際、分科員各位に申し上げます。議事進行に御協力のほどをお願い申し上げます。
なお、政府においても、答弁は簡潔にお願いします。

質疑の申し出がありますので、これを許します。

（略）

○小川（新）分科員　（中略）下北半島の新全国総合開発計画における大規模工業立地における土地収用の問題についていささか疑問がありますので、お尋ねします。

こういった計画というものは閣議決定されてから――昭和四十四年五月の三十一日に新全総の閣議決定が行なわれた。それから出発するものなのか、その前から土地の収用が行なわれて、地元には流れるものなのか、どういうのです、この問題は。

○佐藤（一）国務大臣　確かに下北半島にいろいろとブローカーが出入りしているというような点も指摘されております。もちろん、これをそのまま許容するわけにはまいりません。先行取得を、いわゆる公共的なものを中心にして土地の利用目的というものをいま策定しようとしている際ですから、これについては、青森県も県庁を中心にしまして、住民の協力を得て、いわゆる抜け買いといいますか、そうした買いあさりを極力防ぐような体制をいま固めておりますし、それからまた一方において、土地の先行取得についての特殊の機関というものを設立をするように検討しております。

○小川（新）分科員　私が聞いているのは、四十四年五月三十一日に閣議決定された以前、四十四年三月にもうこういう、むつ湾小川原湖大規模工業開発調査報告書、四十四年三月、日

本工業立地センター、こういうものが財界の手に渡っております。うわさによると、これを一部何十万円でもいいからくれと言った業者もあったそうです。どうして四十四年三月に、閣議決定されない以前にこういうものができ上がってしまうのですか。

○佐藤（一）国務大臣　それは私も存じませんが、とにかくビジョンを、ビジョンをと言って、ビジョンを書くのもいいけれども、考えものだと私も思っているくらいで、全くあずかり知らぬ一種の架空の予測ではないかと思いますが、詳細なことをもし必要でありましたら、事務当局から説明させます。

○岡部（保）政府委員　ただいまのお話しの日本工業立地センターでの計画、これは県があの地域の開発計画というものを委託されておつくりになった計画だと存じます。ただいま先生のおっしゃいました新全国総合開発計画というもので私どもが考えております問題のむつ小川原地域の開発というものは、私どももむしろまだまだ調査の段階であるというふうに考えておるわけでございます。したがいまして、ただいま長官も申しましたように、一つのそういうビジョンが出たというのは事実でございますが、私どもはそのままでいくんだということは全然考えておりません。

○小川（新）分科員　調査費がことしついたわけですが、それでは、先ほどの特殊機関という会社を設立して土地の先行投資をはかるということは、確実にここに大規模工業立地をやる、政府もそのために、いまのままでいったのではたいへんだというので、こういった、むつ小川原開発株式会社なるものを設立する、これに間違いありませんか。

○岡部（保）政府委員　ただいま確かにその会社の設立の準備段階で、近く発足するということでございます。

○小川（新）分科員　その会社の政府出資はどれくらいになるか。それから、青森県の出資は幾らなのか。それに財界から幾ら出るのか。パーセントと金額と、その会社の土地の取得の面積はどれくらいなのか、お願いします。

○岡部（保）政府委員　この予定されておる会社につきましては、一応当初の払い込み資本金は十五億円と予定いたされております。その十五億円のうちの四〇％、六億円は北海道東北開発公庫が出資をするという考え方でございます。さらに青森県は一〇％の一億五千万円を出資をするという考えでございます。したがいまして、これをトータルいたしますとちょうど五〇％になります。残りの五〇％である七億五千万円は民間資金を調達するという考え方でございます。

○小川（新）分科員　買い取る面積は……。

○岡部（保）政府委員　ただいまこの会社でどれだけの面積を取得するかという点については、確たる数字がございません。この会社は、たとえば先ほどのお話にもございました公共用地的なものを先行取得するという問題、それから工場用地になるような部分を先行取得するという問題というような、いろいろな用地の目的、用途によって違うわけでございまして、現在の段階では計画がまだきまっておりませんので、特に用途別に考えませんで、入手し得る土地をなるべく取得していくというような考え方で、特に何ヘクタールを目標とするというところまで固まっておりません。

○小川（新）分科員　そういうあいまいなことでは私は、そういう政府が出資金を六億も出すのに困ると思うのです。目標も定まらない。言っていることがちょっと言い違いですね。調査をしてからというのに、もう片一方では政府の出資金を六億も出す。青森県が一億五千万出す。財界は五〇％の金を出す。そういう先行の会社ができ上がっているのに——この三月から発足するのでしょう。片一方では調査だけだ。片一方では土地の先行がきまっていく。むつ・小川原開発株式会社目論見書というのが財界から出ていますが、それによると、「事業規模」は「国の計画との関連で決まるが、約三万ヘクタール程度を対象とする。用地取得は昭和四十六年以降五年間、造成分譲は昭和四十八年頃から約十二年間、」こういうことなんです。こっちでは計画ができているでしょう。政府ではきまらない。どっちがほんとなんですか。

○岡部（保）政府委員　確かに目論見書では、約三万ヘクタールを取得する。さらに、四十六年度から五カ年間で一万九千ヘクタール程度を取得するというもくろみを立てておられるわけでございます。私どもといたしまして、現実にさしあたり発足いたしまして、それで先ほども申しましたように——どうも矛盾しているとおしかりを受けましたが、現実にこういう大計画をいたしますのに、いままでの一番問題であったのは、計画が確定しない前にむしろひょこひょこと取り組むというのが一番悪かったのです。したがって、私どもとしてはこの計画、マスタープランをどうしても前提としてやる。ただ土地の取得は、いまのお話にもございましたように、民間ブローカーが相当入っている。したがって、むしろ全面的と申しますか、もちろん全面的にあれだけ広いところを買えるはずはございませんけれども、相当広い範囲をこの会社で取得するという考え方に立っているということでございます。

○小川（新）分科員　長官、いまのお話を聞いてちょっと不審に思いませんか。計画が漏れることが一番土地の収用に困る。ところが漏れるわけなんですね。むつ小川原の大規模工業基地開発のこのメンバーの中に飯島貞一さんという日本工業立地センターの人が入って、それから、大規模工業基地の考え方及び開発方式についての中間答申、昭和四十五年九月一日、産業構造審議会、これは大臣の諮問機関、その中に入っている。これでは、この計画がツーツーになっちゃうわけですね。だから、私が先ほどから心配しているように、四十四年の五月三十一日に新全総の閣議決定が行なわれる以前の四十四年三月にはもうこういうものができ上がって、どんどん買い占めが行なわれているのですよ。

そこで具体的な例を一つあげますと、地元民はいまどれくらいの土地を登記がえしているか御存じですか。

○岡部（保）政府委員　詳細存じません。

○小川（新）分科員　だから困るのです。私が、これは青森県で調べたところによると、昭和四十五年十月現在で約三千ヘクタールの登記がえがこの地点において行なわれている。ところがその買収者は不明であるという答弁がきている。国及び県は用地の買収を行なっておりません。昭和四十五年の十月現在、一坪も買ってないのです。その時点で三千ヘクタールの大規模のものを、これは私、名前を言わないけれども、東京のM不動産とか、何とか不動産という大会社が行ってどんどん買いまくっている。やったって、それもいいんですよ。そういう利にさとい企業家が、あの下北半島の荒れ地を坪四十円で買っているじゃないですか。現在の時点においての値段は幾らか御存じですか。

○岡部（保）政府委員　存じません。

○小川（新）分科員　大臣、こういう実態です。坪四十円で買って、その買い方は、ここに大養鶏場をつくる、大養豚場をつくる、牧畜をやるんだとだまして買っている。大規模工業立地に対して地元民が多少なりともそこに利益をこうむるならいいけれども、このまたあとで私は述べますけれども、ここには原子力製鉄所、アルミニウムの製錬所、それから電力、石油コンビナート、こういった公害発生の危惧を抱かせる大企業が、やはり海浜コンビナート方式じゃないとだめだというこの国の施策に従って、大規模に下北半島をはじめ鹿児島の志布志湾、山口の周防灘、西南地区と北東地区と、大規模工業の——大臣が一九七〇年代の日本列島のあり方と題して今回演説なさっている。

私がこの間の二月四日の予算委員会で聞いたのは、千葉の埋め立て方式が、公有水面埋立法が大正十年の法律で、この許可権者と認可権者が一緒になってやるところに問題がある。しかも、それが三分の二も大企業がその権利を収奪をしてしまう、そこに問題がありますよと言って、私は質問したわけですね、大臣御存じのとおり。それで、関連法が六十八もあるからどうするかという質問に対して、大臣はこれを整理なさるという御答弁をいただいたのです、この二月四日に。御記憶に新ただと思う、この間の総括質問でやったんですから。そういう問題がこの下北半島にも及んでいるのです。いまのお話を聞くと、財界が五〇％です。国と県が合わせて五〇％です。

じゃ、もう一点聞きますが、政府の関係の役人がこの下北半島のむつ小川原開発株式会社に入っていますか。

○岡部（保）政府委員　いまのこの発足すべき会社の人事の問題かと存じますけれども、まだ決定いたしておりません。

○小川（新）分科員　金を出す。六億も金を北海道東北開発公庫が出す。それから一億五千万は青森が出す。財界は残り七億五千万を出す。合わせて十五億円。そこまできまっていて、政府の監督者が入らなかったら一体だれがこの会社の運営をやるのですか。これは、五〇%を握っている、株を持つ、権利を持つ、それこそ経団連の——これはまた社長が経団連から出るんでしょう。なるという予想になっていますよ。経団連の会長の植村さん、この答申にも名前が出ていますが、植村甲午郎さんですね。この経団連会長であり、産業構造審議会の会長である、こういう方がこういう答申を出していらっしゃるのです。だから、問題になるのは、政府の役人を早急に入れなかったら、このむつ小川原開発株式会社がいいようにされますよ。それを心配しているのです。これもすぐきめなくちゃいかぬと思うのですがね、この点……。

○佐藤(一)国務大臣　御心配はほんとうにごもっともな点があるわけでありますけれども、御存じのように、政府が金を出しているところに全部役人を派遣することになりますと、これはまたこれでたいへんです。問題は、やはりその新しい会社なら会社がわれわれの考えている目標に沿ってほんとうに動いてくれるかどうかという信頼と、それからまた今後において、監督権があるわけでありますから、これを十分監督してまいる。人事につきましてまだきまっておりません。しかし、当然のことでありますけれども、むしろ会社側のほうとしても、これからマスタープランを企画庁中心でつくっていこうという際でありますから、ぜひ適当な人材をほしいという要求も当然出てくると私は考えております。かりに人が入りましても、あるいは入らないにいたしましても、御心配の点のないようにわれわれが十分監督をしていかなければならぬ、こういうふうに考えております。

○小川（新）分科員　そこに心配が出てくるのですよ。いまかってに買い占めをやっている大企業の不動産会社の社長が、むつ小川原開発ＫＫの中に設立発起人になって入っているじゃありませんか。入っていませんか。

○岡部（保）政府委員　どうも、どういう会社のあれかは存じませんが、確かに発起人の中に大手の不動産業の社長が入っておられることは事実でございます。

○小川（新）分科員　ではたとえていいますと、ここにこれだけの名前がずらずらずらと載っているのですよ。この中に不動産協会会長何の何がし、何とか不動産の何とか何がし、三菱何とか、みんな出ているじゃないですか。自分たちのつくった政府の会社に自分たちが発起人に名を連ねて、自分が先に行って買って、必要な土地は今度はその会社に買わせるのじゃないですか。四十円でお百姓さんから買った土地がいま坪二千円にも三千円にもはね上がっている。これは競争の原理でいくとまだ上がっていきますよ。どうしても公共用地に必要だ。青森県で泣いているのは、われわれが公共用地で取得したいところは全部押えられてしまった。もう八十%方、土地買いあさり戦争は終わったと豪語しているのです。そこを今度、自分たちがつくった、財界が出資し政府がつくってくれるこの会社が、自分の買った土地を買いにいかなければならなくなっちゃう矛盾が出てくる。こんなめっちゃくちゃな話はないじゃないですか。それで坪四十円。いま二円六十銭の農地問題が騒ぎになっているが、それがあなた十倍にも百倍にも千倍にも上がってその利ざやを——どうしてそんなことがその二年も三年も前に流れちゃうかということを私はさっきから言っている。これはもう前から問題になっていますよ。新幹線の用地が問題になれば、その周辺の土地を買いあさって上がってだめになってしまう。こういう問題があることを私は指摘しておきますが、大臣いまの問題どうです。

○佐藤（一）国務大臣　とにかく新全総などという、昭和六十年までのことを早くつくると私はこういうことになると思うのです。こういうことが一体適当なのかどうか。もう案をつくっているときから民間に流れることはわかり切ったことです。また学識経験者の知識を利用して考えていらっしゃるのですから……。ですから問題は、一番考えられることは、もう案をつくる前から下北半島を譲渡禁止にしてしまうというような法律でもできれば一番いいのですが、なかなかそうもいきません。率直にいいまして、特に青森県も貧乏であまり金もない県であります。県も実はそれで困っておりますが、いたずらに小さなブローカーが暗躍して、そうして値をつり上げることだけはかるというようなことは好ましくありません。ある程度の資力のある者が安定的な土地を取得するということが今日法律で禁止されない以上、これもやむを得ない。

でありますから、問題は、今後それが正式に会社に移る際に適当な値段で取引されるかどうか、こういう点にあろうと思います。率直にいって知事自身が、お百姓の立場に立ってみると幾らに値を踏んでいいかわからないと、この前言っておりました。ある程度何かそういう取引が出てくると一つの基準というものが出てきて、県自身が初めてそこで価格を設定して買い進みができるんだ、こういうのでちょっとしばらく模様を見ているんだというふうなことを言っておりましたが、そんなにじんぜんと過ごすことはできませんから、できるだけその取得機関のほうを早急に発足させる。そうしてこれによって、いわゆるいかがわしいことの起こらないように厳重に監督をし、さらにその価格は、正式な機関に移るときに十分留意をしていかなければならぬ、こういうことになろうと思います。

（以下略）

［出典：衆議院予算委員会第三分科会議事録　昭和46年2月25日］

I－1－1－3

むつ小川原総合開発会議設置について

昭和46年3月22日

1.目的

むつ小川原総合開発会議(以下「会議」という)は政府機関、地方公共団体およびむつ小川原地域の開発を目的として設立された団体等のむつ小川原総合開発に係る計画について、その調整にあたり、この開発事業の総合的推進を図ることを目的とする。

2.構成

⑴会議は、経済企画庁、大蔵省、厚生、農林省、通商産業省、運輸省、労働省、環境庁、建設省、文部省および自治省をもって構成するものとし、各省庁の委員は別表に掲げるとおりとする。

⑵会議には、その決定により、上記以外の関係省庁および青森県を出席させることができる。

⑶会議はその必要に応じ、政府関係機関およびむつ小川原地域の開発を目的として設立された団体の出席を求めることができる。

⑷会議はその定めるところにより、下部機構として担当官会議を置き、その業務を分任させることができる。

⑸会議の事務は、経済企画庁総合開発局においてつかさどる。

3.調整事項

会議は、次に掲げる事項について調整にあたるものとする。

⑴基本調査の調整に関する事項

⑵マスタープラン(開発基本計画)の原案の作成に関する事項

⑶むつ小川原地域の開発を目的として設立された団体の事業計画の調整に関する事項

⑷前各号に掲げるもののほか、むつ小川原開発の促進に関して調整を必要とする事項

4.その他

前各条に定めるほか、会議の議事および運営に関し必要な事項は会議が定める。

むつ小川原総合開発会議委員名簿　(9月20日現在)

省　庁	職	氏　名
経済企画庁	総合開発局長	下河辺　淳
大蔵省	官房長	竹内道雄
厚生省	官房長	曾根田郁夫
農林省	農地局長	小沼　勇
通商産業省	企業局長	山下英明
運輸省	官房審議官	原田　昇左右
建設省	計画局長	高橋弘篤
自治省	官房長	松浦　功
労働省	職業安定局長	道正邦彦
環境庁	企画調整局長	船後正道
文部省	官房審議官	奥田真丈

［出所：関西大学経済・政治研究所環境問題研究班,1979,『むつ小川原開発計画の展開と諸問題(「調査と資料」第28号)』217頁］

Ⅰ－1－1－4

68－衆議院予算委員会第三分科会議事録

昭和47年3月23日

昭和四十七年三月二十三日（木曜日）
午前十時二分開議

出席分科員
主査　田中　正巳君
　小川半次君　大坪保雄君　橋本龍太郎君　上原康助君　西宮弘君　細谷治嘉君
　堀昌雄君　近江巳記夫君　谷口善太郎君　津川武一君
兼務　小林進君　兼務　小川新一郎君　兼務　古寺宏君
出席国務大臣
　国務大臣（経済企画庁長官）　木村俊夫君
出席政府委員
　近畿圏整備本部次長　朝日邦夫君
　公正取引委員会委員長　谷村裕君
　経済企画政務次官　木部佳昭君
　経済企画庁長官官房長　吉田太郎一君
　経済企画庁長官官房会計課長　下山修二君
　経済企画庁調整局長　新田庚一君
　経済企画庁国民生活局長　宮崎仁君
　経済企画庁総合計画局長　矢野智雄君
　経済企画庁総合開発局長　岡部保君
　経済企画庁調査局長　小島英敏君
　厚生省社会局長　加藤威二君
　通商産業省企業局参事官　田中芳秋君
分科員外の出席者
　防衛庁経理局施設課長　蔭山昭二君
　建設省計画局総務課長　西原俊策君
　建設省河川局河川計画課長　宮崎明君

―――――――――――――

分科員の異動（略）

本日の会議に付した案件
　昭和四十七年度一般会計予算中経済企画庁所管

○田中主査　これより予算委員会第三分科会を開会いたします。
　昭和四十七年度一般会計予算中、経済企画庁所管を議題といたします。
　この際、政府から説明を求めます。木村経済企画庁長官。

○木村国務大臣　昭和四十七年度の経済企画庁関係の予算及び財政投融資計画につきまして、その概要を御説明申し上げます。

(中略)

○田中主査　以上をもちまして、経済企画庁所管についての説明は終わりました。
　質疑の申し出がありますので、順次これを許します。

(中略)

○田中主査　古寺宏君。

○古寺分科員　最初にお尋ねいたしますが、新全総の中にある大規模工業開発というのは、企業のために行なわれる開発か、それとも住民のために行なわれる開発か、承りたいと思います。

○木村国務大臣　当然地域住民の福祉向上のために行なうものでございます。

○古寺分科員　昨年の十二月に全国総合開発審議会が新全総の改定についての意見を具申しておりますが、経済企画庁ではその作業を現在どういうふうに進めておられますか。

○岡部（保）政府委員　ただいま先生のお話にもございました昨年の開発審議会の意見書でございますが、この中に、その意見書の全体の考え方としては、要するに新全総計画の実施を促進すべきであるという考え方に立った意見書でございますが、その中に、ただいま御指摘がございましたように、いわゆる環境問題というのが非常に深刻化しておるというような点から、この点について十分総点検を行なうべきであるという御意見があるわけでございます。それで、私どもこの計画の改定を直ちにするべきであると考えておるわけではございませんで、この実施面において当然いろいろな問題点が生じてきております。そういう意味で、いろいろの点について点検しなければならないという考え方は、全くその御意見書のとおりでございまして、現段階では、具体的にどういうような点について点検を進めていくかというような点について検討中でございます。

○古寺分科員　改定が行なわれるとすれば、当初の大規模開発構想と当然変わってくると思うのですが、そういう点について、経企庁としてはどういう点を今後開発の中に盛り込んでいくお考えですか。

○岡部（保）政府委員　ただいま申しましたように、具体的な問題についていろいろ点検をいたしてまいりまして、その上でどうしてもこういう必要があるというような際に、ただいま先生のおっしゃいましたような改定という問題も出てくるかと考えておりますが、現段階といたしまして、たとえば大規模工業基地の考え方というものについてどういうふうに考えを変えるかというようなところまで、われわれの検討はいっていないわけでございます。ただはっきり申せますことは、最近におきますいわゆる公害の深刻化というような問題、いわゆる広く申しまして環境問題の深刻化というような点から、まず大規模工業基地の問題につきましても、事前にいわゆる生態学的な調査であるとか、そういうような非常に基礎的な調査を十分いたしまして、そういう事前調査というのが十分行なわれるということを前提にいたしまして、この実施に当たっていかなければならないというような考え方をただいま持っております。

○古寺分科員　そうしますと、現在青森県のむつ小川原で大規模工業開発に基づく開発を県が進めようとしておりますが、どういう点について考慮しなければならないか、あるいは再検討しなければならないとお考えでございますか。

○岡部（保）政府委員　ただいまむつ小川原のいわゆる大規模工業基地の開発という問題で私ども考えておりますのは、いわゆる現段階で、非常に基礎的な調査でございますが、基礎の調査を関係各省あるいは県等で協力いたしまして現在実施中でございます。たとえばその生態系の問題だとか、あるいは現実に自然条件が今後の地域開発にどういうふうに及ぼしていくのかというような影響問題、そういうような問題を十分調査を進め、その上でこの基地のいわゆるマスタープランと申しますか、一つの大きな意味でのワク組みというものができていくわけでございます。したがいまして、いま御指摘ございましたように、点検をいたしまして、具体的にどういうような変更が行なわれていくかという点につきましては、むしろこの調査の段階で調査結果というものに合わせまして考えるというようなことが、当然起きてくると考えております。

○古寺分科員　そこでお尋ねしたいのですが、このむつ小川原大規模工業開発の、開発の主体はどこになりますか。

○岡部（保）政府委員　私ども現段階で考えますと、開発の主体は青森県であるという考え方に立っております。

○古寺分科員　その開発の責任はどこにございますか。県でございますか、国でございますか。どこの責任においてこの開発というものは進められるわけですか。

○岡部（保）政府委員　どうも具体的にこの開発を進める上での責任という点になりますと、先ほども申しましたように、開発の主体である県が一義的な責任を持っておるというふうに私どもは解しておるわけでございますが、当然、先ほども申しましたように、この事前の基礎調査にいたしましても国の関係省庁がタッチしておりますし、あるいはまた、逆にいえば、個々の市町村という問題もいろいろございますし、したがって、この開発の直接の関係者というものが、それぞれが責任を免れるというものではないと考えます。

○古寺分科員　通産省にお尋ねしたいのですが、産業構造審議会の中間答申に基づきまして、青森県には第三方式を指導しているようでございますが、この理由はいかなる理由でございましょうか。

○田中（芳）政府委員　産業構造審議会で、大規模工業基地の開発方式に三つの方式を中間答申いたしておるわけでございます。御指摘の青森県に第三の方式で指導したのではないかということでございますが、私どもといたしましては、今回のむつ小川原の工業開発につきましては、御承知のとおり、土地取得のための調査あるいは折衝のためにはむつ小川原開発公社といいますものが設立されておりますし、また、土地の取得あるいは資金調達、そして造成、こういった関係ではむつ小川原株式会社という組織が設立されておるわけでございます。さらに、この全体のマスタープランを策定いたしますため、この調査、研究を行ないますために、株式会社むつ小川原総合開発センターというものがやはり設立されておるのでございます。最初に掲げましたむつ小川原開発公社以外のものは、いずれも第三セクター、こういわれるものでございます。そういう点から、この三つが協力をして開発を促進するということで、いわゆるトロイカ方式とこれを呼んでおるわけでございます。私どもといたしましては、御指摘の産構審の第三方式という形に沿って県を指導しているわけではございません。いま申し上げましたような、こういった新しい方式によりましてこれを推進してまいりたい、このような考えで県を指導しておるところでございます。

○古寺分科員　通産省としては、どのような企業の進出をお考えになっていますか。

○田中（芳）政府委員　大規模の工業基地につきましては、やはり基幹資源型の工業をここに立地を促進する、こういう形で推進をいたしたいと考えています。当面のプランといたしまして、石油精製あるいは石油化学、電力、鉄鋼等が従来の一つのアイデアとして考えられておったわけでございますが、先ほど申し上げました開発センター、こうしたものの今後の調査、検討を待って具体的な業種の張りつけを行ないたい、このように考えております。

○古寺分科員　どのくらいの規模のものをお考えでしょうか。

○田中（芳）政府委員　現段階では、土地の取得の進捗状況等々も考慮いたしますと、具体的な規模は申し上げられないわけでございますが、この地域が持っております開発のポテンシャルというようなものを考えますと、長期的に考えますれば、かなり広い土地がある、それから水もある、さらに労働力といいますものも供給が可能ではないか、こういうことで、かなりの規模の工業開発がここでできるのではないか、このような期待を持っているところでございます。

○古寺分科員　昨年の十一月十八日に第一ホテルにおきまして開かれた日本新聞協会主催の全国論説責任者懇談会で、経済企画庁長官は、現在行なわれておりますところのむつ小川原の大規模工業開発について特別立法を検討しているというようなお話をしているようでございますが、この点については、そういう御発言をなさったのか、また実際にどういう検討を進めていらっしゃるのか、承りたいと思います。

○木村国務大臣　私ちょっと記憶が薄くなっておりますが、その当時、ある新聞社の論説委員の方から質問がございまして、現状では現行法令の運用で十分やっていけると思うが、将来これが大規模な建設に取りかかると、あるいは現行法令の改正あるいは特別法の立法も必要となるのではないかと思う。現在はまだそこまで検討しておりませんと、こういうようなお答えをしたと記憶しております。

○古寺分科員　現時点においてはどうでしょうか。現時点においては、特別立法ということを考えていらっしゃいますか。

○木村国務大臣　まだ、現時点ではそこまで考えてないです。

○古寺分科員　それから、もう一つお尋ねしたいんですが、経済企画庁の中にむつ小川原開発室というものを設置をする、こういうことも報道されておりますが、この点についてはいかがでございましょう。

○岡部（保）政府委員　四十七年度予算の要求時点におきまして、部内にそういうような機構を設けたいというようなことで、いわゆる定員増の要求等をいたしたわけでございますが、この点につきましては、予算折衝で、予算案として認めていただくところまで至りませんでした。

○古寺分科員　現在青森県では、このむつ小川原開発を進めるために、住民対策を示しまして、そして土地の取得に入ろうとしておりますが、現在まだマスタープランもできていない、あるいはいろいろな財政的な裏づけや法的な裏づけもないわけでございますが、こういうような住民対策で土地を取得していくということについて、地域住民は非常に不安を持っておるわけでございますが、こういう点について経済企画庁はどういうふうにお考えでしょうか。

○岡部（保）政府委員　確かに先生のおっしゃるように問題点はあるかと存じます。ただ、むつ小川原地域は、何と申しましても非常に広大な面積でございまして、その中に工業用地だけではございませんで、住宅用地であるとか、あるいは公共用地であるとか、あるいは逆に自然を温存するような地域であるとか、そういうようなものまで全体のプランとして考えなければならないというような考え方でございます。

また一方、現地の住民に――これはまあ現段階で、いま先生の御指摘ありましたような一部の地域に限られてはおるのでありますが、この現地における住民の開発に対する姿勢というものも、いろいろ流動的と申しますか、賛成もあれば反対もあるというような状態でございます。このような事情を考えますと、私ども一つの何と申しますか、オーソドックスな方法というのでございますか、基礎調査を進め、その上に立ってマスタープランをつくり、その上で具体的なプロジェクトとしてどういうふうに進めていくというような進め方が、一つのでき得れば望ましい姿かと存じますが、現実の問題としてはなかなかその方法だけをもって進めていくというのはむずかしいのではないかというような感じがいたします。と申しますのは、いわゆる住民との接触を通じまして、いろいろな情報に基づいて開発の部分的な考え方を固めていく、また一方これを基礎的な調査から出てくるマスタープランというものと突き合わせながら進めていくというような方式を、どうもとらざるを得ない現状ではないかというふうに理解をいたしております。したがいまして、先ほどもお話ございましたいわゆるトロイカ方式と申しますか、三機関、特にそのうちでのむつ小川原総合開発センターというところでいわゆるデータを集めまして、その上でマスタープランづくりをしていくという一つの大きな流れ、それに合わせて、現段階のような現地の住民との接触というものより得られるいろいろな情報というものを合わせて一つの開発に進んでいくという方向をとらざるを得ないというふうに理解をしている次第でございます。

○古寺分科員　県は線引きをいたしておりますが、この線引きについては、経企庁のほうでは何かそういう指導をなさったのでございますか。

○岡部（保）政府委員　線引きの問題につきましては、私ども、具体的にこういうふうにしたらいいじゃないかというような指導は、いたしておりません。県が現実にいろいろ考えてはそういう話は持ってまいりますが、具体的にこういう方法でやるというような指導はいたしておりません。

○古寺分科員　通産省はいかがですか。

○田中（芳）政府委員　通産省といたしましても、そのような指導はいたしておりません。

○古寺分科員　そこで、経済企画庁としては土地収用法の適用、租税特別措置法あるいは国有地の払い下げに対する特別措置、農地法特別適用あるいは財政援助、こういうものについて、どういうふうにお考えでございますか。

○岡部（保）政府委員　このむつ小川原地域の開発を進めるにあたりまして、たとえばいまお話のございました用地の取得の問題であるとかあるいは公共事業の実施に際しては、できるだけ現行法の運用によって、しかもできるだけ協力をしていくという考え方でございます。

ただ、先ほども長官申しましたように、今後の事業の進展によっては、現行法令の一部の改正あるいは新しい立法措置をする必要が出てくる可能性もあるかと考えております。

○古寺分科員　先ほど申し上げました特別立法につきましては、青森県から再三にわたって要望がまいっていると思いますが、その点については、どういうふうに受けとめていらっしゃいますか。

○岡部（保）政府委員　青森県から再三そういう御要望が出ているわけでございますが、現段階で非常に立法技術と申しますか、その法の内容の問題で、直ちに考えなければならないという段階ではないという考え方を私ども持っております。と申しますのは、たとえば先ほども例におあげになりました土地収用の問題というような問題にいたしましても、いわゆる大規模工業基地で、工業用地であるというような問題について、土地収用を適用するということ自体がどうであるというような問題もございます。また財政援助面といたしましても、現段階でできる限りの援助を現行法内で行なっていく段階ではないか。特に調査等が非常にいま重要な段階でございます。これにつきましては、国土開発事業調整費というような予算の中から調査を実施しておるというような段階でございます。現在の段階では、特に、直ちに新しい立法をするという必要はない段階であるという考え方でございます。

○古寺分科員　現地ではこの住民対策あるいは公害の問題、こういう面について、県の説明だけでは非常に不安を持っているわけでございます。したがいまして、今後県が住民に対する説得を続けたといたしましても、現地の住民がこれを受け入れないでどうしても反対するという場合には、いわゆるこの構想、この開発というものは中止するお考えですか、それとも強行するお考えですか。

○岡部（保）政府委員　いわゆるむつ小川原地域の開発と申しますものは、何といいましても、先ほど長官の御答弁にもありましたように、いわゆる地域住民の福祉というものがまず必要でございます。その上から地域住民の理解と協力がなくてはとても実施できないということは事実でございますし、私どもそういう地域住民の理解と協力を得られるよう進めてまいりたいと考えているところでございます。

そこで、現在のところ開発に対する地域住民の態度というものは、先ほども申しましたように、賛成者もあれば反対者もあるというような非常に複雑な段階であるかと存じます。ただ、いまお話のございましたように、一つの仮定として、この地域住民の反対が強いという場合に、ゴリ押しをするのか、実施を強行するのかというようなお話でございますが、私ども、こういうもの、いわゆるゴリ押しをしてこういう地域開発事業というものが実際の目的を達するということは考えられません。その点については、十分地域住民の御理解をいただき、協力を得られるように持っていくというほうに、私どもはこれからも指導していきたいという考えでございます。

○古寺分科員　現地の人の中には、成田空港のようになるのではないか、こういうことを心配していらっしゃる方もいるようでございますが、そういう点についてはいかがでございましょう。

○岡部（保）政府委員　どうもこの開発事業の性格が、いわゆる成田空港の例とは全く違う性格であるという私どもは考え方でございます。したがって、あのような、何といいますか、事態を生ずるようなところに持っていくつもりは、毛頭ございません。

○木村国務大臣　私、実はまだ個人的な考えでございますが、どうもやはりいまおっしゃったような心配が、懸念が現地にあることは、十分了解できます。そこで従来のたとえば新産、工特のようなパターンを踏まずに、遠隔大規模工業基地というものの姿といいますか、そういう構想をもう少し住民にはっきり知ってもらう。たとえば環境問題一つとらえてみましても、従来と違ったような大きな環境コントロールセンターをつくるとか、あるいは広域生活圏というものを並行的につくるというようなことを、もう少し青写真を現地の住民によくわからせる必要があるではないか。そういう面で、青森県もよくやっておっていただいておるとは思いますし、私まだ事務当局には相談しておりませんが、そういうような理解を得られるような一大試みをひとつやったらどうかという感じを、私個人的にいま持っております。

○古寺分科員　現実の問題といたしまして、住民対策を示しましても、代替地もまだはっきりしておらない。あるいはちょうどこの隣の村ではたまたま原子力発電所の用地を東北電力あるいは東京電力が買収いたしまして、この場合にはいろいろな租税特別措置法等の適用もあったようですし、いろいろ県が要項も示したわけでございますが、それでも実際問題としてはその現地住民にお約束したことができないわけですね。さらに、今度むつ小川原の場合には、住民対策も絵にかいたもちにすぎない、そういうような感じを受けるわけでございます。先ほど、大規模工業開発の目標というものは、あくまでも地域住民のための福祉向上のために開発を進めるんだ、こういうようなお話がございましたけれども、そういう点が全く欠けている、こういうふうにしか私どもは受け取れないわけでございますが、こういう点について、県に住民対策をげたを預けて、そして土地の取得だけを県に先行させる、こういう行き方では、これは地域住民の納得は十分に得られないと思うのですが、こういう点についてはどういうふうにお考えですか。

○岡部（保）政府委員　いまの先生のお話、いわゆる事実上の問題として、現在の住民対策が必ずしも当を得たと申しますか、かゆいところまで手の届くような対策にはまだなっていないという点は、確かにそういう点はあるかと思います。また、ある面で県もいろいろ努力されておりまして、相当に突っ込んだいろいろな施策というものも考えておられるわけでございますが、残念ながらまだこれが十分でないというような問題が若干残っておるのではないかという感じは、私もするわけでございます。そこで、私どもといたしましては、今後とも、関係の各省庁との間の協議であるとか、あるいは県の地元に対する協調と申しますか、協議と申しますか、そういうような意思の疎通をはかるというような点を通じまして、と申しますか、万全を期するようにこれからはかっていきたいというのが、われわれのほんとうの考え方であるかと存じます。いろいろな住民対策という問題につきましても、県とされても、一度考えられたものをまたいろいろ住民の御意見も聞いて手直しをされて、また十分にお話し合いになるというようなことも伺っておりますし、やはりこれからだんだん考え方が練れてまいりますれば、住民と十分話し合いの場に出せるものになっていくのではなかろうかということを、われわれ希望しておる次第でございます。

○古寺分科員　先ほども申し上げましたように、県の段階でつくった住民対策では、これは作文にしかすぎないわけです。そういうような住民対策で住民の納得を得ようとしても、これは無理だと思うのです。したがいまして、今後のこの開発の構想、開発の進め方というものは、やはり住民の福祉ということを柱にした住民参加の開発構想、開発の進め方でなければこれはいけないと思うのでございますが、最後に大臣からその点について御答弁を願って、質問を終わりたいと思います。

○木村国務大臣　私どもも、開発政策を遂行する上においては、これをもちろん地域住民の福祉のためにやるのですから、その地域住民の理解と協力がなくてはやれません。そういう意味で、たいへん現地ではいろいろ問題が生ずる前に、先ほど私が申しましたとおり、この新全総の新しい構想というものをもう少しひとつ理解していただくように、また、実施面で、いろいろ土地取得等については、これは土地収用法に基づく収用をやるわけでございません。いかにも地域住民の同意を得た上で土地を取得するのであります。そういうものがなければ、この事業そのものの遂行すらできないという面から見まして、当然私ども、それを第一眼目にして開発を進めていきたい、こう考える次第でございます。

○古寺分科員　新全総は、これはいまお話し申し上げましたように、いろいろな問題がありますので、これはやはりもう一ぺん白紙に返して、私がいま申し上げましたような構想で出発すべきだ、こう思うわけですが、その点についてもう一度……。

○木村国務大臣　私は、新全総そのものの基本的な構想は、間違っていないと思います。ただ、経済成長が非常に急激になったということ、あるいは環境問題が特に国民意識の中に大きく出てきたというようなことの経済、社会情勢の変化が、この新全総を総点検すべき時期になっておるという、そういう私ども考えに立って、総点検はいたしますけれども、新全総そのものの中に環境問題の取り扱いについても非常に大きなウエートを置いておりますし、そういう面で、ただ、問題は、その実施面で、新全総のほんとうの根本的な精神をどう生かすかということにかかっておると思います。そういう面で、新全総を、やり直すということでなしに、その精神をもっと発展させるという意味において、経済社会発展の実勢に合わせるようにする、こういう面で実施面で十分注意をしてまいりたい、こう考えます。

○田中主査　この際、暫時休憩いたします。

(中略)

○田中主査　小川新一郎君。

○小川（新）分科員　最初に、新全国総合開発計画の手直しまたは総点検、または新々全国総合開発計画を策定する意図があるかないか、この点についてお尋ねいたします。

昨年の末に国土総合開発審議会が佐藤総理に新全総を全面的に見直すように提言いたしておりますし、新全総の再検討が必要であると伝えられておりますが、これはただ単なる新全総の衣がえ、一時的手直しであるのか、または抜本的な新々全総を策定するという意味なのか、この点についてお尋ねいたします。

○木村国務大臣　御承知のとおり、新全総は昭和四十四年に策定いたしましたが、その後におけるわが国の経済社会情勢の変化、これはきわめて急激なものあるいは大きなものであります。そういう中にあって、この新全総の基本的なプリンシプルを見ますと、確かに環境問題についても非常に大きく取り上げておるという点では、私は何らおくれておる構想だとは思いません。したがって、その点について根本的な手直しをする必要はないといたしましても、ただその計画の実施面において非常に手おくれになったところもございましょうし、また、策定後の先ほど申し上げましたようなわが国の経済社会情勢の急激な変化、大きな変化というものが、やはりいろいろな面について総点検を要求しておるように私どもは考えます。また、国民の価値観の変化もその一つでございましょう。そういう面でこの新全総計画の基本的な原則については、私はいまもこれを大きく変更する必要はないと思いますが、さらに環境問題に大きく焦点を当てまして、総点検する必要はある、こういう考えのもとにいま総点検作業を進めておるところでございます。

○小川（新）分科員　そうしますと、確認いたしますが、四年たった今日、新しい新全総をつくる意思はないけれども、総点検を踏まえた上で、大幅な手直しをしながらこれを発表する、この期間等はいつごろなのでございますか。

○木村国務大臣　私どものいまの見込みでは、本年中にその総点検の作業を終えたい、こう考えておりますが、中にはもう少し部分的にはおくれる面もあろうかと思います。総括的に申しますと、本年中にその点検作業は終わる、こういう考え方でございます。

○小川（新）分科員　新しい文章体になって出るのはいつなんですか。

○岡部（保）政府委員　現段階で新しく文章としてまとめるということになりますのか、あるいは具体的な事例についてこういうふうにするべきであるというような考え方で出ますのか、その辺につきましては、これから実際に総点検をいたしました上で処理していくという考え方でございます。

○小川（新）分科員　そうしますと、まだ期間においては未定である、だけれども、ことしじゅうに総点検が終われば、来年にはもうでき上がるとわれわれは認識してよろしいですか。

○岡部（保）政府委員　たとえば、一つの例を申しますと、環境問題は非常に大きな要素でございますが、環境問題ということでただいま総点検を行なうという一つの大きなテーマがあるわけでございます。御承知のように、現在環境庁が中心になりまして関係省庁が集まって、たとえば瀬戸内海の環境問題というのを再検討をしておる最中でございます。そういうものも、これは一つの具体的な問題としてこの総点検の作業に当然入ってくる。したがいまして、これはちょっと一年間で作業が終わるかどうかというあたり、まだはっきりいたしておりません。そういうものも織り込みまして、具体的に一つ一つの問題を詰めていくという考え方をとっております。

〔主査退席、橋本（龍）主査代理着席〕

○小川（新）分科員　大臣に二つ具体的な点をお尋ねいたします。

一つは、むつ小川原または志布志湾、周防灘というような、ああいった大型開発というものが、今回の円ドル・ショックとか経済情勢の変化によって大幅な手直しを考えておるのか、後退するのか前進するのか。

二は環境問題。私いつも見ておるのですけれども、方向が非常にまちまちのように見えるのです。これも、一つの前進をしていく上にそういったことを勘案しながらいくことは非常に大事なことでございますが、政府の各機関が統一されてないように思う。そこで具体的な例は、そういった開発の規模というものが前進するのか後退するのか、この点いかがですか。

○木村国務大臣　後退はいたしません。ただ、新全総計画の、先ほどいろいろ話が出ましたような環境問題についてのウエートをもっと強くしなければならない、これは当然でございますが、そういう面ではあるいは前進とも言えるでございましょう。大規模工業基地、いろいろ現実には難点も出てまいりますが、それはすべて新全総の考え方自体に難点があるわけではなしに、その計画の実施面において環境問題との関連の問題がいろいろ出てきておる。あるいは住民の意思の尊重という面でもなお足りない面がある。いろいろな面で、実施面においていままで以上の配慮がなされなければならないという面ではむしろそういう意味の前進がある、こういうふうに御了承願ったほうがいいと思います。

○小川（新）分科員　そうしますと、むつ小川原にとりますと、この開発理念というものは青森県民の地域開発の一環として、その手段として行なう開発であるのか、それとも新幹線とか青函トンネル、成田空港のような国家的な見地からぜひ必要とされる事業、すなわちナショナルプロジェクトであるのか、どちらなんでしょうか。

○木村国務大臣　もとより国土利用という国家的な見地も当然前提になければなりません。しかし、あくまで地域開発でございますから、青森県の住民の福祉というものを前提にして考えられるべきことである、こう考えております。

○小川（新）分科員　これは国家事業としてわれわれは認めておるのですが、いかがですか。

○木村国務大臣　わが国土の再編成という大きな政策目標からいけばまさに国家的事業でございます。しかし、成田のように強制収用その他のようなことは、この中で考えておりませんので、そういう意味で、あくまで住民との対話の中でこれを行なうというような事業であるというふうに認識しております。

○小川（新）分科員　そうしますと、これは閣議決定をする必要があるのかないのか。それから、公共事業としての認定をわれわれは受けるかどうかというところが、土地収用法をかけるということになりますと大事な問題で、都市計画事業認定としても、公共事業として認定すれば当然土地収用法はかかるのですが、今回の場合、いま大臣の発言を聞いておりますと、これはあくまでも土地収用をかけないということです。であるから閣議決定をしなかったのですか、どうですか。

○木村国務大臣　全体の計画、マスタープランがきまりまして、いよいよ実施に進むときには閣議決定も必要になろうかと私は思います。また、土地収用その他をかけないと申しましたが、その中に当然あるべき道路とかそういう公共事業がございます。その面については、一般と同じように必要な場合には土地収用法はもちろん運用されるわけでございます。しかしながら、全体の考え方としては、これは民間企業がそこに進出するのでございますから、それについての土地収用その他は考えられておりません。

○小川（新）分科員　そうすると、閣議決定はやると理解していいのですか。

○木村国務大臣　いまのところきめておりませんが、私はやることが必要になる、こう考えます。

○小川（新）分科員　非常に前向きな御答弁をいただいたわけですが、この閣議決定をするかしないかによって、非常にむつ小川原の開発という問題が違ってくるわけです。ナショナルプロジェクトで要するに国家的事業として認定されてきますと、これは私は確かにいま大臣が言ったように、私企業の入ってくるところまで土地収用法をかけるということは、これは行き過ぎである。確かに私企業が入っていくと、総合的な見地でございますから、これが原子力発電所のような国家的事業のものも入ってくる。こういう原子力発電所をつくるような場合には、非常にいま住民が反対しているのですが、これも私企業として見るのか。たとえばナショナルプロジェクトの一環として閣議決定したあとには、公共事業として認定して土地収用法とか、またその対象というものになるのか、いかがですか。

○木村国務大臣　いま御指摘の原子力発電所、公益事業として当然土地収用の対象にはなります。対象にはなりますが、そういう土地収用法の発動が必要とならないような運用をやっていくということがこの開発事業の眼目であると考えます。

○小川（新）分科員　これは大臣、大事な問題なんですね。これだけの巨大なコンビナートとか工業群をここに誘致するということになりますと、その供給電力は東北開発電力だけでは間に合わない。当然ここに原子力発電というものを国家的な規模でやらなくてはならない。ところが、現在だって土地の問題が非常に大きな混乱を起こしておる。そうすると、最終的にはそれは確かにいきなり土地収用をかけるばかはありませんから、これはあくまでも話し合いの場を持つのでございますが、土地収用委員会や都市計画審議会等にはかって、当然これが必要となれば、公共事業と認定した段階において収用法をかけると認めていいわけですね。

○木村国務大臣　そのとおりでございます。

○小川（新）分科員　そうしますと、このむつ小川原はそういった重大な決意でやっていくわけでございますから、現在八千三百億円といわれている総予算の中で、青森県がその十分の一を負担したとしても八百三十億という巨費になりますが、現在の青森県の財政で八百三十億というのを何年間で一体これを消化しようとするのか。そして、この下北半島のむつ小瓶原の開発というものの作動する第一年目の作動は昭和何年になるのか。そこによって逆算してまいりますと、県の年度の負担がはかられてまいりますが、いかがですか。

○岡部（保）政府委員　いまおっしゃいました金額、一つのめどとして県が言っておられる金額かと存じますが、現段階でまだそこまで突き詰めた計画を持っておりません。したがいまして、そこで作動する工場の時期等についてもまだ不明と申し上げざるを得ません。

○小川（新）分科員　大臣、そういう不明確な、第三セクターであるむつ小川原開発株式会社ですか、御存じの第三セクターが発足し、青森県ではむつ小川原開発公社ができ、そのほかの機関がたくさん乱立し、そして大企業の土地の民間デベロッパーのダミーが大量の土地を買い上げているような事態において、何年にできるかということの計画もできないで、われわれの税金の一部を第三セクターであるむつ小川原開発株式会社に出している。それじゃちょっと無責任じゃないのでしょうかね、この点では。

○岡部（保）政府委員　現段階で確かに一部県でこういうことを部分的にしたらどうかという考え方を持っておられるのは事実でございますが、先ほども申しましたように、全体としてのどういうマスタープランをつくり、どういう姿に持っていくかという点については、現在むしろ基礎的な調査の段階であるわけでございます。したがいまして、ただいまの先生のおしかり、どうも残念ながらおしかりを受けるほかないという段階でございます。

○小川（新）分科員　おしかりを受けるだけじゃ困るので、私は何もしかりたくてしかっているわけじゃないのです。私の地元でもございませんから、そんなにむきになって言うわけではございませんけれども、これはやはり計画をもう少しはっきりしていただかぬといかぬ。

それから大臣、いま鹿島あたりで相当公害が発生しておりますが、こういった企業の無過失責任賠償棚度、またこういった基本となっているところの、その発生源であるところの企業からお金を取って、当然それを公害の防止に充てていくというような公害税というものをいま考えたらどうかと私は思っているのですが、いかがですか。

○木村国務大臣　私、具体的なことは申し上げる立場におりませんが、そのお考えには私も決して反対ではございません。環境庁長官もそういうことを言っております。

○小川（新）分科員　環境庁長官が公害税というものをぶち上げたわけでございますので、賛成の意味があったわけです。

次に、私はそういった立場に立って、第三セクターについて公私混合の開発会社法というフランスにあるようなこういったものを検討しなければならない段階に来ておりますが、この公私混合、混合会社基本法というものをいま建設省で検討しているやに聞いているのですが、これについて大臣いかがお考えですか。

○西原説明員　先生御指摘のありましたように、第三セクター、いわゆる民間の活力を公共事業その他の面におきまして活用するという仰せにつきまして、建設省においてもその重要性を認めまして、部内においていろいろこれから検討を始めたいということで準備をしている段階でございます。

○小川（新）分科員　そうしますと、これはやはりやる必要があるということを建設省で認めているのですが､経済企画庁としてはどうですか。

○木村国務大臣　私もその発想には賛成でございます。

○小川（新）分科員　それでは次にお尋ねいたしますが、四十五年九月一日の産業構造審議会の「大規模工業基地の考え方および開発方式について」の中間答申によりますと、大規模工業基地の開発方式を次の三つに分類しております。第一方式は、「国が計画を作成し、法人（株式会社）が事業を実施する案」。第二方式は、「認可法人が計画の作成および事業の実施に当たる案」。第三方式は、「財団法人が計画を作成し、事業の実施は国、地方公共団体、民間がそれぞれ分担する案」。むつ小川原開発は、一体この三つの方式のどの案に当たっており、最終責任はどこが持つのでありますか。

○岡部（保）政府委員　現実にむつ小川原で進めておりますタイプは、その三つのいずれかにぴっしゃりと適合するという姿ではないかと思います。と申しますのは、これは最終的にどういう姿になるかということではございませんで、現在の姿でございます。現実に現在の段階といたしましては、開発の主体は県でございます。それで、それのいわゆる何と申しますか、指導なり援助なりという面で、国が関係各省庁が協議をしながら進めているという姿でございます。それで、土地を買い入れるという業務につきましては、一部公的な資金も投入されましたむつ小川原開発株式会社というものが設立され、また県の機関でございます公社とかというものも設立されているわけでございます。また、計画のいわゆるマスタープランの原案をつくるというものについては、一部公的な資金の投入されたむつ小川原開発センターという会社が実施するというような、いわゆる現地の機関としては三本立ての機関が特に設立され、さらに中央と申しますか、これの国の段階といたしましては、関係各省庁がその協議会を持って協議して進めていくというたてまえでございます。

○小川（新）分科員　そうすると、産業構造審議会の「大規模工業基地の考え方および開発方式について」の中間答申に当てはまらない第四の方式をむつ小川原では用いている、そう理解してもよろしいですか。そして、その最終の責任は国であるのか、地方公共団体であるのか、第三セクターなのか。一体、国であれば何省なのか。閣議決定をするということになったら国になるのじゃないですか。非常に御答弁があっちに行ったりこっちに行ったりするように私理解するのでございますが……。そして、ある一部のものには、原子力発電の開発については土地の収用権すら付与するということになりますと、私はこれは大きな国家的ナショナルプロジェクトになっていくと思う。これになりますと当然この三つの方式に当てはまってくるのじゃないか。現在は当てはまらないけれども、あとには当てはまる。そして現在も第三セクターが動き出して土地の買い占めを行なっている。こういうことでは、この点最終責任は、大臣、経済企画庁が持つ、よろしいですか。

○木村国務大臣　やはり最終的には私は総合的な責任は国にある、こう考えますが、その中で実際に事業の実施に当たる事業主体はやはり県である。いろいろ責任の所在によって分かれると思いますが、やはり閣議決定もいたしますし、そういう総合的責任は国にある、こう見たほうが正しかろうと思います。

○小川（新）分科員　きょう私、この委員会を通しまして実は非常に心強く思ったことは、このむつ小川原がいよいよ閣議決定をするということがきょう大臣からおおむね発表になったわけですけれども、これをはっきりしませんと、やはりこれだけの大規模な——地元の農家の方々が非常に迷惑をしているのは、高い土地を売ったとか売らないとか大問題が起きていますね。それから公害問題とか……。

私はその点で、さっきから何度も何度もしつこくこの点を聞いているので、いま、最終的には国が責任を負ってくださる、こういうことでございますから、私もその程度で理解いたして次の質問を進めますが、たとえば、六ケ所村の当初計画面積が一万七千五百ヘクタールあった。ところが、今回青森県知事の発表によりますと、計画が変更され、その半分以下の七千九百ヘクタールに縮小されました。この一部になるところの六ケ所村というのは中心地点ですが、さっき後退はないとおっしゃっておりながら、一部の中心開発地域においては、その半分の七千九百ヘクタールに規模が縮小されてきた。これでは先ほどの御答弁と食い違うのですが、いかがですか。

○岡部（保）政府委員　ただいまの御指摘でございますが、青森県が昨年八月に当面の開発構想として六ケ所村を中心として確かに一万七千五百ヘクタールですかの区域を発表いたしております。その後、いろいろな理由があったようでございますが、私どもの承知いたしております限りでは、たとえば集落移転というものをできるだけ避ける必要がある、あるいは移転先をなるべく六ケ所村の中に置きたいというような住民の御要望、そういうものを考慮されて、現段階として、当面は約五千ヘクタールを工業用地として、その他全部で七千九百ヘクタールという案に変えていろいろ話をされておるという事実を承知いたしております。これは私ども——またどうも脱線するのかもしれませんけれども、私どもは、あの地域全体を考えまして、決して六ケ所村だけがあの大規模工業基地のところではないと考えております。あれ全体を考えますと、相当に開発をしなければならないと考えております地域は広いわけでございます。そのうちで、当面手をつけると申しますか、具体的な準備段階に入ったのをあの地域にしぼっておるということでございまして、必ずしも計画が縮小された、後退したという意味ではないと私どもは解しております。

○小川（新）分科員　当初の計画が一万七千五百ヘクタールで今度が七千九百ヘクタール、これはだれが見たって計画縮小であり、戦線の縮小でありますね。それはどういうような理屈を言っても、現実において面積が減ることにおいては変わりがない。そういうところを、私は先ほどから、姿勢がはっきりしないからと言っておるのです。

それでは大臣、さらにお尋ねしますが、これは閣議決定をされ、国家が認定をされた事業として国の推進になっていった場合に、今度土地を売買した場合には、公共事業と認定されている場合には一千二百万円の税金の免除がありますことは御承知のとおりでありますが、そうなるのですか。

○木村国務大臣　そのとおりでございます。

○小川（新）分科員　そうすると、現在売っている者は一千二百万円の免税の対象にならない。これはまことに不公平な処置じゃありませんか。

○木村国務大臣　いま申し上げたのは、公共事業と認定された場合でございますが、一般の工業用地として私有地である限りはその適用はもちろん受けません。

○小川（新）分科員　私が聞いているのは、この事業自体が閣議決定をされて、国家の公共事業として閣議で認定された時点に立てば、公共事業として認定するんじゃないか。いまは閣議決定も何もしていないから、要するに責任の所在があいまいもことしておりますから、確かに、いまやっております売買については私有権の移動である。ところが、これが閣議決定をし、この地域の開発が公共事業として認定されて、要するに国家の大規模工業開発プロジェクトの位置づけがはっきりした時点においてはどうなんだ、こういう質問なんです。

○木村国務大臣　一がいにむつ小川原開発事業と申しますが、また事業全体の計画についての閣議決定はありますが、その中には公共事業あり公益事業ありまた一般の私企業もありという混合形態でございますので、いまおっしゃったようなことには私はならぬと思います。

○小川（新）分科員　それでは、時間が来ましたから一問で終わりますが、この六ケ所村と東通村の農用地の買収価格がべらぼうに差があるんですよ。これはもう皆さん御存じだと思うのですが、六ヶ所村の開発用地として四十七年二月の十二日に提示したたんぼ一等級七十六万、二等級七十二万。これが東通村開発用地として示されたほうは——これは県の開発公社が示したほうです。県の開発公社が示したほうが七十二万円、県が示したほうが五十七万円。それから山林原野においては、県の開発公社が示した価額が十アール当たり五十七万円。ところが青森県が示したほうは二十二万円。どうしてこんなに同じ県で、県と開発公社とこの地域において土地の補償価額というものが———一割や二割違っているんならそれはあれですけれども、三倍も違う。こういう無計画な無政府状態、土地に対するところの全くの混乱状態がいま青森県で起きております。これについての所見と大臣の考え方、また今後に対する対処のしかた一これは国家的責任のもとにおやりになるのであれば、いたずらに地元青森県民の福祉につながらないところの土地対策が行なわれております。大臣、聞くところによりますと、農林漁業の第三次産業化に関する答申の中にも、非常に土地問題について利用権と所有権ということを区分なさっておりますね。いままでは土地の私有権だった。今度は利用権というものさえ考えなければならないという斬新的な経済企画庁長官のお考えの中から、このような青森県の混乱した——地方公共団体がこのような姿勢を示しておる。これについてどのように対処し、どのように指導なされるか。当面の責任は自治省でございますけれども、これはひとつお考えをお聞きしておかないわけにいきませんので、これを聞いて、時間がちょうどまいりましたから終わらしていただきます。

○木村国務大臣　私、初めていまそういうことを承ったわけでありますが、もしそういう事実が実際にありとすれば、まことに遺憾なことでございます。そういう面を青森県当事者ととくと一ぺん検討し合って、そういうことがないようにはからいたいと思います。

○小川（新）分科員　これは初めてとおっしゃいますけれども、新聞にも報道されているので、そういう点、ひとつ御関心を十分お持ちになられて、どうかひとつ適切なる――遺憾なことであればすみやかにこれを指導していただいて、しかも青森県民の、下北半島の貧しい農業をおやりになられてきた方々が、この大規模工業開発の脚光をいま浴びようとしておるわけなんです。その責任問題もはっきりしない今日、非常な混乱になっていることを、私大臣に強く警鐘いたしまして終わらしていただきます。

（後略）

［出典：衆議院予算委員会第三分科会議事録　昭和47年03月23日］

Ｉ－１－１－５

むつ小川原開発について

むつ小川原総合開発会議　昭和47年９月13日

むつ小川原開発については総合開発計画を策定する基礎調査を実施し、計画の調整を計りつつあるが、関係各省庁間で協議の上、さしあたり以下のとおり申し合わせる。

1.むつ小川原開発については、地域住民の理解と協力のもとに工業開発とあいまって、農林水産業および中小企業の振興をはかるとともに、豊かな自然環境を保全しつつ、地域住民の生活環境を整備し、移転を余儀なくされる住民の生活再建措置をあらかじめ講ずるなど住民対策に万全を期するものとするが、当面、昭和47年6月12日青森県知事から関係各大臣あてに、「むつ小川原開発第1次基本計画」が提出されたので、関係各省庁は、この計画を参しやくして、土地利用の具体化をすすめるなど所要の措置を講ずるものとし、総合開発計画の策定については、今後の調査の成果にもとづき逐次検討を加えていくものとする。

2.むつ小川原地域における土地利用の具体化については、地形(標高、傾斜度等)、気象(風向、積雪等)、動植物生態、集落および農用地等の分布、水資源、国土保全、港湾建設の可能性等を総合的に勘案し、自然環境の保全、文化財の保存および水産資源の保護を図りつつ、農用地、工業用地、公園緑地、住宅および生活環境施設用地、森林、湖沼などを計画的に配置するものとする。当面、工業開発に伴う六ヶ所村および三沢市北部における土地利用の方向は概ね以下のように想定する。

⑴六原、酪農振興センター周辺等の農用地は生産緑地帯とし、既存集落を中心とした住区の整備を図る。

⑵鷹架沼西部等の大規模な森林地帯は、林業生産の向上を図りつつ、環境保全のための緑地として活用する。

⑶市柳沼および田面木沼周辺、海岸保安林等の環境を保全するとともに地域住民のレクリエーションの場として利用する。

⑷開発に伴う集落の移転をできるだけ少なくし、また、工業用地の近傍にある既存集落の良好な生活環境を損わないよう配慮する。

⑸鷹架沼および尾駮沼周辺から三沢市北部にいたる臨海部において工業開発を行なうものとし、工場用地、港湾等を配置するが、工場用地は環境保全および設備拡張のための十分な余地をもった規模とし、約5,000ヘクタール(以下工業開発地区という。地区の概置については別添図面参照)をみこむものとする。

なお、工業開発地区に関係する防衛施設については、その重要性にかんがみ防衛機能を阻害することのないよう措置するものとする。

⑹開発に伴い、移転する地域住民および新たに工業等に就業する住民を収容するため適地を選定して、快適な生活環境を備えた新市街地の形成を図る。

3.むつ小川原地域の工業開発の目標については、全国的な工業の配置計画および北東地域(苫小牧、むつ小川原、秋田湾を含む地域)の工業開発の方向づけとの調整を図り、かつ地元の雇用の安定に配意しつつ、むつ小川原地域の環境制御が可能な範囲において定めるものとする。

工業業種としては、雇用効果の大きい高度加工工業の立地を指向しつつ、基幹資源工業の立地を先行し、逐次関連工業等への展開を図ることが必要である。

工業開発地区においては、その立地条件からみてさしあたり石油精製およびこれに関連する石油化学、火力発電の立地を想定するものとする。

ただし、立地企業の操業の時期、規模および業態については、工業開発地区の環境条件に適合するよう自然環境の保全を含めた総合的な視点からさらに調査、検討を加え、早急に決定するものとする。

4.工業開発地区の開発にあたっては、鷹架沼および尾駮沼を中心に大型船の入港可能な工業港を建設し、道路、鉄道など基盤となる施設の整備を図りつつ、弥栄平一帯の台地を中心として工場施設を配置する。

工場施設の配置にあたっては、公害防止と安全確保を優先的に考慮し、できるだけ自然地形を利用した分散型の工場配置により緑地空間の確保につとめるものとする。

5.工業開発地区に必要な工業用水の水源は、主として、小川原湖の水資源開発に依存するものとするが、その開発にあたっては、自然環境、動植物の生育環境等の保全、水質の保全ならびに治水対策の推進を図るとともに、上水、農業用水などの需給、既存農業水利および内水面漁業等について総合調整を行なうものとする。一方、工業用水の回収利用率の向上等によってできる限り水使用の合理化につとめるものとする。

6.むつ小川原開発に必要な用地の買収等については、地域住民の理解と協力を前提に、とくに地域住民の生活再建に配意しつつ、関係各省庁で土地利用の調整を了したものについて原則としてむつ小川原開発株式会社が青森県むつ小川原開発公社を通じて一元的に進めるものとする。当面、用地の取得面積は工業開発地区および新市街地等約5,500ヘクタールをみこむものとする。

なお、むつ小川原開発株式会社は用地買収にあたって住民対策に協力するものとする。

[出所：関西大学経済・政治研究所環境問題研究班,1979,『むつ小川原開発計画の展開と諸問題（「調査と資料」第28号）』241-243頁]

Ⅰ-1-1-6

むつ小川原開発について

閣議口頭了解　昭和47年9月14日

むつ小川原開発については、かねてから関係省庁間(むつ小川原総合開発会議)において検討を重ねてきたところであるが、6月12日に青森県知事より、六ヶ所村の鷹架沼、尾駮沼周辺から三沢市北部の臨海部にいたる約5,000ヘクタールを工業開発区域とする「むつ小川原開発第1次基本計画」が提出されたのでさしあたり関係各省庁はむつ小川原開発について別紙のとおり申し合わせた。

関係各省庁は、当面、この申し合わせにもとづき環境保全、公害防止および安全確保に配意し、周辺地域における農林水産業および中小企業の振興、移転を余儀なくされる住民の生活再建措置など、住民対策についても配慮しつつ、適切な措置を講ずるものとする。

なお、公害防止など環境問題を中心として基礎的な調査を継続し、その成果にもとづいて検討のうえ逐次計画の具体化を図るものとする。

[出所：関西大学経済・政治研究所環境問題研究班,1979,『むつ小川原開発計画の展開と諸問題（「調査と資料」第28号）』243頁]

Ⅰ-1-1-7

むつ小川原開発について

経企東北第18号　昭和47年9月18日

青森県知事　竹内俊吉殿

経済企画事務次官　矢野智雄

むつ小川原開発について

むつ小川原開発については、6月12日青森県より提出された「むつ小川原開発第1次基本計画」について、かねてからむつ小川原総合開発会議において検討を重ねてきたところであるが、9月13日むつ小川原総合開発会議は、この開発を進めるにあたって、さしあたり別紙1のとおり申し合せを行ない、これについて9月14日の閣議において経済企画庁長官から口頭で閣議の了解を得たので(別紙2）お知らせする。

とくに、この開発を進めるにあたっては、次の諸点について適切な措置をとられたい。

⑴関係市町村の理解と協力が得られるよう最善の

努力を払うこと。
⑵住民対策の具体化を図ること。
⑶工業開発の規模については、公害防止など環境問題を中心としてさらに調査を行ない再検討すること。
　なお、「むつ小川原開発第1次基本計画」については、その後の検討成果を組み入れて修正作業を行ない、昭和50年を目標に最終計画が決定されるよう措置されたい。
［出所：関西大学経済・政治研究所環境問題研究班,1979,『むつ小川原開発計画の展開と諸問題（「調査と資料」第28号）』243頁］

I-1-1-8

71−衆議院建設委員会公聴会議事録

昭和48年7月12日

昭和四十八年七月十二日（木曜日）
　　午前十時十四分開議

出席委員
委員長　服部　安司君
理事　天野光晴君　大野明君　田村良平君　村田敬次郎君　渡辺栄一君　井上普方君　福岡義登君　浦井洋君　小沢一郎君　小渕恵三君　梶山静六君　澁谷直藏君　野中英二君　林義郎君　廣瀬正雄君　渡部恒三君　清水徳松君　中村茂君　松浦利尚君　森井忠良君　渡辺惣蔵君　瀬崎博義君　新井彬之君　北側義一君　渡辺武三君
出席公述人
　東京女子大学教授　伊藤善市君
　東洋大学教授　磯村英一君
　愛知県知事　桑原幹根君
　青森県六ケ所村長　寺下力三郎君
　日本テレビ放送網株式会社社長　小林與三次君
　慶應義塾大学教授　堀江湛君
　中央大学教授　村田喜代治君
　大阪市立大学教授　宮本憲一君
委員外の出席者
　建設委員会調査室長　曾田忠君
――――――――――――――
委員の異動（略）
――――――――――――――
本日の公聴会で意見を聞いた案件
　工業再配置・産炭地域振興公団法の一部を改正する法律案（内閣提出第五六号）
　都市計画法及び建築基準法の一部を改正する法律案（内閣提出第七六号）
　国土総合開発法案（内閣提出第一一四号）

○服部委員長　これより会議を開きます。
　工業再配置・産炭地域振興公団法の一部を改正する法律案、都市計画法及び建築基準法の一部を改正する法律案、国土総合開発法案について公聴会に入ります。
　本日御出席を願いました公述人は、東京女子大学教授伊藤善市君、東洋大学教授磯村英一君、愛知県知事桑原幹根君、青森県六ケ所村長寺下力三郎君、日本テレビ放送網株式会社社長小林與三次君、慶應義塾大学教授堀江湛君、中央大学教授村田喜代治君、大阪市立大学教授宮本憲一君、以上八名の方々であります。
(中略)
○服部委員長　次に、寺下公述人にお願いいたします。
○寺下公述人　私は青森県六カ所村の村長の寺下力三郎でございますが、このたび全国総合開発法案の御審議にあたりまして、この意義深い公聴会にお呼びいただきましたことを心から感謝申し上げます。
　私は、一つの地方公共団体の長として、また、むつ小川原、巨大開発の波にのまれようとして苦悩の頂点にある村民を代表いたしまして、国会の権威にたより、先生方の御理解にすがってお訴えいたしたい、このように存じ上げているわけでございます。
　まず、その第一は、地震か津波のように、何の前ぶれもなく突如として私どもの村を襲ったこの巨大開発は、村ぐるみ人ぐるみ、のみ込もうとしているわけでございます。私どもはいま、この波にのまれてその罹災者とならないために、あるいはまた開発難民になりたくないために必死の努力をしているようなわけでございます。
　世間ではこれを反対運動だといっておられる

ようでございますけれども、それは村外の方々から見た表面上のことでございまして、私たち住民にとっては、これは生きるための努力であるわけでございます。生きる権利の主張にほかならないのでございまして、村長としての私の最大の任務は、法律にも示されてありますように、住民の安全な生活と健康、福祉を保持することにあると深く心得ておるものでございます。住民の暮らしと命を守ることは行政並びに政治の原点でありますけれども、これを無視した開発がゴリ押しに進められておるのがむつ小川原の巨大開発なわけでございます。これは地震、津波のような自然的な現象ではございませんので、ナショナルプロジェクトとか、あるいはまた国家的開発だとかいう美名のもとに進められ、しかもそれが閣議了解されたということでございますから、問題は一そう深刻であり、かつ重大なわけでございます。民主主義の基本的な問題として、特にこのことを皆さま方にお訴えするものでございます。

第二の問題として、この開発は、私ども地域住民にとっては死ぬか生きるかの問題だということでございます。とかく開発の問題を損得の問題として評価する傾向がございます。しかし、それは開発をする側からの一方的な見方でつくり上げられたものにすぎません。

私の村は農業と漁業を生活の基盤としている村でございます。したがって、土地と水を唯一の資源としていることは申し上げるまでもございません。しかし、いま開発の命題とされているのは、石油精製一日二万バーレル、石油化学、エチレン換算年四百万トン、火力発電一千万キロというような、世界にも例を見ない巨大な公害企業の一大集約の計画であるわけでございます。その必要を満たすために、五千五百ヘクタールの土地と、一日百五十万トンの工業用水を必要とするというのでございます。もっとも、私の村は南北三十二キロ、総面積二万五千三百ヘクタールの小さくない村ではございます。けれども、人間が住み、生活のできる面積はその三分の一程度のものでございます。その村の中心部を、人間の体にたとえますならば腹部とか胸部に当たるような重要な部分をこれだけ大量にえぐり取られるということになりましたならば、たとえ鯨のような大きいものであっても生きてはいけないのだろうと考えているようなわけでございます。

私の村は土地の広いのが特徴でありますが、気象条件に恵まれないために、過去の農業の水準は決して高いものではなかったことは事実でございます。したがって、官庁の統計に表現される所得とかあるいはまた教育の進学率などは低いのでございますけれども、このことは直ちに実感的な問題として、しあわせの度合に一致するものとは考えていないわけでございます。このようなことは世の中の進歩発展する過程にはどこにもあり得ることでございますし、問題は前途に希望があるか希望がないかにかかわるのではないでしょうか。

昭和四十年に農林省が全国わたって農民の意識調査をした統計資料がございます。それによりますと、将来農業について希望を持てるかという質問に対して、やり方によっては希望を持てる、こう答えた農民の比率が全国では二八・二％でございます。東北の平均は二六・八％、青森県の平均は二八・九％、その中で、私の村を含めた上北、下北地域では実に四三・四％の数字が、やり方によっては希望が持てる、こういうような全国最高の数字を示しているのでございます。それがこの開発騒ぎのために完全に逆転の状態になってしまったのでございます。

巨大開発には大きな土地を必要とするのでございますから、その地域の農民が農業に希望を捨てない限り、用地の取得が困難することは当然でございます。そこでやってくるのは金の攻撃でございまして、青森県で最も生産性が低いというこの開発地域の農地に、水田十アール七十六万円、畑六十七万円、山林原野五十万円という買収価格が示されました。反収米十俵以上の上田でもこんな取引は当時青森県下にはなかったのでございますが、県下でも最低といわれる農地に県下最高の値段がつけられたわけでございます。これによって経営規模拡大の希望と夢が農家から完全に断たれた、こういうようなわけでございます。

わが村の農業の過去は苦難の歴史でございますした。しかし明るい話題もございます。現在では青森県下最大の酪農地帯となってございます。北海道を除いては本州最高と申し上げても過言ではないと思っております。これは住民の二十年にわたる辛苦もさることながら、十億円をこえる農業に対する公共投資、つまり国民の皆さまのとうとい血税による援助のたまものがあり、それに酪農地帯の大部分は国有地の売り払い、こういうふうな条件のもとに開拓されたものでございます。それがいまやこの開発によって一挙に崩壊せんとしているのでございます。いかに工業優先、企業優先の社会とは申せ、あまりにも税金の浪費ではないかと痛感しているような次第でございます。

鹿島の開発でも、農工両全ということばがあたかも金のトビのようにきらめいた時代もあったことは私も承知しております。しかし現状はどうでございましょうか。農業と漁業は完全に侵食され尽くしているのではございませんでしょうか。これは決して技術的な問題ではなくて、工業開発の本質であると私は考えております。なぜならば、私たち農漁民が最も大切なものとして、大事なものとしている資源、つまり土地と水を最大限に収奪し尽くさない限り、企業の利潤追求の原則が貫徹しないという本質が厳然としているからでございます。

私は昭和十三年に北朝鮮で働いたことがございます。日本が大陸へ進出中のころでございますが、その体験からこの開発の動向を見て直感しましたことは、いまでは忌まわしい記憶となったあの進出のやり方と、一〇〇％とは申し上げられませんけれども、その手口はよく似ている、こういうことでございます。植民主義者といいますか、侵略者とでも申しましょうか、そうした人たちは現地住民に対話を必要としなかったわけでございます。もしあったとしても、現地の住民の反対の意見は聞く耳を持たない。民主社会における対話とは全く縁の遠いようなやり方であったわけでございますが、この開発でも、第一に開発の内容は全く巨大な虚構であるということでございます。こうした虚構を前提としたものに対話も合意もあるはずがない。

またさらに重大なことは、自然破壊の前に人間破壊が意識的に先行して行なわれていることでございます。

外地では実弾というと鉄砲でございましたが、私の村では銭でございます。銭には理屈もへちまもないものでございますから、住民の弱点をねらって攻撃を加えてくるのでございます。この内容につきましては、時間の制約もございますので詳細に申し上げることは控えますが、お求めがございますならばあとで資料として先生方に御提出したいと考えております。私どもはこのやり方を銭ゲバと呼んでおりますが、この状況を政治公害と理解しているものでございます。

次に重要な問題は、法律さえも軽視あるいは無視されていることであります。現に、農林大臣の許可を必要とする農地の実質的な買収行為が強行されていることでございます。その実面積はすでに一千ヘクタールをこえております。こういうことが第三セクターとか称するものによって公然と行なわれておるのでございます。

特に、最後にお訴えし、お願い申し上げることは、開発の内容は一切秘密にされていることでございます。これは明らかに民主主義の否定であるばかりでなく、開発そのものの危険性を物語っているわけでございます。こうしたことを一方的に押しつけることは、明かに自治権に対する重大な侵犯であるということでございます。いまさら申し上げるまでもないことでございますが、地方自治の本旨は憲法そのものでございます。

以上、はなはだ意を尽し得ませんが、むつ小川原開発の事情をお訴えいたしまして、先生方各位によろしくお願い申し上げる次第でございます。

（拍手）

（中略）

○服部委員長　中村茂君。

○中村（茂）委員　（中略）それから最後に寺下村長さんにひとつお聞きしたいわけでありますが、先ほど、地震か津波のように、何の前ぶれもなく巨大開発というものが村ぐるみ人ぐるみでのみ込もうとしておる。そしてそこの人たちは罹災者とならないように、開発の難民とならないように、生活権、生きる権利、こういう立場で非常に努力しているんだという、いわば苦悩のいろいろお話があったわけでございます。村長さんとして、このいま当面している幾つかの問題があると思いますけれども、特に一点として、いままで行政上、この開発行為が起きてきて非常にお困りになったことがあると思いますけれども、どんなことがお困りになったのか、ひとつ事例をあげてお話し願いたいと思います。

それから二つ目に、やはりお話の中に第三セクター、こういうお話があったわけであります。今度の国土総合開発でもこの第三セクターが開発の先兵として大きく取り入れられていくことになっているわけでありますが、どうしても第三セクターというのは地方自治体の主導型の大きな開発の先兵をなす、こういう性格を持っていますから、この第三セクターでいろいろな問題がおありだと思いますけれども、その中身について特徴的な点をひとつ事例をあげてお話し願いたい、こういうふうに思うわけであります。

それから、先ほどのお話の中で、開発の内容が一切秘密でわからない面がある、こういうお話があったわけでありますが、これは住民参加の問題と非常に大きな関係が出てくることだというふうに思いますので、そんな事例があったらひとつお話し願いたい、こういうふうに思います。

それから、先ほど資料が必要ならお出しするという中で、好むと好まざるとにかかわらず、この巨大開発というのはお金が先についてどんどんどんどん攻め上げてくる、そういう中に幾つかの例があるけれども、資料としてあとで要求があればお出しする、こういうお話がありましたので、これはあとでけっこうでございますから、その面の資料があったらひとつお聞かせ願いたい、こういうふうに思います。

以上であります。

○寺下公述人　先生方、おなかの御都合もあることでございましょうが、どうも一言でずばりと御回答もできないので、暫時おつき合いを願いたいと思います。

先ほど、村行政上困ることの事例をと、こういうふうなお話でございましたが、日本全国から金をもうけようとする者があの片いなかへ殺到するものですから、困らないというのがふしぎなので、困るのが全部でございます。

その事例を一、二申し上げますと、私の村は海岸に沿うて長い村でございまして、ちょうど南北三十二キロ、東西六キロのような状態です。細長くなっています。そのまん中をとられるわけですから、これはあの計画のように工場ができましたならばまず村は二つになる。それから予定地の中には統合中学校が一校ございます。これは学級数が二十をこえますが、あとは小学校が二つでございますか、そのほかに水道その他の施設が分断される。いま一つは、金のために家庭の乱れとでもいいましょうか、あるいはまた部落の乱れとでもいいましょうか、いままで金のないところにどっさり金が入る人はそれぞれぜいたくをきわめますし、それから入らない者もいる、土地のない人もございますから。これは先生方も御承知でしょうけれども、いなかの部落というのは三十世帯あっても四十世帯あってもほとんど同一世帯のようなものです。それがこれを機会に、本家のほうはどっさり金が入るけれども、分家の分家のまた分家になりますと裸一貫、こういうふうなことで、いままでの連帯感は支離滅裂、こういうふうなことになって、現地に行ってごらんにならない人には全く想像もつかないような状態でございます。

それから第三セクターのことでございますが、このつとめている人は土地を買うのが本体でございますので、仕事ぶりが熱心だ、こう申し上げたほうが――これは儀礼として国会の場所では悪らつなんということばは使われないと思いますので、熱心の極と、こう言いましたほうがいいと思います。現に夜の十二時ごろまで土地買いに奔走しています。そういうふうに熱心さのあまり、いなかの人を相手ですから、いろいろ陰に陽に圧力がかかっているというのが実情でございまして、特に困ったことは道路、道路敷、防風林あるいはまた水源涵養林、そういうものは開拓地の場合はほとんど組合有でございます。それから部落に入りますと、牧場というのは牧野組合というようなものをつくりまして組合有になっているわけですが、これをどのようにして買い受けるか、こういうことで一生懸命工作するものですから、結局多数決の原則によって、組合員の中の多くの者がろうらくされると売られる危険があるわけです。そういう関係で水源涵養林を売られると、その周囲のたんぼの人が迷惑してきますし、それからまた防風林を売られると営農が成り立たないという人も出てくるわけでございますし、道路を売られると奥のほうへ入っていく人は今度は入っていけなくなる、こういう事態もございます。これはいまの開発の区域の中ではございませんが、区域の外でございますけれども、たまたま村有地の道路敷地を部落の関係者に、これは私の時代でございましたが、払い下げてやりましたところが、これはきまったものですから実は私、登記してやったのですが、たまたま登記を受けた連中が四、五人で、落ちついたところは内外不動産でございますが、売られた。そこでこれは村長も何か一枚加わって——一枚加わったというのは飲むほうへ加わったということですが、私はそうではありませんが、一応村長も共謀して売らせて歩った、こういうふうなことで刑事事件になっているのもございます。これは一、二申し上げましたが、全部が全部困ることだらけ、こういうふうに御理解を願えれば幸いだと思います。

○服部委員長　瀬崎博義君。

○瀬崎委員　公述人の諸先生方、御苦労さんでございます。

(中略)

次に、寺下公述人にお伺いをしたいと思うのであります。

私も、琵琶湖総合開発で日本一の琵琶湖が破壊されようとしている滋賀県の出であります議員として、たいへん共感を持ってお話をお聞きしたわけであります。先ほどのお話によれば、現在進められているむつ小川原巨大開発は民主主義のかけらもない。地震か津波のように、何の前ぶれもなく村を襲った、こういうお話でありますが、これに対する政府の見解がこうなんです。これは今国会の予算委員会の分科会で、津川議員の質問に政府側が答えている部分であります。議事録どおり申し上げてみます。下河辺局長は「五千五百ヘクタールの面積につきましては、住民の協力が得られるということを前提に書いておるということを了承しております」。小坂国務大臣は「実際のむつ小川原総合開発推進にあたりましては、十分六ケ所村の理解と協力を得なければなりませんが、この六ケ所村自体では、その賛否について意見の交換を行なっておりまして、これについて国及び青森県が行政的に介入すべきではない、そういう認識に立っておるわけでございます」。あたかも政府には責任はない、当事者ではないというふうな表現が一方にあり、一方に住民の協力が前提だ、こういう発言になっているわけであります。いま村長さんからお聞きいたしました内情とはきわめて隔たりがあるわけであります。こういう政府側の発言に対して、国会の場ですから差しつかえもあろうかと思いますが、差しつかえのない範囲で、率直な御意見なり御感想をいただきたいと思うわけであります。

○寺下公述人　地元の理解と協力を得る、これが中央においては条件になっているというのは私も承知しております。しかし、県の考え方といいますか、現にやっている方法とでも申しましょうか、これは最初は、申し上げたように石油二百万バーレルとかエチレン四百万トンとか、それから火力発電が一千万キロワット、こういう大ざっぱなのは出ていますけれども、ではどういう発電会社が来てとか、あるいはどういう化学の会社が来てこの程度に操業する、この場所に操業するというふうなのは全然発表されていないわけです。その発表はないけれども、土地を買うほうは、これは公社は専門に買う関係で、それだけは無理無理押していって買っているというのが実情でございます。自分は、県のほうで村に入って各部落で説明をしなさい、こういうふうなことを主張しているわけでありますけれども、なかなか県のほうでは来て説明しない。そして申されていることを聞きますと、村長は反対だけれども村議会が賛成しているので別に現地まで行かなくてもというふうな、ことばの裏は解しませんけれども、まあ村議会が賛成しているので……。こういうことからうかがいますと、現地に入る必要がないというふうな行動でいまいるわけでございます。問題は、住民との話し合いの機会が、知事さんが一回入ったきりであと入っておりませんので、買い受けについてはいろいろの条件は出ましたけれども、来る企業の業態、あるいはまたその企業の方々が公害を出さないとかその他のお約束を取りつけたというふうなのは発表していませんから、現地の人としては、秘密にしている、何もわからない、こういう表現よりほかに方法がないというのがいまの状況なわけでございます。さっきも申し上げましたが、道路とか防風林、水源涵養林をだんだんに買い占められつつある、こういうふうなこと、ともどもあわせまして、住民とするとたいへんな不安がある、こういうことでございます。

(中略)

○服部委員長　これにて公述人に対する質疑は終わりました。

公述人各位には、御多用中、長時間にわたり貴重な御意見をお述べいただきまして、まことにありがとうございました。委員会を代表いたしまして厚く御礼を申し上げます。

以上で公聴会は終了いたしました。

これにて散会いたします。

午後三時二十三分散会

Ｉ－１－１－９

むつ小川原総合開発計画第２次基本計画に係る環境影響評価実施についての指針

環境庁　昭和51年9月3日

この指針は、「むつ小川原総合開発計画第2次基本計画」に関して、当該計画の中核をなす工業基地及び小川原湖並びにこれに密接に関連する地域における開発計画案(以下「開発計画案」という。)に係る環境影響評価の実施に際して青森県が作成した環境影響評価実施基本設計案についての環境庁見解をとりまとめて、指針としたものである。

Ｉ　環境影響評価実施の基本的考え方

1.開発計画案は、広範囲の地域にまたがる大規模な地域振興計画であり、この一環として行われる個々の計画の内容、熟度等は様々である。従って、開発計画案について、環境保全上の検討を加えるに当っては、このような開発計画案の実態に応じて、開発計画の地域環境保全との適合性について考察するとともに、計画策定の制約条件等を明らかにすること、計画の諸元が相当程度明らかになっているものについては、環境影響評価を行うこと等レベルの異なる範囲を網羅することが必要である。

2.このような判断に立てば、開発計画案に係る環境影響評価の実施はおよそ次のような手順で進める必要がある。

⑴地域概況の把握

地域の特性の概略を把握し、調査計画を立案し、また、開発計画を構想するための基礎として、地域の自然的条件、社会的条件について要約して行う。

⑵地域環境の現況と解析

地域環境の現況の把握及び現在までの自然的、社会的にみた地域環境の推移の解析等を行うことは、地域環境の現況の状態と構造についての正確な認識に立って環境に適合する計画を立案し、資源の適正な利用の方向を検討し、地域の環境保全と両立しうる工業開発等の今後の人間活動の許容される規模を推定し、又は開発行為による環境影響を解析、評価をするために、基本的に重要である。このような観点から、地域環境の現況把握と解析を行うとともに、その資料は、十分な範囲と密度及び客観性を有するものとして整備される必要がある。

⑶環境特性の考察と計画策定の制約条件の推定

開発計画の立案の段階において、地域の環境保全と計画の適合性について概略の考察を行うか、あるいは、計画策定に際しての制約条件等をあらかじめ検討し、予見しうる地域環境への悪影響をできるだけ排除しておくことは、その後の詳細な環境影響評価の段階における検討課題を整理しておく意味において重要である。

⑷開発計画案の予備的な検討

開発計画案は具体的な環境影響解析を行う前提として示されるものであり、当該計画案においては、地域環境に影響を与えるおそれのある計画に係る諸元を明らかにするとともに、地域環境の現況の解析結果等に基づいて、どのような環境保全上の配慮を加えつつ開発計画案の策定を行ったかを明らかにするものとする。

⑸開発計画案の環境影響要因と影響を受ける環境要素の推定

開発計画の実施により影響を受ける環境の要素は、その地域の環境の構成等の環境の特性と開発計画案が内包している環境に影響を与える活動の種類と大きさ(以下「環境影響要因」という。)との両者の関連から慎重に抽出する。どのような環境要素が重要であるかは、地域の環境特性と環境影響要因の内容によって定まるが、その標準的なものは「環境影響評価の運用上の指針について」(昭和47年6月27日中央公害対策審議会防止計画部会環境影響評価小委員会中間報告)において示されている。

⑹想定活動規模等に基づく環境影響の予測

環境影響の予測については、開発計画案を構成する個々の計画の熟度等が様々であり、また、それらのうち最も熟度の高いものでもある程度の不確定な条件を含んでいると考えられるので、想定条件を前提にしたものにならざるを得ず、予測の結果は、相当の幅をもつものとなろう。ただし、計画に係る環境影響要因が具体的に確認できるものについては、この段階で詳細な資料に基づく環境影響の予測を行う。

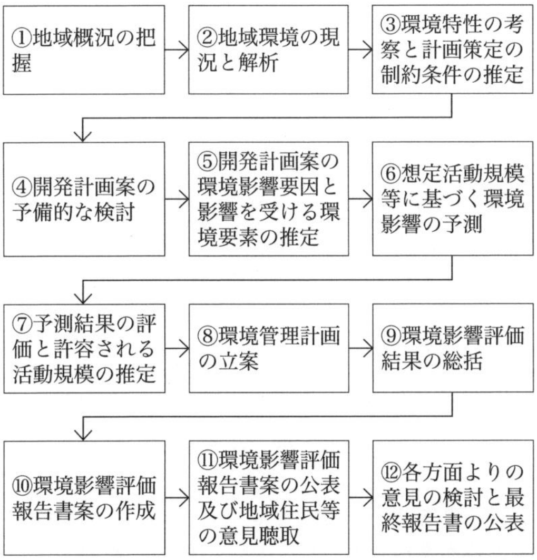

⑺予測結果の評価と許容される活動規模の推定

前記⑹のように開発計画に係る環境影響の予測の結果は、相当の幅をもつもので、ここで行う環境影響評価は、基本的には個別の影響の確認というよりも想定した条件のもとでの地域の環境保全上許容しうる活動の規模の推定を行うことになる。予測結果の評価は原則として環境現況解析結果や環境基準等既存の判定条件、専門家の意見等に基づき設定した環境保全目標と照合することによって行うが、この場合において環境保全目標の設定のための検討過程及び判断根拠を明示するものとする。また、評価に当たっては、単に環境保全目標との適合を検討するのみでなく、可能な限り生態系等に及ぼす影響を解析し、影響を最小化するよう配慮するものとし、その配慮の内容についても十分説明するものとする。このことは、定量的に目標設定及び予測を行うことが困難であるような環境影響について特に重要である。

⑻環境管理計画の立案

環境影響評価の結果、推定された許容される活動の限度内に開発計画案において予定している活動規模がおさまる場合及び現段階の解析の結果、悪影響が軽微である等の判断が行われた場合でも、予測条件等の不確定性による予測結果の幅や開発計画諸元の変更等の事態に適切に適応するため、開発計画の具体化、事業の実施、操業等の各過程を通じて十分な環境監視を行うとともに必要に応じて再評価の実施、規制の強化等の措置を速やかに講ずるため、環境管理体制の整備等環境管理計画を具体的に立てることとし、その効果と実施の保証について明らかにする。

⑼環境影響評価結果の総括

以上の結果をふまえて計画主体としての環境影響評価の結果の判断について総括して行う。この場合において、事前に寄せられた専門家や関係行政機関等の指導の内容とそれらをどのように判断したかについても十分説明するものとする。

⑽環境影響評価報告書案の作成

環境影響評価報告書案は、簡明で論理を明確に理解できるよう、また、一般公衆に理解し易く適切な環境保全上の意見が得られるように平易な文章で、図や表を効果的に用いる等記述について十分配慮するものとする。更に詳細な資料等は、調査研究主体調査期間、調査方法等を明記したうえ附属資料として添付し、専門家等による検討に資するように配慮するものとする。なお、当該報告書案の各章の記述に関する重複する資料は、それぞれの利用目的に適合する部分のみを要約して各章に記述し、一括して附属資料として整理する等の配慮をするものとする。

⑾環境影響評価報告書案の公表及び地域住民等の意見聴取

環境影響評価報告書案は、地域住民等が検討を行い、意見を述べられるように相当の期間公表するものとし、容易にその公表を承知できるような措置を講ずるものとする。公表にあたっては、当該報告書案を縦覧に供するとともに、説明会を開催し、当該報告書案を入手できるような措置等を講じ、更に必要に応じて公聴会を開催するものとする。公表等を通じて提出された地域住民等の環境保全上からする意見については、その内容について尊重し、適切な意見は開発計画に反映する等の措置をとるものとする。

⑿各方面よりの意見の検討と最終報告書の公表

前記⑾の手続を了した後に、環境影響評価報告書案に準じて環境影響評価報告書を作成するものとする。この場合において、地域住民等の意見の要約とそれに対する措置をいかに講じたかについて記述するものとする。当該報告書は公表するものとする。

⒀関係行政機関の意見

上記⑾及び⑿に準ずるものとする。

⒁なお、前頁に示した記述、解析の方法等は1例であり、他の知見等をも併せて環境影響評価の実施の万全を期することとする。

［出所：関西大学経済・政治研究所環境問題研究班,1979,『むつ小川原開発計画の展開と諸問題（「調査と資料」第28号）』275-278頁］

Ⅰ-1-1-10

「むつ小川原開発第２次基本計画に係る環境影響評価報告書」に対する環境庁意見

環境庁　昭和52年8月26日

昭和52年8月12日青森県知事より提出された標記報告書の検討結果に基づく環境庁意見は、下記のとおりであり今後更に検討を要する部分があるので、所要の措置を講ずる必要がある。

記

1.第1期計画において想定している工業開発規模としては、概ね環境保全を期しうると思料されるが、その具体化に当たっては、環境に及ぼす影響について更に詳細な予測評価を行うとともに十分な監視を行い、これらの結果によっては所要の措置を講ずる等環境保全に万全を期しつつ慎重に実施することが必要である。

なお、全体計画の規模については、更に十分な調査検討を実施し、第1期計画の経過をも併せて、その具体化を図る必要がある。

2.小川原湖の環境保全については、水質の変化の予測、それに伴う生物等に対する影響の予測、評価及び環境保全対策の立案、実施について、現段階において検討、補完すべき部分があり、本格的な工事の着手に先立って所要の検討を行う必要がある。また、事業の実施に当たっては、監視等を行い、必要に応じて所要の措置を講じること。

3.その他関連する諸施策の実施に当たっても、十分な環境管理体制を整備し、環境保全上の安全性の確認を行い、慎重に進める必要がある。

4.事業の推進に当たっては、更に十分な住民の理解と協力を得ることについて、積極的な努力を払うことが重要である。

［出所：関西大学経済・政治研究所環境問題研究班,1979,『むつ小川原開発計画の展開と諸問題（「調査と資料」第28号）』281頁］

Ⅰ-1-1-11

むつ小川原開発について

むつ小川原総合開発会議　昭和52年8月29日

むつ小川原開発については、関係各省庁において、青森県が昭和50年12月に策定し、提出した「むつ小川原開発第2次基本計画」(以下「第2次基本計画」という。)について検討を進め、特に工業開発地区(六ヶ所村鷹架沼及び尾駮沼周辺から三沢市北部に至る臨海部の約5,000ヘクタール)並びにこれに密接に関連する地域である新市街地及び小川原湖に係る計画の具体化について意見の調整を図ってきたところであるが、このたび青森県による第2次基本計画に係る環境影響評価を了したので、その成果をも勘案しつつ、計画の総合的な調整を行った結果、おおむね意見の一致をみたので、以下のとおり申し合せる。

1.計画の具体化

むつ小川原開発については、関係各省庁において第2次基本計画を参しゃくしつつ、計画の具体化のため所要の措置を講ずるものとする。

なお、計画の具体化にあたっては、地域住民の十分な理解と協力を得るよう積極的に配慮するものとする。

2.土地利用

むつ小川原地域における土地利用については、おおむね昭和47年9月13日付け本会議の申し合わせ(以下「申し合わせ」という。)の2によるものとするが、申し合わせ以後における防災に関する法令等に基づく防災対策の強化、環境保全のための緑地空間の確保、土地利用のための調査成果等を勘案して、工業開発地区における土地利用については、工業用地及びこれに関連する施設用地、緑地、港湾、道路等の適正な配置を図るものとし、これに必要な用地として約5,000ヘクタールを見込むものとする。

このほか、工業開発に伴って移転を余儀なくされる住民及び新たに工業等に就業する住民を受け入れるための新市街地として、千歳地区にすでに建設されたA住区(約70ヘクタール)のほか、睦栄地区にB住区(約170ヘクタール)を建設するものとする。(別添図面参照)

また、工業開発地区、新市街地及びこれらの周辺地域について、地域の健全な発展と都市施設等の秩序ある整備を図るため、国土利用計画法に基づく都市地域を定めるとともに、都市計画法に基づき必要な都市計画を早急に定めるものとし、このため、青森県上北郡六ヶ所村について都市計画区域の指定等を促進するものとする。

3.工業等の開発

⑴工業開発地区に立地する工業等の業種としては、石油精製、石油化学、火力発電及び関連産業を想定するものとし、その主要業種の規模については第1期計画分として、おおむね石油精製50万バーレル/日、石油化学80万トン/年及び火力発電120万キロワットを見込むものとする。

これらの工業等の立地については、その一部の操業開始時期をおおむね昭和60年前後を目途として立地を図るものとするが、立地の具体化にあたっては、地域環境の保全に万全の措置を講じつつ、経済情勢、需給動向等を勘案し、また、各種計画等と整合を図りつつ、段階的に立地を進めるものとする。

なお、全体計画に係る主要業種の規模としておおむね石油精製100万バーレル/日、石油化学160万トン/年及び火力発電320万キロワットを想定しているが、第2期以降の計画については、第1期計画の進捗状況及びその後の経済情勢、需給動向等を勘案し、また、各種計画等と整合を図りつつ、工場稼動に伴う地域の環境影響等について十分な調査、検討を実施し、その具体化を図るものとする。

⑵工業等の施設の配置については、申し合わせの4によるほか、弥栄平及び大石平地区に石油精製、石油貯蔵施設等を、沖付、新栄、幸畑、新納屋及び平沼地区に石油化学及び火力発電等を計画するものとする。

また、港湾、道路等の輸送施設と工業等の施設とが合理的に機能するよう、配置を計画するものとする。

4.施設計画

⑴港湾は、鷹架沼及び尾駮沼に内港区、その前面海域に外港区を建設し、超大型船の受け入れ施設は、一点けい留ブイ方式により沖合適地に設置することを予定する。航路については、北航路を主航路(対象船型約10万重量トン級)、南航路を副航路(対象船型約1.5万重量トン級)として整備するものとする。

⑵工業開発地区内の幹線道路(東西幹線道路及び南北幹線道路の2路線)及びこれと連絡する道路を計画的に整備するものとし、港湾建設等の進度と調整を図りつつ、その整備を推進するものとする。

⑶小川原湖総合開発計画は、申し合わせの5によるものとするが、既得水利の確保を前提としつつ、小川原湖の開発により新規に都市用水(生活用水及び工業用水)7㎥/秒及び農業用水6㎥/秒の取水を目標に計画するものとする。

5.環境保全及び防災対策

工業開発地区及びこれに密接に関連する地域における上記の工業等の開発計画及び施設計画等に基づく計画及び事業の具体化にあたっては、地域環境の観測調査の継続実施とあわせて環境保全のための体制を整備するとともに、計画及び事業の熟度に対応する環境保全上の検討を行う等、地域環境保全に万全を期するとともに、防災上の十分な配慮を行いつつ、その推進を図るものとする。このため関係各機関においては、環境保全、災害防止等の対策上必要な調査研究を実施することとし、これらの成果を今後の計画及び事業の具体化にあたっての自然環境保全、文化財保護、公害防止等の環境保全対策及び石油コンビナート等災害防止法等の関係法令に基づく消防、保安その他の防災対策に反映させるものとする。

なお、工業開発地区に含まれる保安林については、当該保安林が国土保全及び生活環境の保全、形成等に果たす役割の重要性にかんがみ、極力その機能を損わないよう保全に努めるものとする。

6.国有施設の移転等

土地利用の具体化に伴い移転の措置が必要となる国有施設等については、以下のとおり進めるものとする。

⑴農林省上北馬鈴薯原原種農場は、馬鈴薯原原種の継続的生産に支障をきたさないよう、現農場の機能を代替しうる施設を原因者において整備し、移転するものとする。移転先については、青森県上北郡天間林村柳平地区を候補地として予定し、昭和55～56年頃を目途に移転の具体化を図るものとする。

⑵陸上自衛隊六ヶ所対空射撃場については、六ヶ所村石川地区を移転候補地として昭和54～55年頃を目途に移転の具体化を図るものとし、移転に伴う費用については、原因者がこれを負担するものとする。

⑶工業開発地区に係る国有林については、工業開発計画の具体化に伴いその一部が工場用地等として必要になるものと見込まれるが、環境保全上も重要な機能を有するこれらの森林については、極力存置し、必要やむを得ない最小限の範囲を工場用地等とすることとし、利用の具体化を進めるものとする。

7.住民対策

⑴開発に伴い移転を余儀なくされる住民については、千歳地区に建設された新市街地(A住区)への移転を進めるとともに、職業志向を基礎に代替農用地のあっせん、職業訓練、就職のあっせん等生活再建対策の促進を図るものとする。

また、開発により影響を受ける地域住民についても、生活環境の整備、就労機会の確保、農業、水産業及び中小企業の振興等の住民対策を進めるものとする。

⑵工業開発地区周辺の農業については、優良農用地の計画的な確保及び農業基盤の整備を促進する等農業の振興を図るものとする。

⑶小川原湖の水資源開発及び港湾整備の具体化にあたっては、関係漁業者の意見を十分尊重し、漁業への影響を最小限に止めるよう配慮するとともに、水産資源の保護、漁港区の建設、漁業補償等の対策を十分講ずるものとし、さらに今後これらの地域における漁業の振興策を推進するものとする。

8.開発体制の整備

今後における開発計画の具体化に伴い、事業の総合的かつ計画的実施とそのための体制の一層の強化を図る必要があり、国、地方公共団体及び民間の緊密な協力のもとにその推進を図るものとするが、特に用地買収、土地造成等にあたるむつ小川原開発株式会社の機能の強化を図るための措置について、検討するものとする。

9.開発スケジュール

第2次基本計画においては、全体計画の完成を昭和60年代を目途としているが、工業基地の建設は、国の施策、製品需給の見通し等を勘案しつつ、おおむね昭和60年前後に工場等の一部の操業開始を目途として進めるものとする。このため、港湾、水資源開発等の各事業については、昭和52年度に調査設計等の予算が計上されているが、昭和53年度以降においては、これらの事業のほか道路その他の関連する事業についても、その推進を図るため所要の措置を講ずるものとする。

なお、むつ小川原総合開発会議は、この開発の総合的推進を図るため、計画及び事業の具体化に対応して、引き続き環境保全を含む諸問題について調整を図っていくものとする。

[出所：関西大学経済・政治研究所環境問題研究班,1979,『むつ小川原開発計画の展開と諸問題（「調査と資料」第28号)』281-284頁]

Ⅰ－1－1－12

むつ小川原開発について

閣議口頭了解　昭和52年8月30日

むつ小川原開発については、さる昭和47年9月14日の閣議において、開発の基本方針についての了解を得たところであるが、その後、青森県を中心として、開発予定地域の用地の取得、住民対策等の事業を進めるとともに、閣議口頭了解において示されたところに従って、環境問題を主とした調査研究を継続し、その成果に基づいて青森県は第1次計画における工業開発の目標等についての修正を加えた「むつ小川原開発第2次基本計画」を作成し、昭和50年12月に関係各省庁に提出した。

関係各省庁においては、この計画について検討を加えるとともに、青森県が実施した環境影響評価の成果をも勘案して計画について総合的な調整を行い、このたび、むつ小川原総合開発会議において、別紙のとおりの申し合わせを行った。

むつ小川原開発は、産業構造が低位にあるむつ小川原地域において、工業開発を契機として産業の振興と住民の生活及び福祉の向上に寄与するとともに、今後の国民生活の安定と国土の均衡ある発展に資することを目的として計画されたものであり、本事業の重要性にかんがみ、関係各省庁は、今後、この申し合わせに基づき、環境保全、災害の防止、住民対策等に十分配慮しつつ、地域住民の理解と協力のもとに、事業の推進を図るものとし、このため必要な施策等について適切な措置を講ずるものとする。

［出所：関西大学経済・政治研究所環境問題研究班,1979,『むつ小川原開発計画の展開と諸問題（「調査と資料」第28号）』284頁］

Ⅰ－1－1-13
石油国家備蓄事業に関するフィージビリティスタディについて

石油公団　昭和54年3月

むつ小川原地区

(1) 位置

青森県上北郡六ヶ所村に計画されているむつ小川原開発計画工業開発地区内の一面

(2) 計画の概要

①備蓄方式	陸上タンク方式
②備蓄施設容量	約560万kl
③タンク容量及び基数	約11万kl×51基
④所要敷地面積	約240ha
⑤配置計画	

むつ小川原開発計画の土地利用計画との調整を図るとともに、敷地を有効に利用し、安全防災、環境保全及び運転管理を十分配慮して施設を配置する。貯油施設、事務管理施設等は、海岸線より約10km内陸、標高50～60mの弥栄平地区に配置し、原油入出荷施設との間を輸送配管で結ぶとともに、バラスト水処理施設、ブースターポンプ等を海岸よりの低地に配置する。

また、基地内諸地域は丘陵地の地形にあわせて適正に配置することとし、基地中央部に事務管理施設、用役施設を、標高が低く海岸部に近い基地東部に排水処理施設等を配置する。

⑥施設計画

(ｉ) 受払い施設

むつ小川原港の港湾計画に基づき、約3,200m沖合に、1点係留ブイを設置し、30万D.W.T級タンカーにより受払いを行う。

なお、港湾整備計画と整合性を保ちつつ港内に固定バースを設置することを検討する。

(ⅱ) 貯油施設

鋼製地上式フローティングルーフタンク（容量11万kl）とし、基盤は地盤の状況に応じサンドコンパクション工法等により改良する。

なお、冬季の積雪対策としては、原油加温および散水により対処する。

(ⅲ) 安全防災施設

関連法規を遵守しつつ、所要の防消化施設、保安防災施設を設けるとともにこれらの集中監視制御を行う。また、油回収船、オイルフェンス展張船等を配備する。

(ⅳ) 環境保全および公害防止施設

基地周辺は緑の多い地域であるが、基地内においても緑地を確保する等、環境保全に努めるとともに、基地からの排水、排ガス等に対し関連規制を満足するよう所要の施設を設ける。

(ｖ) 事務管理施設

基地のほぼ中央部に集中監視制御を行うための総合管理室等の施設を設ける。

⑦建設費　約1,135億円（用地費等を除く）

⑧建設工期　約40ヶ月

［出典：石油公団資料］

第２節　青森県資料

Ⅰ－１－２－１

むつ湾小川原湖大規模工業開発調査報告書

（財）日本工業立地センター　昭和 44 年３月

はしがき

近年における産業社会の発展はめざましいものがあるが、わけても工業の生産規模の著しい拡大は今後の工業生産施設を受け入れるための巨大な工業拠点を必要としている。

また、大都市圏への人口、産業の集中、本格化する国際化時代への進行をみるとき、ますます国土の効率的な利用が痛感される。

むつ湾、小川原湖地域は大規模な港湾、広大な用地、豊富な用水に恵まれた古くから開発がまたれていたところであるが、そのスケールの巨大なことが却って開発をむずかしいものにしていた。

しかし、上述のごとき産業社会の今後の動向をみれば将に大工業拠点として相応しい立地条件をもち、開発されるべき地域であると考えられる。本報告書はこのような趣旨から本センターが青森県の委託にもとづいた調査を行った結果であるが、その内容とするところは、むつ湾、小川原湖地域の工業開発の基本的な考え方（構想段階）をしめしたものに過ぎない。

また、調査期間が短かったことや、基礎データーが乏しかったこともあって、充分な検討がなされてなかった点もあり、今後更に綿密な調査検討を行なって、より具体的、総合的なプランに仕立てたいと願っている。

なお、本調査は下記委員会において実施されたものである。

昭和44年3月

財団法人日本工業立地センター
専務理事　伊藤俊夫

記

委員（長）　鈴木雅次（日本大学名誉教授）
〃　伊藤善市（東京女子大学教授）
〃　八十島義之助（東京大学教授）
〃　飯島貞一（日本工業立地センター常務理事）
幹事　及川　厚（仙台通商産業局産業立地課長）
〃　広瀬　裕（国土総合開発（株）企画部）
〃　三木季雄（日本工業立地センター研究員）

1.地域開発政策の方向とむつ湾小川原湖地域の役割

むつ湾小川原湖地域は大規模な港湾、広大な用地、豊かな用水を有し古くから開発がまたれていたところであるが、そのスケールの大きいことが却って開発をむずかしいものにしていて、今日までほとんど手がつけられない状態におかれていた。しかし、近年における産業社会のめざましい発展は経済規模、わけても工業の生産規模の著しい拡大を促がし、もはや既成工業地域において、今後の巨大な生産機能を受け入れる場の余裕をもたないことから、大規模な工業拠点に相応しい立地条件を有する当該地域が改めてクローズアップされてきた。

最近、経済企画庁が示した「新全国総合開発計画」の試案は日本列島を縦断する高速交通施設のネットワークを計画的に整備して国土開発の新骨格を形成し、それぞれの地域の特性に応じた産業開発のプロジェクトを策定し交通ネットワークと関連をもたせ国土の総合的、効率的な利用を計ろうとするものである。更に開発の遅れた地域で大規模産業開発に適した地域については、高度な開発の始動条件をつくるため大規模な開発プロジェクトを実施し、漸次その効果が全国土に及び、国土の均衡のある発展を期待している。

また、通産省の「工業開発の構想」（試案）は近年の工業立地の基調としての大都市圏の集中とその弊害、本格化する経済の国際化と国際競争の激化の中で将来の工場開発のあるべき姿を描いている。そして20年後（昭和60年）の工業生産の目標額160兆円を達成するためには、今後ますます加速化される技術革新と結びついて大規模化し、より高度加工へと発展する工業の生産の場に相応しい大規模な拠点を形成するため産業基盤の先行的、重点的な整備をはかるとともに地域の特性に応じた開発を進め、特に巨大な工業機能を受け入れるための大規模な工業基地の建設の必要性をうたっている。業種別にみた工業の配置では、海外に資源の大部分を依存する基幹資源型工業は従来、良港、広大な用地豊富な用水が得られる臨海部で需要地に近い距離圏への立地指向が強かったが、今後は船舶の大型化、生産規模の拡大等の条件変化により立地点の制約が強まるとともに、大規模化による基盤整備のための投資額の巨大化、エネルギー使用の効率化等の条件から、これら工業の生産の場は以上のような要件を満たす地区へ重点的に建設すべきであり、その場合の地区は大都市圏から相当に遠隔の地となることを予想している。そして市場への距離性の不利を補うために大都市圏に流通加工基地を形成し物的流通の円滑化をはかるとともに、できるだけ基地内においてコンビナート等を形成して、高次加工をはかるべきであると指摘している。

さて、このように国の地域開発に対する計画や展望とむつ湾小川原湖地域が有する立地条件から当該地域の果すべき役割は、明らかに大規模工業拠点として開発、推進すべきであることは論をまたないところである。

2.工業開発の基本的方向と立地想定業種

むつ湾小川原湖地域が今後のわが国における大規模工業開発の拠点としての役割を担う位置づけを前章で行なったが、ここでは工業開発の基本的方向とそれに密接な関連をもつところの業種の立地構想について述べよう。当地域が大規模な工業地点として適応性を有するものはまづ第一に港湾、用地、用水の物理的な立地条件が優れていることがあげられる。即ち、港湾はむつ湾という東京湾、伊勢湾の広さに匹敵する天然の湾をもち、しかも水深が深く、潮流が緩か、潮位の変化が少いという良い海象条件を有しており、小川原湖附近にも大規模な堀込み式港湾の築造が可能であること。用地はむつ湾沿岸の砂丘地帯と小川原湖周辺地区で約23千ha（約7000万坪）に及ぶ開発余力をもち、しかもその地目の約半分が山林原野であるので低廉な価格で入手ができ、更にむつ湾沿岸の埋立を考慮すれば開発の規模はより巨大なものとなること。

用水は小川原湖（62.7k㎡）をはじめとし、その周囲に大小一群の湖沼が点在しており、ここから豊富に、（100万t／日以上）、しかも低廉に取得ができる。このような大規模開発拠点として基本的な工業立地条件をもっている地区は日本列島の中にも他に類例がないといっても過言ではあるまい。

つぎにわが国で初めての原子力船母港の建設を契機とし原子力産業のメッカとなり得るべき条件をもっていることである。当地域は原子力発電所の立地因子として重要なファクターである地盤および低人口地帯という条件を満足させる地点をもち、将来、大規模発電施設、核燃料の濃縮、成型加工、再処理等の一連の原子力産業地帯として十分な敷地の余力がある。

更によい立地条件としては、ソ連、アラスカ、カナダとの距離的有利性をもっていることである。従来まではこれらの国との交易は少なかったが資源供給地域の分散化傾向などから、北方地域との物資の流通は将来、かなり多量なものとなるであろうから、原料輸入基地あるいは素材加工供給基地としての地理的有利性が発揮されるようになろう。しかし、当地域はこのように有利な立地条件のみをもつものではない。最も問題となるものは、冬季における気象条件、それに市場までの距離的条件の不利性である。臨海性の装置工業は原料の搬入、製品の搬出のほとんどが船舶によって行なうことから、気象条件の悪化による船舶の航行不能は大きな損失を招くことになる。むつ湾は冬期間西または西北の季節風が強く湾内の海象条件を良好に保ち得ないことがかなり生じるものと想定される。そのため小型船の操業が困難となることが考えられる。このような悪条件を解決する手段として、小川原湖周辺に掘り込み式港湾の築造を計画すべきである。市場までの遠距離不利性は輸送の合理化、設備の大型化、動力費の低減等による大規模の利益と関連産業等の集積の利益によって補完できるよう産業の配置を考えたい。

さて、以上のような当地域の立地条件から開発の先兵となる産業を想定してみよう。

まづ、大規模な港湾と広大な用地そして多量な淡水を必要とする産業として、製鉄業、石油工業の立地が考えられる。製鉄業は電力を多量に消費する工業であるから電力産業とのコンビネーション立地が望まれる。電力は火力発電から原子力発

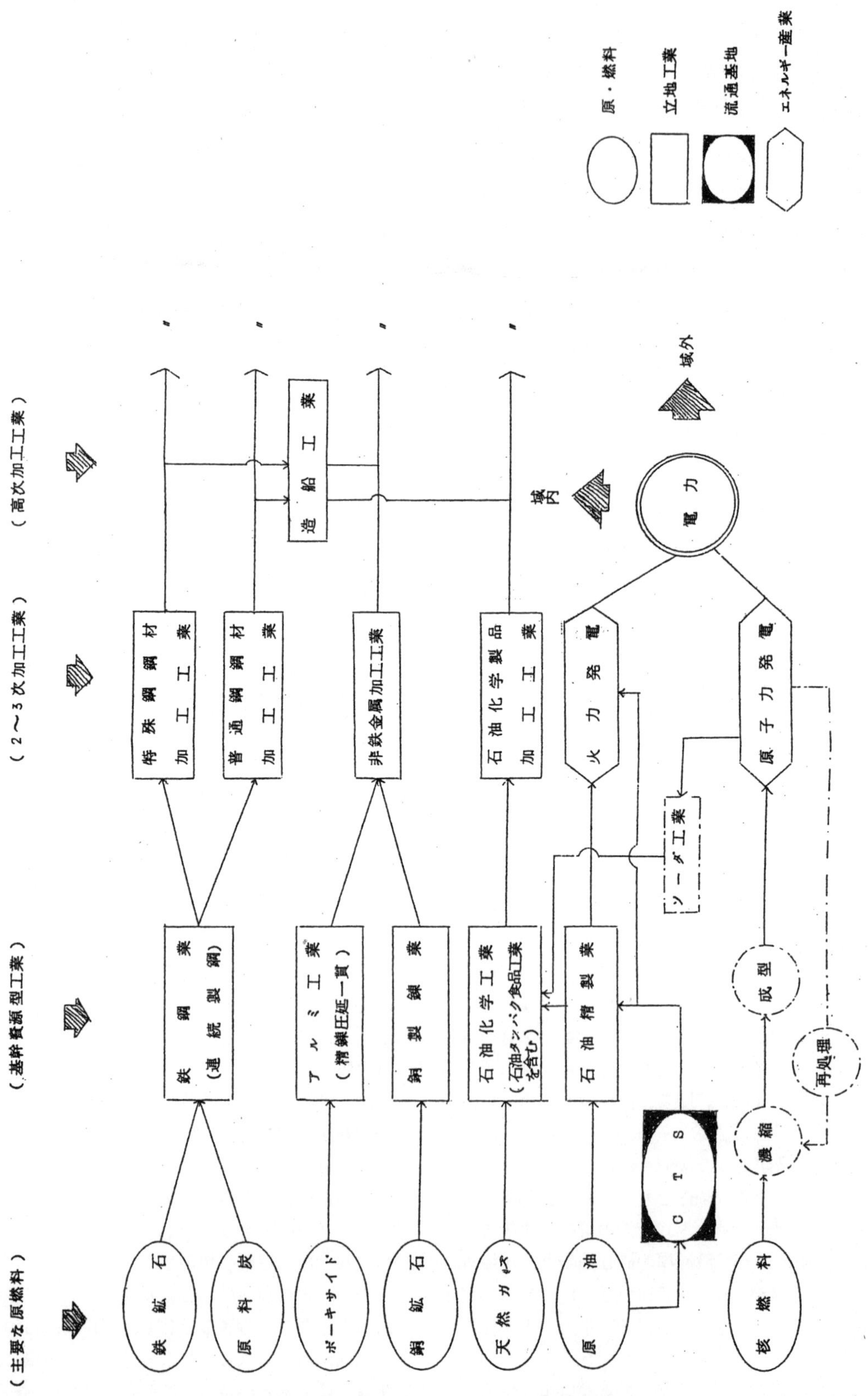

図1　むつ小川原開発の立地想定業種関連図

電に徐々に移行するであろうが、当地域に製鉄やアルミ工業などの電力需要が多量に起れば原子力発電の立地は比較的早い時期に到来することとなろう。また船舶の超大型化、プラントサイズのスケールアップ、備蓄の要請等からCTSの機能をも備えた超大型の石油工業基地も形成されよう。更に臨海性で電力多消費型工業の合金鉄、銅精錬、ソーダー工業、淡水多消費型の紙パルプ工業、臨界性大型機械工業の造船工業、それにこれら工業の関連産業の立地が進むであろう。次の図1は立地想定業種の関連図であるが、このような有機的な関連性が当地域で実効をもつようになるには、かなりの歳月が必要とされよう。しかし、当地域の工業開発の基本的方向は原子力発電を初めとするエネルギー供給産業と基幹資源型工業とのコンビナート立地を土台にして推進してゆくべきであろう。

なお、これら立地想定業種の動向については、参考資料〔Ⅰ〕で記述する。

3.土地利用の構想と産業関連施設の整備

むつ湾小川原湖地域とはむつ湾と太平洋とに挟まれた下北半島のうちむつ市と三沢市との間の地域を指していわれているが、当地域で工業化すべき地区は小川原周辺地区とむつ湾沿岸一体の地区であろう。これらの地区のほとんどは砂丘地あるいは緩やかな標高の低い丘陵地であって、この両地区の間は標高100米以下の丘陵地によって遮断されている。

地目は小川原湖地区が畑、山林原野、湖沼であり、むつ湾沿岸地区はその大部分が山林原野である。両地区とも海岸線に沿っているが、小川原湖地区は太平洋にほぼ海岸線が一直線であるので、天然の港湾がなく従って当地区には掘り込み式港湾を考えた。むつ湾沿岸地区はむつ湾の野辺地港を整備することとする。

原子力発電を中心とした基幹資源型工業等の各工業地帯と工業化に伴って都市化される地域については各地区の立地条件等から判断し、構想図（別図）のごとく配置した。原子力基地は地盤が強固で周辺の地理的社会的環境条件の良い老部地区一帯を利用する。ここでは当面は原子力発電を中心に使われることとなるが、将来は核燃料の濃縮、成型加工、再処理の核燃料サイクルセンターアイソトープ化学、造水プラント等の配置を考慮する。小川原湖地区は大型の掘り込み港湾を軸に鉄鋼基地、石油基地、非鉄基地から形成される。鉄鋼基地は原子力基地から送られてくる安価な電力と小川原湖の淡水を豊富に使う鉄鋼一貫工場を中心に鋼材加工工場や同関連工場を配置する。また造船工場の立地を当基地内に考慮する。

石油基地はむつ湾沿岸地区からパイプラインによって運ばれる原油あるいは化学原料を精製加工する工場群とむつ湾の海象条件の悪化に対する補完的機能としての製品配送センターを配置する。非鉄基地は電力他消費型のアルミおよび銅精錬工場が中心となり、その周辺に同工業の関連工場を配置する。

むつ湾沿岸地区は広大かつ水深あるむつ湾の利点を生かし、超大型船を有効に利用するため、石油関連地区とする。

沿岸沖合数kmの地点に超大型タンカー係船のためのシーバースを設け、そこから海底パイプラインによって原油を受け入れる。

当地区には原油備蓄基地（CTS）および大規模石油工業基地（原油精製プラントと石油総合化学のコンビナート）を配置する。

なお、石油基地には重油専焼火力発電所の立地も考慮する。

また、大湊地区に大型鋼船（原子力船も含む）を配置する。

このように各工業を配置すると大略工業用地面積は1万ha程度となる。また、機械金属工業や軽工業を内陸部の都市化区域に配置させる。

工業化に伴う都市化区域は構想図に示されたごとく、小川原北西部と鷹架沼周辺の丘陵地に配置する。その用地規模は約3千ha程度である。

工業地帯と都市化区域の間は緑地、保全地域（牧草地、農耕地等）を設定して完全に遮断し、都市の居住環境の保全に充分な配慮をもつよう計画する。

道路網は構想図が示すように国土縦貫高速自動車道路を八戸市から三沢市、野辺地町を経由し青森市まで、ループ状に配し、青森市で本線道路と接続させる。域内高速道路は三沢市から分岐し、小川原湖地区を貫通し、むつ湾沿岸地区に至る二本の環状線を配する。

鉄道は域内道路にほぼ平行して通し、貨物のみではなく通勤にも利用する。

港湾は先にも触れたが、小川原湖東部地区に掘り込み港湾を築造する。

港湾計画については参考資料Ⅱで説明を加える。

4.小川原湖周辺新市街地開発計画

小川原湖北西部及び鷹架沼とのほぼ中間部に位置する標高100m前後の丘陵地帯に約3,000ha程度の新市街地を計画し域内高速道路で四地区程度に分割しそれぞれの地区にCivic Centerを設置する。Civic Centerと居住地区併せて50％程度の土地利用率とし道路35％、都市公園その他を15％程度の利用率として計算する。従って、各々の利用面積は下記のとおりである。

住宅及びCivic Center	約1,500ha
道路(グリーンベルトを含む)	約1,050〃
都市公園・その他	約450〃

1)Civic Center（シビック・センター）

1地区約20万人程度の団地規模とすると一地方都市と同等の規模であるから地域中心にシビックセンターを配置し、諸官庁地区、中央ショッピングセンターを設置する。

このシビックセンターは居住地区とその他地区は巾広いグリーンベルトを設置した幹線道路でセパレートする（幹線道路幅100米30米のグリーンベルトを含む）

2)住宅及び居住地区

居住地区は当地域の冬期の特性からも中、高層アパート方式として、一区画10ha程度のスーパーブロック方式を採用する。

建蔽率は2～3割程度として広く空間を保持し一部駐車場を配する他はすべて緑化し、パークアパートメント方式の型式とする。

すべての居住建物はセントラル・ヒーティング方式である。

3)道路計画

(1)幹線道路

域内高速自動車道からインターチェンジ方式で団地内にアプローチされた幹線道路はすべてグリーンベルトを保有する。この道路によって新市街地が四分割されるよう計画する。

(2)区内連絡道路

すべての地区内道路は幹線道路と結ばれるよう道路網を配し3車線（片側）以上として幅20～30米の道路とする。

なお、幹線道路、及び主要地区内連絡道路の構造は共同溝埋立方式とし、上下水道、電力、ガス、電話等はすべて地下共同溝利用するものとする。

4)　都市公園、その他

都市公園と文教地区は隣接させ、児童公園の他は遊歩道を主体とした、市民広場、劇場（屋外ステージを含む）運動場、球技場、体育館、市民会館（公会堂）等を有効に配置する。

規模は文教施設と併せて1単位45ha地区内に10ヶ所位配置する。

その他、汚水処理場、分水方式で集中的に2～3ヶ所に集め、公園の下に地下式汚水処理場を設けることとする。

5.むつ湾小川原開発推進の方策と問題点

わが国工業の地域的発展が、大型化、集団化と共に技術の革新を含みながら昭和30年代に大きな発展をとげてきたが、このような形での発展は単に企業のみの問題としてではなく、それを受け入れる地域はもとより、国全体の地域政策の一環として他の一次、三次産業との関連をもふまえて考えられるようになり、すでに新産業都市、工業整備特別地域などの法律の制定、全国総合開発計画の中での必要性の強調がなされてきた。

昭和40年代に入り、更に情勢の変化によって新全国総合開発計画における新しい考え方の導入があり、工業についての大規模開発拠点の育成が考えられたが、前回の新産業都市指定の時代には全国で40数ヵ所の地点が名のりをあげ、地域の開発要請と国の考え方、企業の需要とに大きなくいちがいがあり、売手市場の最たる状態であったことは記憶に新しい。

その後、新産業都市、工業整備特別地域の中核と考えられた重化学コンビナートについて公害問題が発生し30年代後半から現在に至るまで公害問題と地域開発の推進とが互に反作用として取りあげられたため、次第に公害型産業に対して恐怖感をもつ地域が続出し企業の懸命な説得に対しても受入れ体制がまとまらず、立地を断念せざるを得ない状況である。

企業の公害防止対策も本格化し千葉の臨海工業地帯の如くコンビナートが本格的に操業をはじめ汚染負荷量の飛躍的増大が考えられていながら、観測点での汚染度は横ばい乃至下降状態を示しはじめている。

このような情勢から大規模プロジェクトが打出

されたにも拘わらず、地方のこれに対する反響は未だ本格化していないのが現況である。また大規模プロジェクトに適合するための用地条件も最低3,000haと企画庁の内部での考えもあり、地方でもあまりに大きな規模にとまどいもみられる。

現在打出されている工業開発の大規模拠点は鉄鋼では粗鋼年産2,000万ｔ、石油100万ＢＢＬ、エチレン100万ｔ以上と云うような超々大型企業のコンビナートであり、これらの公害対策については未だ検討もなされておらず、環境基準を守るため燃料としこの重油Ｓ分をどれだけ下げなければならないか、その経済性についても未開発と云わなければならない。

しかしながら現在の東京湾、大阪湾、瀬戸内、新産業都市、工業整備特別地域等の発展のあと、次の工業の発展場所を何処に決定するかは長期的な視野から現時点で検討することが必要であり、更に発展をつづけるわが国の臨海性工業が、国、地方、すべての立場から考えて安心して立地できる生産の場の確保が必要である。

むつ湾地域は本年度の概括的な調査から一応の大規模開発拠点としての資格のあることが導き出されているが更に科学的基礎調査と相俟って具体的な開発方策が決定されるので、ひきつづき調査が考えられている地質、地盤、風向、水資源等のデーターの解析が重要な役割をもってくる。

今後むつ湾開発をすすめる場合に問題となり、検討すべき事項として

⑴むつ湾開発は国全体の要請による地域開発であり、その必要性を地域の立場から充分理解し受入れる必要がある。

開発の規模が巨大であり多くの付帯施設が国、地方、民間ベースで夫々すゝめられなければならないが、地方公共団体の立場から県の中でその地域重点の開発には、相当の問題をはらんでくるものと考えられる。

県内他の地域との気分的格差ますます問題となるので、県民全体の意志統一が必要である。

⑵土地所有権のある地域を開発する場合に方法をあやまれば土地の買収は全く不可能となる。鹿島方式と云う新しい方式で開発を進めていた鹿島臨海工業地帯においても最後には強制買収にふみ切らざるを得なくなっている。

特に、工業地のみの買収に終ると周辺の都市形成が全く無秩序になるおそれがあり、できれば住宅、業務、リクリエーション地域も含めたニュータウンとして総合開発ができる買収方式が望ましい。

⑶現在の新産業都市の建設でも、国および地方のみの資金では量が少く、テンポが遅い。それでは企業の設備投資のテンポと大きな差が生じる。今後の大規模開発に民間資金の有効な導入をはかるほか、開発体制を新しい組織として考えることが必要である。

⑷県庁内のむつ湾地域開発に対する一本化された組織と窓口を設けることが必要になり意欲的な人材を配置し例えば知事直属の組織とする等の配慮も必要となる。

中央官庁、その出先、国鉄、電々公社等の公的機関等との協議連絡を含めた機関の設置、基本的考え方、時期に応じて具体的相談に応じてもらえる学識経験者グループの顧問団等も必要となってくる。

⑸具体的企業をはりつける場合に、その地域の開発に最も適合した資本系列、業種等を決めることが必要であり、この点について充分学識経験者に相談し、後に問題を生じさせないよう心掛けておく必要がある。企業受入については選考委員会の組織も考えられる。

⑹開発のための調査、事業等のスケジュールを最初に立てることによって、漏れのない手戻りのない開発推進を図らねばならない。

⑺その他新しい形の開発には予想されない悪条件が発生することがある。このような悪条件が生じないよう各方面からの検討が必要である。

⑻工業用水については小川原湖で多量に取得できることが予想されているが、まず第一に水質、水量に関し綿密な調査がなされることが望まれる。また、広域的な水資源の有効利用を考えれば、河川水の小川原湖への導入、あるいは河口湖利用による水源確保についても検討がなされるべきである。

何れにせよ、むつ湾地域の開発の要は土地を如何にうまく買収できるかにかゝっており、開発プランが事前に余り宣伝されると地価の高騰、ブローカーの暗躍によって、全く開発が不可能に陥ることが懸念される。

開発に当ってもう一つの重点は人間の問題で、信念を持ってこれに取組む人にめぐまれるか、どうかが極め手となるであろう。

[参考資料Ⅰ]

むつ湾、小川原湖地域大規模工業開発計画における立地想定業種の動向

1.鉄鋼業

20世紀後半は新しい鉄の時代であったといわれる。事実、わが国における過去10年間の鉄鋼の生産量は年平均16.7%の伸びを示し、粗鋼生産量において米、ソ連に次いで世界第3位の位置を占めるに至った。

しかし、戦後着実に発展してきた鉄鋼業もプラスチック、アルミニウムという競合材料の追上げにより今後の動向が注目される。

昭和43年における粗鋼生産は約6,700万トンであり対前年7.6%の伸長にとどまった。

これが当年度における一時的な現象か、今後の推移の傾向を表わすものかを判断することは難しい。

将来の鉄鋼の需要見通しについては経産省(産業構造審議会)が昭和47年で粗鋼9,000トンを見込んでいる。また、経済企画庁の工業研究会の資料によれば、同50年で1億700トン、同60年には１億8,000トンを推定しており、なお、需要の実勢はかなり強いものと想定される。鉄鋼生産に占める輸出比率を昭和42年でみると約19%であって、他の輸出品に比し、最も高い比率を占めている。

今後においても20～25%程度の輸出が見込まれると想定されるが、アメリカ、西独の巻返し攻勢が考えられるので問題をはらんでいる。

このような需要に対し供給量は鉄鋼一貫メーカー10社でその現有能力は約7,500万トン(昭和43年)であるが、更に臨海大型製鉄所の建設がつぎつぎに完成し、現有敷地で約3,000万トン程度の供給余力があるものと推定される。

鉄鋼の主原料は鉄鉱石と原料炭であるが、わが国においては鉄鉱石は砂鉄を含め約270万トン、原料炭は弱粘結炭を約1,245万トン産出しているにすぎない。42年の鉄鉱石の消費量は5,460万トンで輸入依存度は100%、弱粘結炭を含めその比率は68.6%である。この依存率は年々高まっている。

今後鉄鋼生産の増大に伴ない、原料の安定的確保は大きな課題である。現在、鉄鋼石はインド、オーストラリア、チリー、ペルーなどから、原料炭はアメリカ、オーストラリアなどから輸入しているが、原料ソースが拡がりつゝあることから海上輸送距離が長くなり、原料価格に占める運賃のウエイトは高まっている。

このため、大型鉱石船の就航により、運賃の低下、安定を図っているが、フレートの引下げには一定の限界があるといわれている。

近年、オーストラリアからの鉄鉱石、原料炭の輸入に力を入れている。オーストラリアは北米、南米に比して距離的に有利であること、埋蔵量が豊富であることがその原因である。

わが国鉄鋼業が世界で最も進んだ効率的な生産力をもつようになったのは、①高炉の大型化、②純酸素上吹転炉製鋼法の採用、③連続圧延設備の近代化等に負うところが大きい。

しかし、欧米鉄鋼業界においても、近代化、合理化に力を入れて来ており、今後の国際競争力は激化しよう。そのためには連続製鋼法、原子力エネルギーの利用、プロセス、コンピューター、コントロールの採用等の技術革新を積極的に開発してゆかなくてはならない。また、旧式高炉をスクラップ・アンド・ビルドし既存製鉄所の若返りも図る必要があろう。

だが、大型高炉を中心とする現在の製鋼法は当分の間、続くものと想定される。しかし、原子力発電により電力料金が下がれば電気製鉄に変わる可能性も考えられる。この場合、年産700万トン規模の製鉄所で約100万KWHの電力を消費されるといわれるので、原子力発展のコンビナートによる製鉄所立地が今後の課題となるであろう。

図（略）

2.アルミニウム工業

アルミニウムは戦時中、航空機向けを中心とした軍需産業として育成されてきたが、敗戦により大きな打撃を受けた。戦後はその痛手から完全に脱却しアルミ地金の旺盛な需要に支えられ、めざましい発展をみた。

昭和32年から同42年の10カ年間においては年平均22%の伸びを示しており、昭和42年の需要量は49万トンに達した。

しかし、このような急速な需要に対して供給は追いつけず、アルミ地金の輸入は激増している。今後もサッシ、ドア、カーテンウォール、内装機を中心とする建築部門、自動車、トラック、トレー

ラー、コンテナー、鉄道などの輸送部門、電力用の送配電線、テレビ、電機洗濯機などの電気通信機器部門、さらに海洋開発産業という新しい市場も開発できる見通しがあるので、引続き需要は増大してゆくものとみられる。

今後の長期的な需要見通しでは昭和50年114万トン、同60年230万トンと通産省では試算している。また、金属産業調査研究所では昭和50年124万トン、業界においては150万トン、昭和60年には300万トンも期待できるとみる向きもある。

このような旺盛な需要に対し現有の供給力余力は最大約157万トン程度であるので、今後アルミニウム工場の立地もかなり見込まれる。なお、将来の精錬所の規模は、年産30～40万トン程度となるものと想定される現に日軽金の苫小牧工場は最終40万トンを計画している。

アルミニウムの主要原料であるボーキサイトは、わが国に全く賦存していない。昭和42年におけるボーキサイトの輸入量は1,788千トンで、これを輸入国別比率でみると、インドネシア39％、オーストラリア32％、マレーシア29％となっている。世界の埋蔵量は約100億トンといわれ、アフリカが最も埋蔵量が多く、つゞいて北米、南米、ヨーロッパである。現在、南北アメリカ共産圏、ヨーロッパの順で産出されているが、今後は埋蔵量の多いアフリカの開発がまたれるところである。ボーキサイト資源の開発は国際アルミニウム資本がその70％を抑えている。

そのため、わが国アルミニウム企業は原料の長期的な安定供給をはかるために、これら海外企業に対する資本参加を行ない、積極的に原料確保の道を開いている。

一方、精錬部門では大型化、加工部門ではホット・メタルによる連続鋳造等、製造部門における設備の近代化をはかるとともに海外企業との合併による海外精錬工場の計画をすすめ、原料―精錬―圧延と一貫した体制を敷くための努力を行っている。

アルミニウム1トンの生産には約18,000MWHの電力を必要とするほど、同工業は電力多消費型の産業である。アルミニウムの製造原価のうち、電力費(1KWH2.80円として)は約35％を占めるとされている。従って低価な電力の確保が同工業にとって最も大きな問題である。

将来、原子力発電による低価格の電力が安定的に供給されるようになれば、わが国アルミニウム業界の発展が期待される。

図（略）

3.石油精製業

石炭から石油へのエネルギー源の転換と石油化学工業の発展により、石油製品の需要は近年増大の一途をたどっている。国内の需要は昭和30年から同40年の10カ年間で実に8.5倍の増大を示し、昭和42年の需要量は1億2千万Klの巨大な量に達した更に今後の需要のすう勢は衰えず、昭和50年には約3億Kl、同60年には約5億Klという膨大な量になるものと推定される。

しかるに、わが国においては石油資源に乏しいため、原油のほとんどを海外に依存している。しかも、そのうちの90％以上が中東地域という、わが国からの遠隔地で、かつ政情不安の諸国から輸入しており、大量かつ安定的な供給に不安がもたれている。

石油の低廉かつ安定的な供給をはかるためには①輸送の合理化、②貯油の増強、③海外油田の自力開発、④原油供給地域の分散化、⑤製油所立地の適正化等が必要とされる。

輸送の合理化は、タンカーの大型化によって原油輸送費の低減効果を上げているが、今後もパイプラインによる原油あるいは製品の輸送費の合理化方策が検討されている。

貯油の増強はＣＴＳによる大量貯油方策が具体化されようとしており、海外油田あるいは大陸棚開発により、原油供給地域の分散化方策も促進されている。

また、海外貨物の増大に伴ない港湾あるいは狭水道における船舶の輻輳化や災害問題、工場排煙による産業公害問題から既存製油所における立地問題が再検討される時期を迎えている。

昭和43年末における製油所能力は275万バーレル／日であるが、（別図参照）今後引き続き増大する需要に対し、供給能力は現能力の約1.5倍程度であろうから、製油所の新規立地は今後もかなりみられよう。その場合、当面は既存工業地帯周辺での立地が進むが、船舶の輻輳化、用地、用水、公害等の立地問題、地方における需要の増大、大陸棚開発等から、将来は消費地から遠隔の地に大規模な製油所の立地がみられよう。

また、現在石油はエネルギー源の大宗を占めているが、原子力に対するエネルギー依存の高まりによりその地位は低下してゆき、製品の需要構造は大きく変化しよう。

一方、石油化学における基礎原料としての重要性は増々高まるが、製造技術の進歩発展は石油化学工業との一体化まで進展することが予想される。

図（略）

4.石油化学工業

プラスチック、合成繊維、合成ゴムを主要な製品とする石油化学工業の発展はめざましいものがある。昭和33年からの10年間、石油化学製品はなんと65倍に伸長しており、最近5年間でみても5倍の成長をしている。昭和43年におけるエチレンの生産量は約173万トンであるが、同50年には520万トン、同60年には、1,100万トンの需要が推定されている。

また、石油タンパクの合成による石油食品の製造技術の進展は巨大な需要を喚起させよう。わが国における石油化学工業はナフサを原料としていることから、石油精製業と強い依存関係を有しているが、石油需要構造が重油、ガソリンに特化している現状から石油化学工業における原料不足に不安定である。従って、同工業界における原料の安定的、且つ経済的確保が重大な問題となっている。そのため、原油直接分解技術の開発、エチレン収率の向上、石油化学用簡易トッパーの建設等の対策に力を入れている。

一方、欧米においては天然ガスを石油化学工業の原料として、かなり使用していることから、将来わが国においても、天然ガスの大量かつ低廉な供給が可能ならば、化学原料として、使用されることとなろう。

このように製品需要の激増、原料の確保、国際競争力の強化という面から、今後の石油化学工業は石油精製部門との、一体化が進むとともにエチレンセンターの超大型化が促進されよう。また、誘導品グループとの共同体化は大型化とともに増々強化され、２次加工部門との距離的結合も加わり、コンビナートの規模は巨大化しよう

また、ノルマルパラフィンを原料とする石油蛋白の合成によるペトロフッドの企業化計画が軌道に乗ろうとしている。石油食品は飼料用蛋白源あるいは人間の食料保給源として救世主的役割を果たすこととなろう。

石油蛋白の合成は醱酵工業であるので大量の清浄な空気と水を使い、醱酵にともない大量の熱が発生するので大型プラントの建設地点は慎重を要する。

図（略）

5.電力業

産業のめざましい発展と家庭電化の普及向上にともない電力需要は増大の一途をたどっている。昭和42年度における販売電力量は1,834億KWHで、昭和50年にはその倍の3,960億KWH、同60年には8,200億KWHに達するものと推計される。そのため、昭和50年までに約2,400万KW、同50年から同60年には約7,500万KWの新規電源開発が必要とされている。

現在、最終エネルギーに占める電力の割合は26%だがそれが今後しだいに上昇し昭和60年には34%に達する。発電設備容量の今後の推移は、昭和50年に水力2,508万KW、火力4,844万KWとなり同60年に水力3,808万KW、火力8,280万KW ～ 9,280万KW、原子力3,000 ～ 4,000万KWとなり、原子力がその比率を増大させる。

火力発電は超臨界圧発電による熱効率の向上や臨海大型発電所の建設等により、増々その経済性を発揮しており、今後もかなり長期間にわたってその主流を占める。

しかし、原子力発電の本格化、公害問題、石油資源の有効利用等の問題から、電力の主役が原子力に移る時期はそう遠い将来ではなかろう。

原子力発電は原発の東海発電所に続き、敦賀発電所（322千KW）が昭和44年12月運開を予定し、東京電力福島発電所（400千KW）、関西電力福井発電所（340千KW）がいづれも昭和45年10月運開を目標に建設中である。更に、関電福井の２号炉（500千KW）東電福島２号炉（780千KW）中国電力鹿島１号炉（350千KW）の建設計画が発表された。その他の電力会社においても、ほとんど原子力発電所の立地が決定し、建設計画をそれぞれ立案している。原子力発電の燃料であるウラン資源はわが国においては乏しく、とうてい必要量を満たし得ない。昭和60年までの累積ウラン所要量10万トンに対し、わが国では2,000 ～ 3,000トン程度の埋蔵量とみられる。長期的なウ

ラン資源の安定的供給確保のため、海外諸国との長期供給契約を結ぶ努力を続けているが、昭和50年まで78%、同53年まで58%の確保となっている。しかし、希少資源であるウランの有効利用をはかる高速増殖炉が登場すれば原子力燃料の問題は解決されよう。

一方、原子力発電は原子力船、アイソトープの多面的利用、製鉄、脱塩などの工業的熱利用、地域暖房への利用等幅広い分野で使われることとなろう。

[参考資料Ⅱ]

むつ湾、小川原湖周辺大規模プロジェクト計画に伴う小川原湖掘込み港湾造成の基本計画の概要と造成工事の比較設計

まえがき

わが国における従来の港湾の造成は神戸、横浜のような商港、貿易港は別として臨海工業地帯、又は工業港湾としての港湾造成にはあらかじめ港湾規模等、諸条件テーマが与えられて工業地帯と並行、又は必要に応じて造成されて来た。

これに反し工業の立地条件、または経済性に伴い先行的に港湾が造成された例として苫小牧港、鹿島港（造成工事中）等が挙げられるが、これらについても入居企業等がある程度決定しており、一方苫小牧港にしても工業港らしい石炭積出し港としての存在があった所に掘込み拡張したと云っても過言ではない。

かかる観点から、今回小川原湖周辺掘込み港湾造成計画のごとく、現在は原野、農耕地が大半で、小規模集落が点在するに過ぎない全く見るべき工業のない処女地に、然も昭和60年頃を対象とした工業港湾の造成案等は港湾計画としては全く画期的な計画であると思慮される。

将来の工業、特に基幹産業の立地条件、あるいは生産技術工程等、工業の質と内容の問題が如何に変せんするか予想もできない現況である。

工業国としての産業基盤を整備する国家的施策に伴う将来の大規模プロジェクトを具体的な工業の位置づけ性格づけを如何なる施策で策定するかと云う事は現状で、把握するのは非常に困難であるが、小川原湖周辺が具備する地域的特性等から業種、規模等の立地条件は将来共不変の特性を有するものと推察できる。

よって本報告書作成にあたっては約１万ha以上の背後地（工業地帯として可能）があることから20万Ｔ級船舶の出入可能な港湾の造成計画が小川原湖の一部を泊地、接岸用地として利用する掘込み港湾型態（Ａ案）と小川原湖は現状のまま保存した掘込み方式による泊地の造成接岸可能な港湾型態（Ｂ案）の二案を造成計画として比較することとした。

1.掘込み港湾の規模

鹿島掘込み港湾の航路及び泊地面積は約100万坪程度であるが、本計画に依るＡ案の航路、泊地面積約500万坪、Ｂ案の第１期計画分約240万坪、最終計画約450万坪は現状では相当に大規模なものに考えられるが、２～3,000Ｔ級小型輸送船を初めとして20万Ｔ級船舶が安全に停舶し得て、しかも多数の船数に及ぶ荷役が可能でなければならない。

2.造成の概要

現状で考えられる大型タンカー（20万Ｔ級）が接岸可能な岸壁を築造することは計画工事費が膨大なものになる。

そこで大型船の接岸はドルフィン桟橋タイプ又は一点渓流方式によるものとし接岸は１万Ｔ級以下の船舶を対象とした

計画に表示してある航路法留護岸とは接岸岸壁には使用せず１：６の安全勾配で掘り下げられる航路と陸岸の線上に築造し、すべての航路、泊地は－22米迄浚渫することとした。

－8米、及び－10.5米の接岸岸壁は航路、泊地を造成する前に工事の安易性から当初、在来地盤を掘り下げて築造する方法を採用した。

A案の小川原湖利用案の防潮堤築造は水位の変化及び透水性等による塩化を防止するためにビニール防砂マットを使用することとしてある。

図（略）

3.諸問題・及び将来計画

⑴浚渫される大量の土砂は捨場に乏しく嵩挙げするような湿地帯も乏しいため防波堤の安全を計るためと海岸線の拡大をはかり人工砂浜の造成に供することを前提とした。然しこの捨込場所、人工砂浜の造成箇所については詳細な漂砂方向の地域特性等の研究調査が必要である。

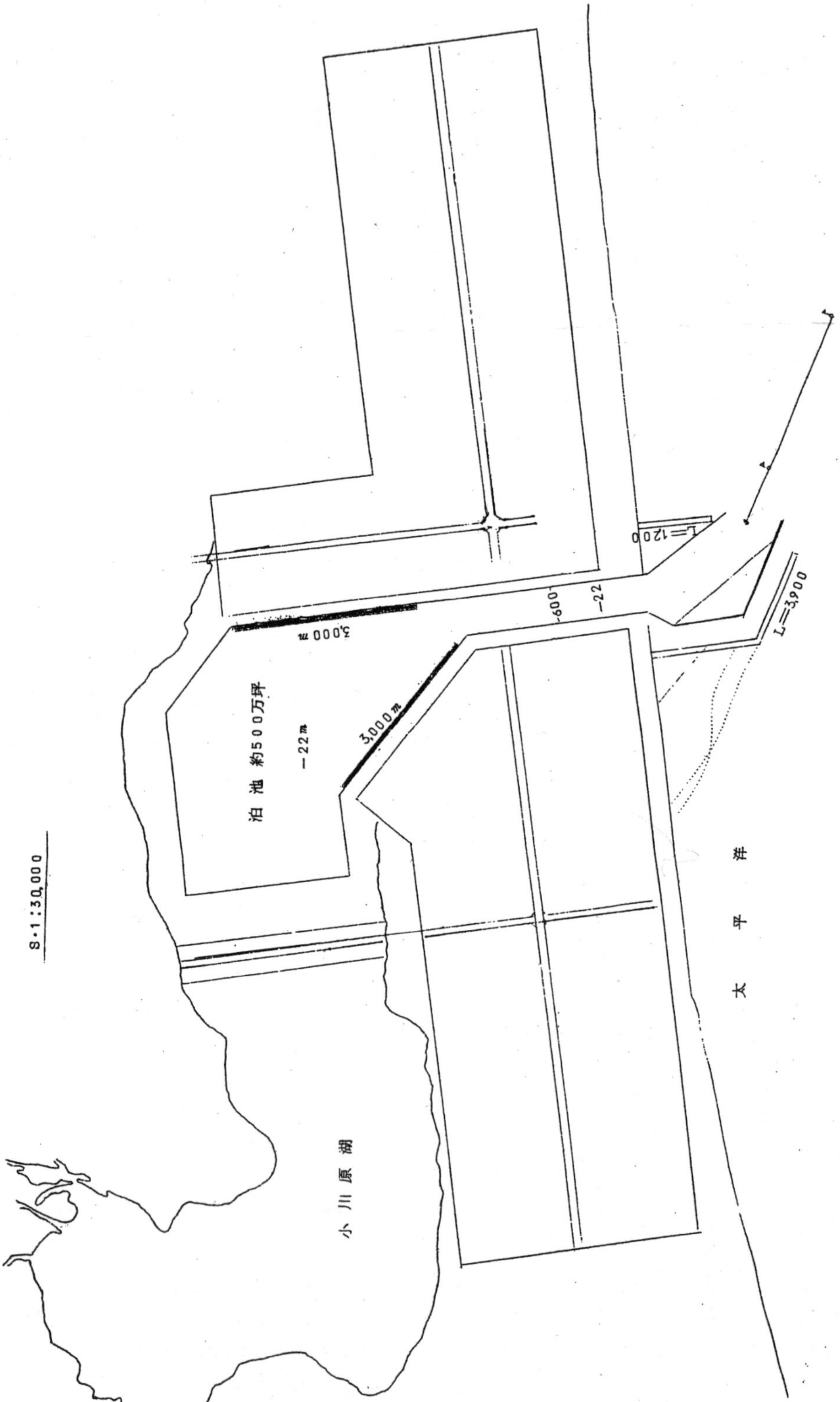

図２　小川原湖堀込造湾計画図（Ａ案）

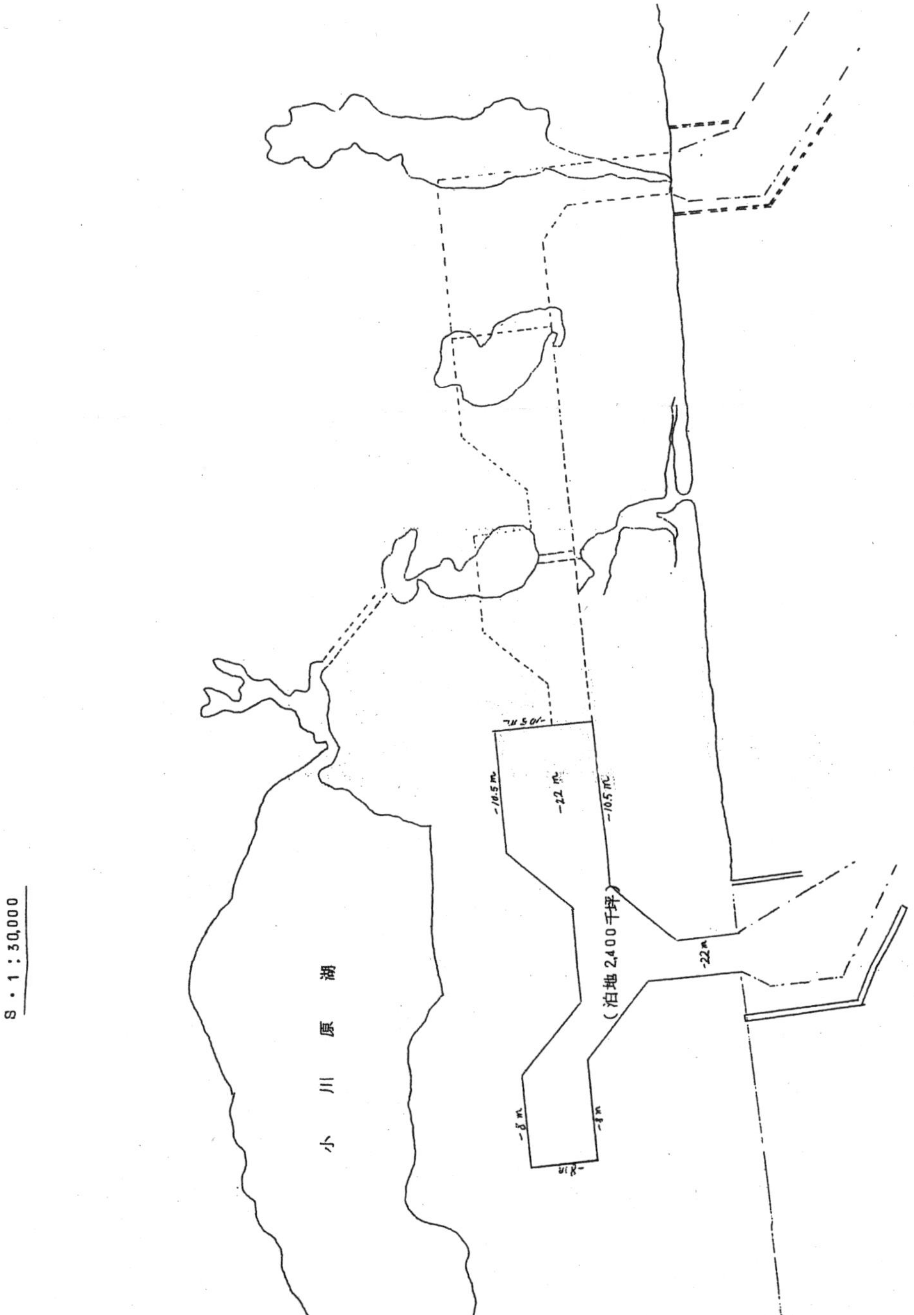

図３　小川原湖堀込造湾計画図（B案）

⑵計画に包含される地域一帯の諸施設（道路、住居、その他公共物件、用地）等は如何ようにでも撤去、改築、移転が可能であることを前提とした。
⑶計画事業費の算定にあたっては、用地取得費、補償問題の費用（水利権、漁業権）等は一切見こんでない。なお、工事利権、金利等も同様である。
⑷B案に見られる点線計画は将来、工業化の進展に伴い出入船舶の数が大量になり出入船舶の限界も想定されることから鷹架沼口に出口専用の拡張計画を示したものである。此の出口専用港は空船専用として計画すれば−16M程度の水深を有すれば可能であり造成に伴う工事費も経済的であり、わが国の数少ない掘込み港湾に一方通行湾としての機能が期待出来るのも当地域の特性であろう。

4.小川原湖掘込み港湾造成に伴う淡水湖塩化の諸問題点について

最近の諸調査に伴う小川原湖の塩分濃度の測定の結果、相当量の塩分が含まれているとの報告があるが、この原因が単純に海水が流れ込んだか、あるいは太平洋側からの地下浸透水であるかの判断は別として、掘込み港湾を造成することにより既存内陸地の巾（淡水湖と太平洋にはさまれた陸地）がせばめられることになる。

一方、地下構造調査の明確さを欠いている現在、塩化原因を探求することは不可能である。

もし、仮に詳細なる地質及び土質の調査、試験の結果透水係数が1×10^{-4}cm／secより以上の数値、例えば$10^{-3}\sim10^{-2}$cm／secと云うような値であり、また地下水の流れの方向が太平洋側から、湖沼方向であるとすれば当然海水の浸透水による塩化現象である事が一応想定される。

いずれにしても不透水層の地下構造であるかどうか、地下水の流れの方向はどうであるか等、詳細な調査が必要である。

それら調査結果の結論に基づいて港湾を掘込む事が可能であるか否か、或いは、掘込む位置等の検討、浸透防止策の具体的施策等の総合的検討を要するものである。

小川原湖掘込港湾造成工事費概算計画書（A案）

工種	数値	単位	単価（円）	金額（千円）	備考
仮設及準備工事	一式			1,100,000	直接工費の約１%
小川原湖〆切防湖堤工事	3,500	m	3,500,000	12,250,000	防湖、横断堤
-10.5米岸壁造成工事	3,000	〃	1,500,000	4,500,000	10,000T級
-8.0米岸壁造成工事	3,000	〃	1,000,000	3,000,000	5,000T級
航路部分法留工事	7,000	〃	200,000	1,400,000	
航路泊池浚渫工事	220,000,000	㎥	320	70,400,000	長距離排送7K（最大）
岸壁用地盛土整地	7,000,000	〃	200	1,400,000	
防波堤築造工事（A）	1,800	m	1,800,000	3,240,000	
〃　〃　（B）	1,000	〃	3,200,000	3,200,000	
〃　〃　（C）	2,000	〃	4,800,000	9,600,000	
雑工事、その他	一式			3,410,000	上記の約3%
合計				113,500,000	

小川原湖掘込港湾造成工事費概算計画書（B案）

工種	数値	単位	単価（円）	金額（千円）	備考
仮設及準備工事	一式			1,000,000	直接工賃の約1%
埋立地用〆切設岸工事	3,200	m	400,000	1,280,000	小川原湖一部埋立
-10.5米岸壁造成工事	5,400	〃	1,100,000	5,940,000	10,000T級
-8.0米岸壁造成工事	4,300	〃	800,000	3,440,000	5,000T級
航路部分法留工事	9,300	〃	200,000	1,860,000	
航路泊池浚渫工事	240,000,000	㎥	280	67,200,000	排送距離平均4,000Mとして
岸壁用地切盛土整地	20,000,000	〃	200	4,000,000	巾員200m L.W.L上+4.5m迄整地
防波堤築造工事（A）	1,800	m	1,800,000	3,240,000	-10m以浅

工種	数値	単位	単価（円）	金額（千円）	備考
〃　〃　(B)	1,000	〃	3,200,000	3,200,000	-15m（平均）
〃　〃　(C)	2,000	〃	4,800,000	9,600,000	-20m（平均）
埋立地その他整地工事	2,780,000	㎡	40	111,000	
雑工事、その他	一式			3,729,000	上記の約3%
合計				104,600,000	

追加工事その1

浚渫土量	93,000,000㎥ ×	280円=	26,000,000,000円
航路法留工事	3,600m×	200,000〃=	720,000,000〃
-10.5M岸壁造成工事	3,700m×	1,100,000〃=	4,070,000,000〃
岸壁用地切盛土工事	7,300,000㎥ ×	200〃=	1,460,000,000〃
雑工事、その他			1,250,000,000〃
合計			33,500,000,000円

追加工事その2

浚渫土量	100,000,000㎥ ×	280円=	28,000,000,000円
航路法留工事	3,600m×	200,000〃=	720,000,000〃
-10.5m岸壁造成工事	3,700m×	1,100,000〃=	4,070,000,000〃
岸壁用地切盛土工事	7,500,000㎥ ×	200〃=	1,500,000,000〃
雑工事、その他			1,410,000,000〃
合計			35,700,000,000円

60年ごろまでの

	プラント単位当り適正規模		工場単位当り適正規模	
石油精製	常圧蒸留装置	20万BPSD	一製油所	60万～100万BPSD
石油化学	エチレン	50万t／y	一工場	50万～100万t／y
電力	タービン	60～100万kw	一発電所	240万～400万kw
鉄鋼	高炉	3,000～5,000㎥	一製鉄所	1,600万～2,000万t／y 3,000㎥×6～5,000㎥×4
アルミニウム	電解炉一系列	5万～8万t／y	〃	30万～50万t／y
アンモニア		1,000～2,000t／d	〃	1,000～2,000t／d

(参考) むつ小川原湖大規模工業開発立地想定業種の標準プラント・原単位(案)

S44.3

業種	生産能力	用地面積（万坪）	淡水使用量（1日当たり万トン）	従業員数（人）	使用電力量（万KWH）	出荷額(億円)	摘要
(鉄鋼基地)		(500)	(45)	(43,000)	(305)	(8,300)	
電気製鋼	2,000万トン／年	300	40	25,000	290	5,300	
特殊製鋼	100　〃	50	2	3,000	8	500	
その他関連		100	2	10,000	5	1,500	
大型鋼船	50～100万DWT	50	1	5,000	2	1,000	

業種	生産能力	用地面積(万坪)	淡水使用量（1日当たり万トン）	従業員数(人)	使用電力量(万KWH)	出荷額(億円)	摘要
(非鉄基地)		(120)	(12)	(9,500)	(93)	(2,500)	
アルミ一貫	50万トン／年	80	10	6,000	90	1,000	
その他関連		40	2	3,500	3	1,500	
(石油基地)		(830)	(55)	(9,800)	(52)	(14,500)	
原油精製	200万バーレル／日	300	25	1,400	10	6,000	
石油化学	エチレン200万トン／年	200	25	4,000	35	3,000	
その他関連		200	3	4,000	5	4,500	
CTS		100	0.5	200	2	-	
火力発電	200万KW	30	0.5	200	-	1,000	
(原子力基地)		(100)	(3)	(700)	-	(2,000)	
原子力発電	400万KW	70	2	400	-	2,000	
その他関連		30	1	300	-	-	
計		1,550	120	63,000	450	27,300	

［出典：財団法人日本工業立地センター ,1969,『むつ湾小川原湖大規模工業開発調査報告書』］

Ｉ－１－２－２

陸奥湾小川原湖地域の開発

青森県　昭和 45 年 4 月

はしがき

陸奥湾小川原湖地域は、港湾、用地、用水など恵まれた条件のもとに、古くから開発が待たれていたところであります。

とくに、小川原湖の多目的開港を中心とした開発構想の実現は、明治初期からの地域住民の念願であり、戦前、戦後を通じて、一大臨海工業化への努力は根強く続けられてきたところであります。

39年3月、八戸新産地区の指定とともに、小川原湖周辺の重化学工業への可能性は漸く注目され、爾来、新産業都市建設基本方針に基づき工業開発のための諸調査を実施し、計画の策定を急いで参りました。

さらに「新全国総合開発計画」は全国数ヶ所に大規模工業開発プロジェクト実施の必要を提起し、本地域をその優良な地域として期待しております。

従って陸奥湾小川原湖地域の開発は、今後の東日本における工業開発の一大拠点として、本地域の特性を活かした巨大臨海工業地帯の建設を図るものでありますが、本地域のもつ国家的指名はまことに大きく、県民の総力を結集して計画の実現をはかる所存でありますので、各位の格別の御指導、ご協力をお願いいたします。

昭和45年4月

青森県知事　竹内俊吉

■小川原湖写真（略）

■陸奥湾小川原湖地域の工業開発の構想

●開発の可能性

陸奥湾小川原湖地域は、おおむね、陸奥湾と太平洋とに挟まれた下北半島頸部および小川原湖々沼群を含む広範な地域である。

★陸奥湾は、東京湾の1.5倍、約16万haに及ぶ広大な水域をもち、しかも、水深が深く、静穏で、汐位の変化が少ない良好な海象条件を有している。

★用地は、未利用が多く、約22千ha（約7,000万坪）に及ぶ開発利用が可能であり、土地も低廉である。

★用水は、小川原湖（62.7km2、貯水量7億5千万トン）等から大量に取水可能である。（1日120万トン以上）

★本州と北海道との最短の連絡地であり、交通

■陸奥湾小川原湖地域位置図

■陸奥湾小川原湖地域大規模工業開発構想図

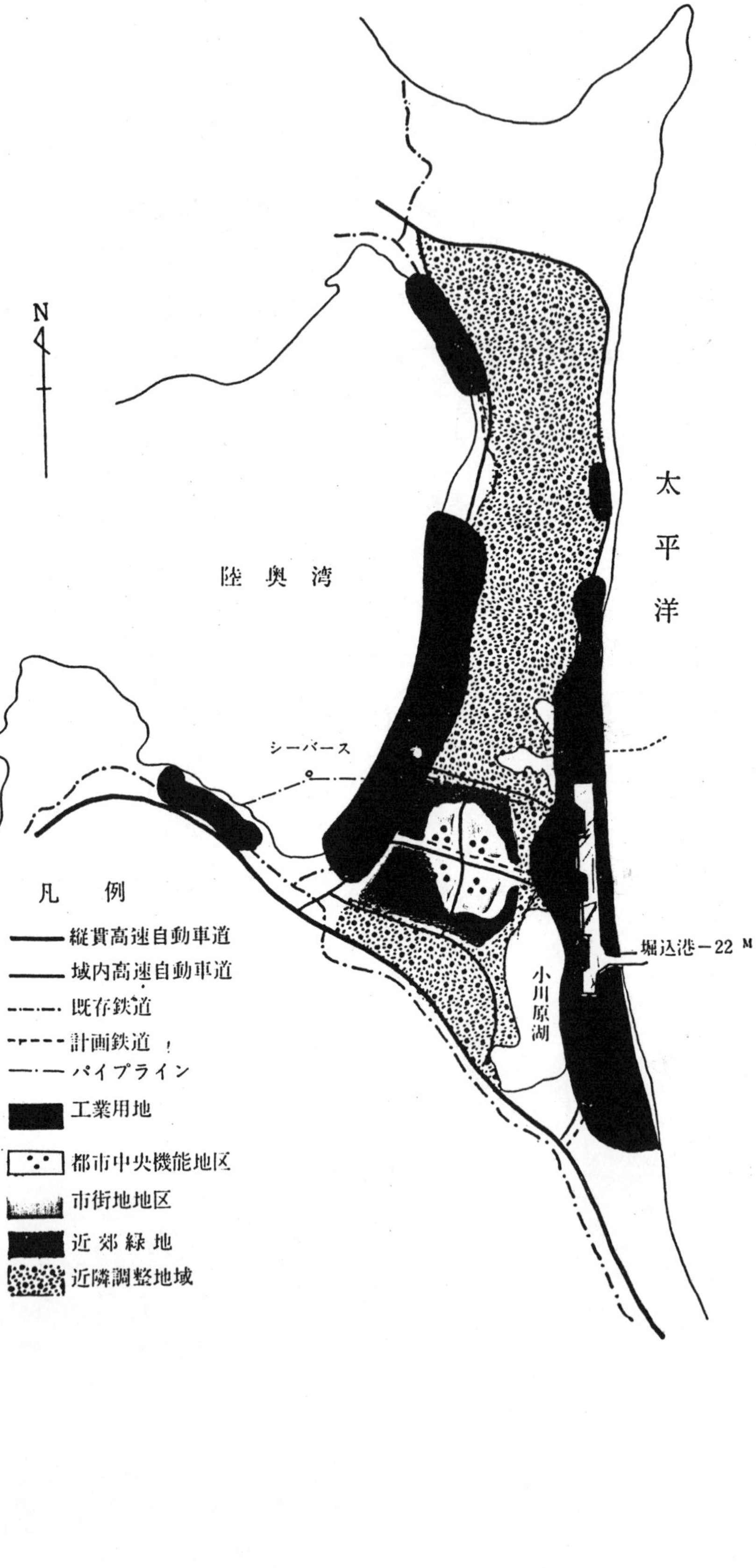

条件の変革、また、北米、ソ連等との交流に伴い、本地域の重要性はますます増大する。

★八戸新産地区に接しているため、開発の集積効果は高い。

●工業用地

開発すべき工業の業種は、鉄鋼業及びC.T.S基地を含む、石油精製、石油化学等の臨海性装置工業の立地を主体とする。

さらに、アルミ、銅製錬等の非鉄金属、化学工業（天然ガス工業を含む）造船、自動車、電気機械、航空機等の大型機械工業及び関連産業を配置する。

このため、原子力発電の開発を推進するとともに、できるだけ、エネルギー供給基地と基幹産業とのコンビナート形成をはかる。

（開発の目標）

工業生産額　約5兆円

工業用地　　約1.5万ha（約4,500万坪）

工業従業員　約10万人～12万人

★小川原湖周辺地区

▲小川原湖東部に原子力発電基地と結びついた鉄鋼一貫工場を中心に、鋼材加工及び大型機械工業等の関連企業を配置する。

▲陸奥湾沿岸のC.T.S基地を利用し、小川原湖東部及び北部に石油精製、石油化学工業等と製品配送センターを配置し、火力発電を含めたコンビナートとする。

▲小川原湖北部に原子力発電基地を建設する。また、アルミ、銅精錬工場を中心として、その周辺に関連企業を配置する。

★陸奥湾沿岸地区

イ　沖合数粁の地点に、シーバースを設け、C.T.S基地を配置する。

ロ　造船工業など大型機械工業その他関連企業を配置する。

●産業関連施設の整備

★港湾

陸奥湾は、広域港湾（30万トン級以上の船舶入港可能）として、シーバース等による開発利用をはかる。

小川原湖周辺の臨海部には、将来の港湾機能、土地の有効利用の観点から堀込方式による大規模港湾の築造をはかる。

小川原工業港

航路水深　－22m（20万t級入港可能）

泊地面積　第1期　　800ha

　　　　　第2期　1,500ha

岸壁延長　約20,000m

★道路

▲国土縦貫高速自動車道路

盛岡市から八戸市までの計画を青森市まで延長するとともに、併せて同線を分岐、本地域を縦断北上せしめ、むつ市を経て北海道に連絡する路線をも建設する。

▲地域内高速自動車道路

三沢市から分岐し、太平洋沿岸部を縦断する路線を建設するとともに、むつ湾沿岸に至る環状線を配する。臨海工業地帯部は幅員130m（グリーンベルトを含む）とする。

▲幹線道路等

地域内高速自動車道からインターチェンジ方式で、新市街地のアプローチされるとともに、すべての地区内道路は幹線道路と連結する。

★鉄道

三沢、小川原湖地区を縦貫し、野辺地に至る臨港環状鉄道を敷設し、併せて地域内の通勤にあてる。

★工業用水道

小川原湖から、日量120万tを取水する。

★新市街地の形成

小川原湖北西部と鷹架沼周辺の丘陵地に約20万人を対象とする新市街地を形成する。

商業々務及び住宅地域	約1,500ha
道路（グリーンベルト）など	約1,050ha
都市公園	約　450ha
	計3,000ha

なお、工業地帯と都市化区域の間は、緑地、保全地域（農耕地等）を設定して完全に遮断し、都市の居住環境の保全に十分配慮する。

■陸奥湾・小川原湖地域の現況（略）

［出典：青森県陸奥湾小川原湖開発室資料］

Ⅰ-1-2-3

むつ小川原総合開発案と協議会会則及役員

陸奥湾小川原湖開発促進協議会　昭和46年2月11日

ごあいさつ

県政百年と新たな展開を余儀なくされた青森県は、東北縦貫自動車道、東北新幹線、青函トンネルの本工事着工と、まさに将来の青森県の姿を大きく変える建設は、すべて今年から軌道に乗ろうとしております。

わが国空前の規模を誇る巨大工業開発が、いよいよ実現の第一歩を踏み出そうとしている事実は洵に慶びにたえないところであります。

新しい小川原開発は、これまでのような工場地帯とは本質的に異なる新しい姿のものでなければなりません。公害なき工業開発であるべきは勿論、そこには人間と自然を大切にした、県民と共にある開発という方向であります。

広い土地、豊かなる水、青い海、美しい空を高度に利用しての、人間を豊かにする巨大開発を実現させる原動力として、われわれは昨年八月関係閣僚の臨席を迎ぎ、陸奥湾小川原湖開発促進協議会の結成をみたのであります。

今後の東日本における巨大開発の一大拠点として、本地域のもつ国家的使命と責任を重んじ、地域社会の福祉増進に貢献するとともに、総力を結集し、計画の実現に努力する所存であります。

何卒、各位の格別のご支援ご協力をお願いいたします。

昭和46年2月11日

衆議院議員森田重次郎

贊同願

むつ小川原湖の巨大開発を迎えるための準備指導機関として「陸奥湾小川原湖開発促進協議会」が設立の運びとなりました。

陸奥湾東部一帯から上北、下北にかけての広大な地域は工業的に有望視されております。

わが国の経済は今後ますます国際化し、大型化するが、将来の日本経済をささえるための巨大な工業生産機能を受け入れるところは、広大な土地と豊かなる水を持つ、むつ湾小川原湖をおいて、ほかにない現状であります。

既成の工業地帯は過密の弊害にあえぎ、公害などの現状から大きな制約を受け、新しい産業を起こすべきウツワではないのは勿論であります。

そこにむつ小川原地域が改めて見直され、高く評価されるとともに巨大なコンビナート形成の数少ない適地として、国家的な立場からの開発が望まれております。

これにともない、われわれは陸奥湾小川原湖巨大開発の積極的推進を図り、更に総合農政の具体的方針と農民の生産不安除去のための諸対策の樹立を図るよう調和をとり、国、県の方針と相俟って、ともにこの難局打開の施策を果敢に実行推進できる本協議会を充実させたいと思います。

何卒、関係各位並びに関係諸団体のご賛同とご指導を迎ぐ次第であります。

昭和46年2月11日

陸奥湾小川原湖開発促進協議会会則

（目的）　第一条　本協議会は県内有識者の大同団結をもって陸奥湾小川原湖開発の促進を図ることを目的とする。

（名称）　第二条　本協議会は陸奥湾小川原湖開発促進協議会と称する。

（事務所位置）

第三条　本協議会は本部を東京に置き、支部を青森県内に置くものとする。

（業務）　第四条　本協議会は第一条の目的を達成のため下記業務を行うものとする。

1.関係県内市長村及び諸団体との緊密な連絡のもとに協力体勢を整える。

2.地域開発と経済発展のため、あらゆる関連問題に協力し便益を供する。

3.業務の運営に関する知識の普及並に情報の提供。

4.調査、研究、その他。

（会員）　第五条　会員は本協議会の趣旨に賛同し、入会した団体及び個人とする。

（会費）　第六条　本協議会の経費は会費及び寄付をもって充てるものとする。会費は別にこれを定める。

（役員）　第七条　役員は定員を下記の通りとする。

1.会長　1名

2.副会長　若干名

3.理事　若干名

4.監事　2名

（役員任期）　第八条　役員の任期は下記の通りとする。

1.会長、副会長、理事　3年

2.監事3年但し再選は妨げない。

（任務）　第九条　会長は本協議会を代表し、副会長は会長を補佐する。

第十条　理事、監事は一般慣例に従って各々の業務を遂行する。

（顧問及相談役）　第十一条　本協議会に顧問及び相談役を置く。顧問及び相談役は学識経験者から会長之を依嘱し、会長の諮問機関とする。

（事務局）　第十二条　本協議会に下記の部局を置く。

1.総務部　2.経理部　3.支部事務局

但し部局員は会長の命により部局の業務を管掌する。

（会議）　第十三条　会議は総会、役員会とし、必要に応じて随時に会長これを招集する。但し会議の招集運営は一般慣例に従うものとする。

（会計）　第十四条　本協議会の会計年度は毎年4月1日に始まり翌年3月31日に終る。

（附則）　1.本会運営のため必要なる内規は別に之を定める。

2.本会則は昭和45年8月30日より施行する。

最高顧問
自由民主党幹事長　田中角栄
自由民主党総務会長　鈴木善幸
自由民主党政務会長　水田三喜男
大蔵大臣　福田赴夫
農林大臣　倉石忠雄
企画庁長官　佐藤一郎
建設大臣　根本龍太郎
運輸大臣　橋本登美三郎
通産大臣　宮沢喜七
労働大臣　野原正勝
総務長官　永山忠則

顧問
青森県知事　竹内俊吉
衆議院議員　熊谷義雄
衆議院議員　田沢吉郎
衆議院議員　竹内黎一
参議院議員　津島文治
参議院議員　山崎竜男
青森県議会議長　古瀬兵次
青森県副知事　北村正哉

相談役
青森県農協中央会長　三上兼四郎
青森県経済連会長　原田博公
青森県農業会議会長　川村喜一
青森県共済連会長　福士正篤
青森県土改連会長　小野清七
青森県森連会長　菊池順治
青森県漁業組合連合会長　杉山四郎
青森県商工会連合会長　野村英次郎
青森県商工会議所会長　後藤栄一郎
青森県経営者協会々長　和田寛次郎
十和田観光電鉄㈱社長　長沢良
十和田開発㈱社長　杉本行雄
下北バス社長　小原愛吉
青森銀行頭取　鈴木恭助
弘前相互銀行社長　唐牛敏世
青和銀行頭取　片山強

陸奥湾小川原湖開発促進協議会機構

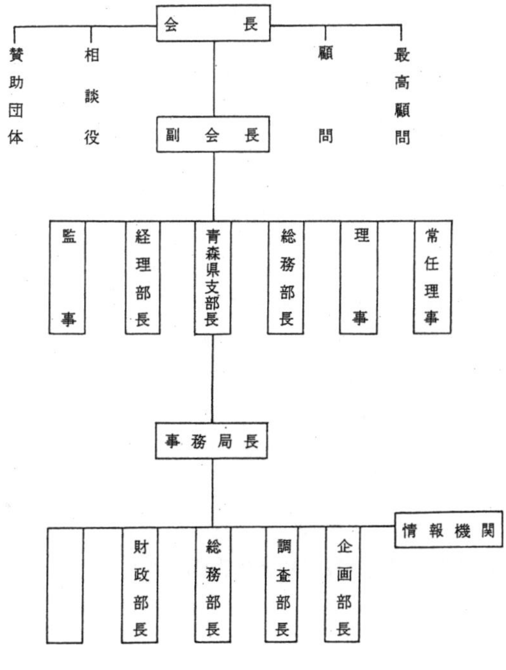

青森県信用金庫協会々長　横山実
青森県信用組合協会々長　白鳥大八
十和田信用金庫理事長　田中静一
青森市長　奈良岡末造
青森市議会議長　三上惣之進
八戸市長　秋山皐次郎
八戸市議会議長　堀野虎五郎

役員
会長　衆議院議員　森田重次郎

副会長
青森県議会議員　青森県連幹事長　寺下岩蔵
自民党上十三支部副会長　三村泰右
青森県信連会長　沼山吉助
三沢市長　小比類巻富雄
十和田市長　中村亨三
むつ市長　河野幸蔵
青森県議会議員　岡山久吉
青森県議会議員　菊地利一郎
三沢市議会議長　黒田政之進
上北郡町村会長　野辺地町長　山根恒次郎
上北郡町村議会議長会長　乙部東吉
元青森市議会議長　三上辰蔵
元青森県議会議員　塩谷真吉

常任理事
青森県議会議員　吉田博彦
青森県議会議員　苫米地正義
青森県議会議員　江渡誠一
青森県議会議員　鈴木元
青森県議会議員　成田芳造
十和田市議会議長　中野渡惣一
六戸町長　松浦長兵衛
六戸町議会議長　竹内竹士
下田町長　沢頭千太郎
百石町長　三村輝文
百石町議会議長　吉村徳次郎
上北町長　竹内與三郎
上北町議会議長　和田兼蔵
七戸町長　中野吉十郎
天間林村長　工藤敬一
天間林村議会議長　榎林勇次郎
東北町長　斗賀重太郎
東北町議会議長　高村芳雄
六ヶ所村長　寺下力三郎
六ヶ所村議会議長　佐藤繁作
横浜町長　野坂和一
横浜町議会議長　坂本寅之助
むつ市議会議長　相坂国松
東通村長　川端義雄
東通村議会議長　南川源太郎
平内町長　船橋茂
平内町議会議長　植村正治
自民党十和田市支部顧問　小山田茂
自民党下田町支部長　柏崎助九郎
自民党横浜町支部長　工藤勇三郎
自民党六ケ所村支部長　木村幸一
自民党上北町支部長　新山竹太郎
自民党十和田町支部長　太田長一郎
自民党七戸町支部長　藤島均
自民党十和田支部幹事長　丸井英信
自民党平内町支部長　蛯名逸三
自民党三沢市支部幹事長　羽立隆
自民党野辺地町支部幹事長　杉山福一郎
自民党天間林村支部幹事長　荒木田孝市
自民党六戸町支部幹事長　船越好隆
自民党東北町支部幹事長　岡山牧夫
青森市議会議員　山上清三郎
青森市議会議員　和田哲美

理事
青森県議会議員　三浦道雄
青森県議会議員　小坂甚義
青森県議会議員　松尾官平
青森県議会議員　茨島豊蔵
青森県議会議員　川村喜一
青森県議会議員　中村政衛
青森県議会議員　田名部匡省
青森県議会議員　川村武智雄
青森県議会議員　柿崎徳衛
青森県議会議員　中村富士夫
青森県議会議員　斉藤篤意
青森県議会議員　佐藤寿
青森県議会議員　外川鶴松
青森県議会議員　工藤重行
青森県議会議員　成田年亥
青森県議会議員　秋田正
青森県議会議員　神四平
青森県議会議員　石田清治

青森県議会議員　今井盛男
川内町長　菊池十一
川内町議会議員　米田広治
脇野沢村長　山崎陸郎
脇野沢村議会議長　川岸悦三
大畑町長　佐藤正太郎
大畑町議会議長　斉藤成夫
風間浦村長　平井保光
風間浦村議会議長　酢谷倉造
大間町長　金沢幹三
大問町議会議長　柳森伝次郎
佐井村長　渡辺幸定
佐井村議会議長　石沢多佳樹
一本木沢用水土地改良組合理事長　水野陳好

監事
野辺地町議会議長　木村正孝
下田町議会議長　苫米地源治

青森県支部人事構成案
支部長　七戸町長　中野吉十郎

副支部長
十和田市議会議長　中野渡惣一
青森県議会議員　鈴木元
青森県議会議員　成田芳造
前県議会議員　小山田茂
むつ市議会議長　相坂国松

総務部長
青森県議会議員　江渡誠一

副総務部長
六戸町長　松浦長兵衛
横浜町長　野坂和一
下田町長　沢頭千太郎
大畑町長　佐藤正太郎
風間浦村長　平井保光
下田町議長　苫米地源治
野辺地町議長　木村正孝
東北町議長　高村芳雄
川内町議長　米田広治
風間浦村議　長酢谷倉造
平内田丁議長　植村正治
自民党下田町支部長　柏崎助九郎
自民党上北町支部長　新山竹太郎
自民党十和田市支部幹事長　丸井英信
自民党平内町支部長　蛯名逸三

企画部長
青森県議会議員　苫米地正義

副企画部長
百石町長　三村輝文
東北町長　斗賀重太郎
天間林村長　工藤敬一
脇野沢村長　山崎陸郎
大問町長　金沢幹三
百石町議長　吉村徳次郎
六ヶ所村議長　佐藤繁作
横浜町議長　坂本寅之助
脇野沢村議長　川岸悦三
大問町議長　柳森伝次郎
自民党横浜町支部長　工藤勇三郎
自民党十和田町支部長　太田長一郎
自民党三沢市支部幹事長　羽立隆
自民党東北町支部幹事長　岡山牧夫

調査部長
青森県議会議員　吉田博彦

副調査部長
上北町長　竹内興三郎
六ヶ所村長　寺下力三郎
平内町長　船橋茂
川内町長　菊池十一
佐井村長　渡辺幸定
上北町議艮　和田兼蔵
十和田町議長　小笠原益治
東通村議長　南川源太郎
大畑町議長　斉藤成夫
佐井村議長　石沢多佳樹
自民党六ヶ所村支部長　木村幸一
自民党七戸町支部長　藤島均
自民党六戸町支部幹事長　船越好隆

財政部長
青森県議会議員　菊地利一郎

副財政部長

十和田町長　久保佐仲太
東通村長　川端義雄
天間林村議長　榎林勇次郎
六戸町議長　竹内竹士
天間林村副議長　荒木田孝市
事務局長
沼尾秀夫
職員　　若干名

（仮事務所）　青森県上北郡野辺地町中袋町
電話（017562）2535番
郵便番号039-31沼尾秀夫方

工業開発の構想

1.開発すべき工業の業種は、鉄鋼業及びC・T・S基地を含む、石油精製、石油化学等の臨海性装置工業の立地を主体とする。

2.アルミ、銅製錬等の非鉄金属、化学工業（天然ガス工業を含む）造船、自動車、電気機械、航空機等の大型機械工業及び関連産業を配置する。

（開発目標）　工業生産額約5兆円
工業用地約1.5万ha（4,500万坪）
工業従業員約10万人～12万人

このため、原子力発電の開発を推進するとともに、エネルギー供給基地と基幹産業とのコンビナート形成をはかる。

3.小川原湖東部に原子力発電基地と結びついた鉄鋼一貫工場を中心に、鋼材加工及び大型機械工業等の関連企業を配置する。

4.陸奥湾沿岸のC・T・S基地を利用し、小川原湖東部及び北部に石油精製、石油化学工業等と製品配送センターを配置し、火力発電を含めたコンビナートとする。

5.小川原湖北部に原子力発電基地を建設する。またアルミ、銅製錬工場を中心として、その周辺に関連企業を配置する。

6.陸奥湾沿岸より沖合数粁の地点に、シーバースを設け、C・T・S基地を配置し、造船工業など大型機械工業その他関連企業を配置する。

7.陸奥湾は広域港湾として30万トン級以上の船舶入港可能のシーバース等による開発利用をはかる。

8.小川原湖周辺の臨海部には、港湾機能、土地の有効利用の観点から堀込方式による大規模港湾の築造をはかる。

（小川原工業港）航路水深−22m（20万トン級入港可能）

泊地面積第一期800ha・第二期1,500ha

岸壁延長　約20,000m

9.国土縦貫高速自動車道路は青森市まで延長し、併せて同線を分岐、本地域を縦断北上せしめ、むつ市を経て北海道に連絡できる路線を建設する。

10.地域内高速自動車道路は、三沢市から分岐し、太平洋沿岸部を縦断する路線を建設するとともに、むつ湾沿岸に至る環状線を配する。

第二案　別紙むつ小川原地域大規模開発予想図による東北高速自動車道肋骨道予定線より分岐し、中央を走る主要幹線巾150m他の両沿岸の幹線巾75mの計画も予想される。

11.新市街地の形成は小川原湖北西部と鷹架沼周辺部の丘陵地に約20万人を対象とする新市街地をつくる。

商業々務及び住宅地域　約1,500ha
道路（グリーンベルト）など　約1,050ha
都市公園約450ha
計3,000ha

尚、工業地帯と都市化区域の問は、緑地、保全地域（農耕地等）を設定して完全に遮断し、都市の居住環境の保全を配慮する。

第二案　現在の野辺地町、むつ市、七戸町、十和田市、三沢市の施設を改革し、内容の充実した新住宅街を形成することによって、諸都市財政と商店界発展に寄与させる方法もある。工業地帯には、すべて完全な幹線道路による通勤制は（30分～50分）可能である。

陸奥運河計画（1万トン船舶対象）

むつ湾小川原湖の臨海工業開発に、この陸奥運河を実現させることは将来の国際貿易に欠くべからざるものがある。

計画の目的は海難事故防止、航路短縮による経費節減、堀さく土砂による土地造成、臨海工業地帯化をはかり、陸奥湾全体の広域港湾化により、北方の処点地として飛躍的な開発促進をはかることである。

六ヶ所村鷹架沼と野辺地町いたこ沼と結び、砂丘原野を横断、延長15km（うち湖沼部分9km、

むつ小川原地域大規模工業開発構想図
日本工業立地センター試案（43年度）

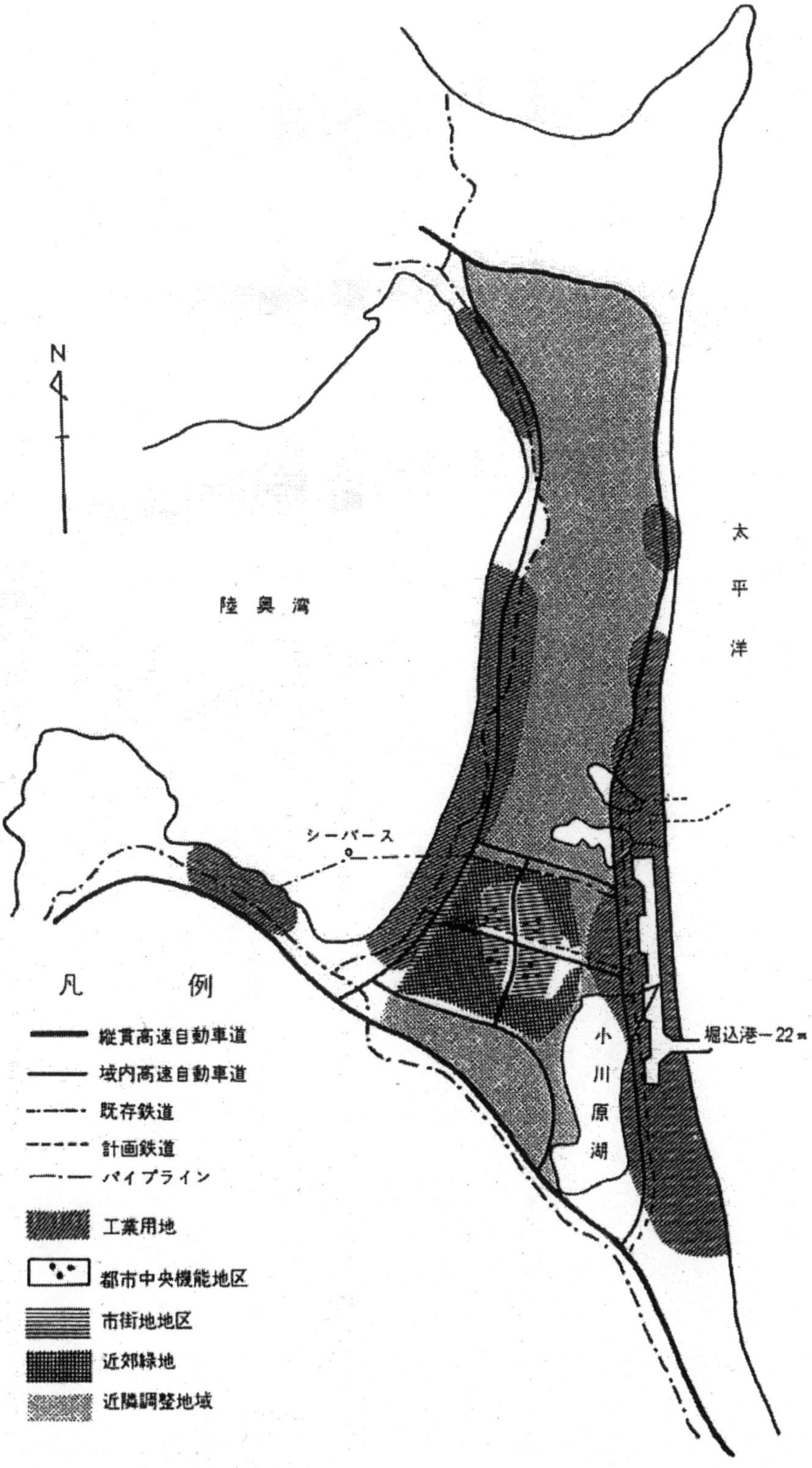

むつ小川原地域大規模開発予想図

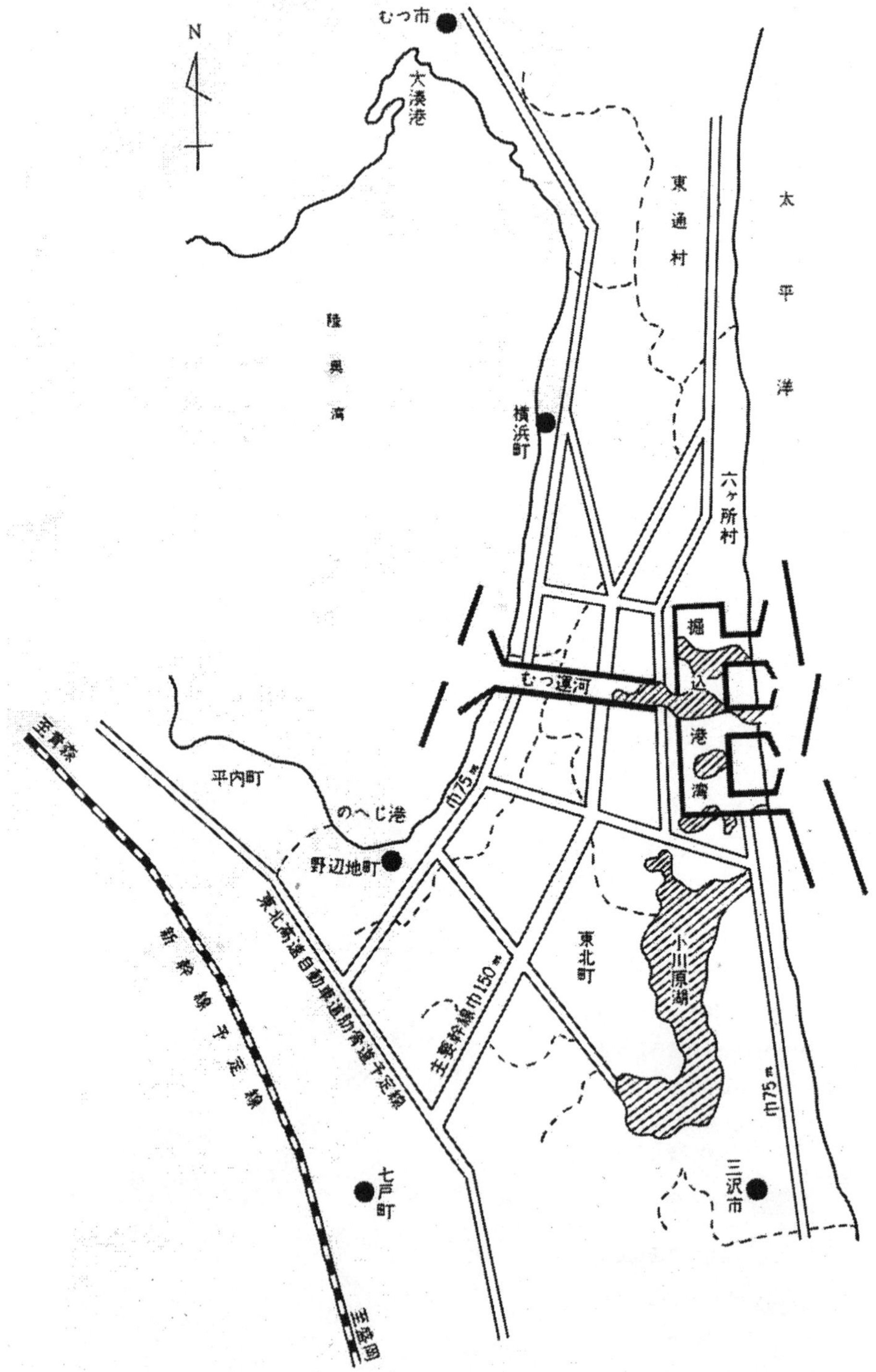

最深6m）鞍部の最高標高60mの下北半島基部を横断して陸奥湾と太平洋を結ぶ新航路を開削するものである。

水路幅150m　水深10km　延長15km　堀削土380万㎥（150万坪の用地造成可能）

［出典：陸奥湾小川原湖開発促進協議会資料］

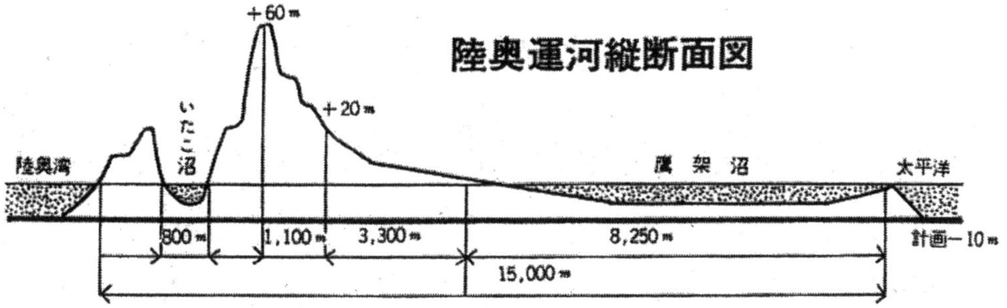

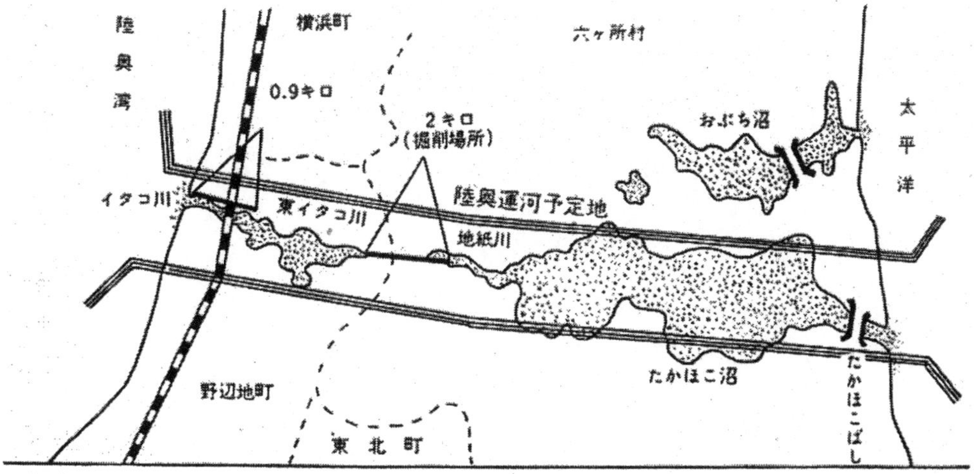

Ⅰ－1－2－4

財団法人青森県むつ小川原開発公社の概要

昭和46年3月31日

(設立者)　青森県

(設立年月日)　昭和46年3月31日

(所在地)　青森市古川2丁目20番4号(朝日生命ビル内)

(目的)

むつ小川原開発を促進するため、その開発に必要とする用地の確保を行ない、もって県勢の発展と県民生活の向上に寄与する。

(実施事業)

1　むつ小川原開発に必要とする用地の取得、造成、管理およびあっせん(主としてむつ小川原開発株式会社からの委託により、用地買収業務を行なう。)

2　前号に関連する事業(住民対策事業等)

(役員)

理事長　菊池　剛（前青森県出納長）

専務理事　山内善郎（前青森県公営企業局長）

総務部長　千代島辰夫（前青森県開発室参事）

用地部長　三橋修三郎（前青森県農林部次長）

事業部長　辻　勇(前青森県北地方農林事務所長)

理事　角田直方（青森県総務部長）

富田幸雄（青森県企画部長兼むつ小川原開発室長）

志村　純（青森県農林部長）

小笠原弥一郎（青森県水産商工部長）

寺本義男（青森県土木部長）

阿部陽一（むつ小川原開発株式会社代表取締役副社長）

小鍛治芳二（むつ小川原開発株式会社常務取締役）

むつ小川原開発公社機構図

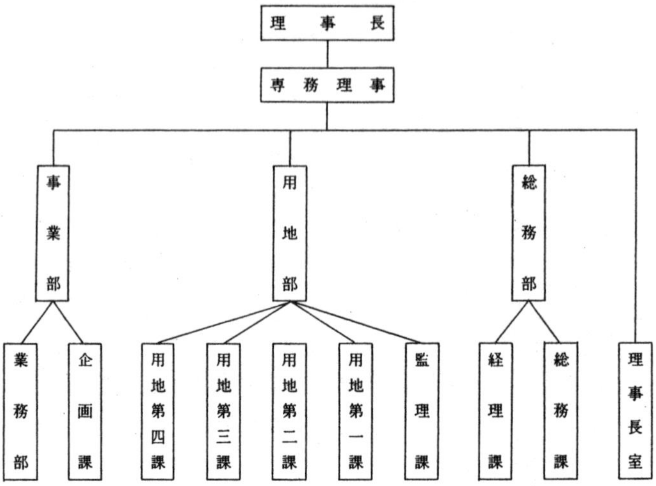

　　　　　平沢哲夫（むつ小川原開発株式会社常務取締役）

監事　　　今野良一（青森県出納長）

［出典：青森県むつ小川原開発室,1971,『むつ小川原開発の概要』、成田勇司,1971,『昭和60年のむつ小川原開発のはなし』］

［出所：関西大学経済・政治研究所環境問題研究班,1979,『むつ小川原開発計画の展開と諸問題（「調査と資料」第28号）』221頁］

Ⅰ－1－2－5

むつ小川原地域開発構想の概要

青森県むつ小川原開発室　昭和46年7月

1.開発の意義

わが国の経済社会は、大都市圏における過密化と農林漁業地域における過疎化が急速に進み、高度成長した反面、地域格差、公害、自然の破壊、社会的緊張などの問題が起ってきている。

一方、国際化、都市化、情報化の進むなかで、高度な経済社会の発展を持続するためには、将来にわたる発展基盤を全土に展開し、国土利用の抜本的な再編成をはかる必要があり、新全国総合開発計画は、その将来の発展方向を明示し、その施策をうち出している。

とくに、鉄鋼、石油、石油化学、アルミ、電力等の基幹産業は、各種の制約が増大する既成大都市地域において、その立地条件の有利性が失われ、このため新たな巨大化する生産機能に対処する大規模な港湾、広大な用地等の立地条件を備えた地点に、巨大なコンビナートを形成する必要性が提起されている。

すなわち、工業の地域的展開は、大都市地域への集中立地パターンから、より遠隔立地パターンに移行し、これに対応して新たな工業開発拠点の整備を図りつゝ、より効果的な生産機能の配置を進める必要があるとしている。

むつ小川原地域は、明治の中期にすでに小川原湖開港の動きが識者によって提唱され、さらに昭和13年には海軍基地の建設、昭和32年小川原湖港湾計画、昭和38年にいたって八戸新産業都市建設に伴う開発構想など、永い年月にわたりそれぞれの時代を背景とした開発計画が県および地元市町村等から出されてきたが、諸般の事情から今日までの日の目を見ずにきたものである。

しかし、上述した国の大規模工業開発の動きなど、むつ小川原地域はその優れた立地条件から、日本の中でも数少ない大規模工業基地の適地として、また、今後の東日本における工業開発の大拠点として近年にわかにクローズアップされてきたものである。

むつ小川原地域の開発は、わが国経済社会の発展に積極的に寄与するものであることはいうまでもないが、県としても、この開発を県民参加による新しい県土づくりの契機と考え、県民の経済水準、生活水準および社会福祉の飛躍的な向上をはかるものである。

すなわち、地域県民のよりよい生活環境の整備と社会福祉の充実を指向しながら、開発効果を全県に波及せしめて、より豊かな青森県の未来像の実現を期するものである。

2.地域の現況

この地域は、青森県の東北部、陸奥湾と太平洋に挟まれた、下北半島頸部地域を中心とする東西45km、南北85kmにまたがる地域で、その面積は1,668km^{2}と本県面積の17.3％に及ぶ広大な地域である。

人口は、16万4,788人（昭和45年国調）で、県人口の11.5％にあたり、また、人口密度は

■むつ小川原地域位置図

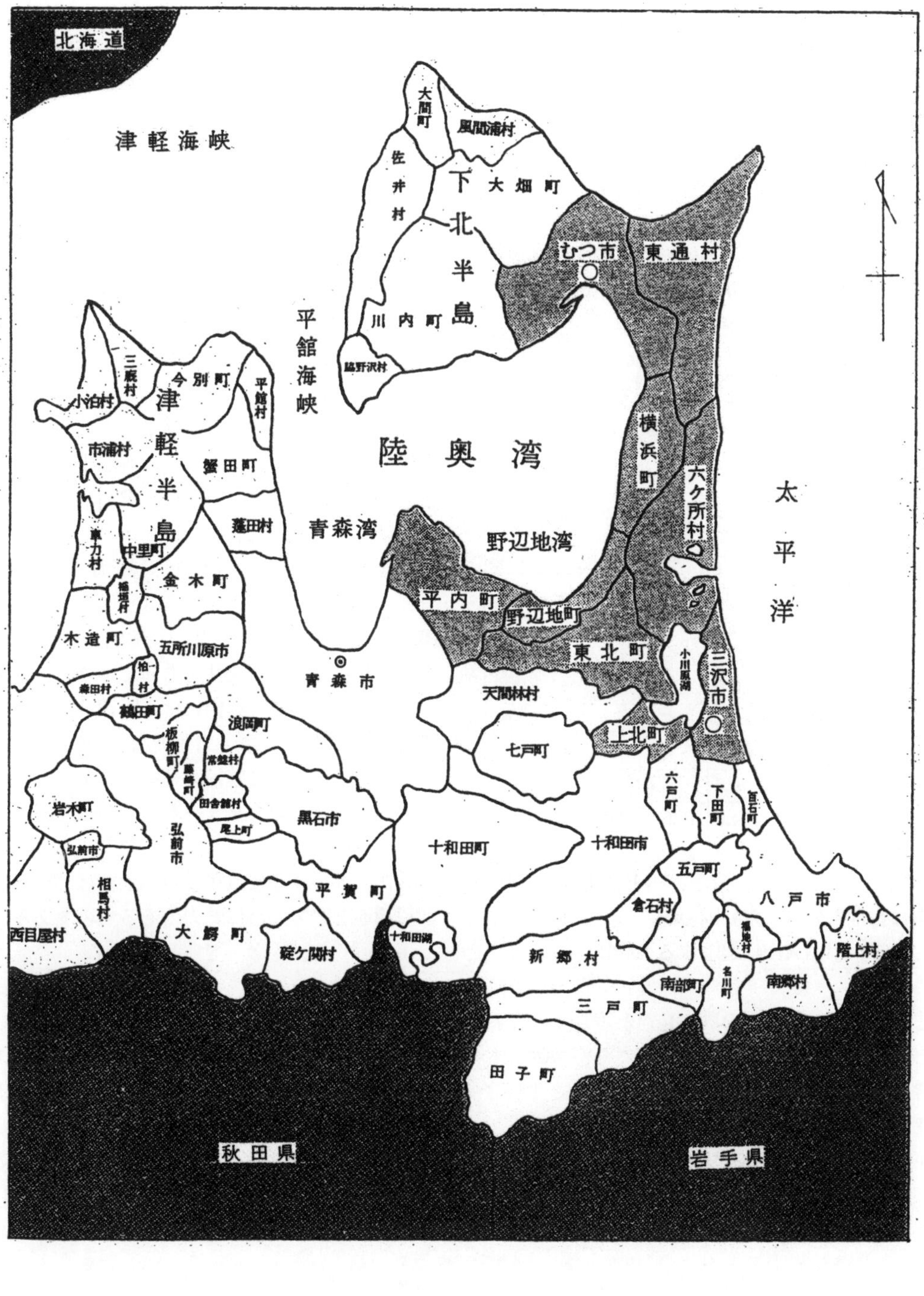

98.8人／ km^2 で、県平均の約67％にすぎない。

⑴気候

一般に、冬期（10月～3月）は偏西風、夏期（6月～9月）は太平洋から偏東風が多く、夏期冷涼がこの地域の特色である。

降雨量は、六ヶ所、野辺地地区間がやゝ多いが、他は概して県平均並みで、1,400mm前後である。

降雪は、比較的少なく、特に三沢地区の太平洋岸等は県内でも著しく少ない地帯である。

一般に降雪は、2月が最も深いが、冬期間の実質的な積雪日数は短い。

⑵地形・地質

小川原湖一帯は、ゆるやかな起伏をもって東方に展開した台地である。

この平坦な台地を囲繞して北に吹越山脈、西に奥羽山脈があり、南は北上山脈の北縁に連っている。この台地は、太平洋と陸奥湾に挟まれ、平坦な台地のほぼ中央東寄りに、小川原湖およびその北方に鷹架沼、尾駮沼等の湖沼群がある。

段丘台地の東縁にあたる太平洋の汀線は、ほぼ一直線に近いゆるやかな弧を描いて六ヶ所村泊より八戸に続き、沖積地砂地を形成している。

湖沼群の概況

名称／項目	面積(km^2)	周囲(km)	最深(m)	摘要
小川原湖	62.70	52.0	25.0	全国11位
鷹架沼	6.78	20.0	7.0	
尾駮沼	3.68	13.0	6.5	
市柳沼	1.65	6.0	4.0	
田面木沼	1.50	8.5	5.0	
姉沼	1.53	7.3	4.3	
内沼	0.85	8.0	5.6	
（十和田湖）	59.7	44.0	326.8	全国12位

この地域の地質は、大部分が第四系更新統に属し、平坦な台地部分は、未凝固の礫、砂、シルト、粘土および八甲田火山に起因する火砕物からなっている。

また、下部は第三系の砂の発達が著しく、礫およびシルト質泥岩から構成されており、地耐力も大きい。

⑶工業用地等

下北半島頸部を中心とするこの地域は、両面に陸奥湾、太平洋という海に接し、臨海工業用地だけでも約2万1千haは確保可能と推算される。

さらに、尾駮、鷹架の2つの沼の西側にあたる標高20～60mの東に向かって、ゆるやかな傾斜をもつ海岸段丘台地は、関連工業用地等として利用可能であり、これら内陸部を加えるときは、総面積約3万haに及ぶ広大な土地が開発利用できる。

このうち、約80％が民有地で、田、畑は約48％をしめているが農耕地の生産性は低く、また、人口密度も低い地帯である。

⑷用水

工業用水の主要な供給源は、小川原湖である。この湖は、流域面積727 km^2 、湖水面積62.3 km^2 で、全国第11位の大きさである。

また、最大水深25m、総貯水量約7億2,000万 m^3 、昭和39～43年の5ヵ年における平均年間流入量は、約8億8,600万 m^3 であり、既耕田への農業用水等を考慮しても、単純年間収支による開発可能水量は約7億トンとなり、河川の維持用水等を見込んでもなお工業用水等として1日120万トン以上の供給は十分可能である。

⑸港湾

陸奥湾は、津軽半島、下北半島という天然の防波堤に囲まれ、また、北海道の渡島半島により風浪をおさえ静穏であるので、大規模港湾としての利用価値は、非常に高い。

陸奥湾の港口にあたる平舘海峡は、巾約10km、最深部67m、水深40m以上の航路巾は8kmあり、大型船舶の出入、碇泊のための水域としては、十分な安全性をもっている。

なお、開発地域の湾内には、野辺地港および大湊港などがあり、原子力船定係港がある大湊港は、重要港湾として整備が進められている。野辺地港は函館港とのフェリー基地として利用されている。

また、太平洋側に点在する湖沼群は堀込み港湾建設適地として非常に魅力のあるものである。

⑹交通施設

①道路・・・この地域および周辺地域の県道以上の実延長は、約500kmである。国道4号線および279号線をはじめ主要地方道の三沢－十和田市線が舗装を完了しており、現在八戸－むつ線、八戸－野辺地線、乙供－平沼線、平沼－野辺地線等の根幹道路を重点に整備を急いでいる。

②鉄道・・・地区内の鉄道としては、国鉄東北本

■陸奥湾等深浅図（略）

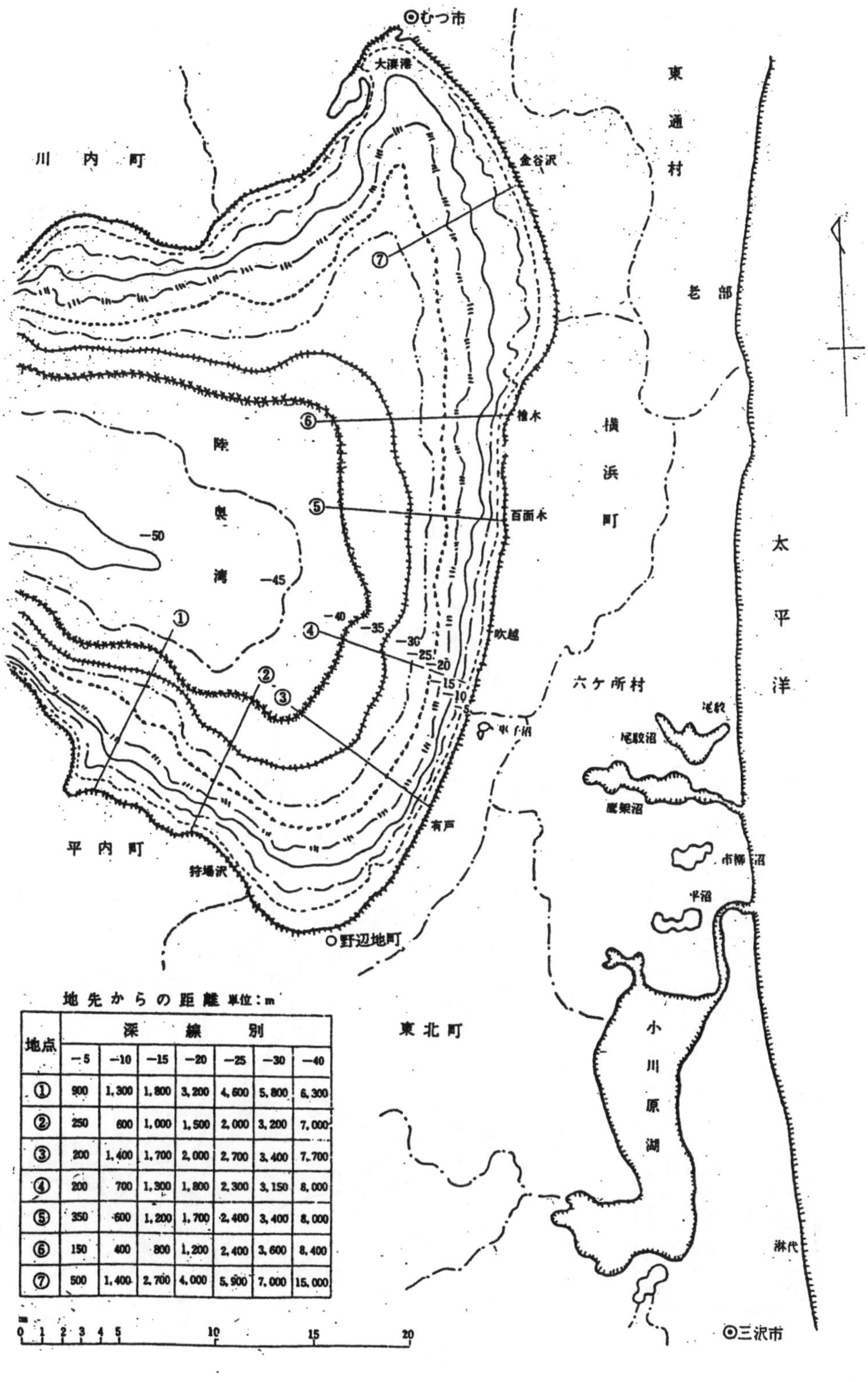

地先からの距離 単位：m

地点	深線別						
	−5	−10	−15	−20	−25	−30	−40
①	900	1,300	1,800	3,200	4,600	5,800	6,300
②	250	600	1,000	1,500	2,000	3,200	7,000
③	200	1,400	1,700	2,000	2,700	3,400	7,700
④	200	700	1,300	1,800	2,300	3,150	8,000
⑤	350	600	1,200	1,700	2,400	3,400	8,000
⑥	150	400	800	1,200	2,400	3,600	8,400
⑦	500	1,400	2,700	4,000	5,900	7,000	15,000

■むつ小川原周辺交通網図（略）

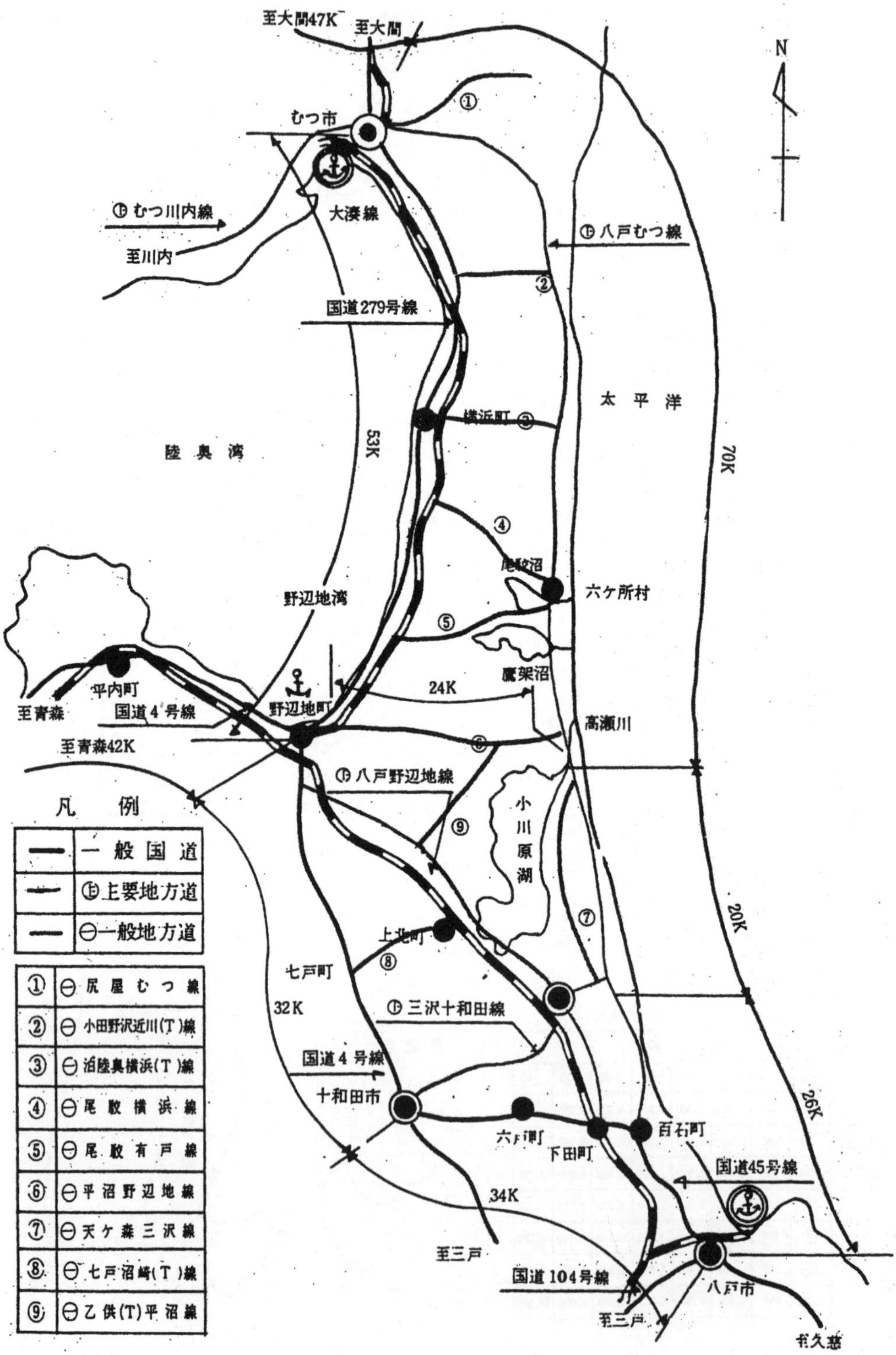

線および大湊線の両線があるが、このうち、東北本線は複線電化され、上野－青森間の所要時間も8時間半と短縮されている。

③空港・・・県内の空港としては、次のとおりである。

イ　青森空港（第3種空港、青森～東京、青森～札幌、青森～旭川間）

ロ　八戸空港（防衛庁管理、非公式共用空港、八戸～東京、八戸～札幌間）

ハ　三沢空港（米駐留軍管理、昭和46年12月より民間航空共同使用見込み）

⑺産業

地域内産業について就業人口からみると、第1次産業（49.3%）に偏重し、第2次産業12.0%、第3次産業38.7%となっている。昭和43年度の生産所得は、431億円で、県全体の10.6%にあたっている。

①農業・・・農業は畑作を主体とし、1戸当たりの経営規模は比較的大きく1.8haで、県平均より0.6ha多いが、一般に生産性は低い。田畑作経営については、まだ安定した経営に至ってはないが、開発区域を含む周辺区域一帯の酪農は、県内では有数の主産地を形成しつつある。

②水産業・・・この地域は、太平洋および陸奥湾を控えているが、太平洋岸は地理的悪条件のため漁港の整備が遅れている。漁業の生産は、いか、さばを主体とし、藻類、貝類による沿岸漁業の生産性が低い。

むつ湾内漁業は、ほたて貝、のり等の浅海増殖等がみられ、昭和44年度漁獲高は約26億余円となっているが、今後増養殖生産量のかなりの拡大が見込まれる。また、小川原湖の内水面漁業は、わかさぎ、しらうおを主体として、昭和43年度漁獲高は約1億5千万円となっており、農業との兼業が多く小規模経営が多い。

③工鉱業・・・この地域のむつ市は、低開発地域工業開発地域である。また、三沢市、上北町は、八戸新産地区に含まれている。

昭和44年の工業出荷額は、約93億円で、県全体の5.1%にすぎない。業種のおもなものは、食料品、木材工業であるが、最近三沢市、むつ市を中心として電気関係およびせんい等、労働力型工業の進出が目立っている。

⑻電力

県内の電力施設は、八戸火力発電所をはじめ、十和田水力発電所等あわせて503,200kW、発電量約33億kWhであり、このうち昭和47年中に八戸火力の増設工事が完了することにより、発電能力は約75万kW余、発電量は約51億kWhと飛躍的に増強されるが、このうち、3分の1は県外に供給している。

なお、青森地区、下北地区の電力需要増に備えて、青森（八戸～青森）および下北（八戸～田名部）の15万V送電線が完成した。

⑼労働力

この地域における昭和45年3月の新規学卒者は6,098人であるが、このうち就職者は、中学校1,741人、高等学校1,416人である。また、就職者のうち県外就職は、中学校45.3%、高等学校60.3%となっている。

さらに、一般の求職者数は44年度において約4,000名で、そのほとんどが臨時または季節的労働に従事している。

⑽教育

地域内の教育施設としては、県立三沢高校、同三沢商業高校、同野辺地高校、同大湊高校、同田名部高校および同むつ工業高校がある。

なお、昭和44年5月現在、高校は、全日制高校6校のほか定時制高校4校、通信制高校1校で、在籍生徒数は、全日制高校5,732人、定時制高校928人、通信制高校1,358人、合計8,018人となっている。

また、これら高等学校の進学率は45.5%と極めて低く、県平均66.3%よりも大きく下回っている。

3.開発の基本的な姿勢

県がこの巨大開発を進めるにあたっての基本的な姿勢としては、「大規模工業開発」を主軸として受けとめながら、あわせて広く地域内外にわたる総合開発的施策を講ずることにより、県民全体の生活水準と福祉の向上を推進していくことである。

具体的には、政府、地元および企業等の相携えて次の諸施策の実現に努力していくこととしている。

1.開発により直接影響を受ける住民に対し、適切な補償対策と、きめこまかな生活向上の方策をとる。

2.公害のない工業基地の建設を進める。

3.開発区域周辺の農業を、将来の農産物需要および労働力需要等、新しい経済環境に対応させて再編整備する。
4.近代的な漁業経営を育成し、工業との共栄をはかる。
5.建設工事および立地企業の労働力需要に対しては、県内の労働力の優先雇用をはかる。
6.地場産業の振興をはかり、立地企業等との相互連けいを深める。
7.開発の経済効果を全県に及ぼすようにつとめる。
8.既存都市の発展方向等を考慮して、都市機能および生活環境の整備された新都市を建設する。
9.産業の開発、都市化の進展によって、人間性が疎外されないよう配慮するとともに、家庭、学校、社会における教育の振興をはかる。
10.自然の保護活用および文化財の保護、保存をはかる。

4.工業開発基本調査

むつ小川原地域開発を進めるにあたっては、地域の現状は握を十分に行い、その調査成果をもとに開発基本計画を策定することになる。

むつ小川原開発の基本調査は、おおむね、昭和47年度完了を目途に、45年度から本格的な実施に入っているが、調査項目とその内容は、全体計画調書の進展と開発基本計画の作成作業と相互に関連をもたせながら、調整、拡充することになっている。

調査期間　昭和45年～47年（一部は48年度）3年計画
調査費　おおむね19億2千万円
調査項目　△土地調査（土地、地籍、土地条件、開発土地分類、地質、地形、国土実態総合調査等）
△水調査（開発可能量、淡水化調査等）
△気象・海象調査（波浪、深浅、潮流、漂砂、風向、風速調査等）
△事前調査（産業公害事前対策、農林漁業対策、社会生活環境、新都市建設、交通体系施設調査）
△経済調査（工業開発基本計画策定、地域振興計画調査）

5.工業開発の構想

むつ小川原地域の開発は、関係各省庁および県が基本計画（マスタープラン）を策定することになるが、当面県としての構想は次のとおりである。

この地域において想定される工業の業種は、鉄鋼および、C.T.S基地を含む石油精製、石油化学等の臨海性装置工業を主体とし、さらにアルミニウム、銅、鉛、亜鉛等の非鉄金属、天然ガス工業を含む重化学工業、鋼造船、自動車、電気機械などの大型機械工業およびそれらの関連工業を配置する。

このため、原子力発電の開発を推進するとともに、エネルギー基地と基幹資源型工業を中核とした超大型コンビナートを核として、生産機能、流通機能、生活機能について調和のとれた都市構想を実現しようとするものである。

⑴工業規模の想定

日本経済の成長に伴う基幹資源型工業の発展予測に従って、むつ小川原地域について試算した現時点における規模の想定は、次のとおりである。

①鉄鋼

年産粗鋼2,000万トンをベースとし、これに特殊鋼、圧延、関連加工をも付加するように考える。

②アルミニウム

年産100万トンを想定し、特に雇用の増大をはかるため、アルミ圧延、線材、ダイカスト等の最終製品まで考える。

③非鉄金属

年産、電気銅36万トン、電気亜鉛24万トン、電気鉛12万トン、およびこれらの関連工業のほか、副産物利用のコンビナートを考える。

④C.T.S基地

北方原油の輸入をも勘案の上、貯油能力2,000万klを想定する。

⑤石油精製

1日処理能力150万バーレルを考える。

⑥石油化学工業

石油精製とコンビナートを形成し、年産エチレン換算260万トンを考える。

⑦火力発電所

1,000万kWの規模を考える。

以上のほか、造船、自動車、電気機械等、各種関連工業を含めて総工業出荷額は約5兆円を見込まれ、工業従業員は約6万人と推算される。

⑵工業の配置

この地域は、西に陸奥湾、東に太平洋があるが、その地勢、海象条件などからみて、陸奥湾か

■むつ小川原地域工業適地概略図

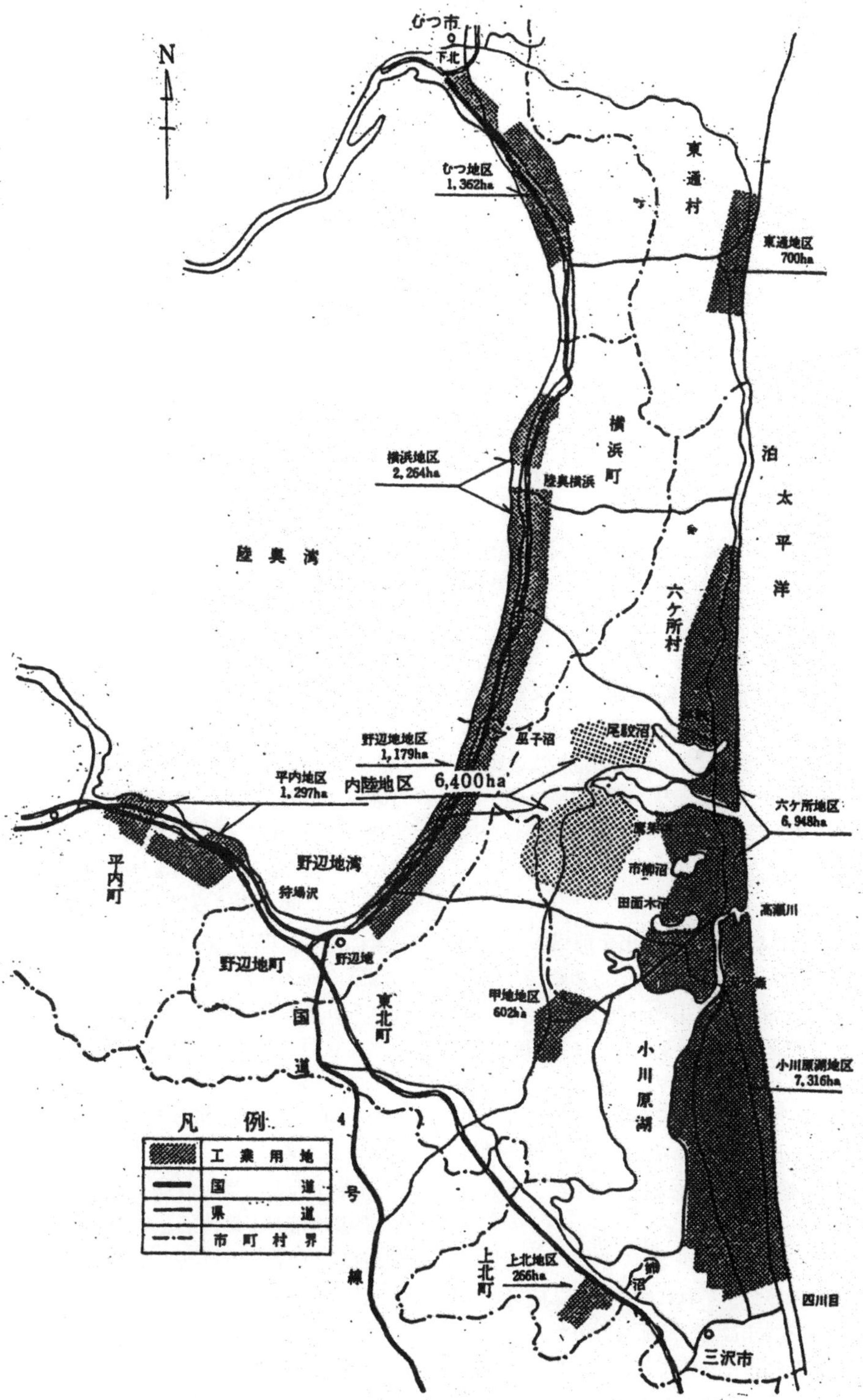

ら大型船舶により原料を搬入し、下北半島頸部を横断して東へ移送しながら、製品化して太平洋から国内需要地へ積出すことの可能性を検討しているが、工業配置については、今後さらに継続して行われる基本調査の結果を慎重に検討し、関係各省庁、業界、学識経験者の意見等を聞いて、昭和46年度中に県試案をまとめて、政府に対して構想の反映を図っていく予定である。

6.産業関連施設の構想

むつ小川原大規模工業開発の産業関連施設に対して、現在、県において検討している構想の概要は、次のとおりである。

⑴港湾

関連施設の根幹となる港湾については、陸奥湾と太平洋の連けいを考えた広域港湾として整備を図る必要がある。

すなわち、陸奥湾側は、主として原料輸入港として大型タンカーの繋留可能なシーバース等を検討する。

⑵道路・鉄道など

道路、鉄道等の輸送施設の整備については、縦貫高速自動車道、東北新幹線鉄道、新空港等の高速輸送施設との連けい、また、この地域と北海道との連絡を配慮して、地域内に高速自動車道、産業臨港道路、臨海鉄道等の幹線、通勤道路等を建設し、効率的な輸送体系の整備を検討する。

⑶工業用水

小川原湖からは現状で淡水化を前提として約日量120万トン以上の取水は可能であるが、前記開発構想にもとづく工業用水の使用量は、1日約190万トンと試算されている。さらに周辺農業用水、都市用水等の確保のため、必要によっては、上流ダムの建設を含めて奥入瀬川水系等、他水系からの流水の小川原湖への導入、小川原湖の貯水能力の増大等種々の対策を施し、1日250万トンを取水目標として検討する。

⑷新都市

工業開発に伴って、それに就業する人を含めて新たに増大する人口は約25万人と思われる。これを収容する新都市については、すべての都市機能を具備し、健康で文化的な都市生活と、機能的な都市活動が確保された21世紀の都市としての構想を練っている。

また、既存都市については機能分担を明らかにするとともに、各々連けいの強化をはかり必要な諸施設を整備する。

⑸その他

工業地帯、特に基幹資源型工業の立地する地域の周辺には、相当の余裕をもった森林、草地による緑地や牧場、畑地をそのまゝ活用した保全区域を設定し、居住環境の保全を図る。また、小さい湖沼は、できる限り残置するよう配慮するとともに、さらに地形を利用した新しい人工池を積極的に造成する等して、青い空、清らかな水、緑豊かな森など、自然環境を生かした未来的工業都市の建設を考える。

さらに、ゴルフ場、キャンプ場、水泳場、モーターボート、ヨットハーバー、フィッシング、レジャー施設等をこの地帯一帯に計画的に配置した一大工業公園的都市を構想する。

7.公害対策

むつ小川原地区には､鉄鋼､石油精製､石油化学、アルミニウム、非鉄金属、電力（火力）等の基幹資源型工業の複合コンビナートが想定される。

これらの工業は、開発に際して「公害なきコンビナート」の建設を基本方針とし、公害事前調査の実施、学識経験者の意見聴取など未然防止対策の確率に努力していくこととする。

幸いこの地域には、工業用地の背後地に市街地がなく、また、東西に海を控えて年間を通じて風向が海洋に吹き抜ける利点がある。

また県としては、関係各省庁および民間企業とも協議のうえ、公害防止技術革新の粋を積極的にとり入れ、公害対策に万全を期する優良企業を選定して立地されるよう配慮する。

このため、公害防止計画を策定して公害対策の万全を期するための措置として、次の施策を積極的に推進する。

1　新都市等と工業地帯との調整。
2　農業地帯と工業地帯との調整。
3　漁業区域と工業排水等との調整。
4　既存居住地と工業地帯との調整。
5　緑地帯等の設定。
6　公害防止共同処理施設の設置。
7　公害事前調査の実施。
8　監視体制および関係者の協力体制の確立。

8.開発の推進対策

⑴開発の体制

開発を推進するための県の行政体制についてみると、昭和45年4月、企画部から独立してむつ小川原開発室を設置した。同年11月、現地の三沢市小川原湖畔に、むつ小川原開発調査事務所を設け、同年12月には地場産業振興対策協議会が発足した。

国においては、昭和46年2月に政府内に経済企画、厚生、農林、建設、通産、自治、運輸、大蔵の8省庁の官房長、局長級を構成メンバーとする「むつ小川原総合開発会議」が設立された。また、5月18日の閣議においてむつ小川原地域開発は、国家的事業であることの表明がなされた。

さらに、土地取得、造成を目的として昭和46年3月、官、公、民協調出資による「むつ小川原開発株式会社」が設立された。同時に、46年3月「財団法人青森県むつ小川原開発公社」を設立し、主としてむつ小川原開発株式会社より土地買収事務の委託を受けて、用地取得の折衝、住民対策等を行なうことになっている。

また、近く経済企画庁が中心となって、むつ小川原地域の総合開発計画策定のため必要な研究および調査設計に関する事業を行う「株式会社むつ小川原総合開発センター」が設立される。

⑵住民対策

むつ小川原地域開発を推進するにあたって、地域住民の福祉特にその生活再建対策等を含む住民対策は、最重要課題である。

住民対策の基本的な考え方としては、開発の推進により土地提供、漁業権、住居移転、転業転職等既得権益に直接影響をうける者に対して、適正な補償の確保と、その生活の安定向上の方策をとることによって、開発の推進を円滑ならしめるとともに、開発の効果を可能な限り地元住民に得さしめようとするものである。

（参考）

⑴むつ小川原開発株式会社の概要（略）

⑵財団法人青森県むつ小川原開発公社の概要（略）

［出典：青森県むつ小川原開発室『むつ小川原地域開発構想の概要』］

I－1－2－6

青森県新長期計画

青森県　昭和46年8月

第1部　開発の基本方向

1　計画の基本的性格

1－1　計画策定の意義

本県の経済は、わが国経済の成長発展によって大きな影響を受けつつ発展してきた。

終戦直後の食糧増産時代には、農業を主とした本県の産業構造は、国の政策と合致したため経済の復興も早く、いち早く昭和23年に戦前の水準に復帰した。

しかし、その後、日本経済が工業を軸として発展をとげ、その速度において世界に例をみない程の成長を続けたが、一方において工業県と農業県との間の経済的格差の度を深め、所得格差の是正は国の立場からも地域開発の基本目標とされた。本県でも全国平均に対する所得水準は7割前後を上下し、所得格差の是正が県政の中心課題とされた。

このような情勢のなかで、昭和37年に第1次長期経済計画を策定し、昭和45年までに本県の所得水準を全国水準の85%まで高めることを基本目標とし、その推進が図られた。しかし、45年の工業開発目標（工業生産額2,000億円）はほぼ達成される状況にあったものの、大都市圏の巨大化に伴う吸引力の増大によって、農業人口の予想以上の減少、出稼ぎの増大、県総人口の減少など計画と現実の間に大きなそごをきたし、基本目標とした所得格差は縮小されなかった。

このような現実が明らかになりつつあった43年に、これに対処するため第2次長期経済計画を策定した。この計画は、計画期間（昭和43年～50年）が昭和50年以降の飛躍的発展のための基礎づくりの時期であるという基本認識のもとに、昭和50年を目標年次として、経済社会の両面にわたり、国民的標準を設定し、これに接近することを基本目標としたものである。

しかし、近年のわが国経済社会は、大都市圏における過密化と農林漁業地域における過疎化が急速に進むとともに、自然の破壊、公害、社会的緊張、生活水準および生産機能の維持困難などの問題に直面し、狭小な国土をいかに有効に活用するかが重要な課題とされるに至った。今後、わが国経済社会が国際化、都市化、情報化のすすむなかで、これらの問題に対処しつつ、高度な福祉社会の建設をめざして、いっそうの発展を期するためには、開発の基礎的条件を整備して開発可能性を全国土に展開し、国土利用の抜本的再編成を図る必要があり、これらの方向は新全国総合開発計画（昭和44年5月閣議決定）において、国の施策として、推進されることになった。

本県は広大な開発適地、潤沢な水資源、すぐれた自然環境など大きな開発可能性を有し、以上のような国土利用の抜本的再編成のもとで今や本県は大きな役割を担うことが期待されている。

したがって高速交通体系の整備により地理的悪条件を克服しつつ、開発可能性を積極的に顕在化して革新的な工業基地、高生産性食料生産基地、魅力ある国民保養の場を創出するとともに、社会資本を充実することによって本県の経済社会水準を飛躍的に高め、将来における輝かしい発展の基礎づくりをすることが現在の県民に与えられた責務である。

このような観点にたって、本県開発を協力に推進するため、新たな構想のもとに新しい長期計画を樹立するものである。

1－2　計画の期間

この計画の期間は、昭和46年度から昭和60年度までの15ヵ年とする。

1－3　計画の性格

この計画は、新全国総合開発計画等の基本的方向と関連させながら、新しい社会への対応のため、県が独自の立場で樹立する総合開発計画であって、県土を有効に利用し、開発するための基本方向をしめしたものである。

公共部門の事業については、この計画との調整のもとに実施されるべきものであり、民間部門の活動に対しての指導的役割りをもつものである。

この計画は、計量分析など新しい手法を用い指標相互間および各部門間の総合性を保つよう努めたが、昭和60年度までの長期にわたるこの計画期間は、前提とした社会的経済的条件の変化がはげしく、極めて流動的な時期にあたっており、実勢とのかい離が予想される。したがって、この計画はある程度弾力的に扱われるべきものであり、また、計画期間において実勢とのかい離が著しく生じた場合は、計画の改定があり得るものである。

1－4　計画の目標

この計画は、本県の有するすぐれた潜在発展力を効果的に発現し、産業構造および社会生活構造の革新を通じて、未来の新しい青森県の基礎づくりを目途に、県民参加のもとで豊かで住みよい地域社会の先駆的実現をはかり、わが国経済社会の反映に積極的に寄与しつつ、県民の福祉水準を飛躍的に高めることを目標とする。

開発の推進は、必然的に自然の改変をともなうが、自然環境の保護保存と開発との調和を目標として計画の推進をはかるものとする。

2　県経済社会発展の構図

2－1　日本経済社会の発展と県経済社会

2－1－1　県の現状に対する基本認識（略）

2－1－2　本県開発における基本的変革要因

⑴高速交通体系の整備（略）

⑵むつ小川原大規模工業基地の建設

新全国総合開発計画では今後の経済成長に対応し、昭和60年には昭和40年度の水準に比し、鉄鋼4倍、石油5倍、石油化学13倍になるとしている。

これだけの生産を達成するためには、既成地域における設備の増設のほかに、少くとも、鉄鋼2～3箇所、石油5～6箇所、石油化学7～8箇所の新立地地点を求めることが必要となる。このうち若干部分は、企業進出未決定の新産業都市および工業整備特別地域その他が担当するとしても、とうていそれでは十分といえず、ここにおいて、昭和60年をめざして、少くとも2～3箇所の超大型の基幹資源型の工業基地が建設されなければならないとされている。

むつ小川原地域はこのための最有力な工業基地の適地である。

この工業基地は、国際化時代に対応した大型コンビナート地帯として規模の利益と技術的合理性を追求するものであるが、その中核は石油精製、石油化学、鉄鋼、非鉄金属等の各業種が想定され、基幹資源型の臨海基地となるものである。

むつ小川原大規模工業基地の建設は、この工業基地が、国土の体系的利用と均衡的発展という国の立地政策の根幹として設定される所謂ナショナルプロジェクトとして推進されるものであるが、この建設は本県に飛躍的発展の基礎となるものである。すなわち、県経済社会の発展を図り、地域格差を解消するためには、農業に偏した県産業構造を是正するための工業化の推進が必要であるが、基幹資源型、臨海性の大規模工業基地はその生産規模が数兆円に達するものと想定されることから所得の増大、労働力需要の拡大、地元企業への波及効果など本県経済への影響力が大きく、さらに、基地建設のアナウンス効果によって内陸部への企業立地も早まることになろう。さらに経済発展による税収の増大によって財政投資の規模も拡大し、生活環境面の整備についても飛躍的な改善が図られることになろう。

⑶総合農政の展開（略）

２－２施策の基本方針

以上のような本県の現状と将来の基本的変革要因の認識にたって、県民の福祉の向上を図るためには、本県の有するすぐれた潜在発展力を適確に把握し、産業構造および社会構造の改善を通じて、生産と生活の水準の向上を図り、豊かで住みよい地域社会を実現することが必要である。

このため、この計画においては本県の特性を生かした高生産性産業を展開するための基盤と住みよい地域社会を建設するための環境条件の総合的整備を図ることを基本方針とし、つぎの施策を強力に推進する。

⑴産業面においては、農林水産業の生産基盤の整備、資本装備および技術の高度化、流通の効率化などを総合的に推進するとともに、とくに津軽地域の高生産性稲作地帯の形成、りんご、畜産およびやさいの主産地形成、栽培漁業地帯の形成、造林の拡大などを積極的にすすめる。

工業については、むつ小川原地域の大規模工業開発および既存の八戸新産都市などの工業集積を有する地域を拠点に積極的に開発する。

とくにむつ小川原地域に新たに大規模工業基地を建設し巨大なコンビナートの形成を図るとともに、その関連産業を県内各地に計画的に配置してその波及効果を全県に及ぼし、また津軽地域をはじめとする農村地域の中核都市を中心に内陸型工業開発を推進する。

また、内陸部および大陸棚に賦存する地下資源の探鉱、開発の工業開発の前提となるエネルギー源としての大容量原子力発電所、大規模原油備蓄基地等の建設促進を図る。

なお、近代産業における新技術の開発に対応する労働者の職業能力の積極的な開発向上を図るとともに労働力の確保に努める。（以下略）

２－３　開発の主導的事業

前述の施策の基本方針の中で、将来の本県のおかれる立場から、本県開発に対する影響力が大きく、かつ長期的発展の起動力となるもので、県が主体性をもって重点的に開発推進を図る事業としては、むつ小川原開発、高生産性農業の育成、県内都市圏の連繫強化、環境の保全と整備と4つの事業が考えられる。これらを本県開発の主導的事業として、その具体化を図る。

２－３－１　むつ小川原開発の推進

むつ小川原地域に、大規模開発港湾をはじめとする産業基盤を重点的に整備し、これまでにない全く新しい型の、公害のない大規模工業基地を形成するよう努める。また、緑に囲まれた快適な生活環境を有する住宅地区を合理的に配置する等、理想的な新都市の建設を図る。

これと併せて八戸新産業都市地域の工業発展により太平洋沿岸に巨大臨海工業地帯の形成を図る。

これら臨海工業地帯の波及効果ならびに内陸型工業の北進とあいまって基幹道路と中核都市の周辺等に、農村労働力の通勤条件を考慮して計画的に工業団体の造成を図る。

２－３－２　高生産性農業の育成（略）

２－３－３　県内都市圏の連係強化（略）

２－３－４　環境の保全と整備（略）

３　目標年次の県経済社会の見通し（略）

第２部　計画の主要課題

１　新しい交通通信体系とその対応（略）

２　県民を豊かにする産業開発

２－１　農林水産業の展開（略）

２－２　工業の飛躍的発展

２－２－１　工業の地域的展開（略）

２－２－２　むつ小川原大規模工業基地の建設

⑴想定されるモデル基幹業種

陸奥湾小川原湖周辺に国際的な競争力をもった基幹的重化学工業のコンビナートを中心とする大規模工業基地の建設のための調査がすすめられているが、立地が想定される基幹産業は、鉄鋼、アルミ、非鉄金属、石油精製、石油化学、火力発電等の業種である。さらに石油備蓄基地と原子力発電によるエネルギー基地の建設が想定されている。

原子力発電所については、今後の激増するエネルギー需要に対応し、長期的な国内のエネルギーの安定供給の見地から、昭和60年には総供給一次エネルギーの1割以上を原子力エネルギーに依存せざるを得ない情勢にあり、さらに将来技術の進歩による原子力製鉄への技術革新の展望があるところから、当地域は原子力時代の世界的工業地帯への発展可能となる条件を備えている。

⑵立地基盤の整備

このような工業地帯の形成のため、立地基盤として工業港、工業用水道、産業道路等の建設とともに、工業基地の中枢管理機能および大市場を有する都市とを結ぶ交通通信施設の整備を図ることが必要である。また、これらの生産のための施設の効率的な配置整備と併せ、この地帯にかかわる住民の生活の福祉が充分高められるよう都市づくりを行なう必要があり、このため精密な調査のうえにたったマスタープランを樹立し、工業基地を含めた地域を都市計画区域とし、各種産業関連施設、生活関連施設の整備により人間性の尊重を第1義とした世界的なモデル工業都市の建設を図る。

また、陸奥湾と太平洋を結ぶ陸奥運河の開削について検討する。

⑶用地取得と対策

工業都市建設に必要な土地（水域を含む）の取得にあたっては、単なる財産補償にとどまらず、地域住民の生活再建策、開発利益の還元等と併せて地域住民の生活向上が期せられるかたちで、住民が開発に協力し得るよう措置する。また、投機的土地売買による地価の高騰、利益の収奪、あるいはスプロールによる土地利用の障害等を防止するため農業団体等を通じて地権者等への協力要請あるいは不動産業界への自粛要請等を積極的にすすめてゆくほか、必要に応じて都市計画法の適用、先買権の設定、土地収用等法的特別措置の実現を図り、所要用地の先行確保を推進する。

このため、用地取得にあっては、むつ小川原開発株式会社および県が設立したむつ小川原開発公社を通して行なうが、今後必要に応じ実施体制等にかかる新しい方式についてさらに検討する。

⑷用地提供者等の生活再建策

工業都市建設を進めるにあたっては、用地提供者等地域住民の生活向上策が重要な課題となる。その根底となるべきものは、地域住民の取得の増大、生活水準の向上等住民の直接的な福祉に役立つものであり、住みよい、働きよい、そして楽しむことのできる社会生活環境の創出にある。

このため、総合的土地利用計画のうえにたって、農業用地等の造成およびあっせん、新漁業基地の形成、転業、転職対策の充実、立地企業に対する優先雇用、商工業対策の強化、住宅の建設、社会福祉対策の強化等用地提供者等に対し適切な生活再建誘導を図るとともに子弟教育の充実に努めるものとする。

(以下略)

3　住みよい地域社会をめざす環境の保全と整備（略）

第３部　広域生活圏開発の基本構想（略）

［出典：青森県,1971年8月,『青森県新長期計画』］

Ｉ－１－２－７

むつ小川原開発推進についての考え方

青森県　昭和46年８月14日

本開発地域は、広大な土地と豊富な水資源、静穏な陸奥湾など開発可能性に富む地域で、古くから多目的港湾、一大臨海工業地帯の開発構想が唱えられ、実現のための根強い努力が続けられてきた。

これは、気象、社会環境等、恵まれない諸条件のもとで生活を余儀なくされて来た地域住民の多年の念願でもあった。

今、この願いは、新全国総合開発計画において具体的にとりあげられ、わが国将来の工業開発のモデルとなる国家的巨大開発事業として、国、県、民間の三者が一体となって、力強く実現されようとしている。

すなわち、原子力を含むエネルギー供給基地と基幹資源型工業とのコンビナート形成を中核とする公害のない一大工業開発と、これと調和した近代的農林漁業の育成、さらには生活機能と生産が調和した田園的環境をもった工業都市の建設がそれである。

この開発は、本地域がその舞台である以上、地域住民ひいては県民全体の繁栄と幸福に大きく寄与すべきものであることはもちろん、新時代におけるわが国の経済社会発展の重要な一翼をになうものである。

よって県は、確固たる決意のもとに、県民各界の意見を尊重しつつこの開発を推進するものであるが、そのためには、地域住民をはじめ関係者すべての深い理解と協力が必要である。

県は、本開発を強力に推進するため、次の諸施策を重点として実施するものである。

☆住民対策

開発事業に協力して、土地、建物等、既得の権益を提供する開発区域住民に対しては、その生活の安定と向上を確保するまでの十分な対策を行なって、開発の効果が得られるよう配慮する。

☆公害防止

環境保全を十分配慮した工業都市の建設を進める。そのため、公害防止に力点をおいた合理的な土地利用をはかるとともに、水質汚濁、大気汚染等の防止のための監視体制を確立し、公害防止施設を整備させるなどの万全の措置を講ずる。

☆農業の振興

土地基盤の整備および農業生産の機械化等を促進し、作目の多様化をはかりつつ、開発区域周辺における農業の再編整備を行ない、開発の進展に伴って生ずる農産物需要および労働力需要等、新しい経済環境で十分応ずることができるようにつとめる。特にその過程で開発区域から移転する農家の受入れが円滑に行なわれるよう配慮する。

☆漁業の振興

海面漁業については、漁港の整備、代替漁場の確保等につとめ、漁家の移転措置とあわせて近代的な漁業経営を育成し工業との共栄をはかる。

小川原湖内水面漁業については、淡水化に対応する魚族資源の増大をはかる。

☆県内の雇用優先

建設工事および立地企業の労働力需要に対しては、積極的に県内労働力の優先雇用をはかる。このため職業訓練等を強化し、時代に即応した技術労働者の養成確保につとめる。

☆地場産業の育成

地場産業については、必要な資金の確保などにより、特に中小企業の体質改善、合理化および組織化を促進してその振興をはかり、地場産業と立地企業および開発関連事業との相互連けいを深める。

☆関連産業の配置

基幹資源型産業に関連する高次加工産業を計画的に誘導し、開発の経済効果を全県に及ぼすようにつとめる。

☆都市の建設

新都市は、開発地域内の既存都市の発展方向および総合的な交通体系を十分に考慮して設定し、合理的な土地利用計画のもとに、緑地を生かし、教育、文化、社会福祉、労働福祉、医療、保健衛生およびレジャー等の施設の整備をはかる。

☆教育の振興

産業の開発、都市化の進展によって、人間性が疎外されることのないよう配慮するとともに、明るく豊かな、住みよい地域社会づくりに寄与しうる県民の育成をはかる。

このため、文教施設、社会教育施設等の整備充実をはかるなど、豊かな教育的環境のもとに、家庭・学校・社会の、それぞれの教育機能が調和して発揮されるようつとめる。

☆自然、文化財の保護

開発に伴い現状の変更はさけられないが、できるだけ自然と開発が調和するよう、自然環境の保護と活用につとめる、また貴重な埋蔵文化財、民俗資料、天然記念物等の保護、保存についても十分配慮する。

住民対策大綱(その1)

☆基本的考え方

主として開発区域に生活または、生産の基盤を有する住民で、開発事業に協力して、土地、建物等既得の権益を提供する者、(以下「開発区域住民」という。)に対しては、新しい環境に適応し得るように、それぞれの希望に応じた対策をたて、生活の安定と向上を着実にはかるものとする。

また、開発地域全般についての総合的な対策については、別に定めるものとする。

1　開発に必要な土地の取得は、土地に定着する物件、土地等にかかる権利および営業等の損失に対して適正な価格により補償して行なうものとする。
2　必要最小限度の海域および内水面の漁業権は、適正な価格により補償して消滅させるものとする。
3　土地取得の実務は、財団法人むつ小川原開発公社が行なうものとする。

〔注〕
1「開発区域」とは、工業用地、公共用地、都市用地およびその区域内の湖沼ならびにこれらの前面で漁業権が設定されている海域をいう。
2「周辺区域」とは、開発区域の周辺で16市町村の行政区域内をいう。
3「開発地域」とは、開発区域と周辺区域との総称をいう。
4「関連地域」とは、開発地域以外の区域で開発関連事業の行なわれる区域をいう。
5「土地に定着する物件」とは、立木、建物および構築物をいう。
6「土地等にかかる権利」とは、土地および土地に定着する物件にかかる権利で、地上権、永小作権、地役権、採石権、鉱業権、水利権、その他温泉利用権等をいう。
7「営業等の損失」とは、営業、農業および漁業の廃止、休止または規模縮小による損失、立毛作物の損失ならびに離職損失等をいう。

☆対策

Ⅰ　共通対策

1対策の基本方向

開発の進展に即応して、広報活動の徹底をはかりながら、開発区域住民およびその所属する農・漁協等の団体の実情に応じて適切、かつ濃密な措置を講ずる。

2具体的対策

⑴土地のあっ旋

開発区域住民に対しては、今後の職業等に応じて適当な地域を設定し、農用地、住宅地、漁民団地またはその他の土地を一定基準によりあっ旋する。

⑵付帯施設に対する措置

移転先において必要とする取付道路、電気および生活用水の施設整備費については、その実情に応じて負担軽減をはかる。

⑶公営住宅等のあっ旋

開発区域住民で、移転に伴い住宅が得られない世帯に対しては、必要に応じ、公営住宅、低家賃住宅、一般貸家または貸間のあっ旋につとめる。

⑷広報・広聴活動等の推進

開発区域住民、市町村その他関係団体との連けいを強化しながら、次の措置を強力に推進する。

Ⅰ　広報・広聴活動
Ⅱ　医療および保健衛生活動
Ⅲ　交通安全および防災活動
Ⅳ　防犯活動

⑸生活相談部門設置

次の事項の相談に応ずるため、財団法人むつ小川原開発公社に生活相談部門を設置する。

Ⅰ　転業・転職相談
Ⅱ　名種資金の相談
Ⅲ　住宅・店舗等の建築相談
Ⅳ　その他生活全般についての相談

⑹生活関連施設整備

必要に応じて、周辺区域に診療所、保育所、公民館、消防屯所、警察官駐在所その他生活関連施設の整備をはかる。

⑺農・漁協等に対する措置

開発区域住民の所属する農・漁協等の団体については、開発による影響の実情等に応じて必要な措置を講ずる。

⑻社寺・仏閣等の移転措置

開発区域の社寺・仏閣および墓地等の移転については、関係住民等の希望を尊重して必要な措置を講ずる。

Ⅱ　農家対策

1　現況

開発区域一帯は、主として戦後の開拓によって開発が促進されてきた。この地帯の農業の形態は近時酪農を主に急速に発展し、北部上北地区における乳牛頭数は全県の34%、牛乳生産量は全県の35%(44年)を占め、しかも成牛10頭以上の大規模飼養農家戸数は65%に達し、県内では有数の酪農の生産地を形成しつつある。

また、既存農家を中心とする田畑作経営については、県内の他地域にくらべるとまだ安定した経営に至らないものもあるが、おおむね着実な発展を示している。

2　対策の基本方向

⑴農業の継続を希望する農家に対しては、可能な限り適地に造成された農用地、または既存農用地等の取得のあっ旋により、移転先における農業の継続が可能となるよう営農基盤の提供につとめるとともに、農業経営の早期安定をはかるため、濃密な営農指導を行なう。
⑵転業、転職を希望する農家に対しては、希望に応じて適切な就業先のあっ旋等必要な措置を講ずる。

3　具体的対策

⑴造成農用地のあっ旋

開発に伴う農用地提供者であって、農業の継続を希望する農家のうち、その経営規模、資本装備、技術水準からみて、将来とも酪農、養豚、施設園芸を基幹作目として自立経営を指向することのできる者に対しては、適地に造成されたそれぞれの農用地をあっ旋し、今後の農業発展の方向に即した生産性の高い農業経営ができるよう育成する。

⑵農用地等の取得のあっ旋

Ⅰ　開発に伴う農用地提供者のうち、主業的農家としての営農を希望する者に対しては、市町村、農業委員会、農村開発公社のほか農業協同組合等関係機関の協力を得て、既存農用地の取得をあっ旋する。

Ⅱ　開発に伴う農用地提供者のうち、周辺区域において農用地等の取得を希望する者に対しては、Ⅰと同様の協力を得て適地において農用地等をあっ旋する。

⑶営農指導等

移転後の農業経営の基幹となる従事者が新しい園芸、蓄産等の営農技術を早期に習得しうるよう計画的に技術研修を行なうほか、「営農再建相談所」を設け、普及組織の積極的活用をはかるとともに生産組織出荷体制の整備等総合的に指導を行なう。

⑷転業、転職を希望する農家の措置

Ⅰ　漁業、商業あるいはサービス業等に転業を希望する者に対しては、転業資金の融資あっ旋、経営指導等について配慮する。

Ⅱ　転職を希望する者に対しては、職業訓練と適切な雇用のあっ旋をするものとし、中高年齢者の転職については特別に配慮する。

Ⅲ　漁家対策

1　現況

開発区域の漁業は、海面漁業と内水面漁業に分けられ、それぞれ経営形態が異なるのに加えて農業との兼業が多い。

なお、陸奥湾内は漁場環境に恵まれ、ホタテガイを中心にノリ等の一大養殖場として生産の伸長が期待されているが、太平洋側の漁業および小川原湖をはじめとする内水面漁業の生産は横ばいの状況にある。

2　対策の基本方向

⑴漁業に対し、油濁および廃水等による被害を与えないよう、厳重に措置する。
⑵漁業の継続を希望する海面漁業に対しては漁業権消滅に対する代替漁場等の確保につとめ、できるだけ主業漁家として育成する。
⑶小川原湖は、淡水化による影響補償を行ない、漁業権を存続して淡水化に対応する魚族資源の増大をはかる。
⑷転業、転職を希望する漁家に対しては、希望に応じて適切な就業先のあっ旋等必要な措置を講ずる。

3　具体的対策

⑴主業漁家の育成

開発区域の漁家で、漁業の継続を希望する者に対しては、主業漁家として育成するため、代替漁場の確保につとめ、漁港、漁船の整備等を促進し、更に漁港の近接地に造成された漁民団地をあっ旋するとともに必要な資金の融資等を行なう。

⑵転業、転職を希望する漁家措置

Ⅰ　商工業、サービス業等に転業を希望する者に対しては、転業資金の融資あっ旋、経営指導について配慮する。

Ⅱ　転職を希望する者に対しては、職業訓練と適切な雇用のあっ旋をするものとし、中高年齢者の転職については、特別に配慮する。

Ⅳ　商工業者対策

1　現況

開発区域の商工業者等の大半は食料品、日用雑貨小売業者で、また、農業との兼業が多く家族的な経営形態である。

2　対策の基本方針

⑴開発区域の商工業者に対しては、希望に応じて新都市、漁民団地、その他の適地をできるだけあっ旋する。
⑵移転後における経営環境の変化等に対応して、経営意識・能力の向上・体質の改善・組織化等経営の近代化を促進する。

⑶経営上の各種研修、診断指導等を強化する。
⑷経営の合理化、近代化に必要な資金の確保につとめるとともに機械貸与等の措置を講ずる。
⑸他の職業から転換する者に対しても同様の措置を講ずる。
3　具体的対策
⑴研修・診断指導
Ⅰ　商工業等の継続者、商工業等への転業者に対して、移転先における経営のあり方等について研修指導を行なう。
Ⅱ　中小企業診断士および経営指導員による経営診断・指導を行ない、体質の改善・経営能力の向上をはかり、また、専門店化ならびに事業転換を希望する者に対しては特に濃密な指導を行なう。
⑵立地誘導
既成市街地、新都市の一部として造成される住区、漁民団地あるいは建設要員宿舎集団地に、それぞれの購買力、生活需要等を考慮しつつ、商工業者の立地誘導をはかる。
⑶集団化、協業化の促進
商工業者の集団化をはかるため、新都市の整備に即応して公設または協業化による小売市場および協業百貨店等の設置を促進する。
⑷従業員宿舎の建設
若年労働者確保を容易にするため、独身者を対象とした従業員共同宿舎の建設に対して、制度資金の確保をはかる。
⑸融資あっ旋等
政府資金の導入、一般金融機関からの借入あっ旋等、必要な資金の確保につとめるとともに機械貸与等の措置を講ずる。

Ⅴ　雇用対策

1　現況
開発区域の就業状況を見ると、農業等自営業者とその家族従業者が大半を占めており、雇用された経験の乏しい者が多く、転職対策のうえから難しい問題を内蔵している。
2　対策の基本方向
開発区域住民で、転職を希望する者に対しては、職業訓練等を通じて技能労働者を養成し、一般企業、開発のための建設工事への就職あっ旋を行ない、県外出稼ぎは極力抑制につとめる。
また、立地企業への優先雇用等のみちをひらくほか、新都市建設にあたっては、各種労働福祉施設の整備をはかる。
3　具体的対策
⑴職業紹介
Ⅰ　職業紹介については、積極的な職業情報の提供、職業指導等ときめ細かい職業相談を行ない、なるべく通勤可能な事業所への常用就職をはかる。
また、通勤圏内に常用就職が困難な場合は、希望に応じ、県内の他地域へのあっ旋につとめることとする、指定受入地の安定所管内に就職する者に対しては、雇用促進住宅の活用について特に配慮する。
Ⅱ　開発に伴う建設工事に就労を希望する者に対しては、優先的にあっ旋する。
Ⅲ　以上の施策を推進するため、必要に応じて開発地域内に臨時の職業安定機関を設置するようにつとめる。
⑵職業訓練
Ⅰ　必要に応じ、開発地域に職業訓練施設を新設し、既設訓練施設との調整をはかり、開発のための建設工事および立地が予想される企業の就業に必要な訓練を行なう。
Ⅱ　若年労働者に対しては、立地想定業種を勘案しつつ、職業訓練を実施して、主要企業への就職あっ旋をはかり、将来企業立地したときは、熟練要員として迎え入れるようにつとめる。
⑶出稼ぎの解消
建設工事等においても相当数の労働力需要が見込まれるので、基本的には、出稼ぎを解消する見地から関係機関と連けいを密にして、地元就労の促進をはかる。
⑷中高年齢者の雇用促進
事業所に対し、特に、中高年齢者の雇用についての協力を要請するとともに、あわせて能力再開発訓練および職場適応訓練の拡大、充実をはかる等、雇用には特別に配慮する。

Ⅵ社会福祉対策

1　現況
開発区域の生活保護世帯、母子世帯および寡婦世帯等を含めた低所得世帯は、総世帯数の約17%に及ぶものと推定される。
2　対策の基本方向
開発区域の低所得世帯については、その生活の安定と向上をはかる。
3　具体的対策

⑴移動福祉事務所の開設

低所得世帯の生活全般についての相談に応ずるため、移動福祉事務所を開設して、福祉措置の濃密化と迅速処理につとめる。

⑵社会福祉施設の整備

施設入所を要する老人、児童、身体障害者、精神薄弱者のため、必要に応じて、社会福祉施設を拡充整備する。

⑶生活向上のための措置

Ⅰ　母子世帯および寡婦世帯等のなかで、内職等を希望する世帯に対しては、授産施設を設置して技能を習得させる。

Ⅱ　低所得世帯のなかで、稼動能力を有する世帯に対しては、職業訓練、就職および生業について積極的な施策を講ずる。

⑷住宅の援護措置

Ⅰ　低所得世帯で、移転に伴い、直ちに住宅が得られない世帯に対しては、必要に応じて一時的な居住を目的とした施設を設置する。

Ⅱ　移転に伴い住宅を建設することができない世帯に対しては、低家賃住宅を建設し入居させる。

Ⅲ　宅地購入または住宅建設等のための融資を希望する世帯に対しては、低利資金貸付等の援護措置を講ずる。

⑸各種貸付金の措置

Ⅰ　世帯更生資金、母子福祉資金、寡婦福祉資金の既貸付金償還残額については、特別の措置を講ずる。

Ⅱ　新たに貸付ける世帯更生資金、母子福祉資金、寡婦福祉資金については、貸付原資の増額につとめて利用の円滑化をはかる。

Ⅶ　教育対策

1　現況

開発区域の小・中学校の児童・生徒数は、約5,500名である。

また、高校への進学者は約370名で、進学先は主として三沢高校、野辺地高校、三沢商業高校であるが、その他23校におよんでいる。

2　対策の基本方針

⑴開発区域住民の子弟の教育水準の向上と、地域の発展に寄与するすぐれた人材を養成するため、学校教育の施設の整備拡充をはかる。

⑵開発区域住民の子弟の高校および大学等への進学を容易にするため、就学に要する経費の負担軽減をはかる。

⑶開発区域の小・中学校の児童・生徒の転校が円滑に行なわれるよう、転校に要する経費の負担軽減をはかる。

⑷自宅からの通学が不可能となる児童・生徒に対しては、その就学を容易にするための必要な措置を講ずる。

3　具体的対策

⑴文教施設整備

Ⅰ　開発区域小・中学校の児童・生徒の転校に伴い、児童・生徒が急増する地域の学校については、学習に支障が生じないように、校舎(寄宿舎を含む。)の新設または増築等施設整備の促進をはかる。

Ⅱ　開発区域の子弟の高校教育を受ける機会を拡充するため、高校の新設(工業高校など)、学校の増設等を行なう。

Ⅲ　開発の発展方向に即応して、専門的知識・技術を有する人材を育成するため、工業高専の新設を考慮する。

⑵奨学金の貸与

開発区域の住民の子弟に対し、特別奨学資金を貸与し、高校および大学等への進学を容易にする。

⑶転校の円滑化

Ⅰ　児童・生徒の転校に伴い、新たに教科書、補助教材、制服等の必要が生じた場合は、その経費の負担軽減をはかる。

Ⅱ　高校生の転校については、他県への転出の場合も含めて、相談に応じもしくはあっ旋する。進学を容易にする。

Ⅲ　高校生で、住居移転に伴って自宅からの通学が不可能となり、下宿もしくは入寮を要する場合は、その経費の負担軽減をはかる。

⑷育英財団の設置

開発地域の発展に寄与する人材の養成と地域における私学教育を振興するため、「むつ小川原育英財団」(法人・仮称)の設置を考慮する。

住民対策大綱(その2)

Ⅰ　共通対策

開発の進展により、環境の変化は避けられないので、これに適応できるよう、開発地域において次の措置を強力に推進する。

1　広報、広聴活動の強化

2　市町村、その他の団体が受ける影響の対応策

3　法務局支局、労働基準監督署等の整備促進
4　開発に伴う事業間の調整
5　開発地域、住民の生活環境の整備
6　在来住民と新規移転住民との融和の促進
7　交通安全および防災活動
8　医療および保健衛生活動
9　防犯活動

Ⅱ　農業振興対策

1　総合的な土地改良

開発区域周辺における土地利用の高度化をはかるため、未利用地の活用も含めて、用排水系統の改良整備、畑地かんがい施設の整備等、総合的な土地改良事業を行なう。

2　水稲作

開発区域周辺の水田については、おおむね30ha単位の基本生産集団を育成し、中・大型機械化を可能とする土地基盤整備を行なって生産性を高めるとともに、将来は節減された労働力で、畜産、野菜、果樹などの生産規模拡大につとめる。

3　酪農

⑴開発区域周辺の主要酪農集団は、生産緑地帯としての効用を考え合せて、農産物市場の拡大に対応できる生産性の高い酪農経営を育成する。

⑵現状では主に加工原料乳としての生産であるが、将来は工業化、都市化の進展に伴い、市乳としての需要増が見込まれるので、これに即応して搾乳事業型の方向で飼養規模の拡大がはかられるよう指導育成につとめる。

4　肉用牛の集団肥育

開発に伴う需要増に対応して、肉用牛の集約型集団肥育を奨励し、農家所得の増大をはかる。

5　養豚

畜産公害に留意しつつ、生産性の高い、企業的養豚を育成する。

6　飼料生産

主要酪農集団の周辺においては、農協等の経営管理委託方式による牧草ならびに飼料穀物の栽培を奨励し、酪農集団への乾草販売の道を開く。

7　特産野菜および施設園芸

現在特産化されつつあるながいも、短根にんじん、加工用トマト等については、さらに生産の振興をはかるとともに、レタス、冷凍用原料野菜の産地育成につとめる。また県内および北海道等を出荷対象としてトマト、きゅうり、花き等を主体とする施設園芸団地を育成する。

なお、地域内に処理、加工場の設置をはかる。

8　養蚕、タバコ

大型養蚕経営の確立をはかるため、養蚕団地を育成する。またタバコについても規模拡大をはかりつつ産地を育成する。

9　その他

開発に伴う工業化、都市化の進展に対応して、緑地の保存、観光農業等の育成をはかるため、次の事業を推進する。

⑴ 防風林等の設置
⑵ 自然休養林の設置
⑶ グリーンセンターの設置
⑷ 観光牧場の設置
⑸ 貸農場、貸温室の設置
⑹ 乗馬クラブの設置
⑺ 賃耕の組織化

Ⅲ　漁業振興対策

1　陸奥湾地区

ホタテガイを中心として、アカガイ、ノリ、ワカメ等一大増養殖場として確立されつつある現状にかんがみ、さらにこれを積極的に推進し、あわせてカレイ、ソイ、アイナメ等中高級魚を対象とした生産性の高い沿岸漁業の振興をはかる。

このため、漁場の改良等による水族資源の増大をはかるとともに、近代的養殖作業施設および漁具保全施設等の設置を促進する。

また、ホタテガイ主産地には、計画的出荷をはかるため、蓄養、荷さばきおよび運搬施設等、流通施設の整備につとめる。

2　太平洋地区

イカ、サバ等の好漁場に恵まれているので、漁船整備の近代化と漁業技術の導入を促進し、釣、刺網等を中心とした漁船漁業の振興をはかる。

また、積極的に魚礁設置、岩礁爆破による漁場の改良造成を推進し、ホッキガイ、アワビ等放流事業とあわせて資源の増大をはかる。

さらに、漁港の整備等に即応して、荷さばき、製氷冷蔵施設等の流通施設の整備をはかる。

3　小川原湖地区

小川原湖内水面漁業については、淡水化に対応して、漁場改良、産卵場の確保、ふ化放流等を行なって漁族資源の増大をはかり、内水面漁業の振興につとめる。

Ⅳ　商工業振興対策

1　一般的対策

⑴経営の変化に対応できるよう、各種の研修ならびに診断、指導、相談を強化して、意識の向上、体質の改善をはかり、経営の合理化、近代化を促進する。

⑵進展する業界情勢に対応するための組織化を促進し、あわせて協業化、共同化等、各種の集団化制度にのせるための指導を積極的にすすめる。

⑶合理化、近代化による経営の向上をはかるため、設備近代化資金工場ならびに店舗等集団化資金、小売商業店舗共同化資金等の各種の制度資金の確保につとめ、その実現を助長する。

２　具体的対策

⑴開発事業の進ちょく段階においては、多量の建設資材や消費物資の需要が発生するので、これらを取扱っている地元業界による協力会を組織し、地元業界からの納入について積極的に業界に働きかける。

⑵立地企業の建設に関連する地元企業(鉄骨工業、土木工事業、一般建築業等)の組織化をすすめ、共同受注体制を確立しながら、下請のあっ旋業務を積極的に推進する。

⑶輸送量の増加に伴って、地元運送業界の組織化をはかり、輸送業務を円滑にするため、高度化資金の導入について指導を加え、トラックターミナルの設置を促進する。

⑷立地企業の業種業態に応じて下請集団の形成が考えられるので、開発区域周辺に下請工場団地の造成について指導を強化する。

Ⅴ　雇用促進対策

１　基幹産業の立地に即応して、関連産業等を計画的に誘導し、雇用機会の拡大と雇用条件の向上をはかる。

２　勤労青少年センター、勤労者住宅の建設等、労働福祉施設の整備充実をはかり、労働者の生活水準の向上、素質、能力の開発をはかる。

３　立地企業に対し、雇用条件の緩和を要請し、できるだけ中高年齢者の雇用を促進する。

４　学校その他の組織を通じて随時、適確な職業情報を提供して、若年労働力の県内就職をはかる。

５　開発の進展、雇用情勢に即応した職業訓練施設の整備充実をはかり、技能労働者を育成する。

Ⅵ　社会福祉対策

１　移動福祉事務所を開設し、関係市町村、市町村社会福祉協議会等の関係機関とり連絡をはかりつつ開発地域住民の生活相談を行なうものとする。

２　低所得世帯のなかで、稼動能力を有する住民については、職業訓練、就職および生業について積極的な施策を講ずるほか、内職等を希望する住民に対しても、授産施設を設置して技能を習得させる。

３　施設入所を要する者に対しては、既存の社会福祉施設の拡充整備をはかるとともに、必要に応じて保育所、児童館、児童遊園等の整備の促進をはかる。

４　生業等のため、世帯更生資金、母子福祉資金、寡婦福祉資金の借入れを希望する世帯に対しては、貸付原資の増額につとめ、利用の促進をはかる。

Ⅶ　教育振興対策

１　開発地域の幼児教育および義務教育を充実するため、計画的に幼稚園の普及ならびに小・中学校の整備充実をはかる。

２　既設高校の整備、充実をはかるとともに、必要に応じて高校、大学および寄宿舎の新設も考慮する。

３　地域の実情に即した社会体育施設を建設するとともに、地域の自然環境を生かした野外教育施設(少年自然の家、野外活動センターなど)、公民館、図書館、博物館、文化センター等の社会教育施設についても計画的に整備する。

４　開発地域を「特別社会教育実践地区」に指定して、社会教育主事を常駐させ、開発を学ぶ社会学級の開設、移動公民館等による社会教育活動を実施し、住民の資質の向上をはかる。

Ⅷ　公害防止対策

１　緑地帯の設定

⑴工業地域と住居地域との間に、森林、草地等の緑地帯を設定する。

⑵工業地域内には、必要に応じて緑地を確保する。

２　水質汚濁防止

開発区域内の公共用水域に、利用目的に応じた環境基準を定め、これを維持するためきびしい排水基準により規制を行なう。

３　大気汚染防止

開発区域に、ばい煙等についてきびしい排出基準を定め、その規制を行なう。

４　監視体制の確立

環境保全のため、開発地域内に大気、水質等の常時監視測定網を整備して、監視体制の確立をはかる。

5　公害規制機関の設置促進

国に対して、開発地域内に公害規制担当官を配置する機関の新設を要請してその促進をはかる。

6　立地企業に対する措置

⑴企業から公害防止計画の提出を求める。

⑵企業と公害防止協定を締結する。

(協定内容)

Ⅰ　公害防止対策状況の公開

Ⅱ　有害物質の排出量の規制

Ⅲ　公害防止にかかわる新技術の採用

Ⅳ　公害防止のための自動測定記録装置の設置

Ⅴ　工場敷地内での緑地の確保

Ⅵ　公害防止管理責任者の配置

Ⅶ　その他公害防止のための必要な事項

⑶廃棄物処理施設等の共同集約化を促進する。

Ⅸ　都市の建設

1　基本的な考え方

開発地域内の既成市街地は、概して都市機能の整備が遅れているが、開発の進展にともない人口の増加が見込まれるので、計画的に既成市街地の整備をはかるとともに、地形、気象、水利、工場配置等の条件を勘案のうえ、都市機能豊かな新都市の建設をはかる。

2　具体的計画

⑴開発地域の既成市街地については、移転住民の希望を勘案しながら、商店街を含む住居地域をあらたに設定し、その整備事業を計画的に行なうとともに、都市施設の整備をはかる。

⑵新都市については、とりあえず最小限一住区(人口約1万人を対象とする。)を整備し、また開発の進ちょくによる人口増加にあわせて住区の増設と、それに必要な施設を逐次整備する。

また、新都市は公害がなく、緑豊かで、空間の多い広々とした市街地とし、地域冷暖房、除雪、防雪等、自然条件の克服のために必要な施設と近代都市機能施設を設ける。

⑶開発地域内の交通輸送手段としては、幹線道路、高速道路、鉄道を新設するとともに、既存、国、県、市、町村道についても開発の進展に応じて整備を促進し、他地域の交通と連けいのとれた、有機的な交通網の形成をはかる。

⑷情報の処理伝達の大量化、高速化の要請にこたえるため、開発地域内において他地域との有機的な情報、通信網の形成をはかり、高度の情報処理体制を確立する。

[出所：関西大学経済・政治研究所環境問題研究班,1979,『むつ小川原開発計画の展開と諸問題（「調査と資料」第28号）』222-232頁]

Ⅰ－1－2－8

青森県むつ小川原開発審議会議事録

青森県　昭和46年8月31日

青森県むつ小川原開発審議会次第

日時　昭和46年8月31日　10時

場所　ホテル青森

1．開会

2．委嘱状交付および委員の紹介

3．知事あいさつ

4．議事

（1）会長、副会長の選任

（2）会長、副会長のあいさつ

（3）開発現況説明

（4）住民対策大綱説明

（5）質疑

5．閉会

青森県むつ小川原開発審議会委員名簿（略）

○奈良副参事（司会）　只今から第1回の青森県むつ小川原開発審議会を、開催します。

先ず、始めに、委嘱状の交付および委員のご紹介をさせて頂きます。

○知事　一寸、お願い申しあげます。60人の辞令を本来なら私一々皆さんのところに出向きましてお願い申しあげるところでございますが、大変時間をとりますので、お名前を申し上げて、それで辞令はどなたかに一括お受け願ってあとで事務当局で配付ということにしたいと思いますが、よろしゅうございますか。

それではそういうことにさせて頂きます。

○司会　委員にお願いしたお名前を名簿でお配り

してございますが、朗読させて頂きます。
（中略）

委員の皆様方を代表させて頂きましてまことに恐れいりますが、県議会議長寺下先生にお願い致します。

○知事　寺下岩蔵　青森県むつ小川原開発審議会委員を委嘱する。

昭和46年8月31日　青森県知事　竹内俊吉

（委嘱状　代表　受領）

○司会　どうもありがとうございました。

それでは、知事からごあいさつ申しあげます。

○知事　（あいさつ）

本日、ここに第一回の青森県むつ小川原開発審議会を開催いたしましたところ各位におかれては、まげて委員にご就任を賜わり、また本日はご多用中のところ、また遠い仙台からもお越しいただきまして有難く厚くお礼を申しあげます。

さてむつ小川原の開発につきましては、各方面のご協力によりましてわが国将来のモデル的大規模工業基地を建設すべく国、県、民間の三者が一体となって着々推進をみつつありますことはご同慶にたえないところであります。

この開発の中心の体制として本年3月にはむつ小川原開発株式会社また青森県むつ小川原開発公社が設立され、用地の先行取得の準備をすすめつつあるほか開発のマスタープランのとりまとめに当るむつ小川原総合開発センターが近く設立される予定であります。政府においてもさる5月18日にはむつ小川原の開発に関して経過ならびに今後の措置すべき事項等について閣議報告が行なわれ国の施策事業として進めることが確認されたものと解されるのであります。

申すまでもなくむつ小川原開発は、多年にわたる地元住民の念願を実現し、また地元住民ならびに県民の繁栄と幸福を築くことを眼目とするものでありこのため県としてはこの審議会を設置して、むつ小川原開発の重要事項についてご諮問しご答申を仰ぐこととしたわけであります。本日は当審議会の設置と住民対策大綱についてのご説明を申し上げることにしているわけであります。

むつ小川原開発が県民に喜ばれる開発であるためには、まず地元也民の納得と協力が得られる内容の住民対策を決定すべきであることは申すまでもありません。このことについて県議会全員協議会をはじめ関係市町村長、議長、教育長、関係経済団体等の意見をお聞きしてきたところであり、そのご意見の大要は資料として皆様にご配布いたしてあるところであります。

住民対策は関係する分野が多く、各種の問題も錯綜しておりますが、押しつけるものでは勿論なく、納得のゆく内容にしたいと考えております。

この住民対策大綱を本日直ちに諮問事項とするものではありません。

委員各位からきたんのないご意見を賜わりこれに各方面の意見を総合判断して案を確定して、この審議会に諮問申し上げたいと思っております。

この際、私どもの重大関心事であります。先般発表されましたアメリカ政府ドル防衛策によるむつ小川原開発の先行きにつきまして申しあげたいと存じます。この度の政策が、わが国経済はもちろん国際経済に大きな影響を与えることはご承知のとおりであります。
この開発がわが国将来のモデル的大規模工業基地を建設しようとする長期的展望のうえにたつ計画であり、したがって、この度の国際情勢の変化により企業々種の内容や開発スケジュール等には多少の変更を生ずることがあり得るといたしましても、長期的な観点においては、わが国将来の工業生産が拡大方向をとることの必要性には変りがなく、むつ小川原開発の必要と規模等の基本的計画に大きい変更が生ずるとは考えられないというのが経済企画庁経団連およびむつ小川原開発株式会社のほぼ一致した見解であります。

したがいまして現在進めつつある用地取得準備は、国際経済情勢に対するわが国の対応方針がまだ定かでない現在においては、取得の着手時期を多少おくらすことがあるとしても用地取得の準備のための作業は予定どおり行なうことにむつ小川原開発株式会社の方針が決まり、県もこれに同意した次第であります。

県勢の飛躍的発展の契機となるべきむつ小川原開発の推進につきまして今後とも一層各位のご協力をお願い申しあげ、以上簡単ではありますが、開会にあたりごあいさつといたします。

ありがとうございました。

○司会　順序にしたがいまして、議事に入るわけでありますが、最初に審議会の会長、副会長をご選任して頂きたいと思っております。

選任の方法につきましては、県の条例で委員の皆様方の互選ということになっております。なにとぞよろしくお願い申しあげます。

○後藤(栄)委員　会長の選任につきましては適任者が沢山おいでてございますが、高い時点から判断していただくためにも弘前大学学長であり、県の総合開発審議会々長でもある柳川先生が適任と思いますのでご推せんいたします。

○司会　只今、後藤先生から会長に柳川先生というご意見がありました。

いかがでしょうか。ご意見を。

賛成というご意見がありましたので、それでは柳川先生にお願いしたらいかがと思いますが。

(賛成の拍手)

柳川先生よろしくお願いいたします。次に副会長の選出を。

○泉山委員　開発に関係の深い県農協中央会々長の三上兼四郎先生にお願いしたらよいと思います。

(三上委員に決定)

○司会　柳川会長さん会長席へどうぞ、それではごあいさつ願います。

○会長　あいさつ

はからずも会長の任に選ばれましたが、責任の重大さを感じております。高い次元から判断できるというご推せんの言葉でありましたが決してそうではなく多数の諸先輩経験者がいらっしゃった中から、私ごときがこの重要な任務につくことには、じくじたるものがありますが一応利害がないという意味では役に立つとは思いますので皆様の協力を得まして会議を成功させるため努力したいと思っておりますのでよろしく願います。

この開発は日本の開発の最後的といって良い程の広大な土地を有した先ず今後も得られない開発でないかと思います。

私自身弘前大学に職を得ましてから僅かの期間ではございますが、何んらかのお役に立ちたいという考えからしますと、この開発に非常に関心を持っております。しかし反面知事さんのお言葉にありますように多大の課題、諸問題が内包されてありますことは否定できないことであります。この開発は県だけのものではなくて日本のもっと大きく申しますと世界の開発といって過言でないということを考えて参りますと、私共の会議だけの問題たけではなく、住民の協力を得ませんと到底これを遂行することは不可能です。その意味でもっと大きな視野に立って、青森県を世界的の基地というところまでもってゆくよう皆様のお力添えを是非お願いしたいと思います。

この会議におきましても、諸問題が出ると思います。これらを総合しまして県の開発がスムーズに行なわれるよう甚だ僭越ではございますが会長として努めたいと思います。ありがとうございます。

○副会長　あいさつ

県民注目のまとであるこの開発審議会の副会長の任に選ばれましたが、私ごときものが農業の関連から選ばれましたという先程のお言葉でしたが何かしらこの重役を果しうるか否か誠に危惧の念を持っております。一端、選ばれました以上は柳川先生のご指導のもとに皆様の期待に添うよう任務を果していきたいと考えますのでよろしくお願いいたします。

○会長　議事に入らせて頂きます。先ずむつ小川原開発の現況について県からご説明をいただきます。

○室長　お手元に資料7、むつ小川原開発構想の概要8に図面を送付されてあります。この2つをご覧になって頂きたいと思います。開発の意義はご存知のとうり経済発展の中において本地域が取りあげられたという意義が述べられております。そして4頁に気象、地形、地図、工業用地、港湾等の概略が示されております。10頁に参りましていわゆる交通体系の現況この地域の従来の産業、農業水産等の概略を説明しているわけでございます。

この次に電力でございますが、この地域に限らなくて八戸火力、十和田火力といった一応電力で概略を書いてございます。

12頁に参ります。若年労働力の概略を書いております。教育関係としてこの地域の実際といったものを書いております。

13頁に開発の基本的姿勢として県がこの開発にどういう姿勢でとりくんでいるかということが書いております。1番目として開発により直接影響を受けております住民に十分な対策をとりたい。２番目として公害のない工業都市を建設したい。３番目として開発区域の農業振興を図って参りたい。なお余剰労働力を立地企業に供給したい。４番目として漁業の振興を図って工業との共栄を図りたい。５番目として県内の労働力の優先雇用を図りたい。6番目として地場産業の育成をはかり立地企業との相互連繋を深めたい。７番目、開発の経済効果を全県下に及ぼすように努めたい。８番目として既存都市の発展、交通体系等を考えて、新都市を建設したい。９番目として社会保障、教育面の振興を図ってゆきたい。10番目として自然保護、あるいは文化財の保護を図るという考えで、この開発に取り組むということであります。16頁の工業開発でございますが、工業規模の想定というものは、ここに書いてあります。鉄鋼、アルミ、非鉄金属、石油精製、石油化学工業、火力発電を考えております。一寸御訂正願いたいのですが、17頁の火力発電所800万KWの規模を考えていると書いておりますが、800万KWを1,000万KWに訂正願います。その他造船、自動車、その他関連産業を含め総工業出荷額は５兆円を見込まれ、工業従業員は10万人とありますが６万人と訂正願います。

こういう規模を想定して、ことにお手元に配布してあります図面、資料８すなわち、基幹資源型工業を立地するため線引しました工業開発区域が図示されております。

区域の面積は大体17,500haそのうち基幹産業工業用地として利用させるものが9,500ha、港湾関係用地1,200ha、道路、鉄道、緩衝緑地等大体6,800ha考えております。

なお、このほかに斜線で代替地を囲っておりますが、これは代替地として考えたものの半分程度であります。事務的には接衝をすすめてないが、大体国有林野です。そこで17,500haのほかに新都市として3,000ha地域から出られる方々のための代替地として5,000haそれから工業開発地域との連絡道路として2,700ha，県のプランは都市の位置等は定まっていないのでそれらの図示はできないことは了承願います。

特に問題になっております公害については抽象的な言葉ですが20頁に集約して記載して申し上げております。次に開発の推進体制はむつ小川原開発株式会社、むつ小川原開発公社設置していたしておりまして用地取得に当っておるところになっております。

住民対策につきましては後程くわしく説明する機会があろうかと思いますが、以上、この開発の構想等について概略説明しました。

○会長　ありがとうございました。県の説明についてご意見もあろうかと思いますが住民対策大綱のご説明をいただいたのちにご意見をお願いするにいたします。

○室長　住民対策大綱について御説明します。その１、その２で資料は４および５です。住民対策大綱その１は線引された開発区域内の住民すなわち移転を要る住民を対象とする対策でそれ以外の周辺地域については、先程の農業等の振興、教育、公害防止の概略について住民対策大綱その２において述べております。一応県の開発の基本的考え方としてこの開発に必要な土地の取得は土地に定着する物件あるいはそれに附随する権利営業権等の損失を適正な価格で補償して行なう。海域、内水面の漁業権については適正な価格で補償して消滅させる。ここで開発区域とは、工業用地、公共用地等をいうので先程述べました17,500haに新都市用地あるいは公共用地を含め大体18,200haと御理解願いたい。周辺区域は開発地域の中で16市町村の行政区域、むつ、東通、六ヶ所、横浜、野辺地、東北町、上北、三沢、七戸、六戸、百石、下田、天間林、平内、十和田市、十和田町を考えており、住民対策として地域住民に濃密な対策を行うとして代替地としての土地のあっせん、農用地漁民団地、住宅地を考えております。付帯施設として移転先において必要とする生活用水の整備について負担経減を図って参りたい。

開発区域の方々の土地のあっせんを得られない方々には公営住宅、低家賃住宅、貸家、貸間のあっせんをする。広報、公聴、活動を推進するということと生活相談部門を公社の中に用地買収に応じて転業、転職、住宅の貸付け、生活全般の相談に応ずるため部門を設けるということであります。

次に移転により周辺の部落、市町村への人口が移動し増大する現象が生ずることになるので診療所、保育所、公民館、警察官派出所の新設増強され、整備して参いりたいということでございます。

次に、地域住民の移転に伴い、農協、漁協等の存続が問題になるので、実情に応じ相談に応じて必要を措置をすることにしており、社寺、仏閣、墓地の移転につきましては関係地元住民の意向を尊重して移転して参りたい。個々の対策として、農家対策として、具体的な対策としては３頁でありますが造成農用地のあっせん、これは将来自主経宮出来るよう持ってゆくためにあっせんしましょうという考え方です。米の生産調整を考えますと水田を造成しかねるので、いきおい施設園芸，酪農ということを基本作目として考えてゆかなくてはならないというので農業の発展方向に沿って農業を継続できるように措置したい。

次に農用地の取得あっせんについては既存の農用地を農委、農村開発公社の協力を得まして、代替地とし、あっせんしたいということであります。１については主業的農家として、２については兼業的農家としての農地等をあっせんであります。

主業約農家のためには営農指導が必要であるので営農相談所を設けて積極的営農、出荷体制について相談指導して参りたいと考えております。それから農家の中で転業をなさる方については十分将来を考えた必要な措置を考えて参りたい。転職を希望する方には職業訓練その他職業指導を図りたい。特に中高年令者の転職については雇用対策で別にうたっているわけであります。

次に漁業対策についてでありますが漁家を継続し自立してゆく者については漁場の確保、漁場の整備を図り漁港のわきに新設した漁民団地に移って頂くということは考えております。ただこの地域は農業との兼業が多いのでどちらを主業としていくか今後の相談によりそれに応じて措置していきたい。転業、転職なさる方については農家の方と同様に十分の措置を講じて参りたい。

次に商工業者対策についてであります。商工業を継続なさる者または農家その他の方で商工業をなさる方について移転先についての経営のあり方、研修を十分行なうという考え方から経営指導員等による経営診断、指導を行ない体質の改善、向上を図る。

あるいは専門店化、協業化を希望する者については特に濃密な指導を図るということにいたしております。そして立地誘導、既成市街地新都市、漁民団地等の購買力に対応し商工業を継続する者の立地誘導を図りたい。商工業者の集団化、協業化については新都市等において小売市場協業百貨店の新設等を将来図ってゆかなければならないと考えております。それから資金の確保として政府資金、制度資金の活用など資金の確保に努めて参りたい。次に雇用対策については立地企業への施策を行なってゆきたいと考えております。なお，転業紹介はなるべく通勤可能な範囲で行ないたい。建設工事に就業希望する者は、この地域の方々は優先約に雇用して頂くよう斡旋したい職業安定機関は臨時のものを設置していく考えであります。職業訓練施設については新設して立地企業に必要な業種に対応する訓練をし、とくに若年労働者については、職業訓練し主要立地企業に就職を斡旋し、将来立地企業の熟練要員として迎えれる。大体年間1万人程度この周辺から他県へ流れておりますのでこれを考えて参りたい。

それから出稼ぎの解消を項目としてあげておりますが、この建設には相当の労働需要が出て参りますので出稼ぎの解消の見地から連絡をとり地元労働力の就労を考えております。

中高年令者の雇用促進につきましてはそれぞれの企業に協力を求め、中高年令者の職場適応訓練などが必要となってきます。

次に社会福祉対策についてはこの地域は低所得世帯が全世雅の17％、したがいまして非常に雇用の機会がなくて低所得世帯となっている方々には、移動福祉事務所を設置し社会福祉施策を行なうことが項目としてあげられています。

その他施設に入所していられる老人、身体障害者等につきましてはそれぞれの施設を拡充して参りたい。生活向上のため母子世帯、寡婦世帯の中で内職を希望する者については授産施設で充足させたい。

低所得世帯で稼動労働力を有する世帯につきましては職業訓練など生産につく措置をして参りたい。区域内の子弟の高等教育を受ける機会を拡充するため工業高校などの新設あるいは学級増を図る。開発の進展に即応しまして、専門的知識、技術を有する人材を育成するため工高専の新設を考えて参りたい。それからこの開発区域の子弟に対しては特別奨学資金の貸与をして高校、大学への進学を容易にして参りたい。および住民の移転に伴い、児童、生徒の転校がおこりうるわけですので、新たな教科書、教材等の必要が生じた場合にはその負担軽減を図ってあげたい。高校の転校については他県へ出る場合もあわせ相談に応じあっせんに努めたい。高校生の場合、自宅から通学不可能な者には寮、下宿を必要とする場合にはその負担軽減を図ってやりたい。これを総合的に考えて育英財団の設置というものが必要であると考えてむつ小川原育英財団の設置を現在検討中でございます。以上住民対策大綱その1を直接ご説明申上げました。その2にいたりましては開発区域の直接の対策ではありませんで、開発の進展に即応した諸振興策があげられているわけであります。

その2　概略説明

関係市町村長、各種団体の意見聴取にあたった際のご意見とお答えについてはお手元に資料を配布してございます。

それから県議会全員協議会における質疑とこれに対する回答の要約をまとめたものをお手元に資料として配布してございます。

（議事）

○会長　ありがとうございました。

県のご説明は多方面にわたって詳しくお話しがございましたが、ご自由なご意見、ご質問をお願いします。

なお御多忙のところおそれいりますが、午後にもわたって御審議を願うこととなりますので御了承お願いする。

（質疑、意見の概要）

○小比類巻委員　開発区域の17,500haのなかに都市用地が含まれているのか、都市用地3,000ha代替用地5,000ha、公共用地2,700ha合計10,700haと聞いているが、開発区域、周辺区域、開発区域の区分がよくのみこめない。

三沢市の場合、線引き以外を開発地域と考えてよいか。

○室長　17,500haは工業用地、港湾用地と考えてよい。都市用地は線引き以外の他の地域を考えている。

公共用地は連絡道路等、工業用地以外の他の用地と理解していただけばよい。

三沢市の場合，細谷から線を引かれた中を開発区域―それ以外を周辺地域と考えていただきたい。

これらを総称して16市町村の行政区域が開発地域といいます。

（図表により説明）

○小比類巻委員　開発関係市町村（三沢、六ヶ所、野辺地）の各部落、住民は県の住民対策を知る事が必要であり、十分理解されるよう進めた際受けとり方が違うと大変なことになる。

只今の説明により

開発地域　16市町村

開発区域　六ケ所、三沢、野辺地の17,500ha

区域の17,500haを地域から除いたところが周辺区域と受けとれた。細谷から南が三沢の場合周辺区域とききました。

住民は開発区域の中に移転を望んでいる。なるべく移転をしなければならない住民は三沢市のなかで受け入れたい。毎日、住民と話し合いをしているが開発区域の中に生活の場を求められないかとのことである。

新都市と既存都市との関係について説明があったが周辺区域内における既存都市の整備拡大を移転とどうむすびつけて考えているか。

○室長　周辺区域が細谷から南の考え方は同じである。

都市が自然発生的に膨張して参ることは他の開発の例をみてもわかるとおりでありますが、無計画な都市発展では駄目であって都市計画的な考え方で進めるのが一番適するだろうと考える移転する者には1住区大体2,000世帯を建設して参りたい。

○楠美委員　希望としての意見（私見）として開発区域の全体の2/3が六ヶ所村に当るその六ヶ所村の代表者の方が委嘱されていないということである。委員定数60名、委嘱59名となっており、ただ単に辞退者がでたということたけでなく、六ヶ所村の住民は住民対策が中心となってエキサイトしてきており開発そのものに対してさえ反対だとの強硬意見になってきている。代表者がいない時点で話し合いが、どんどん進んでいくことは場合により火に油を注ぐことになりはしないか。

私の気持としては今回の会議は第一回の審議

としてより、六ヶ所の方が見えないので予備会議と考える。六ヶ所の地元に対して悪い意味での刺激を与えることがあってはならない。知事は何度でも現地に足を運ぶといっているが暖かい配慮をしてほしい。

○知事　楠美さんのご発言ごもっともである。これ迄何変も懇請してきたのであるが辞退され、議長にも要請してきたのであるが今日に至っている。今後も要請して参りたい。大綱を示す前にご相談することは私も考えたのであるが国との行政的関連もあり、いろいろきまらない点もあって素案が決まらない段階で行って聞かれても、責任ある回答を出せないようでは納得を得られないので大綱について出された御意見の整理がつきましたら何度でも現地へ行ってご説明して現地の方々の御理解及び御協力を得るようにしたい。

○小比類巻委員　私が委員を引き受けたことは地元民が正しい知識と理解を得るのが必要だとう考えであってこの開発に賛成であるとして引受けたためではない。委員として出席したのは第一に開発の基本理念と構想を住民が適確に知ることが必要と考えたからだ。

ただ今のところ、私の方の協議会はあらゆる賛成、不賛成の結論は保留している。現段階では先ず各部落に賛成、不賛成は別として理解を得られるよう説明して生活の向上と地域開発のにない手として進められるよう知事も現地に出かけられ十分意見を聞いて進めてほしい。県の案はタタキ台ということでもあり結論を右か左に出すことは重大なことであり住民の意見を十分聞いてほしい。

○杉山委員　漁業者の立場から公害から漁場を守る青森県漁民総決起大会が今日青森で開かれる。漁民はこの開発に全面的に反対ということではない。

日本列島は公害にあけくれている。知事は公害のない工場といっているが、この開発を安心してよいのか危惧の念をもっている。漁場の汚染などにより漁業者にしわよせすることにならないように漁民の真の希望を入れて審議してほしい。お願いします。

○議長　この審議会に参加することは、なにも全面賛成で参加しているのでないという三沢市長の言うことはもっともである。

六ヶ所村の代表者が参加できるよう審議会としてももっていきたい。

○小比類巻委員　各委員の暖かいお気持で是非六ヶ所村の方が参加できるよう16市町村開発促進協議会々長としてお願いする。

○中村委員　このような大きな開発を進める以上何らかの問題が生じるものである。今区域内での移転が問題となっているのであって県の説明は誠意をもってやっているが十分住民に浸透せず誤解と感情のシコリはどうほぐすべきかであり寺下村長の意見を十分聞いてみてはどうか。私の結論として審議会の結論として出すことは反対である。意見として寺下村長も出てもらって堂々意見を述べてもらう。我々周辺の市町村長も暖かい協力を惜しまないが。

○泉山委員　ここで、はかられ、決議することは反対であり中村市長の意見に賛成である。

○小比類巻委員　六ヶ所が委員なっておられない中で決議とすることは審議としてはおかしい。私は審議会で重要な審議をしても六ヶ所が参加しないところで進めることに問題があるので決議としてでなく方法論がいろいろあろうが何らかの方法で六ヶ所が参加する方法を進めてほしい。

○議長　私も決議ということは話しておらず決議ということではもっていかない六ヶ所の方に参加していただくという声が非常に強かったということで進めていきたいと考えますが如何でしょうか。六ヶ所村長を迎え入れる措置を講ずるという事で。

○知事　穏やかでよいでしょう。

○舟本委員　この開発によって県、日本がどのようになるのか。いろいろお話しを聞いているがピンとこない。資料をいただいたがまだはっきりしない点がある。経済がいくら発展しても人間が幸福になるのでなければならない。開発も地域住民の生活向上としあわせのために進めるべきである。住民対策にしても日本古来からの家族制度がありアパートや住宅団地を造るにしても老人の憩いの部屋を付設するように考えてほしい。

○室長　開発区域は古くからの部落、家族構成が続いている地域でありますので低家賃住宅等を建設するに当り家族制度も十分考えていく。

(昼食のため休憩)

○会長　午前引続いて質問意見を受けたい。
○矢野委員　新都市3,800haには工場用地は含まれないとのことであるが、諸施策を進めて行く場合、工場用地を新都市に含めた方がよくないか。

教育について大綱は工業高校や工専をつくるとあるが農業の面について何も書かれていない。新規水田はつくることは許さないとすると酪農養豚を奨励すると思うが、新しくこれらをやる人は大変だと思うがこれらの人に対する教育にふれていない。近くにある畜産試験場や種畜場に研修所や講習所をもうける必要はないか。またこれらを教育の場として利用したらどうか。
○知事　農業についての教育機関として新しいものはつくらないが自営者養成の三本木農高の拡張や新しい学科をつくることや七戸には農業研修所がありまた古間木にも農業試験場の支場があるのでそれらの利用或いは拡大することによって新規に農業学校をつくるのでなく既設のものの活用を考えている。種畜場は解放の話も出ているが現在につまっていない。

地域の要望ともあわせで考えたい。もう一点、工場用地と住区を分離するのがこれからの工業基地の原則となっておりそのようにすることが良いと考えている。工場用地に作られる住区は工場または公共施設に直接関係のあるもので一般の住居ではない。
○矢野委員　工場用地の三沢、六ヶ所の行政区域は従来どおりか。
○知事　人口の移動が行なわれるので行政区域がそれで良いかどうかという問題は残るが、これは住民の意思であり、その相談には応ずる県の方からこうすべきたとの意見を出さないのが適当と思う。
○小比類巻委員　工場に働く従業員の住宅は工場用地の中に考えるのか。

6,800haの中に新都市は入るのか。

私の方の住民は同一市町村内にあって、開発に協力したいとしている。

開発区域内における6,800haをどこにもうけるのか、住民としては開発の構想を知りたいということがこの開発のポイントとなっている。

6,800haの中に農業をやる人を張りつけないとしても他町村に出ていくような人をここに入れることは出来ないか。

広域市町村圏の設立にあたっても開発構想とにらみ合わせをしてやってほしい。既成市街地が開発によって拡大されるかその都市計画は関係市町村においてするべきだと受けとったかどうか。

この開発を進める準備の中でそのような都市計画の構想があるのかたとえば漁民団地は既成市街地との関連においてなされると思うが既成市街地の拡大についてもキメ細かい計画が現実のものとして出されると思うので既存の考え方を示してほしい。
○知事　工場区域内に居住区はつくらない。今迄のものをみると、直接工場経営につながる事務所、食堂、レストハウス、売店、連絡センターなどスモールタウンをなしている。それを都市用地といった。居住区ではない。今広域行政について語るのは適当でない。

既成市街地の拡大は都市計画の線にのせてやって行く１万人位の１住区をつくることが必要なるが、それをもとにしたニュータウンとなるか、また全然別途のものとなることも考えられるが既成都市との関連を考えてやるのが開発の大きなテーマでもある。ニュータウンを１ケ所にするか数ケ所にするか、問題点をその辺において目下検討中である。
○野村委員　公社が工業用地、代替地を買いあげる場合税について十分考えてほしい。無税というわけには行かないだろうが大蔵省とも十分協議してできるだけ地元民に負担のないようにしたい。

大綱その２の商工業の振興対策をみると近代化施策がもられているが建設工事が始まると地元は殆んど下請となるだろう。このためこれらの業者に物資を納入する業者に不安のないよう保険制度のようなものを業者が保険料をかけてもいいから或いは元請の大手業者が保障してくれるようにしてほしい。具体策の中にはっきりこの事項をうたい安心して物資の納品を続けられるようにしてほしい。
○知事　税は重大な問題の１つとして取り扱っている。公社は土地取得の実務をやるが最後の取得はむつ小川原会社であり、税については何ら特典はない。買取用地の中には公共用地も含んでいるので大蔵省の主税局や国税庁にもその方法について検討を願っている。巨大開発特例法があって考慮してもらえばよいが、特例法は今ないので何らかの特例措置がとられるよう今後とも折衝して参りたい。

下請と元請との関係については資材労賃については契約者である元諸に対し兼任をもてるが、酒代までは問題がある。法律も元請に対し下請に前記について支払へと言っている。一般日常の物資について協定にうたうことはむつかしいが努力してみる。

○後藤委員　この開発は例のない大規模な開発であり、関係者の協力なくして出来ないが住民の納得をうることが第1である。関係市町村長の代表の方々がみえているので特別配慮をお願いしたい。

国の関係機関の方々も見えているのでその協力も得て、日本の将来貿易立国の立場からこの開発は是非実現してほしい。地元住民も県の窓口も暗やみに手さぐりの状態であろうが回を重ね、説得と常識をもって協力してもらい、問題も多かろうが実現できる方向で勇気をもって進んでほしい。

○泉山委員　この開発は年数のかかるものであるが、大綱実施の期間はどのようになるのか、住民の移転、開発の着手、企業への就業等の時期等は何時なのか、緑の中に工場があるとのことであるが、村落の分散分断を出来るだけしないよう地域住民が同じ行政区域の最適地に住民地区を張りつけることは出来ないか。会社は開発用地や代替地も買うわけであるが、現在地を手放したなら何倍位多くの土地を買えるのか。

会社の要望を入れてこの大綱を作ったのか。

県が本当に住民の幸せを考えて作ったのか。

酪農は広大な土地を必要とするがその代替地は宮地らしいと思われるがそこは従来のところよりも良いところなのか、移転するところが今の生活より良くならないとだめだと思う。

○知事　これは県の対策であり県独自のものであるが、会社の意見は参考のために、また公社からも参考のため意見を聞いている。

実現不可能なものは出せない。これがきまれば会社がやるものがあるが、これは知事の責任でやらせる。

この対策はこういう点は可能ではないが、可能の限度を広げろということもあるが、これらについて意見を聞いてやる。

移転の時期をどのようにするかも重要な点の1つである。

建設は多少の早い遅いはあるが建設が始まれば雇用の拡大もあり試算では公共事業だけで8,300億円位となる。

○三上委員　この開発の出発点において各代議士も選挙公約とし、これに賛成した。われわれ農民もこのような大きな壁に当たることを予想しないで期待感をもったのも事実である。

今迄われわれは県に種々要望したが何らの回答もなく従ってこれは県の一方的な案であり、われわれの声を聞いてつくればよかったのだと云われている。用地取得は区域住民を納得させることが第一であり、それは農民の立場に立って考えることである。

各代議士もこの開発を公約して当選した人たちであるから代議士も自ら進んで住民の中に入って公約を果してほしい。

住民はこの開発はわかるようなわからないような気持だと云っているが裏づけのある納得される説明がほしい。

税の問題や国有林活用等も本当に連絡してやっているのか。

住民対策を納得されるものとし喜こんで開発が進められるようにと要望します。

○川村委員（代理）　土地を提供する住民が最も大きくこの開発の利益還元を受けるべきだ。そうでないと成功しないだろう。住民対策も住民に訴えるには、文章の書き方にも配慮を要するが最終的にこれを打出す場合もう1つ直接地元農家や住民に訴えるもの必要である。

土地の提供者をどのようにするのか代替地をどこにどのように確保するかが大事だ。近く関係市町村長等と話し合うことになっているようだが、新しい集落をどのように形成するのか。

移転について農家は具体的な地域をさして要望しているので加味して検討してほしい。

農家の経営タイプごとに土地提供者が移転する。建設が始まるとこうなる。所得はこれ位になるとか参考となるモデル的試案を出してほしい。

地元では工業開発により経済がどうなり農家はどうなるのかの前向きのイメージがわかないで、公害がでるとか、2束3文で村を追い出されるとか、悪い材料のみが浸透しているようである。

開発を進める考え方や開発のスケジュールがほとんど地元住民に徹底していない。

住民対策を固めるためにも地元住民とひざを交えて話しその要望を聞くということも早い時期に必要ではなかろうか。

また地元住民は水田に非常に執着している。せめて自家飯米たけでは確保したいと云っている。このため水田に対する要望が強い。我々も現地の農家委員会とも相談してやりたいと思っているが、住民に応えるだけの水田確保が出来ない時は開田も必要ではないかと思う。

参考までに申し上げます。

○仙台通産局長　仙台に着任して始めて勉強したのがむつ小川原開発である。新全総において始めて姿を現わしたのが当地域であり、政府も工業基地としてもうここ以外ないというスケールの大きい理想的に工場配置できるところである。

知事がこの開発の先頭にたたされ関係各省庁､国会に働きかけてここまで来たものと思う。

本省に対する働きかけも大変なものであると感じとっている。

我々東北地方の行政を担当するものであるがその役割において協力したい。

今日は住民対策ということで拝聴してきたがこれから調査開発と進むにつれわれわれの役割も重みが加わるが県と緊密な連絡をとって協力して参りたい。いささか僭越ですが仙台から来たものを代表して申し上げた。

○会長　この審議会には諮問の形で出ていないが、いずれ出るものと思うがもう１～２回読けさせてほしい。

○小比類巻委員　住民対策を進めるにあたり、具体的開発計画を示してもらいながら住民対策に肉づけし住民の対話の中で理解と協力を得て開発を進めてもらいたい。

今地元民は何十年何百年手塩にかけてあの荒れ地を美田化し人並みの生活に対する安緒と今後の期待感をもっているのが現状である。この開発は何をどのようにしたらよいのか、住民の理解と納得の得られるようなものを住民対策として示してほしい。

当市でも実態調査を行なっているが、更に市民の意向調査を実施したいと考えている。

ただ今の段階で意向調査をしても六ヶ所村と同じ結論に走ることが懸念される。住民対策の肉づけない時点では問題であろうと解されるから。従って対話も進め、市町村内で移転が出来ないかと望みをかけているので国有地、公有地を利用の面で三沢市の土地の利用を最高度にとりあげてほしい。

三沢市の中で開発の担い手となりたいという願いをとり上げこれに参加させたいと思う。

○会長　またこの意見発表の会を持たないとだめだと思う。

本日の意見要点をとりまとめると

１．開発区域の中心である六ヶ所村長に委員として参加してもらい要望等を伺うべく暖かい配慮をしてほしい。
２．新都市建設は開発区域周辺にしてほしい。
３．地域住民との対話を積極的に進め、住民対策は具体的な内容のものとしてほしい。
４．特定地域（農、漁業等）にしわよせのないよう十分配慮してほしい。
５．住宅対策については新しい家族構成と住民福祉を考えて対処してほしい。
６．農業者の研修、教育対策について配慮してほしい。
７．工業用地および代替地売買に伴う税対策について負担軽減となるよう配慮してほしい。
８．建設に伴う下請企業にしわよせのないよう対策をたててほしい。
９．代替用地は既存の生活環境より、よりよい条件のところを考えてほしい。
10．住民対策は地域住民に納得させるよう進めてほしい。
11．土地提供者に開発利益の還元が大きいような具体策を考えてほしい。
12．地元住民に住民対策を示す場合具体的にもっと内容をわかるようにしてほしい。
13．将来の生活設計ができるように土地提供したものがどのようになるか計画的段階的にわかるものがほしい。
14．住民は水田に固執しているので水田を確保出来ない場合開田を考えてほしい。
15．政府関係の方から開発に対する協力の発言があった意見要望についていては開発計画に十分もり込んでほしい。

次の会合の計画はどうなるのか。

○室長　9月下旬～10月上旬にかけて定例県議会もあるので、また地元との接触もあるので、10月に入らないと審議会にお話諮り頂くことはできないと思うので会長と連絡をとり皆さんのご事情も聞いて決めたい。

○知事　本日は貴重な意見を有難うございました。

この開発は地域住民の理解と協力を得られる住民対策のもとに開発するのがねらいである。

審議会はその後の情報を提供することも必要であり、9月中の適当なとき開催し意見を伺いその後県議会等の意見も聞き住民対策を立てご諮問することになると思う。

以　上

(出典：青森県資料)

Ⅰ－1－2－9
住民対策大綱についての主な意見およびそれについての回答要旨

青森県

1　住民対策大綱についての（市町村長、市町村議会議長、市町村教育長、産業経済団体の長）の主な意見およびそれについての回答の要旨

主な意見	回答要旨
1　共通事項	
⑴開発計画および住民対策大綱は抽象的で具体性に欠けている。住民の意向をとり入れて作成できないか。	開発計画は、むつ小川原総合開発センターが素案をつくり、十分検討して50年頃成案を得る見込みである。住民対策大綱はあまり具体的にした場合、押しつけるような誤解を受けるおそれもあり、また、代替地のように地権者の了解を得て示す必要のあるものもあって、明確に示すことができなかつた。今後さらに住民の意向をとり入れてまとめていきたい。
⑵土地価格の設定基準あるいは土地あっ旋の一定基準等を早期に明確化すべきである。	土地価格は、むつ小川原開発株式会社で検討しているが、県にはまだ提示されていない。土地のあっ旋基準については関係住民の意向をとり入れて確立するつもりである。
⑶代替地は、国有林野だけでなく国有地および民有地も包含したもので明示すべきである。	代替地の予定地については、関係市町村長、農協、農業委員会とも協議を行ない、さらにはあらかじめ地権者の意向もきいたうえで明示したい。 国有地（米軍三沢基地）については、国際的な要素も含まれているので見合せざるを得ない
⑷付帯施設に対する措置として「負担軽減をはかる」とあるが、全額負担すべきでないか。	移転者に対して、施設のすべてについて補償することになっているので、移転先において補償費でもって整備してもらうのが、本来の姿であるが、実情に応じて、さらに負担軽減をしたい。
⑸小川原湖の海岸を嵩上げすると聞いているが、その場合の影響は大きいので慎重に対処すべきである。	嵩上げすることになるかどうか、具体的な計画は、今後の調査結果に基づいてたてるつもりである。嵩上げすることになったときは、地形、地質、および関係河川の実態等について十分調査を行い、水害等を与えないよう施設の設置に

主な意見	回答要旨
	ついて慎重に対処する。
⑹この開発計画は、過大ではないか。	この開発は、新しいモデル的な工業基地として、国土総合開発審議会、産業構造審議会および専門家の間で検討された意見により、緑地を十分にとり入れたもので、過大だとは思っていない。
⑺開発に伴う財政負担の見通しについてはどうか。	現行制度のもとでは、財政的に負担し切れないのは明らかであるので、自治省および各省庁に対して、地方負担の軽減について要望しており、国において目下その方向で検討中である。
⑻開発の責任分担を明らかにすべきである。	国土開発主導型であって、国、県、企業の三社が責任を分担して、これにあたるという新しい開発である。しかし、県は開発について主体性を持つて推進するもので、県民に対する開発の責任は、知事にある。
⑼原則として、同一市町村内に移転させるべきである。	同一市町村内において、移転させることが望ましいので努力するが、代替農用地等諸条件を考えると、困難であると思われるので、近隣市町村等、受け入れ側の協力を得て移転先を確保したい。
2　農業関係	
⑴農業代替地の具体的内容および移転先を明確にしてもらいたい。	具体的内容および移転先について、腹案はあるが、受入側（地権者）の私有財産であるので、ある程度の了解を得てからにしたい。
⑵移転農家の実態から今後も水田を中心として農業継続希望者が多い。水田を造成できないか。	米の生産調整との関連もあり、新規開田はできない。しかし、水田のあっ旋はできるだけ努力するつもりである。近いうちに受入側の市町村、農業委員会、農協に協力を求め、具体化をはかりたい。
⑶周辺地域の農業振興策および変化に対応した営農指導を十分やってほしい。	周辺地域の農業振興策については、現在県農業計画を策定中であり、年内に成案を発表したいが、これを基礎にして、この地域の振興策を十分検討して参りたい。営農指導については、効率の高い地点にモデル実験農場を設置するなど、新しい形態の営農を確立し、万全の指導を行ないたい。
⑷農協合併の助成について配慮してほしい。	農協合併助成条例の単なる延長だけでよいならばできると思うが、種々の問題が出て来ると思われるので、その実情に応じて必要な措置をしたい。
⑸農家等の移転時期はいつ頃か。	移転のスケジュールは、個々のケースにより異なるが、港湾とこれに関連する道路等の建設が早期に実施されることになると思うので、こ

主な意見	回答要旨
	れらに合わせた移転を考えている。しかし、47年度中には移転の実施はないものと考えられる。
3　漁業関係 ⑴漁業権の消滅は、どの範囲まで考えているか。	太平洋側の漁業権の消滅は、必要最小限度にとどめたい。港湾の位置がはっきりしていないので、明確にはできないが、港湾区域だけは消滅してもらうことになる。
⑵陸奥湾のシーバースを断念したのか。陸奥湾側の開発構想はどうか。	シーバースを配置しなかったのは、漁業に対する影響を考慮したもので、今度も配置しないということではない。現段階では調査がまだ行なわれていないので、今後の調査結果をみて協議したい。陸奥湾側は、工場排水等から基幹産業は無理と思うが、関連産業の立地には恵まれているので、内陸型の高次加工産業を考えている。
⑶太平洋沿岸は、工場地帯のぼう大な排水量と原子力発電所からの温排水のため、将来漁業はできなくならないか。	工業開発計画は大きく、また、原子力発電所の発電規模も大きいので、水産資源に及ぼす影響については、権威ある「むつ小川原総合開発センター」に依頼して調査することになっているので、この結果に基づいて対応策を考えていきたい。
⑷小川原湖の淡水化計画はどうなっているか。嵩上げする計画があると聞いているが事実か	いずれもまだ具体的な計画は決っていない。淡水化については、これまでの調査で高瀬川からの海水逆流が明らかになったので、漁業権者の同意が得られれば海水の流入を阻止して調査を行ない、その結果に基づいて計画をたてる考えである。嵩上げ計画とは、小川原湖の水利用のことと思うが、現時点における考え方としては、小川原湖の湖水を下げて取水する方法、または逆に湖水の水位を上げて取水する方法、あるいはこれらを併用する方法のいずれかになるものと思う。
4　商工業対策	
⑴新都市の建設、既成市街地の増大および都市機能との関連において、商工業の配置を計画的に行なってほしい。	年次的にはまず既成市街地がぼう張し、ついで新都市が一部急速に整備され、都市化してゆくことになるので、地域の人口、世帯数および購買力等をにらみあわせて商工団体等と連絡を取りつつ、できるだけ計画的に適地に立地誘導したい。

主な意見	回答要旨
⑵八戸港が建設資材等の輸送拠点と見られているが、東北自動車道、新幹線の整備等の関連からも陸奥湾沿岸にも数ケ所の基地が必要ではないか。	開発の進展に伴って陸奥湾にも基地が必要になってくるということは同感である。ただ、個所等についてはまだわからないが、道路整備とあわせ、青森、大湊、野辺地港のほかに小湊港辺りも十分可能性は考えられる。
⑶建設資材、原材料調達は、地元業者が中心になるようあっ旋すべきであり、業界を指導すべきである。	建設資材および原材料は、地元から調達するよう工事関係者に要請する。そのため、業界の受注体制の強化をはかるよう指導する。
⑷生活物資については、できるだけ地元調達をはかるようにしてもらいたい。	できるだけ立地企業に地元調達を働きかける。
⑸開発にはトラック運送業界が重要な部門を占めるが、中小零細企業が多いのでテコ入れをしてもらいたい。	地場産業振興対策協議会の運輸部会において検討しているのでその結果によって指導育成するつもりである。
5　教育関係	
⑴開発地域住民の子弟をよく指導していくためには学校の分野だけでなく、社・学一体でなければならない。 このため早急に職員を増員配置すべきである。	県教育委員会とも相談して、早急に社会教育主事を現地に増員配置したい。
⑵自然文化財の保護保存のため、専門の職員を配置すべきである。	地域内には文化財などが多く、これを保護するため、文化庁とも協議を重ねており、自然保護に力を入れる。実情をよく知った専門家を振り向けたい。

2　住民対策大綱についての県議会全員協議会の主な意見とそれについての回答要旨

主な意見	回答要旨
Ⅰ　共通事項	
1　この開発はだれがだれのためにやるのか。推進体制を明確にすべきである。	国土の総合的利用という国の発想と、本県の実情を見て開発を推進することにしたものである。年々流出する若年労働力を開発によって第二次産業につなぎとめ、着実に本県の産業構造を改善することに意義があると信じている。この開発は知事の信念であり、県民の多くも開発に反対はないと思う。国、県、企業がそれぞれの立場で責任を負うのがこの開発の特徴である。 この開発そのものの法律がないため、国の責任は明確でない点もあるが、しかし、おのずと区切りがあることはたしかである。今後、巨大開発に有利な法律の制定をのぞんでいる。

主な意見	回答要旨
2　開発の責任者は誰か。	この開発は、国土開発主導型であって、国、県、企業の三者が責任を分担している。しかし、県は主体制を持って推進するものであるから県民に対する開発の総体的な責任は知事にある。
3　今回打ち出されたドル防衛政策による開発への影響をどう見通しているか	ドル防衛は、産業界に深刻な影響を与えている。しかし、経企庁、経団連およびむつ小川原開発会社の考え方としては、この開発は長期的展望に立って60年代を目ざしたものであり、日本の工業生産は拡大の方向にあるのでこの開発の規模および工業出荷額に大きな変更はない。 ただし、鉄鋼、石油化学等業種によって影響は出るものもあるというのが三者の一致した考え方である。 したがって、国の対応策ははっきりしないので、買収に着手するのは多少手控えることになろうが、用地取得準備事務は予定通り進め、遅くとも10月には買収に着手する見込みである。
4　住民対策は、大綱を作成する段階で地域住民の意見を聞くべきでなかつたか。	市町村長の協議会あるいは日ごろ行政を通じて意向を聞いておりまた農業団体のアンケート等を参考にして対策を考えた。ある程度案がかたまっていない段階で相談すれば、かえって、混乱すると判断したためである。
5　知事は、住民と対話する決意を明らかにするとともに、六ヶ所村の将来について、手を差しのべるべきである	地域住民との対話は、必要であるので、今後、何度でも現地に足を運ぶつもりである。六ヶ所村の将来については、村当局と充分相談してまいりたい。
6　線引と住民対策大綱に国やむつ小川原開発会社は、どの程度関与してきたか。	開発の線引は、マスタープランが、まだ決っていないので、県が主体となって、経済庁やむつ小川原開発会社の意見を聞いて決めたものである。 住民対策についても、参考までに、会社の意見を聞いている。住民対策事業費の大部分は、むつ小川原開発会社の負担になるので、住民対策が決った段階で協定を結んで会社に実施させる。
7　住民対策をまとめる時期を明らかにしてほしい。開発区域を修正する考えはないか。	住民対策は、できれば9月中に決定したい。開発区域は拡大することはないが、縮少できるかどうかは、各団体の意見をまとめたうえで再検討したい。

主な意見	回答要旨
8　パイロットプランやマスタープランは何時ごろつくるのか。	パイロットプランは、県の主体的な開発計画試案として４６年度中につくるつもりである。この作成に当っては、十分県議会および各団体の意見を聞くことにしている。マスタープランは、９月発足予定のむつ小川原総合開発センターが４６年度に第１次試案、４７年度に第２次、４８年度に第３次とつくったうえ進出企業とも十分協議して５０年度には成案を得る予定である。
9　この開発は国家的な事業とされているが、財政負担はどうなるのか。県費の負担はどの位見込まれるか。	開発に伴う公共投資額は現時点で８，３００億円程度と試算される。８，３００億円の中には現行制度では夫々県のうら負担がある。しかし、電力、鉄道、電気通信等県の負担が伴わないものも相当あるが、仮りに県費負担が全体の１０％としても県財政は耐えられない。そこで自治省に対し県負担の軽減について対策を要望している。
10　開発利益の還元については、どのような方法を考えているか。	開発利益の還元は、社会的還元と個人的還元の二つの方法があり、この併用を考えている。なお、関連産業の配置を県下全域に及ぼし、開発の効果が全県的に波及するようにしたい。
11　開発に伴う六ヶ所村の行政区域を、どう考えるか。	行政区域は、原則として住民の意思で決めることであるが、県としても十分指導していきたい。
12　ニュータウンは、同時につくるべきでないか、また何カ所になるか。	ニュータウンは、自然条件、交通条件などの関連で多少遅れるので、完成は６０年代になる見込みである。 専門家の意見では、１ヵ所が望ましいということだが、市町村では、４ヵ所位に分散してほしいという要望がある。
13　開発が始まれば、鹿島の例をみても、無法地帯となる恐れがあるのではないか。	無法地帯はやり方次第では防止できる。取りしまり当局との連けいを強化し、無法は断じて許さない。
14　住民対策には思いやりがない。また用地取得に当っては土地収用法の適用を考えているのか。	住民対策は、強制するものでなく、開発に協力して土地、建物等を提供し、移転等を余儀なくされる住民の生活の安定向上等福祉をはかるためのもので住民の納得を得て進める。 用地取得の当事者はむつ小川原開発株式会社であるから、法的にも強制収用はできない。
15　港湾の構想はどのようになっているのか。開発の線引きで太平洋と陸奥奥湾がつながっているのは何を意味するのか。	港湾は、鷹架沼に掘込み港湾を考えているほか、三沢海岸には突堤方式の港湾構想がある。陸奥湾に通ずる線引きは、陸奥運河、道路等を想定したものである。

主な意見	回答要旨
16　小川原湖の淡水計画はどうなっているのか。	小川原湖利用計画は、まだ具体的に固まっていない。これまでの調査を参考にさらに調査を行って計画をたてることになるが、水位を下げて使用する方法もあるので、ご提言についても検討したい。
17　工場用地は買上げでなく、賃貸制度をとることを考えていないか	賃貸制度も検討したが、農地については農地法上の困難な点もあり、また所有者と企業との間に将来トラブルも予想されるので、買取ることにしたい。
18　この開発の成否は、現状より優れた代替地の確保にかかっている。代替地の条件が悪ければ、誰も買収に応じないから、奥羽種畜牧場、県畜産試験場、県が所有している牧場、米軍基地まで代替地に含めるべきでないか。	代替地は、図に示した国有林のほかに、5,000haの民有地を予定しているが、図に示さないのはまだ代替地の地権者に折衝していないためであり、移転者が代替地の選択ができるようにしたい。県畜産試験場は畜産行政全般から見て問題があるが、県酪農振興センターおよび県肉用牛開発公社のひばり平第1牧場は、代替地として使ってもよい。奥羽種畜牧場および馬鈴薯原々種農場については、農林省と折衝中であるが、はっきりするまでには時間がかかる。三沢基地の返還は日米の問題であり、今直ちにその具体的折衝が可能と思わないが、折衝可能の時期は遠くないものと思う。
19　開発区域の住民は部落ぐるみ移転を望んでいるが、この対策はどうか。	部落をなるべく移転しないように検討したが、そのためには生活手段である農地も残さなければならないので、これらを勘案して区域を決めた。移転にあたつては、できるだけ集落を形づくるよう検討中であるが、大きな部落を同一地点にそのままの姿で移転することは無理がある。
20　土地の買収価格はどうなっているのか。	買収価格は、むつ小川原開発公社で検討中である。買収単価の基準決定にあたっては、県に協議することになっているので、協議があった場合は、地権者の不利を招かないよう十分検討したい。
21　農業者以外で代替地を要望した場合はどう対処する考えか。	代替地は農業に限らず、土地提供者には、それぞれの基準で配分するつもりである。
Ⅱ　農業関係 1　移転農家は、水田代替地を強く望んでるが、この対策についてはどう考えているのか。	代替水田を造成することは法的に禁じられていないが、米作の抑制策がとられ、政府買上数量に限度がある等から適当でない。 既耕田のあっ旋については、市町村長、農業協同組合、農業委員会等の協力を得てやりたい。周辺市町村の意向では、ある程度確保できる模様であるから近く相談して既耕田のあっ旋を可能にしたい。

主な意見	回答要旨
2　工業開発だけが開発ではない。農業投資も進めるべきである。10年後における移転農民の農業経営の実態と所得の見通しはどうか。	開発は、工場に限らないが、この地域は地理的条件が大規模工業開発に適しており、土地の高度利用の面から工業開発をすすめたい。 周辺地域の農家は、農業を継続しながら工業に労働力を提供することになるので、農業所得としては、下ることもあるが、世帯所得としては上ってゆく。 畜産、施設園芸等をやる自立経営農家の収入を200万円から500万円程度まで上げられるよう育成していきたい。
3　代替地としてタバコ団地を造成する考えはないか。	タバコ団地は、専売公社とも相談している。現に作付けしている方々との調整が必要である。
4　開発に伴う農協の合併助成について配慮する考えはないか。	合併助成条例の延長は、議会の議決が必要である。しかし、そればかりではなく、いろいろと問題が生じてくると思うので実情に応じて措置したい。
5　農家の移転時期は、いつになるのか、また売渡した後も移転までの間耕作ができるのか。	移転時期については、47年度中は、大体移転はないものと思つている。現行の農地転用基準では、むつ小川原開発公社が工場用地として農地転用の許可を得て取得した土地を、再び農家に耕作させることは、問題があるので、農林省と折衝して実現できるよう努力したい。
6　農家に対して代替農地以外の土地をあっ旋する考えがあるか。	代替農地の周辺に宅地をあっ旋したい。 上限３００坪、下限については１００～１５０坪を考えている。
Ⅲ　漁業関係 1　陸奥湾のシーバース計画は、海水汚染が心配されるが、構想はあるか。	陸奥湾を汚染しないため調査が終わるまで保留している。しかし陸奥湾の利用は、開発のメリットになっているので、陸奥湾が使えないとなれば計画に重大な変更もありうる。よって、開発と漁業振興が両立するかどうか、むつ小川原総合開発センターの調査をまって判断したい。
2　漁業権の消滅に伴い代替漁場の確保をはかるとあるが、具体的内容はどうか。	代替漁場は施設を意味するものである。大型漁礁を設置し、漁場を形成するものであり、既存の他の漁業を与えるということではない。
3　太平洋海域における工場排水および原子力、火力発電者の温排水が漁場に与える影響についての対策はどうか。	太平洋海域の工場排水による水質汚濁が生じないように措置する。また原子力、火力発電所からの温排水については、水産資源におよぼす影響について、むつ小川原総合開発センターが調査することになっている。 その調査結果にもとづいて対策を考えたい。

主な意見	回答要旨
Ⅳ　その他	
1　立地企業への雇用は、移転者一世帯当たり2.5人代替地提供者5,000人合計1万人を目標としてあてるべきである。	土地提供者等の立地企業に対する雇用については優先してもらうよう十分配慮する。移転者および土地提供者には一世帯1人を優先雇用させる方針であるが、これを住民対策の協定に入れることには雇用契約上の法的問題点があり、現時点では明確にしがたいが、この方針実施が可能なように進める。
2　自然および埋蔵文化財保護についての基本的考え方はどうか。	自然および埋蔵文化財の保護については十分配慮する。埋蔵文化財については、一応の調査は終わつているが、今後さらに精密調査を行い、47年までにまとめたい。
3　県民に喜ばれる開発、公害のない開発はあり得ないのではないか。	開発の過程においては、いろいろな曲折はあつても、喜ばれる開発と信じている。公害は出さないというのが前提であり、スタートからそれを第1条件とする。基準を設定して、それ以下におさえ、公害のないモデル的工業基地としたい。
4公害発生源に対する具体的な対策を盛り込むべきだと思う。県公害防止条例を改正する考えはないか。	公害発生要因やその対策は極めて複雑である。先般の法改正により、知事に権限を付与されたので、県の責任で公害を出さないようにしたい。県公害防止条例は目下改正のための作業を進めている。

3　住民対策大綱についてのむつ小川原開発審議会の主な意見とそれについての回答の要旨（含要望）

主な意見	回答要旨
Ⅰ　共通事項	
1　工業開発の中心である六ヶ所村の代表者が委員として加わっていないままで審議を進めること自体問題があるばかりでなく、六ヶ所村民に悪い意味での刺激を与えかねない。懇請して参加させるべきである。	六ヶ所村長に再々懇請したが拒まれ、議長にも要請したが承諾は得られなかった。しかしぜひ村長に参加してもらうべく知事と審議会会長から時期をみながら参加を呼びかける。
2　工業用地は三沢市、六ヶ所村、野辺地町となっているが、行政区画がそのまま残るのか。	人口の移動が相当数行われるので、行政区域がそれでよいかどうかという問題は残るがこれは住民の意志で決定されることになるので、よく相談したい。現段階で県が積極的に意見を持ち出すのは適当でないものと考えている。
3　大綱を示す前に住民の声を十分聞いてもらいたかった。出された大綱は抽象的なために態度を決めかねている地域もある。現地に出向いて住民の意見を十分聞いてほしい。	大綱を示す前に相談することは考えていたが、国との行政関連問題などむずかしい問題が多く関係各省庁との調整や集落を動かさないようにつとめるためにも時間を意外についやした。地元との話し合いは未定事項が多いため、対策の骨組みさえ決っていない時点では、かえって混

主な意見	回答要旨
	乱させることになるので、とりあえず一応の骨組みをまとめたうえで公表し重要なことがらの具体策は住民の声をよく聞いて決めたいと思って今回の大綱を示したのである。
4　住民対策事業の主体は県か。それとも用地買収の当事者であるむつ小川原開発会社か。住民対策大綱にむつ小川原開発会社の意見が含まれているのかどうか。	住民対策は、開発に協力して、土地提供、住居移転等を余儀なくされる住民の生活の安定と向上をはかるための県独自の対策であるが、むつ小川原開発会社ならびに公社から参考のため意見を聞いた。 これが決まれば、むつ小川原開発会社が実施する事業もあるが、これは知事の責任において実行を会社に強制するものである。
5　開発によって既成市街地はどのような影響を受けるか。	開発の過程で既成市街地および集落は開発地域住民の転住によって自然発生的に膨張することが考えられる。したがって地域の人口動態等を配慮しつつ、必要に応じ都市計画の線にのせて社会環境施設の整備充実をはかって参りたい
6　開発は移動住民が家族ぐるみ幸せにならなければならない。 新都市の建設に当っては豊かな子供に育つような環境づくりが必要であり、また低家賃住宅の建設に当っては老人にもやすらぎのための部屋を与うる必要がある。	地域にはよい意味での日本の家族制度が残っており、世帯当りの人口は多いので、この点に十分配慮して参りたい。 このため新都市の建設に当つては社会環境施設の整備充実につとめ、低家賃住宅は環境および建築面積等を十分考えて提供するよう措置するつもりである。
7　開発地域に新都市を含めた方が公共施設整備その他諸施策が円滑に行われるのではないか。	工業用地と住区を分離するというのが新しい考え方で、それが原則のようになっており、望ましい姿であるとも思っている。ただし直接経営につながるもの、例えば、事務所、食堂、レストハウス、売店あるいは連絡センターなどビジネスタウンがつくられることは考えられる。
8　広域市町村圏は開発構想とにらみあわせて設定してほしい。	広域市町村圏については県のマスタープランとの関連もあるので県の試案（パイロットプラン）を作成する段階で充分協議の上、調整をはかるつもりである。
9　この対策によって移転農家の所得は向上するのかどうか。	移転農家の農業収入は、現在より減収となるだろうが建設事業への就労や立地企業への雇用が拡大されるので、この面でカバーし、世帯所得としては相当上回るような具体策を検討して参りたい。
10　開発に必要な土地を買収するに当って譲渡所得税の減税について配慮してほしい。	税については重大な問題の一つとして取り扱つている。現行法では公共用地が特例を受けるが一括先行取得のためどこが公共用地になるのか不明でもあるので、大蔵省主税局および国税

主な意見	回答要旨
	庁に検討をお願いしている。何等かの特別措置がとられるよう今後とも折衝して参りたい。
11　工業高校や工高専を整備することになっているが農業教育の面についても配慮すべきである。 畜産試験場や農業試験場に研修所あるいは講習所を併設する考えはないか	農業教育については地域周辺の三本木農業高校、農業研修所、農業試験場、古間木支場等の既存教育施設の科目の増設を含拡大整備による活用によって十分であると判断している。奥羽種畜牧場は地域住民の要望によって考えたい。代替地として要望があれば解放については農林省と十分相談しなければならない問題であるので、今後折衝を継続していく事にしている。
12　建設工事の下請業者に対する物資納入にあたって不安を与えないよう下請業者の保障制度あるいは保険制度的な対策を講じてほしい。	下請業者と元請業者の関係の資材代金、労賃については契約者である元請業者に対し責任を負わせることはできるだろうが、飲食費および一般生活物資代金についても協定の中に盛ることはかなりむずかしいことと思う。

要望	要望
（1）　地元住民は同一市町村での移転を強く要望している。したがって、国有地、公有地および山林原野である民有地を利用の面で最高度にとりあげるとともに既存生活環境より優れた条件で移転をはかるべきである。 （2）　用地取得は開発の根幹であるだけに、地権者の太宗を占める農家の納得と協力を得る事が第1要件である。したがって、具体的な開発計画を示し、住民対策に肉付けし、対話の中で理解と協力を得る必要がある。 （3）　地元住民は代替水田の要望が強く、非常に固執しておりせめて自家飯米分の水田だけでも確保したいと言っている。このことは現地の農家の実態からして当然の要望と考えられる。したがって既耕田のあっ旋が全部にできないときは開田をも考えて欲しい。 （4）　農家に対して農業代替地の具体的な地点、地域経済の予測及び農家所得の見通し等の試案を出してほしい。 （5）　住民対策を手直しする際は、土地提供者に利益還元を図るほか、地域住民の納得を得る方策をとるべきである。	

要望	要望
（6） 住民対策を地元住民に示す場合には、内容をもっとわかりやすくすべきである。 （7） 漁民の唯一の生産の場である漁場は海洋汚染、その他で年々せばめられ、漁民の心配の種になっている。 この開発には反対するものではないが、公害のない開発は果たしてできるだろうかと危惧の念を持つている。 したがって、漁民の生活にしわ寄せにならない開発にしてほしい。 （8） この開発は世界に例のない大規模工業基地づくりであるが、地元の協力なくしてできるものではない。 日本の将来、貿易立国の立場から推してぜひ実現させるべきである。 地域住民も、直接事業に携わる者も暗中模索な点もあり、道程には幾多の問題もあろうが回を重ねて説得にあたり、関係者は常識をもって協力し、総力を結集して実現の為に進んでほしい。	

［出典：青森県資料］

I－1－2-10

むつ小川原開発住民対策大綱

昭和47年1月1日

〔用語の説明〕

1.「開発区域」とは、工業用地、公共用地およびその区域内の湖沼ならびにこれらの前面で漁業権が設定されている海域をいう。

2.「周辺区域」とは、十和田市、三沢市、むつ市、野辺地町、七戸町、百石町、十和田町、六戸町、横浜町、上北町、東北町、下田町、平内町、天間林村、六ヶ所村、および東通村の行政区域をいう。ただし、三沢市および六ヶ所村にあっては開発区域を除く。

3.「開発地域」とは、開発区域と周辺区域との総称をいう。

4.「関連地域」とは、開発地域以外の区域で開発関連事業の行なわれる区域をいう。

5.「開発区域住民」とは、主として開発区域に生活または、生産の基盤を有する住民で、開発事業に協力して、土地、建物等既得の権益を提供する者をいう。

6.「土地に定着する物件」とは、立木、建物および構築物をいう。

7.「土地等にかかる権利」とは、土地および土地に定着する物件にかかる権利で、地上権、永小作権、地役権、採石権、鉱業権、水利権、その他温泉利用権等をいう。

8.「営業等の損失」とは、営業、農業および漁業の廃止、休止または規模縮小による損失、立毛作物の損失ならびに離職損失等をいう。

■むつ小川原開発区域図（略）

住民対策大綱

◇基本的考え方

むつ小川原開発は、地域住民の繁栄と幸福をもたらすことを第一義として進め、県勢発展の道をきりひらこうとするものである。

よって、開発区域住民の生活の安定と向上をはかるため、それぞれの希望に応じた適切な対策をたて、開発の利益が得られるようにする。

このため、

1.　土地のあっ旋

開発区住民に対しては、今後の職業等に応じて農地、住宅地、漁民団地またはその他の土地を別紙基準によりあっ旋する。

2.　新市街地（新住区）の建設

開発区域住民等の意向を尊重しながら、移転者を中核とした住居地区の建設を計画的に行ない、その都市施設の整備をはかる。

3.　地元雇用の優先

建設工事および立地業種を考慮した学校教育、職業訓練等により技術者および技能者の養成につとめ、地元雇用優先を積極的に進める。

4.　農家の育成

農業の継続希望者に対しては、営農基盤を提供し、その経営の早期安定をはかるとともに、農外雇用需要に対応できるような体制の整備につとめ、農家所得の向上をはかる。

5.　漁業の振興

魚族資源の保護育成をはかるとともに漁港の整備、漁船の装備を促進し、工業との併進をはかる。

6.　商工業者の育成

商工業を営む者については、濃密な診断指導を行ない、新たな環境に対応できるよう経営能力の向上をはかる。

7.　低所得世帯への援護

低所得世帯については、それぞれ適切な措置を講じて生活意欲の向上と経済自立の助長をはかる。また、開発地域全般についての総合的な対策については別に定める。

1．開発区域対策

1－1．共通対策

1.　土地の取得等

開発に必要な土地の取得は、土地に定着する物件、土地等にかかる権利および営業等の損失に対して適正な価格により補償して行なうものとする。

2.　漁業補償

必要最小限度の海域および内水面の漁業権は、適正な価格により補償して消滅させるものとする。

3.　付帯施設に対する措置

移転先において必要とする取付道路、電気および生活用水の施設整備費については、その実情に応じて負担軽減をはかる。

4.　公営住宅等のあっ旋

開発区域住民で、移転に伴い住宅が得られない世帯に対しては、必要に応じ、公営住宅、低家賃住宅、一般貸家または貸間のあっ旋につとめる。

5.　広報・広聴活動等の推進

開発区域住民、市町村その他関係団体との連けいを強化しながら、次の措置を強力に推進する。

(1)　広報・広聴活動

(2)　医療および保健衛生活動

(3)　交通安全および防災活動

(4)　防犯活動

6.　生活相談部門設置

次の事項の相談に応ずるため、財団法人青森県むつ小川原開発公社に生活相談部門を設置する。

(1)　転業・転職相談

(2)　各種資金の相談

(3)　住宅・店舗等の建築相談

(4)　その他生活全般についての相談

7.　生活関連施設整備

必要に応じて、周辺区域に診療所、保育所、公民館、消防屯所、警察官駐在所その他生活関連施設の整備をはかる。

8.　農・漁協等に対する措置

開発区域住民の所属する農・漁協等の団体については、開発による影響の実情等に応じて必要な措置を講ずる。

9.　社寺・仏閣等の移転措置

開発区域の社寺、仏閣および墓地等の移転については、関係住民等の希望を尊重して必要な措置を講ずる。

1－2．農家対策

1.　現況

開発区域一帯は、主として戦後の開拓によって開発が促進されてきた。この地帯の農業の形態は近時酪農を主に急速に発展し、北部上北地区における乳牛頭数は全県の34％、牛乳生産量は全県の35％（44年）を占め、しかも成牛10頭以上の大規模飼養農家戸数は65％に達し、県内では有数の酪農の主産地を形成しつつある。

また、既存農家を中心とする田畑作経営については、県内の他地域にくらべるとまだ安定した経営に至らないものもあるが、おおむね着実な発展を示している。

2. 対策の基本方向

⑴農業の継続を希望する農家に対しては、可能な限り適地に造成された農地、または既存農地等の取得のあっ旋により、移転先における農業の継続が可能となるよう営農基盤の提供につとめるとともに、農業経営の早期安定をはかるため、濃密な営農指導を行なう。

なお、周辺区域に一般耕作地のあっ旋を受けた農家群を中心とする集団的生産組織を育成し、新たな農外雇用需要に対応できるような体制を整備し、安定した農家所得が確保できるように配慮する。

⑵転業、転職を希望する農家に対しては、希望に応じて適切な就業先のあっ旋等必要な措置を講ずる。

3. 具体的対策

⑴農地等のあっ旋

開発に伴う農地提供者であって、将来とも農業の継続を希望する農家に対しては、市町村、農業委員会、農村開発公社のほか、農業協同組合等関係機関の協力を得て、つぎによって適地に造成された農地または既存農地等をあっ旋する。

(i)周辺区域の一般耕作

周辺区域において水稲作および普通畑作経営を希望する農家を対象とし、農地等をあっ旋する。

(ii)営農団地

酪農、養豚、施設園芸の3作目について、周辺区域または関連地域の適地に、作目毎の営農団地を造成し、自立経営農家として発展する能力と希望を有する農家に対して、造成された農地等をあっ旋する。

(iii)関連地域の一般耕作

関連地域に移転のうえ、営農の継続を希望する者に対しては、既存農地等の取得のあっ旋につとめる。

⑵営農指導等

移転後の農業経営の基幹となる従事者が、新しい園芸、畜産等の営農技術を早期に習得しうるよう計画的に技術研修を行なうほか、「営農再建相談所」を設け、普及組織の積極的活用をはかるとともに生産組織、出荷体制の整備等総合的な指導を行なう。

⑶転業、転職を希望する農家の措置

(i)漁業、商工業あるいはサービス業等に転業を希望する者に対しては、転業資金の融資あっ旋、経営指導等について配慮する。

(ii)転職を希望する者に対しては、職業訓練と適切な雇用のあっ旋をするものとし、中高年令者の転職については特別に配慮する。

1－3. 漁家対策

1.現況

開発区域の漁業は、海面漁業と内水面漁業に分けられ、それぞれ経営形態が異なるのに加えて農業との兼業が多く、生産は横ばいの状況にある。

2.対策の基本方向

⑴漁業に対し、油濁および廃水等による被害を与えないよう、厳重に措置する。

⑵漁業の継続を希望する漁家に対しては、漁業権消滅に対する代替漁場等の確保につとめ、できるだけ主業漁家として育成する。

⑶小川原湖およびその周辺湖沼は、淡水化等による影響補償を行ない、漁業権を存続して淡水化等に対応する魚族資源の増大をはかる。

⑷転業、転職を希望する漁家に対しては、希望に応じて適切な就業先のあっ旋等必要な措置を講ずる。

3. 具体的対策

⑴主業漁家の育成

開発区域の漁家で、漁業の継続を希望する者に対しては、主業漁家として育成するため、代替漁場の確保につとめ、漁港、漁船の整備等を促進し、さらに漁港の近接地に造成された漁民団地をあっ旋するとともに必要な資金の融資等を行なう。

⑵転業、転職を希望する漁家に対する措置

(i)商工業、サービス業等に転業を希望する者に対しては、転業資金の融資あっ旋、経営指導について配慮する。

(ii)転職を希望する者に対しては、職業訓練と適切な雇用のあっ旋をするものとし、中高年令者の転職については、特別に配慮する。

1－4. 商工業者対策

1. 現況

開発区域の商工業者等の大半は、食料品、日用雑貨小売業者およびサービス業者であり、農業との兼業が多く家族的な経営形態である。

2.　対策の基本方向

(1)開発区域の商工業者等に対しては、希望に応じて新市街地（新住区）、漁民団地、その他の適地をできるだけあっ旋する。

(2)移転による立地環境の変化に対応できるように各種の研修、診断、指導等を強化して、経営能力の向上体質の改善をはかるとともに、協業化、組織化等により経営の合理化、近代化の促進につとめる。

(3)移転先での経営に必要な資金の融資あっ旋につとめる。

(4)他の職業から転換する者に対しても同様の措置を講ずる。

3.　具体的対策

(1)研修・診断指導等

(i)移転先で商工業を経営する者に対して、特別な研修指導を行なう。

(ii)移転先で商工業を経営する者に対して、専任の中小企業診断士および経営指導員による特別な経営診断および相談指導を行なう。

(2)立地誘導

新市街地（新住区）、漁民団地あるいは建設要員宿舎周辺に立地を希望する者に対しては、それぞれの購買力、生活需要等を考慮しながら立地誘導をはかる。

(3)協業化の促進

小売商業者の希望に応じて、協業化による共同店舗の設置を促進する。

(4)資金の融資あっ旋

政府資金の導入および一般金融機関からの借入あっ旋等必要な資金融資の円滑化をはかる。

1－5．雇用対策

1.　現況

開発区域の就業状況をみると、自営業者とその家族従事者が大半を占めており、雇用された経験の乏しい者が多く、転職対策の面からは特別な指導を要する。

2.　対策の基本方向

開発区域住民で、転職を希望する者に対しては、職業訓練等を通じて技能労働者を養成し、一般企業、開発のための建設工事への就職あっ旋を行ない、県外出稼ぎは極力抑制につとめる。

また、立地企業への優先雇用等のみちをひらく。

3.　具体的対策

(1)職業のあっ旋

(i)職業のあっ旋については、積極的な職業情報の提供、職業指導者ときめ細かい職業相談を行ない、なるべく通勤可能な事業所への常用就職をはかる。

(ii)開発に伴う建設工事に就労を希望する者に対しては、優先的にあっ旋する。

(iii)以上の施策を推進するため、必要に応じて開発地域に臨時の職業安定機関を設置する。

(2)職業訓練

(i)必要に応じ、開発地域に職業訓練施設を新設し、既設訓練施設との調整をはかり、開発のための建設工事および立地が予想される企業の就業に必要な訓練を行なう。

(ii)若年労働者に対しては、立地想定業種を勘案しつつ、職業訓練を実施して、主要企業への就職あっ旋をはかり、将来企業立地したときは、熟練要員として迎え入れるようにつとめる。

(3)出稼ぎの解消

建設工事等においても相当数の労働力需要が見込まれるので、基本的には、出稼ぎを解消する見地から関係機関と連けいを密にして、地元就労の促進をはかる。

(4)中高年令者の雇用促進

事業所に対し、特に、中高年令者の雇用についての協力を要請するとともに、あわせて能力再開発訓練および職場適応訓練の拡大、充実をはかる等雇用には特別に配慮する。

1－6．社会福祉対策

1.　現況

開発区域の生活保護世帯、母子世帯および寡婦世帯等を含めた低所得世帯は、総世帯数の約12%に及ぶものと推定される。

2.　対策の基本方向

開発区域の低所得世帯については、その生活の安定と向上をはかる。

3.　具体的対策

(1)移動福祉事務所の開設

低所得世帯の生活全般についての相談に応ずるため、移動福祉事務所を開設して、福祉措置の濃密化と迅速処理につとめる。

(2)社会福祉施設の整備

施設入所を要する老人、児童、身体障害者、精神薄弱者のため、必要に応じて、社会福祉施設を拡充整備する。

(3)生活向上のための措置

(i)母子世帯および寡婦世帯等のなかで、内職等を希望する世帯に対しては、授産施設を設置して技能を習得させる。

(ii)低所得世帯のなかで、稼動能力を有する世帯に対しては、職業訓練、就職および生業について積極的な施策を講ずる。

(iii)移転を余儀なくされる老人、身体障害者、母子・寡婦世帯等低所得世帯の生活の安定と向上をはかるため、開発福祉基金を設定し、生活援護について特別の措置を講ずる。援護の基準および実施主体については、村または社会福祉団体と協議して定める。

(4)住宅の援護措置

(i)低所得世帯で、移転に伴い、直ちに住宅が得られない世帯に対しては、必要に応じて一時的な居住を目的とした施設を設置する。

(ii)移転に伴い住宅を建設することができない世帯に対しては、低家賃住宅を建設し入居させる。

(iii)宅地購入または住宅建設等のための融資を希望する世帯に対しては、低利資金貸付等の援護措置を講ずる。

(5)各種貸付金の措置

(i)世帯更生資金、母子福祉資金、寡婦福祉資金の既貸付金償還残額については、特別の措置を講ずる。

(ii)新たに貸付ける世帯更生資金、母子福祉資金、寡婦福祉資金については、貸付原資の増額につとめて利用の円滑化をはかる。

1－7．教育対策

1．現況

開発区域の小・中学校の児童・生徒数は、約420名である。

また、高校への進学者は約40名で、進学先は主として三沢高校、野辺地高校、三沢商業商校であるが、その他20校におよんでいる。

2．対策の基本方向

(1)開発区域住民の子弟の教育水準の向上と、地域の発展に寄与するすぐれた人材を養成するため、学校教育の施設の整備拡充をはかる。

(2)開発区域住民の子弟の高校および大学等への進学を容易にするため、就学に要する経費の負担軽減をはかる。

(3)開発区域の小・中学校の児童、生徒の転校が円滑に行なわれるよう、転校に要する経費の負担軽減をはかる。

(4)自宅からの通学が不可能となる児童、生徒に対しては、その就学を容易にするための必要な措置を講ずる。

3．具体的対策

(1)文教施設整備

(i)開発区域小・中学校の児童、生徒の転校に伴い、児童生徒が急増する地域の学校については、学習に支障が生じないように、校舎（寄宿舎を含む）の新設または増築等施設整備の促進をはかる。

(ii)開発区域の子弟の高校教育を受ける機会を拡充するため、高校の新設（工業高校など）、学級の増設等を行なう。

(iii)開発の発展方向に即応して、専門的知識、技術を有する人材を育成するため、工業高専の新設を考慮する。

(2)奨学資金の貸与

開発区域の住民の子弟に対し、特別奨学資金を貸与し、高校および大学等への進学を容易にする。

(3)転校の円滑化

(i)児童、生徒の転校に伴い、新たに教科書、補助教材、制服等の必要が生じた場合は、その経費の負担軽減をはかる。

(ii)高校生の転校については、他県への転出の場合も含めて、相談に応じもしくはあっ旋する。

(iii)高校生で、住居移転に伴って自宅からの通学が不可能となり、下宿もしくは入寮を要する場合は、その経費の負担軽減をはかる。

(4)育英財団の設置

開発地域の発展に寄与する人材の養成と地域における私学教育を振興するため、「むつ小川原育英財団」（法人・仮称）の設置を考慮する。

2．開発地域対策

2－1．共通対策

開発進展により、環境の変化は避けられないので、これに適応できるよう、開発地域において次の措置を強力に推進する。

1．広報、広聴活動の強化

2．市町村、その他の団体が受ける影響の対応策

3．法務局支局、労働基準監督署等の整備促進

4.　開発に伴う事業間の調整
5.　開発地域、住民の生活環境の整備
6.　在来住民と新規移転住民との融和の促進
7.　交通安全および防災活動
8.　医療および保健衛生活動
9.　防犯活動

２－２．農業振興対策

周辺区域の農業は、今後の環境条件の変化に対応させて都市近郊型農業を指向させつつ、再編整備を進めることとし、米、畜産、野菜を基幹作目として兼業農家を含めた広汎な協業方式をとり入れた高能率な生産団地と広域的流通団地の形成をはかる。

1.　総合的な土地改良

開発区域周辺における土地利用の高度化をはかるため、未利用地の活用も含めて、用排水系統の改良整備、畑地かんがい施設の整備等、総合的な土地改良事業を行なう。

2.　水稲作

開発区域周辺の水田については、おおむね30ha単位の基本生産集団を育成し、中・大型機械化を可能とする土地基盤整備を行なって生産性を高めるとともに、将来は節減された労働力で、畜産、野菜、果樹などの生産規模拡大につとめる。

3.　酪農

⑴開発区域周辺の主要酪農集団は、生産緑地帯としての効用を考え合せて、農産物市場の拡大に対応できる生産性の高い酪農経営を育成する。

⑵現状では主に加工原料乳としての生産であるが、将来は工業化、都市化の進展に伴い、市乳としての需要増が見込まれるので、これに即応して搾乳専業型の方向で飼養規模の拡大がはかられるよう指導育成につとめる。

4.　肉用牛の集団肥育

開発に伴う需要増に対応して、肉用牛の集約型集団肥育を奨励し、農家所得の増大をはかる。

5.　養豚

畜産公害に留意しつつ、生産性の高い、企業的養豚を育成する。

6.　飼料生産

主要酪農集団の周辺においては、農協等の経営監理委託方式による牧草ならびに飼料穀類の栽培を奨励し、酪農集団への乾草販売の道を開く。

7.　特産野菜および施設園芸

現在特産化されつつある、ながいも、短根にんじん、加工用トマト等については、さらに生産の振興をはかるとともに、レタス、冷凍原料野菜の産地育成につとめる。また県内および北海道等を出荷対象としてトマト、きゅうり、花き等を主体とする施設園芸団地を育成する。

なお、地域内に処理、加工場の設置をはかる。

8.　養蚕、タバコ

大型養蚕経営の確立をはかるため、養蚕団地を育成する。

またタバコについても規模拡大をはかりつつ産地を育成する。

9.　その他

開発に伴う工業化都市化の進展に対応して、緑地の保存、観光事業等の育成をはかるため、次の事業を推進する。

⑴防風林等の設置　⑵自然休養林の設置
⑶グリーンセンターの設置
⑷観光牧場の設置　⑸貸農場、貸温室の設置
(6) 賃耕の組織化

２－３．漁業振興対策

1.　陸奥湾地区

ホタテガイを中心として、アカガイ、ノリ、ワカメ等一大増養殖漁場として確立されつつある現状にかんがみ、さらにこれを積極的に推進し、あわせてカレイ、ソイ、アイナメ等中高級魚を対象とした生産性の高い沿岸漁業の振興をはかる。

このため、漁場の改良等による水族資源の増大をはかるとともに、近代的養殖作業施設および漁具保全施設等の設置を促進する。

また、ホタテガイ主産地には、計画的出荷をはかるため、畜養・荷さばきおよび運搬施設等、流通施設の整備につとめる。

2.　太平洋地区

イカ、サバ等の好漁場に恵まれているので、漁船装備の近代化と漁業技術の導入を促進し、釣、刺網等を中心とした漁船漁業の振興をはかる。

また、積極的に魚礁設置、岩礁爆破による漁場の改良造成を推進し、ホッキガイ、アワビ等放流事業とあわせて資源の増大をはかる。

さらに、漁港の整備等に即応して、荷さばき、製氷冷蔵施設等の流通施設の整備をはかる。

3.　小川原湖地区

小川原湖およびその周辺湖沼の内水面漁業につ

いては、淡水化等に対応して、漁場改良産卵場の確保、ふ化放流等を行なって魚族資源の増大をはかり、内水面漁業の振興につとめる。

２－４．商工業振興対策

1．一般的対策

⑴ 経営の変化に対応できるよう、各種の研修ならびに診断、指導、相談を強化して、意識の向上、体質の改善をはかり、経営の合理化、近代化を促進する。

⑵ 進展する業界情勢に対応するための組織化を促進し、あわせて協業化、共同化等、各種の集団化制度にのせるための指導を積極的にすすめる。

⑶ 合理化、近代化による経営の向上をはかるため、設備近代化資金、工場ならびに店舗等集団化資金、小売商業店舗共同化資金等の各種の制度資金の確保につとめ、その実現を助長する。

2．具体的対策

⑴ 開発事業の進ちょく段階においては、多量の建設資材や消費物資の需要が発生するので、これらを取扱っている地元業界による協力会を組織し、地元業界からの納入について積極的に業界に働きかける。

⑵ 立地企業の建設に関連する地元企業（鉄骨工業、土木工事業、一般建築業等）の組織化をすすめ、共同受注体制を確立しながら、下請のあっ旋業務等を積極的に推進する。

⑶ 輸送量の増加に伴って、地元運送業界の組織化をはかり、輸送業務を円滑にするため、高度化資金の導入について指導を加え、トラックターミナルの設置を促進する。

⑷ 立地企業の業種業態に応じて、下請集団の形成が考えられるので、開発区域周辺に下請工場団地の造成について指導を強化する。

２－５．雇用促進対策

1．基幹産業の立地に即応して、関連産業等を計画的に誘導し、雇用機会の拡大と雇用条件の向上をはかる。

2．勤労青少年センター、勤労者住宅の建設等、労働福祉施設の整備充実をはかり、労働者の生活水準の向上、素質、能力の開発をはかる。

3．立地企業に対し、雇用条件の緩和を要請し、できるだけ中高年令者の雇用を促進する。

4．学校その他の組織を通じて随時、適確な職業情報を提供して、若年労働力の県内就職をはかる。

5．開発の進展、雇用情勢に即応した職業訓練施設の整備充実をはかり、技能労働者を育成する。

２－６．社会福祉対策

1．移動福祉事務所を開設し、関係市町村、市町村社会福祉協議会等の関係機関との連絡をはかりつつ開発地域住民の生活相談を行なうものとする。

2．低所得世帯のなかで、稼働能力を有する住民については、職業訓練、就職および生業について積極的な施策を講ずるほか、内職等を希望する住民に対しても、授産施設を設置して技能を習得させる。

3．施設入所を要する者に対しては、既存の社会福祉施設の拡充整備をはかるとともに、必要に応じて保育所、児童館、児童遊園等の整備の促進をはかる。

4．生業等のため、世帯更生資金、母子福祉資金、寡婦福祉資金の借入れを希望する世帯に対しては、貸付原資の増額につとめ、利用の促進をはかる。

２－７．教育振興対策

1．開発地域の幼児教育および義務教育を充実するため、計画的に幼稚園の普及ならびに小・中学校の整備充実をはかる。

2．既設高校の整備、充実をはかるとともに、必要に応じて高校大学および寄宿舎の新設も考慮する。

3．地域の実情に即した社会体育施設を建設するとともに、地域の自然環境を生かした野外教育施設（少年自然の家、野外活動センター）、公民館、図書館、博物館、文化センター等の社会教育施設についても計画的に整備する。

4．開発地域を「特別社会教育実践地区」に指定して、社会教育主事を常駐させ、開発を学ぶ社会学級の開設、移動公民館等による社会教育活動を実施し、住民の資質の向上をはかる。

２－８．公害防止対策

1．緑地帯の設定

⑴ 工業地域と住居地域との間に、森林、草地等の緑地帯を設定する。

⑵　工業地域内には、必要に応じて緑地を確保する。

2.　水質汚濁防止

開発区域内の公共用水域に、利用目的に応じた環境基準を定め、これを維持するためきびしい排水基準により規制を行なう。

3.　大気汚染防止

開発区域に、ばい煙等についてきびしい排出基準を定め、その規制を行なう。

4.　監視体制の確立

環境保全のため、開発地域内に大気、水質等の常時監視測定網を整備して、監視体制の確立をはかる。

5.　公害規制機関の設置促進

国に対して、開発地域内に公害規制担当官を配置する機関の新設を要請してその促進をはかる。

6.　立地企業に対する措置

⑴　企業から公害防止計画の提出を求める。

⑵　企業との公害防止協定を締結する。

(協定内容)

ⅰ　公害防止対策状況の公開

ⅱ　有害物質の排出量の規制

ⅲ　公害防止にかかわる新技術の採用

ⅳ　公害防止のための自動測定記録装置の設置

ⅴ　工場敷地内での緑地の確保

ⅵ　公害防止管理責任者の配置

ⅶ　その他公害防止のための必要な事項

⑶　廃棄物処理施設等の共同集約化を促進する。

3．土地のあっ旋基準

(対象者等)

1.　開発区域住民で、土地のあっ旋を希望する次の者を対象とする。ただし、勤務等のため開発区域内に一時的に居住している者および主として土地の売買およびあっ旋を業とする者を除く。

⑴個人（世帯単位とする）　⑵法人　⑶その他特に必要と認める団体等

2.　この基準は、住民対策大綱の公表時の開発区域住民に適用する。

ただし、特別の事情あると認めた者は、この限りでない。

［以下の表を省略］

土地のあっ旋基準一覧表

⑴代替農地のあっ旋を希望するもの

⑵宅地等のあっ旋を希望するもの

開発区域の現況

漁業の状況

事業所、商工業等の状況

低所得世帯の状況

児童、生徒の状況

中学校の進学就職状況

遺跡の状況（確認分）

［出典：青森県むつ小川原開発室,1972,『むつ小川原開発の概要』］

［出所：関西大学経済・政治研究所環境問題研究班,1979,『むつ小川原開発計画の展開と諸問題（「調査と資料」第28号）』250-260頁］

Ⅰ-1-2-11

土地代金と補償金の支払いかた──保償と代替地のあらまし

（財）青森県むつ小川原開発公社　昭和47年2月13日

1.　土地の代金は

契約をむすんだとき	30パーセント
登記したとき	50　〃
引越したとき	20　〃

2.　補償金は

⑴　建物移転

契約をむすんだとき	10パーセント
移転を始めたとき	50　〃
移転が終つたとき	40　〃

⑵　農業、立木、営業など

農業をやめたり、農業の経営規模を縮小した場合や、立木は土地を引渡したとき　100パーセント

営業している建物の移転が終つたとき　100　〃

⑶　漁業権、温泉利用権など

権利が消滅したとき　100パーセント

3.　土地代金や補償金は

受取人の指定する金融機関の預金口座に払込むか、または現金で支払います。

補償と代替地のあらまし

昭和47年2月13日

財団法人　青森県むつ小川原開発公社

1．補償はどのようになされるのか

(1)　農業補償

農業をやめる場合や、経営規模が小さくなる場合などに分けて、農業所得や家畜、農機具など農業資本の損失分を補償いたします。

(2)　山林補償

用材木や、薪炭林に分けて木の種類や量によつて買取りの補償をいたします。

(3)　漁業補償

漁業権が消滅する場合や制限をうける場合、また、漁業をやめる場合や休んだり、規模が小さくなる場合などに分けて、それぞれ補償いたします。

(4)　建物補償

移転できる建物と、できない建物に分けて補償いたします。

(5)　その他の補償

移転することによつて営業をやめたり、休んだりする場合の補償や、再び建物をたてるまでの借家賃、家財道具などの運搬や役場などの手続きの費用も補償いたします。また、神社、お寺、墓地などの移転に必要な経費も補償いたします。

2．新住区や代替地はどうなるのか

移転して新しく住む所や、代りの農地等については、皆さんと十分ご相談したうえで決めたいと思いますので、職員がおうかがいした時、ご意見をおきかせください。

3．その他

わからないことや、ご希望があるときは、職員がみなさんのところにおうかがいしたときに納得がゆくまでご相談してください。

昭和47年2月13日

1　土地代金

(1)　地目別の10アール当り価格

地目＼等級	1等級	2等級	3等級
田	760千円	720千円	
畑	670千円	630千円	600千円
山林・原野	570千円	540千円	510千円

(2)　宅地の3.3平方メートル(坪)当りの基準価格

対象集落名	基準価格
上弥栄、幸畑、新栄、上尾駮、大石平、原々種農場、弥栄平	6,000円
鷹架、沖付、新納屋	10,000円

(3)　その他の地目(牧場、池沼、ため池、堤、墓地、境内地等)

その他の地目の価格は、それぞれの土地の現況に応じて田、畑、山林・原野、宅地の価格に準じて決められます。

2　補償金

(1)　農業廃止の場合　注〔これは一例を示したものですので全般に適用されるものではありません。〕

区分	平均補償額	備考
水稲　10アール当り	100千円	
畑　　〃	75千円	陸稲計算
酪農　成牛10頭仔牛3頭の場合戸当	4,000千円	畜舎等は別

(2)　経営規模縮小の場合

単位当り補償額は個々の実情によって大きく異なりますので、平均補償額を例示しませんが、農業廃止にくらべて下廻ります。

(3)　建物の移転補償

現在の建物と同じ規模で同じ構造のものが、移転先に再築されるものとして計算補償されます。

(出典：財団法人むつ小川原開発公社資料)

Ⅰ－1－2-12

土地のあっ旋基準

青森県　昭和47年6月8日

土地のあっ旋基準

(対象者等)

1．開発区域住民で、土地のあっ旋を希望する次の者を対象とする。ただし、勤務等のため開発区域内に一時的に居住している者および主として土地の売買およびあっ旋を業とする者を除く。

(1) 個人（世帯単位とする）

(2) 法人

(3) その他特に必要と認める団体等

2. この基準は、住民対策大綱の公表時の開発区

土地のあっ旋基準一覧

(1)代替農地のあっ旋を希望するもの

		あっ旋基準				備考
		田	畑	山林原野	宅地	
1. 一般耕作希望（酪農より転換する場合を含む）	1) 村内にとどまり村外へ通耕する場合	提供水田面積と等面積,ただし横浜町,野辺地町,東北町については2分の1,上限3.0haとし,提供水田面積とあっ旋面積との差は上北地区の市町村であっ旋する。	提供面積と等面積（水田の提供者であって代替水田のあっ旋を受けないものについては,提供農地面積と等面積）ただし横浜町,野辺地町,東北町については2分の1,上限3.0haとし,提供面積とあっ旋面積の差は,上北地区の他の市町村であっ旋する。		1.公社が用意する場所に移転する場合は,1,000㎡を上限とし,実情に応じてあっ旋する。 2.新市街地（新住区）に移転する場合は1,000㎡を上限とし実情に応じてあっ旋する。 3.その他の場合は実情に応じてあっ旋する。	提供農地面積が0.5ha未満の場合は,等面積の農地または可耕地をあっ旋する。
	2) 村外に移転して移転先で耕作する場合	提供水田面積と等面積	提供畑面積と等面積（水田提供者であって代替水田のあっ旋を受けないものについては提供農地面積と等面積）		同上　1.3.適用	提供農地面積が0.5ha未満の場合は,等面積の農地または可耕地をあっ旋する。
	3) 村外に移転して村内（六ヶ所村）で耕作する場合	あっ旋しない。	提供農地面積の2分の1,上限3.0ha	〔提供農地面積×1/2〕-3ha	同上　1.3.適用	提供農地面積が0.5haから1.0ha未満の場合は0.5haの農地をあっ旋する。提供農地面積が0.5ha未満の場合は,等面積の農地または可耕地をあっ旋する。
	4)村内にとどまり村内(六ヶ所村)で耕作する場合	あっ旋しない。	提供農地面積の2分の1上限3.0ha	〔提供農地面積×1/2〕-3ha	同上　1.2.3適用	提供農地面積が0.5haから1.0ha未満の場合は0.5haの農地をあっ旋する。提供農地面積が0.5ha未満の場合は,等面積の農地または可耕地をあっ旋する。
2. 一般酪農希望	1)村外に移転して移転先で酪農を経営する場合	あっ旋しない。	提供農地面積と等面積		同上　1.3適用	原則として成牛4頭以下の飼育酪農家を対象とする。
	2)村内にとどまり村外で酪農を経営する場合	あっ旋しない。	提供農地面積と等面積		同上　1.2.3適用	

域住民に適用する。

ただし、特別の事情あると認めた者は、この限りでない。

■土地のあっ施基準一覧表

■宅地等のあっ施を希望するもの

［出典：青森県資料］

		あっ旋基準				備考
		田	畑	山林原野	宅地	
3．団地営農希望	1)酪農団地に移転する場合	あっ旋しない。	提供農地面積と等面積		営農施設に付設しあっ旋する。	
	2)養豚団地に移転する場合	あっ旋しない。	提供農地面積と等面積（おおむね3.0haを目途とする）	提供農地面積－あっ旋農地面積,上限3.0ha	同上	
	3)施設園芸団地に移転する場合	あっ旋しない。	提供農地面積と等面積(おおむね1.0haを目途とする）	提供農地面積－あっ旋農地面積,上限3.0ha	同上	
4．関連地域に移転する場合（営農団地を除く）		市町村，農協，農業委員会の協力を得てあっ旋につとめる。	市町村，農協，農業委員会の協力を得てあっ旋につとめる。		市町村等の協力を得てあっ旋につとめる。	

⑵住宅等のあっ旋を希望するもの

		宅地等のあっ旋基準	備考
1．周辺区域内	漁業後継者 商工業者 転職者 賃金労働者等	1．公社が用意する場所に移転する場合は1,000㎡を上限として実情に応じてあっ旋する。 2．新市街地(新住区）に移転する場合は1,000㎡ 漁民団地に移転する場合は７００㎡をそれぞれ上限として実情に応じてあっ旋する。 3．その他の場合は実情に応じてあっ旋する。	1．提供農地の代替地については「(１)農地の提供者で代替農地のあっ旋を希望するもの」の基準による 2．宅地については(１)と重複してあっ旋しない。
	農漁業協同組合、土地改良区ならびに商工会等	提供宅地面積以内であっ旋する。	
2．関連地域	漁業後継者 商工業者 転職者 賃金労働者等	市町村等の協力を得て、実情に応じてあっ旋につとめる。	同上
	農漁業協同組合、土地改良区ならびに商工会等	あっ旋しない。	
神社，仏閣，墓地等		境内，墓地は実情に応じてあっ旋する。	

Ⅰ-1-2-13
むつ小川原開発に係る住民対策事業の実施に関する協定書
昭和47年9月26日

青森市長島一丁目一番地一号
（甲）青森県
東京都中央区日本橋本町四丁目9番地
（乙）むつ小川原開発株式会社

甲および乙は、むつ小川原開発に係る住民対策事業の実施について、甲がその推進にあたり、乙がこれに協力することを確認し、次のとおり協定した。

（趣旨）
第1条　この協定は、乙の協力により甲が推進するむつ小川原開発に係る住民対策事業の事業主体、経費の負担等その実施に関する基本的事項を定めるものとする。
（定義）
第2条　この協定において「住民対策事業」とは、甲が策定した「住民対策大綱」に基づく事業およびこれに関連する事業をいう。
（事業主体および経費の負担区分）
第3条　住民対策事業の事業主体および経費の負担区分は、別紙のとおりとする。
（事業内容等）
第4条　住民対策事業のうち、乙の負担に係る事業ごとの経費および内容については、甲乙協議して定める。
（負担経費の納入）
第5条　第3条の規定により、乙が負担すべき経費の納入方法については、甲乙協議して定める。
（その他の事項）
第6条　前各条に定めるもののほか、住民対策事業の実施に関し必要な事項は、甲乙協議して定める。
上記協定の成立を証するため、この協定書を2通作成し、甲乙記名押印し、各自その1通を保有するものとする。

昭和47年9月26日

青森県知事　竹内俊吉
むつ小川原開発株式会社
代表取締役社長　安藤豊禄

別紙
住民対策事業の事業主体と経費の負担区分

Ⅰ　共通対策事業
1　土地のあっ旋
農地、宅地等のあっ旋は「土地のあっ旋基準」により乙が行う。
2　新市街地（新住区）の建設
新市街（新住区）の建設（用地の買収、造成等）および宅地の分譲は、乙が行う。
3　付帯施設に対する措置
「土地のあっ旋基準」により乙があっ旋した代替地において必要とする取付道路、電気および生活用水の施設整備については、その実情に応じて、乙が負担軽減をはかる。
4　生活関連施設整備
開発区域住民が、新市街地（新住区）に移転することにより必要になる診療所、保育所、公民館、消防屯所、体育館、児童館、児童公園および小公園を六ヶ所村が設置する場合は、乙がその建設費（用地、設備費を含む。）を負担する。
5　農・漁協等に対する措置
(1)　開発による影響で合併、解散、縮小する組合に対しては、必要に応じて甲が適切な措置を講ずる。
(2)　農・漁協等が、生産物、漁獲物の変化に伴い業務上あらたに必要とする施設については、極力補助制度で整備することとするが、当該組合の負担分については、関係機関の協議により、乙が全部または一部を負担する。
6　墓地の移転措置
新市街地（新住区）または乙があっ旋した土地に集団で移転した場合は、希望により、乙が墓地用地を造成して分譲する。

Ⅱ　農家対策事業
1　農地等のあっ旋
(1)　乙のあっ旋した代替地が現況山林・原野である場合は、要請に応じて、その条件等を協議のうえ乙が農地造成して分譲する。
(2)　営農団地の造成、分譲は乙が行う。なお、乙は水道、電気、道路等の施設整備をするほか、実情に応じて小公園等の施設整備を行う。
⑶　乙のあっ旋した代替地に移転した場合、経営資産の整備に要する経費（補償額を除く。）にかかる借入金の利子に対して、甲はその一部を補給するものとし、乙がその経費を負担する。
２　営農指導
⑴　技術研修は、甲が実施する。研修受講者が研修を受けるに要する経費は、甲と乙が負担する。
⑵　施設園芸等の実験施設を甲が設置する場合は、乙がその建設費の一部を負担する。

Ⅲ　漁家対策事業
主業漁家の育成
⑴　代替漁場の造成は、甲が行う。
⑵　漁港の整備は、甲が行う。
⑶　２０トン未満の漁船の建造・取得に要する借入金の利子に対して、甲はその一部を補給するものとし、乙がその経費を負担する。
⑷　漁民団地の造成、分譲は乙が行う。なお、乙は水道、電気、道路等の施設整備をするほか、実情に応じて小公園等の施設整備を行う。

Ⅳ　商工業者対策事業
１　研修、診断、指導等
⑴　経営に関する特別研修は、甲が実施する。
⑵　甲は、県中小企業総合指導所に中小企業診断士を増員配置して経営診断を実施する。
⑶　青森県商工会連合会が行う経営相談指導事業に対して、甲は助成するものとし、乙がその経費を負担する。
２　協業化の促進
小売商業店舗共同化資金の借入に伴う自己調達分の借入金の利子に対して、甲はその一部を補給するものとし、乙がその経費を負担する。
３　資金の融資あっ旋
⑴　甲は、融資の円滑化をはかるため、青森県信用保証協会に対して原資貸付を行う。
⑵　個人店舗の施設整備に要する借入金の利子に対して、甲はその一部を補給するものとし、乙がその経費を負担する。

Ⅴ　雇用対策事業
職業訓練
⑴　職業訓練施設は、六ヶ所村内に甲が設置する。
⑵　転職希望者で職業訓練を受けるものに対し、甲または六ヶ所村が転業訓練手当を支給する場合は、乙がその経費を負担する。

Ⅵ　社会福祉対策事業
１　移動福祉事務所の開設
移動福祉事務所は、甲が開設する。
２　生活向上のための措置
⑴　授産施設を六ヶ所村または団体が設置する場合は、乙がその建設費（用地、設備費を含む。）を負担する。
⑵　開発福祉基金に係る事業を六ヶ所村または団体が行う場合は、乙がその経費を負担する。
３　住宅の援護措置
⑴　宿所提供施設および低家賃住宅を六ヶ所村または団体が設置する場合は、乙がその建設費（用地設備費を含む。）を負担する。
⑵　低所得世帯の宅地購入、または住宅建設等に要する借入金に対し、甲は利子の一部を補給するものとし、乙がその経費を負担する。

Ⅶ　教育対策事業
１　文教施設整備
⑴　六ヶ所村が移転に伴う小・中学校を新設または増設する場合は、移転補償費および国庫負担分を除く建設費は、乙が負担する。
⑵　甲は、必要な時期をみて工業高校を新設するものとし、その施設、設備に要する経費については、乙が負担する。
２　奨学資金の貸与
奨学資金の貸与を六ヶ所村または団体が行う場合は、乙がその経費を負担する。

Ⅷ　その他の住民対策事業
ⅠからⅦまでに定めるもののほか、その他住民対策事業として実施が必要となつた事業の事業主体および経費の負担区分については、甲乙協議して定める。
［出典：青森県資料］

Ⅰ-1-2-14

むつ小川原開発第1次基本計画

青森県　昭和47年11月

1　開発の意義

むつ小川原開発が発想され計画されるにいたったのは、政府決定の新全国総合開発計画等に示されているように、今後の工業基地は、従来のような生産機能に偏した計画とは異なり、公害防止をはじめ環境の保全を根本条件とし、また、規模の巨大化が必然であるため、これに必要な条件を備えた地域が要請されるからである。

むつ小川原地域は、広大な土地、太平洋、津軽海峡、陸奥湾の外洋、内海両面にわたる長い海岸線および豊富な水資源を有し、また、労働力供給の可能性が多い等、今後の技術革新と相まって、大規模工業基地を建設するにふさわしい地域と目されるにいたった。

従来、本県は、産業構造の近代化に立ちおくれて雇用機会に恵まれず、若年労働力の県外流出は全国各県に比べて極めて多く、また、季節労働力の県外就労も著しく高率である。

とくに、本地域の農林水産業の振興については、多年、住民、農林水産業の振興施策を講ずることのみをもってしては、地域住民の福祉水準を全国水準並みに引きあげることは困難である。

したがって、産業構造の高度化をはかることは、農林水産業の振興にとっても有効であるとともに、県勢振興上の中心課題であり、むつ小川原開発は、これを達成するための大きな機会である。

本県としては、この開発の国家的意義を認めつつ、これを契機として、農林水産業者を主とするこの地域の住民、ひいては広く県民全体の生活の安定と向上に大きく寄与することを目標として、農林水産業と工業との調和のとれた発展を目ざし、地元住民の理解と協力のもとに『新しい地域づくり』、『新しい県土づくり』を期して開発を推進するものである。

2　開発の構想

むつ小川原開発は、地域の主産業たる農林水産業の再編成を含みつつ、その振興をはかることを基本に、大規模工業を導入する地域開発であるとの認識を県の建前とし、六ヶ所村、三沢市等16市町村の地域を対象に計画される総合的開発である。

したがって、この開発は、環境の保全を確保し、地域農林水産業の開発と工業開発との調和をはかることを重点とし、工業においては、石油利用産業等の基幹産業を中核とする大規模な開発を広く展開するものである。これにより、本地域の産業構造が漸次高度化し、昭和60年の地域人口は、おおむね33万人になると見込まれ、地域の所得水準は著しく上昇する。また、開発地域を拠点として、開発効果の利益が全県に及ぶことをはかり、昭和60年代後期には、本県の1人当たり所得水準は全国水準に達し、総合的な福祉水準は全国水準をうわまわることを目標とする。

2-1　自然環境の保全

本地域の開発にあたっては、原生の自然状態が維持されている地域、とくに重要な山岳、海浜、湖沼等ですぐれた自然環境を形成しているもの等について、その保全をはかり、保護する必要のある鳥獣、植物等の保護について十分配慮し、また、工業基地周辺にある樹林地、水辺地等は、その地域の良好な生活環境を維持するため存続をはかるほか、工業基地内においても緑地の確保をはかり、地域全体として緑豊かな大規模工業基地の建設を期する。

2-2　農林業の振興

本地域における農林業については、工業開発の進展に伴って、就労機会の増大および高級農産物の市場拡大等が期待できるが、工業基地の建設等による農地の減少などの影響も受けることとなる。

このような環境の変化に対応して、地域農業全体としては、今後における国、県の計画的な農業投資等により、生産性の高い集約的農業に転換させてその発展をはかる。

このため、地域の農林業振興については、工業開発との調和をはかりつつ、従来の土地利用型の農業から施設型農業への転換を誘導するなど、各種の努力により一層の発展をはかることを基本とし、すでに計画している生産基盤の整備のほか、米、畜産、野菜を中心とする主産地形成等の施策を一層強化するとともに、生産の組織化、団地化を推進し、さらに広域的な流通機構の整備をはかる。

また、工業開発に関連させて地域内農家の就業構造を改善し、安定的な就業機会を提供することによって、農家経済の向上をはかる。

2-3　水産業の振興

水産業については、水産物需要の増加に対応して、漁場環境の保全につとめ、水産資源の積極的な増殖をはかる。

陸奥湾においては、ホタテ貝の増養殖技術の向上と関連施設の整備により、生産の拡大をはかるとともに、輸出を含む消費流通対策を強化する。さらに、魚類を対象とした栽培漁業を確立し、漁船漁業の振興をはかって多角的漁業生産を展開する。

太平洋においては、漁場の改良造成をはかるほか、漁港の整備、漁船の大型化等により、近海、沖合漁場への進出を促進し、あわせて浅海の適地には、魚礁の造成および水産土木技術の導入、生産技術の開発等により、外洋性の栽培漁業を確立する。

小川原湖等の内水面漁業については、淡水化等に対応して、ふ化放流等をすすめ、資源の増大をはかるとともに、積極的に集約的養魚を確立する。

また、観光漁業の振興をはかるため、これに関連する諸施設の整備を促進する。

2-4　工業開発

工業開発は、本地域のすぐれた立地条件を積極的に生かし、石油利用産業および将来可能な場合には原子力利用産業の導入をはかるとともに、これらに伴う関連産業および高度の加工工業を計画的に誘導して、大規模工業基地の建設をはかるものとする。

この大規模工業基地は、環境保全、公害防止に十分配慮し、それぞれ適正な配置によってコンビナート群として形成されるが、交通通信体系の確立により相互に結合され、全体として田園的な環境の中に、新しい地域社会を形成することを目ざすものである。

2-5　交通通信体系の確立

基幹産業およびその関連産業の立地等に伴う輸送の増大に対処し、港湾、道路、鉄道等の総合的な交通体系を確立する。すなわち、本地域と国内各地ならびに海外を結ぶ交通施設、県内主要都市とを連絡する幹線道路および地域内における各機能を有機的に結びつける道路等を整備する。

また、産業の進展、生活水準の向上、社会活動の広域化等による情報の大量化、高速化等に対応して、情報、通信施設の拡充整備をはかる。

2-6　水資源の開発

本地域の開発に伴い、農業、都市、工業等大量の水需要の発生が見込まれる。このため、他地域を含む広域水需給計画を樹立し、その一環として小川原湖の利用ならびに他流域からの導水等について調査を行ない、本地域の水資源開発事業を促進し、利水施設の整備をはかる。

2-7　都市機能の整備

この開発は、本地域の自然環境を生かして、安全で快適な生活環境の確保をはかりながら、生産と生活機能とが調和した広域的な生活圏の形成を目途とし、魅力ある新しい都市づくりをすすめるものである。

すなわち、六ヶ所村に新市街地（新住区）を建設し、三沢市、十和田市、むつ市等の中核都市については、それぞれの特性に応じた都市機能の充実をはかり、また、他の既成市街地についても生活環境の整備をすすめ、交通通信施設によって有機的な連けいをはかる。

さらに、将来必要に応じて、都市機能の分担等について調和のとれた新都市の形成をはかる。

2-8　観光レクリエーション

国民生活水準の向上に伴う観光需要に対処し、十和田八幡平国立公園、下北半島国定公園をはじめ、浅虫夏泊半島県立自然公園および小川原湖沼群等のすぐれた自然景観を生かし、広域観光レクリエーション体系の形成をすすめる。

2-9　陸奥湾の利用

陸奥湾は、古くから水産業ならびに海上交通の場として重要な役割を果してきた。

さらに、近年観光レクリエーション地域としても注目され、その自然環境の保護が必要となっている。

一方、工業立地のうえから、大型船の入港適地として陸奥湾の利用に対する期待があるので、水産業の健全なる発展を優先しつつ、今後各種調査を実施のうえ、その利用の可能性の有無について検討する。

3　基本計画の性格

①　基本計画は、県民にむつ小川原開発の意義および計画を明らかにし、あわせて国としてのむつ小川原開発計画（マスタープラン）に県の意思を

反映させるためのものである。
② 基本計画は、大規模工業基地の建設を主軸とし、他計画との調整をはかりながら、地域の総合開発を指向するものである。
③ 基本計画の地域は、次の16市町村の行政区域とする。
（計画区域）
十和田市、三沢市、むつ市、平内町、野辺地町、七戸町、百石町、十和田町、六戸町、横浜町、上北町、東北町、下田町、天間林村、六ヶ所村、東通村
④ 基本計画は、第1次、第2次にわけて策定する。今回の第1次基本計画は、昭和60年を目標年次とした第1段階の開発を主とし、その開発の対象地域は、六ヶ所村鷹架沼、尾駮沼を中心とする工業基地およびその周辺を含めた地域とする。第2次基本計画は、今後の諸情勢を十分検討しつつ内容の一層の具体化をはかり、昭和48年度中に策定する方針である。

4　第1次基本計画

第1次基本計固は、むつ小川原地域の全域にわたる開発構想を実現するための第1段階の開発計画である。

この計画では、六ヶ所村および三沢市北部の臨海部を工業基地の計画区域とし、環境保全の見地から行なう諸調査の成果に基づき、その周辺には、林地農地を存置し、内部には、緑地を配した緑豊かな工業基地の形成をすすめ、また、開発の進展に応じ、これを基盤として、工業基地周辺の適地に関連産業および高度の加工工業を計画的に誘導する。

農林水産業については、工業開発との調和のもとに、その健全なる発展をはかることとし、農業は、工業開発に伴う環境変化に対応して、再編整備による高生産性農業をすすめるとともに、水産業は、恵まれた漁業環境の高度活用をはかり、生産基盤の整備を促進する。

この開発により移転を余儀なくされる住民と、新たに増加する人口を、六ヶ所村内の新市街地（新住区）と工業基地周辺の既成市街地に受け入れる。これら生産機能、都市機能等の形成に必要な交通、通信、生活環境等の基盤の整備をすすめるとともに、地元雇用の促進、社会福祉の向上、教育の振興の諸施策を講じて、新しい地域社会の実現をはかるものである。

とくに、移転を余儀なくされる開発区域の住民に対しては、住民対策大綱に基づく施策を実施して、その生活の安定と向上をはかるものである。

4-1　住民対策の実施

この開発には、地域住民の協力が何よりも必要であり、住民対策大綱はこの趣旨に沿って策定されている。すなわち、開発の推進にあたり、地域の住民の生活の安定と向上および地域産業振興の方向と施策を示し、住民の理解と協力を求めたものである。住民対策の実施については、国、県市町村の行政で実施するもの、およびむつ小川原開発株式会社で実施するものとに大別されるが、三者の協調により実効を期するものとする。

4-2　自然環境の保全

この地域の自然の特徴は、太平洋の長大な砂浜、点在する大小の湖沼およびその周辺の植物群ならびにそれらに依存する豊富な野生動物にある。

開発にあたっては、次の対策を講じ、極力その自然環境の保全に努める。

⑴野生動物の保護
① 干潟およびその周辺地域については、努めてその存続をはかる。
② 野鳥誘致林の造成をすすめる。
③ 保護する必要がある野生動物については区域を定め、その保護のための措置を講ずる。

⑵植生の保護
① 水辺に生活域をもつ植物群落の生活環境を保全する。
② 海岸植生およびその周辺地域を保護する。

⑶景観の保全
砂浜、湖水等の景観を保全する。

4-3　工業の開発

本地域における工業の開発については、土地、水および港湾建設のためのすぐれた立地条件等をふまえて、港湾、道路、鉄道および工業用水道等必要な産業基盤施設の整備を先行させつつ、基幹資源型工業の導入をはかり、環境の保全に十分配慮した理想的な工業基地を建設する。

4-3-1　工業基地の計画

理想的な工業基地を次のように計画する。

⑴ 工業基地の位置および面積

工業基地の位置は、六ヶ所村の鷹架沼、尾駮沼周辺から三沢市北部にいたる臨海部とし、その面積は約5,000haとする。

なお、小川原湖東部用地（三沢市）については、工業開発の対象区域とするが、今後、生産の動向、自然条件の調査、地元住民の生活設計等を勘案しつつ、誘導すべき業種、規模および区域を定めるものとし、第2次基本計画で明らかにする。

⑵ 工業の業種および規模

工業の業種は、長期的な国内需要および企業動向等の見通しから、石油精製、石油化学および電力を先行させるものとし、次の最終規模を有する工業基地を計画する。

なお、建設は事前に自然環境調査等を実施したうえで段階的に行なうものとする。

石油精製　　200万バーレル/日
石油化学　　エチレン換算400万トン/年
火力発電　　1,000万キロワット

最終規模に必要な工業用水は、通常の排水処理の場合は、日量約180万トンであるが、高次処理を行ない、排水を全量循環使用する場合は、日量約120万トンまで減量できる見込みである。したがって、実施にあたっては、新技術の導入等により積極的に用水の節減をはかり、あわせて公害防止に資するものである。

また、従業員は、約35,000人が見込まれる。

⑶ 工業配置

工業配置としては、おおむね鷹架沼北部周辺の台地に石油精製、臨海部の平地には石油化学および火力発電を効率的に配置する。

また、周辺の農地および林地は緑地として存続し、工業基地内においても海岸線にある保安林はできるだけ残すなど、緑地の確保をはかる。

さらに、工業基地周辺の内陸部には、石油化学関連産業および高度の加工工業等の立地を計画的に誘導する。

4-3-2　工業開発の方式

本地域の工業開発は、わが国において従来みられた、いわゆる企業誘致型あるいは企業自由進出型の開発ではない。

すなわち、過去における地域開発の経緯を反省し、さらには、将来の日本経済発展に必要な規模の経済性確立と環境保全との要請にこたえるため、国・県・民間企業が新しい協力体制のもとに豊かな環境を創造することを目途として、理想的な開発を行なおうとするものである。

この開発の特色としては

① 国家的要請に基づく事業としての開発
② 単に工業のための開発ではなく新しい地域づくりの開発
③ 地域住民の理解と協力による総合的開発
④ 公害のない開発
⑤ 国、地方公共団体、民間三者による協力体制の確立
⑥ 長期展望による大規模な開発

などである。

開発の実施にあたっては、新全国総合開発計画に示された新しい開発方式を背景とし、調査設計を行なう「株式会社むつ小川原総合開発センター」、用地確保にあたる「むつ小川原開発株式会社」および用地買収の実務を担当する「財団法人青森県むつ小川原開発公社」の三者をもってするいわゆる「トロイカ方式」を採用している。

そして、むつ小川原開発株式会社は、土地の取得、造成、分譲のほか、公害防止のための共同処理、緑地の設置と管理、開発に必要な関連企業への投資等を行ない、開発推進主体の一員として将来とも地域と一体となり、地域産業の発展と住民福祉の向上に寄与していこうとするものである。

4-3-3　工業用地の取得

工業開発の成否は、工業基地用地の取得にかかっており、そのため、次の措置により用地取得の円滑化をはかる。

⑴ 民有地

民有地は、土地所有者はもとより、地域住民の理解と協力により確保をはかるものとする。

⑵ 公有地等

公有地等は、関係機関の協力を求めて確保をはかる。

⑶ 国有林野

工業用地として必要な国有林野は、関係機関の協力により確保をはかる。なお、保安林については、従来の機能を失わないようにする。

⑷ 農林省上北馬鈴薯原原種農場

同農場は、工業基地の中心に位置し、移転を余儀なくされるので、関係機関と協議のうえ、県内適地に代替農場用地をあっ旋する。

⑸ 三沢対地射爆撃場

同射爆撃場は、工業基地の建設に重要な位置を占めているので、関係機関に返還措置を要請する。

⑹ 六ヶ所臨時対空射撃場

同射撃場は、工業基地の建設に重要な位置を占めているので、関係機関と協議のうえ移転を求める。

4-4　農林水産業および中小企業の振興

開発の進展に対応して、地域産業を健全に発展させるため、生産基盤の整備、経営の合理化、近代化等、次の施策を強力に推進する。

4-4-1　農林業

工業基地周辺の農業は、工業開発に伴う労働市場の拡大、移転を余儀なくされる農家の受入れ、地価の高騰など環境の変化に対応させて、施設型の集約的農業を指向して再編整備し、商品価値の高い作目の産地化をすすめる。生産体制としては、兼業農家を含めた生産の組織化をすすめ、機械、施設の効率的な利用がはかられる規模での団地化を推進する。また、これに関連して農業協同組合等農業団体の機能を一層強化するため、組織の再編整備をすすめ、事業の実施体制の充実をはかる。なお、六ヶ所村、三沢市を含めた工業基地周辺市町村における農業振興整備計画の樹立については、土地利用計画の調整をはかりつつ、昭和48年度中に地域指定ならびに計画樹立が完了するよう指導援助する。

⑴ 移転農家対策

開発により移転を余儀なくされる農家のうち、将来とも農業の継続を希望する者に対しては、一定基準による代替地をあっ旋し、営農の再建を援助する。このため、営農相談所の開設、営農技術研修の実施および特別営農指導班の設置等により濃密な指導援助を行なう。

⑵ 六ヶ所村の農業

開発の影響を直接受けることになる六ヶ所村については、工業基地周辺に残る農業の再編整備を行ない、積極的に振興をはかる。酪農については、すでに主産地が形成されているが、今後はさらに酪農振興センターに対する育成牛の預託ならびに現在調査中の吹越台地地区の造成草地の活用を期待し、なお草地に依存しつつも、さく乳専業型の方向で飼養規模の拡大をはかり、大消費地に直結したタンクコンテナ輸送のモデル団地を育成する。その他の畜産については、肉用牛、乳用雄子牛等の肥育団地を育成して、計画的出荷をすすめる。また、畑作については、夏期冷涼で日照の少ない気象条件を生かした準高冷地性の露地野菜の生産地形成をすすめ、将来は、花き、花木等の温室栽培団地を育成することとし、そのため現地試験をすすめる。稲作については、営農集団の組織化をすすめ、生産の合理化をはかる。

⑶ その他周辺地域の農業

六ヶ所村をとりまく周辺の北部上北一帯の農業については、六ヶ所村の農業振興の方向に準じて再編整備を行ない、積極的にその振興をはかる。

また、気象および土地条件が比較的良好な相坂川､高瀬川流域を中心とする南部上北地域は、すぐれた農業地帯が形成されており、今後の農業の振興方向としては、総合的に土地基盤整備を行ない、稲作について機械化を軸とした高生産性稲作団地の形成をはかる｡畑作については、近年根菜類を主体とした野菜の産地化がすすんでおり、今後も産地の拡大をはかりつつ、新たに施設園芸団地を育成するとともに、たばこ、養蚕の生産拡大をはかる。また、肉類の需要増加に対応して草地の造成に努め、肉牛肥育の集団化を進めるとともに、企業的養豚団地を育成する。

このほか、農産物の加工、販売、流通の体制を整備するため、農道の整備と集出荷に必要な施設等の導入を計画的に行ない、広域営農団地の形成をはかる。

⑷ 林業

林業については、海岸線に防災施設として現存する防潮、防風等のための海岸保安林を整備するとともに、工業地内の森林緑地の施業についても、保安林に準じて行なうよう指導する。また、部落周辺の森林については、水田、畑、草地などと一体化をはかり生産緑地として寄与させる。

さらに､内陸部および工業基地周辺の森林は、「甲地あかまつ」､「すぎ」などを主体とする林業生産地としての整備をはかるとともに、将来は、開発による経済の発展に伴って、森林のもつ公益的機能に対する要請が高まると考えられるので、林業生産のほか公益的機能をもたせた多目的な林業経営を促進させる。

4-4-2　水産業

地域周辺の漁業は、開発によって海面および内水面の一部の漁場が影響を受けることが予想されるが、漁業への影響を最小限度にとどめ、恵まれた漁場環境を高度に活用して高生産性の漁業を育成し、工業との併進をはかる。

⑴ 太平洋地区

本地区の沖合は、わが国有数のイカ、サバ等の好漁場であるばかりでなく、沿岸においてもサケ、マスの回遊性魚族ならびにカレイ類等の底棲魚族に恵まれている海域である。このため漁港の整備および新設、漁船の装備近代化、大型化等生産基盤の整備を促進するとともに、漁業技術の導入ならびに漁場造成等を積極的に行ない、漁船漁業の振興をはかる。また、浅海漁場においては、魚礁設置、岩礁爆破等により漁場の改良造成をすすめ。アワビ、ホッキ貝等の移殖放流等を行ない、資源の増大と生産性の向上をはかる。さらに、漁港の整備にあわせて、荷さばき、製氷、冷蔵、加工等の流通施設の整備を促進する。

⑵ 陸奥湾地区

陸奥湾は、ホタテ貝を中心としたアカガイ、ノリ、ワカメ等の一大増養殖場として確立されつつあるが、さらに、中高級魚を対象とした生産性の高い漁船漁業の振興をはかる。

このため、基礎的な調査を行ない漁場の改良、栽培漁業の推進等により水産資源の増大をはかるとともに、近代的養殖関連施設および漁船、漁具保全施設等の設置を促進する。また、計画的出荷をはかるため、畜養、水揚処理センター等の流通施設の整備に努める。

⑶ 小川原湖地区

小川原湖およびその周辺湖沼の内水面漁業については、淡水化等に対応して、漁場改良、産卵場の確保、ふ化放流等を行なって魚族資源の増大をはかり、さらに、集約的養魚を確立するため、その方策を調査、検討する。

4-4-3　中小企業

本地域の企業は、ほとんどが小規模なので、開発による環境変化に対応して発展していくため、規模の拡大を含む経営の改善が必要であり、次の施策を強力に推進する。

① 個別経営診断を積極的に実施し、経営改善等について指導を行なう。

② 中小企業の近代化、合理化、組織化等の経営基盤の強化をはかるため、必要な資金を優先的にあっ旋するとともに、制度金融の枠の拡大をはかる。

③ 大型の店舗および企業の進出に対処し、組織化を強力に促進する。

④ 人口の増加に伴い、都市化が予想されるので、商店街振興組合の設立および協業化による共同店舗建設について指導を行ない、小売商業界の近代化をはかる。

⑤ 製造業については、下請受注の増加に応じて業種転換および技術改善の指導相談を積極的に行なう。

⑥ 建設業および運送業については、企業合同、協業化および集団化を指導するとともに、中小企業高度化資金の活用をはかり、開発の基盤整備事業に積極的に参加できるよう育成する。

とくに、運送業については、トラックターミナル等の設置により、その合理化をはかる。

4-5　観光レクリエーション

太平洋岸の砂丘と海岸線、小川原湖を中心とする湖沼群および吹越山系等の自然風景を観光レクリエーション資源として活用し、これと調和した施設の整備をはかる。

① 小川原湖、田面木沼、市柳沼等の湖沼群区域については、国民宿舎、自然遊歩道などの施設の整備について検討する。

② 自然景観のすぐれている山間丘陵部に、自然探勝歩道、避難小屋、展望台等の整備について検討する。

③ 海蝕断崖、岩礁等による海岸景観のすぐれている地区に、海岸探勝歩道、展望休憩所などの整備をはかる。

4-6　基盤の整備

基盤の整備については、産業の発展動向および企業の進出時期等を勘案しながら、港湾、道路の基幹施設の整備を先行的にすすめるとともに、新市街地（新住区）等の生活環境施設の整備をはかる。

4-6-1　交通通信体系の整備

港湾、道路、鉄道、空港等の交通施設および通信施設を整備して、総合交通通信体系の確立をはかる。

(1) 港湾

本地域の恵まれた地形、海象等の自然条件を活用して、立地企業の業種、規模に適合した港湾を整備する。

① 鷹架沼および尾駮沼を中心とする地区に、大型船の入港可能な工業港を建設する。

② 開発に関連して、貨物量の増加が見込まれる既設港湾の整備をはかる。
③ 海難事故防止に必要な施設を整備する。
④ 陸奥湾の利用については、海域環境調査のうえ方針を定める。
⑤ 鷹架沼を利用して太平洋と陸奥湾を連絡する運河については、経済調査および潮流調査等を行ない、建設の可能性について検討する。

⑵道路

本地域における道路網は、工業基地、新市街地(新住区)、周辺市街地等の有機的な結合を確保し、他地域との情報の交換、物資の流通等のための主要な役割を果たすことになる。

したがって、生活、生産、業務および観光レクリエーション等に対応する機能をもつ道路網を設定し、寒冷地としての特殊事情、交通安全、環境保全等に十分配慮して整備する。

なお、工業基地の建設により分断等の影響を受ける道路網については、実情に応じて効果的な再編成を行なって整備する。

① 広域的な基幹道路の体系は、本地域を貫き、周辺拠点都市との間を結ぶ高規格路線により形成し、その整備をはかる。
② 効果的な地域ネットワークを形成する国道279号線、主要地方道八戸むつ線、八戸野辺地線、三沢十和田市線、七戸榎林平沼線、一般地方道平沼野辺地線等を整備する。なお、これら路線のうち、とくに本地域の開発のため重要と思われるものについては、整備水準の高度化を検討する。
③ 新市街地（新住区）等の配置に適応した地域住民の生活に必要な道路については、その効果的な整備をはかる。

⑶鉄道

開発の進展に伴う輸送需要に対応して、東北本線または大湊線に連結する鉄道の建設をはかる。

⑷空港

三沢飛行場については、民間航空との共用化をはかる。

⑸通信

多様化しつつ増大する情報通信サービス需要に対応し、データー通信等の通信施設の整備をはかる。

4-6-2　水資源開発（小川原湖の利用）

本地域の増大する各種用水の需要に対処して、小川原湖は、淡水化をはかるとともに水量調節機能を持たせ、用水の主供給源とする。

小川原湖の利用にあたっては、地域住民の意向を尊重しつつ、自然環境の保全に努め、小川原湖を含む高瀬川流域の治山、治水および利水事業を促進するとともに漁業の振興、観光レクリエーション等への活用など総合的な利用をはかる。

⑴治水および利水計画

① 小川原湖の利用水深およびその水位については、生活環境ならびに自然環境の保全に留意し、治水計画との調整をはかって決定する。
　なお、湖岸堤の築造を検討するとともに、既存施設についてはその機能が損われないよう対策を講ずる。
② 高瀬川については、治水計画により改修を行なうとともに防潮堰を設置する。
③ 開発水量は、高瀬川水系上流部のダム建設および他流域からの導水等の調査を実施したうえで決定するものとするが、現在までの調査から、当面、隣接流域を含めて日量約150万トンを予定する。
④ 取水にあたっては、農漁業用水、都市用水および工業用水等の利水計画と調整をはかって配分するものとする。
⑤ 小川原湖北部の高瀬川との接続部附近における海水の浸透防止および湖深部に蓄積する高塩分水については、今後の調査研究の結果により方策を講ずる。

⑵漁業の振興

① 湖水の淡水化等に伴う魚族資源への彰響に対しては、産卵場の確保およびふ化放流等を行ない、魚族資源の増大に努め、内水面漁業の振興をはかる。
　また、さけがたい損失については、関係団体と協議のうえ補償する。
② 荷揚場、船溜りおよび養魚施設等の既存施設については、それら施設の機能が損われないよう対策を講ずる。
③ 観光漁業の育成に努めるほか、養魚の方策についても調査、検討する。

⑶自然環境の保全等

① 小川原湖を中心とする湖沼およびその周辺に棲息する動植物の保護をはかるものとし、とくに鳥類の保護については、鳥獣保護区または野鳥誘致林を設定する等の措置を講ずる。

② 汚濁発生源の排出水質の規制を強化するなど、湖水質の汚濁防止に努める。

③ 湖周辺のすぐれた自然景観ならびに湖水の利用にあたっては、自然保護との調和をはかって活用の方策を講ずる。

4-6-3　新市街地（新住区）の建設等

開発により移転を余儀なくされる住民および今後増加する人々の快適な生活環境を確保するため､六ヶ所村内に新市街地（新住区）を建設する。

① 新市街地（新住区）は、当初人口約1万人、計画面積約130haで計画し、開発の進展に応じて逐次建設するが、将来は、人口規模約2万人まで拡張できるよう配慮する。

② 新市街地（新住区）内の道路は、歩行者専用道路等を積極的に計画するとともに、近傍幹線道路との連絡をはかり、他地区との連けいを確保する。

③ 上・下水道等の生活関連施設を完備するとともに、公園、文教施設、通信施設等の都市施設の整備をはかる。

④ 融雪施設、地域暖房等の整備について、調査、検討する。

⑤ 工業基地周辺の既成市街地については、既存整備計画の完成をはかるとともに、交通施設、生活関連施設、文教施設等の都市施設の整備拡充をはかる。

4-6-4　国土保全

高瀬川水系の河川および近隣の湖沼に流入する河川とそれら流域の治山・治水事業の促進をはかり、また、開発区域前面の海岸を保全する。

① 小川原湖については、湖岸堤の築造を検討するとともに、既存施設の機能を損わないよう対策を講ずる。

② 小川原湖への流入河川については、堤防の補強、河道改修等による治水効果を促進し、あわせて内水排除に努める。

③ 高瀬川については、治水計画により改修を行なうとともに防潮堰を設置する。

④ 太平洋沿岸の海岸浸蝕および高潮等に対処するため、海岸堤防の建設を検討する。

4-7　公害防止対策

この開発は、公害のない工業基地の実現をはかるため、次の諸施策を強力に推進する。

なお、立地企業に対しては、最新の公害防止施設を設置させることとし、これを行なわない企業については、立地を拒否する等の措置を講ずる。

⑴基礎調査の実施

企業立地計画を樹立するため、自然条件調査、汚染予測調査および公害防止技術開発事情調査等の諸調査を行なう。

⑵土地利用計画の樹立

公害防止のために、土地利用計画をたてるに際しては、緑地等の確保をはかる。

⑶公害防止計画の策定

公害防止対策の万全を期するため、必要に応じて、公害対策基本法に基づき、公害防止計画策定地域の指定を受け、公害防止計画を策定する。

⑷公害監視体制の整備

立地企業に対する規制を適正に行なうため、テレメーターシステム等による常時監視体制を確立する。

⑸公害防止施設の整備等

① 大気汚染防止については、排出物質量の低減化をはかるため、排煙脱硫装置等効率的な除害施設の設置、低いおう燃料の使用および燃焼管理の適正化をはからせる。また、集合高煙突を建設させる。

② 水質汚染防止については、水銀、シアン等の有害物質を含む水の工場外排出を抑制するため、用水の循環使用装置を設置させ、その他の油等を含む水の対策としては、油水分離装置、活性汚泥法等による処理施設を設置させる。

　また、温排水については、水域の温度の上昇を極力防止するため、温排水の冷却施設を整備させるほか、用水の深層取水などその対策をはからせ、さらに排出熱エネルギーの減少化をはかるため、その熱エネルギーの他産業における有効利用について検討させる。

③ 海洋汚染を防止するため、出入船舶のバラスト水、ビルジ等の廃油処理施設および油荷役の漏油防止施設を整備させる。

④ 騒音、振動、悪臭等については、公害を発生させないため工場配置を考慮し、さらにその防止施設を整備させる。

⑤ 以上のほか、公害防止の効率化をはかるため、必要に応じ、汚水処理施設、産業廃棄物処理施設等の共同化をはからせる。

⑹公害防止協定の締結等

公害防止に関する企業の責務を明確にするため、立地企業との間に、原燃料規制、排出規制、住民参加等公害全般にわたりその防止対策を規定した公害防止協定を締結する。

さらに、共同処理施設、複合汚染等について立地企業間で協同して検討する公害対策組織の設置を指導する。

⑺住民参加

地域住民の公害監視体制を確立するため、地域住民、市町村等をもって構成する公害対策組織をつくるとともに、公害モニター制度を採用する。

4-8　住民福祉の向上

この開発は、雇用の増大をすすめるとともに、教育、医療等生活環境の充実をはかり、地域住民の福祉の向上を指向するものである。

また、開発前期においても、開発によって移転を余儀なくされる住民を対象とする雇用の確保をはかるため、国の協力を得て内陸工業の導入をすすめる。

4-8-1　雇用

開発に伴う建設工事、企業立地など社会環境の変化のなかで、安定した職場、恵まれた労働条件のもとに就業できるよう、次の措置を講ずる。

① 開発に伴う移転者については、立地企業への優先雇用をはかる。

② 開発の進度にあわせ、県外流出の傾向にある新規学卒者および県外出稼者の職業指導を強化し、地元雇用の促進をはかる。

③ 地域住民の就業促進と労働条件の向上をはかるため、職業訓練施設を新設する。

④ 勤労青少年のための福祉施設、勤労者住宅等を建設して、労働福祉の増進をはかる。

4-8-2　社会福祉、保健衛生、生活環境

地域住民の社会福祉および生活環境等の向上をはかるため、開発に対応して次の諸施策を行なう。

⑴社会福祉の向上

① 移転を余儀なくされる老人、身体障害者、母子・寡婦世帯等低所得世帯の生活の安定と向上をはかるため、開発福祉基金を設定し、生活援護について特別の措置を講ずる。

② 児童の健全育成および婦人労働の増加に対処するため、児童厚生施設、保育所等必要な施設の整備をはかる。

③ 施設入所を必要とする老人、心身障害者等に対しては、必要な施設の整備をはかる。

④ 居宅援助の効率化をはかるための諸施設の整備をはかり、福祉センターを中心とする高度な福祉サービスの提供を行なう。

⑵保健衛生施設の整備

地域住民の健康の増進をはかるとともに、医療需要に対応するため、保健施設および医療機関の適正な配置と整備を促進する。

⑶生活環境の整備

開発の進展に伴う都市化に対応して、上・下水道、ごみ処理等の生活環境施設の整備をはかる。

4-8-3　教育

開発の進展に伴い、生活水準の向上とともに一層高い水準の教育が要請されることになるので、家庭、学校、社会を一貫する豊かな教育環境の造成を計画的にすすめる。

また、滅失するおそれのある埋蔵文化財等の文化的遺産については、その保護、活用をはかる。

⑴学校教育の充実

開発の進展に応じて学校教育施設を整備充実するため、次の施策を講ずる。

① 幼児教育については、計画的に幼稚園の設置をはかり、義務教育諸学校については、設置者たる市町村の意向により学校の統廃合、新増設など人口流動に即応した学校施設の整備充実をはかる。

② 高等学校については、進学率90%台を目標として、既設高校を整備充実するとともに、必要に応じて新増設をはかる。

③ 工業高等専門学校については、必要な時期に、学校法人により新設をはかる。

⑵社会教育の充実

地域社会の変化に対処し、また新しい地域社会を形成する者としての資質の向上をはかるため、次の施策を講ずる。

① 職業観の確立とコミュニテイづくりの促進のため、社会教育の基盤となる公民館の整備充実をはかるとともに、学習活動を積極的に推進する。

　また、地域の実情に即した社会体育施設を建設する。

② 豊かな人間性を育成するために、図書館、文化センター等必要な施設を設置するとともに、地域の自然環境を生かした野外教育施設を整備する。

⑶育英事業の実施

必要な時期に、財団法人による育英事業を実施する。

⑷文化財の保護

文化的遺産の保護とその公開、活用をはかるため、次の施策を講ずる。

① 埋蔵文化財の調査を積極的にすすめる。

② 生活様式等の変化によって散逸、滅失するおそれのある民俗資料の調査と、これが収集に必要な措置を講ずる。

③ 文化財、民俗資料等の保護ならびに公開、活用をはかるとともに、必要な博物館の建設を検討する。

○開発推進上の課題

むつ小川原開発は、その規模の巨大性、期間の長期性等、これまでに例をみない開発であり、新しい制度と行き届いた配慮により進められる必要があるので、次の事項について措置する必要がある。

⑴市町村行財政に対する援助措置

市町村は、開発初期において行財政面に大きな影響を受けることが予想されるので、特に開発の中心になる六ヶ所村等の要請に応じて次の措置を講ずる必要がある。

① 市町村振興計画策定の援助

② 社会資本の整備に伴う財源確保と重点的配分

③ 行政事務処理に対する指導援助

⑵特別立法について

この開発を円滑に推進するためには、特別立法措置を必要とする。しかし、これが実現には時を要すると思うので、この際、農地転用および税の問題について、緩和措置されることが要請される。

［出典：青森県むつ小川原開発室,1972年11月,『むつ小川原開発の概要』17-29頁］

Ⅰ－1－2-15　「むつ小川原開発に関する公開質問状」に対する回答

青森県知事　昭和48年2月22日

青森県知事　竹内俊吉

六ヶ所村むつ小川原開発反対同盟委員長

吉田又次郎殿

「むつ小川原開発に関する公開質問状」に対する回答

さる十二月二十日付のむつ小川原開発に関する公開質問状をうけとりました。その内容は、むつ小川原開発計画の白紙撤回をもとめ、農林水産業を基盤とする六ヶ所村の発展を望む趣旨が基本であると理解したところであります。

この地域の開発は、従来、先覚者により数々の開発構想が唱えられ、多年にわたり地域住民の努力が続けられてきたところであります。とくに農業においては着々とその成果をあげてきたところでありますが、それにもかかわらず一般に低所得水準を余儀なくされていることは遺憾ながら事実であります。

このような現状を打開し豊かな生活と幸福を築くためには、この地域の主産業である農林水産業の近代化をはかるとともに、工業の導入により産業構造の高度化を進め、就業機会の増大をはかり、農工調和の姿において、所得と生活水準の向上をはからねばならないと考えるものであります。

これまでの工業立地は、経済の成長を急ぐあまり公害をもたらしたことは事実であります。このような事態は、今や、国民の意識として到底許せない段階にたちいたっております。したがって、企業自体も従来の姿勢をかえることが当然であり、県としても住民とともに工業立地に対しては厳しく指導監視してゆくことが必要であることは申すまでもありません。この開発においては、当初から公害をださない確固たる決意のもとにすすめ、わが国の将来のモデル的工業基地の建設を計ることとし、この旨閣議了解もなされているところであります。

私は、これまでの工業開発において、公害が見られたという事情をもって、直ちに将来における工業開発をすべて否定することはゆきすぎであると考えるものであり、今こそ公害のない開発を進めるため、人智を結集すべきときであると考えるものであります。

こうした考え方のもとに、国、県、民間がそれぞれ役割を分担して、目下各般にわたる諸調査を先行させ、その成果により計画の具体化をはかっていくこととしているのであります。

以下、ご質問の点について順次私の考えを述べることといたします。

一 「現在、国のすすめる農林漁業の方向の基本的な転換を求める考えはありませんか。」

農業の問題は、広く国民経済の発展のなかにおいて総合的に対処しなければ解決でき難いことは否定できません。その意味で、国のすすめつつある総合農政施策の方向は、それなりに理解できるものでありますが、その手段、方法においては、現状の諸条件を無視した、無理のない進め方をとることが肝要であると考えております。

本県の戸当り農家所得は、逐年増加しつつありますものの、全国都道府県との比較においては低位にあり、出稼ぎは年々増加している状況であります。このため、私は機会あるごとに政府をはじめ関係方面に対し、本県の特性に対応した農家経済の向上対策を提言し、具体的には米生産調整後の措置、土地基盤整備等農業構造改善のための諸事業および工業の導入の推進などを要望して参りました。

私はこうした観点から、この地域の農業は田畑、草地等の基盤整備、新しい適作の選定、あるいは施設型農業への転換等により高生産性農業の育成をはかるとともに、農家所得の向上を期するためには工業の導入をテコとした農外所得の増大に努める必要があると考えております。

二　「六ヶ所村は、農林漁業を基盤とする村の発展を構想しており、大規模工業開発をのぞんでいません。国－県－と計画をおろすのではなくて六ヶ所村をはじめ、各自治体の自主的、民主的な計画の上に県の計画をたてなおしてください。」

この開発が住民の繁栄と幸福を第一とするものであり、住民に喜ばれる開発とするためには、住民との対話を進めながら、まず移転住民を中心に、その生活の安定と向上を期する必要があると考え、従来から努力をしてきたところであります。昨年六月決定したむつ小川原開発第一次基本計画ならびに住民対策大綱はこうした観点から、一年近くの時日をかけ、村内各部落座談会の開催をはじめ各種機関、団体等の意見を聴取し、必要な修正を加えて決定したものであります。

私は、この開発を進めるにあたって、ご指摘のような「国－県－と計画をおろす」考えは、もとよりとっていないのでありまして、今後とも住民の理解と協力を得て進めてゆくための努力をいたします。

三　「開発計画、公害等の調査資料、報告を公表してください。誰にでも閲覧複写の要求に応じてください。」

この開発は、前述のように公害のないわが国将来のモデル工業基地の建設を目指すものであり、このため国、県および関係機関等が役割を分担しつつ、協調して環境保全を重点とする総合的な基礎調査を実施し、現在までのところ、地形、地質等の土地調査をはじめ水資源の賦存および小川原湖の実態調査、気象調査、港湾計画の基礎となる波浪、漂砂等の海象調査、公害を防止するための事前調査、民俗、埋蔵文化財等社会環境調査、さらに生態系の自然環境調査等を広範に実施しております。今後これらを基礎にさらに諸施設計画調査を進め、総合的なマスタープランを策定することにしております。

とくに、公害防止関係の調査においては、主として大気および水質について、計画策定の段階で、事前予測を行うなど、その未然防止のために万全の措置を講ずべく進めているところであります。これらの調査成果に基づき適正な工場のレイアウトが決定されるわけでありますが、さらにこれらの建設にあたっては、工場の規模、配置等を環境保全上許容される範囲内で、段階的に進めるものであることは、これまでもしばしば申し上げてきたところであります。これらの調査成果については、公開が原則であり、できるだけご要望のご趣旨に沿いたいと考えております。

また、国および関係機関の実施した調査についても、同様公開することの了解を求めて参る考えでありますが、調査継続中あるいは未整理のものについては、直ちに発表し難いものもありますことを承知願います。

四　「知事の現地説明会を要請します。」

私が直接現地に出向いての説明については、一昨年十月以来その機会を得なかったことは、様々の事情があったにせよ不本意なことであります。また、貴村村長と隔意のない意見交換を希望して面談を数回にわたり申し入れましたが、容れられず、今日にいたっております。

これまで開発の基本計画、住民対策等については、その都度、各部落毎に説明会を開催し、ご意見をお聞きして参ったわけであります。村民の理解を深め協力を得るため、直接私が現地に赴くことも必要と考えておりますが、今後適当な時期にその機会を持ちたいと考えております。

以上お答いたしますが、この開発の趣旨をご理解のうえ、何分のご協力を重ねてお願いするものであります。

［出典：青森県むつ小川原開発室資料］

Ⅰ-1-2-16

公社の概況

（財）青森県むつ小川原開発公社　昭和50年7月10日現在

1　公社の設立概況

（1）　設立

当公社は、青森県が出捐した2000万円を基本財産とする「公益に関する財団であって営利を目的としないもの」として民法第34条の規定により、青森県知事竹内俊吉の許可を受けて、昭和46年3月31日に設立された法人（公益法人）である。（許可　昭和46年3月31日指令第1638号）

（2）　目的

むつ小川原開発の基盤となる開発用地を確保することにより、開発の実現を図りもって県勢の発展と県民生活の向上に寄与することを目的とする。

（3）　事業

公社は、その目的を達成するために、むつ小川原開発に必要とする用地の取得、造成およびあっ旋（主としてむつ小川原開発株式会社よりの委託）を行うほか、これらの事業の円滑な実施に必要な関連事業もあわせて行う。

（4）事務所

課および所	所在地
総務課　企画課 用地監理課　用地第一課 用地第二課	上北郡六戸町大字犬落瀬字坪毛沢100番 （フジ製糖株式会社事務所跡）
青森事務所	青森市古川二丁目20番4号
生活相談所	上北郡六ヶ所村大字尾駮字沖付4の21

（5）　役員

⑴　定数　理事16名以内　監事2名以内

⑵　任免　青森県知事

⑶　任期　2年

役員名簿

役名	氏名	備考
理事長	山内善郎	
理　事	三橋修三郎	専務理事
〃	松本又三郎	常務理事
〃	下山万志美	〃
〃	大塚金久	県総務部長
〃	清藤伊三郎	県企画部長
〃	高谷善孝	県民生活部長
〃	山田正寿	県民生労働部長
〃	七野譲	県環境保健部長
〃	中野賢一	県農林部長
〃	高杉正秋	県水産商工部長
〃	寺阪勝	県土木部長
〃	樋口栄一	県むつ小川原開発室長
〃	阿部陽一	むつ小川原開発（株）社長
〃	鶴海良一郎	〃　専務取締役
〃	岡本省一	〃　常務取締役
監　事	今野良一	県出納長

2　公社の組織（略）

3　用地取得計画面積（略）

4　土地買収価格と損失補償

（1）　土地買収価格（地目別10a当り）

地目＼等級	1等級	2等級	3等級
田	760千円	720千円	
畑	670千円	630千円	600千円
山林・原野	570千円	540千円	510千円

（2）　損失補償

「公共用地の取得に伴う損失補償基準要綱（昭和37.6.19閣議決定）」に準じて行なう。

5　公社実施業務の概況

（1）　調査関係

公社設立時から昭和47年12月24日までは、用地取得（代替地を含む）に係る各種調査ならびに資料の作成等を主として実施した。その主なものは次のとおりである。

ア　公図、公簿の転写
イ　用地、建物、立木等の現況確認
ウ　諸権利の調査
エ　代替地調査
オ　各種アンケート調査
（2）　用地買収関係
　ア　工業用地（新市街地を含む）
　　昭和47年12月25日から買収交渉を開始したが、現在（昭和50年7月10日）までの契約実績は次のとおりである。
　　契約面積　2745.2ha
　　（農地　1891.7ha　　非農地　853.5ha）
　　契約金額　18,649,335,574円
　　補償契約件数　　　　　　　1,228件
　　補償契約金額　4,097,395,047円
　イ　代替地（50.7.10現在）
　　確保面積　597.3ha
　　（農地　82.3ha　　非農地　515.0ha）
　　契約金額　2,703,336,058円
(3)　地権者等の工業地域視察研修の実施
　ア　実施回数　31回
　イ　研修参加人員　901名
　ウ　視察研修場所（主たるもの）
　　　a　日本石油根岸製油所（横浜市）
　　　b　川島織物（京都市）
　　　c　長田野工業団地（福知山市）
　　　d　ウエスト電気kk（福知山市）
(4)　その他
1　用地説明会の開催
　ア　工業用地　47年2月13日　六ヶ所村内7会場　参集地権者530名
　イ　新市街地　47年7月25日　千歳地区1会場　参集地権者55名

2　生活相談所の開設および運営状況
　ア　開設期日　昭和47年4月3日
　イ　開設場所　六ヶ所村農業協同組合事務所内
　ウ　専従担当職員数　7名
　エ　運営状況
相談項目件数

各種制度資金の借入方法と手続き	343件
職業訓練	220件
譲渡所得等税対策	1828件
住宅建築の設計、大工等紹介	122件
経営転換等に係る営農方式	13件
新市街地への移転等	13
酒、たばこ等の許認可手続	50
社会福祉	20
開発奨学資金	26
適職、適業種への具体的指導	2
その他	283
計	2920

6　開発奨学資金
(1)　事業主体　（財）青森県むつ小川原開発公社
(2)　事業内容

学校別\項目	貸与月額（1人当　円）	人数（人）	1ヶ月当り貸与金額	備考
高校	8000~13000	49	527.000	
短大	12000~18500	0	0	
大学	12000~21000	8	168.000	
各種学校	8000~16000	5	62.000	
計		62	757.000	11.548.000

（注　昭和48年4月1日から業務開始）
［出典：財団法人むつ小川原開発公社資料］

Ⅰ-1-2-17

むつ小川原開発第2次基本計画について

青森県　昭和50年12月20日

計画の概要

　第2次基本計画は、昭和47年6月作成の第1次基本計画の内容の一層の具体化をはかり、計画の構成は「開発の基本方向」、「地域開発計画」および「工業基地計画」の3章に分かれている。
⑴　開発の基本方向
　地域の現況、計画策定の課題をふまえ、主産業である農林水産業の振興を基本として、工業基地の建設による開発効果が地域全体へ広く波及することを期待しつつ、住民福祉の向上をはかり、地域総合開発を推進するための開発の方針、目標およびその将来方向を明らかにする。
(開発の目標)

人口	45年	28万人	60年	32万人	
産業構造	1次産業	45年	46%	60年	25%
	2次産業		16%		27%

3次産業　38%　48%
所得水準　全国比現在の60%を80%程度に向上させる。

⑵　地域開発計画

16市町村を計画対象とする総合開発であり、環境の保全、公害の未然防止に留意しつつ工業基地の建設を先行させ、農林水産業および工業等産業の振興、観光の開発、道路、港湾、小川原湖開発等の基盤の整備および生活環境、社会福祉等住民福祉の向上を計画する。

（環境の保全）

すぐれた自然環境を形成している森林、貴重な動植物は適正な保護をはかるものとし、開発の推進にあたっては、自然環境の保全に留意した土地利用計画のもとに適切な規制と誘導をはかり、また埋蔵文化財、民俗文化財等の歴史的環境、遺産は、開発に伴う影響を極力さけ、その保全、育成をはかる。

（農林業）

農用地のかい廃、農業労働力の流出等の生産環境の変化に対応して優良農用地の計画的確保をはかり、農業生産基盤の整備をすすめ、中核農家および集団的生産組織の育成により生産体制を強化し、地域農業の新たな展開をはかる。また、国土保全等森林のもつ公益的機能の充実をはかり、林地の高度利用、生産体制の整備を通じて林業生産の向上を促進する。

（水産業）

開発に伴う漁場への影響を最小限に止め、増大する水産物需要に対処し、漁場環境を高度に活用した生産性の高い漁業を育成する。

陸奥湾は全国のホタテ供給基地として資源培養型漁業の展開をはかり、内湾性漁場のモデル海域とするとともに、太平洋地区は漁船漁業の振興と併せて漁場造成を積極的に行い、浅海漁場の開発をすすめる。

（工業）

工業基地を建設し、これを中核として関連産業の立地が期待されるので、市町村と協力して、都市機能、交通および通勤条件等を勘案して各工業団地、工業適地に関連工業等内陸型工業の適切な誘導をすすめ、逐次高度加工工業の展開をはかる。

（小川原湖総合開発）

小川原湖は治水、利水事業を根幹に自然環境の保全に留意し、内水面漁業の振興と併せ湖の総合的な開発利用をはかる。治水計画としては、高瀬川水系を一貫した治水対策の一環として小川原湖下流の疎通能力の増大、河口堰等の治水施設の整備を行う。

また、小川原湖は河口堰により淡水化をはかるとともに、湖水位の人口調節を行い既得水利を確保するほか、新規に国営相坂川左岸地区の農業用水および工業用水等の開発を計画する。

（住民福祉）

工業基地の建設を契機とする経済生活基盤の確立と相まって、上下水道、道路、公園等の都市整備をはじめ教育、社会福祉、医療保健、生活環境等の住民生活をとりまくサービス機能を充実する。

都市整備については、青森市、八戸市と連けいしつつ、十和田市、三沢市、むつ市および野辺地町等を中心として都市機能の整備をはかるが、とくに工業基地周辺の地域はスプロール化を防ぎ、三沢市、野辺地町および六ヶ所村の工業基地、新市街地を中心に広域の都市計画区域を設定し、秩序ある都市圏の形成をすすめる。

⑶　工業基地計画

（工業開発規模）

第1次基本計画においては、主として土地利用の面から石油精製200万バーレル/日を目途として立地の可能性の検討をすすめてきたが、基礎調査の成果、環境影響評価に基づき、また生産施設の規制、石油備蓄政策等を勘案した土地利用および石油需給等を総合的に検討した。

	第1期計画	全体計画
石油精製	50万バーレル/日程度	100万バーレル/日程度
石油化学	80万t/年程度	160万t/年程度
火力発電	120万kw程度	320万kw程度

なお、第2期以降の立地計画は第1期計画の進捗状況および環境に及ぼす影響等を十分検討して計画をすすめる。

（土地利用、工業配置）

自然環境の総合的な価値評価を行い、保安林、自然環境保全上重要な森林等は適正な保護管理をはかるとともに、現在の樹林地は極力活用して緑地空間を十分確保し、用地造成等で改変される区域についても積極的に緑化を推進する。

工場配置は自然の地形を利用し、標高のある台地には石油精製を、東部の太平洋岸の低地には石油化学、火力発電等を配置する。また、生産施設等の配置は防災上の保安距離を確保するほか、遮断緑地を造成する。

なお、開発規模の修正によって工業開発地区面積に変更はない。

(公害防止)

45年以降産業公害事前調査をはじめ環境保全に重点をおいた基礎調査を実施してきたが、その成果に基き、現行の環境基準に照らして良好な生活環境を十分確保できる見通しのもとにこの計画を作成した。工場立地は段階的に進め、汚染物質排出のきびしい規制、公害防止協定の締結、監視体制の整備等の措置を講ずるとともに、環境影響の再評価を実施するなど公害の防止に万全を期する。

(港湾)

工業立地および一般公共貨物等の輸送需要に対応するため新たにむつ小川原港（仮称）を建設する。これは鷹架沼、尾駮沼を掘削する内港区とその前面に防波堤を設け、大型船に対応した外港区を建設する。当面、第1期計画に対応して鷹架沼港区を先行させる。また、超大型タンカーによる原油搬入のため一点けい留ブイ方式等についても、沖合の適地にシーバースを設置して対処することを検討する。

(開発のスケジュール)

ア．土地造成は52年を着工の目途とし、53年には第1期計画における工場の建設等が可能となるよう整備する。

イ．港湾、道路、水質源開発施設等は52年度着工、58年一部供用開始を目途とし、また、第1期計画に基く工業の操業時期は、58年一部操業を目途とする。

(工業開発に伴う住民対策)

ア．地権者に対しては、将来の職業志向に基づき、代替農地のあっせん、集約的農業への移行、内陸工業への就労等個々の実情に応じた生活設計の樹立をすすめる。

イ．工業基地はこれを受け入れる地域社会との調和をはかり建設するか、地元の「村勢発展の基本構想」等を十分にふまえた新しい地域社会の形成をめざすとともに、開発の進展に伴い環境変化に対応できるよう六ヶ所村を中心とした地域において適切な施策を講ずる。

［出所：関西大学経済・政治研究所環境問題研究班,1979,『むつ小川原開発計画の展開と諸問題（「調査と資料」第28号）』269-275頁］

Ⅰ-1-2-18

むつ小川原開発第2次基本計画

青森県　昭和50年12月20日

前文

本県は、地理的条件にも基因して産業構造の近代化に立ちおくれたため所得水準の低位を余儀なくされ、雇用機会も少なく、学卒者の県外流出および季節労働力の県外就労も相当数にのぼり、それが恒常化の状態をたどっている。このような状態から脱却し、県民の福祉水準の一段の向上を目ざすためには、県政振興の中心課題としての産業構造の高度化が強く要請されるところである。

こうした実情から、六ヶ所村、三沢市等16市町村の地域を対象とするむつ小川原開発は、これを達成するための大きな機会としてすすめられてきたところであり、この開発は農林水産業を主体とする地域の産業構造を基幹型工業の導入を契機に高度化し、地域の住民、ひいては広く県民全体の生活の安定と向上に大きく寄与することを目標として、農林水産業と工業の調和のとれた発展を目ざし、地域住民の理解と協力のもとに新しい豊かな地域社会を形成しようとするものである。

県は、昭和47年6月、県議会、関係市町村、関係諸団体等にはかり、地元の意向を反映させた第1次基本計画を作成し、国に提出したが、同年9月13日、むつ小川原総合開発会議において、関係省庁はこの基本計画を参しやくして土地利用の具体化をすすめるなど所要の措置を講ずる旨の申し合せがなされるとともに、9月14日むつ小川原開発についての閣議口頭了解がなされた。

その際、国から県に対し、開発をすすめるにあたっては、

⑴関係市町村の理解と協力が得られるよう最善の努力を払うこと。

⑵住民対策の具体化をはかること。

⑶工業開発規模については、公害防止など環境問題を中心としてさらに調査を行い再検討するこ

と。
について適切な措置を講ずるよう指示があった。
県は、
⑴　関係市町村の理解と協力を得ることについては、地元六ヶ所村をはじめ関係市町村および関係地域住民と随時協議を重ね、意見交換を行うなど、開発について理解を得ることについて一段の努力を傾注した結果、開発推進上の重要課題である工業基地等の用地契約交渉が、六ヶ所村はじめ関係地権者等の協力によって大幅な進ちょくをみるに至った。
⑵　住民対策の具体化については、この開発をすすめるにあたり重要な施策の一つであるとの認識にたち、県、六ヶ所村、むつ小川原開発株式会社および青森県むつ小川原開発公社が協力して、代替地のあっせん、営農指導、福祉対策、中小企業対策、教育対策等のほか、新市街地（A住区）の建設および生活再建の一環として内陸工業の誘致等の諸施策をすすめており、今後も引続き生活安定をはかるための誘導に努めていくことにしている。
⑶　工業開発の規模については、大気、水質および自然環境の保全、公害防止のための事前調査に重点をおいた各種の基礎調査を継続実施するとともに、その後における国民経済の長期見通し、石油需給見通し等の把握に努め、さらに産業界の意見を聴取するなど慎重に検討をすすめてきた。

昭和49年8月、以上のような経過をふまえ、環境保全に十分配意した工業開発の考え方について「むつ小川原開発のすすめ方（第2次基本計画の骨子）」として取りまとめ国に提出し、同年10月、この骨子を前提とした環境影響評価を実施しつつ、第2次基本計画の作成をすすめることについて国の了承を得た。

県は、この骨子に基づき関係省庁およびむつ小川原総合開発センター等の協力を得て、第2次基本計画の作成作業をすすめてきたが、工業開発の規模については、環境緑地の確保、防災・保安上における生産施設等の規制および石油備蓄政策に対処した工場配置、また、小川原湖の総合利用に伴う用水の確保、さらに大気および水質環境等の影響予測等に基づく良好な自然環境の保全、生活環境の確保等について総合的な検討を加えた結果、第1次基本計画における工業開発規模を修正して、石油精製100万バーレル／日程度とこれに関連する石油化学および火力発電とすることを妥当なものと考え、その立地をはかることとした。

第２次基本計画の作成にあたっては、工業基地の建設を契機とする地域の総合開発をすすめるため、六ヶ所村など開発地域各市町村からむつ小川原開発に関する構想、振興計画等の提出を求め、その計画、要望、意見等を組み入れ、さらに関係市町村長、市町村議会議長、県議会、県むつ小川原開発審議会等を通じ、地元をはじめ、広く県民の意向を十分汲みとって取りまとめたものである。

むつ小川原開発は昭和60年代を目標とする長期的計画であるが、県は、この計画実現のため国および関係市町村との十分な連携協調をはかりつつ、地域住民はじめ県民の理解と協力のもとに一層の努力を傾注し、この開発の計画的かつ円滑な推進を期するものである。

Ⅰ　開発の基本方向

1　現況

むつ小川原地域は、県の東北部にあって3市10町3村からなり、総面積は約2,800平方キロメートル、人口は約28万人（昭和50年国勢調査）で、農林水産業を基盤に、十和田市、三沢市、むつ市、野辺地町等を中心とした田園的環境の地域社会を形成している。

本地域の就業人口は、約14万人（昭和45年国勢調査）で、産業別には農林水産業が46パーセントと大宗を占め、そのほかは商業、サービス業、建設業就業者が多い。また、季節的出稼者は、農林水産業就業者の約4分の1にあたる1万5,000人程度の多数にのぼっており、地域の所得水準は、全国平均の60パーセント程度を余儀なくされている。

土地の利用としては、森林原野が約1,750平方キロメートルで63パーセントを占め、次いで農用地が約570平方キロメートル（5万7,000ヘクタール）で20パーセント、あわせて83パーセントに達している。

交通条件は、本県と関東、北海道を結ぶ道路、鉄道の幹線が縦貫するとともに空港の利便に恵まれ、また、東北新幹線鉄道建設など全国的交通ネットワークの整備計画がすすめられているが、地域内交通については、道路整備水準等に立ちおくれがみられる。

2　開発の方針

本地域の開発にあたっては、これらの現況をふまえ、地域の主産業である農林水産業の再編成を含みつつその振興をはかることを基本に、地域の土地、水および労働力などのすぐれた条件をいかして、六ヶ所村から三沢市に至る臨海部に大規模工業基地を建設して基幹型工業の導入をすすめ、その開発効果が地域全般に広く波及することを期待しつつ、住民福祉の向上をはかるための地域総合開発を推進するものとする。

3　開発の目標

むつ小川原開発は、海、山、川の自然と調和した都市、農山漁村との新しい生活圏構成のもと、それぞれ高度に生活機能を充実し、将来への期待がもて、生活を楽しみ、働きがいを感じる魅力ある生活の場を創造しようとするものである。

その新しい地域社会の形成により、総人口は、昭和60年には現在の約28万人からおおむね32万人に増加するものと見込まれる。

また、就業者は約16万人となるが、産業構造の高度化がすすむので、第2次産業、第3次産業就業者が大幅に増加し、若年労働力の地元定着および季節的出稼の大幅な解消がはかられて、地域全体としては第1次産業約4万人（25パーセント）、第2次産業約4万3,000人（27パーセント）、第3次産業約7万7,000人（48パーセント）の構成になると見込まれる。

さらに、全国に比べて60パーセント程度と低位を余儀なくされている所得水準は、昭和60年には80パーセント程度まで向上し、将来は、全国水準を上回ることを目標とする。

4　開発の方向

① 本地域の開発にあたっては、良好な自然状態が維持されている地域について、自然のもつ価値、特性に応じた適正な保全をはかるとともに、貴重な動植物の保護および歴史的環境の保全について十分配慮し、また、地域住民の健康を守り、つねに望ましい生活環境を維持するため、公害の未然防止に万全を期し、地域全体としては緑豊かな地域の形成をはかる。

② 本地域は、西・北部一帯の森林地帯および東部の小川原湖等湖沼群一帯、また太平洋、陸奥湾に接した長い海岸線等豊かな自然に恵まれているので、極力、その保全に努める。林地については、その公益的機能の充実をはかるとともに林業生産力を高め、また、雄大な自然景観をもつ国立公園、国定公園、県立公園および湖沼群は、住民の憩いの場とするほか、東北・北海道を結ぶ広域的観光の体系化をはかる。

③ 地域北部の優良な酪農、肉用牛生産地域、および地域南部の水稲、畑作の優良な農業地域は、工業用地等との調整をはかりつつ、農用地開発および土地基盤整備をすすめるとともに、省力化のため集団化等生産体制を確立し、また、著しい需要増加が見込まれる生鮮野菜などの供給地としての役割を果たすように高生産性農業地帯を形成する。

④ 太平洋および陸奥湾については、漁場環境の保全に努め、海域の港湾利用と調整しつつ漁場を開発造成し、また漁港施設等を整備して養殖漁業、漁船漁業および沿岸漁場の有効利用を推進し、水産物生産の場として活用をはかる。また、陸奥湾は古くから海上交通の場として重要な役割を果たし、近年は住民のレクリエーションの場ともなっているので、今後とも総合的な利用をはかる。

⑤ 六ヶ所村鷹架沼および尾駮沼周辺から三沢市北部に至る臨海部は工業開発地区とし、モデル的工業基地を建設し、基幹型工業等の立地をはかる。また、これに伴う関連工業は、各市町村の工業団地等へそれぞれ特性をふまえて計画的に配置し、地域の工業集積を高める。

⑥ 社会経済構造の変革に伴い、都市機能に対する要請が強まるので、都市相互の機能の分担をはかりつつ、都市計画を策定し、必要な都市基盤の整備をすすめる。

⑦ 自然公園、緑地、史跡、農漁村地域、工業地域および都市地域を有効に連けいさせ、それぞれの機能の十全をはかるため、道路、鉄道、港湾、空港等高速大量交通網の整備をすすめ、あわせて生活道路の整備水準の向上をはかる。

⑧ 小川原湖については、治水、利水事業を根幹とした総合開発計画を樹立するとともに、農業用水、生活用水および工業用水等新規の水需要に対処して、水資源開発事業を行う。

⑨ 自然災害ならびに開発に伴う人口、資産、公

共施設、生産施設等保全対象の増大に対処して国土保全をはかるため、治山治水および海岸事業を推進する。

II　地域開発計画

1　環境の保全

本地域は、十和田湖以北の奥羽山脈東側山腹と、これに続いて太平洋岸に広がる上北台地から、下北半島東部の吹越山地、下北山地、砂子又丘陵に及んでいる。山地と丘陵地は森林として、台地と低地は畑地、放牧地および水田として広く利用されているが、地域内には、十和田八幡平国立公園、ヒバ、ブナを主とするすぐれた天然林、自然状態を維持している広大な砂丘、学術的に貴重な動植物の生育、生息する湖沼湿原等の区域が含まれている。

地域のうち、風致景観に秀でた地域、すぐれた自然環境を形成している森林、学術的に貴重な動物の生息地、市街地周辺の緑地等は、各種関係制度により適正な保護をはかるものとし、また、開発の推進にあたっては、自然環境の保全に留意した土地利用計画のもとに適切な規制と誘導をはかり、豊かな環境の形成に努めるものとする。

また、この地域には、縄文時代の遺跡等の埋蔵文化財が数多く分布し、さらに民俗文化財にすぐれたものが多い。これらの歴史的環境、遺産については、開発に伴う影響を極力さけて、積極的に保存、育成をはかるものとする。

1－1　自然環境の保全

① 十和田八幡平国立公園、下北半島国定公園、浅虫夏泊県立自然公園については、それぞれ公園計画に基づき、風致景観のすぐれた地区を保護し、利用施設の整備に努め、適正な利用をはかる。

② 奥羽山脈および吹越山地内の森林は、林業等との調整をはかりつつできるだけ保全するとともに、すぐれた自然環境を形成しているヒバ、ブナの天然林、ヒメマリモの生育する左京沼、カンムリカイツブリをはじめとする水鳥類の繁殖地として良好な環境を保っている田面木沼および市柳沼、市街地および集落周辺で良好な自然環境を維持している樹林地等の緑地については、地元住民等の意向をきき、森林法に基づく保健保安林および県自然環境保全条例による自然環境保全地域および緑地保全地域の指定に努める。

③ 大湊湾および夏泊半島のハクチョウ渡来地、尻屋崎の渡り鳥渡来地、十和田、八甲田地区の鳥獣生息地等の鳥獣保護区については適正に管理し、野生鳥獣の保護、繁殖をはかる。また、干潟のある高瀬川河口部は、自然のまま存置されるよう配慮し、鳥獣保護区に指定して、鳥類の保護に努める。

④ 太平洋沿岸砂丘地帯に造成されている保安林は、防災および環境保全上重要な機能を有するものであり、工業基地等の建設においても、土地利用との調整をはかりつつ、極力存置するよう努める。

⑤ 工業基地の建設をはじめ産業開発等にあたっては、自然環境に及ぼす影響について事前に調査して自然環境の保全に留意するとともに、その地域内には樹林地等の緑地の存置、造成をはかる。

1－2　歴史的環境の保全

① 埋蔵文化財について事前に分布調査および試掘調査を行ってその実態の把握に努め、開発にあたっては、できるだけ公園、緑地等として保全・活用をはかる。やむを得ない場合にあっては、発掘調査を行って記録保存の措置を講ずる。

② すぐれた民俗資料は、あらかじめその収集保護に努めるとともに伝承芸能、祭礼等で貴重なものは、できるだけ保存措置を講ずる。

③ 遺跡出土品および民俗資料等の保存・活用のため資料館等の建設をはかる。

1－3　公害の防止

本地域は、全体として田園的環境の中にあって緑の豊かな地域であり、環境の汚染はほとんどみられないが、将来の産業活動の発展と人口の増加、さらに都市化傾向による環境の変化等に対処し、良好な生活環境の維持をはかるため、産業開発、公共事業等の計画にあたっては、事前に環境影響評価を行うとともに、公害の発生源対策の推進、地元市町村と企業との間に厳しい協定を締結する等公害対策に万全の措置を講ずるものとする。そのため、県条例の制定についても検討する。

自然環境保全計画概要図［略］

2　産業の振興

2－1　農業

農業については、工業開発との調和のもとに、その健全なる発展をはかることとし、工業開発の進展に伴って予想される農用地のかい廃、農地価格の上昇、農業労働力の流出、都市化の進展に伴う生産環境の変化等に対応して、優良農用地の計画的確保と農業生産基盤の整備等を促進しつつ、土地利用の高度化をはかることとする。このため、農業発展の担い手となる中核農家と集団的な生産組織の育成を中心に農業生産体制を整備して、地域の農業生産力の新たな展開をはかる。

(1)　農業生産の振興

①　稲作

相坂川および高瀬川水系における水田地帯は、県内有数の稲作地帯を形成しているので、今後さらに総合的な土地基盤整備をすすめるとともに、高性能機械を軸とした機械化を推進するほか、大規模乾燥調整貯蔵施設の整備等をすすめ、生産から流通に至る一貫した広域的な生産流通体制を確立して高生産性稲作地帯の形成をはかる。

また、両水系以外の地域の稲作についても、土地基盤の整備、高性能機械の効率的利用等により生産の合理化をすすめ、生産の安定、向上をはかる。

②　畜産

酪農の振興については、本県酪農の中核をたしている北部上北、むつ市斗南丘等、酪農経営が定着している地帯において飼養規模の拡大をはかり、高能率な生産団地の形成を促進する。このため、地域内の草地開発を促進するほか、酪農振興センターならびに共同育成牧場を拡充整備して育成牛の預託等を強化する。また、生産乳の市乳化を促進するため、大消費地と直結したタンクコンテナ輸送の推進をはかる。

肉用牛生産団地の育成については、八甲田山寄りの地帯を中心に、繁殖と肥育を結合させた地域一貫生産体系を主体とした肉用牛生産を拡大し、また、むつ市等におけるヘレフォード種を主体とした大規模な生産団地の形成を促進する。

さらに、北部上北を中心とした地域においては、酪農団地と提携した乳用雄仔牛を主体とする集団肥育を推進する。このため、草地開発、林地の放牧利用、野草地の集約的利用ならびに共同放牧施設の整備等をすすめ、繁殖経営基盤の拡大強化をはかるとともに、共同畜舎、肥育施設等の整備をはかるほか、肥育技術の改善普及に努める。

また、養豚、養鶏については、環境汚染等公害防止に留意しつつ、山寄りの適地に大規模な団地の育成をはかる。

③　畑作

地域全体では、ばれいしょ、ながいも、にんにくが産地として定着し、南部においては、きゅうり、にんじん、加工トマト、はくさい等の産地化がすすみつつあり、また、北部においては、夏季冷涼な気象条件をいかしただいこん、キャベツ等の生産拡大がはかられている。

今後も地域の条件に即し、既成産地を中心に生産の拡大をはかるほか、南部においては一部施設園芸の普及に努め、北部においては、新たにレタス等特産野菜産地を育成し、野菜指定産地の拡大をはかる。

普通畑作物の大豆、なたね等については、県内の主産地となっているが、収益性が相対的に低いため作付も減少の傾向にある。しかし、今後は、大幅な増加はできないものの、国内の自給率向上が要請されているので、作付体系の改善、地力の増強、遊休地の活用等により反当り収量の増加と作付規模の拡大をはかる。また、葉たばこ、養蚕については、南部の既存産地の生産拡大を推進するとともに、北部においては新産地の開発育成をはかる。

さらに、生産と出荷の合理化をはかるために、生産管理用機械施設ならびに集出荷施設の整備を推進するほか、野菜集送センターを中心とした広域的な集出荷体制を整備する。

(2)　生産・体制の整備

本地域の農業は、工業化の進展に伴い今後数多くの兼業農家群と少数の専業農家が混在した形で展開されることとなろうが、地域の農業生産の発展をはかるには、この兼業農家と専業農家の相互協調による集団的な生産組織を確立することが必要である。そのため、専業的農家を農業の中核的な担い手として育成しつつ、これを中核として、作目および地域の実情に応じ、機械施設の共同利用組織、農作業の集団的受委託組織、協業経営組織等の集団的な生産組織の育成を促進する。

なお、これらの経営体の育成をはかるにあたっては、農協等の指導調整機能を重視し、その体制整備をはかるとともに積極的な指導を強化する。

⑶　生産基盤の整備

工業開発の進展に伴い、農用地の転用かい廃が見込まれるが、これに対処し計画的に農用地を確県するため、地域内における農用地の積極的な造成をはかるものとし、現在計画調査中の国営吹越台地、県営斗南丘等の農地開発事業ならびに草地開発事業等を促進する。

また、機械化を軸とした高生産性農業の展開をはかるために、ほ場整備、農道および用排水施設等ほ場条件の体系的な整備をすすめるものとし、相坂川左岸の国営かんがい排水事業の推進をはかるとともに、県営の相坂平、指久保、切田等において幹線用水路の整備および県営の奥瀬、奥入瀬川、平内西部等のほ場整備を促進するほか、十和田および中部上北地区の広域営農団地農道をはじめ農免農道等域内農道の整備をはかる。

農業土地基盤整備計画概要図［略］

2－2　林業

林業については、国土の保全等森林のもつ公益的機能を充実するとともに、増大する木材需要に対処するため、低生産性樹種から高生産性樹種への転換など林地の高度利用の推進、施業の共同化など生産体制の整備を通じて林業生産の向上を促進する。

⑴　公益的機能の充実整備

自然災害の発生を予防し、地域住民生活の安全をはかるため、森林造成に係る保安施設の設置および治山事業を積極的に実施する。

また、水資源確保のため保安林を再配備し、保安林の機能増大をはかるため保安林改良事業をすすめる。

さらに、環境保全林を十和田市等都市の周辺に造成する。

⑵　林業生産の振興

①　造林の推進

木材需要の増大に対処し、低生産性樹種から高生産性樹種への転換および原野、未立木地の造林をすすめることとし、東北町以北の丘陵地の森林については、在来の優良品種である甲地アカマツを、沿岸部には気象、土壌等を考慮してクロマツを主体とした造林を推進する。

また、十和田市から平内町に至る八甲田山系の森林地帯にはスギを主体とした造林を推進する。

②　生産基盤の整備

小規模林業の共同経営、団地化、拡大造林の推進、林産物の流通の円滑化をはかるため峰越林道等林道の開設、改良を推進して林道網を整備するとともに、林業総生産の増大、生産性の向上、林業従事者の所得向上をはかるため、部分林の設定、基幹作業道の整備、木材集出荷施設の整備等林業の構造改善を積極的にすすめ、林業経営の合理化を促進する。

2－3　水産業

水産業については、本地域のたんぱく資源の供給基地としての役割がさらに大きくなるので、今後、工業開発に伴い、太平洋岸および内水面の一部漁場への影響が予想されるが、漁業への影響を最小限にとどめ、各漁場の特性をいかした漁業を育成し発展をはかる。

⑴　陸奥湾地区

この地区の恵まれた漁場環境を高度に利用し、全国のホタテ種苗供給基地として資源培養型漁業の展開をはかるとともに、内湾性漁場の適正利用のためのモデル海域とするなど、さらに濃密な陸奥湾漁業の開発をすすめる。

①　生産基盤の整備

ア　茂浦漁港の修築をはじめとし、清水川、野辺地などの漁港を整備するとともに、漁港関連道路、漁港施設用地の造成等により、漁港機能の充実をはかる。

イ　ホタテ貝養殖作業の能率化をはかるため、共同作業施設、養殖資材等の保管施設、漁船用給油施設の整備をはかる。

ウ　ホタテ貝養殖のほか、中高級魚類を対象とした資源培養型漁業を確立するため、適地に幼稚仔保育場を造成するとともに、平内町地先等に並型魚礁を投入して漁場の整備を行い、魚族資源の増強をはかる。

②　流通施設の整備

漁獲物の品質の維持向上、流通体制の整備をはかるため、むつ市等に蓄養施設を設置するとともに、製氷冷蔵施設および水産物荷さばき施設等を設置する。

また、特産のホタテ貝については、加工工場の整備をすすめ、加工技術および品質の向上をはかるとともに、平内町に加工品の共同集配センターを設置し、その出荷調整、輸送の合理化等流通の改善をすすめる。

⑵　太平洋地区

本地区の沖合は、回遊性魚族資源に恵まれており、漁港の整備および漁船の装備近代化、大型化等生産基盤の整備を促進して漁船漁業の育成をはかるとともに、漁場造成等を積極的に行い、沿岸漁場の効率的利用を促進する。

また、浅海漁場については、大規模増殖場、魚礁設置等による漁場の整備、貝類漁場の造成等による資源の増大と生産性の向上をはかる。

①　生産基盤の整備

ア　漁港整備の立ちおくれ等から漁船漁業が伸び悩み、その生産性も低位にあるので、三沢、白糠、泊、尻屋、関根、野牛等の各漁港を整備する。

イ　東通村北部の浅海において、依存度の高い磯根資源の増強をはかるため、投石および並型魚礁の設置と幼稚仔保育場の造成を行い、さらに東通村石持周辺では、コンブ、ウニ、アワビ等を対象に、また、南部の三沢沖地先では、貝類を対象とした増殖場を開発する。

また、適地には、移動性の強い回遊性魚族を対象にした大型魚礁を設置し、さらに三沢沖、東通沖には人工礁漁場を設置する。

ウ　三沢沖等にホタテ稚貝の地播放流をすすめるほか、泊等においてコンブ養殖施設を設ける等養殖漁業を推進する。

エ　漁業経営規模の拡大とその振興をはかるため、漁船装備の近代化、漁業用各種施設を整備することとし、養殖資材等の保管施設、作業施設を設置し、主要拠点には種苗供給施設等の整備をはかる。

②　流通施設の整備

白糠、泊、三沢等の中核的漁港を中心に荷さばき施設、製氷冷蔵冷凍施設、蓄養施設等の整備をはかる。

⑶　小川原湖地区等

小川原湖および周辺湖沼の内水面漁業については、水質等漁場環境の保全に留意し、淡水化等に対応して生産拡大のための種苗生産、流通加工施設の整備をはかり、増養殖漁業の振興を推進する。

淡水化後の小川原湖は、淡水系魚族資源の増強を重点とし、ワカサギ、ウナギ等の種苗放流を積極的にすすめる。

また、これらの魚種の産卵場を造成し、産卵ふ化の促進をはかるとともに、健苗の育成をすすめるため種苗生産供給施設の設置をはかる。

水産業振興計画概要図［略］

2－4　工業

本地域は、用地、用水、労働力等には恵まれているものの、都市集積および交通基盤等の条件には立ちおくれ、また、大消費地市場とは遠隔にあるなどから、最近の経済情勢もあり、企業立地におくれがみられる。

しかしながら、本地域は、農林水産業を主体とした産業構造にあるので、従来、工業については生産性の高い雇用の場を確保するための工業開発が要請されてきたところである。

したがって、本地域の工業の振興にあたっては、大規模工業基地を建設し、これを中核として、すでに用意されている工業団地、工場適地に関連工業等内陸型工業の適切な誘導をすすめるものとし、逐次、高度加工工業の立地集積をはかる。

このため、本地域に都市機能、交通条件および通勤条件等を勘案して次の5圏域を想定し、関係市町村と協力して工業の立地誘導をはかるものとする。

①　むつ圏は、むつ市の都市集積、重要港湾大湊港を擁し、また、下北半島の森林、水産物および石灰石資源等に恵まれているので、大湊港背後地の工場適地および尻屋岬港周辺等に木材木製品、食料品、セメント、漁船製造業等の立地を想定し、港湾施設等の整備をはかる。

②　六ヶ所圏は、基幹型工業の立地、関連する設備の維持・補修および港湾、工場等建設工事に伴う各種資材等の需要が増大するので、建設用金属製品、製缶、紙製容器製造、合成樹脂加工製品および機械工業等の立地を想定し、これら工業の立地に必要な用地の計画化をはかる。

③　野辺地圏は、水産物の加工等地場資源を活用する食料品工業および金属製品、機械、石油化学関連工業等を想定して、野辺地工業団地、天間林工業団地を活用するとともに、平内町、東

北町において工業用地の計画化をはかる。

また、この圏域は、東北縦貫自動車道八戸線の延伸、みちのく有料道路の建設および工業基地関連の道路整備により、交通体系上重要な位置を占めることになるので、機械工業等の立地の可能性が著しく高まるものと考えられる。

しかし、本圏域のうち高瀬川水系にある地域においては、小川原湖水質の保全に留意した規模の設定と業種の選択を行い立地をはかる。

④　三沢圏は、三沢市の都市機能の拡充とあいまって工業立地の可能性が高く、また、金矢工業団地、百石工業団地等の整備もすすめられているので、これら工業団地に機械、金属製品加工、化学および住宅関連工業等の業種の立地をはかる。

また、工業基地に関連する各種合成樹脂加工等の石油化学工業製品の広範な加工工業を想定するとともに、都市型工業、水産加工等地場資源型工業の立地を想定し、三沢市、上北町の工業団地の利用および下田町の工場適地の計画化をはかる。

⑤　十和田圏は、優良な農業地帯を多く含み、また、教育文化等の都市機能が集積しているので、これらの特性をふまえ、また、都市機能および高速交通の利便の高度化に即し、電気通信機械、繊維、衣服等都市型工業を想定して、七戸工業団地の利用および十和田市の工業用地の計画化をはかる。

工業立地計画概要図［略］

2－5　地場中小企業

本地域の地場企業は、そのほとんどが小規模であるが、基幹型工業の立地および公共投資に伴う産業資材供給、輸送、建設、サービス等の需要が集中するとともに、地域経済構造の高度化および人口の増加に伴う新たな需要が増大するので、これらに対応する企業体質の改善が要請される。

そのため、青森県地場産業振興対策協議会の答申（昭和48年3月30日）の趣旨をふまえ、次の施策を適切に推進する。

①　指導体制の強化

診断指導事業および経営改善普及事業による診断、相談指導を積極的に実施するため、必要に応じて、これら実施機関の強化をはかる。

②　下請企業の育成強化および機械貸与事業の拡充

進出企業との下請取引が期待されるので、下請企業の体質を強化するとともに下請取引のあっせん等を推進するため、中小企業振興公社の積極的活用をはかるとともに必要に応じてその機能を強化する。

また、技術の向上に伴う機械設備の近代化に対応するため、機械貸与事業の拡充をはかる。

③　金融の円滑化

中小企業の近代化、高度化に必要な資金は、高度化資金、設備近代化資金をはじめとした制度金融を活用するとともに融資枠の拡大をはかる。また、政府中小企業金融三機関および民間金融機関についても協力を要請し中小企業向け融資の円滑化をはかる。

なお信用力、担保力の不足な企業が金融機関から借入れ困難な場合、その借入債務を保証する信用保証協会の業務の強化、拡充をはかる。

④　個別企業の経営改善と育成指導

合理的、近代的経営の推進をはかるため、業種別管理者研修を実施し、経営者の意識の向上をはかるとともに、個別企業の経営診断により企業の体質改善をはかる。さらに、技術者研修および公設試験研究機関による指導を強化する。

⑤　組織化による共同化、協業化の推進

増大する需要と、他地区からの進出企業に対応させるため、組織化を促進し、事業の共同化、協業化を積極的にすすめ、経営基盤の強化をはかる。

⑥　地場企業の工業基地建設への参画

工業基地の建設に伴う建設資材、輸送等の需要については、需要側に対して地場中小企業の優先的活用をはかるよう積極的に協力を求める。

また、地場中小企業においても、建設業、運輸業等については、設備の近代化、技術の向上および共同化、協業化、企業合同を指導するとともに、工業基地建設に関連する業界のトラックターミナルの建設計画に対しては、高度化資金制度を活用し、輸送機能の確保をはかる。

2－6　観光

今後、高速交通体系の整備、余暇利用の増大がすすみ観光客はさらに増加するものと予想されるので、国立公園等自然公園および観光ルート上の利用拠点については、自然資源の保全に十分配慮しつつ公園利用施設、宿泊休養施設等観光施設の整備をはかる。

⑴　観光資源の広域的活用

十和田八幡平国立公園、下北半島国定公園、浅虫夏泊県立自然公園等を周遊しさらに北海道あるいは秋田、岩手両県観光地に至る広域的な観光ルートを設定して県外観光客の誘導をはかる。

⑵　観光施設の整備

①　十和田八幡平国立公園内の奥入瀬渓流沿いに走る一般国道102号の交通緩和のためバイパスを建設する。

また、子ノロ港、休屋港については、桟橋等所要の整備をはかるほか公園内の主要な利用拠点においては、園地、駐車場および遊歩道等を整備する。

十和田湖温泉郷は、温泉、スキー場を活用した健全なレジャー施設、宿泊休養施設等の整備をはかる。

②　下北半島国定公園内の恐山地区については、観光道路の整備を行うほか駐車場、野営場、遊歩道等を整備する。

また、尻屋地区については、給水施設、自然探勝歩道等を整備する。

③　県立自然公園の夏泊半島地区については、海岸線等自然景観がすぐれているので所要の施設を整備する。

③　民間資本の導入

宿泊休養施設その他レジャー施設の設置、造成等県内外民間資本による健全な観光開発を促進して観光産業の振興をはかる。

3　基盤の整備

3－1　交通通信体系の整備

本地域は、産業の振興ならびに都市化の進展に伴い交通通信需要が著しく増大すると見込まれるので、これに対処し、道路、港湾、鉄道および空港等交通施設の整備ならびに通信施設の整備により、総合的な交通通信体系の確立をはかる。

⑴　道路

開発の進展に伴い、地域内外の人的交流および物資流通が大幅に増加することとなるので、これに伴う自動車交通量はかなりの増加が見込まれている。そのため、幹線道路網の確立をはかりつつ、地域内道路の整備をすすめる。

①　東北縦貫自動車道八戸線の延伸をはかるとともに、みちのく有料道路を建設し、域内幹線道路網と乙供周辺において連けいをはかる。

②　国道については、当面、市街地区間の整備水準の向上をはかり、漸次、四車線規模へと整備水準の高度化をはかるものとし、十和田、七戸、野辺地、横浜、むつの各バイパス等の整備をすすめるとともに、工業基地と関連する一般国道279号、338号については早期に整備する。

③　主要地方道については、八戸野辺地線の三沢、上北、乙供各地区のバイパスの整備、七戸榎林平沼線の早期整備、三沢十和田市線、むつ川内線および十和田三戸線等の改良、舗装新設をすすめる。

④　一般県道については、工業基地との関連において主要な鷹架東北線の早期整備をはかるほか、尻屋むつ線および上野十和田市線等の幹線道路網を補完する路線については、重点的に改良、舗装新設する。

⑤　生活道路については、既定計画を積極的にすすめるほか市街地の拡大、内陸型工業の立地等に伴う日常生活圏の広域化に対処して幹線市町村道の整備をはかる。

⑵　港湾

本地域の開発の進展に伴い、船舶輸送に対する需要の著しい増大が見込まれるので、工業基地には港湾を新設するとともに既設の港湾については、従来の機能をさらに高めるため、背後地の開発に即応した整備をすすめる。

①　むつ小川原港（仮称）

鷹架沼、尾駮沼および前面海域を利用して、本地域開発の中核となるむつ小川原港（仮称）を新設し、立地企業の専用施設とともに周辺地域の開発に伴う輸送需要に対応する公共港湾施設を整備する。

港湾の建設にあたっては、海陸にわたって良好な環境の保全および創造をはかるとともに船舶安全および港湾利用者の福利厚生に十分配慮する。

②　大湊港

下北半島の森林資源、地下資源の活用、背後地の木材加工工業等の立地および下北一円の物資の流通に伴う貨物量の増大に対処し、防波堤、岸壁、泊地等を整備する。

③　小湊港

陸奥湾養殖漁業の振興に伴う港湾利用の増加が見込まれるので、防波堤、防波護岸および泊地、桟橋等を整備する。

④　野辺地港

カーフェリー基地として一層その利用度が高まることおよび地域開発による物資の流通に伴う貨物量の増大に対処し、防波堤、泊地、桟橋等を整備するとともに、漁業の振興に対応した施設の拡充をはかる。

⑤　尻屋岬港

背後地の豊富な石灰石の利用増大が予想されるので、これに伴う貨物量に対処し、防波堤等を整備するほか、漁業振興に伴う地元漁船のための船揚場、物揚場、ふ頭用地を整備する。

⑶　通信施設の整備

本地域の電話の普及率は、県平均の92パーセントであるが、今後は、さらに電話需要の増加が予想されるので、全自動化によるダイヤル通話および加入台数の増設等により、一世帯に一台を目標とした電話施設の拡充をはかる。

また、業務等情報通信処理の高度化に対応して、データ通信サービス等の拡充、整備をはかる。

交通計画概要図［略］

3－2　小川原湖総合開発

産業の振興に伴う農業用水、生活用水、工業用水等の新たな水需要量の増大に対処して、小川原湖を含む高瀬川水系ならびに隣接水系内に新たな水源施設の整備を促進し、広域的な水需給体系の確立に努める。

小川原湖については、治水、利水事業を根幹とし、水産業等湖の合理的な開発利用をはかることを目的とした総合開発事業を計画する。

⑴　治水計画

小川原湖の治水事業としては、高瀬川水系を一貫した治水計画の一環として、小川原湖の水位上昇による洪水被害等を防除するため、小川原湖下流の疎通能力の増大をはかるとともに、河口堰等の治水施設の整備を行う。

⑵　利水計画

小川原湖の利水計画としては、自然環境の保全に留意し、治水計画との調整をはかり、河口堰により湖水を淡水化するとともに、湖水位の人工調節を行い、既得水利を確保するほか新規の利用水量（農業用水６㎥／S、都市用水7㎥／S、計13㎥／S）を開発するものとする。

小川原湖の利用水位は、春季融雪期T.P+0.8メートル、その他の期間はT.P+0.5メートルとし、下限水位はT.P-0.8メートルとする。

また、異常渇水年に際しての湖面水位の運用にあっては、取水量の抑制等を行い、極力、湖水位低下の減少に努める。

⑶　内水面漁業の振興

小川原湖の内水面漁業は、湖水の淡水化に伴い、ワカサギ、ウナギ、コイ等の淡水漁業が主となるので種苗生産、採卵、ふ化、放流事業を行い、内水面漁業の振興をはかる。

⑷　レクリエーション施設の整備

小川原湖周辺に、自然環境の保全に留意しつつ、三沢市の「市民の森」をはじめ、森林地帯を生かした休養、スポーツ・レクリエーション施設を整備し、自然のなかで余暇を楽しむ環境づくりを行う。

⑸　小川原湖環境保全

①　自然環境保全

小川原湖とその周辺は、景観的にすぐれ、全体として自然度の高い地域である。また、湖内の水生植物群落と周辺背後地の湿生植物は、学術上重要なものもみられ、各種の動物の生活の場でもある。

湖周辺の開発にあたっては、自然環境の保全に留意し、可能な限り影響を少なくするよう努める。また、異常渇水年には、取水量の抑制等により、極力、湖水位低下の減少に努める。

②　水質保全

ア　既存都市域からの排水については、公共下水道等の整備促進をはかり、汚濁負荷量の軽減に努める。

イ　流域内の土地利用計画等との調整をはかり、無秩序な開発による汚濁源の増加を規制し、住宅団地、工業団地等の立地については、廃水処理施設を完備させ、高次処理を行って汚濁負荷量の増加を抑制する。

ウ　畜産汚水については、畑地等土壌還元による処理をすすめ、極力流入負荷量の軽減に努める。

3－3　国土保全

自然災害に対する安全を確保するため、河川、海岸、砂防および治山等の各事業については、相互に連けいをはかりつつ、その重要性と緊急度に応じた効率的な事業の推進をはかる。

⑴　河川

①　高瀬川水系内の七戸川、坪川、中野川、赤川等は、小川原湖総合開発事業と関連して河川改修事業を促進する。

②　相坂川水系は上流部に多目的ダムを、田名部川水系には治水ダムを計画し、水系を一貫した治水計画による河川改修事業を促進する。

③　その他二級河川については、土地利用、災害等の実態を勘案して整備を促進する。

④　普通河川については、河川法準用河川に逐次編入するなどの措置を講じて重点的に整備をはかる。

⑵　海岸

①　太平洋岸の東通、六ヶ所、三沢、百石海岸は、高潮および津波等による被害を防止するため海岸保全事業等をすすめる。

②　津軽海峡海岸と陸奥湾内のむつ、横浜、野辺地、平内海岸は、浸食、冬期風浪等による被害を防止するため海岸保全事業等をすすめる。

⑶　砂防

①　高瀬川、相坂川、田名部川の主要水系のほか、本地域内の各河川には、治山事業および河川改修計画とあいまって砂防事業を計画的に行う。

②　急傾斜地崩壊対策として、緊急度に応じて六ヶ所村泊地区等の危険地区を整備する。

また、地すべり対策としては、主として相坂川水系を対象に事業の促進をはかる。

⑷　治山

①　治水、利水および自然環境保全に及ぼす森林のもつ機能を増進させるため、積極的に造林を行うほか、保安林、環境保全林等の指定、造成、改良事業を行う。

②　山地の荒廃地および土砂流出の著しい渓流等については、その復元に努めるなど治山事業を行う。

③　飛砂、潮風害、なだれ等からの防備のため、防災保安林の造成ならびに保安施設の整備をはかる。

4　住民福祉の向上

工業基地の建設を契機とした産業開発による経済生活基盤の確立とあいまって、地域住民の福祉の向上をはかるため、各市町村の積極的努力により必要に応じ都市基盤、住宅、生活道路等の整備をはかるとともに、社会福祉、医療・保健サービス、環境衛生、レクリエーション等の機能を充実し、また、豊かな教育環境の造成をはかるものとする。

4－1　都市整備

本地域は、青森市、八戸市と連携しつつ、人口4～5万人の十和田市、三沢市、むつ市および野辺地町等が、それぞれ周辺地域の中心都市としての機能を果たしている。

今後は、地域開発の進展に伴い、これらの都市機能の高度化をはかりつつ、相互の連携を強め、それぞれ個性的な都市圏域の形成をはかる。

⑴　都市基盤の整備

①　健全で文化的な都市生活および機能的都市活動を確保するため、合理的土地利用をはかり、都市機能に対応した地域、地区の指定を行う。

②　人口の集積等を勘案しつつ都市の骨格となる幹線街路網および公園、緑地を計画し、順次、良好な市街地環境の形成をはかる。

③　十和田市、三沢市、むつ市等に公共下水道等の整備をはかる。

④　住宅および公共用地の需要増加に対しては、農用地等と調整しつつ、土地区画整理事業等を行い、計画的な確保をはかる。

⑵　工業基地周辺都市計画

工業基地周辺は、関連産業等の立地、商業サービス等第3次産業機能の集積、また、人口の増加および域内交流の活発化が見込まれるので、関連する生活圏を含めて一体の都市として総合的な整備をはかる。

そのため、三沢市、野辺地町および六ヶ所村の工業基地、新市街地を中心とした広域の都市計画区域を設定する。都市構成としては、これら3都市の中核機能の相互分担をはかりつつ、周辺の既存集落をも含めて土地利用、都市施設等に関する都市計画を策定し、秩序ある都市圏の形成をはかる。

⑶　住宅の建設

住宅需要の増加に伴う供給対策として、低所得階層向けの公営住宅等の計画的供給を行うほか、住宅金融公庫等の制度資金を導入することにより居住水準の向上をはかりつつ、一連の公的施策住宅の建設を促進する。

また、市街地の老朽住宅が密集している地区については、住宅地区改良事業を行い市街地における高度な土地利用と居住環境の整備促進をはかる。

4－2　教育

開発の進展に伴い、生活水準の向上とともに一層の高い水準の教育が要請されることになるので、家庭、学校、社会を一貫する豊かな教育環境の造成を計画的にすすめる。

⑴　学校教育の充実

①　本地域における幼稚園の就園率はきわめて低いので、入園を希望するすべての5才児を収容することを目途に、所要の施設の整備をはかる。

②　既設小・中学校については、危険校舎および校舎不足面積の解消をはかる一方、不足している屋内運動場および学校プール等の整備をはかる。また、工業開発等により、児童、生徒数の増加が予想される六ヶ所村、三沢市等においては、人口流動に即応した小・中学校の適正配置をはかる。

③　本地域における高等学校の進学率は79.1パーセント（昭和49年）で県平均を下回っているので、当面の目標を90パーセント台とし、六ヶ所村に県立高等学校を新設するなど適正な施設の配置と既設高等学校の増築を計画的にすすめる。

⑵　社会教育の充実

①　地域の社会教育活動の拠点となる公民館については、適正な配置整備を行うとともに、社会教育主事の増員等により、社会教育活動の充実強化をはかる。

②　地域住民の教育水準の向上を期するため、図書館、文化センター等を設置するほか、地域のすぐれた歴史的、民俗的資料を展示する資料館等を建設して、その公開、活用をはかる。

③　地域住民の健康の増進および余暇の健全利用のため、各市町村に総合運動場、体育館を設置し、スポーツ教室の普及など社会体育施策の充実をはかる。

4－3　労働福祉

⑴　職業訓練施設の整備

農林水産業就業者の職業転換および新規学卒者の就業促進に対応して、関連企業に見合う業種について職業訓練を推進し、技術・技能労働者として安定した雇用をはかるとともに地元雇用の優先をはかる。そのため、公共職業訓練施設の科目増設および認定職業訓練校の新設など訓練施設の整備拡充をすすめる。

なお、工業基地および関連基盤施設の整備をすすめる建設段階にあっては、建設労働従事者が長期的に約1万人程度と見込まれるので、就業のための職業訓練、職業相談の充実をはかる。

⑵　労働福祉施設の整備

開発の進展に伴う雇用労働者の増大に対処して労働環境の向上をはかるため、必要に応じて野外趣味活動施設、働く婦人の家、青少年体育施設および農村教養文化体育施設等の整備をはかる。また、雇用の場の増大が見込まれる地区においては、就職者の住宅を確保するため、雇用促進住宅の建設をはかる。

⑶　労働災害の防止

開発事業の実施に伴う労働災害を防止するため、職場における労働者の安全と健康の確保について適切な施策を講じさせる。

4－4　社会福祉

社会福祉については、老人、児童、心身障害者および母子世帯を中心として、地域住民の要求に即した各福祉施設を必要に応じて整備するとともに福祉施策の推進をはかる。

⑴　老人の健康増進および教養、レクリエーションの向上をはかるとともに、豊かな老後生活を確保するために、機能回復訓練をも行えるよう必要に応じて老人福祉センターを設置するほか、教養、娯楽および老人クラブ活動の拠点の場として老人憩の家の整備をすすめる。

また、寝たきり老人などのための施設として特別養護老人ホーム等を今後も引続いて整備する。

⑵　児童福祉

保育所については、今後、要保育児童の増加が見込まれるため、所要の施設の新増設をすすめる。また、児童の健全育成を確保するため必要に応じて児童館の整備をはかる。

⑶　心身障害者福祉

心身障害者の更生、援護をはかるため、精薄者総合援護施設を建設する等心身障害者更生施設の建設促進をはかる。

(4)　母子福祉

母子家庭に対しては、経済的自立の助長をはかるとともに、休養、レクリエーションの場を与えるため、本地域内適所に母子休養ホームを設置する。

4−5　保健医療

保健医療については、地域内の既設公立病院の近代化をはかり、保健所と医療機関との連携を強化して、地域住民が適切な予防・治療・リハビリテーションの包括的医療サービスを受けられるよう保健医療体制の整備をすすめる。

①　住民の健康増進、疾病の予防をはかるため、保健指導所を適正に配置して保健婦の第一線活動の拠点とし、へき地保健サービスを充実する。

②　下北地区、三沢地区、十和田地区の3ブロック別に医療圏の再編成を行い、むつ総合病院、三沢市立病院、十和田市立病院をそれぞれ基幹病院として充実し、地域内医療機関の連携により医療供給体制の整備をはかる。また、公立診療所施設の改善、医師、看護婦等の確保に努める。

4−6　環境衛生

水道およびごみ、し尿の処理施設については、今後の人口増加、生活様式の多様化に対応して効率的な施設の整備拡充をはかる。

①　昭和60年における本地域全体の水道普及率は、約90パーセントを目標とし、山間辺地においても実状に応じた水道施設の整備をはかる。

②　ごみ、し尿の処埋については、共同処理を推進し、収集可能な地域については完全処理を行うことを目標とする。

なお、処理施設の建設にあたっては、悪臭、ばい煙等の公害防止のため用地の選定、施設の処理方式等に十分配慮する。

4−7　レクリエーション

今後、住民の健康増進に寄与し生活に潤いをもたらすレクリエーション需要が大幅に増すものと予想されるので、日常生活のなかで気軽に楽しめ明日への活力を養うスポーツ・レクリエーション施設、ハイキングコース、野営場等の整備を行い、余暇活用のための環境づくりを積極的にすすめる。

①　小川原湖およびその湖岸一帯については、自然景観を生かしたレクリエーション地域としての整備をすすめる。

②　烏帽子岳周辺地区については、登山道、自然観察道および野営場等を整備し、また野辺地スキー場の整備拡張をはかる。

③　吹越烏帽子および月山は、登山道、休憩舎、展望台等の設置をはかる。また、景勝地である泊・白糠海岸には重要な植物が分布しているので、これの保護をはかりつつ展望休憩舎等の整備をすすめる。

④　釜臥山地区は、展望休憩舎、スキーリフト等の整備をはかる。

⑤　住民が日常気軽に利用できる体育館、運動場、公園緑地等スポーツ・レクリエーション施設の積極的な整備をはかる。

Ⅲ　工業基地計画

工業基地計画は、昭和49年８月に作成した「むつ小川原開発のすすめ方（第2次基本計画の骨子)」にもとづき、また、これまでの基礎的調査の成果をふまえて作成したものである。

1　工業開発計画

1−1　工業立地計画

(1)　工業開発の業種・規模

①　工業開発地区は、六ヶ所村鷹架沼および尾駮沼周辺から三沢市北部に至る臨海部の約5,280ヘクタールとし、立地する工業の業種は、石油精製、石油化学、火力発電およびその他関連工業とする。

②　工業開発の規模については、むつ小川原開発第1次基本計画（昭和47年6月8日）において、主として土地利用の面から石油精製200万バーレル／日の規模を目途として立地の可能性の検討をすすめてきたが、その後の基礎的調査の成果および環境影響評価の結果から修正し、さらに、最近の石油をめぐる諸情勢と将来需給の見通し等を勘案の上想定したものである。なお、石油精製、石油化学の規模については、今後の技術革新、需給等から規模の変更も考えられる。

③　石油精製は、コンビナート内において石油化学原料のナフサを供給し、石油化学はエチレン

（昭和45年価格）

期別＼業種	第1期計算			第2期計算			全体計算		
	能力	従業員	工業出荷額	能力	従業員	工業出荷額	能力	従業員	工業出荷額
		人程度	億円程度		人程度	億円程度		人程度	億円程度
石油精製	50万BPSD程度	1,300	2,000	50万BPSD程度	1,300	2,000	100万BPSD程度	2,600	4,000
石油化学	80万t/Y程度	3,000	3,000	80万t/Y程度	2,000	3,000	160t/Y程度	5,000	6,000
火力発電	120万KW程度	200	—	200万KW程度	100	—	320万KW程度	300	—
その他関連工業	—	2,300	500	—	5,800	1,500	—	8,100	2,000
合計	—	6,800	5,500	—	9,200	6,500	—	16,000	12,000

系、プロピレン系、ブタン・ブチレン系等総合的な誘導品目の製品化をし、また火力発電所は、燃料供給を石油精製から受けてコンビナート内所要電力を供給するとともに県内等への一般供給を行うものとする。

④　その他関連工業については、ゴム、化学、窯業土石工業等品目が多岐にわたるとともに、かつ技術革新の著しい分野であることから、品目の特定化は困難であるが、今後大幅な需要を期待でき、かつ雇用効果など開発効果が大きいので、工業基地内に用地を確保し、周辺地域への立地とあわせ逐次具体化をはかる。

⑤　工業開発による立地企業従業員は、今後の省力化を勘案し、石油精製2,600人、石油化学5,000人、火力発電300人およびその他関連工業8,100人、合計1万6,000人程度を見込むものとする。

⑥　工業開発による立地企業の工業出荷額は、1兆2,000億円（昭和45年価格）程度を見込むものとする。

⑵　工業の段階的立地

①　工業立地の具体化にあたっては、環境制御の技術、方法等の進展をふまえて環境保全の確立をはかりつつ、国の産業政策、石油等需給見通し及び企業動向等に基づき段階的に立地をすすめる。

②　工業立地の第1期計画としては、昭和60年頃までの石油等需給見通し、既存立地地域の増設および他地域の新規立地規模、ならびに既存施設および新設計画施設のプラント規模をも勘案し、石油精製は20万～30万バーレル／日程度を2基（50万バーレル／日程度）、石油化学はエチレン換算40万トン／年程度を2基（80万トン／年程度）および火力発電60万キロワット程度2基（120万キロワット程度）の立地をはかる。

③　次期以降の立地計画については、第1期計画の進ちょく状況を勘案しつつ、工場稼動に伴う環境に対する影響などを十分検討し、さらに昭和60年代の石油需給見通しおよび産業動向をふまえ計画するものであるが、既応の調査成果から、さしあたり立地規模として石油精製および石油化学等については、第1期計画と同規模程度、火力発電については、100万キロワット程度2基（200万キロワット程度）の立地を想定する。

1－2　土地利用計画

⑴　工業開発地区の土地利用

①　現　況

工業開発地区は標高60メートル前後の台地、汽水性の湖沼、海岸砂丘および砂丘後背地の低地からなり、台地及び低地は、主として畑地、放牧地ならびに水田として利用され、台地から沼岸および低地への斜面には、カスミザクラーコナラ林、カシワ林が分布し、薪炭林として利用されてきたため、自然のまま残されている地域は比較的少ない。

しかし、湖沼、河岸には、良好な自然状態を保つ湿原植生、塩沼地植生の群落がみられ、砂丘には飛砂、潮風防備上重要なクロマツ林が生育し、湖沼とこれから流出する河口部の干潟にはオオハクチョウをはじめとするガン、カモ類、シギ、チドリ類が多く渡来しており、変化に富む生態系と景観が形成されている。

②　工業配置計画の基本方針

ア　工業開発地区の土地利用については、自然環境の総合的な価値評価を行い、保安林、自然環境保全上重要な森林、干潟等は適正な保護管理をはかるとともに、現存の樹林地を極力活用して緑地空間を十分確保し、さらに用地造成のため改変される区域についても積極的に緑化を推進するものとする。

イ　工場配置は、港湾、道路、鉄道等輸送施設と工場施設とが合理的に機能するよう計画するとともに、工業開発地区周辺を含めた森林および農用地等現況土地利用との調和ならびに自然の地形の活用をはかるものとする。

このため、各業種については、共同利用施設の有効利用および港湾、道路、鉄道、パイプライン等の輸送条件を勘案し、標高のある台地に石油精製、また、東に向けて原料の自然流下を利用しつつ石油化学、火力発電を配置する。

ウ　原油、製品タンク、各生産装置等施設の配置にあたっては、コンビナートの防災、保安を確立するため、消防法、高圧ガス取締法、建築基準法等関係法規に則るとともにこれら法令の改正の方向をも勘案しつつ、防災上の保安距離を十分確保した施設配置およびガードベースン（防油池）を配置する。また、環境の保全及び防災、保安の機能を果たす工場内緑地および遮断緑地帯を積極的に造成する。

③　緑地計画

自然環境、生活環境、保安および防災に留意し、飛砂防備保安林の存置、傾斜地等の現存樹林の保護活用および工場緑地の造成により、極力緑地の確保に努め、工業開発地区内の緑地率は、工場用地、公共用地内緑地を除いておおむね30パーセント程度に計画する。

ア　工場など生産施設、関連施設等の周囲およびこれら施設の区域界にはできるだけ相当幅の樹林帯を造成するものとするが、樹種の選定にあたっては、土地条件等を勘案し、この地区に生育する樹種等を利用して、工場周辺の緑化を推進する。

イ　工場用地外の未利用地に生育するアカマツ、クロマツの造成林、ミズナラの二次林は可能な限り現状のまま残して保護育成し、緩衝緑地として存置する。

ウ　干潟のある高瀬川河口部は、自然のまま存置されるよう配慮し、鳥獣保護区に指定して鳥類の保護に努める。

エ　臨海部の飛砂防備保安林等は、周辺集落および生産環境維持のため、できるだけその機能を損わないよう残して保育管理する。

④　工場等配置計画

現段階において考えられる工業配置として、次のとおり計画する。

ア　石油精製の配置計画

石油精製は、所要面積および用地の高程等配置条件に基づき、弥栄平地区西側に原油タンク群、弥栄平地区東側および大石平地区に石油精製プラントおよび製品、半製品タンク群を配置する。

原油、製品タンクの配置は90日備蓄計画とする。

イ　石油化学の配置計画

石油化学は、沖付地区、新栄・幸畑地区および新納屋地区に配置する。

なお、沖付地区と新納屋地区との間には、必要に応じ原材料の融通、連携をはかるため鷹架海底を横過する共同溝を建設する。

ウ　火力発電所の配置計画

火力発電は、新納屋東部海岸地区に配置する。

エ　その他関連工業の配置計画

その他関連工業は、新納屋地区南側および天ケ森地区に配置する。

⑤　土地利用区分面積

工業開発地区約5,280ヘクタールの土地利用区分は、地形、用地条件および工場立地法の規制等を勘案し、工場用地約2,800ヘクタール、鷹架沼、尾駮沼を利用する港湾の公共・専用岸壁などの港湾用地として約580ヘクタール、地区内を縦横断する幅員50～100メートルの骨格交通帯用地として約200ヘクタールおよび環境保全のための緑地として約1,700ヘクタールを見込むものとする。

工業配置計画概要図［略］

(2)　工業開発地区周辺の土地利用

①　農業振興地域

工業開発地区、新市街地、内陸型工業用地、国有林および湖沼などを除く地域は農業振興地域とし、八森、六原、庄内などの優良農地および吹越台地、尾駮等の山間丘陵地は酪農などの団地、七鞍平、千歳周辺は露地野菜などの畑作団地、泊、平沼、倉内周辺などの低地は水田地帯として、それぞれ高生産性農業地帯の形成をはかる。

② 森林地域

吹越烏帽子山系、および酪農振興センター周辺の国有林、民有林地帯は、工業開発地区を囲み森林地帯を形成しているので、林業生産性の向上をはかりつつ、環境保全のための緑地として保全に努める。

③ 湖沼群周辺

小川原湖は水源調整池とするが、湖の景観を保全して憩いの場とし、また、市柳沼、田面木沼周辺は、重要な植生、貴重な動物の保護をはかるため、必要な地区は保全し、森林法に基づく保健保安林、県条例に基づく自然環境保全地域の指定に努める。

④ 新市街地等

市街地の無秩序な拡大を防ぎ、快適な生活環境をつくるため、既存集落の環境整備をはかるとともに、千歳・睦栄地区に、周辺集落を含めた生活圏の拠点となるにふさわしい都市施設を備えた新市街地を建設する。また、移転者の雇用をはかる誘致企業および工業基地関連産業等の用地を計画的に配置する。

1-3　公害防止計画

むつ小川原開発は、環境保全の確保を重要な柱として、昭和45年度以来、関係各省庁および県が協力し、大気、水質、自然環境等の広範かつ継続的な調査をすすめてきた。

環境影響評価に当たっては、現行の環境基準の維持を目標にこれまでの諸調査に基づき影響予測等総合的な解析と評価を行った結果、大気、水質ともその範囲内にとどまり、工業開発の業種・規模の立地は許容されるものと判断される。

企業の立地については段階的にすすめるものであるが、工場からの汚染物質の排出基準についてはきびしく規制するとともに、さらに環境影響の再評価を実施するなど公害防止の万全をはかる。

⑴ 大気汚染防止対策

① 望ましい環境を維持達成するため、大気汚染物質の排出許容総量に基づき、立地企業ごとに排出量の規制措置等を講ずる。

② エネルギーセンターの設置等熱源の集約化および生産工程への新枝術の採用による省エネルギー化をはからせ、燃料使用量の削減を行わせる。

また、重油脱硫装置等による低硫黄重油等の良質燃料の使用をはからせ、さらに燃焼管理の適正化をすすめさせるとともに、必要に応じ、汚染物質の排出を抑制するため排煙脱硫装置、排煙脱硝装置等汚染物質の除去装置を設置させる。

⑵ 水質汚濁防止対策

① 工場排水

ア 生産工程からの排水処理については、クローズドシステムの導入をすすめさせることとし、放出水質、総排出量の規制措置を講ずるとともに、管理の一元化をはかるため共同処理施設を設置させる。

イ 港内汚染対策として出入船舶のバラスト水、ビルジ等の処理のため、廃油処理施設および荷役の漏油防止施設等を整備させるほか、工業基地内には保安上のガードベースン（防油池）を配置させる。

② 温排水

ア 温排水の拡散範囲および放流水温を極力低減させるため、海水の深層取水、冷却施設の設置等を検討させる。

イ 火力発電および工場の排熱エネルギーについては、他産業等にその有効利用をはかる。

⑶ 産業廃棄物処理対策

① 生産工程から発生するスラッジ、廃油廃酸、廃ポリマー等の廃棄物については、発生量の削減をはかるため、適正な処理を行い再生または再利用など資源の活用を積極的に行わせる。

② 廃棄物の処理にあたっては、工業基地内に共同処理場の設置をはからせるとともに、排出管理の一元化をすすめ資源の回収を行わせる。

③ 最終処理後の残渣は、二次汚染が発生しないよう焼却および固型化して、工業基地内に埋立処分させる。なお、埋立地は緑地等として利用をはかる。

⑷ 騒音、振動、悪臭等の防止対策

騒音、振動、悪臭等については、その防止のための施設を整備させるとともに、工業基地と既成集落等の間に十分な緩衝地帯を設ける等適正な措置を講ずる。

また、地下水の利用を規制し、地盤沈下を防止する。

⑸　公害防止条例の制定等

公害防止の実効を期するため、公害防止条例の制定について検討するとともに、立地企業との間に原燃料規制、排出規制、住民参加等公害全般にわたりその防止対策を規定した公害防止協定を締結する。

⑹　監視測定体制の整備等

① 市町村、地域住民等をもって構成する公害対策組織を設置するとともに、公害モニター制度を採用するなど地域住民による公害監視体制の整備をはかる。

② 発生源監視および大気、水質等の環境監視のため、テレメーターシステム等による集中的な常時監視を行うとともに、環境保全目標維持のため環境制御システムの導入をはかる。

(7)　建設工事にかかる公害の防止

開発に伴う建設工事に当たっては、騒音、振動、水質汚濁等公害の防止および災害の未然防止等について厳しく指導する。

2　施設計画

2－1港湾計画

石油精製、石油化学、その他関連工業の立地により発生する港湾貨物および開発地域内産業の発展等に伴う一般公共貨物等の輸送需要に対応するため、鷹架沼および尾駮沼を中心とする地区に新たにむつ小川原港（仮称）を建設する。

① 石油精製品、石油化学製品および一般公共貨物等を取扱うため、鷹架沼および尾駮沼の両沼を掘削して内港区を建設するとともに、その前面海域には防波堤を設け大型船舶の入港に対応した外港区を建設する。

② 内港の建設にあたっては鷹架沼港区を先行させることとし、尾駮沼港区は港勢および第2期計画の進展をみきわめつつその整備をはかる。

③ 超大型タンカーによる原油の搬入については、一点けい留ブイ方式等についても今後における技術開発の動向を勘案しつつ、外港区沖合の適地にシーバースを設置して対処することを検討する。

④ 港湾建設に伴う漁家対策の一環として、地元関係者の要請に応え港湾の北側に漁港区を建設する。

⑤ 出入港船舶の交通安全を確保するため、必要な諸施設の整備をはかる。

⑥ 港湾関係および利用者の福利厚生施設の充実をはかる。

⑦ 港湾環境を良好に保全するため、必要な諸施設の整備をはかる。

⑧ 港湾建設に必要な作業基地を鷹架沼前面の南岸付近に計画する。

⑨ 港湾建設工事にあたっては、水質汚濁を極力防止するため、工法等について十分考慮する。

⑩ 鷹架沼奥部は、港湾建設に伴い塩水化されるので、戸鎖、室ノ久保地区の前面に囲繞堤を設置するとともに、緑地帯を設けて塩害を防止し、営農に支障のないよう対処する。

港湾計画概要図［略］

2－2　道路計画

工業基地の建設に伴う貨物量の増大に対処して、幹線道路交通網を整備する。

① 工業基地内外の円滑な物資流動をはかるため、幅員50～100メートルの交通帯のなかに東西幹線道路、南北幹線道路の2路線を計画し、これと基地外幹線道路網とを連結する。

② 工業基地内2次幹線としては、東西幹線と大石平地区の石油製品タンク群、南北幹線と新栄地区の石油化学部門とを結ぶ路線等があり、これらとトラックターミナルおよび臨港道路を連結する。

③ 港湾の建設および工業基地の建設によって路線の変更を余儀なくされる一般国道338号、一般県道鷹架東北線、尾駮有戸（T）線、尾駮横浜線については、住民の生活および生産活動に支障のないよう工業基地内道路とできるだけ分離して、効果的な再編成を行うものとする。なお、一般国道338号については、鷹架沼中央部を橋梁で横断し、工業基地内南北幹線道路と併用して計画する。

④ 工業基地の建設により、工事用資材運搬需要の増加が予想される一般国道279号、338号、一般県道鷹架東北線等については、沿道の生活環境を損わないよう重点的に整備促進する。

2－3　鉄道計画

工業基地建設に伴う輸送貨物の増大により、鉄道による輸送需要が見込まれるので、これに対応するため、工業基地から国鉄在来線に至る臨港鉄道の建設をはかる。

なお、工業基地と国鉄在来線を結ぶルート、ヤード等の選定等については、自然条件、輸送効率、採算性等の諸条件について十分検討のうえ決定することとし、今後さらに調査を継続する。

2－4　水計画

工業基地建設に伴い発生する工業用水、業務用水および周辺地域の都市形成に伴う生活用水については、新技術の導入等により積極的な用水の節減を講じ、水使用の合理化をはかるとともに、これに係る各種排水については高次処理等を行い、水域環境の保全をはかるものとする。

① 第1期計画における工業基地に係る水需要量は、石油精製、石油化学および火力発電等の工業用水として27万立方メートル／日、工業基地内および周辺集落の上水道用水として2万立方メートル／日の計29万立方メートル／日が見込まれる。

さらに、第2期計画段階においては、工業用水として18万立方メートル／日、上水道用水として3万立方メートル／日の計21万立方メートル／日の需要増が見込まれる。

この水源は小川原湖に依存するものとし、これに関連して、周辺地区の開発に要する新規水需要を加えると、小川原湖に依存する水量は56万立方メートル／日（取水量7.0立方メートル／秒。取水ロス7パーセントを含む。）と見込まれる。

② 工業用水道、上水道のルート等については、今後さらに調査を継続する。

2－5　新市街地計画

工業基地建設に伴い、移転を余儀なくされる住民および工場操業に伴って増加する工場従業者等に快適な生活環境を提供するため、六ヶ所村千歳・睦栄地区に団地面積約240ヘクタール、将来人口約2万人程度を見込んだ新市街地を建設し、周辺集落を含めた市街地形成をはかるものとする。

⑴ A住区計画

A住区（74ヘクタール）は、移転者の生活水準向上に資するため、公園、下水道など生活環境施設の整ったゆとりある住区として計画し、社会福祉施設、診療所、公民館および高等学校等を計画的に整備し、周辺既存集落との一体化をはかる。

⑵ B住区計画

B住区（166ヘクタール）は、工場操業の時期および人口の増加等にあわせて段階的に建設をすすめていくものとするが、住区の性格が主として工業基地従業者の住宅地となるので、建設にあたっては、中層住宅、低層住宅および一戸建分譲住宅等を機能的に配置するとともに、公園緑地の確保に努め、良好な居住環境の形成をはかる。

3　開発スケジュール

工業基地の建設は、国の産業政策、石油等需給の見通しなどを勘案し、関係方面の協力を得てこれをすすめるものとする。また、建設にあたっては、生活環境、港湾、道路、水資源開発施設などについて、総合的に整備推進をはかるものとする。

① 工業開発地区内の土地造成は、昭和52年を着工の目途とし、昭和53年には第1期計画における工場等の建設を可能ならしめるよう整備をすすめる。

② 港湾、道路、水資源開発施設等の基盤施設については、昭和52年度を着工目標年次とし、それらの一部供用開始の年次は、昭和58年を目途とする。

③ 第1期計画に基づく工場の操業時期については、工場用地、基盤施設の整備状況を勘案し、昭和58年には一部操業開始を目途とする。

なお、全体計画については、第1期計画の実績をふまえ、また、環境条件に即して実現をはかるものとし、昭和60年代の完成を目途とする。

④ 新市街地は、移転者のためのA住区については、昭和51年6月までに完成をはかるとともに、増加する人口を受け入れるB住区については、工莱基地の建設にあわせ建設する。

⑤ 農林省上北馬鈴薯原原種農場については、開発に支障のないように適地に移転をはかるものとし、その時期および施設計画等については、別途農林省および地元と協議する。

⑥ 六ヶ所対空射撃場については、港湾等建設工事に支障のないように移転をはかるものとし、その時期、場所等については、別途防衛庁および六ヶ所村と協議する。

三沢対地射爆撃場については、防衛機能を阻害することのないよう調整しつつ、第1期計画操業時までに移転を含みその解決をはかる。

⑦　生活環境施設等については、工業基地建設と併行してその整備をはかる。

4　工業開発に伴う住民対策

この開発には、地域住民の協力が何よりも必要であるので、開発の推進に当たり、用地を提供して移転を余儀なくされる住民の新しい生活を確立するとともに、地域住民の開発への対応を円滑にはかるため、住民の意向を十分ふまえ、適切な住民対策を講ずるものとする。

4－1地権者対策

⑴　生活設計の樹立

地権者の生活設計については、職業志向等を基礎に、代替農用地のあっせんと集約的農業経営への移行および内陸型工業への就業等、各地権者の意向に沿って具体的な措置を講ずる。

このため、指導相談体制の強化をはかり、個別具体的な協議をすすめるなど地権者個々の実情に応じた生活設計の樹立を促進する。

⑵　職業転換のための企業誘致

給与所得を希望する地権者等の生活設計の樹立を容易ならしめるため、昭和49年6月からすでに操業中の繊維工業のほか、新たに六ヶ所村へ立地を決定した工業用ミシン等製造および家具製造工業の早期操業を促進する。さらに、就業意向に応じた適正業種の企業誘致を一層強力に推進する。

4－2　周辺地域対策

工業基地は、これを受け入れる地域社会との調和をはかり建設するが、この地域は、永く農漁業を基盤とし、伝統的な地域社会が形成されてきたことから、住民は、開発に伴う工業の立地、人口の急激な増加と都市化の進行等その社会経済環境の変化を大きく受けとめる。

そのため、地元の将来にかかる基本構想を十分ふまえた新しい地域社会の形成を目指すとともに、周辺地域住民が、工業開発の進展に伴う環境変化に円滑な対応ができるよう、六ヶ所村を中心とした地域において、農業、水産業、商工業、雇用、生活環境、教育および防犯等適切な施策をすすめる。

⑴　周辺地域の将来の方向

①　泊・出戸地区

泊・出戸地区の将来の方向としては、泊漁港および流通施設等生産基盤の整備をはかるとともに沿岸漁業の構造改善をすすめ、漁業基地として漁業の一層の振興をはかるとともに、農業については、ほ場の整備をすすめ近代化をはかる。

また、周辺に適地を選定し、内陸型工業の誘導をすすめるとともに開発過程での建設、工業開発地区企業等の労働力需要に積極的対応をはかる。さらに開発に伴う消費需要の増大にあわせて商店街の近代化をすすめ、商業、サービス業等の振興をはかる。

②　尾駮地区

尾駮地区は、今後も村の中核としての役割をになうことになるので、商業、金融、サービス業等の機能の拡充をはかる。

農業、漁業については安定した兼業化へすすむことになるが、畜産および新たに設置される漁港区を活用した漁船漁業による振興をはかる。

また、内陸型工業の誘導をはかるとともに、開発過程での建設、進出企業等の労働力需要増加による就業機会の拡大をはかる。

③　平沼・倉内地区

平沼・倉内地区は、村内外交通の要路にあり、商業等の集積も大きいので、将来の方向としては、稲作の振興とともに今後の消費需要にあわせた高収益作目の産地化をすすめる。また、内陸型工業の誘導をすすめ、あわせて建設従事者等人口の増加、消費需要の増大に対応した近代的な商店街の形成をはかり、商業、サービス業等の振興をはかる。

④　千歳・戸鎖地区

千歳・戸鎖地区は、新市街地の建設により、今後は、村内の有力な生活拠点となるので、将来の方向としては、酪農の飼養規模拡大と収益向上、稲作の生産性向上、準高冷地性野菜等高収益作目の導入による農業振興をはかる。

また、雇用機会の拡大をはかるため内陸型工業の誘導をすすめるとともに、新市街地では増加人口に対応した商業、サービス業等の諸機能の充実をはかり、また、県立高等学校、職業訓練校、病院、体育館等都市的施設の整備をはかる。

⑵　農業対策

開発に伴い、生鮮野菜、緑化樹等の新たな農産物需要が発生するとともに、地域の都市化および建設業、工業等への労働力供給がはかられる等、農業の生産環境が変化するので、その進展に対応しつつ農業生産の安定的拡大をはかる。

① 稲作、酪農、肉用牛等これまでの基幹作目については、一層の振興をはかるほか、新たな農産物需要に対処し、冷涼地に適したレタス、にんじん、ながいも等の露地野菜、葉たばこ、施設園芸、花木、緑化樹成苗の生産拡大をはかる。

なお、工場からの余熱利用による農業の可能性について検討する。

② 優良農地の計画的確保および生産基盤の整備をはかるため、農用地等の無秩序な転用、乱開発を抑制するとともに、国営吹越台地農地開発事業等の農用地造成ならびに土地改良事業をすすめる。

③ 集団的生産組織、協業組織等の育成により生産体制の整備をはかり、農協等による農業経営、農作業受委託を促進する。また、農協の集出荷機能を拡充する。

④ 増加すると予想される兼業農家が、安定した農外就業機会を確保できるよう、農業者転職訓練等を促進する。

(3) 水産業対策

開発による人口の増加等から、生鮮魚介類の需要は増大すると見込まれるので、泊等の恵まれた漁場の活用と浅海および沿岸の漁場の改良造成を行い、増養殖漁業、漁船漁業の発達を促進する等によって、漁業生産の拡大をはかるとともに流通施設およびその体制の整備拡充をはかる。

また、開発に伴い、海面および内水面漁場は、影響をうけることになるが、これらについては地元関係者の意向を尊重しつつ、漁業補償など必要な措置を講ずる。

① 泊漁港の修築、漁港関連道路事業等の進度を高めるとともに、漁港機能施設の整備拡充をはかる。

また、むつ小川原港（仮称）に漁港区を設け、主業漁家の育成と漁船漁業の進出拠点として必要な施設の整備をはかるとともに、必要に応じて漁民団地の造成をはかる。

② 泊地区漁場に並型魚礁、大型魚礁等人工的漁場の改良造成を行って魚群の集魚停留を促進し、漁船漁業の振興をはかるとともに、さらに、漁場環境等の調査をすすめ、水産動植物を対象とした大規模増殖場の開発をはかる。

③ 田面木沼、市柳沼については、魚族資源の増加をはかり漁業の場として育成する。

(4) 商工業対策

① 開発に伴う人口の流入、増加により、急激な消費および資材等需要の量的増大と質的変化が見込まれ、また、外部企業の進出が予想されるので、これらに対応して経営の近代化、経営能力の向上および金融の円滑化をはかるとともに、共同化、商店街形成等の促進をはかる。

② 建設工事への参加、資材、輸送サービス供給ならびに工場操業に伴う構内荷役、運輸、売店、給食、清掃および警備等の新たな業務については、地元企業の組織化、下請あっせんをすすめるとともに、立地企業と連携し、地元による企業の設立、育成をはかり、その業務受託をすすめる。

③ 工業基地の建設により、関連する設備の維持・補修ならびに、港湾、工場等建設工事に伴う各種資材等の需要が増大し、建設用金属製品、製缶、紙製容器製造、合成樹脂加工製品および機械工業等の立地が想定されるので、これら工業の立地に必要な用地について、周辺地域の均衡ある雇用機会の確保を考慮しつつ、泊・出戸地区等各地区に計画し、その立地誘導をはかる。

(5) 雇用対策

① すでに着手されている新市街地（A住区）の造成をはじめ、今後、長期間にわたる公共事業および工場建設等に従事する労働力は、工事着工の段階から、ほぼ1万人と見込まれるので、職業訓練の充実をはかりつつ、地元雇用対策を積極的にすすめる。

② 工場操業に伴う雇用については、立地企業に対し地元雇用の優先を指導する一方、職業訓練による中堅技術者、技能者の養成ならびに農漁業者および中高年令者の能力再開発訓練、職場適応訓練等の援護措置をすすめる。

③ 中高年令者および農漁業者等転職希望者の雇用の確保をはかるため、工業基地関連業務の地元受託等の推進をはかる。

(6) 総合生活環境対策

① 建設工事から工場操業に至る各過程において、快適な住民生活の実現をはかるため、開発の進展に即し、既存集落の整備ならびに建設従

事者の生活の場および工場従業者等増加人口を受け入れる新市街地等の適正な配置と整備を行い、総合的な生活環境の充実をすすめる。

② 道路については、開発との関連を考慮し、住民生活および生産活動に支障のないよう効果的に再編成を行い、新設および整備水準の向上をはかる。

③ 上水道については、新市街地を中心に周辺集落をもあわせ整備し、逐次、他の地区においても上水道の整備をはかる。また、し尿、ごみの衛生処理をすすめるとともに、人口の増加に対応した公営住宅、民間住宅の建設をすすめ、居住環境の整備をはかる。

④ 保健医療については、診療所を新市街地に設けるが、今後さらに、高水準の医療機能をもつ総合病廃の建設をはかり、住民の医療を確保するとともに保健指導相談所を設置して保健婦活動を充実する。

⑤ 児童、老人および低所得世帯への福祉については、保育所、児童館、児童公園、老人福祉センター、老人憩の家等の整備、老人家庭奉仕員の活動強化をすすめ、また、生活援護による生活の向上をすすめる。

⑺教育対策

① 主要集落に幼椎園を設置するとともに、人口の増加に応じた小・中学校の新設、既設校の新築、改築、教育機器、体育施設の整備をすすめ、あわせて教育内容の充実を期する。また、県立高等学校を設置して高校教育の普及をはかる。

② 公民館、図書館等社会教育施設の設置をすすめるとともに、社会教育主事の増員等により社会教育、文化活動の充実をはかり、あわせて社会体育施設の整備をはかる。

付

昭和60年4月17日

むつ小川原開発第2次基本計画（昭和50年12月20日策定）の開発の基本方向のもとに、原子燃料サイクル施設立地について、以下のとおり織り込むものとする。

1．工業基地計画

原子燃料サイクル施設の立地をはかるとともに、工業開発を通じて地域の総合開発をはかるというむつ小川原開発第2次基本計画の開発の方針に基づき、原子燃料サイクル事業関連企業をも含めて多角的に企業立地を推進するものとし、引き続きそのために必要な港湾、道路等の工業基地の条件整備を進めるものとする。

1－1　工業立地・土地利用計画

原子燃料サイクル事業のウラン濃縮施設、使用済燃料再処理施設及び低レベル放射性廃棄物貯蔵施設について次表のとおりの立地を想定する。

なお、その配置については、ウラン濃縮施設及び低レベル放射性廃棄物貯蔵施設は大石平地区に、また使用済燃料再処理施設は弥栄平地区にそれぞれ計画する。

業種	能力		従業員
原子燃料サイクル事業	ウラン濃縮	1500トンSWU／年　程度	約 200人
	再処理	約800トンU／年 なお施設の増設を見込む	約1000人
	低レベル放射性廃棄物貯蔵	約20万㎥ なお最終規模は約60万㎥	約 100人

1－2　安全防災計画

⑴ 安全計画

① 原子燃料サイクル施設の運営にあたっては、一般公衆の受ける線量を国際放射線防護委員会の勧告に沿って十分低く抑えさせ、かつ安全を第一とした施設の設計、建設、運転管理、さらに事業者による環境放射線監視を行わせる。

② 県は、関係市町村と協力し、国の指導と支援を得、住民の安全と健康を保持するため、環境放射線監視計画を策定して観測設備を整備し、地域住民参加のもとに環境放射線監視・評価のための組織を設置する等により監視体制の確立をはかる。

⑵ 防災計画の整備

原子燃料サイクル施設に係る災害が発生し、または発生するおそれのある場合に備え、各施設の操業前までに災害対策基本法に基づき、地域防災計画において所要の原子力防災計画を整備する。

⑶ 安全協定の締結等

① 安全確保の実効を期するため、事業者との間に放射性物質の放出、事故時の措置、輸送の安全確保等、安全管理及び防災措置全般にわたって協定を締結する。

② 原子力損害の賠償に関する法律等に基づき賠償措置が講じられる原子力損害以外に、原子燃

料サイクル施設立地に伴う影響が発生した場合に対処するため、施設立地事業者に救済措置を講じさせるものとする。

2. 地域開発計画

原子燃料サイクル施設の立地に伴い、同施設の立地と住民福祉の向上との調和した地域の開発をはかるとともに、原子燃料サイクル事業の技術の先端性、国際性等の特性を生かすなど、電源三法交付金の活用をも通じ地域振興を一層推進する。

2−1　原子燃料サイクル施設と調和した地域産業の振興

① 人口の流入に伴う食料品等一次産品需要の増大に対処して、地元農林水産物の生産の振興をはかるとともに、流通体制の整備をすすめて地元供給体制の確立をはかる。

② 労働力需要に対応し、農林水産業を主産業とするこの地域に滞留している労働力の吸収をもはかるため、教育・職業訓練の充実等による地元雇用の促進をはかる。

③ 建設工事、資材調達並びに荷役・輸送、土地・建物の管理、給食、清掃業務等についての地元参画をはかるため、地元企業の組織化、下請のあっせん、関連企業の設立・育成等を進める。

2−2　原子燃料サイクル施設の立地を契機とした地域開発

① 原子燃料サイクル施設の機器などのメンテナンス事業所の集積をはかるとともに、原子力技術の特性に基づいた研究機能の充実・人材の育成をはかる。

② 地域への人口の流入、商業業務活動の拡大等に対処して、第2次基本計画の工業基地周辺都市計画に即し、中心市街地等について、民間活力の導入をもはかりつつ計画的整備をすすめる。

③ 高速交通体系の整備、原子力技術の特性等を活用して、産業集積、広域的都市圏形成をはかり、国際化にも対応した複合的な地域開発を推進するものとする。

［出典：青森県資料］

I－1－2-19

新市街地Ａ住区個人住宅用宅地第二次分譲のご案内

青森県むつ小川原開発会社

1 分譲する宅地

○　場　所　青森県上北郡六ヶ所村大字倉内字笹崎地内

○　区画数　120区画（第2次分譲）

○　区画別面積及び価額　別紙のとおり

2 買受けできる人

○　開発区域内か新市街地区域内に住んでいる人で、買受申込時までに公社がお願いしている土地や建物のすべてを譲る契約を結んでいる人。

○　上記以外の区域に住んでいる人で、買受申込時までに公社がお願いしている土地や建物のすべてを譲る契約を結んでいる人のうち、移転を余儀なくされるものと公社が認めた人。

3 分譲の申込み

○　申込期間　昭和５１年9月２１日から１０月３０日まで

毎日午前8時30分から午後4時45分まで（土曜日の午後と日曜日を除く。）

○　受付場所　むつ小川原開発公社

企画調整課（上北郡野辺地町字切明4番の7
電 話 ④ 6201 ～ 6)

生活相談所(上北郡六ヶ所村大字尾駮字沖付.
六ヶ所農協内　電 話 ② 2311 ～ 2)

○　申込区画数　買受資格者を含む1世帯について1区画以内

○　申込方法　土地買受申込書を提出して下さい。

4 分譲の決定方法

○　同じ区画に、申込が2人以上ある場合は、公開抽せんによってきめます。

同じ区画に1区画と1区画未満の申込が競合した場合

○　1区画未満の面積の区画の申込者は、抽せんにはずれたものとして取扱います。

抽せんにはずれた場合

○　抽せんにはずれた人は、その場で直ちにあいている区画のなかから希望する区画を申込

新市街地Ａ住区第二次分譲区画平面図

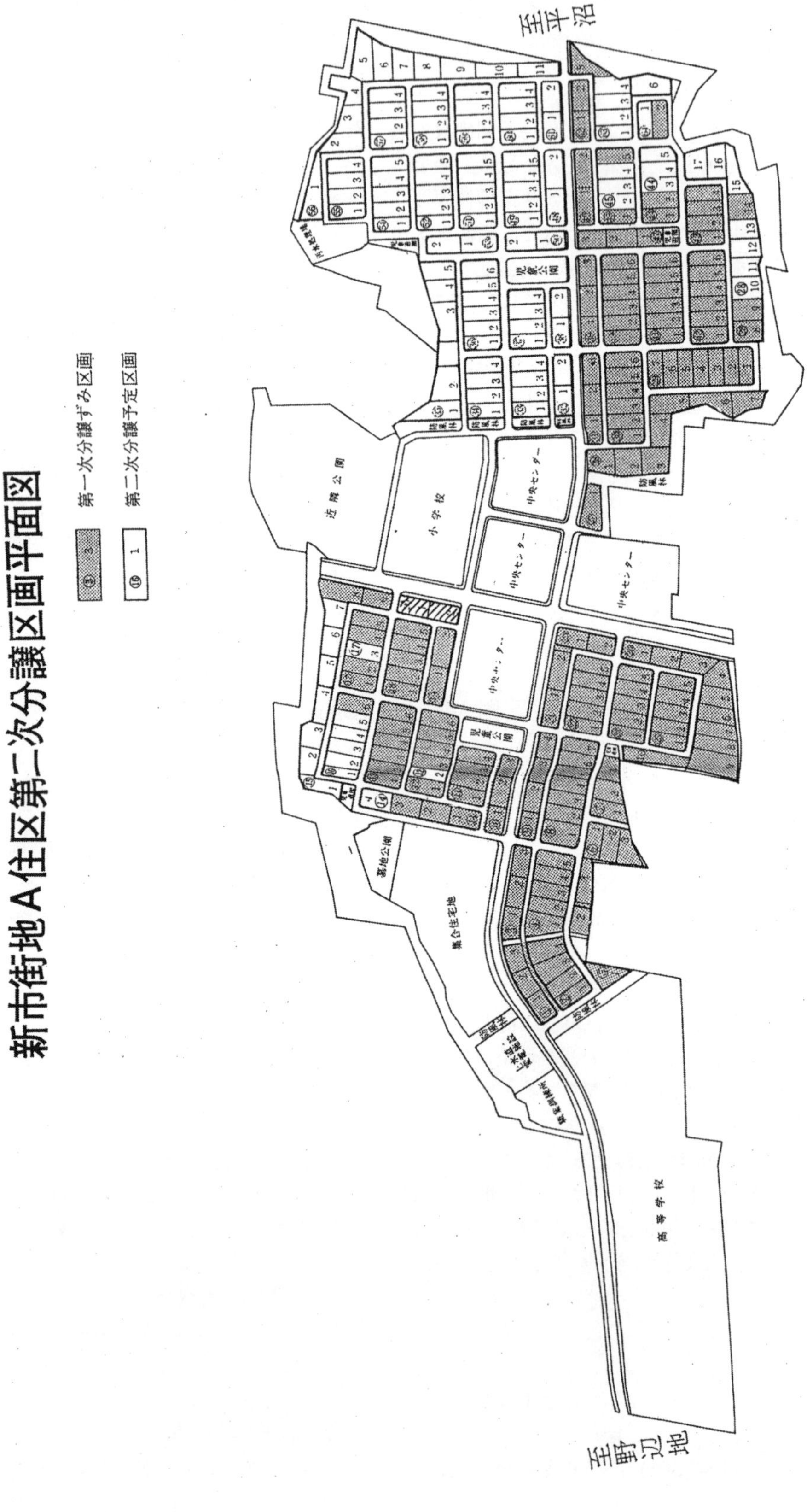

んで下さい。

5 分譲決定の通知
○　土地配分決定通知書を交付します。

6 売買契約の締結
○　土地配分決定通知の際に、売買契約の日時、場所を併せてお知らせします。

7 代金の支払方法
○　契約した日から7日以内に土地代金の20%、60日以内に残額を、会社が指定する金融機関の口座に振込んでいただきます。

土地代金の延納

○　農地の売買代金について会社に債権がある場合は、その支払を受けるまで、債権額の範囲内で延納できます。

8 所有権の移転と土地の引渡し
○　土地代金の支払いが完了した時に所有権が買受者に移転し、その後会社が指定する期日に土地を引渡します。

土地引渡前の使用

○　土地代金の延納の承認を受けた買受者が、土地の引渡しを受ける前に住宅を建築する場合は、会社と土地使用貸借契約を結び、無償で使用することができます。

9 分譲の条件
○　土地所有権移転の日（土地引渡前の使用の場合は会社と土地使用貸借契約を結んだ日、以下同じ。）から3年以内に自分の居住用住宅を建築すること。
○土地所有権移転の日から3年間は、会社の承諾を得ずに、所有権、地上権、質件、使用貸借による権利、賃貸権その他使用及び収益を目的とする権利の設定又は移転をしないこと。

10 その他
○　所有権移転登記申請に要する一切の費用及び契約書作成に要する費用は会社が負担します。
○　土地の公租公課は、土地引渡しの日の属する月までに係るものについては会社の負担とし、その翌月以降に係るものについては、買受者の負担とします。

■新市街地A住区第二次分譲区画平面図
■新市街地A住区区画別面積及び価額一覧表　第二次分譲分（略）
［出所：財団法人青森県むつ小川原開発公社資料］

I－1－2-20
むつ小川原開発第2次基本計画に係る環境影響評価報告書
青森県　昭和52年8月

まえがき

青森県は、むつ小川原地域において工業基地の建設を契機として地域の総合開発を推進するため、地元市町村をはじめ広く県民の意見を聴いて、昭和50年12月「むつ小川原開発第2次基本計画」を策定したが、環境保全に十分留意しつつ計画の具体化をはかることが極めて重要と考え、これまでの諸調査の成果をもとに環境影響評価を鋭意実施してきた。

一方、国は昭和47年9月むつ小川原開発についての閣議了解にあたり、環境問題に関する調査研究を行うよう県に対し指示するとともに、昭和49年10月にはむつ小川原総合開発会議の申し合せとして環境影響評価の実施を県に求めてきた。

このため、県は従来から実施してきた環境影響評価の作業をもとにその後の調査成果を加え、第2次基本計画のうち工業開発地区（六ヶ所村鷹架沼及び尾駮沼周辺から三沢市北部に至る臨海部の約5,000ヘクタール）及びこれに密接に関連する地域に係る計画を対象とし、工業開発の業種、規模、土地利用、港湾、道路、水資源開発及び新市街地計画等の工業基地計画に係る基本的事項について、環境保全上の、適合性を判断するため各分野の専門家及び関係各行政機関の指導協力を得つつ、環境影響評価を行い、その結果を昭和52年2月に「むつ小川原開発第2次基本計画に係る環境影響評価報告書案」（以下「報告書案」という）としてとりまとめた。

県は、むつ小川原開発に係る環境の保全に関して地域住民の理解と協力を得るため、この「報告書案」について、「青森県むつ小川原開発第2次基本計画に係る環境影響評価報告書案の公表実施要綱」を定め、関係市町村において報告書案の縦覧及び説明を行うことによりその周知を図るとともに報告書案について関係市町村住民の意見を求めたところである。

その後、県は、関係市町村住民の意見について、その内容を検討し、また関係各行政機関の指導協力を得、報告書案において必要な補完充実を行って、このたび「むつ小川原開発第2次基本計画に係る環境影響評価報告書」として、とりまとめた。

県は、この計画について環境影響の予測評価及び諸対策等を総合的に判断した結果、環境保全上も妥当であると考えているが、この判断に関しては、環境管理の実効を期することが、今後の重要な責務であるとの認識を持っている。計画の具体化にあたっては、地域環境の観測調査の継続実施と併せて環境保全目標の維持達成のための体制を整備し、また、環境の許容限度内で慎重かつ段階的に開発を進める観点から、さらに事業が進展した段階において、必要に応じ環境への影響を検討するなど環境管理の実施を通じて地域環境の保全を図っていきたいと考えている。

開発事業の実施にあたっては、さらに地元の理解と協力のもとに環境の保全、公害の防止に万全を期しつつ、その円滑な推進を図るよう努める考えである。

むつ小川原開発第2次基本計画に係る環境影響評価報告書（概要）

1　工業基地計画（略）
2　自然環境（略）
3　大気環境（略）
4　水質環境（略）
5　特殊公害（略）
6　環境管理計画（略）
7　環境影響評価結果の総括

各部門別の環境影響評価結果と計画の実施に伴う環境保全上の総括的な見解は次のとおりである。

⑴自然環境保全目標の維持達成については

1）保全地区においては、市柳沼、田面木沼等は鳥獣保護区に指定し、干潟はその機能の維持を図ること。

2）工業開発地区は極力既存植生及び保安林を存置し、また緑地の保全育成をはかり、約30%程度の緑地が確保されること。

3）工業開発地区周辺の土地利用について、農用地は生産緑地帯とし、また、森林地帯は環境保全のため緑地として活用すること、さらに千歳睦栄地区に新市街地の形成がはかられ、既存集落の良好な生活環境の維持及び改善に配慮するなど乱開発防止のため、国土利用計画法等の適正な運用をはかり環境の保全につとめる。

4）建設工事の実施にあたっては、必要に応じ適切な措置等を講ずるなど、保全対策を実施することにしているので環境保全目標の維持達成が可能であると考えている。

⑵大気環境については、固定発生源（基幹産業等）及び移動発生源（自動車）から排出される二酸化硫黄、二酸化窒素及び一酸化炭素等はバックグランド値を考慮した全体計画時においても環境保全目標を十分満足している。

今後、大気汚染防止対策として燃焼管理の徹底、燃焼技術の改善、必要に応じて脱硫、脱硝装置の設置及び自動車排ガス規制の強化等を勘案すると大気環境の保全は十分確保されるものと判断される。

⑶工場排水の排出等に伴う海域環境への影響については、理論計算及び模型実験を行った結果、環境保全目標を維持することは可能であるとともに、外海における現況水質も維持され、潮流の変化も限られた範囲であると予測されるので海産生物、漁業への影響は港湾及びその近傍を除いては生じないものと考えられる。

温排水の放流による海域の水温上昇域（2～3℃上昇）は防波堤の被覆内及びその周辺が中心となるものと予想されるが、回遊性魚種は遊泳層及び回遊経路の変化によって漁場が移動することも考えられ、サケ・マスは影響をうけやすいと予想している。

また、底層性のものは、生息水深が温排水の拡散する水深より深いことなどから影響は少ないものと考えられ、藻類は局部的な生育の抑制及び成長期のズレ等が考えられる。

これらの対策として漁船漁業等の振興策を樹立し、指導するとともに必要な調査を継続していくものである。

なお、水質汚濁、港内汚染対策として放出水質の規制、用水の循環利用、共同処理施設、廃油処理施設を整備させる。
⑷小川原湖は、今後流域において、無秩序な開発の規制、家畜し尿の農地還元等汚濁負荷量の削減措置を講ずるなど、各種開発計画との調整をはかり、汚濁負荷量削減の具体的な水質管理計画を明確にすることとする。
⑸工場立地に伴う騒音、振動、悪臭については、工場と既存集落等との間に十分な距離と効率的な緩衝緑地等を配置することとしており、影響はないものと考えられる。また、道路計画上近接を余儀なくされる新市街地、集落については、土地利用計画の関連において総合的な対策を検討し、騒音、振動による影響を最小化することができると考える。
⑹産業廃棄物については、工業基地内の共同処理場で一元的に処理し、最終処理残渣は、環境保全上問題とならないよう処置のうえ埋立処分することにしているので問題はないと考えられる。
⑺地下水については、小川原湖の渇水期における湖水位最低下の場合でもその継続時間の短いこと等により地下水位及び地盤沈下について問題はないものと考えられる。

以上のように、本開発計画については、適切な環境保全対策及び公害防止対策を講ずることにしており、地域の環境保全上からも許容し得る範囲内の妥当な計画規模と判断される。

今回の環境影響評価に加えて、今後も事業の実施、また企業の操業段階などにおいて、予測手法の研究開発、公害防止技術の成果等をふまえつつ、必要に応じ適切な措置が講ぜられるものである。

今後、開発の進展に即応して、環境保全目標の維持のための一元的な環境管理体制の確立をはかり、環境の保全、公害の防止に万全を期するものである。

報告書作成にあたって講じた住民意見等の取扱い

1　青森県むつ小川原開発第2次基本計画に係る環境影響評価報告書案の公表実施要綱

昭和52年2月26日　青森県告示第125号
昭和52年3月17日　青森県告示第190号

第1章　　総則
（目的）
第1　この要綱は、むつ小川原開発第2次基本計画に係る環境影響評価報告書案（以下「報告書案」という。）の公表を行うことにより、関係市町村の住民の意見を聴取し、もってむつ小川原開発に係る環境の保全を図るとともに、むつ小川原開発を推進することを目的とする。
（関係市町村長の協力）
第2　知事は、報告書案の公表を行うに当たっては、関係市町村長の協力を得て、相互の連絡調整を図り、報告書案の公表の円滑な実施に努めるものとする。
（関係市町村の範囲）
第3　この要綱の適用範囲となる関係市町村は、十和田市、三沢市、野辺地町、七戸町、六戸町、横浜町、上北町、東北町、天間林村及び六ヶ所村とする。

第2章　　報告書案の説明会
（説明会の開催）
第4　知事は、報告書案の説明会を関係市町村長と協議して開催するものとする。

第3章　　報告書案の縦覧等
（縦覧）
第5　知事は、報告書案を公衆の縦覧に供するものとする。
2　前項の規定による縦覧（以下「縦覧」という。）の期間は、第6第1項の公告の日から4週間とする。
（縦覧公告）
第6　知事は、縦覧場所、縦覧期間、縦覧時間その他縦覧について必要な事項を公告するものとする。
2　前項の規定による公告は、青森県報に登載して行うほか、適切な広報措置を講じて行うものとする。
（縦覧の手続）
第7　報告書案を縦覧する者（以下「縦覧者」という。）は、あらかじめ、知事が別に定める様式による縦覧簿に住所及び氏名を記入しなければならない。
（縦覧者の遵守事項）
第8　縦覧者は、報告書案を縦覧場所以外に持ち出してはならない。
（縦覧の禁止）
第9　関係市町村長は、縦覧者が次の各号の1に該当するときは、その縦覧者の縦覧を禁止することができる。
1　この要綱の定め又は当該関係市町村の職員の指示に従わないとき。
2　縦覧に供する報告書案を汚損し、若しくはき損したとき、又はそのおそれがあると認められるとき。
(意見書の提出)
第10　関係市町村の住民は、報告書案について環境保全上の意見があるときは、知事が別に定める様式による意見書を関係市町村長を経由して知事に提出することができる。
2　前項の規定により意見書を提出することができる期間は、当該縦覧期間の開始日から5週間とする。

第４章
(意見書の取扱い)
第11　知事は、この要綱の定めるところにより関係市町村の住民から提出された意見書については、その内容を検討し、関係行政機関の意見を聴き、適切な措置を講ずるとともに、その措置内容を関係市町村を通じて明らかにする。

附　　　則
この要綱は、告示の日から施行する。

青森県むつ小川原開発第2次基本計画に係る環境影響評価報告書案の縦覧

青森県むつ小川原開発第2次基本計画に係る環境影響評価報告書案を策定したことにより、青森県むつ小川原開発第2次基本計画に係る環境影響評価報告書案の公表実施要綱（昭和52年2月26日青森県告示第125号）第5第1項の規定により、次のとおり公衆に対し、縦覧に供するので、同要綱第6第1項の規定により公告する。

昭和52年2月25日　青森県知事　竹内俊吉

1　縦覧場所
十和田市役所
三沢市役所
野辺地町役場
七戸町役場
六戸町役場
横浜町役場
上北町役場
東北町役場
天間林村役場
六ヶ所村役場
2　縦覧期間
昭和52年2月26日から同年3月25日まで。
3　縦覧時間
午前9暗から午後4時30分（土曜日は、正午）まで。ただし、日曜日は除く。
4　縦覧手続
縦覧者は、備付けの縦覧簿に所定事項を記入し、所定の遵守事項を遵守して縦覧するものとする。

2　住民意見の概要と措置

意見	措置
1　自然のとらえ方として、保護対象としての自然という見方だけでなく、地域の資源としての自然、生産基盤としての自然というとらえ方も同時に必要である。	生産基盤としての自然については、保護対象としての自然と保全の観点を異にするものと考えられる。なお、土地利用にあたっては、生産基盤としての認識にたって極力優良農地の確保、森林の広域的機能の維持をはかる等保全策に留意のうえ対処する。
2　データは、県組織以外のものが多く、採用されたもののデータにかかる分析、評価をせず、単に引用しただけとみられる。	環境影響評価は開発計画に伴って実施されるものであり、そのための調査は開発計画の検討の際に並行的に進められており、可能な限りの分析、評価が行われている。
3　自然環境保全目標について、工業基地等直接影響をうける地域への適用は検討を要するとしているが、開発優先の論理であり、自然環境保全基本方針に反するものである。	自然環境の現況解析、影響予測等を行った結果、工業開発が行われても、この地域の自然環境の一体性の維持は可能であると判断しており、あくまでも両者の調和を基調として開発行為を進める、もので、環境への影響を可能な限り最小化することにしている。

意見	措置
	この開発は、地域住民の長年にわたる強い要請に基づくものであり、工業基地の建設を契機に、その開発効果が、地域全般に広く波及することを期しつつ、住民福祉の向上をはかるための地域総合開発であり、その意味では自然環境保全基本方針に反するものとは考えていない。
4　港湾建設に伴う汚濁水が泊付近の根付漁業並びに沿岸漁業へ及ぼす影響を軽視している。汚濁防止措置についてどのように考えているか。また、掘削土及び浚渫土はどのように処理するのか。	港湾工事の汚濁発生の主要な原因は、浚渫作業であるが、この地域の地質からみて、ポンプ浚渫方式が主体になると考えられ、強力な吸引力によって水と土砂を吸い上げる機構であり、殆んど濁りは発生しない。 なお、安全をはかるため、必要に応じ、汚濁防止膜の展張、浚渫土の水切りのため沈砂地の設置等の捨置を講ずることにしているので、泊付近の根付漁業並びに沿岸漁業への影響は極めて少ないものと考えている。この汚濁防止膜については過去、青森港、八戸港の防波堤築造工事、航路浚渫工事等で使用され十分その効果が認められるところである。また、浚渫土、掘削土は、鷹架沼河口から南方の海浜部及び 鷹架沼、尾駮沼周辺の低地等に埋立てを行うものである。
5　土地造成、浚渫土埋立てによる飛砂及び降雨時における土砂流出等の発生が、近郊部落の農業等へ及ぼす影響を無視しているが、これらに対する防護措置を示すべきである。また、地下水への影響については、土地造成の具休的方法が示されていないので、明確でない。	①　土地造成によって生ずる飛砂については、施工方法を工夫することにより、大規模な裸地を生じさせないようにし、残存草木地の防風、防砂の機能を活用して飛砂の防止に努め、農業等に与える影響を最小化する。 ②　土地造成、浚渫埋立てにあたっては、地形、整地勾配等を勘案し、降雨による土砂流出が、工業基地外に及ばないように計画する。さらに、土地造成にあたっては、段切工、法面保護工、土砂止工等を設置して、降雨による土砂の流下を防ぐことにする。 ③　土地造成によって地域外の地下水位に影響を与えないように、実施設計段階で具体的施工方法を検討する。
6　田面木沼、市柳沼の鳥獣保護区の指定にあたっては、カモ類による生産資源への被害があるので、関係者の意見を十分聴くべきでないか。 田面木沼、市柳沼及び周辺を 自然環境保全地域及び鳥獣保護区（特別保護区を含む）に指定すること。 また、沼の周辺を買い上げ保全策を講ずるべきである。さらに流入河川にはダム等をつくるべきでない。	田面木沼、市柳沼の鳥獣保護区の指定は必要と考えているが、関係住民の利害にも関係する問題であるので、沼周辺の買上げ も含め、今後村及び関係住民の意見をよく聴いて対処することにしたい。なお、平沼川の上流に建設する防災ダムは新市街地の建設による流量増に対処するため必要なものである。
7　小川原湖の水資源開発は、湖の自然環境及び周辺の農業、漁業、観光レクリエーション等に重大な影響を与え、住民の生活環境を破壊するものと思われる。	小川原湖総合開発は、周辺地域の治水事業と併せて、水資源開発を行い、このことにより、地域住民の生活の安定、産業基盤の整備をはかり、地域の発展に大きく寄与するものである。

意見	措置
8　小川原湖の淡水化のため河口堰を設置すれば海水系の魚貝類は望めなくなるので魚道を設けるべきであり、湖水位の低下は 藻場の枯死を招き産卵場の減少となるので水位低下の期間を最少限にするよう再検討すべきである。 小川原湖が淡水化された場合、コイ、フナ、ワカサギ等に依存することになるが、淡水化計画にさきがけた試験施設等の設置、漁業振興計画もなく鷹架沼との比較において評価していることは危険である。 人工産卵ふ化放流施設等の設置を考えるほか、温泉利用による養殖事業や網いけすなどの振興対策を行い、これらの試験研究結果にもとづいて内水面漁業振興計画をたて、漁業者の不安を解消すべきであると思われる。また流れのない湖となるので湖水の汚濁腐水化がすすみ魚貝類の生息環境が著しく阻害されると考えられるが、これに対する解明が不十分である。	小川原湖の利水に伴う影響については長年にわたって県が事前調査を実施するとともに、淡水化後の資源増強対策については、県水産試験場が試験研究しており、さらに国の試験研究機関の指導協力を得ながら、淡水化後の内水面漁業のあり方について検討を行っている。 また、関係4市町村による小川原湖淡水化対策協議会において、諸対策を協議しているなど内水面漁業の振興策について、地元の意向を十分とり入れて検討されていくものである。そのほか魚道については、その設置の可能性を漁業振興策との関連において検討を進める。 なお、小川原湖の淡水化等の予測にあたっては、小川原湖に近い鷹架沼の潮止堰堤設置後の変化等が実証例となり得るので、これを知ることは検討上必要と考えられる。 小川原湖の総合開発に伴い、小川原湖からの流出形態は現況と異なって来るが、流出がなくなるわけではなく、流水のない湖とはならない。しかし小川原湖の水質はその水利用に関係なく、今後の流域の開発の進展に伴い汚濁負荷の増加が予想されるので、適切な水質環境が維持できるよう適正な土地利用及び 公共下水道の整備、畜産排水の農地還元、非用水型内陸工業の導入、排水処理施設の整備等、汚濁負荷の軽減措置の強化、流域の乱開発の規制等を講ずるなど事後の環境管理をより徹底してゆく方針である。
9　大気汚染防止に万全を期するため、気象観測、大気質調査等を継続すべきではないか。	地域の気象、大気質の特性を把握するため、国（通産省、気象庁等）および県は、これまで長年にわたり気象観測、大気質調査等を行い、それらの成果をもとに環境影響評価を実施したが、今後とも風向、風速等の気象観測及び固定局、移動測定車による大気質調査等を継続実施することにしている。
10　硫黄酸化物、窒素酸化物等の大気汚染物質量については、最新の公害防止技術の採用等により、なお一層の減少が図られる ことにならないか。	大気汚染物質量は、現時点で可能と判断される公害防止対策を講ずるものとして算出したが、国をはじめ関係機関において公害防止技術の研究、開発が鋭意進められているので、これらの成果を十分取り入れた対策を講じさせることにより、大気汚染物質の排出のより一層の削減が可能になるものと考えられる。
11　大気についての環境保全目標として国の環境基準をあてているが、公害のない地域では環境基準をそのまま適用することは 間違いではないか。	公害対策基本法に定める環境基準は、人の健康を保護し生活環境を保全するうえで維持されることが望ましい基準として定められているもので、環境基準は許容限度あるいは受認限度という性格のものではない。 従って、環境基準は既汚染地域では汚染度を低減させる具体的な施策を実施するための目標としての役割を果たすとともに、未汚染地域では今後の汚染を防止するための施策の根拠となるものであるので、むつ小川原地域としても環境基準を環境保全目標とするのが適切かつ妥当であると考えられる。

意見	措置
	なお、企業の進出にあたっては、県として大気環境の保全に万全を期するために、最新の公害防除技術の採用等を義務づける公害防止協定を企業との間に締結するとともに、必要に応じ県条例による上乗せ基準を設定する等の施策を講ずることも検討している。
12　光化学オキシダントの予測手法が確立されていないとしながら、その発生を防止するというのは何を根拠にしているのか。	光化学オキシダントを生成する主要な原因物質は、窒素酸化物及び炭化水素であることまでは現在判明しているが、光化学オキシダントによる大気汚染の機構が十分解明されていないので、硫黄酸化物のような予測手法はまだ確立されていない。 しかしながら、光化学オキシダントの環境基準は、この原因物質の排出を抑制することにより維持達成されるものと考えら れる。 むつ小川原開発においては、これらの原因物質の排出、漏出及び蒸発を少なくするための規制措置を講ずることによって環境保全目標は維持達成されると考えたものである。 なお、本地域は、気温、風速、日射量等の気象条件等を考慮すれば、既に発生をみた地域より発生しにくい条件下にあると 考えられる。
13　大気環境及び水質環境の影響予測のために行った理論計算あるいは模型実験の資料を示すべきではないか。	予測に用いた計算条件、計算方式、係数基礎資料等は、報告書案本文及び資料編に記載している。
14　石油産業、火力発電のばい煙によって人体、農作物、立木にどのような影響を及ぼすのか、ばいじんが降下して土壌汚染を おこし農作物にどのような影響を及ぼすのか評価されていない。	通産省、気象庁及び県は、長年にわたり、気象観測を実施し地域の気象特性の解明を行ったが、その成果をもとに理論計算による大気環境の将来予測を実施した結果、偏東風の場合を含め環境保全目標を十分達成しているので人体への影響はないと考えている。 しかし、大気汚染による農作物、樹木への影響については、調査研究事例がきわめて少なく、現在、関係研究機関において農林作物被害の調査研究がなされている段階であるので、これらの成果をまって対処し、農林業への影響の防止をはかっていくものである。 また、工業開発地区内の工場からのばいじんは、集じん装置の設置等を講ずることにより大気環境への影響はほとんどなく、さらにこれらのばいじんには有害と思われる重金属はほとんど含まれないので、ばいじんが降下して土壌汚染をおこし農作物 に影響を及ぼすことはないと考えている。
15　火力発電や石油精製等及び船舶からの排煙は、風の向きによって鷹架沼西部及び尾駮浜に住む人々に影響を及ぼすものと予想される。 また、船舶からの大気汚染物質の排出について予測がなされていない。	将来予測の結果では、高煙突による拡散希釈が十分行われるため、気象条件の悪い偏東風の場合でも、工業基地内外とも環境保全目標を十分達成している。従って、立地企業に大気汚染物質の排出の抑制とともに高煙突の設置をはからせる。また、船舶については、その大気汚染物質の排出係数及び拡散予測手法に確固としたものがないので、今回は予測の対象としなかった

意見	措置
	が、汚染物質の排出量が少ないことおよび低煙源であることから港湾区域及びその周辺におさまり、かつ、一般住民には影響がないと考えられる。 なお、大気汚染物質の排出係数及び予測手法等については、今後の調査研究の検討結果をふまえて十分検討していきたい。
16　野辺地町では、偏東風の場合排煙に含まれる有害物質が西部山地につきあたって降下すると心配されるので、発生源における可能な限りの浄化措置を望む。	工業開発地区と野辺地町市街地及びその西部山地の距離（15～20km）からみて、工業基地からの排煙は十分拡散希釈される ことからその影響はないものと考えられる。 なお、工場の操業にあたっては、良質燃料の使用、集じん装置、排煙脱硫装置の設置等により大気汚染物質排出量について 環境保全目標の維持に必要な排出規制を行うものとする。
17　この報告書案と45年資料、47年通産省報告書、50年アセスメント報告書では、そのつど小川原湖の流入量が違っている。 また、降雨量及び流入量の資料と解析の根拠を隠している。 取水上問題になるのは渇水量で、これは年別、月別の降水量の統計が重要である。 また、利水計画は降水量、流出率、比流量を用いて説明すべきである。さらに、流況表は50年の報告書と比べ最大流量、渇水流量、最低流量等で大きく違っている。	平均流入量を求める際の対象年が、資料の蓄積により異ってきたこと、その後の調査により、流入量の算出過程の精度向上をはかったこと等が、本報告書案と指摘の報告書との相違の原因である。 小川原湖の利水計画は、流量資料をもとに作成されたものであり、今回計画に使用した昭和40～49年の流量資料は、これまで国及び県によって観測された各流入河川の実測値をもとに建設省が水位流量曲線を作成してとりまとめたものであって、降水量から算出したものではない。
18　治水計画の対象にされるという33年の異常高水位についての具体的な記述、高瀬川下流の流量調査の資料がなく、また異常高水位の際の逆流海水との関係も解析されていない。	昭和33年9月の異常洪水については、実測降雨記録より流量を推算し、小川原湖への流入量を把握しており、また、海への流出については、八戸港の潮位実測をもとに推算した。この結果得られた小川原湖の最高水位は、沼崎観測所の実測最高水位とほぼ一致し、解析結果は妥当なものと考えている。 本洪水は治水計画の策定に際し、対象洪水の一つとして解析したものであり、治水計画は、勿論本洪水にも対応する計画となる。
19　小川原湖水位の月々の変化を通年と渇水年にわけて、わかりやすくグラフで示し、それと工業用水の取水を重ねて変化が解るようにし、その結果起こるべき問題点について県の判断を示すべきである。	開発に伴っての水位の変化については、開発前と開発後に分けての位況表を提示してある。月々の変化等は、水位変動図として示してある。
20　小川原湖の水位上昇に伴う湿田化による減収、水位低下に伴う河川の河岸崩壊及び周辺の地盤沈下はさけられない。	小川原湖の水位変動による湖岸周辺の水田への影響は、殆んどないと考えているが、今後調査検討のうえ、必要に応じ適切な対策を講ずるものとする。 また・河川の河岸崩壊にも、影響はないものと考えられるが、将来必要があれば、適切な対策を講ずるものとする。地盤沈下は、恒常的な深層地下水位の低下に

意見	措置
	よるものであり、小川原湖の水位低下による地盤沈下は生じないものと考えられる。
21　畜産排水について、指針では「排水量及び発生負荷量をBOD、COD、SS、N、Pの5項目にわたって算出しろ」となっているのに報告書案では欠落している。	報告書案では、畜産排水に係る現況解析を地域の水質汚濁物質発生源状況のなかで実施しており、そのなかに「5項目」についても算出して記述してある。
22　河口堰の設置によって高瀬川の流量が減少し、河口閉塞が生じ、それによって湛水被害や高潮の被害増大等の可能性があり、また、住民の生活環境が破壊される。 河口堰設置に伴うこれらの影響に対する河川改修等の対策についてどのように考えているか。 河口堰の設置によって、田面木沼及び市柳沼に海水が流入して農業並びに漁業への影響が生じる。これについての対策を講じられたい。	河口堰の設置に伴い高瀬川の入退潮量が減少し、河口閉塞が進行することも考えられるが、堰下流の残流域により、相当の流量は確保されるほか、湖から堰下流に越流する余剰流量も多いので、河口は維持されると考えられる。なお、必要に応じ河口導流堤、維持浚渫等の土木的施策を講ずるものとする。 高瀬対策については、今後十分調査検討のうえ必要があれば適切な対策を講ずる。 なお、市柳沼への流入は水面高等から見て起り得ないと考える。
23　A住区からの排水により田面木沼が汚染される懸念があるので、魚類への影響対策を十分に考慮する必要がある。 また、A住区の排水は、B住区の排水管に継いで海域へ流すようにしてもらいたい。	A住区からの生活排水は、3次処理の後、田面木沼へ流出するので、現況水質は十分維持され、これによる魚類への支障はないものと考えている。 なお、この処理施設の機能が維持されるよう指導監督する。
24　大石平に建設される石油タンク群からの汚水等によって、尾駮浜部落住民の生活環境が破壊される。	大石平地区は、石油製品タンク群の立地を予定しているが、これらの施設の清掃、管理に伴う汚水については、オイルセパレーター、活性汚泥による処理を講じ、排水管により海域へ排水されるので、生活環境に影響はないと考えられる。
25　海岸線の微妙な変化に伴う砂群の移動、潮流の変化の関係は単純なものでない。	六ヶ所、三沢及び八戸を含むこの海域の漂砂及び潮流等については、運輸省及び県において「むつ小川原地区漂砂調査」、「小川原地区深浅汀線調査」、「小川原地区潮流調査」及び「八戸港調査」をはじめ、多くの調査を行い、その実態を把超しているが、今後とも港湾建設及び埋立造成に伴う流況等の変化については、引き続き調査検討を実施し、その把握に努めることとしている。
26　沿岸流の乱れは防波堤周辺で微妙であり、回遊魚にはほとんど影響はないといっていることについて納得できない。 したがって、継続調査をして いただきたい。	むつ小川原港の港内及び周辺海域の流動問題については、運輸省が49、50年度に行った気象、海象観測データをもとに流動解析を行っている。 この結果を要約すると、本海域では潮流成分に比較して恒流成分が圧倒的に卓越しているので、沖合の流れが大きい。一方、潮流の影響がみられるのは浅海域に限られており、落潮時、漲潮時には防波堤周辺で変化は生じるが、その変化は多少で、回遊性魚族の漁場形成等に影響を及ぼす程でないものと判断したものである。なお、この点の解明は、複雑で時間を要する問題であるので、今後さらに濃密な調査を継続し、検討していきたい。

意見	措置
27　海流調査は、水深20mまでしかされていないため、この海域の生息魚、回遊魚に関する調査は不十分と思われる。 沿岸、沖合とも回遊魚、その他魚類の好漁場であり、環境の変化によって大きな影響をうけるものと考えられる。 水質、水温、潮流等の現地調査は長期間にわたり実施する必要がある。	県、通産省、運輸省が実施した海流調査は、高瀬川沖合は 7,500m、出戸沖合3,000mの地点で、高瀬川沖では水深100mを越え、継続30日間の調査を行っている。 また、水質及び生物調査では、距岸1,000m内を500mメッシュで行い、これより沖合の海況については、県水産試験場が各月行っている海洋観測資料のほか、海洋気象台、海上保安庁等の調査資料を参考にしているものである。 また、沖合の生物分布及び漁海況についても県水産試験場が実施したが、温排水等による影響は、理論計算の結果から沿岸域に限られるので、その範囲を主体に影響解析を行ったものである。 調査の継続については、今後とも必要なことであるので、実施体制の整備を強化し実施していくことにしている。
28　温排水の影響評価は、東通原発もあわせて行うべきでないか。	東通原発は、東京、東北の両電力が実施する事業であり、両電力による計画の具体化と影響評価が行われた時点でむつ小川原開発に伴う温排水のかかわりあいについて検討するものである。
29　温排水の影響で回遊魚はその生態的特性から影響は少ないが消滅漁業以外の定置網漁業には影響をうけやすいとしているのは矛盾ではないか。	「海産生物に及ぼす影響」のなかで、回遊魚は温排水の影響は少ないといっているのは、回遊魚が周囲の水温より高いところには来遊をさけるという生態的特性から、魚種そのものの影響は少ないと表現したものである。しかし、温排水の影響を受け回遊移動経路が変化することになれば、定置網等漁業の操業に影響が及ぶことが考えられる。今後さらに調査を継続する。
30　火力発電所からの温排水により、老部川の内水面漁業及び泊一帯の回遊魚、藻類、ふ化放流、養殖が影響をうけることは必至 である。 潮流の変化（出潮）によって温排水が沖合に拡散し、回遊魚に多大の影響を与えると思われるので、この問題を含めて影響評価をすべきである。	温排水拡散の包絡範囲は、第1期計画時では防波堤から若干ふくらんだ程度で、常時水温の上昇による影響をうける場所は、温排水の排水口近傍のみであるとみられるが、全体計画時の北流の際、はじめて1℃上昇域の外縁が泊中山崎まで達すること になる。 したがって、第1期計画時では、温排水の拡散域が狭いこと、また、港湾周辺の漁業権は将来消滅を前提としていること等から実質的な影響はほとんどないものとみられる。全体計画時には、拡散域が広くなることから、泊附近のコンブ、回遊魚のサケ、マスは比較的影響をうけやすいと予測しているが、回遊性魚族は多種多様にわたるので、これらの実態的な影響については、今後解明につとめ対処したい。意見の出潮等については、沿岸流の流動状況のなかに含まれており、拡散範囲の予測は、これにもとづいて行われたものである。
31　船舶からの油脂類など廃棄物により漁場が汚染されないか。	船舶からの油廃棄物の排出については、「海洋汚染及び海上災害の防止に関する法律」により規制されているが、さらに廃油処理施設、オイルフェンス、油回収船等を整備して、海域の汚濁防止に努めるものである。

意見	措置
32　建設資材の輸送並びに工場操業に伴う通過車両の増加による騒音・振動、粉じん等に対処するため、国道、県道及び市町村道の整備、バイパス化等について、より具体的対策を示すべきである。	開発計画の進展に伴い、関連道路における自動車交通量は増加が見込まれ、路線沿いの集落においては、騒音、振動等による影響も予想されるので、バイパス及び新路線の整備も必要である。 この場合、地域の特性に応じた路線位置、緩衝緑地の配置等道路構造に特に配慮することとし、関係機関と協議しつつ、総合的に検討し捨置する。
33　工場の操業前までに、大気環境測定局の適正配置等環境監視体制の確立をはかるべきでないか。	意見のとおり措置し監視体制に万全を期するものとする。
34　全の万全を期すため、環境管理計画が極めて重要であるが、管理休制の責任分担と権限を明らかにするとともに公害監視規制にあたり、関係市町村の権限の強化や住民の参加等について措置すべきである。 また、事後評価を事前に匹敵する内容で行う必要がある。	環境管理の総括的責任は、青森県にあるものと考えており、このための諸施策の実施にあたっては、関係行政機関、関係市町村等とも協議してすすめたい。 また、市町村の権限について、騒音、振動、悪臭の規制は法律により市町村長に委任されているが、大気、水質については、県知事権限となっているので、企業立地段階において、地元市町村、県及び企業との間で公害防止協定を締結するほか、モニター制度実施によって、地元市町村及び住民の意見が十分反映できるようにしたい。 事後評価については、県が環境保全目標との関連において、必要な規制指導を行うこととなる。
35　この環境影響評価については、公正な第三者機関に審査、検討させ、その結果を地域住民に周知せしめる手続きをすべきである。	本報告書案は、自然、大気、水質等の各分野毎に県内外の専門家に意見を徴したほか、関係行政撤関の助言と指導を受けながら作成したものであるが、さらに広く地域住民の意見をきくため縦覧、説明会等により周知を図っている。 また、提出された意見については、適切なものは報告書に反映させるとともに、措置内容は各市町村を通じて明らかにする ことになっている。

［出典：青森県資料］

Ⅰ－1－2-21

石油貯蔵施設立地対策等交付金制度

青森県　昭和54年

1．目的

石油貯蔵施設を設置することに伴って必要となる公共用の施設の整備を図ることにより、石油貯蔵施設の設置の円滑化に資することを目的としている。

2．交付金制度の概要

（1）新増設の場合

①交付金の交付

石油貯蔵施設が立地する市町村（六ヶ所村）及び立地市町村に隣接する市町村（三沢市、野辺地町、東北町、上北町、横浜町及び東通村）に交付する。

②交付金の交付限度額

1件当り40億円を限度として石油貯蔵施設の貯蔵量の合計量に1kl当り800円を乗じて得た金額。

③交付期間

石油貯蔵施設の設置の工事が開始される日が属する会計年度から、当該石油貯蔵施設の設置の工事が終了する日が属する会計年度までの期間に行われる交付対象事業に要する経費について交付する。

④交付金の配分

原則として、交付金総額の2割を県、4割を立地市町村（六ヶ所村）、残り4割を周辺市町村（三沢市、野辺地町、東北町、上北町、横浜町及び東通村）に配分する。

〔例〕六ヶ所村に約560万klの石油貯蔵施設が設置されることとして、総額40億円を

県　　　　2（8億円）

立地市町村　4（16億円）

周辺市町村　4（16億円）

の割合で、着工年度から終了年度まで均等交付する。

⑤交付対象施設

道路、港湾、都市公園、スポーツ又はレクリエーションに関する施設、農林水産、商工業等に係る共同利用施設等広く公共用の施設を対象としている。（内容については、次のとおり）

公共用施設	公共用の施設の内容
（1）道路	都道府県道、市町村道
（2）港湾	小型船用の水域施設、外郭施設、係留施設及びこれらに伴う臨港交通施設
（3）漁港	沿岸漁業用の小規模な漁港施設
（4）都市公園	遮断緑地、児童公園
（5）水道	上水道、簡易水道
（6）スポーツ又はレクリエーションに関する施設	体育館、水泳プール、運動場、公園、緑地、その他これに準ずる施設
（7）通信施設	有線ラジオ放送施設、有線テレビジョン放送施設、無線施設、有線放送電話施設、その他これに準ずる施設
（8）環境衛生施設	一般廃棄物処理施設、排水路、環境監視施設、その他これに準ずる施設
（9）教育文化施設	学校、各種学校及び専修学校、公民館、図書館、地方歴史民族資料館、青年の家、その他社会教育施設、労働会館、その他これに準ずる施設
（10）医療施設	病院、診療所、保健所、母子健康センター、その他これに準ずる施設
（11）社会福祉施設	児童館、保育所、児童遊園地、老人福祉施設、母子福祉施設、その他これに準ずる施設
（12）国土保全施設	地すべり防止施設、急傾斜地崩壊防止施設、森林保安施設、海岸保全施設、河川、砂防施設
（13）消防に関する施設	消防施設
（14）農林水産業に係る共同利用施設	農道、林道、農業用用排水施設、農林水産物の共同貯蔵所、養魚施設、選果場、稚蚕飼育所、農林漁業者の生活改善のための普及、展示等の施設、その他これに準ずる施設
（15）商工業その他の産業（農林水産業を除く）に係る共同利用施設	職業訓練施設、商工会館、物産館、その他の普及、展示等の施設、市場、荷さばき場、駐車場、その他これに準ずる施設

（注）

1.　国がその経費の一部を負担し又は補助する事業は除く。ただし、当該事業の経費に対する国の負担又は補助の割合が法令により、定められているもの（一定割合「以内」の割合で負担又は補助をることになっているものを含む。）以外のものについては、石油貯蔵施設の設置の円滑化に資するため特に必要があると認められる場合に限り、交付対象とすることができる。

2.　閣議決定に係る公共事業関係長期計画に係る

公共用の施設にあっては、それぞれの施設の整備を所管する省庁の施設整備の方針と十分調整されたものであること。

（2）既設の場合

①交付金の交付

新増設の交付金の交付期間が満了となると、次に既設分として交付金が交付される。石油貯蔵施設の貯蔵量の合計量が10万kl以上である市町村、及び周辺市町村、県に交付する。

②交付金の交付限度額

石油貯蔵施設の貯蔵量に応じて国が定めた算式により算出した額とする。

100万klの場合　55,500千円
200万klの場合　85,500千円
300万klの場合　100,500千円
400万klの場合　115,500千円
500万klの場合　130,500千円
1,000klの場合　148,000千円

③交付期間

当分の間、毎年交付する。

〔注〕この交付金の交付について規定されている「石炭及び石油対策特別会計法」の期限が、昭和57年3月31日となっているため、この延長問題を検討する際、再検討することとなっている。

④交付金の配分

原則として、交付総額の7割を立地市町村、残り3割を県と周辺市町村に配分する。

〔例〕六ヶ所村に約560万klの石油貯蔵施設が設置されることとして総額1億3260万円を

立地市町村　7（92,820千円）
県と周辺市町村　3（39,780千円）

の割合で、当分の間、毎年交付する。

⑤交付対象施設

消防施設、防災通信施設、防災緑地等保安防災関係施設に限定されている。（内容については、次のとおり）

公共用施設	公共用の施設の内容
（1）消防施設	石油貯蔵施設が設置されていることに伴い必要となる施設に限る
（2）防災通信施設	同上
（3）防災緑地	防災遮断帯としての機能を有する緑地、公園及び避難用緑地、公園（これらの緑地、公園内において、これらと一体として整備されるスポーツ、レクリエーション施設を含む）。
（4）消防艇等の用に供する港湾施設	消防、防災の用に供される小型船用の水域施設、外郭施設及び保留施設
（5）防災道路	防災遮断帯としての機能を有する道路（農道、林道を含む。以下同じ。）及び防災活動の用に供される主要道路
（6）環境監視施設	油濁防止に係る監視施設その他の環境監視施設であって、石油貯蔵施設が設置されていることに伴い必要となるものに限る。
（7）タンカーの入出等に伴い必要となる漁港施設	沿岸漁業用の小規模な漁港施設であって、タンカーの入出に伴い出入港が制限されていることにより必要となる代用施設に限る。
（8）タンカーの入出等に伴い必要となる水産業に係る共同利用施設	養魚施設、共同貯蔵所、その他これに準ずる施設

石油貯蔵施設設立地対策交付金　(単位百万円)

区分	県及び市町村名	年次別交付金交付限度額								合計	備考
		新増設分				既設分					
		55年度	56年度	57年度	小計	58年度	59年度	60年度	小計		
											人口
県	青森県	267	267	266	800					800	(52.10.1現在)
当該市町村	六ヶ所村	534	533	533	1,600	92	92	92	276	1,876	11,135人
周辺市町村	三沢市	89	89	89	267	7	7	7	21	288	38,257
	野辺地町	89	89	89	267	7	7	7	21	288	18,171
	東北町	89	89	89	267	7	7	7	21	288	12,318
	上北町	89	89	89	267	7	7	7	21	288	10,267
	横浜町	89	89	88	266	6	6	6	18	284	6,921
	東通村	89	89	88	266	6	6	6	18	284	9,869
	小計	534	534	532	1,600	40	40	40	120	1,720	
合計		1,335	1,334	1,331	4,000	132	132	132	396	4,396	

※1．石油貯蔵施設の貯蔵量は、560万キロリットルとして計算した。ただし、新増設分は40億円が限度額である。
※2．新増設分の建設期間は3ヶ年とした。
※3．周辺市町村分は均等割とした。ただし端数は人口により按分した。
※4．既設分の交付金は、当分の間毎会計年度に交付されるが、60年度分まで計算した。

[出典：青森県むつ小川原開発室作成資料]

第3節　六ヶ所村資料

Ⅰ－1－3－1

むつ小川原開発六ヶ所村対策協議会規約

むつ小川原開発六ヶ所村対策協議会

目的

第1条　本会はむつ小川原大規模工業開発に対する地域住民の諸対策を検討すると共に。農工商漁業の併進を基本とした開発計画の現実に協力し、地域経済の発展と住民の生活の向上に寄与することを目的とする。

名称

第2条　この協議会は、むつ小川原開発六ヶ所村対策協議会（以下協議会という）と称する。

事業

第3条　この協議会は、第1条の目的達成するため次の事業を行う。

1　開発計画に対する地域住民の意向反映に関すること。

2　地域住民に対する開発理念の普及に関すること。

3　用地買収対策事業に関連する諸対策事業の趣旨普及に関すること。

4　地域住民と関係機関との意志疎通に関すること。

5　開発地域内の農業漁業振興に関すること。

6　地域住民の各種営農類型に応じた代替地の確保に関すること。

7　地元地場産業及労働力の優先雇用と自然環境の保存公害の絶滅に関すること。

8　その他この協議会の目的達成に必要な事業に関すること。

組織

第４条　この協議会は別表に掲げた団体の代表者、学識経験者で村長の指名する者等をもって組織する。

役員

第５条　この対策協議会には、会長１名、副会長２名、監事２名、幹事１４名を置く。

　１　会長は村長がその任に当る。

　２　副会長、監事、幹事は会長の指名によって決める。

　３　この会の任期は２年とし、再任を妨げない。

会議

第６条　協議会及び役員会は必要に応じて会長がこれを招集する。但役員会の議長は会長がその任に当る。会長事故ある時は副会長がこの任に当る。

事務局

第７条　この対策協議会の事務局は開発担当課内に置く。

規約

第８条　この規約の改廃は協議会の決議を経て行う。

経費

第９条　この対策協議会の経費は補助金並びにその他寄附金をもってあてる。

会計年度

第１０条　この対策協議会の会計年度毎年１月１日より１２月１日に終る。

附則　この規約は昭和４６年８月８日から実施する。

むつ小川原開発六ヶ所村対策協議会
役員名簿

		氏名	住所
会長	六ヶ所村村長	寺下力三郎	尾駮
副会長	六ヶ所村農業協同組合長	木村一郎	倉内
監事	学識経験者	福岡伍郎	弥栄平
幹事	〃	高村熊太郎	倉内
	六ヶ所村連合ＰＴＡ会長	木村長太郎	尾駮
	六ヶ所村農業共済組合	林下喜蔵	泊
	発茶沢土地改良理事長	佐藤治三郎	鷹架
	六ヶ所海水漁協組合長	佐藤鉄夫	〃
	身体障害者福祉会会長	吉田又次郎	平沼
	学識経験者	滝沢徳江	尾駮
	〃	中村章一	〃
	〃	佐藤柾五郎	上弥栄
	部落総代	高田丑蔵	出戸
	〃	小泉市郎	新納屋
	〃	相内正男	千歳
	〃	橋本富一	平沼
	〃	戸田慶吉	戸鎖
	〃	向中野勇	老部川
	〃	大湊茂	尾駮

むつ小川原開発六ヶ所村対策協議会員名簿

	氏名	住所
六ヶ所村村長	寺内力三郎	尾駮
議会議長	古川伊勢松	泊
教育委員長	橋本喜代太郎	平沼
農業協同組合長	木村一郎	倉内
農業共済組合長	林下喜蔵	泊
肉牛振興組合長	中村正七	尾駮
海水漁業協同組合長	佐藤鉄夫	鷹架
商工会会長	及川昇一	泊
連合夫人会長	藤谷あい	倉内
連合青年団長	種市敏美	老部川
教育長	田中澄	尾駮
漁業協同組合長	橋本弥一	平沼
民政委員総務	橋本猛雄	尾駮
連合PTA会長	木村長太郎	〃
納税貯蓄連合会長	橋本善之助	平沼
身体障害者福祉会長	吉田又次郎	〃
消防団長	橋本喜代松	〃
農業委員会長	木村竹次郎	尾駮
北部上北開拓酪農協同組合長	佐々木喜代治	六原
北部上北森林組合長	山崎正男	野辺地
庄内開拓農業協同組合長	佐藤繁作	庄内
倉内地区農業協同組合長	野田謙治	千歳
上弥栄農業協同組合長	渡部幸助	上弥栄
発茶沢土地改良区理事長	佐藤治三郎	鷹架
泊漁業組合長	古川伊勢松	泊
学識経験者	高村熊太郎	倉内
〃	沼田水江	新納屋
〃	小島悟	尾駮
〃	小笠原新太郎	泊

〃		田中銀之丞	〃	二又	葛西喜代美
〃		中村章一	尾駮	尾駮	大湊茂
〃		福岡伍郎	弥栄平	尾駮浜	二川目勇吉
〃		原子慶彦	尾駮	老部川	向中野勇
〃		滝沢徳江	〃	出戸	高田丑蔵
〃		佐藤柾五郎	上弥栄	泊	赤石作平
部落総代	倉内	沼部綱雄		端	安藤安蔵
	中志	駒形幸一郎		笹崎	桜井松三郎
	千歳	相内政男		新栄	小泉多三郎
	六原	木村政人		上尾駮	米田作蔵
	平沼	橋本富一		野附	角福四郎
	新納屋	小泉市郎		石川	福岡福太郎
	鷹架	佐藤鉄夫		内沼	木村金一
	戸鎖	戸田慶吉		幸畑	久保保久
	千樽	川原木源太郎		ひばり平	立花丑雄
	室久保	沼尾徳松		新町	内田福蔵
	弥栄平	田村正明		大石平	中村菊太郎

昭和46年度事業報告書
むつ小川原開発六ヶ所村対策協議会

月日	行事	処理事項
8.8	協議会設立	むつ小川原開発六ヶ所村対策協議会、規約承認、役員決定
8.21	役員会	県の住民対策大綱に対する諸対策、むつ小川原開発に対するアンケート調査等について
8.30	協議会	県の住民対策の対応、規約一部改正、アンケート説明、部落座談会日程について
8.31	部落座談会	県の住民対策大綱について、倉内小中、平沼小中、鷹架小、開発区域内
9.1	〃	県の住民対策大綱について、尾駮小、上弥栄小、戸鎖小、開発区域内
9.2	〃	県の住民対策大綱について、泊小、出戸小、二又小、開発区域外
9.3	〃	県の住民対策大綱について、千才小、中志小、開発区域外
9.16	役員会	部落座談会経過報告、アンケート調査集計報告、今後の対策について
9.24	懇談会	青木、沢田弁護士、石川先生、会長外役員5名
9.25	講演会	開発に関する法的問題、青木、沢田弁護士、開発はどういうものなのか、石川、戸鎖公、尾駮小
9.26	〃	〃　平沼小
10.1	役員会	補正予算報告、規約一部変更、鹿島先進地域調査等について
10.7	鹿島現地調査	第1班出発　部落主婦連　50名
10.10	〃	第2班 〃　役場職員　13名
10.13	講演会	開発公害に関する講演、牛木、近藤先生　泊文化会館
10.14	〃	〃　〃　倉内、鷹架
10.16	鹿島現地調査	第3班　協議会役員　10名
10.18	〃	第4班　連合青年団　15名

月日	行事	処理事項
10.21	〃	第5班　教頭会　　15名
10.23	第二次案発表	県の住民対策大綱について説明会　第一中
10.24	鹿島現地調査	第6班　役場職員　　9名
10.25	〃	第7班　協議会員　　27名
10.30	〃	第8班　上尾駮外10部落　43名
11.2	部落座談会	開発と公害の問題について　石川先生　中志小、千才小
11.3	〃	〃　〃　平沼保育所、新納屋（公）
11.4	〃	〃　〃　上弥栄小、出戸小
11.4	鹿島現地調査	第9班　教師会　　33名
11.5	〃	第10班　尾駮浜外11部落　44名
11.8	〃	第11班　連合婦人会　19名
11.12	〃	第12班　泊部落　49名
11.16	講演会	開発に関する講演　牛木、細谷先生　　中志小、平沼小
11.17	〃	〃　〃　新納屋公、戸鎖公
11.17	鹿島現地調査	第13班　中志外10部落、役場職員　22名
11.22	〃	第14班　泊外2部落　〃　53名
11.25	役員会	現地調査報告会日程と報告者選任等について
11.26	鹿島現地調査	第15班　農業委員会　13名
12.5	鹿島現地報告会	於第一中講堂、報告会後講演会、武蔵大学教授小沢達雄先生
12.16	監査	監事の中間監査実施

［出典：むつ小川原開発六ヶ所村対策協議会資料］

Ｉ－１－３－２

開発についての私の考え

六ヶ所村長　寺下力三郎

私達の村はごらんのように辺ぴなところで、これまでは、ものわらいのタネになってきたことが多いようなところです。

私たちの村は自分が助役になって沼田村長以来、基礎から人間をつくりあげようと学校をつくるのに力を入れてきました。泊中学校だけをのぞいて村内の学校は鉄筋コンクリートで、大てい水洗便所をつけました。備品、施設はこれからというところです。みなさんいびつなところだと思うでしょうが、義務教育についてはそういう考え方でやってきました。

二年前から始まった、むつ小川原開発を受けたとき私は助役でした。

私のことを申し上げますと、この村に生せれ、おやじは北海道へにしんをとりに漁場へ行き育ててくれました。その三男坊で無財産で教育も全然ありません。

昭和四～五年頃から岩手、群馬、栃木で養蚕教師を七～八年やり、昭和十五年に帰ってきて役場に入り、その後助役になり、一〇年勤め、老年期に入ったのでかわいそうだ、死花をさかせてやれと云う村民の同情で、まにあわせの村長にしてもらったという田夫野人で、どこへ出てもおわらい草になっているようなものです。

巨大開発に対して私は始めから疑問をもっていました。というのは私も朝鮮に一年いって、外地におけるところの企業のすすめ方、その地帯に働く従業員のとくに現地の人たちの俸給の安さ、そのためのみじめなくらしかた等を多少見開してきているものですから。この巨大開発というのも企業は公害のないといってきていますが、日本全国どこへ行っても公害さわぎを起こしている。それがこの地帯にきて公害はタレ流しにするけれどもこの地帯が広いので公害がうすめられるために公害がないと表現するのが一つだろう。

もう一つは、この地帯は貧乏人がそろっているので札束でほっぺたをたたけば多少公害の苦しみは忘れるだろうという考え方で公害がないといっているのでないかという懸念がありました。

公害のない住民のためになる開発であると幸いだしありがたいことだけれども、今までの企業のやり方、公害に対するとりくみ方からはそうは考えられない。古い話になるが満州や朝鮮でとった企業のやり方からすると、へたをすると巨大開発は、巨大な不幸をこの地帯の住民にあたえかねないと考えていました。それがだんだんすすみ、八月十四日に発表された開発区域は六ヶ所村の半分、関係する住民一万三千四〜五百人の約半分六千五百人（一二五〇世帯）程度の移ったあとに石油コンビナート地帯、あるいはアルミ、鉄鋼関係の企業が進出してきて、ゆくゆくは原子力製鉄所もできる。

日本が世界に進出する産業の足場にする最後の地点だという現実の計画だそうです。

住民とすると公害がない、住民生活が豊かに向上する開発と二年も三年もいい続けられてきたものですから、それなら良いだろう。この広いだれも利用しない土地が相当な値段に売れて我々も開発の恩恵を受けるのはよかろうという夢が、現実は立ちのきをしろということです。そうしますと、この地帯に長い間暮している人にとってはここが一番いいものとし六千五百人くらしているのですから、その中には土地が沢山あるとか、学問があったり才能がすぐれて、よそへいってもすぐくらせるという人が一〜二割はあるでしょうが、大部分の人は、この地帯でなければくらせない。いわゆるこの地帯にしか適応性のない雑草のような人間をどうするのかというのが、村長としての、村会議員としてのつとめだろうと思います。

この地帯でしか暮せない人たちを開発とはよいことだといって、村民を立ちのかせ、その人たちの将来がどんな不幸な目にあおうが、村長や村会議員は関係ないといえばそれまでですが、それでいいとは思いません。

予想されることは村民のみなさんに徹底させてから、それでよいとみなさんが移るのだとよいのですが、村民の目をふさぎ、耳を防いで悪いことはきかせないで良いことだけふきこんで立ちのいでいったあと、朝鮮人が満州へ行ったような難民の姿………ああいうのはくり返えさすべきじゃないし、いわゆる開発難民を一人も出さないようにするのが政治の要請ということになると思います。

それにそれが貧乏村の貧乏人を相手にして、自分自身が貧乏人である村長がとるべき道ではないかという考えのもとに今のところ県や経団連にたてをついたような形になっています。なぜかというと公害のない開発というのが偉い人たちが集まったときにいうことばです。公害もない開発をするのだからいいじゃないかといいますが、現実の問題として公害がないかというと日本全体の工業地帯は洞海法にしろ、あるいは日本チッソの水俣工場にしろ、あるいは四日市、川崎にしろ、八戸にしろどこども空の汚れ、空気の汚れ、海の汚れでみんなまいっているのに、なぜ真理をひた隠しに隠して公害がないからいいだろう。これからくるものは公害が出ない施設をしてくれるからいいだろう。その程度の話で六五〇〇人もの村民を納得させるのはあまりにも罪ではないかと思いますし、村長として私は公害はあると思っていますから反対しています。

それにいまひとつは六五〇〇人の人を動かして日本全国、あるいは国全体の経済にはプラスになるかもしれないが、そのことのみのために六五〇〇人の住民を泣かせる必要が果たしてあるのかと考えるのです。

私は別の方法で企業が利益をあげる方法もあるはずだと反対しているのですが、今になりますと、住民個々がそれぞれ土地も売りたいという関係で、金のない貧乏暮しを何代も続けている連中に五百万だ、一千万円だあるいは二千万円だと話をする関係で大変動揺してきているので守る方も攻める方も大変になっています。三日前から自民党とむつ小川原開発審議会委員の中央会三上会長、沼山会長、特別委員長の岡山県議がそれぞれ部落に入って開発はいいことだと、ひとつには収益の二〇〜二五％を公害を除くための費用になるような企業がくるので公害の心配はなにもない。それから企業が入ってくると、二人か二人半以上の人間を企業に雇わせるように約束させるからとかそれから高等園芸作物をやって収益が沢山あがる方法をとってピーマンやトマト、いちごなどの栽培をやらせるようにするので土地を売って土地が少なくなったとしても収入をあがるような方法になるのでいいことだと言ってすすめているそうです。

それから開発がすすむと海岸の汚れを心配しています。ここから一七キロぐらいのところにある泊は、八〇〇世帯の住民がいますが、五億円位の水揚げがあり漁業一本で暮しています。そこもここの地帯から出る汚れた水によって困るし、その六､七キロ北には東通村の開発用地がありますが、そこの温い冷却水をこっちからの汚水との真ん中にあるので五〇〇〇人位の住民としては大変なことで、開発区域には入らないけれど、我々はそれによって漁業の道がふさがれるので、追いたてをくったと同様な被害を受けるとこわい。

結局当初の段階ですと一二五〇の他に泊の八〇〇世帯も自滅のかたちで将来はいってしまう計画だったのです。私たちのところだけでも、この間は反対がはげしくなったせいか、企業の方の財布の関係ですか、おととい自民党の県議団が来て、鉄鋼関係の進出はみあわせるとはいっていますが、とりあえず入らなくとも将来は入るのだろうと思われます。

ここから四キロ位のところに鷹架沼がありますが、この周辺の三七〇～三八〇世帯を今のところは立ちのかせるといっています。

開発が良いのか悪いのか今のところは混然とした具合です。土地が高く売れると金が入るので売りたい気持ちもある。さりとて立ちのくということになると、立ちのき先がどうもいい場所がないので不安も大分ある。とくに年寄りになると死ぬときにあっちこっちへ行って苦労したくないと大変動揺していまして私のところへもしょっちゅう電話があり、眠れない夜が多くて困っています。

村長としていちばん心配していることは最初に県や経団連で発表しましたけれどどうも尾ぶち沼のあたりの地帯を無人地帯にして煙の出し放だい、水の汚し放だいにするようを考え方でないかと私は疑っています。といいますのは、人が全然いないと文句をいうものがないから公害がない。公害はあるけれども公害の叫びのない地帯にしていくというのだと思うのですが、村長を含めて知恵のないものがいるのでやむを得ないとしても、あまりにも人間性を無視したやり方ではなかろうか。工場の適地としてこんな恰好の場所が日本全国探してないのはわかりますけれども、公害のない開発というのは、瀬戸内海が汚れるのに七～八年かかったそうで、太平洋が一里も汚れているのは大分かかる。煙の方は東風はむつ湾へ西風は太平洋へ出てしまうので公害の文句の出ない開発、煙のさわぎのない開発をつくるといっているようですけれど、六ヶ所村の住民としては、一二五〇世帯邪魔になりますからたって下さいといわれ、はいそうでございますとたてないところの悩みがあります。事前になにも相談しないでおいて、そのために立ちのくことは大変だと騒ぎが始まったところです。

今後は、成田までとはいかなくとも鹿島級の反対と賛成のさわぎが起ると思います。どうしてもこの地帯を去りたくない人と、それぞれの政党にも関係があり、自民党の方々のいうように、公害のない住民の繁栄に結びつくというような話をそのままうけて賛成だという人たちとの柱桔は出てくるんだと思います。とくに問題なのは今日すぐ立ちのくのでなく五年ないし、七年なりが、立ちのきの段階になる。そうしますと、被害の状況は出きあがってみないとわからないという悩みがあります。

村長としては、鹿島がどうの苫小牧がどうであるいは四日市がどうだから二の舞にしてはならない。片一方は村長がなんといったって公害のないのははっきりしていて、土地を売ればいいじゃないかといいますが、今の仕組みは土地を買う方は買う方で別なわけで、売ってからこうではなかった。あるいはたちのいて五年先になってから私たちが予想したようになってから大変だというのではおそい、というわけで、やせ村長は公害があるので反対として今回の議会では対策費を七〇万円から一千万円にしました。中央から公害の説明をしてもらう先生をつれてきて、住民にきいてもらう。あるいは映画をみてもらって住民に覚えてもらうつもりです。七〇万円計上してもちょっとプリントしても一〇万一五万の金がとんでしまうので今回は一千万円にしたわけです。新聞記者は知事と銭でけんかするのかとびっくりして質問していましたが、「知事さんだってばかでながべ、たかが予算一億かなんぼの六ヶ所を相手に二千万やったら三千万だといってそいでやめるのなら世も末だ」といってやりました。

実はむつ小川原開発審議会の委員にえらばれていますが、そのときの発表では、村の半分が人のいない地帯になり､六ヶ所全部が残らないような、住民と心中しなければならないときにそこへいって審議するといったって走狗になっていないところで意見を申し上げる何ものもないし、審議会のみなさんは公害がない、私は公害だらけだといっているが、賛成が五八人いる中で「なにしゃべるところがある」と思って私は審議会に入らないでいました。

今回の村議会で一千万円の対策費を計上すると新聞記者の話のタネに売り、銭でけんかを売るのとつるしあげをくっても、住民が死ぬか生きるかというとき六五〇〇人の村民が、ここではどうにか暮らせるが、ここを出ること自体がすでに放浪の民になることがわかりつつ賛成できるものでないということです。辺地の村長の泣きごとといいますか、恐山の男のいだこのくどきをきいたと思って、みなさんのそれぞれのお考えのもとに整理していただきたいと思います。

<注>このお話は九月二〇日県民研と日本科学者会議東北地区連絡会とのむつ小川原開発合同視察団に話されたものです。

［出典：青森県国民教育研究所,『国民教育研究』No.45「むつ小川原開発問題懇談会の記録」］

Ⅰ-1-3-3

むつ小川原開発の推進に関する意見書

六ヶ所村議会議長　古川伊勢松

新全国総合開発計画を受けて青森県が大規模プロジェクトとして計画しておりますむつ小川原開発については、昭和47年5月第一次基本計画によって、その基本構想が示され、また、同年9月政府において閣議了解がなされ、国としての開発を進める方向が明らかにされ、経済社会の発展の重要な一翼を担う国家的事業として、その実現に向って力強く推進されることになった。

この大規模開発は、わが六ヶ所村の将来を飛躍的発展への道をきり開く機会であり、その実現に大きな期待を寄せるものであります。

しかしながら最近工業地帯における産業公害自然環境破壊等が、大きな社会問題となっておることは周知のとおりであり、このような開発は絶対回避しなければならない。

この開発は、地域住民全体の福祉向上をもたらすものでなければならず、特に本村の産業基盤である農林水産業の振興を計られ、工業が導入され農工が調和された開発で、六ヶ所村が大きく発展することを希うものであります。

よって本議会は、今後むつ小川原開発については、あくまでも住民サイドにたって、万全の措置を講じ、むつ小川原開発が実現できるよう要望するものであります。

記

1.　土地の譲渡に伴う税について特別の措置を講ずること。
2.　国有財産の払い下げについて特別の措置を講ずること。
3.　農業の振興対策を講ずること。
4.　水産業の振興対策を講ずること。
5.　中小企業の振興対策を講ずること。
6.　教育水準向上のための対策を講ずること。
7.　道路整備を促進すること。
8.　内陸型工場の誘置を図ること。
9.　地元雇用対策に万全を期すること。
10.　保健衛生、医療対策に充分配慮すること。
11.　自然並びに文化財保護に万全の措置を講ずること。
12.　公害防止法の村長に対する権限の立法化をすること。
13.　生活環境及び社会福祉施設の整備を図ること。
14.　村財政に対し特別の援助を図られたい。

以上地方自治法第99条第2項の規定により意見書を提出する。

昭和47年12月21日
青森県上北郡六ヶ所村議会
議長　古川伊勢松

［出所：関西大学経済・政治研究所環境問題研究班,1979,『むつ小川原開発計画の展開と諸問題（「調査と資料」第28号）』266頁］

Ｉ－１－３－４

むつ小川原開発住民対策要望書

六ヶ所村議会議長　古川伊勢松

新全国総合開発計画を受けて青森県が計画しておりますむつ小川原開発については、昭和47年5月25日発表された第一次基本計画のなかの住民対策が具体性に乏しいので、下記について善処されるよう要望する。

記

1.　土地の譲渡に伴う税について特別の措置を講じられたい。

むつ小川原開発公社で買収する土地代金に対して、譲渡所得税の特別控除額が100万円経費5%であるがこれを土地収用法並の1,200万円まで控除するよう特別立法化をして頂きたい。

2.　国有財産の払下げについて特別の措置を講じられたい。

むつ小川原開発の計画の中に買収が予定されている農地は、田470ヘクタール、畑1,020ヘクタール計1,490ヘクタールありますが、農業基盤確立のため代替地として国有財産の払下げについて特別の措置を講じられたい。

3.　農業の振興対策を講じて頂きたい。

イ.農業生産基盤確立のため代替地の確保に努めること。

ロ.生活環境の改善と農業の整備が一本化されるよう農村総合整備対策を早急に樹立して頂きたい。

ハ.農業就労の省力化を計るため、基幹農道の整備を図られたい。

ニ.従来の土地利用型農業から施設型農業への転換と、生産組織強化の育成と農家経済の向上を図られたい。

ホ.酪農地域の農業事情及び、経営形態を勘案して自給飼料の生産増大、飼養管理を図るため畜産経営改善施設を設置して頂きたい。

4.　水産業の振興対策を講じて頂きたい。

イ.開発地域周辺の漁業に対して、開発によって万一漁業への影響があった場合、速やかに補償して頂きたい。

ロ.開発地域内の移転者の中で、漁業を希望するものがあるので、漁港周辺に漁民団地を造成して頂きたい。

ハ.地域周辺の沿岸漁業は、開発及び原発の温排水等の被害が、予想された場合、遠洋漁業転換の対策とそれに伴う漁船の大型化が要求されます。そこで現在の泊漁港は狭きをきたしますので、漁港拡大整備と早期実現を期して頂きたい。

5.　中小企業の振興対策を講じて頂きたい。

イ.立地企業が必要とする一般消費物資について、全面的に地元企業からの調達として頂きたい。

ロ.開発地域内を問わず、開発に影響を受ける商工業への補償並びに土地斡旋は、充分考慮して頂きたい。

ハ.地元の中小企業者が協業化の企業を起した場合、また、一般の企業に対し開発に伴う、特別の金融制度を設けて頂き、企業が独立できるまで利子補給をして頂きたい。

6.　教育水準向上のための対策を講じて頂きたい。

開発の進展に伴い、生活水準の向上とともに一層高い教育が要求されますので、村内に実業高等学校の新設、幼稚園の設置を図られたい。

7.　道路整備の促進を図られたい。

村内の県道の総延長は約92Kありますが、このうちわずか20Kより舗装されておりませんが、未舗装の県道は、早急に整備するとともに、村幹線道路の整備をして頂きたい。

8.　内陸型工場の誘致を図られたい。

開発計画の中に立地を予定している工場は、石油製精及び火力発電所でありますが、のみならず関連する内陸型の工場の誘致も図って頂きたい。

9.　地元雇用対策に万全の措置を講じて頂きたい。

開発に伴う建設工事､企業が立地された場合は、地元民を優先的に雇用するような措置を講じて頂きたい。

10.　保健衛生、医療対策に充分配慮して頂きたい。

開発の進展に伴い、医療需要が大幅に増すものと予測しますので、医療機関の適正な配置を図って頂きたい。

11.　自然並びに文化財の保護に万全の措置を講じられたい。

開発地域内に生息する動植物の保護を図ると共に、文化的遺産の保護に努め、できる限り自然を破壊しない開発実現を期して頂きたい。

12.　公害防止法の村長に対する権限の立法化をして頂きたい。

開発工業地帯における諸公害が大きな社会問題となっておりますが、企業が公害等を出したら村長がただちに工場に対して操業停止を命ずることができるよう立法化して頂きたい。

13.　生活環境及び社会福祉施設の整備を図られたい。

開発の進展に伴う都市化に対応して、上、下水道、ゴミ処理等の生活環境施設の整備と、地域住民の就業促進と労働条件の改善を図るため、保育所の整備、老人ホーム等の整備の促進を図って頂きたい。

14.　村財政に対して、特別の援助措置を講じられたい。

六ヶ所村財政の約50%は、地方交付税によって確保されておりますが、これが開発と共に多額の出費が見込まれますので、村財政に対して特別の援助措置を講じられたい。

以上のとおり要望いたします

昭和47年12月21日

青森県上北郡六ヶ所村議会

議長　　古川伊勢松

[出所：関西大学経済・政治研究所環境問題研究班,1979,『むつ小川原開発計画の展開と諸問題（「調査と資料」第28号）』266-268頁]

Ⅰ－1－3－5

村民に訴える！！

六ヶ所村議会　橋本勝四郎

六ヶ所村議会むつ小川原開発住民対策特別委員長

六ヶ所村農業委員会長

橋本勝四郎

新しい年を迎え、村民の皆様には益々ご健勝のことと存じお喜びを申し上げます。

さて、このたび本村開発反対期成同盟会によって私の議員解職請求がなされ、リコール運動の署名がなされることになりました。これは開発に対する反対と推進との思想の相違から生じたものと考えられます。いずれにせよ新年早々から村民の皆さんを騒然とさせ今後いろいろと心配をかげることになり、誠に申し訳なく、私の不徳の致すところと深く反省している次第です。

このリコール運動は心外もはなはだしく許せざる行為であります。なぜならば、村民それぞれの思想の相違によって議員の解職を求める行為はいたずらに地方自治法の盲点を悪用した多数の横暴に過ぎないからです。

また、村民を混乱状態におとしいれ、流血を招く私権の主犯活動だからです。

また吉田チヨ代表者から出された私の解職請求理由書によりますと、私は村議会開発対策特別委員長や、農業委員会長として、その権力を利用して開発促進をはかり、村民を難民にすることだとしております。事実私は皆さんの暖いご支援によりご指摘の職責にありますが、委員長、会長の考えのみで事を決定されるべきものではなく委員全員で審議し、その結論を決定事項として処理するのが委員長、会長の責務であり、私の権力云々とは全くマトがはづれていると同僚議員並びに多数委員の一致した見解であります。反対期成同盟会はこうした組織体の機能を充分に知りながら、あえてこのような理由を上げて私一人を相手どっているのは、開発反対運動を利用し同志を結束して十二月の村長選挙を有利にしようとする一つの手段としか考えられません。

こうした手段は議会制度の無視につながることではないでしょうか。

開発反対期成同盟会は村内を大きくゆさぶりつづけている巨大開発計画を白紙に帰せと主張しているが、しかし一方ではこの際自然破壊や公害、住民対策にきびしい条件を具備し、この開発を迎え入れて大きな発展を図りたいとの声があることを皆さんは充分ご存じかと思います。村民の信任も受け、その責任の重い我々は、村議会議員や農業委員としてどのように対処すべきか常に考えております。従って、昨年暮れの定例議会で十四項目の条件をつけ今後国や県に折衝することになった訳であります。かといってこの決議は決して無条件で積極的に推進するというものではなく十四項目の条件がかなわない場合には議会が一致して開発の白紙撤回を要求する旨、申し合せている次第です。

多数の村民の支持でその職責を果させて頂いている私としては、開発賛成、反対の両方のこ意見を良く聞きその上で事に対処していく事が私の職責だと痛感して居ります。

従って開発白紙の声も決して無視している訳ではありませんが、現在の我が村でこの開発を白紙に帰すということは村民を大混乱におとし入れ骨肉相食の状況を招く恐れが大であると想定されますので白紙撤回はこの際断じてさけなければならないものと考える次第であります。

この村に生をうけ、この村にしか未熟な私を助けてくれる人はいないと信じ、そしてまたこの村の美しい自然の中に骨を埋めることを無常の喜びと思っている私です。しかし遺憾ながら反対期成同盟会は、村内の状況を正確にとらえることを怠たり現実に対処して村づくりの行動をしようとする人々を「難民を作る行為だ」と一方的に決めつけて、今度のような行動に出ました。私はそれならば村振興対策として反対期成同盟会の方々にはどのような対策があるかとお聞きしたいものです。

先にも申し上げましたように、皆様に私のことでご心配をかげるのは、私の不徳の致すところですが、私としては今回のことは全く心外というしかありません。幸いに私の現職責を支持して励ましてくれる村民も多いので気持ちを新たにして微力乍ら今後一層村政発展のためつくす所存なれば、村民の皆様には私の意とするところをお汲とり頂き深ご理解をお願い申し上げる次第です。

昭和四十八年一月九日

［出典：橋本勝四郎氏チラシ］

Ｉ－１－３－６

村民の皆さんに訴える

六ヶ所村長　寺下力三郎

政周と財界が「列島改造」の目玉商品として強行しようとしている「むつ小川原巨大開発計画」の内容に、一体、住民のためを思う心がひとかけらでも見られるでしょうか。

もしも村長として私が、彼等「開発する側」の話の尻馬に乗って、この「開発」を進めさせていたとしたら、土地売買で儲けるブローカーたちは万々歳だったかも知れませんが、まじめな、何も知らない住民は、どうなったでしょうか。

土地は売らされる、生活再建の保証はない、ということになって、右往左往する混乱をきたしていたに違いないと、私は考えています。

何よりもまず、この「開発計画」に、どれだけの真実性があったか、という点を指摘しなければなりません。いかにも住氏を小馬鹿にしたような「第一次案」、「第二次案」などの「計画の変更」はありました。しかし、この「開発」には欠くことのできない要素の一つ、「むつ湾」の使用についてさえ、正体は全く不明なのです。この点からだけでも、この「開発」の不可能さに気づくはずです。

いまさら言うまでもないことですが、村長の職責は、ブローカーの手先になって金儲けをしたり、村を財閥に売ったりして、村民を路頭に迷わせるようなことではありません。

そうした悲惨な事態を防止することこそ、村長のつとめなのです。

「村長は反対ばかりしている。条件をつけてやらせればいいではないか」と、村議会は言います。それではうかがいます。昨年十二月二十一日に村議会が県当局に出した十四項目の「意見書」に対して一体、どれたけ具体性のある回答があったというのでしょうか。一例をあげれば、「無公害」論がそうです。石油精製、石油化学、火力発電という三大公害企業をどうするのか、確たる回答を誰かがとったことがあるでしょうか。

何十年、何百年と暮らしてきた土地を追われるのがこの「開発」の本質です。納得できない限り、あるいは不安がなくならない限り、反対するのが当然のことだという私の主張は、どこが間違っているのでしょうか。一時的な「開発ブーム」にあおられて、高い値のついた土地を手放すことは、結局は自分の首をしめることになるのです。多くの「開発先進地」の例は、このことを私たちに教えているのです。むかし、シャモ＝和人が、アイヌ人から財宝をむしり取ったのと同じように、まじめ一方の住民から、ただ同然の安値で土地をむしり取り、それを村外に途方もない高値で売りまくって腹を肥やした人達の心境は、一体、いかがなものでしょうか。

私は、この村でなければ暮らせない人達、この村を死守しようとする人達とともに、一丸となって、金になりさえすれば親子も親戚もないといった「餓鬼道」から、はいあがって行きたい、はいあがらせたいと考えているのです。

来年はタダになってしまうという土地ではないのです。

五年前、十年前の村は、どうだったでしょうか。そして、二十年先には、どんな時代がきて、どのような地価上昇がくることでしょうか。

みなさんは、住民の生活のことなどにミジンも配慮がなく、ただ強引に土地だけを買おうとするこの「開発」に、疑問をいだかないでしょうか。

「正体不明の巨大開発に反対する」これは、村民を守る立場の村長として、きわめて当然の主張なのです。

昭和48年5月8日

六ヶ所村長　　寺下力三郎

［出典：寺下力三郎氏チラシ］

Ⅰ－1－3－7

村勢発展の基本構想

六ヶ所村

Ⅰ　基本構想策定の趣旨

1．基本構想策定の趣旨

基本構想は、わが六ヶ所村の将来ビジョンを確率するとともに、これに至る村行政施策の大綱を定めるものである。

ここ数年、内外の社会経済環境の変化の中で、国においては国際社会における新しい役割を指向しつつ、国民経済の均衡ある発展をはかるとともに充実した国民福祉の実現を期するため、産業構造の転換および国土の総合利用等新しい方向が求められてきている。

わが六ヶ所村においては、工業基地建設を主体とするむつ小川原開発が計画され、現在その具体化が進められているが、この開発は、村の将来を大きく変革する原動力となるものである。

また、村には、産業の中心をなす農業、漁業の社会経済環境変化に対応した抜本的振興施策確立への強い要請があるとともに、生活環境施設の十分な整備による村民生活の質的充実への欲求が高まっている。

村民の欲求に応え、村民福祉の飛躍的な向上をはかるためには、わが六ヶ所村の実状を十分認識するとともに、むつ小川原開発の進展による今後の村のおかれる社会経済環境の変化についての長期的見通しに立ち、将来に向い、主産業たる農林水産業および新しい産業の発展をはかり、快適な生活環境を創造するための主要課題を明らかにしつつ、村としての総合的な基本構想を樹立し、逐次その施策の実施にあたることが必要である。基本構想は、これら観点に立って村の将来構想をとりまとめたものである。

2．基本構想の性格

（1）基本構想は、村行政の実施にあたり広く村民の理解を得るとともに、むつ小川原開発を契機とした村の総合開発をすすめる長期的な村行政運営の指針として策定する。

（2）基本構想は、酪農近代化計画、肉用牛生産振興計画、上十三地域広域市町村圏計画などの既定計画および農業振興地域整備計画、農村地域工業導入計画など策定中の計画との整合がはかられるものとする。

（3）基本構想は、村の意思として、むつ小川原開発計画にもその反映をはかる。

（4）基本構想は、昭和60年を目標年次とする。

（5）基本構想の策定後、その具体化をはかるための基本計画を策定するものとする。

Ⅰ　基本構想

1．現況と課題

（1）現況

六ヶ所村は、地勢はおおむね平坦であるが、冷涼な気候のため、かつては土地の利用に立ち遅れ、平坦地は主として牛馬の放牧地に利用され、農耕地はわずかをみるにすぎなかった。

しかし、戦後の海外引揚者、村内次三男による入植、昭和31年からの北部上北開拓事業による入植および発茶沢地区開田事業等の土地基盤整備により積極的な農業開発が行なわれ、今日では、六原、庄内、二又地区などが県内有数の酪農地帯を形成するにいたったのをはじめ、畑作、稲作にもその成果をみている。

また、水産業は、泊地区を中心として漁場環境に恵まれているものの、漁港など生産基盤の整備が遅れたため、低位生産を余儀なくされ、44年度からの焼山地区漁港整備事業、45年度からの第2次沿岸漁業構造改善事業および漁船装備の近代化によって、多角的な漁船漁業、沿岸漁場開発の方向にすすみつつある。

反面、地理的には遠隔の地にあり、また、永く道路等基盤の整備に遅れがあったなど社会経済的条件に恵まれなかったため、第2次産業、箱3次産業は立ち遅れている。

そのため、村経済は、農漁業生産が35年から46年までに、農業は6億円から12億円、漁業は2億円から10億円へと大きく伸びているが、この間のわが国経済は高度成長期にあり、国民所得の伸びが著しかったため、総体的な村民所得としては46年度で1人当り24万円にとどまり、県平均の6割に満たないものとなっている。

したがって、農林水産業以外に就業機会がなく、また、農林水産業においても機械化等による省力化がすすむとともに、作業に季節的な繁閑があること、さらには、生活の向上に対応する収入の増加をはかる必要から、県外への季節的出稼ぎが多く、現在約2,000人余に達している。

また、中学卒業者は村内での就業の場に恵まれないため、半数をこえるものが村外へ就職している。

村の高校進学率は近年ようやく高まりつつあるが、49年3月卒業者は57.7%であり、県平均83.3%に比べて相当に低い。医療についても、診療所の整備につとめてきたが野辺地町、三沢市等に依存するところが大きい。村内の道路については、村道は49年3月末現在舗装率5.2%であり、主要路線の県道は48年3月末現在27.0%で県平均の45.4%に比べて遅れがみられる。

村行財政は、村経済の実情を反映し、村税収入が少ないため村事業も小中学校等国の補助事業に傾斜するなど、国への依存度が高くなっている。

しかし、村民の生活圏の拡大、行政需要の多様化に応えて、し尿処理、ごみ処理、消防などに広域行政の活用をはかるなど公共施設についてはようやく積極的整備がはかられつつある。

（2）課題

このような現況をふまえ、村の将来を展望するにあたっては、まずこれまで長年にわたって築き上げてきた村の主産業である農林水産業の近代化による一層の振興、また出稼ぎをなくし、青少年の生きがいある就業の機会を確保するため、工業の導入およびこれを契機とした第2次、第3次産業の発展をうながし、村としての産業構造の高度化をはかることが重要な課題である。

また、高等学校の設置および総合病院の整備をはじめとする教育、社会福祉、環境衛生、医療、スポーツ・レクリエーション施設および村内道路など、村民生活の基盤となる広範な公共施設等の整備により、快適な生活環境の形成をはかることは、村民の強く欲求するところであり、整備水準の向上が大きな課題である。

これら課題の達成は、村はもとより関係方面の積極的協力が必要であるが、長期的視野から国、県とともにむつ小川原開発を推進し、工業の導入をすすめるとともに産業と生活の基盤の整備をはかり、これらがもたらす波及効果を積極的に受けとめることによって、村人口の大幅な増加による農林水産物需要に供給を行なうなどを加えた農林水産業の振興をはかりつつ、工業および商業、サービス業、運輸、建設などの新しい就業機会を確保し、さらに市街地の整備をはかりつつ、快適な生活環境の形成をすすめることが可能になると考えるものである。

したがって、むつ小川原開発については、この開発が将来の新しい六ヶ所村の建設に大きな役割を果たすことを期待しつつ、その推進にあたっては、村民福祉の向上をはかることを第1とし、むつ小川原開発計画においても、農林水産業の振興、地場中小企業の振興、雇用機会の確保と地元雇用施策の確立、教育、医療、福祉水準の向上、新市街地の建設、道路の整備、公害の防止、環境保全および自然、文化財の保護等について村の意思の反映をはかる。

また、むつ小川原開発の進展にいかに対応するかは、村として未経験かつ重要な課題であるので、国、県の協力を十分得ながら、計画および開発の進む過程に応じて、それぞれにおける問題の把握につとめ、対応施策の確立をはかるとともに積極的にその実施をすすめる。

なお変容する村社会においても、これまでつちかわれてきた村の良き伝統と風俗、村民の和が損なわれないよう、重要な課題として留意するものである。

２．新しい六ヶ所村の将来像

六ヶ所村は、村民経済の均衡ある発展をはかり、快適な生活環境を創造して自然と人間との調和した都市像を求めるものとし、目標を次のように掲げる。

1.農林水産業と工業との調和
1.快適な生活環境の創造
1.心身ともに豊かな人間の形成

（1）農林水産業と工業との調和

村民の経済生活は農林水産業を基盤としているが、就業の場が少ないため若年労働力の県外流出、季節的出稼ぎを余儀なくされるなど、その生活基盤に不安定な面があるので、農林水産業の振興を基本にむつ小川原開発を契機として工業の導入をすすめ、その波及効果により農林永産業と工業との調和した村民経済の均衡ある発展をはかり、村民生活の一層の安定と向上をはかる。

農林業については、優良な農地等は極力確保するとともに、土地基盤整備をすすめ、すぐれた酪農をはじめ畑作、水田などそれぞれ高生産地域を形成し、一層の振興をはかる。とくに開発による人口の大幅な増加等によって新たに消費市場が成立するので、商品価値の高い露地野菜などの地元供給をはかり、生産の組織化、農業就業構造の改善をすすめて生産性の向上をはかるとともに、開発により広く就業の場が形成されることから農業外収入の増加をはかり、農家所得の大幅な向上をはかる。

水産業は、恵まれた漁場資源の高度利用をすすめるものとし、漁港の整備、沿岸漁場の造成、増殖漁業の確立、漁船の装備近代化によって生産の拡大をはかり、開発にともなう消費需要の増加に対処し、地元水産物供給をすすめるとともに、経営の合理化、流通加工の改善等により漁家所得の大幅な向上をはかる。

村民経済の均衡ある発展をはかるため、むつ小川原開発による村への工業導入をすすめ、また農村工業団地等を造成し内陸型工業の誘導立地をすすめる。

工業導入にともなう経済的波及効果の村への浸透をはかるため、第1次産業、第2次産業の振興とあわせ、工業生産および人口の大幅な増加にもとづく消費等需要の飛躍的増大を契機とし、商業、サービス業、工業基地関連業務、運輸、建設などに地場資本の活用を促進する。

これら村民経済の発展を基礎とし、昭和60年には村の所得水準および生活水準を県平均に引き上げることを目標とするが、さらに一層の村民福祉の向上を目指すものとし、村人口規模は約4万人を見込むものとする。

（2）快適な生活環境の創造

将来の六ヶ所村は、農漁村的環境の中に工業基地が建設され、村人口の大幅な増加と都市化が著しく進行することになるが、恵まれた自然環境の中に既存集落および新市街地の有機的連携をはかりつつ、計画的に生活環境施設を整備し、緑豊かなまちづくりをすすめる。

ゆたかな明るい住みがいのある村民生活を築くため、将来の村人口規模にふさわしい学校、文化、社会福祉、環境衛生、保健医療、スポーツ・レクリエーション、保安防災などの施設の整備をすすめ、生活の質的向上をはかるとともに、村民の生活活動に応じて交通の安全を確保しつつ、県道はじめ村道、農道など道路体系を確立し、快適な生活環境を創造する。

また、これまでにつちかわれてきた住民連帯の良き伝統および風俗をはぐくみ、守り、暖かい人の和のある社会とする。

（3）心身ともに豊かな人間の形成

明日の六ヶ所村をにない、地域社会づくりに寄与する青少年の教育を充実するため、義務教育をはじめ幼稚園、高等学校の設置をすすめて、幼児教育、小中学校教育の水準向上をはかるとともに、高校進学率は県平均まで引き上げるものとする。

農漁業者研修等による農業、漁業後継者および職業訓練による中堅技術者、技能者の確保、養成をはかるとともに、社会教育水準の向上および村民文化の高揚をはかり、また村民の健康づくり、体力づくりをすすめて、心身ともに豊かな人間の形成をはかる。

３．各地区の将来の方向

村は、38の集落からなり、それぞれ農業、漁業等の特性のもとに、分散的な基礎生活単位を構成しているが、将来は工業基地の建設、新市街地の形成および道路交通体系の再編成、産業構造の高度化等から村内各集落の連携がさらに進むものと考えられることおよび生産基盤、生活基盤を考慮し、将来の生活圏構成は次の4地区とする。

（1）泊地区

泊地区は、村の北部に位置し、漁業を主体に独立した大集落を形成しているが、農家、漁家には兼業が多く出稼ぎも多い。

将来の方向としては、焼山漁港および流通施設等生産基盛の整備拡大をはかるとともに沿岸漁業の構造改善をはかり、漁業基地として漁業の一層の振興をはかる。

農業は、ほ場整備をすすめるとともに近代化をはかる。

また、出稼ぎを解消し、雇用機会の拡大をはかるため、周辺に適地を選定し、内陸型工業の誘導をすすめるとともに開発過程での建設、工業開発地区企業等の労働力需要に積極的対応をはかる。さらに開発にともなう消費需要の拡大にあわせて商店街の近代化をすすめ、商業、サービス業等の振興をはかる。

生活環境整備については、八戸・むつ線、泊バイパスの建設整備をはかるとともに、児童福祉、老人福祉、保健、医療、教育施設および公営住宅等の充実をはかり、さらに泊バイパスによる内陸部への広がり、南方への拡大にあわせ新たな市街地の形成をはかる。

泊海岸等すぐれた自然景観を活用したレクリエーション区域を設けるとともに、国民宿舎およびスキー場等施設の整備、観光漁業の振興をほかり、観光開発、村民のレクリエーション利用を推進する。

（2）尾駮地区

尾駮地区は役場、農協、共済組合、漁協、金融機関等の集積および地理的条件から村の中心をなし、今後も村の中核としての役割をになうことになるので、商業、金融、サービス業等、機能の拡充をはかる。

農業、漁業については安定した兼業化へすすむことになるが、畜産および新たに設置される漁港区域を活用した漁船漁業による振興をはかる。

また、内陸型工業の誘導をはかるとともに、開発過程での建設、進出企業等の労働力需要増加による就業機会の拡大をはかる。

児童、老人福祉施設、保健医療施設、県立高等学校など教育施設および公営住宅等生活環境施設の充実をはかるとともに、バスターミナル等村内交通の拠点施設を整備する。

市街地整備については、今後北方に拡大の傾向にあるが、市街地道路、排水路等を整備し、商業地区、雇用者等住宅地の形成をはかるとともに工業開発地区との隣接地には遮断緑地を設け、環境の保全をはかる。

（3）平沼・倉内地区

平沼・倉内地区は、畑作、水田による農業を主体とし、八戸・むつ線沿いに集落を形成しているが、村内外交通の要路にあり、商業等の集積も大きい。

将来の方向としては、稲作とともに今後の消費需要にあわせた高収益作目の産地化をすすめ、都市近郊型農業の形成をはかる。

また内陸型工業の誘導をはかり開発過程での建設、工業開発地区企業等の労働力需要に積極的対応をすすめ、あわせて近代的な商店街の形成をはかり、商業、サービス業等の振興をはかる。

とくに、道路などの立地条件もあって、建設段階からその業務等の集積が進むことになるので、これらを基礎に内陸型工業、関連産業等の立地が見込まれ、また、建設雇用者等人口の増加にかかる業務および消費需要の拡大にあわせた建設、サービス機能の拡充が考えられる。

このため、社会福祉、保健医療、教育施設および雇用者住宅等の充実をはかるとともに、市街地整備については、八戸・むつ線、平沼・野辺地線等主要路線沿いに、街区の拡大が考えられるので、街路、排水路等を計画的に整備する。

また工業開発地区との隣接地には、遮断緑地を設けるとともに市柳沼、田面木沼および小川原湖の環境の保全に留意しその周辺はレクリエーションの場として利用をはかる。

（4）千歳・戸鎖地区

千歳・戸鎖地区は、優良な酪農、水田地帯を形成しているが、新市街地の建設により、今後は、村内の有力な生活拠点としても成長することになる。

将来の方向としては、酪農の飼養規模拡大と収益向上、稲作の生産性向上、準高冷地性野菜等高収益作目の導入による農業振興をはかる。

また、雇用機会の拡大をはかるため内陸型工業の誘導をすすめるとともに、さらに、新市街地は増加人口に対応した商業、サービス業等の諸機能の充実をはかるとともに県立高等学校、職業訓練校、病院、体育館等都市的施設を整備し、その全村民利用をすすめる。

いずれにしても、村内で最も大きい生活圏を構成して新市街地の形成がはかられるが、既存集落については生活環境施設の一層の整備をはかり、相互に有機的連携がはかられるよう道路などの計画的整備を行なうものとする。

4．土地利用の構想

土地利用の方向としては、豊かな自然環境の保全に留意し、総合的な土地の高度利用を基本として、農業振興地域整備計画による農用地、国有林、保安林等の保全用地ならびに既存集落、新市街地を形成する用地、住宅、工場用地および港湾、道路等公共用地など開発すべき土地の適正な配置をはかる。

工業開発地区周辺は森林、草地等の生産緑地を計画的に存置するとともに、工業開発地区内の住居地域と隣接する地帯には遮断緑地を設け、さらに地区内の緑地、空間が確保されるようはかる。

（1）農用地

八森、六原、庄内など優良農地および吹越台地、尾駮、出戸等の山間丘陵地は、酪農、肉用牛肥育等畜産地帯として利用をはかる。

また、七鞍平周辺を中心に千歳および室ノ久保等の地区は、露地野菜など畑作団地を計画的に育成してその利用をすすめ、平沼・倉内地区、戸鎖等の低地は水田地帯とし、それぞれ高生産性農業地帯として形成をはかる。

（2）林地

鷹架沼西部などの国有林および民有林は、生産性の向上をはかりつつ、環境保全のための緑地として林地の確保に努める。

また酪農振興センター周辺および吹越烏帽子山系、棚沢山系周辺の国有林地内に森林公園を検討するなど林地の活用をすすめる。

（3）工業用地

弥栄平、尾駮沼、鷹架沼周辺から三沢市に隣接する臨海部約5,000ヘクタールは工業開発地区とするが、近接する尾駮、平沼周辺等の間は、緑地の保全により完全に遮断するなど防災保安体制の確立をはかるとともに、環境保全には十分留意する。

また、農村工業団地等内陸型工業を村内各地区に適正に配置する。

（4）市街地

泊、尾駮、平沼、倉内、千歳および戸鎖等既存集落の計画的な拡大整備をすすめるとともに、工業開発地区からの移転者および進出企業従業者等を受け入れるため千歳、睦栄周辺に新市街地を建設する。

（5）観光レクリエーション用地等

小川原湖、市柳沼、田面木沼は、内水面漁業での利用とともにその周辺は、村民の憩の場、レクリエーションの場として利用をすすめ、風致および自然環境への配慮が十分なされるよう留意する。

さらに吹越烏帽子山系および棚沢山系の丘陵地、泊周辺の海蝕断崖、岩礁などを活用し、レクリエーション地区を設けてその整備をはかる。

（6）国有林野等

公共用地需要の増加、草地造成用地等の用地需要が高まるので、国有林野等の活用をはかる。

5．主要施策の大綱

（1）農林業の振興

①振興方向

農業は、酪農等畜産の著しい伸長がみられる反面、45年度からの米の生産調整実施にともなう農業生産の減少から、総体としては、農業所得が伸び悩み、兼業化の進行と季節的出稼ぎが増加している。

そのため酪農、稲作、畑作等高生産性農業の確立による一層の振興をはかりつつ、工業の導入を契機とした就業機会の増加にあわせて安定した兼業所得の増大をはかり、農家所得の向上をはかる。

また人口の大幅な増加と都市化にともなう地価の高騰、消費需要の拡大等条件変化に対応した施設型の集約的農業を指向して再編整備をはかり、商品価値の高い作目の産地化をすすめる。

②優良農地の確保と生産基盤の確立

農用地の無秩序な転用、乱開発を抑制しつつ農業生産の積極的展開に必要な優良農地は計画的に確保する。

農業振興地域内農地は、49年現在3,300ヘクタール（田1,000ha、畑2,300ha）であるが、吹越台地等造成される農地等を考慮すると、昭和60年には約3,500ヘクタール程度と見込まれる。

これら農地については、田畑等ほ場の整備、草地造成、農道の整備など土地基盤の整備をすすめて、生産基盤の確立をはかる。

③基幹作目

村は、夏期冷涼で日照の少ない気象条件のもとにあるので、これをふまえ、基幹作目は酪農、乳用雄子牛を主とする肉用牛肥育、冷涼地に適したレタス、ブロッコリー、カリフラワー、キャベツ、にんじん、長芋、ばれいしょ、にんにく等の露地野菜、葉たばこ、および水稲とする。

④作目別振興方向

ア　酪農　県内で最もすぐれた酪農地帯を形成している六原、庄内の一帯および二又周辺については、さらに濃密な酪農団地の形成を促進する。そのため、今後酪農振興センターに対する育成牛の預託、吹越台地地区（国営事業、調査中）の草地造成の活用に期待しつつ、飼養規模の拡大をはかる。

また、大消費地に直結した牛乳のタンクコンテナ輸送等流通面の整備をすすめる。

イ　肉用牛　肉専用牛および酪農と連携した乳用雄子牛を主体とし、おおむね一集団300頭程度の集団肥育を推進するものとする。既存の酪農地帯および尾駮、出戸周辺において団地の育成をはかるとともに、流通面においては、周辺市町村における肥育集団と連携しつつ、枝肉の計画的出荷をすすめる。

ウ　露地野菜　七鞍平周辺の畑作地帯を中心にレタス、ブロッコリー、カリフラワー、にんじん、にんにく、ばれいしょ、キャベツ、長芋の生産を振興するとともに、七鞍平でのばれいしょについては、国の産地指定をすすめる。

農協などによる系統出荷をすすめ、産地形成の動向にあわせて、集出荷施設を整備するとともに大幅な人口増加にともなう村内消費需要の拡大に対応して農産物市場の開設をはかり、流通機構を整備する。

エ　普通畑作物　七鞍平周辺一帯、尾駮、出戸、室ノ久保を中心に、なたね、大豆、小豆の作付生産をするものとし、土壌改良、施肥の合理化をはかるとともに優良種子の導入、確保をはかる。

オ　葉たばこ　七鞍平、内沼周辺を中心とした産地形成をはかる。

カ　水稲　比較的条件の良い水田については生産基盤の整備をはかりつつ、農協および生産組合等営農集団による経営、農作業の受委託を積極的にすすめて生産の合理化をはかる。なお一部環境の良くない水田については、畑地等へ転換をすすめる。

⑤生産の組織化

酪農、肉用牛（乳用雄子牛の集団肥育）農家を除けば、一般には工業開発の進展に伴って兼業化がさらに進むものと思われる。

このため兼業農家を含めた生産の組織化とその中核となる農家の育成によって農業生産団地の形成を促進し、その一環として農協等による農業経営または農作業の受委託を積極的にすすめる。

⑥就業構造の改善

農業生産の組織化及び工業導入による就業機会の拡大に積極的に対応しつつ、安定した就業を促進するため、農業労働力と他産業への就業労働力の総合的管理調整をはかるとともに、農業委員会による農業就業近代化事業の拡充、農業者転職の援助措置の強化をはかる。

また観光農業の配置を検討し、中高年令層の就業機会の増大をはかる。

⑦農業団体の機能強化

生産基盤の整備、高収益作目の導入、生産の組織化、流通の合理化等、高生産性農業の確立をはかるうえで、農協等農業団体の機能強化が要請されるので組織の再編整備をすすめる。

⑧農村総合整備事業の実施

ほ場、農道等の生産基盤施設整備とあわせて、集落内排水施設、防災安全施設、道路および農村環境改善センター等を整備するため、農村総合整備事業の指定を受けて農村環境の総合的な整備をはかる。

⑨重工業の余熱利用

工業基地からの余熱を施設型農業へ積極的に利用するものとしその検討をすすめる。

（2）水産業の振興

①振興方向

水産業は泊地区を中心として漁場資源に恵まれているので、今後生産の拡大、生産基盤の整備、経営の合理化、流通加工の改善、海岸保全施設の整備をもとに振興をはかる。

②生産の拡大

ア　沿岸漁業の振興

泊地区を中心に漁場整備事業として、アイナメ、ヒラメ、カレイ、ソイ等の培養魚礁の設置とワカメ、コンブを対象とした岩礁爆破、種苗移植放流事業として、アワビ、ホッキガイ、ウニ等の種苗放流の推進を行なう。養殖事業としてはワカメ、コンブを対象に実施する。

また進歩向上する水産土木技術、栽培漁業技術等に対応し、濃密な事業をはかるものとし、新漁場開発事業の一環として沿岸漁場の整備開発をめざし、大型魚礁等による魚礁漁場の整備と幼稚仔保育場の造成、大規模増殖場の開発等、増殖場の整備を推進する。

イ　内水面漁業の振興

粗放的な増殖から集約的な養殖への転換、養殖業の育成等を促進する一方、釣り人口の増加に対応して観光漁業の健全な発展を推進する。

③生産基盤の整備

ア　漁港の整備

焼山漁港は、前沖にわが国有数の好漁場を控え、前進根拠地、漁船の避難港としての重要な位置におかれている。そのため第5次漁港整備計画（48～52年度）により、北防波堤、東防波堤、護岸、岸壁、船揚場、道路の新設および4mの浚せつを行ない、300隻の漁船収容能力をもつものとする。

さらに第6次漁港整備計画（53～57年度）によって岸壁の新設等漁港機能の充実をはかるものとし、大幅に増加する村内水産物需要ならびに流通機構の拡充に対処した漁港の整備をはかる。

新たな漁港区域は、村民の意向に基づき将来の漁船漁業に必要な規模の漁港機能をもつものとして、尾駮地区に建設をはかる。

イ　漁船等の近代化

10～20トン階層の装備の近代化を積極的に推進するとともに漁業用無線施設の合理化、充実を推進する。

④経営の合理化

第1次、第2次沿岸漁業構造改善事業をはじめ、各種施策により、その経営基盤の整備、経営規模の拡大等がはかられてきたが、さらに、漁業近代化資金助成法にもとづく近代化資金の円滑化、農林漁業金融公庫等融資の増強をすすめ、漁船の近代化、省力化、新規技術の導入、増養殖の促進と経営内容の指導等を積極的に推進して漁業経営の合理化、安定化をはかる。

⑤流通加工の改善

ア　流通機構の整備

流通処理施設の整備が遅れているので、漁業生産の拡大および村内消費需要の増大に対処してこれらの整備を促進し流通の円滑化をはかる。

イ　水産加工の振興

流通処理施設の整備と併行し、一次的加工を中心に水産加工施設の整備をはかり、婦人を対象とした雇用機会の増大をめざすとともに、逐次高次加工への移行を促進する。

⑥海岸保全施設の整備

漁港区域にかかる海岸については、保全施設の早急な整備が必要なので、海岸保全施設による堤防の新設を行ない、背後地は水産物の荷さばき共同利用施設として利用をはかる。

（3）工業の導入

①工業導入の方向

ア　村民の経済生活基盤を確立し、村民福祉の向上をはかるため、農漁業の振興をはかることを基本に大規模工業および農村工業等内陸型工業の導入を行ない、新たな就業の場の形成をすすめるとともに、これを契機として新しい産業の積極的振興をはかる。

イ　弥栄平、尾駮沼、鷹架沼周辺から三沢市にいたる工業開発地区には、石油精製、石油化学等基幹工業を導入するものとし、港湾、道路等基盤の整備をすすめるとともに、併行して生活基盤の早期整備をはかる。

ウ　工場立地においては、公害防止に万全を期するため、公害防止対策の完全でない工場の立地は拒否するものとし、最新の公害防止施設を備えた工場の立地をすすめるとともに進出企業との公害防止協定を締結する。

また事故防止には万全を期させるものとする。

エ　いかなる段階においても、厳しい環境基準を守らせるものとし、立地規模の適正化、公害発生源からの排出量の規制等をすすめ、また村の公害監視能力を高めるため専門職員の養成および公害監視機材の整備をすすめるとともに村の公害防止にかかる権限等の強化により村公害防止体制の確立をはかる。

オ　農村工業団地等内陸型工業への雇用希望者が多いので、労働力供給が可能な基幹集落を中心として、村内各地区に団地を適正に配置し、企業の誘導をすすめる。なお、これら内陸型工業立地については既に立地誘導をすすめているが、大規模工業立地に先行して積極的に促進をはかる。

②工業等新しい産業への就業の促進

ア　工業の導入によって、工業開発地区、農村工業団地等内陸型工業団地への立地企業による就業の場が形成されるが、さらに建設の過程における建設労働力需要、および工業導入等の波及効果としての商業、サービス業、工業基地関連業務、運輸、建設業など産業の発展をすすめて、村民の就業の場の形成をはかる。

イ　新たに形成される就業の場については、地元雇用の優先をはかるものとするが、就業にあたっては､職業訓練校の設置をすすめて中堅者の技術、技能の習得をはかるとともに県立高等学校の設置などにより青少年の技術、技能教育の充実をはかり、安定した職場、恵まれた労働条件のもとで就業できるよう施策をすすめる。

　また、就業の促進をはかるため雇用問題等の相談にあたる雇用対策協議会の設置をはかる。

（４）商工業の振興

①振興方向

商工業は、一部を除いて農業等との兼業および家族的経営が多いので、経営規模が小さく、経営の合理化もすすんでいない。そのため、工業導入を契機とした村民経済の拡大に対応し、経営の転換および近代化による振興をはかる。

②経営の合理化

建設、企業関係等人口の流入は、購買力の大きな増加とともに、消費の多様化、質的変化および村外資本の進出による競合等をもたらし、経営環境が大きく変化する。

このため経営の近代化、経営能力の向上、金融の円滑化をはかるとともに、村商工会の機能強化をはかり、協業化、商店街形成等をすすめて、村外企業との競合に対抗しうる商工業の育成、振興をはかる。

③地元受注体制の確立

開発にともなう業種としては、飲食、サービス業等の拡大が先行するほか、建設、企業関連の業務として、構内作業、輸送、給食、警備等業務の地元受託が見込まれる。

これら地元受託については、進出企業等との連携による地元会社設立等地場資本の活用をすすめるとともに、地元であたることが可能な業務についての受託体制の確立をはかる。

（５）観光レクリエーションの振興

①振興方向

村民の余暇利用としてのレクリエーション需要の増加に対応し、山、海、湖沼群などすぐれた自然景観を活用した観光レクリエーションの振興をはかるものとし、自然の保護に留意しつつ、観光レクリエーション地区の設定を行ない、利用施設の整備をはかる。

②観光レクリエーション地区の設定、施設整備

観光レクリエーション地区としては、泊海岸、小川原湖、市柳沼、田面木沼等湖沼周辺および、吹越烏帽子山系、棚沢山系、酪農振興センター付近の森林の利用を計画するものとし、森林公園としての利用およびスキー場の設置、温泉の開発利用をはかるとともに国民宿舎等公共的施設および民間宿泊施設等の整備をはかる。

③観光農業、漁業の育成

人口の増加、都市的環境の形成にともない、レクリエーションとしての農業、漁業への需要が高まるので観光牧場、日曜農園、釣りなど観光農業、漁業の育成をはかる。

（６）自然保護と環境保全

①自然の保護

すぐれた自然環境を形成している山岳、海浜、湖沼等については、積極的にその保護、保存をすすめ、植生、野生動物の保護をはかるとともに湖沼等の景観を保全する。

②環境保全

産業の開発、社会基盤整備、生活環境施設整備等にあたっては環境の保全に十分配慮するものとする。

工業開発地区等の建設にあたっては既存集落等住居地域の安全をはかるため、工業開発地区においては防災緩衝緑地帯を造成させるとともに、自然環境と調和するよう緑地、空間を十分確保した緑の中の工場立地をはかる。

また周辺部においては自然緑地、生産緑地の存置をはかる。工場用地の造成、建設、労務者住宅の建設、道路交通量の急増などによる環境変化が見込まれるので、事前に環境の保全をはかる施策を講ずる。

（７）交通体系の確立

①道路整備の方向

村内の道路は、主要路線を県道、その他の道路を村道により構成しているが､県道をはじめとし、整備水準の向上をはかることが必要である。

そのため、今後は工業立地を要因とする産業経済活動の飛躍的な拡充、生活水準の向上による経

済圏、生活圏の広域化にともなう道路利用の増大、ならびに港湾建設による既設道路の付け替えの必要等に対処しつつ、既存の集落と新市街地および工業開発地区を有機的に結ぶとともに、他市町村との交流をも円滑にすすめる交通体系として整備をはかる。

②県道の整備

主要幹線道路である八戸・むつ線、平沼・野辺地線および東北・鷹架線については再編整備をはかるとともに、その他の県道についても整備をはかるよう促進する。

③村道の整備

村道については、主要幹線道路等との連携をはかりつつ、集落内生活道路の利便を増すよう既設1級・2級村道の全面的な改良、舗装をすすめるとともに、その他新規村道についても、市街地の拡大にあわせ整備をすすめる。

④交通の安全と利便の確保

道路の整備にあたっては、交通安全、環境保全に十分配慮し、歩道など必要な施設の整備をあわせて行なうものとする。冬期間の交通の確保については、除雪機械の拡充、防雪柵の設置等により除雪体制の強化をはかる。

港湾など建設工事段階の交通については既存道路交通の利便が損なわれないよう事前に代替道路の整備をはかるなどにより、生活道路と建設用道路との機能分離をすすめて交通の安全および道路利用者の便益を確保するようはかる。

（8）快適な生活環境の形成

①生活環境整備の方向

従来、六ヶ所村は財政力が弱いため、医療施設をはじめ、児竜、老人福祉、し尿処理、ごみ処理、スポーツ・レクリエーション施設など、生活環境施設整備のための事業を積極的に行なうことができなかったが、開発の進展にともなう村経済の拡充により今後村財政力の強化が見込まれるので、既存集落の生活環境施設を重点的に整備するとともに新市街地の整備をすすめて、快適な社会生活環境の形成をはかる。

②居住環境の整備

上水道については、新市街地（A住区）の建設を契機として、新市街地およびその周辺集落について整備をはかり、逐次主要集落の簡易水道についても上水道として整備を行なう。

また、し尿処理についてはむつ地区環境整備組合、ごみ処理については野辺地地区環境整備事務組合への参加など広域行政の中で環境衛生施設の整備をすすめる。

世帯の分離、増加する人口に対応し、保健医療、社会福祉、公園等公共施設と併行して、公営住宅、民間住宅の建設をすすめるなど市街地の整備を行ない、快適な居住環境の形成をはかる。

③保健、医療の充実

従来、最も不便をきたしている医療施設については、高水準の医療機能を備える総合病院の設置をすすめ、人口の増加にともなう医療需要に応えるとともに、より高い医療サービスを享受できるようはかる。

また、村民健康管理センターを設けて、健康診断、結核予防検診、がん予防検診等による病気の予防等健康の管理につとめるとともに保健婦活動の充実をはかり、総合的な村民の健康を守る体制づくりをすすめる。

④社会福祉

児童、老人福祉については、保育所、児童館、児童公園、老人福祉センター、老人憩の家などを整備するほか、老人家庭奉仕員活動の活発化をはかる。

また、低所得世帯の生活援護と生活の向上をはかるとともに相互扶助等村民連帯の気風を育てるなど、キメ細かい福祉行政につとめる。

（9）市街地の整備

①市街地整備の方向

既存集落における居住環境の整備および工業開発地区からの移転者および増加人口のための居住環境の整備をはかるとともに、産業経済の飛躍的発展、人口規模の拡大にともなう商業業務機能等の集積に即し、市街地の整備をすすめる。

市街地の整備にあたっては、既存集落形成の歴史的背景および新たな産業形成の要因をふまえつつ、恵まれた自然を活用した緑豊かな市街地の体系的整備をはかるため、工業開発地区を含めた都市計画の策定について検討を行なうものとする。

②既存集落の整備

既存集落については、泊、尾駮、平沼・倉内および千歳・戸鎖の各地区を生活圏単位としそれぞれ福祉、環境衛生、医療、レクリエーション、道路、消防等生活環境施設の整備とあわせ市街地の整備をすすめる。

各地区の基幹集落については、人口の増加、商業業務機能等の集積に対応し、既存市街地の外延部への拡大を含めて計画的な市街地形成をすすめる。

③新市街地の建設

ア　新市街地の概要

工業開発地区内住民の移転および今後増加する人口を受け入れるための新市街地は、主として移転者のためのA住区（千歳）74ha、増加人口のためのB住区（睦栄）166ha合計240haで建設をはかる。その規模は約2万人程度を見込んでいる。

先に建設するA住区（千歳）は、住民生活に必要な教育、社会福祉、環境衛生、医療、スポーツ・レクリエーション、消防、公営住宅などの生活環境施設を整備して、移転者の快適な生活環境の形成をはかるとともに、県立高等学校、医療施設をはじめ公務、金融、商業など業務機能の形成をすすめる。

またB住区（睦栄）は、人口の増加に対応しつつ建設をはかる。

イ　新市街地の建設

新市街地の建設にあたっては、工業開発地区からの移転者をはじめ、村民の意向を十分きいたうえ、村民の要望にもとづく建設がはかられるよう国、県等への要請を行なう。

新市街地における村施設の設置および運営にあたっては、村財政が圧迫されないよう財源措置等について国、県等へ強く要請を行なう。

新市街地は、将来村内の中核的拠点としての役割をもつことになるので、建設をすすめるにあたっては、既存集落と十分連携が保たれ、全村民の利便がはかられるようすすめる。

とくに新市街地は千歳・戸鎖地区における基幹集落としての機能をも要請されるので、先行するA住区（千歳）における村施設の設置および運営にあたっては周辺既存集落住民の利用をはかるとともに全村民の利便に供されるよう配慮するものとする。

また、県立高等学校、職業訓練校等県の機関およびその他の公共施設についても、同じく地区住民、全村民の利便がはかられよう県等へ要請する。

新市街地の果す機能の円滑化をはかるため、新市街地と既存集落および工業開発地区を有機的に結ぶ交通体系の整備をすすめる。

千歳・戸鎖地区は、今後村内において有力な機能をそなえる広域的サービス拠点としての役割をもつことになるので、積極的にその育成をはかる。

ウ　A住区（千歳）早期建設の促進

むつ小川原開発に協力し、用地を提供する住民にとって、新市街地は生活再建の基盤となるものであり、その建設がはかられてはじめて、新しい生活設計が着実に軌道にのることになるものであり、移転者のためのA住区（千歳）の早期完成について、国、県等へ強く要請する。

(10）心身ともに豊かな人間の形成

①豊かな人間の形成をはかる方向

今後の産業構造の高度化等地域社会の発展に対処しながら、村民の教育に対する理解と熱意をもとに、幼児教育の充実からキメ細かい施策を講じ、村民の心身ともに豊かな人間形成をはかる。

②学校教育の振興

幼児教育の重要性を認識し、主要集落に幼稚園の設置をすすめる。

小中学校の新築、改築、教育機器等設備の拡充および屋内体育館、プール、運動場、コート等の整備により、心身ともに充実した教育の振興をはかる。

また、地理的条件をふまえつつ、教育効果等を考慮した適正規模校としての整備をはかるため、中学校等の統合について積極的に検討し、その実現をはかる。

高校進学率は、近年著しい向上をみせているが、49年3月卒業者の高校進学率は57.7%で県平均の83.3%に比べて非常に低いので、より多くの者に進学の道を開き、村の次代をになう生徒達がより高い水準の教育を受けられるよう県立高等学校の設置を早期にすすめるとともに奨学資金制度の拡充をはかる。

③社会教育の振興

地域社会の変革に対応した社会教育をすすめるものとし、中央公民館、地区公民館、図書館等を整備して、組織的な教育活動の拠点づくりを行ない、青少年教育、成人教育の振興をはかるとともに老人クラブ、婦人団体活動等の活発化をはかり、地域の発展に寄与する人づくりを行なう。

④スポーツの振興

村民の体力づくり、健康の増進をはかるため、余暇利用としてのスポーツ振興をすすめる。

そのため、野球場、運動場、テニス等のコート、体育館、屋外プール等のスポーツ施設を整備するものとし、自然の利用をあわせた総合的なスポーツ公園として形成をはかる。

⑤文化財の保護

民俗、考古館等を設けて、村の貴重な民俗資料、工業開発地区から発掘される埋蔵文化財等を保存し、その保護、活用につとめる。

(11) 防災・消防

①防災

泊地区をはじめ村内はたびたび災害にみまわれてきたが、これを解消して住民の安全をはかるため、泊地区急傾斜地、明神川、老部川、二又川等の治山、治水対策を促進するとともに、工業開発地区の用地造成をはじめ、開発行為にともなう土砂崩壊等災害の防止をはかる。

②消防・保安

野辺地・平内地区消防事務組合加入にもとづく広域消防体制をさらに拡充するとともに、村内各地区の消防機能の整備をはかる。

また、都市化に対応した消防設備の高水準化をはかるとともに総合病院と連携した救急体制の確立をはかる。

工業基地内の消防、保安については、村との連携を十分はかるとともに進出企業による消防保安体制の確立をすすめる。

また、村外からの流入によって増加する人口に対応し、民生安定上の見地から警察官の増員の配置をはかる。

６．基本構想の推進

(１) 行政の効率的運営

基本構想の推進にあたっては、村行政の効率化を積極的にすすめ、村民の期待に応える行政運営につとめる。

そのため、当面、立遅れている諸公共施設の整備を県水準まで引き上げるとともに、し尿処理、ごみ処理、消防、病院事務等広域行政の強化推進、土地開発公社の設立等を含めた行政機構の合理化、窓口事務等の改善、および職員資質向上のための諸研修の実施等を行ない、住民サービスの強化をはかる。

また、村財政については立地企業の設備投資による固定資産税の急増、人口および所得の増加による住民税の伸長等により自主財源の強化が期待される。

一方、既存集落の環境整備、新市街地形成、人口増加等により多様な行政需要の拡大が見込まれるので、これらに対応した公共施設整備のため、国、県補助金の優先的配分の要請、地方債の活用を行なうと同時に一般財源を重点的に支出する。

また経常収支の改善につとめ、財政構造の弾力化をはかる等健全な財政運営を行ない、村民の快適な生活環境の確保、福祉水準の向上をはかるものとする。

(２) 村民の積極的対応の要請

快適な生活の環境、均衡ある産業の発展をもとに自然と人間の調和した都市像を求め、新しい六ヶ所村づくりをすすめる基本構想の推進は村行政に課せられた使命であるが、その実現にあたっては、全村民の積極的協力なくしてその目標には到達し得ないものであり、村民各位のご協力をお願いする。

[出典：六ヶ所村議会資料]

第２章　企業財界資料

Ⅰ-2-1	196809－	東北経済連合会	東北地方における大規模開発プロジェクト
Ⅰ-2-2	196903－	東北経済連合会	東北開発の基本構想
Ⅰ-2-3	197102－	平井寛一郎	むつ小川原開発をめぐって
Ⅰ-2-4	19710325	むつ小川原開発株式会社	むつ小川原開発株式会社の概要
Ⅰ-2-5	19711027	株式会社むつ小川原総合開発センター	株式会社むつ小川原総合開発センターの概要
Ⅰ-2-6	19780605	経済団体連合会	むつ小川原開発に関する要望
Ⅰ-2-7	197911－	むつ小川原開発（株）社長 阿部陽一	むつ小川原開発の現況
Ⅰ-2-8	1993－－	三井建設杜長　鬼沢正	六ケ所村回想

Ⅰ-2-1

東北地方における大規模開発プロジェクト

――昭和50年代を目標時点として――

東北経済連合会

昭和43年9月
東北経済連合会

序

東北経済連合会は、さる4月、全国総合開発計画の改定に対する意見書を提出し、国民経済の均衡発展に寄与する地域政策のあり方について「地方分散の促進と地方拠点都市の強化」など5項目を指摘した。さらに東北経済の基本的発展方向として

1.東北地方は関東に隣接し、巨大な開発ポテンシャルを蔵しているが、今後、アラスカ、カナダ、シベリヤにおける開発進展と関連して、東北は「北方開発の拠点」となるであろう。

2.関東経済圏の過密化に伴う工業の北上は東北地方の南部において顕著となっているが、今後、企業の大型化、国際化に対応する巨大コンビナートの新規立地の適地として、広大な陸奥湾・小川原湖地区などがあり、さらに日本海沿岸の存在も再評価されよう。

3.東北地方は全国の最高水準をゆく稲作地帯であり、畜産、養殖漁業についても立地条件に恵まれているので、食糧の主産地としての役割りは今後とも変わらないであろう。

4.東北地方に賦存する黒鉱大鉱床および日本海大陸棚の石油、天然ガスなどは、国内鉱業資源としてきわめて貴重なものであり、国内の鉱産地帯として再確認されるに至った。

5.東北地方の高原、森林、温泉、湖沼は、国民観光の場として最適の環境を供与するであろう。

6.拠点としての機能強化をすすめる中で、仙台は、「国際研究学園都市」として建設される素地をもっている。

などの諸点について、産業経済人の考え方を申し述べた。これら基本方向の実現手段として、近代的交通および通信手段の整備など基盤造成の急務であることを協調した。

その後、引き続き当連合会において、昭和60年に至る長期展望に立ち、おそくも昭和50年代において実現を期する東北地方開発の大規模プロジェクトについて検討した結果、重点項目についてつぎのような結論を得た。これを新全国総合開発計画に織りこむことが適当であると考えられるので、ここに具申する。全国総合開発計画の改定に際し、十分配慮せられたい。

昭和43年9月
東北経済連合会
会長　平井寛一郎

〔Ⅰ〕交通主軸にかんする大規模プロジェクト
(略)

〔Ⅱ〕産業開発にかんする大規模プロジェクト

①工業

東北地方は、産業経済と巨大な市場の集積である関東に隣接しているが、従来の交通手段の整備不十分などのため、とかく僻遠の地として意識されがちであった。こうした東北観は近時ようやく改められつつあり、さらに今後東北高速自動車道、東北新幹線などが整備される時点には、東北地方の産業立地適性が大きくクローズアップされることとなろう。

東北地方は青函トンネルの完成で北海道との連繫をいっそう深めることとなるが、これらの日本の北部を形成する東北・北海道地域の総面積は国土の43%を占める。こうした土地の広がりとこれを支える労働力は、国際化を迎えるわが国工業の新展開を可能にする決定的要件になるものと思われる。

これらの観点から、東北地方における将来にわたる工業拠点形成を展望すれば、第1に昭和50年代以降に予想される巨大な新規立地の候補地としてぼう大な包容力を持つ陸奥湾・小川原湖地区があり、第2に太平洋ベルト地帯の北端に形成される南部東北工業地帯が、第3に天然ガス、非鉄金属などをベースとする集積をもつ東北地方日本海側の工業地区群がある。

これらはいずれもすぐれた立地特性を有しており、今後の工業地帯形成の過程においては、それぞれその特性が十分生かされるよう配慮されなければならない。

イ、陸奥湾CTSおよび小川原湖地区における大型装置産業の立地

技術革新の進展と企業の大型化に伴い、昭和

50年代前後には、巨大なコンビナートの新規立地の適地として、陸奥湾CTSと並ぶ小川原湖地区が大きくクローズアップされることとなろう。

この地区は南は八戸から北は野辺地にいたる南北約50km、東西約30kmの、面積約1,500km^{2}におよぶ大平原で、十和田、八甲田の東部に広がる三本木原と、湖水面積で十和田湖をしのぐ規模を持つ小川原湖とをその中核とする。

小川原湖（面積65km^2、水面海抜高度15m、最大深度25m、淡水）を産業的に活用する場合、流出口である北端部分には太平洋岸まで約2kmの水路を開いて工業港を建設し、また湖水部分は工業用水資源として活用する。

陸奥湾CTS（50万D／W規模タンカー入港可能）は常時約1,000万KLの原油を貯蔵することとなるが、これを中核として日産処理能力30～50万バーレルを持つ製油所を小川原湖工業港に併設し、さらに石油化学工業を配置する。これらに関連して、陸奥湾CTSから小川原湖を経て八戸にいたる縦断石油パイプライン約50kmの計画が織り込まれる必要がある。また小川原湖の湖水を主力とし小川原湖地区全域にわたる大規模用水施設が考慮されなければならない。

CTS、原子力船母港など将来広範な活用が期待される陸奥湾東部との短絡水路として、「陸奥運河」の構想があるが、上に述べた小川原湖工業港の機能を最高度に発揮させる意味からも長期構想として検討されなければならない。

このような基幹的産業・施設の整備を背景に、小川原湖地区には昭和50年代以降の京浜工業地帯のスクラップ化が始まる段階において、そのリプレイスとして、国際水準の大型装置産業を主体とする巨大な工業地帯が形成されることが予測される。

ロ、南部東北工業地帯における新鋭産業の立地（略）

ハ、原子力エネルギー基地の形成

東北地方は長大な海岸線と広大な土地を有し、原子力発電所の立地自由度が大きい。すでに福島・宮城両県の太平洋岸に建設中の原子力発電所群（4地点）は最終的には出力1,000万kWをこえる巨大なものとなる。したがって将来、この地域にウラン濃縮工場などの電力多消費工業も立地されるであろう。さらに下北半島の南部地域一帯は原子力工業基地として地形・地質など好適の地であり、この地域にわが国原子力発電のナショナル・プロジェクトともいうべき高速増殖炉開発のための実験炉はもとより実用炉の建設も考えられる。これとともにこの地域には核燃料加工再処理施設が整備されることとなろう。

なお、日本海岸側においても、電力需要の大集積地である関東地方に隣接する新潟県海岸線中央部などには有望な原子力発電地点が選定されうる。総じて東北地方は原子力工業については、わが国において、注目すべき立地条件を有しているといえる。

ニ、天然ガスのパイプライン敷設による日本海沿岸の装置産業集積の拡大（略）

②農業（略）
③資源開発（略）
④観光産業（略）
⑤流通産業（略）

〔Ⅲ〕環境保全にかんする大規模プロジェクト（略）

［出典：東北経済連合会,1968,『東北地方における大規模開発プロジェクト』］

Ⅰ-2-2

東北開発の基本構想――20年後の豊かな東北

東北経済連合会　昭和44年3月

東北経済連合会

第1部　開発の基本的方向

1．東北開発の必要性と役割

日本経済は、今後ますます発展し、国際化、大型化時代にふさわしい態様を示すことになろうが、問題はその開発の仕方いかんにある。これからの日本が、きびしい国際競争の中で発展をつづけていくためには、国土をはじめとするあらゆる資源の有効利用をはかる必要に迫られている。

しかし、すでに開発され、人口も産業も集中しすぎて、過密の弊害にあえぐいわゆる先進地域に、さらに新しい工業、人口を積み重ねるならば、生産はもちろん、生活の面でも効率は低下するだけでなく、過密、過疎はますますはげしくなり、ひずみも拡大される。

東北地方は、広大な土地と1,000万人以上の人口、豊かな資源に恵まれ、首都圏に隣接した地域であるにもかかわらず、いままでは開発から取り残されてきた。いま東北地方は、その開発可能性を顕在化し、ここを新しい効率をめざす産業立地の場に供して、「遅れの不利益」を「後発の利益」に転じ開発を進める。そして東北自体の産業構造の高度化および生活水準の向上をはかるとともに、日本経済発展のために大きな役割を果たす。

このため「東北開発の基本構想」の柱を次の四つとする。

（1）新しい工業開発の場

国際化、大型化時代を迎えて、日本の工業は過密地帯をのがれて、新しい工業地帯を探索しなければならなくなってきているが、東北こそは新規立地の場としてきわめて貴重な存在である。開発の余地は多く、立地諸条件さえ整備すれば、開発の可能性は十分に顕在化されえる。しかも先進地域が経験した各種の弊害を除去して、思いのままの設計図をえがくことができる。これこそ「後発の利益」ともいうべき東北の有利性であり、工業の地方分散の受け入れはもちろん、長期的観点に立つ国土全体の有効利用という点でも大きな意義をもつ。

（2）総合食糧基地

東北地方は、わが国の主食である米については、すでに主産地を形成している。その他、果樹、畜産などの農産物についても、その占める比重は大きい。また、水産物についても世界三大漁場の一つである三陸沖をひかえ、水揚げ高でも全国的に主要な地位にある。今後、国民生活の向上に伴い、食糧需要も高度化していくであろうが、広大な農地面積および多くの漁業基地を有する東北地方は、量的にも質的にもこれに十分こたえることができる。

（3）北方経済圏の拠点

横浜、東京港は早晩飽和状態に達することは必至であるが、その場合、貿易機能を充実した大規模港湾を東北地方に建設し、流通拠点の一つとして整備することは国家的要請でもある。

さらに、東北地方は、海底トンネルによって北海道と結ばれる日も近い。東北・北海道は国土面積の43%を占めており、将来、高速交通網によって有機的連携を深める場合、その開発可能性はますます巨大なものとなる。

また、アラスカ、シベリヤなどの豊富な天然資源、北太平洋の海洋資源の開発が国際的に促進される場合、それとの結びつきにおいて、東北地方はその拠点としての地位を確保することになる。

このような見通しに立って、きたるべき「日本海時代」に目を向ける必要があり、とくにシベリヤ開発との関連で展望すれば、東北の日本海岸の地位と役割はいよいよ増大する。

（4）国民休養の地

今後、ますますはげしさを加える高密度社会の中では、美しく保全された自然が非常に高い価値をもつようになる。国民の貴重な財産の一つである東北の大自然を開発し、将来の国民生活の展開の中で活用することは、国全体の立場からきわめて重要である。

このような観点から、東北地方の自然と、歴史と伝統にはぐくまれた風土を、大規模な自然公園ないし国民休養地として開発保存する。

２．東北経済の現実（略）

３．自立発展への道（略）

４．豊かな東北の未来像（略）

５．開発手段の展開

（1）開発の姿勢

東北地方は首都圏に隣接し、津軽海峡をへだてて北海道と相対しており、広大な開発適地、潤沢な水資源、多量の地下資源、豊富な労働力、すぐれた自然環境など、開発可能性に富んでいる。これらの可能性を積極的に評価し、「後発の利益」を最高度に発揮しながら開発を進める。

すなわち、大都市の過密、交通戦争、人間疎外などの現代社会でおこりつつある深刻な問題を極力排除しながら、東北の自然を背景に人間の住みよい環境づくり、より豊かな生活の確保を基礎として、地域の工業化をはかり、近代的農業を展開するとともに、魅力のある都市づくりをする。

わけても工業化は、地域開発の最も有力な手段である。それは地域の所得水準を高め、下請け関連企業を形成し、その波及効果を見込むことができる。さらに、周辺農村の農業集約度を高めることにもなり、同時に農村の若い世代の域外流出を食いとめることによって、地域社会の人口構成を是正することに役立つであろう。

今後、東北地方の工業化は労働力と土地とが大きな立地因子となるが、これらは域内農業の近代化によって生み出される。農業部門から流出する労働力は域内の工業に吸収し、東北開発に有効に結びつける。一方、農地の転用による土地の流動は、大規模工業のための用地確保につながり、相互の土地利用計画が円滑に調整される必要がある。こうした工業化の進展と農業近代化のタイミングのよい組み合わせが最も重要である。

（２）開発推進の過程

東北経済の将来は、昭和40年代と50年代ではかなり異なった展開を示すことになろう。

すなわち、40年代は基盤整備に力点をおきながら逐次その熟度を高めていき、50年代にはいってはじめて飛躍を迎えることになる。

イ　昭和40年代の東北

首都圏からの工業の北上傾向と、農村からの若年労働力の流出傾向が引き続き進行するであろう。

①東北新幹線、上越新幹線の着工、一部開通、および東北縦貫自動車道、関越自動車道、北陸自動車道の使用開始、国際貿易港、国際空港の建設など本格的飛躍にそなえての基盤整備事業が進展し、南東北は完全に東京の一日行動圏となる。

②工業については、新産業都市を中核として低開発地域工業開発地区やその他の工業地区が発展し、さらに首都圏からの外延化という形で、主として機械工業を中心とする労働集約型工業が、福島、宮城、山形、新潟などに発展し、南東北工業地帯の形成が進む。

首都圏へ供給する電力エネルギー基地として、すでに着工されている原子力発電所群は、500万キロワットの規模でか働するようになり、次代の大きな発展への礎石となる。

また、仙台湾地区および小名浜臨海工業地帯で、新たな石油精製所が操業を始め、その規模はあわせて日産処理能力20万バーレル程度に拡大する。

さらに、シベリヤ、カナダなどとの北方貿易の展開により、新潟、酒田、秋田などの日本海岸における港湾は整備され、液化天然ガスの輸入が実現し、新潟にはその陸揚げ地としての施設が整備される。これらの地区には、ガスを原料とする化学工業が発展し、天然ガスパイプラインもか働する。

③農業にかんしては、３～５ヘクタールの経営規模をもつ稲作専業農家もかなり出現し、一部地域では中型機械による集団規模20ヘクタール程度の協業化もみられよう。さらに畜産においては、酪農を主体とした中規模畜産の展開と、50年代に大きく展開される大規模肉牛団地の基礎づくりが行なわれる。また、農・水産物のコールドチェーンなどにより流通の近代化もかなり進む。

このため、農村地域では、兼業農家がさらに増加し、基幹労働力の他産業への就業が目立つようになり、農業労働者の老齢化が進行する。

ロ　昭和50年代の東北

新しい交通通信網の完成などによる基盤整備が効果を発揮し、東北経済が日本経済の中でしだいに大きなウェイトをもち始める年代となるであろう。

①東北新幹線、青函トンネルおよび上越新幹線の完成、東北横断新幹線、日本海縦貫新幹線の使用開始などにより、青森－東京間3時間、仙台－東京間、新潟－東京間各1時間30分、酒田－仙台間1時間という時間距離となり、東北全域が1日行動圏となる。

②また、関越自動車道、東北縦貫自動車道八戸線、東北横断自動車道、日本海岸縦貫自動車道および下北自動車道などが着々建設されることにより、東北地方における各都市は、物資の流通をはじめ各種の交流を行なうことによって、各地域における生活圏の中心となり、生産をリードする役目を果たしていくであろう。さらに大型岸壁をもつ主要港湾の整備も進み、臨海型工業発展の素地がしだいに整えられる。

③昭和40年代に着工された国際貿易港は、昭和50年代には、その施設、機能をますます充実する。その上に立って東北地方における経済活動を大幅にレベルアップするための役割を果たすとともに、対米貿易、北方貿易の拠点港としての重要性が高まる。

④また、国際空港の建設と相まって、各地の空港の整備が進み、航空路線網が充実し、航空は重要な交通手段となる。

⑤工業についてみれば、昭和40年代に形成さ

れた機械工業を中心とする南東北工業地帯には自動車工業が立地される。

さらに電子工業の集積を基礎として、今後の技術革新による国際水準のエレクトロニクス工業が新規に立地されよう。

仙台湾、常磐地区には石油、原子力エネルギーをベースとした臨海型工業が、昭和40年代の延長として活気を呈することになる。

この南東北工業地帯は、交通基盤の整備充実につれて、盛岡、秋田南部まで外延化傾向をたどる。

⑥最も期待されるのが、本州最北端に位置する小川原湖周辺の大規模工業立地である。わが国の三大工業地帯は、昭和50年代後半にはすでにスクラップ化されるものが多く、それのビルド地帯として、「非連続」の工業立地が期待される。すなわち、陸奥湾石油貯蔵基地をベースとする石油精製、石油化学および造船などの大型工業、原子力発電所を中核とする鉄鋼、ウラン濃縮工場などの立地が考えられる。また、小川原湖の豊富な水資源を基礎とする紙パルプなどの大規模工場が出現する。

⑦新潟を中心とする日本海岸工業地区群は、昭和40年代の延長として天然ガス、および石油を原料とする化学工業が集積し、さらには石油精製を中心とするコンビナートが形成され、鉄鋼、アルミなど電力多消費型工業も立地される。

秋田および酒田地区は、今後大規模に造成される工業地域を含めて、非鉄金属精錬、木材コンビナート、天然ガス化学工業などが、シベリヤ開発などの関連で大きな発展をとげる。

⑧東北の工業化を主導するものにエネルギー産業の発展がある。東北地方のエネルギー産業は、域内の産業をささえる任務のほかに、首都圏へこれを供給するための役割をもっている。南東北太平洋岸および新潟県中央部における原子力発電所は、下北地区のそれとあわせてわが国の昭和60年代における原子力発電規模の約半分を受けもつことになる。

⑨農業は、はげしい工業化の影響を受けて、昭和40年に続き活発な人口流動と就業構造の変化をおこし、さらには世代交替をはさんで近代化が急速に進む。

東北地方における農業人口の老齢化対策の一つとして、工業化との関連で、とくに重要視される第2次アグリビジネスとしての食料品加工工業も、大規模流通センターなどの流通機構の整備と相まってかなりの発展をとげる。

昭和60年における東北農業の姿としては、用排水分離をとり入れた新水利方式による大規模稲作経営が確立し、一部では施設園芸、養鶏、養豚などの集約的農業が、さらに山間地域では大規模畜産が展開する。

大規模水田の耕作は、大型機械をも取り入れた本格的な経営であり、その規模は、10～50ヘクタールにも及ぶ。

⑩水産業においては、海面や海底を利用した大規模な増養殖が進展し、国民の蛋白源確保に果たす役割は大きくなる。

⑪このような工業化の進展と農業の近代化が、最も急速に進展する昭和50年代においては、労働力確保の問題が重要である。かつて豊富な労働力の給源であった第1次産業からのみこれを期待することはむずかしくなり、域外からかなりの労働力が流入する。

⑫美しく開発保存された東北の自然は、各地に高原リゾート都市をかかえ、また、広域観光ルートによって回遊の楽しみを提供し、明日の活力を養うための絶好の地となる。

⑬清澄な空気と緑に恵まれた東北は、学問研究の場として最適である。研究、教育に多くの集積をもつ仙台には、東北域内の各大学を総合した大学院大学が設立されることとともに、国際的な研究機関が数多く設立され、国際研究学園都市として発展する。

第２部　開発の具体的施策

１．交通通信体系の整備（略）

２．地域環境の整備（略）

３．労働力の活用（略）

４．基礎資源の活用（略）

５．産業開発

工業においても、農業においても、これをささえている第3次産業の分野でも、東北地方の現状の遅れは否定できない。しかし、その中にも、今後の大きな発展の可能性、新展開の芽ばえをみることができる。

東北地方の産業は、新しい交通通信網の形成や流通体系の変化によって、ひとまわりもふたまわりも大きくなっていく。これは産業構造の変革と技術革新を前提としてはじめて達成されるものである。わが国の経済が国際化する中で、東北地方も決してその例外ではありえない。これに対応する東北地方の産業開発の柱は、工業の高度化であり、企業経営的視点に立つ農業の近代化である。また流通部門の合理化であり、観光産業の体質強化である。それぞれ質的な変革を伴いつつ、一体となって東北開発の推進力とならなければならない。

（1）工業

イ　東北地方の動向

東北地方における工業出荷額（昭和40年）は1兆3,460億円で、全国の29兆4,971億円に対し4.6%にすぎない。

業種別にみた東北地方の工業出荷額全国シェアは、食品工業、化学肥料工業、紙パルプ工業など資源立地型業種のウェイトが大きいのに対し、鉄鋼業、機械工業、肥料以外の化学工業などの基幹業種で立ち遅れをみせている。

表－7（略）

しかし東北地方における最近6年間（昭和37～42年）の特定工場立地届出件数244件は、同期間での全国3,047件の約8%に当たるが、これを前の3年（37～39年）と後の3年（40～42年）に分けてみると、前半では6.4%であったが後半では9.8%となっており、工場の新規立地における東北地方のウェイトが着実に増大して全国の10%台に近づいている。

表－8（略）

近年、東北地方に立地する傾向がとくに強くみられる業種としては、電気機械（全国の同業種における立地件数のうち15.9%）、精密機械（同17.0%）、非鉄金属（同13.3%）、紙パルプ（同16.0%）などである。これらの新規立地件数の全国比はいずれも13%から17%とかなりの高水準にある。この比率が、それぞれの業種における東北地方の出荷額の全国比、電気機械2.1%、精密機械2.1%、非鉄金属6.2%、紙パルプ4.5%（昭和40年）を大幅に上回っている事実は、現時すでに東北地方の工業構造がかなり急激に変容していることを示すものである。なお、最近新規に建設が進められている工場について、非鉄金属、化学肥料、紙パルプ、窯業、食品などの業種で、大規模かつ高い技術水準をもつ工場の立地が目立つのはとくに注目に値する。

表－9（略）

ロ　東北工業の発展方向

東北工業の今後の発展の過程は、少なくとも、先進地域が過去長い期間にわたって積み上げてきた工業化の足どりを、その何分の1かの短期間で達成するという意欲的なものでなければならない。関東圏からの工業の北上傾向が顕著にあらわれている南東北一帯では、こうした連続的発展のダイナミックな展開が期待される。

また東北の工業化においては、それと並行して、とくに「飛躍」の可能性を重視する。企業の大型化は「飛躍」を必要とし、技術はそれを可能にする。すでに本格的な発展過程にある先進工業地帯の中にも、明らかにいわば非連続的な「飛躍」を契機として発展したものが多く、東北地方も大胆にこの可能性を追求する。

（イ）工業の地域別展開

東北地方の将来にわたる工業拠点形成を展望すれば、第1に、昭和50年以降に予想される巨大な新規立地の候補地として、膨大な包容力をもつ小川原湖地区があり、第2に、太平洋ベルト地帯の北端に形成される南東北工業地帯が、第3に天然ガス、非鉄金属などをベースとする集積をもち、将来対岸貿易の拠点として成長する日本海岸の工業地区群がある。

a　小川原湖工業地帯

技術革新の進展と企業の大型化に伴い、昭和50年前後には、巨大なコンビナートの新規立地の適地として、陸奥湾、小川原湖地区が大きくクローズアップされることとなろう。

この地区は、南は八戸から北は野辺地にいたる南北約50キロメートル、東西約30キロメートルの総面積約1,500平方キロメートルにおよぶ大平原で、十和田、八甲田の東部に広がる三本木原と、湖水面積で十和田湖をしのぐ小川原湖をその中核とする。

小川原湖（面積65平方キロメートル、水面海抜1.5メートル、最大深度25メートル、淡水、年間流入水量約9億トン）の北端部分には太平洋まで約2キロメートルの水路を開いて大規模工業港を建設し、またその水はこの地域全域に対する工業用水資源として活用すべきであり、そのための用水施設を整備する。

このような基幹的施設の整備を背景に、小川原湖地区には昭和50年代以降、国際水準の基幹資源型産業を主体とする巨大な工業地帯が形成されることが予測される。

なお、陸奥湾は大規模石油貯蔵基地、大型造船基地などの好適地であり、このため官民協力による雄大な計画の策定を急ぐ。さらに八戸から久慈にいたる地帯にも新しい工業開発を進める。

b　南東北工業地帯（略）

c　日本海岸工業地区群（略）

(ロ) 工業の業種別発展方向

東北開発を促進する上で、とくに戦略的業種と目されるものをいくつかあげ、その発展の方向を検討する。

a　機械工業（略）

b　非鉄金属製造業（略）

c　金属製品工業（略）

d　石油精製業

東北地方における石油精製の能力は、現在日量約8万バーレルで、全国の3.7%に当たる。しかし、東北地方の石油製品自給率を昭和41年の実績でみると44%にすぎない。加えて従来の東北地方の既設製油所は、国内産油の精製に由来し、いずれも日本海側に偏在している。

今後、東北全体としての供給不足の解消と、将来の需要増に対処するため、太平洋側にも石油精製所の新規立地を進める。この場合、陸奥湾などに予定される大規模石油貯蔵基地や関連産業の配置とあわせ、原油、製品輸送の全東北的ネットワーク「東北パイプライン」を建設する。

なお、昭和60年において、わが国の原油消費規模が年間5億キロリットルとなる中で、陸奥湾大規模石油貯蔵基地の貯蔵容量は年量約5,000万キロリットル（常時約1,000万キロリットル）と想定されるが、これに併置される製油所は日量約50万バーレルの規模を有するものとなる。また、新潟、秋田、酒田など日本海岸工業地区群や、小名浜、仙台などにも20～30万バーレル程度の製油所が建設され、東北地方の石油精製規模は150万バーレル程度になる。

e　石油・天然ガス化学工業

石油化学工業は「規模の利益」が大きい業種であるだけに、将来は少なくともエチレン換算年間40万トンを基準に、設備の大型化を行なう必要がある。昭和50年以降のこれらの新規立地は、既存のわが国の石油化学の延長線上ではとうてい考えられない。このような大型立地のための適地は全国的にもきわめて限られているが、その中で、東北地方には石油貯蔵基地をもち、巨大な包容力を有する小川原湖地区などの好適地が残されている。これらの地区に、新規工業地帯の中核産業としての新しい石油化学工業を導入し、さらに2次、3次加工を含めた関連産業の一大集積を形成する。

天然ガス化学工業は、東北地方の日本海側で地方資源型産業として発展し、窒素系肥料を中心にすでに確固たる地歩を築いている。今後、さらに海外に天然ガス資源を求めて規模の拡大をはかり、大型化が進む石油化学工業に十分対抗しうるだけの経済的、技術的基盤をつくる。とくに化学肥料は、国内の農業構造の変化に適応するとともに、国際競争力をいっそう強化する。

f　食料品工業（略）

g　木材・木製品工業（略）

h　紙パルプ工業（略）

i　原子力工業

東北地方に建設される原子力発電所の膨大なエネルギーを用いて、金属製錬などの電力多消費型産業を立地する。

とくに下北地域には、わが国原子力発電中核ともいうべき高速増殖炉開発のための実験炉はもとより、実用炉、さらに核燃料加工、再処理施設を建設する。

(ハ) 地場中小企業の育成強化（略）

(2) エネルギー

イ　需要の変ぼう（略）

ロ　供給構造の変化（略）

ハ　将来の展望

(イ) 石油（略）

(ロ) 電力（略）

(ハ) 原子力発電

a　膨張する首都圏の電力需要をみたすための発電所建設は、すでに圏内にはその適地はなくなり、外周部に発電基地を設けて供給する体制にはいっている。福島県、宮城県太平洋岸に建設中の原子力発電所はこれであり、その規模は昭和50

年代はじめには500万キロワット程度に達する見込みであり、さらに昭和50年代後半には1,000万キロワット程度に増設されよう。次に着目されるのが新潟県中央部であり、その規模も昭和60年には500万キロワットに及ぶだろう。

ｂ　また、青森県下北地区太平洋岸は、地理的条件が原子力発電所の立地に最適である。

全国における昭和60年の原子力発電規模は3,000～4,000万キロワットに拡大することが予想されるが、この年量を国内技術で再生、製造することがわが国にとっては大きな命題である。

そのため、濃縮ウラン工場を、下北地区に建設される原子力発電所に隣接立地することが望まれる。この場合、さらに鉄鋼およびアルミ精錬所とのコンビナートを考えれば、その発電規模は400万キロワット程度となる。

（３）農・水産業（略）

（４）流通（略）

（５）貿易（略）

（６）観光（略）

第３部　資金および各界の役割（略）

附表（略）

作成の経過（略）

［出典：東北経済連合会,1969,『東北開発の基本構想』］

Ｉ－２－３

むつ小川原開発をめぐって

平井寛一郎

経済団体連合会の積極的な働きかけによって、むつ小川原地域の開発機構である「むつ小川原開発株式会社」の設立発起人懇談会が植村経団連会長はじめ地元代表、財界、産業界代表五十五名の発起人によって昨年十二月二十二日に経団連会館において開催され、本年三月に新会社設立の運びとなったことは、同地域の開発に取り組んできた青森県と東北経済連合会など地元にとって朗報このうえもないものである。ご尽力いただきました発起人の方々に心から感謝の意を表するものである。

新会社は、国、地方公共団体および民間協調による第三セクターとして、むつ小川原地域の用地の先行取得を当面の主目的に官（国、地方公共団体）、民各五〇パーセントの出資構成による授権資本六十億円、当初払込資本十五億円の資本規模となる予定である。

この機会に、せん越ではあるが、むつ小川原地域の開発をめぐって、地元側としての私見を申し上げ、ご参考に供するとともに同地域の開発に当ってより一層のご尽力をお願いするものである。

開発の経緯

東北経済連合会は、四十一年十二月結成以来、東北はひとつという意識のもとに、全国度の二二パーセントを占める広大な土地、豊富な労働力、豊かな資源を擁しながら、また、首都圏に隣接した地域であるにもかかわらず、これまで開発から取り残されてきた東北地方を、新しい工業開発の場として、総合食糧基地として、北方経済圏の拠点として、また国民休養の地として、その開発可能性を顕在化しながら新しい効率をめざす産業立地の場に供し、そして、東北自体の産業構造の高度化と生活水準の向上をはかるとともに、日本経済発展のために貴重な役割を果すという目的で、四十四年三月に「東北開発の基本構想」を策定し、その実践に取り組んできた。

そのなかで、とくに、四十四年五月に閣議決定をみた「新全国総合開発計画」においても大規模工業基地の有力候補地にあげられているむつ小川原地域の開発については、新しい東北地域開発の始動条件を創出するきわめて重要な大規模開発プロジェクトとしてその具体的展開を図るため、四十四年八月に総合対策委員会に開発プロジェクト小委員会を設け、そこで開発方式、組織、用地取得対策、農業および農民対策などについて具体的に検討を進めてきた。

一方、開発に不可欠の基本調査については、四十四年までに青森県および関係省庁が九千六百万円を投下し、主として小川原湖周辺地区について調査してきたが、大規模工業基地構想がでてくるに及んで、なお、綿密な調査の先行が必要となり、国および県の協議の結果、四十五年から四十七年までの三年間にわたってこの種調査としては未曾有の十七億五千三百万円の巨費を投下することを内定し、四十五年度は五億二千四百万円の調査費予算を確定した。

この間、国、県および民間の意思疎通、情報交換をはかる目的で、経済企画庁および各章の出先機関、県、東北開発株式会社、北海道東北開発公庫、東北電力株式会社、東北経済連合会による「陸奥湾・小川原湖開発プロジェクト連絡会議」を県の主唱で四十四年十二月に設置し、そこで各審議会の審議経過、調査体制について検討してきた。これに関連して、当連合会は、四十五年一月に同地域における調査の一元化と総合化を要望する「陸奥湾、小川原湖地域大規模工業開発に関する総合調査についての要望」を関係方面に提出しその推進については各省庁の連絡を密にし、総合的調査を行なうことを強く求めた。

つづいて、五月に中間報告として基本的考え方、工業開発の方向、産業基盤整備の方向、生活環境整備の方向、用地の先行確保と、この構想を実現するための組織という六項目にわたる「陸奥湾・小川原湖地域大規模工業開発構想」をまとめ、さらに七月に最終案として、開発体系のシステム化、一元化のための組織の確立と調査の総合化、用地の先行確保のための官民混合方式による強力な開発機構実現についての促進、そしてその開発機構を「開発の原理」に基づく株式会社組織とし、事業を当面開発のための調査と用地の先行確保に重点をおくという「陸奥湾・小川原湖地域の大規模工業開発に伴う開発機構の設置の業務の概要」をまとめ、これらについて早急に実現への方策を講ずることとした。

これよりさきの一昨年六月、経団連が国土開発委員会に「大規模開発プロジェクト部会」を設け、開発方式を中心に活発な検討を行うとともにむつ小川原地域をはじめとする巨大工業基地視察を行なっている。

これらの動きと前後して、むつ小川原地域の開発をめぐって、国の機関としては、通産省が産業構造審議会立地部会に「大規模工業基地研究会」を、経済企画庁が東北開発審議会産業振興部会に「臨海工業基地分科会」を設け、それぞれむつ小川原地域を大規模工業開発のモデルとしてとりあげている。

これら基幹の意見は、基本的、大綱的な点ではさほど食い違いはないが、開発主体（システム主体と事業主体）を一元的に包含する（経済企画庁案、通産省案第二方式）か、二元的に分離する（東北経連案、通産省案第一方式、第三方式）かの二つの意見があり用地先行取得についてもこれがなににもまして必要とする考え方とマスタープランの策定をまって効率的な用地取得を行なえばよいとする見方とがあって、その間の調整が急がれていた。

しかし、「新全国総合開発計画」で遠隔地立地論が打ち出され、むつ小川原地域を大規模工業基地の有力候補地とした時点では、実際の開発は十年先、二十年先の話と受取った産業界も電力、石油、鉄鋼、非鉄などの公害型産業の立地が住民運動のカベにぶつかり大都市周辺での工業立地が急速に困難になったことから同地域に対する関心を高め、植村経団連会長、岩佐富士銀行頭取らを始め三井、三菱、三和などの企業グループや新日鉄などの大企業幹部、福田大蔵、倉石農林、宮沢通産、佐藤経企の各大臣、政財界人による現地視察が相次ぎ、未来論がにわかに現実のものとして期待されはじめた。

これに伴って、土地ブローカーによる思惑買いが急速におこり、現実にはすでに所有権の移動した土地は山林原野で二千ヘクタールにも及びさらに農地法の関係から表面に出ない田畑の実質的移転をも考えると鹿島臨海工業地帯に匹敵する用地のスプロール化が進んでいると推測されるにいたった。地価も一部地域において、すでに工業開発の限界に近いとまで巷間に伝えられるように日々上昇しており、このまま放置すれば同地域の開発を放棄せざるを得ない情勢が到来することも危惧されるにいたった。

そのため、竹内青森県知事の要請で、当面の課題としての用地問題を中心に、昨年八月二十六日に植村経団連会長、竹内県知事に私が加わって会談がなされたが、この会談を契機として、むつ小川原地域の開発が経団連を中心に展開されることになったのである。

すなわち、経団連の財界首脳への働きかけによって九月二十五日に、植村経団連会長、安藤経団連国土開発委員長、渡辺三菱地所会長、長谷川住友化学工業社長、井上第一銀行頭取、江戸三井不動産社長、岩佐富士銀行頭取、上枝三和銀行頭取、稲山日本鉄鋼連盟会長、木川田電気事業連合会会長、出光石油連盟会長、土光東京芝浦電気社長、中山日本興業銀行相談役、越後伊藤忠商事社長（敬称略、順不同）ら各氏に私が加わって、むつ小川原地域開発機構試案を検討する第一回「陸奥湾・小川原地域開発懇談会」が開催された。この懇談会において開発機構試案が原則的に支持され、それをさらに専門的、具体的に検討することで意見の一致を見た。

これに基づいて、中山興銀相談役を委員長とする小委員会（安藤経団連国土開発委員長、井上第一銀行頭取、岩佐富士銀行頭取、江戸三井不動産社長、小川国土総合開発社長、辻日商岩井社長、戸崎伊藤忠商事副社長、長谷川住友化学工業社長、渡辺三菱地所社長－順不同、敬称略）が設けられ、十一月五日第一回、十一月二十六日第二回の小委員会を開催した。そこで、むつ小川原地域開発をめぐる政府、地方公共団体および民間の協力体制の確立のための方策を検討するとともに、「むつ小川原開発株式会社」の設立趣意書および目論見書の審議を行なった。

この審議結果に基づいて、植村会長、中山委員長のご尽力により前述のように設立発起人懇談会が開催されるにいたった次第である。

北海道東北開発公庫の出資についてはほぼ見通しがつき、目下、新会社設立事務が急速に進展しているが一方、東北開発（株）が設立を計画している「株式会社むつ小川原総合開発センター」案についても、同社から二億円の出資が内定して近く設立する見通しとなった。

これで、むつ小川原地域開発にあたっての機構が、一応出揃い、わが国の工業立地史上画期的ともいえるこの巨大開発事業がその巨歩を踏み出すにいたったのである。

開発への期待

わが国で未曾有ともいうべきむつ小川原地域の巨大工業基地の開発には、あらゆる頭脳と最新の技術が結集されなければならない。そして、綿密な配慮のもとに後世の批判に堪え、世界に誇りうるこの画期的開発を完成させなければならないが、同地域が既存の工業集積と無関係の遠隔地であり、全国的にみて屈指の広大な工業適地であるとともに、人口の希薄な地域であるだけに理想的な工業開発は不可能ではない。

そこでは、最新の科学技術とスケールメリットを発揮し、国際化時代に十分対応できる高い生産性と国際競争力を備えた企業が、公害のないコンビナートづくりを目標に、最初から公害防止を計画し、着実に実施し、たとえば、超大型船を有効に利用した石油備蓄基地、石油精製および石油化学工業基地、原子力発電を中心とする原子力センター、鉄鋼一貫工場を中心とする鉄鋼基地、さらにはアルミ、銅等の非鉄産業などの基幹資源型工業などといった複合コンビナートを形成し、配置されることになるであろう。

その開発には、総合的な調査と膨大な用地の先行取得のほかに、港湾、道路などの産業基盤、住宅、上下水道、公園緑地、教育、衛生などの生活環境、倉庫、荷役などの流通施設の整備など計画面で工業基地から都市計画まで、投資面で公共事業から公益性の強い民間事業まで複雑多岐にわたる事業が考えられ、その基盤整備に莫大な先行投資を必要とする。因みに青森県の試算によれば、六十年までの地域全体への公共、民間合せた投資総額は、六兆二千億円から六兆七千億円にも達する。

この規模の巨大性の点からいっても、国、県、地域社会、経済界の総力を結集しない限り実現は困難であるし、それも従来の慣行や権限のワクにとらわれない立場で国はもちろん地方と民間のすべてが力を出しあえる新しい開発主体によって、開発体系のシステム化、一元化をはかり機動的、弾力的に幅広い事業を行ないうるよう配慮する必要がある。

その開発主体の性格についても、この地域に対する国、地方の開発理念の実施者としてふさわしい規模と能力をもち、官の計画、調整能力と民間のエネルギー（技術、知識、資金力、経済合理性など）を備えたものであることが必要で、しかもそれは、国、地域社会、民間のいずれからも信頼されるものでなければならない。そして、その組織も統一された意思を一元的に反映させ、各般の業務を相互に関連を保ちながら効率的に実施しうるような体制であることが望まれる。

また、その開発理念も、工業開発が工業自身のためでなく人間のためにあることを考え、豊かな環境に恵まれた地域住民の生活の場を建設するという、いわゆる人間尊重の精神にたって構成する必要がある。

この開発によって、過疎地域といっても直接的に移転をしいられる地域住民は約四千世帯に及ぶ。県当局が農業立県をめざして重点的に開田、酪農をすすめてきた地域農業の転換、陸奥湾における帆立貝養殖漁業をはじめとする漁業への影響などその及ぼす影響はこの直接対象区域のみならず、むつ小川原地域全域あるいは県全体にまで及ぶと予想され地域構造の全面的変革がせまられるだけに、地域全体のコンセンサスがあってはじめてこのプロジェクトが地域開発として成立する。

そのためには、このプロジェクトのもつ意義を地域住民に対して十分に説明し、納得させなければならないし、開発の過程においても地域住民を当事者として参画させる必要があろう。また、開発利益を住民福祉に還元させるためにも、県当局が地域住民の立場からの開発理念を明確に打ち出す必要があろう。

また、大規模工業開発は、さまざまな問題をはらんで従来の開発関係法のワク内では対処しきれないことも予想される。都市、公共用地、工業用地を含めて広大な面積を必要とし、公害対策上も土地利用計画は広範囲にわたり進めなければならないが、土地ブローカーや少数地主による全体の開発の渋滞を避けるためにも土地の先買権、収容権を付与するなどといった新たな視点からの新しい立法を必要とするかも知れない。

以上のように、種々の問題を抱えているだけに、このプロジェクトを成功させるためには、早急にシステム主体を発足させ、そこで国、地方、民間それぞれの役割を明確にし、意見の一元的調整をはかるとともに、マスタープランの策定を急ぐべきであり、その窓口としての経済企画庁の役割が期待されるところである。

新会社の役割

「むつ小川原開発株式会社」は、北海道東北開発公庫六億円、青森県一億五千万円、民間企業百五十社で七億五千万円の払込みによって来る三月二十四日創立総会、同月三十日設立登記の予定である。

むつ小川原地域の開発は、巨大な工業基地を核とする新工業都市の建設である。それを遂行するには、個々の人間、企業、組織体の個人的な満足をこえた地域社会全般に欠くことのできない便益を供与する公益性のつよい事業の果す役割がきわめて大きい。こうした事業は直接的な採算を無視した公共事業とは異なり、開発投資の受益者負担などによって採算をとることは可能である。しかし、その性格上、投下資本の割に利潤が期待できず、経営面でも制約が大きいため、純粋の民間事業としてなじまない。そのために、新会社を国の資金面の補強による民主導型の第三セクターとして発足させることとされたものである。

したがって、民間からの出資は特定の企業色を避けるという配慮で一社当り五百万円均等という出資構成がとられ、その出資も工業基地に立地する権利と見合いにするものでなく、その決定はシステム主体によることにされたのである。

また、新会社は、当面、用地の先行取得を主目的に運営されることとなるが、開発の進展に伴ない必要な関連事業を営むことになる。当地域の開発における第三セクターとしての事業は多岐にわたるが、その多岐にわたる事業をすべて新会社が行なうわけではない。機能に応じて複数の第三セクターが存在することになるが、その場合でも開発体系の一元化を保つため新会社を中核とした仕組みで考える必要がある。

また、当面の主目的である用地取得事業といっても、どのような取得方式をとるのかについてだけみても開発理念、土地事情、住民意識などを勘案して決めなければならないし取得対象用地が広大であるだけに同一方式ですむかどうか。それに、用地を手放なす大多数の農民が農業から離脱するのをはじめ、地域住民の多くは住みなれた土地を離れ、職業を転換せざるを得ないが、職業転換対策、雇用保証、住居補償などの生活再建対策をどうするか、用地取得から工事着工までの土地利用をどう考えるか、また、漁業対策をどう考えるか、といった難問が山積している。

もちろん、新会社単独ですべてが解決されるものでなく、システム主体による国、地方、民間それぞれの役割分担と意見の一元的調整にまつところが多い。新会社の円滑な運営のためにもシステム主体の早急な発足が望まれるところである。

また、新会社が利潤追求をその運営方針の第一義としないことは当然ではあるが、国、地方公共団体、民間の貴重な資金を導入する株式会社である以上、適正利潤の確保に努める必要はある。用地取得を通じ、豊かな環境を創造し、恵まれた人間生活の場を建設することが究極の目的ではあるが、導入された資金に対し適正な利潤が確保される保証のない限り、それは究極の目的を達成することすらできないことになる。

新会社に既往のむつ製鉄、ビートの轍を踏ませてはならないし、新会社自体も後世に悔いのない新しい開発方式を創造する責務が与えられていることを銘記して人間尊重の精神をもって運営することを望むものである。

そして、地域住民も同地域の開発をみずからの手で行なうため、開発に積極的に参加し、悔いのないバラ色の未来を現実にものとする努力が必要であろう。

（東北経済連合会・東北電力（株）会長）

［出典：『経団連月報』19(2):23-27頁（1971年2月)］

I－2－4

むつ小川原開発株式会社の概要

むつ小川原開発株式会社

（設立者）　国（北海道東北開発公庫）、青森県、民間

（設立年月日）　昭和46年3月25日

（所在地）　東京都中央区日本橋本町4丁目9番地

（目的）　むつ小川原地域の大規模工業基地開発に寄与することを目的として次の事業を行なう。

(1) 土地の取得、造成、分譲

(2) 公害防止のための廃棄物の共同処理施設、地域冷暖房設備、公用緑地の設置、管理および譲渡等工業基地開発および新都市開発を促進するに必要な諸事業

(3) 同地域の開発を目的とした前2号の事業を行なう関連企業への投資

(4) 公共施設管理業務の受託

(5) 前各号に関連する一切の附帯事業

注　当面は1号の事業が主となる。

（出資構成）　授権資本金60億円

当初払込資本金　北東公庫6億円、県1.5億円、民間7.5億円

増資新株払込資本金　北東公庫4億円、県3.5億円、民間7.5億円

（民間会社の出資）

川崎製鉄、神戸製鋼所、新日本製鐵、住友金属工業、日本鋼管、住友金属鉱山、同和鉱業、日本鉱業、古河鉱業、三井金属工業、日本軽金属、三井アルミ、東京電力、東北電力

アジア石油、アラビア石油、出光興産、鹿島石油、九州石油、共同石油、極東石油、昭和石油、ゼネラル石油、太陽石油、大協石油、東亜石油、東亜燃料、日本石油、富士石油、丸善石油、三菱石油

新大協和石油化学、日本合成ゴム、日本ゼオン、丸善石油化学、三井石油化学、三菱油化

旭ダウ、宇部興産、鐘淵化学、呉羽化学、昭和電工、住友化学、日東化学、三井東圧、三菱化成、旭化成、帝人、小野田セメント、住友セメント、秩父セメント、三菱セメント、旭硝子

石川島播磨、川崎重工、トヨタ自動車、日産自動車、日立製作所、日立造船、富士通、富士電機、古河電工、三井造船、三菱重工、三菱電機

伊藤忠商事、兼松江商、住友商事、トーメン、日綿実業、日商岩井、丸紅飯田、三井物産、三菱商事、伊藤忠不動産、興和不動産、第一開発、東京建物、芙蓉開発、三井不動産、三菱開発、三菱地所、大林組、鹿島建設、国土総合開発、五洋建設、清水建設、大成建設、高砂熱化学、竹中工務店、東亜港湾工業、東洋建設、間組、フジタ工業

協和銀行、神戸銀行、埼玉銀行、三和銀行、住友銀行、大和銀行、太陽銀行、第一銀行、東海銀行、日本勧業銀行、日本興業銀行、日本長期信用銀行、日本不動産銀行、富士銀行、北海道拓殖銀行、三井銀行、三菱銀行、青森銀行、岩手銀行、七十七銀行、青和銀行、東北銀行、弘前相互銀行、住友信託、中央信託、東洋信託、日本信託、三井信託、三菱信託、安田信託、住友海上、大正海上、東京海上、興亜火災、同和火災、日動火災、日産火災、日本火災、富士火災、安田火災、朝日生命、協栄生命、住友生命、第一生命、千代田生命、東邦生命、日本生命、富国生命、三井生命、明治生命、青森県信連

日本通運、日本フェリー　　以上150社

役員名簿（括弧内は現職又は前職）

代表取締役社長　安藤豊禄（小野田セメント相談役）

代表取締役副社長　阿部陽一（麻生セメント相談役）

代表取締役専務　中尾博之（前国家公務員共済連合会理事長）

常務取締役　山崎雄一郎（日本産業巡航見本市協会専務理事）
横手久（北海道開発公庫東北支店長）
鶴海良一郎（三菱開発会社常務）
宇田成尚（日本興業銀行営業第二部長）
岡本省一（前青森県教育長）
小鍛治芳二（三井不動産社宅地開発部調査役）
平沢哲夫（東北電力理事・宮城県支店長）

相談役兼取締役　植村甲午郎（経団連会長）
木川田一隆（東京電力会長・経済同友会代表幹事）
中山素平（日本興業銀行相談役）
永野重雄（日本商工会議所会頭）
平井寛一郎（東北経済連会長）

取締役　出光計助（出光興産社長）
稲山嘉寛（新日本製鐵社長）
井上薫（第一銀行頭取）
岩佐凱実（全国銀行協会連合会会長）
越後正一（伊藤忠商事社長）
江戸英雄（三井不動産社長）
小川栄一（国土総合開発社長）
菊池剛（前青森県出納長）
辻良雄（日商岩井社長）
沼山吉助（県信連会長）
長谷川周重（住友化学社長）
花村仁八郎（経団連専務理事）
宮崎一雄（日本長期信用銀行頭取）
山内善郎（前青森県公営企業局長）
渡辺武次郎（三菱地所会長）

監査役　奥田亨（北海道・東北開発公庫監事）
安西正夫（昭和電工社長）
福田久雄（日本船主協会会長）

■むつ小川原開発株式会社機構図

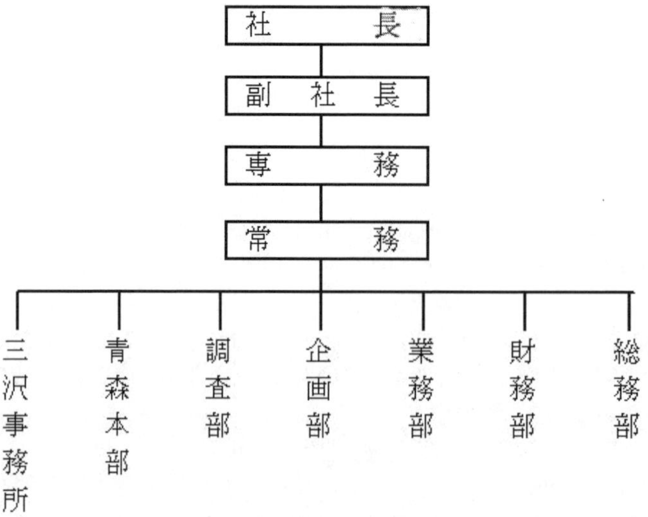

［出所：関西大学経済・政治研究所環境問題研究班,1979,『むつ小川原開発計画の展開と諸問題（「調査と資料」第28号）』,218頁、成田勇司,1971,『昭和60年のむつ小川原開発のはなし』］

Ⅰ－2－5

株式会社むつ小川原総合開発センターの概要

株式会社むつ小川原総合開発センター　昭和46年10月27日

（設立年月日）昭和46年10月27日
（住所）東京都港区芝琴平町一番地　虎の門琴平会館ビル内
（目的）
1.青森県むつ小川原地域の総合開発計画策定のために必要な研究および調査設計に関する事業
2.前号に関連する一切の事業
（出資構成）授権資本金　5億円

当初払込資本金	3億5千万円
青森県	5千万円
東北開発株式会社	2億円
民間	1億円

代表取締役社長	佐藤肇
代表取締役副社長	中尾博之
代表取締役専務	西川喬
常務取締役	平田寛
〃	細島芳雄
取締役	富田幸雄
監査役	大貫廉

［出典：青森県むつ小川原開発室,1971,『むつ小川原開発室の概要』］
［出所：関西大学経済・政治研究所環境問題研究班,1979,『むつ小川原開発計画の展開と諸問題（「調査と資料」第28号）』,239-240頁,資料8］

株式会社むつ小川原総合開発センター機構図

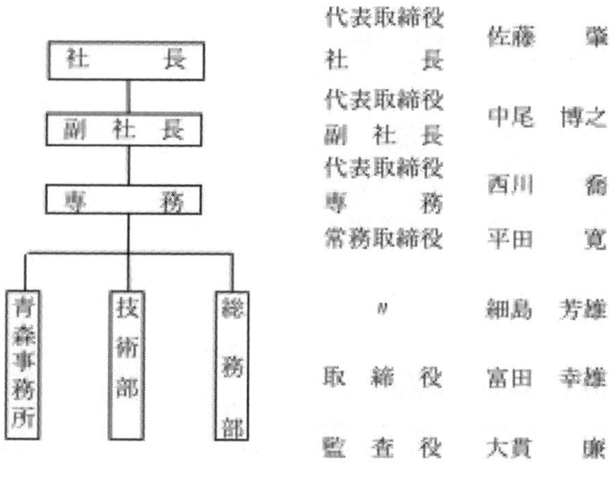

Ⅰ－2－6

むつ小川原開発に関する要望

経済団体連合会　昭和53年6月5日

青森県知事　竹内俊吉　殿

経済団体連合会　土光敏夫

むつ小川原地域における大規模工業基地の建設は、長期的展望に立ってこれを積極的に推進すべきであるとの見地から、当会では、同地区の当面の工業立地具体化の方向につき経済界の立場より慎重に検討を加えて参りました結果、今般別紙の通り結論を得るに至りました。政府、青森県等におかれましては、主旨ご賢察の上、格段のと配慮を賜りたくお願い申し上げます。

別紙添付「むつ小川原開発における当面の工業立地について」

以上

むつ小川原開発における当面の工業立地について

53・6・5
社団法人　経済団体連合会

(1)むつ小川原地区における大規模工業基地開発計

画は、農林水産業と工業の調和の取れた発展を目指し、地域住民の理解と協力の下に新しい豊かな地域社会を形成することを目的として青森県により立案され、52年8月閣議了解された第2次基本計画において、石油精製、火力発電、石油化学を中心とした総合的な工業基地をつくることが、政府の方針として決定されている。このための土地の先行取得は官民協調方式の元で設立されたむつ小川原開発株式会社により既に大部分完了しており、また港湾その他のインフラストラクチャー整備も閣議了解を契機にいよいよその緒につこうとしている。

これに対し、石油危機後の経済調整期間は予想以上に長引き長期的にも経済の減速化が避けられない情勢にあるが、むつ小川原等の大規模工業基地開発は国土の均衡ある発展、地域開発の促進等の観点からも、引き続きその推進を図る必要がある。この点は52年11月に発表された第三次全国総合開発計画においても、“新工業基地の建設は、今後の経済社会の発展に即して総合的判断を行い慎重に進めねばならない”としているものの、基本的にはその必要性は認識し、長期的展望にたってむつ小川原地区の工業基地建設を推進する旨をうたっている。

⑵むつ小川原開発の推進に当たっては、第二次基本計画に対応して最近の経済情勢の変化を前提にしつつ現実的なステップで工業立地を具体化してゆく必要がある。当面の工業立地としては、今時計画の一部として次のような方向で促進すべきである。

（イ）石油精製プラントについては、20万バーレル／日程度の能力を有するプラントの立地を考慮し、昭和60年前後にその一部操業を開始することを目途とする。

（ロ）火力発電については、120万KW程度の能力を有する設備を目標に、昭和60年前後にその一部操業開始を図る。

（ハ）第二次基本計画にいう50万バーレルの石油精製プラントの将来の立地に先行して、石油備蓄タンクヤード800万KLを建設する。

⑶上記立地に当たっては、第二次基本計画の中に盛り込まれている公害防止計画、生活環境施設、住民対策など、地域住民の福祉に係る基本的問題を十分尊重しながら推進するものとする。

⑷我が国経済は、なお石油危機後の調整期間にあるとはいえ、長期的には安定成長の活力を失ってはいない。今日、むつ小川原地区においてこのような工業立地計画の遂行を図ることは、単に地域開発や国土の総合的な有効利用の面にとどまらず、民間の設備投資喚起等、景気振興の面でも急務である。経団連としては既にある国内大規模開発プロジェクト小委員会の下、新たに“むつ小川原開発分科会”を発足させ民間サイドの体制固めに積極的に取り組むこととしたが、本開発の推進に当たり政府並びに地方公共団体等の強力な支援を要請するものである。

なお、関連インフラストラクチャー整備については、当面の立地に対応しながら段階的に進めとともに、その費用負担に関しては、公共負担と企業負担の適正な配分が図られるよう特段の配慮を要望する。

以上

［出典：経済団体連合会資料］

Ⅰ－2－7

むつ小川原開発の現況

むつ小川原開発（株）社長　阿部陽一

開発の構想

昭和44年5月発表の「新全国総合開発計画」において、むつ小川原地区が大規模工業基地の1つとして取上げられたことにより、ナショナルプロジェクトとして大きな脚光を浴びることになったのは、ご承知のとおりである。

しかも、当開発はこれまでに前例のない大規模、かつ長期的見通しに立って行われる計画であるため、関係各省庁の一元的な指導の下に、民間各企業の積極的な協調と、青森県をはじめ地元との一致した協力体制を確立し、開発の推進に当たることが必須とされる。

それとともに、当地域内の用地先行取得の必要性が強く認識され、経団連内「むつ小川原開発小委員会（中山素平委員長）」において、用地の先行取得、造成、分譲を目的とする官民共同出資による会社を設立する方針が決定され、昭和46年3月「むつ小川原開発株式会社」が設立されたのである。

開発の経過

以来今日まで8年半の経過を概観すると、まず当社設立に続いて、用地の買収業務を当社から受託する「財団法人青森県むつ小川原開発公社」と、本会発のマスタープラン策定のための調査、設計を担当する「株式会社むつ小川原総合開発センター」が設立され、当社を含めいわゆるトロイカ方式による開発体制が確立されるとともに、青森県と協力して地域住民に対して理解と協力を得る努力が続けられた。

一方、昭和47年9月には、青森県が策定した「むつ小川原開発第1次基本計画」に関する閣議口頭了解が得られ、これにより本格的な用地取得交渉が同年12月末から先行取得を要する民有地を対象に開始された。

これに並行して、開発用地買収による転住者の移転先となる新市街地の整備が行なわれ、宅地造成のほか診療所、保育所、公民館、体育館などの生活関連施設および高等学校等が整備されることになった。

また開発福祉基金、農業経営改善、職業訓練援助、中小企業経営相談等、住民対策事業も逐次具体化していった。

この間、青森県は石油ショック後の経済成長の変化を勘案して、昭和50年12月第1次基本計画に想定されている工業の規模および開発のテンポに調整を行なった「第2次基本計画」と、これを前提とする「環境影響評価報告書素案」を作成し国に提出した。

その後環境庁から指針が示され、青森県はこれに基づき環境全般につき詳細検討を行なって、昭和52年8月「環境影響評価報告書」を公表した。ついで同月、むつ小川原総合開発会議においてその環境影響評価を諒とするとともに、「第2次基本計画」につき関係省庁による申し合わせが行なわれ、引き続き閣議においてその申し合わせを含め口頭了解がなされた。

その内容は、工業開発地区に立地する工業等の業種として、石油精製、石油化学、火力発電および関連産業を想定するものとし、その主要業種の規模については第1期計画分として、おおむね石油精製50万バーレル／日、石油化学80万トン／年および火力発電120万キロワットを見込むものとされている。

今後における開発スケジュールについては、全体計画の完成を60年代、その一部の操業開始をおおむね60年前後を目途として開発を進めるとされ、このような計画に対応して港湾、道路、水資源開発等の各事業について、52年度以降その推進をはかるため、予算等所要の措置を講ずるものとされている。

さらに昭和53年11月発表の「第3次全国総合開発計画」では、苫小牧東部地区と並び、むつ小川原地区に大規模工業基地を建設すると表現され、他の地区に対し開発が先行するという位置づけがなされた。

開発の現況

以上のようなむつ小川原開発に対する諸政策の実施により、当開発は本格的に活動することになった。

まず開発区域内の用地買収については、昭和54年9月末現在開発区域約5,500ヘクタールに含まれる民有地、および村有地の合計約3,700ヘクタールに対し、約3,360ヘクタールの用地を確保している。

買収契約済民有地約3,100ヘクタールのうち、約2,000ヘクタールの農地については、昭和54年5月当社および第2次基本計画が、農地法の規定する「指定法人」および「指定計画」に指定されたことにより、農地の取得、転用に当たり個々の許可を要しないことになったので、土地引渡しが進展し9月末現在買収契約済農地の約1,700ヘクタールについて引渡しが終了している。

また漁業補償については、対象16漁協のうち主なる3漁協——六ヶ所村海水漁協、六ヶ所村漁協、泊漁協——に対し、昭和53年8月青森県から補償額の提示が行なわれ、交渉を重ねた結果、昭和54年6月共同漁業権が消滅する六ヶ所村海水漁協、六ヶ所村漁協と青森県との間で補償額133億円で合意に達し、協定書を締結、補償額支払いも終了した。

泊漁協ほか残り13漁協の許可漁業等に係る補償については、現在早期妥結を目途に積極的に交渉が進められている。

一方工業基地建設に伴う関連公共事業のうち、港湾については昭和52年9月「むつ小川原港」が重要港湾の指定を受け、同12月決定をみた港湾計画に従い、国の直轄事業として建設が行なわれることになり、試験堤陸域部は、既に昭和53年度予算で完成、昭和54年度では直轄事業（作業基地、防波堤の建設）27億円、補助事業（臨港道路建設等）7億円の予算が計上されている。

港湾計画では、鷹架沼を掘削して各種製品、一般貨物等を取扱うための内港と、その前面海域に防波堤を設け、大型船舶の入港も可能とする外港とからなる。また超大型タンカーによる原油の搬入を図るため、防波堤沖合に一点けい留ブイを設置することになっている。

道路については工業基地を中心とする円滑な陸上輸送を図るため、その中央で交差する東西、南北の2幹線道路を建設し、これらと連結する基地外幹線道路の整備を行なうこととされている。

小川原湖の水資源については、昭和53年3月高瀬川水系工事実施基本計画が決定し、続いて同12月小川原湖総合開発事業基本計画の告示が行なわれたことにより、国の直轄事業として昭和53年度は測量設計等調査が進められ、昭和54年度では河口堰建設に必要な工事等で14億円の予算が計上されている。

計画では、工業用水45万t／日、生活用水等11万t／日、計56万t／日の水源となる小川原湖と高瀬川の合流点付近に河口堰を設け、治水等に十分な配慮を加えつつその淡水化を図って、需要量に見合う供給を確保することになっている。

これら事業費に漁業補償の経費を含めた工業基地の建設に伴う公共事業費については、青森県は、かねてから、その地元負担分の全額を地元が負担することは困難であるとして、当社に対し応分の負担をするよう要請してきていた。

このようないわゆる公共負担金の負担は、当社の今後の経営に大きい影響を及ぼすことになるので、当社としては、この問題についてあらゆる面から慎重に検討を加えるとともに、国土庁、北海道東北開発公庫等関係各方面とも協議を重ねながら、青森県と折衝を続けた。

しかしながら、企業立地が具体化をみないまま公共施設の整備を先行させなければならない現段階においては、将来の進出企業に代って、当社が応分の立替負担をすることも、やむを得ないと考えられるので、青森県に対し、この負担問題に関する基本的事項につき取決めを行なうことに合意した。

その内容は、漁業補償費、港湾事業費について、企業が進出するまでの間、その一定割合を当社が立替負担することとし、細部の事項について今後なお協議を終えたうえ、当事者間で負担協定を締結することになっている。

石油国家備蓄基地の建設

以上の開発状況をふまえて経団連におかれては、昭和52年4月「国内大規模開発プロジェクト小委員会（稲山嘉寛委員長）」を発足させ、当開発の今後のあり方を中心に種々検討が進められた結果、昭和53年6月経団連より関係各省庁および青森県に対し、「むつ小川原開発に関する要望」が提出された。

それによれば、大規模工業基地としてのむつ小川原開発の今後のあり方として、昭和60年前後を目標に石油精製20万バーレル／日程度、火力発電120万キロワット程度の立地をはかる一方、石油備蓄については、これらに先行して、800万キロリットルのタンクヤードを建設することになっている。

一方、石油不足の状態が長期化するにつれ国際的に石油備蓄の強化が大きく取上げられるに伴い、昭和53年3月政府において石油1000万キロリットルの国家備蓄を昭和57年度末に達成するという方針が決定され、6月中ごろ通産省から青森県に対し石油国家備蓄の検討を行なうにつき協力の要請があり、7月はじめ青森県からは積極的に協力する旨の回答がなされた。

石油公団におかれては、この石油国家備蓄基地の候補地として当地区を含む4地点について、フィージビリティスタディを実施され、この結果むつ小川原地区については、今後なお一部細部にわたり掘り下げた検討を必要とするものの、構想は技術的にも経済的にも特に問題はなく、今後地元調整等がつき次第、これを推進するに足る十分な妥当性があるとされ、昭和54年10月1日石油公団発表として、むつ小川原地区に石油国家備蓄基地を建設するという決定が行なわれた。

石油危機以後懸案となっていた石油国家備蓄基地の第1号であり、その事業計画は次のとおりである。

⑴備蓄基地の所在地

青森県上北郡六ヶ所村弥栄平地先

⑵用地

約250ヘクタール

⑶設備

タンク施設容量　約560万kl

タンク容量および基数　11万KL×51基

⑷建設事業費

約1135億円（用地費等を除く）

⑸工期

昭和54年度末着工　昭和57年度末完成

かくして、当開発は石油国家備蓄を中心に大きく前進することになってきたが、一方経団連におかれては、当開発の具体的問題点を討議するため、昭和53年11月「むつ小川原開発分科会（稲山嘉寛委員長）」を発足させ、開発の推進について検討を進められている。

当社の今後の経営のあり方からみると、石油精製および火力発電についての昭和60年前後の立地は、現実的な目標として妥当なところであり、その実現は好ましいとうけとめており、また石油国家備蓄についても石油備蓄の一環として、また当社の営業活動の第一歩としてその意義は大きく、その完成に全力をあげて協力する所存である。

結び

以上のべたとおり、むつ小川原開発は、関係各省庁、青森県および経団連等関係各方面の力強いご協力を得て、開発の諸条件も着々整備され、いよいよ本格的な活動が開始されようとしている。

これに対し、わが国経済は石油危機後の経済調整が長びき、成長率が鈍化するなど、当開発をとりまく諸情勢が必ずしも楽観を許さず、開発の前途はますます厳しい情勢におかれている。

しかしながら、当開発の推進は国土の均衡ある発展をもたらすとともに、わが国経済の安定的成長を継続させるものであり、その意味ではむつ小川原地域における工業立地計画の推進は、緊急を要するものといえよう。

今後とも関係各方面の絶大なるご協力、ご支援を是非お願いしたい。

（むつ小川原開発（株）社長）

出所：『経団連月報』27(11):38-42（1979年11月）

Ｉ－２－８

『六ヶ所村回想』

三井建設社長　鬼沢正

10月29日の奥会津・東北電力柳津西山地熱発電所起工式出席の前日、陸奥六ヶ所村を訪ねた。十年振りのことである。先般、起工式を済ませたばかりの、原子燃料再処理工易の現場視察と、日本原燃関係者への表敬訪問がその日の目的であった。

新任の岡東北支店長、高橋青森営業所長と一緒に六ヶ所村へ着くと、私は早速、原燃PRセンターに隣接する「大石総合運動公園」に案内してもらった。

この公園は、昭秘4年の新全総(新全国総合開発計画)の目玉である「むつ小川原開発計画」を容認した六ヶ所村に、そのお返しとして国、県および内外不動産(三井不動産の子会杜)が総計7億円を寄付し、それによって建設されたものである。

公園の門を入ると、すぐ左側に総合体育館が出来ていた。その真ん前に「大石総合運動公園」と刻んだ立派な記念碑が建っている。47年当時の竹内青森県知事の筆になるものだ。裏面には、当時の古川村長以下村会議員、役場の課長さんまでの氏名が碑面いっぱいに刻まれている。

私は、すぐ目前にある陸上競技場の入口へ急いだ。そこに碑があるはずだった。その碑はすぐに見つかった。幅1メートルほどの長方形の黒御影の『定礎』には、次のように刻まれていた。

「この大石運動公園の陸上競技場及び野球易は、内外不動産株式会杜よりの3億4千380万円の寄付を受けて建設されたものであります。

竣工　昭和53年7月31日

六ヶ所村長　古川　伊勢松」

私は、やっぱり六ヶ所村長は、十数年前の私との約束を果たしてくれたと、感慨無量の思いで、何度もこの文字を読み返した。

話は二十数年前に遡る。いわゆる新全総の、六ヶ所村を中心とした5,000ヘクタールに及ぶ「むつ小川原巨大開発計画」がスタートしたのは、昭和

47年9月である。これより先、この計画は、45年6月青森県によって公式発表された。これに前後して、全国の中小不動産業者二百数十杜が、この開発地域にひしめき、土地の買占めに狂奔した。

他方、この開発計画を、いち早くキャッチしていた三井不動産××××××は、46年3月までに、開発予定地の中心部約300万坪を、電撃的なスピードで、買占めに成功していた。

ところが、不幸なことに、ふとしたことからこの事実をマスコミにスッパ抜かれ、国会問題にまで発展した。しかも、三井不動産の買占めた土地の一部約16万坪余が農地法に違反していることも発覚。その売り戻し価格をめぐってひと騒動、これまで国会、県会の大問題になり、三井不動産ばかりでなく、青森県知事をも苦境におとしいれることになった。

当時、文書課長で、新設の広報室長兼務になったばかりの私は、青森県議会が開かれる47年9月、議会対策のため、単身青森県へ飛び、数日間その解決に奔走していたのである。当時の苦労は今も忘れない。

結局、三井不動産が買占めた土地のうち127ヘクタールは、50年12月むつ小川原開発公杜へ売却し、その発却益相当の3億4,383万1,000円を、六ヶ所村違動公園競技場建設費として寄付することになったのである。

買占めをめぐるすべてのトラブルが解決した54年6月、私は3年振りで六ヶ所村を訪れた。そしてこの運動公園へ来てみて驚いた。競技場は工事中であったが、すでに前述の巨大な竹内知事の筆になる記念碑は建っていた。そこには、どこにも寄付者の名が刻まれていないのである。これは一体どういうことか。こんな馬鹿げた話があるか。いかに三井不動産が違反事件をおかそうと、これはひどい話だ。私は、早速、古川村長を訪ね、再度記念碑に杜名を刻んでほしいと強硬に申し入れて帰京したのである。

この度の六ヶ所村再訪で、真っ先にここを訪れ、記念碑の存在を確かめたのはそのためである。約束は守られていた。私は、清々しい思いで運動公園を後にした。

［出典：『毎日新聞』1993年12月7日］
［出所：核燃料サイクル施設問題青森県民情報センター『核燃問題情報』第42号4頁］

第３章　住民資料

Ⅰ-3-1	19710329	むつ小川原開発農業委員会対策協議会	むつ小川原開発に対する要望書
Ⅰ-3-2	19710929	むつ小川原開発反対同盟平沼緑青会	むつ小川原湖巨大工業開発反対趣意書
Ⅰ-3-3	19711012	青森県教職員組合上北支部六ケ所地区教組	むつ・小川原巨大開発反対決議文
Ⅰ-3-4	19711015	六ヶ所村むつ小川原開発反対同盟	六ヶ所村むつ小川原開発反対同盟規約
Ⅰ-3-5	19711104	むつ湾小川原湖開発農委対策協議会	むつ小川原開発推進についてのアピール
Ⅰ-3-6	19720618	むつ小川原開発六ヶ所村反対同盟	”ウソ”で固めた開発　―だまされまいぞ
Ⅰ-3-7	19720630	六ヶ所村むつ小川原開発反対同盟	抗議文
Ⅰ-3-8	19720819	木村キソ（むつ小川原反対同盟副会長）	むつ小川原開発反対運動と私たち
Ⅰ-3-9	19720906	むつ小川原開発反対期成同盟会	訴え状
Ⅰ-3-10	19720917	六ヶ所村むつ小川原開発反対村民総決起集会	六ヶ所村むつ小川原開発反対村民総決起集会決議文
Ⅰ-3-11	197210―	六ヶ所村むつ小川原開発反対同盟	むつ小川原開発に関する公開質問状
Ⅰ-3-12	19721221	六ヶ所村農工調和対策協議会	農工調和によるむつ小川原開発推進に関する要望書
Ⅰ-3-13	197301―	六ヶ所村むつ小川原開発反対同盟	『むつ小川原開発に関する意見書』ならびに『要望書』に対する公開質問状
Ⅰ-3-14	19730203	泊漁業協同組合	質問状
Ⅰ-3-15	19730211	石井勉（六ヶ所村泊中）	開発・住民運動と教師
Ⅰ-3-16	19730406	橋本ソヨ（六ヶ所村泊・主婦）	住民の学習運動と教師・科学者
Ⅰ-3-17	19791026	六ヶ所村弥栄平閉村記念誌刊行委員会	むつ小川原開発計画と弥栄平

Ⅰ－3－1

むつ小川原開発に対する要望書

むつ小川原開発農業委員会対策協議会

本県の産業経済地図を大きくぬりかえるといわれるむつ小川原開発は地域経済の飛躍的な発展と豊かな地域社会の建設を目ざしてスタートすることになった。経済の長期的展望と農政の転機にのぞみ、われわれ農業者のこの開発にかける期待はまことに大きいものがある。然しながら未だ開発方式や農民対策が明示されないまま事業が進められようとしていることに対し些か不安と緊張をおぼえるものである。よって、当局は本開発を進めるに当りわれわれ農業者の意向を十分たしかめるとともに農業者の納得する開発の方向を示し、農業者の全幅の信頼と協力のもとに進められるよう次のとおり要望する。

記

1　開発の理念について

地域開発の窮極の目的は工業基地建設そのものではなく工業開発を起爆剤とする地域経済の均衡ある発展と高度の福祉社会の建設にあると理解している。よってむつ小川原開発に当っては工業本位にとらわれず、地域住民の福祉を優先するとともに農工両立を基本理念とする農業の再開発を含む調和のとれた地域開発として進めるべきである。

2　開発の進め方について

開発地域の農業者は社会経済的な側面においても土地の利用面においても開発に対し直接かつ最大の利害関係者である。このため開発を進めるに当っては企業側の要請以上に農業者の意見を取り入れる必要があるが、このことは開発が地域住民のためのものであることを意義づける上でも重要であるし、とくに農業者の理解と協力いかんが開発の成否を大きく左右する要件であるという認識に立って、開発を円滑に進めるため農業者の代表と対話する場を設けるべきである。

3　開発の地域範囲について

開発地域を工業立地地域に限定すると用地取得や住民対策を進める上でより多くの犠牲と困難が伴うおそれがあるので、開発予定地域を替地対策を見込んだ節囲に拡大し、新しい都市づくりや農業団地づくりを含む広域開発として進めるべきである。このことは開発に必要な土地負担の分散を図るとともに広域的に住民が土地提供を通じて直接開発に参加できるので、開発の利益を地域全体にゆきわたらせる効果がある。

4　農業の再編成について

工業基地建設に伴い大規模な新都市形成が考えられているが、これが実現すると地域における農産物の需給や市場条件が大きく変り、農業型態も農地の縮少により高度集約的な都市近郊型の農業に変貌するものと予想される。そこで開発計画は予めこの方向にそった試験研究体制や営農指導体制を整備するとともに生産流通対策並びに構造対策等の農業再編成計画をもりこむべきである。

5　農住都市構想について

工業基地建設の進展に伴い工業立地地域の周辺は既存の集落を軸に人口が蝟集し、土地の非農業的利用度が高まるため無秩序に宅地化が進むことが予想される。そのようなスプロール化を防ぐためには工場用地造成と同時並行的に都市計画を進める必要があるが、この場合農業者の転進対策の一環として農民の土地資本の活用による農住都市開発を進めるべきである。

6　用地取得方式について

工業基地建設に伴って周辺地域のスプロール化や地価の高騰は避け難い現象であるが、このことは開発に対し単なる傍観者的立場にある周辺地域の土地所有者が労せずして利益を得、不本意ながら用地買収に応じた者が不利益をこうむる結果を生む。そこで用地取得方式は単純買収でなく定率替地方式(仮称)によることとし、農業団地造成や農住都市開発の方法により、用地買収に応じ或は住居移転を余儀なくされた農業者に対し直接かつ優先的に利益還元を図るべきである。

7　国有林野の活用について

むつ小川原開発は特定地域の開発であると同時に、国の産業経済政策の一環として進められるものである。従って開発地域の土地利用計画に当り一定地域範囲の住民にのみ土地負担を求めることは困難な面もあるので、国土の有効活用の観点から開発地域内に存在する広大な国有林野を積極的に解放し、代替地等に活用すべきである。

8　農業者の転進対策について

工業開発によって生産基盤を失った農業者の転

進対策は農業者の意志を尊重して行うべきで一方的に離農転職を迫るようなことはさけるべきである。尤も構造対策を進める上で零細農家の離農転職を誘導する必要は認めるが将来とも農業継続を希望する有能な経営者は農業部門で再建を図るべきである。勿論離農転職希望者に対しては技能訓練を実施して地元優先雇用を行うほか転業資金の確保等万全の措置を講ずべきである。

9　公害防止対策について

むつ小川原開発地域に進出する企業は鉄鉱、石油化学等代表的な公害型企業であるといわれており、経済効率と企業利潤追及のあまり人間疎外と自然破壊の開発になるおそれがある。このようなことは人間性豊かな高福祉社会を建設するという開発の根本理念に反するので工場立地に当っては住民地区を緑地帯で分離するほか進出企業を事前にチェックする等操業後トラブルの生じないよう公害防止に万全を期すべきである。

10　当面の土地買収について

最近当局は開発予定地の土地先行取得を行うため開発公社を設立して用地買収に入ることを明らかにしたが、調査によると現在まで土地業者の思惑買いの対象になった土地は主に開拓地域の原野山林で農用地は殆んど動いていない。これらは農業経営及び農家経済に直接結びついていない非農地を地価上昇を機に換金したケースが多く同様に生産手段である農用地も無条件で手離すが如く推測することは当らない。従って基本計画や土地買収に伴う補償条件が明らかにされていない現状において無差別な買収を行うことは、農業経営や農家生活を脅かすばかりでなく地域農政を困乱におとしいれるものであるから当面農地及び採草放牧地は買収対象から除くべきである。

昭和46年3月29日
むつ小川原開発農委対策協議会総会

〔註〕むつ小川原農委対策協議会の事務局は三沢市農業委員会に設置してあります。(TEL三沢(3)2111)

［出所：関西大学経済・政治研究所環境問題研究班,1979,『むつ小川原開発計画の展開と諸問題（「調査と資料」第28号)』219-220頁］

Ｉ－３－２

むつ小川原湖巨大工業開発反対趣意書

むつ小川原開発反対同盟平沼緑青会

二、三年前より表題開発は、バラ色のタイトルで話題を呼んで来たのであるが、本件は基幹産業其の他これに付随せる産業の総てが自然を破壊するのみならず、宇宙に於いてもっとも尊重されなければならない人命まで物質視するものである。特に開発を遂行する為、大多数の本村住民家族が移転を余儀なくされる計画は、目に余る無謀な第二次世界戦争を引起した軍国主義そのものと何ら変わらぬ行為と言わざるを得ない。今、日本は公害列島として全世界より敵視されている状態であることは火を見るより明らかである。世界の人たちと手をつなぎ平和に徹しようとするならば、先ず工業優先、公害のたれ流しを防止する事である。本開発は、憲法第二十九条に違反するものである。

次に、この計画の立案者たる知事は地方自治を遵守すべき立場にありながら自ら六ヶ所村という地方自治体を破壊に導く先導者となっている。私たち老人は余命いくばくも無いが、この良い自然環境を子孫の為に残す何よりの義務として遺産とするが為にも、表題開発に連署をもって抗議反対するのであるから、知事も事の重大さと己の犯した政治的前非を悔い、当開発々想は間違っていた事を認識し、知事の責任に於いて本計画を全面停止を求めるものである。

昭和四十六年九月四日

六ヶ所村村長　寺下力三郎
青森県知事　　竹内俊吉　殿

趣意書

私達は今、県知事が音頭を取って、言葉の上では美しく、むつ小川原巨大開発なるものを推進しているが、この計画は工業工場を主体としているだけに、その規模が巨大であればある程に、公害も巨大である事は論を待たない。公害は自然を破壊するにとどまらず、地域住民を追出す結果になり、平和でささやかな各家庭まで破壊に導く行為に外ならない事は明々白々たるものである。

自然は、一度汚したら二度と復元することは不可能であることを、県は百も承知のはずである。

故に私達は、開発のための移転はもちろん、むつ小川原巨大開発には絶対反対することを決議し、連盟で反対の意思を表示するものである。

昭和四六年九月二十九日

むつ小川原開発反対同盟平沼緑青会々長　吉田又次郎

会員　以下表示者　　　　　　氏名　印

Ⅰ－3－3

むつ・小川原巨大開発反対決議文

青森県教職員組合上北支部六ヶ所地区教組

いま、推進されようとしているむつ・小川原開発は、住民のための開発という美名のもとに行われつつあるが、その本当の姿は、大企業に奉仕するための開発である。そのために莫大な国費・県費が投入されつつある。

また、計画されている企業はどれも日本最大、否、世界最大のものであり、それのもたらす公害は、日本四台公害の数十倍のものであることは科学的に推測でき郷土が荒廃されることは疑う余地をもたないものである。

それは、土地を奪い、公害をまきちらし住民をやがて追い出す悪魔的なものだとさえいる。

一、すでにだされた第二次案は開発縮小といわれるが、それは単なるみせかけのものであり、現に石油精製においては第一次案が一五〇万バーレル（日産）のものが二〇〇万バーレルにふくれあがり、石油化学の年産二六〇万トンが四〇〇万トンに規模拡大化がなされ、四日市の二十七倍のものが計画されている。いわば四日市ぜんそくが二十七倍化して県下にひろがることになり、いかにしても地域住民は逃げださざるを得ない。そしてそのあとにアルミ、鉄などの公害企業がくるという巧妙な手段がかくされているのである。

二、住民の大半から反対されている開発に対して、今後十五年間、国は一兆五千億から二兆円、県は九六〇億円の年間予算から毎年八十億円をつぎこむ計画であるという。これでは多数をいいことに時の権力政権が血税を大企業に提供していることにほかならない。それだけの県費を地域の農漁業につぎこみ、公害のない企業を誘致することこそが住民の願いであり、住民のための真の開発であるといえるのだが、現実には住民のためではなく大企業のための開発計画が進められようとしているのである。

三、公害のデパートといわれるこの開発は、空と海と湖沼を汚し、緑の山野をこがし、すべての生きものの生命を奪う大規模なものであり、恐るべき自然破壊の代物である。自然を壊すことはたやすい。しかし、再びつくることは困難である。私たち教師は、自然を守り、それを生かす一員として先頭に立たなければならない。

四、開発反対運動の高まる中で、一部過激な学生、青年が入り込んできている。彼らの政治的活動は自由であろうが、彼らの過去における行動は、暴力的、破壊的なものであり、正しい反対運動を妨害したり、権力の介入をまねき反対運動切りくずしの好材料につかわる結果ともなった。私たちは、教え子を守る意味においても反対運動を切りくずす一切の暴力を地域住民と共闘する中で排除していかねばならない。

五、この開発は住民の幸せのために行われるものではなく、子どもの将来を保障する具体的手だてのないものである。一時的なみせかけの反映から末代にわたる流民に陥る開発ともなりかねない。いまこそ、私たち教師は、強い団結心と科学的な目で教え子に真実を教え、地域住民の幸せのために立ち上がる時である。

以上の五点と同時に、教育者として地域住民とともに反対運動を推進していくものである。

昭和四十六年十月十二日

青森県教職員組合上北支部六ヶ所地区教組

［出典：青森県教職員組合上北支部六ヶ所地区教組資料］

Ⅰ－3－4

六ヶ所村むつ小川原開発反対同盟規約

六ヶ所村むつ小川原開発反対同盟

第一章　総　則

第一条　この会はむつ小川原開発反対同盟と称する。

第二条　（略）

第二章　目的及び事業

第三条　この会は、公害をまきちらし、住民を追い出すむつ小川原開発計画を粉砕し、住民の幸せをきずく真の開発をかちとることを目的とする。

第四条　（略）

第三章　同盟員

第五条　会員の資格は、この目的と規約を認め、18才以上の六ヶ所村に居住するものとする。ただし、役員会の承認があれば、居住しないものも会員として認めることがある。

第六条　（略）

第七条　会員は会費の納入及び諸規定に従うと共に、事業計画と会員の拡大を実行する。

第八条　（略）

第九条　この会には、会の団結をみだし、権力の介入を導く暴力的、破壊的、過激派集団（全共闘、反戦青年委員会、革マル、中核等の青年学生集団をさけ）は会員にしないし、運動の中から排除してゆく。

第十条　（略）

第四章　役員（略）

第五章　組織（略）

第六章　運動の原則

第十七条　この会の運動は会員の会費と大衆カンパと寄付金によってまかなうものとする。

第十八条　この会は、思想・信条の違いをのりこえて団結し、この目的を支持する政党及び諸団体とは対等の立場で支持協力関係をもつ。

［出典：飯田清悦郎,1974,『下北開発戦争』229-230頁］
［出所：関西大学経済・政治研究所環境問題研究班,1979,『むつ小川原開発計画の展開と諸問題（「調査と資料」第28号）』238-239頁］

Ｉ－３－５

むつ小川原開発推進についてのアピール

むつ湾小川原湖開発農委対策協議会

県農業会議農政部会は、去る10月14日「むつ小川原開発の推進に関する提言」を行なった。

この提言は、むつ小川原開発と地元住民対策の在り方および開発による産業構造変革に対応する農業再編対策についての基本的な考え方および具体策について国、県および地元六ヶ所村に対して行なったものであるが、われわれはこの提言を極めて適切なものと考え支持するものである。

現在、本県は農業を中心とする第一次産業県であるが、今后本県農業の近代的発展を期し、かつ低位所得県から県民所得を画期的に増大せしめてゆくためには、工業化を軸として、県内の産業配置をそれぞれの地域の立地条件により多様化し、雇用を盛んにして、出稼ぎによらない明るい農家生活や若年者の県外流出をなくすることが重要であると考えてきた。

すなわち、県内のそれぞれの地域における立地条件をみるに、農業を中心に高度な発展を遂げうる立地、水産業を中心とする立地、商業を中心とする立地、観光を中心とする立地があると同時に、六ヶ所村を核とするむつ小川原地域のように工業化に適した立地もあるのであって、これらの立地を最高度に生かし調和をとる方策こそ農業サイドからみても必要欠くべからざることなのである。

またわれわれ農委系統組織においては、国内における、過密、過疎の解消や工業の地方分散を提唱し続けてきた所以もそこにあるのであって、このむつ小川原開発はこれらを実現する重大な橋頭堡となることを訴えたい。

ただ、この開発に対しては、公害問題が大きくとりあげられ、公害を発生させる装置型工業、公害のない内陸型工業という単純な論議が行なわれ、内陸型工業の誘致を主張するむきも一部に見受けられるが、電機産業にしても造船業にしても、それの誘致については歓迎するが問題はその実現性にある。とくに電機産業にみられるように下請的な工場の導入は、景気変動に左右され、また農業構造改善に寄与しないことは留意さるべきであろう。

われわれはここにおいて、国、県、企業に訴えたい。

むつ小川原地域は装置型工業の配置に適する天与の立地条件であるならば、次のことを完全に実施されるよう要望する。

「企業立地段階において、公害防止技術などの対策が完成しない場合は、完成の時点までその立地を見合わせることを約束してもらいたい。」

次にわれわれは、この開発の中心地となる六ヶ所村民に訴えたい。

「この開発は六ヶ所村を中心に行なわれるが、その影響するところ六ヶ所村のみのものではない。従ってわれわれ農委系統組織は六ヶ所村農民の代替地問題その他必要事項につき全面的な協力を借しまないものである。」

さらにまたわれわれは六ヶ所村の指導的人々に訴えたい。

「この開発は、卒直にいって、次の世代のためにこそ大きな意義をもつ、六ヶ所村の一少年の訴えをよくとりあげ、いま一度開発の原点に立ち返って、冷静にしかも村長は村長として、議会議員は議員として、各団体役員は団体役員として、積極的に村民と語り合い、県と語り合うことが緊要であり、まず10月23日における県知事との対話の際起ったような混乱をなくすることが必要である」

最后に、われわれは、この開発を成功させるために次のことを訴えたい。

「開発によって、最も幸福にならなければならない人々は、とくに開発のために土地を提供し、立ち退きしなければならない六ヶ所の村民である。このための対策は公害対策とともに、最重点にとりあげられるべきであり、県はもっとこれに対する具体案を示すべきである。」

「この開発は、県農業会議の提言による“むつ小川原開発圏農業再編事業"と同時併行的に行なわれるよう、県はもとより国の施策を要望するものである。」

昭和46年11月4日

県下農業委員会長、事務局長会議

［出典：むつ湾小川原湖開発農委対策協議会・青森県農業会議・県下農業委員会長・事務局長会議,1971,『巨大開発と農民の対応』］

［出所：関西大学経済・政治研究所環境問題研究班,1979,『むつ小川原開発計画の展開と諸問題（「調査と資料」第28号）』240-241頁］

Ⅰ－3－6

”ウソ”で固めた開発――だまされまいぞ

むつ小川原開発六ヶ所村反対同盟

東通りでは詐欺

巨大開発ってなんだろう・・・・私はとっても心配だ。子供にまで心配をさせ、そのぎもんにもなに一つこたえていないこの竹内開発

猫の目のように変わる開発の内容

どこにもこれというとりとめもなく、考えのよりどころも見い出せない。鉄も石油も電力もつけたりで、その本心はたゞ土地を安く買い占めることだけが竹内開発の目標だ。

その証拠は東通り村を見ればよくわかる。役場にたくさんの固定資産税が入るということで、村長も議長もだまされ、住民もそれを信用して土地を手放してしまった。だが、その税金の入ってくるのは十年も先の話だと知事自身が言っている。

だまして人の財産を手に入れる。それは詐偽というものだ。

『むつ製鉄・ビート・米』を忘れたか

六ヶ所でも、石油二〇〇万バーレルのうち半分は昭和七〇年以降のことだと云い出した。

そうだとすればその通になったとしても、それは三〇年も先きのことである。

三〇年後はどうなるだろう。それは誰も正確に知ることはできない。

たゞはっきりしていることは土地の値段だけは絶対に高くなるということである。

この開発は国策だと宣伝されているがそこがいちばん嗅いところであり、あぶないところである。

むかしから国策と云われたことにろくなことがあったためしはない。

米をつくること、むつ製鉄、ビートの奨励、みんなそれであった。

農政の長くて暗いトンネルを抜けたらそこに現れたのはこの開発だ。

『開発』は命の問題

人はパンだけで生きれるものではない。

人の幸せは貨幣（金銭）だけで云いあらわすことはできない。

貧しいことも困るが、住み憎いことはもっと困る。

貧しいということは経済（暮らし）の問題であ

るが、公害や環境破壊（住みにくい）の問題は健康と生命の問題である。

命が欲しいか、金が欲しいかと問われたときわしは金だと云う人はあるまい。竹内開発のおそろしさはそこにある。

金の力と権力の力で、まづ人間の心を破壊するところからはじめてきた。

金融機関、農業団体、あげくのはてには暴力団まで使いだしている。

机の上で考え出した空論

縮小された開発区域内には、天ヶ森の米軍射爆場も含まれている。尾駮の自衛隊射撃演習場もふくまれている。しかも海面にわたって広い危険区域が設定されている。

これが撤去されない限り、掘り込み港湾をつくることも不可能である。

住民の土地を買い急ぐよりはその方の解決をつけることは先決である。

土地の買収を完了しても、それができなければ、絶対に開発はできないからである。住民はだまされて土地を手離したという結果にならざるを得ない。

また、農林省の原々種農場もある。もとゝ違って今は無菌の種薯でなければ馬鈴薯の栽培はできない。これをにわかに他に移すとしても、いまのような生産力のある代替地などあるものではない。

この開発の最大の欠陥は開発地域を全体として見ていないこと、その能力に欠けているところにある。

むつ湾、小川原問題は大ペテン

小川原湖から工業用水を取る以外にこの開発をすゝめる方法はない。

しかし小川原湖は面積が大きく貯水量も多いが、しかし流域の面積は岩木川の三分の一ぐらいしかない。

台風の雨や雪どけの水を貯えるほかに方法はない。水は土石のように盛り上げるわけにはいかない。

湖水全体を水ガメ化して水位を嵩あげするほかない。

水位を一メートル上げればどうなるであろうか。一メートル下げればどうなるであろうか。

県は今になって、そのことは目下勉強中であると基本計画説明会で答えている。しかし、これは真赤な嘘である。

こういうことは、開発構想や計画の前提になるべきことで、いまさら調査中であるなどゝいうことは全くおかしなことである。

なぜむつ湾利用の問題や、小川原湖の水利用計画を明らかにしないか。それは反対をそらすための卑劣な策謀、謀略である。

できない相談、433億の町村負担

こんど発表された開発事業概算見込額をみておどろかぬ人はあるまい。

総額六一六〇億円、内国費二九二九億円、県費二一三八億円、市町村四三三億円

国費、県費は自民党や竹内知事がひねり出すものとしても四三三億円もの財源をかりに一〇年がかりとしても、それに目途のつけれる町村長は一人だってあるまい。

もちろん、竹内知事をはじめたいていの町村長は、その負担をするときは在職してはいまいが、それにしてもひどい話である。

これは着想、調査、企画、計画、予算、着手という、町村理事者としては誰しも当然経なければならない常識を竹内知事が飛び越えた結果こうなったのである。

手続上も不可能なことに手を染めたのである。

巨大利権開発だ

あたまで地域の住民をなめてかゝったのだ。相手は貧乏人であるから、札束で頬をたゝきさえすれば土地は簡単に買えるもの、こう考えたところに竹内知事の最大の誤認があった。

だから開発株式会社や公社が発足しても四六年八月まで住民対策がなかった。

去年八月にやっと発表した住民対策が大反発を受けると、こんどはそれに便乗して開発構想の内容にまで大変更を加えた。こうした経過からみても明らかなように、この発構想には土地を早期に買いためようとする意図しかなかったと見て差しつかえない。

それは誰に利益を与え、誰に損失を与えるものであるか。

利益は明らかに資本（民間デベロッパー）であり、損失は明らかに住民（農民、漁民）である。

この開発は明らかに巨大利権開発である。

それは三井不動産の事前土地買占め行為をみてもわかるし、これにともなう大がかりな農地法違反行為を県知事が見逃してきた。

陰謀・分断・・・・・だまされないぞ

これは、住民にとっては死ぬか生きるかの問題である。

六ヶ所住民だけの問題ではない。六ヶ所さんには気の毒だが、わが方には公害のない企業の立地をたのむとか、ひどいのは高等工業専門学校はわが町にという空気をつくり出すように知事は策動した。

地域の連帯を忘れさせ、町村間の強調さえもなく、文字通り他人くたばれわれ繁昌のラッパを吹きならし、人間性の破壊だけでなく円満な地方自治までもぶちこわしているのがこの巨大開発である。

豊かで住みよい地域をつくること。

この祖先からうけついだ天地はわれわれ一代きりのものではない。

これをさらによいものにして、子孫に渡すことは、

われわれの責任であり、任務である。

昭和四十七年六月十八日

むつ小川原開発反対六ヶ所期成同盟

［出典：むつ小川原開発反対六ヶ所期成同盟資料］

Ｉ－３－７

抗議文

六ヶ所村むつ小川原開発反対同盟

昨年八月、県が「むつ小川原開発」の構想を発表して以来、我々六ヶ所村民は、この開発は、農業と漁業の破壊であるとして、再三にわたり抗議を行ってきた。ことに、本年三月には、三千余名の署名をそえて直接知事に計画を白紙撤かいするよう要求してきた。これに対して知事は何ら誠意ある回答もせぬまま、県は次々に土地とりあげの計画を実行にうつしてきた。

我々はここで今一度、知事と県当局にあえて次の抗議をするとともに、かさねてこの開発計画を白紙撤かいするよう要求する。

一　六ヶ所村の土地は誰のもので、いったい主人公は誰だと考えているのか。

県はこれまで工業立地センターにつくらせた計画も含めて大小四つの線引きをしたことになるが、村民の誰がいったいこの計画づくりに参加していたのか、いつでも村民の知らぬところで計画され、一番最後に知らされるのが六ヶ所村民ではなかったか。

知事はいったい誰の土地に誰の同意を得てそのような計画を立てているのか。主人公は誰だと考えているのか。

二　「むつ小川原開発」は誰がもっとも望んでいたものか、六ヶ所村民かそれとも大企業なのか。

知事は六ヶ所村での説明会のおり、農業も漁業もともに発展させる計画であるとのべたが、事実はどうか。工場が立つ前に六ヶ所村の山野には、不動産業者の買収済みの立札が立ちならび田畑は荒れるにまかせられているではないか。三井不動産は事前に知事にたのまれて「これだけは買って協力してくれといわれた所は買いました」とのべている。その結果、土地を奪われて出稼ぎしか生活のあてをなくした農民がいる一方、三井不動産は、公社が示した価格だけですでに数十億円もの利益をあげたことになる。

知事のいう村民が幸せになる開発とはこのことなのか。

三　知事は公害について、我々にまじめに答えよ。村民は、ひとしく公害について心配している。我々が村費一千万円を捻出して鹿島視察に行って来たのは、それだけ不安が大きかったからにほかならない。知事はそのことに対して終始一貫「これからの開発であり技術の向上によって公害は出ない」とのべるだけであり何ら内容のある答弁をしていない。知事は、我々六ヶ所村民のこの不安に答える必要すら感じていないのか、それとも答える内容をもっていないのかそのどちらかであろう。ともかくも我々が知っていることは、公害の出ないはずの鹿島開発では魚が死んで浮かび、シアンが空から降ってくるという事実である。

以上のべたことは、すべて基本的に「住民無視」と「住民愚ろう」のあらわれであり、「企業優先」の姿勢から出たものである。従って我々は、県が発表した計画も知事の説明も信用できないものと

判断している。もしこの計画があくまで実行されるならば六ヶ所村の農業と漁業はその根底から破壊されることになるであろう。後にのこるのは、公害と人間破壊だけである。よって、この「むつ小川原開発計画」を即時中止し、白紙撤かいするようかさねて強く抗議する。

もし真に村民の幸せを考えるのであれば、再度村民の総意にもとづいて、農業と漁業を発展させる開発計画を実行せよ。

六ヶ所村むつ小川原開発反対同盟委員長
吉田又次郎

青森県知事
竹内俊吉　殿

［出典：むつ小川原開発反対同盟資料］

Ｉ－３－８

むつ小川原開発反対運動と私たち

むつ小川原反対同盟副会長　木村キソ

今、青森県の六ヶ所村では、むつ小川原開発に反対する運動が村長を中心にして猛烈におこっています。私たち婦人も反対同盟の重要な勢力となって積極的な運動を展開してきました。

私が、はるばるこの四日市まで来ましたのは、私たちの運動が何を目指し、何のためにたたかってきたのかを皆さんに知ってもらい、幅広い全国の支援をうけるためにです。

きょうは、反対運動の経過と婦人の組織化がどうなされてきたか、なぜ私たちは反対するのか、教師に婦人たちは何を望むのかの3点にしぼってお話ししたいとおもいます。

⑴反対運動の経過と婦人の組織化について

むつ小川原開発の何よりの特徴は、開発がまったく住民の参加なしにおこなわれていることです。私たち村民が自分たちの土地がどうされるのかを具体的に知ったのは、昭和46年8月14日、県がはじめて示した住民対策要綱によってであります。それまで私たちは、まったくといってよいほど内容を知らずにきたのでした。私たちが何も知らないでいるあいだにどんなことがおこなわれてきたのかと申しますと、昭和44年ごろから、六ヶ所村が開発されるらしいという噂をきいて不安となかば期待をもっていたところ、三井不動産をはじめ各種の土地ブローカーが入りこんで村のあちこちを買いあさっていたのです。当時、村の開拓部落の人たちは、誰もが借金をもっており苦しめられていましたから、観光牧場をつくるからというふれこみで土地を買いにあらわれたブローカーに二束三文に所有地をたたかれていったのです。三井不動産の子会社である内外不動産は1反歩1万円から3万円で400町歩も買ったといいます。46年の県の発表を待たずして内外不動産にすべて土地をうばわれて、部落ごと移転してしまったところもあります。あとで判ったことですが、当時このような土地やブローカーたちは、そうとう正確な土地開発計画を知っていたということです。三井不動産の江戸社長は竹内知事にたのまれて、必要なところを買ったのだとのべています。そして、六ヶ所村の原野のあちこちに不動産業者の買収済みの立て札が立ちならんだ後になって、46年にはじめて開発計画の全体を村民はみることができたのです。

このように開発がはじめからどのようにすすめられてきたかをみると、むつ小川原開発の本質がよくわかるとおもいます。つまり、住民のまったく知らないところで計画され、住民の知らぬところで政治権力と結びついた企業が土地を買いあさり、いちばんあとに、住民が知らされ、おもってもみなかった公害企業が住民を追いだしたあとにやってくるのが開発の姿です。そんなことを知らなかった六ヶ所村の住民は、県の発表の前にはある程度の期待をもっていました。田をやっても畑をやっても苦しいおもいをしていた私たちが、知事のいう住民の幸せをもたらす開発だという話しに期待をもつのは当然でした。

ところが、8月14日の住民対策要綱が発表されて、私たちはそのあまりのひどさにびっくりしてしまったわけです。一番私たちのおどろいたのは、私の住んでいる倉内部落をふくめて村内のはとんど2000世帯の代替地として、馬もころびそうなところを示してきたことでした。いくらかでも生活がよくなるだろうと期待していた私たちは、あまりのひどさにただおどろいてしまったわけです。村内では県の計画にただちに反対の声が上がりました。8月20日にまっ先に寺下村長が反対の態度をうちだし、ついで25日、土地ブローカーもいる村議会さえもあまりのひどさに全会一致で反対決議をしました。そのように反対の気運がもり上がっているところへ、つぎつぎに政党の演説会がもたれて、反対連動の組織づくりを呼びかけられたとき、村内でまっ先にできたのが老人クラブを中心とする平沼部落の「緑青会」であり、その後泊部落では、小型船主、組合の人たち、婦人会、教師などによって「漁場を守る会」が、新納屋では部落組織が反対組織になる、というふうにつぎつぎに組織ができていきました。私のいる倉内部落では、発表後、ほとんどの人は反対しているのだけれども、誰も動きださないので、私といま反対同盟の役員をしている田中ソノさんと2人で何とかしなくてはと相談のうえ、5、6人で部落総代や婦人会長のところに行ってみました。2人ともなかなか会えなくて、やっと会っても、土地ブローカーをやっているため開発には賛成の立場をとっていました。部落出身の村議のところへ行っても、これまた土地ブローカーで相手になってくれません。そこで私たちは何人かで相談し、部落の男衆も婦人会もあてにならない以上、とりあえず私たちだけで反対署名をあつめようということになり、9月半ばまでに250人の署名をあつめて「主婦の会」を結成しました。

9月29日、私たちがこの開発について悩んでいる時、新潟水俣病第一審の勝利が報道されました。それに勇気をえて、平沼・緑青会の吉田会長と2人で県知事に抗議に行ってきました。同じ日に、泊部落からは「漁場を守る会」の人たちが50人もたすきをかけて県会に来ていました。あとで一つの「反対同盟」にまとまるわけですがそれまでは、泊が何をしているのかも判らず、県庁で偶然に会い、本当に力づよくおもったわけです。泊のお母さんたちにきくと自分たちで抗議文をかき、署名1,600をあつめ、タスキも自分たちで作ってきたのだそうで、私たちの仲間がたくさんいるのだと力づよくおもいました。

その後、六ヶ所村の教組や国民教育研究所の主権で鹿島の先生に来てもらい、組合や吉田さんたちの力がいっしょになって、10月15日、各部落の組織が一つになって、「六ヶ所村むつ小川原開発反対同盟」となって運動をすすめることになったのです。

反対同盟のさいしょの仕事は、10月23日の県知事現地説明会への大量動員でした。400から500の人たち（その中心は婦人でした）があつまり、それぞれにタスキやハチマキをし、なれない手つきでプラカードをもって会場につめかけました。私たちは、当然会場のなかへ入れてもらえるものとおもっていましたが、県は部落から数名の代表しか入れさせず、あとのおおぜいは風の吹くなかをほとんど半日も外で待たされたのです。主人公であるべき村民が説明会に入れてもらえなかったのです。あまりの住民無視におこるのは当り前で、知事は村民の猛烈な怒りの声のなかを逃げるようにかえっていきました。そのなかで知事の車に石をぶつけた人たちもいましたが、それは反対同盟の行動ではありません。私たちはそんなことで知事に勝てるとはおもっていません。

私たち六ヶ所の村民は、今まで、お上には勝てないものとおもいこまされてきましたが、あの抗議行動で、自分たちの力を意識したとおもいます。とくに、中心的に行動した婦人たちは内外にあらためて婦人の力をおもいしらせたようにおもいます。

こうのべてきますと、なにか村全体が開発に反対のようにうけとられそうですが、実さいにはそうではありません。村の実力者たちは依然としてつよい力をもっておりますし、村民の多くは土地ブローカーをしており、はっきりと賛成の立場に立っている場合が多いのです。私たちはそのような人たちとも対抗しなければならないことがたびたびでした。たとえば私の住む倉内部落では、10月23日の現地説明会で知事がみじめな姿で村民からおいはらわれた直後に有力者たちが促進決議をしようとしたのです。総会のための役員会だと称して村議・共済組合の役員など有力者を規約をやぶってあつめ、促進の決議をしたのです。私が猛烈に反対したのですが役員会ではきまってしまいました。そして、26日に部落総会をひらき促進決議をするというので何とか反対しなくてはと、25日の晩「主婦の会」で急にあつまり、総会対策を話しあいました。私たちがあつまっているところへ反対同盟をつくるために熱心に活動していた2人の教師と泊の農民がかけつけてくれて、どんなたたかいをすればよいかを相談したのです。その結果、総会の場に住民をなるべく多くあつめること、とくに婦人が1人でも多く出席することをきめました。翌26日の朝4時におきて、村民が寝ているのをおこして署名をあつめました。今までの署名分は250でしたが、夕方までには500名をあつめ、総会には主婦を中心にして多数を動員し、賛成決議などを絶対にさせないようがんばりました。今まで一度も総会で発言したことのない人も、こもごも立って発言し完全に賛成派を圧倒してしまいました。私たちは賛成決議を強行するなら流会にするといっせいに退場し、総会は何もきめられないで終わりました。その後賛成派は私たちを分断するために賛成署名運動をはじめましたが、その署名したあとを私たちはついて廻り、ひとりのこらず撤回させてしまっています。その後賛成派は何もやれなくなったようです。

私たちは、この反対運動は、村内だけでたたかっても勝てないとおもっておりますので、全県的、全国的に反対をひろめなければならないとおもっています。むつ小川原開発はけっして六ヶ所だけの問題ではありません。六ヶ所村にあんなとんでもない開発がおこなわれているように、新全総や日本列島改造論のいう開発がいたるところでおこなわれ、農民が土地をとられ、漁民が海を奪われていくことになるだろうとおもいます。私たちが、四日市へ来る気になったのも、全国の方にひとりでも多く六ヶ所村のことを知ってもらい支持してもらうためにです。私たちを外部から支援してくれているのは、社会党・共産党・県労・村内の教祖です。それと鹿島の人たちです。この人たちは熱心にいつも支援してくれています。また、私たちはできるだけ外部の集会にも参加しています。たとえば、沖縄返還協定反対県民集会に代表が参加し、はじめて労働者と共闘しました。また「泊漁場を守る会」の人たちは、「下北の生活と自然を守る会」に参加したり、新婦人の会が村内に組織されたりしています。国際婦人デイにも参加し、日本母親大会にもいくことになっています。村も母親大会のため仙台への旅費に10万円を補助してくれました。

私たちは、あらゆる努力を結集してさいごまでたたかうつもりでおります。そして、むつ小川原開発に反対するには、東京や京都のようにあらゆる努力を結集して革新知事を青森県につくって開発を阻止しなくては、とおもっています。そして全国の仲間と手を組んで自民党の政治をやめさせなくては、とおもっています。

私たちは、この開発運動をつうじて、生活と政治がどう結びついているかを知りました。知事は、六ヶ所村がまずしいといっていますが、それも政治の結果ではありませんか。開発で私たちを退いだそうとするのも、これまた自民党政治だとおもうのです。私たち六ヶ所の村民は、もはやそんな政治にはだまされず、新しい日本をつくるために立ち上がりたいとおもっています。

⑵なぜ私たち婦人が反対するのか

六ヶ所でも実さいに反対連動に歩くのは婦人の方が多いのです。一つには男は出かせぎに行っていて家にいなかったり、働き手としてあまりに忙しいことがあげられます。その点婦人は、一家の台所を任せられ、母親として子どもの将来をふかく考えさせられることが多いのです。よくお母さんたちが、自分たちの代には開発されてもやっていけるが、子や孫の代のことを考えるとじっとしてはいられないといいます。また、婦人は婦人会などを通じて日頃からあつまることが多かったのです。泊部落では倉内とちがって婦人会がまとまって行動し、学習もいちばん早かったといいます。母親大会へも婦人会費で参加しています。また男の人たちは、婦人にくらべてうまい話にのりやすく、えらい人から圧力をかけられやすいようですが、婦人にはあまりそういうことがないようです。

私たちはなぜ反対するのか。知事は六ヶ所はまずしいといいます。しかし、まずしいなりに私たちも努力してきたのです。その努力にたいして、県や国は何をしてくれたというのでしょう。これでもか、これでもかとおさえつけてきたばかりです。六ヶ所の休耕地は水田の5割です。2年も休耕すると、田としてはつかえなくなるのです。その責任は、政府や県にあるはずです。しかし知事は、自分の責任にはほおかぶりして、土地ブローカーに土地を買わせたあとに、村がまずしい、でかせぎをなくすために開発をする、とくりかえしていいます。こんなバカなはなしはないとおもいます。

いま開発して誘致しようという企業は、火力発電、石油化学などで、皆その大きさにおどろいています。開発されても私たちは何の技術もなく、子どもも学校を出ていないし、企業に採用されることはないとおもいます。私たちは今までなれてきたこの農業にもう少し県なり国が援助してくれれば漁業もともに良くなるとおもっています。開発調査にだけすでに4億も6億もつかわれたそうですが、その分でも廻してくれればもっと良い米もとれるとおもいます。いま、メーカーが、よその県の米には「ささにしき」だとかいろいろレッテルをはり、逆に青森県の米は安くきめられています。私も百姓していてよくわかるのですが、減反だといわれ家にゴロゴロしてもいられないので主人が出かせぎにいく。お母さんが百姓にたずざわっているうえに、このごろは八戸の加工場へ日当1,200円ぐらいでバスでかよっています。休みの日に田んぼへでて草をとったり農薬でこまかしたりで、ほとんど水の管理などしていません。そのためにあまり良い米がとれないのです。

私の家では、嫁と私の亭主が百姓で働き、私が4人の孫を子守して家で留守番し、肥料の配合などは私が分担してやっています。排水路などもちゃんと掘ったり、客土も毎年やっています、そのために、買った当時はどぶ田でしたが、10年も毎年、雪の中をそりで土をはこんで客土したため、倉内の一等地の田と負けない米がとれるようになりました。そこで私がおもうには、でかせぎするのも減反のためであり、お母さんもかよいの労働者になって人手がなく、どうしても田の手当てが粗末になります。だから良い米がとれない、農協へだせば四等、五等と等級が下がる。中央では、青森の米はまずくてだめだといわれます。私は、昭和15年ころから百姓のまねをしてきましたが、百姓は手さえつくせばなんぼ六ヶ所村でも立派な米がつくれるとおもいます。私は三等以下の米を作ったことがありません。昔はどぶ田でも今は立派な一等地になったし、良い米なので、太田選手のでた三沢のすし屋がすし米に私の米を買っていくんです。この運動に入ってから、鹿島の人がたにも新聞の人がたにも、県知事は六ヶ所村は貧乏だ、良い米もとれないといっているが、本当かどうか、私の米をもっていって食べてください、といってあげました。青森県の社会党の米内山代議士にも米をやり、皆から良い米だよ、といわれました。去年不作でも私の米は三等米になりました。手をつくせば良い米はとれるし値段も良いのです。国でも県でも、調査だけのために4億も6億もつかうくらいなら、開発の資金を少しでもまわせば、農業も漁業もきっと良くなるとおもうのです。

そんな政治の中でも私たちはまずしいなりにやっと今日のくらしをきずいてきたのです。私は、戦中戦後、3人の子どもを病気でうしなっております。はじめの子は、夫が召集中に医者がいないため保健婦の誤診による注射で、二番目は終戦直後の赤痢で、三番目は小児マヒで。この子どもの時には、医者にみせるために部落から駅まで、朝の6時から午後3時まで、半身雪にうまって歩いたこともあります。その甲斐もなく死んでしまいましたが、これもみんな、部落に医者がいなかったためです。そんな苦労をして、のこった子どもと生活を守るために必死になってはたらきました。そして、いま、やっと家もでき孫もでき、何とかまずしいながらも一家平和にくらしています。六ヶ所村の農民にはすべてみんなそんな苦難の歴史があります。ずっと私たちは政治の光もあてられないですごしてきたようにおもうのです。

そのところへこの開発のはなしです。これからというときに、この開発がきたのです。私は、もうこんな苦労は私の代かぎりでたくさんだとおもっています。子どもたちには、絶対、そんな苦労はさせたくありません。もっと幸せにくらす権利が私たちにはあるとおもいます。

⑶教師にのぞむこと

私たちの運動は、はじめから六ヶ所村の教職員組合の先生たちと、ふかくつながりをもち、いまもいっしょにやっております。私たちも学校の教師についていろいろ考えさせられてきました。学校の先生ははたして学校で生徒をおしえることだけが仕事なのでしょうか。私たちがみるに教師には二つのタイプがあるようにおもいます。一つは、私たちが協力を呼びかけてもただニヤニヤ笑っていたり、私が学校へ行くと何かおそろしいものでも来たかのように接する先生と、私たちのなかへ入り積極的に夜中も活動して廻る先生たちです。私たちはそういう先生がたを信頼するわけですが、つくづく先生とは何だろうと考えさせられます。子どもに教科書をおしえるのが教師か、それとも正しいことをおしえるのが教師か、と。もし正しいことをおしえるのが教師であるなら、なぜ子どもたちの親がこれほど必死になっているのに、ニヤニヤしたりおそれたりするのでしょうか。

私たちは教組主催の教育座談会で中学1年と3

年の社会科の教科書に、新全総がおこなわれなければ日本は発展しないとかかれていたり、公害がだされるのは国民の監視がよわかったからだとかかれているのを知りました。そんな教科書がつかわれている時、教科書どおりだまっておしえているだけで良い先生といえるでしょうか。はじめ私は、そんな先生は毒にも薬にもならないとおもっていましたが、ほんとうは毒をおしえていることになるのではないかとおもうのです。正しいことをおしえるのは勇気のいることではないでしょうか。先生のほんとうの姿は、開発反対運動をおそれたりニヤニヤしたりすることではないはずです。教師が子どもの将来に責任をもつものであれば、地域の人たちの生活に無関心でいいはずはありません。私たちは私たちと苦しみをわかちあって支援してくれる教組の先生がたをほんとうの教師だ、と今おもっています。

(第二回「公害と教育」研究全国集会1972.8.19)

［出典：青森県国民教育研究所,『国民教育研究』52:2-16（1973年4月15日)］

I－3－9

訴え状

むつ小川原開発反対期成同盟会

木村建設大臣に訴えます。

政府と財界、青森県によって進められている、むつ小川原開発計画を、ただちに撤回し、白紙に還元されんことを望みます。その理由は、この開発計画は住民無視の乱暴かつ粗雑きわまりないものであるからです。

石油精製（日）二百万バーレル、石油化学（年）四百万トン、電力一千万キロワットなど非常識きわまる誇大仮空の工業立地計画を立て、それを根拠にして広大な用地を収奪し、企業に対して、巨大な利権奉仕を企てるものであります。

天ヶ森の対地射爆場、尾駮の対空射撃演習場の撤去など、この開発の前提条件となるべきものには一指も染めないまま、住民にとっては唯一の生活手段であり、無二の財産である、田畑山林などを先行して取得しようとしている。これは単なる土地の買占め行為にすぎなく、巨大利権開発の本質を余すところなく露しているものであります。

新全総においてはじめて出現した第三セクターと称する怪獣は、影に隠れて、住民奉仕をたてまえとする地方公共団体を表面に躍らせて、住民に対する騙し、脅しなど、狐狼の役目をやらせている。これには、地方自治の本旨に背くのみならず、自治体、地財法にも違反する疑すらある。

又自然環境の保全、産業公害の排除についても、科学技術にもとずく対策は何一つとして示されず、開発構想の全貌は今日なお秘匿されている。住民の意向は全く無視されており、ろくな基本調査もないままに勝手に線引きを行い、永住の地から立ち退きを迫るなど、戦前の満州、朝鮮などでやった拓殖政策のようなもので、人権無視の国内植民地づくりと断ぜざるを得ない。これは地方自治権に対する重大な侵犯である。

地域経済の低いことを口実にはするがその水準の低さは何に起因するものかも明らかにせず、一方的にこの開発を押し付けることは、診断なしに、心臓移植を強制するにも等しいもので、基本的人権をじゅうりんするに止めず、国民主権をも冒す違憲行為である。

田中内閣はいま日本列島改造論をひっさげて、国民に臨まんとしているのであるが、このような乱暴行為がもしも、新内閣に於いても是認されるとすれば、その脅威は、全国的にも及ぼすことは明白であります。

木村建設大臣にこれを訴え、内閣の決断によって速やかなる撤回を心から希うものであります。

1972年9月6日

むつ小川原開発反対期成同盟会

会長　吉田又次郎

建設大臣　木村武雄殿

［出典：むつ小川原開発反対期成同盟会資料］

I－3－10

六ヶ所村むつ小川原開発反対村民総決起集会決議文

地元住民の関知せざる所で、住民の運命が決定されようとしている今日、我々の立場を明らかにし、本集会の名において決議する。

一　むつ小川原開発は即時、白紙撤かいせよ。

県の住民対策によれば、「開発事業に協力をして、土地、建物を提出する者」が「開発区域住民」をされているが、これは、法の基本と社会通念すら無視したおそるべき解釈といわざるをえない。

六ヶ所村の住民とは、我々のことである。我々の土地と海には幾百年の祖先からの血と汗がきざみこまれている。この土と海は自らの力と自らの労働できづきあげた我々のものである。国であろうと県であろうと、何人も我々の同意なくしてそれを奪うことはできない。我々の土地をどう発展させるかは、我々の主権にもかかわる神聖な権利である。

我々は、再度、国と県とその権力に保護されて進出をたくらんでいる独占資本に対して、断固たる警告をする。六ヶ所村の主人公は我々であることを想起せよ。

住民の参加なしにすすめられている「むつ小川原開発」に対しては、いかなる美名をとなえようとも、今後も我々の回答は「白紙撤かい」でしかないことを宣言する。

二　悪徳土地ブローカーの犠牲になった仲間を支援して闘う。

住民によろこばれる開発と宣伝されながら、現実には、三井不動産をはじめ、悪徳土地ブローカーのために、少なからぬ村民が犠牲になり悲惨な生活を余儀なくされている。我々は、自らの生活を守るために今後も犠牲になった仲間のためにたたかうことを誓う。また村当局及び村会議員の諸侯は、村民の利益を守る立場に立ち、悪徳土地ブローカーを告発し、不幸になる村民をつくらないために努力するよう要請する。

三　公職にある方々の土地ブローカー行為には自しゅくを要望する。

開発の内容も知らぬまに土地をだましとられ、離散の憂き目にあった大石平部落の悲劇は、政治権力と結託した三井不動産のしくんだことであるが、住民との間にたったのは、現職の村会議員であったといわれる。土地を失った農民がどんな立場に立たされるかは、あの事実が明確な教訓をのこしている。村会議員その他の公職にある方々は、住民の代表であり、住民の利益を守る立場にあるはずである。いやしくも開発を強行する勢力へ村民を売りわたすがごときことがなきよう、土地ブローカー行為に自しゅくを要望するものである。

四　村の自主的、平和的な発展のために、村民の真の要求にもとづいた村民参加の開発計画を作成し、実行されるよう、村当局と村議会へ要望する。

「むつ小川原開発計画」が発表されるにともない、ことさら六ヶ所村はまずしいとか、出稼ぎが多い、進学率が低いと県は強調するようになったが、これは、我々が望みもしない巨大開発をなんとしてもおしつけようとする悪質なすりがえである。出稼ぎや進学率が低かった責任はいったい誰にあるのか。ビートの失敗、二万町歩の開田とその後の減反は誰がもたらしたものかをふりかえってみるがよい。

我々はこの地で祖先の代から必死になって豊かになる道を求めてきたのである。確かに我々は道路も学校も病院もほしい。しかしそれらは決して工業コンビナートと引きかえになされるものではない。我々の豊かになる道は我々が決める。我々の未来を決定する権利は我々にある。以上の立場に立ち村当局と村議会に「むつ小川原開発」とは一切関係なく村の自主的平和的な発展のために村民の真の要求にもとづいた開発計画を実行されんことを要望する。なお計画は、次の内容を持って作成されんこと　要望するものである。

1，地方自治法中二条　二項の規定に従い、住民のいのちとくらしを守る内容のものであること。

2，村民の生活の基盤となっている、農業漁業、中小企業の発展をめざすものであること。

3，美しい自然と文化遺産を守り健全な観光をのばすものであること。

小川原湖沼群は、美しい自然が破壊をまぬがれている数少ない地域の一つである。大資本の破壊から守りぬき全国民のための休養レクリエーション地域として発展させてもらいたい。

4，沿岸漁業及び内水面増殖事業の発展であること。

村の沿岸は日本でも有数な漁場の一つである。漁港を拡張し資金の援助さえあれば養殖事業とあいまって、飛躍的な発展がひらけるはずである。また多数ある湖沼群を利用した内水面増殖事業も技術の指導と資金の援助さえあれば高度利用の道はひらけるはずである。

5，子どもたちのためにゆきとどいた教育がなされるものであること。

6,住民の健康を守り福祉対策が拡充されること。

7，地場産業を補完する意味において地元余剰労力を就労せしめる平和的な産業を積極的に立地すること。

以上、いやしくも憲法に保障されている、地方自治権と住民の基本的人権を侵害するがごとき外部圧力に屈せず実行されんこと。

五　支援諸団体、個人に要請する。

むつ小川原開発は、決して六ヶ所村だけの問題ではなく県全体の働く人達の将来にかかわる問題であり、日本の進路を決めかねる内容のものであります。むつ小川原開発に反対する団体、個人に次のことを要望するものである。

1，周辺での運動を強化してもらいたい。

県はむつ湾を使わないとは一度も言っていない。六ヶ所村にこのような無法な開発が行われるならば、周辺での農漁業の破壊が相ついでおこるはずであります。未然に防止するためにも運動を県下に広げるためにも周辺でも運動を強化してもらいたい。

2，全県的な運動に発展させるために、今すぐにでもむつ小川原開発に反対する団体、個人は共斗体制を組んでもらいたい。

我々の対決している相手は強大である。それに対抗するためには、我々自身も強力な統一された勢力に結集することである。

3,六ヶ所村の自主的開発計画作成のために、あらゆる知識と技術を県下の民主勢力の名において動員してもらいたい。

以上、国や県があくまで開発を強行しようというのであれば、我々は10年でも20年でも生きるために、憲法で保障された生活を営むために反対し続けるであろう事を表明して、本集会の決議とする。

昭和四十七年九月十七日

六ヶ所村むつ小川原開発反対村民総決起集会

［出典：六ヶ所村むつ小川原開発反対村民総決起集会資料］

Ｉ－3-11

むつ小川原開発に関する公開質問状

六ヶ所村むつ小川原開発反対同盟　昭和47年10月

青森県知事　竹内俊吉　殿

六ヶ所村むつ小川原開発反対同盟委員長

吉田又次郎

昭和四十七年十月

さる七月十八日付､青森むつ第一一六号により、私たちが六月三十日に提出した抗議文に対する回答をいただきました。その内容は、これまで住民対策・基本計画等にのべられたことのくりかえしで、事実の無視や論旨のすりかえがあり、誠意のあるものとは考えられません。

回答の中では、〝地域住民のご理解とご協力が必要〟ということをくりかえしておられますが、事実はそれに反して、直接開発の対象となる六ヶ所村民の全く知らぬ間に、知らぬところで、勝手な「線引き」が行われ､少数の人たちに知らされて、地面師の横行を許し、村民を混乱におい入れたのであります。開発の事実上の着手である土地ブームをすすめたあとで、やっと昨年夏になって住民対策大綱･基本計画を発表したのです。あとになって、〝理解と協力〟を得ようとするなど、許すことはできません。

この開発はそもそも、回答にあるような〝青森県の発展のための新しい地域づくりをめざして〟計画されたものではなく、基本計画にもいうように、新全総の下で〝規模の巨大化が必然であるため、これに必要な条件を備えた地域が要請されたから〟であります。規模の巨大化－スケールメリットの追求－とは、独占企業間の競争のためのコスト切りさげの要求によるものであり、それに〝必要な条件〟とは、「安くて大量にある土地・水・労働力」であることは、いまさら申し上げるまでもないことだと思います。

あなたが、三井不動産に土地の買収を頼んだことがかりに事実でないとしても、逆に、三井不動産をはじめとする巨大諸企業が出資して、むつ小川原開発株式会社をつくり、事実上、青森県の機関であるむつ小川原開発公社に土地の買収を頼んでいることは明白な事実であります。従って、企業集団からたのまれた県－開発公社が、たとえば土地の価格にしても、住民対策大綱の実施にしても、村民の立場にたつか、企業の代弁者の立場にたつかは、基本的に明らかであると思います。このような開発は六ヶ所村民の〝繁栄と幸福〟につながるものではなくて、〝離散と不幸〟につながるものであることを固く信じているのであります。

〝農林漁業の発展をはかる新しい地域づくり〟にしても、ビート作の奨励、二万町歩開田など、国の農政に直轄した県農政はすべて失敗し、出稼ぎの激増、過疎の進行をまねいてきました。

その間、もし農林漁業の発展を真に願うのであれば、国の農政の方向を批判し、転換を求めるなど、県民の立場にたった政治姿勢がとられるべきでありましたが、事実は、減反奨励金等によって、離農促進の施策がとられてきました。そのような基本的な姿勢の中では、少数の大規模経営者は生きのび、大部分の農民は土地をすてた労働者等になるほかないのでしょう。（林・漁民も事情は同じです）これを〝農林漁業の発展〟とお考えですか。

〝工業開発をてことして農林漁業の発展を〟というスローガンは、新産都市時代からのものですが、八戸市をみれば明らかなように、工業出荷額は何倍かになっても個人毎の所得はその割でのびていず、道路下水道等民生部門は放置され、某週刊紙では全国の最悪五市の一つにあげられています。工業化は一方で公害デパート八戸をうみ、一方では出かせぎをしなければ食えない農林漁業を生みだしたのです。

六ヶ所村は、いま総合計画を構想し、農林漁業を基盤とした村の発展をのぞんでいます。知事は、むつ小川原開発は、新全国総合計画によるものであり、新全総は、政府が決定したものだとして、ナショナル・プロジェクトを強調しています。政府が決定したから無理にでも従がうということではなくて、地方自治の本旨は、地方の自治体が住民の主体的な創意と要求によって、生活の向上、福祉の施策を行うものであると解すべきです。地方自治の本旨は、主権在民の現憲法の根幹をなすものと考えます。大企業の経営上の要求である効率化-装置の巨大化-安い土地・水・労働力というつながりで行う開発計画を、政府、閣議了解という権威づけをもって進めようとするのは、封建的事大思想であります。私たちは、戦後多くの苦しみの中で生産を発展させ、生活を豊にし、自然環境をも守り育ててきました。いまこの大規模開発をすることは、この環境を破壊し、生存の権利の基礎を奪うことになります。環境を守り、農林漁業を中心とした生産の上に快適な生活環境施設（保健衛生、医療、交通、教育、流通等）を整備する計画の立案、実施に県は援助すべきです。

これまでも要求されてきたことを行わず、住民対策と称して開発に伴う住民への交換条件としてもちだすことは破壊のための条件であり許せません。

これまでの高度成長の中で、経済優先の方向がおそるべき規模の環境破壊をまねき、公害列島日本の名を世界に広め、爪はじきされるに至りかした。

お金で買えない自然、一たん壊すと元にもどらない自然をまもり、育てることは、公害列島の中でも残された自然の多い青森県に課せられた大きな使命であると私たちは考えます。六ヶ所村は、日本でも数少ない湖沼群と広大な土地などの自然環境を活用し、農林漁業と調和した国民的な総合保養地として設定することは、時代の要求にも適合するあり方だと思います。従って、大規模工業基地を条件とする現「むつ小川原開発計画」は白紙撤回されることを再び要求するものであります。

知事はこれまで、〝公害のない開発〟をかかげながら、〝公害〟についてはついに具体的な回答をせず、調査結果も公表せずに経過してきました。私たちは、公表された開発規模によれば、重油燃料だけでも一日の使用量七万トンとなり、四日市の十数倍となることを知っています。これは、入手可能な硫黄含有量の最低のもの（〇・一％）を使用しても、四日市規模のSO2による大気汚染はまぬがれない量です。（その他の汚染にはいちいちふれません。）

公害について、前回の抗議、質問に対し、知事は次のように考え方をのべられました。「国民の公害に対する意識の高まりを背景とする関係諸法令の整備および監視の強化、公害防止施設に対する投資の拡大、科学技術の進歩、国内既存工業地帯の実態の反省のうえにたち」と。

法令の整備‥‥から実態の反省、を可能にしそのレベルを高める基調となるのは、"国民の公害に対する意識の高まり〟であるわけですが、県内の開発については公害に対する県民の意識の高まりであるはずですが、そのことについて県民の意識を高めるために具体的な施策をとられましたか。〝公害のない工業基地の建設のためには、企業の努力は当然であります。〟とのべられましたが、コスト切り下げのために、安い土地を求めて巨大化してくる企業は、できるだけその努力を怠るでありましょう。知事は〝全力をあげて公害のない工業基地の建設に努力する決意〟でおられるようですし、住民としても厳しい態度をとる必要があると考えます。そのためにはいたずらに感情にはしることをさけるためにも、事実に即して科学的、実際的な検討を広範に行わなければなりません。この際、事前に予測される事態をよく知ることが意識を高めるにも適切だと思います。住民の生活環境を主体的につくっていくために、県は住民の科学的な学習の権利を保障し、調査結果を知らせる義務があると考えます。

本開発は、線引きだけでも四回もかわり、道路計画、公害の可能性、周辺地区への影響等、判断の影響を与えず、開発地域内外の住民に、いたずらな期待、憶測をおこさせ、それを放置しました。そして、開発は、土地を売るか、売らないか、土地をもっている人とだけ話しあうという形ですすんでいます。多くの疑問に対して、公社職員兼県職員の矛盾した身分を有する立場の説明があります。

公害についても、知事ははじめは無公害といいつづけ、六月三十日の会見の時は、「公害がでる」と発言する等、一貫性がなく、無責任、その場のがれの態度であり混乱しています。私たちは、このような現地住民の実情に基づき責任のある立場で疑問に答え、″理解と協力を得る″機会を設けたいと考えています。

以上の趣旨によって次の点について文書により、早急に御回答いただきたいと思います。

一、現在、国のすすめる農林漁業の方向の基本的な転換を求める考えはありませんか。

二、六ヶ所村は、農林漁業を基盤とする村の発展を構想しており、大規模工業開発をのぞんでいません。国（新全総）－県（新長計）－と計画をおろすのではなくて、六ヶ所村をはじめ、各自治体の自主的、民主的な計画の上に県の計画をたてなおしてください。

三、開発計画、公害等の調査諸資料、報告を公表してください。誰にでも閲覧、複写の要求に応じてください。（例えば、産業公害の事前調査は、昨年、今年行われ、志布志の分は鹿児島県から発表されていますが、青森県は公表できないのはなぜですか。）

四、知事の現地説明会を要請します。前回のように、県の立場で入場者を制限することなく、数多くの住民の参加の下で、公開で一般住民の設問・疑問に直接答えるようにしていただきたいと思います。

以上

［出典：六ヶ所村むつ小川原開発反対同盟資料］

Ｉ－3-12

農工調和によるむつ小川原開発推進に関する要望書

六ヶ所村農工調和対策協議会　昭和47年12月

六ヶ所村を中心とする「むつ小川原開発」は、長い間ヤマセと出稼ぎと低所得に苦しめ続けられてきた本村に新生の活路をひらくものとして、われわれの強い期待により迎えられつつある。

とくにこれから本村を担うべき若い後継者が、なによりも豊かな未来を展望できる村の開発を願っておることを考えれば、われわれは本村の改造の土台として、この開発を是非とも成功させなければならない。

そして「むつ小川原開発」は、国にとっても、県にとっても、また企業にとっても必要な開発と思うが、なによりも六ヶ所村にとって重要な開発であり､従ってこの開発の推進にあたっては､六ヶ所村民の赤裸々な声と村民自からの提案が強く尊重されることが切望されるのである。またわれわれは、この開発が農業と工業が調和した地域総合開発として進められてこそ、村のすべての土地や資源が十分に活用され、それによって村民所得の飛躍的な増大と村民福祉の画期的な向上につながるものと確信する。

よって本対策協議会は、以上に述べたような考え方から、自からも農工調和による「むつ小川原開発」の推進体制を村内農業関係組織を総結集して確立するとともに、下記事項の実現を国、県、企業等に対して強く要望するものである。

記

1.　村の自然を計画的に保護し、村民の生活環境を改善しうる生産緑地帯のなかの工業化を実現すること。

2.　出稼ぎの解消や農業の近代化を促進するため、内陸型集約工場をも積極的に導入すること。

3.　開発に伴なう農業近代化対策に万全を期するため労働力、土地・水の利用計画や農業経営改善実施方策等を定め、特別な補助・融資の措置を講ずること。

4.　農家の営農縮小や離農に対する補償ならびに転職指導援助の措置を一層強化すること。

5.　農業者の希望する代替地確保に十全を期するとともに開発による農用地等売買に伴う諸税の減免措置を講ずること。

6.　新居住地域の建設をはじめ各村落の生活環境と農業基盤の整備が一体的に結びつくよう農村総合整備対策をすすめること。

昭和47年12月

六ヶ所村農工調和対策協議会

［出典：六ヶ所村農工調和対策協議会・青森県農業会議, 1972年12月21日,『緑の開発をめざして』］

［出所：関西大学経済・政治研究所環境問題研究班,1979,『むつ小川原開発計画の展開と諸問題（「調査と資料」第28号）』,268-269頁］

Ⅰ－3-13

「むつ小川原開発に関する意見書」ならびに「要望書」に対する公開質問状

六ヶ所村むつ小川原開発反対同盟　昭和48年1月

六ヶ所村むつ小川原開発反対同盟

会長　吉田又次郎

六ヶ所村村議会議長

古川伊勢松殿

『むつ小川原開発に関する意見書』ならびに『要望書』に対する公開質問状

去る12月21日六ヶ所村議会において、「むつ小川原開発に関する意見書」ならびに「要望書」が決議されました。

いまだ村民の意見が大きく分かれており、多くの疑問と不安をもっているとき、開発促進という一方的立場にたった要望書が何の討論もされずに決議されたことは、村民の意志を正しく議会に反映させたものとはいえません。

「意見書」「要望書」の内容についてみれば私たちの一貫して主張してきたこと、即ち「むつ小川原開発」を一端白紙撤回し、村民の総意にもとずいた開発計画を立てるべきであるということには、一辺の考慮もはらわれておらず、当然行なわれるべき民生上の施策をもって、「むつ小川原開発」を促進させるための代償として「要望」されていると私たちは考えます。よってその14項目について私たちの見解をのべ質問をしますから議会は責任をもって文書で全村民に回答し、再度議場において「むつ小川原開発」の是否について討論されることを要求します。

1.「土地の譲渡に伴う税についての特別の措置を講ずること」について

ここで要望されている税の控除を含む特別立法というのは、「開発会社」という私企業に公的な権限を与え、強制的な土地収容をも行わせることにつながります。

そのような立法は、まず第一に大変困難なことであり、もし許されるならば危険きわまりないものであります。

もし仮りにそのような特別立法がなされたとすれば、大会社の土地取得をこれ以上はげしくさせ、日本全国の地価の値上がりをまねくことになります。そして土地は売りやすいが買いにくくなり、新しく代替地などを求めることすら非常に困難になるはずであります。

これらのことを議会はどのように考えるか回答を求めます。

2.3.「国有財産の払い下げについて特別の措置を講ずること」ならび「農業の振興対策を講ずること」について

この要望の中味は、開発によって現在の農地が縮少することを前提にしております。まず私たちはこのことに反対するものであります。

縮少された農地で施設型農業を行なうことは、

鹿島などであきらかなように価格の暴落などによる破産をまねいたり、流通販売面から進出してくる大企業の系列下にくみ入れられてしまうおそれがあります。せまい農地での施設型畜産の場合には、畜産公害をひきおこすことも予想されます。

今六ヶ所村の農業にとって一番大事なことは、より一層経営規模を拡大するために村の全面積の五割をこす国有林野の解放であります。このことは「むつ小川原開発」とは相入れるものではありません。

議会が真に農業の発展をねがうのであれば、県や国の農業切り捨て政策に従うのではなく自主的、民主的な経営の強化につとめ、農作物の価格保障の実現をせまるべきであると考えますが、これについて回答を求めます。

4.「水産業の振興対策」について

この要望は、開発による公害を予想してその場合の補償を要求したり、地先漁業が不可能になることを予想して、遠洋漁業への転換を求め、その対策と漁港の拡大を要望しております。

このことは、村議会が開発によっておきる事態をどのように判断しているのかをよくあらわしており、語るにおちたというべきです。

漁民は漁業の消滅や公害による補償を要求しているのではなくて、養殖や地先、沿岸漁業の振興と漁業資金の貸出枠の拡大等による自主的な発展をのぞんでいるのです。そのための漁港の拡大整備は以前から要望してきたものであり開発をおしつける代償とすることは許されません。
回答を求めます。

5.「中小企業の振興対策」について　‘

もし、工業開発が進行すれば、一時的には、建設労務者の流入等による、飲食店、日常生活用品の需要があるでしょうが、企業の進出に伴い、生協、購売部が同時に設置されたり、中央大資本のスーパーマーケット等の進出は当然予想されます。しかし、立地企業や、企業の職員等が、何を、どこから買うかということを規制することはできせせん。

中小企業は現在でも中央資本の進出に脅かされており、開発を前提としない独自の対策を必要としています。

6.「教育水準向上のための対策」について

村民は、はやくから、高校の設置を要望してきました。開発を予想して、「工業高校」の新設が決まりましたが、開発をえさとして、村民の要求を利用することは卑劣なしかたといわざるを得ません。

村民は将来の社会に生きていくためには、普通課程を主体とした総合高校の設置を要求しています。

7.「道路整備の促進」について

開発を許した場合、現在の村民の生活のための道路系統は、根本からかわってしまい、港湾や工場群のための系統になります。

すべての道路は立派になっても工場の中や港湾で行き止まりになり、六ヶ所村は鷹架港湾（？）のために南北に二分され「二ヶ所村」となり、泊から三沢、八戸へ出るには遠く横浜町の方を廻らなければならなくなります。

議会はどのように考えているのか回答を求めます。

8、「内陸型工業の設置」について

農林漁業のゆたかな発展をめざす地場産業や関連した無公害産業の設置はのぞましいことあります。

しかし、ここに予定されている工業は、石油化学を中心とした巨大コンビナートであります。ここで生産される製品はすべて中間原料であり、全国の既存の工場地帯へ加工にまわされるものであります。そのため関連し内陸型工業の立地はほとんど行なわれない性格のものであります。

それに反して、海上輸送の増大はざっと計算してみても1日数百隻以上にものぼり、沿岸漁場の汚染はもとより、漁船操業はきわめて危険にさらされることになります。陸上交通の増加は交通事情の悪化、事故の増大をまねき、農地まで耕転機でかようなどということはできなくなってしまうはずです。

以上のようなことについて議会の考えをお聞きしたい。

9.「地元雇用対策Jについて

鹿島開発その他の開発であきらかなように、地元雇用は、建設途上の労務に限られており、コンビナートの技術的な部分ではたらく労働者は、現在運転している既存の工場から配置転換によってあてられます。

特に合理化された巨大コンビナートでは非常に小数の技術者により運転され、地元の雇用などほとんど不可能に近いものであります。

どのようなかたちで地元雇用をせまるのか議会の回答を求めます。

10.「保健衛生、医療対策」について

「開発の推進に伴い医療需要が大幅に増す」という予測をしていますが、なぜ「開発が伴わ」なければ医療需要が増さないのかをお開きしたい。このような考え方は、村民の保健医療について議会が根本的に間違った姿勢をもっていることを示しております。

保健医療の需要は開発の進行の有無にかかわらず存在するものであり、医療機関の適正な配置は村民のいのちとくらしを守るために必須の条件であります。今さらそれを「開発」の代償にすることなぞ許されるものではありません。

議会の責任ある答弁を求めます。

11.「自然ならびに文化財の保護」について

現在の六ヶ所村こそ、自然がバランスをとれてのこされている日本でも数少ない場所でありま す。それを保護する唯一の道は、ほかでもない。石油化学コンビナートを阻止することであります。

自然のバランスを保ちながら、村を発展させるとすれば、農林漁業を積極的に発展させる以外に道はありません。

要望の内容からすれば、議会は当然そのような立場にたたなければならないはずでありますが、明確な答弁を求めます。

12.「公害防止法の村長に対する権限の立法化をすること」について

企業に対して地方自治体の長の権限を強めることは私たちも必要だと考えます。ただし、かりに立法化されたとしても、一村長が巨大なコンビナート群を一時的にせよ停止させるということは現実的に不可能に近いことであります。私たちは、そのことだけで公害が防げるものだとは考えません。

しかし、譲会の要望が真に村の今後のことを心配して出されたものであるとするならば「立法化」がなされていない現在最低次のことを議会はやらなければなりません。即ち：

①　公社等による土地買収行為を停止させること。

②　国に立法化をせまること。

③　村の自主的な立場で村民とともに公等のない開発計画を立てること。　であります。

以上のことを議会はやれるのでしょうか。もしやれないとすれば、無責任そのものであります。回答を求めます。

13.「生活環境及び社会福祉施設の整備を図ること」について

そのような措置は「開発」にかかわりなく当然のこととして行なわれなければならないものであります。「開発」の代償にされるようなものではありません。また、要望されている内容はすべて村の責任でやるべきものばかりでありますが、議会はそれをどこにやってもらうつもりなのでしょう。この「開発」は、私企業であることを忘れてはなりません。回答して下さい。

14.「村財政に対して特別の援助を図られたい」について

「むつ小川原開発計画」では村の財政負担は約433億円と予想されております。これらは本来、企業が負担すべき港湾、道路等のために村が出費をせまられる分担金であります。

「開発」が進めば村の収入も増加するが、このような分担金のために支出がそれを上まわることになります。村の財政はよりゆとりのない状態になり、村民一人一人に対しては行き届かないものになるはずです。

要望している「特別援助」というのは、私企業のために国民の税金を使えということであり、許されるものではありません。

かりに特別援助措置を講じたとしても、現行の制度上からは学校、道路、水道等の事業には村の財政支出なくして行なうことができません。それとも議会の考えは、それらを全部「国立」や「会社立」の事業とするつもりなのでしょうか。

どのようにするつもりなのか回答を求めます。

おわりに
1.以上の14項目については1項目づつできるだけ詳しく回答を求めます。
2.「要望書」「意見書」には税の特別措置等法制化を必要とする内容のものもいくつかあります。決議した内容に責任をもつとすれば少なくとも議会はそれらの条件が入れられるまでは、公社等の土地買収をやめさせ「開発行為」をストップさせるべきであります。

47年12月21日の古川議長の記者会見ても「要求に応じねば、議会がガバッと反対に廻る決意も多分にあるということをお知らせしておきます」とはっきりのべております。「要求が応じ」られていない現在、当然議会は開発をストップさせなければならない責任があります。もしそれをやれないとすれば村民をだましたことになります。

議会の態度をお聞かせ下さい。
3.「要望書」の内容は法制化にかかわることから、村独自の責任においてなされるものまで多様にわたっておりますが、それらをどこに「要望」したかはっきりしません。どの項をどこへ、どの項はどこなのか明確にお答え下さい。

以上すべての質問について昭和48年1月　　日までに文書で回答して下さい。

［出典：六ヶ所村むつ小川原開発反対同盟資料］

Ｉ－3-14

質問状

泊漁業協同組合　昭和48年２月３日

現在六ヶ所村は県の発表したむつ小川原開発その対策の是非をめぐって賛否が論じられついに二つのリコール運動を誘発しこの勢力はお互いに激しく対立しております。

私は泊漁業協同組合長として漁民を代表して開発と漁業の論率に対して組合員の考えていることを卒直に述べ新聞紙上を通じて貴職の誠意あるご回答をお願い申し上げます。

六ヶ所村は今やその利害関係を通して賛否両論に分かれ、親せき、隣人同志互いに憎しみあい相反目しております。このような人間本来の使命に反するような行動は深く慎まなければならないものであり由々しき社会的問題を起こしつゝあります。

泊部落約八三〇戸のうち約七〇〇戸は漁業を営んで生計をたてゝいるものであり、その人口も六ヶ所村の三分の一を占めております、泊は中型いか釣漁船三〇トン以上一〇〇トン未満が二九隻、三〇トン未満船が八五隻、無動力漁船が約八五〇隻あります。青森県においては大正元年以来陳情をされているにも拘わらず現在まで白糠に漁港を修築し、そのため志しある漁業者は八戸に移籍し二重生計のやむなきに至るものであります。かつまた六ヶ所村は今まで陸の孤島とさげすまれ、泊にいたっては全く泊るところだとさえいわれてきました、このたび突如として、むつ小川原開発がもち出され然も県の住民対策が発表されるやモーレツな反対が叫ばれたことは周知のとおりです、このことは貧乏な六ヶ所村は県の鶴の一声で無条件で受け入れるであろうという人間尊重をないがしろにした考え方もあったのではないかと思われます、とも角全国的に開発地域に目を向けてみた場合に一番公害を受けているのは何と言っても漁民であることは新聞紙上たびたび掲げられているところであります、わたくしはこの事実を卒直に貴職はじめ国の施政者に判ってもらいたいと努力しているものであります。

泊は開発線引区外とかいうことも言われていますが地図の上には線引きはできても大自然には線引きは不可能であります、この公害が判然としない前にこの開発に賛成するものは関係区域に土地を所有する者、またはその関連において利益をむさぼる者に限られているのであります、私はこの事実をまえに次の事項について特に考慮してもらいたいと思います。

一、鷹架地区に堀込港を施工した際、海水の汚濁により泊の根付け漁業ができなくなる、または磯の海藻類は減収または品質の低下を来す。
二、原子力及び火力発電による温水の排出により海水の温度が上昇し生息する動植物の許容値を超え死滅する、またプランクトンの死滅により回遊動物の繁殖に影響が大である。
三、石油コンビナート等化学工場の進出及びこれに伴なう大型タンカーの運行のため海上交通量の激増を来たし六ヶ所、三沢沖合は漁業の操業が不可能となり現在魚群の宝庫といわれているこの海区は全く狭あいをきたし危険な海難事故に繋がるおそれが考えられる。

四、鹿島開発に見られるとおり企業が配置され操業されれば泊地区で漁獲されたものは公害魚として烙印をおされ、市場価値を失い漁業の経営が難しくなる。

五、泊漁民はむつ小川原開発に対してこのような見解をもっていますのでなるべく早くこの泊漁民とお話し合いをしていただきたいと思います。

泊漁民とても一部を除いては只々開発反対を無意識に叫んでいるのではありません、開発とは本来自然との調和の上にたって常々人類型の生物に対してとって来た政策であり、開発なしには人類の進歩はあり得ないのでありますが然し乍らこのむつ小川原開発については、この大原則に違うという多大な要因があります、依って私は漁民の代表として是非共泊地区との話し合いをなされることを重ねて要望致します。

昭和四十八年二月三日
上北郡六ヶ所村大字泊字村ノ内一番地
泊漁業協同組合
組合長理事　坂上正二

青森県知事　竹内俊吉殿

［出典：泊漁業協同組合資料］

Ⅰ－3-15

開発・住民運動と教師

石井勉（六ヶ所村泊中）

教師と住民運動について

六ヶ所村の現地において直接住民運動にたずざわってきたという立場から私自身が感じておるものをいくつかのべてみたいと思います。

六ヶ所村における「むつ小川原開発」の現状と、住民運動のこれまでの経過をのべ、つぎにあのような地で住民運動がおこったとき教師がどのような役割を果せるのかという点を中心にのべてみます。

はじめに現在の日本ですが、「公害列島」などという言葉までできておりますように、日本国中いたるところでおどろくべき規模の公害が発生しており、自然、山林、農漁業が破壊にひんしております。これらはすべて60年代に強行された「高度成長政策」の結果であります。

「むつ小川原開発」は何なのかといいますと、60年代の後をついで強行されようとしている70年代の超高度成長政策の象徴ともいうべきもののように思えます。いわゆる「新全総」、「日本列島改造論」の目玉商品であります。したがってこの「むつ小川原開発」がどのようにすすめられてきたか、またどのように進展してゆくのかということを、つぶさに見きわめることは、ある意味において、70年代の政治対決というのはいかなるかたちで進行しているのかということを知るよい手がかりなるはずであります。

反対運動の立場からみるならば、開発を進めてきたのは、県であり国であり、それらを動かしえた「独占資本の要求」であります。しかもその三者が開発を実行する「主体」として分かちがたく結びついている点でも大きな特徴を持っております、「むつ小川原開発株式会社」というのが実質的な開発主体でありますが、この「会社」は46年度においてその資本金の50％を三井等の150社の共同出資によっており、のこり25％ずつを国と県が出しております。いわゆる「第三セクター」とよばれるものであります。これがコンビナート用地を買収し、建設の全段階を通じて経済的な主柱になるわけであります。国や県はその「第三セクター」に対してそれぞれの段階で政治的に経済的に支援してゆくわけです。例えば県は、「第三セクター」に参加している企業と相談の上計画を作成し、それを国が「国家的事業」として認定する。港湾や道路には公共投資という名目で国費県費をつぎこむといった内容のものであります。

そのような巨大でかつ高度に政治的な「開発」に対して住民運動が成功し住民自身の手になる地域の発展が行なわれるためには、たんなる六ヶ所村という地域の住民自身の運動だけでは不可能であります。いってみれば、六ヶ所村の住民運動が成功するか否かは、今後の青森県全体の政治対決の動向、日本の政治勢力の対決の動向がどのように進展するかに大きくかかわっているといえます。

物理的に農地を守る方法、ないしは個人的に農漁業を守る方法では闘えないことは明白であります。なぜならば、六ヶ所村にかぎらず、日本中の中小農漁業者は、農地や海をうばわれる以前に農漁業の経営そのものが破壊されつつあるということをみなければなりません。このままでは、「開発」がこなくても六ヶ所村の農漁業は破壊されてゆかざるをえないところまで追いつめられているのです。

60年代の「高度成長政策」とは、戦後の日本の経済発展の方向―安保条約下でアメリカ帝国主義に従属しながら一貫して、帝国主義的な復活をめざしてきた方向がとりわけ急速に進んだ年代であります。国民生活の高度の収奪と「資本」の高度成長が進んだことにほかなりません。その結果として、全国的な規模の過疎、過密、公害等の現象をひきおこし、農漁民の生活基盤の破壊も極めて深刻なになっております。

この上更に輪をかけた超高度成長が続けられるならば、国民生活の破壊も国土の破壊もおそらくとりかえしのつかないことになることでしょう。

「おいこめられた地域」としての六ヶ所村

「むつ小川原開発」の中心地である六ヶ所村の農業と漁業はそういう過程の中で非常においこめられた地域だと思います。開発計画が明らかになる前は、調査の結果でも明らかなように70％くらいの開発賛成がありました。なぜそのように多くが賛成したのかというと、やはり開発の内容が知らされていなかったからなのですが、何よりもあの地域が高度成長政策の下で最もひどい収奪をうけ、最も苦しんできた地域であったということであります。

例えば開拓農家の場合をとってみれば、非常に自然環境がきびしい上に畑作酪農が中心です。この畑作というのは、輸入自由化によって、アメリカ農産物のために永年にわたっていためつけられてきている。酪農にしても事情は同じで毎年1頭ずつ増やしてゆかなければ経営が追いついてゆかない。何をやってもいっしょうけんめい働いても「稼ぎに追いつく貧乏」なのです。唯一の価格保障がなされている稲作を行うため、借金をしてまで開田した。ところが、水田ができあがったとたんこんどは減反です。次々に生活の基盤が足元からくずされてくる、そんなときに「開発」の話しがあらわれてきたわけです。何かこう生活できるアテがないかと必死になっているときだけに、当時、内容もよくわからないまま、ばく然とした期待を持ったものは非常に多かったことは事実です。県が計画全体を公式に発表してから70％反対と、まったく逆転してしまうのですが当時はアンケートの結果で六ヶ所村の場合は70％が賛成だったのです。

反対運動が激しくなる以前に私たちは、私たちなりに運動を展開してきました。そのうちの一つですが、たしか「開発を考えよう」という内容のビラだったと思うのですが、それを村内にまいてまわりました。

倉内部落で年寄りが3人ほど集まって話しあっている家へたまたまビラをくばりに入ったのです。そしたら3人のうち1人の老人が、「何でお前たちはそんなビラをもってくるのだ。」というのです。それをきっかけにいろいろ話しをきいてきましたが、「おれはお前たちの持ってくるビラなんて読めねんだ」「昔から六ヶ所にいたから学校の教育もうけれないで字もよめねんだ、今まで俺たちはそんな学校の教育もまんぞくにうけれないようなところで生活してきたんだ、これから開発がくるというのは、いいことでねか、俺は知事の言うことなんか借用していないし、国や政府のやることも信用しない、しかしこれまでずっとだまされ続けてきたのだから、これからは、こっちがだます番だ、俺はお前たちの反対運動のじゃまはしないが応援もしない、国や県の味方もしない、できるだけごねて、できるだけ高く土地を売ってやる。その金で町にいって楽なくらしをする。」というんですね。また、息子2人が出稼ぎに行ったまま帰ってこないので、老人夫婦2人で残って生活をしているということも言ってました。息子達は東京や名古屋の方で世帯をもって帰ってこなくなったのだそうです。だから田はあるけれども耕やす人がいない。耕したところでいい米ができない。毎年、毎年1反歩ずつ田を切り売して暮しをたてているというのです。息子たちに「お前たちがこないのなら暮してゆけないから、田を売ってしまうぞ」と手紙を出すと、「適当にやってくれ」という返事が返ってくるというのです。「開発がこなくてもおれ達の土地はあと何年もすればなくなってしまう、それくらいならできるだけ「開発」に高く土地を売りつけた万がいい」ともいうのです。

自分の足を食って生きのびるタコみたいな立場にたたされている農民が多いということです。当時、開拓部落では借金をおってない農家はほとんどなかったともいわれております。そのような地域に、「開発」はやってきたのだということです。46年度の減反休耕面積は全水田の50％に達し今年はもっとふえております。あちらこちらの水田にはヨモギなどが生い繁っております。出稼ぎも毎年3千名をこえております。

出稼ぎと子どもの非行の発生

留守家族にも問題がたくさんあります。先日、私の学校で中学生の非行事件として新聞などで問題にされたことがありました。

家族全部が出稼ぎに行って空屋になった家をこじあけて、数人の生徒がグループで、タバコをのんだり、シンナーあそびをしていたということだったのですが、そんなことをする子供達の父母には、どちらかが出稼ぎに行っていたり、中には両親とも行っていたりで家庭が破壊されていることが多い。12、3才の子供が、親せきが時どきみてくれているとはいっても自分で自炊しながら生宿していることだって現実にあるのです。

反対だけではすまない反対運動

ですから、私はこの「むつ小川原開発」というのは、ただ単に開発を阻止するだけでは決して基本的には解決するものではないと考えてます。農漁業が徹底的にいためつけられ、追いつめられ、それが進行してゆく中で「開発」が行なわれてきているのだということを知らねばならないと思います。「開発」を阻止したところで、それだけでは農民や漁民は生活が豊かになるものではありません。このような地域に行なわれる「開発」とは、ではどんな名目でやられてくるのかということですが、貧しい所にもってくる「開発」というのは必ず、貧しさから解放してやる、豊かにしてやるといってくるものです。46年10月、知事が尾駮で現地説明会をやった、その時こう言ったのです。青森県や六ヶ所村は出稼ぎが多い青森県全体では10万人いる、六ヶ所村では何千人いる、所得が非常に低いとしきりに強調しました。そういう貧しい地域だから、開発をしなければいけない。村が豊かになるためには工業開発をやらねばならない。と、こういうふうにいっています。そして「住民対策」としてどんな事が出されてくるのかといえば、高等学校を建設してやる、奨学資金を作ってやる、医療施設や道路を良くしてやるといった内容が示されてくる。

いままで一貫して貧しくさせられてきた人たちが、一貫してこうしてほしいと願ってきたことが、いっそう収奪される条件として貧しさが使われているというところに許せないものを私は感じます。進学率が低いとか、医者が少ないとかは政治の万ではあたりまえのこととしてすでに実行されていなければならないことだったと思うのですが、それが「開発」を強行するための飼料（えさ）として使われていくというところにいまの政治の基本的なまちがいがあると思います。住民との話し合いということも、「開発」を受け入れる立場に立つならば話し合いをするが、「開発」を拒否するという立場にたつならば話し合いの時期ではないとはっきり言うのです。とすれば話し合いというのは永久に対等の立場では行なわれない。とにかくこの「むつ小川原開発」で明らかに浮かびあがってくるのは、「開発」だけをとってみても、主人公というのはいったい誰なのか。主人公とは誰でなければならないのかという民主主義の問題が浮かびあがってきます。そしてまた、主人公は誰なのかということが明らかでないまま行なわれるならば、開発ではなく破壊におわるであろう。現実に進行しているのは、むつ小川原開発会社が土地を買収し、県の会社職員がその買収の先頭にたってひとりひとり農家を説得をしてまわっている。国は閣議口頭了解ということをやり、更にそれを応援してくれる。国家独占資本主義段階の工業開発とはどのように行なわれてゆくのかということが実にリアルに、わかりやすいかたちで進行しているのではないかと思います。

常識的にみて、非常識な住民対策

46年8月、県が「住民対策大綱」を発表する以前は、開発賛成が非常に多かったということは前にものべましたが、「住民対策大綱」が発表されてみたら、あまりにもその内容が常識的にみて非常識な内容でした。現にそこに住んでいる人の9割をそっくり移転させてしまうというものでした。代替地は一切なく、他で生活をしたいものには、県があっせんをしてやるというわけです。おそらくこんな驚くべき「住民対策」などは世界にもめずらしものではないかとすら思います。六ヶ所村の農漁民をどれほど軽く見ていたのかということが非常によくわかります。従ってそんな内容でしたので当然のごとく、はげしい反対気運が生れてきました。まっ先に村長が反対の宣言をし、ついで村議会も全員一致で反対決議をする。そのような情勢の中で住民の反対運動も一せいに出てくるようになります。ほんとうに、いっせいに出てきたのです。その住民の連動を組織するにあたっては、政党の果した役割は大変大きなものでした。特に社会党、共産党の行動はじん速でもあり住民に大きな勇気を与えました。

住民の反対気運が高まり、それが組織として結成されてゆくわけですが、8月に住民対策が発表され反対同盟が結成されたのが10月ですからほんとに短い期間にできあがってきました。最初は部落ごとの組織としてでき、それが村全体の組織としてまとまってゆく。その過程で、六ヶ所村の教組を中心とした組織労働者が一定の役割を果していきます。反対同盟の規約の草案をつくり、事務局、会計をひきうけ数は少ないながらも住民と一体となった活動が行なわれはじめます。

その後、村の予算による住民の鹿島視察や、講師を呼んでの学習会、政党独自の演説会、学習会、オルグなどが行なわれ、住民運動もだんだん強力になってゆきます。県庁に抗議にいったり、公開質問状を出したりしてゆく、すると、県は、次々に当初の計画を縮少していきます。ただし縮少といっても、ドルショックなどで鉄鋼がぬけたということをのぞけば実質的には決してそうではないわけで、土地をとりあげる面積が、計画としては小さくなっているにすぎません。実際に開発がはじまれば、ほんとの規模はどれだけになるのかわからないけれども、少くとも当面買収を強行する面積だけは縮少してゆきます。けれども立地する企業の規模そのものはいっこうに小さくはならない、それどころか石油精製は日産150万バーレルから、200万バーレルとなるなど逆に大きくなったものもあり、県の案には、ごまかしといいかげんさが含まれておりました。46年8月から47年春までの間がだいたい住民運動の第1期と考えてよいでしょう。

住民の変化

しかし昨年の春ごろからだいぶ様相が変わってきました。公社の動き、自民党県連の動きが活発になりだし、村議が徐々にかわってゆきました。

反対同盟の方も質的に変化してまいります。それは、村内の組織であり、村内だけの運動であったものを、だんだん外部に、青森県全体に訴えかけて広げてゆこうとする方向に発展してゆきます。反対同盟の呼びかけで、県内32団体へアッピールを出し、社会党、共産党、県労等の数10団体が野辺地に集まり、「むつ小川原開発」に反対する全県組織を結成する方向で協議を持ったこともありました。

一方村内では、村議のひとりひとりがかわってゆく。これはどうしてなのかといえば、それぞれに理由がありましょうが、大きく見れば村会議員というのは、まあ言ってみれば、地域のボスですから、それぞれに財産があったり、土地の売買をやっていたり、自民党県連とのつながりがあってみたりで、少しづつ変わってゆきます。当初、全員一致で反対したものが、条件つき賛成にと変わってくる。そして、反対運動を展開している住民とも、村長とも対立が深まってゆきます。日本列島改造論をかかげた、田中内閣が発足し、その中で「むつ小川原開発」について閣議口答了解がでる。村内の賛成反対のみぞは非常に大きくなってゆきます。

土地買収の実態

しかし、その中で、六ヶ所の土地は、村が賛成しようが反対しようが、現実にどんどん買われていきました。買われてゆくというのは、県の公社だけはなく、中小の不動産会社大手の不動産が入りこむ。農協、銀行だとかが土地を担保に金をかしつける。土地は売られていないが担保にとられており、金は使われてゆくというかたちで、事実上、土地は売られたのと同様の状態がずっと進行しております。

村議会14ヶ条要望書

村内の条件つきや絶対賛成と反対がはっきりした対立の形をとるのは、昨年12月の村議会の意見書、要望書の決議です。14項目にわたる「MO開発」への意見書並びに要望書です。これは全く開発をうけ入れる立場で、県の住民対策をやってくださいというものに過ぎません。

総選挙得票分析

村議会で賛成の決議をする前に、総選挙があり、結果は村民の意志を知る上で大きな意味がありました。僅かでありましたが、開発反対をとなえていた社会党の米内山さん、公明党の古寺さん、共産党の沢田さん、社会党の千葉民蔵さんの4人のとった票は、開発賛成の票よりわずかに上まわった。そのことは、開発反対をとなえていた村民に勇気を与えたわけで、現実に土地がうられ農地転用許可がおりたとか、閣議決定とか、強引に政治の力で開発がなされようとしているときに選挙では開発反対の票が多かったということが勇気を与え、それがまあ、よかったのか悪かったのか、リコールに発展していく契機にもなってしまうのです。

リコール合戦の意味

このリコール運動なのですが私はこうみています。村民の多くが反対しており疑問に思い不安を感じている人が非常に多いなかで、それらがまったく無視され着々と権力によって開発は進められてくる。住民の中にはしだいに、あせりのようなものが生じてきた。そのようなときに、総選挙では反対票がいくらかであったけど多かった。しかし村議会のようすなどからこのままであれば、村中賛成になってしまうのではないか、村議会はほとんど賛成だし、ひとり反対している村長が議会で不信任をくらって退陣せざるを得ないようなところにおいこまれていくのではないかという恐れを感じたわけです。そして、開発推進派議員の筆頭、MO開発特別委員会の委員長、橋本勝四郎村議をリコールするようになった。このリコールは、単に橋本勝四郎氏をやめさせるということだけではなくて、村長を守るのだ、反対の勢力を結集していくのだという守勢にたったものだと思います。このままでいけば議会は村長の不信任をかけてくるのではないか、開発促進の決議をするのではないか、という判断から、村内の筆頭である議員のリコールをしようということになっていった。このことに積極的であったのは反対同盟よりも、むしろ村長自身であったと、私はみています。しかしリコール運動が行われますと、「青年友好会」という賛成の勢力も村長のリコールをはじめる、青年友好会というのは、何であるかというと以前から不動産の売買をやっていた方が入っていたりで、いわゆる年令的には青年でない人が多いのです。その人たちが、リコールをやるというとこんどは自民党県連が200万の金を出す、というような状態です。尾駮の道路に面したところに、大きな看板をかかげて事務所がつくられて、立派な自動車がズラリと並んで毎晩何かやられているようです。

反対派のリコール運動には県労が全面的に支援する、社会党が全面的に支援するという形で行われています。一応私たちの反対派のリコールは今の段階では成立するという見通しですが、この運動をいま考えてみますと、必らずしも成立したからいいとはいえない。いい面と悪い面がある。良い面とは、権力的においつめられている中で、反対派や疑問をもっている人が反対の意志表示をすることができた。

議員や村長だけでなく村民ひとりひとりが、意志表示をすることができたということです。私たちがとった署名は選挙でとった票より、はるかに多いわけです。ということは、はっきり反対といわないまでも疑問をもっている人がまだかなりいることを示しております。署名運動を展開するなかで非常にこの開発に対する学習が進んで住民の権利意識が高まってきた。泊の部落では6人のひとたちが東京・神奈川・岐阜・三重四日市の方面まで出稼ぎにいっている人たちの署名をもらいに自費でいってきた。ある人などは一週間もあちこちの飯場にとまりこみながら署名をあつめてきた。そして今までは母親が運動の中心でしたが、現在は母親よりも泊の部落では本物の漁師が運動に参加してきている。

否定的な面といえば、内容はどうであれ、反対するために村をどう発展させなければならないのか、という「政策」のないままに対立していく。ということは村内での対立を深め、本当にたたかわねばならない大きな相手をみうしなわせる結果になっていったのではないかと思います。おそらく、県にしてみれば、ニヤニヤ笑ってみているのではないか。村民同志いままで仲のよかった隣どうし、親せきどうしが争わなければならないようなはめに、現実にはおいこまれてきている。そして、村長と、村議会との間が開発をめぐって、まっこうから反対賛成とひきさかれていくわけで、いまの六ヶ所村にとって、何を建設しなければならないのかということを話しあう場がなくなってしまったという点です。今後の運動にのこされた解決しなければならない問題だと思います。このリコールの結果がどちらに決着がついても、問題の本質的な解決にはならないと思います。

村発展のための政策づくりの必要性

いま必要なことは、MO開発の危険性をしらせていくこととそのようなMO開発がどのような歴史の背景からもたらされたかということを知らせ、学んでいくことがだいじではないか。そして、現体制の中でも農林漁業を発展させる道はないのか、いまのような開発に反対しながら村の発展していく方向はないのか、という対決と建設の方向をさがすこと、示すことがいまの反対運動にとっていちばんだいじではないかと思います。そして、そのような村独自の発展計画—村独自のMO開発と別な形での開発—以前からずっと要求しつづけてきた幸せな生活へ村民の要求に基いて村が発展していく方向を示すこと、がだいじだと思います。

自主的開発のほう芽

それをつくれるのは誰なのか、というとそれは基本的にはそこに生活している農民漁民だと思う。ただ、農民漁民だけではできないと思うのです。それをつくりあげるのは何としても外部の専門的な技術をもった人々、知識をもった人々の力をかりていかねばできないだろうと思います。私は泊の漁民とリコール運動をすすめながら、最近になって特に変わってきたこととして思うことはさきほどもいったように、反対運動の主力が主婦・母親であったのが、現在は男の漁師達がたくさんはいってきて積極的に発言をするようになってきたことです。そしてついこの前も漁師の人たちに集まってもらって会合をもったのですがこんな話がでました。

「いままで、わしらの知らない所でだいじな事がきめられてきたのではないだろうか。これからどんな事でも村の動き、漁協の動きなどたえず、わしら自身が知らなければならないし、知っていくための会が必要なのではないだろうか。」「開発反対だけを目標にしたものでなくて、何か村を発展させる新らしい会が必要でないか」といっていました。

泊はイカやその他の漁が多いところですが、私が「なんとか泊の沿岸漁業を発展させる道はないのだろうか」という話をだしたのですが、今まで漁協は本気で我々のいうことをまとめあげて、こなかったではないかというんです。泊で大きな問題になっているのは八戸から来るトロール船なんですね。

それが沿岸に入ってきて、根こそぎとっていってしまう。そのトロール船が入ってくるのを防止するのに、漁協は何にもやらなかったのではないか、県も何にもやらなかった。しかしやる方法があるのではないかというんですね。これは私などにわからない、本当の漁師でなければわからないことです。トロール船を防止するには例えばこんな方法があるというんです。八戸なんかにいっぱいある廃船、ボロ船をもってきて、工事ででてくる石ころなどを廃船につめて、穴をあけて沈めてしまえばいいんだというんですね。トロールのくる所に沈めれば絶対これないんだ。それからポンコツバスの車体だとか、ポンコツの車など沈めればいい。すると魚礁にもなるし、トロールの密漁防止にもなるっていう。そして金がかからないんだっていうんですね。金かからないってこういうと、俺もしゃべったことがあった。「ワも、考えてた」とひとりひとり、言うんですね、ところが、漁協ではとりあげてくれない。こうなってくれば、単に開発に反対するだけではダメで一つ一つ、村をかえていかねばならないのではないかという話まで、でてくるのです。これから面白くなってきたなと思っています。これらの人々は以前からそれぞれの要求をもっていたわけなのです。だだ、それを組織しようとした人がなかったのですね。それが大きな問題ではないか。そして組織されないでも現在まではまあ、あまり疑問も感じないでいた。ところが、こうして生活がおいつめられて、破かいが現実にせまってくると何とかしなければいけないという要求がひじょうに強くなってくる。そのような漁師の要求に対して、では私たち—私たちといってもあそこにいるが、生活の基盤をおいているのではない教師などに何ができるのかといえば、地域の人々の要求を組織し、その要求にこたえるように知識を役立てていくことではないかと思うのです。民主的な自覚的な知識人の役割がそこにでてくるのではなかろうかと思うのです。

私などは、その知識もろくにないので、ほかの方からそのつど知識をさずけてもらっています。またできるだけ、要求のあるところに要求にこたえれる人をよんできたいなと思っています。ここに来たのも、ここにいる人の口から、あそこの問題に知識を役立ててくれる人にそれを訴えたいと思っているからなのです。

あの開発反対運動をすすめていくためには、本当にあそこに生活し、生活の基盤をもっている漁師なり、農民なりの要求にもとづいた形で政策をつくり、その政策を実行する中で、本当の開発とは何なのかを明らかにしていかなければならない。そんな運動を進めていく以外にないと思うのです。MO開発には反対だ、しかし現実には貧しいんでないか、というわけですね。これは本当なんですよ。それに対して、じゃあ貧しいから破壊されるような開発をしていいのか、ということにはならないと思う、しかし、じゃあお前たちは何をするのかというと、それに答えるものがないとしたら、これは問題だと思います。それをつくりあげれるのは、やはり民主的、自覚的なひとびとが果さなければならない役割があるのではないでしょうか。

泊の漁師のあつまりなんかが、今後、村の反対運動を質的にかえていけるのではないか、かえていけないまでも、新らしい流れをつくっていく水脈になるのではないかと思います。そのように、地域を守り、生活をつくりあげていくということは、おそらく、この開発が強行されようとも、根強いものになっていくのではないか、ということを感じます。

住民運動に於ける教師

住民運動と教師とのかかわりについてですが、そのことについて、私の感じていることを少しのべてみたいと思います。

「生活のない所に教育はない」ということがいわれます。戦後の民主的な教育運動がうみだし、明らかにしてきたことだと思います。

教師には、どんな任務があるかといえばまず第一に、教室で真実を教える、という仕事があると思います。総合的で専門的な教育実践をする。子どもによい教育を与えていくという役目はこれはもう、絶対に軽視されないと思います。そしてそのためにもまた、子どもの生活基盤を知るということをぬかしてはならない、それなしに教育はないのではないかと思うのです。では教師はどうしてそれを知るのか。子どもを通して父母の生活実態にせまる、ということをよくいわれる。作文教育だとか、生活指導だとかでやられるわけです。しかし、私は、そういう実践もあるが、私としては、教室の教育実践をかけはなれた形でも教育実践というものがあるのではないかと思う。教師は労働者であるという。そういう立場から現在の破壊されつつある農業漁業を、そこで生活している父母のかかえた要求をみずからの権利を守る立場から組織していくということ、そのことも、子どもの生活基盤を知り、父母の生活実態にせまっていくというみちすじでもみちではないかと思うのです。そして、それは特に、父母の要求を組織して共にたたかうということによってのみ、感じとることができるのではないかと思うのですね。

非常に個人的な話になりますが、私は教室ではどんなに子供に親切にしてもよく教えても、泊では子どもから、ほんとうに真底から信頼されなかったような気がするのです。いっしょうけんめいやるのですけれどね。何かこうだめなんですね。「よそものだ、」というのです。「旅ものだ」「どうせ先生は行くべし（行くだろう）」「来年いけ」なんていう。そんな事をいわれてほんとうに情なく思いました。こんちくしょうと思ってにくたらしかったですね。

ところが開発の問題がおこって、父母と共にたたかうようになってからは以前とはちがって何かこう子どもたちとも親近感がわいてくるのです。子どもが私に接する態度も、私が子どもをみることもかわったと思います。私のいまのクラスにいる生徒たちというのは運動をいっしょにやっているお父さんお母さんの子どもなんですよ。いってみれば、私の、同志の子どもなんですね。ですからただいままで教室でみていた子どもではない。ひじょうにだいじな存在になってくる。もちろん開発に賛成している家の子供もいるのですよ。賛成している家の子はまたやっぱりそれだからこそだいじなんです。たたくことなんかできませんね。やっぱり子どもには本当のことを教えねばなりません。親が賛成していても、その親がまちがっていても、子どもはまちがわせてはならないのだと思いますね。

そんなことを考えています。

住民運動にあける学習

私はいちど、ここにおられる鈴木先生からこんな事をきいて、はっと思ったことがありました。それは、国民に教育権があり子どもに学習権があるとすれば、地域の父母にも学習権がある六ヶ所村の父母は父母自身の権利を行使しはじめたのではないかということをいわれた。それをきいて、なるほどという感じをもったのです。感じさせられるものがありました。国民は等しく教育をうける権利が保証されていなければならない。憲法で保証されている。しかし現実に、国民というか、人民にとって、必要な教育というのは、国民を支配している体制側からは決してやられないだろう。MO開発ですよね。この開発に関して、知りたい事、本当に知りたいこと、お父さん、お母さんか本当に知りたい事は決して県や、県につながった教育委員会などは、社会教育という立場ではやらないだろうと思うのですね。とすれば、その支配から生活を守るために、幸福な未来をつくるために、今すぐ必要な知識を誰が与えてくれるのか。

住民の学習を保証する条件としての教師と専門家

地域の人達は知らなければならないし、知る権利があるのですね。それを、誰が与えていかなければならないのか。その教育の権利を誰が保証するのかということになるのですが、六ヶ所村の農漁民、おとうさん、おやじさんたちに開発の中味を教え、たたかい方を教えるのは、私は自覚した民主的な知識人ではないだろうかと思う。教師はその中で、地域の父母ともっとも近い知識人ではないかと思う。この知識人ということについて、多少のひっかかる感じももつんですがね。青白きインテリなんて感じももつんですが、そんな意味ではなくてですね。

教師はなぜ地域の闘いの条件たり得るか

特に、教師はそんなに深い専門的知識があるわけではない。専門的知識はないけれども広く一般的に知識をもっているということと、ここにおられる、本当に専門的な学者、知識人と連絡をとったりできる存在ではないかということです。臨機応変に行動できる、実践的な立場にあるのではないかと思う。それに地域のどこにでもいるということ、労働者の闘いの経験をもっているということが大きなつよみではないだろうか。私たちは教室での実践をもとにして教える技術をもっている。組織する能力をもっていますね。子どもを教えるということからさぐりあてたものでありますけれども、要求をみつけだし、要求を組織していくということを私たちはやれるわけです。文書をつくることですが、父母の考えていることをひきだし、文章にし、ビラなんかにつくる。そんな点では、ほんとうに専門的な知識人ではやれないような、実践的な行動はやれるのではないかと考えています。又、そういうような能力というものはいちど闘争という形態をとりますと、オルグとしての能力になっていくのではないかと思います。

都市でも農村でも、国民の生活は急激に変貌をせまられているわけですが、その中で、驚くほど矛盾がふかまっています。どんな地域にあっても、民主的な知識人に対する要求が強まっているのではないか。特に教師に対する要求が強まっているのではないかと思います。私たちが運動を進める前に六ヶ所村に高等学校を作れとか、六ヶ所の生徒に対して、奨学金の制度をつくれという運動を教組の中でしていたときに、六ヶ所村のお母さんたちもやっていたのです。私たちは勇気がなくて父母の中に入っていけなかった事をひじょうに残念だったと思うのです。こんなことはどの地域にもあると思う。形態や中味はちがうけど、おそらくあると思うのです。私は、教師の実践はすべて地域活動と結びつかねばならないなどと、そんなことはいいません。教育即住民運動の中の教師であるとは、毛頭いうつもりはありません。

しかし、いまの地域の実態の中からそんな事が要求されているのではないかということをいいたいわけです。

民主教育を求める教師は、地域を明確に政治的にとらえ、明確に政治的に行動するということもいまは必要になってきていると思います。

私は教師としてというよりも、政治闘争という側面をもった住民運動中のオルグであると思っています。へき地、過疎地に私たち以上に政治闘争の経験をもったものがいるだろうか、あの地域の中に、大衆的な運動や大衆闘争を組織した経験をもっている人がいるだろうか。

私たちがなさなければならない役割は、労働者の政治闘争の方法を教え、自ら組織することと、政治教育をしていくことではないだろうか。いまの六ヶ所村のように自らの権利を守るために立ちあがった住民にとっては、政治教育そのものが求められているのですね。

村の人たちは最近はよくこんな事をいいます。「先生憲法に何とかいてあるんだ、憲法の学習をやってくれねな」と。私はその要求に答えるために今、何かやらなければならないなと思っています。基本的人権とはどんな事なのか、政治の主人公とは、いったい誰なのか、開発というのは日本の歴史のどういう背景からだされてきたのかということですね。そんな事がいま、六ヶ所村では必要になっているのです。それにこたえれるのはまさに政治的な自覚をもった教師でなければならない。

そう思います。

1973.2.11むつ市教育会館
「開発と自然」についてのシンポジュウムにおける講演。
［出典：青森県国民教育研究所,1973年4月15日,『国民教育研究』No.52:2-16］

Ⅰ－3-16

住民の学習連動と教師・科学者

（六ヶ所村泊・主婦）橋本ソヨ

まえおき

むつ小川原巨大開発でゆれうごいている六ヶ所村の泊部落から来ました橋本です。

只今、六ヶ所村は全国の新聞にそしてテレビにリコール合戦と興味半分に報道されていますが、村長を先頭にたてた開発反対の運動と村議会の多数を表面にたてた開発賛成の運動とが双方からのリコール署名という対立になり、双方とも請求成立、住民投票、村長選挙という道に入り、また開発公社による土地の買収も着々と進むという段階になりました。

私は科学者会議に結集して、科学を国民のためにと頑張ってっていられる科学者、科学技術者の皆様に、運動の経過を報告し、何とか力をそえていただきたいと思いまして参加させていただきました。

今、各地の公害や開発に反対する運動は、住民の学習と働くすべての人々が、専門家科学者と一緒にその力をあわせる中で、地方自治を自分たちの手にとりもどす方向に進んでいると思います。

地元を無視した計画の進行

私たちの泊部落は六ヶ所村の北の端にある漁村です。六ヶ所村の人口は12,000人位ですから村の2/3が住んでいる訳です。村に公然と開発反対の運動がおこったのは46年8月14日、開発の計画が住民対策大綱という形で発表されてからですが、私達はこの開発計画はおかしいもんだと思っていました。

「陸奥湾・小川原湖巨大開発」という呼び名で地元の東奥日報という新聞にずっと連載されていてもどんな格好で姿をあらわすか不安でした。

また開発がきても泊がどうなるかも、はっきり考えていませんでした。けれども今、私たちが一緒に反対連動をしている中村さん、玉川さん（婦人会長）たちと勉強してみなければと話合ってはいました。今から10年位前だと思います。八戸の新産都市計画がある時から小川原湖の方も開発になるのだそうだ、もう構想は出来て有るそうだと弟にきいた様でも有り、それから忘れるともなく忘れていたのですが今考えるとこの巨大開発の計画は、このころからすでにはらんでいたのだと思い当ります。東奥日報と言う新聞は青森県の知事が記者をしていたのでずっと開発推進の立場の記事をのせています。

青森の銀行関係の偉い人が巨大開発を前提として子供たちの教育云々という記事をのせた事も有ります。

疑問から学習へ

私はこの新聞だけではだめだと思い「デーリー東北」をとってみました。その内、鹿島開発のことが写真入りででました。

鹿島開発は農工両全、無公害とかかれていましたが公害といわれても余りピンとこない時でした。今ではわかりますが産業道路という言葉も知りませんでした。ただいちばん印象に残っているのは道路は立派に出来たけれど地域の人々は、こわいものをよける様にして歩いている、大型ダンプが一日何百台とわが者顔に往復するということです。

何かこの話が開発と言うものをよく表わしている様に感じられてなりませんでした。

ピカピカのパイプラインが道路のそばを建っているこの様な事態の計画、むつ小川原巨大開発と言うのは果して、どんな事か、大変なことだ、おかしい事だ、と思っていました。

パイプラインとダンプにおしこめられた住民が事故をさけて道路のわきを小さくなって歩くと言うことが頭にコビリついて離れませんでした。その頃、家庭学級の集まりの時、村の社教主事さんが鹿島の話を私にしてくれて鹿島開発ではコジキも生活するによいが、むつ小川原ではコジキも育たないと言う話をしてくれました。

その言葉の意味を一生懸命考えました。

でもまた開発がこなければいつまでも六ヶ所はヘンピな田舎でしまうんだと言う意見の人もたくさんいました。その内、下北の東通村に原子力発電所の土地買収の話がはじまり、女川より安い値段で青森県があっせんして、東北電力、東京電力にウリ渡されました。原子力発電のことは戦後の広島をとおってみたこともあり放射能は大変なものだと覚えていて、なんとかしなければと思っていました。

その頃、部落の青年達と話しする機会がありました。青年学級や地域のサークルに集まっている青年たちでした。青年たちが六ヶ所が開発になれば原子力の温排水と工場の廃水で当然漁業が出来なくなる、反対しなければいけないと目をきらきらさせて言切る。青年たちは、大人の吾々がまわりの事を考えて開発の良否をきめかねている時、純真な気持ちで一途に考えられる。本当にうらやましいと思っていたのです。青年達がどうしてこんな考えになって来たのか、それは泊中の石井先生たちを中心にして勉強会をしていたのです。

世界の開発や公害の話しをきいたり、水俣病のスライドをみたりしていたそうですが開発賛成の意見も多かったそうです。

反対運動の結集

46年8月14日住民対策発表後、泊部落では、「泊漁場を守る会」という組織をつくって之が六ヶ所村の反対同盟に加盟しています。守る会ができるまでには二つの流れがあります。一つは、地域の青年を中心にした学習会婦人会、漁協婦人部を中心にした学習会のグループであります。もう一つは、地域の労働者の組織、教組と全逓が中心になり社共両党から講師を呼んだ政党講演会の活動です。それが、小型着火船の漁師たちをまとめていく訳です。

六ヶ所村全体でもほぼ同じ時期に部落毎に組織ができます。平沼部落には「緑青会」新納屋部落では部落会あげて、戸鎖部落では「老人クラブ」倉内では婦人会長が賛成で土地ブローカーをしていましたから、木村キソさんが中心になって「主婦の会」などつぎつぎとできました。

この部落毎の反対気運を全体としてまとめていくのが教組の先生方です。鹿島開発の実状を茨城の先生をよんで懇談会を村内七ヶ所と三沢で開いた時教組の先生方が全部の会場につづけて出席し、各部落の実状を話して村内の開発反対の空気をまとめていく役割をはたしてくれました。

その後、漁場を守る会では、スライドを使って学習会を何回かひらきました。また、すぐに開発反対の署名をあつめました。1,660名の署名をまとめて、マイクロ二台で青森に出かけました。県議会の開会中でした。この行動は反対の抗議というよりは開発推進の請願です。開発推進といっても「漁場開発、漁港開発推進、工業開発反対」の請願です。もともと署名あつめもその趣旨のものでした。自民党県議は工業開発反対を消せば請願をうけるといいましたが、そのままおいてきました。この時部落ではじめて、たすき、はちまきをつくり、プラカードも、われわれでつくりました。雨の降る夜でストーブでかわかしたのを昨日の様に思い出します。

いまから考えると、労働組合でもなんでもない婦人の力が運動の中で非常に大きく、強くなっていたと思います。いろいろ生活上のことがかかっているので、封建的だとか、のろくさいとかいうこともありますが、逆に、生活をこわされることについては、すくに闘いの出来る組織になることができるといえます。家庭でいつも、きちんときまり、正しい生活をしている婦人の人々が、婦人会や婦人部として、心をあわせて、いろいろなことをしていた。生活必需品の販売活動、生活改善、部落の浄化作業、社会教育、レクリエーション等の組織活動でもそれが闘いのときいきてくると思います。何人かの人の前で話す事も出来なかった、あいさつの一つもたいぎであった婦人が、知事にむかって口の一つもきくようになったのです。はじめて県会にいって、知事に面会した時「私たちは戦争には負けたが海が健康でいたためその海で一生懸命生きて来ました海を殺さないで……」と言ってしまいました。ここまでみんなの代表となって来た人の中で女が一口も言わないで、ひきさがれないと言う気持でした。その時テレビや新聞のライトがカアーと明るくついて、さあこまったと思いました。

この開発に対する抗議というか、漁場開発の請願というかこの行動をした時、県庁でいま同盟の会長となった吉田又次郎さんや、木村キソさんとばったり会いました。そこで、ああ、開発に反対しているのは私たちだけではない、この人たちがみんな力をあわせねばなあと思い、勇気がわいてきました。この署名をした1,660名の人々が泊漁場を守る会の会員になります。

知事現地説明会

46年10月23日、44年から開発が問題になって始めて知事が六ヶ所村へきました。現地説明会です。之に対しては反対同盟は、はじめての組織的な行動をしました。村には開発対策協議会ができていて開発反対のタスキをつくってありました。反対同盟はできるだけの大量動員と言う事でとりくみました。泊部落でも教組の先生方といっしょに参加する前夜打合せの集りをもちました。統制をとる役員をきめる。知事には決して暴力的な行為はしないことを約束し黒板に人員配置などをかいて計画しました。

プラカードもつくり、大漁旗をもっていくこともきめました。現地説明会の出席は村の役員などのほか一般村民は50人と人数が制限され、泊部落には3枚の割当しかきません。1枚を「守る会」の田中さん、1枚を私、1枚を石井先生にわけました。田中さんはかなり活発に発言しましたが私は余り言いません、石井先生が原発の温排水や公害の可能性その予想、漁場対策のウソなどをきびしく追求し、知事はあいまいに、うけるだけでした。答にならないことをくり返すばかりでした。

知事は少し興奮した村人たちからプラカードで車をたたかれ石を投げられて帰りました。しかし私たちは決して暴力的な行動に出てはいけないと申合せていたのです。

鹿島調査

46年9月村会は開発対策費として1,000万円の支出を決議、そのお金で鹿島調査を行いました。第1次は10月から12月始めまで415名、第2次は翌年日程を3泊から4泊にのばして、39名が参加致しました。私も11月に第1次に参加致しました。

大洗を通る頃はずうと開発も何もないのんびりした風景が続きます。それから何kmかいくと土地の造成をしている所がありました。これも、日本一の工業開発だものこれくらいやるのはあたりまえの事だと考えていました。ここからコンビナートのあるあたりに行ってはじめて、ほんとに大変だと思いました。それは何か、あちらに5人、こちらに3人潮来笠をかぶって道路工事に働いている人々の姿でした。これをみてこれが六ヶ所の将来の姿だと思い胸がいっぱいになりました。

あっちにも、こっちにもきれいにつめたく光る銀色のパイプがある。冷酷に光るこのパイプの中には原油とかなんとか酸と言う危険なものがくんそん流れているだろうすくそばにいくらも離れないで民家がたっていました。

港の方に行きましたら港には立派な大きな船が2，3隻入っていました。シーバスも見えました。でも人の姿はほとんどありません。こんな立派な工業港だもの、漁業の代替港もあるていどのものだろうと思ってそこらを見廻したら案内の先生は「何をみているの」と言いましたので代替漁港はときいたら、ありますよとニヤニヤ笑う、そして、目の前を指さす。みるとイカつり船が4、5隻入ればいっぱいになる様な船付場だ。それが代りの港だというのです。平沼から行った人は、シアンの雨だ粉塵だ悪臭だといっていましたが、私は、代りの漁港と海の色、そして浜に上げられた漁船にびっくりしました。私は反対運動に酔っているのではないと心の中で強く自分を見返りました。この海の色をみて公害はない鹿島の海の色はきれいではないかと言った青森県議会議員と、私たちにこの湾内の海の色こうでなくてはホタテも魚も育たぬと言ったむつ湾の漁協の人を思い浮べました。鹿島の海をみて私は無性に腹立しかった。肩がきにもの言はせる議員様にこの状態をみせムシロ旗を立てても反対しようと思いました。鹿島の海は青かったなどという人がいますが、海の色が青いだけではだめだことぐらい、この海からいい魚がとれるかどうかは漁師である私の夫たち、泊の漁民がいちばんよくわかります。鹿島にいって鹿島神宮には参拝もせず、細谷農場に行って農工両全が工業だけ栄えている姿をみて参りました。

開発をすてとおる「教育」

知事の現地説明会のあと3日たって六ヶ所村の連合PTAの研究会がありました。地域の現状とPTAの役割というテーマです。いつもならそれぞれの分科会で発表するのですがこのたびは、パネル式デスカッションとかで会場で何人か話して司会者がつくと言うものです。

一番目に話した人は交通安全母の会の事、二番目は子供部屋をつくって学習云々と快適な住宅プランに子供をひきこむ話が出されました。考えてみればもうそのころから土地ブームで土地を売り住宅をたくさんたてているわけです。子供たちがピカピカの自転車で通学している話を思出し、私はどう考えても「地域の現状」については開発をさけてとうるわけにはいかない。いつもなら先生がかいてくれた原稿を読んで帰って来るのだけど今回はこう言う題だとテーマだけ教えられて橋本さん貴方の言いたいことを自分なりに考えていって下さいとPTAの係の先生に言われて1週間も考えてつくって来た原稿です。前の人が何をいったからとて、にわかに変える訳にはいきません。他の人がどういってもひっこめられませんと前置きしてむつ小川原開発の話をしました。

「南は巨大開発、北は原子力発電その中にある泊部落98％漁業でたてている部落の状態、日本でも有数の魚の豊かな三陸漁場の一部で有る事、この巨大開発によって受ける被害、とった魚に公害魚のレッテル、将来出来るでしょう公害による六ヶ所病なるもの、又暴力団の汚染地区地に予想される精神公害、家庭生括の機械化、インスタント食品が母親と子供に及ぼす影響、子供のおべんとう一つをとってみても親と子のふれあいがうすれていっているのではなかろうか。

地域、社会の大きな変容によって、将来の局面に対応する子供に育てるために親としてどの様な心構えが必要なのでしょうか。

私どもはただいたずらに心配するだけでなく、開発は何の目的で誰のためにする事業であるか正しい目でみるために勉強しようではありませんかと、誰彼となく呼びあいながら、機会有る毎に学習を重ねているのが泊地区の母親たちです」といいました。親として家庭内でこれまでのように、ウソをつくな、車に気をつけろだけでなく親としてしなければならないことは開発の将来に及ぼす事をもっと学習することではないかと訴えました。

婦人の学習運動進む

泊部落では母親の学習会を続ける中から、沖縄返還の統一集会へも部落代表が数名参加して開発の問題は本土の沖縄化の問題と同じ性格を持ったものであると訴えて来ました。これが労働者の集会に参加したはじまりでした。そのあとメーデーや、仙台での母親大会其の他のいろいろな集会に参加しています。

この頃から、学習のしかたや内容が少しづつかわってきています。

はじめは漁協の二階の集会場で先生方や、先生方が呼んで下さった講師の話をきくという形でしたが、あつまる人がきまってしまうので自分たちの力で、小さな会を部落中あちこちでやらなければならないと思いました。婦人会や漁協婦人部の班を中心にして20人、30人と言う集会をもつようにしました。

主婦たちだけでなく男の人たちも参加してくる様になりました。今日はここ、今夜はあちらと幹部はできるだけまわりました。話題は先生のつくったスライドや、新聞や雑誌のキリヌキ、新婦人の新聞などが材料となりました。また新聞のニュースを誰かが話題に出し之にみな意見を出してもらい又自分たちも出すということもあります。之がとても効果があり、地域の人々からさいそくされる様になりました。之が自分でニュースによっておぼえるおぼえたいと言う気持になっていった様だ、ほんとうによかったと思います。はじめは村議会員の家の近くだ、部落会長の近くだと、集りにくかった所も押切ってやると結構集ってきて平気になりました。

話題も公害から新全総、開発政策と少しずつかわっていきました。

こうしてだんだん「人」もかわっていきました。私なども手紙をかくのも大儀で娘に、返事かいておけ、などといっていたのに。ああした、こういったということを書いておくようになりました。模造紙に国や県の動き我々の動きなど一覧表みたいなものもひまをみてかいてみた事もあります。資料のきりぬきや様々な勉強の材料等、たまってボール箱に3つになりました。小説は押入れの中に入ってしまい、憲法や、改造論、公害この種類の本が本棚に並ぶようになりました。

この前知事に抗議にいった時、知事さんが、むつ小川原巨大開発と言う問題を提供して下さったおかげで私たちはものを考える気持、物の裏をよみとる力が養なわれました。そんな機会を与へて下さって感謝しています」とお礼をいってきました。知事さんはへんな顔をしてにらんでいました。

運動の新しい変化

最近は運動に新しい変化がみられます。

はじめは、走り廻るのは婦人たちと先生方でした。私と中村さんなど「あんだと俺とはカスガイだなす。」と言ってどっちが支えるともなく支い合って来ました。男の人たち漁師たちは婦人にばかりまかせられない、申訳ないと言って積極的に参加して呉れる様になりました。公民館で村議会と話合があった時活発に発言して村議様連中を立往生させたのも男の人たちでした。私たちは本当に安心感と嬉しさで涙が出ました。リコール署名がはじまった時はとても積極的に運動して呉れました。これはたいへん心づよいことです。

泊部落は漁村ですから、漁協がしっかりしていなければなりません。しかし漁協の上層部は賛成派が多いようです（前の組合長は村会議長です）私たちは、守る会の会長田中さんを漁協の理事にしたいと思い選挙の時応援をしましたが前評判に反して見事落選しました。そこで漁協の規約改正があり理事を増員し、再び選挙によりこんどは当選させることが出来ました。こんなことも、漁場を守り漁業を発展させる中核となる漁協を自分達のものにしていくということで男の人達も考えていくきっかけとなっていると思います。この選挙のときもポスターを手がきで300枚くらい婦人達の手でつくりました。はじめは意地でやりましたが、ほんとうに郷土を守ると言う気持の仲間の結集ができていったと思います。はじめは開発反対イコール公害反対と言うような形で、学習会も、そのような内容が主でしたが、学習を深めるなかで新全総反対、列島改造反対の運動であるという考え方になり、開発に反対する運動は郷土を守り、郷土を発展させる、生産と生活を向上させる運動でなければならないというようにかわってまいりました。

反対運動と労組・政党

昨年六ヶ所村の、村役場の職員労組が結成されました。六ヶ所村地区労も組織されました。村内には教組はじめ、林野、全農林、全ての組合があります。

村内だけの運動にとどまりがちであった反対同盟の動きも、昨年6月、県労をはじめ、社共公の各政党、自然保護などの諸団体へ呼びかけ、開発反対の県民組織をつくろうとしました。県漁連が加ることをためらっていること、衆議員選挙があったことなどで結成がおくれていますが、総評の、新全総反対全国集会が今年3月に六ヶ所村内で開かれ県レベルの組織がようやくできようとしています。

衆議院選挙では、社会党の米内山先生が当選し、共産党の沢田先生も得票を4倍にのばしました。開発反対の社共公の各党の票の合計はわずかですが、自民、民社、無所属の得票をうわまわりました。いわゆるリコール合戦はそんな中で、村議会が、開発促進の14ケ条の要望書を決議したときから進められていますが、橋本議員、寺下村長の両方とも成立し、住民投票、村長選挙へ進もうとしています。

六ヶ所村の中でも開発区域の酪農を中心としている弥栄、千才部落や水田を中心とした新納屋などとの運動の連絡交流は、あまり行われていません。そんな弱点をもちながら斗っています。

石井先生不当転任

このような重要な期期に、私たちの学習を中心とした開発反対運動の中心となって働いて下さっていた先生方のひとり、石井先生が本人は留任を希望し、私たちも留任の請願書に署名簿をそえてだしたにもかかわらず村外へ転任ということになりました。石井先生は泊中学校に5年在職されてましたが、はじめは青年学級、青年サークルの学習の中心であり、婦人会、婦人部の学習会の指導者であり、守る会の事務局、反対同盟の事務局のひとりであり、六ヶ所村教組の書記長として活動していました。石井先生を失うことは反対運動の軸を失うことと同じだと思い、はやくから留任の運動をしてきたのです。

一昨年やはり、同盟の事務局の次長であった八重樫先生が不当転任になり、二度目の弾圧です。

石井先生の不当転任に対し村教委、県教委に抗議に行きました。私たちがいっしょうけんめいあつめた署名簿を県の教育長はみていない、と言うのです。石井先生を留任させて下さいという署名簿を「みていません」とうすわらいをうかべたあの冷やかな顔が、先生方の命を握っているのだと思ったら体じゅうの筋がわらわらとなるような気がしました。

政治と言うものは特に教育行政と言うものは、この様なことか、おかみとはと？……と、はらわたのにえくりかえる思いで帰りました。之からも請願書の様な大切なものはどんな事があっても直接渡してお願いするものと尊い教訓として深く心にきざんできました。

考えてみると、石井先生には本当におせわになり、御迷惑をおかけしました。

ですからこれからは誰の力もかりないでと、いいたいのです。しかし本当は、石井先生は教組と言ふ組織の中でその力を私共にだして下さったし、そのうしろには日教組と言う大きな力が支えているのでしょうと思います。教組ばかりではなく、日本国中の生活を守り、生命を守り、自然を守り平和を守るために斗っている人々の力があるのでしょう。そのことが石井先生の活動の源であったのだと思います。

石井先生が転任させられたと聞いたとき、さあっこまったどうしようという考えがかすめました。石井先生みたいな人はそうざらにいる訳はない大変なことだと思ったら急に肩が重くなった様でした。そして分裂作戦とは？　実感として私たちの心にぶつかりました。そして又自分でも気がつかずにいた心の中の奮起心というのか、今だ石井先生から習った事を役立て先生にこたえなければと強く強く思ったのです。そしてこの時位石井先生の姿を大きく感じた事は有りませんでした。

高い科学への要求

その石井先生が、この頃よくいっていたことをここに皆様に申し上げたいと思います。

それは石井先生は、私は教員だし、教員労働者だ、本もよめるし、ガリ版もかくによい。写真もとれるし、少しはものもしゃべって教えるによい。そこでこれまでは自分の力のできる限りのことをしてきたつもりだ。特に僻地がこのように新全総、改造論の線で荒される時は、まず地域の変化をつかんで、みんなといっしょに学習し生活を守る。それは、地域に在住し勤務する教師、労働者の役割だろう。けれども、学習が深まり、公害から新全総、改造輪と、日本の資本主義の発展の現段階の諸問題を現実にわかってくるこのとき、この場所に自分がいて、お母さん、お父さんたちと子供の将来を考えてきたのだけど、もう、中途半端な教師の学力だけではまにあわなくなってきた。なんとしても、専門の科学者、技術者の広範な協力の下での学習が組織されないとこの開発にたちむかえないのではないだろうか。先生は私たちにこういいながら勉強して呉れました。ですから、今の段階では石井先生がいても、私たちといっしょに、科学者の皆様にお願いすると思います。

科学者へのぞむこと

そこで私たち開発とたたかっている住民の立場から苦言とお願いをして私の話をおわりたいと思います。

一つは開発が問題化されてから学者や、研究者、学生の方がよく調査にみえます。何も知らないで来て、いろいろ聞いて有難度うといって帰っていかれますが、私たちは自分の研究のため、論文のため、卒論のためなら来てほしくありません。もちろん学問はすぐにその場で役にたつものでないのかも知れません。けれども、これまでの人々の知識の体系の中のもっとも大事な部分を、本質を、私たちの生活をかけ、生命をかけ、郷土の自然をかけた、たたかいに伝え役立ててほしい、そのためにこそ、六ヶ所に来て下さる事をお願い致します。

これまでも何人かの先生が六ヶ所に来て、開発の話をして下さいました。率直にいわせてもらえるならば、もっとやさしくお話し下さらないかということです。

大事なことを話して下さっていると思って一生懸命しがみつく思いで聞きました。先生方の一言一言わかろうとして真剣に勉強したものでした。小学校しかでてない私たちです。私は小学校六年しかでていません。大学生を対象とするのでなく、小学生にわかる話をお願いします。題をみると知らねばならない大事なことだと思っても理解出来なければなんにもなりません。

私たちはいま長いものにもまかれたくない、えらいものにもだまされない、本当にかしこく、強くなりたいと願っています。知識というものは本当に困ったとき、困っている人に役立てて使うものと思います。私たちは本当に勉強しなければならない、勉強しておぼえたことを、役立てながら生活を破壊するものと闘い、生活をつくっていかなければならない。学問がないということは本当に困ることです。私たちは、自分が一つでもいいことをきき、わかったならば、みんなに知らせ、力をつけていかねばならぬと思いそうしてきています。

科学者の皆さん学問が本当に、すべての人々のためのものならば、すべての人々にわかるように、なかでも学歴のない貧しく弱い私たちにやさしく教え、力となるよう助けていただけるようお願いを致します。(1973.4.6)

[出典：青森県国民教育研究所,1973年4月15日,『国民教育研究』No.52:2-16]

Ⅰ－3-17

むつ小川原開発計画と弥栄平

六ヶ所村弥栄平閉村記念誌刊行会

むつ小川原巨大開発は、昭和四十四年「新全国総合開発計画」の決定とともにその姿を現わしたが、しかしすでにこの前年頃より、三井不動産などの大小不動産業者は六ヶ所村を中心として土地の買収にあたっていた。この開発について県民はおろか、六ヶ所村民すらほとんど知らないところで、巨大な利権開発となって動き出していたのである。

ヤマセとガスのこの六ヶ所村において、三井不動産(六ヶ所村ではその「手先」としての内外不動産)が、大石平地区あたりの原野・山林を買収しはじめていた。その時つけられた値段は、反当一・五万円～三万円というべらぼうな値段であり、村民はせいぜい三千円程度でも「イイ値」であったこの地においては、びっくりするやら不思議がるやらであった。

このような動きは、弥栄平の人々にも伝わって来た。しかし弥栄平の人々は「結局関係のない事」として仕事に励んでいた。この年はちょうど十勝沖地震があり県内では相当の被害が出たが、当の弥栄平では格別の被害はなかった。ちょうど田植え、畑作の時期にあたっていたので農作業の真最中であったが、弥栄平の人々はその時の思い出として「なんだか急にめまいがして、アタッたのかと思った」とか、「田のクロにしがみついて動けなかった」「田の中で四つんばいになってしまった」と、そのものすごさを語っている。

しかし翌昭和四十四年になると、開発は急速に村民に姿をあらわしはじめた。「新全総」公表、通産省・経団連の視察があいつぎ、そして八月には青森県企画部開発課が「陸奥湾小川原地域の開発」を発表、この地が人口稀薄、かつ土地が安く、しかも出稼ぎ常習地であることから、労働力の安さを大々的に宣伝したのである。そしてこの前後六ヶ所村では空前の土地ブームがあり、一時は二三〇社もの不動産会社が集中、そしてその手先として、村議・農業団体・高利貸などがうごめいたのである。

しかし弥栄平においては、その農民魂は不屈であった。第一期の開田とは別に、さらにこの年四月、新規に開田がおこなわれ、二一九・四五九平方メートルが開田されている。時の土地改良区役員は次の通りであった。

理事長	福岡　由太郎
副理事長	石久保　石蔵
理事	中村　長太郎
〃	沼尾　松之助
〃	中村　謙太郎
〃	新山　五三郎
〃	田村　正明
〃	下田　清治
監事	福岡　伍郎
〃	鳥山　和一郎

(福岡由太郎氏のメモ)

弥栄平の人々にとっては、開発問題は第二義的な問題でしかなかったことは、この事実によっても明らかに知りうるのである。以前同様に米への期待をたくした農民のたゆまぬ努力がここにはあった。

翌四十五年になると、県は開発担当部局として「むつ湾小川原湖開発室」を四月一日付で発足させた。弥栄平の隣にある酪農集落・上弥栄ではこの頃になると、内外不動産に土地を売り渡す人もポツポツあらわれてきた。

四十六年には竹内知事が三選され、彼の最大の公約は「むつ小川原開発の推進」だった。かくして三月二〇日「むつ小川原開発株式会社」、四月一日「むつ小川原開発公社」発足となり、県・財界、そして政府は開発への準備を着々と進めていた。そして八月十四日「住民対策大綱」が発表された。しかしこの「大綱」が全く住民を無視した内容であったため、村内各地において反対運動も日増しに激化していった。この「大綱」発表一ケ月後のアンケートでは開発反対が七六・六％、賛成十二・七％となり、反対するものが圧倒的に多かった。しかし、これに対して県公社・県農業委員会等は「早く賛成しないといい代替地がもらえない」などと、さかんに地元の切り崩しもおこなっている。

住民対策の不備、反対運動の激化、そしていわゆる「ニクソン・ショック」による国際・国内経済の見直しなどがからみ合った形で開発計画は微妙に変化していった。九月二十九日、県は「第二次案」を提示した。そして十月二十三日には竹内知事自らが、六ヶ所村での説明会にやってきたが、その一週間ほど前の十五日に結成された「むつ小川原開発六ヶ所村反対同盟」を中心とする人々により、結局説明会を開くことなく村を立ち去る事件もおきている。開発推進側と反対住民との最も激しい闘いの時期であった。このような中で、県公社は十一月より土地の買収へと乗りだしてくる。そして村内においても、賛成の人々がしだいに増加する傾向を見せはじめる。

昭和四十七年になると、六ヶ所村議会において賛成派議員が多数を占めるようになった。この頃より、六ヶ所村内ではムラごとの結束が破れ、あるいは家族内の不仲があらわれるなど、開発は重大な社会問題ともなってきた。

しかしこの頃まで、弥栄平においては開発のために土地を売り渡す者はいなかった。昭和四十八年になり、弥栄平にも県公社の職員が戸別に訪問してくるようになった。公社の職員は次のようにムラの人々を説得した。

「今、契約すれば土地代の八割を支払います。あとの二割は登記変更の時に支払いします。また、契約しても、実際に工場が進出してくるまでは営農をつづけていても結構です。工場の進出がきまれば、工場の建設のために人夫として働いてもらうので土地を手離しても仕事には困りません。この開発は、国の方針でも、県の方針でもありますしそしてさらに、これは六ヶ所村民のためのものなのです。何とか契約してくれないでしょうか。」

公社の職員は、何度となく毎夜の如くに一軒々々たずねてはこう説得しつづけたのである。

「戦前と戦後の数年間は、今から考えるとよくまあガマンできたと思う程苦しかった。今になってみると、田もあるし、畑も順調だし、牛も乳をだしてくれる。ゼイタクしなければ充分ここで暮して行ける。しかし、どの家も借金があった。これは水田開拓と戸鎖川の水を引いた時のものが大部分だ。これがこれから何年も背中にくっついてまわるのは耐えきれない。これを返してやろうと思った。また、土地の価格もずいぶん夢みたいないい値だ。それに、苦労して育てた子供達が果して後を継いでくれるだろうか。農産物の価格ほど変動の激しいものはないだろう。一番確実と思っていた米までも国の減反政策でやられてきている。農業は自分の代で止めてもここを切り開いた亡父に面目はたつのではないだろうか。幸い工場がくると仕事もあるというし、──。そこで思い切って契約をした。」

このような考え方が、部落の皆の頭の中には多少の違いはあっても存在した。

部落では常会を開いて「開発」について話しあった。開拓当初の人も、二世の人も、真剣に村の将来について語りあった。そして結論として、「売る、売らないは各人の自由である。各人の営農と今後についてはこれからも力を合わせて助けあっていく。今現在の売り値で売れば、殆ど同じ値段かそれ以下で田畑は買えるだろう。しかし、大反別をまとめて買うのは不可能だろう。また、今売っても直ちに立退く事にはならないから暫くは営農できるだろう。」と、このような方向に話は進んだのである。

このことから、土地を売って他に住みつく人々が出始めた。しかし、これらの人達の中にも所々に田や畑を買って耕作をつづけている人もいる。

農民は、土地を離したらもう何もできないだろう。金を受取った当時は気が大きくなって、今までガマンしていた事をやり始めるだろうが、座して喰えば泰山も尽きる。次の生活をよくよく考えて、メドがたってから動くようにしようと思ったのである。

村内では、開発促進政策の一端として営農指導所ができ、その指導による作物として農協取扱作物に、長いも(昭和四十七年から)、にんにく(同四十六年から)、加工トマト(同四十八年から)、マッシュルーム(同年)、加工大根、南瓜、みょうが、人参、なめこ、落花生、山の芋(同五十年から)などが新しく入ってきている。

また、三沢技術専門学校六ヶ所分校の開校、三井グループの土地公社への放出、内陸型企業第一陣としての田中ニットの進出が決定するなど、開発はようやく具体的に進行するかにみえたのもこの年のことであった。そして十二月の村長選では、開発推進派たる古川氏の当選となり、一挙に推進のレールはひかれたかのようでもあった。

昭和四十九年には、発茶沢土地改良区が売却されることになった。県の開田政策の中で多額の費用を投じたこの事業が、ようやく陽の目をみるかに思えたその矢先に県自らの手で葬り去られた。そして、弥栄平においては、この年二戸が離村、十和田市へ転出している。

弥栄平の子供達も通っていた上弥栄小学校が閉校したのは、この年の三月二十四日であった。上弥栄の集落が全戸離村したのにともない、この措置となったのである。開村の時以来、一貫してその協力を惜まなかった弥栄平の人々にとって、この上弥栄の離村は他人事ではなかったであろう。

弥栄平においてもしだいに土地を整理したり、あるいは売却の契約に応じる人が増え、同時に、青森・天間林村・野辺地町に家屋を建てたり、土地を求めたり、さらには移住する人もしだいに目立ちはじめている。

昭和五十一年には、四十九年十二月に起工された新住区A地区が完成した。昭和五十三年には地権者への土地の売却がおこなわれ、弥栄平の人も多くこの土地を買い求めた。しかし、この新しいムラとなるA住区にも問題がないわけではない。新たに求めるべき農地のなさ、あるいはあったとしても狭いものであること、新しい職場のなさからくる不安など‥‥。

そして同時に開発計画自体が大巾にくるいはじめているのも現実である。石油精製コンビナート建設はもはや少なくともここしばらくは全く夢となってしまい、精々のところ石油備蓄基地としての役割しかこの開発計画は担わないことになった。開発計画自体の大きな変更があった。しかしにもかかわらず、土地の立ち退きを求められ、また港湾建設のための漁業補償が急がれた。こうした中で、弥栄平土地改良区も一つの決断にせまられた。

「弥栄平土地改良区の役員及び組合員は、当初三二名で構成されてきましたが、現在は組合員二九名となっています。

当、土地改良区の地区が六ヶ所村都市計画に係る市街化区域に含まれ、且つ当該地区がその区域に係る土地利用区分上工業区域に線引きされたことに伴い、その都市的土地利用を優先させることが、公共の福祉に沿うものであること、また当地区が六ヶ所村開発区域に含まれたことに伴い農地の売り渡しを希望する組合員が顕在化し、当地区面積約五六・二ヘクタールの約九五%は売渡しが予定されている事情下にあり、このことに現土地改良区の存続の目的が失われていることから、五月十三日百臨時総会を開催して弥栄平土地改良区の解散が決議決定されまして、昭和五四年五月十四日付にて県に解散決議書を申請致しておりましたが、昭和二四年法律第一九五号第六七条第二項の規定により認可となりましたので、これより清算人に於て弥栄平土地改良区の資産を配分することにしております。」

(福岡由太郎氏メモ)

近くにある鷹架の離村式は九月八日におこなわれるという。そして弥栄平の離村式も十月中と決定した。やがて弥栄平の人々は新しい土地へ移住してゆく。しかし、大半は新住区へ移るということである。

「‥‥新市街地へ行っても二十何戸かいくとすれば、やっぱりまとまって行ったということになるだろうし、そこに年寄りなんかもくっついて行ったとすれば、何か過去の経験を生かして、そこに行っても役に立てる方法もあるんじゃないかとも考えているわけです。」(福岡伍郎氏談)

新住区へ、そして十和田へ、天間林へ、その他各方面へ移住するにしても、弥栄平の人々は「過去の経験」――すなわち、不毛とすらみられたこの土地を、りっぱな畑地へと化したその労働と生活の日々――を生かしつつ、新しいムラ・新しい生活を築いてゆくことになるであろう。今、まさにムラを去りゆかれる人々 (戸主)は次の人々である。人々の幸せと繁栄をいのりつつこの編を終ることとしよう。

【以下、移転住民32名の氏名が掲載】

［出典：六ヶ所村弥栄平閉村記念誌刊行委員会・青森県国民教育研究所編，1979年10月26日，『拓跡―弥栄平四十三星霜―』,85-90頁］

第４章　論文等資料

Ⅰ-4-1	197012－	河相一成	むつ湾・小川原湖の工業開発計画と農業・農民
Ⅰ-4-2	197106－	吉永芳史	むつ小川原開発の将来性と問題点

Ⅰ－４－１

むつ湾・小川原湖の工業開発計画と農業・農民

河相一成

1．開発宣伝に揺れる農民

いま、青森県十三地方の農民の間には、むつ湾・小川原湖の工業開発計画をめぐって大きな動揺が起きている。動揺が激しく起きる最大の原因は“果して工業がくるのか？”“開発がきたら農業はどうなるのか？”“工業がくるまでの間、農業経営を拡大できるだろうか？”という疑問と不安が農民の心を強く支配しているからだ。このような疑問と不安が拡がる理由はいろいろある。それについては以下に述べることにするが、これらをみると、むつ湾・小川原湖の開発に取りくむ県や政府の姿勢に大きな問題があることを知ることができるのである。農民が安心して県や国にまかせることができるような空気がここにはない。

これについて地元の農民や農業団体は”ナショナルプロジェクトではなく地域開発として取りくんでほしい”ということを一様に言う。ナショナルプロジェクトでは困るが地域開発ならいい、ということを最初に聞いたときは、いささか戸惑った。一体、どう違うのだろうか？という疑問だ。だが現地の農民たちと話し合っているうちに次第にその疑問は氷解してきた。

青森県知事の竹内俊吉氏はこの開発についてこう述べている。「……『新全国総合開発計画』は全国数ヵ所に大規模工業開発プロジェクト実施の必要を提起し、本地域をその有力な地域として期待しております。従ってむつ湾小川原湖地域の開発は、今後の東日本における工業開発の一大拠点として、本地域の特性を活かした巨大臨海工業地帯の建設を図るものでありますが、本地域のもつ国家的使命はまことに大きく……」と。すなわち、むつ湾・小川原湖の開発は、資本による国土利用計画をとりきめた新全国総合開発計画の重要な一環を占めるものであり、それなるが故に“国家的”使命をもつ開発であることを強調する。これが地元農民によって“ナショナルプロジェクト”と呼ばれるゆえんである。知事らがいう”国家的立場”による開発構想によれば、4,000戸の農家を離農させるという。だが、離農させた後の生活再建計画や代替地あっせん、営農指導等については何も具体的なものが示されていない。それればかりか“これほど巨大な開発では代替地のあっせんは不可能だ”とも県の責任ある立場の人は言う。それならば結局、4,000戸の離農という方針について“農民首切り”と非難されてもやむをえまい。茨城県鹿島開発では、種々の批判を受けながらも所有地の60％は代替地を提供し、曲りなりにも農業団地造成と営農補助金を出した。これが成功しているとはお世辞にも言えないにしろ、ともかく大量の農民を最初から離農させるという無謀な計画は鹿島開発にはなかった（開発の結果として離農者が出ることは望んでいたのかもしれないが……）。むつ湾・小川原湖の開発地域に入る農民たちは、国家的立場による開発＝ナショナルプロジェクトの内容をこのように受けとっている。だからこれには批判的にならざるを得ない。

これに対して“地域開発”を唱える農民たちは何を望んでいるのだろうか。これにはまだ具体的なものはない。農民たちが一つにまとまって農民の手による開発計画を作り上げるにまで至っていないからだ。だが、農民たちが口々に語ることを聞いていると“地元の経済と生活が繁栄するような地域開発でなければ困る”ということが多くの人々の共通した気持ちであることは間違いないようだ。とかく“開発”というものは工業優先が原則になる。その工業も、地元の工業発展よりもむしろ中央の大手企業が乗りこんでくることによって工業優先が貫ぬかれる。だから地場産業は開発の下積みになって衰退を余儀なくされるか、良くても大手企業の下請けに系列化されるにすぎない。開発とはそれほど苛酷なものである。この苛酷さを取り除くキメ手は地元の住民が地元の産業（工業・商業・農業）を繁栄させるための開発計画をいかに作り上げ、これを県・国といった行政機関がいかにバック・アップするかということにかかっているといえよう。青森県は出かせぎが第四次産業ともいわれるように経済の発展は非常に遅れている。この遅れをいかに克服するかということが農民はじめ地元住民の永年にわたる願いであったに違いない。だから、地元の産業や生活を脅やかすような苛酷な開発＝国家的立場による開発には一様に警戒的であり、地元の繁栄ができるかもしれない地域開発を強く望んでいる。

農民のこうした気持ちをよそに、県やマス・コミは無責任にも“巨大開発”がいまにもすすむかのような宣伝をくり拡げ、これに乗って不動産業者が次々とこの地域に入りこみ農家を個別訪問して“土地を売れ”と迫る。開発に対する基本理念が県・国と地元農民とで対立し、マスタープランもなしに空虚な宣伝ばかり流しこむことにより、農民たちは不安を覚え動揺の色を隠せない。“今日も隣の部落では不動産屋が歩きまわっていた”“オラの隣の家では土地を売ったらしい”こういう噂がひっきりなしに乱れとぶ。これでは落ちついていろというのが無理かもしれない。

2．開発構想

これほどまでに農民を動揺させているむつ・小川原湖の工業開発計画とはどういうものだろうか。マスタープランも何もできていないため、計画というよりも大ざっぱな構想しかわからないが、その概略をみておくことにしよう。

イ　開発予定地域　むつ市、三沢市、上北町、東北町、野辺地町、平内町、六ヶ所村、横浜町、東通村（2市7町村）、小川原湖。開発予定区域の面積1,667,82km²。予定地内の人口164,052人。

ロ　工業開発　開発（導入）する工業の業種は、鉄鋼業およびC・T・S基地を含む石油精製、石油化学等の臨海性装置工業を主体とし、さらに、アルミ、銅製錬等の非鉄金属、化学工業、造船、自動車、電気機械、航空機等の大型機械工業および関連産業の配置。このため、原子力発電の開発を推進するとともに、エネルギー供給基地と基幹産業とのコンビナート形成をはかる。工業生産額の目標は約5兆円、工業用地は約1.5万ha、工業労働者は10～12万人を予定する。小川原湖周辺地区の開発は次のようにする。小川原湖東部に原子力発電所と結びついた鉄鋼一貫工場を中心に鋼材加工および大型機械工業等の関連企業を配置する。むつ湾沿岸のC・T・S基地を利用し、小川原湖東部および北部に石油精製、石油化学工業等と製品配送センターを配置し火力発電を含めたコンビナートとする。小川原湖北部に原子力発電基地を建設し、また、アルミ、銅製錬工場を中心として周辺に関連企業を配置する。

ハ　港湾　むつ湾は広域港湾（30万屯以上の船舶が入港可能）として、シーバース等による開発利用をはかる。小川原湖周辺の臨海部には、将来の港湾機能、土地利用の観点から堀込方式による大規模港湾の築造をはかる。

ニ　道路　国土縦貫高速自動車道路の盛岡から八戸までの計画を青森まで延長し併わせて同線を分岐、開発地域を縦断北上させてむつ市を経て北海道に連絡させる。

ホ　工業用水　小川原湖から日量120万屯を取水する。

ヘ　新市街地の形成　小川原湖北西部と鷹架沼周辺の丘陵地に約20万人の市街地を新たに作る。商業および住宅地域が約1,500ha、道路、グリーンベルトなどに約1,050ha、都市公園が約450ha、合計3,000ha。なお、工業地帯と都市化区域の間は、緑地、保全地域（農耕地等）を設定して完全に切り離し都市の居住環境の保全に配慮する。

ト　開発予定区域内の地目別工業適地面積（略）

チ　開発予定区域内の所有形態別工業適地面積（略）

リ　開発予定地内市町村別概況（略）

以上は、今年の7月に青森県がまとめた「むつ湾小川原湖地域の開発」という資料によったものである。すでにこれで明らかなように、まさに“巨大開発”の名にふさわしい規模と内容を知ることができる。2市7町村にまたがり、工業予定面積が1.5万ha、その中にあらゆる重化学工業、エネルギー部門が基幹企業と関連企業とのリンクによって配置される。そしてこれを中心にして周辺には商業、住宅地域を配置する。これまで、新産都市建設や地域開発が各地でおこなわれてきたがそれらの比ではない。大規模開発の先進事例として注目されてきた鹿島開発ですら3町村を対象に工業用地は準工業地区を含めて5,700haである。これだけを比較しても、むつ・小川原湖開発の場合は3倍もある。だが、この巨大さにのみ目を奪われているわけにはいかない。2市7町村の中には14,239戸の農家、25,310haの農地が厳として存在している。酪農、米、畑作がその営農活動を保証している。これら農家、農業生産について、さきにみた開発構想ではどう述べているか。それは単に、新市街地形成の項の“なお書き”で保全地域（農耕地等）を設定する、とあるにすぎない。しかも、それは保全地域にある牲格上、工業地域と居住地域を隔絶する手段にすぎないことが明らかである。農業生産が都市生活に緑を提供する役割をもつこと自体は否定する必要はない。都市の過密化が重要な問題とされている今日ではむしろ必要なことだろう。だが、都市生活に緑を残すためには何も農業生産でなければならないという理由はない。小規模な森林公園や植物園、花壇などをベルト状に何重にも配置することによってその用は足せるだろうし、その方が美観の上からも好ましいだろう。

農業生産は、本来、食糧供給という役割をもっており、しかも、わが国のような小農経営による場合は、多くの小農民の生活基盤が農業生産によって維持されるという基本的性格がある。この二つの点を無視した都市開発や巨大開発は、まさにナショナルプロジェクトに通ずることになろう。むつ湾・小川原湖の開発構想はまさにそれだ。だから現地の農民から“ナショナルプロジェクトではなしに、地元の経済と生活が繁栄する地域開発でなければ困る”という批判が出される。

だが、県の姿勢はこれに本当に耳を傾けるというものになっていない。いまだにマスタープランが作られていないことについては“これはナショナルプロジェクトだから経済企画庁、通産省、運輸省、自治省などの開発方針がまとまらなければならない”とし、10月20日、佐藤経済企画庁長官が来県した際に竹内知事は“すみやかに関係省庁の構想を調整のうえ決定されるよう”を陳情のトップに出している。なぜ、地元住民の意向に沿った開発計画の作成に国は協力してくれ、と言うことができないのだろうか。上ばかりを向いた開発は必らず下で深刻な矛盾が起きる。新産都市や鹿島開発がそうだ。むつ・小川原湖の場合、その規模が巨大であるだけに、一層、下を向き、下から出発した開発をすすめないと将来とんだことになるのではないかという不安をもつのは、独り私だけではないだろう。

開発でもっとも重要な問題は土地の取得方式である。ここの場合、マスタープランが完成していないので土地取得方式と未定だ。だがいくつかの方法についての検討がすすめられている。

通常、用地の取得方式には、買収方式(全面買収, 還元譲渡)、区画整理方式、信託方式、賃貸方式などがある。これらの中で、これまでもっとも一般的に採用されてきたのは買収方式（鹿島開発の6－4方式は還元譲渡にあたり非常に新らしい方式とされている）と区画堅理方式である。青森県がどの方式を採用するか未定だが、全面買い上げ方式、還元方式、賃貸方式のいずれかか、これらの併用かが検討されている。賃貸の場合は、土地所有者から借りた土地に地上権を設定し、土地からの所得に応じた賃貸料を支払うことになる。これらの中で、いまの動きで注目されるのは，一つは、経団連が県に働きかけて「土地所得会社」を設立し開発に必要な土地は一括してこの会社が取得しようとしていることであり、他の一つは、開発事業団を設立して土地の取得・造成・処分・工場建設などをおこなおうという県の構想である。これらのいずれかが実現されれば、農家は土地を売却し、それを取得した会社なり事業団なりが誘致企業に貸すという場合も想定される。こうなれば、さきの会社なり事業団なりは開発地域2市7町村にまたがる巨大な地主として出現することになり、この巨大地主の発言力ほ開発のすべてを支配することにもなりかねない。そういう事態が起きることを傍観していていいものだろうか？

3. 農民の声

“果して工業がくるのか？”“開発がきたら農業はどうなるのか？”“工業がくるまでの間、農業経営を拡大できるだろうか？”これらが十三地方の農民の共通した不安・疑問であり、ここから“ナショナルプロジェクトでなく地域開発で！”という要求が出てくる。これらの不安・疑問・動揺・要求の内容はさまざまだ。

六ヶ所村と三沢市とで農民や農業委員の人々と開発についての懇談会をやった。そのときに出た意見をそのままここに記しておこう。

○……むつ製鉄の誘致に失敗しただけでなく、30年前後に奨励されて入れたジャージがうまくいかず、ビートがだめ、肉牛がだめ、リンゴがだめ、そしていまは米がだめ、ということになり、わたしたちは苦い経験をなめつくしてきた。

○……開拓パイロットで1,000万円の調査費を使ったのに、今度は米以外の作物を作れということになった。県は6月にここにきて“7月には開発の青写真を出す”と言ったのにいまだに示されない。反当10万円もかけて造成した水田を作ったのに米を減反しろと政府は言うし、開発の方向もわからないままだ。農民はまったく目標を失なった盲も同様だ。

○……わたしは開拓組合で酪農をやっているものだ。昭和31年に機械開墾をやって、なたね・大豆・馬鈴薯と酪農とを結びつけてやってきましたが、気候が悪くて畑作がだめになり酪農一本の経営に切りかえました。昭和42年には、どうやら酪農専業でやれるようになり、45年にほ酪農頭数が倍になりました。でも、いまは1戸当り500万円の借金を抱えていますがあと4～5年で自立ができる見通しになってきました。その矢先に開発計画が出されたわけです。わたしたちの部落は堀込港湾予定地から数百メートルしか離れていないことがわかり“どうしたものか”と首をかしげている。わたしたちは、膨大な借金を抱えていてこれを返さなければならないし、かといって開発がくることになれば農業はなくなり、借金を返すことも難しくなる。

○……国や県が後継者を養成しろというので一生懸命やってきたが、開発によって農業がやれなくなるとすれば、この責任を国や県はどうしてくれるのか。

○……開発によって生活が新らしく変ったとき、われわれ百姓がどうやって生きるかが一番の問題だ。技術を身につけられるような指導を国や県がやってほしい。

○……六ヶ所村のように過疎地帯では、ちょっとした金で子々孫々までも誤まることが多い。つい最近のことだが三沢市の大養鶏場が鶏糞の捨て場に困って六ヶ所村に捨てさせてくれと言ってきた。ところが、雨が降ると水田に鶏糞が流れこんで稲が死ぬということが起きた。わずかな補償をもらってこうしたことが起きるのではたまったものじゃない。

○……わたしは12ヘクタールの耕地を経営していますが、粗収入がようやく300万円になった。あと2～3年で500万円になるみこみだ。息子も酪農をやれば一番安定するといって一生懸命やってきた。でも開発によってここの放地を捨てて新しいところに移転するとどうなるか？

5～6戸の農家が移るだけでは機械の共同利用もやれない。大型機械の共同利用をやろうと思えば100～1,000haのまとまった団地が必要になる。こういうことを考えると開発がくれば酪農はできなくなってしまい、息子はトラクターの運転手、オヤジは工場の門番ということでみじめなものだ。

○……いままでは原野を買うのに10アールを3万円で買えたが開発の宣伝によって20万円にもはね上り簡単に買えなくなってしまった。部落の近くの国有林60ヘクタールを解放してもらう話が営林署との間でまとまり15haずつ4年間に払い下げることにし、その第1年分15haは払い下げられた。ここに道路をつけたのに、2年目になると営林署では“開発がくると無駄になる“という理由で払い下げてくれないし、県もわれわれの要求を応援してくれない。また、地主も開発の声を聞いて“小作地を返せ”と言ってきている。こういうことではこれから経営規模の拡大もできない。“まったく迷惑な話がとびこんできた“という感じだ。

○……開拓組合の運営でも非常にやりにくくなった。未利用地を畜産経営のために基盤整備しようとしても組合員から“開発がくるのにそんなことをやってどうするんだ“ということがはね返ってくる。何度も話し合ってようやく少しずつ事業をやれるようになった。

○……いま土地を売っているのは原野や薪炭林だけで、専業農家はこれも売っていない。原野などを売るのは、借金を返して身をきれいにしたい、住宅を改築したいということからで、こういう気持ちになるのは当然だろう。

○……鷹架沼を堰き止めたため水位が高くなり、反当10万円もかけて作った水田が湿田化してしまった。これを乾田化するためにポンプを設置しようとしたら，県は“開発になると施設がムダになる“と言ってやってくれない。この施設を作れば300数十町歩が受益できるというのに……。

○……水田単作経営には豚がどうしても必要だ。県営の仔豚センター村に作ってほしい。

○……自分はあと20年位しか生きられないが後継者育成の施策に乗って一生懸命やってきた。だから後継者がどう生活できるかの方向・保証を国や県は考えてほしい。それさえやってくれれば土地価格が上ろうとどうしようと問題ではない。

○……県は是非とも移動県庁を開き、知事・副知事・各部長が出席してあらゆる団体の意見を十分に開いてほしい。

○……県は開発用地の取得に“青森方式”といって代替地のあっせんをやらないと言っているが、そうなるといったいどこに住めばいいのか！20万人都市を作りアパートを建てるというがわれわれもそこに住めるのだろうか？

○……東通村に原子力発電所の用地確保を県がやっているが、これも開発の一部なのになぜここだけ急いで買うのか。地価を抑えるためにやっているとしか思えない。

○……不動産業者が山林・原野を高く買いあさっている。農業委員会は農地の虫食いを防ぐために“売らないように”と呼びかけているが、本人が売るというのを“だめだ”というわけにいかない。それに、農地法を通さないでモグリで買っているものもあるようだ。こういうことがすすむと農業にみきりをつけ、生産意欲がなくなってしまう。わたしは開発は歓迎しているが反対するものが相当出てくるだろう。

○……わたしの部落は170戸ほどの部落だが、何十年も一緒に生活してきた人たちとこれからも一緒に生活したい。開発で移転することになった場合、部落がまとまって移れるだろうか。また、部落の中では立派な家を建てているものもいるが立ち退きのときに建築資金を出してくれるのだろうか。これから家を建てたいという人もあるが今建ててもいいものだろうか？

○……三沢市の場合、市の面積の半分を買収しても半分は残ると県は言うが、残るのは基地と射爆場ばかりだ。

○……5～6ha売って5,000万円になったとしても、150坪位の土地を買って家を建てると金は残らない。彼の生活はどうすればいいのか。

○……いままで国や県の指導でやったことで成功したものはない。だまされ続けてきた経験からすれば、7～8haの農地をもっていればここで食っていける。金持ちになる必要はないから開発には反対だ。

○……わたしは自民党員だから自民党のやることを批判したくないが、もっと地元の農民の気持ちを考えてほしい。10年も20年も苦労して開拓営農を続けてきた農民にとって今度の巨大開発構想はまさに怪物みたいなものに映っている。営農も生活も根こそぎブルトーザーの下に踏みつけられてしまうのではないかという不安の声は押しとどめようもない。この地域の農民たちは茨城県鹿島開発の農業団地を視察して帰ってきたばかりだ。鹿島の農業団地は岩上知事の“農工両全”の掛け声をアザ笑うように、いまは荒地とアパート群とに化している。形だけにしろ“農工両全”を唱え、代替地を提供した鹿島開発ですらこの有様だ。まして“代替地をあっせんしない“という青森方式では鹿島以上に農業の見通しが暗くなるのは当然だろう。だから“鹿島のテツを踏むな”というのがここの農民たちの相言葉になっている。

4. 農業団体の動き

国・財界・県の動きに対して農民は以上のような反撥を向けているが、この間に立つ農業団体はどのような姿勢を示しているだろうか。

農協は①用地の先行取得に協力する、②将来の農業のあり方を検討する、という立場から45年5月に「むつ湾・小川原湖工業開発対策委員会」を関係10農協でスタートさせた。ここでは、県に対する代替地の要求や、果樹・野菜・観光農業などへの経営改善などを検討することにしているが農協としては農家の土地代金をいかに農協に吸収するかにむしろ主眼がおかれている模様だ。全国各地の開発に対する農協の対応が多くの場合、土地代金導入に力を入れ、都市化・工業開発によって後退を余儀なくされる農業生産や農家経営をいかに守るかということには比較的冷淡だというのはどうしたことだろう。農住都市の事業にみられるように、農民を農業生産からむしろ切り離すことに意欲をみせ、農民を地代寄生者にしようという傾向が強まっている。また、鹿島開発の場合も、農協は農業の後退を喰い止めるために積極的に乗り出すことをやらず岩上知事の“農工両全”という幻想的キャッチフレーズに完全に屈してしまったといえる。だが、こうした姿勢が、結局は農協組合自体の基盤をも崩すことになることを農協は気づかないのだろうか。

もう一つの農業団体である農業委員会の対応はどうだろうか。県農業会議の提唱で6月に「むつ湾・小川原湖大型工業開発対策協議会」が関係市町村の農業委員会によって作られた。ここでは、農地が原野の名目で不動産屋に売られる動きがあることから、土地の先行取得や地価・補償問題などに対処しようとしている。農業委員会は本来、農地の保存と農業振興に役割を果す組織であることから、地域開発や都市開発には農業・農民の立場から積極的に取りくむ任務をもっている。新都市計画法に際しては、神奈川・京都・大阪・福岡などの農業委員会は近郊農業を維持・発展させるために積極的な動きをみせ、それが他県にも刺激を与えるという効果をあげている。青森県の各農業委員会や農業会議も、むつ・小川原湖の開発に際しては、まず、農民が不利になるような土地買収には積極的に対処するという立場から、県が不動産屋の侵出を手放しで傍観していることに強く反撥している。そして、できるならば、各部落ごとに土地管理組合を作って、農民が主体的に用地買収に応じられるようにし、企業の用地取得に際してはこれに団体交渉権を与えるようにしたいとしている。これができれば非常に画期的なことで、資本や行政による一方的な開発をある程度抑えることができるだろう。だが、これを効果的にやるには、巨大開発下で農業生産、農業経営、農家生活のあり方について農民自身の手で計画を作り、自治体が全面的にバック・アップするということがどうしても必要になろう。これの保証は、農家の積極性をオルグすることにつきるであろうし、巨大工場群に囲まれた中で生活することになる地域住民の緑を求める切実な欲求とが結びつくことが不可欠である。

去る9月17日、上北郡・十和田市・三沢市（上十三地方）の農業委員会が「上十三地区農業委員会支部大会」を開き、巨大開発に対する要望を決議している。この内容が農業委員会のいまの姿勢を端的に示しているともいえる。この決議に盛られている主旨をさらに具体化して、さきにみた農民の声に応えることができるようにすることが必要であろう。

なお．農業会議は別項資料(2)にあるような対策を関係農業委員会に呼びかけている。ここに示されているように、農家・部落を基礎とした対策をいかに強力にすすめるかが今後の農業・農民の行方の鍵となろう。

資料（略）

［出典：『農政調査時報』187:1970年12月］

Ⅰ－4－2

むつ小川原開発の将来性と問題点

吉永芳史

一　日本経済の発展と遠隔地立地の必要性

多くの青森県民が小川原湖の開発可能性を意識し、それを言の葉にのせるようになってから何年が経過したであろうか。記録上正確なことは分らないが、随分古い昔にまで溯れることのようである。しかし小川原湖の開発が構想の域にまで進められたのは、八戸新産都市の指定が重要な契機をなしていることはたしかである。東北地方のしかもその北辺の中小都市八戸が新産都市の指定を目指して地域工業化のためのもろもろの環境整備計画――その中には四十五年度以後小川原湖の開発についての記述がある――を立てていた時、『新産業都市への期待と現実』(1)が主として社会学の側面から八戸を調査して発表され、八戸新産都市の計画は住民不在のそれであり、地元住民とかかわりをもたない独占資本への奉仕のため財布の底をはたこうとするたぐいであり、小川原湖の開発などは実現の可能性の疑わしいものであると、かなりの酷しい批判を行なった。今ここで新産都市八戸の建設が住民の利益を忘れた独占資本への奉仕であったかどうかを議論しようとは思わないが、少なくとも後者の部分すなわち小川原湖の開発が実現の可能性の疑わしいものであるとの批判は、その後の歴史の流れに徹して正しかったとはとうていいえないことは今や明白である。新産都市の指定後、わずか数年にして企画庁の「新全総」が発表され、それによって小川原湖の開発は全国的視野においてクローズアップされた。そして速くも本年三月には、財界、国、県の三者出資による「むつ小川原開発株式会社」、資本金一五億円が本地域工業化のため設立されている。このような一連の速い動向に徹して『新産業都市への期待と現実』を考えてみると、そこにはやはりわが国経済の成長、発展の規模と速度に対して、多くの人々――もちろんエコノミストも含まれるが――が過小に評価することしかできなかったという誤りがあったように思う。このことは工業立地の専門家にも例外なしに共通して表われている。たとえば、昭和三六年に日本生産性本部から出された『塗りかえられる日本の産業地図』に次のように述べられているところがある。

「何といっても日本の工業の中心は、このベルト地帯（このベルト地帯という意味は文章の前後関係からして関東から関西に至る東海道のベルト地帯を指している——筆者注）以外にあり得ない。一方で、地域的な所得格差の解消、おくれた国土の開発ということから、また他方では過大都市の防止ということから、工業の地方分散の必要性が強調されている。そして、それはゾルレンとしては正しい方向だが今のような資本の恣意を容認する制度である以上、企業が、工場をより有利な、より利潤の高いところに立地しようとする性向をおさえることはできない。そうなれば、どうしても重化学工業は、このベルト地帯に集中する以外にない。それがきびしい資本主義の合理性というものがある。」

昭和三六年といえば、池田内閣の所得倍増計画の初年度であるが、その頃は一〇年間でGNPを倍増させるというプランに対してさえ懐疑の念をもっている人の方が多かった。したがって、昭和三〇年代以降の技術革新の進展と製造工業の大規模化が、やがては辺境地、遠隔地立地を求めるようになるであろうとは、ほとんど感得されていなかった。想い起こせば、この一〇年間余りの間の太平洋ベルト地帯の住民の意識とそれをうける自治体首長の工業化に対する姿勢は、著しく変化を遂げてきた。すなわち初めの頃は、地域住民も所得水準の上昇を求めて工場の進出を歓迎したし、首長も企業の誘致を住民に対するサービスと考えていたのであるが、現在ではむしろ進出してくる企業をプッシュ・バックすることこそが住民へのサービスと考えるようになった。千葉県銚子市が東京電力の予定していた世界最大ともいわれた銚子火力発電所の計画を白紙還元せしめたり、広島県福山市が昭和電工のアルミ工場の計画を縮小せしめたりしたケースがその顕著な事例といえよう。なぜそのように一八〇度変わってきたのか。理由はいろいろ考えられるのであるが、簡単にいえば既存工場地帯における過密の弊害と公害問題の深刻化であろう。過密現象には、土地価格の異常な上昇、交通・住宅難、廃水処理、過大都市の治安問題などがあり、公害現象には地盤沈下、大気汚染、水質汚濁、騒音、悪臭などがある。要するに過密、公害などのマイナスが工業集積の利益・プラスを超え、人工密集地帯の住民の生活上の安全を怖かすように至ったからである。

おそらく将来、大規模工業は、ますます人工密集地帯と疎遠になってゆくとみられる。昭和三〇年代の工業立地のパターンは、大消費地指向型（人口密度の高い地域と同義）であったが、四〇年代以降は逆に人口密度の低い地域を指向する型に変わってきたといってよかろう。やや皮肉ないい方をすれば、日本列島の均衡ある発展を招来する道は、工業化の勢力を弱め、GNPの成長を抑制する方向から生まれるのではなく、むしろ工業化を助長し、GNPを拡大させる方向から生まれる、ということもできる。

将来、わが国のGNPはどのくらい大きくなるのか。予測は必ずしも容易ではないが、昭和六〇年度には、少なくとも昨年度（七〇兆円）の二・六倍、一八〇兆円程度に達するであろう。これだけ規模の大きい経済を日本列島の上に実現するためには、労働力の確保もさることながら、新規に必要と見込まれる工業用地二〇万haの取得が最大の難問と考えられている——現在全国で工業用地に利用されている総面積は約一〇万haであるから、新規に必要となる工業用地は現在の二倍という大量の土地である。既存の工業地帯では、いままで述べてきたような理由からして新規工業用地を期待することは、ほとんどできないと思われる。ここにかつては工業立地の専門家でも、必ずしも明確に予想できなかった遠隔地立地、辺境地立地のかなり差迫った必要性が生まれてきたのである。

二　むつ小川原地域の有利性

いままで述べたような工業化に伴う客観条件の変化はさておき、むつ小川原地区の積極的有利性はどのような点に考えられるのか。

まず第一番目に考えられる有利性は、シベリヤおよび北米と距離的に近いという地理上の有利性である。わが国経済の拡大は、海外資本に対する依存度をますます高めてゆくことになるであろうが、潜在資源の豊富なシベリヤや北米に近いということは、本地域の将来価値を高めることになろう。

第二番目に考えられることは、物理的条件、技術的条件に属することである。目下多くの大工場地帯で共通の悩みとなっている工業用水が小川原湖（面積六二・七平方キロメートル、貯水量七億五,〇〇〇万トン）を利用すれば、最低一日に一二〇万トンの取水が可能と見込まれていることである。土地の問題では二・二万haほどの広大で平坦な（標高二〇〜一〇〇メートル）な工業産地が割合まとまった形で取得されるということである[(2)]。この二・二万haの工業適地がいかに広大なものであるかということは、日本工業史上、一九六〇年代の大規模工業基地建設であった茨城県鹿島の工業適地（工場、港湾、住宅、道路の用地を含む）が約四,〇〇〇haであったことに比較すればその五・五倍に当たるのであるから、広いことの有利性は容易に理解されよう。電力の問題では、大規模な火力発電所の建設計画が進められている他に下北郡東通村前坂下地区に東京電力、東北電力が共同で数百万kwhの原子力発電所を建設する計画があり、青森県の仲介で必要地一,〇〇〇万平方メートルの買収行為が行なわれていたが、本年三月会社側と土地所有者との間に売買契約が成立している。したがって電力の供給体制はもっとも具体性がある[(3)]。港湾の問題では次のような利点が考えられる。大型工場はいずれも原料大量使用型のものであろうから、二〇万トンを超える大型船の入出港が可能でなければならない。下北半島の東海岸は直接太平洋に面している上、水深も深く掘込港湾を掘削することにより水深の深い外洋と直接連絡することができるのである。

第三番目に考えられるこの地域の積極的有利性は社会的条件に属することである。それは、人口密度が低く――平方キロメートル当り一〇〇人ていど――土地は割合粗放的に利用されているにすぎないので、地価が安い。地価の問題については、後でまた触れる予定である。労働力の点では、地元に若年層を引きつけるほどの企業が少ないこともあって、新規学卒者の県外就職が多い。中卒の県外就職率は県内全体の四三・八％を上回って、ほぼ五〇％に近い状態であるし、高卒のそれは県内全体の三九・三％をさらに大きく上回って五〇％を超えている。

その上、冬期、夏期を問わず県外に出稼ぎを余儀なくされている者も多く、積極的に地元の工業化を期待する住民の声も高い[(4)]。本地域も周防灘沿岸地域と同じように、漁業補填の問題を抱えているが、県の調査によるこの地域の四四年の漁業生産額は、二四億円ということである。これに対し周防灘沿岸三県の場合は、ノリ養殖の売上額のみで四四年度に八〇億円に達しているから、両者の比較ではこちらの方が比重は軽いとみることもできよう。

最後にむつ小川原地域の潜在的有利性として、特に書き加えておきたいことは、下北半島の東岸太平洋と西岸むつ湾とを連絡する水路、すなわちむつ運河――それが完工すれば、むつ湾の産業的、経済的価値はさらにいっそう高まる――の構想が具体化しようとしていることである。これも鷹架沼を利用すれば、わずかに五,〇〇〇メートルていどのショートカットで東西の両水域が連絡されることになる。むつ湾は水深も深く、海象も良好で、面積は一六万ha（東京湾の一・五倍）という広さであるから開発の可能性はさらにいっそう大きいといえるのである。

青森県ではすでに昨年四月に「陸奥湾小川原湖開発室」を発足させて本地域の調査事業の準備を進めていたのであるが、政府各省庁でも一斉に調査事業の実施に乗り出してきた。まず企画庁関係では、四五年度から四七年度までの三ヵ年計画で総額一二億円の予算で調査を行なう方針が決まり、四五年度は国費、地元負担合わせて五億六,〇〇〇万円で土地利用、水質、気象、海象、社会経済の調査を開始している。通産省関係では、産業公害総合事前調査を三沢市から上北郡六ヶ所村に至る太平洋岸で行なった。この調査は将来立地される工場の排水が太平洋岸に排出された場合、どの程度汚染水を拡散できるかを調べたもので、公害なきコンビナートを目指す調査の一環として注目されたが、公害予防のための調査は今年度以後も継続して行なわれる。運輸省関係では、三ヵ年計画で、大規模工場適地としての港湾調査を行なうことになり、①風向、風速などの気象調査、②波向、波高調査などが実施された。本地区は、四六年度からスタートする運輸省の港湾整備新五ヵ年計画に大規模工業港湾として内定しており、調査事業は大幅に進行すると予想される。こうした国の調査事業の外に、企業グループや各種審議会の現地視察も相次いで行われた。

通産省の産業構造審議会に属する大型工業基地委員会の一行（土屋清委員長、原文兵衛公害防止事業団理事長、向坂正男エネルギー経済研究室長など）も六月には現地視察を行って、「われわれとして、大規模工業基地の第一候補にむつ小川原地区を挙げている」と語ったと報道されているが、以上の事柄はすべて、本地域の有利性の裏づけとなるであろう。

三　開発計画の概要と開発主体

本地域の開発計画に入る前に、昭和六〇年度一八〇兆円のGNPに対応する本邦基幹資源型工業の需要見込み、既成工場（立地予定を含む）生産見込み量、新規立地必要生産量に触れておこう。将来、鉄鋼、アルミ、石油精製、石油化学、電力などの生産は、いずれも昭和四四年の生産実績の二倍ないし三倍を、新規に立地されるであろう工場や設備において求めなければならない（第一表）。むつ小川原地域はこうした生産の要請に対応しようとしているわけである。その想定業種の規模および諸元は、第二表にみられる通りであるが、いずれも既設工場や設備の能力に比べて非常に大きいことが特色である。例えば鋼鉄年産二,〇〇〇万トンというのは、現在最も大きい製鉄所の一つである日本鋼管福山製鉄所、一,五〇〇万トンをはるかにオーバーするものであるし、八〇〇万kWhの火力発電所は、現在わが国最大の東電横須賀火力発電所の四倍に当る。

この地域で想定されている投資総額と産出額とはどのくらいであろうか。県の開発室が試算しているところによると、公共民間合わせて昭和六〇年までに、六兆二,〇〇〇億円ないし六兆七,〇〇〇億円になる予定であり、また六〇年の工業生産額は本地域分で二兆四,〇〇〇億円ないし三兆二,〇〇〇億円とみられている。これらの投資額は、道路、水道、鉄道、湾口やニュータウンを建設するためのものを含み、六割が資材費である。民間設備投資額は機械設備が主で、このうち九割は県外から移入されるであろう。これらを含めた昭和四三年から六〇年の累計固定資本形成額は、九兆円ないし一〇兆円になる見込みで、これは二九年～四三年の県内実績。八,〇〇〇億円の一二倍ないし一三倍に当るのである。一方開発効果の面では六〇年に、むつ小川原開発地区のほか既存工業分を加え県内の工業生産額は、三兆二,〇〇〇億ないし四兆二,〇〇〇億円に達するとしている。これは四三年の兵庫県（三兆二,〇〇〇億円）、愛知県（四兆二,〇〇〇億円）とほぼ同額であり、この結果都道府県工業生産額のランクに占める本県の順位は、四三年の全国四三位から六〇年には一六位に上昇する見通しである。

これだけのスケールの大きい工業基地の開発はたんに、予定企業のみのイニシアチブでなされることは、問題が大きすぎるであろうし、また不可能な面もあろう。それが真に地域開発であって、地域や住民の福祉と両立するものを目指すのであれば一般論としても開発の主体やその組織がいかにあるべきかは、深くかつ詳細に検討されねばならない。従来の工業立地はたとえその外観において、地域の開発に貢献しようとの努力が多少みられようとも、最終的にはおおむね進出する側の企業の全くの自由意思——場合によっては全くの単独の意思——による利益計算重視の結果行われたものであるといってよく、社会開発に対する顧慮は少なかった。したがって日本列島全体として見渡した場合、大工場地帯の形成は〇〇工場地帯という名のスプロールであった。スプロールであれば、それは本来無秩序に進行するものであるし、地域住民の利益や福祉と矛盾しがちなものであった。よくいわれるところの工業化は大企業の利益のためであって、地域住民のためのものではない。地域住民は工業化のむしろ被害者であるとの主張にも多くの場合、根拠があった。

そうしたスプロール的工場立地も技術の発展段階が相対的に低位で、生産能力も小さかった時代には、工場廃棄物の量も少なかったし、自然界の浄化作用がある程度は有効に作用したといってよい。他方住民の側の苦情を申立てる抗議運動も強力に組織化されることは少なかった。戦後は、技術革新と高度成長という新しい条件の中で、生産能力の大規模化が進行し、産業廃棄物も桁違いに多くなり、もはや自然界の浄化作用は著しくその力を減じてきた。一方ではテレビの普及を主軸とする情報化社会を迎え、住民の抗議は短い期間に強力に組織されるようになった。

その上、スプロールの形で工業地帯が形成されると、当該自治体に対し、計画的、合理的に工業地帯が形成された場合に比べて、比較にならないほどの大きい財政負担——道路、上下水道、学校、住宅その他もろもろの社会公共施設の建設需要を想起せられたい——を課することになるし、自治体の調整能力を混乱せしめるのである。

したがって、以上述べたような企業をめぐる環境の変化、客観情勢の変化に対しては、企業側においても、その反応として考え方および姿勢に変化があって然るべきであるし、またそれは現に相当程度生じつつあると考えられる。

むつ小川原地域の場合、従来の工業立地の反省の上に立ち、とくに最近の郊外問題の深刻化を契機とする地域社会の住民意識の高まりをふまえて地域開発を行なおうする意図が認められる。したがって、もしも次にのべるような切迫した必要性が発生しなかったならば、マスタープラン作りの方が先行していたであろうし、開発主体の組織化もだいぶ先の話になったかも知れないのである。だがその切迫した必要性ゆえに、公共的な性格をもつ開発主体の組織化が急がれることになった。

その必要性とは、速くも本地域に乗込んで土地の先買いを始めた、土地ブローカーの暗躍である。地元紙によれば、「すでに二,〇〇〇ヘクタールがブローカーの手に渡り、その他野農地転用で手放されたのが約二,五〇〇ヘクタールにのぼっているという。土地の価格は一〇アール当り五、六万円から一五、六万円というところ。中には二五万円から三五万円という値のついた所もある。五、六万円から一五、六万円という地価は、一昨年の二万円から六万円という相場に比べるとザット三倍。土地を買いにくる人がいるとは夢にも思っていなかった農民にしてみれば、一挙に三倍の値で売り急ぐ人の出てくるのも当然で虫食い現象に拍車をかけている」という。鹿島の事例でも明らかなように、開発の成否はまず第一に計画通りに用地が入手できるかどうかにかかっているのであるから、土地投機業者の恣意をチェックするためにも公共機関の組織をその活動が差迫った必要事であったわけである。

通産省の側としては、最初特別立法をもって対処する方法を考えていたようであるが、立法化には時間がかかるし、それも成田空港の事例からみて必ずしも適当ではなく、最終的には、トロイカ方式と呼ばれる組織に落着くことになった。

第一の組織は先にもふれた財界、国、県の三者出資による資本金一五億円の「むつ小川原開発株式会社」の設立である（昭和四六年三月設立、来年上期に倍額増資の予定）。この会社の設立目的は、むつ小川原の地域開発のため用地を先行取得し、造成、分譲を行なうことにあるが、出資比率は財界七億五,〇〇〇万円——大手企業一五〇社が五〇〇万円ずつ均等出資——、国六億円、青森県一億五,〇〇〇万円となっている。

第二の組織は、この会社の委託をうけて現地で用地買収の実務を担当する「青森県むつ小川原開発公社」の設立である（昭和四六年三月設立）この公社が設立された意図は、鹿島の事例でも明らかなように、用地の買収には地域住民の十分な納得と協力が必要不可欠であるとことから、地域の事情に精通している人々が当らねばならぬという必要性に根ざしている。第三の組織は、まもなく設立される予定の「むつ小川原総合開発センター」というシンクタンクである。これはむつ小川原の開発を単なる工場誘致に終わらせることなく、公害を防ぎ真の意味の地域開発たらしめることを意図しており、小川原湖の湧水調査や本地域の地耐力と調査など自然条件の調査も引継ぐ予定である。その外広く社会調査を行い、工場レイアウト、ニュータウン、道路、公園、緑地など総合建設計画を担当する予定である。

このトロイカ方式が果して資本の裸の意図を貫徹するポーズにすぎないか、あるいは公にされた設立目的に則して実効を挙げ新しい地域開発のモデルになりうるかは今後の実績によって評価する外はないのであるが、かかる組織の設立自体に、人間社会における一つの進歩を期待したいというのが筆者の見解であるし、多くの青森県民の要望でもあると思う。

四　むつ小川原開発の問題点

開発計画に対する地域住民の受けとり方は、すでに言及したようにかなり積極的なものであるといってよい。この開発計画の推進を大きく県民の前に提示して選挙戦を闘った竹内青森県知事候補が、必ずしも開発に反対ではないがやや慎重な姿勢を示した革新候補に対して前回の当選を上まわる得票で勝利を占めた事実が一つの証明とされる。工業化がすでに進行し、過密状態にある場所に居住している住民の意識と、いわば工業化から取り残され、米作の将来にも大きな期待が持てず、出稼ぎを余儀なくされているような地域に居住する住民のそれとは、当然のことながら大きな相違がある。したがって多くの地域で工業化お断りといっている時に、どうして青森県は工業化に熱を入れるのかと問うても余り説得力はない。東京のある雑誌社の記者が上北郡六ヶ所村を訪れて、「ここは東京にみられない自然の美しさがある。こんな美しい自然をどうして住民は守ろうとしないのか。工業化を期待するなんて正気の沙汰とは思われない」と語ったそうだ。それに対して「あなたがここをそんなにいいと思うなら、東京から移住してきて、ここにお住みになりませんか。空地も沢山ありますから土地は安いですよ」といわれて、件の記者はなんとも返答しえなかったという話がある。この話の真偽は不明であるが、過密地帯の住民と過疎地帯の住民の意識の相違を示して余りある。

要するに人間は生き甲斐を求めて生きているのであり、ただ自然の景色の美しさばかりが生き甲斐にはならない。自然の美しさも毎日眺めていれば限界効用はゼロに近づく。自然の美しさよりも、より多くの人間との接触を望みもろもろの文化的環境の中で、そしてまたより多くのオポチュニティーの中で生活したいという欲望の方が強いこともある。なかでも本地域の一つの核をなすとみられる三沢市は、戦後米国極東空軍の基地として急成長した町だが、米軍の引揚げ問題が発生して以来、労務者の解雇が続出し、町はもとの淋しい村に逆戻りするのではないかとの不安が高まっている。とくに町の中小商工業者の本地域の開発に対する期待はいわば起死回生の戦略といってよいほど強いのである。したがって、大筋においてむつ小川原地域の開発は、商工業者はもちろん農民層からも支持されるであろう。ただむつ小川原の開発には問題点が存在しないかといえば、それも簡単に肯定できないいくつかの問題点がある。

まず第一に考えられる点は、買収予定地が六,〇〇〇万坪以上にも上ると見込まれているところから、買収方式には新しい方式が考えられたが、買収費そのものが非常に巨額に達することである。特に財政的余裕に乏しい青森県にとってこの負担は後後まで苦労の種となりそうである。

第二に、マスタープランでは、本地区の開発がすっかり完成した場合の図面を示すことはできるであろうが、完成までの途中で、あれこれ発生してくる諸問題をどう解決してゆくかということについて、はっきりとした対策がたてにくいということである。例えば鹿島のように、土地を手放した俄か成金の精神的荒廃をどう防止するかという問題にしても、それは当事者たる個人の責任であるといってすませられるのだろうか。また土地を手放す農民や漁民を対象に、県の段階で転業の斡旋や職業訓練、雇用促進対策がとられるであろうが、彼らの中には集団の職場や工場の規律に馴じめない者も含まれている。そういった不適応者の対策が厄介な問題として残ることも予想される。第三に大規模工業基地化による巨大工場の進出が、地元の中小企業にどんな影響をおよぼすのか？　場合によっては地元中小企業に未曾有の発展をもたらす機会があるかもしれないという漠然たる期待感もあるが、どういう種類の機会がどういう形で訪れるのか皆目見当もつかないという不安も大きい。そのうえ機会は訪れるとしても、県外の企業に独占されてしまうのではないかという心配もまた非常に大きいのである。

本地域は人口密度の低い農林漁業地帯であるが、そこに点在している集落には過去に共通した記憶をもつ人間が住んでいる。そこにはまとまった地域社会の連帯感が形成されている。土地を手放した人々がその連帯感のある場所を離れて、新しい職業につき、新しい地域社会に融けこむまでの不安や精神的苦痛が時として当事者に変化を忌避するムードを生みだすことも考えなければならない。したがって金を払いさえすればそれですむといったような態度がみえれば、強力な抵抗に遭遇するであろうことは、ほとんど確実である。

以上の問題点は、ひとり青森県の場合だけでなく、今後工業開発が行なわれるあらゆる地域で程度の差はあれ共通に発生する問題点と考えられる。青森県の場合は、地域社会が想定的に静態的であるため、住民の環境変化に対する適応性が弱く、開発の途上で住民問題が深刻化する可能性もある。それらの側面をふまえてむつ小川原地域の開発を考えた場合、ぜひとも充実した社会教育の一体的並行の必要性が痛感されるのである。

(1)昭和四〇年七月、福武直編『地域開発の構想と現実II・新産都市への期待と現実』東京大学出版会。
(2)本地域のうち工業適地としてあげられている約二万二、〇〇〇haの地域別では、田が一八・四%、畑二九・三%、山林二三・八%、原野八・八%、その他湖沼、宅地、射爆場など一九・七%となっている。また所有別では民有地が多く七九・五%、公有地は四・七%、国有地一二・九%、その他二・九%である。
(3)われわれの判断では、下北において発電所用地の買収交渉が妥結したことは、本地区の工業化が大きく前進するきわめて有力な積極材料ができたと考えている。たとえば遠距離送電の送電ロスは、東北電力の場合、昭和四四年で発生総電力の一〇・一八％金額にして一六〇億円にも上るのであるから、電力の発生地と電力の需要地は本来ワンセットであるべき経済的必要性が強い。下北を遠距離買電基地に予定しているのではないということは、電気事業の責任者も名言しているところである。

⑷青森県農協中央会が、昨年九月むつ小川原地域関係農家に対して行ったアンケート調査によれば、積極的に開発を進めるべきだとするもの四八・五％、積極的に賛成はしないが認めるというもの三四・二％、合わせて八二・七％となっている。これは三沢市はじめ上北町、東北町、野辺地町、天間林村、横浜町、六ヶ所村、平内町、むつ市の九市町村一、一〇〇戸の農家が対象になっており、回収率は三四・五％でかなり低いという難点はあるが、住民の開発に対する一応の意向をまとめたものとして注目される。

［出典：『経済評論』20(6):93-103頁（1971年6月)］

第5章　裁判関係資料

I -5-1	19791023	米内山義一郎	訴状
I -5-2	19810324	米内山義一郎	昭和54年（行ウ）第10号損害賠償代位請求事件準備書面
I -5-3	198504—	清水誠	米内山訴訟の意義－「巨大開発」の欺瞞との戦い－
I -5-4	19850910	青森地方裁判所	昭和54年（行ウ）第10号、昭和55年（行ウ）第4号損害賠償代位請求事件判決

Ⅰ－5－1

訴　状

米内山義一郎　昭和54年10月23日

訴訟物の価額　金　三五万〇、〇〇〇円也　貼用印紙額　金　三、三五〇円也

上北郡上北町大字上野字上野＊＊＊
　原告　米内山義一郎
青森市大字八重田字露草＊＊＊
　被告　北村正哉
損害賠償代位請求事件

請求の趣旨
　被告は青森県に対し金一〇〇億円とこれに対する昭和五四年六月二一日から支払済みに至るまで年五分の割合による金員を支払え
　訴訟費用は被告の負担とする
との判決並びに仮執行の宣言を求める。

請求の原因
一、原告は青森県の住民であり、被告は青森県の知事である。
二、被告は、青森県知事として、昭和五四年六月一四日、青森県上北郡六ヶ所村所在訴外六ヶ所村海水漁業協同組合（以下単に訴外海水漁協という）、同村所在訴外六ヶ所村漁業協同組合（以下単に訴外村漁協という）とむつ小川原港整備事業に伴う両漁協の共同漁業権等の放棄に対する補償等に関する協定を締結した。
　右協定の補償金に関する協定内容は次のとおりである。
(一) 訴外海水漁協及び同漁協組合員はその有する共同漁業権の一部と港湾区域内の各種漁業権を放棄し、青森県はこれらの漁業権の放棄に対する補償金として金一一八億円を同訴外漁協に支払う。
(二) 訴外村漁協及び同漁協組合員はその有する共同漁業権と港湾区域内の各種漁業権を放棄し、青森県はこれらの漁業権の放棄に対する補償金として金一五億円を支払う。
　青森県は右協定に基づき同月二〇日両漁協に対し右補償金全額を支払った。
三、右訴外両漁協に対する右補償は消滅補償と通損（所得）補償に分けられるが、両補償とも両漁協の平年漁獲量、平年漁獲金額、それによる純収益額等により算定されている。最終的に前項記載の補償金額を算定した根拠となったそれは次のとおりである。
(一) 訴外海水漁協については、平年漁獲量は三八八万〇、六九八キログラム、平年漁獲金額は金一五億〇、九一九万九、一二三円、純収益額は金九億一、二三一万一、六六四円とのことである。
(二) 訴外村漁協については、平年漁獲量は七三万一、〇三九キログラム、平年漁獲金額は金一億六、四三三万〇、六六八円、純収益額は金一億一、三四〇万四、三八五円とのことである。
四、ところで、右訴外両漁協に対する前二項記載の補償金額算定の根拠とされた前項記載の両漁協の平年漁獲量、平年漁獲金額、純収益額が、両漁協の実漁獲量、実漁獲金額、実純収益額の数倍或いは十数倍のいわゆる水増しされた作為的漁獲量、漁獲金額、純収益額による数値であることば、ここ数年間の公表された水産関係資料からも明らかである。この詳細は次回準備書面で明らかにする。
五、被告は、青森県知事として、右訴外両漁協と前二項記載の協定を締結する際、同協定により青森県が右両漁協に支払う補償金額の算定の根拠とされた両漁協の平年漁獲量、平年漁獲金額、純収益額が、前項記載のとおり実漁獲量、実漁獲金額、実純収益額の数倍或いは十数倍の水増しされた作為的漁獲量、漁獲金額、純収益額による数値であることを知りつつ或いは知り得たのにあえてその数値により両漁協の補償金額を算定し、協定を締結し、同金額を支払ったのは地方自治法、地方財政法、国で定めている損失補償基準等に違反しており、違法な協定、違法な公金の支出であり、それによって青森県に対し莫大な損害を与えたのであるから、被告はその損害を青森県に対し賠償すべき義務がある。なお、青森県に与えた損害額は、右両漁協に対する正当な補償金額と思われる計金三三億円を除いた金一〇〇億円であり、青森県の被告に対する損害賠償請求額も同額と考えられる。
六、原告は、昭和五四年八月三日、青森県監査委員に対し本件訴外両漁協との前二項記載の協定、それによる補償金の支払を違法、不当な公金の支

出として地方自治法第二四二条による住民監査請求をしたところ同監査委員は原告に対し同年九月二二日付書面で「本補償金の支出は違法または不当であるとの請求人の主張は認められない」旨の監査通知をした。右書面は原告に同月二三日到達した。

七、しかし、原告は右監査結果に不服であるから地方自治法第二四二条の二により青森県に代位して被告に対し青森県の蒙った損害金一〇〇億円及び同金員を支出した翌日である昭和五四年六月二一日から支払済に至るまで年五分の割合による遅延損害金を青森県に対し支払うことを求める。

立証方法

　口頭弁論の時提出する

添付書類

　一、住民票　一通

昭和五四年一〇月二三日

右原告　米内山義一郎

青森地方裁判所　御中

［出所：むつ小川原巨大開発に反対し米内山訴訟を支援する会,1999,『米内山義一郎の思想と軌跡』249-252頁］

Ｉ－５－２

昭和 54 年行（ウ）第 10 号損害賠償代位請求事件準備書面

米内山義一郎　昭和 56 年 3 月 24 日

昭和五四年行（ウ）第一〇号

原告　米内山義一郎

被告　北村正哉

昭和五六年三月二四日

右　原告　米内山義一郎

青森地方裁判所　民事部御中

準備書面

１．竹内県政の挫折（略）

２．竹内県政と財界との癒着（略）

３．住民無視の開発方式の決定（略）

４．開発計画縮小によるゆさぶり（略）

５．農地法の悪用による土地の先行取得（略）

６．ゼニゲバによる村の崩壊（略）

７．「第二次基本計画」と「環境アセスメント報告書」（略）

８．安全性を無視した「むつ小川原港港湾計画」（略）

９．「むつ小川原開発株式会社」の財政破綻（略）

１０．「石油国家備蓄基地」への飛び乗り（略）

１１．デタらめな漁業補償

　昭和五十二年十二月二十五日、港湾審議会第八十回計画部会の席で「むつ小川原港港湾計画」の審議に先立ち、被告は次のように述べている。

　「この地域にこういった港湾を建設して、それを拠点に総合的に開発を進めようという課題は、これは私共の県にとりましては、ほとんど宿命的にこの必要に迫られているような事情でございまして・・・将来とも不退転の決意で進めようというものであります。・・・大変言葉は悪いのでありますが（この漁業補償が）主に障害になっているわけでありまして、それを乗り越えることに大きな問題意識を持っております。『困難な問題だなあ』というように考えておりますが、これは何としても進めなければならない。」（議事録）。

　すなわち、被告は自から漁業補償問題の解決は“困難”で、しかもこの開発の“障害になっている”ことを認めている。

　この港湾審議会で「むつ小川原港港湾計画」は全くデタラメな資料のもとに承認された。

　県は、これをもとに昭和五十二年十二月段階で昭和五十二年度運輸省予算が港湾事業に張りつけられた関係上、同予算の早期執行に持ち込む必要から「五十三年五月中に関係漁協に補償金額の提示を行い、六月中に交渉を妥結させたい」との目標を明らかにした。

　苫小牧の漁業補償問題が提示から約五ヶ年の年月をかけて妥結したのに対し、県は当初それを“一ヶ月”とたかをくくっていた。

　しかし、港湾建設実施設計調査に対し、二億五千万円の予算がついたものの、六ヶ所村三漁協（村、村海水、泊）は調査に伴う漁業の影響に対し“迷惑料”の請求を行ったことから、補償額積算のための実態調査への漁民達の協力が得られず、とりあえず“協力料”の名目で昭和五十三年四月二十九日六ヶ所海水漁協一千万円、六ヶ所村漁協九百万円、泊海水漁協八百五十万円の計二千七百五十万円を県費から特例として支出した。こうした予算獲得を行政的に先行させ、その予算執行のために何がなんでも他の問題を棚上げし、その計画のゴリ押しをするという県行政の姿勢はこのむつ小川原開発計画のいたるところに見られる。

こうした中で県は同五十三年八月十八日、先の三漁協に対して、それぞれ村海水漁協六十一億七千二百万円、村漁協四億四千三百万円、泊漁協に対して八億八千四百万円の漁業補償額を提示し、その後三漁協との間で協定調印の交渉を重ねた。一方、国の昭和五十四年度予算の大蔵省原案で、むつ小川原港湾整備事業を含む全国の港湾整備事業費が約二千六百億円ついたが、県はこのうち三十四億円を要求し、建設を進める計画だった。しかし、いくら獲得できるかは条件整備があり、肝心の漁業補償が解決しない限り、工事予算の獲得、執行は難しい。

そのためにまず県は金に糸目をつけず交渉を早めることを決め、昭和五十四年一月十七日海水漁協と当初提示額の二倍に近い百十八億円で覚書を交わした。しかし、残る二漁協は難色を示したため、竹内知事は同年二月二十四日残る二漁協とは覚書を交わせないまま退陣し、被告がその任務に就き、引続き交渉にあたった。同三月三十日、県は村漁協と当初提示額の約三.四倍の十五億円で覚書きを交わした。

県がこのようにべらぼうな上のせで覚書調印を急いだ背景には、昭和五十三年度に同港湾防波堤工事に、国の直轄工事費として七億円の予算がついたが、漁業補償が解決していないことから、試験堤と一部調査をやっただけで、約四億円を新年度に繰り越すはめになったこと、さらに一月に海水漁協と覚書の取りかわしができ、このほど、国家備蓄基地も決まりどうしても港湾工事を急ぐ必要にせまられていたという事情がからんでいる。

昭和五十四年度のむつ小川原港湾にかかわる国、県の総事業工事費は三十三億が見込まれていた。一方県は昭和五十四年五月三十日に開会した定例議会に村、海水両漁協との総額百三十三億円の予算案を計上したが、村漁協は三月に覚書きは交したもののまだ一度も総会もひらいていなかったのである。県は漁協総会前に補償額を予算化して、ここでもまた行政の先走りをやったのである。

あわてた村漁協は急拠一日おくれた五月三十一日に臨時総会を開き十五億円の補償額を承認した。こうした、昭和五十四年六月十四日、県は村漁協、村海水漁協と漁業協定との正式調印を行った。

先の苫小牧の漁業補償問題解決に要した五年と比較すると、この両漁協の場合たった“十ヶ月”で調印が成立したのであるが、これは異常なスピードであるといわざるをえない。政治加算が増せば増すほど妥結に要する期間は短かくなり、金に糸目をつけない漁業補償がなされてゆくのである。

このように、県の公金に対する金銭感覚のマヒはまさに驚くべきものがあり同時に地方自治の本旨の忘却であり、道徳性の欠如である。

この原因は、前述したとおり開発会社が倒産の危機に瀕し、県と一体となって、一日でも早く開発計画を進めなければならないことの“あせり”以外の何ものでもなかったのであり、その結果が公文書を偽造し、法外な漁業補償金を支払うことになったのである。

先の昭和五十四年八月三日、原告米内山義一郎が被告に対し損害の補てんを求める措置請求書を県監査委員に提出したが、この時の監査委員四名のうち二名はむつ小川原開発を推進している自民党の議員であり、その中の小原文平は“むつ小川原港地方港湾審議会委員”であったし、県職員二人のうち代表委員である小林隆広は、東京事務所長時代、現在の千代島出納長と上司と部下の関係にあった。こうしたメンバーでの監査請求却下は著しく公正を欠き、実態にそぐわないものである。

なお、デタらめな漁業補償の内容については原告の昭和五十五年九月九日付準備書面に詳しく記載した通りである。

統計のウソは政治の不正をまねく。

海面漁業生産統計は、行政管理庁長官により国の指定統計第五十四号に指定されており、指定統計調査の実施者は、被調査者に申告の義務を課することができるため、法的に手厚い保護が与えられている反面、第十九条により調査の結果をして真実に反するものたらしめる行為をした者には、懲役を含む重い罰則がかせられているし、県統計条例でも同様に第九条で罰金刑がかせられることになっており、本件における統計偽造の責任は徹底的に糾明されなければならないし、その責任は重い。

１２.「都市計画法」の導入と農地転用解除（略）

１３.「開発ファシズム」と開発計画の破綻（略）

おわりに（略）

［出典：昭和五四年行（ウ）第一〇号　損害賠償代位請　　求事件　準備書面］

Ⅰ－５－３

米内山訴訟の意義――「巨大開発」の欺瞞との戦い――

清水　誠

１　現在青森地方裁判所において、「むつ小川原開発」をめぐるひとつの興味ある行政訴訟が争われている。事件の名称は「損害賠償代位講求事件」で、地方自治法242条の2第1項に規定された住民訴訟のうち、その第4号を根拠とする住民代位訴訟として提起されたものである。わかりやすくいうと、ある自治体に対してその長や職員がなんらかの違法な行為によって損害を与えたにもかかわらず、自治体がその者に対して損害賠償の請求などをしない場合に、その自治体の住民はまず監査講求(地自242条)を行ない、それでも目的を達しないときに、住民訴訟を提起し、自治体に代位してその者に対して損害賠償を請求することができるものと定められている。この規定を根拠として、青森県民の米内山義一郎氏がまず先頭を切って、1979年10月23日に北村正哉青森県知事に対して100億円の損害賠償を青森県に支払うよう求めたのがこの訴訟である。原告側には、その後岩渕斉、鈴木魁、斉藤孝一、馬場明雄、坂下弘志、三上儀八、久保悟郎、富岡敏夫、野々上武治の諸氏が共同訴訟参加人として加わっている。

この訴訟を、その先達の名をとって「米内山訴訟」とよぶことにしよう。もっとも、米内山氏には過去において同じ米内山訴訟の名を冠された高名な行政事件訴訟(1953年1月16目最高裁大法廷決定、最高裁民事判例集7巻12頁)の申立人であったという前歴がある。これは、当時青森県会議員であった同氏が議会の自由党席からの野次に対して、「私は諸君のように利権が欲しくて県会議員になって来ているのではない。土建業者でもなければ馬喰でもない。」と応酬して、除名され、その除名処分の執行停止を求めて(これに内閣総理大臣の異議がからむが)、勝利した事件である。反骨の人米内山義一郎氏の往年の面影を偲ばせるこの訴訟も「米内山訴訟」であるから、今回のものは、厳密にいえば、「第2次米内山訴訟」と呼ばなければいけないものかもしれない。

米内山氏らの訴えの内容はつぎのとおりである。1979年6月4日に被告は青森県知事として、六ケ所村所在の2つの漁協、すなわち六ヶ所村海水漁業協同組合(海水漁協と略す)と六ヶ所村漁業協同組合(村漁協と略す)との間で両漁協の共同漁業権等の放棄に対する補償等に関する協定を結んだ。そのなかで県は海水漁協に対しては118億円、村漁協に対しては15億円の補僕金を支払うことを約し、同月20日にこれを支払った。ところが、この補償額は、両漁協の実際の漁獲量、漁獲金額、純収益額を数倍あるいは十数倍に水増しした数値を根拠にしたものであって、被告はそれを知りつつ、あるいは知り得たのにあえて上記金額を支払ったのであり、その違法な公金の支出によって青森県に損害を与えた。その損害額は、上記金額から正当な補償金額と思われる33億円を除いた100億円であり、これを青森県に支払うべきである、というのが、米内山氏たちの主張の骨子である。

このような訴えが起こされたのには、もちろん背景がある。1969年のいわゆる新全総の登場以来(その1節を引けば、「小川原工業港の建設等の総合的な産業基盤の整備により、陸奥湾、小川原湖周辺ならびに八戸、久慈一帯に巨大臨海コンビナートの形成を図る。」)、後進地域からの脱却を求める地元住民の宿願を弄びつつ、中央政府と中央財界は、いわゆる「むつ小川原総合開発」なるバラ色の夢をふりまき、県に基本計画なるものを作らせ(いまでは県が勝手にやったといわんばかりだが)、関係省庁によるむつ小川原総合開発会議たるものを通した上で、これに閣議口頭了解(第1次1972・9・14、石油ショック後の手直しによる第2次計画は1977・8・30)たるお墨付きを与えて(要するに、法による民主的規制を受けないための手法にすぎない)、これを遮二無二スタートさせた。国、県、財界の出資によって1971年に設立された第3セクターである「むつ小川原開発株式会杜」は、県の全面的協力を得ながら、1982年度までに農民たちから3,300ヘクタールに近い土地を買いまくったとされている。ところが、1973年に起きた石油ショックのために、計画は縮小を余儀なくされ、それどころか、予定された企業は全くここに立地しようとしないという事態に立ち至った。第3セクターは当時数百億円といわれた負債をかかえて立ち往生した。ところが、不思議なことに、この第3セクターというのはこのような場合に関係者のだれもが責任を負わないでよいという仕組みなのである(現在の負債はさらに千数百億に増えているといわれる)。そして、1978年6月5日になって、まさに首魁的な責任者である経団連が国と県に「むつ小川原開発に関する要望」を提出し、この土地を1975年にスタートした石油のいわゆる国家備蓄800万キロリットル(その後560万キロリットルとなる)のために使えと提案したのである。それは赤字に悩む第3セクターにとって、渡りに舟であった。ということは、本当の責任者である国、財界、県にとって窮境からの苦肉の脱出策であったということでもある。むつ小川原開発株式会社は、わずか数年前に農民から10アール当り75万円で買った土地を240ヘクタール、石油公団に10アール990万円で売り、概算すると、219億円にも及ぶ差益を得たのではないかと伝えられている。例によって、ここでも石油備蓄基地がくれば、固定資産税、石油貯蔵施設立地対策等交付金などで地元がうるおうと説かれた。しかし、その額は上記の差益に比べても微々たるもの、土地を手放した農民にはもちろん1円の還元もない。

さて、この——地元の人たちのための、ではなくて——破綻に瀕した開発のための助っ人として登場した石油国家備蓄基地を誘致し、実現するためには、石油を荷揚げするための港湾の建設が必要不可欠な急務となった。そこで始まったのが、港湾建設のための漁業補償をめぐり、そしてまた太平洋沖合のシーバースに着桟させた巨大タンカーから石油荷役を行なうという大変な問題港をめぐる狂躁劇であった。とりわけ、漁業補償は、タイムリミットに迫られつつ(備蓄基地の建設は1980年10月開始された)、強引に進められねばならなかった(この間の経過について、永井進「むつ小川原開発の現時点での問題点」、本誌10巻2号、1980年10月、外洋シーバースの危険性について、田尻宗昭「むつ小川原港湾計画の問題点」、本誌9巻1号、1979年7月、漁業補償の経緯と問題点の詳細について、松原邦明「巨大開発と漁業補償」、本誌9巻4号、1980年4月を参照。また、本誌前号では、現地からの報告として、南都捷平「核燃料サイクルに揺れるむつ小川原開発」のほか、座談会「むつ小川原開発の現地を訪ねて」、巻頭言「棄民政策の行方」が最近の情勢と問題点を伝えているので参考にしていただきたい)。米内山氏らは、このような背景のもとで、「ウソとゴマカシの開発」(米内山訴訟を支援する会のパンフレット第2号の表題)がその破綻を繕ろおうとすればするほど、ボロが出てくるものであることを明らかにすべく、この住民訴訟に踏み切ったのである。

2　これに対する被告側の対応には興味深いものがある。

まず、第1に、被告は1980年の2月に海水漁協と村漁協に対して訴訟告知を行なった。もしもこの「訴訟につき告知人(つまり北村知事)が敗訴するときは、右金員(つまり100億円)は被告知人(つまり両漁勧)らの不当利得となる筋合であるところ、被告知人ら(両漁協)に代って青森県に支払うことにより告知人(知事)は被告知人らに対して右金員の支払いを請求することになる」(かっこ内は筆者による)から訴訟告知をするというのである。たしかに訴訟告知というのは、このような場合に訴訟内容について被告知人にあとから文句をいわせないようにするための制度ではあるが、この制度がこのように使われてみると、被告知人すなわち両漁協もいい迷惑だなという感じを受ける。とくに、その後の過程で、後述するように原告側は補償額の正当性については本格的には争わないような態度をとっているのだからなおさらそう感じられる。

第2に、この訴訟の提起後3週間ほど経った1979年11月16日に県はむつ小川原開発株式会社との間で、漁業補償については県が14.6パーセント、同会社が85.4パーセントを負担するという内容の協定書を作成した。この協定によると、同会社はその負担すべき額(第1準備書面によれば約93億円)を1980年から1982年まで3回に分けて支払うことになっている。そして、3年にわたって合計130億円ほどの金額が同会社から県の「青森県港湾整備事業特別会計」に支払われている。被告は、この支払が行なわれたことによって、原告らが県が蒙ったと主張している100億円とこれに対する遅延損害金は全額補填されているから、原告らの請求は棄却されるべきだと主張するのである。

しかし、この主張はいかにも奇異なのではなかろうか。被告の第1次的(本位的)主張は、もちろん、県に対して損害賠償義務など負わないというものである。その主張をあくまで貫くというのならわかる。あるいは、被告自身がこの金額を補填したというなら、それでもよい。しかし、あくまで第2次的(予備的)主張と断わっての上ではあるが、「地方公共団体が被った損害が……第三者の弁済(民法第474条参照)によって補填されたときには、損害賠償講求権が消滅するから右代位講求も棄却される」と主張するのはおかしい。地方公共団体ともあろうものが受取人となって、そんな趣旨不明の(約定による負担金でも、損害陪償の第三者弁済でもどちらでもよいというような)130億にも及ぶ金額の授受を行なうということがいったいありうるのであろうか。それは、法律上の主張の問題ではなくて、ある金員がどういう趣旨で私企業にすぎない一株式会社から県へ支払われたかという事実の問題である。被告が県に対して損害賠償義務を負わないという第1次的主張と、被告の損害賠償義務を第三者が代って弁済したという主張は、明らかに、どうしようもなく矛盾し、両立することは不可能なのである。ひるがえって、第三者弁済でないことになれば、第1次的主張と130億円もの大金の支払とのつじつま合わせは被告が主張するほど容易ではない。米内山氏が1月29日の準備書面で指摘されたように、まさに、「一介の私企業たるむつ小川原株式会社が、公的性格を有する漁業補償金の一部負担をするなどということは考えられない」のである。米内山氏は「寄付金とでも考えるしかない」と皮肉っておられるが、県ともあろうものがそんな趣旨不明金を収納するものとは考えたくはない。要するに、130億の授受について、第1次的には約定による負担金、第2次的には損害賠償の第三者弁済などといい、どちらでもよいような主張をすること自体許されたいことであり、そのような主張をせざるをえないこと自体が、すでに被告が法律的に窮地に陥っていることを物語っている。それだけではない。損害賠償の第三者弁済であれば、その第三者は賠償義務者すなわち被告に対して求償権を取得するはずであるし、その被告は訴訟告知によって両漁協に対して不当利得返還請求の可能性を予告しているのであるから、事は極めて重大なのである。もしこれが損害賠償の第三者弁済ということにでもなれば、それこそ訴訟告知された両漁協にもどんなとばっちりがかかるかわからない「筋合」のものなのである。

被告のこのような対応にも構うことなく、原告側は、漁業補償額の違法性と、さらにはこのデタラメな漁業補償を生じさせた開発計画の欺瞞性を一貫して弾劾してきた。前者、つまり漁業補償額についての主張の核心点は、漁業統計等のゴマカシの指摘である。各漁協の事業報告書によると、1973年から1977年までの5年間の平均漁獲金額は海水漁協約1億6,485万円、村漁協約454万円のところ、補償の根拠とされた漁業補償額集計表における平年漁獲金額はそれぞれ約15億7,919万円、約1億6,433万円となっているというのである。ヒットラーさえやったことのない統計偽造をやっているじゃないか、というのが米内山氏お得意の批判である。後者、つまり開発計画の問題点についても、痛烈な批判が加えられているが、ここでは、第2準備書面のつぎの言葉を紹介するにとどめておこう。「今日、県の描いた開発構想は何一つ実現していないのみか、計画になかった石油備蓄基地が飛び入りして、第2次基本計画は初めから実現不可能なウソ、デタラメであったことが明らかにたってきた。開発は、農民から土地を、漁民からは海を奪うだけに終始し、移転した開発難民約300世帯などを収容する新住区が設けられたに過ぎない。その新住区の住民にしても、土地を売り、海を売って住宅を建てたものの、「就労の場を保障する」といった当局の甘言にだまされ、今は働き場所がないまま放置され、その中から通年、出稼ぎを余儀なくされるような窮状に陥っており、六ヶ所村の中で最も悲惨な状態におかれている。」

これに対して、被告は、大きく分けると、本件の漁業補償は住民訴訟で問題にされなければならないような違法性を有しないという法律上の主張と、むつ小川原開発に関する事実上の主張を行って反論している。

まず法律問題についてみると、被告の主張は、第1準備書面の「そもそも、漁業権等の消滅の対価をどのような基準によって算定するかということについては、漁業法、地方自治法その他の法令には何ら規定が設けられていない。前述したとおり、本件の協定は私法上の無名契約であって、補償額の決定については、契約内容決定の自由の原則の適用を受けるものであるのに加えて、県議会の議決を経ているのであるから、補償額の決定及び支払いについて違法の問題を生ずる余地はない。」という文章に集約されている。近代市民法の重要な原則のひとつである契約自由の原則が登場しているのであるが、この原則が恣意の自由の原則のように誤解されるのは、このような使われ方に原因があるのであろうか。第2準備書面は住民訴訟制度のあり方について論じ、知事個人に本件のような「大金の支払義務を課することが公平であり、地方自治体行政の公正な運営維持に必要不可欠なものであろうか。」と反論している。

つぎに、被告は、あくまで本件訴訟には関係がないいわゆる単なる「事情」であると断わりながらであるが、むつ小川原開発に対する原告側の批判に対する反論を行なっている。第5、7準備書面が詳細であるが、むつ小川原開発の必要性、その開発方式、開発計画、住民対策などの妥当性、そして開発用地の取得や環境影響評価の実施、港湾計画とそのための漁業補償、石油国家備蓄基地への転用などについて誤りのないことなどを主張している。私にとって印象深かったのは、被告が、この開発計画については着々とその具体化が図られていると主張し、そのさい筆頭に挙げられる例が、農民からの用地の「先行取得」であること、そして、石油国家備蓄基地は開発計画実現のスタートであり、今後の開発推進のための起爆剤であると主張していることである。

私は、はやばやと農漁民の土地を「先行取得」したことをもってこの開発計画の成果であるかのように得々として語る態度だけはどうしても許すことができない。というのは、石油国家備蓄にしても、また最近の核サイクル基地にしても、土地はすでに農漁民から買い上げて文句をいわせない状態になっているからということをその最大の拠り所にして進められているからである。しかし、考えてみると、農漁民はなぜその農地や漁場を手離したのであろうか。当初の「むつ小川原総合開発」基本計画たるバラ色の夢をまかされ、それが「地域住民の福祉と生活の安定向上」のためだと信じたからこそ、また住民に対しては就労の場を保証するという言葉を信じたからこそ買収に応じたのではなかったか。そのバラ色の夢が崩れ去って、土地を手離した人たちの「開発難民」化が伝えられているなかで、土地の「先行取得」を誇らしげに自慢する人の神経を私は疑うのである。私は、法律論としても、農民からの土地買入れの窓口となった県の開発公社と農民の問の土地売買契約につき、錯誤・詐欺・強迫などさまざまな意思表示の瑕疵が存在し、いまからでも農民が無効または取消を主張して土地の返還を要求することが十分可能ではないかと考える。農民は当時受領した金額に法定利率(年5パーセント)を付けて返還すれば足り、その程度の金額なら全国からの支援カンパによってでも十分まかなうことができるのではないであろうか。また、土地の大部分は農地であったわけであるから、その譲渡に当って農業委員会の許可(農地法3条)が必要であるが、その許可の前提には当初の開発計画が当然あったはずであり、その計画は挫折したのであるから、その許可の効力についても疑義があるといわなければならないであろう。

訴訟手続の進行状況をみると、去る10月2日に第2回の証人尋問が行なわれた。原告側の申請で証言台に立った当時の県水産部幹部は、原告側弁護団の二葉宏夫団長、浅石紘爾弁護士らの鋭い追及にあって、補償額決定の基礎となった調査資料の矛盾の説明に窮していたように思われる。この期日の終了の際、裁判長から、補償額の問題については被告側は争う姿勢を示さないようだが、原告側はそれでもこれ以上立証を進めるつもりかという質問が出されて珍妙なやりとりがあったが、たしかに、被告側は、むつ小川原開発株式会社からの支払によって損害は補填されたということでの逃げ込み策を考えているのではないかという感じが強い。

3　私は、この訴訟が、損害が補填されたということだけで片付けられてはならないと思う。住民訟訴は、被告側自身も主張するように、地方自治体行政の公正を確保するために住民に認められている道なのであるから、問われるべきはやはりむつ小川原開発の全体およびその一環としての漁業補償とそれに対する知事の関わりなのである。この問題を回避したら、住民訴訟の意義が成り立たない。もし開発会社の損害補償で話が済むならば、県は、1民間会社が行なう土地買収のためのトンネル機関としての役割を演じていたことになってしまう。そういった肝心要の点はしっかりと押えた立派な判決を裁判所が下してくれることを期待したい。

米内山訴訟は、たしかに「むつ小川原開発」という巨大な人為現象について、そのほんの1局部にのみ関わる訴訟である。しかし、その局都の摘出検査を通して全体の問題点を診断することができる。その全体の問題点は、たんに青森県民のみならず、前号南部氏の現地報告が詳説しているように、核サイクル基地という日本国民全体の運命に関する大事になっている。大風呂敷の開発計画の第1幕が完全な破綻によって幕を下ろしたあと、まことに恥しらずな石油国家備蓄という助っ人によって第2幕が始められた。そこで演じられた狂躁劇を痛烈に指弾するのがこの米内山訴訟である。ところが、まだその始末もつかないうちに、厚顔無恥といわざるをえない核サイクル基地の登場によって、またまた第3幕が無理矢理上演されようとしているのである。地元住民に、周辺住民に、青森県民に、東北一帯の住民に、ひいては日本全国民にどのような災厄をもたらすかわからない、未知の部分の多い核施設を「先行取得」した土地に誘致すべく、本訴訟の被告の青森県知事は懸命に奔走していると伝えられている。

この類いの欺瞞だらけの巨大開発を批判する尖兵として、この米内山訴訟の意義はいくら大きく評価しても、過ぎることはない。これも米内山氏の口癖であるが、どんな大きな魚でもうろこを1枚とって眺めれば、それが竜であるか、駄目な魚であるかわかる。そして、どんなに大きくて強い魚でも、うろこを1枚、1枚剥いでいけば、弱り、かつ参る。たしかに真理であろう。私たちも、青森県民と一緒にこの訴訟の今後を強い関心をもって見守っていきたいと思う。

［出典：『公害研究』第14巻4号（1985年4月）53-57頁］

Ｉ－５－４

昭和五四年（行ウ）第一〇号、昭和五五年（行ウ）第四号　損害賠償代位請求事件判決

青森地方裁判所

原告	米内山義一郎
原告（参加人原告）	岩淵齊
同	鈴木魁
同	斎藤孝一
同	馬場明雄
同	坂下弘志
同	三上儀八
同	久保悟郎
同	富岡敏夫
同	野々上武治
右一〇名訴訟代理人弁護士	
	双葉宏夫
	高橋牧夫
	金沢茂
	浅石紘爾
	山崎智男
	小野允雄
被告	北村正哉
右訴訟代理人弁護士	堀家嘉郎
	貝出繁之
	松崎勝

主文

原告らの請求を棄却する。

訴訟費用は原告らの負担とする。

事実

第一　当事者の申立

一　原告ら

被告は青森県に対し、金一〇〇億円およびこれに対する昭和五四年六月二一日から完済に至るまで年五分の割合による金員の支払をせよ。

訴訟費用は被告の負担とする。

仮執行宣言。

二　被告

主文同旨。

第二　請求原因

一　原告らは青森県の住民、被告は知事である。

二　被告は、青森県知事として、昭和五四年六月一四日、訴外六ヶ所村海水漁業協同組合（以下「海水漁協」という）および訴外六ヶ所村漁業協同組合（以下「村漁協」という）とむつ小川原港整備事業に伴う両漁協の共同漁業権の放棄に対する補償等に関する協定（以下「補償協定」という）を締結した。

補償協定の内容に、右各漁協および組合員が

夫々の共同漁業権と港湾区域内の各種漁業権を放棄し、青森県はその補償として海水漁協に一一八億円を、村漁協に一五億円を支払う、との条項がある。

青森県は右協定に基づいて同月二〇日に両漁協に対し右の補償金全額を支払った。

三　青森県が支払った補償金合計一三三億円のうち一〇〇億円は以下に述べるように違法な公金の支出にあたる。

漁業補償は法令や国の指針に従った正当な金額をもってなすべきである。青森県は、補償金額算出の根拠となる平年漁獲量、平年漁獲金額につき漁業補償額集計表（甲第一号証）に基づき、海水漁協が三八八〇トン、一五億七九一九万円、村漁協が七三一トン、一億六四三三万円であるとしたが、両漁協が昭和四八年度乃至五三年度通常総会議案書により公表した販売実績の数値からみると、海水漁協が三〇八トン、一億六四八五万円、村漁協が二二トン、四五四万円、また統計年報によれば両漁協合計の昭和四六年ないし五二年の平年漁獲量は二四六九トンに過ぎず、青森県が資料とした前記集計表の数値は作為された虚偽のものである。

補償金額の適正な算出方法については、建設省作成の建設省の直轄の公共事業に伴う損失補償基準（昭和三八年三月二〇日建設省訓5）の漁業補償についての条項に依拠すべきものであり、青森県も同県発行の「むつ小川原港漁業補償のあらまし」において国の補償基準により適正に漁業補償を行う旨説明している。如何に契約自由の原則があるといっても客観的に適正な金額であることを要し、恣意的であってはいけない。正確な平年漁獲量を基礎とし国の基準に依って適正な補償金額を算出すれば、両漁協の平年漁獲量を二九二ニトンと推定し、これに魚価を乗じて平年漁獲金額を算出し、収益率を乗じ年利率で除し依存度率を乗じて算出すると、約三三億円となる。

被告が青森県知事として右金額を越える一三三億円の漁業補償額をその支払のために支出したことは、地方自治法二条一三項、一五項、三六条の二、一四八条および地方財政法一条、二条、四条、八条に違反する。

四　被告の右違法行為により青森県は一〇〇億円の損害を蒙ったから被告はこれを青森県に賠償する義務がある。そこで原告らは青森県に代位して被告に対し、一〇〇億円およびこれに対する支出の翌日たる昭和五四年六月ニ一日から完済まで年五分の割合による遅延損害金を青森県に支払うよう求める。

第三　答弁

一　請求原因一および二は認める。同三は否認する。

二　内閣は、昭和五二年八月二九日開催のむつ小川原総合開発会議の議を経て翌三〇日にむつ小川原開発について口頭による閣議了解を行った。これは閣議決定ではないが、経済企画庁長官からむつ小川原開発についての関係各省庁の申合せにつき報告がなされ、これに基づいて各省庁一体となって適切な措置をとることを閣議で了解したのだから、その実質は閣議決定と同じであり、むつ小川原開発は国家事業たる性格を有する。右開発の内容は、国と県によって施工される港の建設のほかむつ小川原開発株式会社ほか二法人による調査設計、用地買収、用地管理である。

三　補償協定には漁業補償という文言が用いられているが、これは公権力によって強制的に漁業権を消滅せしめることに対する損失補償とは異なり、青森県と海水漁協、村漁協との間で、両漁協において漁業権を放棄しこれに対し青森県においてその対価を支払うという契約を締結し、これに基づいて支払うその対価たる金員である。従って青森県が一方的にその内容を定めたりまた一方的意思により効力を発生せしめることはできず両漁協の合意が必要不可欠であり、契約自由の原則が適用される。

四　補償額を定めるための青森県と両漁協の交渉は昭和五三年八月一八日から開始した。県側は漁獲量、魚価、漁船体償却費その他の事項について調査した結果に基づいて、当初は、資産損失補償を別として、海水漁協に六一億七二〇〇万円、村漁協に四億四三〇〇万円を提示しその内容を説明したのであるが、海水漁協は一七八億五九〇〇万円、村漁協は二〇億円以上の支払を要求した。そして十数回にわたる交渉が行われた結果、海水漁協については一一八億円、村漁協については一五億円で合意が成立し、昭和五四年六月一四日に補償協定の締結となったのである。

五　被告は昭和五四年二月二六日青森県知事に就任したのであるが、同年五月三〇日に県議会に昭和五四年度青森県港湾整備事業特別会計補正予算案を提案し、同年六月一一日県議会が両漁協に対する漁業柵償支払の予算を可決した。そこで被告が知事として右議決に基づいて前記のように同月一四日に補償協定を締結して同月二〇日にこれを支払い、予算を執行した。

六　むつ小川原開発が国家事業たる性格を有し港の建設を国と県とで施工するため、その経費の一部を国も分担することになっていた。また、青森県が昭和五四年二月二三目口頭により次いで同年一一月一六日付協定書によりむつ小川原開発株式会社と成立した合意に基づいて同会社も経費を分担することとなった。前記の県議会の議決とこれに基づく支払はこの国の右会社の分担が行われることを前提としてなされた。

青森県において支出した一一三億円の本件漁業補償に対し、むつ小川原開発株式会社から分担金として、昭和五五年五月二〇日に三二億一四三四万八八三七円、翌五六年五月二〇日に三二億一三九五万三四八八円、翌五七年五月二〇日に三二億一三九五万三四八八円が、国から国直轄事業負担金として、昭和五五年一〇月六日に六億〇七一四万九八五〇円、翌五六年六月一〇日に四億七一八九万四七六二円、翌五七年五月二五日に一億〇〇四八万〇八六一円が、国庫補助金として、昭和五六年一月二七日に一億五七七九万〇七六四円、同年三月二七日に一七五三万二三〇六円、翌五七年三月三〇日に三六八一万七八四四円および四五一万一〇九八円が青森県に支払われた。

原告らにおいて青森県について生じた損害額であるとして賠償を求めている一〇〇億円およびこれに対する昭和五四年六月二二日から完済まで年五分の割合による損害金に対しての右の各支払額を順次充当して行くと、この損害額は遅延損害金も含めて全部填補されてなお七六〇一万二七七一円の剰余が生じる計算結果となる。

従って、仮に原告ら主張の一〇〇億円の損害が生じたとしてもこれが填補されたことにより損害の無いことに帰するから原告らの請求は失当である。

第四　被告の主張に対する原告らの反論

一　裁量行為であっても裁量権の濫用に該当すれば違法な行為となるし、議会の議決、承認を経たからといって違法でなくなるものではない。適正な金額の四倍という異常に高額な補償金の支払は裁量の限界を越えた違法な行為である。

二　青森県とむつ小川原開発株式会社との間で同社が経費の一部を分担する合意をなし同社がその分担金を支払った事実については不知、これにより青森県の損害が填補されたとの主張は否認する。

漁業補償は青森県が公益的立場から行うべき性格のものであり、その一部を一介の私企業が分担するということはあり得ない。同会社が支払った金員の性質は、むつ小川原港湾整備事業を行うことを条件とする負担附寄附（贈与）又は同事業に使用することを指定した負担附寄附（贈与）あるいは同事業に伴う受益者の一人として行う通常の寄附（贈与）である。このような寄附（贈与）を受けるについては議会の議決を要するものであるが､その議決を欠くからこれら寄附は無効であり、同社からの入金は無かったことに帰する。

右会社の支払が損害の填補として効力を生じるためには、被告の損害賠償債務を弁済するという意思のもとになされ、かつその債務に対してなす認識を必要とするが右会社の支払についてはこれを欠く。贈与として損害賠償金同額の金員を交付しても弁済とはならない。

また、青森県は右会社の株主であり、発行株式総数の一六・六八％を保有しているから、少くとも保有株式の限度内においては実質的な損害の填補を受けていないこととなる。

第五　証拠

記録中の書証目録、証人等目録記載のとおりであるから、これを引用する。

理由

一　被告が青森県知事として昭和五四年六月一四日に海水漁協および補償協定を締結し、同月二〇日に海水漁協に対し一一八億円、村漁協に対し一五億円を支払ったことは当事者間に争いがない。

いずれも成立に争いのない乙第九、第一〇、第一四および第一五号証、弁論の全趣旨によると、昭和五四年六月一四日締結された補償協定は、海水漁協とその組合員においてむつ小川原港建設水域とその周辺における東共第一五号及び第一六号共同漁業権の一部、内共第二二号ないし第二五号共同漁業権及びその他の漁業の権利を、村漁協とその組合員において同水域とその周辺における東共第一五号および第一六号共同漁業権の一部およびその他の漁業の権利をそれぞれ放棄し、これによる損失に対し青森県が海水漁協に一一八億円、村漁協に一五億円を支払う、という内容の契約であること、同月二〇日の支払はこの契約に基づく義務の履行としてなされたものであることが認められ、これを左右する証拠は無い。

二　通常、契約における反対給付の金額は相手の同意が無ければ定まらず、その金額の決定は地方公共団体の長の裁量事項であって当不当の問題となるものであるが、独断で異常な金額を定めるといった裁量の限界を越える行為をした場合には違法となる。また、長が議会の議決に基づいて行為をした場合にも議決内容自体が違法であれば長の行為も違法となる。本件においても、補償協定が私法上の契約であって相手側の同意がなければ補償金額を定められない性質のものであること、補償金額の支出について議会の承認を得たことの二点をもってただちに違法性判断の圏外にあるとはなし得ない。そこで前記の補償金額の決定、支払が被告の違法行為となるか否か判断するために金額決定、支払まで経過、内容について考慮してみる。

三（一）　いずれも成立に争いのない乙第六および第七号証、第八号証の一、二、第一三号証の一ないし三、証人日下部元慰智の証言、弁論の全趣旨を総合すると次の事実が認められる。

青森県は、昭和五三年一月一四日青森県訓令甲第四号青森県むつ小川原港漁業補償対策会議規程を公布し、これに基づいて漁業補償の諸問題を早期に解決することを目的とした機関を設置して補償のための調査、交渉にあたらせた。

対策会議は統計資料を集めてこれを分析しまた実態調査をなし、その結果に基づいて補償金額を海水漁協につき六一億七二〇〇万円、村漁協につき四億四三〇〇万円とするのを妥当とし、昭和五三年八月一八日の交渉においてこれを提示し同月二五日にその根拠、内容を説明した。交渉の機会は一〇回以上もたれたのであるが、海水漁協からは同年一〇月二四日に一七八億五九〇〇万円の要求があり、対策会議は前回の提示金額に資産損失填補額を加えるとの名目で七三億八〇〇〇万円を提示した。しかし同漁協は一二〇億円以上の支払を求めたため、対策会議は同年一二月二七日に至って一一八億円を提示し、ようやく合意を得るに至った。一方、村漁協は二〇億円以上の要求をなし、昭和五四年三月二一日に一五億円で合意することとなった。

（二）日下部証人の証言中には、補償金額につき県側では当初から三案を用意していたのであって妥結額が第三案の金額とほぼ一致している旨の供述部分があるが、これを裏付ける証拠は無く、当初の提示金額が資料、調査に基づいて算出した根拠ある金額であること、金額の増額分の根拠について資源の将来性を考慮したなど説明が曖昧であることにてらし、右供述部分は措信し難い。

成立に争いのない甲第一号証、前出の乙第一三号証の二には、合意された補償金額の算出根拠を裏付けるかの如き記載はあるが、右証人の証言内容にてらして採用し難いし、また、被告代理人は合意にかかる補償金額が客観的に妥当な金額であることを主張しないと釈明し（第二一回口頭弁論）、漁協関係者を証人尋問することに反対の意見を述べ（昭和五八年二月二四日付上申書）、更に両漁協は訴訟告知を受け、参加して要求金額の根拠を立証して被告を補助することが可能なのにこれをしないなど、弁論の全趣旨、訴訟の経過にてらしてみるとき、前記の合意にかかる補償金額合計一三三億円のうち県側において最初に呈示した金額合計六六億一五〇〇万円を越える六六億八五〇〇万円は、単に合意を得るために政策的に加算した金額であると推認される。

四　右認定のように政策的な金額を加算することにより補償金額について合意したこと、その合意に基づく支払をしたことが違法行為に該当するか否かについて判断する。

青森県側の提示金額が客観的資料に裏付けられた適正な金額であってこれをよく説明し納得せしめるよう如何に努力しても相手方たる両漁協が同意しない限りは漁業権放棄の合意は成立しないから、斯くてはむつ小川原開発のための港湾開発はこれをなし得なくなるかそうでなくとも著しい遅延を招来する。かかる場合、開発そのものを断念するか又は相手の要求を受入れても開発計画を実現せしめるかの選択をしなければならないこととなる。これは両者の利益を比較して政策的に決めることであって法律判断の対象となる事柄ではない。

成立に争いのない乙第一ないし第四号証によると、むつ小川原開発は、雇傭の安定、労働力の定着および県民所得の向上を目的として、農漁業との調和を崩さない状態で工業を開発・誘致するために青森県が国の全国総合開発の一翼を担って行うところの総面積五二八〇ヘクタールに及ぶ重要な大事業であることが窺われる。そして、成立に争いのない乙第一一および第一二号証によれば、昭和五四年六月一一日の青森県議会において両漁協に対する漁業補償金支払いのためにむつ小川原港整備事業費の補正額一三三億〇八二〇万円の歳出を含む昭和五四年度青森県港湾整備事業特別会計補正予算案が可決成立したことが認められ、また、いずれも成立に争いのない乙第四一号証の一ないし四、第四二ないし第四七号証の各一、二、弁論の全趣旨、によれば、前記補償金額一三三億円の支払いに対し国直轄事業負担および国庫補助金の各名目で合計一三億九六一七万円余が国庫から補填されたことが認められ、これらの事実によると、右開発の重要性に鑑み、政策上の金額加算をした補償金を支払っても漁業権放棄の合意を成立せしめて開発の実現をはかるのを相当とする政治的判断が作用し、県議会は予算案の可決により、また国は補助金等の交付により青森県の右判断を承認したものと解される。

なお、県議会の承認ということに関し、成立に争いのない乙第一三号証の二、第六〇号証によると、合計一三三億円の補償金額につき、被告は県知事として副知事とともに県議会に対して、算定の基礎となる漁獲量について調査漏れがあった、兼業率を再検討した、等と答弁してあたかも正当に算出された補償金額であるかの如く説明している事実が認められるから、この部分のみとりあげれば、議会が予算案を可決したからといって政策的な金額加算まで承認したことにならないのではないかとの疑念を生じる余地はある。しかし、県議会に対する答弁の中には、算定基準をもとにして交渉を始めるのは当然のこととして交渉によって進められるという漁業補償の性格からしてそのようになったことは認めざるを得ない、との説明部分もあり（乙第一三号証の二の会議録抜粋中の三二三頁）、全体として政策的な金額加算であると理解し得ないわけでもないから、右疑念は払拭し得るものであると考えられる。

次に前出の乙第一三号証の一ないし三、補償金額の合意に至る経過、予算案の可決についての前記認定事実弁論の全趣旨を総合すると、被告が青森県知事に就任したのは昭和五四年二月二六日であって、県側と海水漁協が口頭により一一八億円の補償金額に合意し、県において支払義務を負担した後であること、村漁協についても被告が就任した頃には一五億円の前記合意の方向に交渉が進んでおり、海水漁協との対比上右金額で合意しなければいけない状況になっていたこと、が認められるのであり、昭和五四年六月一一日の青森県議会における昭和五四年度青森県港湾整備事業特別会計補正予算案の可決成立、補償協定の締結、補償金の支払がこれと一連の関係において行われたものであるから、被告が独自に判断し決定する余地はほとんど無かったということができる。

五　補償金額合意に至るまでの前記認定事実によると、青森県側は提示金額を両漁協に説明し納得せしめるべく努力したものということができるし、本件開発という施策を前提とした右認定のような政治的判断およびこれに対する県議会と国の承認、並びに被告の県知事就任時期とそれまでの交渉の進展状況を総合して考慮するとき、補償協定の締結をもって県知事たる被告の独断又は裁量権逸脱の行為ということはできないし、また議会の予算案の可決自体が違法でその違法な議決に基づく補償協定だから違法であるということにもならない。補償協定が成立すれば青森県はこれに基づいて補償金額を支払う義務を負担することになるのであるから、補償協定と切離して支出のみが違法になるということもあり得ない。

以上のとおり補償金額の支出が違法と認められないから、原告らの本訴請求は理由がない。よってこれを棄却することとし、訴訟費用の負担につき行政事件訴訟法七条、民事訴訟法八九条、九三条に従い、主文のとおり判決する。

青森地方裁判所
裁判長裁判官　斎藤清實
裁判官　稲田龍樹
裁判官　中村俊夫

［出所：むつ小川原巨大開発に反対し米内山訴訟を支援する会,1999,『米内山義一郎の思想と軌跡』253-264頁］

第Ⅱ部　核燃料サイクル施設問題前期
（1984-1995）

第Ⅱ部　<核燃料サイクル施設問題前期>資料解題

茅野恒秀

第Ⅱ部<核燃料サイクル施設問題前期>には、98点、459ページにわたる資料を収録した。

本資料集では、核燃料サイクル施設問題期を以下の２期に分けて構成している。前期とは、1984年に電気事業連合会によって青森県、六ヶ所村に対して核燃料サイクル施設立地の要請がなされた時期から、一連の核燃料サイクル施設の建設が開始された時期までを指す。後期とは、1994年から95年にかけて高レベル放射性廃棄物の一時貯蔵が開始された時期から現在までを指す。

この解題では、核燃料サイクル施設問題前期において、焦点となるべきトピックを提示し、本資料集に収録している資料の解説と補足を試みる。すなわち、核燃料サイクル施設の立地点として、なぜ六ヶ所村が選定されたのか（第1節）。青森県および六ヶ所村における施設受け入れの意思決定過程には、どのような問題点があったのか（第2節）。拙速とも言える受け入れの意思決定過程に対して、県内各層からはどのような反発の声が上がったのか（第3節）。海域調査をめぐる六ヶ所村泊地区における紛争の経過はいかなるものか（第4節）。核燃反対運動はどのように全県的な高まりを見せたのか（第5節）。土田村政の誕生と核燃「凍結」をめぐって、いかなる論議が行われたか（第6節）。核燃が県内世論を二分するさなか、事業はどのように進捗したのか（第7節）。1991年2月の青森県知事選挙以後、核燃問題はどのような経過をたどったのか（第8節）。敷地内の活断層問題はどのように提起されたのか、また核燃料サイクル施設立地の行政訴訟はどのように行われたのか（第9節）。という問題群を検討しつつ、一連の資料を解説する。

１．核燃料サイクル施設の立地点は、なぜ六ヶ所村だったのか

1983年12月、選挙遊説で青森県を訪れた中曽根康弘総理大臣は、記者会見で「下北半島は日本有数の原子力基地にしたらいい。原子力船母港、原発、電源開発ATR（新型転換炉）と、新しい型の原子炉をつくる有力な基地になる。下北を日本の原発のメッカにしたら、地元の開発にもなると思う」と発言した。後に中曽根は、『東奥日報』記者・福田悟の取材に応じ、発言の意図を以下のように回顧する。

「原子力は日本のエネルギー、生活力を支える非常に大事な要素になると考えていた。電力一つ取っても石炭・石油から脱却しなければならない時代が来る。中長期の原子力開発計画を頭に描いた場合、日本列島の中で原子力の開発センターになるのは、広大な土地があり、海にも面している下北半島だと考えていたから、そのように話した。大体、そういうふうに展開してきたと思う。（略）恐らく、原子力の将来を考えている、いろんな事業体が立地問題を考えていたと思う。発電所の立地点は電力需要地との関係もあり、全国に分散しているが、原子力の中心になる再処理事業まで含む中枢センターというのは全国に一カ所程度だ。それはやはり、下北半島だとにらんだし、その通りになったと思う。」（東奥日報、2006年3月19日）

1960年代末に東北経済連合会が発表した構想には、下北半島南部一帯を原子力工業基地として、原子力発電所のみならず、ウラン濃縮工場、高速増殖炉開発の実験炉・実用炉、核燃料加工再処理施設などがすでに構想されていたことは、第Ⅰ部解題でも述べた。ただ、中曽根の発言には、「六ヶ所村」あるいは「むつ小川原開発地域」という具体的な地名は出ていない。核燃料サイクル施設が他ならぬ六ヶ所村に立地したのは、事実上頓挫したむつ小川原開発の延命策という経済界のねらいがあった。

北村正哉青森県知事の下、副知事を務めた山内善郎の回顧録（山内,1997）には、核燃料サイクル施設の立地点に六ヶ所村が選ばれた経緯について、以下のような証言がある。

「(電事連は）三施設の立地について「下北半島太平洋側」というだけで、具体的な立地場所は明言しなかった。(略)「東通村に再処理工場。ウラン濃縮と低レベル放射性廃棄物埋設は六ヶ所村に。」立地要請の段階で、電事連側が密かに描いていた青写真だ。少なくともウラン濃縮工場と低レベル放射性廃棄物埋設の二施設の立地については、六ヶ所村のむつ小川原開発地域でほぼ固まっていた。「下北半島太平洋側」とするだけで、電事連が立地場所を特定しない「包括的要請」の形をとったのは、再処理工場の事情だった。受験に例えれば、再処理工場の立地候補地は「第一志望が東通村、滑り止めに六ヶ所村」というのが電事連の腹だった。」(山内,1997:226-228)

再処理工場について、東通村が有力候補地とされた背景には、東京電力、東北電力が原子力発電所20基分の用地としてすでに確保していた約900haの土地の存在があった。しかし東通村では、東北電力東通原子力発電所の漁業補償の妥結を未だみておらず、一方でむつ小川原開発地域の漁業補償の妥結は済んでいた。これに加えて、むつ小川原開発株式会社の経営事情という要因があった。再び山内の証言を引用しよう。

「電事連の目を青森県に向けさせたもう一つの大きな力に、経団連と電事連の「あうんの呼吸」があった。経団連というのは、むつ会社を指してのことだ。(略）むつ会社は、六ヶ所村のむつ小川原開発地域に2800haもの工業用地を所有しながら、ほとんどが売れ残り、会社は債務超過の窮地に陥っていた。このため、経団連にとって、むつ会社の処理は頭痛のタネだった。(略)「六ヶ所村に再処理工場を持ってきてほしい」。直接の交渉には、むつ会社の阿部陽一社長が走り回った。眠っている土地を処分し、むつ会社の負担を少しでも軽くしたい、という一心だった。」(山内、1997:237-238)

こうした考えは、経団連のみならず、青森県側の事情が反映されたものでもあった。北村正哉元知事は、後の取材に「石油備蓄タンクを51基造ってしのいだが、とてもとても。最後には、およそ工業、企業と名の付くものは何でもいいから誘致したい、ということにまで発展した」(東奥日報、2000年3月22日）と当時の心情を回顧する。

むつ小川原開発地域への核燃料サイクル施設の建設構想が明るみに出るのは、中曽根の発言から1ヶ月も経たない1984年元日、『日本経済新聞』が「むつ小川原に建設 政府方針 核燃料サイクル基地」と報じたことに端を発する。電気事業連合会が、青森県に対して下北半島太平洋側への核燃料サイクル施設（再処理工場、ウラン濃縮工場、低レベル放射性廃棄物貯蔵施設）の立地要請を行うのは、同年4月20日のことである。

電気事業連合会は「青森推進本部」を設置し、同年7月27日に青森県と六ヶ所村に対して具体的な立地要請を行い、すぐに六ヶ所村民に向け「原子燃料サイクル施設」３施設のあらましを記載したパンフレットを配布した〔**資料Ⅱ－２－２**〕〔**資料Ⅱ－２－３**〕〔**資料Ⅱ－２－４**〕。「六ヶ所村の皆さまへ」と題したパンフレット〔**資料Ⅱ－２－１**〕には、地域との共存共栄をめざすと題された以下のメッセージも添えられていた。

「施設の建設や操業を通じて、あるいは電源三法交付金の適用等により、地域経済の活性化や生活・産業基盤の整備、さらには地域財政の安定化など、地域に対しさまざまな効果をもたらすものと考えます。このうち雇用につきましては、各施設について前述のような建設要員が必要です。また、操業してからもあわせて約1300人の雇用が必要となります。これらの要員につきましては、可能な限り地元雇用が多くなるよう配慮してまいります。また、工事や資材の発注、物品購入等についても極力地元優先とするよう配慮してまいります。（電気事業連合会,1984年7月,「六ヶ所村の皆さまへ」〔**資料Ⅱ－２－１**〕）

六ヶ所村では、むつ小川原港や石油備蓄基地建設で一時的に雇用環境が賑わったものの、一連の建設工事が終了してからは、再び冬の時代へと入っていた。このため、経済効果、雇用効果への期待は大きなものだった。

２．わずか１年足らずだった立地受け入れの意思決定過程

電事連の要請を受けた青森県と六ヶ所村が立地受け入れを受諾するまでの経過をまとめると以下のようになる。

1984年8月に、県は11名の専門家からなる「原子燃料サイクル事業の安全性に関する専門家会議」（座長・小沢保知北海道工業大学教授）を設置し、同年11月に報告書をまとめた〔**資料Ⅱ－１－２－１**〕。専門家会議の結論は、「電気事業連合会の示した事業構想段階における安全確保についての考え方を専門的知見を基に検討した結果、基本的にはその考え方は妥当であり、また、それに基づく主要な安全対策は、我が国や諸外国の技術水準、実績及び技術開発状況等に鑑みて、十分技術的に実施可能であると考えられる」とし、「三事業に係る安全性は、基本的に確立し得る」というものであった。この専門家会議の設置にあたって、県は委員の人選を日本原子力産業会議や科学技術庁の協力を得て行うなど、事業推進側の意向が色濃く反映されていることは明白だった。また、会議自らが、その報告書の序言において「私どもの行った検討は、国の行う安全審査とは自ずから性格を異にする」とし、「電気事業連合会が安全確保のためにとろうとする考え方及び主要な安全対策が専門的知見、国内外の経験等に照らして妥当であり、実施可能であるかどうかを判断した」と、検討結果が波及する範囲を抑制した報告書であった。並行して、9月には県内各界各層から意見聴取を実施した。意見聴取は翌1985年1月にも行われた。

一方、六ヶ所村では、県が専門家会議を設置したのと同時期に、村議会の代表、農業・漁業・商工業等の村内各種団体の代表25名、学識経験者17名、地区総代33名による「原子燃料サイクル施設対策協議会」（会長・橋本寿村議）が設置され、9月から10月にかけて村民400名を茨城県東海村へ研修視察として派遣し、11月から12月にかけて講演会・説明会の開催等を重ねた。同協議会は翌85年1月5日、古川伊勢松六ヶ所村長に宛てて「事業に協力すべき」とする意見書を提出した〔**資料Ⅱ－１－３－１**〕。あわせて提出された要望書には、①安全確保対策の整備と確立、②地域振興施策の計画化と実現、③電源三法交付金の適用の３つの基本事項と、37項目の個別事項の要望が盛

り込まれた。

六ヶ所村議会は、1月16日に全員協議会を開催し、施設受け入れを了承したとされる。全員協議会については入手できる記録が残っていないため、鎌田慧が著した『六ヶ所村の記録』に、同日の全員協議会の様子を再現願おう。

「全員協議会がはじまったとき、村会議員のあいだにも「核燃」施設にたいしての疑問が多く、議会での決定には「時期尚早」の意見が過半数を占めていた。会議がはじまってすぐ、滝口議員が「今日の全員協議会で、議決をしようとしているのか、法的にできるのかどうか。議長と村長から確認の意味で御答弁願います」と質問したのは、彼の深い懸念を表している。それにたいして、小泉議長は「法的には議決とか決議はできないのであります。ま、この点をご理解して頂きたいと思います」と答えた。古川村長も「私は望んでおりますが、議長さんが申し上げたように、決議するという考えはないようでありますから、この点でご了承をお願い申しあげたいとおもいます」と明言していた。ところが、議長は、突然審議を打ち切った挙句、受け入れを「了承して頂くようにして戴きまして」とまとめてしまった。反発する議員たちに、議長は、「いずれ協議会をひらきまして議会としてさらに対処して参りたい」と発言していた。それでもなお、村長は「了承された」と発表した。村の運命を決するにしては、信じられないほどに奇計を弄した議事運営だった。」(鎌田 ,1991:152-153)

とにもかくにも、村議会は立地「了承」という結果となった。1月27日、古川村長は北村知事へ、「当該三施設がむつ小川原地区への企業立地としてむつ小川原開発を推進することになり、かつ本村全体の振興に大きく寄与することになると認識して、これを了承する」と回答した〔**資料Ⅱ－1－3－2**〕。

六ヶ所村の受け入れ要請受諾を受けて、北村知事は科学技術庁長官と通産大臣に対し、①国策としての核燃サイクルの位置づけ、②安全確保への国の関与、③電源三法交付金の適用、④高レベル放射性廃棄物の最終処分は国が責任を持つことの４点を照会する文書を2月25日に送付した〔**資料Ⅱ－1－2－2**〕。なお、この文書では、後に一時貯蔵を受け入れることになる、高レベル放射性廃棄物について、「電事連の協力要請に含まれていない」と明記していることに着目すべきである。両大臣は3月2日、連名で、政府の考えは知事の照会のとおりであることを回答した〔**資料Ⅱ－1－1－1**〕。

政府が青森県へ回答文書を送付するタイミングと歩調を合わせるかのように、電事連も3月2日、青森県の照会への回答として、すでに設立していた日本原燃サービス株式会社に加え、新たに設立した日本原燃産業株式会社のいわゆる「原燃２社」を事業主体として、「原子燃料サイクル施設」の立地構想の実現に取り組む所信を表明した〔**資料Ⅱ－2－5**〕。

青森県としての核燃料サイクル施設受け入れの意思は、1985年4月9日に行われた県議会全員協議会で、北村知事が立地要請の受け入れを表明したことで決定的となった〔**資料Ⅱ－1－2－3**〕。以後、4月9日は現在まで、核燃反対運動にとって節目の日となり、毎年「反核燃の日」と銘打った抗議集会が行われている。

この最大の節目となった全員協議会では、どのような論議が行われたのだろうか。

まず、北村知事は電事連の立地協力要請を受諾すると判断した理由について、以下の７点を挙げた。第一に、我が国にとって原子燃料サイクルを早期に確立しプルトニウム利用システムの実用化を図ることは極めて重要な政策課題であり、原子燃料サイクル事業の必要性があること。第二に、原子燃料サイクル事業の安全性について、専門家会議が「安全性が基本的に確立し得る」とする結論をまとめたこと。第三に、六ヶ所村の立地協力要請受け入れの決定は村民の意向を十分把握した上でなされたものと判断され、地元の意向として尊重すべきものと考えていること。第四に、事業に係る国の対応措置について、要請・照会を重ね、国の考え方が十分明らかになったこと。第五に、電気事業連合会のとるべき措置についても、その考え方が十分明らかになったこと。第六に、県内各界各層からの意見聴取の結果は、大勢が立地協力要請を受け入れるべきという意見であったこと。第七に、地域振興への寄与として、施設の工事・操業に直接的・間接的に経済効果が見込まれるほか、電源三法交付金及び固定資産税等の税収入が見込まれること。これらを踏まえ、北村知事は、「立地協力要請を受け入れてしかるべき」との判断に至ったと表明した。

質疑に立った各会派の主張や質問は以下のようであった〔**資料Ⅱ－1－2－3**〕。自由民主党（鳴海広道県議）は、「知事の歴史的英断を心から歓迎する」「今世紀最大・最後のこのプロジェクトを、千載一遇のチャンスを逃してはならない」と賛同を表明した。社会党（鳥谷部孝志県議）は、「青森県の将来のため重大な選択を誤るもの」「住民の福祉と安全を守ることと核燃サイクル受け入れは両立し得ない」と性急な決断に反対を表明した。これに対して、北村知事は「安全性に問題がなければ、住民に迷惑がなければ協力することにはやぶさかではないんだ、という態度が私の基本的な態度」と応じた。公明党（浅利稔県議）は、「現在のエネルギーの事情から知事の考えに同意せざるを得ない」と、党内に異論があることを紹介しつつ、知事の判断を尊重する意向を示した。日本共産党（木村公麿県議）は、「全員協議会は知事の結論や判断を数を力に強引に了承させるためのセレモニー」「県民世論に謙虚に耳を傾け見切り発車は厳に慎むべき」「安全性は世界的に確立していない」と、意思決定のあり方を批判した。民社党（須藤健夫県議）は、「立地協力要請にこたえることによって我が国の原子力開発の課題を解決するとともに本県の地域振興に大きく活用していこう」と賛意を表明した。清友会（杉山粛県議）は、「やむを得ずこれを認める」「青森県は拒否権を留保しながら慎重に対処していく必要がある」と、事業者あるいは政府に追従せず県民を第一に考えながら推進すべきであるとする姿勢を知事に求めた。

県議会全員協議会から9日後の1985年4月18日、「原子燃料サイクル施設の立地への協力に関する基本協定書」〔**資料Ⅱ－1－5－1**〕が結ばれた。協定の基本的事項は、以下の２点である。

第１条[1]　甲及び乙は、丙及び丁がサイクル三施設を青森県上北郡六ヶ所村のむつ小川原開発地区内に立地することに関し協力するものとし、丙及び丁は、甲及び乙がこれを契機に推進を図る地域振興対策に協力するものとする。

２　丙及び丁は、甲及び乙がサイクル三施設の立地が国のエネルギー政策、原子力政策に沿う重要な事業であるとの認識のもとに、同施設の安全確保を第一義に、地域振興に寄与することを前提としてその立地協力要請を受諾したものであることを確認し、同施設の建設及び管理運営並びに前項の地域振興対策への協力に当たっては、甲及び乙の意向を最大限に尊重するものとする。

協定締結当日、青森県と六ヶ所村はそれぞれ電事連に対して立地要請の受諾を文書で通知するとともに、県は①「原子燃料サイクル施設の概要」に示された事業構想の実現、②専門家に示した主要な安全対策の確実な履行、③安全協定締結等による建設時、操業時の安全確保、④万一の事故にたいする損害賠償及び風評による影響にたいする補償等への万全な対策、⑤事業主体にたいする責任体制の確実な承継と周到な指導・助言、⑥関連企業の誘導等地域振興への積極的協力、⑦地元雇用の拡大、⑧教育・訓練機会の創出、⑨試験・研究機関の設置、⑩広報活動の充実、強化の10項目の要請を提出した**〔資料Ⅱ－1－3－3〕〔資料Ⅱ－1－2－4〕**。

協定が締結されて5日後の4月24日、政府はむつ小川原総合開発会議を開催し、むつ小川原開発第2次基本計画に核燃料サイクル施設の立地を盛り込んだ修正を認め、4月26日、これを閣議口頭了解とした**〔資料Ⅱ－1－1－2〕〔資料Ⅱ－1－1－3〕**。

これら核燃料サイクル施設立地の意思決定過程は､電事連の青森県に対する包括的立地要請から、わずか1年1ヶ月余り、六ヶ所村への具体的立地要請からはわずか9ヶ月の経過であった。『東奥日報』記者の福田悟は、「正式要請後の各種手続きは実態的にはセレモニーの感が強かった」と述べている（東奥日報、2000年3月22日）。

3．拙速な受け入れ決定過程に対する批判

こうした拙速とも言える受け入れの意思決定過程に対して、県内各層からは反発と再考を求める声が上がった。

県内では、「死の灰を拒否する会」（八戸市）が1984年9月に結成されるなど、核燃料サイクル施設による放射能汚染を懸念する反対運動が発足した。

青森県が設置した専門家会議の報告書に対して、1985年1月、「『核燃料サイクル施設』問題を考える文化人・科学者の会」が見解「『核燃料サイクル施設』は安全か」を発表した**〔資料Ⅱ－3－1－1〕**。この見解では、報告書には５つの根本的な欠陥があるとしている。すなわち第一に、国の安全審査に係る部分を検討から除くとしながら、一部に具体の立地計画を念頭においた検討もするなど「欺瞞に満ちた開き直りの論理」をとっていること、第二に、立地点の固有性を無視していること、第三に、電事連が提出した構想や説明のみに依拠し専門家自身による独自の調査・判断が欠落していること、第四に、再処理技術に関して誤った評価と楽観論に立っていること、第五に、専門家11名のうち7名が国の原子力行政や施設に関与している者であることである。この他、報告書には全般にわたって16点の重要な問題点があり、かつ立地点の自然環境、社会的影響評価、近接する射爆撃場・特別管制区の問題に関する検討が欠落しているとして、報告書の妥当性に疑義を投げかけた。この見解を踏まえ、「文化人・科学者の会」は、2月20日に北村知事に対して13点の公開質問状を出した**〔資料Ⅱ－3－1－2〕**。

社会党と共産党は、核燃料サイクル事業への反対の姿勢を当初から明確にしており、特に社会党は1984年10月、田辺誠書記長が青森県を訪れ、原水禁、総評と密接な連絡を取り合いながら、反対運動を展開するという声明を発表した**〔資料Ⅱ－1－4－1〕**。社会党は1985年4月にむつ小川原総合開発会議が合意した、むつ小川原開発第二次基本計画への核燃料サイクル事業の追加の意思決定に対して、石橋政嗣中央執行委員長名で中曽根総理大臣に抗議文を提出している**〔資料Ⅱ－1－4－2〕**。

青森県労働組合会議（県労）は、1985年1月、核燃料サイクル施設の是非に関する県民投票条例の制定運動を展開し、約94000人の署名を添えて5月10日に制定の請求を行った。この条例をめぐる臨時県議会は、5月26日に開会された**〔資料Ⅱ－1－2－5〕**。北村知事は、県民投票条例案を説

明した後、知事の意見として、

「この条例の制定請求につきましては、議案に付した意見のとおり、原子燃料サイクル事業の立地協力要請の受け入れの諾否の判断に当たっては適切な手順のもとに対処してきたところであり、さらには、これまでの県議会における論議を踏まえて本職としての結論を導き出したところであって、これは県民を代表する県議会の意見を最大限に尊重する立場に沿うものであると考えており、したがって県民投票を行う必要はないものと判断し、本請求に係る条例制定には賛成できないものであります。」

と条例制定に反対の立場を議場で鮮明にした。条例案は、5月28日、反対多数で否決された。

4．海域調査をめぐる六ヶ所村泊地区における紛争の経過

むつ小川原開発期には1970年代前半を中心に六ヶ所村内では「むつ小川原開発反対同盟を中心に、開発に批判的な立場をとる住民が組織化されていたが、1973年の村長選挙を境に、むつ小川原開発第二次基本計画が策定される頃には、反対運動は急速に衰退していた。1977年には、反対同盟を継承して「六ヶ所村を守る会」が発足していたが、活動は長く休眠状態だった。

1985年4月9日、青森県議会全員協議会で北村知事が核燃料サイクル施設の立地要請受け入れを表明した日、六ヶ所村最大の集落である泊地区で、「核燃から漁場を守る会」が結成された。六ヶ所村における施設受け入れの是非をめぐって、1985年から86年にかけて、泊地区では地区を二分する論争が交わされることとなった。この経過について、詳細を確認しよう。なお、本資料集の編者は、これまでの調査によって、当時の泊漁業協同組合の総会議事録など資料を体系的に収集しており、この論争の経過を振り返る貴重な資料として、本資料集へ収録するという判断をした[2]。

核燃料サイクル施設の建設には、立地環境調査が必要であった。日本原燃サービスと日本原燃産業の「原燃２社」は、協定締結後の1985年6月、陸域の立地環境調査を開始したが、あわせて海域調査（海象調査）も必要となっていた。核燃料サイクル施設建設予定地、すなわち、むつ小川原開発地域に接した海域の漁業権は、すでに1979年から80年にかけて、むつ小川原港の建設に伴って消滅（漁業補償が妥結）していたが、泊地区に接した海域において、海生生物調査、水温・塩分調査、底質調査、流向・流速調査を行うため、泊漁業協同組合の了承を得る必要があった**〔資料II－2－6〕**。

泊漁業協同組合の正会員は、1985年時点で708人（鎌田,1991:157）。滝口作兵エ組合長は、核燃料サイクル施設に批判的な立場で、村議会議員も務めていた。85年2月、泊漁協は水口憲哉東京水産大学助教授と市川定夫埼玉大学教授を講師に招き、学習会を開催した。学習会の結果、立地反対運動を開始することが参加者の総論として支持された。しかし、理事の一部がその後の理事会を欠席したため理事会が成立せず、漁協としての意思表明が滞った。それだけでなく、核燃料サイクル施設立地に賛成する理事・監事計6名は、4月2日、北村知事と会見し、核燃の積極的推進を陳情した（東奥日報,1985年4月3日）。その後、4月9日の県議会全員協議会、4月18日の立地基本協定締結と急速な進展で、青森県ならびに六ヶ所村は電事連の立地要請を受諾してしまったのである。滝口も中心人物の１人となって、「核燃から漁場を守る会」が結成されたのは、そのような経緯の中で核燃料サイクル施設への反対の意思を速やかに表明するためであった。

1985年5月26日の泊漁協通常総会では、4月2日の理事・監事6名の行動に対して、組合員6名から、「組合員を侮蔑した行動」との声明と、海域調査要請の諾否については、臨時総会を開催して決定

することが動議として提案され、可決された〔**資料Ⅱ－3－3－1**〕。海域調査要請の諾否を審議するために召集された7月14日の臨時総会は流会に終わった。流会のきっかけを作ったのは反対派であった。青森県水産部は、一連の混乱に対して組合運営正常化を求める通達を発出した。

9月19日には、滝口組合長の病気療養による入院中に、4名の理事が滝口組合長の解任を求め、板垣孝正理事が互選によって新たに組合長に選任された。この過程では、理事会は開かれていない。また同日には、7月の臨時総会が流会した際の反対派組合員の行為が「威力業務妨害」に当たるとして、組合員5名が逮捕された。事前の通告や同意なく組合長を解任された滝口氏は、青森地方裁判所に地位保全の仮処分を申請したが、11月、申請は却下された。地裁は申請を却下したものの「理事会招集を求めたり、副理事長が理事会招集を諮ることも可能なのに、唐突に文書による多数決で組合長を解任したことは手続き上の疑問が残る」（吉田,1988:43）との判断を、却下理由の中で記している。

7名の理事全員が出席した12月9日の理事会〔**資料Ⅱ－3－3－2**〕では、議題は「刺網漁船専用荷捌所陳情の件」のみとなっている。しかし議事録を見ると、板垣組合長から説明された議題提出の経緯は、県から海域調査の受諾にあたって何か条件になるものを出すように言われた、という主旨であり、海域調査の諾否を決議する一方的な議事進行が行われた。その場は紛糾したものの、議事録には「４対３で調査協力要請に同意する」との結論が記録されている[3]。これに対して組合員は急ぎ臨時総会招集の署名を集め、400人近い署名数をもって理事会に請求した。12月24日の理事会〔**資料Ⅱ－3－3－3**〕は、臨時総会の招集に関して審議された。理事会では年明けて86年1月10日に臨時総会を召集すること、①再漁業補償の要求、②風評被害対策、③協力料、④刺し網荷揚場、⑤傭船料、⑥漁業振興対策、⑦会議費の費用負担の７項目を原燃２社に対して要望することが決定された。ところが、翌々日12月26日の理事会〔**資料Ⅱ－3－3－4**〕は、冒頭、板垣組合長から、1979年の時点で「一切もう漁業補償はいかなる名目においても今後行なわないものとする」とする決議がなされており、「再補償の要求は不可能である」と宣言された。理事会は再び紛糾を極め、最後には各理事が口々に「辞める」と発言して議事録は終わっていく。

このような混乱を極めた状況下で、理事会が終了した後、板垣組合長は原燃２社に対して、「原子燃料サイクル施設立地調査に係る調査の同意」を文書で提出してしまうのである〔**資料Ⅱ－3－3－5**〕〔**資料Ⅱ－3－3－6**〕。

年が明けた86年1月10日の臨時総会は、予定どおり召集されたが、板垣組合長は突然流会を宣言し、退席した。この理由は正確な記録が確認できないが、吉田（1988）によれば、以下のような理由であった。

> 「(引用者注:1月10日当日)三角武夫氏が372通の書面議決書を受付けに提出した。しかし(略)今回の臨時総会は書面議決書を用いないことになっていた。議案の内容が不確実である以上、筋からいってもそうであり、板垣氏もその手続に同意していたのである。にも拘わらず、総会通知書に同封されてもいなかった議決書が、それも大量に提出されてきたのだ。(略) 受付が三角氏に当日の臨時総会の性格を説明したところ、彼は自ら自発的に議決書を取り下げた。別に混乱も何もなかった。この経過を傍らでみていた板垣氏は、急拠会場へ上り流会を宣言したのである。(略)三角氏が自発的に議決書を取り下げたのをみて、板垣氏は一点突破の望みを失ったのである。」(吉田,1988:52-53)

一方的な流会宣言後、事態への対応を協議するため、理事4名、監事3名によって役員会が開かれた〔資料Ⅱ－３－３－７〕。席上、村畑勝千代理事は「開会宣言をして人員が総会に達しない場合は、流会して当り前であると思けれども、板垣組合長が自分の地位を放棄して流会宣言をしたと見るから、放棄してよろしいと思います」と発言し、出席者から異論は出なかった。出席者は県水産部に電話で確認するなど、総会開催の可否を検討した上で、臨時総会を改めて召集することを決定した。臨時総会は同日午後、開催され、

⑴85年12月26日に板垣組合長から原燃２社に提出された海域調査の同意書は無効であり、撤回すること

⑵議案第1号（原子燃料サイクル施設立地に係る海域調査実施の件）は廃案とすること

⑶以下の3点が受け入れられるまでは、海域調査に同意しないこと

①漁業損失額として、1,000億円の補償をすること

②風評被害に対する補償として36億円の基金をつくること

③海象・海域調査の協力費として6億円を補償すること

が決議された〔資料Ⅱ－３－３－８〕。1000億円という超高額な再漁業補償の要求は、事実上、泊漁協として海域調査には応じないことの表れであった。再び組合長に就任した滝口氏は、原燃２社に対して、臨時総会の結果を踏まえた文書を改めて回答した〔資料Ⅱ－３－３－９〕〔資料Ⅱ－３－３－１０〕。

しかし青森県は、1月10日に開かれた総会は無効であり、泊漁協の組合長理事はあくまで板垣孝正氏であるとの見解を示した。組合員は再び384名の署名を集め、3月3日、臨時総会の召集を請求した。「板垣組合長」の理事解任を求める決議を行うためである。「滝口組合長」はこの請求および署名を受理し、翌3月4日、理事会を招集したが、推進派理事は欠席し理事会が成立せず、総会招集の決定ができなかった〔資料Ⅱ－３－３－１１〕〔資料Ⅱ－３－３－１２〕。「板垣組合長」は4日、滝口組合長召集の理事会開催前に理事会を開催し、請求の受理を拒否することを決めた。そこで、組合の定款に従い、理事が総会を招集しない場合に監事がこれを代行することができるという規程を根拠に、3月8日、緊急監事会が召集され、高梨酉蔵監事が主導して、臨時総会の招集に向けて準備が開始された〔資料Ⅱ－３－３－１３〕。後に滝口組合長がまとめた「総会招集請求顛末書」には、臨時総会が請求された3月3日から10日までの詳細な経緯が記されている〔資料Ⅱ－３－３－１４〕。「顛末書」にある暴行事件（3月10日）の発生など、漁協内は混乱に混乱を極め、3月11日には古川村長が、3月12日には北村県知事が「組合長は板垣氏」と漁協運営の正常化へ向けて介入した。

監事の召集による3月19日の臨時総会と、板垣組合長を中心とする賛成派理事の召集による3月23日の臨時総会、泊漁協は分裂して総会を開催することとなった。

19日の臨時総会は359人の出席者を得て成立、板垣組合長理事の理事解任を満場一致で決議した〔資料Ⅱ－３－３－１５〕。

23日の臨時総会は機動隊、私服警察官、装甲車まで出動する雰囲気の中で行われた。海域調査の実施に同意すること、板垣組合長の理事解任の請求を否決することが、板垣組合長の発言によりわずか数分で決定した。議事録によれば、9時33分に開会し、35分には閉会するという、わずか2分間の総会であった〔資料Ⅱ－３－３－１６〕。また議事録によれば、「書面議決者402名、出席者100名以上」とあるものの、当日の取材によれば「組合員の本人出席147人、委任状195人の合計

342人で、総会成立に必要な過半数に達していなかった。また、会場で職員4人が『書面議決書は見ていない』と明言」（デーリー東北，1986年3月24日）するなど、総会そのものの正当性に不明な点が残った。

滝口組合長と高梨監事は後日、23日の総会成立および議決の根拠となった書面議決書の所在について、組合の金庫をすべて探索したが見つけることができず、400名の書面議決書は存在しないと結論づけた**〔資料Ⅱ－３－３－１７〕**。また、3月23日の議事録を清書したとする泊漁協職員の手による「報告書」によれば、当日および後日の顛末は以下のとおりである[4]。

「(略) 私は別添議事録を清書した者ですが、そのいきさつを報告致します。

⑴まず３月23日の私の行動について申し上げます。私は、当日の朝07時少し前に漁協に出勤し、最上業務課長らの指示により組合１階玄関で机を並べて、07時30分頃より、出席組合員の受付けをしておりました。組合員が続々と集まってまいりましたが、時間ははっきりしませんが、板垣理事がガードマンらしき多勢の人達にかこまれて、玄関から出て来ました。

その直後　滝口理事が受付に来て、定足数に達したのか？書面議決書を見たかと質問した所、最上課長が定足数に達していないこと、書面議決書を見ていないと答え、総会場と受付業務をしていた人達が呼ばれ、定足数のこと、書面議決書のことを説明しました。

私は、板垣理事がメモを朗読して退場したことは、全く知りませんでした。この後、組合員の人達や新聞などを見て、当時、会場で何が行なわれたかを知った次第です。(略)

⑶私が清書した議事録の中身ですが、開催の時刻が９時33分から９時35分までの間であったこと、書面議決書が402通あったこと、出席役員の名前と人数、議事経過は、私が直接見たり聞いたりして、確認し記載したものではありません。

書面議決書は、現在でも、まだ見ていません。

この議事録は、前述のように常に板垣理事の指示に従って清書したにすぎず、私の経験した事実を書いたものではありません。また作成年月日３月23日ではなく、前述のように３月28日です。

３　以上のように、私は、３月28日板垣理事の指示に従い議事録の清書をしましたが、後日、議事録の作成に関し、問題が出た場合の証拠として、この報告書を提出します。

昭和61年５月１日　青森県上北郡六ヶ所村泊＊＊＊＊＊　　○○○○[5]印

理事、参事　殿」

このように、手続き的、内容的にも正当性を確認することができない経過を経て、泊漁協の海域調査への同意は既成事実化したのである。4月4日に開催された板垣組合長以下3名による理事会では、海域調査の傭船業務を請け負う企業体の設立要望に対して、承認の決定を行った**〔資料Ⅱ－３－３－１８〕**。5月25日に海域調査阻止泊漁民大会が開かれ、海域調査の実力阻止が決議されたが、海上保安庁や県警の大型巡視艇、高速艇、ヘリコプター、装甲車、600人の機動隊、私服警察官に護衛されて、原燃２社が海域調査を開始するのは6月2日のことであった。漁民は「海戦」とも呼ぶべき激しい抵抗をした。

５．全県に広がる反核燃運動

泊漁協による海域調査への同意が既成事実化して間もなく、1986年4月26日、チェルノブイリ原子力発電所事故が発生した。史上最悪の原子力事故は、青森県の人々が放射能汚染の不安を認識するきっかけとなった。

この事故に危機感を覚えたのは女性と農業者たちだった。それまで、「『核燃料サイクル施設』問題を考える文化人・科学者の会」（県内の知識人たち）、「死の灰を拒否する会」（八戸市）、「核燃から漁場を守る会」（六ヶ所村）など、個々の団体は存在していたものの、県労が組織化した署名運動などを除き、それが全県に草の根のように広がることはなかった。

（1）母親たちによって担われた反核燃運動

八戸市で「死の灰を拒否する会」に参加していた大下由宮子は、チェルノブイリ原発事故を受けて「原発がいかに危険なものであるかを知った主婦たちがあちこちで立ち上がった」（寺光,1991:57）と言う。

弘前市在住の主婦による「放射能から子どもを守る母親の会」は、チェルノブイリ原発事故後に結成され、1986年7月から、毎月26日に弘前市内でデモ行進を行った。「母親の会」が中心となって「核燃まいね！意見広告を出す会」が発足し、1987年4月9日（反核燃の日）に、『東奥日報』へ一面広告を出すことに成功した**〔資料Ⅱ－3－1－3〕**。この広告費は、1口1000円のカンパが県内・全国から集まり工面することができた。八戸市で活動していた大下は、それまでも三沢、十和田などのグループと共同で学習会を開いていたが、弘前の主婦たちからの呼びかけに応じ、カンパや後のデモにも参加するようになった。

広告に登場した「まいね」とは、津軽地方の表現で「駄目」を意味する。南部地方の六ヶ所村で計画された核燃料サイクル施設問題への関心が、津軽地方を含む全県に広がった象徴的なできごとであった。「母親の会」が1988年1月に発行した学習会資料**〔資料Ⅱ－3－1－4〕**には、以下のような想いが冒頭に示されている。

> 「「核燃」の計画は、青森県に莫大な量の放射能を集中させようとする全く無謀で危険な計画です。私たちは、母親として、また大人として、大切な子どもたちに放射能で汚染された故郷を残すことはできません。この計画をストップさせるためには、ひとりでも多くの人が、今、すぐに、反対の声をあげていくことが必要だと思います。テレビや新聞からは毎日のように「核燃」や「原子力発電」の必要や有効性を説く宣伝が流されています。その裏に隠された本当の姿は、私たちが自ら知ろうとすることによってしか明らかにはなりません。」（放射能から子どもを守る母親の会 ,1988）

「放射能から子どもを守る母親の会」のデモ行進は、200回を超えたころから隔月実施となったものの、現在まで270回近くも続けられている（2013年1月時点）。

六ヶ所村に「核燃から子供を守る母親の会」が結成されたきっかけも、「放射能から子どもを守る母親の会」との出会いによるものだとされる。「核燃から子供を守る母親の会」初代会長の若松ユミは、結成のいきさつを、「弘前にできていた『放射能から子どもを守る母親の会』の人達が六ヶ所村に来たとき、六ヶ所村にもこういう組織がないと力にならないからと勧められて」（飯島,1998:290）と話す。「核燃から子供を守る母親の会」は、1986年12月には、社会党初の女性委員長に就任した土井たか子に、直接、要望書を提出している**〔資料Ⅱ－3－2－1〕**。会は泊地区で「カッチャ軍団」と呼ばれるように、主婦の力を総動員した。

女性によって担われた反核燃運動は、意見広告「核燃まいね！」の後も、全県のネットワーク化を志向した「りんごの花の会」発足に結びつき､「ストップ･ザ･核燃百万人署名」の活動を展開した。1988年6月、36万9千人の署名を集めて北村県知事に提出した。

（2）農業者によって担われた反核燃運動

青森県全域に広がった核燃反対運動は、農業者によって支えられた点も見逃せない。1985年4月には、青森県農協青年部・婦人部が合同で、「核燃料サイクル施設立地反対決起総会」を開催し、翌86年6月の県農協青年部大会、87年9月の農業者総決起大会では「核燃立地反対」が決議されていた。87年12月、県農協青年部、県農協婦人部、農民政治連盟青森県本部、全農協労連青森県支部の4団体による「核燃料サイクル建設阻止農業者実行委員会」が発足した[6]。同実行委員会は､「ストップ・ザ・核燃百万人署名」が行われていた同時期に、14万6千人の署名を集め、88年4月27日、北村知事に核燃受け入れの白紙撤回を求めた。この署名数は、純粋に農業者だけを対象にした署名数として、農業者を支持基盤としていた自民党県政に大きな衝撃を与えた。

同実行委員会が署名を提出した直後、青森市で開かれた青森県農林部・出先機関長会議の席上、北村知事は「（核燃料）サイクル施設は農家のことを考えて受け入れた。農家のための開発を拒否すれば、かたくなに先祖伝来の土地だけを守る哀れな道をたどるだろう」と発言した（山内,1997:268)。この発言に県内の農業者たちは猛反発し､反核燃の声はさらに大きなものとなった。88年7月から8月にかけて県内各地で開かれた単位農協の大会では、六ヶ所村に隣接する東北町農協をはじめ、6農協で核燃「白紙撤回」が決議された。

青森県農協中央会は、推進の立場を崩しておらず、盛り上がる反核燃運動の焦点は1988年11月の県農協大会での決議獲得の可否となった。大会の3日前にあたる11月22日､実行委員会主催で｢核燃料サイクル建設阻止農業者総決起集会」が開催され、1900人を超える動員数を示した。3日後の県農協大会は、白紙撤回の動議を出した実行委員会と、動議を却下する動議を出す推進派との間で膠着状態となり、２つの動議ともに決議されず「結論は先送り」とされた。大会後、農協中央会と「核燃料サイクル建設阻止農業者実行委員会」は、12月29日に「青森県農協・農業者代表者大会」を開催することで合意した。この大会の出席者は、農協・農業者の代表147名に限定することが申し合わされた。実行委員会関係者は農協青年部から10名、婦人部から14名、農政連から10名の出席しか認められず、劣勢の予想であったが、この大会で、核燃白紙撤回の動議は賛成85、反対48、白紙6で可決された。この白紙撤回決議以後、「核燃料サイクル建設阻止農業者実行委員会」は、青森県政の中で格段に存在感を増していく。青森県は、1989年3月、全県に広がった反核燃運動へ対抗するように、パンフレット「原子燃料サイクル施設の疑問に答えて」**〔資料Ⅱ－1－2－7〕**を作成・配布、核燃料サイクル施設の安全性に理解を求めた。

長谷川公一によれば、青森県は代表的な保守王国で、農協も「建て前としては選挙に関与しないが、事実上、各種選挙で保守系政治家の集票マシンとして機能してきた」（長谷川,1998:257)。「実行委員会」の次なる目標は、1989年夏の参議院選挙であった**〔資料Ⅱ－3－1－5〕**。7月23日に行われた参議院選挙青森県選挙区では、「反核燃」を公約に掲げた三上隆雄（農政連幹事長）が35万票を得て当選。他に出馬・落選した候補者の得票をすべて合わせても三上の得票に届かない圧勝であった。

選挙での地滑り的勝利という成果を獲得した農業者たちは、自民党青森県連や北村県知事との直接対話の回路を切り開いた。89年9月、自民党県連は実行委員会を構成する農業4団体と青森市内で会談、「実行委員会」の委員長を務める久保晴一は席上、「核燃料施設の集中立地によって、農産物の放射能汚染が強く危惧されており、農業とは全く相入れないものであり、「白紙撤回」の要求は、いかなる取引条件もありえない」と主張した〔**資料Ⅱ－3－1－6**〕。89年12月4日には、「実行委員会」は北村知事と会談、久保委員長は「核燃賛成の県民合意はできているとは思えない」「工事は着々と進み、事業者は「理解を求めながら進めていく」というがこれはおかしい」と主張を展開した。北村知事は「国・事業者だけでなく県も協力の立場に立って、理解を求める努力の一翼を担いたい」と従来の立場を崩さず、会談でお互いの意見はすれ違いに終わった〔**資料Ⅱ－3－1－7**〕。その直後の12月10日、六ヶ所村長選挙で「凍結」を掲げた土田浩が現職の古川伊勢松を破って当選した（次節を参照）。青森県内の政変が核燃を中心に回っていることが明らかとなり、翌12月11日、自民党青森県連は、核燃料サイクル施設立地に関する県連の「統一見解」を発表し、①安全性、②政治不信回復、③地域との共存共栄の３点において核燃料サイクル事業には大きな障壁があり、これを乗り越えない限り「推進は困難」であり、具体的方策の推進を求めるとする意見をまとめた〔**資料Ⅱ－1－4－5**〕。これに対して「実行委員会」は翌々日、「事実が見解に反映されていない」「総選挙をにらんだ要望の列挙に過ぎない」とこれを批判した〔**資料Ⅱ－3－1－8**〕。

（3）反核燃運動を理論面、情報面で専門的に支えたグループの動き

前項、前々項で述べた女性や農業者たちが学習会などを開催する上で、反核燃運動を理論面、情報面で支えたグループについても触れておこう。

1984年、「死の灰を拒否する会」をいち早く発足させた浅石紘爾は、長年にわたり青森県の反核燃運動を理論的にリードし続ける、弁護士である。日本弁護士連合会は、1987年9月に『核燃料サイクル施設問題に関する調査研究報告書』〔**資料Ⅱ－4－1**〕をまとめ、県内では、「『核燃料サイクル施設』問題を考える文化人・科学者の会」の諸著作とともに、反核燃運動の理論的支柱となった。「『核燃料サイクル施設』問題を考える文化人・科学者の会」、を母体として、1987年2月には、「核燃料サイクル施設問題青森県民情報センター」が発足し、『核燃問題情報』を発行し続けた。

浅石らは、1988年7月、「核燃サイクル阻止1万人訴訟原告団」を結成し、ウラン濃縮工場、低レベル放射性廃棄物埋設事業、再処理工場の３点セットに対して、それぞれ国の事業認可取り消しの訴訟を提起していくこととした〔**資料Ⅱ－5－1**〕。

（4）「自主ヒアリング」に結集した反核燃運動

青森県は、1989年10月から90年1月にかけ、県内16ヶ所で「フォーラム・イン・青森」を開催した。これには事業者・政府関係者や専門家が出席し、県民のべ650名が参加した〔**資料Ⅱ－1－2－12**〕。また、90年4月には低レベル放射性廃棄物埋設センターに関する公開ヒアリングが六ヶ所村で行われた。

着々と事業を進める事業者、県、政府に対抗して、反核燃運動を展開する県内各団体は、1990年5月から7月にかけ、「核燃を考える県民自主ヒアリング」を県内5ヶ所で開催し、1500人が参加した。このヒアリングを運営する実行委員会は、「核燃料サイクル建設阻止農業者実行委員会」委

員長の久保晴一が委員長を務めたが、県内の反核燃運動にかかわるすべての団体が結集したと言っても過言ではなかった。実行委員会に参加した団体は88を数えた。このヒアリングの成果は、「核燃を考える県民自主ヒアリング実行委員会」から北村県知事へ公開質問状として、90年8月に発表された〔**資料Ⅱ－３－１－１１**〕。県がこの質問状に答えたのは、回答期限を３ヶ月も過ぎた11月のことであった〔**資料Ⅱ－１－２－１３**〕。

反核燃団体は、1990年12月、北村県知事に対し、1985年4月に締結した立地基本協定の破棄を求める要請を提出した。全国からも集められた署名は、総数52万に上っていた。焦点は翌91年2月に予定されていた県知事選挙となったのである。

６．「凍結」土田村長の登場

六ヶ所村では、泊地区の住民は核燃反対運動の拠点を「核燃から漁場を守る会」「核燃から子供を守る母親の会」に移し、粘り強く運動を続けていた。また、全県的な反核燃運動の高まりに、酪農業を営む人々からも、核燃に疑問の声が上がり始めていた。

反核燃を掲げた三上隆雄が当選した参議院選挙から約半年後の1989年12月、六ヶ所村長選挙で「核燃凍結」を掲げた土田浩が、５期目を目指した古川伊勢松村長を破り、新たな村長に就任した。土田は長く村議を務め、村南部の庄内酪農協組合長を務めていた。17歳の時、1948年に村へ入植した酪農家であった。

選挙は、泊地区を地盤とし、５期目を目指す古川村長が核燃推進の継続を訴えて出馬、これまで古川村政を支えてきた村議の１人であった土田は、「核燃凍結」を掲げた。泊地区で反核燃運動を続ける「核燃から漁場を守る会」「核燃から子供を守る母親の会」のメンバーの一部は、土田と政策協定書を結んだ〔**資料Ⅱ－３－２－２**〕。その骨子は以下のとおりだった。

- ウラン濃縮施設、低レベル放射性廃棄物貯蔵埋設施設は、安全性が確立されるまで一切の工事を凍結。
- 再処理工場、海外返還高レベル放射性廃棄物貯蔵施設は認めない。
- 村民の意思を確認するため村民投票条例を定める。

古川村長の地盤である泊地区で、一部とはいえ自身への支持者層を固めた土田は、現職の古川と、核燃反対を掲げて泊地区から立候補した高梨酉蔵・核燃から漁場を守る会会長を破り、当選した。

土田村長は当選直後の村議会定例会では、「積極的にこの事業を推進することは決して好ましいものではない、本村の現況から見て凍結していく基本から見直しをすべきだとの見解をとり、私はこの選挙について凍結を公約をいたした」と述べ、核燃料サイクル施設受け入れにあくまで懐疑的な立場を明らかにした〔**資料Ⅱ－１－３－４**〕。これに対して推進派が多くを占める村議からは、村長の所信に対する疑義、電源三法交付金の行方、村民投票条例制定についての考え方など、質問が集中した。土田村長はこれに対して、「村民の同意なしに凍結を解除することは、私の政治的な死を意味することであり、多くの有権者を欺瞞し、あるいは神を冒瀆するものである」「仮に三法交付金が交付されなかったとしても、村政運営についてできないという結論づけはされないし、私はそれにかわる何らかがあるということを信じている」と応じ、村民投票は91年4月の村議選後に実施する考えであることを答弁した。一方で「凍結」は「白紙撤回」の意味ではない、と、凍結の解除に含みを持たせていたのも事実である。

土田村長の「凍結」とは、どこまで筋が通った主張であったのだろうか。山内善郎元青森県副知事の証言によれば、土田は、「核燃白紙撤回」を決議した1988年12月の県農協・農業者代表会議では、核燃推進の意見を述べた数少ない１人であった（山内,1997:279)。

土田村長の「凍結」は、当選から3ヶ月後には、その綻びが見え始める。「凍結」を掲げつつ、1990年3月の村議会に提出した90年度予算案には、電源三法交付金による事業が盛り込まれていた。また、4月3日、日本原燃産業はウラン濃縮工場内にウラン濃縮に用いる遠心分離器を搬入した。１ヶ月前に事態を予測した「核燃料サイクル施設建設阻止農業者実行委員会」が土田村長に申し入れを行っていたにもかかわらず、強行された搬入に対して、同実行委員会は抗議声明を発表した〔**資料Ⅱ－３－１－９**〕〔**資料Ⅱ－３－１－１０**〕。

その後、土田村長の「凍結」は、「解凍」に向けて動き出す。1990年11月、低レベル放射性廃棄物貯蔵埋設施設は国の事業許可を受けて、着工された。就任から１年後の村議会定例会では、土田はウラン濃縮工場に続き、低レベル放射性廃棄物貯蔵埋設施設も、国が安全審査を行った上で許可したので問題はないとの認識を示し、「住民投票はしない」と明言した〔**資料Ⅱ－１－３－５**〕。また、後述する県知事選の結果を踏まえ、翌1991年3月の村議会では、ウラン濃縮工場に関する安全協定を締結する準備があることを発表した。これに対して政策協定書を結んだ住民たちは、3月25日、「村長の政治姿勢とウラン濃縮工場の安全協定に関する公開質問状」を発表し、4月12日、土田村長はこれに回答書で応じた〔**資料Ⅱ－１－３－６**〕。住民たちは回答書に納得せず、再び公開質問状を発表した〔**資料Ⅱ－３－２－３**〕。

７．粛々と進む事業と経済効果・雇用効果

反核燃運動が全県的に広がっている最中にあっても、事業者である原燃２社と青森県は、核燃料サイクル事業の準備を着々と進めていた。

1988年8月、国からウラン濃縮工場の事業認可が下り、同年10月、日本原燃産業がウラン濃縮工場に着工した。着工を機に、青森県、原燃２社と電事連は、1989年3月2日、「財団法人むつ小川原地域・産業振興財団」の設立を主旨とした「青森県むつ小川原地域の地域振興及び産業振興に関する協定書」を締結した〔**資料Ⅱ－１－５－２**〕。この財団は、風評被害が生じた場合に備え100億円の基金を積むもので、翌4月に発足した〔**資料Ⅱ－１－２－９**〕。同時に、環境放射線のモニタリング体制も整えられ、青森県は基本計画と実施要領を策定し、「風評による被害対策に関する確認書」を六ヶ所村、原燃２社と電事連と締結した〔**資料Ⅱ－１－２－８**〕〔**資料Ⅱ－１－５－３**〕。同年8月には、県が設置する「環境放射線等監視評価会議」が発足した〔**資料Ⅱ－１－２－１０**〕。

事業の準備が着々と進むということは、六ヶ所村および青森県へ、事業費が投下されていくということである。六ヶ所村内には、核燃料サイクル施設の建設・操業に付随する周辺業務全般を請け負う「むつ小川原原燃興産株式会社」〔**資料Ⅱ－２－７**〕や、「六ヶ所原燃警備株式会社」などが設立され、業務の下請け・孫請け等に至る体制が確立していった。加えて電事連は、青森県内への企業誘致の斡旋を開始し、1990年4月までに4社5工場が立地していた〔**資料Ⅱ－２－９**〕。90年7月には電事連が中心となり、東京に電源地域振興センターを設立し、「かねてより、六ヶ所村・青森県等と協力して取り進めているサイクル施設立地地域における企業立地の一層の促進および、地域の振興を担う人材の育成などへの支援を、全国の電源地域も含めて行う」こととした〔**資料Ⅱ－２－**

１０）。県内には、青森商工会議所が中心となって「青森県原子燃料サイクル推進協議会」が設立され、地元雇用機会の創出に働きかけを行うようになっていた〔**資料Ⅱ－２－１１**〕。1990年7月の時点で、原燃２社には県内から215人が採用されていた。科学技術庁と通商産業省が日本原子力文化振興財団に委託し、作成・配布されたパンフレット「産業構造転換への契機となりうる核燃料サイクル」には、核燃料サイクル施設の建設投資総額は1兆8千億円と見積もられ、「経済効果の上限値は建設時で9000億円、操業時で年間280億円まで上昇するものと予想」されるとしている〔**資料Ⅱ－１－１－４**〕。

8．分水嶺となった 91 年県知事選

1991年2月3日の青森県知事選挙は、89年7月の参議院選挙、90年2月の衆議院選挙でいずれも反核燃を掲げた候補を当選させることに成功していた反核燃運動にとって、核燃白紙撤回を実現する絶好の機会であった。現職の北村正哉知事は自民党の公認を受け４期目を目指し出馬、保守系無所属で山崎竜男参議院議員が出馬し、保守系が分裂の様相を呈したのに対し、反核燃を公約に掲げる候補として金澤茂弁護士が立候補した。

開票の結果は、北村が32万6千票を獲得、24万8千票を獲得した金澤、16万8千票を獲得した山崎を退けて４選を果たしたのであった。

北村陣営、すなわち自民党と事業者側の選挙に挑む雰囲気は、以下に北村陣営の山内副知事が述懐するように、電力業界の強い危機感と締めつけが徹底されていた。

> 「自民党の分裂に、電力業界の目の色が変わった。「反核燃」の逆風をまともに浴びながら、その挙げ句に保守の支持票が一本にまとまらない現実に、危機感が募った。同じ敗北でも国政選挙と違って、知事の交代は核燃料サイクル事業のストップにつながりかねない。（略）北海道電力から九州電力に至るまで、電力業界は知事選に総力を結集した。本県との地縁、血縁がある社員を徹底的に拾い出し、北村さんの応援のため、選挙資金と人をフル回転させた。」（山内,1997:285）

一方で、反核燃を掲げた金澤陣営は、「核燃科サイクル施設建設阻止農業者実行委員会」と青森県生活協同組合連合会が中心となって結成された「核燃阻止懇談会」が1990年11月の会合で金澤の出馬を承認、社会党・共産党・労組・農業者・市民の各層が候補者を一本化して選挙戦に臨んでいた。投票日は2月3日であり、候補者の決定が11月下旬にずれ込んだのは、候補者選びが二転三転するなど、紆余曲折が背景にあった（津村,1991）。この間、マスコミも反核燃の統一候補を、対馬伴成・県農協中央会長、草創文男・農政連幹事長、三上光男・農政連委員長と転々と報じていた。

知事選の勝利を契機に、北村県政および土田村政は、核燃料サイクル事業推進の勢いを加速させた。

すでに着工していたウラン濃縮工場は1991年7月に周辺地域（六ヶ所村）および隣接市町村（三沢市、東北町、野辺地町、横浜町、東通村）の安全確保・環境保全に関する一連の協定を締結、同年12月、操業を開始した〔**資料Ⅱ－１－５－４**〕〔**資料Ⅱ－１－５－５**〕〔**資料Ⅱ－１－５－６**〕。これに先立つ6月、青森県は核燃料物質等取扱税を新設している〔**資料Ⅱ－１－２－１４**〕。

低レベル放射性廃棄物貯蔵埋設施設についても、1990年11月に着工した後、1992年9月に協定を締結、同年11月、施設は完成した〔**資料Ⅱ－１－５－７**〕〔**資料Ⅱ－１－５－８**〕〔**資料Ⅱ－１－５－９**〕。

国は粛々と事業の安全審査を進め、再処理工場や海外からの高レベルガラス固化体の返還・貯蔵に関する事業を次々と審査・許可していった〔**資料Ⅱ－１－１－５**〕〔**資料Ⅱ－１－１－６**〕〔**資料Ⅱ－１－１－７**〕〔**資料Ⅱ－１－１－８**〕。青森県が1991年12月にまとめた「むつ小川原開発の最近の情勢」では、多くのスペースが核燃料サイクル施設に割かれている〔**資料Ⅱ－１－２－１５**〕。

反核燃団体は、ウラン濃縮工場や低レベル放射性貯蔵埋設施設の事業進捗に抗議したが、土田村長の「凍結解除」に続く知事選での敗北に、その活動は徐々に退潮していった〔**資料Ⅱ－３－１－１３**〕〔**資料Ⅱ－３－１－１４**〕〔**資料Ⅱ－３－１－１５**〕。六ヶ所村内では、村出身で1990年に帰郷した菊川慶子が、豊原地区で農業を行いながら，反核燃情報誌『うつぎ』を発行し続けた〔**資料Ⅱ－３－２－４**〕。

９．活断層問題の指摘と訴訟の動向

最後に、第Ⅲ部にも論点が引き継がれていく問題として、施設敷地内の活断層問題の経過と、核燃サイクル阻止一万人訴訟の経過について触れよう。

1988年9月の青森県議会で、社会党の今村修県議から、核燃料サイクル施設予定地の敷地内に活断層があり、地震データに欠落・改ざんが認められる可能性が濃厚であり、事業者の調査および国の安全審査が不十分であることが指摘されていた〔**資料Ⅱ－１－２－６**〕。社会党が入手した資料は、事業者から流出されたと思われるもので、施設予定地内に活断層が存在することを専門家が示唆しているものであった。これを日本原燃サービスは「公式な資料」と認めていない〔**資料Ⅱ－２－８**〕。

核燃サイクル阻止一万人訴訟は、1989年7月13日、ウラン濃縮工場への国の事業許可取消を求めて、青森地方裁判所へ訴訟を提起した。ついで1991年11月7日、低レベル放射性廃棄物貯蔵埋設施設への事業許可取消を求めて提訴、1993年9月17日、高レベル放射性廃棄物貯蔵施設の事業許可取消〔**資料Ⅱ－５－４**〕、12月3日に再処理事業の指定取消〔**資料Ⅱ－５－５**〕を求めてそれぞれ提訴を行った。ウラン濃縮工場の訴訟は2002年3月15日に一審判決〔**資料Ⅱ－５－２**〕、2006年5月9日に仙台高裁判決が出、いずれも国側が勝訴している。原告団はこれを不服として最高裁へ上告したが、2007年12月21日、上告は棄却された。低レベル放射性廃棄物貯蔵埋設施設の訴訟は、2006年6月16日に一審判決〔**資料Ⅱ－５－３**〕、2008年1月22日に仙台高裁判決があり、いずれも原告側の敗訴となった。2009年7月2日、最高裁においても上告棄却の結論が出されている。

注

１　以下、甲は青森県、乙は六ヶ所村、丙は日本原燃サービス株式会社、丁は日本原燃産業株式会社を指す。
２　また、一連の経過は、吉田（1988）、鎌田（1991）にも詳しい。
３　議事録は「想出記録」であり、書記の「この議事録の内容は録音マイクの不備によりテープに録音されておらず気憶（原文ママ）をもって作成した」との注釈がある。
４　この報告書は、吉田（1988）と鎌田（1991）に引用されており、筆者らも原本コピーを入手し、内容を確認したものである。
５　資料の性質上、職員の氏名は伏せて掲載する。
６　当時の加入者数で、農協青年部は3500名ほど、農協婦人部は33000名ほどである。

参考文献

飯島伸子 ,1998,「女性の環境行動と青森県の反開発・反核燃運動」船橋晴俊・長谷川公一・飯島伸子編『巨大地域開発の構想と帰結』東京大学出版会 :271-299.

鎌田慧 ,1991,『六ヶ所村の記録（下）』岩波書店 .

津村浩介 ,1991,「91 年青森県知事選を考える」『技術と人間』20(4):30-46.

寺光忠男 ,1991,『青森・六ヶ所村』毎日新聞社 .

長谷川公一 ,1998,「核燃反対運動の構造と特質」船橋晴俊・長谷川公一・飯島伸子編『巨大地域開発の構想と帰結』東京大学出版会 :249-270.

放射能から子どもを守る母親の会 ,1988,『子どもたちに安心して暮らせる故郷を！六ヶ所村核燃料サイクル計画の素顔』自主学習会資料 .

山内善郎 ,1997,『回想 県政 50 年』北の街社 .

吉田浩 ,1988,「核燃料サイクル事業と泊漁業協同組合」『文化紀要』27:27-68.

第１章　行政資料（政府・県・六ヶ所村）

第1節　政府資料

Ⅱ-1-1-1	19850302	科学技術庁長官　竹内黎一ほか	原子燃料サイクル事業に係る国の対応措置について（回答）
Ⅱ-1-1-2	19850424	むつ小川原総合開発会議	むつ小川原開発について
Ⅱ-1-1-3	19850426	閣議口頭了解	むつ小川原開発について
Ⅱ-1-1-4	19910399	財団法人日本原子力文化振興財団	産業構造転換への契機となりうる核燃料サイクル
Ⅱ-1-1-5	19911219	原子力安全委員会	「日本原燃サービス株式会社六ヶ所事業所における廃棄物管理の事業及び再処理の事業に係る公開ヒアリング」における意見等の取扱いについて
Ⅱ-1-1-6	19920306	核燃料安全専門審査会	日本原燃サービス株式会社六ヶ所事業所における廃棄物管理の事業の許可について
Ⅱ-1-1-7	19920326	原子力安全委員会	日本原燃サービス株式会社六ヶ所事業所における廃棄物管理の事業の許可について(答申)
Ⅱ-1-1-8	19920326	原子力安全委員会	海外再処理に伴う返還廃棄物（ガラス固化体）の輸入に関連して所管行政庁から報告を受けるべき事項について

第2節　青森県資料

Ⅱ-1-2-1	19841199	青森県	原子燃料サイクル事業の安全性に関する報告書
Ⅱ-1-2-2	19850225	青森県知事　北村正哉	原子燃料サイクル事業に係る国の対応措置について（照会）
Ⅱ-1-2-3	19850409	青森県議会	青森県議会全員協議会議事録（昭和60年4月9日）
Ⅱ-1-2-4	19850418	青森県知事　北村正哉	原子燃料サイクル事業に係る対応措置について
Ⅱ-1-2-5	19850527	青森県議会	青森県議会第74回臨時会会議録（昭和60年5月27日）
Ⅱ-1-2-6	19880930	青森県議会	青森県議会第175回定例会会議録（昭和63年9月30日）
Ⅱ-1-2-7	19890399	青森県	原子燃料サイクル施設の疑問に答えて

Ⅱ-1-2-8	19890399	青森県	原子燃料サイクル施設に係る環境放射線等モニタリング構想、基本計画及び実施要領
Ⅱ-1-2-9	19890499	財団法人むつ小川原地域・産業振興財団	財団の事業案内
Ⅱ-1-2-10	19890810	青森県	原子燃料サイクル施設環境放射線等監視評価会議要綱
Ⅱ-1-2-11	19891299	青森県	風評被害処理要綱
Ⅱ-1-2-12	19900399	青森県	「フォーラム・イン・青森」で多く出された質問にお答えします
Ⅱ-1-2-13	19901199	青森県	公開質問状に対する回答メモ
Ⅱ-1-2-14	19910610	青森県	核燃料サイクル施設に対する法定外普通税（核燃料物質等取扱税）の新設について
Ⅱ-1-2-15	19911299	青森県	むつ小川原開発の最近の情勢

第3節　六ヶ所村資料

Ⅱ-1-3-1	19850105	原子燃料サイクル施設対策協議会	原子燃料サイクル施設立地協力要請に対する意見について
Ⅱ-1-3-2	19850127	六ヶ所村長　古川伊勢松	「原子燃料サイクル事業について」への回答
Ⅱ-1-3-3	19850418	六ヶ所村長　古川伊勢松	原子燃料サイクル事業の立地協力要請について
Ⅱ-1-3-4	19891226	六ヶ所村議会	平成元年第４回六ヶ所村議会定例会会議録
Ⅱ-1-3-5	19901223	六ヶ所村議会	平成２年第９回六ヶ所村議会会議録
Ⅱ-1-3-6	19910412	六ヶ所村長　土田浩	村長の政治姿勢とウラン濃縮工場の安全協定に関する公開質問状に対する回答書

第4節　政党等資料

Ⅱ-1-4-1	19841024	日本社会党書記長　田辺誠	核燃料サイクル基地について
Ⅱ-1-4-2	19850425	日本社会党中央執行委員長　石橋政嗣	申入書
Ⅱ-1-4-3	19890925	日本共産党青森県委員会委員長　小浜秀雄	日本社会党青森県本部への申し入れ書
Ⅱ-1-4-4	19891204	日本共産党青森県委員会	核燃料サイクル施設建設白紙撤回もとめる県民の新たな動向に対する見解と県民共同の運動を実現するための日本共産党の態度
Ⅱ-1-4-5	19891211	自由民主党青森県連原子燃料サイクル特別委員会	原子燃料サイクル施設立地にかかわる自由民主党青森県支部連合会統一見解について

第5節　協定書等

Ⅱ-1-5-1	19850418	青森県知事ほか	原子燃料サイクル施設の立地への協力に関する基本協定書
Ⅱ-1-5-2	19890302	青森県知事ほか	青森県むつ小川原地域の地域振興及び産業振興に関する協定書
Ⅱ-1-5-3	19890331	青森県知事ほか	風評による被害対策に関する確認書
Ⅱ-1-5-4	19910725	青森県知事ほか	六ヶ所ウラン濃縮工場周辺地域の安全確保及び環境保全に関する協定書
Ⅱ-1-5-5	19910725	青森県知事ほか	六ヶ所ウラン濃縮工場周辺地域の安全確保及び環境保全に関する協定の運用に関する細則
Ⅱ-1-5-6	19910910	三沢市長ほか	六ヶ所ウラン濃縮工場隣接市町村住民の安全確保等に関する協定書
Ⅱ-1-5-7	19920921	青森県知事ほか	六ヶ所村低レベル放射性廃棄物埋設センター周辺地域の安全確保及び環境保全に関する協定書
Ⅱ-1-5-8	19920921	青森県知事ほか	六ヶ所村低レベル放射性廃棄物埋設センター周辺地域の安全確保及び環境保全に関する協定の運用に関する細則
Ⅱ-1-5-9	19921026	三沢市長ほか	六ヶ所村低レベル放射性廃棄物埋設センター隣接市町村住民の安全確保等に関する協定書

第１節　政府資料

Ⅱ－１－１－１

原子燃料サイクル事業に係る国の対応措置について（回答）

昭和60年３月２日

60原第10号
60資庁第2684号

青森県知事　北村正哉殿

国務大臣
科学技術庁長官　竹内黎一
通商産業大臣　村田敬二郎

原子燃料サイクル事業に係る国の対応措置について（回答）

昭和60年2月25日付け青調第413号をもって照会のあった上記の件については、貴職の理解されているとおりでありますのでその旨回答いたします。

［出所：青森県資料］

Ⅱ－１－１－２

むつ小川原開発について

むつ小川原総合開発会議　昭和60年４月24日

むつ小川原開発については、昭和52年8月29日付けの本会議申し合わせ「むつ小川原開発について」に基づき、関係各省庁において、「むつ小川原開発第2次基本計画」を参しゃくしつつ、計画の具体化のための措置を講じてきたところであるが、昨年7月、電気事業連合会から青森県に対し核燃料サイクル施設のむつ小川原地区への立地に関し、協力要請が行われた。青森県は、このたび、これを受諾し、「むつ小川原開発第2次基本計画」に核燃料サイクル施設の立地を織り込んだ形で修正を行い、これを関係各省庁に提出してきたところである。

関係各省庁は、青森県の計画修正について検討した結果、核燃料サイクル施設の立地は、むつ小川原地区の開発に資するものでありかつ、自主的核燃料サイクルの確立が我が国のエネルギー政策及び原子力政策の見地から重要な課題であるとの認識のもとに、安全の確保を前提として、地域との調和を図りつつ、計画修正の主旨に沿ったむつ小川原開発を推進することとし、以下のとおり申し合わせる。

記

工業開発を通じ、地域の開発を図るというむつ小川原開発の基本的考えの下に、同地区への多角的な企業立地を促進するものとし、そのために必要な基盤整備を引続き進めつつ、次により核燃料サイクル施設の立地を図る。

１．むつ小川原工業地区の弥栄平地区に再処理施設（処理能力約800トンU／年）を、大石平地区にウラン濃縮施設（1500トンswu／年程度）及び低レベル放射性廃棄物貯蔵施設（最終約60万m^2）の立地をそれぞれ想定する。なお、その立地の具体化にあたっては、各種計画等との調整を図りつつ進めるものとする。

２．核燃料サイクル施設の設計・建築・運転管理については、以下により安全性の確保に万全を期するものとする。

事業者に対し、設計・建築・運転管理における十全の安全対策を講じさせるとともに、厳正な安全審査の実施等安全規制の徹底を期する。あわせて、環境放射線監視の実施、原子力防災計画の策定等青森県が行う周辺住民の安全確保・環境保全のための措置に対して適切な指導及び支援を行う。

なお、防衛施設との関連については、その機能の確保に配慮しつつ、核燃料サイクル施設立地の安全性確保の観点から、上空飛行の制限等について必要に応じ所要の調整を行う。

３．核燃料サイクル施設の立地・運営に当たっては、以下により、地域住民の十分な理解と協力を得て、円滑に進められるよう努めるものとする。

地元の意向を踏まえた農林水産業等の地域産業の振興に配慮するとともに、電源三法交付金の活用等を通じ教育文化・医療・産業振興施設等の整備を支援し、核燃料サイクル施設の立地と調和した地域住民の福祉の向上を図る。また、地元雇用の促進、地元企業の活用について適切な指導を行うとともに、核燃料サイクル施設の立地が地域の開発の契機として生かされるよう関連する企業の立地について所要の支援を行う。

［出典：日本弁護士連合会公害対策・環境保全委員会,1987年9月,『核燃料サイクル施設問題に関する調査研究報告書:資料23-25頁］

Ⅱ－1－1－3

むつ小川原開発について

閣議口頭了解　昭和60年4月26日

むつ小川原開発については、さる昭和52年8月30日の閣議口頭了解に伴い、各般の措置が講ぜられてきたところであるが、今般、関係各省庁においては青森県から提出された核燃料サイクル施設の立地にかかる「むつ小川原開発第2次基本計画」の修正について検討した結果、むつ小川原総合開発会議において別紙のとおりの申し合わせを行った。

核燃料サイクル施設のむつ小川原地区への立地は、工業開発を通じてこの地域の開発を図るというむつ小川原開発の基本的考え方に沿うものであり、かつ、我が国のエネルギー政策及び原子力政策の見地からも重要な意義をもつものであることにかんがみ、関係各省庁は、今後、この申し合わせに基づき、むつ小川原開発の推進を図るものとし、そのために必要な施策等について適切な措置を講ずるものとする。

［出典：日本弁護士連合会公害対策・環境保全委員会,1987年9月,『核燃料サイクル施設問題に関する調査研究報告書:資料26頁］

Ⅱ－1－1－4

産業構造転換への契機となりうる核燃料サイクル

平成3年5月

はじめに

いま青森県六ヶ所村で核燃料サイクル施設の建設が進められています。これらの施設は投資総額が約1兆1800億円にも及ぶ大規模プロジェクトであり、本プロジェクトの推進派、地元六ヶ所村はもとより周辺市町村、さらには青森県内の社会経済に大きな波及効果を与えることが期待されています。

また、単に施設建設投資のみならず、核燃料サイクル施設の立地に伴い、たとえば電源三法交付金制度に基づいて電源立地促進対策交付金等が地元市町村に交付されます。地元の人々が求めているのは、これらの交付金等が雇用の増大や産業の振興などに効果的に使われ、地域経済にいろいろな波及効果をもたらすことです。

通商産業省資源エネルギー庁は、先に「核燃料サイクル施設立地社会環境調査」を実施し、このほど、その報告をとりまとめました。この調査は、核燃料サイクル施設の立地が青森県内の社会経済に及ぼす効果を具体的に把握し、評価分析して、今後の施策等に反映させることを目的にして実施したものです。

以下、この報告書の中から、核燃料サイクル施設の建設及びその後の操業による経済波及効果について概要を紹介してみましょう。

核燃料サイクル施設の投資計画

核燃料サイクル三施設、すなわち使用済燃料再処理施設、ウラン濃縮施設、低レベル放射性廃棄物埋設施設の建設投資総額は、約1兆1800億円にも及ぶと見積もられています。これは関西新空港の1兆5000億円、東京湾横断道路の1兆2000億円などに匹敵するぐらいの大規模プロジェクトです。

またこの三施設の建設投資額の内訳は、次のように見積もられています。

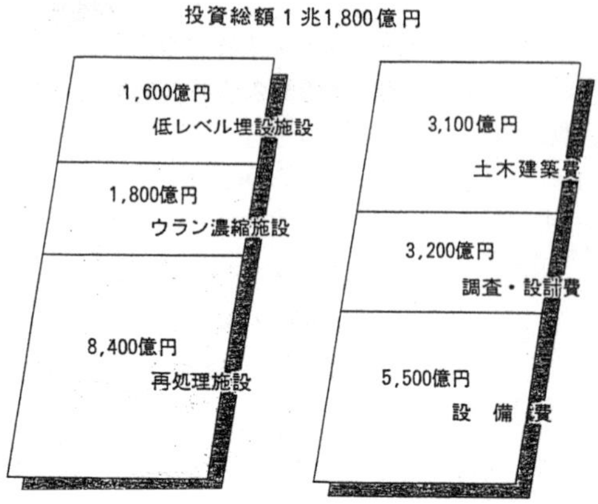

図１　施設別内訳　　図２　性質別内訳

１．建設時の経済波及効果

①核燃料サイクル施設の建設時の需要発生額については、現在の青森県の産業構造、技術水準等を考慮して、土木建築については工事金額の80％、設備については4％にあたる2695億円が青森県内に実際に需要として発生するものと見込んでいます。これに加えて、一次波及効果として2157億円、二次波及効果として1564億円の生産増を見込むと、最終的には、直接投資額の2.38倍の6416億円となるものと考えられます。

②核燃料サイクル施設の建設に伴い交付される電源立地促進対策交付金等の地方財政収入増分が公共投資として再投資されることによって、県内に発生する需要398億円は、一次波及効果として227億円、二次波及効果として225億円の生産増をもたらすため、最終的には849億円の財政効果をもたらすものと考えられます。

③建設投資効果及びこれに伴う財政効果の合計として総額で7265億円の波及効果をもたらすものと期待されます。これは青函博に伴う波及効果399億円と比較すると、およそ18倍になります。

２．操業時の経済波及効果

①核燃料サイクル施設操業時の県内における年間の需要発生額については、施設の運転に必要となる電力や保守・補修に伴う設備調達等を見込んで年33億円と見積もりました。これに加えて、一次波及効果として年10億円、二次波及効果として年14億円の生産増の結果、合計で年57億円の効果が見込めます。さらに施設に直接雇用されている従業員の所得による二次波及効果は年111億円となり、最終的には毎年168億円の操業効果をもたらすものと考えられます。

②核燃料サイクル施設の操業に伴う固定資産税等の地方財政収入増加分が公共投資として再投資されることによって県内に発生する需要年38億円は、一次波及効果として年17億円、二次波及効果として年26億円の生産増をもたらすため、最終的には操業にともなう毎年81億円の財政効果をもたらすものと考えられます。

③操業効果及びこれに伴う財政効果の合計として総額で毎年250億円の波及効果をもたらすものと考えられます。これを青函博に伴う波及効果399億円と比較すると、核燃料サイクルの操業時の効果は青函博を2年に1回以上継続的に開催するのに匹敵する波及効果をもたらすものと考えられます。

経済効果の見通し

核燃料サイクル施設の建設に伴う経済効果には、次の3つが考えられます。

①建設投資による経済効果

②施設操業による経済効果

③施設及び操業に伴う財政効果

各々の経済効果は、青森県内の各産業の生産額の増加および雇用の誘発という形で表せます。さらにそれらの生産額増加および雇用誘発には、直接効果、一次波及効果および二次波及効果という形に分けて分析しました。

３．建設時の雇用効果

①核燃料サイクル施設建設時の県内における延べ潜在雇用力は建設投資の直接効果として1万5682人年となり、一次波及効果として1万3234人年、さらに二次波及効果として1万1228人年となるため、最終的には潜在雇用力は4万143人年にのぼるものと考えられます。

②核燃料サイクル施設の建設に伴う地方財政収入増加分が公共投資として再投資されることによって県内に発生する延べ潜在雇用力は公共投資の直接効果として3191人年となる、一次波及効果として1456人年、二次波及効果として1620人年となるため、最終的に6267人年にの

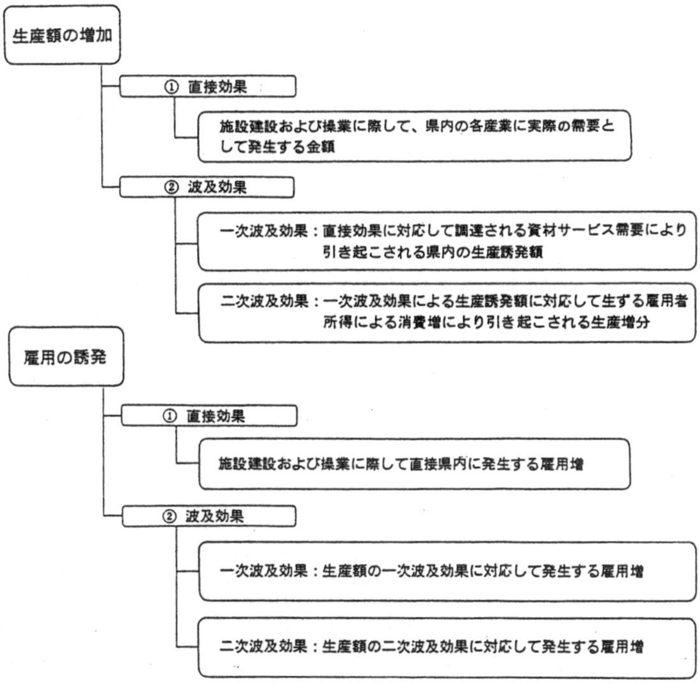
生産額の増加
① 直接効果
施設建設および操業に際して、県内の各産業に実際の需要として発生する金額
② 波及効果
一次波及効果：直接効果に対応して調達される資材サービス需要により引き起こされる県内の生産誘発額
二次波及効果：一次波及効果による生産誘発額に対応して生ずる雇用者所得による消費増により引き起こされる生産増分
雇用の誘発
① 直接効果
施設建設および操業に際して直接県内に発生する雇用増
② 波及効果
一次波及効果：生産額の一次波及効果に対応して発生する雇用増
二次波及効果：生産額の二次波及効果に対応して発生する雇用増

図３　経済効果分析の枠組

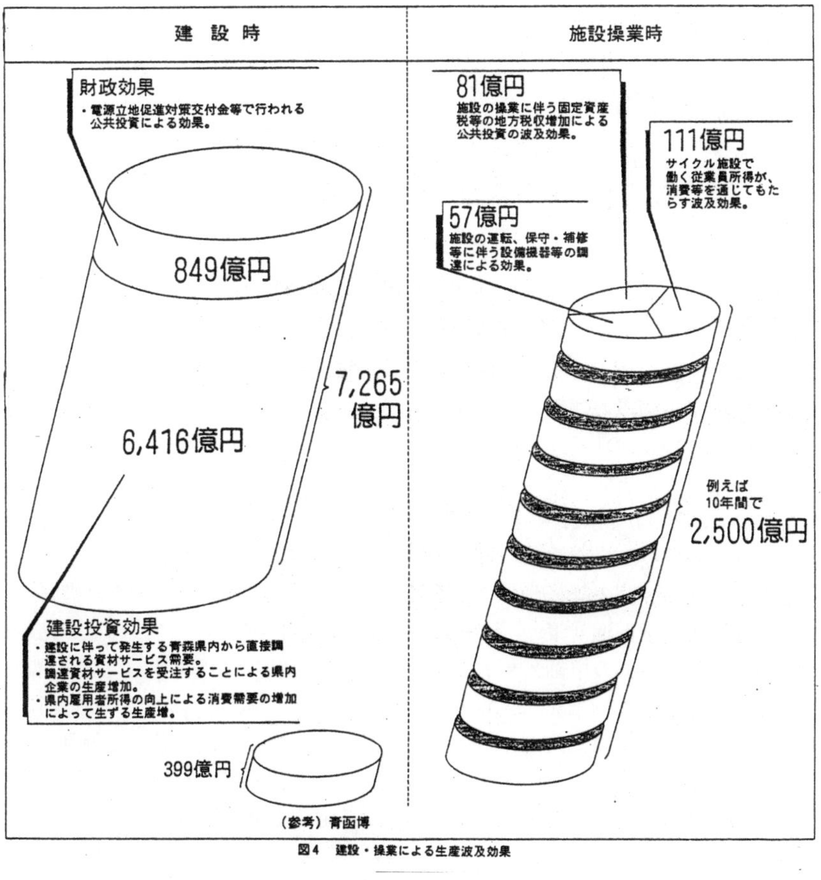
建　設　時
施設操業時
財政効果
・電源立地促進対策交付金等で行われる公共投資による効果。
849億円
6,416億円
7,265億円
建設投資効果
・建設に伴って発生する青森県内から直接調達される資材サービス需要。
・調達資材サービスを受注することによる県内企業の生産増加。
・県内雇用者所得の向上による消費需要の増加によって生ずる生産増。
399億円
（参考）青函博
81億円
施設の操業に伴う固定資産税等の地方税収増加による公共投資の波及効果。
111億円
サイクル施設で働く従業員所得が、消費等を通じてもたらす波及効果。
57億円
施設の運転、保守・補修等に伴う設備機器等の調達による効果。
例えば
10年間で
2,500億円
図4　建設・操業による生産波及効果

図４　建設・操業による生産波及効果

ぼるものと考えられます。

③建設投資効果及びこれに伴う財政効果の合計として県内に延べ潜在雇用力は4万6410人年にのぼるものと考えられます。

4．操業時の雇用効果

①核燃料サイクル施設の保守・補修による県内における年間潜在雇用力は直接効果として101人／年となり、一次波及効果として72人／年、さらに二次波及効果として103人／年となるため、最終的には保守・補修による年間潜在雇用力は276人／年にのぼるものと考えられます。

②核燃料サイクル施設における従業員については、その半数を県内から雇用すると考えていることから、この雇用効果は1250人／年になります。さらに施設における従業員所得が県内での消費にまわることにより、800人／年の潜在雇用力が発生することになるものと考えられます。

③核燃料サイクル施設の操業に伴う地方財政収入増加分が公共投資として再投資されることによって、県内に派生する延べ潜在雇用力は公共投資の直接効果として457人／年となり、一次波及効果として123人／年、二次波及効果として187人／年となるため、最終的には767人／年にのぼるものと考えられます。

④核燃料サイクル施設の操業効果及びこれに伴う財政効果の合計として県内における年間潜在雇用力は3094人／年にのぼるものと考えられます。

5．まとめ

①本調査では、現在の核燃料サイクル施設の建設スケジュールを前提として、各数値について、かなり詳細に、かつ固めに見込んでいます。例えば、電気事業連合会で誘致が決った企業15社18事業所（平成3年5月現在）のもたらす経済効果は、投資額が一部未定のため今回の経済効果には含めておらず、また電源立地促進対策交付金についても、平成3年度から25%の単価アップが決まりましたが、これを含めていません。したがって、これらについても今後、県内への波及効果が十分期待できます。

②今後、核燃料サイクル施設及びその関連企業のみならず、電気事業連合会関連の様々な企業の立地によって、県内の産業構造及び技術水準はさらに飛躍することが考えられ、これらを折り込んで試算すると、経済効果の上限値は建設時で9000億円、操業時で年間280億円まで上昇するものと予想されます。

③いずれにしても、核燃料サイクル施設の建設・操業に伴う経済効果は、現在の青森県の産業構造等を考えると、きわめて大きな変化を与える可能性があります。またその効果も必ずしも一過性のものではなく、施設の操業に伴う持続的な効果が期待できます。

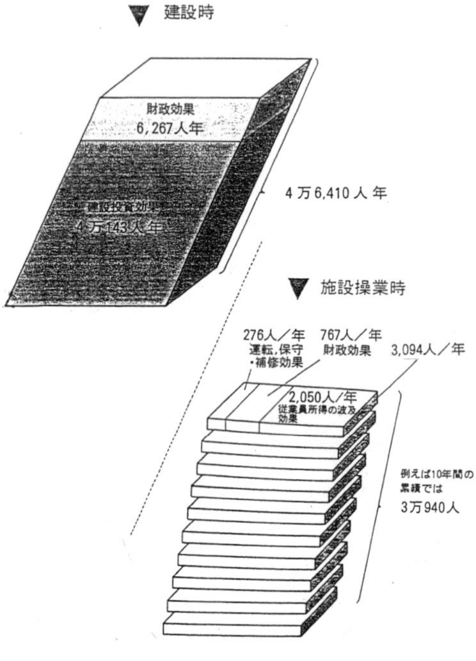

図5　建設・操業による雇用効果

産業別経済効果

農林水産業への経済効果

農林水産業に与える経済効果は、製造業、建設業、商業・サービス業に比べて、金額的には必ずしも大きくありませんが、核燃料サイクル施設の建設及び操業により創出される雇用機会を活用することにより、現在の青森県農家の所得構成上の課題である農外収入に関して、その向上が見込まれます。また高速交通体系の整備による市場拡大、電源三法交付金による流通加工施設等の整備により、地元産品の高付加価値化を通じた所得水準の上昇が図られることも考慮に入れると、効果はさらに大きくなるものと期待されます。

製造業、建設業、商業・サービス業への経済効果

核燃料サイクル施設の建設、操業の経済効果は、

金額的には青森県の製造業生産額の13%、同じく建設業の40%にのぼります。加えて、施設の技術的水準を考えると、県内製造業の加工技術向上、建設業の施工技術向上に大きな効果を与えるものと期待されます。

また商業・サービス業も施設の建設による売上向上の効果に加えて、操業時には対事業所サービス等を新しいサービスニーズの発生や都市型サービス業の成長といった効果、あるいは原子力施設の観光資源化という効果も期待されます。

施設立地による地域振興のために

電源三法交付金は、核燃料サイクル施設の立地地域の生活・産業基盤を整備する上で大きな力になります。

と同時に、核燃料サイクル施設の立地を契機として、直接的に地域にもたらされる人口増加、産業・経済分野への効果が地域に根付き、そして、永続的な地域の振興・発展が図られることが重要です。このため、（財）電源地域振興センターを中心に、地元への支援策が講じられています。

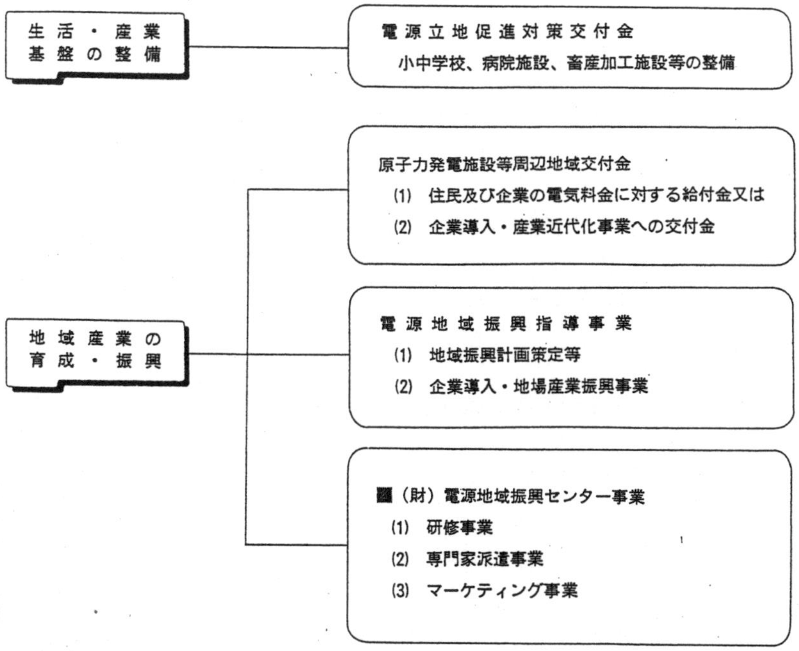

図６　施設立地による地域振興

電源三法交付金で整備された施設（略）

このパンフレットは科学技術庁原子力局、通商産業省資源エネルギー庁の委託により、（財）日本原子力文化振興財団が作成したものです。

［出典：日本原子力文化振興財団パンフレット］

Ⅱ－１－１－５

「日本原燃サービス株式会社六ヶ所事業所における廃棄物管理の事業及び再処理の事業に係る公開ヒアリング」における意見等の取扱いについて

原子力安全委員会　平成３年12月19日

原子力安全委員会

原子力安全委員会は、「日本原燃サービス株式会社六ヶ所事業所における廃棄物管理の事業及び再処理の事業に係る公開ヒアリング」の実施に際し陳述された意見等及び陳述の届出があった意見等（以下、「意見等」という。）について次のように取扱うこととする。

１．当該廃棄物管理の事業及び再処理の事業に係る行政庁からの諮問事項に関係する意見等については、次の方針のもとに審査時に参酌する。

（１）核燃料安全専門審査会に対する指示事項

意見等のうち、核燃料安全専門審査会が当該廃棄物管理の事業及び再処理の事業に係る調査審議を行うに当たり参酌する必要があると判断された事項、いわゆる当該廃棄物管理の事業及び再処理の事業の固有の安全性に関する事項であって基本設計ないし基本的設計方針を調査審議する際に関連する事項については、同審査会にこれらの事項を地元住民の意見として参酌するよう各事業ごとに指示する。

（２）技術的能力に関連する事項

意見等のうち、技術的能力に関する事項については、原子力安全委員会で直接調査審議する際に参酌する。

２．今回の公開ヒアリングにおいては、当該廃棄物管理の事業及び再処理の事業に係る行政庁からの諮問事項に直接関係しない事項についても、幅広く意見等が出されているので、これらについては、次のように取扱うこととする。

（１）当該廃棄物管理の事業及び再処理の事業に係る行政庁からの諮問事項に関係しない一般的な安全性に関する事項については、公開ヒアリング状況報告の中で意見等を取りまとめて公表するものとする。また、必要に応じ、原子力安全委員会、同委員会の関係専門部会等において検討を行い検討結果を公表するものとする。

（２）安全性に関係しない事項については、公開ヒアリング状況報告の中で意見等を取りまとめて公表するとともに、事務局から関係行政機関に通知するものとする。

３．その他

（１）意見等は、説明者の「公開ヒアリング」における説明内容とともに公開ヒアリング状況報告として取りまとめ公表する。

（２）前述１．の事項に関しては、当該廃棄物管理の事業及び再処理の事業の審査に係る答申をそれぞれ内閣総理大臣に行う際に、各事業ごとに、その参酌の状況を取りまとめ公表する。

［出典：原子力安全委員会資料］

Ⅱ－１－１－６
日本原燃サービス株式会社六ヶ所事業所における廃棄物管理の事業の許可について

核燃料安全専門審査会　平成４年３月６日

原子力安全委員会
委員長　内田　秀雄　殿

核燃料安全専門審査会
会長　青地　哲男

当審査会は、平成3年5月16日付け3安委第133号（平成4年2月3日付け4安委第33号をもって一部補正）をもって調査審議を求められた標記の件について、別添のとおり結論を得たので報告します。

(別添)

日本原燃サービス株式会社六ヶ所事業所における廃棄物管理の事業の認可に係る安全性について

平成4年3月6日
核燃料安全専門審査会

目 次

Ⅰ　調査審議の結果

日本原燃サービス株式会社六ヶ所事業所における廃棄物管理の事業に関し、原子力安全委員会からの指示（平成3年5月16日付け3安委第133号及び平成4年2月3日付け4安委第33号）に基づいて調査審議を行った結果、本廃棄物管理事業の許可後の安全性は確保し得るものと判断する。
（中略）
II　調査審議の方針
調査審議に当たっては、前記指示文書に添付された「日本原燃サービス株式会社六ヶ所事業所における廃棄物管理事業の許可申講に係る安全性について」（平成4年1月29日付けをもって一部修正、以下「安全審査書」という。）について、「日本原燃サービス株式会社六ヶ所事業所廃棄物管理事業許可申請書」（平成元年3月30日付け申請、平成2年10月18日付け、平成3年4月26日付け及び平成4年1月27日付けをもって一部補正、以下「事業許可申請書」という。）等とを併せて検討を行った。
さらに、原子力安全委員会が昭和54年1月26日付けをもって決定（昭和57年4月5日付け及び平成2年11月1日付けをもって一部改正）した「原子力安全委員会の行う原子力施設に係る安全審査等について」に従うとともに、「廃棄物管理施設の安全性の評価の考え方」（平成元年3月）に基づくほか、「核燃料施設安全審査基本指針」（昭和55年2月、平成元年3月一部改訂）、「再処理施設安全審査指針」（昭和61年2月、平成元年3月一部改訂）等を参考とした。
また、「日本原燃サービス株式会社六ヶ所事業所における廃棄物管理の事業及び再処理の事業に係る公開ヒアリング」の実施に際して提起された意見等のうち、原子カ安全委員会から平成3年12月19日付けをもって指示のあった事項については調査審議に当たり参酌することとした。
（中略）
IV　調査審議の経緯
当審査会は、平成3年6月10日に開催された第42回核燃料安全専門審査会において、次の審査委員からなる第30部会を設置した。
山本正男（部会長）　動力炉・核燃料開発事業団
青地哲男　（財）日本分析センター
加藤勉　東洋大学
小島圭二　東京大学
近藤達男　日本原子力研究所
櫻井春輔　神戸大学
角田直己　動力炉・核燃料開発事業団
中尾征三　地質調査所（平成3年11月から）
沼宮内弼雄　（財）放射線計測協会
浜田和郎（部会長代理）　防災科学技術研究所
平野見明　（財）日本分析センター
松岡健一　室蘭工業大学
盛谷智之　地質調査所（平成3年7月まで）
吉田鎮男　東京大学
吉田芳和　（財）放射線計測協会

同部会は、平成3年7月2日に第1回部会を開催し、調査審議方針を検討するとともに、主として施設、環境を担当するＡＢグループ及び主として地質、地盤、地震、耐震設計を担当するＣグループを設け、調査審議を開始した。以後、各グループ会合、部会及び審査会において調査審議を行い、さらに現地調査を行ってきた結果、平成4年3月4日の部会において結論を得て、部会報告書を決定した。
当審査会は、これを受け、平成4年3月6日に開催された第48回核燃料安全専門審査会において本報告書を決定した。
なお、平成4年1月29日付けをもって内閣総理大臣から「安全審査書」及び「事業許可申請書」の一部補正の通知があった。
本件に係る公開ヒアリングに際し、提起された意見等の参酌状況については、「「日本原燃サービス株式会社六ヶ所事業所における廃棄物管理の事業及び再処理の事業に係る公開ヒアリング」における廃棄物管理の事業に関係する意見等の参酌状況について」として別途とりまとめた。
［出典：原子力安全委員会資料］

II－1－1－7 日本原燃サービス株式会社六ヶ所事業所における廃棄物管理の事業の許可について（答申）

原子力安全委員会　平成4年3月26日

4安委第87号
内閣総理大臣殿
原子力安全委員会委員長

平成3年5月16日付け3安第162号（平成4年1月29日付け4安第23号をもって一部補正及び一部修正）をもって諮問のあった標記の件に関する核原料物質、核燃料物質及び原子炉の規制に関する法律第51条の3第1項第2号（技術的能力に係る部分に限る。）及び第3号に規定する許可の基準の適用について以下のように認めます。

(1) 第2号（技術的能力に係る部分に限る。）に関しては、審査した結果、別紙審査内容に述べるとおり妥当なものである。

(2) 第3号に関しては、安全審査書等について審査した結果、別紙審査内容に述べるとおり妥当なものである。

【別紙】

Ⅰ．審査内容

1．第2号（技術的能力）

申請者は、原子力発電所及び再処理工場で廃棄物処理、放射線管理等の経験を有する技術者を有している。本廃棄物管理施設を計画、建設し、また事業を遂行していく上においては、実務経験、知識等を有する要員が確保されることとなっており、また、長期間にわたり事業を適確に遂行するに十分な組織体制が準備されている。これらの点から、本廃棄物管理施設を設置するに必要な技術的能力及び適確に業務を遂行するための技術的能力があるものと判断する。

2．第3号（災害防止）

本廃棄物管理事業の安全性については、別添の核燃料安全専門審査会の報告書に述べるとおりであり、核燃料物質及び核燃料物質によって汚染された物による災害の防止上支障がないものと判断する。

Ⅱ．審査の経緯

当委員会は、本件諮問に基づき平成3年5月16日の第28回原子力安全委員会において審議を開始し、平成4年3月26日の第18回原子力安全委員会において結論を得た。

［出典：原子力安全委員会資料］

Ⅱ-1-1-8

海外再処理に伴う返還廃棄物（ガラス固化体）の輸入に関連して所管行政庁から報告を受けるべき事項について

原子力安全委員会　平成4年3月26日

原子力安全委員会

海外再処理に伴う返還廃棄物（ガラス固化体）の我が国への持ち込みが具体化してくることから、返還廃棄物の輸入に関連する下記の所管行政庁が確認する事項に関して、今後所管行政庁より報告を受け調査審議を行うものとする。

記

我が国の電力会社は、仏国核燃料公社（COGEMA）及び英国核燃料会社（BNFL）との間で再処理委託契約を結んでおり、この契約に基づき、当該再処理の過程で発生した放射性廃棄物は、我が国に返還されることになっている。

返還廃棄物（ガラス固化体）の受け入れの施設として、日本原燃サービス株式会社が青森県六ヶ所村に廃棄物管理施設を設置することとしているが、ガラス固化体を安全に管理するためには、これが仕様どおり作製されていることが前提であり、特にガラス固化体中の放射能濃度及び発熱量の把握は安全上重要な事項である。

このため、当該管理施設において受け入れるガラス固化体中の放射能濃度及び発熱量の決定方法について、事前に所管行政庁が確認する必要がある。

［出典：原子力安全委員会資料］

第２節　青森県資料

Ⅱ－１－２－１

原子燃料サイクル事業の安全性に関する報告書

青森県　昭和59年11月

序言

私どもは、昭和59年8月22日に、青森県知事から電気事業連合会が示した原子燃料サイクル事業に係る安全性について、現段階における専門的な技術知見に基づく判断を求められた。現段階は、構想段階にあるため、立地地点の固有性を含めた詳細な設計はまだ示されていない。

したがって、私どもは、電気事業連合会から青森県に示された構想段階としての原子燃料サイクルに係る三施設の事業概要を対象に、その構想が安全性を確保するうえで妥当かどうかということについて、専門的知見を基に判断を行ったものである。

その進め方としては、ウラン濃縮、再処理、低レベル放射性廃棄物貯蔵及び環境安全の四分野について、それぞれ検討を行った。安全性の判断をする検討過程において、電気事業連合会から事業推進にあたっての安全性に関する基本的考え方及び主要な安全対策を補足聴取するとともに、動力炉・核燃料開発事業団（以下「動燃事業団」という。）及びフランス等内外におけるこの種の施設の設計・建設・運転実績及び関連する技術開発に関する知見を参考にした。

なお、原子燃料サイクル事業の具体化については、今後進められる所要の詳細な立地調査結果を織り込んだうえで具体化され、法令に基づいて国による所要の安全規制が行われることになっている。特に、再処理施設においては、施設の設計について、法令に基づく国による安全審査が行われたうえ、さらに建設から試運転に至る間、国の認可や検査が行われ、安全が確認されてから操業が認められることになっている。また、操業後においても法令に基づき検査が行われ、安全性が確認されることになっている。

したがって、私どもの行った検討は、国の行う安全審査とは自ずから性格を異にするものであって、事業構想に基づいて電気事業連合会が安全確保のためにとろうとする考え方及び主要な安全対策が専門的知見、国内外の経験等に照らして妥当であり、実施可能であるかどうかを判断したものである。

検討結果の概要

原子燃料サイクル三事業に係る安全性について、電気事業連合会の示した事業構想段階における安全確保についての考え方を専門的知見を基に検討した結果、基本的にはその考え方は妥当であり、また、それに基づく主要な安全対策は、我が国や諸外国の技術水準、実績及び技術開発状況等に鑑みて、十分技術的に実施可能であると考えられる。

したがって、当該三事業に係る安全性は、基本的に確立し得ると判断した。

なお、今後進められる当該三事業の具体化に際し専門家の立場から留意すべき点を付記している。

１　安全確保の基本的考え方

(1) 原子力施設の安全確保とは、究極的には、施設の運営に起因する放射性物質や放射線が、当該施設の周辺環境に住む人々（一般公衆）はもとより従事者に対し有意な影響を与えない、ということに尽きるといっても過言ではない。そして、その意味するところは、一般公衆は勿論、従事者の受ける線量を、法令に定める許容線量を下回るようにすることはもとより、ALARA（合理的に達成できる限り低く）の精神に沿って十分低く抑えるということにある。

(2) このため、原子力施設においては、通常の運営に伴う放射性物質の放出をALARAの精神に沿ってできるだけ低く抑えるとともに、事故の発生防止を図ることは勿論、万一の事故等による放射性物質の異常な放出がないように、安全防護対策に万全を期する必要がある。

(3) 原子燃料サイクル三施設の周辺環境の放射線安全という点からみると次のようになる。

①ウラン濃縮施設、再処理施設及び低レベル放射性廃棄物貯蔵施設それぞれは、その施設の通常の

運営にあたっては、放射性物質の放出に起因する線量を法令基準等で定められる線量を十分下回るようにすることとしている。

これは、以下に述べるように技術的に見て十分可能であり、基本的には、環境の安全は十分確保し得るものと判断される。

なお、三施設が同一地域内に隣接して立地されるということから、その重畳的、あるいは複合的影響を懸念する向きもあるが、ウラン濃縮施設と低レベル放射性廃棄物貯蔵施設からの放射性物質の放出量及びそれにより一般公衆が受ける線量は、再処理施設に比べれば実際上無視し得るものであるので、懸念される重畳的、複合的な影響は、ほとんどないと考えられる。

また、再処理施設からの放射性物質の放出によって一般公衆が受ける線量については、内部被ばく放量及び外部被ばく線量を合算して求め、それが法令に定める許容線量500ミリレム／年を下回ることは勿論、諸外国の再処理施設における線量基準値よりも下回ることを目標とすることとしている。

このように評価線量を抑えることについては、国内外における運転経験、これまでの技術開発等から実用化できる最良の技術を用いることとしているので、十分可能であると判断される。

なお、線量評価方法及び具体的な評価値については、今後、現地における気象、海象等の調査を踏まえた国の安全審査によって安全確保に支障のないことを確認するとともに、操業開始後の環境モニタリングによって農畜産物及び海水産物に影響のないことを確認して行くことが必要である。

②各施設は、原子力施設の安全確保の基本である多重防護の考え方に基づいて、安全防護が図られる。これは、異常の発生防止及び拡大防止並びに事故への発展防止であるとともに、たとえ万一事故を想定した場合においても、一般公衆に対し放射線による障害を与えないということにある。この考え方に基づいて設計、建設、運転管理がなされるならば、異常の発生防止及び拡大防止並びに事故への発展防止が図られるのみならず、万一の異常放出を仮定したとしても、一般公衆や従事者に対し放射線による障害を与えることはないと考えられる。

2　各施設の安全性

(1) ウラン濃縮施設は、核燃料取扱施設ではあるが核分裂反応を行わせるものでも、核分裂反応を起こした後の放射能レベルの高い核分裂生成物を取り扱うものでもなく、放射能的には本来的に安全性の高い施設である。

本施設において、燃料物質ウランは、六フッ化ウラン（以下「UF6」という。）ガスとして取り扱われるが、施設内のほとんどの工程でガスは大気圧以下の低圧で扱われ、さらに、各工程は多重閉じ込めの考え方で設計されるので、UF6ガスが施設外へ漏れ出す可能性はなく、また、放射性液体廃棄物及び固体廃棄物の発生量も僅少であると考えられる。

一方、濃縮施設で取り扱うウランは、低濃縮とはいえ、核分裂性物質の濃度を高めた濃縮ウランであるので、設計にあたっては、臨界防止の観点から、濃縮度と量の関係、ウランが貯留される容器の形状、容器間の距離等を厳密に配慮し、いかなる場合でも臨界が生じない設備構造とされる。

さらに、濃縮工程は勿論、製品の輸送、貯蔵などのUF6取扱管理においても、臨界防止は十分考慮される。

これらのウラン濃縮施設の安全性確保の技術は、我が国の動燃事業団のパイロットプラント、欧米の商業用ウラン濃縮施設の実績からして、十分実現可能であり、安全確保に支障はないと考えられる。

(2) 再処理では、核分裂反応はかなり前に終了した使用済燃料から化学的及び物理的処理によりウラン、プルトニウム及び核分裂生成物とが分離される。このため、放射性物質は、溶液、粉体及び気体などの状態で取り扱われるので、安全上廃棄物の処理を含め、放射性物質の閉じ込めが重要となる。

この再処理施設の特性を踏まえた上で、再処理施設も原子力発電所と同様、放射線のしゃへいはもとより、多重防護の考え方で放射性物質を閉じ込め、ALARAの精神に沿って環境への放出放射能を低減するとともに、異常の発生と事故への拡大を防止し、一般環境はもとより、従事者にも放射線に係る障害を与えることなく操業が行われるものでなければならない。

このような基本的考え方に基づいて、次のような安全対策を講ずるとしており、これらによって一般公衆及び従事者の安全性は、基本的には確保され得るものと考えられる。

1）平常時の被ばく防止

①放射線のしゃへい

主な工程は、大部分セル（コンクリートの厚い空で囲んだ小部屋）内部に配置し、その他の工程もセルに準じたしゃへい構造物の内部に設置し、一般公衆は勿論、従事者の受ける被ばくを低く抑える。

②放射性物質の閉じ込め

放射性物質の閉じ込めは、先ずタンク、パイプなどの装置内から漏れない構造とし、次にこれらの装置を内張りを施したセルに収納し、さらに、セルの外側に建屋があるという多重の構造とする。

建屋、セル、装置の空気圧は、大気の圧力より順次低くし、外への空気の漏出しを防止する。

気体や液体は、フィルター・蒸発処理などによる放射性物質の除去処理を行い、放出放射能を低減し、十分に放射能が低ことを確認して、環境に放出する。

これらについては､従事者に対するものとして、放射線のしゃへい設計技術は確立されている。また、一般公衆に対するものとして、ALARAの精神に対応させて、放射性物質の捕集除去及び廃棄物の処理技術の開発がなされ、安全設計に必要な技術の蓄積がある。

特に、我が国においては、厳しい規制条件に適合されるべく、放出放射能の低減化と廃棄物処理等について、多大の研究開発努力が払われ、実績を積み重ねてきており、これらの技術が今後十分吟味されその成果がこの計画の安全確保に活かされて行くものと考えられる。

2）異常の発生及び拡大防止

①火災・爆発

工程の処理物質の温度は、常温又は水の沸点程度に保ち、圧力も大気圧程度であり、さらに、次のような防止設計・防止対策が講じられるので、火災、爆発の起こることは考えられない。

イ　有機溶媒は、引火性の低い有機物質を使用する。

ロ　放射線分解が起こり、水素が発生するような槽は、大量の空気で希釈、掃引する。

ハ　蒸発缶における反応は、安全な温度に制御する。

ニ　火災・爆発の恐れのある部分については、着火源を排除するとともに、防火・防爆・消火の措置を講ずる。

また．このような安全対策にもかかわらず、万一、火災・爆発が発生したとしても、機器を納める設備を堅固なものとし、閉じ込め系を含む建屋全体の包蔵性を確保できる構造設計とする。

②臨界

ウラン、プルトニウムが臨界状態に達しないように、これらが貯まる設備装置は、濃度、寸法、形状などを制限し、また、必要に応じて核分裂を起こし難くする中性子吸収材を用いて十分な臨界管理を行い、臨界事故を防止する。

また、このような安全対策にもかかわらず、万一、臨界が発生したとしても、機器を納める設備を堅固なものとし、閉じ込め系を含む建屋全体の包蔵性を確保できるだけの構造設計とする。

③放射能の漏洩

セル内に内張りを施し、必要な故器にたいしては、漏洩液の受皿（ドリップトレイ）を備え、漏洩検知のため、監視装置を設けて、漏洩の拡大を防止する一方、漏洩液は液溜めに導き、適切に回収処理する。

これらについては．これまでの再処理で種々なトラブルがみられたが、何れも周辺環境に重大な影響を及ぼしたことはなく、これらのトラブルを通してもたらされた改善が現在の安全技術の確立に大きく寄与している。したがって、これらの経験蓄積を踏まえた設計と安全操業の改善が、今後より一層図られるものと考えられる。また、さらに小トラブル防止などの安全対策が必要であるが､大きな事故防止の安全技術は確立されており、このような事故が発生する確率は極めて小さいと考えられる。さらに、万一のこれらの大きな事故の発生を想定したとしても、十分な立地整備及び安全設計がなされることにより、一般公衆に対して放射線による障害を与えることはないと考えられる。

計画されている湿式再処理法（ピューレックス法）は、国内外で既に20年以上の実績を有する方式である。これまで蓄積された軽水炉燃料再処理の経験及び関連技術開発によって､この技術は、ほぼ確立された段階に達しているが、なお一層安全性を確保しつつ経済性の向上を図るため、引き続いて研究開発が進められている。

計画されている施設の規模は、動燃事業団再処理工場の規模に比し、数倍の商用規模であるが、外国における再処理計画がいずれも従来プラントの規模を基に数倍の処理能力を期しているところからも技術的に十分可能な範囲であると思料される。

また、放射性廃棄物の処理、貯蔵については、既に高レベル廃棄物ガラス固化技術も含めて安全技術の蓄積があり安全に貯蔵することができると考えられる。さらに、処分体系の確立に向けた研究開発がなされており．アルファ廃棄物については、将来の処分を考慮し、性状に応じた適切な固化法等の評価がなされることが望まれる。

計画中の再処理施設について、安全確保の基本的考え方は、国が定めた「核燃料施設安全審査基本指針」に沿った妥当なものである。また、これまで蓄積された内外の技術に照らして、提示された安全対策は実施可能であり、施設の安全性は基本的に十分確保できるものと判断される。

なお、今後進められる施設の具体化に際し、以下の配慮が施設設置者及び県当局で行われることが必要と考える。

・国の責任で行われる安全審査の結果を踏まえ、環境の安全性をより高めるための努力を一層重ねる。

・周辺環境の放射能の影響を監視するため、観測設備及び監視体制を整備する。

(3) 低レベル放射性廃棄物貯蔵施設の貯蔵対象物は、低レベル廃棄物であり、半減期に従って、その放射能は確実に減衰していく性質をもっている。本計画においては、人工バリアに閉じ込め、監視を行う最終貯蔵を行うことにしている。即ち、固化体、コンクリートピット等の人工バリアによる閉じ込めを行うこと及びある期間の監視と修復処理の準備とを続けることになるので、安全に最終貯蔵が行えると判断される。このような考え方は、原子力委員会及び総合エネルギー調査会等によって示されているところであり、本計画はこれに沿う妥当なものである。

低レベル廃棄物の浅地中処分は、既に諸外国において実績があり、これまでに放射性物質が当初の素掘りトレンチから漏れた経験も報告されているが、このような場合においてすらも周辺の公衆に有害な影響を与えたということはなく、しかも、近年においては、より高度な多重バリア機能を持った処分システムも採用されている。

我が国の考え方は、最終貯蔵から処分への移行については、土壌等の天然バリアについて安全評価を行い、人間環境にたいする放射性物質の移行を人工バリアと天然バリアの組合せによって、又は天然バリアのみによって､防止することにより、安全であることを確認して処分に移行されていくものとしており、現在国を中心にして安全評価基準の検討が進められているので、これに従って、今後具体的検討評価を行うことが肝要である。

(4) 原子力施設の放射性物質や放射線に係る環境の安全確保は、適切な設計、建設、運転管理を行い、環境監視によって確認される。

環境監視の目的は、
1) 環境に放出される放射性物質を測定し、放出管理目標値を下回っているかどうかを確認する
2) 一般公衆の被ばく線量を必要に応じ推定評価し、容認される線量を十分下回っているかどうかを確認する
3) 環境における放射線と放射性物質の水準及び分布の長期的変動を把握する
4) 放射性物質の予期しない放出による環境への影響を早期に把握する。
ことにあり、本計画における環境監視の方針は、これに沿っており、妥当なものと考えられる。

以上、原子燃料サイクル施設に係る安全性について、一般的、概括的な判断を示したが、今後進められる事業の具体化に際し、安全確保について一層の確実性を期するとともに、本報告書等を通じ県民の安全性に関するより一層の理解の滲透に努めることが肝要である。

Ⅰ　ウラン濃縮施設（略）
Ⅱ　再処理施設（略）
Ⅲ　低レベル放射性廃棄物貯蔵（略）
Ⅳ　環境安全（略）

原子燃料サイクル事業の安全性に関する専門家名簿

荒木邦夫　日本原子力研究所東海研究所環境安全部次長
小沢安知　北海道工業大学教授（北海道大学名誉教授）
金川　昭　名古屋大学工学部教授
篠崎達世　弘前大学医学部教授（弘前大学医学部附属病院長）
鈴木健訓　八戸工業大学助教授
辻野　毅　日本原子力研究所東海研究所燃料工学部再処理研究室長
中村康治　原子力安全研究協会参与（前動力炉・核燃料開発事業団理事、東海事業所長）
松本史朗　埼玉大学工学部助教授
宮永一郎　日本原子力研究所理事
村瀬武男　動力炉・核燃料開発事業団特任参事
山本正男　動力炉・核燃料開発事業団東海事業所技術部長

分野配分（略）

［出典：『原子燃料サイクル事業の安全性に関する報告書』昭和59年11月］

Ⅱ－１－２－２

原子燃料サイクル事業に係る国の対応措置について（照会）

青森県知事北村正哉　昭和 60 年 2 月 25 日

青調第413号

国務大臣科学技術庁長官　竹内黎一殿
通商産業大臣　村田敬二郎殿

青森県知事　北村正哉

電気事業連合会から本職に対し立地協力要請があった原子燃料サイクル事業についての取り扱いについては、その安全性が確保され得るかどうか専門家の知見を求めるとともに、県内各界各層の代表者から意見を聴取しつつ慎重に検討を進めているところであります。

また、地元六ヶ所村長に対しては直接その意向を確認し、立地協力要請については了承する旨の回答を過般、得ている状況にあります。

以上の経緯にあって、六ヶ所村長及び各界各層の代表者からは、国の当該事業に関する対応措置等を明確にされたいとの要請もあるので、下記の諸点について照会を申し上げるものであります。

なお、このことについては、かねてから機会あるごとに直接当該事業に関する国の政策上の位置づけ等について要請を申し上げ、その都度明らかにして頂いているところから、本職としての受け止め方について間違いないかどうかをお示し頂ければ幸甚に存する次第であります。

記

１　原子燃料サイクル事業に係る国の政策上の位置づけについて

当該原子燃料サイクルの事業化は、原子力発電の一層の発展のために不可欠なものとして、かねてから国のエネルギー政策・原子力政策上の重要な課題として推進を図ってきたものであり、今後も重要な政策上の課題として総合的な施策の展開を図っていく方針である。

２　原子燃料サイクル事業に係わる安全の確保について

当該原子燃料サイクル事業に係わる安全の確保については、法令等に基づく厳しい審査、検査を実施することで総合的に安全性を確認することにしている。

このための安全規制体系は、基本的には確立されているが、さらに再処理施設の安全審査のための指針及び低レベル放射性廃棄物の廃棄に関する安全基準を昭和60年度を目途に策定する方針である。

なお、安全審査にあたっては、事業者による所要の立地環境調査の結果も踏まえ、国として責任を持って厳正に対処するものである。

３　電源三法交付金の原子燃料サイクル事業三施設に対する適用について

当該原子燃料サイクル事業に係る三施設は、国のエネルギー政策・原子力政策に則した重要な施設であることから、三施設全てを交付対象とすることを含め、前向きに検討している。

交付の詳細については、事業者の計画に合わせ、地域振興策樹立に支障のないよう、しかるべき段階に明確にする方針である。

なお、使途の拡大については、引き続き検討を行っていく考えを有している。

4　高レベル放射性廃棄物の最終的な処分について

今回の電気事業連合会の協力要請に含まれていない高レベル放射性廃棄物の最終的な処分については、技術の早期確立を図るとともに、国が責任を負う方針である。

［出典：青森県資料］

Ⅱ－1－2－3

青森県議会議員全員協議会会議録

青森県議会　昭和60年4月9日

◎開催案件

一、原子燃料サイクル事業の立地協力要請受入れ及びこれに伴うむつ小川原開発第二次基本計画の調整について

出席議員　四十六名

議長　石田清治君　　副議長　毛内喜代秋君

石田清治君　奈良岡峰一君　成田一憲君　上野正蔵君　冨田重次郎君　成田守君　秋田柾則君　丸井彪君　須藤健夫君　中村寿文君　毛内喜代秋君　沢田啓君　芳賀富弘君　田中三千雄君　清藤六郎君　白鳥揚士君　金入明義君　鈴木重令君　杉山粛君　間山隆彦君　浅利稔君　建部玲子君　太田定昭君　宮下春雄君　鳴海広道君　高橋弘一君　高橋長次郎君　中谷権太君　小倉ミキ君　木村公麿君　小田桐健君　鳥谷部孝志君　中里信男君　工藤省三君　櫛引留吉君　小原文平君　今井盛男君　滝沢章次君　吉田博彦君　菊池利一郎君　小野清七君　古瀬兵次君　三浦道雄君　山内弘君　福島力男君　船橋祐太郎君

欠席議員　三名

黒滝秀一君　野沢剛君　原田一実君

公務欠席議員　二名

長峰一造君　森内勇君

出席事務局職員（略）

出席説明員（略）

○石田議長　ただいまより全員協議会を開会します。

○石田議長　会議に先立ち新任者の紹介をいたします。（略）

○石田議長　知事の報告を求めます。――知事。

○北村知事　本日、緊急に県議会議員全員協議会の開催をお願いいたしましたのは、かねて電気事業連合会から上北郡六ヶ所村への立地協力要請があった原子燃料サイクル施設について、これを受け入れる旨回答するとともに、これに伴い、むつ小川原開発第二次基本計画に原子燃料サイクル施設の立地を織り込む形での調整をしたいと考えておりますので、これらに対する県としての考え方を御報告、御説明申し上げ、議員各位の御理解と御協力をお願いするためであります。

原子燃料サイクル事業の立地協力要請に関する経緯、及びこれに対する県の基本的な考え方につきましては既に県議会に対し御報告、御説明申し上げてきたところでありますが、御参考までに重ねてこれまでの経緯のあらましを申し上げることといたします。昨年四月二十日、電気事業連合会から県に対して、ウラン濃縮施設、使用済み燃料再処理施設及び低レベル放射性廃棄物貯蔵施設の三施設を下北半島太平洋側に立地したいので協力してほしい旨の要請がありました。立地協力要請の内容は口頭による包括的なものであり、立地地点を初め具体的な施設概要等についてはこの段階では明らかでなかったのでありますが、本職としましては、この計画は国家的見地から推進されるべきものであり、国においても当然政策上の位置づけを明らかにすべきであるとの認識のもとに、直ちに科学技術庁、通商産業省、国土庁及び運輸省から国の立場を確認するとともに、この種施設の安全性と地域振興メリットを検討、確認するため、岡山県人形峠のウラン濃縮施設、茨城県東海村の再処理施設等の視察のほか、さらにはフランス、オランダ、西ドイツにおける原子燃料サイクル事業の実態を調査するなど、立地協力要請についての諾否を判断するための検討を開始したのであります。国におきましては、通商産業大臣の諮問機関である総合エネルギー調査会原子力部会が「自主的核燃料サイクルの確立に向けて」の計画の見直し等を行った結果、昨年七月二日、その報告書が通商産業大臣に提出され、同

時に公表されました。電気事業連合会はこの報告書を受けて原子燃料サイクル施設の概要を取りまとめ、七月二十七日、かねてより検討していた上北郡六ヶ所村及び下北郡東通村の両村のうち六ヶ所村のむつ小川原開発地区に三施設を一括して立地したいとし、当該施設の概要を添えて県及び六ヶ所村に対し立地協力要請を行ったのであります。その概要におきましては、施設の規模として、ウラン濃縮施設が年約千五百トンＳＷＵ程度、再処理施設が年約八百トンウラン、そして低レベル放射性廃棄物貯蔵施設が貯蔵量約二十万立方メートル――ドラム缶約百万本相当となっており、三施設の用地面積約六百五十万平方メートル、建設費約九千六百億円、その要員は、工事最盛期三千五百人、操業時千三百人となっております。本職としましては、この立地協力要請が県政にとって極めて重大なかかわりがあるとの認識のもとに、安全性の確保を第一義に、地元の意向を尊重し、国の政策上の位置づけを確認しながら、県内各界各層の意見聴取を行った上で方向を見定めるべきであると考え、そのような手順のもとに具体的検討に入ったのであります。安全性につきましては、事柄が専門的分野にわたることから専門家の判断を求めることが適切と考え、十一名の専門家を委嘱して検討をお願いしたのであります。専門家においては、本職の要請を受け昨年八月から、ウラン濃縮施設、再処理施設、低レベル放射性廃棄物貯蔵施設及び環境安全の四分野に分かれて鋭意検討を進め、昨年十一月に、約三カ月間にわたる検討の結果を報告書として取りまとめて提出いたしました。県はこの報告書を、県議会議員各位を初め意見聴取対象者、あるいは県内全市町村等に配布するとともに、報告書の概要をわかりやすくまとめた「あらまし」を作成、配布し、さらにはその骨子を新聞へ掲載する等、広く県民への周知に努めたところであります。

次に地元六ヶ所村の動きでありますが、村民の代表をもって構成する原子燃料サイクル施設対策協議会が設置され、原子燃料サイクル施設を広く見聞するなど所要の研修をした上協議の結果、本年一月五日に至り、原子燃料サイクル三施設の立地に協力すべき旨の意見書を六ヶ所村長に提出いたしました。これを受けて六ヶ所村長は村議会議員全員協議会を開催し、この意見書についての意見を聴取し、その結果をもとにして、同月十七日、七項目の要望を付して原子燃料サイクル三施設の立地協力要請を了承する旨、本職のかねての照会に対し回答してきたのであります。その間六ヶ所村長は、みずからヨーロッパの原子燃料サイクル事業の視察を行うなどの調査検討を進めるとともに、村内各地区において説明会等を開催して村論の集約を図り、その結果を踏まえて、地元の意向として立地協力要請の受け入れを決定したものであり、その御労苦に対して心から敬意を表するものであります。

国の政策上の位置づけにつきましては、昨年十二月、内閣改造後にも改めて、中曽根総理、竹内科学技術庁長官、村田通商産業大臣及び河本国土庁長官を訪問の上個別に確認を行った結果、各大臣からは、原子燃料サイクル事業は国策上重要な課題であり、国としても総合的な政策を展開することとしており、なかんずく安全性については国の責任において対応する旨の回答がありました。

さらに、県内各界各層の意見聴取につきましては、昨年九月に実施した段階では、主として安全性について判断すべき材料が乏しいという理由で「しばらく時間をかしてほしい」との意見が多かったことから、本年一月に再度意見聴取を行い、また、県議会各会派及び県選出国会議員からの意見聴取につきましては、去る四月二日の県議会社会党会派を最後として終了いたしました。

以上申し述べましたように、検討に当たって当初設定しました手順も終了し、結論を導くための材料が出そろった状況にあり、また、県議会第百六十一回定例会における議員各位の論議をも踏まえれば、もはや本職としての最終判断を示す時期に立ち至ったものと判断した次第であります。

このようにして本職が「立地協力要請を受け入れてしかるべき」との判断に至った理由は次のとおりであります。まず第一に原子燃料サイクル事業の必要性についてであります。我が国経済の安定成長と国民生活の向上を図る上でエネルギーの安定供給は必要不可欠であり、国においては、エネルギーの安定供給に資するため石油代替エネルギー源として原子力発電に大きな期待を寄せ、それ相応の実績を上げているところであります。原子力発電は経済性にすぐれ、大量かつ安定的な電力供給源として最も有望なものであり、さらに、使用済み燃料の再処理によって回収されるプルトニウム及びウランを準国産エネルギー資源として活用することにより、ウラン資源の有効利用が倍加するとともに資源面での対外依存度を低減できることから、エネルギー資源に乏しい我が国にとって、自主的な原子燃料サイクルを早期に確立しプルトニウム利用システムの実用化を図ることは極めて重要な政策課題であります。このような観点から、総合エネルギー調査会原子力部会の報告書「自主的核燃料サイクルの確立に向けて」におきましても原子燃料サイクルの確立の重要性を強調しており、我が国電力業界がこのことに向けて、総合施策の一環として現実的に対処していることを高く評価しているものであります。

第二に原子燃料サイクル事業の安全性についてでありますが、専門家から提出された報告書においては結論として、(一) 原子燃料サイクル三事業に係る安全性について、電気事業連合会の示した事業構想段階における安全確保についての考え方を専門的知見をもとに検討した結果、基本的にはその考え方は妥当である、(二) また、それに基づく主要な安全対策は、我が国や諸外国の技術水準、実績、及び技術開発状況等にかんがみて、技術的に十分実施可能であると考えている、(三) したがって、当該三事業に係る安全性は基本的に確立し得ると判断した、となっております。専門家の委嘱に当たりましては、科学技術庁等のアドバイスにより、公正な判断を期待できる人で、理論面と実践面において最も造詣の深い方々を求め、これに地元の専門家を加えることを基本的考え方として選定したものであり、本職としましては、これらの国内における一線級の研究者、実務者がまとめた報告書であることから、「安全性が基本的に確立し得る」との検討結果は有力な判断材料の一つと考えるわけであります。なお、この報告書は立地地点の固有性を無視しているとの批判も一部にありますが、本職が電気事業連合会から要請されておりますのは原子燃料サイクル施設の立地に対する協力要請であって、施設そのものの建設を認める認めないというものではなく、電気事業連合会から示された事業構想が安全性を確保するために妥当なものであり、かつ実施可能なものであるかどうかの判断を得るため専門家に検討を依頼したものであって、立地協力要請の諾否についての判断をするに当たってはそれで十分であると考えております。なお、立地地点の固有性をもとにした具体的な施設そのものの安全性については、協力要請が受け入れられた後実施される立地環境調査の結果を踏まえて作成される具体的計画を対象として、国の責任において厳格な安全審査がなされるものであります。また、専門家の報告書に係る批判については、本職としましても、御意見は御意見として謙虚に受けとめております。

第三に地元の意向についてでありますが、六ヶ所村が立地協力要請の受け入れを決定するに当たっては、村議会の代表、農業、漁業、商工業等の村内各種団体の代表等二十五名、学識経験者十七名、部落総代三十三名の計七十五名をもって構成された原子燃料サイクル施設対策協議会が重要な役割を果たしたわけであります。同対策協議会は、村民約四百名による茨城県東海村の視察を実施するとともに、村内六会場における説明会で出された意見等を踏まえて意見書を決定したわけであり、さらには、この意見書については、六ヶ所村長においても村議会議員全員協議会を開催しこれに対して意見を求めていることから、六ヶ所村の決定は村民の意向を十分把握した上でなされたものと判断され、地元の意向として十分尊重すべきものと考えております。

第四に、原子燃料サイクル事業に係る国の政策上の位置づけなど原子燃料サイクル事業に係る国の対応措置についてでありますが、本職としましては、機会あるごとに国に対して、当該事業に関する対応措置等を明確にされるよう要請し、その都度明らかにしていただいてまいっているところであり、本年二月には、竹内科学技術庁長官、村田通商産業大臣から、基本的事項について文書で次のような回答を得ているところであります。(一) 原子燃料サイクル事業に係る国の政策上の位置づけについて——当該原子燃料サイクルの事業化は原子力発電の一層の発展のために不可欠なものとして、かねてから国のエネルギー政策・原子力政策上の重要な課題として推進を図ってきたものであり、今後も重要な政策上の課題として総合的な施設の展開を図っていく方針である。（二）原子燃料サイクル事業に係る安全の確保について――当該原子燃料サイクル事業に係る安全の確保については、法令等に基づく厳しい審査、検査を実施することで総合的に安全性を確認することとしている。このための安全規則（後刻規制に訂正）体系は基本的には確立されているが、さらに、再処理施設の安全審査のための指針、及び低レベル放射性廃棄物の廃棄に関する安全基準を昭和六十年度を目途に策定する方針である。なお、安全審査に当たっては、事業者による所要の立地環境調査の結果も踏まえ、国として責任を持って厳正に対処するものである。（三）電源三法交付金の原子燃料サイクル事業三施設に対する適用について――当該原子燃料サイクル事業に係る三施設は、国のエネルギー政策、原子力政策に則した重要な施設であることから、三施設すべてを交付対象とすることを含め前向きに検討している。交付の詳細については、事業者の計画に合わせ、地域振興策樹立に支障のないようしかるべき段階に明確にする方針である。なお、使途の拡大等については引き続き検討を行っていく考えを有している。（四）高レベル放射性廃棄物の最終的な処分について――今回の電気事業連合会の協力要請に含まれていない高レベル放射性廃棄物の最終的な処分については、技術の早期確立を図るとともに、国が責任を負う方針である。以上のとおりとなっており、今後とも、事業の進展に伴い国の対応措置についてさらに確認していくことが必要であると考えてはおりますが、現段階における国の考え方は十分明らかにされたものと判断しております。

第五に、原子燃料サイクル事業に関し電気事業連合会のとるべき措置についてでありますが、このことは検討上欠かせぬ基本的事項であり、さらには、六ヶ所村長及び県内各界各層の代表者からも要望、要請もあることから、本職としても事業構想の実現等四項目について電気事業連合会に対して照会をし、次のような回答文書を得ております。（一）「原子燃料サイクル施設の概要」に示された事業構想の実現について――電気事業連合会は、我が国の電力供給における主体性・自主性確保のため原子力開発に鋭意取り組んできたところであるが、そのかなめである原子燃料サイクルの国内完結を目指して本事業を計画したものである。また、これが、国のエネルギー政策、原子力政策の基本として示されていることは御高承のとおりである。このような背景のもとに、電気事業連合会としては、今後立地の諸条件が整い次第、事業主体とともに、さきに示した「原子燃料サイクル施設の概要」のとおり着実に実現するよう取り進めていく所存である。（二）事業主体による安全対策の確立を図るため専門家に示した主要な安全対策を確実に履行することについて――電気事業連合会が事業の構想段階で提示した主要な安全対策は、その確実な履行により事業運営の安全性を確保し得ることは専門家報告書に述べられているとおりである。電気事業連合会としては、事業主体とともに、専門家に示した主要な安全対策についてこれを確実に履行することはもちろん、国内外における運転経験並びにこれまでの技術開発等から実用化できる最良の技術を採用し、国の定める法令、基準を遵守して施設の設計、建設、運用を進めていく所存である。（三）万一の事故に対する損害賠償、及び風評による諸生産物への影響に対する補償等の対策について――原子燃料サイクル事業諸施設の建設、運用に当たっては、周辺住民に損害を与えることのないよう設備及び管理面で万全の措置を講ずることとしているが、仮にこれら諸施設の立地に起因して損害が発生した場合には原因者が当然その賠償の責任を負う。また、万一原子力損害が発生した場合には、「原子力損害の賠償に関する法律」等に基づき厳正適切に対処するものである。風評による影響については、多重防護等安全対策に万全を期すほか、環境監視体制の整備によりそのような事態は発生しないものと確信するが、今後電気事業連合会としては、事業主体とともに地元と協議の上、県内における事例等も参考にして具体的措置を講ずる所存である。（四）事業主体に対する責任体制の承継対策について――従来、原子燃料サイクル事業の立地については電気事業連合会の責任において推進してきたが、立地の諸条件が整い次第、具体的な推進については事業主体が責任を持って行う。しかし、電気事業連合会としては引き続き、本事業の重要性にかんがみ、かつ電気事業者全体の意向を事業主体に反映していくため、電気事業連合会の会長が両社の会長を兼ねるなど一体的な体制をとることとしている。なお、従来電気事業連合会が事業の推進に関して示した事業構想等については事業主体へ確実に引き継いでいく所存である。以上のとおりであり、今後正式回答までの間、さらには事業の具体化の段階ごとにより具体的に事業主体と協議していく必要があると考えてはおりますが、現段階における電気事業連合会の考え方は十分明らかにされたものと考えております。

第六に県内各界各層の意見聴取についてでありますが、二回目の意見聴取は、本年一月に青森市、むつ市、三沢市の三会場で実施したところであり、対象者二百三十九名のうち出席者は百六十九名、出席率約七〇%、陳述者は出席者の約六〇%の九十四名でありました。陳述の内容を見ますと、安全性に不安があり、風評、事故による農水産業への影響等を心配した慎重論もあったものの、産業振興、雇用機会の拡大等を期待して立地協力要請の受け入れに賛成する意見が大勢を占め、積極的に反対する意見はほとんどなかったのであります。県議会各会派からの意見聴取についてでありますが、要約して申し上げれば、自由民主党は、昭和五十九年度内に受け入れの結論を出すべきという意見が大勢を占め、社会党は安全性等を含めまだ問題点が煮詰まっていない現段階で結論を出すことは時期尚早であるとの意見、共産党は、安全性が世界的に未確立であるとの見解で立地拒否を求める意見、清友会は、安全性の確認などを条件に施設の立地もやむを得ないという意見、公明党は、原子力の平和利用の立場から、住民のコンセンサスと安全性の確保を前提として進めざるを得ないという意見、民社党は、二月議会前に受諾を表明し、議会の論議を経て、議会終了後に電気事業連合会に回答すべきという意見、無所属は安全性の確保を前提に立地に賛成するという意見でありました。県選出国会議員からの意見聴取におきましては、社会党の関議員は、立地協力要請の受け入れは反対という意見でありましたが、自由民主党の竹内科学技術庁長官を初め田沢、津島、田名部、大島、山崎、松尾各議員からは、立地を積極的に推進すべきであるとの意見でありました。なお、共産党の津川議員は病気のため当日は欠席されました。このように、県内各界各層からの意見聴取の結果は、大勢が立地協力要請を受け入れるべきという意見であったわけであります。

第七に、原子燃料サイクル施設の地域振興への寄与についてでありますが、原子燃料サイクル施設の立地が地域振興にどのような形で寄与できるのか、県としてもこれまで、電気事業連合会に対し関連する事項について照会するほか、原子力発電所等が立地している地域の状況を資料等によって調査しておりますが、建設段階から操業段階に至る過程においてそれぞれ効果があることが明らかになっております。また、本職が調査した諸外国の実例からしても、各地域において、施設の立地の結果地域振興の実を上げていることが認められております。電気事業連合会によれば、先ほど申し述べましたように、施設の建設時及び操業時に相当数の要員が見込めるほか、工事に当たりできるだけ地元発注、建設資材の地元調達をしたいとしており、さらに、必要な生活物資等についても極力地元調達を優先するとしております。また、施設の立地に附帯して、荷役、輸送、緑地を含む土地、建物の管理、給食、清掃及び施設の機器のメンテナンス等の業務が必要となってくるのでありますが、これら事業に対する地元参画が当然可能であります。なお、将来的には、濃縮に係る転換工場、再転換工場、燃料の成形加工工場も需要の動向に応じて立地の可能性が考えられるところであります。次に、原子燃料サイクル施設立地に伴う長期的波及効果としては、研究・人材育成機能の整備充実、国際的な人的交流などが期待され、また、今後、高速交通体系の整備に伴って産業、経済の伸展が図られることにより、これらを複合した地域形成として、機械、装置及び金属、化学に係る工業、関連する試験研究事業、さらには、これらを支援していく商業、サービス業、交通、通信、情報業務等の集積が図られていくものと考えられるところであります。さらには、電源三法交付金及び固定資産税等の税収入が見込まれてまいりますので、これらの活用により、地域の産業基盤及び生活基盤等の整備促進が期待される等、幅広く地域振興に寄与できるものと考えております。

以上の考え方に基づき、本職としましてはこの後、原子燃料サイクル事業の立地予定地点がむつ小川原開発地区であることを踏まえ、青森県むつ小川原開発審議会の了承をいただき、さらには青森県総合開発審議会にも報告した上で、電気事業連合会に対し立地協力要請の受け入れを正式に回答したいと考えております。また、正式回答に当たっては、六ヶ所村からの要望、県議会各会派及び県選出国会議員から寄せられた意見、県内各界各層からの意見聴取の際開陳された事項、さらには、今回の県議会議員全員協議会におきまして議員各位から出された意見等を集約して条件あるいは要望を付することとしておりますが、現在のところ次の事項を考えております。(一)「原子燃料サイクル施設の概要」に示された事業構想の実現、(二) 専門家に示した主要な安全対策の確実な履行、(三) 安全協定締結等による建設時、操業時の安全確保、(四) 万一の事故に対する損害賠償及び風評による影響に対する補償等への万全な対策、(五) 事業主体に対する責任体制の確実な承継と周到な指導助言、(六) 関連企業の誘導等地域振興への積極的協力、(七) 地元雇用の拡大、(八) 教育・訓練機会の創出、(九) 研究機関の設置、(十) 広報活動の充実強化、以上の事項を実現させるため、本職としましては正式に回答する段階において、再処理事業を行う日本原燃サービス株式会社、及び、ウラン濃縮、低レベル放射性廃棄物貯蔵事業を行う日本原燃産業株式会社を相手とする協定等を締結し、その責任体制を明確にしたいと考えております。また、電気事業連合会への正式回答以降においても、原子燃料サイクル事業の安全性に係る県民の不安解消が何よりも重要であるとの認識のもとに、国、事業主体等とともに、パンフレットの配布、講演会、説明会の開催等積極的な広報活動を展開してまいる所存であります。

なお、現在、県民投票条例制定のための直接請求に向けての運動が行われていますが、本職としましては、立地協力要請に対する諾否の判断に当たってはさきに申し述べましたような慎重な手順を設定して対処してまいったところであり、特に県論の把握のためには、県内各界各層で指導的役割を果たしている三百二十名の方々を対象に意見聴取を行い、最終的には、議会制民主主義の建前にのっとり、昨年の六月、九月、十二月及びことしの二月の四回にわたる定例県議会の論議を踏まえて判断を下したものであり、諾否の結論を導くに当たってこの手順は適切なものであると考えております。したがいまして、原子燃料サイクル施設立地協力要請に対する諾否判断のための県民投票はこれを行う必要がないものと判断いたしております。しかしながら、直接請求そのものは地方自治法で認められている制度でありますので、当然のことながら制度自体は尊重すべきものと考えており、さらに、その結果についても厳粛に受けとめるものであります。

次に、原子燃料サイクル施設の立地とむつ小川原開発第二次基本計画との調整について御説明申し上げます。かねてより、原子燃料サイクル施設の立地については、本計画に立地企業として想定しているものではないので、立地協力要請を受け入れる場合には本計画との調整が必要になる旨申し上げてきたところであります。したがって、原子燃料サイクル施設の立地協力要請の受諾に伴い、施設の立地と第二次基本計画との調整を図ることといたしました。むつ小川原開発につきましては、昭和五十年十二月、県がむつ小川原開発第二次基本計画を策定して国へ提出し、国は昭和五十二年八月、むつ小川原総合開発会議において「関係省庁は、第二次基本計画を参酌しつつ計画の具体化のため所要の措置を講ずる」ことを申し合わせ、八月三十日にはむつ小川原開発についての閣議口頭了解を行ったのであります。以来、この閣議口頭了解の趣旨にのっとり、むつ小川原港湾計画を初めとする基盤施設の整備に係る実施計画を策定するとともに事業の推進を図ってきたのでありますが、昭和五十四年には国家石油備蓄基地の立地が決定し、本年完成の予定であります。このたびの原子燃料サイクル施設の立地予定地のむつ小川原開発地区は、申すまでもなく第二次基本計画に則して開発の推進を行っている工業基地であります。本計画は、地域の農林水産業の再編成を含みつつその振興を図ることを基本に、基幹型工業の導入を契機として産業構造の高度化を図り、地域総合開発を推進することによって、地域住民、ひいては広く県民全体の生活の安定と向上に大きく寄与することを目標として策定した長期計画であり、段階的にその具体化を図っていくものであります。原子燃料サイクル施設の立地は本計画において当初想定したものではないのでありますが、工業開発を通じて地域の振興を図るという本計画の趣旨及び開発方針に全く沿うものであります。また、むつ小川原地区は我が国に残された数少ない臨海型の大規模工場適地であり、この開発が持つ国土の均衡ある発展に果たす役割が大きいことをも踏まえ、今後ともその推進を図る必要があるので、第二次基本計画に原子燃料サイクル施設立地を織り込む形での調整を図ることとしたところであります。このため、第二次基本計画については、配付資料の「むつ小川原開発第二次基本計画の調整」によって計画の修正を行うこととしたところであります。なお、第二次基本計画「付（案）」の作成に当たっては、地元六ヶ所村の立地協力要請を了承する回答に付記された要望、むつ小川原開発地域市町村を含む県内の各界各層から意見聴取を行った際の意見、要望を踏まえて取りまとめたものであります。今後国の具体的指導をも受け、最終的には青森県むつ小川原開発審議会の意見を徴した上で策定することといたしております。また、第二次基本計画の土地利用計画と原子燃料サイクル施設の立地との関係については、第二次基本計画において「工業立地は段階的に進める」としていることから、将来さらに企業の立地が進み土地利用計画との調整が必要となった場合に、その時点で弾力的な対応を図ってまいる考えであります。なお、第二次基本計画への「付」を策定した後においては、第二次基本計画策定時の経緯に照らして、速やかに国へ提出し、本計画に係るむつ小川原総合開発会議の申し合わせ及び閣議口頭了解をいただきたいと考えている次第であります。何とぞ議員各位におかれましては、以上申し述べたことについて御理解いただき、御協力を賜りますようお願い申し上げます。

議長のお許しを得まして訂正を一つ申し上げます。差し上げてある配付印刷物の九ページの後ろから四行目、「このための安全規制体系」を「安全規則体系」と読んだそうでありまして、「規制体系」ということに改めて申し上げます。

○石田議長　暫時休憩いたします。

○毛内副議長　休憩前に引き続いて会議を開きます。

○毛内副議長　休憩前の知事の報告に対して質疑を行います。鳴海広道君の発言を許可いたします。――鳴海君。

○鳴海議員　自由民主党を代表して知事に若干質問いたします。

まず最初に、原子燃料サイクル事業の立地協力要請受け入れについてお尋ねいたします。我が自由民主党は、原子燃料サイクルの確立が我が国のエネルギー安定供給の政策上必要不可欠との認識のもと、今回の立地協力要請を県政の最重要課題として受けとめ、その安全性を第一義に、地元の意向を十分尊重して積極的に推進すべきであると考え、これにかかわる特別委員会を設置して諸般の対策を進め、去る二月の県連定期大会において立地推進の決議をしたところであります。したがいまして、本日の県議会議員全員協議会の冒頭におきまして知事が立地協力要請の受け入れ決定を明らかにされたことは、我が自由民主党の考えに沿うものであり、知事の歴史的英断を心から歓迎するものであります。また、昨年四月に電気事業連合会から立地協力要請がなされて以来、知事においては、専門家による安全性の検討、地元六ヶ所村の意向の確認、国の政策上の位置づけの確認、さらには県内各界各層からの意見の聴取など、あらかじめ設定した手順に沿って、一年間にわたり慎重過ぎるほど慎重にその諾否について検討を進めてきたところであり、これまでの御労苦に対して心から敬意を表する次第であります。そこで、全面的に知事の意向を支援することとし、当該施設立地による我が青森県勢の伸展を願いながら、念のために次のことについて重ねて要請を申し上げ、知事のこの点についての決意のほどを披瀝されることを願うものであります。

その第一点は安全性についてであります。県においては、原子燃料サイクル三施設の安全性について判断するため十一名の専門家を委嘱したところであり、専門家におかれましての「安全性は基本的に確立し得る」との検討結果が報告書としてまとめられたのであります。しかしながら、現行法では、原子力施設の安全確保などの権限と責任はすべて国にあるわけでありますが、県としても、県民の健康と安全を守る立場から当然何らかの対応が必要になってくるものと考えます。したがいまして、県としては、電気事業連合会への正式回答以降、原子燃料サイクル三施設の安全確保のため必要な対策を講ずることが大事でありますが、その対応についてまずお尋ねします。

次に、原子燃料サイクル施設の立地に伴う地域振興の問題について所見を申し上げ、またお伺いいたします。知事は先ほど「施設の建設段階から操業段階に至る過程においてそれぞれ効果があり、そのことは他県の例及び諸外国の例に照らしても明らかである」と述べられているのでありますが、私も昨年、国内の原子力発電所などが立地している地域を視察するとともに、知事の視察に先立ち、西ドイツ、オランダ、フランスを訪問して、原子燃料サイクル施設の立地している地域を視察してきたのでありますが、その結果、知事が得たものと全く同様の所感を持ってまいったところであります。特に、茨城県東海村及びフランスのラ・アーグ地域の著しい発展の状況を見るにつけ、第一次産業の比率が高く県民所得が全国的に見ても下位にある本県の経済情勢を考えるとき、県勢の一層の飛躍を図るため、この施設の立地を千載一遇のチャンスとしてとらえるべきだと考えるのであります。今回、県とともに立地協力要請を受けた六ヶ所村を含む周辺地域においては、かねて、県がむつ小川原開発を計画することにより、農林水産業を主体とする地域の産業構造を基幹型工業の導入を契機に高度化し、本地域の住民、ひいては県民全体の生活の安定と向上を目指してその推進が図られてきたのであります。しかしながら、知事初め県当局の並み並みならぬ御努力にもかかわらず、いかんせん二度にわたる石油ショックが大変な影響を及ぼし、我が国の経済情勢の変動によってこれまでおくれが見られていることは、知事も認め、我々もひとしく認めてきたところであります。ただ、そのような状況の中にあっても国家石油備蓄基地の立地が決定し、間もなく完成を見るのでありますが、備蓄基地の建設はこの地域及び県内の経済に大きな効果をもたらしました。また、企業立地を推進するために必要な港湾、道路などの工業基地の条件整備も着々と進められており、心強く感じているところであります。したがって、知事が常々述べておられるとおり、長期的観点に立って粘り強く努力を続けていけば、必ずや当初計画した目標に基づく開発はできるものと確信いたしております。このたび電気事業連合会から、むつ小川原開発地区にということで立地協力要請があったのも、港湾を初めとした基盤施設の整備が進み、工業基地としての条件が確実にできる地区だとの評価があってのことと考えるのであります。こうした機運をとらえ企業立地の誘導を図り、むつ小川原開発を推進していくことが何よりも重要であると考えるのでありますが、企業立地については、その立地が開発計画で目指しているところに合致するものかどうかは当然に検討されなければなりません。知事は、原子燃料サイクル施設の立地協力要請を受けて以来、施設立地が地域の振興に結びつくものでなければならないとし、その検討を経た上で受諾を決定されたのでありますが、この点について十分理解されていない向きもあるので、改めてそれを明らかにしていただくとの観点から二、三お伺いします。知事は先ほども、地域振興につながるものとして見込まれるところ、また開発の方向についていろいろ述べられたところでありますが、その際、施設の建設に伴う効果については当然に具体的なところを挙げられていたと思うのであります。しかし、間接的な効果については、施設立地の計画が具体化するのに応じて調査、検討し、所要の施策の立案、実施を図って初めて実現されるものであるため、責任ある知事の立場としては、現段階でも考察し得るところに限って慎重に述べられていると承知したのでありますが、それについて開発の方向を含めてお伺いしたいと思います。次に、この施設が立地すれば他の企業の立地が進まなくなり、むつ小川原開発の推進が図られないという声もありますが、そうでないということを明らかにするため知事のお考えを伺っておきたいと思うのであります。また、原子力施設は他県の場合過疎地に立地する例が多く、立地した地域においてはさらに過疎化が進むという意見もありますが、実態はどうなのか。以上の三点についてお伺いします。

次に、原子燃料サイクル施設の立地とむつ小川原開発第二次基本計画との調整についてお伺いいたします。知事は先ほど、原子燃料サイクル施設の立地は第二次基本計画において当初想定したものではないが、工業開発を通じて地域の振興を図るという本計画の趣旨及び開発の方針に全く沿うものであり、さらに、むつ小川原開発については今後ともその推進を図る必要があるので、第二次基本計画に原子燃料サイクル施設立地を織り込む形での調整を図ることとし、そのため、本日資料として配付されてあります「むつ小川原開発第二次基本計画の調整」にありますように「付」として調整しようということでありますが、知事の調整についての考え方及び方法については全く妥当なものと考えて賛意を表するものであります。このような形で調整することにより第二次基本計画が引き続き推進され、また原子燃料サイクル施設の立地が円滑に図られていくのであり、短期間にこのような形で取りまとめられた県の御努力に対し敬意を表するものであります。なお、資料「付(案)」につきまして幾つか知事に確認しておきたいと思います。まず第一に、資料による土地利用計画と第二次基本計画の土地利用計画とを比較すると、石油精製の配置を想定してきた大石平地区、弥栄平地区に原子燃料サイクル施設の配置を計画しているのでありますが、この点について知事はどのようにお考えになっているのかお伺いします。次に、資料の工業基地計画によりますと、「原子燃料サイクル事業関連企業を含めて多角的に企業立地を推進する」とされているところでありますが、その趣旨をお伺いしたいと思います。また、地域開発計画の中で「原子力技術の特性に基づいた研究機能の充実、人材の育成を図る」とされ、こうした地域開発の方向を望むものでありますが、計画に当たってどのような考えをお持ちか。以上三点についてお伺いいたします。

最後に、電気事業連合会に対し正式回答するまでの運びについて、その段取り、スケジュールについてお聞かせ願います。先ほどの知事の報告によりますと、本県議会議員全員協議会以降、県むつ小川原開発審議会、県総合開発審議会を開催するとともに、日本原燃サービス株式会社、日本原燃産業株式会社との間で協定などを締結する、などの考えを明らかにされたのでありますが、この上は、正式回答をできるだけ早い期日に設定し、この後のスケジュールの効率を図ることが大事と考えるのであります。よって、正式回答の時期についていつごろを目途としているのか、この際明らかにしていただきたいと思います。また、むつ小川原開発第二次基本計画への「付」については、県むつ小川原開発審議会の意見を徴した上で策定し、その後国へ提出し、本計画にかかわるむつ小川原総合開発会議の申し合わせ及び閣議口頭了解を得たい、としているところでありますが、その時期について、いつごろを目途にされているのか明らかにしていただきたいと思います。

以上をもって終わります。

◯毛内副議長　知事。

◯北村知事　鳴海議員にお答えいたします。

冒頭で、今日までこの問題について自民党の立場で対処してこられた、内容的には、積極推進の決議をしてこられた、決議をしただけでなくて推進のためにいろいろと活動を続けてこられたということで、大変ありがたく、私としましては感謝にたえません。

御質問では、まず尋ねられたのは安全性についてのお尋ねでありました。原子力平和利用にかかわるいろんな施設があるわけでありますが、それにつきましてはすべて、原子炉等規制法に基づいて国の責任で安全対策が講ぜられてきてることは御指摘のとおりであります。それでは県としては何ら——手をこまねいていればいいのか、ということにはならないわけでありまして、国の責任であると同時に、県は県としての立場から、県民の健康、県民の安全のために諸般の対策を考えていかなければならない、特に、この施設を引き受けていく、協力するという立場に立つ場合には、すべてのものの前提条件として安全性を確保しなければならない、民生安定上の問題を解決しなければならない、こういうふうに思うわけであります。今後、これを受けていくという場合、今申し上げた安全性に対する対応がまず考えられなければならないと思っております。そのことのために、今後進める場合に、今まで地元である六ヶ所村からいろいろ御要望があったわけでありますし、県内各地においていろいろと各界各層から意見が出されたという事情もありますし、また、ここの県議会内部でいろいろと御意見を聞かしていただいた、こういったことを集約して、これを安全確保のための条件、要望ということで取りまとめて、事業主体と協定――協定だけでなくて、付随していろんな覚書が出てくると思うんでありますが、協定等を締結していきたい、こういう考え方でいるわけであります。当初締結するわけでありますが、どうやら考えてみれば、この大事業は大変長きにわたる、内容的にも大変大きい事業であるわけでありますから、初回における協定を結べばそれでいいということではない、先々、新しい局面が出るたびごとに所要の協定、あるいは文書交換等によって念を押しながらいく必要があろうか、というふうに考えております。また、こういった協定を締結する場合には、電気事業連合会が最初に要請をしてきた立場でありますから、電気事業連合会に、常に立会人の立場として協定に責任を持って加わってもらう、事業主体と一体的体制のもとにこの事業推進に――安全を確保しながら推進することに責任を持ってもらう、こういう考え方であります。実際の事業の具体化の段階になればまた、相当に中身の具体化した環境保全対策、あるいは交通事故防止対策、さらにはまた放射性物質の放出規制・抑制、あるいは放出源周辺環境の監視、そういったものを、国の指導のもとに厳密に、厳格に事業主体に行わせる、こういう必要があるわけでありますし、また県といたしましても必要に応じて、みずから施設周辺の空間線量の測定、あるいは、土壌、海水、農水産物等環境試料のサンプルをとってそれを測定する、環境監視体制を十分整備していく、こういうことが必要になってこようかと思います。また国に対しても、当然のことでありますが、安全性にかかわる指針あるいは基準、それらを十分整備して厳重な安全審査・検査を実施してもらう、場合によっては、国の現地機関、現地事務所を設置してもらって安全確保の体制を固めてもらう、こういう考え方で対処してまいりたいと思います。ただいまは大まかに申し上げたわけでありますが、あくまでも考え方は、安全確保についてあらゆる方面からの御助言をいただきながら万全を期していきたい、こういうことであります。

二番目は、地域振興に対してどんな寄与があるか、こういう御質問だったと思います。このことにつきましては今までも申し上げてきたわけでありますが、この施設の立地はむつ小川原開発地域内に対する立地でありますから、むつ小川原開発計画として掲げられた地域振興対策というものがあるわけでありまして、基本的には、大局的にはそれにのっとった考え方のもとに進められるわけでありますが、何分にも新しいこういう施設が入ってくるわけでありますから、それなりにまた地域振興に関しましても、御意見を承りながら新しい考え方で臨むということが必要になってこようかと思います。そのことについては、この報告をけさ読んで、御報告申し上げた報告の中に一応取りまとめているわけでありまして、それをここで繰り返すことはいたしませんが、何遍か申し上げたように、地域振興がなければこの施設を受け入れる意義はないわけであります。そのことについては電気事業連合会等に対しても十分中身を照会して、直接的な建設段階におけるメリット、操業段階へ入ってからのメリット等いろんなものを調べながら今日まで来てるわけでありますが、また、私みずからも国内、国外で、この種の原子力平和利用施設ができた地域における地域振興の実態を調べてきてるつもりであります。工事等における地元雇用、地元発注、地元調達、こういったことは御承知のとおりであり、繰り返すことを必要としないと思いますし、また、施設の立地に附帯して、荷役、輸送、緑地を含む土地、建物の管理、給食、清掃及び施設の機器のメンテナンス、こういった業務が出てくるわけでありますが、これらに対する地元参加が当然できるわけであります。また、この後、大分先になるとは思うんでありますが、転換工場、あるいは再転換工場、あるいは燃料の成形加工工場、こういったものも事態の推移に従って立地されることが考えられる、こういうことであります。また、長期的な効果としては、研究であるとか人材育成の機能を整備充実する、あるいは国際的な人的交流も期待される、また、新幹線その他高速交通体系の整備に伴って産業、経済全般に伸展が図られることになるわけですから、それらによる複合した地域形成が期待される、そのことによって、機械、装置、金属、化学に関する試験研究事業所、さらにはまた、これらを支援していくための商業あるいはサービス業、交通、通信、情報、こういったものの集積が考えられるわけであります。また、電源三法交付金、固定資産税の税収もあるわけでありますから、それらを活用することによって広く産業基盤、あるいは生活基盤が図られていく、まあ急いで申し上げているわけでありますが、こういった状態でありまして、ただいまのところ正式決定を見ない——正式決定を回答してない現段階でありますので、事が具体化してないうらみはあるわけでありますが、考えられることを列挙すればこのようなことでありまして、これを、立地が実現していく場合具体化して、地域メリットを稼いでいくことに全力を注ぐ必要があろうかと考えております。

それから、地域振興との関連で、この原子燃料サイクル施設が立地されることによってほかの企業立地が進まなくなる、こういうことが言われるがどう思うか、こういうことだったと思います。そういう意見が確かにあることは私も耳にしているところでありますが、しかし、私はそのようには考えないわけでありまして、施設の立地によって道路であるとか港湾であるとかが、つまり基盤整備が一層促進することは間違いないわけであります。それに伴って工業立地の条件がここに促進される——向上することになるわけでありまして、この施設立地を機会としてさらにその他の——関連産業を含めてもろもろの企業の立地促進が考えられる、そういうことにいたしたいと私は思っております。また、地域の産業活動が全般に活発化して人口も流入する、それによって商業活動が拡大する、あるいは都市形成も進む、これらが進むことによって、さらにまた続いて多角的な——この次に出てくるわけでありますが、多角的な企業立地ということに向けて期待ができる、こういうことだろうと思うわけであります。

多角的な企業立地というのはどういうことかという御質問もありましたが、その前に、過疎地に立地する例が多いが、過疎がかえって進むのではないか、というお尋ねでありました。なるほど、過疎地を選ぶという場面もあるようであります。ただその場合、それらの地域に向けて、電源三法による交付金であるとか固定資産税であるとか、税収の期待ができるわけでありますから、それを活用して、道路、港湾等の産業基盤の整備、あるいは、上水道、下水道、体育施設等の生活環境の整備、これが促進される。特にまたむつ小川原地区は、ほかのいわゆる過疎地そのものとは事情が違うわけでありまして、工業基地として開発促進を図ってきているわけでありまして、おのずから基盤整備が進められることは間違いのないことだと私は考えておりますし、また、基盤整備を進めなければならないし、現に進めつつあるわけであります。それを促進することになるし、ますます過疎化するという場面は考えられないわけであります。そのことにつきましては東海村等において実例があるわけでありますし、また、私も訪問いたしましたフランスのラ・アーグ周辺、シェルブール、ラ・マンシェという県がありますが、あの地方の実態、あるいはアルメロ、グロナウ、ゴアレーベンといったような、オランダ、西ドイツのそれぞれの地域が皆、施設の立地とともにむしろ過疎を脱皮して、一つの都市形成——産業振興の基盤となる都市形成がなされてる、という事情を私としては実際に見聞してきたつもりであります。それから、ただいま申し上げたことは、黙っててもそうなるということではないわけでありまして、地元と申しましょうか、関係の県あるいは六ヶ所村それぞれが自主的立場から諸般の整備を進め、産業集積を図るという積極的な態度が必要とされる、こう考えております。

それから、多角的ということも言われたと思うんでありますが、限定した一つの企業、二つの企業ということでなくて、今回の施設立地を契機として、単に特定の施設にこだわることなく、多方面にわたる企業の誘致について今後とも積極的に努めたい、こういう趣旨であります。なおまた、研究機能の充実であるとか人材育成も期待できるんだということでありますが、際立ってこの施設は先端技術であります——先端技術産業であります。常時研究も必要とし、試験も必要とする。今後に向けて技術革新をさらに図っていかなければならない業種なわけであります。そういうことからすれば、必ずやここに研究機関というものが付随して考えられる、そのことが私どもの地域の科学技術の水準を向上さしていく、あるいはまた、それらに子弟が入っていくことによって今後に向けての人材が育成されることが期待される、こういうことだと考えております。

それから、第二次基本計画との調整についてお尋ねがありました。土地利用計画が重複してる点についてどう考えるかと、御指摘のように、大石平、弥栄平それぞれに施設を立地するわけでありますが、今後新しくまた企業の立地を考えていく場合、土地利用計画につきましては弾力的にその都度対応していかなければならないだろう、というふうに考えているわけであります。

それから、「付」というものを出してる――第二次基本計画の末尾に「付」をつけていきたいと、その中で、ただいま出てきました多角的ということを言ってるが、それはどういう趣旨かと、既にお答え申し上げたところでありますが、幅広く企業立地を、広い意味で求めていきたい、こういうことであります。

それから、研究機能充実、人材の育成もここで御質問があったわけでありますが、これも今申し上げたところであります。

今後のこの問題についての正式回答の時期について、いつごろを考えてるか、こういうことでありますが、きょうこのように県議会全員協議会を開いていただいてるわけでありますが、ここで御審議を願い、御意見を承り、その後、むつ小川原開発審議会あるいは総合開発審議会等を開いて、所要の手続をした上で電気事業連合会に対して正式に回答する、こういう段取りを考えてるわけであります。これらの審議会――今挙げた二つの審議会は今月の十五日には開催したいんだというふうに考えてるわけでありますが、正式回答はその後余り遠くない時期に回答してまいりたい――回答することにいたしてまいりたい、こういうふうに考えているわけであります。なおまた、電事連に対する正式回答の後しかるべき時期に、国に対してむつ小川原開発第二次基本計画について修正を加えたものを提出したい、それを受けた国は、総合開発審議会あるいは閣議口頭了解等に向けて一連の手順を進めていく、こういうことになろうかと思います。その閣議口頭了解の時期はいつごろを考えているかということもお尋ねがありました。今申し上げたとおりでありますが、むつ小川原開発審議会を経ればできるだけ速やかに国に提出したい、それを受けた国の方では総合開発審議会で申し合わせがなされ、閣議口頭了解へ向けて手続がされる、こういうことになりますが、これらのことは関係省庁の間の協議によって決まるわけでありますので、県では、県の自由意思と申し上げたらいいか、県の考え方のみでこれを進めるということにもまいらないわけであります。県としては、できるだけ早い時期に取り運ばれるようお願いをしていきたい、こう考えております。

以上で答弁漏れはなかったと思います。御了承をお願いいたします。

○毛内副議長　鳴海君。

○鳴海議員　知事さん、どうもありがとうございました。

強く要望いたしたいと思います。五十九年の四月二十九日、電事連より県に対し、原子燃料サイクル事業立地の総括的協力要請があったわけであります。ちょうどこの一年を振り返って、知事にとっては整備新幹線同様に、いやそれ以上に原子燃料サイクルは、県政にとってはこの一年間大きく動いた、長いようで短い一年であったと思います。知事自身もヨーロッパ視察、県議会代表も十六人がヨーロッパ視察へ行ってまいりました。そのほか、県議会のほぼ全員にわたると思いますけれども、人形峠、そして東海村視察に行ってきたわけであります。その間に、専門家会議による三カ月の鋭意検討、各界各層の意見聴取、定例議会は四回ありましたけれども、その間に、原子燃料議会と言ってもいいくらいな論議が尽くされたわけであります。そのほか、原産会議による講演会、科学技術庁による説明会、しかも、電事連主催の説明が十六市町村で三十八回も行われてきたわけであります。そういうことを前提に、知事はようやく今日、腹を決めたといいますか、熟慮断行といいますか、考えて考えて、もう考え過ぎた上きょう決断したわけであります。もはやちゅうちょしてるときではないわけでありまして、あと知事は後ろを振り返ってはいけません。前進あるのみであります。まさに今世紀最大・最後のこのプロジェクトを、千載一遇のチャンスを逃してはなりません。また、整備新幹線は大変今は軌道に乗らないわけですけれども、この新幹線の二の舞を起こしてもなりませんので、知事はひとつ、これからが大変でありますけれども、きょうのこの劇的英断を胸に秘めながら頑張れ、ということを強く要望いたしまして私の質問を終わらせていただきます。

○毛内副議長　鳥谷部孝志君の発言を許します。——鳥谷部君。

○鳥谷部議員　社会党を代表して知事に質問いたします。

具体的質問に入る前に、私は知事に抗議を含め指摘をしておきますけれども、核燃サイクルの立地要請を受け入れるかどうか判断をする極めて重要な全員協議会を開催するに当たって、昨日午後一時開催された議運にようやく知事報告書が提出されたわけであります。そして本日直ちに質疑ということですから、この点は我が党がかねてから知事に指摘をしておいたことですが、全く議会軽視であり、議員の審議権を制約するものであって、断じて容認できるやり方ではありません。なぜ、もっと前に議長を通じ議運を開かせるなり、あるいは議案熟考の期間をとるなり、報告書を十分検討させる期間を我々議員に与えることができなかったのか、この点は極めて遺憾であり、議会軽視のやり方だと怒りを込めて知事に指摘しておきます。

私は、先ほどの「核燃サイクル施設を受け入れたい」という知事の考え方を聞き、青森県の将来のため重大な選択を誤るものと指摘せざるを得ません。振り返ってみますと、昭和四十六年にむつ小川原開発が具体的に進められてから今日まで十五年を経過いたしました。バラ色の幻想を振りまいた計画は、社会・経済情勢の変化とはいえ、石油コンビナート計画は完全に破綻をし、この間立地企業は一つもなく、地域振興から見れば波及効果のない、しかも、計画外の石油国家備蓄タンクが林立する中で、開発による村や部落の荒廃だけでなく、隣人や家族間の人間破壊をもたらし、国や県を信じ、土地を手放し海を売った農漁民は新住区という難民収容所に追い払われ、ここに移転をした二百七十世帯のうち約百世帯が生活保護を受けている、というのが開発の現状でございます。にもかかわらず、開発を進める側はだれ一人として村民に責任をとろうとしないばかりか、今や、村や村民のわらをもつかみたいという窮状を逆手にとり、他県ではすべて「危険だ」として拒否され続けてきた核サイクル施設を、しかも世界に類のない核の一点集中立地を押しつけ、またぞろ、核サイクル施設は国策だの、安全性が確立されただの、しかも、だますに事欠いて、地域振興に寄与するなどのデマを振りまいていることは昔の兵糧攻めと同じであり、兵糧が核燃にかわっただけで、私は許すことのできない犯罪だとさえ思うのであります。前にも指摘をしましたとおり、核サイクル施設は危険だからこそ過疎と広大な土地にメリットを求めて立地するのに、知事は何の幻想を抱けと言うのでしょう。「そんなにメリットのあるものなら青森県に来るはずがない」とかなり以前の新聞の投書欄に掲載をされていましたが、これが県民大多数の抱く受け止め方だと私は考えます。

そこで、知事が核燃サイクル施設を受け入れたいとする七つの理由を幾つかにまとめ、具体的に意見を申し上げながら質問をいたしますが、その第一は、核燃サイクル施設を受け入れたいとする知事の基本的姿勢についてでございます。知事は受け入れの第一の理由に核燃サイクル事業の必要性を強調していますが、それは立場が全く逆ではないでしょうか。今まで原発の後始末も考えず設置をしてきた電事連がその必要性を叫ぶのは当然でありましょう。しかし、知事の基本的任務は、地方自治法に示されている、住民の福祉と安全を守ることにあるはずであります。先ほど触れましたように、原発立地県ですら再処理工場を拒否するのは、放射能を原発の五十倍も百倍も放出するからであります。放射能の危険から県民を守るという民選知事としての姿勢からいって拒否をするのは当然でございます。私は、住民の福祉と安全を守ることと核燃サイクル受け入れは両立し得ないし、地方自治の目的にまさに相反すると考えるものでありますが、知事の所見を伺います。

次に、知事の姿勢についての第二の質問は進め方の異常さについてであります。先月末、我が党議員団で、故障以来二年ぶりに試験操業に入った東海村再処理工場の視察の前に茨城県に立ち寄り、担当部局から、茨城県の再処理工場立地要請から受け入れ決定に至るまでの経過を実は聞いてまいりました。当時茨城県は、昭和三十一年に日本原子力研究所が設置され、幾つかの試験的原子炉が建設、操業されており、昭和三十四年には日本原電の我が国最初の商業用原子炉が設置されておったわけであります。昭和三十九年再処理工場の立地要請があって、全会一致でこれを拒否した、以降約五年の日時をかけ慎重に検討した結果、再処理施設立地に同意をした、という話を聞いたのであります。それに比べますと本県の場合、昨年七月末電事連から正式要請、八月専門家会議設置、十一月下旬同会議の報告書答申、その間、意見聴取対象者を限定し、意見聴取わずか二回、そして今要請受諾提案と、わずか十カ月足らずで知事は受け入れの結論を出そうとしているわけであります。去る三月一日、我が党が電事連幹部から核燃サイクル施設についての説明を受けた際、かかる重要な問題の結論をなぜあなた方は急ぐのかと尋ねたところ、「通年の立地調査に一年かかり、計画に示したとおり、使用済み燃料貯蔵プール、低レベル廃棄物貯蔵施設、海外返還廃棄物の受け入れ施設を昭和六十五年度までに建設する必要があるからだ」という答えでありました。なるほど、電事連が急ぎたい理由はそのとおりであるにせよ、なぜ知事が電事連の計画に合わせ、言いなりにならなければならないのかという疑問でございます。そこで知事に質問いたしますが、先ほど述べた茨城県の慎重な対応について知事はどのようにお考えになりますか。また、県民の「反対」または「受け入れを急ぐな」という大きな声を無視し、なぜ電事連の言いなりになり急ぐのか、この疑問についてもあわせて答弁をいただきたいと思うのであります。

また、新聞報道によりますと、きょう全員協議会での意見を聞き、明日電事連に知事がわざわざ出向いて口頭で回答をする、こう報じられていますが、その事実についてはどうか、なぜ正式回答前にそのように口頭で回答する必要があるのか、この点もひとつあわせてお伺いをしたいと思います。

私は、一月十六日、六ヶ所村の全員協議会が核燃サイクル対策協議会の報告を聞き、後日議員の意見を集約するとの前提で開催された全員協議会で意見が集約された、ということについては問題があると考えます。この点は、泊の滝口議員の知事に対する「村論が統一されたというふうに知事は理解しますか」というけさほどの質問にもあらわれているわけでありますが、一番被害を受ける村内漁民の大きな反対の事実を見ても、私は村論が集約されたとは思いませんし、また、県論はかってないほど諾否をめぐり意見が分かれています。特に、核燃サイクルの立地によって被害をこうむる県内農漁民団体の反対意見を重視する必要があると私は考えますし、専門家会議の報告に多くの疑問を抱いた「文化人・科学者の会」や「死の灰を拒否する会」などからの公開質問状に、知事は一顧だに顧みず答えようといたしません。そういう行為をしながら今受け入れを決定しようとすることは、まさに県民無視の見切り発車であると我々は考えますが、この点について知事の見解をお伺いします。

次に伺いたいのは、核燃サイクル施設の要請は電事連の建前であり、本音は、使用済み燃料の貯蔵プール、低レベル廃棄物の貯蔵施設、及び海外返還廃棄物の受け入れ施設であり、核廃棄物の投げ捨て場に終わるのでないかという疑念でございます。この点は去る三月議会でも私の意見を申し上げましたが、電事連が商業用再処理施設の着工をするための前提は、プルトニウムを燃料とする高速増殖炉が技術的にも経済的にも完成し、増殖された使用済み燃料を再び再処理し、取り出したプルトニウムが燃料として経済性に合う見通しが実証されない限り、再処理工場の建設に着手することはあり得ないと考えるものであります。高速増殖炉や新型転換炉の完成は紀元（後刻西暦に訂正）二〇三〇年ごろと言われているのであります。また、再開をされました東海再処理工場は、先般伺ったところ、昭和六十年に再処理能力の約四分の一、五十トンを処理する目標を立てている、との説明を受けてきたわけでありますが、もしこの東海再処理工場が再び故障、事故が生じて長期間運休ということになれば、六ヶ所の商業用再処理工場どころか、核燃サイクル自体が根本的に見直しをされるという必要に迫られてくるわけであります。また、ウラン濃縮にいたしましても、御承知のように、石油のだぶつきに伴いウラン価格は下落し、昨年、その需要は供給量の半分にしかすぎなかったのであります。現在アメリカでは、濃縮ウランの製造技術としてレーザー法の実用化の段階に入ったと言われております。この方式ですと遠心分離方式の三分の二のコストで済む結果になり、今我が国が目指す遠心分離方式はコストの面でも国際間競争に打ちかてなくなるわけであります。したがって、今実証プラントを岡山の人形峠につくり、商業的な再処理・濃縮工場を六ヶ所につくろうとする電事連の遠心分離方式自体がもう陳腐化し、再検討せざるを得なくなることは確実じゃないか、私はこのように考えるわけであります。いま一つの不安は、日米原子力協定第八条のＣ項にございます「アメリカから受領した特殊核物質が再処理を必要とするとき、両当事国政府は共同の決定に基づいて行うことができる」、つまり、再処理工場の運転開始については米国の決定が必要であり、事実上、米国の事前同意がない限り六ヶ所に建設予定の再処理工場は動かせないのでございます。レーガンは在職二期目で、三選なしですから、世界的な政治情勢の変化により、また、カーターのような大統領が出て核不拡散政策を押しつけてきた場合、運転は不可能になると考えられます。私が知事に申し上げたいのは、国や電事連の建前論でなく、本音の部分や、再処理やウラン濃縮施設が抱えている不安についても的確な視点と判断を持つ必要性があることを、この決定的な段階でいま一度指摘して質問いたしますが、六ヶ所に立地される三点セットの施設が確実に建設され得るという確証は、現時点では私は不可能だと考えますが、私のこの指摘についてもあわせて御答弁をいただきたいと思います。

次に、核燃サイクル立地に伴う地域振興対策について簡単に伺います。私は去る三月議会で、「このような危険な施設と隣り合わせに同居する決意になったのは、施設の立地により地域振興に期待するからだ」との意見聴取対象者の一人の言葉を引用し、この面で知事はまた重大な責任を負うことになるだろうと申し上げたわけですが、去る四月五日のデーリー紙上に、資源エネルギー庁が原産会議に委託をした地域振興調査が掲載されていました。見出しのとおり「具体策欠き期待外れ」の感を、新聞を見た人は一様に感じたと思います。先ほどの知事の報告内容もこれと全く同じで、備蓄タンク建設に見られるように、雇用にせよ経済効果にせよ建設時の一過性の問題で、建設終了時点では何も残らない結果になりそうであります。先般、福島の東電福島第一原発視察の際、双葉町、大熊町を訪ねたところ、建設時点で二千人の雇用が、終わった現在六百人に減り、現在失業対策が町の最大課題だということであります。知事報告によりますと「施設の立地に附帯して、荷役、輸送、緑地を含む土地・建物管理、給食、清掃及び機器のメンテナンスなどの業務が必要」と述べていますが、こんなことが将来の地域振興につながると考える県民や地域住民は一人もいないと私は思います。真の地域振興とは、工業の導入により、地場工業への技術移転も含めた経済の波及効果と、何より、地場の基幹産業である農業、漁業の発展を促す地域の総合的振興施策が示されなければならないのに、農漁業の振興策についてはほとんど触れられていません。これでは、農漁業は放射能の危険におびえ、共存どころか破壊の運命をたどることは明らかでございます。国や電事連のこの程度の地域振興策では、地域振興に期待をかけ核燃受け入れに同意した人々の期待をも裏切ることになると思いますが、知事の所見を伺います。

最後に、核燃サイクル施設とむつ小川原開発第二次基本計画について質問いたします。知事の提案によりますと、第二次基本計画にある石油コンビナート地域に核燃三施設を、大石平・弥栄平地区に張りつけるという内容のようであります。そこで伺いますけれども、私は、既に石油コンビナート計画は事実上不可能と判断し、一千四百億の借金に苦しんでいるむつ小川原株式会社が電事連の核燃サイクル施設の立地に応じたと考えていたわけですが、この調整案では、石油コンビナート計画は引き続き計画として残しながら、核燃サイクル施設立地に必要な六百五十ヘクタールを地区まで指定しながら予定しているわけでありますが、この予定地域には石油コンビナート計画による製品タンク用地が張りつけられるというわけであります。先ほどの鳴海議員の質問と重複をいたしますけれども、もし知事が「石油計画は実現可能性あり」とするならば、この時点で、重複をした土地利用計画を改めて見直し、企業なり施設の張りつけを行うのが筋であろう、というふうに私は考えるわけであります。先ほど知事も御答弁されておりましたように、将来さらに企業の立地が進み土地利用計画との調整が必要な場合にはその時点で弾力的な対応を図るということは、一応計画だけは従来どおり網をかぶせておいて、もし新しく企業が立地をした場合には次々にその用地を売り払っていこう、土地利用をなし崩しに変更しようとする意図ではないかと考えざるを得ないわけでありますが、この点についてもひとつ明確にお答えをいただきたいと思います。

私は、この調整案には三つの大きな問題があると考えます。一つは、同一開発地域内に核燃サイクル施設と石油コンビナート計画の共存が常識的に認められるのか、という問題でございます。その理由は、三月議会でも指摘をいたしましたけれども、核燃料安全審査基本指針の立地条件指針一の基本的条件に明らかに反するからでございます。同指針によりますと、核燃料施設立地地点及びその周辺においては大きな事故の誘因となる事象が起きるとは考えられないこと、また、万一事故が発生した場合において災害を拡大するような事象も少ないこと、と明記され、明らかにこの核燃サイクル施設の立地は立地指針に反するのでございます。この点知事はどのようにお考えになっておられるのかお伺いいたします。

次に、石油コンビナート計画は、エネルギー調査会の石油需給計画によりますと、昭和七十五年になってもほとんど現在と変わりがないという数字が出ているわけであります。知事は、石油精製なり化学なり、あるいは三百二十万キロワットの石油火力について、それぞれ実現の可能性ありとお考えですか。ありとすればその根拠をこの際、いま一度明確にされたいと思うわけであります。

十五年たってなお、企業立地どころかその見通しさえない石油計画を掲げ、産業基盤整備だけを進めようとするごまかしをこれ以上続けることは許されないと私は考えます。この際知事は、開発の見通し、計画失敗の誤りを県民の前に明らかにし、むつ小川原開発計画を全面的に見直すことを強く指摘し、答弁を求めます。

以上、幾つかの問題について意見を申しながら質問申し上げましたが、かねてから我が党が申し上げてきましたとおり、自然や地域、人間や生物と共存できない核燃サイクル施設を絶対に受け入れるべきではないし、したがって知事提案も承認できないことを強調し、私の質問を終わります。

○毛内副議長　知事。

○北村知事　鳥谷部議員にお答えを申し上げます。

冒頭で議会軽視のことをたしなめられたわけでありますが、全員協議会のあり方には伝統的に一つのパターンがあるわけでありますし、お話のように、できれば三日、四日、五日ぐらい前から、どういうことを申し上げるんだということを早くわかってほしいことは理解のできることであります。ただ、この問題については、テーマを申し上げるだけでほとんどおわかりいただけるような内容ではないのかなあ、私にはそう思われるわけであります。しかしそれにしても、御趣旨は体して、今後のあり方には検討を加えるということにいたしたいと思います。

最初が、この原子燃料サイクル施設協力要請を受け入れることについての知事の基本的姿勢、こういうことであります。これは原子力船「むつ」のときも同じことを申し上げてきたんでありますし、また東通の原発の問題についても全く同じようなお答えの仕方で今日まで来てるわけでありますが、その施設が民生安定上支障がなければ、国策でありますから――国家的立場から大変重要な課題、政策でありますから、民生安定上支障がなければ、もっと具体的に申し上げれば、安全性に問題がなければ、住民に迷惑がなければ協力することにはやぶさかではないんだ、という態度が私の基本的な態度でありまして、それだけに安全性の確保を第一義として今日まで一連の手順を進め、結果として「受諾をしてしかるべき」というところまで到達した、こういうことであります。もちろん私としては、地域住民の安全あるいは福祉を願っての考え方であります。それと逆行する、それと裏腹になるということであれば、これは受諾しがたいことはもちろんであります。なおまた、まあこれはつけ加えなくてもいいかと思うんでありますが、私一人の独断が今日までこの考えをもたらした――この取り運びをもたらしたという事情ではないわけでして、一連の民主的な手順を経て今日に至ってるということは申し上げるまでもないことだと思います。

その次が、大変進め方が速いんだ、異常な進め方だ、茨城の例があるじゃないか、何でそんなに電事連の言いなりにばかりなるのか、なぜ急ぐのか、県民無視の見切り発車ではないのか、こういうことですが、何遍も申し上げてきておりますように、県政にとって大変大事な問題でありますから、どうやって県論をまとめればいいのかしきりに頭をひねったわけであります。その結果は、まず専門的なことについては専門家の意見を聞く、地元の考え方を重視する、国の考え方も確かめる、県内各界各層の意見も十分聞きたい——もちろんこれは代表の立場に立つ方々から聞いてきたわけでありますが、そういう結果を進めてまいりましたし、さらにはまた、昨年来、六月、九月、十二月、二月と四回にわたる定例県議会もくぐってるわけでありますし、私をして考えさせれば、必要にしてかつ十分な手順を終わったんだという考え方に立つわけであります。茨城がどうだから、埼玉がどうだからということは、まあ少しは考えないわけでもないんですけれども余り考えない。それを基本にということでなくて、県内の民主的な取りまとめをどうするかということに大変ウエートを置いたわけであります。しかし、茨城を考えないと私は申し上げたんでありますが、茨城でそういう事態があることによって、この種の、何というんでしょうか、先端技術産業、あるいは危険を伴う産業、原子力平和利用といったような事業は、やっぱり兄貴分がたどった道を学びながらこの手順が詰められていくというのが実態ではなかろうかと思います。兄貴分が何年かかったからこっちはそれ以上かけなきゃならぬとか、それに近くかけなきゃならぬとかという考え方は、参考にはなるんでありますが、必ずしもそういうふうに心がけなきゃならぬということでもなかろう、というのが私の考えであります。今申し上げたことで誤解があれば困るわけでありますが、後段で申し上げたことは余り大きな意義を持たない、それよりは、いかに民主的な手順を経たかということが判断の最大のよりどころでなければならないだろう、こういうふうに思っております。

六ヶ所村の村論集約はまだできていないんだ、できていないのにできたようなことを言ってるんだ、こういうことでありますが、これに関しましては、私は直接、文書をもって村長から報告を受けたのでありまして、それを信頼していくというのが私の立場であります。

それから、経済性を述べられて、今の遠心分離による方法は経済的に余りいい方法じゃないんだ、また、他の化石原料の場合に比べて原子力発電はコストが高くつくんだ、こういったことについての御所論、御所見があったわけでありますが、これにつきましては、私どもの方で調べてる実態について担当部長から答えさせていただきますが、私は素人ながら、原子力をもってする発電、またそれを進めていくためのサイクル施設——サイクル事業、これは必ずしも、どうでしょう、コストだけ、経済性だけを論じていられない側面がある。経済性を乗り越えて、将来の日本のエネルギー供給を安定的に維持するためには銭勘定ばかりしていられない場面もある。ただしですよ、経済性のその中身についてはまた別に申し上げますが、経済性がないということについてはそのとおりに私どもの方は考えていないわけでありますが、仮に経済性に問題があっても、それだけでこれをやめるとか後回しにするとかということは当を得ないなあと思っております。それよりももっと大事な、将来のエネルギー対策としての重要な一つの考え方がここになければならない、そういうのが私の所信であります。

それから、三点セットが確実に実施される保証があるのかというようなお尋ねでございました。これは報告でも申し上げてきたんでありますが、電事連に対して「三施設を間違いなく実現していくように」という文書での照会をしたところ、それに対して「そのとおり確実に実施していきます」という答えをいただいているわけでありますし、また、今後協定の中でこのことをまた、取り決めるというか、約束することをしていきたいと思っております。

それから、建設が終われば、まあ操業段階に入ればということだと思いますが、メリットがなくなるんだと、鳴海議員にも申し上げてまいりましたように、建設段階は建設段階で多分にメリットがあるし、操業段階へ入ってもメリットはある、さらにまた、長期的に見て、二次的に三次的に、大変長い先にまでメリットを考えていくことができるんだ、私はこういう考え方に立っているわけでありまして、ちょっとした工事みたいに、トンカチで建設をやってるときだけはいいが終わればだめ、ということにはならない、またそうしないことが必要である――必要であるだけでなくて、そうでなくすることができる、こういうふうに考えております。

それから、効果は農業、漁業には及ばない、何ら触れていないんじゃないか、こういうことでありますが、農漁業に関すること、まあ地域振興に関しては基本的に第二次計画の中に、あるいは住民対策大綱の中にうたわれているわけでありまして、今回の「付」におきましてもその一部はうたっておりますけれども、詳細は二次基本計画の中でこれを取り上げ、説明を加えてるということであります。ありますが、さらに、この際でありますから私をして言わせれば、こういった工業施設は本県における農漁業者のためにこそ最大のメリットを生むんだ、そうでなければならないんだ、産業構造の高度化というのは農漁業者のために考えなければならないのだ、私はそう思っております。なぜならば、私は選挙その他でこのことばかり実はしゃべって歩くわけでありますが、本県のみならず日本の農業は、規模の面で、一年間持てる力をふんだんに、十分にこなしていく、消化していく内容になってないわけでありまして、どうしても力が潜在失業的に減っていく。それをどっかで生かして、家計のために、経済のために役立てていかなければならない。そういう場所を持たなければならない。それには、大小を問わず少しでも多くの働く場所を県内に求めていかなければならない。そういう一環としてむつ小川原開発も考えられ、この施設もまた同じような発想のもとに考えられてる。農業者のためにこそ開発事業がある。それがどうも、巷間と申し上げればいいか、あっちこっちで、農業には全然関係ないような言われ方をするもんでありますから、私としては大変意外――困るわけでありまして、農業者のために考えられてる産業構造高度化であります。そのことを繰り返してここでまた申し添えたいと思います。これは私の、何としても変わらない信念でございます。（「兼業農家をどうするんだ」と呼ぶ者あり）兼業農家のためにあるわけであります。（「専業農家は」と呼ぶ者あり）専業農家は必ずしも今の所論のとおりにはならない場面があろうと思います。その辺へ入っていけば時間がまた五分、十分かかるわけであります。一般論としてただいま申し上げたわけであります。

石油コンビナートと施設とは両立しない、これは核燃料施設安全審査基本にもとるんじゃないか、こういう御趣旨のようだったんでありますが、この辺の安全判断は国の審査の場面で厳格になされていくことだと思っております。

また、むつ小川原開発における土地利用はなし崩しにいわゆる調整をしていくのかと、なし崩しの調整ということは好ましいことじゃないと思うんでありますが、当面、計画している事業が近い将来計画のとおりに実現できるという見通しが必ずしも立たない、むつかしいわけであります。そういった中で今後とも企業誘致の努力を続ける、その間に弾力的に対応していく、こういうことであろうと思います。

それから、第二次基本計画をそのとおりに実現できると思うか、思うとすればその根拠をと、ただいまも申し上げたんでありますが、当初計画が難航していることは事実であります。ただ、このむつ小川原地域は、御承知のとおりでして、国内まれに見るような条件に恵まれた工業適地であります。また、着々として基盤整備が行われていることも御承知のとおりであります。今、鷹架の海岸の埠頭に立てば、今昔の感にたえないほど大変に工事が進んできたわけであります。全く、大げさに申し上げてるんじゃなくて、あの場所がこんなになったかなあという感慨を覚えるほど基盤整備が進められてるわけでありまして、その進みぐあいをにらみながら、引き続いて最大限の企業誘致努力を幅広く重ねていくことだと思っております。

それから、十日に電事連へ出かけていって回答するというのはどういうことかと、どういうことといっても、事態が進展した場合に、今後のスケジュール等に向けて、依頼を受けた相手と今日の事態を――連携しながら行くことはむしろ当然のことじゃなかろうか、こう私は考えてるわけであります。

日米間の協定に基づくウラン関係の取引はとまることがあるんじゃないか、そうなればこの施設も停止せざるを得なくなるんじゃないか、こういう不安を述べられたわけでありますが、今日のというか、今考えられる日米間の事態からすれば、御指摘、御心配されるような事態は来ないと私は見ておりますし、その辺の心配には国の方で重々対応していく事項であろう、というふうに考えます。

むつ小川原開発について、これは失敗だったということを認めてやめたらいいじゃないか、というふうに聞こえたんでありますが、何遍も申し上げてまいりましたように、むつ小川原開発は大変長期にわたる、また、その間段階的に進めていかなければならない事業であります。同時にまたそこには国家的な意味も含まれてるわけでありまして、三全総から四全総へ向けてこの事業をさらに続けていくということがほぼ決定済みであります。そういったさなかでもありますから、これを失敗――失敗でなくて、私はもともとやりたいんであります。まあ人の和は大分できてるようでありますが、時に利あらず、社会・経済情勢が必ずしも思うようにいってないためにはかどりぐあいがよくないんでありますが、申し上げましたように基盤整備は大分進んできているわけでありますし、今後とも、うまずたゆまずと申し上げたらいいか、今までの努力をさらに続けて、将来の工業基地として立派にできていくように努力を続けたい、こういうことであります。

○毛内副議長　企画部長。

○内山企画部長　ウラン濃縮施設に関しますレーザー方式等につきまして補足説明をいたします。レーザー法につきましては、ウラン２３５を一〇〇％分離できるということが理論上確かに成立してございます。したがいまして、電力消費量あるいは建設費の低減の可能性が考えられるわけでございます。ただ現状としては、日本におきましては、特にレーザー方式はまだ基礎研究段階でございます。原子法につきましては原研、分子法につきましては理化学研究所で基礎研究を実施している段階であり、ちなみに、アメリカ、ソ連、あるいは諸外国におきましてもそういうことで、基礎研究の段階を出てございません。したがいまして、極めて長期的なものでございまして、商用ということになるためにはまだ相当長期の期間が必要である、こういうふうに考えてございます。以上です。

○毛内副議長　鳥谷部君。

○鳥谷部議員　反論したい点がたくさんありますけれども、時間が限られていますから、幾つか絞ってまた意見を言い、質問をします。

質問をする前に、私は戦中派でちょっと古いもんですから、西暦二〇三〇年ごろを紀元二〇三〇年ごろと言ったそうで、その点は訂正をしておきます。

まず、私はいつも知事に食ってかかるわけですが、そういう意味でなくて、聞いてほしいのは、三月議会でも論議されましたが、今いろいろ、太陽光発電なり燃料電池なり、あるいは、原子力のベストミックスというのは一体何％かということで、四〇％も五〇％も原子力ということにいかない事情もあるわけですよ。そういう問題も含めて、石油の補助エネルギーとしては原子力は大体三十年とも五十年とも言われ、あるいはヨーロッパでは百年とも言われているわけですね。しかし、今下北におれたちが押しつけられようとする低レベルの廃棄物貯蔵施設でも、フランスに行った方は御承知のように三百年と言われているんですよ。まして高レベルの廃棄物に至っては千年以上も管理をしなきゃならない。こういう問題を考えるときにですね、しかも、日本各地でつくっている原発の電気を本県がどんどん消費しているんだったらここに捨てられてもやむを得ないと思うけれども、他県で、中央でどんどん電気を使って、何ら電力を要しない本県が捨て場にされるということについて、知事の「国策だから受け入れなきゃならぬ」というその発想なり考え方に問題があるのではないかと私は思うんですよ。国策だと言う以前に、あなたは、青森県民の生活なり福祉なりを守る立場にあるはずであります。その点、知事がどう釈明しようとも、私どもが納得できないと言うのはそこにございます。

安全性の問題については、安全性が確保されればと言うんですが、これはここで論議されているばかりでなく、放射能の安全性については今世界の学者が賛否両論です。三月議会でしたか十二月議会でしたか、杉山議員の「マンクーゾ博士が、微量でも放射線は危険だ、今のＩＣＲＰの五十分の一にしなきゃならないという指摘をした」という話を知事も聞いたと思いますけれども、今の原子力の安全性はＩＣＲＰの安全基準に支えられているわけです。もし、微量放射線でも危険だ、食物連鎖による濃縮も生物や人体に影響があるとすれば、ＩＣＲＰの基準がもし崩れたとするならば原子力の安全というのは根底から崩れていくわけですよ。私も素人だけれども、私よりも知事の方が勉強されていないと思うんです。それを、国や電事連の言いなりになって「安全だ」と、進める側の専門家の報告書を見て「私は安全だと理解する」という理解の仕方に問題があるのではないか、というふうに私は考えます。

また、農業地域の第二種兼業農家に雇用の場が必要だということは私は否定しませんよ。だから、内陸型の雇用効果のある企業を誘致せということを我々みずから言ってきた。ところが、核燃サイクル施設を農漁民のためにということは一体どういうことなんですか。そんな話は通る話でないんですよ。そこには、核の理解が極めて乏しいし、安全性に対する認識が全くない、というふうに指摘せざるを得ません。

あとは質問に入りますけれども、知事に少し聞きます。他県でも断られたこの核燃サイクル施設が本県に要請されたということは、結局はむつ小川原開発の石油計画の失敗が原因ではなかったのかと。しかも、この開発は、御承知のように第三セクターによる財界主導の開発でございます。したがって、財界同士が話し合いをして国なり県なりに要請をし、核燃サイクル立地の要請になったもの、というふうに私どもは理解をしておりますけれども、この点について知事の考え方をお伺いしたい。

それから、知事は諾否の結論を導くに当たって、この手順は適切なもの、このように自画自賛しています。わずか十カ月足らずで結論を急ぐということは、私は、あらかじめ国なり財界と既に打ち合わせが済んで、要請受諾を前提に、一定の計画された手順を形式的に踏んでいるにすぎないのではないかと考えるものであります。この点について知事の率直な見解をお伺いしたい。

それから石油コンビナート計画についてですが、知事は私の質問をよくはぐらかします。むつ小川原開発の工業化ということについて、私は知事の執念も知っておりますし、否定はしませんよ。私が今聞いているのは、石油コンビナート計画についてはどうですか、というお尋ね方をしているわけです。知事も、極めて厳しい、しかも、用地は、企業があればどんどん立地を認めますよということですから、事実上破綻を認めていると思いますけれども、先般、科技庁、通産、国土庁に核燃サイクル施設立地反対の意見書を待っていった際に、それぞれ担当大臣は「厳しい」という話をしておりましたし、資源エネルギー庁に行って浜岡次長に私は「今世紀はどうですか」と言って尋ねたら、「いや、今世紀は無理でしょう。その点は明言できません」というお話の中で、「しかし、むつ小川原開発は石油コンビナートのスクラップ・アンド・ビルドの代替地として必要だ」という話なわけです。私が「何でスクラップ・アンド・ビルドの予定地なんだ」と聞いたら、「いや、御承知のように京浜コンビナート地帯には大地震が予想されています。もしその大地震によってコンビナートが破壊された場合には、予備地としてむつ小川原が必要だ」というまことにおとぎ話のような話でございました。そこで知事に伺いたいのは、今五次長計を見直し中ですが、六十一年度には第五次長計が発足するわけですけれども、このような計画を五次長計に知事はどのように反映させるおつもりであるのか、この点をひとつお伺いしておきたいと思います。

それから、もう一つは風評被害についてであります。午前中に、農業団体の青年や漁民の方々が風評被害について心配されて知事に質問しておりましたが、報告書によりますと、事業者が地元と協議して決める、こういうわけですね。知事も、風評被害というのはあり得ないと思うけれども、あるかもしれないということで、否定できないという話ですから、私に言わせれば、原子力というのは当然事故があるという前提で、危険度をいかに少なくするかというのが安全性の確立なはずであります。それで、「地元」とは一体どこを指すのか。排気筒の高さによって放射能なりの降下地点が違いますから、むしろ地元よりも五キロなり十キロ先の方が危険だと思うわけです。風評被害は広範囲に及ぶと思います。「地元」とは一体何か、「事業者」とは一体だれのことを指すのか、一体どういう協議をして決めるのか、その内容等も含めて具体的にお答えをいただきたいわけです。ちなみに八戸の例を申し上げますと、水産加工を含めて千五百億円であります。陸奥湾のホタテは百億ですね。弘前の青年がリンゴの被害を言っていましたけれども、リンゴの生産額は八百億ですから、風評被害についてどうのこうの言っても簡単な問題ではない、というふうに考えます。

最後に高レベルの廃棄物処分についてですが、この点はぜひともひとつ知事の見解を聞いておきたいわけです。三月議会で何回となくそれぞれの議員から質問がありましたけれども、知事は我々の質問に一向に答えようとしないわけであります。高レベル廃棄物処分の問題については国が責任を負うということはわかっていますが、もし核燃サイクル施設の立地を受け入れた場合に、今後次々に、知事が先ほどお述べになった転換、再転換の施設ばかりでなくて、ガラス固化工場、あるいは高速増殖炉も立地されるかもしれない。恐らくそういう要請はされてくると思うわけですが、その場合に、高レベル廃棄物もここで三十年、五十年貯蔵するわけですから、そんな危険なものを簡単に動かせるなんというようなことは考えられないわけでありますから、当然高レベル廃棄物の処分場になるかもしれない、という懸念を我々は持っているわけです。ですから、今の時点で、高レベル廃棄物の処分場にはさせませんという国の保証をとる義務と責任が知事にある、というふうに考えますが、この点について知事は一体どのように考えて対処するつもりなのか。多少長くなりましたけれども再質問をいたします。

○毛内副議長　知事。

○北村知事　鳥谷部議員にお答えいたします。

国家的課題であることはわかるが、それをなぜ青森県がやらなければならないかと、青森県も日本であります、そう申し上げれば御理解いただけるのではないかと思います。日本の領土内と申し上げればいいか、日本の国内のどこかでやらなければならないのであります。

それから次は、知事は勉強していないと、なるほど勉強していないし、してもなかなか――専門的な技術の内容に関しましてはちょっとやそっとの勉強では消化しがたいわけであります。そういうことでありますから、事専門的なことにわたれば、鳥谷部議員の御質問に対しても、できるだけ専門家の報告書の内容をお伝えする、こういう程度にとどまらざるを得ないわけでありまして、大変申しわけないことだと思いますが、勉強していないと言われればそのとおりに受けとめます。

それから、この三施設を農業のために考えるということは納得できないと、そのお考えには私も納得できないんであります。直接に三施設そのものに向けて考えていく場合は考えにくい面もあるいはあろうと思いますが、三施設が、まあ起爆剤起爆剤とよく言われるんでありますが、一つの刺激をなしていろんな仕事場が出てくることは考えられる、そのことをねらうわけであります。そのことと、農家における潜在失業状態の労力とを結びつけたい、こういうことであります。

それから、他県で断られて本県に要請してきた、財界同士の話によったものと思う、こういうことでありますが、いろんな検討の結果、下北半島太平洋岸、こうねらいをつけられた、そこまではわかるし、さらにまた、御承知のように、東通にすべきか六ヶ所村にすべきかにつきましては相当な検討が加えられ、現地の事情を参酌した結果六ヶ所村へ決められていった、こういうことでありまして、六ヶ所村を適地と認めて要請が出された、こういうふうに私は受けとめております。

それから、石油コンビナート計画はどうなんだと、さっきもお答えしたんでありますが、大変前途厳しいことはそのとおりであります。ありますが、この土地の性格にかんがみて、この開発の経過にかんがみて、最大の努力をもって今後とも対処する、こういうことであります。

五次長計にどう反映させるのかと、これこそ厳しい問題だと思います。計画というものは常に不確定な要素を組み合わせながら行くわけでありまして、どこまでそれが現実的に可能かを判断しながら行くわけでありますから、大変厳しい五次計画に直面していくことは覚悟しなければならないと思っております。苦しい中でも、より現実的なものを求めて立案、計画したい、こう思うわけであります。

風評被害で、これに対応していくと言うが、この場合「地元」というのはどこだ――「地元」とはどこまでが地元だと、岩手県でないことは確かであります。秋田県でもない。結局、そういう考え方をして、消去法でいけば青森県だ、こういうことになろうかと思います。そのうちには直接的な地元もあるし、間接的な地元も出てくる、こういうことじゃなかろうかと思っております。

高レベルの廃棄物の処分につきましては、今までも申し上げてきたと思うんでありますが、施設の敷地外で処分していく、そのために、今後とも処分の技術について国が検討を重ねていく、大体紀元二〇〇〇年前後に技術を確立していきたい、その場合に国の責任において処分する、処理する、こういうことを確認してるわけであります。

○毛内副議長　鳥谷部君。

○鳥谷部議員　今の知事答弁について一点だけ聞いておきます。

敷地外に処分をするということは何回も聞いております。国の責任において処分をするということも何回も聞いてるわけですよ。ですから、敷地外といったって、今の六百五十ヘクタールの外ですから、六ヶ所村もあるし、東通も下北もあるわけですよ。だから、我々が言ってることは、青森県、少なくとも下北半島にそういうものをつくってはいけませんよ、その保証をあんたはどう取りつけますか、ということを聞いているわけですから、その点をひとつ、私の質問に明確に答えていただきたいと思います。

最後に一点ですけれども、私は、むつ小川原開発の失敗のしりぬぐいにしては、核燃サイクルの立地要請ということは余りにも大きいのではないか、現在一将来にわたる本県の代償としては極めて大きい、というふうに考えるわけです。北村知事は当時副知事ですから、この開発を進めてきた責任者の一人でもあります。そういう面でですね、一体後世に北村知事がどう判断されるかということは、これは県民に任せるよりしょうがありませんけれども、いい知事として残るか、あるいは道を誤った知事として評価されるかわかりませんけれども、その点をひとつ指摘しておきたいというふうに考えるわけです。

地域開発の問題については、質問する時間もありませんでしたけれども、今まで本県が中央の開発、ナショナルプロジェクトというものに振り回され続けてきて何ら実りがなかった、という過去の現実に照らしながら今まで指摘し続けてきたわけであります。ですから、そういう過去の歴史に照らし、また、核燃サイクルの立地というのは本県の開発のためにもなりませんし、あるいは、逆に地域の開発の道を閉ざす結果になるだろうというふうに考えますし、何よりも、こんな大きい問題について県論がまだ十分統一されていない、しかも、安全性についてもまだ十分解明されていない部分が多いということで、私は、知事は電事連からの要請を拒否すべきであろうと思うし、受け入れたいとする知事提案については、重ねて、容認するわけにはいかない。私ども今後とも、下北をごみ捨て場にする計画に反対をし、本当に県民の立場に立って青森県の真の繁栄のために頑張る、という決意を披瀝して私の質問を終わります。

○毛内副議長　知事。

○北村知事　高レベル放射能性廃棄物の貯蔵については、大変御心配なことはよくわかります。わかりますが、先ほど来申し上げてるように敷地外でこれを処分していくということでありまして、ただいまの御意見は御意見として私のところで承っておきたいと思います。

○毛内副議長　浅利稔君の発言を許可いたします。

○浅利議員　私どもの見解は定例会等で申し上げてきたとおりでございますが、原子力の開発、平和利用につきましては、現在のエネルギーの事情から、安全性の確保並びに住民の十分なるコンセンサスを得た上で進めざるを得ないということから、この核燃サイクルにつきましてもそのような態度で、立地協力要請につきましては知事のお考えに同意せざるを得ない立場をとっているわけであります。しかし、いまだに党内でも、漁民団体また農業関係者の反対の声、また、慎重に対応すべきであるという声もあり、知事から今回御説明がありました中でも、事業主体に対し、また県独自としても、この後説明等を加えて理解を深めていく努力をする、こういうことでございますし、今までの考え方であれば、限られた方々には大分理解を得ていると思うわけでありますが、微に入り細にわたっての理解というのはまだ不十分ではないかと思っておりますので、十項目の中の最後の方だったと思いますけれども、そのために努力をするということを続けていくべきである、こう思います。

今回の「立地協力要請を受け入れるべきだ」という判断に立った理由といたしまして、原子燃料サイクル事業の必要性、また、安全性についての専門家会議の報告書の結論について三点を挙げ、七項目ここに列挙されているわけであります。先ほど鳴海議員の御質問に対し、むつ小川原開発審議会の了承及び総合開発審議会への報告等について経過を経、そして今日まで——きょうの全員協議会、こういうぐあいになっているわけでありますが、今までお話を伺っておりますと、協力要請に対する諾否を決めるに当たっては、知事としての考えは、皆さんからお話を伺ったので私もこう決めていきたいんですよ、こういうように受けとめられるわけです。しかしながら、安全性であるとかそういうものになりますと、これは国の問題であり国策であるというぐあいに、何かそういう面では確信を持ってお答えになり、この諾否についてはその要請を受けるだけですよというふうに受けとめられる、そういう印象を強く受けるわけでありますが、原子燃料サイクル三施設の立地に対する知事としての取り組みの基本姿勢を、そういうぐあいに二分けにしないで、知事自身の確信のある、受けるなら受けるという方向での姿勢が私は必要じゃないかと思うわけであります。例えば、この十項目の中に示されたことで、一番最初に、今鳥谷部議員も懸念をして御質問になってるわけでありますが、示されてきました事業構想が確実に実行されるかどうかということが、知事としても一番不安に思っているのではないかというぐあいに思うわけであります。今までのむつ小川原開発計画、また原子力船「むつ」の対応、砂鉄工業、ビート、どれをとってみてもそういうような経過をたどっているわけでありまして、この事業構想が確実に行われないで大きな変更があった場合に知事としてどのような態度で臨まれるのか。国が許可をし国がやったんだから、ということでは私は許されないものではないかというぐあいに思っているわけです。そういう面で、知事として基本的にどういうぐあいに思っておられるのか伺っておきたいと思います。

次に、高レベル放射性廃棄物につきましてはただいま鳥谷部議員から御質問があったところでありますが、私も重ねてお伺いいたしておきたいと思っております。総合エネルギー調査会原子力部会の報告書の中でも「国の責任において技術開発及び最終処分の方法を明確にしていくべきである」と指摘をしております。本県から依頼した専門家会議の報告書でも、国の責任において行うべきであるという概要があるわけでありますが、再処理施設から発生した高レベル廃棄物については当分の間再処理業者において保管する、こういうぐあいになってるわけであります。知事は今、それ以外のところにやるのであって、というようなお話でありましたが、青森県にこれを置かないということ、今後本県が最終処分の場所にならないという担保を国に対してどのようにとられるおつもりなのか、この点を明確にしていただきたいと思います。

風評につきましても今鳥谷部議員からお話がございました。岩手県には至らない、こう言うわけでございますが、海域における範囲、それからいわゆる地上における範囲、これをどのようにお考えになっているのか。それから、風評による補償を具体的にどのように詰めていかれようとするのか。原子力船「むつ」の際の補償もあります。金額が設定されております。それからまた長崎港における金額の決定もございます。その補償の方法であるとか、そういうものについて具体的にどう詰めていかれるのかお伺いいたしたいと思います。これは、知事が電事連に回答する際の項目の中にも明確に記されておりますし、そしてまた、この後十五日にむつ小川原開発審議会の議を経ながら回答していくというわけでありますから、手順にのっとって、今は具体的にお持ちになっておらなければ、我々としてもどう判断すればいいのかわからないわけでありまして、この点について具体的にお示しをいただきたいと思います。

それから、これもまた今お話があったところですが、むつ小川原開発第二次基本計画の調整を「付」としてお示しをいただいて、ずっと読ませていただいているわけでありますが、この中身を見ますと、第二次基本計画については全然お構いなし、そしてこれだけをくっつけましょう、こういうことです。そして、核燃料サイクル三点施設にかかわる地域振興はこのように行われるでありましょう、というぐあいにとれるだけでありまして、知事の御提案の説明の中に、工業開発計画には全くそぐうものであると、こういうことでは、マクロ的にはお話はわかるわけなんでございますが、むつ小川原開発計画というもの、これは長期にわたってしていきたい、こういうお話ですけれども、これをまた弾力的に扱うということになりますと、その都度都度に、むつ小川原開発審議会の議を経ながら閣議了解を得て、そして積み重ねていかなければならない、というふうに私は思うわけなんです。今こういう時期に提案するわけで、こういうぐあいになりますよということは言えないかもしれませんけれども、この点を明示していかなければ、地元の、あるいは関連周辺市町村の開発に賛成している方々をどう納得させればいいのか。また、知事は、県民全体に対する波及効果というものをうたいながら「そぐうものである」と言っておりますが、これだけでは県民も納得しないでありましょうし、この部分については私らもちょっと承服しかねるわけであります。四全総について今言及されておりましたが、そうしますと、四全総後にむつ小川原開発計画の根本的な見直し、県民が理解できるような見直しをしていく、という姿勢を明確にして理解を求めていくべきである、こう思うわけなんでありますが、御見解を求めておきたいと思います。

○毛内副議長　知事。

○北村知事　浅利議員にお答え申し上げます。

原子燃料サイクル三施設の立地協力要請を受けて、これに対する知事の基本姿勢がよくわからない、というような御趣旨で、はっきりしない点があるというふうに聞こえたわけであります。私は、前にも申し上げましたように、またかねて申し上げてきましたように、原子燃料サイクル施設の必要性もわかりますし、この種の原子力平和利用につきましては民生安定上支障がなければ、安全性に問題がなければこれに協力することはやぶさかじゃない、こういう考え方を終始とってきてるわけであります。もちろんこのサイクル事業についても同じような考え方であります。ただ、大変大事な問題でもあり、鳥谷部さんがお話しのような、県政の遠い将来にわたって重要なかかわりを持つ問題でもあるわけでありますから、何とか、この諾否判断に当たっては間違いない手順を踏んでいきたいということで、何遍も申し上げてきたような四つばかりの項目を掲げてそれを進めてまいったところであります。今日の段階でほぼそれが完結してるわけであります。何とか民主的な、問題を残さない選択の仕方をしたい、ということで今日までまいりました。ただしその間、私みずからの考え方は今申し上げたようなことではありますが――今申し上げたというのは、民生安定上支障がなければ云々、こういうことではありますが、さりとてそれを初めから、私は民生安定上支障がないと思いますからこれに協力することにいたしたいと思います、御賛成を願います、こういう態度は相当の期間、まあ前半と申し上げてもいいんでありますが――前半でなくて、はっきり申し上げたのは二月二十五日だと思います。それまでの間は、多少にじみ出てはいたかと思うんでありますが、表面切った申し開きはしないままに来たわけであります。意図するところはやっぱり、私の言い方が県民の皆様方の判断の方向を狂わして、結果として間違った結論が導かれるということであれば適当じゃない、という考え方のもとに、初めに知事の意見ありきということを避ける、ということを何遍か申し上げてまいったわけであります。結果的には、御承知のとおり、二月の末の段階までは、私は自分の意見は申し上げずに、ひたすらお伺いするという態度で来たわけであります。

ところで、今後、三施設の構想どおりの実現を進めていくのにどういう保証をとる、約束をする、それを確かなものにするためにどういうことを考えるのか、こういうことがあったと思いますが、このことについて実は電事連の方に文書をもって照会し、回答をいただいてるところであります。今後この構想に大きな変更が加えられるということはないという確約をとってるわけでありますが、今後正式に回答していく段階では、さらに加えて協定書等を交わしたい、その協定書に、今の構想に盛られている三施設について確実に履行していくんだという条項をも取り入れていきたい、こう思っております。

高レベル廃棄物の最終処分につきましての御心配は、鳥谷部議員と全く同じお考えのもとにお尋ねになっておられるわけであります。私どもとしても同じような考えを持つわけでありますが、原子力部会の昨年七月の報告の中に「自主的核燃料サイクルの確立に向けて」という取りまとめがあるわけでありますが、その中で、再処理工場敷地外において国の責任のもとに処分を行う、こうされているわけであります。敷地外ではあるが、それは半島内あるいは県内であるのかないのか、こういう心配が残ってくるのはごもっともであります。それらの御意見、御心配をどういう形で国の方に向けて、申し入れと申しましょうか、意見を開陳していくべきか、今後とも考えてまいりたいと思います。御意見としては十分わかる御意見であります。

それから、風評につきまして具体的にどう進めるのか、事業者との間で話し合いもし、文書で約束もとっているんだと言うが、具体的にどういう内容を持たしていくのか、どの範囲に対して適用を考えるのか、ということでありますが、何分にも正式回答をしてないこの段階で、具体的に詰めたものをここでつくるといっても、なかなか言うべくしてできがたいまま今日まで来てるわけで、話し合いはしてるわけでありますが、事具体的にということになれば、まあ若干の具体性を持った話し合いはしております。例えば原子力船「むつ」の場合に、基金を設置して、その果実をもってそのことに向けていくというような仕組みも実は考え、現に行ったわけであります。そういった例もあるので、それらを考え合わせながら検討していきたい、こういうところまで行ってるわけでありますが、今いきなりここで、このように具体的にしますというような方法論等については申し上げかねますので、お許しをいただきたいと思います。ただ、事業主体の方でも、この問題があることについては十分認識が深まってきてるわけであります。

それから、二次計画との関連で、調整と言うが、その残った部分も含めて土地利用計画を明らかにせよ、具体的な見直しをせよ、こういうことでありますが、見直しをして、かくありたいという一つの成案をここにつかんでいることでもないわけであります。今後具体的なものが出てくる場合その都度弾力的に見直しを加えていく、ということにせざるを得ないのではないか、目前に、調整の対象になる一つの企業立地なら企業立地の具体案が出てきてるという事情でないもんでありますから、具体的にお示しするということはいかにも現段階では難しいことになるわけでありまして、将来の問題として、出てきた時点で十分に対応していきたい、こういうことであります。

◯毛内副議長　浅利君。

◯浅利議員　一々御答弁いただいたわけでありますが、その後正式回答に至るときにあらゆる具体的面を出していく、正式回答していないので今のところは言えませんよ、こういうぐあいにとったわけですが、例えば風評による影響についての補償についてもですね、知事は受けたいといって今回提案してるわけです。我々にお話しかけをしているわけです。ならばその辺はちゃんと、これからやるべき姿勢をどの辺に県としては置いているのか、このぐらいは言っていただいても何も御迷惑でないと私は思うんですよ。

それから、承諾いたしましたと言うと、恐らく、海象調査、気象調査、いろんなものが始まります。そうしますと、その際にまた御協力を求めていかなければならなくなってくるわけであります。そのときに、実はこれこれですよと、我々はそんなことは聞いておりませんでした、こうなってきた際に、じゃ知事としてはどこまで御協力していくということなのか。私は、その案ぐらいは、県としての考え方ぐらいはこの場でお話しになっても何も御迷惑でないと思うんです。

それから安全性についてもですね、先ほど、協定の中に盛り込んでいくというお話もございました。また高レベルの廃棄物についても、そういう意見を国に対して申し述べていくということなんですが、それらについては一応了解していってもいいと思うんですけれども、こういう協定の内容について、先ほど鳴海議員にも、少し時間が長くなるのでこれではしょりますよ、各項目についてももう少し、振興策についてももっと詳しく述べたい、という話もあったわけですが、それだけ検討してるんであれば私たちの前に明確に出していただいてもいいんじゃないか、こう思うわけです。

また、例えば安全性の確認についても、「付」の中には「県独自で監視体制をつくっていきたい」ということがありましたので、これはそのまま私も受けたいと思います。そして、操業が始まった段階で国も放射線量を監視するでしょう。事業主体もやるでしょう。県もやるでしょう。そういう中で、県として、数値のぐあいが上がった、安全性に危惧をしなければならない面が出てきた場合に、やはり知事の権限でもってストップさせるぐらいのことを協定の中に盛り込んでいくような姿勢があってもいいんじゃないかと私は思いますし、そういう面で、協定をつくる際に、今まで知事も一年有余にわたって危惧する方々の意見も聞いてきたわけでありますから、そういう面も協定の中にどしどし盛り込んでいくべきだ、こう思うわけですが、その辺の姿勢についてもお伺いいたしたいと思うわけです。

高レベルにつきましては、これからのことだと言うわけですが、一部のお話では、「黙ってこのまま見過ごしていきますとちゃんと置かれますよ」というような話もあります。ですから私は、それを置かないということをちゃんと補完しなさいと言うんですよ。我々は条件を付しての進めざるを得ないという立場でありますし、そういう面がはっきりしなければならないと私は思ってるわけです。ですから、もう一回そこらあたりについて、特に風評についての県としての考えがあったらこの場で出していただきたいと思うわけです。

○毛内副議長　知事。

○北村知事　風評による魚価低落対策、これは、県内の各界各層の意見聴取の際にも強い意見として出てきたわけでありまして、私としては、大垣新社長を相手に既に相当程度、話はやりとりいたしております。今、具体的にその方策を示せということでありますが、例えばこういうことがあるということで、原子力船「むつ」の場合の魚価安定対策基金を話題にしております。「それで行きましょう」「じゃそれだ」ということまでは行ってないわけでありますが、今後話を重ねて、より具体化していくことになろうかと思います。重ねて申し上げますが、じゃ、この基金で行くことが決まったのか、こう言われれば、そこまでは行ってません。両方で、頭の中で、どう対応すべきかを考えてるわけでありますから、今後話が詰められていく、また詰めなければならない、そう思っております。

地域振興対策につきましても同じようなことでありまして、まだ正式回答まで行ってないわけでありますから、ああいうこともある、こういうこともあるということで、相手をつかまえて「こういうことを約束してください」と言うことまで行けないで、もたもたと経過してる事情があります。そういうことからすれば、「急ぐな急ぐな」と言われるわけでありますが、おくれていけばおくれていくほど、どうも今の具体的な話のやりとりができないままに推移していくおそれがある。それだから必要以上に急いでるということでもないわけでありますが、早い方が得策であります。今や、早い方が得策だと考えております。

それから、安全監視体制等についても具体的なものを今後十分対策していかなければならないと、しかし、これもまた原子力船「むつ」で、今回の場合と比べれば小規模ながらも、モニタリングポストその他の対応の仕方やら仕組みやら、また、それに向けての専門家の援助を求めるやり方やら、いろいろなものを、今や本県は、ベテランではないが経験者でありますから、割に手順はつけていける、そういうふうに思っております。

知事権限でストップさせるくらいのことを考えてしかるべきだと、災害が現に発生したら、知事もだれもなく事業主体がストップするだろうと私は思いますが、しかし、それも一つのアイディアでありますから、そういうものを協定の中にどういう形で入れるのか、この後また十分検討してみたいと思います。

○毛内副議長　浅利君。

○浅利議員　今、風評につきましては、そこまで基金で行くかということまではいってない、こういうことでございまして、そうしますと、正式回答をしてから具体的に話をするのか、正式回答してからやるとすれば、その前にその原案を私たちに示していただくことはできるのか、回答して、それをまた審議して話し合う場ができるのかどうなのか、その辺はちょっと、回答の後なのか前なのか、そこのところをもう一回お伺いしたいと思います。

それから、監視体制のことやらいろいろあったわけでありますけれども、何か押し切られたというような感じがしないでもありません。そういうようなことからですね、県民に納得いくような方向で物事を進めていかなければならないと私は思いますので、そういう点をもう一回お答えいただいて終わりたいと思います。

○毛内副議長　知事。

○北村知事　実務的に考えれば、正式回答前に風評に対する対応を最終的に、具体的に取り決めて、それを協定の内容に盛るということはなかなか容易でないと思います。むしろ、それは無理と申し上げた方がいいと思います。協定をし、さらに、その後両者の間で多少時間をかけて話しを詰める、ということになるのが実際の運びだろうと思います。それを、今無理して「正式回答前に話をつけます」と言っても、ちょっと自信を持てないわけであります。ただ、申し上げたように、既に何遍か話はしてきており、文書の回答ももらっております。基金の制度を含め検討してまいりたい、こういう趣旨の文書であります。私の今までの感触からしても、恐らくは誠意を持ってこのことに対処してもらえると思っております。今後相当長い時間かかってこの施設そのものは着工され、完成されていくわけでありますから、その中で、我々の、あるいは漁民の方々の、農民の方々の意に沿うものを求めて話し合いを詰めたい、こういうふうに考えます。

○毛内副議長　十分間休憩いたします。

○石田議長　休憩前に引き続いて会議を開きます。

質疑を続行いたします。木村公麿君の発言を許可します。――木村君。

○木村議員　全員協議会に当たり、私は、日本共産党を代表し知事に尋ねます。

まず、先ほど知事は、風評被害補償に関して電事連から文書回答がなされてる旨の答弁をされました。重大なことであります。私ども議員に提示もしないのはフェアでありません。配付、提示を求めます。また、その他の課題についても、電事連から文書回答などが来ているのであればあわせて提示を求めます。

私は、全員協議会についての知事の認識を尋ねるものであります。我が党は、全協開催の理由も必要もないということを明らかにして、議長には申し入れを行ってまいりました。本来全協は、災害時など真に緊急性がある場合に限定されるべきものでありまして、したがって地方自治法の定めにもないのであります。全協での協議、発言はまた拘束力を有しないものであります。今日までの全協の経過がまたそれを実証しています。昭和五十四年八月三十日の新空港問題では、コンサルタントの報告書を半年も議会に提出せず、タイムリミットだからということで、青森の現空港を、自民党からも大きな批判が出る中で了承を押しつけました。そのときの予算は、第二種空港を前提にして、国三百三十五億、県百十五億、計四百五十億ということで進めるということでありましたが、六年たった今日いまだに実現せず、県財政に大きな負担を押しつけています。原船「むつ」問題でもたびたび全協が開かれました。しかし、四者協定はほごにされ、五者協定も骨抜きにされてしまったではありませんか。五十六年五月二十一日の全協では、各会派の意見を聞いて結論を出したいと言いながらも、たった三日後の二十四日には協定調印をしてしまったのであります。これらの経過と事実に照らして見るならば、全協なるものは、知事の結論や判断を数を力に強引に了承させるためのセレモニーであり、しかも、全協での答弁は全く無責任なものであったことをこれらの事実は証明しているのであります。今回もまたその手法で、明日十日にもゴーサインを出そうとしていることは問題であります。しかも、さらに問題なのは、全協で了承を得たとか決定されたということで政治的にひとり歩きすることであります。全協でそうした承認や決定を下すことは自治法にも反するし、議会制民主主義にもとるものであります。あなたは一体、政府や電事連に対して「了承を得た」として対応するんでしょうか。そうするならば、それは越権行為、議会軽視であります。全協についての知事の認識を明らかにしてほしいと思います。

知事はまた先ほど来「民主的に進めてきた、そして受諾が大勢を占めている」と言っていますが、それはあなたの主観であります。民主的手順・手続というものは、県民との合意があってこそ初めて民主的だと言えるのであります。各報道機関や各紙の世論調査でも明らかなように県民の大多数は不安を表明し、地元の漁民を初め農民も、農協青年部・婦人部に見られるように全県的に反対の運動と声を広げています。地元六ヶ所の村論もいまだにまとまっていません。県民も、民主団体とともに、核燃施設に反対する全県的な規模での連絡会議をつくって反対の運動を進めています。文化人、科学者の皆さんも危険性を指摘しています。これが県民の声、世論であります。この世論をあなたはどう受けとめて、何と考えているのでありましょうか。これを無視して見切り発車することは住民自治に背くものと言わなければなりません。県民世論に謙虚に耳を傾け、見切り発車は厳に慎むべきであります。

安全性は世界的に確立していないということを私どもは指摘してまいりました。今回も、それを立証するために著名な学者の見解を紹介し、質問します。化学――化け学でありますが、化学について国際的にも権威のある学会機関誌「化学と工業」に、岡本真実東京工業大学助教授は「燃焼中は燃料体の中に閉じ込められていた気体成分である核分裂生成物――キセノン、クリプトン、沃素、トリチウムなど、燃料の切断や溶解操作時には解放されて系外に飛び出そうとするなど放射性物質の環境への漏えいの防止を考えねばならず、化学プロセスとして決して容易なものではない」と、また最終処分についても「核化学の分野の研究課題であるが、まだ研究の緒についたばかりである」と述べているのであります。開発の立場に立っている学者でさえも安全性は未確立であることを示している具体的な一例であります。これらの学者についての見解をどう受けとめますか。さらにあなたは三月定例会で、宮下議員の質問をとらえて「文化人・科学者の会」への反論を展開しました。これは、例えて言うならば、武力を持たない無抵抗の民間人に対して、権力という名のもとに武力攻撃を一方的に行ったと同じもので、公正を欠くものと言わなければなりません。答弁の中で、ＩＣＲＰ勧告の年間五百ミリレムという甘い基準には、「年間二十五ミリレム以下にすると電事連が明確にしている」とあなた――部長は答えています。私は専門家の報告書を見て、ＡＬＡＲＡの精神だけ強調されており、例えば原発での線量目安が年間五ミリレムになっているのがなぜこのレポートには明記されていないのか、と調整課に尋ねました。電事連に照会した結果、「海外などを参考に、線量を低く抑える方向で努力を行う。国においても、どのような規制対応を講ずるか今後検討が進められるものと考える」と私に回答してきたのであります。聞く人によって違うというんでは全くずさん、無責任ではないでしょうか。一体、いつどのような検討がされ、国のどこの機関が規制値として認知したものであるか、明らかに示してほしいと思います。また、正当な理由がなく人間に人工放射能を浴びせてはいけない、というＡＬＡＲＡの精神第一原則に反しており、第二原則だけを振り回すのは、これこそＡＬＡＲＡの精神を冒涜するものと思いますが、知事の見解を問います。また、高レベル放射性廃棄物の危険性については「所要の立地調査の上、国の審査によって安全性は達せられる」と答えています。昨年七月、総合エネルギー調査会原子力部会は処理処分について報告を行っていますが、どんな報告でしょうか。「安全だ、大丈夫だ」という書き方でしょうか、それとも、今後研究、検討しなければならない課題がある、ということが指摘されているかどうかを主要な点について示していただきたいのであります。

社会的な条件も核燃サイクル立地と競合する不適地、と私どもは指摘してまいりました。最も危険な、広島型の数十倍の威力を持つ核積載攻撃機Ｆ16が、この四月三日、三機三沢に配備されました。これは新たな、最大の危険な因子であります。三十キロ離れているから大丈夫だと言っていますが、核燃施設まではたった十秒余りで飛来することが可能でありまして、共存できないことは自明の理であります。核戦争から県民の命と平和を守る上からも、配備反対と、既に配備された三機の撤退を求めるべきであります。

今まで知事は「立地要請を受けるまでは、県に対して具体的な動きや要請が持ち込まれたことは全然ございません」とこの議会でも答えてきたのでありますが、この際確認しておきます。昭和五十八年度中に知事は下交渉などを行ったことがあるかどうか、昭和五十九年四月の立地要請以前に、歓迎するとか、受け入れを期待する旨の表明をしたことがあったかどうか、これを明らかにしてほしいのであります。

あなたはまた三月定例会で、泊漁協など地元漁民の反対や慎重を求める運動に対して不穏呼ばわりをいたしました。また、「文化人・科学者の会」の見解や公開質問に対しても「まともに報告書を見ていない」とか「あり得ないことをあるように説いている」旨の一連の発言をしていますが、弘前大学などで、科学と真理に基づいてそれぞれの分野で活躍されている有数の専門家、科学者であります。非礼この上ないものであります。取り消しと釈明を求めるものであります。科学の真理に関する問題については多数決で決めるべきものではありません。科学者の皆さんの意見に謙虚に耳を傾け、公開での討論の場をつくるなど誠実に対応することを重ねて提起し、答弁を求めるものであります。

知事から先ほど、むつ小川原第二次基本計画は見直しではなく調整する旨の報告、説明がありました。一千四百四十億円に上る借金で死に体のむつ小川原株式会社の救済策としての、国策の名による土地のキャッチボールでもあり、そのための核燃サイクル施設立地でもあります。河本国土庁長官の国会答弁でも明らかでありますが、「核燃サイクルがどう、石油コンビナートがどうという問題は、大体私は従的に考えているわけでございます」と述べているのであります。一口で言えば、核燃開発でも石油開発でも開発なら何でもいいんだということでありまして、開発に協力をさせられてきた六ヶ所村民の苦痛や犠牲を踏みにじる無責任な発言と言わなければなりません。かつて、竹内前知事や、あなたが副知事のときに、あなたを含めて、「第二次基本計画というものは具体的計画である」と言い切り、「一連の石油企業立地が骨子だ」とあなた方は答弁してきたのであります。これが崩れるということは、開発のフレームはもちろん、土地利用計画、企業の張りつけ、所得計画、雇用計画、緑地計画等々すべてが破錠し、成り立たなくなるのは当然ではありませんか。「弾力的に対応する」とさっき言っていましたが、聞こえはよいけれど、場当たりということにすぎないと思うのであります。明確な答弁を求めるものであります。さらに、調整というのであれば、中身も数字も具体的に示さなきゃなりません。この点で、「調整」なる言葉は県民を欺く手段と詭弁にすぎないと考えます。計数的なもの、それらを含めて、調整とは一体何か明らかにしてください。

核燃施設用地は六百五十万ヘクタール、まだ残地があるから企業誘致も大丈夫だと言っています。（発言あり）六百五十ヘクタール、訂正します。まだ残地があるから誘致も大丈夫だと言っていますが、高レベル放射性廃棄物対策について「最終的には人間の生活環境から隔離する必要がある」と、有沢広巳氏会長の総合エネルギー調査会原子力部会が報告しています。人間生活というのは社会・経済・生産活動と切り離して考えられません。安全であるならなぜ生活環境から隔離する必要があるんでありましょうか。結局は低人口地帯にしようということであります。そうした地域に企業がやってくるはずはないと思うのであります。核燃サイクル施設が安全で、地元に経済効果があるというんであれば、元首相の田中角栄氏のいる新潟県や、自民党副総裁の二階堂進氏がいる熊本県など、政治力に物を言わしてれば誘致が可能なんでしょう。（発言あり）鹿児島。日本全国どこの県も、誘致どころか拒否をしているのが実態であります。地域振興をとってみても、効果がない、危険で両立できないということからであります。

新幹線や原子力船「むつ」、テクノなどとの絡みで、政治的な背景での思惑があるとすれば動機も不純と言わなければなりません。石油単能港湾という機能、性格をむつ小川原港は持っていますが、公共岸壁を特権的、専用的に使用しようとする電事連の計画は、港湾計画、土地利用計画、公共岸壁の利用計画などと競合し、両立し得ないことは明らかです。

以上の立場から、私は改めて核燃施設の拒否を求め、むつ小川原開発計画は当面凍結し、真に地域に根差して住民の声をもとにした、農業、漁業を柱にした総合的で民主的な開発へ転換させることを提起し、知事の見解を求めるものであります。ありがとうございました。

◯石田議長　知事。

◯北村知事　木村議員にお答えを申し上げます。

初めに、風評による被害に対する対応のことに関しまして、電事連から文書等の回答があるとすればそれは議会に示すべきだ、ということであります。私は浅利議員に対するお答えの中で、基金等の事例もあるからそれを参考にして今後検討していきたい、こういう、まあ具体的には大垣社長でありますが、話し合いをした経過があります。それがさっぱり文書に出てないじゃないかということであります――文書で来たと言うが、文書が出てないじゃないかと、実は、文書にはこういう出方であります。「県内における事例等も参考にして具体的措置を講ずる所存であります」と、このことを私が「基金等の例もあるので」とこう――意味は同じことを意味してるわけであります。御了承いただきたいと思います。間違いありません。（発言あり）同じ趣旨であります。県内の事例というのは基金の事例しかないわけであります。そのことは、きょうの朝――午前に――昼に報告申し上げたあの中には、電事連からのそういう「県内の事例等」という言葉を使っての報告が盛られております。

それから、全協の性格についてお述べになりました。全員協議会というのは自治法に定めもないし、また、扱いも知事は適当じゃない、これはセレモニーか、という御趣旨でありますが、セレモニーと心得るわけでもないんでありますが、要は、議会の議決事項でもない、さればとて、議決事項にまさるとも劣らないような大変に大事な事案である、といったような場合に、議会へ御報告もせずに、議会に御理解も求めずに知事として執行してしまうことはいかにも民主的でない、こういう配慮から、私の裁量で実は全員協議会をお願いして、かくのごとく御手数をかけているわけであります。そういう性格のものでありますので、法令等に準拠した窮屈な制度ではない。私のお願いをお入れいただいてこうやって集まっていただいてる、こういう趣旨のものであり、私としては事の重大性にかんがみて御報告するんだ、こういう趣旨のものであります。

この施設協力要請受諾の対応について、県内には大変たくさんの反対があるんだが、これをどう見るのかと、相当数の反対があることは確かであります。世の中は賛成もあり反対もあり、それに民主的な方法で対応していくわけでありますが、民主的な方法といえども全部の方々の御満足をなかなかいただけない。この問題について反対しておられる方々は、そのお立場で、そのお考えのもとに反対しておられるわけでありまして、そのことは尊重せざるを得ないと思うんでありますが、何分にもまた、私の目から見れば大変にたくさんの方々がこれをやれということでありまして、私はそれらを調整しながら対応せざるを得ないという立場であります。

それから、何というんでしょうか、岡本真実、まあ学者のお話でありますが、いろいろなお立場でいろいろな御意見を述べておられる方々があるわけでありますが、専門家の報告書によれば、今のピューレックス法――湿式再処理法は、大変長い間――二十年近くにわたって内外で実績を持っている、軽水炉燃料の再処理技術としてはほぼ確立されたものと、これは私の見解ではありませんが、私が信ずる専門家の方々の報告でありますが、既に千五百トン以上のウラン処理実績があるし、殊にフランスのラ・アーグでは、本年の一月に濃縮ウランの処理実績が千トンを超えており、稼働率もまた最近では一〇〇％に達している。まあフランスが一番進んでるわけでありますが、さらにこれを拡張する――ＵＰ２、ＵＰ３まで、外国の使用済み燃料処理まで今後拡大して引き受けようかということで、これはなかなか威勢がいいわけでありますが、そういうことからしても、全く実証されていないという見方は私はとれないわけであります。また、その現場も見てまいりました。また東海村でも見てるわけであります。こういうことで、いろんな御説はあろうが、実証を相当重ねられた、既に二十年からの相当な歴史を持つ再処理だ、こういうことが言えるんではないかと思うわけであります。

それから、規制値についての一応の所見があったんでありますが、二十五ミリレム、五ミリレムの規制のあり方についての御指摘、これは担当部長の方から答えさせていただきたいと思います。

なお、ＡＬＡＲＡの精神のお話がございました。ＩＣＲＰ――国際放射線防護委員会の勧告によっていろいろな原則が述べられているわけであります。放射線の利用に関しまして、いかなる行為も、その導入が正味でプラスの利益を生むのでなければ採用してはならない――正当化の原則であるとか、あるいは、社会的、経済的な要因を考慮に入れながら、すべての被曝は合理的に達成できる限り低く保たれなければならない――ＡＬＡＲＡの精神の最適化の原則、こういったものがあるわけであります。

損得勘定がどうなるのかということについては、これは、木村議員のお尋ねというよりは「文化人・科学者の会」の御質問の中に出てきた問題でありますが、損得勘定については、一般的な意味で、人類と放射線利用の利益得失バランスという観点からこの問題をとらえることが妥当じゃないのかと思うわけでありまして、青森県とか青森市とかに限定した狭い範囲で、区切った立場でこのことを判断するということは必ずしも当を得たことじゃないのじゃないか、というふうに考えるわけであります。少なくとも我が国にとっては、日本にとってはという広い立場で、広い視野でこのことを理解すべきだと、その日本なるものは、原子力の平和利用を、将来に向けて、サイクルを通して、エネルギーの安定供給の立場からぜひやらなければというつもりで事を進めてるわけでありまして、そういう背景があるということをあわせ考えながらこの損得勘定をすべきものではなかろうかと思うわけでありますし、過般の三月議会で私がはしなくもこのことに触れて、我々が国民の一人として国の大変重要な事業に協力できるということは大変有意義なことではなかろうか、こういう私の一つの考え方を、漏らしたというか、申し上げたことを記憶いたします。

それから、三沢の航空基地――飛行基地との共存はどうなるかと、これにつきましても実は三月議会で、総理やら大臣やら局長やらの言い方を援用しながら、国の段階で十分安全性を審査しながら対応するんだということで、そういうことに理解をいたしております。

また、私に向けて正式に、昨年の三月段階でこのことについて申し入れ、交渉を受けたんじゃないか、ということにつきましては、その事実はございません。ございません。

それから、小倉議員の御質問に対する私の答弁の中で「泊漁協の中に不穏な動きがある」ということを申し上げたことは一体どういう真意か、ということですが、大変恐縮であります。まあ不穏というのは穏やかでないという意味でありますが、私の判断からして、私が受ける感じからすれば穏やかでないという感じを受けたのが「不穏な」ということに口をついて出たわけでありまして、言葉としては大変不適当であります。以後注意したいと思います。

それからまた、「文化人・科学者の会」の質問に対しましては、知事は無礼じゃないか、非礼じゃないか、こういうことでありますが、「文化人・科学者の会」の方々から公開質問状が出ていることは事実でありましょうし、私のお答えの仕方としては、意見は意見として謙虚に受けとめるんだ、受けとめるんだが、内容的に見れば、報告書の趣旨が、何というんでしょうか、ストレートに理解されていないような節があるし、率直に申し上げて異論のあるところもある、こういうお答えをしたわけであります。それにしてもしかし、いろんなお立場の学者が一つの労作をして取りまとめて意見を発表されるということは意味のあることでもあり、そういうことを尊重しながら二月定例会で私の考え方を申し上げた、こういう事情であります。その中で、立地地点の固有性等に対する問題についても御理解をいただきたいんだという趣旨で申し上げてきたところであります。真摯に、真剣に受けとめていることは確かでありまして、御了承を賜りたいものと思っております。多少か相当かの意見が食い違うことは、これは世の中でありますから、申しわけないことだと思っております。

また、何遍も申し上げてまいりましたように、専門家の選定等に当たりましては、科学技術庁のアドバイスもいただきながら、何とか公正に判断できる人、また理論面と実践面で造詣の深い方々、それに地元の専門家――地元というのはこの場合弘前大学等を指しているわけでありますが――を加える、こういうことで十一名を委嘱してきたことはしばしば申し上げてきたところであり、私としては、出てきたその結果の報告書についてはそれなりの高い評価をしている、こういう事情であります。

また、むつ会社は既に多額の借金を持っている、もはや死に体である、こういう御趣旨でありました。多額の借金は確かにあるわけでありますが、すべて事業資金として借り入れた金でありまして、それが大分たくさんあるが、今後工業用地の分譲が促進されることによってそのものは解消されていく、こういう性格の金であります。このむつ会社の経営が必ずしもこういう意味で――こういう意味でというのは、スピーディーに順調に用地が売れてないということからすればいい経営でないことも事実でありましょうが、これを救済するためにむつ小川原地域が選ばれたということには理解しておりません。国内各地を検討した結果適地と認めてこの場所を選定した、こういうことであります。

河本発言について述べられました。関議員の質問に対しての答弁でありますが、第二次基本計画の趣旨あるいは開発の方針は、工業開発を通して地域の振興を図る、産業構造の高度化を図る、こういう趣旨のものであって、今回の原子燃料サイクル施設の立地はそういった開発方針とよく合うものである、こういうことを言われ、さらに、合うものであるが、石油コンビナートについても今後粘り強くやっていきたい、こういう趣旨で答えたと私は聞いてるわけでありますが、私の考え方もそういう趣旨とおおむね合致するものであります。

原子燃料サイクル施設の立地に伴って全体の土地利用が――工業基地内の企業の張りつけ、緑地計画等が変わってまいるのは当然でありますが、第二次基本計画そのものの根幹は変わるものではない、土地利用につきましては、将来さらに企業の立地が進んで土地利用計画との調整が必要になった場合には弾力的に対応していきたい、ということにつきましては先刻来申し上げてまいったところであります。これを機会としてより一層基盤整備を進め、企業立地の誘導に努めたいということであります。

計画の調整と言ってるが、何を意味するか、ということでありますが、第二次基本計画は、御承知のとおり、地域の農林水産業の再編成を含みながらその振興を図っていくということを基本として、基幹型の工業を導入し産業構造を高度化していく、それによって総合開発を進め、地域住民の生活安定、福祉の向上を期するんだと、大変長期的な、段階的な計画であって、今回の原子燃料サイクル施設の立地は、なるほど当初の段階では計画の中にはなかったんでありますが、計画の趣旨あるいは開発の方針に全く沿うものであるということから、この施設の立地を第二次基本計画の中に織り込む姿で調整するということにしたものであります。数字的な面が出ていないじゃないかということでありますが、大変規模の大きい長期にわたる開発でもあり、今後、土地利用等について新しい事態が出てくることに即応しながら弾力的に対応していきたい。数字的には、三施設合わせて六百五十ヘクタールの土地が施設のために振り向けられることは御承知のとおりであります。

港湾計画についてはどうなるかということでありますが、正式に回答がなされ、港湾の利用計画等についての考え方が決まることに対応して具体的な措置が、調整が進められることになるわけでありますが、その場合は、関係省庁の指導も得ながら県としても十分検討してまいりたいと思っているところであります。

過疎地域になって人が集まらないのではないかということにつきましては、鳴海議員にも申し上げてきたところでありますが、基盤整備がいろいろ進められることによって逆に工業の立地条件がここに進むわけでありますから、過疎になるということは考えられないし、また、工業基地計画が進められているこの地域でありますから、積極的に基盤整備あるいは企業誘致等を進めることによって過疎地域にはならない、こういうふうに私は考えているところであります。

なおまた、整備新幹線その他との政治的な取引がここに考えられているんではないかということにつきましては、正面切って政治的な取引という事情では全くない、私はそう思っております。ただ、おのずから、こういう特殊な施設、あるいは特殊な工業基地の設定、特殊な都市形態の形成、こういったものが進められることによって、それに対応した高速交通体系その他の整備が促進されることはあり得る、こういうふうに考えているわけであります。

最後に、農漁業を中心として地域の振興を図れということでありますが、このことにつきましては何遍か御了承をお願いしながら今日まで来たわけでありまして、本県の場合は農林漁業に偏向した産業構造であるがゆえにいろんな点で引けをとっているわけであります。何とかその産業構造を改める――改めるということは、工業をここに導入しながら、県民が少しでも多く就労機会に恵まれる、そういう地域の産業構造をつくり上げていきたい、その一環として地域開発を考えたい、こういうことで、先ほども申し上げたんでありますが，この開発構想は地域の農漁民のために考えていかなければならない。今雇用のことだけを申し上げたんでありますが、農漁業の生産物は、マーケットが近くに存在することによって大いにプラスされるわけであります。そういう意味からも、人口の集積がここにあればそれによって農漁業が助かる、こういう考え方が私には深刻にあるわけであります。

○石田議長　企画部長。

○内山企画部長　年間五百ミリレムの放出放射線量の基準について補足的に御答弁申し上げます。年間五百ミリレムという基準でございますが、国際放射線防護委員会が、先ほど知事からお話申し上げましたように、正当化の原則あるいは最適化の原則を踏まえて、個人に対する割り当て線量を、遺伝的影響とか身体的影響を考慮して勧告したわけでございます。そこで、我が国の法令でもその勧告を受けて、一年間につき五百ミリレム以下と定められているわけです。ただ、電事連の今回のこの考え方でございますが、前々からお話し申し上げておりますとおり、法令値「年五百ミリ以下」を下回ることはもちろんである、ただし諸外国の再処理工場の線量基準値よりも低く抑える、こういうふうに言っているわけでございます。この点につきましては過去の議会においても御答弁申し上げているところでございます。

次に、高レベル放射性廃棄物の関係で、原子力開発利用長期計画、原子力委員会の廃棄物専門部会、五十九年八月の中間報告書についてのお話があったわけでございますが、いずれにしても、御指摘のとおり、五十七年の六月、原子力委員会の原子力開発利用長期計画で示されている開発計画を既定方針どおり受けるということでの中間報告がなされているわけです。したがいまして、処分技術等につきましては、二〇〇〇年以降できる限り早い時期に処分技術を確立することを目標に、具体的には、地層処分及びそれに関連した研究開発を推進する、こういうふうになってございます。

○石田議長　木村君。

○木村議員　昨年の六月議会で知事は、第二次基本計画について一部変更は免れないとの答弁をしています。議事録に載っています。表現が変わったというだけではありません。変更と調整とは機能的にも性格的にも根本的に相反するものであります。したがって、そうした答弁をしている以上は行政責任が問われねばなりません。一部変更は免れないということと調整との関係について改めてお答えください。

F16三沢配備でありますが、あんたは、都合の悪いときには「国の所管だから答えられない」という逃げの姿勢であります。極めて遺憾であります。神戸の市長さんは、市民生活と平和を守る立場から、アメリカ艦船の入港に当たって、核を積んでいないという証明書を提示しなければ入港を拒否するという毅然とした措置を、議会と協力しながらこの十年間とり続けているのであります。あなたの立場とは雲泥の差があります。地方自治の根幹はまさにこうした立場――住民の暮らしと幸せ、平和を守ることに原点があるのでありますが、かかる地方自治体の長の姿勢、良識と勇気にあなたは学ぶべきであります。今求められているのはそのような立場ではないでしょうか。改めて答弁を求めます。

原子力船「むつ」の定係港の場合、「国が担保する」と同じようなことを言ったんですが、潜在的な軍事施設ではないかということが公開質問状の中にありますけれども、国が幾ら担保すると言っても信用できないと、漁民も県民もだれもついていきませんでした。したがって、当時の佐藤総理大臣が公文書で、「軍事利用はしない」とわざわざ、担保どころか保証人になって回答してやっと切り抜けたという経過があります。したがって、核燃サイクル施設が潜在的な軍事施設であるということについて、あなた方が「国が平和利用の方針を持っている、国際原子力機関の査察がある」と言うだけでは当てにならぬと思うんであります。原産会議や電事連が招聘した、そして青森、三沢で講演した鈴木篤之東大助教授は、この間二月に発行した著書「原子力の燃料サイクル」の中で「再処理技術の平和目的から軍事目的への転用性を将来にわたって皆無と断定するのは難しい。政体の変化と、それに伴う国としての意思決定の変化があるからだ」と述べています。つまり国策によるというわけであります。国策がどんなに無責任なものかは、県民や漁民の信頼を裏切ってきた過去の事実に照らして明らかであります。このようなことについて知事の所見をお伺いします。

三月定例会で知事は「廃棄物処理、原発廃炉費用、これらを考慮しても原子力産業の経済性には余りある」と答えています。アメリカのバーンウエル工場では、年間処理量千五百トンウラン――Uですが、依然閉鎖されたままの状態であります。政府に補助金を要請したベクトル社の運転計画案は拒否されました。その理由は、米国の会計検査院も、再処理費用から判断して使用済み燃料はトン当たり二十四万ドル以下でなきゃいけない、同工場の場合三十万ドルから三十五万ドルを要するから商業運転は不可能である、というのであります。経済性についての評価は具体的で計数的でなければ県民は納得できません。核燃サイクルについても、経済性について余りあるというのであれば、具体的に計数的に根拠､データを示されたいのであります。

この本は八四年版の原子力年鑑であります。核燃サイクルを進めていく総本部、まあ総本山とも言うべき日本原子力産業会議が発行している本であります。これによりますと、電力業界では五十八年半ばから、青森県の下北半島に、再処理、濃縮及び低レベル廃棄物貯蔵をセットにした核燃料サイクル基地――原子燃料とは言っていませんで、核燃料サイクル基地と書いています――をつくるため下交渉を進めていた、と書いています。さらに、三月には、青森県知事の異例の基地受け入れ期待の発言があった、と書いています。四月には、電事連九電力社長会から青森県知事へ、下北半島立地への意見表明と協力要請がなされた、というのであります。先ほど知事は「そんなことはなかった」と言っていますが、一体どっちがうそなんですか。この原産会議で出している本が間違いだというのであれば訂正と謝罪を求めるべきです。また、本に書いてある方が正しい、事実とすれば、我々議会と県民に対する重大な背信行為と思いますが、明確な答弁を求めます。

○石田議長　知事。

○北村知事　調整と一部変更との関係はどうなのか、こういうことでありますが、調整して一部変更するわけであります。変更という場合に、たしか今回の報告書等には修正という言葉が使われているわけでありますが、これも調整して修正するわけであります。

神戸港における神戸の市長かだれかの、原子力潜水艦でしょうか、米艦船に対する対応――核にまつわる対応は、それぞれ考え方があろうかと思いますし、私としては承っておくことにとどめたいと思います。

原子力船「むつ」定係港の軍事利用ですが、このやりとりはあったわけでありますが、原子力基本法にのっとって軍事利用はあり得ないという答えだったし、それが今日まで続いているわけであります。

それから、知事の国策というものに対する物の考え方はどうかと、何遍も実は申し上げてきました。住民の、県民の民生安定上支障がなければ、国策の場合にはこれに協力することはやぶさかじゃない、協力してしかるべき、こういうことの所信は一貫して変わらないところであります。

それから、アメリカのバーンウエル再処理工場に絡んで再処理工場の経済性について述べられました。原子力発電の経済性――再処理やら濃縮やらを含め、化石エネルギー、水力の場合等と比べた数字を担当部長から御紹介申し上げたいのでありますが、一言申し添えれば、これはどなたかに申し上げましたように、本邦における――我が国における原子力平和利用の場合、単なるコストだけでこれを採用するしないを判断することはちょっと問題が残るんじゃないか、日本の資源の実態からすれば私はそんな感じがいたします。いずれ内容は部長からお答えいたします。

それから、原産会議の書類にいろいろなことが書いてあるということでありますが、私本人としてはあずかり知らないところであります。

○石田議長　企画部長。

○内山企画部長　電源別発電単価につきまして数字的にお話し申し上げます。通産省資源エネルギー庁の昭和五十九年十一月試算の発電単価によりますと、一般の水力が二十一円でございます。石炭火力が十七円です――石油火力が十七円、石炭火力が十四円、ＬＮＧ火力が十七円程度ということで、原子力が十三円程度でございまして一番低くなってございます。なお、この原子力の発電単価にはウラン濃縮・再処理費用は含まれてございますが、廃棄物の処分と廃炉の費用は含まれておりません。以上です。

○石田議長　木村君。

○木村議員　部長はさっきも私の聞いたことに答えてないんですよ。私は、有沢広巳さんが会長をやっている総合エネルギー調査会の原子力部会についてどうなっていますかと、別なことを答えていますよ。今だって、私が「核燃サイクルの経済はどうなんだ」と聞いているのに水力、原発を答えて、そんなことは議会に対する冒涜だと私は思う。きちんと答えてください、もう一回。

知事は、経済性の問題については、大きな軌道修正というか、考え方の変更をしたように私は考えます。三月議会では、経済性に余りある、こう答えてきたんですよ。今の全協では、コストだけでは、経済性だけでは考えられないと。というのは、一つは自信喪失、将来を想定しての予防線、防波堤を張ったんだろう、そういうことを指摘しておきましょう。

この原産会議の本について「あずかり知らぬ」と言っていますけれども、しかしながら、公に出版されているものですよ。しかも、原産会議というのは、権威のある企業の、大きなウエートを占めているところの団体であります。その中にこう書いてあるとすれば、私どもはやっぱり、あなたは、四月以前にそういう受け入れ期待の発言があったし、また、五十八年度中にも下交渉を行ったんだという理解、認識を持って、この本で宣伝していきますから、そう思っていてください。

アメリカのサウスカロライナ州のリチャード・ライリー知事は、スリーマイル・アイランドでの大事故の後、大量の汚染された物質を積んだ二台のタンカートラックが州に入ろうとしたときに、「納得できない。我々はこんなことを認めた覚えはない。一体、国家は何の権利があって我々にすべての責任をとらせようというんだ」と。ライリー知事はやがて命令を出しました。道路封鎖であります。国の法を犯してまで道路封鎖を決行して住民の安全と福祉を守り抜いた。二台のトラックは州境の検問所からすごすごと引き返さねばなりませんでした。そうした立場を私どもは今求めているんです。知事、あなたは、ライリー知事とは全く違う方向を歩もうとしています。科学と真理に背いて、県民世論に挑戦して、本県の未来に取り返しのつかない最悪の道を暴走しようとしています。その道は、政府、財界、電事連からは歓迎されるでしょう。しかし県民にとっては、農業、漁業を柱にして、本県産業を危機に陥れるものだと言う人々、さらには、美しい自然と大地、県土を荒廃に導く道で断じて容認できないと言う人々の声にこたえる道ではありません。あなたは今、アクセルをいっぱい踏み込んで、あすにでも電事連に回答しようと急いでいるようです。先ほども「早く早く」と言っています。しかし、あなたの乗っている車というのは国策型です。ブレーキの壊れた欠陥車であります。宝の海や緑の大地を汚して、命や暮らしまでも、危険な核燃サイクル施設は御免だ、要らない、反対だという県民世論の大きな壁に国策車は激突し、あえない自滅と失敗の道をたどるであろうということを警告しておきます。いま一度、心静かにして、立地拒否の道を選ぶべきです。その道こそ本県百年の大計の礎だからであります。私どもは県民とともに一層粘り強く闘いを広め、強めていくものです。これはあなたに求め、指摘をしておきますが、先ほどの部長については明確な答弁を求めておきます。

○石田議長　企画部長。

○内山企画部長　お答えいたします。

先ほどの原子力の十三円の中にはウラン濃縮・再処理費用が含まれているわけです。ただ、廃棄物処分と廃炉費用が含まれておりません。通産省の試算によりますと、廃棄物処分・廃炉費用、これを含めると大体一割程度上がる、そうしますと、原子力の十三円が一割程度上がるわけですから十四円何がしになる、こういうような計算が示されてございます。

○石田議長　須藤健夫君の発言を許可いたします。――須藤君。

○須藤議員　民社党を代表いたしまして質問いたします。

私は、電事連が原子燃料サイクル施設を立地するために本県に協力要請を行って以来、この施設の必要性と、本県とこの施設とのかかわりが本県の将来及び現状についてどのようなものになるのかを考え続けてきたところであります。これまでの議会論議を通じ、また、知事の意見聴取に応じながら見解を表明してきたところであり、知事報告要旨の中にも我が党の見解は大較網羅されておるところであります。知事も、この一年間諸手続を進めながら、本日その結論を全員協議会に示されたところであり、これまでの努力に対し敬意を表するものであります。私は、協力要請された施設、及び、本県がこれにこたえていく立場についてまず見解を明らかにし、重複を避け若干の質問と意見を述べるものであります。

まず最初に、立地協力要請をされた原子燃料サイクル施設は我が国にとって必要なものであるかという点について、これまでも表明をしてまいりましたが、あえて見解を明らかにしていきたいと思います。国民生活の安定と福祉の向上のためには一定の経済成長が必要であり、そのためのエネルギー資源をどのように確保するかが重要なことであります。過去二度にわたって石油危機を経験した先進諸国において、一次エネルギーの大部分を石油に依存することは、国のエネルギー政策とエネルギー源の安全確保に支障を来し、安定した国民生活を維持することができない、ということを教訓として得た結果、省エネルギー対策を進める一方、石油代替エネルギーとしてエネルギー源の多元化が進められてきたところであります。その一つに原子力開発の推進が図られ、一次エネルギー源である原子力を二次エネルギーの電力に変えることによって国民生活に必要なエネルギー源を確保しようとするものであり、そのために原子力発電所が世界各国において積極的に開発推進されているのであります。原子力発電所の現状は、アメリカ八十二基、六千八百十万キロワット、フランス三十八基、三千百九万九千キロワット、ソ連三十八基、二千二百七十五万五千キロワット、日本二十八基、二千五十六万一千キロワットとなっております。特に、エネルギー資源国アメリカにおいても原子力発電所は顕著なものがあります。一九七九年のスリーマイル・アイランドの事故以来、原子力の先行きに暗い面が強調され、加えて需要の低迷や工期延長に伴う資金対策上から発電所建設のキャンセルはあったものの、一九八〇年から一九八三年の四年間で十三基、千四百六万キロワットが竣工し、運転を開始しているのであります。さらに、エネルギー資源の安定確保のため石油輸入先を分散化し、第二次石油危機直前の一九七八年に、全輸入石油の二九％をペルシャ湾岸に、二七％を北アフリカに、合わせて五六％を中東に依存していたものが、現在では、全一次エネルギーに占める中東への石油依存率は三％弱になっているのであります。アメリカやソ連において、自国で産出できる石炭、石油、天然ガスなどがあっても原子力開発を図っており、エネルギー少資源国であるフランスにおいては、原子力開発を積極的に進め、原子燃料サイクル施設を持つことによってエネルギーの安定確保を図ろうとしておる現状であり、自国のエネルギー源をどのように確保するかが世界各国の課題となっております。我が国においても、一次エネルギーの六二％を石油に依存し、その輸入石油の六六・一％がペルシャ湾ホルムズ海峡を通って輸入されており、価格や輸送の安全確保に常に不安を抱いている現状であります。特に、世界の原油の五五％が埋蔵されている中東をめぐる情勢は、イラン・イラク戦争の長期化によって依然として不安定な状況が続いているのであります。このようなことからも、エネルギー資源に乏しい我が国にとって、国民生活の安定と福祉の向上を図るための安定したエネルギー対策の必要性については国民だれしもが理解をし、認めるところであろうと思います。そのエネルギー確保対策として、原子燃料サイクル施設を含む原子力開発の必要性も認められるものと思うのであります。以上のことから、我が国において、エネルギー安全保障の観点からもこの施設は必要なものであり、国内に立地をしなければならないものであります。今回立地要請されている再処理工場で八百トンの使用済み燃料を再処理することによって、三千二百万キロワットの発電所の運転の燃料として使用することができるわけであります。これは石油に換算して四千八百万キロリットルに匹敵するものであり、少資源国日本にとってこのようなメリットがあるということでございます。しかし、ここまでは大方理解をされたといたしましても、それがなぜ本県六ヶ所村でなければならないかということになれば、私も県民の一人として真剣に考えなければならないところであります。国全体での動向については理解をしても、地元に来るということになればその地元を中心に真剣に考えるのは当然でございます。そして私は、これまでの論議の中では、この施設は全国どこでも嫌われたものである、それを本県に押しつけられたものであり、県民のためにならず、ましてや本県の将来の発展に大きな阻害要因になるから返上すべし、との反対意見があることも承知をしております。しかし私は、ヨーロッパ視察において、現実にこれらの施設が運転され、または建設をされている事実を見聞しましても、さらに科学技術の進歩によってより一層安全性の確保は図られるものと確信するものであります。前段で申し上げた我が国のエネルギー資源の現状から見ましても、立地協力要請にこたえることによって我が国の原子力開発の課題を解決するとともに本県の地域振興に大きく活用していこう、という立場をとることによって本県の課題解決を図っていくことの方途を私は選択するものであります。さらに申し上げるならば、本県は農林水産業を基幹産業として位置づけており、我が国の食糧供給県としてその役割を果たしているところであります。この役割は将来とも継続していくべきものと考えるものであります。それと同時に、本県の大きな課題であります、雇用の場を拡大し雇用機会をふやし、これからの高齢化社会に対応していくためにも産業構造を変えていくことが必要であり、これまでもそのための諸施策が講じられてきたところでありますが、残念ながら期待どおりの成果が得られていない現状でもあります。本県はこれまで、他県に追いつくための諸施策を講じなければならない状況に置かれてきたところでありますが、この立地要請された施設は、我が国にとって、また協力要請をしてきた電事連にとってもどうしても必要な施設であり、これによって準国産エネルギーを確保することが始めて可能になるものであり、この施設立地によって、本県は食糧供給県の役割を担うと同時に準国産エネルギー供給県の役割を担う、という認識に立つことによって今後の展望が開けるものと確信するものであります。そのため、本県の基幹産業である農林水産業と共存共栄の道を確立することによって本県の役割を一層高めることができるものと思うのであります。私は、以上のような見解に立って、立地協力要請にこたえていく立場を明らかにするものであります。

そこで質問いたします。私は、立地要請に協力しようということについてこちら側の一方的な判断で結論を出すとすれば今後に大きな問題を残すことになりますので、あえて確認の意味で質問するものであります。本県は全く何もないところで、歌にもありますように「電話もない、テレビもない」などと思われ、恩着せがましい立地協力要請であるとするならば、それこそ県民感情を逆なでするものであり、今後の円滑な事業運営はもとより、立地協力さえ得られないことは当然のことであります。よもやそういう気持ちを持っての協力要請ではないと思うのであります。この施設は国家的見地からも必要なものであり、電事連も、電気事業全体のためにぜひ必要な施設として協力要請を行ってきたものでありますが、これを受けた知事は、過去一年間、みずからの知見を得る努力と、本県の課題解決に活用することができないかということを含め十分検討した結果として「協力要請にこたえる」という結論を出したのであります。その前提には、国策的事業であるということを強く認識しているからだと受けとめております。しかし、過去におけるいわゆる国策と称する事業は、残念ながら期待にこたえることなく、県民に不信と挫折感を残す結果となっているだけに、このたび立地協力要請を受けた知事は、この機会に、協力要請にこたえることによって本県の地域振興をぜひ図っていこうという立場をとったものと受けとめるものであります。協力要請にこたえる知事の立場について、要請してきた電事連はどのような理解を持っているのか、知事の御見解を伺うものであります。同時に、本県の地域振興に対する協力を電事連はどのようにしようとしているのかお伺いいたします。

最後に、これだけ重要な施設を立地することに関連いたしまして、県民の大多数は知事の今後の動向に大きな関心を持っており、県民の福祉と安全を守る責任のある知事の立場として、これから推進をしていく知事の決意をあわせてお伺いするものであります。

○石田議長　知事。

○北村知事　須藤議員にお答えいたしますが、深い素養、また御見識をもとにして、御意見としては、このサイクル施設を受け入れることに協力し、また推進すべきだという立場から、その必要性、国家的意義について述べられたわけであります。私は感銘深く承りました。

いろいろとお話はあったんでありますが、私に問いかけておられるのは、一体電事連はこのことについてどう受けとめているのかということであります。特に地域振興についてどう考えているかと、まあ前段の御所見については省かしていただいて、そのところに絞ってお答えを申し上げたいと思いますが、お述べになりましたように、この問題には安全性の問題が際立って大事だと思います。必要なことは必要、その意義もわかる、安全性に問題があるとすればこれを拒否しなければならない、要は、危ないものには違いないわけでありますから、それを多重防護によってどう封じ込めれるかという技術の問題だと思います。それが、いろいろ見聞を重ねた結果、大丈夫という私としての確信を持つに至ったわけであります。もう一つが、今お話がありました地域振興についてのいろいろな考え方であります。このことについては、電事連あるいは事業主体とも幾たびも話を重ねながら今日まで来ているわけでありまして、今後、正式回答をする際には、ぜひ事業主体の方と地域振興についてのはっきりした約束を、文書交換、協定等を通してはっきりさせていきたい、こう思って、既に話をしながら来てるわけでありますが、これを受けとめる、事業主体である電事連なり原燃サービス、原燃産業におきましては、この私の考え方をよく理解してくだすってる、というふうに受けとめております。何とか地域の振興にも役立ちたい、こういう考え方のもとに協力要請をしてるということははっきりいたしております。この上ともそれを確認しながら、しかも確約しながら進めてまいりたいと思います。

最後に、このことを進めるについての知事の決意を、こう言われたんでありますが、私としてはこれは大変な決意であります。ちょっとやそっとの決意じゃないわけであります。何というんでしょう、政治生命を賭してという言葉が世の中にはあるんでありますが、とても政治生命なんてもんでなくて、もっと、何生命も皆賭して、大きな決意のもとに進めてる、そのことが青森県のためになるんだ、そういう信念のもとに進めているわけでありますので、どうぞ、須藤議員を初め議会の皆様の御協力を賜りたい、こう思っております。

○石田議長　須藤君。

○須藤議員　知事の推進をしていく決意を伺ったわけでありますが、私は、知事報告要旨が具体的に実現されることが最も県民の関心の深いところであり、また望むところである、そういうことで、その報告要旨に基づいた今後の具体的な展開をお願い申し上げたいと思います。

若干の意見を申し述べ、要望申し上げたいと思いますが、原子燃料サイクル施設の立地については、国や電事連が持つ目的、そしてこれを受け入れる本県の目的というものが、相互の理解と協力によって実現できるものでなければならないと考えるわけであります。そのために安全性確保に万全を期す、そして、相互の信頼関係の確立こそが最も肝要なところであると思います。さらに、この施設の立地に賛成、反対いずれの立場の人も、本県に豊かで住みよい地域社会をつくろうということには異論のないところであるわけでありますし、これまでの論議もその気持ちのあらわれであるというふうに受けとめているものであります。立地要請に協力するということは、反対する立場の人が主張する不安や批判がそのとおり起こらないようにするのが最大の安全対策でもあると思うのであります。同時に、県民を思う気持ちは同じでありましても、本県の課題解決のための方法論が異なることから見解の相違や意見の対立はあるといたしましても、本県のことは我々青森県民が主体的な判断のもとに解決していくべきであると考えるものであります。過去一年間にわたって、党派を超えた海外視察や国内視察、そして議会の論議を尽くしてきた課題でありますだけに、知事は、県民の立場を十分考えて諸協定を締結し、その諸協定を誠意を持って遵守させ、地域振興のため電事連の積極的な協力を得るよう強く要望するものであります。立地要請にこたえる回答をした時点から新しい行動が展開するものと私は考えており、所期の目的達成のために全力を挙げられ、後世に知事の名が残る――先ほどの反対でありますが、声価を得て、名が残るような姿勢で今後の立地要請に対する協力を行っていくべきである、ということを強く申し述べて私の意見を終わりたいと思います。

○石田議長　杉山粛君の発言を許可します。——杉山君。

○杉山議員　質問はたった一つでありますが、いささか意見をつけ加えて承りたいと思います。

私ども清友会は二人しかおりませんが、やむを得ずこれを認めるという態度をとっております。その認識に立ちました原因というものは、私どもは現在のエネルギーを考えるのではなく、二十世紀後半に入ってからのエネルギーを考えなければならぬ、という立場からであります。化石燃料は既に枯渇を見越されております。そのような状態の中で将来どのようにして我が国のエネルギーを確保するかという観点に立てば、今一定の経験を経て、安定したエネルギー供給がされております原子力発電というものを、今後さらに正規なものにして発展させなければならない、という立場をとらざるを得ないところであります。しかし、今日において、石油あるいはその他の化石燃料によって発電されております電力を含めましても、当面は、まだまだ電力は過剰の状態にございます。その理由は、まず第一に、電力消費型の工業が衰微しておるということがありますし、国民全体が省エネルギーということに非常に努力をしているということもありますが、そのような状態の中でなぜ急いでこの問題を解決しなければならないかという疑問は持ちながらも、将来展望を持つときに初めてこの問題に賛成するという立場をとるわけであります。

また、この問題を考える際に国策という言葉がしばしば用いられます。先ほど来各議員から言われておりますように、我が青森県に関係する国策だけでも随分いろんな苦い目に遭ってきております。そしてまた、我が国全体を考えてみますと、例えば食糧の輸入問題、この発想はどこから出ているかというと財界から出ておるのであります。今の「米の食管制度を修正しろ」という意見は関西の財界から発しております。こういう日本の状況と、アメリカあるいはヨーロッパの状態を考えますと、アメリカ、ヨーロッパでは非常に大きな国の財政的なバックアップによって農業が支えられているということは既に常識であります。（高橋（長）議員「倒産者」云々と呼ぶ）それは、仮に今高橋議員がおっしゃるような倒産者があるとすればアメリカの財政運営の失敗でありまして、直接国が補助しているということとは無関係であります。以上のようなことから、私どもは、国策という言葉を無条件にうのみにすることはできない、弱いところにしわ寄せが行く、国策の多くがそうである、ということを指摘せざるを得ないところであります。今私どもが考えております六ヶ所村への立地についてでありますが、ここには北部上北酪農協同組合というのがございます。あるいは下北農業協同組合、さらには、十和田地区、三沢地区のそれぞれの農業協同組合がありますが、青森県の牛乳生産の三分の一以上がこの地域に集中しておるのであります。北部上北がトップ、二番目が下北農協、こういうことになっております。ここで生産される牛乳を青森県人が飲むわけであります。こういうこともひとつ考慮に入れておいて、この生乳の価格を圧迫しておる国策というものを見ながら並行して物を考えていかなければならないと思うのであります。

私は、これまで五人の方々が指摘されておりますように、ほぼ十カ月程度の審査をもって知事の意見が出されてきているということについて各角度から論議が出されていますので、茨城県の例をひとつここに申し上げてみたいと思うのであります。昭和三十九年十二月二十一日に茨城県は「原子燃料再処理施設設置反対に関する決議案」を出しております。内容は、いまだに原子力センターの地帯整備が何ら具体的に処理されていない、二、再処理施設設置に伴う放射能汚染の危険性については、海水汚染、空気汚染ともに学術的解明がされていない、三、水戸対地射爆場返還のめどがついていない、こういう決議案が全会一致でなされているのであります。この決議案に基づいて水戸射爆場は返還されておりますし、この決議がされてから十数年を経て初めて、実験用でありますが再処理施設が立地しているという事情がございます。このようなことを考えますと、私どもが短期間に「立地してもいい」という結論を出した後の対策、このことをどうするかということを考えなければならぬと思うところであります。つまり、核燃料サイクル個々の一つ一つを丁寧に見てまいりますと、それぞれ技術的完成度の高いもの、あるいはそうでないものがありますけれども、これから法律的な整備をされていくものもあるわけであります。既に知事の報告書の中にも出されておりますが、それぞれの立地については国の基準に基づいて検討がなされるべきである、という趣旨の報告がなされているところでありますので、私は、立地を承認した後の個々のものについて、これから青森県が県民挙げてどのような対処をするか、ということが非常に大切なことになっていくのではないかと思うところであります。私は、青森県は拒否権を留保しながら慎重に対処していく必要があると考えているのであります。いろいろな安全基準等の見直しが世界的な傾向になっておりますし、世界的に原子力平和利用そのものが冬の時代を迎えたと言われている中で、安全基準は年々厳しく設定されていっております。そういう状況を正しく把握しながら今後の各個の受け入れを認めていく、という態度こそが必要であろうと思われますので、この点についての知事の見解をいただきたいのであります。

また、再処理工場等については、電事連の説明によりますと、国内、国外の最新の最もすぐれた技術を導入する、こういうふうな説明がなされておりますが、先ほど、ウラン濃縮のレーザー濃縮法というものについての部長の答弁には、「我が国で進めている技術開発は至っておくれている、だから当面対応できない」というふうな答えがありました。外国の技術をストレートに我が国に輸入できる、そういう方法が今日の原子力平和利用についてあるでしょうか。それぞれ、企業秘密あるいは国家の利益を守るということで、外国とは完全に一線を画しておるというのが今日の原子力の平和利用の現状ではないでしょうか。外国の技術がストレートに日本に入ってくるという保証があるのかどうか、それがなければ、個々の技術を確認するそのチェックの体制もまた非常に変わったものになっていくと考えざるを得ないところであります。この点について所見を伺いたいところであります。

私はかつて、青森県が独自に技術者を雇用して県のチェック能力を高めるべきであるという意見を申し述べたことがございました。茨城県におきましては原子力局の中に原子力安全対策課という――環境局原子力安全対策課というものがございまして、この中に専門家を入れる、あるいは原研から技術者を派遣していただいて、県の立場でチェックするという努力を重ねているようであります。青森県においては今日まで、何人か入ったという話も聞いておりますが、実際には、企画部サイドでの技術的な検討ではなくて政治的な検討が主として行われてきたのではないか、こう考えるのでありまして、青森県の判断能力を高めるという努力もするべきだろう、こう思いますのでお答えをいただきたいと思います。

次に、地域振興ということでお尋ねをいたしますが、これは、中曽根首相が青森県に参りまして、「青森県を原子力のメッカにする」という言葉から始まった問題でありますが、茨城の状態を見ますと開発のためのメッカになっておりますね。原子力関連施設だけでも二十数カ所、民間あるいは国立の施設、大学等も含めましてそれぞれ立地いたしております。これに伴う地域開発というものは非常に大きなものがあると思うのでありますが、今日、最終処理を目的とする燃料サイクルが入ってくることによって、中央の研究施設等から遠いこの青森県に関連企業が進出してくる見通しは、皆さんはおっしゃっていますが、果たしてあるのでありましょうか。茨城県の場合は、東京から一時間三十分程度でそれぞれの土地に行けます。そしてまた、既に雇用研修施設等も――雇用促進事業団で用意した雇用施設も去年できております。このようなものが今後青森県に入ってくるという、そういううれしい見通しがあるんでしょうか。私は、極めて否定的にしか考えられないと思うのでありますが、この点についてどうするのでございましょうか。(発言あり)私は、来る来ないじゃなくて、知事の観測、予想を求めているのでありますから、筋違いなやじは飛ばさないようにしていただきたいと思います。

それから、最終的にこれが一番問題になると思うのは――これからのアフターケアとして一番問題になると思いますのは、国の進める作業だから信頼をするという態度は、完全にそうであってはいけないと思うわけであります。常にまゆにつばをつけて、背後を見詰めながら受け入れをしていかなければならないのではないでしょうか。短い期間の検討で「受け入れを承認する」という態度をお決めになったのでありますが、今後の進め方は、すべてのものを、青森県民の利益をまず第一に置く、そのことを知事の態度とすべきであろうと思います。議会での諸般の質問がたとえ知事のお考えの思想と違うものであっても、議会の支えが知事の姿勢を支えるものであるという御認識の上に立って作業を進めていただきたいと思うのでありますが、この点についてどのようにお考えになりますか。

以上申し上げて一回目の質問を終わります。

◯石田議長　知事。

◯北村知事　杉山議員にお答えするわけでありますが､大変広範にわたる御見識に基づいた話で、傾聴いたしました。結論としては、冒頭に述べられたように、当面電力には不自由してない、こういう御所見だったと思います。ただ、将来の国の立場からするエネルギー対策を考えればこの立地協力要請を受諾しなければならない――せざるを得ない､こういうことでありまして、これも大きな御見識だというふうに思います。知事は、これを受諾していくからには今後どういった対応をしていくのか、ということについていろいろな角度から述べられたわけでありますが、安全性に対しては、何遍もお答えしてまいりましたように、国に対しても事業者に対しても、また県みずからも、安全性の確保を第一義的に考えていくということは間違いのないところであります。同時にまた、安全性安全性と言うんでありますが、たくさんの方々が、何となくの不安、漠然とした不安、これがよくこういう表現で出てくるわけでありますが、それに対する対応、まあその中には風評による魚価低落等も出てくるわけでありますが、そういったことが解消されるように最大の努力をしなければならない、県も努力をする、また事業主体にも考えていただく、それから国にも指導していただく、まあその中には展示館等も含まれるわけでありますが、何とか早い時期に、そんなに心配しなくてもいいのかという安堵感を県民の中に広めたい、浸透さしたい、こういう考え方であります。

お話の中の、外国の技術をストレートに入れることが可能かということについては、私は事情をつまびらかにはしないわけでありますが、専門家の報告では、「考えられる内外の最高水準の技術を使って」こういう表現が、まあ言葉はちょっと違うかもしれませんがあるわけでありまして、まあストレートという言葉が問題かと思うんでありますが、いろんなルートで国外の技術を導入することは不可能じゃないんじゃないかというふうに私は思っております｡現に、私どもが視察、見学をしてもいろんなことを話してくれるわけでありますし、決して機密主義ではない。ただ、日本を除けば多分に軍事的意味を持つ原子力技術でありますから、軍事ということになれば教えてもらえない、こういうことが出てこようかと思うんでありますが、平和利用の場面においては、まあこれは私の観測でありますから余り余計しゃべらない方がいいかと思いますが、相当程度技術を交換できるというふうに思っております。

また、県の対応技術、対応能力を考えろと、これは大変ごもっともであります。いろんなことが出てくる場合に、事務的に、政治的に対応するだけでなくて、専門技術の面でも一人前にと、今、大体一人前なのも何人かいるように私は思ってるんでありますが、この上とも――いや本当に、大変勉強しました、県庁の職員は――その担当者は。でも、それをもって足れりとするわけじゃないわけでありますから、組織の面でも、これは口を滑らすわけじゃないのでありますが、今後ある期間経過すれば、原子力対策室とかなんとかいう特殊な組織機構まで考えながら職員の対応能力を養っていくということが必要かと思っております。しかし、これは決定として申し上げてるわけではなくて、そういうことも考えなきゃならぬ、こういうことで、あのときああ言ったじゃないかという……。

それから、この上とも、地域振興についても安全性についても、事業主体との間に協定等を用いながら緊密な連携をとりながらいく、こういう配慮であります。なお、お話の中で、研究所等は――研究所、事業所は、青森は遠いから来ないのじゃないかと、まあ、来ないのじゃないかという観測に対して「いや来ます」と断言するわけにもいかないんでありますが、少なくとも、来るような努力は大いにすべきだ。青森県は、ごく近い将来に、恐らく、この施設立地との対応の場面で、ほぼ並行しながら青森県の二つの空港も整備されるし、同時にまた新幹線も来るわけでありますから、札幌、函館、帯広、釧路と比べて何ら遜色がないどころか、はるかにこっちの方が近いわけであります。青森県はここ十年たてば決してそう遠い場所ではなくなる、こういうことから考えて、茨城とそんなに違わないんじゃないか、そういう考え方のもとに、いろんなものを誘致していくことの努力は怠らないようにしたいと思います。

知事は常にまゆにつばをつけながら、つまりだまされないようにということだろうと思うんでありますが、これは、そういう御忠告、御助言をいただくことは当然だと思います。本県が今日までに至ったここ十年・十五年間の国策との関連において苦い汁を飲んだ――苦汁をなめたか飲んだかした経過はお互いの気持ちの中に十分あるわけでありますから、万般にわたっていろんなことを十分――警戒と言えば言葉は適当でありませんが、お互い十分信頼をつなぎながらも、やっぱり、まゆにつばというのはどうも言葉としていかがかと思うんでありますが、十分注意しながらまいりたいと思います。

◯石田議長　杉山君。

◯杉山議員　電事連等がテレビジョンで放映しております番組を見ておりますと、「自然にも放射能がある、だから放射能を多少浴びてもいいんだ」こういう言い方をしてるわけですね。ところが、人工放射能の発がん可能性と自然放射能とは随分違うわけです。生物は、長い時間かけて自然放射能を無毒化する能力を身につけてきてる。ところが、人工放射能というのはここ数十年の間に出てきたものでありまして、生物はそれに対応する能力をまだ備えていない。私が問題にしているのは、そういうＰＲをする体質を問題にしたい。誤ったことを正しく理解してもらおうという体質を問題にしなければならないと思う。「まゆにつば」という言葉はそういう意味を含んで申し上げてるわけでありまして、この辺をよく見きわめていかなければならないのではないかと思います。

それからまた、先ほどちょっと急いで申し上げたために言い落としましたが、今酪農も多年性の牧草を利用している傾向があります。その多年性の牧草を利用して県内の生産の三分の一以上をやっているのが下北半島です。そういうことを考えるとですね、生産技術も大分向上しておりますし、乳量も年々向上してるんです。農家の数は減っていますが――経営が厳しいために農家の数は減ってますが、乳量はふえてるんです。そういう状況の中で生物濃縮が出てくることは、ひとり農民の問題ではなくて飲む県民の問題でもある。一つのことを考えただけでもそういう多面的なことが考えられるわけであります。この辺のことも十分配慮しながら、農工両全というふうな、言葉は易しいですけれども実行は難しいということについて慎重な配慮をしていただきたい。

以上要望にしておきますが、これから先長い時間、慎重に配慮しながら進めていただきたい、ということを申し上げて終わりたいと思います。

◯石田議長　これをもって全員協議会を終わります。

［出典：青森県議会会議録］

Ⅱ－1－2－4

原子燃料サイクル事業に係る対応措置について

青森県知事北村正哉　昭和60年4月18日

青調第41号

電気事業連合会

会長　小林庄一郎殿

育森県知事　北村正哉

昭和60年4月18日付け青調第40号により、貴職からの原子燃料サイクル事業の立地協力要請に対し、本職から受諾の回答をしたところでありますが、その回答において申し述べておりますように安全確保及び地域振興への寄与を受諾の前提としております。

その具体的内容は下記のとおりでありますので、貴職におかれては、このことを十分認識され、今後これらの実現のため特段の御配慮をお願いいたします。

記

1　「原子燃料サイクル施設の概要」に示された事業構想の実現

2　専門家に示した主要な安全対策の確実な履行

3　安全協定締結等による建設時、操業時の安全確保

4　万一の事故にたいする損害賠償及び風評による影響にたいする補償等への万全な対策

5　事業主体にたいする責任体制の確実な承継と周到な指導・助言

6　関連企業の誘導等地域振興への積極的協力

7　地元雇用の拡大

8　教育・訓練機会の創出

9　試験・研究機関の設置

１０　広報活動の充実、強化

［出典：青森県資料］

Ⅱ－1－2－5

青森県議会第七十四回臨時会会議録

青森県議会　昭和60年5月

昭和六十年五月二十七日（月）議事日程　第一日

本日の会議に付した事件

第一、議席の一部変更

第二、会期決定

第三、会議録署名議員指名

第四、議案第一号及び報告第一号から報告第四号まで一括議題

第五、知事提案理由説明

出席議員　四十三名　　議長　石田清治君（略）

出席事務局職員（略）

地方自治法第百二十一条による出席者（略）

○議長（石田清治君）　議案第一号、及び報告第一号から報告第四号までを一括議題といたします。

(略)

○議長（石田清治君）　ただいま朗読させました議案に対して知事の説明を求めます。――知事。

○知事（北村正哉君）　ただいま上程されました提出議案についてその概要を御説明申し上げ、御審議の参考に供したいと存じます。

議案第一号「核燃料サイクル施設建設立地に関する県民投票条例案」につきましては、地方自治法第七十四条第一項の規定に基づき、条例制定請求代表者佐川禮三郎外四人から去る五月十日同条例制定の請求がありましたので、同法第七十四条第三項の定めるところにより意見をつけて提案いたしたものであります。この条例案は、核燃料サイクル施設の立地要請に関し、その立地についての賛否を問うため県民による投票を行い、その有効投票の賛否いずれか過半数の意思を尊重して最終的な回答を行うこと等を定める、という趣旨のものであります。この条例の制定請求につきましては、議案に付した意見のとおり、原子燃料サイクル事業の立地協力要請の受け入れの諾否の判断に当たっては適切な手順のもとに対処してきたところであり、さらには、これまでの県議会における論議を踏まえて本職としての結論を導き出したところであって、これは県民を代表する県議会の意見を最大限に尊重する立場に沿うものであると考えており、したがって県民投票を行う必要はないものと判断し、本請求に係る条例制定には賛成できないものであります。

(略)

○議長（石田清治君）　以上をもって本日の議事は終了いたしました。明日は定刻より本会議を開きます。

本日はこれをもって散会いたします。

昭和六十年五月二十八日（火）議事日程　第二日

本日の会議に付した事件

第一、議案第一号及び報告第一号から報告第四号までに対する質疑（建部玲子、清藤六郎、小倉ミキ、鳥谷部孝志各議員）

第二、議案第一号及び報告第一号から報告第三号まで委員会付託省略

第三、議案第一号及び報告第一号から報告第三号までに対する討論、採決

出席議員　四十六名

議長　石田清治君　　副議長　毛内喜代秋君（略）

出席事務局職員（略）

地方自治法第百二十一条による出席者（略）

○議長（石田清治君）　ただいまより会議を開きます。

議案第一号、及び報告第一号から報告第四号までを一括議題といたします。

（略）

○副議長（毛内喜代秋君）　これより討論を行います。一部反対討論、十五番田中三千雄君の登壇を許可いたします。――田中君。

○十五番（田中三千雄君）　私は自由民主党を代表して、今次臨時議会に提出されました議案第一号「核燃料サイクル施設立地に関する県民投票条例案」の制定請求に係る議案に対し反対するものであります。ただし、報告第一号・第二号・第三号については賛成するものであります。

そもそも直接請求権は、住民が、地方自治法七十四から八十八条に基づき、地方自治体の首長に対し、条例の制定、改廃、議会の解散、首長、議員などの解職――リコール、事務監査などを直接求める住民の参政権の一つで、自治体における直接民主制であると言ってよく、条例の制定、改廃及び監査については有権者の五十分の一、その他リコール等は三分の一以上の署名が必要とされているのであります。今回、五月十日本請求となった「核燃に関する諾否は県民投票で」という八万七千七十人の署名は、これは非常に意味深いものと思います。積極的に反対で署名した人、原子燃料サイクル施設立地に賛成でも、県民投票の可能性に期待し消極的ながら署名した人、電気は欲しいが施設は要らない人、十分な考えに至らずとりあえず署名した人、間違って署名し取り消しをしない人、さまざまな要素を含んだ数であると思うのであります。県労を中心に二千七百余名もの受任者によって、十万人の署名を目標に、二月二日より四月二日までの二ヵ月間大々的に運動を展開いたしましたが、本県有権者――昭和六十年五月十日現在――百十万五千六百二人の約七・九％にとどまりました。我が党は、県民の関心が非常に深い問題にもかかわらず極めて署名が少ないものと理解しており、冷静に対処した県民の声なき声の重さをしみじみと感じ、県政を担う責任政党として深く県民に敬意を表するものであります。同時に、改めて、推進を決定している我が党の方針に自信と責任を感ずるものであります。

この問題に関しましては、同僚の我が党議員清藤六郎氏からもるる説明があるように、昨年四月の電事連からの立地要請以来一年間、その間四度の県議会定例会でも十分論議を尽くしてまいりましたし、知事、県当局の段々の手順も慎重にして的確に尽くされて対処されてきたところであり、四月九日の県議会全員協議会で県論の集約がなされ、さらにその後段々の経過を踏まえ、四月二十六日、県の修正したむつ小川原開発第二次基本計画が閣議口頭了解され、一つの段階を越したのであります。知事の精力的にして慎重な努力の傾注に深々と頭を下げ、敬意を表するものであります。

我が党は、一貫して、自由な意思の表明による議会政治を身をもって堅持し発展せしめる議会制民主主義政党であります。大いに論議を闘わせ、十分審議を尽くし、最後に結論が出たならばその決定を尊重して県民の期待と信頼にこたえる、これが選挙で選ばれた県議会議員の責任ある政治信念であり、政治家としてのとるべき行動であります。法に基づく請求とはいえ、我が党は、さきの第百六十一回定例会にて、代表質問の宮下議員からも党として反対をはっきり申し上げておりますし、すっかり定着している現行の間接民主制のもとでは、県民を代表する県議会の意見を最大限尊重してしかるべきであります。したがって、住民投票を行う必要はないものと判断し、反対するものであります。

なお、今後、原子燃料サイクル施設の立地が十分地域振興に結びつくよう知事の特段の努力を強く要望し、私の一部反対討論を終わります。

○副議長（毛内喜代秋君）　一部反対討論、五十番山内弘君の登壇を許可いたします。――山内君。

○五十番（山内　弘君）　私は、議案に賛成、報告に反対の立場で討論を行います。

青森県政は創成以来百年の歳月が流れたのであります。明治、大正、昭和と三代を眺め、幾多先輩諸賢の努力と英知の結集が図られ、今日の県政、すなわち現知事北村正哉氏、現議員五十二名の諸氏によって構成される県議会に引き継がれてきたわけであります。うかがい見るところ、決して、歴史の中でまさるとも劣らないと考えるのであります。百年すなわち一世紀の歴史は重く、苦難の彩りが濃いのでありますが、今日なお我が青森県は、後進県からの脱却については容易ならざる難問題が行く手に立ちふさがっているわけであります。世界に冠たる世紀の青函トンネルは開通したが、新幹線は依然として盛岡以北を走ろうとしない。八月着工など期待する方が無理だというこのうそは、一体だれが責任をとろうというのか。今日の政府・自民党の政治対応策を見るときに、盛岡以北一山百文の薩長閥政治の原型が今なお息づいており、一層地方侮べつの状況を色濃くして、現自民党政府の青森県軽視の実態をまざまざと表現している象徴的な問題であると考えるのであります。それは、明治の世ならいざ知らず、国土の均衡ある発展を求める民主政治の根源を冒涜するものでありまして、数は力なりという政治論理と、投資は金なり、もうけはすべて正なりという経済論万能の、金と力に代弁される政治手法が優先しているからにほかならないのであります。政権政党として自民党の展開する今日の政治方式が、果たして日本国民の幸福を追求する政治手段として最も適切な方法であると言い切れるでありましょうか。本能の赴くところ一片の反省も歯どめもなく、資本の赴くところ怒涛のようなもうけと金の計算だけに頼った政治手段が、国民の幸福を破壊する恐るべき暗愚政治として、ローマ帝国滅亡の時代と比肩すべきものであると言われているのであります。ローマ滅亡の末路と故事を思い合わせるときに慄然たる不安を覚えるのは決して私一人ではないと思うのであります。にもかかわらず、今青森県が、ヒラメの眼のように上にだけ目を向けて、すなわち東京にだけ目を向けて、恋々としてなすすべを知らない、このような政治手法に沈澱していいのでありましょうか。すべては金優先、経済計算に合わないものには目もくれない冷厳たる政治原則を立て、中央集権とこの幕府政治は地方切り捨て御免の政治と言っても過言ではないのであります。今や我が郷土青森県は、このような植民地的屈辱を脱した、地方自治の本旨にのった、主権の回復と抵抗を試みなければならない段階に来ているのではないかと考えるものであります。また、我が青森県は保守王国だと言われています。自民党にあらざれば人にあらずと言う人もいるようであります。自民党の公認すなわちにしきの御旗であります。この旗を頭にいただく者は常に勝つ、勝てば官軍であります。賊軍になってはいけない。常にいい子でいなければならない。そして、当選した国会議員たるもの、県民のためになることをする人もあるようでありますが、しなくても余り文句は言わない。文句を言われても余り気にしない。問題は公認というお墨つきをとればいい、これだけに埋没しておるようであります。こういう風潮は何ゆえに醸成されてきたのか。自民党王国とは何を意味するのか。どうもこれは権力に追従する政治のことではないか、と言う人がおるのであります。時の権力に唯々諾々としてついてゆかなければならない、自己主張することもない、いい子になり切らなければならない、もしこんなことだとするならば、我が青森県からは政党の領袖や、まして派閥の親分などとても出てくるわけはない。無理であります。まして、大きな声などどこを押しても出てくるわけがないのであります。これでは、郷土の発展と伸長などに利するダイナミックな対応策などとても、期待する方が無理でありましょう。常に人の後ろについてゆく、すなわち後進県からの脱却など見果てぬ夢であります。いま一つの原因は、北国青森県、厳しい環境と貧乏ではないかということであります。保守王国すなわち富の代名詞かと思えばとんでもない、それは逆に、貧困が保守王国を招くという学説であります。本来ならば、保守・自民党といえば金持ち、貧乏人といえば私ども社会党というのが通り相場のようであります。ところが、我が青森県は経済活力の弱さが保守王国を形成しているというのであります。よく言われる、自由と繁栄の享受とによって保守王国をつくっているのではないのであります。「物言えば唇寒し秋の風」であります。貧乏なるがゆえに常に金持ちや偉い人に気を使わなければならない。これ以上いじめられたり苦しくなってはいけないと考えるからだという。このように神経を使い、呻吟し続けなければならない状況を考えるときに、私は、映画「七人の侍」の農民を思い出すのであります。そして、悪い子になりたくない、だれか、体制に反抗的なことを言うと寄ってたかってこれを制圧する、少しも変わらない冷たい風が吹き抜けるのであります。もしこれが実態だとするならば、どうしてこんな萎縮した社会構造と風土が培われたのでありましょうか。その原因の一つは、厳しい環境に生存する者の自分を保護する生活の知恵なり、とある人は言っておりました。政権政党自民党の諸君は、この県民大衆の痛みと悲しみに思いをいたし、十分これを自覚する必要があるのではなかろうかと考えるのであります。我が北国青森県が、厳しい環境の中に生存しなければならない我々百五十万県民が、二十一世紀に向けて新たなる政治の台頭を求めることは不可能なのでありましょうか。時代は、県政百年の歴史の歩みを終え二百年に向かっているのであります。まさにこの時に当たり、今日青森県には重大問題が持ち上がってきたのであります。二十一世紀に向かって残すところわずか十五年、新世紀に向かって、政治、経済、文化各方面において世界的規模の連帯と協調が問われ、人類の未来に向けて、繁栄と衰亡をかけた重大問題が山積されている不透明の時代と言われています。祖国日本と我が民族が、敗戦後飢えと廃虚の中から立ち上がり、今日の平和と安定をかち得たことは、民族の汗の結晶であったと考えるのでありますが､忘れてはならないことは、広島、長崎の原爆による悲惨きわまりない被害であります。これは、いかなる戦争においても避けて通らなければならない人類の恥部として、また人類滅亡の序章として、人類皆殺しの序曲として絶対容認できがたい事件であったと思うのであります。今日、核アレルギーについてとやかく言う言葉を聞くのでありますが、世界的潮流として、その可能性が近づけば近づくほど、人類共通のテーゼとして「反核平和」の叫びもまた高まりを見せることは理の当然であります。このことは、民族の上に一度にのしかかった災禍として、冷厳な事実として、民族の心の中に永遠の警告として、人類に対する警鐘として貫き通してゆかなければならない大原則であり、国民の誓いとして、世紀絶えるまで不滅の火をともしてゆかなければならない厳粛な憲章であると考えるものであります。

そこで、我が青森に立地予定されておる核燃サイクル基地についてでありますが、まず、核と核を解明する物理学の原理が不変である以上、核は物質を破壊する世上に実在する最大のエネルギーであることには変わりがないのであります。世上に存在するすべての物質を破壊せずにはおかない強大なエネルギーを平和利用するということは、当然としてもろ刃の剣であります。核の存在感そのこと自体が、その使用方法において一歩間違えば、人類を絶滅させ地球を破壊してしまう、恐るべき暗黒の死の道具になりかねないのであります。これは人間の想像を絶する妖気漂う世界の、底知れぬ次元の恐怖と戦慄の世界であります。これを、平和利用という人類の挑戦によって平和な人間の営みの中に活用しようというのであります。しかも、その歴史はいまだ浅く幼いのであります。世界における核の平和利用、特に原子発電の歴史は、幾多の波乱と試行錯誤を繰り返しながら、先進国において未来のエネルギーの先兵として、科学への挑戦として試みられましたが、枚挙にいとまがない突発事故の続発によっていまだその取り扱いの疑問が大きく浮上しており、明快な科学的解決策を見出すことができない、これが大方の実情であります。特にこっけいなのは、我が青森県に配置された原子力船「むつ」であります。ある自民党の閣僚が、この運航を阻止しようとした漁民と県民を指して「火を恐れるけだもの」と罵倒したのであります。科学を恐れる者とけなしたのでありますが、結果は、わずか二％の稼働で放射漏れを起こし、運航停止を余儀なくされ、あの結末はいまだに記憶に新しいのであります。まさに、科学を知らざる者の無知と悲哀をかこつ結果となったのでありまして、科学を恐れざる者と知らざる者の不明を余すところなく暴露されたのであります。はね上がりもいいとこであったのであります。県民からその指弾をそのまま投げ返され、まさに恥ずべき結果となったのであります。それは民主政治の失格者であると断じざるを得ないのであります。激しい憤りを覚えるのであります。特にやりきれないことは、今日の核燃サイクル基地の誘致において、自民党とこれに附帯する各団体が、死の危険を冒してなお県経済の一発浮上に淡い期待を寄せていることであります。「貧すれば鈍す」という言葉がありますが、今この言葉が鮮明に私の脳裏を去来するのであります。死の冒険を冒してまでも唯々諾々としてこれに追従してゆく我が青森県の風潮が、また、寄らば大樹の陰という保守王国の短絡な思想が、かくも億面もなく、そのときどきの計算によって、何の反省も、何の分別を与える余裕もなく、しゃにむに飛びついてゆく姿は、あさましさを通り越して百鬼夜行の感を深めるのであります。この死の冒険商法が、葉隠れ武士ではないが、身を捨ててこそ浮かぶ瀬もあれという根拠を那辺にも見出すことができ得ない、というのが今日の政治状況であります。よく言われる波及効果などという言葉は、今日ただいまのところ全く皆無であります。今日の平和憲法と地方自治体の存在感からいって、法の体系の赴くところ、日本の石油に頼り切ったエネルギーを原子力エネルギーにかえなければならないという計算根拠も極めて薄弱であるが、それにも増して、ひとり我が青森県が国策の犠牲にならなければならない根拠はどこにも見出すことができないと考えるわけであります。また、そういう政治対応策は、一億国民の共感と合意が形成され初めて可能になるのが民主政治の原則であります。また、国策国策と言うが、果たしてこのことは国策になり切っているのでありましょうか。外務省が「安保条約下の射爆場とすべての施設の共存は認めない」と確言しております。三点施設をつくる電源サービス、原燃産業会社ともどもに、安全性における法の拘束する立法措置を講じられない現状にあるわけであります。結局のところ国策のコの字にもなっていないのであります。国策と言明する以上、各省庁はもちろん、政府・自民党はもとより、一億国民が、これがなければ民族は壊滅してしまうという国民合意の形成があって初めて国策と言えるのであります。あすへの生存をかけた世紀のプロジェクトとして国民の共感と合意が形成され、青森県へ最敬礼のもとに頭を低くしてくる対応こそ国策の名にふさわしいのであります。新幹線なぞ物の数ではない。全く逆に、むつ小川原の借金だらけの土地を買ってあげるといった発想は、国民の生存をかけた国策といった範疇から著しくかけ離れた企業論理の対応であると考えられる。まことに恩着せがましい着想だと言わなければならない。ダイヤではなくて石ころであります。愛ではなくて邪恋であります。あえてここで申し上げれば、恋々としてこれにしがみつくことはぶ女の深情けと言っても過言ではないと思うのであります。特に北村知事の対応はまことにせっかちであります。せいては事をし損ずるのであります。足もとを見透かされるのであります。あなたが結んだ協定書は電源サービスと原燃産業が当事者で、先ほど我が党の鳥谷部議員が言ったように電事連は立会人であります。電事連は何の責任も保有していません。我々としてはまことに奇異な感を抱くのであります。協定協定と言うが、原船「むつ」五者協定は一体どこへ行ったでありましょうか。帰らざる洋上に漂流して帰ってこないのであります。かつて竹内知事は待ちの政治と言われ、ずるずる後退いたしました。いまだに記憶に新しいところであります。待ち過ぎるのもよくないが、躍動するのならいざ知らず、せっかち過ぎるのはいけないのであります。思えば、下北の開発が青森県発展の起爆剤として着目されてから久しいのであります。津島知事時代の酪農と畑作、山崎さんのサトウダイゴン、むつ砂鉄、竹内さんのむつ小川原と原船「むつ」、いずれも県政の焦点を浴びながら挫折していった不毛の歴史であります。幻滅と敗残の跡を県政史上にとどめたのであります。ここ四十年間、下北の風は廃虚の風でありました。今北村時代に、とてつもない死の風が吹き荒れようとしているのであります。まさに県政百年を終え二百年に向かって前進する今日、地域の開発が死の開発の関頭に立っているとするならば、まさにゆゆしき大問題であります。私はここに、今こそ、県民の思想、信条を超越した、冷静にして厳粛な判断こそ極めて重要であると考えるものであります。そういう意味合いにおいて、今回鋭意努力され、この重大問題に、県民投票に訴えられた、佐川禮三郎代表を頂点とする条例制定にかけた方々の努力と判断に心から敬意を表するものであります。まさに、県下百年の大計を左右する重要案件に対する、民主主義の大原則に密着した最も適切な対応策だと考えるものであります。まずその主張の第一点は、知事は、誘致決定に当たって条例制定を必要としない根拠として、科学専門会議の答申をその理由にしているようであります。これに対して一方の科学者の代表は猛然と反発しているのであります。事科学の討論は甲論乙駁とどまるところを知らないのでありまして、ましてや、いずれが正しいかの判断基準は一定の経過と結果において証明されていることであって、にわかに特定の集団の見解に固執するがごとき政治判断は厳に慎しまなければならないことではないかと考えるものであります。手前みその判断はまさに科学の神秘に対する挑戦であり、暴力であると言っても過言ではないと思うし、ましてや、古今東西、御用学者は至るところに出没するきらいなきにしもあらずであります。数多い専門家の中から都合のよい専門家を集め、専門家会議に殊さらに信を置くごとき知事の姿勢はピエロ的存在であると思うのであります。第二点、知事は、六ヶ所村議会並びに村民の応答が賛成に固まったという趣旨のことを挙げているようでありますが、客観的に、冷静にこれを見詰めるとき、いまだ極めて流動的な感が多いのでありまして、固まったとはおよそほど遠いという感慨を深めるのであります。第三点の各界各層の意見聴取の件についてでありますが、これも、先ほど論議をしておりましたが、百家争鳴、いろいろな議論があったように思うのであります。確かな意見集約というのは、現時点においてなお特定の人々という印象を受けざるを得ないのであって、県民の合意の形成ということは、知事の言う各界各層の意見聴取というものからかけ離れた、特定の有力者層の意見集約だったと考えるのであります。このように考えるときに、まさに県の百年の大計と言われ、核燃サイクル基地設置の大問題を決する判断材料として、広く県民にその意思を問う条例制定こそ最大最高の手段であると考えるものであります。さらに、提案されたこの条例案の中の第三条第二項で明確に提起されておるように、「有効投票の賛否いずれか過半数の意志を尊重するものとする」としているのであって、条例制定によって直ちに知事の裁量権を束縛していないことについては、非常に公平かつ紳士的な態度であると高く評価するのであります。十分な理解を持つべきであると考えるのであります。以上、まさに適正、公平な県条例制定案であって、あくまでも予断を交えずに、正々堂々、県民の意思確認の手段として提案しているものであると確信するものであります。以上の見地から、議案第一号「核燃料サイクル施設建設立地に関する県民投票条例案」については、日本社会党は心から賛成の意を表するものであります。

（略）

○副議長（毛内喜代秋君）　一部反対討論、十番須藤健夫君の登壇を許可いたします。――須藤君。

○十番（須藤健夫君）　民社党の須藤でございます。議案第一号「核燃料サイクル施設建設立地に関する県民投票条例案」について我が党の見解を明らかにし、反対討論を行うものであります。

初めに、電事連から本県に立地協力の要請があった施設の必要性については、過去一年間にわたって県議会定例会や常任委員会において我が党の見解を表明してきたところでありますが、この機会に若干の取りまとめをしてみたいと思います。国民生活、福祉の向上にはエネルギー源を必要とするものであり、エネルギー少資源国である我が国において、原子力の平和利用の観点からも、原子力エネルギーを利用する原子力発電は必要なものであります。この原子力発電は、原子燃料であるウラン濃縮から、使用済み原子燃料の再処理によるウラン資源の有効利用、放射性廃棄物の処理処分施設の建設と、それを取り扱う安全な技術と安全管理体制の確立によって完結するものであります。このたび立地協力要請された三施設は、高レベル廃棄物の処理処分を今後国においてその取り扱いを明らかにすることを除けば、現状において我が国にとって最も必要な施設であり、これによって準国産エネルギーの確保とエネルギーの安定供給の一端を担うことができるのであります。この立地協力要請に対する県内世論は、これを立地すべしという推進の立場の人も、慎重に行うべしという立場の人も、大多数が安全性確保を大前提にこれに取り組むべきだということと受けとめており、そのため、安全性の確認と安全確保がどのように行われるかということであり、これら施設に対する不安感の解消をどのようにするかということであります。もちろん、これを建設、操業する事業主体においても、安全性が確保されなければ事業経営は成り立たないのでありますから、ましてや放射性物質を取り扱う施設でもありますだけに安全対策に万全を期さなければならないのは当然であります。そのため、私もこれらの施設について国内外の視察をさせてもらい、また、専門家の意見や文献など、そして、原子力発電所関係の施設に働いている人たちから直接その知識を得ながら、私なりに、安全性は確保できるものという立場に立つものであります。したがって、これらの施設を立地することによって、本県の課題であります雇用の場の確保と拡大を図るためにこれに取り組むことが、県政に携わる者の一人としての県民に対する責任ある行動であると判断をしているものであります。特に、県民合意に必要な安全性の確認については、立地協力要請に同意を与えたとしても、事業主体が地元の同意を得て立地点固有の諸調査を行い、その調査結果に基づく詳細設計が行われ、それを国が安全審査することになっており、この安全審査を通らなければ施設建設の着工は認められないものであります。今回出されております条例制定請求の要旨を見るときに、これまで知事が進めてきた手続を経た上で立地に同意することは、一般的にはそれをもって足りるとしているが、事核燃料サイクル施設の建設となれば、一つ、その安全性に多くの疑問が出されていること、二つ、青森県の将来に大きな影響を及ぼす可能性のあること、三つ、世論調査の結果でも県民世論は分かれているというこの三点から、全県民的な同意を必要とすることから、県民投票を実施し、知事の最終的な判断はこの投票の結果を尊重すべきであるとしております。私は、安全性については、さきに申し上げましたが、国内外の運転実績や技術開発により一層確保できるものという立場に立つものであり、国や事業主体の役割はもとより、立地点となる県の立場から安全監視体制を確立するなど、必要な具体的措置を講ずることによって安全確保と不安解消対策ができるものと判断をしております。また、本県の現状と将来を展望するときどうしても解決をしていかなければならない課題は、雇用の場の確保と雇用機会の拡大であります。昨年の有効求人倍率を見ましても〇・一六六であり、残念ながら全国最下位でございます。これら施設の立地推進によって本県地域振興に活用することが政治的な判断であり、政治、行政の役割であると思うのであります。特に本県は、基幹産業である食糧生産と、この施設を立地することによって準国産エネルギー資源の生産を受け持ち、国民生活に必要な食糧及びェネルギー資源の供給県として我が国における先進県の役割を果たし、本県の将来の発展にこそ活用できるものと確信をするものであります。さらに、原子力に関するアンケート調査は、これまでの例を見ましてもほぼ同じ傾向にあり、五十八年三月実施の原子力白書にある原子力モニターのアンケート調査結果を見ましても、「原子力発電所立地推進が難航するのは安全性に対する不安がある」が七四・八％であります。「石油にかわる大量エネルギー供給源として原子力が利用される」は七九・六％となっており、原子力は不安だが利用しなければならない、という結果が出されております。以上のことから見ましても、安全性の問題や本県の将来に与える影響、そして、原子力施設に対する全県民的な合意を得るために多数決でこれを決めることは当を得ないものと判断し、すぐれて技術的・政治的課題であると受けとめるものであります。県民投票によってこれを決定するという案件ではないと私は判断をするのであります。したがって、エネルギー資源安定確保の国家的見地から、そして本県の課題解決に活用する立場から、これまでとられてきた一連の手続を了とし、今後、基本協定に基づく具体的な安全確保対策、不安解消対策、そして地域振興対策を図っていくことが、議会制民主主義における県民を代表する我々議員の役割であり、同時に、県民福祉向上のために立地協力要請にこたえた知事が果たすべき使命であります。以上のことから、地方自治法に定められている条例制定の請求でありますが、これまでの一連の手続と対応の経過、今後に取り組まなければならない多くの課題などから見て、県民投票によってこれを決定するものではないと判断するものであり、条例制定に反対するものであります。

最後に、昨日行われました直接請求代表者による趣旨説明の際、佐川代表から、その説明の中で「結果がよければそれはそれでよいのだが」という発言がございました。私はこのことこそ大変重要なことだと思います。立地推進の立場の人も、慎重または反対の立場の人も、よい結果をおさめることによってこの施設立地が本県の課題解決に活用できるものと受けとめており、そのために安全確保対策に万全を期することが求められているものであります。そのよい結果を出すためにお互い努力をしていくことが重要なことであり、決して多数決で決めることだけがこれに対する方法でないことを申し上げ、一部反対討論を終わるものであります。

○副議長（毛内喜代秋君）　一部反対討論、三十四番木村公麿君の登壇を許可いたします。――木村君。

○三十四番（木村公麿君）　私は日本共産党を代表して、第七十四回臨時会に上程されました議案に対し一部反対討論を行うものであります。

議案第一号――直接請求に基づく「核燃サイクル施設建設立地に関する県民投票条例案」に対しましては、我が党の見解を明らかにし、賛成の意を表明するものであります。言うまでもなく、直接請求は、間接民主主義に対して、地方自治法、憲法によって保障されている直接民主主義の基本的な住民の権利であります。間接民主主義である代表民主制についてルソーは「人民は選挙の瞬間だけ主権者であるにすぎない」と指摘をしているのであります。この指摘のように、住民自治を貫くためには、有権者、住民が直接みずからの権利を行使して立法に関与し、あるいは、住民の期待に背く役職者の罷免をするなど、これらの道は住民自治の根幹でもあります。私どもはかつて老人医療費の無料化を求める条例制定の直接請求を行い、全県的に大きな支持が寄せられ、その署名数は十数万を超したのであります。この運動の広がりと県民の声はついに無料化を実現さしたのであります。こうした事実に照らしても、住民こそ政治の主人公であることを規定している直接請求制度は、主権者である住民の権利を保障する極めて大切な制度であります。さて、核燃サイクル施設の安全性は国際的にも確立していないというのが科学者の通説であります。しかも、その危険性は、放射能汚染と核兵器への転用の可能性という、対応を誤れば百年の大計を誤るものであり、本県の将来にとって取り返しのつかないことになるものであります。したがって、単に県民投票による多数決という手順を踏みさえすればそれでよいというものでもありません。条例制定請求代表者でもあります県労会議議長佐川氏が「明鏡」欄で言うように、「投票の結果が賛成ならそれでいいのではないか」といった生易しいものでも決してありません。科学技術の進歩によって、安全性の確立については、科学者・技術者間、そして県民との完全な合意がなされない限り絶対に受け入れてはならないものであります。しかるに、この問題に対する知事の態度は密室政治と取引で、当初からあなたの立場は「立地賛成と受け入れありき」であったことは明白ではありませんか。それは、一例を挙げるならば、小倉議員が先ほど指摘した原子力産業会議で出している原子力年鑑によっても明らかで、あずかり知らぬということは否定ではないのであります。したがって、社会的には認知されることになり、肯定するということでもあります。知事は、日本原子力産業会議などの事業推進団体の推薦を受けて選任した専門家会議のレポートだけを一方的に取り上げ、信用し、「文化人・科学者の会」を初め県内外の多数の科学者による危険性の指摘を無視し、立地受諾を決定しました。それは、安全性に対して県民の圧倒的多数が不安を表明しているものであり、かかる県民世論に対する許されない挑戦であります。今、漁業・農業・酪農関係団体を初めとして多くの県民が危険な核燃サイクル施設の立地に対して抗議と反対の運動に立ち上がり、それが急速に広がっているのは極めて当然であります。県民投票を求めた直接請求に対する八万七千を超える署名は、こうした知事の独善に対する県民の怒りと抗議の表明だと思うのであります。本県における国策の名による開発の歴史はまた失敗と県民犠牲の道でありました。無責任、無定見の国策による開発の末路は失敗以外にありませんでした。「過ちは改むるにはばかることなかれ」であります。今からでも遅くはありません。立地受け入れを撤回し、そのことを電事連に通告することをこの機会に求めるものであります。この道こそ何よりも、直接請求に寄せられた人々への真意の回答であると思うからであります。我が党は、直接請求に対して期待を寄せ、知事のこうした立地暴走に抗議をされたたくさんの署名者の善意を支持するものであります。県民投票を行うに当たっては、県民が正しい判断ができるよう十分な期間を置き、「文化人・科学者の会」が要求しているように科学者間の公開討論を開催するなど、十分な判断材料を県民に提供することが重要であります。これらを改めて求め、本条例の制定に賛成するものであります。本県の未来を左右する選択が今改めて問われています。議員各位の良識と決断が今日ほど求められているときはありません。議案第一号「県民投票条例案」について我が党の見解を表明し、各位の賛同を求めるものであります。（略）

○副議長（毛内喜代秋君）　これをもって討論を終わります。

○副議長（毛内喜代秋君）　これより議案の採決をいたします。

議案第一号「核燃料サイクル施設建設立地に関する県民投票条例案」、本件の原案に賛成の方は御起立を願います。

〔賛成者起立〕

○副議長（毛内喜代秋君）　起立少数であります。よって原案は否決されました。（略）

以上をもって議事は全部終了いたしました。

○副議長（毛内喜代秋君）　知事のごあいさつがあります。――知事。

○知事（北村正哉君）　県議会第七十四回臨時会の閉会に当たりまして一言ごあいさつを申し上げます。

今回の議会は、地方自治法の規定に基づく条例制定請求代表者佐川禮三郎外四人からの請求にかかわる「核燃料サイクル施設建設立地に関する県民投票条例案」など四件につきまして慎重御審議をいただき、本日、議案第一号「核燃料サイクル施設建設立地に関する県民投票条例案」につきましては条例の制定を否とする御議決と相なりました。原子燃料サイクル施設の立地協力要請についての県の基本的な考え方につきましては、これまで県議会を初め広く県民に御説明申し上げてきたところでありますが、本議会における審議の過程において議員各位から賜りました御意見を十分尊重しつつ今後の事態に対応してまいる所存であります。（略）

○副議長（毛内喜代秋君）　これをもって第七十四回臨時会を閉会いたします。

［出典：青森県議会議事録］

Ⅱ-1-2-6

青森県議会第百七十五回定例会会議録　第二号

青森県議会　昭和63年9月

昭和六十三年九月三十日（金）議事日程　第二日

本日の会議に付した事件

第一、一般質問（佐藤純一、今村修、大沢基男、諏訪益一　各議員）

第二、議案第二十二号は、質疑、委員会付託及び討論はいずれも省略し採決

第三、議長休会提議

出席議員　四十九名

議長　原田一實君　　副議長　森内勇君（略）

欠席議員　二名（略）

出席事務局職員（略）

地方自治法第百二十一条による出席者（略）

○議長（原田一實君）　ただいまより会議を開きます。

（略）

○副議長（森内　勇君）　一般質問を続行いたします。十番今村修君の登壇を許可いたします。――今村君。

○十番（今村　修君）　日本社会党の今村修であります。県政の重要な課題である新幹線問題、核燃料サイクル施設問題、冷害対策などに絞って知事の見解を求めていきたいと思います。

（略）

次に、農業者や県民の反対がますます高まっている核燃料サイクル施設の建設問題についてお伺いをしたいと思います。知事、あなたの核燃料サイクル施設の建設を進めようとする姿勢は、まさに独断と偏見、県民無視の姿勢そのものであります。「農家のことを考えて誘致したものであり、開発を拒否すれば哀れな道をたどる」などの発言はその端的なあらわれであります。「農家にとって危険なものを誘致するのに意見も聞かず、農家のためとへ理屈をつける」と農業者は猛反発をし、農協は今、次から次へと反対の態度を明らかにしているのであります。知事、あなたは「安全でないものを政府は許可するわけがない。事業者もやらない」と述べ、「安全性の論議をここでするのはなじまない」と県民の疑問に答えようとしません。これ

では、青森県の知事ですか、電事連の代弁者ですかと問いただしたくなるのであります。また、かつて青森県に国策という名のもとに持ち込まれた大規模開発は、すべて、中央の論理のもと、哀れな道をたどったのであります。そして県政を混乱に陥れてきました。ですから、青森県を豊かにするのは、地場産業育成や農林水産業の振興、関連する企業誘致で、むつ小川原開発などの大型プロジェクトではない、と県民は先ほどのマスコミの世論調査で答えているのであります。そして、今、県民の四人に一人が核燃などの原子力施設建設に不安を訴えています。知事、あなたはなぜこうした県民の声を素直に聞こうとしないのですか。知事の認識は県民の認識と大きく違っています。知事、あなたはこの違いに気がつかないほど政治感覚が麻痺してしまったのでしょうか。知事の権力が強大でだれもあなたに間違いを助言することができないのでしょうか。知事、あなたはまさに「裸の王様」ではないでしょうか。「裸の王様」に百六十万県民の命と生活を託することはできません。またその資格もないと思います。そこでお伺いをいたします。県民は、青森県を豊かにするのは、地元産業の育成、農林漁業の振興、関連する企業誘致だとしています。知事が言う大プロジェクトではないと答えているのであります。知事は考えを改めるべきではないかと思いますが、御見解をお伺いいたします。次に、知事の「核燃は農業者のため」との論理は今まさに拒否されています。十一月の県農協大会でも反対が決議されるようであります。知事は建設を撤回すべきだと思いますが、見解を求めたいと思います。

ところで、核燃三点セットのうちウラン濃縮工場の事業許可は八月十日におり、十月には工事に着工だと言われています。低レベル廃棄物貯蔵施設は現在審査中であり、再処理工場については申請書の作成中となっています。これまで提出された申請書を見ると、立地条件に多くの疑問がありながら事業会社は資料の公開を拒否しているのであります。そこで、県民の代表である知事に疑問を解明していただきたいと思います。その一つは、「支持地盤はＮ値五十以上の十分な地耐力を有する鷹架層の砂岩・凝灰岩類である」と述べていますが、隣接地の石油備蓄基地の地盤について石油公団及び備蓄会社は「Ｎ値が十から五十程度であり、サンドコンパクションパイル工法等により基礎地盤の改良が必要である」として、当時改良したもののタンクの不等沈下を防止できなかったのであります。また、問題を指摘されている活断層に関する記述もなく、地震については「過去の記録、現地調査を参照して、最も適切と考えられる設計地震力に十分耐え得る設計とする」と述べているものの、添付資料である地震データの中から重要なデータが抜け落ちたり震度が改ざんされています。さらに、最近、泊漁港や小田野沢で硫黄泉が噴出し、地盤は大丈夫なのかとの疑問も出されています。同時に、この地盤調査のため行われた各種資料と採取したコアの公表が拒否されているのであります。その第二は、県の専門家会議の報告書では「地下水位以上の位置に設定し容易に雨水や地下水が浸入しないよう配慮している」とされていた低レベル廃棄物貯蔵施設が、報告書とは全く異なり、申請書では地下水の中につくられることになっています。地下水を調査したところ、地下水位が高く地表近くまであったためであります。申請書にも書かれているように、すぐ近くに井戸水を使った尾駮地区簡易水道があり、生活用、畜産用として使用されていながらその安全対策すら具体的に記述されていないのであります。また、申請書には「地下水には埋設設備のコンクリート及びセメント系充てん材に影響を与えるような化学的性質は認められない」と書かれていますが、水質の分析データは載っていないのであります。問題がないならなぜ載せておかないのでしょうか。その三は、核燃サイクル施設の上空が米軍の三沢特別管制区であり、南方約十キロには航空自衛隊の訓練区域、西方約十キロには民間定期航空路があるため航空機事故があり得るとして、具体的には、約四立方メートルの燃料を積んだＦ16戦闘機が失速、時速五百四十キロでウラン濃縮工場に激突したとしても大丈夫だとしています。この想定では「戦闘機に爆弾を搭載していない。速度が五百四十キロ」という前提条件で分析をしています。また、航空機の墜落する可能性は極めて小さいとしていますが、その根拠も薄弱であります。そこでお伺いをいたします。「支持基盤はＮ値五十以上」と述べていますが、石油備蓄基地、むつ小川原港等の経過から見て信用できないのであります。調査した箇所すべての具体的データを公表していただきたいと思います。また、弾性波速度についても明らかにしていただきたいと思います。第二に、地震データの中から重要なデータが抜け落ちたり改ざんをされていますが、その理由を明らかにしていただきたいと思います。また、ボーリング調査のコアを公表していただきたいと思います。第三は、地下水がある帯水層に貯蔵施設をつくることになりますが、安全対策を具体的に説明していただきたいと思います。また、地下水の深さや流れる速度など具体的なデータ、さらに水質の分析データも明らかにしていただきたいと思います。第四に、「航空機事故は、爆弾を搭載していない、速度は五百四十キロという前提条件づきで安全」としていますが、条件がなかったら一体どうなのでしょうか。実際に実験をして安全性を確認したのでしょうか。お答えをいただきたいと思います。第五は、再処理施設建設用地内で試掘坑を掘っていますが、そのデータを公表していただきたいと思います。安全は国任せという知事の態度は無責任であります。県は独自で安全審査を行い、県民の立場で疑問を解明すべきであると思います。見解をお伺いいたします。電源交付金が交付され、具体的な事業に入るようでありますが、まだ許可が出されていない低レベル貯蔵施設分まで交付させることは買収と同じであります。不許可になったら一体だれが責任をとるのですか、お伺いをしたいと思います。

(略)

◯副議長（森内　勇君）　知事。

◯知事（北村正哉君）　今村議員にお答えをいたします。

(略)

それから、プロジェクトを取り上げていくんでなくて、地元産業、特に農林漁業の振興によって県の活性化を図っていくべきだ、というお考えを述べられたわけであります。知事はそういう線に考え方を改めるべきではないかと、一つの御提言ではあるわけでありますが、特にむつ小川原について申し上げれば、農林水産業を主体とする地域の産業構造を工業等の導入によって改める、つまり高度化して、農林水産業と工業との調和のとれた体制に持っていきたい、こういう発想のもとに進められてきた事業でありまして、決してその間農林漁業を否定してるわけではない、あるいは軽く見てるわけではない、むしろ、地域の総合開発という観点から農林水産業の位置づけを高く維持していこう、こういう計画であります。原燃サイクル事業もまたこういった方針にそのまま沿うわけでありますから、むつ小川原開発の一環として、安全性の確保を前提にしながらその推進を図っていこう、こういうことで、考え方は変わってないし、今後も変わらない。また、県民のサイドに立ってみて、この事業を推進すべきだという意見も圧倒的にたくさんあるんだ、これも事実であります。あれやこれやを考えて、これをここで改めるという局面ではない、今までどおりの考え方を進めていくというつもりであります。

それから、核燃は農業者のためだという私の発言が問題になったが、撤回する気はないか、こういうことでありますが、そもそもは農林部の出先機関の長の会合で出てきた話題でありました。私の発言が十分に理解されてないということで大変残念に思ったし、現在もそれが尾を引いてるわけでありますが、その後、農協青年部の皆様や農業者実行委員会の方々と直接お会いしたり、あるいは文書でも考えてるところを述べたりしながら今日まで来たところでありまして、私の申し上げてるところは、午前に佐藤議員からも御指摘があったんでありますが、今の厳しい国際化の時代では農業の範疇だけでは農家所得の維持というのは大変困難な情勢になってる、産業構造の高度化によって安定した所得を確保できるような条件づくりを進めていくことが大変大事だ、こういうのが私の趣旨なわけでありますが、その意味で、むつ小川原も、原子燃料サイクル施設立地を含めて農業者のためにも考えられる事業だ、こういうことを言ってるという点について、農業者の理解も多分に得られたように私は考えておりますし、まだ理解ができてない、あるいは今までの説明で不十分だとすれば、今後さらに御説明申し上げる機会をつくることも考えてみたい、こう思ってるところであります。十一月に農協の大会で反対決議されるんだと、私のところにはそこまではっきりした情報は実は入っておりません。どういうことになりますか、そういう事態でないことを念願しているところであります。

それから、こういうことだからサイクル施設の建設をやめるべきだ、こう述べられたんでありますが、そういう考え方はございません。

それから、一連の技術的な御指摘、御質問があったんでありますが、何点かにつきまして担当の室長から答えさしていただきたいと思います。

安全は国任せではなくて、それは無責任である、したがって、県独自で安全を確認して県民の立場で疑問を解明すべきではないか、こういうお尋ねもありました。今までも申し上げたことがあるわけでありますが、我が国においては、原子燃料サイクル施設に係る安全性確保のための規制等は原子炉等規制法など関係法令に基づいて国の責任において行う、ということにされてることは御承知のとおりであります。県独自の立場からの安全確認等につきましては、県としては、環境放射線について独自の監視体制を整備して監視することとし、六十三年度からこの体制整備に着手しているところであります。しかしながら、原子燃料サイクル施設の概要及び主要な安全対策については、県としても、事業の進捗に合わせて国から安全審査の内容の説明を受けるなど把握に努めることによって県民の疑問に可能な限り対処してまいりたい、こう考えているところであります。

（略）

◯副議長（森内　勇君）　むつ小川原開発室長。

◯むつ小川原開発室長（内山克己君）　今村議員にお答えを申し上げます。

第一点が、ウラン濃縮施設につきまして、支持地盤Ｎ値五十以上と言うが、近くの備蓄基地等から見て信用できない、具体的なデータ及び弾性波速度のデータ、こういうものを事業者に求めて公開しなさい、ということでございますが、こういうような資料を得るということ自体は、通常立地調査と言っているわけでございまして、施設の設計とか安全性の実証、環境保全対策を講ずるための基礎資料を得るものでございます。そういうことで、この調査における個々の調査資料というものは、専門的な知見によって総合的に解析をされ、全体として評価すべきじゃないか、こういうふうに考えているわけです。そういう観点から、国の安全審査もこれらの立地調査資料等をベースに行われたものと私どもは理解しているわけです。それで、公開されております申請書の記載に基づいてさらに必要な確認を行った上でこのたびのウラン濃縮施設に対する評価がなされたことでもありますので、評価そのものを信頼してしかるべきじゃないか、こう考えてございます。したがいまして、今お話がございました個々のデータを県が独自に事業者に求め公開をするということは、国の安全審査その他等を踏まえますと、今のところそういうこと自体を考えていない、こういう現状でございます。

それから、地震データに抜け落ちあるいは改ざんが認められる、その事由を明らかにしなさい、またボーリング調査のコアを公開しなさい、こういうことでございますが、まず、抜け落ち、改ざんにつきまして事業者から説明を受けたわけでございますが、申請書に記載されている地震は、我が国で最も充実し、かつ信頼性の高いものとされております宇佐美カタログ、あるいは宇津カタログ、それから気象庁の地震月報に基づいて、当該ウラン施設が立地される敷地から半径二百キロメートル以内の地震をリストアップしたそうでございます。リストアップに当たりましては、これまた申請書に明記されておりますとおり、この宇佐美カタログからはすべての地震をとりました、それから宇津カタログからは被害等級一以上の地震をとりました、それから気象庁の地震月報からは震度四、それからマグニチュード五以上で被害報告のあるものを選んだ、こういうようなことてございます。したがいまして、抜け落ちということではなく、一応そういうような判断のもとでピックアップをし、その上で記載したというようなことでございました。それから、いま一つは改ざんというような御指摘であったわけでございますが、恐らく、一九八七年三月に宇佐美教授が出版した「新編日本被害地震総覧」に記載されているデータとの関連の件だと思います。これにつきましては国から次のとおり説明を受けております。申請書には直接記載しておりませんが、今回のウラン濃縮施設の安全審査では、二百キロメートルからさらに遠い地震、それから、今申し上げました「新編日本被害地震総覧」を含めた他の文献についても、記載されております地震は敷地へどういう影響があるかどうかということを確認し、小さいことを確認した、こう言ってございます。それからいま一つは、十勝沖地震、これは一九六八年五月でございますが、震度階が五であるのに四にしている、こういうことでございますが、議員御指摘のとおり、申請書の「敷地周辺の地震のマグニチュード震央距離」の図によりますと、十勝沖地震について震度階は確かに四となってございます。これにつきましても科学技術庁、それから事業主体に確認をいたしましたところ、御指摘のあった図は、マグニチュードと震央からの距離に基づいて震度階を推計する公式があるのだそうでございますが、これによって算定した結果によった、という説明を受けております。また、国によりますと、ウラン濃縮施設の耐震設計においてはあくまでも安全側に立って気象庁の震度階五を基本としているということですから、地震対策は十分なされているものと私どもも考えてございます。

それから、ボーリング調査のコアの公開ということでございますが、もともと安全審査は国の専管事項でもございます。そういうことで、それぞれの個別のデータについて県が独自に事業者に求め、それを公開するということ等につきましては、今のところは考えてございません。ただ、国の方では、現地調査等によってボーリングコアの確認をしているというようなことでございます。

それから、ウラン濃縮施設の飛行機の事故につきまして、一定の条件のもとに安全としている、ただ、実際の衝突その他等の実験をしたのか、こういうようなことでございますが、実際の実験をしたかどうか等については、その実情については承知をしてございません。ただ、私どもが国の方から聞いておりますお話は、まず、想定した事故は、実爆弾を搭載しない、模擬爆弾を使用している、そういうことで実爆弾の落下を評価する必要はないと判断した、こういうことを承ってございます。そういうことからいけば実際の実験はやっていないのではないかと推測をされるわけでございます。ただ、正しくは承知してございません。

それから地下水の問題でございますが、低レベル放射性廃棄物貯蔵施設を、帯水層——地下水がいっぱいある帯水層につくる、その安全対策を具体的に説明せよ、それからまた、地下水の深さ、あるいは流れる速度、それから水質、こういうような分析したデータを事業者に求めて公開をしなさい、こういう御質問でございますが、まず、安全対策というよりも、むしろ帯水層に埋設設備を建設する方法等について事業者からは次のとおり説明を受けてございます。まず埋設においては、セメント、アスファルト、プラスチックで容器に固化された廃棄物を鉄筋コンクリートづくりのピットに定めた順番で定置する、そしてセメント系の充てん材を充てんして内部全体を固めてしまう、さらにその上に鉄筋コンクリート製のふたをして密閉するので、その中にあります放射性物質は簡単に外に漏れることはない、それから、埋め戻し及び覆土——土を上にかけるその覆土はピット周辺の土壌より透水性が大きくならないように締め固めをしながら行うので、これまた、放射性物質が仮に漏出した場合でも、天然バリアによってその移行を抑制でき安全は確保される、こういうふうに説明を受けたわけでございます。ただ、これにつきましては、議員御案内のとおり現在国が安全審査の最中でございます。したがいまして国の安全審査の中で十分にチェックされることになるわけですが、その評価にはまだ接していないわけでございます。

それから地下水のデータでございますが、事業許可申請書には地下の水位は書いてございます。それから、流れる速度、水質については示されておりません。地下水位につきましては、場所とか季節によって異なっておりますが、例えば標高四十八メートルの高さにある地点では、標高四十四メーターから四十七メートルの範囲に地下水があってございます。それから、その流れる速度とか水質につきましては記載されていないわけですが、むしろ求めて県が公開をしろということでございますが、この問題につきましてはまだ国による安全審査中でもありますのでその辺は控えさしていただきたい、こう思ってございます。

それから、再処理施設に係る試掘坑のデータについても、同じように事業者に求め公開をしなさいということでございますが、もともと試掘坑というのは地質調査上のものでございまして、地質調査に基づく地盤等につきましては、こういうような調査結果を踏まえて事業の指定申請書に記載されてくるものと考えております。ウラン濃縮工場の場合もそうでございました。したがいまして、全体的に申請書が完成した時点でおのずから公開されていくのではないのか、こう考えてございます。

(略)

○副議長（森内　勇君）　今村君。

○十番（今村　修君）　何点かにわたって再質問をしたいと思います。

(略)

それから、核燃の問題について、具体的なデータの問題もあるわけでありますが、基本的な問題で知事にお伺いをしておきたいと思います。知事はあの原子力船「むつ」を受け入れるときにどんな態度をとりましたか。中央の安全審査だけでは了解できません、青森県が独自に専門家を選任し、その専門家に知見を求めて受け入れます､こういう取り扱いをしたんですよ。六ヶ所に今つくられる核燃、知事の論理からいくとですね、原船「むつ」だって国が安全審査したから青森県は何もやらなくてもいいじゃないか、こういう論理になるんです。ところが、知事は「それではだめですよ」と言って、専門家の知見を求めてですね、その知見が出されて受け入れたという経緯になってるんです。そうでしょう。六ヶ所に今つくられる核燃サイクル施設だって同じじゃないですか。安全性に対するいろんな疑問が出されます。知事は「国がやるから、事業者がやるから」と。それが信用できないから言ってるんです。それは全国で原発にいろんな事故が起きているからです。県民の立場に立つというんであれば原子力船と同じ立場を知事はとるべきじゃないですか。国が何と言おうが、どんな審査をしようが青森県においても青森県の立場においてその安全性を確認する、これが県民の代表としての知事のとるべき態度じゃないですか。改めて知事の御見解をお伺いしたい、こう思います。

それから、知事は、核燃を受け入れるのは農業者のためだ、こう言ったんですよ。この知事の論理もですね、今農業者から「それは違います」と言われてるんです。知事の論理は崩れてしまったんじゃないですか。崩れてしまったことになぜ知事は固執をするんですか。この論理の矛盾についてもお伺いをしておきたい、こう思います。

それから、具体的なデータは見せることはできない、出すわけにもいかない、こういう話です。六ヶ所のあの地域に断層があることははっきりしています。この断層がどういう断層なのか多くの疑問が出されているんです。そういう具体的な資料がないでどうしてできますか。例えば、支持地盤はＮ値五十と言っています。ところが、原燃産業が出したこの資料の中のＮ値を見てください。言葉ではＮ値五十になっていますが、これでいくとですね、五から――一番低いのが五です。そして、高く三十になって、それがまた十に戻ってる。俗に言われるサンドイッチ地盤だと書いてるんですよ､図解の中に。文章ではＮ値五十だと言っていますが、資料には「ない」と書いてるんです。だから具体的な資料を出しなさいと言うわけです。「国がやっていますから」と。これじゃ県民が本当に安全だと理解できないんじゃないですか。具体的なデータをぜひとも出していただきたい、こう思います。

同時に飛行機の事故です。アメリカでなぜプルトニウム空輸がだめになったか、それは飛行機を墜落させてキャスクの安全性を確認できなかったからです。「想定によれば」と、こんなでたらめなことは世界的に許されないということになってるんです。具体的に実験をして、その結果を分析して安全なら安全と言うなら話はわかりますよ。こんなでたらめなやり方で安全だなんて言えるんですか。その事実について改めて県が具体的に国に求める、事業者に求めるという手続をすべきじゃないですか。

次に地下水の問題があります。地下水についてはですね、先ほど部長の方から、「こんなことを言ってるから大丈夫です」と言ったんです。県が専門家に求めたこれに何と書いていますか、貯蔵施設は地下水の上につくられるから大丈夫ですと言ってるんです。申請書の中には地下水の中につくられるというんでしょう。こんなでたらめなのがありますか。ですからデータを出しなさいと言っているんですよ。いずれにしても、県は、疑問だと言われたいろんな資料——生データをそのまま国並びに事業者に提出させるこの姿勢をとるべきだと思いますけれども、改めて見解を求めます。以上です。

○副議長（森内　勇君）　知事。

○知事（北村正哉君）　再質問にお答えいたします。

それから、原子力船「むつ」で示した県の態度はあれでよかったんだ、県も独自の立場でチェックすべきだと、これはそのとおりにやってきてるんです。そのとおりにやってきてる。つまり、今回の原子燃料サイクル施設立地についての協力を求められた際に、国の言い分ばかり信用しても困るだろう、県は県の立場でダブルチェックを試みるべきだということから、十一人のこれと思われる学者、専門家に依頼して県の立場からチェックをした、こういう経過があるわけであります。（発言多し）

○副議長（森内　勇君）　静粛に願います。

○知事（北村正哉君）　これは「むつ」の際にとった県の歩みとそっくりそのまま同じであります。同じであります。そのとおりに、同じように同じ物の考え方で進めてることは間違いのないことであります。

それから、農業者のためだと知事は言うが、知事の論理は崩れたと、私は崩れたと思ってないんです。まだ農業者の御理解が十分できてないなあという感じでいるわけでありまして、これはもっと努力をして御理解を求めることにすべきだ、こういう考え方をとってるわけでありまして、県の「青森県農業の推進方向」においても明確に、農外収入について、あるいは産業構造高度化についてうたってるわけであります。間違いのないことであり、また、ここ十数年、二十数年にわたって、やっぱり農業経済を考える場合の一つの定説になってると私はかたく信じてるんであります。それが崩れたとか崩れないとかと、一朝一夕に崩れるわけにはいかないわけであります。その辺もどうぞひとつ、私の立場、私の考え方も少しは御理解賜りたいもんだ、これはお願いであります。たった一回かみ合わしてかみ合わないから知事の論理は崩れたと、そういう情けないことではない、れっきとした論理を展開しながら御理解をちょうだいすべく努力をしてる最中だ、こういうことであります。大体以上だったと思います。

○副議長（森内　勇君）　むつ小川原開発室長。

○むつ小川原開発室長（内山克己君）　今村議員の再質問の中でデータの問題が出てきたわけでございます。断層、あるいは地盤のN値の問題、あるいは飛行機の実験の問題、さらには地下水の問題、そういう事例を挙げられた上で、県はやはり、県民の疑問というものに、データをそろえ、場合によっては国、事業者に求めていくべきじゃないか、こういうようなお話でございます。このことにつきましては、今までも県は、疑問とかその他等に適切に対処するために、国に対しても説明を求めるなど所要の要請をしてまいり、それなりの措置をとってきたわけでございます。また、事業主体にも、県民の信頼確立のため努めて、事業の進捗その他等を明確にしていきなさいというふうな強い指導を加えてきたわけでございまして、今後ともそれを継続しつつ適切に対処してまいりたい。ただ、先ほどお話ございましたことにつきましては、県がデータを求めて国あるいは事業主体にかわって公開をしなさい、こういうことでございまして、これにつきましては、物によって適当でないものもあるだろうということで申し上げさせていただいたわけでございまして、御理解をいただきたいと思います。

○副議長（森内　勇君）　今村君。

○十番（今村　修君）　答弁漏れを指摘しておきますよ。このN値はどうなんです。N値五十と言ってるが五十になってないじゃないですか。これを答弁してくださいよ。それから、これによると地下水の上と書いてるんじゃないですか。申請書は地下水の下でしょう。これはどうしたの。ちゃんと出してくださいよ。それから水質の話だってそうですよ。あんた方がやったむつ小川原のこの資料に何と書いていますか、塩分を含んでると書いてるでしょう。こっちの申請書には何と書いていますか、影響ありませんと書いてるでしょう。こういう矛盾をどこで正すんですか。ですから指摘をしてるんですよ。具体的に答えてください。

（略）

○副議長（森内　勇君）　むつ小川原開発室長。

○むつ小川原開発室長（内山克己君）　N値の問題でございますが、国の安全審査の中身によりますと、N値につきましては五十以上というようなことで審査をしているわけでございます。したがいましてN値五十以上の岩盤に建物その他等を支持させる。ただ、今村議員お話しのN値につきましては、表層から深層に向けてそれぞれの測定値が出ているそういうような中身をお話ししたものと解するわけでございますが、いずれにしてもN値五十以上のところに支持をさせる、こういうふうなことでございます。それから水質等につきましては、先ほどお答えをいたしましたとおり申請書そのものにつきましては示されていないわけでございます。そういうことで、全体的に流れる速度、水質等につきましても、今低レベルの放射性廃棄物につきましては国による安全審査中であるということで、この辺についての見解は今の立場では控えさせていただきたい、こう申し上げたわけでございます。

○副議長（森内　勇君）　今村君。

○十番（今村　修君）　具体的に申請書を出して言ってるんです。それから地下水の流れ、申請書に書いていませんと言いますけど、書いていますよ。一年に十メートルという話なんです。これだっておかしいから聞いてるんです。その中身は申請書に載ってる話を聞いてるんですから答えてください、まともに。（発言多し）

○副議長（森内　勇君）　静粛に願います。——しばらくお待ちください。——しばらくお待ちください。今……。——むつ小川原開発室長。

○むつ小川原開発室長（内山克己君）　今お話がございました申請書の中の記載事項その他等についてよく調べた上で後ほど御報告をしたいと思います。

○副議長（森内　勇君）　今村君、簡明に願います。

○十番（今村　修君）　だめですよ。ですから私は具体的なデータを出しなさいと言うわけです。国や事業者がやるから大丈夫です、こう言うわけでしょう。この中に矛盾がいっぱい出てくるんです。その矛盾に私たちは、なぜそうなんですかと。そうするとデータを見ないとわからないでしょう。データを出すと言うなら話は別ですよ。直ちに答えてください。それでは休憩してください。

○副議長（森内　勇君）　むつ小川原開発室長。

○むつ小川原開発室長（内山克己君）　先ほども申し上げましたように、その物によって県がデータを直接求め、そして県の責任においてそれを出すというのは適当でない、こういうふうに考えてございますが、具体的にただいまの御疑問に答えるという意味でのデータ等につきましては、極力求め、その辺についての対応を適切に図るという気持ちでございます。

○副議長（森内　勇君）　暫時休憩します。

○副議長（森内　勇君）　休憩前に引き続いて会議を開きます。

一般質問を続行いたします。会議時間を延長いたします。休憩前の今村議員の一般質問に対する答弁を求めます。——むつ小川原開発室長。

○むつ小川原開発室長（内山克己君）　今村議員の再質問につきまして、整理をして質問ごとにお答え申し上げます。

まず質問の第一点でございますが、現地での現況地下水の流速と水質についてのデータを示しなさいと、このことにつきましては、現況地下水の流速及び水質については申請書には記載されていないわけでございます。ただし、事業主体がこの現況地下水の流速及び水質を調査しているかどうかは今の時点では不明でございます。よって、その件については今後調査をし御報告をさしていただきます。

それから質問の第二点です。ウラン濃縮工場敷地の建屋はN値五十以上に支持させるとしているが、図面によるとN値五十以上にはないのではないか、ということでございます。N値につきましては、深層までの間それぞれ五十以内から五十以上となっているわけでございます。しかし、建物の基礎はN値五十以上のところに支持させる設計となっておりますので、必要な地耐力を有する、こういうことで安全審査の評価がなされているものでございます。

質問の第三です。低レベル施設について県の専門家が検討したときは地下水が施設の下であったが、今の計画は帯水層中になっているので、この点については検討されていない、こういうことでございます。専門家の検討は、通気層中に建設する当初の事業構想の段階のものでございまして、立地調査をしていない時点での一応の総合調査をしたものでございます。具体的には、立地調査により地下水が高いことが判明、そこで帯水層に施設をすることになるので、設計はこの帯水層での安全が確保できる設計に即応さした、こういうことに聞いてございます。なお、本件は現在国の安全審査中であり、この点十分国において審査されるものであると思ってございます。

なお、それぞれ御指摘ございましたデータの提示につきましては、事業者に対し、理解を得るために必要なもの等については極力出すように県としても求めていきたいと考えてございます。

最後に、答弁に手間取ったことにつきましてはおわびを申し上げます。以上です。

○副議長（森内　勇君）　今村君。

○十番（今村　修君）　今それぞれ答弁があったわけでありますが、その内容は到底納得できないわけであります。そういう点で、これらの矛盾点についてはこれから追及していきたいと思うわけであります。（略）

資料の方はよろしくお願いしたい。強く要請をしておいて要望にかえさせていただきたいと思います。終わります。

［出典：青森県議会議事録］

Ⅱ－1－2－7

原子燃料サイクル施設の疑問に答えて

青森県　平成元年３月

―はじめに―

昭和59年7月、青森県は六ヶ所村とともに電気事業連合会から原子燃料サイクル事業の主要施設である再処理施設、ウラン濃縮施設並びに低レベル放射性廃棄物貯蔵施設の三施設の上北郡六ヶ所村の立地について協力要請を受けました。

これに対して、県としては、安全性の確保が第一義であることから、国内における一線級の11人の専門家にサイクル事業の安全性についての検討をお願いするとともに、地元の意向を十分尊重し、県内各界各層の意見を聴取し、国の政策上の位置づけを確認したうえ、当該施設の立地は地域振興に大きく寄与するものとの認識に立って、昭和60年4月、これを受諾することとしました。

その後、事業者は、立地調査を行うなど三施設の建設に向けて準備を進めてきましたが、ウラン濃縮施設は、さる昭和63年8月、国の事業許可を得、その後諸手続きを済ませ、同年10月14日に建設着工しております。

また、昭和61年4月に発生したソ連チェルノブイリ原子力発電所事故を契機として全国的に原発、さらには原子力への不安が高まり、本県においても県民の間に原子力発電所や原子燃料サイクル施設に対する不安や疑問が出されております。

このパンフレットは、「原子燃料サイクル施設」について、最近、特に問題とされている事項をとりまとめたものですが、これら疑問等の解消のためにいくらかでも役立てば幸いに存じます。

なお、本パンフレットのとりまとめにあたりましては、平成元年1月10日に、青森県が原子燃料サイクル施設の安全性について指導、助言等を得るために委嘱をした7名の専門家からの御指導をいただいております。

目　次

問. 1　人工放射能は、自然放射能よりも人体に与える影響が大きいのではないですか。

A.放射性物質には、自然のものと人工のものがありますが、生まれたいきさつが異なるだけで、それから出される放射線は、自然のものも人工のものも本質的に同じもので、人体への影響も同じです。

例えば、トリチウムという放射性物質は、宇宙から地球に常に降りそそいでいる放射線である宇宙線によって生成され、昔から広く地球上に存在していますが、核実験や原子力施設において人工的に生成されたものもあります。しかし、いずれのトリチウム（3H）もまったく同じ物質です。

また、体内での物質の動きは、放射性であるかどうかといった性質によるのではなく、水に溶けるとか化合物をつくるとかといった化学的、生体的（例えば人体の代謝作用に伴う排出）な性質に支配されるものですので、人工放射性物質だから体内に多く濃縮されるということではありません。

例えば、先ほどのトリチウムですが、水素原子と同様な性質をもっていますので、人工のトリチウムも自然のトリチウムも同様に水の状態で人体に入ったり、出たりしています。また、自然のカリウムの中には放射線を出さないカリウム39と微量の放射線を出すカリウム40があります。どちらも同様に主として筋肉など全身に分布していますし、尿となって代謝されています。

さらに、自然の放射性物質であるラジウム226は、人体の中では骨に集まり易い性質があります。人工放射性物質であるストロンチウム90も骨に集まり易い性質があります。

このように、人体のどこに集まり易いかというのは、物質の化学的、生体的性質によって特徴づけられるもので、自然か人工かによって決まるものではありません。

参考: 放射性物質とは 放射線を出す性質（放射能）を持つ物質のことです。この放射線は、放射性物質だけから出ているわけではありません。例えば、X線発生装置やテレビのブラウン管等からも出ています。それでは、この放射線とは何なのでしょうか。

放射線には アルファ線、ベータ線、ガンマ線、X線などがあります。

アルファ線は ヘリウムの原子核（陽子2個、中性子2個から成る粒子）で、電離作用（物質の電気的性質を変える作用。これによって物質の性質が変わる）は強いが、透過力は弱く、空気中でもすぐに吸収されてしまうので遠くまで及ぶことはありません。紙1枚でも十分遮へいすることができます。

ベータ線は 電子で、電離作用、透過力はアルファ線やガンマ線の中間ぐらいです。

ガンマ線やX線は 電磁波（一種の電波）で、電離作用は弱いが、透過力は強いという性質をもちます。例えば人体に当たってもアルファ線やベータ線より影響は小さいのですが、透過力はアルファ線やベータ線より強いので、遮へいするには厚いコンクリート壁が必要となります。

なお、電離作用や透過力については、個々の物質が出す放射線やそのエネルギーによって違ってきます。

放射線による人体への影響は、放射線の種類、放射線量、放射線のエネルギー、放射線を出す放射性物質の半減期や物理的化学的性質等によって総合的に決まるものなのです。

図：放射線の種類（略）

表：放射能の種類とエネルギー（略）

参考：平成元年4月1日から、放射線関係の法令が一部改正になります。これは、ICRP（国際放射線防護委員会）の勧告（Pub.26）を我が国の法令にとりいれることにより、法令を科学的に新しい知見に基づくものに見直していくためのものです。

表：現行法令と改正法令の比較（略）

放射線に関係する単位については、

①放射能を示す単位はこれまで、キュリー（Ci）という呼び方を使っており、1キュリーの百万分の1を1マイクロキュリー（μCi）、1兆分の1を1ピコキュリー（pCi）と言ってきました。これが、1秒間に1回の原子核の崩壊変化の割合で表現して、ベクレル（Bq）という単位で表現することとなります。1キュリーは370億ベクレル、1ベクレルは1兆分の27キュリーに相当します。このようにベクレルという単位は極めて小さな単位です。また、人体に対する影響の度合いを従来、レム（rem）、その千分の1をミリレム（mrem）と

表現していましたが、シーベルト（Sv）という単位に変更されます。1シーベルトは、100レムということになります。一般人の被ばく線量の基準については、現在年間500ミリレムであるものが、1ミリシーベルト、つまり100ミリレムになります。これは、従来の規則の基礎となっているICRPの勧告（Pub.1,9）等の意味している趣旨、すなわち、500ミリレムで規制しておけば、平均的にはそれよりもはるかに低くなるであろうということを、「原則として生涯平均1ミリシーベルト（100ミリレム）とする。数年については5ミリシーベルト（500ミリレム）でもさしつかえない」というように表わしたもので、従来の500ミリレムという限度がゆるかったということではありません。

問. 2　放射性物質の人体への濃縮とは、どういうことなのですか。

A.人や生物での濃縮というのは、ある特定の物質がこれらの中に集まって、その濃度が周りよりも濃い状態になることを言いますが、一般に生物においては、ある特定の物質が特定の器官・臓器に集まる（濃縮する）ことがあります。例えば、ヨウ素はのどにある甲状腺という器官に集まり易いものです。

こういうことは、物質の人体にとっての必要性と化学的な特性によるもので、放射性のヨウ素であるとか、放射性でないヨウ素であるかには関係ありません。このような性質は、動植物であっても同じです。生物の種類や生物の器官・臓器によって、集まり易いつまり濃縮し易い物質が違い、また、濃縮する程度も違いますが、その物質が放射性の物質かそうでないか、自然放射性物質か人工放射性物質かといったことには関係ありません。

表：海生生物の濃縮係数（略）

このような濃縮は、生物が環境中の物質を毎日とり入れる一方で、毎日排出していき、その差が体内に残されていくわけですが、ある時点で取り込む量と排出量が等しくなって、それ以上は体内に蓄積されなくなります。すなわち、無限に濃縮されるわけではありません。濃縮係数は、生物の周りの濃度に比べて生体中の濃度が何倍ぐらいまでになるかということを示しています。

図：生物中における放射性物質の蓄積量（生物中の放射性物質の濃度）と時間との関係（略）

原子燃料サイクル施設周辺の公衆が受ける被ばく線量は、農産物や水産物への濃縮をも考慮して評価されます。また、施設の操業後は事業者が行うばかりでなく、県としても県民の健康と安全を守る立場から環境監視（モニタリング）を行い、周辺の農畜産物や水産物の放射性物質の量を定期的に分析し、環境への影響のないことを確認し、これを公表することにしています。

問. 3　放射線は微量でも害があるのではないですか。

A.人間は太古の昔から宇宙や大地さらに食べ物などからの放射線を受けて暮らしてきました。これら自然放射線の量は日本では平均して年間約100ミリレム（注）ですが、地域によって数10ミリレムの差異があります。例えば、花崗岩は、土よりも自然放射能を多く含みますから、花崗岩が多い関西地方のほうが、関東ローム層の関東地方よりも自然放射線による被ばく線量が多くなっています。日本の自然放射線量の地域差は約40ミリレム/年です。また、ブラジルやインドには、年間約1000ミリレムにもなっているところもあります。これら自然放射線の量が多い地域で、特にガンや白血病が多く発生したとか、寿命が短かくなった事実はありません。

（注）自然界から人間が一年間に受ける被ばく線量については、地域、食生活等によって違っています。この値については、国連科学委員会（UNSCEAR）において随時見直しが行われています。

国連科学委員会の1982年版報告書では、世界の平均的な値は2ミリシーベルト（200ミリレム）、1988年版報告書では2.4ミリシーベルト（240ミリレム）となっています。これは、ラドンを含む岩石が建屋の建材として利用されており、この建材から出てくるラドンの建屋内での濃度が高くなることにより、ラドン及びその娘核種による被ばく量の見直しがなされていることが、その主な変更点となっています。このラドン濃度は、特に岩石を使った建材からできている建物で、北欧の家のように密閉性の高い構造の場合に高くなる傾向があります。

我が国の場合、木造家屋が多く、また通気性が高いことからラドンの影響は小さいと考えられていましたが、最近は、コンクリート製の建物が増え、また、密閉性も良くなってきていることから我が国の家屋におけるラドン濃度の調査が国において行われています。日本においては、自然界から人間が一年間に平均的に受ける被ばく線量は約100ミリレムとなっていますが、このラドンに関する調査結果によっては、変わることも考えられます。しかしながら、本パンフレットでは、その調査結果がまだとりまとめられていないことから、約100ミリレムという数字を使うこととしました。

参考：　放射線の人体への影響を、被ばく線量と影響の現われ方との関係に着目して分類すると、非確率的影響と確率的影響に分けられます。
表：放射線防護の観点からの放射線影響の分類（略）

非確率的影響は、ある一定の線量（しきい値）以上を被ばくしなければ現われないもので、また、被ばく線量に依存して症状が重くなるものです。

被ばく後数週間の比較的短かい間に現われる急性障害や被ばく後十数年から数十年の潜伏期間を経た後に現われる晩発性障害のうちの白内障等が、放射線の非確率的影響の例です。
表：Ｘ線またはγ線を一時に全身に受けた時の症状（急性障害）（略）

ほとんどの症状について、しきい値は100レムですから自然界から一年間に受けている約100ミリレムはその千分の一で、原子力施設から放出される微量の放射線では問題とならないわけです。

一方、確率的影響では、症状が現われる確率が被ばく線量が大きくなるにつれて大きくなります。

晩発性障害の白血病・がんや遺伝的影響が放射線の確率的影響の例です。

これらは、広島、長崎の被ばく者のデータからは、被ばく線量が数十レム以上の場合には、発生確率が被ばく線量に比例することが明らかになっていますが、被ばく線量がそれより少ない場合には、放射線による被ばく線量と発生確率の間に明確な関係が見い出されてはいません。これは、これらの症状が放射線以外の理由によっても発生するため、微量な放射線の影響によるものか、他の要因（喫煙や大気汚染等）によるものかの区別が困難となるためです。

このため、原子力施設においては、どんなに低線量であっても影響があるとの安全側の仮定に立って、その年間被ばく限度等を定めているわけです。従って、現在法令等で定められている線量では問題となるようなことはありません。
図：放射線被ばくの線量と生物学的影響との関係（略）

問．４　再処理技術は確立されているのですか。
Ａ.現在我が国において多く稼働している商業用原子炉の使用済燃料の再処理技術は、すでに確立した技術といえます。

まず、再処理とはどのような技術かを簡単に説明しますと、再処理で取り扱う燃料は原子炉の中で燃焼した後の燃料（使用済燃料）です。この中には、燃え残りのウランと、原子炉の中で生成され再び原子炉の燃料として使うことのできるプルトニウムと、核分裂の結果生じた核分裂生成物が含まれています。これを化学処理し、ウランとプルトニウムを取り出す技術です。この化学処理の過程は、温度の高いところや高い圧力をかけるところがなく、少量づつ順次に工程を流れてゆくゆっくりしたプロセスです。

再処理の過程を図に沿って順番に説明します。原子炉で使われた後の使用済燃料は、原子力発電所内の使用済燃料プールで貯蔵・冷却されて、その間に、使用済燃料の中に閉じ込められている放射能（核分裂生成物）の中でも、ヨウ素131のように寿命の短い核分裂生成物は減衰することにより、その分放射能が少なくなっています。このような使用済燃料が再処理施設に運ばれてきますと、再処理施設内でさらに①貯蔵されます。この後、使用済燃料の中のウラン燃料を取り出しやすいように長さ数センチメートルに②せん断します。これを③溶解槽に送って硝酸で燃料部分を溶かすと、ウラン、プルトニウムおよび核分裂生成物を含む溶液となります。この溶液の中のウランとプルトニウムのみが④で溶媒に吸収されることによって大部分の核分裂生成物と分離され、⑤でウランとプルトニウムが別々に分離されます。このようにして分離されたウラン溶液及びプルトニウム溶液を、⑥で精製し純度を高め、その後の⑦

脱硝施設で製品である酸化ウランやウラン・プルトニウム混合物にされて、⑧で出荷まで貯蔵します。再処理は、世界的には四半世紀以上の経験があり、フランス、イギリス、西ドイツでは、新しい大型再処理工場の建設が進められています。
図：再処理施設の工程図（略）

日本では、動力炉・核燃料開発事業団（動燃）が昭和52年に茨城県の東海再処理工場の運転を開始し、運転を通じながら安全性をより一層向上させるための技術開発を行っています。同工場においては、これまでにいくつかのトラブルが発生していますが、その都度徹底して原因を究明し、より信頼性の高い材料・機器の開発や遠隔保守技術の開発につなげるとともに数々の知見を重ねてきています。なお、これまでのトラブルではいずれも外部に放射性物質を漏らしたり、その結果周辺の住民の方々に迷惑をかけたり、環境に悪影響を与えたようなことは一度もありませんでした。この間に東海再処理工場での軽水炉燃料再処理の実績は、フランスに次ぐ世界第二の量になっています。

六ヶ所村に建設される商業用プラントは我が国初のものではありますが、最も実績の高いフランスの最新技術を中心としさらに東海再処理工場での経験や知見を反映させることになっており、安定した運転がなされるものと考えられます。
表：主要再処理施設一覧（略）

問．5　再処理施設は、運転に伴って多くの放射性物質が放出されると聞きますが危険ではないのですか。
A.六ヶ所村に建設される再処理施設から放出される放射性物質は、その最大量をもとに考えても医学的にみて人体に悪い影響を与えない量であることはもちろんのこと、「合理的に達成可能な限り低く」抑えるという精神に基づいて最大の低減措置が講じられるので結果的に自然界の放射性物質から受ける線量
(年間約100ミリレム）よりもはるかに低く抑えられることになっています。

具体的には国際的なレベル（諸外国の再処理工場の周辺公衆の被ばく線量基準値（注）よりも低くすることにより、日本の自然放射線量の地域差約40ミリレム/年よりもずっと低くなります。

(注）諸外国の再処理工場の周辺公衆の被ばく線量基準値
●西ドイツ：気体30ミリレム＋液体30ミリレム/年
●アメリカ：25ミリレム/年
●フランス：500ミリレム/年
図：自然放射線の全国測定値（略）
図：日常生活と放射線（略）

参考：再処理施設から放出される特徴的な放射性物質

クリプトン85

大気中に存在するヘリウムなどと同じく化学的作用のない性質であることから不活性ガスと呼ばれる気体で、農畜水産物や人体に濃縮・蓄積されることがありません。

クリプトン85から出る放射線は、大部分がベータ線と呼ばれる放射線で、そのエネルギーは比較的低く、薄い水の層でも通過できないものです。

ヨウ素129，131

ヨウ素は人体に必須の元素で、人体に取り込まれると甲状腺に集まりやすいが摂取と排せつが常に行われ、体内の滞留が少ない元素です。ヨウ素131は半減期が短い（8日）ので、再処理工場に使用済燃料が搬入されるまでに実質的には消滅しています。

ヨウ素129は半減期が蝕めて長いが、存在量がごくわずかです。

また、放出する放射線の大部分はベータ線で、そのエネルキーも極めて低いものです。

トリチウム

トリチウム（3H）は三重水素とも呼ばれ、化学的性質は水素と同じです。通常水の状態で存在し、この場合、化学的性質は普通の水と全く同じです。天然にも微量ですが存在していますので、人間は常に摂取と排せつを行っています。人体に取り込まれたトリチウムは、新陳代謝により10日間ぐらいで排出されます。人体内に濃縮されることはありません。
トリチウムから出る放射線はベータ線だけで、そのエネルギーは比較的低いものです。

プルトニウム

プルトニウムは半減期が長く、放出する放射線は、アルファ線です。このアルファ線は紙一枚でも遮へいできますが、体内に取り込まれた場合、

局部的な影響が大きいという性質があります。

また、プルトニウムの酸化物は硝酸にも溶けにくいほどで、それが人体に入ったとしても消化管系統を通って排せつされます。

東海再処理工場においては、極めて慎重に取扱われており、放出実積は海外の再処理工場の例に比べて数桁も低く管理されています。このような経験は、六ヶ所村に建設される再処理施設にも生かされます。

問. 6　高レベル廃棄物の処理・処分方法が未確立ではないですか。また、六ヶ所村が最終処分場となってしまうのではないですか。

A.昭和59年7月、県は、電気事業連合会から原子燃料サイクル施設の六ヶ所村への立地について協力要請を受けました。この協力要請には、高レベル放射性廃棄物の処分地の計画は含まれていません。

我が国では、再処理施設の運転に伴い発生する高レベル放射性廃棄物は安定な形態に固化した後、30年間から50年間程度放射能による熱を冷却するため貯蔵を行い、その後深い地層中に処分(「地層処分」)することが基本方針となっています。

再処理で分離された放射能の高い核分裂生成物の溶液を安定な形態に固化する方法としては、「ガラス固化」という方法が開発されています。この「ガラス固化」というのは、金属イオンをガラスの中に溶け込ませて色ガラスをつくるように、高レベル放射性廃棄物（液体）の成分をガラスに溶け込ませて放射性廃棄物自体がガラスの一部を構成するようにする方法です。ですから、固化されたガラスが仮に割れた場合であっても、中から高レベル放射性廃棄物が外に出てくるといったものではありません。さらに、ガラスは耐水性、耐化学反応性に優れているのと同時に耐放射線性にも優れているという性質があります。言い換えれば、ガラスは安定な形態として非常に優れているわけです。このガラスは、ステンレス鋼製の容器(キャニスター）に入れて固められ、溶接で密封されます。この状態で30年間から50年間程度放射能による熱を冷却するために貯蔵されるわけです。その後は、放射能も弱まり熱の発生も弱まりますから、特別に冷却を必要としませんので処分が可能となります。欧米諸国では、この方法により）地層処分を行う計画が進んでいます。

ガラス固化については、

●フランスでは1978年からプラント規模のガラス固化貯蔵施設が順調に運転を続け、これまでに約1,500本（150ℓ）のガラス固化体を製造しています。

●西ドイツでは、1985年からベルギーとの共同プラントの運転を開始し、これまでに1,300本(60ℓ）以上のガラス固化体を製造しています。

●我が国においては、動力炉・核燃料開発事業団によって研究開発が進められており、平成3年頃の運転を目指したガラス固化プラントが昭和63年6月から建設されています。

次に地層処分についてですが、これまでに行われた「有効な地層の選定」（第1段階）の成果を踏まえて、今後、「処分予定地の選定」（第2段階)、「処分予定地における処分技術の実証」（第3段階）及び「処分施設の建設・操業・閉鎖」（第4段階）という4段階の手順で進められることになっています。高レベル放射性廃棄物の処分が適切かつ確実に行われることに関しては、国が責任を負うこととし、この一環として、国は、今後の研究開発及び調査の進み具合を確認しながら、処分事業の実施主体を適切な時期に具体的に決定することになっています。

なお、青森県が高レベル放射性廃棄物の処分地になるのではないかとの点については昭和63年12月の県議会において北村知事が、「立地協力要請のいきさつからしても、本県への処分地立地要請はあり得ないと思っているし、私としては、これを受ける考えは全くない。」と明確に否定しております。

図：放射性廃棄物処理処分の基本的考え方（略）

図：高レベル放射性廃棄物地層処分場の概念図(略)

問. 7　サイクル施設は地震により壊れることはないのですか。

A.地震に際しても施設の安全性が保たれることは非常に大切なことですので、国の安全審査でその安全性が保たれることが確認されます。

地震についての安全審査の考え方は、地震によって施設が壊れたと仮定して、その破損が周辺公衆に与える影響の度合いの大小によって、審査の内容がそれぞれ異なっています。

まず原子力安全委員全の定めた「発電用原子炉

施設に関する耐震設計審査指針」の耐震性についての考え方を説明します。

図：耐震性に係る審査事項の概要（略）

地震によって影響を受けるものとしては、①施設の建屋やその中の機器、②施設が設置されている基礎地盤、③敷地の地盤があげられます。これらが地震に対して安全であることの確認が行われるわけです。

≪重要度分類≫

原子燃料サイクル施設は、安全確保上その重要さの程度が異なる種々の施設からなっています。例えば、放射能をたくさん内包しているような設備や、放射能に全然関係しないような設備がありますが、これらを同じ設計にするのは不合理です。つまり、重要な設備は頑丈に、そうでないものは一般の建築物と同様に設計されるわけです。

具体的には、施設の重要度に応じて、重要な施設には大きな地震が来たとしたと仮定して、その地震に耐えられるように設計されます。

このように地震時にも周辺に放射線の影響を与えないとの観点から分類したのが、耐震設計上の重要度分類です。

図：耐震設計の基本的考え方（耐震重要度と地震力の関係）（略）

≪地震力の選定≫

重要度分類されたその分類ごとに耐震設計上考慮すべき地震力が考えられています。Cクラス(一般建築物）の設計に対して考慮されている地震力というのは、関東大震災の地震力に相当すると言われていますから、重要な施設に適用されるAクラスでは関東大震災の時の3倍に相当する地震力にも耐えられることになります。さらにAクラスの施設に対して考慮すべき地震力として設計用最強地震（注1)、Aクラスの中でも特に重要な施設に対して考慮すべき地震力として設計用限界地震（注2）があります。これは、六ヶ所村周辺で起こった過去の地震や周辺の活断層の有無等から判断して、推定し得る地震にさらに安全余裕を考慮したもので、このような仮想的な地震に対しても施設が十分に耐えられることを地震の揺れを考えた解析により確認することになります。

※注1）設計用最強地震

歴史資料等にその記録があるような過去の地震や活動性の高い活断層による地震の全てを考慮したもので、将来発生するかもしれない地震

※注2）設計用限界地震

活動性がそれほど高いものとは考えられない活断層から想定される地震や地震地体構造から想定される地震及び直下地震の全てを考慮したもので、近い将来発生するとは考えられないが、地震学的にその地域で起こると考えた限界的な地震

図：設計に考慮すべき地震の想定フロー（略）

このような考え方により、①重要な施設の耐震性の確認がなされることになります。②施設の基礎地盤の安全性については、施設周辺の地盤の状況等の調査結果と、施設の重要度に応じて考えた地震力を用いて解析し、地盤の安定性を確認します。③敷地の地盤の安全性については、敷地の周辺を含めて自然環境を調査し、重要な施設に影響を与えるような要因があるかどうかを調査します。万一、重要な施設に影響を与えるような要因がある場合には、その要因に応じて対策がとられます。

参考：昭和63年8月10日事業許可となったウラン濃縮施設の安全審査については、次のような結果となっています。なお、ウラン濃縮施設については、内包する放射性物質の量が少ないため、原子力施設の一般的な耐震性の考え方に当てはめると、Bクラス、Cクラスに分類されるような施設しかありません。

しかし、安全審査においては、原子力施設の一般的な耐震性の考え方を基本としながら、Bクラス、Cクラスに相当するにもかかわらず、一部基準を厳しくする等慎重を期しています。

①耐震性の確認

施設は耐震設計上の重要度に応じて3種類に分類し、それぞれ建築基準法で定められた地震力に次の割り増し係数を乗じた地震力で耐震設計を行うことを確認しています。

表：ウラン濃縮施設の耐震設計で用いる割り増し係数（略）

表：ウラン濃縮施設の重要度分類（略）

②施設の基礎地盤の安定性の確認

ウラン濃縮施設を支持する基礎地盤は、調査の結果、N値50以上の十分な地耐力を有する鷹架層であり、安定性については問題のないことを確認しています。

③敷地の地盤の安定性の確認

ウラン濃縮施設の敷地では、調査の結果、過去に地すべりや陥没が発生したことがないことを確認しています。また、敷地は、海岸から約3km離れた標高約36mの丘陵地帯に位置していますので地震による高潮・津波により被害を受けるようなことがないことを確認しています。

問．８　サイクル施設の近くに天ヶ森射爆撃場等があり、航空機の墜落事故の危険性があるのではないですか。

A.航空機による原子力施設に対する災害を防止するため、民間機、自衛隊機いずれの飛行においても、原子力施設付近の上空の飛行はできる限り避けるよう飛行規制を行っています。また、在日米軍機に対しても、原子力施設上空の飛行規制について国は協力要請を行い、これに対し米国は、この飛行規制を遵守することを表明しています。このようなことから、原子燃料サイクル施設上空を航空機が飛来することは通常あり得ませんので、航空機が墜落することは、極めて起こり難いと考えられます。

仮に墜落することを考えてみましょう。

一般的に原子力施設は、従事者の放射線に対する安全防護等のためにそもそも厚いコンクリート遮へい等で囲まれており、堅固な構造になっています。

一方、航空機それ自体は建物にぶつかると、機体の破壊によってエネルギーが吸収され、堅牢な部品、たとえばジェットエンジンのような物体が墜落時のエネルギーを保って突進します。そのエネルギーと原子力施設の衝突した部分の丈夫さが問題となるわけです。また、通常、墜落とともに火災発生が想定されますから、この点についても問題となります。

具体的には、ウラン濃縮施設については国の安全審査が終了していますし、また、再処理施設と低レベル放射性廃棄物貯蔵施設についても安全審査において、安全性が確認されることになります。

（ウラン濃縮施設に対する安全審査の結論）

①　ウラン濃縮施設は、三沢空港、定期航空路及び射爆撃場から十分に離れていること、さらに航空機は原則として原子力施設の上空を飛行しないよう規制されていますので、航空機が墜落してウラン濃縮工場に影響を与える可能性は極めて小さいものです。

②　仮に、ウラン濃縮施設の重要な建屋に射爆撃訓練を行っている航空機が万が一墜落した場合を想定して、次のような評価が行われています。

なお、射爆撃訓練においては、自衛隊機、在日米軍機ともに、模擬爆弾が使用されています。

(i) 発回均質棟

六フッ化ウランの発生、回収、均質化を行う発回均質棟は、厚さ約90cmの鉄筋コンクリート造りであり、射爆撃訓練を行っている航空機に対し健全性は確保されます。

図：ウラン濃縮施設における飛来物関連評価の流れ（略）

(ii) ウラン貯蔵庫

固体状のウラン（天然ウラン、濃縮ウラン、劣化ウラン）を最大約2,400tU、シリンダーに入れて貯蔵するための貯蔵庫です。ウラン貯蔵庫は厚さ約20cmの鉄筋コンクリート造りで、航空機の墜落に伴い、屋内のシリンダーの破損及び航空機の燃料の火災が想定されます。従って、安全審査においては、シリンダーの破損本数、火災の継続時間等を安全側に立って評価を行っています。その結果は、建屋外へのウランの漏洩量は約0.3キュリーとなります。この漏洩したウランによって周辺公衆が受ける被ばく線量は約0.06レムと評価されており、その影響は小さなものです。

(iii) カスケード棟

遠心分離機等の装置を設置しているカスケード棟は、鉄骨造りの建屋です。この建屋の中で取扱われるウランの量は作業の性質上少なく、たとえ建屋の中のウランが全て遠心分離機等の装置から漏洩したと仮定しても、ウラン貯蔵庫の評価よりもさらに少ない値となるため、被ばくによる影響も小さなものとなります。

問９．　再処理施設地内の主要施設の直下に断層があると聞きますが、どのような内容のものなのですか。

A.事業主体である日本原燃サービス㈱は、再処理施設の建設のために、地質・地盤、地下水、気象、海象等必要な調査を昭和60年度から実施しています。このうち、地質・地盤に関しては地表地質調査、ボーリング調査、弾性波探査、試掘抗調査等を実施し、その結果、敷地には2本の断層があることを確認しました。

しかし、この2本の断層はともに、新第三紀の鷹架層（約510～2,400万年前）の中に見られるものであって、その上にある新第三紀の砂子又層（約170～510万年前）に対してズレなどの変位を与えていませんので、鷹架層が堆積した時代の断層と考えられ、少なくとも約510万年間は動いていないとされています。

図：地質断面模式図（略）

このことから、この断層は今後、地震を引き起こす原因となるような活断層ではないと判断されています。なお、この断層を含む立地予定地の妥当性については、再処理施設の安全審査指針に基づき、国の安全審査において確認されます。

参考：１．「活断層」とはどのようなものですか。

活断層の定義は、文献によっても若干の違いがありますが、再処理施設については、原子力安全委員会の定めた「発電用原子炉施設に関する耐震設計審査指針」を適用して審査を行うこととなっています。この指針では、活断層の定義は、「第四紀（180万年前以降）に活動した断層であって、将来も活動する可能性のある断層をいう。」とあります。活断層は、原子力施設に影響を与える可能性があることから、施設の耐震設計において検討される事項のひとつとなります。審査においては、この活断層又は、将来の再活動の可能性が高い活断層が、評価をする際の判断基準の目安とされています。

再処理施設敷地内の2本の断層のうちの１本は、落差が300m程度の断層とされており、断層の落差を問題にされる方々もおりますが、断層の評価に際しては、断層の落差よりもむしろその活動性が問題となります。

図：活断層の概念図（略）

２．断層があると、地盤は弱くなりませんか。

問7の回答でも述べましたが、耐震設計に関する安全審査の項目のひとつとして、施設の基礎地盤の安定性の確認があります。再処理施設の安全審査においては、この点の確認について、地質・地盤の調査、岩石・岩盤試験等によって得られた基礎的データと施設において想定される最大の地震力を用いて解析し、地盤の安定性の確認が行われます。なお、一般的に、断層があると断層がない場合に比べて地盤のすべり等は起こり易く、地盤の安定性も悪くなる傾向があります。しかしながら、今回の再処理施設においては、原子力発電所の設計においても十分に経験が積み重ねられた手法によって敷地内にある2本の断層をもとり入れた計算を行い地盤の支持力、すべり、不等沈下等について解析を行い、2本の断層があっても地盤の安全性が確保されることが確認されることになります。

［出典：青森県むつ小川原開発室『原子燃料サイクル施設の疑問に答えて』］

Ⅱ-1-2-8
原子燃料サイクル施設に係る環境放射線等モニタリング構想、基本計画及び実施要領

青森県　平成元年３月

青森県

第1.構想

1.趣旨

本県むつ小川原地域に立地が予定されている再処理施設、ウラン濃縮施設及び低レベル放射性廃棄物貯蔵施設（以下、「原子燃料サイクル施設」という。）に係る環境放射線・放射能及び非放射性環境汚染物質（以下、「環境放射線等」という。）に係るモニタリングを計画的に実施するための基本的な考え方を明らかにする。

2.基本計画の策定

当該構想に則り、環境放射線等モニタリングに係る測定地点名・試料採取地点等監視測定についての具体的内容を定めた基本計画を策定する。

3.モニタリングの基本方針

モニタリングの実施及び評価等については、「環境放射線モニタリングに関する指針（平成元年3月原子力安全委員会）」等に準拠するものとする。

4.モニタリングの目標

⑴基本目標

原子燃料サイクル施設周辺公衆の健康と安全を守るため、環境における原子燃料サイクル施設起因の放射線による公衆の線量当量が年線量当量限

度を十分下回っていることを確認する。

⑵具体的目標

①公衆の線量当量を推定、評価すること。

②環境における放射性物質の蓄積状況を把握すること。

③原子燃料サイクル施設からの予期しない放射性物質の放出による周辺環境への影響の評価に資するとともに、平常時のモニタリングを強化するか否かの判断に資すること。

5.モニタリングの対象地域

六ヶ所村及び隣接市町村とし、六ヶ所村を主監視地域とする。

6.設置者との調整等

⑴県及び原子燃料サイクル施設の設置者（以下、「設置者」という。）は、原子燃料サイクル施設の安全性を確認し、地域住民の健康を保護する観点からモニタリングを実施するものとする。

⑵モニタリングの実施に当たっては、県と設置者との間で地域全体として整合性がとられるよう調整するものとする。

⑶設置者は、県に対しモニタリングに関し必要な放出源情報等を提供するものとする。

7.モニタリングの内容

⑴空間放射線の測定

①測定対象

主として、γ線を対象とする。

②測定項目

空間放射線量率、積算線量

③測定地点

ア.空間放射線量率については、施設の敷地境界の周辺及び人口の集中した地点に連続式の放射線計測器（以下、「連続モニタ」という。）を配置し、１時間当りの平均値及び積算値を求める。

イ.積算線量については、調査対象地域内及び比較対照の地点に熱ルミネセンス線量計（TLD）等の積算型放射線計測器を配置し積算値を求める。

④測定方法

原則として、科学技術庁放射能測定法シリーズ等に準拠する。

⑵環境試料中の放射能の分析測定

①環境試料の種類

ア.陸上試料　　大気浮遊じん、陸水（飲料水を含む。）、土壌、農畜水産食品（野菜・米等）、指標生物、降下物、降水等

イ.海洋試料　　海水、海底土、海産食品、指標生物

②環境試料の採取場所

環境試料の採取場所の選定に当たっては、陸上試料については、原子燃料サイクル施設からの距離、風向、人口分布等を、海洋試料については、放出口からの距離、海底の状況、生態等を考慮する。

なお、原子燃料サイクル施設からの影響が想定されない地点においても、比較対照のための試料を採敢する。

③試料の採取量及び保存

試料は、分析、評価に十分な量を採取することとし、重要と考えられるものについては、適当な期間保存する。

④試料採取の頻度

ア.土壌、海底土等長期間にわたる蓄積状況を把握するための試料については、半年ごとあるいは1年ごとに採取する。

イ.農畜水産食品、陸水等人の線量当量を推定するための試料及び指標生物については、原則として、4半期ごととするが、季節的な食品及び生物については、収穫期ごとあるいは漁期ごとに採取する。

ウ.大型水盤による放射性降下物の測定は、核爆発実験等による寄与を把握するため毎月行う。

エ.その他

⑤対象核種等

グロス放射能　　全α、全β

対象核種　　3H、54Mn、60Co、85Kr、90Sr、106Ru、129I、131I、134Cs、137Cs、144Ce、U、239＋240Pu等

⑥放射能の測定方法

環境試料中の放射能の測定方法は、原則として、科学技術庁放射能測定法シリーズに準拠する。

⑶非放射性環境汚染物質

①測定対象

環境大気中及び環境試料中のF（フッ素）を対象とする。

②測定地点

環境大気中のFについては、空間放射線量率の測定地点と同様の考え方により、連続式の測定記録計を配置し、8時間ごとの値を求める。

また、環境試料中のFについては、陸上試料及び海洋試料について、環境試料中の放射能の分析測定と同様の測定地点とする。

③分析測定方法
　別に定める。
⑷気象の観測
①観測項目
　風向、風速、気温、降水量等
②観測地点
　連続モニタを配置した地点のうち、気象特性を考慮して主要な地点に連続式の気象観測装置を配置する。
⑸移動観測車
①観測項目
　空間放射線量率（γ線）、気象（風向、風速、気温、降水量等）
②観測地点
　各サーベイポイントを移動し、広域的な観測を行う。
8.モニタリングの質の保証
　環境放射線等モニタリングの質の保証を総合的に評価するため、クロスチェック等を行う。
9.モニタリング結果の評価等
　モニタリングの結果及びその総合評価並びにこれらの公表に関しては、県、関係市町村、学識経験者及び地元住民等関係者で構成する監視・評価機構を組織して行う。
10.その他
　本構想については、今後の科学技術の進展等に応じ、適宜検討を加える。
第2.基本計画
1.趣旨
　『原子燃料サイクル施設に係る環境放射線等モニタリング構想』に則り、測定地点・試料採取地点等モニタリングの実施に当たっての具件的事項を次のとおり定めるものとする。
2.空間放射線の測定
⑴空間放射線量率等の測定
ア.測定項目
①空間放射線量率（低線量率、高線量率）
②大気浮遊じん中の全α放射能、全β放射能
③大気中のβ線（Kr-85）
イ.測定地点
　測定地点は、サイトを中心とする全方位をカバーすることを基本とし、人の居住状況、地形、卓越風向、測定地点相互の位置関係等社会的、自然的条件並びに原子燃料サイクル施設の特殊性等を総合的に勘案して選定するほか、比較対照の地点も設定する。
　なお、測定地点（モニタリングステーション）及び地点毎の測定項目は、表1・図1のとおりとする。
⑵積算線量の測定
ア.測定項目
　TLDによる積算線量（原則として、3ケ月間の積算値）
イ.測定地点
　測定地点は、モニタリング対象地域内に広範囲に選定するほか、比較対照の地点も設定する。
　なお、測定地点（モニタリングポイント）は、表2・図1のとおりとする。
3.環境試料中の放射能の分析測定
ア.測定項目
　全α放射能、全β放射能、γ核種（Mn-54、Co-60、Ru-106、Cs-134、137、Ce-144等　）、H-3、Sr-90、I-131、Pu-239、240、U-234、235、238等とする。
イ.採取地点
　環境試料の採取地点は、原子燃料サイクル施設からの距離、風向、人口分布、農畜水産物の生産状況等の社会的、自然的条件に加え、放出源情報に基づく核種の挙動等を勘案して選定するほか、比較対照の地点も設定する。
　なお、環境試料の採取地点及び地点毎の測定項目等は、表3・図2のとおりとする。
4.非放射性環境汚染物質の分析測定
ア.測定項目
　環境大気中及び環境試料中のF
イ.測定地点
①環境大気中のFの測定地点は、ウラン濃縮施設周辺及び比較対照の地点とする。
なお、測定地点（モニタリングステーション）は、表1・図1のとおりとする、
②F分析の環境試料の採取地点は、ウラン濃縮施設周辺及び比較対照の地点とする。
　なお、採取地点は、表3・図2のとおりとする。
5.気象の観測
ア.観測項目
　風向、風速、気温、降水量、感雨、積雪量、日射量、放射収支量、湿度
イ.観測地点
　気象の観測地点は、当該地域の気象特性を考慮して、内陸部及び沿岸部の合計3地点とする。

なお、観測地点（モニタリングステーション）及び地点毎の観測項目は、表1・図1のとおりとする。

6.移動観測車による定期調査

ア.調査項目

空間放射線量率（γ線）、気象（風向、風速等）等

イ.調査地点

移動観測車による調査は、モニタリング対象地域内におけるサーベイポイントを別途年次計画で設定する。

7.テレメータシステムによる常時監視

モニタリングステーションにおける計測データを効率的かつ迅速に集計、記録、整理、解析するため、テレメータシステムを導入し、連続モニタリングを行う。

六ヶ所放射線監視センター（仮称）において、データの収集、送信、表示等を、青森県環境保健センター（仮称）（青森市）において、システムの管理、データの処理等を、それぞれ行う。

なお、テレメータシステムを含む監視体制は、図3のとおりとする。

8.モニタリングの質の保証

モニタリングの質を保証するため、次の事項に配慮する。

ア.装置及び機器の保守、適正な管理等

イ.職員の訓練、研修等による資質向上

ウ.分析手順の検証等

エ.計測機器の国家標準等との校正等による精度の確保

オ.各機関等相互において、技術的課題についての情報交換等

以上の項目を総合的に評価するため、各機関等相互におけるクロスチェック（比較分析）を実施する。

9.案施要領

環境放射線等の具体的測定、分析方法等については、実施要領で定める。

10.その他

本基本計画については、今後、必要に応じ、適宜検討を加える。

(以下略)

［出典：青森県資料］

Ⅱ－1－2－9

財団の事業案内

財団法人むつ小川原地域・産業振興財団　平成元年４月

財団法人むつ小川原地域・産業振興財団の概要

設立趣意書

本県においては、農林水産業を主体とする地域の産業構造を基幹型工業の導入を契機に高度化し、地域の住民ひいては広く県民全体の生活の安定と向上に大きく寄与することを目標に、六ヶ所村、三沢市等16市町村の地域を対象としたむつ小川原開発を推進しており、港湾、道路等のインフラストラクチャーの整備、国家石油備蓄基地の建設及び原子燃料サイクル施設の立地推進など着実に開発が進展しているところである。このうち、原子燃料サイクル事業は、わが国のエネルギーセキュリティに必要であるとともに、技術の先端性、国際性などの特性により大きく地域振興に寄与するものと考えられ、施設の立地を契機としたむつ小川原開発地域等のより一層の地域振興、産業振興の具体化、すなわち国際化、情報化、技術革新等の新たな社会経済環境の変化に対応した個性豊かで活力あふれる地域づくり、産業づくりの地域ぐるみでの推進が重要課題となっている。したがって、こうした地域の自助努力による新たな地域づくり、産業づくりを図ろうとするための人材の育成、技術の開発、資源の発掘、情報化の促進等の産業の育成・近代化及びまちなみ整備、観光リゾート開発等の環境整備に係る諸活動に対し積極的に支援することが必要であり、そのシステムの構築が要請されている。よって、ここに「むつ小川原地域・産業振興財団」を設立し、原子燃料サイクル施設の円滑な立地とむつ小川原開発地域等の地域振興、産業振興に必要な諸施策を推進することにより、地域社会の発展に寄与せんとするものである。以上の趣旨をもって、本財団を設立する。

設立年月日	平成元年3月20日
所在地	青森市長島二丁目10番4号　ヤマウビル7階 TEL　0177－73－6222 　　　0177－73－6245（Fax兼用）
代表者	理事長　山内善郎
基本財産	1,000万円
運用財産	100億円
事業内容	(1)　むつ小川原開発地域等の市町村、産業団体等が行う地域の活性化及び産業の育成・近代化に係る次に掲げる事業に関する調査研究及びプロジェクトの実施のために必要な資金の助成 ア　地域づくり・産業づくりに関する人材の育成 イ　地域づくり・産業づくりに関する資源の発掘、及び育成 ウ　地域づくり・産業づくりに関する施設及び基盤の整備 エ　地域づくり・産業づくりに関する融資事業等 オ　その他地域づくり・産業づくりに関する事業 (2)　むつ小川原開発地域等の地域づくり・産業づくりのための情報の収集及び提供 (3)　むつ小川原開発地域等の地域づくり・産業づくりのための講演会、研修会等の開催 (4)　前各号に掲げるもののほか、この法人の目的を達成するために必要な事業

役員名簿

役員名	氏名	職名
理事長	山内善郎	第1順位の青森県副知事
副理事長	鈴木重令	三沢市長
	土田　浩	六ヶ所村長
専務理事	工藤俊雄	
理事	植村正治	青森県漁業協同組合連合会会長
	沼田吉蔵	青森県商工会議所連合会会長
	松尾官平	青森県商工会連合会会長
	佐々木誠造	青森県市長会会長
	成田佐太郎	青森県町村会会長
	三村官左衛門	上北郡町村会会長
	伊藤　廉	青森県総務部長
	佐々木透	青森県企画部長
	秋田谷垣夫	青森県生活福祉都長
	増田和茂	青森県環境保健部長
	清木　直	青森県商工労働部長
	本儀　隆	青森県農林都長
	前多喜雄	青森県水産部長
	池田達哉	青森県土木部長
	内山克己	青森県むつ小川原開発室長
	中尾良仁	青森県公営企業局長
	山崎五郎	青森県教育長
	渡邊要平	日本原燃サービス株式会杜専務取締役
監事	中村亨三	十和田市長
	杉山　粛	むつ市長
	藤川直迪	青森県出納長

［出典：財団法人むつ小川原地域・産業振興財団資料］

Ⅱ－1－2-10

原子燃料サイクル施設環境放射線等監視評価会議要綱

青森県

（設置）

第１条　原子燃料サイクル施設周辺における環境放射線等モニタリングの実施について、必要な事項の検討及び測定結果の評価等を行うことを目的として、原子燃料サイクル施設環境放射線等監視評価会議（以下「監視評価会議」という。）を設置する。

（所掌事項）

第2条　監視評価会議は、次に掲げる事項を所掌する。

(1)環境放射線等モニタリングの実施に関すること。

(2)環境放射線等の測定結果の評価等に関すること。

(3)その他必要な事項に関すること。

（構成）

第3条　監視評価会議は、学識経験者等50人以内の委員をもって構成し、会長及び副会長2人を置く。

2　会長は、知事がこれに当たり、副会長は委員の互選によってこれを定める。

3　委員は､次の各号に掲げる者をもって構成する。

(1)学識経験者

(2)青森県職員

⑶青森県議会議員
⑷六ヶ所村、三沢市、野辺地町、横浜町、上北町、東北町及び東通村（以下「関係市町村」という。）の長
⑸関係市町村議会の長
⑹関係団体の長又はその長が指名する役職員
4　委員（会長たる委員を除く。）は、知事が委嘱又は任命する。
5　委員の任期は2年とする。
6　委員が欠けたときにおける補欠の委員の任期は、前任者の残任期間とする。
（会長及び副会長）
第4条　会長は、会務を総理し、監視評価会議を代表する。
2　副会長は、会長を補佐するとともに、会長があらかじめた順序により、会長に事故があるときは、その職務を代理する。
（会議）
第5条　監視評価会議は、必要の都度、会長が招集する。
2　会議の議長は、会長がこれに当たる。
（ワーキング・グループ）
第6条　監視評価会議の所掌事項に係る技術的事項の整理を行うため、監視評価会議にワーキング・グループを置く。
2　ワーキング・グループの運営等に関し必要な事項は、別に定める。
（運営等に関する事項）
第7条　この要綱に定めるもののほか、監視評価会議の運営等に関し、必要な事項は、会長が監視評価会議の会議に諮って定める。
（庶務）
第8条　監視評価会議の庶務は、青森県環境保健部原子力環境対策室において処理する。

附則（平成元年7月5日）
　この要綱は、平成元年8月10日から施行する。
附則（平成2年8月2日）
1　この要綱は、平成2年8月10日から施行する。
2　改正後の要綱第3条第5項の規定にかかわらず、この要綱の施行日以後最初に委員に委嘱又は任命された者に係る任期は平成4年3月31日までとする。

原子燃料サイクル施設環境放射線等監視評価会議委員名簿
　○会長　△副会長

（平成4年4月現在）

区　分	氏　名	職　名
⑴　学識経験者	金子　昭	名古屋大学工学部教授
	小柳　卓	（財）環境科学技術研究所常務理事・所長
	△佐伯　誠道	（財）原子力環境整備センター理事
	篠崎　達世	（財）双仁会厚生病院重症疾患研究所長
	滝澤　行雄	秋田大学医学部教授
	竹川　鉦一	弘前大学医学部教授
	敦賀　花人	元（財）海洋生物環境研究参与
	中田　啓	動力炉・核燃料開発事業団安全部長
	沼宮内　弼雄	（財）放射線計測協会専務理事
	濱田　達二	（社）日本アイソトープ協会常務理事
⑵　青森県職員	○北村　正哉	青森県知事
	△入谷　盛宣	青森県副知事
	小室　裕一	青森県総務部長
	秋田谷　垣夫	青森県環境保険部長
	中尾　良仁	青森県農林部長
	岡村　康弘	青森県水産部長
	内山　克巳	青森県むつ小川原開発室長
⑶　青森県議会議員	鳴海　広道	青森県議会議長
	丸井　彪	青森県議会環境厚生委員長
⑷　関係市町村の長	土田　浩	六ヶ所村長
	鈴木　重令	三沢市長
	小阪　郁夫	野辺地町長
	長谷川　清	横浜町長
	蛯名　省吾	上北町長
	蝦沢　喜代治	東北町長
	川原田　啓造	東通町長
⑸関係市町村議会の長	橋本　道三郎	六ヶ所村議会議長
	野口　捻	三沢市議会議長
	吉沢　磯吉	野辺地町議会議長
	菊地　一美	横浜町議会議長
	市川　清	上北町議会議長
	蓮畑　金介	東北町議会議長
	畑中　正美	東通村議会議長

区　分	氏　名	職　名
⑹ 関係団体の長又は長が指名する役職員	原田　隆宣	青森県医師会会長
	沼田　吉蔵	青森県商工会議所連合会会長
	植村　正治	青森県漁業協同組合連合会会長
	中川原　儀雄	青森県農業協同組合中央会会長
	福岡　良一	六ヶ所村農業協同組合長理事
	駒井　末吉	倉内地区酪農農業協同組合長理事
	村井　正昌	庄内酪農農業協同組合長理事
	小川　寅悦	北部上北酪農農業協同組合長理事
	舘花　昌之輔	泊漁業協同組合長理事
	中村　仁美	六ヶ所村海水漁業協同組合参事
	橋本　富一	六ヶ所村漁業協同組合長理事
	泉谷　貞一	六ヶ所村商工会会長
	高田　美奈子	六ヶ所村連合婦人会会長
	高橋　長次郎	八戸漁業協同連合会会長理事

［出典：青森県『原子燃料サイクル施設環境放射線調査報告書（平成3年度報）』77-82頁］

Ⅱ－1－2-11

風評被害処理要綱

青森県　平成元年 12 月

第1章　総則

(趣旨)

第1条　この要綱は、平成元年3月31日、青森県、六ヶ所村、日本原燃サービス株式会社、日本原燃産業株式会社及び電気事業連合会との間において取り交わした「風評による被害対策に関する確認書」第4条の規定に基づき、風評による被害（以下、「被害」という。）の公平かつ適切な処理を図るため、必要な事項を定める。

第2章　認定基準

(認定基準)

第2条　被害として規定されるべき基準は、概ね、次のとおりとする。

（1）サイクル施設の保守、運営等に起因して発生した農林水産物等の価格低下による損失、営業上の損失その他の経済的損失であること。

（2）その他、公平の原則を著しく害するものでないこと。

第3章　処理手続き

(被害の処理)

第3条　万一、サイクル施設の保守、運営等に起因して被害が発生し、住民等からその被害の補償要求を受けた場合は、誠意をもって当事者間で解決する。

2　前項の規定にかかわらず、当事者間で解決することができなかったとときは、同項の規定により補償要求をした者は、第三者機関として設置された風評被害認定委員会（以下、「認定委員会」という。）に対し、その処理の申立てをすることができる。

(処理の申立て)

第4条　前条の規定による処理の申立ては、次に掲げる事項を記載した書面により、原則として、所属する組合等を通じて行う。

（1）氏名及び住所（法人にあっては、名称及び代表者氏名並びに主たる事務所の所在地）

（2）申立て年月日

（3）申立ての趣旨及びその理由

（4）その他、申立てに関し必要な事項

(処理)

第5条　認定委員会は、第3条第2項の規定により処理の申立てがあった場合は、公平かつ妥当な解決を図る。

(被害の有無の認定等)

第6条　認定委員会は、第3条第2項規定により処理の申立てがあった場合は、当事者双方の意見を聴取するともに、被害の状況、範囲等について調査、検討し、被害の有無の認定並びに補償額の決定を行う。

(処理の打切り)

第7条　認定委員会は、第3条第2項の規定により申立てをした者が次の各号の一に該当するときは、その処理を打ち切る。

（1）訴訟を提訴したとき。

（２）申立てを取り下げたとき。
（３）正当な理由がないにもかかわらず、調査に協力しないこと等により、解決の見込みがないと認められるとき。
第4章　認定委員会
(組織)
第8条　認定委員会は、委員20人以内をもって組織する。
2　委員は、法律、経済、原子力関連技術等に関する学識経験を有する者のうちから、青森県知事が委嘱する。
3　委員の任期は、2年とする。
(会長及び副会長)
第9条　認定委員会に、会長及び副会長をそれぞれ1名置く。
2　会長及び副会長は、委員の互選による。
3　会長は、認定委員会を代表し、認定委員会の事務を掌理する。
4　副会長は、会長を補佐し、会長に事故があるとき、又は会長が欠けたときは、その職務を代行する。
(会議)
第10条　認定委員会の会議は、会長が招集し、会長が議長となる。
2　認定委員会は、委員の過半数の出席がなければ、会議を開催することができない。
3　認定委員会の議事は、出席議員の過半数で決し、可否同数のときは、会長の決するところによる。
4　会長は、必要に応じ、専門的知識を有する者及び関係者の出席を求め、意見を聴取することができる。
(運営)
第11条　この要綱に定めるもののほか、認定委員会の運営に関し必要な事項は、会長が認定委員会に諮って定める。
第5章　その他
(その他)
第12条　この要綱に定めるもののほか、被害の処理に関し必要な事項は、別に定める。
附則
この要綱は、安全協定締結の日から施行する。
風評被害認定委員会委員名簿（略）
[出典：青森県資料]

Ⅱ－１－２-12
「フォーラム・イン・青森」で多く出された質問にお答えします
青森県　平成２年３月

はじめに

青森県内では、原子燃料サイクル施設の立地を巡って、その必要性、安全性はもとより地域振興との係り、風評被害、なぜ青森なのか等々県民の間に様々な疑問や不安等が出されており、日常の話題になっております。

このような情勢にあることから、青森県では、こうした疑問や不安等を少しでも解消していただくため、また県民の方々がどんなことを考えているのか、その気持ちを汲みとるため、平成1年10月から平成2年1月にかけて、県内の8市と8郡の町村の16ヵ所で「フォーラム・イン・青森」を開催しました。

これには、国（科学技術庁並びに通産省資源エネルギー庁）並びに専門家が出席し、県民の方々（延約650名）にエネルギー、原子力、環境問題や原子燃料サイクル施設の必要性、安全性等について説明した後、直接対話による話合いをしました。また、この席には事業主体の日本原燃サービス（株）及び日本原燃産業（株）も同席しました。

目次
1. 原子力はどうして必要なのか
2. なぜ青森か
3. 人工放射線は危険ではないか
4. 放射能による農畜水産物への影響が心配
5. 高レベル廃棄物の処理と処分はどのようにされるのか心配
6. 施設に飛行機が墜落したら
7. チェルノブイル原発のような事故が起こるのでは
8. 万一農畜水産物が売れなくなったら

このたびの「フォーラム・イン・青森」は、県はもとより、国、事業者にとっても大変有意義であり、また参考になったものと考えております。

県民の方々からは様々な意見や質問が出され、質問については、国、専門家、県及び事業者が回答しましたが、各々の会場で多く出された質問と、これに対する回答をまとめ、原子燃料サイクル施設について考える一つの材料としていただくために小冊子にしました。これが何等かの参考になれば幸です。

終りに、このたびの「フォーラム・イン・青森」にご参加いただき貴重なご意見を出していただいた県民の方々に深く感謝申し上げるとともに、ご出席いただいた専門家の方々、国の担当官、事業者の担当の方々に対しお礼を申し上げます。

むつ小川原開発室

原子力はどうして必要なのか

電気が必要であれば、原子力を止めて、省エネや代替エネルギーで対応すればいいのではないのか。

それなのに、なぜ、原子力をやるのか。

我が国では、省エネにおいても大きな成果を収めてきており、また、経済成長に伴ってエネルギー消費量は必然的に増加するため、これ以上の省エネは容易ではないのが現状です。

また、太陽や風力などの自然のエネルギーの利用については、従来から積極的に研究開発を進めていますが、現在ではまだ値段が高いとかで、一部の小規模な利用を除いて実用化までには至っていません。

安定的かつ経済的エネルギー供給のためには、原子力発電をはじめ多様なエネルギー源を組み合わせることが重要です。

〔せつめい〕

⑴　エネルギー供給のあり方を考えるためには、①供給の安定性、②環境への影響、③経済性という3つの柱があります。

⑵　石油や石炭などの化石燃料は取扱いがとても容易ですが、資源の生産地がかたよっていますし、酸性雨や温室効果などの地球規模の環境問題を懸念する向きもあり、過度の依存には限界があります。

⑶　原子力発電は、ウランの供給国が政情の安定した国が中心であるため、高い供給安定性があり、炭酸ガスなどの燃焼ガスを出さず地球環境問題に貢献していますし、各電源の中で最も安価であるという経済性があり、エネルギー源としての条件を満足しています。このことから、長期にわたる経済的で安定したエネルギー供給のためには原子力発電の推進は不可欠です。しかし、原子力においても安全性などの課題もあり、原子力発電のみに頼るわけにはいきません。

⑷　我が国は二度の石油ショック以来、積極的に省エネに取り組んできたため、先進国の中でも最も大きな成果を収めています。したがって、今後とも省エネを推進していくことは重要ですが、経済成長に伴ってエネルギー消費量が増加するため、これ以上の省エネは容易ではないのが実情です。

⑸　他方、太陽光などによる新エネルギーは、今後とも積極的に開発しなければなりませんが、現時点では大量に安く利用することは困難です。

⑹　したがって、安定した電力を供給するためには、水力、火力、原子力、地熱、新エネルギーなどの電源の特徴を生かし、原子力をはじめ多様なエネルギー源を組み合わせることが重要なのです。

なぜ青森か

なぜ原子燃料サイクル施設の建設場所として青森県を選んだのですか。

原子燃料サイクル施設の建設地点を選ぶのにはいくつかの条件があります。これは①十分な広さの用地があること、②地盤がしっかりしていること、③機材等の輸送に必要な港湾があることなどです。

青森県六ヶ所村は、これらをすべて満たす最適の条件を兼ね備えたところです。

〔せつめい〕

⑴一般の工場もそうですが、原子燃料サイクル施設を建てるには広い土地が必要です。しかし、大都市の近くでは、ビルや住宅などの建物がたてこんでおり、十分なだけの広い土地を確保するのは困難です。

次に、原子燃料サイクル施設は大きな地震にも耐えられる設計が求められますので、地盤の強固なところが必要です。

第三に、原子燃料サイクル施設では機材などの輸送に必要な港湾が必要になります。

六ヶ所村は、これらすべてを満たす最適の条件を兼ね備えた場所として昭和59年、電気事業連合会から青森県に立地協力の要請があったものです。

⑵青森県は原子燃料サイクル施設の立地協力要請

については、県政にとって極めて重大なかかわりがあることから、

① 安全性の確保を第一義
② 国の政策上の位置付けの確認
③ 地元六ヶ所村の意向を尊重
④ 県内各界各層の意見聴取及び県民各界各派及び県選出国会議員の意見聴取
⑤ 県議会における論議

以上のような手順のもとに対処し、さらにこの施設の立地が地域振興にも寄与するとのことからこれを受諾したものです。

(3)なお、施設の安全性については、国による厳しい安全審査が行われ、安全性が確認されない限り、施設の建設は許可されないことになっています。

人工放射線は危険ではないか

原子燃料サイクル施設から出る人工放射性物質は体内に濃縮、蓄積され微量でも危険ではないのか。

人工放射性物質も自然放射性物質も生まれたいきさつが異なるだけです。
放射線の人体への影響については、放射線の種類などを考慮して同一尺度の「ミリシーベルト」で表され、「ミリシーベルト」の値が同じならば、人体への影響は同じです。

〔せつめい〕

(1)人工の放射性物質も自然の放射性物質も生まれたいきさつが異なるだけです。例えば、トリチウムという放射性物質は宇宙線によって生成され昔から広く地球上に存在していますが、核実験や原子力発電所によって人工的に生成されたものもあります。しかし、いずれのトリチウムも人体に及ぼす影響は同じで自然と人工の区別はありません。

(2)また、人工の放射性物質は自然の放射性物質と異なり、体内で濃縮、蓄積されるのではないと心配される方もおられるようですが、そうではありません。

例えば、天然の放射性物質であるカリウム40は人工の放射性物質であるセシウム137と同様に筋肉に集まりやすく、ラジウム温泉で有名な天然のラジウム226は人工のストロンチウム90と同様に骨に集まりやすい性質があります。また、放射性物質によっては体内に入っても濃縮されないものもあり、例えば、宇宙線によって生成され、地球上に広く存在しているトリチウムや人工放射性物質であるクリプトン85がそうです。

(3)また、体内に入った放射性物質はいつまでも体内に蓄積され続けることはありません。例えば、セシウム137の場合、放射能の強さが初めの半分になる時間は30年と長いですが、これを食物を経て体内に取り込んでも数10日から100日位で半分程度が体内に排出されます。

(4)放射線の人体への影響については、放射線の種類などを考慮して同一尺度の「ミリシーベルト」で表わされるようになっています。したがって、自然放射線であれ人工放射線であれ「ミリシーベルト」の数値が同じならば、人体への影響は同じです。

放射能による農畜水産物への影響が心配

再処理工場から大気や海に放出される放射性物質により周辺の農畜水産物や人に悪影響を与えるのではないか。

事業者が科学技術庁に提出した「事業指定申請書」によると、六ヶ所再処理工場からの影響は最大でも年間0.023ミリシーベルトと見積もられており、これは法令で定められている一般公衆の線量限度の年間1ミリシーベルトや自然界で受けている放射線量の年間1.1ミリシーベルトと比べても非常に少ないので、周辺の農畜水産物に被害を与えたり、人の健康に悪い影響を与えるようなことはありません。

〔せつめい〕

(1)再処理工場では放射性物質が建屋から直接外部へ漏れないよう、装置には耐食性の強い材料を使い、この装置はまずステンレスで内張りした鉄筋コンクリートの小部屋に収め、これをさらに建屋で覆います。その上、それぞれの気圧を建屋、小部屋、装置の順に低くします。したがって、装置内の放射性物質が建屋の外に直接漏れ出すことはありません。

(2)再処理工場から外部に放出される放射性物質は極力低く抑えることにしています。すなわち、気体の場合、粒子状の放射性物質については高性能粒子フィルターにより、また、ヨウ素については西ドイツの最新の技術であるヨウ素除去フィルターによりできる限り取り除くことにしています。また、セシウムやプルトニウムなどを含んだ液体は蒸発缶で煮つめて、放射性物質の量及び濃

度を確認後、蒸留水だけを海中に放流することにしています。

なお、再処理工場からクリプトンとトリチウムという放射性物質が放出されますが、これらは生物に取り込まれて濃縮したりしませんし、また、放出する放射線も殆んどがベータ線（クリプトン99.6%、トリチウム100%）といわれるもので人体に与える影響は小さいため問題ありません。

⑶このように放射性物質の放出をできる限り低く抑えることによって、再処理工場からの気体及び液体廃棄物の放出により周辺の人々が受ける実効線量当量（ミリシーベルトで表わされる披ばく線量のこと）は最大多く見積もっても年間0.023ミリシーベルトで、これは法律に定められている基準値である年間1ミリシーベルトと比べても十分小さい値となっています。なお、この評価は敷地境界に1日24時間、365日住み続けて、施設周辺で生産される米や野菜、牛乳などの農畜産物を毎日食べ、そして工場の前面海域でとれる魚や貝やイカなどの海産物を食べ、そして海上で漁業活動も営むといった現実的には考えられないような極端に安全側の仮定に基づいて算出されたものです。

⑷われわれは1年間に1人平均1.1ミリシーベルトの自然放射線を受けていますが、大阪の人は東京の人より約0.2ミリシーベルト多く放射線を受けています。しかし大阪の人が東京の人に比べて白血病やガンになる人の割合が多いという統計はありません。

六ヶ所再処理工場により周辺の人々が受ける放射線の量はこの東京と大阪の自然放射線の差よりもずっと少ないのですから、再処理工場が運転されたからといって、周辺の農畜水産物に被害を与えたり、白血病やガンになる人が増えることはありません。

関連のＱ＆Ａ

英国再処理工場周辺での小児白血病の増加

英国の再処理工場周辺では小児白血病の増加が報告されているそうだが、工場の影響によるものではないか。

この件については、英国政府の諮問委員会であるブラック委員会及びコマール委員会が組織され調査されています。これらの報告によると、工場から放出された放射性物質の量と周辺の住民の白血病の増加との因果関係は説明することができず、その他の物質、例えば化学物質やウイルスなどとの因果関係について全国他の地域との比較で調査する必要があるとしています。

また、原子力施設と全く関係のない英国内の26の地域で白血病が多発していることからも、今後さらに調査研究を行う必要があるとしています。

なお、フランスのラ・アーグ再処理工場や再処理工場のある東海村を含め日本国内の原子力施設周辺では有意な白血病の増加があるといったような報告はありません。

高レベル廃棄物の処理と処分はどのようにされるのか心配

再処理工場から発生する高レベル放射性廃棄物は危険ではないか。六ヶ所村が永久の処分場になるのではないかと心配である。

高レベル放射性廃棄物は安定なガラスの形にして鉄筋コンクリート造りの専用の施設の中で30〜50年間冷却のため一時貯蔵されます。

なお、六ヶ所で一時貯蔵されたのちは適地を探し、地下数百メートル以上の深い地層中に処分されることになっています。

〔せつめい〕

⑴原子力発電所の使用済み燃料の再処理によって、ウランとプルトニウムを取り出したあとには分裂生成物質等の廃棄物が発生します。この廃棄物の発生量は極めて少量ですが、高い放射能をもっているので高レベル放射性廃棄物と呼びます。この高レベル放射性廃棄物を、ガラスと混ぜ、いっしょに溶かしてステンレスの容器（キャニスター）に流し込み、冷し固めて密封したものがガラス固化体です。

⑵ガラスは長年月たつと変質するのではないかと不安を持つ人もいます。しかし正倉院御物やギリシャ時代のガラス工芸品は、非常に長い年月の間も変質せず、そのままの形で現存しています。むろん、ガラスにアルファ線やガンマ線をあてた試験をして、変質しないことも確かめています。つまりガラスは風化にも強く、放射線にも丈夫で、しかも放射性物質を内部に閉じ込めるすぐれた性質をもっています。高レベル放射性廃棄物の固化に最も適した材料だといえます。

⑶このガラス固化体は、図のとおり、厚い鉄筋コ

ンクリートの建物の中で鋼製の筒形容器に入れたま、30～50年の間一時貯蔵します。むろんガラス固化体は放射能により発熱がありますので空気によって冷やします。

⑷つまり、再処理工場から発生する高レベル放射性廃棄物は、ガラスで固め、ステンレス容器に密封し、これを鋼製の筒形容器に入れ、さらに、堅固な建物によってとり囲みますので、外部に放射線の影響が及ぶことは全くありません。

⑸このガラス固化体は再処理工場内で30～50年の間一時貯蔵したのち最終的には深い地層中に処分されることになっていますが、この処分予定地の選定には地元の理解と協力が大前提であります。高レベル放射性廃棄物の処分は、国が、今後の研究開発の進展状況を見極めた上で、将来、処分事業の実施主体を決め、この実施主体が処分予定地の選定を行うこととなっています。

図（略）

施設に飛行機が墜落したら

六ヶ所村の再処理工場の建設地点は、基地や射爆撃揚が近くにあり、万一飛行機が墜落したら危険ではないか。

原子力施設の上空は飛行規制されるため、飛行機が墜落する可能性は小さいと考えられますが、万一、飛行機が施設に墜落しても大丈夫なように鉄筋コンクリートを十分な厚さと強度をもった構造にすることになっています。

〔せつめい〕

⑴再処理工場は、三沢空港（三沢基地）から約28km、定期航空路と三沢対地訓練区域（通称、天ヶ森射爆撃場）からは約10km離れています。また、原子力関係施設の上空は飛行規制がなされることから、航空機による施設の事故の可能性は小さいと考えられます。

⑵三沢対地訓練区域では対地射爆撃訓練飛行が行われています。事業者は、仮に対地射爆撃訓練飛行中の航空機が、時速約540kmで安全上重要な施設に衝突したとしても、その貫通を防止でき、建物、構築物の健全性が確保できるよう防護設計を行うことにしています。この設計にあたっては、三沢対地訓練区域で最も多く訓練飛行しているF－16の訓練時の最大可能重量に余裕をみたものを仮定しています。

⑶重要な建物、構築物に航空機が衝突したときに壁に作用する力やエンジンが貫通しない壁厚を決める方法が適切であることを模型や実物のエンジン、実物の航空機を用いた衝突実験によって確認されています。

⑷なお、実際の設計では、航空機衝突に対する防護設計のほかに、地震に対しての耐震設計や、放射線を遮へいするための設計も考慮して最終的な鉄筋コンクリートの厚さを定め、安全な建物を設計することになっています。

チェルノブイル原発のような事故が起こるのでは

再処理工場でチェルノブイル原発のような大事故が起これば、六ヶ所村はもちろんのこと青森県内全域が被害を受けるのではないか。

工程上の故障やトラブルなどはあり得ますが、チェルノブイル原発のような広範囲に被害をもたらすような大事故は発生することはありません。

〔せつめい〕

⑴再処理工場は、化学工場の一種ではありますが、普通の化学工場と比べてもともと火災や爆発の可能性はきわめて小さい施設です。その理由は次の通りです。

（イ）工程はほとんどが常温か、水の沸騰点（約100℃）程度に保たれています。しかも大気圧以下で運転されます。

（ロ）使用済み燃料を細かく切り硝酸で溶かし、このあと油のような溶媒を使ってウランやプルトニウム、そして核分裂生成物に分けて取り出しますが、溶媒には燃えにくいものを選び、その温度も低く保つようにしますので引火したり爆発することはありません。

（ハ）空気に触れると自然発火する恐れのある金属の微粉末が出るようなところでは、窒素ガスを充満させて空気（酸素）を遮断したり、いろいろな装置類には静電気がたまらないようにアースして、静電気の火花も発生させないようにするなど、火災の原因を根本から取り除いています。

⑵再処理工場で取り扱われる放射性物質は、設備や機器に閉じ込め、これらは厚いコンクリートに囲まれ、しかも密閉された小部屋（セル）の中に設置されますので、たとえ万一、火災や化学爆発が発生したとしても、外部に大量の放射性物質が放出されることばありません。

万一農畜水産物が売れなくなったら

食品の安全指向の強い昨今、原子燃料サイクル施設による風評で、農漁業の生産物の値段が下がったり、売れなくなってしまうというようなことが起こったときにはどのように責任をとってくれるのか。

万一、原子燃料サイクル施設の保守、運転等に起因して農畜水産物に風評による被害が生じた場合には、第三者で構成される認定委員会の判断に従って、事業者は無限責任を負うことになっています。

〔せつめい〕

⑴原子燃料サイクル施設では、放射性物質を施設内でできるだけ取り除き外に出る放射能は極力低くおさえ、安全を確認した上で放出することとしています。

さらに施設の運転後、周辺環境への影響がないことを農畜水産物の放射能測定やモニタリングステーションなどによって監視し、その測定結果は県の設置する専門委員会の評価を経て公表されることになっています。これらの措置によって、一般の方々のご理解をいただく所存ですから風評被害は起こらないと確信していますし、起こしてはならないと考えています。

⑵しかし、それでも、なおかつ万一原子燃料サイクル施設の保守、運転等に起因して農畜水産物に風評による被害が生じた場合には、第三者で構成される認定委員会の公正な判断に従って、事業者は責任をもって補償することになっています。なお、この上限額はありません。

この補償にあたってその必要が生じた場合には、地域産業の振興を目的に設立された「むつ小川原地域・産業振興財団」（基金100億円）から一時立替え払いができることにもなっています。

⑶最近、一部生協等から原燃サイクル施設が六ヶ所村に設置されると地元の農畜水産物が放射能に汚染されるので買わないなどの声が流されていますが、このように意図的に人心を惑わしたり、混乱させたりするのフェアではないと考えます。国内外の例をみても、再処理工場や濃縮工場などに起因して農畜水産物が放射能によって汚染されるとか、風評で生産物が売れなくなったとか、安く買い叩かれたとかいった例は日本原子力発電㈱敦賀発電所1号機において極微量の放射性物質が漏洩した事故の他は一度もありません。なお、この事故による周辺環境への影響は特段なく、中央市場への入荷自粛が一両日中に解除されています。しかし万一、不買等の事態が起こった場合には、原燃2社をはじめ電力業界は、関係業界の協力も得て、万全の対策を講じることとしています。

関連のQ＆A

事故による損害賠償は

万一原子燃料サイクル施設の事故により周辺に損害が生じた場合には、どのような賠償がなされるのか。

原子力施設の場合には、たとえ工場側に過失がなくても事業者は無限の責任を負うことになっています。

〔せつめい〕

⑴一般の工場ですと、工場側に過失がなければ工場側に損害賠償の義務はありませんが、原子力発電所や再処理工場など原子力施設の場合には、たとえ工場側に過失がなくても原子力事業者は無限の責任を負うことになっています。そのため法律に基づき300億円の原子力損害賠償責任保険契約が義務付けられているとともに、300億円を超えた場合にも、国は法律に基づいて原子力事業者に必要な援助を行うことになっています。

⑵また、責任保険では免責となっている地震、噴火等による原子力損害については、原子力事業者は政府との間で、300億円の原子力損害賠償補償契約が義務づけられており、300億円を超えた場合には、国は法律に基づいて原子力事業者に必要な援助をすることになっています。

⑶さらに、異常に巨大な天災地変や戦争、社会的動乱による被害については、国が救済の措置をすることになっています。

［出典：青森県むつ小川原開発室資料］

Ⅱ－1－2-13

公開質問状に対する回答メモ

青森県　平成2年11月

＜目次＞

Ⅰ　立地受入と県民合意に関する質問

1　なぜ六ヶ所村が選ばれたのか。

2　知事は核燃を誘致したのか。

3　国の安全審査まかせでよいのか。－地方自治法上の知事の責務について－
4　県民投票について
5　環境アセスメントの実施について
6　むつ小川原開発について
7　核燃ＰＲの費用について
8　プルトニウム空輸について
9　エネルギー長期需要見通しについて
10　事業者の体質について
11　公開ヒアリングについて
12　公開討論会について
13　核燃立地の基本協定書
14　核燃白紙撤回の意志はないか

Ⅱ　核燃料サイクル施設の安全性と必要性に関する質問

15　処理技術の確立について
16　再処理の意味について
17　クリプトン85、トリチウムの放出
18　高レベル廃棄物について
19　低レベル放射性廃棄物について
20　原子力施設の集中化について

Ⅲ　核燃料サイクル施設の立地条件に関する質問

21　断層問題と資料の公開
22　地下水について
23　三沢米軍基地に関連して
24　港湾、道路について

Ⅳ　放射能汚染と放射線被曝に関する質問

25　自然放射線と人工放射線について
26　安全神話について
27　放射線防護対策について
28　染色体異常について
29　環境モニタリングについて
30　ウラン濃縮について
31　低レベル廃棄物の規制緩和について
32　産業廃棄物について
33　低レベル廃棄物の規制緩和について
34　小児白血病との関係について
35　微量放射線のリスクについて
36　放射線防護の三原則について
37　施設の白紙撤回について

Ⅴ　核燃料サイクル施設と産業・経済等に関する質問

38　核燃と農業は両立できるか
39　六ヶ所村農場の現状評価
40　核燃の経済効果について
(1)　核燃の経済効果
(2)　雇用効果と出稼ぎの解消
41　核・廃棄物の「ゴミ捨て場」計画
42　風評被害対策について
(1)　風評被害に対する認識について
(2)「風評被害」対策について
43　損害賠償等と県の責任
(1)　事業者の責任能力と県の責任
(2)　電力会社の支援
(3)　損害保証と県の責任
44　核燃と新幹線との関連について

Ⅰ．立地受入と県民合意に関する質問

1.なぜ六ヶ所村が選ばれたのか

事業者側は、核燃を六ヶ所村に立地要請した理由は、広い土地・安全な地盤・港湾の存在であると説明しています。

このような立地条件は、日本の他所にいくらでもありますが、県に対しては、その当時（1984年7月）立地要請の理由についてどのような説明がなされましたか。それはどこですか。そこと比べて六ヶ所村の立地条件はどこが勝れていたのですか。

電気事業連合会が六ヶ所村に原子燃料サイクル施設の立地協力要請をした主な理由は、①十分な広さの用地があること、②地盤がしっかりしていること、③機材等の運送に必要な港湾があること、と県は説明を受けています。

なお、六ヶ所村以外の立地候補地の有無については、県としてはないと承知しています。

2.知事は核燃を誘致したか。

県は、電事連から核燃施設立地の要請を受けて「昭和60年4月に立地に協力するとの回答」（『けんど』第2号）を行い、これ以後、六ヶ所村の核燃施設立地に関し「誘致したのではなく協力しているのである」と述べていますが、なぜ「誘致した」と言わないのですか。その理由を明らかにされたい。我々は、むつ小川原開発の失敗を糊塗しようとして北村知事が核燃施設を誘致したと考えますが、如何ですか。

電気事業連合会から、昭和59年7月27日に県と六ヶ所村に対し立地協力要請があり、これを受けて、昭和60年4月18日、立地協力要請の受諾を行ったものであり、県が誘致したものではありません。

　なお、むつ小川原開発については、原子燃料サイクル事業をはじめ、着々と企業導入を図るべく現在その計画を進めているところです。

3.国の安全審査まかせでよいのか。
－地方自治法上の知事の責務について－
⑴核燃事業の許可（指定）申請の内容を精査すると、当初電気事業連合会が提示した「原子燃料サイクル施設の概要」説明と重要な部分でくい違いが生じています。（例えば、クリプトン85、トリチウム除去装置の設置対策、低レベルの浅地処分など）。従って、その説明を前提として安全性を審査した専門家会議の報告書は無意味なものとなったといわざるをえません。換言すれば、知事の立地受入の根拠の一つが崩れたと考えられます。そこで、今後核燃立地に反対もしくは批判的な専門家に委嘱し、あらためて核燃の安全性につき県独自の判断をすべきと思いますが、知事はどのように考えますか。

　改めて県独自の判断をする必要はないと考えております。ということは、原子燃料サイクル事業の安全性の審査については、国が十分な審査体制を備え、厳格な審査を行っていることでもあり、国の判断に委ねるのが至当であると考えます。

⑵1989年1月10日、県は7人の専門家に委嘱しましたが、その目的は何ですか。また、これまでの成果を具体的に列挙して下さい。

　平成元年1月10日、県は7人の専門家を委嘱しました。

　その目的は、原子燃料サイクル施設に関しては技術的、専門的な事柄が多く理解にも自ずと限界があるため、県として安全性について理解を深めるため助言等をいただくこととしたものです。

　その結果、これまで、各専門家から、「原子力施設の安全確保についての基本的考え方」、「使用済燃料の放射能の特性」及び「リサイクル施設の環境安全評価方法」等について県として具体的に助言等をいただいています。

⑶国、事業者に対し、施設の技術的安全性、立地条件等に関する全ての資料・情報の提供を求め、県独自の安全性判断をするつもりはありませんか。なければその理由を説明されたい。

　⑴でお答えしたとおりです。

4.県民投票について
⑴受入れ表明後県内で行われた一連の選挙、とりわけ1989年の参議院、六ヶ所村村長等の各種選挙、県内外の各種団体の反対決議及びマスコミのアンケート調査の結果、核燃立地について反対もしくは慎重意見が県民の多数意見と考えますが、知事の見解は如何ですか。

　原子燃料サイクル事業に対する県民の受けとめ方については、大変厳しいものがあるものと謙虚に受け止め、この事業に不安や疑問、さらに慎重若しくは反対の意見を持つ県民も多くいるものと認識しているところであります。

⑵核燃の民意集約の最も有効な方法は県民投票と考えますが、知事は率先して県民投票実施に向け努力するつもりはありませんか。

　原子燃料サイクル施設の立地協力要請については、県政にとって極めて重大なかかわりがあることから、県民の意向を代表し得る各種団体等の意見を聴取するとともに、県議会での論議を尽くすなど一連の民主的な手順を経て、受諾した経緯があります。

　したがって、県民投票を実施する必要はないと考えております。

5.環境アセスメントの実施について
　石油コンビナートと核然とは開発の意味が本質的に異なると考えますが、これからでも県独自の環境アセスメントを実施するつもりはありませんか。

　原子然料サイクル施設の建設に当たっては、「むつ小川原開発第2次基本計画に係る環境影響評価報告書」の「環境管理計画」の考え方に基づき、事業者に「環境保全調査報告書」を提出させ、県が環境保全目標に照らして適合性の検討を行いました。

なお放射性物質による影響については別途国による評価がなされるものであることを申し添えます。

6.むつ小川原開発について

⑴むつ小川原開発計画の第一次基本計画が決定（1972年6月）されてから18年、第二次基本計画が決定（1975年12月）されてから15年経過しましたが、その間企業らしきものといえば「国家石油備蓄基地」一つであり、肝心の石油コンビナート構想は全く実現していませんし、将来の見込みも立っていません。放射能汚染の危険が明らかな核燃立地は、開発の当初計画とは異質なものといわざるをえません。これまで開発を積極的に押し進めてきた県知事の見解は如何ですか。

むつ小川原開発は、地域の産業構造を多角的な工業の導入により高度化し、地域住民ひいては県民の生活の安定と向上に寄与することを目的に推進を図っているものであり、長期的な観点から段階的に具体化を図っていくプロジェクトであります。

以上のような見解によって計画されたものであります。

⑵むつ小川原開発株式会社の1989年度の借金は約1,700億円になっていますが、同社株主の一人である青森県としては、今後この借金をどのような方法で返済できると考えますか。具体策を明示されたい。

むつ小川原開発（株）の第19期（1989年）決算によると、負債額が約1,700億円計上されているが、それに見合う所要の資産（開発区域内の土地）を所有しているところであります。

むつ小川原開発（株）としては、今後負債の解消については、この資産を売却することにより順次行なっていく方針であり、そのためには企業の立地が必要であるし、企業誘致に努力しているところであります。

県としては、こうした努力により同社の経営の健全化が図られるものと考えています。

⑶青森県がむつ小川原開発に支出した費用とその内訳を明示し、その出費の回収の可否と知事としての政治的、財務的責任のとり方を県民の前に明らかにされたい。

むつ小川原開発を推進するため、港湾、道路、小川原湖総合開発等の基盤整備事業や住民対策事業等を実施しており、それぞれ国費、県費等が投入されています。

これについて県費支出額の全体を集約することは、事業が多岐にわたるため困難であるが、主なものとしては、港湾整備事業として約123億円（全体として約1000億円）、小川原湖総合開発事業が約48億円（全体として137億円）、住民対策事業が約12億円（全体として125億円）となっています。

これらの投資は、むつ小川原開発を進めるうえで必要不可欠なものであり、これまでの投資により着々と工業基地としての整備が進み、その効果の一部が国家石油備蓄基地や原子燃料サイクル施設の立地という形で具体化しているところであります。

7.核燃PRの費用について

核燃立地要請（1984年7月）以降現在まで、青森県が核燃PRに使った宣伝諸費用（国からの委託費を含む）を全額明示されたい。

昭和60年度から平成2年度までのPR経費につきましては、約4.1億円でありますが、すべてこれは、国からの交付金及び委託費であります。

8.プルトニウム空輸について

プルトニウムの海上輸送と空輸問題が世界的な関心を呼んでいますが、プルトニウム空輸が行われた場合、三沢基地を使用することについて、知事の見解は如何ですか。

返還プルトニウムの輸送については、国から「我が国としては、輸送方法は航空輸送を基本にしており、今後ともこの実現に取り組んでいくこととしているが、当面の輸送は海上輸送により行うこととする。なお、航空輸送の計画については国内の着陸空港も含めて白紙である。」と説明を受けています。従って、三沢基地の使用について見解を述べるという段階ではないと考えます。

9.エネルギーの長期需要見通しこついて

CO2規制やフロン全廃締約など地球環境の保護運動が国際的に取り組まれてきていますが、その最中に6月初旬公表された「総合エネルギー調査会」の長期需給見通しでの原子力依存をどのように評価しますか。

我が国のエネルギーの安定供給確保にとって、原子力の果たす役割は大きいものがあると考えています。

10.事業者の体質について

⑴ウラン濃縮工場の抜き打ち着工、ウソで塗りかためられた遠心分離器搬入にみられる事業者の体質、RAB核燃討論会（1990年5月20日）において、原燃サービス住谷寛常務が再処理工場の第二試堀坑を反対派の専門家に視察させる意思はないと発言しましたが、この秘密主義についてどのように考えますか。

⑵原燃二社が、航空機飛行回数（年間42,846回）に関する調査資料及び再処理施設敷地内に存在する活断層資料を公表せず内部から暴露されましたが、そのような事業者の体質についてどのように考えますか。

これまでの事業者の対応については、不適切なものがあり、県としても注意を促してきた経緯があります。

できる限り情報公開をして県民の理解を得ながら進めることは大事なことと考えます。

11.公開ヒアリングについて

⑴ウラン濃縮工場の事業許可申請の安全審査に当たり、なぜ国に対し公開ヒアリング開催の要望を行わなかったのですか。同工場より低レベル放射性廃棄物貯蔵施設の方がより危険と判断したからですか。

公開ヒアリングは、原子力安全委員会が実用発電用原子炉その他の主要な原子力施設の設置に当たり、地元住民の意見等を聴取するために実施するもので、原子力安全委員会が必要と判断し開催するものです。

県が、低レベル放射性廃棄物埋設施設に関し、あえて開催要望を行ったのは、県議会等において、地下水、地盤問題があるのではないかと指摘がなされていること、大幅な設計変更ともいうべき補正がなされ、これに伴い、不安や疑問等が県民の中で大きなものとなってきたこと等から、原子力安全委員会の審査に際し、県民の声を参酌していただきたいと考えたからです。

⑵高レベル放射性廃棄物貯蔵施設及び再処理工場について、今後公関ヒアリングの開催を要望するつもりですか。その時期、開催方法についてどのような腹案を持っていますか。4月26日のヒアリングを抜本的に改善し、真に民主的且つ開かれたヒアリングにするよう国に申し入れる意思はありませんか。

再処理事業及び廃棄物管理事業についても、原子力安全委員会は、行政庁から諮問を受けた後公開ヒアリングの開催について、適切に判断するものと考えますが、県としては、公開ヒアリングは県民の当該事業に係わる安全性の理解のためにも有意義なものであるとの認識のもとに、今後、適切な時期に開催を要望していきたいと考えています。

12.公開討論会について

知事は、ストップ・ザ核燃署名実行委員会の再質問に対し、「県民自らが公開討論会を主催することは適当でありません。」と回答（昭和63年12月）、その後も「本来的には事業者主催で開くのが原則」と発言していますが、本来県は、県民の安全を保証するのが責務なはずです。何故、その立場から県主催の公開討論会が開けないのですか。

公開討論会については、第一義的には、事業者において行われるべきものであると考えており、したがって、現時点では、県が開催することは、考えておりません。

13.核燃立地の基本協定書（1985年4月18日締結）について

⑴知事はこの基本協定の性格をどのように理解していますか。例えば、この協定に法的拘束力はあると解釈していますか。そうだとすればその論拠を明示されたい。

⑴基本協定は、単なる紳士協定ではなく、契約的性格を持つものであると考えています。当事者が、締結された協定の拘束を受けることになり、さらには協定上のもろもろの約束を履行する義務を負うことになるからです。

⑵この協定が県によって破棄された場合は、核燃施設の着工・建設はストップするのですか。県知事の見解は如何ですか。

原子燃料サイクル施設の建設は、国の事業許可を受けるなど関連法令をクリアすれば法律的には可能であると考えます。

しかし、本事業を進めるに当たっては、地域と事業者の信頼関係、協力関係が非常に大事なものであり、仮に協定が破棄される事態となった場合は事業の遂行が困難になるものと考えています。

⑶1989年12月7日の県議会で知事は、「立地基本協定の変更する場合の条件」について「①事業者が協定を履行しなかった、②施設の安全性が確保されなかった、③原子力関係の国策が変化した」の三つをあげているが、この考えは現在も変わりませんか。

また、そうであるならば我々はこの間の事業者の対応（航空機飛行回数に関する調査資料及び再処理施設敷地内に存在する活断層資料の未公表など）は、①の「基本協定書」を侵す重大な行為と考えられますが、知事の見解は何如ですか。

更に、知事は現在「立地基本協定の変更」をする必要性についてどのような認識にあるか、お聞かせ下さい。

①基本協定を変更するような情勢の変化についての考え方は現在も変っておりません。

②航空機飛行回数に関する資料や再処理施設予定地の地質に関する資料は、事業者が事業許可申請を行うに関連し調査をするもので、その内容は事業許可申請書の一部として公表されるものと理解をしています。したがって、「協定を侵す重大な行為」と示々するようなことではないと考えています。

14.核燃白紙撤回の意思はないか。

県知事の核燃の受入れ根拠は、（イ）国の内外視察による見聞と専門家会議の諮問に基づき、施設の安全性確保の確信を得た、（ロ）県民各界各層の意見聴取の結果、多数が受入に賛成した、(ハ)地元六ヶ所村が受入を受諾した、（ニ）国策としての位置付けがなされた、という4点でした。

しかし、(イ)再処理工場敷地直下の断層の存在、低レベル放射性廃棄物貯蔵施設の申請書の大幅補正、F16の模擬爆弾誤投下の続発、敷地近傍における度重なる軍用機の墜落、施設上空の多数回の飛行状況等の実態に照らし、六ヶ所村の立地条件は核燃立地に極めて不適であって、施設の安全性が確保されるとは到底考えられないこと、(ロ)県内の反対運動の拡がり、参議院と衆議院の選挙の結果、世論調査等に照らし、県民の大多数は核燃に反対もしくは慎重な意見を有していること、(ハ）六ヶ所村長選で核燃凍結を公約にした村長が当選したことで六ヶ所村の意向が変化したこと等の客観的事実を総合すると、県知事の核燃立地受入はその前提となる根拠を殆ど失うに至ったと言えます。従って、核燃立地受入は白紙撤回するのが筋と思いますが、知事の見解は如何ですか。

昨年からの参議院議員、衆議院義員、さらには六ヶ所村長等の選挙の結果から、原子燃料サイクル事業に対する県民の受け止め方については、大変厳しいものがあると謙虚に受け止め、この事業に不安や疑問、さらに、慎重若しく反対の意見を持つ県民も多くいるものと認識してはいます。

しかし、この事業は、一連の民主的な手順を経て受入れが決定され、関係五者による立地協力基本協定のもとに進められているものであり、また、この事業は、工業開発を通じて地域の振興を図ることとしている「むつ小川原開発」の基本理念に沿うという認識のもとに、むつ小川原開発の一環として推進されているものであります。

さらに、国のエネルギー政策の上からも極めて重要なプロジェクトで、国策として進められております。

施設の安全性については、あくまでも、国の安全規制体系の中で厳格な規制が行われるものであります。

したがって、これらを考え合わせて、県としては白紙撤回を考えておりません。

Ⅱ．　核燃料サイクル施設の安全性と必要性に関

する質問

15.再処理技術の確立について

知事は、1985年2月の青森県議会第161定例会で「文化人・科学者の会」の「再処理技術は未確立である」との指摘に対し、「現実に実用化されていること」、「技術は生き物であり、日進月歩するものであり」、英・仏・独の例をあげ「再処理技術は十分実証済みである」との確認を示し、「再処理技術の確立」を主張しています。

しかし、90年運開予定のTHORPは未だ完成せず、UP-3は、昨年11月に操業を開始したものの溶解槽のトラブルのため「溶解槽までの前処理の工程を現在動いているUP-2で行い、それ以降の工程をUP-3で行うという普通では考えられない離れ技で」「フランスの信用を保つため」（『いま、原子力を問う』日本放送協会出版）運転しているのが実状です。また、西独のバッカスドルフは建設を中止しています。つまり、「実証済み」とした諸外国の例はまさに「未確立」を示すものとなっているのが実状です。さて、わが国の東海再処理工場についていえば、最近でも、

1988年4月「東海再処理工場近辺でヨウ素129、高濃度蓄積」

1989年3月「テクネチウム99、東海村周辺海域で発見」

1988年6月～1989年9月　酸回収蒸発間の取り替えなどで停止

1989年9月　運転開始後、ヨウ素129が一週間で一年分の年間放出基準量を放出

等新聞紙上を賑せています。当然のことながら稼動率も低く、1984年から昨年までの処理量は年平均36トンという具合です。

知事は、現在でも再処理技術は確立しているとお考えでしょうか。もし確立しているとお考えならば、その根拠をあげて下さい。

再処理技術については、フランスでは1958年より、また、イギリスでは1964年よりそれぞれ再処理を行っており、既に25年以上の実績があります。この間何度かトラブルが生じていますが、逐次改良が続けられ、例えば、フランスのUP-2再処理工場においては軽水炉燃料で年間400トンの処理能力に対し、近年はほぼ400トンの処理実績を挙げており、1989年12月までに累計約7,800トンの使用済燃料を処理しているなど、商業工場として運転を続けています。

さらにその実績を踏まえて、フランスでは、外国からの委託再処理のためUP-3工場をラ・アーグに建設し、本年8月23日前処理工程も含め全面運転を開始しています。

また、イギリスでも、主として外国からの委託再処理のため、THORPプラントの建設が進められており、当初は1990年頃の運転開始を目指していましたが、現在は1992年頃の運転開始を目指して着実に工事が進められています。

一方、西ドイツでは、ドイツ原子燃料再処理会社（DWK）がヴァッカースドルフ再処理工場の建設を中止する、との報道が昨年なされましたが、中止の主たる理由については、フランスあるいはイギリスに委託した方が経済的であること、ECの統合などで自国での再処理にこだわる理由が薄れたこと等によるものと聞いています。いずれにしても西ドイツにおいては、従来より、使用済燃料を再処理して回収されるウラン及びプルトニウムを利用していく方針をとってきており、この方針には何等変更はなく、たとえ自国での再処理工場の建設を中止したとしても、フランスあるいはイギリスの再処理工場において使用済燃料を再処理することとなるものと承知しています。

我が国では、動力炉・核燃料開発事業団が、1977年から東海再処理工場の運転を開始し、所要の技術開発を行うとともに、使用済燃料の再処理を実施しています。なお、これまで同工場で生じたトラブルについては、その都度我が国の技術力により徹底してその原因を究明し、所要の対策を講じ問題点を克服してきています。今年最初のキャンペーンでは、運転期間半年弱で、1キャンペーン当たりの処理量としては過去最高の約65トンを処理するなど、着実にその成果は挙がってきており、本年6月までの累積再処理量は約475トンに達しています。

こうした内外の状況から見て、再処理技術は基本的には既に確立しているものと考えます。

16.再処理の意味について

再処理の目的は「一度使い終わった燃料も、再処理して繰返し利用する」と説明されていますが、そのためには高速増殖炉の実用化が必要です。しかし、原子力開発利用長期計画でさえも、実用化のメドを2020年から2030年頃としており、推進

側のPR誌である「エネルギーレビュー1990.3」の巻頭インタビューで清瀬量平東大名誉教授も「通産省は実用化の時期を2030年頃と見通していますが私は2050年以降と見ています」と述べています。要するにこの業界では「高速増殖炉の実用化は少なくとも50年先」ということなのです。そうすると核燃料サイクルの意義は、「核のゴミ捨て場」以外にはありません。

知事は、さしあたって利用のメドの立たないプルトニウムを生産することになる再処理工場建設の意味を県民にどのように説明されますか。

使用済燃料の再処理は、ウラン資源の有効利用を進め、原子力発電に関する対外依存度の低減を図り、原子力によるエネルギー安定供給の確立を目指す上で極めて重要であり、また、使用済然料に含まれる放射性廃棄物の適切な管理という観点からも重要であると考えています。

プルトニウムの当面の利用については、原子力開発利用長期計画（昭和62年6月、原子力委員会）において、「将来の高速増殖炉時代に必要なプルトニウム利用に係る広範な技術体系の確立、長期的な核燃料サイクルの総合的経済性の向上等の観点から高速増殖炉での利用に先立ち、できるだけ早期に一定規模のプルトニウムリサイクルを実施することが重要であり、軽水炉及び新型転換炉によるプルトニウム利用の実現を図ることとする。」とされており、この方針のもとに利用が図られるものと考えています。

なお、高遠増殖炉に関しては、原子力開発利用長期計画において「軽水炉と経済性・安全性において競合し得る高遠増殖炉のための技術体系の確立をなし遂げていくこととし、その確立は、炉の建設期間を含めた問隔等を勘案し、2020年代から2030年頃を目指すこととする」とされておりその方針のもとに推進が図られるものと考えています。

17.クリプトン85、トリチウムの放出

再処理工場からは、たとえ事故がなくても日常的に放射性廃棄物が多量に放出されます。この量は、原子力発電所などとは比べ物にならないほど多いものになります

①例えば、放射性希ガスについていうと1987年度実績で原子力発電所からはBWRとPWRすべて合計して118キュリー、一方東海再処理工場からは32万キュリー放出されています。つまり、日本の原子力施設から出る放射能のほとんどすべては東海再処理工場から出ているといって過言ではありません。東海再処理工場は、操業以来13年で400トン足らずを処理しているに過ぎません。

従って、六ヶ所再処理工場の能力がフル稼働したときには東海村26年分をたった1年で放出することになります。このままでいきますと「日本の放射能問題」は我が県に集中することになります。「不活性だから人体への影響は考えられない」として、回収装置は設置しないと説明されているクリプトン85やトリチウムにしても、チェルノブイリで放出された希ガス5千万キュリー（ソ連政府公式発表）の5分の1に相当する量を野放しに放出することは地球規模の汚染をもたらし、将来の人類への影響が懸念されているところです。

②これら核種に対する対策を事業者側に求めていくべきであり、さらに低減技術が確立するまで再処理施設の建設を拒否すべきであると思いますが、知事の見解をお伺いします。

①原子力安全白書によれば、確かに昭和62年度の気体廃棄物中の放射性希ガスの放出実績については、BWRとPWRの実用発電用原子炉施設では約118キュリー、東海再処理工場では約32万キュリーとなっています。

しかし、放射性物質についてはキュリー数よりも人体に及ぼす影響はどうかという観点から評価すべきものと考えます。人体に及ぼす影響については、東海再処理工場の場合、放射性気体廃棄物の年間放出基準値は、クリプトン85については240万キュリー、トリチウムについては1万5千キュリー、ヨウ素129については0.045キュリー、ヨウ素131については0.43キュリーとなっており、これらによる周辺公衆の全身被ばく線量の評価値は、年間約0.7ミリレムとなっています。

ラドンを除く自然放射線による被ばく線量が年間約110ミリレムであると言われておりますから、この評価値は、それの大体約160分の1の値になり、安全上支障がないものであるということが言えると思います。

②クリプトン85は空気中に含まれているヘリウムやネオンと同じように不活性なガスであるため、農畜水産物や人体に取り込まれて濃縮、蓄積

することはありません。また、放射線の大部分はベータ線であります。人間に対しては、呼吸により取り込まれることはあっても、その影響はほとんどありません。

トリチウムは、水を構成する水素の同位元素であり、水と同じような化学的性質を持っています。そういうことで、農畜水産物や人体で濃縮されることはありません。また、放射線はエネルギーが小さいベータ線であります。これは皮膚の表面で止まってしまう程度であり、内部組織に及ばないので、人体への直接的影響はありません。また、呼吸あるいは食物中から取り込まれることがあっても、その影響は小さいものです。

六ヶ所村に建設予定の再処理工場から放出されるクリプトン85及びトリチウムによって一般公衆が受ける被ばく線量（実効線量当量）は、事業者によれば、クリプトン85によるものが年間約0.003ミリシーベルト、トリチウムによるものが年間約0.0012ミリシーベルト、また、これらを含めた工場から放出されるすべての放射性物質による一般公衆の被ばく線量（実効線量当量）は、最大で年間約0.023ミリシーベルトとのことであります。

放射性廃棄物の放出量及びそれによる被ばく線量（実効線量当量）の妥当性については、国の安全審査の過程で十分チェックされるものでありますが、我々が日常生活をしている上で、ラドンによる影響を除く自然放射線から受ける年間の被ばく線量（実効線量当量）が約1.1ミリシーベルトと言われていることと比較してみても、十分低い値となっています。

しかし、可能な限り放射性廃棄物の放出量の低減化を図ることは望ましいことと考えており事業者としても、回収技術が十分実証されれば装置化を図ることもあるとしています。

18.高レベル廃棄物について

高レベル廃棄物は30～50年間六ヶ所村に「一時貯蔵」されることになっていますが、知事はかねがね「高レベルの最終処分地は受け入れるつもりはない」と県議会等で明言されています。この問題について県民は「最終処分地が決定していないのに、一時貯蔵を受入れれば、なし崩し的に最終処分地になってしまうのでないか」という不安を抱いています。去る7月20日北海道道議会は、「高レベル放射性廃棄物を貯蔵管理し、地層処分について研究する」貯蔵工学センターでさえ、その設置に反対する決議を可決しています。また、一方の自民党にしても「貯蔵工学センター周辺を含む最終処分地化には反対」しています。

この件について7月17日、大島科技庁長官は、「工学センターそのものは最終処分とならない。(その隣接地を処分場とするかどうかについては)幌延を除外するという特別扱いすることはない」ことを言及しています。

知事は、青森県を最終処分地を受入れることはないと言明されていますが、①受入れない理由を分かりやすくご説明下さい。また、②「一時貯蔵」の最終時期（全ての廃棄物が六ヶ所村から搬出される時期）は何時になると考えていますか。万が一期間内に搬出されない場合の具体的対策及び必ず搬出されることの具体的保証を明示して下さい。

ところで、7月24日の県議会総務企画常任委員会で、内山室長は「六ヶ所村の一時貯法は法律に基づいており、最終処分はできない」と答弁しています。③知事は、高レベル廃棄物の受入れの根拠はどの法律と理解していますか。

①昭和59年に原子燃料サイクルの立地協力要請がありましたが、その中に高レベル放射性廃棄物の最終処分については含まれていませんでした。一方では再処理施設等では高レベル放射性廃棄物が一時貯蔵されることから、立地協力要請後に県が行ったいろいろな手続きの中で、高レベル放射性廃棄物を一時貯蔵した後の最終処分についての議論がなされ、そこで高レベル放射性廃棄物の最終的な処分については国が責任を負うという国の方針を確認し立地協力要請を受諾したものです。

このような経緯があったところであり、当初から最終処分地の受け入れについては否定の立場に立っていました。

②我が国においては、高レベル放射性廃棄物をガラス固化し、それを30～50年間程度の貯蔵を行った後地層処分することを基本方針としています。したがって、それぞれのガラス固化体は30～50年後、即ち一時貯蔵終了後順次最終処分されることになります。

よって、すべてがなくなるのは、六ヶ所村においてガラス固化体の製造が行われなくなり、その後30～50年間程度経た後と考えます。

また、高レベル放射性廃棄物の処分が適切かつ確実に行われることに関しては、国が責任を負うことになっています。

③高レベル放射性廃棄物の一時貯蔵施設については、「核原料物質、核燃料物質及び原子炉の規制に関する法律」に則して、事業が行われるものです。

19.低レベル放射性廃棄物について

1983年7月、長崎県北松浦郡大島村の無人島「二神島」が低レベル放射性廃棄物の陸地貯蔵立地の候補地として浮上し、その後1984年2月に科技庁は「低レベル放射性廃棄物貯蔵施設建設の前段となる安全性実証試験施設を大島村に設置し、実証試験を行う」ことを発表しています。科技庁による地元説明会がたびたび開かれましたが地元住民の「実験場は貯蔵施設につながり、認められない」との意思を尊重して白紙撤回されました。このような経緯に見るように低レベル貯蔵施設の安全性が実証されたものとはいえません。

このことは、①回収・修復可能で、地下水位以上に設置する半地下施設（1984.11、青森県専門家会議報告書）　②ドラム缶の間を埋める充填材は乾燥砂を施し、第一期は修復可能な施設（1987.5、環境保全調査報告書）　③充填材はモルタール、厚さ4mの覆土を施し、第一期は修復可能な施設（1988.4、事業許可申請）　④埋設施設は、配水管、点検路の設置（1989.10、一部補正書）等々のめまぐるしいばかりの設計変更からみても、明らかです。

低レベル放射性廃棄物埋設施設とは後始末が著しく困難な処分場であり、知事のいう「わが国のエネルギー問題に資する」ようなものではなく、当然のことながら産業高度化に結びつくような施設でないことは自明です。

知事は、このめまぐるしい変更の主要因が一体どこにあると考えていますか。また、低レベル放射性廃棄物埋設施設事業のどこが、産業の高度化に結びつくと考えていますか、ご説明下さい。

1　低レベル放射性廃棄物埋設施設については、

立地協力要請受諾後に行われた立地環境調査等の結果を踏まえた上で、昭和63年6月に事業許可申請が行われました。

その後、事業者は、国の安全審査の過程において、国から出された質問・見解に対して十分な説明を行うためには、当初の申請内容を更に厳しく見直してより慎重な安全対策の強化を図った方がよいとの判断から、平成元年10月に申請書の一部補正を行ったと承知しています。

なお、この一部補正における設計変更の具体的理由については、次のように説明を受けています。

⑴コンクリート構造物の長期にわたる建全性の評価に関しては、これまでの多くのコンクリート構造物の実績から、かなり長い期間(50～100年間)健全であると考えているが、当初、評価の前提条件では、早い時期からヒビが入り、塊状に壊れるとして評価を行なっていた。しかしながら審査の過程で、ヒビ割れの程度と時間との関係について定量的な説明が十分にできないことから、評価としては、10～15年後からは全てが粉々に壊れているものと仮定して評価することとした。

⑵廃棄物には多くの放射性物質が含まれており、それらの全てを対象として評価しているが、その中の炭素－14は、地下水中では通常そのほとんどが無機形態、すなわち炭酸ガスが地下水中に溶けているような状態で存在することから、当初は、無機形態として評価を行なってきた。しかしながら審査の過程で、炭素－14の無機と有機の割合について定量的には説明することは難しいことから、評価としては、より安全サイドにたって、被ばく評価の結果が高くでる有機形態、すなわち、アルコールのような状態で水に溶けているのがすべてであると仮定して評価することとした。

⑶当初は、埋設地の跡地利用として、遠い将来、この場所に現在の地方都市並の地下1階を有する建物が建設されるとして評価してきた。この場合、掘削深度は3メートル程度であり、埋設設備は掘り起こされないこととなるが、補正においては、さらに発生頻度が小さい事象についても考慮し、地下数階を有する建物の建設によって、埋設設備の底まで掘り返されることなることも想定して、それによる影響を評価することとした。

2　放射性廃棄物の処理処分については、平成元年度版原子力白書において、「原子力発電所や再処理施設などから発生する放射性廃棄物の処理処分については、1989年7月のサミット経済宣言にも述べられているように、原子力発電及び核燃料サイクルを（推進）していく上での極めて重要な課題であり、環境や人間の健康に影響を与えないよう、十分に安全確保を図っていくことが重要である。」とされており、低レベル放射性廃棄物埋設事業についても、原子力開発利用ひいてはエネルギー問題の解決において重要な位置付けにあるものと認識しています。

また、低レベル放射性廃棄物埋設事業についても雇用や建設波及効果等が期待できるものであり、他の企業立地等の効果との積み重ねによって本県の産業構造の高度化につながるものと考えています。

なお、「産業構造の高度化」と「産業の高度化」とは別のものであることを申し添えます。

20.原子力施設の集中化について

「核燃料サイクル」の完結に向けて多くの難題が山積していることは知事もよくご存じのことと思います。具体的に列挙すれば高速増殖炉原型炉(「もんじゅ」建設中）に続く実証炉建設、転換施設、プルトニウム燃料加工工場、高速増殖炉・新型転換炉の使用済み燃料の再処理工場建設、高レベル廃棄物の最終処分地の選定、廃炉の廃材の処理場の立地等など。

これらの施設はどれをとっても全国の自治体から「引く手あまた」というような施設ではなく、今後その立地選定には極めて困難が予想されます。核燃三点セットが完成し、大間に新型転換炉が建設され、東通にはBWR4基が計画通り建設されることにでもなれば、青森県下北半島・上北郡は、世界に類例を見ない放射能集中立地帯になるのみならず、上にあげた「核燃料サイクル」完結のための諸施設が将来的に集中することになるでしょう。

⑴当初から「核燃料サイクル施設」と呼ばれておりますが、事業内容は、“セット”でなければ意味がなくなるといった関係になく、実際、事業主体も別会社となっています。これらいわゆる三点セットが青森県に集中したことについて知事は、どのような説明を事業者から受けていますか、お聞かせ下さい。

⑴3施設の立地推進が原子燃料サイクルの早期確立を図る上で急務であることから、立地の基本的条件に整っている六ヶ所村への立地となったものと承知しています。

⑵現在、ウラン濃縮事業の申請の他に三事業の申請が行われ、それぞれ行政庁審査、原子力安全委員会の審査が進むものと思われますが、「核燃料サイクル総体としての安全審査については、どこが主体になって、どの段階で、どのような法体系に従って行われるのでしょうか、具体的にご説明下さい。

⑵「核燃料サイクル総体としての安全審査」というのが具体的にどのようなことかわかりかねますが、安全審査の対象となっている施設に近接して既に原子力施設、その他の工場施設等がある場合には、
①近くの工場などの事故により施設に問題となる影響が生じないか。
②一般公衆の受ける放射線量については、付近の施設による影響を加えても法令に定める限度を超えないか。
などについて、原子炉等規制法等に基づく国の安全審査の段階で検討することとなっており、六ヶ所村に立地する施設についても相互の関連について評価されるものです。

⑶知事は原子力施設の青森県への立地についてどのような将来構想をお持ちでしょうか、具体的にご説明下さい。

⑶東通原子力発電所、大間原子力発電所及び原子燃料サイクル施設の立地は、本県の産業構造の高度化に大きく寄与するものと考えています。従って、これらの施設の立地については、安全性の確保を第一義としてその推進に協力するとともに、関連企業及び関連研究機関の立地を図るほか、生活・産業基盤の整備に努め、これら原子力施設の立地を契機とした地域開発を進めることにしています。

Ⅲ．核燃料サイクル施設の立地条件に関する質問

21.断層問題と資料の公開

一昨年の10月、再処理施設予定地の直下に二本の断層の存在を示す日本原燃サービス（株）の

「内部資料」が明るみに出ました、この地域が「断層帯中に位置している」ことは、隣接して建設された国家石油備蓄基地で発生したタンクの不等沈下が地質構造的問題であると指摘された当時より、多くの県民の知るところでした。

このような重要資料が、事業者側から公表されたものでなく、漏洩という形をとったことは事業者に対する不信感を県民にもたらしたことは否めません。

事業者は、この二本の断層が「危険な断層なのか、あるいは安全な段層なのか」について、客観的に判断できる材料を県民に提供することが信頼を取り戻すには不可欠でありましょう。われわれが要望している「県民の推薦する専門家」に「生データ、試掘坑等」を公開することについてはかたくなに拒否しています。実際、先日5月20日のRAB「核燃討論会」に見るように、原燃サービスの住谷寛常務は、「再処理工場の第二試掘坑を反対派の専門家に視察させる意思はない」ことを公言してはばかりません。

知事は、基本協定の第9条に従い、しかるべき専門家に「生データ、試掘坑を公開する」よう事業者側に要求する考えはありませんか。もし、その考えがないならばその理由をご説明下さい。

再処理施設に係る地質・地盤の安全性については、試掘坑等の調査結果も含めて国の審査の過程で総合的に審査・判断されることになりますが、試掘坑等に係る所要の資料は既に申請書において明らかにされているところです。

いずれにしても、できる限り情報公開して県民の理解を得ながら進めることは大事なことと考えます。

22.地下水について

1984年、青森県専門家会議の報告書では、低レベルについて(1)施設は、原則として地下水位以上に設置すること、(2)必要な場合、貯蔵廃棄物の回収、施設の修復を配慮していること、(3)低レベル廃棄物の特性に応じて分別貯蔵することは、最終貯蔵並びに将来の処分への移行を行う上で有効な方法であり、このためには固化体容器の表面に必要事項を記録するなどの（記録を残す方法を残す）ことが望ましいこと、等が述べられていました。

しかし、「一部補正書」ではこれらの「専門家会議が拠りどころとした基本的な考え方」がことごとく放棄されています。これは、基本協定第4条「原燃二社は、サイクル三施設の安全を確保するため、電気事業連合会が青森県の委嘱した専門家の示した主要な安全対策を確実に履行する」に背馳していると考えざるをえません。

また、「一部補正」にいう「埋設施設は、約14～19m掘り下げて設置し排水・監視設備として、ポーラスコンクリート層、排水管、点検路の設備」は、1986年5月23日の日刊工業新聞の記事「通気層のない地質に問題、浅層処分は断念か、日本原燃産業岩盤利用など検討」そのものです。

低レベルの事業許可申請を提出したのが1988年4月ですから、申請当時から「申請書の内容では通用しそうにないこと」は常識だったはずです。「昭和66年貯蔵開始」の計画を死守するため「とりあえず『申請書』を出しておいて、その間に官民一体となってデータをでっち上げ、それが揃った段階で設計変更にも相当する『補正書』を提出し、審査終了という形を整える」というスケジュールが見え見えではありませんか。この経緯は、事業者が基本協定第4条の後段に違反していることは明白です。

知事は、基本協定が遵守されていないというわれわれの指摘についてどのような見解をお持ちでしょうか。

電気事業連合会が青森県に示した安全対策は、事業構想段階におけるものです。

県の委嘱した専門家の検討も事業構想段階における安全確保についての考え方が妥当なものであり、かつ、それに基づく主要な安全対策が実施可能なものであるかどうかということについて、専門的知見を基に行なわれたものであり、「原子燃料サイクル事業の安全性に関する報告書」（昭和59年11月）の序言にもあるとおり、事業の具体化に当たっては、詳細な立地調査結果を踏まえて施設の設計等が行なわれるとともに、国による所要の安全規制が行なわれることが前提となっているものです。

低レベル放射性廃棄物埋設施設の一部補正は、19.でも述べたとおり当初の申請内容をさらに厳しく見直してより慎重に安全対策の強化を図ったもので、このことは基本協定第4条後段の主旨に沿ったものであり、基本協定は遵守されているものと考えます。

23.三沢米軍基地に関連して

事業者側の調査「外部事象現地調査報告会」（1987.12）は、「六ヶ所建設準備事務所（六ヶ所村鷹架）上空に飛来する航空機を1年間にわたり観測し、飛行回数等について調査する」ことを目的に実施されたもので、1年間の航空機の飛行回数42,846回との結果を報告しています。

この件に関連して1989年12月4日の核燃料サイクル施設建設阻止農業者実行委員会と北村知事との懇談会の席上、内山室長は「その数字（42,846回）から言えば、百万年に1回ということだ（施設への墜落確率）。一定の計算式があり、式は難しくて頭にはいらないが、資料があるのであとで補足説明をしながら資料をわたす」との発言をしています。

「核燃サイクル施設」が三沢米軍基地、天ケ森射爆場と隣接していることについては、これまでも県内諸団体あるいは日本弁護士連合会等からも、その危険性が指摘されており、県民等しく憂慮しているところです。

1985年2月の県議会定例会で知事は、「関係省庁協議のもとに安全性確保について万全の対策がとられていくものと考えている」旨の答弁をされてます。これまでの国・県・事業者の説明を総括すると下記のようにまとめられます。

原子力関係施設上空の民間機の飛行規制については、昭和44年7月5日付で運輸省航空局長から地方局宛に文書が出されており、同時に全日本航空事業連合会会長にも通達出されている。

自衛隊に関しても、防衛庁において陸上・海上・航空の各幕僚長宛に飛行規則の文書が出されている。

米軍についても、原子力関係施設上空の飛行規制に係る必要な情報提供がなされ、協力要請がなされている。原子燃料サイクル施設が完成する時点では、要所の手続がなされ、これまでの原子力施設と同様に安全が確保されることになる。

ポイントは「所要の手続き」とは何か、ということになりますが、要するに所要の手続きとは、運輸省航空局長通達にもとづき航空路誌（AIR-JAPAN）に『名称、場所、炉心等位置、施設名』を一行分追加する」だけに過ぎません。

この種の手続きは、原子力発電所、ウラン加工施設・大学付属研究施設・あるいは原船「むつ」に至るまで機械的に付加されてきたものであり、「核燃料サイクル施設」と「全国有数軍事施設」が隣接することの危険性という県民の不安に応えるものではありません。最近でも、昨年3月16日、同9月5日、本年3月21日と三回にわたる施設建設予定地から数kmの地点へ模擬爆弾誤投下事故、また本年6月19日には燃料タンク落下事故等、米軍機に係る事故が頻発し、知事も近々、在日米軍司令部に司令官を訪ね、再発防止の要請文を直接渡すことになったと聞いております。

⑴核燃料サイクル施設建設阻止農業者実行委員会・知事懇談会の席上で、内山室長の発言にある、「一定の計算式」と「資料」を公開すべきと考えますが、知事の見解をお伺いします。

座談会終了後、平成2年3月5日付けの文書でもって、青森県農協青年部協議会委員長久保晴一氏にお答えしたところであります。

⑵知事は、いわゆる「所要の手続きが実行されれば、隣接することの危険性は回避できる」ものと考えますか、見解をお伺いします。

原子燃料サイクル施設と三沢基地等防衛施設の関連については、閣議了解にもあるように、その機能の確保に配慮しつつ、施設立地の安全性確保の観点から、上空飛行の制限等については、必要に応じ所要の調整が行われることになっています。また、航空機が万一施設に墜落したとしても、周辺住民に重大な影響を与える恐れのある建物、構築物は防護設計が施されることになっています。航空機に係る安全性については、国の安全審査の段階でも、安全上の立場から十分なチェックが行われます。それによって、安全が期されるものと理解しています。

⑶最近頻発している軍用機事故から考えても、実爆弾搭載の軍用機が再処理施設に墜落する事故を想定して評価することは、安全性を判断する上で不可欠と考えますが、知事の見解をお伺いします。

航空機に関する事故評価については、現実の状況を踏まえて、国の安全審査において評価がなされるものと理解しています。

24.港湾、道路について

むつ小川原港近海は、時化も多く、核燃料サイクル関連物資を積載する港としては不適当と考えますが、知事はどのように考えますか。

また、核燃専用道路が完成した場合、一般県道と交差し危険と思われますが、どのような対策を立てているのかお聞かせ下さい。

1.港湾施設は、平成2年11月に鷹架内港区の15,000トン級岸壁が、当面暫定5,000トン級岸壁として2バース供用されたほか、外港区の東防波堤についても約1,800メートルが年度末までに概成することとなっており、これによって、一般貨物船及び原子燃料サイクル関連物資を輸送する船舶の入出港、荷役に当たっての安全は十分に確保されるものであります。

なお、原子燃料サイクル関連物資を輸送する船舶については、船舶安全法によって、船体構造、航海設備などが、特別の仕様に基づき建造されるほか、入出港及び荷役に当たっては、船舶運行管理者によって、海上保安部等海事関係者の指導、助言のもと、マニュアルが作成され、これによって、一連の輸送業務が安全かつ確実に行われることになっています。

2.原子然料サイクル関連物資を輸送する車両の国道338号線の交差に当たっては、信号機による交通整理が基本となるほか、公安委員会等からの指導、助言のもとに作成される輸送マニュアルに基づいて、一連の輸送業務が安全かつ確実に行われることになっています。

Ⅳ.放射能汚染と放射線被曝に関する質問

25.自然放射線と人工放射線について

国や事業者は、「自然放射線と人工放射線とは、生まれたいきさつが異なるだけで、人類は太古から日常的に放射線を受けて生活してきたし、原子力施設から発生する人工放射線も自然放射線の量程度では全く心配ありません。むしろ、微量の放射線は人体に良い影響を与えることもあります。(電事連などの『私たちと放射線』）などと広報していますが、低線量の被爆であっても発ガンと遺伝的影響のリスクがあるということは定説であります。知事は、このことについてどのように考えておりますか。

低線量被ばくの問題については、放射線の影響と障害との因果関係があるとは証明されていないというのが事実のようです。

従ってICRPは、低線量の被ばくであっても、受けた放射線の量とそれが誘発するガンや遺伝的障害の発生確率は正比例するとの仮定をおいて考えることにしておりますが、これは、このように仮定したほうが､放射線防護を考えるに当たって、より慎重に放射線を取り扱えるとの考え方に立つものです。

これからも低線量被ばくに関する因果関係を明らかにするために、研究を一層進める必要があると思います。

26.安全神話について

知事は､日頃「国が安全といっている」からと、国の安全神話にしがみついているように思われますが、1979年の米国スリーマイル島原発事故について、どのように認識していますか。そのTMI事故についての『ケメニー・レポート』で「原発は十分安全だという考えが、いつのまにか信念として根を下してしまった。これが今回の事故を防止しえたはずの多くの措置が取られなかった原因である。」と言っていますが、どのように考えますか。

国の原子力研究機関である日本原子力研究所の労組による調査によりますと､研究者の九割が｢未熟な技術を危ぶみ、安全性について不安をもっている」(1990.3.18､東奥日報）と言っております。また、日本原子力産業会議の第23回年次大会で、大前研一氏が「原子力は安全だとして、住民を説得しようとする今の推進策は誤りで、安全ではないという立場から出発すべき。」(1990.4.13、毎日新聞）と指摘しております。知事は、それでも一方的に、国が安全だと言えば、それを信じて従うのですか。

原子力施設の安全性の確保については、原子力関係者全てが現状に慢心することなく、不断の努力を払っていく必要があると考えます。

27.放射線防護対策について

1986年のチェルノブイリ事故のその後についてどのように認識していますか、四年を経た今日でもなお、白ロシア共和国やウクライナ共和国では、国家財政を揺るがすほどの放射能汚染対策費の予算計上を余儀なくされていると報道されています。

汚染地帯が広範囲にわたっている実態から、事故が発生したときの防災対策などは「焼け石に水」で、およそ物の役に立たないと思いますが、知事は、万が一の場合の放射能防護対策についてどのように考えていますか。

⑴我が国の原子力施設は原子燃料サイクル施設を含め「核原料物質、核燃料物資及び原子炉の規制に関する法律」等に基づき、施設の安全審査、使用前検査、定期検査等が厳重に行われるほか、管理体制についても保安規定の認可などを通じ、事故の発生防止、拡大防止及び災害の防止について十二分安全対策が講じられることから、国（通産省、科技庁）は、先のチェルノブイリ発電所事故のような事故は、我が国では起こりえないとしています。

このように、法律に基づいて施設の安全性に万全の対策がとらえています。

⑵原子力防災に係る具体的対策については、米国TMI事故の教訓を踏まえ、昭和55年6月30日に、原子力安全委員会において、防災対策を重点的に充実すべき地域の範囲、災害応急対策実施のための指針、緊急時環境モニタリング、緊急時医療等を内容とする「原子力発電所等周辺の防災対策について」が決定されています。このため、本県では災害対策基本法に基づき、上述の原子力安全委員会の決定等を踏まえ、本県に立地が予定されている原子燃料サイクル施設を対象とした県原子力防災計画を昭和63年度と策定し、同施設に係る防災対策に万全を期していくこととしています。

28.染色体異常について

福島県立環境医学研究所の研究報告で、東京電力福島第一・第二原発の労働者に一般住民の二倍近い染色体異常が検出されたとし、低線量被曝に対する原発労働者の健康管理に警鐘を鳴らしています（1989.2.20、毎日新聞）し、大阪大学医学部の森本教授は、発ガン物質での染色体変異が遺伝的背景と強い関連があると研究発表しています（1989.10.23、毎日新聞）が、県民の生命と健康を守るべき立場にいる知事は、どのように認識いたしますか。

福島県環境医学研究所の研究報告の要旨から判断すれば、放射線の染色体異常の発生頻度の関係については、以前から研究されてきたものであり、ある程度以上の線量領域においては染色体異常が多くなることはよく知られています。また、今回見つかった異常な染色体を持つ細胞は、増殖できずに死滅するため、それが直接ガンの発生や遺伝障害に結びつくことはないとされています。染色体異常は、放射線以外にも、日光、タバコ、医薬品、化学物質などによっても起こることが放射線医学総合研究所、国立遺伝学研究所などの研究で知られています

また、大阪大学医学部の森本教授らが、発ガン物質による人の細胞の感受性が遺伝と深い関係があるという旨の研究発表を、日本癌学会で行ったという事実については承知していますが、ガンと遺伝の関係はまだ研究途上のようです。

いずれにしても、このような研究は今後とも引き続き進められる必要があると、思います。

29.環境モニタリングについて

核燃料サイクル施設周辺の人々の健康と安全を守る立場から、青森県は「環境放射線モニタリング」を実施し、安全性を確認するといっていますが、万一核燃料サイクル施設に異常が認められ、その修復に時間を要する等の事態が発生したときには、安全性は履りますが、その場合、その施設の撤去は可能ですか。また、観測地点や観測機器が放射線の$\alpha\beta\gamma$線のすべてについて万全であり、現状の観測網で十分と考えていますか。

万一、原子燃料サイクル施設が安全でないと判断された際には、国の権限あるいは指導監督のもとに、事業者の責任あるいは国の責任で適切な措置が講ぜられるものと考えています。

原子燃料サイクル施設周辺の環境放射線等モニタリングについては、過去4年間にわたり、青森県が実施した国内及び国外のモニタリングの現状調査、気象や海象等の自然事象及び食物摂取や人口分布等の社会事象等の調査結果並びに環境放射線モニタリングに関する指針を踏まえ、国の専門

家や我が国第一線の学識経験者の指導・助言を得て、本県に最も適した測定地点や測定項目等を定めたものであり、平常時における観測網としては十分と考えています。

万一、モニタリングの測定値に異常が認められた場合には、平常時における測定に加え風下の最大濃度出現地点を中心として、別途緊急時環境モニタリングを実施することになるので、観測網としては十分と考えています。

また、測定機器については、γ線放出物質はもちろんのこと、α線放出物質及びβ線放出物質が測定できる機器を整備しています。

30.ウラン濃縮について

ウラン濃縮施設は、ガス状の六フッ化ウランを『遠心分離法』でウラン235の濃縮を行い、多くの装置の内部は、大気圧より低い状態で運転されるので万一にも装置外に漏出されることはないと言っておりますが、①人形峠の原型プラントの操業実験によって確認しましたか。また、六フッ化ウランを取り扱う設備から出る排気は、フィルターを通して放射性物質を取り除くと言っておりますが、②ラドンガスも完全に除去されるのですか。

さらにまた、③人形峠周辺住民が『動燃』などを相手に「放射性物質放置反対」と「放射能のゴミ拒否」の運動を展開していますが、このことを承知していますか。

①動力炉・核燃料開発事業団からは、人形峠の原型プラントでは、六フッ化ウランが装置外に漏洩したことはないと聞いています。

②ラドンについては、ウランの娘核種として排気系を通じ微量ながら大気中に放出されますが、その影響は法令に定める線量当量限度より十分に低いと国から聞いています。

③新聞報道等で概略承知しています。

31.低レベル放射性廃棄物について

200ℓドラム缶換算で約74万本（1989年3月末）に達した低レベル放射性廃棄物のうち46万本あまりは原子力発電所敷地内に貯蔵補完されています。1989年度末では貯蔵設備容量の平均で63％の累積貯蔵量となっておりますが、年間新規発生量に対する償却等での減容率も最近三年ほど6割に近い数値でスソ切りをし、敦賀、大飯、伊方の各原発などでは貯蔵施設の拡大や増設によって、今のところトラブルもなく安全に保管されているようであります、それを六ヶ所村に集中管理することになれば、より安全になるという理由は全くありません。むしろ、大幅な減容によって中レベル化してくる廃棄物の発生場所や核種の情報が不明となり、輸送時の事故などの危険も考慮したとき、「ゴミは発生者の責任」として各原発サイトに現状通り保管するのが最も安全と考えますが、知事は六ヶ所村に集中管理した方が、より安全と考えるのですか。その根拠は何ですか。

原子力発電所等から発生する放射性廃棄物については、できるだけ発生量の低減を図るとともに、固化等の処理を行った上で、安全かつ確実に処分を行うということを国の基本方針としています。

放射性廃棄物は、原子力事業者の事業活動に伴って発生するものであることから、その処理処分の責任が適切かつ確実に行われることに関しては、原則的には、発生者の責任であるということはいうまでもありません。

しかし、埋設事業は長期にわたって続けられる事業でもあり、個々の発電所毎に行うよりも、技術的に十分能力のある専門の事業者が集中的に埋設するのが合理的であります。

このため、原子力発電所から発生する低レベル放射性廃棄物の埋設処分を行うため、原子力事業者である電気事業者が中心となって日本原燃産業（株）という埋設の事業者を設立したところであります。

また、法律上の安全規制という観点から見ても、専門的、集中的に放射性廃棄物の処分を行う事業の場合、発生者たる原子力事業者が個別に安全確保に関する法律上の責任を負うことよりも、実際にその場所において処分を行う者を埋設事業者として、国の原子力の安全規制の法律である原子炉等規制法で位置づけて、安全確保の法的責任を埋設事業者に一元化した方が、その責任の所在が明確にされるということになり、一層確実かつ適切に安全規制を実施できるものであります。

このようなことを国から聞いており、県としてもそう考えています。

32.産業廃棄物について

1986年5月の原子炉等規制法の一部改正以来、低レベル廃棄物のスソ切りと責任の廃棄事業者移行や検査の民間代行が行われるようになり、1987年には原子力安全委員会の放射性廃棄物安全規制専門部会が、0.01ミリシーベルトを基準値として極低レベル廃棄物は一般のゴミ扱いされるようになりました。放射性廃棄物についての危険認識を希薄にさせてきました。そのことが、東大病院の高レベル放射能汚染や、去る7月21日のTBSニュースや翌22日から新聞で報道された岡山県邑久町の産業廃棄物処理場での自然界の10数倍の放射線流出という危険な状況を生んでいると思われます。

青森県としても最近の産業廃棄物をめぐる動きから無関係とは思えません。十二分の警戒が必要と思いますが、知事は、どのように認識しておりますか。

低レベル固体廃棄物に関し、放射性廃棄物として取り扱わなくてもよいような基準について、国において検討がなされていることは承知していますが、御指摘はあたらないものと考えております。

33.低レベル廃棄物の規制緩和について

最近、米原子力規制委員会（NRC）が、低レベル放射性廃棄物のうち、放射線量が微量の極低レベル廃棄物に対する規制緩和を発表しました（1990.6.20.東奥日報）。それによると、0.09ミリシーベルトを「法的に懸念される限界値」とみなし、それ以下は低レベル放射性廃棄物としての取扱いが廃止され、一般ゴミとして捨てることが可能となるとしています。日本の9倍の数値であり、直ちに追随するとは思われませんが、今後廃炉等で多量のコンクリート処分なども問題となっているだけに、注目に値する動向と思いますが、知事の見解は如何ですか。

原子炉を解体した際に発生する放射性廃棄物等極めて放射能レベルの低い放射性廃棄物を合理的に処分するための基準については、現在国において検討がなされていると承知していますが、国の規制の動向を見守っていく考えです。

34.小児白血病との関連について

英国セラフィールドの核燃料再処理施設で、従業員の子供に白血病やリンパせん腫が異常発生しているとの、ガードナー教授の調査論文（1990.5.14、毎日新聞）や「原発労働者は子供をつくるな」とのショッキングな報道（1990.2.23、毎日新聞）を打ち消すために英・核燃公社の視察団を来県（1990.5.24、東奥日報）させて再処理工場の廃液と白血病の関連否定に躍起になっているように思われますが、小児白血病の多発の事実や周辺住民の集団提訴などの事実までは否定できず、「ただ疫学的に因果関係の可能性を証明するには調査の継続が必要」（『けんど』第5号）と逃げているだけですが、知事はどのように考えますか。

⑴ガードナー報告によれば、「セラフィールド再処理工場で働いた父親から生まれた子供に白血病が多い」ということで、1950年～1985年の36年間の74例中、10例がセラフィールドで働いた父親であるとしています。一方、同報告には、父親が農業や鉄鋼業に従事している場合の方が、セラフィールドで働いた場合よりも白血病は多く発生していることが示されているにもかかわらず、このケースにおける小児白血病多発の原因については、答えていないままとなっております。したがって、今後とも調査が必要であると聞いております。

⑵また、英国原子燃料公社の代表団は、日本の原子力開発事業の現状視察を目的とした来日であり、その中で、六ヶ所村の視察の際、県内で白血病に係る心配が大きく報道されていることを聞き特に、マスコミの方々と記者会見し、その真意を述べたものと聞いております。

したがって、このことからもわかるとおり、物事の事実を述べているものであると理解しております。

35.微量放射線のリスクについて

放射線被爆の遺伝的影響については、未だ疫学調査の結果は出ていませんが、国際放射線防護委員会（ICRP）の勧告の移り変わりからしても、微量放射線でもガンになる可能性があり、しかも放射線の量や被爆の回数に比例してガン化する細胞の数が増え、ガンの発生率も増加すると考えるべきです。したがって、疫学的に発生メカニズムが解明されていないからといって自然放射線に付加算される人工放射線の放出につながる行為はできる限り抑制すべきで、原子力施設の建設などは抑制すべきと考えますが、知事は如何思いますか。

ICRPの勧告においては、放射線被曝を伴う行為は、その導入が正味でプラスの利益を生むのでなければ採用してはならない、とされております。したがって、原子力施設によりもたらされる利益をも考慮して判断する必要があると思います。

36.放射線防護の三原則について

国際放射線防護委員会（ICRP）の放射線防護の三原則に「正当化の原則」「最適化の原則」「線量限度遵守の原則」（1977年勧告）がいわれています。

第一原則の「正当化」とは、放射線被曝を伴う行為には、被曝に価するだけの正当な理由が必要ということであります。この場合、正当性の判断をするのは、あくまでも、行政や専門家といわれる人々ではなく、放射線を被曝する人々の意見が尊重され、優先されるべきと思いますが、知事は如何考えますか。

ICRPの勧告にある「正当化の原則」とは、「いかなる行為も、その導入が正味でプラスの利益を生むのでなければ採用してはならない」というものです。正味でプラスの利益を生むかどうかについては、国民全体の利益と損害を考慮して判断する必要があり、国が、専門家も含め、幅広く国民の意見を勘案して判断すべき事柄だと考えます。

37.施設の白紙撤回について

放射性物質の利用は、放射性廃棄物の発生を必ず伴うし、その処理・処分に要する人力、エネルギー、消費は、利用に際して必要とするものと比較して無視できないほど大きく、放射線廃棄物は、どのような方法下、処理・処分されるとしても、その放射能は原則として物理的半減期に従って減衰する以外には減少しません。そのため、放射性物質の利用に際しては、その正当性を判断するときに、使用後の廃棄物処理・処分までを考慮に含めて行うべきとしています。しかるに、「高レベル放射性廃棄物対策の確立が急務」（1990.6.16.東奥日報）と総合エネルギー調査会の原子力部会報告も指摘しているように、廃棄物対策の未確立のまま「核燃料サイクル建設」にひた走ることは、よりよい生存のあり方を考える上でも「白紙撤回」すべきと考えますが、知事の所見をお伺います。

我が国のエネルギーを巡る厳しい諸情勢にかんがみれば、原子力は適切なエネルギー供給構造を実現するために必要不可欠であり主要な役割をになっているものと考えます。従って、県としても安全性の確保を第一義として引き続き原子燃料サイクルの立地に協力していくことにしています。

V.核燃料サイクル施設と産業・経済等に関する質問

38.核燃と農業は両立できるか

1988年4月27日、知事は「サイクル施設は農家のことを考えて誘致したもの。開発を拒否すれば、農家は哀れな道をたどる」趣旨の発言をしています。また、知事を始め県の幹部職員は「核燃と農業は両立できる」としばしば答えていますが、その根拠となることを具体的に示して下さい。

また、北村知事は副知事時代、六ヶ所村に『酪農一路　苦節二十年　土をよくし　草をよくし　牛をよくして　ここまでやってきた　これからは　経営をよくし　生活をよくし　世の中をよくするのだ』と刻まれた碑文を残されています。私たちはここで示されている農業観と核燃施設建設とは相反するものと考えますが、知事の現時点における農業に対する知見をお聞かせ下さい。

1.我が国の原子力施設立地域においては、「原子力施設と農業とは両立していない」という事例はないと認識しており、六ヶ所村においても、原子燃料サイクル施設の安全性を前提として「核燃と農業とは両立できる」ものと考えております。

2.本県の農業のあり方等については、昭和63年に公表した「青森県農業の推進方向」で明らかにしたところであり、その骨子は、優良農地の広がりや夏季冷涼な気象条件など、本県のもっている地域特性を最大限に活用するとともに、米に過度に依存している経営体質から脱却することを基本として、国際化の進展、産地間競争に耐え得る体質の強い青森型農業を確立していくこととしています。

このような観点から、経営の規模拡大や生産の組織化などを通じた稲作など土地利用型部門のコスト低減、花き、施設野菜など高収益、集約部門の導入、流通・加工体制の整備などを推進していく必要があり、今後とも、これら施策の充実に努めていく考えであります。

3.また、諸外国からの農産物の市場開放攻勢の高まりや農産物価格の低迷などを背景に、農家の経営分化は一層進行していくものと見通されるが、すべての農家が農業生産だけで所得を高めていくことにはおのずと限界があります。

このため、農業者自らの手による農産加工への取組みや農業、農村の良さを生かした観光・体験農業への取組み、さらには農家の労働力が生かされる企業の誘致などを進め、農村地域内外に安定した就労の場を確保し、農家所得の向上を図ることが重要であり、ひいては、このような取組みが経営規模の拡大などを通じた地域農業の体質強化を促進していくことにもつながるものと考えております。

39.六ヶ所村農業の現状評価

1972年6月8日発表の「むつ小川原開発第1次基本計画および住民対策大綱」は、「本地域の農林水産業の振興について」「今後の見通しとしては、地域住民の福祉水準を全国水準並みに引き上げることは困難である」として、この地域の農業発展の展望を否定しました。

しかし今日、六ヶ所村農業は酪農・野菜作の振興などで目を見張る成果をあげていますが、知事は先の「大綱」の認識は今日でも正しいと考えますか。

1.むつ小川原開発第1次基本計画では、「本地域の農林水産業の振興については、多年、住民の努力と行政施策を重ねてきたところで、それなりの成果はあったが、今後の見通しとしては、農林水産業の振興施策を講ずることのみをもってしては、地域住民の福祉水準を全国水準並みに引きあげることは、困難である。」と述べているように、この地域の農業発展の展望を否定したものではありません。

2.現在の六ヶ所村の農業の現状を見てみますと、昭和62年農家1戸当たり生産農業所得は、酪農、野菜作を中心とした生産の伸びによって171万円と県平均（125万円）を上回っております。しかしながら、六ヶ所村の1戸あたり所得（553万円）との対比では31%であり、農業所得はかなり低いものとなっております。

3.このことは、今日の厳しい農業情勢の中では、一部の農家を除き、農業生産だけで非農家並みの所得を確保していくことの難しさを示しているものと受け止めております。

4.このようなことから、地域の基幹産業である農林水産業の再編成を進めつつ、その振興を図っていくことを基本としながらも、これだけでは農家を含めた地域住民の福祉水準を全国並みに引き上げることは困難であるので、産業構造の高度化によって、地域内に安定した就労機会を確保し、地域全体の所得水準の向上を図っていく必要があると認識しており、基本計画等の考え方のとおりであります。

40.核燃の経済効果について

⑴核燃の経済効果

県当局は、核燃施設は「約1.1兆円の今世紀最大のビッグプロジェクト」（『けんど』第2号）であるとして、地域振興・経済的メリットにつながると宣伝していますが、これまでの「原発先進地」では「開発効果」について「一時的なものでしかなかった」（福島県『原子力行政の現状』1985.3)、核燃料施設についても「立地に伴う雇用効果は少ない」（科学技術庁委託調査『下北半島における核燃料サイクル施設の立地が地域に及ぼす経済的社会的影響に関する調査報告書』1986.3）などと述べられています。

知事が核燃料建設を本県の「産業の高度化」「経済効果」につながると判断する根拠について、その具体的効果を明らかにして下さい。

また、立地要請後（1985.4）どのような「経済効果」があったと考えているか、説明して下さい、また、電源三法交付金は地域の振興にどのように役立っていると考えているかお聞かせ下さい。

ア　原子燃料サイクル施設立地を契機とする経済効果については、その大規模な建設投資による地元受注、雇用等の直接効果はもとより、これに伴う人口流入、他産業への波及をはじめ、国の三法交付金制度に基づく生活、産業基盤施設の整備、さらには原子燃料サイクル事業操業による雇用創出効果、関連産業の集積や研究施設の立地等、多岐にわたって見込まれております。

具体的には、約1兆1,200億円といわれる建設投資により、約2,200億円程度の地元発注や延べ341万人の地元就労が見込まれるのをはじめ、原子燃料サイクル三施設の操業により、事業二社、メンテナンス企業等を含め、約1,300人程度の地元雇用が見込まれます。

また、立地村並びに周辺市町村を対象とする電源立地促進対策交付金及び周辺地域交付金の交付や本県への適用が検討されている電力移出県等交付金の交付により、公共周施設や産業基盤施設等の充実が図られ、産業振興や県民福祉の向上に多大の寄与が見込まれます。

電源立地促進対策交付金は、総額約319億円で、昭和63年度から平成9年度にわたって210件の事業を実施することになっております。

さらに、建設投資による他産業への波及や原子燃料サイクル事業を契機とする関連産業等の集積については、具体的、定量的に把握は困難であるが、既に、数社にわたる企業立地をみており、今後さらに拡大していく方向にあります。

これらの大規模かつ多岐にわたる波及効果を最大限に受けとめ、地域の発展に資するためには、地域の現状と将来性を踏まえ、計画性をもって取り組むことが重要で、県としても、今後、国、事業者の参加、協力をも得ながら、原子燃料サイクル事業の特性、メリットを生かしつつ、地域振興策の一層の充実を図ることにより、本県の産業構造の高度化（前述のように、産業の高度化ではない）、地域の振興に将来にわたって寄与できるものと考えております。

イ　これまでの施設立地に伴う主なる経済効果については、次表のとおりであります。

<table>
<tr><th colspan="2">区分</th><th colspan="5">効果</th><th>備考</th></tr>
<tr><td rowspan="2">施設建設効果</td><td>工場発注</td><td colspan="5">約841億円（地元271億円）</td><td rowspan="2">*昭和60年度～平成元年度</td></tr>
<tr><td>就労</td><td colspan="5">延べ約52万人（地元約47万人）</td></tr>
<tr><td rowspan="3">事業2社等の雇用</td><td>原燃サービス</td><td colspan="5">137人（地元117人）</td><td rowspan="3">*事業2社の新規採用者数
*地元会社：むつ小川原原燃興産（株）六ヶ所原燃警備（株）</td></tr>
<tr><td>原燃産業</td><td colspan="5">115人（地元98人）</td></tr>
<tr><td>地元会社</td><td colspan="5">76人（地元76人）</td></tr>
<tr><td rowspan="2">企業立地</td><td>立地企業</td><td colspan="5">5社6工場（(財)永木精機、(株)青森フジクラ外）予定
雇用者数　約1,700人</td><td>*事業者、電事連の支援による立地企業(H元年度以降)</td></tr>
<tr><td>立地予定</td><td colspan="5">4社（立地意向を表明）予定雇用者数　約350人</td><td></td></tr>
<tr><td colspan="2">原子力関連研究施設</td><td colspan="5">環境科学技術研究所が立地　（平成2年度）</td><td></td></tr>
<tr><td rowspan="4">電源三法交付金</td><td rowspan="3">電源立地促進対策交付金</td><td colspan="3">全体</td><td colspan="2">実績</td><td rowspan="3">*交付実績は、平成2年度の見込額を含む。
*主要な交付金整備施設（産業振興施設）
・農林水産業：農産物加工指導センター、畜産試験研究所、水産増殖施設など
・観光商工業：観光歴史記念館、観光物産PRセンター等（生活基盤施設）
・教育文化：小中学校、公民館、文化交流プラザ等
・医療：保健センター、病院増築等
・その他：道路、都市公園、水道施設等</td></tr>
<tr><td>事業件数</td><td>交付金総額</td><td>計画期間</td><td>事業件数</td><td>交付金額S63年度～</td></tr>
<tr><td>件
210</td><td>億円
319</td><td>S63～
H9年度</td><td>件
121</td><td>億円
66</td></tr>
<tr><td>周辺地域交付金</td><td colspan="5">○平成元年度実績
企業導入・産業近代化事業　342百万円
給付金交付助成事業（電気料金割引）303百万円
計645百万円</td><td>企業導入・産業近代化事業：三沢市外2市
給付金交付助成事業：六ヶ所村外11町村</td></tr>
<tr><td>むつ小川原地域・産業振興財団の助成</td><td>産業振興プロジェクト支援助成事業</td><td colspan="5">○平成元年度実績
助成対象団体　50団体
助成総額　345百万円</td><td>*平成元年3月に、事業者、電事連の支援を得て県が設立。
*県内の市町村、産業団体の産業振興プロジェクトの推進に、支援、助成を行っている。
*H2年度助成予定:112団体、518百万円</td></tr>
</table>

⑵雇用効果と出稼ぎの解消

青森県は周知のようにわが国において出稼ぎの数の一番多い県です。核燃料サイクル施設建設により、雇用が拡大するとすれば青森県の出稼ぎはどの程度解消すると知事は考えているのか、お聞かせ下さい。

原子燃料サイクル事業がどの程度本県の出稼ぎ解消につながるかについては、前記のように、建設就労として延べ約341万人、事業二社、メンテナンス企業の雇用として1,300人程度の地元雇用が見込まれており、また、原子然料サイクル事業を契機とする企業立地の活発化や他産業への経済波及により、将来にわたって着実に本県の雇用機会の増加や就労条件、就労環境の向上をもたらすものと考えられます。したがって、このことを本県の出稼ぎ解消と有為に連動させる場合、本県の出稼ぎ事情の改善につながるものと見込まれます。

41.核・廃棄物の「ゴミ捨て場」計画

核然施設立地問題が生じてから、下北半島及びその周辺地域に対して「PCBとダイオキシンの処理・処分施設」「大規模産業廃棄物最終処分場」「航空自衛隊の弾薬庫建設置計画構想」などが出ており、これらは核燃施設建設が引き金となったと思われます。このような計画は「第一次産業」の比率の高い青森のイメージを低めるものと私たちは考えますが、知事はこれらの計画が農業や漁業の生産販売に対して与える影響をどのように見ておりますか。

また、中西石川県知事はかつて「（能登半島に建設が予定されている原発から出るゴミはどうするかという質問に対して、地元テレビで）皆さん、ご安心ください。原発から出る放射性廃棄物は、下北とか幌延といった、人もあまり住んでいないところへ持っていって捨てますから」と答えていますが、もしこれが事実だとしたら貴職は、中西氏に対して抗議する意思はお持ちでしょうか。

「PCBとダイオキシンの処理・処分施設」等の計画構想は、原子然料サイクル施設の立地とは全く関連があるものではなく、まして、原子燃料サイクル施設の立地が引き金となっているものではありません。

また、「青森県のイメージ低下」という問題については、農水産物の生産流通の面から見れば、本県で生産する農水産物が「安全」であるかどうかにかかっているものと考えられます。

このため、これらの計画構想も「安全性」が確保される限り、これらの計画によって、直ちに何らかの影響があるというものではないと受け止めております。

中西石川県知事の発言については、承知しておりません。

42.風評抜害対策について

⑴風評抜書に対する認識について

事業者は県民への宣伝パンフの中で「原子燃料サイクル施設が六ヶ所村に設置されると、地元の農水産物が放射能に汚染されるので買わない」という声が流されているが、「意図的に人の心を惑したり、混乱させたりするのは、アンフェアだと思います」と述べ、既設の原発関連施設地域において「風評被害」はないことを強調し、消費者が放射能被曝について不安を持っていることに対し、これを過剰な「意図的」行為と断定しています。知事は、このような事業者の対応についてどのように考えますか。

原子燃料サイクル施設の安全性については、国も厳しい安全規制を行うとともに、県も所要のモニタリングを実施し、これを確認することとしているところであります。

風評被害については、もし仮に、意図的にこれをあおるようなことをするのであれば、好ましくないものであると考えておりますが、原子燃料サイクル施設の安全性に対する不安が払拭されていないことも事実と考えます。

また、事業者においても、このような認識を持っているものと考えております。

⑵風評被害対策について

1989年12月8日、事業者は「風評被害処理要綱」を策定し、「風評被害対策」を行うとしています。「同要綱」による「風評抜害」の認定基準は、「サイクル施設の保守・運営等に起因して発生した」損失とありますが、極めて抽象的、曖昧です。また、認定委員は「知事が委嘱する」とあり、公正たる第三者機関たりえるか疑問です。

このような「同要綱」で、知事は、十分な「風評被害」対策に成りえていると考えているのか、具体的にお答え下さい。

日本原然サービス（株）及び日本原燃産業（株）が定めた風評被害処理要綱では、風評披害の認定基準として、「サイクル施設の保守、運営等に起因して発生した農畜水産物等の価格低下による損失、営業上の損失その他の経済的損失であること」と定めており、このことが格別、抽象的な定め方とは考えておりません。

また、風評被害認定委員会の委員については、青森県及び六ヶ所村と上記事業二者及び電気事業連合会と締結している風評被害対策に係る確認書に基づき、県知事が委嘱することとなっており、このことからしても、同委員会は、公正たる第三者機関たり得るものと考えております。

したがって、風評披害対策としては、格別、問題ないものと考えております。

43.損害賠償等と県の責任

⑴事業者の責任能力と県の責任

申請書によると、低レベル放射性廃棄物は300年以上の管理を義務づけられていますが、日本原燃産業（株）やそのスポンサーである電力会社がその期間内に「倒産」あるいは消滅の可能性があると思われますが、その場合廃棄物を引き受けた青森県はどのように対処するのですか。

低レベル放射性廃棄物の管理は、日本原燃産業（株）が現行法制度上我が国の電気エネルギー供給に責任を持つ立場にある電気事業者の支援を得て行うことになっており、管理ができなくなるような状態になるということは考えられません。

⑵電力会社の支援

電力会社は事業者に対し、放射性廃棄物の処理処分が確実に実施されるような「支援」を与えることとなっています。しかし、「支援」は法的責任でないことは国も認めていますが、「支援」が断られた時はどうなるのですか。

⑴のお答えで御理解ください。

⑶損害保証と県の責任

知事は、地方自治法上県民の生命・財産を守る義務があるが、万が一核燃で事故等が発生し、放射能（線）により県民が以下の事例で損害を蒙った場合、どのように対処するのかお聞かせ下さい。例えば、賠償額が限度額を越えたが、国の援助（国会の決定を経て政府が援助）を得られない場合とか、「異常に巨大な天災地変」により損害が生じた場合で政府の「被災者の救助及び被害の拡大の防止のため必要な措置」が講じられない場合。

この場合県知事が責任をとってくれるのでしょうか。県民は泣き寝入りをしなければならないのでしょうか。

原子力損害が生じた場合において、原子力事業者が損害を補償する責に任ずべき額が賠償措置額を超え、かつ、原子力損害暗償法の目的を達成するため必要があると認めるときは、政府は、原子力事業者に対し、必要な援助を行うこととなっております（同法§16)。

なお、必要があるかどうかは、損害の規模、事故発生の態様、原子力事業者の資力等、損害発生の際の具体的事情に応じて判断されることとなりますがその必要があると認めるときは、政府が国会の議決を経て、援助する趣旨であります。

損害が異常に巨大な天災地変又は社会的動乱によって生じたものであるときは、原子力事業者は、その損害を賠償する責を負わない定めになっているが、この場合は、政府は、被害者の救助及び被害の拡大の防止のため必要な措置を講ずることとなっております（同法§17)。

44.核燃と新幹線との関連について

1989年12月11日発表の「原子燃料サイクル施設立地にかかわる自由民主党青森県支部連合会統一見解について」において貴職の属する党派は「政治不信の最大の要因は新幹線問題である」と見解を述べ、また、1989年4月19日、日本原燃サービスの豊田社長は、科学技術庁長官に「『盛岡以北』の早期着工」を要請しています。

これらから、核燃推進者は「新幹線の建設」と「核燃料サイクル施設」の建設は連動している（条件付けられている）と考えているようですが、知事も同様の認識でおられるのでしょうか。つまり、新幹線が来なければ核燃立地は返上するつもりなのですか。

また、新幹線は経済とか生活の便利さの問題、核燃は「いのち」の問題であり、本来連動させるべきものではないと考えますが､如何でしょうか。「欲しいものは来ないで、欲しくないものを押しつけられる」という素朴な県民感情があることはご承知と思いますが、知事の感想をお聞かせ下さい。

自民党県連の統一見解において、原子燃料サイクル事業推進上の障壁の一つとして、「政治不信」があげられ、その最大の要因として新幹線問題があげられていることは、新幹線の本格着工を強く切望する県民にしてみれば、新幹線問題の過去の経緯からして､十分理解できるところであります。このように、新幹線問題が原子燃料サイクル事業に影響を与えている面があると思われるものの、もともと両者は、別個のものであり、連動させて進めていくべきものとは考えておりません。よって、それぞれ個々に対応しているところであります。

［出典：青森県資料］

Ⅱ－1－2-14
核燃料サイクル施設に対する法定外普通税（核燃料物質等取扱税）の新設について

青森県

地方税法上、その税収入を確保できる税源があり、及びその税収入を必要とする財政需要がある場合には、自治大臣の許可を受けて法定の税目とは別に税目を起こして普通税を課することができるとされている。これに基づき核燃料サイクル施設に対する法定外普通税を新設することについて自治省と事前協議を行ってきたが、　月　日自治省から新設の内諾について連絡があった。

今後、正式に自治大臣に対して許可申請を行うこととなるが、許可申請に当たっては税条例の謄本を添付する必要があるため、6月定例会に法定外普通税新設を内容とする条例案を提出することとしている。

1　課税対象施設等

(1) 課税対象施設

ウラン濃縮施設及び低レベル放射性廃棄物埋設施設

(2) 税の名称

核燃料物質等取扱税

(3) 納税義務者等

納税義務者	ウラン濃縮の事業を行う者	放射性廃棄物埋設の事業を行う者
課税客体	ウラン濃縮	放射性廃棄物埋設

課税標準	課税標準の算定期間内において濃縮により生じた製品ウラン（六ふっ化ウラン）の重量	課税標準の算定期間内の廃棄物埋設に係る廃棄体の容量（同期間に属する各月末日現在の容量を12で除して得た容量とする。）
税率	製品ウランの重量1kgにつき7，100円	廃棄体の容量1㎥につき29,800円
納付手続	課税標準の算定期間の末日の翌日から起算して2月以内に申告納付	

※「課税標準の算定期間」――4月1日から翌年3月31日までの期間

(4) 実施期間

核燃料物質等取扱税条例の施行の日から5年間

(5) 施行期日

核燃料物質等取扱税の新設に係る自治大臣の許可を受けた日から起算して3月を超えない範囲内において規則で定める日から施行する

2　税収見込み（5年間）

ウラン濃縮施設	56億円
放射性廃棄物埋設施設	11億円
合計	67億円

［出典：青森県資料］

II－1－2-15

むつ小川原開発の最近の情勢

青森県　平成3年12月

はじめに

むつ小川原開発は、工業開発を通じて地域の振興を図るという基本的な考え方の下に、長期的な観点から段階的に推進しているところである。工業基地の建設に当たっては、立地条件を高めるため、港湾、道路及び水資源（工業用水）等の基盤整備を先行的に進めつつ、企業の立地誘導に努めてきたところである。基盤整備については、これまで厳しい財政事情の下にありながらも着実な進展をみてきている。工業基地の広さは、全体計画面積約5,280haであり、その利用区分は、工場用地約2,800ha、港湾用地約580ha,骨格交通帯用地約200ha及び環境保全のための緑地約1,700haを見込んでいる。なお、現在、企業立地が可能な工場用地は、概ね1,500haである。企業立地の状況は、国家石油備蓄基地（約261ha）が、昭和54年10月に立地決定し、昭和60年9月に完成しているほか、昭和60年4月には、原子燃料サイクル施設（ウラン濃縮施設、低レベル放射性廃棄物埋設施設、再処理施設合計約746ha）が立地決定し、現在建設等が進められている。原子燃料サイクル施設の立地については、昭和61年4月のチェルノブイリ原子力発電所の事故を契機とした全国的な反原発運動の影響により、多くの県民が不安や疑問を抱くという事態もあったが、最近は県民の理解も高まりつつある。しかし、原子燃料サイクル施設の安全性については、県民の間に依然として不安や疑問を抱く方が少なくない状況にあり、今後とも、地道にPA・PR活動を展開していく必要がある。

1　施設計画

⑴むつ小川原港港湾整備事業

①港湾計画

むつ小川原港は、昭和52年9月に重要港湾に指定されている。その港湾整備計画はむつ小川原開発第2次基本計画を基本とし、鷹架沼に内港区、その前面海域に防波堤を設けて、更に大型船舶の入港に対応する外港区を建設することとしている。

港湾建設工事は、順次、国の港湾整備5ヶ年計に組み入れられて進められてきた。

第7次港湾整備5ヶ年計画が平成2年度で終了したため、平成3年度からは第8次港湾整備5ヶ年計画により、鷹架沼内港区を重点的に整備することとしている。

②これまでの進捗状況

◎新納屋地区の作業船基地船溜については、公共岸壁2,000DW級3バースを昭和61年に完成し、供用している。

◎一点けい留ブイバース1基（300,000DW級）は、むつ小川原石油備蓄（株）により昭和58年に完成し、供用している。

◎東及び北防波堤は、昭和58年度から着工し、東防波堤については、計画延長3,870mのうち平成2年度までに1,800mを整備しており、北防波堤については、計画延長400mのうち平成2年度までに215mを整備している。

◎漁業活動の中心となる尾駮浜漁船船溜については、物揚場及び船揚場が昭和61年に完成し供用している。

◎臨港道路については、平成2年度までに東西幹線道路（鷹架沼左岸）が計画延長5,100mのうち4,050m、幹線連絡道路（鷹架沼右岸）が計画延長3,533mうち3,320mとそれぞれ暫定2車線で整備され供用しており、なお、残りの整備区間についても、今年度から着工している。

◎大型公共岸壁については、鷹架沼内港区左岸側に15,000DW級岸壁1バースが平成2年11月に完成し、当面は5,000DW級岸壁2バースとして暫定供用を開始したところである。

⑵道路整備事業

①道路計画

道路計画については、工業基地内の南北幹線（都市計画道路3・2・1=国道338号付替道路）及びこれと連絡する道路を整備するほか、関連する主要な国道、県道の幹線道路網を重点的に改良整備することとしている。

②これまでの進捗状況

◎工業基地内の幹線道路のうち、南北に縦断する現国道338号の二次改築倉内工区（L=3.3㎞）については、昭和55年度から用地買収に入り、整備を進めている。

また、鷹架沼中央部を横断して付替えする鷹架工区（L=4.0㎞）については、昭和62年度から港湾整備事業（防潮堤）と費用負担し平成5年度頃の完成を目途に工事中であり、また尾駮工区（L=5.6㎞）についても平成5年度頃の完成を目途に工事中である。

◎A住区連絡道路としての主要地方道東北横浜線（L=3.4㎞）は平成5年度頃の完成をめどに工事を進めている

◎主要地方道横浜六ヶ所線の尾駮から大石平までの改良（L=1.3㎞）については、今年度から着工している。

⑶小川原湖総合開発事業

①計画の概要

小川原湖総合開発事業は、小川原湖周辺の地域を洪水や高潮被害、塩害から守り、既得利水の安定取水と併せて、むつ小川原開発計画に係る工業用水や周辺市町村の水道用水並びに湖周辺地区へのかんがい用水等、新たな水需要の増大に対処するために行うもので、河口堰、放水路、湖岸堤等を建設するものである。

この事業は、建設大臣が定めた高瀬川水系工事実施基本計画（昭和53年3月）及び特定多目的ダム法に基づく小川原湖総合開発事業に関する基本計画（昭和53年12月）により実施している。

②工事の進捗状況

昭和52年度から事業に着手し、平成2年度までに湖岸堤については計画延長36.8Kmのうち20.9Kmが完了している。

なお、湖水の淡水化のためには、漁業補償が必要であり、現在、漁獲量等についての実態調査を進めている。(平成元年度から平成4年度までの予定)

2用地取得状況

工業用地に係る民有地の買収については、計画面積3,139haのうち、平成3年11月末日までの実績は、3,049.6ha（買収率95.5%）である。今後も引き続き、未買収地について交渉を進めていく予定である。

3むつ小川原国家石油備蓄基地

我が国の国家石油備蓄基地の第1号として昭和54年10月に立地が決定した。

昭和54年11月から工事が開始され、昭和60年9月に51基の備蓄タンクすべてが完成し、同年12月に約435万Kℓのオイルインも完了している。

昭和62年11月には緊急放出訓練を実施している。

基地の概要は、次のとおりである。

・原油貯蔵施設	約11.1万Kℓタンク×51基 容量　570万Kℓ
・中継基地施設	中継タンク　約3.7万Kℓ ×4基 中継ポンプ　3,000Kℓ /時×4台
・受払施設	300,000DW級一点けい留ブイバース一基 海底移送配管　延長　4.2Km 陸上移送配管　延長　8.2Km

4原子燃料サイクル施設の立地等

⑴原子燃料サイクル施設の概要

昭和59年7月に電気事業連合会から原子燃料サイクル施設をむつ小川原工業開発地区に立地したいとする立地協力要請があり、県は、昭和60年4月に要請を受諾した。

各事業の進捗状況は次のとおりである。

◎ウラン濃縮施設

昭和62年5月26日に日本原燃産業（株）は、内閣総理大臣に、600tSWU/年分の事業許可を申請し、その後、行政庁（科学技術庁）審査並びに原子力委員会及び原子力安全委員会のダブルチェックを経て、昭和63年8月10日に事業許可された。昭和63年10月14日に建設着手され、安全協定の締結（平成3年7月25日）を経て、平成3年度運転開始分（150tSWU/年）については、現在慣らし運転を行っており、操業開始は平成4年1月頃の予定となっている。また、更に平成4年度運転開始分については、現在機器搬入･据付けを終了し、試験･検査を行っている。

◎低レベル放射性廃棄物埋設施設

昭和63年4月27日に日本原燃産業（株）は、内閣総理大臣に、事業許可を申請し、行政庁（科学技術庁）並びに原子力委員及び原子力安全委員会のダブルチェックを経て、平成2年11月15日に事業許可された。

平成2年11月30日に建設着手され、操業開始は平成4年12月の予定となっている。

◎再処理施設及び返還廃棄物の管理施設

平成元年3月30日に日本原燃サービス（株）は、再処理施設の事業指定及び返還廃棄物管理施設の事業許可を申請した。返還廃棄物管理事業については平成3年5月16日に、再処理事業については平成3年8月22日に、行政庁（科学技術庁）審査が終了し、原子力委員会及び原子力安全委員会に諮問され、現在、両委員会においてダブルチェックが行われている。

なお、原子力安全委員会は、平成3年10月30日に六ヶ所村で、再処理事業及び返還廃棄物管理事業を対象とする公開ヒアリングを開催した。

表（略）

⑵六ヶ所原燃PRセンター

日本原燃産業（株）及び日本原燃サービス（株）並びに電気事業連合会は、平成2年1月に六ヶ所げんねん企画（株）を設立し、我が国で唯一の原子燃料サイクル施設の本格的なPRセンターの建設を進めてきたが、平成3年9月20日にオープンした。

11月末日までの入館者は、39,733人となっている。

①所在地　青森県上北郡六ヶ所村大字尾駮字上尾駮2-42

②建物規模　展示棟　地上3階、地下1階
サービス棟　地上1階

③施設の内容　わくわく体験プラント（展示棟1階・地下1階）
わいわいサイクルスクール（展示棟2階）
ゆったり展望ホール（展望棟3階）
ようこそふれあいプラザ（サービス棟1階）

⑶（財）環境科学技術研究所

原子力開発利用のための研究開発のひとつである環境安全研究に関し、調査研究、技術・情報の提供等を行う（財）環境科学技術研究所が平成2年12月3日に設立され、六ヶ所村に事務所を設置した。

同研究所では、今年度から尾鮫西地区において研究施設の建設に着手することとし、設計等を進めている。

なお、平成3年12月1日に、設立1周年記念事業として、講演と報告の会が開催された。

5地域振興対策

⑴地元雇用・受注及び地元参画の促進

原子燃料サイクル施設の立地を地域振興に直接反映させるため、建設工事、関連業種、派生業種等における地元参画の方策について検討し、事業者に対し地元企業の活用等について強力に要請している。

昭和62年4月1日、原燃2社の付帯業務を行うむつ小川原原燃興産（株）が、また、昭和63年4月25日には原子燃料サイクル施設及びその付帯施設に係わる警備業務を行う六ヶ所原燃警備（株）が設立されている。

⑵電源三法交付金制度の活用

①立地促進対策交付金

地域の公共用施設整備により地域住民の福祉の向上と原子燃料サイクル施設の立地円滑化のため、昭和63年度から電源立地促進対策交付金の活用を図っている。（昭和63年度～平成9年度約320億円）なお、平成3年度以降の分は、交付金の単価アップが行われ、平成9年度までの間に、さらに、約77億円が追加交付される予定となっている。

ア平成2年度までの実績
120件　6,058,335千円

イ平成3年度計画
39件　2,776,842千円

②周辺地域交付金

平成元年度から六ヶ所村及び周辺14市町村について、原子力発電施設等周辺地域交付金の適用を受け、企業導入・産業近代化事業及び給付金交付助成事業（電気料金の割引）の実施により、関係地域の企業導入や産業の振興に役立てている。

ア平成2年度の実績
企業導入・産業近代化事業（三沢市外2市）
340,526千円
給付金交付助成事業（六ヶ所村外11町村）
324,365千円

イ平成3年度計画
企業導入・産業近代化事業（三沢市外2市）

348,249千円
給付金交付助成事業（六ヶ所村外11町村）
340,046千円

⑶むつ小川原地域・産業振興財団
原子燃料サイクル施設の立地を契機とするむつ小川原地域等の地域振興･産業振興に資するため、平成元年3月に（財）むつ小川原地域・産業振興財団を設置し、100億円基金の運用により、市町村、産業団体等に対して種々の支援事業を実施している。

6企業立地の促進
◎むつ小川原工業基地への企業立地については、国、経団連、北海道東北開発公庫等の関係団体の指導協力のもとに、全力をあげて取り組んでいる。
経団連等の協力のもとに、企業の現地視察が行われ、むつ小川原工業基地に対する関心、評価は港湾等基盤整備の進展に伴って次第に高まっている。
立地誘導する業種は、基幹資源型工業にとどまらず、原子燃料サイクル関連産業をも含めて多角的に企業立地を促進することとしている。
◎平成3年4月に、この「多角的に企業立地を促進する」ことを具体化するため、導入を図るべき業種、導入方策、さらには基盤整備の方向等について指針を示すとともに、その実現を図ることを目的として「むつ小川原開発企業導入促進計画」を策定したところである。
本計画においては、導入業種として
原子燃料サイクル事業関連業種
エネルギー関連業種
素材関連業種
その他業種
対事業所サービス
の5テーマを想定し、それぞれ短期的視点（3〜5年）及び長期的視点（5年程度以上）から立地を図ることとしている。
◎原子燃料サイクル施設の立地に関連して、12社15工場（うち六ヶ所村2社）の立地が決定するとともに3社（うち六ヶ所村1社）が本県への立地を表明しているほか、メンテナンスを行う企業10社余が六ヶ所村への立地意向を明らかにし、一部工場用地取得意向も示されている。
今後、原子燃料サイクル事業の進展に伴い、メンテナンス企業など付帯業務の事業所等関連業種の立地が期待される。
◎むつ小川原工業基地への企業立地誘導を図るため、国（通産省、科学技術庁）及び電気事業連合会はそれぞれ支援体制を整えるとともに、国は新たに平成2年度からむつ小川原工業基地をも対象として低利融資制度及び補助金制度を創設している。
この一環として、平成2年7月に（財）電源地域振興センターが設立され、立地企業に対して補助金を交付する等各種地域振興事業を実施している。

(平成2年度実績)
ア企業立地金融支援措置
（ア）電源地域振興特別融資促進費補助金
電漁地域に立地する企業に対する低利融資を促進するため、日本開発銀行、北海道東北開発公庫等が行う融資に関し、利子補給を行う。
○本県分（平成2年度実績）
北海道東北開発公庫所管分
10企業程度
約70億円（全国枠190億円のうち約37%）
（イ）電源過疎地域等企業立地促進費補助金（センター事業）
電源地域のうち、過疎地域、原子力地域等に立地する企業に対して、補助金を交付する。
○本県分（平成2年度実績）
6企業（地場産業1杜、誘致企業5社）約1.6億円（全国枠約11億円のうち約15%）
（ウ）電源地域産業再配置促進費補助金電源地域であって、産業再配置促進法上の「誘導地域」内に存する地域に立地する企業が行う福利厚生施設等の整備に対し、補助金を交付する。（平成2年度全国枠3億円）

イ　人造り、調査・PA事業等
（ア）人造り等事業
電源地域の振興を担う人材を育成するための研修事業、地域振興等のノウハウの提供を行うため専門家派遣事業等に対し、補助金を交付する。
○本県分（平成2年度実績）
・地域振興研修事業　9市町村27人

・地域銀興専門家派遣事業　3市町村
・マーケッテング事業（電気のふるさと自慢市参加）　7市町村

（イ）調査・PA事業

電源地域振興に係る調査・PA事業等ソフト面での事業を総合的に実施する。

○本県分（平成2年度実績）
・青森県北通地域（大間町、風間浦村）振興計画策定調査
・マーケッテング調査（地域資源の産業化のための調査）3市町村

◎県においても、むつ小川原工業基地への企業誘致に係る優遇制度として、新たに平成2年度から高度技術工業の立地の際に5億円を限度として貸し付けする制度及びそれらの企業が研究所などを増設する際に2億円を限度として貸し付けする制度を適用することとしている。

［出典：青森県資料］

第３節　六ヶ所村資料

Ⅰ－1－3－1

原子燃料サイクル施設立地協力要請に対する意見について

原子燃料サイクル施設対策協議会　昭和60年1月5日

原対協第9号

六ヶ所村長　古川伊勢松殿

原子燃料サイクル施設対策協議会
会長　橋本寿

⑴さる昭和59年7月27日、電気事業連合会小林会長から本村に対し原子燃料サイクル三施設の立地協力要請がなされたことから、昭和59年8月30日、原子燃料サイクル施設を広く見聞し、その安全性と地域振興への役割などについて理解を深め関係機関への提言又は要望を行うことを目的として本協議会が組織されたところである。

⑵本協議会は、発足後、その目的に沿い昭和59年9月9日から10月12日まで村民約400名による茨城県東海村の関係施設及び地域の実情について視察研修を実施し、併せて参加者のアンケート形式による意向聴取を行うとともに、視察研修状況については6回に亘りその報告をまとめて村内広く周知を図ってきた。

なお、昭和59年11月12日、「原子燃料サイクルに係る講演会」を開催し、本協議会会員の原子燃料サイクル三施設の内容及び地域振興について、一層の理解を深めることに資している。

また、県が専門家を委嘱し、電気事業連合会が行おうとしている原子燃料サイクル三施設に係る安全性について検討した報告がとりまとめられた後の昭和59年12月5日から8日までの4日間村内6会場において「原子燃料サイクルに係る説明会」を村と共催し、村民に直接原子燃料サイクル施設等の周知を図るとともに、その際述べられた意見等については十分了知したところである。

⑶以上のとおり、本協議会はその目的に沿い必要な諸事業を進めてきたが、東海村の視察研修では理解が深められて原子燃料サイクル事業を進めた方が良いとするものが大方を占めるアンケート結果を見ている。

また、村内の地区別説明会では、各会場とも質問は安全性の確保、地域振興、さらには風評等による農漁業への影響があった場合及び万一の事故があった場合への対策等についてが主なるものであったが、大勢としては、むつ小川原開発の推進、これを機会とした産業経済の撮興等による村の活性化を図るため、立地に協力すべきであるという意向であると把握されたところである。

これらを踏まえ、本協議会として更に協議した結果、原子燃料サイクル三施設の本村への立地については、電気事業連合会（事業主体）がその建設運営にあたって安全性の確保を第一として進めることを前提に、当該三施設がむつ小

川原地区への企業立地としてむつ小川原開発を推進することとなり、かつ本村全体の振興に大きく寄与することになると認識して、これに協力すべきであると思料される。

なお、本協議会として原子燃料サイクル三施設立地について協議し、上記結論を得るに際して村民経済の均衡ある発展を図り、快適な生活環境の創造を目指した村勢発展の基本構想を念頭に、別紙のとおり「原子燃料サイクル施設立地に係る要望」をとりまとめたので、村におかれてはこの機会に臨むにあたって本要望に配慮され、その具現を図るとともに適切な施策の確立を進め、より一層の村勢発展に向けて努力されたい。

別紙

原子燃料サイクル施設立地に係る要望

原子燃料サイクル施設対策協議会

原子燃料サイクル三施設立地に関し、本協議会が村内説明会等を進める過程で明らかになった村民が求めているところ及び協議会として検討を進めた経緯に基づき、本協議会は村に対しむつ小川原開発の推進及び本村全体の振興を図る観点から、次のとおり要望する。本要望について村におかれては、国・県及び事業主体との協議を進め、その具現に努力されたい。

1,基本事項

⑴原子燃料サイクル三施設の建設、運営にあたっては、その安全性を確保するため国の関係法令、安全審査指針等の整備を促すとともに、特に施設の操業時における安全監視体制の確立を図ること。

⑵原子燃料サイクル三施設の建設、運営に係る村内への経済的効果の波及に適切な対処を図るため、村勢発展の基本構想及びむつ小川原関発第二次基本計画の計画理念の具現に努めるものとし、村として具体的な振興施策の計画化を図り、国・県及び事業主体の協力をも得て、その実現を期すること。

⑶原子燃料サイクル三施設立地に係る電源三法交付金制度については再処理施設以外の施設についてもその適用を図ること。更に交付金については、本村の実態に即応し、その有効利用が図れるよう使途の拡充に努力するとともに適正な交付金の確保がなされるべきこと。

2,個別事項

⑴安全対策について

イ,国の安全審査指針等安全規制体系の整備を図ること。

ロ,専門家会議の「原子燃料サイクル事業の安全性に関する報告書」の完全履行を図ること。

ハ,事業主体における強固な安全対策の確立を図ること。

ニ,天ケ森射爆場との関連に配慮した安全対策を講ずること。

ホ,県・村・事業主体との三者による安全協定の締結を図ること。

ヘ,放射線監視センターの設置を図ること。

ト,万一の事故に対する損害賠償、風評による諸生産物への影響に対する補償等（安全基金を含む）の対策を講ずること。

チ,三施設立地のための適正な環境調査を実施すること。

リ,高レベル放射性廃棄物の処分については国が責任をもって体制を整備すること。

ヌ,監視や指導的立場から国・県の現地事務所を設置すること。

⑵振興対策について

イ,むつ小川原開発第二次基本計画の理念を基本としつつ振興計画を策定し、その早期具体化を図ること。

ロ,農業、酪農、漁業との共存共栄対策を講じ、とくに流通機構の充実を図ること。

ハ,商工業の育成を図るため、建設工事の発注や物資の調達は地元企業、商店を最優先する対策を講ずること。

ニ,上記ロ及びハに関連した振興対策に必要な措置（振興基金等）を講ずること。

ホ,内陸型企業及び関連企業の誘致を積極的に進めること。

ヘ,原子力研究機関の設置を図ること。

ト,原子力国際センターの設置を図ること。

チ,PR館の早期設置を図ること。

リ,宿泊休養施設等を整備して、観光対策の充実を図ること。

⑶基盤整備対策について

イ,鷹架大橋及び都市計画道路の整備促進を図ること。

ロ,むつ小川原港（公共バース）の昭和63年供用開始に向けての整備促進を図ること。
ハ,小川原湖総合開発事業の促進を図ること。
ニ,河川改修の整備促進を図ること。
ホ,高瀬川改修工事の整備促進を図ること。
ヘ,工業用水等水資源の確保を図ること。
⑷生活福祉と環境整備対策について
イ,六ヶ所高校に工業科を併設すること
ロ,地元雇用の最優先対策を講ずること。
ハ,雇用対策として技術習得に必要な職業訓練校の充実を図ること。
ニ,事業主体の宿舎等の配置については、三施設立地周辺の集落を十分考慮して建設すること。
ホ,レクリエーション施設の整備拡充を図ること。
ヘ,村税等の軽減措置を講ずること。
ト,電気料金の割引に関連する「原子力発電施設等周辺対策交付金」の適用を図ること。
チ,医療施設の整備拡充を図ること。
リ,身障者、母子家庭等を対象とした授産施設を設置すること。
ヌ,各集落の生活基盤を整備し、地域社会の充実を図ること。
⑸財源対策について
イ,電源三法交付金の三施設への完全適用と使途の拡充を図ること。
ロ,電源三法交付金が交付されるまでの暫定措置として、公共施設等に対する助成が得られるよう対策を講ずること。
［出典：六ヶ所村議会資料］

Ⅱ－１－３－２　「原子燃料サイクル事業について」への回答――六ヶ所企第９号

六ヶ所村長　古川伊勢松　昭和 60 年 1 月 27 日

青森県知事　北村正哉殿

六ヶ所村長　古川伊勢松

⑴先般、貴職から本職へありました標記照会について御回答致します。

さる昭和59年7月27日、電気事業連合会小林会長から本職に対し、原子燃料サイクル三施設について立地拠点を本村のむつ小川原開発地区とした立地協力要請がなされたことから、村は昭和59年8月30日、原子燃料サイクル施設対策協議会を設置して、村民に当該施設に係る安全性、地域振興への役割等に関する理解を図ると共に村内意見の集約をすすめて参ったのでありますが、さる昭和60年1月5日、本対策協議会から別添「原子燃料サイクル施設立地協力要請に対する意見について」のとおり意見書を得た処であります。

また、昭和60年1月16日、村議会全員協議会に本意見書を報告し、意見を求めたのでありますが、村議会としても原子燃料サイクル施設対策協議会の意見書を了承し、これをふまえた村の対応を図られたいとのことであります。

ここにおいて、村としてはこれまでの経緯に基づき、電気事業連合会からなされた原子燃料サイクル三施設の本村への立地要請に対し、電気事業連合会（事業主体）がその建設、運営にあたって安全性の確保を第一としてすすめることを前提に、当該三施設がむつ小川原地区への企業立地としてむつ小川原開発を推進することになり、かつ本村全体の振興に大きく寄与することになると認識して、これを了承するものであります。

⑵ついては、原子燃料サイクル三施設の立地を受け入れるにあたって村民が期待している処に基づき、村としては、村民経済の均衡ある発展を図り、快適な生活環境の創造を目指した村勢発展の基本構想とむつ小川原開発第２次基本計画の具現を図って参りたいので、このために必要な諸般に亘る事項について、現時点としてまず下記のことを要望致します。

なお、村議会としても、全員協議会での意見をもとに関係先への要望をしてまいりたいとのことであります。

従って、これら要望について県におかれては、その具体化のため今後必要に応じ国及び事業主体との協議を進めるなど、要望の実現に御努力を賜わりますようお願い申し上げます。

記

⑴原子燃料サイクル三事業は、国のエネルギー政策に基づく国家的事業であると理解しているが、当該事業への国の責任を明確にする観点から、原子燃料サイクル事業に係る国の政策上の位置付け

を確認されたい。

(2)原子燃料サイクル三施設の建設、運営にあたってその安全性を確保するため、国の安全審査体制の整備、事業主体における安全対策の確立、国、県、村による安全監視体制の整備並びに事故及び風評による影響に備えた適切な対応措置の確立等に万全を期すこと。また、施設の安全性について広く理解を深めることを期し、PR館早期設置を図られたい。

(3)原子燃料サイクル施設立地と地元農業、漁業との共存共栄、当該施設立地の経済的効果の波及を機会とした地元商工業、観光レクリエーションの振興及び関連企業等の村内配置を柱として、今後、村の産業振興施設の確立に努めたいので、適切な御指導とともに施策の具体化に際しての支援を得たい。

(4)むつ小川原開発推進のため、原子燃料サイクル施設等企業立地に先行して整備すべきむつ小川原港、都市計画道路及び小川原湖総合開発事業等の工業基地の基盤整備事業の促進を図ること。また、村の均衡ある発展を図るために、道路、河川改修等基盤整備事業について一層の促進を図られたい。

(5)原子燃料サイクル施設の建設、運営の段階に応じた人口の流入、商業業務活動の拡大等に対処して医療等の都市機能及び各集落の生活基盤の整備をすすめて地域社会の充実を期するものとし、今後、村の都市づくり構想の樹立に努めたいので、適切な御指導とともに構想の具体化に際しての支援を得たい。また、長期的観点に立って原子力の研究機関及び原子力国際センター等の設置を図り、原子燃料サイクル事業の生産活動と共に関連研究活動との総合発展に基づく都市形成を目指したいので、これに理解を得たい。

(6)原子燃料サイクル施設の建設、運営と関連産業を含めた広い雇用機会の創出に対し、地元雇用優先を原則にされると共に雇用対策として必要な人材育成のための職業訓練の充実、六ヶ所高校への工業系課程の併設を図ること、更に長期的観点に立っては、関連する技術科学系高等教育機関の設置を図られたい。

(7)原子燃料サイクル三施設立地に係る電源三法交付金制度については、産処理施設以外の施設についてもその適用を図ること。更に交付金については、村の実態に即応し、その有効利用が図られるよう使途の拡充に努力されると共に適性な交付金の確保がなされるべきこと。

［出典：六ヶ所村資料］

Ⅱ－1－3－3

原子燃料サイクル事業の立地協力要請について――六ヶ所企第107号

六ヶ所村長　古川伊勢松　昭和60年4月18日

電気事業連合会

会長　小林庄一郎　殿

六ヶ所村長　古川伊勢松

先般、貴職から本職に対して原子燃料サイクル事業の立地協力要請がありましたので、本職としては、原子燃料サイクル施設対策協議会を設置してその意見を得るとともに、村議会全員協議会を開催するなどして検討した結果、貴職の立地協力要請を受諾することにしました。

このことについては、すでに昭和60年1月17日付六ヶ所企第9号をもって、別紙のとおり青森県知事へ回答した経過があり、これに本職の立地協力要請受諾の趣旨及び要望、さらに原子燃料サイクル施設対策協議会の立地協力要請に対する意見を申し述べているところであります。

また、昭和60年3月村議会定例会等その後の経過において、事業者による立地調査の早期実施が要望されておりますので、これらをあわせ貴職におかれては、事業の具体化にあたり、特段のご配慮をお願いするものであります。

［出典：六ヶ所村資料］

Ⅱ－1－3－4

平成元年第4回六ヶ所村議会定例会会議録

六ヶ所村議会

1　平成元年１２月２６日六ヶ所村議会定例会が六ヶ所村役場議会議場に招集された。

2　応招議員は次のとおりである。

1番　中村勉君　2番　石久保博君　3番　中

村忍君　４番　種市順治君　５番　大湊茂君　６番　高田竹五郎君　７番　橋本猛一君　８番　高橋源治君　９番　中岫武満君　１０番　福岡良一君　１１番　辻浦鶴松君　１２番　秋戸喜代美君　１３番　高田丑松君　１４番橋本寿君　１６番　寺下末松君　１７番　佐藤鐵夫君　１８番　及川昇三君　１９番　滝口作兵エ君　２０番　小泉時男君　２１番　古泊実君　２２番　橋本道三郎君

３　出席議員は欠席議員を除く応招議員と同じである。

４　欠席議員は次のとおりである。
　なし

５　地方自治法第１２１条の規定により、説明のため出席した者は次のとおりである。
　六ヶ所村長　土田浩君
　教育長　　　田中澄君
　各関係課長

６　本会議に職務のため出席した者は次のとおりである。（略）

７　議事日程及び議長報告（略）

８　開議時刻　１２月２６日　午前１０時００分

９　会期及び議事日程（略）

１０　村長提出議案の題目（略）

○議長（橋本道三郎君）　皆様、おはようございます。
(略)
　村長のごあいさつと提案理由の説明を求めます。
　村長。

○村長（土田　浩君）　本定例議会開会に当たりまして、議員各位には年末を控えそれぞれ大変御多用の折にもかかわりもせず、御出席をいただき厚くお礼を申し上げたいと存じます。

　さて、去る12月10日執行されました村長並びに村議の補欠選には、御案内のとおり内外に大変な注目を浴びた、また関心の高いものでありましたが、見事当選を果たされました中村勉先生には心から祝福を申し上げますとともに、今後は村民の代表といたしまして議会政治の上での一層の御活躍を心から御期待申し上げるところでございます。おめでとうございました。

　なお、不肖私も、16年間続きました古川村政になりかわり、多くの政治課題を抱えておりまし、また極めて重大なときに村長としての重責を担うことに相なりました。いかに村民の信任を得たといたしましても、この議会制民主主義の時代であります。私がこれから施政をいたしますには、議会の皆様方の御理解と御支援なしにはなし得ないものであることを重々承知いたしているところでございます。今後とも議員各位の皆様方には特段の御指導と御鞭撻を心からお願い申し上げるところでございます。

　さて、この機会にお許しをいただきまして、私が選挙に臨みながら公約を申し上げておりました、いわゆる六ヶ所村政にかかわるその考え方の主要な部分につきまして、皆さん方に一言申し上げて御理解を賜りますれば甚だ幸甚だというところで、しばらくのお時間をいただきたいと存じます。

　まず私は、常に我が六ヶ所村の現況が一体どのような状態にあるかということの現状認識から物申し上げてきたわけでありますが、それではどういう認識に立った政治をしようとする構えであるかということについて若干触れてみたいと思います。

　ただ、我が六ヶ所村の現況を申し上げるには、どうしても過去20年来続けられてまいりました、このむつ小川原工業開発とのかかわりを語らずにはなし得ないわけでありまして、これにつきましては若干触れながら今日あります六ヶ所村の現況について、皆さん方にお話を申し上げたいと思うわけであります。

　さて、昭和44年でしょうか、今から約20年ほど前にいわゆる当時の4全線に基づく閣議了解によりまして進められてまいりましたこのむつ小川原開発、これにいろいろな当時の議論がありましたものの、当時の村民の多くがこの開発といわゆる地域振興の結びつきについて賛同され、先祖伝来の土地や海を手放して新しい開発依存に対する生活を求める方向が模索されたことは皆さん方御案内のとおりであります。

　さらに、このむつ小川原の開発の問題につきましては、当初の2万数千ヘクタールというふうに、我が国、日本列島最後で最も規模の大きい開発と言われましたけれども、いろいろな情勢の変化、あるいは確実なるオイルショック等々がありまして、最終的には私が理解しておりますのは昭和50年の12月に第2次基本計画が出され、ちょうどその当時、私が議員になったばかりでありましたから、それらの説明につきましては当時の先生方は、当時の竹内知事から十分御説明があり御理解が、当時のことの状態が十分おわかりになっているであろうというふうに私も理解をいたしております。その第2基本計画というものの計画から今日の六ヶ所村の状態をあわせ考えてみますときに、非常に私は開発そのものの進度がおくれながら大きく変わってきたということを直接申し上げなければならないであろうと、こう、いうふうに思っております。

さて、確かに石油の国家備蓄ができて、さらにはそれに関連する社会構造の変化が進んでおりますものの、今日の村民多くの状態を見ますときに、依然として1人当たりの可処分所得は県内でも、さらには郡下でも低い位置に残念ながら位置しているわけであり、しかも多くの方々が以前と変わりなく出稼ぎに依存をしているという実態も紛れもない事実でありますし、さらに5,000ヘクタールに及ぶ工業用地、あるいは新しい住区として240ヘクタールに及ぶ住区の売り渡しをいたしたわけでありますけれども、その多くがほとんど手をつけられないままになっているわけであります。このような現状を見ますときに、果たしてこれでいいのかどうか、このむつ小川原の開発は一体我々村民にとって何であったのかということに重大な関心を払わなければならないのではないかと、私自身思っているところでございます。

次に、核燃料サイクル施設をめぐる問題であります。

確かにむつ小川原の開発の今までのあり方を見ますと非常に産業あるいは経済の仕組みが変わり、国際的にも内外非常に今日の経済情勢は大きく変わっているわけでありまして、このような事態が起きていることもやむを得ない事実があったのではないかというふうに私は理解しておりますものの、その中にこの核燃料サイクル施設が張りついてきたわけでございます。

今から5年前でしょうか、この問題につきまして村民の多くは安全性が保障され、地域振興が果たされるならばというふうに受け入れをしたわけでありますが、以来、チェルノブイリ事故に端を発した強い不安が内外に高まる一方、本年7月に執行されました参議院選挙の結果、村民の多くがこれに対して否定的な見解を示したと言わざるを得ないわけでございます。

このような状況のもとで、積極的にこの事業を推進することは決して好ましいものではない、本村の現況から見て凍結していく基本から見直しをすべきだとの見解をとり、私はこの選挙について凍結を公約をいたしたわけでございます。

この核燃料サイクル施設については、最も議員の皆様方、村民の多くの方々、あるいは内外に極めて高い関心を持っていることでありますが、私が凍結を申し上げた一つの理由は次に申し上げますが、特に国家的事業だと言われる本事業の中でまだ高レベル廃棄物の最終処分方法も定かではありません。

さらに、ここに一つの例を申し上げたいと思いますが、皆さん方が契約をいたしております火災保険、障害保険、あの細かい約款の中にある一つの事実を皆さん方に御披露申し上げたいと思います。

すべての保険には、保険金を支払わなくてもいい条項が載せられてあります。その中に、まず戦争もしくはクーデター、あるいは内乱等、いわゆる治安に重大な変革が起きた場合、それが一つであります。

次に、地震、噴火、津波、これについては地震特約という特別な掛金を払わなければ、これに対する被害や損害に対して保険金を支払わなくてもいい。

さらに、私が申し上げたいことは、もう一つあるわけであります。核燃料物質と、つまり使用済み燃料を含む、もしくは核燃物質によって汚染されたもの、これすなわち原子核分裂生成物を含むと、こう明記されておりまして、それらの放射性、爆発性、その他有害な特殊性による事故には一切の保険金は支払わなくてもいいという重大な問題がきちっと約款に明記されております。

この意味は一体どういうことでしょうか、皆さん方十分お考え願いたいと思うわけであります。

この約款は、所管である大蔵大臣が許認可しているということでございます。いわゆる国家的事業だというふうに、あるいはこれからのエネルギーの問題、いろいろな面で必要である。したがって、この事業は推進しなければならないというお考えの方の中で、国も国策の一つだと考えているというふうに言われておりますものの、国そのものが核燃料に対する災害について保険金を支払わなくてもいいということを認可しているわけでございます。つまりあってはならないけれども、戦争やクーデター、あるいは地震とか噴火、津波というものと同じ取り扱いをしているということでございます。

事業者や国が安全性は確保できるとおっしゃるなら、なぜこの辺から考え直していかなければならないのかと、私は私なりにずっとこの問題についていろいろな面で考えをめぐらしてきたところでございます。

これからの問題として、皆様方の頭の中にこの約款にあります条項が何を意味するのか、十分御検討願いたいと思っているところでございます。

さらに、先ほども若干触れたわけでありますが、我が国の電気の約3分の1に相当する電気は原子力発電によって発電されているということは、既に皆さん御案内のとおりであります。したがって、私にも選挙中、何度か東京都あるいは九州からもあるいは関西からも白紙撤回を求める多くの方々から電話が参りまして、その都度、私が申し上げたことは、あなた方も3分の1に相当する原子力発電の電気を使っているのではないかと。あなた方はあなた方で、東京都では恐らく全国の電気量のいわゆる大部分を、大部分と言いましてもかなりの部分を使っているではないかと。したらなぜ、あなた方は東京都内に再処理工場、低レベル廃棄物の置き場、あるいは高レベル廃棄物の置き場を考えないのか。青森県は青森県で考えればいいと、私はこう申し上げてきたわけでありますが、やはり当選以来、何度か話しております根底の中には、国民全体がこの問題を真剣に考えるべきで、当然のことながら国民的合意のもとに安全性はもちろん、万が一の事故に対する誤りなき方法、あるいは方法論が解決されなければ、たとえ六ヶ所村に設置されるといたしましても六ヶ所村民が軽々に決断すべきではないと、こういう私の考え方からこの核燃に対しては凍結を訴えてきたところでございます。

議員各位におかれましては、私が申し上げていることの真意を十分お酌み取りいただきまして、凍結の意義がここにあるということの御理解を賜れば大変ありがたいと思っているわけでございます。

さて、我が六ヶ所村の今日の状態について前段に申し上げたところでございますが、やはり開発関連による石油備蓄交付金、あるいは固定資産税の増、さらには今進められております電源三法交付金による財政運用がされております。あるいは村内には防衛施設庁の施設があるために、防衛施設によりますいろいろな補助金などが享受されておりまして、比較的他の市町村に比べますと財政的には恵まれた状態にあるということはこれは事実でありますが、先ほど申し上げたとおり三法交付金そのものは、この電気税によりますいわゆるこういうような施設ができるところで享受できる補助金であることは重々承知をいたしております。

私が凍結を申し上げたことによって、この三法交付金の行方がどうなるのか、昨日野辺地町におきまして、それぞれの事務組合の議会が三つ続けて開催されまして、それぞれの事務組合におきましても三法の運用が計画されており、これについて凍結をしておった村長さんが副管理者になられたわけですから、三法はどうなるのですかという今後の資金運用の問題についていろいろと質問がありました。

私は、ここで三法に対する確たるお話を申し上げることはできないわけでありますけれども、これは相手があり、しかも就任してからきょうでちょうど6日目でございます。したがって、私はできるだけ早い機会に隣接町村長並びに議長さん方とこれらの問題について十分協議してから国、県あるいは事業者に対してもこれから当たらなければならないということを明確に申し上げております理由は、三法に対する各町村長の御意見、あるいは議会の御意見も聞かないうちには、私の口から軽々にこの三法運用、あるいは否ということについては今のところ申し上げる段階にないことをここで皆様方に御理解をいただかなければならないと思っております。

我が村にとりましても、これから平成2年度の予算の策定に入るわけでありますが、かなり多くの部分にこの三法が絡んでいることは重々承知でございます。したがいまして、これからの予算編成に当たりましての基本的な考え方を示すには、若干おくれるのではないかと。したがって、これに伴う本村の運用について支障が来るかどうか、これらについても十分心を痛めているところでございます。

さらに、この問題の根底にあります考え方を逆の立場から見てみますと一体どうなのかというその辺も私は見きわめながら、この問題に関してそれなりの見解を今後示していきたいというふうに思っておりますので、皆さん方の特段の御指導を賜りたいと思っております。

そういうような中で、財政に絡むいろいろな交付金の問題が絡んでいるわけでございますが、まず私はそれはそれとして時間がかかりますものの、公約で述べております一つの方向といたしまして、まずは財政運用の適正化をまず1に、先に図るべきであると。従来、使われてきた方法でいいのかどうかということも私みずから検討を加えるつもりでおりますが、どうぞ議会の皆さん方も今日までの我が村におきます財政運用のあり方についてそれなりに御検討賜り、私にいろいろな御意見をいただければ大変ありがたいと、こう思っております。このような財政運用の適正化を図りながら、公約に掲げております第1産業の振興、これをいかにするか、さらには高齢化社会が続きますこの問題と福祉の問題について、あるいは第1産業以外に従事しております、生活を託しております約6割近い多くの村民の方々の生活の向上に対して一体どうあるべきかということは、私なりにもこれから十分考えていくところでありますが、議会の皆さん方も今日の現状、あるいは先ほどまで申し上げた中身を御理解いただきながらいろいろと御示唆を賜れば大変ありがたいというふうに思っているところでございます。

いずれにしろ、20年来開発に依存する体質が定着をいたしてまいりまして、しかしながら我が村に比べてみますとまだまだ財政規模が小さく非常に苦しい市町村が多々あるわけであります。その中で私は、これからの六ヶ所村の財政運用を初め村政発展のためには、他力でなく自力本願で真剣に立ち向かうと、その気持ちとその中に生まれます英知、そしてひいては自立心を高める体質に少しでも早く変えていかなければならないことを私自身が痛感をしておりますので、今後とも皆様方のこれらに対する御意見やら御指導を重々お願いいたしたいと思うところでございます。何はともあれ、政局多難であり、どちらを向いても大きな問題が山積している六ヶ所村でございます。皆様方のいろいろなお知恵を拝借しながら今後の村政発展のために鋭意努力いたしますことをここにお約束を申し上げ、皆様方の一層の御協力を賜りますよう心からお願いを申し上げ、就任に当たっての所管の一端を終わりたいと思います。

(略)

○議長（橋本道三郎君）　本日の日程が終了いたしましたので、これに散会いたします。

| 1月9日 |

1　応招議員は次のとおりである（略）
2　出席議員は欠席議員を除く応招議員と同じである。
3　欠席議員は次のとおりである。
　７番　橋本猛一君
4　地方自治法第１２１条の規定により、説明のため出席した者は次のとおりである。(略)
5　本会議に職務のため出席した者は次のとおりである。(略)

○議長（橋本道三郎君）　皆様明けましておめでとうございます。

定刻より5分ほど経過いたしましたが、ただいまの出席議員数は20名であります。定足数に達しておりますので、休会前に引き続き、会議を再開いたします。

直ちに本日の会議を開きます。

日程に従いまして、一般質問を行います。

一般質問の通告者は、2番石久保博議員、3番中村忍議員、5番大湊茂議員、13番高田丑蔵議員、14番橋本寿議員の各議員から通告がなされておりますので、順次登壇を許します。

2番石久保博議員の登壇を許します。

○2番（石久保　博君）　村長、このたびの村長選挙に当選され、まずもっておめでとうございます。

我が六ヶ所村は、現在、我が国におかれましても最大のビッグプロジェクトである原子燃料サイクル施設の建設を抱え、その重要な時期に議員とその任務の重大さを改めて認識しておる次第でございます。また、村長にはこれからの村政発展を期待し、質問に入らせていただきます。

さて、既に発言通告をいたしておりました原子燃料サイクル施設についてでありますが、まず1点として、村長、あなたは選挙公約として原子燃料サイクル施設の凍結を掲げ、当選いたしたわけですが、この施設の安全性については、科学技術庁の原子力委員会の安全審査基準に適合した段階で建設許可がおり、建設されておることは言うまでもありません。現在、ウラン濃縮施設が安全審査に適合し建設されていますが、村長は各施設の安全性が確立されるまで凍結をすると、所信表明で凍結を正式に発表いたしたわけですが、原子力委員会の安全基準に対して疑問を抱いているということにも解釈されるわけですが、しからば、安全性が確立されるまでということですが、確立されたという判断は、どういう状態になった場合をして安全性が確立されたと判断をするのか、お尋ねいたします。

2点目として、村長、あなたは原子燃料サイクル施設の安全性が確立されていないとの判断に立って凍結を所信表明で発表いたしたわけですが、この凍結を県、電事連、サービス、産業の4者にいつごろ正式に凍結を求めるのか、お尋ねいたします。

3点目は、凍結を村長が求めた場合、電源三法交付金が今後本村に交付されるのか、また、既に交付済みの交付金はそのままの状態でいるものなのか、担当課長へお尋ねいたします。

最後に、村長は核燃料再処理施設は村民の意思を確認するため、村民投票条例を制定し決定するとありますが、いつごろこれを実施する考えなのか。また、その結果が出た場合、例えば結果イコール村長の判断にするのか、その結果が出た場合の対応についてお尋ねいたします。

以上でございます。

○議長（橋本道三郎君）　石久保議員の質問に対し、村長の答弁を求めます。

○村長（土田　浩君）　2番議員にお答えを申し上げたいと思います。

まず1点目につきましては、科学技術庁におきまして安全審査の結果、ウラン濃縮が着工しているにもかかわらず、選挙の公約の中で凍結を掲げたその理由、これを求めているのだと私は解釈をいたします。

さて、2番の石久保先生に申し上げますが、既に先月の開会当初、26日に所信表明で申し上げましたとおり、確かにある一部の仕事については安全委員会の審査が終了され、着工されておりますものの、依然としてこれら核燃料サイクル施設にかかわる安全性に対する考え方は、内外で不安が増大をしております。特に県民世論は、昨年の7月に実施されました参議院選挙では否定的な見解を示していることも御案内のとおりだと思います。

さて、確かに今日の我が国のエネルギー政策上、原子力発電とそれに伴うサイクル施設は、国策としての位置づけがなされておりますが、それでは、我が六ヶ所村に今進められております核燃料サイクル施設は、5者協定によって進められておるわけでありまして、原子力船むつや、あるいは国の直轄でやっております動燃事業のさまざまな原子力関係施設の関係とは違って、本村に進められておりますこの施設は、国が当事者ではありません。この点をまず申し上げておきたいと思っております。

さらに、このエネルギー政策上、本村に進められております核燃料サイクル施設が国策であるならば、やはり国民的な合意は求められなければならない。その上で、安全性並びに万が一の事故に対する誤りなき方法論が多くの国民に理解をされなければならない。したがって、それらの経過からしますと、国の責任の所在がまだ明らかにされていないと、私はそう理解をいたしておるところであります。

確かに我々六ヶ所村民は国の安全審査の内容あるいは国民の世論、さらには専門家の学者のそれぞれの意見等を十分理解した上で結論を出すべきであり、今日ではその環境は整っていないというのが、私が今まで申し述べてきた凍結の理由であります。

ちなみに、去る12月11日の自民党県連におきますこれら核燃サイクルに対する統一見解の中でも、三つの大きな障害があり、これらの解消なしには推進は困難だという見解を示しております。その中には、既に御案内のとおり、安全性の問題、あるいはもろもろの政治不信の問題、あるいはこの施設が地域の共存に対する疑問があるという三つの大きな理由を述べて、大きな障害を解消しないでは進めることができないという見解を示していることからも、やはり県民世論を背景とした統一見解の柱ではなかっただろうかということを、あわせお考え願いたいと思っております。

さらに、2番議員の質問の中には、凍結をどのような場で正式に発表し、さらには村長としてその凍結を貫くのかという御質問内容でありますが、凍結の理由は先ほど申し上げたとおり、選挙を通じて、あるいはその後においてもしばしば公式の場で申し上げており、私はそれらの経緯からしますと、先方ではきちんと受けとめているのではないかというふうに理解をいたしているところであります。

さらに、先般の所信表明でも申し上げたとおり、国の立場あるいは関係する町村会でも、推進を決めておることは重々承知をいたしておりますが、私は凍結を公約してきたのでありますから、いずれ近いうちにこの件について話し合いを行い、議会の皆さんとも協議の上で申し入れをしたいと。ただ、その時期については、ここで明確に回答することはできません。

さらに、凍結を貫くかどうかという御質問がありましたが、もちろん村民の同意なしに凍結を解除することは、私の政治的な死を意味することであり、多くの有権者を欺瞞し、あるいは神を冒瀆するものであるというふうに、私は常にこの問題については、やはり大方の村民の同意なしには凍結を解除しないということを改めて皆さん方に明確に申し上げておきたいと、このように思っております。

さて次に、凍結の場合の三法にかかわる問題について御質問がありました。これらについての見解は、担当課長に求めておりますので、私から詳細については申し上げはいたしませんが、私の私見として申し上げておきますが、私が申し上げております凍結が原子力発電施設等にかかわる電源立地促進対策交付金の交付規則によって、その規則上、私が申し上げている凍結が中止とみなされた場合には、いわゆる通産省が中止と判断した場合には、あるいは交付金の交付が取り消されるかもしれません。その可能性は多分にあると思います。ただ、それは所管の通産省が私の申し上げた凍結の理由を検討した上で判断することであろうということでございますから、これについては、私からはコメントはこれ以上できません。

さて最後に、村民の投票条例の設置とその結果にどう対応するかというようなこと、さらにそれはいつごろかというお話でありましたが、時期的については、先般の所信表明で申し上げたとおり、やはり来年の4月には統一地方選挙があり、そのときにこれらの問題を含めた村民の方々が村民の代表を選ぶでありましょうから、その後が適当ではないのかという、私なりの見解を申し上げたところであります。

ただ、現行の地方自治制度は、住民によって選挙された代表者、つまり皆様方議員によって行政運営が行われる、つまり間接民主制ということを基本といたしております。したがって、議会を無視した方法では行うことができないわけであります。さらに、仮に議会において投票条例が設置され、投票が実施された結果については、これによって議会や長がその結果に拘束される場合は、法に触れるおそれもあります。この機会に申し上げておきます。ですが、投票の結果は、やはり民主主義国家でありますから、議会も長もその結果を尊重しながら判断材料とすべきではないのかということであります。

以上、非常に法的な解釈が難しいわけでありますが、私なりにいろいろと検討した経緯について、2番議員の質問に対して御回答申し上げたいと思います。

○議長（橋本道三郎君）　担当課長の所見をお願いします。

せっかく三法交付金の関係で担当課長と、こう出ておりますので、ひとつ。

○企画課長（橋本　勲君）　私が、ではちょっとだけ補足させていただきます。

今、村長申し上げたとおりでありますが、例えば適法を申し上げますというと、もうさきに約143億円に上る整備計画を、これは国から御承認をいただいているわけであります。その整備計画に従って市町村長が県を経由し、本村の場合はもちろんこれは国直轄でありますけれども、申請をして今日に至っているわけであります。

先ほど村長申し上げたとおり、村長が仮に凍結を申し出た場合に、これが果たして直ちにその申請が拒否されるのか、あるいは不採択となるのか、それはあくまでも国がそこの状況判断をした上で決めることであって、今ここでそれがどうなるということの断定的なことは極めて申し上げにくい。今後、そういったこと等を考えて、いろいろな立場を想定しながら、これから勉強し、あるいは国や県の見解を聞きながら対処してまいりたいと、こう考えております。

○２番（石久保　博君）　今、1番の質問に入るわけですけれども、村長はただいまの答弁で、国民的国策であるために国民的合意を求めなければならない、それにおいて、また我が県におきましても、内外で不安が増大しておるということで、この安全基準に対して凍結をするのだと、凍結をした理由なのだと。こうあるわけでございますが、この安全基準に対しては、このサイクルが安全であるかないかということに対して、我々専門学者ではないいわゆる素人であり、安全基準に対してなかなか容易ではないと思うわけですが、5者協定の中の第4条に、国内外におけるサイクル3施設についての運転経験、技術開発等から得られる最良の技術を採用し、サイクル3施設の設計、建設及び管理運営に万全を期するものとするとあります。

これは、すなわちフランスのラーグ工場の技術を採用し、さらに日本の技術をマッチして行うわけですが、ラーグ視察の際には私たちも先般行ってきたわけでございますが、周りが酪農家でありまして乳牛、酪農家におかれましても、また住民におかれましても、これといった影響がない、私も自分の目で見ても、これであれば、思ってきたこととは何も心配がないと判断してきたわけでございます。

我々は専門家ではございません。この安全性を判断するとすれば、やはり現実に操業しているところへ行き、それを視察し、やはり自分の目で見て、この安全に対する判断をするしかないということになるのではないかと、私も考えておるわけでございます。いろいろな科学的用語を勉強したといたしましても、することはいいのでしょうけれども、したとしても、これはどうしても専門科学者のようなわけにはいかないわけでございます。そうした場合において、我々はそういう現地の実際に20年余りやって影響のないものを見て判断しなければ、判断ができないわけでございます。そうした場合において、安全性を判断する段階において、村長は国民的合意を内外の不安、県民の合意と、こうありますけれども、それでは県民、村民が判断をしてくれと仮に申し上げた場合において、科学者でもない村民がどうしてここに重大な安全に対する判断をできるでしょうか。そうした場合においてはやはり現地視察、そのような形での判断せざるを得なくなるのではないかと、こう私は考えておるわけでございます。

村長は、安全基準に対して、そのような合意が求められていないということで凍結ということになっておるわけですが、その辺、村長も専門科学者ではないと思います。そこの状況におきましての安全基準に対して、安全であるとかないかという判断に対しての判断材料に対して、村長はどのように考えております。

○議長（橋本道三郎君）　村長。

○村長（土田　浩君）　2番さんがおっしゃるとおり、私も議員の仲間と一緒に、しかも視察団の団長としてラーグを見てまいりました。実際、個人的な私見ですが、見たところ、そんなに危険な施設ではないというふうに私も当時は理解しました。だけれども、石久保議員、なぜこんなに青森県の県民の大方がこの問題について危惧の念を表明したのでしょう、私から逆にお聞きしたいわけです。それで、決定的なのは、県内の農協団体が、この問題は百害あって一利なしという徹底的な拒否の言葉を述べて、農協大会でも可決され、その後、昨年7月に行われた参議院の選挙では、白紙撤回を求める候補が圧勝したこの背景が何であったのか、私たちは、それはやはり安全性に対して強い危惧の念が県民の多くにあったのだという現実を、やはり尊重しなければならないのではないでしょうか。

確かに2番さんがおっしゃるように、国の安全審査では、これはパスされて着工が認められたのでしょう。だけれども、私たち一般村民あるいは県民について、安全審査の基準そのもののそれが何であるかを、恐らく詳細に知っている方々はほとんどないのではないか。だから、これだけの多くの危惧を持っておられる県民、村民に対して理解を求めるならば、国の安全審査の基準というのは、わかりやすくこうですよと、これにきちんと適合しているから国は許可したのですというようなことの説明の仕方があってしかるべきでなかったろうか。これだけ、どうあれこうあれ、みんなが素人だからといって、それではこの問題に学者だけあるいは国の安全審査の委員の意見だけに任せていいのかどうかというのが、私たち村民初め、あるいは県民、あるいは我が国のエネルギーの中で3割近くも原子力に依存をしている1億2,000万の国民が、この問題について十分慎重に考えるべきだということを私は申し上げているわけでして、決して安全性に対しての確かめる方法については、私からは何も申し上げることはないわけであります。

○議長（橋本道三郎君）　2番。

○2番（石久保　博君）　村長、私も一議員といたしまして、本村につくられる3セットに対して慎重に、この安全等に対して慎重な感覚のもとで今まで見詰めてきたつもりでございます。がしかし、絶対的に安全だという、絶対というものは、この世の中に絶対という2字の熟語はあるとしても、絶対と言い切れるものがないと、こう考えておるわけでございます。このサイクルの安全が絶対確立されるということば、科学者であっても、絶対安全であると言い切れないと、こう私は思うわけでございます。安全性が確立されるまでということですが、これは絶対、いわゆる100%の安全性の確立になったと、100%を目指しているとでもいいましょうか、100%の安全の確立を村長は言っておられるのかということですけれども。

○議長（橋本道三郎君）　村長。

○村長（土田　浩君）　確認の方法について、100%まで待つのかというお話だと思いますが、この世の中に100%というのはあり得るはずがないと私は思っております。

○議長（橋本道三郎君）　2番。

○2番（石久保　博君）　私も絶対安全だと、この車は絶対安全に走ると、仮に言われましても、絶対ということはないと、こう確信しております。

その中におきまして、2番の方へ行きたいと思いますが、凍結を県、電事連、サービス、産業の4者へいつごろ正式に凍結を求めるのかと、こう聞いておるわけでございますが、村長が正月明けに県知事を訪問した際、サイクル施設についてはこれから話し合いをするということで、10分ほどで会談が終わったようではございますが、凍結を公約に掲げ村民に約束し、当選いたしたわけでございますが、この当選いたした状況におきまして、これは早い機会に県、電事連、サービス、産業の方へ凍結を求めるものかと私は考えておったわけでございますが、正月の会談等におきまして、10分ほどで会談が終わって、それには触れなかったというわけでございます。その辺の凍結を4者に求めるのは、いつごろ求めるのかということをお願いいたします。

○議長（橋本道三郎君）　村長。

○村長（土田　浩君）　5日の知事の訪問は、あくまでも表敬訪問でありまして、村長という立場と酪連の会長という立場の両建てで、通常のごあいさつに行ってきたわけであります。その際には、県の立場があり、関係町村会の立場もありますから、何とかお考えしてくださいという話が知事の方からありました。私は、それについては当然のことでありますから何も答えないで、あとお別れをいたしました。できる限り、近い間に知事さんの方でお会いしたいということですから、日程が調整つきましたら、やはり県が推進の立場をとっておられる知事さんですから、知事さんとも私の考え方もそこでお話し申し上げなければならないと、こう思っております。

先ほどの御答弁でも申し上げたとおり、やはりそういうもろもろの問題も、私の頭の中に入れておかないとならないということは重々承知をいたしております。さらに、先ほども申し上げたわけでありますけれども、間接民主制というのは、皆様方が村民の代表でありますから、皆様方を抜きにして、私個人のいわゆる村長としての立場で凍結を申し入れていいのかどうかということも、今目下法的な関係やら、いわゆる社会通念におけるその立場というものも検討に入れながら検討している最中でありますから、公式に公文書で出すか出さないかは、いましばらくかかると思います。

ただ、さきに申し上げたとおり、こういう公的な場で私が凍結を申し上げていることは、それぞれの事業者にしても県にしても国にしても、十分承知しているはずだと申し上げたところであります。

○議長（橋本道三郎君）　2番。

○2番（石久保　博君）　凍結を出すか出さないかはまだ先のことであって、まだその判断ができないということでございますが、がしかし、凍結をうたって、それに村民が同意し当選したわけでございますから、これは早い機会に凍結を求めるべき筋ではないかと思いますが。

○議長（橋本道三郎君）　村長。

○村長（土田　浩君）　おっしゃるとおり、凍結を公約にして支持を受けたわけですから、その背景は恐らく内外の人が重く見ているのではないかと、私はこう理解しております。単なる村長名で文書を1枚つければ、凍結の手順が終わったかというのでなく、既に手順は大方が通っているのではないかと、こう私は思っております。

○議長（橋本道三郎君）　2番。

○2番（石久保　博君）　私がこう言えば答弁の方がこう来る、これは何回繰り返しても平行線をたどるのではないかと思いまして、次に移りたいと思います。

3番の三法交付金の方は、説明を受けましてわかったわけでございますが、4番の最後の核燃料再処理施設の村民投票条例の結果が出た場合においては参考的材料とすると、こう先ほどの答弁で申し上げられたわけでございますが、村民投票は来年の4月ごろ行うという見通であるということでもございます。核燃の投票条例をもちろん設定して投票を行うわけなのですけれども、その結果がもし白紙撤回と出た場合においては、これは結果を参考にするのでしょうけれども、白紙撤回という結論が出た場合は、村長はどのように対応しますか。

○議長（橋本道三郎君）　村長。

○村長（土田　浩君）　この住民投票条例というのは、非常に幅広い法解釈が必要なのでして、今までも我が国で何ヵ所かあったわけですが、先ほど申し上げたとおり、間接民主制というものを自治体では基本にしているわけですから、議員の皆様方が住民の代表であり、それが議会運営を通して自治政治を行っているという立場からすると、あくまでも投票条例は議会に諮り、議会の同意を得て実施しなければならないと私は理解をいたしております。

ただし、その投票の結果が、今仮に白紙撤回が出た場合に、それをどうするかということなのですが、これも間接制民主主義を基本としている今日の制度では、それに拘束されてはならないとはっきり明確にはなっていませんけれども、拘束された場合には法に反するおそれがあるという法解釈があります。

したがって、その白紙撤回を求める大多数の投票の結果が出たとしても、それに拘束されてはならない、あるいは拘束をするようなことがあったら、やはり議会民主制というものが損なわれるという法の解釈があるから、私はそれは参考意見として皆さんと、あるいは議会と長が判断すべきであるというふうに申し上げているところでありまして、確かに住民の多くが白紙撤回を求めるというふうになったら、私も皆さん方もその住民の声をやはり尊重しながら、参考としなければならないのではないかということを先ほど申し上げているとおりであります。

○議長（橋本道三郎君）　2番。

○2番（石久保　博君）　住民投票を行って、住民の意見も尊重する、そしてまた、議会の意見も尊重する。そういうことでございますが、それらのものをいわゆる長として村民、議会等の御意見等を参考にして、最終的には村長が決断を下さなければならないのではないかと、こう私は考えるものでございますが、最終的にはこのサイクルの推進反対、白紙撤回、これに対しては村長が最終判断を下すというものであると解釈しておるわけでございますが、その点についてどうですか。

○議長（橋本道三郎君）　村長。

○村長（土田　浩君）　再三申し上げておりますとおり、村民の意見の集約は皆さん方が背負っているわけでありますから、最終的には議会が決めることだと私は思います。

○議長（橋本道三郎君）　2番。

○2番（石久保　博君）　そうすれば、最終的には議会の判断、議決でこれを進めるということであるわけですね、わかりました。

非常にこのサイクルの安全性の判断は、どなたにしても簡単ではないわけでございますが、土田村政発展を期待し、質問を終わられていただきます。

○議長（橋本道三郎君）　以上で、2番石久保議員一般質問を打ち切ります。

19番、簡潔にひとつお願いします。

○19番（滝口作兵エ君）　議長さんから簡潔にということがありましたが、問題が非常に安全性と凍結の問題で、私も重大な関心を持っております。村長も就任早々、時間的な余裕もないだろうと思いますし、今回一般質問を取りやめましたけれども、まず私は村長からお伺いしたいのは、今も石久保さんから指摘ありました。これは、国でやっておる原子力安全審査委員会で安全だという審査をしたというのです。

私は、3月議会においては、この審議に対して資料を提出し、徹底的に論議を進めたいと思うのですが、これは村長もラーグに団長として行ってきたのです。ところが、我々漁業者から見た場合に、私は健康上行ってこれなかったけれども、一体放出する放水管から何キロ出て、そこの沖合で何の魚がどのような格差が出ているのかどうか。私が聞いたところが、ここのところは非常にイギリスとフランスのドーバー海峡で、最低でも5マイルは潮流があると聞いています、最大のときは

7マイルも速いと。非常に適当ないいところへ設置したと。あなた方見たときの、団長、これをお聞きします、本当にそこにいて、どういう魚種をとったのか。今やろうとしている六ヶ所のいわゆる生産するものとの、これを本当に見てきた、あなたは団長でしょう。ところが、よく安全性の関係では、簡単にということですので、これは皆さんも御承知のとおり、東海村の再処理は、今も石久保先生から御指摘のとおり、ラーグも基本的技術を持っていたのだ。ところが、1年にたったの200トンの再処理施設なのです。しかも、村長、これは国でやっているところですよ。おわかりのとおり、学術的な研究です。これが果たして何百トン生産されて、安全だというのか。

数限りありません。活断層隠しもありますし、我々には地下水の上に低レベルの放射線の廃棄物を上げるというのが、いつの間にやら地下水の下にやっている。我々議会にそういう説明ありましたか。この問題三つについて、簡潔にと言うから、私は答弁を求めて、再質疑しません。

○議長（橋本道三郎君）　村長。

○村長（土田　浩君）　ラーグに行った際に、シェルブールの魚市場に行きまして、そこで売られている魚のさまざまな種類やら、それからとれた海域など、あるいは値段なども見てきたわけでありますけれども、果たしてそれが海中の放流管のその近くでとれた魚かどうかは確認はできないわけですから、その辺については、滝口先生からいかに怒られようとも、私どもは明確な回答はできません。これだけは御了承願いたいと思います。

さらに、いろいろ国の安全委員会で示している被爆線量というものが私の手元にありますが、これは極めて微量なものだということで出されておりますが、それは私どもは確認することはできないわけですね。確認するとすればどういう方法があるかということをこれからの私どもがこの事業に対して安全を確認する上で大切なことではないのだろうか。方法、仕組みというものをやはり私は国に対して要望しながら、周辺にいる住民が果たして、海中に放流される線量が国で示しておりますす0.044というふうな極めて微量な数字になっておりますが、それがどういう形で遵守されているのか、あるいは空気中に拡散されるものについても、0.00015というふうに極めて少ない線量だというふうな基準を立てて、これに対して設計上、これ以内でやるという、その設計審査の上で、これは国が認めたのではないだろうかというふうに、数字的にはそういうふうに伺っておりますけれども、私たちは安全審査の中身とかそういうものについては、聞いたこともなければ、安全審査の仕組みがどうなのかということも聞いておりませんので、そこら辺まで言及することはできないと思っております。

○議長（橋本道三郎君）　19番。

○19番（滝口作兵エ君）　凍結の問題が非常に大きな問題になっております。

それで、これはさっきも村長触れましたけれども、参議院の選挙というのは県民の意思がはっきりしている。御承知のように村長も触れたけれども、これは自民党の先生方は27万5,000票です、2人合わせると、これは簡単な計算ですけれども。革新の人、反対の人というのは3名合わせれば40万です。ここでも、県民が核燃ノーとはっきり答えている。しかも、この問題は、我々六ヶ所村で一つだけで決める問題ではないのです。村長、十分責任があるのですから、いいですか。

これは6日のいわゆるときわ養鶏の関係でも、テレビで大方見たと思うのです。東北町まで20キロより離れていないから、これ移転しると言うのですよ、ババのところが。しかも、野辺地の、隣接の首長さんから聞くというのは賢明な方法です。野辺地は大体530名の雇用のあるサントリーの酒屋がつくらなくなった。村長、御承知ですか。これはなぜかというと、近距離にして20キロないからです。これも非常にサントリーの佐治社長も賢明であると思う。そのように、住民の安全にかかわる優良な企業が来ない、逃げていくということ自体が、我々六ヶ所住民だけ、議会だけで、あんただけで決められる問題ではないと思うのです。農業者の4団体もそうでしょうし、いわゆる生協市民グループ、労働者の皆さん、それから一番怖いのは医療従事者、先生方が怖いと言っているのですよ、我々の生命を守っている先生方が。これはもう十分に考えて、慎重に対応し、凍結に私は大賛成です。

以上です。終わります。

○議長（橋本道三郎君）　次に、3番中村忍議員の登壇を許します。

○3番（中村　忍君）　民社党青森県連六ヶ所村総支部長中村忍、一般質問を行います。

（略）

2点目の原子燃料サイクル事業にかかわる諸問題についてお伺いいたします。

我が六ヶ所村が原子燃料サイクル3事業の立地の受け入れを決めてから5年になります。その間に、県及び村並びに原燃2社との間では基本協定締結をなし、日本原燃産業がウラン濃縮工場の事業許可を申請し許可となり、そして低レベル放射性廃棄物貯蔵施設の事業許可の申請など、着々と事業が進み、来年4月にはウラン濃縮工場が稼働予定のようでありますが、土田村長、あなたは核燃には異論もあり、時間をかけて環境を整える必要があると言って、選挙期間中には核燃は安全性に疑問があるので工事は一時凍結すると公約なさっておりますが、そのことについて、今現在においても変わりはないのか、お聞かせ願いたいと思います。なぜならば、工事を村長の立場でストップをするよう申し入れるとするならば、白紙撤回と同じようにも思われますが、いかがなものか伺います。

私は、核燃料サイクル事業に対して凍結論も白紙撤回論も六ヶ所村にとっては同じようなものと考えるのは、進出企業の出おくれに伴って働く職場が失われると思うからであります。おのずと過疎化は一層進んでいくのではないでしょうか。そうなりますと、白紙撤回、一時凍結も発展性に欠け、同じようなものと思わざるを得ません。土田村長、あなたに対して、原燃合同本社の代表が今回の選挙結果を厳しく受けとめ、村民各位に原燃サイクル施設について一層の御理解が得られるよう懸命の努力を積み重ね、安全性についても徹底追求し、企業を通じて地域の発展に寄与したいと言っております。そういった意味におきましても、今後とも電源三法交付金の活用をして、村発展のためになお一層の御尽力を願う次第でありますが、いかがなものでしょうか。

既に百数億円分の事業許可もあり、平成元年から実施されております泊地区簡易水道や郷土館など、こういったものが凍結になりますとどうなるのか、お考えをお聞かせ願いたいと思います。私が考えるには、行政上の問題等が山積してくるのではないかと考えますが、それでも村長、あなたは核燃事業を凍結なさるつもりなのかお伺いいたします。

○議長（橋本道三郎君）　中村忍議員の質問に対し、村長の答弁を求めます。

○村長（土田　浩君）　3番議員の質問にお答えを申し上げます。

（略）

なお、次の原子燃料サイクル施設にかかわるいろいろな問題について御質問がありました。先ほどの2番議員との重複をなるべく避けたいと思いますが、白紙撤回と同じではないかという先生のお話でありますが、字が違うわけですから、意味もおのずと違ってくると思います。辞書を見ますと、白紙とは何もない状態に戻すと、凍結とはその資産の使用を禁ずることと、こういうふうになっております。したがって、凍結と撤回とでは、そこに大きな違いがあるということをまず御理解願いたいと思います。

さらに、この村には、核燃サイクル施設の進行に伴って村の発展があるということで、積極推進を今までされてきたわけでありますが、それに対して村民の多くが、ちょっと待てと、ノーという結論を出したわけでありまして、それに対する先生の御意見の中では、目下非常に原燃2社初め、安全性の問題やら地域振興にかかわるPA活動に積極的に努力をしているのだと。さらに、それは村の発展につながるのだというお話がありましたが、村民ひとしく考えておることは、今までのやり方に核燃料サイクル施設さえ推進すれば村の発展があるという考え方に対して、少しそれに偏り過ぎたのではないかという批判が、私は今回の選挙が示していると思います。

余りにも我が六ヶ所村は今から20年にもなりますけれども、むつ小川原の開発を初め開発行為に非常に期待をかけ過ぎた。しかも、いわゆる核燃サイクル施設を積極的に推進することによって、その反動として村民の心に大きなひずみが加わったことは事実でありまして、その反動が今日の選挙にあらわれたと私は理解しておりまして、やみくもにこの問題を推進することが即村の発展につながるというふうに私は理解をいたしておりません。その辺について、この核燃サイクル施設を支持するならば、我が村の繁栄があるというその1点であるといいますか、一方的な考え方だけでは私は村の発展はあり得ないと、このように理解をいたしております。

確かに必要であり、村民がこの事業に対して理解を示し、やはり国民的な課題の中で安全性が確認され、万が一に対しても心配ないというような状態になって、村民が許すならばこの事業は進むでありましょうけれども、それは先ほど申し上げたとおり極めて、六ヶ所村民だけで決断をすべきではないということは、19番先生のおっしゃったとおり、六ヶ所村民だけの核燃サイクルではないということを御理解賜りたいと思います。周辺には多くの町村があり、県民があり、そしてこの狭い国土に1億2,000万という我が同胞がいるということも念頭に入れながら、ただ単なる六ヶ所村1村で決めるべきことではないということを御理解賜りたいと思います。

したがって、後段におきますそれに絡む三法交付金につきましても、先ほど2番議員に答弁したとおりでございますし、それらの問題が今後の行政上の問題として大きくはだかってくるのでないかという御懸念があります。確かになしとは言えないと私は思っておりますが、本日質問されます先生方の中には、この行政上の問題というのは多分に財政を絡む問題だと、こう思います。財政の問題については、後ほども詳しく御答弁する予定でございますが、私はそこら辺が、私を含め議員の先生方も、あるいは村民の英知を結集しながら適正な財政運用をするならば、これだけに頼らなければならないという論議は薄れていくのではないかというふうに私は理解をいたしております。

そういうことで、先生の御質疑に適切にお答えしたかどうか疑問がありますけれども、後ほどまた再質問の際にお答えいたします。

○議長（橋本道三郎君）　3番。

○3番（中村　忍君）　議長にお願いがありますが、私も勉強不足といいましょうか、村長と一問一答方式をさせていただきたいと思いますので、お許しください。よろしくお願いいたします。

白紙撤回も凍結も同じようなものでないかということに対して、意味が違うのだということでありますが、私は我が六ヶ所村にとって共存共栄を図っていくならば、この開発は六ヶ所村にとって幸せをもたらすものではないかという意味合いを持って質問いたしましたけれども、字が違うのだということで大変恐縮しております。

土田村長、あなたが所信表明の中で、積極的な核燃推進は好ましくない、核燃は国民全体の考えることで、立地をしている我が六ヶ所村のみが判断するべきではないと言っておりますが、昭和60年4月18日、県、六ヶ所村、原燃サービス、原燃産業、電事連と、原子燃料サイクル施設の立地についての協力に関する基本協定が締結されております。それに、むつ小川原開発の線引き内の多くの土地が手をつけられていないと言っておりますが、だからこそ安全を第一に地域振興を図るべきではないかと考えますし、関連する施設及び研究施設などを誘致して、村発展のために努力するべきだと。私は、民社党六ヶ所村総支部長といたしまして、お考えをいただくよう要望いたしますし、お願いいたしますが、いかがでしょうか。

○議長（橋本道三郎君）　村長。

○村長（土田　浩君）　先生、御懸念のとおり、この事業が凍結され遅滞されると、本村の発展に大きな影響を与えるのではないかという御心配のようでありますが、確かにそれもあるでありましょうが、私はこれまでの全面的な開発依存型の状態でなく、やはり少しでも自力で第1次産業を主体としながら新たな素材を考え、それによって一層の活性化を村にもたらしながら、あわせてこれからの社会の充実した村政発展の方向づけを示すならば、多くの村民の方々はそれに同調し、さらにやる気を起こしてくれる村になるのだということを私なりに信じております。したがって、先ほども申し上げたとおり、余りにも他力本願過ぎる考え方からやはり脱却しなければならないのではないかと。

昨日も「新年を語る集い」の中で、NHKの大塚先生が最後にいみじくも申し上げたことは、特に従来こういう過疎な、しかも第1次産業に頼り過ぎ、あるいは自然条件の厳しい農村社会においては、やはり宿命的に国や県に補助金を請求し、いろんな援助をもらおうとする、そういう思想があったのではないかと。確かにこれは、農村社会には宿命的なものとして存在していることは私もわかっております。それが悪いというのではないのですけれども、それだけに頼ることは自主性を乏しくする。私の持論はそこでありまして、やはり村政発展の方向は、一体今何が大事なのかということを村民みずからが現実を踏まえながら、どうしたらいいかというような問題について真剣に考えるべきではなかろうか。そのことによって、かなりの部分を占めるかもしれませんけれども、仮に三法交付金が交付されなかったとしても、村政運営についてできないという結論づけはされないし、私はそれにかわる何らかがあるということを信じております。
○議長（橋本道三郎君）　3番。
○3番（中村　忍君）　わかりました。
それでは、そういったものの具体的なものが村長に今現在ありましたら、お聞かせ願いたいと思います。
○議長（橋本道三郎君）　村長。
○村長（土田　浩君）　後ほどの一般質問にも出てまいりますので、具体的については後ほど御答弁させてもらいたいと思いますが、いかがでしょうか。
○議長（橋本道三郎君）　3番。
○3番（中村　忍君）　それでは、村財政について、開発に依存する体質が続いておりますが、早い時期に自力本願に立ち返るべきだと言っておる原子燃料サイクル事業を凍結して、開発依存体質から脱却を図るということは、第1次産業、第2次産業によって六ヶ所村の発展に努力するということだと思いますが、具体的に説明をいただきたいと思っておりましたけれども、この点についても後ほど触れるということでよろしいでしょうか。
それでは、電源三法交付金事業に関して、土田村長、あなたは広域事務組合でも交付金の斎場計画があり、関係市町村と十分に協議してから決めますということでありました。私も野辺地地区環境衛生事務組合の議員といたしまして、明確なものを求めます。なぜならば、我々３ヵ町村の議員は2回、南と北の視察を実施しております。斎場の建設をすべきであると議決をし、土地購入もしております。そのときに、凍結というあなたの考えに反するものがあるのではないかと思いますが、その点をお聞かせ願いたいと思います。
○議長（橋本道三郎君）　村長。
○村長（土田　浩君）　確かに六ヶ所村ばかりでなく、一部事務組合の環境関係あるいは病院組合にも三法が絡んでおることも承知いたしております。
ただ、先ほども2番議員に申し上げたとおり、私が凍結を申し上げている理由は、再三申し上げているとおりでありまして、通産省が私の凍結が即この核燃施設を中止するというふうに受けとめた場合には交付金の交付が来ないであろうということを申し上げたのであって、通産省が私の凍結の意味をどう解するかによって、交付金が続けられて来るか来なくなるかというふうになるわけですから、それを決める、御判断されるのは国でありますから、この問題については、私はこれ以上のことは申し上げるわけにはまいりません。各町村長とも、今まで十分お話をしたいと思っておりましたけれども、残念ながら日程の都合があって、今までお会いした町村長さんは、横浜町、野辺地町それから天間林と七戸のただ4町村しかありません。さらに多くの周辺の町村長方とこの問題についてはお話し合いをしながら、御意見をいただきながらその対応を考えていきたいと思っておりますし、それ以外には何らこのことについて胸襟を開いた話し合いがされておりませんので、周辺のことについては言及することを避けたいと思っております。
ですから、三法にかかわる問題がどう判断するか、来ないとするならばどうするかというのは、これはやっぱり事務組合の議会と管理者たちが十分検討しなければならないのじゃないでしょうか。
○議長（橋本道三郎君）　3番。
○3番（中村　忍君）　村長、お願いがありますけれども、こういった3ヵ町村で斎場を建設するということは、我が六ヶ所村のみで考えるものでもないし、また我々この3ヵ町村の議員としましても、建設する、そういった意味で土地も購入し、また事務的にも物が進んできているわけでありますので、このことに対して支障のないようにお願いしたいわけでありますけれども、もう一度御意見をお聞かせ願いたいと思います。
○議長（橋本道三郎君）　村長。
○村長（土田　浩君）　先般開かれました議会でも、特に金額の張っているのは野辺地病院であります。それで、病院議会でも三法にかかわる質問がありました。質問の要旨からして、私が再三申し上げているとおり、やはり定かでありませんので、その際にお話しになったことは、もし三法が来なければ、やはり病院議会としても、資金の手当ての面での考え方を変えようではないかという御意見も出てまいりました。
ただ、これはその際に、三法が来なくなった場合に、その対応をしようとするということで、そこにはやはり計画全体がずれ込むのではないかということも考えられ、以前から計画をされている事務組合あるいはそれぞれの町村に対して大変迷惑をかけるわけでありますけれども、その迷惑の度合いがどうであるのかということを私は御理解いただくために、各町村長さん方とお会いしたいということで言ってきたわけであります。

ですから、それぞれによって三法が来なければ全くできないという考え方は早計ではないのかと、こう思います。

○議長（橋本道三郎君）　3番。

○3番（中村　忍君）　村長の持論からいったら、そういうことになるでしょう。しかし、こういったものが当てにされ、そして実行されております。そして、これがはっきり申し上げて、どんどん進んでいくならば、建設完成に至るでしょう。そういったときに、こういう点も支障のないようにお願いしたいわけでありますけれども、村長はやむを得ないのでないのかという考えなのかどうか、その辺もお伺いしたいのです。

○議長（橋本道三郎君）　村長。

○村長（土田　浩君）三法交付金は、国が支払う補助金でして、既にウラン濃縮の場合と、さらに低レベルの関係は申請をしており、一方で、さらには再処理工場に対しては前倒しという形で張りつけがされております。

私が相手の方の腹を探るようなことを申し上げるのは不敬であるので、申し上げたくないわけですけれども、先ほどもちょっと触れたかと思いますけれども、私が申し上げている凍結というこの問題を国がどう解釈するかによって、三法がこのまま続けられるのか撤回されるのかが決まるのであって、そこは私は何とも言えない。

仮に国がどうしても本村に張りつけされる核燃サイクル施設が必要である、今凍結という論議が出ているけれども、何とか凍結を解除するために挿身の誠意を払って努力をし、多少おくれても何とかやりたいという国の願望があるならば、交付金は続けられるのでないだろうかという感触を、私は私なりに考えております。ところが、それをこちらの方で求めるわけにはまいりません。それから、今日の青森県の状態あるいは国民的な世論、六ヶ所村の状態を見て、これはやはりだめだと判断すれば、三法は来なくなるでありましょう。どっちか一つの道しかないということでございます。

○議長（橋本道三郎君）　3番。

○3番（中村　忍君）　このことについて最後にしたいと思いますけれども、それでは、村長は腹の中では来てくれればいいなと思っておりますか。

○議長（橋本道三郎君）　村長。

○村長（土田　浩君）　私の口からは、それは申し上げることはできません。できるならば、皆さんが心配している心配を除去することがあれであり、本来ならば来てもらいたくないことだと、このように思っております。

○議長（橋本道三郎君）　3番。

○3番（中村　忍君）　それでは次に、原子燃料サイクル事業にかかわる賛成か反対かの村民の意思確認の方法について、平成3年4月の統一選挙において新たに選ばれた議員が、村議員の意見になるだろうといった意味合いのようなものを、確認方法でこうしたい、また村民納得するものではないでしょうか。実施するとしたならば、早い時期になさって、平成2年度の予算編成に取り組んでいただきたいと思うわけでありますが、具体的な根拠を示してもらえれば幸いです。

○議長（橋本道三郎君）　村長。

○村長（土田　浩君）　核燃をめぐる論議が続いておりますが、私は、先ほどどなたかおっしゃったように、六ヶ所村民の多くが絶対的な安全性という問題についてまだ知っていない、それから国の安全基準がどういうものであるかも、中身についてはほとんどが知らない。それから、今まで進めようとしてきた仕組みについて、それでよかったかどうかということの判断もしなければならない。そういうもろもろのことで、村全体が一体今次どうなったのかというそのことも、村民の一人一人が十分理解をしなければならないと思います。

それには、かなり時間がかかるであろう。ですから、昨年12月26日の所信表明で申し上げたことは、やはり1年以上かかるのではないか、そういう中で、村民がその施設に対してどういう考え方を、あるいは理解を示してくれるか。その物事に対する判断する能力がどのくらい培われるのかというところを見た上で、ちょうどまた今度は来年になりますが、来年の4月には統一選挙であり、民意を改めて問われた先生方が登壇するわけでありますから、その後がベターではないのかという私の私見であります。

○議長（橋本道三郎君）　3番。

○3番（中村　忍君）　おっしゃることはよくわ

かりますが、お互い政治家でありますので、事務的な手続を進めるならば、我々がその任に当たることができるのではないかと、こう考えますが、いま一度お考えをお聞かせ願いたいと思います。我々がその任に当たることができるのではないかと考えますけれども、村長のお考えをお聞かせ願いたいと思います。

○議長（橋本道三郎君）　村長。

○村長（土田　浩君）確かに皆さん方も住民の代表でありますし、それなりに識見やらいろいろな面について高い知識を持っておられる方だと私も知っております。ですが、なぜこういう状態になったかという今までの過程をお考えになってもらいたいと思います。ということは、六ヶ所村だけで事を決めていいのかどうか。先ほども19番先生がおっしゃったように、昨年の7月の参議院選挙では、圧倒的な多数で県民世論は白紙撤回を求める先生を支援ということは、これは紛れもない県民世論の集積であるというその背景を、中村先生にも十分御理解を賜りたいと、こう思います。

○議長（橋本道三郎君）　3番。

○3番（中村　忍君）　選挙は水物ですので、結果がこうなったので村長はそういうふうにしたいと言うならば、それも万やむを得ないでしょう。

次に、日本原燃産業がウラン濃縮機器の搬入をしてくれるなと、どうぞとは言わないと、このようにも言っておりますが、既に申請許可済みのものまで、土田村長、あなたは理解を示さず、最後までそういった姿勢を貫き通すつもりなのか、村発展のために凍結なしに、この事業が成功裏に進んでいくよう、党人といたしまして切にお願いするものであります。御意見をもう一度お聞かせ願いたいと思います。

○議長（橋本道三郎君）　村長。

○村長（土田　浩君）私が原燃2社に対して、あるいはウラン濃縮ですから原燃産業に対して機器の搬入を延期してくれなどとは一言も申し上げておりません。ただ、施設が施される六ヶ所村の村長として、凍結を掲げた私が当選したこの事実について、やはり遠慮をしたのではないだろうかと、このように理解をいたしております。

再三2番さん、3番さんが、私に対して凍結をいつ正式に表明するのか、あるいは出すのかということでありますが、日々ここでしゃべっていることは表明していることであります。公式の場であります。

御案内のとおり、当選以来私は何回か申し上げてありますが、これは全国民が凍結を訴えている私の理由について、全国民がと言うと大げさになりますけれども、やはり関心の持っている国民の多くが、こういうことで凍結をしているのだと、凍結を示しているのだということは理解がされているであろうし、やはり事業者としても、その社会的通念に基づいて機器の搬入をおくらせているのだということであろうかと思っております。したがいまして、私の方からは改めてウラン濃縮の機械の搬入について、どうのこうのと申し上げるつもりは毛頭ありません。

○議長（橋本道三郎君）　3番。

○3番（中村　忍君）　村長がそういったことで、ウラン濃縮機器の搬入については意見を申し述べないということであるならば、この搬入がされたとしても、日本原燃産業に何ら支障が出てこないものと私は解釈しますけれども、その辺の解釈でも村長は私に対して納得するでしょうか。

○議長（橋本道三郎君）　村長。

○村長（土田　浩君）　それは、解釈の持ち方と思います。

○議長（橋本道三郎君）　3番。

○3番（中村　忍君）　それでは、そのように解釈させていただきますので、よろしくお願い申し上げます。

(略)

○議長（橋本道三郎君）　以上で、中村忍議員の一般質問を打ち切ります。

ただいま19番さんからボタンが押されていますが、そろそろ昼でございますので、それでは私から協力方申し上げますが、関連1回で終わらせていただきますので、よろしくお願いしまして、19番。

○19番（滝口作兵エ君）　今、中村忍議員から非常に重大な問題の提起がなされたということは、核燃との共存共栄ということなのですが、企画課長さん、六ヶ所村のいわゆる頭脳だと言われておりますので、ひとつあなたから具体的に、この核燃との共存共栄というのは、当然第1次産業の六ヶ所村と共存できるのか。例えば我々漁業それから農業、いずれにしてもこのごろ非常に評価の上がっている野菜生産、酪農、あらゆる関係の第1次産業とこの核燃との共存共栄が具体的に、何がどうなっていいのかということを、あなた一番民主的な人だから私は勉強したい、お願いします。
○企画課長（橋本　勲君）　本来なら村長からお答えすべきでありますけれども、私にということでありますので。

あるいはちょっと抽象的かもわかりませんけれども、一つの石油基地をとりまして言うと、例えば教育的には泊の特別教室をやったと。それから、今の運動公園とか酪農会館とかそういったもの、あるいは農道あるいは村道、そういったものを整備してきたわけであります。

ちなみに、今の143億円の中では、産業振興、例えば農業、漁業、そういったものに寄与する部分としては、約51％ぐらい見込んでいるわけであります。そういったことから考えれば、これは当然第1次産業と共存し得るものというような見解をとって、これまで推進してきたわけでありますが、ただ、その取り組み方あるいはその過程における村民への理解の問題、そういうことがいま一つ不十分ではないかということで、新村長がこれをじっくりと時間をかけて見直すべきだと、こういうように申し上げているものと理解しております。
○議長（橋本道三郎君）　19番。
○19番（滝口作兵エ君）　私は・・・・・・の答弁だと思います。

ところで、簡単簡潔にと言うから、それではちょっとお話しします。

というのは、今も濃縮ウランの施設の機械が搬入された場合ということで、私関連しているのは一つもないですよ。中村さんそう言っていますので、この問題についてですが、要望なり、要望というのか・・・・・・。

いわゆる新聞紙上では、農業4団体、私の関知するところによると、あなたはやめなさいということを言っていないはずです。ところが、核燃の凍結で村民があなたを選んだということは、当然これは核燃産業、サービスが当然のことなのです。ただ、この場合に、新聞紙上で見ますというと、農協4団体あるいは消費者、青森県のですよ、あらゆる角度の団体が、私はそういう反対ばかりするのだから、それと規模は今申し上げませんが、大変な事件にならざるを得ないだろうと。私は、もし搬入すると、村民の意向をもし無視してやるということになれば、大変なことになり得るだけ、あなたに申し上げます。いいですか。答弁要りません、大変なことですので。
（略）
○議長（橋本道三郎君）　休憩を取り消し、会議を再開いたします。

先ほど3番さんの一般質問の中で、関連が10番さんから出ておりますので、許可します。

10番さん、簡明にひとつお願いします。
○10番（福岡良一君）村長が午前中の3番さんの質疑の際に、原子燃料サイクル施設についての所見を申し上げておりました。村長は村長になるべく、あらゆる協定の中には政策協定書というのを出しております。ここに私は一部持っておりますが、それらのことを踏まえながら、凍結というふうなことで村長選に出られたわけでございます。したがいまして、その凍結という決意が住民の総意を得まして当選されたわけでございますので、その凍結の問題について、今までもう既に原子燃料サイクル施設の立地協力に関する基本協定がつくられておるわけでございますが、この問題について、今後どのような考え方でこれを修正していくのかどうか、その辺を承りたいと思うのですが。
○議長（橋本道三郎君）　村長。
○村長（土田　浩君）10番さんは、昭和60年4月18日にいわゆる協定を結んだ5者協定のことの意味を申し上げていると思うのです。確かに前任古川さんが村長として5者協定の一員に入っております。

ただ、この5者協定の解釈をめぐって、現在二通りの解釈があります。いわゆる過去における国会並びに県議会の答弁の内容を見てみますと、まず先に、昭和60年6月20日の衆議院科学技術委員会で答弁した原子力局長の中には、法的な契約ということで、安全の確認の確保の責任を負うことを地元で約束したもので、いわゆる公法の規則の対象となるものではないという見解もありますし、もう一つは、県議会の常任委員会で企画部長が答弁したのには、協定は法律的には契約であると理解していると、したがって、契約書の一人である相手方を拘束する法の解釈が唱えられておりますと。ただ、この性格上、例えば公害防止協定の中には、民事協定説あるいは紳士協定説というふうに分かれておりまして、まだ私は勉強不足でありますから、いずれに分類するのか。

確かに5者協定の中身には、立地に関して協力していくということもうたって、当事者である古川さんが乙の欄に判こ押しております。しかし、私はただいま申し上げたように、二通りの法解釈がある以上、ここで私ごときがこの5者協定をめぐる論議について明確な回答はできないということで、残念ながら申し上げるしかありません。

○議長（橋本道三郎君）10番さん、了解ですか。

10番。

○10番（福岡良一君）　協定書の内容を見ますというと、サイクル3施設ということになっておるわけです。この中には、基本的な事項なんかついているわけですけれども、凍結ということになりますというと、4月、これらの問題が関係してくるわけですよね。したがって、いずれかのときには凍結ということになってきますというと、何らかの形で修正せざるを得ないのではないかと、こう思うわけです。その辺はいかがですか。

○議長（橋本道三郎君）　村長。

○村長（土田　浩君）協定の中身をごらんになってはおわかりかと思いますが、協定のその他の事項について、第12条、この協定に関し疑義が生じたとき、この協定に定めのない事項について定める必要が生じたとき等々、この協定に定める事項を変更しようとするときは甲乙丙及び丁が協議の上定めるものとするという、一つの協定の中身を改正し得る条項が第12条に記載されております。

それともう一つ、先ほども申し上げたとおり、行政目的に資するための行政手段たる性格を備えた協定だとした場合には、法的な拘束力があるわけでして、私が一方的にこの協定者から離脱するときには制約を受けるかもしれません。

○議長（橋本道三郎君）　次に、5番大湊茂議員の登壇を許します。

○5番（大湊　茂君）　新村長の初回の議会において、質問の機会が与えられましたことを心から感謝を申し上げ、発言通告書に基づく質問をさせていただきますので、よろしくお願いを申し上げます。

質問の第1点の凍結という意味はどのような状態を指すのかということであります。私は、凍結とは、一般的には工事を全面的に中止または財産等の使用を中止することであると理解しています。しかし、六ヶ所村のサイクル事業の場合、現に稼働し工事が進んでいる状況であり、この場合に凍結と言えるのかどうか、村長の考えをお聞かせ願いたいと思います。

次に、第2点でありますが、凍結には村民の意見を集約してとか、隣接市町村長等の意見あるいは議会に諮ってとかいろいろ述べているが、政策協定書あるいは凍結を公約とし、村民多くの支持を得て当選されたわけですから、その手順等については既に定めていると受けとめるので、具体的な対応についてお聞かせ願いたいと思います。

また、村民及び隣接町村そして議会の意見を聞くよりも、速やかに凍結を事業所に対して申し入れるべきであったのではないか。ややもすれば隣接町村長や議会の意見を聞いてから、凍結に反対の声が多く、凍結を申し入れてもすぐに解除しなければならないことが予想されるので、時間稼ぎのために申し入れを先送りしているように理解されるが、その点について村長の所見をお伺いいたしたいと思います。

次に、第3点でありますが、3点として、現在原子燃料サイクル施設事業に従事している労働者が1日約800から1,000人と言われております。この凍結を申し入れた場合、そこで働く労働者が失業することになると思うが、その場合、どんな救済対策を村長が考えて進めてまいるのか、その所見についてもお伺いしたいと思います。

次に、第4点でありますが、既に昨年9月定例議会において、推進凍結の請願が提出されておりますが、これについて、当時村長も議員もありましたので、取り扱いをどうすればよいのか、村長の意見をお聞かせ願いたいと思います。また、私も議員の一人として、事の重大さと責任を感じ、今議会において、当然この請願に対する議会の意思決定がされると思っております。仮に凍結が不採択となり、推進が採択された場合、これが村長の凍結申し入れに影響するのかどうか、その考えについてもお聞かせ願いたいと思います。

以上4点について、村長の明快な御答弁をお願いいたします。

○議長（橋本道三郎君）　大湊議員の質問に対し、村長の答弁を求めます。

○村長（土田　浩君）　5番議員、大湊先生にお答えを申し上げます。

午前中から2番、3番議員の質問に答えておりますように、凍結という意味がどのような状態を指すかという質問の趣旨については重複をしておりますので、この際割愛をさせていただきたいと思いますが、先ほどの御発言の中で、凍結と言えるのかというお話がありました。特に手順を追って、時間稼ぎをしているのではないかというお話もありましたが、どなたかにでしたか、私が申し上げたとおり、既にこういう場で申し上げていることは、凍結を宣言している一つの実査であるというふうに、実証しているということでありますから、あえて私が村長名の公印を押した公文書をそれぞれの事業者、国、県に対してやらなくても、凍結の一つのあらわれをきちんと公の場で示しているものだというふうに、私は先ほどもお話し申し上げたとおりでありまして、それらについて隣接町村長との意見とかいろいろ、知事とか事業者とのお話し合いという眺めについては、これはそれなりの意味を持つものでありまして、私が公約に掲げた凍結の意思発表にはそれほど重きをなしていないというふうに私は理解をいたしております。

さらに、どんな方法で民意を集約するのか、あるいは議会に諮ると言っておりますこの意味も、やはり先ほども重ね重ね申し上げておりますとおり、間接制民主主義の世の中でありまして、地方自治というのは特に議員の意見を重視しなければならないということは再三申し上げたとおりでございまして、これらについての問題につきましても、5番先生は十分今までの私の発言の中から御理解をいただいておるものと私は解釈をいたしております。

さらに、雇用対策の問題で大変御懸念もされているようであります。現在、800人から1,000人という村内の労働者がこの事業にかかわって生活を支えているということも事実でありましょう。さらに、毎朝出勤時間あたりを見ますと、六ヶ所村ばかりでなく三沢方面あるいは野辺地、東北町あるいは北の方からと、この事業にかかわる働き手がかなりの村内に入っていることも事実でありますが、私が申し上げている凍結が実際稼働した場合、どういう形で稼働するかどうかは別といたしましても、工事が中止されるわけでありますから、当然その方々はやっぱり仕事を失うでありましょう。非常にこの仕事に生活をかけておられる方々には大変申しわけないことだと、私もその方々の生活に対して心から危惧を表明したいと思います。

しかしながら、事が事だけに、そこに働く人たちの生活がかかっているからということで、私は過ごされる問題ではないと。やはり非常に何回も申し上げておりますとおり、村民並びに多くの県民がこの事業に対して非常に強い危惧の念を持っておるという傍ら、800人、1,000人、あるいはもっとそれ以上の人とも思いますが、その人方の生活のためにこの問題の基本的な考え方をおろそかにするのは決して好ましい状態ではないというふうに私は理解をいたしております。

したがいまして、これらに対してどのような手段があるのかと、今お聞き願っても、具体的にこういう救済措置をするというようなことは、まだ私の頭の中には定かになっておりません。やはりそういう事態が発生すれば、それなりに部内でも検討しながら、あるいは皆さん方とも協議をしながらこの問題に対興しなければならないという覚悟はしておるところでございます。

さらに、昨年の9月定例議会におきまして、推進並びに凍結のいわゆる請願が出されておることも承知をいたしております。この問題につきましては、議会が取り扱うことでありますゆえに、村長としてはこれに対して言葉を慎むべきであろうというふうに考えております。決してこれに無関心であるということではありませんが、あえて申し上げれば、議会の意思決定として常に適切な対応をすべきであると。これはやはり議長さんを通して何らかの機会にこの問題を皆さん方にじっくり御討議されてしかるべきだと、このように思っております。

極めて簡単な御答弁で、5番先生に意のある答弁ができたかどうか定かでありませんけれども、後ほどまた再質問に答えますので、これで答弁を終わりたいと思います。

○議長（橋本道三郎君）　5番。

○5番（大湊　茂君）　第1点の凍結という意味について、村長は2番、3番議員にお答えしたので、内容が関連しているのでという御回答のようでございますが、私は、村長が12月10日の村長に立候補するに当たり、もろもろの諸団体と政策協定を結んでいることをここに持ってきているわけでございますが、この内容等見れば、凍結という問題ではないのではないかと。これだけの疑問を持って、この核燃サイクルを凍結とするというよりも、既に活断層があるとか、あるいはプルトニウム問題等も含めると、この核燃料再処理施設については向いていないということをこの協定書の中でうたっているわけですから、凍結というニュアンスの言葉でなくして、はっきり白紙撤回という意思表示ができるのではないかと、私はこう思っております。だから、村長さんのおっしゃっている凍結という意味は、私に理解ができないのだと、私はこう思って御質問申し上げているのでございます。

決して先送りし、いわゆる検討していくならば、その道も開けるのではないかという安易な気持ちで私は御質問申し上げているのでありません。その辺について、もう一度御答弁をお願いいたします。

次に、働いている就労者が凍結することによって職を失うのだと。もちろん村外の方々は、私はそれで了としています。村内の方々を一たん凍結をうたって住民を理解させるとすれば、当然こういう方向で救済対策というものを私は考えているのだということをおっしゃるのが筋ではないのかなと、私はこう思う観点からこの問題についてももう一度御答弁をお願いいたしたいと。

次に、9月定例会に出されているところの凍結あるいは推進の請願でございますが、これは村長としての問題でなくして、議会の皆さんの意思決定によるものだということをおっしゃっているわけでございますので、今議会等においてもし議会が意思決定をしたならば、それに従うのかどうか、その辺をお伺いしておきたいと思います。

○議長（橋本道三郎君）　村長。

○村長（土田　浩君）1番目の、いわゆる政策協定を結んでいる中身からすると、凍結よりも白紙撤回と同じではないかという御意見だと思います。確かに政策協定の中身については、強くそれを望む多くの方々がいるということの背景があります。ただし、私はそういう方々が村内にもたくさんおられるということと、白紙撤回という一つのことを明確にするのがどうかという、いろいろなことがありまして、おっしゃるとおり、一体同じではないかと言われれば、そのように受けとめられる方々も大勢おるかと思いますが、やはりそれは村民全体の民意をやはり反映させなければならない。

私は、慎重に事を構え過ぎると言われるかもしれませんけれども、私はやはり最終的にはそういう方々もおるという認識の中で、村民の方々のやはり意識調査をしなければ、軽々に白紙撤回、凍結あるいは賛成ということにはならないのではないかという考え方を持っております。

次に、凍結がされた場合に、工事が停止されるわけですから、それで働く人たちのかわりになる収入の問題を考えておくべきではないかと。確かにおっしゃるとおりだと思います。

ただ、私はかねがね選挙中にも申し上げてきたわけでありますけれども、村内で働いている核燃サイクル事業にかかわる労働者の手取り賃金は何ぼであったのだろうかと。それよりも多くの方々が県外に出稼ぎに行っております。理由があり、あるいは会社に勤めておられる方々の多く、あるいは家族から離れられないという理由もありましょうが、やはり私はある働き手の方々にも何人かとお話をしたわけでありますが、村内で働くのは、やはり家族から離れられない。確かにそうでありましょう、一軒の家族を形成して、家の家長であり主たる働き手でありますから、そういうこともあります。ただ一方では、余りにも国家的事業というけれども、村内の建設業者の下で働く我々にとっては、極めて手取り価格が少ないという不満もあります。一体それではどうするのだと。手取りが少なくてもこの村で働きたいという人たちが、ここでこの問題が凍結されたときに働く場がなくなるわけですから、それに対して具体的な対応策はと聞かれましても、私は即座にここでこうこうこういう手段で彼らを救済しますという大それたことは申し上げることはできません。残念ながら、今すぐに800人から1,000人の人たちをどうしろと言われても、即答はできないのが現実であります。そのことについて、私の政治手腕について御批判があれば、甘んじて受けるつもりでおりますが、しかしながら、それはいつまでもそういう状態にしておくという気は毛頭ありません。何らかの方法があるはずでありますから、それらにつきましては、皆様方のお知恵を拝借いたしたいと思っております。

さて、次の推進凍結の請願の取り扱いについて、議会の決定に従うかというお話であります。確かに議会は尊重しなければなりません。議会がどういう結論を出すのか、私は定かでありませんけれども、議会の意見は尊重いたします。ただし、私は凍結を掲げて民意の多くから支持をされた村長でありますから、村長は村長の立場として、この問題には十分考えさせていただいた上で、私は自分なりの考え方を申し上げる機会もあろうかと思いますので、その辺で御了承願いたいと思います。
○議長（橋本道三郎君）　5番。
○5番（大湊　茂君）　何回も同じようなことの繰り返しになるようでございますが、第1点の私が言っている、いわゆる凍結というよりも、政策協定書を見た場合凍結にはならないのだと、ならないような仕組みの協定書の取り交わしであるのだと、そう私は受けとめておるから、これを言葉のニュアンスで有権者の支持を得ようとするようなニュアンスでなくして、はっきり凍結というようなことをこの議場等において明確にでき得るのではないかと、私はこの協定書の中を見た場合そのように受けとめているが、どうしても村長さんは凍結という言葉だけで今の私の質問を交わしていくのかどうか。私は、どうしてもそこに納得しないところがあるものですから、この政策協定書の内容等からいって凍結という言葉が正しいのかどうか、もう一度お願いいたします。
○議長（橋本道三郎君）　村長。
○村長（土田　浩君）　政策協定書の中身を見ますと、確かにそういうニュアンスが強く出ていることは事実であります。

ただ、協定を結んだ相手方の方々が強く白紙撤回を望んでいる団体であるということですが、白紙撤回ができるかどうかということは定かでない。したがって、一番最後に、やっぱり最終的には村民の投票条例を施行して、村民に問うということでありますから、おのずと私がこの協定に結んだ真意というのがおわかりになろうかと思います。
○議長（橋本道三郎君）　5番。
○5番（大湊　茂君）　そこで、最後の今村長さんが言った、いわゆる村民条例を制定してその決定に従うというようなことを明確に出しているわけでございますが、村長は常日ごろ、平成3年の統一選等においてどのような議員の方々が出てくるのか、それらによって当然そういう方向もなされるのではないかと、こう言っているわけですが、これを1年余も先送りするということは、村民が本当に気持ちにおいて大変苦労なさると思うので、私ならば速やかにこれを条例制定等をして、信任投票を得るべきだと。いわゆる開発推進か反対かやるべきだと、十分やれると、来年まで待たなくてもやれる問題だというふうに考えておりますが、村長は早くやる気になるのかならないのか、その辺を伺います。
○議長（橋本道三郎君）　村長。
○村長（土田　浩君）　先ほどもどなたかの質問にありましたけれども、村民が軽々にこの問題に結論を出すべきでないという私が再三申し上げていることは、やはり一例を申すならば、自民党の核燃対策特別委員会が示した中身でも、大湊先生おわかりのことと思います。それほどにこの問題については極めて、目下イエスかノーかを決める環境が整っていないということを如実にあらわしているものだと私は理解をいたしております。特に村民の多くの方々には、安全性をめぐる問題について非常に危俱の念を持っている方もおれば、積極的に推進をしてくれと、そうしなければどうにもならないという多くの方々もおりますし、慎重に事を運んでくれという方もおるわけでございます。それを拙速に今結論を求めることは、私はベターではないと、そういうふうに私は理解をいたしております。
○議長（橋本道三郎君）　5番。
○5番（大湊　茂君）　この問題については、私と村長の見解は平行線をたどって、時間はただ費やすだけだと思いますので、私ならば早い機会に、平成3年の統一選挙を待たずして結論を出すべきだと、それが村民に対する私は選挙公約の一つの実現につながると、私はこう考えております。これについては、もう答弁はよろしゅうございます。

そこで、村長は、今日村長になる前までは、一応議員の立場のときは、核燃サイクル推進という立場でいろいろな問題等にタッチしてまいったことは事実のようでございます。その後、参議院の選挙あるいは農協大会等において、その考え方が変わってきたことは私も認めるところでございますが、ただ一つ、私はどうしても自分の考えにおぼつかないところがあるのは、六ヶ所村第1次産業振興協議会ですか、これらの副会長を務めてまいったと思います。その中では、交付金の活用と抱き合わせながら、第1次産業を図っていくという当初の第1次産業振興協議会であったと、またそれに籍を置いて、今日になるまで鋭意努力されてきたことは村長も認めるところだろうと、こう思いますが、今度はそうでなくして、三法交付金の活用も何も考えない第1次産業の振興というものを今後どのような方向づけをしてまいるのか、ひとつそれについて御回答をお願いいいたします。
○議長（橋本道三郎君）　村長。
○村長（土田　浩君）　大湊先生おっしゃるとおりであります。
　ただ、私の今までの従来の発言は、この地帯におきます3酪農協対策委員会で機関決定されたそれに基づいて、私は今までしばしばこの問題について対応してきたところでございます。これは御理解いただけると思いますが、その決定はあくまでも大方の酪農家はこの核燃施設に対して要らないという表現をいたしてまいりました、これは事実そのとおりであります。今もそのように承っております。しかしながら、多くの酪農家は、戦後開拓に入りまして、御当地の六ヶ所村初め県、国等々のいろいろな支援や御援助、御指導をいただきながら今日の域に達しております。その中で、村内には、いわゆる昭和40年代からむつ小川原開発に先祖伝来の土地を手放しながら開発に今後の生活をかけた多くの村民もいるわけでありますし、大湊先生おわかりのとおり、あの周辺には千歳平の方々の多くの生活の実態を目の当たりにいたしております。
　したがいまして、彼らはやはり開発依存をする方向にかけたわけでありますから、その方々の気持ちを逆なですることはならないという一つの配慮から、ああいう機関決定をしてきたところであり、私もしばしば農協大会においても、こういう大事なことは組合の総会もしくは理事会の決議を経た組合長会議でこれを決めてくださいと、軽々にここにイエスかノーかを決めるべきでないという発言をした経緯もあります。しかしながら、それはそれとして、結果はそうでありましたし、さらに日増しに募る不安とか動揺というものが県内の県民の意思を決定的にしたのは、確かに昨年の参議院選挙の結果だと思います。この住民の、県民の意思というものは、やはりそれなりに重みがあるわけでありまして、私はそれを尊重し、さらにはそれにかかわる村民の意思をいろいろと私なりに受けとめてきた経緯から、凍結という方向を決心したわけであります。したがいまして、それらについては、大湊先生十分御理解を賜りたいと思います。
○議長（橋本道三郎君）　5番。
○5番（大湊　茂君）　参議院の選挙は、確かに大敗を喫した自民党政策には問題があると思うのですよ。私は、一概に核燃料サイクル施設によるところの反対だというだけの問題ではないのではないかと。それには、輸入の自由化あるいはリクルート、さまざまな問題が関連し、特に青森県はそういう核燃料サイクル施設の問題等も関連して出た答えだと、私はそういうふうに受けとめております。
　よもやすると、参議院の大敗は核燃料サイクルにあるのだという村長さんの決めつけたような言い方に対して、私は納得しかねるので、その辺の参議院の大敗をしたのは、果たして核燃料サイクル施設の問題だけだったのかということを御答弁願いたいと思います。
○議長（橋本道三郎君）　村長。
○村長（土田　浩君）　確かにおっしゃるとおり、当時の政治の状態というのは、リクルートに端を発したいわゆる政治不信、さらに強引なやり方で執行された消費税に対する反発、あるいは多くの農民が農政不信を盾に、非常に日本の自民党政権に対して強い反発をしたことは事実だと思いますが、大湊先生、参議院の選挙の街頭での三上さんの発言を私は何回か聞きました。青森県においては、確かに農政不信もあったでございましょう。それから、消費税については、私は青森県では県民はそれほど大きな関心を持ってはいなかったのではないかと、このように私は受けとめております。やはり彼が強く申し上げてきたことは、核燃サイクル施設の白紙撤回は声高らかに一番力点を入れた選挙であったというふうに私は受けとめております。
○議長（橋本道三郎君）　5番。
○5番（大湊　茂君）　村長の見解と私の見解とは、そこでいささか違うわけでございますが、そこで、最後に1件だけお伺いしたいと思います。
　昭和60年4月18日に締結されました核燃料サイクル施設の立地の問題でございますが、基本協定書でございますが、これは継続性があるものだと、当時の前任者は、いわゆる議会の同意も得ながら推進を決議し、基本協定なるものを締結したものだと。よって、私はこの基本協定書は今後とも継続されるものだと、こう解釈しているわけでございます。
　そこで、新村長凍結を訴えて当選したのであるから、私の考えは凍結なのだと、だけれども、協定書からいくと、継続性があるものですから、これはこのまま進行していくのではないかなと、当然するべきだなと、私はこう思っているわけなのですが、この協定書に基づく、これは継続性があるのかないのか、事務的に果たしてこれはどういうものなのかどうか、その辺をお答え願えれば。

○議長（橋本道三郎君）　村長。

○村長（土田　浩君）　先ほども5者協定の中身について申し上げたわけでありますけれども、性格として、紳士協定説あるいは民事契約説、あるいは行政契約説というのが流れております。紳士協定説なら、法律上の効果を見て認めないということですから、私は拘束される理由はないわけですけれども、あとの二つにひっかかるとすれば、これは拘束を受けるわけであります。当然前任者が議会の同意を得ながら、この協定の当事者になっているわけですかち、私も政治の継続性からいうと、その責務の一端を負わなければならない立場であります。

ただ、問題は、そこでこの協定の性格あるいは法的な解釈をめぐって二つに分かれている中で、しかも私が選挙中を通して凍結を訴えて当選した立場というものと、この協定の中に盛られている当事者というもののかかわりについて、今ここではっきり申し上げれと言われても、私はまだ勉強不足でございまして、もう少し法律的な解釈に時間が要すると思います。したがって、これについては、5番さんには明確な回答はできないことをおわびしたいと思います。

○議長（橋本道三郎君）　5番。

○5番（大湊　茂君）　今、村長さんからこの基本協定書についての明快な御答弁をお願いしようと思って、私もしつこく食いついているわけなのですが、なかなか村長さんもさすがなものでございまして、結論づけて私に回答を申し上げないところを見ると、いずれまた機会を見て御質問をさせていただくということで、私の質問を終わります。

(略)

1月10日

1　応招議員は次のとおりである（略）

2　出席議員は欠席議員を除く応招議員と同じである。

3　欠席議員は次のとおりである。
　なし

4　地方自治法第１２１条の規定により、説明のため出席した者は次のとおりである。(略)

5　本会議に職務のため出席した者は次のとおりである。(略)

○議長（橋本道三郎君）（略）休会前に引き続き、会議を再開いたします。

村長。

○村長（土田　浩君）　冒頭、昨日の3番議員の一般質問の後の再質問の中で、ちょっと手違いがありましたことをおわびして訂正をさせていただきたいと思います。

実は、投票条例の結果、これは2回か3回の質問がありましたので、最初には投票の結果は参考意見であり、長も議会もこれはそれに拘束されるものはないということも申し上げ、さらには民主的なあれですから、当然ながらその住民の意思は尊重しなければならないということを申し上げたわけでありますが、その後に再度同じような質問の中で、私がこれに関連してまた答弁した中に、最終的な理解がということを申し上げたと私は受けとめております。当然議会は議決権があるだけであり、最終的な判断は私にあるわけでありまして、その点を訂正し、おわびして訂正したいと思いますので、よろしくお願いを申し上げます。

(略)

○議長（橋本道三郎君）（略）それでは、前日に引き続き一般質問を行います。

14番橋本寿議員の登壇を許します。

(略)

○14番（橋本　寿君）　私は、土田浩村長にとりまして、初めての定例会である記念すべき平成元年第4回議会定例会の質問の最後をあずかりまして、質問を行うものであります。

まず、土田浩村長並びに中村勉村議会議員の当選、就任に対し、心から祝意と敬意を表するものでございます。

土田村長は村議4期を半ばに、14年余の年月、村政に携わり、村政進展に大きな役割を果たしてまいりましたことは、各位御承知のとおりであります。このたびの選挙戦に、4期16年間の実績と経験を持つ現職古川村長を打ち破り、その座を得たことは、六ヶ所村史の1ページに大きな役割を持つとともに、今後の村政進展に大いに期待するものでございます。

ついては、広く村民の世論に耳を傾け、村政の輝かしい成果と独自の路線を築き、きょうまで蓄えられてきた村民のエネルギーを結集し、豊かで住みよい活力のある六ヶ所村の建設を目指して、全力投球されるよう御要望申し上げる次第でございます。

さて、古川村政から土田村政へ移行したわけですが、従来のむつ小川原開発を基本に村政進展をとらえた古川路線から、その開発構想に待ったをかけるべき原子燃料サイクル基地建設凍結という凍結路線をとらえた土田村政への移行でありますので、独自のカラーを随所に発揮していくことであろうし、多くの村民もまたそれを期待しているでありましょう。この際、新村長の政治姿勢についてお伺いするものでございます。

村長は、選挙用パンフレットに政治姿勢を発表しておられますので、その内容についてお伺いするものであります。開かれた政治、村民による村民のための政治を目指した民意政治に主眼を置いた村政を目標にしておられるようですが、民意をいかなる方法で村政に反映させる考えなのか、お伺いするものであります。

次に、政治姿勢その1、心で聞き、心を込めて語る政治を目指しますとし、その2、調和と協調を旨とし、何事も村民の立場から判断し、積極的前進と社会的公正の確保に努めますとし、その3で、地域の特性を生かしつつ、村内各関係団体等の協調を図り、村民参加の政治を目指しますとしております。いかにも土田村長らしい表現であります。ともあれ六ヶ所村の村長は、73歳から58歳へと若返ったわけであります。この際、もう少し詳しくその政治姿勢をお伺いしたいと思うのであります。

私は、政治の決断という言葉が好きで、優柔不断になりがちな私を戒める言葉として大切にしております。幾つかの難問を抱えた新村長として、近い将来において政治家の団結が迫られる場面が予測されるのでありますが、村長の政治姿勢その2にある社会的公正の確保、すなわちソーシャルジャステスを第一義として、決断を望むものであります。その所信をお示し願えれば幸いであります。

また、さきの村長就任のときに、役場職員に対する訓示の中で、小さな体に重い十字架を背負ったごとくという表現をされたと聞かされておりますが、何を指して十字架と表現されておられるのか、また新村長の六ヶ所村の創造図はいかなるものか、その一端をお示し願えれば幸いであります。

次に、土田村長立候補に当たり、政策の基本として、その1、農林漁業の振興、その2、核燃サイクルの住民投票条例の制定、その3、社会福祉と高齢化及び医療体制の整備、その4、生活環境の整備と雇用機会拡大、その5、商工業、観光、文化の振興、その6、自治体（村役場の）機能の強化、以上の6項目を指定、村政運営の基本とするという姿勢を示しておりますが、私はこの政策を基本に示した土田村長に対し、その公約の実施についてどのように実現していくのか、これらそれぞれの角度から質問を行うものであります。

まず、重点施策A、農林漁業対策についてお伺いいたします。

(略)

次に、重点施策B、核燃サイクル対策についてお伺いいたします。

全国民の注目を集め四全総のもと、閣議了解を得て進められてきたむつ小川原開発も、紆余曲折を経ながら今日の姿を迎えていることは、私が言うまでもなく御承知のとおりであります。第1次誘致企業である国家備蓄基地、その後経済の不況と変動のため、開発計画の見直しと開発そのものの見方も変化を見せたものの、第2次誘致企業の核燃料サイクル基地誘致、いわゆる当初は土田村長御存じのとおり、県及び我が六ヶ所村が誘致した誘致企業のはずであります。そこでお伺いしたいと思います。選挙公約の中に、凍結という言葉が出てまいりました。昨日も4議員の質問の中で、凍結に至った動機、経過は答弁の中で理解をいたしましたが、いかなる手段で村民に徹底せしめるのか、また具体的に凍結するということは、どういうことなのか。また昨日の答弁の中にもありましたが、この議会の場で話しているから文書等による申し入れをしなくても凍結であるのだというその言葉に、私自身あいまいさを感ずる次第であります。そこのところを明確なお答えをお伺いするものであります。

また、民意確認のために、村民投票条例を制定し決定を済ましております。先ほど村長が最終的な決定が昨日の答弁の中で、最終的な決定は議会にあるという答弁をなさいました。私はどうもおかしいなと思っておりましたが、訂正をいたしました。このことはさておいて、そのスケジュールと投票によって持つ意味を昨日に引き続き、再度お伺いするものであります。

また、県及び事業者は、土田村長もともとは推進の人と、話せばわかることではないかというように評しておりますが、心中いかがなものかお伺いするものであります。

また電源三法交付金は、六ヶ所村のあらゆる事業に関して関係市町村等の事業に関しても関係していると思います。村長は近隣関係市町村と十二分に協議してから決定をするとしていますが、既に三法事業に着手している自治体が大方ではないかと思われるのであります。凍結を大前提に唱えるならば、六ヶ所村はもちろんのこと、各市町村へも早急に三法事業の中止を申し入れるべきではないかと考えられるのでありますが、昨日の答弁の中でもありましたが、この三法事業に対する明確なお答えが出てきていないと判断されてなりません。そこのところ再度お伺いするものであります。

(略)

○議長（橋本道三郎君）　橋本議員の質問に対し、村長の答弁を求めます。

○村長（土田浩君）（略）

次に、核燃サイクルとむつ小川原の関係について、いろいろとお尋ねがありました。きのうまでの答弁の中でも、余りぴんとしないので、もっと明確に答弁をしてくれという御要望があったわけでありますが、私も先生のお話の中で、先生が質問される項目について、この用紙4枚に来て、これを全部、一つ一つ丁寧に答弁するのにはいささか時間もかかり、それからさらに適正を欠くおそれがありますが、やはり御期待に沿えるよう一生懸命答弁を申し上げたいと思っております。

まず、核燃料サイクルについては、私は最後の方に若干触れたいと思いますが、どうしてもこの問題とむつ小川原工業開発とは切っても切れない因果関係があるものということも、きのう申し上げたわけでございます。それでは、私も何回かお話ししたかと思うわけでありますが、むつ小川原開発に対する今までの経緯と現実というものの認識は、私も所信表明で申し上げたとおりでありますが、六ヶ所村になぜむつ小川原工業開発が誘致されたのであろうということから、この話は進めなければならないのではないかと思います。

私なりに、これは私見を申し上げてみますと、まず我が青森県が置かれている立場、やはり依然として第1次産業に多くを依存している体質から脱却されてはおりません。前竹内知事さん初め、この後進県と言われている青森県の体質から一日も早く脱却したいという願望があったのではないだろうかと、私なりに推測をしますとそう感じるわけであります。したがって、前竹内知事さん以来、県政の悲願であったのではなかったのか。

したがって、県がこれからの第1次産業の行く末と、県民の社会的地位の向上を高めるためには、どうしても農山漁村を抱える青森県の宿命的な問題として工業開発を強力に要請したのではないだろうかというふうに私は思っております。

きのうも若干触れたわけでありますが、そのころからこの開発の行く末の中には核燃サイクル施設が最終目標であったのではなかろうかということと、私なりに資料をとってみますと、既に47年には核燃サイクルがこの四全線の中のむつ小川原地域に張りつけられていたという書類も手に入っており、なるほど考えていたとおりであったなというふうに私なりに理解をいたしております。

にもかかわらず、この開発が進められてから20年来になりますが、再度にわたるオイルショック、あるいは世界の経済情勢の大きな変化が続けられ、いわゆる重厚長大の工業開発から今日の我が国の工業開発は極めて大きな変化をしております。この六ヶ所村の繰り広げられた当初のむつ小川原工業開発というのは、つまり大量の原材料を再生もしくは活用しながら工業生産を高めるという、長大であり重厚な産業構造のもとに立地されたというふうになっておりますが、それがそれらの状況によって見直しがされ、さらに昭和50年の12月の第2次基本構想の最後の核燃立地が県の見直しの中で要請され、国の了解を取りつけたという話も私は聞いております。

しからば、このむつ小川原地域における開発に対する条件というものは一体どうなのか。私は企業ベース的に考えてみますならば、今日の企業ほど生産費を重んずることに重点をかけている企業はないと思っております。これはすべてもそうでありましょうし、まず開発の条件と言われるのは地価が安いこと、それから交通あるいは文化、それから学校等含めた居住環境のいいところ、次には自然環境がいい、自然の豊かなところがある。さらにはこれらの工業を進めていく上には安いエネルギーが供給できる地帯でなければならない。そして港湾が活用されるところと、さらには若くて優秀な労働力が確保できるところというふうに私なりに考えてみますと、開発の必須条件というのは、先ほど申し上げたいろいろな条件が整わなければ工業開発が進まないというふうに私は理解をいたしております。これらの条件が整ってこそ、さらに企業が企業努力することによって、当地域で生産される工業生産物が低コストでいいものができ、企業が永続的に繁栄できる状況になろうかと思っております。

しかしながら、今まさに首都圏、あの周辺にも工場を建てる用地がたくさん余っております。まして皆さん方御存じのとおり、東北6県各県でも、県内の各市町村でも工場誘致に血眼になって造成をしながら、空地が随分とあるわけであります。にもかかわらず、なかなかこの東北の僻地までに企業が立地しないということは、先ほど申し上げた開発に伴う条件が整っていないということを御理解いただければ幸いだと思っております。

私は、これらの事柄を総合的に考え合わせると、むつ小川原開発というのは従来考えていた工業開発とは、大分異質なものでなければ立地はできないのではないかというようなことから、先ほど申し上げたように、最終的には核燃施設が来るのではないかということを感じておりますけれども、確認したのは当選後であります。

ですから私は、当時そういうような奥深い開発の行方について未知なために、やはりこの地域に開発を受け入れながら農村社会の共存を願うということから、推進に私は傾いてきたわけでありますが、このような今までの経過からすると、県、国あるいはむつ会社等に、やはり今までの経緯についての真意を確かめなければ、この開発に対する基本姿勢を明確に申し上げることは、今のところできないというのが私の心情でございます。いろいろそれらの問題が絡みまして、さまざまなかかわり合いが本村にあることは重々承知をいたしております。

昨日も申し上げたわけでありますが、投票条例のスケジュール、投票の意味を明確に示せという御要請があります。投票条例につきましては、これはあくまでも民意を集約するという方法であり、これは議会に諮って投票条例を設置しなければ投票できない仕組みなっております。ですがそれに基づいて投票条例が設置され、投票が行われた結果については、これに拘束されてはならないという法の規制もあります。これは議会も長も同じであります。

ですが、昨日申し上げたように、この住民の投票の結果は、議会も長も尊重しなければだめだ。そして最終的にどうするかということは、やはり長が決めることであるというふうに私は存じております。そのスケジュールについて、あるいはその投票の意味というのは先ほど申し上げたことなのですが、スケジュールについては、かねがね申し上げておりますとおり、私はいま少し時間をかけながら、本当に村民の大多数の方々が今日までの開発の経緯について、現実について、あるいは核燃に対するいろいろな諸問題について、もっと知る機会がなければならない。

したがって、ただいま直ちにというふうに先生方おっしゃるような方法で、条例設置に対する考え方を示すにはまだ早いというようなことで、先般申し上げたとおり、1年か1年半くらい時間をかけて、私も体があいたなら各部落に、あるいは県や事業者にもその事業の中身、安全性、あるいはいろいろな問題について説明をしながら理解度を深めていかなければならないと、今のところそういう拙速な投票条例の設置と投票する時期には至っていないというのが私の現在の心境でございます。

さらに、もともと推進の人、現在の心中いかがなものかというお尋ねがありました。先ほどのむつ小川原の開発の経緯とその中でお話を申し上げてきたわけでございます。したがいまして、今日の農村社会がそれぞれ第1産業で、専業的な役割を果たしながら、農業あるいは漁業、酪農で今後とも永続的に続けていかれる農家もあるわけでありますが、こういう厳しい情勢の中で、やはりそれのみに生活を託すことができない多くの村民の働く場所というものから考えますと、何かをしなければならない。

したがって、私は農村社会の社会的地位の向上のためには、第1次産業だけではやっていけないということについては、従来から示している竹内前知事さん、あるいは今の知事さんとの考え方とは全く同じであります。ですがその方法について、私は異論を申し上げているわけでありまして、それが具体的に核燃を凍結という言葉に走っているわけであります。その点を御理解をいただきながら御了承賜りたいと思います。

したがって、心中いかがなものかと言われましても、今のところこういうものでございますということを明快に答弁することはもう少し猶予していただきたいと思います。

なお、三法交付金の関係についても、もっと明快な答弁をしてくれという御要請があります。

先ほども、冒頭昨日の関連に伴いまして、県下67市町村の中で15市町村が対象である。しかも15市町村は、上北郡の町村会が主でありまして、それらの方々とも協議をしなければならないというのは、やはり儀礼的に六ヶ所村に設置されるから、あるいは六ヶ所村に設置される施設に伴う三法交付金だからといって、六ヶ所に主導権があるわけではない。私はやはり多少の額がそれぞれ近隣、あるいは県近隣というふうに額が減っていくわけでありますけれども、そういう隔たりがなく、交付金の性格からすると、各隣接の町村とこの問題に対して対等の立場でお話し合いをするのが望ましいわけであり、まだこの機会が行き渡っておりません。先ほど答弁しましたように、たった4人の町長さん方とお話し合いをしたばかりであり、さらに多くを残されておりまして、議会終了後でも早急にお話し合いをしながらこの三法に対する御意見を聞いた上で、いろいろと決めさせていただきたいと、このように思っておりますし、3法の性格とかについては、昨日お話し申し上げた以外に今は持ち合わせてございません。

（略）

○14番（橋本　寿君）　午前中に引き続きまして、再度質問を申し上げたいと思います。

村長は、多岐にわたる質問に対しまして、それぞれ就任直後の議会でありますので、質問の要旨に基づいた財源見通しの骨子がまだ成り立っていないと。だから財源的なものはこれから考えることにし、今後鋭意努力を申し上げたいということで、財源の見通し等については、すべて割愛されたような状況の中にあるわけでございます。ただ、我が六ヶ所村が従来むつ小川原開発を主軸に財源の確保をしてきたことは、御承知のとおりでございます。

きのう、またけさの、先ほどの私の質問に基づいた答弁の中でも、三法なくとも第1次産業の振興を図り、財源の見通しは確固たる確保ができるというところに焦点を絞っておられるように考えるわけでございますが、ただ第1次産業の農業を基盤とする振興対策は、よく私自身も理解しているわけですが、地域的な特性を見た場合に、六ヶ所村広範囲の中で、農漁業を中心とした財源の見通しが以前のような形でつくのかどうかということの懸念もしてみなければならない一つの要素だと思っています。特に前任者であります古川前村長が、いろいろなうわさでは役場の公金を使い、役場の中に財源を残さないでやめたのだという泊の方のうわさがあるそうでございますが、財政調整基金を十数億というものの基金を残して退陣いたしております。それもこれもすべてが開発に依存する、無理をしない資金活用に依存するところが大であろうというぐあいに考えるわけでございます。

特に、村長が農業の基盤を主軸に六ヶ所村の発展、振興を図るとする気持ちはよく私自身も理解しているわけですが、先ほどの答弁の中にも前竹内知事と意は同じである。だが方法論が違うのだと。方法論ということは前竹内知事が開発構想を打ち出して六ヶ所村の、また青森県の繁栄をしていこうということだと思います。それに待ったをかけるべく今回の凍結の問題、ただ公約の中に機械銀行の設置とか、制度資金の活用者への利子補給とか、財政が伴わない公約がないわけであります。すべてか財政が伴う。そういう公約が多いわけでございますので、あえて私はこの財源の問題を村長に質問しているわけでございます。

特に、私、村の一般財源が我々が考えている以上に、裕福な財源なのかどうか。村長は先ほど組合の経験を生かした形で、試算表を見ればすぐわかるというぐあいな形で御答弁なされましたが、それはそのとおりでありましょう。だが豊富な財源というものは、今まで以上に期待できるのかどうかというものの懸念を、私は持つわけでございます。

ちなみにお聞きしますが、まず税務課長からお聞きしますが、昨年の税収入が幾らで、今年は幾らで、来年度見込みがどれくらいあるのか、また備蓄の交付金がどれぐらい出てくるのか、税務課長からお答え願いたいと思います。

また、はっきりした形でここで明示しておかなければならないのが、現段階で前任者の残した財政調整基金が幾らあって、今後の活用をどのように考えているのか。

また、財政課長からお伺いしたいのですが、今後財政的な見通しが仮に、仮にという言葉を使わせていただきます。三法交付金が凍結されて、使用ということはよくないのですが、活用できなくなったとしたら、今後の財政見通しはどうなるのか、恐らく現況の六ヶ所村では大変な要素が出てくるんじゃないのかなというふうに考えるものでございます。

それと、現段階の起債額が村財政の何％を占め、自治体として健全な資金運用できる財政基金のパーセンテージがどれぐらいで、今後三法活用不可能の場合には、どれぐらいまでその起債総額が伸ばせるのか、その辺のところを伺った上で、再度御質問申し上げたいと思います。

○議長（橋本道三郎君）　税務課長。

○税務課長（久保　源君）　お答えいたします。

63年度の決算の収入でございますが、村税全体で18億3,900万円でございます。そのうち、備蓄タンクの関係で、備蓄会社からいただいております税金は11億1,700万円でございます。さらにサービス産業さんから固定資産税等をいただいておりますのが5,000万円でございます。そして平成元年度の見込みでございますが、村税全体で17億4,600万円、そのうち備蓄会社からいただいておりますのは10億3,800万円、そしてサービス産業さんからいただいておりますのは約6,300万円でございます。そして平成2年度の、今現在財政課の方に予算を上げております額は村税全体で15億5,700万円、そのうち備蓄会社からは9億4,800万円。以上でございます。

○議長（橋本道三郎君）　財政課長。

○財政課長（戸田　衛君）　お答えいたします。

まず、財政調整基金の残高でございますけれども、先般議会で御承認いただきました取り崩し金を差し引きいたしまして、端数はつきますけれども約10億6,000万円でございます。

なお、財政調整基金の今後の使い方ということでございますが、これも御承知のとおりその年その年におきまして経済が、状況が変動いたしましたり、また災害等が起きた場合にも使う財政後年度におきます基金でございますので、今までと同様にその対応を考えてまいりたいと思っております。

そこで、仮にということで三法交付金の使用ができなくなった場合、今後の財政見通しということでございますけれども、今私がここで、どうのこうのと申し上げるわけにはまいりませんが、私ども財政のよしあしを図る指標となっております公債比率、あるいは経常収支比率等をかんがみまして運営してまいりたいと思っております。

それから、起債の残高でございます。これは63年度末残高でございます。これも端数がつきますけれども23億8,000万円、これは元金のみでございます。

なお、公債比率でございますけれども、これは標準財政規模、御承知のことと思いますけれども、この比率でございますが、12.8％となっております。

以上でございます。

○議長（橋本道三郎君）14番。

○14番（橋本　寿君）　今、具体的な数字を聞いたわけでございますが、依然として開発関係に依存する税収が多いということはわかると思います。一昨年度は11億円、昨年は10億円、本年は9億4,800万円と、全体的な形から見ますと、はるかに我が六ヶ所村の単独税収を上回っております。その観点から見ましても、この三法交付金の活用がいかに重大なことであるかということが理解をいただけるのではないかというように思います。

特に、村長が先ほど申し上げたように、前竹内知事と意を同じくし、方法論が違うのだとするならば、その凍結の持つ意味がおのずとこの場において明快な答えを出さなければならないのではないかと考えるところでございます。特に凍結を訴えて、村長として就任をし、業務を遂行していく上では、昨日の答弁の中にもありましたように、通産省の対応がこの凍結をどう受けとめて交付金を流すのか流さないのか、私の口からは言えないというような答弁が返ってきておりますが、むしろ凍結を前提とするならば、この三法交付金の使用を直ちに中止し、それぞれの機関にあらゆる機会を通じて公的な立場で中止を申し入れ、その上で次の作業にかかるのが本来の筋ではないかというぐあいに考えるものでございます。その辺のところを再度お聞きしてみたいと思います。
○議長（橋本道三郎君）　村長。
○村長（土田　浩君）14番橋本先生にお答えを申し上げます。

確かに、先ほど財政課長からの説明のとおり、我が村の税収の中の大部分を占めるのはむつ小川原開発によって設置された石油備蓄による固定資産税が大宗を占めております。

さらに、当村に進出をしております原燃2社の税金も、これからは逐次増大する方向にあることも御案内のとおりでございますが、そこで三法の関係についてはっきりしなさいというお話を、きのうから再三にわたってお伺いをされておりますが、昨日も申し上げたとおり相手のあることですから、私はここで軽々に申し上げれないといった真意はおわかりのことと存じます。

さもあれすっきりしないではないかと、今後の財政見通し等についてどうするのかと言われましても、何も手ぶらで考えているわけではございません。私が考えておりますこのむつ小川原開発の進みぐあいの中には、いろいろと工夫やらあるいは御意見を申し上げながら、希望を申し上げながら、これからの進展が図られるいろいろな要素を含んでいると私は思っております。

まず第1に、現在設置されております国家備蓄、私から見ますと、現状では極めて備蓄コストの高い国家備蓄であるというふうに理解をいたしております。先生もお聞きのとおり、きのうおとといの大塚先生の話によりますと、今後近い将来に、やはり原油問題で一波乱も二波乱も起きるであろうということも先生お聞き及びのことと存じますし、私も今までのいろいろな新聞報道やらテレビの報道を見たりして、それなりに今後の我が国の原油問題については、それなり考え方を持っており、私も就任以来石油公団初め、備蓄の市町村ともいろいろな懇談の中で、さらにコストを下げるためと、我が国のエネルギー確保のために、備蓄タンクをさらにふやすことができないのかどうかということも打診をいたしております。それが可能であるかどうかは当然国が決めることでありまして、石油公団とも逐一この問題について協議をしなければならないわけでありますが、一応予定しておりました国家備蓄の一通りのことが終わっており、これに対して国が再度積み増しをするかしないか、する重要性があるかないかという判断がこれからされるでありましょうが、我が六ヶ所村にはその可能性もあるということも一言申し上げておきたいと存じます。

さらに、先ほどもむつ小川原の開発の、企業誘致を含めていろいろな条件があると、その中で従来の重厚長大の産業はなかなか難しい、特に我が六ヶ所村におきますむつ小川原開発地域内の地価が、やはり金利負担によって非常に高くなっている。それらの面などもありまして、これらに入ってくる企業というのが非常に将来性の高い、あるいはそれぞれの条件が少しでもここで満たされるようなものがなければ入りづらいということも申し上げております。

しかしながら、私も当選以来、いろいろな企業の方々と懇談をしております。決して原燃2社以外に、この工場用地に入り込める余地がないかというと、そうではございません。まだ確たることをここで申し上げるわけにはまいりませんが、それなりにこの開発地域内に誘致してもしかるべき企業に私なりに当たっていることも、この機会に御報告を申し上げておきたいと思います。

なおまた、先ほど冒頭、具体的な第1産業の中で、機械銀行、あるいは利子補給の問題もありました。これはかねがね、大分前でありますが、西ドイツを訪問した際に、マネーシリンクという制度で機械化銀行、これはやはりそれぞれの集落において、あるいは協同組合を通して、機械の有効利用をするために機械銀行をつくっている制度であり、さらには構造改善事業に、あるいはこれから取り組むわけでありますが、その金利負担が生産費を高める、あるいは農家経済を圧迫するとすれば、それなりに協同組合、あるいは村との協議の中で、多少なりとも受益者負担の軽減をすることが可能なのではないだろうか。

さらに、一言申し上げておきますけれども、今までの財政の使い方について、それでは適正であったか。確かにこれだけの財調基金を残しており、いわゆるその比率も12.8%と、他町村に比べては極めて良好な状態にあるということは、それなりに資金運用が楽であったということを身内に示すことでありますけれども、もっと工夫することがなかっただろうかと。

昨年来、ふるさと創生資金と言われる1億円の使途について、あるいはむつ小川原との関係で懸案事項になっております内子内の再利用の問題、あるいはこの庁舎の増改築の問題等々、いろいろと前任者はそれなりにお考えがあったようでありますけれども、今私がそれらのことを振り返ってみますと、それぞれにかかわる費用は膨大な費用になっておりますと、こういうことを是正することによって、我が村の財政はかなり円滑に活用できることができ得ると私は期待をいたしております。

○議長（橋本道三郎君）14番。

○14番（橋本　寿君）　財政の問題をお話しすれば、必ず前任者との比較が出てくるわけでございますが、今ここで前任者との比較をしても始まらないことでございますから、それは控えたいと、かように思います。

それでは、第1次産業の振興を図り、それなりの実績を掲げた上で、財政の運営をしていくのだという土田村長の言うことに対しての理解を示せということなのか、納得しろということなのか、非常に私も苦慮する部分があるのですが、少ない村独自の財政の中で、これからの事業を進めるために、大変な苦慮があるのではないかということだけは、ひとつ心にとどめおきいただきたいと思います。

次に、凍結の問題について、再度お伺いしてみたいと思います。

先ほどから私、各項目に基づいてということは、村長が立候補に当たり、こういうものをお出しいただいたと思いますが、これを基本にして私質問しておりますので、凍結を求めるとか、設置は認めませんとか、住民投票を制定しますとか、るる内容があるわけでございますが、先ほども質問の中で申し上げましたが、私にはどうも、具体的にお話しすればよく理解できるのですが、どうも村長の答弁の中に具体的なところが若干欠けるみたいな気がして、私には理解できない部分がございますので、凍結するということはどういうことなのか、何を凍結することなのか、そこのところが理解できないわけでございます。

それと、きのうからお話しいただいているわけでございますが、公的な議会でお話を申し上げているから、すなわちこのことが各方面に対しての凍結の意思表示だと、申し込みだというように私判断しているのですが、どうもその意味すらさえも私理解できないわけでございます。あらゆるものの文書を大事にする御時勢でございます。その時代の先端を行くべく原子燃料サイクルの施設を凍結するという選挙公約と議会で発表しただけで、果たして企業がそれを理解して凍結するのかどうか、そこのところすらわからないわけでございます。また、機械の搬入が選挙公約に掲げた凍結の問題でむしろ私自身に気を使って搬入をストップしたであろうという判断の材料もきのう示していただきました。その凍結の具体的な方向づけを村長は村民にも知らしめる、また徹底させるべく義務があるのではないか、そのためにも私は再度また再度このような状態でお聞きしているわけでございます。

非常に危惧されることはよく私も理解をしております。それなりに選挙公約を掲げ戦いをする中で、どうしても戦いの中で違った政策を訴えて戦わなければならない、その戦いの過程の一端であったのではないかという5番議員の質問もございました。私もそう思えてならない、そこのところを具休的に、もう2日間の最後の質問でございますので、お示し願いたいと思います。

○議長（橋本道三郎君）　村長。

○村長（土田　浩君）凍結をしなければならない理由というものにつきましても、昨日それぞれの議員さん方にお話を申し上げたとおりであります。

それから、凍結と白紙撤回との違いについても聞きただしがあり、それにも答弁したとおりでございます。さらに、凍結をすっきり示せということであります。私は選挙中それぞれのこういう理由があって凍結しなければならない、凍結とはこういうことだということを申し上げて選挙を進めてきたわけであります。その結果において私が支持されたという、いわゆる事実はやはりそれなりに村民の大方が私の凍結論に対して賛意を表してくれたものと、このように私は受けとめております。

したがいまして、この事実、民意を問う選挙、この選挙という重大な事実は、これは注目された選挙だけに逐一文書で出さなくてもあるいは申し上げなくても伝わっているはずであるということは常々、特に本日はこの神聖な、きのうから議場において、いわゆる公式の場で表現していることで私は事足りる。それを村民にもあるいは相手側にもすっきりした形で示せとおっしゃっているようでありますが、すっきりした形で示せということがどういうことなのか、そこら辺について私からも14番橋本議員にそこら辺の、何を具体的に私に求めているかということを私からお聞きをしたいと思っております。

○議長（橋本道三郎君）14番。

○14番（橋本　寿君）きのうから同じような展開がなされておりますので、そろそろこの辺で終止符を打たなければならないと思いますが、すっきりした形というのは、私先ほどから申し上げているように、この世の中ですべてが文書で締結されている部分が非常に多いのではないか、紳士協定ならいざ知らず、それぞれの形で協定を結び一つの規則にのっとった、レールに乗った開発構想のサイクル施設の建設を進めているわけでございます。

私の言っているすっきりした形で事を示せということは、文書をもってあらゆる機関に凍結の意を示さなければ、村長の言っている凍結の意味が理解できないということでございます。議場で事足りるということでございますが、このとおりの新聞報道がなされておりますから、テレビ報道もなされておりますから、事足りるでありましょう。だが政治は常日ごろ毎日のように動いております。あしたは意を別にする考え方も極端にとればあり得ることです。現段階での凍結が村長の言う安全性に疑義があるとするならば、公約どおり凍結をし、文書にしてすっきりした形で申し込みをするのが筋ではないかというように私なりの考え方があるわけでございますので、御理解をいただきたいと、そういう形で示しなさいということであります。

○議長（橋本道三郎君）　村長。

○村長（土田　浩君）橋本議員は、この事業に対して積極推進の立場で今までなされた方でありますし、私はそれと違った道を選んだ人間ですから、考え方に多少、多少どころかかなり違う面も起きて不自然ではないと私も思っております。特に、後段政治は常に動いているとおっしゃっておりますけれども、このような重大な事項がちょっとやそっとで動いてよろしいかどうかということに、そんなに簡単に動かされる推定課題ではないと私は理解をいたしております。

それから、改めて何回も繰り返すようでありますけれども、私が六ヶ所村民がこの問題に推進かノーかという決断をする環境に至っていないと、こう申し上げた中身についても、昨日以来、あるいは選挙以来の私の発言の中で御理解をいただいているものと私は理解をいたしております。

そこで、はっきりしなさいと、文書をもって凍結の意味を正確に伝えなさいとおっしゃる橋本議員のお話にも一理あると私は思っております。ただ、それはそれなりにまだ就任後日も浅く、どういう形で文書を出すのがしかるべきかという時間的な問題もあり、それらのことについて本日明確な回答ができないでいるわけでございまして、橋本議員のおっしゃるきちんとした形でしなさいということは、私にとりましては非常に一つの参考として、橋本議員のいわゆる一つの指摘事項あるいは注文といいますか、そういうことの一つと受けとめながら今後に対処していきたいと思っております。

○議長（橋本道三郎君）14番。

○14番（橋本　寿君）この凍結論のお話は幾らしても村長と私は昨日の質問者と同じように平行線をたどるであろう、そう思います。ただ、参考にしてそれに対処したいということでございますので、御理解をしてくれということでございますから、まだまだこれから何回となくこの論争を繰り広げる時期があろうかと思います。就任後日も浅いことでございますので、考える時間も必要でしょうし、意見を集約する時間も必要でしょうから、この辺で終わりたいと思います。

次に、三法交付金の問題に入りたいと思います。きのう村長は国が施設の必要性を認めるならば、三法の交付金があり得るだろうし、施設の必要性がないと認めるならば三法の交付はあり得ないだろうという発言がございました。また、三法が来ることを願っているのかどうかという質問に対して、私見ですがということで前置きをしまして、本来ならば来てほしくないと言っているのです。私見であろうがなんであろうがよろしゅうございますが、公的な場所でございますので、本来ならば来てほしくない、だとするならば直ちに三法交付金の活用を中止するのが本来の筋ではないかと、筋論です。そこのところをお聞かせ願いたいと思います。

○議長（橋本道三郎君）　村長。

○村長（土田　浩君）昨夜のNHKの報道にもそういう報道がありまして、私が言い間違えたのか、向こうさんが聞き間違えたのか、私は三法に対して来てもらたいという私見を述べたものではないと私は理解したのですが、それで核燃施設に対して来てほしかったのか、ないのかということに対しては、私は個人的には来てほしくなかったという答弁をしたつもりでいるのでございます。

といいますのは、私どもの酪農組合すべてがそういう感じの中で今までずっと見てきた経緯から、私自身からしますと核燃については本来ならば来てもらいたくなかった施設だというふうに私は答弁したと思うのですが、滝口議員が御指摘されるようにNHKの6時の報道でも交付金はもらいたくないという発言をしたということで、そこら辺の報道について私がどう取り違えたのか聞き違えたのか定かでありませんが、私は今先はど申し上げたように、核燃サイクル施設は私個人としては来てもらいたくなかったという率直な現在の心境を申し上げたわけでございます。

したがいまして、いろいろと三法と核燃施設というふうにちぐはぐなことになるかと思うわけでありますが、やはり何といいましょうか、三法交付金はきのうも申し上げたとおり、通産省から出される国の補助金でございます。私が申し上げている凍結という意義をこの施設の中止というふうに通産省が理解するならば、当然のことながら今後はこの核燃サイクル施設を進めるわけにはいかないという形で、三法の引き上げというのがあり得るであろうという答弁をしたわけでございます。

さらに、国としては、今後のエネルギーの問題等々、地球上でいろいろな問題を絡んで、将来の対策としてどうしても住民の理解を得ながら、今ここに繰り広げられようとしておりますいろいろなサイクル施設をぜひとも推進させたいという意向があるならば、もしかするとこのまま三法は継続して出される可能性もあるかもしれないと、こう私の私見なりに申し上げた上ころでございます。

○議長（橋本道三郎君）14番。

○14番（橋本　寿君）村長、ただいま来てほしくないという表現をしたというのは、三法のときに村長が来てほしくないという表現をしているから私お聞きしているのですよ。だから恐らく村長の考え違いのではないかなと私思っているのですが、全く今お話を伺っていると、他力本願的な考え方と言えばおしかりを受けるかもしれませんが、私から見ればそういうような考え方になるのではないかなという気がしてなりません。

と申しますのは、国の施設として必要であれば三法を使わせてくれるであろうし、どうしても必要ないものであれば三法は引き上げるだろうというような発言でございますから、よく理解し得ない部分があると思うのです。理解をした上で施設の立地をお願いしますという説明が過去に何回となく行われております。また、住民対策関係では、対策協議会を設置して各界各層からの意見の集約をし、そのときに土田現村長さんが議長を務めていただき、私が会長としての37項目をまとめ上げ、村長に答申をし、その結果に基づいて安全性を第一義に立地をしようではないかという、昨日も出ていましたが、全員協議会の中で話し合いをして決定したものであると判断をいたしておるものでございます。

それが必要であるならば三法の活用が認められるであろうし、必要でないものであれば三法の活用が認められないだろう、私の立場から軽々に物事は言えない、我々議員初め一般村民はこのことをどのように理解すればいいか非常に困る問題だと思います。ここでもまたはっきりした形で政治の決断をしていただきたい、しなさいというように言われるのではないか、また私自身も申し上げたい。そこのところはいかがでしょう。

○議長（橋本道三郎君）　村長。

○村長（土田　浩君）　昨日から凍結、三法の問題あるいは条例制定の問題、それぞれの角度から少しずつ変えて質問をされておりますので、私も若干まだ新米ほやほやの村長でして、しかも青二才のほやほやでありますから、本当に答弁に適正を欠くことが多々あるかと思います。仮に凍結を、橋本議員がおっしゃるとおりに正式に村長名で公文書で事業者に、あるいは五者協定の当事者でありますそれぞれに送付したといたしましても、それは既に一つは国が安全委員会の議を経て進められている一つの仕事があります。いかに私の方でこれを直ちにとめてくださいと言ってもとまるかどうか、これは相手があることだから私はその凍結の先行きについてはっきり申し上げられないでいるのがそこなんです。そこら辺も橋本議員さんも御理解してもらたいと思います。国が当事者でないけれども、国が許可した事業について、一地方自治体の長がいかに公文書で凍結を申し出ても、それが直ちに凍結が発効するかどうかということについても、私は選挙中にも申し上げたわけでありますけれども、なるかならないかわからないよということを申し上げているわけでございます。これは大方の支持者に対してもその辺については理解をいただいているつもりでありますし、ただしやはり凍結という結論に至った経緯、現状からして、やはりできるだけ凍結が実現するような方向へ私たちは政治姿勢を傾注するということを申し上げるのみでありまして、その一言にしてみても、私に凍結というものあるいは三法という問題を今日直ちにここで明快に示せというのは私は無理だと思います。そこら辺を橋本議員も御理解をいただいて、何とぞ御容赦を願いたいと思います。

○議長（橋本道三郎君）14番。

○14番（橋本　寿君）なるほど村長がおっしゃる意味と考え方がここで理解ができるような気がいたします。就任1ヵ月という短い時間の中でここまで来たわけでございますから、それぞれの多忙の中で意見をまとめ、村の仕事をしていかなければならないことでございますのでよく理解をしているわけですが、三法交付金、この後もいろいろ話を、このことをなくしてこの議会があり得ないと私自身も考えておりますので、よく理解できないままに質問を打ち切らなければならない、非常に私自身も自分自身に情けないような気がしてならないわけでございますけれども、そこのところをお互いに理解し合って、今後に課題を残したままで三法の質問を打ち切りたいと思います。

（略）

○議長（橋本道三郎君）　以上で一般質問を打ち切ります。

本日の日程は終了したので、これに散会いたします。

［出典：六ヶ所村議会会議録］

Ⅱ－1－3－5

平成2年第9回六ヶ所村議会会議録

六ヶ所村議会　平成2年12月13日

1　応招議員は次のとおりである

１番　中村勉君　２番　石久保博君　３番　中村忍君　４番　種市順治君　５番　大湊茂君　６番　高田竹五郎君　７番　橋本猛一君　８番　高橋源治君　９番　中岫武満君　１０番　福岡良一君　１１番　辻浦鶴松君　１２番　秋戸喜代美君　１３番　高田丑松君　１４番橋本寿君　１６番　寺下末松君　１７番　佐藤鐵夫君　１８番　及川舁三君　１９番　滝口作兵エ君　２０番　小泉時男君　２１番　古泊実君　２２番　橋本道三郎君

2　出席議員は欠席議員を除く応招議員と同じである。

3　欠席議員は次のとおりである。

２１番　古泊実君

4　地方自治法第１２１条の規定により、説明のため出席した者は次のとおりである。

六ヶ所村長　土田浩君

教育庁　田中澄君

各関係課長

5　本会議に職務のため出席した者は次のとおりである。（略）

○議長（橋本道三郎君）　皆様おはようございます。

定刻より5分ほど経過いたしましたが、ただいまの出序議員数は18名であります。定足数に達しておりますので、休会前に引き続き、会議を開催いたします。

日程に従いまして、一般質問を行います。

一般質問の通告者は、3番中村忍議員、5番大湊茂議員、6番高田竹五郎議員の3人から通告がなされておりますので、順次登壇を許します。

3番中村忍議員の登壇を許します。

○3番（中村　忍君）　民社党中村忍、通告してあります3点について一般質問をいたします。

まず、第1点日本原燃産業の低レベル放射性廃棄物貯蔵センター建設事業許可の件についてでありますが、村長、あなたは今後どのような考え方で対処していくのか、率直な御意見をお聞かせ願いたいと思います。

なぜならば、我が青森県民社党は、原子力エネルギー平和利用の方針に基づき、県民福祉の向上のためと、原子燃料サイクル事業を推進する青森県知事選立候補者を積極的に支援するということを決定しておりますので、我々選挙に携わる者として、村長、あなたの青森県そして六ヶ所村の現状を認識して、この関係する事業が成功裏であるよう努力していってほしいと思います。

(略)

○議長（橋本道三郎君）　中村忍議員の質問に対し、村長の答弁を求めます。

　村長。

○村長（土田　浩君）　3番中村先生にお答えを申し上げたいと思います。

まず、1番目の御質問は、去る11月30日に起工されましたいわゆる低レベル廃棄物の貯蔵施設でございまして、それに対してどのような考え方で対処するかという質問でございます。なるほど先生おっしゃるとおり、本県あるいは本村の実情を十分認識してというようなお話がありました。御案内のとおり、我が六ヶ所村もむつ小川原開発地域でありながら人口の減少は依然として続いておりまして、残念ながら1万1,000を切っております。さきの国勢調査、正確な数字は存じておりませんけれども、かつては1万三千数百人の人口を擁した我が六ヶ所村も、年々人口の減少が続いておりまして、1万人ちょっとという現状であろうかと思っております。青森県内では4万人以上の人口の減少が続いており、五所川原市もしくは三沢市の一つの市が消えたというような新聞報道がなされておりまして、まことに我々県民・村民としては寂しい現況にあることは申し上げるまでもないわけでございます。

なぜこのような人口の減少が依然として続いているのだろうかということを別の意味から考えてみますときに、やはり依然として我が六ヶ所村の村民の可処分所得が低いと。一般的に好景気が続いておりまして、県民所得、村民所得も上がってはおりますものの、全国平均の格差が開く一方である。なおまた、首都圏では建設業を含めいろいろな事業で、人手不足と相まって、高賃金が向こうに働きに行くと得られるという極めて残念な現象が続いているからだというふうに思っております。御案内のとおり、我が六ヶ所村の第1次産業の活性化だけでは、今日言われております豊かでゆとりのある生活ができないというのが、目下の実情ではないだろうかというふうに思っております。

さて、そういう現況を踏まえながら、ただいま御質問ありました、ウラン濃縮工場に引き続いての低レベル放射線廃棄物の貯蔵センターの建設が、国の認可をいただき着工したということに対する村長の考え方をただしているのだと思いますが、私はかねがね申し上げておりますとおり、これらの施設をめぐる問題について一番考えなければならないことは、まず人類の存亡にかかわる安全性の問題について、村民が理解をするかしないか。そして、これらの諸施設が、仮に安全性の問題が理解されたとして、将来にわたって地域振興に果たす役割を村民が理解するかしないか。さらには、かねてから申し上げておりますように、我が国のエネルギーの将来展望から立った中で、核燃サイクル施設の問題といえば六ヶ所村がどうだと、あるいは青森県がどうだという議論が先に立ちますけれども、私はかねがね申し上げているとおり、これは国民的な課題であり、我が国の化石燃料の問題を含め、エネルギー資源の将来性については、あるいは必要性、あるいは先ほども申し上げたとおり人類の存亡にかかわる安全性の問題については、やはり国民的な課題としてもっと世論を喚起しながら、その所在する町村や県民に全くげたを預けるようなことはすべきではないということを申し上げてきておるわけでありますが、残念ながら、立地村の村長であります私に大きなこの問題の結論を出せというふうに迫られている向きが多いわけでございます。

私は、ウラン濃縮の安全協定をめぐる問題も含めて、今進められようとしております低レベル廃棄物の貯蔵センターについても、これから冬場を迎えて村民に広くいろいろな御意見をいただきながら、これらに対する結論を出したいと、当然のことながら来春あたりになるのではないかというふうに私は受けとめております。

なおまた､先生も触れておられましたけれども、目下来年2月に実施されます青森県知事選挙、この論議がやはり核燃サイクル施設の白紙撤回を求める候補者並びに推進をされる方々、この中で大きな論争を抱えながらの選挙であり、それらの行く末もまだ定かでないときに、私がこの事業に対する自分の主観を申し上げることは差し控えたいと、このように思っておるわけでございます。

(略)

○議長（橋本道三郎君）　3番。

○3番（中村　忍君）1点目の件についてであり

ますけれども、村長が六ヶ所村の人口が減っていっているのだと、こういったことを考えて合わせてみた場合に、やはり安全性の確立そして理解がされたならば、若い年代層、高校卒、大卒が六ヶ所村に住みつける、住みやすいような環境をつくって、そしてこの事業が村と一体となって取り組んでいけるような、こういうことを十分考えていってほしいし、協力、努力してほしいと、こうお願いしたいわけですけれども、でき得ますならば、もう一度御答弁をお願いします。

○議長（橋本道三郎君）　村長。

○村長（土田　浩君）　茨城県の東海村が人口3万4,000というふうに、ああいう原子力施設が立地されて以来人口が増加し、しかも、村の財政も豊かであり、一般的に東海村の住民の可処分所得は六ヶ所村よりもかなり高い数字にあります。

それは、原子力施設の各種施設があそこへ張りついて以来、客観的に見ますと安全性が確立され、事故がなく、さらに関連企業がいっぱい張りついているということと、背景には日立という工業都市があって、それらの居住圏の中に入っているという好条件もあり、東海村が置かれている立場がそういう実態になっていることは、私が申し上げるまでもなくおわかりのことだと思いますが、果たして六ヶ所村にこれから設置されます核燃料サイクル施設の安全性に村民が理解をして、将来はいろいろとむつ小川原開発を含めた関連企業が立地され、豊かになるであろうという一つの希望が持てる反面、それまでいったら、ではどうするか。私は、将来にバラ色の夢を抱かせておいて、それだけでいいとは思っておりません。少なくとも現状打開をどうするか。

したがいまして、私はこの1年間核燃という問題には余り触れたくなかった、正直言って。地場産業を一体どうしたら今よりももっと改善されるであろうかということに私は力点を置いてきた。つまり、いろいろな漁業組合に対しても必要な施設の改善やら増設もやってきたわけでありますし、顕著な例は100ヘクタールに及びます国有林の活用によって、ナガイモ農家の連作障害を解消し、やはり畑作農家の規模拡大を目指した農地開発事業については、ことしの春初めて県に申し上げたことでありますけれども、おかげさまで来年から本格調査の段階になりました。このようなことは極めて異例でありまして、私が二十数年かけて518町歩の草地をつくった吹越台地からしますと、極めて異例で、スピーディーにてきぱきに来年度から本調査に入るということは、これは大変なことでございます。これにつきましても、県の農林部を初め農林省、農政局が非常に私の考え方と六ヶ所村の現状に対しての御理解をいただいて、この大規模な農用地開発事業が1年目でもう既に本調査に入るという結果になったことは、極めてこれはありがたいことだなと。来年度からの本調査が始まりまして、着工が何年になるかわかりませんけれども、普通ですと、少なくとも五、六年、10年近くは投げられてしまう事業でございます。

さらに、いろいろと畑作経営もナガイモの値下がり、産地間競争等々、あるいは米もことしは暖かい暖かいと言いましたけれども、本村の場合は限度数量に3,000俵以上も未達成の状態になっております。ということは、一般的に豊作であったとは言われながらも、実質にはそれほど収量の増大がなされていなかったことを如実に物語るものであり、これらも農家所得が思いどおり伸びていないことも示すことであり、これからはやはり農協あるいは農業者とともに、これからの畑作経営、水稲作の問題を含めた農業経営のあり方について、村も目いっぱい努力をしながら農業経営の規模拡大を含めて、安定した経営を図るために何をすべきかということに汗を流さなければならないと思っておりますし、漁業につきましても先生御案内のとおり、サケがとれ過ぎたと言ってはなんでしょうけれども、極めて安い価格で売られている、この問題につきましても何とか付加価値高めるような地場でも加工が定着しないのかどうか、こういう問題についてもいろいろと漁業組合の皆さん方とも協議を、しながら、このような事態に対処でき得る体制をやはり整えなければならないのではないか。

さらに、若い者がいないということも、当然のことながらやはり労賃が安過ぎるからでありまして、村内にもいろいろと雇用しております企業の方々がたくさんおられますが、それぞれの企業にも企業努力をしていただきながら、少なくとも東京並みとまでは申し上げませんけれども、1日の労働報酬が首都圏の7割、8割、あるいはそれに近い賃金が支払われるような企業体制もしてもらわなければならないし、そのためにも行政は行政なりに、いろいろな面で企業育成に対する汗を流さなければならないのではないかというふうに今考えております。

いずれをとりましても、目下やらなければならない仕事が山積しておりまして、これにどう取り組んでいったら、今一番村民が必要としております可処分所得の向上につながるかということを、今詮議しなければならないというふうに思っております。

核燃施設については、いろいろと県内世論、村内世論を含めて、先生のおっしゃるとおり安全性が確立されて、それが地域振興につながるものであってもらいたいという希望を表明して、終わりたいと思います。

○議長（橋本道三郎君）　3番。

○3番（中村　忍君）　我々民社党は、この事業が党員挙げて成功裏であるように思っているわけですけれども、もし2月の県知事選挙において白紙撤回、それを掲げた県知事が誕生したならば、あなたはどういった形を今後この事業に対してとるのか、いま一度お答えを願いたいと思います。

○議長（橋本道三郎君）　村長。

○村長（土田　浩君）　先のことを予測して、その際にどういうような考え方で対応するかと、こう言われましても、大変これは困ることであります。ですから、先ほども申し上げたとおり、青森県の実情というものを県民が一番知っているはずであります。そして、青森県でも過去数年の間に4万人からの減少をし、依然として我が国では沖縄に次いで下から2番目の低所得であり、しかも国民平均所得との格差が開いております。

これは、本県の宿命的な、あるいは地域性、あるいは今までの一つの県政の流れの中でこういうことが改善できなかった、あるいはそのためにもむつ小川原を初め企業誘致をするなど、農村社会のあり方と立地企業との間で豊かな村づくり、町づくり、県づくりをしようとしてなされたのでしょうけれども、結果的にはこういう実態になっているということですから、今回の2月の知事選で県民がどなたを選ぶかということは、青森県の将来について重大な一つの課題を投げかけることは間違いないと思います。

ようやく懸案でありました新幹線が、来年度からは本格的着工に向けて予算が若干ついたようであり、県民が喜んでおるわけでありますけれども、果たして知事選の結果いかんではそれもどうなることやら、あるいはますます新幹線が遠のくのを初め、県内におかれて企業立地がおくれるのかという問題もありましょうけれども、あるいは別の道を今度青森県として模索するとすれば、何があるのかということをやはり県民一人一人重大な関心を持って人を選ばなければならないのではないかなと、こう思っております。いつでしたか、私も申し上げましたけれども、これだけ厳しい環境にあるということの認識を青森県民はよく理解していない。本県に進出しております百五十数社の企業のオーナーの方々にいろいろと本県に立地して以来のいろいろなアンケートをとった際に、青森県が今日置かれている立場の余り実態を、仕方がないと思ってあきらめているのが多いのではないか、もっと危機意識を高めて、どうしなければならないかというような考え方が強く出せない県民性でないのかというようなお話があったというふうに伺っておりますが、私も青森県民の一人であり、そんなことを言われると全く腹立たしいやら情けないやらで、大変屈辱的な言葉に聞こえるわけでありますけれども、今こそ青森県民がこの重大な大きな政治課題をどう受けとめ、それが本県の将来にどうなるかということに重大な関心を持って、知事選並びに県議選あるいは来年度の統一地方選挙に、もっともっと重大な政治的な関心を示してもらいたいというふうに私は希望しておるわけでありまして、その程度で御勘弁願いたいと思います。

(略)

○議長（橋本道三郎君）中村忍議員の質問が終わりましたので、次に5番大湊茂議員の登壇を許します。

○5番（大湊　茂君）発言通告に基づきまして議長の了解が得られましたので、質問をいたしたいと思います。

まず第1点でございますが、原子燃料サイクルについてであります。

この原子燃料サイクルについては、3セットと言われておりますいわゆる低レベルとウラン濃縮、再処理、こうなっておりますが、順序を追って御質問いたしたいと思います。

まず第1点でございますが、高レベル放射性廃棄物貯蔵についての村長の考え方についてお伺いしたいと思います。

次に、3番議員が質問いたしましたけれども、私も再度低レベル放射性廃棄物貯蔵に関する施設のあり方について村長の見解をお伺いしたいと思います。

3点目でありますが、ウラン濃縮施設の安全性についてであります。これは、随分と新聞テレビ等で、いわゆる安全性に疑問があるというようなことが常に言われておるわけでございますが、事業の進捗状況を見ますと、村長が言っていることと裏腹に、事業の進捗率は非常な速さで進んでおることは事実でございます。これに対して、村長の公約としてうたった凍結との結びつきがどうなのか、この辺について私なりに疑問がありますので、再度、9月議会に引き続き御質問したいと思います。

(略)

○議長（橋本道三郎君）大湊茂議員の質問に対し、村長の答弁を求めます。

○村長（土田　浩君）　5番議員にお答えを申し上げたいと思います。

原燃サイクル施設についての質問がございましたが、一番後から計画されております高レベル放射性廃棄物という問題から出ましたので、質問の順序に従ってお答えをしていきたいと思っております。

先般の北海道の知事を初め道議会で、幌延にいわゆる研究施設を設置する問題が道議会で否決をされたという報道があり、そして幌延町長選挙については推進、慎重という方々、あるいは反対ということでの選挙がありましたが、住民は推進の首長を選挙で選んでおります。それぞれの地域によって住民の考え方がそれぞれ違うことは、これは当然のことでありますが、高レベル放射性廃棄物の取り扱いを研究する施設をめぐる先般の選挙での住民の声というのは、それらを受け入れていきたいと主張されております町長が当選したということで、これはまた一体どういうことになっているのか、私はそこら辺の奥深い問題は存じておりませんが、道の道議会で反対決議されたにもかかわらず地方においては推進をする決定がされたということで。

この高レベル放射性廃棄物の取り扱いについては、我が国ばかりではなく世界各国で、この問題の最終処分をめぐって今目下いろいろな面で研究やら検討がされているのではないかと思っております。

私は、やはり県民の多くの方々、村民の多くの方々の中には、再処理施設と高レベル廃棄物について一体どうなのかというふうなお話を聞いてみますと、極めて高い関心を持っているばかりでなく、国が一刻も早く高レベル放射性廃棄物の最終処分の方法など具体的に明確に国民に示すべきだという意見が、国内世論、県内世論で圧倒的に強いのではないかというふうに考えておりまして、私もそのような考え方で、この高レベル放射性廃棄物の取り扱いについては一刻も早く国が責任ある明快な最終処分の方法、処分地の問題等について示すべきだというふうに思いますし、それらが示されない中で私に意見を、考え方はどうかと言われても、それ以上は私からはこれらの知識についてもありませんので、目下のところはその程度で終わりたいというふうに思っております。

次に、低レベル放射性廃棄物の施設のあり方について、村長はどう考えているかということであります。

高レベルと低レベルということで、やっぱり放射性のレベルの低いものだから、安易な考え方でどうでもいいやというようなこともなりますまい。私も、ラーグの低レベル放射性廃棄物の処理の実態などをこの目で確かめてきて、あの地域の低レベル放射性廃棄物の処理方法なんていうのは、日本人の我々から見ると極めてずさんであったなというふうに思います。もし、我が六ヶ所村でこれから進められようとしております低レベル放射性廃棄物の処理施設があのようなものであるかどうか。

まず、これはこれから始まることですから、それらについては十分事業者に対してどういう方法でするかということについて、公開ヒアリングなど、あるいはいろいろフォーラムなどで聞いている範囲では、それなりの水の問題、土質の問題、そして300人にわたる監視体制の問題、それから科技庁から事業者に対して認可した経緯などを考えてみますと、あのようなずさんな方法で処理するものではないというふうに伺っておりますし、自分もそうでありたいとこう思っておりますが、いずれにしろこの問題については、国が安全性の責任を持ちながら、事業者がこの物質を扱うについて適当だと認められて許可されたものであり、施設のあり方については当然のことながらより安全性を高めるために万全の構造を、あるいはこの地域の土壌、水質の問題等を含めて一般に放射性廃棄物による汚染があってはならないという考え方は一貫して変わっておりません。

さて、ウラン濃縮の安全性についてでありますけれども、これらにつきましては随分以前から工事が進められておりまして、遠心分離機の丁部搬入も終わり、いよいよ操業を間近にして、我が村、県などとの安全協定を締結した後に試験操業に入りたいという――事業者の方々は一日も早く試験操業に入りながら稼働をスケジュールどおりやりたいというお考え方があるようでありますけれども、先ほど3番さんにお答え申し上げたとおり、ようやく今安全協定の素案というものがつくられつつあり、これから安全協定の中身について、いずれこの議会中には皆さん方にもそのたたき台なるものの素案を提示して、皆さん方の御意見もいただくつもりでありますものの、これからが安全協定に取りかかる、協定の中身の問題について取りかかるときでありますので、それらの行く末を見ながら最終的には村民、議会の同意をいただくならば、協定に調印するかしないかを決めたいというふうに思っているわけであります。

安全性につきましては、聞くところによりますと人形峠でのウラン濃縮については、一部では周辺に高い数値の放射能が検知されたというような報道がありますものの、以降、動燃などの方々に聞いてみますと、それらは廃土の中から出ただけであって、そのような放射能をまき散らすような施設ではないということも聞いております。いずれにしろ、安全性については、私一人ばかりでなく村民の大多数、あるいは村民が安全性について理解を得たとしても、県民の世論が今までの安全性の説明では理解し得ないとした場合にどうなるかという問題も含んでおりますので、原子燃料サイクル施設の安全性についての考え方は、目下のところその程度にしか私から述べられないことを重ねて申し上げたいと思います。

（略）

○議長（橋本道三郎君）　5番。

○5番（大湊　茂君）　先ほど村長さんが、核燃の高レベルについてはまだ後から出てきた問題だと、こういうふうに答えてあるわけなのですが、私もこれは3セットの施設のサイクル以外に出てきたものだなと、こう思っておりますが、国の責任において対処すべき問題だと、こうおっしゃっておりますが、国よりも何よりも一番先にその不安を抱くのは我が村であります。しかも、30年から50年、撤去するまでの間には約90年、100年、1世紀という時間がかかるわけでございまして、これらの問題は低レベルと違ってまことに危険きわまるものであるという観点から、何らその対応をしないままに事業者任せであるとするならば、私は問題があるのではないかなと。これについては、しかるべく村長さんのいわゆる凍結という意味から、対応の仕方が遅いのではないかなと。このままでいくと、当然1次貯蔵というものが、いわゆる施設の誘致等に当たって締結されているとすれば、当然来るわけですから、100年という我々の時代でないわけですよ。そういうことから判断して、私はあえて一番先にこれを質問したのであります。

国と言わず、村長さんの当初の公約に基づいた観点からいったら、速やかにこれは、当村は知事がおっしゃる以前に、これは我が六ヶ所はだめだと、はっきりした答えを出すべきではないのかなと。それによって、村民の不安が一部なりとも解消されるのではないかなという観点から、私はこの問題について質問したのであります。

それから、2点の低レベルでありますが、この低レベルの問題等については、村長さんは政策協定書の中――私はここに持ってきていますけれども、この中であなたは村長に立候補するに当たって、村長選立候補者土田浩、こうあるわけです。この第1点目に、六ヶ所ウラン濃縮施設及び六ヶ所低レベル放射性廃棄物埋蔵施設については、今後安全性が確立されるまで一切の工事を凍結しますと、こううたってあるわけです。そして、あなたは村長に当選してあるわけですから、当然、前任者云々というよりも、私は現段階でこれだけ事業が進捗しているのだから、ここで何かしらの安全性が見出せないからということで歯どめをかける必要があるのではないか。村民がそれを期待しているわけですよ。にもかかわらず、一向にそういう方向に行かないということについて、私は疑問を持っておる。

ちまたで聞こえる、凍結も解けたと、こういう言葉もあります。私もそうかなと思っています。ことしは暖冬異変でもって、12月が来ても雪も降らないと。こういう時点だから、確かに凍結が解けたのだなと、こうも理解しているわけでございます。その辺について、いま一度、この協定書は何かしらその所期の目的を達成するためにやったのだとすれば、余りにも村民に対する不安感を解消できないでここまで来たのかなと、こう思っております。

それから、当然ウラン濃縮施設の安全性でございますが、安全性が確立されなければだめだと、こう言っているのですから。にもかかわらず、新聞を見ますと11月1日に役場も参加して、安全性の素案づくりの説明を受けさせているのですね、村長さんは職員を派遣して。安全性が確立されないでいるものに対して、なぜ協定書の内容の説明会に参加させるのか。安全性が確立されたということは、我々六ヶ所の人間の真意で、これは安全だという解釈がなされてこそ、じゃこれこれのものでやろうかということになるのではないかなと、こう私は思っているわけですが、常に言う安全性が確立されないままに安全協定の素案づくりに参画していること自体がおかしいのじゃないかなと、私ねこう思っています。これについて——ここだけですね、あとはまた後ほど質問しますので、答弁をお願いします。

○議長（橋本道三郎君）　村長。

○村長（土田　浩君）安全性が確立されていないというのは、どなたが断定するのでしょう、私からお聞きしたいと思います。国は、安全性が確立されたからこそ許可したと私に言ってきております。

選挙のときの政策協定の中身について触れられて、私の対応が優柔不断であるということのおしかりかと思いますけれども、人間、神様でありませんから、すべてが完全なものでそれぞれの話し合いがまとまるということは、まずなかなかないことであり、私も不勉強でありましたから、後ほど就任して以来、立地基本協定の中身の問題等々法的な根拠、あるいは商慣行に基づくさまざまな契約という問題等々、さらにこれらの施設については国が安全性を審査をして、国の責任において設置の許可をしたということについて、仮に私が凍結ということで政策協定を結びましたものの、それが一体どのような効果をあらわすことができるかというふうに考えますと、今までやってきたことは、それらのすべてのもろもろを勘案してそのような対応をとってきたことであるということで御理解をいただきたいと思います。

なおまた、高レベル放射性廃棄物、これらについてはまだ公開ヒアリングもされておりませんし、国が安全審査を今審査中であることでありますから、私は安全だ、あるいは安全でないということは、素人の私からは今は言うべきでないと、このように思っております。

○議長（橋本道三郎君）（略）5番。

○5番（大湊　茂君）安全だとかなんとかということは、だれが言えるのか。国が安全だからと言っているから、安全だから許可しただろうと、こう村長さんは答弁しているわけですが、そのとおり私もこういうのは素人でございまして、別に安全だと言えば、そうかなということで私は推進に賛成しているわけなので、確かに言ってみればそうかもしれません。そういうことになりますと、村長さんはいわゆる安全であるのだと、国がやったから私も認めますよということに私は解釈してもよろしゅうございますか。

○議長（橋本道三郎君）　村長。

○村長（土田　浩君）先はどの答弁でちょっと舌足らずのところがありました。安全性が確認されないままに安全協定の基本的な話し合いに職員を派遣しているのでないかというあれもありました。

我々素人で、国が安全だということを信頼するかしないか、あるいは安全だから許可をしたといっても、これが信頼できなければ拒否しなければならない、それを選択するのが我々国民であり村民だと、こう思います。そこで、それを選択するのが我々であり、村民の意見の集約したところで私は結論を出すということを言っておるわけですから、それまではこれからの作業が続くわけでありますので、今私個人の主観として安全だと思うとか、あるいは安全でないと思うとかということは言うべきでないというふうに思っております。

なおまた、安全協定につきましては、これはやはり一つの基本協定に基づく操業前の安全協定を結ばなければならないということになっておりますから、それでは一体全体全国にいろいろな原子力施設がありますが、それぞれが結んでおります安全協定の中身をほとんどと言っていいくらい私の手元に集め、それらについて目を通しておりますし、それから要するにこれらの事業の安全性について信頼関係ができるかできないかによって村民の判断がつくであろうと。

いずれにしろ、村としては、村民の安全を守るために必要最小限度はこういう組織でいろいろな問題についてチェックをする機能を持たなければならない。いろいろなことが考えられるわけでありまして、そのためにはやはり向こうでできるのを待っていて、それからのほほんとかかるよりも、お互いに効率的に作業を進めて――これは冬になりますと、それらの素案を持って各部落を回る都合もありますので、私は県とともに村の意見を十分申し上げながら、協定の中身についての考え方を示してくださいというふうにしてやっているわけでありまして、安全協定を一日も早く結ぶために職員を派遣しているのではないことを重ねて申し上げておきたいと思います。

○議長（橋本道三郎君）　5番。

○5番（大湊　茂君）　次に、高レベルの関係ですけれども、高レベルは今国で盛んに審査しているのだと、こう言っておるわけですが、国はいずれにいたしましても、また安全だということになれば、村長さんが言っているような、安全だと言えばこれは私の判断だけではどうにもならないということだから、村民の総意を得なければならないのだと。そういうことになると思うのだが、高レベルについても、あるいは高レベルといいましてもイギリス、フランス、その国等から返還になりますプルトニウムあるいは高レベル放射性廃棄物については、貯蔵することを認めませんと言っていますね、村長さんは。

国が安全だと言っても、あなたは認めませんと言っているのですから、認められないでしょう。安全云々の問題ではないと思うのですよ、私は。その辺、村長さんひとつ。

○議長（橋本道三郎君）　村長。

○村長（土田　浩君）　高レベル廃棄物についての考え方については、私も以前とは変わりなく極めて強い危惧の念を持っていることは事実であります。したがって、この問題については、やはり私がそういう考え方を持っているとしても村民がどういうふうになりますか、自分の自己主張だけでは世の中通りませんから、そのときそのときの対応に私は判断をしながら適切な対応をとらなければならない。

そのためには、高レベル廃棄物の将来の措置の問題について、明確に国は対応を示せということも申し上げていることであり、さらには再処理工場施設そのものだけでも、40年するとこれは償却処分をしなければなりません。そのときに発生する大量の汚染物質を一体どうするかということも、私などには詳しく廃棄の処分の方法なども知らされておりませんので、それらについては今のところはイエスもノーも申し上げられないという対応を今後ともとって、とり続けていきたいと、このように思っております。

○議長（橋本道三郎君）　5番。

○5番（大湊　茂君）　村長さん、とにかく高レベルについては、だめならだめだとはっきり言った方がいいですよ、あなたは政策の中でも訴えているのですから。

国の安全性とかなんとかという問題よりも、私はいわゆる濃縮とか再処理とか、低レベル放射性廃棄物貯蔵施設については、これは前任者の方々等が、あなたも当時議員としてこれは誘致した問題だし、我々も議会等において推進を議決している関係もありますので、これらはこれとして安全性を唱えながら進めるとしても、高レベルについては、あなたは村民に対してこれだけの危険性きわまる問題だという解釈から、だめだと、認めませんと言っているのだから、安全性云々とか国なんていうよりも、この席ではっきりだめだと、高レベルについてはだめだと、こうなぜ言えないのか、その辺。

○議長（橋本道三郎君）　村長。

○村長（土田　浩君）　あなたの意見として承っておきます。

○議長（橋本道三郎君）　5番。

○5番（大湊　茂君）　あなたの意見――私は常に言うのですけれども、この問題については平行線で結論は出ないわけなので、歯がゆくも思うわけですけれども、何せあなたがそういう対応の仕方であるとすれば、これは私も別な観点からまた問いただしてまいりたいなと、こうも思っております。

でき得るならば、高レベルをだめだと、こう言って１次貯蔵でもって約100年間、初年度のものは51年で撤去されるわけでもないだろうし、50年目のものは99年まで可能なわけですから、貯蔵が可能なわけですから、今ここであなたから一切だめだと、こう言わせようとしても、あなたはその頭脳ですからなかなか私のあれには乗ってこないということで、私は歯がゆさを感じているわけですが、それで結構でございます。いずれ100年という月日は起きるからその対応の仕方でも通るだろうと――それでは余りだなと、私はこういうふうに感じておきます。

(略)

○議長（橋本道三郎君）　大湊茂議員の質問が終わりましたので、次に6番高田竹五郎議員の登壇を許します。

(「関連」と呼ぶ者あり)

○議長（橋本道三郎君）　14番。

○14番（橋本　寿君）　関連でございますけれども、許していただければしたいと思うのですが。簡潔にしたいと思います。

○議長（橋本道三郎君）　簡潔に、14番。

○14番（橋本　寿君）　ありがとうございます。

大湊、5番議員の質問に対して村長の答弁がなされました。それを聞いていて、若干気になる部分がございましたので、再度お聞きしたいと思います。

村長、先ほど高レベルの関係で、村民のそのときそのときの判断で決めるのだという考え方を示されました。村長は、村長に立候補する時点で、何々を守る会という会の皆さんと政策提携をされ、凍結を掲げて村長に当選されたと私は記憶をいたしております。中でも、大湊さんの質問の中で出てきましたが、村長側近の中から、もはや凍結が解けたのではないかというような御意見も聞かされております。解けたとするならば、解けたでよろしいでしょう。大湊さんが言うような形のものであったとするならば、それなりの対応をしなければならないと思います。

村長が、4月の統一選挙後に村民の意を酌むべく条例を提案し、村民投票をしたいという選挙に掲げた公約がございますが、それと合わせた今の答弁であるのかどうか、その辺のところをお聞きしてみたいと思うのですが、いかがでしょうか。

○議長（橋本道三郎君）　村長。

○村長（土田　浩君）　先ほども5番先生にお話ししたように、私は神でありませんから、何かにつけて完全ないろいろなあれをしているわけではないことを、冒頭お断りをしたはずでございます。

政策協定を結ぶに至りましたのは、それは選挙の中での私の主義主張を同意してもらうためにこれは結んだわけであります。したがいまして、やはり結んだからには、結んだ方々との間に十分な御意見をいただきながら、これからの問題にはやはりそれぞれの意見を聞きながら調整していきたいというふうに考えておりますし、また、私はかねがね村民の意見を尊重しなければならないということは、私が村内の有権者の圧倒的多数で当選したのではないということ。

おわかりのように、積極的に推進をするという方々も大勢おられたわけですし、かねがね言っておりますように、凍結という表現をして立候補した私にも、支持者の中にはだめだという人もあれば、慎重にやってくれという人もいるし、まず積極的にやらなければ一体どうするのだという人もおるわけでありますから、それらあわせ考えますと、昨年12月の村長選挙にあらわれた票の動き、中身を見ますと、橋本先生おわかりのとおり、およそどういう状態で村民がこの問題を考えているかということはおわかりのはずだと思います。したがって、それらを再度確認する上で、私は冬の間、なるべく皆さんが暇なときに各部落をまんべんなく回りながら、再度これらの問題、これらの問題とあわせて村の将来をどうするかということについて、率直な意見の交換を図りながら、そして最終的には議会の皆さん方の結論に任せるということを申し上げているのであって、住民投票はそぐわないということは間接制民主主義を否定するわけでありますから、これは今回に限らず以前の一般質問におきましても、住民投票はしないということを常々明確に答えているとおりでございます。

○議長（橋本道三郎君）　14番。

○14番（橋本　寿君）　今村長の答弁の中に、住民投票はしないということで以前の質問の中で答えてあると言うのですが、私はそのように記憶していないのですよ。実を言うと、住民投票は統一選挙後に、新しい議員の顔ぶれを見てそれなりの考え方を示していきたいという村長の考え方を示したように私は記憶しているのですが、住民投票をしないという考え方が、既に我々の議会で答えを出す前にそういうような考えになったとするならば、これもやむを得ない村長の考え方でしょう。

ともかく人間すべてが神ではない――そのとおりだと思います。ただ、主義主張は、それなりの考え方のもとに起こしてきていることでございましょうから、村長それなりに考えるのであれば、それもやむを得ないことでしょうし。

ただ、村長独自の筆法の中に、自己の主張を議会もしくは村民にゆだねるという筆法、これは非常に利口なやり方ではないかなというような気がします。我々が村長にお話ししても、それなりの言葉でうまくかわされるような気がしてなりません。

以前に村長の談話の中で、デイリー東北だったと思うのですが、凍結とは緩やかな推進であるというような記事が出ました。まさにそのとおりなのかどうか、その1点だけお聞かせ願いたいと思います。

○議長（橋本道三郎君）　村長。

○村長（土田　浩君）　私が申し上げたというより、そういうふうな対応をしているというふうにとらえられたというふうに解釈をしていただければよろしいと思いますし、私は凍結というのは、私自身も当初凍結という言葉の意義というものについて、さほど重みを覚えずに、協定やら選挙に入りました。しかし、考えてみますと、今ようやく1ヵ年たちまして、私が掲げた凍結とは何であったかということを考えてみますと、やっぱり立地される村民がこれらの問題、立地を進めようとしております諸施設の問題、特に安全性の問題、それと地域振興にどうかかわるかという問題、そして我々の未来永劫にわたる安全性と繁栄はどうあってしかるべきか、万が一のときを想定したら、それにはどういう対応をすべきかということを、村民一人一人が真剣に冷静に考える時間を持つべきであったと。そのために、私はやはり凍結によって、静かに冷静に考える時間を約1年半近く求めてきた、それが凍結の真意かなと。

したがって、これからの残された数ヵ月の間に、さらに精力的に村民一人一人の意見を十分聞きながら、民主政治でありますから多数の意見に私は従わなければならないし、当然のことながら議会の皆さん方の意見にまつところが非常に大きいということを改めて申し上げたいと思います。

（略）

［出典：六ヶ所村議会会議録］

Ⅱ－1－3－6
村長の政治姿勢とウラン濃縮工場の安全協定に関する公開質問状に対する回答書

六ヶ所村長 土田 浩

平成三年四月十二日
六ヶ所村長　土田浩

六ヶ所村
佐々木　敏
大森　敏捷
犬上　憲彦
山端　徹秋
小川　　修
古沢　　薫
福田　武広　殿

去る三月二十五日提出を受けたところの公開質問状に対し、左記のとおり回答申し上げます。

一、貴職は一昨年の村長選挙で「現在建設中のウラン濃縮施設、低レベル放射性廃棄物貯蔵施設は今後、安全性が確認されるまで一切の工事を凍結します。」との公約を掲げて当選致しました。

質問イ．凍結とはどのような意味を持つのですか．

答…ご承知のとおり、原子燃料サイクル施設は、電気事業連合会の要請に基づき、昭和六十年四月に「原子燃料サイクル施設の立地への協力に関する基本協定」を締結し、サイクル施設の立地について受け入れることを決定したものであります。

しかしながら、施設の安全性は確立されるのか、施設の安全性が村民に理解されているのかという疑問点にたち、不安を持った状態で積極的に推進するという状況は極めて避けるべきであると考えており、村民に冷静に考える時間を与えながら理解を深めていただく事を意味しております。

質問ロ．「安全性が確立されるまで凍結します。」と言っていますが、どのような手順、知識をもって安全性を確認・判断されるのですか。

答…ウラン濃縮工場及び低レベル放射性廃棄物貯蔵施設に対する安全性の確立を言っておりますが、昨年公開ヒアリング並びに地域座談会を村内三会場で開催致しましたので、サイクル施設の安全性に対しては、村民各々が判断致したものと受け止めております。

申すまでもなく、原子燃料サイクル事業は国家的な事業であり、国は安全性が確立されているから事業許可したものであると理解しております。

質問ハ．貴職は凍結について一時止まって考えること、そのためには判断材料を提供することだと言ってきましたが、これまでいつ、どのような形で資料や情報を村自体で提供したか、又、どのようにそのことについて努力なされたのかお伺い致します。

答…村自体で資料や情報を村民にどのような形で提供したかという事ですが、私が村長に就任して以来、できる限り多くの方々に理解していただきたいと考え、原子力教養セミナーや原子燃料サイクル施設全般に係わる地域座談会を村内三会場で開催したり､講演会を実施致しております。なお、資料につきましては、放射線の内容等を主にしたパンフレットをこれまで五回程村内の毎戸に配付している次第であります。

質問ニ．貴職が言う凍結論から、今後学習会や公開討論会、安全に関する情報収集の委員会等、開催、設置するお考えはありませんか、お伺い致します。

答…昨年は村まちづくり協議会の若い方々をフランスのラ・アーグ再処理工場並びに低レベル放射性廃棄物貯蔵センターへ視察研修させた次第であり、今後も原子燃料サイクル施設に係わる研修を計画し、村民へ理解を深めさせたいと考えております。

なお、安全に関する情報収集の委員会等はウラン濃縮工場に立入調査権等を有する安全管理委員会（仮称）の設置を考えております。

二、貴職は、三月十一日の村議会で「議会の七十五％の賛成があればウラン濃絹工場についての安全協定を事業者と結び、凍結を解除する。」との見解を述べております。

質問イ．本来凍結を選挙で公約した貴職が一年そこそこで公約を解除するという。その理由は、議会の七十五％の賛成があればと言っておられますが、凍結の公約は、貴職が村民に約束したものであり、議会にその解除をゆだねるのは、責任の転嫁であります。貴職自身が解除の理由を明確にし、安全性の確認を村民に示すべきと考えます。貴職の明快なる考えを求めます。

答…議会は村民を代表するものであり、その議会で七十五％の賛成があれば、ウラン濃縮工場に係る安全協定を締結するという考え方は、決して責任の転嫁ではないと理解している。

質問ロ．安全協定を結ぶということは、操業を前提にしているから、当然凍結を解除しなければなりません。凍結を解除するには、前項でお伺い致していますように、貴職が解除の理由を明確にし安全性の確認を住民に示し、貴職が言う村民の七十五％の合意を得て、初めて凍結が解除されるものと考えております。

凍結が解除されてから、ウラン濃縮工場についての安全協定を議会並びに村民に示すべきと考えますが、貴職の考えを求めます。

答…村民の七十五％の合意を得て初めて凍結が解除されるのではというご質問ですが、村民の七十五％の合意とは、来る四月二十一日に執行される六ヶ所村議会議員選挙で選ばれた議会議員の七十五％の賛成と理解している。

ウラン濃縮工場に係る安全協定の問題は､当然、議会議員候補者におきましても、意思表示をなされるものと考えており、村民がこの安全協定の是非に対し、判断して、議会諌員を選ぶものと認識しております。

質問ハ．公約である凍結をうやむやにしたまま、安全協定を結び、操業を認めることは重大な公約違反であります。村民と貴職のきずなは公約の忠実な実行と誠意ある努力であると思います。貴職の誠意ある考えを強く求めます。

答…原子燃料サイクル施設については、村民の中に凍結を掲げる者、あるいは白紙撤回を掲げる者が多いという事も確かにあるが、又、推進を望む多くの者がいるという事も確かであります。

ウラン濃縮工場に係る安全協定は締結すると申

し上げていないのであり、改選後における議会で七十五％の賛成がなければ、締結しないのでありますから、今の段階では、このご質問に対し、お答え出来ない次第であります。

［出典：六ヶ所村住民佐々木敏氏資料］

第４節　政党等資料

Ⅱ－1－4－1

記者会見　核燃料サイクル基地について

日本社会党　書記長 田辺 誠　1984 年 10 月 24 日

一、電事連（電気事業連合会）は、五九年四月二十日、青森県の北村知事に対し、下北郡六ヶ所村に日本初の核燃料サイクル基地の立地を要請した。この要請を受けて、青森県および六ヶ所村当局は、受け入れ態勢をつくり始めているが、これは国民の安全な生活に対する重大な挑戦といわざるを得ない。核燃料サイクル基地計画によれば、再処理施設、低レベル放射性廃棄物永久貯蔵施設、ウラン濃縮施設の総合的な核燃料核基地となっている。

二、原発と核兵器が人類の前途に著しい脅威となっていることはいうまでもない。原子力の安全神話はすでに崩壊し、経済的メリットもなく、社会的機能の面でも国民生活にあいいれない。現在、電事連が六ヶ所村に建設を強行しようとしている核燃料サイクル基地は、地域住民の生活に直接の脅威を与えるものである。すなわち、①小規模な東海処理工場は操業以来トラブルが相次ぎ、現在、操業停止中である。再処理技術は世界的に確立されていない状況にあって、大規模再処理施設を建設することは、非常に危険である。②電事連などは、高レベル廃液をガラス固定して安全な地下に貯蔵するとPRしているが、現在、ガラス固化技術および安全な最終貯蔵場は未確立、未完であり、六ヶ所村が永久貯蔵場となる可能性がきわめて大きい。③下北半島二十キロ沖合いに南北百キロの活断層（地震の巣〕が走り、さらに六ヶ所村は透水性の高い地質であり、地震に弱く放射能拡散の危険が高く、立地には不適当である。④低レベル放射性廃棄物永久貯蔵施設は、日本各地の原発が保有している約三十万本（ドラム缶）の低レベル廃棄物を含めて、当面百万本の貯蔵施設をつくり、将来は三百万本を目標にしているが、これはまさに未来永久に下北半島が核のゴミ捨て場となることである。⑤現在、世界各地で原発計画の中止、キャンセルが相次ぎウラン燃料はダブつき気味であり、ウラン濃縮施設は何ら緊急性がない。

三、わが党は以上の考えに立って、政府に対し、次の諸点を強く働きかける。

（１）むつ小川原三点計画は中止し、軽水炉、新型転換炉、高速増殖炉、ウラン濃縮施設、再処理施設、放射性廃棄物貯蔵・処分センター等は実験室・研究室の段階にとどめ、「原型」・「実証」・「商業」の名称のいかんを問わずこれ以上の建設を中止すること。

（２）原子力船「むつ」の新定係港建設と試運転の計画は中止し、即時廃船処分とすること。

（３）原子力施設設置の可否については、知事等の意見を聞いて中央で決めてしまう方式を改め、立地可能性調査に先行して、当該市町村及び隣接市町村の三分の二以上の賛成を要する住民投票の実施によるなど、直接民主主義的方式に改めること。

（４）公開ヒアリングは、現行の形式的なものにかわって、公平で民主的なヒアリングを、前述の住民投票等の直接民主主義的な方法による決定に先だって実施することに改めること。

四、核燃料サイクル基地建設をめぐり、県民は反対、賛成の両派に分かれているが、県当局は県民の意思を行政に反映させるため、次の方針を実施するよう求める。

（一）県当局は核燃料サイクル基地の受け入れ準備のための一連の行動をただちに中止すること。

（二）県民が核燃料サイクルの是否について、十分な判断ができるように日本国内の情報を提供・公開すること。

（三）反対、賛成の両派など県民に幅広く呼びかけて公開討論会、シンポジウムを県内各地で開くこと。

（四）それらの活動をふまえ、県民投票を実施し、県民の自主決定を最大限尊重すること。

わが党は、今後、「下北核燃料サイクル基地現地闘争本部」（仮称）を結成し、全国からオルグ団を動員し、常駐させるほか、原水禁、総評と密接な連絡を取り合いながら、現地闘争への支援態勢をかためる決意である。

［出典：日本社会党資料］

Ⅱ－1－4－2

申入書

日本社会党中央執行委員長　石橋政嗣

四月二十四日に行われた、むつ小川原総合開発会議の「申し合わせ」の内容については、多くの疑問点と欠陥を内包しているので、左記の理由により、閣議口頭了解の議決は行わないよう、強く申し入れる。

記

一、昭和五十二年八月三十日付け閣議口頭了解における、むつ小川原開発第二次基本計画を存続させたまま、新たに「付」なる文書を織り込んだ形で六ヶ所村の弥栄平地区と大石平地区という全くの同一地区に、石油精製工場並びにそれに付髄する関連施設と、新たに核燃料サイクル施設を建設するという工場配置計画は、極めて不可解なことであり、地元住民をあざむき国民を愚視する官僚の机上プランに過ぎない。

二、核然サイクル基地建設予定地の上空は、天ケ森射爆場を中心として、米軍航空機の訓練区域として特別管制区の指定を受けているところであり、米軍との折衝を通じ、特別管制区の解除・縮小・変更等の措置さえ講じられないままに閣議了解をすすめることも、適当ではない。

三、石油コンビナート建設（石油備蓄タンクは既設）と核燃料サイクル基地建設とが隣接するようなことは、世界にも例がなく、極めて問題である。

四、予定地は、地盤が軟弱な上に、時として大地震が発生し、また地下水位も高く透水性の大きい地域であり、核燃料サイクル基地としては、全くの不適地である。

以上

一九八五年四月二五日
日本社会党中央執行委員長
石橋政嗣

内閣総理大臣
中曽根康弘　殿

［出典：日本社会党資料］

Ⅱ－1－4－3

日本社会党青森県本部への申し入れ書

日本共産党青森県委員会委員長　小浜秀雄

六ヶ所村への核燃料サイクル建設にたいする県民世論は、先の参議院選挙において「核燃ノー」の意思表示を明確に示しました。しかし、北村知事は、本県自民党の内部にさえ新たな動揺と亀裂を広げているなかでも、あくまで建設促進の立場に固執しているばかりか、県民世論に挑戦してでも反対運動を押さえ込もうと新たな攻撃を強めています。

県民のねがいに応え、核燃料サイクル建設の白紙撤回をかちとるためには、県民世論をいっそう強固なものに高める県民運動の発展で、建設促進勢力を包囲していくことだと考えます。

そのためには、これまで県民各層各分野の間でかつてない大きな広がりを示してきた核燃料サイクル反対運動が統一に向かって前進し、県民規模の共同闘争に発展することが求められています。このことは、反対運動を推進してきた多くの団体、個人からもつよく望まれています。

わが党はこれまでも、核燃料サイクル建設反対の運動が県民共同の運動として発展することをつよくねがってきました。いよいよ重大な段階を向かえている今日、反対運動の統一実現のために努力することが政党としての重要な任務になっています。

貴党とわが党が、エネルギー・原子力政策での不一致部分は留保しつつも、「核燃料サイクル白紙撤回」のための共同行動を実現し、県民運動の発展に必要なイニシアチブを共同で発揮することこそ、広範な県民のねがいに応える道であると確信します。

わが党は以上の立場からから、貴党にたいし、次ぎのことを申し入れるものです。

記

一、「核燃料サイクル建設白紙撤回」の一点で、社共両党の共同行動を実現し、県民運動の統一をめざして共同の努力をおこなう。

一、二年後の青森県知事選挙において、核燃料サイクル建設反対ならびに県民共通の要求実現ために統一してたたかう方向で努力する。

一、そのために両党は、早期に誠意ある協議を開始する。

以上の事項について検討され、回答されるよう申し入れるものです。

一九八九年九月二十五日
日本共産党青森県委員会
委員長　小浜秀雄

日本社会党青森県本部
委員長　鳥谷部孝志殿

［出典：日本共産党青森県委員会資料］

II－1－4－4
核燃料サイクル施設建設白紙撤回もとめる県民の新たな動向に対する見解と県民共同の運動を実現するための日本共産党の態度

日本共産党青森県委員会　1989 年 12 月 4 日

六ヶ所村への核燃料サイクル施設建設ついて県民世論の大勢が「反対」であることは、先の参議院選挙の結果からも、誰も否定できない明白な事実となった。最近の低レベル放射性廃棄物貯蔵施設事業許可申請への事業者・補正書提出問題や、現在開催されている国主催の「フォーラム・イン・青森」なる対話説明会などでの県民の動向は、県民各層が核燃施設の安全性への疑問と不安をたかめ、白紙撤回を参議院選後もいっそうつよく求めていることを明らかにしている。

しかし、自民党県連は、県民世論の前に一定の動揺を露呈しているが責任ある態度をいまだ示さないだけでなく、海部自民党政府は、露骨に建設促進を押しつける態度を表明し、北村知事もあくまで推進の立場から国・事業者と一体となって協力・促進しようとしている。この態度は、日々、県民との矛盾をふかめ、県民から孤立の一途をたどるにすぎないものである。

一方、核燃サイクル建設に反対する農業者実行委員会や県生協連が次期県知事選挙を展望し、核燃サイクル白紙撤回をもとめる県民共同の意向を打ちだすなど、反対運動発展の新たな可能性が生れている。

開会中の十二月県議会で各党は、こうした県民のねがいに明確に応えるべきである。

わが党は、核燃料サイクル反対の一点で広範な県民の共同が実現するなら、同施設建設はかならず白紙撤回させられるという確信のもとに、新たな事態の進展に対して真に県民の共同めざす態度を表明するものである。

一、　日本共産党は、北村知事の姿勢が、最早、県政の主人公である県民の多数意思を尊重できず、民主主義を語る資格さえ失った自民党政治の実体であることを厳しく追及すると同時に、核燃サイクル建設促進に青森県を拘束している「立地基本協定」の破棄をつよく要求し、白紙撤回のためにたたかうものである。

二、　今日、核燃料サイクル白紙撤回めざす県民運動の共同した壮大な発展がつよく求められている。

この間、核燃建設に反対する農業者実行委員会が、核燃阻止めざし共同で県知事選挙をたたかうために広くよびかけていく態度表明をしたり、十一月六日に県生協連と農業者実行委員会との「県民共同」の方向を求める懇談会が開催されたが、わが党はこうした動向を基本的には歓迎すべき方向だと受けとめている。

わが党は、県内において核燃サイクルに反対する諸団体、個人が、それぞれの立場の運動のワク内にとどまることなく、もっとも広範に県民が一致できる「核燃白紙撤回」の一点で共同することをつよくねがうと同時に、その実現のために必要なあらゆる努力を誠実にはらうものである。

三、　わが党は、以上の立場から去る九月二十五日、日本社会党青森県本部に対し、次ぎの二点での共同実現の申し入れをおこなった。それは、「①、『核燃サイクル建設白紙撤回』の一点で、社共両党の共同行動を実現し、県民運動の統一をめざして共同の努力をおこなう

②、一年余に迫った青森県知事選挙において、核燃料サイクル建設反対と県民の要求実現のために統一してたたかう方向で努力する

そのために両党は、早期に誠意ある協議を開始する」という内容である。

以上について十二月三日現在、社会党側からは検討中ということで、正式な回答はきていないが、同党がわが党の申し入れを積極的に受けとめて対応することを期待している。

わが党は、この共同の実現こそ、核燃に反対している政党の県民に対する責任であり、核燃白紙撤回に貢献する道であると確信するものである。

［出典：日本共産党青森県委員会資料］

Ⅱ－1－4－5

原子燃料サイクル施設立地にかかわる自由民主党青森県支部連合会統一見解について

自由民主党青森県原子燃料サイクル特別委員会

本県は、昭和60年、この施設に対する対応を協議の上、推進してきた。しかし、その後の情勢変化に伴い、県民から改めて何故青森かという問いが出てきた。われわれは、さきに行われた参議院選挙の大敗は、原子燃料サイクル施設立地問題が大きな要因の一つであったことを認めざるを得ず、県連原子燃料サイクル特別委員会は広く県民の代表的な多くの諸団体（別紙）と精力的に対話の機会をもうけ、県民の声を統一見解に反映させるべく努めて参った。その結果、大勢としては三つの大きな障壁があり、その事を乗り越えない限りは原子燃料サイクル施設の推進は困難と判断した。

その第一点として、広く県民の中に安全等に対する疑問が、依然として根強いことである。第二点として、青森県民の政府及び自由民主党に対する過去の経過からくる政治不信。第三点として、原子燃料サイクル施設そのものが、青森県、県内全域と共存共栄出来るかということに対する疑問。

これらの現実を踏まえ、自由民主党青森県連原子燃料サイクル特別委員会としては、以下具体的に政府、自由民主党本部、事業者側、経済諸団体、青森県に対し強く提言するものである。

（一）安全性等について

⑴政府は、原子燃料サイクル施設関連会議を組織し、「国家としてのエネルギーが将来どのようにあるべきか」、「何故、青森か」、「サイクル施設と三沢基地とのかかわり」等々それぞれに全面的に国民の理解を得るようPA・PRについて努め、安全性を含め、全ての責任は国及び事業者が負うべきことを確認する。

⑵青森県は、原子燃料サイクルの安全性を確認するため、県内各界代表者からなる青森県原子燃料サイクル安全委員会（仮称）を設置し、常に不明点、疑問点については、その委員会に諮り、内容については公開を原則とし、県民の信頼に応えるべきである。

（二）政治不信回復について

⑶党本部は、党本部政務調査会の中に、党本部原子燃料サイクル特別委員会（仮称）を設置し、将来の原子力エネルギーに対する明確な展望をはかり、自由民主党として対策と運動を展開すべきである。

⑷政治不信の最大の要因は新幹線問題である。東

北新幹線盛岡以北の新幹線計画を、信頼回復をするため速やかに本格着工すべきである。
（三）地域との共存共栄について
⑸政府並びに事業者は、農林漁業者に対する共存共栄のあり方に責任をもって応え、風評被害対策について一層の充実・明確化をはかり、万全な対策を明示すること。
⑹現状の県内各地域の諸情勢からして、原子燃料サイクル施設を対象とした特別交付金制度等を整備し、県下全市町村を交付対象とすべきである。
⑺原子燃料サイクル施設を電力移出県等交付金の対象とするような関係法令等の整備を図ること。
⑻むつ小川原開発地域にさらに未未の新たなる代替エネルギーにかかわる本格的開発研究施設を政府主導においてつくること。
⑼事業者は、むつ小川原開発地域並びに県内各地域を対象とした原子燃料サイクル関連企業、及び電力関連産業の青森県内への誘致を行うこと。
⑽国立弘前大学の中に工学部を増設し、青森県の産業構造の高度化に寄与出来るような態勢を整えること。

以上の計10項目の要求をするものであるが、政府、党本部、事業者、及び県にはそれぞれ充分検討の上、納得のできる回答を強く要請するものである。

平成元年12月11日
自由民主党青森県連原子燃料サイクル特別委員会
［出典：自由民主党青森県支部連合会資料］

第５節　協定書等資料

Ⅱ－１－５－１
原子燃料サイクル施設の立地への協力に関する基本協定書
青森県知事ほか

青森県（以下「甲」という。）及び六ヶ所村（以下「乙」という。）と日本原燃サービス株式会社（以下「丙」という。）及び日本原燃産業株式会社（以下「丁」という。）は、電気事業連合会（以下「戊」という。）が甲及び乙に協力要請をした原子燃料サイクルの主要施設である再処理施設、ウラン濃縮施設及び低レベル放射性廃棄物貯蔵施設（以下「サイクル三施設」という。）の立地に関し次のとおり協定を締結する。
(基本的事項)
第1条　甲及び乙は、丙及び丁がサイクル三施設を青森県上北郡六ヶ所村のむつ小川原開発地区内に立地することに関し協力するものとし、丙及び丁は、甲及び乙がこれを契機に推進を図る地域振興対策に協力するものとする。
2　丙及び丁は、甲及び乙がサイクル三施設の立地が国のエネルギー政策、原子力政策に沿う重要な事業であるとの認識のもとに、同施設の安全確保を第一義に、地域振興に寄与することを前提としてその立地協力要請を受諾したものであることを確認し、同施設の建設及び管理運営並びに前項の地域振興対策への協力に当たっては、甲及び乙の意向を最大限に尊重するものとする。
(事業構想の実現)
第2条　丙及び丁は、戊が甲及び乙に提出した「原子燃料サイクル施設の概要」に示されている事業構想を確実に実現するものとする。
(立地環境調査の実施)
第3条　丙及び丁は、サイクル三施設の立地に当たっては、必要かつ十分な立地環境調査を実施するものとする。
(安全対策)
第4条　丙及び丁は、サイクル三施設の安全を確保するため、戊が甲の委嘱した専門家に示した主要な安全対策を確実に履行するほか、国内外におけるサイクル三施設についての運転経験、技術開発等から得られる最良の技術を採用し、サイクル三施設の設計、建設及び管理運営に万全を期するものとする。
(安全協定等の締結)
第5条　丙及び丁は、甲及び乙の求めに応じ、サイクル三施設周辺の安全を確保し、地域の生活環境を保全するため、必要な協定を締結するものとする。

（広報）

第6条　丙及び丁は、原子燃料サイクル事業の安全性等について住民の理解を深めるため、戊の協力のもとに、長期継続的な広報活動の充実強化に努めるものとする。

（事故、風評による被害対策）

第7条　丙及び丁は、万一原子力損害が発生した場合は、原子力損害の賠償に関する法律等に基づき厳正適切に対処するものとする。

2　丙及び丁は、甲及び乙と協議のうえ風評による被害が生じた場合にそなえ、必要な措置を講ずるものとする。

（地域振興）

第8条　丙及び丁は、地域の振興に寄与するため、サイクル三施設建設の工事、資材調達等及びサイクル三施設の管理運営面での荷役、輸送等の諸業務に係る地元参画並びに地元雇用を積極的に推進するものとする。

2　丙及び丁は、前項の地元雇用を促進するため、教育、訓練機会の創出に努めるものとする。

3　丙及び丁は、戊の協力のもとにサイクル三施設に関連する企業の立地について、積極的に誘導、支援するものとする。

4　丙及び丁は、戊の協力のもとに前3項に定めるもののほか、多角的な企業立地について積極的に誘導、支援するとともに、原子力関連教育、研究機関の設置等広く地域振興施策の推進に協力するものとする。

（資料等の提供）

第9条　丙及び丁は、安全確保対策、地域振興対策等のため必要とする事項について、資料、情報等の提供を甲又は乙が求めた場合には、これに協力するものとする。

（立会人）

第10条　戊は、サイクル三施設の立地協力要請を行った経緯に鑑み、丙及び丁の一体的体制がとられるよう特に配慮するとともに、サイクル三施設の事業構想が確実に実現されるよう丙及び丁の指導、助言に当たるものとする。

2　戊は、前項に定めるもののほか、本協定及び本協定に基づく覚書の履行について、丙及び丁の指導、助言に当たるものとする。

（覚書）

第11条　この協定の施行に関し、必要な事項については、甲、乙、丙及び丁が協議のうえ別に覚書で定めるものとする。

（その他）

第12条　この協定に関し疑義が生じたとき、この協定に定めのない事項について定める必要が生じたとき、この協定に定める事項を変更しようとするときは、甲、乙、丙及び丁が協議のうえ定めるものとする。

この協定の成立を証するため、本書5通を作成し、甲、乙、丙、丁及び戊が署名押印のうえ各自1通を保有する。

昭和60年4月18日

（甲）青森市長島一丁目1番1号
青森県知事　北村正哉
（乙）青森県上北郡六ヶ所村大字尾駮字野附475番地
六ヶ所村長　古川伊勢松
（丙）東京都千代田区内幸町二丁目2番2号
日本原燃サービス株式会社代表取締役社長
小林健三郎
（丁）東京都千代田区大手町一丁目6番1号
日本原燃産業株式会社代表取締役社長
大垣忠雄
（戊）立会人
東京都千代田区大手町一丁目9番4号
電気事業連合会会長
小林庄一郎

［出典：青森県『青森県の原子力行政』］

Ⅱ－1－5－2

青森県むつ小川原地域の地域振興及び産業振興に関する協定書

青森県知事ほか

青森県（以下「甲」という。）と、日本原燃サービス株式会社（以下「乙」という。）及び日本原燃産業株式会社（以下「丙」という。）並びに電気事業連合会（以下「丁」という。）は、「原子燃料サイクル施設の立地への協力に関する基本協定書」（昭和60年4月18日締結）において定められている地域振興策に協力することの具現化として、「財団法人むつ小川原地域・産業振興財団」を設立することに関し、次のとおり協定を締結する。

記

第1条　甲は、地域振興及び産業振興及び資するための事業を行なう「財団法人むつ小川原地域・産業振興財団」を創設する。
第2条　本財団の財産は、甲が出損する一千万円、及び丁が払い込む50億円、並びに本財団が借り入れる50億円で構成する。ただし、本財団が借り入れる50億円の利息相当額は、乙及び丙が負担する。
第3条　本財団の財産から生ずる果実の運用対象範囲は、原則としてむつ小川原開発地域内の市町村とする。ただし特に本財団が必要と認めるときは、その範囲を拡げることができるものとする。
第4条　本財団は万一、風評被害が生じ、第三者で構成される認定委員会（仮称）で認定され、かつ補償額が決定された場合には、補償額を立て替え払いすることができるものとする。
第5条　本財団は、平成元年4月1日事業開始を目途する。
第6条　この協定書に定めのない事項及び疑義の生じた事項については、甲、乙、丙、丁が協義して定めるものとする。

以上、この協定書の締結を証するため、本書4通を作成し、甲、乙、丙、丁が署名、押印の上、各自1通を保有する。

平成元年3月2日

甲　青森県青森市長島一丁目1番1号
　青森県知事　北村　正哉
乙　東京都千代田区内幸町二丁目2番2号
　日本原燃サービス株式会社　代表取締役社長　豊田　正敏
丙　東京都千代田区平河町一丁目2番10号
　日本原燃産業株式会社　代表取締役社長　大垣　忠雄
丁　別紙十社の代理人
　東京都千代田区大手町一丁目9番4号
　電気事業連合会　会長　那須　翔

（別紙）
北海道札幌市中央区大通東一丁目2番地
　北海道電力株式会社
　　代表取締役社長　戸田　一夫
宮城県仙台市一番町三丁目7番1号
　東北電力株式会社
　　代表取締役社長　明間　輝行
東京都千代田区内幸町一丁目1番地3号
　東京電力株式会社
　　代表取締役社長　那須　翔
愛知県名古屋市東区東新町1番地
　中部電力株式会社
　　代表取締役社長　松永　亀三郎
富山県富山市桜橋通り3番1号
　北陸電力株式会社
　　代表取締役社長　谷　正雄
大阪府大阪市北区中之島三丁目3番22号
　関西電力株式会社
　　代表取締役社長　森井清二
広島県広島市中区小町4番33号
　中国電力株式会社
　　代表取締役社長　松谷　健一郎
香川県高松市丸の内2番5号
　四国電力株式会社
　　代表取締役社長　山本　博
福岡県福岡市中央区渡辺通二丁目1番82号
　九州電力株式会社
　　代表取締役社長　渡邊　哲也
東京都千代田区大手町一丁目6番1号
　日本原子力発電株式会社
　　代表取締役社長　岡都　實
［出典：青森県むつ小川原開発室資料］

Ⅱ－1－5－3

風評による被害対策に関する確認書

青森県知事ほか

青森県（以下「甲」という。）及び六ヶ所村（以下「乙」という。）と日本原燃サービス株式会社（以下「丙」という。）、日本原燃産業株式会社（以下「丁」という。）及び電気事業連合会（以下「戊」という。）は、昭和60年4月18日付で締結した「原子燃料サイクル施設の立地への協力に関する基本協定書」第7条第2項の風評による被害対策の基本に関して以下のとおり確認する。

(被害の防止)
第1条　丙及び丁は、原子燃料サイクル施設（以下「サイクル施設」という。）に関するPAを促進するとともに、サイクル施設の多重防護等の安全設計や、環境監視体制の整備を行うことにより風評による被害（以下「被害」という。）の未然防止を図り、サイクル施設の安全運転、的確・迅速な情報提供等により被害の発生防止に努めるものとする。
(被害の処理)
第2条　丙及び丁は、万が一、サイクル施設の保守、運営等に起因して被害が発生し、住民等からその被害の補償要求を受けた場合は、誠意をもって当事者間で解決するものとする。
ただし、これにより解決できなかった場合は、あらかじめ設置する第三者機関たる認定委員全（仮称）の認定に従って速やかに補償するものとする。
なお、当該認定委員会（仮称）の委員は、甲が委嘱するものとする。
(補償額の立て替え払い)
第3条　丙及び丁は、甲、丙、丁及び戊が平成元年3月2日付で締結した「青森県むつ小川原地域の地域振興及び産業振興に関する協定書」第4条に関し、財団法人むつ小川原地域・産業振興財団とあらかじめ、必要な事項について定めるものとする。
(処理要綱の作成)
第4条　丙及び丁は、甲及び乙と協議のうえ、平成元年度中に、認定委員金（仮称）の設置、性格、組織、運営等を含めて、被害の処理要綱を作成するものとする。
(協議)
第5条　この確認書に定めのない事項及び疑義の生じた事項については、甲、乙、丙及び丁が協議して定めるものとする。

この確認書の取り交わしを証するため、本書5通を作成し、甲、乙、丙、丁及び戊が記名押印のうえ各自1通を保有する。

平成元年3月31日

（甲）　青森県青森市長島一丁目1番1号
青森県知事　　　　北村正哉
（乙）　青森県上北郡六ヶ所村大字尾駮字野附475番地
六ヶ所村長　　　　古川伊勢松
（丙）　東京都千代田区内幸町二丁目2番2号
日本原燃サービス株式会社　代表取締役社長　豊田正敏
（丁）　東京都千代田区平河町一丁目2番10号
日本原燃産業株式会社　代表取締役社長　　大垣忠雄
（戊）　立会人
東京都千代田区大手町一丁目9番4号
電気事業連合会　会長　　那須翔
［出典：青森県むつ小川原開発室資料］

Ⅱ－1－5－4
六ヶ所ウラン濃縮工場周辺地域の安全確保及び環境保全に関する協定書
青森県知事ほか

青森県（以下「甲」という。）及び六ヶ所村（以下「乙」という。）と日本原燃株式会社（以下「丙」という。）の間において、丙の設置する六ヶ所ウラン濃縮工場（以下「ウラン濃縮工場」という。）の周辺地域の住民の安全の確保及び環境の保全を図るため、「原子燃料サイクル施設の立地への協力に関する基本協定書（昭和60年４月18日締結」第５条の規定に基づき、相互の権利義務等について、電気事業連合会の立会いのもとに次のとおり協定を締結する。

(安全確保及び環境保全)
第１条　丙は、ウラン濃縮工場の運転保守に当たっては、放射性物質及びこれによって汚染された物（以下「放射性物質等」という。）並びにフッ素化合物により周辺地域の住民及び環境に被害を及ぼすことのないよう「核原料物質、核燃料物質及び原子炉の規制に関する法律（昭和32年法律第166号。以下「原子炉等規制法」という。）」その他の関係法令及びこの協定に定める事項を誠実に遵守し、住民の安全を確保するとともに環境の保全を図るため万全の措置を講ずるものとする。

2 丙は、ウラン濃縮工場の品質保証体制及び保安活動の充実及び強化、職員に対する教育・訓練の徹底、業務従事者の安全管理の強化、最良技術の採用等に努め、安全確保に万全を期すものとする。

（情報公開及び信頼確保）

第2条　丙は、住民に対し積極的に情報公開を行い、透明性の確保に努めるものとする。

2　丙は、住民との情報共有、意見交換等により相互理解の形成を図り、信頼関係の確保に努めるものとする。

（施設の新増設等に係る事前了解）

第3条　丙は、ウラン濃縮施設及びこれに関連する施設を新設し、増設し、変更し、又は廃止しようとするときは、事前に甲及び乙の了解を得なければならない。

（放射性物質及びフッ素化合物の放出管理）

第4条　丙は、ウラン濃縮工場から放出する放射性物質及びフッ素化合物について、別表に定める管理目標値により放出の管理を行うものとする。

2　丙は、前項の放出管理に当たり、可能な限り、放出低減のための技術開発の促進に努めるとともに、その低減措置の導入を図るものとする。

3　丙は、管理目標値を超えたときは、甲及び乙に連絡するとともに、その原因の調査を行い、必要な措置を講ずるものとする。

4　丙は、前項の調査の結果及び講じた措置を速やかに甲及び乙に文書により報告しなければならない。

5　甲及び乙は、前項の規定により報告された内容について公表するものとする。

（核燃料物質等の保管管理）

第5条　丙は、核燃料物質の貯蔵及び放射性固体廃棄物等の保管に当たっては、原子炉等規制法その他の関係法令に定めるところにより安全の確保を図るほか、必要に応じ適切な措置を講ずるものとする。

（環境放射線等の測定）

第6条　甲及び丙は、甲が別に定めた「原子燃料サイクル施設に係る環境放射線等モニタリング構想、基本計画及び実施要領（平成元年3月作成）」に基づいてウラン濃縮工場の周辺地域における環境放射線等の測定を実施するものとする。

2　甲及び丙は、前項の規定による測定のほか、必要があると認めるときは、環境放射線等の測定を実施し、その結果を乙に報告するものとする。

3　甲、乙及び丙は、協議のうえ必要があると認めるときは、前項の測定結果を公表するものとする。

（監視評価会議の運営協力）

第7条　丙は、甲の設置した青森県原子力施設環境放射線等監視評価会議の運営に協力するものとする。

（測定の立会い）

第8条　甲及び乙は､必要があると認めるときは､随時その職員を第6条第1項又は同条2項の規定により丙が実施する環境放射線等の測定に立ち会わせることができるものとする。

2　甲及び乙は、必要があると認めるときは、その職員に第6条第1項の規定による測定を実施するために丙が設置する環境放射線等の測定局の機器の状況を直接確認させることができるものとする。この場合において、甲及び乙はあらかじめ丙にその旨を通知し、丙の立会いを求めるものとする。

3　甲及び乙は、前2項の規定により測定に立ち会わせ、又は状況を確認させる場合において必要があると認めるときは、その職員以外の者を同行させることができるものとする。

（核燃料物質の輸送計画に関する事前連絡等）

第9条　丙は、甲及び乙に対し、核燃料物質の輸送計画及びその輸送に係る安全対策について事前に連絡するものとする。

2　丙は、核燃料物質の輸送業者に対し、関係法令を遵守させ、輸送に係る安全管理上の指導を行うとともに、問題が生じたときは、責任をもってその処理に当たるものとする。

（平常時における報告等）

第10条　丙は、甲及び乙に対し、次の各号に掲げる事項を定期的に文書により報告するものとする。

(1) ウラン濃縮工場の運転保守状況
(2) 放射性物質及びフッ素化合物の放出状況
(3) 放射性廃棄物の保管廃棄量
(4) 核燃料物質の在庫量
(5) 第6条第1項の規定に基づき実施した環境放射線等の測定結果
(6) 品質保証の実施状況
(7) 前各号に掲げるもののほか、甲及び乙において必要と認める事項

2　丙は、甲又は乙から前項に掲げる事項に関し必要な資料の提出を求められたときは、これに応ずるものとする。

3　甲及び乙は、前2項の規定による報告を受けた事項及び提出資料について疑義があるときは、その職員に丙の管理する場所等において丙の職員に対し質問させることができるものとする。

4　甲及び乙は、第1項の規定により丙から報告を受けた事項を公表するものとする。

（異常時における連絡等）

第11条　丙は、次の各号に掲げる事態が発生したときは、甲及び乙に対し直ちに連絡するとともに、その状況及び講じた措置を速やかに文書により報告するものとする。

(1) ウラン濃縮工場に事故等が発生し、運転が停止したとき又は停止することが必要となったとき。

(2) 放射性物質が、法令で定める周辺監視区域外における濃度限度を超えて放出されたとき。

(3) 放射線業務従事者の線量が、法令で定める線量限度を超えたとき又は線量限度以下であっても、その者に対し被ばくに伴う医療上の措置を行ったとき。

(4) 放射性物質等が管理区域外へ漏えいしたとき。

(5) 核燃料物質の輸送中に事故が発生したとき。

(6) 丙の所持し、又は管理する放射性物質等が盗難に遭い、又は所在不明となったとき。

(7) ウラン濃縮工場敷地内において火災が発生したとき。

(8) その他異常事態が発生したとき。

(9) 前各号に掲げる場合のほか国への報告対象とされている事象が発生したとき。

2　丙は、甲又は乙から前項に掲げる事項に関し必要な資料の提出を求められたときは、これに応ずるものとする。

3　甲及び乙は、前2項の規定による報告を受けた事項及び提出資料について疑義があるときは、その職員に丙の管理する場所等において丙の職員に対し質問させることができるものとする。

4　第1項各号に掲げる事態によりウラン濃縮工場の運転を停止したときは、丙は、運転の再開について甲及び乙と協議しなければならない。

5　甲及び乙は、第1項の規定により丙から連絡及び報告を受けた事項を公表するものとする。

（トラブル事象への対応）

第12条　丙は、前条に該当しないトラブル事象についても、「六ヶ所ウラン濃縮工場におけるトラブル等対応要領」に基づき適切な対応を行うものとする。

（立入調査）

第13条　甲及び乙は、この協定に定める事項を適正に実施するため必要があると認めるときは協議のうえ、その職員を丙の管理する場所に立ち入らせ、必要な調査をさせることができるものとする。

2　前項の立入調査を行う職員は、調査に必要な事項について、丙の職員に質問し、資料の提出を求めることができるものとする。

3　甲及び乙は、第1項の規定により立入調査を行う際、必要があると認めるときは、甲及び乙の職員以外の者を同行させることができるものとする。

4　甲及び乙は、協議のうえ立入調査結果を公表するものとする。

（措置の要求等）

第14条　甲及び乙は、第11条第1項の規定による連絡があった場合又は前条第1項の規定による立入調査を行った場合において、住民の安全の確保及び環境の保全を図るために必要があると認めるときは、ウラン濃縮工場の運転の停止、環境放射線等の測定、防災対策の実施等必要かつ適切な措置を講ずることを丙に対し求めるものとする。

2　丙は、前項の規定により、措置を講ずることを求められたときは、これに応ずるとともに、その講じた措置について速やかに甲及び乙に対し、文書により報告しなければならない。

3　丙は、第1項の規定によりウラン濃縮工場の運転を停止したときは、運転の再開について甲及び乙と協議しなければならない。

（損害の賠償）

第15条　丙は、ウラン濃縮工場の運転保守に起因して、住民に損害を与えたときは、被害者にその損害を賠償するものとする。

（風評被害に係る措置）

第16条　丙は、ウラン濃縮工場の運転保守等に起因する風評によって、生産者、加工業者、卸売業者、小売業者、旅館業者等に対し、農林水産物の価格低下その他の経済的損失を与えたときは、「風評による被害対策に関する確認書（平成元年

３月31日締結。平成17年４月19日一部変更)」に基づき速やかに補償等万全の措置を講ずるものとする。

(住民への広報)

第17条　丙は、ウラン濃縮工場に関し、特別な広報を行おうとするときは、その内容、広報の方法等について、事前に甲及び乙に対し連絡するものとする。

(関連事業者に関する責務)

第18条　丙は、関連事業者に対し、ウラン濃縮工場の運転保守に係る住民の安全の確保及び環境の保全並びに秩序の保持について、積極的に指導及び監督を行うとともに、関連事業者がその指導等に反して問題を生じさせたときは、責任をもってその処理に当たるものとする。

(諸調査への協力)

第19条　丙は、甲及び乙が実施する安全の確保及び環境の保全等のための対策に関する諸調査に積極的に協力するものとする。

(防災対策)

第20条　丙は、原子力災害対策特別措置法（平成11年法律第156号）その他の関係法令の規定に基づき、原子力災害の発生の防止に関し万全の措置を講ずるとともに、原子力災害（原子力災害が生ずる蓋然性を含む。）の拡大の防止及び原子力災害の復旧に関し、誠意をもって必要な措置を講ずる責務を有することを踏まえ、的確かつ迅速な通報体制の整備等防災体制の充実及び強化に努めるものとする。

２　丙は、教育・訓練等により、防災対策の実効性の維持に努めるものとする。

３　丙は、甲及び乙の地域防災対策に積極的に協力するものとする。

(違反時の措置)

第21条　甲及び乙は、丙がこの協定に定める事項に違反したと認めるときは、必要な措置をとるものとし、丙はこれに従うものとする。

２　甲及び乙は、丙のこの協定に違反した内容について公表するものとする。

(細則)

第22条　この協定の施行に必要な細目については、甲、乙及び丙が協議のうえ、別に定めるものとする。

(協定の改定)

第23条　この協定の内容を改定する必要が生じたときは、甲、乙及び丙は、他の協定当事者に対しこの協定の改定について協議することを申し入れることができるものとし、その申し入れを受けた者は、協議に応ずるものとする。

(疑義又は定めのない事項)

第24条　この協定の内容について疑義の生じた事項及びこの協定に定めのない事項については、甲、乙及び丙が協議して定めるものとする。

平成３年７月25日締結
平成12年10月12日一部変更
平成16年11月22日一部変更
平成18年３月29日一部変更
甲　青森市長島一丁目１番１号
青森県知事
乙　青森県上北郡六ヶ所村大字尾駮字野附475番地
六ヶ所村長
丙　青森県上北郡六ヶ所村大字尾駮字沖付４番地108
日本原燃株式会社　代表取締役社長
立会人　東京都千代田区大手町一丁目９番４号
電気事業連合会　会長

(別表)

項目	管理目標値（3箇月平均）
排気口における排気中の放射性物質濃度（U）	2×10^{-8} Bq/cm^3
処理水ピットにおける排水中の放射性物質濃度（U）	1×10^{-3} Bq/cm^3
排気口における排気中のフッ素化合物濃度（ＨＦ）	0.1 mg/m^3
処理水ピットにおける排水中のフッ素濃度（Ｆ）	1 mg/l

［出典：青森県『青森県の原子力行政』］

Ⅱ－１－５－５

六ヶ所ウラン濃縮工場周辺地域の安全確保及び環境保全に関する協定の運用に関する細則

青森県知事ほか

青森県（以下「甲」という。）及び六ヶ所村（以下「乙」という。）と日本原燃株式会社（以下「丙」という。）の間において、六ヶ所ウラン濃縮工場周辺地域の安全確保及び環境保全に関する協定書（以下「協定書」という。）第22条の規定に基づき、次のとおり細則を定める。

（関係法令）
第１条　協定書第１条及び第20条に定める「関係法令」には、核原料物質、核燃料物質及び原子炉の規制に関する法律（昭和32年法律第166号。以下「原子炉等規制法」という。）第22条に規定する保安規定を含むものとする。
（情報公開）
第２条　協定書第２条に定める情報公開については、核不拡散又は核物質防護に関する事項について留意するものとする。
（事前了解の対象）
第３条　協定書第３条に定めるウラン濃縮施設及びこれに関連する施設とは、核燃料物質の加工の事業に関する規則（昭和41年総理府令第37号）第２条第１項に規定するものをいう。
２　事前了解を必要とする変更は、原子炉等規制法第16条の規定に基づく事業許可の変更申請を行う場合の変更とする。
（測定の立会い）
第４条　協定書第８条第１項及び第２項に定める甲及び乙の職員は、甲又は乙の長が発行する測定の立会い又は状況の確認をする職員であることを証する身分証明書を携行し、かつ、関係者の請求があるときは、これを提示しなければならない。
２　協定書第８条第３項に定める甲及び乙の職員以外の者は、甲が設置した青森県原子力施設環境放射線等監視評価会議の委員及び乙が設置した六ヶ所村原子力安全管理委員会の委員とする。
３　前項の者は、測定の立会い等に同行する際、甲又は乙の長が発行する立会い等に同行する者であることを証する身分証明書を携行し、かつ、関係者の請求があるときは、これを提示しなければならない。
（連絡の時期）
第５条　協定書第９条第１項に定める核燃料物質の輸送計画に関する事前連絡は、輸送開始２週間前までとする。

報告事項	報告頻度	報告期限
(1) ウラン濃縮工場の運転保守状況		
イ　運転計画	年度ごと	当該年度開始30日前まで
ロ　運転状況	月ごと	当該月終了後30日以内
ハ　主要な保守状況	月後の	当該月終了後30日以内
ニ　定期検査の実施計画	検査の都度	当該検査開始前まで
ホ　定期検査の実施結果	検査の都度	当該検査終了後30日以内
ヘ　従事者の被ばく状況	四半期ごと	当該四半期終了後30日以内
ト　女子の従事者の被ばく状況	四半期ごと	当該四半期終了後30日以内
(2) 放射性物質及びフッ素化合物の放出状況	月ごと	当該月終了後30日以内
(3) 放射性廃棄物の保管廃棄量	月ごと	当該月終了後30日以内
(4) 核燃料物質の在庫量	半期ごと	当該半期終了後30日以内
(5) 環境放射線等の測定結果	四半期ごと	当該四半期終了後90日以内
(6) 品質保証の実施状況		
イ　品質保証の実施計画	年度ごと	当該年度開始前まで
ロ　品質保証の実施結果	半期ごと	当該半期終了後30日以内
ハ　常設の第三者外部監査機関の監査結果	半期ごと	当該半期終了後30日以内
(7) その他の事項	その都度	その都度協議のうえ定める

（報告の時期等）
第６条　協定書第10条第１項に定める平常時の報告に係る報告の時期等は、次のとおりとする。

２　協定書第10条第３項に定める甲及び乙の職員は、甲又は乙の長が発行する丙の管理する場所等において丙の職員に質問する職員であることを証する身分証明書を携行し、かつ、関係者の請求があるときは、これを提示しなければならない。

（異常事態）

第７条　協定書第11条第１項第８号に規定する異常事態は、放射性物質等の取り扱いに支障を及ぼす事故、故障をいう。

２　協定書第11条第１項第９号に規定する国への報告対象とされている事象は、「原子炉等規制法」に基づき報告対象とされている事象をいう。

３　甲、乙及び丙は、異常事態が発生した場合における相互の連絡通報を円滑に行うため、あらかじめ連絡責任者を定めておくものとする。

４　協定書第11条第３項に定める甲及び乙の職員は、甲又は乙の長が発行する丙の管理する場所等において丙の職員に質問する職員であることを証する身分証明書を携行し、かつ、関係者の請求があるときは、これを提示しなければならない。

（立入調査）

第８条　協定書第13条第１項に定める甲及び乙の職員は、立入調査をする際、甲又は乙の長が発行する立入調査する職員であることを証する身分証明書を携行し、かつ、関係者の請求があるときは、これを提示しなければならない。

２　協定書第13条第３項に定める甲及び乙の職員以外の者は、甲が設置した青森県原子力施設環境放射線等監視評価会議の委員及び乙が設置した六ヶ所村原子力安全管理委員会の委員とする。

３　前項の者は、立入調査に同行する際、甲又は乙の長が発行する立入調査に同行する者であることを証する身分証明書を携行し、かつ、関係者の請求があるときは、これを提示しなければならない。

４　甲及び乙は、協定書第13条第３項の規定により職員以外の者を同行させた場合、その者がそこで知り得た事項を他に漏らすことのないように措置を講ずるものとする。

（安全確保のための遵守事項）

第９条　協定書第８条、第10条、第11条及び第13条の規定により丙の管理する場所に立ち入る者は、安全確保のための関係法令を遵守するほか、丙の定める保安上の遵守事項に従うものとする。

（公表）

第10条　甲及び乙は、協定書に基づく公表に当たっては、核不拡散又は核物質防護に関する事項について留意するものとする。

（協議）

第11条　この細則の内容について疑義の生じた事項及びこの細則に定めのない事項については、甲、乙及び丙が協議して定めるものとする。

平成３年７月25日締結
平成12年10月12日一部変更
平成16年11月22日一部変更

甲　青森市長島一丁目１番１号
青森県知事
乙　青森県上北郡六ヶ所村大字尾駮字野附475番地
六ヶ所村長
丙　青森県上北郡六ヶ所村大字尾駮字沖付４番地108
日本原燃株式会社　代表取締役社長
［出典：青森県『青森県の原子力行政』］

Ⅱ－１－５－６
六ヶ所ウラン濃縮工場隣接市町村住民の安全確保等に関する協定書
三沢市長ほか

三沢市、野辺地町、横浜町、東北町及び東通村（以下「甲」という。）と日本原燃株式会社（以下「乙」という。）の間において、乙の設置する六ヶ所ウラン濃縮工場（以下「ウラン濃縮工場」という。）の隣接市町村住民の安全確保及び環境の保全を図るため、青森県（以下「県」という。）の立会いのもとに次のとおり協定を締結する。

（安全協定書及び協定の遵守等）

第１条　乙は、ウラン濃縮工場の運転保守に当たっては、県及び六ヶ所村と乙が締結した「六ヶ所ウラン濃縮工場周辺地域の安全確保及び環境保全に関する協定書」（平成３年７月25日締結。平成12年10月12日、平成16年11月22日及び平成18年３月29日一部変更。以下「安全協定書」という。）によるほか、この協定に定める事項を遵守し、隣接市町村の住民の安全を確保するとともに環境の保全を図るため万全の措置を講ずるものとする。

2　乙は、ウラン濃縮工場の品質保証体制及び保安活動の充実及び強化、職員に対する教育・訓練の徹底、業務従事者の安全管理の強化、最良技術の採用等に努め、安全確保に万全を期すものとする。

（情報公開及び信頼確保）

第2条　乙は、住民に対し積極的に情報公開を行い、透明性の確保に努めるものとする。

2　乙は、住民との情報共有、意見交換等により相互理解の形成を図り、信頼関係の確保に努めるものとする。

3　第1項に定める情報公開については、核不拡散又は核物質防護に関する事項について留意するものとする。

（施設の新増設等に係る事前了解の報告）

第3条　乙は、安全協定書第3条の規定による事前了解について、甲に報告するものとする。

（環境放射線等の測定結果の通知）

第4条　乙は、安全協定書第6条第2項の規定による測定結果を県と協議のうえ甲に通知するものとする。

（核燃料物質の輸送計画に関する報告）

第5条　乙は、安全協定書第9条第1項の規定により事前連絡を行ったときは、甲に報告するものとする。

（平常時における報告）

第6条　乙は、甲に対し、安全協定書第10条第1項第1号から第6号までに掲げる事項を定期的に文書により報告するものとする。

（異常時における連絡等）

第7条　乙は、安全協定書第11条第1項各号に掲げる事態が発生したときは、甲に対し直ちに連絡するとともに、その状況及び講じた措置を速やかに文書により報告するものとする。

2　甲は、異常事態が発生した場合における連絡通報を円滑に処理するため、あらかじめ連絡責任者を定めておくものとする。

（トラブル事象への対応）

第8条　乙は、前条に該当しないトラブル事象についても、安全協定書第12条の規定による「六ヶ所ウラン濃縮工場におけるトラブル等対応要領」に基づき適切な対応を行うものとする。

（適切な措置の要求）

第9条　甲は、第7条第1項の規定による連絡を受けた結果、隣接市町村住民の安全確保等のため、特別の措置を講ずる必要があると認めた場合は、乙に対して県を通じて適切な措置を講ずることを求めることができるものとする。

2　乙は、安全協定書第14条第2項の規定により文書による報告を行ったとき及び安全協定書第14条第3項の規定により協議を行ったときは、甲に報告するものとする。

（立入調査及び状況説明）

第10条　甲は、この協定に定める事項を適正に実施するため必要があると認めるときは、その職員を乙の管理する場所に立入らせ、必要な調査をさせ、又は乙の管理する場所等において、状況説明を受けることができるものとする。

2　前項の立入調査を行う職員は、調査に必要な事項について、乙の職員に質問し、資料の提出を求めることができるものとする。

3　甲の職員は、立入調査を実施する際、甲の長が発行する立入調査する職員であることを証する身分証明書を携行し、かつ、関係者の請求があるときは、これを提示しなければならない。

4　甲は、立入調査結果を公表できるものとする。

5　甲は、前項の公表に当たっては、核不拡散又は核物質防護に関する事項について留意するものとする。

（損害の賠償及び風評被害に係る措置）

第11条　乙は、安全協定書第15条及び第16条の規定による事項に誠意をもって速やかに当たるものとする。

（住民への広報）

第12条　乙は、安全協定書第17条に規定する広報を行おうとするときは、事前に甲に対し連絡するものとする。

（諸調査への協力）

第13条　乙は、甲が実施する住民の安全の確保及び環境の保全等のための対策に関する諸調査に積極的に協力するものとする。

（安全対策への協力）

第14条　乙は、甲の防災体制を十分理解のうえ、県及び六ヶ所村が講ずる安全対策に対して積極的に協力するものとする。

（違反時の措置）

第15条　甲は、乙がこの協定に定める事項に違反したと認めるときは、その違反した内容について公表するものとする。

（協定の改定）

第16条　この協定の内容を改定する必要が生じたときは、甲又は乙は、この協定の改定について協議することを申し入れることができるものとし、その申し入れを受けた者は、協議に応ずるものとする。

（疑義又は定めのない事項）

第17条　この協定の内容について疑義の生じた事項及びこの協定に定めのない事項については、甲及び乙が協議して定めるものとする。

平成３年９月10日締結
平成12年11月29日一部変更
平成16年12月３日一部変更
平成18年３月31日一部変更

甲　青森県三沢市桜町一丁目１番38号
三沢市長
青森県上北郡野辺地町字野辺地123番地の１
野辺地町長
青森県上北郡横浜町字寺下35番地
横浜町
青森県上北郡東北町上北南四丁目32番地484
東北町長
青森県下北郡東通村大字砂子又字沢内５番地34
東通村長
乙　青森県上北郡六ヶ所村大字尾駮字沖付４番地108
日本原燃株式会社　代表取締役社長
立会人　青森県青森市長島一丁目１番１号
青森県知事

［出所：青森県『青森県の原子力行政』］

Ⅱ－１－５－７

六ヶ所村低レベル放射性廃棄物埋設センター周辺地域の安全確保及び環境保全に関する協定書

青森県知事ほか

青森県（以下「甲」という。）及び六ヶ所村（以下「乙」という。）と日本原燃株式会社（以下「丙」という。）の間において、丙の設置する六ヶ所低レベル放射性廃棄物埋設センター（以下「廃棄物埋設センター」という。）の周辺地域の住民の安全の確保及び環境の保全を図るため、「原子燃料サイクル施設の立地への協力に関する基本協定書（昭和60年４月18日締結）」第５条の規定に基づき、相互の権利義務等について、電気事業連合会の立会いのもとに次のとおり協定を締結する。

（安全確保及び環境保全）

第１条　丙は、廃棄物埋設センターで行う廃棄物埋設に当たっては、放射性物質及びこれによって汚染された物（以下「放射性物質等」という。）により周辺地域の住民及び環境に被害を及ぼすことのないよう「核原料物質、核燃料物質及び原子炉の規制に関する法律（昭和32年法律第166号。以下「原子炉等規制法」という。）」その他の関係法令及びこの協定に定める事項を誠実に遵守し、住民の安全を確保するとともに環境の保全を図るため万全の措置を講ずるものとする。

２　丙は、廃棄物埋設センター品質保証体制及び保安活動の充実及び強化、職員に対する教育・訓練の徹底、業務従事者の安全管理の強化、最良技術の採用等に努め、安全確保に万全を期すものとする。

（情報公開及び信頼確保）

第２条　丙は、住民に対し積極的に情報公開を行い、透明性の確保に努めるものとする。

２　丙は、住民との情報共有、意見交換等により相互理解の形成を図り、信頼関係の確保に努めるものとする。

（施設の新増設等に係る事前了解）

第３条　丙は、廃棄物埋設施設を新設し、増設し、変更し、又は廃止しようとするときは、事前に甲及び乙の了解を得なければならない。

（放射性物質の放出管理）

第４条　丙は、廃棄物埋設センターから放出する放射性物質について、別表に定める管理目標値により放出の管理を行うものとする。

２　丙は、前項の放出管理に当たり、可能な限り、放出低減のための技術開発の促進に努めるとともに、その低減措置の導入を図るものとする。

３　丙は、管理目標値を超えたときは、甲及び乙に連絡するとともに、その原因の調査を行い、必要な措置を講ずるものとする。

4　丙は、前項の調査の結果及び講じた措置を速やかに甲及び乙に文書により報告しなければならない。

5　甲及び乙は、前項の規定により報告された内容について公表するものとする。

（地下水の監視）

第５条　丙は、地下水監視設備において、周辺監視区域の地下水中の放射性物質の濃度を原子炉等規制法その他の関係法令に定めるところにより監視するものとする。

（放射性固体廃棄物の保管管理）

第６条　丙は、放射性固体廃棄物の保管に当たっては、原子炉等規制法その他の関係法令に定めるところにより安全の確保を図るほか、必要に応じ適切な措置を講ずるものとする。

（環境放射線等の測定）

第７条　甲及び丙は、甲が別に定めた「原子燃料サイクル施設に係る環境放射線等モニタリング構想、基本計画及び実施要領（平成元年３月作成）」に基づいて廃棄物埋設センターの周辺地域における環境放射線等の測定を実施するものとする。

2　甲及び丙は、前項の規定による測定のほか、必要があると認めるときは、環境放射線等の測定を実施し、その結果を乙に報告するもとする。

3　甲、乙及び丙は、協議のうえ必要があると認めるときは、前項の測定結果を公表するものとする。

（監視評価会議の運営協力）

第８条　丙は、甲の設置した青森県原子力施設環境放射線等監視評価会議の運営に協力するものとする。

（測定の立会い）

第９条　甲及び乙は､必要があると認めるときは､随時その職員を第７条第１項又は同条第２項の規定により丙が実施する環境放射線等の測定に立ち会わせることができるものとする。

2　甲及び乙は、必要があると認めるときは、その職員に第７条第１項の規定による測定を実施するために丙が設置する環境放射線等の測定局の機器の状況を直接確認させることができるものとする。この場合において、甲及び乙はあらかじめ丙にその旨を通知し、丙の立会いを求めるものとする。

3　甲及び乙は、前２項の規定により測定に立ち会わせ、又は状況を確認させる場合において必要があると認めるときは、その職員以外の者を同行させることができるものとする。

（放射性廃棄物の輸送計画に関する事前連絡等）

第10条　丙は、甲及び乙に対し、放射性廃棄物の輸送計画及びその輸送に係る安全対策について事前に連絡するものとする。

2　丙は、放射性廃棄物の輸送業者に対し、関係法令を遵守させ、輸送に係る安全管理上の指導を行うとともに、問題が生じたときは、責任をもってその処理に当たるものとする。

（平常時における報告等）

第11条　丙は、甲及び乙に対し、次の各号に掲げる事項を定期的に文書より報告するものとする。

(1) 廃棄物埋設状況

(2) 放射性物質の放出状況

(3) 放射性固体廃棄物の保管廃棄量

(4) 第５条の規定に基づき実施した地下水中の放射性物質の濃度の測定結果

(5) 第７条第１項の規定に基づき実施した環境放射線等の測定結果

(6) 品質保証の実施状況

(7) 前各号に掲げるもののほか、甲及び乙において必要と認める事項

2　丙は、甲又は乙から前項に掲げる事項に関し必要な資料の提出を求められたときは、これに応ずるものとする。

3　甲及び乙は、前２項の規定による報告を受けた事項及び提出資料について疑義があるときは、その職員に丙の管理する場所等において丙の職員に対し質問させることができるものとする。

4　甲及び乙は、第１項の規定により丙から報告を受けた事項を公表するものとする。

（異常時における連絡等）

第12条　丙は、次の各号に掲げる事態が発生したときは、甲及び乙に対し直ちに連絡するとともに、その状況及び講じた措置を速やかに文書により報告するものとする。

(1) 廃棄物埋設センターにおいて事故等が発生し、放射性廃棄物の受入れを停止したとき又は停止することが必要となったとき。

(2) 放射性物質が、法令で定める周辺監視区域外における濃度限度を超えて放出されたとき。

(3) 放射線業務従事者の線量が、法令で定める

線量限度を超えたとき又は線量限度以下であっても、その者に対し被ばくに伴う医療上の措置を行ったとき。

(4) 放射性物質等が管理区域外へ漏えいしたとき。

(5) 放射性廃棄物の輸送中に事故が発生したとき。

(6) 丙の所持し、又は管理する放射性物質等が盗難に遭い、又は所在不明となったとき。

(7) 廃棄物埋設センター敷地内において火災が発生したとき。

(8) その他異常事態が発生したとき。

(9) 前各号に掲げる場合のほか国への報告対象とされている事象が発生したとき。

２　丙は、甲又は乙から前項に掲げる事項に関し必要な資料の提出を求められたときは、これに応ずるものとする。

３　甲及び乙は、前２項の規定による報告を受けた事項及び提出資料について疑義があるときは、その職員に丙の管理する場所等において丙の職員に対し質問させることができるものとする。

４　第１項各号に掲げる事態により放射性廃棄物の受入れを停止したときは、丙は、放射性廃棄物の受入れの再開について甲及び乙と協議しなければならない。

５　甲及び乙は、第１項の規定により丙から連絡及び報告を受けた事項を公表するものとする。

（トラブル事象への対応）

第13条　丙は、前条に該当しないトラブル事象についても、「六ヶ所低レベル放射性廃棄物埋設センターにおけるトラブル等対応要領」に基づき適切な対応を行うものとする。

（立入調査）

第14条　甲及び乙は、この協定に定める事項を適正に実施するため必要があると認めるときは協議のうえ、その職員を丙の管理する場所に立ち入らせ、必要な調査をさせることができるものとする。

２　前項の立入調査を行う職員は、調査に必要な事項について、丙の職員に質問し、資料の提出を求めることができるものとする。

３　甲及び乙は、第１項の規定により立入調査を行う際、必要があると認めるときは、甲及び乙の職員以外の者を同行させることができるものとする。

４　甲及び乙は、協議のうえ立入調査結果を公表するものとする。

（措置の要求等）

第15条　甲及び乙は、第12条第１項の規定による連絡があった場合又は前条第１項の規定による立入調査を行った場合において、住民の安全の確保及び環境の保全を図るために必要があると認めるときは、放射性廃棄物の受入れの停止、環境放射線等の測定、防災対策の実施等必要かつ適切な措置を講ずることを丙に対し求めるものとする。

２　丙は、前項の規定により、措置を講ずることを求められたときは、これに応ずるとともに、その講じた措置について速やかに甲及び乙に対し、文書により報告しなければならない。

３　丙は、第１項の規定により放射性廃棄物の受入れを停止したときは、放射性廃棄物の受入れの再開について甲及び乙と協議しなければならない。

（損害の賠償）

第16条　丙は、廃棄物埋設センターの廃棄物埋設に起因して、住民に損害を与えたときは、被害者にその損害を賠償するものとする。

（風評被害に係る措置）

第17条　丙は、廃棄物埋設センターの廃棄物埋設等に起因する風評によって、生産者、加工業者、卸売業者、小売業者、旅館業者等に対し、農林水産物の価格低下その他の経済的損失を与えたときは、「風評による被害対策に関する確認書（平成元年３月31日締結。平成17年４月19日一部変更）」に基づき速やかに補償等万全の措置を講ずるものとする。

（住民への広報）

第18条　丙は、廃棄物埋設センターに関し、特別な広報を行おうとするときは、その内容、広報の方法等について、事前に甲及び乙に対し連絡するものとする。

（関連事業者に関する責務）

第19条　丙は、関連事業者に対し、廃棄物埋設センターの廃棄物埋設に係る住民の安全の確保及び環境の保全並びに秩序の保持について、積極的に指導及び監督を行うとともに、関連事業者がその指導等に反して問題を生じさせたときは、責任をもってその処理に当たるものとする。

（諸調査への協力）

第20条　丙は、甲及び乙が実施する安全の確保及び環境の保全等のための対策に関する諸調査に積極的に協力するものとする。

（防災対策）

第21条　丙は、原子力災害対策特別措置法（平成11年法律第156号）その他の関係法令の規定に基づき、原子力災害の発生の防止に関し万全の措置を講ずるとともに、原子力災害（原子力災害が生ずる蓋然性を含む。）の拡大の防止及び原子力災害の復旧に関し、誠意をもって必要な措置を講ずる責務を有することを踏まえ、的確かつ迅速な通報体制の整備等防災体制の充実及び強化に努めるものとする。

2　丙は、教育・訓練等により、防災対策の実効性の維持に努めるものとする。

3　丙は、甲及び乙の地域防災対策に積極的に協力するものとする。

（違反時の措置）

第22条　甲及び乙は、丙がこの協定に定める事項に違反したと認めるときは、必要な措置をとるものとし、丙はこれに従うものとする。

2　甲及び乙は、丙のこの協定に違反した内容について公表するものとする。

（細則）

第23条　この協定の施行に必要な細目については、甲、乙及び丙が協議のうえ、別に定めるものとする。

（協定の改定）

第24条　この協定の内容を改定する必要が生じたときは、甲、乙及び丙は、他の協定当事者に対しこの協定の改定について協議することを申し入れることができるものとし、その申し入れを受けた者は、協議に応ずるものとする。

（疑義又は定めのない事項）

第25条　この協定の内容について疑義の生じた事項及びこの協定に定めのない事項については、甲、乙及び丙が協議して定めるものとする。

平成４年９月21日締結
平成12年10月12日一部変更
平成16年11月22日一部変更
平成18年３月29日一部変更

甲　青森市長島一丁目１番１号
青森県知事
乙　青森県上北郡六ヶ所村大字尾駮字野附475番地
六ヶ所村長
丙　青森県上北郡六ヶ所村大字尾駮字沖付４番地108
日本原燃株式会社
代表取締役社長
立会人　東京都千代田区大手町一丁目９番４号
電気事業連合会
会長

（別表）

項目	管理目標値（３箇月平均）		
排気口における排気中の放射性物質濃度	H－3	5×10^{-4}	Bq／cm^3
	Co－60	3×10^{-7}	Bq／cm^3
	Cs－137	1×10^{-6}	Bq／cm^3
サンプルタンクにおける廃水中の放射性物質濃度	H－3	6×10^{0}	Bq／cm^3
	Co－60	1×10^{-2}	Bq／cm^3
	Cs－137	7×10^{-3}	Bq／cm^3

［出典：青森県『青森県の原子力行政』］

Ⅱ－1－5－8

六ヶ所村低レベル放射性廃棄物埋設センター周辺地域の安全確保及び環境保全に関する協定の運用に関する細則

青森県知事ほか

青森県（以下「甲」という。）及び六ヶ所村（以下「乙」という。）と日本原燃株式会社（以下「丙」という。）の間において、六ヶ所低レベル放射性廃棄物埋設センター周辺地域の安全確保及び環境保全に関する協定書（以下「協定書」という。）第23条の規定に基づき、次のとおり細則を定める。

（関係法令）

第１条　協定書第１条及び第21条に定める「関係法令」には、核原料物質、核燃料物質及び原子炉の規制に関する法律（昭和32年法律第166号。以下「原子炉等規制法」という。）第51条の18に規定する保安規定を含むものとする。

（事前了解の対象）
第２条　協定書第３条に定める廃棄物埋設施設とは、原子炉等規制法第51条の２第２項第２号に規定するものをいう。
２　事前了解を必要とする変更は、原子炉等規制法第51条の５の規定に基づく事業許可の変更申請を行う場合の変更とする。
（測定の立会い）
第３条　協定書第９条第１項及び第２項に定める甲及び乙の職員は、甲又は乙の長が発行する測定の立会い又は状況の確認をする職員であることを証する身分証明書を携行し、かつ、関係者の請求があるときは、これを提示しなければならない。
２　協定書第９条第３項に定める甲及び乙の職員以外の者は、甲が設置した青森県原子力施設環境放射線等監視評価会議の委員及び乙が設置した六ヶ所村原子力安全管理委員会の委員とする。
３　前項の者は、測定の立会い等に同行する際、甲又は乙の長が発行する立会い等に同行する者であることを証する身分証明書を携行し、かつ、関係者の請求があるときは、これを提示しなければならない。
（連絡の時期）
第４条　協定書第10条第１項に定める放射性廃棄物の輸送計画に関する事前連絡は、輸送開始２週間前までとする。
（報告の時期等）
第５条　協定書第11条第１項に定める平常時の報告に係る報告の時期等は、次のとおりとする。

報告事項	報告頻度	報告期限
⑴廃棄物埋設状況 イ　受入れ、埋設数量（計画） ロ　受入れ、埋設数量（実績） ハ　主要な保守状況 ニ　従事者の被ばく状況 ホ　女子の従事者の被ばく状況	 年度ごと 月ごと 月ごと 四半期ごと 四半期ごと	 当該年度開始前まで 当該月終了後30日以内 当該月終了後30日以内 当該四半期終了後30日以内 当該四半期終了後30日以内
⑵放射性物質の放出状況	月ごと	当該月終了後30日以内
⑶放射性固体廃棄物の保管廃棄量	月ごと	当該月終了後30日以内
⑷地下水中の放射性物質の濃度の測定結果	月ごと	当該月終了後30日以内
⑸環境放射線等の測定結果	四半期ごと	当該四半期終了後90日以内
⑹品質保証の実施状況 イ品質保証の実施計画 ロ品質保証の実施結果 ハ常設の第三者外部監査機関の監査結果	 年度ごと 半期ごと 半期ごと	 当該年度開始前まで 当該半期終了後30日以内 当該半期終了後30日以内
⑺その他の事項	その都度	その都度協議のうえ定める

２　協定書第11条第３項に定める甲及び乙の職員は、甲又は乙の長が発行する丙の管理する場所等において丙の職員に質問する職員であることを証する身分証明書を携行し、かつ、関係者の請求があるときは、これを提示しなければならない。
（異常事態）
第６条　協定書第12条第１項第８号に規定する異常事態は、放射性物質等の取り扱いに支障を及ぼす事故、故障をいう。
２　協定書第12条第１項第９号に規定する国への報告対象とされている事象は、「原子炉等規制法」に基づき報告対象とされている事象をいう。
３　甲、乙及び丙は、異常事態が発生した場合における相互の連絡通報を円滑に行うため、あらかじめ連絡責任者を定めておくものとする。
４　協定書第12条第３項に定める甲及び乙の職員は、甲又は乙の長が発行する丙の管理する場所等において丙の職員に質問する職員であることを証する身分証明書を携行し、かつ、関係者の請求があるときは、これを提示しなければならない。
（立入調査）
第７条　協定書第14条第１項に定める甲及び乙の職員は、立入調査をする際、甲又は乙の長が発行する立入調査する職員であることを証する身分証明書を携行し、かつ、関係者の請求があるときは、これを提示しなければならない。
２　協定書第14条第３項に定める甲及び乙の職員以外の者は、甲が設置した青森県原子力施設環境放射線等監視評価会議の委員及び乙が設置した六ヶ所村原子力安全管理委員会の委員とする。
3　前項の者は、立入調査に同行する際、甲又は乙の長が発行する立入調査に同行する者であることを証する身分証明書を携行し、かつ、関係者の請求があるときは、これを提示しなければならない。
4　甲及び乙は、協定書第14条第3項の規定により職員以外の者を同行させた場合、その者がそこで知り得た事項を他に漏らすことのないように措置を講ずるものとする。
（安全確保のための遵守事項）
第8条　協定書第9条、第11条、第12条及び第14条の規定により丙の管理する場所に立ち入る者は、安全確保のための関係法令を遵守するほか、丙の定める保安上の遵守事項に従うものとする。
（協議）
第9条　この細則の内容について疑義の生じた事項及びこの細則に定めのない事項については、甲、乙及び丙が協議して定めるものとする。

平成4年9月21日締結
平成12年10月12日一部変更
平成16年11月22日一部変更

甲　青森市長島一丁目1番1号
青森県知事

乙　青森県上北郡六ヶ所村大字尾駮字野附475番地
六ヶ所村長

丙　青森県上北郡六ヶ所村大字尾駮字沖付4番地108
日本原燃株式会社
代表取締役社長
［出典：青森県『青森県の原子力行政』］

Ⅱ－1－5－9
六ヶ所村低レベル放射性廃棄物埋設センター隣接市町村住民の安全確保等に関する協定書

三沢市長ほか

　三沢市、野辺地町、横浜町、東北町及び東通村（以下「甲」という。）と日本原燃株式会社（以下「乙」という。）の間において、乙の設置する六ヶ所低レベル放射性廃棄物埋設センター（以下「廃棄物埋設センター」という。）の隣接市町村住民の安全確保及び環境の保全を図めため、青森県（以下「県」という。）の立会いのもとに次のとおり協定を締結する。

（安全協定書及び協定の遵守等）
第1条　乙は、廃棄物埋設センターで行う廃棄物埋設に当たっては、県及び六ヶ所村と乙が締結した「六ヶ所低レベル放射性廃棄物埋設センター周辺地域の安全確保及び環境保全に関する協定書」（平成4年9月21日締結。平成12年10月12日、平成16年11月22日及び平成18年3月29日一部変更。以下「安全協定書」という。）によるほか、この協定に定める事項を遵守し、隣接市町村の住民の安全を確保するとともに環境の保全を図るため万全の措置を講ずるものとする。
2　乙は、廃棄物埋設センターの品質保証体制及び保安活動の充実及び強化、職員に対する教育・訓練の徹底、業務従事者の安全管理の強化、最良技術の採用等に努め、安全確保に万全を期すものとする。
（情報公開及び信頼確保）
第2条　乙は、住民に対し積極的に情報公開を行い、透明性の確保に努めるものとする。
2　乙は、住民との情報共有、意見交換等により相互理解の形成を図り、信頼関係の確保に努めるものとする。
（施設の新増設等に係る事前了解の報告）
第3条　乙は、安全協定書第3条の規定による事前了解について、甲に報告するものとする。
（環境放射線等の測定結果の通知）
第4条　乙は、安全協定書第7条第2項の規定による測定結果を県と協議のうえ甲に通知するものとする。
（放射性廃棄物の輸送計画に関する報告）
第5条　乙は、安全協定書第10条第1項の規定により事前連絡を行ったときは、甲に報告するものとする。

（平常時における報告）
第６条　乙は、甲に対し、安全協定書第11条第１項第１号から第６号までに掲げる事項を定期的に文書により報告するものとする。
（異常時における連絡等）
第７条　乙は、安全協定書第12条第１項各号に掲げる事態が発生したときは、甲に対し直ちに連絡するとともに、その状況及び講じた措置を速やかに文書により報告するものとする。
２　甲は、異常事態が発生した場合における連絡通報を円滑に処理するため、あらかじめ連絡責任者を定めておくものとする。
（トラブル事象への対応）
第８条　乙は、前条に該当しないトラブル事象についても、安全協定書第13条の規定による「六ヶ所低レベル放射性廃棄物埋設センターにおけるトラブル等対応要領」に基づき適切な対応を行うものとする。
（適切な措置の要求）
第９条　甲は、第７条第１項の規定による連絡を受けた結果、隣接市町村住民の安全確保等のため、特別の措置を講ずる必要があると認めた場合は、乙に対して県を通じて適切な措置を講ずることを求めることができるものとする。
２　乙は、安全協定書第15条第２項の規定により文書による報告を行ったとき及び安全協定書第15条第３項の規定により協議を行ったときは、甲に報告するものとする。
（立入調査及び状況説明）
第10条　甲は、この協定に定める事項を適正に実施するため必要があると認めるときは、その職員を乙の管理する場所に立入らせ、必要な調査をさせ、又は乙の管理する場所等において、状況説明を受けることができるものとする。
２　前項の立入調査を行う職員は、調査に必要な事項について、乙の職員に質問し、資料の提出を求めることができるものとする。
３　甲の職員は、立入調査を実施する際、甲の長が発行する立入調査する職員であることを証する身分証明書を携行し、かつ、関係者の請求があるときは、これを提示しなければならない。
４　甲は、立入調査結果を公表できるものとする。
（損害の賠償及び風評被害に係る措置）
第11条　乙は、安全協定書第16条及び第17条の規定による事項に誠意をもって速やかに当たるものとする。
（住民への広報）
第12条　乙は、安全協定書第18条に規定する広報を行おうとするときは、事前に甲に対し連絡するものとする。
（諸調査への協力）
第13条　乙は、甲が実施する住民の安全の確保及び環境の保全等のための対策に関する諸調査に積極的に協力するものとする。
（安全対策への協力）
第14条　乙は、甲の防災体制を十分理解のうえ、県及び六ヶ所村が講ずる安全対策に対して積極的に協力するものとする。
（違反時の措置）
第15条　甲は、乙がこの協定に定める事項に違反したと認めるときは、その違反した内容について公表するものとする。
（協定の改定）
第16条　この協定の内容を改定する必要が生じたときは、甲又は乙は、その協定の改定について協議することを申し入れることができるものとし、その申し入れを受けた者は、協議に応ずるものとする。
（疑義又は定めのない事項）
第17条　この協定の内容について疑義の生じた事項及びこの協定に定めのない事項については、甲及び乙が協議して定めるものとする。

平成４年10月26日締結
平成12年11月29日一部変更
平成16年12月３日一部変更
平成18年３月31日一部変更

甲　青森県三沢市桜町一丁目１番38号
三沢市長
青森県上北郡野辺地町字野辺地123番地の１
野辺地町長
青森県上北郡横浜町字寺下35番地
横浜町長
青森県上北郡東北町上北南四丁目32番地484
東北町長
青森県下北郡東通村大字砂子又字沢内５番地34
東通村長

乙　青森県上北郡六ヶ所村大字尾駮字沖付４番地

108
日本原燃株式会社
代表取締役社長

立会人　青森県青森市長島一丁目１番１号
青森県知事
［出典：青森県『青森県の原子力行政』］

第２章　企業財界資料

II-2-1	19840799	電気事業連合会	六ヶ所村のみなさまへ
II-2-2	19840799	電気事業連合会	再処理施設の概要
II-2-3	19840799	電気事業連合会	ウラン濃縮施設の概要
II-2-4	19840799	電気事業連合会	低レベル放射性廃棄物貯蔵施設の概要
II-2-5	19850302	電気事業連合会会長　小林庄一郎	原子燃料サイクル事業に係わる電気事業連合会のとるべき措置について（回答）
II-2-6	19860299	日本原燃サービス株式会社・日本原燃産業株式会社	泊のみなさまへ
II-2-7	19870401	むつ小川原原燃興産株式会社	会社案内
II-2-8	19881031	日本原燃サービス株式会社代表取締役社長　豊田正敏	再処理施設予定地の地質に係わる内部資料問題について
II-2-9	19900424	電気事業連合会	電気事業連合会における青森県への企業誘致活動について
II-2-10	19900614	財団法人電源地域振興センター	財団法人電源地域振興センターの設立について
II-2-11	19900725	青森県原子燃料サイクル推進協議会	サイ進協だより　NO.4

Ⅱ－2－1

六ヶ所村のみなさまへ

電気事業連合会　原子燃料サイクル立地推進本部　青森推進本部

ごあいさつ

日頃、みなさまには、電気事業に対しまして、特段のご理解とご協力を賜わり、心より厚くお礼申し上げます。

さて、電気事業連合会（北海道・東北・東京・中部・北陸・関西・中国・四国・九州の9電力会社で構成）はこのほど、いわゆる「原子燃料サイクル三施設」を、当六ヶ所村むつ小川原工業開発地区内に立地することにつきまして事業計画を策定し、去る七月二十七日、青森県ならびに六ヶ所村ご当局にその事業計画概要をご説明申し上げるとともに、立地推進に対するご協力方のお願いをさせていただきました。

電力業界といたしましては、関係各方面のご指導ご協力を得ながら、わが国初の原子燃料サイクルの事業化に向け、一致協力して取り組んでいるところでございます。

私どもは、本事業を進めるにあたりましては、その安全確保に万全を期すことはもちろんでございますが、同時に、この事業を通じまして、いささかでも地域のご発展に寄与できればと考えております。

ここに、原子燃料サイクル施設の事業計画等につきましてとりまとめいたしましたのでぜひご高覧いただき、特段のご理解とご協力を賜わりますようよろしくお願い申しあげます。

原子燃料サイクル施設　事業計画のあらまし

再処理施設

この施設は、原子力発電所の使用済燃料を受入れ、貯蔵したのち化学的に処理し、ウランとプルトニウムを取り出すとともに、発生する放射性物質を適切に処理し一時貯蔵します。また、現在、海外に委託している使用済燃料の再処理に伴う返還物の受入れ及び一時貯蔵を行ないます。

（イ）事業主体　日本原燃サービス（株）

（ロ）施設規模　処理能力　約八〇〇トンU／年
　　使用済燃料受入貯蔵施設　当初約三〇〇〇トンU

　なお、将来増設が必要となりますが最終規模等については今後の情勢を見ながら検討してまいります。

（ハ）用地面積　約三五〇平方メートル（緑地を含む）

（ニ）工期　準備工事開始　昭和六十一年頃
　　貯蔵施設操業開始　昭和六十六年頃
　　再処理施設操業開始　昭和七十年頃

（ホ）建設費　約七〇〇〇億円

（ヘ）要員　工事最盛期　約二〇〇〇人
　　操業時　約一〇〇〇人

（ト）建設予定地点　六ヶ所村弥栄平地区

ウラン濃縮施設

この施設は、原子力発電所（軽水炉）の燃料となる「濃縮ウラン」を遠心分離法という方式を用いて生産します。

（イ）事業主体　電気事業が主体となって設立する新会社。

（ロ）施設の規模　生産量･･･一五〇トンＳＷＵ／年の規模でスタート。逐次増設し、一五〇〇トンＳＷＵ／年程度をめざします。

（ハ）用地面積　低レベル放射性廃棄物貯蔵施設と合わせて約三〇〇万平方メートル(緑地を含む)

（ニ）工期　準備工事開始　昭和六十一年頃
　　操業開始　昭和六十六年頃

（ホ）建設費　約一六〇〇億円

（ヘ）要員　工事最盛期　約八〇〇人
　　操業時　施設の操業　約二〇〇人
　　施設の増設　約一〇〇人

（ト）建設予定地点　六ヶ所村大石平地区

低レベル放射性廃棄物貯蔵施設

この施設は、原子力発電所等で発生した低レベル放射性廃棄物を最終貯蔵します。

（イ）事業主体　電気事業が主体となって設立する新会社。

（ロ）施設の規模　貯蔵量･･･原子力発電所等からの低レベル放射性廃棄物（ドラム缶等）を約二〇万m^3（ドラム缶一〇〇万本相当）最終貯蔵します。なお、貯蔵量の最終規模は約六〇万m^3（ドラム缶約三〇〇万本相当）

（ハ）用地面積　ウラン濃縮施設と合わせて約三〇〇万平方メートル（緑地を含む）

（ニ）工期　昭和六十一年頃

操業開始　昭和六十六年頃
(ホ) 建設費　約一〇〇〇億円
(へ) 要員　工事最盛期　約七〇〇人
操業時　貯蔵管理受入　約一〇〇人
貯蔵施設の増設約一〇〇人
(ト) 建設予定地点　六ヶ所村大石平地区

なお、港湾は、むつ小川原港を利用させていただく予定です。

安全の確保に努めます

再処理、ウラン濃縮ならびに低レベル放射性廃棄物貯蔵施設の建設・運用にあたりましては、国内外の長期にわたる経験とその蓄積のもとに実用化された最良の技術を採用し、安全の確保に万全を期します。

各施設ごとの安全対策については次のとおりです。

再処理施設

再処理工場では、放射性物質を設備内に封じ込めるとともに、放射線が外に出ないよう遮へいします。また、排出放射能を極力低減することを基本に、安全設備を多重に設けるなど、安全の確保を第一として、設計、運転管理を行います。

ウラン濃縮施設

濃縮工場で取り扱われる濃縮ウランは、ウラン濃度が二〜四%の低濃縮ウランであり、放射能は天然ウランと大差なく、問題はありません。

また、原料から製品まで六フッ化ウランという形で取り扱われますが、六フッ化ウランは可燃性でも爆発性でもありません。

施設の設計・施工にあたりましては、安全を第一として万全の対策を講じます。

低レベル放射性廃棄物貯蔵施設

原子力発電所から送られてくる、ドラム缶等の保管物の貯蔵施設は、コンクリート製ピット（半地下式）等を採用します。

保管物の放射線レベルは低いものですが、放射性物質はこの中に閉じ込められます。さらに、定期的に敷地周辺の放射線、地下水中の放射性物質等を測定・監視をします。

なお、放射能は次第に減衰する性質があり、保管物の放射線レベルも長い間には自然の放射線と同じ位にまで減衰してしまいます。

なお環境調査については、施設の建設に必要な諸資料を得るため地質、地盤、気象、海象、生物などの調査を実施します。この環境調査はできるだけ早く実施したいと考えております。

地域との共存共栄をめざします

原子燃料サイクル施設の建設は、着手してから完成まで長い年月を要しますが、施設の建設や操業を通じて、あるいは電源三法交付金の適用等により、地域経済の活性化や生活・産業基盤の整備、さらには地域財政の安定化など、地域に対しさまざまな効果をもたらすものと考えます。このうち雇用につきましては、各施設について前述のような建設要員が必要です。また、操業してからもあわせて約一三〇〇人の雇用が必要となります。これらの要員につきましては、可能な限り地元雇用が多くなるよう配慮してまいります。また、工事や資材の発注、物品購入等についても極力地元優先とするよう配慮してまいります。

原子燃料サイクルの確立をめざします

原子燃料サイクルとは

少量の燃料で大きなエネルギーがとり出せることが原子力発電の特徴のひとつですが、原子力発電にはもうひとつ、燃料であるウランをくり返し使えるという特徴があります。

原子燃料は、掘り出されたウラン鉱石を製錬・転換・濃縮・成型加工することによってつくられますが、そのあと原子炉で燃やされた燃料（使用済燃料）は、再処理という工程を経ることで、再び燃料として生まれかわります。つまり、原子燃料が一つの輪のように循環するので、この一連の流れを「原子燃料サイクル」と呼びます。

原子燃料サイクル施設はなぜ必要か

エネルギーが、わたくしたちの生活にとって、食糧と同じくらい大切なものであることは、みなさんご承知のとおりです。わたくしたちの身のまわりを見わたすと、エネルギーの恩恵は数え切れないほどたくさんあります。いつも利用している乗り物やテレビ、冷蔵庫などを動かすばかりか、それらを製造するためにも、エネルギーはいつも使われております。

その大切なエネルギーの生み出すものには石油

や石炭などいろいろありますが、なかでも原子力発電は、とくに電気エネルギーを生み出すものとして大いに期待されております。

現在、日本の原子力発電規模は二十七基、約一九七〇万キロワットにもなっており、全発電電力量の約二割をまかなっております。しかし、日本は、原子力発電の燃料となるウラン鉱石のほとんどを海外からの輸入に頼っているほか、原子燃料サイクル分野の相当部分を海外（フランスやイギリスなど）に依存しております。

今後、原子力への期待に十分こたえ、原子力発電を真に安定的なエネルギー源として生活の中に定着させていくためには、外国だけに頼らない自主的な原子燃料サイクルを早期に確立することがどうしても必要です。

［出典：電気事業連合会資料］

Ⅱ－2－2

再処理施設の概要

電気事業連合会　昭和59年7月

再処理施設の概要

原子力発電所の使用済燃料を受入れ、貯蔵したのち化学的に処理し、ウランとプルトニウムを取り出すとともに、発生する放射性物質を適切に処理し一時貯蔵します。また、現在、海外に委託している使用済燃料の再処理に伴う返還物の受入れ及び一時貯蔵を行ないます。

1.　所在地

青森県上北郡六ヶ所村弥栄平地区

2.　事業主体

日本原燃サービス㈱が担当します。

3. 施設の規模

⑴　処理能力　　約800トンU／年

• 使用済燃料受入れ貯蔵施設　　当初約3,000トンU

トンU……燃料中のウランの重量を表しており、100万kWの原子力発電所を1年間稼動させるために必要な燃料は、約25トンUです。

⑵　使用電力

再処理施設に使用する電力は、約20,000kWを予定しております。

⑶　淡水

施設のボイラー、プラント用水などに使用する淡水の使用水量は、一日約3,000トンを予定しております。

なお、将来、電力需要動向との関連で規模は未定ですが、施設の増設を見込んでおります。

4. 用地面積

約350万㎡（緑地を含む）

5. 建設工期

⑴　準備工事開始　　後述の立地調査にひきつづき昭和61年頃を予定しております。

⑵　操業開始　　昭和70年頃を予定しております。（使用済燃料及び返還物の貯蔵施設は昭和66年頃から操業する予定です。）

6. 建設費

約7,000億円

7. 要　員

工事最盛期　約2,000人

操業時　　　約1,000人

8. 施設の概要と配置計画

⑴　処理工程の概要

処理方法として、既に20年以上の実績をもつ「ピューレックス法」を採用することとしております。

その処理工程の概要は図－1（その1)、(その2）に示すとおりであります。

⑵　施設の配置計画

再処理施設の配置は、主要施設を中心にして各施設をその周辺に配置いたします。

各施設の配置の一例は図－2に示すとおりであります。

⑶　施設の概要

再処理施設は、化学工場であり、その大部分の工程は常温、常圧で運転いたします。

放射性物質を取扱う主要装置類は、環境への安全を確保するためにコンクリートの小部屋（セル）に納め、これらのセルを建屋中央部に配置し、これをとりまくように操作区域を設け、その外側を建屋の壁（コンクリート）で覆う形態など多重構造となっております。

その主な施設の概要は、次のとおりであります。

a　使用済燃料受入れ貯蔵施設

本施設は、使用済燃料輸送容器を受入れ、使用済燃料を輸送容器から取出して貯蔵するための施設で、貯蔵プール、輸送容器除染設備などがあります。

貯蔵容量は、当初約3,000トンUを予定しております。

b　主要施設

本施設は、ウラン、プルトニウムと核分裂生成物を含む使用済燃料をせん断、溶解し、溶解液から有用なウラン、プルトニウムを分離、精製するとともに、高レベル廃液などを処理する施設であります。

主な装置は、使用済燃料を小片に切断するせん断機、切断した小片を溶解する溶解槽、この溶解液からウラン、プルトニウムを分離、精製する抽出装置、残りの高レベル廃液を濃縮するための蒸発缶、濃縮した廃液を貯蔵するための貯槽などであり、これらはステンレス鋼の内張りがほどこされたセル内に設置いたします。

c　高レベル廃液固化施設

本施設は、高レベル廃液を管理しやすいように固化する施設であります。

主な装置は、高レベル廃液を高温でガラスと溶融する装置と、この溶融したものを容器に封入して固化する装置であり、これらはセル内に設置いたします。

d　ウラン転換施設

本施設は、精製したウラン溶液を再び燃料にするため、酸化ウランやフッ化ウランに転換する施設であります。

e　プルトニウム転換施設

本施設は、精製したプルトニウム溶液を再び燃料にするため、酸化プルトニウムに転換する施設であります。

f　製品貯蔵施設

本施設は再処理施設の製品である酸化ウランやフッ化ウランと酸化プルトニウムを貯蔵する施設であります。

またこのほかに、電力会社の海外再処理委託にもとづいて返還される製品の貯蔵も行えるようにいたします。

g　低レベル廃棄物処理施設

本施設は、各施設から生ずる低レベルの廃棄物を管理しやすいように減容し、必要に応じ固化するための施設であります。

主な装置には減容設備、固化設備、焼却設備などがあります。

h　廃棄物貯蔵施設

本施設は処理ずみの廃棄物を安全に管理、貯蔵するための施設であります。

それらは高レベル、低レベルなどに区分しそれぞれ一時貯蔵いたします。

また、海外からの返還廃棄物の一時貯蔵も行います。

i　主排気筒

本施設は、洗浄、ろ過などの処理を行った排気を、安全の確認を行ないながら大気に放出するための施設であります。

j　付帯施設

再処理施設を安全かつ円滑に操業するために各種の付帯施設を敷地内に設けます。

その主な施設は分析施設、作業員の放射線管理、周辺環境の放射線監視を行うための放射線管理施設、電気、水、蒸気の供給施設などであります。

k　関連施設

(a)　港湾施設

使用済燃料などを輸送する3,000トン級の船舶が接岸し荷役する港湾施設については、むつ小川原港を利用させていただく予定であります。

また、港湾と本施設の間を結ぶ専用道路を建設いたします。

(b)　海水取放水設備

再処理施設は常温で操作する装置が大半でありますが、冷却を要する設備などがあり、このために海水を利用いたします。

(c)　放流管

処理工程で出る低レベルの液体は、処理施設で放射性物質等を取り除く処理が行われます。その処理した後の液体を海洋に放流するため、放流管を海底に布設いたします。

9．安全対策並びに環境保全対策

国の安全規制のもとに地域住民や作業員の安全確保と周辺の環境保全をはかることを基本として、国の法規制を守るのはもちろんのこと、国内外の実用化された最良の技術を採用して放射性物質の放出低減をはじめ、安全対策に全力をあげます。

これら諸施設の建設工事にあたっては、人身・

設備・交通など各面にわたって安全確保に万全の対策を講じます。

また、工事に伴う周辺環境への影響を極力少くするよう、必要な対策を講じて、環境の保全に万全を期します。

⑴　放射性物質の放出低減対策

施設の安全対策は、放射性物質を施設の限定した区域に封じ込めて、環境に影響を与えないよう万全を期することを基本としており、その対策は次のとおりであります。

（イ）　封じ込め

放射性物質を含む気体や液体は、容器や厚いコンクリートの小部屋（セル）内に封じ込め、そして、施設から外に出る気体や液体は必ず処理系を通るようにし、そこでできるだけ放射性物質を取り除くなどの対策をほどこします。

その一例は次図に示すとおりであります。

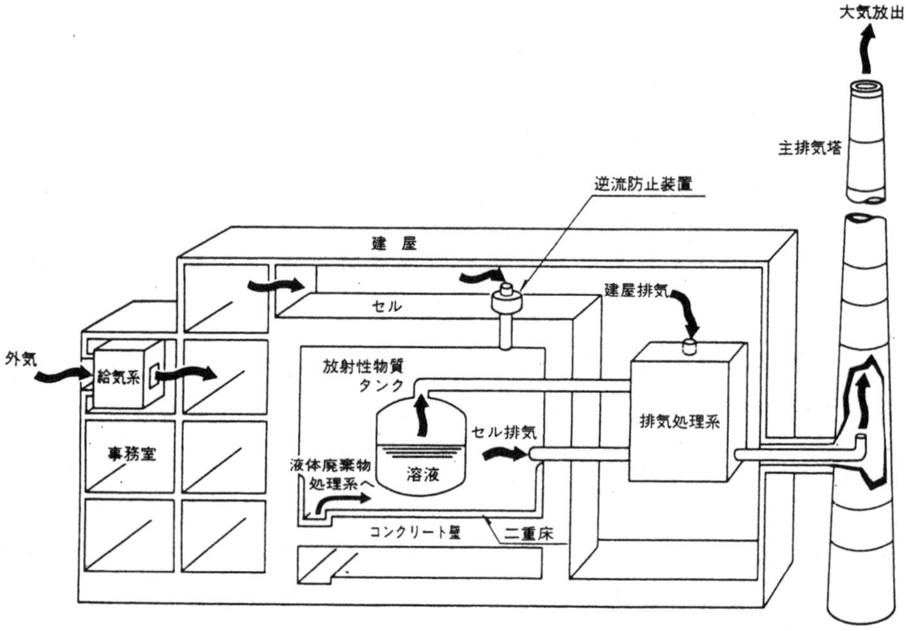

（ロ）　除去、貯蔵

気体は洗浄処理やフィルターによるろ過処理で放射性物質をできるだけ除去し、安全の確認を行いながら大気に放出いたします。

また、液体は蒸発処理やろ過処理などによってできるだけ放射性物質を除去し、安全の確認を行いながら海洋に放流いたします。

放射性物質を含む固体の廃棄物は、圧縮、切断、焼却などの処理をほどこし、容積の減少をはかります。このように処理した放射性物質は容器に密封したうえ、遮へいをほどこした施設で、安全に貯蔵いたします。

⑵　環境監視体制

環境モニタリングに関する基本的な考え方は、原子力発電所の場合と同様であります。

すなわち、敷地周辺の放射線の監視を行うとともに定期的に海底土、土壌、農作物、畜産物及び水産物などを採取して、放射能が周辺に影響を与えていないことを確認いたします。

10．立地調査

施設の建設に必要な諸資料を得るため、地質地盤、気象、海象、生物などの調査を実施いたします。この立地調査は、できるだけ早く実施したいと考えております。

以上

図－1（その1）　再処理施設の処理工程の概要［略］

図－1（その2）　廃棄物処理工程の概要　［略］

図－2　再処理施設の配置の一例　［略］

［出典:電気事業連合会資料］

Ⅱ－２－３

ウラン濃縮施設の概要

電気事業連合会　昭和59年７月

ウラン濃縮施設の概要

原子力発電所の燃料となる濃縮ウランを遠心分離法により生産します。

1. 所在地
青森県上北郡六ヶ所村大石平地区
2. 事業主体
電気事業が主体となって設立する新会社。
3. 施設の規模
⑴生産量……150トンSWU/年の規模でスタートし、逐次増設し、1,500トンSWU/年程度の施設を目指しています。
SWU……分離作業単位。天然ウランに含まれるウラン235（0.7%）を次第に濃くしてゆく濃縮作業の仕事の量を示す単位。出力100万kWの原子力発電所が１年間に必要とする濃縮役務量は、約120トンSWUです。
⑵使用電力
ウラン濃縮施設で使用する電力は、約26,000kWを予定しております。
⑶淡水
使用水量は、一日約1,500トンを予定しております。
4. 用地面積
低レベル放射性廃棄物貯蔵施設と合せて約300万㎡。（緑地を含む）
5. 建設工期
⑴　準備工事開始　　後述の立地調査にひきつづき昭和61年頃を予定しております。
⑵　操業開始　　　　昭和66年頃操業開始し、逐次増設していく予定であります。
6. 建設費
約1,600億円
プラント規模が1,500トンSWU/年に達する頃には設備更新のため毎年50～60億円程度の投資が継続するものと想定されます。
7. 要員
工事最盛期　約800人
操業時　　　約200人

なお、このほか継続的に増設及び設備更新がありますので、常時工事関係者として約100人が必要であります。

8. 施設の概要と配置計画
⑴ウラン濃縮工程の概要
ウラン濃縮施設は気体（六フッ化ウランガス）とした天然ウラン又は回収ウランを濃縮してその中に含まれているウラン235の濃度を高め原子力発電所の燃料となる濃縮ウランを生産します。
ウラン濃縮の方法としては、遠心分離法を採用し、わが国で独自に開発され実証された技術を用います。
濃縮工程の概要は図-1に示すとおりであります。
⑵施設の配置計画
各施設の配置の一例は図-2に示すとおりであります。
⑶施設の概要
主要施設の概要は次のとおりであります。
a　UF６（六フッ化ウラン）取扱施設
原料となる六フッ化ウランを気化させて濃縮工程に供給するとともに、濃縮ウランと劣化ウランを回収いたします。回収された濃縮ウランは濃縮度調整や均質化を行って製品となり、シリンダーで一時貯蔵されたのち出荷されます。（図-1の原料供給系、回収系・精製系）
b　主棟
多数の遠心分離機で構成されたカスケードが設置され、濃縮ウランを生産いたします。（図-1のカスケード系）
c　排水処理施設
ウランを取扱う区域からの排水を処理いたします。
d　放射性廃棄物処理施設
排気、排水の処理工程で回収された放射性廃棄物や管理区域から発生する雑固体などを処理しドラム缶に充填いたします。
e　劣化ウラン及び放射性廃棄物貯蔵施設
劣化ウラン（ウラン235が0.2%程度になったもの）シリンダーやドラム缶に充填した放

射性廃棄物を安全に貯蔵いたします。

f　付帯施設

ウラン濃縮施設を安全かつ円滑に操業するために必要な電気、水、蒸気などの供給施設を設けます。なお転換施設（イエローケーキ→六フッ化ウラン）並びに再転換施設（六フッ化ウラン→酸化ウラン）については、将来設置可能な配置としております。

9. 安全対策並びに環境保全対策

国の安全規制のもとに地域住民や作業員の安全確保をはかることを基本として、必要な対策を行います。

施設の建設工事にあたっては、人身・設備・交通など各面にわたって安全確保に万全の対策を講じます。また工事に伴う周辺環境への影響を極力少なくするよう、必要な対策を講じて環境の保全に万全を期します。

⑴　ウラン濃縮施設で扱われる濃縮ウランは、2～4%程度の低濃縮ですから放射能については、天然ウランと大差ない僅かなものです。また六フッ化ウランは可燃性でも爆発性でもありませんが、気化しやすい物質ですので大気中に洩れることのないように設備を設計するとともに、厳重な安全管理を行います。

（イ）　原料供給系、カスケード系、回収系とも六フッ化ウランガスは大気圧より低く保ち、ガスが系外に洩れることを防止いたします。

（ロ）　精製系では濃縮ウランの混合過程で系内が大気圧以上になる部分がありますが、混合槽からガスが室内に洩れない設計とし、さらに回収装置をも設けて万全を期します。

⑵　また、施設内のウランを取扱う設備や区域からの排気、排水については、図－3に示すような工程で処理を行い、安全を確認した上で排出します。

10. 立地調査

施設の建設に必要な諸資料を得るため、地質地盤、気象、海象、生物などの調査を実施いたします。この立地調査は、できるだけ早く実施したいと考えております。

以上

図－1（略）

図－2（略）

図－3（略）

［出典：電気事業連合会資料］

Ⅱ－2－4

低レベル放射性廃棄物貯蔵施設の概要

電気事業連合会　昭和59年7月

低レベル放射性廃棄物貯蔵施設の概要

原子力発電所等で発生した、低レベル放射性廃棄物を最終貯蔵＜敷地外施設貯蔵＞します。

1.　所在地

青森県上北郡六ヶ所村大石平地区

2.　事業主体

電気事業が主体となって設立する新会社。

3.　施設の規模

⑴貯蔵量……低レベル放射性廃棄物（ドラム缶等）を逐次受入れて約20万㎥（ドラム缶約100万本相当）を最終貯蔵します。

なお、貯蔵量の最終規模は約60万㎥（ドラム缶約300万本相当）とすることを考えております。

⑵使用電力

若干

⑶淡水

若干

4.　用地面積

ウラン濃縮施設と合わせて約300万㎡。（緑地を含む）

5.　建設工期

準備工事開始　　後述の立地調査にひきつづき昭和61年頃を予定しております。

操業開始　　　　昭和66年頃貯蔵開始し、逐次増設していく予定であります。

6.　建設費

約1,000億円

7.　要員

工事最盛期　　　　約700人

受入れ・貯蔵管理　約100人

なお、貯蔵施設については継続的に増設がありますので、常時工事関係者として約100人が必要であります。

8.　施設の概要と配置計画

(1)　作業工程の概要

主として専用船による海上輸送で、ドラム缶等を受入れ、標識の照合確認、外観検査、表面汚染検査等を実施し、貯蔵に適した仕分けを行ったうえ、貯蔵施設に搬入します。

(2)　年間受入れ量

当面年間最大約1万㎥（ドラム缶約5万本相当）を受入れます。

(3)　施設の配置計画

各施設の配置の一例は図-1に示すとおりであります。

(4)　施設の概要

主要施設の概要は次のとおりです。

a.仮貯蔵庫

受入れたドラム缶等を一時仮貯蔵します。

b.検査管理棟

貯蔵施設に搬入する前にドラム缶等の健全性を検査し、仕分けを行います。

c.貯蔵施設

健全なドラム缶等を仕分けされた種別に従って最終貯蔵する施設でコンクリート製ピット（半地下式）等を採用します。図-2にその概要を示します。

d.関連施設

ドラム缶等を輸送する3,000トン級の船舶が接岸し荷役する港湾施設については、むつ小川原港を利用させていただく予定であります。

また、港湾と本施設の間を結ぶ専用道路を建設いたします。

9.　安全対策並びに環境保全対策

国の安全規制のもとに地域住民や作業員の安全確保をはかることを基本として、必要な対策を行います。

施設の建設工事にあたっては、人身・設備・交通など各面にわたって安全確保に万全の対策を講じます。また工事に伴う周辺環境への影響を極力少くするよう、必要な対策を講じて、環境の保全に万全を期します。

(1)　原子力発電所等から発生する放射性廃棄物は放射線レベルの低いものであり、固体状であるため容易に飛散するような性質のものではありません。

したがって貯蔵施設においては先ず、以下のような十分な管理を伴う貯蔵から開始します。

（イ）　ドラム缶等を貯蔵施設内に入れた後、放射性物質の封じ込めに万全を期するため、施設近傍でその健全性を監視します。

（ロ）　さらに定期的に地下水中の放射性物質等を監視します。

また､敷地周辺の放射線の監視も行います。

(2)　一般的に土壌などは放射性物質を吸着、保持する性質があります。従って、周辺の土壌などによる放射性物質の保持力等について、評価が行われ安全性が確認されれば、管理の程度を逐次軽減することを考えております。

(3)　放射能はしだいに減衰する性質があり、廃棄物の放射線レベルも長い間には自然の放射線と同じくらいにまで減衰してしまいます。

このような過程を経ていずれ放射性物質とは云えない程に放射能が減衰すれば、一般の土地と同様な扱いとすることができます。

10.　立地調査

施設建設に必要な諸資料を得るため､地質地盤、気象、海象、生物などの調査を実施いたします。この立地調査は、できるだけ早く実施したいと考えております。

以上

図－１（略）

図－２（略）

［出典：電気事業連合会資料］

Ⅱ－２－５
原子燃料サイクル事業に係わる電気事業連合会のとるべき措置について（回答）

電気事業連合会会長　小林庄一郎　昭和60年３月２日

青森県知事　北村正哉殿

電気事業連合会会長　小林庄一郎

原子燃料サイクル事業諸施設の立地につきましては、かねてより格段のご尽力を賜り、深く感謝申し上げます。

さて、このたび日本原燃産業（株）を設立し、日本原燃サービス（株）とともに原子燃料サイクル事業を担務する二社体制を整備いたしました。

電気事業連合会といたしましては、両社とともに原子燃料サイクル施設の円滑な推進をはかってまいる所存であります。

先般、ご照会のありました標記の件につきましては、下記のとおりご回答申し上げますので、よろしくお取り計らいのほど、お願いいたします。

記

1. 「原子燃料サイクル施設の概要」に示された事業構想の実現について

電気事業連合会は、わが国の電力供給における主体性、自主性確保のため、原子力開発に鋭意取り組んできたところでありますが、その要である原子燃料サイクルの国内完結をめざして、本事業を計画したものであります。

また、これは国のエネルギー政策、原子力政策の基本として示されていることは、ご高承のとおりであります。

このような背景のもとに、電気事業連合会といたしましては、今後、立地の諸条件が整い次第、事業主体とともに、先にお示しした「原子燃料サイクル施設の概要」のとおり着実に実現するよう、とり進めていく所存であります。

2. 事業主体による安全対策の確立をはかるため、専門家に示した「主要な安全対策について」その基本を確実に履行することについて

電気事業連合会が、事業を構想段階で提示した主要な安全対策は、その確実な履行により、事業運営の安全性を確保しうることは、専門家報告書に述べられているとおりであります。

電気事業連合会といたしましては、事業主体とともに、専門家に示した主要な安全対策について、これを確実に履行することは勿論、国内外における運転経験ならびにこれまでの技術開発等から実用化できる最良の技術を採用し、国の定める法令・基準を遵守して、施設の設計、建設、運用を進めてまいる所存であります。

3. 万が一の事故に対する損害賠償及び風評による諸生産物への影響に対する補償等の対策について

原子燃料サイクル事業諸施設の建設・運用にあたっては、周辺住民の方々に損害を与えることのないよう、設備及び管理面で万全の措置を講ずることとしておりますが、仮に、これらに起因して損害が発生した場合には、原因者が当然その賠償の責任を負います。

また万一、原子力損害が発生した場合には、「原子力損害の賠償に関する法律」等に基づき、厳正適切に対処するものであります。

風評による影響につきましては、多重防護等安全対策に万全を期すほか、環境監視体制の整備により、そのような事態は発生しないものと確信しますが、今後、電気事業連合会といたしましては、事業主体とともに地元と協議の上、県内における事例等も参考にして具体的措置を講ずる所存であります。

4. 事業主体に対する責任体制の承継対策について

従来、原子燃料サイクル事業の立地につきましては、電気事業連合会の責任において推進してまいりましたが、立地の諸条件が整い次第、具体的な推進については、事業主体が責任をもって行います。

しかし、電気事業連合会といたしましては、引き続き本事業の重要性に鑑み、かつ電気事業者全体の意向を事業主体に反映していくため、電気事業連合会の会長が両社の会長を兼ねるなど、一体的な体制をとることとしております。

なお、従来、電気事業連合会が事業推進に関して示した事業構想等については、事業主体へ確実に引き継いでいく所存であります。

［出典：青森県資料］

Ⅱ－2－6

泊のみなさまへ

日本原燃サービス株式会社・日本原燃産業株式会社

厳しい寒さが続く毎日でございますが、みなさまいかがお過ごしでしょうか。

さて、かねてからお願いしております海象調査についてそのあらましをとりまとめました。ご一読いただければ幸いでございます。

一日も早く海象調査が開始できますよう、みな

さまのなお一層のご理解とご協力をお願いいたします。

昭和61年2月
日本原燃サービス株式会社
日本原燃産業株式会社

海が放射線で汚染されることはありません。

●再処理施設からの放出口を港湾区域内の海底に建設する予定ですが、

(1)　同施設からの排水は、海に放出する前に蒸発処理や、ろ過処理など、何重もの工程で放射能をとりのぞきます。

そして、いったん貯水タンクに入れ、環境への影響が無いことを厳しく確かめたうえで放出しますので、海を汚染することはありません。

このことは、わが国の権威ある専門家の意見を聞いたうえで、知事が確認しております。

参考：「原子燃料サイクル事業の安全性に関する報告書」（昭和59年11月）

(2)　したがって、“公害のたれ流し”とか“施設周辺には住めなくなる”というようなことを言う方がいますが、そのようなご心配はまったく無用です。

(3)　漁業への影響が無いということは、再処理施設のある茨城県東海村や、原子力発電所のある各地の実例からみてもご理解いただけると思います。

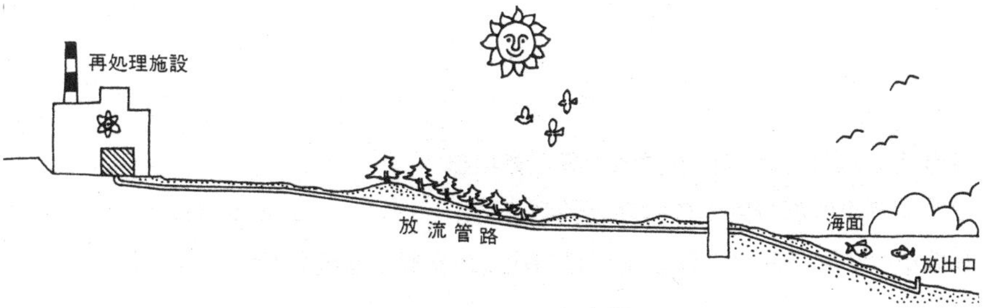

拡大図

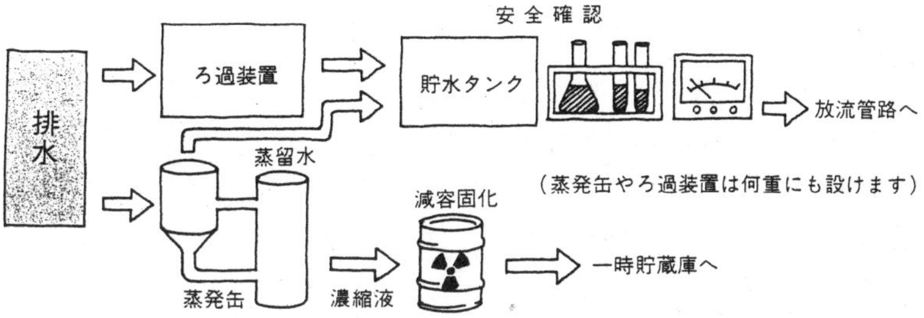

漁業再補償はありません。

(1)　放出口の建設するところは、青森県と関係漁業協同組合との間ですでに協定が結ばれ、漁業補償が行われた港湾区域内です。

(2)　そのうえ、原子燃料サイクル施設の運転によって「漁業ができなくなる」とか「いまのところに住めなくなる」というような、悪い影響も全くありません。

このような理由から、港湾区域内はもちろん、その他の海域についても、補償はありません。

港湾区域図

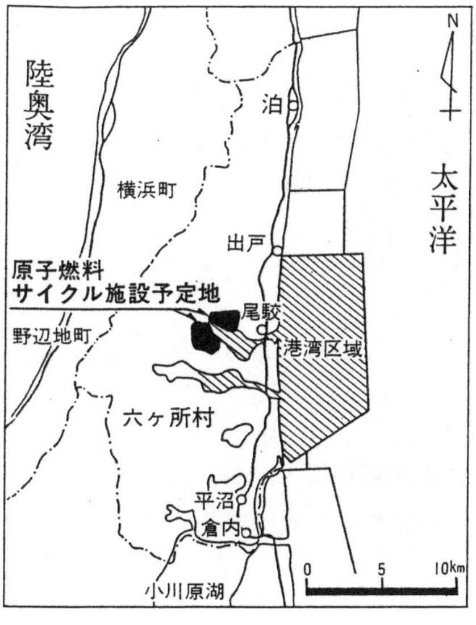

漁業補償に関する協定書（抜すい）

むつ小川原港港湾管理者青森県（以下「甲」という。）と泊漁業協同組合組合員（以下「乙」という。）は、むつ小川原港港湾整備事業に伴う漁業補償に関し、次のとおり協定を締結した。

(権利の放棄)

第1条　乙は、むつ小川原港湾区域内における漁業に関する権利を放棄するものとする。

(補償金の配分等)

第4条

3.　乙は、第2条に規定する補償金をもって、漁業に関する権利の放棄に伴う損失の補償は一切解決したことを確認し、今後いかなる名目によるも、甲に対し、補償の請求を行わないものとする。

(青森県知事と泊漁業協同組合との協定書：昭和55年3月31日)

海象調査にあたっては、みなさまのご協力をいただきながらすすめてまいります。

海象調査の概要（略）

■調査期間

シケなどによって観測できないことも予想されますので余裕をみて、期間は2年間を予定しています。

泊海域での調査は下図のようなものです。

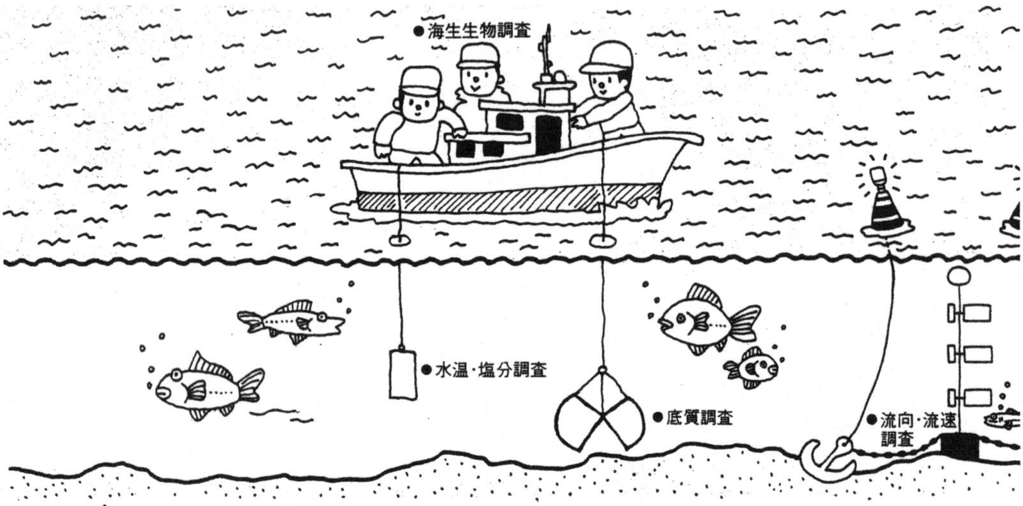

[出典：日本原燃サービス株式会社・日本原燃産業株式会社資料]

Ⅱ－2－7

会社案内

むつ小川原原燃興産株式会社

むつ小川原原燃興産株式会社の概要

設立　昭和62年4月1日

所在地　本店

039-32青森県上北郡六ヶ所村大字鷹架字道ノ下69番地31

資本金　授権資本金　4,000万円

払込資本金　1,000万円

株主構成　青森県　（出資比率25%）

六ヶ所村　（　〃　）

日本原燃サービス株式会社　（　〃　）

日本原燃産業株式会社　（　〃　）

役員　取締役社長　明石昭（前青森県むつ小川原開発室長）

取締役　古川伊勢松（六ヶ所村長）

取締役　渡邉要平（日本原燃サービス株式会社常務取締役）

取締役　高品浩（日本原燃産業株式会社常務取締役）

監査役　藤川直迪（青森県出納長）

監査役　山田照男（日本原燃産業株式

会社常務取締役）

事業目的

⑴　原子燃料サイクル施設およびその付帯設備の運転・保守管理の補助業務

⑵　作業用被服等の洗濯に関する業務

⑶　原子燃料サイクル施設に付属設置したピーアール館の管理・運営の補助業務

⑷　食堂・喫茶店・売店・理髪店の経営および受託管理

⑸　清掃・除雪・緑化等の構内整備に関する業務

⑹　不動産の管理に関する業務

⑺　事務用品、消耗品等の販売および斡旋

⑻　前記各号に付帯、関連する業務

会社の組織（略）

［出典：むつ小川原原燃興産株式会社資料］

Ⅱ－2－8
再処理施設予定地の地質に係わる内部資料問題について（報告）――立広発第24号

日本原燃サービス株式会社　昭和63年10月31日

青森県知事

北村正哉殿

日本原燃サービス株式会社

代表取締役社長　豊田　正敏

平素は、当社事業に対しまして、格段のご理解とご指導を賜わり厚くお礼申し上げます。

このたびは､再処理施設予定地の地質に関して、県ご当局をはじめ県民の皆さま方に大変ご心配をおかけいたしましたことは、誠に申し訳なく深くお詫び申し上げます。

当社は、今回の事態を厳しく受けとめ関係者一同肝に銘じ、今後の対応につきまして誠意をもって対処して参る所存であります。すなわち、当施設の安全性に対する当社の取り組み姿勢について県民の皆さまから、より一層のご理解とご信頼が得られるようＰＡ活動について、今後さらに工夫と努力して参りたいと存じます。

さて、青むつ第254号（63.10.11付）によりご指示のありました題記の件については、下記のとおりご報告いたします。

今後ともよろしくご指導ご高配を賜わりますようお願い申し上げます。

記

1．事実関係について

今回の定例県議会で取り上げられた再処理施設予定地の地質に係る内部資料問題についての事実関係は次のとおりであります。

⑴今回外部に流出したと推定される資料は、再処理事業指定申請準備の過程における断片的なものであり、当社敷地内の地質に係る専門家との打合せにおいて使用した資料及び当社関係者が作成したメモ等であります。メモについてはいずれも個人的なものであり当社の公式な資料でなく、不正な形で六ヶ所建設準備事務所から社外に出たものと推定されます。

⑵外部に流出したと推定される資料及びメモ

①北村先生現地視察時の説明資料及び議事録

○本年7月4日敷地内ピット、老部川等の露頭を見ていただき、学問的立場からご意見をいただいた際の、説明資料及びその際の個人的メモ。

②衣笠先生現地視察時の説明資料及び議事録（案）

○本年7月28日、先生が当社サイトを視察された際、先生に学識経験者としてご意見をいただいた際の、説明資料及びその際の個人的メモ。

③試掘抗調査に関する科学技術庁との対応状況及び添付資料

○科学技術庁担当官との申請書の構成等についての相談をもとに当社担当者が試掘抗調査について個人的に解釈して作成したメモ及び検討段階の配置計画図。

2．地質問題に関する当社見解について

当社としては地盤の安全性の調査について、再処理施設の安全審査指針にもとづき必要と考えられる試掘抗および碁盤の目のような綿密な、ボーリング調査等十分な地質調査を実施しており、これらの調査結果を総合的に評価した結果、地質工学的に地盤の安全性を確認しております。

なお、当社はこれらの資料をもとに再処理事業指定申請を行ない、安全性について国の厳正な審査を受けることとしております。

3．今後の対策について

⑴理解活動の強化

①今回の地質問題に関して、県民の皆さまの不安解消を図るため次を重点にＰＡ活動を積極的に実施いたします。

○県ご当局および県議会議員ならびに地元マスコミへの説明会を実施しています。

○六ヶ所村および周辺自治体当局をはじめ関係の方々に対する説明会を実施しています。

○新聞などマス媒体を通じより広く県民の皆さまのご理解が得られるような諸方策を実施します。

②今後の事業推進に当たっては、幅広い県民の皆さま方のご理解と相互の信頼感が不可欠であることをあらためて認識し、安全性に係る情報などに関して従来にもまして積極的かつきめ細かなＰＡ活動を実施してまいります。

⑵信頼される企業マインドの情勢

今回の事態に鑑み、全社員に対し県民の皆様のご信頼に応えるべく誠実・真摯にそれぞれの持ち場において業務に専心従事するよう周知徹底をいたしました。

以上

［出典：青森県資料］

Ⅱ－2－9

電気事業連合会における青森県への企業誘致活動について

電気事業連合会　平成２年４月24日

1.原子燃料サイクル施設の円滑な立地を推進するためには、地元の振興、とりわけ、企業誘致等を併せて推進することが重要であるとの認識のもとに、従来より通産省ならびに科学技術庁と一体となって検討を進めてきている。

2.具体的には通産省、科技庁ならびに電事連が、それぞれ下記のような、企業誘致を検討する会議体をつくり、これらをつなぐ「核燃料サイクル立地推進連絡会議」が昨年7月に設置され、立地推進施策の検討を行っている。

核燃料サイクル立地推進連絡会議

通産省	〔原子力関係施設周辺地域開発推進会議〕
科技庁	〔原子力研究開発推進体制に関する検討会〕
電事連	〔サイクル関連企業立地推進会議〕

3.電気事業連合会としては、広く青森県全域を対象に、多角的な企業誘致を推進するため、9電力副社長で構成する上記「サイクル関連企業立地推進会議」を設置した。さらに、具体的な検討を行うため同会議の下に実務家クラスの「小委員会」を設け、随時これらの会議を開催している。

4.本推進会議ならびに小委員会においては、電事連からサイクル施設の立地を巡る現地情勢を逐一報告し、企業誘致に関する意見交換を行うとともに、9電力各社の企業誘致推進状況を確認している。

5.企業誘致を円滑かつ効果的に取り進めるため、次のとおり県と緊密な連係をとるように努めている。

⑴企業の進出意向を把握し県および関係機関等へ紹介する。

⑵企業が希望する立地条件に相応する立地候補地点を県と共同して企業に提示する。

6.これまでの成果は次の4社5工場である。

（青森県への進出企業）（立地地点）

・（株）永木精機　六ヶ所村

・青森部品（株）（矢崎総業（株）の関連会社）　板柳町

・（株）青森フジクラ（藤倉電線（株）の関連会社）　弘前市ならびに六戸町

・大阪ヒューズ（株）　弘前市

7.この外、県の企業立地説明会等企業誘致施策に協力することとしている。

以上

［出典：電気事業連合会資料］

II－2-10

財団法人　電源地域振興センターの設立について

（財）電源地域振興センター

１．設立の経緯

本財団（会長には、那須電気事業連合会会長が就任）は、通商産業省資源エネルギー庁、電力１１社（電源開発、沖縄電力を含む)、日本開発銀行、北海道東北開発公庫等の協力のもとに、７月１日に設立を予定している。

本日（６月１４日)、電力各社社長、開銀および北東公庫総裁などが出席して、設立総会が開催された。

２．目的

我が国の電力需要は、内需拡大、国民生活の向上等を背景として、予想を上回る高い伸びを示しているが、電源立地は、原子力等をめぐる厳しい社会情勢から、ますます長期化している。

また、エネルギー資源の乏しい我が国にとって欠くことのできない原子燃料サイクル施設の立地についても、難しい問題を抱えているが、今後とも、地域住民の方々の理解と協力を得るべく、全力をあげて取り組んでいきたい。

このため、従来の電源三法制度による公共用施設整備等いわゆるハード面を中心とした支援に加え、電源地域の恒久的・自立的な発展を実現していくため、新たにソフト面を中心とした支援策を強力に推進することが緊急の課題となってきている。

このようなことから、かねてより、六ヶ所村・青森県等と協力して取り進めているサイクル施設立地地域における企業立地の一層の促進および、地域の振興を担う人材の育成などへの支援を、全国の電源地域も含めて行うことを目的として、本財団を設立するものである。

３．センターの概要

・財団事務所所在地　アーク森ビル（港区赤坂）

・人員構成　設立当初；40数名、最終55名（平成３年度末予定）

（電力、金融機関、メーカー等からの出向者含む）

以上

センターの概要

名称―　財団法人　電源地域振興センター

所在地―　東京都港区赤坂１丁目12番32号（アーク森ビル　27階）

設立―　平成2年7月1日

基本財産―　10億円程度予定（設立当初　4億円）

常勤役、職員―　55名予定（設立当初　40名程度）

目的―　電源地域の産業振興、電源地域の振興を担う人材の養成等ソフト面の事業を総合的に実施することにより、電源地域の長期的かつ自立的な振興を図り、これを通じて、電源立地の円滑化、電力供給の安定確保を実現し、もって我が国経済の発展及び国民生活の向上に寄与することを目的とする。

主な事業―

⑴電源地域の振興に関する調査・研究

⑵電源地域の振興に関する情報の収集、提供及びコンサルティング

⑶電源地域の振興に関する企業の生産・営業設備の整備に必要な資金の支援

⑷電源地域の振興に関する研修会、シンポジウム等の開催

⑸電源地域の振興に関する専門家の登録及び派遣

⑹電源地域の振興に関する特産品の紹介

⑺原子力立地給付金の交付

［出典：財団法人電源地域振興センター資料］

II－2-11

サイ進協だより　NO.4

青森県原子燃料サイクル推進協議会　平成２年７月25日

(中略)

地元雇用機会の創出

原子燃料サイクル施設の建設、操業は、21世紀に向けてのわが国最大のナショナル・プロジェクトであり、このプロジェクト遂行のためには、長期間に亘り、多数の建設、運転要員が必要であります。

運転保守要員

①運転保守に必要な現地要員数

原子燃料サイクル施設の建設が完成し、運転に入った後も、現地でこの原子燃料サイクル事業に直接雇用される要因は約千数百人となり、これに関連会社要因を合わせると約二千数百人になります。このうち約半数は地元採用が見込まれています。

②これまでの要員採用実績

これまで原子燃料サイクル事業に直接採用された要員は、下記のとおり、約250人であり、その85%は地元からの採用であります。なお、高卒の方は100%地元採用であります。

原子燃料サイクル事業要員採用者数

〔日本原燃サービス（株)、日本原燃産業（株）合計〕

（単位：人、%）

項目＼年度	昭和61	昭和62	昭和63	平成1	平成2	計
採用者数（A）	41	44	64	43	60	252
Aの内の地元採用者数（B）	33	37	57	39	49	215
地元採用者数比率（B/A）	80.5	84.1	89.1	90.7	81.7	85.3

［出典：青森県原子燃料サイクル推進協議会資料］

第３章　住民資料

第1節　青森県全県レベルの住民資料

Ⅱ-3-1-1	19850112	「核燃料サイクル施設」問題を考える文化人・科学者の会	「核燃料サイクル施設」は安全か－「青森県専門家会議」報告に対する見解－
Ⅱ-3-1-2	19850220	「核燃料サイクル施設」問題を考える文化人・科学者の会	「核燃料サイクル施設」についての公開質問状
Ⅱ-3-1-3	19870409	核燃まいね！意見広告を出す会	意見広告「核燃まいね！」
Ⅱ-3-1-4	19880199	放射能から子どもを守る母親の会	子どもたちに安心して暮らせる故郷を！
Ⅱ-3-1-5	19890599	木村義雄（農民政治連盟青森県本部副委員長）	農民の怒りと参院選独自候補
Ⅱ-3-1-6	19890929	自民党県連・農業四団体	核燃料サイクル施設に関する意見拝聴について
Ⅱ-3-1-7	19891204	核然料サイクル施設建設阻止農業者実行委員会	北村知事との懇談会の要旨
Ⅱ-3-1-8	19891213	核燃料阻止農業者実行委員会	自民党統一見解に対する核燃料阻止農業者実行委員会としての見解
Ⅱ-3-1-9	19900303	核燃料サイクル施設建設阻止農業者実行委員会	「ウラン濃縮機器搬入問題」に関する要請
Ⅱ-3-1-10	19900402	核燃料サイクル施設建設阻止農業者実行委員会	抗議声明
Ⅱ-3-1-11	19900809	核燃を考える県民自主ヒアリング開催実行委員会	公開質問状
Ⅱ-3-1-12	19901299	核燃料サイクル施設建設阻止農業者実行委員会	「原子燃料サイクル施設の立地への協力に関する基本協定」の破棄等を求める要請署名
Ⅱ-3-1-13	19910516	ウラン濃縮工場操業阻止農漁業者実行委員会	ウラン濃縮工場安全協定の締結に関する抗議文及び質問書
Ⅱ-3-1-14	19910516	ウラン濃縮工場操業阻止農漁業者実行委員会	ウラン濃縮工場安全協定の締結に関する陳情書
Ⅱ-3-1-15	19910725	核燃料サイクル施設建設阻止農業者実行委員会	「ウラン濃縮施設に関する安全協定」締結に対する抗議
Ⅱ-3-1-16	19920412	青森県反核実行委員会ほか	『92政治決戦勝利・反核燃の日青森県集会』集会アピール

第2節　六ヶ所村レベルの住民資料

Ⅱ-3-2-1	19861207	核燃から子供を守る母親の会	要望書（社会党・土井たか子委員長宛）
Ⅱ-3-2-2	19891021	核燃サイクルから子供を守る母親の会会長ほか	政策協定書
Ⅱ-3-2-3	19900809	六ヶ所村住民有志	公開質問に対する回答書に対しての再質問に関する要望書
Ⅱ-3-2-4	19960310	菊川慶子	うつぎ　第64号

第3節　泊漁業協同組合関連資料

Ⅱ-3-3-1	19850526	泊漁業協同組合総会動議提案者	核燃料サイクル学習会及び泊漁協副組長以下役員6名サイクル推進陳情更に海象海域調査に係る件
Ⅱ-3-3-2	19851209	泊漁業協同組合	理事会議事録
Ⅱ-3-3-3	19851224	泊漁業協同組合	理事会議事録
Ⅱ-3-3-4	19851226	泊漁業協同組合	理事会議事録
Ⅱ-3-3-5	19851226	泊漁業協同組合（板垣孝正組合長）	原子燃料サイクル施設立地調査に係る調査の同意について（回答）
Ⅱ-3-3-6	19851226	泊漁業協同組合（板垣孝正組合長）	原子燃料サイクル施設立地調査に係る同意条件について
Ⅱ-3-3-7	19860110	泊漁業協同組合	役員会議事録
Ⅱ-3-3-8	19860110	泊漁業協同組合	臨時総会招集通知
Ⅱ-3-3-9	19860118	泊漁業協同組合（滝口作兵エ組合長）	原子燃料サイクル施設立地に係る調査実施についてのお願いに対する回答
Ⅱ-3-3-10	19860125	泊漁業協同組合（滝口作兵エ組合長）	御報告書
Ⅱ-3-3-11	19860303	泊漁業協同組合（滝口作兵エ組合長）	緊急理事会開催について（通知）
Ⅱ-3-3-12	19860304	泊漁業協同組合（滝口作兵エ組合長）	会議録
Ⅱ-3-3-13	19860308	泊漁業協同組合	監事会議事及び議決確認書
Ⅱ-3-3-14	19860310	泊漁業協同組合組合長　滝口作兵エ	総会招集請求顛末書
Ⅱ-3-3-15	19860319	泊漁業協同組合（滝口作兵エ組合長）	臨時総会議案及び記録
Ⅱ-3-3-16	19860323	泊漁業協同組合（板垣孝正組合長）	臨時総会議事録
Ⅱ-3-3-17	19860329	泊漁業協同組合（滝口作兵エ組合長）	組合金庫検査立入請求書
Ⅱ-3-3-18	19860404	泊漁業協同組合（板垣孝正組合長）	理事会議事録

第１節　青森県全県レベルの住民資料

Ⅱ－３－１－１

「核燃料サイクル施設」は安全か――「青森県専門家会議」報告に対する見解

「核燃料サイクル施設」問題を考える文化人・科学者の会

「核燃料サイクル施設」問題を考える文化人・科学者の会

まえがき

昭和五十九年八月二十二日に、青森県知事より「核燃料サイクル施設」の"安全性"についての検討を委嘱された「専門家会議」（座長・小沢保知氏他十名）は、同年十一月二十六日、その検討結果を報告した。

「報告書」は「原子燃料サイクル事業の安全性に関する報告」と題され、「座長報告用」、「Ⅰウラン濃縮施設」、「Ⅱ再処理施設」、「Ⅲ低レベル放射性廃棄物貯蔵施設」および「Ⅳ環境安全」の五部から構成されている。うち「座長報告用のみは、新聞等を通して県民一般に公表されているが、他は一般には公表されていない。

「報告書」の内容は、大方の予想通り、「電気事業連合会」の考え方に追従し、事業の安全性を強調するものとなっており、結局、「原子燃料サイクル事業の安全性は基本的に確保され得ると判断した」（「座長報告用」三ページ）と結論づけている。

一方、われわれは、この問題について、「"核燃料サイクル施設"問題を考える文化人・科学者の会」を組織して、「県民シンポジウム」や数回にわたる「検討会」を開いて、独自の検討をつづけてきたが、結局、上記の「専門家会議」の結論とは正反対に、ますます「核燃料サイクル施設」に対する疑問と危惧を深めつつある。

そこで、われわれは「専門家会議」の報告を徹底的に解析･批判して、その結果をここに『見解』としてまとめ、広く青森県民に公表することとした。

本『見解』の作成にあたっては、広く全国の研究者・技術者の知見ならびに日本科学者会議・原子力問題専門委員会の集約意見等を参考にしたことを記し、謝意を表する。

本『見解』は、「第一章－総論」と「第二章－各論」とに大別されている。「第一章」においては、一般に公表されている「座長報告用」を中心に、「報告書」全般にわたる重要な問題点を総括的に記述し、それに対するわれわれの見解を述べている。したがって「核サイクル施設」が抱えている重要な問題のアウトラインの理解は、「第一章」を読んでいただくだけで十分であると考える。「第二章－各論」では、一般には公開されていない「報告書」の各章毎に、ページを追って問題点を指摘し、それぞれに対するわれわれの意見を加えている。「第二章」の記述は「第一章」に比し、より詳しく、より専門的である。

ともあれ、本『見解』が、多くの青森県民に読まれ、青森県の未来を考える判断材料として少しでも役立つならばこのうえない幸せである。

昭和六十年一月十二日

第一章　総論

一節「報告書」の根本的な欠陥

「報告書」は、まず「座長報告用」の「１　序言」の冒頭において、「青森県知事から、電気事業連合会が示した原子燃料サイクル事業に係る安全性について現段階における専門的な技術・知見に基づく判断を求められた」（「座長報告用」一ページ）と述べ、つづいて「現段階は構想段階にあるため立地地点の固有性を含めた詳細な設計はまだ示されていない」（同一ページ）として、結局、この「報告書」が立地条件の検討などは抜きにして、同事業の「構想」のみについて、その安全性なるものを一般的に検討したものに過ぎないことを自ら弁解している。

われわれは、このような「報告書」の性格を踏まえた上で、まず以て、この「報告書」について、次の五点の根本的な欠陥を指摘しなければならない。

１　欺瞞にみちた開き直りの論理

「報告書」は、立地点の固有な条件についての調査や安全審査は、"国"が行うもので、それを除いて「原子燃料サイクル事業」の安全性を検討したものだとしながら、一方では例えば「むつ小川原港を利用し港湾と本施設の間を結ぶ専用道路を建設する予定」（Ⅱ「再処理施設」一－四ページ）などと、立地点に係る問題を持ち出している。

これは、この「報告書」が、一方で"立地条件についての問題点"を問われれば、"それは国の審査に係ること"と言い逃れ、他方で"立地条件抜きに安全性が論議できるか"と迫られれば、"だからその点も念頭に入れた"と開き直り得る手法がとられているからに他ならない。

2　立地点の固有性を無視

このような欺瞞的な説明をきくまでもなく、われわれ青森県民は、電気事業連合会（以下「電事連」と略称）が、昭和五十九年七月二十七日に、正式に県に対し、上北郡六ヶ所村むつ・小川原開発区域内に「核燃料サイクル施設」を建設したい旨の要請を行ったことを知っている。

したがって、もし「専門家会議」が、地元六ヶ所村村民ならびに青森県民に対して、この事業の安全性について、真に責任ある回答を作成しようというならば、建設予定地の六ヶ所村という特定の立地点の固有性を徹底的に検討した上で判断しなければならないことはまさに自明の理である。

「報告書」が、時折思い出したかの如く、六ヶ所村の立地点に言及しながら、真に地元村民・県民が知りたい重要な課題となると、一般論、抽象論の次元で論議し、あげくの果て「安全性は基本的に確保し得ると判断した」などと、無責任に結論づけても、それはまったく無意味な"お題目"に過ぎないといっても過言ではないだろう。

3　独自の調査・判断の欠落

さらに「報告書」の重大な欠点は、「専門家会議」自身による独自の調査・判断がまったく欠落していることである。

すなわち、「報告書」は、「電事連」が提出した構想や説明のみを検討し、緒局、その考え方に追従して「安全が確保し得る」という判断を導き出したに過ぎず、「電事連」の計画に詳細に立ち入って、自ら調査・研究をしたり、具体的プロセスの科学的・技術的評価を行ったり、また、国内外の運転経験やそれに伴う事故例などを具体的に検討したとはとうてい考えられない。

「報告書」中に随所にみられる「（電事連はかくかくすることを）、考えているから……安全と思われる」式の論法は、この「報告書」の非科学的本質を露呈したものといわざるを得ない。

4　再処理技術に対する誤まった評価と楽観論

「報告書」の背景には、原子力事業推進上、安全性確保の面でさまざまな困難や障碍のある事実を軽視する姿勢が顕著にみられる。とくに、「核燃料サイクル施設」は、世界的にみて未だ確立されていない、未解決・未成熟の問題を抱えた技術であるのに、あたかも、それらのすべてを克服して確立された科学・技術であるが如き錯覚の下に、あらゆる問題について"楽観的"に終始している。これでは「安全性は基本的に確保し得る」などという安易な結論が導き出されるのも当然の帰結といえるかも知れない。

5　「専門家会議」構成メンバーの問題

「専門家会議」の構成そのものにも疑問を感ずる。その構成メンバーをみるに、少くとも十一名中七名までが、国の原子力行政や原子力関係施設に関与し、かつ「核燃料サイクル施設」推進を目指す立場に立つメンバーによって占められているからである。

これでは真に、六ヶ所村村民、青森県民の立場に立った中立・公平な判断を期待する方が無理な構成といわざるを得ない。

「専門家会議」のメンバーが「我田引水・身びいき」の論議に終始し、結局のところ、この「報告書」は、第三者による客観的な意見ではなく、"身内が身内をほめたたえる文書"になってしまったといっても過言ではないだろう。

二節「座長報告書」を中心に「報告書」全般にわたる重要な問題点

本節では、「座長報告用」を中心に、「報告書」全般にわたって、重要な問題点を拾い上げ、若干の解説を試みることとする。それぞれの問題点についての詳しい内容・解説は、「第二章　各論」の該当する部分を参照されたい。

1　専門用語の混乱

「報告書」は従来、「核燃料サイクル」という用語で、世界的に通用してきた概念を「原子燃料サイクル」と呼び変えている（「表題」他）。もっともこれは最近の原子力産業当事者たちの意向をそのまま受けついだものではあるが、いずれにせよ「核サイクル」という用語が「核兵器」のイメージと重なることを怖れた政治的配慮に他ならない。しかし、このような理由で、専門用語を変えることは混乱を招くのみである。

2　三施設併設の必然性の疑問

ウラン濃縮、再処理、低レベル放射性廃棄物貯蔵施設という、それぞれに技術的な大問題を抱えている三つの施設を同一地点に集中して建設しなければならない必然性や理由についてどこにも説明されていない。

3　隠されている二施設の増設計画

おどろくべきことに、「報告書」には、三施設の他に、将来建設予定の「転換施設」と「再転換施設」の二施設の用地がすでに確保されていることが明記されている（「Ｉ　ウラン濃縮施設」二ページ）。これは県民には未だ知らされていない計画であり、しかもこの二施設の安全性は「ウラン濃縮施設」と同等もしくはそれ以上の問題を抱えているが、それについて「報告書」には一行の論議もない。

4「高レベル放射性廃棄物」の処理・貯蔵

施設名称にはとくに「高レベル」という用語がつけられていないので、三施設はいずれも「低レベル放射性物質」のみを取扱うものと誤認している向きもあるが、実は、建設予定の「再処理施設」はウラン、プルトニウムを回収する機能と同時に、多量の極めて高レベルの放射性廃棄物の処理・貯蔵を行う施設でもある。「報告書」によれば、同施設では、当初三千トンＵの使用済燃料および多量の高レベル放射性廃棄物（処理工場から生ずる廃棄物に加えて、海外からの約六千本の高レベル返還廃棄物を含む－９参照）を貯蔵することになっている（「II　再処理施設」一－二、一－三ページ）。しかも、このような高レベル放射性廃棄物の処理･貯蔵について、「報告書」では「すでにガラス固化技術を含めて安全技術の蓄積があり、安全貯蔵することができる」（「座長報告用」十～十一ページ）としているが、その技術は、世界で目下、研究・開発の途次にあるもので、この断言は尚早である。更に、処理・貯蔵には万年単位にわたる安全性の保障が必要であるが、これらの長期的な問題に対する視野が欠けている。

5　再処理対象燃料の燃焼度アップ

この「報告書」ではじめて明らかにされた問題の一つであるか、こんどの再処理施設では、処理対象燃料の燃焼度が現在の国内外における実績の平均値（二六、○○○ MWD/ トンＵ）に対して、約七○％アップ（四五、○○○ MWD/ トンＵ－「II　再処理施設」一－一ページ）が目されている。現在の実績でも多くの難問を抱えている再処理の技術で、燃焼度の上昇に伴う再処理の一層の困難さにどのように対処するのか－という疑問に「報告書」はふれていない。

6　ズサンな工程・施設設計

「報告書」には、三施設の工程や工場施設のアウトラインが説明されているが、おどろくべきことに「概念設計」すら提示されていないズサンさである。

例えば再処理施設にしても、湿式再処理法（ピューレックス法）を採用することが示されているだけで（「座長報告用」十ページ）、その心臓部ともいうべき「溶解抽出装置」について、三つのタイプを併列して一般的に図解されているに過ぎない（「II　再処理施設」参考資料二－十六ページ）。

使用される機種、能力、組合せ等の設計が確定されずに、どうして、工程や工場施設の効率や安全性を論議できるのであろうか。

7　施設の材質

三施設の建設にあたって、それぞれどのような材質のものが用いられるのか－について「報告書」はまったく記述していない。例えば「ウラン濃縮施設」で取扱われる六フッ化ウランやフッ化水素などが強腐食性の物質であることを自ら記述しながら（「Ｉ　ウラン濃縮施設四ページ）、「材質」の表示も検討しないのでは、施設の腐食および、それに伴う事故、放射能もれ等について判断することができず、結局、この「報告書」が唯一、目的とした筈の施設の安全性さえ論議したことにならない。

8　事故の想定の欠落

船であれ、一般工場であれ、原子力施設であれ、人間が作り、運転するものに「絶対安全」などはあり得ず、大小の事故はつきものである。とりわけ、原子力施設では最大の事故を想定し、それに対処、克服し得る条件・方法等を検討してこそ、真の安全性が確立されることはいうまでもない。現にわが国の原子力発電所においても、そのような最大想定事故を仮定した事故対策が行われているにもかかわらず、この「報告書」には、そういった姿勢も手法もまったくとられていない。のみならず「トラブルを通してもたらされた改善が現在の安全技術の確立に大きく寄与している」（「座長報告用」十ページ）などと一般的技術には通用する概念を " トラブル " が重大な結果をもたらす原子力技術にまで安易に拡張して開き直るに至っては、もはや論外である。

9　返還放射性廃棄物の問題

とくに「報告書」において、フランス核燃料公社から返還される予定の放射性廃棄物の量が明示され、それが、すべて、今度の施設内に貯蔵されることが示唆されている。それによると、返還廃棄物は、約六万本で、そのうち高レベル廃棄物が1/10（約六千本）を占めている（「Ⅱ　再処理施設」二－四ページ）。このような計画は、青森県民に公表されていなかった。

10　貯蔵所から処分場への移行

「報告書」では、低レベル放射性廃棄物の貯蔵所が、最終的には「処分場」へと移行することになることを示唆している（「座長報告用」十一－十二ページ他）。これは極めて重大なことである。というのは「貯蔵所」の名において、じつは「処分場」を目指しているという点で、県民を欺瞞しているからである。「処分場」であるならば、まず第一に、立地点の地質、土壌、地下水等についての安全評価が優先されなければならない。

11　核の、ゴミ棄て場化

「報告書」中には、低レベル放射性廃棄物について将来、当施設から発生するものや原子力発電所から送られるもののみならず、「他の原子力施設から生ずる廃棄物をも受け入れる」ことが示されている（「Ⅲ　低レベル放射性廃棄物貯蔵施設」四ページ）。しかもその範囲が地域的にも内容的にも明確にされていないので、そうなると9、10の指摘も含めて六ヶ所村一帯がまさに「核のゴミ棄て場化」する怖れがあるといえる。

12　潜在的軍事施設の危険性

原子力産業で用いられているウラン濃縮やプルトニウム生産技術は、もともと歴史的には、核兵器生産技術として発達してきたものであり、たとえ平和産業のための施設であっても、それを軍事用に転換することは比較的たやすいことである。建設予定の施設は、広島型原子爆弾を年に二千発ぐらい生産する能力を持っているといわれる。そうなると、これらの施設が軍用化される怖れがあり、また有事の際、相手方の攻撃目標となることも懸念される。「報告書」はウラン濃縮と再処理施設が軍事用に切換え得る潜在施設であることを県民に知らせようともしていない。

13　ICRP 勧告の曲解

「報告書」はやたらと「アララの精神」なるものを振り廻しているが、「アララの精神」というのは、国際放射線防護委員会（ICRP）が一九七七年勧告において提案した放射線防護活動をおこなう場合に守るべき三つの原則のうちの「第二原則」－最適化の原則〔アララ（ALARA）－合理的に達成できる限り低く〕を守る精神を指す。「報告書」は三施設が「アララの精神に基づいて構想されている施設」（「座長報告用」五ページ他）だから、" 安全 " という論理を展開しているが、それではそれをどのように具体化し、放出される放射線量をどの位低く押さえるのかという点についてはまったくふれられていない。放射線量の問題は、単なる「精神規定」で済ませるような性格の問題ではない筈である。

第一、もっと重大なことは、「報告書」がICRP 勧告の「第二原則」のみをとり上げ、「第一原則」－正当化の原則を無視していることである。この第一原則ではそもそも放射能の利用は、" 正当な理由 " があって、それによって人々が " 利益を受ける " 場合に限るとしている。「核燃料サイクル施設」が果してそれに該当するのだろうか。その論議を抜きにして、放射能を利用する場合の原則である「第二原則」のみを持ちだすことは、まさにICRP 勧告のつまみ食い、曲解といわざるを得ない。

14　時代遅れの放射線量基準

「報告書」は、施設周辺の一般公衆が受ける放射線量の基準について、「ICRP」の一九六五年勧告をたてに「五〇〇ミリレム / 年」というゆるやかな数値を単純にも持ちだしてきている（「座長報告用」六ページ他）。

しかしスリーマイル島の原子力発電所の事故においてさえ、施設境界の放射線量が一〇〇ミリレム / 年に過ぎなかったことから、米大統領任命の同事故調査委員会が「五〇〇ミリレム / 年」という基準の甘さを指摘したのをはじめ、「ICRP」も一九七七年勧告においては基準をより厳しくする方向の考え方を打ち出している。このようにみてくると、単純に右の数値をたてにすることは現在では「甘過ぎ」、「時代遅れ」とみなされるのがむしろ通念である。現に、アメリカ・日本の原子力発電所では「五ミリレム / 年」、原子力発電所を含むいくつかの施設を併置しているアメリカの核燃料サイクル施設でさえ、全体で「二五ミリレム / 年」という基準を定めている。今回の施設も当然、現在の施設の通例にならったきびしい基準が採用されてしかるべきである。

15　気体放射性廃棄物の軽視

再処理工場の煙突からは種々の気体放射性物質が放出される。とくに問題となるのは、莫大な量のクリプトン 85 やトリチウムで、現在の技術ではまだその除去が不可能とされている。

ところが、これらの気体放射性廃棄物に対する「報告書」の認識・判断はおどろくべきほど安易で、「人体や農作物や海水産物等に濃縮・蓄積することは考えられない」（「Ⅳ　環境安全、七ページ）と片付けているが、クリブトン 85、トリチウムの怖ろしさや人体・農作物への影響等については、「国連科学委員会」（一九七二年）、日本原子力安全委員会（一九八一年）等も重要な警告を発している。さらに甲状腺への濃縮が問題とされるヨウ素 129 も放出される。

16　放射性廃液のたれ流し

再処理工場において処理された後の低レベル放射性廃液が沖合に敷設される放流管を通して海洋に放流されることが記述（「Ⅱ　再処理施設」四一一～三ページ）されているが、その核種も量も明らかにされていない。とりわけトリチウムは除去不可能なので、結局、「たれ流し」ということにされよう。

三節「報告書」の重大な欠落事項

すでに述べた如く、この「報告書」の決定的な欠陥として、施設周辺の安全性を判断する上で、必要欠くべからざる要素である「立地地点の固有な自然条件や社会的条件」を無視していることがあげられる。もとより、「専門家会議」は「それは今回の報告の守備範囲外」と弁解するにちがいないが、それならばそれで、「Ⅳ　環境安全」などという章を設けて、おこがましく報告すべきではなかったし、ましてや「環境が安全である」かの如き錯覚や幻想を県民に与えるような結論を下すことは厳に慎むべきであった。本節においては、当然「報告書」が検討すべき問題でありながら、欠落させている重要な問題点を指摘しておく。

1　自然環境

立地地点の自然条件－地層、岩盤、地盤、地震、気象、海流等の要素を徹底的に検討しなければ、施設そのものの安全性も周辺環境の安全性も決して論議できないと考える。とくに、立地地点一帯は " 断層・活断層ゾーン " に属し、断層に伴う地震の発生や地震災害の問題を考慮すれば、「安全である」などという結論はどこからも出てこない筈である。また、「報告書」では低レベル放射性廃棄物について、最終的には、この地域が「処分場」に移行することを示唆している（「座長報告用」十一－十二ページ）が、そうなるとなおのこと、その安全性については、地質・土壌等の天然バリヤとしての評価が最優先されなければならない。とくに同地域が、地下水・温泉水の豊富な涵養地域であることは、土中における放射性物質の拡散を促進するという重大なマイナス要素となる。さらにまた、クリプトン 85、トリチウム、ヨウ素 129 等の気体放射性物質およびトリキウム、ルテニウム 106、セシウム 137、ストロンチウム 90、コバルト 60 等を含む放射性廃液による汚染問題は、ヤマセを中心とする当地域の気象条件や海流の流向、流速・性状等の条件を考慮に入れずにはいかなる論議も成り立たない。

2　社会的影響評価

立地地点の周辺地域一帯は、農業・酪農・漁業地帯であるが、「核燃料サイクル施設」の建設によって、その産業・経済構造や住民の生活等に如何なる影響・変化を与えるのかーという社会的問題について、十分な調査・研究がなされなければならない。とくに施設から放出される放射性物質が農作物や海産物等にどのように濃縮・蓄積されるのかーという点の見極めは決定的な要素といえる。

3　射爆撃場・特別管制区の問題

立地地点は、米軍や自衛隊の戦闘機等が常時飛び交う「三沢対地射爆撃場」に近接し、「三沢特別管制区」（官報告示第一一〇三九号－運輸省告示第三三八号、昭三八、十月二日）内に位置している。現に、訓練機の墜落事故、模擬弾の誤投下などが跡を絶たない地域で、運輸省航空局も「こうした場所に原子力施設の立地計画は常識では考えられない」と首を傾けている（「朝日新聞」昭59・12・16付）。

「報告書」はくり返えし、「原子力施設の基本である多重防護の考え方に基づいて安全防護が図られる」（「座長報告用」六ページ）と述べているが、いかに建物や設備を"多重"にして防護しようが、例えば航空機が激突するような外側からの強烈な破壊の可能性さえ抱える環境条件を無視して、安全性を論議することが、いかにナンセンスであるかを、再度指摘しておきたい。

第二章　各論

本章においては、「専門家会議」の「報告書」の各章毎に、記述ページの順に、それぞれの施設をめぐる問題点を指摘し、それに対するわれわれの若干の見解を述べることとする。

なお、当然すでに「第一章　総論」において取り上げた問題点も再度記述されているが、その場合には、本章の記述の方がより詳しく、より専門的な内容となっている。

一節「Ｉウラン濃縮施設」の問題点

1、二ページに「なお、将来増設予定施設として、転換施設（イエローケーキを六フッ化ウランに転換する）並びに再転換施設（六フッ化ウランを酸化ウランに転換する）があり、その設置用地が確保されている」とあって、まだ県民に知らされていない施設の計画もあることが明らかにされている。この二つの施設は、有毒な六フッ化ウランやフッ化水素等を取扱う点で、その危険性は、「ウラン濃縮施設」と同等、もしくはそれ以上のものと考えられるが、その安全性等について、「報告書」は一行の説明もない。

2、三ページに「ウラン濃縮施設」の配置例が図示されているが、この図からも明らかな如く、「ウラン濃縮施設」の中心部は二重のフェンスで囲まれ、立入りが厳しく制限される。これはもとより、核物質の防護と商業機密の保持を主たる理由とするが、岡山県人形峠の施設では、国会議員でさえ立ち入りが拒否された例がある。

たとえ当初、事業団体と地方自治体との間で安全協定が結ばれ、住民を含めて、安全監視のための立ち入りが認められたとしても、とくに将来、施設が軍事転用への改造（濃縮度の高いウランの生産等）などが目された場合、国家秘密保持の理由で協定が無視され、立ち入り厳禁地域となることは想像に難くない。

3、四ページで六フッ化ウラン、フッ化水素がともに〝強腐食性〟の物質であることが記述されているにもかかわらず、施設の工程、輸送、貯蔵等に用いられるシリンダー、配管、バルブ、遠心分離機等の材質およびその腐食性等について、ただ「材質が金属性」とあるのみで、不明確である。これでは施設そのものの安全性を論ずることが不可能である。

4、十三ページに六フッ化ウランの原料および製品の輸送については、トレーラーによる陸送が考えられるとして、その輸送にあたっての関係官庁等との連絡システムか記述されている。しかし肝腎の「関係各県・市町村当局等」については、「必要に応じて」とあって、必ず連絡されるというシステムにはなっていない。

“シリンダーからの六フッ化ウランの漏洩は、「報告書」でも例としてあげている「フランス貨物船衝突事故」（三十三ページ）の如く、現実的に起り得ることであり、その場合の六フッ化ウラン自身および副次的に生ずるフッ化水素の毒性からして、事故現場一帯が重大な事態となることを考えるとき、関係する県・市町村・住民が"知らぬ間"に輸送が行われることは許されないと考える。
5、十六ページにカスケード系において重要な役割を果たし、かつ全体の工程の安全性にも重要な位置を占める「遠心分離機」に関する記述があるが、その構造について、わずかにケーシングと回転胴の存在以外、何も示されていない。回転数、寸法、容量、強度、カスケードの組み方等、安全性に係わる問題については、おそらく商業機密の名の下にブラックボックスとされる可能性が強い。
6、十八ページに濃縮工程中では、六フッ化ウランガスの圧力が大気圧より低く保たれ、したがって「ガスの系外への漏洩が防止される」とされているが、実際には、フランスの濃縮工場などで、壁面に沿った逆流による事故例もあり、また東海村の再転換工場でも、逆流によってガスが洩れ樹葉が枯死した例もある。単に、「負圧だから可」とするのではなく、漏洩防止の具体的方法、除去装置の効率や除去剤等を明示しなければその安全性などの検討は不可能である。
7、二十三ページに気体廃棄物の性状と処理方法とが記述されているが、そこに濃度が示されているウランとフッ化水素の他にウランの娘核種であるラドンが気体として放出され、さらにその娘核種も生成するが、それらの量の記載がない。
8、二十七ページに「動力炉・核燃料開発事業団」（以下「動燃」と略称）のウラン濃縮プラントにおける実績が引きあいに出されているが、「放出放射能量が規制値よりはるかに低い」というだけで、具体的数値は示していない。しかも、六ヶ所村に建設予定の施設は「動燃プラント」の二十倍もの能力を有しており、「動燃」のものと比較して「放射能による環境汚染の心配は皆無」というのはいい過ぎである。

二節「Ⅱ再処理施設」の問題点
1、一－一ページから一－四ページにかけての再処理施設の概要の記述をみて、東海村の動燃の再処理工場における度重なる事故、故障等の経験がまったく活かされていないことを痛感させられる。今回の電事連の計画の如く、軽水炉燃料の再処理技術の現状を甘くみて、その場しのぎを繰り返していれば、動燃の二の舞の事態を招くことは必至と思われる。
2、一－一ページに処理対象燃料の燃焼度について四五，〇〇〇 MWD/ トン U という目標数値が上げられているが、これは現在わが国で原子力安全委員会によって抑えられている数値（四〇，〇〇〇 MWD/ トン U）の一〇％増、現在の国内外の実績平均値（二六，〇〇〇 MWD/ トン U）に比すると七〇％増ということになる。
　現在の燃焼度でさえ、種々困難な問題が起きており、稼動率が東海村再処理工場でわずか 12%（現在停止中）、フランスのラ・アーグ再処理工場でも 26% にすぎないというのに、このような未経験の高燃焼度燃料に対し、どのように対処しようというのであろうか。「報告書」にはこの質問に対する解答は全くない。
3、同じく一－一ページに処理対象燃料の冷却日数を「処理時炉取出し後４年以上」と規定しているが、これは放射能減衰により、再処理の溶媒損傷を減らし、放射性物質の一部を減らす結果となって、環境対策上、有利な点もあるが、一方逆に、使用済燃料貯蔵期間や貯蔵容量の増大をもたらすこととなり、貯蔵中の安全性の管理が重要な課題となるが､それについては何等の説明もない。
4、一－四ページに使用済燃料等（返還廃棄物および低レベル固体廃棄物を含む）が、三，〇〇〇トン級の船舶による海上輸送で「むつ小川原港」に陸上げされることが明記されているが、この港の諸条件が、果してその目的に適しているか否かの判断は示されていない。
5、二－一ページに使用済燃料の放射能量が、四年間の冷却後にはウラン一トンあたり八〇万キュリーであるとの記載がある。
　これについて「報告書」は、五－二ページで工程内では数百万キュリーが内蔵されるにもかかわらず、完全に独立・分離している各ユニットの内蔵放射能量は、このように少ないもので、万一、事故がおきてもその規模は小さい—という趣旨の見解を加えている。
　"放射能量"というものに対するかくの如き安易な発想こそ、安全性への配慮が欠落する結果を招くと考える。
6、二－四ページに、この「報告書」ではじめて県民の前に明らかにされた点として、フランス核燃料公社から返還される予定の放射性廃棄物の量が示されていることが注目される。それによると､「概算値で､高低レベル廃棄物合計約六万本で、そのうち高レベル廃棄物が 1/10（約六千本）」とあり、今回の施設にそのすべて貯蔵されることを示唆している。このことは、再処理工程から生ずる高レベル放射性廃棄物と合わせて、ぼう大な量の高レベル放射性廃棄物が長期間にわたって施設内に貯蔵されることを意味し重大な問題である。

7、四－一～三ページに低レベル放射性廃液が、処理後には沖合に敷設する放流管を通して放流することが記述されているが、その放出放射性物質の種類も量も明示されていない。例えばトリチウムは蒸発処理等によっては除去不可能なので、結局「たれ流し」ということにされるだろう。

8、五－三ページには「再処理安全技術の現状」と題して、「内外の再処理工場において、すでに一,五〇〇トン以上の軽水炉使用済燃料の処理実績があり、これによってプラントシステムとしての安全技術は経験されてきている」としているが、現在世界の軽水炉の出力総計が約一,五億KWで、一〇〇万KW当り年間二五トンの燃料が使われているとみなされているので、年間約三,八〇〇トンの使用済燃料が生ずることとなる。過去を累重すると恐らく数万トンという数字になろう。それが、今日まで、「報告書」がいうようにわずかに「一,五〇〇トン」しか処理できなかったところに、再処理技術の未熟さ、困難さが証明されていることには目を向けていない。ちなみに、わが国では、再処理累積需要、約三，〇〇〇トンに対して、その処理量は一七〇トンである。

9、同じく五－三ページにおいて、外国の再処理施設が"大型化を期している"ことをもって、それと同程度の施設を計画しても安全だ―という論理を導き出しているが、これはおどろくべき論理の飛躍といわざるを得ない。

10、五－七ページにおいて、計画されている工程が、湿式再処理法（ピューレックス法）であることだけが明記されているが「概念設計」すら出されていない。こんなことで、工程の安全性がどうして論議できよう。とりわけ、工程の心臓部ともいうべき「溶媒抽出装置」が動燃の場合と同じ「ミキサーセトラ」なのか、「パルスカラム」なのか、それとも「遠心抽出器」なのか、三者の図解（参考資料二－十六ページ）が併記されているだけで、決定をみていない。

11、同じく五－七ページにピューレックス法が「国内外で既に二十年以上の実績を有する方法」とあるが、軍事用・ガス炉用としてはともあれ、問題の軽水炉燃料用としては、ウエストバレー(アメリカ)で一九六六年から(現在停止)、セラフィールド―旧ウインズケール（イギリス）で一九六九年から（現在停止)、ラ・アーグ（フランス）で一九七六年から、カールスルーエ（西ドイツ）で一九七一年から（現在停止)、東海村の動燃で、一九七七年から（現在停止）と―その歴史も浅く、困難の連続で、現在稼動しているのは世界で、ラ・アーグのみという事実には目を向けない安易な論旨といえる。

12、同じく五－七ページに「放射性廃棄物の処理、貯蔵については、既に高レベルの廃棄物ガラス固化技術も含めて、安全技術の蓄積があり、安定に貯蔵することができると考えられる」とあるが、処理・貯蔵技術は欧米においてさえ開発が始められて二十年余であり、我国においては、数年前から始められたにすぎない。五十～百年に及ぶ暫定貯蔵期間に比べても十分な技術的蓄積がなされているとは言い難い。

また、参一－十五ページに「最終処分については、再処理施設敷地外において国の責任の下に処分が行われることとなっている」としているが、十万年にも及ぶ期間の安全性が要求される処分技術は種々のアイデアこそ提案されているものの実用化の見通しさえ立っていない。このように暫定貯蔵期間が長期化することが予想されるにもかかわらず「報告書」はこれらの見通しさえ示さず、多量の高レベル廃棄物の長期貯蔵に伴う危険性にも言及していない。

13、五－八ページには、異常および事故の防止について記述されているが、「人的ミス」が重大な事故に発展しないような設計上の対策については、何等言及されていない。

一九五〇～一九七八年の間に、アメリカの民間再処理施設で発生した放射線事故四六〇件の約五〇％が、作業員の何らかのミスに起因したことに、「報告書」は思いを寄せていない。

14、参考資料一－四ページに記述されている「溶解工程」の説明は、「回分式溶解槽」を念頭に入れているようだが、同じく参考資料二－十五ページには「回分式溶解槽」と「回転式連続溶解槽」の両概要図が併記されていて、こんどの計画が、どちらのタイプを選択しているのか明確にされていない。

ちなみに動燃は「回分式溶解槽」を採用してい

るが、いずれにしても溶解槽は、強酸、強放射能、加熱、不溶性物共存などの条件に弱く、腐食し易いので、それに対する対策も指摘すべきである。
15、同じく参考資料一－四ページに記述されている「清澄工程」において使用される「パルスフィルター」は"目づまり"を起しやすいし、また、逆にフィルターの孔より小さい粒子は通過して溶媒抽出工程で、有機層と水層の境界に集まりやすいので、これらの点についての対策を示すべきである。
16、参考資料一－十四ページに記述されている「高レベル廃液」の処理において使用される「高レベル廃液蒸発缶」は腐食されやすいものであるが、ここでもその材質が示されていないから、論議の対象にできない。
17、参考資料二－二十ページから二－二五ページにかけての諸図・諸単元をみるに、「使用済燃料貯蔵施設」が「再処理施設」の付属設備としては、その規模が大き過ぎるように思われる。これは恐らく長期貯蔵化を目指しているためと考えられるが、それならばそれで「別施設」として取扱うべきであると考える。「高レベル廃液固化貯蔵施設」や「高レベル固体廃棄物貯蔵施設」についても同様である。

三節「Ⅲ低レベル放射性廃棄物貯蔵施設」の問題点
1、四ページにおいて、当貯蔵施設へ受け入れる低レベル放射性廃棄物として、将来「他の原子力施設で発生する廃棄物も受け入れることを考えている」とあるが、その範囲は地域的にも、内容的にも明確にされていない。とくに、動燃の東海村・人形峠の原子力施設や各大学・病院などの廃棄物も集めるのか、さらに、その中に実験生物体なども含まれるのか—といった点が明らかにされていない。

集積の範囲や内容が制限されないと、当施設がまさに「核のゴミ棄場」化する怖れがあるといっても過言ではないだろう。
2、五ページに原子力発電所から発生する低レベル放射性廃棄物が、西暦二〇〇〇年には累計一〇〇万本（二〇〇リットルドラム缶）となり、その時点で、こんどの施設の貯蔵能力が限界に達することを示唆している。

二〇〇〇年までには、あと十五年しかないから、結局、将来性に乏しい施設計画ということになり、かつその後の展望も示していない。
3、二二ページに、放射性物質の"閉じ込め"に有効な手段として「鉄筋コンクリートピット」をあげ、それが「かなりの長期間堅牢性を保つものと考えられる」としている。しかし、コンクリートピットの堅牢性については、現在国内外でアルカリ骨材反応、塩害等による問題が生じていて、"安全"と断定するのは尚早である。
4、二三ページに「最終貯蔵」がいよいよ「処分」に移行してゆくと「順次管理の軽減が図られ」とあるが、これは重大な問題を含んでいると考える。

すなわち、まず第一に、当貯蔵施設がどの位長期間にわたって有効性を保つのかが示されていない。主要核種であるコバルト60が約五年、セシウム137が約三十年、ストロンチウム90が約二十八・五年などと放射性元素の半減期が判っているのだから、どの元素をいつまでどこの機関が責任を以て管理するのかというスケジュールと体制を明記すべきである。というのは、現在の「電事連」には、このような問題は"国"が管理に当るものだという、"他人任せ"の空気があるように思えるからである。放射性物質の管理は"誰がどのような責任を以て当るのか"、国が当るにしても"どの省が責任を持つのか"、国の斡旋で特別な機関が設置されたとしても"それがいつの間にか消滅するようなことがないのか"—といった点についてもっと明確にしておく必要があるからである。
5、二四ページに「低レベル放射性廃棄物」の浅地中処分において、「放射性物質が素掘りトレンチ（注・土を掘ったままの溝）から漏れた経験が報告されている」とし、そのような場合にも「周辺の公衆に有害な影響を与えたことはない」と開き直っている。

"素掘りトレンチ"などといういかにも原始的な処分法の登場にもおどろかされるが、ましてやそこからの放射能洩れという初歩的ミスもさほど意に介さぬ神経には深然たる想いがさせられる。
6、二五ページには、低レベル放射性廃棄物の処分についての国の考え方（原子力委員会放射性廃棄物対策専門部会の中間報告、昭和五十八年）—低レベル放射性廃棄物をレベルによって三つに分けて管理し、そのうち、最低レベルのものは"ゴミ"同然の処理で処分する—を是認し、本施設の

「貯蔵所」が最終的には「処分場」へと移行することを示唆している。これは極めて重大なことである。「貯蔵所」の名において「処分場」とするというやり方は、まさに県民をだまし、かつ愚弄するものだからである。第一、そうなると、ことさらに、今回の施設建設予定地の立地条件の評価が重要となろう。とくに、地質・土壌等の天然バリアについての安全評価が最優先されなければならない。

ところが建設予定地の地層・土壌の安定度等について、今のところ少くとも客観的に評価し得るデーターは、「報告書」はもとより、どこからも提示されていない。

四節「Ⅳ環境安全」についての問題点

1、一ページに施設周辺の一般公衆が受ける放射線量の基準について「わが国では、国際放射線防護委員会（ICRP）の勧告に基づいて、五〇〇ミリレム／年以下と定められている」として、今度の施設がそれに従えばよいことを示唆している。

しかし、全世界に大きな衝撃を与えたスリーマイル島原子力発電所の事故においては、千数百万キュリーのキセノン等が放出され、周辺一帯の住民の退避が行われるような重大事態が発生したが、それでも施設の敷地境界の被ばく総量推定値は一〇〇ミリレム／年」であった。この事故に関して、米大統領によって任命されたスリーマイル島原発事故調査委員会（ケメニー委員会）も指摘したように、「五〇〇ミリレム／年」という数値が、異常時においてさえ、いかに非現実的な、異常なものであるかが理解できよう。

また、ICRPも一九七七年の勧告においては、「放射線防護活動の実施に際し、放射線利用が個別具体的な状況の下で、経済優先主義を批判する住民の立場から点検すべきである」という趣旨の考え方を打出し、具体的底数値こそ示していないが「五〇〇ミリレム／年」というゆるやかな基準の見直しを勧告しているのである。以上のような状況からすると、単純に右の数値を持ち出すことは、現在では「甘過ぎ」「時代遅れ」とみなされるのが世界的通念である。現にアメリカでは原子力発電所については五ミリレム／年、核燃料サイクル施設全体として二五ミリレム／年という風に厳しくなっており、わが国の原子力発電所もそれにならって、五ミリレム／年を採用している。当施設の基準も当然、その方向を前提とすべきであり、五〇〇ミリレム／年という数値を持ち出すところに環境安全への無神経さがうかがわれる。

2、六ページに、ウラン濃縮施設から放出される放射性物質について論じられているが、結局、さしたる根拠も示さず単に「その放出量は無視できる程度」（九ページ）という安易な判断を示している。

ウラン濃縮施設周辺の環境放射能測定例として、ポーツマス（アメリカ）の例があるが、ここではラドンの娘核種が検出されている。また、使用済ウラン（劣化ウラン）を原料とした場合、テクネチウム99の放出が検出されている。「報告書」にはこのような例の検討が欠けている。

そもそも、環境への放出放射性物質の影響を考える場合、それぞれの施設から放出される放射性核種およびその量について明示すべきは当然であるのに、「報告書」は、このような基礎的資料を記述することを怠る一方で、「安全である」という結論だけはくり返えし述べている。

3、七ページに、再処理工場の煙突から、除去されないまま、大量に放出されるとみなされる気体放射性物質―クリプトン85、トリチウム、ヨウ素129等についての記載があるが、それらに対する「報告書」の認識はおどろくべきほど安易で、「人体、農作物、海水産物等に濃縮・蓄積することは考えられない」と片付けている。

しかし、クリプトン85は、肺を通して人体に浸透するといわれ、しかも国連科学委員会の報告（一九七二年）によれば、北半球のクリプトン85の濃度は年々増加しており、その低減対策がとられない限り、西暦二〇〇〇年後半にはクリプトン85に起因する被ばくだけで、天然放射能から受ける全量と同等になると考えられている。クリプトン85の問題は、単なる施設周辺の環境汚染の問題にとどまらず、全世界的視野に立って検討されなければならない。

トリチウムは水素の同位体なので、化学的には水と同様の振舞いをして人体内に入るのみならず、「呼吸器・皮膚からも吸収されるという、他にもあまり見られない特徴を有する」ことを原子力安全委員会（一九八一年）が警告している。しかも、人体内では遺伝子に入って影響を与えるとも考えられているが、まだその実態は判っていない。

ヨウ素129は半減期が長いので周辺環境中に蓄積され、人体に入ると甲状腺に蓄積するといわれる。米国では、電力一〇〇万KWあたりヨウ素129を年間五ミリキュリー以内に抑えるという基準を設定している。このヨウ素129に対する「報告書」の記述はきわめて不真面目で、「最良の技術を採用することにより、環境への放出量を十分に低くすることができるとしている」（傍点筆者）として、「電事連」の実行不能な考えをそのままウノミにして、他人事のような文言で紹介するにとどまっている。

4、一〇ページに「諸外国の運転実績等からみてこれら三施設の運営に伴う周辺公衆の安全は、十分確保されている」と述べられているが、セラフィールド再処理施設に起因する海洋汚染や敦賀原子力発電所における廃液放出事故の事例や教訓はどこに行ったのであろうか。

5、同じく一〇ページには「動燃」の実績からみても安全とされているが、動燃の再処理施設からの放出量は、処理燃料一トン当り平均してクリプトン85が四,八〇〇キュリー放出されている。第二工場は燃焼度がさらに高いので、その放出量がさらに増大する。動燃の放出放射性物質による遺伝的影響の有無を調査したこともなく、また実際問題として不可能であって、「動燃」の例をもって安全―などという論理は成り立たないのである。

あとがき

すでに「まえがき」においても記述した如く、本『見解』をまとめるに当って、原子物理学、原子力工学、物理学、化学、生物学、地学、農学、社会学、法学他、各分野にわたる研究者・技術者、二十二名の方々が積極的に意見を寄せられ、また「検討会」に参加された研究者も二十名を越えた。

本会の六名の事務局員は、これら多数の研究者・技術者の意見を集約し、整理し、文章化する作業に多くの時間を費した。このように本『見解』は、可能な限りの、われわれの持てるメンバーと力量と時間のすべてを結集して作成されたものである。

しかしながら、何分にも、年末年始にかけての短時間の作業であったため、意のつくせぬ部分や、ときにはその判断や記述に誤りを犯しているかもしれない。本『見解』をお読みいただく方々の忌憚のない指摘と批判をまつのみである。

［出典：「核燃料サイクル施設」問題を考える文化人・科学者の会　発行物］

II－3－1－2

「核燃料サイクル施設」についての公開質問状

「核燃料サイクル施設」問題を考える文化人・科学者の会

「核燃料サイクル施設」問題を考える文化人・科学者の会　代表　明石誠

青森県知事
北村正哉殿

貴職におかれましては、先きに「核燃料サイクル施設」の“安全性”についての知見を「専門家会議」に求められ、「事業の安全性は基本的に確保され得ると判断した」という主旨の「報告」を受けとられました。

その後の貴職の言動を拝察するところ、あたかも、この「報告」を以て安全性に関する保証は得られたかの如く、施設受け入れに積極的かつ早急な姿勢を示されているように見受けられます。

しかしながら我々は、既に小冊子『核燃料サイクル施設は安全か－「青森県専門家会議」報告に対する見解』（別添）を発行して、我々の科学的見解を表明しておいた如く、「核燃料サイクル施設の安全性」について、重大な疑念を抱いております。

今を過ぐる十八年前、原子力船“むつ”の受け入れ決定に当って、当時の青森県議会全員協議会は次の如く宣言をしていました。

「多数の意見は安全性については我が国の科学技術の水準を信頼し、母港設置が下北開発の新しい機会となる可能性を期待する点にあると判断される。県主催の各界代表懇談会における意見もまた同様であった」

－このような判断の下に、当時「原子力船“むつ”の安全性には問題がある」と指摘した科学者の意見など一笑に付されて県政が進められた結果、“むつ”をめぐる政治的・経済的事態がどのような混乱にいたったかは記憶に新しいところであります。

青森県はこのような苦い経験を持っていながら、今回の「核燃料サイクル施設」受け入れ問題に対して、貴職が進められている方向と手続きとは、原子力船“むつ”の場合と全く同一であり、かつて歩いた轍を再び選択されようとしていることを、我々は憂えるものです。とりわけ、「核燃料サイクル施設」が“むつ”とは比較にならない危険な施設であることを思えばなおさらのことであります。

我々は、青森県民の生命と生活との末長き安全を切蘇する立場から、貴職に次の幾つかの指摘と質問とを致したいと思います。

できるだけ速かに、誠意あるご回答を望みます。

昭和六十年二月二十日

1　放射線利用の原則と青森県民にとっての損得勘定について

放射線利用を職業とする立場の者に対して発せられたICRP勧告の第一原則〔正当化の原則〕は、放射能は微量であっても安全ではないという認識に立脚して、放射性物質の利用には正当な理由がなければならないというものである。その場合でも、X線検査、放射線治療のように、受ける利益が被るリスクを上まわらなければならないというものである。その上に立ってはじめて、「電事連」が〝錦の御旗〟としている第二原則－最適化の原則〔アララ＝合理的に達或できる限り低く〕も意味をなすのである。

このような本来の主旨のICRP勧告に従うならば、第一に、青森県民にとり、サイクル三施設を併置する正当な理由が明確でなければならない。第二に、例えば青森市民のように交付金等の期待できない県民にとり、施設建設に伴なう利益は何であり、それがいかにしてリスクを上まるかも明らかでなければらない。

以上の二点に関して、貴職の見解をおうかがいしたい。とりわけ第二の質問には、その損得勘定を数量化して、明確にお答え願いたい。

2　五〇〇ミリレム／年という膨大な放出放射綾量の基準について

「電事連」は、建設予定の施設周辺における一般公衆が受ける放射線量の基準を五〇〇ミリレム／年以下としている。

しかし、全世界に大きな衝撃を与えたスリーマイル島原子力発電所の大事故においてさえ、施設敷地境界の被象放射線量は、一〇〇ミリレム／年であった。このことから前記の五〇〇ミリレム／年という数値が、いかに不合理、無意味なものであるかが認識されるにいたっている。現実に、日米の原子力発電所では五ミリレム／年、米国では、核燃料サイクル諸施設全体で二五ミリレム／年という厳しい数値を採用している。

貴職は、「電事連」がこのような世界の趨勢を無視し、ICRPの古い勧告や国内の遅れた法体系に基づいて五〇〇ミリレム／年という甘い、無神経極まる数値を持ち出してきていることを、どのように受けとめておられるのか。第二に、このような膨大な放出放射線量の下において、将来にわたり青森県民の生命と生活に深刻な影響が現われることはないとお考えであるのか。ないとお考えならその根拠もあわせておうかがいしたい。

3　再処理施設の技術的未確立について

我が国の東海再処理工場は、昭和五十二年よりホット試験を始め、五十六年に操業運転に入ったが、溶解槽の度重なる故障や酸回収精留塔の故障により断続運転を余儀なくされ、現在、停止中である。

この間の処理実演は、年間処理能力にも満たない。また再処理技術の未熟さは、世界の再処理工場の処理実績に照らしても明らかである。「専門家会議報告書」も参考資料として載せてあるように、米国をはじめとして多くの工場が、数年かかって年間処理能力そこそこの処理実績しかあげずに、中止あるいは停止している現状である。現在運転しているのは、フランスのラ・アーグ工場のみであり、その稼動率は二十六％に過ぎない。

このような現状に鑑みるならば、再処理技術は未確立と見なすのが、科学的に公平な立場であると考える。従って、貴職は再処理技術が確立し、安全性が確認されるまで、受け入れを受諾すべきではない。この点について如何にお考えか。

4　トリチウムおよびクリプトン85の放出低減策について

再処理工場から放出されるトリチウムおよびクリプトン85は、原子力発電所から放出される量に比べて桁違いに大量である。これは、これらの放射性物質の回収を行なうことができず、いわゆる〝たれ流し〟をしている結果である。今回の計画では、これらの核種の放出低減策は何ら触れられていない。

これらの核種に対する低減策を施さなければ、周辺住民の被曝が著しく高まる。また、これらの核種による地球レベルでの汚染が問題となっている現在、再処理施設は、その汚染源として世界の批判をあびることになるであろう。

米国では核燃料サイクル全体として放出総量を規制しており、クリプトン85の放出量は、一〇〇万kW換算あたり五万キュリー／年までとしている。

米国の規制値を適用すると、処理能力二一〇トン／年の東海再処理工場の放出規制量は三五万キュリー／年であるが、現実には能力どおり稼動した場合には、規制量の七倍にあたる二四〇万キュリー／年のクリプトン85を放出することになる。このような事態に直面して、茨城県も動燃に対し、クリプトン85などを低減するよう要請している。

今回計画の再処理施設ほ、東海再処理工場の約四倍の処理能力を有しており、また、燃焼度の上昇した使用済核燃料棒の処理が予定されているので、約一，〇〇〇万キュリー／年の放出量が見込まれる。

貴職は当然にこれらの核種に対する低減策を求められるべきだと考えるが、それは如何なるものであるのか。また低減技術が確立するまで受け入れを決定することなく、環境保全を重視すべきであると考えるが、如何なものであるか。

５　高レベル放射性廃棄物に係る危険性について

「再処理施設」は極めて高レベルの放射性廃棄物を処理・貯蔵する施設でもある。「電事連」の計画によれば、三千トンという膨大な規模の「使用済核燃料貯蔵施設」、「高レベル廃液固化貯蔵施設」、「高レベル固体廃棄物貯蔵施設」等が付属し、フランスより返還される廃棄物もここに受け入れるとされている。

かえり見るに、敦賀原子力発電所における放射性廃液の流出事故は、日本原電の〝事故隠し〟に対する批判とともに、原子力発電所に係る国・自治体の安全性確保の確認対策に大きな疑問を投げかけた。

再処理施設で扱われる放射性廃棄物は、その放射能レベルの高さ、熱量、腐食性の強さにおいて、原子力発電所のそれより格段に危険なものであり、事故や施設の腐食等による廃棄物の流出は、取り返しのつかない重大な事態を発生させる。

しかるに、「専門家会議報告書」では、最大事故を含むあらゆる事故を想定して、徹底的にその安全性を検討した形跡はない。

また、施設についても「耐食性の高い材料が用いられる」とあるだけで、腐食に係る材質についても、具体的な検討はなされてはいない。

以上の事態に鑑みるとき、貴職は、万が一にも発生してはならない高レベル放射性廃棄物に係る事故を、どのようにして回避しうると考えておられるのか、具体的におうかがいしたい。

６　高レベル放射性廃棄物のガラス固化技術について

「電事連」は、ガラス固化技術については、固化技術それ自体は既に確立しており、フランスでは、実用固化プラントが稼動しているとしている。しかし、これは二重の誤りである。ガラス固化体の安全性は、数十年にわたる貯蔵期間と、その後の最終処分において安定であることが確かめられなければならず、単に高レベル廃液をガラス固化しただけで技術が確立されたとするのは尚早である。また、我が国の技術は、フランスのそれとは異なり、高レベル廃液の混入比率が高いことや、フランスのプラントも事故を起していることなどを考えると、ガラス固化技術が確立していると判断する根拠はない。

さらに、「電事連」も認めているように、ガラス固化体の処分技術については、現段階では実証は未了である。このような現状で再処理を急ぐことは、高レベルガラス固化体が六ヶ所村に多量に留まることになる。

貴職はこの事態を如何に回避されるのか、その技術的根拠も含めて明確な回答をお願いしたい。

７　核のゴミ捨て場化と処分場への移行の危険性について

建設予定地には、「低レベル放射性廃棄物貯蔵施設」のみならず、多数の廃棄物の貯蔵が行なわれ、さらに将来、我が国の他の原子力関連施設から生ずる分も受け入れる可能性が示唆されている。

現在、全国の原子力発電所から生ずる使用済核燃料と低レベル放射性廃棄物の貯蔵とが満杯である事実を考える時、「電事連」が六ヶ所村に緊急に望んでいる施設が、各種「貯蔵所」であることは疑い得ない。

さらに国の方針では将来、最低レベル放射性廃棄物に至っては、一般のゴミ同然の処理で処分することも考えられている。このことは、本施設の「貯蔵所」が、最終的には「処分場」へ移行することを意味している。そうなると六ヶ所村は、もはや〝不毛の地〟ともいうべく、再利用の途の閉ざされた〝核のゴミ捨て場〟となるといっても過言ではない。

貴職はこのような事態が予想されることについて、どのようにお考えになっておられるのか。

8　潜在的軍事施設に対する安全監視について

「ウラン濃縮施設」と「再処理施設」とは、原爆製造の軍事施設へと比較的簡単に転換されうる施設であり、もともとそのようなものとして開発されたものであった。建設予定の施設は、広島型原爆二千発／年を製造する能力を有していると言われる。これらの事実に基づきこの二施設は、潜在的軍事施設と見なさざるをえないものである。

従ってこれら二施設は、以上の性格からして高度の機密性を保持することとなると思われる。それ故に、自治体による施設の安全監視と確認は困難であると思われる。

貴職は諸施設の安全性と軍事転用との監視を行なうために、如何なる実行可能な方策を考えておられるのか。

9　三沢基地、射爆撃場と隣り合わせの危険性について

立地点は、米軍や自衛隊の戦闘機が常時飛行している「三沢基地」、「三沢対地射爆撃場」に極めて近接しており、一帯は「三沢特別管制区」内に位置している。航空機墜落事故、模擬弾の誤投下等が跡を絶たず、基地、射爆撃場周辺で約一五〇件の事故が起っているという危険な地域である。訓練機がサイクル施設を直撃するような事故が生じた場合、たとえ建物のみを堅固にしても、様々な建物が複雑に建設されるという施設の性格上、安全性確保は困難である。政府機関でさえ、「こうした場所に原子力施設の立地計画は常識では考えられない」と述べたという「報道」もある。

事故を回避して安全を確保するためには、「三沢基地」、「対地射爆撃場」は撤去されなければならない。これまでにも東海村再処理施設の建設にあたっては、茨城県知事が再処理施設か射爆場かの二者択一を迫り、「水戸射爆場」が撤去された。

貴職がこのような地に核燃料サイクル施設の受け入れを固執するならば、「三沢基地」、「対地射爆撃場」を撤去するよう米軍、政府に働きかけるべきだと考えるが、如何であるか。また撤去が不可能な場合、安全重視という立場から施設の受け入れを断念すべきであると考えるがどうか。

10　断層地帯への建設の危険性について

立地が予定されている一帯は、多くの研究者が指摘しているように、南北性の断層、活断層が雁行して分布する断層帯中に位置している。

断層帯の地盤、地質は不安定で、時には地震源となったり、地震災害の集中域となることは、今日の地質学、地震学の常識であり、ただでさえ危険な核燃料サイクル施設を、このような場所に建設すべきでないことは当然のことである。

しかもこのような危惧は、決して非現実的なものではなく、現に断層帯中に建設された国家石油備蓄基地で発生しているタンクの不等沈下も、地質構造的問題である疑いが強いし、また、この断層帯の東縁に当たる陸域、ならびに陸域に近接する太平洋沿岸域において、一九六〇年にはマグニチュード六・三、一九七八年には二度にわたって、マグニチュード五・八の地震が発生している。

貴職は「核燃料サイクル施設」を選りに選ってこのような断層地帯に建設することを容認されるのか。容認される場合、その安全性を保障する必要十分な条件は何であるのか。

11　農水産業へ及ぼす影響について

六ヶ所村一帯は、酪農とともに近年では長イモ、ニンニク等の野菜の特産地として知られている。また太平洋側はサケ、イカ、サバ、イワシ等の全国有数の好漁場でもある。

「専門家会議報告書」では、「許容値」以内で放射性物質を排ガス、廃液のかたちで放出するといっているが、このことにより近隣の農水産物が広範に汚染される恐れがある。以上は正常に施設が稼動している場合のことであるが、重大事故が

発生する事態を想定すれは、農水産業へ及ぼす深刻な影響は、飛躍的に拡大・増加するものと思われる。

他面、米国のNFS再処理工場周辺で飼育されていた牛の牛乳よりヨウ素129が検出され、日本の原子力発電所の周辺海域では、海藻や貝からコバルト60等が検出されていて、食物連鎖を媒介とする放射能の濃縮による人間の健康に及ぼす影響が、一般に重大問題になってきている。

貴職は、農水産物の摂取を通して影響される県民の生命や健康について、安全であると考えておられるのか。そうお考えならその安全根拠を具体的に回答されたい。また、放射能汚染が農水産業や流通加工業界へ、どのような影響を与えるものと考えるか。

12　意見聴取者の選択の不公平について

貴職は、「サイクル施設」受け入れに関する県論集約の方法として、二六〇名にわたる各界からの「意見聴取」をされ、その結果が全県民の大方の世論動向を示すものと判断されているように推察される。

しかし、聴取対象者の中の「各種団体」一五一名中、商工業関係者とそれと密接に関係する者が多数を占め、他面、四〇万以上をかかえる労働者団件の代表や消費者団体の代表は全く排除され、わずかに「学識経験者」の一部として入れられているにすぎない。また、本問題を考える上では、専門的科学的知見は極めて重要であり、その意味で科学者の有する学識は、最も必要とされるにかかわらず、科学者・研究者を多くかかえる各大学からは、学長が一人づつあてられているにすぎない。貴職は、第一に、意見聴取対象者の選定基準を一体どこにおかれたのか。第二に、それは立地受け入れ賛成の県論づくりの観点からの選定ではないのか。

13　「安全性」の確認について

最近、県当局はしばしば本施設の安全性について、「確認済み」、「論議済み」という認識を示しておられるが、何を以てその根拠となるのだろうか。

そもそも「専門家会議」はその構成員からみて、真に県民のための客観的判断を示したとは思われないにも拘らず、その結論を以て、「安全性」の拠とし、また、国の安全審査によってはじめて立地条件の安全性が論議できる資料が整う筈なのに、それをも待たずに「安全性が確立された、論議が終った」と考えるのは行過ぎと思うがどうか。

［出典：「核燃料サイクル施設」問題を考える文化人・科学者の会資料］

Ⅱ－3－1－3

意見広告「核燃まいね！」

核燃まいね！意見広告を出す会

第34256号　（第三種郵便物認可）　東奥日報　（全面広告）　昭和62年（1987年）4月9日　木曜日　（6）

意見広告

今からでも遅くない！反対の声を大きくしていきましょう。

核燃まいね！

「まいね」とは、津軽地方の方言で「ダメ、イヤダ、ノー」という意味です。

●きょう4月9日は、「反核燃の日」です。

私たちは、放射能に汚染された故郷を、子や孫に残したくありません。

1985年4月9日、青森県議会は多くの県民の声を無視して核燃料サイクル施設の建設に協力することを決定しました。

1 売れなくなる！りんご、米、さかな

再処理工場からばらまかれる放射能で、海も空も大地もすべて汚染されつくします。

2 再処理工場は地球上で最も恐ろしい施設

再処理工場の運転を開始して30年たったイギリスのウィンズケール（現在セラフィールド）の周辺では小児ガンが多発し、イギリス全土の海域が放射能で汚染されてしまっています。また、一旦、事故が起きればチェルノブイリ事故の比ではなく、世界中が取り返しのつかない被害をこうむると警告されています。

3 核のゴミ捨て場になる青森県

原発を運転し続ける限り、放射性廃棄物はたまり続けます。その廃棄物が六ヶ所村に埋め捨てられ何百年から何万年もの間、放射能を出し続けます。

4 六ヶ所村は核燃に最も不適な所です

三沢基地、石油備蓄基地、三つの射爆場と、どれひとつをとっても危険な施設に囲まれています。その上、地盤がゆるく地震が起こりやすいといわれています。

5 電源三法交付金も雇用拡大というのも、一時的なもの

原発銀座と言われる福井県や福島県では、立派な施設を次々と造ったものの原発完成後は雇用はガタ減り、建設物の管理維持費で財政は悪化。また出稼ぎせざるを得なくなり『過疎とコンクリートだけが残った』といわれています。

■原子力発電は石油の代替エネルギーにはなりません。

■原発がなくても電気は余っています。

真夏の電力需要のピークでも、水力、火力発電で充分間に合っています。

この意見広告は、子どもたちの将来のために核燃に反対している弘前の母親たちが発案し、それに賛同してくださった県内外の多くの方々のカンパによってまかなわれました。

3月30日現在、寄せられたカンパは（1,281件）（2,240,850円）にのぼっています。
ご協力くださった方々に心から感謝いたします。

核燃まいね！意見広告を出す会　〈連絡先〉弘前市広野1丁目17の6　〈倉坪方〉☎0172(87)5931

出典：「『東奥日報』1987年4月9日」

Ⅱ－３－１－４
子どもたちに安心して暮らせる故郷を！　六ヶ所村核燃料サイクル計画の素顔
放射能から子どもを守る母親の会　1988.1

放射能から子どもを守る母親の会

子どもたちに
安心して暮らせる故郷を！
六ヶ所村核燃料サイクル計画の素顔
1988.1
放射能から子どもを守る母親の会

＜はじめに＞

私たちは、青森県六ヶ所村に建設されようとしている、核燃料サイクル建設に反対している弘前市に住む母親です。

「核燃」の計画は、青森県に膨大な量の放射能を集中させようとする全く無謀で危険な計画です。

私たちは、母親として、また大人として、大切な子どもたちに放射能で汚染された故郷を残すことはできません。この計画をストップさせるためには、ひとりでも多くの人が、今、すぐに、反対の声をあげていくことが必要だと思います。

テレビや新聞からは毎日のように「核燃」や「原子力発電」の必要や有効性を説く宣伝が流されています。

その裏に隠された本当の姿は、私たちが自ら知ろうとすることによってしか明らかにはなりません。

このパンフレットは、私たちが学んで知った「核燃」の危険な実態をまとめたものです。

是非ご覧になって、反対の声をあげてくださることを心から願っています。

1988年1月31日

目　次

＜はじめに＞

私たちは、青森県・六ヶ所村に建設されようとしている、核燃料サイクル建設に反対している弘前市に住む母親です。

「核燃」の計画は、青森県に莫大な量の放射能を集中させようとする全く無謀で危険な計画です。

私たちは、母親として、また大人として、大切な子どもたちに、放射能で汚染された故郷を残すことはできません。　この計画を、ストップさせるためには、ひとりでも多くの人が、今、すぐに、反対の声をあげていくことが必要だと思います。

テレビや新聞からは毎日のように「核燃」や「原子力発電」の必要や有効性を説く宣伝が流されています。
その裏に隠された本当の姿は、私たちが自ら知ろうとすることによってしか明らかにはなりません。

このパンフレットは、私たちが学んで知った「核燃」の危険な実態をまとめたものです。

是非ご覧になって、反対の声をあげてくださることを心から願っています。

1988年1月31日

1

核燃料サイクル計画とは…

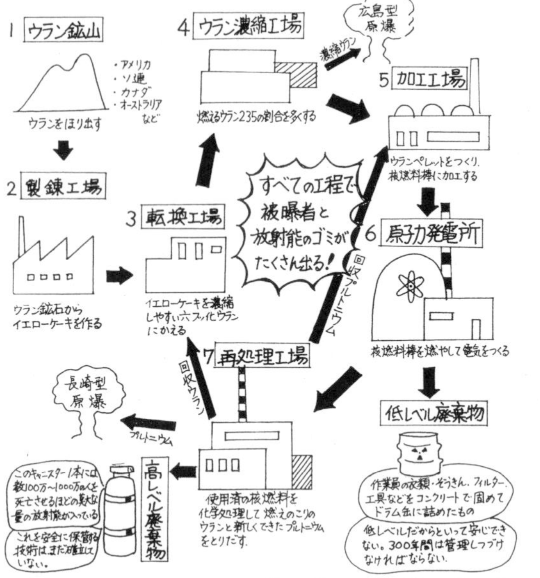

この計画は、核燃料の有効利用のためのものと宣伝されていますが、その真のねらいは、原発の運転によって大量に生み出され続け、行き場のなくなりつつある使用済核燃料や放射性廃棄物、また、フランスやイギリスからの返還廃棄物の処理・処分（核のゴミ捨て計画）であり、また、核兵器の原料となるプルトニウムの貯蔵にあるといわれています。

3

核燃料サイクル建設予定地

―― 青　森　県　略　図 ――

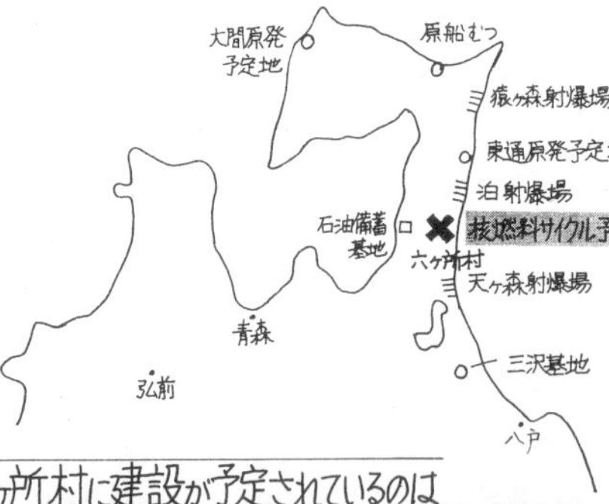

六ヶ所村に建設が予定されているのは

- ウラン濃縮工場
- 低レベル廃棄物貯蔵施設

  日本中から放射能のゴミを集めて埋め捨てる。
  西ドイツでは、ドラム缶5万本の計画でも無謀との声が強い。六ヶ所村には、300万本も集まる予定！
- 再処理工場
  - 莫大な放射能と爆発しやすい有機溶剤を扱うので"地球上で最も恐ろしい施設"といわれている。
  - 一日で原発一年分の放射能を環境中にばらまく。
  - 技術も未確立で事故の可能性も大きい。

以上、三つの施設だが、実際には、7～8点セットを見込んでいるといわれている。1つだけでも危険なのに、それらを集中させるという全く無謀な計画。

六ヶ所村は核燃に不適なところ

- 地盤がゆるい
- 地下水が豊富
- 三沢基地・射爆場など軍事施設が密集している
- 石油備蓄基地から　わずか800mのところが建設予定地。

2

六ヶ所村に集中する核物質

一年間に六ヶ所村に運び込まれる予定の核物質

- 低レベル廃棄物 ―― ドラム缶（200ℓ）で5万本
- 使用済核燃料 ―― 800t
- 天然ウラン ―― トレーラー　228台分
- 海外からの返還廃棄物 ―― ドラム缶6万本（低・高レベル共で）

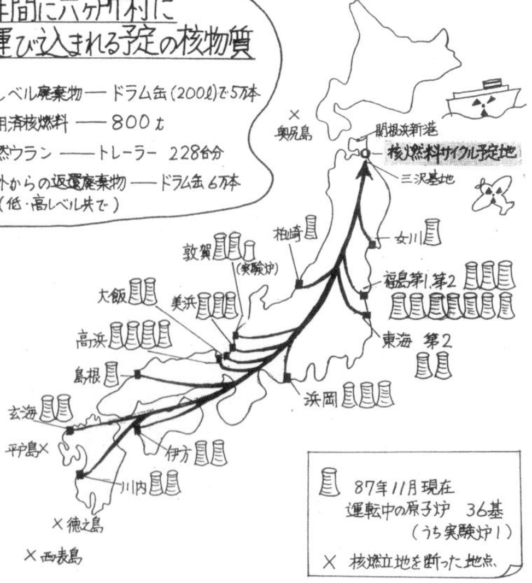

・核物質は専用船で輸送され、その後、専用トレーラーで各施設に運び込まれる。
アメリカでは、1979年の一年間に週2～3回の割合で交通事故が起きた。
フランスの輸送船モンルイ号は、1984年太平洋上で沈没事故を起こした。
・イギリス、フランスから返還されるプルトニウムは、アメリカ経由で、三沢基地に空輸される計画といわれる。

4

再処理工場が運転されると

青森県は世界一の

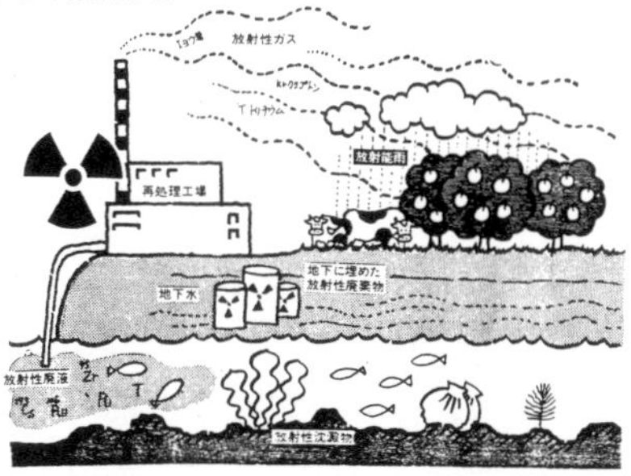

大気が汚染され、水も土も汚染され、りんご・米・長いもなどの農産物はすべて放射能で汚染されてしまいます。

海に放出される放射能は、海流にのって六ヶ所村の漁場はもとより、八戸・三陸沖の漁場一帯を汚染してしまいます。

再処理工場から放出される放射能の量	
気体として 煙突から大気中に 約 350万キュリー （原発の1800キュリーと比べると約2000倍）	液体として 放流管から海に 約 75万キュリー （原発の93ミリキュリーに比べると約 775万倍）
東海再処理工場（200t/年）でのこれまでの放出実績をもとに算出したもの ― 日本科学者会議連絡報告書より ―（比較した原発は、S51年度の敦賀原発）	

核燃から放出される主な放射能

Pu プルトニウム239
- 半減期 24000年
- α線を出す
- ウラン238に中性子を吸収させてつくられる
- スプーン一杯で日本人全部を肺ガンにするといわれる超猛毒物
- 長崎に落された原爆の材料
- 再処理工場では、このプルトニウム239とウランを回収する

T トリチウム
- 半減期 12.3年、β線を出す。
- 自然界と生物体に存在するが原爆や核実験によっても多量に生成された。
- 再処理工場からも多量に海中に放出される予定

1972.10.2
原子力発電から出る
トリチウム
許容線以下でも危険
染色体に異常反応
学者が、こわい報告

Sr ストロンチウム
- 半減期 28年、β線を出す
- 骨に集まりやすい

放射能汚染地域に!!

（ヨークシャー・テレビより）

- ウィンズケールに面する海域を中心にセシウム137による汚染がイギリスの全海域に広がり、漁業に深刻な影響を与えています。
- また、ウィンズケールのあるカンブリア地方の海岸では、プルトニウムの汚染が核実験の3000倍というレベルまで進んでいることが明らかになっています。

○再処理をはじめて30年後のイギリスのウィンズケール（セラフィールド）周辺では、子どもの白血病が多発し、全国平均の10倍にもなっています。

○ウィンズケールから9km離れた民家の室内のちりの中からプルトニウムを含む放射能が検出されています。

六ヶ所再処理工場の規模はウィンズケールの二倍です

特に被害を受けるのは大切な子どもたちなのです

Cs セシウム137
- 半減期 30年、銀白色の金属元素
- γ線とβ線を出す。

　チェルノブイリの原発事故で多量に放出され全世界に深刻な影響を与え続けている。

244人放射能汚染　ブラジルでセシウム被曝

Kr クリプトン85
- 半減期 10.8年
- 放射性の不活性ガス、・β線とγ線を出す
- 六ヶ所村に建設予定の再処理工場からは一年間に約346万キュリーが放出される見込み。

I ヨウ素131 半減期 8日
I ヨウ素129 半減期 1600万年

　放出される量は少ないが、人体に与える毒性は強い。とくに、甲状腺に集まる性質があるため、子どもに対する影響が深刻。

　1954年、水爆実験が行なわれたロンゲラップ島では、子どもの甲状腺ガンが多発した。（22人のうち、19人に甲状腺ガンが出来、そのうち18人が死亡。）

放射能とは

- 放射線を出す能力、またはその能力のある物質のこと。
- 目に見えず、臭わず、人間の五感に感じない。そのため、多量にあびていてもわからない。
- どのような方法を使っても、なくすことはできない。けれども、時間とともに少しづつ減っていく。

放射能が放射線を出しながらこわれていき、その強さが半分になる期間を**半減期**という。

放射線には

アルファ線（α）ヘリウムの原子核
ベータ線（β）電子
ガンマ線（γ）電磁波
がある。

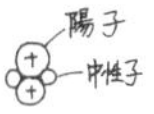

放射能の恐ろしさは放射線が人体を傷つけ生命をおびやかすことにある

放射能の単位

キュリー，ピコキュリー（1ピコキュリー＝1兆分の1キュリー）
- 1キュリーは、ラジウム1gと同じ放射能の量。1秒間に370億本の放射線を出す。
- 1キュリーの放射能を大人が直接体につけると3分間で死ぬと言われている。

ベクレル（1ベクレル＝27ピコキュリー）
- 1秒間に1回、原子がこわれるだけの放射能の量。（1秒間に放射線を1本出す。）

レム，ミリレム（1ミリレム＝1000分の1レム）
- 人体が放射線を受けた時の影響の度合をはかる単位。

輸入食品の基準値

日本は1kg当り 370ベクレル
シンガポールでは 0ベクレル
西ドイツのある小児科医は、10ベクレル以上は、子どもに与えてはいけないといっている。

日本の基準は甘い

体に蓄積される放射能

トリチウムは、水素と同じふるまいをし水として体中に入りこみ、その周囲の細胞を破壊する。

○ それぞれの放射能は、化学的性質のよく似た物質と同じような行動をとる。

セシウム137 → ナトリウム・カリウム
ヨウ素131 → ヨード
ストロンチウム → カルシウム

○ 放射線によって最も影響を受けるのは骨髄、造血組織、リンパ腺、胎児の組織などの増殖、再生するような組織。
つまり、大人よりも、子どもや幼児に及ぼす影響が大きく深刻。

食物連鎖と生体濃縮

（コロンビア川（米国）での人工放射能濃縮データ）

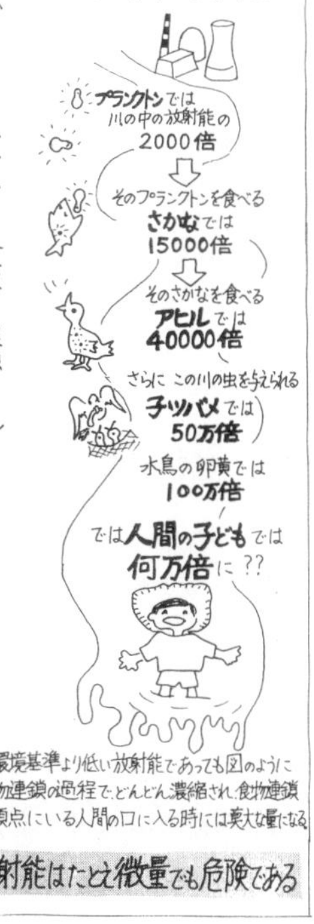

　環境基準より低い放射能であっても図のように食物連鎖の過程で、どんどん濃縮され、食物連鎖の頂点にいる人間の口に入る時には莫大な量になる。

放射能はたとえ微量でも危険である

大事故の恐怖

チェルノブイリ原発事故　1986.4.26（ソ連）

原子炉の暴走事故。大爆発により炉心が破壊され、大量の放射能（広島原爆の100発分以上といわれている）が飛び散り、ヨーロッパを中心に、全世界を放射能で汚染した。8000km離れた日本にも、一週間後やってきた。

今なお、セシウムを中心とする深刻な汚染が続いている。

内部4000度…手つかずに　4月30日

5月15日付　市民の多くが脱毛　ソ連事故原発の北方130キロ

まるで死の街　5月11日付

最悪事故　4月30日

西独　葉もの野菜出荷停止

「中絶を」妊婦殺到　ソ連原発事故余波のユーゴ

野菜の販売禁止　オーストリア

〈ヨーロッパ諸国の放射能汚染状況〉

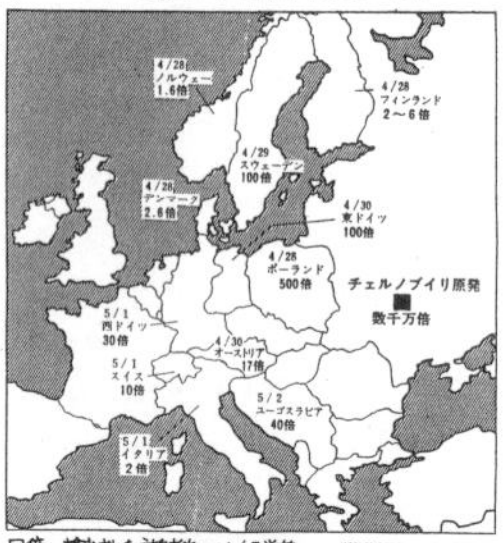

□倍…検出された放射能レベル（通常値に対して）　（『反原発新聞』1986年5月20日）

日本の原発は安全といわれていますが毎年何件もの放射能もれ事故や故障をおこしています。次の大事故は日本で起きるのでは!?と警告されています

9

被曝者は世界中に…

〈核実験による被曝者〉
アトミックソルジャー（アメリカ）
風下の住民（アメリカ・ネバダ州）
ビキニ・マーシャル人

〈ウラン採掘による被曝者〉
インデアン（アメリカ・カナダ）
アボリジニ（オーストラリアの先住民）
ナミビアの住民

〈核廃棄物による被曝者〉

〈下請労働による被曝者〉（原発）

岩佐訴訟
1971年、原子炉内での作業中に被曝。それが原因で健康を害し働けなくなる。
原電を相手に訴訟をおこしたが一・二審とも全面敗訴。

被曝による障害

急性障害――数週間以内に影響がでる。
・一度に大量の放射線をあびた場合
・症状―吐気、頭痛、下痢、血便、脱力感、脱毛、やけど
・400レムあびると30日以内に50%が死亡、600レム以上では全員が死亡。

晩発性障害――数ヶ月～数年、～数十年後に影響が出る。
・少量の放射線を日常的にあび続ける場合
・ぶらぶら病といわれ、身体がだるく、働けない、ガン、白血病、白内障、寿命が短かくなるなど
・これ以下なら影響がでないというしきい値はなく、被曝した量に比例して影響が出る。
※ チェルノブイリ事故の今後の影響について、ゴウマン（アメリカの科学者）は、32～48万のガン死　者が出ると予測している。**特に、子どもたちに大きな影響が出るといわれている。**

遺伝的障害
被曝した本人に影響が出なくとも、子や孫など、何代か後になって障害が出ることがある

11

セコイヤ核燃工場の事故

（1986.1.4 アメリカ）

（1986.1.6 東奥日報）

スリーマイル島原発事故

1979.3.28（アメリカ）

冷却材喪失事故（空炊き事故）

メルトダウン（炉心溶融）をおこし、多量の放射能が環境にばらまかれた。事故後、5年ぐらいから、付近の住民に、**ガン**や**白血病**が多発している。（風下のある地区では、白血病による死者が標準の7倍以上にものぼっている。）

ウラルの核惨事

1957年末～1958年始め頃（ソ連）

ソ連政府は正式に発表していないが、貯蔵中の放射性廃棄物の爆発事故と考えられている。多数の死者を出し広い地域を放射能で汚染した。

もし、再処理工場で事故が起こったら!?

ラ・アーグ再処理工場の危機

（1980.4.15・フランス）

工場内で火災が発生し、冷却電源がストップし、高レベル廃液が沸騰しはじめた。あわや大爆発という寸前に、かろうじて食い止められた。

ラ・アーグ再処理工場の致死範囲

核再処理工場の重大事故　国民の半数死亡も　西独で報告　警が波紋

1977年1月15日 毎日新聞

西ドイツ、ケルン原子炉研究所の報告 1976

★六ケ所再処理工場が爆発事故を起こすと

チェルノブイリ事故の100～1000倍のスケールといわれている。

日本はおろか世界中が壊滅的な被害をこうむることになります!!

10

放射能の基礎知識

自然放射能

・大地から（ウランなど）50ミリレム
・食物から（カリウム40）20ミリレム
・宇宙から（宇宙線など）30ミリレム

があり、私たちは、平均して年間100ミリレムを受けている。

自然放射能は、生体内ですぐに代謝され体外に排出される。また今日までの35億年に及ぶ生物進化の過程で、自然放射能に適応し、共存できるものだけが生き残ってきた。

人工放射能

・核実験
・原発・再処理工場
・医療機関・研究所

などでつくりだされ、年々増えつづけ、15年前の100倍にもなっている。

人工放射能の歴史は、わずか40年ほどのものであり、生物は、これに対する適応力をもっていない。

体内被曝（内部被曝）

放射線が、呼吸や飲食によって人体にはいってきて、体の中で放射線をあびること。

たとえ微量でも、同じところが集中的に放射線をあびるため、とても危険。

また、半減期が短かくても一度傷つけられた細胞は、もとには戻らない。それがもとで、ガンになる恐れが大きい。

体外被曝（外部被曝）

体の外からの放射線をあびること。原爆、X線撮影などによる被曝。

―X線（レントゲン）撮影について―
一回当りの被曝量は大きいが、一瞬のうちに終る。また、病気の発見、治療によって受ける利益の方が、被曝による危険を上まわる場合に、特定の個人に対しておこなわれるもの。

普通、一回当りの被曝量は、10～100ミリレムくらい。

12

原発は

電力は余っている

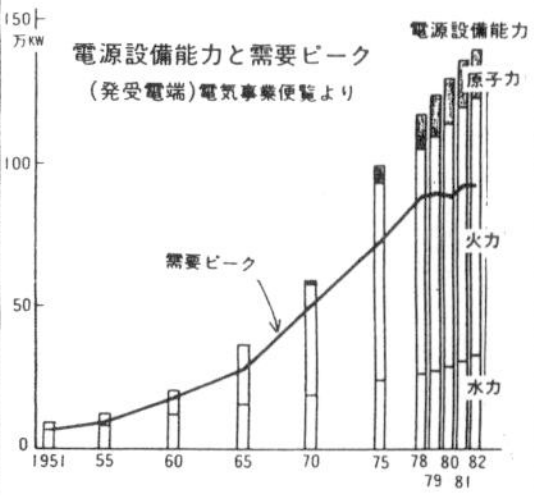

原発をとめても電気はとまりません。

原発は電気しか生み出さない

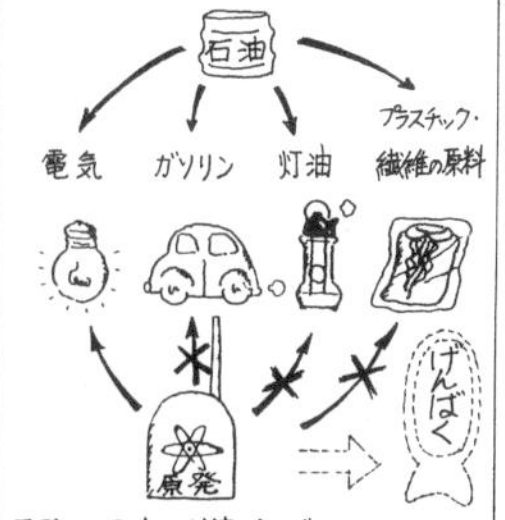

原発は、石油の代替エネルギーにはなりません。

原発は石油を浪費している

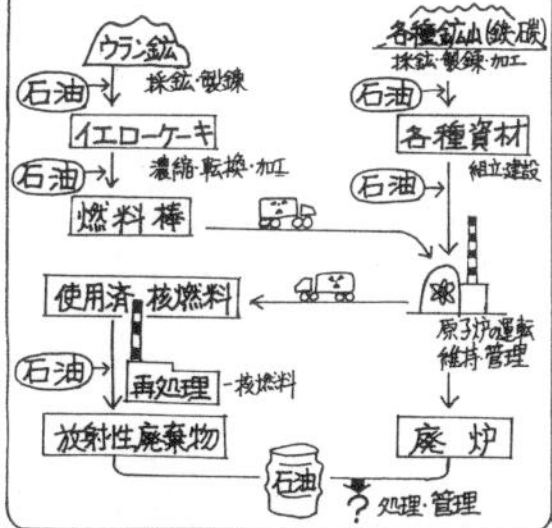

原発は安くない

1987.1/21

「原発神話」揺らぐ

石炭より割高に　円高が影響

今年度の発電コスト

エネルギー庁試算

「最も安い電力」という一枚看板のもとに通産省と電力業界が推進してきた原子力発電が、肝心の発電コストの面で、安い海外炭を使う石炭火力発電を初めて上回っているほか、これまで割高だった石油火力発電にも逆転されていることが、二十日までに分かった。通産省・資源エネルギー庁の六十一年度の試算によると、前年までキロワット時当たり一円差のあった原子力と石炭の発電開始時点での原価がついに肩を並べ、同十二円となった。しかも、原子力の試算には、原価の一部とされる老朽原子炉の解体費用や放射性廃棄物の処分費用が含まれておらず、この費用を上積みすると発

年度	S51	S61
石油火力	9.6	10
石炭火力	9.5	12
原子力	5.7	12

資源エネルギー庁試算

核燃の計画をストップさせるためには、その

13

いらない！

捨て場のない核廃棄物

――1988.1 現在 原発36基 稼動中――

核のゴミ	1984年	52万本（ドラム缶）
	2000年	300万本になる予定

最終処分技術は確立していない

- 地中に埋める　〜 地震 〜
- ロケットで宇宙空間に 〜 墜落 〜
- 海洋投棄　〜海が汚される〜
- ガラス固化　〜未確立〜

各地の原発では廃棄物が満杯になりつつあり、すべて六ヶ所村に運ばれる予定。

なぜ原発を作るのか

- 原発をつくることによって、電力会社、地方自治体、企業（建設会社、商社、重電機など）は、それぞれ莫大な金をもうける事ができる。
- 国は有事に備えて、核兵器の原料であるプルトニウムを保有しておきたい。そのプルトニウムを作りだすために原発が必要。

原発を見直す世界の国々

- ユーゴスラビア：2基目、3基目の原発建設を無期延期
- エジプト：首相が原発計画放棄表明
- オランダ：2基の原発計画の凍結発表
- 台湾：塩寮1・2号炉の基礎工事を停止。
- ポーランド：原発計画検討表明
- スウェーデン：2010年までに原発全廃を決定
- スイス：40年以内に原発を全廃すると大統領が表明
- デンマーク：隣接するスウェーデンの原発運転中止要求を国会で決議。
- オーストリア：唯一の原発を運転しないまま解体すると政府が発表。
- イタリア：国民投票により、原発開発停止。他国への原発技術輸出もダメ。
- フィリピン：完成間近で凍結されたバターン原発を廃棄する方針。
- ブラジル：唯一の原発に対して避難対策が決まるまで運転を中止するように地裁が命令
- アメリカ：世論調査の結果、国民の78％が原発新設に反対。
- フィンランド：4000人の女性たちが、1990年までに原発を全面的に閉鎖しなければ子どもを産まない抗議行動。
- スペイン：新規原発の建設中止。　（婦人民主新聞 1988.1.1号を参考にしました）

日本ではやめるどころか増やそうとしています。2030年には204基にするといっています。

源である原発をやめさせなければなりません！

14

核燃立地で村は豊かになるのか？

（1）

立地交付金 こんなはずでは

→ 電源三法による交付金のこと

工事開始から運転開始5年後まで、地元および周辺市町村に交付。

しかし、用途は公共施設（ナイター野球場、学校・体育館・道路など）に限られている。

交付金が打ち切られた後は、多額の維持・管理費に苦しむ。

地域振興のあてはずれ　ツケ、結局住民に　施設できたがかさむ維持費　1982.11.1 朝日

原発先進県の福島県では

原発景気が去って…　**財政悪化、雇用ガタ減り**　（東京新聞 1985.7.2）

『過疎とコンクリートだけが残った』

（2）働き口は増えるのか？

核燃内での仕事は経験と高度な技術を要するので、多くは中央の業者へ。

地元にくるのは ⇨ 使い捨ての下請労働＝危険な被曝労働

一時的に出稼ぎが減ったとしても根本的な解決にはならず被曝労働者を増やすだけ

自分の命を切売るばかりか遺伝障害を考えれば、子孫の命をも売りわたすことを意味する。

関連事業では…　飲み屋などの飲食店が一時的に増えるだけ…

核燃立地は地域振興にはなりません!!

15

参考資料

- 「この子らの未来のために」―原子力発電を考える　1985　原子力発電を考える会
- 「許すな　核燃サイクル」　生命あるものへの挑戦　1985　死の灰を拒否する会
- 科学者からの警告　「青森県　六ケ所村　核燃料サイクル施設」　核燃料サイクル施設問題を考える文化人・科学者の会著　1986．北方新社（1000円）
- 「原発はなぜこわいか」　小野 周 監修　1986　高文研（1200円）
- 「原子力読本」　高校生の平和学習のために　神奈川県高教組　1985　東研出版（1000円）
- 「プルトニウムの恐怖」　高木 仁三郎著　1981　岩波新書（480円）
- 「放射線は微量でもあぶない」　市川 定夫著　日本消費者連盟
- 「危険な話」　チェルノブイリと日本の運命　広瀬 隆著　八月書館（1600円）
- 「核燃料サイクル施設問題に関する調査研究報告書」　日本弁護士連合会　1987
- 「東京に原発を」　広瀬 隆　集英社文庫　（440円）
- 「まだ まにあうのなら」　甘蔗《カンシャ》 珠恵子《タエコ》　地湧社　（300円）

16

編集発行　放射能から子どもを守る母親の会
（事務局）
清水典子　弘前市取上安原
倉坪芳子　弘前市広野1丁目

頒価1部100円

Ⅱ-3-1-5

農民の怒りと参院選独自候補

農民政治連盟青森県本部副委員長　木村義雄

名実とも保守王国である青森県の農民も農協も、ようやく自民党のアメとムチのだまし政策に気づいてきました。それはコメや葉たばこの減反政策、米価、乳価の連続引き下げ、アメリカの言いなりで決った牛肉・オレンジの輸入自由化、さらに、農業潰しの消費税に対する怒りに加えて、青森農民が待望していた東北新幹線でもだまされました。反対に、全国の嫌われものである核燃のゴミ捨場とプルトニウム製造工場の誘致を強行したり、日米共用軍事基地の強化など、自民党の弱者いじめに対して、県民は怒り立上りつつあります。

青森県の政治・農業の状況

青森県の国会議員は衆・参両院の九名が全部自民党であり、県会議員も定数五一名のうち自民党は三二名、六七市町村の首長と九五の総合農協の組合長も全部自民党であり、県知事も自民党公認です。一九八七年二月一日の知事選挙の時は、県段階の農協連合会、漁連、森林組合、土地改良区（農業会議などの二五団体で知事侯補の「北村正哉を励ます会」を結成して当選させたのです。したがって市町村長や農・漁協の組合長など二五団体の組合長などは、知事や旨民党の政策に対して、個人的には反対であっても、知事には反対と言えない宿命的な政治構造があり、それが青森県の発展を阻害していると思われます。もっとも昭和五〇年代までは衆議院で三名の社会党議員を当選させた革新的基盤は潜在していても、それらは有権者の老齢化、若年有権者の革新アレルギーによって、自民党の独走を許すことになっているのです。

次に農業の状況ですが、県農林部が一九八七年に発表した推計によれば、県内の農家戸数九万七〇〇〇戸が一〇～一五年後には五万七〇〇〇戸に減少すると予測し、その結果、専業農家（一万三〇〇〇戸）の平均経営面積は二・七ヘクタールから四・四ヘクタールに拡大するという見通しをだしています。しかし、現状では経営規模を拡大した農家ほど借金が拡大し、九五の総合農協のなかでは、畜産農家を筆頭にリンゴ、コメ、野菜生産農家にいたるまで、全農地を売却処分しても借金の残るものをどうするかという難題をかかえています。酪農・畜産地帯の農地価格は一〇アール当り四〇〜五〇万円ですから、五ヘクタールを売却処分しても、二戸平均三〇〇〇万円の借金には不足するのです。

このような状況のなかで、青森県の農畜産物生産額は約二五〇〇億円であり、この生産額の減少は青森県経済に甚大な影響を及ぼします。昨年六月に青森県農協中央会が弘前大学の専門家に依頼した試算によれば、一九八七年の米価引下げと減反強化等にともなう減収が一九九億二一〇〇万円、輸入制限一〇品目が自由化された場合の減収が二九億一四五〇万円、米需給均衡化対策による転作対応等の減収が一六億七二〇〇万円、合計で二四四億九八五〇万円で、県内農畜産物生産額の一〇％減にあたります。これが地域経済に与える影響は二・〇九倍で五〇〇億円余と試算されています。青森県の産業経済の中核は農畜産業であって、この衰退は地域経済そのものの空洞化を生みつつあるのです。

ゴマかしのむつ小川原巨大開発

一九六九年三月、当時の自民党公認の竹内俊吉知事が、財団法人日本工業立地センター（専務理事、伊藤俊夫）に委託して作成した陸奥湾小川原湖大規模工業開発調査報告書原本（部外秘）の三〜四頁には二万三〇〇〇ヘクタールの開発用地を低廉な価格で入手できること、およびこの用地は原子力産業のメッカとたり得るべき条件をもっていること、さらに核燃料の濃縮、成型加工、再処理等の一連の原子力産業地帯として充分な敷地があると言明している。にもかかわらず、地権者である農民にはこのことをひた隠しにかくし、石油精製、石油化学、火力発電、そして一〇万都市の建設、工業出荷額五兆円と、ウソとゴマかしの巨大宣伝をして、一〇アール当り四五万〜六五万円で農地を含む五二八〇ヘクタールの用地を公社と会杜で取得し、このうち二八〇〇ヘクタールを工業用地に充当しようとしているのです。しかし、工業開発の具体的青写真もなく、農地法第五条の転用許可が不可能と見るや、都市計画法の網をかぶせて、核燃サイクル施設立地計画を自民党の多数の力で強行しようとしているのです。現在、工業用地二八〇〇ヘクタールの利用状況は次のとおりです。石油備蓄基地に三〇二ヘクタールを一〇アール当り二一八八万三〇〇〇円で、八〇〇トンの再処理施設を立地計画中の原燃サービス㈱に三八一ヘクタールを三九一億円で、ウラン濃縮と廃棄物処理処分施設を立地計画中の原燃産業㈱に三四二ヘクタールを三一〇億円で、その他関連施設に二四ヘクタールを二九億円で売却処分したのです。農民から一〇アール当り六〇万円前後で取得した土地を荒整地して一〇〇〇万円以上で売却しているのを見て、だまされた農民の立場は憤まんにたえないのです。

核燃サイクル施設への農民の反撃

この施設は、まぎれもなく、核燃料のゴミ捨場とプルトニウムの製造工場を中核とする世界にも例をみない核の集中立地であって、海と空に放出される放射性物質は平常運転で一〇〇万キロワット原発の三〇〇倍にもなるといわれているのです。したがって、この施設は、農業に百害あって一利のないものであるのみならず、未来永劫にわたり子孫の健康と生命に影響をあたえるものです。私たちは消費者に安全な食糧を供給する責任を痛感し、消費者の支援と協力を得ながら、阻止するまで命がけの闘いを展開する覚悟です。

農協も、昨年一一月末の二〇〇〇名が参加した県農協大会で核燃反対の声が強く流会となったが、一二月末の代表者集会では八五対四七の圧倒的多数で核燃サイクル施設の白紙撤回を求める決議をおこなったのです。

農協大会で核燃反対決議をかちとったものの、これからがいよいよ正念場をむかえています。推進側は自民党の国会・県会議員の政治権力、電力資本の金権、県知事が三位一体となり強行着工の構えをとっています。これに対して、反対側は県内外で一大市民運動を展開し、このなかで一万人訴訟原告団を結成して反対学者を動員しての法廷闘争の展開や政治闘争の一環として参院比例代表区で全日農書記長谷本たかしの推せん、青森選挙区での農業四団体と農協一丸となっての独自侯補を擁立することになったのです。

これまで自民党の選挙母体的役割りを演じてきた農協は、反自民の地殻変動をおこしています。核燃反対運動は生産農民だけでなく、青森・弘前・

八戸など市都に燎原の野火のごとくひろがっています。それをみると、今度の参議院選では必ず勝てるし、また勝たなければ核燃サイクル施設は阻止できないという危機感を深めています。社会党や県労との政策協定はいうまでもないが、その場合、農民側は、構造的金権腐敗政治からの脱皮を政治姿勢の柱として、政策の基本に①国土防衛と食糧の安全保障の具体案として食糧自給率六〇％の達成のため防衛予算と農業予算の均衡、②食管制度の基本を守るため政府米と自主流通米の均衡確保等を提唱します。

（農民政治連盟青森県本部副委員長）

［出典：農業・農民協会『月刊農業と食料』339号］

Ⅱ－3－1－6

「核燃料サイクル施設に関する意見拝聴について」

自民党県連・農業四団体

1.期日　平成元年9月29日（金）　午前9時～ 10時15分
2.場所　ホテル「アーデン」（青森市新町）
3.出席者
（1）自民党県連
大島会長、鳴海幹事長、高橋政調会長、野沢総務会長、
長蜂副政調会長、平井副政調会長、
小比類巻県議、芳賀県議、山田県議、石岡県議
（2）農業四団体
農政連－対馬委員長、三上幹事長、木村副委員長、須藤副委員長
青年部一久保委員長
婦人部一長谷川会長
労　組一佐々木委員長

質疑応答のあらまし
司会一平井副政調会長

大島会長のあいさつ
「核燃」は県政上の重要課題であり、これにどう取り組むか充分配慮しなければならない。県民が何を望み、求めているか的確に把握する努力を怠ってはならない。なかんづく、農民の不安は強いようである。本日の機会は、団交でもなければ陳情でもない。先般、久保さんから陳情を受けたが、そのなかで「安全性」に疑義をのべており、どのような点に疑義を感じているか具体的に聞きたい。

対馬委員長のあいさつ
政務多忙の折、このような機会を設けてくださいまして、お礼を申しあげたい。周知のとおり、農協の反対決議は50を数え、過半数をこえている。「核燃」に対する農民の不安は広まる一方である。このような機会が設けられているなかで、六ヶ所村では着々と工事が進められており、対応のしかたが今一つすっきりしないが、反対派の意見を聞くからには、工事を一時中止するぐらいの手立てが必要ではないか。県連は参議院選の結果をどのように受けとめているのか今日、出された意見がどのように反映されるのか、それを聞きたい。

(久　保)　われわれの基本的な認識は、将来にわたって農業を営む環境を守りたいことにある。消費者は、新鮮、安全性を強く求めるようになっている。核燃料施設の集中立地によって、農産物の放射能汚染が強く危惧されており、農業とは全く相入れないものであり、「白紙撤回」の要求は、いかなる取引条件もありえない。
(対　馬)　都会の消費者がよく農協を視察に来るが、よく言われていることは、うまい米がほしいとかイナゴあるいはナマズがいるかとか言う、その背景は農薬汚染に対する懸念である。イナゴとかナマズとかの存在は、汚染の度合いの目安になるらしい。
(長谷川)　農家は食べ物を生産する立場から常日頃、安全性に醒慮している。「原子力船むつ」の事故の時でさえ、放射能汚染が危惧されている。「核燃」施設の脅威は「原子力船むつ」に比較にならないと言われており、そのような危険なものは、青森県には不要である。自分たちの世代はもちろん、子供、孫たちの代までを考えると不安が尽きない。
(佐々木)　本県の農業粗生産額は、県全体に占める割合が30％にものぼっている。核燃料施設の

農業に与える被害は、本県経済全体に甚大な結果を及ぼすことになる。山崎前県連会長は、核燃を廃止すべきとの見解ものべているがそのことを実行すべきである。

（須　藤）　本県は貧乏県とよく言われるが、県民所得向上に対する期待感は、県民誰しも有しているところであろう。しかし、地域開発の在り方は充分検討されなければならない。むつ小川原巨大開発構想は挫折し、その結果として「核燃料施設」が誘致されている。60年4月9日県議会全員協議会にて受入を決定した日、農政連は「安全性確保」に不安のある以上、慎重に対処するよう自民党にも要講した。県民の不特定多数は、今日においてもそのことについて大きな不安を持っている。特に自然環境の中で生産をしている農民の不安は尽きない。米などにおいては低農薬栽培という本県農業の有利性が無に帰してしまう危険性がある。ソビエトのチェルノブイリ事故において最もつらい思いをしたのは農民である。核燃料施設は農業のみならず、豊かな自然環境のもとで観光県をめざすことについてもイメージダウンにほかならない。

（木　村）　60年4月9日県議会全員協議会にて受入を決めた後、北村知事に意見を申しのべる機会を得た。その際、核燃料施設は結局は放射能のゴミ捨て場であると、さらにプルトニウム製造を生むものであり、地域開発になんら効果をもたらさない旨をのべた。知事は、核燃に反対するものはあわれな道をたどると言明したが、それはもってのほかである。反対理由は明確である。

①再処理工場から放出される人工放射能というのは、たとえ微量であっても人体に蓄積され、発癌性の源となることは、多くの専門家が指摘している通り。

②放射能汚染は人類最大の汚染といわれ、大都市周辺の生協は自ら監視態勢を確立するため多額の費用をかけ、放射能測定器を備えている。「核燃料施設」により、本県農産物がたとえ微量にしても検出されるとなると、消費者は本県農産物を買わないであろう。その影響は言及するまでもない。農産物の中で最も弱いのは牛乳、野菜である。自民党は、核燃料サイクル施設を即時白紙撤回すべきだ、そうすれば次の選挙は、自民党は勝てる、

（久　保）「核燃料施設」によって雇用の場を確保するというが、農民の雇用機会の確保につながるかどうかはきわめてむづかしい。

（木　村）　東海村周辺の水田のコメから、放射能が検出されたことが明らかになっている。但し、一般には公表されていないらしい。核燃料施設が稼働すれば、いずれ青森県の農産物からも検出されるであろう。そのような事態を招かないためにも「核燃」は白紙撤固すべきである。知事は「核燃料施設」は誘致したのではない。あくまでも国策を踏まえ、事業者に「協力」しているにすぎないとの見解を再三のべているが、本当にそうならきわめて疑わしい。私は、今まで科学技術庁の関係者と幾度となく交渉をもつ機会を得た。その際、なぜ科学技術庁は青森県でほしくないいやがる施設をゴリ押しするのかと問いつめたことがある。そのとき科学技術庁の回答は「国は青森県に押しつけているのではない。青森県が率先して誘致しているのではないか」とのことであった。さらに、知事は「核燃料施設」を受入れるにあたって、専門家会議を設置し、その報告に基づき受入の方向を示している。しかし、「報告書」において施設は「安全」なものであるとはどこにも書いていない。あくまでも、最終的に「安全性を確立しうる」と書かれており、そのことは報告書をとりまとめた中村泰治（初代動燃理事長）氏に確認している。

（三　上）　いろいろな意見が出されているが、なぜもっと早くこのような機会をもたなかったのが。県民の多くの人が反対している中で県連は早急に統一見解をとりまとめ「反対の意思」を明確にすべきである。そして、少なくとも安全性のメドがたつまでは工事を一時中止すべだ。「受入の決定時と今日では客観情勢が大きく変化しており現時点の諸般の状況を考慮し、決断すべきである。

（芳　賀）　みなさんは農産物の安全性のことを主張していますが、私から一つお願いしたい。実、県農林部をはじめ関係機関が有機農法研究会を結成し、定期的に活動しているが、農協関係者の出席が極めて少ない。

もっと、興味を示してしかるべきと考えるが。

（平　井）　ひと通りみなさんの意見を聞いたところであるが、あなた方の立場は理解できる。県をはじめ県連も、本県産業の発展のため常に将来展望をすえて、県政を処しているところであり、それはまた当事者に課せられた使命でもある。本県は農業県として農業の占める位置もまた重要である。しかし、農業をめぐる環境が極めて厳しいこ

ともまた周知のとおりであり、農業発展とともになんらかの次善策がなされなければならない。私は18年間、村長を務めた。産業振興のためには、どうしても企業誘致が必要であり、「核燃料施設」もその一つである。そこでみなさんの心配、不安についてはできる限りの対策をとるものとなっている。例えば、風評被害対策として１００億円の基金造成やまた、無限の責任を負うことも検討されているさらに人工知能の問題について施設の事業費は１兆2,000億円にものぼり、これだけの投資をするのであるから、安全性の確保に全智全力をかたむけ、それはまた国家責任の存するところでもある。

（対　馬）　産業構造を変えるというが、それは一次産業従事者にとって、どのようなことになるのか具体的な姿が明示されていない。

（高　橋）　200余名の県民に東海村の再処理工視察に行ってもらったが別段その下心はない。県民各層に東海村の視察をして、実際、目で見てもらうことがその目的である。

（三　上）　ところで自民党の方は、反対派の専門家の意見なり講演を聞いたことがあるのか。

（高　橋）　自民党としてそのような機会はない。

（三　上）　われわれに言わせれば、療法の話を聞かないと不平等になるのである。推進派の方の話のみに耳を傾けているから、それが正しく思えてくるのではないか。そこで農業者と自民党を一緒になって両派の公聴会をもったらどうか。

大島会長あいさつ

県連としては、この核燃料施設についていろんな方々の意見を聞き、政策判断に資することとしている。農業政策、本県の太宗である。国会議員はもちろん県政につかさどる方々も、農業振興について一生懸命努力している。政策には、合理的判断が不可欠であり、「核燃」についても、それをどのように追い求めていくのか、重要な点である。

［出典：自由民主党青森県支部連合会資料］

Ⅱ－３－１－７

北村知事との懇談会の要旨

核燃料サイクル施設建設阻止農業者実行委員会

とき　1989年12月4日14:00～16:10

出席者　[県側]　　北村知事、山内副知事、本儀農林部長、増田環境保健部長、内山むつ小川原開発室長、

[実行委員会側]　（農協青年部）久保委員長、小泉副委員長、（農協婦人部）長谷川会長、沼田副会長、（農民政治連盟）木村副委員長、須藤副委員長、（全農協労連県支部）高谷委員長、兼平書記長、

北村　本日、みなさんと懇談できることは、大変結構なことと思います。

今日の本県の農業をとりまく情勢については、あえて私からとやかく説明申し上げるまでもないわけでありまして、大変厳しいものです。まあ、後期対策—減反・転作問題、こういったものもありますし、それから、輸入自由化および米やらりんごやらそれぞれ大変苦しい立場に立つわけで、今後、青森県の農業の振興にどう対処していくかということは、大変大きい問題でありますし、我々に課せられた大きな責任であるという点で、努力しております。こういう情勢につきましては、十分承知しているつもりでありますので、明年度からはじまる水田農業確立後期対策への対応を中心として、本県の農業の体質改善ということにつきましては、今でも、何とか何とかと思いながら対応してきた　ところでありますが、引き続いていろんな施策を混合的に、あっちからもこっちからも積み重ねながら対応していかなければならないと思っているところであります。

そうした矢先に、今、話題になっております核燃料—原子燃料サイクルにつきましては、この事業の特に『安全性』についての不安あるいは疑問—さらには農業とどう関わりを持つかということにつきまして、県内でもいろいろ世論・議論があるわけでありまして、今や、県内の政治的にも世界的にも大きな課題になっているという認識にたっているわけであります。

このことについては、昨年も8月下旬に話し合いをしたわけですが、県と致しまして、原子燃料サイクル施設の立地協力要請受け入れは「安全性の確保を第一として、対処しなければならない」そういうつもりで今日まで来ているわけです。まあ、もちろん、いろいろと専門家の意見も聞いて

いるわけでありますし、また県内各界・各層のご意向、あるいは地元六ヶ所村の意向、あるいは県議会の決め方、あるいは国会議員の考え方等々をお聞きするというような事で、いろいろと手順を尽くし、さらにまた、この事業の国策上の位置付けの確認をやってきているわけです。

また、非常に大事なことは、この事業が―その立地が地域振興のどういうつながりを持つのか、関わりを持つのか、そういう事でいろいろと検討下結果、結果として協力要請を受諾し、立地基本協定を結んで今日に至ったわけであります。このことについては、いろいろな話がある訳ですが、私としては「事が重要であるし、また、進め方については慎重にならなければならない。はじめに県の考え方・知事の考え方を打ち出してそれにご同意を願うのは問題がある。」と考えまして、申し入れを受けたそのままの事情をご説明して、それに対するご所見・お考えを承り、そういう態度でことに臨んでまいりましたが、結果的に、最終的には基本協定を結んで今日まで来ているわけであります。

今日はひとつお互いに考えていること、考え方を出し合って、できることなら県としての考え方をご理解願いたい、こういうつもりで臨んでいるわけです。なにぶん、私は五者協定を結んだ立場であり、同時にまた、県民を代表する立場でもあり、両面を持っているということは変えようのない立場であります。できることならば、今日一日で終わることなく、ご意見を承ることで理解を得たいと考えています。よろしくお願い致します。

久保　実行委員会を代表して、ひとこと申しあげたいと思います。

このたびは、実行委員会の会談申し入れに対して、知事はじめ公務大変ご多忙の折、ご配慮いただきまして本日の席を設けて頂きましたことを、本当に感謝申し上げお礼を申し上げます。

さて、私どもは昨年8月10日に知事と会談しました。そしてその後、12月29日の農協大会の流会を受けた『農協・農業者代表者集会』で私たちが提案した核燃反対を求める決議は採択されました。そしてまた、先の参議院選挙においては、私たちは一方的ながら核燃料サイクル施設反対を最大の焦点として、県民投票と位置付けて闘いました。その結果、三上さんが52%の得票率ということで当選したわけです。そしてまた、現在92農協の中で51農協が核燃反対の表明をしております。知事は昨年の4月27日に「開発は農業者のために……」というコメントをしておられましたが、このいまの状況から判断すると「農業者は明確に『核燃ノー』という意思表示をした」と私共は認識しております。そしてまた、多くの県民の皆さん方もそのような認識にあると考えています。今や核燃料サイクル施設は県政最大の課題といっても過言では無いと思います。そこには、多くの問題もはらみ、内在しているということもまた事実です。さらにまた、本県の経済にとっても農業の経済に占める位置は非常に大きなものがあります。中央ではこの好景気に何と名前をつけようかと取り沙汰されている中で、やはり地元の方、そして私たち農家の経済は、ますます厳しくなり冷え込んでいるという事実もあるわけです。この農業問題が開発との関連でどうあるべきかということが、かなり重要な問題であると私たちは認識しています。

昨年、知事との会談を終えてから、私達は農協中央会に運動の焦点をすえて運動を展開し、12月29日に反対が決議され、そして先の参議院選挙で52%の得票率で三上さんが圧勝した。また92農協のうち51農協が反対決議しているという中で、ここに農業者の意思が明確に「NO!」だと私どもは認識しているが、県内の世論とあわせて、これらのことを知事がどう情勢認識しているのか聞きたい。

また、県内世論が二分されているが、先に知事は「現在は賛成者を反対者が上回っているだろう」と言っていたが、そういうことからも、核燃賛成の県民合意はできているとは思えないと私たちは考えている。「知事は民政安定上、支障がない限り……」と表現しているが、どこまでが支障がなくてどこから支障が出てくるのか、その判断はどこに求めるのか聞きたい。

北村　農業者の決議、参議院選挙の結果は厳然たる事実で、否定することはありえない。県議会等でも何度かこの話がでて考え方を求められたが、厳粛に謙虚に受止めている。が、その事業が国家的意義を持つし、地域の経済振興、農業者との関係には相当な意議も認めている。同時に協定を結んでいる事情もあり、ただちに「ああ、そうでございますか」とはいきなりはいけない。この事情を国・事業者に「こういうことですよ。今のままでは大変にご理解いただいていない実態がここにありますよ。何とか理解してもらって、協力してもらう必要がある」と伝えてあり、国・事業者も「それはそのとおりだ。もっともっとご理解いただくように努力しなければ」と文書で返事がきている。簡単に理解してもらえないかもしれないが、事業の性格に鑑みて時間が多少かかっても理解してもらいたい。この会談もその一環で、国・事業者だけでなく県も協力の立場に立って、理解を求める努力の一翼を担いたいと対処している。

久保　ここまできていることを、重くとらえていただきたい。工事は着々と進み、事業者は「理解を求めながら進めていく」というがこれはおかしい。当初の受入れを決定したとき、県民に正しい情報が与えられ判断材料とすることが可能であったのか？

反対の運動が衰えずにどんどん広がってきている事実をみれば、当初から内在する危険性についてキチッと説明されていたかどうか疑問に思う。本来は当初から理解されてから、進めるべきではないか。

北村　そのへんがこの問題について反対の方々と私どもとズレているポイントだ。はじめに安全性についても理解してもらったと思っているが、チェルノブイリの事故が考え方に変化を与えた大きな理由だと思う。「チェルノブイリの事故が、基本協定そのものを動かすような内容ではない。事情が違う」というのが我々の考え方だ。だから、理解を得たいと努力するのが私たちの立場だと思っている。

久保　意見聴取したメンバーに私たちの代表もはいっているが、各組織の組織討議して意見を出したのか疑問に思う。個人的見解を述べたのではないかと思う。

北村　それは同じ感じだ。それが今日にして問題になるところだと思っている。が、返事が「賛成だ、大いにやるべし」ということだったので。

木村　少し、急ぎすぎたね。

北村　急ぎすぎたのかどうか、早く返事がきたものだから……。

内山　第一回目の意見聴取の際に、組織に持ち返って討議したほうがよいと意見もあり、二回意見をきいた。事業の中身について、トータルで説明会もやったし、個々にも説明会も開いた。したがって、出席者の意向を極めて大事にしながら対応した。

須藤　率直にいえば、当時、かなり急いで形式的な公聴会を開いたように見えた。当時、我々は「慎重に考えるべきで県民投票にかけるべきだ」という署名運動もやったが、その結果も出ないうちに昭和60年4月9日に受入れを決定した。「新幹線がほしい」という思惑もあってはやく決定したのだと思う。

私が農業者としてなぜ反対しているのかについて、東京・大阪の消費者に農産物を売りにいったら「青森県は安全な食糧のできる県だと思っているのに、危険な核燃料施設をつくるということは、青森の農業者はどう考えているのだ?」と質問された。私たちよりも、消費者のほうがよく勉強している。農薬ですらも多くかけていると買えないというときに、放射能で汚染された農作物は買えないという消費者の意図が明確になった。これは農業者にとっては大変なことだ。知事は「農業者のために誘致した」といっているが、私たちには迷惑なことだ。私たち農業者は、産地間競争を生抜くために青森県の良さを売込もうとしているのにこれをもってきたということは“百害あって一利なし”だ。企業・工業の誘致はいいとしても、核燃だけは絶対いらない!

久保　北海道の幌延や泊原発のあるところで、消費者から「危険な牛乳は買えない」といわれて、名称を変更したり工場を移転したりしている。現実にこういう話があることを、知事はどう考えるのか？

北村　須藤さんの話の中に『誘致』という言葉がでてくるが、誘致したのではない。申入れをうけて、協力することを受諾したということだ。

農業にとって“百害あって一利なし"ということについては、私は終始変わらずに、農業経営と密接な関わりを持つと思っている。

『むつ小川原開発事業』の一貫としてとりあげ、関係の各省庁との会合でこれをむつ小川原開発事業の中に入れようと取決めをし、閣議で口頭了解して追加して計画に組込まれたものだ。『むつ小川原開発事業』は県の農林水産業・第一次産業の再編を並行させながら開発を加え、全体として地域開発の総合開発になっていくという主旨に合致するものだと固く思っている。したがって、農業にとってはプラスになるものだ。特に農業との関わりは絶大なものがある。日本の農業全体の弱点は、経営規模の小さいことだ。ここ10年、20年、30年、行政も農業者も規模拡大に努力してきたが、一朝一夕にはいかない。『農地の資産的所有』という言葉が使われるが、農地は財産であり無理もないが簡単には他人に渡したがらない。現実的な弱点として、規模の小さいことが依然として続いている中にあって、国際的な圧力がきていても対応できない。だから実態として、農家の子弟が県外に就職し農業者が季節的に出稼ぎにでる。つまり季節産業である農業で自分のもてる能力を満足に消化できない。自分のもてる力を年間を通じて発揮するために農業以外のことも合せて考え、農外収入を求め得る場を作っていかなければならない。

首都圏の農業者は本県より所得が多い。農業所得は本県の方が多いが、農外収入は本県より多く、これはひとつの在り方であり、否定できない。それをやるには産業構造の高度化が必要であり、それが農業の衰退につながるとは考えない。農業は農業で振興させながら、節度ある姿で第二次産業をその中に配置し、全体的に均衡のとれた産業構造にしたい。そのために『むつ小川原開発事業』なるものが取上げられ、その大きな一貫として核燃料サイクル施設の立地が考えられているのである。

この問題の最大のものは『安全性』であり、これに問題がなければ私が今いったことはそのまま受入れられ、否定されないであろう。『安全性』を前提としてという私の考えは、どこまでも変わらない。再処理施設等について、まだ国の審査の段階で2年以内に安全審査の結果が出てくるが、それによって判断されなければならない。国が危険視するようなら、県は断固としてそのまま受入れるようなことはしないし、我々が納得いくような安全性を示してもらわなければ困る。

先日、9電力の社長がきたとき「疑わしいことは隠さずに表にだして再吟味し納得できる状態になってから次へ進めていく」といっている。

ことの本質は、『安全性』を信じるか信じないかであり、農業者にとっても農外収入の場があった方がいいということは、誰も否定するものではないと思う。

木村　むつ小川原開発では、当初、石油化学・火力発電・石油精製の三点セットであったが、土地利用計画の変更もないままに、なぜ、核のゴミ捨て場になるのか?この前、知事は「排出される人工放射能は自然放射能の範囲内だから大丈夫だ」といったが、自然放射能プラス人工放射能だから微量でも危険だ。これは消費者大衆の意見なのだ。

我々は「安全な農作物をつくりたい」から反対している。就労の場がふえれば、農業はつぶれる。福島県に行ってみればわかる。これをもってきて、最大の被害者になるのは農家だ。

北村　むつ小川原開発の変更は、オイルショックその他の石油事情から、変わって核燃料サイクル施設がでてきた。内容がかわっても、農業者の就労の場を形成しうるなら、原点は少しも変わっていない。その工業の種目が変わっただけだ。

内山　変更については手続きを十分に踏んでいる。知事の話のように、国の計画の新全総・三全総・四全総にそのプロジェクトが位置づけられている。むつ小川原開発の第二次基本計画を極端に変更したのでなく、その理念を生かしながら修正されてきたものだ。

木村　土地利用計画の変更がないまま、同じ場所に重ねてやるというのは、むつ小川原開発の原点を否定した考え方だ。

内山　全体では土地利用計画の調整のワクの中だ。2,800haの工業団地のうち石油備蓄に260ha、原子燃料サイクルに750haで、埋め立て地をふくめて1,800ha残っているので、長期的計画の土地利用計画に相応している。

小泉　新聞の調査で、参議院選挙後、全国の知事の支持率・不支持率がでており、北村知事の支持率が45.3%と最下位、不支持率も最高で36.9%。これは、県民の多くが核燃に対して不安や疑問をもっているという証拠だ。知事は「誘致ではなく協力だ」というが、釜石市では研究施設でさえも拒否している。これも県が受けるといわなければ、来なかったはずだ。反対運動をしている人が科学技術庁へいって「核のゴミをもってくるな」といったら「我々がおしつけたのではない。青森県が欲しいといったからやっただけだ」といった。

今、県民が真剣にこの問題を考え、反対だといっているのに、県民の命をあずかる知事が、国に安全審査をあずけているという姿勢はおかしい。前に知事が言った「民政安定上、大きな支障をきたす」事態だ。今こそ、工事を一時中止し、県民世論の新たな集約をはかるべきだ。

県民の生活に責任を持つ知事として、英断が求められている！ひとつの結論を出す時期にきているのだ。

北村　『誘致』については、こっちから頼んだ事業ではない。立地の受諾については県民の意見を聞き、県議会・国会議員にも相談しながら進めたもので、最終的には反対はほとんどなかった。だから私は「やらない」という結論は出せなかった。

木村　私は上北郡の町村長をみんな知っているが、個人的にはみんな反対だ。知事の顔をみると反対と言えないらしい。そこに青森県の哀れな姿があるのだ。

北村　顔を見なくても、文書で「推進してくれ」と町村長会から陳情書がきていた。

木村　知事は誘致したのではないといったが、5月17日、私が科学技術庁に行ったとき、二人の課長に「青森県が欲しいといっている新幹線を持ってこないで、いらないといっている核のゴミ捨て場をおしつけるのか?」ときいたら「話が違う。おしつけたのではなく、ほしいといったからやった」と答えた。大下由宮子さんが行ったときもそういわれたそうだ。やっぱり誘致したということに間違いないようだ。

山内　科学技術庁の課長の話よりも地元の知事の話を信用してほしい。

北村　陳情したこともないし、よこしてくださいと言った覚えもない。申し入れを受けて事が始まった。

内山　昭和60年4月24日に閣議了解された文書が手元にある。「昨7月、電気事業連合会から青森県に対し、核燃料サイクル施設のむつ小川原地区への協力要請が行われた。青森県はこの度これを受諾し、二次基本計画にこの立地をおりこんだ形で修正を行った」という文書を残している。

北村　私は、このごに及んで、あることないことをあるとは言わない。

木村　では科学技術庁の役人がウソを言ったということだね。

北村・内山　まさにそうだね。

久保　さっき、支持率の話がでていたが、どういう理由だと思うか？

北村　参議院選挙と同じだ。

久保　自己分析では、知事は県民のために一生懸命やっているということだが、この数字はどういう意味だと思うか？

北村　大変深刻で、悲壮な心境だ。

久保　何が理由だと思うのか？

北村　参議院選挙の結果と同じで、理解してもらえない。

小泉　8か月という短い間に要請に対して受諾したという、手続き上の問題に誤りがあってこういう結果が発生しているとは考えないか?

北村　結果からすれば一部あるかもしれない。しかし「早い遅い」よりも「やれ」という民衆の動きを重視して進めただけだ。「やれ」という声が少なければ、4月9日の時点ではやらなかったと思う。

須藤　自民党の県議会議員は「国の学者が安全だというのだから、我々はそういう知識もないからまかせているのだ」といった。国会議員にも相談したというが、最近は凍結など、慎重な発言をしている。みんながよくてやったといっても、今になってみれば知事だけが推進で、孤立しているようで「本気で取組んだのではないのではないか?」という気がするがどうなのか。

北村　それぞれの立場で、いろいろな判断をしながらというのが、現実の世の中ですから……。

木村　閣議了解にかけたのに、どうして意見が変わったのか不思議だ。5月28日の東奥日報に出先機関長会議で知事は、核燃施設は農家の事を考えて誘致したもの。開発を拒否すれは哀れな道をたどる」といったと書いてある。

北村　新聞記者は、時々事実と反する事を書くこともある。これもそのひとつではないか。

小泉　同じように、新聞によると「やむをえない選択だ」と知事は言っているが……

北村　そんなことは考えたこともないし、言ったこともない。『誘致』も言ったことはない。新聞には申し訳ないがそういうこともありうる。

高谷　冒頭「安全性を第一に…」と知事は言ったが、この事業が明らかになればなるほど、安全性への不安はつのってくる。近くに射爆場があり、航空機事故もおきているという事実から考えると、ますます安全性の問題が問われる。県民の大半が不安をもっている中では、ここで立止まって検討するという判断をすべきだ。

当初のむつ・小川原開発の計画と変わっているということが、一連の流れにそったものだとはいっても、核燃は全く異質のものである。

北村　事情が変わったのだから配慮すべきだというのは、もっともだ。「決めたから変えない」というのではなく「配慮をしながら県民の方々に理解を求めていく」ということだ。
本儀　60年4月にチェルノブイリの事故が起きて、その１か月もたたないうちに放出された放射能が日本にも影響をあたえた。県はその事情の説明を、科学技術庁・通産省・資源エネルギー庁に要請し、県内各地で十分経過を話してもらった。

飛行機の件については、当時、議論した際にも、射爆場について、飛行制御・飛行規制の措置が話題になり、国に強く申し入れている。閣議了解のなかにも「核燃施設の安全確保の観点から、上空飛行の制限等について必要に応じて所要の調整を行う」とされ、今後、国が責任をもって行うという見解をもらっている。その調整は、少なくとも、原子力施設として認定される時点までには、十分に措置をするという国の正式な見解が出されている。
高谷「原子力施設として認定」というが、現実に原子力施設として工事計画がありその時点で考えるということが、常識的に通用するか。

「安全性が確立されたら」という点も、審査段階ということだが、並行して工事が進んでいるのはどういうことか。
内山　ウラン濃縮は認可がきているので工事は進むが、低レベルや再処理は認可がでていないので、全然やっていない。
木村　わたしは現地を見たが、明らかに事前着工だ。むつ・小川原開発公社から、粗造成して買ったものだから、そのままにしておかなければならない。わたしが先日も注意したら「ご意見を承りました」といっていた。
内山　土地の造成をやっていることは、知っている。
木村　あれは、事前着工だ。あれだけは、やめたほうがいい。

電源三法交付金のことで、許可のでていないものまで金をもらうという哀れな姿はやめたほうがよい。
山内　頼みにいったのではなくて、むこうでくれるというから……。
内山　安全性について問われて説明する機会が多いが、国にも十分安全審査の仕組みを説明してもらうよう要請している。はじめに事業申請をすると、科学技術庁で内容が安全に設計され、安全に施工され、安全に操業されるかをまず判断する。一定の判断が出てきた段階で、安全委員会に諮問し、はじめて事業指定の許可がおりて建設に着手できる。また、建設のまえに、設計の施工認可という手続きがあり、当初だされた申請に基づいて安全を確保できる設計になっているか確認をし、認可する。そしてはじめて工事に着手できる。さらに、それが設計どおりにできているか検査する。運営についても審査がある。

三点のうち、ウラン濃縮については事業指定をうけているので、工事が進行している。事業者のもくろみでは、平成3年の4月からは150トンの規模で操業することになっているので、それを前提にして必要な措置をとる。あわせて、上空飛行の制限についても、まにあわせて所要の措置を講じる。
長谷川　安全性について国の審査基準によるものだということが、納得できない。これまでも、国の審査で0Kがでたものでも、後で害がでたり事故がおきて使用を中止したということがあった。食べ物であれば、食べた人しか害を被らないが、核燃は「やってみたら失敗だった」ではとりかえしのつかないことになる。「『絶対安全』ということはありえない」と科学者がいっている。

この施設は、人工放射能を排出するのだから危険だ。消費者―とくに子育て中のお母さんたちは、その点について非常に敏感だ。「参議院選挙後、農業者の反対運動が停滞している。安全な食糧を作ってもらうためにも、運動を強化してほしい」と消費者に叱られた。

自分の生活を守るためにも、減反・輸入自由化と同じに大きな不安材料だ。
小泉　県がこの問題について国にまかせきっているということが、県民にとって非常に不安なのだ。
山内　県自体も専門家に委嘱して、チェックする体制をとっている。
増田　施設自体の安全性は、いろいろな法律で規制され、業者もその責任において安全性が確保されるが、事業者がおこなう環境放射線等の監視に加えて、県として行うことにしている。その中で、周辺地域の主要農産物の放射能分析を行い、核燃施設からの影響を防ぐ体制をとっている。県としては、昭和60年度から事前の必要な調査も開始している。

並行して、種々の放射能の監視施設の整備もすすめている。平成元年度から施設が稼動する前の現在の状態で放射能がどれくらいあるかの事前調査をする。このように、県としても環境放射能の監視について、万全の体制をととのえてやっていく。

久保　立地条件について様々な指摘をされているが、三沢基地の問題では緊急着陸などで我々が危ぐしていることが現実になりつつあるという点で、身のすくむ思いだ。1年間に43,000回の飛行回数があると発表され、原燃サービスの住谷常務は墜落確率はおよそ100万年に1回だというが、この試算の根拠を聞きたい。

もう一点は、朝日新聞によると使用済核燃料の一括貯蔵施設のことについて、山内副知事は「当初受入れ時点で計画になかった施設は困る。考えなおしてもらいたい。処理に困っていると言われても、自分の責任で保管してほしい」といっている。また、11月18日に9電力の社長が来たとき「新たな施設を付加える気持ちはまったくない」と強く否定しているが、貯蔵プールを拡張すればできることだと思うが、どうなのか。

内山　43,000回の飛行は、事業者が立地条件を調査するにあたって、主として三沢の射爆場で年間どれくらい飛行するか調査した数字だ。一機が10回飛行すれば、10飛行回数という数字になり、実態は年間43,000回は正しい数字だ。その数字から言えば、100万年に1回の墜落事故の確率だということだ。一定の計算式があり式は難しくて頭にはいらないが、資料があるのであとで補足説明をしながら資料を渡す。

一括貯蔵の件は、電事連の会長も否定しており、国も「そういう計画はない」と明らかに否定している。貯蔵プールは、電事連から話があったのは3,000トンを入れるプールが必要ということで、申請もそのように出されている。将来、拡張するようなことになったら、事業者はそれなりの法的な手続きをとらなければならない。それを地元に黙って事業者が申請することはありえないし、その時点で県や地元がチェックする。

このプールに許可以上に詰込むことは、物理的にはありえない。

久保　考え方としては、できるということだろう。

内山　今の申請の配置計画からいえば、あの場所で広げるのは不可能だ。まったく新しいところへやれば別だが。

木村　付属施設を含めて、何点セットになるのか?本体三点セットのほかに付属セットを含めると七点か？八点か？

内山　よくそこが議論されるのだが……。

木村　そこをはっきりさせないといけない。『集中立地』という言葉がでてきてダメだと言っているんだ。

内山　ウラン濃縮施設、低レベル放射性廃棄物貯蔵施設、再処理施設のほかに、原子炉等規制法の法律改正があって、再処理施設と外国から返還される返還廃棄物貯蔵施設の事業申請もしているので4つだ。

木村　高レベルは？

内山　それが、返還廃棄物貯蔵施設だ。

木村　プルトニウムは？

内山　プルトニウムについては明らかではない。

木村　集中立地だから、どんどん大きくなるんだよ。

内山　再処理することによって、本来的にでてくる放射性廃棄物があり、再処理施設の中で保管施設として位置付けなければならない。そのほかに、フランス・イギリスに再処理を委託していたものが返還されてくるのを貯蔵する。

木村　結局、何点になるのだ?

内山　だから、許可申請ごとでいえば四点だ。

須藤　10月27日の新聞にのっていたが電力会社の社長が「高レベル廃棄物は青森の六ヶ所村にやるべきだ」といっている。各電力会社が、現地でそれぞれ青森へもっていくといっているというが、青森は中央政治からも電力会社からもバカにされているように思うが、知事はどう考えているのか？

木村　石川県の知事がそういったと聞いている。能登の原発の議論で「ゴミをどこへ持っていくのだ」と聞いたら「青森県の下北という人が住んでいないところへもっていきます」という話だった。やっぱり、青森県はゴミ捨て場になる。

須藤　田子・むつ市のゴミ問題を知事は「困ったもんだ」といっているが、青森県をバカにしている証拠だ。青森県はカネさえやれば毒でも飲む県だという見方をされて、どこでも欲しくないものばかりドンドンもってこられる。知事は、ここで怒らなければならない！

昨年、県選出の国会議員が青森県を観光地として売出したいといったが、発想はいいがマンガみたいな話だ。安全な食糧もない、環境も安全でないところに観光客はこない。

安全性が確立するまでの間、一時建設をストップするぐらいの手立てはしなければ、我々も阻止するまで運動していく。

木村　知事は協力を求める、理解を求めるというが､内容がわかればわかるほど反対運動が強まる。知事がどうしてもやるのなら、まず、三沢の射爆場を撤去しなさい。これをやれば、あなたの名前は永久に残る。

北村　今のままでも残るね。

沼田　私は六ヶ所に育ったので、農業と漁業でしか食べていけないという事情をよく知っている。貧しいので、若い人は出稼ぎを頼りにし、残された老人は本当に苦しんでいる。核燃施設の問題では､地元の人が一番つらい思いをしていると思う。だからこそ、この危険な施設は白紙撤回しなければならないと思う。

北村　老人が苦しむというのはよくわかるが、若い人は若い人なりの考えでやっている。

沼田　若い人は、どこへ行ってもやっていける。

北村　何をさておいても、安全性の点だ。

木村　知事は六ヶ所村の開発難民の実態を調査してあるのか？

北村　難民？表現の問題だろうが、移転住民のことか？

内山　公社ならびにむつ・小川原会社も含めて、村内に移転した人、村外に行った人も調査してある。個人の生計・経済もあるので、具体的に公表はしていないが、よくやっている人もいるし亡くなった人もいるというというのは事実だ。

小泉　県は専門家会議に安全性を確認しているそうだが、県民とのミゾはますます深まり、事業はどんどん進んでいる。

県が委嘱した専門家会議のメンバーの中村康治さんは、昨年の8月の『農協役職員核燃座談会』で「私達は核燃施設が『安全』といったつもりはない。専門家会議自体は実際に何の法的根拠もない」とまで言っている。そうなれば、県が安全性を確保しうるといった根拠にした『報告書』自体の真偽がとわれかねない。

今、県民が求めているのは、県が主催して専門家会議と県内で反対している学者と公開討論会を実施であり、すべきときだと思う。県主催の公開討論会を実施するのに、県条例の制定が必要だとされ、その後訂正されたが、その提案をあえて拒否する理由は無いのではないか。ここは、今日の会談の重要なポイントではないかと思っている。

北村　記者会見でも話しているが、何が何でも県がやれないということではない。せっかく事業者が計画したものが流れたようだが、是非実現したいということで内容を検討しているようなのでまかせたい。

小泉　安全性について、専門家会議と反対している学者との討論会はどうだ？中村さんは「安全といったつもりはない」といっているが……。

北村　何と言ったかわからないが、公的には「基本的には安全を確保し得る」という答をもらっているわけで、どっちのウソが本当だ?ということになるのだが、公式に答えたものを重視する。

久保　「条例制定が必要」と言った真意は何なのか?

内山　中村さんの言ったことについては､その後、会って話をした。中村さんは正しくモノを話す方なので、あいまいにしておくのは信頼性を損なうということから、専門家会議の中にはいって一定のものをまとめた時の立場を明らかにしたかったということだ。それで「専門家会議は知事から委嘱され、電事連から示された構想をもとに、現在の水準から将来の進歩するであろう科学技術水準を科学者の立場で見た上で、一定の知見をまとめたということだった。

条例制定については、是非必要だという気持ちでいった言葉ではない。間違ったというより、少し言い過ぎたという感じだ。もちろん、なくてもやれる。

須藤　条例が必要なら、作ってやればいい。

小泉　これだけ県民の意見が二分されている中で、公開討論会を拒否する理由も県側にはないはずだ。

山内　拒否しているのではなく、いま、事業者がすすめているので、なるべくはそれでやってほしい。どうしてもやれないのであれば、県としても考えると知事が話している。

木村　事業者がやりたがっているから、問題があるのであって、県がやれば何も問題ない。

小泉　情勢が変わってきているという判断にたって､意見の再集約をはからなければならない時だ。

北村　根本的に、変わっているとは思いがたい。

木村　いまのPR活動を過剰だし、異常だから、慎むべきだ。やればやるほど､反対運動は強まる。

北村　いや、やっぱり必要だと思う。

木村　印刷物は20万部ずつ2回配ったが、郵便料金だけでも230円×20万部で一回に4000万円もかかる。あんなもの2回も配ったってムダ使いだ、やめた方がいい。

北村　誰か言ったような言葉だね。

木村　こういう会合を多くやれば、効果的だ。あんな何千万円というカネを配ったって、あれこそ過剰宣伝で、効果はうすい。反対運動が強まるだけだ。

内山　強まれば、木村さんが喜ぶんじゃないか。

小泉　冗談で次期県知事選挙に、北村さんに是非でてもらって、決着をつけたいという話がでているくらいですからね……。

北村　出た？

木村　天ケ森の射爆場を撤去すれば、また当選する。

久保　私たちは、いろいろな観点で白紙撤回にむけて運動してきたが、ここで立止まって工事を一時中止して、県民の意思を問うという英断が求められているということが、実行委員会としてとしての見解だということを、知事に伝える。

もうひとつ、県主催の公開討論会の開催を県民の要望として、検討してほしいということの二点をお願いしておく。

北村　厳粛に、謙虚に受止めることにする。普段からそう思っているが、せんじつめれば安全性の問題であり、それに疑義がなければこれまでの話も別な姿になる。国家的エネルギー事情についても、考え方に相違はないし、地域メリットについても、"百害あって一利なし"というのは、しゃべりたいからしゃべるのであって、そんなもんじゃないということも、わかってもらっている。

久保　そのことについては、まだ言いたいことがあるが……。

北村　いや、私がいうのは、エネルギー事情・地域メリットも両者の考え方にはそう開きがない。問題は安全性で、一方は安全だ、もう一方は危険だという。もともと危険なもので、どう防護しうるかにかかっているのであり、我々は日本の技術をもってすれば、また、国際的な経過からしても防護しうると見ている。言葉は悪いが、ダメだという人は危険だから、防護しえないからという点で別れる。安全だとした場合、小泉さんも久保さんも同じ考えだと思う。

国家的なエネルギー事情について、代替エネルギー云々する人がいるが、それは将来の問題で、当面、原子力を排除して、エネルギー事情は成立たないということの認識は同じだ。問題は、危険性をどう防護しうるかということだと思う。

小泉　知事はそれを防護しうると判断しているのか?

北村　ええ、しうる。

小泉　外国の原発事故についてのコメントは、「型がちがう」ということであったが県民の不安はそこであり、国の論拠も「型」だけで、そこで型が違えば絶対安全なのか、ということだ。これは、県民の問題なのだから、県民のことを考えて発言してほしい。地方自治の精神は、そこにあるのではないか。

北村　県民のことを考えている。

須藤　だったら、県民がいやだといったら考えなおさなければ……。

北村　まあ、事の性質によるので、ただいやだと言われても事業の内容をどれだけ知って、そういう意見を言うのか考えてみて、また、わたしがいま防護しうるという立場にたった者であるということを理解してほしい。

久保　前に質問した北海道の工場の名称変更したことと、泊原発近くの工場の移転したということについては？……

内山　私の方では、具体的に正しい情報には接していない。

高谷　いずれにしても、安全性は審査の段階だし、はっきりするまでは工事を進めるべきではない。県民の大多数が不安を持っているということを、現実視しながら対応してほしいということを、強く要望する。

北村　その点はよく言われるが、操業段階までに安全を確立する。それまでに問題が出てくれば、その時点で再吟味しながら進めるということで、その間、別に工事をストップしなくてもいい。

木村　土地造成はやっているね。

北村　本体工事はやらない、認可がおりるまではできない。

須藤　安全だ、安全でないというのは、簡単に結論は出ないが、先々がわからないままで進めている。途中で事業変更したり、欠陥が出てくれば変えていくというようなやり方はおかしいし、なおさら、不安になる。事業者も完全だという確信がないままにやっているということが、不安だ。いくら、国が安全だといっても、こんな不安があるものを、信じ切れない。

北村　信頼の問題もある。

須藤　あいまいなものをここにおいても、青森県の農業の将来と比較しても、不安だという事実があるかぎり、比較にはならない。そういうものを抱えての生活は大変だから、そんなまぎらわしい不安なものはいらないと言っているのだ。

北村　国・事業者がただ安全だと言っているのではなくて、東海村で20年以上も体験し、再処理している。ラ・アーグやセラフィールドも何十年も実績を重ねているし、日本の技術水準も考えて、安全だと言っているのだ。

須藤　東海村でもラ・アーグでも公開されていない問題がいっぱいあると聞いているし、だから、本当のことが知らされていないから、余計不安になるのだ。先日、海外視察に言った人は、現地の人との対話が足りなかったと言っているが、意図的に安全だというところだけ、見せられたのではないか。県下のフォーラムでも現地の人がきて安全だというのは当然だと思う。不安だ、危険だとはいえないだろう。

北村　結論はともかく、時間をかけて話し合うのは大変よいことだと感じた。今日の見当は、反対の人はやっぱり安全性に疑問を持っているということに尽きると思う。農業者にプラスにならないという意見はあっても、現実的にはプラスになると思うし、現になりつつある。

電源三法交付金でも全県に、原発周辺地域対策交付金、産業振興財団でも地域活性化センターでも、農業に対しては30数%の資金をさしむけているわけで、産業構造の高度化が、農業のためになるということは、まぎれもない事実だ。これは定説となっている。

残された問題は、安全性をどう受止めるかに尽きる。今日の話合いでは、とてもちょっと話しただけでは、理解してもらえない事が見当つくが、私の言い分ももう一回考えてみるのも必要だと思う。同じく、私の方でも、こんなに反対があるわけで、国・事業者の言っていることをもう一度考えてみたいと思う。

今日は、どうもありがとうございました。

[出典：核燃科サイクル施設建設阻止農業者実行委員会資料]

Ⅱ－3－1－8
自民党統一見解に対する核燃料阻止農業者実行委員会としての見解

核燃料阻止農業者実行委員会　1989年12月13日

1.①「参議院選挙の大敗は、核燃料サイクル施設問題が大きな要因の一つであったと認めざるを得ない」としているが、そうであるならば、私達は参議院選挙白紙撤回を求める県民投票と位置付け闘い、圧倒的な勝利をしていること、また、さきの六ヶ所村長選挙では、推進一辺倒の現職が敗れ、凍結を訴えた土田氏が当選したこと。これらの事実が見解に反映されていない。

②昨年12月29日農協・農業者代表者集会に於いて、反対を決議、また、県下92農協のうち過半数の51農脇が反対を表明し農業者の意思はすでに明確である。

③北村知事は賛成者より反対者の方が上回るであろうとの認識を示しており、県論が合意されていないと判断せざるを得ない施般そのものの賛否についてどうするか、言及していないことは遺憾であり、責任回避と言わざるを得ない。

2.政治不信について

「政治不信の最大の要因は、新幹線問題である。」としているが、確かに青森県民にとって新幹線問題は切実な問題であり、今日の状況は政治不信の大きな要因であるだろう。

しかし、新幹線と核燃問題と絡め取り引きすることは論外であり、別の次元のものだ。

政治力のなさを核燃施設で塗りかえようとしているにすぎない.

3.「特別交付金を全県下市町村に交付対象とすべき」としているが、まさに金をバラまき、恩恵を与えだまさせる、金ですべてを解決させようとすることに憤りを禁じ得ない。過疎からの脱却を求めながら原発を誘致した福島・石川県では当初のもくろみ通りにはいかなかったと反省している。工事期間中の一時的なものでしかないはずだ。

地域農業、地場産業の育成にこそ目を向け、潜在能力・創造性を高めることが重要である。

私達は命と大地を守るために、金と引き換えにするものではないし、いかなる条件闘争もなく、あくまでも白紙撤回を求めるものである。

単に総選挙をにらみ、要望の列記であり、その姿勢は、国・県・事業者にゲタを預ける自民党県連としての主体性はどこにあるのか統一見解と言い難いし、実行委員会として、とうてい容認できるものではない。

［出典：核燃料阻止農業者実行委員会資料］

Ⅱ－3－1－9

「ウラン濃縮機器搬入問題」に関する要請

核燃料サイクル施設建設阻止農業者実行委員会

六ヶ所村長　土田浩殿

われわれ農業者は現在、六ヶ所村に建設されている「核燃料サイクル施設」に対し、その「安全性」への不安から、地道に粘り強い反対運動を実施してきました。この「施設」に対する不安は、農業者のみならず150万県民の大多数が抱いていることが、先の衆・参両院の選挙結果に如実に示されました。

また、地元六ヶ所村においても、先般の村長選において「核燃凍結」を公約した貴殿が当選したことにより、住民の不安が立証されたことは申すまでもありません。貴殿の勝利は、われわれの反対運動にとって大きな励みであり、今後の運動に対し偉大なる光明であります。

さて、日本原燃産業などの事業者は、現在建設中のウラン濃縮工場の中心をなす遠心分離機器材搬入を強行しようとしています。これは高まる反核燃の県民世論を踏みにじる暴挙であり、断じて容認できない行為であります。

この器材搬入は、今後の低レベル放射性廃棄物貯蔵施設及び再処理工場建設に向けて重要な意義を有し事態はきわめて重大であります。

よって、われわれは貴殿が核燃凍結にもとづき、この器材搬入に強く反対されますよう要請するとともに、今後とも貴殿に支援を惜しまない決意であります。

平成2年3月3日

核燃料サイクル施設建設阻止農業者実行委員会

委員長　久保晴一

（構成団体）

青森県農協青年部協議会

青森県農協婦人部協議会

農民政治連盟青森県本部

全農協労連青森県支部

［出典：核燃料サイクル施設建設阻止農業者実行委員会資料］

Ⅱ－3－1－10

抗議声明

核燃料サイクル施設建設阻止農業者実行委員会

日本原燃産業は、本日未明、ウラン濃縮工場の本体をなす遠心分離機器材の搬入を強行した。この器材の搬入はウラン濃縮工場の稼働につながるものであり、我々農業者はこれに強く反対するとともに、抗議行動をしてきたところである。

核燃料サイクル施設に反対する県民世論は、国をはじめ事業者の執拗なピーアール活動にもかかわらず日増しに強まる一方であり、今度の強行措置はこれに逆行する暴挙であり断じて許されない。このような事業者の対応は、「核燃施設」に対する不信感をますます強めることは必定である。

そもそも、六ヶ所村はこの施設の立地上きわめて劣悪な条件しか有していないことは、度重なる米軍機の模擬爆弾の誤投下にも明らかである。

ウラン濃縮工場の稼働は、本県を核のゴミ捨て場とするさきがけをなすものであり、その器材搬入は断じて許されない。

ここに強く抗議する。

平成2年4月2日

核燃料サイクル施設建設阻止農業者実行委員会

委員長　久保晴一

［出典：核燃料サイクル施設建設阻止農業者実行委員会資料］

Ⅱ－３－１－11

公開質問状

核燃を考える県民自主ヒアリング開催実行委員会　1990年８月９日

青森県知事北村正哉殿
核燃を考える県民自主ヒアリング開催実行委員会
代表　久保晴一

貴職の要望を受けて、原子力安全委員会は、去る3月1日「日本原燃産業株式会社六ヶ所事業所における廃棄物埋設に係る公開ヒアリング」開催を発表しました。

しかし、この開催要領を見る限り、「県民の不安や疑問等を解消」するためという貴職の要請の趣旨を実現するには程遠いものでした。そこで県内29の反核燃団体は、3月26日、貴職に対して、公開ヒアリングのあり方及び実施の要領の抜本的見直しを原子力安全委員会に要請するよう申し入れました。

しかし、貴職は、その申し入れを何ら合理的理由もなしに拒否しました。その後4月26日に行われた「公開ヒアリング」は、われわれの指摘したとおり「県民の不安や疑問に答える」ものではなく、県民に閉ざされた密室官製ヒアリングに終ったのです。

そこで、核燃サイクル事業に疑問・不安をもつ上記諸団体は、「核燃を考える県民自主ヒアリング開催実行委員会」を結成し、「県民の核燃に対する『生の声』を集約する場」を5月27日から7月5日までの間に県内5ヶ所で開催しました。参加人員は約1500人を数え、たくさんの意見と質問が出されました。

ここに、当実行委員会は「県民自主ヒアリング」をふまえ、貴職に対し「公開質問状」を提出します。

核燃問題は、青森県はもちろんのこと全国、全世界の人々が等しく関心を深めている事柄であり、また地球規模の環境問題としての性格を有するものです。

貴職におかれましては、下記の要領にそって、立地受け入れの責任者として、また県民の生命・財産を守る立場から、誠意をもって回答されるよう要望します。

記

⑴回答は、8月末日までにお願い致します。

⑵回答は、文書で別記実行委員会事務局までお願い致します。

⑶質問事項に対して貴職自ら回答されるようお願い致します。

核燃を考える県民自主ヒアリング開催実行委員会
代表　久保晴一
事務局　青森市柳川二丁目4-22
青森県生活協同組合連合会

核燃を考える県民自主ヒアリング開催実行委員会
参加団体一覧

県団体	核燃料サイクル施設建設阻止農業者実行委員会
	核燃料サイクル阻止一万人訴訟原告団
	「核燃料サイクル施設問題」を考える文化人・科学者の会
	核燃料サイクル施設立地反対連絡会議
	りんごの花の会
	脱原発法・反核燃青森県ネットワーク
	青森県生活協同組合連合会
	青森県保険医協会
	青森県労働組合総連合
東青地区	核燃料サイクル施設建設阻止東青地区農業者実行委員会
	東青地区農協婦人部協議会
	東青地区農協青年部協議会
	農民政治連盟東青地区本部
	全農協労働組合連合会東青地区協議会
	青森市民生活協同組合
	青森県庁消費生活協同組合
	青森県保険医協会東青支部
	核燃料サイクル阻止一万人訴訟原告団東青地区運営委員会
	りんごの花の会青森支部
	核燃から青森のいのちを守る会
	脱原発法・反核燃青森県ネットワーク青森地区世話人会
	日本婦人会議青森支部
	新日本婦人会議青森支部
	青森県労センター東青地方本部
	全農林青森分会
	東青労働組合総連合
	青森銀行労働組合

	青森県教職員組合東青支部
上十三・下北地区	青森県高等学校教職員親合東青支部
	核燃いらないわ!三沢の会
	むつ市原船・原発・核燃を考える市民の会
	浜関根共有地主の会
	核燃から海を守る会
	核燃から漁場を守る会
	青森市民生活協同組合むつセンター
	青森県教職員組合下北支部
	青森県高等学校教職員組合下北支部
	民主教育を考える下北の会
	青森県労センター下北地方本部
	下北労働組合総連合
三八地区	核燃料サイクル施設建設阻止三八地区農業者実行委員会
	青森県労センター三八地方本部
	八戸市民生活協同組合
	核燃料サイクル阻止一万人訴訟原告団三八地区運営委員会
	青森県保険医協会三八支部
	死の灰を拒否する会
	核燃とめようみんなの会
	立縄漁業協同組合
	脱原発法・反核燃青森県ネットワーク八戸世話人会
	りんごの花の会三八支部
	日本科学者会議八戸分会
	反原発・反むつ八戸市民の会
	風船デモの会
西北五地区	核燃料サイクル施設建設阻止西北五地区農業者実行委員会
	核燃料サイクル施設建設阻止鶴田町農業者実行委員会
	西北五地区農協青年部
	西北五地区農協婦人部
	核燃とめよう五所川原市民の会
	弘前市民生活協同組合五所川原地区運営委員会
	青森県保険医協会西北五支部
	青森県労センター西北五地方本部
	五所川原市職員労働組合
	西北五国公共闘会議
	青森県教職員規合西北五支部
中弘南黒地区	放射能から子供を守る母親の会
	弘前脱原発法・反核燃の会
	核燃を考える弘前市民の会
	弘前市民生活協同組合
	弘南生活協同組合
	弘前大学消費生活協同組合
	津軽保健生活協同組合
	青森県保険医協会中弘南黒支部
	青森県労センター中弘南黒地方本部
	中弘南黒地区労働組合総連合
	核燃と原発に反対する女たちのデモ
	弘前核に反対する会
	野草杜
	りんごの花の会中弘支部
	脱原発法・反核燃青森県ネットワーク弘前地区世話人会
	核燃料サイクル阻止一万人訴訟原告団弘前地区運営委員会
	核燃料サイクル施設建設阻止中弘南黒地区農業者実行委員会
	中弘南黒地区農協婦人部協議会
	中弘南黒地区農協青年部協議会
	中弘南黒農協政治連盟東青地区本部
	核燃をとめよう浪岡会
	核燃を止める藤崎町民の会
	青森県りんご協会青年部

［出典：核燃を考える県民自主ヒアリング開催実行委員会資料］

Ⅱ－3－1－12

「原子燃料サイクル施設の立地への協力に関する基本協定」の破棄等を求める要請署名

核燃料サイクル施設建設阻止農業者実行委員会　1990年

青森県知事

北村正哉殿

〈要請代表者〉

核燃料サイクル施設建設阻止農業者実行委員会

委員長　久保晴一

核燃料サイクル施設建設の白紙撤回を求める声は、いまや、青森県民のみならず全国民の切実な願いとなっています。

1985年4月9日、貴職は、核燃料サイクル施設の立地受け入れを表明し、同年4月18日「原子燃料サイクル施設の立地への据力に関する基本協定」を、青森県・六ヶ所村・日本原燃サービス株式会杜・日本原燃産業株式会杜・電気事業連合会の5者が、県民の反対を無視して調印・締結し、強引に建設を進めていました。

核燃料サイクル施設の問題は、現在及び将来にわたり、県民とその子孫の生存に深く関わる重大な問題です。すでに多くの学者や専門家から、核燃料サイクル施設立地計画は極めて問題が多く、危険なものであること明確に指摘されています。また、核燃料サイクル施設の内容が明らかになるにつれ、国や県などの強引なＰＡ活動の推進とは裏腹に、県民の不安と反対はますます強くなっています。

1989年8月29日、原燃合同本杜の平沢代表は、県議会総務企画常任委員会との懇談会で、「基本協定が破棄された場合どうするか」との質問に対し、「破棄された時は、我々は事業はできない。信頼関係がなくなるので事業はやれない。」と答弁しました。

世界に類を見ない放射能の集中立地が図られようとしている青森県六ヶ所村。

県民、国民が安心して暮らせるために、いのちと大地を守ることこそ、何よりも優先されなければなりません。

私たちは、核燃料サイクル施設建設の即時中止と計画の白紙撤回を強く求め、貴職に次のことを要請します。

要請事項

１. 核燃料サイクル施設の立地受け入れを撤回し、「原子燃料サイクル施設の立地への協力に関する基本協定」を破棄すること。

２．国、電気事業連合会及び原燃二社に対し、核燃料サイクル施設の計画・建設の中止を要請すること。

(以下、署名記入欄)

[出典：核燃料サイクル施設建設阻止農業者実行委員会資料]

II－3－1－13

ウラン濃縮工場安全協定の締結に関する抗議文及び質問書

ウラン濃縮工場操業阻止農漁業者実行委員会

六ヶ所村村長　土田浩殿

私たちは、六ヶ所村とその隣接市町村に住む農業者、漁業者、酪農家です。厳しいけれど豊かな上北、下北地域の、大地と海の恵みを受けて暮らしてまいりました。

それゆえに核燃料サイクル施設の建設に関しては、強い不安と危惧の念を持っております。たとえ大きな事故がなくても、日常排出される放射能は、確実に野菜や米、魚や海藻、牛乳などを汚染していきます。そして、真っ先に被害を受けるのは、私たちの子や孫なのだ、ということを聞き、六ヶ所村と隣接市町村の私たちとしましては、それぞれの場で疑問の声を挙げてまいりました。しかしながら、事業者や県、関係市町村ではただ「安全だ」を繰り返すだけで、私たちに充分な論議と判断の場を与えてくれていません。

土田村長は、六ヶ所村庄内地区に入殖されてよりこれまで、生活を築くにあたって、大変な御苦労をされたと聞いております。庄内地区の酪農家の方々は大変優秀であり、県内でもトップクラスだそうで、土田村長ご自身も、この地への愛着や誇りをいっそう強く持っていらっしゃることと思います。

だからこそ、一昨年の村長選で貴職が「凍結」を公約に当選されたことに、私たち六ヶ所村と隣接市町村の住民は、熱いまなざしと期待を持って、注目してまいりました。貴職のこれまでの「私にできることは、安全協定を結ばないことだ」との発言は、貴職の「凍結」のひとつの姿勢であると、私たちは信じてきました。

しかしながら、貴職は、このほど「六ヶ所村議会の七十五％の賛成があれば、ウラン濃縮工場の安全協定を締結し、凍結を解除する」との見解を述べています、これはどういうことなのでしょうか。

貴職は、「凍結」を村民に公約して当選したはずです。それならば、安全協定締結の賛否を議会に委ねるということをせずに、まず貴職のきちんとした核燃への見解を村民に示すべきではないでしょうか。責任を議会へ転嫁せず、村の長として、まず良識ある判断を示すべきです。

私たちは、都会にはない財産である上北、下北地域の自然環境、大地と海を次の世代に残していきたい、との思いでこの核燃問題に取り組んでいます。六ヶ所村だけでなく隣接市町村でも、青年層の流出、農漁業の後継者難など多くの問題を抱えております。しかしながら、その中で地元に残り、現在農漁業に取り組んでいる若い後継者たちは、この地に適した農漁業の改革や新しいものへのチャレンジなど、非常に熱い意欲と情熱を持って取り組んでおります。そしてそれを自分たちの子孫へと、つないでいこうとしています。今、この上北、下北の地に必要なことは、こうした農漁業の振興であり、農漁業に従事する若者たちが、もっと意欲的に働けるような環境を作っていくことではないでしょうか。

このことは、六ヶ所村の土を耕してきた村長ご自身の気持ちも一緒だろうと思います。ですから、私たちのこの意を汲んでいただけることと期待しております。

チェルノブイリの原発事故が示すように、放射能の被害に境界線はありません、核燃の問題は、上北、下北の地域住民みんなの問題です。したがって六ヶ所村の一議会だけで安全協定締結の決議をするのは、あまりにも周辺市町村の住民を無視したこと言わざるを得ません。私たちは、そのことに抗議し、撤回を求めるとともに、貴職に次のことを質問いたします。

一、貴職の「凍結」とは、村民に冷静になって考える余裕を与える、と理解しております。貴職は、核燃に係わる地域座談会や原子力教養セミナーなどを開催し、村民に情報を提供してきたと言っておられますが、それはいずれも原子力の推進側に立ったものばかりです。今後、ウラン濃縮工場についての賛成、反対の両方の学者を招いて学習会を開催し、地域住民に充分な判断の場と時間を与えること。また六ヶ所村村長をはじめ、隣接市町村の首長と、我々農業者、漁業者、酪農家の代表者との公開討論会を開催すること。この二つを安全協定締結前に開催することを要求いたします。この要求に対して、誠意あるご返答をお願いいたします。

二、六ヶ所村の議員の方々は、どのような学習をして、安全性を確認しているのですか。推進側の学者だけでなく、反対側の学者の意見も聞いた上で、各議員の方々が判断できるような措置を、村として行なうつもりがおありですか。

三、四月二五日、日本原燃産業から科学技術庁に提出された『保安規定』の申請が認可されるまでは、安全協定を結んではならないと思いますが、貴職はこれについてどう思われますか。

四、安全協定は、法的根拠がなく、罰則規定もありません。遠心分離機の搬入にあたって、事業者側は、県民を裏切り、裏口から搬入しました。そういう事業者の態度を考えると、たとえ安全協定が締結ざれたとしても、何かあった場合、事業者が協定を守るかどうか、信用できません。このことについてどうお考えですか。

五、ウラン濃縮工場の原料である六フッ化ウランは、極めて危険な物質であります。それにもかかわらず、ご存じのように天然六フッ化ウランの場合、輸送に関する届け出に法令上の義務はなく、沿線住民には、輸送ルートが公表されることほないと聞いています。公表できない状態で、もし事故があった場合、村としてはどのように対処していくのでしょうか。

六、遠心分離機の耐用年数は、およそ十年と聞いております。十年後、操業停止した後の遠心分離機そのものが、巨大な高レベルを伴う放射性廃棄物となります。十年後といえば差し迫った問題です。その巨大な核のゴミをどう処分するのか、村として確認しているのですか。

七、貴職は、「核燃から地域住民を守る会」及び、「核燃から子供を守る母親の会」と政策協定を結んでおられますが、六ヶ所村と隣接市町村の私たちは重大な関心をもって見守ってまいりました。これを守り通していくつもりでしょうか。お伺いいたします。

八、ウラン濃縮施設の周辺には、中学校、給食センター、運動公園など、子供たちへの影響が心配される施設が集中しています。今、貴職の決断が子供たちの未来を決定するのです。十年、二十年後、人体に影響が出てきた場合、貴職の失政として、厳しく問われることになります。これについてどう思われますか。

この質問に対して、私たち六ヶ所村と隣接市町村の住民に対し、公開の場で答弁いただくよう要望し、その解答を五月末日までにいただくようお願いいたします。最後に、貴職が公約どおり、安全性が確立されるまでは核燃の「凍結」を守り、継続されることを強く望みます。

ウラン濃縮工場操業阻止農漁業者実行委員会
代表　岡山粕男

（他、１８団体・個人の自筆署名捺印）
一九九一年五月十六日

［出典：ウラン濃縮工場操業阻止農漁業者実行委員会資料］

Ⅱ－３－１－14

ウラン濃縮工場安全協定の締結に関する陳情書

ウラン濃縮工場操業阻止農漁業者実行委員会

六ヶ所村議会議長殿

私たちは、六ヶ所村とその隣接市町村に住む農業者、漁業者、酪農家です。厳しいけれど豊かな上北、下北地域の、大地と海の恵みを受けて暮らしてまいりました。

それゆえに核燃料サイクル施設の建設に関しては、強い不安と危惧の念を持っております。たとえ大きな事故がなくても、日常排出される放射能は、確実に野菜や米、魚や海藻、牛乳などを汚染していきます。そして、真っ先に被害を受けるのは、私たちの子や孫なのだ、ということを聞き、六ヶ所村と隣接市町村で暮らす私たちとしましては、それぞれの場で疑問の声を挙げてまいりました。

しかし、事業者や県、関係市町村ではただ「安全だ」を繰り返すだけで、私たちに充分な論議と判断の場を与えてくれていません。

私たち六ヶ所村と隣接市町村の住民は、土田六ヶ所村長の公約である「凍結」を、村民に冷静になって考える余裕を与えることだと理解しており、ゆえに土田村政に熱い期待をもって注目してまいりました。

しかしながら、土田村長はこのほど、「六ヶ所村議会の七十五％の賛成があれば、ウラン濃縮工場の安全協定を締結し、凍結を解除する」との見解を述べておられます。私たちはこの見解に対し、非常に憤慨しております。

村長は、村民に「凍結」を公約して当選したはずです。そうならば、その責任を議会に転嫁するのではなく、まず土田村長自身のきちんとした核燃への見解を、村民に示すべきではないのでしょうか。

核燃の問題は、今の私たちだけの問題ではなく、この決断が私たちの子孫の未来を決定するのです。もし十年、二十年後、農水産物や人体に影響が出てきた場合、六ヶ所村の失政として、内外から厳しく問われることになるでしょう。目先の利益にとらわれるのではなく、上北、下北の将来を考え、責任ある選択をしなければならないと思います。

そもそも村議会議員は、核燃だけを争点にして当選しているわけではなく、このような重大な問題を一つの村議会だけで決めることが間違いなのです、土田村長は「議会の決定に従わなければ、民主主義を否定したことになる」とも述べておられますが、これは建て前だけの民主主義論でしかありません。

私たちは、都会にはない財産である上北、下北地域の自然環境、大地と海を次の世代に残していきたい、との思いでこの核燃問題に取り組んでおります、六ヶ所村だけでなく周辺市町村でも、青年層の流出、農漁業の後継者難など多くの問題を抱えております。しかし、その中で地元に残り、現在農漁業に取り組んでいる若い後継者たちは、この地に適した農漁業の改革や新しいものへのチャレンジなど、非常に熱い意欲と情熱を持って取り組んでおります。そしてそれを自分たちの子孫へと、つないでいこうとしています。今、この上北、下北の地に必要なことは、こうした農漁業の振興であり、農漁業に従事する若者たちが、もっと意欲的に働けるような環境を作っていくことではないでしょうか。

チェルノブイリの原発事故が示すように、放射能の被害に境界線はありません。核燃の問題は、上北、下北地域住民みんなの問題です。したがって六ヶ所村の一議会だけで、安全協定縛結の是非を決定することは、あまりにも周辺市町村の住民を無視していると言わざるを得ません。私たち農業者、漁業者、酪農家の生活に重大な影響を及ぼす核燃問題を、急いで決めるのではなく、もっと判断の場と時間を与えていただきたいのです。

以上のことから、私たちは、六ヶ所村議会がウラン濃縮工場の安全協定締結に反対する決議を行うよう、六ヶ所村議会で諮って下さることを、ここに陳情いたします。

ウラン濃縮工場の稼働に係わる内外の厳しい状況の中、六ヶ所村議会の議長になられたことは、いろいろと御苦労、御心労があることとお察しいたします。しかしどうか、私たちのこの意をお汲みいただき、お計らいいただきますようお願いいたします。なお、この件について、六ヶ所村議会で話し合われた内容の全文を、文書をもって私たちにお知らせいただきますよう、合わせてお願いいたします。

ウラン濃縮工場操業阻止農漁業者実行委員会
代表　岡山粕男
（他、１７団体・個人の自筆署名捺印）
一九九一年五月十六日

［出典：ウラン濃縮工場操業阻止農漁業者実行委員会資料］

Ⅱ－3－1－15

「ウラン濃縮施設に関する安全協定」締結に対する抗議

核燃料サイクル施設建設阻止農業者実行委員会

青森県知事
北村正哉殿

われわれ農業者は、六ヶ所村に現在建設中の核燃料サイクル施設の安全性に強い疑念を持つと共にわれわれの生活の糧である農業への影響に大きな不安を抱き､反対運動を続けてきました。また、この不安はわれわれ農業者ばかりでなく青森県民の半数以上が危惧していることは、先の知事選挙でも如実に現れています。

貴殿も御存知のとおり本県農業は青森県経済を支えている一つの産業であり、その農業を根本から揺るがすものが核燃料サイクル施設であります。この施設建設は、本県の基幹的産業である農業を潰すに等しく、貴殿が主張されている「産業構造の高度化」という言葉を借りるならば、「産業構造の弱体化・産業の空洞化」を招来する何ものでもありません。

今、貴殿が締結しようとされている「ウラン濃縮施設」は、科学的にも安全性が100％確立されていないことは貴殿も事業者も認めているところであります。さらに、原料である六フッ化ウランの輸送に関しては、ウランを裸同然で輸送するものであり、万一の事故に対する対処方法すらはっきりしておりません。付け加えるならば、F16戦闘機の墜落事故並びに自衛隊練習機の墜落事故の原因さえも判明されないまま訓練を再開されたことは、施設の立地条件も最悪であると言わざるを得ません。

このような中で安全協定を締結することは、地域住民の幸福と安全を追求すべき貴殿の職責に反する行為であり、人道上許されないことであります。

よって、われわれ農業者四団体は、ウラン濃縮施設に関する安全協定締結に断固抗議するものであります。

平成3年7月25日

核燃料サイクル施設建設阻止農業者実行委員会
委員長　松本淳司

［出典：核燃料サイクル施設建設阻止農業者実行委員会資料］

Ⅱ－3－1－16

「92政治決戦勝利・反核燃の日青森県集会」集会アピール

青森県反核実行委員会ほか

ウラン濃縮工場が3月27日本格操業を始め、低レベル廃棄物貯蔵施設の建設が進みつつある。さらに、高レベル廃棄物貯蔵施設の建設や再処理の事業認可ももうすぐ出されるという。しかし、建設が終わり試運転中のウラン濃縮工場では、既に2回もトラブルを起こし、大きな不安を広げた。また、核燃施設上空を米軍の戦闘機が頻繁に飛来している。この半年間だけをみても墜落事故や実弾2個の投棄や燃料タンクの投下、さらに緊急着陸など度重なる事故を引き起こしており、核燃施設への不安を一層拡大している。さらに、六ヶ所村周辺は地震の多発地帯であり、核燃施設の建設予定地の直下に大活断層も発見され、核燃施設の立地には全く不適地である。事業者・国・県当局は核燃を「夢のエネルギー源」と宣伝し、再処理によるプルトニュウム利用の必要性を説いてきた。しかし、今や世界的にプルトニュウム生産は過剰となっており、またスーパーフェニックス計画も挫折し、核燃施設の建設を急ぐ根拠は全くない。そういう中で、低レベル廃棄物貯蔵施設の建設が進められ、いま高レベル廃棄物貯蔵施設の建設も動き出している。事業者の本当の狙いは、これら廃棄物の貯蔵施設にあると言われる所以はここにあるのだ。

世界的には未だ高レベル廃棄物の処理技術も確立されておらず、最終処分場も定まっていない。六ヶ所村が核のゴミ捨て場として「永久処分場」とされる危険が高まっている。

今、安全でクリーンなエネルギーである太陽光発電などの技術が着実に前進しており、「原発がなければ電気は供給できない」とするデマ宣伝の欺瞞性はますます明らかとなっている。

県民の皆さん、改めて胸を張り「核燃料サイクル施設」建設の危険性を指摘し合おうではないか。子々孫々のために、青森県を核のゴミ捨て場にさせない闘いに立ち上がろう!我々は、七年前の北村県知事の暴挙を忘れはしない!

原燃事業者の代弁者になり下がった北村県知事に県民を代表する資格はない。しかし、昨年の知事選では北村知事が再選されて以来、核燃料施設の建設が急速に進められていることに、我々はくやしさと憤りを感じざるをえない。

我々は決意する。

今年7月に行われる参議院選挙に勝利し、核燃を阻止し青森県農業を始め、県民の平和と生活をこの手で守抜くことを！

我々は訴える。

県民の力を合わせ、必ずや核燃料サイクル施設の建設と稼動を阻止することを。

青森県に未来を築こう!

1992年4月12日

92政治決戦勝利・反核燃の日青森県集会

［出典：青森県反核実行委員会ほか資料］

第２節　六ヶ所村レベルの住民資料

Ⅱ－３－２－１

要望書（社会党・土井たか子委員長宛）

核燃から子供を守る母親の会

此の度、社会党結党以来初めての女性委員長としてご就任されました事を心からお祝ひ申し上げる次第でございます。

又、核燃施設立地反対の闘ひにつきまして常に日頃より党のご支援とご指導を頂きまして誠に有難とうございます。

国、県、電事連はチェルノブイリ原発事故後も、一片の反省も示しておりません、それは、マスコミを利用しての宣伝や、県の説明会が、すべて虚偽に満ちている状況からも明らかであります。

単に一県、一国の危機といった問題ではなく地域に生きる、我にいのちあるものへの大犯罪といわねばなりません。

歴史の一ページに残されるべきものといえましょう。私達、子供守る母親として又、村民としてこの暴挙にストップをかけたいと切に願ひ続けているところでございます。

今、六ヶ所村に核燃サイクル施設が立地されれば私達はここに住めなくなります。

子供や孫達のみらいもなくなります。

自然に恵まれた六ヶ所村の故郷をこのままにしてほしいのです。核燃サイクルは技術的にも、安全性が確立されていないものをなぜに我々住民の意思をも無視して進めようとしているのか、我々村民を核燃へ売ろうとしている、権力者をぜったいに許す事は出来ません。土井たか子委員長に私達女性同志の立場からお願ひをお受けいただけたら幸いと存じます。母親の会より、是非とも心からお願ひ申し上げます。

敬具

昭和六十一年十二月七日
青森県上北郡六ヶ所村大字泊
核燃から子供を守る母親の会
代表　若松ユミ

社会党
土井たか子委員長殿
［出典：核燃から子供を守る母親の会資料］

Ⅱ－３－２－２
政策協定書
核燃サイクルから子供を守る母親の会

平成元年十二月十日投票の六ヶ所村長選挙にあたり以下左記のとおり政策協定いたします。

記

一、六ヶ所ウラン濃縮施設及び六ヶ所低レベル放射性廃棄物貯蔵埋設施設については、今後安全性が確立されるまで一切の工事を凍結します。

二、六ヶ所核燃料再処理施設については
１．施設建設敷地にはその直下に二大断層があり、しかも敷地は軟岩、下等地盤であり核燃料再処理施設のような危険極まりない施設立地は不適地であります。
２．この地域は地震地帯であり、特に六ヶ所村前面海域には八十四キロメートルに及ぶ活断層があります。
３．再処理工場運転時には常時空気中と海中に人工放射能を放出します。
４．再処理工場隣接地には天ヶ森射爆撃場及び三沢空軍基地があり飛行機事故の危険性があります。
以上の理由から核燃再処理施設及び英・仏から返還されるプルトニウム及び高レベル放射性廃棄物貯蔵施設は認めません。

三、核燃料再処理施設については、今後村民の意志を確認する村民投票条令を定め決定いたします。

右協定します。

平成元年十月二十一日

この協定書は二部作成し、相方一部づつ保持するものとする。

核燃サイクルから子供を守る母親の会
会長　中村およね
副会長　能登タネ
六ヶ所村長立候補者　土田浩
六ヶ所明正会　会長　古泊宏
副会長　寺下末松
幹事長　橋本道三郎
［出典：核燃サイクルから子供を守る母親の会資料］

Ⅱ－３－２－３
公開質問に対する回答書に対しての再質問に関する要望書
六ヶ所村住民有志

六ヶ所村長　土田浩殿

去る四月十二日、公開質問に対して回答頂き誠に有難うございます。

私たちは、早速回答書を拝見検討させて頂きました。その結果その内容は、私たちの期待に添うものではなく、従来の貴職の発言から前進がなく残念でなりません。私たちは、お答えを何度も読み質問に対して、納得出来るものはなく再質問すべきとの意見もありましたが、再度文書で質問してもなかなか理解は難しいと考えました。私たちはこのままの状態で安全協定が結ばれ操業されるならば、私たちのみならず、村民の多くは貴職に対して、不信が募ることでしょう。たとえ貴職がそれなりの手順を踏んで理解を得たといっても、多くの村民は果たしてそう思うでありましょうか。このような状態で貴職が考えておられる、二十一世紀に向けての村づくりを進めるにあたって、村民の理解と協力が得られるのでしょうか。

ようやくむつ小川原開発の反対運動の傷も癒

え、静かな村に戻りつつあるとき、またしても村民の古傷をえぐるような大きな核燃問題が提起され今日にいたっています。この二十数年六ヶ所村は、開発、国策の名のもとに犠牲を強いられ、又、貧しさや、権力の名のもとに発言を封じられてまいりました。しかし貴職の登場によって、議会も、村民も、発言する機会が出来貴職が言う民主政治の場が出来たとは言うものの、まだまだ話合いの時間が少ないと思います。

私たちは、こと核燃に関して貴職と、意見の交わることは少ないにしても、出来るだけ多くひざを交え話合いをして理解を深める努力をお互いすべきだと思っております。

今、まさにウラン濃縮の安全協定の締結を前に、ぜひ一度貴職と、私たち農業者と、二十一世紀に向けての六ヶ所村の将来を、大きな観点から是非お話あいを致したく、ここに、連名でご要望致します。なにとぞお聞き届けくださるようお願い申し上げます。

平成三年　月　日

（以下、六ヶ所村住民有志の連名）

［出典：六ヶ所村住民資料］

Ⅱ－3－2－4

うつぎ第64号

1996年３月10日発行　第64号　(1)

うつぎ

編集責任者　菊川慶子
住所　上北郡六ヶ所村豊原
TEL&FAX　0175-74-2522
購読料　村内　年間1200円
　　　　村外　年間2000円
郵便振替　02310-1-13671
　　　　月刊「うつぎ」
毎月１回10日発行

もうごめんだ！高レベル反対2月集会

実態報告もんじゅの事故－アイリーンさん 関晴正さん、平野良一さん、台湾からも

高レベル搬入阻止連絡会（代表・清水自清）は二月二十五日、青森市・農業共済会館で「もうごめんだ！高レベル廃棄物二次搬入反対集会」を開いた。参加者は約九十人。四月以降に予想される二回目のガラス固化体搬入や海外再処理、再処理工場の建設、使用済み燃料の搬入反対などの集会アピールを採択した。

集会は一時五分から始まった。主催者挨拶の後、一万人訴訟原告団の平野良一さんが「再処理工場建設計画の見直しは形を変えた高レベルの搬入」というテーマで三十分間講演した。本題に入る前に五所川原市の「七十才過ぎの老婆の会」から匿名で今回の集会の費用にと一万円が送られてきたことを紹介、会場から拍手が湧き上った。平野さんは「県は安全チェックの機能を果たしていない。高レベル廃棄物は日本人全体の問題であり、一人一人がどう分担するのか議論するべき。県民の考えが形成されるだけの資料を公開するよう求めていく」と語った。

続いて、元衆議院議員の関晴正さんがガラス固化体の危険性について「キャニスターは腐食しやすい材質であり、三十年から五十年の一時貯蔵に耐えられないのではないか。コジェマの保証も確認されていない。木村知事は次回九十六本の搬入の時は六ケ所岸壁ではなく、ラ・アーグ出港のさいにとめてほしい」と国会質疑を引用しながら話し、ユーモアを交えた語り口で会場の空気を和ませた。

京都在住のグリーン・アクション代表アイリーン・スミスさんは「青森に来ると、自分のゴミにあいにきたという感じがする。本当は引き取りに来たと言わなければならないのですが」と前置き、もんじゅの事故の実態を動燃のビデオを見せながら説明した。白煙を上げてくすぶるナトリウムの固まりと黒くポッカリ開いた穴。迫力ある現場のビデオに参加者は息を詰めた。「私もどっかでやっぱり動燃を信頼していたんです。でも、対応策がなんにもない。すっごく杜撰。すっごくいい加減。福井県はもう、カンカンです。でも、動燃と科技庁の威張り方はすごい」「漏れたら止めることになっていたが、測定器そのものが役に立たなかった。消防員は九時から五時までしかいない。ナトリウム火災の訓練・消火設備なし。窒息消化させることになっていたか、空調ダクトは事故の後も三時間半動いていた。止めたら温度が急激に上がりすぎ熱衝撃がすごい。タンクが急激な温

第３節　泊漁業協同組合関連資料

注　第3節の資料は手書き資料のため判読不能な箇所は＊で示した。

Ⅱ－３－３－１

核燃料サイクル学習会及び泊漁協副組長以下役員６名サイクル推進陳情更に海象海域調査に係る件

昭和60年５月26日

泊漁業協同組合総会
議長殿

１、去る2月24日の核燃料サイクルの学習会の事でお伺いいたします
お話に依れば2月22日の役員会議では全員一致で学習会に組合員並びに部落の皆さんに一人でも多くの方々に良く知ってもらいませうとの事で車等も用意されたとの事で多くの人が学習されたと思います　其の結果組合員が立ち上がりバスを連らねて県知事に立地反対を行なうという事で組合長にお願いし学習会を終ったのである　後何にも出来ずに　立地受入れされた。漁民行動が出来ずに誠に残念に思っております　此の事に付いて組合長より皆さんに御説明願います

２、其の後４月３日の新聞紙上にて副組合長祐川理事外５名が県庁に出向き知事に会い、核燃料受入れを強く要請して居り組合の理事である者が６名お揃いでこのような事は全く８００人組合員を侮蔑した行動である　其れに付いて当月行動された理事並に監事諸公の心情を問ふものである　お答い願います

３、更に６月に入ればサイクル推進のため海象海域の調査に入るとの新聞紙上に記載されてあるがこの問題は重要問題なので役員だけで決議しべきでない　依って臨時総会に於て決議する事を動議として提案致します

動議提案者
坂井雷光　浅井　巌
高塚金作　市島＊幸
舘花正末
村上　留

［出所：泊漁業協同組合資料］

Ⅱ－３－３－２

泊漁業協同組合理事会議事録

昭和60年12月９日　開催

辻浦書記の想出記録

１、開催通知年月日　昭和60年12月８日
２、開催の日時　昭和60年12月９日午前10時15分
３、開催の場所　泊漁業協同組合応接室
４、出席理事氏名　組合長理事　板垣孝正、理事　宮守鶴喜　同　祐川金松　同　村畑勝千代　同　滝口作兵エ　同　能登鉄太郎　同　明石憲二(順不同)
５、提出案件　刺網漁船専用荷捌所陳情の件
６、議事要領

組合町議長となり、今日はお忙しい所をご苦労様でございます。唯今より理事会を開催いたします。と挨拶をなした。
10時15分
組合長　　議題に供している刺網漁船の専用荷捌所設置の陳情の件、この問題については、県より何か条件になるものを出しなさい、と要請がありましたので、まずこの荷捌所についてはかねがね刺網とイカとが一緒になって非常にお互いに不自由な事になっているので何とかこの機会に青写真は出来ているけれども、この問題と色々かね合いがあるのはご承知のとおり、海域調査との絡みが出てくる、そこで皆さんのご意見を聞きたい。
滝口理事　調査の諾否は５月26日の総会で、臨時総会に諮る事に決めているのではないか。
組合長　　滝口君、君のやったとおりに臨時総会に諮る必要がない、傭船料がなんぼになるのか。

迷惑料をどの程度出せるのか。色々煮詰めて、条件が整えてから諮けなければ諮る意味がないのではないか。

滝口理事　白紙で諮ける。第一今日の案件は刺網の案件のみでないか。その他も何にもない。

組合長　　白紙で俺はぜったい諮ける必要がない。実際問題として、この100隻からの要請があるのをどうするのか。

滝口理事　100隻の要請がなんだの、総会に諮ける事に決まっていることだ。それをどう思うのか。

組合長　　100隻の船の水揚げで組合の運営を依存しているのが実状でないか。そこで不漁対策の借入の問題で、今日は参事を信漁連に使ってやっている。しかしながら、なかなか時期的に遅れるようだ、と云うことを参事から聞いている。

　そのためにはやはり海域調査を前提にして県に陳情に行かねばならない。私はこの海域調査に協力するためには５つの条件がある。傭船料と迷惑料の決定、この会議に係わる経費の負担、漁価安定の為の措置、漁業振興対策、漁業振興対策と刺網の荷捌所の陳情は絡みがある。企業体が主体となるものだから協力してこれを機会に是非実現して行かなければならない。

赤石理事　なんでそれと絡みがあるのか。六カ所の方からやると云ったのになぜこっちの方からやるのか。

組合長　　こっちの方がやらないと５項目目の条件が付けられない

滝口理事　今日の案件のみをやれ。刺網の関係の一つだけだ。

組合長　　それが全部絡みがあるから云っているのだ。

赤石理事　そったら事どうでもいいや。前に戻って今日の案件のみをやったらよいでないか。

組合長　　滝口君、南防波堤のテトラ工事も君の反核運動に走ったためにストップをくったんでないか。

滝口理事　それは違う。自衛隊受け入れの条件だ。黙っていても予算が付いてやるべき仕事ではないか。

組合長　　馬鹿話をするな。俺が組合長に就任してようやく復活させたものなんだ。

赤石理事　我々が陳情に行ったとき、水産部の鎌田水産部長が、海域調査に関係なく予算が付いてやるようになっている、と云ったんじゃないか。

組合長　　じゃ我々と一緒に副知事の所に行った時、副知事にお前がなんて云われたか。予算を付けるのはうち（県）だよ、とこう云われたんじゃないか。

赤石理事　俺はだね。　　（と云ったところ村畑理事発言）

村畑理事　船主100人の要望がなんだ。八百何拾人の組合員の同意を得ないでやると云うのは何事だ。

組合長　　八百何拾人の同意を得るのはよういな事でない。総会に諮けないと云っているのではない。条件が揃えば諮けると云っているのである。うち（組合）の顧問弁護士からも聞いている。

滝口理事　組合に顧問弁護士ってあるのか。

組合長　　貝出顧問弁護士から聞いて来ている。商法にも水協法にもそう云う法律はない。

こう弁護士は云っている。あくまでも反対であれば評決に入る。東通りの原発の海域調査の時は理事会で決定している。従来の慣例に従って表決で決める。

組合長　　それじゃ各理事の意思を確認する。(と云ったところ)

赤石理事　そったらもんだばね……と云って会議室を出ようとしたところ

滝口理事　赤石まじれ、まじれ、と云って退場を止めた。

村畑理事　そんな馬鹿な事があるかと云って茶わんをテーブルに投げつけ祐川理事ともみ合いになる。

組合長　　いかど暴力を振るうのだば表決をする。

　と云って能登よろしいか、能登よろしいか、と指差しをし、祐川、宮守と云って決を求めた。が他の３理事に対しては云わなかった。

能登理事、宮守理事、祐川理事の３理事は頭でうなずいたような気はしたが、それぞれ各自の発声は確認することが出来なかった。

組合長　　もう一回確認する、と云って、のと、よろしいか、祐川よろしいか、宮守よろしいか、と云ったところ、

能登理事　いがべ。

祐川理事　よいよい。

宮守理事　よいよい。　と云ったがこの時は他の３理事は会場に居なかった。

組合長　　４対３で調査協力要請に同意する、と再び宣言し、これで終ると閉会をした。
(10時32分)
この議事録の内容は録音マイクの不備によりテープに録音されておらず気憶（原文ママ）をもって作成したものであります。

会議書記　辻浦光雄　　印

［出所：泊漁協資料］

Ⅱ－３－３－３

泊漁業協同組合理事会議事録

泊漁業協同組合

１　開催の日時　昭和60年12月24日
２　開催の場所　泊漁業協同組合
３　出席理事　組合長理事　板垣孝正、理事　滝口作兵エ、同　宮守鶴喜、能登鉄太郎、祐川金松、赤石憲二、村畑勝千代
４　提出案件
（１）臨時総会開催の件
５　議事要領とその結果
組合長　板垣孝正議長となり開会を宣した。
組合長　理事会に入ります。案件は只今渡した件ですので臨時総会の会催（原文ママ）の日程の御審議願います。
参事　それで20日前になるというと21日請求があり、22日より計算して20日以内となる、そうすると1月10日となります。
村畑理事　1月10日でいかべ、金曜日でないか、それより5日繰り上げて1月5日でどうだ。
参事　1月3日から1週間で10となるから、遅くとも1月3日までに郵便が届かなければならない。
村畑　理事、届くべね。
参事　郵便局では年末の関係で27日まで郵便を出すようにしてもらいたいとの事です。
　各理事協議の結果1月10日に開催することに決定した。
参事　総会の収集通知はこのようにする。議案はこのようにはる。
　昭和60年臨時総会招集通知、来る61年1月10日午前10時より泊漁業協同組合臨時総会を開催し、下記事項を討議しますから御出席くださるよう、ご通知申し上げます。
　会議の目的事項
１　原子燃料サイクル施設立地に係る海域調査実施の件。昭和60年12月21日付当組合理事7名に対し、上記案件についての臨時総会開催の招集請求がありましたので、この海域調査諾否について御審議願います。
　議案は、原子燃料サイクル施設立地に係る海域調査実施の件。昭和60年12月21日付当組合理事7名に対し上記案件についての臨時総会の招集がありましたので、これに基づいて、日本原燃サービス、日本原燃産業ｋｋより要請のある海域調査を次の内容により実施したので提案いたします。
　海域調査項目は6項目
　要請事項として
　調査傭船料、調査協力料、本件に関する会議費用の全額負担、魚価安定対策、漁業振興対策、刺あみ専用荷場設置、この6項目が要請事項として入れる。
　これらについては実現に努力するとしていますが、総会までに決定されると金額が入ることになるが、まだ決っていない事だから努力するとしている。
滝口理事　まずこの調査実施に関しては、漁協より電源と電＊に対して要望し、努力するとあるが、調査料なんかは小さい問題あると私は思う。
　１番大きい問題は漁業補償の再補償だと思う。まず私一理事として、今までの議員としてあくまでも主張してきたことは、むつ小川原開発で我々確かに33億円は漁業補償をもらった事は事実だ。むつ小川原開発との一環としてくるのではなく、むつ小川原開発の核燃産業サービスもサイクルも世の中から余されたものが、話しが何もついていない、したがってこれは……。そもそも漁業補償の再補償の請求をする、なぜならば、むつ小川原開発の関係で世の中の余されたもの廃棄物外国からの再処理したプルトニュームなどの－従ってこの海域には我々は一番不用だことである。
　又漁価等においてかき回される事により漁民を失ってしまうのではないかという心配がある。今それが組合で一番大事な事であるので反対もし、我々は時間を掛けてやれという事はこういうことである。
赤石理事　それからもう一つは、風評被害の問題についてやはり核燃サイクルが設置された場合、

採った魚が値が下がった場合補償してもらうようにしなければならないと思う。
組合長　漁業補償はもらった事は御承知のとおり、サイクルが来た。これは議員として議会で要請したのであると思うが、いずれにせよ各々の意見だから出せていいばこれに越した事はないし、ただ私の聞いている範囲では漁業振興対策と荷捌所は、この前測らせ見積りしたら大体１億五、六千万かかる、それと汎魚礁これは４億かかるか分らないが、漁業補償の再補償はあり得ないとこう言っている。
滝口理事　まあそれでいがべ。議会の関係だと言うけれ共議会でも組合でもその現状というものは変りありません。議会だから話が違うかねこりあもう、板垣君おまえ感違い（原文ママ）されても困るどこの刺あみの専用なんてのは電源サービスが作るのでながべ、こせるのな、ああ…第七次計画の白糠焼山港の関連事業だべ、電源サービスがなにこせるてせー。
組合長　七次計画では、もう一つの港が出来れば埋立になる予定である。
滝口理事　電源サービスと関係ながべね。
組合長　関係がないということではない。
滝口理事　電源サービスの会社で金出すのか、話も何もまるっきり分かっていないでば。
村畑理事　七次計画の内容は要望書かなんかあるはずだ。焼山の中の袋問これはある程度埋めない方が良いと思う
滝口理事　これは原燃サービスと何等関係ない。
組合長　そればばかりでない、
滝口理事　そればかりでなくなんだって、むつの漁港事務所から聞いてみれ、ただし私この前も言ったとおり、二つやるのだと、刺あみの荷捌所についてはやってやりたいが、予算が来た場合には両方さやれば南防波堤と両方の場合は困ると、こちらの南防波堤は安全操業するに一番大事だと、だからまず先にこっちをこせるのが先でないかということでやっているべね。なんの話しをしているのか。
組合長　荷捌場は七次計画に入っていない。
滝口理事　冗談でない、なにおまえ感違いしているのでないか。
組合長　感違いではありません。
村畑理事　七次計画に入っているいないでは先に進まない。参事何か書いたものがないか。
参事　七次計画の図面は玄関の所にある。
村畑理事　刺しあみの関係は入っていないのか。
滝口理事　ちゃんと入っているはずだ。
組合長　何時だったか、開発が来たとき要望しているだけだ。
赤石理事　要望はしいているはずだ。
組合長　七次計画に入っていません。
滝口理事　これは自衛隊のときの要望書で立派にここにとじってあるけれ共陳情した自衛隊が来たときそして国で出来るものは何かと言う事で民生安定事業は見るとおり、冷蔵庫もこしらいた、船も作ったタンクローリーも来た、様々施設を作ってもらった、民生安定事業で。ところが、県の対応するのが、何を一番必要とみるのかという事になった。二つ一緒にやれば大変だまず一文字堤の北のこれが間違ったところに入れてしまって今これを除去すると言っても、新たに防波堤を作るくらい金がかかる、だから南防波堤を出してしこしぐらい時化でも入れるようにしましょうという事で、これは今までやって来た事だ皆さん忘れていないと思う。
赤石理事　この前測量したべ。漁港事務所の方で工期、予算は別としてどのくらいか。
組合長　県がOKすればすぐやってやるということです。
赤石理事　明年度は民生安定事業がないから、防衛庁でやってもらいたい。電源サービスもなにもお願いする何ものもないと思う。
滝口理事　民生安定事業で、この時の要望書でまだやっていないものは、赤石さん、これがある訳けよ。避難道路が一番大きい。
赤石理事　七次計画で出来るのであれば七次計画でやればよい。
滝口理事　電源サービスの会社でやるのでながべ。
組合長　やってくれると言うのだから良がべね。
滝口理事　原燃サービスの会社でやる訳がないではないか。公共事業だべね。
組合長　公共事業でも窓口を通したら良いではないか。
滝口理事　どこの窓口よ。
組合長　県を通して来た良かべね。
滝口理事　県を通してきたば事業の－　。
組合長　なんのものでも県を通してくるべね。
滝口理事　まずいいや作ってくれるのであればな

んぼでもいいや。今に后から分るから。
村畑理事　とにかくこの再漁業補償はしないとあるが、これも一つ加えて、でるでないは別としてお願いしたらどうか。
滝口理事　聞いてみてだめならだめで仕方ない。
（各理事協ギ）
滝口理事　一番先にここ変えてよ、なあ参事、一番は漁業補償の問題。
祐川理事　みんな要望したらいがべ。
村畑理事　みんな要望する。
滝口理事　要望すっけれ共、順ができたければ総会になったとき、なんだもんだと言われるべね。
村畑理事　１でも２でも３でも５でもいいや。ひたら早く進めるために１に再漁業補償とそれから次にほらなんてひれば…。
滝口理事　漁火安定対策でからこれは漁火安定対策でなくて風評被害による対策ちゃんと皆付けて承諾しているのだ。
村畑理事　そら次皆して覚えた人が喋れじゃパッパッパッといくべし。
滝口理事　それからそら、調査に対するめいわく料を払うか、順々にやって行くべし。それから本件に関する会議費（？）用の全額。
組合長　漁業補償をたすだけだべね。
滝口理事　漁業補償と漁火安定対策づのは、風評被害による。
組合長　これはまだまだ細かい具体的な問題になれば奨来についての問題だから県は…。
滝口理事　風評被害によると。
組合長　我々は今彼らと結ばなければならない事は、私は事故があった場合は３ヶ年間の平均の水揚げを奨来ともこの泊市場が元に戻る状態まで補償しなさいと言っている。
滝口理事　具体的に言ったら当然そうなるべね。今頃目を決めるのだから。
村畑理事　３年と言わないで５年にしておけ。
組合長　５年の統計とれば下るので。
村畑理事　ああそうか分かった。
滝口理事　今、来るのだべ、ひでくるのだべ。
村畑理事　作兵エが喋ったのを参事読んでみれ。
滝口理事　風評被害による－。
村畑理事　順々に…。
参事　再漁業補償の要求だなー。
滝口理事　それから風評被害による基金の問題、２番目は、一番大事なものから、調査協力料、めいわく料、順位をそうした方が良いという事だ。
参事　これで３つだ。４は…。
滝口理事　４は一億もかかるのだから刺あみの件を上げたらよかべね。漁業振興対策づの自衛隊づきの覚え書きを、わ、こら取っている。
村畑理事　ひだら５をどうするのか協議せじゃ。
滝口理事　５がひだら傭船料だ。
村畑理事　６がなんでい。
滝口理事　魚価安定対策というのは風評被害ののだべ。
村畑理事　風評被害よ。漁業振興対策＊＊＊＊＊。
滝口理事　漁業振興対策は、じっぱりある。こんぶ、あわびは毎年やっているべし。じっぱりあるべね。
村畑理事　7番だ。
参事　会議費の費用負担。二つ＊して一つ減ったから７になる。
滝口理事　先に読んでみれ。
参事　①は、再漁業補償要求、②は、風評被害対策、③は、協力料、④は、刺しあみ荷揚場、⑤は、傭船料、⑥は、漁業振興対策、⑦は、会議費の費用負担である。
滝口理事　まだないか。
村畑理事　そこで議長、今１～７まで話し合ったが、そこで26日頃原燃サービスを呼んで一応大体の話し合いやってみたいがどうか。
滝口理事　大体でなくよー。
組合長　大体でなく、明日からでも良いんだ。
赤石理事　連絡とって明日でも明后日でも良いではないか。
参事　これで議案書に入れる。
村畑理事　よしそしたら、明日連絡をとって明日やるべし、正月前に二三回やるべし。
滝口理事　明日はおいて、明后日にすべし。対策を考える事もあるべし
村畑理事　よしそしたら、明后日でも良い。
滝口理事　明后日なー。
村畑理事　そこで議長。
組合長　良いだろう。
村畑理事　明后日10時から二階でやるべし
組合長　二階で良い。
村畑理事　あといがべね、どうだ。
組合長　書面議決と委任状でいいと思う。1回目は委任状をやって議決書は出さない方が良いではないか。

祐川理事　それで良いから、それで出した方がいいんだ。
赤石理事　また混乱させではだめだ。
組合長　案件を＊せば必ず入れなければならない。
滝口理事　まず案件を入れても良いけれ共、この問題は、まだ今からみてこれで賛成するか、反対するかとやったばあい、これは明日でも未たはっきりした、ただし、漁業補償も一銭も出ないそうだということになれば、答えがわからないではないか。
赤石理事　冷静にやってみた方が良い。それで2回目に入れた方がよいと思う。
滝口理事　わもそうだと思う。
村畑理事　とにかく冷静に総会をやるべし。
滝口理事　今からこれ通知出すのだべ。参事は、これで賛成か反対か書面決議したべ、。ところ明日、明后日呼んでみべ、既にその時皆んなに出しているべ。
参事　決った案件については、書面議決を認めている組合では入れてよい。ところがこれは皆さんが決定することだ。これから交渉することになっている、ここが重要だ。
滝口理事　内容を分っていれば良いが、まだ分っていない。
赤石理事　これから交渉に入るものを今から議決書をのせたら大変だべ。
滝口理事　大変だべ交渉するに。
赤石理事　今は入れないで冷静な総会をやってみて、さわがないように。
参事　通常総会のように業務報告などは決まっているが、これはまだ交渉しなければならない問題もあるので。
村畑理事　私は、今度あれだこれだとさわがないで追＊総会が開催され又静かな総会になると思う。ただそれで一発で決まれば良いが、もし決定にならなければまた20日以内に総会になると思う。そのときは議決書を入れることにすべし。
滝口理事　委任状だけはれなければならないが、書面議決はまだ案件が決まっていない。まだこれから交渉しなければならない。
参事　なぜかと言いば、決ったものであれば良いが、決まない場合は書面議決がどうかとなると思われる。
滝口理事　大変な問題になるのではないかと心配される。
村畑理事　おそらく私は、今一回で決らないと思う。私の個人的な考えだけれ共。
滝口理事　だから書面決議書はー。
赤石理事　まだ交渉するものだから。
（各理事協議続く）
組合長　まずは、今から交渉になるものだが、ただここで一つだけ申し上げておくことは、やっても向うが認めないものもある。相手があるものだから、ところでいろいろと不漁対策もあるし、なにしろすんなり決ってもらいば良いけれ共、余り長ましておかれないのだで。
赤石理事　向うが長ましておかれないのだべ。どう仕方がなかべね。
組合長　ものが決っていれば順々に調査しているんだべ。
赤石理事　だからさ、それは仕方ないとしてもたとえば、まあ…今日出来ただの、これのせてやってこれから交渉したのべつに出た、そうしたら議決書がどうなるか。交渉に入った段階に向こうの相手にあるのを…。ひだら今生でやってみましべ。
滝口理事　なんぼでも銭んこもらうようにすべし。
組合長　まあそのようにしたら良かべ。ここで万場。
赤石理事　万場、万場。
村畑理事　万場で決ったからそれでいいか。
（各理事異議ない様子であり、雑談となる）
参事　自衛隊の損失補償の申請は昨年と同じ方法で書類を出すがそれで良いか。
（各理事それで良い発言）
ここであわび口あけについて協ギされる。
滝口理事　まず明ければ密漁ボンベをしょった者が来る。タコ採りどの話では、なにも居ないそうである。（あわびのこと）

各理事、協議の結果囲ざ＊ぎ＊＊　が良くなり次第採る事に決定した。
（閉会11:00）
以上議事の正確を期するため、出席理事記名押印する。

泊魚号協同組合理事会
議長、組合長理事　印
理事　〃

［出所：泊漁協資料］

Ⅱ－３－３－４

泊漁業協同組合理事会議事録

１　開催の日程　昭和60年12月26日午前10時
２　開催の場所　泊漁業協同組合会議室
３　出席した理事　組合長理事　板垣孝正　理事　滝口作兵エ、同　能登鉄太郎　同　祐川金松　同　宮守鶴喜　同　赤石憲二　同　村畑勝千代
４　議事要領とその結果　組合理事板垣孝正議長となり開会を宣した。（午前10：16分）

議長　それではこれから…あのう…理事会を開きます。というのはこの新聞にね、海域調査について漁業補償の再要求見出し、それはどなたか書かせたが分らないが、これは北村知事と当時のむつ小川原の漁業補償の締結した協定書なんです。

その中にちゃんと、一切もう漁業補償はいかなる名目においても今後行なわないものとする．こりゃあ54年の総会の決議事項です。そおいうことであるので、この問題は…。

村畑理事　づいぶん意気張って喋るが、もっと静かに喋れ。

議長　再補償の要求は不可能であると言う事を皆さんに申し上げたいのです。

滝口理事　不可能だの不可能と会社がどう出るかあんだが分るか。

議長　会社よりなあ…おまえが、総会の議事の案件に載せたら、おまえがわさ罪をかぶせようとしているのでないか。

滝口理事　なんの罪よ、だれさ…わさかぶせねいがせ。

議長　いがさかぶせでもだめ。この案件は取り消す。

祐川理事　決定しましょう。

滝口理事　なんだもんでい…。

議長　宮守いがべ、正解だべ、協定書にあるんだから。

滝口理事　なんの協定書よ…。

議長　このおかげで今金貸さないと言われている。

滝口理事　なんの金貸さないというのか、なんの金をよ…。

議長　この関係は消してしまう。（再漁業補償要求項目のこと）

祐川理事　そのとおり。

（ここで滝口理事より発言あるが聞きとれない。）

議長　4対3なんだから…おまえ達が負けたんだから…。

村畑理事　何が何だか議長…聞いて話し合った良いではないか。

議長　話し合っているべね。

滝口理事　むつ小川原開発のときのものだべ、核燃料と関係なかべね。どんだのでい…。

（組合長、滝口理事口論続く。）

議長　それだばづるくてだめだ。

滝口理事　何がづるいとよ…。

議長　参事この案件は消しても良い。（再漁業補償項目のこと）

赤石理事　まあまあちょっとまづれ。

滝口理事　この間理事会やってなんで否決するというのか。理事会ではみんな良いと言ったではないか。

議長　一人で勝手にやったべね…。

滝口理事　やあやあ…。

赤石理事　ちょっとまずれ。

滝口理事　なんだか空気がおかしいと思って…。こらここにいたこれだべ、この間のの…（24日の理事総会決定の要求項目のメモ）

祐川理事　いが一人で書いたべね。

滝口理事　皆んなに計ってやったべね。

議長　だあ返事してい…議長がついているではないか、いが書記にいい付けて書かせたべね。

赤石理事　そんな事喋るなんてばよ…。

議長　バガな話をする人だな、惨事これみだらそれだからだめだと言ったべね。

滝口理事　なんのだめだてよ、先のの核撚が書かれているか、そりゃあ…。

議長　核撚が后から来たものだ、そりゃあ…

滝口理事　それだば、わ、一人してやるあ…何にいが心配しているのでい…やれそご…。

赤石理事　あのなあ…たとえばよ、

滝口理事　辞めれ…。

議長　へたら同意書を出して解散する。

滝口理事　何の話でい…。

議長　よし…へたら、やれやれ…同意して解散せ、やべしやべし

滝口理事　何んの解散よ…。

議長　あたり前だべ。
滝口理事　皆んな集めて通してやるあ…。
議長　バガこけこりゃあ…いがなんでい…、よし書げ、書げ同意、同意して全員責任とって辞める
村畑理事　いが辞めだらいがべね、辞めれてば辞めるよ。
議長　男だら辞めでしまい
赤石理事　辞めるよ…。
滝口理事　きちんとしてやるべし、なんの話しでい　いがど。
赤石理事　辞めるよ…ただし、10日の総会やるということは…どうなるのか。
祐川理事　辞めだらそれでいかべね。
議長　辞めだら、なんも総会を開いだら報告して解散したらいがべね…。
(各理事、そしたら良ろしい辞めます。)
議長　今日の案件は、同意書を出して全員辞める
(滝口理事　同意書ば…わがねど…どの発言あり)
議長　いがどきたなくてだめだ…
滝口理事　なにがきたないとよ…。
議長　わ同意書を出す、だめ、いがどきしづがっていられない
わ、総会で責任をとって全員解散する。
わ、いがどみたものどね二度とだまされない。
滝口理事　ああこのう…なにだましたとせ。
議長　うそつぎど…。参事、同意書をだすど、同意書をだして全員責任とって辞める…。よろしい。
滝口理事　ごっぱだしどい、だましたとか、だまされたとか…なんでい…。
議長　なあに辞めたらいかべね、静かで…。
村畑理事　辞めでせいがべね…。
赤石理事　なあに決定して辞めだら一番いがべね。
祐川理事　おらも辞めるじゃあ…。
(口論続くが、板垣、祐川、宮守、能登の四理事退場した。午前10：24分)
以上記事の正確を期するため、出席理事記名押印する。

昭和60年12月26日
泊漁業協同組合理事会
議長　組合長理事
理事

［出所：泊漁協資料］

Ⅱ－3－3－5
原子燃料サイクル施設立地調査に係る調査の同意について（回答）——泊漁第414号
昭和60年12月26日

日本原燃サービス株式会社
六ヶ所建設準備事務所
取締役　佐藤　豊作　殿
日本原燃産業株式会社
六ヶ所建設準備事務所
取締役所長　荒木　正能　殿

泊漁業協同組合
組合長理事　板垣　孝正

さきに昭和60年6月17日付、建準発第4号並びに建準発第3号により、貴職から申出のあった標記の件について、同意いたします。
以上

［出所：泊漁協資料］

Ⅱ－3－3－6
原子燃料サイクル施設立地調査に係る同意条件について——泊漁第415号
昭和60年12月26日

日本原燃サービス株式会社
六ヶ所建設準備事務所
取締役所長　佐藤　豊作　殿
日本原燃産業株式会社
六ヶ所建設準備事務所
取締役所長　荒木　正能　殿

泊漁業協同組合
組合長理事　板垣　孝正

標記について、昭和60年12月26日付当漁業協同組合の同意に際し、下記要望を附すものであります。

記

1．　調査傭船料について
2．　調査協力料について

３．　　調査に係る会議費等の全額負担について
４．　　魚価安定対策について
５．　　漁業振興対策について
６．　　刺網専用揚場設置について
以上
［出所：泊漁協資料］

Ⅱ－３－３－７

泊漁業協同組合役員会議事録

１　開催の日時　昭和61年1月10日午后0時
２　開始の場所　泊漁業協同組合会議室
３　出席した役員氏名　理事　滝口作兵エ　同　能登鉄太郎　同　赤石憲二　同　村畑勝千代　監事　吉田重五郎　同　高梨酉蔵　同　松下勇治
４　提出案件
　①　流会宣言后の総会開催について
５　議事要領とその決果

村畑理事　私から一番先に喋る、あのうさっきも喋ったけれども私は、一理事としては開会宣言をして人員が総会に達しない場合は、流会して当り前であると思けれども、板垣組合長が自分の地位を放棄して流会宣言をしたと見るから、放棄してよろしいと思います。
滝口理事　私もそれに賛成です。
赤石理事　組合長の放棄な…。
村畑理事　そうです。
赤石理事　新権をもか、権利を放棄か。
滝口理事　二つともか。
村畑理事　二つとも放棄だべ。
赤石理事　職務放棄だから決ったのの関係でなく371名から…。
滝口理事　371名から請求されて開いた総会ですよ。
参事　議長をだれがやるのか。
滝口理事　議長、こら代行だべ（村畑理事のこと）私ははっきり言って今、盛ん継訴中でもあるし、私ちょっとまあ今組合長が居ないと言う事だから、いだら、わ、組合長だべという説があるだろうけれ共、今回ご遠りょ申し上げます。そおいう関係で。
高梨監事　村畑ちょっとね。
村畑理事　はいよろしいです。皆さんお話しして下さい。
赤石理事　議長たとえば、今の板垣の問題はあんたが確認了承した。これから先、これからまあ…総会を招集した后これが371名に基づいた総会だと思う。したがってこれから総会開催して行くためには、今のところ長が放棄して行ってしまった、副が欠席これから誰が代行してやるか、それを決めなければならない。で代行して理事が4人いるからやって決定権まで組合の皆さんの意見を聞いてやって良いのか悪いのか判断しなければならないと思う。
滝口理事　私は当然やるべきだ、絶体。
参事　今理事が総会を招集している、本来ならば今が決められた順位に基づいてやって行くという事になると思うが、やるとすれば…。（ここで県水産部に電話した）今県の考えを聞いてみたが、組合長が居ないからと言う事で総会ができないという事にはならないが、ただし、その順位に従ってしなければならない。
(滝口理事発言あり、票をとった順か)
　あらかじめ定めた順　組合長が居ない　＊コピー不鮮明
　やらなければならないと言う考えであると思うが、組合長が居ないから。
滝口理事　ひだら私は継訴中だから、赤石さんが良い。
参事　県では、どおいう事で流会宣言したかは分らないが、できる限り組合長を見つけて、そして話し合ってやってくれるようにとの事である。
滝口理事　見つけるも何も本人から流会宣言して行ったものだ。
村畑理事　理事がまず、私議長としても能登さん（能登理事のこと）の意見を聞かなければ、あのう私はたとえ議長としても皆んなさお計らいし、皆んなの意見を聞かなければ板垣みたいに無謀に票決とるような事は言いませんから。皆んなでお互いに協議した結果決めなければならないから、能登さんの気持を述べてみて下さい。
能登理事　なにしろ組合長が居ない、復組合長も居ない皆んなでー（あとは聞きとれない。）

滝口理事　順位、づの票をとった順位なのか。
村畑理事　票をとったのでやるというのであれば能登さんがやってくれなければならない。
高梨監事　そおいう事になると思う。
滝口理事　あこさ名札が掛っている、なも順位がながべせ。
参事　皆さんがどうしてやるかと言う事だべ。
滝口理事　私は裁判継訴中だから遠りょすると…私は。
赤石理事　誰れもやる人がなかべねえ、監事が代行してくれ、重大な問題である。副も居なければ長も居ない、長が放棄したとしても、そたらの関係なく議長が決めろ、やるべきだ、やってもらうより方法がない。
高梨監事　皆さんどうだ、それをどうすれば良いのか。
滝口理事　5分もかからないだろうから、良いか、悪いか決めれば良い事だから、めんどうくせい…は。
高梨監事　やるに良かったらやったら良かべね。
滝口理事　私はやりますよ､皆さんが良ければ…。
吉田監事　理事の方々当然やるべきだと思う　問題は問題としてだな、別として后で解決するとしても、責任者なるものが開会もしないで、流会宣言してしまったというような無責任な事があり得るか。
赤石理事　（聞きとれない）…とたんにできた問題だから、滝口さんやってもらうべきだと思う、内容的に覚えているべし、良い悪いは組合員が決める事だ。
（ここで吉田監事発言あるが聞きとれない）
村畑理事　（聞きとれない）…いいと言っていないで私から取り計らって皆の声を聞く。
赤石理事　議長私もそう考えます。
村畑理事　話しが分った、滝口さんあんたにやれと言いいばやりますか。
滝口理事　はい。
村畑理事　そしたら皆から聞く。
赤石理事　こっちは良い。
村畑理事　能登さん。
能登理事　おら何も…(発言あるが聞きとれない)
吉田監事　おらほは関係ない、あんた方決めれば良い。
高梨監事　今日流会するという事になれば大変な事になる。
村畑理事　それでは監事の意見も入れて総会を続行します。組合長理事としてやって下さい。私は議長として責任とります。
滝口理事　迷惑を掛けてもやはりこの大変なこれ以上（聞きとれない）
村畑理事　それから私は議長として皆の意見も聞いたけれ共、開会宣言もしないで人員に達しているのに対して板垣から流会をしたと言う事は自分の権利を放棄したとみます…（聞きとれない）
参事　これから始めるとしても人員が定足数に達しているかどうか確認してもらいたい。
滝口理事　当然だ。
赤石理事　足りなかったら流会することにすべし。
滝口理事　皆んな行って努力してみて足りなかったら仕方なかべね。
(赤石理事、吉田監事　筋を通してやらなければだめだ。)
参事　書面決議書の問題—有効無効は別としても事務的にチェックしなければならなかったが…本人が来ているかどうかもあるし、これができなかった。
滝口理事　認めません。理事会で今回出さない事とした、漁業補償が決らないので。
(各役員発言があるが聞きとれない)
高梨監事　組合で出した以外のもの、個人的にやったものは総会この公共団体の総会にあるべきものでないと思う。
村畑理事　私は、今日の議長によって本人が居ないから私は認めません。
滝口理事　私も認めません。
赤石理事　居でも居なくても認められない。
吉田監事　それを認める事によってあんた方（理事のこと）責任を追及されますよ。
滝口理事　大変なことになる。
赤石理事　（聞きとれない）が発生したとき正組合員711名全部発行したのはまた違う、渡る方さ渡って渡らな方に渡らない。
村畑理事　私は議長として理＊時居たところで、三角武男は騒がせで申し訳けなかった。それを私は持ち帰ります。（書面議決書のこと）今日は板垣さんに喋ってそれを無い事にし、次はこういう議決書が入れば認めてもらいますからという事で、私が話しをしてやろうとしたところもう板垣君は流会宣言して行ってしまって居ない訳です。

全ったく三角武男も冷静になって、私が喋ったら、村畑さん分ったこれまで喋って行ったから、内容も分ったらそおいう話しをして行きましたよ。これから何かあって議決入れたらとり上げなければならないそういうことだから。

参事　それからちょっと待って下さい。板垣の家に連絡をとります。居るか居ないかどうか、居なくとも…役員会をやって総会をやることになったからと…。

滝口理事　決定しましたからと報告だ。

高梨監事　（会場に行からと村畑理事に話す。）

村畑理事　（高梨監事に対し）40分てば上って行くと言っておけ。

滝口理事　40分でばだめだ怒って怒ってぶんぶんしているから。

（参事より板垣組合長に対する電話の内容　午后0時30分）

板垣さん、組合ですけれ共居ましたか。ちょっと来られないか、今役員会をやっております。このままにしておく訳けに行かないのでないか。だから理事会…役員会でこれこのままにしておかれないと言っているので話しをしている事だ。ちょっと待って下さい。板垣さんの話しでは流会宣言をしたものを続行でないと言っている。（各役員に報告した）（各役員それは認められないと発言）今そのまま伝えたけれども。（板垣へ答弁した）

村畑理事　どう、わ出る、わが議長として計ったから。

（村畑理事が板垣した電話の内容）

あのですね、今まず能登、私、赤石、作兵エ理事4人監事が3人で私が議長として計らった事は、開会宣言をして、そして、総会の人員に達しない場合は、流会の宣言をしなければならない訳だね。あんたが分るとおり…ただあんたが流会宣言して帰った事に対＊ば、私は協議長としてね、計らった事は、あんたが組合長の地位もなにも放棄して行ったと私は見ますので、それを受理しましたから。それから、誰れが組合長になろうともこれから開会宣言をして総会を続行しますので…。それからですね、総会続行するについても人員に達しない場合はいたし方なく流会します。そおいう事ですので宜しくお願いします。

村畑理事　各役員に対して、そおいう訳だ。

（役員会終了午后0時32分）

昭和61年1月10日

泊漁協組合役員会

議長　理事　村畑勝千代　　印

〃　赤石憲二　　印

〃　滝口作兵エ　　印

板垣組合長

　不在

祐川

　病院へ通院により不在（むつ市）

能登理事

　不在

宮守理事

　急用が出き入戸へ出かけ不在

吉田監事

　理事会員の印鑑が無ければ印鑑は押せない

松下幹事

　仕事で入戸へ出かけ不在

［出所：泊漁協資料］

II－3－3－8

昭和60年度臨時総会招集通知

昭和60年1月10日

組合員各位殿

泊漁業協同組合

組合理事　板垣孝正

　来る61年1月10日午前10時より泊漁民研修センター3階会議室において本組合臨時総会を開催し、下記事項を付議しますから、御出席下さるようご通知申し上げます。

記

①漁業損失補償金

②風評被害に対する基金制度

③海象、海域調査に対する基金制度

④刺網専用荷揚場設置について

⑤調査雇船料

⑥漁業振興対策に関する事

⑦会議費用の全額負担について

会議の目的事項

1　原子燃料サイクル施設立地に係る海域調査実

施の件

　昭和60年12月21日付当組合理事7名に対し上記案件についての臨時総会開催の招集請求がありましたので、この海域調査の諾否についてご審議願います。

議案

議案第1号

原子燃料サイクル施設立地に係る海域調査実施の件

　昭和60年12月21日付当組合理事7名に対して上記案件についての臨時総会の招集請求がありましたので、これに基づいて日本原燃サービス、日本原燃産業KKより要請のある海域調査を次の内容により実施したいので提案いたします。

調査内容

1　地形調査　2　地質調査　3　海象生生物調査　4　河川沼湖調査　5　社会環境調査　6　環境放射能調査

調査実施に関し、＊漁協により青森県、日本原燃サービス、日本原燃産業に対し次の事項について要望をし実現に努力いたします。

⑴調査雇船料のこと　⑵調査協力料のこと　⑶本件に関する会議開催時の費用全額負担してもらうこと　⑷魚価安定対策に関すること　⑸漁業振興対策に関すること　⑹刺あみ専用荷揚場設置のこと

動議案

　核燃料サイクル基地の立地に係る海象・海域調査の諾否については、昭和60年5月26日の通常総会の決定事項であり、これを無視して進めようとした板垣理事らに反発した過半数の組合員の署名によって、本日の臨時総会が開催された。

　会議の案件は、海象・海域調査の受入れ諾否であるが、この問題は、現在の生活権にかかる重要な問題である。従って、次の3項目が完全に受入れられるまでは当組合としては核撚に係わる海象・海域調査の要請に一切応じない事を緊急動議として提案しますので、総会での決議の取計らいをよろしくお願い致します。

記

1　漁業損失額として、1,000億円の補償をすること。

2　風評被害に対する補償として36億円の基金をつくること。

3　海象・海域調査の協力費として6億円を補償すること。

〔動議提出者〕　正組合員　中村勘次郎　印
舘花政夫　印
舘　一郎　印
金子賢治郎　印
上野義雄　印

11　議決事項

⑴　同意書の無効撤回

　昭和60年12月26日板垣孝正から、日本原撚サービスKK及び日本原撚産業KKの2社に提出された同意書は無効であり撤回する事に決定。

⑵　議決第1号の廃案

　原子燃料サイクル施設立地に係る海域調査実施の件を原子燃料サイクル施設立地に係る海域調査実施諾否の件とし、これを廃案と決定。

⑶　緊急動議案の採択

　中村勘治郎他4名から提出された緊急動議案を採決する事に決定。

　以上議決の正確を期するため次のとおり記名押印をする。

昭和61年1月10日
議長　中村　留吉　印
理事　滝口作兵エ　印
理事　村畑勝千代　印
理事　赤石　憲二　印

［出所：泊漁協資料］

Ⅱ－３－３－９

原子燃料サイクル施設立地に係る調査条件についてのお願いに対する回答
――泊漁第456号

昭和61年１月18日

日本原燃サービス株式会社
六ヶ所建設準備事務所
取締役所長　佐藤　豊作　殿
日本原燃産業株式会社
六ヶ所建設準備事務所
取締役所長　荒木　正能　殿

泊漁業協同組合
組合長理事　滝口　作兵エ

貴社から昭和60年6月17日付・建準第4号・第3号をもってなされた標記のお願いに対し、下記のとおり回答いたします。

記

貴社によって、以下の３項目が完全に受入れられることを条件として、標記の調査に同意します。

（１）業損失額として、金１０００億円の補償をすること。
（２）風評被害に対する補償として、金３６億円の基金をつくること。

［出所：泊漁協資料］

Ⅱ－３－３－10

御報告書――泊漁協469号

昭和61年１月25日

組合員　各位殿

泊漁業協同組合
組合長理事　滝口　作兵エ
理事　赤石　憲一
理事　村畑　勝千代
監事　高梨　酉蔵

１．原燃２社に対する海域調査回答書について
（１）　371名の組合員の皆様からの招集請求に基づき、本年1月10日開催されました臨時総会は、板垣理事の不法な流会宣言にもかかわらず皆様の御協力により、円滑に審議を終えることができましたことを組合役員といたしまして深く感謝申上げます。

この総会の審議事項であります核燃サイクル立地に係る海域調査諾否の件につきましては、組合員の皆様の満場一致により、別紙のとおり、1042億円の補償金の支払いに同意する旨の回答書を1月20日付で原燃2社に送付いたしました。

その際、板垣理事が、昨年12月26日原燃2社に対してなした同意は無効である旨通告してありますので申し添えます。

なお、この回答は、組合の議決がなされたら直ちに原燃2社に通知すべきものであるところ、組合長といたしましては、当初、役員会を1月11日、13日、14日、19日の4回にわたり招集いたしましたが、板垣、祐川、宮守、能登の各理事及び吉田（吉田11日の日出席）、松下各監事は、その都度何らかの正当の理由もなしに欠席した為、役員会は成立せず、通告ができなかったものであります。

そこで、やむをえず、文書による回答に切りかえざるをえなくなった訳でありますが、これも、板垣理事が、1月14日、組合長印を組合から不正に持出し返還を拒否したため、発送が遅れるに至ったものであります。

かかる事情にかんがみ、原燃2社に対する回答が大巾に遅れ、1月20日に別紙、同意書を発送致しましたが、1月23日に原燃2社より受取拒絶の為返送になっています。
（２）　もし、原燃2社が、皆様の総会議決を無視して海域調査に着手した場合は、組合といたしましては、総力をあげて調査阻止に立ち上がる所存でありますから、組合員の皆様の絶大なる御支援、御協力を切にお願い申上げます。
（３）　海象・海域調査の協力費として、金6億円の補償をすること。

なお、上記の条件付同意は、昭和61年1月10日開催された当組合の臨時総会によって議決されたものです。

過般、昭和60年12月26日、当組合の板垣孝正組合長名義で、貴社に対し泊漁第414号・第415号をもって、標記の件につき、同意及び要望事項

の提示がなされておりますが、これは、同人において、標記の件が総会議決事項であるにも拘らず理事会の議決事項であると強弁、あまつさえ、理事会における議決さえもなしに、恣に組合長印を冒用し、上記要望付同意書を偽造して貴社に交付したものであり、何らの効力を有するものではありません。これは上記総会においても確認ずみであります。

従って、当組合の最終にして且つ有効な回答は、上記の3項目の受入れを条件として海域調査の実施に同意するものであることをここに明確にしておきます。

もしも、上記条件が受入れられないままに、貴社において海域調査に着手した場合には、当組合ならびに組合員は、断固たる対抗措置を講じますので御承知置きください。

以上

［出所：泊漁業協同組合資料］

Ⅱ－3－3－11

緊急理事会開催について（通知）

昭和61年3月3日

理事各位殿

泊漁協組合

組合長理事　滝口作兵エ

このことについて、昭和61年3月3日坂井留吉他383名より提出された臨時総会招集請求書に基き、下記において別紙のことについて協議を致しますのでご多忙と存じますが、ご出席下さるよう通いたします。

記

1　開催期日　　昭和61年3月4日午前10時

2　案件　　　　別紙添付の件について

3　場所　　　　泊漁民研修センター会議室

以上

［出所：泊漁協資料］

Ⅱ－3－3－12

会議録

1　日時　　昭和61年3月4日午前10時

2　場所　　泊漁民センター会議室

3　案件　　役員改選請求について(板垣理事分)

4　出席者　滝口理事、赤石理事、村畑理事(3名)

(挨拶10時50分)

滝口理事より挨拶。

定刻より1時間近くも過ぎましたけれども、只今より理事会を開催致します。ご承知のようにまあ3名の理事より出席していませんので、理事会は成立してはいませんけれども何しろ384名のいわゆる役員解職という、泊漁協始まって以来の、まあ、事態なっていのでおそらく今まで経緯から見で私も板垣組合長は認めませんし、やつらも私も滝口組合長を認めないと思うから、この問題は何づれ問わずまああの～我々理事会ではこれを受理して開催日なんかのいえ～やる能力はもう失ったと私は見ます。今から何回替わるがわる開いでも認めないことはどうにもならないし、実際出席してみで認める認めないは第2の次として、じゃ監事にやらせるがというようなものでも方法があると思うんですが、このとおりなもこのまま会議ということもなく、帰ってしまうどごでやり方もありません。これから直ちに監事3名にまあこういう結末を書いて申告して幹事の判断に任せたいと、監事がまあ理由なくして理事会であの～開催でぎね事は監事はこの権限を持ってるんだどごで、幹事会でこれなんぼでも開ける。まあ監事関係の方々もそろえてまあ組合に…(難聴)がない。そう出なければ384名という過半数しめしている、その～文書をもって請求してるもんだどごで、これ無視するごどは、いがなるもんでもでぎねごとになります。これ、わ考えでもこれ…、監事のごいこうなものを伝えで幹事の対応を考えでいった方がよりいいんじゃないかこう思います。そのようにします。それと昨日もまあ滝口組合長が、ま、組合でねもんだがら不正だと、認めない、こういう事によなっておりますのでまああの～私さお願いしないけれども、辻浦、最上が聞いただがわがねが不正でそのように私の方さも知えであります。今日この場で辻浦君呼んで、どういうのからどういうでで、その、そのような解釈しておるのかどうが、誰に（にげ？）られるのがはっきりさせねば私も理事として、ま～皆職員が立ち合って総会の模様も私いわなくてもちゃんと分がっているごどだ、ここにいで参事が立ち合って４人の理事が過半数をしめた理事がこのまま流会にやる理由がねどいうごどで様々監事を交えて非公式であったけども総会続行すべきだ、但し過半数の出席があるかないかがカギだという事で職員のみんなの協力を得て確認して380委託者あるいはそういったものを含めて300本人の出席を含めで380なんぼという過半数をしめでおったがうえには総会を開いだどごで私はりっぱな総会ど見るんだがその事務にさんかくした職員でさえまだその私はしてねという見方、まったぐ私自身もただ職員さえ組合長ということでなぐ、ま～私の生涯かげでま～たたがっていきたいど思う。

と述べた。

（赤石、村畑理事、同一見解　午前11時10分閉会）

以上

昭和61年３月　日

出席理事　滝口作兵エ　印

村畑勝千代　印

赤石憲二　印

［出所：泊漁協資料］

Ⅱ－３－３-13

監事会議事及び議決確認書

去る昭和61年3月8日午前10時頃当組合会議室において緊急監事会が開催され、監事3名参集の上、下記のとおり審議及び議決がなされたので確認いたします。

１　議案

坂井留吉ほか383名の組合員からなされた板垣孝正理事の解任請求に基づく臨時総会招集の件。

２　審議経過

⑴吉田監事の報告

イ　3月8日吉田監事は監事会を招集報告の中に挨拶はぬきにして高梨監事は知っているでせうが松下幹事に報告します。

ロ　3月7日組合員の代表者坂井留吉より臨時総会招集請求書出された旨報告された

ハ　そして吉田監事が言ふに理事がやらねばならないものを監事に何んで持ってきたのかと再三言ふた

ニ　吉田監事はそればかり言ふので高梨監事は水協法第44条6項を読み上げた。

6項に理事が正当な理由がないのに＊の手続きをとらない時は監事は遅滞なく総会を招集しない時はその理事及び監事は10万円以下の追料にしょせられるとあると言ふた。

ホ　そしたら吉田監事は、そたらものどうでもよいと再三言ふて、また理事がやるべものだと繰返し言ふた。

ヘ　高梨監事は吉田監事に対しそれでは組合はなにに基づいて組合業務を運営しているのか、知っているでせう、去年9月17日滝口は組合長を解任されたのは板垣理事は県の指導のもとに定款に基づき解任しているでないでせうか、それには答がなかった。

ト　高梨監事は松下監事に総会招集請求の件を問いかけた処、突然なので考えさせてもらいたいと言ふたので、高梨監事は昨日吉田監事は趣意書見なければと言ふので坂井酉吉は見せてやったので今日の監事会になったが、松下監事も見たらよいでないか私は見なくともよいが、考えさせてもらいたい。

チ　其の時吉田監事は私は代表幹事をやめるからと言ふたので高梨監事は念を押しが監事もやめるのかと言ふたら監事はやめない総会招集請求には同意できない

高梨監事お前よいようにやればいんだと再三言ふた。

リ　高梨監事は松下監事はどうかと問いかけた処私も吉田監事と同意見である総会招集請求に同意できない

ヌ　それでは高梨監事は水協法と定款に基づき総会を開きましたからと断った。

ル　其の内容を組合長に速かに報告　同時に最上課長、辻浦課長補佐に報告した

⑵吉田、松下監事の意見

総会招集する理由と必要性は認められない
3　議決事項
⑴吉田監事は代表監事幹事を辞任する。
⑵吉田松下両監事は総会招集手続をとる意志はないのでこれには関知しない。

昭和61年3月10日

監事　高梨酉蔵　監事印

［出所：泊漁協資料］

Ⅱ－3－3－14

総会招集請求顛末書

総会招集請求顛末書（滝口）⑴
①昭和61年3月3日午前10時55分頃
　水産業協同組合法第四四条に基づく坂井留吉氏を代表として正組合員384名の連署をもって組合理事板垣孝正の解任を請求された
②私が組合を代表して受理した　午前11時頃
③私が漁政課に問合せもしないのに最上業務課長と辻浦総務課長補佐の両名から滝口組合長名で受理すれば無効であると県漁政課の菅原班長より電話指示があった旨私に報告があった
④早速全理事に明日10時より緊急理事会の通知を出した

総会招集請求顛末書（滝口）⑵
①3月4日
　私は午前10時から緊急理事会を招集しておったので9時30頃に組合に出勤して見たら板垣理事が宮守、祐川、能登理事等を集めて理事会を開催し4名の理事全員で受理を拒否した事を赤石書記から聞いた
②午前10時から招集した理事会は私の外に村畑理事、赤石理事の3名より出席なく理事会を開催出来なかったのです。而し乍ら坂井留吉氏外383名から出された役員解任請求は水協法第四四条に依るものであり理事の悪意に依る重大な決議違反行為であり又理事の怠慢、専断に依る組合の不当な運営の是正の為に与えられた組合員の唯一の権利であるので明日も引続き拒否した理事への働きかけをする事で意見の一致を見た

総会招集請求顛末書（滝口）⑶
①3月5日
　請求者代表の坂井留吉氏を事務所へ呼んで　3月4日の板垣理事等4名の理事に依って総会招集請求が拒否され事を報告と同時に其の時の理事会の議事録を渡した
②私たち3名の理事会の顛末書を坂井代表に渡した。
③坂井代表に　県魚政課菅原班長の指示通り　滝口組合長でなく各理事宛として上書を直して各理事へお願ひしたらどうかと進言したら　坂井代表これを了承　提出してあった請求書を借りて行って直して来るとの事だった
④請求書を直したら明日全理事が集って相談すべきだとの辻浦書記の発言だった

総会招集請求顛末書（滝口）⑷
①3月6日
　坂井代表から　滝口組合長の宛名でなく各理事宛に直して最上課長に渡したとの報告があった
②坂井代表外提出者の中村勘次郎、上野義雄、金子賢次郎、村上留氏らから今日で四日にもなっているのに、どうして呉れるのかと詰問された
③全理事へ総会招集請求についての対應をはかる為至急組合へ集まる様要請したら、村畑理事、赤石理事より来なかったので　組合長の部屋から板垣理事、祐川理事、宮守理事へ辻浦書記から滝口組合長宛でなく各理事宛へ書き直した事を報告させ組合へ集って貰う様お願ひせるも上記板垣、祐川、宮守、能登各理事から表紙を替えただけでは駄目だ否決すると電話連絡があった
④私達3名の理事は板垣外3名の理事の総会を開催する意志がないと決断せざるを得ないので水協法44条第6項及び定款41条4項により監事の方々へお願ひして臨時総会を開催して頂くべきであるとの結論に達した。

総会招集請求顛末書（滝口）（4の1）
3月6日
⑤　坂井代表外中村勘次郎、上野義雄、金子賢次郎、村上留氏等総会招集請求者の代表者達が組合に来ない板垣、祐川、宮守、能登理事達の総会を開く意思があるかどうかを確認の為に4名の欠席理事の家を訪問したそうだ

⑥　イ　一番先に能登鉄太郎理事の處へ行ったら用がないからと手で追ひ出し様にした
ロ　宮守鶴喜理事の處へ行ったら奥様が玄関へ出て本人が不在だと云ふて居った
2回目は電話でお願ひしたら不在だとの事だった
ハ　祐川金松理事は2回訪問したが2回とも不在だった
ニ　請求代表から此んな大事な時期に理事の対應がなっていないとぶん＜立腹して居った
ホ　以上が請求者代表者達からの報告だった
ヘ　私から吉田代表監事か高梨監事にお願ひした方がいいのではないかと進言した坂井代表達は其の様にしるとの事だった　以上

総会招集請求顛末書（滝口）(5)
3月7日
①板垣外3名の理事の総会招集の意志が全然ないので高梨監事と代表幹事の吉田さんに坂井代表から監事に依る総会招集をお願ひした處　今日は松下監事が八戸市へ出張で家に居ないので明日午前中に正式な監事会を開いて結論を出しとの事であった

総会招集請求顛末書（滝口）(6)
3月8日
①坂井留吉氏を代表として出されてある総会招集請求による緊急監事会が午前10時頃代表幹事吉田重五郎、高梨酉蔵監事、松下勇治監事　全員で開催された
②吉田代表監事が突然責任の重大さを感じたのか代表監事を辞任すると発言　辞任した
③吉田、松下両監事は総会招集する理由と必要性は認められないと主張　総会招集の手続をとる意思はないとの事だった
④吉田、松下両監事は高梨監事に総会招集請求には我々は同意出来ないから高梨監事お前よいようにやればいいんだととの意見であった
⑤高梨監事が水協法と定款にあるので法律と組合員の権利を監事と云ふ職から此れを無視する訳にいかないといくら云ふても監事が開かないのに我々がとの一点ばりだ

総会招集請求顛末書（滝口）(6の1)
3月8日
①高梨監事は吉田監事、松下監事をいくら説得せるも同志の板垣孝正らに招集しるなと云われているらしく理由にならない事ばかり云ふのでそれでは私一人で水協法及定款によって総会招集の手続を取るからと発言したらしい
②高梨理事より上記通りの幹事会の結果を報告を受けた最上業務課長及辻浦総務課長にも報告したそうだ
③高梨監事より明日は9日で日曜日で業務ができないから10日の月曜日から総会開催通知発送の事務的作業に入るからよろしくご指導頼むとのお願ひがあった
④以上が高梨監事からの監事会の結果と総会開催の協力方の要請であった

総会招集請求顛末(7)
3月10日
①午前8時頃私の家へ高梨監事から電話あり始めての総会招集なので不明な点多く協力方をお願ひされた
②午前9時15分頃　漁協事務所へ出勤したら板垣理事が最上課長外職員全員に総会開催の事務作業一切を絶体してはならないと厳命し其れが原因で高梨監事をなぐるけるの暴行を加へ全治六週間の重傷を負わせた。
③而し乍ら高梨監事は責任の重大さを感じて総会通知のおくれない様事務を依頼して規定の期日までに通知書の発送ができる様に努力して居った
私も出来る限り協力をした
④以上が総会招集の請求を受けてから通知発送までの顛末である

組合長理事　滝口作兵エ　　印

［出所：泊漁協資料］

Ⅱ－3－3－15

臨時総会議案及び記録

日時　昭和61年3月19日　午前10時　　場所　泊漁民研修センター3階大会議室

次第
1　開会
2　監事高梨酉蔵あいさつ
3　出席人員報告
4　議長選任
5　議事
6　閉会

議決事項
　板垣孝正理事解任の件

　出席者全員の賛成により板垣理事解任を可決
　以上議決の正確を期するため次の通り記名押印をする

昭和61年3月19日
議長　田中＊次郎　印
監事　高梨酉蔵　印
理事　村畑勝千代　印
理事　赤石憲二　印
理事　滝口作兵エ　印

［出所：泊漁協資料］

Ⅱ－3－3-16

昭和60年度臨時総会議事録

1　招集通知発送日　昭和61年3月15日
2　開催の日時　昭和61年3月23日09時33分～09時35分
3　開催の場所　泊漁民研修センター3階大会議室
4　出席者　書面議決者　402通
　他に本人または委任状による出席が100名以上
5　出席役員数　8名（吉田重五郎、高梨酉蔵監事が欠席）
6　議題
⑴原子燃料サイクル施設立地に係る海域調査実施の件
⑵組合長理事板垣孝正に係る理事解任の件
7　議事経過　09時33分開会。組合長より以下のとおり発言あり。
(組合長）正組合員の出席者が、書面議決書及び委任状を含め、402名を超えていることが、明らかであるので、総会は、成立しました。開会します。
　前例もあるので、この際私に議長をやらさせていただきます。（賛成、異議なしの声が多数により承認。）
(議長）今日の議案は、配布しているとおり、2件です。一号議案は、これまでいろいろあって、皆さんもよく御承知と思います。二号議案は、私の解職請求です。
　一号議案は、書面による同意が402名で過半数を超えているので同意を決定します。（拍手、賛成の声多数により承認。）
　二号議案は、同じく反対399名で否決することに決定します。（拍手、賛成の声多数により承認。）
　これで閉会します。

以上により09時35分閉会
(配布書類）
1　臨時総会次第
2　弁明書
　以上のとおり相違ないので署名押印します。
昭和61年3月23日
組合長理事　板垣孝正　印
副組合長理事　祐川金松　印
理事　能登鉄太郎　印
理事　宮守鶴喜　印
［出所：泊漁協資料］

Ⅱ－3－3-17

組合金庫検査立入請求書

①昭和61年3月23日開催の臨時総会に於ける書面決議書402名と399名分合計801名分の書面議決書が組合金庫に保管されてあるとの鎌田県水産部長並に山内副知事の言明に依り各理事の立会を求め金庫並に一階から三階迄の全部の部屋を探したが組合の事務所の中には一通の書面議決書もなかった

②午前9時30分頃板垣孝正が息子達2名に護衛されて組合事務所に来たので書面議決書が金庫内に

保管されてあるかどうか立会を要請したところ私の電話中にいつのまにか逃げて帰った

③祐川理事、能登理事、宮守理事等にも立会ふ様お願ひせるも欠席出席立会った理事は赤石理事、村畑理事と監事と云ふ職務上高梨監事が検査に出席立会った

以上が801名分の書面議決書の不存在を確認した顛末書である

昭和61年3月29日
泊漁業協同組合　監事　高梨西蔵　印
〃　組合長　滝口作兵エ　印

［出所：泊漁協資料］

Ⅱ－３－３-18

理事会議事録――泊協発第７号

開催日時　昭和61年4月4日（金）　15時
招集場所　泊漁業協同組合信用部会議室
招集案件　舘花昌之輔及び種市栄太郎氏より要望のある企業体設立承認について。
出席理事　板垣孝正、祐川金松、能登鉄太郎、宮守鶴喜以上4名

組合長　それでは、只今より理事会を開催します。(15時05分)

先に舘花昌之輔、種市栄太郎が発起人となり、企業体設立について承認してほしいと云うことですが、海域調査等は、企業体にまかせると云うことで承認してもよいでしょうか。

宮守理事　作業船の選任は企業体と原撚にまかせると云うことですね。

組合長　そうです。備船料も、企業体と原撚にまかせると云うことです。それでは、企業体設立を承認してもよいでしょうか。

(全理事異議無し)

それでは企業体設立を承認します。これで理事会を終ります。(15時08分)

能登鉄太郎　印　祐川金松　印
板垣孝正　印　宮守鶴喜　印

［出所：泊漁協資料］

第４章　論文等

Ⅱ-4-1	19870999	日本弁護士連合会公害対策・環境保全委員会	核燃料サイクル施設問題に関する調査研究報告書

Ⅱ－４－１

核燃料サイクル施設問題に関する調査研究報告書

昭和 62 年９月

日本弁護士連合会公害対策・環境保全委員会

はじめに

Ｉ　青森県弁護士会からの調査研究要請と日弁連の立場

１　日弁連は昭和59年11月、青弁発第95号「核燃料サイクル施設むつ小川原開発地域立地に関する要望の件」をもって青森県弁護士会（会長金沢早苗）より電気事業連合会による核燃料サイクル施設の立地にかんし、日弁連の専門機関において調査、研究されたい旨の要請をうけた。

日弁連会長石井成一は昭和59年12月25日、昭和59年諮問第17号「核燃料サイクル施設の立地等の調査研究に関する件」をもって青森県弁護士会の要望を含めた総合的な検討を公害対策委員会に諮問した。

続いて公害対策委員会は同委員会第4部会において昭和60年4月より調査研究を行う旨決定し、本件を第4部会に付議した。

なお、日弁連公害対策委員会は従来より公害問題のみならず、自然環境と社会環境の保全についても調査、研究をしてきたが、昭和60年7月規則改正して「公害対策・環境保全委員会」と名称を変更、名実ともに環境問題の調査、研究を行うことにした。

２　日弁連は昭和51年と58年の人権擁護大会において、原子力の開発と利用について、原子力施設の事故や故障があいつぎ、また使用済燃料の再処理、放射性廃棄物・廃炉の処理、処分などの問題が解決されず現在及び将来の国民の生存と環境をおびやかす惧れがあること、原子力施設の選択・推進の過程について国民の意思を反映する民主的手続きがとられていないことなどから原子力施設の運転と建設の中止を含む根本的な再検討をすみやかに行うよう決議し、関係機関に要請してきた。

その決議文を次に掲記する。

(一) 昭和51年10月人権擁護大会「第１決議」

国及び企業は、公共の利益増進の名のもとに、エネルギー政策の一環として全国各地に巨大な原子力施設を建設し、且つ将来に亘り、厖大な原子力の開発利用を推進しようとしている。

しかしながら、原子力の開発利用は、その一面において人類破滅の危険性をも内包するものである。

原子力施設から日常的に放射される放射線及びその運転により生ずる放射性廃棄物並びに多量の温排水は、地域環境破壊の危険を増大させている。

特に、近時頻発する原子力施設事故は、従業員の生命身体に危険をもたらすとともに、住民を大きな不安におとしいれている。

これらは国及び企業の、原子力開発利用に対する危険性の軽視及び、住民の安全と地域環境の保全に対する具体的施策の欠如に起因するものである。

よって、国及び企業は、原子力の危険性を直視し、原子力基本法における民主、自主、公開の原則を徹底し、完全且つ充分な環境影響事前調査を実施してその資料を公開し、住民参加による住民の安全と環境保全の途を講ずべきである。

そのため、国及び企業は、現に稼働中の原子力施設の運転及び原子力施設建設を中止を含む根本的な再検討を可及的すみやかに行うべきである。

(二) 昭和58年人権擁護大会「エネルギーの選択と環境保全に関する決議」

当連合会は、原子力の開発利用について、昭和51年、第19回人権擁護大会において、安全性と地域環境保全の見地から根本的な再検討を行うべきことを決議した。

しかしながら、国及び企業は、その後も根本的な処置を十分に講じないまま、従前にも増して原子力開発を協力に推進している。その結果、原子力施設の事故や故障があいつぎ、また、使用済燃料の再処理、放射性廃棄物・廃炉の処理、処分などの問題がいまだに解決されず、かつ、労働者被曝も増大しており、さらにプルトニウムの軍事利用の危険とあいまって、現在及び将来の国民の生存と環境をおびやかすおそれがあり、きわめて憂慮すべき状態となっている。

原子力がエネルギー資源として選択・推進された過程をみると、過大な需要予測のもとに、他のエネルギー資源との適正な比較評価がされず、しかも国民の意思を反映する民主的手続きもとられていない。このような不適正な政策決定のしくみこそが、前に述べた憂慮すべき状態をもたらした根本的な原因である。

よって、前記決議に従い、国及び企業に、現在稼働中の原子力施設の運転及び原子力施設建設の中止を含む根本的な再検討を、すみやかに行うべきこと、ならびに現在すすめられている放射線作業従事者の被曝規制緩和のための法令改訂作業を凍結することを求める。

加えて、国に対し、「長期エネルギー需給見通し」にはじまる各施策の決定について、現在及び将来にわたる安全性の確保ならびに十分な情報公開と国民的討議を保障する適正な法制度を確立することを求める。

3　しかしスリーマイル島事故（米国）、ウィンズケール再処理工場の汚染問題（英国）、チェルノブイリ原発の惨事（ソ連）やわが国においても動燃事業団東海再処理工場の熔解槽の事故など内外の原子力施設における相次ぐ事故や放射能漏れ、再処理工場の操業停止等をみれば日弁連が上記の決議で指摘した問題は現在、解決されたとは到底いいきれないと言える。

このような状況の中で電事連が青森県六ヶ所村に立地を計画している核燃料サイクル施設は世界的にも例をみない最大規模の集中立地であり、日弁連としては人権擁護と環境保全の立場からこれに重大な関心を払わざるを得ない。

以上の次第から本件調査、研究に着手したものである。

Ⅱ　調査研究の方向と概要

1　調査研究の方向

日弁連会長の諮問の趣旨は上記のとおり核燃料サイクル施設にかんする総合的な検討ということである。

われわれはこの趣旨にそう主な調査研究項目として①核燃料サイクル施設の問題点、②立地受入課程の問題点、③核燃料サイクル施設にかかる法制度の現状と問題点、を設定した。

言うまでもなく核燃料サイクルは現在のところ原子力発電と密接な関連をもっているものであるが、今回はいわゆる原発問題や高速増殖炉等のプルトニウム利用体系については必要な限度にとどめることにした。

一方、外国の実態と法制度についてはわが国の核燃料サイクルの将来を見るのに参考になることから出来るだけ紹介することにした。

2　調査研究の概要

(一) 実態調査

実態調査はこれに先立って質問事項を被調査者に送付し、調査時においてこれに対する書面による回答を得た他、補充の質問と回答を行った。

その日時及び被調査者は次のとおりである。

⑴　昭和60年9月5日（於、茨城県東海村）
　東海原発周辺住民団体

⑵　昭和60年9月6日（於、茨城県東海村）
　動燃事業団東海事業所

⑶　昭和60年10月27日（於、青森県六ヶ所村）
　青森県六ヶ所村現地視察
　東北町農民政治連盟外17団体の面接聴き取り

⑷　昭和60年10月28日（於、青森県六ヶ所村）
　日本原燃サービス六ヶ所建設準備事務所
　日本原燃産業六ヶ所建設準備事務所
　六ヶ所村商工会
　六ヶ所村役場
　六ヶ所村漁業協同組合
　泊漁業協同組合

⑸　昭和60年10月29日（於、青森市）
　青森県庁
　青森県農業協同組合中央会
　青森県商工会連合会
　青森県労働組合会議

⑹　昭和60年11月2日～11月10日（於、米国）
　米国エネルギー省
　米国原子力規制委員会
　ウエスト・バレー再処理工場（ニューヨーク州）
　ハンフォード基地（ワシントン州）
　グリーン・ピース・シアトル支部（ワシントン州）

⑺　昭和61年4月3日（於、東京）
　日本原燃サービス本社
　日本原燃産業本社

⑻　昭和61年4月4日（於、東京）
　電気事業連合会

⑼　昭和61年6月11日（於、東京）
　通産省資源エネルギー庁

⑽　昭和61年6月12日（於、東京）
　運輸省
　防衛庁・防衛施設庁
　科学技術庁
　原子力委員会
　原子力安全委員会

(二) 学識経験者との学習会

⑴　昭和60年6月17日（於、日弁連）
理学博士　市川富士雄氏
テーマ「核燃料サイクル問題について」
⑵　昭和61年2月7日（於、日弁連）
エネルギー・ジャーナル社代表取締役　清水文雄氏
テーマ「核燃料サイクルにかんする政策過程について」
⑶　昭和61年4月3日（於、日弁連）
衆議院科学技術委員会理事　小澤克介氏
テーマ「原子炉等規制法の改正問題について」
⑷　昭和61年5月17日（於、日弁連）
中央大学教授　中島篤之介氏
テーマ「原発、再処理工場の平常時、事故時における被曝にかんする現行の基準と問題点及び放射性廃棄物の現状と問題点」

第１章　核燃料サイクル施設立地への経過と背景、施設の概要　（略）

第２章　核燃料サイクル施設の問題点　（略）

第３章　核燃料サイクルの政策立地決定過程の問題点　（略）

第４章　核燃料サイクルの法制に関する現状と問題点　（略）

第５章　その他の問題点　（略）

第６章　総括と提言
Ⅰ　総括
これまでさまざまな視点より検討してきたように、現在六ヶ所村に立地されようとしている核燃料サイクル施設の建設計画には極めて問題点が多い。
その問題点をあらためて整理すれば次のとおりである。
１　核燃料サイクル三施設自体の危険性
今回六ヶ所村で建設を計画されている核燃料サイクル三施設（再処理施設、ウラン濃縮施設、低レベル放射性廃棄物最終貯蔵施設）はいずれも我国で最初の本格的な商業施設である。
これまで、再処理施設は東海村で実験的にウラン濃縮は人形峠でごくわずか行われていたが、いずれも今回計画の各施設の比ではない。
そもそも、この三施設、とりわけ再処理施設には事故、通常運転での環境汚染などでの点で危険性が大きいことは周知のことであり、いかにこの点を防止できるかが重大な課題となっているものである。
従って、我国初のこのような本格的な施設設置計画にあたって、どこに設置するか、あるいはその手続きはどうかという前に、施設自体の危険性はどのように克服されているかをまず検討すべきは当然である。
この点での検討の結果は「第２章のⅠ」で論じたとおりであるが、未だ、技術的に未完成であり、事故の危険性は勿論、日常運転の際で、事故とまでは言わないような故障によっても又、輸送の際のトラブルによっても重大な危険性がつきまとっていることを指摘した。
この点だけからみても、今回の計画は極めて問題が多く、再検討すべきである。
しかしながら、我々の検討はそれだけにとどまるものではなく、以下の点にも及んだ。
２　六ヶ所村に立地することによる危険性の増大
勿論この三施設計画について、六ヶ所村でなければよいというものではないが、現実に立地が計画されている地点に即してさらに検討した。
その結果は、「第２章のⅡ」で論じたとおりであるが、そもそも安全確保（危険性の減少）の為の国の立地基準があいまいであることに根本的な問題がある。
さらに、具体的に検討しても地質・気象・海象などの自然条件、三沢基地等に近く、かつ集中立地するという社会条件の面からも最悪に近いといってもよいことを指摘した。そもそも、当該の青森県はそのアセスメントについてむつ小川原開発において実施した石油化学コンビナートの際のものを流用しようというのであるから、根本から誤っていると言わざるをえない。
かような点からみても、この六ヶ所村への地点設定は危険性を増加することはあっても、軽減されることは無い。
今回の計画は二重の問題点（施設自体の危険性と地点設定の危険性の増幅）があり見直すべきである。
３　今回の計画の手続き上の問題点
我々は、すでに述べた二重の問題点を含んだ今回の計画が、いかにしてすすめられ、又すすめられようとしてきているのかという点についても検討した。

その結果は「第３章」で論じたとおりであるが、国のレベルで核燃料サイクル技術（特に再処理技術）を導入するに至った経過をみれば、この重要な問題について、民主的な国民的討議を経ていないどころか､国会での実質的な審議も経ていない。極めてあいまいな形で民主・自主・公開の原則を忘れたまま既成事実が積み重ねられていることも指摘した。

又、当該県、村のレベルで受入れを受諾した経過についても、何ら住民の民主的討議にさらされていず、むつ小川原計画の破綻を何とかカバーしたいという行政当局の意向が濃く反映していることも指摘した。

勿論、ことが、狭い当該地域の現在の住民にのみ関係するのではなく、広汎な将来にもわたる国民の生命の危険にかかわるものである以上、危険性については経済性や既成事実（使用済燃料の蓄積）を判断要素に加えるべきではなく、厳密に科学的検討でもって行われるべきものである。

しかし、現実においては、それ以前の問題として、科学的な検討を国民の議論にさらすこともしておらず、又計画の必要性についての国民的議論も制度上も実際上も保障されていないし、現実に行われていない。この点で危険性の問題点は増幅されている。しかも、その地域振興上、有意義であるとの一種の宣伝についても、何ら具体化されておらず、ムードだけが先走りしている。地元での広汎な討議は何ら行われていない。

4　核燃料サイクル施設導入にあたっての法制度上の不備

我国への核燃料サイクル技術の導入立地選定にあたって、安全確保、必要性判断にあたっての法制度の不十分さと同時に、これを受け入れ、かつ稼働させるにあたっての安全確保の法体制が実質的に確立されているかも問題である。この点我々は「第４章」で検討した。その結果、我国の原子力法制度では、そもそも核燃料サイクル施設の本格的な稼働を予想しておらず、又、本格的な稼働にあたっての法制度の整備も行われていないことを指摘した。なお､この点について､昭和61年5月、原子炉等規制法の改正が行われたが、この改正は法制度の整備というよりも、むしろ核燃料サイクル導入のためのつじつま合わせの色彩が強く、安全性確保の手続として極めて問題の大きいものであるといわざるを得なかった。特に重大なことは、重要な事項が国会の審議を経た法律でなく、政令や行政指針に委ね、決められていることである。

このことは、もし今回の六ヶ所村の計画がこのまま進行し、本格的稼働を行うに至った場合、その危険性を未然に可能な限り回避する法的担保が無いことを示すものであって、この点からも今回の計画は問題である。

5　以上の他、核燃料サイクル施設を設置、稼働させることから生じる高速増殖炉、軍事利用化などのさまざまな波及的危険性も検討しなければならないこと、さらには究極的に現在稼働中の原子力発電所の是非にまでその視野を広げなければならないことも、その他の問題点として「第５章」で指摘した。これらは今回の報告書では簡単に問題点の所在を指摘するにとどめたが、本来はそれぞれ独自で本格的に検討すべきことである。

しかしこの検討を待たずとも、今回の計画には問題点が多いこのことが今回の調査の結論である。

Ⅱ　提言

以下の点より、今回六ヶ所村に立地が予定されている核燃料サイクル施設の建設計画は一時中止し､再検討すべきである。その再検討にあたって、次の点を判断基準として行うべきである。

①三施設について、事故は勿論環境の放射能汚染が防止でき､安全性の確保が行われるかについて、厳格な科学的検討を行うこと、なおこの検討に際しては、「将来の科学的進歩の予想」といった不確定的な要素を排除すること。

②その科学的な検討結果については、国会の十分な審議は勿論、国民に対してわかりやすい形で議論上の対立点をも明示するなどの内容も含む情報を提供し、国民の論議を経た後、民主・自主・公開の原則より政策決定上の結論を出すこと。

③立地選定の検討は前記①②の論議の後に行い、その際もその具体的立地にあたっての安全性の確保について、再度科学的検討を国及び地方自治体で、二重にチェックする形で行うこと。

なお、この際には、十分な国民及び当該地域住民の民主的な討議を確保する内容の各種アセスメントを行うべきこと。以上の他、地域振興上の是非についても同様に住民の意見を十分に聞いて、検討すべきである。
④いずれにせよ、現在不備なままにある核燃料サイクル施設関係の法制度をあいまいにしたままで行わないこと。

［出典：日本弁護士連合会公害対策・環境保全委員会「核燃料サイクル施設問題に関する調査研究報告書」］

第５章　裁判関係資料

Ⅱ-5-1	19880799	核燃サイクル阻止1万人訴訟原告団運営委員会	核燃サイクル阻止１万人訴訟原告団結成の呼びかけ
Ⅱ-5-2	20020315	青森地方裁判所	平成1（行ウ）7 判決（六ヶ所ウラン濃縮工場の核燃料物質加工事業許可処分無効確認・取消請求事件）
Ⅱ-5-3	20060616	青森地方裁判所	平成3（行ウ）6 判決（六ヶ所低レベル放射性廃棄物貯蔵センター廃棄物埋設事業許可処分取消請求事件）
Ⅱ-5-4	19930917	核燃サイクル阻止1万人訴訟原告団	訴状（「高レベルガラス固化体貯蔵施設」廃棄物埋設事業許可処分取消請求事件）
Ⅱ-5-5	19931203	核燃サイクル阻止1万人訴訟原告団	訴状（日本原燃株式会社六ヶ所再処理・廃棄物事業所における再処理事業指定処分取消請求事件）

Ⅱ－５－１

核燃サイクル阻止１万人訴訟原告団結成の呼びかけ

昭和60年４月９日、青森県知事は、わずか８ケ月半で六ヶ所村への核燃料サイクル施設立地の“受諾”を決定しました。以来、県内外の各界各層からの疑問や不安、反対の声を無視したまま、国、青森県、電事連は、一体となり立地計画を強行しつつあります。

この間、受入れは県民の意思によって決定すべきであるとする県民投票による条例制定請求や反核燃シンポジウム、反核燃署名など様々な運動や闘いが繰り拡げられてきましたが、残念ながら未だに計画を断念させるところにまでは至っておりません。

ひとたび核燃サイクル施設の稼働を許せば、日常的に放出される“死の灰”はヤマセに乗って六ヶ所村はもとより青森県全域を覆い尽くし、潮流に乗って南下する“プルトニウム”は三陸沿岸にまで達するでありましょう。その影響は､思想、信条にかかわりなく、極めて冷徹な確率論の原則に基づき、食物連鎖や生体濃縮といった作用によって発現することでしょう。米国スリーマイル島原発周辺で、英国ウィンズケール再処理工場周辺で起こり、そして現在も進行している放射能汚染の悲劇が、私たちの郷土・青森県にも惹き起こされようとしているのです。私たちは愛する子供や家族のため座して死を待つことはできません。つつましくても安心できる暮しを“核のゴミ”で踏みにじられることを許せません。その上、大事故が起これば、日本だけでなく人類の死滅につながる危険性を、ソ連チェルノブイリ原発事故は私たちに教えました。全国の原発でつくり出される“核のゴミ”とプルトニウムが、あなたの町と海や空を通って青森県六ヶ所村に運ばれてきます。途中で事故が起きたらどうなるのでしょうか。それ故、核燃サイクル施設は、最早六ヶ所村民や青森県民だけの問題ではなく、全国民の存亡に深くかかわる重大事ということになります。

青森県の皆さん！全国の皆さん！私たちは呼びかけます！

何としても核燃サイクル計画を断念させなければなりません。そのための一つの有力な手段として、核燃サイクル阻止訴訟への参加を呼びかけます。もとより、全国各地で争われている原発訴訟の状況から判断して、極めて長期且つ困難な裁判闘争となるでしょう。しかし、現在、事業者である原燃産業からなされているウラン濃縮、低レベル放射性廃棄物貯蔵の事業許可申請、原燃サービスからまもなく提出される再処理事業指定許可申請に対し、国が許可を与えることは火をみるより明らかであり、ウラン濃縮工場の許可は７月下旬と予想されます。私たちは、このような事態を黙って見過ごすわけにはいきません。核燃サイクル施設の危険性を、核廃棄物の処分地の劣悪な立地条件を、そして、官民一体となって進められているこの計画がいかにでたらめなものであるかをはっきりさせるためにも、今、訴訟という手段をもって一緒に闘う必要があると考えます。

今後の“具体的手順”は、次のとおりです。

(イ) 事業者（原燃２社）からの申請に対し、国が許可を出したときは、これに対して異議申立を行い、この申立が棄却された場合には、国に対して事業許可処分取消の行政訴訟を三施設それぞれについて提訴します。

(ロ) 原則として三施設の許可が出そろった時点で、事業者を相手どり、建設差止めの民事訴訟を提訴します（状況次第でそれ以前の提訴も十分考えられます)。

原告団は、訴訟の当事者（原告）として名前を連ねる人とそうでない人とによって構成され、原告団の諸活動は、原告団運営委員会協議によって決定されるものとします。原告団は、当面１万人を目標とします。

この際、次の基本方針を確認してもらいたいと思います。

(イ) 政党・党派、特定のイデオロギーにとらわれない青森県内外の個人参加による住民運動とし、あくまで生きる権利の主張であること。

(ロ) 稼働する限り日常的に放射能をまき散らし、核廃棄物を生み続ける原子力発電所は即時廃止し、新設を認めないという認識の下に訴訟を遂行すること。

(ハ) この運動の性格上、全国各地の原発廃止、核燃サイクル阻止運動と連帯し訴訟を遂行、勝利するため必要且つ有益と考えられる諸活動を行うこと。

以上の趣旨に御賛同いただけましたら、参加要領をご一読下さい。

原発のない、核に頼らない平和で安心できる暮しを築くため、美しい自然と未来を子孫に残すため、この忌まわしい核燃サイクル立地計画を阻止する日まで闘いましょう。

1988．7．

■呼びかけ人　（仮称）核燃サイクル阻止１万人訴訟原告団運営委員会

■連絡先　　浅石法律事務所

［出典：核燃サイクル阻止１万人訴訟原告団資料］

Ⅱ－5－2
平成１（行ウ）７判決（六ヶ所ウラン濃縮工場の核燃料物質加工事業許可処分無効確認・取消請求事件）

青森地方裁判所　2002年3月16日

当事者の表示
原告　甲野太郎
　　　ほか１７１名
（詳細は別紙当事者目録（略）のとおり）
内閣総理大臣承継人
被告　経済産業大臣

主文

１　本件訴訟のうち原告甲野太郎に関する部分は、平成８年４月３日同原告の死亡により終了した。

２　原告甲野太郎を除く原告らのうち、別紙当事者目録記載の番号５２、５３及び６３ないし７４の原告らを除く者の訴えをいずれも却下する。

３　別紙当事者目録記載の番号５２、５３及び６３ないし７４の原告らの請求をいずれも棄却する。

４　訴訟費用は原告甲野太郎と被告との間で生じた分を除き原告らの負担とする。

事実及び理由
第１部　前提事実等（略）
第２部　当事者の主張（略）
第３部　主位的請求に対する判断

まず、記録によると、原告甲野太郎は、本件訴訟係属後の平成８年４月３日死亡したことが明らかである。しかして、本件訴訟である本件許可処分の無効確認及び取消訴訟は、いずれも本件施設周辺に居住している同原告が規制法１３条、１４条に基づく本件許可処分により本件施設の事故等により自己の生命、身体の安全等に対し直接的かつ重大な被害を受けるおそれがあるとして提起したものである。後述のとおり、規制法１４条の規定は、単に公衆の生命、身体の安全、環境上の利益を一般的公益として保護しようとするにとどまらず、加工施設周辺に居住し、上記事故等がもたらす災害により直接的かつ重大な被害を受けることが想定される範囲の住民の生命、身体の安全等を個々人の個別的利益としても保護すべきものとする趣旨を含むと解するのが相当である。しかしながら、ここでいう生命、身体の安全等の利益の中に財産が含まれるとしても、加工施設周辺に居住していることが原告適格を基礎づける要件であり、したがって、規制法の前記規定が加工施設周辺に居住せず財産だけを有するにすぎない者の利益をも個別具体的に保護しているとまでは解することができないから、上記のような利益は一身専属的なものであって、相続の対象とはならないというべきである。

そうすると、本件訴訟のうち同原告に関する部分は、その死亡により終了したものといわざるを得ない。

第１章　原告適格
第１　当裁判所の判断

１　行訴法９条は、処分取消訴訟の原告適格を、当該処分の取消しを求めるにつき「法律上の利益を有する者」に限定しているところ、その意義は、当該処分により自己の権利若しくは法律上保護された利益を侵害され、又は必然的に侵害されるおそれのある者をいい、当該処分を定めた行政法規が、不特定多数者の具体的利益を専ら一般的公益の中に吸収させるにとどめず、それが帰属する個々人の個別的利益としてもこれを保護すべきものとする趣旨を含むと解される場合には、かかる利益も上記にいう法律上保護された利益に当たり、当該処分によりこれを侵害され又は必然的に侵害されるおそれのある者は、当該処分の取消訴訟における原告適格を有するものというべきである（最高裁判所昭和５３年３月１４日第３小法廷判決・民集３２巻２号２１１頁、最高裁判所昭和５７年９月９日第１小法廷判決・民集３６巻９号１６７９頁、最高裁判所平成元年２月１７日第２小法廷判決・民集４３巻２号５６頁）。そして、当該行政法規が、不特定多数者の具体的利益をそれが帰属する個々人の個別的利益としても保護すべきものとする趣旨か否かは、当該行政法規の趣旨・目的、当該行政法規が当該処分を通して保護しようとしている利益の内容・性質等を考慮して判断すべきである（もんじゅ最高裁判決）。

しかして、行訴法３６条は、無効等確認の訴えの原告適格につき規定しているが、同条にいう当該処分等の無効等の確認を求めるにつき「法律上の利益を有する者」の意義についても、上記の取消訴訟の原告適格の場合と同義に解するべきである（もんじゅ最高裁判決）。

２　そこで、このような観点から、規制法１３条、１４条に基づく加工事業許可処分につき、加工施設の周辺に居住する者が、その無効確認訴訟を提起することができる法律上の利益を有するか否かについて検討する。

（１）　規制法は、原子力基本法の精神にのっとり、核原料物質、核燃料物質及び原子炉の利用が平和の目的に限られ、かつ、これらの利用が計画的に行われることを確保するとともに、これらによる災害を防止して公共の安全を図るために、製錬、加工、再処理及び廃棄の事業並びに原子炉の設置及び運転等に関する必要な規制等を行うことなどを目的として制定されたものである（１条）。規制法１３条１項に基づく加工事業の許可申請に対する許可権者である内閣総理大臣は、許可申請が同法１４条１項各号に適合していると認めるときでなければ許可をしてはならず、また、上記許可をする場合においては、あらかじめ、同項１号及び２号（経理的基礎に係る部分に限る。）に規定する基準の適用については原子力委員会、同項２号（技術的能力に係る部分に限る。）及び３号に規定する基準の適用については、核燃料物質及び原子炉に関する安全の確保のための規制等を所管事項とする原子力安全委員会の意見を聴き、これを十分に尊重してしなければならないものとされている（１４条）。同法１４条１項各号所定の許可基準のうち、２号（技術的能力に係る部分に限る。）は、当該申請者が加工事業を適確に遂行するに足りる技術的能力を有するか否かにつき、また、３号は、当該申請に係る加工施設の位置、構造及び設備が核燃料物質による災害の防止上支障がないものであるか否かにつき、審査を行うべきものと定めている。加工事業許可の基準として、上記の２号（技術的能力に係る部分に限る。）及び３号が設けられた趣旨は、加工施設が、原子核分裂の過程において高エネルギーを放出するウラン等の核燃料物質を多量に内部に保有して取り扱い、これを原子炉に燃料として使用できる形状又は組成とするために物理的又は化学的方法により処理する施設であって、加工事業を行おうとする者がその事業を適確に遂行するに足りる技術的能力を欠くとき又は加工施設の安全性が確保されないときは、当該加工施設の従業員やその周辺住民等の生命、身体に重大な危害を及ぼし、周辺の環境を放射性物質によって汚染するなど、深刻な災害を引き起こすおそれがあることにかんがみ、このような災害が起こらないようにするため、加工事業許可の段階で、加工事業を行おうとする者の上記技術的能力の有無並びに申請に係る加工施設の位置、構造及び設備の安全性につき十分な審査をし、上記の者において所定の技術的能力があり、かつ、加工施設の位置、構造及び設備が上記災害の防止上支障がないものであると認められる場合でない限り、内閣総理大臣は加工事業許可処分をしてはならないとした点にある。

そして、同法１４条１項２号所定の技術的能力の有無及び３号所定の安全性に関する各審査に過誤、欠落があった場合には重大な臨界事故ないしは核燃料物質の漏出事故等が起こる可能性があり、そのような事故等が起こったときは、加工施設に近い住民ほど甚大な被害を受ける蓋然性が高く、しかも、その被害の程度はより直接的かつ重大なものとなるのであって、特に、加工施設の近くに居住する者はその生命、身体等に直接的かつ重大な被害を受けるものと想定されるのであり、上記各号は、このような加工施設の事故等がもたらす災害による被害の性質を考慮した上で、技術的能力及び安全性に関する基準を定めているものと解される。上記の２号（技術的能力に係る部分に限る。）及び３号の設けられた趣旨、上記各号が考慮している被害の性質等にかんがみると、上記各号は、単に公衆の生命、身体の安全、環境上の利益を一般的公益として保護しようとするにとどまらず、加工施設周辺に居住し、上記事故等がもたらす災害により直接的かつ重大な被害を受けることが想定される範囲の住民の生命、身体の安全等を個々人の個別的利益としても保護すべきものとする趣旨を含むと解するのが相当である（もんじゅ最高裁判決参照）。

（２）　上記に対し、規制法１４条１項１号及び２号（経理的基礎に係る部分に限る。）の規定については、同法１３条１項に基づく加工事業の許可申請に対する許可権者である内閣総理大臣は、許可申請が同法１４条１項各号に適合していると認めるときでなければ許可をしてはならず、また、上記許可をする場合においては、あらかじめ、同項１号及び２号（経理的基礎に係る部分に限る。）に規定する基準の適用については核燃料物質及び原子力に関する規制のうち安全確保のためのもの以外の事項等を所管事項とする原子力委員会の意見を聴くこととされている。そして、同条１項１号は、当該申請に対し許可をすることによって加工の能力が著しく過大にならないか否かについて、２号（経理的基礎に係る部分に限る。）は、当該申請につき加工事業を適確に遂行するに足りる経理的基礎を有するか否かにつき、審査を行うべきものと定めている。

加工事業許可の基準として、上記の１号が設けられた趣旨は、専ら加工事業が原子力利用に関する国家的かつ長期的視野に立った一定の計画に適合する範囲内で行われることを確保し、もって、将来におけるエネルギー資源の確保を図り、人類の福祉と国民生活の水準向上とに寄与することにあると解される。また、上記の２号（経理的基礎に係る部分に限る。）が設けられた趣旨は、加工事業者につき事業を適確に遂行するに足りる経理的基礎を要求することによって、多額の資金を要する加工事業の円滑な遂行を保障するに足りる財源的裏付けがあることを確保することにあると解される。このような１号及び２号（経理的基礎に係る部分に限る。）の設けられた趣旨に照らすと、１号が加工施設周辺の住民の個別的利益を保護する趣旨を含まないことはもちろん、２号（経理的基礎に係る部分に限る。）についても、加工事業の円滑な遂行という一般的公益を保護しようとするにとどまり、それ以上に、加工施設周辺の個々の住民の生命、身体の安全その他の利益を個々人の個別的利益として直接的に併せ保護する趣旨の規定ではないと解するのが相当である。

したがって、加工施設の周辺に居住する住民について、規制法１４条１項１号及び２号（経理的基礎に係る部分に限る。）の規定を根拠に規制法１３条、１４条に基づく加工事業許可処分につきその無効確認訴訟又は取消訴訟を提起することができる法律上保護された利益を有すると解することはできない。

（３）　このほか、規制法１３条、１４条に基づく加工事業許可処分につき、加工施設の周辺に居住する者が、その無効確認訴訟又は取消訴訟を提起することができる法律上の利益を有するものと解すべき根拠は見当たらない。

３　次に、原告らが前記の加工施設の事故等により直接的かつ重大な被害を受けるか否か、すなわち、原告らの居住する地域が上記事故等による災害により直接的かつ重大な被害を受けるものと想定される地域であるか否かが問題となるが、この点は、当該加工施設の種類、構造、規模等の当該加工施設に関する具体的な諸条件を考慮に入れた上で、当該原告の居住する地域と加工施設の位置との距離関係を中心として、社会通念に照らし、合理的に判断すべきものである（もんじゅ最高裁判決参照）。

上記の見地から本件についてみると、前記前提事実等によれば、（ａ）原告らの居住地と本件施設との距離は、約１．５キロメートルから約１５００キロメートル余りまでと様々であること、（ｂ）本件施設で扱う六フッ化ウランは、大気圧下では常温で白色の不燃性の固体であるが、それ自体から放射線を発する放射性物質であること、（ｃ）本件施設には最大でウラン量にして２４８２トンのウランが貯蔵され、このうち濃縮ウランは１６２トンであること、（ｄ）本件施設で製造貯蔵される濃縮ウランは、天然ウランと比較して核分裂性の高いウラン２３５の含有比率が高いものの、その濃縮度は５パーセント以下であること、（ｅ）本件施設は、原子力エネルギーを発生利用する施設ではなく、構造設備はむしろ一般の工業プラントに類するもので、六フッ化ウランを未臨界の状態のまま加熱、遠心分離、冷却固化、圧縮及び液化するのみの、さほど複雑とはいえない工程のものであること、（ｆ）遠心分離法によるウラン濃縮技術は、各種の試験研究や技術開発を経て実用化されており、本件施設はそれらの研究開発の成果を踏まえて建設された商業プラントであること、以上の事実が認められる。

これらの事実を踏まえ、本件施設の立地場所との距離関係を中心として、地形や地勢を考慮しながら社会通念に照らし勘案すると、本件施設の設置許可の際に行われる規制法１４条１項２号所定の技術的能力の有無及び３号所定の安全性に関する各審査に過誤、欠落がある場合に起こり得る事故等による災害により直接的かつ重大な被害を受けるものと想定される範囲の住民に属する原告としては、原告甲野太郎を除く原告らのうち別紙当事者目録記載の番号５２、５３、６３ないし７４の合計１４名がこれに該当するというべきであり、これらの原告のみが、本件許可処分の無効確認を求める本件主位的請求において、行訴法３６条所定の「法律上の利益を有する者」に該当するものと認められる。

４　上記に説示したところによれば、原告甲野太郎を除く原告らのうち上記の範囲の者は、本件の主位的請求である無効確認訴訟において原告適格を有するといえるが、その余の原告らは、主位的請求における原告適格を欠く者といわざるを得ず、その訴えはいずれも不適法なものとして却下を免れない。

第２　被告の主張に対する判断

被告は、規制法１４条１項２号（技術的能力に係る部分に限る。）及び３号の保護利益に関し、本件施設の周辺住民の居住する地域が加工施設の事故等による災害により直接的かつ重大な被害を受けるものと想定される地域であるか否かについて、本件施設の潜在的危険性は原子炉施設と比較すると比べようのないほど小さいとして、六ヶ所村も含め原告らの居住する地域はいずれも本件施設の放射能汚染事故により直接的かつ重大な被害を受けるものと想定されるとはいえないと主張する。

しかしながら、前記（第１の３）で掲げた諸事情を踏まえて検討すると、本件施設において加工事業を行おうとする者が所定の技術的能力を欠き又は本件施設の安全性が確保されない場合にも、前記１４名の原告ら（その居住地で本件施設から最も近いものの本件施設との距離は１．５キロメートルである。）にさえ、本件施設の事故等による災害により直接的かつ重大な被害が及ばないとする被告の主張は、被告が主張する本件施設の潜在的危険性が相対的に小さいことを前提としても、なお社会通念に照らした合理的判断として容認できないというべきである。したがって、被告の主張は理由がない。

第３　原告らの主張に対する判断

原告らは、規制法１４条１項２号（技術的能力に係る部分に限る。）及び３号の保護利益に関し、本件施設の事故等による災害により直接的かつ重大な被害を受けるものと想定される地域の範囲として、放射性物質の大気中への拡散と摂取モデルにより算出した被曝量を根拠に、東京都を含む本件施設から半径６００キロメートル以上の範囲であると主張している。

しかしながら、上記の算定及びその妥当性の裏付けとなる的確な証拠はなく（もっとも、原告らは、その根拠として甲第６６０号証を提出するけれども、同号証でも、本件施設での臨界事故が起きたときの一般公衆に対する被爆線量の評価は、臨界の規模（核分裂するウランの量と継続時間）、放出核種の想定、放射能放出のタイミング、放出の経路など非常に複雑、かつ、想定による評価幅（誤差）が大きく不確実性を伴うことが指摘されているし、そもそも建屋内から外部へのウラン漏洩量の算出について何ら根拠を示していないから、同号証の被爆線量の評価結果を直ちに採用することはできない。）、その上、上記の主張における被害は、本件施設から放出された放射性物質が、周辺環境を介して広範囲に拡散する中で人体へ摂取されることにより生じるものであって、本件施設の事故により直接もたらされるものとはいい難く、このような遠隔地に居住する住民について想定される被害は、もはや加工施設周辺に居住している住民について認められる個別具体的な被害の域を超えて、広く一般公衆について等しく考えられる抽象的、一般的な被害という性質を有するにすぎないというべきであるから、そのような被害を受けるにとどまる住民の生命、身体の安全等は、規制法１４条１項２号（技術的能力に係る部分に限る。）及び３号の保護法益との関係では、個々人の個別的利益として保護されるものではないと解するのが相当である。したがって、原告らの主張する被曝被害の可能性を理由に、上記の範囲に居住する原告らの生命、身体の安全等が規制法１４条１項２号（技術的能力に係る部分に限る。）

及び３号の規定により保護された利益であると認めることはできない。

また、原告らは、規制法１４条1項２号（経理的基礎に係る部分に限る。）が、加工施設の災害防止を資金面から担保し、もって周辺住民個々人の利益をも保護する趣旨のものであると主張するが、上記規定の目的は、先にみたとおり（第1の２２）、多額の資金を要する加工事業の円滑な遂行を保障するに足りる財源的裏付けがあることを確保することにあるのであって、この加工事業の円滑な遂行の一環として加工施設の安全性は抽象的に確保され、これを通じて公衆の生命身体の安全等の個々的な利益の保護も間接的には図られるものの、そのような具体的な利益は、上記規定との関係における限りは、加工事業の円滑な遂行という一般的公益の中に吸収解消されており、当該公益の実現を通じて反射的に保護される利益にすぎないものと解するのが相当である。したがって、上記主張もまた理由がない。

第２章　本案の争点に対する判断

第1　はじめに

行政処分が当然無効であるというためには、処分に重大かつ明白な瑕疵がなければならないから、行政処分の無効確認訴訟において原告が主張すべき無効事由も、処分の重大かつ明白な瑕疵に限られる（最高裁判所昭和３６年3月７日第３小法廷判決・民集１５巻3号３８１頁参照)。

第２　本件許可処分の法律上の根拠の有無

規制法２条6項（現在の同条7項）は、同法において「加工」とは、「核燃料物質を原子炉に燃料として使用できる形状又は組成とするために、これを物理的又は化学的方法により処理することをいう。」と定義している。そして、同条２項は、核燃料物質につき、原子力基本法３条２号に規定する核燃料物質、すなわち「ウラン、トリウム等原子核分裂の過程において高エネルギーを放出する物質であって、政令で定めるもの」と定義し、上記政令の定めである核燃料物質、核原料物質、原子炉及び放射線の定義に関する政令（昭和３２年政令第３２５号）１条は、１号として「ウラン２３５のウラン２３８に対する比率が天然の混合率であるウラン及びその化合物」を掲げている。

そして、前記前提事実等によれば、本件施設は、ウラン２３５のウラン２３８に対する比率が天然の混合率であるウランの化合物である六フッ化ウランという核燃料物質を取り扱う施設で、その事業目的は、軽水炉の燃料として使用できるようにウラン中のウラン２３５の存在比率を天然ウランより高めた濃縮ウランを製造することにあり、そこで用いられる濃縮方法は、高速で回転する円筒中に働く遠心力という物理作用を利用してウラン２３８と質量数の異なるウラン２３５を円筒の内側に多く集め取り出す遠心分離法である。そうすると、本件施設で行われるウラン濃縮は、核燃料物質である六フッ化ウランを、原子炉である軽水炉で燃料として使用できるウラン２３５の高い組成の濃縮ウランとするために、遠心分離法という物理的方法により処理するものということになるから、規制法２条6項にいう「加工」に該当するというべきである。

これに対し、原告らは、ウラン濃縮は一般に規制法２条6項にいう「加工」に該当しないと主張するところ、その理由として縷々主張する点は、いずれも上記の法文の解釈を妨げるには至らない。

第３　憲法１３条、１４条、２５条違反

原子力基本法は、１条で、「この法律は、原子力の研究、開発及び利用を推進することによつて、将来におけるエネルギー資源を確保し、学術の進歩と産業の振興とを図り、もつて人類社会の福祉と国民生活の水準向上に寄与することを目的とする。」と定め、2条において、基本方針として、「原子力の研究、開発及び利用は、平和の目的に限り、安全の確保を旨として、民主的な運営の下に自主的にこれを行うものとし、その成果を公開し、進んで国際協力に資するものとする。」と定めている。また、同法の規定を受けて制定された規制法は、１条で、その目的につき、「この法律は、原子力基本法（中略）の精神にのつとり、核原料物資、核燃料物質及び原子炉の利用が平和の目的に限られ、かつ、これらの利用が計画的に行われることを確保し、あわせてこれらによる災害を防止して公共の安全を図るために、製錬、加工、再処理及び廃棄の事業並びに原子炉の設置及び運転等に関して必要な規制等を行う（中略）ことを目的とする。」と規定するとともに、２章ないし５章の２において、製錬、加工、再処理及び廃棄の各事業並びに原子炉の設置、運転等に関する規制に関する諸規定を設けている。このように、原子力基本法及び規制法は、原子力利用の内包する危険性を踏まえ、原子力発電や核燃料サイクルの各過程において原子力利用の安全性を確保し、上記の危険性が現実化しないようにするために法規制を行っているのであるから、これらの法律について、憲法１３条、１４条ないしは２５条に反し違憲であるとすべき事由は認められない。

原告らの主張は、いわゆる死の灰やプルトニウムの危険性を根拠に上記各法律が原子力発電や核燃料サイクル自体の存在を禁止していない点を違憲とするものであるが、憲法１３条、１４条ないしは２５条がそのような趣旨を含むと解することはできないから、上記主張は理由がない。

第４　憲法３１条違反

１　行政手続は、憲法３１条による保障が及ぶと解すべき場合であっても、刑事手続とその性質においておのずから差異があり、また、行政目的に応じて多種多様であるから、常に必ず行政処分の相手方等に事前の告知、弁解、防御の機会を与えるなどの一定の手続を設けることを必要とするものではないと解するのが相当である（伊方最高裁判決）。

そして、加工事業許可の申請が規制法１４条１項各号所定の基準に適合するかどうかの審査は、当該申請者の技術的能力や加工施設の安全性に関する極めて高度な専門技術的判断を伴うものであり、同条２項は、上記許可をする場合に、各専門分野の学識経験者等を擁する原子力委員会ないしは原子力安全委員会の意見を聴き、これを十分に尊重してしなければならないと定めている。このことからすれば、規制法が、許可手続の審査資料の公開や加工施設設置予定地の周辺住民に対する説明会の開催、告知聴聞の手続又は同意取得につき規定を設けていないことをもって、規制法が憲法３１条の趣旨に反するということはできない。したがって、上記の点をもって憲法３１条違反をいう原告らの主張は理由がない。

また、本件許可申請書、添付書類その他の安全審査資料が公開されず、原子力安全委員会の審査も公開されなかったし、公開ヒヤリングも開催されずに行われ本件安全審査には、憲法３１条、２１条等に違反する看過し得ない違法があるとする原告らの主張も、規制法等の関係法規に照らし、規制法１４条１項３号に基づく安全審査において、事前の資料公開や公開ヒヤリングの開催を義務づける規定がないことは明らかであり、これら憲法の規定が上記のような資料公開等を義務づける根拠とはならないから、その前提において失当であるといわざるを得ない。

２　規制法１４条１項各号は、加工事業許可の基準につき定めているところ、同項３号は、加工施設の安全性に関し、加工施設の位置、構造及び設備が核燃料物質による災害の防止上支障がないものであることを掲げているが、それは、加工施設の安全性に関する審査が、多方面にわたる極めて高度な最新の科学的、専門技術的知見に基づいてされる必要がある上、科学技術は不断に進歩、発展していることから、加工施設の安全性に関する基準を具体的かつ詳細に法律で定めることは困難であるのみならず、最新の科学技術水準への即応性の観点からみて適当ではないとの見解に基づくものと考えられ、上記見解は十分合理性を有するものといえる。しかも、加工事業許可に当たっては、申請に係る加工施設の位置、構造及び設備の安全性に関する審査の適正を確保するため、各専門分野の学識経験者等を擁する原子力安全委員会の科学的、専門技術的知見に基づく意見を聴きこれを十分に尊重するという慎重な手続が定められていることを考慮すると、上記規定が定量的でない又は不明確であるとの非難は当たらないというべきである。したがって、上記規定が定量的でなく、あるいは一義的に明確とはいえないことを前提とする原告らの憲法３１条違反の主張は、その前提を欠いており理由がない。

第５　まとめ

上記のとおり、本件許可処分に重大かつ明白な瑕疵があるとはいえないから、１４名の原告らの本件許可処分の無効確認を求める主位的請求はいずれも理由がない。

第３章　結論

以上によれば、本件訴訟のうち原告甲野太郎に関する部分については、死亡による終了宣言をすることとし、同原告を除く原告らのうち、別紙当事者目録記載の番号５２、５３及び６３ないし７４の合計１４名以外の原告らの本件許可処分の無効確認を求める主位的請求に係る訴えは、いずれも原告適格を欠き不適法であるからこれを却下すべきものであり、その余の上記１４名の原告らの主位的請求は、いずれも理由がないから棄却を免れない。

第４部　予備的請求に対する判断
第１章　原告適格

本件の主位的請求である本件許可処分の無効確認訴訟における原告適格につき前に説示したところ（第３部第１章第１）は、予備的請求である本件許可処分の取消訴訟にも妥当する。したがって、原告甲野太郎を除く原告らのうち、別紙当事者目録の番号５２、５３及び６３ないし７４の合計１４名の原告らは本件予備的請求における原告適格を有するものの、その余の原告らは、予備的請求における原告適格を欠いており、その訴えはいずれも不適法なものとして却下を免れない。

第２章　審査判断の枠組みに関する法律論
第１　取消訴訟における処分の違法事由の主張制限

原告らは、取消訴訟である本件予備的請求において、自己の法律上の利益に関係のない違法を取消事由として主張することはできない（行訴法１０条１項）。

そして、行訴法１０条１項にいう法律上の利益は、行訴法９条の原告適格の基礎となる法律上の利益と同義であると解されるところ、前記（第３部第１章第１の２、第４部第１章）のとおり、原告らの本件取消訴訟における原告適格を基礎づける法律上の利益は、規制法１４条１項２号（技術的能力に係る部分に限る。）及び３号が保護の対象としている原告らの生命、身体の安全等である。したがって、原告らが本件取消訴訟において取消事由として主張できる実体法上の事由は、規制法１４条１項２号（技術的能力に係る部分に限る。）及び３号の要件にかかわる違法事由のうち、原告らの生命、身体の安全等に関するものに限られる。

そうすると、原告らの主張のうち、規制法１４条１項２号（経理的基礎に係る部分に限る。）要件適合性や同項３号要件適合性のうち労働者被曝に関する事項等は、本件予備的請求においては主張することが許されず、その主張はそれ自体失当といわざるを得ない。

第２　加工事業許可における審査の対象

１　規制法は、その規制の対象を、製錬事業（第２章）、加工事業（第３章）、原子炉の設置、運転等（第４章）、再処理事業（第５章）、廃棄事業（第５章の２）、核燃料物質等の使用等（第６章）、国際規制物質の使用（第６章の２）に分け、それぞれにつき内閣総理大臣の指定、許可、認可等を受けるべきものとしているのであるから、第３章所定の加工の事業に関する規制は、専ら加工事業の許可等の同章所定の事項をその対象とするものであって、他の各章において規制することとされている事項までをその対象とするものでないと解すべきである。

また、規制法第３章の加工の事業に関する規制の内容をみると、加工事業の許可、変更の許可（１３条ないし１６条）のほかに、設計及び工事の方法の認可（１６条の２）、溶接の検査（１６条の４）、使用前検査（１６条の３）、保安規定の認可（２２条）等の各規制が定められており、これらの規制が段階的に行われることとされている。したがって、加工の事業の許可の段階においては、専ら当該加工施設の基本設計のみが規制の対象となるのであって、後続の設計及び工事の方法の認可手続や保安規定の認可手続等の段階で規制の対象とされる当該加工施設の具体的な詳細設計及び工事の方法は規制の対象とはならないものと解すべきである。

上記にみた規制法の構造に照らすと、加工の事業の許可の段階の安全審査においては、当該加工施設の安全性にかかわる事項のすべてをその対象とするものではなく、その基本設計の安全性にかかわる事項のみをその対象とするものと解するのが相当である（伊方最高裁判決参照）。

２　上記によれば、後に詳しくみるように、原告らの主張のうち、加工事業許可の段階の安全審査の対象となる当該加工施設の基本設計の安全性にかかわらない事項についての主張は、それ自体失当というべきである。そのほか、原告らは軍事転用の危険性を指摘して本件施設が原子力の平和目的利用を定める原子力基本法２条に違反する旨主張するけれども、この規定が個々の原子力の利用に係る許可手続を直接規制するものとは解されないから、原子力の平和目的利用が本件許可処分の要件であることを前提にする原告らの主張は、その前提において失当というべきである。

３　原告らは、上記の基本設計の範囲については客観的基準がなく、その範囲は恣意的に定められている旨主張しており、弁論の全趣旨によれば、基本設計の範囲を客観的に明らかにする基準は存在しないことが認められる。

しかしながら、規制法１６条１項、加工事業規則３条の２第１項の規定に照らすと、加工施設の基本設計は、加工事業許可に当たり審査確認されたそれ自体は抽象的、概括的な概念にすぎない規制法１４条１項３号所定の安全性と加工施設の具体的な設計及び工事の方法とを架橋し、上記安全性を具体化しながら、具体的な設計及び工事の方法が加工事業許可を受けた基本設計によるものであることが確認されることを通じて上記安全性が実現されるという機能を有するものであるということができ、したがって、加工施設の基本設計に求められる内容も、もとより加工施設の建物及び施設の具体的な設計である必要はなく、設計及び工事の方法の認可手続における具体的な設計及び工事の方法につき安全性を審査するための規範ないしは枠組みとして機能するに足りる内容である必要があるとともに、かつそれで足りるというべきである。そしてまた、後に第３の１でみるように、規制法１４条１項２号（技術的能力に係る部分に限る。）及び３号所定の基準の適合性が各専門分野の学識経験者等を擁する原子力安全委員会の科学的、専門技術的知見に基づく意見を尊重して行う内閣総理大臣の合理的な判断に委ねられていることからすれば、上記判断に必要な加工施設の基本設計の具体性の程度や判断の対象となる事項の取捨選択も、同様に上記の内閣総理大臣の合理的な判断に委ねられているものと解されるから、安全審査の対象である基本設計の具体性の欠如や範囲の問題は、これに関する安全審査の調査審議及び判断の過程に看過し難い過誤、欠落がある場合に限り、これに基づく内閣総理大臣の判断を不合理なものとして加工事業許可処分の取消事由となるものというべきである。

第３　司法審査の在り方

１　審理、判断の方法

前記（第３部第１章第１）のとおり、加工事業許可の基準として、規制法１４条１項２号（技術的能力に係る部分に限る。）及び３号が設けられた趣旨は、加工施設が、原子核分裂の過程において高エネルギーを放出するウラン等の核燃料物質を多量に内部に保有して取り扱い、これを原子炉に燃料として使用できる形状又は組成とするために物理的又は化学的方法により処理する施設であって、加工事業を行おうとする者がその事業を適確に遂行するに足りる技術的能力を欠くとき、又は加工施設の安全性が確保されないときは、当該加工施設の従業員やその周辺住民の生命、身体等に重大な危害を及ぼし、周辺の環境を放射性物質によって汚染するなど、深刻な災害を引き起こすことがあることにかんがみ、このような災害が起こらないようにするため、加工事業許可の段階で、加工事業を行おうとする者の技術的能力の有無並びに申請に係る加工施設の位置、構造及び設備の安全性につき科学的、専門技術的見地から、十分な審査を行わせることにあるものと解される。

上記の技術的能力を含めた加工施設の安全性に関する審査は、当該加工施設そのものの工学的安全性、平常運転時における従業員、周辺住民及び周辺環境への放射線の影響、事故時における周辺地域への影響等を、加工施設予定地の地形、地質、気象等の自然的条件、人口分布等の社会的条件及び当該加工事業者の上記技術的能力との関連において、多角的、総合的見地から検討するものであり、しかも、上記審査の対象には、将来の予測に係る事項も含まれているのであって、上記審査においては、原子力工学はもとより、多方面にわたる極めて高度な最新の科学的、専門技術的知見に基づく総合的判断が必要とされるものであることが明らかである。そして、規制法１４条２項が、内閣総理大臣は、加工事業の許可をする場合においては、同条１項２号（技術的能力に係る部分に限る。）及び３号所定の基準の適用について、あらかじめ原子力委員会の意見を聴き、これを十分に尊重してしなければならないと定め、さらに、原子力安全委員会には下部組織として学識経験のある者及び関係行政機関の職員から任命される審査委員で組織される核燃料安全専門審査会が置かれ、原子力安全委員会委員長の指示に基づき核燃料物質に係る安全性に関する事項を調査審議することとされているところ（設置法１９条、２０条・１７条）、規制法が加工事業許可処分に当たり上記のような手続を設けているのは、加工施設の安全性に関する審査の特質を考慮し、上記各号所定の基準の適合性については、各専門分野の学識経験者等を擁する原子力安全委員会の科学的、専門技術的知見に基づく意見を尊重して行う内閣総理大臣の合理的な判断に委ねる趣旨と解するのが相当である。

以上の点を考慮すると、上記の加工施設の安全性に関する判断の適否が争われる加工事業許可処分の取消訴訟における裁判所の審理、判断は、原子力安全委員会若しくは核燃料安全専門審査会の専門技術的な調査審議及び判断を基にしてされた内閣総理大臣の判断に不合理な点があるか否かという観点から行われるべきであって、現在の科学技術水準に照らし、上記調査審議において用いられた具体的審査基準に不合理な点があり、あるいは当該加工施設が上記の具体的審査基準に適合するとした原子力安全委員会若しくは核燃料安全専門審査会の調査審議及び判断の過程に看過し難い過誤、欠落があり、内閣総理大臣の判断がこれに依拠してされたと認められる場合には、内閣総理大臣の上記判断に不合理な点があるものとして、上記判断に基づく加工施設設置許可処分は違法と解すべきである（伊方最高裁判決参照）。

２　立証責任

加工事業許可処分についての取消訴訟においては、前記の処分の性質にかんがみると、内閣総理大臣がした判断に不合理な点があることの主張、立証責任は、本来、原告が負うべきものと解されるが、当該加工施設の安全審査に関する資料を、すべて平成１３年１月６日の中央省庁等改革関係法施行法による規制法の改正に伴い上記処分の権限を承継した被告の側が保持していることなどの点を考慮すると、被告の側において、まず、その依拠した前記の具体的審査基準並びに調査審議及び判断の過程等、内閣総理大臣の判断に不合理な点のないことを相当の根拠、資料に基づき主張、立証する必要があり、被告が上記主張、立証を尽くさない場合には、内閣総理大臣がした上記判断に不合理な点があることが事実上推認されるものというべきである（伊方最高裁判決参照）。

３　判断基準時

取消訴訟は、行政庁の処分に関する判断の適否を審査する抗告訴訟であり、その適否判断の前提とすべき事情も、当該処分当時に存在していたものに限られるというべきである（最高裁判所昭和２７年１月２５日第２小法廷判決・民集６巻１号２２頁参照）。　これに対し、原子力安全委員会若しくは核燃料安全専門審査会の調査審議において用いられた具体的審査基準の合理性の有無や上記調査審議及び判断の過程における過誤、欠落の有無を判断するに当たり用いられるべき科学技術水準は、法適用の前提となる事実そのものではなく、事実認定の際に適用される経験則のうち科学性・技術性・専門性があるものにすぎないから、前記のとおり、現在の科学技術水準を用いるのが相当である。

第３章　本件許可処分の手続的適法性

第１　当裁判所の判断

前記前提事実等で認定した本件許可申請がされてから本件許可処分に至るまでの手続経過は、規制法等所定の手続に適合した適法なものと認められる。

また、規制法１３条２項は、加工事業を行おうとする者が提出すべき申請書の記載事項として、（ａ）氏名又は名称及び住所並びに法人にあっては、その代表者の氏名、（ｂ）加工設備及びその付属施設を設置する工場又は事業所の名称及び所在地、（ｃ）加工施設の位置、構造及び設備並びに加工の方法、（ｄ）加工施設の工事計画を挙げている。また、同条１項は、加工の事業を行おうとする者は政令で定めるところにより内閣総理大臣の許可を受けなければならないと定め、これを受けて、加工事業規則２条１項は、上記申請書の記載について細目を定めている。このほか、規制法施行令３条２項は､規制法１３条１項を受けて、上記許可を受けようとする者は、事業計画書その他総理府令で定める書類を添えて申請しなければならないと規定し、当該総理府令の定めである加工事業規則３条２項は添付すべき各種書類を掲げている。そして、乙第７５号証により認められる本件許可申請書の記載内容は、上記各法規の定める記載事項を満たすものということができる。

上記によれば、本件許可処分は、規制法その他の関係法規に基づいて手続的に適法に行われたものということができる。

第２　原告らの主張に対する判断

１　本件許可申請書及び添付書類の不備

（１）　原告らは、加工事業規則２条１項１号ニ（ロ）所定の記載事項である「主要な設備及び機器の種類及び個数」に関し、本件許可申請書において遠心分離機の具体的な機種及び個数が明記されていないと主張する。

乙第７５号証によれば、本件許可申請書の別添書類「加工施設の位置、構造及び設備並びに加工の方法」６頁においては、上記事項につき、設備としてカスケード設備、主要な機器として遠心分離機、個数として４組等と記載されていることが認められ、確かに、本件許可申請書には遠心分離機の具体的な機種や個数が記載されてはいないけれども、本件施設の遠心分離装置については、複数の遠心分離機群で構成されるカスケード設備自体を主要な設備として捉えた上でその種類及び個数について記載されているのであり、加工事業規則２条１項１号ニ（ロ）の要請を満たしているといえる。これ以上に、個々の遠心分離機の具体的な種類及び個数の記載を求めることは、加工事業規則が本来予定していないカスケード設備の具体的な仕様の記載を求めることになるが、加工事業規則からそのような趣旨を読みとることはできない（なお、加工事業規則は、その制定当初、各種の加工施設について、主要な設備及び機器の種類、仕様及び個数を申請書に記載するよう求めていたが、このうち、仕様の記載を求める部分は、昭和４３年総理府令４３号による改正により削除された。）。したがって、原告らの主張は、理由がない。

（２）　このほか、原告らが本件許可申請書又はその添付書類の不備として主張する事由のうち、本件施設の基本設計の安全性にかかわる事由は、いずれも、規制法、規制法施行令又は加工事業規則に定められた所要の記載事項に関するものではないから、本件許可処分の手続的適法性を左右するものとはいえず、主張自体失当である。

２　審査主体の問題点

（１）　原告らは、原子力委員会の構成員に、原子力産業の関係者が多数構成員となっていると主張する。

しかしながら、原子力委員会は、本件許可処分との関係では、規制法１４条１項１号及び２号（経理的基礎に係る部分に限る。）に規定する基準の適用について内閣総理大臣から意見を求められるにすぎず、その構成の問題は、規制法１４条１項２号（技術的能力に係る部分に限る。）及び３号の要件の審査に影響をもたらす可能性のない事由である。したがって、上記主張は、原告らの法律上の利益に関係がない違法を理由とするものであり、それ自体失当である。

（２）　原告らは、原子力安全委員会には本件許可処分に係る加工事業を推進する立場の専門家が加わっているほか、同委員会に設置される核燃料安全専門審査会にも、同様に会長のＫを始め原子力利用の推進派の人物が多数含まれており、委員の構成上原子力委員会に厳正な審査を求めることは極めて困難である旨主張する。

しかし、上記の主張は、Ｋを除くほか、原子力安全委員会の委員ないし核燃料安全専門審査会の審査委員のうちいずれの人物をもって原告らのいう推進派であるかにつき具体的な主張立証を欠いている上、その推進派である人物が多数委員となっていることにより直ちに原子力委員会が厳正な審査をすることができなくなるともいえないから、理由がなく採用できない。そして、上記主張のうちＫなる人物に関する部分も、証拠（乙２２、証人Ａ）によれば、同人が昭和６０年１２月１７日当時埼玉大学教授の身分にあった濃縮ウランの遠心分離技術に関する専門家であり、ウラン濃縮懇談会の設置当時の構成員であったとは認められるものの、この事実をもって同人を原告らのいう推進派の人物であるとか、同人の審査委員としての参加によって核燃料安全専門審査会の厳正な審査が困難になった等の事実を認めることはできないから、やはり理由がない。

（３）　原告らは、ＪＣＯに対して加工事業許可がされた際に核燃料安全専門審査会第８部会が担当して行った安全審査は、臨界事故を想定していない点及び非現実で過小な最大想定事故評価を容認した点において誤りであったとして、核燃料安全専門審査会及びその第８部会の部会長であり本件安全審査を担当した同審査会第２３部会の部会長をも務めていたＡにはいずれも核燃料サイクル施設の安全審査をする能力が欠落しており、本件安全審査には看過し難い過誤、欠落があると主張する。

しかしながら、仮にＪＣＯに対する加工事業許可処分のための核燃料安全専門審査会第８部会の安全審査に誤りがあったとしても、その事実をもって直ちに核燃料安全専門審査会全体や上記Ａの安全審査担当者としての資質に問題があるとするのは論理に飛躍があるし、他に核燃料安全専門審査会や上記Ａにおいて本件安全審査を適切かつ公平に行う上で審査体制の不備ないし資質上の問題があることをうかがわせる資料はない。したがって、原告らの主張は理由がない。

（４）　原告らは、原子力安全委員会について、独自の調査研究能力がない点及びこれまで一度も許可申請につき要件不適合との答申をしたり原子力安全に関する根本的問題提起をしたことがないことを根拠に、安全審査をすることが能力的に不可能であると主張する。

しかしながら、原子力安全委員会の委員は、両議院の同意を得て内閣総理大臣が任命する者である（設置法２２条･５条1項）上、同委員会には、委員長の指示があった場合に核燃料物質に係る安全性に関する事項を調査審議する常設の機関として４０名以内の審査委員で組織される核燃料安全専門審査会が置かれ、上記審査委員は、学識経験のある者及び関係行政機関の職員のうちから内閣総理大臣が任命することとされている（設置法１９条、２０条・１７条1項、設置法施行令６条２項)。さらに、原子力安全委員会には、専門の事項を調査審議させるために専門委員を置くことができ、専門委員もまた学識経験がある者及び関係行政機関の職員のうちから内閣総理大臣により任命されることとされている(設置法施行令８条･３条）ほか、原子力安全委員会は、その所掌事務を行うため必要があると認めるときは、関係行政機関の長に対し、報告、資料の提出、意見の開陳、説明その他必要な協力を求めることができることとされている（設置法２５条)。これらの事実に照らすと、原子力安全委員会は、安全審査のために質的にも量的にも十分な人的体制及び調査権限を有しているといえ、同委員会に独自の調査研究能力がないとする原告らの主張は当たらない。また、同委員会がこれまで要件不適合との答申や根本的問題提起をしたことがないとする点は、そのような事情は同委員会の安全審査に必要な資質の有無を左右するものとはいえないから、主張自体失当である。

3　審査の実態に関する問題点

（1）　原告らは、本件許可申請についてされた審査は許可を前提とした恣意的かつ不公正なものであると主張し、その根拠として縷々主張する。

しかし、このうち、本件安全審査の過程において六ヶ所村とそれ以外の候補地との立地条件の比較検討がされていないことをいう点は、加工事業許可申請に対する安全審査が、申請に係る特定の場所に設置される加工施設の安全性を審査するための制度であって、加工施設の設置のために適切な立地を広く検討して選定する手続ではない以上、主張として失当というほかない。また、その余の点は、いずれも国等が本件施設を含む核燃料サイクル関係施設の六ヶ所村への設置計画の推進に関与していることをいうものであるが、原子力安全委員会の委員に一定の身分保障があること（設置法２２条、６条、７条)、内閣総理大臣は同委員会の安全審査に関する決定の報告を受けたときはこれを十分に尊重しなければならないとされていること（設置法２３条）及び実際にも内閣総理大臣が原子力安全委員会の答申に沿った内容のものとして本件許可処分をしていること（前提事実等）に照らすと、原告らが主張する事由を前提としても本件安全審査が恣意的ないしは不公正であるとはいえない。

（2）　また、原告らは、審査の杜撰さとして、原子力安全委員会や核燃料安全専門審査会の構成員が会議にほとんど出席せず一部の者に審査を任せており、審査は著しく形骸化して内容も杜撰であると主張するが、これに沿う事実を認定するに足りる的確な証拠はないから、上記主張は理由がない。

4　指針による審査の違法性

（1）　原告らは、本件安全審査において重要な役割を果たす核燃料施設基本指針及び加工施設指針が、いずれも単なる原子力安全委員会の決定にすぎず、法律上の根拠を持たないとして、これらの指針に基づいた本件安全審査に手続的違法があると主張する。

しかしながら、本件安全審査は、その合理性を十分首肯し得る規制法１４条1項３号の規定に基づき、所定の手続にのっとり行われたものであるから、仮に審査で用いられた基準が法律に根拠がないものであるとしても、そのような事情が安全審査及び加工事業許可処分の手続的違法をもたらす事由に当たるとは解されない。したがって、上記主張は理由がない。

（2）　また、原告らは、規制法における「加工」の解釈や加工施設指針の文言を理由として、濃縮施設は加工施設指針の適用対象ではないと主張する。しかし、規制法にいう加工施設は濃縮施設を含むものと解すべきことは前記のとおりであるし、乙第１５号証により認められる加工施設指針の文言によっても、加工施設指針がウラン加工施設の中で濃縮施設を適用対象外としているとは解されないから、原告らの主張は、理由がなく採用できない。

5　その他の手続上の問題点

原告らが本件許可処分の手続的違法事由として

主張するその余の事情は、いずれも規制法等で履践が求められている手続にかかわるものではないから、本件許可処分の手続的適法性を左右するものではない。したがって、これらの主張は、いずれも理由がない。

第４章　規制法１４条１項２号要件適合性

第１　はじめに

原告らは、規制法１４条１項２号のうち経理的基礎に係る部分の要件にかかわる違法事由を本件予備的請求において主張することはできず、その主張はそれ自体失当であることは、前記第２章第１で説示したとおりである。したがって、本章では、同号の要件のうち技術的能力に係る部分に関する主張のみを争点として取り上げ、判断することとする。

前記前提事実等における手続経過によれば、内閣総理大臣は、規制法１４条２項の規定に基づき、同条１項２号（技術的能力に係る部分に限る。）の許可基準の適用につき原子力安全委員会に諮問し、これを妥当とする旨の同委員会の答申を受け、これに依拠して本件許可処分を行ったものと認められる。

そこで、以下、前記第２章第３の１で説示したところに従い、内閣総理大臣の上記判断に不合理な点があるか否かにつき、現在の科学技術水準に照らし、上記判断が依拠した原子力安全委員会の調査審議において用いられた具体的審査基準に不合理な点があり、あるいは当該加工施設が上記の具体的審査基準に適合するとした原子力安全委員会の調査審議及び判断の過程に看過し難い過誤、欠落があるか否かという観点から検討を加えることとする。そして、具体的な判断順序としては、前記第２章第３の２で説示したところにより、まず、被告の主張立証に基づき上記の具体的審査基準における不合理な点の有無並びに調査審議及び判断の過程における看過し難い過誤、欠落の有無につき判断検討し、上記不合理な点又は過誤、欠落があるものとは認められない場合に、すすんで、上記不合理な点又は過誤、欠落があるとする原告らの主張について判断することとする。

第２　技術的能力に関する調査審議及び判断の過程

証拠（乙１ないし４、１３、６９の１、２、１２、１３、７５、証人Ｂ）及び前記前提事実等を総合すると、次の事実が認められる。

１　科学技術庁は、本件許可申請が昭和６２年５月２６日に受理された後、規制法１４条２項所定の諮問に先立つ一次審査として、同条１項各号の要件充足性に関する審査を行った。科学技術庁は、同年１２月までに一次審査を終え、原燃産業の技術的能力については、（ａ）原燃産業が、遠心分離法によるウラン濃縮プラントの建設、運転に当たって、動燃事業団が保有するウラン濃縮技術を継承するとともに、先行プラントへの出向及び研修機関への派遣を通じて技術者の養成に努めており、今後とも定期採用等により逐次増強を図り、事業開始までに約１２０名の技術者を確保することとしていること、（ｂ）当時原燃産業は７３名（核燃料取扱主任者免状を有する者２名を含む。）の技術者が施設の設計等の業務に従事しており、このうち原子力関係業務に１０年以上従事した者が約４割を占めていること、（ｃ）運転開始後の運転管理に当たって、運転課、補修課、技術課、安全管理課等からなる組織を設けることとしていること、を理由に、原燃産業に加工の事業を適確に遂行するに足りる技術的能力があるものと認める旨判断した。

そして、内閣総理大臣は、同年１２月１６日、原子力安全委員会に対し、規制法１４条２項に基づき、同条１項２号（技術的能力に係る部分に限る。）及び３号に規定する基準の適用について書面により意見を求め、その別紙において技術的能力に関する科学技術庁の上記判断内容を提示した。

２　原子力安全委員会は、昭和６３年７月２１日の第２９回定例会議で、原燃産業の技術的能力に関する審査を他の議題の審議とともに約２０分間にわたり実施し、原子力安全委員会事務局から配布資料「日本原燃産業株式会社六ヶ所事業所における核燃料物質の加工の事業の許可に係る技術的能力について（案）」（乙６９の１３）に基づく説明を受けた後、審議を行った。

上記配布資料は、重点的に確認すべき事項として、（ア）事業を適確に遂行するに必要な各部門が確立されることとなっており、また各部門に実務経験、知識等を有する管理者が確保される見通しがあること及び事業を適確に遂行するに必要な技術者が確保されているか又は確実な養成計画を有すること、（イ）法律上必要な核燃料取扱主任者等の有資格者が確保されること、（ウ）建設・運転の各段階における品質保証活動を体系的に実施できること、（エ）その他、が掲げられ、それぞれの事項に関する本件許可申請の適合性については、次のとおりの内容であった。

（1）　上記（ア）について

事業を適確に遂行するに必要な各部門としては、本社にウラン濃縮部、ウラン濃縮技術開発部、土木建築部、安全管理部等が、六ヶ所事業所に技術課、安全管理課、運転課、保修課等が設けられる。

これらの各部門に必要な技術者（管理者を含む。）は、本社約４０名、六ヶ所事業所約１２０名であり、現在、約１００名の技術者が施設の設計等の業務に従事している。これらの技術者は、電気、機械、原子力、化学、土木、建築等の技術者であり、このうち管理職員の原子力関係業務平均従事年数は約１４年、一般職の上記年数は約３年、全体では約８年である。このため事業遂行に必要な技術者の確保については、今後の定期採用等により増強を図ることとしている。

また、採用した技術者に対しては、動燃事業団への派遣によるウラン濃縮工場の設計、建設及び運転に関する実務の修得、研修機関等への参加による関連知識の修得等による技術的能力の涵養及び養成のほか、必要に応じ動燃事業団等の技術的協力を受けることとしている。

以上のことから本事業を適確に遂行するに必要な管理者及び技術者は確保し得るものと判断する。

（2）　上記（イ）について

申請者は昭和６３年６月現在で核燃料取扱主任者有資格者３名、第１種放射線取扱主任者有資格者７名を有しており、また、技術者の確実な養成計画により、必要な有資格者を確保し得るものと判断する。

（3）　上記（ウ）について

建設・運転の各段階における品質保証活動のため、本社に品質保証計画の基本的事項を定める品質保証委員会を、本社及び事業所間に品質保証に関する指導、調整、審議等を行う品質保証連絡会議を設けることとしており、所要の品質保証活動を体系的に実施できるものと判断する。

（4）　上記（エ）について

遠心分離法によるウラン濃縮技術については、動燃事業団によって昭和５４年よりパイロットプラントが運転され、さらに、現在同事業団によって原型プラントの建設が進められている。

このため原燃産業は、動燃事業団との間に「ウラン濃縮施設の建設、運転等に関する技術協力基本協定」及び「技術協力の実施に関する協定」を結び、同事業団の保有するウラン濃縮技術を継承することとしていることは、事業を適確に遂行する上に適切なことと判断する。

３　原子力安全委員会は、審議の中で、上記資料の記載内容のほか、原燃産業が擁するウラン濃縮関係の技術者約１００名（正確には９６名）のうち３１名が原子力関係業務への平均従事年数が１０年以上の者であること及び原燃産業が本社及び六ヶ所建設準備事務所に既に必要な組織を有していることも併せ考慮し、その結果、内閣総理大臣による規制法１４条1項２号（技術的能力に係る部分に限る。）の基準の適用は妥当なものと認めるとの結論に達し、その旨答申することを決定した。

４　原子力安全委員会は、昭和６３年７月１３日、内閣総理大臣に対し、規制法１４条項に規定する許可基準の適用について答申し、その中で、同項２号（技術的能力に係る部分に限る。）に関して、審査した結果妥当なものと認めるとの判断を示した。

第３　被告の主張に対する判断

上記で認定した原子力安全委員会の調査審議において審査基準として用いられた重点的確認事項は、原燃産業の技術的能力を質的及び量的な人的側面で確保するとともに、組織的な側面から品質保証の裏付けを保障しようとするものであり、その内容が不合理とは認められない。そして、本件許可申請を上記確認事項に照らして検討した結果、原燃産業に所定の技術的能力があるとの内閣総理大臣の判断を妥当なものとした原子力安全委員会の調査審議及び判断の過程も、確認事項に沿って必要な事項が本件許可申請書の記載により確認された結果のものといえ、これに看過し難い過誤、欠落があるとは認められない。

第４　原告らの主張に対する判断

１　原告らは、技術的能力の評価は申請者の過去の事業実績に対してするもので、将来の事業活動に対する見込み等は評価の対象とならないことを前提に、本件許可処分以前にウラン濃縮の試験研究や事業実績のない原燃産業には所定の技術的能力が欠けると主張する。

しかしながら、規制法第３章の加工の事業に関する規制は、加工事業の許可、変更の許可（１３条ないし１６条）のほかに、設計及び工事の方法の認可（１６条の２）、溶接の検査（１６条の４）、使用前検査（１６条の３）、保安規定の認可（２２条）等の各規制が定められ、これらの規制が段階的に行われることとなっていることに照らすと、規制法が、加工事業許可処分の段階で、申請者において実際の加工事業の適確な遂行に必要な人的、組織的あるいは技術的体制をあらかじめ現に具備していることまで要求しているものとは解されず、加工事業許可手続においては、将来必要な人員や組織等が整備されることが相当の具体性と実現可能性を備えた計画によって示されていれば、それで足りるというべきである。

したがって、これと異なる前提に立つ原告らの主張は、理由がない。

２　また、原告らは、本件施設の稼働開始後に事故ないし不具合が発生した事実をもって、原燃産業の運転管理能力の欠陥は明らかであると主張する。

しかし､原告らが指摘する事故ないし不具合(その内容は、後に第５章第３の５７でみるとおりである。）は、いずれも原燃産業において加工事業を適確に遂行するに足りる技術能力があるとした本件安全審査の前記判断の合理性を左右するに足りる事象であるとまでは認められない。したがって、原告らの主張は理由がない。

３　このほか、原告らは、ＪＣＯ事故の原因や背景を根拠に、作業従事者の経験年数や核燃料取扱主任者の有資格者の有無ないし数は実際の技術的能力の有無とは無関係であるとして、ＪＣＯに対する加工事業許可処分と同様の審査がされたのみの技術的能力に関する本件安全審査には看過し難い過誤、欠落があると主張する。

しかしながら、核燃料取扱主任者免状は、科学技術庁長官が行う核燃料取扱主任者試験に合格する等した者に対して交付され、これを有する者は、加工事業又は再処理事業における核燃料取扱主任者又は廃棄事業における廃棄物取扱主任者に選任される資格があり、科学技術庁長官は、核燃料取扱主任者免状の交付を受けた者が規制法又は規制法に基づく命令の規定に違反したときはその免状の返納を命ずることができる（規制法２２条の２、２２条の３、５１条、５１条の２０)。そして、核燃料取扱主任者試験は、核燃料物質取扱主任者の職務を行うに必要な専門的知識及び経験を有するかどうかを目的として行われる筆記試験で、試験事項は原則として（ａ）核燃料物質の化学的性質及び物理的性質、（ｂ）核燃料物質の取扱いに関する技術、（ｃ）放射線の測定及び放射線障害の防止に関する技術、（ｄ）核燃料物質に関する法令の４項目である（加工事業規則８条の３)。

さらに、加工事業者は、核燃料物質の取扱いに関して保安の監督を行わせるために核燃料取扱主任者を選任しなければならないとされている（２２条の２)。このように、核燃料取扱主任者免状の交付手続やその保有者の資格等につき一定の規制がされていることに照らすと、同免状の保有者は、核燃料物質の取扱いや放射線障害の防止の技術等加工事業の適確な遂行に有益な一定の知識と技術を有していることは否定できない。また、原子力関係業務の経験年数も、加工事業の適確な遂行に有益な人的資源に求められる資質の一つであることは否定できないところである。そうすると、上記免状の保有者や原子力関係業務経験年数の長い者が、規範意識の鈍磨や作業上の慣れ、安全性への過信などが原因となって加工施設の安全を損なう行為に出る危険性があるとしても、あるいは原告らが主張するようにＪＣＯ事故の発生に核燃料取扱主任者免状を有する者の行為が何らかの寄与をしていたとしても、そのような危険は加工施設の作業従事者に対する継続的な研修や教育、啓発で防止されるべき性質のものであって、免状保有者の有無や人数、原子力関係業務の経験年数といった資質を有する人的資源が、加工事業者の所定の技術的能力の確保に全く資するところがないとまではいえない。

そして、先にみたとおり、技術的能力に関する本件安全審査は、原燃産業の従業員の上記免状保有者数と原子力関係業務の経験年数のみに着目してされたものではなく、他にも原燃産業の組織体制や動燃事業団その他外部における実習研修による人的資源の質的向上や動燃事業団からの技術的協力あるいは技術移転の計画といった事情を考慮してされたものであるから、原告らの主張によっても、なお、技術的能力に関する本件安全審査に看過し難い過誤、欠落があるとはいえない。

第５　まとめ

以上検討したところによれば、本件許可申請について規制法１４条１項２号（技術的能力に係る部分に限る。）要件適合性を認めた内閣総理大臣の判断には、不合理な点はないものということができる。

第５章　規制法１４条１項３号要件適合性

第１　はじめに

前記前提事実等で認定した手続経過によれば、内閣総理大臣は、規制法１４条２項の規定に基づき、本件許可申請の同条１項３号の許可基準への適合性につき原子力安全委員会に諮問し、これを肯定する旨の同委員会の答申を受け、これに依拠して本件許可処分を行ったものと認められる。

そこで、本章では、前記（第２章第３の１、２）で説示したところに従い、内閣総理大臣の上記判断に不合理な点があるか否かにつき、本項においては上記判断が依拠した具体的審査基準に不合理な点があるか否かという点を、第２項以下においては本件施設が上記の具体的審査基準に適合するとした原子力安全委員会の調査審議及び判断の過程に看過し難い過誤、欠落があるか否かという点をそれぞれ検討するほか、本項では、上記具体的審査基準の合理性と併せて、本章の判断の前提となる基本的な考え方等についても裁判所の判断を示すこととする。

１　判断基準

規制法１４条１項３号が加工施設の位置、構造及び設備の安全性を確保して防止しようとしている災害は、その文言上、申請に係る加工施設が取り扱う核燃料物質に起因する災害を指すことは明らかである。そこで、本件施設が取り扱う核燃料物質である六フッ化ウランがいかなる潜在的危険性を有する物質であるかについてみた上で、本件許可処分の規制法１４条１項３号要件適合性を判断するに当たり、この六フッ化ウランのいかなる危険性に着目し、どのような基準を用いるべきかについて検討する。

（1）　事実認定

証拠及び弁論の全趣旨によれば、次の事実が認められる。

ア　放射線の種類とその性質（証人Ｆ、弁論の全趣旨）

放射線は、その種類ごとに、物質との相互作用及びその透過力、必要な遮へい方法等が異なっている。

アルファ線は、原子核のアルファ崩壊により放出される放射線で、陽子と中性子各２個で構成されるアルファ粒子の流れである。アルファ粒子は、正の２価の電荷を持ち、質量数は４で、その電荷や質量数が大きいことから物質との相互作用が大きく、このため透過力は極めて小さく、空気中でも数センチメートル程度しか透過できず、薄い紙１枚で完全に遮へいすることができる。ただし、このように短い距離で停止する間に他の物質と相互作用を行いその有するエネルギーを与えるため、同じ距離の中で他の物質を電離するような作用は、他の放射線に比べてはるかに大きい。

ベータ線は、原子核のベータ崩壊により放出される放射線で、ベータ粒子と呼ばれる電子又は陽電子の流れである。ベータ粒子の質量はアルファ粒子の約７０００分の１とアルファ線と比べるとはるかに小さいため、物質との相互作用は小さく、したがって透過力はアルファ線よりもかなり大きいが、空気中でも数十センチメートルないし数メートル程度しか透過できず、数ミリメートルないし１センチメートル程度の厚さのアルミニウムやプラスチックの板で完全に遮へいすることができる。

中性子線は、陽子とほぼ同じ質量を持ち電荷のない粒子である中性子の流れである。物質との相互作用の起こり方はその速度により異なり、したがって、透過力についても、低速度のものは透過力が小さいものの、高速度のものは透過力がかなり大きく、減速ないし遮へいされない限りは数キロメートル程度の距離にまで達することもある。中性子線は、水のように水素を大量に含む物質中を通し、質量のほぼ等しい水素の原子核と衝突させて減速させることができ、ホウ素やカドミウム等中性子を吸収する性質の強い物質により容易に遮へいすることができるようになる。中性子が他の元素の原子核に吸収されると、その原子核はもとの元素と質量数が異なる同位元素となるが、これは不安定なもの、すなわち放射性核種であることが少なくない。

これに対し、放射線のうち、電磁波であるガンマ線は、質量も電荷もないために物質との相互作用はベータ線と比べてもはるかに小さく、透過力が非常に大きい。これを遮へいするには厚い鉛板やコンクリート壁が必要である。

イ　ウラン等による放射線被曝の危険性（乙７、弁論の全趣旨）

放射線による被曝の形態は、体外に存在する放射性物質が発する放射線を被曝する外部被曝と、飲食物の摂取又は空気の吸入に伴って体内に取り込まれた放射性物質が発する放射線を被曝する内部被曝の２種類に大別される。

このうち、ウランが放射性崩壊に伴って発するアルファ線又はベータ線は、上記のとおり透過力が弱く、人体でも皮膚の部分でほとんどエネルギーが吸収されてしまうために、外部被曝ではさほど重要な問題にはならない。

これに対し、体内にウランが取り込まれた場合、体内におけるウランの代謝はウランの化学的形態（可溶性のウランか不溶性のウランかによる区別）及びウランの摂取経路（飲食物摂取によるか空気吸入によるか）等に依存し、体内に取り込まれたウランの一部は、排泄物、呼気等に混じって体外に排出され、一部が骨、腎臓等に蓄積されるが、このようにして体内に存するウランは、その発するアルファ線等が周囲の人体組織にエネルギーを与え、体内器官に大きな影響を及ぼすおそれがある。

このほか、ウランが核分裂反応を起こした場合には、放出された中性子のうち高速のものは時には数キロメートルの距離にまで達することがあり、人体組織を直接被曝させる外部被曝をもたらすほか、中性子を吸収した原子を放射性核種とする放射化現象を引き起こし、これにより生じた放射性物質が体内に取り込まれることにより生じる内部被曝を間接的にもたらすおそれがある。

ウ　環境中の放射線（弁論の全趣旨）

自然界には、宇宙線と呼ばれる宇宙から降り注ぐ放射線があるほか、地殻を構成している花崗岩、石灰岩、粘土等の物質、あるいは飲食物中にも含まれている放射性物質から放出される放射線も存在している。放射線や放射性物質は、このように天然に存在するもののほか、人工的に作り出されるものもある。

自然放射線の被曝による一人当たりの線量当量は、居住地域や生活様式等によってかなりの差異を生じるが、平均して年間１．１ミリシーベルト程度であるとされており、その内訳は、宇宙線によるものが０．３５ミリシーベルト程度、大地からの放射線によるものが０．４ミリシーベルト程度、摂取された飲食物等からの放射線によるものが０．３５ミリシーベルト程度とされている。さらに、土壌・建材等から発生し空気中に含まれるラドン（ラジウムの崩壊により生ずる放射性の気体）等により、平均して年間１ミリシーベルト程度を受けている。この自然放射線による一人当たりの線量当量は地域によってかなりの差異があり、国内においても最大の地域と最小の地域との間には年間０．４ミリシーベルト程度の差異が認められる。ただし、局所的にはもっと高線量の場所も存在し、海外では約７ミリシーベルトを記録している地域もある。また、コンクリート造りの家屋の中で受ける線量当量は、コンクリートの中に含まれる天然の放射性物質からの放射線が加わって、木造の家屋の中で受ける線量当量の約１．５倍になる場合も決して珍しくないほか、高空では宇宙線を遮へいする効果のある空気の層が薄いため、高空を飛行する飛行機の中では地上よりも多く被曝することになり、例えば、パリ・ニューヨーク間をジェット機で１往復すると約０．０５ミリシーベルト多く被曝する。一方、大洋を航海する船舶の上では、大地からの放射線の影響がないので、受ける自然放射線量は少ない。

また、人工放射線の被曝による線量当量としては、例えば、胸部レントゲン間接撮影の場合には一回当たり０．３ミリシーベルト程度、胃の集団検診の場合には一検査当たり４ミリシーベルト程度を被曝することになる。

自然放射線と人工放射線の性質やこれによる影響に区別はなく、放射線によって人体が受ける影響は、いずれも同一尺度である線量当量（単位はシーベルト）により表される。

エ　放射線の人体への影響（甲２、３、４７７、乙７、８、弁論の全趣旨）

（ア）　高線量の放射線被曝による影響

高線量の放射線被曝による影響としては、放射線を被曝した個人に現れる身体的障害と、その個人の子孫に現れる遺伝的障害とに分けられる。また、放射線の人への影響は、確率的影響と非確率的影響とに分けて考えるのが便利な場合もある。前者は線量当量に応じて放射線の影響が確率的に現れるもので、がんや遺伝的障害の発生がその例である。後者は影響の強さ（重篤度）が線量とともに変わるもので、そのためにその線量以下では影響が現れないといった「しきい値」があり得るような影響で、白内障、皮膚障害等がその例である。

（a）　身体的障害

身体的障害は、放射線被曝後数週間以内に現れる急性障害と、かなり長い潜伏期間を経て現れる晩発性障害とに分けられる。

このうち、急性障害は、短期間にあるレベル以上の線量の放射線に被曝した場合に初めて生じるものであって、線量当量、被曝部位等によってその障害の状況は異なるが、その症状としては、白血球の減少、皮膚の発赤（紅斑）、脱毛等があり、線量当量が高くなると造血組織の障害等により死に至ることもある。例えば､全身の線量当量が０．５ないし１シーベルト程度の場合、白血球の一時的な減少が生じ、２．５ないし５シーベルト程度では、主として造血組織の障害のため被曝した人の半数が６０日以内に死亡し、７ないし１０シーベルト以上では、造血組織の障害により被曝した人の全員が死亡するといわれている。しかしながら、全身に０．５シーベルト以下の放射線を被曝したときは臨床症状はほとんど発生しないといわれている。

また、晩発性障害は、放射線被曝により急性障害が生じ、それが回復した後に、又は放射線被曝時には何らの障害も現れないまま数年ないし数十年が経過した後に、被曝した人の一部に発生することがあり得ると考えられているが、その症状としては、白血病やその他のがん、白内障等がある。晩発性障害のうち白血病やその他のがんのような確率的影響については、それらの発生と線量当量との関係について、比較的高線量領域ではほぼ直線関係が成立することが認められている。

（b）　遺伝的障害

遺伝的障害は、放射線の被曝により生殖細胞中にある遺伝子に変化（突然変異）が生じ、それが子孫に伝えられて障害として現れるものである。放射線の線量当量と遺伝的障害の発生との関係については、人間以外のいくつかの動物の場合に、比較的高線量領域ではほぼ直線関係が成立することが認められている。

（イ）　低線量の放射線被曝による影響

低線量放射線の生物への影響は、身体的障害については、急性障害は上記のように全身に０．５シーベルト以下の放射線を被曝したときは臨床症状はほとんど発生しないといわれており、問題となるのは、晩発性障害及び遺伝的障害である。そして、晩発性障害の中でも、白内障のような非確率的影響については、低線量の放射線被曝によっては発生しないことがはっきりしており、しきい値があるとされている。

これに対し、晩発性障害のうち白血病やその他のがんのような確率的影響、あるいは遺伝的障害における障害の発生と線量当量との関係については、低線量の場合は自然放射線による影響との区別が困難であること、低線量の放射線の効果が線量に応じて小さくなることから影響の実験的証明に困難が伴うこと、生物には細胞や組織が持つ損傷回復力があり低線量の放射線の影響の現れ方が不分明であること、晩発性障害の潜伏期が長いこと、といった様々な理由から、その有無を明らかにする決定的な研究成果は得られていない。この点に関する研究としては、広島や長崎の原爆被害に関する経験的データや医療・原子力開発の従事者、原子力施設周辺住民等の被曝データに基づいた研究のほか、動植物に関する実験や観察による研究が行われているが、人的被害に基づいた研究は結果の評価が分かれており、動植物に関する研究も、その成果自体に対する評価のほかに研究結果の人間への応用の可否についても議論が分かれている。ただ、ショウジョウバエ、カイコやハツカネズミを用いて比較的低線量の放射線と遺伝子突然変異の間の直線関係を明らかにした研究については、その結果を直接人間に当てはめることはできないとしても、そのメカニズムを考えるとある程度までは人間にも当てはめてよいと考えられている。

オ　規制値（当事者間に争いがない。）

（ア）　環境上の規制値

本件許可処分当時、我が国においては、ウランによる内部被曝について、身体的障害及び遺伝的障害の発生の頻度を無視し得るほど小さいものとするため、周辺監視区域（人の居住を禁止し、かつ、業務上立ち入る者以外の者の立入りを制限する措置を講ずる区域）外につき、空気中と水中とに分けて、その許容濃度を、例えば天然ウランの場合はそれぞれ１立方センチメートル当たり２×１０のマイナス１２乗マイクロキュリー及び６×１０のマイナス７乗マイクロキュリーと定めていた（許容被曝線量等を定める件１０条1項、６条

１号､別表第３､加工事業規則１条４号)。これは、ＩＣＲＰの体内放射線量に関する専門委員会Ⅱの１９５９年（昭和３４年）報告及び同報告に対する１９６２年（昭和３７年）補遺を尊重し、放射線審議会の答申を受けて、同報告書中の天然ウランに係る最も厳しい値に基づき定められた数値であった。

しかし、上記の許容被曝線量等を定める件は、本件許可処分の直前の昭和６３年７月２６日に科学技術庁の告示が出された線量当量限度等を定める件により平成元年３月３１日限りで廃止となり、同年４月１日以降は、線量当量限度等を定める件が、１９７７年（昭和５２年）のＩＣＲＰの勧告及び１９８５年（昭和６０年）のパリ声明に基づき、内部被曝については線量当量限度を基準としたより直接的な管理が可能なように、周辺監視区域外における空気中及び水中の放射性物質の濃度限度を、周辺監視区域外の公衆の個人が１年間呼吸し、又は水を１年間飲み続けた場合の内部被曝により１ミリシーベルトの実効線量当量となるような空気中及び水中の三か月の平均の放射性物質の濃度と定め、さらに、外部放射線、空気の吸入摂取及び水の経口摂取により併せて被曝する場合にあっては、これらによる線量当量を合計しても、公衆の個人の線量当量限度は実効線量当量で１年間につき１ミリシーベルトとすることを定めている（線量当量限度等を定める件９条１項、加工事業規則１条３号、７条の８第４号及び７号)。

(イ)　公衆被曝の規制値

本件許可処分の当時、核燃料物質の加工施設における周辺監視区域外の許容被曝線量、すなわち公衆の許容被曝線量は、１年間につき０．５レム（５ミリシーベルト）とされていた（許容被曝線量等を定める件２条、加工事業規則１条４号)。これは、１９５８年（昭和３３年）のＩＣＲＰの公衆に対する許容被曝線量に関する勧告を尊重し、総理府に設置された放射線審議会の答申を受けて、加工事業規則等の規定に基づき定められた数値であり、アメリカ、カナダ、ソ連等の諸外国においても採用されていた数値である。

ところで、ＩＣＲＰは、上記公衆に対する許容被曝線量を勧告するに当たっては、放射線被曝による障害については、しきい値が存在するかも知れないことを認めながらも、これを積極的に肯定するまでの知見は得られていないので、いかに低い被曝線量でも障害が生じるかも知れない、換言すれば、低線量放射線被曝と障害発生との間に直線関係が成り立つかも知れないという慎重な仮定の下に、長年にわたるエックス線やラジウムその他の放射性物質の使用経験、人間その他の生物の放射線障害に関する知見に照らして、身体的障害及び遺伝的障害の発生する確率が無視し得るほど小さい線量を社会的に容認できる許容線量として、このような数値を勧告したものである。

現在では、核燃料物質の加工施設における周辺監視区域外の線量当量限度、すなわち公衆の線量当量限度は、実効線量当量について１年間１ミリシーベルト、皮膚及び眼の水晶体の組織線量当量についてそれぞれ１年間につき５０ミリシーベルトとされている（線量当量限度等を定める件３条、現行の加工事業規則１条３号)。これは、１９７７年（昭和５２年）のＩＣＲＰの勧告及び１９８５年（昭和６０年）パリ声明に基づき、先の関係法令を改廃したものである。この法令の改廃では、旧法令の「被曝放射線量」及び「許容被曝線量」を、それぞれ「線量当量」及び「線量当量限度」と改めるとともに、実効線量当量及び組織線量当量の二元管理を行うことにより、放射線防護基準を体系的に整理している。すなわち、実効線量当量を用いることによって放射線の確率的影響を総合的に評価し、一般公衆が放射線から受けるリスクを社会的に容認できるレベル、すなわち公共輸送機関の事故等により受けるリスクと同程度のレベルに制限するとともに、組織線量当量を用いることによって、皮膚及び眼の水晶体の組織の線量当量をしきい値以下にすることで、非確率的影響の発生を防止するものである。

(カ)　六フッ化ウランの化学的危険性（甲５００、証人Ｇ)

六フッ化ウランは、反応性・腐食性の強い劇物で、皮膚に触れた場合には熱傷を引き起こし、吸入した場合には呼吸器系組織を激しく損傷して致命的となるおそれがあり、可燃物を着火させることもある。そして、六フッ化ウランは、前記前提事実等のとおり、大気圧下では常温で固体であるが、昇華点は摂氏５６．５度で、常温でも揮発性は高く、気体の状態では分子量が大きいため地表近くを漂う傾向が強い。

また、六フッ化ウランは、水（空気中の水蒸気を含む。）と反応してフッ化ウラニル及びフッ化水素を生じる性質があるが、フッ化水素は、常温では液体であるものの、揮発性が高く常温でも気化しやすい性質を有しており、腐食性や人体の組織への侵襲性が強いほか、気体やその水溶液の毒性も極めて強く、許容濃度は３ｐｐｍと極めて低い。

(キ)　放射性廃棄物の危険性（乙７５、弁論の全趣旨）

放射性廃棄物は、放射性気体廃棄物、放射性液体廃棄物及び放射性固体廃棄物に分類され、本件施設では、放射性気体廃棄物としては施設から放出される排気が、放射性液体廃棄物としては分析排水や洗缶排水等の排水及び使用済みの洗浄用溶剤等が、放射性固体廃棄物としてはシリンダ類の交換作業等の非定常的な作業の際に発生するウェス、ゴム手袋等が、それぞれ発生する。これらが不相当な方法で処分された場合、これらの廃棄物に接し又は摂取した本件施設内外の者が外部被曝ないしは内部被曝を受ける危険がある。

（２）　本件施設において問題となる災害

上記認定事実によれば、本件施設が取り扱う核燃料物質である六フッ化ウランに起因する災害としては、六フッ化ウランが放射性崩壊に伴って発するアルファ線及びベータ線による内部被曝（透過力が小さいために外部被曝は問題にならない。）、六フッ化ウランが核分裂反応に伴って発する中性子線に起因する外部被曝及び内部被曝、本件施設で生じた放射性廃棄物が施設外で引き起こす外部被曝及び内部被曝並びに六フッ化ウランないしはこれから生成したフッ化水素の化学的な劇物性ないしは毒物性に起因するものを挙げることができる。

しかしながら、一般に核燃料物質が化学的に毒物性又は劇物性を有していることにより生じるおそれのある災害については、毒物及び劇物取締法が上記の性質に着目して必要な規制を設けているところであり、規制法が同じ視点から核燃料物質である毒物及び劇物についてより厳重な規制を加えているとは解されない。したがって、本件施設について規制法１４条１項３号要件適合性を検討するに当たっても、同号にいう「核燃料物質による災害」としては、六フッ化ウラン及びフッ化水素の化学的な性質に起因するものを念頭に置く必要はないというべきである。

（３）　本件施設に求められる安全性の意義

六フッ化ウランが放射性崩壊により発するアルファ線及びベータ線による内部被曝は、六フッ化ウランが本件施設から外部環境に漏出する等して人体に摂取されることで生じるものであるから、本件施設について規制法１４条１項３号要件適合性を検討するに当たっては、六フッ化ウランが平常時に本件施設内に閉じ込められていることはもちろん、様々な事故が原因で本件施設外へ大量に漏出等することのないような事故防止対策が講じられていることが必要となる。また、六フッ化ウランが核分裂反応により発する中性子線に起因する外部被曝及び内部被曝については、核分裂反応を連鎖的に引き起こす臨界状態をいかにして生じさせないかという臨界管理が重要となる。

そうすると、結局、加工施設の位置、構造及び設備が上記のような災害の防止上支障がないものであることという規制法１４条１項３号要件適合性については、具体的には、六フッ化ウランが平常時はもちろんのこと、事故によっても本件施設外へ大量に漏出等することのないよう、ウランの閉込め機能の確保対策及び諸般の事故防止対策が講じられているか否か、臨界管理が適切に行われているか否か、放射性廃棄物管理が適切に行われているか否か、という観点から判断されるべき事柄であるということができる。

（４）　求められる安全性の内容と程度

本件施設において問題となる六フッ化ウランに起因する災害の防止対策の適否を審査するに当たっては、放射線の人体に対する影響において、一定の線量以下では障害が発生しないような限界値（しきい値）があるか否かが問題となるが、（ａ）放射線の人体への影響のうち急性障害や一部の晩発性障害にはしきい値はないとされているのに対し、がんや白血病等の晩発性障害や遺伝的障害の発生については、しきい値の有無に関する決定的な研究成果はないものの、遺伝的障害の発生と比較的低線量の放射線との間には直線関係があると考えてもよいと考えられていること、（ｂ）本件許可処分当時の国内の許容被曝線量の規制値や現在の線量当量限度の規制値、あるいはその基礎となったＩＣＲＰの勧告値は、低線量放射線被曝と障害発生との間に直線関係が成り立つかもしれないという仮定に基づいていること、といった前記認定事実のほか、（ｃ）規制法１４条１項３号要件適合性の判断においては、人体への障害発生との関係の有無が確認されていない放射線の影響については、これを存在するとの前提に立たない限り加工施設について核燃料物質による災害の防止上支障がないことにはならないことも併せ考慮すると、上記３号要件適合性に関する裁判所の審理判断は、しきい値の存在を前提として行うのが相当であるというべきである。

ところで、加工施設に求められる安全性の程度、すなわち核燃料物質が有する潜在的危険の顕在化を防止すべき程度については、上記のように放射線の人体に対する影響のうち一定のものにしきい値がないものとした場合、そのような非確率的影響をいかなる程度においても防止しようとするならば、六フッ化ウランの漏洩や放射性廃棄物の排出を皆無とし、臨界事故その他の事故発生の可能性も絶対的に零としなければならないことになる。しかし、証人Ｆの証言によれば、およそ人工の設備ないし機器は、万全の手当を講じたとしても、何らかの破綻ないし事故が発生する可能性を必然的に有しており、これを絶対的に零にすることは不可能であることが認められる。そうすると、核燃料物質が有する潜在的危険の顕在化を完全に防止し得るような加工施設は存在し得ないということになり、したがって、上記のような意味における安全性を有する加工施設はおよそ存在せず、あらゆる加工事業許可申請は安全審査を通過し得ないために不許可とならざるを得ない。

しかしながら、原子力基本法が、原子力の研究、開発及び利用の推進は将来におけるエネルギー資源の確保や学術の進歩と産業の振興をもたらし、人類社会の福祉と国民生活の水準向上とに寄与するものであるとの考え方（１条）や、原子力の研究、開発及び利用が平和の目的や安全確保と共存し得るものであるとの考え方（２条）を示していること、また、規制法が核原料物質、核燃料物質及び原子炉の利用とこれらによる災害を防止して公共の安全を図ることが両立し得ることを前提としていること（１条）等に照らし、上記のような事態が規制法の予定するところでないことはいうまでもなく、規制法が予定している加工施設の安全性も、上記の意味のものであるとは解されない。

しかして、およそあらゆる人工の設備ないし機器は程度の差こそあれ常に何らかの危険を伴うことは避け難いところであり、しかもその中には加工施設と同様にひとたび破綻ないし事故が生じれば人の生命身体に危害を及ぼすようなものが少なくないにもかかわらず、そのような絶対的安全性を欠く設備機器の存在を国内外の法規や社会通念が許容し、その利用が現代における人々の生活や経済活動に深く浸透してこれを支える不可欠の要素となっているのは、設備機器の本質的危険性の程度とその利用によって得られる社会的な効用や利便の大きさとを比較衡量したときに前者に後者が優越しているときはその設備機器を一応有益なものと評価してその存在可能性を認めた上、当該設備機器の具体的危険性が社会通念上容認し得る一定水準以下に保たれる場合には、これが「安全性」を備えているものとして利用することが許されるとの考え方に基づくものであるといえる。そして、原子力基本法や規制法が原子力等の利用と安全確保等の両立をうたいつつ、安全性を審査した上で加工施設を設置して加工事業を行うことを許容しているのも、基本的には人工の設備機器の利用に関する上記の考え方に立脚し、加工施設の利用によって得られる社会的な効用等の大きさが加工施設の本質的危険性の程度に優越しているとの価値判断の下に、加工施設一般について加工事業許可を与える余地を認めた上で、個別の加工施設の具体的危険性が社会通念上容認し得る一定水準以下に保たれているか否かを確認し、これが認められるときには必要とされる安全性を備えているものとして加工事業の遂行を許可する趣旨であると解される。したがって、規制法１４条1項３号が予定する加工施設の安全性の程度は、その危険性が社会通念上容認し得る一定水準以下に保たれていることを要すると解するのが相当である。

もっとも、上記の社会通念上容認し得る一定水準の具体的内容を各設備・機器の安全性や立地条件等の諸条件について個別具体的に示すことは、甚だ困難といわざるを得ない。とはいえ、各設備・機器につき発生が想定される事故が施設外にもたらす環境や人体への影響については定量的な評価が可能であり、政府の放射線被曝に関する規制が環境中の放射性物質の濃度や公衆の被曝線量等について規制値を定める方法で行われているのも同じ趣旨であるといえる。しかしながら、これらの規制値は、その放射性物質や放射線の由来を問うことなく空気中又は水中の放射性物質の濃度や公衆の被曝量を定めているものであって、環境中にはもともと本件施設に由来する放射性物質ないし放射線以外にも人工の放射性物質や放射線が存在している以上、本件施設から放出される放射性物質や放射線による被曝量それ自体が上記の規制値を満足していれば足りるという性質のものでないことは当然である。したがって、本件における裁判所の判断も、本件許可処分当時の政府の規制値である許容被曝線量等を定める件所定の環境中の許容濃度及び許容被曝線量や、本件許可処分当時ＩＣＲＰの勧告を受けて既に科学技術庁の告示が出されていた線量当量限度等を定める件(ただし、その適用は平成元年４月１日からである。）における規制値を単に下回っていれば足りるとするものではなく、本件施設から放出される危険性のある放射性物質又は放射線による公衆の被曝線量が、上記の規制値を下回ることは当然のこととして、さらに環境中に自然に存在する放射性物質及び自然放射線による一般公衆の線量当量並びに診療を受けるための被曝による線量当量を参考にしながら、社会通念上許容し得る一定水準以下に保たれているか否かを基準にして行うこととする。

2　本件安全審査の基本的な考え方と具体的審査基準

（１）　事実認定

証拠（乙１４、１５、７０の１１、証人A、証人B）及び弁論の全趣旨によれば、次の事実が認められる。

ア　原子力安全委員会は、規制法の規制対象となる核燃料施設のうち、加工施設、再処理施設及び使用施設等について、各工程を通じて核燃料物質が臨界に達しないための対策及び放射性物質を閉じ込めるための対策等が必要となるとの考えの下に、その安全審査に際し統一的視点からの評価が可能となるように、これらの核燃料施設に共通した安全審査の基本的考え方を取りまとめたものとして、昭和５５年2月７日付け決定により核燃料施設基本指針を定めた。また、同委員会は、この決定が当該指針に基づき各種核燃料施設についてその特質に応じた個別の安全審査指針を整備するものとしていることを受けて、加工事業許可の申請に係るウラン加工施設の安全審査を客観的かつ合理的に行うため、ウラン加工施設に対する安全審査上の指針として加工施設指針をとりまとめ、同年１２月２２日付けで決定した。この加工施設指針は、核燃料施設基本指針の各指針について、ウラン加工施設の特質に即して詳細な基準を定め、あるいは具体化する内容になっている。

核燃料施設基本指針の内容は、次のとおりである。

（ア）　基本的条件

核燃料施設の立地地点及びその周辺においては、大きな事故の誘因となる事象が起こるとは考えられないこと。また、万一事故が発生した場合において、災害を拡大するような事象も少ないこと。

（イ）　平常時条件

核燃料施設の平常時における一般公衆の被曝線量が、実用可能な限り低いものであること。

（ウ）　事故時条件

核燃料施設に最大想定事故（安全上重要な施設との関連において、技術的にみて発生が想定される事故のうちで、一般公衆の被爆線量が最大となるもの）が発生するとした場合、一般公衆に対して、過度の放射線被曝を及ぼさないこと。

（エ）　閉じ込めの機能

核燃料施設は、放射性物質を限定された区域に閉じ込める十分な機能を有すること。

（オ）　放射線遮へい

核燃料施設においては、従事者等の作業条件を考慮して、十分な放射線遮へいがなされていること。

（カ）　放射線被曝管理

核燃料施設においては、従事者等の放射線被曝を十分に監視し、管理するための対策が講じられていること。

（キ）　放射性廃棄物の放出管理

核燃料施設においては、その運転に伴い発生する放射性廃棄物を適切に処理する等により、周辺環境へ放出する放射性物質の濃度等を実用可能な限り低くできるようになっていること。

（ク）　貯蔵に対する考慮

核燃料施設においては、放射性物質の貯蔵等による敷地周辺の放射線量を実用可能な限り低くできるようになっていること。

（ケ）　放射線監視

核燃料施設においては、放射性廃棄物の放出の経路における放射性物質の濃度等を適切に監視するための対策が講じられていること。

また、放射性物質の放出の可能性に応じ、周辺環境における放射線量、放射性物質の濃度等を適切に監視するための対策が講じられていること。

（コ）　単一ユニットの臨界安全

核燃料施設における単一ユニットは、技術的にみて想定されるいかなる場合でも臨界を防止する対策が講じられていること。

（サ）　複数ユニットの臨界安全

核燃料施設内に単一ユニットが二つ以上存在する場合には、ユニット相互間の中性子相互干渉を考慮し、技術的にみて想定されるいかなる場合でも臨界を防止する対策が講じられていること。

（シ）　臨界事故に対する考慮

誤操作等により臨界事故の発生するおそれのある核燃料施設においては、万一の臨界事故に対する適切な対策が講じられていること。

（ス）　地震に対する考慮

核燃料施設における安全上重要な施設は、その重要度により耐震設計上の区分がなされるとともに、敷地及びその周辺地域における過去の記録、現地調査等を参照して、最も適切と考えられる設計地震力に十分耐える設計であること。

（セ）　地震以外の自然現象に対する考慮

核燃料施設における安全上重要な施設は、敷地及びその周辺地域における過去の記録、現地調査等を参照して、予想される地震以外の自然現象のうち最も過酷と考えられる自然力を考慮した設計であること。

（ソ）　火災・爆発に対する考慮

火災・爆発のおそれのある核燃料施設においては、その発生を防止し、かつ、万一の火災・爆発時には、その拡大を防止するとともに、施設外への放射性物質の放出が過大とならないための適切な対策が講じられていること。

（タ）　電源喪失に対する考慮

核燃料施設においては、外部電源系の機能喪失に対応した適切な対策が講じられていること。

（チ）　放射性物質の移動に対する考慮

核燃料施設においては、核燃料施設内における放射性物質の移動に際し、閉込めの機能、放射線遮へい等について適切な対策が講じられていること。

（ツ）　事故時に対する考慮

核燃料施設においては、事故に対応した警報、通信連絡、従事者の退避等のための適切な対策が講じられていること。

（テ）　共用に対する考慮

核燃料施設における安全上重要な施設は、共用によってその安全機能を失うおそれのある場合には、共用しない設計であること。

（ト）　準拠規格及び基準

核燃料施設における安全上重要な施設の設計、工事及び検査については、適切と認められる規格及び基準によるものであること。

（ナ）　検査、修理等に対する考慮

核燃料施設における安全上重要な施設は、その重要度に応じ、適切な方法により検査、試験、保守及び修理ができるようになっていること。

イ　原子力安全委員会は、本件安全審査における調査審議に当たり、上記各指針に基づいて検討を行ったほか、米国国立標準協会（Ａｍｅｒｉｃａｎ　ｎａｔｉｏｎａｌ　ｓｔａｎｄａｒｄ　ｉｎｓｔｉｔｕｔｅ、略称ＡＮＳＩ）が定める規格、国内の様々な技術基準をも参考とし、さらに先行のウラン濃縮施設の設計や運転実績、試験研究の結果等、様々な分野の技術的な知見の蓄積も活用した。ウ　本件安全審査では、ウラン濃縮施設の特質を考慮して、ウランの潜在的危険性の顕在化を防止するためには、ウランを特定の区域に閉じ込め、極力外部環境へ出さないようにすることに尽きるとの考えから、ウラン濃縮施設における安全性確保対策は次の四つの審査事項に集約されるとの基本的な考え方に立って、これらが満たされているか否かを検討した。

（ア）　加工施設の基本的立地条件に係る安全性確保対策

加工施設の立地地点及びその周辺における自然環境及び社会的環境を検討して、当該施設の基本設計ないし基本的設計方針との関連において、加工施設に係る大きな事故の誘因となる事象が起こるとは考えられないこと、また、万一事故が発生しても災害を拡大するような事象の少ない立地を選定していること。

（イ）　加工施設自体の安全性確保対策

加工施設自体につき、放射性物質の閉込め機能、臨界安全管理、火災爆発の防止、電源喪失に対する考慮等の点において、安全性確保対策を講じていること。

（ウ）　公共の安全性確保

加工施設中の安全上重要な施設との関連において、最大想定事故、すなわち技術的に見て発生が想定される事故のうちで一般公衆の被曝線量が最大となるものが発生した場合でも、一般公衆に対して過度の放射線被曝を及ぼさないこと。

（エ）　平常運転時の被曝低減に係る安全性確保対策

加工施設の平常運転時において環境に放出される放射線及び放射性物質について、これらによる一般公衆の被曝線量が許容被曝線量等を定める件に規定する周辺監視区域外の許容被曝線量（年間０．５レム）ないしはこれに代わって発せられた線量当量限度等を定める件所定の周辺監視区域外の線量当量である実効線量当量１ミリシーベルト以下となるのみならず、これを実用可能な限り低減させるように、基本設計ないし基本的設計方針において所要の被曝低減対策を講じていること。

（２）　被告の主張に対する判断

上記認定のとおり、本件安全審査においては、基本的立地条件として大きな事故の誘因となる事象を避ける立地が選定されているかどうかを審査するとともに、加工施設自体において事故を防止するための安全性確保対策が図られているか、また、平常運転時においても被曝低減対策を講じているかどうかを審査し、さらに事故が発生した場合にも一般公衆に対して過度の放射線被曝を及ぼさないことを確認することとしており、このような四つの観点から安全性確保対策を検討するとの考え方は、本件施設における六フッ化ウランの潜在的危険性の顕在化を防止するために必要な前記検討事項（六フッ化ウランが平常時はもちろんのこと、様々な事故によっても本件施設外へ漏出等することのないよう、ウランの閉込め機能の確保対策及び諸般の事故防止対策が講じられているか否か、臨界管理が適切に行われているか否か及び放射性廃棄物管理が適切に行われているか否か）に照らし、不合理とはいえない。

そして、具体的審査基準として用いられた核燃料施設基本指針及び加工施設指針も、上記審査事項に対応した内容となっており、現在の科学技術水準に照らしても、各審査事項を審査するにつき不合理な内容とは認められないほか、原子力安全委員会がその他の技術基準を参考とし、あるいは既存の技術的知見の蓄積を活用したことについても、その技術基準や知見に不合理な点は認められない。

３　原告らの主張に対する判断

（１）　原告らは、ウランの放射能毒性、化学毒性及びウランの崩壊生成物の危険性を指摘し、ウランのような危険な物質を大量に取り扱うことを理由として本件施設の建設は許されないと主張する。

しかしながら、前記のとおり、規制法は、原告らが指摘するような危険性を前提としながら、一定の安全性を備える加工施設については加工事業を許可し得るとの考えの下、加工施設の安全性につき必要な規制を行っているものであるから、本件施設の具体的な危険性を指摘することなく本件施設がウランを大量に取り扱うことのみを理由とする原告らの上記主張は、失当である。

（２）　原告らは、ＩＣＲＰの勧告値が信頼に足りず、これに依拠した被告の立場は破綻している旨主張するが、本件安全審査がＩＣＲＰの勧告に基づいて定められた政府の規制値（本件許可処分当時は許容被曝線量等を定める件）を下回っていることをもって直ちに本件施設の安全性を肯定したものでないことは後にみるとおりであるから、原告らの主張は、前提を欠いており理由がない。

（３）　原告らは、加工施設指針の内容が具体性を欠いており実効性に欠ける旨主張する。

しかしながら、加工施設に要求される安全性の内容及び程度は加工施設の種類に応じて様々である上、その安全性を確保する方法も多種多様で、技術性専門性も極めて高いものであるから、これに関する基準を事前に一義的に定めるのはかえって不合理というべきであること、前記（第２章第２）のとおり、規制法１３条の加工事業の許可手続は、専ら当該加工施設の基本設計のみが規制の対象となるのであって、後続の設計及び工事の方法の認可（１６条の２）の段階で規制の対象とされる当該加工施設の具体的な詳細設計及び工事の方法は規制の対象とはならないから、加工事業許可に当たって行われる安全審査の審査基準においてもこれら具体的な詳細設計や工事方法にかかわる事項を定める必要まではないこと、加工施設指針を用いて安全審査を行う主体は、核燃料物質及び原子炉に関する安全の確保のための規制等を所管事項とする原子力安全委員会と、学識経験者及び関係行政機関の職員から任命される審査委員により組織され核燃料物質に係る安全性に関する事項の調査審議を任務とする核燃料安全専門審査会であること、加工施設指針が設けられた趣旨が前記認定のとおり安全審査の客観性及び合理性を確保するために統一的視点を提供することにあること、以上の点を総合すれば、安全審査において用いられる審査基準は、原子力安全委員会及び核燃料安全専門審査会が申請に係る加工施設について当該施設の基本設計ないし基本的設計方針において安全性を有するか否かを判断するための基本的枠組みを提供する内容を具備していれば足りるというべきである。そして、加工施設指針は、本件施設における核燃料物質の潜在的危険性の顕在化を防止するという安全性の確保上必要な内容を備えていることは前記のとおりであるから、上記基本的枠組みとしての機能を十分に果たし得るものといえ、これが具体性ないし実効性に欠けるとの批判は当たらないというべきである。

また、原告らは、事故は複数の故障（トラブル）が重なって発生するものであるにもかかわらず、加工施設指針は単一故障しか想定しておらず内容が不十分であると主張する。そして、この点に関しては、証人Ｅの証言中には、事故例の分析をしたところでは、一つ一つは大事故に直接つながらないような小さな人為ミスや故障が、他の人為ミスや故障を誘うというように、人間と機械のインターラクションの中で将棋倒し式にことが発展して大きな事故が起こるというのが実際の事故のパターンであるとする部分がある。また、証人Ｆの証言中には、全体のシステムの安全性については、個々の機器の故障や作業者のミスのみで議論されるべきではなく、ある事象がシステムの中で次にどのような影響を及ぼすかを考慮して総合的に検討する必要があるとする部分がある。

しかしながら、加工施設指針は、技術的にみて発生が想定される範囲の事故について考慮することとしているところ（乙１５）、ある事象から連鎖的に他の事象が発生して事故が拡大するという場合については、そのような連鎖が技術的にみて想定される因果関係を有する限り加工施設指針はそのような事態をも含めて事故の想定をしていると解されるから、上記の批判は当たらないというべきである。また、相互に関連性のない複数の独立の事象が同時に発生するという事態については、加工施設指針も想定していないものと認められるものの、そのような事態の発生する確率は各個の事象の発生する確率の積として算出される極めて小さいものであるから、そのような事態を想定していないからといって、加工施設指針をそれ自体不合理と評することはできない。したがって、原告らの主張は理由がない。

（４）　原告らは、ウラン濃縮施設では安全性確保手段において他のウラン加工施設より厳格な規制が必要であることを理由として、加工施設指針はウラン濃縮施設の安全性を審査する基準としては不十分であると主張する。

しかしながら、加工施設指針がウラン濃縮施設における安全の確保上必要な内容を備えていることは前記のとおりであるから、上記主張は採用できない。

４　次項以下の判断について

本件安全審査では、前記２の（１）のウのとおり、加工施設の基本的立地条件に係る安全性確保対策、加工施設自体の安全性確保対策、公共の安全性確保及び平常運転時の被曝低減に係る安全性確保対策の四つの観点から本件許可申請を検討しており、そのような判断の方法は、六フッ化ウランを取り扱う本件施設の安全性の判断手法として適切であるということができるから、本件安全審査の調査審議及び判断の過程における過誤、欠落の有無に関する次項以下の当裁判所の判断も、それぞれの観点ごとに、原子力安全委員会若しくは核燃料安全専門審査会の調査審議及び判断の過程を検討することとする。

第２　加工施設の基本的立地条件に係る安全性確保対策

１　はじめに

本件施設に求められる前記の意味における安全性は、本件施設の基本的立地条件との関係では、本件施設の各種の立地条件において、本件施設の一部又は全部の損傷によって六フッ化ウランの漏洩をもたらすような事故を引き起こす危険性が社会通念上容認し得る一定水準以下に保たれているか否かという観点から検討されるべきこととなる。

２　指針の内容（乙１４、１５）

核燃料施設基本指針１は、立地条件の基本的条件について、核燃料施設の立地地点及びその周辺においては、大きな事故の誘因となる事象が起こるとは考えられないこと、また、万一事故が発生した場合において災害を拡大するような事象も少ないことを定めている。そして、加工施設指針１は、この点に関し、事故の誘因を排除し、災害の拡大を防止する観点からウラン加工施設の立地地点及びその周辺における次の事象を検討し、安全確保上支障がないことを確認することとしている。

（1）　自然環境

ア　地震、洪水、台風、豪雪、高潮、津波、地滑り、陥没等の自然現象

イ　風向、風速、降雨量等の気象

ウ　河川、地下水等の水象及び水理

エ　地盤、地耐力、断層等の地質及び地形等

（2）　社会環境

ア　近接工場等における火災、爆発

イ　農業、畜産業、漁業等食物に関する土地利用及び人口分布等

3　本件安全審査の内容

証拠（乙9、24、36ないし40、62、69の11、75、証人B、同C）及び弁論の全趣旨によれば、本件安全審査では、本件施設の基本的立地条件について、以下のとおり、敷地、地盤、地震、気象、水理・水象及び社会環境の各側面から検討が行われ、立地地点及びその周辺においては大きな事故の誘因となる事象が起こるとは考えられず、また、万一事故が発生した場合において災害を拡大するような事象も少ないことを確認したことが認められる。

（1）　敷地

本件安全審査では、本件施設を設置する原燃産業の六ヶ所事業所は、青森県下北半島南部の上北郡六ヶ所村大石平にある標高30ないし60メートルの丘陵地帯にあり、事業所南側は尾駮沼に面していて、事業所の面積は約340平方メートル、本件施設の標高は約36メートルであることを確認した。

（2）　地盤

地盤に関しては、施設が設置される場所が十分な地耐力を持っているかどうかという観点のほか、地滑り又は陥没は、これが発生した場合、本件施設の建物の傾斜や倒壊を招く危険があることから、敷地に地滑り又は陥没の危険性があるかどうかが検討され、さらに、仮に本件施設の敷地内に断層が存在した場合、近い将来において地震を発生させ、本件施設の安全性を損なう要因となり得ることが問題になるほか、断層の変動によって本件施設の安全性が直接に損なわれることも考えられるため、敷地に施設に影響を与えるような断層があるかという観点からも検討が行われた。

ア　地耐力について

（ア）　本件安全審査では、次の事項を確認した。

（a）　本件敷地内では、原燃産業により50本余りのボーリング調査が行われており、その結果、鷹架層と呼ばれる新生代第3紀層の岩盤が敷地全体に広がっていることが確認されている。また、青森県発行の土地分類基本調査を参照したところでも、鷹架層が本件敷地に十分な広がりを持っていることが確認されている。

（b）　新生代第3紀の岩盤層は、上部境界に近い部分では風化が進んでいる可能性があるものの、それ以外の部分は、十分な安定性と地耐力がある地盤であって、通常の構造物の支持層として十分な能力を持っていると理解されている。

（c）　地盤の地耐力を調査する代表的な方法としては、重さ63.5キログラム重のハンマーを75センチメートルの高さから落下させて30センチメートル打ち込むのに要する回数を調べ、そのN値と呼ばれる回数をもって地盤の固さの指標とする標準貫入試験があり、世界各地で用いられているほか、JIS規格でも試験方法が定められている。また、N値と地耐力の相関関係については実績のある経験式が認められており、日本建築学会が定める建築基礎構造設計指針及び同解説では、N値とこれから期待できる地耐力との関係が示されていて、N値が50以上の岩盤については1平方メートル当たり50トンの地耐力を期待してよいこととされている。本件敷地については、建物建設予定地周辺の7箇所で標準貫入試験が実施されており、そのいずれにおいても、鷹架層のうち本件施設の建物の支持層として設定されている位置ではN値が50以上との調査結果が得られた。

（d）　ボーリング調査で得られたコアの観察及びボーリング柱状図によれば、本件施設の支持地盤として問題になるような軟らかい層は含まれていない。

（イ）　本件安全審査では、上記の事項を検討した結果、地耐力については、本件施設の建物が鉄骨の2階建て程度のものであることを踏まえ、新生代第3紀の岩盤である鷹架層で、しかもN値50以上の層を支持地盤とすることから、十分な地耐力を有する地盤を支持地盤としていると判断した。

イ　地滑り・陥没の危険性について

本件安全審査では、現地調査によって現地の地形や地質のほかボーリング調査で得られたコアの観察が行われたほか、文献調査によっても本件敷地やその周辺で地滑り又は陥没が発生したことは認められないことを確認し、敷地において地滑り又は陥没が起こる可能性はないと判断した。

ウ　断層について

（ア）　本件安全審査では、次の点を確認した。

（ａ）　青森県発行の土地分類基本調査に基づいた文献調査及び現地調査の際に行われたボーリングコアの観察結果上は、本件敷地内に断層は見つからなかった。

（ｂ）　ボーリング調査でサンプルが採取される範囲より深い範囲には、昔に動いた断層がある可能性はあり、そのような断層についてはボーリング調査で調査することはできないものの、仮にそのような古い断層が存在したとしても、本件施設に影響を与える断層ではないと考えられた。

（ｃ）　本件敷地内でも、ボーリング孔と他のボーリング孔との間にあってボーリング調査では発見されなかった断層がある可能性はあるが、そのような規模の断層は大きな地震を引き起こすような断層であるとは考えられない。

（ｄ）　現地調査では、敷地造成の際に作られた法面において砂岩の地層と凝灰岩類の地層とが垂直に接していることが観察されているところ、これが断層であるか否かは明らかではないものの、その境界面が完全に固着していること及びこれらの境界がその上部にある第４紀の段丘堆積層にずれの影響を与えていないことから、仮に断層であったとしても本件施設に影響を及ぼすものではないと判断される。（イ）　本件安全審査では、上記の確認事項を考慮した結果、本件敷地内に本件施設の安全性に影響するような断層はないものと判断した。

エ　結論

本件安全審査では、以上の検討の結果、地盤の面では、敷地の選定に問題はないとの判断を下した。

（３）　地震

ア　本件安全審査では、地震について、自然現象として繰り返し起こるという性質を持っており、有史以来の記録調査によってどの程度の地震がどのような間隔で発生し、どの程度の影響があったかどうかを知ることができるという知見に基づき、本件敷地周辺での過去の被害地震について、揺れや被害の程度が具体的に判明している地震については直接に本件敷地における震度階を調査したほか、文献調査により過去の被害地震の規模及び震央の距離を調べ、任意の地点における地震のマグニチュード及び震央距離と当該地点での震度階との相関関係を示す相関図に当てはめ、本件敷地における震度階を推定するという検討を行った。まず、本件許可申請書では、「資料日本被害地震総覧」（いわゆる宇佐美カタログ）、いわゆる宇津カタログ（１９８２）及び気象庁地震月報の各資料に掲載された地震中、震央が本件敷地から半径２００キロメートル以内にありかつ一定規模以上のものを列挙し、これらを上記の相関図に当てはめたものが記載され、その結果としては上記の地震が本件敷地に及ぼした影響は震度Ｖ程度のものであることが示されており、本件安全審査では、上記の内容を相当なものと認めた。また、本件安全審査では、本件許可申請書が参照していない新しい資料である昭和６２年３月刊行の「新編日本被害地震総覧」（いわゆる宇佐美カタログの新版）や昭和６２年版の理科年表に記載された地震についても同様の検討を加えた。

このほか、本件安全審査では、本件敷地から震央が２００キロメートル以上離れた地震についても独自に調査を行い、実際に揺れの程度が判明している地震については、実際の揺れや被害の程度に関する資料をも検討した。

イ　本件安全審査では、上記の検討の結果、過去の地震の本件敷地への影響は最大で震度Ｖ程度であると認めた上、地盤条件を併せて総合的に評価した結果、本件敷地では震度Ｖの地震を考えれば十分であり、建物等の耐震設計においても震度Ｖの地震を想定すれば足りると判断した。

（４）　気象

本件安全審査では、本件施設近傍の観測所等の気象観測データによると、年平均気温摂氏約９度、最高気温摂氏３３．９度、最低気温摂氏マイナス１４．６度、年間降水量約１２００ミリメートル、最大積雪深１９０センチメートル、最大風速毎秒２６．２メートル、瞬間最大風速毎秒３５．９メートルであることを確認した。

（５）　水理・水象

本件安全審査では、本件敷地周辺の水理・水象に関する事実を確認し、その結果、本件敷地周辺における河川としては、二又川のほか老部川があるが、地形の状況からみて、洪水により本件施設が被害を受けることはなく、また、本件敷地は海岸から約３キロメートル離れた標高約３６メートルの丘陵地帯に位置していることから、高潮や津波により本件施設が被害を受けることはないと判断した。

（６）　社会環境

ア　本件安全審査では、本件敷地周辺の社会環境に関し、人口、産業、交通等について調査が行われ、人口については、本件敷地周辺地域である六ヶ所村及び隣接の６市町村の人口密度は昭和６０年１０月１日現在で１平方キロメートル当たり９０．８人であり、総人口の推移状況は数年来ほぼ横ばい傾向であることが確認され、また、産業については、周辺地域における主な産業は農業及び漁業であるほか、本件敷地から約４キロメートルの位置に国家石油備蓄基地があることが確認された。

本件安全審査では、これらの活動場所等と本件敷地との距離が十分離れていることから、これらの産業活動等によって本件施設の安全性が損なわれることはないと判断した。

イ　本件安全審査では、交通に関しては専ら航空機の関係が問題になるとの考えから、本件敷地の南方約２８キロメートルの位置に三沢空港があるほか、西方約１０キロメートルの位置に「Ｖ―１１」と呼ばれる定期航空路があり、南方約１０キロメートルの位置に防衛庁及び在日米軍の航空機が使用する訓練空域（三沢対地訓練区域）があることが検討対象とされた。

このうち、三沢空港については、本件敷地との距離に照らし、ここを離発着する航空機が離発着時に事故を起こして墜落した場合でも本件施設に影響を与えることはないと判断された。

また、定期航空路については、その中心線が本件敷地から約１０キロメートル離れていること、安定した水平飛行を行っている巡航中の航空機が異常を起こすことはまれであること及び航空法に従って飛行する航空機の機長が確認を義務づけられている航空路誌には原子力施設付近の上空はできる限り飛行を避ける旨記載されることになっていることを考慮し、この航空路を飛行中の航空機が本件施設に墜落する可能性は無視できると判断された。

さらに、訓練空域については、本件敷地からの距離が約１０キロメートルであること及び訓練空域を使用する航空機のうち自衛隊機については航空路誌に基づく上記の飛行規制が適用されていることのほか、この飛行規制の適用のない米軍機についても、米軍が航空路誌の情報の提供を受けて、その発行するフライトインフォメーションパブリケーションに掲載して周知する形で上記の規制が尊重されていることを考慮し、当該訓練空域を使用する訓練中の航空機が本件施設に墜落する可能性は極めて小さいと判断された。

ウ　このほか、航空機の関係では、訓練中の航空機が仮に本件施設の安全上重要な施設に墜落した場合の一般公衆に対する影響についての評価を行った。具体的には、三沢対地訓練区域で射爆撃訓練を実施している航空機のうち三沢基地に最も多く配備されている防衛庁のＦ１と米軍のＦ１６がエンジン故障等により訓練コースを外れて本件施設付近まで滑空して施設に衝突するものと仮定し、衝突速度毎秒１５０メートル、墜落時に発生する火災に寄与する燃料量を４立方メートルとした条件の下で、衝突対象としては、取り扱うウランの性状や量を考慮してウラン濃縮建屋のうち発回均質棟及びカスケード棟並びにウラン貯蔵建屋のうちウラン貯蔵庫を選定した。その結果、発回均質棟については、屋根及び壁が厚さ約９０センチメートルの鉄筋コンクリート造りであることから、機体全体の衝撃荷重によるコンクリート板の全体破壊も、機体のうちで貫通限界厚さが大きいエンジン部分の貫通も起こらず、ウラン貯蔵庫については、胴体部が建屋を貫通して内部のシリンダの損傷をもたらすものの、その場合に燃料油により発生する火災の熱でシリンダ内の固体の六フッ化ウランが気化してその１０パーセントが建屋外に漏洩したとしてもその放射能量は０．３キュリーであって、気象データと拡散条件等を考慮して敷地境界における一般人の内部被曝による線量当量を求めると０．０６レム（０．６ミリシーベルト）となることから、一般公衆への被曝による影響は小さいと判断された。また、カスケード棟については、保有するウランの量が少ないため、その全量が衝突事故によって建屋外に漏洩した場合でも、漏洩量はウラン貯蔵庫を下回ることから、やはり一般公衆への被曝による影響は小さいと判断された。

４　被告の主張に対する判断

上記２及び３で認定した事実によれば、基本的立地条件に関する本件安全審査で用いられた具体的審査基準に不合理な点は見当たらないし、本件安全審査の調査審議及び判断の過程にも看過し難い過誤、欠落は認められない。

５　原告らの主張に対する判断

（１）　地盤

ア　支持地盤

（ア）　原告らは、鷹架層の本件施設の支持層としての適否は、当該地盤の許容支持力のみでは決まらず、地盤が軟岩か硬岩かの問題を考慮する必要があり、軟岩に属する鷹架層は支持層としては不適当であるのに、本件安全審査ではこの点に考慮を払っていないと主張する。

しかしながら、証拠（証人Ｃ、原告乙野次郎本人）によれば、鷹架層が軟岩に属するとの事実を認めることができるものの、それ以上に、鷹架層の本件施設の支持層としての適否を判断するために当該事実を考慮する必要があるとの知見については、これを認めるに足りる証拠はなく、かえって、証拠（甲３８２、４０５、原告乙野次郎本人）及び弁論の全趣旨によれば、建築物を建てる場合の支持地盤の適否を判断するに当たっては、許容支持力が重要な指標であり、それ以外に考慮される指標としては、ダムや堰堤を建設する場合における透水性や一軸圧縮強度があるものの、当該地盤が土質工学上軟岩か硬岩かはその判断要素に該当しないことが認められる。したがって、上記主張は理由がない。

また、この点に関し、原告らは、上記主張の根拠として、本件敷地に近接する石油国家備蓄基地のオイルタンク６基が不同沈下した事実を指摘するが、上記沈下の原因が、そのオイルタンクの支持層が軟岩であることを看過したことにあることを認めるべき証拠はないから、当該事実をもって上記主張の理由とすることはできない。

（イ）　原告らは、Ｎ値によって許容支持力を推定する方法について、測定精度や方法としての有用性の問題点を指摘した上で、Ｎ値の調査結果のみをもって鷹架層の支持地盤としての適否を判断することはできないと主張する。

しかしながら、前記認定のとおり、本件安全審査の過程では、標準貫入試験のほか、文献調査、ボーリング調査及びこれで得られたコアの観察等が実施され、これらを踏まえて判断が下されているのであるから、支持地盤の適否をＮ値のみをもって判断したことを前提とする上記主張は、失当というほかない。

（ウ）　また、原告らは、次のとおり本件敷地については様々な試験が実施されておらず、この点を看過した本件安全審査は不合理であると主張する。

（ａ）　平板載荷試験に基づく岩盤支持力の計算について

原告らは、Ｎ値に基づく地耐力の推定値の正確性の判定には平板載荷試験などによって岩盤支持力を計算することが必要であるにもかかわらず、これが実施されていないと主張する。

しかしながら、証拠（甲４３４、乙７１の１）によれば、本件敷地については平板載荷試験が実施され、その結果図が核燃料安全専門審査会第２３部会の第１回会合に資料として提示され審査の対象となっていることが認められるから、上記主張は失当である。

（ｂ）　ボーリング調査の深度及び調査事項について

原告らは、地盤の性質を把握するためには、より深くボーリング調査を行う必要があるとともに、調査結果としてコア採取率、最大コア長及びＲＱＤ（岩盤良好度）を示す必要があると主張する。

この点については、証拠（甲３８２、３８３、乙７５、原告乙野次郎本人）によれば、コア採取率、最大コア長及びＲＱＤ（岩盤良好度）は、いずれも岩盤のボーリング調査で得られる地質情報であり、最大コア長は１メートルのボーリングによって得られた試料中の最長のコアの長さを、ＲＱＤは上記試料に占める１０センチメートル以上のコアの合計の長さの割合の１メートルに対する百分率を、コア採取率は上記試料に占めるコアの長さの合計の１メートルに対する百分率をそれぞれ示すものであること、ボーリング及びコアの観察結果は一定の様式に従いボーリング柱状図にまとめられるものであるところ、上記の３種類の指標は岩盤のボーリング柱状図には必ず記載されるべきものであること、本件許可申請書及びその添付書類では、ボーリング調査の結果としてはＮ値の調査結果と土質のみが記載された地質断面図が示されたにとどまり、本件安全審査でも上記の各数値は確認されなかったことが認められる。

しかしながら、ボーリングの割れ目の状態はボーリングのコアを見ればすぐ分かること（原告乙野次郎本人）及び本件安全審査では耐震工学を専門とする科学技術庁の原子力安全技術顧問のＣによる現地でのコアの観察が実施されていること（証人Ｃ）からすると、本件安全審査においては、ボーリング調査で得られたコアの状況は、数値化してボーリング柱状図に示されるまでもなくコア観察によって直接に把握されていたものと考えられるから、審査の客観性の担保という観点からはボーリング柱状図に直接コアの状況が示されていない点には問題があることは否定できないけれども、このことをもって、本件安全審査の調査審議及び判断の過程に看過し難い過誤、欠落があるとまではいえない。

また、ボーリング調査の深度については、本件安全審査で結果が確認されたボーリング調査が本件施設の支持層として予定されている鷹架層の広がりを確認する深さまで行われたことは前記認定のとおりであるところ、乙第８６号証によれば、ボーリング調査は事前調査で想定した支持層を確認できる深さまで実施すれば足りるとされていることが認められるから、それ以上の深度までボーリング調査が行われなかったからといって、これを問題としなかった本件安全審査の調査審議及び判断の過程に看過し難い過誤、欠落があるとはいえない。

（ｃ）　物理試験（単位体積重量、含水比、比重、間隙率の調査）について

上記の各調査事項については、鷹架層の支持地盤としての適否に関して調査を実施すべき必要性を認めるに足りる証拠はなく、原告らの主張は理由がない。

（ｄ）　透水試験について

透水試験については、本件施設に関する調査の必要性を認めるべき証拠はなく、かえって、証拠（甲４０５、原告乙野次郎本人）によれば、上記試験はダムや堰堤を建設する場合に透水性を調べるために必要となる試験であるにすぎず、本件施設では透水性は問題にならないことが認められる。したがって、この点に関する原告らの主張は理由がない。

(エ)　このほか、原告らは、地耐力を十分と評価するためには地耐力の平均値、標準偏差、最高値及び最低値を明らかにした上、最低値の部分でも十分な余裕があることを示す必要があると主張し、甲第３６２号証中には上記主張と同旨の部分があるけれども、上記書証の該当箇所は原告乙野次郎本人が作成したものであって、他に上記主張を客観的に裏付ける証拠はない以上、上記書証のみをもって本件安全審査の調査審議の過程に看過し難い過誤、欠落があるとまでは認めるに足りない。

イ　サンドウィッチ地盤

原告らは、本件敷地の地盤の標準貫入試験がＮ値を３回連続して記録した時点で中止されていることをもって、その下にＮ値が低い部分があることは確認されておらず、本件敷地の下に硬い地層の間に軟弱な地層がサンドウィッチ状に挟まれたいわゆるサンドウィッチ地盤が存在する可能性があると主張する。

しかし、証拠（甲８の１、原告乙野次郎本人）によれば、サンドウィッチ地盤の概念を提唱する理学博士守屋喜久夫によると、サンドウィッチ地盤は第４紀層に属する洪積層又は沖積層にみられるものであるのに対し、第３紀層は、古生層及び中生層に比べ固結度は低いものの一部を除いて構造物の信頼できる地盤となるとされており、この見解によれば、第３紀層である鷹架層についてサンドウィッチ地盤が問題になる余地はなく、本件安全審査がこの点を考慮していないことをもって看過し難い過誤､欠落があるとはいえない。また、原告乙野次郎本人の供述中には、第３紀層の岩盤の内部においても、硬質の層と破砕帯による軟弱な層が重なっている場合には上記のサンドウィッチ地盤と同様の危険性があると述べる部分があるけれども、同原告がその尋問中で挙げたサンドウィッチ地盤による被害例の中にも岩盤における被害であることが確認された例はない上、上記のとおり守屋博士によっても第３紀層は基本的に構造物の基礎地盤として信頼し得るとされており、証人Ｃもサンドウィッチ地盤により地震波が増幅される現象は第４紀層である沖積層ないしは洪積層の上層部で考えられるものであって、第３紀層については考慮の必要がないとも証言していることからすると、本件安全審査において第３紀層である鷹架層につきサンドウィッチ地盤の可能性を念頭に置かなかったからといって、これを看過し難い過誤、欠落であるとはいえない。

このほか、原告らは、基礎地盤に求められる性質はその上の構造物との関係で相対的に定まることから、十分なＮ値を持つ層がどの程度連続しているかを調査確認することが必要となる場合もあると主張し、その例として、原子力船「むつ」の新定係港に関する立地調査におけるボーリング調査でも、Ｎ値が５０以上となった部分より更に深い標尺１００メートルの地点まで調査が行われている事実（甲７、３５３）を指摘するが、原告らの主張によっても、Ｎ値の連続性を調査確認する必要性は建築しようとする構造物との関係で相対的に定まるとしながら、本件施設との関係でそのような必要性があることの主張立証はないから、上記主張は前提を欠き失当である。また、原告らが援用する上記の調査事例についても、その深度まで調査が行われた理由がサンドウィッチ地盤の可能性を考慮したためであるとは証拠上明らかでない以上、原告らの主張を認めるべき根拠とはならない。

ウ　地滑り・陥没等の危険

原告らは、本件敷地の表層地盤又は盛土による造成部分における地滑り及び陥没の危険性を主張する。

しかしながら、地滑り又は陥没の危険が問題となるのは、本件施設の建物の傾斜や倒壊を招く危険があるからであり、また、本件施設の建物の支持地盤は盛土ないしは表層地盤ではなく第３紀層である鷹架層であることは前記認定のとおりであるところ、証人Ｃの証言によれば、上記のように岩盤である鷹架層を支持地盤とする場合には敷地造成のための盛土部分について地滑り又は陥没の危険性を問題にする必要はないことが認められる。したがって、上記主張は、それ自体失当というべきである。

また、原告らは、鷹架層が地滑り又は陥没の危険性のない地層であることは証明されておらず、詳細な調査を行えば上記の危険性を示唆する事実が明らかになるかも知れない旨主張する。

しかしながら、鷹架層に関する地滑り及び陥没の危険性については、現地の地形や地質の観察、ボーリングコアの観察及び文献調査が行われ、これらの結果に基づいて本件安全審査の調査審議及び判断がされたことは前記認定のとおりであるところ、これに対して、何ら具体的な調査方法も示すことなく調査次第で危険性が判明するといった抽象的可能性を指摘するにとどまる上記の主張は、本件安全審査の調査審議及び判断の過程に看過し難い過誤、欠落があることの主張としては不十分であって、それ自体失当というべきである。

なお、原告らは、上記の主張に関して、本件敷地に近接する使用済核燃料再処理工場の敷地内で急傾斜崩壊ないしは重力性滑りが生じているとの点を指摘するのであるが、証拠（甲９、３６２、乙７５）によれば、上記の滑り面は鷹架層の上部表面の風化部分とその上の同じく第３紀層に属する砂子又層の下部層との間で生じたものであるのに対して、本件敷地では鷹架層の上には第４紀の段丘堆積層や火山灰層が堆積していることが認められるから、上記指摘事実によって本件敷地における調査が不十分であるとはいえない。

エ　断層調査の不備

原告らは、本件敷地におけるボーリング調査は掘進長が不十分で、ボーリング柱状図の作成も少ない点において十分でなく、十分なボーリング調査やトレンチ調査等をすれば本件施設に影響を与えるような断層が確認される可能性が極めて高い旨、また、本件施設に隣接する低レベル放射性廃棄物埋設施設では、当初その申請書では断層は存在しないとされていたが、その後の補正書でｆ－ａ、ｆ－ｂの二つの断層が存在すると追加記載されるに至っており、上記各断層の延長線として本件敷地内にも断層が存在する可能性があると主張する。

このうち、ボーリング柱状図については、証拠（甲４３４、乙２）によれば、確かに、本件敷地について実施された合計５１孔のボーリング調査中、申請書で示され本件安全審査上でも資料とされたボーリング柱状図は二点にすぎなかったことが認められるものの、他方、本件安全審査ではボーリングによる地質調査の結果に基づいて作成された敷地全体にわたる地質平面図及び地質断面図合計５枚が資料として検討対象となったことが認められるから、ボーリング柱状図の作成が不十分であることをもって本件安全審査の基礎となったボーリング調査が不十分であるとまではいえない。

また、ボーリングの掘進長については、証拠（乙７５、証人Ｃ）によれば、本件敷地で行われたボーリング調査における掘進長はおよそ２０メートルから最大で５０メートル前後で、これ以上の深度にある断層までは確認できないものであることが認められる。しかしながら、証拠（乙２６、７５、証人Ｃ、原告乙野次郎本人）によれば、活断層とは一般に最近の地質時代に繰り返し活動し将来も活動することが推定される断層であるところ、活断層であるか否かの判断は第１に近い過去に活動したかどうかであるとされており、この近い過去の範囲は研究者によって多少の相違があって、約５０万年前以降あるいは約１００万年前以降との意見もあるものの、日本全体の活断層に関する文献としては日本で最も権威のある文献とされている「日本の活断層―分布図と資料―」（現在は新編が出されている。）ではこれを広めにとって地質年代における第４紀（約２００万年前から現在までの間）に動いたとみなされる断層を活断層としていること、本件敷地は造成後の標高約３６メートルの地盤からでも０メートルないし数メートル以深は第３紀層である鷹架層が分布していること、断層活動の痕跡は第４紀層では不明確な場合もあるものの第３紀層では明確に現れること、以上の事実が認められ、これらを総合すると、上記の程度の掘進長のボーリング調査を行えば、本件敷地の下に分布する第３紀層である鷹架層における地層のずれの有無を確認することにより、本件敷地内における活断層の有無は十分に判断可能ということができる。したがって、掘進長を不十分とする原告らの主張は理由がない。

そして、トレンチ調査その他の調査の要否については、原告乙野次郎本人の供述によれば、ボーリング調査は位置及び深度が適正であれば得られたコアを調べることにより断層の有無は確認できるものと認められるところ、本件敷地では、全体にわたり約１００メートル間隔のボーリング調査が格子状に行われた上に建造物立地予定場所では更に数十メートル間隔でボーリング調査が実施されており（乙２）、東京の地下鉄でもボーリング調査は１００メートル間隔で実施されているにすぎないこと（原告乙野次郎本人）等に照らすと、ボーリング孔の数及び位置は適正であるといえるし、ボーリングの掘進長が活断層の有無を確認するに足りるものであることは上記で述べたとおりであるから、その余の調査を実施すべき必要性はないものということができる。

このほか、原告らは、文献調査の実効性について疑問を投げかけているけれども、本件安全審査で文献調査の対象となった「日本の活断層―分布図と資料―」は、日本全体を網羅する活断層の資料として最も権威があると考えられている資料であるから（証人Ｃ）、原告らの主張は当を得たものとはいえない。

さらに、ｆ―ａ断層、ｆ―ｂ断層の各断層の延長線として本件敷地内にも断層が存在する可能性があるとする点については、これら二つの断層が本件敷地に近接する低レベル放射性廃棄物埋設施設敷地の埋設設備群設置位置及びその付近の鷹架層中に存在することは当事者間に争いがないけれども、上記の各断層の延長線として本件敷地内にも断層が存在することを認めるに足りる確たる証拠はない（原告乙野次郎本人の本件敷地内に断層がある旨の供述も憶測を述べるにすぎない。）から、原告らの主張は採用できない。

オ　地盤の隆起・沈降等　原告らは、地震が起きた場合には一般的に地盤の隆起・沈降による地盤の変位が生じることが少なくないにもかかわらず、本件安全審査は、将来においても施設に影響を与えるような地盤の隆起あるいは沈降を生じるおそれがないとの結論を導いているのは、（ａ）過去の隆起沈降の有無の調査方法が不明であること、（ｂ）調査によっても隆起沈降の形跡がないことが示されるにとどまり隆起沈降のなかったことの証明にはならないこと、（ｃ）過去に隆起沈降がないからといって将来これが生じない保証はないこと、の点において科学的根拠を欠いていると主張する。

しかし、本件安全審査において、文献調査及びボーリング調査の結果により過去に地盤の局所的な隆起沈降が生じた形跡がないことを確認したことは前記認定のとおりであるから、上記（ａ）は理由がない。また、過去における隆起沈降の有無について合理的な調査手法により調査が行われている限り、過去の隆起沈降の形跡の有無をもって将来の隆起沈降の可能性を判断することにも一定の合理性はあるというべきであるところ、証人Ｃの証言によれば、本件敷地が属する台地ないしは丘陵のすそ野の土地については、建物建築のための地盤調査としては、文献調査によって地盤の広がりを確認するとともに現地でボーリング調査を行うことが重要であること、及び急傾斜の台地や丘陵地における地盤調査では地盤の隆起・沈降を念頭に置いた注意深い調査が必要であるのに対して、本件敷地のように台地ないしは丘陵地のすそ野に位置するなだらかな地形の場所においては、建築物の設計においてそのような配慮は不要と考えられていることが認められるから、過去の隆起沈降の形跡を上記のように文献調査及びボーリング調査によって確認する方法は十分に合理的であるということができ、その結果として過去に隆起沈降の形跡がないことをもって将来においても隆起沈降のおそれがないと判断した本件安全審査もまた一定の合理性を有しているものというべきであり､上記（ｂ）（ｃ）も採用できない。したがって、原告らの主張は理由がない。

（２）　地震

ア　地震リストの改ざん

原告らは、本件許可申請書が本件敷地から震央までの距離が２００キロメートル以上ある地震を取り上げておらず、かつ旧いデータに基づいているにもかかわらず、これを前提とし、あるいはこのことを看過している点において本件安全審査は違法であると主張するが､本件安全審査において、本件許可申請書が参照していない新しい資料である昭和６２年３月刊行の「新編日本被害地震総覧」（いわゆる宇佐美カタログの新版）や昭和６２年版の理科年表に記載された地震についても検討が加えられたこと及び本件敷地から震央が２００キロメートル以上離れた地震についても本件許可申請書の記載とは別に検討が加えられたことは前記認定のとおりであるから、上記主張は理由がない。なお、原告らは、この点に関し、科学技術庁発表の文書の記載を問題としているけれども、上記文書の記載内容についてはこれを認めるべき証拠はない。また、原告らは、本件許可申請書では震央位置が本件敷地から２００キロメートル以遠の地震については余震が２００キロメートル以内にあっても除外されており、本件安全審査ではこの点を不問にしている旨主張するが、本件安全審査において本件許可申請書に掲記の地震のほか震央距離が２００キロメートル以上の地震も検討対象としたことは上記のとおりであるから、この主張も理由がない。

次に、原告らは、本件許可申請書の添付書類における本件敷地周辺の被害地震の表が宇佐美カタログの旧版を基に作成されていることをもって、内閣総理大臣が原燃産業に対し上記の表及び本件許可申請書の差替えを要求すべきであったと主張するが、本件安全審査において宇佐美カタログの新版に基づいた検討が行われたことは前記認定のとおりである以上、内閣総理大臣が原燃産業に対して本件許可申請書等の差替えを求めなかったからといって、本件安全審査の調査審議及び判断の過程に看過し難い過誤、欠落があるということはできない。したがって、上記主張は理由がない。

このほか、原告らは、本件許可申請書が震央位置が不明である地震を考慮対象外としていることを不問とした点において本件安全審査に重大な過誤があると主張する。しかしながら、証人Ｃの証言によれば、本件安全審査では、検討対象となった資料に記載された地震のうち、本件許可申請書が考慮対象外とした震央不明の地震についても検討を加え、本件敷地において考慮すべき最大の震度階についての判断に影響を与えるような地震はないと判断されたことが認められるから、上記主張は理由がない。なお、この点に関し、原告らは、震央位置の不明な地震は被害記事が少ないとしても弱い地震とは限らないとも主張するが、震央位置が不明でかつ被害記事も少ない地震については、その規模等を調査する手段がないこと及びそのような地震が被害の既知である地震より大規模な被害を本件敷地にもたらす蓋然性を認めることもできないことからすると、上記主張をもって本件安全審査が不合理であるとはいえない。

イ　震度階のごまかし

（ア）　原告らは、昭和４３年５月１６日の十勝沖地震の本震は、青森県の調査において震度Ⅴ、一部では震度Ⅵであり、死傷者や全壊家屋が多数に上っているにもかかわらず、これを震度Ⅳに位置づけた本件許可申請書の誤りは明白であり、本件許可申請書を受けて本件敷地での最大の震度階をⅤと結論した本件安全審査の誤りは明白であると主張する。しかしながら、証拠（甲３６２、乙５６、８２）によれば、十勝沖地震の際の本件敷地周辺地域における震度階はⅤであったことが認められるから、上記主張は理由がない。

（イ）　原告らは、マグニチュード━震央距離図上に過去の地震の数値をあてはめて震度階を検討する手法について、震度階は上記の地震規模（マグニチュード）及び震央距離以外の諸要素によっても大きく左右されるとして、地震による敷地への影響を評価する方法としての有効性に欠ける旨主張する。　この点については、証拠（甲３５４、証人C、原告乙野次郎本人）によれば、マグニチュード—震央距離図は、過去の地震のデータに基づき地震規模とある震度階を記録した地域の面積との関係を図式化して相関関係を見出し両者の関係を表す近似式を導いた研究成果を応用して、上記地域が震央を中心とする円であると仮定した場合の半径を計算し、地震規模とこの半径距離との関係を示したものであること、しかしながら、地震規模と一定の震度階の地域の面積とは実際には厳密な等式関係にはなく、また、震度階は地盤条件や発震機構等の要因に左右され同一震度階の分布も必ずしも円形にならないといった理由から、上記のマグニチュード—震央距離図は、平均的・モデル的な両者の相関関係を示すにとどまるものであること、したがって、ある地震における現実の震度階と、マグニチュード—震央距離図に当てはめて求めた震度階とは必ずしも一致するものではないこと、以上の事実が認められ、これらの事実によれば、マグニチュード—震央距離図から求めた震度階は、ある地震による震度階を検討する上では、平均的な震度階を示す一応の機能を有しているということはできるものの、実際の地震との関係では、上記図から求めた震度階と実際の震度階が異なることは十分あり得ることであって、その意味で上記図に基づく推測を絶対視することはできないというべきであり、マグニチュード—震央距離図と実際の地震による各地の震度階とを比較した結果（甲４０２）に照らしても、原告らの上記主張は一面において正しい指摘を含んでいるということができる。

しかしながら、他方、上記の認定事実によれば、マグニチュード—震央距離図は、震度不明の地震の震度階を推測する一応の機能を有しており、また、実際の震度階と齟齬を生じる場合があるにしても、実際の震度階を過小の方向に偏って評価する性質のものではないことが認められる。そして、証拠（甲３７８の１、証人C）及び弁論の全趣旨によれば、実際の地震の震度階の範囲を円形で推定することはできないにしても、発震機構等が不明である過去の地震について同一震度階の範囲を円で近似することには一定の妥当性が認められること、昭和４４年に論文で発表された前記近似式は基礎となった地震データのその後の補正によってもなお妥当性を維持していると考えられ、また、この式の不当性を指摘する議論もされていないことと及び他に実際の震度階が不明である過去の地震について本件敷地における震度階を推定する方法は見当たらないことが認められ、これらの事実をも併せ考えると、上記図によって過去の被害程度が不明である地震の震度階を推測する手法は、なお一定の合理性及び有効性を有しているというべきであって、これを不合理として排斥するまでの理由はない。加えて、本件安全審査においては、マグニチュード—震央距離図に基づく推測結果以外に、揺れや被害の程度が具体的に判明している地震についてはその震度階を直接調査しており、これらを総合して検討した結果、本件敷地で考慮すべき地震を震度Ⅴであると判断したものであることは前記認定のとおりであるから、本件安全審査の調査審議及び判断がマグニチュード—震央距離図を偏重し、専らこれに依拠しているというわけでもない。以上の点を踏まえると、原告らの上記主張によっても、本件安全審査の調査審議及び判断の過程に看過し難い過誤、欠落があるとまではいえない。

なお、原告らは、地震の最大加速度と震度階との関係を根拠にマグニチュード—震央距離図に描かれている震度区分曲線の根拠における問題点をも主張するが、その裏付けとなる証拠は見当たらない。

(ウ)　このほか､原告らは､科学技術庁作成の「安全審査について」の記載を根拠にして、内閣総理大臣が真実、本件許可申請書が基礎とした以外の資料を参照したかどうかは疑わしいと主張するが、上記文書の記載内容については何らの立証もない。

また、原告らは、過去の地震には青森県東部地方で震度階がⅤないしⅥあるいはⅥに達した地震もあるとして、本件安全審査で真実他の資料を参照したのであれば本件敷地周辺で記録された被害地震の影響度を最大Ⅵとするはずであると主張する。しかしながら、原告らが指摘する二つの地震（１７６３年１月２９日の「陸奥八戸の地震」及び昭和４３年５月１６日の十勝沖地震）が本件敷地に震度Ⅵの揺れを生じさせた事実を認めるに足りる証拠はない。もっとも、甲第３７８号証中には、上記十勝沖地震で六ヶ所村に震度Ⅵの場所もありそうであるとするかのごとき記載部分があるけれども、上記記載は、その前後関係及び添付文書を総合すれば、六ヶ所村以外の地点における震度階について言及したにすぎないと解される。したがって、原告らの主張は採用できない。

ウ　中小規模の地震

原告らは、本件安全審査では中小規模の地震、すなわちマグニチュード７未満の地震についての検討が必要であるのに、マグニチュード―震央距離図によってしか検討がされておらず相当でない旨主張するが、本件安全審査では実際の震度階が資料で明らかになっている地震についてはそれに基づく検討が行われていること及び震度階不明の地震についてマグニチュード―震央距離図により震度階を推測する手法が不合理とはいえないことはいずれも前記のとおりであるから、上記主張は理由がない。

エ　震度Ｖを上回る地震発生の危険

原告らは、将来本件敷地において震度Ｖを超える地震が発生しないとの保証はないとして、本件安全審査の判断の不合理性を主張する。

下記キで認定するとおり、本件施設を含む日本中のあらゆる場所の原発、核燃料施設が想定外の大地震に襲われ、それぞれの基準地震動を上回る激しい地震動に襲われる可能性があると指摘する地震学者がいることは確かであり、将来本件敷地において震度Ｖを超える地震が絶対発生しないと断定することはできないけども、本件安全審査においては、歴史地震を検討して過去に発生した地震の本件敷地への影響は最大で震度Ｖ程度であると認めた上、地盤条件を併せて総合的に評価した結果、本件敷地では震度Ｖの地震を考えれば十分であると判断したことは前記認定のとおりであり、このことは過去に発生した地震の規模を超える地震が今後発生する蓋然性が低いとの判断に基づくものといえ、将来震度Ｖを超える地震が発生しないとの保証がないからといって、本件安全審査の判断が格別不合理であるとまではいえない。

オ　加工施設指針の問題点

原告らは、敷地の直下に断層が存在していなくても敷地周辺の断層の再活動により発生する地震でウラン加工施設が設計地震力を超える強い地震力を受けてその安全性が損なわれる可能性があるとして、地震の原因としての活断層に関する評価を要求していない加工施設指針は不備である旨主張する。

しかしながら、ある建造物について、これに被害を及ぼし得る地震の調査をいかなる範囲で行うべきかは当該建物の特質に応じて定められるべきものであるところ、地震が自然現象として繰り返し発生するという性質を持っており、有史以来の記録調査によって将来ある地域で発生し得る地震の規模や発生間隔、影響の程度を知ることができるという知見（証人Ｃ）に照らすと、加工施設指針が、ウラン加工施設について敷地及びその周辺地域における過去の記録及び現地調査によって最も適切と考えられる地震力を判断するという方法を定めていることにも、一定の合理性があるということができる。これに対して、ウラン加工施設との関係において、上記の調査以上に、地震に関して敷地周辺地域の活断層を調査すべき必要性があると解すべき的確な根拠は見当たらない。したがって、原告らの主張は理由がない。

カ　活断層の存在

原告らは、下北半島の東方沖合の海底や陸域に多数の活断層があるにもかかわらず、安全審査書が根拠もなくその存在を故意に無視し、あるいは施設に影響を与えないと断定している旨主張する。

しかしながら、加工施設指針は、ウラン加工施設における最も適切と考えられる設計地震の検討を、敷地及びその周辺地域における過去の記録、現地調査等を参照して行えば足りることとしており、活断層は、地質及び地形の観点から考慮されるのみで、地震の原因としては検討対象として位置づけられていない。したがって、基本的立地条件の審査としては、断層については施設に不同沈下等の影響を及ぼすか否か等の観点から敷地内の断層を対象とした検討がされていれば足り、それ以上に、敷地外の断層について、地震の原因として検討対象とすることまでは必要がないというべきである。したがって、原告らの主張は理由がない。

キ　プレート間地震及び海洋プレート（スラブ）内地震に関する安全審査の欠如　原告らは、本件施設付近では大規模なプレート間地震が繰り返し発生しているにもかかわらず、本件安全審査においては、この大規模なプレート間地震を検討の対象から外しており、また、海洋プレート（スラブ）内に地震活動が認められ、大規模な海洋プレート（スラブ）内地震が発生する可能性は否定できないのに、本件安全審査においては、このような地震の発生を想定した審査は全く行われておらず、明らかな欠落があると主張する。

証拠（甲３５６、３５９、６４１、６４２、６６９、証人C）によると、日本列島の太平洋沿岸及び沖合に起こるマグニチュード７以上の主なプレート境界ないしプレート間地震の発生場所として青森県東方沖が挙げられ、昭和４３年５月１６日に発生した十勝沖地震及び平成６年１２月２８日に発生した三陸はるか沖地震は、いずれもこのプレート間地震によるものであるとされていること、また、平成５年1月１５日に発生した釧路沖地震及び平成６年１０月４日に発生した北海道東方沖地震がいずれも太平洋プレート内の深さ３、４０から１００キロメートルでマグニチュード７．８以上の海洋プレート（スラブ）内地震であるとし、現状では、本件施設を含む日本中のあらゆる場所の原発、核燃料施設が想定外の大地震に襲われ、それぞれの基準地震動を上回る激しい地震動に襲われる可能性があると指摘する地震学者がいることが認められる。

しかし、本件施設のようなウラン加工施設を設置するに当たっては、その立地条件や耐震設計上想定される地震として最大規模のものを想定するのが望ましいことではあるが、それには自ずと限度があるのであって、本件施設のようなウラン加工施設は、取り扱う核燃料物質の性質や加工施設の内容等からして、他の原子炉施設と比べ、内蔵するエネルギー及び放射能量が少なく、しかも臨界状態での核分裂反応を制御する必要性もないこと等核燃料物質による災害の潜在的危険性が相対的に小さいこと、また、日本中のあらゆる場所の原発、核燃料施設がそれぞれの基準地震動を上回る激しい地震動に襲われる可能性があると指摘する上記地震学者も、スラブ内地震の発生条件はまだ学問的に解明されていないとしていること等の事情にかんがみると、本件安全審査において、プレート間地震、殊に海洋プレート（スラブ）内地震といった地震学上の新たな知見を考慮しその発生を想定していないとしても、この点に看過し難い欠落があるとまではいえない。したがって、原告らの主張は理由がない。

ク　鳥取県西部地震が明らかにした本件安全審査の誤り

原告らは、平成１２年１０月６日に発生した鳥取県西部地震について、本件安全審査と同じ方法で最大震度が５と評価される日野で震度７ないし６強の地震が記録されたことは、本件敷地においても同様の事態が生じ得るとし、本件安全審査で用いられた具体的審査基準は最大想定地震を現実に発生したものよりもかなり過小評価しており、この基準は不合理であると主張する。

確かに、証拠（甲５６０、５６１）によると、平成１２年１０月６日鳥取県西部においてマグニチュード７．３の規模の地震があり、境港市及び日野町で震度６強を観測していることが認められる。しかし、鳥取県西部地震については、地震学者等の専門家による科学的な調査、研究がいまだ十分されたとはいい難い状況にあることがうかがわれ、この地震に関する科学的知見により本件安全審査で用いられた審査基準が不合理なものであると評価するには十分でないから、鳥取県西部地震の際に上記のような観測値が得られたとの一事をもって、本件安全審査で用いられた審査基準が直ちに合理性を欠くものであるとまではいえない。したがって、原告らの主張は採用できない。

（３）　その他の自然的立地条件

ア　気象

（ア）　積雪

原告らは、本件敷地周辺が豪雪地帯であり、本件施設を１９０センチメートルの最大積雪深に耐える設計とすることは困難であり、仮に設計が可能であるとしても施設の稼働上多大な支障と危険が避け難いと主張するが、この点の裏付けとなる証拠はない。

また、原告らは、本件敷地周辺でこれまでの最大積雪深を超える積雪がある可能性を指摘するものの、上記主張は、そのような事態が生じる抽象的危険性を指摘するにとどまり、これをもって本件安全審査の調査審議及び判断の過程に看過し難い過誤、欠落があるとはいえない。

よって、原告らの主張は、いずれも理由がない。

（イ）　強風

原告らは、本件敷地周辺が強風地帯に属することをもって、本件施設で事故があった場合には風下の周辺住民が放射線被曝を受けるとし、本件安全審査がこの点の考慮を怠っていると主張する。

しかしながら、本件安全審査では、後にみるように、技術的に発生が想定し得る事故のうち一般公衆の放射線被曝の観点からみて重要と考えられる事故（最大想定事故）の検討の中で、本件施設から六フッ化ウランが漏洩した場合の一般公衆の被曝線量については十分な安全裕度のある拡散条件を考慮しても極めて小さいと判断しているものであるから、上記の主張は理由がない、

また、原告らは、本件安全審査で検討の対象となった過去の最大風速及び瞬間最大風速が本件敷地から約５０キロメートル離れた青森市で観測された数値であること（当事者間に争いがない。）をもって、本件安全審査は不適当であると主張する。

この点については、確かに、加工施設指針１が加工施設の立地地点における風向や風速を検討することを定めていることに照らすと、青森市における観測データが検討されたにとどまる本件安全審査が必ずしも相当であるとはいい難いものの、上記の観測データも本件敷地における風速の程度を見積もる最低限の参考資料としての意味合いはあること及び本件施設が建築基準法施行令所定の風速毎秒６０メートル相当の風圧力に耐えるように設計されるものであること（乙１）を踏まえると、このことをもって、本件安全審査の調査審議及び判断の過程に看過し難い過誤、欠落があるとまではいえない。

イ　水理・水象

（ア）　洪水・高潮等

この点に関する原告らの主張は、洪水による侵蝕作用によって将来的には本件敷地の存する丘陵が崩壊するというものにすぎず、前記認定の本件安全審査における調査審議及び判断の過程の看過し難い過誤、欠落の主張としては不十分であり、主張自体失当である。

（イ）　津波

この点に関する原告らの主張は、本件敷地の約３６メートルという標高を上回る波高の津波が過去にあったこと等を根拠として、本件敷地が津波に襲われる危険性を抽象的に指摘するにとどまり、本件敷地の具体的な諸要素（標高、海岸からの距離、地形等）に基づいて本件敷地に津波の危険性がないとした本件安全審査の調査審議及び判断の過程における看過し難い過誤、欠落の主張としては足りないというべきであって、それ自体失当である。

（ウ）　地下水

原告らは、鷹架層上部の風化部分中のＮ値が１０程度の部分は、これが地下水によって飽和されている場合には液状化現象を起こす危険性があると主張するが、本件施設の建物については、支持層を鷹架層のうちＮ値が５０以上の部分に設定することは前記認定のとおりであるから、上記主張は、本件施設の安全性とは関係のない地盤について液状化の危険を指摘するものにすぎず、主張自体失当である。また、原告らは、本件敷地の表層地盤、とりわけ造成地盤については液状化現象の可能性が十分にあり、加工施設の事故の誘因になると主張するが、支持地盤より上の表層の地盤の液状化によって本件施設にいかなる危険が及ぶかについては具体的な主張がなく、主張自体失当というべきである。

このほか、原告らは、環境汚との関係で地下水の検討の必要性を主張するが、このような環境への影響それ自体は、本件施設に求められる安全性の問題には含まれないから、上記主張は理由がない。

（４）　社会環境

ア　国家石油備蓄基地

原告らは、むつ小川原国家石油備蓄基地での大火災が本件施設の事故誘因となりかねない旨主張する。

しかし、本件安全審査においては、本件敷地との距離関係を理由として上記国家石油備蓄基地の存在によっても本件施設の安全性が損なわれることはないと判断されたことは前記認定のとおりであり、そこでの大火災を抽象的な事故誘因として指摘するにとどまる原告らの主張は、本件安全審査の調査審議又は判断の過程における看過し難い過誤、欠落の主張とはいえず、それ自体失当である。

イ　人口分布状況

原告らは、本件安全審査において、六ヶ所村の尾駮地区の住民の生命等に対する考慮が全くされていない旨主張するが、前記のとおり、規制法１４条１項３号の規定は、加工施設周辺に居住し、加工施設における臨界事故ないしは核燃料物質の漏出事故等がもたらす災害により直接的かつ重大な被害を受けることが想定される範囲の住民の生命、身体の安全等をも保護する趣旨を含んでいるものであるから、本件安全審査は、本件施設の３号要件適合性を審査することを通じて上記地区を含む周辺地域の住民の生命等の保護を図っているということができ、したがって、上記主張は理由がない。

ウ　集中立地の危険性

原告らは、本件許可処分当時、本件敷地周辺には他の原子力関連施設の立地計画が進行中であり、施設の集中化によって各施設の危険性が相乗的に増大するとして、本件安全審査においてこのような施設の集中立地を想定した審査が行われていない旨主張する。

しかしながら、原告らが問題とする原子力関連施設については、本件許可処分当時はいまだ規制法上の指定や許可がされておらず、計画段階にあったにすぎないものであるから（弁論の全趣旨）、本件安全審査においてそれらの危険性を評価しなかったからといって、本件安全審査の調査審議及び判断の過程に看過し難い過誤、欠落があるとはいえない。

エ　航空交通

（ア）　まず、原告らは、本件敷地上空が米軍三沢基地所属の航空機等の訓練空域での頻繁な往来における安全確保の目的で特別管制空域に指定されているところ、本件安全審査では、途中まで特別管制区の存在を航空機事故の要因として検討していたものの、原子力施設上空の飛行規制の存在を理由に審査の対象外にしてしまったが、上記飛行規制は努力目標であり絶対的制限でないから、本件安全審査には重大な過誤があると主張する。

航空法９４条の２第１項及び航空交通管制区又は航空交通管制圏のうち計器飛行方式により飛行しなければならない空域を指定する告示（昭和３８年運輸省告示第３３８号。ただし、平成元年運輸省告示第６３９号による改正前のもの）並びに証拠（甲３１４、３４７）によれば、三沢市、野辺地町、東北町、六ヶ所村等及びその沖合にわたる面積約５００平方キロメートルの区域の直上空域のうち高度６００メートル以上７０００メートル以下の空域は、高度６１００メートルを超え７０００メートル以下の三沢第一特別管制区と高度６００メートル以上６１００メートル以下の三沢第２特別管制区（以下この両特別管制区を併せて「本件特別管制空域」という。）に指定されており、その範囲は、三沢対地訓練区域に係る飛行制限空域の大部分を含みながらその北西方向から南西方向等にかけて下北半島の基部を横断する区域の上空に及び、本件敷地もその直下に位置していることが認められる。

そして、特別管制空域に関しては、甲第３１３号証及び航空関係法規によると、（ａ）航空機の飛行方式は、経路その他の飛行の方法について常に運輸大臣の指示等（実際には航空交通管制の指示等）に従って飛行する計器飛行方式（ＩＦＲ）と、パイロットが目視によって地上の障害物、地表及び空中の他の飛行機などとの間に間隔を設定しながら航空機を操縦しそれらとの衝突を回避について常にパイロットが責任を負う有視界飛行方式（ＶＦＲ）とがあること、（ｂ）航空法に基づく管制空域としては航空交通管制区、航空交通管制圏等があり、これらの管制空域内を計器飛行方式で飛行する航空機は管制機関から飛行計画の承認を受け、飛行中は常時管制機関の周波数を聴取しその指示に従うことが義務づけられていること、（ｃ）航空交通管制区とは、地表等からの高度が２００メートル以上の空域で航空交通の安全のために運輸大臣が告示で指定するものをいい、航空路のほか、飛行機が計器飛行方式で出発上昇又は降下進入するための経路に必要な区域等が指定の対象で、このうち計器飛行方式による出発機及び到着機の多い区域については、進入管制業務又はターミナルレーダー管制業務を行う必要上進入管制区（ＡＣＡ）として別途運輸大臣から告示されていること、（ｄ）航空交通管制圏とは飛行場及びその上空における航空交通の安全のために運輸大臣が告示で指定するものをいい、通常は飛行場の標点から半径９キロメートルの円で囲まれた地域の上空について定められること、（ｅ）特別管制空域（ＰＣＡ）は、航空交通の輻輳する空域のうち主として特定の飛行場の周辺について公示された空域で、この空域においては運輸大臣の許可を受けた場合以外は計器飛行方式によらなければ飛行してはならないこと、（ｆ）三沢第２特別管制区は三沢空港の進入管制区につき定められ、三沢第一特別管制区は三沢空港の進入管制区にかかわらない航空交通管制区につき定められていること、（ｇ）本件特別管制空域は、三沢対地訓練区域で訓練を行う自衛隊機及び米軍機が飛行する空域の安全確保のために設定されたもので、これら軍用機等の飛行が優先され、原則的には民間の航空機の進入は許可されない運用がされており、訓練中の軍用機等は有視界飛行方式で飛行するものとされていること、以上の事実が認められる。

ところで、証拠（乙４０、４１、証人Ｂ）及び弁論の全趣旨によると、自衛隊機を含む我が国の航空機については、航空法９９条に基づき、運輸大臣より航空機乗組員に対して提供される航空情報の一つとして運輸省が発行する「航空路誌」（ＡＩＰ）に「航空機による原子力施設に対する災害を防止するため、下記の施設付近の上空の飛行は、できる限り避けること。」との指導事項及び原子力施設の位置等が掲載、公示されることにより、航空機乗組員に対して原子力施設付近上空の飛行規制が周知されること、もっとも、米軍機には航空法の規定は適用されないが、従前より政府から米軍に対し「航空路誌」に係る情報が事実上提供されるとともに、原子力施設付近上空の飛行規制について徹底するよう要請してきており、実際、昭和６３年６月３０日に開催された日米合同委員会において、米国側代表が「原子力施設付近の上空の飛行については在日米軍としては従来より日本側の規則を遵守してきたが、（中略）改めて在日米軍内に上記を徹底するよう措置する」と回答していること、そして、これらの飛行規制は飛行禁止等の絶対的な飛行規制ではないけれども、実際自衛隊機及び米軍機を含めこれまで遵守されてきていることが認められる（甲第３１９号証の１、２は、この認定を左右するに足りない。）。

このように、本件特別管制空域においては、その指定の有無にかかわらず、航空機は、原則として原子力施設及びその付近の上空を飛行しないよう規制され、自衛隊機はもとより米軍機についても実際上遵守されてきており、三沢特別管制区の存在については、本件許可申請書及び核燃料安全専門審査会第２３部会の審査メモ（甲１００、１０２）において一旦言及されはしたが、上記のとおりの規制がされていることを理由に本件施設の安全性に影響を及ぼすことはないと判断された。　以上検討したところによれば、原子力施設上空の飛行規制は絶対的な飛行規制ではないが、その実効性までも否定することは当を得たものとはいえないから、これが絶対的制限でないことを理由に本件安全審査に重大な過誤があるとする原告らの主張は採用できない。

（イ）　次に、原告らは、本件敷地上空の飛行状況として、敷地南方約２８キロメートルのところに三沢基地があり、敷地から南方約１０キロメートル離れたところに三沢対地訓練区域があり、敷地近辺で測定した航空機の飛行回数が４万回を上回ると主張し、このように多数回航空機が上空を飛行しているところに本件施設を造ることは非常識であると主張する。

しかし、前記３の（６）のイで認定したとおり、原子力施設付近の上空における飛行をできる限り避けることという飛行規制が敷かれ、またこの規制が及ばない米軍機においてもこの規制内容を遵守することとされていることからすれば、三沢基地や三沢対地訓練区域の存在をもって、直ちに本件敷地上空を航空機が多数飛行すると認めことはできないし、原告ら主張の飛行回数の測定値も、本件敷地で測定されたものとは認められない上、本件安全審査では、当該測定値を前提として算出した三沢対地訓練区域で訓練を行う航空機の本件施設への墜落確率についても検討を加えているから（甲１０１、１０９、乙６２）、当該測定値をもって直ちに本件安全審査に看過し難い過誤、欠落があるとはいえない。

このほか、原告らは、パイロットのわずかの油断で航空機が本件敷地上空に到達する可能性を指摘するところ、そのような事態が発生する余地のあることは否定できないものの、そのようにして本件敷地上空を航空機が通過することがあり得ることのみをもって、本件安全審査に看過し難い過誤、欠落があるということはできない。

（ウ）　また、原告らは、航空機が墜落する事故が相次いでおり、本件施設へ墜落する頻度は２０年に１回であると主張し、甲第４０９号証及び第４７６号証中には、施設への墜落の頻度を２０年ないし２５年に１回であるとする記載部分がある。しかし、上記の主張及び記載部分はいずれも、本件安全審査で検討対象となった日本原燃による墜落確率の試算値である１．６の１０のマイナス６乗倍等の数値（甲１０１、１０９、乙６２）に基づいて、１００万回に１回余り墜落することと施設周辺の航空機の年間飛行回数の計測値の概数である４万回ないし５万回という数値（甲９）とから算出したものと推測されるけれども、証拠（甲１０９、乙６２）によれば、上記試算値は、年間６万回ないし６万５０００回という飛行回数を前提とした上で１年間に航空機が墜落する確率を求めたものであると認められるから、甲第４０９号証及び第４７６号証の記載に基づく原告らの主張は、これを１回の飛行当たりの墜落確率であると誤解したことに基づくものというべきであり、採用できない。

（5）　墜落事故評価の問題点

ア　想定事故の評価条件

原告らは、事故評価の対象としては、三沢対地訓練区域を使用する航空機のみならず、三沢基地を発着する軍用機その他本件敷地周辺上空を飛行するすべての航空機を想定した審査が必要であると主張する。しかしながら、前記のとおり、本件安全審査において本件施設の安全性に影響を及ぼし得る航空交通として考慮の対象となった三つの要素のうち、本件施設への墜落の可能性が問題となるのは三沢対地訓練区域を使用する航空機のみであって、三沢空港を発着する航空機の離発着時の事故の場合にも本件施設への影響はなく、また、定期航空路を飛行中の航空機が本件施設に墜落する可能性は無視できると判断されたのであって、この判断が妥当性を欠くとまではいえなから墜落事故の事故評価において三沢対地訓練区域を使用する主たる航空機を想定対象としたことをもって当該事故評価に看過し難い過誤、欠落があるとはいえない。

また、原告らは、誤射爆や落下物事故が想定対象となっていない点をも指摘するが、証拠（甲１８４、１９９、２００、２０４）によれば、六ヶ所村内におけるこれらの事故はこれまでいずれも三沢対地訓練区域のための飛行コース近傍の地点で発生していることが認められるから、上記コースから１０キロメートル離れている本件施設の事故評価において上記事故を想定対象としなかったことをもって、本件安全審査の調査審議及び判断の過程における過誤､欠落ということはできない。

さらに、原告らは、平成３年１１月に米軍のＦ１６が三沢対地訓練区域の東方海上に個の実爆弾を投棄したとの事実をもって、本件敷地上空を飛行する軍用機が実爆弾を搭載している可能性が高い旨主張する。しかしながら、証拠（乙４２、４３）によれば、上記の事件は、三沢基地を離陸後鳥島の射爆撃場に向かう予定で実爆弾を搭載していた米軍機が離陸直後にトラブルを起こしたために三沢対地訓練区域の沖合に爆弾を投棄したという事件であるのに対し、三沢対地訓練区域における訓練は模擬弾を用いて行われているものであることが認められ、このことからすると、三沢対地訓練区域を使用する航空機による事故を想定する場合において実爆弾の搭載を想定する必要性があるとはいえないし、また、三沢対地訓練区域を使用する主たる航空機を想定対象とし、それ以外の航空機について事故評価を行わなかったことに看過し難い過誤、欠落があるといえないことは上記で説示したとおりであるから、原告らの主張は理由がない。

イ　発回均質棟の安全性

原告らは、航空機等が墜落した場合の貫通限界厚さを求めるに当たって用いる飛来物形状係数は、航空機の場合には若干丸い場合の０．８４を、模擬弾の場合には球形の場合の１．０を用いるべきであると主張する。

この点については、証人Ｂの証言によれば、本件安全審査では飛来物形状係数を平坦の場合の０．７２を用いて計算しているものと認められるところ、具体的にいかなる形状の場合にいかなる飛来物形状係数を用いるべきかという点及び本件安全審査における事故想定で前提とされたＦ１６のエンジンの具体的な形状についてはいずれも原告らの主張に沿う事実を認めるに足りる証拠はないから、本件安全審査で０．７２という飛来物形状係数が用いられたことを看過し難い過誤と評価することはできない。また、模擬弾の飛来物形状係数については、本件安全審査ではそもそも模擬弾を想定した事故評価を行っておらず、この点を看過し難い過誤、欠落ということができないことは上記のとおりであるから、原告らの主張は前提を欠き失当である。

次に、原告らは、貫通限界厚さを求めるに当たり用いる評価式として、本件安全審査で用いられたＤｅｇｅｎ式ではなく、Ａｄｅｌｉ＆Ａｍｉｎ式を用いると、Ｆ１６やその他の戦闘機、模擬爆弾、旅客機について限界貫通厚さが９０センチメートルを超え、発回均質棟でも局部破壊が生じることになると主張する。しかし、本件安全審査においてＤｅｇｅｎ式を用いたことそれ自体が看過し難いほどの過誤であることを認めるに足りる立証はないから、上記主張によっても、Ｄｅｇｅｎ式を用いて行われた本件安全審査における墜落の影響評価の過程に看過し難い過誤、欠落があるとはいえない。

また、原告らは、本件安全審査において本件許可処分後に三沢基地に配備された航空機であるＦ４ＥＪ改について事故評価をしていない点を主張する。しかし、本件安全審査における事故評価は前記のとおり三沢対地訓練区域を使用する航空機のうち本件許可処分当時三沢基地に最も多く配備されていた航空機として航空自衛隊のＦ１及び米軍のＦ１６を想定対象としたものであって、本件許可処分当時に三沢基地に配備されていなかったＦ４ＥＪ改を想定して事故評価を行わなかったとしても、このことをもって本件安全審査の調査審議及び判断の過程における看過し難いほどの過誤、欠落とはいえない。

さらに、原告らは、本件安全審査に当たって想定されたのは、トラックパターンで訓練中の航空機がエンジン推力を喪失し、グライダーのように滑空して本件施設に到達するという場合であるが、そもそも航空機が地上の施設に衝突する場合の速度を算定するに際し、最良滑空速度をもって衝突速度とする見解自体確立した考えとはいえないし、エンジン推力を維持したまま、パイロットが操縦不能となるケースは十分考えられるから、エンジン停止の場合だけを想定する本件安全審査の過誤、欠落は明らかであると主張する。しかしながら、前記認定のとおり、本件安全審査においては、三沢対地訓練区域を使用する訓練中の航空機が本件施設に墜落する可能性は極めて小さいと判断されたこと、そして、この判断は原告らが主張するパイロットが操縦不能となるような事例の可能性を考慮したとしても必ずしも妥当性を欠くものであるとはいえないこと等からすると、当該訓練中の航空機が本件施設に墜落することを想定し、防衛庁のＦ１と米軍のＦ１６がエンジン故障等により訓練コースを外れて本件施設付近まで滑空して施設に衝突する、すなわち原告らが指摘する最良滑空速度で衝突するものと仮定し、エンジン推力を維持したままの状態で施設に衝突するような場合を想定せずに、施設に墜落した場合の一般公衆に対する影響についての評価を行ったとしても、そのことをもって、直ちに本件安全審査が行った事故評価に看過し難い過誤、欠落があるとはいえない。

このほか、原告らは、本件安全審査が、想定条件、飛来物形状係数や評価式について、貫通限界厚さが９０センチメートルを超えず発回均質棟が局部破壊しないとの結果を導く組合せを殊更に選定している旨主張するが、衝突速度を含め想定条件その他事故評価を行うに当たって採用された要素の選択は、個別的にはそれ自体に看過し難い過誤があるとは評価できず、またそこに恣意的な選択判断が働いたことを認めるに足りる証拠もない以上、上記主張は採用できない。

ウ　中央操作棟の安全性

原告らは、内閣総理大臣の想定でも、中央操作棟については「貫通する。また、航空機衝突によっても鉄筋コンクリートスラブが破壊され、全体破壊が起こり得る。」とされており（乙６２）、この場合本件施設の制御が不能となるのであって、どういうことが発生するか予想は不能であり、最大・最悪の事態を想定すべきであると主張する。

しかし、そもそも乙第６２号証中には原告らが指摘するような記載部分は存在しないし、全体破壊によってウラン濃縮建屋内の中央操作棟が破壊され、施設の制御が不能となる事態が発生するとしても、そもそも原告らにおいて、そのことによりいかなる事態が発生するのか予想は不能であるとしているのであって、果たしていかなる事態が発生し、どのような結果がもたらされるのか等について何らの主張もない。もっとも、この点について、証人Ｆは、フェイル・セーフの考え方で作られてあれば問題はないが、そうでない限りは暴走することも考えなければいけないと証言し、また、証人Ｅも、中央操作棟が破壊されるということは制御ができなくなるということであるから、そのような状況の中では、誰も現場に入れなくなり、ほとんど現場が野放しになり、素早く進むかゆっくり進むか多少評価に違いがあるが、大規模なウランの放出が進んでいき、想定される数トンの量のウラン以上のウラン災害になる可能性が十分ある旨証言する。

確かに、上記証言からうかがわれる中央操作棟の破壊によってもたらされる事態の内容に照らすと、航空機が本件施設に墜落した場合に想定される事故評価において、その衝突対象として中央操作棟を含むウラン濃縮建屋のうち発回均質棟とカスケード棟のみを選定したことは必ずしも十分なものとはいえない。しかしながら、前記認定のとおり、本件安全審査においては、三沢対地訓練空域を使用する訓練中の航空機が本件施設に墜落する可能性は極めて小さいと判断されたのであって、仮にそのような航空機が本件施設に墜落する事故を想定した場合に、取り扱うウランの性状や量を考慮し、その衝突対象として発回均質棟等を選定し、中央操作棟を選定しなかったとしても、そのことをもって、本件安全審査の調査審議及び判断の過程に看過し難い過誤、欠落があるとはいえない。

エ　六フッ化ウランの漏洩量と被曝線量

原告らは、ウラン貯蔵建屋に貯蔵可能な最大量のウランが貯蔵されている場合には施設破壊時の放射能の漏洩量は０．３キュリーにとどまらない旨主張し、証人Ｆ及び同Ｅの各証言中にはこれに沿う趣旨を述べる部分がある。

この点については、証拠（乙６２、証人Ｂ）によれば、ウラン貯蔵庫における施設破壊時の放射能漏洩量の算定根拠としては、（ａ）建物に航空機が墜落した場合には機体の翼部等は飛散して胴体部のみが建屋内に貫通すると評価されたこと、（ｂ）貫通した導体によって損傷を受けるシリンダの数は、衝突部周辺への波及も考慮して翼部等を含む機体の平面的な全投影面積である約９０平方メートルの範囲で、しかも放射能内蔵量の多い製品シリンダを想定し、製品シリンダ１５本と想定したこと、（ｃ）航空機墜落時に発生する火災は、機体の保有燃料油全量が傾斜床面に流出して燃焼すると仮定し、傾斜路における流体の流速に関するマニングの式と燃料油の燃焼速度を考慮すると約３分間継続すると評価されるところを、安全側に裕度をみて約６分間と想定すること、（ｄ）火災により生じる放射熱である２万５０００キロカロリー毎平方メートル時間のエネルギーは安全側にすべてが損傷シリンダの全面で受熱されるものと仮定すること、（ｅ）シリンダ内の六フッ化ウランの温度が７６０トール（１気圧）の下における昇華温度である摂氏５６度に至って昇華するものとしてシリンダから漏洩する量を計算すると、その放射能量は約３キュリーとなること、（ｆ）シリンダから漏洩した六フッ化ウランの建屋外への漏洩率については、六フッ化ウランが漏洩後空気中の水分と反応してフッ化ウラニル（ウラン原子１個、酸素原子２個及びフッ素原子２個からなる分子）となり、大部分は重力沈降及び壁等への付着により建屋内に残留すると考えられること及び建屋の破損の程度から１０パーセントと想定したこと、以上の事実が認められる。これに対し、前記の証言のうち、証人Ｆの証言は破損するシリンダの本数（上記（ｂ）の点）に関し、建屋内のシリンダの全部の破損を想定すべきであるとするものであるが、その考え方と上記（ｂ）の想定の優劣はともかくとしても、上記証言のみをもっては、上記（ｂ）の想定に看過し難い過誤があると認めるには足りないというべきである。また、証人Ｅの証言は、六フッ化ウランのシリンダから建屋内への漏洩量及び建屋の外への漏洩率（上記（ｅ）及び（ｆ）の点）に関し、単にその結論のみを取り上げて過小であると指摘するものにすぎず、この証言をもって本件安全審査における墜落事故評価の調査審議及び判断の過程に過誤があると認めることはできない。

また、原告らは、ウラン貯蔵建屋からのウランの漏洩量が０．３キュリーである場合に一般公衆への被曝線量当量が０．０６レムであるとしても、これが健康に重大な障害をもたらすことは明らかであると主張する。しかしながら、この０．０６レム、すなわち０．６ミリシーベルトという線量当量については、甲第１０３号証によれば、核種摂取後５０年間にわたり全身が受ける実効線量当量であると認められるところ、これは一般の自然放射線の被曝による平均の一人当たりの線量当量年間１．１ミリシーベルト程度や、胃の集団検診の場合の一検査当たり４ミリシーベルト程度といった値と比較した場合に格段に小さい数値ということができ、これがいかなる意味において健康に重大な影響をもたらすのか明確でない以上、上記主張は失当というべきである。

このほか、原告らは、墜落事故に伴う火災に起因するフッ化水素の発生について本件安全審査において考慮がされていない旨主張するが、甲第１０３号証及び第１０４号証の１によれば、フッ化水素については、建屋外への漏洩量を５０パーセントと想定した場合の敷地境界濃度について検討が行われたことが認められるから、上記主張は前提を欠き失当である。

オ　航空機墜落実験

原告らは、本件安全審査において航空機の衝突を想定した実験を実施していない点をもって、本件安全審査の違法を主張するけれども、本件安全審査においていかなる実験を行う必要性があるかについては何ら具体的な主張はないから、上記主張はそれ自体失当である。

（6）　まとめ

以上によれば、本件施設の基本的立地条件に係る安全性に関する原告らの主張は、いずれも理由がなく、したがって、この点において本件許可処分における内閣総理大臣の判断に不合理な点があるとはいえない。

第３　加工施設自体の安全性確保対策

１　はじめに

規制法１４条1項３号の要件のうち、本件施設自体の安全性確保対策に係るものは、前記（第1の1の（3））のとおり、想定される各種の事故防止対策、事故によっても六フッ化ウランが大量に漏出等することのないようなウランの閉込め機能の確保対策及び臨界管理がそれぞれ適切に行われているかという問題であり、これらによって六フッ化ウランの潜在的危険が顕在化する危険性が社会通念上容認し得る一定水準以下となっているか否かという観点から検討されるべきこととなる。

なお、加工施設自体の安全性確保対策に係る本件安全審査のうち、労働者被曝に関する放射線遮へい及び放射線被曝管理並びに放射性物質閉込めの機能のうち作業環境の汚染防止に対する考慮については、前記（第２章第１）の説示のとおり本件において原告らはその違法を主張することができないから、被告の主張立証に基づくものも含め、この点に関する認定判断はしない。

２　加工施設指針等の内容（乙１４、１５）

（1）　地震に対する考慮

核燃料施設基本指針１３は、地震に対する考慮として、核燃料施設における安全上重要な施設は、その重要度による耐震設計上の区分がなされるとともに、敷地及びその周辺地域における過去の記録、現地調査等を参照して、最も適切と考えられる設計地震力に十分耐える設計であることを定めている。また、加工施設指針１３は、耐震設計上の重要度分類としては、設備・機器（配管、ダクト等を含む。）と建物・構築物とに分けて、それぞれについて、地震により発生する可能性のあるウランによる環境への影響の観点から、ウラン加工施設の耐震設計上の重要度の分類を第１類から第３類まで定めるとともに、耐震設計評価法として、４点の耐震設計上の基本的な方針を掲げた上で、建物・構築物の耐震設計法、設備・機器の耐震設計法について、静的設計法を基本とすること、耐震設計上の静的地震力として建築基準法施行令（昭和６３年政令第３２２号による改正前のもの。以下同じ。）８８条所定の最小地震力に割増係数を乗じたものを用いること等を定めている。

（2）　地震以外の自然現象に対する考慮

核燃料施設基本指針１４は、地震以外の自然現象に対する考慮として、核燃料施設における安全上重要な施設は敷地及びその周辺地域における過去の記録、現地調査等を参照して、予想される地震以外の自然現象のうち最も過酷と考えられる自然力を考慮した設計であることを定めている。そして、加工施設指針１４は、上記にいう自然力につき、敷地及びその周辺地域の自然環境をもとに洪水、津波、台風、積雪等のうち予想されるものに対応して、過去の記録の信頼性を十分考慮の上、少なくともこれを下回らない過酷なものであって妥当とみなされるものを選定し、これを設計基礎とすることを定めるとともに、過去の記録や現地調査の結果等を参考にして必要な場合には異種の自然現象を重畳して設計基礎とすることを求めている。

（3）　火災・爆発に対する考慮

核燃料施設基本指針１５は、火災・爆発のおそれのある核燃料施設においては、その発生を防止し、かつ、火災・爆発時には、その拡大を防止するとともに施設外への放射性物質の放出が過大とならないための適切な対策が講じられていることを定め、この点につき、加工施設指針１５は次のように定めている。

ア　不燃性材料の使用等

ウラン加工施設の建屋は、建築基準法等関係法令で定める耐火構造又は不燃性材
料で造られたものであること。また、設備・機器は実用上可能な限り不燃性又は難
燃性材料を使用する設計であること。

イ　可燃性物質の使用対策

施設において有機溶媒など可燃性の物質又は水素ガスなど爆発性の物質を使用する設備･機器は、火災・爆発の発生を防止するため、発火・温度上昇の防止対策、水素ガス漏洩、空気の混入防止対策等適切な対策が講じられていること。

ウ　火災・爆発の拡大防止対策

万一火災・爆発が発生した場合にも、その拡大を防止するための適切な検知、警報設備及び消火設備等が設けられているとともに、汚染が発生した部屋以外に著しく拡大しないよう適切な対策が講じられていること。

（4）　臨界安全に対する考慮

ア　核燃料施設基本指針１０は、ウラン加工施設

における単一ユニットの臨界安全について、技術的に想定されるいかなる場合でも、単一ユニットの形状寸法、質量、溶液濃度の制限及び中性子吸収材の使用等並びにこれらの組合せによって核的に制限することにより臨界を防止する対策が講じられていることを定めている。そして、加工施設指針１０は、この点につき、次の６点を定めている。

（ア）　ウランを収納する設備・機器のうち、その寸法又は容積を制限し得るものについては、その寸法又は容積について核的に安全な制限値が設定されていること。

（イ）　上記（ア）の規定を適用することが困難な場合には、取り扱うウラン自体の質量、寸法、容積又は溶液の濃度等について核的に安全な制限値が設定されていること。また、この場合、誤操作等を考慮しても工程中のウランがこの制限値を超えないよう、十分な対策が講じられていること。

（ウ）　ウランの収納を考慮していない設備・機器のうち、ウランが流入するおそれのある設備・機器についても上記（ア）、（イ）の条件が満たされていること。

（エ）　核的制限値を設定するに当たっては取り扱われるウランの化学的組成、濃縮度、密度、溶液の濃度、幾何学的形状、減速条件、中性子吸収材等を考慮し、特に立証されない限り最も効率のよい中性子の減速、吸収及び反射の各条件を仮定し、かつ、測定又は計算による誤差及び誤操作等を考慮して十分な裕度を見込むこと。

（オ）　核的制限値を定めるに当たって参考とする手引書、文献等は、公表された信頼度の十分高いものであり、また、使用する臨界計算コード等は、実験値等との対比がされ信頼度の十分高いことが立証されたものであること。

（カ）　核的制限値の維持・管理については、起こるとは考えられない独立した二つ以上の異常が同時に起こらない限り臨界に達しないものであること。

イ　核燃料施設基本指針１１は、核燃料施設内に単一ユニットが複数存在する場合のユニット相互間の中性子相互干渉を考慮して、複数ユニットの配列について、技術的にみて想定されるいかなる場合でもユニット相互間における間隔の維持又はユニット相互間における中性子遮へいの使用等により臨界を防止する対策が講じられていることを定め、この点につき加工施設指針１１は次の４点を定めている。

（ア）　ユニット相互間は核的に安全な配置であることを確認すること。

（イ）　核的に安全な配置を定めるに当たっては、特に立証されない限り、最も効率のよい中性子の減速、吸収及び反射の各条件を仮定し、かつ、測定又は計算による誤差及び誤操作等を考慮して十分な裕度を見込むこと。

（ウ）　核的に安全な配置を定めるに当たって参考とする手引書、文献等は、公表された信頼度の十分高いものであり、また、使用する臨界計算コード等は、実験値等との対比がされ信頼度の十分高いことが立証されたものであること。

（エ）　核的に安全な配置の維持については、起こるとは考えられない独立した二つ以上の異常が同時に起こらない限り臨界に達しないものであること。

ウ　核燃料施設基本指針１２は、臨界事故に対する考慮として、誤操作等により臨界事故の発生するおそれのある核燃料施設においては万一の臨界事故に対する適切な対策が講じられていることを定めているところ、加工施設指針１２は、ウラン加工施設においては加工施設指針１０及び１１を満足する限りは臨界事故に対する考慮は要しないと定めている。（５）　六フッ化ウラン閉込めの機能に関する安全設計

ア　核燃料施設基本指針４は、核燃料施設は放射性物質を限定された区域に閉じ込める十分な機能を有することを定めている。そして、加工施設指針４は、これに関して作業環境の汚染防止に対する考慮及び周辺環境の汚染防止に対する考慮に分けて規定をし、前者に関して、ウラン加工施設の管理区域をウランを密封して取り扱い又は貯蔵し、汚染の発生するおそれのない区域（第２種管理区域）とそうでない区域（第１種管理区域）とに区分して管理することを求めた上、後者の周辺環境の汚染防止に対する考慮として、次のとおり定めている。

（ア）　第１種管理区域は、漏洩の少ない構造とするとともに、当該区域の外から当該区域に向かって空気が流れるように給排気のバランスをとること。

（イ）　第１種管理区域において、汚染のおそれのある空気を排気する系統には、周辺環境の汚染を

実用可能な限り少なくするため、高性能エアフィルタ等適切なウラン除去設備を設けるとともに、それらの機能が十分であること。

（ウ）　事故時においてウランの飛散するおそれのある部屋は漏洩の少ない構造であること。

イ　核燃料施設基本指針１７は、放射性物質の移動に対する考慮として、核燃料施設においては施設内における放射性物質の移動に際し、閉込めの機能、放射線遮へい等について適切な対策が講じられていることを定め、この点につき加工施設指針１７は、ウランの工程間又は工程内移動に際し、移動するウランの形態、形状に応じて漏洩防止について適切な対策が講じられていることを求めている。

（６）　外部電源喪失に対する考慮

核燃料施設基本指針１６は、電源喪失に対する考慮として、核燃料施設においては外部電源系の機能喪失に対応した適切な対策が講じられていることを定めており、加工施設指針１６は、ウラン加工施設につき、停電等の外部電源系の機能喪失時に、第１種管理区域の排気設備、放射線監視設備及び火災等の警報設備、緊急通信・連絡設備、非常用照明灯等安全上必要な設備機器を作動し得るのに十分な容量及び信頼性のある非常用電源系を有することを定めている。

（７）　その他の考慮

ア　核燃料施設基本指針１９は、核燃料施設における安全上重要な施設が共用によってその安全機能を失うおそれのある場合には、共用しない設計であることを求め、この点につき加工施設指針１９は、安全上重要な施設のうち当該加工施設以外の原子力施設との間、又は当該加工施設内で共用するものについては、その機能、構造等から判断して、共用によって当該加工施設の安全性に支障を来さないことを確認することを定めている。

イ　核燃料施設基本指針２０は、核燃料施設における安全上重要な施設の設計、工事及び検査については、適切と認められる規格及び基準によるものであることを求め、加工施設指針２０は、上記の規格及び基準として、加工事業規則、許容被曝線量等を定める件に定める規格及び基準を挙げるとともに、建築基準法や日本工業規格に定める規格及び基準に原則として準拠することを求め、さらに国内において規定されていないものについては、必要に応じて、十分使用実績があり信用性の十分高い国外の規格及び基準に準拠することを求めている。

ウ　核燃料施設基本指針２１及び加工施設指針２１は、核燃料施設における安全上重要な施設につき、その重要度に応じて、適切な方法により安全機能を確認するための検査及び試験並びに安全機能を健全に維持するための保守及び修理ができるようになっていることを求めている。

３　本件安全審査の内容

証拠及び弁論の全趣旨によれば、本件安全審査では、本件施設自体の安全性確保対策について、以下のとおり、地震に対する考慮、その他の自然現象に対する考慮、火災・爆発に対する考慮、臨界に対する安全設計、六フッ化ウランの閉込めの機能に関する安全設計、外部電源喪失に対する考慮等の各側面から、調査審議及び判断が行われたことが認められる。

（１）　地震に対する考慮（乙９、７５、証人Ｃ）

ア　本件安全審査では、次の事項が確認された。

（ア）　本件施設においては、加工施設指針１３が定める耐震設計上の重要度分類に従い、設備・機器と建物・構築物は、次のとおりに分類されている。

ａ　設備・機器

（ａ）　第１類（機器本体、隔離用の自働遮断弁及びこれらの間の配管類を含む。）（六フッ化ウラン処理設備）発生槽、製品回収槽、廃品回収槽、製品コールドトラップ、一般パージ系コールドトラップ

（均質・ブレンディング設備）均質槽、製品シリンダ槽、減圧槽、原料シリンダ槽、中間製品容器置台（貯蔵設備）シリンダ置台

（ｂ）　第２類（六フッ化ウラン配管類、弁等を含む。）（カスケード設備）遠心分離機（六フッ化ウラン処理設備）捕集廃棄系ケミカルトラップ（アルミナ）、一般パージ系ケミカルトラップ（アルミナ）、カスケード廃棄系ケミカルトラップ（アルミナ）、アルミナ処理槽、廃品第１段コンプレッサ、廃品第２段コンプレッサ（均質ブレンディング設備）均質パージ系コールドトラップ、均質パージ系ケミカルトラップ（アルミナ）（管理廃水処理設備）（排気設備）（非常用設備）ディーゼル発電機（放射線監視設備）排気用モニタ

（ｃ）　第３類

（サンプル小分け装置）（分析設備）

b　建物・構築物
（a）　第1類
ウラン濃縮建屋のうち発回均質棟　ウラン貯蔵建屋のうちウラン貯蔵庫
（b）　第2類
ウラン濃縮建屋のうち中央操作棟、カスケード棟
ウラン貯蔵建屋のうち搬出入棟
補助建屋
（c）　第3類　その他の建物・構築物
（イ）　本件施設の建物・構築物については、静的設計法により耐震設計を行うとともに、耐震設計上の静的地震力については、建築基準法施行令８８条所定の最小地震力に、第1類のものについては１．３、第2類のものについては１．１の割増係数を乗じたものを用いることとされている。また、本件施設の設備・機器については、静的設計法によるとともに剛構造とすることを基本とし、これによることが困難な場合には、その他適切な方法により耐震設計を行うとともに、建築基準法施行令８８条所定の最小地震力及び第１類の設備・機器については１．５、第２類の設備・機器については１．４、第３類の設備・機器については１．２の各割増係数とから算出した一次地震力と、当該設備又は機器に常時作用している荷重とを組み合わせ、その結果発生する応力に対して許容応力度を許容限界とする、いわゆる一次設計を行うこととされている。さらに、第１類の設備・機器については、第二次設計として、一次地震力に上記の機器等についての割増係数を乗じて算出した二次地震力と常時作用している荷重とを組み合わせ、その結果発生する応力に対して、設備・機器の相当部分が降伏し、塑性変形する場合でも過大な変形、亀裂又は破損等が生じて施設の安全機能に重大な影響がないような設計を施すこととされている。
（ウ）　このほか、本件施設では、重要度分類において上位の分類に属するものについては下位の分類に属するものの破損によって波及的破損が生じないように設計することとされているとともに、隣接する各建物間はエキスパンションジョイントを介して接続して耐震設計上独立した構造とすることとされている。イ　本件安全審査では、上記の重要度分類や耐震設計上の方針、割増係数の定め方等が加工施設指針にのっとり、かつ適切であることを確認するとともに、建物及び構築物と設備及び機器の各一次設計における建築基準法施行令８８条所定の最小地震力が震度Ｖ程度の地震を対象として想定していることも、基本的立地条件に関して過去の地震の記録等を評価した結果に照らし妥当であり、本件施設は、耐震設計に関する限り、規制法１４条１項３号の基準に適合していると判断した。
（2）　地震以外の自然現象に対する考慮（乙９、７５）
本件安全審査においては、本件施設が、基本的立地条件において検討された気象条件のうち、強風及び積雪により生じる自然力に対して本件施設が十分耐える設計とされていることが確認され、核燃料施設の核燃料物質による災害の防止上支障がないものであると判断された。
（3）　火災・爆発等に対する考慮（乙９、７５、証人Ａ）
ア　本件安全審査では、次の事項を確認した。
（ア）　本件施設では、火災発生防止のため、建物は建築基準法上の耐火建築物又は簡易耐火建築物とすることとされ、また、設備・機器は不燃性又は難燃性の材料を主として使用することとされている。また、本件施設の主工程では、可燃性の物質及び爆発性の物質を使用せず、分析室等で使用されるアセトン等は、取扱量を制限するとともにその保管は倉庫内の危険物貯蔵エリア等で行うこととなっている。
（イ）　本件施設では、火災が発生した場合の拡大防止のために、消防法及び建築基準法に基づき、自働火災報知設備、消火栓、消火器等を設置するとともに、防火壁、防火ダンパ、防火扉等により防火区画を設定することとされている。
イ　本件安全審査では、上記のような火災発生防止及び火災拡大防止のための対策を、火災及び爆発に対する考慮として妥当なものであると判断した。
（4）　臨界に関する安全設計（甲９６、乙９、７５、証人Ａ、弁論の全趣旨）
ア　加工施設指針では、臨界安全管理の対象となるウランを取り扱う個々のシリンダ等を単一ユニットと位置づけ、加工施設の臨界安全について、単一ユニットの臨界管理と複数ユニットの臨界管理との観点からそれぞれ検討することとしており、本件安全審査における臨界安全に関する安全設計の審査も、この考え方にのっとって行われ

た。

また、臨界管理の方法としては、一般に、核分裂性物質の量を制限する質量管理、濃縮度を一定以下とする濃縮度管理、工程で用いる装置・機器・容器類の形状や寸法、配列を制限する形状寸法管理、溶液中の核分裂性物質の濃度ないしは濃縮度を制限する濃度（濃縮度）管理、中性子の減速度を制限する減速度管理等があるところ、本件安全審査では、単一ユニットの臨界安全性については、臨界管理の対象となる単一ユニットの選別の適否、臨界管理を行う単一ユニットにおける各制限方法上の制限値（核的制限値）の設定の妥当性、臨界発生の有無を計算するに当たって用いた臨界計算コードの信頼性及び計算の前提条件における十分な安全裕度の有無、計算結果と制限値との関係等の観点から審査が行われた。

イ　本件安全審査では、単一ユニットの安全性に関し、次の事項が確認された。

ａ　本件施設では、ウラン２３５の割合が０．９５パーセント以下のウランは他のいかなる条件下でも臨界にならないとの知見に基づき、濃縮度がこの割合以下の六フッ化ウランである天然ウラン及び劣化ウランのみを扱う、カスケード設備より前の工程及び廃品系の工程に属する単一ユニットについては、臨界管理は不要とし、臨界安全上管理が必要となるユニットを、カスケード設備、製品捕集回収、均質・ブレンディング、製品シリンダ貯蔵、一般パージ及びフッ化ナトリウム処理の各工程としている。

ｂ　本件施設において、濃縮度管理は、ウラン濃縮を行うカスケード設備で実施され、核的制限値は５パーセントと設定されている。具体的な管理方法としては、六フッ化ウランの濃縮度がカスケード設備へ供給する原料六フッ化ウランの流量及びカスケードから廃品系へ移行する廃品六フッ化ウランの圧力を監視することによりこれらの値から定まる濃縮ウランの濃縮度を監視するとともに、インターロックを設け、濃縮度が制限値を超えないように管理し、また、六フッ化ウランの濃縮度を質量分析装置により適宜測定することとしている。

次に、５パーセントという核的制限値については、複数の遠心分離機から構成されるカスケード設備全体を単一ユニットとして扱い、モデル計算の条件としては、（ａ）容器（遠心分離機）を正方格子上に密着して無限に配列し、（ｂ）容器内の六フッ化ウランの濃縮度を５パーセントとし、（ｃ）六フッ化ウランの圧力を摂氏５６度の下で最も高い１気圧、容器内で減速材として作用するフッ化水素は最適減速状態（最も臨界になりやすい状態）の濃度とし、（ｄ）容器の内径及び肉厚を５０ミリメートルと０．３ミリメートル、５００ミリメートルと３．０３ミリメートル、５０００ミリメートルと３０．３ミリメートルの３とおりの組合せで検討し、（ｅ）容器外は最適減速状態にあるものとそれぞれ仮定し、臨界計算コードとしてはＫＥＮＯ－Ⅳ／Ｓを用いて計算したところでは、無限増倍率（中性子が漏洩しない系内においてある時間内に発生する全中性子数と同じ時間内における吸収による全損失中性子数の比で、この値が１未満の場合は理論上は核分裂反応の連鎖が維持されず臨界とならない。）は０．９５以下となった。

ｃ　形状寸法管理は、カスケード設備での濃縮度管理を前提として、少量の濃縮六フッ化ウランを捕集するケミカルトラップ（フッ化ナトリウム）で採用されており、文献上、濃縮度５パーセント、無限長円筒等の条件下で実効増倍率（中性子が体系から洩れることを考慮した場合の増倍率で、やはり１．０未満のときが未臨界状態を意味する。）が０．９となる円筒の直径が５８．８センチメートルとされていることから、設計上の余裕を考慮して核的制限値は５７．５５センチメートルとされている。

ｄ　減速度管理は、ウランの質量、容積及び寸法形状のいずれも制限が困難である、コールドトラップ、製品シリンダ、中間製品容器及び減圧槽において採用されている。

本件施設では、水素原子が中性子の減速効果を有する主要な物質であることから、空間の中に存在する水素原子の数とウラン２３５原子の数との比（Ｈ／Ｕ－２３５）を中性子の減速度の指標として用いることとし、その数値が１０のときは濃縮度５パーセントの六フッ化ウランは質量にかかわらず未臨界である、すなわち濃縮度５パーセントの六フッ化ウランの臨界安全値が１０であるという文献による知見に基づき、核的制限値を１．７と定めることとしている。そして、核的制限値を１．７以下とする具体的方策としては、本件施設における工程内の水素原子として想定されるのが処理される六フッ化ウラン中のフッ化水素を主体とする不純物であることから、六フッ化ウランの純度を高めるために、発生槽で原料シリンダを加熱して六フッ化ウランを気化させるに当たり温度と圧力を測定して純度を調べ、必要に応じ不純物を脱気する方法によることとしている。

このほか、コールドトラップについては、水分を最大限に含む空気が流入した場合を想定し、温度摂氏４０度、相対湿度１００パーセント、１気圧の空気と最小臨界安全質量のウランという中性子の減速度が最大となる条件を仮定して減速度を計算したところでも、減速度は５．１となり、臨界安全値を下回る結果となっている。

(ウ)　本件安全審査では、複数ユニットの臨界安全に関し、次の事項が確認された。

ａ　本件施設では、複数ユニットの臨界安全については単一ユニット相互間の距離間隔をとる方法によることとしており、発生回収室については製品コールドトラップ、中間製品容器及びケミカルトラップ（フッ化ナトリウム）並びにこれらの機器群の相互配列を、均質室については均質パージ系コールドトラップ、減圧槽、中間製品容器及びケミカルトラップ（フッ化ナトリウム）並びにこれらの機器群の相互配列を、ウラン貯蔵庫については製品シリンダを、ウラン濃縮建屋では使用済のフッ化ナトリウム及び排出スラジ（汚泥）を、それぞれ対象としている。ｂ　上記の各対象について、それぞれ前提条件を定め、臨界計算コードとしてＫＥＮＯ－Ⅳ／ＳないしはＫＥＮＯ－Ⅴ．ａを用いて臨界計算を行った結果、実効増倍率はいずれも０．９５以下となった。

ｃ　上記の前提条件から、本件施設では、コールドトラップ、シリンダ類、中間製品容器及び減圧槽はそれぞれ他のユニットと相互の間隔が３０センチメートル以上、ケミカルトラップ（フッ化ナトリウム）及びフッ化ナトリウム処理槽はそれぞれ他のユニットとの相互間隔が１メートル以上となる配置をすることとしている。(エ)　本件安全審査では、単一ユニットの臨界安全に関し、確認された事項を踏まえ、臨界管理の対象となる単一ユニットの選別は適切で、定められた核的制限値がいずれも妥当なものであると判断するとともに、臨界計算に用いられたコードは信頼性が高く、その前提となる計算条件は十分に安全裕度を含んでおり、計算結果も臨界安全値を下回ることを確認した。

また、本件安全審査では、複数ユニットの臨界安全に関して、本件施設につき行われた前記臨界計算が、安全裕度の十分ある計算条件の下、信頼性の高いコードで行われており、その結果、複数ユニットを計算条件上の距離以上に相互に離しておけば臨界安全管理は達成できると判断した。

さらに、本件安全審査では、このほかに、ユニットの移動時及び異種ユニット群の相互干渉についても検討を加え、いずれも中性子実効増倍率が０．９５となっていることを確認した。

(５)　六フッ化ウランの閉込めの機能に関する安全設計（甲９７、乙９、７５、証人Ａ）

ア　本件安全審査では、次の事項を確認した。

(ア)　本件施設では、六フッ化ウランを貯蔵するシリンダ類については、ＡＮＳＩの規格又は米国ＤＯＥのシリンダ基準を準用して製作し、あるいは高圧ガス取締法（平成３年法律第１０７号による改正前のもの）及び特定設備検査規則（平成２年通商産業省令第１２号による改正前のもの）にのっとって設計製作し、検査をすることになっている。また、これらのシリンダ類については、落下試験によって一定の安全性が確認されており、シリンダ類の運搬中にはこの安全性が確認された高さより高くは吊り上げられないこととされているほか、シリンダ類やケミカルトラップ（フッ化ナトリウム）等の運搬前には漏洩検査により漏洩がないことを確認することとされている。

(イ)　本件施設では、加工事業規則に基づき設定すべき管理区域を、六フッ化ウランを取り扱わず放射能汚染の発生するおそれのない第２種管理区域とそれ以外の第１種管理区域とに区分し、発生回収室、均質室、管理排水処理室、分析室、除染室等を第１種管理区域に、カスケード室及びウラン貯蔵建屋を第２種管理区域に、それぞれ区分することとしている。

このうち、第１種管理区域については、排気設備により気圧を第２種管理区域及び非管理区域並びに大気圧より負圧に維持するとともに、内部の空気が排気設備を通らずに外部へ漏洩することを防ぐ設計とすることとしている。この排気設備は、概ね各室ごとの排気系統に分かれており、起動時には排風機が送風機より先に起動し、停止時には送風機が排風機より先に停止する設計とされるとともに、いずれの排気系統も１台の予備の排風機を備え、１台の排風機が運転中に故障した場合には自動的に予備機が起動して排気機能を維持する仕組みになっている。各排気系統は、排風機の直前にプレフィルタ及び高性能エアフィルタを備えており、第１種管理区域からの排気中に放射性物質が含まれている場合でも、これを９９．９パーセントの割合で捕集してから外部へ排気する仕組みとなっている。

さらに、排気設備の末端の排気塔の直前には、排気中の放射性物質の濃度を監視するための排気用モニタが設置されている。

(ウ)　本件施設で六フッ化ウランを取り扱う機器についての六フッ化ウランの閉込め機能は、次のとおりである。

すなわち、まず、発生回収室、中間室及び均質室に配置される、六フッ化ウランの発生、供給、捕集及び回収の各工程を行う六フッ化ウラン処理設備については、各工程に用いる機器及び配管を溶接等により漏洩のない構造として気密性を確保するとともに、内部の気体六フッ化ウランを大気圧以下で取り扱うこととしている。次に、カスケード室に配置されるカスケード設備を構成する遠心分離機については、高速で回転する内部の回転体が破損しても外筒（ケーシング）の真空気密性能が十分保たれるように、破損試験で確認された強度設計を行うとともに、回転体の回転速度が破損試験で安全性が確認された範囲を超えないように回転体を駆動する高周波電源の周波数を制限することとされている。

また、均質室に配置される均質処理及び濃縮度調整工程を行う均質・ブレンディング設備については、この工程が本件施設で唯一六フッ化ウランを高温高圧の条件（最高使用温度は摂氏９４度、その場合の気体六フッ化ウランの圧力は約２．６気圧）で取り扱う機器であることから、この工程で六フッ化ウランを収容する中間製品容器及びサンプルシリンダは常に均質槽の中で操作を行うこととした上、この均質槽に閉込め機能を持たせ、容器等から六フッ化ウランが漏洩した場合に備えることとしている。さらに、均質槽から外部につながっている配管やバルブについても、これらを覆う配管カバーを設け、配管等から六フッ化ウランが漏洩した場合にも配管カバー内に漏洩を限定することとするとともに、配管カバーに取り付けられた排気設備により配管カバー内は外部の大気圧に対して常に負圧になることとされている。そして、仮に配管や均質槽内部で六フッ化ウランが漏洩した場合には、洩れ出した六フッ化ウランが空気中の水分と反応して生じるフッ化水素を上記排気設備の途中に設置された工程用モニタが検知し、信号により均質槽と外部の配管との間に設置されている均質槽元弁（緊急遮断弁）が自動的に閉じて漏洩を止めるとともに、排気設備に設置されたダンパも自動的に作動して漏洩した六フッ化ウランを含む配管カバー内の気体が局所排気装置を経由するように切り替え、プレフィルタ及び高性能エアフィルタを一段多く通すとともに、ケミカルトラップ（アルミナ）によってフッ化水素を除去する仕組みとなっている。これらの緊急遮断弁、工程用モニタ、ダンパ及び排風機はいずれも複数取り付けられ、多重化が図られている。(エ)

本件施設の各工程を構成する機器、すなわちカスケード設備、六フッ化ウラン処理設備及び均質・ブレンディング設備から排出される排気については、微量に六フッ化ウランを含むものであることから、発生槽からの排気を処理する一般パージ系、カスケードからの排気を処理するカスケード排気系、均質ブレンディング設備からの排気を処理する均質パージ系及び製品六フッ化ウラン回収設備からの排気を処理する捕集排気系の四つの系統ごとに六フッ化ウランを除去する仕組みが設けられており、これはケミカルトラップ（フッ化ナトリウム）、ケミカルトラップ（アルミナ）、空気作動弁及びロータリポンプで構成されているほか、一般パージ系及び均質パージ系では、さらにこれに先立ちコールドトラップが設置されている。六フッ化ウランの除去に関しては、コールドトラップが９９．９パーセント、続くケミカルトラップ（フッ化ナトリウム）が９９．９９パーセントの捕集効率をそれぞれ有している。そして、上記の排気処理設備で処理された気体は、第１種管理区域内の負圧を維持するための前記の排気設備を経由し、プレフィルタ及び高性能エアフィルタを通して外部に排気されることになっている。

イ　本件安全審査では、上記の確認事項により、本件施設では六フッ化ウラン閉込めのための適切な対策が採られており、閉込め機能が十分確保できるものと判断した。

(６)　外部電源喪失に対する考慮（乙９、７５、証人Ａ）

ア　本件安全審査では、次の事項が確認された。
（ア）　本件施設では、十分な容量のディーゼル発電機２台、直流電源設備及び無停電電源装置が設置されることとなっており、外部電源が失われた場合には、第１種管理区域の排気設備、放射線監視設備、自働火災報知設備、非常用通報設備等に電力が供給され、第１種管理区域の負圧が維持されるとともに、各種の監視警報機能が維持される仕組みとなっている。
（イ）　本件施設の各工程を構成する各設備の内部からの排気を処理する四つの排気系では、外部電源が失われた場合、空気作動弁が自動的に閉まる構造となっており、工程内の気体が外部へ流出しない仕組みとなっている。このとき、工程内では、コールドトラップ、製品回収槽、廃品回収槽等の冷却機能は喪失されるが、室温が摂氏４０度の場合でも六フッ化ウランの飽和蒸気圧が約３００トール、すなわち約０．４気圧程度であることから、工程内の圧力が大気圧を超えることはない。
イ　本件安全審査では、上記の事項を踏まえ、本件施設において、外部電源が喪失した場合にも本件施設の安全機能が十分維持できるような適切な対策が講じられていると判断した。
（7）　その他の災害防止対策（乙9、７５、証人A、弁論の全趣旨）
本件安全審査では、次の事項を確認し、上記１ないし６以外の観点からも本件施設が六フッ化ウランによる災害防止上支障がないことを確認した。
ア　本件施設において六フッ化ウランを取り扱う原料シリンダ、製品シリンダ及び中間製品容器については、一定の温度及び圧力に耐えるよう設計がされており、原料シリンダを加熱する発生工程においては、インターロックを設けて設計温度である１２１度を超えないこととされる。また、コールドトラップの加熱においても、内部圧力の異常に対してはインターロックが設けられる。
イ　本件施設では、六フッ化ウランをシリンダ類に充填する際に過充填を防止する対策として、重量測定により一定量以上の六フッ化ウランは充填できないようなインターロックが設けられることとなっている。
ウ　本件施設では、カスケード設備の増設時に対する考慮として、既存の運転区域に支障を及ぼさないよう、工事管理を行うとともに運転区域と増設区域との間に間仕切り壁を設けることとしている。また、六フッ化ウランを取り扱う配管等のつなぎ込みは、特定のつなぎ込みエリアに集中して管理し、施設の安全性が損なわれないようにしている。このほかにも、建物の主要構造部について増設部分の荷重等を考慮した設計を施し、計測制御設備は増設を考慮した回路構成とするなどの配慮がされている。
エ　本件施設では、緊急時に必要箇所との連絡を円滑に行うため、非常用通報設備等を設けることとなっている。
オ　本件施設における安全上重要な設備である第１種管理区域の排気設備や放射線監視設備等については、安全機能を確認するための検査及び試験並びに安全機能を維持するための保守及び修理ができる構造とすることとなっている。
カ　本件施設においては、安全上重要な施設で他の原子力施設と共用するものはない。
キ　本件施設における安全上重要な施設の設計、工事及び検査については、規制法、加工事業規則、加工施設技術基準、加工施設、再処理施設及び使用施設等の溶接の技術基準に関する総理府令、許容被曝線量等を定める件等の法令に基づくとともに、必要に応じ、建築基準法、労働安全衛生法、消防法、公害防止関係法令、高圧ガス取締法、電気事業法、工場立地法、日本工業規格、日本電機工業会規格、電気設備に関する技術基準を定める省令、鋼構造設計規準、鉄筋コンクリート構造計算規準及び同解説、鉄骨鉄筋コンクリート構造計算規準及び同解説、建築基礎構造設計規準及び同解説、建築工事標準仕様書、建築設備耐震設計・施工指針に準拠することとしている。
4　被告の主張に対する判断
上記２及び３で認定した事実によれば、加工施設自体の安全性確保対策に関する本件安全審査において用いられた具体的審査基準である加工施設指針は、想定される各種の事故防止対策、事故によっても六フッ化ウランが大量に漏出等することのないようなウランの閉込め機能の確保対策及び臨界管理を含む内容となっており、その内容に不合理な点は見当たらない。また、この点に関する本件安全審査の調査審議及び判断の過程も、上記にみたとおり、地震に対する考慮、地震以外の自然現象に対する考慮、火災・爆発等に対する考慮、臨界に関する安全設計、六フッ化ウランの閉込めの機能に関する安全設計、外部電源喪失に対する考慮、その他の災害防止対策という視点からそれぞれ本件施設について検討が加えられ、加工施設指針に適合していると判断したものと認められ、この調査審議及び判断の過程それ自体に、看過し難い過誤、欠落があるとは認められない。

なお、加工施設指針２０は、準拠すべき規格及び基準の一つとして許容被曝線量等を定める件を挙げ、また、本件施設は、安全上重要な施設の設計、工事及び検査について基づくべき法令のうち、一般公衆の被曝等に関する規制値としては、周辺監視区域外の許容被曝線量を１年間につき０．５レムと定める許容被曝線量等を定める件によることとし、本件安全審査でもこのことを確認しているものであるところ、本件許可処分当時、許容被曝線量等を定める件を平成元年３月３１日限り廃止し、代わって同年４月１日から適用される周辺監視区域外の線量当量限度を実効線量当量について１年間につき１ミリシーベルトと定める内容の線量当量限度等を定める件の科学技術庁告示が昭和６３年７月２６日に出されていたことから、本件許可処分時においても、許容被曝線量等を定める件は基準としての合理性を失っていたとみるべき余地がないわけではない。しかしながら、本件安全審査では、先にみたとおり（第１の２の（１）のウ）、公衆の被曝量が具体的に問題となる場面においては、許容被曝線量等を定める件のみならず線量当量限度等を定める件が規定する周辺監視区域外の線量当量限度をも下回り、さらに、一般公衆の線量当量が実現可能な限り低減するような対策が採られているかという視点から審査を行っており、実際にも、本件施設について公衆の被曝が量的に問題となる場面では、いずれも線量当量限度等を定める件の規制値である１年間につき１ミリシーベルトを適用した場合でも結論は異ならないから、準拠法令に関する本件施設の基本的設計方針を看過し難いほどの過誤、欠落と評することはできないというべきである。また、上記に指摘した加工施設指針２０の基準としての合理性の欠如といった点についても、上記のとおり本件安全審査が線量当量限度等を定める件の規制値をも念頭に置いて審査を行っている以上、本件安全審査の判断に依拠してされた内閣総理大臣の判断を不合理とするまでのものではないというべきである。

５　原告らの主張に対する判断

（１）　地震に対する考慮

ア　原告らは、本件許可申請書が、設備・機器と建物・構築物のそれぞれについて耐震設計上の区分を行っている以外は設計地震力に十分耐えられる設計であることを示す具体的内容を示しておらず、単に加工施設指針１３に沿って耐震設計を行う旨約束する内容のものにすぎないと主張する。

しかし、上記のような具体的な耐震設計は加工事業許可手続における安全審査の対象とならないというべきであるから、原告らの主張は理由がない。なお、耐震設計に関する本件許可申請書の記載の一部が加工施設指針１３とほぼ同内容であることは原告らの指摘するとおりであるものの、ウラン加工施設の安全審査を客観的かつ合理的に行うために安全審査上重要と考えられる基本事項を取りまとめるという加工施設指針の趣旨目的（乙１５）が加工施設の基本設計の機能と類似していること、耐震設計に関する加工施設指針１３の規定内容が既に相当程度に具体的であること、耐震設計上の具体的な安全性は具体的かつ詳細な設計を行わない限り示すことが困難であること及び加工施設指針が規制法１６条の２の設計及び工事の方法の認可手続における具体的審査基準ではないこと等を考えれば、基本設計と加工施設指針の内容が一部共通していることにも相当な理由があるということができ、このことをもって、本件許可申請書の内容やこれに沿って審査を行った本件安全審査の内容が不当であるということはできない。

イ　原告らは、一次地震力及び二次地震力を算出する過程で用いられる割増係数について、本件許可申請書が加工施設指針１３が示した割増係数の下限値を採用するに当たってその根拠となる資料や判断過程を示していない旨主張する。

しかしながら、本件許可申請書上用いることとされた割増係数は安全審査上の具体的基準である加工施設指針１３の定める値の範囲である上、証人Ｃの証言によれば、本件安全審査では、本件施設の支持地盤が鷹架層であること及び本件施設の建物が２階建て程度のものであることを考慮して、加工施設指針１３における割増係数の最低値を用いて設計を行っても十分な安全性が確保できると判断していることが認められるから、本件許可申請書が割増係数を定めるにつき根拠資料や判断過程を示していないからといって、本件安全審査の調査審議及び判断の過程に過誤、欠落があるとはいえない。

ウ　原告らは、本件安全審査において建物内部の機器・設備に対する地震の影響が考慮されていない旨主張するが、本件安全審査において、本件施設の設備・機器についても耐震設計上の重要分類がされた上で、静的設計方法によること及び剛構造とすることを基本とするなどし、さらに一次設計及び二次設計を施すこととされていることが確認されたのは前記のとおりであるから、上記主張は失当である。また、原告らは、ウラン貯蔵庫内の各種シリンダが密集して配置されているために地震の震動で接触するなどして破損する危険があると主張するが、前記認定によれば、ウラン貯蔵設備に属するシリンダ置台については施設及び設備の耐震設計の分類上最重要である第１類に分類され、この分類に応じて上記のように耐震設計が施されることになっており、本件安全審査ではこの点が確認されているのであって、上記主張は、この耐震設計にもかかわらず何故にウラン貯蔵庫内のシリンダが破損するのか具体的に主張することなく、単に抽象的な危険性をいうにすぎないものであるから、それ自体失当である。

エ　原告らは、本件施設の耐震設計において、原子炉施設や再処理施設において要求されているような設計用最強地震及び設計用限界地震という２種類の地震を想定した厳重な耐震設計が採用されていない旨主張する。しかし、そのような設計手法を本件施設を含む加工施設において採用すべき必要性については何らの主張もされていないが、本件施設を含むウラン加工施設は、その内蔵するエネルギーが小さく、また、臨界状態での核分裂反応を制御する必要性もないことから、原子炉施設ないし再処理施設と同等の耐震設計をウラン加工施設に求める必要はないと考えられたのであって、加工施設指針１３は、上記に述べた施設の特質を踏まえ、ウラン加工施設の安全確保のために必要とする耐震設計について規定しているというべきであり、本件施設においても、加工施設指針所定の耐震設計を採用することにより十分にその安全確保の目的を達することができるといえるから、原告らの主張は理由がない。

オ　原告らは、平成６年１２月２８日発生の三陸はるか沖地震及び平成７年１月１７日発生の兵庫県南部地震において建築基準法に適合していた建造物が倒壊したことを根拠に、建築基準法等における耐震設計基準が相当ではないかのごとく主張し、原告乙野次郎本人の供述中にはこれに沿う部分がある。しかし、証拠（乙８８、８９の１、２）によれば、兵庫県南部地震においては昭和５６年の改正以前の建築物に被害が大きく、特に鉄筋コンクリート造りの建物では昭和４６年以前の建築物で倒壊等の甚大な被害が大きいのに対し、現行の耐震基準に基づいて建築されたものは、バランスの悪い建築物や設計施工の不備によるもの等を除くと、大破又は倒壊といった大きな被害を受けていないこと、兵庫県南部地震後に建設省が設置した調査委員会が兵庫県南部地震を踏まえて検討したところでも、建築基準法施行令８８条に基づく当時の建築物の耐震設計用の設計地震力（その算定方法は、本件許可処分当時と同じで、現行の規定もほぼ同内容である。）は妥当であるとされたこと、兵庫県南部地震後に原子力安全委員会の設置した検討会が調査検討したところでも、加工施設指針は兵庫県南部地震を踏まえてもその妥当性が損なわれるものではないと確認されていることが認められ、これらの事実によれば、前記原告乙野次郎本人の供述によっても、建築基準法施行令所定の耐震設計用の地震力が妥当性を欠いているとまでは認めることはできない。したがって、上記主張は理由がない。

カ　原告らは、本件施設が地震時にロッキング現象を起こす可能性が高い旨主張するが、この可能性についての具体的な主張立証はないから、この点につき本件安全審査の調査審議及び判断の過程に過誤､欠落があるとはいえない。キ　原告らは、近時の耐震設計では、単純に地震の最大加速度を固定化し、その大小を基礎として建物への影響を考える（静的設計）のではなく、建物や設備の固有周期に近い領域の加速度による影響（共振）が大きいことから、建物や設備の固有周期を踏まえ地震力を時刻歴に対応させて建物などの安全性を評価する（動的設計）必要があるとされているのに、本件安全審査においては、想定した地震力に対して本件施設の建物や設備の固有周期に応じた時刻歴の評価、解析を行っていないと主張する。

しかし、本件施設の建物・構築物については、静的設計法により耐震設計を行っていることは前記認定のとおりであるが、原告らの主張する動的設計の発想も、結局は前記エで主張する本件施設の耐震設計において原子炉施設や再処理施設において要求されているような設計用最強地震及び設計用限界地震という２種類の地震を想定した厳重な耐震設計が採用されていないこと、すなわち加工施設指針１３が他の原子炉施設や再処理施設に比べ施設の安全設計思想が極めて低いものであるということに集約されるのであって、前記エで説示したとおりの理由により、そのような動的設計の考えに基づいた評価、解析を行っていないからといって、そのことをもって加工施設指針の耐震設計が不十分であるとはいえない。したがって、本件安全審査において、原告らが主張するような動的設計に基づく評価・解析を行っていないとしても本件安全審査の結果を左右するものとはいえない。

ク　また、原告らは、本件施設の耐震設計が静的設計によっていることを認めるとしても、本件施設の耐震設計に対する安全審査においては、発回均質棟、ウラン貯蔵庫、カスケード棟、第１類に分類される設備や機器（例えばシリンダ置台、遠心分離機）など本件施設の主要な建物や設備の固有周期、建物の振動特性について、具体的な審査を行っておらず、本件安全審査には、静的設計の内容の審査、検討が行われなかった不備があると主張する。　しかしながら、本件安全審査において本件施設の主要な建物や設備の固有周期等について審査、検討がされなかったとしても、そのことにより本件施設の建物や設備の耐震設計にいかなる影響を及ぼすのかについての主張は何らされていないのであるから、上記主張は具体性を欠くものといわざるを得ない。

ケ　原告らは、本件施設の建物相互はエキスパンションジョイントで接続されているものがあるが、エキスパンションジョイントは固有周期を異にする建物の接続方法であり、これを誤れば地震時に建物の破損をもたらす危険があるのに、その妥当性を審査しなかったのは、本件安全審査の重大な誤りであると主張する。

　前記認定のとおり、確かに本件施設では隣接する各建物間はエキスパンションジョイトを介して接続して耐震設計上独立した構造とすることとされているけれども、エキスパンションジョイントによる施工の適否については規制法１６条の２の設計及び工事の方法の認可手続において具体的に審査検討される事柄であって、そもそも加工事業許可手続における安全審査の対象とはならないから、その内容の適否を審査しなかったとしても、本件安全審査の調査審議及び判断の過程に看過し難い過誤、欠落があるとはいえない。

（２）　火災・爆発等に対する考慮

ア　原告らは、本件許可申請書ではいかなる不燃性材料や難燃性材料の種類、消火設備や防火区画の種類や個数、配置等を全く記載しておらず、この点に関する本件安全審査が不十分である旨主張する。しかし、前記（第２章第２）のとおり、加工施設の基本設計は、加工施設の建物及び施設の具体的な設計を内容とする必要はなく、規制法１６条の２の設計及び工事の方法の認可手続における具体的な設計及び工事の方法の安全性の側面における適否を審査するための規範ないしは枠組みとして機能するに足りる内容であれば足り、この観点からみると、前記認定の本件安全審査の内容が、設計及び工事の方法の認可手続で審査される具体的設計の安全性を判断するために必要な内容を欠いているとまではいえず、この点において本件安全審査の調査審議及び判断の過程に看過し難い過誤、欠落があるとはいえない。

イ　原告らは、本件安全審査が施設内の爆発防止対策や施設外の爆発等の拡大防止対策を不要とし、何らの考慮も払っていないと主張する。しかし、本件安全審査では、前記認定のとおり、本件施設の設備・機器が水素ガスなどの爆発性の物質を使用しないことが確認されているほか、条件次第では爆発性を有するアセトンについても取扱量の制限及び倉庫内の危険物貯蔵エリア等における保管が行われることが確認されており、爆発防止対策に対する検討が行われているし、施設外の爆発の影響については、前記のとおり基本的立地条件に関する審査において本件施設の安全性を損なうような社会的条件のないことが確認されている。そして、上記のような爆発防止対策を前提とすれば、外部の爆発の拡大防止対策について考慮を払っていないとしても、これを調査審議及び判断の過程における看過し難い過誤、欠落と評することはできない。また、原告らは、この点に関し、アセトンの使用場所の問題点や発火源となる火花が発生する危険性を指摘するが、本件安全審査においては、主工程ではアセトンを含め爆発物を使用せず、アセトンは取扱量と保管場所が制限されることを確認しており、上記の指摘をもって調査審議及び判断の過程における看過し難い過誤、欠落があるとまではいえない。

ウ　原告らは、本件施設のうち六フッ化ウランを取り扱う設備・機器周辺で火災が発生した場合には、臨界やフッ化水素の発生を避けるため特別な消火方法が必要となるにもかかわらず、本件安全審査では考慮されていない旨主張する。しかし、本件安全審査において、消防法及び建築基準法に基づき自働火災報知設備、消火栓、消火器等を設置することが確認されたことは前記認定のとおりである上、具体的な消火設備の設置状況については、設備及び工事の方法の認可手続において必要に応じた消火設備を施設していることが認められた場合に初めて認可がされること（規制法１６条の２第３項、加工施設技術基準４条１項）からすれば、これを基本設計の内容として安全審査の対象としなかったとしても、これをもって看過し難いほどの過誤、欠落ということはできない。

エ　原告らは、航空機墜落時の消火対策について審査が行われていない旨主張する。しかし、甲第１０３号証によれば、前記認定の航空機墜落時の事故評価においては、墜落した航空機の燃料油による火災について、消火活動を考慮せずに燃焼が継続した場合について検討を行い、その結果でも一般公衆への被曝による影響は小さいと判断されていることが認められるから、航空機墜落事故時の消火対策について審査が行われていないとしても、このことが本件安全審査の調査審議及び判断の過程における看過し難い過誤、欠落に当たるとはいえない。

（3）　臨界に関する安全設計

ア　原告らは、事故は複数の故障（トラブル）が重なって発生するものであるにもかかわらず、加工施設指針１０が核的制限値の維持管理において単一の故障のみを想定すれば足りるとしている点を不当であると主張する。

　しかしながら、前記認定によれば、加工施設指針１０は技術的に想定されるいかなる場合でも核的制限が維持されることを定めており、単一の異常を想定しているのは、これがそもそも起こるとは考えられない独立した異常であることを理由としているものであるから、これが同時に、かつ独立に発生するという事態を想定していないからといって、加工施設指針１０が不当であるとまではいえない。したがって、上記主張は理由がない。

イ　原告らは、本件安全審査が臨界事故を想定した災害評価を行っていない点が看過し難い過誤、欠落に当たると主張する。しかし、ウラン加工施設が核分裂反応を発生利用することを予定しておらず、その意味において潜在的危険の程度が相対的に小さい施設であることからすれば、加工施設指針１２が加工施設指針１０及び１１を満足して臨界安全が図られている限り当該ウラン加工施設においては臨界事故に対する考慮を要しないとしていることにも一定の合理性があるということができ、加工施設指針１２それ自体が不合理であるとまでは認められない。したがって、本件安全審査において、本件施設が加工施設指針１０及び１１に適合し、臨界安全が図られていることを確認している以上、臨界事故に対する考慮をしていないからといって、その調査審議及び判断の過程に看過し難い過誤、欠落があるとはいえない。

ウ　原告らは、本件許可申請書や安全審査書では臨界計算で必要な施設機器の正確な配置、形状等のデータが示されておらず、本件許可申請は結論を示したにすぎず根拠を欠くものであり、この申請に基づいてされた本件許可処分は違法であると主張するが、本件安全審査においては、前記認定のとおり必要な諸条件を十分な安全裕度を見込んで設定した上で臨界計算が行われていることが確認されているから、原告らの主張は失当である。

エ　原告らは、本件施設において、中間製品容器を水洗いする際に誤って六フッ化ウランが充填されているものに水が注ぎ込まれた場合に臨界事故が発生する危険があると主張する。

　証人Ｆの証言によれば、原告らが指摘する六フッ化ウランが充填されている中間製品容器に水を注ぎ込まれた場合には、臨界事故が発生しあるいは発生する危険性があることが認められる。しかして、加工施設指針は、技術的に想定されるあらゆる場合における臨界防止対策を要請しているものの、六フッ化ウランが充填されている中間製品容器に水を注ぎ込むという事態は、原告らが主張するように中間製品容器を水で洗う際に、六フッ化ウランが充填されていないことの確認を誤り、あるいは確認を怠るなどの場合に想定し得るが、実際、科学技術庁が平成１１年１０月７日に本件施設に対して行った緊急総点検においても、本件施設の工程内で唯一水を使用する中間製品容器の洗缶は、缶内のウラン量を重量測定により空であることを確認してから実施しており、洗缶前の十分なパージ（排気）と２回の重量測定により容器内にウランが多量に残ったまま洗缶することはないと確認されている（甲４６４）。

そうすると、証人Ｆが証言するように、フール・プルーフの考え方（設備機器や装置の誤操作をしたときに、それ以上機器等の機能を進行させないシステムとする考え方）を取り入れるなどして、原告が主張するような事象が発生しないよう臨界防止のための安全設計がされることが望ましいことは確かであるが、そのような考え方に基づいて設備機器等を作製することには困難な面があることは安全工学を専門とするＦ証人自身認めるところである上、そもそも中間製品容器に六フッ化ウランが充填されていないことの確認手段として２回行うこととされている重量測定を怠り、あるいはこれを誤って、中間製品容器内に六フッ化ウランが充填されたまま容器の洗缶を行うなどといった事態は、加工施設指針が臨界防止対策の前提とする技術的に発生が想定されるような事故であると解することはできない。したがって、本件安全審査で臨界に関する安全設計を検討するに当たり、上記のような事象を前提とした臨界事故の危険性について審査が行われていないとしても、これをもって本件安全審査の調査審議及び判断の過程に看過し難い過誤、欠落があるとはいえない。

また、原告らは、爆発事故、地震、航空機の墜落事故による施設破壊があった場合の臨界事故の可能性が否定できないと主張するが、本件安全審査においては、耐震設計における安全性が確認され、あるいは爆発事故や航空機墜落事故の発生可能性が低いことが確認されていることはここまでに説示したとおりであるから、この主張も理由がない。

オ　原告らは、均質槽において中間製品容器を加熱しあるいは製品シリンダ槽において製品シリンダを加熱する際に配管との接続が失念された場合は、これらの容器ないしはシリンダが破裂し、容器内の六フッ化ウランが加熱用の熱水と接触して臨界事故となる危険があると主張する。

しかして、中間製品容器や製品シリンダを加熱する際にこれらと配管との接続が失念されて生じる事態として原告らが主張するのは、これらの容器について、均質槽等に中間製品容器などを装着する際に配管への接続を忘れて加熱を行うと、加熱された六フッ化ウランの逃げ場がなく容器内の圧力は上昇し、圧力計部分では圧力が全く上昇しないのでインターロックは働かず、加熱過剰により均質槽内で中間製品容器が破裂する危険があり、また、均質槽については、温度により加熱用熱水コイルの熱水流量を調整する仕組みがあることがうかがわれるが、この温度測定器は多重化されておらず、温度測定器自体の故障等があれば加熱過剰を防止することはできず、したがって、上記のように中間製品容器や製品シリンダが破裂した場合、熱水コイルが破損する可能性は十分に考えられ、破損した部分から水が大量に噴出し、容器内の六フッ化ウランに水が接触して臨界事故に至ることである。

しかしながら、ここでも、フール・プルーフの考え方を取り入れるなどして上記のような事象が発生しないよう臨界防止のための安全設計がされることが望ましいことは確かであるが、そのような考え方に基づいて設備機器等を作製することには困難な面があることは前記のとおりである上、そもそも、均質槽等に中間製品容器などを装着する際に配管への接続を忘れて加熱を行った結果、容器やシリンダが破裂し、その結果更に熱水コイルが破損し、破損した部分から水が大量に噴出し、容器内の六フッ化ウランに水が接触して臨界事故に至るといった多重連鎖の事象は、加工施設指針が臨界防止対策の前提とする技術的に発生が想定されるような事故であると解することはできない。

したがって、本件安全審査で臨界に関する安全設計を検討するに当たり、上記のような事象を前提とした臨界事故の危険性について審査が行われていないとしても、これをもって本件安全審査の調査審議及び判断の過程に看過し難い過誤、欠落があるとはいえない。

カ　原告らは、本件安全審査においては、「万一、水分を含んだ空気がコールドトラップに流入した場合でも、内部の圧力上昇を検出し、コールドトラップの出入口弁を閉止するので、さらに水分の流入が続くことはない。」とされているが、出入口弁の閉止は「自動的に」と記載されていない以上手動であるから、その閉止が遅れれば容器の容積より大量の湿った空気が流入し得ると主張する。

しかし、本件許可申請書添付書類５の「内部の圧力上昇を検出し、コールドトラップの出入口弁を閉止する」との記載部分（５—５）は、それが設備の臨界安全性について言及されたものであることに照らせば、圧力上昇の検出から弁の閉止に至るすべての過程が人による操作の関与を予定しておらず、自動であることを意味しているものといえるから、原告らの主張は理由がない。

キ　原告らは、本件施設のようなウラン濃縮工場は、その工程内でウランの濃縮度自体を変化させるものであるにもかかわらず、本件施設の濃縮度管理の信頼性がかなり低く本件安全審査でも保証されていないとして、濃縮度管理の制限値である５パーセントそのものを他の臨界管理の前提とすることには疑問があり、濃縮度管理が破られたときに備えて濃縮度管理の制限値を超えたところを前提とする形状寸法管理が採用されるべきであると主張する。

しかしながら､加工施設指針１０は､単一ユニットの臨界安全に関し、技術的にみて想定されるいかなる場合でも臨界を防止する対策が講じられていることを求めているところ、原告らが本件施設における濃縮度管理の問題点として指摘するところがいずれも当を得ないものであることは次に見るとおりであるから、本件施設において形状寸法管理が採用されているケミカルトラップ（フッ化ナトリウム）において、濃縮度が５パーセントを超える六フッ化ウランが流入するという事態が、技術的にみて想定される場合に該当するとはいえない。したがって、ケミカルトラップ（フッ化ナトリウム）に関する形状寸法管理が、濃縮度が５パーセントを超える六フッ化ウランを前提としていないからといって、これをもって本件安全審査の調査審議及び判断の過程に看過し難い過誤、欠落があるということはできない。

また、原告らは、本件施設における濃縮度の測定は、１日１回質量分析装置で行っているにすぎないのであるから、濃縮度はリアルタイムでは把握されていないと主張する。

しかし、本件施設の濃縮度管理は、ウラン濃縮を行うカスケード設備で実施され、核的制限値は５パーセントと設定されており、その具体的な管理方法としては、六フッ化ウランの濃縮度がカスケード設備へ供給する原料六フッ化ウランの流量及びカスケードから廃品系へ移行する廃品六フッ化ウランの圧力を監視することによりこれらの値から定まる濃縮ウランの濃縮度を監視するとともに、インターロックを設け、濃縮度が制限値を超えないように管理していることは前記認定のとおりであり、濃縮度は、その数値を質量分析装置により測定しなくとも、流量及び圧力を監視することにより常時把握し、管理することができるものであるから、濃縮度の数値をリアルタイムで把握する必要がある旨の原告らの主張は、その前提において当を得たものとはいえない。

さらに、原告らは、濃縮度管理の最後の頼りの過濃縮防止インターロックがハードワイヤーにつながれておらず、伝送ラインがダウンすると機能喪失する設計となっている上、本件施設においては、濃縮ウランを充填した容器（中間製品容器、製品シリンダ）を誤って発生槽に装着した場合には、当然に濃縮度は５パーセントを超えるが、過濃縮防止インターロックは濃縮度そのものでかかるのではないので、インターロックによっては過濃縮を防止できず、このように濃縮度が５パーセントを超えた臨界管理対策がされていないと主張する。

しかし、原告らのいう伝送ラインがダウンした場合でも、本件施設には、上記伝送ラインから独立した計測制御設備として、ハードワイヤー（電圧・電流信号を、特定の装置間で、他の電路とは独立して送信又は受信する電路）で構成される六フッ化ウラン等の圧力及び温度等の制御機能を有する設備及び専用の配線（デジタル化した信号を特定の装置間で、他の電路とは独立して、送信及び受信する電路）で構成されるカスケードの流量、圧力の監視・操作機能を有する設備がある（後記（７）ウのとおり当事者間に争いがない。）から、濃縮度を常に把握し、管理することができる仕組みになっている。そして、この場合にも、コントローラーは制御を継続するので、カスケードの流量及び圧力は正常に制御され、これにより濃縮度も正常な値を維持することになる（乙６７）から、上記の場合を想定して濃縮度管理の信頼度が低いとする原告らの主張は理由がない。また、中間製品容器ないしは製品シリンダを誤って発生槽に装着した場合に濃縮度管理が破られるとの主張については、発生槽に装着されるべき原料シリンダの仕様や容量が中間製品容器や製品シリンダのそれとは全く異なっていること（乙７５）に照らすと、そもそも原告らが主張するような事態が実際に発生する余地があるとは考え難いから（原料シリンダと規格が共通するのは廃品シリンダのみである。）、そのような事態を想定して過濃縮防止対策に不備があるということはできない。

ク　原告らは、本件安全審査において、六フッ化ウランを取り扱う容器・機器の火災の際に水をかけて消火するか否かについて全く検討されておらず、したがって、火災時の臨界安全性の基本方針、最低限でも六フッ化ウランを取り扱う容器・機器に火災の際に水をかけずに消火する方策を安全審査において確認すべきであることは明白であり、これすら行わなかった本件安全審査には看過し難い過誤、欠落があることは明らかであると主張する。

しかしながら、本件安全審査においては、消防法及び建築基準法に基づき自働火災報知設備、消火栓、消火器等を設置することが確認されたことは前記認定のとおりであり、その具体的な設備や消火方法については、設計及び工事の方法の認可手続において審査検討される事柄であり、これを基本設計の内容として安全審査の対象としなかったことをもって看過し難い過誤、欠落があるとはいえないことも先に説示したとおりであるから、原告らの主張は理由がない。

ケ　原告らは、本件施設は、ＪＣＯの施設と同様に、臨界に至った場合に未臨界状態にするための装置はもちろん、臨界に至ったことを検知する装置も臨界警報も全く設けられていないが、全く同様の申請がなされていたＪＣＯの施設で現実に臨界事故が発生した事実にかんがみれば、本件施設においても当然に臨界事故を想定し、臨界に至ったときに事故の拡大を防止するための対策を採るべきであったにもかかわらず、これを行わなかった本件安全審査には看過し難い過誤、欠落があると主張する。

しかしながら、後記認定説示のとおり((8)エ)、ＪＣＯ事故は、その加工施設において講じられた技術上は適正な臨界管理を殊更無視する態様で作業が行われたために発生したものであって、基本的にはウラン加工施設設置許可の段階の安全審査の対象とはならない加工施設の作業員による意図的な作業工程の不遵守といった事態が原因となったものであり、そのような事態をいかに防止するかは、設備の操作や従業員の保安教育といういずれも保安規定の内容の問題に帰着するというべきであるし、前記イで説示したとおり、ウラン加工施設は核分裂反応を発生利用することを予定しておらず、潜在的危険の程度が相対的に小さい施設であることから、加工施設指針１２が加工施設指針１０及び１１を満足して臨界安全が図られている限り当該ウラン加工施設においては臨界事故に対する考慮を要しないとしていることにも一定の合理性があること等の事情を考慮すると、本件安全審査において、臨界に至った場合に未臨界状態にするための装置や臨界に至ったことを検知する装置ないし臨界警報を設けるなど事故の拡大を防止するための対策を講じなかったことに看過し難い過誤、欠落があるとはいえない。

（４）　六フッ化ウランの閉込めに係る安全設計

ア　原告らは、加工施設指針４は内容が抽象的で指針としての実効性に欠けている旨主張する。しかし、加工施設指針は、ウラン加工施設の設計内容に関しては、規制法１６条の２の設計及び工事の方法の認可手続において具体的な設計及び工事の方法の安全性の側面における適否を審査するための規範ないしは枠組みであるウラン加工施設の基本設計について、更にこれが災害防止上支障がないものであるか否かを判断するために定められた判断基準であるから、その内容が抽象的であるからといって、直ちにこれを不合理ということはできない。そして、加工施設指針４は、作業環境の汚染防止に対する考慮と周辺環境の汚染防止に対する考慮とに分けて、前者について５項目、後者について３項目の基準を挙げており、その内容も相当程度に具体的であるから、これをウラン加工施設の基本設計が災害防止上支障がないかどうかを審査する上で不合理というべきほどに抽象的であるとはいえない。したがって、上記主張は理由がない。

イ　原告らは、本件安全審査で審査された本件施設における放射線管理の諸対策が放射線管理に供する機器の機種や技術、目標値などの具体的な資料を明示しないまま結論を述べるものにすぎない旨主張する。

しかしながら、前記認定によれば、六フッ化ウランの閉込め機能に関して本件安全審査で確認された、管理区域の区分、管理区域の排気系統の設定や仕組み、機器の六フッ化ウラン閉込め機能確保のための設備、排気からの六フッ化ウラン除去の仕組み等についての基本設計は、規制法１６条の２の設計及び工事の方法の認可手続における具体的な設計及び工事の方法の安全上の適否を審査するために必要な具体性を備えたものと認められ、これ以上に、原告らが主張するような具体的内容が基本設計に含まれていないからといって、このことをもって基本設計に必要な具体性の程度につき本件安全審査の調査審議及び判断の過程に看過し難い過誤、欠落があるとはいえない。したがって、原告らの主張は理由がない。

ウ　原告らは、原子力施設においては、施設の建屋・機器からの排気を排風機で引き、高性能エアフィルタを通して放射性物質の粒子を除去して外部に放出しており、本件施設も同様であるところ、高性能エアフィルタの健全性が保たれる限りは、このやり方により放射性物質の外部への放出を抑制することができるが、本件施設のように六フッ化ウランを扱う施設の場合、六フッ化ウランの漏洩に必然的に伴うフッ化水素の発生により高性能エアフィルタのガラスウールを溶かしてしまうので、放射性物質の大量漏洩を避けるためには、フッ化水素を高性能エアフィルタに到達する前に除去する必要性があるのに、本件施設においては、捕集排気系、カスケード排気系、一般パージ系、均質パージ系の四つの排気系に、ロータリーポンプに至る前にＮａＦトラップを置き、事故時に備えては、均質槽配管カバー、均質槽、サンプル小分け装置フードからの排気については事故時に工程用モニタでフッ化水素を検出した時点で切り替える局所排気装置を設けているものの、この設計は、容器・シリンダの破裂事故の際に、フッ化水素を除去して高性能エアフィルタの健全性を確保するのに十分とは到底いえないと主張する。

しかし、まず、高性能エアフィルタの健全性を確保するのに十分でないと原告らが指摘する根拠のうち事故時の排気をフッ化水素吸着器のある局所排気装置へ送るのが事故になってからの切替えとするのは手抜きであるとする点については、証拠（甲４４２、証人Ｆ）によると、ＪＣＯ東海事業所の転換試験棟では、塔槽類からの排気は常時フッ化水素除去機能のある湿式スクラバと高性能エアフィルタを通す仕組みになっていて、六フッ化ウラン漏洩事故が発生してからの切替えによる本件施設の排気設備と比べ、設計上より安全であると認めることができるけれども、事故発生の前か後かの相違があるだけであって、それが手抜きであるとまでは評価することができないし、この設備設計がフッ化水素を除去して高性能エアフィルタの健全性を確保するのに不十分であるともいえない。

また、その切替弁は「ダンパ」とされており、ダンパとは「漏洩許容型バタフライ弁」のことであるから、均質槽・均質槽配管カバーでの事故の際にも事故発生後も局所排気装置を経由しないで高性能エアフィルタに到達する排気（フッ化水素）が相当程度あると考えざるを得ないとする点については、証拠（乙８０、証人Ａ）及び弁論の全趣旨によれば、本件施設の内容、その排気装置の機能及び構造等に照らし、本件施設の局所排気装置に使用されるダンパは無漏洩型のものであると考えられ、原告らが指摘するようにダンパが一般に「漏洩許容型バタフライ弁」を指すものである（甲９９）としても、そのことから直ちに本件施設の局所排気装置に使用されるダンパが漏洩許容型のものであるとまでは認めることができない。

次に、局所排気装置につながれているのは均質槽等のみであり、製品シリンダ槽等は局所排気装置に全くつながれていないなどとする点については、乙第７５号証によると、製品シリンダ槽や中間製品容器置場は、いずれも均質室に設置されることになっているところ、確かにこれらは局所排気装置につながれていないことが認められる。そうすると、局所排気装置につながれている均質槽等と比較し、これにつながれていない製品シリンダ槽等は、原告らが主張するように、その原因はともかく製品シリンダや中間製品容器が破裂したような場合にはフッ化水素を除去して高性能エアフィルタの健全性を確保するのに必ずしも十分であるとはいえない。しかしながら、他方、前記認定のとおり均質室に配置される均質処理及び濃縮度調整工程を行う均質・ブレンディング設備は、この工程が本件施設で唯一六フッ化ウランを高温高圧の条件で取り扱う機器であって、均質槽は均質処理及び濃縮度測定を終えた中間製品容器を加熱するのに対し、製品シリンダ槽は基本的には均質槽から製品シリンダに移送された気化状態にある六フッ化ウラン等を冷却する設備であるから（乙７５）、その六フッ化ウランの処理方法上設備に対する安全設計に差異を設けることには一定の合理性があることも否定し難いところであり、しかも、構造上製品シリンダ槽や中間製品容器置場のシリンダないし容器自体が破裂するような事象の発生確率は、均質槽内の中間製品容器が破裂する事象に比べ、相対的に小さいものと考えられるから、製品シリンダ槽や中間製品容器置場が局所排気装置につながっていないとしても、その一事をもって、そのような安全設計が不十分であり、その点を審査しなかった本件安全審査に看過し難いほどの過誤、欠落があるとはいえない。

さらに、均質槽内の容器の破裂時の衝撃圧力や臨界事故による爆発により均質槽自体が破裂した場合は、発生したフッ化水素と六フッ化ウラン・放射性物質は建屋の排気系を通じてフッ化水素除去装置を経ることなく、高性能エアフィルタを直撃するとする点については、まず、その前提として原告らが指摘する均質槽自体が破裂する原因となる容器の破裂に関しては、原告らの主張を忖度すれば、均質槽に中間製品容器を装着する際に配管への接続を忘れて加熱を行った結果、容器が破裂するという事態を想定することとなるところ、配管への接続を忘れて中間製品容器の加熱を行い、その結果容器が破裂し、その衝撃圧力で更に均質槽自体が破裂するといった事象は加工施設指針が臨界防止対策の前提とする技術的に発生が想定されるような事故であると解することは困難である。また、臨界事故に伴う爆発で均質槽が破裂する事象に関しては、その臨界事故に伴う爆発がいかなる事象によって招来されるものであるかについての具体的な主張はないのであるが、本件安全審査において、本件施設が加工施設指針１０及び１１に適合し、臨界安全が図られていることを確認している以上、加工施設指針１２により臨界事故に対する考慮を要しないとされていることに一定の合理性があることは前記説示のとおりであり、少なくともこの合理性の判断を左右するに足りるだけの臨界安全が確保されていないことにより想定される臨界事故の内容等につき具体的に主張しない以上、そのような主張は単に抽象的に臨界事故に伴う爆発で均質槽が破裂するような事象を想定して排気設備の安全設計の不備を指摘するにとどまるものであって、臨界事故として考慮を要しないとされた事象を想定するものにすぎないといわれても致し方ないというべきである。したがって、原告らが主張するような臨界事故に伴う爆発で均質槽自体が破裂するといった事象による高性能エアフィルタの健全性の有無について審査していないとしても本件安全審査の結果を左右するものとはいえない。そして、原告らが指摘するアメリカ合衆国オクラホマ州のセコイヤ燃料会社ウラン転換工場の事故も、後記認定のとおり（(８)イ）、その主たる原因は運転規則に違反したシリンダ加熱が行われたことにあると考えられるから、そのような原因による事故の発生までも想定して排気設備の安全設計を審査するまでの必要性はないといわざるを得ない。

したがって、原告らの主張は理由がない。

エ　原告らは、本件施設においては、電源喪失の場合にロータリーポンプが停止するようにインターロックが設けられているが、電源喪失によらずに、例えばコールドトラップに至る電源ケーブルの断線等によりコールドトラップのみ機能喪失した場合には、ロータリーポンプは停止しないので、その機能喪失による事故が想定される旨主張するが、原告らが主張する電源ケーブルの断線等がいかなる事象により発生するかについて具体的な主張はないから、そのような抽象的に想定される事象による事故の発生を想定していないからといって、本件安全審査の調査審議及び判断の過程に看過し難い過誤、欠落があるとはいえず、上記主張は採用できない。

オ　原告らは、本件安全審査においては、遠心分離機は、その構造について断面図さえみることなく、本件施設で実際に使用される遠心分離機の破壊実験もなく、ただ動燃の人形峠の施設で用いられた遠心分離機の仕様での模擬実験のデータが提出され、これと同様の方法でこれから試験をして設計するというだけで真空気密性能が維持されると判断されたが、この判断は、本件施設で使用される遠心分離機についてのデータも知らされず、動燃の施設の遠心分離機の仕様を前提にした模擬実験についてさえデータの一部、それも重要な一部を隠された状態でなされたものであって、明らかに不十分なものであると主張する。

しかしながら、前記認定のとおり、本件施設のカスケード室に配置されるカスケード設備を構成する遠心分離機については、高速で回転する内部の回転体が破損しても外筒（ケーシング）の真空気密性能が十分保たれるように、破損試験で確認された強度設計を行うとともに、回転体の回転速度が破損試験で安全性が確認された範囲を超えないように回転体を駆動する高周波電源の周波数を制限することが確認されているのであるから、原告らの主張は理由がない。

（５）　外部電源喪失に対する考慮

ア　原告らは、本件安全審査で設置が確認された外部電源系の機能喪失対策のための機器について、その仕様や性能等が明らかではなく、外部電源喪失時に機器・設備の安全性が保たれるか否かの判断が不可能である旨主張する。

しかし、本件安全審査で確認された前記認定の事項は、設備及び工事の方法の認可手続において具体的な設計及び工事の方法の安全上の適否を審査する基本設計として十分な具体性を備えているものと認められ、それ以上に、それ自体から外部電源喪失時の機器設備の安全性が確保されるか否かが確認できるほどに具体的な仕様や性能を内容的に含んでいないからといって、上記確認事項を本件施設の基本設計として相当と認めることについて、本件安全審査の調査審議及び判断の過程に看過し難い過誤、欠落があるとはいえない。したがって、原告らの主張は理由がない。

イ　原告らは、外部電源喪失時に様々な機序によってコールドトラップやケミカルトラップあるいはこれらに連なる配管における工程内部の圧力が上昇し、配管や弁等の健全性が損なわれる危険がある旨主張するが、工程内の気密性及び六フッ化ウランガスの純度が維持されている限り、常温下ではいかなる場合でも工程内部の圧力が六フッ化ウランの飽和蒸気圧を超えることはないところ、前記認定のとおり、六フッ化ウランの飽和蒸気圧は摂氏４０度の下でも約０．４気圧程度であり、また、外部電源喪失時には工程内の六フッ化ウランの温度は常温程度になるものと考えられるから（弁論の全趣旨）、原告らの主張する配管等の健全性を損なうような圧力上昇という事象はそもそも起こり得ないものというほかない。したがって、原告らの主張は理由がない。

ウ　原告らは、大気圧下では六フッ化ウランが摂氏５６．５度以下で固化凝固することから、外部電源喪失時には、本件施設の工程内の加熱機能ないしは減圧機能が維持できず、工程内で六フッ化ウランが随所で固化し、配管等の目詰まりによって配管内部の圧力が上昇して配管の破断が生じる旨主張する。

しかし、仮に外部電源の喪失により本件施設の工程内で六フッ化ウランが固化する事態が生じたとしても、工程内の気密性及び六フッ化ウランガスの純度が維持されている限り工程内の圧力が六フッ化ウランの飽和蒸気圧を上回ることはないところ、原告らが想定する摂氏５６．５度以下の状況においては、六フッ化ウランの飽和蒸気圧は７６０トール、すなわち１気圧以下にとどまるから、原告らが主張する配管等の破断をもたらすような圧力の上昇が工程内で生じることはないというべきである。したがって、原告らの主張は理由がない。

エ　原告らは、外部電源の喪失により遠心分離機の回転速度が減少すると、遠心分離機は共振現象により強度の応力が繰り返し加わり金属疲労が蓄積し、ひいては遠心分離機や配管が破損する危険がある旨主張する。

しかしながら、前記認定のとおり、本件安全審査では本件施設の遠心分離機について、内部の回転体が破損しても外筒の真空気密性能が十分保たれるように設計されるとともに、回転体の回転速度も破損試験で安全性が確認された範囲を超えないように制限されることが確認されているのであるから、仮に原告らの主張するような共振現象により遠心分離機の回転体が破損することがあっても、その破損箇所から六フッ化ウランが工程外に漏洩しないよう配慮されていることが確認されているということができる。また、共振現象によって遠心分離機の回転体以外の外筒やその外側の配管が破損するとの点については、そのような可能性を認めるに足りる証拠はない以上、そのような危険性について審査していないからといって、本件安全審査の調査審議及び判断の過程に看過し難い過誤、欠落があるということはできない。したがって、原告らの主張は理由がない。

（６）　検証結果等と本件施設の安全性確保対策の問題点

内閣総理大臣が本件許可処分をするに当たってした本件許可申請の規制法１４条１項３号要件適合性の判断のうち、加工施設自体の安全性確保対策に係る部分の合理性については、上記（５）までにおいて、本件安全審査の検討内容に沿って、その具体的審査基準に不合理な点は見当たらず、また、その調査審議及び判断の過程にも看過し難い過誤、欠落があるとは認められず、さらに、上記不合理ないしは看過し難い過誤、欠落があるとする原告らの主張につき判断をしてきたところであるが、原告らは、このほか、本件訴訟手続中に行われた検証の結果、あるいは本件施設や他の原子力施設においてこれまで発生した事故ないしは事象に基づいて、本件施設自体の安全性確保対策に関する本件安全審査を不合理であるかのごとく主張するので、以下、(６) ないし (８) において、これらの点についての裁判所の判断を示すこととする。

ア　原告らは、中央制御室に関し、運転員一人当たりの受持範囲、設備の監視操作を行う主盤の制御器工場の工夫、スイッチの配置や運転員の指揮連絡関係について問題点を主張するが、これらの事項が加工事業許可手続における安全審査の対象となる基本設計の内容に含まれるとは解されないから、原告らの主張は失当である。

イ　原告らは、非常用電源室及びディーゼル発電機室に関し、非常用電源設備が１ユニットずつしかないこと、約３０分間とされる直流電源設備のバッテリーの電気容量が実証されておらずその有効使用期限や取替期間も不明であることを主張するが、このような事実をもって、本件安全審査の調査審議及び判断の過程に看過し難い過誤、欠落があるとはいえないから、上記主張は失当である。また、原告らは、非常用電源室の天井付近にあるケーブルが同一のトレイ上を通っていることをもって、火災等の事故により安全上重要なすべての電源が同時に失われる危険があると主張するが、ケーブルの配線の具体的な態様が加工施設の基本設計の内容として安全審査の対象になるとは解されないから、上記主張も失当である。

このほか、原告らは、ディーゼル発電機の起動時間や性能が実証されていない旨主張するが、加工事業施設の安全審査において、実際に用いられる発電機の性能等を実証する必要があるとは解されないから、上記主張も失当である。

ウ　原告らは、高周波電源室に関し、高周波インバータ装置が故障しあるいは変調を来した場合に遠心分離機の回転数が異常に上昇し遠心分離機が破損する危険がある旨主張するが、上記装置が故障により遠心分離機の破損をもたらすほどに異常な高周波数を生じる危険性の存在については、何らの立証もないから、上記主張は理由がない。また、原告らは、上記機器の故障により遠心分離機への電力供給が停止した場合の共振現象による金属疲労がもたらす遠心分離機の破損の危険性を主張するが、遠心分離機について、共振現象により遠心分離機の回転体が破損した場合でも外筒の気密性が保たれ、六フッ化ウランの閉込め機能に影響を及ぼさないことが確認されていることは前記のとおりであるから、上記主張も理由がない。このほか、原告らは、高周波インバータ装置に重大な欠陥がある旨主張するが、そのような事実を認めるべき証拠はない。

次に、原告らは、高周波電源室のバスダクトないしケーブルダクトについて設計ミスの可能性がある旨主張するが、そのような個々の機器の具体的な設計が安全審査における審査対象である基本設計の内容に含まれるとは解されないから、上記主張は理由がない。

エ　原告らは、中間室に設置される機器のうち、ケミカルトラップ（フッ化ナトリウム）及びケミカルトラップ（アルミナ）について、実際の寸法が核的制限値を超えている可能性がある旨主張するが、そのような実際に作製された機器の寸法形状が安全審査の審査対象でないことはいうまでもなく、上記主張は失当である。また、原告らは、ケミカルトラップについて捕集能力や捕集効率の裏付けがない旨主張するが、基本設計において示されたケミカルトラップの捕集能力や捕集効率が実際の機器において達成できるか否かは、ケミカルトラップの具体的設計内容に係る事項であって、これが基本設計の段階で裏付けをもって確認されていないからといって、本件安全審査の調査審議の過程に過誤、欠落があるとはいえない。

オ　原告らは、発生回収室に関し、発生槽からカスケード設備に至る配管で目詰まりが生じると工程内の圧力が大気圧を超え、六フッ化ウランが漏洩する可能性があると主張するが、上記の目詰まりが発生する可能性を認めるに足りる証拠はないから、上記主張は前提を欠き失当である。

次に、原告らは、発生回収室内の製品コールドトラップにおいて、カスケード設備からの配管と製品回収槽への配管の切替えが手動で行われており、切替えを誤ると製品六フッ化ウランガスがカスケード設備に逆流する事故が発生する旨主張するが、そのような事態が仮に生じ得るとしても、これをいかにして防止すべきかは、切替作業をいかにして適切に行うかの問題として、加工事業規則８条１項１号「加工施設の操作及び管理を行う者の職務及び組織に関すること。」に関して規制法２２条に基づく後続の保安規定の認可手続において審査される事柄であるから、上記主張は、本件安全審査の対象外のことを問題視するにすぎず、理由がない。

このほか、原告らは、発生回収室内の製品コールドトラップ、製品回収槽及び廃品回収槽において、それぞれ内部の六フッ化ウランの圧力が大気圧を超えて六フッ化ウランが漏洩する可能性があるとして縷々主張するが、原告らが指摘するような事態においても工程内の六フッ化ウランの圧力が大気圧を超えないことは前記（５）イ、ウで説示したとおりであるから、原告らのこれらの主張は、いずれも前提を欠き失当である。

カ　原告らは、均質室の均質槽ないしはこれに接続する配管から六フッ化ウランが漏洩した場合の配管カバー内の排気について、工程用モニタでフッ化水素を検知した際の排気系統の切替えが失敗した場合、あるいは工程用モニタの検知機能が失われた場合には漏洩した六フッ化ウランの大半が施設外に流出する旨主張するが、本件安全審査では、前記認定のとおり、この工程用モニタが多重化され、原告らの主張するような事態に備えていることが確認されているから、この点について本件安全審査の調査審議及び判断の過程に過誤、欠落があるとはいえない。

次に、原告らは、均質槽での濃縮度調整の作業に当たり誤って空の中間製品容器ではなく六フッ化ウランが充填されたものを装着した場合には、配管カバーのない配管部分でも六フッ化ウランが大気圧になり配管の破断が生じる可能性があると主張するが、そのような事態をいかにして防止するかは、加工事業規則８条１項１号「加工施設の操作及び管理を行う者の職務及び組織に関すること。」として規制法２２条に基づく後続の保安規定の認可手続において審査される事柄であるというべきであるから、上記主張は、本件安全審査の対象外のことを問題視するにすぎず、理由がない。

また、原告らは、均質槽及び製品シリンダ槽では六フッ化ウランの過充填のおそれがあり、その場合にはアメリカ合衆国オクラホマ州のセコイヤ燃料会社ウラン転換工場のような容器加熱によるシリンダの破損事故が生じ得る旨主張するが、シリンダ類の破損が単にシリンダ類に対して過充填がされたというだけで、直ちに上記事故と同様の因果を辿ってシリンダ破裂事故が発生するというものではないから、上記主張は論理に飛躍があるというべきで、それ自体失当である。

キ　原告らは、本件施設から排出される液体廃棄物について、放射能濃度が線量当量限度等を定める件所定の濃度限度以下であることが確認される保証がない旨主張するが、後記のとおり、本件安全審査においては、本件施設の排気及び排水に含まれるウランの年間放出量が十分少なく、一般公衆の被曝線量は十分な安全裕度のある拡散条件を考慮しても極めて小さいことを確認しており、この点に関して本件安全審査の調査審議及び判断の過程に過誤、欠落があるとはいえない。

また､原告らは､生体濃縮を考えれば微量であっても放射性物質は危険であると主張するが、線量当量限度等を定める件が生体濃縮を考慮しないで定められたものと解すべき根拠は見当たらないから、原告らの主張は理由がない。

ク　原告らは、本件施設の排気系統に備えられた排気用モニタがすべての放射性物質とその濃度を測定できる機能を有していないと主張するが、本件施設で扱われる放射性物質であるウランの半減期が７億４００万年（ウラン２３５）あるいは４４億７０００万年（ウラン２３８）と極めて長期であることを考えると、排気用モニタがあらゆる放射性物質に対応していないからといって、これを問題視しなかった本件安全審査に看過し難い過誤、欠落があるとはいえない。

また、原告らは、この排気用モニタが異常を検知した場合でも警報を発するのみで、自動排気停止装置を備えておらず、警報が作動しなかった場合には放射性物質の無制限な外部放出の危険があると主張する。しかし、排気用モニタが異常を検知した場合にいかなる方法で対策を講じるかは、排気モニタの詳細設計として設備及び工事の方法の認可手続で審査されるか、あるいは少なくとも「非常の場合に採るべき処置に関すること」として保安規定の認可手続の際に審査されるべき事項と解されるから（加工事業規則８条１項９号）、これを本件安全審査において審査の対象としなかったとしても、このことをもって本件安全審査の調査審議及び判断の過程に看過し難い過誤、欠落があるとはいえない。

ケ　原告らは、原料シリンダの衝撃に対する強度がせいぜい０．３メートルの高さからの落下に耐え得る程度であると主張するが、本件安全審査では、前記のとおり、シリンダ類は落下の安全性が確認された高さより高くは吊り上げられないこととされていることを確認しているから、上記の主張によっても、本件安全審査の調査審議及び判断の過程に過誤、欠落があるとはいえない。

このほか、原告らは、本件施設外での輸送中の事故を考えると、濃縮六フッ化ウランについてのシリンダが９メートルの高さからの落下に耐えるとしても強度が不足している旨主張するが、本件施設外の輸送における安全性は本件安全審査の対象となる事項ではないから、上記主張は失当である。

（7）　本件施設における事故例と本件施設の安全性確保対策の問題点

ア　平成４年１月２６日及び同年２月２４日に発生した各事象について

（ア）　事実関係

上記各事象の具体的内容や原因等は、次のとおりである（当事者間に争いがない。）。

a　本件施設が本格操業を開始する前の平成４年１月２６日、本件施設において遠心分離機の停電再起動試験として、カスケード設備へのウランの出入りを止めた状態にした上で、停電を模擬するため遠心分離機の駆動源である高周波電源設備の電源を切り、４分後に電源を入れたところ、高周波電源設備に大きな電流が流れることを防止し保護するための過電流リレーが作動した。これにより遠心分離機の電源が切れ、ウランがカスケード設備から自動的に回収系へ排気され、上記ウラン全量がケミカルトラップ（フッ化ナトリウム）に回収された。

原燃産業による調査の結果、この過電流リレーが働いた原因は、高周波電源設備における電流の変動を抑える回路の調整が適切でなかったため、遠心分離機の回転数が若干下がった状態で一度に電源を入れたことにより、電流に変動が生じて過電流リレーが作動したことによるものと判明した。このため、同回路を調整した上で、再び停電再起動試験を行い、電流が変動しないことが確認された。

b　本件施設において、上記と同様に平成４年２月２４日に行われた停電再起動試験において、高周波電源設備の電源を切った直後に、１台の高周波電源設備の異常を知らせる表示が出され、カスケード設備内のウランが自動的に回収系へ排気され、上記ウラン全量がケミカルトラップ（フッ化ナトリウム）に回収された。

原燃産業による調査の結果、異常報知装置が作動した原因は、電源を切った際に発生するサージ（電流、電圧の瞬間的な変動）が高周波電源設備の入力変圧器から接地線を介して高周波電源設備の直流短絡検出回路にノイズとして入り、これが同回路の電流信号に相乗して、直流短絡検出回路を作動させ、高周波電源設備の異常警報を発報させたものであることが判明した。このため、従来から設置されているサージ防止回路に加えて、高周波電源設備に悪影響を及ぼすようなサージの発生を抑制する回路を追加し、さらに、入力変圧器と高周波電源設備の接地線を分離して、停電再起動試験を行い、直流短絡検出回路がノイズにより作動しないことが確認された。

（イ）　原告らの主張について

原告らは、上記各事象が本件施設の電源系等に深刻な欠陥があることを示すものである旨主張するが、そのような個々の機器の具体的な調整や実際の作動が加工施設の基本設計として安全審査の判断事項に含まれるとは解されないし、そもそも原告らのいう欠陥がいかなる意味において本件安全審査の調査審議及び判断の過程の過誤、欠落と関係するかという点についての主張はないから、いずれにせよ上記主張はそれ自体失当である。

イ　平成４年６月１７日に発生した事象について

（ア）　事実関係

上記事象の具体的内容や原因等は、次のとおりである（当事者間に争いがない）。

a　本件施設において、平成４年６月１７日、所内電源設備の定期点検を実施した後、高周波電源系統を高圧母線系統につなぎ定格運転状態で運転を続けていたところ、高周波電源系統に軽故障発生を知らせる警報が作動し、高周波インバータのうち１台が停止した。この際、高周波電源室の煙感知器が作動したため、ウランをカスケード設備内の六フッ化ウランガスを回収系へ排気し、カスケードを停止した。遠心分離機はその後も慣性による回転を続け、これが停止したのは翌１８日午前中のことであった。

その後の現場における点検により、入力変圧器と高周波インバータの間のバスダクトの２箇所にすす状の痕跡が確認された。

b　調査の結果、上記の原因は、バスダクトのダクトカバーが高周波電源室天井部の支持構造物に堅固に固定されていたため、熱による伸びが抑えられたことに対し、バスダクト内部の導体が伸びたため、導体を覆っている絶縁体がダクトカバーに押し付けられて損傷し、導体からダクトカバーを経由して大地に電気が流れる地絡が生じたことによるものと判明した。

c　原燃産業の発表によれば、高周波電源系統のケーブルダクトの損傷原因は、次のとおりである。

（a）　バスダクトのダクトカバーは高周波電源室天井部の支持構造物に堅固に固定されていたため、熱による伸びが抑えられたことに対し、バスダクト内部の導体が伸びたため、導体を覆っている絶縁材がダクトカバーに押し付けられて損傷し、地絡に至った。

（b）　さらにバスダクトの温度とバスダクト周辺の温度は、設計で許容された温度以下であったものの、許容温度に近かったため、上記の事象を助長した。

d　上記調査結果を踏まえて、日本原燃においては、バスダクトの施工上の不具合が故障の原因とならないよう、バスダクトの支持方法をダクトカバーの伸びを抑えない方法に変更するとともに、念のため、バスダクトの温度上昇を低減するため、定格電流の高い規格品に変更し、また、ダクトカバーの材質を鉄からアルミニウムに変更し、さらに、バスダクト付近の温度を下げるため、高周波電源室の天井部に空気の流れを生ずるように換気ダクトを一部改良したとしている。

（イ）　原告らの主張について

原告らは、上記事象の原因が施工の杜撰さにあるとし、他の箇所の施工の質について問題がある旨主張するが、本件施設の設備・機器の具体的設計内容や施工状態の良し悪しは安全審査の調査審議及び判断における過誤、欠落の有無を左右する問題には当たらないから、上記主張は失当である。

ウ　平成6年2月7日に発生した事象について

（ア）　事実関係

上記事象の具体的内容や原因等は、次のとおりである（当事者間に争いがない。）。

a　本件施設の中央制御室には、計測制御信号の入出力によって運転に必要な監視・操作を行う中央制御盤（主盤、起動補助盤、プロセス補助盤、プラント関連盤、所内電気盤）及び運転指令台が設置されている。また、発生回収室、中間室、均質室及びリレー室にはそれぞれ計装盤が設置されている。

上記各計装盤内には、それぞれ分散形制御装置（六フッ化ウラン等の圧力、流量、温度の値をあらかじめ定められた値になるよう調節弁の弁開度等を自動的に制御する制御装置。以下「コントローラ」という。）及びシーケンス制御装置（ポンプ、弁等をあらかじめ定められた条件及び作動順序に従って動作させる制御装置。以下「シーケンサ」という。）が設置されている。このうち、（a）発生回収室の計装盤内のコントローラは製品コールドトラップ関係の調節弁等の弁開度を調節する機能を、シーケンサは廃品第2段コンプレッサ等の動作を制限する機能を、（b）各中間室の計装盤内のコントローラはカスケード設備の調節弁等の弁開度を調節する機能を、シーケンサはカスケード設備のＯＮ－ＯＦＦ弁（全開又は全閉のいずれかの状態をとる弁）及び廃品第1段コンプレッサ等の動作を制御する機能を、（c）均質室の計装盤内のコントローラは均質槽関係の調節弁等の弁開度を調節する機能を、シーケンサは均質槽関係のＯＮ－ＯＦＦ弁等の動作を制御する機能を、（d）リレー室の計装盤内のコントローラは空調関係の調節弁（全開、全閉の間で開閉度合いを制御し得る弁）の弁開度を調節する等の機能を、シーケンサは排風機等の動作並びに中央制御盤のモード表示灯、スイッチ灯及び警報表示灯の点灯・消灯を制御する機能を、それぞれ持っている。また、コントローラ及びシーケンサは、六フッ化ウランの流れる配管に設置された検出器等からの圧力等の信号を受け、同一の機能を有するＡ系及びＢ系の伝送ライン（デジタル化した信号を複数の装置間で送信及び受信する電路）により当該信号を中央制御盤及び運転指令台へ伝送する。

一方、中央制御室からの機器の操作に関する信号は、中央制御盤からＡ系及びＢ系伝送ラインにより各計装盤へ伝送されて、コントローラ又はシーケンサにより処理され、機器の制御がされる。

本件施設には、上記伝送ラインから独立した計測制御設備として、ハードワイヤー（電圧・電流信号を、特定の装置間で、他の電路とは独立して送信又は受信する電路）で構成される六フッ化ウラン等の圧力及び温度等の制御機能を有する設備及び専用の配線（デジタル化した信号を特定の装置間で、他の電路とは独立して、送信及び受信する電路）で構成されるカスケードの流量、圧力の監視・操作機能を有する設備等がある。

ｂ　当時、本件施設は、１Ａ、１Ｂ及び１Ｄカスケードについてはホット定格モード（カスケードに原料六フッ化ウランを供給し、製品六フッ化ウランと廃品六フッ化ウランを回収する運転モード）、１Ｃカスケードについてはコールド定格モード（遠心分離機は運転しているが、カスケードに原料六フッ化ウランを供給していない運転モード）で運転されていた。

平成６年２月７日午前１０時２７分、１Ｃ中間室に設置されている１Ｃカスケード系計装盤内のコントローラの二重化された通信制御基板のうち１枚が同一仕様の新しい基板と交換された後、１Ｃカスケード系計装盤内のコネクタが規定どおりのトルクで締め付けられていることの確認作業が行われた。

上記確認作業中の午前１０時４１分、中央制御室において、リレー室、１Ａ中間室、１Ｂ中間室、１Ｄ中間室、１号発生回収室及び１号均質室の各計装盤の異常を示す警報が鳴った。中央制御室の監視用画面で警報の原因を確認したところ、Ａ系伝送ラインの異常発生が表示され、その２３秒後にＢ系伝送ラインの異常発生が表示された。また、同じころ、中央制御室からの機器の手動操作を行うスイッチのスイッチ灯も消え、手動操作も不可能となった。このうち、Ａ系伝送ラインは、Ｂ系伝送ラインの異常発生の８秒後に異常状態が解消され正常に復帰し、これ伴って、各計装盤内のコントローラは信号の伝送を再開し、これにより中央制御室の監視用画面において圧力、流量、温度及び調節弁の弁開度の監視・操作が可能となった。

これに対し、各計装盤内にあるシーケンサは、伝送ライン両系異常時に停止する設計のため停止したままの状態であり、中央制御室の監視用画面では、シーケンサが制御する機器に関する情報についてはシーケンサ停止前の状態しか把握できなくなって、シーケンサが制御する機器の運転状態を中央制御室において監視・操作し、またシーケンサによって制御することができない状態が継続した。そこで、直ちに現場においてシーケンサが制御する機器の運転状態が確認された結果、１Ａ、１Ｂ及び１Ｄカスケードは中央制御室の監視用画面の表示ではホット定格モードであったが、現場の確認では、１Ａカスケードは全還流モード（原料六フッ化ウランの供給を停止し、カスケード内で六フッ化ウランを循環させる運転モード）で本来「開」となるべき供給系と廃品系を連絡する連絡弁が「閉」となっている状態であること、１Ｂ及び１Ｄカスケードはホット定格モードを維持していること、並びに六フッ化ウラン処理設備、均質・ブレンディング設備及び気体廃棄物の廃棄設備は正常に運転していることが確認された。

一方、中央制御室において、全還流モードである１Ａカスケードで、通常の全還流モードを若干上回る圧力の上昇とこれに続く圧力の低下という現象が発生していることが確認されたため、午前１１時１９分、現場における手動操作にて１Ａカスケードの六フッ化ウランの排気回収を実施し、この操作によって１Ａカスケードの圧力が更に低下したことが中央制御室において確認された後、午前１１時３０分、現場における手動操作にて１Ａカスケードが正常な全還流モードに戻された。

ｃ　Ｂ系伝送ラインの異常発生の原因は、１Ｃカスケード系計装盤内のコネクタとタップの接触部の接触不良と想定されたので、当該コネクタを取り外して点検し、締め直したところ、午前１１時５８分に中央制御室の監視用画面においてＢ系伝送ラインが正常　に復帰したことが確認された。

Ｂ系伝送ラインの復帰後、停止したシーケンサの機能を回復させるためにはイニシャライズ操作（シーケンサ内部に記憶されている停止前に設定した条件を消去する操作）が必要であるため、中央制御室から、各計装盤内のシーケンサのイニシャライズ操作を、リレー室シーケンサ、１号発生回収室シーケンサ、中間室シーケンサの順に順次実施した。

１号発生回収室のシーケンサのイニシャライズ操作に伴い、午後零時２６分、運転中の廃品第２段コンプレッサ（往復動式）が設計どおり停止した。しかし、停止後直ちに予期した起動操作を行うことができず、中央制御室において「廃品第２段コンプレッサ入口ヘッダ圧力高高」警報が鳴った。通常であれば「廃品第２段コンプレッサ入口ヘッダ圧力高高」の信号によって、この圧力の上昇を抑えるためにホット定格モードのカスケードはすべて全還流モードへ移行されるとともに、廃品第１段コンプレッサ（遠心式）内の六フッ化ウランは排気回収されることになるが、本件事象においては、このような制御を実施する１Ａ、１Ｂ及び１Ｄの各中間室のシーケンサがまだイニシャライズ操作未了で停止していたため、これらの動作はなされなかった。

そこで、午後零時３１分に１Ａ中間室のシーケンサのイニシャライズ操作を行うことにより、１Ａ廃品第１段コンプレッサが停止に向けて回転速度を落とし始めるとともに、「廃品第２段コンプレッサ入口ヘッダ圧力高高」の信号によって、１Ａ廃品第１段コンプレッサ内の六フッ化ウランが排気回収された。引き続き午後零時３２分に１Ｂ中間室、午後零時３３分に１Ｄ中間室の各シーケンサのイニシャライズ操作を行うことにより、１Ｂ及び１Ｄの廃品第１段コンプレッサが停止に向けて回転速度を落とし始めるとともに「廃品第２段コンプレッサ入口ヘッダ圧力高高」の信号によって、１Ｂ及び１Ｄカスケードはホット定格モードから全還流モードに移行し、１Ｂ及び１Ｄ廃品第１段コンプレッサ内の六フッ化ウランが排気回収された。

また、１Ｂ及び１Ｄ中間室のシーケンサのイニシャライズ操作後に中央制御室において「１Ｂ廃品第１段コンプレッサ故障」及び「１Ｄ廃品第１段コンプレッサ故障」警報が鳴った。このため、直ちに中央制御室の監視用画面において確認したところ、１Ｂ廃品第１段コンプレッサが１９台中６台、１Ｄ廃品第１段コンプレッサが１９台中１台故障表示していることが確認された。なお、１Ｂ及び１Ｄの廃品第１段コンプレッサには、回転停止までの時間が通常より短いものがあった。

午後零時３５分に廃品第２段コンプレッサの入口圧力を低下させるため、廃品第２段コンプレッサ（３台）を運転し、入口圧力の低下を確認した後、午後零時５０分に廃品第２段コンプレッサを停止した。

ｄ　事象の原因

上記事象の発生原因は次のとおりである。

（ａ）　伝送ラインの異常

伝送ラインの異常は、１Ｃ計装盤内のコネクタを構成するプラグピンにＡ系Ｂ系いずれについてもニッケル、銅等の酸化物及び塩化物を主体とする腐食生成物（サビ）が生成しており、打振試験等からコネクタの締め付けトルク確認作業により外力がプラグピンに伝わり、タップ側接続端子の接点部で腐食生成物と接触し、接触不良が発生したものと推定され、また、腐食生成物の生成原因としては、プラグピンの金メッキ処理において所定のメッキ厚が得られずピンホールが多く発生したことに加え、メッキ処理工程以降の人汗の付着、保管方法の問題により、腐食が進行したものであることが確認された。

また、Ａ系Ｂ系に同時に異常が発生したのは、Ａ系伝送ラインのコネクタの締め付け確認を行った後、Ａ系伝送ラインの健全性を確認することなくＢ系伝送ラインの締め付け確認作業が行われたためである。

（ｂ）　Ａ系伝送ライン復帰後もシーケンサが停止し、大半の弁及び機器の運転状態の監視、操作ができない状態となったことについて

この原因は、Ａ系及びＢ系伝送ラインの異常が同時に発生すると、シーケンサの機能が停止して制御を中止し、機器はシーケンサ停止時の運転状態を保持する設計となっており、シーケンサの機能復旧はイニシャライズ操作により行う設計となっていることにある。

（ｃ）　１Ａカスケードが自動的に全還流モードになり、他方１Ｂカスケード及び１Ｄカスケードが通常運転を続けたことについて

この原因は、カスケードの弁の開閉等を制御する中間室シーケンサは、１号発生回収室シーケンサが停止すると六フッ化ウラン処理設備が使用不能と判断してカスケードを全還流モードへ移行させる設計となっているところ、１Ａカスケードでは、１Ａ中間室シーケンサより先に１号発生回収室シーケンサが停止したために全還流モードへと移行したが、他方、１Ｂカスケード及び１Ｄカスケードでは、１Ｂ中間室シーケンサ及び１Ｄ中間室シーケンサがカスケードの全還流モードへの移行を行う前に１号発生回収室シーケンサより先に停止し、シーケンサ停止時の通常運転であるホット定格モードを維持したことにある（シーケンサが停止した場合、シーケンサによって制御される機器はシーケンサ停止前の状態を保持する設計となっている。）。

（ｄ）　１Ａカスケードの圧力異常について

カスケード内の圧力変化のシミュレーション計算をした結果により、全還流モード移行時に開となる連絡弁が短時間閉じていたことによるものと推定される。

（ｅ）「廃品第２段コンプレッサ入口ヘッダ圧力高高」警報について

シーケンサの復旧作業に当たり、本来は先に中間室シーケンサを復帰させてカスケードを全還流モードに移行させ、六フッ化ウランが廃品第２段コンプレッサに供給されない状態にするべきところを、中間室シーケンサより先に発生回収室シーケンサをイニシャライズしたことにより、カスケードが運転を継続し、六フッ化ウランガスを廃品系に供給し続けた。他方、発生回収室シーケンサが復帰すれば当然停止する設計となっていた廃品第２段コンプレッサは、機能を停止し、かつ、直ちに起動されなかった（その手順書がなかったため）。このため、機能を停止した廃品第２コンプレッサに六フッ化ウランガスが供給され続け、入口圧力が上昇した。

（ｆ）　１Ｂ、１Ｄ「廃品第１段コンプレッサ故障」警報について

六フッ化ウランガスが供給されている状態で廃品第２段コンプレッサが停止したため圧力が上昇し、その前工程である廃品第１段コンプレッサ内の六フッ化ウランガスの圧力が上昇し、コンプレッサ内の回転体の回転抵抗が大きくなり、回転数の低下等の異常を生じて廃品第１段コンプレッサが故障した。

これは、中間室、１号発生回収室いずれの計装盤内のシーケンサからイニシャライズ操作を実施しても、すべてのシーケンサのイニシャライズ操作を完了することが可能であるところ、本事象においては、イニシャライズ操作を１号発生回収室から先に実施し、次いで必要となる複数の廃品第２段コンプレッサを同時に起動させるための操作を適切に行うことができなかったことから、廃品第１段コンプレッサの故障が発生したものである。

(イ)　原告らの主張について

ａ　原告らは、本件施設においては多くの機器が伝送ラインとシーケンサを共用しており、この点を審査しなかった本件安全審査は加工施設指針１９に違反していると主張する。

しかしながら、本件施設においては、伝送ラインを介さなくとも本件施設における設備・機器は各室ごとに設置された計装盤において操作制御できる設計とされているのであるから（証人D)、伝送ラインをもって加工施設指針１９にいう共用に対する考慮が必要な「安全上重要な施設」、すなわち加工施設指針の用語の定義における（ａ）ウランを非密封で大量に取り扱う設備･機器、(ｂ）ウランを限定された区域に閉じ込めるための設備・機器であって、その機能喪失により作業環境又は周辺環境に著しい放射能汚染の発生のおそれのあるもの、（ｃ）臨界安全上核的制限値のある設備・機器及び当該制限値を維持するために必要な設備・機器、（ｄ）火災・爆発の防止上、熱的制限値又は化学的制限値のある設備・機器及び当該制限値を維持するために必要な設備･機器、(ｅ）非常用電源等で、その機能喪失によりウラン加工施設の安全性が著しく損なわれるおそれのある系統及び設備・機器、（ｆ）これら（ａ）ないし（ｅ）の設備・機器が設置されている建物・構築物、のいずれにも該当しないということができる(乙１５)。したがって、本件安全審査において伝送ラインに関し共用に対する考慮につき検討しなかったからといって、加工施設指針１９に違反するものということはできない。また、シーケンサは、前記のとおり複数の設備・機器を一定の条件及び作動順序によって動作制御するための装置であるから、各シーケンサがその制御対象とする複数の機器と接続されていることは、そもそも施設の共用には当たらないというほかない。したがって、原告らの主張はいずれも理由がない。

ｂ　原告らは、本事象の発生拡大がシーケンサにフェイル・セーフ（何らかの不具合が生じた場合に最終的には安全な構造を持たせること（証人Ｆ））の設計思想が採用されていないことによるもので、これにより本件施設においては上記思想が全く採用されていないことが明らかになったとし、このことが本件安全審査の違法性を示していると主張する。

しかしながら、本件施設においては、少なくとも、各設備からの排気系統に設置されたロータリポンプが電源喪失により停止した場合にその直前に設置されたロータリポンプ入口弁が自動的に閉じる機構においてフェイル・セーフの考え方が採用されているほか（乙７５、証人Ａ)、本件施設で採用されている各種のインターロックもフェイル・セーフの機能を持たせるための方法の一つであるから（証人Ｆ)、本件施設においてこの考え方が全く採用されていないという原告らの主張は事実に反し、前提を欠くというべきである。ま

た、本事象のうち、シーケンサの機能停止後もカスケード設備の一部がホット定格モードを維持したことは、シーケンサの機能停止との関係でカスケード設備がフェイル・セーフの考え方により自動的に運転を停止するよう設計されていなかったことに起因することは認められるものの（証人A）、フェイル・セーフの考え方とフェイル・アズイズ（何らかの不具合が生じた場合にそれまでの動作等を維持すること）の考え方との間で、そのいずれが個々の機器において安全であるかは上記の場合も含めて一概にはいえないこと（証人A）及びカスケード設備の一部がホット定格モードを維持したことが本事象の発生拡大に何ら寄与していないことを考えると、やはり本事象をもって本件安全審査の調査審議及び判断の過程に過誤、欠落があるとはいえない。したがって、原告らの主張は理由がない。

c　原告らは、本件安全審査が最大想定事故の解析を安全保護の機器が正常に作動するとの前提で行っていることについて、本事象が施設の事故拡大防止機能が一切働かない状態であって、そのような状況が現に発生しているとして、上記の事故解析条件及びその解析結果は不合理であると主張する。

しかしながら、加工施設指針３によれば、最大想定事故の事故選定は、技術的にみて発生が想定される範囲で行われれば足りるとされているところ、本事象と本件安全審査で選定した最大想定事故の想定した均質・ブレンディング設備における配管の破損という事象とはそれぞれ独立した事故原因であって、これが同時に発生する確率は極めて小さく、これらが複合的に寄与する事故が技術的にみて発生が想定される事故であるとまではいえないというべきである。したがって、本事象の発生を踏まえても、本件安全審査における最大想定事故の事故想定及び事故解析に看過し難い過誤、欠落があるとはいえない。したがって、上記主張は理由がない。

d　以上のとおりであるから、本事象について原告らが指摘するところによっても、本件安全審査の調査審議及び判断の過程に過誤、欠落があるということはできない。

（8）　他の原子力施設における事故例と本件施設の安全性確保対策の問題点

ア　動燃事業団人形峠事業所ウラン濃縮試験工場での爆発事故について

（ア）　弁論の全趣旨によれば、上記事故は、昭和５８年２月３日、動燃事業団人形峠事業所ウラン濃縮試験工場内の化学分析室で、廃液中の有機物を除去するために硝酸と過塩素酸を加えて分離処理を行っていたところ、上記有機物と過塩素酸とが急激に反応したことによりビーカーが破裂し、破裂したビーカーのあるフード内を覗き込んでいた作業者１名がビーカーの破片で頸動脈を切り、出血多量で死亡するに至ったというものであることが認められる。

（イ）　原告らは、上記事故をもって、本件施設においても廃液処理の過程で同様の事故が起こる危険がある旨主張する。しかし、本件安全審査においては、火災爆発等に対する考慮として、前記認定のとおり、本件施設の主工程では可燃性の物質及び爆発性の物質を使用せず、分析室等で使用されるアセトン等についても取扱量を制限するとともにその保管は倉庫内の危険物貯蔵エリア等で行うこととなっていることを確認し、本件施設の事故防止対策上妥当なものと判断しているところ、本件施設において上記と同種の事故が発生する可能性を認めるべき証拠はないから、上記事故の存在をもって本件安全審査の上記判断を不合理であるということはできない。

イ　セコイヤ燃料会社ウラン転換工場における六フッ化ウラン容器破裂事故

（ア）　証拠（甲１９、９５）及び弁論の全趣旨によれば、上記事故は、次のようにして発生したものと認められる。

a　イエローケーキ（ウラン鉱石から製錬された八酸化三ウランの粉末）から六フッ化ウランを製造するアメリカ合衆国オクラホマ州ゴアのセコイヤ燃料会社ウラン転換工場において、１９８６年（昭和６１年）１月４日、シリンダへの液化六フッ化ウランの充填作業中、シリンダを載せた台車の車輪が重量計の上に充分乗っていなかったために正しく重量が測定されず、シリンダに六フッ化ウランが過充填されてしまった。

b　過充填された六フッ化ウランの一部は、所定の運転手順に従って、コールドトラップを利用した抜き出しが実施されたものの、作業の途中で、六フッ化ウランの抜き出しが困難となった。この原因は、六フッ化ウランの固化にあると考えられる。

ｃ　上記シリンダは建屋外の蒸気加熱装置に運ばれ、六フッ化ウランを液化させるために弁を閉じた状態で加熱された。この過充填となったシリンダを加熱する措置は、運転手順に違反するものであった。

ｄ　加熱開始から約２時間後、シリンダが破裂し、漏出した六フッ化ウランは大気中の水分等と反応し、固体粒子であるフッ化ウラニルと気体のフッ化水素となって、折からの風によって拡散し、事故現場から約２０メートル離れた建物にいた従業員１名がフッ化水素により肺等に損傷を受けて死亡したほか、１００名近くが病院で診察を受けた。

ｅ　米国原子力規制委員会は、調査の結果、事故の原因として、（ａ）シリンダが重量計の上に正しく置かれなかったこと、（ｂ）充填が長時間に及び六フッ化ウランがシリンダ内で固化したこと、（ｃ）重量計が過充填となったシリンダの重量を測定できなかったこと、（ｄ）シリンダ重量の計測が多重化されていなかったこと、（ｅ）運転手順に明確に反した過充填のシリンダの加熱が行われたこと、を挙げている。

（イ）　原告らは、上記事故の例を引きながら、マニュアルどおりに事が進まなかった場合に現場の判断で処置がされて起こり得る人為ミスの可能性が本件施設にも存在すると主張する。しかし、そもそも上記事故の主たる原因は、運転規則に違反したシリンダ加熱が行われたことにあると考えられるところ、そのような事態をいかに防止するかは、設備の操作や従業員の保安教育といういずれも保安規定の内容の問題というべきであるから、上記事故は本件安全審査の結果を左右するものとはいえない。

ウ　ポーツマスウラン濃縮工場における六フッ化ウラン漏洩事故

（ア）　甲第２７号証及び弁論の全趣旨によれば、上記事故は、ガス拡散法によるウラン濃縮を行っているアメリカ合衆国オハイオ州パイクトンの政府ポーツマスウラン濃縮工場において、１９８５年（昭和６０年）１２月２７日から約１週間の間に、ウラン濃縮設備内の空気除去系設備に六フッ化ウランが流入し、同設備に設置された六フッ化ウラン除去のためのケミカルトラップの処理容量を超えた六フッ化ウラン約２１キログラムが工場外に漏出したというものであることが認められる。

（イ）　原告らは、本件施設においても六フッ化ウランガスが排気中に流入して施設外に漏洩した場合上記事故と同様の危険性があると主張する。しかし、前記のとおり、本件安全審査では、各設備からの排気は、四つの系統ごとにケミカルトラップ（フッ化ナトリウム）で六フッ化ウランを除去するほか、一般パージ系及び均質パージ系の排気系ではコールドトラップによっても六フッ化ウランの除去が行われる仕組みとなっている上、さらに、これらの排気は本件施設の排気設備において、プレフィルタ及び高性能エアフィルタを経由してから排出され、排出口には排気中の放射性物質の濃度を監視するモニタが設置されることを確認した上で、本件施設では六フッ化ウラン閉込めのための適切な対策が採られており、閉込め機能が十分確保できるものと判断した。このように、本件安全審査では、排気中の放射性物質の除去設備及び排気中の放射性物質濃度の監視モニタが本件施設に備えられることを確認しているところ、上記事故のように長期間に大量の六フッ化ウランが漏出し続ける事態も上記の確認事項で十分防止し得るものと考えられるから、上記事故をもって、本件安全審査が不合理であるということはできない。

なお、原告らは、本件施設のフィルタ類やケミカルトラップ等が地震や爆発事故によって機能に支障を生じる可能性について本件安全審査では事故解析がされていない旨主張するが、そのような地震ないしは爆発事故と上記事故類似の六フッ化ウラン漏洩事故とが独立して同時的に発生する事象は、技術的にみて想定し得るものとは必ずしもいえないから、上記主張は、本件安全審査の結果を左右するものとはいえない。

エ　ＪＣＯ東海事業所転換試験棟における臨界事故

（ア）　証拠（甲４４５の3、4、6、7、４６７の2、証人Ｆ）及び弁論の全趣旨によれば、上記事故は、次のようにして発生したものと認められる。

ａ　平成１１年9月３０日午前１０時３５分ころ、ＪＣＯ東海事業所の転換試験棟で、硝酸ウラニル溶液を製造する目的で、作業員が八酸化三ウランを硝酸に溶解した溶液約４０リットルを沈殿槽に漏斗で流し込んだところ、沈殿槽内部のウラン溶液が臨界状態となり、遅くとも翌日午前6時

３０分ころまで臨界状態が継続した。

b　臨界状態のウランから発せられた中性子線及びガンマ線は、施設外にまで達し、これにより、臨界状態発生時に近傍で作業を行っていた作業員３名のほか、消防署職員３名、ＪＣＯ東海事業所の関係者５６人及び事業所周辺の一般公衆７名、さらに施設内で臨界収束のための作業に携わった１４名が被曝し、うち作業員２名が放射線障害により死亡したほか、数百メートルないし数キロメートルの範囲で周辺環境の物質が放射化された。これに対し、臨界事故による施設自体の破壊はなく、施設内のウランが施設外に漏洩することはなかった。

c　地方自治体では、地域住民に対し、施設から３５０メートル圏内においては避難、１０キロメートル圏内においては屋内退避措置をそれぞれ勧告した。

d　上記臨界事故の直接の原因は、転換試験棟の工程における臨界安全が、全工程を通じての１バッチ（濃縮度１８．８パーセント、２．４キログラム）の質量制限、一部の工程に入る前の秤量による質量制限及び沈殿槽以外の工程における形状制限で管理されていたところを、質量制限を大きく上回る量の濃縮度１８．８パーセントの硝酸ウラニル溶液を形状制限がされていない沈殿槽に投入したことにある。このような作業工程は、それ自体許認可を受けていないのみならず、ＪＣＯが独自に作成した作業手順書（ただし、その内容も許認可を受けていない。）にも反する内容であった。

(イ)　原告らは、ＪＣＯが加工事業許可を受けるに当たって行われた安全審査でもいかなる場合でも臨界事故は起こり得ないと判断され、臨界事故評価は行われないままになっていながら現実には臨界事故が発生したことをもって、同様の判断がされた本件施設についても、事故評価をしていない安全審査には看過し難い過誤、欠落があると主張する。

しかし、ＪＣＯの加工事業変更許可申請の内容（甲４４５の１６の１、１６の２、４８４）と上記臨界事故の発生経過とを対比すると、上記臨界事故は、ＪＣＯの加工施設において講じられた技術上は適正な臨界管理を殊更無視する態様で作業が行われたために発生したものであって、基本的にはウラン加工施設設置許可の段階の安全審査の対象とはならない加工施設の作業員による意図的な作業工程の不遵守といった事態が原因となったものであり、上記臨界管理は、悪意の逸脱による臨界事故発生の危険までは防止できない恨みはあるものの、それ自体は技術的にみて臨界事故を防止するに足りる内容のものであったということができ、加工施設指針１０が技術的にみて想定されるあらゆる場合の限度において臨界防止対策を求めている以上、上記臨界事故の事実をもってしても、上記臨界管理をもって適切な臨界防止対策が採られていると判断した安全審査に過誤があると評価することはできない。そして、本件安全審査も、上記同様に技術的にみて臨界を防止し得る対策を講じているか否かを判断したものであって、その判断が不合理といえないことは前にみたとおりである。そうすると、加工施設指針１２が、技術的にみて発生が想定されるあらゆる場合に対する臨界防止対策が図られている限りは臨界事故の事故評価を不要としている以上、本件安全審査において上記判断の下に臨界事故評価をしていないことは、格別看過し難い過誤、欠落には当たらないといわざるを得ない。要するに、上記臨界事故のような技術的見地からは発生は想定されないが作業従事者の杜撰な管理等によって起こり得る事故については、現行の制度設計上、加工事業許可処分の段階でこれを審査する枠組みにはなっていないのであって、現実に起こり得る各種事故の影響の大きさにかんがみるときはその事の当否は制度論として十分な検討に値するものの、この枠組みの存在を前提とする以上、技術的見地からは発生が想定されないが現実には発生し得る事故を防止し得ないことの不合理を安全審査の判断の当否に帰することはできない筋合いというほかない。もとより、このような悲惨な事故が再び発生することがないよう万全な臨界事故防止対策を講じる必要のあることは当然のことであり、そのためには今回のＪＣＯ事故の教訓を生かし、作業従事者の意図的な作業工程の不遵守といった杜撰な管理等によって起こり得る事故についても、加工事業許可申請の許否を審査する段階でその発生を想定した臨界事故評価が行われる仕組みになるよう制度の抜本的な見直しが検討され、上記のような現行制度上技術的見地から発生が予想されない臨界事故についても事前に審査する新たな制度の実現が望まれるところである。

このほか、原告らは、上記臨界事故を引き合いにして、本件安全審査が最大想定事故として妥当とした事故想定が過小で非現実的であると主張するが、これについても、本件安全審査における最大想定事故の事故選定及び事故評価に関する判断が、技術的にみて発生が想定される事故のうちで一般公衆の被曝線量が最大となるものの選定及び評価としては合理的に行われていることは後記のとおりであって、技術的見地からは発生が想定されない上記臨界事故をもって上記判断を不合理ということはできない。

したがって、ＪＣＯ臨界事故に関する原告らの主張は、いずれも理由がない。

第４　公共の安全性確保

１　はじめに

本件施設に求められる前記の意味における安全性のうち、公共の安全確保に係るものは、本件施設において発生し得る事故を想定しても、本件施設から直接外部に放出される放射線や本件施設から外部に排出される放射性物質及び放射性廃棄物により引き起こされる一般公衆の被曝が、事故時のものとして社会通念上許容し得る一定水準の範囲内であるかどうかの問題であるといえる。

２　加工施設指針等の内容（乙１４、１５）

核燃料施設基本指針３は、事故時条件として、核燃料施設に最大想定事故が発生するとした場合に一般公衆に対し過度の放射線被曝を及ぼさないことを求めている。そして、この点につき、加工施設指針３は次のように定めている。

（１）　事故の選定

ウラン加工施設の設計に即し、（ａ）有機溶媒、水素ガス等の火災・爆発、（ｂ）六フッ化ウラン、二酸化ウラン粉末等の飛散、漏洩、（ｃ）自然災害等の事故の発生の可能性を技術的観点から十分に検討し、最悪の場合技術的にみて発生が想定される事故であって一般公衆の放射線被曝の観点からみて重要と考えられる事故を選定すること。

（２）　ウラン総放出量の計算

上記で選定した事故のそれぞれについて、次の事項に関し十分に検討し、安全裕度のある妥当な条件を設定して、ウランの総放出量を計算すること。

ア　ウランの形態・性状及び存在量

イ　事故時の閉込め機能（高性能エアフィルタ等の除去系の機能を除く。）の健全性

ウ　排気系への移行率

エ　高性能エアフィルタ等除去系の捕集効率

（３）　被曝線量の評価

上記（１）で選定した事故のうち、（２）の計算により最大のウラン総放出量を与える事故を最大想定事故として設定し、当該最大想定事故時のウランの総放出量からみて、十分な安全裕度をみた事故時の拡散条件を考慮しても一般公衆の被曝線量が極めて小さくなることが明らかな場合には、被曝線量の評価は要しないものとする。これ以外の場合には、十分な安全裕度のある拡散条件等を設定して一般公衆の被曝線量を計算し、一般公衆に対し、過度の放射線被曝を及ぼさないことを確認すること。

３　本件安全審査の内容

証拠（乙９、７５、証人Ａ）によれば、本件安全審査では、本件施設における最大想定事故の際の公共の安全確保について、次のとおり、事故の選定、ウラン放出量及び一般公衆への影響についてそれぞれ検討を行ったものと認められる。

（１）　事故の選定

ア　本件許可申請書では、次のとおり、種々の事故の発生について検討を行った上で、本件施設において最悪の場合技術的にみて発生が想定される事故であって一般公衆の放射線被曝の観点からみて重要と考えられる事故として、均質・ブレンディング設備において中間製品容器が均質槽内に設置され加熱状態にあるときに均質槽外部の緊急遮断弁に接続している配管が破損した場合を想定することとしている。

（ア）　本件施設の各設備のうち、六フッ化ウラン処理設備では、六フッ化ウランを大気圧以下で取り扱うので、設備・機器の故障等により六フッ化ウランが設備外へ漏洩することはない。

（イ）　均質・ブレンディング設備は、工程内部で六フッ化ウランを大気圧以上の圧力で扱っており、設備・機器が故障した場合、六フッ化ウランが漏洩することがある。

（ウ）　ウラン貯蔵庫では、落下試験によってシリンダの強度上の安全性が確認されている範囲内に吊り上げの高さを制限するので、六フッ化ウランシリンダ類が運搬中に落下したとしても六フッ化ウランの漏洩が発生することはない。

（エ）　カスケード設備は、工程内部の六フッ化ウランの圧力が大気圧以下である上、気密性能に係

る故障として考えられる遠心分離機の回転体の破損の場合においても外筒の真空気密性が維持される設計とされ、破損試験により強度が確認されているので、六フッ化ウランの漏洩が発生することはない。

(オ)　気体放射性廃棄物の排気設備では、排気用モニタにより排気中の放射性物質濃度を測定しており、異常時には自動的に警報を発するようにしてあり、また、高性能エアフィルタの異常を防止するために、差圧計によりその前後の差圧を測定する。高性能エアフィルタが破損した場合には、その排気フィルタユニットの使用を停止するが、通常時に使用する排気フィルタユニットの数は余裕を含んでいるので、一部を停止しても排気性能上の問題はない。

排風機が故障により停止した場合は、予備機が自動起動して正常な運転を継続するので、室内の空気が排気設備を通らずに周辺環境へ漏れることはない。

排気設備の起動時には排風機が送風機より先に起動し、停止時には送風機が排風機より先に停止するインターロックを設けるので、第１種管理区域の負圧は維持される。

(カ)　本件施設の液体廃棄物は、管理廃水処理設備における、排水の漏洩防止対策及び漏洩拡大防止対策により、許容濃度以上の放射性液体廃棄物が周辺環境へ漏れ出ることはない。

(キ)　自然現象等による事故については、本件施設の位置及び標高から洪水、高潮及び津波による影響はなく、また、本件施設で採られる建物・構築物及び設備・機器の耐震設計によれば、地震が起こった場合でも六フッ化ウランは配管等に閉じ込められており災害が起こることはない。なお、過去の地震の記録から本件敷地周辺では大地震のおそれは極めて小さく、また、仮に大地震により配管等の破損が生じたとしても一般公衆への被曝による影響は小さい。

このほか、台風及び積雪については、これに十分耐える設計とするので台風及び積雪による事故のおそれはなく、雷についても、適切な接地設計等により本件施設の安全性を損なうおそれはない。

本件施設の建物の支持地盤は、十分な地耐力を有する鷹架層の砂岩・凝灰岩類であり、過去に地滑り、陥没の発生した例もなく施設に影響を与えるような断層も認められない。また、本件敷地の造成工事は、排水工事、法面工事等において地滑り、陥没等の対策を十分施すので地盤を原因とする事故のおそれはない。

(ク)　本件施設の建物は、耐火建築物又は簡易耐火建築物とし、設備・機器は不燃性又は難燃性材料を主として使用する。加熱する設備は、発火源とならないよう過熱防止装置等を設け、危険物等はウラン濃縮建屋及びウラン貯蔵建屋から離れた倉庫等に保管する。施設内で火災が発生した場合でも、施設内では引火性又は可燃性の物品の持込み量を常時制限し、また、自動火災報知設備及び消火設備を設置して、初期消火活動により直ちに消火可能であるから、火災が拡大するおそれはなく、六フッ化ウランが設備の外へ漏洩する事故には至らない。

なお、本件施設は、民家及び他の施設から１キロメートル以上の距離をおいて独立して位置し、事業所敷地西側の石油備蓄基地からも約４キロメートル離れているので、類焼のおそれはない。

(ケ)　本件施設においては、外部電源喪失による事故への防止対策を行うので、外部電源喪失による事故によって災害が起こることはない。

(コ)　本件施設において、誤操作により臨界管理の制限条件を超える可能性があるのは濃縮度条件のみであるが、誤操作により流量又は圧力が規定値を超えた場合には、インターロックにより濃縮ウランの生産を停止するので、誤操作により臨界に達することはない。また、仮にインターロックの故障によるすべてのカスケードの濃縮度が制限値である５パーセントを超え、１０パーセントの濃縮状態が製品コールドトラップへの充填期間中続いたとしても、コールドトラップ等の配列モデルにおける実効増倍率は０．９５以下であり、また、この間に異常の検知は十分可能である。したがって、万一の場合を想定しても臨界に達することはない。そのほか、本件施設では、臨界事故防止対策によりいかなる場合でも安全であるような十分な設計と管理が行われるので、臨界事故が起こることはない。

イ　本件安全審査では、本件許可申請書における上記の検討内容を確認し、その内容が相当であって、本件施設において技術的にみて発生が想定される事故のうち最大のウラン放出量を与える事故として、均質・ブレンディング設備において、中間製品容器が均質槽内に設置され加熱状態にあるときに均質槽外部の緊急遮断弁に接続している配管が破損した場合を想定することは妥当であると判断した。

（２）　ウラン放出量

ア　本件許可申請書では、次のとおり、上記の最大想定事故が発生した場合のウランの放出量について検討を行っている。

（ア）　均質・ブレンディング設備の均質槽の中間製品容器へ続く配管が破損した場合、六フッ化ウランは、配管部の周囲を覆っている配管カバーの内部に漏洩し、空気中の水分により加水分解してフッ化ウラニルとフッ化水素となる。六フッ化ウランの漏洩は、配管カバー内のフッ化水素が工程用モニタにより検知され緊急遮断弁が閉止するまで継続する。

配管カバー内からの排気は、第１種管理区域を負圧に維持するための排気設備により施設外へ放出されるが、上記の工程用モニタがフッ化水素を検知した場合、排気設備内で局所排気設備による処理が追加されるようラインが自動的に切り替わり、プレフィルタ１段、フッ化水素吸着器及び高性能エアフィルタ１段をそれぞれ経由してから通常の排気処理（プレフィルタ及び高性能エアフィルタ各１段）が行われることとなる。

（イ）　漏洩する六フッ化ウランの量の算出条件及び算出過程は次のとおりである。

ａ　中間製品容器内の六フッ化ウランの温度は摂氏９４度とする。

ｂ　配管内径は７．８ミリメートルとする。

ｃ　漏洩部からのガス状六フッ化ウランの放出速度は、圧縮性流体のノズルの式により毎秒約１１４グラムとなり、この速度は放出とともに減少するが、同じ速度で放出し続けるものとする。

ｄ　漏洩継続時間は、工程用モニタにより漏洩を検知し緊急遮断弁を閉止するまでの時間として、３０秒とする。

ｅ　上記の条件の下で六フッ化ウランの漏洩量を算出すると、３．４２キログラムとなるが、これを安全側にみて５キログラムとすると、漏洩した六フッ化ウランは全量加水分解して４．３８キログラムのフッ化ウラニルとなり、ウラン量にして３．３８キログラムとなる。

ｆ　フッ化ウラニルの発生量の５０パーセントは排気設備のダクト内壁面に付着し、残量が局所排気設備の高性能エアフィルタで処理され、さらに通常運転時の排気ラインから放出されるが、このときの捕集効率を、高性能エアフィルタ２段で９９．９９９パーセントとみる。その結果、施設外に放出される総ウラン量は０．０１７グラムとなり、その放射能量は、０．０４６マイクロキュリーとなる。

（ウ）　このほか、漏洩した六フッ化ウランから生じるフッ化水素が高性能エアフィルタのガラスウールを腐食してその捕集効率を低下させるおそれについては、局所排気設備のフッ化水素吸着器の除去効率が９９．９９パーセントであることから、５キログラムの六フッ化ウランから生成する１．１キログラムのフッ化水素のうち、高性能エアフィルタを通過するフッ化水素は、０．１１グラムであり、高性能エアフィルタ１枚の効率の低下をもたらすフッ化水素の量が６９グラム以上であるとの知見からすると、高性能エアフィルタの効率が低下することはない。

イ　本件安全審査では、本件許可申請書における上記の算定条件が放出速度、六フッ化ウランの漏洩量及び高性能エアフィルタの捕集効率の点において安全裕度をとっており、ウランの施設外への放出量の計算結果は妥当であると判断した。

（３）　一般公衆への影響

本件安全審査では、上記の０．０１７グラムというウラン放出量は極めて少なく、一般公衆の被曝線量は十分な安全裕度のある事故時の拡散条件を考慮しても極めて小さいと判断した。

４　被告の主張に対する判断

上記２及び３で認定した事実によれば、公共の安全確保対策に関する本件安全審査で用いられた具体的な審査基準である加工施設指針３は、当該ウラン加工施設についてその設計に即し各種の事故要因を技術的観点から十分に検討し、最悪の場合技術的にみて発生が想定される事故であって一般公衆の放射線被曝の観点からみて重要と考えられる事故を選定するよう求め、その事故を想定した場合のウランの総放出量からみて十分裕度のある事故時の拡散条件を考慮しながら一般公衆の被曝線量について検討することとしており、この内容それ自体に不合理な点は見当たらない。また、この点に関する本件安全審査の調査審議及び判断の過程も、上記指針の定めに沿って、各種の事故要因を検討した上で事故の選定を行い、当該事故時に想定されるウラン放出量を求めた結果、その量は極めて少なく、一般公衆の被曝線量は十分な安全裕度のある事故時の拡散条件を考慮しても極めて小さいと判断したものであり、それ自体に看過し難い過誤、欠落があるとは認められない。

5　原告らの主張に対する判断

（1）　原告らは、加工施設指針３について、最大想定事故として複合事故の可能性を想定していないことを問題点として指摘する。

しかし、原告らのいう複合事故が、全く独立の複数の原因が同時に生じることにより発生する事故を指すのであれば、そのような事故が生じる確率は極めて小さいというべきであるから、加工施設指針３が独立の複数の原因による事故想定を求めていないからといって、格別不合理ということはできない。また、ある一つの事故原因が連鎖的に他の事故要因を招来して事故を拡大させるような事象については、これが技術的にみて発生が想定されるような事故であれば､加工施設指針３は、それを事故選定の対象に含めているということができる。

このほか、原告らは、一般公衆の被曝線量が極めて小さくなることが明らかな場合に被曝線量の評価を不要としていることをもって、被曝線量による規制を放棄している旨主張するが、加工施設指針３が被曝線量の評価を不要としているのは、一般公衆の被曝線量が極めて小さくなることが明らかな場合においてのことであって、この場合にも一般公衆の被曝線量は極めて小さい限度に規制されているということができるから、原告らの主張は当たらないというべきである。

（2）　次に、原告らは、本件安全審査が妥当であるとした最大想定事故の選定は安易であり、ほかにも地震や航空機事故が原因となって施設自体が破壊されるおそれがあるとして、本件安全審査に重大な違法があると主張する。しかし、前記認定のとおり、本件安全審査において最大想定事故を選定する過程においては、他の様々な要因による事故の可能性について検討が加えられているから、これをたやすく安易と評価することはできない。また、原告らが主張する事故のうち地震を原因とするものについては前記のとおり検討が加えられ、本件施設における各種の耐震設計に照らし地震が起こった場合でも災害が起こることはなく、また、大地震により配管等の破損が生じたとしても一般公衆への被曝による影響は小さいことが確認されており、この点における本件安全審査の判断に過誤、欠落があるとは認められない。このほか、航空機事故による施設自体の破壊のおそれについては、そのような事故の発生確率が十分に低いことが本件安全審査において確認されていることは前記のとおりであるから、これを技術的にみて発生が想定される事故として扱わなかった本件安全審査の調査審議及び判断の過程に看過し難い過誤、欠落があるとはいえない。

（3）　原告らは、原告らが想定した施設全体が破壊されて遮断弁やフィルタの機能が喪失される事故では、本件施設に貯蔵されているウランの大部分が環境中に放出されることが避け難く、その場合には施設から６００キロメートル離れた東京でも一般公衆の被曝線量は０．１３レムとなると主張するが、そのような事態をもたらす原因として原告らが主張する航空機事故等は、本件安全審査において最大想定事故として選定の対象となっておらず、その選定過程における本件安全審査の判断に看過し難い過誤、欠落がないことは上記にみたとおりであるから、上記主張は、最大想定事故として選定されない事故に関する点をいうものにすぎず、前提を欠き失当というべきである。

第５　平常運転時の被曝低減に係る安全性確保対策

1　はじめに

本件施設に求められる前記の意味における安全性のうち、平常時の被曝低減に係るものは、本件施設から直接外部に放出される放射線による被曝のほか、本件施設から外部に排出される放射性物質及び放射性廃棄物により引き起こされる被曝が、社会通念上許容し得る一定水準以下にまで低減される対策が施されているかどうかの問題であるといえる。

2　加工施設指針等の内容（乙１４、１５）

（1）　核燃料施設基本指針２は、平常時条件として、核燃料施設の平常時における一般公衆の被曝線量が実用可能な限り低いものであることを求めている。加工施設指針２は、この点について、排気中のウランと排水中のウランとに分けて、一般公衆の被曝について次のとおり定めている。

ア　排気中のウランによる一般公衆の被曝

（ア）　ウラン加工施設で取り扱うウランの形態、性状及び取扱量、工程から排気系への移行率並びに高性能エアフィルタ等除去系の捕集効率を考慮して排気に含まれて放出されるウランの年間放出量を算定すること。

（イ）　上記（ア）で求めたウランの年間放出量からみて、十分な安全裕度のある拡散条件を考慮しても、一般公衆の被曝線量が極めて小さくなることが明らかな場合には、被曝線量の評価は要しないものとする。

（ウ）　上記（イ）以外の場合には、適切な方法により一般公衆の被曝線量を計算し、実用可能な限り低いものであることを確認すること。

イ　排水中のウランによる一般公衆の被曝

（ア）　ウラン加工施設から排水に含まれて放出されるウランの年間放出量又は年間平均濃度からみて、十分な安全裕度のある拡散条件を考慮しても、一般公衆の被曝線量が極めて小さくなることが明らかな場合には、被曝線量の評価は要しないものとする。

（イ）　上記（ア）以外の場合には、適切な方法により一般公衆の被曝線量を計算し、実用可能な限り低いものであることを確認すること。

（２）　核燃料施設基本指針７は、放射性廃棄物の放出管理について、核燃料施設においては、その運転に伴い発生する放射性廃棄物を適切に処理する等により周辺環境へ放出する放射性物質の濃度等を実用可能な限り低くできるようになっていることを求め、加工施設指針７は、この点について次のように定めている。

ア　放射性気体廃棄物の放出管理

排気に含まれて周辺環境へ放出されるウランを実用可能な限り少なくするため、高性能エアフィルタ、エアウォッシャ等の適切な除去設備を設けること。特に、粉末ウラン処理工程等ウランの排気系への移行率が高いと考えられる工程からの排気系には、２段以上の高性能エアフィルタを設けること。

イ　放射性液体廃棄物の放出管理

排水に含まれて敷地境界外へ放出されるウランを実用可能な限り少なくするため、凝集沈殿設備、ろ過設備、蒸発濃縮設備、希釈設備、イオン交換設備等の適切な廃液処理設備を設けること。

（３）　核燃料施設基本指針８は、貯蔵等に対する考慮として、核燃料施設においては放射性物質の貯蔵等による敷地周辺の放射線量を実用可能な限り低くできるようになっていることを求めている。この点につき、加工施設指針８は、六フッ化ウラン、二酸化ウラン、燃料集合体等の加工原料若しくは加工製品の貯蔵又は放射性廃棄物の保管廃棄に起因する放射線量をウラン加工施設敷地境界外における人の居住する可能性のある地点において、十分な安全裕度のある条件を設定して計算することとし、その値が実用可能な限り低いものであることを確認することとしている。

（４）　核燃料施設基本指針９は、放射線監視につき、核燃料施設においては放射性廃棄物の放出の経路における放射性物質の濃度等を適切に監視するための対策が講じられていること及び放射性物質の放出の可能性に応じ周辺環境における放射線量、放射性物質の濃度等を適切に監視するための対策が講じられていることを求めている。この点につき、加工施設指針９は、次のように定めている。

ア　放出口等における監視対策

気体廃棄物及び液体廃棄物の放出口又はその他の適切な箇所において、それぞれウランの濃度等を適切に監視するための対策が講じられていること。

イ　周辺環境における監視対策

ウランの放出の可能性に応じ、周辺環境における放射線量、ウランの濃度等を適切に監視するための対策が講じられていること。

３　本件安全審査の内容

証拠（乙９、７５、証人Ａ）によれば、本件安全審査では、本件施設の平常運転時の被曝低減に係る安全性について、次のとおり、放射性廃棄物の管理、貯蔵等に対する考慮及び平常時の公衆に対する被曝線量の評価の各側面から検討が行われたものと認められる。

（１）　本件安全審査では、次の事項を確認した。

ア　放射性廃棄物の管理

（ア）　本件施設の第１種管理区域からの排気は、排気設備により排気ダクトを通じてプレフィルタ及び高性能エアフィルタで処理をした上で排気塔から排出されるとともに、排気塔の直前に設置された排気用モニタで排気中の放射性廃棄物の濃度を連続的に監視する仕組みとなっている。また、均質室の均質槽及び均質槽配管カバーの内部からの排気については、平常時は上記の排気設備で処理されるほか、工程用モニタにより六フッ化ウランの漏洩が検知された場合には、プレフィルタ、フッ化水素吸着器及び高性能エアフィルタから構成される局所排気装置を経由した上で上記の排気設備で処理されることとなっている。

次に、本件施設の各工程からの排気は、四つの排気系統ごとに、ケミカルトラップ（フッ化ナトリウム）により、あるいはケミカルトラップ（フッ化ナトリウム）とコールドトラップにより六フッ化ウランの除去が行われた上、さらに上記の排気設備による処理を経て排出されることとされている。

このほか、本件施設では、フィルタの目詰まりへの対策として、プレフィルタ及び高性能エアフィルタの前後の差圧を測定することにより目詰まりを監視することとされているほか、高性能エアフィルタについては、交換後に捕集効率の測定を行うこととされている。また、ケミカルトラップ（フッ化ナトリウム）については、出口にウラン検出器を取り付けて、性能に異常がないことを確認することとされている。

（イ）　本件施設から排出される放射性液体廃棄物としては、管理区域で付随的に発生する分析廃水、洗缶廃水及び手洗水等の廃水があるほか、使用済の洗浄用溶剤などがある。このうち、廃水の発生量は年間で約８５０立方メートルであり、本件施設では、年間の処理能力が約３０００立方メートルの管理廃水処理設備を設置することとしている。

上記の管理廃水処理設備は、凝集沈殿槽、砂ろ過塔、ウラン吸着塔等から構成されており、上記の管理区域からの廃水は、ここで必要に応じて凝集沈殿、ろ過等の処理を行った後、放射性物質濃度が許容被曝線量等を定める件所定の周辺監視区域外の許容濃度以下であることを確認した上、他の一般排水とともに排水口から事業所外へ放出することとされている。

また、使用済洗浄用溶剤は、ドラム缶等に収納して密封し、ウラン濃縮廃棄物建屋に保管廃棄することとされている。

（ウ）　本件施設で発生する放射性固体廃棄物としては、非定常的な作業の際に発生するウエス、ゴム手袋、ビニールシート、使用済フッ化ナトリウム、スラジ（汚泥）等がある。これらは、可燃性のものと不燃性のものに区分され、それぞれドラム缶等の容器に収納してウラン濃縮廃棄物建屋に保管廃棄することとされている。本件施設における固体放射性廃棄物の年間発生予想量は２００リットルのドラム缶換算で約７００本であるのに対し、上記建屋の保管能力は約４７００本である。

このほか、ドラム缶等の容器に収容不可能な大型の個体放射性廃棄物は、プラスチックシート等で密封し、さらに二重包装をして上記建屋に保管廃棄することとされている。

イ　貯蔵等に対する考慮

本件施設のウラン及び放射性廃棄物の貯蔵等に起因する被曝線量は、これらの最大貯蔵量及び工程中のウラン保有量を考慮して安全裕度を見込んだ計算を行った結果でも、最も近い周辺監視区域境界外の場所でも十分小さい値である。

ウ　平常時の公衆に対する被曝線量の評価

本件施設からの排気による周辺環境への影響については、ウランの年間取扱量、排気系への移行率、捕集効率等につき安全裕度をみた条件を設定して算定したところでも、排出されるウランはウラン量にして年間０．１５グラム、放射能量にして０．１８キュリーであるとの結果となっており、十分な裕度のある拡散条件を考慮しても、一般公衆への被曝線量は十分小さい。

また、本件施設の管理廃水処理設備からの排水は、放射性物質濃度が許容被曝線量等を定める件所定の周辺監視区域外の許容濃度以下であることを確認した上で本件施設外へ排出されることとなっており、一般公衆の被曝線量は定量的な被曝評価を行うまでもなく極めて小さい。

エ　放射性物質の放出量の監視

本件施設では、加工事業規則に基づいて周辺監視区域を設定し、その範囲を標識等により明示するとともに、当該周辺監視区域において空気中の放射性物質濃度及び外部放射線量を定期的に測定することとしている。このほか、本件施設では、施設外環境のモニタリングとして、外部放射線量及び土壌や陸水に含まれる放射性物質濃度を定期的に測定することとしている。

（２）　本件安全審査では、上記の確認事項のほか、排気及び排水中の放射性物質に起因する一般公衆の線量当量を試算したところでも線量当量限度等を定める件所定の周辺監視区域外の線量当量限度である１年間につき１ミリシーベルトの１万分の１以下であることを確認し、本件施設では、放射性廃棄物の放出管理、貯蔵に対する考慮、放射線の監視のいずれの側面においても適切な対策が採られていると判断した。

４　被告の主張に対する判断

上記（２）で認定した事実によれば、平常運転時の被曝低減対策に係る安全性に関する本件安全審査において用いられた具体的審査基準である加工施設指針２及び７ないし９は、ウラン加工施設から排出されるウランによる一般公衆の被曝について、排気中のウランと排水中のウランとに分けて、これらに含まれて環境中へ放出されるウラン及びこれによる一般公衆の被曝線量を実用可能な限り少なくすることを求めるとともに、ウラン加工施設におけるウランの貯蔵による敷地周辺の放射線量の低減を求め、さらに、放射性物質の経路における放射性物質の濃度及び周辺環境における放射線量等を監視すべきことも定めており、本件施設から外部に排出される放射性物質及び放射性廃棄物により引き起こされる被曝を社会通念上許容し得る一定水準以下にまで低減するための対策に関する基準としては、特に不合理な点は認められない。また、上記３で認定した事実によれば、平常運転時の被曝低減に係る安全性確保対策に関する本件安全審査の調査審議及び判断の過程も、上記加工施設指針の内容に沿ったものといえ、これに看過し難い過誤、欠落があるとは認められない。

５　原告らの主張に対する判断

（１）　原告らは、加工施設指針２について、一般公衆の被曝線量について絶対的な条件を定めていない旨主張するが、同指針は、加工施設の平常時における一般公衆の被曝線量が法令等による一般公衆の被曝線量等の規制値以下であることを当然に含意した上で、さらに、その中でも実用可能な限り被曝線量が低いことを求めているものと解され、この実用可能な限り低い被曝線量の値がウラン加工施設ごとに異なり得るものであることを踏まえると、同指針が一般公衆の被曝線量につき定量的な値を定めていないからといって、これを不合理ということはできない。

また、原告らは、加工施設指針２が一般公衆の被曝線量が極めて小さくなることが明らかな場合に被曝線量の評価を不要としていることをもって、被曝線量による安全規制を放棄している旨主張するが、そもそも、一般公衆の被曝線量が極めて小さくなることが明らかである以上、一般公衆の被曝低減対策は被曝線量を計算するまでもなくその目的を達しているといえるから、原告らの主張は当を得ていないというべきである。

このほか、原告らは、加工施設指針２が娘核種による被曝線量を考慮していない旨主張する。この点、確かに、加工施設指針２は、本件施設からの排気又は排水中の放射性物質としてはウランのみを想定した内容となっているのは事実であるものの、ウランの半減期の長さ（７億４００万年（ウラン２３５）ないしは４４億７０００万年（ウラン２３８））に照らすと、加工施設指針２がウラン加工施設の排気中の放射性物質による被曝の影響の低減を求めるに当たり、放射性物質の年間放出量の算定をウランのみに着目して行うこととしていることを格別不合理と評することはできない。したがって、上記主張も理由がない。

（２）　原告らは、加工施設指針７及び８が、放射性物質の濃度や放射線量につき具体的な目標を定めることなく、実用可能な限り低減できれば足りるとし、また、加工施設指針９が周辺環境等の放射性物質の濃度や放射線量の監視対策が適切なもので足りるとしており、環境安全のために最低限どのような目標が必要かという視点は皆無である旨主張する。しかしながら、ウラン加工施設から放出される放射能の量や放射性物質の濃度を実用可能な限り低く押さえた場合、その放射能量や濃度は、施設の種類や規模、用いられる技術等により多様であることは避けられず、また、放射性物質の濃度や放射線量を監視するための方策も多種多様というべきであることや加工施設指針がウラン加工施設の基本設計の安全性を審査するための基準として原子力安全委員会ないしは核燃料安全専門審査会で用いられるものであること等からすると、加工施設指針７ないし９が環境安全のために最低限の目標値を定めていないからといって、これを格別不合理ということはできない。

また、原告らは、加工施設指針７ないし９が、安全管理の対象としてウランのみを念頭に置き、フッ化水素など他の有害物質について考慮対象外としていると主張するが、これらの指針は、もとより放射性廃棄物の放出管理、放射性物質の貯蔵に対する考慮、放射線監視といったウランの放射性物質としての性質に着目して設けられている基準であるから、これらの基準がフッ化水素など他の物質の化学的毒性や劇物性に着目した内容となっていないからといって、当該指針を不合理ということはできない。そして、環境との関係で、原告らが指摘するような放射性物質以外の有害物質の排出等をいかに低減させるかの問題は、他に当該物質の排出規制等を定める法令があればその場面で検討されれば足りるし、特に規制のない物質について殊更規制法等の原子力関連法令が規制を加えているとも解されないから、加工施設指針において他にもフッ化水素等の排出規制を内容とした指針がないことをもってしても、加工施設指針を不合理という余地はない。

よって、原告らの主張は失当である。

（３）　原告らは、本件許可申請書が排気及び排水中の放射性物質並びに本件施設に貯蔵されている放射性廃棄物からの放射線による一般公衆の被曝線量の評価やこれに対する対策に触れておらず、これを是認した本件安全審査は違法であると主張する。

しかし、上記（１）でみたとおり、本件施設の排気又は排水中に含まれるウランの年間放出量等からみて十分な安全裕度のある拡散条件を考慮しても一般公衆の被曝線量が極めて小さくなることが明らかな場合には被曝線量の評価を不要とする加工施設指針２の内容が不合理であるとはいえないから、本件安全審査において、本件施設の年間の排気中のウラン放出量を試算し、十分な裕度のある拡散条件を考慮しても、一般公衆への被曝線量は十分小さいと判断し、また、本件施設の管理廃水処理設備からの排水の放射性物質濃度が許容被曝線量等を定める件所定の周辺監視区域外の許容濃度以下であることを確認した以上、一般公衆の被曝線量につき定量的評価を行わなかったからといって、これを不合理ということはできない。

また、本件安全審査では、本件施設のウラン及び放射性廃棄物の貯蔵等に起因する被曝線量がこれらの最大貯蔵量及び工程中のウラン保有量を考慮して安全裕度を見込んだ計算を行った結果でも最も近い周辺監視区域境界外の場所でも十分小さい値であることを確認したことは前記認定のとおりであるから、原告らの主張のうち本件施設内に貯蔵された放射性廃棄物による被曝に関する部分は、前提を欠き失当である。

（４）　原告らは、本件許可申請書が周辺環境の放射性物質濃度について、測定方法及び測定結果に対する対処について触れておらず、この点を看過して安全性が確保されるとした本件安全審査に重大な違法性が存すると主張するが、本件許可処分の直前に行われた昭和６３年７月２６日総理府令第４１号による改正（平成元年４月１日施行）により加工事業規則上放射性物質の濃度監視に関することが保安規定で必要的に定めるべき事項として追加されていたことに照らすと、本件施設については、放射性物質の濃度の監視に関する事項はこの改正による改正後の加工事業規則に基づき後続の保安規定の認可手続で審査対象となることが予定されていたということができるから、本件安全審査が上記事項を加工施設の基本設計の範囲内のものとして検討を加えなかったとしても、これを格別不合理ということはできない。したがって、上記主張は理由がない。

また、日本原燃六ヶ所事業所敷地内に設置されるダストサンプラやモニタリングポイントに関する原告らの主張も、そもそも加工施設指針９によれば周辺環境における放射性物質の濃度等の監視のための対策は、放射性物質の放出の可能性に応じたもので足りることとされているところ、本件施設においては、前記（３）で認定したとおり、本件施設からの排気に含まれるウランの量は年間で０．１５グラムであることを確認しており、この量との関係でみると、ダストサンプラ及びモニタリングポイントに関して原告らが指摘する点は、いずれも、これをもって本件安全審査の調査審議及び判断の過程に看過し難い過誤、欠落があるというには及ばないということができる。

第６　まとめ

以上本章において検討したところによれば、本件許可申請について規制法１４条１項３号要件適合性を認めた内閣総理大臣の判断には、不合理な点はないものということができる。

第６章　結論

以上に認定説示したところによれば、本件許可処分は手続的に適法であり、また、その実体的適法性についても、本件における審理対象となる範囲内においては、規制法１４条１項２号（技術的能力に係る部分に限る。）要件適合性及び３号要件適合性を認めて本件許可処分をすることとした内閣総理大臣の判断に不合理な点はない。

そうすると、原告甲野太郎を除く原告らのうち、別紙当事者目録記載の番号５２、５３及び６３ないし７４の合計１４名以外の原告らの本件許可処分の取消しを求める予備的請求に係る訴えは、いずれも原告適格を欠き不適法であるからこれを却下すべきものであり、その余の上記１４名の原告らの予備的請求は、いずれも理由がなく棄却を免れない。

よって、主文のとおり判決する。

裁判長裁判官　山﨑　勉
裁判官　髙木勝己
裁判官　宮﨑　謙

［出典：判例検索システム http://www.courts.go.jp/hanrei/pdf/27A4E787D399F0D049256F390018DC31.pdf］

Ⅱ－５－３

平成３（行ウ）６判決（六ヶ所低レベル放射性廃棄物貯蔵センター廃棄物埋設事業許可処分取消請求事件

青森地方裁判所　2006 年 6 月 16 日

主文

１　原告らのうち、別紙当事者目録記載の番号７５から９０までの原告らを除く者の訴えをいずれも却下する。
２　別紙当事者目録記載の番号７５から９０までの原告らの請求をいずれも棄却する。
３　訴訟費用は原告らの負担とする。

略語例
以下、本判決においては、別紙「略語表」記載の略語を用いる。ただし、正式の用語を用いることもあるし、略語であることを本文中に明記することもある。

事実及び理由
第１部　請求（略）
第２部　事案の概要（略）
第３部　前提事実（略）
第４部　当事者の主張（略）
第５部　当裁判所の判断
第１　原告適格について
１　行訴法９条１項は、処分取消訴訟の原告適格を、当該処分の取消しを求めるにつき「法律上の利益を有する者」に限定している。そして、同条２項は、「裁判所は、処分又は裁決の相手方以外の者について前項に規定する法律上の利益の有無を判断するに当たつては、当該処分又は裁決の根拠となる法令の規定の文言のみによることなく、当該法令の趣旨及び目的並びに当該処分において考慮されるべき利益の内容及び性質を考慮するものとする。この場合において、当該法令の趣旨及び目的を考慮するに当たっては、当該法令と目的を共通にする関係法令があるときはその趣旨及び目的をも参酌するものとし、当該利益の内容及び性質を考慮するに当たっては、当該処分又は裁決がその根拠となる法令に違反してされた場合に害されることとなる利益の内容及び性質並びにこれが害される態様及び程度をも勘案するものとする。」と規定している。
２　そこで、このような観点から、原子炉等規制法５１条の２、５１条の３に基づく廃棄物埋設事業許可処分につき、廃棄物埋設施設の周辺に居住する者が、その処分の取消訴訟を提起することができる法律上の利益を有するかどうかについて検討する。原子炉等規制法は、原子力基本法の精神にのっとり、核原料物質、核燃料物質及び原子炉の利用が平和の目的に限られ、かつ、これらの利用が計画的に行われることを確保するとともに、これらによる災害を防止し、及び核燃料物質を防護して、公共の安全を図るために、製錬、加工、再処理及び廃棄の事業並びに原子炉の設置及び運転等に関する必要な規制等を行うことなどを目的として制定されたものである（原子炉等規制法１条）。原子炉等規制法５１条の３第１項に基づく廃棄物埋設事業の許可申請に対する許可権者である内閣総理大臣は、許可申請が同項各号に適合していると認めるときでなければ許可をしてはならず、また、上記許可をする場合においては、あらかじめ、同項１号（原子力開発等に支障がないこと）及び２号（事業を適確に遂行するに足りる経理的基礎に係る部分に限る。）に規定する基準の適用については原子力委員会の意見を聴き、同項２号（事業を適確に遂行するに足りる技術的能力に係る部分に限る。）及び３号（災害防止）に規定する基準の適用については、原子力安全委員会の意見を聴き、これを十分に尊重してしなければならないものとされている（同条２項）。原子炉等規制法５１条の３第１項各号所定の許可基準のうち、２号（技術的能力に係る部分に限る。）は、当該申請者が事業を適確に遂行するに足りる技術的能力を有するかどうかについて、また、３号は、廃棄物埋設施設の位置、構造及び設備が核燃料物質又は核燃料物質によって汚染された物による災害の防止上支障がないものであるかどうかについて、審査を行うべきものと定めている。廃棄物埋設事業許可の基準として、上記の２号（技術的能力に係る部分に限る。）及び３号（災害防止）が設けられた趣旨は、廃棄物埋設施設が、放射性廃棄物を埋設の方法により最終的に処分する施設であって、廃棄物埋設事業を行おうとする者がその事業を適確に遂行するに足りる技術的能力を欠くとき、又は廃棄物埋設施設の安全性が確保されないときは、当該廃棄物埋設施設の従業員やその周辺住民等の生命、身体に重大な危害を及ぼし、周辺の環境を放射性物質等によって汚染するなど、深刻な災害を引き起こすおそれがあることにかんがみ、このような災害が起こらないようにするため、廃棄物埋設事業許可の段階で、廃棄物埋設事業を行おうとする者の上記技術的能力の有無並びに申請に係る廃棄物埋設施設の位置、構造及び設備の安全性につき十分な審査をし、上記の者において所定の技術的能力があり、かつ、廃棄物埋設施設の位置、構造及び設備が上記災害の防止上支障がないものであると認められる場合でない限り、内閣総理大臣は廃棄物埋設事業許可処分をしてはならないとした点にあるものと解される。そして、原子炉等規制法５１条の３第１項２号所定の技術的能力の有無及び同項３号所定の安全性に関する各審査に過誤、欠落があった場合には重大な核燃料物質等の漏出事故等が起こる可能性があり、そのような事故等が起こったときには、廃棄物埋設施設に近い住民ほど甚大な被害を受けるがい然性が高く、しかも、その被害の程度はより直接的かつ重大なものとなるのであって、特に、廃棄物埋設施設の近くに居住する者はその生命、身体等に直接的かつ重大な被害を受けるものと想定されるのであるから、上記各号は、このような廃棄物埋設施設の事故等がもたらす災害による被害の性質を考慮した上で、技術的能力及び安全性に関する基準を定めているものと解される。このような上記２号（技術的能力に係る部分に限る。）及び３号（災害防止）の設けられた趣旨、上記各号が考慮している被害の性質等にかんがみると、上記各号は、単に公衆の生命、身体の安全、環境上の利益を一般的公益として保護しようとするにとどまらず、廃棄物埋設施設周辺に居住し、上記事故等がもたらす災害により直接的かつ重大な被害を受けることが想定される範囲の住民の生命、身体の安全等を個々人の個別的利益としても保護すべきものとする趣旨を含むものと解するのが相当である。そして、原告らの居住する地域が上記事故等による災害により直接的かつ重大な被害を受けるものと想定される地域であるかどうかについては、当該廃棄物埋設施設の構造、規模等の当該廃棄物埋設施設に関する具体的な諸条件を考慮に入れた上で、原告らの居住する地域と当該廃棄物埋設施設の位置との距離関係を中心として、社会通念に照らし、合理的に判断すべきものである（もんじゅ最高裁判決参照）。

３　上記の見地から本件についてみると、前記前提事実等によれば、①本件廃棄物埋設施設は、原子力エネルギーを発生利用する施設ではなく、低レベル放射性廃棄物をセメント等で容器内へ均一に固型化したものを、地面を掘り下げて設置される鉄筋コンクリート造の埋設設備に埋設し、放射能の低減等に応じて管理の内容を段階的に変更しつつ、最終的に処分する施設であること、②本件廃棄物埋設施設で埋設を行う放射性廃棄物の表面の線量当量率は１０ｍＳｖ／ｈを超えないものとされており（乙３の５頁、乙２の６－１４）、その数量は最大４万.（２００.ドラム缶２０万本に相当する量）であること（乙２の１頁）、③「線量当量限度等を定める件」は、周辺監視区域外の線量当量限度を１年間につき実効線量当量１ミリシーベルトと規定しているところ、本件安全審査においては、本件廃棄物埋設施設に一時貯蔵及び埋設される放射性物質から敷地境界外の一般公衆が受ける線量当量の最大値は、周辺監視区域境界とほぼ一致する地点の外部放射線に係る線量当量で、年間約０．０２７ミリシーベルトであり（乙２の６－４９頁）、管理期間終了以後における一般公衆の線量当量の最大値も年間約０．００１５ミリシーベルトであると判断され（乙２の６６０頁）、本件事業許可処分はそのような判断に基づいてされていることを認めることができる。また、本件廃棄物埋設施設において埋設される放射性廃棄物に含まれる主要な放射性物質は、コバルト６０、ニッケル６３等であり、受入れ時における総放射能量は１．７３×１０１５ベクレルであって、原子力発電所に内蔵される放射能量と比較すると、はるかに少なく、その危険性も小さいことを認めることができる（乙４２の２頁）。そして、これらの事実を踏まえ、本件廃棄物埋設施設の立地場所との距離関係を中心として、地形や地勢を考慮しながら社会通念に照らして勘案すると、本件廃棄物埋設施設の設置許可の際に行われる原子炉等規制法５１条の３第１項２号所定の技術的能力の有無及び３号所定の安全性に関する各審査に過誤、欠落がある場合に起こり得る事故等に起因する災害により直接的かつ重大な被害を受けるものと想定される範囲の住民に属する原告としては、青森県上北郡六ヶ所村内（その距離は本件廃棄物埋設施設から最遠隔地でも約２０㎞以内である行政区画内）に居住する原告ら１６名（別紙当事者目録記載の番号７５から９０までの者。乙Ａ５）がこれに該当するというべきであり、これらの原告らのみが、本件訴訟において、行訴法９条１項所定の「法律上の利益を有する者」に該当するものと認めるのが相当である。

４　これに対して、原告らは、「本件事業許可処分の取消判決が対世的効力を有することに照らすと、裁判所は、少なくとも原告らの中に明らかに原告適格のある者が存在することを確認した段階においては、原告全員について一々原告適格の有無を論ずることなく、本案判断を行うべきである。」旨主張するが、原告適格は本案判決の言渡しをするために必要な訴訟要件であるから、原告らの上記主張を採用することはできない。

５　以上によれば、原告らのうち前記の範囲の者は本件において原告適格を有するものということができるが、その余の原告らは原告適格を欠き、その訴えはいずれも不適法であるから却下することとする。

第２　審理判断の枠組みに関する法律論について

１　基本設計以外の事由の主張制限について

⑴原子炉等規制法は、その規制の対象を、製錬事業（第２章）、加工事業（第３章）、原子炉の設置、運転等（第４章）、再処理事業（第５章）、廃棄事業（第５章の２）、核燃料物質等の使用等（第６章）、国際規制物資の使用（第６章の２）、指定検査機関等（第６章の３）に分け、それぞれにつき内閣総理大臣の指定、許可、認可等を受けるべきものとしているのであるから、第５章の２所定の廃棄の事業に関する規制は、専ら廃棄事業の許可等の同章所定の事項をその対象とするものであって、他の各章において規制することとされている事項までをもその対象とするものではないと解される。また、原子炉等規制法第５章の２の廃棄の事業に関する規制の内容をみると、廃棄物埋設事業の許可、変更の許可（５１条の２ないし５１条の５）のほかに、廃棄物埋設施設及びこれに関する保安のための措置の確認（５１条の６第１項）、埋設しようとする核燃料物質又は核燃料物質によって汚染された物及びこれに関する保安のための措置の確認（同条２項）、放射能の減衰に応じた廃棄物埋設についての保安のために講ずべき措置その他の事項を規定した保安規定の認可（５１条の１８第１項）等の各規制が定められており、これらの規制が段階的に行われることとされている。したがって、廃棄物埋設の事業の許可の段階においては、専ら当該廃棄物埋設施設の基本設計のみが規制の対象となるのであって、後続の手続の段階で規制の対象とされる事項は規制の対象とはならないものと解される。上記原子炉等規制法の構造に照らすと、廃棄物埋設の事業の許可の段階の安全審査においては、当該廃棄物埋設施設の安全性にかかわる事項のすべてをその対象とするものではなく、その基本設計の安全性にかかわる事項のみをその対象とするものと解するのが相当である（伊方最高裁判決参照）。そして、後記のとおり、原子炉等規制法５１条の３第１項の趣旨が、同項２号（技術的能力に係る部分に限る。）及び３号（災害防止）所定の基準の適合性について、各専門分野の学識経験者等を擁する原子力安全委員会の科学的、専門技術的知見に基づく意見を十分に尊重して行う内閣総理大臣の合理的な判断にゆだねるものであることにかんがみると、どのような事項が廃棄物埋設事業の許可の段階における安全審査の対象となるべき当該廃棄物埋設施設の基本設計の安全性にかかわる事項に該当するのかという点も、上記の基準の適合性に関する判断を構成するものとして、同様に原子力安全委員会の意見を十分に尊重して行う内閣総理大臣の合理的な判断にゆだねられているものと解される

（もんじゅ第２次最高裁判決参照）。

⑵上記によれば、原告らの主張のうち、廃棄物埋設事業許可の段階の安全審査の対象となる本件廃棄物埋設施設の基本設計の安全性にかかわらない事項についての主張は、理由がない。

２　取消訴訟における処分の違法事由の主張制限について

⑴原告らは、取消訴訟である本件訴訟において、自己の法律上の利益に関係のない違法を取消事由として主張することはできない（行訴法１０条１項）。

⑵そして、行訴法１０条１項にいう法律上の利益は、原告適格（同法９条１項）の基礎となる法律上の利益と同義であると解されるところ、前記のとおり、原告らの本件訴訟における原告適格を基礎付ける法律上の利益は、原子炉等規制法５１条の３第１項２号（技術的能力に係る部分に限る。）及び３号（災害防止）が保護の対象としている原告らの生命、身体の安全等である。

⑶したがって、原告らが本件訴訟において取消事由として主張することができる実体法上の事由は、原子炉等規制法５１条の３第１項２号（技術的能力に係る部分に限る。）及び３号（災害防止）の要件にかかわる違法事由のうち、原告らの生命、身体の安全等に関するものに限られるものと解される。

⑷そうすると、原告らの主張のうち、原子炉等規制法５１条の３第１項２号（経理的基礎に係る部分に限る。）の要件適合性や同項３号（災害防止）の要件適合性のうち労働者被ばくに関する事項等（甲１参照）は、本件訴訟においては労働者ではない原告らが主張することは許されず、それらに関する原告らの主張は理由がない。

３　司法審査の在り方について

⑴前記のとおり、廃棄物埋設事業許可の基準として、原子炉等規制法５１条の３第１項２号（技術的能力に係る部分に限る。）及び３号（災害防止）が設けられた趣旨は、廃棄物埋設施設が、放射性廃棄物を埋設の方法により最終的に処分する施設であって、廃棄物埋設事業を行おうとする者がその事業を適確に遂行するに足りる技術的能力を欠くとき、又は廃棄物施設の安全性が確保されないときは、当該廃棄物埋設施設の従業員やその周辺住民の生命、身体等に重大な危害を及ぼし、周辺の環境を放射性物質によって汚染するなど、深刻な災害を引き起こすことがあることにかんがみ、このような災害が起こらないようにするため、廃棄物埋設事業許可の段階で、廃棄物埋設事業を行おうとする者の技術的能力の有無並びに申請に係る廃棄物埋設施設の位置、構造及び設備の安全性につき科学的、専門技術的見地から、十分な審査を行わせることにあるものと解される。

⑵そして、上記の技術的能力を含めた廃棄物埋設施設の安全性に関する審査は、当該廃棄物埋設施設そのものの工学的安全性、平常運転時における従業員、周辺住民及び周辺環境への放射線の影響、事故時における周辺地域への影響等について、廃棄物埋設施設設置予定地の地形、地質、気象等の自然的条件、人口分布等の社会的条件及び当該廃棄物埋設事業者の上記技術的能力との関連において、多角的、総合的見地から検討するものであり、しかも、上記審査の対象には、将来の予測に係る事項も含まれているのであって、上記審査においては、原子力工学はもとより、多方面にわたる極めて高度な最新の科学的、専門技術的知見に基づく総合的判断が必要とされるものであることが明らかである。そして、原子炉等規制法５１条の３第２項が、内閣総理大臣は、廃棄物埋設事業の許可をする場合においては、同条１項２号（技術的能力に係る部分に限る。）及び３号（災害防止）所定の基準の適用について、あらかじめ原子力安全委員会の意見を聴き、これを十分に尊重してしなければならないと定めているのは、廃棄物埋設施設の安全性に関する審査の特質を考慮し、上記各号所定の基準の適合性については、各専門分野の学識経験者等を擁する原子力安全委員会の科学的、専門技術的知見に基づく意見を尊重して行う内閣総理大臣の合理的な判断にゆだねる趣旨であるものと解される。

⑶以上の点を考慮すると、廃棄物埋設施設の安全性に関する判断の適否が争われる廃棄物埋設事業許可処分の取消訴訟における裁判所の審理、判断は、現在の科学技術水準に照らし、①原子力安全委員会若しくは核燃料安全専門審査会の調査審議において用いられた具体的審査基準について不合理な点があるかどうか、又は②当該廃棄物埋設施設が上記具体的審査基準に適合するとした原子力安全委員会等の調査審議及び判断の過程に看過し難い過誤、欠落があるかどうかという観点から行うべきであり、仮に上記具体的審査基準が不合理

であり、又は上記具体的審査基準に適合するとした原子力安全委員会等の調査審議及び判断の過程に看過し難い過誤、欠落があって、内閣総理大臣の判断がこれらに依拠してされたものであると認められる場合には、内閣総理大臣の上記判断に不合理な点があるものとして、上記判断に基づく廃棄物埋設事業許可処分が違法になるものと解される（伊方最高裁判決参照）。

第３　本件事業許可処分の手続的適法性について

１憲法１３条、２５条違反の原告らの主張について

⑴原告らは、「原子炉等規制法は、放射性廃棄物を固化するセメントや骨材についての規制をしておらず、放射能濃度や強度の測定を義務付けていない上、無内容な条件により放射性廃棄物の埋設事業の許可を与えてしまうから、憲法１３条、２５条に抵触して無効であり、無効な原子炉等規制法に従った本件事業許可処分も、違憲無効であって、違法である。」旨主張する。

⑵アしかしながら、原子炉等規制法は、廃棄物埋設施設及び廃棄物管理施設の設計から事業実施に至るまでの過程を段階的に区分し、それぞれの段階に対応して各種の規制手続を介在させ、これらの一連の規制手続を通じて廃棄の事業に係る安全性を確保するという仕組みを採用しているのであるから、廃棄物埋設事業許可処分の段階において、原告らの主張するような具体的な規制がされなければならないというものではない。

イまた、廃棄体に使用するセメントは、日本工業規格ＪＩＳＲ５２１０（１９７９）若しくはＪＩＳＲ５２１１（１９７９）に定めるセメント又はこれと同等以上の品質を有するセメントを用いなければならないとの規制がされており（埋設細目告示４条１号イ〔乙Ａ２の８５２頁〕、廃棄物埋設事業規則８条１号〔乙Ａ２の８３４頁以下〕、原子炉等規制法５１条の６第１項）、骨材そのものに関しての規制はないものの、骨材の種類にかかわらずセメントを用いて固型化された放射性廃棄物の強度について、一軸圧縮強度が１５kg／.以上とするように規制がされている（上記告示４条３号〔乙Ａ２の８５２頁〕）。

さらに、廃棄物埋設事業者は、埋設しようとする核燃料物質等について、放射性廃棄物の放射能濃度を測定した方法その他放射性廃棄物の放射能濃度を決定した方法に関する説明書並びに廃棄体の強度を測定した方法その他当該廃棄体の強度を決定した方法及びその結果に関する説明書を提出し（廃棄物埋設事業規則７条１項４号、５号〔乙Ａ２の８３４頁〕）、その内容が同規則８条に規定する技術上の基準に適合しているかどうかについて、内閣総理大臣の確認を受けなければならないとされている（原子炉等規制法５１条の６第１項）。したがって、原子炉等規制法が放射性廃棄物を固化するセメントや骨材、放射能濃度や強度の測定に係る規制をしていないということはできない。

ウそして、上記規制に加えて、原子炉等規制法は、製錬事業者、加工事業者、原子炉設置者、再処理事業者等の各事業者に、それぞれ核燃料物質等の廃棄について、保安のために必要な措置を講ずべきことを定めている（同法１１条の２、２１条の２第1項、３５条1、２項、４８条1項、５１条の１６第1、２項、５８条）。

エ以上からすれば、「原子炉等規制法が無内容な条件により放射性廃棄物の埋設事業の許可を与えてしまうから憲法１３条、２５条に抵触して無効である。」旨の原告らの上記主張は理由がない。

２　設計審査の具体的基準を欠くから違法であるとの原告らの主張について

⑴原告らは、「設計審査の具体的基準としては、あいまいな『安全審査の基本的考え方』しか審査基準がないから、本件事業許可処分は違法である。」旨主張する。

⑵しかしながら、前記説示のとおり、廃棄物埋設事業の許可の段階においては、専ら当該廃棄物埋設施設の基本設計のみが規制の対象となるのであり、廃棄物埋設施設の設計図、構造図等の図面は、事業許可後の廃棄物埋設施設及びこれに関する保安の措置の確認を受ける段階で提出されるものであるところ（廃棄物埋設事業規則２条、４条）、「安全審査の基本的考え方」は、廃棄物埋設施設の基本設計の安全性について判断するための基準として、不合理なものであるということはできないから、「安全審査の基本的考え方」の内容があいまいであるとの原告らの主張は理由がない。

⑶また、本件安全審査の際の具体的審査基準としては、「安全審査の基本的考え方」以外にも、原子炉等規制法施行令、廃棄物埋設事業規則及び「線量当量限度等を定める件」といった法令上の審査

基準が用いられたほか、原子力安全委員会の定めた「発電用原子炉施設の安全解析に関する気象指針」（乙１４の４）、「発電用原子炉施設に関する耐震設計審査指針」（乙１４の３）、「発電用軽水型原子炉施設周辺の線量目標値に対する評価指針」（乙１４の５）が参考とされているから、「安全審査の基本的考え方」しか審査基準がない旨の原告らの上記主張は、理由がない。

３　別途必要な管理事業の許可を欠くから違法である旨の原告らの主張について

⑴原告らは、「原子炉等規制法上、３．７テラベクレル以上の放射性廃棄物を埋設するまでの間に管理をする施設は、『特定廃棄物管理施設』とされ、その管理の事業については、埋設の事業のように事業許可の後に『確認』が行われるのみではなく、設計及び工事方法の認可、使用前検査並びに定期検査が必要とされていること（同法５１条の７、８、１０、同法施行令１３条の１２）にかんがみると、３．７テラベクレル以上の放射性廃棄物を貯蔵する本件廃棄物埋設施設の附属施設は、上記の『特定廃棄物管理施設』に当たるものとして、別途、管理事業の許可を受けるべきであるのに、本件においては、その許可がないから、違法である。」旨主張する。

⑵しかしながら、廃棄の事業としての廃棄物管理とは、核燃料物質等についての最終的な処分がされるまでの間において行われる放射線による障害の防止を目的とした管理その他の管理又は処理のことであって、その具体的内容は政令で定めるものとされているところ（原子炉等規制法５１条の２第１項２号）、その委任を受けた同法施行令１３条の１０（乙Ａ２の１０１頁）は、廃棄物埋設事業者が廃棄物埋設施設において行う管理又は処理は、上記廃棄物管理に該当しないと定めているのであるから、本件廃棄物埋設施設の附属施設に３．７テラベクレル以上の放射性廃棄物が貯蔵されることになるとしても、それが「特定廃棄物管理施設」であるということはできない。したがって、３．７テラベクレル以上の放射性廃棄物を埋設する際には管理事業の許可が別途必要であるのにこれを欠くから違法である旨の原告らの上記主張は、理由がない。

４　審査者指導の申請書一部補正は違法である旨の原告らの主張について

⑴原告らは、「審査者であるはずの科学技術庁や原子力安全委員会が、本来は却下すべき申請について、全面的に申請者を指導して同一性を失うほど申請書を書き替えさせて不公正に許可を与えたから違法である。」旨主張する。

⑵しかしながら、本件における申請書の一部補正は、本件安全審査の前又はその過程において、原燃産業の意思に基づいてされたものであり（乙２から４まで）、たとえその端緒において審査機関による問題点の指摘等があったとしても、その一部補正が違法であるということはできない。また、本件における一部補正は申請としての同一性を失うものではないと認めることができる上（乙１から４まで）、その一部補正手続に関して不公正な点があったと認めることもできない。したがって、本件における申請書の一部補正が違法であるとはいえない。

５　なれ合い委員による審査なので違法である旨の原告らの主張について

⑴原告らは、「原子力委員会及び原子力安全委員会又はそれらの下部組織（例えば、放射性廃棄物対策専門部会）においては、原子力関連産業又は原子力推進派の委員が多数存在しており、そのようななれ合い委員に対して厳正中立な審査を求めることはできないから、本件事業許可処分は、手続的に違法である。」旨主張する。

⑵アしかしながら、原子力委員会の委員は、両議院の同意を得て内閣総理大臣が任命し（原子力委員会等設置法５条１項〔乙Ａ２の８頁〕）、専門委員も学識経験がある者及び関係行政機関の職員のうちから内閣総理大臣が任命することとされている(同設置法施行令３条２項〔乙Ａ２の１３頁〕)。また、原子力安全委員会の委員は、両議院の同意を得て内閣総理大臣が任命し（原子力委員会等設置法２２条、５条１項）、安全審査会の審査委員は学識経験がある者及び関係行政機関の職員のうちから内閣総理大臣が任命することとされているのであり（同法２０条、１７条１項）、上記各委員の任命が不公正であって違法であると認めるに足りる証拠はない。

イなお、原告らが指摘する放射性廃棄物対策専門部会は、放射性廃棄物対

策の具体的な推進方策について調査審議をするために設置されたものであって（昭和６２年１１月２７日原子力委員会決定、乙１５の３）、同部会が本件調査審議に関与したものと認めることはで

きないから、この点に関する原告らの主張は理由がない。

ウ以上によれば、原子力委員会又は原子力安全委員会の委員の中になれ合い委員が多いから本件事業許可処分が手続的に違法である旨の原告らの上記主張は、理由がない。

６　本件審査の密室性、秘密性及びずさんさの原告らの主張について

⑴原告らは、「事業許可申請書、添付書類その他の安全審査資料を公開することが憲法２１条（表現の自由）や公平原則・条理に基づき強く要請されるが、上記公開がされていない。また、本件審査において、原子力安全委員会、原子力委員会その他の関係機関の構成員は、特定の委員らに審査を任せている。さらに、原子力安全委員会等の関係機関の審査内容に関する議事録等が存在しないか又は不整備である。」旨主張する。

⑵しかしながら、憲法２１条が国家に対して情報の開示を義務付けた規定であると解することはできないから同条を根拠に安全審査資料の公開を導くことはできないし、公平原則や条理がそのような公開を要請する法的根拠であるということもできないから、この点に関する原告らの上記主張は理由がない。また、本件審査においては、原子力安全委員会から安全審査会に対して調査審議の指示がされ、これを受けた安全審査会が担当部会として第２７部会を設置し、同部会において専門的かつ詳細な調査審議をし、その結果を踏まえて安全審査会が再度調査審議をした上で最終的に原子力安全委員会において審議及び決定をしたものである（前提事実）。また、原子力委員会の審査においても、特定の委員らに審査が任せられたことを認めるに足りる証拠はない。したがって、本件審査が特定の委員らに任せられたとする原告らの上記主張は理由がない。さらに、本件審査の議事録については原子力委員会議事運営規則（昭和３２年２月２８日原子力委員会決定、乙１６の３）６条１項及び原子力安全委員会議事運営規則（昭和５３年１０月２１日原子力安全委員会決定、乙１６の４）６条１項によりその作成が義務付けられており、上記規定に従い議事録が作成されていることを認めることができる（乙１０の３、弁論の全趣旨）。したがって、議事録が不存在又は不備である旨の原告らの上記主張も理由がない。

７　民主・公開の原則違反による違法性の原告らの主張について

⑴原告らは、「本件審査は原子力基本法の民主・公開の原則を踏みにじるものであり、この点を看過した本件事業許可処分は違法である。」旨主張する。

⑵しかしながら、原告らの主張する調査資料の公開や､住民が参加する形での環境アセスメントは、本件事業許可処分に当たり法律上必要とされていたものではなく、平成２年４月２６日に行われた公開ヒアリング等が特段非民主的な手続であるということもできない。したがって、この点に関する原告らの上記主張は理由がない。

８　農地法違反及びむつ小川原開発第２次基本計画違反の原告ら主張について

⑴原告らは、「むつ小川原開発公社による本件廃棄物埋設施設の敷地の取得は、農地法に違反した無効なものであり、その転得者である原燃産業も所有者たりえないから、本件事業許可処分は違法である。」、「むつ小川原開発第２次基本計画に、核燃料サイクル施設の立地計画はなかったから、本件廃棄物埋設施設を建設することは、上記基本計画に抵触する。」旨主張する。

⑵しかしながら、上記各事情は、本件事業許可処分と直接の関連性を有するものではなく、原子炉等規制法等で規定されている手続にかかわるものではないから、本件事業許可処分の手続的適法性を左右するに足りる事情となるものではない。したがって、この点に関する原告らの上記主張は理由がない。

９　許可を前提とした審査による違法性の原告ら主張について

⑴原告らは、「本件審査においては当初から許可をすることを前提としたセレモニーとしての審査を行っているにすぎず、手続的に重大な瑕疵があるから、本件事業許可処分は違法である。」旨主張する。

⑵しかしながら、本件審査が当初から許可をすることを前提にして行われたと認めるに足りる証拠はないから、原告らの上記主張は理由がない。第４原子炉等規制法５１条の３第１項２号要件の適合性について１２号要件のうち経理的基礎に係る部分の適合性前記説示のとおり、原子炉等規制法５１条の３第１項２号のうち、経理的基礎に係る部分の要件に関する違法事由を原告らが本件訴訟において主張することはできない。したがって、

経理的基礎に係る部分の要件に関する原告らの主張は、理由がない。

２２号要件のうち技術的能力に係る部分の適合性

⑴本件調査審議及び判断の過程

ア本件事業許可申請においては、①原燃産業の実施する廃棄物埋設の方法が既に原子力施設において実績のある廃棄物処理、放射線管理及び土木・建築工事の技術を利用することにより十分可能なものであって、特別な技術を必要とするものではないこと、②原燃産業は、これらの技術につき専門的知識及び経験を有する技術者を有していること、③本件廃棄物埋設施設の建設、操業に当たって必要とする技術者については、定期採用等により逐次増強を図るとともに、原子力発電所への派遣等による技術的能力のかん養に努めるとされていること、④電力会社等との連絡を密にし、人的・技術的協力を適宜得ることなどが明らかにされていた（本件事業許可申請書の添付書類二「廃棄物埋設に関する技術的能力に関する説明書」。乙１から４まで）。

イ そこで、原子炉等規制法５１条の３第１項２号のうち技術的能力に係る部分に関する調査審議においては、①原燃産業は、原子力発電所において廃棄物処理、放射線管理等の経験を有する技術者を有していること、②本件廃棄物埋設施設を計画、建設し、また、事業を遂行していく上においては、実務経験、知識等を有する要員が確保されることとなっており、また、長期間にわたり事業を適確に遂行するのに十分な組織体制が整備されていることを確認し、これらの点から原燃産業には本件廃棄物埋設施設を設置するために必要な技術的能力及び適確に業務を遂行するための技術的能力（同法５１条の３第１項２号の技術的能力の要件）があると判断した。

　そして、この上記調査審議の結果を尊重した内閣総理大臣により本件事業許可処分がされた（乙１２の１から３まで、乙３７の１０、乙４２、A証言）。

⑵裁判所の判断

以上によれば、内閣総理大臣の上記判断が依拠した原子力安全委員会等による本件調査審議において用いられた技術的能力に係る具体的審査基準に不合理な点があるとはいえないし、本件事業許可申請が上記技術的能力の要件に適合するとした原子力安全委員会等の調査審議及び判断の過程に看過し難い過誤、欠落があるということはできない。したがって、この技術的能力の要件への不適合を理由に本件事業許可処分が違法であるということはできない。

⑶原告らの主張に対する判断

これに対して、原告らは、「原燃産業には、低レベル放射性廃棄物埋設事業をした実績が試験・研究を含めて全くない。また、本件事業許可申請書によると、施設の建設・操業に約７０名の技術者が必要とされているのに、本件事業許可申請当時には６５名しかおらず、施設の建設に必要な技術者すら不足している。したがって、原燃産業には、技術的能力の要件がない。」旨主張する。

しかし、前記認定のとおり、科学的、専門技術的知見を有する学識経験者等により構成される原子力安全委員会がした本件調査審議の過程においては、低レベル放射性廃棄物埋設事業は既に原燃産業が実績を有する技術を利用することにより遂行可能であること、技術者の数等についても今後人員の確保を図る見通しのあることが確認されているのであるから、原告らの上記主張は理由がない。

第５　原子炉等規制法５１条の３第１項３号（災害防止）要件の適合性について

１　本件安全審査における具体的な審査基準について

証拠（乙８、乙１２の１から３まで、乙１４の１から７まで、乙４２、A証言）及び弁論の全趣旨によれば、本件安全審査の具体的審査基準の内容は、以下のとおりであったことを認めることができる。

⑴本件安全審査の具体的審査基準の内容

本件安全審査においては、法令上の審査基準として、原子炉等規制法施行令、廃棄物埋設事業規則及び「線量当量限度等を定める件」が用いられた。また、本件安全審査は、原子力安全委員会が決定した「原子力安全委員会の行う原子力施設に係る安全審査等について」に従うとともに、「安全審査の基本的考え方」（乙１４の６）に基づくほか、「気象指針」（乙１４の４）、「耐震設計審査指針」（乙１４の３）、「線量評価指針」（乙１４の５）などが参考とされた。

⑵具体的審査基準の一つである「安全審査の基本的考え方」の内容

上記のうち、「安全審査の基本的考え方」は、放射性固体廃棄物の埋設施設の安全性を評価する際の考え方について、廃棄物埋設施設の安全確保上の特徴を踏まえて取りまとめられた指針であり、廃棄物埋設事業として原子炉施設の運転等に伴って発生する低レベル放射性固体廃棄物を浅地中に埋設し、その管理を段階的に軽減して行う最終的な処分について適用するものとし、その基本的な考え方を次のとおり定めていた（乙１４の６の６８８頁以下)。

ア　基本的立地条件（「安全審査の基本的考え方」Ⅲ)

廃棄物埋設施設及びその周辺において、大きな事故の誘因となる事象が起こるとは考えられないこと、また、万一、事故が発生した場合において、その影響を拡大するような事象も少ないことなお、「安全審査の基本的考え方」の解説においては、以下のような事象を考慮する必要があるとされていた（乙１４の６の６９２頁以下)。

㈠自然環境

ａ地震、津波、地すべり、陥没、台風、高潮、洪水、異常寒波、豪雪等の自然現象

ｂ地盤、地耐力、断層等の地質及び地形等

ｃ風向、風速、降水量等の気象

ｄ河川、地下水等の水象及び水理

㈡社会環境

ａ近傍工場等における火災、爆発等

ｂ河川水、地下水等の利用状況、農業、畜産業、漁業等食物に関する土地利用等の状況及び人口分布等

ｃ石炭、鉱石等の天然資源

イ被ばく線量評価(「安全審査の基本的考え方」Ⅳ)

㈠平常時評価（乙１４の６の６８８頁)

平常時における一般公衆の被ばく線量は、段階管理の計画、廃棄物埋設施設の設計並びに敷地及びその周辺の状況との関連において、「合理的に達成できる限り低い」ものであることなお、「安全審査の基本的考え方」の解説によると、平常時における廃棄物埋設地からの放射性物質の漏出、廃棄物埋設地の附属施設からの放射性気体廃棄物及び放射性液体廃棄物の放出等に伴う一般公衆の被ばく線量が、法令に定める線量当量限度を超えないことはもとより、「合理的に達成できる限り低い」ことを段階管理の計画、設計並びに敷地及びその周辺の状況との関連において評価するとされていた（乙１４の６の６９３頁)。

㈡安全評価（乙１４の６の６８８頁以下)

技術的にみて想定される異常事象が発生するとした場合、一般公衆に対し、過度の放射線被ばくを及ぼさないことなお、「安全審査の基本的考え方」の解説においては、以下のとおり定められていた（乙１４の６の６９３頁以下)。

ａ廃棄物埋設地については、事業の長期性にかんがみ、平常時評価において考慮した事象を超えるような事象が仮に発生するとしても一般公衆に対し安全上支障がないことを確認するため、廃棄物埋設地からの放射性物質の異常な漏出を技術的見地から仮定して一般公衆の被ばく線量を評価する。

ｂ廃棄物埋設地の附属施設については、以下のような事故の発生の可能性を検討し、一般公衆の被ばくの観点から重要と思われる事故を選定して一般公衆の被ばく線量を評価する。

(a)誤操作による廃棄物の落下等に伴う放射性物質の飛散

(b)配管等の破損、各種機器の故障等による放射性物質の漏出

(c)火災等

ｃ被ばく線量の評価に当たっては、事故発生後、その影響を緩和するための対策が講じられる場合は異常を検知するまでの時間、作業に要する時間等を適切に考慮し、事故が収束するまでの間に漏出し、又は放出された放射性物質等により発生するおそれのある一般公衆の被ばく線量を評価するものとする。

ｄ「一般公衆に対して、過度の放射線被ばくを及ぼさないこと」とは、事故等の発生頻度との兼ね合いを考慮して判断しようとするものであり、判断基準は「一般公衆に対して著しい放射線被ばくのリスクを与えないこと」とするが、その具体的な運用に当たっては、ＩＣＲＰ勧告及びパリ声明による公衆の構成員に関する実効線量当量限度を超えなければ「リスク」は小さいものと判断する。

ウ放射線管理（「安全審査の基本的考え方」Ⅴ、乙１４の６の６８９頁)

㈠閉じ込めの機能

廃棄物埋設施設は、第１段階において放射性物質を廃棄物埋設地の限定された区域に閉じ込める機能を有する設計であること

㈡放射線防護

ａ廃棄物埋設施設は、直接ガンマ線及びスカイ

シャインガンマ線による一般公衆の被ばく線量が「合理的に達成できる限り低く」できるように放射線遮へいがされていること
ｂ 廃棄物埋設施設においては、放射線作業者の作業条件を考慮して、適切な放射線遮へい、換気等がされていること
(ウ)放射線被ばく管理廃棄物埋設施設においては、放射線作業者の被ばく線量を十分に監視し、管理するための対策が講じられていることエ環境安全（「安全審査の基本的考え方」Ⅵ、乙１４の６の６８９頁）
(ア)放射性気体廃棄物及び放射性液体廃棄物の放出管理
廃棄物埋設施設においては、廃棄物埋設地の附属施設から発生する放射性気体廃棄物及び放射性液体廃棄物を適切に処理するなどにより、周辺環境に放出する放射性物質の濃度等を「合理的に達成できる限り低く」できるようになっていること
(イ)放射線監視
ａ廃棄物埋設施設においては、廃棄物埋設地の附属施設から放出する放射性気体廃棄物及び放射性液体廃棄物の放出の経路における放射性物質の濃度等を適切に監視するための対策が講じられていること
また、放射性物質の放出量に応じて、周辺環境における放射線量、放射線物質の濃度等を適切に監視するための対策が講じられていること
ｂ廃棄物埋設施設においては、第１段階及び第２段階において、廃棄物埋設地から地下水等に漏出し、生活環境に移行する放射性物質の濃度等について適切に監視するための対策が講じられていることオその他の安全対策（「安全審査の基本的考え方」Ⅶ）
(ア)地震に対する設計上の考慮（乙１４の６の６９０頁）
廃棄物埋設施設は、設計地震力に対して、適切な期間安全上要求される機能を損なわない設計であること
この設計地震力は、「耐震設計審査指針」における耐震設計上の重要度分類のＣクラスの施設に対応するものとして定めること
なお、「安全審査の基本的考え方」の解説では、「適切な期間」とは、廃棄物埋設地にあっては第１段階の期間とし、廃棄物埋設地の附属施設にあっては廃棄物埋設事業を適切に進める上で必要とされる期間とされている。また、「安全上要求される機能を損なわない」とは、廃棄物埋設地にあっては、閉じ込め機能等が失われないこととされていた（乙１４の６の６９４頁）。
(イ)地震以外の自然現象に対する設計上の考慮（乙１４の６の６９０頁）
廃棄物埋設施設は、敷地及びその周辺における過去の記録、現地調査等を参照して、予想される地震以外の自然現象を考慮して適切な期間安全上要求される機能を損なわない設計であることなお、「安全審査の基本的考え方」の解説では、「適切な期間」及び「安全上要求される機能を損なわない」の意義について、地震に対する設計上の考慮と同様に解されていた（乙１４の６の６９４頁）。
(ウ)火災・爆発に対する考慮（乙１４の６の６９０頁）
廃棄物埋設施設においては、火災・爆発の発生を防止し、かつ、万一の火災・爆発時にも施設外への放射性物質の放出が過大とならないための適切な対策が講じられていること
(エ)電源喪失に対する考慮(乙１４の６の６９０頁)
廃棄物埋設施設の附属施設においては、外部電源系の機能喪失に対応した適切な対策が講じられていること
(オ)準拠規格及び基準（乙１４の６の６９０頁）
廃棄物埋設施設の設計、工事等については、適切と認められる規格及び基準によるものであることカ管理期間の終了(「安全審査の基本的考え方」Ⅷ、乙１４の６の６９０頁)
被ばく管理の観点から行う廃棄物埋設地の管理は、有意な期間内に終了し得るとともに、管理期間終了以後において、埋設した廃棄物に起因して発生すると想定される一般公衆の被ばく線量は、被ばく管理の観点からは管理することを必要としない低い線量であること
なお、「安全審査の基本的考え方」の解説においては、原子炉施設から発生する廃棄物中に含まれる放射性物質のうち、放射能量が多く、廃棄物埋設施設の放射線防護上重要なコバルト６０、セシウム１３７等は、３００年から４００年を経過すると１千分の１から１万分の１以下に減衰し、これらの放射能量が極めて少なくなることや、外国における例も参考として、管理を終了し得る「有意な期間」としては、３００年から４００年をめやすとして用いることとされていた。また、「被

ばく管理の観点からは管理することを必要としない低い線量」とは、被ばく線量の評価値が放射線審議会基本部会報告「放射性廃棄物の浅地中処分における規制除外線量について」（昭和６２年１２月）に示された規制除外線量である年間１０マイクロシーベルトを超えないことをめやすとするとされており、発生頻度が小さいと考えられる事象については、被ばく線量の評価値が、年間１０マイクロシーベルトを著しく超えないことをめやすとするとされていた（乙１４の６の６９４頁）。

２　本件安全審査の具体的審査基準に基づく本件調査審議及び判断の過程証拠（乙１から４まで、乙８、乙１２の１から３まで、乙３７の６、乙３７の１０、乙３８の１２、乙３８の１５、乙４２、乙４３、乙Ｄ１、乙Ｄ５、A証言、B証言、C証言）及び弁論の全趣旨によれば、本件安全審査における具体的審査基準に基づく調査審議及び判断の過程は、以下のとおりであったことを認めることができる。

⑴基本的立地条件について

ア基本的立地条件に関する本件調査審議及び判断においては、以下のとおり、敷地、地盤、地震、気象、水理及び社会環境の各側面から検討が行われ、廃棄物埋設施設及びその周辺において、大きな事故の誘因となる事象が起こるとは考えられず、また、万一、事故が発生した場合において、その影響を拡大するような事象も少ないことが確認された。

㋐敷地（乙８の１３頁）

本事業所の敷地面積は約３４０万㎡であり、埋設設備は敷地のほぼ中央北寄りに、管理建屋は敷地のほぼ中央東寄りに、それぞれ設置され、その敷地は法令で定める周辺監視区域の設定に十分な広さを有していることが確認された。

㋑地盤（乙８の１５頁、１６頁）

地盤に関しては、文献調査、空中写真判読、地表地質調査、ボーリング調査、トレンチ調査（一定の調査範囲を掘削し、地質を露出した状態にして観察する調査）及び岩盤支持力試験等が実施されており、これらの調査及び試験の内容については、現地調査も行い確認した結果、妥当なものであると判断された。

地盤については、主として以下の項目について検討が行われ、埋設設備群設置位置及びその付近の地盤は、本件廃棄物埋設施設の安全確保上支障がないものと判断された。

ａ埋設設備群設置位置及びその付近には、新第三系中新統（約１７０万年前から２４００万年前まで〔甲Ｄ１１３の２８３頁〕）に形成された鷹架層が分布しており、更にこれを覆って第四系更新統（約１７０万年前以降〔甲Ｄ１１３の２８３頁〕）に形成された段丘堆積層等が堆積している。

埋設設備の支持地盤は、鷹架層中部層であり、北側に主に砂質軽石凝灰岩、南側に砂岩が分布しており、埋設設備群設置位置及びその付近における鷹架層のＲＱＤ（地盤の割れ目を簡便かつ定量的に表現するための指標であり、ボーリングコア１m区間のうち、割れ目から割れ目の延長が１０cmを超える部分のコアの総延長を、１ｍに対する割合で表示したもので、１００％に近いほど割れ目が少ない地盤であると評価されるもの）は平均９６．６％である。鷹架層中部層は、表層部を除くと標準貫入試験によるＮ値（重量６３．５kgのハンマーを７５cm自由落下させ、標準貫入試験用サンプラを３０cm打ち込むのに要する打撃数）が５０以上、岩盤支持力試験による上限降伏値（岩盤の支持力を求める試験において、荷重と変位量から求まる岩盤の応力〔外部から加えられた力に応じて物体内部に生ずる単位面積当たりの力〕の値）が３６kg／ｃ㎡以上であることから、埋設設備による荷重に対して十分な支持力を有していると判断された。

また、埋設設備の設置面での荷重は、埋設の設備の設置前後において大差なく、沈下は問題にならないと判断された。

ｂ埋設設備群設置位置及びその付近の鷹架層中には、f-a断層及びf-b断層と称する２本の断層が認められている。トレンチ調査等の結果によれば、①両断層とも９万年から１０万年前以前に堆積したと考えられる段丘堆積層に変位を与えていないこと、②埋設設備群設置位置にあるf-b断層はその傾斜が７０°から８０°と高角度であること、③それらの断層面に沿って弱層が認められず、断層面がゆ着していることから、支持地盤の安定性に影響を与えるものではないものと判断された。

ｃ埋設設備群設置位置及びその付近並びに管理建屋設置位置及びその付近には、変位地形は認められず、地すべり地形及び陥没の発生した形跡も認められないことが確認された。

なお、以上の試験結果等を線量当量評価に用いることは、妥当なものと判断された。

(ウ)地震（乙８の１７頁）

本件廃棄物埋設施設で取り扱われる低レベル放射性廃棄物は、潜在的危険性が小さいことから、「安全審査の基本的考え方」に基づき「耐震設計審査指針」における耐震設計上の重要度分類のＣクラスの施設に対応する設計地震力による耐震設計がされることとされているが、敷地周辺で発生した過去の主な地震についても、いわゆる宇佐美カタログ（1979）、いわゆる宇津カタログ（1982）、地震月報によるほか、「新編日本被害地震総覧」等の過去の地震に関する最近の資料も参照され、敷地近傍で大地震が発生していないことが確認された。

(エ)気象（乙８の１４頁）

本件廃棄物埋設施設の設計に使用する気象資料としては、八戸測候所、むつ測候所等での観測結果が考慮されており、最寄りの気象官署である八戸測候所及びむつ測候所の観測資料によれば、最大瞬間風速は４１．３ｍ／ｓ、積雪の深さの最大値は１７０㎝、最低気温は－２２．４℃、年降水量は約１０００㎜から１４００㎜であること、敷地から最も近い観測所である六ヶ所地域気象観測所の気象観測データによれば、積雪の深さの最大値は１９０㎝、年降水量の平均値は約１２００㎜であることが確認された。

また、敷地内で昭和６１年１月から１年間にわたり気象観測を実施しており、１年間の気象観測データによれば、地上における最多風向は西方向で約２０％、年平均風速は４．５ｍ／ｓであることが確認された。線量当量の評価に用いる放射性物質の相対濃度（ｘ／ｑ）は、この１年間の気象観測データを用いて、「気象指針」に準拠し、実効放出継続時間を１時間として計算した結果、累積出現頻度が９７％に当たる敷地境界の方位別のｘ／ｑのうち最大の値は、放出源が埋設設備のとき１．４×１－４－４０ｓ／.、放出源が管理建屋のとき２．５×１０ｓ／.であることが確認された。

上記測候所等の気候は敷地の気候に比較的類似し、かつ、長期間の観測資料が得られており、また、敷地内での観測結果の統計的検定により、この年が異常な年でないことが確認されていることから、上記の気象資料を本件廃棄物埋設施設の設計及び線量当量評価に考慮することは妥当なものであると判断された。

(オ)水理（乙８の１８頁以下）

水理に関しては、敷地付近の河川等の状況及び敷地内の地下水の状況について地下水位観測、透水試験、水質試験等が実施されており、これらの調査、試験の内容については、現地調査を行い検討した結果、いずれも妥当であると判断された。

敷地付近における河川として老部川と二又川があるが、地形の状況からみて、本件廃棄物埋設施設が洪水により被害を受けることはなく、また、本件廃棄物埋設施設が海岸から約３㎞離れた標高３０ｍ以上の台地に位置していることから､高潮、津波により被害を受けることはないものと判断された。

地下水位観測結果から、地下水面は主に第四紀層内にあり、埋設設備群設置位置を通過した地下水は、敷地中央部の沢を経て尾駮沼に流入しているものと判断された。

透水試験結果によれば、埋設設備群設置位置及びその付近における鷹架層中部層のＮ値５０以上の部分の透水係数は、平均１．１×１０－５㎝／ｓ、Ｎ値５０未満の部分の透水係数は、平均１．５×１０－４㎝／ｓ、及び第四紀層の透水係数は、平均４．０×１０－４㎝／ｓであることが確認された。また、鷹架層中に認められるf-a断層及びf-b断層の断層部における透水係数は、平均１．３×１０－５㎝／ｓであり、断層の性状から判断して、地下水の流動上問題となることはないものと判断された。水質試験結果から、鷹架層及び第四紀層中の地下水には、埋設設備のコンクリート及びセメント系充てん材の閉じ込め機能に影響を与えるような成分は認められないことを確認した。また、以上の試験結果等を線量当量評価に考慮することは、妥当なものと判断された。

(カ)社会環境（乙８の２０頁、２１頁）

敷地周辺の社会環境に関しては、人口、産業活動、交通等について調査され、周辺の人口密度は９０．８人／ｋ㎡（昭和６０年１０月１日現在）であり、総人口の推移は昭和５６年から昭和６０年までにおいてほぼ横ばい傾向にあること、主な産業は第一次産業であること、尾駮沼では漁業権は設定されていないが暫定的に漁業が認められていること、付近における生活用水及び畜産用水は主に深井戸を水源とする簡易水道が用いられており、農業用水は主に河川水が用いられていること、六ヶ所村の水道普及率は昭和６０年度において約９８％であること、廃棄物埋設地及びその近傍に採掘対象となり得る規模の石炭、鉱石等は認められないこと、敷地周辺の主要な道路は国道３３８号線が太平洋沿いにあり、主要な港湾としてむつ小川原港があることが確認された。別紙「検証見取図第１」記載のとおり、敷地境界から西方向へ約１．５㎞離れたところに石油備蓄基地があり、敷地内にはウラン濃縮施設が建設中（当時）であるが、これらの施設の火災を想定しても、類焼は考えられないことから、本件廃棄物埋設施設の安全性が損なわれることはないと判断された。

また、本件廃棄物埋設施設から南方向約２８㎞離れた位置に三沢空港が、西方向約１０㎞離れた上空に「Ｖ－１１」と呼ばれる定期航空路が、南方向約１０㎞離れた位置に防衛庁等の航空機の訓練空域がそれぞれあるが、本件廃棄物埋設施設から離れていること及び航空機は原則として原子力施設上空を飛行しないように規制されていることから、航空機が本件廃棄物埋設施設に墜落する可能性は極めて小さいことが確認された。さらに、現在訓練に使用されている航空機が管理建屋に仮に墜落した場合の影響についても解析した結果、管理建屋に墜落したとしても、一般公衆の線量当量は、敷地境界外の最大となる場所（管理建屋から東約５００ｍの地点）において、約０．１３ミリシーベルトであり、その影響は小さいことが確認された。

以上から、敷地周辺の社会環境は本件廃棄物埋設施設の安全確保上支障がないものと判断された。また、農漁業などの産業活動等の状況についての調査結果を線量当量評価に考慮することは妥当なものと判断された。

⑵廃棄物埋設を行う放射性廃棄物等について（乙８の２２頁）

廃棄物埋設を行う放射性廃棄物等については、以下のとおり、廃棄物埋設を行う放射性廃棄物及び保安のために講ずべき措置の変更予定時期についての検討がされ、安全上問題のないことが確認された。

ア廃棄物埋設を行う放射性廃棄物

廃棄物埋設を行う放射性廃棄物は、原子力発電所及び本件廃棄物埋設施設で発生する放射性廃棄物を容器に均一に固型化したものであり、８割以上がセメントで固型化したものである。本件廃棄物埋設施設で廃棄物埋設を行う放射性廃棄物の数量は、最大４万．（２００．ドラム缶２０万本相当）であることが確認された。廃棄物埋設を行うに当たり考慮している主要な放射性物質の種類は、廃棄体の受入れまでの経過期間、線量当量の評価への寄与等の観点から選定されており、妥当なものと判断された。また、廃棄体の受入れ時における放射性物質の種類ごとの総放射能量についても、線量当量評価の結果から安全上問題ないものと判断された。

イ保安のために講ずべき措置の変更予定時期

廃棄物埋設地は、以下のとおりの段階管理を行うこととしていることを確認し、線量当量評価の結果から妥当なものと判断された。第１段階の終了予定時期は、埋設開始以降１０年経過し１５年以内の間第２段階の終了予定時期は、第１段階終了後３０年第３段階の終了予定時期は、第１段階終了後３００年

⑶廃棄物埋設施設の安全設計について

本件廃棄物埋設施設の安全設計について、以下のとおり、放射線管理、環境安全及びその他の安全対策の観点から検討がされ、安全設計上の考慮は妥当なものであることが確認された。

ア放射線管理（乙８の２４頁、２５頁）以下のとおり、放射線管理に係る対策は妥当なものと判断された。

㋐閉じ込め機能等

第１段階において、放射性物質を廃棄物埋設地の限定された区域に閉じ込めるため、埋設設備の外周仕切設備及び覆いは、地震力、自重、土圧等の荷重に対して十分な構造上の安定性を有するように設計されていること、埋設設備の外周仕切設備及び覆いから地下水が浸入した場合でも、その水が廃棄体に達することなく排水することができるよう排水・監視設備を設け、更に外周仕切設備及び覆いと廃棄体との間にはセメント系充てん材層が設けられることが確認された。また、施工管理においても十分配慮する方針であることが確認された。さらに、放射性物質の生活環境への移行を抑制するため埋設設備の上面及び側面に、土砂等を締め固めながら周辺の土壌等に比して透水性が大きくならないように覆土を行い、その厚さは埋設設備上面から６ｍ以上とし、このうち、埋設設備設置地盤から埋設設備上面２ｍまでの間の覆土

は、土砂にベントナイトを混合し、その透水係数が１０－７㎝／ｓ程度となるように施工するとともに、その施工管理においても十分な配慮をする方針であることが確認された。なお、液体廃棄物処理設備等は、漏えいし難い構造とし、万一の外部への漏えいを防止するために、せきを設ける等の対策を講じる方針であることが確認された。

㈠放射線防護（乙８の２６頁、２７頁）

放射線防護については、放射線業務従業者が受ける線量当量が法令に定められた線量当量限度を超えないことはもちろん、不必要な放射線を受けないようにするため、管理建屋は立入り頻度、滞在時間等を考慮した適切な遮へい、換気がされること、埋設設備は十分な遮へい厚を有すること、廃棄体の取扱い設備及び検査設備は自動化、遠隔化が図られることなどが確認された。また、廃棄体の定置作業は、埋設設備の北側側面及び最上面に表面の線量当量率が２ｍＳｖ／ｈを超えない廃棄体を定置し、廃棄体３２０本を標準的な１日の作業単位とし、開口部の制限や覆いを設置するまでの間仮蓋が施されること、廃棄体定置終了後の埋設設備には適切な覆土が施されることなどが確認された。さらに、本件廃棄物埋設施設からの直接ガンマ線及びスカイシャインガンマ線による人の居住の可能性のある敷地境界外の一般公衆の受ける線量当量が、「合理的に達成できる限り低く」できるような適切な遮へいがされることが確認された。

㈡放射線被ばく管理（乙８の２７頁、２８頁）

放射線業務従事者等の線量当量を十分に監視し、管理するため、管理区域の設定、区画、出入管理等の措置が講じられること、作業環境の管理をするため放射線管理設備及び機器が設けられること、個人の線量当量測定器が備えられることなどが確認された。また、一般公衆の受ける線量当量を「合理的に達成できる限り低く」抑えるため、第１段階及び第２段階は周辺監視区域及び埋設保全区域が設定されること、第３段階では、埋設保全区域の設定、敷地内での地表面の掘削等の制約及び人の居住、沢水の利用等の禁止措置が行われることが確認された。

イ環境安全（乙８の２９頁以下）

以下のとおり、環境安全に関する対策は妥当なものと判断された。

㈠放射性廃棄物の管理

附属施設から発生する気体廃棄物の放出放射能量は、最大でも年間、５トリチウムで２×１０ベクレル、トリチウム以外の放射性廃棄物で４×４１０ベクレルと少ないこと、本件廃棄物埋設施設から発生する液体廃棄物は必要に応じて適切な処理能力を有する液体廃棄物処理設備で処理され、液体廃棄物の放出放射能量は、最大でも年間、トリチウムで２×１８５０ベクレル、トリチウム以外の放射性物質で２×１０ベクレルであること、及び本件廃棄物埋設施設から発生する均一に固型化された廃棄体以外の固体廃棄物は、十分な容量を持つ保管廃棄施設に保管廃棄されることが確認された。

㈡放射線監視

ａ放出される放射性物質の濃度等の監視

本件廃棄物埋設施設においては、附属施設から放出される気体廃棄物及び液体廃棄物の放出の経路における放射性物質の濃度等を適切に監視するための対策が講じられていること、周辺環境における放射線量、放射性物質の濃度等を適切に監視するための対策が講じられていることが確認された。

ｂ段階管理における監視

本件廃棄物埋設施設においては、第１段階では埋設設備から放射性物質の漏出のないこと、また、第２段階では廃棄物埋設地から地下水等に漏出し、生活環境に移行する放射性物質の濃度等を適切に監視するための対策が講じられていることが確認された。

ウその他の安全対策（乙８の３３頁以下）

以下のとおり、その他の安全対策に対する考慮は妥当なものであると判断された。

㈠地震に対する設計上の考慮

本件廃棄物埋設施設については、「安全審査の基本的考え方」に基づき、「耐震設計審査指針」における耐震設計上の重要度分類のＣクラスの施設に対応する設計地震力により設計されることが確認された。すなわち、埋設設備については、設備に作用する水平震度を０．２（１９６ガル。地球の重力加速度９８０ガルを震度１とした場合の数値。Ｂ証言〔第４６回弁論実施分〕３８頁）とした設計地震力に対して、許容応力度法により設計されること、管理建屋、液体廃棄物処理設備等の附属施設については、それぞれ、Ｃクラスの建物・構築物及び機器・配管系に適用される規定に基づき設計されること、また、クレーンについては、「クレーン構造規格」に基づき設計されることが確認された。なお、排水・監視設備のうち点検路については、「土木学会トンネル標準示方書（開削編）」に基づき設計されることが確認された。

(イ)地震以外の自然現象に対する設計上の考慮

管理建屋及び埋設クレーンは、それぞれ建築基準法及び「クレーン構造規格」で定められる風圧力に対して設計されるとともに、敷地周辺の過去の台風記録も考慮されることが確認された。管理建屋は、建築基準法で定められる積雪荷重に対して設計され、その他の附属施設についてもこれと同等の設計が行われるとともに、敷地周辺の過去の積雪記録も考慮されることが確認された。覆土は土砂等を締め固め、周辺の土壌等に比して透水性が大きくならないように施工されるとともに、地表面には植生を施し、また、地表水に対しては排水を行う等、容易に埋設設備が露出しないよう配慮されることが確認された。

(ウ)火災・爆発に対する考慮

管理建屋は、主要な構造を鉄骨鉄筋コンクリート造とし、実用上可能な限り不燃性又は難燃性材料が使用されること、また、本件廃棄物埋設施設を構成する機器、設備類は、可燃物を極力排除するように設計されること、更に万一の火災に備え、管理建屋には、消防法等に基づき自動火災報知設備、消火栓等が設置されるとともに、防火区画が設定されることが確認された。

(エ)電源喪失等に対する考慮

廃棄体取扱い設備は、電源が喪失しても機械的な構造により廃棄体の落下を防止するように設計されること、また、一時貯蔵天井クレーン等は、「クレーン構造規格」に基づき設計されるとともに、運転員の誤操作による事故への発展を防止できるように廃棄体落下防止等のインターロックが設けられることが確認された。

(オ)準拠規格及び基準

本件廃棄物埋設施設の設計、工事等については、適切と認められる規格、基準等に準拠することが確認された。

(4)線量当量評価について

線量当量評価について、以下のとおり、平常時評価、管理期間終了以後における評価、安全評価の観点から検討がされ、安全設計上の考慮は妥当なものであることが確認された。

ア平常時における線量当量の評価（管理期間内における評価）

(ア)本件廃棄物埋設施設において平常時に想定される一般公衆に対する線量当量を評価する経路として、段階管理の計画、本件廃棄物埋設施設の設計並びに敷地及びその周辺の自然環境及び社会環境との関連、更に線量当量の評価上の重要性の観点から、以下のとおりの代表的な経路が選定されていることが確認され、平常時において発生すると考えられる代表的な経路として妥当なものであると判断された。

ａ換気空調設備から放出される気体廃棄物中の放射性物質の移行による内部被ばく（経路①）

ｂ液体廃棄物中の放射性物質が移行する尾駮沼の沼産物摂取による内部被ばく（経路②）

ｃ地下水中の放射性物質が移行する尾駮沼の沼産物摂取による内部被ばく（経路③）

ｄ沢への放射性廃棄物の移行による外部被ばく及び内部被ばく（経路④）

ｅ廃棄物埋設施設に一時貯蔵及び埋設される放射性物質からの外部被ばく（経路⑤）

また、線量当量の計算については、主な計算条件、計算方法は別紙「線量当量の平常時評価（管理期間内における評価）の計算条件」記載のとおりであるほか、その他の計算条件についても、それぞれの評価経路に応じた適切な計算条件が設定されており、計算方法についても評価経路に応じて「線量評価指針」、「気象指針」を参考にし、適切なモデル、計算コードを使用して行われていることから妥当なものと判断された。

(イ)上記に基づいて計算、評価された平常時の一般公衆の線量当量についての評価結果は以下のとおりである。

ａ経路①気体廃棄物中の放射性物質の吸入摂取による実効線量当量は、敷地境界外で最大となる地点（管理建屋から東約５００ｍの地点）において年間約１．５×１０－６ミリシーベルトである。

ｂ経路②液体廃棄物中の放射性物質が移行する尾駮沼の沼産物摂取による実効線量当量は、年間約４．４×１０－７ミリシーベルトである。

ｃ経路③地下水中の放射性物質が移行する尾駮沼の沼産物摂取による実効線量当量は、年間約３．１×１０－５ミリシーベルトである。

ｄ経路④地下水中の放射線物質が移行する沢への立入りに伴う外部放射線及び吸入摂取による線量

当量は、年間約４．１×１０－９ミリシーベルトである。

ｅ経路⑤本件廃棄物埋設施設に一時貯蔵及び埋設される廃棄体中の放射性物質によるスカイシャインガンマ線に係る線量当量は、第１段階の最大となる年次において、敷地境界外の最大となる地点（埋設地から北約１９０ｍでほぼ周辺監視区域境界にある地点）で年間約０．０２７ミリシーベルトである。

(ウ)以上から、第１段階から第３段階を通じて一般公衆に対する線量当量が最大となるのは、本件廃棄物埋設施設に一時貯蔵及び埋設される廃棄体中の放射性物質によるスカイシャインガンマ線に係る線量当量の年間約０．０２７ミリシーベルトであり、これに重畳の可能性のある他の評価経路を考慮しても、それらの線量当量への寄与は十分小さいと評価されるので、法令に定める実効線量当量の限度（年間１ミリシーベルト）を十分に下回ることはもとより、「安全審査の基本的考え方」に示されているところの「合理的に達成できる限り低く」なる設計となっているものと判断された。さらに、皮膚及び眼の水晶体の組織線量当量は、選定されている放射性物質の種類及びその線量当量換算係数から、周辺監視区域外における外部放射線に係る線量当量（年間約０．０２７ミリシーベルト）を下回ると考えられるので、法令に定める組織線量当量の限度（年間５０ミリシーベルト〔乙Ａ２の２６３頁〕）を十分に下回ると判断された。加えて、ウラン濃縮施設に起因する一般公衆の線量当量は十分低いので、その寄与を考慮する必要はないと判断された。

イ管理期間終了後における線量当量の評価

(ア)　管理期間終了以後における評価については、一般的であると考えられる線量当量評価経路及び発生頻度が小さいと考えられる線量当量評価経路が想定された。一般的であると考えられる線量当量評価経路は、敷地及びその周辺が、現在の延長上としての田園地域、あるいは現在の六ヶ所村周辺の地方都市程度の工業地域になることを前提に、以下の経路が選定されていることが確認され、管理を必要としない状況へ移行できる見通しを得るための代表的な経路として妥当なものと判断された。

(イ)　①　地下水中の放射性物質が移行する尾駮沼の沼産物摂取による内部被ばく

②廃棄物埋設地近傍の沢水の飲用による内部被ばく

③ 廃棄物埋設地近傍の沢水を用いて生産する農畜産物の摂取による内部被ばく

④ 廃棄物埋設地近傍の沢水を生産に利用する農耕作業による外部被ばく及び内部被ばく ⑤ 廃棄物埋設地又はその近傍における住宅施設の建設工事による外部被ばく及び内部被ばく

⑥廃棄物埋設地又はその近傍における居住による外部被ばく及び内部被ばく他方、発生頻度が小さいと考えられる線量当量評価経路は、一般的であると考えられる線量当量評価経路と同様の前提のもとで線量当量評価の観点から影響が大きいと考えられるものとして、以下の経路が選定されていることが確認され、管理を必要としない状況へ移行できる見通しを得るための代表的な経路として妥当なものと判断された。

⑦ 廃棄物埋設地における地下数階を有する建物の建設工事による外部被ばく及び内部被ばく

⑧ 廃棄物埋設地における地下数階を有する建物の建設工事によって発生した土壌上での居住による外部被ばく及び内部被ばく

⑨ 廃棄物埋設地又はその近傍における井戸水の飲用による内部被ばくまた、線量当量の主な計算条件、計算方法は別紙「線量当量の管理期間終了以後における評価の計算条件」のとおりであるほか、その他の計算条件についても、それぞれの評価経路に応じた適切な計算条件が設定されており、計算方法についても評価経路に応じて「線量評価指針」を参考にし、適切なモデル、計算コードを使用して行われていることから妥当なものと判断された。

(イ)上記に基づいて計算、評価された管理期間終了以後における一般公衆の線量当量についての評価結果は以下のとおりである。

ａ一般的であると考えられる線量当量評価経路

(a)経路①地下水中の放射性物質が移行する尾駮沼の沼産物摂取による実効線量当量は、年間７．５×１０－５ミリシーベルトである。

(b)経路②廃棄物埋設地近傍の沢水の飲用による実効線量当量は、年間１．３×１０－４ミリシーベルトである。

(c)経路③廃棄物埋設地近傍の沢水を用いて生産する農畜産物の摂取による実効線量当量は、農産物摂取で年間約９．１×１０－５ミリシーベルト、畜産物摂取で年間約２．９×１０－５ミリシーベルトである。
(d)経路④廃棄物埋設地近傍の沢水を生産に利用する農耕作業による外部放射線及び吸引摂取による線量当量は、年間約５．５×１０－５ミリシーベルトである。
(e)経路⑤廃棄物埋設地又はその近傍における住宅施設の建設工事に伴う外部放射線及び吸入摂取による線量当量は、年間約８．３×１０－５ミリシーベルトである。
(f)経路⑥廃棄物埋設地又はその近傍での居住に伴う外部放射線及び吸入摂取による線量当量は、年間約１．５×１０－３ミリシーベルトである。
ｂ発生頻度が小さいと考えられる線量当量評価経路
(a)経路⑦廃棄物埋設地における地下数階を有する建物の建設工事に伴う外部放射線及び吸入摂取による線量当量は、年間約８．１×１０－３ミリシーベルトである。
(b)経路⑧廃棄物埋設地における地下数階を有する建物の建設工事によって発生する土壌上での居住に伴う外部放射線及び吸入摂取による線量当量は、年間約０．０１４ミリシーベルトである。
(c)経路⑨廃棄物埋設地又はその近傍における井戸水の飲用による実効線量当量は、年間約３．０×１０－３ミリシーベルトである。
(ウ)以上のとおり、一般的であると考えられる経路として選定された線量当量評価経路の中で、線量当量の評価結果が最大となるのは、廃棄物埋設地又はその近傍での居住による経路の場合の年間約１．５×１０－３ミリシーベルトであり、これに重畳の可能性のある評価経路を考慮しても評価結果は十分に小さく、「安全審査の基本的考え方」が定める１０μＳｖ／年（０．０１ｍＳｖ／年）を十分下回ることが確認された。また、発生頻度が小さいと考えられる経路として選定された線量当量評価経路の中で、線量当量の評価結果が最大となるのは、廃棄物埋設地における地下数階を有する建物の建設工事によって発生する土壌上での居住による経路の年間約０．０１４ミリシーベルトであり、この評価結果は「安全審査の基本的考え方」が定める「めやす線量を著しく超えない」範囲内にあるものと判断された。なお、管理期間終了以後の線量当量の評価についてのめやす線量は、放射線審議会基本部会報告「放射性固体廃棄物の浅地中処分における規制除外線量について」（昭和６２年１２月）に示された規制除外線量（１０マイクロシーベルト）を適用していることは前記のとおりであるが、同報告書が準拠しているICRP Pub.46は、規制除外された全ての線源からの寄与の合計を年間１００マイクロシーベルト（０．１ミリシーベルト）の線量に相当するリスク以下にすることを勧告している（乙８の６１頁）。これらの評価結果から、「安全審査の基本的考え方」が定める「有意な期間」内に管理することを必要としない状況へ移行できることの見通しがあるものと判断された。
ウ安全評価
(ア)　安全評価については、廃棄体の取扱いに伴う事故（大きな線量当量を与える可能性のある事故として、廃棄体を廃棄物埋設地における埋設クレーンにより吊り上げて埋設設備に定置する作業中にその廃棄体が落下し、廃棄体が２本破損する事故）及び廃棄物埋設地からの放射性物質の異常な漏出（放射性物質の漏出抑制に重要な機能を果たす埋設設備及びベントナイトを混合した覆土の健全性が相当低下し、異常な漏出が生じる事故）が選定されていることを確認し、異常時の安全性を確認するという観点から妥当なものと判断された。また、事故の場合の線量当量の計算は、主なものは以下のとおりであるほか、それぞれの評価経路に応じた適切な計算条件が設定されており、計算方法についても「線量評価指針」を参考にして行われていることから妥当なものと判断された。
(イ)　ａ廃棄体は埋設クレーンから落下するものとし、落下する廃棄体の数は、廃棄体を保持するつかみ具の機構が各廃棄体に対して独立しているので、１本とする。また、破損する廃棄体は、落下した廃棄体とその直下の廃棄体の計２本とする。
(ウ)　ｂ廃棄体の放射能濃度は、別紙「最大放射能濃度及び総放射能量表」に記載される最大放射能濃度とする。
(エ)　ｃ廃棄体重量は、実際の廃棄体の重量に裕度をみて０．５トンとする。
(オ)　ｄ大気拡散条件は、前記（気象について判示している部分）の線量当量の評価に用いる放射性物質の相対濃度（ｘ／ｑ）を用いる。
(イ)上記に基づき計算された一般公衆の線量当量の評価結果として、廃棄体の取扱いに伴う事故による実効線量当量は、敷地境界外で最大となる地点(埋設地から南西約６００ｍの地点）において約９．０×１０－５ミリシーベルトであることが確認された。また、放射性物質の異常な漏出についての評価結果は、第２段階当初から埋設設備及びベントナイトを混合した覆土の健全性が相当低下する状態を想定している前記平常時評価の経路③の評価に包含されることが確認された（その実効線量当量は、年間約３．１×１０－５ミリシーベルト)。

(ウ)以上から、事故として取り上げられている事象の評価結果は、ＩＣＲＰ勧告及びパリ声明（ＩＣＲＰ会議の声明）による公衆の構成員に関する実効線量当量年間１ミリシーベルトを十分に下回っており、一般公衆に対して過度の放射線被ばくを及ぼすことがないものと判断された。

３本件安全審査に関する原告らの主張に対する判断

上記のような本件安全審査の調査審議及び判断の過程に対する原告らの主張について、以下、①本件調査審議において用いられた具体的審査基準について不合理な点があるかどうか、②本件廃棄物埋設施設が上記具体的審査基準に適合するとした本件調査審議及び判断の過程に看過し難い過誤、欠落があるかどうかという観点から個別に検討する。

(1)　基本的立地条件(自然環境、社会環境)について

(2)　ア自然環境について

(ア)地盤について

ａ支持地盤について

(a)土質（砂岩）について

原告らは、「本件廃棄物埋設施設の支持地盤の本層は、砂岩であり、土質工学的には軟岩に属するから、十分な耐震力を有する支持地盤であるとは言い難い。」旨主張する。確かに本件廃棄物埋設施設の支持地盤が軟岩に属することを認めることができるものの（甲Ｄ５７の１から４、Ｂ証言、弁論の全趣旨)、軟岩であることから直ちに支持地盤として不適切であるとの知見については、これを認めるに足りる証拠はない。むしろ、地盤に関する安全審査においては、支持地盤が荷重に対して十分な地耐力を有するかどうかが問題とされるものであるところ、本件安全審査においては、文献調査、空中写真判読、地表地質調査、ボーリング調査、トレンチ調査、岩盤支持力試験等の結果を総合的に検討した上で、支持地盤が荷重に対して十分な地耐力を有すると判断されたのであるから、支持地盤が軟岩であることをもって直ちに支持地盤として不適切であると帰結する原告らの上記主張は理由がない。

(b)ボーリングコア採取率、ＲＱＤについて

また、原告らは、「最近は技術の進歩により軟弱な地盤であってもコア採取率やＲＱＤの数値が高くなっているから、それらの数値の高さをもって直ちに支持地盤として適当であるとはいえない。」旨主張する。確かに、ボーリングコア採取率(ボーリングで採取されたコアの長さを掘進長で除した値を百分率で表したもの）やＲＱＤ（ボーリングによって深さ１ｍの長さの部分から得られたコアのうち、長さが１０㎝以上のコアのみの合計値の１ｍに対する比率を百分比で表したもの）の数値の高さのみが直ちに支持地盤としての適当さを示すものではないとしても、それらの数値の検討が岩盤の検査においてなお有効なものであることを認めることができるし（甲Ｄ５７の１、弁論の全趣旨)、上記認定のとおり本件安全審査においてはこれらの数値のみに着目して審査がされたわけでもないから、原告らの上記主張は理由がない。

(c)地表近くの標準貫入試験について

さらに、原告らは、「支持地盤としての良否の評価基準として、地表近くの少ない箇所で行われた標準貫入試験のＮ値を重用することには、大きな問題がある。」旨主張する。確かに、標準貫入試験を行う際、対象となる岩盤の中に礫のようなものが入っている場合には、そのＮ値が大きくなるという傾向があるものの（Ｂ証言〔第４６回弁論実施分〕１１頁、甲Ｄ５１の４５頁)、本件廃棄物埋設施設の支持地盤は深いところまで同じ地層が連続していて、標準貫入試験のＮ値を測定した地点より深いところに存在する地盤であっても同程度以上の支持力があるものと認めることができるから（Ｂ証言〔第４３回弁論実施分〕１０頁)、地表近くの地点で測定されたＮ値を用いることが不合理であるとはいえない。なお、原告らは、「支持地盤が地震被害を増幅させやすい『サンドイッチ地盤』（甲Ｄ１０５）となっている可能性があるから、支持地盤のＮ値は地表面近くの位置で少しばかり測定するのみでは不十分である。」とも主張する。しかしながら、「サンドイッチ地盤」

の概念を提唱する学者によっても、「サンドイッチ地盤」は第四紀層に属する洪積層又は沖積層にみられるものであって、本件廃棄物埋設施設の支持地盤となっている第三紀層（約１７０万年前よりも前にできた地層）は、構造物の信頼できる地盤となっているというのであり（甲Ｄ６０の１）、第三紀層の岩盤において「サンドイッチ地盤」に起因する地震被害が確認された例があるとも認められないのであるから（甲Ｄ５７の３の９７頁以下）、原告らの上記主張は理由がない。

(d)岩盤支持力試験の実施箇所数について

さらに、原告らは、「岩盤支持力試験も、その実施箇所が４か所と少ないことなどから、不十分であり、地盤が本件廃棄物埋設施設の荷重に対して安全性を有しているか疑問である。」旨主張する。しかしながら、岩盤支持力試験は、地盤の支持特性を代表することができる地点において行われるものであるから、岩盤支持力試験の実施箇所が４か所であることが不合理であるということはできない。また、本件廃棄物埋設施設の支持地盤において行われた上記試験の結果は、試験を行った４か所とも上限降伏値が３６kg／ｃ㎡以上と、埋設設備の荷重（１ｃ㎡当たり３kg程度）と比較しても十分に高い値であるということができるから（Ｂ証言〔第４３回弁論実施分〕１１頁以下）、本件廃棄物埋設施設の荷重に対する地盤の安全性に問題はない。

(e)ボーリング調査結果の隠ぺい疑惑について

原告らは、「合計２７孔でボーリング調査が実施されたのに、５孔の地質柱状図しか公表されておらず、原燃産業は、ぜい弱劣悪な岩質データを故意に隠ぺいした疑惑があり、地盤に問題がある。」旨主張する。確かに、①原燃産業は、別紙「埋設設備群設置位置及びその付近の地質水平断面図」記載のとおり、多数の箇所でボーリング調査をしながら５孔の地質柱状図しか公表していないこと(乙２の３－４８頁以下)、②本件廃棄物埋設施設内にある２本の断層に近い位置にある5-c孔（f-b断層に最も近い）、D-5孔（f-a断層に最も近い）、2-d孔（f-a断層に２番目に近い）の各地質柱状図が掲げられていないのは不自然であること、③別紙「埋設設備群設置位置及びその付近の地質断面図」記載のとおり、f-b断層近くの4-b孔では掘進長がわずか約１６ｍにすぎず、斜めになっているf-b断層に届く手前でボーリング掘進が中止されたかのようになっており、D-5孔でもあとわずかの掘進によりf-a断層に到達するのにその手前で柱状図が途切れているのは極めて不自然であること（乙２の３－４６頁）、④これらについて本件訴訟において被告から合理的な説明がないことからすると、原燃産業は地盤条件が相対的に良好な５孔のみの地質柱状図を意図的に選んで掲げ、しかも4-b孔についてはf-b断層に、D-5孔についてはf-a断層に、それぞれ到達する手前で柱状図を切って公表したのではないかという合理的な疑いがある。しかしながら、本件調査審議の過程においては、上記５孔以外のものも含めたボーリングコアの観察を行った上、断層の性状をより詳細に調査することのできるトレンチ調査を実施し（そのトレンチスケッチは本件事業許可申請書添付書類に掲げられている。）、更に前記のとおり他の試験結果、調査結果を総合勘案して支持地盤として適当であるとの判断をするに至ったというのであるから、上記のボーリング調査結果の公表について不自然な点があったとしても、これをもって支持地盤に関する本件調査審議及び判断の過程において看過し難い過誤、欠落があるということはできない。したがって、ボーリング調査結果の隠ぺい疑惑に関する原告らの上記主張は理由がない。

(f)間隙率について

原告らは、「アメリカやフランスでは低レベル廃棄物埋設施設の敷地としてはその地盤の実効間隙率が１％以下でなければならないという基準があるが（甲Ｄ３の５頁）、本件廃棄物埋設予定地の鷹架層中部層砂質軽石凝灰岩の間隙率は52.1％、鷹架層中部層砂岩の間隙率は44.3％であるから(乙２の３－３２頁)、敷地として不適当である。」旨指摘する（Ｂ証言〔第４５回弁論実施分〕５４頁以下、Ｃ証言６９頁以下各参照）。しかしながら、その間隙率の測定結果には誤差も多い上、「有効間隙率」と「間隙率」とは異なる概念であって一方の数値を正確に片方の数値へ換算し直すことも困難であること（Ｃ証言７０頁以下）、間隙率のみが地盤の適否を判断する絶対的な基準であるとはいえないこと（Ｂ証言〔第４５回弁論実施分〕５５頁）にかんがみると、上記の間隙率の試験結果のみをもって本件廃棄物埋設施設の予定地が敷地として不適当であるということはできない。

ｂ断層について

(a)最初の埋設事業許可申請におけるf-a断層等の

隠ぺいについて原告らは、「埋設設備群設置位置とその付近の地層には２本の断層（f-a断層及びf-b断層）の存在することが補正時に表面化したが、そのこと自体が、原燃産業による立地環境調査のずさんさを推測させる。」旨主張する。確かに、原燃産業は、最初の本件事業許可申請の際には、既に２本の断層の存在を認識していたにもかかわらず、「地盤については、本施設を設置する基礎地盤は全体に砂岩・凝灰岩類であり、過去に地すべり、陥没の発生した形跡はなく、本施設に影響を与えるような断層も認められない。」などと申告し、２本の断層（f-a断層及びf-b断層）の存在を隠していたから（乙１の７－１頁）、原告らが不信感を抱くのも自然なことである。しかしながら、その後に原燃産業が行った補正において２本の断層の存在が明示され、本件調査審議はこれに基づいて行われているのであるから、f-a断層及びf-b断層が原燃産業による最初の事業許可申請書において明示されなかったことをもって直ちに地盤の適合性に関する本件調査審議及び判断の過程について看過し難い過誤、欠落があるということはできない。したがって、f-a断層及びf-b断層の隠ぺいに関する原告らの上記主張は採用することができない。

(b) f-a断層及びf-b断層が活断層である可能性について

原告らは、「f-a断層及びf-b断層が活断層ではないとする地質学的根拠はなく、これらが活断層又は活断層の疑いのある断層であるとの可能性を否定することができない以上、これらの断層が震源断層となって内陸直下型地震の発生するおそれがある。特に兵庫県南部地震（Ｍ７．２、神戸では震度6から7の烈震、最大加速度６００から８００ガル［関東大震災の２倍］）においては、断層が震源断層となって甚大な被害が発生したから、原告らとしては、本件の両断層が活断層である可能性がゼロでなければ本件廃棄物埋設施設を建設することには到底納得することができない。」旨主張する。しかしながら、原告らはf-a断層及びf-b断層が活断層である可能性を抽象的に主張するにとどまるものであるところ、本件安全審査においては、文献調査、空中写真の判読、現地調査、ボーリング調査、トレンチ調査等の結果を総合検討した結果、①f-a断層及びf-b断層は、「日本の活断層」（昭和５５年、活断層研究会編）等の文献に記載されていないこと、②両断層には断層運動によって形成された変位地形も認められないこと、③両断層が９万年から１０万年前以前に堆積したと考えられる第四紀層の段丘堆積層に対して変位を与えていないことなどから、両断層は段丘堆積層が堆積する以前にその活動を終えた断層であって、活断層ではないものと判断したことを認めることができる（乙４３の５頁以下、B証言、弁論の全趣旨）。したがって、このような判断の経過と根拠にかんがみると、上記断層に関する本件調査審議及び判断の過程について看過し難い過誤、欠落があるということはできず、この点に関する原告らの上記主張は採用することができない。

(c) f-a断層等が非活断層でも被害が増幅される可能性について原告らは、「f-a断層及びf-b断層が活断層ではないとしても、他所で起きた地震の影響により断層沿いに被害が集中するという事態が予想される。」旨主張する。しかしながら、本件安全審査においては、①本件廃棄物埋設施設の敷地近傍で大地震の発生していないことが確認されていること、②f-a断層はその傾斜が７０°ないし９０°、f-b断層はその傾斜が７０°ないし８０°と高角度ですべりが生じにくいこと、③断層面に沿って存在する岩石は固結化していて周囲の岩石と同程度の硬さを有していること、④f-b断層についてはその断層面がゆ着していることを認めることができ（乙４３、B証言）、そのような諸事情に照らすと、f-a断層及びf-b断層が本件廃棄物埋設施設の支持地盤の安定性に影響を与えることがないものと判断した本件調査審議及び判断の過程について看過し難い過誤、欠落があるということはできない。加えて、本件安全審査の際の線量当量の評価に当たっては、廃棄体、埋設設備等が著しく劣化して第２段階当初から放射性物質の漏出が始まると仮定するなどして一般公衆の受ける線量当量の評価を行い、そのように埋設設備の閉じ込め機能が損なわれた場合であっても、一般公衆の受ける線量当量が、法令に定める実効線量当量の限度（原子炉施設の周辺監視区域外において年間１ミリシーベルト〔乙Ａ２の２６３頁〕）に比して十分小さいことが確認されているのであるから、仮に地震の影響による被害が断層沿いに集中することが想定されるとしても、本件調査審議及び判断の過程について看過し難い過誤、欠落があるということはできず、上記原告らの主張を採用することはできない。

(d)鷹架層中部層混在部にある節理（ひび割れ）について

原告らは、「鷹架層中部層混在部には、多くの節理（ひび割れ）が認められ、これは地質学でいう破砕帯に当たるが､破砕帯の部分は硬く見えても、実際にはその岩質がぜい弱・劣悪化していることがあるから、破砕帯も含めて岩盤支持力試験を行う必要があり、それをしないで上記箇所を硬質であるとする本件事業許可申請の説明は、十分な根拠を有しない。」旨主張する。しかしながら、鷹架層中部層混在部においては、f-a断層及びf-b断層に沿って両側の岩相が混在し角礫状や粘土状を呈しておらず、固結して周囲の岩石と同程度の硬さを有しているほか、トレンチ調査を行った際も周辺の健全な岩盤と同様の硬さであることが確認されており（Ｂ証言〔第４３回弁論実施分〕２２頁以下、同〔第４５回弁論実施分〕３３頁)、原告らの上記主張以外にぜい弱な破砕帯が存在することを客観的に裏付けるような証拠がないことからすると､鷹架層中部層混在部が岩質のぜい弱化、劣悪化している破砕帯に当たると認めることはできない。なお、証人Ｃの証言中には、上記混在部が破砕帯であると言ってもよいかのように証言をする部分もあるが（Ｃ証言６５頁)、地盤としての適否を判断するに当たっては現地における露頭の観察やボーリングコアの観察が最も重要であることは同証人も同時に証言しているところであるから（Ｃ証言６８頁)、上記Ｃ証言は上記の判断を左右するに足りるものではない。したがって、この点に関する原告らの主張は採用することができない。

(e)本件廃棄物埋設予定地内に別の断層が存在する可能性について

原告らは、「より詳細な地質調査を実施すれば、本件廃棄物埋設施設の敷地内の段丘堆積層にも別の断層の存在が確認される可能性がある。」旨主張する。しかし、原告らは別の断層の存在を抽象的な可能性として主張するにとどまるところ、本件安全審査においては、具体的に文献調査、空中写真判読、地表地質調査、ボーリング調査、トレンチ調査等の結果を総合検討するなどした上、埋設設備群設置位置及びその付近には、地盤の安定性に影響を与えるような断層が認められないことを確認しているのであるから、別の断層が存在するという抽象的な可能性をもって本件調査審議及び判断の過程について看過し難い過誤、欠落があるということはできない。したがって、この点に関する原告らの主張は採用することができない。

ｃ地すべり発生の可能性について

原告らは､「過去の地すべり地形が長期間にわたって保存されているとは限らないこと、十勝沖地震に際して青森県東部地方の火山灰地帯に地すべりが発生したこと、本件廃棄物埋設施設の敷地は火山灰層が広く分布する造成地であること、開発行為による水の賦存状態の変化や地形の変化等のために新しく地すべり地帯になる場合も予想されることなどからすると、地すべり発生のがい然性が極めて高い。」旨主張し、過去の地すべりの事例に関する証拠を提出する（甲Ｄ１７から甲Ｄ１８の３まで、甲Ｄ１９２の１から５まで)。確かに、本件廃棄物埋設施設の敷地には火山灰層が堆積しているが、埋設設備の支持地盤は火山灰層ではなく鷹架層中部層の岩盤である上、一般的な造成地とは異なり、鷹架層を掘り下げて埋設設備を設置するのであるから、原告らの主張する地すべりの事例と本件廃棄物埋設施設の敷地とはその地形的条件を異にしている。そして、本件安全審査においては、空中写真の判読や現地調査の結果等を検討した結果、埋設設備群設置位置及びその付近並びに管理建屋設置位置及びその付近においては、地すべり地形の発生した形跡のないことを確認している（Ｂ証言〔第４６回弁論実施分〕２６頁以下)。また、仮に、本件安全審査の過程においては、大地震による地すべりが発生したとしても、管理期間内であれば覆土やベントナイト混合土の修復が可能であるし、管理期間終了後であれば、埋設設備劣化後の低頻度の事象における被ばく評価に包含されるものとして、安全上は問題ではないものと判断されている(甲Ａ１０)｡したがって、地すべり発生の可能性に関する本件調査審議及び判断の過程について看過し難い過誤、欠落があるということはできず、この点に関する原告らの主張は採用することができない。

ｄ脱水による地盤沈下等発生の可能性について

原告らは、「鷹架層中部層は、原燃サービスの実施した弾性波試験結果等から軟岩に属することが判明しており、十分な地耐力を有する支持地盤であるとはいえない。また、その構成岩石は単位体積重量が小さく､含水比及び間隙率が高いから(全体の４０から５０％が水）、もし何らかの原因によってこの地層に脱水現象が起こった場合には、沈下や陥没が問題となる。」旨主張する。しかしながら、原告らは脱水現象が発生する可能性を抽象的に主張するにとどまるところ、本件廃棄物埋設施設及びその周辺の地形、気象等に照らし、脱水現象の発生する具体的なおそれがあることを認めることはできないから、脱水に起因して沈下や陥没が起こるという原告らの上記主張は採用することができない。

(イ)地震について

ａ地震に関する本件安全審査について、原告らは、「①震央から２００km以遠の地震及び震央位置不明の被害地震を考慮していないから地震の調査方法に誤りがある。②廃棄物埋設施設について重要度分類度Ｃクラスの耐震設計（一般産業施設と同等の安全性を保持する耐震設計）で足りると結論付け、原子力関連施設特有の安全性の要請に配慮した震度階を想定していないこと自体が不当である。③中小地震による影響を考慮していない。④青森県東方沖には延長距離約１００km、崖高２００km以上に及ぶ確実度Ｉの大活断層が存在しているし、その他の陸域等にも様々な活断層があるのに、それらによる巨大地震による被害の可能性を考慮していないのは、不当である。実際に本件訴訟提起後の平成６年１２月２８日には、『三陸はるか沖地震』（Ｍ７．５、八戸では震度６の烈震）が発生し、死者３名、負傷者２８３名、損害家屋２６６棟の被害が生じている。⑤地震による液状化現象も考慮していないのは不当である。」旨主張する。

ｂしかしながら、前記認定のとおり、本件廃棄物埋設施設は、原子炉施設と比較するとその内蔵する放射能量が少ないためにその潜在的危険性がはるかに小さい。そして、実際の本件安全審査における線量当量評価の結果においても、第２段階当初から閉じ込め機能が損なわれると仮定しても、管理期間内において一般公衆に対する線量当量が最大となる評価経路は、本件廃棄物埋設施設に一時貯蔵及び埋設される廃棄体中の放射性物質によるスカイシャインガンマ線に係る線量当量の年間約０．０２７ミリシーベルトであり、これに重畳の可能性のある他の評価経路を考慮しても、それらの線量当量への寄与は小さく、一般公衆の線量当量について「線量当量限度等を定める件」が規定した周辺監視区域外の線量当量の限度である年間１ミリシーベルトの値を十分に下回ることが確認されている。また、管理期間終了後においても、一般的であると考えられる経路として選定された線量当量評価経路の中で、線量当量の評価結果が最大となるのは、廃棄物埋設地又はその近傍での居住による経路の場合の年間約１．５×１０－３ミリシーベルトであり、これに重畳の可能性のある評価経路を考慮しても評価結果は十分に小さく、「安全審査の基本的考え方」が定めるめやす線量１０μＳｖ／年（０．０１ｍＳｖ／年）を十分下回ることが確認されている。そうであれば、仮に大地震により埋設設備が損傷し、その閉じ込め機能が破壊されたといった場合においても、一般公衆の受ける線量当量が著しく大きくなることは考えにくいから、原告らの上記各主張にもかかわらず、地震に関する本件安全審査において用いられた具体的審査基準に不合理な点があり、又はその具体的審査基準に適合するとした本件調査審議及び判断の過程について看過し難い過誤、欠落があるということはできない。

(ウ)気象について

ａ豪雪について

原告らは、「本件廃棄物埋設施設付近の降雪量は、平地では豪雪地帯に属するから、施設の安全対策、放射性物質等の運搬の安全確保に関して支障となることが明らかである。」旨主張する。しかしながら、本件安全審査においては、本件廃棄物埋設施設から最も近い観測所である六ヶ所地域気象観測所のデータによると、積雪の深さの最大値（最大積雪深）は１９０cmであることが確認されているところ、最大積雪深１９０cm程度の積雪によって、本件廃棄物埋設施設の安全確保等に支障が生ずることを認めるに足りる証拠はなく、むしろ、建物の設計上、技術的な障害とはならないものと認めることができる（弁論の全趣旨）。したがって、この点に関する原告らの主張は理由がない。

ｂ強風について

原告らは、「本件廃棄物埋設施設周辺は強風地帯に属し、ヤマセが吹けば風下の六ヶ所村とその周辺町村、青森市、弘前市等の津軽地方にまで放射性廃棄物が拡散、降下する危険性があるし、西風の場合には、六ヶ所村の中心部である尾駮部落が放射能の被ばくにさらされる。」旨主張する。

しかしながら、本件安全審査においては、本件廃棄物埋設施設から放出される気体廃棄物の年間放出量を前提とした上、拡散しにくい気象条件を設定した場合でも、一般公衆の受ける線量当量が敷地境界においてすら十分に小さいこと（年間約１．５×１０－６ミリシーベルト〔平常時における線量当量評価経路①〕）が確認されている。また、強風が吹いた場合には、大気の拡散によりその線量当量は一層小さくなると考えられる。したがって、この点に関する原告らの主張は理由がない。

(エ)水理について

ａ洪水・津波について

原告らは、「洪水の被害がないとする根拠を欠く。高潮・津波についても、八重山地震津波の波高は８５．４ｍ、明治三陸地震津波の波高は３８．４ｍといわれているから、将来３０ｍを超える波高の津波が本件廃棄物埋設施設を襲わないという保証はない。」旨主張する。しかしながら、本件安全審査においては、本件廃棄物埋設施設周辺の地形の状況を検討した上、洪水の被害を受けることはないと判断されるとともに、本件廃棄物埋設施設は、海岸線から約３㎞離れた標高約３０ｍ以上の台地に位置していることから、高潮、津波により被害を受けることもないと判断されているところ、この点に関する原告らの主張は、抽象的に洪水の危険性を主張し、又は地形的条件の異なる地域における例を挙げて津波の危険性を主張するにとどまるものであるから、これらによって本件調査審議及び判断の過程について看過し難い過誤、欠落があるとすることはできない。したがって、この点に関する原告らの主張は理由がない。

ｂシケ・濃霧について

原告らは、「本件安全審査においてはシケ、濃霧による船舶の航行に関する考慮が欠落している。」旨主張する。しかしながら、核燃料物質等の海上輸送の点は、本件廃棄物埋設施
設の基本設計の安全性にかかわる事項とはいえず、本件安全審査において考慮すべき事項ではないから、原告らの上記主張は理由がない。

(オ)地下水の汚染等の可能性について

ａ地下水の放射能汚染の危険性について

(a)浅地処分について

原告らは、「我が国では低レベル放射性廃棄物は浅地（通気層）処分することが基本方針とされている。本件廃棄物埋設施設の埋設地は帯水層で、しかも透水性に富んでいる不適地であって、放射能漏出による地下水汚染を招くおそれがあるのに、本件事業許可処分はこれを看過している。」旨主張する。確かに、アメリカを中心として、日本においても低レベル放射性廃棄物の陸地処分は、浅地処分を基本的な方策とするという知見の存在することを認めることができる（乙６の１０４頁以下、弁論の全趣旨）。しかしながら、埋設地の適性としてより重要であるのは地下水の流動の影響が及びにくい場所であるかどうか（酸化と還元の状態を繰り返すような環境にないかどうか）という点であって、日本においては通気層であってもアメリカに比較すると含水量が多く、その含水量に変動があること、他方において地下水面より下に存在している埋蔵文化財であってもその保存状態が良かったという事例が日本には存在することにかんがみると、日本においては、低レベル放射性廃棄物を浅地の通気層に埋設することが必須の条件であると認めることはできない（Ｃ証言８頁以下、Ｂ証言〔第４５回弁論実施分〕９頁、弁論の全趣旨）。そして、本件安全審査においては、埋設設備が設置される鷹架層中部層のＮ値５０以上の部分の透水係数は、平均１．１×１０－５㎝／ｓであり、同Ｎ値５０未満の部分の透水係数（平均１．５×１０－４㎝／ｓ）及び第四紀層の透水係数（平均４．０×１０－４㎝／ｓ）より１０倍以上小さいことが確認されている（乙２の３－３４頁表３－１４）。したがって、本件廃棄物埋設設備周辺の地下水は埋設設備が設置される鷹架層中部層ではなく、主に第四紀層及び鷹架層中部層表層部（Ｎ値５０未満の部分）を流れていて、埋設設備に対する地下水の影響は十分に小さいものと判断することができる（乙４３、乙Ｄ５、Ｂ証言、Ｃ証言）。なお、原告らは、「本件廃棄物埋設施設付近には降雨のあった直後に地下水位の上昇している観測井が存在するから、地盤の透水性が高く、敷地として不適当である。」旨主張するが（甲Ｄ１６５の２－６４頁、２－２９頁）、そのような降雨直後の地下水位の上昇は気圧等の影響（低気圧が来るとそれに向かって水位が上昇することや、雨が地下水まで到達しなくても降雨による圧力のみによって地層中の圧縮された空気を介して地下水まで伝播することにより地下水位が上昇すること）によっても生じ得るものであるから（Ｃ証言４６頁、９５頁以下）、上記の地下水位の上昇した観測井の存在をもって埋設

設備の設置される鷹架層中部層の透水性が高いことを帰結することはできない。

(b)地下水位の変動領域について

また、原告らは「本件廃棄物埋設地は地下水位の変動領域内にあり、そのような地下水の影響を受けやすい変動領域は埋設設備の設置位置として不適地である。」旨主張する（C証言２１頁以下）。確かに、埋設設備設置位置の周辺には、本件廃棄物埋設設備が設置される第三紀層（鷹架層）と同じ年代の地層内で地下水位が変動している地点が存在している（例えば、甲D１６５の２－４頁記載の図のD－２地点〔同２－２７頁〕、同E－４地点〔同２－３６頁〕）。しかしながら、上記のうち地下水位が第三紀層（鷹架層）内で大きく変動している地点は、台地から低地に向かう急斜面において第三紀層（鷹架層）が地表に露出する手前の地点であって、そのような低地に近くなる地点においては地下水が斜面に沿って落ち込むために第三紀層（鷹架層）内での地下水位の変動が大きくなっているものであり（C証言３８頁以下）、埋設設備設置位置直近の地点（上記の図のC－５地点〔甲D１６５の２－２４頁〕、同D－５地点〔同２－３０頁〕）を含め、埋設設備設置位置により近い地点においては、主として第四紀層内において地下水位が変動するにとどまっていることを認めることができる(甲D１６５、C証言３４頁)。したがって、埋設設備設置位置が地下水の変動領域内にあって不適地であるということはできない。

(c)造成工事による地下水位の減少傾向について

さらに、原告らは、「本件廃棄物埋設施設周辺の造成工事の影響により、地下水位が造成工事前の昭和６１年から造成工事後の昭和６２年、６３年と継続的に下がっている。例えば、観測井D－５では、造成工事前の昭和６１年６月の地下水位が標高４２m程度であったものが、造成工事後の昭和６２年１０月には標高３９m程度にまで低下し（甲D１６５の２－９頁、C証言４９頁以下）、昭和６２年３月において標高３９m程度であったものが昭和６３年３月には標高３７ないし３８mにまで低下している（甲D１６５の２－１１頁、C証言５０頁以下）。もしも、このペースで地下水位の低下が続いているとすると、平成２年１１月の本件事業許可処分時には地下水位の標高が３４m程度になり、本件廃棄物埋設施設（その南側標高が底面で２６m・上面で３２m、北側標高が底面で３２m・上面で３８m）は、まさに地下水位の季節変動の領域に入ることになる。日本原燃は、一旦掘削した観測井のその後の観測データを保持しているはずであるのに昭和６３年３月から２年半後の本件事業許可申請までの間の観測データを提出しなかったが、それは日本原燃にとって不利な観測データであったからであると推認される。」旨を主張する（C証言４９頁以下、甲D１６５の２－９頁から１１頁まで）。しかしながら、D－５観測井（本件廃棄物埋設施設の東側）の昭和６２年３月から昭和６３年３月までの１年間の地下水位の低下は約１mであると認めることができ（甲D１６５の２－１０と２－１１の比較）、その前の昭和６１年６月から昭和６２年１０月までの約１年４か月間の地下水位の低下幅が約３mにも達していることに比較すると（甲D１６５の２－９頁、C証言４９頁以下）、その低下の速度が半分以下に鈍化している。このように年間１m以下の範囲で鈍化すると考えられる地下水位の低下傾向に加えて、埋設設備設置位置付近の透水性が小さいことなどを勘案すると、造成工事による地下水位に対する影響は一時的なものというべきであり、地下水位（昭和６３年３月時点の地下水位は標高約３８m〔甲D１６５の２－１１頁〕）が昭和６３年以降も下がり続けて本件廃棄物埋設設備の設置位置（埋設設備の高さは約６m〔乙２の５－１９頁〕であり、埋設設備の南側の標高はその底面で２６m・上面で３２m、埋設設備の北側の標高はその底面で３２m・上面で３８mであるから〔乙２の５－３０頁〕、それらの傾斜地の中間にあるD－５観測井に近い本件埋設設備の東側標高は底面で約２９m・上面で約３５mと推認される。）まで下がるとは考え難い（C証言５２頁）。したがって、原告らの上記主張は採用することができない。

(d)断層沿いの「水みち」（地下水の浸透路）について

また、原告らは、「f-a断層及びf-b断層がいわゆる『水みち』（地下水の浸透路）になっている。」旨主張する。確かに、原告らが主張するとおり、①f-a断層及びf-b断層の周辺には、埋設設備の設置される鷹架層中部層の透水係数よりもかなり高い透水係数（１０－３cm／sオーダー）の場所が複数存在していることを認めることができる（甲

Ｄ４１、５６・別紙「埋設設備周辺での第三紀層鷹架層の透水試験結果図」、Ｂ証言〔第４６回弁論実施分〕５４頁以下、同８０頁)。また、②ラドン法による割れ目調査（地下深部にある放射性元素は､地表に出やすい環境､例えば割れ目を通って上昇してくるので、地表において土壌中のラドンガスの濃度分布を測定することにより、地下の断層、割れ目の存在状態を推定することができるという調査方法）の結果によれば、f-a断層及びf-b断層にほぼ沿った複数の地点においてラドンガスの濃度が高くなっていることを認めることができる（甲Ｄ４１の参考資料１の１４頁・「ラドン／トロン比分布図」、Ｃ証言６２頁以下)。さらに、③岩盤透水試験の結果によれば、断層のある深さに達した途端に加圧状態の水を注入したときの透水量が一気に上昇した地点のあることを認めることができる（甲Ｄ４１の参考資料３の１９頁以下、Ｃ証言６４頁以下)。加えて、④反撥度測定検査（シュミット・ロック・ハンマにより断層部分の露頭付近にある岩石等を叩いてその反撥度を測定する検査）によると、断層部分の露頭付近にある混在部の反撥度は相対的にやや低いことを認めることができる（甲Ｄ１８９)。したがって、これらの点からすると、f-a断層及びf-b断層に沿って割れ目が存在し、その割れ目部分が連続しており､水が通りやすくなったいわゆる「水みち」が存在しているのではないかという疑いがない訳ではない。しかしながら、それらの透水性の高い地点の中間又は延長線上付近には透水性の低い地点も点在している（別紙「埋設設備周辺での第三紀層鷹架層の透水試験結果図」〔甲Ｄ５６〕のｇ－⑤地点、ｇ－⑦、ｋ－⑨、ｃ－①地点)。また、断層部分５か所の透水係数の平均が１．３×１０－５㎝／ｓと低く（乙２の３－１８頁)、各箇所の数値にも大きなばらつきがなかった（Ｂ証言〔第４６回弁論実施分〕５４頁、甲Ｄ４１の７項「埋設設備周辺の鷹架層の透水係数の分布について｣)。さらに、断層部分に設けたトレンチにおいてシュミット・ロック・ハンマによる岩石硬度測定をした結果によると、混在部の岩石の反撥度は周囲の岩石のそれよりやや低いとはいえ、専門家の立場からすると、ほぼ同程度の堅さを有しており、断層面が固結・密着しているものと認められた。また、ボーリング調査の結果によれば１０－３㎝／ｓという透水係数の多い部分が連続していないことが確認されており（Ｂ証言〔第４５回弁論実施分〕６５頁)、地盤として問題のないものと判断されていた（甲Ｄ１８９)。これらの点にかんがみると、断層部分に沿って透水係数の大きい部分が部分的に存在していることまでは認められるものの、それらの透水係数の多い断層部分がすべて連続していわゆる「水みち」（地下水の浸透路）になっているとまで認めることはできない（Ａ証言〔第４４回弁論実施分〕８３頁以下、Ｂ証言〔第４５回弁論実施分〕６３頁以下､同〔第４６回弁論実施分〕７２頁以下、Ｃ証言６０頁以下、甲Ｄ４１の７項「埋設設備周辺の鷹架層の透水係数の分布について｣)。なお、本件安全審査においては、仮に透水性の大きい上記各部分がf-a断層及びf-b断層に沿って連続し、いわゆる「水みち」が形成されているとしても、別紙「検証見取図第１」記載のとおり、最終的にはその水が敷地西側の沢を経由して尾鮫沼へ、又は直接に尾鮫沼へ至る地形となっているから、被ばく評価上は問題とはならないこと、仮に本件廃棄物埋設設備の施工時に地盤の透水性に大きな影響を及ぼすような割れ目が発見された場合にもその段階において必要に応じて十分な対策を行うことが可能であることが確認されている（甲Ｄ４１の７項)。したがって、上記の「水みち」の存在可能性に関する原告らの上記主張は採用することができない。

(e)その他の地下水の放射能汚染について

① 原告らは、「埋設設備のコンクリート等が地下水と接触し、埋設設備の放射性物質閉じ込め機能が損なわれ、放射性物質が外部環境に漏出して、それによる地下水汚染が発生する可能性がある｡」､「ドラム缶による長期管理では健全性を保つことができないおそれがあり、実際に『液垂れ跡』のあるドラム缶２本が本件廃棄物埋設施設に搬入されるなど埋設前の審査体制にも不安があるから、埋設後に地下水が汚染される可能性がある｡」､「埋設設備の破損は、深層地下水の影響によっても起こり得るが、そのような事態が発生した場合には、地下水の放射能汚染による周辺住民に対する被害は計り知れない｡」などと主張する。

② しかしながら、本件安全審査においては、仮に埋設設備の外周仕切設備及び覆いから表面水が浸入した場合であっても、その水が廃棄体に達することなく排水することができるよう、ポーラスコンクリート層等の排水・監視設備を設け、廃棄

物埋設地の管理の第１段階、第２段階の期間中はその監視をしながら排水を行うことが確認されている。また、線量当量評価に当たっては、廃棄体、埋設設備等が著しく劣化し、第２段階当初から放射性物質の漏出が始まると仮定した場合であっても、一般公衆の受ける線量当量が十分に小さいことを確認しているのである。したがって、放射性物質の漏出に関して原告らの主張する上記諸事情を考慮したとしても、本件調査審議及び判断の過程について看過し難い過誤、欠落があるということはできない。

③ なお、「液垂れ跡」のあるドラム缶が発見された部分に関する原告らの主張は（甲４１の１から５１まで参照）、原子炉等規制法５１条の６の廃棄物埋設に関する確認の段階において規制される事柄に係るものであり、本件訴訟の審理の対象とはならないから、理由がない。また、動燃東海事業所において低レベル放射性廃棄物を収納したドラム缶が長期間水が溜まった状態で貯蔵されていたことに関する原告らの主張も（甲１６から１９まで、２６参照）、それらの貯蔵は原子炉等規制法の第６章の核燃料物質等の使用等に関する規制の対象であって、本件事業許可処分における同法５１条の３第１項の各要件の審査の対象とはならないものであるから、本件訴訟の審理の対象とはならず、理由がない。

(f)井戸水シナリオ等について

① 原告らは「廃棄体が埋設される鷹架層には深層地下水が存在し、施設周辺住民がこれを井戸水などの生活用水として使用している。」旨主張する。しかしながら、本件安全審査においては、廃棄物埋設地を通過する地下水は、地下水面の傾斜方向に流下して敷地中央部の沢を経て尾駮沼に流入しており、一般公衆が深井戸を利用することによって被ばくする事態は考えられないことが確認されているから、この点に関する原告らの主張は理由がない。

② また、本件安全審査においては、井戸水の利用に関しては管理期間終了後の線量当量評価経路として廃棄物埋設地又はその近傍における井戸水の飲用による内部被ばく（同経路⑨）が想定されているところ、原告らは、「井戸水の飲用による被ばく（いわゆる井戸水シナリオ）のうち、埋設設備内に掘られた井戸から採取した水を飲んだ人の被ばくといった危険性の高いケースが想定されていないことは不当である。」旨主張する。確かに、本件調査審議の過程においては、線量当量評価の経路として、埋設設備を貫くように掘られた井戸から採取した水を飲んだ人の被ばくに係る経路を設定することが検討されたものの、最終的には評価経路として想定されなかったことを認めることができる（甲Ａ４、甲Ｄ７、４０、A証言〔第４４回弁論実施分〕８６頁以下）。しかしながら、埋設地周辺においては透水係数が低いために井戸を掘削しても十分な揚水量を得ることができないから井戸水の利用は考え難い（B証言〔第４５回弁論実施分〕７８頁）。また、低レベルとはいえ放射性廃棄物が埋設された本件廃棄物埋設設備内に井戸を掘ることは通常想定し難い。したがって、管理期間終了後の線量当量評価経路⑨以上に、本件廃棄物埋設設備内に掘られた井戸から採取した水を飲んだ人の被ばくに係る評価経路を、評価経路として想定しなかったことについて、看過し難い過誤、欠落があるということはできない。

(g)化学物質による地下水汚染について

① 原告らは、「水質試験試料採取地点１２か所はすべて本件廃棄物埋設予定地の周辺であって、敷地内ではない上、地層別の水質試験結果が示されていないから不十分であり、埋設設備の放射性物質閉じ込め機能を損なうような化学物質が本件廃棄物埋設予定地内にあるかどうかは確認されていない。したがって、化学物質により埋設設備の放射性物質閉じ込め機能が損なわれ、放射性物質が外部環境に漏出して地下水の放射能汚染が発生する可能性を否定することができない。」旨主張する。

② しかしながら、本件安全審査においては、本件廃棄物埋設施設周辺の１２か所の地点で行われた地下水の水質試験の結果によれば（乙２の３－５６頁）、その周辺１２か所の地点の鷹架層及び第四紀層中の地下水中には埋設設備のコンクリート及びセメント系充てん材の閉じ込め機能に影響を与えるような成分が存在していないことが確認されているところ、その周辺１２か所の地点と本件廃棄物埋設設備設置位置とでその地下水の水質が著しく変化していることは考え難いから、本件廃棄物埋設予定地内において地下水の水質検査をしていないことに問題はない（B証言〔第４３回弁論実施分〕３４頁）。

③ したがって、本件調査審議及び判断の過程に

看過し難い過誤、欠落があるとはいえず、原告らの上記主張は採用することができない。

ｂ地下水の重金属汚染の可能性について

原告らは、「本件廃棄物埋設設備の設置により重金属汚染を招く可能性がある。」旨主張する。しかし、放射性物質以外の化学物質による地下水の汚染については、本件廃棄物埋設施設の基本設計の安全性にかかわる事項ではなく、本件安全審査の対象とはならないから、この点に関する原告らの主張は理由がない。

イ　社会環境について

(ア)国家石油備蓄基地について

ａ原告らは、「本件廃棄物埋設施設から１．５㎞しか離れていない国家石油備蓄基地に火災が発生した場合には、本件廃棄物埋設施設の安全性が損なわれる。」旨主張する。

ｂしかしながら、別紙「検証見取図第１」記載のとおり、本件廃棄物埋設施設の敷地境界から石油備蓄基地までは約１．５㎞離れており、本件廃棄物埋設施設からは約３㎞の距離があると認められるところ（乙８の２０頁、乙１２の３の５頁、弁論の全趣旨）、「青森県石油コンビナート等防災計画」（青森県石油コンビナート等防災本部作成）によれば、仮に、上記石油備蓄基地のタンクから原油が流出し、防油堤内に全面的に火災が発生した場合を想定しても、そのふく射熱による影響（木材等の有機物が有炎火の粉があるときの引火の限界値）が及ぶ範囲は３８０ｍと予測されていること（乙２１の３９頁）からすれば、火災を想定しても本件廃棄物埋設施設への類焼が考えられないとした本件調査審議及び判断の過程について、看過し難い過誤、欠落があるということはできない。したがって、この点に関する原告らの主張は理由がない。

(イ)自衛隊三沢基地、米軍三沢基地について

ａ原告らは、「本件廃棄物埋設施設の周辺には自衛隊三沢基地や米軍三沢基地があるから、墜落事故の危険性がある。平成元年３月１６日には本件廃棄物埋設施設からわずか６㎞の距離にある人家の庭先に１１．３㎏の模擬爆弾が、同年９月５日には４㎞離れた畑にＦ１６の模擬爆弾が、それぞれ誤投下された。平成３年５月７日には遂にＦ１６が本件廃棄物埋設施設からわずか２０数㎞の三沢基地内に墜落した。平成元年６月には、四国電力伊方原子力発電所近くに米軍ヘリコプターが墜落した。したがって、本件廃棄物埋設施設は、その場所的位置からみて、不適当である。」旨主張し、これに沿った証拠（甲Ｄ１９７の１から２０４まで、２０６、２１１から２１４の６まで）を提出する。

ｂしかしながら、①自衛隊機を含む我が国の航空機に対しては、航空法９９条に基づき運輸省が発行する「航空路誌」（ＡＩＰ）に、「航空機による原子力施設に対する災害を防止するため、下記の施設付近の上空の飛行は、できる限り避けること。」という指導事項や原子力施設の位置等が掲載、公示されており（乙２２から２６まで）、機長は、これら原子力施設付近上空の飛行規制の情報を確認した後でなければ航空機を出発させてはならず（同法７３条の２〔平成１１年法律第１６０号による改正前のもの。乙Ａ３の４０頁〕及び同法施行規則１６４条の１６第１項３号〔平成５年運輸省令第４号による改正前のもの。乙Ａ３の２３１頁〕）、また、機長がその航空情報を確認せずに航空機を出発させた場合には５万円以下の罰金に処せられる（同法１５３条１号〔平成６年法律第７６号による改正前のもの。乙Ａ３の７５頁〕）とされていること、②米軍機に対しては、上記航空法各条の規定は適用されないものの、日本政府から米軍に対して「航空路誌」に係る情報を事実上提供するとともに、原子力施設付近上空の飛行規制について徹底するよう要請しており、昭和６３年６月３０日に開催された日米合同委員会においても、米国側代表から、「原子力施設付近の上空の飛行については在日米軍としては従来より日本側の規則を遵守してきたが、改めて在日米軍内にそれを徹底するよう措置する」旨の回答がされていること（乙２７、弁論の全趣旨）、③三沢米軍の１９９８年１１月１日付けの作戦教範１１－Ｆ１６においても、北日本飛行禁止・回避空域として六ヶ所村の核燃焼サイクル施設が指定され、同施設の上空が飛行禁止とされ、３海里（５．５㎞）に近づかないようにと指導されていること（甲Ｄ２０５）、以上の事実を認めることができる。

ｃこのように航空機による原子力施設に対する災害を防止するため、各種の措置が講じられていることからすれば、本件安全審査において、上記のような航空機の飛行に係る法的規制等を踏まえ、かつ、民間航空機の定期航路及び軍用機との訓練

空域と本件廃棄物埋設施設上の距離がそれぞれ約１０km離れていること（別紙「飛行パターンの抽出」〔甲Ｄ２０７〕参照）をも勘案して、自衛隊三沢基地及び米軍三沢基地の航空機が本件廃棄物埋設施設に墜落する可能性が極めて小さいと判断したことについては（乙1の３－１０、乙2の３－４）、看過し難い過誤、欠落があるということはできない。

(ウ)人口分布状況について

原告らは、「施設と住民居住地域とに十分な隔離距離が保たれなければならないが、法律上この隔離距離が具体的に決められていないから、周辺地域住民の生命、健康に対する配慮が欠落している。」旨主張する。しかしながら、具体的審査基準の一つである「安全審査の基本的考え方」においては、平常時における一般公衆の線量当量は「合理的に達成できる限り低い」ものであること及び技術的にみて想定される異常事象が発生した場合でも一般公衆に対し過度の放射線被ばくを及ぼさないことが審査基準として定められていることからすると、周辺居住住民の安全性に関して具体的審査基準を欠き又はその基準に不合理な点があるということはできない。したがって、原告らの上記主張は理由がない。

(エ)原子力施設の集中立地について

原告らは、「本件廃棄物埋設施設に隣接して、大量の高レベル放射性廃棄物やプルトニウムの貯蔵施設と再処理工場とを併設する計画が進行中であるが、本件安全審査においてはこれらの施設の集中立地を想定した審査をしていない。」旨主張する。しかしながら、本件安全審査においては、先行するウラン濃縮工場については、これに起因する一般公衆の線量当量が十分低く、その寄与を考慮する必要がないとの判断がされているところ、この点に関する調査審議及び判断の過程について看過し難い過誤、欠落があるということはできない。また、再処理施設等の後続の原子力施設については、当該施設の安全審査の段階において本件廃棄物埋設施設との重畳が考慮されると考えられるし、本件事業許可処分時にはいまだ計画段階にあったにすぎないものであるから（弁論の全趣旨）、本件安全審査においてそれらの施設を想定した審査をしていないからといって、本件調査審議及び判断の過程に看過し難い過誤、欠落があるということはできない。したがって、この点に関する原告らの主張は理由がない。

(2)本件廃棄物埋設施設に埋設する核燃料物質の性状等について

ア埋設する放射性廃棄物の放射能レベルの危険性について原告らは、「低レベル放射性廃棄物は、日本の区分でいえば濃度１μＣｉ／m.以下のものとされているのに（昭和３９年6月１２日廃棄物処理専門部会報告書〔原子力委員会廃棄物処理専門部会〕）、本施設に埋設が予定されている放射性廃棄物の最大放射能濃度は、上記低レベルの上限値の４．７６倍もの放射能濃度を有しており、低レベル廃棄物であるなどとは到底いえず、危険性が高い。」旨主張する。しかしながら、原告ら主張の上記放射能レベルの区分は、上記廃棄物処理専門部会が、原子力の開発に伴って将来的に発生する相当量の放射性廃棄物の処理処分の基本的考え方等について審議し、昭和３９年6月１２日に、その結果を原子力委員会委員長に対して報告した中において、国際的な基準がないといった当時の状況の下で、放射性廃棄物の処理や発生量を推算する必要性から便宜的に設定した区分であり、埋設処分の際にそのまま適用するために設定したものではない（乙３０の６頁）。そして、廃棄の事業の対象となる放射性廃棄物については、原子炉等規制法５１条の２第1項1号、同法施行令１３条の９において、①炭素１４（上限値は３７ギガベクレル毎トン）、②コバルト６０（上限値は１１．１テラベクレル毎トン）、③ニッケル６３（上限値は１．１１テラベクレル毎トン）、④ストロンチウム９０（上限値は７４ギガベクレル毎トン）、⑤セシウム１３７（上限値は１．１１テラベクレル毎トン）、⑥アルファ線を放出する放射性物質（上限値は１．１１ギガベクレル毎トン）の６種類の放射性物質について、放射能濃度の上限値が定められているところ、これらの数値は、放射線防護の観点から重要な代表的放射性物質について、放射能濃度の上限値を定めたものと認めることができる（弁論の全趣旨）。また、本件廃棄物埋設施設に埋設される放射性廃棄物に含まれる放射性物質のうち、上記６種類の放射性物質の最大放射能濃度（別紙「最大放射能濃度及び総放射能量表」参照）は、いずれも上記放射能濃度の上限値を超えておらず、その他の主要な放射性物質の種類も、廃棄体の受入れまでの経過期間、線量当量の評価への寄与等の観点から選定されており、妥当であると判断されているのであるから、上記規制（具体的審査基準）が不合理であるとか、上記規制に適合するとした本件調査審議の過程について看過し難い過誤、欠落があるということはできない。したがって、この点に関する原告らの主張は理由がない。

イ原子炉等規制法施行令に定める放射能濃度上限等の実効性について

(ア)原告らは、「原子炉等規制法施行令１３条の９により定められた埋設廃棄体固化体の濃度上限値は、合理的な数値ではない。」旨主張する。しかしながら、原子炉等規制法施行令１３条の９に定める廃棄物埋設事業の対象となる放射性廃棄物に関する放射能濃度の上限値は、放射線障害防止の技術的基準に関する法律（昭和３３年法律第１６２号）６条に基づき、関係行政機関の長である内閣総理大臣、通商産業大臣及び運輸大臣が、科学技術庁に置かれた放射線審議会に諮問して妥当である旨の答申を得るとともに（乙３１、３２）、原子炉等規制法５１条の２第３項の規定に基づき、原子力委員会及び原子力安全委員会の意見を聴き、いずれも妥当なものであるとの答申を得た上で（乙３３、３４）、これを十分に尊重して制定したものであると認めることができる。このように上記濃度上限値は、科学的、専門技術的な知見に基づいた議論を踏まえた上で制定されたものであるといえるから、具体的審査基準としての上記濃度規制について不合理な点があるということはできない。

(イ)原告らは、「６種類の放射性物質以外の放射性物質の濃度については無規制であるから、規制の実効性がない。」旨主張する。しかしながら、原子炉等規制法施行令１３条の９に定める放射性廃棄物の放射能濃度の上限値は、原子炉施設から発生する廃棄物のように放射性物質の組成がある程度明らかである場合には、影響度の大きい限られた放射性物質の濃度の上限値を設定することによってその他の放射性物質もおのずと制限されることになると考えられるため、影響度の大きい代表的な放射性物質を抽出し、抽出された放射性物質の生成過程及びその放射性物質の被ばく経路を基に、最終的に放射線障害防止の観点から重要な６種類の放射性物質（炭素１４、コバルト６０、ニッケル６３、ストロンチウム９０、セシウム１３７、アルファ線を放出する放射性物質）を選定し、これらについて基準を設けたものであると認めることができる（弁論の全趣旨）。したがって、上記６種類の放射性物質についてのみ濃度上限規制をしたことが不合理であるということはできない。

(ウ)原告らは、「原子炉等規制法施行令や廃棄物埋設事業規則には、埋設されるドラム缶一体当たりの放射能量や、１か所の施設に埋設することができる廃棄物の放射能総量に関する規制を欠くから、規制の実効性がない。」旨主張する。しかしながら、埋設される廃棄体一体当たりの放射能量は、放射能濃度に廃棄体重量を乗じることにより求められるものであるところ、本件安全審査においては埋設される放射性廃棄物に含まれる放射性物質の総放射能量の設定の妥当性が審査されており、これにより安全確保の目的を達することができるから、廃棄体一体当たりの放射能量について規制をしなかったことが格別不合理であるということはできない。また、本件安全審査においては、①廃棄物埋設を行う放射性廃棄物の最大放射能濃度及び総放射能量を前提とした上で、前記のとおり、管理期間中の平常時において一般公衆に対する線量当量が法令に定める実効線量当量限度を十分に下回ることはもとより、「安全審査の基本的考え方」に示されているように「合理的に達成できる限り低く」する対策がされていること、②管理期間終了以後の一般公衆に対する線量当量が、被ばく管理の観点からは管理することを必要としない低い線量となっていること、③異常事象が発生した場合でも、一般公衆に対し、過度の被ばくを及ぼさないことが確認されていることからすると、１か所に埋設することができる廃棄物の放射能総量に関して規制がされていないことが格別不合理であるともいえない。

(エ)原告らは、「規制値設定前に作成された廃棄物ドラム缶がある上、廃棄物ドラム缶を破壊点検して濃度を確認するわけでもなく、ドラム缶を破壊しないでその濃度を推定することにも限界がある。また、濃度の『確認』は、民間業者に代行させることができるものでしかない。また、雑誌フラッシュによれば、福島第一原発においては低レベル放射性廃棄物の検査データの改ざんがされていたとのことである。したがって、濃度規制は、その実効性を欠く。」旨主張する。しかしながら、埋設する廃棄体は、その放射能濃度が本件事業許可申請に係る申請書等に記載した最大放射能濃度を超えないことについて、内閣総理大臣の「確認」を受けるとされているところ（原子炉等規制法５１条の６第２項、廃棄物埋設事業規則８条）、原子炉等規制法施行令１３条の９に定める放射性廃棄物の放射能濃度の上限値が制定される以前に原子力発電所で作られた廃棄体であっても、非破壊外部測定法（廃棄体の外部から非破壊測定をする方法）、スケーリングファクタ法（代表サンプル〔母集団を適切に代表している廃棄体から採取した試料〕の放射化学分析から得られる難測定核種〔廃棄体外部から非破壊測定が困難な放射性物質〕とｋｅｙ核種〔廃棄体外部から非破壊測定が可能なγ線を放出し、難測定核種と相関関係を有する放射性物質〕との相関関係と個々の廃棄体外部からの非破壊測定結果とを組み合わせる方法）、平均放射能濃度法（代表サンプルの放射科学分析から得られる平均的な放射性物質濃度を用いる方法）、理論計算法（原子炉燃焼計算等により理論的に得られる放射性物質の組成比と他の手法で求めた放射性物質濃度とを用いる方法）といった手法を用いることにより、廃棄体中の放射能濃度を確認することが可能であることが確認されている（乙３５、３６、弁論の全趣旨）。また、確かに、内閣総理大臣は原子炉等規制法５１条の６第２項の「確認」を、その指定する者（以下「指定廃棄確認機関」という。）に行わせることができるとされているが（同法６１条の４１第１項）、指定廃棄確認機関の指定等は、指定検査機関等に関する規則（昭和６１年１２月１２日総理府令第６８号。乙Ａ２の９５８頁）の規定に従って行われるものと認めることができるから（弁論の全趣旨）、上記「確認」が指定廃棄確認機関によって行われること自体が不合理であるとはいえない。なお、原告ら主張の福島第一原発における検査データの改ざん事例は、仮に本件廃棄物埋設施設においてそのような事例があったとしても、上記「確認」の際に検査がされるのであるし、その実施に関する事項は、本件廃棄物埋設施設の基本設計の安全性にかかわらない事項である上、そもそも本件安全審査の対象ではないから、原告らの上記主張は理由がない。したがって、廃棄体の「確認」制度に関する具体的審査基準に不合理な点があるということはできないし、それに関する本件調査審議及び判断の過程について看過し難い過誤、欠落があるということはできず、この点に関する原告らの上記主張は理由がない。

ウ廃棄体の表面の線量当量率について

原告らは、「法令上、廃棄体の表面放射線量についての規制がない。なお、補正書（乙２の６－１４頁）によれば、廃棄体の表面の線量当量率は、１０ｍＳｖ／ｈを超えないものとされているが、この数値は、１時間かつ１ｃ㎡当たりでありながら公衆の年間許容被ばく量の１０倍の放射線に相当する放射線量であり、膨大な放射線量である。」旨主張する。しかしながら、放射線防護の観点からすれば、一般公衆及び放射線業務従事者の放射線防護が適切にされるかどうかが問題であり、廃棄体の表面放射線量が高いこと自体が直ちに問題となるわけではないと考えられるから、その規制のないことが不合理であるとはいえない。そして、本件安全審査においては、前記のとおり、管理期間内において、本件廃棄物埋設施設に一時貯蔵及び埋設される放射性物質から敷地境界外の一般公衆が受ける外部被ばくに係る線量当量は、最大でも年間約０．０２７ミリシーベルトであると評価され、法令に定める線量当量の限度（１ミリシーベルト）を下回ることはもとより、一般公衆の受ける線量当量が「合理的に達成できる限り低く」なるように設計されていると判断されている。したがって、廃棄体の表面の線量当量に関する規制（具体的審査基準）に不合理な点があるということはできず、この点に関する原告らの上記主張は理由がない。

⑶本件廃棄物埋設施設自体の安全性又は安全評価の違法性について

ア平常時における線量当量評価について

㈠仮蓋状態下の廃棄体等による被ばくについて

原告らは、「仮蓋を開けて埋設作業を行う工程及び仮蓋はされているが覆土のない状態において一般公衆及び放射線業務従事者が受ける外部放射線による線量当量を評価したところ、敷地境界外住民で年間４０から７０ミリレム、敷地内労働者で年間１８００から３３００ミリレムと、ほぼ線量当量限度に匹敵する外部被ばくを受けることが判明した。にもかかわらず、このような危険性を無視した本件事業許可処分は違法である。」旨主張する。しかしながら、原告らの主張に係る線量当量が合理的な根拠に基づいて評価されていると認めるに足りる証拠はなく、前記認定によれば、本件安全審査における線量当量評価に当たっては、原告らの主張する仮蓋のない状態及び仮蓋はあるが覆土のない状態も合理的に考慮されていると認めることができる。したがって、仮蓋状態下の廃棄体等による被ばくに関する本件調査審議及び判断の過程について看過し難い過誤、欠落があるということはできず、この点に関する原告らの上記主張は理由がない。

(イ)施設廃棄物（液体）からの被ばくについて

原告らは、「本件廃棄物埋設施設から発生する液体廃棄物の発生源は、廃棄体の表面を洗浄した際の排水であるところ、これは廃棄体の表面汚染とその程度という非定量的な出来事に依存するから、この量が本件事業許可申請書添付書類（乙２の６－１１頁）に記載の年間推定最大放出放射能量の範囲内に収まるという保証はない。また、トリチウムはろ過や脱塩装置により除去することができないから、その人体への影響は無視し得ない。」旨主張する。しかしながら、本件廃棄物埋設施設において想定される液体廃棄物は、附属施設において分析等の作業の過程で発生する廃液、排水・監視設備からの排水等であり（乙２の５－１５頁）、廃棄体の表面を洗浄した際の排水は液体廃棄物として想定されていない（当初の申請においては、液体廃棄物は附属施設において汚染が発生した時に生ずる除染廃液等とされていたが、廃棄体は搬出前に汚染のないことが確認され、輸送中に廃棄体が汚染されるような事態を想定し難いことなどから、平成元年１０月２７日付け一部補正（乙２）においては、上記のとおりに改められたのであり、本件安全審査においても上記補正後の申請内容を審査したことを認めることができる〔弁論の全趣旨〕。）。したがって、原告らの上記主張はその前提を欠き、理由がない。

(ウ)地下水の流速の計算について

ａ原告らは、「地下水を汲み上げることなどにより地下水の水面が低下し、渦流状態になる場合があるから、地下水の流速を求める際に層流状態に限って適用されるダルシー則を用いて地下水の流速を計算し、平常時における線量当量評価をすることは、誤りである。また、本件事業許可申請書添付書類に記載されている地下水の流速は実際の流速値と異なるし、安全を見込んだ数値であるとはいえない。」旨主張する。

ｂ確かに、ダルシー則に関して一般論として原告らが主張するような知見の存在することを認めることはできるが（甲Ｄ３６、１６２）、本件廃棄物埋設施設周辺の井戸等は、埋設設備群設置位置及びその付近の地下水の流動状況に影響を及ぼさないこと、埋設設備設置位置付近の地中はその透水係数が小さく地下水の流速が遅いといった性質を持つことが確認されているのであるから、本件廃棄物埋設施設敷地の地下水について、ダルシー則を適用することが不合理であるということはできない（乙４３、乙Ｄ４、５、Ｂ証言〔第４５回弁論実施分〕４９頁以下、Ｃ証言）。

ｃまた、本件事業許可申請書に記載されている地下水の流速が実際の流速とは異なるとの主張については、本件安全審査においては、地下水の流速などの地下水に関するパラメータを設定するに当たって、試験結果などのデータをそのまま用いるのではなく、安全側に設定されている（乙４３、Ｂ証言）というのであるから、この点に関する原告らの主張も採用することができない。

イ段階管理における安全性に関する違法性について

(ア)原告らは、「第１段階は、仮蓋しかない状況で大雨、洪水、大雪等があった場合や、仮蓋もない状況で埋設設備に航空機が墜落したような場合には、廃棄体に内蔵されている大量の放射能が周辺環境にまき散らされる危険性が大きい。」旨主張する。しかしながら、廃棄体の定置に当たっては、埋設設備区画内への雨水等の浸入を防止するとともに外周仕切設備、内部仕切設備等の点検を随時行うこととされており（乙２の６－２）、また、排水・監視設備により排水を行い、排水した水の放射性物質の濃度を測定することなどにより放射性物質の漏出のないことを確認することとされているから（乙２の６－１７）、この点に関する原告らの上記主張は理由がない。さらに、前記認定のとおり、本件廃棄物埋設施設は、定期航空路及び防衛庁等の訓練空域からそれぞれ約１０km離れており、航空機は原則として原子力施設上空を飛行しないように規制されているから、本件廃棄物埋設施設に航空機が墜落する可能性は極めて小さい。また、埋設作業中及び設置後覆土前という状態は短期間であるから、その短期間内に航空機が墜落するという確率は、なお一層小さくなる。したがって、これらの点にかんがみると、埋設作業中とか覆土前の状態における航空機墜落事故の場合を考慮外と判断したとしても、航空機墜落時の安全評価に関する本件安全審査の過程について、看過し難い過誤、欠落があるということはできない。

(イ)原告らは、「第２段階における具体的な線量当量及び放射性物質の濃度の監視システム、測定範囲、チェック方法や、これらを行うための人的、経済的、組織的な裏付けが明確にされていないから、管理態勢が不十分である。」旨主張する。しかしながら、具体的な線量当量及び放射性物質の濃度の監視に係る事項は、保安規定の認可の際に審査される事項であり（原子炉等規制法５１条の１８、廃棄物埋設事業規則２０条1項６号)、本件廃棄物埋設施設の基本設計の安全性にかかわらない事項であるから、この点に関する原告らの主張は理由がない。なお、本件安全審査においては、①本件廃棄物埋設施設の基本設計の安全性にかかわる事項として、附属施設から放出される気体廃棄物及び液体廃棄物の放出の経路における放射性物質の濃度等を適切に監視するための対策が講じられていること、②周辺環境における放射線量、放射性物質の濃度等を適切に監視するための方策が講じられていること、③第２段階では廃棄物埋設地から地下水に漏出し、生活環境に移行する放射性物質の濃度等を適切に監視するための対策が講じられていることが確認されている。したがって、段階管理における第２段階の安全性に関する審査基準について不合理な点があるということはできず、その基準に適合するとした本件調査審議及び判断の過程について看過し難い過誤、欠落があるということもできない。

(ウ)原告らは、「第３段階は３００年の長期にわたる段階であり、この間の企業の存続性（特に原子力発電停止後の企業の存続）及び沢水の利用禁止、地表面の掘削の制約等の遵守の実効性には疑問があり、管理とは名ばかりで、捨てるに等しい行為である。」旨主張する。しかしながら、原告らの主張する企業の存続性や、沢水の利用禁止、地表面の掘削の制約等の遵守の実効性といった事項は、本件廃棄物埋設施設の基本設計の安全性にかかわる事項ではなく、本件安全審査の対象ではないと認められるから、この点に関する原告らの上記主張は理由がない。

(エ)原告らは、「本件廃棄物埋設施設は廃棄ドラム缶の腐食が分からないように埋めるものであって、４０年後ないし４５年後という腐食漏出のがい然性が高くなる時期（第３段階開始時期）になると、地下水の採取測定等もやめてしまい、放射性物質の漏出があるかどうかも分からなくする仕組みにしているものであるから、違法である。第１段階終了時から３００年後（第３段階終了時）における残存放射能は、別紙『３００年後の残存放射能毒性』記載のとおり、管理を終了させてよいような量ではないにもかかわらず、３００年後の子孫の利害を代表する者が誰もいないことを良いことにして、彼らにそのつけを回そうというやり方を絶対に許すことができない。」旨主張する。しかしながら、前記認定のとおり、本件安全審査においては、管理期間内において一般公衆に対する線量当量が最大となる評価経路は、本件廃棄物埋設施設に一時貯蔵及び埋設される廃棄体中の放射性物質によるスカイシャインガンマ線に係る線量当量の年間約０．０２７ミリシーベルトであり(管理期間内評価経路⑤)、これに重畳の可能性のある他の評価経路を考慮しても、それらの線量当量への寄与は十分小さいと評価されるので、法令に定める実効線量当量の限度（年間1ミリシーベルト）を十分に下回ることはもとより、「安全審査の基本的考え方」に示されているところの「合理的に達成できる限り低く」なる設計となっているものと判断されている。また、管理期間終了後においても、一般的であると考えられる経路として選定された線量当量評価経路の中で、線量当量の評価結果が最大となるのは、廃棄物埋設地又はその近傍での居住による経路（管理期間終了後評価経路⑥）の場合の年間約１．５×１０－３ミリシーベルトであり、これに重畳の可能性のある評価経路を考慮しても評価結果は十分に小さく、「安全審査の基本的考え方」が定める１０μＳｖ／年（０．０１ｍＳｖ／年）を十分下回ることが確認されている。さらに、発生頻度が小さいと考えられる経路として選定された線量当量評価経路の中で、線量当量の評価結果が最大となるのは、廃棄物埋設地における地下数階を有する建物の建設工事によって発生する土壌上での居住による経路(管理期間終了後評価経路⑧）の年間約０．０１４ミリシーベルトであり、この評価結果は「安全審査の基本的考え方」が定める「めやす線量を著しく超えない」範囲内にあることが確認されている。なお、管理期間前後を通じたこれら評価結果は、日常生活に伴う被ばく量、例えば、自然放射線による一人当たりの世界平均の被ばく量年間２．４ミリシーベルト程度（乙Ａ４の５９頁）や、人工放射線による胃の集団検診１回の被ばく量約０．６ミリシーベルト程度、胸部Ｘ線コンピュータ（１回）・断層撮影検査（ＣＴスキャン）の被ばく量約６．９ミリシーベルト（乙Ａ４の６０頁）を大きく下回っている。以上によれば、埋設地の段階管理の安全評価に関する本件調査審議及び判断の過程について看過し難い過誤、欠落があるということはできず、この点に関する原告らの上記主張は理由がない。

ウ 廃棄物埋設施設の覆土について

(ア)原告らは、「造成地は、地震時には地すべり、陥没、地割れ等が、集中豪雨・連続降雨時には地すべり、陥没、土砂流出等が、それぞれ発生して覆土が所定の厚さを保持することができなくなるおそれがある。」旨主張する。しかしながら、本件安全審査においては、本件廃棄物埋設施設及びその付近には、地すべり地形及び陥没の発生した形跡が認められないこと、覆土は土砂等を締め固めながら周辺の土壌等に比して透水性が大きくならないように施工され、その厚さは埋設設備上面から６ｍ以上とすることが確認されている。以上によれば、原告らが主張するような覆土が所定の厚さを保持することができなくなる具体的なおそれがあるとはいえず、原告らの上記主張は理由がない。

(イ)また、原告らは、「覆土には自然地盤ほどの粘着力がなく、粒子がばらばらで吸水率が高く、自然地盤と比べて風化による土質の軟弱、劣悪化も早く進行する。また、ベントナイト混合土の土質が長年月にわたって安全に保持され得るかについて確認されていない。」旨主張する。しかしながら、本件安全審査においては、①埋設設備の上面及び側面には、土砂等を締め固めながら周辺の土壌等に比して透水性が大きくならないよう覆土が施されること、②その覆土の厚さは埋設設備上面から６ｍ以上とされ、このうち、埋設設備群設置地盤から埋設設備上面２ｍまでの間の覆土には、土砂にベントナイトを混合し、その透水係数がＮ値５０以上の鷹架層中部層の値より小さい１０－７㎝／ｓ程度となるよう施工されることとなっていることが確認されている。さらに、線量当量評価においては、放射性物質の漏出が第２段階当初から開始するという想定に立ちながら、ベントナイトを混合した覆土の透水係数について上記の設計値に余裕をみて設定するとの条件を採用しても、前記のとおり放射性物質の漏出に係る一般公衆の受ける線量当量が十分小さいことが確認されている。したがって、廃棄物埋設施設の覆土に関する本件調査審議及び判断の過程について看過し難い過誤、欠落があるということもできず、この点に関する原告らの上記主張は理由がない。エアメリカの事故事例について(ア)原告らは、「アメリカでは、ウェストヴァレー、マキシーフラッツ、シェフィールド、アイダホのように低レベル放射性廃棄物処分場においてわずか数十年の間に問題を続出させているから、本件廃棄物埋設施設においても放射能漏れの危険性が大きい。」旨主張する。(イ)しかしながら、ウェストヴァレー及びマキシーフラッツの各処分場における事故は、ピット内に水が浸入したことによるものであるとされているが（弁論の全趣旨)、本件廃棄物埋設施設においては、廃棄体を鉄筋コンクリート造の埋設設備の区画内に定置し、セメント系充てん材を充てんした後、覆いを設置し、更に埋設設備上面からの厚さ６ｍ以上の覆土を施すこととされており、浸入してきた水を排水することができるように排水・監視設備を設けることとしている。(ウ)また、シェフィールドの処分場における事故は、埋設した廃棄物の形状等に問題があったことによるものであるとされているところ（弁論の全趣旨)、本件廃棄物埋設施設においては、セメント、アスファルト等を用いて容器に固型化した放射性廃棄物を埋設することとされている。(エ)さらに、アイダホの処分場においては、洪水により浸水が発生したとされているところ（弁論の全趣旨)、本件廃棄物埋設施設付近の河川及び地形の状況からみて、本件廃棄物埋設施設が洪水により被害を受けることが想定されず、高潮、津波により被害を受けることもないものと判断されている。(オ)以上のとおり、原告らの主張する事故の事例は、いずれも本件廃棄物埋設施設とは事情を異にする施設における事故の事例であるといえるから、原告ら主張の各事故の存在をもって、本件調査審議及び判断の過程について看過し難い過誤、欠落があるということはできない。

オ埋設体からの一挙的漏えいに伴う地下水汚染による被ばくについて

原告らは、「埋設後３０年後以降にドラム缶の腐食やコンクリートのクラックが生じ、これによって放射性廃棄物が流出する一方、地下水がピットに浸入するという事故を想定すると、井戸水を１年間摂取した住民の被ばく量は２２レム（一般公衆の許容線量の２２０倍）という高い値になるから、本件事業許可処分は、違法である。」旨主張する。しかしながら、原告らの主張に係る放射能漏えい事故の条件及び線量当量評価が合理的な根拠を有するものと認めるに足りる証拠はない。他方で、本件安全審査における線量当量評価に当たっては、地下水汚染による被ばくについても合理的な考慮がされているものと認めることができる。したがって、原告らの上記主張は理由がない。

カ航空機の墜落等による廃棄体の一挙的漏出による被ばくについて

㋐原告らは、「天ヶ森射爆撃場の訓練飛行機Ｆ１又はＦ１６のみを対象とし、その他の軍用機や民間飛行機を対象とせず、アメリカで発生したような民間航空機を利用した自爆テロの危険性を看過しているから不当である。」とも主張する。しかしながら、本件廃棄物埋設施設は民間航空機の定期航路や軍用機の訓練空域からそれぞれ約１０km程度離れており、本件廃棄物埋設施設に航空機が墜落する可能性は極めて小さいと考えられることにかんがみると（乙１の３－１０、乙２の３－４）、民間飛行機を対象としなかったことや、軍用機について軍用機Ｆ１及びＦ１６のみを対象としたことについて、看過し難い過誤、欠落があるとまでいうことはできない。また、アメリカにおいて発生したような民間航空機を利用した自爆テロの危険性についても、その可能性が極めて小さいと考えられる上、テロ一般に対しては当然に治安維持の観点からも最大限の回避努力が期待されることにかんがみると、本件安全審査において民間航空機を利用した自爆テロの危険性を考慮しなかったとしても、看過し難い過誤、欠落があるということはできない。

㋑さらに、原告らは、「空中衝突やパイロットによる空間識失調等エンジンの推力を保持したままの事故の方が多く、事故原因に占めるエンジントラブルの割合は僅か約１９％にすぎないのにもかかわらず、Ｆ１６がエンジントラブルによりエンジンを停止して滑空するという不自然な想定条件を用いたことは不当である。」旨主張する（甲Ｄ２０８から２１０まで参照）。しかしながら、本件安全審査においては、航空機事故における機材要因の中ではエンジントラブルが最も多いことからエンジン停止の滑空状態を想定条件としたというのであって（甲Ｄ２０８）、その条件設定には理由がある上、航空機の墜落事故の発生確率が極めて小さいことにもかんがみると、上記の想定条件を採用した安全評価の過程について、看過し難い過誤、欠落があるということはできない。

㋒原告らは、「エンジン停止の滑空状態であってもその衝突速度を２１５から３４０ｍ／ｓとすることを検討していたのに、過去の他の原子力施設において衝突速度を１５０ｍ／ｓとする想定条件を採用しており、その想定条件を引き上げると時間的にも費用的にも多大なコストがかかるという経済的理由により、過去の想定条件である衝突速度１５０ｍ／ｓをそのまま採用したのであり、不当である（甲Ｄ２０８から２１０まで）。」旨主張しており、確かに本件安全審査の過程においては、想定する衝突速度を１５０ｍ／ｓから２１５ｍ／ｓに引き上げて防護設計をする場合には管理建屋建設費として約６６０億円もの費用の増加が見込まれるなどの検討がされていたことを認めることができる（甲Ｄ２１１０）。しかしながら、そもそも航空機墜落事故の発生確率が極めて小さいこと、本件廃棄物埋設施設の潜在的危険性は原子炉施設と比較するとはるかに小さいことにかんがみると、前記の理由により本件廃棄物埋設施設の最大衝突速度を１５０ｍ／ｓと想定したことについて、看過し難い過誤、欠落があるということはできない。

㋓原告らは、「実爆弾搭載機の墜落を想定しなかったことが不当である。」旨主張する。しかしながら、証拠（乙２８、２９）及び弁論の全趣旨によれば、別紙「検証見取図第１」及び別紙「飛行パターンの抽出」記載のとおり、本件廃棄物埋設施設から１０km程度離れた自衛隊天ヶ森射爆撃場における訓練の際に、自衛隊機は模擬弾を使用していること、米軍機についても約１０km以上離れた天ヶ森射爆撃場における訓練においては実爆弾を使用していないことを認めることができるから、実爆弾搭載機の墜落を想定しなかったことについて、看過し難い過誤、欠落があるということはできない。なお、原告ら主張の実爆弾投下の実例については（甲Ｄ２２３参照）、天ヶ森射爆撃場における訓練のためにではなく、米軍三沢基地から沖縄県における訓練のために移動する途中の事故であり、沖縄県とは反対の北側に位置する本件廃棄物埋設施設に上記の実爆弾搭載機が墜落する危険性は極めて小さいと認めることができるから（甲Ｄ２２４）、上記の点は本件安全審査の墜落事故に関する想定に影響を与えるには足りない。

(オ)原告らは、「ドラム缶３２００本貯蔵可能な管理建屋において、航空機の墜落炎上により最大濃度の廃棄体５４本分しか放出されなかったと仮定した場合であっても、その放射能は、管理建屋からの距離３００ｍの地点においては急性障害発生レベルである２５９ミリシーベルトに、およそ１０kmの地点においては一般人の年間の被ばく線量限度である１ミリシーベルトに、それぞれ達する。また、１号施設で埋設する最大濃度のドラム缶廃棄体１３５０本を管理建屋内に貯蔵中、航空機が墜落炎上し、その全量が放出された場合には、管理建屋からの距離が５４０ｍの地点においては半数致死線量（3シーベルト）に、約2．5kmの地点においては急性障害を引き起こす線量（２５０ミリシーベルト）に、約８０kmの地点においては一般人の年間の被ばく線量限度１ミリシーベルトに、それぞれ達する。」旨主張し、その主張を裏付ける証拠として、原子力資料情報室・Ｄ氏作成の「六ヶ所低レベル放射性廃棄物埋設施設に航空機が墜落した場合の災害評価」と題する書面（甲Ａ３０）を提出する。

しかしながら、上記原告ら提出の書面（甲Ａ３０）が前提とする航空機事故の想定条件及び線量当量評価が合理的な根拠を有すると認めるに足りる証拠はない。他方で、本件安全審査においては、前記認定のとおり、航空機事故による被ばくについても複数の専門家による検討がされ、管理建屋に航空機が墜落した場合における一般公衆の線量当量は、敷地境界外の最大となる場所において、実効線量当量で約0．１３ミリシーベルトと、一般公衆への被ばくによる影響が大きくなることはなく、上記評価条件にはなお余裕があると判断されている。そうすると、上記原告ら提出の書面（甲Ａ３０）をもって、本件安全審査における上記安全評価について、看過し難い過誤、欠落があるということはできない。

(4)輸送中の事故について

原告らは、「本件廃棄物埋設施設が建設された場合、放射性廃棄物の輸送中の事故の危険性があるのに、本件事業許可処分はこの点の審査を欠落させている点においても、違法である。」旨主張する。

しかしながら、輸送中の事故に関する事項は、本件廃棄物埋設施設の基本設計の安全性にかかわる事項ではなく、本件安全審査の対象ではないから、この点に関する原告らの上記主張は理由がない。

４　本件安全審査の具体的審査基準の合理性の有無並びに本件調査審議及び判断過程の過誤、欠落の有無についての裁判所の判断

上記第３項の原告らの主張についての説示判断内容のほか、前記第１項における本件安全審査の具体的審査基準の内容、第２項の本件事業許可申請がその具体的審査基準に適合するとした本件調査審議及び判断の過程に照らすと、①原子力安全委員会若しくは核燃料安全専門審査会の調査審議において用いられた本件具体的審査基準について不合理な点があるということはできないし、②本件廃棄物埋設施設が上記具体的審査基準に適合するとした本件調査審議及び判断の過程に看過し難い過誤、欠落があるということはできないから、本件事業許可処分が違法であるということはできない。

第６部　結論

以上によれば、青森県上北郡六ヶ所村に居住していない原告ら（別紙当事者目録記載の番号７５から９０までの者を除く者）の訴えについては原告適格を欠くから、これらをいずれも却下することとし、青森県上北郡六ヶ所村に居住している原告ら（別紙当事者目録記載の番号７５から９０までの者）の本件事業許可処分の取消請求については理由がないからこれらをいずれも棄却することとする。

よって、主文のとおり判決する。

平成１８年6月１６日
青森地方裁判所第２民事部
裁判長裁判官齊木教朗
裁判官伊澤文子及び同石井芳明は、転補のため署名押印をすることができない。
裁判長裁判官齊木教朗

［出典：判例検索システム http://www.courts.go.jp/hanrei/pdf/20060616111026.pdf］

Ⅱ－5－4
訴状（「高レベルガラス固化体貯蔵施設」廃棄物埋設事業許可処分取消請求事件）
――核燃サイクル阻止１万人訴訟原告団

当事者
青森県八戸市＊＊＊＊＊＊
原告　大下由宮子
青森県上北郡東北町＊＊＊＊＊＊
同　　木村義雄
青森県上北郡六ヶ所村＊＊＊＊＊＊＊
同　　高梨酉蔵
外　別紙原告目録記載のとおり
青森県八戸市＊＊＊＊＊＊
右原告ら訴訟代理人
弁護士　浅石紘爾
外一五名　　別紙訴訟代理人目録記載のとおり
東京都千代田区永田町二丁目三番一号
被告　内閣総理大臣　細川護熙

請求の趣旨

一、被告が、日本原燃サービス株式会社（新商号日本原燃株式会社）に対し、一九九二年四月三日付でなした同社六ヶ所事業所廃棄物管理事業許可処分は、これを取り消す。
二、訴訟費用は、被告の負担とする。
との判決を求める。

請求の原因

第一、海外再処理の実情と六ヶ所村立地の不合理

一．海外再処理委託の経緯と実情

計画されている施設は、海外から返還される高レベル廃棄物を貯蔵する施設である。ここで言う高レベル廃棄物とは、原子力発電所で燃された使用済み燃料を再処理した時に出る、いわゆる「死の灰」といわれる非常に強い放射能をガラス固化したもののことである。この施設は、再処理工場を前提として成り立つものであるから、ここではまず、日本の海外再処理委託の経緯と実情について述べる。

日本は、使用済み燃料の再処理委託契約を、フランス核燃料公社（ＣＯＧＥＭＡ社）とイギリス核燃料公社（ＢＮＦＬ社）との間で取り交わしている。軽水炉燃料の再処理を委託しているのは、東電はじめ九電力会社と日本原電の一〇社となっている。

東海再処理工場の建設計画が公表されたのは一九六〇年頃、茨城県への正式申入れが一九六四年である。水戸射爆場が近いこと、安全性が保証されないなどの問題から、地元住民、漁民、地方議会、県知事などが反対し、着工にこぎつけたのは一九七一年である。本格操業開始は一〇年後の一九八一年である。

ところが、この再処理工場計画は、その杜撰さ、技術的な未熟さ、再処理費用が高価になることなどから、各電力会社はイギリス、フランスへ再処理を委託することになるのである。

その量は、一九九〇年三月末日現在、イギリスのセラフィールド再処理工場へは、契約量としては二七〇〇ｔＵ、既搬出量は一八〇〇ｔＵ、またフランスのラ・アーグ再処理工場へは、契約量二九〇〇ｔＵ、既搬出量は一七〇〇ｔＵ、既再処理量一八〇ｔＵである。なお、右軽水炉燃料のほかに、ガス冷却炉燃料の再処理委託が日本原電とイギリスとの間で交わされている。　契約では、高レベル廃棄物も返還されることになっているので、仮に契約量全てが再処理されたとすれば、ガラス固化体にしておよそ五六〇〇本にのぼることになる（使用済み燃料一ｔＵあたり一㎥、固化体一本の計算になる）。

既に海外に搬出された量だけでみても、五六〇〇本が六ヶ所村へ返還されることが確実視される。この量は世界的にも他に例がなく、未曾有の放射能集中である。後に詳しく述べるように、事故により放射能が環境中に放出されるようなことが起これば、取り返しのつかない被害をもたらすことは十分予想される。

だが事業申請では、わずか一四四〇本のみのガラス固化体が貯蔵される施設となっている。安全審査は貯蔵される放射能の総量でなされるべきである。本施設の事業許可は住民をあざむくものに他ならない。

二．事故と被害の現状

東海再処理工場は、ホット試験開始後まもない

一九七八年八月、酸回収蒸発缶に穴あき事故を起こし、一年間運転を停止した。また一九八二年四月には溶解槽の穴あき事故、一九八三年にはもう一方の溶解槽にも穴あき事故を起こし、三年間運転を停止するなど、十分稼働しているとは言えず、一九九一年六月現在までの処理量は合計五六五.九ｔＵで、年間処理能力の二・七年分にしかすぎない。

それにもかかわらず、現在、東海再処理工場の周辺では、高濃度のヨウ素１２９が観測され始めている。放射性ヨウ素は甲状腺障害をもたらすが、観測されているヨウ素１２９は半減期が一六〇〇万年と長寿命なため、運転が続けばそれだけ環境へ放出、蓄積され、住民への影響が心配される。

また、海外の再処理工場でも事故が起きている。フランスのラ・アーグ再処理工場では、一九八〇年四月一五日に変圧器のショートから火災が発生、あわや爆発事故に至るところであった。軽水炉の再処理はＵＰ－２,ＵＰ－３で行っているが、後者は運転開始以前の一九八八年夏、溶解槽にひび割れ事故を起こし、ＵＰ－２の溶解槽を利用して片肺運転を行っている。ＵＰ－３は海外顧客用の施設である。

イギリスのセラフィールド再処理工場では、一九七三年九月二六日に放射能洩れ事故が起こり、従業員三二人がルテニウム１０６により被曝し、うち一人は生涯累積線量一五〇〇レムの大量被曝であった。この事故で軽水炉用の前記再処理施設は閉鎖された。また一九八三年一一月には大量の放射能を含む廃液がアイリッシュ海へ放出され、海岸線が二五マイルにわたって閉鎖されている。

周辺住民への影響も深刻で、被害が顕在化している。その一つ、小児白血病や小児癌は、シースケールやワーキングトンなどで高い率で発生している。さらに、一九九〇年二月、サザンプトン大学のＭ・ガードナー教授らは、セラフィールド周辺の小児白血病の多発の原因は、父親が被曝の原因であるという調査結果を報告し、大きな不安と反響を呼んでいる。この調査結果はきわめて信頼度が高く、英国王立がん研究基金がん疫学部長のラベル氏も「子供をこれからつくる親は十分注意を！」と警告を発しているほどである。

イギリスでは、一九七三年の事故による閉鎖以降、軽水炉用再処理は行われておらず、現在、海外顧客用にＴＨＯＲＰが建設中であるが、その最大顧客は日本である。この施設が稼動すれば、日本から運ばれた燃料がイギリスの国土とその周辺海域を汚染し、周辺住民に被害をもたらし、長期にわたって多大な犠牲を強いることになる。そのようなことは決して許されることではない。

三.六ヶ所村立地の不合理性

アメリカの再処理工場（軍事用）三施設は、全て閉鎖されて現在に至っている。これは、再処理の方針を放棄したことによる。

ドイツでは、年間処理能力三五ｔＵのカールスルーエ再処理工場が一九九〇年末に運転終了、同じく三五〇ｔＵ～５００ｔＵのバッカースドルフ再処理工場建設は、一九八四年四月、住民の納得が得られなかったことや建設費の高騰で中止となり、ドイツにおいても再処理は放棄された。

イギリスの軽水炉用再処理工場ソープ(THORP）はまだ稼動していない。

フランスでは、前述の二施設が稼動しているが、自国の燃料の再処理と海外契約分との再処理の割合は三五対六五となっている。次節で述べることで補足されるが、フランスにおいても自国の再処理政策を放棄したとみてよい。

以上のように、技術的にも非常に難しく、経済的にも高くつき、またそもそも再処理を行ってプルトニウムを抽出することの意味が失われたことなどの理由から、再処理が世界的に放棄されているが、そのことはまた、高レベル廃棄物貯蔵施設の必要性に合理的根拠を失わせるものである。

従って、発生済みのガラス固化体と未処理の使用済み燃料は、発生源である各原発サイトに返還の上、そこで厳重保管すべきであり、わざわざ六ヶ所村に「一時貯蔵」する理由はどこにも見出せない。

四. 高レベル廃棄物と人類

高レベル廃棄物は、使用済み燃料を再処理することによって取りだされるものであることは前述したが、結局、これは原子力発電所が運転することによってつくりだされる放射性廃棄物である。原子力発電所の運転が続く限り、この放射性廃棄物もつくり続けられるのである。

ところで、微量放射線といえども、人体に有害な影響を及ぼすことは、今日の知見で明らかになっていることであるが、原子力発電所でつくりだされる放射能は、非常に多量で、しかも毒性が強く、人類にとっては半永久的と言えるほど長期にわたってその毒性が続く。一〇〇万キロワットクラスの原発が一年間運転するとすると、炉内にたまる放射能はおよそ五〇億キューリー。これは「一般人の年摂取限度」の二五〇〇兆倍という莫大な量である。その毒性は、毒性指標で言えば、一〇〇万年経た後もなお、希釈に必要な量が一〇億トンというほど強いものである。

このように、原発が作り出す放射能は、人類とは相容れないのである。そして、そもそもそのような放射能をつくりだすシステム自体、人類とは相容れないのである。

日本の原子力開発利用計画によれば、再処理の本来の目的は、高速増殖炉におけるプルトニウム燃料の供給である。プルトニウムの軽水炉利用については、実用化の程遠い高速増殖炉へのつなぎという位置付けになっている。また、原発についていえば、この核燃料サイクルができて初めて本来の意義を持つとされている。

一方、海外の高速増殖炉計画は、すべての国で放棄されたと言ってよい。アメリカでは、現在わずかに実験炉が二基運転されているだけで、原型炉はすでに中止され、実証炉の計画も中止されている。イギリスでは、原型炉一基が運転されているが、実証炉の計画は中止。ドイツにおいても、原型炉以降の計画が中止されている。フランスは、世界で唯一の実証炉スーパーフェニックスを運転している国であるが、一九九〇年七月の事故で停止したまま、その存続さえ難しくなってきている。仮に運転再開になったとしても、度重なる事故と経済性のために、一九九六年以降は増殖を放棄することが明らかになっている。高速増殖炉計画は世界的に放棄されているのが現実であり、再処理の必要性はなくなっている。日本においても、高速増殖炉の原型炉もんじゅが仮に運転されたとしても、その後の実証炉計画は何ら具体化していないのが現状である。

今や原子力発電はもとより、核燃料サイクルの意義も失われている。従って、高レベル廃棄物貯蔵施設を建設することは、高レベルの核のゴミを押しつけられる青森県民、六ヶ所村民にとって尻ぬぐい以外の何物でもなく、不合理極まりないし、人類が永久的に高レベル放射性廃棄物と同居を強いられるという意味において、危険且つ不合理なものであることは明らかである。

第二、諸外国における高レベル放射性廃棄物処分計画の実情

一．イギリス

1．イギリスの高レベル廃棄物処分計画は暗礁にのりあげたままである。計画自体は一九七六年秋にだされたが、候補地のスコットランドの各地の住民はいっせいに反発した。一九七八年一月には英国原子力委員会（UKAEA）が建設許可申請を出したが、八〇〜九〇％の住民は試掘調査に反対、地元議会も拒絶案を採択した。政府は最終的に一九八一年、この計画を断念せざるを得なくなった。高レベル廃棄物処分場に関してはこれ以後何も進展していない。高レベル廃棄物ガラス固化プラントも、一九九一年二月に操業を開始したが、事故で止まっている。

こうして処分計画は止まったままだが、高レベル廃棄物は増える一方である。ことに今新しい再処理工場ソープの稼働を目前にして、この稼働が始まった場合、ここからでてくる廃棄物をどうするかが大議論になっている。

英国核燃料公社は、「キュリー等価返還」を提案しているが、これは処分に困っている大量の高レベル廃棄物を、どうにかして国外に出そうという計画である。以下はイギリスのＲＷＭＡＣ（放射性廃棄物管理諮問委員会）がまとめた「キュリー等価返還」に関する評価である。

2．「キュリー等価返還」の基本原理

英国核燃料公社は海外顧客に対して、再処理によって発生する高レベル廃棄物と、より低い放射性廃棄物に関しては、放射性的に同レベルのものを高レベル廃棄物にして返すことを提案しており、これを「キュリー等価返還」とよんでいる。このことにより英国は、再処理によって生じる、かなり量的には多い、低レベルと中レベルの放射性廃棄物を貯蔵し、最終処分をする責任を負うことになる。これはイギリスが政府の政策として外国の使用済み燃料の再処理をすることが前提となっている。

しかし政府は、他の廃棄物に関しては、「先進諸国は自国の放射性廃棄物は自国で最終的には処

分すべきだ」との方針を取っており、この点で矛盾することになる。なぜならこの方式を取れば、かなり大量の外国産廃棄物がイギリス国内で最終処分されることになるからだ。ＲＷＭＡＣとしては、この矛盾点を国務長官に指摘する。
３．放射性的問題点及び環境への影響（略）
４．その他の問題点（略）

二．フランス
１．フランスの高レベル放射性廃棄物の処分に関する研究開発が実質的にスタートしたのは、フランス放射性廃棄物管理機関（ＡＮＤＲＡ）が原子力庁の内部部局として創設された一九七九年一一月だが､いまだ地下研究施設のサイトも決まらず、暗礁に乗り上げたままの状況である。

原子力安全高等審議会に設置された使用済み燃料の転換に関する研究会のキャスタン委員会や地質学者ゴーゲルを会長とする調査会で地層処分サイトの検討が行なわれ、一九八七年には地層の異なる四カ所を選定し地下研究施設の建設の準備作業に着手した。しかし、「核廃棄物のゴミ溜めにされる」と危惧をいだいた地元住民やエコロジストの反対運動が高まり、一九九〇年二月にローカル首相は事態を打開するため、一年間のモラトリアムを設ける決定を下した。その間、学識経験者で構成される首相の諮問機関である技術リスク委員会と、公正中立の立場から外部の専門家の意見を取りまとめ、議会に所属する科学技術選定評価局にそれぞれ意見を求めた。また、各地で公聴会を開いて広く国民の意見を集めた。これらの検討に基づき国民議会のクリスチャン・バターユ議員が中心になって報告書をまとめた。このバターユ報告は、一九九一年一二月に成立した「放射性廃棄物の管理にかかわる研究に関する法律」のベースともなり、今後の高レベル放射性廃棄物処分の問題を解決するためにとられる制度的方策を決めていくうえで重要な役割を担うことになった。

法律は、高レベル廃棄物の地下貯蔵の可能性を探るため、今後一五年かけて深地層貯蔵だけでなく、地上での長期管理の可能性も含めた研究を実施しようというものである。これらを総合評価した後、改めて採るべき道を選択することになる。

三．ドイツ
１．ドイツでは、当初原子力法によって、使用済み燃料の再処理が義務付けられてきた。原子力法九ａ条第一項によると「原子力発電所を建設、運転、閉鎖あるいは解体する事業者は、発生する放射性残余物（特に使用済み燃料）を無害な形で再利用するか、処分しなければならない。」とされている。
その後使用済み燃料の再処理方式だけではなく、直接最終処分方式も含めたバックエンド体系が整備され、使用済み燃料の各サイトでの貯蔵も行なわれ、中間貯蔵施設（ゴアレーベン･アーハウス）での貯蔵も計画されている。
２．各電力会社は、国内で再処理工場を建設することができなかったので、国外に再処理を依託することによって、原子力法の規定をクリアーしてきた。
３．ドイツでは放射性廃棄物を崩壊熱の発生の点から、発熱性廃棄物と非発熱性廃棄物に分類し、どちらも地下数千メートルの新層に最終処分しようというのが、政府の計画である。
４．このような状況の中で、一九九二年一一月、ドイツの最大手の電力会社、ＶＥＢＡとRWEの社長が、コール首相へ文書を送り、原子力政策の転機にむけた具体的な提案を行なった。それによれば、新規原発の建設は事実上放棄され、使用済み燃料の再処理・回収プルトニウムのＭＯＸ燃料としての利用も、明確に必要性が否定された。使用済み燃料は、今後再処理を行なわず、直接最終処分の方向が示されたのである。

この手紙の中で、ゴアレーベンの高レベル最終貯蔵施設は地元住民、自治体の反対が大変強いので中止するよう提案されている。高レベル最終貯蔵施設は広範な国民の同意を得ながら建設を促進したいという。ドイツの高レベル廃棄物最終処分場計画は、これで全く振り出しに戻ったことになる。廃棄物問題の解決には極めて困難な道筋が予想され、それを今後のエネルギー政策のコンセンサスで、広範な議論で作りだそうとするドイツの動きは､私たちに大きな示唆を与えるものである。

四．アメリカ
１．アメリカにおける高レベル放射性廃棄物に関する政策は、その処分場をめぐって難航している。一九八二年に連邦政府は廃棄物政策法を制定して、この厄介な問題に取り組んできたが、計画は見通しの立たないものになってしまっている。

この法律で高レベル放射性廃棄物については連邦政府の責任の下に深地層処分されることとなり、その必要経費は、発生者が廃棄物基金として、政府に積み立てることになった。担当は、エネルギー省の中に設けられている民間放射性廃棄物管理局（ＯＣＲWM）である。さらに、廃棄物管理の技術的基準などは、原子力規制委員会（ＮＲＣ）の所轄になっており、また環境の安全保護に関わる全般的な基準などは環境保護庁（ＥＰＡ）の所轄となっている。基金の積立額は、一キロワット当たり〇・一セント。

処分場の候補地は、当初三つあったが、一九八七年に政策法の改正が行なわれ、第一候補地としてネバダ州ユッカマウンテンだけにしぼられ、二〇〇三年を運転開始予定とした。

計画が進まない一番の理由は、候補地となったネバダ州では州民の七割が州政府をまきこんでこの計画に反対し、新たに州法を制定したり、裁判を行なうなどして、強く反対しているからだ。核実験による被害が多発している中で、さらに高レベルの放射能の最終処分場になることを拒否しているのだ。アメリカ政府は一万年は環境から隔離できることを設計の基準としているが、それでは不十分であろう。このままいけば、建設は断念せざるを得ない状況にある。

２．そこで政府は、第一処分場の運転を開始する時期をさらに二〇一〇年まで延期すると同時に、それまでのつなぎとして、ＭＲＳ（監視下再取り出し可能貯蔵施設）を建設することにした。核不拡散政策から民間再処理を中止したアメリカでは、高レベル廃棄物の主なものは、使用済み燃料である。この他に軍事用再処理で出た高レベル廃液と、一九七二年以前に民間で再処理された六四〇トンの使用済み燃料から出た高レベル廃液もある。そこでＭＲＳが可能となるのだが、その建設予定地も定まらず、見通しは暗い。結局のところ現在、最も現実的な方法として進められているのは使用済み燃料乾式貯蔵である。各原発の所有者は核廃棄物基金を出したものの、さっぱり進まない処分計画に苛立ちを覚えながらも、この乾式貯蔵方式による貯蔵のための容器承認を現実的な対策として申請している。

ＮＲＣは、原発サイトにおける貯蔵について、手続きを容器承認のみに簡素化する新しい方式に規約改正を行ない、これを支援している。今後乾式貯蔵が主流となっていくことが確実視されている。

第三．高レベル放射性廃棄物の実体

一．搬入・管理される高レベル放射性廃棄物の実体

本施設に搬入・管理される高レベル放射性廃棄物とは、使用済み燃料の再処理に伴い発生する高レベル放射性液体廃棄物を、ステンレス鋼製容器にほうけい酸ガラスを固化材として固化した、いわゆるガラス固化体で、フランスのＣＯＧＥＭＡ社及びイギリスのＢＮＦＬ社から、日本の電力会社に返還されるものである。

このガラス固化体は、一本の大きさが高さ約一三四〇㎜、直径約四三〇㎜、容器肉圧約五㎜の円筒状で、ガラス固化体重量が約四九〇kg（うち固化ガラス重量約四〇〇kg）とされる。このガラス固化体が収納管一本あたり九本、収納管が貯蔵ピット一基あたり八〇本収納され、二基の貯蔵ピットで合計一四四〇本を収納することになる。

各貯蔵ピットの寸法は、約二六ｍ×約七ｍで、そこに二〇本×四列の形で配列される収納管の中心点の間隔は約一ｍ、外径四六㎝の収納管相互の間隔は約五〇㎝程度になるものと考えられる。

使用済み燃料の再処理に伴い発生する高レベル放射性液体廃棄物は、ウランやプルトニウムの核分裂により生ずる多数の放射性及び非放射性核種の総称であり、いわゆる「死の灰」のことである。そして、非常に高い放射線と強力な崩壊熱を発生させることを特徴とする。また、半減期が非常に長い放射性核種、ヨウ素１２９（半減期一七〇〇万年）、ネプツニウム２３７（半減期二一四万年）、プルトニウム２３９（半減期二万四〇〇〇年）、プルトニウム２４０（半減期六六〇〇年）、アメリシウム２４１（半減期四五八年）などを含むため、放射と発熱は長期間続くことから、半永久的な管理が必要となる。

二．高レベル放射性廃棄物の基本的性能と危険性

このガラス固化体１本あたりの性能は、次のとおりであるとされる。

発熱量	2.5kW/本以下
アルファ線を放出する放射性物質	3.5×10^{14}Bq/本以下

ルファ線を放出しない放射性物質

4.5×10^{16}Bq/本以下

日本における食品の一キロあたりの制限値は、三七〇（3.7×10^{2}）Bqであるから、重量約四九〇kgのガラス固化体一本は、食品の制限値の約2.5×10^{11}（二五〇〇億）倍の放射性物質を持つことになる。

そして、こうしたガラス固化体が最大一四四〇本一ヵ所に集まることにより、最大、

発熱量　三六〇〇kW

アルファ線を放出する放射性物質

5.04×10^{17}Bq

アルファ線を放出しない放射性物質

6.48×10^{19}Bq

の性能を持つことになる。

将来的には、前述のように施設の増築により五六〇〇本の貯蔵がなされることになる。

これらガラス固化体の集合により、本施設の持つ発熱量は、本施設を火災に導くのに十分であり、破損・流出した場合の放射線量は、チェルノブイリ事故で放出されたと想定される1.1×10^{19}Bqの六倍にのぼる。

また、以上の基本的性能は、一部補正において、あくまでＢＮＦＬ社からの廃棄物によるデータであり、ＣＯＧＥＭＡ社からの廃棄物に関しては、アルファ線を放出する放射性物質及びアルファ線を放出しない放射性物質の最大量、輸送容器１基あたりの最大発熱量など、基本的な数値すら不明である（補正書五一一一二一）。

第四．高レベル放射性廃棄物（海外返還廃棄物）管理施設の概要

一．建屋の概要

高レベル放射性廃棄物を管理する廃棄物管理施設の構造は、次の二種類の建屋により構成される。

１、ガラス固化体受入れ建屋

鉄筋コンクリート造（一部鉄筋コンクリート造及び鉄骨造）で、地上三階、地下二階、建築面積約二五〇〇㎡の建物であり、天井クレーン、輸送容器搬送台車、換気設備の一部、廃水貯蔵設備、固体廃棄物貯蔵設備等が収容される。

２、ガラス固化体貯蔵建屋

鉄筋コンクリート造（一部鉄筋コンクリート造及び鉄骨造）で、地上二階、地下二階、建築面積約二〇〇〇㎡の建物であり、高さ約三五ｍの冷却空気出口シャフトが設けられ、ガラス固化体貯蔵設備、天井クレーン及びガラス固化体検査装置、収納管排気設備、換気設備の一部等が収容される。

二．その他の施設の概要（略）

三、廃棄物管理の方法

以上の建屋及び施設において、高レベル放射性廃棄物は、以下のような手順で管理保管されることになる。

すなわち、トレーラトラックで搬入した輸送容器を、受け入れ建屋内の天井クレーンによって、同建屋内の輸送容器一時保管区域に移送する。その輸送容器は、搬送台車によって同建屋内から貯蔵建屋内のガラス固化体抜き出し室へ移送し、輸送容器のふたを取り外して、検査室天井クレーンによりガラス固化体を抜き出して、ガラス固化体検査室のガラス固化体仮置き架台に仮置きする。その後同検査室内で、ガラス固化体を検査室天井クレーンでガラス固化体仮置き架台から抜き出し、外観検査、表面汚染検査及び閉じ込め検査を行う。そして検査の終了したガラス固化体は、搬送室に設置された床面走行クレーンによって、ガラス固化体検査室からつり上げ、貯蔵ピットの収納管まで移送して収納する。

他方、ガラス固化体抜き出し室でガラス固化体を抜き出した後の空の輸送容器は、搬送台車で貯蔵建屋内の輸送容器検査室へ移送した後、同室内の天井クレーンで輸送容器のふたを取り外して検査を行う。検査を終了した輸送容器は、台車室へ移送し、受け入れ建屋天井クレーンで輸送容器一時保管区域に移送し、払い出す。

貯蔵ピット内のガラス固化体は、収納管内に最大九段でたて積み収納し、それから発生する放射線は、コンクリート壁等でしゃへいされる。また、発生する崩壊熱は、冷却空気入り口シャフトから取り入れた外気を、収納管の外側に同心円上に設置した通風管を通して、冷却空気出口シャフトから大気中に流出させるという自然冷却法で除去する。

第五．高レベル放射性廃棄物処理（ガラス固化）の問題点

一．固化技術の未熟性

高レベル放射性廃棄物は、前述のように、きわめて半減期の長い放射性核種を多様に含み、生物に対しては超絶的に毒性が高い。このような放射性廃棄物を、数百万年にもわたって安全に閉じ込めておけるような安定性のあるガラス固化技術というものは、世界中どこの国においても未だ達成されていないし、今後達成されるという見通しも立っていない。

ガラス固化処理が一応行なわれている国は、フランスだけであるが、このフランスの実例というのも、ＣＯＧＥＭＡ社のＵＰ－１再処理工場の廃液の処理であり、これは主として、軍事用のガス冷却炉の使用済み燃料の再処理によるものである。ガス冷却炉の廃液は、発電用の軽水炉と比べて燃焼度がかなり低く、廃液の放射能濃度もかなり低い。特に、長寿命の超ウラン元素の濃度は低いことが知られている。このような低濃度の廃液についてガラス固化処理が行なわれていても、発電用の軽水炉から発生する放射性廃棄物のガラス固化技術が完成していることの保証とは言い得ない。

アメリカでは、ガラス固化は信頼性のない方法と考えられており、発電用原子炉の使用済み燃料の再処理により発生する、高レベル放射性廃棄物のガラス固化処理は計画されていない。

日本でも、高レベル放射性廃棄物のガラス固化処理は、もちろん研究段階にあり、実用化されていない。

その他、世界のいずれの国においても、商業用の軽水炉からの使用済み燃料の再処理によって発生する、高レベル放射性廃棄物のガラス固化技術は実用化されていないし、その実績も存在していない。

それは、ガラス固化体には、以下のような根本的な安全上の問題点があり、それらが解決されておらず、解決の見通しも立たないからである。ガラス固化体の安全性を科学的に認定するためには、以下の問題点に答えられなければならない。

二．ガラス固化体の安全上の問題点

１、ガラスの弱点

まず、ガラス自体の物理的性質に問題がある。

そもそもガラスは、衝撃や圧縮に対する強度が弱いことに加えて、物理的には、液体が結晶せずに固まった過渡的状況（非晶質）にあり、熱や放射線の影響でより安定な結晶に変化するという不安定さをもっている。そして、この結晶化つまり失透の結果、ガラスにひび割れが生じ、表面積が増加し、水などが入って来た場合放射能の浸出率が高まるのである。

熱の影響について見ると、ホウケイ酸ガラスの転移温度は四五〇～五〇〇℃前後であるが、転移温度を超えて熱せられると、失透、ひび割れが生じ、浸出率は増加する。ガラス固化体の中の放射性物質が均一に分布せず、濃淡に偏りがある場合、温度にムラが生じ、高いところでは転移温度を超える危険性がある。

放射線によるガラスの損傷については、何万年にもわたって持続的に放射線を受け続けた場合の浸出率についてのデータは存在しない。実験室中で、まとめて強い放射線をあてた実験をしても、持続的影響の保証にはなり得ない。

このようにホウケイ酸ガラスは、高レベル放射性廃棄物を、数百万年にもわたって安全に閉じ込めておくことのできる物質だとは、到底言い得ないものである。

２、キャニスターの欠陥

キャニスターには、底面、脇、上部の蓋の部分といった溶接部分があるが、これら溶接部分を中心に、ステンレスは粒界応力腐食割れを起こしやすい。また、長期にわたって強い放射線、とりわけ中性子線にさらされ続けると、ステンレスの脆化が進行する。

３、まとめ（略）

第六．高レベル放射性廃棄物貯蔵の問題点

一．高レベル放射性廃棄物の環境からの絶対的隔離の要請

高レベル放射性廃棄物は、ストロンチウム９０、アメリシウム２４１、キュリウム２４４等のアルファ放射体を含有し、ガラス固化体一体当たりの放射能毒性の合計は、「一般人の年摂取限度」の約一〇兆人分に当たる。この強度の放射能毒性及び後述する強度の外部放射線量ゆえに、高レベル放射性廃棄物は、環境から絶対的に隔離された管理貯蔵が要請される。しかしながら、高レベル廃棄物処理方法としてのガラス固化体自体に、既に述べたような種々未解決の問題が存する。さらに、

これらの貯蔵についても、環境や人間からの絶対的隔離が現実に可能か否かについても、以下に述べるような問題が存在するのである。

二．日常汚染と被曝

１、日常的放射能汚染の危険性（略）

２、労働者被曝（略）

三．減熱管理

高レベル廃棄物中に含まれる放射性物質は、多量の崩壊熱を発生する。申請者側のデータによると、ガラス固化体一体当たりの発熱量は、二・五ｋＷとされているが、初期最大発熱量は、それより遥かに高いものと予想される。しかも、発熱の持続期間は長期に及び、一〇〇年後に至っても、一体当たり約一〇〇Ｗの発熱が残る。

このため、長期間にわたって冷却を続けないと、ガラス固化体は自身の発する熱によって自己崩壊を開始し、究極的には、内部から溶け始め、ガラス固化体のメルトダウンに至る。従って、長期にわたる、適切且つ持続的な減熱管理が要求される。

本件貯蔵施設においては、「自然通風により、ガラス固化体から発生する熱を適切に除去する」とされている。しかしながら、かかる間接自然空冷貯蔵方式の技術は確立されているのか、フィルターを通した気体性放射能の洩れはないのか、依然問題は残されている。

さらに、何らかの原因で、送風口あるいは換気口が閉塞するという事態に直面した場合、送風―換気系が停滞すれば、ガラス固化体の温度上昇が起こり、ガラスの劣化と気体になりやすい放射能（ルテニウム・セシウム等）の外部放出の危険性も大いにあり得る。

四．事故による放射能の外部放出の危険性（略）

五．貯蔵施設立地の問題点（略）

第七．六ヶ所村が最終処分地になる危険性

一．処分技術の現状

前述（ガラス固化体の実体）のように、高レベル廃液の固化技術は未確立である。したがって、高レベル放射性廃棄物処分の処分技術も本件許可時点においても未完で、研究開発途上という状況でしかない。原子力安全委員会の平成四年三月二六日『「日本原燃サービス株式会社六ヶ所事業所における廃棄物管理の事業及び再処理の事業に係る公開ヒアリング」における廃棄物管理の事業に関係する意見等の参酌状況について』においては、「ガラス固化体を貯蔵・管理する技術については、既に確立している技術の応用であり、フランスでは一九七八年から、また、イギリスも一九九〇年から安全に貯蔵・管理している。」と述べられている。

しかし、わが国では一九八八年東海村にガラス固化体開発施設が建設され、ガラス固化の実験運転中であり、また、世界の実情をみても、イギリスではＢＮＦＬ社がセラフィールドにおいてガス冷却炉燃料のガラス固化施設の運転を一九九〇年から開始、フランスではＣＯＧＥＭＡ社において、一九八八年から軽水炉用燃料の再処理廃液のガラス固化施設Ｒ－７の運転を開始したにすぎず、いずれにしてもガラス固化技術は、全く実用段階に達しておらず、安全性の実績を誇示するには程遠い実状にある。

さらに、前記「参酌状況について」では、返還廃棄物の受入れ時の品質管理を「国際的に信頼と実績を有する第三者機関に監査させる」としている。現時点では、実績を有する機関は製造元でもあるＣＯＧＥＭＡ社とＢＮＦＬ社以外には存在しない。加えて、ガラス固化方式は、仏・英がＡＶＭ法、研究開発中の日本は動燃事業団・日本原燃サービスともＬＦＣＭ法と製法が異なり、固化体の仕様やキャニスターの規格値も仏・英との間にさえ差違がある。未だコールド試験のみで、一本の固化体完成品をも持たない日本の事業者に、チェック能力は無い。国にもまた、当然確認能力がないと考えられるので、仏・英から返還されるガラス固化体は、無条件・無審査で受け入れざるを得ないというのが現状である。

二．国の方針

国は、一九八八年原子力開発利用長期計画で、「高レベル放射性廃棄物については、安定な形態に固化し、三〇年から五〇年間程度冷却のための貯蔵を行った後、深地層中に処分することを基本方針」としている。

しかし、処分技術の現状でも述べたように、国のこの基本方針は、全く実現性の乏しいものである。廃棄物処理の見通しの無いまま、使用済み燃料の再処理路線を突っ走り、原子力発電所サイトの使用済み燃料プールの設備容量に限界をきたしたため、英・仏に再処理委託をして海外に使用済み燃料を搬出してきた。その契約時点から、廃棄物の返還は確定事項であり、返還時期も一九九〇年頃からと想定されていた（先方の再処理工程等の遅れから返還時期もずれ込んだが）。

然るに、国が高レベル廃棄物の対策に取り組みだしたのが、一九八〇年一二月の「高レベル放射性廃棄物処理処分に関する研究開発について」(原子力委員会・放射性廃棄物対策専門部会報告）からであり、一九八五年八月「高レベル放射性廃棄物等安全研究年次計画」を策定してきたものの、研究課題の大半は未解明のまま、一九九〇年九月の第二次「年次計画」に引き継がれ研究中という状況である。

返還廃棄物についても、一九八四年八月に検討項目に据えられ、一九八七年八月「返還廃棄物の安全性の考え方について」を決定したものの､六ヶ所村の再処理工場敷地への受け入れのほかは、基本方針をなぞっただけで、具体性に欠けるものである。

また、本件事業許可申請書提出三日前に「廃棄物管理施設の安全性の評価の考え方」が決定されるなど、研究開発成果の具体的達成をも見出せない状況下で本件許可が出されている。このようなやり方は、海外返還廃棄物の受け入れに辻褄を合わせるため、施設完成時期から逆算して、事業申請、審査・事業許可と泥縄式に手続きのみを進行させてきた無責任な行為以外の何物でもない。

三. 一時貯蔵の概念

「一時貯蔵」とは、最終処分までの間、施設内に一時的・暫定的に貯蔵する方法である。また、最終処分の「地層処分」とは、地下深層の安定な岩体中に設置した処分場に、ガラス固化体を閉じ込める方法とされている。従って、「一時貯蔵」は最終の「地層処分」までの経過措置に過ぎない。最終の「地層処分」技術が確立してはじめて採りうる措置である。

ガラス固化体は、内蔵する放射能の崩壊熱によって中心部が四一〇℃～四七〇℃、表面温度も二八〇℃～三二〇℃と熱的に極めて際どい。現地点での技術的達成度は、極めて未成熟である。したがって、三〇～五〇年間冷却しながら、内蔵放射能の逓減を待ちつつ、最終処分たる地層処分が実用化されるまでの時間かせぎをしようという便宜的措置を意図したものである。

実際、貯蔵の実例がフランスでわずかにあるのみで、地層処分についての実績は世界的にも皆無である。国の一次から二次への年次計画の移行・進行状況からみても、三〇～五〇年の間に地層処分が実用化されるという保証もまた何ら存在しない。「地層処分」方式は、今後の科学技術の進歩に期待する楽観論に過ぎず、確かな根拠と見通しに欠けた人類を破滅に導く愚行といわなければならない。

しかも、返還廃棄物については、処理・処分技術が未成熟であるにもかかわらず、六ヶ所村事業所の再処理工程からも、将来、同様にガラス固化体が発生するという理由だけで、「一時貯蔵」の六ヶ所村受け入れが決定されている。深地層に埋設処分する前段として三〇～五〇年間冷却のため一時貯蔵するというのであるならば、輸送等に二度手間をかけ更に危険性を増幅させるよりも、返還時期を冷却期間終了まで先送り延期してもらうか、最終処分地を先に選考決定して、その地において冷却処理すべく返還物を直送する方が安全性が高く、経済性の観点からも優れている。どう考えても六ヶ所立地の必然性、合理性は見い出し難い。

四. 一時貯蔵の欺瞞性

1、地層処分の具体的メドなし

国は、高レベル廃棄物の地層処分の進め方について、四段階に分けている。第一段階―有効な地層の確定、第二段階―処分予定地の選定、第三段階―処分予定地における処分技術の実証、第四段階―処分施設の建設・操業・閉鎖とし、現在は第一段階を終え、第二段階にあるという。

一九九〇年九月の第二次「年次計画」において、一九九五年度までの当面実施すべき課題をとりまとめているが、一九九一年度からスタートしただけで研究開発の終了時期は未確定であり、処理処分計画の具体的なメドは殆どついていない状況にある。

第一段階の結果として、「未固結岩等の明らかに適性が劣るものは別として、地層処分のための岩石の種類を特定するのではなく、地質条件に対応して、必要な人工バリアを設計することにより、地層処分システムとしての安定性を確保できるという見通し」を得たと説明している。回りくどい言い回しであるが、要するに、よほどの悪条件でないかぎり、全国どこでも適地ということである。

第二段階については、「地層処分技術の確立を目指し、地層処分システムの長期にわたる性能の評価あるいは人工バリアの製作に係る研究開発等を、動燃事業団等を中核機関として、研究開発を積極的に推進しておる状況」にあるという。もちろん、最終処分の事業主体も決まっていない。

このような方針で今後とも研究開発を進めていくことにより、「わが国で安全に地層処分が実施できる」と考え、「原燃サービスが六ヶ所村で計画しているものは、冷却のための貯蔵施設」故、処分技術の確立とは無関係と暗に説明し、一時貯蔵が経過措置であることを無視している。

しかも、地層処分技術の具体的メドの無いまま一時貯蔵を受け入れることは、全国どこでも人工バリアさえ開発されれば直ちに搬出できるという幻想を与え、それこそ「一時凌ぎ」がなし崩し的に永久処分地化されてゆくことは必然である。

また、ガラス固化の種類によっては、三〇～五〇年で十分な減熱ができるか疑問である。国際学術連合の勧告によると、五〇～一〇〇年と言われている。さらに海外返還が長期化すれば、その分貯蔵期間は長びく。

このように計算すると貯蔵期間は一〇〇年を超えることは確実あり、これを「一時」と表現するのは欺瞞以外の何物でもない。

２、具体策を欠いた国の方針

一九九二年四月二八日原子力委員会（放射性廃棄物対策専門部会）は、「高レベル放射性廃棄物の処分に対する安全性への懸念・・・・処分対策に対する国民の理解が十分得られていない」状況を打開し、処分対策を円滑に行うため「高レベル放射性廃棄物について」と題する報告書を発表した。

右報告書によると、㋑、ガラス固化体の地層処分は国、電気事業者、動燃事業団らが官民一体となって推進する。㋺、最終処分の実施主体は二〇〇〇年を目安に決定する。㋩、予定地の地元の了承を得て、二〇三〇年代から遅くとも二〇四〇年代半ばの操業開始を目途とする、とされているが、この報告書は、何らの法的拘束力を有するものでないばかりか、最終処分の実施主体に誰がなるのか全く不明な上にその決定時期は八年後に先送りされており、一時貯蔵＝最終処分場という青森県民の不安・疑問を何ら払拭しうるものではない。

「地元の了承」を得るべきは当然のことであるが、「操業時期」が二〇三〇年代～四〇年代という目途には何の具体的根拠も示されない。机上の計画に終わっている。逆に言えば、それまでの間に六ヶ所村からガラス固化体が搬出される保証はないのである。この年代は、報告書作成時期の一九九二年に一時貯蔵の三〇～五〇年を加えた単なる「つじつま合わせ」にすぎない。

更に右報告書は、「動燃事業団は、地域を特定することなく広い範囲を対象に」地質調査を実施していると述べているが、これによると六ヶ所村が適地とされる可能性を否定できない。

３、最終処分地となる危険性

「有効な地層」が全国どこにでも存在するとすれば、一時貯蔵後に本件管理施設からガラス固化体が必ず搬出されるという保証があるだろうか。

今日では、北は幌延「貯蔵工学センター」から広島県口和町まで数多くの候補地がマスコミを賑わしてきたが、北海道議会の反対決議をはじめ、釜石市、岡山県の四町（哲多町、哲西町、湯原町、柵原町）、口和町などは放射性廃棄物の持ち込み拒否宣言をし、地元合意は容易に得られそうにない。昨今の産業廃棄物処分場立地の困難性を引き合いに出すまでもなく、放射性廃棄物の場合においては尚更のことであり、新規原子力発電所の立地以上の嫌われ者である。北村県知事が最終処分地受入否定を青森県議会で表明したり、科学技術庁も六ヶ所村最終処分地白紙を文書提示するなど、打ち消しに懸命であるが、一九八九年一月二九日、当時の科技庁・平野拓也原子力局長が、「最終処分地は全く白紙の状態。六ヶ所が対象になるとか、ならないとかは言えない。」と本音を述べた。一九九二年五月谷川科技庁長官も、来青時同様の見解を繰返している。このように、六ヶ所が最終処分地から除外されている訳ではない。

ゴミはゴミを呼ぶとも言われる。低レベル廃棄物の埋設適地として選定された六ヶ所村のことである。終着駅の無いまま走りだした今、「有効な地層」としての条件を備えている六ヶ所村が、引き受けての無いまま永久的最終処分地にされる危険性は明白である。

「一時貯蔵」という『放射性廃棄物の物置場』は、『核のゴミ捨て場』と呼ばれることをカモフラージュするため、「管理施設」という名で許可を受けたものであるが、これは一世紀以上にわたり施設の健全性が保たれるかのように錯覚を与える欺瞞行為である。

第八．本件許可処分の手続的違法性

一．申請から許可に至る経緯

一九八九・　三・三〇　　申請者日本原燃サービス株式会社が内閣総理大臣に対して事業許可申請。

一九九〇・一〇・一八　　事業許可申請の一部補正（その後一九九一・四・二六と一九九二・一・二七に補正）。

一九九一・　五・一六　　科学技術庁が原子炉等規制法第五一条の三第一項第三号の「許可基準に適合する」との審査結果を発表
(一次審査)。

一〇・三〇　　公開ヒアリング開催。

一九九二・　三・一六　　核燃料安全専門審査会が原子力安全委員会に対し「安全性は確保し得る」との調査審議結果を報告。

三・二四　　原子力委員会が内閣総理大臣に対し「許可基準の適用は妥当なものである」と答申。

三・二六　　原子力安全委員会が内閣総理大臣に対し「許可基準の適用は妥当なものである」と答申。

四・　三　　内閣総理大臣が本件許可処分。

二、異議申立と本訴提起

核原料物質、核燃料質及び原子炉の規制に関する法律（以下原子炉等規制法という）第七〇条によると、内閣総理大臣がなした処分の取消の訴は、当該処分についての異議申立に対する決定を経た後でなければ提起できないと定められているところ、原告らは、一九九二年五月二九日本件許可処分に対する異議申立を被告内閣総理大臣宛になした。

しかるに、被告は、右異議申立があった日から三箇月を経過しても裁決を行わないので、行政事件訴訟法第八条二項一号に基づき、右裁決前であるが、本訴を提起するものである。

三．本件許可処分の無効

１、本件許可処分は、

（一）高レベル放射性廃棄物の最終処分が法律上予定されておらず、技術的にも確立されていない段階でなされた。

（二）管理可能な廃棄体の仕様につき、法律上何らの規定も設けられていない段階でなされた。

（三）現実の廃棄体の仕様が、許可した仕様のとおりであることを法律上確認できないのになされた。

以上の三点において、明白に違法であり、無効である。

２、原子炉等規制法五一条の二は、管理の事業の定義を「最終的な処分がされるまでの間において行われる・・・管理」としている。これは、法律上最終的な処分が行い得ることを当然の前提としたものである。法律上最終的な処分が行われ得ないのに、その違法な処分までの間という期限設定は、法的には無意味である。すなわち、高レベル放射性廃棄物については、法律上その最終処分を許す規定は存在せず、最終処分は法律上不可能である。従って、現行法は、高レベル放射性廃棄物については、管理の事業を予定していないというべきである。そして、原子力施設においては、その安全性判断において、核燃料サイクル全体の安全性、とりわけ高レベル放射性廃棄物処分技術の確立を判断すべきであるところ、国側はこれまでの各種の原子力施設の安全審査、訴訟において、その判断を回避し続けてきた。その論理は、「原子炉等規制法の分野別規制」と称するもので、核燃料サイクルの他の段階は別の規制が行われるから、ここでは判断する必要がないというものであった。しかし、高レベル放射性廃棄物の管理は、高レベル放射性廃棄物処分の直近の段階であり、他の段階を経由しない。高レベル放射性廃棄物の最終処分が法定されていない現時点において、高レベル放射性廃棄物の管理の事業を許可するのであれば、国の論理でも当然に高レベル放射性廃棄物の最終処分の技術の確立と、その実行の見通しが審査されなければならないはずであるが、本件安全審査ではその点に全く言及されていない。

３、高レベル放射性廃棄物の管理施設は、その予想される危険の性質、施設の構造からして、管理する廃棄体の仕様（放射性物質の量、発熱量、固化体の強度・熱特性等）に依存するところが大きい。ところが現行法令上、管理可能な廃棄体の仕様は定められていない。これはやはり､現行法が、まだ高レベル放射性物質について管理の事業を予定していないからである、と解さざるを得ない。

４、この点について、現行法が廃棄体の仕様については、安全審査の際定めれば足りるとの立場をとっているとの主張がなされるかもしれない（管理の事業の最重要項目とも言える廃棄体の仕様について、そのような立場をとっているとは考え難いが）。しかし、現行法令上、現実に管理される廃棄体が、その仕様通りであるということを保障する手続は全くない（後続手続も、規定及び技術基準上、廃棄体についての検査を予定してない）。これは、高レベル放射性廃棄物よりはるかに危険性の小さい低レベル放射性廃棄物についてさえ、現行法が廃棄体の確認（原子炉等規制法五一条の六、二項）を要求していることと比較しても、全く不均衡である。従って、やはりそのような主張は、現行法令上成り立つ余地はない。

四．本件許可処分の手続要件違反

１、「補正」の逸脱（略）

２、民主、公開の原則違反

（一）政策決定過程の非民主性（略）

（二）県民の合意形成の欠如

①　三点セットのごまかし

一九八四年七月、電気事業連合会は、青森県知事と六ヶ所村長に核燃料サイクルの立地要請を行った｡当時一般県民に対しては､「原子燃料サイクル」「ウラン濃縮」「低レベル放射性廃棄物貯蔵」「再処理」の各施設の「概要」が四つの説明書の形で公表された。本件海外返還廃棄物の貯蔵施設は、再処理施設の付属施設として、わずかに「現在海外に委託している使用済燃料の再処理に伴う返還物の受入れ及び一時貯蔵を行います」（原子燃料サイクルの概要）、「海外からの返還廃棄物の一時貯蔵も行います」（再処理施設の概要）と説明されたにすぎず、施設の詳細な説明、ガラス固化体の仕様、本数、貯蔵期間などについては一言も触れていない。従って、多くの県民は、核燃料サイクル施設は右の三点セットであると考えていた。

原子炉等規制法の「改正」で本施設が独立の許可を必要とするようになったが、この時点で県や村はあらためて立地の当否を県民に問うべきであった。しかし、国、事業者、県、村は、この「改正」の前後を問わず、県民・村民に対し十分な情報提供をせず、その意思を問う手続を講じなかったし、ＰＡ活動の中でも安全性の宣伝を避けてきた。今回の事業許可がなされてはじめて、このような施設もあったのかと気付いた県民は多数にのぼる。

このような形で「高レベル隠し」が行われてきた一事をとってみても、本施設を含む「核燃」の立地、建設、操業が県民の総意に基づいているとは到底言い難いところである。

②　民意集約の不十分さ（略）

（三）ＰＡ活動の不当性（略）

（四）資料等の非公開（略）

（五）環境アセスメントの欠落（略）

（六）　公開ヒアリングの欺瞞性（略）

３、農地法違反の工場用地取得（略）

４、むつ小川原開発第二次基本計画違反　（略）

五．安全審査手続の違法性

１、許可を前提とした審査

（一）本施設を含む核燃料サイクル施設の計画が、国策的事業であるとの認識の下に、二〇数年かけ周到に準備・推進されてきたことは、次の事実に照らし明らかである。

①　一九六九年三月、青森県が（財）日本工業立地センターに委託した「むつ湾小川原湖大規模工業開発調査報告書」に「・・・原子力産業のメッカとなり得べき条件を持っている。・・・原子力発電所の立地因子として重要なファクターである地盤及び低人口地帯という条件を満足させる地点をもち、将来、大規模発電施設、核燃料の濃縮、成形加工、再処理等の一連の原子力産業地帯として十分な敷地の余地がある・・・」との一節がすでにあること。

②　一九八三年一二月、師走総選挙の遊説で来青した中曽根康弘首相（当時）が、「下北半島を日本の原子力のメッカに」と発言していること。

③　一九八四年五月八日付け読売新聞の連載記事「下北原子力半島」の中に、「一九八一年当時の資源エネルギー庁・広瀬勝貞エネルギー企画官の発言として『下北は原子力の一等地。ワンパッ

クにした原子力施設を造ることが可能だ。現状では、だまし、だましして、積み重ねて（基地化して）いくしかないが・・・』」との一節があること。

④　一九八四年七月、総合エネルギー調査会原子力部会が「自主的核燃料サイクルの確立に向けて」と題する報告で、本施設を国策として位置付け、電事連が青森県知事へ核燃料サイクル施設の包括的協力要請（同年四月二〇日）をしたことを評価していること。

⑤　一九八四年九月三日付け朝日新聞で、小林庄一郎電事連会長（当時）が「六ヶ所村のむつ小川原の荒涼たる風景は、関西ではちょっと見られない。やっぱり我々の核燃料サイクル三点セットがまず進出しなければ、開けるところではないとの認識をもちました。日本の国とは思えないくらいで、よく住みついて来こられたと思いますね。いい地点が本土にも残っていたな、との感じをもちました」との感想を漏らしていること。

（二）本件審査の過程において、六ヶ所村とそれ以外の候補地との立地条件の対比がなされた形跡がない。

（三）盛り上がる核燃反対運動を圧殺（略）

２、不適格者による審査

前述のように、原子力委員会は原子力の利用を推進する機関であり、実質審議を担うその専門部会等には、電事連・電力会社・日本原産会議をはじめ、原子力産業関係者が多数構成委員となっている。

とりわけ、本施設に関わりの深い放射性廃棄物対策専門部会には、申請者である日本原燃サービス株式会社の常務取締役である住谷寛まで委員として名を連ねている。いわば自分で事業許可申請をし、自分でそれを審査して許可を出すという、なんともいい加減なチェック体制がまかり通っているのである。

また、安全性をチェックすべき原子力安全委員会にも、この事業を推進する立場の専門家が加わっている。本施設について関わりが深く、実質審議を担った核燃料安全専門審査会、放射性廃棄物安全基準専門部会には、原子力の開発・利用の促進を目的とする動燃、日本原子力研究所及び（財）原子力安全研究協会のメンバーをはじめとする推進派の名前が多数見受けられるだけでなく、各部会の委員を兼任する専門家も多い。とりわけ驚くべき専門家は、放射性廃棄物安全規制専門部会等二つの専門部会に名を連ねる鈴木篤之東京大学教授である。同人は、原子力委員会・放射性廃棄物対策専門部会等三つの専門部会の委員も兼ねており、一九九一年四月青森市文化会館で開催された「再処理・廃棄物に関する青森国際シンポジウム」（日本原子力産業会議の主催）においても、パネラーであるイギリス・フランス・ドイツなどの再処理業者、更に、前述の住谷常務取締役をまじえ、実に有能な司会者（太鼓持ち）ぶりを発揮し、参加県民のひんしゅくを買うのである。また、県内で行われた幾つかの「核燃学習会」の席上でも、“原子力ロビィースト”としての発言に終始している事実は、この人物の混乱した立場を象徴すると共に、無責任な人格の持ち主であることを証明するものとなる。

また、一九八八年一〇月、つまり本施設の事業許可申請がなされる五ヵ月ほど前、本施設敷地の地質に関する申請者の内部資料が、地元紙に報道される事件があった。この資料には、敷地内には二本の大きな断層をはじめとする幾つもの断層が存在すること、それらの断層が活断層であるか否かなどについて、申請者が二人の専門家に相談している様子が生々しく記録されていたのである。この中の専門家の一人が北村信東北大学名誉教授で、かつて原子力安全委員会・原子炉安全専門審査会のメンバーでもあった地質調査・研究の専門家である。この人物が、敷地内の断層の解釈について、様々な指導を申請者にしているのである。このような行為は、教師が試験問題を事前に生徒に教えるようなもので、断じて許されるものではない。

このような馴れ合い委員に厳正な審査を求めることは、政治家に倫理を求めるのと同様に、至難の技と言わざるを得ない。

３、審査の密室性、秘密主義、杜撰さ（略）

４、安全確証実験の不実施（略）

５、まとめ（略）

第九．本件許可処分の内容的違法性―安全審査の違法性

一．六ヶ所村は適地か？

１、安全審査結果（略）

２、地震

（一）設計上想定すべき地震

安全審査は、耐震設計審査指針に基づく「設計上想定すべき地震」の選定にあたり、①過去の被害地震②活断層（陸域・海域）③設計用最強地震の三点を検討することによって想定し、申請にかかる「設計用最強地震」（歴史的資料から過去において敷地又はその近傍に影響を与えたと考えられる地震が再び起こり、敷地及びその周辺に同様の影響を与えるおそれのある地震のうちの最大級のもの）の策定を妥当なものとしている。

①　過去の被害地震

（ｉ）安全審査書は、被害地震を、震央距離二〇〇㎞以内、気象庁震度階級Ｖ程度以上、の二点を基準として、五つの地震を想定している。しかしながら、震央距離が二〇〇㎞以遠でも、敷地周辺に被害を及ぼしている地震が現に発生している（例えば、一七七二年陸前・陸中の地震、一九三三年三陸地震津波など）。また、同一地震名で呼ばれている前震（一八九六年八月二三日陸羽地震の前震）及び余震（一九五二年三月一〇日十勝沖地震の余震）、本震が二回起こったとされている地震のうち二回目のもの（一九〇一年八月九日・一〇日青森県東方沖の地震の後者）を考慮していない。

このように本件安全審査は、被害地震の選定にあたり、「地震隠し」「地震リストを改ざん」した申請書を鵜呑みにしてなされており違法である。

（ii）青森県東方沖が「地震の巣」であることは、地震学界の定説であり、過去のデータによると、一九六八年十勝沖地震とほぼ同様の大地震は、九〇〜一一〇年内外の周期をもって過去三回発生しており、本施設も七〇〜九〇年後には大地震に見舞われる危険性がある。

②　活断層

（ｉ）安全審査書は、陸域の四断層、海域については「敷地全面海域の大陸棚外縁の断層」を検討対象とし、いずれも「敷地に影響を与える可能性のある活動度の高い活断層はない」と断定している。

（ii）陸域の断層

安全審査書は、横浜断層は死断層、野辺地町から奥入瀬川間の三断層（野辺地・上原子・七戸西方）及び折爪断層は「少なくとも近い将来敷地に影響を与えるおそれのある活動度の高い活断層ではない」とし、後川・土場川沿いの断層は「少なくともその活動が第四紀後期に及んでいない」としている。しかし、これらの断層は学者・専門家の調査により、いずれも活断層とされている。活断層研究会は、一九八〇年二月に刊行した「日本の活断層―分布図と資料」の「新編」を一九九一年三月に発行したが、これによると横浜・野辺地・上原子・折爪の各断層は、従前通り確実度Ⅱ、七戸西方の断層は確実度Ⅱ〜Ⅲの活断層とされている。

安全審査書は、申請書の作文を鵜呑みにして、科学的論拠もなしに活断層を否定したり、「少なくとも近い将来敷地に影響を与えるおそれのある活動度の高い活断層ではない」などと、もってまわった言い回しでその影響力をごまかしている。「少なくとも近い将来」とはいつまでのことを指すのであろうか。高レベルが居座る何十年何百年もの間、活断層が活動して大地震が発生しない保証を科学的根拠をもって示すべきである。

（iii）海域の活断層

安全審査書は、「尾駮沖から尻屋崎北方にかけて長さ八四㎞、東落ち縦ずれ、崖高二〇〇ｍ以上の断層」の存在を認めたものの、「少なくとも第四紀後期に活動した断層」即ち、活断層ではないと結論づけた。

しかし、この断層は、活断層研究会が「新編」においても活断層を認めており（下図参照）、もし、この海底大活断層を否定するというのであれば、この海域に崖高二〇〇ｍ以上もあり、東方に傾斜した海崖が少なくとも八四㎞にもわたって形成されたのか、その原因が明らかにされなければならない。

また、一九七八年五月一六日「青森県東岸の地震」や過去において八戸沖で度々起きた地震の震央位置に照らし、この大活断層の一部が震源であると推認される。

しかるに、申請書と安全審査書は、この点について何ら納得のゆく説明と資料の提供をしていない。

そのほかに立地点沖合には、崖高二〇〇ｍ以上の活断層八本が走っている事実が認められるが、安全審査書においては何ら考慮されていない。

延長距離が一〇〇㎞内外の活断層の全面的再活動によって引き起こされる地震は、関東大地震（Ｍ七・九）、一九六八年十勝沖地震（Ｍ七・九）を上回るＭ八・一〜八・二程度と推定される。しかもこの大活断層は、有史において被害地震を引き起こした記録を持たない、いわゆる地震空白地帯であるから、巨大地震の確率は極めて高い。

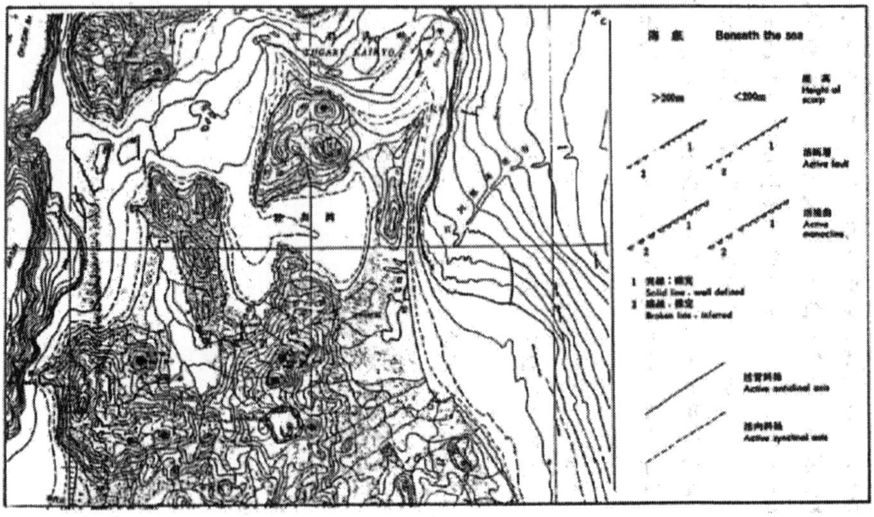

（ⅳ）このように、海域・陸域にわたり、くもの巣のように活断層が存在することは、厳然たる事実であるにもかかわらず、安全審査書は、これらの断層を故意に無視しており、その違法性は明らかである。

③設計用最強地震

安全審査書は、設計用最強地震として一九七八年青森県東岸の地震（M五・八）、一九〇二年三戸地方の地震（M七・〇）、一九三一年青森県南東方沖の地震（M七・六）の三地震を選定している。

ところが、前述のように、安全審査書は、「過去の被害地震」として、右のほかに一九四五年八戸北東沖の地震（M七・一）と一九六八年十勝沖地震（M七・九）を一度は検討対象としているのに、最終的に設計用最強地震から除外している。

しかし、設計用最強地震として選定された三地震は、除外された一九六八年十勝沖地震と比較すると、被害の程度は比べものにならないほど小さい。一九六八年十勝沖地震は、規模（M）の点では一九二三年関東大地震（M七・九）と同一のもので、死者四七人、負傷者一八八人、住家全半壊三五三一戸という大被害を青森県にもたらしているが、三地震では一〜三人の死傷者、若干の建物損壊があったにすぎない。このように、本件安全審査は、明らかに設計用最強地震の選定を誤っている。

（二）基準地震動

本件安全審査は、前述のように「設計用最強地震」の選定を誤っており、基準地震動の策定に関する判断も妥当性を見出し難い。

３．敷地の地質・地盤

（一）敷地の地質と基礎地盤（略）

（二）断層の存在

①安全審査書によると、敷地の鷹架層中には二本の断層（f－1・f－2）の存在が確認されている。f－2断層は貯蔵建屋の西側約一〇〇mの位置にある。右の位置関係は、下図の通りである。いずれも「少なくとも第四世紀後期の活動は認められない」し、「地震時においても十分な安全性を有し」、「本断層の存在は安全確保上支障となるものではない」と判断している。

②しかし、一つの断層が堅硬な地層と軟弱な地層とに跨って存在する場合、前者の中では断層面を明瞭に識別できても、後者の中では殆ど識別不能で、一見すると断層が及んでいないと観察される場合もあり得る。従って、二つの断層が、本件敷地の中位段丘堆積層と砂子又層に変位を与えていないことの一事をもって、死断層であると断定することは誤りである。

更に、一九八八年一〇月に暴露された申請者の「内部資料」によると、相談を受けた専門家から「今の状況・証拠だけでは、第三者が活断層と言われたら十分な説明はできない。従って、他の証拠を揃えた方が良い」とか、「将来裁判になった時などにこのままの証拠で活断層でないと言い切れない」、「このような構造ができる成因がよくわからない。構造性の断層とは言えないものの明快な地すべりであるとも言い切れない。急傾斜崩壊が言葉として適切」などと「活断層」でないと言い切れない断層を、明確に「死断層」と断定するに足りる資料を見出せず四苦八苦した様子が窺える。申請者は、県民の批判とこの指摘を受け、調査をやり直し、申請書の一部補正を行ったが、右の疑問は解消されていない。

しかるに、本件安全審査は、科学的根拠のないままに､敢えて「活断層殺し」を行ったものである。

また､中位段丘堆積層（洪積世後期）の中には、いくつかの小断層が存在し、これは活断層と見るべきであるにもかかわらず、安全審査ではこの点を看過している。

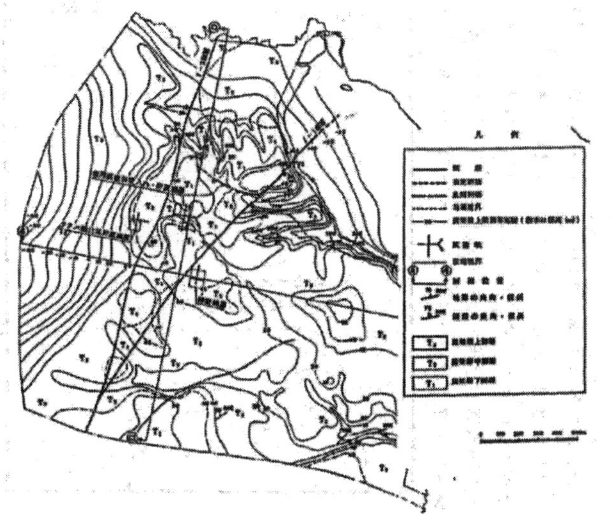

(三) 断層の影響（略）
(四) 地すべり、陥没の危険性（略）
４．気象（略）
５．水理
(一) 洪水（略）
(二) 津波・高潮

安全審査書によると、「本施設が単調な砂浜・海岸から約五㎞離れた標高五五ｍの台地に位置していることから、津波・高潮により被害を受けることはない」と判断しているが、八重山地震津波の波高は八五・四ｍといわれている。また、この七月の北海道南西沖地震の際、奥尻島を襲った津波は今世紀最大の三〇・五ｍに達している。ちなみに、奥尻島は過去に、再処理工場の建設候補地として名前があがったことがあり、何とも因縁めいている。従って、将来五五ｍを超える波高の津波が､本施設を襲わないという保証はない。また、このような規模の津波が襲来したとき、本施設に被害が発生しないという保証もない。

６．社会環境
(一) 安全審査結果（略）
(二) 石油国家備蓄基地

原油タンクの基数は五一基で、一基のタンク容量は約一一万kℓである。全備蓄容量は五七〇万kℓで、現在予定量のオイルインが完了している。石油備蓄基地の最大想定事故は、原油流出とタンク火災であるが、一九八三年一二月二四日、推定で一五～二〇kℓ（ドラム缶七五本～一〇〇本分）の原油洩事故が発生しており、これが火災に発展した場合には、わずか九〇〇ｍ位しか離れていない本施設の事故誘因となることは、容易に推測できる。「類焼は考えられない」というが、その根拠が全く示されていない。

(三) 航空機事故

①飛行状況と事故の実情

現在三沢基地には、米軍のＦ16が五〇数機、Ｐ３Ｃが九機、自衛隊のＦ１が三六機実戦配備され、日夜飛行訓練を繰返したり、スクランブル発進したり、また他の基地や空母から飛行機が頻繁に飛来してくる。特に三沢対地射爆撃場（天ケ森射爆場）での訓練は、天候が良ければ通年使用されるため、パイロットのわずかの油断で敷地上空へ到達しかねない。

申請者と日本原燃産業株式会社（合併後、日本

原燃株式会社）が、アジア航測株式会社に委託して、一九八六年一二月一日より一九八七年一一月三〇日までの一年間、六ヶ所建設準備事務所上空に飛来する航空機の飛行回数を調査させたところによると、実に四万二八四六回の多数回に及んでいる。

一方、敷地周辺では、過去において五〇回以上に及ぶ軍用機の墜落・不時着事故、八〇回以上の誤射爆・落下物事故が起きている。特に三沢基地配属の軍用機（Ｆ16、Ｆ１など）は、本施設周辺海域や岩手県山中に墜落するなど頻繁に事故を起こしているし、一九八九年三月一六日には本施設からわずか六kmの人家庭先に一一.三kgの模擬爆弾が、また九月五日には四km離れた畑にＦ16の模擬爆弾が誤投下、そして一九九一年五月七日には遂にＦ16が本施設からわずか二〇数kmの三沢基地内に墜落した。恐れていた地上墜落事故の発生である。

このように、本施設については、航空機墜落等の事故発生の危険性は、極めて高いものと言わなければならない。

②　安全審査の杜撰さ

（ｉ）安全審査書は、三沢空港、三沢基地及び定期航空路域については、「本施設から離れていること及び航空機は原則として原子力施設上空を飛行しないように規制されている」から「航空機が本施設に墜落する可能性は無視できる」とし、三沢対地訓練区域については、「本施設が当区域から離れていること及び訓練形態等を考慮すると本施設に墜落する可能性は極めて小さい」とする。

しかし、ここで問題なのは、空港等との距離ではなく、本施設上空及びその周辺空域を航空機が通過するかどうかである。また、運輸省の「原子力関係施設上空の飛行規制について」と題する通知によると、「施設附近の上空飛行は、できる限り避けさせること」という表現にとどまっており、絶対的な飛行制限ではない。

そして、そもそも米軍機は航空法の適用を除外されているから、米軍、自衛隊を問わず、軍事訓練や有事の場合、本施設をわざわざ迂回して飛行する訳がない。こうした規制が、軍事目的を最優先する軍用機に期待できるはずがない。施設の移転なしに、前述した事故による墜落を未然に防止することは不可能である。

また本施設及びその周辺空域は、頻繁に航空機が往来交錯するため、安全確保の目的から運輸大臣により「特別管制空域」（三沢特別管制区）に指定されている（航空法九四条の二）。

従って、たとえ航空機が、「施設上空」でなくても、その周辺を飛行しているとき、パイロットの操縦ミス、空間識失調、機体の故障等のアクシデント発生により、飛行制限空域から施設上空に侵入して本施設あるいはその近くに墜落する事態は十分予測される。

このように、目下のところ、軍用機の飛行制限、墜落防止の保証措置は全く存しない。事故の実例としては、一九八八年六月、四国電力伊方原子力発電所近くに米軍ヘリコプターが墜落した事故がある。「墜落の可能性は極めて小さい」どころか、その可能性は「現実」のものであると言わなければならない。

（ii）次に安全審査書は、墜落事故を想定しての評価をしている。しかし、その想定事故の前提条件たる航空機について、角度、衝突個所、爆弾その他の危険物搭載の有無・量及び事故の規模等が明確にされていない。

特に、爆弾等の危険物搭載を想定していないとすれば、これは大問題である。この点について、国は、これまでのウラン濃縮工場・低レベル放射性廃棄物貯蔵センターの安全審査に際しては、これを考慮しないとし、その理由として、施設上空を飛行する航空機は模擬弾しか積んでいない訓練機であると説明した。本件でも「訓練機の最大装備を仮定」としており、基本的にはこれまで同様、爆弾等の危険物搭載を想定していないものと考えられる。

しかし、施設上空を飛行する航空機は、訓練機に限らない。従って、爆弾搭載機の事故想定をしないのは全くの片手落、事故隠し以外の何物でもない。現に、一九九一年一一月八日、Ｆ16の一一機編隊が、沖縄の鳥島射爆撃場での実弾訓練を目的として三沢基地を飛び立ち、三沢市東方を飛行中、その一機にトラブルが発生、天ケ森射爆場の東方海上に二〇〇〇ポンド（九〇〇kg）爆弾を二個投棄して帰投するという事件が発生した。この投棄地点は、本施設から直線で約八kmのところであり、これはＦ16の速度（マッハ二・秒速六八〇ｍ）で計算すると、わずか約一一秒で施設に到達する至近距離であり、仮に失速状態（秒速一五〇ｍ）に陥ったとしても約五〇秒で本施設に到達する。本施設周辺を爆弾を搭載した軍用機が飛行しているのは軍事的常識とされていたが、この事故によって秘密のベールが剥がれ白日のものとなった。また、三沢基地を発信するスクランブル時の戦闘機があることを故意に無視している。

このように、本件許可は、極めていい加減な安全審査に基づくものであると言わざるを得ない。

(四) 人口分布状況

(五) 他の核燃施設

二．廃棄物の仕様確認方法の欠落

１、不明確な仕様（略）

２、仕様通りかどうか確認できない

(一) 管理廃棄体が、仕様通りか否かは確認されない。

高レベル放射性廃棄物の管理施設の安全性は、廃棄体の仕様に大きく依存している。ところが、前述の通り、現行法令上廃棄体の仕様が法定されていない上、廃棄体が仕様通りか否かを確認する手続もない。そして、本件安全審査は、廃棄体の仕様について、ＢＮＦＬ社とＣＯＧＥＭＡ社が提供したデータを前提になされているが、これが廃棄体の実測値でなく一般論としての数字であることは、申請書添付の表からも一目瞭然である。しかも、そこで出されているデータの内容も、核種別データはほとんどない。更に、このような大雑把な仕様についてすら、本当にこの仕様通りの廃棄体が返還されてきたのかを実測して確認することはできない。このため､原子力安全委員会自身、本件許可処分にあたり、「当該管理施設において受け入れるガラス固化体中の放射能濃度及び発熱量の決定方法について、事前に所管行政庁が確認する必要がある」としている。ここで「決定方法」としているのは、当初から実測を諦めていることを意味する。自ら「ガラス固化体を安全に管理するためには、これが仕様通り作製されていることが前提」、「ガラス固化体中の放射能濃度及び発熱量の把握は安全上重要な事項」としつつ、それを自ら確認しようともせず、実測も求めず、何らかの方法で「決定」すれば足り、行政庁にも「決定方法」だけ確認しておけば足りる（決定された結果は確認する必要もないということか)、と言うのである。このような態度で、高レベル放射性廃棄物に関する施設を許可するとは、呆れて物も言えない。

(二) 更に、ガラス固化済みの廃棄体は、技術的にも仕様通りか否かを検査できない。検査可能なのは、外観、寸法、重量、表面汚染、放射線（ガンマ線と中性子線)、発熱量だけであり、それも全体としてのものである。即ち、放射性物質の量については、ガンマ線を放出しないアルファ、ベータ核種は測定できず、その量は推測によることになる。更に、ガラス固化体中の放射性物質の均質性に至っては､測定できず推測も困難である。ガラス固化体の中でガラスが損傷していないか、キャニスターの内側に傷がないかなども測定できない。

(三) 以上のように、現実に管理されるガラス固化体が、本件安全審査の大前提とされる仕様通りのものか否かは、第一に法的に確認する手続がなく、第二に原子力安全委員会も確認する意思がなく、また本件許可処分の条件にもされず、第三に技術的にも確認できないのである。本件許可処分は、廃棄体が仕様通りか否かにその安全性が大きく依存している施設について、その確認の保障もなくなされたものである。本件安全審査自体、すべて事業者の主張する仕様に依拠して行われているのであるから、もしこの仕様と異なる廃棄体が受け入れられれば、その安全性の評価は全く無意味となるが、それは確認できないのである。

この一事をもってしても、本件許可処分の違法性は、誰の目にも明らかである。

我国の原子力行政は、従前から事業者追随と批判され続けてきたが、本件許可処分は、その中でもひときわ大きな汚点を残したものと言えよう。国に良心が残っているのならば、本件許可処分を直ちに撤回すべきである。

三、本施設の危険性─平常時被曝

１、安全性の検討の放棄（略）

２、「安全」設計の瑕疵

本件申請書には、管理施設の安全設計上、次のような問題点と瑕疵がある。

(一) 廃棄物管理設備本体

貯蔵ピット内に収納される高レベル放射性廃棄物は、「第三．高レベル放射性廃棄物の実体」で詳しく述べたように、強い放射線の発生、放射性物質の流失及び崩壊熱による温度上昇の危険性が生じる。

①ガラス固化体の放射線しゃへい対策の不備

申請書は、しゃへい設計の基本方針や設計区分、しゃへい物の材質や厚さの目安を記載するのみで、具体的なしゃへい設計の内容を明らかにしていない（五―一）。このような下では、現実のしゃへいの有無及び程度は何ら明らかにされていない。

②ガラス固化体の崩壊熱の除去対策の欠落

ガラス固化体の温度は、発熱量二kWのもので表面約二八〇度、中心部四一〇度に、発熱量二・五kWのもので表面約三二〇度、中心部四七〇度に達するとされるが（補正書五―三―五）、その冷却方法としては、前述のように自然空冷式、すなわち外気を通すだけの方法が取られているにすぎない（五―三―五ないし九）。外気温の変化による影響の除去、厚さ僅か六cm以下（収納管外径四六cm、通風管内径五八cm）と思われる通風管の目づまり・変形などによる冷却能力の低下・喪失、冷却能力の低下・喪失の場合の収納管相互の崩壊熱の競合、火災事故などの場合の冷却機能維持などについて、何らの対策もとられていない。

また、冷却空気の風量を確保するための冷却空気出口シャフトの高さについても、地上に出ている冷却空気出口シャフトが、天災または爆発等により崩壊した場合の冷却能力の確保についても、何らの対策がとられていない。

③冷却空気放出時の放射性物質混入の危険性

冷却空気は、ガラス固化体の収納管を取り巻く通風管を通って、そのまま大気へ排出されるのであるが、収納管の亀裂・破損などの際には、冷却空気内に放射性物質が混入して、そのまま大気に排出されることになる。そのような事態においても、冷却空気が外部へ流失することを止める施設は存在しない。

申請書では、収納管内の排気設備により負圧を維持して、収納管内の放射性物質が冷却空気内に流れ出ないようにしているというが、収納管の大量亀裂・破損や排気設備の故障の際の放射性物質流失防止装置はない（五―三―九）。

また、外気にそのまま通じる冷却空気入口及び出口各シャフトは、生物や異物の侵入の可能性がある。この点、補正書の第三.二―一図では、出入口の窓に覆いと貯蔵施設内部に網状の設備が取り付けられたが、覆いによる空気流路の阻害、網状の設備がいかなるものか不明であることと、異物の沈着による目づまりの可能性への措置などが明らかにされていない。

④貯蔵ピットの断熱対策の不備

貯蔵ピットの天井などは、コンクリートの温度が六五度を超えないように断熱材と空気流路を設けるとしているが、どのような発熱の想定を前提としているか不明であり（五―三―五、補正書五―三―二）、前記②のような場合の対策が取られているかは不明である。

⑤収納管内ガラス固化体の落下による破壊防止措置の欠落

ガラス固化体の落下の際の破壊防止装置として、申請書は、収納管内径（四四cm）とガラス固化体外径（四三cm）の間隙が小さいことによる空気圧縮抵抗と底部の衝撃吸収体をあげる。しかし、段積みとなるガラス固化体相互の衝突の可能性は全く無視されている。

⑥床面走行クレーンの性能と故障防止措置の欠落

床面走行クレーンについては、ワイヤー、電源喪失時、インターロック及び誤操作防止などに言及するのみで、機器の故障防止及びその際の落下防止措置については、手動操作への切り替え設計以外、何ら明らかにされていない（五―三―六、補正書五―三―二）。

（二）廃棄物受け入れ施設

①輸送容器一時保管区域での冷却措置の不備

輸送容器は、施設に搬入された直後、輸送容器一時保管区域へ移送され、同区域には最大二二基の輸送容器が保管される。その場合、輸送容器からの放熱については、自然通風以上の冷却措置は何ら取られていない（五―四―五）。

②抜き出し室、検査室及び搬送室における放射線遮断と冷却対策の不備

ガラス固化体抜き出し室、同検査室及び搬送室においては、ガラス固化体がむき出しのまま取扱われる（五―四―五・六・九）。

ところが、そこで発生するガラス固化体からの放射線及び放射性物質については、室内を換気設備と接続して負圧を維持するという以上の措置は取られておらず、放射線のしゃへいの程度がどの程度なのか、換気設備の電源喪失・故障の場合の措置などは何ら明らかにされていない。

また、ガラス固化体から放射される崩壊熱については、換気設備以上に何らの冷却設備も設けられていない。

さらに、補正書五―四―一では、ふたを開放する前に気体の採取を行うとするが、その具体的方法は不明である。

③輸送容器検査室での検査及び放射線しゃへい方法の不備

輸送容器の内部は、ガラス固化体との接触によって高度に汚染されており、輸送容器検査室では容器のふたを取り外して検査を行う。

しかし、そこでの検査方法は、申請書では明示されず、また、ふたの取外しによって放出される放射線について外気としゃへいする方法が何ら明らかにされていない（五―四―五）。

④天井クレーンの性能と故障防止措置の欠落

天井クレーンについては、ワイヤー、電源喪失時、インターロックなどに言及するのみで、誤操作や機器の故障防止及びその際の落下防止措置については何ら明らかにされていない（五―四―六）。

⑤搬送台車の性能や衝突防止措置の欠落

輸送容器を移送する搬送台車については、電動自走式であることや過走行防止インターロックを設けることが述べられているのみで、衝突防止措置や衝突の際の輸送容器の保護については何ら明らかにされていない（五―四―六・九）。

その余の、計測制御系統施設、放射線管理施設及びその他の付属施設については、後述する本施設の危険性（事故時被曝）に対応する安全設計とはなっていない。

３、労働者被曝（略）

４、一般公衆（住民）の被曝

（一）本施設は、西側約五〇〇mで敷地境界となり、一般公衆（住民）と接することになるが、ここでの外部被曝は〇・七mremとされている。但し、この被曝線量は本施設単独のものであり、同一敷地内に建設予定の再処理施設の影響も考慮すれば、これは倍加することが予想される。

（二）この点（一般公衆の年間線量限度が一〇〇mremと、昭和六三年科学技術庁告示第二〇号で規程されている点）を捉えて、前記の原子力安全委員会の説明は、「十分に下回る値であるとともに、合理的に達成できる限り低いものである」などと述べている。

（三）しかし、一方、本件許可申請書によれば、本施設の管理区域西側表面における放射線量は、一週間について三〇〇uSv＝年間五〇週換算で一五mSv＝一・五remとされており、透過性の強い中性子の影響をも考えれば、少なくとも本施設に隣接する住民が、年間数mremから一〇mremの外部被曝を受けることが予想され、これは決して無視しえない被曝線量である。

（四）そもそも、本件申請書、そして原子力安全委員会は、「急性障害と晩発性障害の一部には『しきい値』がある」とか、「広島、長崎の原爆被曝者の子孫についての疫学的調査結果でも、放射線被曝によって統計的に有為な数の遺伝的影響が誘発されるという証拠はない」などという前提に立つもののようであり（この点「しきい値はないという安全側の考え方に立って影響評価した」とも述べるが、その具体的根拠ないし評価の経緯は明らかでない）、かかる前提に立つ以上、住民の被曝の危険性は、「しきい値」内の操作で算出された数値によるものと考えざるをえない。

（五）従って、今日の知見に真に立脚した住民にとっての安全の視点を欠落させた本件許可処分が、違法であることは明白である。

四、本施設の危険性―事故時被曝

１、航空機事故

（一）航空機事故に対する防護設計の誤り

防護設計を考慮する建物は、ガラス固化施設貯蔵建屋の貯蔵区域及びガラス固化体検査室に限られない。

本施設の設計にあたっては、「ガラス固化施設貯蔵建屋の貯蔵区域及びガラス固化体検査室は、航空機に対し貫通が防止でき、かつ、衝撃荷重に対して健全性が確保できるように設計する」とされ、防護設計を考慮する建物（補正後は「防護対象施設」と訂正）として、「ガラス固化体を直接取り扱う（補正後は「保管する」と訂正）ガラス固化体貯蔵建屋の貯蔵区域及びガラス固化体検査室は、堅固な建物・構築物等で適切に保護する」とされている（五―一―一九）。

しかし、本施設の中で、ガラス固化体を取り扱う部分は、以上の部分に限られない。ガラス固化体受入れ建屋やガラス固化施設貯蔵建屋の輸送容器検査室においても、ガラス固化体は輸送容器に入った形態で取り扱われる。

これらの施設区画にガラス固化体が置かれている際に、その区画に航空機が墜落した場合については、何らの事故想定もなされていない。この点について、補正書は、次のような記述を追加している。すなわち「ガラス固化体の輸送容器は、航空機の衝撃荷重に対して健全性が確保できる鋼製構造のものを受け入れる。また、ガラス固化体を取り扱う時間が限られるガラス固化施設貯蔵建屋床面走行クレーン等は、航空機にかかわる事故の可能性が無視できるので、防護対象外とする」とされている。

しかし、このような補正は、逆に設計上の弱点を暴露しているものといえる。

ガラス固化体の輸送容器は、航空機の衝撃荷重に対して健全性が確保できる鋼製構造のものを受け入れるとされるが、この点は具体的なデータに基づいて全く実証されていない。従って、ガラス固化体の輸送容器が、ガラス固化体受入れ建屋やガラス固化施設貯蔵建屋の輸送容器検査室において保管されている際に、航空機が墜落した場合についての施設の安全設計はなされていないのである。

さらに、ガラス固化施設貯蔵建屋床面走行クレーンにガラス固化体が装荷されているところで航空機墜落事故が発生した場合については、ガラス固化体の完全破壊と内蔵放射能の環境中への拡散は避けがたいことを、この申請書は自白しているといっていい。このような事故が起きない保障として、ガラス固化体を取り扱う時間が限られるからとしているが、実際に一つのガラス固化体の収納時に、床面走行クレーンにガラス固化体が装荷されている時間は明らかにされていないし、ガラス固化体の数量はこの施設だけで一四四〇本、本施設に隣接する再処理工場の付属施設である保管廃棄施設には三二〇〇本の合計四六四〇本が貯蔵されるのであり、これらの貯蔵のためにクレーンを稼働させなければならない時間は決して無視できるようなものではない。

本件安全審査には、防護設計を考慮する建物を、ガラス固化施設貯蔵建屋の貯蔵区域及びガラス固化体検査室に限った点に基本的な誤りがある。

（二）航空機速度の想定の誤り

本施設の設計にあたって想定された航空機の墜落時の速度は、時速五四〇kmとされている。F16の最高巡航速度はマッハ二以上とされており、時速に換算すると、二四四八km以上である。この速度が、墜落時には約五分の一になることが想定されているのである。この想定は、「対地射爆撃訓練飛行中の航空機がエンジン推力を喪失後、訓練コースから離れ廃棄物管理施設付近まで滑空し廃棄物管理施設に衝突する」というものである。しかし、この想定は次のような点で楽観的に過ぎるものである。

まず、航空機事故は様々な要因で発生するが、エンジン推力が失われることなく、操縦ができなくなって墜落する事故は、次のような場合に想定できる。「コックピット火災によって、パイロットが脱出した場合」が補正後の申請書に記載されているが、これ以外にも、F16にはパイロットは乗員一名しか搭乗しておらず、この乗員が、健康上の理由から、また酸素の欠乏や急激な気圧変化などにより意識障害を起こして事故に至った例も多数報告されている。機長の精神障害が原因とされる一九九二年二月九日の日航機の羽田沖墜落事故は、我々の記憶に新しいところである。また、機器の故障によって、操縦機能が失われる事故も多発している。隔壁の破壊によって垂直尾翼が失われ、油圧系統が働かなくなって操縦不能となった日航ジャンボ機の御巣鷹山墜落事故も、このような事故の典型的な例である。

このように、飛行機が乗務員の機能喪失や機器の故障によって、エンジン推力を失うことなく墜落することは、決して珍しい例ではない。

事故の想定にあたって、補正書は、パイロットは、基地または海上等への到達を図り、これが不可能と判断したときでも、原子力関係施設等への回避を行なった後に脱出する等とあるが、このような想定は、そもそも事故発生から墜落までの時間的な余裕を考えれば、机上の空論と言うべきであるし、以上に述べたとおり、墜落に至る航空機が操縦可能という想定自体が、余りに楽観的であろう。

F16の最高巡航速度は毎時二四四八km（秒速六八〇m）以上であり、この航空機が、エンジン推力を失うことなく、廃棄物管理施設に墜落した場合を想定すれば、その衝突速度は五四〇kmを大幅に上回ることは明らかである。

このような想定で設計を評価することは、本施設の設計上不可欠である。これをしていない本件申請と許可は、明らかに事故の想定を誤っており、違法である。

（三）墜落航空機に実弾搭載を想定しない誤り

航空機事故時の安全性を考える場合に、墜落航空機が軍用機である以上、どのような武器弾薬を搭載しているかを正確に評価しなければならない。Ｆ16が標準的に装備している弾薬は、MK2000－LB general purpose bombと呼ばれる通常タイプのものと推定される。

一九九一年一一月八日には、実際に二〇〇〇ポンド爆弾二個を搭載したＦ16が、三沢市東方海中に爆弾投棄した事件は前述したとおりである。実弾を搭載したＦ16が、本施設周辺を飛行している現実がある以上、このことを前提とした安全審査をしなければならないのは、あまりにも当然のことである。

この二〇〇〇ポンド爆弾を搭載した航空機が墜落した場合、この爆弾の爆発は避けられない。この二〇〇〇ポンド爆弾が、MK2000－LB general purpose bombだとした場合、これには九四五ポンドのマイノル２（ＴＮＴ火薬に比して単位あたり五〇パーセント強力な爆薬）、トリトナル（ＴＮＴとアルミニウムからなる火薬）あるいはＨ六火薬が充填されている。二〇〇〇ポンド爆弾二個が同時に爆発した場合、その爆発力を三乗根則によってスケール化距離を求めて評価すると、爆薬がマイノル２の場合は、爆心から約四〇メートル以上の範囲が完全に破壊されることとなる。また爆薬がトリトナルの場合は、爆心から約三〇メートル以上の範囲が完全に破壊されることとなる。このように、実弾を搭載したＦ16が本施設に墜落した場合には、ガラス固化体がガラス固化体貯蔵建屋の貯蔵区域及びガラス固化体検査室に収容されていたとしても、大規模なガラス固化体の破壊は避けられず、この場合の周辺環境への放射能汚染は、極めて深刻なものとなる。

２、地震（略）

３、その他の自然現象

その他の被害をおよぼす危険のある自然現象のなかでは、津波が重要である。津波による被害例としては、前述のように、八重山地震津波による波高は八五・四ｍ、明治三陸沖地震津波の波高は三八・四ｍとされている。本施設が標高五五ｍの高さにあるとしても、このような大規模な津波が襲った場合、本施設は水没し、津波の引いていくときの引込みの力によって、本施設は完全に破壊される可能性がある。

４、移動中の危険性

施設にガラス固化体を輸送して来る際の輸送事故の危険性は、第一〇で後述する通りであるが、本施設内での輸送中も同様の危険がある。

(一)本施設敷地内での移動は、トレーラー・トラックで行なうが、トラックの転落、横転事故などによって、輸送容器の破壊に至る危険性もあり得る。また、Ｆ16の墜落事故によるトラック破壊という事態も決して考えられないことではない。このように、輸送容器の移動中は、防護が脆弱で、ガラス固化体中の放射能が最も外界へ放出しやすい状況であり、その事故による危険には大きなものがある。

(二) また、ガラス固化体受入れ建屋やガラス固化施設貯蔵建屋の中の移動にあたっても、次のような危険性がある。

すなわち、トレーラトラックで搬入した輸送容器は、受け入れ建屋内の天井クレーンによって、同建屋内の輸送容器一時保管区域に移送される。その輸送容器は、搬送台車によって、同建屋内から貯蔵建屋内のガラス固化体抜き出し室へ移送され、輸送容器のふたを取り外して、検査室天井クレーンによりガラス固化体を抜き出して、ガラス固化体検査室のガラス固化体仮置き架台に仮置きする。その後、同検査室内で、ガラス固化体を検査室天井クレーンでガラス固化体仮置き架台から抜き出し、外観検査、表面汚染検査及び閉じ込め検査を行う。そして、検査の終了したガラス固化体は、搬送室に設置された床面走行クレーンによって、ガラス固化体検査室からつり上げ、貯蔵ピットの収納管まで移送して収納する。

他方、ガラス固化体抜き出し室でガラス固化体を抜き出した後の空の輸送容器は、搬送台車で貯蔵建屋内の輸送容器検査室へ移送した後、同室内の天井クレーンで輸送容器のふたを取り外して検査を行う。検査を終了した輸送容器は、台車室へ移送し、受け入れ建屋天井クレーンで輸送容器一時保管区域に移送し、払い出す。このように、施設内での移動には、自走式の搬送台車や遠隔操作のクレーンが使われているが、その操作の失敗によって、落下事故の発生の危険がある。

また、一定以上の高さにつり上げられないようにインターロックが設けられているというが、インターロック回路自体を人為的にパスしたり、インターロックが働かない場合も考えられ、高さ九メートル以上からの落下事故も起こり得る。

５、集中立地の危険性（略）

６、その他の事故評価の杜撰さ

（一）前述のように、本件安全審査は、ガラス固化体の放射能量及び発熱量等の仕様につき、法的にも技術的にもその真実性が全く担保されないＢＮＦＬ社とＣＯＧＥＭＡ社の、一般論としてデータから計算した数値を前提になされた机上の空論であり、実際に返還されるガラス固化体のデータがこれと異なれば、全く意味をなさないものであるから、その事故評価はそもそも論評にも値しない。

しかし、本件安全審査は、その点を措いても非常識且つ恣意的な想定で事故評価を行っており、この点も見過ごし難いので指摘しておく。

（二）本件安全審査では、ガラス固化体の落下事故につき、ガラス固化体の取扱中につり上げ中の最大高さ九mからの落下により、当該ガラス固化体が損傷（補正前は「破損」だった）したケースのみを想定し、落下によるガラス微粉の発生率を7×10-6、ガラス微粉の空気中への移行率を一%、建屋外への漏洩率を一〇%とし、放射性物質放出量ベータ・ガンマ核種につき約3.2×108Bq、アルファ核種につき約2.5×106Bqとし、敷地境界外での実効線量当量の最大値を約1.4×10-5Sv（補正前は1.8×10-4Sv）とした申請者の安全評価を追認している。

しかし、第一にガラス微粉の発生率は、当該ガラスの状態により異なり、従ってガラス固化体の放射能量、発熱量、固化後の時間経過等によって異なるところ、この事故評価の計算に使用された実験値は、本件安全審査で想定しているガラス固化体と異なる仕様のガラス固化体を用いたものであるから、このような数値を本件安全審査に用いることは全く失当である。

第二に、ガス状の放射性物質の漏洩や、放射性物質の分布の不均一を全く想定していない（アルファ放射体濃度が高い部分が微粉化すれば数値が上昇するはず）など、漏洩の想定が楽観的に過ぎる。

第三に、科技庁審査の最終段階での補正で、放出量は同じなのに、放出後の気象条件等の操作だけで実効線量当量を一二分の一に落したことでもわかるように、計算条件が極めて恣意的に選択されている。

そして、そもそも事故想定が恣意的に過ぎる。例えば、申請者の事故想定に近いところでも、ガラス固化体の吊り上げ中に最大高さに達した直後あるいはつり下し直前に落下すれば、他のガラス固化体上に落下することがあり得、その際には落下距離が若干減少し、下のキャニスターの変形分だけエネルギーが吸収されるものの、本件安全審査の想定に近い衝撃力が二つのガラス固化体に加わることとなり、微粉発生量が増大することになろう。また、「最大高さ九m」も物理的な限界ではなく、九mを超えないようにインターロックが設けられるに過ぎないのであるから、前述のように、インターロックに故障があれば、九m以上の落差の落下も生じ得る。

更に言えば、本件安全審査では、建屋内での事故のみが検討されているが、本施設で想定される最大規模の落下事故は、施設敷地内の道路からの転落である。申請書の一部補正添付書類五、第二・一―一図を見れば、本施設内の道路は、ガラス固化体受入建屋に至るまでに三度にわたり直角に左折するが、そのカーブの一つは谷に直面しており、ここで運転を誤れば輸送車ごと五五m下の谷底に転落しかねない。敷地内の道路は、特定廃棄物管理施設の付属施設であり、また施設が高台にあることは、当然原子炉等規制法五一条の三の「施設の位置」として安全審査の対象になるところである。施設の高さを「標高約五五mの台地に位置していることから、津波・高潮により被害を受けることはないものと判断する」(安全審査書一二頁)、と安全宣言のためだけに使い、その高さからくる危険性を判断しないのはあまりにも恣意的である。

（三）また、電源喪失時について、申請者が、ガラス固化体の発熱量を二八本で五六kwとし、ガラスの熱伝導率についてＣＯＧＥＭＡ社が提供した一〇〇℃～四〇〇℃の場合の数値を前提に、通常の中心温度三四〇℃が二四時間で九〇℃（補正前は八〇℃）、四八時間で一〇〇℃（補正前は九〇℃）上昇するとしたのを、本件安全審査は適切、妥当と追認している。

しかし、まず発熱量が二八本で五六kwというのは、何ら根拠のない数字である。申請者の申請は、一本あたり二・五kw以下であって二kw以下ではない。収納管一本に収納する九本の合計は一八kw以内になるようにする、という記載はあるが、ガラス固化体検査室に同時に置かれる二八本の発熱量については、特段の操作や管理を行う旨の記載はない。本件安全審査では、一体何を根拠に、このような前提を適切、妥当と判断したのであろうか。

次に、ガラスの熱伝導率の数字も、ＣＯＧＥＭＡ社から提供されたデータは四〇〇℃までのデータであり、計算上四四〇℃まで達すると言いながら、そのままの数字を使う神経を疑う。そして、この計算は、ガラス固化体内の放射性物質の不均一を想定していないにもかかわらず、単なる放置でガラスの転移点に相当近づくというのであるから、放射性物質の不均一を想定すれば、部分的には転移点を超えて放射性物質が極めて漏洩しやすい状態になることも、十分に想定されるのである。しかも、不思議なことに、同じように単に放置した場合について、申請者は、補正後二・五kwのガラス固化体一本を貯蔵ピットに収納した場合のガラス固化体温度の計算値は、中心部で約四七〇℃としている。通常時よりも事故時の方が中心温度が低いというのである。

このようなことを見ても、申請者の事故想定、事故評価のデタラメさは明らかである。一体本件安全審査が、何を根拠に、このような杜撰な申請者の事故評価を、適切、妥当と称しているのか理解しかねる。

安全審査では、一体何を根拠に、このような前提を適切、妥当と判断したのであろうか。

次に、ガラスの熱伝導率の数字も、ＣＯＧＥＭＡ社から提供されたデータは四〇〇℃までのデータであり、計算上四四〇℃まで達すると言いながら、そのままの数字を使う神経を疑う。そして、この計算は、ガラス固化体内の放射性物質の不均一を想定していないにもかかわらず、単なる放置でガラスの転移点に相当近づくというのであるから、放射性物質の不均一を想定すれば、部分的には転移点を超えて放射性物質が極めて漏洩しやすい状態になることも、十分に想定されるのである。しかも、不思議なことに、同じように単に放置した場合について、申請者は、補正後二・五kwのガラス固化体一本を貯蔵ピットに収納した場合のガラス固化体温度の計算値は、中心部で約四七〇℃としている。通常時よりも事故時の方が中心温度が低いというのである。

このようなことを見ても、申請者の事故想定、事故評価のデタラメさは明らかである。一体本件安全審査が、何を根拠に、このような杜撰な申請者の事故評価を、適切、妥当と称しているのか理解しかねる。

第一〇．輸送中の事故対策の欠落

一．輸送は審査対象外（略）

二．輸送容器と輸送方法のいいかげんさ（略）

安全審査に反映されるべき具体的な事例として考える必要があるのは、英仏からの返還ガラス固化体の輸送容器が、航路一万五千海里以上を通過してむつ小川原港に海上輸送されることである。この間に、輸送船は、深さ何千メートルもの公海上を横切ることになる。それにも拘らず、国際原子力機関（ＩＡＥＡ）放射性物質安全運送規則で定めた浸漬試験は、最大水深二〇〇メートルで一時間だけである。この程度の試験では、実際の輸送に際して、安全性が確保されていると判断することは到底不可能である。

一方、日本では、英仏からの返還を見込んだガラス固化体の輸送に関連した左記安全研究が行われてきた。これらの研究成果が安全性の確保にどれほど役立ったのかは、研究成果の公表によって今後明らかにされることになろう。

ａ．返還廃棄物の安全輸送に関する研究（一九八五年～一九九〇年度）

ｂ．返還廃棄物輸送容器の構造強度に関する研究（一九八六年度～一九九〇年度）

ｃ．輸送容器の放射性物質漏洩挙動に関する研究（同）

ｄ．返還廃棄物船舶輸送における放射線遮蔽に関する研究（同）

ｅ．放射性廃棄物輸送容器等安全性実証試験（一九八六年度～一九九二年度）

但し、ｅ以外は実証試験を含まず、計算上の研究である。しかも、右に紹介した研究に関して最も注意が必要なのは、その輸送容器の設計条件が未定であったことである。

この点に注意を喚起したのは、一九八七年一〇月二二日に原子力安全委員会了承の「海外で再処理に伴う返還廃棄物の輸送の安全性について」をまとめた放射性物質安全輸送専門部会の青木部会長である。同人は、「提示された輸送容器の受入条件に合致する輸送容器の想定を行い、安全な輸送が可能か否かについて検討を行うこととした」が、「将来実際に輸送が行われる際には、輸送容器が用意された段階における安全審査が行われ、安全が確保されるものである」と報告書に記述している。

ここで、想定輸送容器の安全審査の行われた年度と安全研究の開始された年度を比較してみると、興味深い結果が見えてくる。つまり、安全研究の対象が想定輸送容器であって、実際に輸送に使われる輸送容器は未だ安全確認が行われていないとの驚くべき結果である。もっとも、右の安全研究に供されるべき「輸送容器」については、一九八九年三月三〇日に提出された廃棄物管理事業の許可申請の後に明らかになった事実をつないでいけば、供されるべき「輸送容器」の実態をおぼろげながら把握することは可能だろう。

三．事故対策の無策

使用済み燃料は、原子炉から取りだして数年間冷却した後に、英仏に海上輸送されている。その際、燃料体約三トンが収納されたB型キャスクが、一度に約二〇体ほどが運ばれる計算になる。これは一〇〇万ô原発の取り替え燃料の二基分程度に相当する。

一方、返還されるガラス固化体は、原子炉取り出し後一〇年ほど経過したものを受け入れると定められているが、再処理によって放射能が凝縮されており、放射能レベルは極めて高い。このガラス固化体一本中の放射能は、原子炉の違い、英仏両国のガラス固化処理事情によって異なる（これは、青森県の委託によって作られた高レベル放射性廃棄物検討グループが、一九九二年三月に作成した報告書に記載したガラス固化処理の条件による）。それに基づいて、一〇〇万ô原発の取替え燃料一基分に相当するガラス固化体本数を計算すれば、ＰＷＲ燃料の場合、ＣＯＧＥＭＡ社で二二本、ＢＮＦＬ社で一七本、ＢＷＲ燃料はＢＮＦＬ社で一五本となる。もし一年に一回の輸送が行われると、二八八本のガラス固化体が一度に海上輸送されることになり、仏国からはＰＷＲ一〇〇万ô原発の取替え燃料の一三基分、英国からＰＷＲ分で一七基分、さらにはＢＷＲ分で一九基分もの放射能が海上を航行することになる。これは、使用済み燃料の輸送と比較にならない放射能の大量輸送である。無論、このように膨大な放射能の輸送を、人類はかつて経験したことがない。

このため、輸送を行う場合には、万が一の重大事故への配慮、可能な限りの事故対策、除染方法等を検討する必要があり、ＩＡＥＡが要求する輸送容器安全試験（九メートル落下、八〇〇℃三〇分、火災等）程度では、安全確保は難しい。ところが、日本では、ガラス固化体輸送容器を用いた安全研究さえも十分に行われておらず、安全への無策は目を覆うものがある。

現在まで行われたガラス固化体輸送容器の安全研究は未確立であり、輸送容器の設計段階の審査、輸送の安全審査のいずれも行われていない。まして、安全対策など無策に等しい。そのような事実が明らかでありながら、本件事業許可が下されたのであるが、これは間近に迫った英仏からのガラス固化体返還輸送を睨んでのことであることは明白である。

四．むつ小川原港は欠陥港

１．一九七七年一一月、中央港湾審議会に提出された港湾計画の基本方針によると、むつ小川原港は、工業の原材料の搬入、製品の搬出、さらに消費的物質の搬入等を目的とし、年間約四、五〇〇万トンの取扱貨物量を目標とした、いわゆる「公共港湾」として位置づけられ、多額の公共投資がなされてきた。

ところが、一九八六年の三月の地方港湾審議会で、核燃港湾建設へ計画が変更され、鷹架沼内陸部に五、〇〇〇トン級の二バースを建設し、核燃の「専用岸壁」とすることに変更された。

２．むつ小川原港の安全性に関しては、種々の問題点が指摘されている。

(一) 六ヶ所村沿岸を含む太平洋沿岸は、「低気圧の墓場」といわれるほど「シケ」が多いし、濃霧の多発海域であり、過去において船舶の衝突、転覆、座礁の海難事故があとを断たない。しかも、むつ小川原港周辺の海域は、流砂が推積し船舶の航行の妨げとなっている。同港はおよそ「良港」といえる代物ではない。

(二) 港湾地域は、北側に自衛隊の対空射爆場、南側には米軍の天ケ森射爆場にはさまれており、現に流れ弾による船舶の貫通事故、訓練中の軍用機の墜落、模擬爆弾の投下が頻発し、常に事故発生の危険にさらされている。従って、ガラス固化体の輸送、荷役、移動中に、軍用機の墜落、搭載物の誤投下により容器が破壊され、放射能が環境に大量放出される現実的な危険性が顕著である。

(三) 港湾計画資料が安全性の根拠とした風速の観測に大きな問題があり、風速を過小評価し、港湾の稼働率の算定等に重大なごまかしがある。
(四) 昭和五二年、第八〇回港湾審議計画部会に提出された「港湾計画資料」の中に、海底ボーリングの土質強度試験値を示した柱状図があるが、これが全くねつ造されたものであることは、泊漁協の板垣孝正元組合長も認めているところであり、かつ、この調査結果を基に防波堤建設等港湾計画が進められている。
以上のように、むつ小川原港には、ガラス固化体の海上輸送の安全性に重大な影響を及ぼす諸要因が存在するにもかかわらず、本件安全審査では、この点について何らの考慮も払われていない違法がある。

第一一．原子炉等規制法第五一条の三第一項二号の要件の不適合
本施設の建設が、原子炉等規制法その他の原子力関係法規に基づく法的根拠を一切有しないこと及び本施設によって原子力災害が発生する危険性があることは前述のとおりであるが、以下に、原子炉等規制法第五一条の三第一項二号（事業遂行の技術的能力・経理的基礎）の許可基準の不適合につき述べる。

一．技術的能力の欠如（略）
二．経理的基礎の欠如（略）
三．まとめ（略）

第一二．結論（略）

証拠方法
口頭弁論において提出する。
添付書類
一、訴訟委任状　一一〇通

一九九三年九月一七日
右原告ら訴訟代理人
弁護士　浅石紘爾
同　高橋牧夫
同　金沢　茂
同　竹田周平
同　浅石晴代
同　小野允雄
同　澤口英司
同　石岡隆司
同　小田切達
同　内藤　隆
同　海渡雄一
同　伊東良徳
同　東澤　靖
同　佐藤容子
同　水野彰子
同　齋藤　護
同　里見和夫

青森地方裁判所　御中
［出典：核燃サイクル阻止1万人訴訟原告団資料］

II－5－5
訴状（六ヶ所再処理・廃棄物事業所における再処理事業指定処分取消請求事件）
核燃サイクル阻止１万人訴訟原告団

当事者
青森県八戸市＊＊＊＊＊＊
原告　大下由宮子
青森県上北郡東北町＊＊＊＊＊＊
同　木村義雄
青森県上北郡六ヶ所村＊＊＊＊＊＊
同　高梨酉蔵
外　別紙原告目録記載のとおり
青森県八戸市＊＊＊＊＊＊
右原告ら訴訟代理人
弁護士　浅石紘爾
外一五名　別紙訴訟代理人目録記載のとおり
東京都千代田区永田町二丁目三番一号
被告　内閣総理大臣　細川護熙

請求の趣旨
一、被告が、日本原燃株式会社に対し、一九九二年一二月二四日付でなした同社六ヶ所再処理・廃棄物事業所における再処理事業指定処分は、これを取り消す。
二、訴訟費用は、被告の負担とする。
との判決を求める。

請求の原因

第一　はじめに

一、六ヶ所立地の背景と県民合意の不存在

１、立地の欺瞞性

再処理工場を含む世界最大規模の核燃料サイクル施設がなぜ青森県六ヶ所村に建設されなければならなかったのか。

一九八四年七月、電気事業連合会は、青森県知事と六ヶ所村長に、核燃料サイクルの立地要請をした。

施設の立地は、その危険性のため、当然のことながらどこからも拒否され続けていた。原発推進のためにはもう後はないぎりぎり最後の選択であった。青森県としては、県の未来をかけたという、鳴物入りのむつ小川原開発計画が、石油ショックに遇って脆くも頓座したため、買手のつかない広大な土地をかかえて身動きのできない官民合同出資のむつ小川原開発株式会社の一時的な救済策となるものであった。

電気事業連合会と青森県当局は、いわば運命共同体的連帯のもとに、県民が計画の内容を十分に理解するだけの機会も時間も与えないままに、要請から八ケ月半後に立地決定を強行したのである。わずか八ケ月半である。この短い時間のうちに、恐らくこの地に人間が存在するかぎり決定的な影響を与え続けることになる、いわば未来永劫にわたって青森県民を拘束する、かつてこの地に住んだ人間が経験したことのない歴史的重大事がいとも簡単に決められてしまったのである。始めに立地ありき、である。そこには真の意味での民主主義はおろか住民の意思も全く存在しなかった。

いかに真実から青森県民の目を覆って立地の決定がなされたものであったかは、例えば、高レベル放射性廃棄物貯蔵施設の着工に際し、青森県で最大の発行部数を数える新聞が、平成四年四月二三日の社説で次のように述べていたことからも看取できよう。「高レベル放射性廃棄物貯蔵施設の建設が浮上してきた当初、県民は驚かされた。六ヶ所村に建設されるのは再処理工場、ウラン濃縮工場、低レベル放射性廃棄物貯蔵施設の三点セットで、高レベル放射性廃棄物の最終処分場は県外につくられると知らされていたからだ。再処理工場には、再処理の工程で出る高レベル放射廃棄物を一時貯蔵する施設が当然必要なのだという。ともあれ、事業者側はやがて再処理工場の付属施設として高レベル放射性廃棄物貯蔵施設を建設することを明らかにした。私たちを含めて県民が無知だったのかもしれないが、何か割り切れないものを感じた人も少なくなかっただろう」。抑えた言い方だが、ここには、施設について正確な情報を与えられないまま、立地が決められたことに気付いた苛立ちと、拭いようのない不信感が示されている。

２、県民の拒否

この施設の設置がどれだけ大変なことなのか、県民にはよく理解できないまま、受入れ強行により、計画は進行しはじめた。内容が少しづつ明らかになるにつれ、これも当然のことながら県民の不安は増大していった。

一九八八年七月の参議院選挙で、核燃白紙撤回を掲げた農業者の新人候補が圧勝した。核燃に反対する農民の反乱とも評された。つづく一九九〇年二月の総選挙では、核燃白紙撤回の候補者二名が当選を果たし、それまでの衆議院議席自民党独占の体制が崩れた。核燃問題が最大の争点となった一九九一年二月の知事選挙は、核燃推進の現職候補のため、電力業界はじめ建設業界など中央・地方の核燃関連業界あげての総動員体制で選挙運動を行ない当選を果たしたものの、得票率は過半数に満たない四四%にとどまった。

国・県・事業者は、参議院選挙の敗北後、巨費を投じて県民への宣伝活動に狂奔してきた。今もなりふりかまわぬ活動が続いている。しかし、どのようにお金を使ってＰＡ活動なるものをしようと、施設の危険性そのものと、立地にあたって県民を欺いた事実は覆い隠せるものではない。

すでに、六ヶ所村では、ウラン濃縮工場、低レベル放射性廃棄物貯蔵施設が操業を開始し、高レベル放射性廃棄物貯蔵施設と本件再処理工場の建設工事が始まっている。しかし、既成事実が次から次へと積み重ねられている。既成事実がいかに積み重ねられようと、多くの県民は、今もなお立地を拒否し続けている。

二、再処理の必要性は失われた

１、プルトニウム利用計画の破綻

世界的規模の六ヶ所再処理工場を作る最大の目的は、使用済核燃料からプルトニウムを取り出し、取り出したプルトニウムを高速増殖炉（ＦＢＲ）で燃料として使用することにあった。しかし、わが国では、今になってもＦＢＲ実用化の見通しはたたず、プルトニウム利用計画自体が見直し（縮小）を迫られている現状にある。

一九九一年八月の政府の原子力需給に関する報告書によると、わが国の二〇一〇年までのプルトニウム保有量は、海外返還分三〇トン、東海再処理工場五トン、六ヶ所再処理工場五〇トンで合計約八五トンである。これに対し、需要は、ＦＢＲ実験炉「常陽」と原型炉「もんじゅ」で一二トンから一三トン、実証炉が一〇トンから二〇トン、新型転換炉（ＡＴＲ）原型炉「ふげん」と青森県大間町に計画中の実証炉で一〇トン弱、軽水炉五〇トン、合計約八〇トンから九〇トンとなっている。しかし、この計画自体、ＦＢＲ開発の目途が立たないがための数字合わせのごまかしに過ぎないものである。

現在、ＦＢＲの実用化の見通しなど全くない。実証炉についての建設計画も具体化されておらず、建設場所さえ決まっていない。一九九〇年代後半着工の予定は二〇〇五年に先送りされたが、確たる目途は何もない。ましてや、二〇三〇年までに稼働開始するという実用炉の建設計画は文字どおり絵に書いた餅である。

アメリカ、イギリス、フランス、ドイツは、技術的困難性と経済性から、すでにＦＢＲ計画から撤退し、あるいは撤退の方針を固めている。極めて賢明な方策である。現在、いまだにＦＢＲに執着しているのは一人日本だけである。しかし、その日本でも、前述のように、いまだに実証炉計画さえも具体化していないのであるから、ＦＢＲの商業化が全く実現不可能なことは、もうはっきりしたのである。

ＦＢＲ開発までの間の中継ぎ役と言われているＡＴＲについても、大間町の実証炉建設計画は遅れに遅れている。いまだ漁民に対する漁業補償も決まっていない状況である。

しかも、前記報告書の中でさらに問題なのは、プルトニウムの半分以上をＭＯＸ燃料として軽水炉で利用するということである。ウランの代りに使うというのであるが、ほとんどウランの節約にはならないし、技術的にも危険を伴う。現在、ウラン供給量は過剰で価格的にも安い状況にあるのに、再処理に要する巨額の費用のため極めて高価につくプルトニウムを使うのは、経済的にも無意味なことである。あえて、軽水炉でウランのかわりにプルトニウムを利用しなければならない必然性は全くないと言ってよい。

このように、わが国のプルトニウム需要計画なるものは、ＦＢＲ建設計画が破綻したにもかかわらず六ヶ所再処理工場の必要性を正当化しようとして、無理やりにプルトニウムの消費量を作出したごまかしに過ぎない。ＦＢＲの破綻は、同時に六ヶ所再処理工場の破綻である。軽水炉での利用計画など現実から遊離した計画であり、とうてい破綻を繕えるものとはなり得ないのである。

２、国際環境の変化（略）

３、プルトニウム大国への危険性（略）

４、再処理と県民世論（略）

三、再処理工場の危険性（略）

四、放射線（能）の恐怖（略）

五、廃棄物処分の見通しを欠いた再処理（略）

第二　軍事利用の危険性について

一、はじめに（略）

二、核の世紀と核管理社会（略）

三、マンハッタン計画の発想（略）

四、核軍拡の落とし子としての平和利用

米国の産軍複合体による核優位政策の展開は、国防予算の過大投入によって、濃縮ウランやプルトニウムの過剰生産を生じさせ、副産物としての原子力発電の利用を促すこととなった。そして、一九五三年一二月のアイゼンハワー大統領の「アトムズ・フォア・ピース」という国連演説に端を発する原子力の平和利用がスタートした。

しかし、産軍複合体としての原子力産業による副業としての原発輸出は、あくまでも、核優位戦略の核兵器保有国の傘の内での平和利用以外は許されなかった。

東西冷戦の均衡バランスの必要上から、新たなる核兵器保有国の誕生は阻止するが、産軍複合体としての原子力産業の生き残りは確保したいという矛盾を抱えつつ、原子力の平和利用が推進されることになったのである。

したがって、原子力発電という名の平和利用の技術は、すべて核兵器用として開発されたものである。最初の動力用原子炉は、まず潜水艦の動力源として開発された。原爆製造目的のプルトニウム生産用原子炉で、無用に捨てられていた核分裂連鎖反応から生ずる熱エネルギーで、発電用タービンをまわすことから原子力発電の原理が生まれた。核燃料サイクルの中核である再処理の技術も、マンハッタン計画の中で開発されたものである。過剰濃縮ウランは原発の燃料棒という形で、核開発競争同様に、東西両陣営の原子力クラブ員獲得競争が展開されることになった。

五、ＮＰＴとＩＡＥＡについて（略）
六、軍事の落とす影（略）

七、本件施設の軍事転用の危険性
１、過剰な情報管理たる軍事施設と言わないまでも、軍事利用をも念頭においた「平和利用」施設と断ぜざるを得ない。
２、核弾頭開発の可能性
　一九九三年の新年早々、フランスからのプルトニウム輸送船「あかつき丸」が茨城県東海村の専用港に着岸した。航海中は輸送途上の事故が懸念されたが、到着後は余剰プルトニウムに関心が集中している。プルトニウムは自然界にはほとんど存在せず、人間が核爆弾の材料としてつくりだした人工元素である。そして、プルトニウム生産工場が再処理施設なのである。
　ＮＰＴでは非核兵器加盟国に対して、ＩＡＥＡとの間で保障措置（査察）協定を結び、有意量の核物質が平和目的外に転用されないように、包括的な査察を受けることを義務づけている。有意量とは、高濃度ウランで二五kg、プルトニウムで八kgとされている。八kgのプルトニウムで長崎型タイプの原子爆弾が製造できるからである。

八、まとめ
　一九八六年四月二六日のチェルノブイリ原発事故は、人間の力の限界と、人間の制御の枠を超えたときの放射能の恐ろしさをはっきりと我々に示した。放射能量ではるかにチェルノブイリ原発を上回る六ヶ所再処理工場で、チェルノブイリ以上の事故が絶対に起こらないという保証は何一つない。しかも、六ヶ所村には多くの核燃関連施設が集中立地されるのであるから、巨大事故が起これば、その災禍は人智を遥かに超えたものになることは明らかである。
　チェルノブイリ事故では、発電所職員が二五人、消防士六人が死亡したとされる。作業者の死者は七、〇〇〇人から一〇、〇〇〇人という報告もある。事故五周年にあたってウクライナ共和国が発表したところによれば、同国の事故処理参加者の死亡カルテを詳細に調べたところ、約六〇〇人が放射線を浴びたため免疫機能が衰え、主に心臓血管系の病気にかかり死亡したという。ロシア、ウクライナ、ベラルーシ三共和国の被曝者総数は三八八万人にのぼり、今も放射能被害が続いている。放射能汚染を受けた各地で子供の甲状腺がん、甲状腺肥大、小児急性白血病が増大し、奇形児の出産率も高くなっているとされている。また、被曝者が不安と差別に悩んでいることも指摘されている。

第三　再処理の意義・目的と本件再処理施設の概要

一、再処理の意義と目的
　再処理とは、原子力発電所で使用された核燃料からウラン二三八が中性子を吸収して生成するプルトニウム、燃え残りのウラン、核分裂生成物（死の灰）の三つの成分を化学処理によって取り出す工程を指す。
　再処理の主たる目的は、使用済燃料からウラン・プルトニウムを取り出して再処理（リサイクル）することであるが、使用済燃料という廃棄物を減容することも副次的な目的とされている。
　しかし、後述するように、プルトニウム利用技術（高速増殖炉・新型転換炉）は破綻もしくは未完成の状況にあるし、再処理後の各種廃棄物の管理・処分を考えると減容どころかそれ以上の難題を我々人類に投げかけている。
　商業用再処理が始まったのは、一九六〇年代からであるが、現在再処理の国際的潮流は「撤退」の方向にある。世界的に再処理技術の主流であるピューレックス法の創案国であり、軍事開発を含め最も豊富なノウハウを蓄積しているはずのアメリカは、カーター政権時代に再処理政策を凍結し、ドイツも一九八九年ヴァッカースドルフ再処理工場の建設を中止し、再処理計画を放棄している。現在稼働中のものは、ラ・アーグ（仏）、セラフィールド(英)、東海村の再処理工場だけであるが、いずれも故障・事故続きで運転中止に陥ったり、十分な操業をあげられない現状にある。

　また、プルトニウムリサイクルの中心技術である高速増殖炉の開発計画も遅々として進展せず、アメリカ・ドイツ・フランス・イギリスといった「先進国」も撤退を余儀なくされている現状に照らし、再処理の目的と必要性は否定されたと言っても過言ではない。

二、施設の概要（略）

三、再処理工程

１、国内の原子力発電所から海上輸送されてむつ小川原港に運ばれてきた使用済燃料（将来は英・仏の海外委託再処理分も搬入されることになろう）は、港から専用道路をトレーラートラックに移し換えられて運搬され、「使用済燃料輸送容器（キャスク）管理建屋」に運び込まれる。

次に、キャスクは「使用済燃料受入れ・貯蔵建屋」へ搬入、中から使用済燃料が取り出され「燃料貯蔵プール」内の「燃料貯蔵ラック」へ移送、貯蔵される。プールは三基で最大貯蔵能力はＢＷＲ一、五〇〇ｔ・UPr、ＰＷＲ一、五〇〇ｔ・UPr合計三、〇〇〇ｔで、冷却期間は一年以上とされている。

燃料の濃縮度は、照射前燃料最高濃縮度五ｗｔ％、使用済燃料集合体三本平均濃縮度三・五ｗｔ％以下、最高燃焼度は五五、〇〇〇MWｄ／ｔ・UPrである。

貯蔵プールへの燃料受け入れは、再処理工場本体の竣工より約四年早い一九九六年を予定している。

２、再処理の第一段階は、プールから送り出された燃料棒のせん断である。せん断機で数センチメートルの細かい小片に切断する作業が前処理建屋の「せん断処理施設」で行われ、せん断片は「溶解施設」へ移送され、燃料中の酸化ウランは溶解槽の中で加熱した濃硝酸によって溶かされ、一方ジルコニウムの被覆管せん断片（ハル）は溶けずに残り、これはドラム缶に詰め込まれて低レベル固体廃棄物貯蔵設備へ移送される。溶解液は不溶解残渣が清澄機で除去され、清澄液はポンプで「分離施設」へ移送される。

３、ウラン、プルトニウムその他の核分裂生成物が含まれる溶解液に、溶媒抽出という工程を施して、ウランとプルトニウムを抽出して核分裂生成物と分離する。ウランとプルトニウムを含む有機溶媒は、「プルトニウム分配塔」に移送され、ウランを含む有機溶媒と硝酸プルトニウム溶液とに分離される。

４、これらの溶液は、精製設備で抽出操作を繰返して純度を高め、これを脱硝、転換し、酸化ウラン、酸化プルトニウム、混合酸化物、フッ化物などの製品にして貯蔵建屋に貯蔵する。最大貯蔵能力はウラン四、〇〇〇ｔ・U、混合酸化物六〇ｔ・（U＋Pu）である。

なお、貯蔵の対象製品は、本施設で再処理されたものに限定されており、海外返還プルトニウムは含まれていない。

５、分離された放射性廃棄物は、気体は「換気筒」から排出され、液体は「海洋放出管」で沖合三㎞の海中へ放出される。高レベル廃液は蒸発濃縮後「高レベル廃液貯槽」で冷却しながら一時貯蔵され、その後「高レベル廃液ガラス固化設備」へ移送、固化体は「貯蔵ピット」Ａ、Ｂ二棟（増設が予定されている）に貯蔵される。Ａ棟には四基のピットが、Ｂ棟には七基のピットがあり、一基には八〇本の収納管が配置され、その中には九本のガラス固化体がたて積みされる。結局一基に七二〇本、合計では七、九二〇本のガラス固化体が貯蔵され（高レベル廃液ガラス固化建屋貯蔵分を含めると約八、二〇〇本で、これは約八年分に相当する）、間接自然空冷方式で除熱しながら、最終処分までの間貯蔵が続けられる（この期間は申請書や安全審査書には記載されていないが、公開ヒアリングの「参酌状況」（四八頁）に三〇〜五〇年間の一時貯蔵されると説明されている。しかし、「廃棄物管理事業許可処分に対する異議申立書」で述べたとおり、六ヶ所が事実上の最終処分地とならない保証はどこにも見出せない）。

　低レベル固体廃棄物は、ドラム缶に詰められて貯蔵される。

第四　諸外国における再処理の歴史と実情

諸外国において、商業用再処理プロジェクトは、安全性や経済性、そして環境の問題から、次々と放棄されている。再処理の目的であり、かつ核燃料サイクルの要でもある高速増殖炉開発も多くの国々で断念され、再処理―高速増殖炉によるプルトニウム利用からの撤退が世界の趨勢と言い得る。さらに、原子力発電自体からの撤退の道を模索し始めた国も少なくない。

一、アメリカ合衆国

１、再処理路線の放棄（略）

２、高速増殖炉開発の中止（略）

３、進む原発離れ（略）

二、フランス

フランスは、アメリカに次ぐ原子力大国であり、高速増殖炉開発や商業用再処理で最先端を走って来た。しかし、その高速増殖炉開発も一九九二年六月のスーパーフェニックス運転再開断念で挫折し、再処理工場でも事故が相次いでいる。

１、スーパーフェニックスの破綻と高速増殖炉開発の挫折

（一）一九六七年に臨界に達した高速増殖炉実験炉ラプソディは、一九八二年二月、ナトリウム漏洩事故を起こし、同年一〇月、政府は修理不能を理由にラプソディの解体撤去を決定、翌一九八三年にはその運転を停止した。

（二）原型炉フェニックスは一九七三年に臨界に達したが、運転中は事故続きであった。一九九二年四月には、二次冷却系のナトリウムが三次冷却系の水に漏れる事故と二次冷却系のナトリウムが空気中に漏洩したための火災が相次いで発生し、炉が二か月間停止された。さらに同年一二月、翌一九八三年二月と、連続して蒸気発生器で一次冷却系ナトリウム漏れ事故が発生した。

一九八九年八月及び九月には、フェニックスが反応度の異常低下のため緊急停止するという事故が発生した。自動停止の原因はアルゴン気泡の炉心通過によると見られている。同年一二月末運転が再開されたものの、一九九〇年九月には同じ原因で緊急停止した。フェニックスはそれ以後運転を停止し、かろうじて一九九一年一〇月に反応度低下事象解明のための低出力試験運転が開始されたものの、本格的運転再開の目途は未だに立っていない。

（三）ヨーロッパのジョイント・ベンチャーとして、フランスが国力を傾けて来た実証炉スーパーフェニックスは、一九八五年九月に臨界に達したが、既に一九八四年の予備試験の段階から冷却システムの貯蔵タンクでの漏洩等技術的な不備が次々と露呈した。この運転停止から、二年を経過した一九九二年六月、フランス政府は、スーパーフェニックス運転再開を無期限延期する旨決定した。ナトリウム火災対策が実現していないというのがその理由である。既に一九八九年九月ＮＥＲＳＡはプルトニウム生産にメリットがないという経済的な理由から、スーパーフェニックスでのプルトニウム増殖を行わないことを決定していた。

スーパーフェニックスの廃炉は必至で、フランスの高速増殖炉開発は挫折したと見てよい。

２、再処理の動向

フランス核燃料公社ＣＯＧＥＭＡはマルクール（ガス炉用燃料再処理施設）とラ・アーグ（ＵＰ－２、ＡＴ－１、ＨＡＯ、ＵＰ－３）に再処理施設を有している。

このうち、軽水炉用使用済燃料再処理施設ＵＰ－３は、六ヶ所再処理工場と同等規模でその技術的モデルでもある。同施設は、一九九〇年八月に運転を開始したが、その前年の一九八九年八月試運転の段階で早くも深刻なトラブルを起こしていた。ジルコニウム製の使用済燃料溶解槽の二基のタンクのうち一基と廃液処理施設の五基のタンクに「亀裂」が見つかったのである。結局、厚さ一メートル以上のコンクリートセルを壊して溶解槽を取り除かざるを得なかった。

新しい溶解槽を備えつけたＵＰ－３のヘッドエンド部分が運転を開始したのは、一九九〇年八月になってからであるが、この改良工事のために建設費が二五％も増加、再処理の非経済性が暴露される事態となった。

遡る一〇年前、原子力最高会議は「再処理にはメリットがない」とするカスタン委員会報告を採択した。フランス国内における高速増殖炉の商業化の目途はなくなり、かつＵＰ－３はもっぱら海外顧客専用（主に日本とドイツ）である。さらに後述するように、ドイツが再処理放棄に向かい、海外需要さえもおぼつかなくなっている。環境保護運動も高まるなかで、フランス自身の再処理も含めた核燃料サイクル政策の変化が予測される。

三、ドイツ

１、再処理の放棄へ

現行のドイツ原子力法には、「使用済燃料中の利用可能成分は利用しなくてはならない」との、再処理を義務付けた規定がある。政府も商業用再

処理を積極的に推進してきた。

バッカースドルフ再処理工場は、再処理推進政策の要として、連邦政府及びバイエルン州政府によって計画が進められてきた。この工場は、一九八五年に着工されたが、建設許可を巡って周辺住民や自治体が相次いで訴訟を提起した。一九八六年四月のチェルノブイリ事故後は一〇万人の市民がデモ行進をしたり、州政府の機動隊や警察と激しい衝突を繰り広げるなど国内的な反対運動が高まった。また、隣国オーストリアを含む国際的な反対運動も高揚した。

こうした中で、二、〇〇〇億円の巨費を投じ再処理工場付帯施設の使用核燃料一次貯蔵施設と前処理施設の建設が強行された。

ところが、一九八九年四月、事業主体のＤＷＫ社に資本参加していた大手エネルギーコンツェルンＶＥＢＡ社が再処理工場の建設中止を発表した。反対運動の高揚と再処理の非経済性がその理由であった。同年六月、遂にバイエルン州政府が正式にバッカースドルフ再処理工場の中止を発表した。

これを受け、一九七一年に運転を開始したカールスルーエ再処理実験施設も、一九九〇年一二月に運転を終了した。

これによりドイツは、国内再処理計画を事実上放棄したといってよい。

２、高速増殖炉の建設断念へ

ドイツは、オランダ、ベルギーとの共同開発により、ノルトライン・ウェストファーレン州カルカーに高速増殖炉原型炉ＳＮＲ-三〇を計画、一九七三年に建設に着工した。一九八五年には、約六、〇〇〇億円の巨費を投じて建設がほぼ終了した。ところが、一九八四年一一月及び一九八五年一二月の試験運転中、ＳＮＲは冷却系ナトリウム漏洩による火災を起こした。

高速増殖炉開発を積極的に推進しようとする連邦政府の意図に反し、市民の間には大きな反対運動が巻き起こった。

連邦制のドイツでは、原発の安全審査は連邦政府に委託される形で州政府が行うが、ＮＲＷ州政府は、ＳＮＲの安全性に疑問を呈し、最後までプルトニウム燃料の搬入許可を出さなかった。

このような状況の中で、建設費用だけが膨張していった。一九九一年三月、連邦研究予算の逼迫もあって、連邦研究技術庁は民間の関連会社と協議の上、遂にＳＮＲ建設の断念を正式発表した。

同年の八月には、実験炉ＫＮＫ-Ⅱも停止された。

３、脱原発へむけて

このようにドイツでは、再処理工場も高速増殖炉も計画が放棄された。

再処理工場断念の時点では原子力法の再処理義務付け規定のために、イギリスとフランスに再処理を委託するという選択を取らざるを得なかった。

しかし、現在、行政サイドでは使用済燃料の直接処分を可能とする原子力法の改定作業が進行中であり、再処理政策自体が法律面からも放棄されつつある。政府サイドでも一九八九年秋からは、連邦環境省を主軸に原子力のバックエンド政策を見直す作業が開始され、また、連邦政府は原子力に対する補助を廃止する方向にある。

一九九一年には、環境政策に重きをおいた統一ドイツ初の新エネルギー政策が発表された。

四、イギリス

１、イギリスの原子力を巡る事情

イギリスでは、サッチャー政権の民営化政策の一環として電気事業の民営化を計画し、一九八九年七月には法案が国会で成立し、一九九〇年四月電気事業は民営化された。ところがこの民営化法案の審議の過程で原子力発電の経済性とりわけ廃棄物処理に関する費用が莫大なものになることが明らかにされ、株式の売却が困難と考えられたため、原子力発電部門は民営化から外され、国営のまま残されることとなった。

このような原子力発電の経済性に対する疑問から、計画中であった加圧水型原子炉四基の開発は凍結されるに至っている。

２、高速増殖炉開発からの撤退

３、外貨獲得のための商業再処理

(一) イギリスは、西カンブリア地方セラフィールドに世界一の実績を誇る大規模な再処理工場を有する。

そのセラフィールド再処理工場は、データを公開している西欧諸国の商業用再処理工場の中で最も大量の放射性廃棄物を空気中・海中に撒き散らしているところでもある。また、過去に幾度となく事故を起こし、その都度労働者の被ばくや周辺環境の汚染が起こっている。このため、工場周辺地域では白血病、ことに子供の白血病が多発し、政府も調査に乗り出さざるを得なかった（一九八四年ブラック報告、一九八八年コマリ報告）。セラフィールド周辺地域の小児白血病の多発と再処理工場との因果関係については、一九八七年と一九九〇年に衝撃的なガードナー・レポートが発表された。

（二）セラフィールドでは、海外顧客専用の酸化物燃料再処理工場ＴＨＯＲＰが一九八四年着工され、一九九二年段階で建設が完了した。操業許可については、周辺住民の団体やアイルランド政府及び国際的な環境保護団体による反対運動が高まっている。

特に、日常運転で全量放出される予定の放射性気体クリプトン八五の排出規制を巡って、今まさに論議が巻き起こっており、一九九二年中といわれた本格稼働は未だなされていない。

（三）イギリス自身が高速炉によるプルトニウム利用計画からは手をひいたことは先に述べた。ＴＨＯＲＰは、イギリスのエネルギー政策上の必要な施設というより、明らかに外貨獲得のための施設である。そして、その最大の顧客は日本である。ドイツが再処理海外委託からも撤退する方向である現在、ＴＨＯＲＰすなわちその本格稼働は住民の健康に対する脅威を支えているのは日本だけといっても過言ではない。

五、スウェーデン（略）

六、デンマーク（略）

七、オーストリア（略）

八、イタリア（略）

九、旧ソ連（略）

一〇、まとめ

以上のように、諸外国は、再処理－高速増殖炉による核燃料サイクル路線から撤退しているのであり、世界的にみて原子力開発計画は停滞しているのが現状である。

第五　再処理技術とその未確立性

一、再処理技術の基本的未熟性

六ヶ所再処理工場においては、年間八〇〇トンの使用済燃料が再処理された場合、三三京ベクレル（八九〇万キュリー）という膨大なクリプトン八五が環境に放出される。これは、ことクリプトンに関する限り全くの無規制・たれ流しであることに帰因する。クリプトンは、主としてベータ線を放出する放射性物質で、半減期が一〇・八年であり、皮膚に対する被曝によって皮膚がんの原因となるとともに、最近では気象にも影響を与えることが指摘されている有害物質である。このような有害物質について全く除去の努力がなされず、たれ流しに終っているのは、前近代的な欠陥技術というべきであって、この点だけをとっても、再処理技術はとても完成した商業技術とはいえない。

「クリプトンの人体への影響は小さいからたれ流してもよい」という考えは、何重もの意味で問題である。第一に、仮に健康への影響が本当に小さいとしても、放射線レベルを「合理的に達成できる限り低く（ＡＬＡＲＡ）」の精神に従えば、クリプトンを除去して皮膚被曝や気象への影響を最小限にすることが求められるのである。実際に技術的にはクリプトンを除去することは可能であるが、六ヶ所再処理工場では、経済的理由からその除去を諦めたのであって、このことは、同工場にクリプトン除去設備をつけて放射能放出量の低減化をはかったならば、同工場が商業的に成り立たないことを事業者自らが認めたことを意味しよう。

第二に、クリプトンによる皮膚被曝という健康への影響は、まったく無視してよいものではない。六ヶ所再処理工場レベルのクリプトン放出は、世界の大気中のクリプトン濃度を有意に増加（二〇―三〇％）させ、毎年一〇〇人レベルの皮膚がんと数人レベルの致死性の皮膚がんをもたらしうる。さらに、クリプトンは大気中に蓄積して、年々の放出で次第にその濃度を増加させるので、このような放出が続けば二一世紀半ばにはさまざまな気象効果（酸性雨、雷、さらには最近の指摘によれば温暖化）をもたらすことになる。これらの点からみて、クリプトンたれ流し工場は、技術的に到底容認し難いものといえる。

トリチウムについても同様のことが言える。トリチウムはクリプトンより一層健康への影響が心配されるベータ線放射体（半減期一二・三年）で、水素の同位体であるため、水や人体を構成する有機体の中の水素と自由に置きかわって、細胞内に入ってくる。最近の知見では、トリチウムは、従来考えられていたよりも大きな健康への影響をもち、新生児死亡や発がん性、遺伝的影響などが懸念される。

このトリチウムも六ヶ所再処理工場では、全てたれ流しである。トリチウムは一部気体（水蒸気のかたち）で、多くは液体（水）のかたちで放出され、その長い半減期のため環境中に蓄積していく。このようなトリチウムによる環境汚染をまったく野放しにせざるを得ないことも、再処理技術がいかに未完成のものであるかをよく示している。

二、溶解の困難

再処理の最初の重要な化学的工程である溶解は、工程の中でも特に問題の多いもののひとつである。特に、六ヶ所再処理工場で予定されている燃焼度の高い（四万五、〇〇〇—五万ＭＷＤ／Ｔ）燃料においては、硝酸による完全な溶解に大きな困難を伴う。

その溶解は、硝酸溶液を加熱して溶解槽の中で行うが、少しでも不溶解分が残ると後々の化学処理の大きな妨げとなる。また、溶解を完全に行うために「加熱した硝酸溶液で処理する」という過酷な条件をとるため、溶解槽そのものが腐食しやすい。実際に東海再処理工場でも、高クロム・ニッケル鋼という、いわば鋼としては最も耐食性が強く、当初「少なくとも一〇年はもつ」といわれていた溶解槽に、再三の穴あき（とくに溶接部からの腐食割れ）が起こっている。このため、東海再処理工場では、現在ではある程度の穴あきは起こりうるものと諦め、いつも予備の溶解槽をスタンバイさせておき、穴あきが起こったらそちらを使う、という方針に変えた。六ヶ所再処理工場でも、基本的にこれと同じ方針がとられると考えられる。このことは、溶解技術が確立していないことを端的に物語っていると言える。

フランスのラ・アーグ再処理工場の新設工場ＵＰ—３（いわば六ヶ所再処理工場のひな型となるもの）では、この溶解槽の部分に、従来の鋼系の素材でなく、ジルコニウムを用い、硝酸に対して強くする方針をとっているが、そのような未経験な素材を用いたためにかえってトラブルが発生し、ＵＰ—３工場の操業開始に影響を与えた（六ヶ所再処理工場も基本的にこのＵＰ—３の技術を採用している）。

三、白金属処理の困難

使用済燃料中の放射性物質（核分裂生成物）の中には、ルテニウム、ロジウム、パラジウムシ、テクネチウム、モリブデンなど硝酸に溶けにくく、高燃焼度の燃料ではその特徴がとくに顕著になるものがある。これらの元素は、化学周期表上白金ないしはそれに近いので、ひとまとめにして白金属と呼ばれている。

これらの大きな特徴は、化学的に安定で耐食性の強いことで、白金属の元素は硝酸で使用済燃料を溶かした場合にもなかなか溶けてくれず、溶解残渣として残る。小さな不溶解残渣の粒として残るが、そのような成分が含まれていると、それに続く化学操作に大いに妨げとなる（プルトニウムも、よく燃やし込んだ燃料などでは、とくに不溶解性の酸化プルトニウムとして残ることがある）。

そこで、この不溶解分を取り除くために、現在の再処理工場では遠心分離機にかけるなどの方法がとられている。これは清澄化工程などと呼ばれているが、一部の小さな粒子（一㎛よりずっと小さな粒子）は、溶液中に残り後からの化学操作の妨げになる。また、遠心分離などして取り除いた不溶解残渣の処理も厄介である。というのは、これらは、いわば死の灰のかたまりで、強い発熱性をもっている。この強い発熱性のために、溶接部分を損傷させたり、事故の原因となることがある。実際に、一九七三年にイギリスのウィンズケール（いまのセラフィールド）再処理工場で大きな事故が起こり、大量の被曝者を出したが、その原因は、目詰まりした不溶解分のルテニウムにあった。

不溶解分があると、事故の原因となるだけでなく、その後の化学工程の制御が十分にできず、化学分離の効率が下がる原因ともなる。現在採用されているピューレックス法（ＰＵＲＥＸ）の再処理技術とは、アメリカの第二次世界大戦中の原爆用プルトニウム製造計画から生まれたものだが、溶液の形で化学分離を行うことが基本的な条件である。しかし、不溶解分が残るということは、この技術が未だに完成していないことを示している。

しかも、これからの傾向としては、どんどん燃料の燃焼度が高められていくので、この問題はいっそう深刻になっていくであろう。

四、溶媒抽出法の困難

再処理の技術のひとつの難しさは、取り扱う物質の放射性レベルが高く、これが化学的に悪影響を及ぼすという点である。その代表的なものが溶媒の分解である。六ヶ所工場で用いられるピューレックス化学分離法では、ＴＢＰ（りん酸トリブチル）抽出剤（プルトニウムやウランを抽出する薬剤）をｎ―ドデカンで薄めて使う。

この最も重要な役割をするＴＢＰは、意外に放射線に弱く、分解しやすい。これに硝酸の働きが加わって分解が促進されると、本来なら溶媒抽出の工程で、プルトニウムとウランは有機相に、他の核分裂生成物は水相にと分離されるはずなのに、分離の度合が悪くなり、ジルコニウムやルテニウムなどが有機相に混入してきて、汚染の除去率が低下する。

また、分解生成物ができると、プルトニウムの抽出率が悪くなり、廃棄物の方にプルトニウムが混入する度合が多くなるなど、多くの不都合が生じるし、希釈剤のｎ―ドデカンの一部も分解し、分離の効率を悪くする。

安全上最も大きな問題は、最終的に水溶液中にわずかに混入したＴＢＰが、使用済みの溶媒回収のための濃縮工程で硝酸と反応して、レッドオイルと呼ばれるベットリとした液が形成される点である。このレッドオイルは、約一五五℃の温度で爆発する爆発性物質で、実際これによる爆発事故の事例もある。ほかにも、酸化還元反応に用いられるヒドラジンが金属と反応して爆発性の窒化物（アザイド）が生成するなど、さまざまな危険物が放射線・熱・酸の共同作用で生まれる可能性がある。

以上述べてきたように、ピューレックス法に基づく溶媒抽出によるプルトニウム、ウラン、他の廃棄物の分離の工程には、放射線レベルが増すにつれて困難が伴う。今後、燃料の燃焼度が四〇、〇〇〇ＭＷＤ／Ｔから五〇、〇〇〇ＭＷＤ／Ｔ台へと増加するときには、この問題は一層深刻化すると思われる。

五、修理と汚染除去の困難

すぐれて放射能の強い溶液（放射能度にして最大でおよそ3×1010ベクレル/㎤すなわち約三キュリー/cc！）が扱われるので、各工程の配管・タンク・セルなどの汚染は大変なものになる。ひとたびそこに事故や、仮に小さな穴あきでも発生すれば、容易に人が近寄れず、専用のロボットなどを開発したり、まるまる装置をとりかえるなどして対応しなければならないが、その困難さと経済性の悪さは容易に理解できる。

東海再処理工場の稼働率の悪さなども、そこに大きな理由があった。計画中止に追い込まれた旧西ドイツのヴァッカースドルフ再処理工場の設計では、「ＦＥＭＯセル」と呼ばれる複式構造のホット・セル（高い放射能を扱う隔離設備）を採用していた。これは、抽出器など重要な装置を含んだセルが二つ並列にあり、一つが破損（故障）したときは、いつもレール上をセルごと移動させて他と置きかえ、破損したものは修理建屋に持っていって直すという方式である。つまり、故障の修理が命とりと考えていたので、いつもスタンバイ用のものを用意し、故障によって稼働率を下げない工夫をしたのである。しかし、余分な経費が嵩んで、この計画は破綻してしまった。

破損、漏洩（穴あき）を特に生じやすいのは、溶接個所である。溶接の際に残る応力によって、粒界応力腐食割れ（ＩＧＳＣＣ）現象が起こりやすいためである。溶解槽のほかにも、各種の蒸発缶、とくに酸回収蒸発缶がこの種の損傷を受けやすい。そこでは、使用した硝酸を加熱して濃縮・回収するので、腐食が生じやすいのは当然である。修理の難しさに加えて、汚染の除去の難しさも再処理工場の大きな特徴である。毎年強い放射能が取扱われ、その一部が装置・機器を汚染する結果、施設の放射線レベルは年々蓄積的に上昇するものと考えられ、仮にフル稼働が続いた場合には、施設の耐用年数は意外に短いことが予想される（十数年程度）。耐用年数が尽きて、施設を解役（廃棄）する場合にいったいどうするのか、その際に生ずる膨大な廃棄物をどうするのかという問題については、現在では全く考えられていないが、早晩、同工場はこの問題に直面すると考えられる。

第六　本件再処理施設に存する核種とその毒性、危険性

一、はじめに（略）

二、毒性とその影響

１、プルトニウム

(一) プルトニウムの毒性

プルトニウムは、地上に存在する物質の中で最も毒性の強いものの一つである。プルトニウム二三九は、一〇〇万分の一グラムというきわめて微量でも癌を起こし得る。さらに、通常生産されるプルトニウム二三九と他のプルトニウム同位体との混合物は、単独のプルトニウム二三九の約五・四倍の毒性をもつ。プルトニウム二三九の半減期は二万四、〇〇〇年と極めて長く、一旦生産されてしまうとその毒性は何十万年も消えない。

プルトニウムは、化学反応性に富み、空気に触れると二酸化プルトニウムの微粒子になる。二酸化プルトニウムは再処理工程でも生産される。二酸化プルトニウムの微粒子は、空気の中を漂いながら運ばれ、人間や他の動物の呼吸とともにその肺や気管に入る。そして、肺や気管の繊毛に沈着し、長く留まってアルファ線を出し続け、周囲の組織細胞を破壊・損傷する。プルトニウムは、肺から血液に入っていくこともある。プルトニウムの化学的性質には鉄と類似している面があって、血液中で鉄を運ぶ蛋白質と結合して、肝臓や骨髄にある鉄を蓄える細胞へ運ばれて行き、周りの細胞を破壊損傷し、肝臓癌、骨髄癌、白血病を発生させる。

プルトニウムは、鉄と似ている性質のため、胎盤の壁を通り抜け、胎児に到達して障害を与える原因にもなる。また、卵巣や精巣にも濃縮し、遺伝子の突然変異を促し、将来の世代に遺伝的影響を与える。プルトニウムは、自然界における食物連鎖の過程で、主として魚、卵、ミルクなどにおいて何倍もに濃縮される。新生児においては、胃腸壁からプルトニウムが直接吸収されるので、ミルクにプルトニウムが濃縮されることは、深刻な影響をもたらす。

汚染された生物が死んでも、その遺骸の塵が空気に運ばれ、他の動物に吸入されることがあり、その害は消えず、引き継がれる。

(二) プルトニウムは原爆材料である（略）

２、クリプトン八五

クリプトンが大量に放出されれば、それ自体、周辺住民に大量の外部被曝を与えることになる。そうすれば、皮膚被曝をもたらすことになるのは当然である。また、最近の諸研究によれば、クリプトンは、血液中に入って染色体異常を起こすことが判明している。さらに、クリプトンの影響として、近時、気象上の効果が重要視されてきている。すなわち、大気中のクリプトン八五の濃度は、世界の核軍事施設や商業再処理工場からの年々の排出によって、目ざましく上昇しているが、クリプトンの増加は大気中にオキシダントを発生させ、森林破壊を引き起こす。また、大気中のクリプトン八五が数千ピコキュリー／㎥ぐらいに達すると、放射線の電離作用によって大気中のイオンが目立って増え、酸性雨や雷の原因となる。

このように、クリプトンの放出は、人体・環境に重大な被害をもたらすことがわかっている。ところが、本件再処理工場では、クリプトン八五は一切除去されずに、排気塔から全部たれ流される。その放出量は、年間3.3×1017ベクレルにものぼる。

電気事業連合会の立地要請当初は、活性炭・ゼオライトなどの吸着剤を使ったクリプトンの除去が計画されていた。本件申請のわずか四ヵ月前にも、青森県議会に北村知事名で出された「再処理施設予定地の地質に係る『内部資料』」添付の図面には「クリプトン処理建屋」が明記されているのである。このような計画の意味するものは、クリプトン八五による被曝が無視し得ないと考えられていたからに他ならない。ところが、吸着したクリプトンの保管方法に行き詰まると、クリプトン除去計画そのものが放棄され、たれ流し方式に変更されたのである。周辺住民の生命、健康無視と言われても仕方のないやり方である。

３、トリチウム

水は、生物体（人体）を構成する最も重要な物質である。トリチウム（三重水素）は、トリチウム水という水の形をとって人体に入ってくる。そして、細胞やその中の遺伝子に達し、染色体異常や遺伝子の突然変異の原因となる。

トリチウムの人体への影響に関しては、最近研究が進み、かつてのような、トリチウムは放出するベータ線が弱いから人体に大きな影響は与えないという考え方は過去のものとなった。トリチウムは、飲料水を通して人間の体に入り、体内を循環する。そして、生殖腺に影響を与え、新生児の高い死亡率をもたらすことが知られている。

トリチウムについても、クリプトンと同様、立地要請時にはその除去が謳われていたし、前記「再処理施設予定地の地質に係る『内部資料』」添付図面にも、「トリチウム処理建屋」が明記されていた。ところが、結局この計画は放棄され、たれ流し方式に切り替わったのである。

4、ヨウ素一二九、ヨウ素一三一

ヨウ素一三一の半減期は八・〇六日、ヨウ素一二九の半減期は一、五七〇万年である。ヨウ素は、環境中に放出されると、気体の場合は雨などに伴って沈降し、農産物や牧草を汚し、野菜やミルクなどから人体に入る。液体の場合は特に海草で濃縮される。人体に入ったヨウ素は、血液を通って甲状腺に達し、そこにとどまって一二〜五〇年後に癌を発生せる。

東海再処理工場よりはるかに大規模な本件再処理工場が稼働し、年々ヨウ素一二九が気体で一一〇億ベクレル、液体で四三〇億ベクレル、ヨウ素一三一が気体で一八〇億ベクレル、液体で一八〇〇億ベクレルも放出され続け、それによる汚染が蓄積・拡大していくと、周辺住民に深刻な甲状腺被曝が生じる危険がある。

5、ストロンチウム九〇

ストロンチウム九〇は半減期二九年で、食物連鎖によって移動し、人体に摂取されると腸壁を通して吸収される。カルシウムと性質が似ているため、カルシウムのあるところ、すなわち骨や筋肉に入り込んで放射線を出し続け、白血病、骨肉腫を引き起こす。

6、セシウム一三七

半減期三〇年で、カリウムに性質が似ており、動物の筋肉に濃縮する。人体に摂取されると、筋肉に残って、近くの臓器を照射し続け、組織を破壊損傷し肉腫などを発生させる。

7、炭素一四

炭酸ガスとなり、植物の光合成を介する炭素サイクルに入る。半減期は五、七三〇年。食物連鎖を通じて人体に入り、人体の構成要素として沈着する。細胞や遺伝子に入って、染色体異常や突然変異を引き起こす。

三、放射性物質の日常的放出と放射線被曝防護の基準（略）

第七　高レベル放射性廃液の固化技術の未確立とガラス固化体管理の危険性

一、高レベル放射性廃液の固化技術の未確立

使用済燃料を再処理した後に発生する高レベル放射性廃液は、きわめて半減期の長い放射性核種を多様に含み（ヨウ素一二九：半減期一、五七〇万年、ネプツニウム二三七：半減期二一〇万年、プルトニウム二三九：半減期二万四、〇〇〇年、プルトニウム二四〇：半減期六、六〇〇年、アメリシウム二四一：半減期四五八年）、生物に対しては超絶的に毒性が高い。このような高レベル放射性廃棄物を、数百万年にもわたって安全に閉じ込めておけるような安定性のあるガラス固化技術というものは、世界中どこの国においても未だ達成されていないし、今後達成されるという見通しも立っていない。

廃液のガラス固化処理が一応行われている国は、フランスだけであるが、このフランスの実例というのも、ＣＯＧＥＭＡ社のＵＰ－１再処理工場の廃液の処理であり、これは主として、軍事用のガス冷却炉の使用済燃料の再処理によるものである。ガス冷却炉の廃液は、発電用の軽水炉と比べて燃焼度がかなり低く、廃液の放射能濃度もかなり低い。特に長寿命の超ウラン元素の濃度は低いことが知られている。このような低濃度の廃液についてガラス固化処理が行われていても、発電用の軽水炉から発生する放射性廃液のガラス固化技術が完成していることの保証とは言い得ない。

イギリスでも、マグノックス炉燃料の再処理によるものが、二〇〇本程度固化されているにすぎない。

アメリカでは、ガラス固化は信頼性のない方法と考えられており、発電用原子炉の使用済燃料の再処理によって発生する高レベル放射性廃液のガラス固化処理は計画されていない。

日本でも、高レベル放射性廃液のガラス固化処理は、もちろん研究段階にあり、実用化されていない。

その他、世界のいずれの国においても、商業用の軽水炉からの使用済燃料の再処理によって発生する、高レベル放射性廃液のガラス固化技術は実用化されていないし、その実績も存在していない。

それは、ガラス固化体には、以下のような根本的な安全上の問題点があり、それらが解決されておらず、解決の見通しも立たないからである。

1、ガラスの弱点

まず、ガラス自体の物理的性質に問題がある。

そもそもガラスは、衝撃や圧縮に対する強度が弱いことに加えて、物理的には、液体が結晶せず

に固まった過渡的状況（非晶質）にあり、熱や放射線の影響でより安定な結晶に変化するという不安定さをもっている。そして、この結晶化つまり失透の結果、ガラスにひび割れが生じ、表面積が増加し、水などが入って来た場合放射能の浸出率が高まるのである。

熱の影響について見ると、ホウケイ酸ガラスの転移温度は四五〇～五〇〇℃前後であるが、転移温度を超えて熱せられると、失透・ひび割れが生じ、浸出率は増加する。ガラス固化体の中の放射性物質が均一に分布せず、濃淡に偏りがある場合、温度にムラが生じ、高いところでは転移温度を超える危険性がある。　放射線によるガラスの損傷については、何万年にもわたって持続的に放射線を受け続けた場合の浸出率についてのデータは存在しない。実験室中で、まとめて強い放射線をあてた実験をしても、長期的影響の保証にはなり得ない。

このようにホウケイ酸ガラスは、高レベル放射性廃棄物を数百万年にもわたって安全に閉じ込めておくことのできる物質だとは、到底言い得ないものである。

２、キャニスターの欠陥

キャニスターには、底面・脇・上部の蓋の部分といった溶接部分があるが、これら溶接部分を中心に、ステンレスは粒界応力腐食割れを起こしやすい。また、長期にわたって強い放射線、とりわけ中性子線にさらされ続けると、ステンレスの脆化が進行する。

二、ガラス固化体管理の危険性

１、高レベル放射性廃棄物の環境からの絶対的隔離の要請

高レベル放射性廃棄物は、ストロンチウム九〇、アメリシウム二四一、キュリウム二四四等のアルファ放射体を含有し、ガラス固化体一体当りの放射能毒性の合計は、「一般人の年摂取限度」の約一〇兆人分に当たる。この強度の放射能毒性及び後述する強度の外部放射線量ゆえに、高レベル放射性廃棄物は、環境から絶対的に隔離された管理貯蔵が要請される。しかしながら、高レベル廃棄物処理方法としてのガラス固化体自体に、既に述べたような種々未解決の問題が存する。さらに、これらの貯蔵についても、以下に述べるような問題が存在し、環境や人間からの絶対的隔離の方法が技術的に確立していないのである。

２、労働者被曝（略）

３、減熱管理

高レベル廃棄物中に含まれる放射性物質は、多量の崩壊熱を発生する。申請者側のデータによると、ガラス固化体一体当たりの発熱量は、二・五kWとされているが、初期最大発熱量は、それより遥かに高いものと予想される。しかも、発熱の持続期間は長期に及び、一〇〇年後に至っても、一体当たり約一〇〇Wの発熱が残る。

このため、長期間にわたって冷却を続けないと、ガラス固化体は自身の発する熱によって自己崩壊を開始し、究極的には、内部から溶け始め、ガラス固化体のメルトダウンに至る。従って、長期にわたる、適切且つ持続的な減熱管理が要求される。

本件再処理工場でガラス固化される高レベル廃棄物は、同じ敷地内の高レベル廃棄物貯蔵施設に運び込まれることになっている。右施設では、「自然通風により、ガラス固化体から発生する熱を適切に除去する」とされているが、事故等により、送風口あるいは換気口が閉塞するという事態に直面した場合、送風―換気系が停滞すれば、ガラス固化体の温度上昇が起こり、ガラスの劣化と気体になりやすい放射能（ルテニウム・セシウム等）の外部放出の危険性がある。

４、事故による放射能の外部放出の危険性（略）

三、まとめ（略）

第八　使用済燃料の輸送と保管施設の危険性

一、使用済燃料の輸送

１、使用済燃料の危険性

使用済燃料には、数百種の核分裂生成物等いわゆる「死の灰」が含まれており、トン当りの放射能は、原子炉から取り出した一年後で約三〇〇万キュリー、広島型原爆三〇〇発分の「死の灰」に相当する。さらに、核分裂生成物の崩壊による発熱も激しく、トン当り一年後でも一万五、〇〇〇ワットに及ぶ。

より具体的で身近な数字で示すと、一九八六年のチェルノブイリ事故で放出された放射能量は約三億キュリーと言われているから、ちょうど使用済燃料一〇〇トンの放射能量に匹敵することになるし、一般家庭で使用される電熱器は大きいものでも一、五〇〇ワットであるから、使用済燃料一トンで電熱器一〇個分もの熱を発生することにな

る。

ゆえに、これが漏洩する恐れのある輸送事故は、その崩壊熱と放射能毒性ゆえに想像を絶するものとなるが、後述するように、本件安全審査では全く考慮されていない。

2、海上輸送の危険性

(一) 専用運搬船について（略）

(二) むつ小川港への「核のゴミ」輸送回数（略）

(三) 上空を軍用機が飛来する「むつ小川原港」（略）

二、使用済燃料等の保管施設

1、使用済燃料貯蔵施設の総放射能量

使用済燃料貯蔵施設の燃料貯蔵プールの貯蔵容量は、年間の最大再処理能力八〇〇トンに対して、冷却期間一年で受け入れた使用済燃料を三年間以上貯蔵し、せん断処理するまでの冷却期間四年間を確保できるように三、〇〇〇トンとしている。

本事業に係わる公開ヒアリングについての原子力安全委員会による意見等の参酌状況（以下、参酌状況という）によれば、「この冷却期間四年により、放射能は原子炉から取り出された時の一〇〇分の一以下に減衰する」、つまり放射能が激減し、あたかも問題がなくなるかの如き説明がなされているが、それでも一トン当りの放射能量は約八〇万キュリー、発熱量は三、四〇〇ワットである。これが、三、〇〇〇トン貯蔵されるものと仮定しても、総放射能量で二四億キュリー（チェルノブイリ事故の八倍）、総発熱量で一万二〇〇キロワット（小型自家発電所並み）の膨大なものとなる。

2、貯蔵施設等構造物の致命的欠陥

(一) ステンレス鋼と粒界腐食（略）

(二) コンクリート構造物と劣化現象（略）

(三) 設置者の技術的能力への疑問（略）

3、貯蔵施設等のなし崩し的処分場化の恐れ

(一) 高レベル処分地にならないのか？

これまで県議会等でも再三疑問が投げかけられているが、県当局は「六ヶ所村はあくまで一時貯蔵であり、最終処分地の可能性はない」と、一貫して最終処分地を引き受ける考えはないことを表明している。

しかし、最有力と言われていた幌延町の「貯蔵工学センター」は、北海道議会が一九九〇年七月に反対する決議をあげているし、岩手県釜石市も一九八九年九月の定例議会で放射性廃棄物の持込について反対宣言をしている。その他の候補地である岐阜県土岐市の東濃鉱山、岡山県上斎原町の人形峠、岡山県哲西町及び哲多町、茨城県笠間市等においても、地元の反対運動や反対決議により絶望的と言われている。このことは、一時的にせよ、一旦受け入れた「核のゴミ」については、その処分場を引き受けるところ（自治体）など、日本中どこにもないことを示している。

(二) 核燃サイクルは何点セットなのか？

当初は三点セットなどと呼ばれていたが、一九八八年五月「返還プルトニウム貯蔵施設」、一九八九年には「使用済燃料一括貯蔵施設」、一九八九年一二月「第二再処理施設」、一九九〇年五月「高レベル廃棄物から稀少金属を回収する施設」、一九九一年五月「ＭＯＸ燃料成型工場」、同年七月「劣化ウラン無期限貯蔵」、一九九二年一二月「使用済燃料一時貯蔵施設」、一九九三年一月再び「ＭＯＸ燃料加工工場」等の立地計画が、次々とスクープなどの形で報道されている。

(三) 原船「むつ」の廃船処理（略）

(四) 諸外国における「核のゴミ」処分（略）

(五) 米国・クリントン大統領の原子力政策（略）

第九　本件指定処分の手続的違法性

一、本件姿勢から指定処分に至る経緯（略）

二、異議申立と本訴提起

核原料物質、核燃料質及び原子炉の規制に関する法律（以下原子炉等規制法という）第七〇条によると、内閣総理大臣がなした処分の取消の訴は、当該処分についての異議申立に対する決定を経た後でなければ提起できないと定められているところ、原告らは、一九九三年二月一九日本件指定処分に対する異議申立を被告内閣総理大臣宛になした。

しかるに、被告は、右異議申立があった日から三箇月を経過しても裁決を行わないので、行政事件訴訟法第八条二項一号に基づき、右裁決前であるが、本訴を提起するものである。

三、本件指定処分手続の違憲・違法性

1、憲法第一三条、一四条、二五条違反（略）

2、憲法第三一条違反（略）

四、本件指定処分の手続要件違反

１、「補正」の逸脱

本件指定申請は、なんと五回補正されたが、その補正は、本質的部分についての内容の大幅修正であり、「一部補正」の範疇を逸脱している。

当初の申請内容は根本的に変質しており、両者の間に同一性は全く見出せない。

また、この補正内容を見る限り、当初の設計での安全審査合格は、到底不可能であったと言わざるを得ない。このような場合は、補正を却下し、当初の申請を不許可として新たに申請をやり直させるべきが当然である。

ところが、本件では、安全審査の担当者である科学技術庁や原子力安全委員会などが、全面的に事業者を指導し、申請書を書きかえさせたのである。いわばテストで生徒の点数が悪くなりそうなので、先生が生徒を特別に指導して、解答を書き直させて合格させたようなものである。このような指導は、公正な立場で安全審査を行うべき機関のやるべき指導の限界を超えている。

本件指定処分は、この点で手続的違法を免れない。

２、民主、公開の原則違反

(一) 政策決定過程の非民主性（略）

(二) 県民の合意形成の欠如（略）

(三) ＰＡ活動の不当性（略）

(四) 資料等の非公開（略）

(五) 環境アセスメントの欠落

エネルギー政策と原子力政策の計画及び決定段階では、事前に計画面と環境面でアセスメント手続が実施されなければならない。

アメリカ、イギリス、ドイツなどでは、代替案の検討を含む環境アセスメントが、公聴会の開催、資料の公開、意見の提出等住民参加の制度的保障の下に厳格に行われている。

ところが、本施設の立地について、住民が参加するかたちでの環境アセスメントは実施されていない。

県は、むつ小川原開発計画における環境アセスメントを流用できるとしているが、石油コンビナートを基幹とする開発計画と原子力施設の立地計画とでは、その性格も内容も全く異なる。特に本施設の危険性、環境に与える影響の大きさを考えるならば、県民の生命と財産を守る責務を負う県としては、新たにアセスメントをやり直す義務がある。

(六) 公開ヒアリングの欺瞞性

再処理事業は、核燃料サイクル政策の要の施設であると言われてきた。ここで取り扱われる放射性物質の量は、他の原子力施設に比し格段に多い。事故時はもちろんのこと、平常時においても環境や地域住民への影響は多大で、汚染、被曝の範囲も著しく広大である。

従って、安全審査に当っては、より慎重を期することが望まれる。それなのに、併設の廃棄物管理事業を含めて従来同様の一日限り、一ヵ所だけでのヒアリング開催という形式的セレモニーで、住民意見聴取をしたというゴマカシを図った。内外の批判を回避するため、審査日数を費やして慎重を期したかのようにカモフラージュしたが、科学技術庁の一次審査追認の時間稼ぎに過ぎなかったことは明白である。

科学技術庁の一次審査を含む安全審査過程での調査参考資料の全てを公開し、地元住民等の要請に従った「開催要綱」の改善がなされ、「檻の中・密室」から「住民に開かれた」ヒアリングにならない限り、「公開ヒアリング」は「事業推進のための手続的行事」に過ぎない。

このように青森県六ヶ所村において進行中の核燃料サイクル施設に関わる「公開ヒアリング」の実態は、推進過程での「まやかしの節目」の一つでしかなく、国民・県民を公聴の擬態によって欺瞞し・愚弄する行為であると指摘せざるを得ない。

(七) まとめ（略）

３、農地法違反の工場用地取得

本施設敷地は、元々は農地であったが、むつ小川原開発株式会社（以下開発会社という）が農民から買収し、申請者がこれを買い受けたものである。

六ヶ所村が、都市計画法により都市計画区域に指定されたのを受けて、開発会社が農地法上の「指定法人」に、また、むつ小川原開発第二次基本計画が「指定計画」にそれぞれ指定されたことによって、農地転用許可を得ることなく農地を買収した。

しかし、六ヶ所村に都市計画法を適用すること自体、同法第五条の要件を欠くばかりか、本施設敷地を市街化区域にすることも同法第七条に違反するものである。

更に、第二次基本計画は、国家的事業としての承認がなされているわけでもないし、実現も不確実な「構想」にすぎないものであり、「指定計画」

たりえないものであった。

このことは、開発会社の阿部陽一社長が一九九二年三月二〇日付の朝日新聞で、当時の開発計画について、「土地買収の名目のため石油シリーズで絵を書いた。変な言い方だが、役所に許可されるため『借り絵』を書いておこうということ。計画というよりビジョンだった」と自ら発言していることからも、この開発計画が当初から現実性のない虚構な計画であったことを如実に物語っている。

具体的に言えば、青森県は開発計画の中での土地利用計画においては、「工業地域」の中に将来も返還の可能性のない自衛隊の天ヶ森射爆場を加えたり、利水計画がないにもかかわらず小川原湖の淡水化計画をもちこんだりして、整合性のないものを盛り込み、かつ竹内前知事が工業出荷額を手なおしさせ、根拠のない水増しをさせた（青森県企画史、三五年のあゆみ・一九八二年三月）などという、極めていいかげんなねつ造を重ねて「借り絵」を作り出したのである。しかも、当時の計画中には、核燃料サイクル施設の立地計画は一行もなかった。従って、当初の計画内容と無関係な申請者に対する核燃施設用地としての転売は認められない。

そもそも、むつ小川原開発地域の買収は、申請目的達成の実現性もなく、計画面積も過大で、農地法の要件を充たし得ないケースであった。この点につき、地元東奥日報等の報道機関は、「閣議口頭了解」をあたかもこの計画が「閣議決定」されたかのような過大なキャンペーンをしたが、地元選出の衆議院議員米内山義一郎氏の一九七三年三月五日が国会での行った質問に対し、政府は、「具体的な数字をふくめて了解したのではない。そのまま妥当であるという前提で考えてはいない」と答弁しているにすぎず、宣伝されていたほど確実性があったものではなかったのである。

工業開発については、石油精製二〇〇万バーレル／日などという計画は、どの年次の石油供給計画にも位置づけられたことがないし、現に、この開発計画の中で重要な位置を占めるとされた一、〇〇〇万ＫＷの火力発電所の立地計画は、その後の東北電力（株）の長期電力施設計画の中で、具体的に話題にのぼったことは一度もなかった。これらの事実に照らし、この開発計画がいかにねつ造されたものであったか、現実性のないものであったかは明白である。それにもかかわらず、開発会社は、違法・無効な手続を用いて農地転用許可手続の適用除外を受け、本施設敷地を取得したものである。

こうした「借り絵」のウソの計画で農民をだまし、土地を買収したのであるから、開発会社の行為は、明らかに詐欺に該当する。土地の取得は、農地法を悪用して脱法的に所有権を譲受けたものであり無効である。

従って、転得者である申請者は所有者たり得ないもので、本施設敷地に本件「再処理施設」を立地建設することは許されない。本件指定処分は、この点を看過しており違法である。

４、むつ小川原開発第二次基本計画違反（略）

５、むつ小川原開発の現状

（一）開発計画の現状

むつ小川原開発の見通しについて、例えば一九八八年一二月の県議会定例会での木下千代治議員の質問に対して北村知事は、「石油備蓄基地や核燃サイクル施設などの建設投資により、経済効果がもたらされている。また、関連企業の誘致促進や研究機関の設置を要請しており、少しずつ明るさが見えてきた。」と、極めて順調であるかのごとく答弁している。しかし、実際はそう甘くはなく、知事の期待とは裏腹に推移している現状にある。もっとも、核のゴミ捨て場にしようとしているなら、話は別となるが・・・。

むつ小川原工業用地の売却状況は、工業用地全体の約二、八〇〇ヘクタールのうち、一九七九年の石油国家備蓄基地に約二五〇ヘクタール、一九八六年の核燃料サイクル基地用地約七五〇ヘクタールだけで、二〇年以上たった現在でも約一、五〇〇ヘクタールが売れ残っている。このため、負債総額は雪だるま式に膨れ上がり、核燃用地の売却で一時的に減ったものの、一九九三年一一月現在約一、八〇〇億円を超える巨額にのぼっている。

（二）誘致企業等の現状（略）

（三）青森県の人口推移（略）

（四）核燃による雇用（略）

（五）原子力先進県の現状（略）

（六）開発計画の将来（略）

五、安全審査手続の違法性

１、指定を前提とした審査

（一）本施設を含む核燃料サイクル施設の計画が、

国策的事業であるとの認識の下に、二〇数年かけ周到に準備・推進されてきたことは、次の事実に照らし明らかである。

（二）有名無実の原子力安全委員会（略）

（三）本件審査の過程において、六ヶ所村とそれ以外の候補地との立地条件の対比がなされた形跡がない。（略）

（四）核燃反対運動や県民の不安を圧殺しようとする推進側は、国・県・事業者一体となり、以下のように、推進体制の強化、マスメディアを使った一方的ＰＲ活動の繰返し、交付金や企業進出による懐柔策などにより、青森県民の世論を無視しながら既成事実の積み上げに狂奔し、そして、現在もその情況が変わっていないことは、以下の事実から明らかである。

⑴核燃推進体制の強化（略）

⑵「極めて偏った情報を一方的に流す」国や県、事業者の核燃推進ＰＲ活動（略）

⑶地域振興名下の交付金のバラまき等（略）

⑷以上のように、本件審査は、極めて恣意的なもので、許可を前提としたセレモニーにすぎないことは明白であり、金と権力によるゴリ押しの中で、安全審査が公正に行われたと信じる県民は誰一人としていない。

２、不適格者による審査

前述のように、原子力委員会は原子力の利用を推進する機関であり、申請に係わる「経理的基礎」の審査を担うその専門部分会等には、電事連・電力会社・日本原子力産業会議をはじめとする原子力産業関係者が多数構成委員となっている。とりわけ、本施設に関わりの深い再処理推進懇談会には、申請者である日本原燃サービスの豊田正敏社長（当時）や、一九八四年に核燃立地協力要請をした電事連の野澤清志副社長まで委員として名を連ねている。言わば、自分で事業指定申請をし、自分でそれを審査して答申するという、なんともいい加減な体制がまかり通っているのである。

また、「技術的能力」等安全性を審査すべき原子力安全委員会にも、この事業を推進する立場の専門家が加わっている。本施設について関わりが深く、実質審議を担った核燃料安全専門審査会、核燃料安全基準専門部会には、原子力の開発・利用の促進を目的とする動燃、日本原子力研究所、及び（財）原子力安全研究協会のメンバーをはじめとする推進派の名前が多数見受けられるだけでなく、各部会の委員を兼任する専門家も多い。とりわけ驚くべき専門家は、放射性廃棄物安全規制専門部会等二つの専門部会に名を連ねる鈴木篤之東京大学教授である。同人は、原子力委員会・放射性廃棄物対策専門部会等三つの専門部会の委員も兼ねており、一九九一年四月青森市文化会館で開催された「再処理・廃棄物に関する青森国際シンポジウム」（日本原子力産業会議の主催）においても、パネラーであるイギリス・フランス・ドイツなどの再処理業者、更に、日本原燃サービスの住谷常務取締役（当時）を交え、実に有能な司会者（太鼓持ち）ぶりを発揮し、参加県民のひんしゅくを買うのである。また、県内で行われた幾つかの「核燃学習会」の席上でも、「原子力ロビィースト」としての発言に終始している事実は、この人物の混乱した立場を象徴すると共に、無責任な人格の持ち主であることを証明するものとなる。また、一九八八年一〇月、つまり本施設の事業指定申請がなされる五ヵ月ほど前、本施設敷地の地質に関する申請者の内部資料が、地元紙に報道される事件があった。

この資料には、敷地内には二本の大きな断層をはじめとする幾つもの断層が存在すること、それらの断層が活断層であるか否かなどについて、申請者が二人の専門家に相談している様子が生々しく記録されていたのである。この中の専門家の一人が北村信東北大学名誉教授で、原子力安全委員会・原子炉安全専門審査会の構成員の経歴をもつ、地質調査・研究の専門家である。この人物が、敷地内の断層の解釈について、様々な指導を申請者にしているのである。このような行為は、教師が試験問題を事前に生徒に教えるようなもので、断じて許されるものではない。なお、設置法第二六条は、「原子力委員会及び原子力安全委員会は、その所掌事務の遂行について、原子力利用が円滑に行われるように相互に緊密な連絡をとるものとする」と規定しているが、このとおりの現実があるとすれば、安全審査（ダブルチェック）などという言葉は全く無意味なものとなることは明白である。

従って、このような馴れ合い委員に厳正な審査を求めることは、政治家に倫理を求めるのと同様に、至難のわざといわざるを得ない。

第一〇　本件指定処分の内容的違法性（一）

一、本件指定申請書及び添付書類の不備
１、記載内容の不備（略）
２、記載内容の一部非公開（略）

二、安全審査基準の不備
１、安全審査指針の不備（略）
２、特に臨界安全について

臨界安全については、これらの指針を、特に本件再処理工場の事業指を念頭に置いて、より具体化したものとして、科学技術庁が「臨界安全ハンドブック」を作成している。

しかし、この臨界安全ハンドブックは、その作成に関与した「専門家」五九人のうち、本件指定の申請者である日本原燃（当時は日本原燃サービス）が六人、同様に再処理事業を行っている動燃が五人、再処理工場のメーカーとあわせ、ほぼ半数を占めている。従前より原子力行政と事業者の癒着が指摘されているが、これほど露骨で恥知らずなメンバー構成で作成された基準も珍しい。そして、この臨界安全ハンドブックは、そのメンバー構成を反映して、諸外国の基準に比して大部分の点で臨界下限値を引き上げる、即ち設計上の安全余裕を削り、より大型の施設の経済的な建設を可能とするものであった。

即ち、この臨界安全ハンドブックは、事業者の手で安全を犠牲にして事業者の利益を図り経済性を追及するために作成されたものであり、安全審査の基準としては全く不適当である。

しかるに、本件安全審査は、臨界計算コードすら記載せず、ただこの臨界安全ハンドブックのみを引用して臨界安全を図るとしている本件申請に対し、安易に臨界安全性が確認されたとしており(内容的にも審査の名に値しないが)、臨界安全ハンドブックに依拠したものであって、不合理な基準に基づくものである。

三、安全審査の範囲

本件安全審査は、本件再処理工場の設備、機器の具体的な仕様や工事の方法、溶接の方法等について全く審査をしておらず、不当である。

のみならず、国側の言う「基本設計」についてすら（「基本設計」なるものの範囲はどこにも明らかにされていないが）十分審査されたとは言えない。前述のように、濃硝酸を使用する機器の腐食に関わる基本的事項や臨界安全に関わる基本的事項も申請書に記載されておらず、審査もなされていない。また、事故解析も想定する事故が余りに狭く、かつほとんど失笑ものの楽観的な故障想定にとどまっている。

よって、本件安全審査には看過し難い審査の欠落があり、明らかに違法である。

第一一　本件指定処分の内容的違法性（二）・・・・立地条件

一、六ヶ所村は適地か？（略）

二、大地震の危険性
１、青森県東方沖が「地震の巣」であること（略）
２、設計上想定すべき地震
(一) 過去の被害地震

安全審査書は、被害地震を震央距離二〇〇㎞以内、気象庁震度階級Ｖ程度以上の二点を基準として、六つの地震を想定している。しかしながら、震央以遠でも、敷地周辺に被害を及ぼしている地震が現に発生している（例えば、一七七二年陸前・陸中の地震、一九三三年三陸地震津波など）。

また、同一地震名で呼ばれている地震の前震（一八九六年八月二三日陸羽地震の前震）及び余震（一九五二年三月一〇日十勝沖地震の余震)、本震が二回起こったとされている地震のうち二回目のもの（一九〇一年八月九日・一〇日青森県東方沖の地震の後者）を考慮していない。

このように本件安全審査は、被害地震の選定にあたり、「地震隠し」、「地震リストを改竄」した申請書を鵜呑みにしてなされており違法である。

(二) 活断層

⑴安全審査書は、陸域の四断層、海域については「敷地全面海域の大陸棚外縁の断層」を検討対象とし、いずれも「敷地に影響を与える可能性のある活動度の高い活断層はない」と断定している。

⑵陸域の断層

安全審査書は、横浜断層は死断層、野辺地町から奥入瀬川間の三断層（野辺地・上原子・七戸西方）及び折爪断層は「少なくとも近い将来敷地に影響を与えるおそれのある活動度の高い活断層ではない」とし、後川・土場川沿いの断層は「少なくともその活動が第四紀後期に及んでいない」としている。しかし、これらの断層は学者・専門家の調査により、いずれも活断層とされている。活断層研究会は、一九八〇年二月に刊行した「日本の活断層―分布図と資料」の「新編」を一九九一年三月に発行したが、これによると横浜・野辺地・上原子・折爪の各断層は、従前通り確実度Ⅱ、七戸西方の断層は確実度Ⅱ～Ⅲの活断層とされている。

安全審査書は、申請書の作文を鵜呑みにして、科学的論拠もなしに活断層を否定したり、「少なくとも近い将来敷地に影響を与えるおそれのある活動度の高い活断層ではない」などと、もってまわった言い回しでその影響力をごまかしている。「少なくとも近い将来」とはいつまでのことを指すのであろうか。再処理工場が稼働し、使用済燃料や高レベル放射性廃棄物が居座り続ける長い期間中、活断層が活動して大地震が発生しないという確たる保証を科学的根拠をもって示すべきである。

⑶海域の活断層

安全審査書は、「電気事業者が一九七七年から一九八八年までの間行なった調査結果によれば、敷地前面海域の大陸棚外縁の地層は、Ａ層、Ｂ層、Ｃ層及びＤ層の四層に分類されるが、いずれの層にも断層を示唆するような地層の乱れは認められない」として、断層の存在を否定した。

ところが、結論部分においては「したがって、少なくとも第四紀後期に活動した断層はない」と記載し、「断層」は存在する、しかし「第四紀後期に活動した断層」即ち活断層ではないと読める記述をしている。これは国語的次元で矛盾、混乱をきたしており、これが本当に原子力安全委員会という公的機関の公文書かと疑いたくなるが、いずれにしても「活断層」を否定している。

しかし、この断層は、活断層研究会が「新編」においても「尾駮沖から尻屋崎北方にかけて長さ約八四㎞、東落ち縦ずれ、崖高二〇〇ｍ以上」の活断層として認めており（下図参照)、もし、この海底大活断層を否定するというのであれば、なぜこの海域に崖高二〇〇ｍ以上もあり、東方に傾斜した海崖が少なくとも八四㎞にもわたって形成されたのか、その原因が明らかにされなければならない。

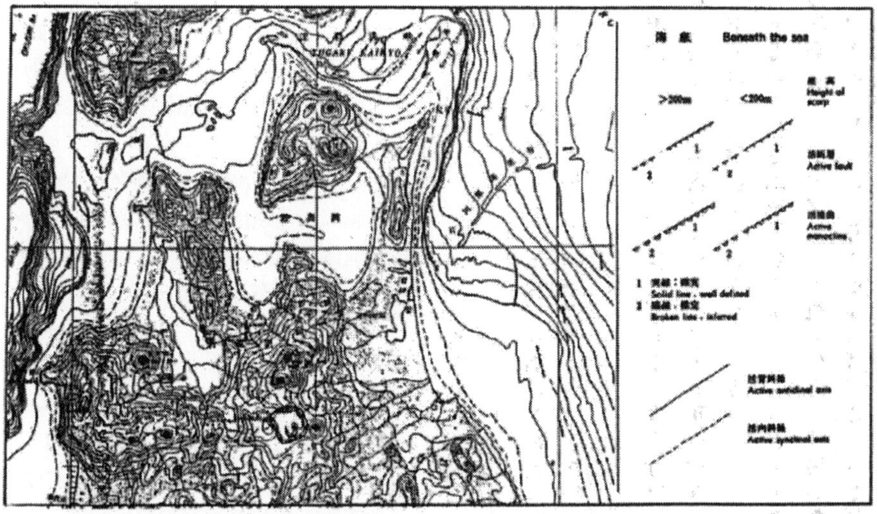

また、一九七八年五月一六日「青森県東岸の地震」や過去において八戸沖で度々起きた地震の震央位置に照らし、この大活断層の一部が震源であると推認される。しかるに、申請書と安全審査書は、この点について何ら納得のゆく説明と資料の提供をしていない。

そのほかに立地点沖合には、崖高二〇〇ｍ以上の活断層八本が走っている事実が認められるが、安全審査書においては「いずれも変位地形、地質分布等の変化が認められないことから、少なくとも第四紀後期に活動した断層ではない」と断定している。しかし、この評価は明らかに事実を誤認している。

延長距離が一〇〇㎞内外の活断層の全面的再

活動によって引き起こされる地震は、関東大地震（M七・九）、一九六八年十勝沖地震（M七・九）を上回るM八・一〜八・二程度と推定される。しかもこの大活断層は、有史において被害地震を引き起こした記録を持たない、いわゆる地震空白地帯であるから、巨大地震の確率は極めて高い。

(4)このように、海域・陸域にわたり、くもの巣のように活断層が存在することは、厳然たる事実であるにもかかわらず、安全審査書は、これらの断層を故意に無視しており、その違法性は明らかである。

(三) 地震地体構造

安全審査書は、地震地体構造から想定する地震は、日本海溝付近でM八3/4地震、プレート境界付近でM八1/4（△＝五〇㎞、震源の深さ（H）＝六〇㎞）の地震、内陸の地殻内については折爪断層の位置にM七3/4の地震をそれぞれ想定した上で、これらをプレート境界付近の地震で代表させている。

しかし、敷地またはその周辺に最も大きな影響を与えたと考えられる地震としては、一九六八年十勝沖地震があり、これが敷地またはその周辺に与えた実際の影響度は、右のプレート境界付近の地震が敷地またはその周辺に与えると想定されている影響度よりも大きかったことを考えるならば、この点を看過した安全審査には明らかな誤謬がある。

(四) 設計用最強地震

安全審査書は、設計用最強地震として一九七八年青森県東岸の地震（M五・八）、一九〇二年三戸地方の地震（M七・〇）、一九三一年青森県南東方沖の地震(M七・六)の三地震を選定している。

ところで、前述のように、安全審査書は、「過去の被害地震」として、右のほかに一九四五年八戸北東沖の地震（M七・一）と一九六八年十勝沖地震（M七・九）を一度は検討対象としておきながら、最終的には設計用最強地震から除外している。

しかし、設計用最強地震として選定された三地震は、除外された一九六八年十勝沖地震と比較すると、被害の程度は比べものにならないほど小さい。一九六八年十勝沖地震は、規模（M）の点では一九二三年関東大地震（M七・九）と同一のもので、死者四七人、負傷者一八八人、住家全半壊三五三一戸という大被害を青森県にもたらしているが、右三地震では一〜三人の死傷者、若干の建物損壊があったにすぎない。このように、本件安全審査は、明らかに設計用最強地震の選定を誤っている。

(五) 設計用限界地震

安全審査書は、「設計用限界地震の対象となる地震としては、活断層から想定される地震として敷地に与える影響の程度から、七戸西方の断層及び折爪断層による地震が選定され、これら二地震が地震地体構造から想定される地震を上回らない」とし、地震地体構造から想定される地震（M八1/4, △＝五一㎞, H＝六〇㎞）及び直下地震（M六・五、震源距離＝一〇㎞）を想定している。

しかし、設計用最強地震の選定が極めて恣意的に行われていることは前述のとおりであるが、これを前提として設計用限界地震を想定した点に誤りがある。また、敷地からかなり遠いところで発生した巨大地震である一八九六年明治三陸地震（M＝八1/2）と同じ規模の地震に襲われた場合とか、前述した敷地東方沖の海底大活断層が活動した場合を考えるならば、安全審査の結論は過小想定といわざるを得ない。

３、基準地震動

本件安全審査は、前述のように「設計用最強地震」の選定を誤っており、基準地震動の策定に関する判断も妥当性を見出し難い。

三、疑問が残る施設の耐震性

１、脆弱、不整形な地盤は敷地として不適

敷地は、西方に約三〇〇メートルの落差をもつｆ－２断層、東方に約一〇〇メートルの落差があるｆ－１断層を持つ。敷地内にあってこれら二本の断層は、二〇〇メートルから四〇〇メートルの距離で近接している。再処理施設は、言わば二本の断層の上に建設されると言ってよい。施設は、使用済燃料の受け入れ・貯蔵施設を始めとして、処理施設、高レベル廃棄物の貯蔵、固化施設、ガラス固化体の貯蔵施設と、放射能のレベルからみても取り扱いの難しさからみても、他の核燃料サイクル施設とは比べものにならない潜在的危険度を持つ施設群からなるものである。これらの施設が建設される敷地として見るならば、耐震工学的な常識では到底考えられないような悪条件の敷地である。

更に廃棄物管理施設やガラス固化体の貯蔵施設の支持地盤と考えている鷹架層上部層T3は、すぐ東側で使用済燃料の受入れ貯蔵施設の支持地盤と考えている鷹架層下部層T1に接し、T3自体は約〇・三の急勾配で西方に下がっている。このような不整形、不均一な地盤は、敷地の条件としては劣悪である。

２、不適切な基準地震動の定め方（略）

四、敷地の脆弱性

１、敷地の地質と基礎地盤（略）

２、断層の存在

（一）安全審査書によると、下図のとおり、敷地の鷹架層中には二本の断層（ｆ－１．ｆ－２）の存在が確認されているが、いずれも「少なくとも第四紀後期の活動は認められない」し、「地震時においても十分な安定性を有し、本断層の存在は安全確保上支障となるものではない」と判断している。

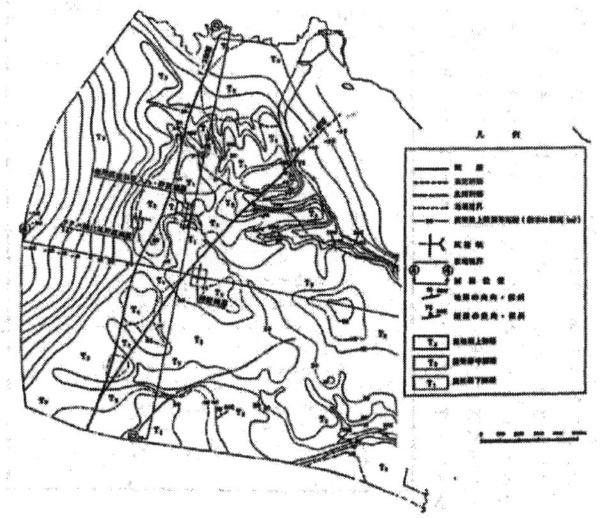

（二）しかし、一つの断層が堅硬な地層と軟弱な地層とに跨って存在する場合、前者の中では断層面を明瞭に識別できても、後者の中では殆ど識別不能で、一見すると断層が及んでいないと観察される場合もありうる。従って、二つの断層が、本件敷地の中位段丘堆積層と砂子又層に変位を与えていないように見えることの一事をもって、死断層であると断定することは誤りである。

更に、一九八八年一〇月に暴露された申請者の「内部資料」によると、相談を受けた専門家から「今の状況・証拠だけでは、第三者が活断層と言われたら十分な説明はできない。従って、他の証拠を揃えた方が良い」とか、「将来裁判になった時などにこのままの証拠で活断層でないと言い切れない」、「このような構造ができる成因がよくわからない。構造性の断層とは言えないものの明快な地すべりであるとも言い切れない。急傾斜崩壊が言葉として適切」などと指摘されている。ここではｆ－１・ｆ－２断層を、明確に「死断層」と断定するに足りる資料を見出せず四苦八苦している様子が窺える。申請者は、県民の批判とこの指摘を受け、調査をやり直し、申請書の一部補正を行ったが、右の疑問は解消されていない。

本件安全審査は、科学的根拠のないままに、敢えて「活断層殺し」を行った違法がある。

また、中位段丘堆積層（洪積世後期）の中には、いくつかの小断層が存在し、これは正真正銘の活断層であるにもかかわらず、安全審査ではこの点を看過している。

（三）断層の影響

仮に、前記のｆ－１及びｆ－２の両断層が活断層でないとしても、そのことは、断層が震源断層にはならないというだけのことで、他所で起きた地震の影響で岩質が脆弱、劣悪化している断層沿いに被害が集中する事態が予想される。それ故に、支持地盤を切る断層の存在は、死活にかかわりなく施設の耐震安全上に重大な支障を招くものであるが、安全審査ではその点の考慮がなされた形跡がない。

(四) 地すべり、陥没の危険性（略）

五、気象（略）

六、海象（津波）

安全審査書によると、本施設は、「標高約五五mに整地造成され、海岸からの距離も約五㎞と離れていることから、津波や異常潮位により本再処理施設の安全性が損なわれることはない」と判断しているが、八重山地震津波の波高は八五・四mといわれている。従って、将来五五mを超える波高の津波が、本施設を襲わないという保証はないし、このような規模の津波の襲来によって本施設に被害が発生しないという保証もない。安全審査は、この点の考慮を欠いている。

そして、仮に津波の波高が五五m以下のものであっても、その津波が尾駮沼に侵入し、本件施設の立地点の下の同沼の斜面で、津波に起因する崩壊が発生すれば、施設の立地点の安定性が結果的に損なわれるということも、十分にありうるのである。

七、水理（洪水）（略）

八、航空機事故

１、飛行状況と事故の実情

申請者も認めるように、現在三沢基地には、米軍のＦ16が五〇数機、Ｐ３Ｃが九〜一二機、自衛隊のＦ１が四〇数機実戦配備されているが、同基地では日夜飛行訓練を繰返したりスクランブル発進したり、また他の基地や空母から飛行機が頻繁に飛来してくる。特に三沢対地射爆撃場（天ケ森射爆場）での訓練は、天候が良ければ通年使用されるため、パイロットのわずかの油断で敷地上空へ到達しかねない。

申請者が、アジア航測株式会社に委託して、一九八六年一二月一日より一九八七年一一月三〇日までの一年間、六ヶ所建設準備事務所上空に飛来する航空機の飛行回数を調査させたところによると、実に四万二八四六回の多数回に及んでいる。

しかも、このうちＦ１とＦ16が九割以上を占める。

一方、敷地周辺では、過去において五〇回以上に及ぶ軍用機の墜落・不時着事故、八〇回以上の誤射爆・落下物事故が起きている。特に三沢基地配属の軍用機（Ｆ16、Ｆ１など）は、本施設周辺海域や岩手県山中に墜落するなど頻繁に事故を起こしているし、一九八九年三月一六日には本施設からわずか六キロメートルの人家庭先に一一三キログラムの模擬爆弾が、また九月五日には四キロメートル離れた畑にＦ16の模擬爆弾が誤投下、そして一九九一年五月七日には遂にＦ16が本施設からわずか二〇数キロメートルの三沢基地内に墜落した。恐れていた地上墜落事故の発生である。このように、本施設については、航空機墜落等の事故発生の危険性は極めて高いものと言わなければならない。

２、航空機墜落の危険性

安全審査書は、三沢空港、三沢基地及び定期航空路域については、「本施設から離れていること及び航空機は原則として原子力施設上空を飛行しないように規制されている」から「航空機が本施設に墜落する可能性は無視できる」とし、三沢対地訓練区域については、「本施設が当該区域から離れていること及び訓練形態等を考慮すると本施設に墜落する可能性は極めて小さい」とする。

しかし、ここで問題なのは、空港等との距離ではなく、本施設上空を航空機が通過するかどうかである。また、運輸省の「原子力関係施設上空の飛行規制について」と題する通知によると、「施設附近の上空飛行は、できる限り避けさせること」という表現にとどまっており、絶対的な飛行制限ではない。

そして、そもそも、米軍機は航空法の適用を除外されている。また、米軍、自衛隊を問わず、軍事訓練や有事の場合、本施設をわざわざ迂回して飛行する訳がない。こうした規制が、軍事目的を最優先する軍用機に期待できるはずがない。施設の移転なしに、前述した事故による墜落を未然に防止することは不可能である。

また、本施設及びその周辺空域は、頻繁に航空機が往来交錯するため、安全確保の目的から運輸大臣により「特別管制空域」（三沢特別管制区）に指定されている（航空法九四条の二）。

従って、たとえ航空機が、「施設上空」でなくても、その周辺を飛行しているとき、パイロットの操縦ミス、空間識失調、機体の故障等のアクシデント発生により、飛行制限空域から施設上空に侵入して本施設あるいはその近くに墜落する事態は十分予測される。

このように、目下のところ、軍用機の飛行制限、墜落防止の保証措置は全く存しない。事故の実例としては、一九八八年六月、四国電力伊方原子力発電所近くに米軍ヘリコプターが墜落した事故がある。「墜落の可能性は極めて小さい」どころか、その可能性は「現実」のものであるといわなければならない。

３、好い加減な想定事故

次に安全審査書は、墜落事故を想定しての評価をしている。しかし、その想定は楽観的に過ぎ、事故の前提条件は不十分である。特に、爆弾その他の危険物搭載の有無が明らかになっていないのは問題である。

(一) 航空機速度の想定の誤り

⑴本施設の設計にあたって想定された航空機の墜落時の速度は、秒速一五〇ｍとされている。Ｆ16の最高巡航速度はマッハ二（秒速六八〇ｍ）以上であるが、この速度が、墜落時には四分の一以下になることが想定されているのである。

申請書によると、「再処理施設まで到達する可能性があるもの」として、「エンジン推力を喪失する場合」のみを挙げている。そして、想定事故として「対地射爆撃訓練コース上を訓練飛行中のＦ16戦闘機がエンジン推力を喪失後、訓練コースから離れ再処理施設附近まで滑空し施設に衝突する」ものとしている。

しかし、このように、再処理施設に墜落する場合を、エンジン推力を喪失する場合に限る根拠が不明である。

航空機事故は様々な要因で発生するが、エンジン推力が失われることなく、操縦ができなくなって墜落する事故は、十分考えられる。「コックピット等火災により、パイロットが直ちに脱出した後も飛行を継続する場合も考えられるが、このような事象が生じる可能性は過去の事例からみて無視できる」（平成三年五月補正書六－一－七－九）とされているが、全く根拠薄弱である。施設の近くでパイロットが脱出した参考事例でも過去にあったのであろうか。戦闘機は、脱出地点の直下に墜落するとでも考えているのであろうか。最高速度のまま斜めの方向から施設につっこむ事態は十分想定される。

これ以外にも、Ｆ16には、パイロットは乗員一名しか搭乗していないため、この乗員が健康上の理由から、また酸素の欠乏や急激な気圧変化などにより意識障害（空間識失調）を起こして事故に至った例も多数報告されている。機長の精神障害が原因とされる一九八二年の日航機の羽田沖墜落事故は、我々の記憶に新しいところである。

また、機器の故障によって、操縦機能が失われる事故も多発している。隔壁の破壊によって垂直尾翼が失われ、油圧系統が働かなくなって操縦不能となった日航ジャンボ機の御巣鷹山墜落事故も、このような事故の典型例である。

このように、飛行機が乗務員の機能喪失や機器の故障によってエンジン推力を失うことなく墜落することは、決して珍しい例ではない。

⑵更に、事故の想定にあたって、右補正書では、「エンジン能力を喪失すると、通常パイロットは、安全確保のために・・・最良滑空状態にし、基地または海上等への到達を図る。これが不可能と判断した場合でも、原子力関係施設等への回避を行った後・・・脱出する」等とする。

しかし、このような想定は、そもそも事故発生から墜落までの時間的な余裕を考えれば、机上の空論と言うべきであるし、先にも述べたとおり、墜落に至るＦ16が操縦可能という想定自体が、余りに楽観的であろう。

⑶Ｆ16の最高巡航速度は、マッハ二（秒速六八〇ｍ）以上であり、この航空機が、エンジン推力を失うことなく本施設に墜落した場合を想定すれば、その衝突速度は秒速一五〇ｍを大幅に上回ることは明らかである。

(二) 実弾搭載を想定しない誤り

安全審査書が想定した航空機事故で、爆弾その他の危険物搭載を想定しているか否かは不明である。

しかし、爆弾等の危険物搭載を想定していないとすれば、これは大問題である。この点について、国は、これまでのウラン濃縮工場・低レベル放射性廃棄物埋設センター・高レベル廃棄物管理施設の安全審査に際しては、これを考慮しないとし、その理由として、施設上空を飛行する航空機は模擬弾しか積んでいない訓練機だからであると説明した。

本件でも「訓練時の最大装備を仮定し、総重量一六ｔとする」としており、基本的にはこれまで同様、爆弾等の危険物搭載を想定していないものと考えられる。

ところが、施設上空を飛行する航空機は訓練機に限らない。現に一九九一年一一月八日、Ｆ16の一一機編隊が、沖縄の鳥島射爆撃場での実弾訓練を目的として三沢基地を飛び立ち、三沢市東方を飛行中、その一機にトラブルが発生、天ケ森射爆場の東方海上に二〇〇〇ポンド（九〇〇kg）爆弾を二個投棄して帰投するという事件が発生した。この投棄地点は、本施設から直線で約八㎞のところであり、これはＦ16の速度（マッハ二・秒速六八〇m）で計算すると、わずか約一一秒で施設に到達する至近距離であり、仮に申請書で想定する秒速一五〇mとしても、約五〇秒で本施設に到達する。

これまでも、本施設周辺を爆弾を搭載した軍用機が飛行しているのは軍事的常識とされてきたが、この事故によって秘密のベールが剥がれ、実弾搭載の事実が白日のものとなったのである。

また、三沢基地では、スクランブル時の戦闘機も発進していることも明らかであるが、安全審査書はこれらの事実を故意に無視している。

４、実弾爆発事故の危険性

航空機事故時の安全性を考える際に、墜落航空機が軍用機である以上、どのような武器弾薬を搭載しているかを正確に評価しなければならない。Ｆ16が標準的に装備している弾薬は、MK-2000-LB general purpose bombと呼ばれる通常タイプのものと推定される。

一九九一年一一月八日には、実際にＦ16が、二〇〇〇ポンド爆弾二個を三沢市東方海上に投棄した事件は前述のとおりである。

実弾を搭載したＦ16が、本施設周辺を飛行している現実がある以上、このことを前提とした安全審査をしなければならないのは、あまりにも当然のことである。

二〇〇〇ポンド爆弾を搭載した航空機が墜落した場合、この爆弾の爆発は避けられない。

この二〇〇〇ポンド爆弾が、MK-2000-LB general purpose bombだとした場合、これには九四五ポンドのマイノル２（ＴＮＴ火薬に比して単位あたり五〇パーセント強力な爆薬）、トリトナル（ＴＮＴとアルミニウムからなる火薬）あるいはＨ６火薬が充填されている。二〇〇〇ポンド爆弾が同時に爆発した場合、その爆発力を三乗根則によってスケール化距離を求めて評価すると、爆薬がマイノル２の場合は、

九、石油備蓄基地

安全審査書は、「火災の影響が考えられる石油備蓄基地は距離が離れていることから、本施設の安全確保上支障がないと判断する。」としている。

しかし、同基地の原油タンク基数は五一基で、一基のタンク容量は約一一万?で、現在予定量のオイルインが完了している。

同基地の最大想定事故は、原油流出とタンク火災であるが、現に一九八三年一二月二四日、推定で一五～二〇kl（ドラム缶七五～一〇〇本分）の原油洩事故が発生している。これが火災に発展した場合には、わずか九〇〇mしか離れていない本施設への影響も甚大である。

一〇、人口分布状況（略）

一一、集中立地の危険性

また、本施設に隣接して、ウラン濃縮工場・低レベル放射性廃棄物埋設センターが建設され、操業を開始した。更に、高レベル放射性廃棄物管理施設も建設されようとしている。

六ヶ所村に集積される放射能の総量は、日本国内ではもちろん最高であるが､世界的に見ても一、二位を争う大規模なものである。このような施設の集中化によって、各施設の危険性が相乗的に増大することは避けがたい。

ところが、本件安全審査にあたっては、これらの施設の集中立地は考慮されていない。

例えば、一つの施設が致命的な放射性汚染を引き起こしたような場合、当然他の施設にも影響を及ぼす。場合によっては、他の施設の保安要員も引き上げざるを得なくなり、結果として事故の連鎖を招くこともあり得る。従って、航空機墜落の可能性にしても、単に当該施設に直接墜落する危険性のみならず、隣接する原子力施設への墜落の危険性をも含めて考慮されるべきである。

一二、まとめ（略）

第一二　本件指定処分の内容的違法性（三）……技術的要因に基づく事故の危険性

一、海外の再処理工場の事故例とその原因及び被害の実態

１、再処理工場の臨界事故例

これまで海外においては、いわゆる再処理工場を含む化学的再処理工程において、別表の通り八件の臨界事故例が報告されている。

表

ここで報告されているのは、いずれもアメリカ、イギリスという比較的情報公開の進んだ国の施設における事故であり、情報公開について特に消極的な国－旧ソ連、フランス、日本など－の施設においても報告されていない事故が存在すると解される。

これらの施設では当然、通常予測される誤操作等も考慮した臨界管理が行われていたが、誤操作、従業員の引き継ぎ不完全等により簡単に臨界管理が破られている。

これらの臨界事故のうち、オークリッジでの一九五八年の事故、アイダホでの一九五九年の事故及び一九六一年の事故、ハンフォードでの一九六二年の事故、ウッド・リバー・ジャンクションにおける一九六四年の事故の五件は、ウランないしプルトニウムを含む溶液が、形状管理されている容器から形状管理されていない容器に予定外に移送されたために発生している。

これらの形状管理されていない容器についても濃度管理等が行われており、少なくともハンフォードで事故を起こした一時貯蔵タンクは入口側で濃度分析により濃度管理をしていたが、臨界事故を防げなかった。

なお、これらの事故を起こした形状管理されていない容器の容積は、オークリッジでの一九五八年の事故のドラム缶が〇・二㎥、アイダホでの一九五九年の事故の廃棄物貯蔵タンクが一八・九㎥、ハンフォードでの一九六二年の事故の一時貯留タンクが〇・〇六九㎥など、それほど巨大なものではない。

２、再処理工場の化学的事故・電気系統事故・漏洩事故の事例

(一)　溶媒火災、爆発事故

例一、サバンナリバー・プラント（アメリカ南カロライナ州）の爆発事故（略）

一九五三年一月一二日

例二、ウラル、キシュチム・プルトニウム生産工場の核惨事

一九五七年九月二九日

チェリャビンスクの北約一〇〇キロメートルのキシュチムにある原爆用のプルトニウム生産工場の核廃棄物貯蔵所で一九五七年大爆発事故が発生した。一九四九年にソ連が初めて実験に成功した原子爆弾の材料も、ここで製造されたものである。

この貯蔵タンクは、プルトニウムを取り出す過程で出る放射性廃棄物を貯蔵するもので、五〇年代初めから使用開始されていた。直径八メートル、深さ六メートルのステンレス製の円筒形のタンク六〇基が地中に埋め込まれ、厚さ一・五メートル、重さ一六〇トンのコンクリート製のふたをかぶせ、タンクの周りに冷却水を巡らせていた。

一九五七年九月二九日午後四時二〇分、この核廃棄物貯蔵タンクの一つが爆発した。タンク内には高レベル放射性廃液二、〇〇〇万キュリー（七四京ベクレル）が入っており、このうち二〇〇万キュリーが上空に噴出、残りの一、八〇〇万キュリーは近くに飛び散った。爆発で地面に直径三〇メートル、深さ五メートルのくぼみ（クレーター）ができた。

原因は、貯蔵タンクの冷却装置の故障による過熱である。摂氏一〇〇度に保たれていた廃液は、どんどん水分を蒸発して煮つまり、事故時には三〇〇度に達した。廃液の温度上昇は最終段階で急速に進んだため、危険な状態が見逃されてしまった。そして、タンク内の硝酸アセテートが、高温かあるいは何らかの原因による火花のため爆発したらしい。

爆発でふたは数一〇メートルも吹きとび、放射能雲は約一キロの上空に達した。このことから、専門家は、爆発規模をＴＮＴ火薬換算で七〇トンと推定している。

事故時、この地域では南西の風が吹いており、放射能は爆発点から北東方向に帯状に降った。汚染度が一平方キロ当たり二キュリー以上の地域は、幅八－九キロ、長さ一〇五キロに及び、約一万七〇〇人が避難した。

避難命令は、まず最も汚染のひどい三つの村に対して出され、一〇日以内に一、〇五九人の村民が避難した。しかし、その後の検討で他の村民を避難させることが決まり、事故後八ヵ月から一年半の間に追加避難が行われた。

汚染度が一平方キロ当たり〇・一キュリー以上の地域は約一万五、〇〇〇平方キロで、二七万人が住んでいるという。事故時に南西風が吹いていたのは全くの幸運で、もし北風が吹いていたら大都市のチェリャビンスクが汚染されるところで

あった。この事故は、高レベル廃液の温度管理の失敗が大爆発事故を引き起こすことを示している。

例三、アメリカ・オークリッジ研究所（略）

一九五九年一一月二〇日

例四、イギリス・ドーンレイ再処理工場セル内の有機溶媒火災事故（略）

年月日不明

（二）イオン交換樹脂の火災爆発事故

特に再処理工場では引火性の溶媒やイオン交換樹脂が濃硝酸と化学処理されることが多いので、ニトロ化反応などが進み火災からさらには爆発事故につながり易い。

例五、米国、サバンナ・リバー・プラントの火災事故（略）

一九六四年一〇月一日

例六、オークリッジ国立研究所の火災事故（略）

一九六三年一一月六日

例七、米ワシントン州リッチランドの再処理施設（アトランチック・リッチフィールド・ハンフォード社）での樹脂爆発事故（略）

一九七六年八月三〇日

（三）その他の異常反応事故

例八、ウィンズケール再処理工場Ｂ二〇四棟（ＨＥＰ）の異常反応事故

一九七三年九月二六日

ウィンズケール再処理工場Ｂ二〇四棟は、一九六四年運転を停止していたが、一九六九年にウィンズケール再処理工場Ｂ二〇四棟を濃縮ウラン燃料の再処理ができるように酸化物燃料用前処理施設（ＨＥＰ）として改造し、Ｂ二〇五棟に追加ラインとして接続した。この有名な事故は、このＨＥＰで起こった。

午前一〇時五五分頃、Ｂ二〇四棟に有機薬品の臭いが漂った。と同時に、放射能洩れを告げる警報装置がいっせいに鳴り響いた。空気中の放射能をチェックするモニターの針はいっぱいに振り切れたまま、監視員がスイッチを切り替えても戻ろうとしなかった。

直ちに全作業員に避難命令が出され、一五〜二〇分後には全員が建物の外に避難し、工場はいったん閉鎖された。

後日の調査によれば、事故のとき空気中の放射能濃度は許容量の約一〇〇倍にも達し、一〇階建の建物の中にいた作業中三五人の全員が被曝した。

この事故は、給液槽の底に、燃料棒の不溶解残渣（主としてルテニウム）が予想以上に溜りすぎていたが、強い放射能を取り扱う作業のため、そのチェックができず放置されていたことが直接の原因とみられている。

（四）ジルコニウムなど金属による火災・爆発事故

例九、アメリカ・オークリッジ国立研究所火災事故（略）

例一〇、ロッキーフラット工場の火災事故（略）

金属プルトニウムの火災事故…一九五七年九月一一日

類焼による建物の大規模火災…一九六九年五月一一日

例一一、ウィンズケール再処理工場（略）

一九七九年七月一六日

（五）冷却系統事故

原子力発電所の事故として反応度事故と並んで最も危険性の高いのは冷却材喪失事故であるが、再処理工場においても同種の冷却系の事故の危険性が指摘されている。

例えば、再処理工場の主要工程では、放射性物質の崩壊熱を取り除くために水で冷却すると同時に、廃液中の水の放射線分解で生じる水素ガスによる爆発を防ぐために、絶えず空気吹き込み・換気が行われている。

この高レベル放射性廃液貯蔵タンクの冷却・換気系統に故障が起こった場合、大量の死の灰の崩壊熱で廃液の温度が上昇して沸騰をはじめ、廃液中の水分の蒸発がおこり、水素の火災爆発事故がおこる。水分が完全に蒸発した後は、タンクの底にたまった蒸発残渣の温度が上昇して赤熱融解し、一〇〇〇℃以上にも達する。この時点で核分裂生成物は、その硝酸塩が熱分解して二酸化窒素ガスを激しく発生（脱硝という）しながら酸化物の微粒子となって飛び出し、高性能フィルターを素通りして環境へ大量に放出される。この場合、廃液がかなり濃縮された段階で、少量でも必ず混入しているリン酸トリブチルやその分解生成物と硝酸とが反応して、爆発を起こす可能性が極めて高いと考えられる。

この化学爆発が起これば、施設自体が破壊されるおそれもあり、また排気系および換気系のフィルターが突き破られ、膨大な量の放射性物質が一挙

に環境中にまき散らされる。
このような事故の重大な例が、例二のウラルの核惨事である。
また、使用済燃料貯蔵プール内の水は冷却循環されているが、冷却系が故障したり、あるいは地震等によって冷却水が完全に蒸発してしまうこととなる。燃料棒の温度が上昇し一七〇〇℃に達した場合、破損が起こり、クリプトンなどガス状のものや金属セシウムなど低融点・揮発性の放射性物質が顕著に放出され、更に一八〇〇℃近くに達すると燃料棒は熔解を始め、熔解した部分はプールの底に残存する水の中に落ちこみ、放射性物質の大量放出が始まる。
このように、冷却系の故障等による事故も、再処理工場の事故として予想されており、再処理工場の危険性を高めている。

例一三、ラ・アーグ再処理工場

一九八〇年四月一五日

この事故では、午前八時三五分再処理工場の電源系統はフランス電力庁の九万ボルトの送電線から給電され、これを変電所で一万五千ボルトに降圧し、さらに第二次変圧器で三八〇ボルトに変圧している。

事故の原因は、工場作業員が変電所の変圧器に非常用発電機を接続していた際に、誤操作によってショートを起こした。この時にフランス電力庁の送電が再開されたため、変圧器がオーバーロードとなり火災が発生した。
このため、非常電源も働かずに停電し、工場の全機能が停止した。一〇〇キロメートルはなれたシェルブールの兵器工場の非常電源が一三時間後に運びこまれ、沸騰しはじめていた高レベル廃液タンクの冷却が辛うじて再開されたと言われるが、臨界事故の防止などに不可欠の制御系・計測系は一二時間にわたって停止し、放射性廃気の放出を防ぐ換気系は二〇時間ないし一日以上も機能を停止していた。

この事故によって二五〇〇立方米の四つのプールが止まったが、もしこれらが少なくとも四〇時間止まればプールの水は沸騰し、放射性物質が周辺環境に放散するに至ったであろうといわれている（原子力工業、一九八六年六月号）。

この事故が重大事故に発展しなかったのは、たまたま使用済燃料の取り扱いが行われていなかったためとも報道されている。

（六）装置の故障、換気系の故障などによる放射能放出事故

例一四、サバンナリバー・プラント、ヨウ素一三一の放出事故（略）

一九六一年五月三〇日

例一五、オークリッジ国立研究所（略）

一九五九年一〇月二八日

例一六、ハンフォード軍事用プルトニウム再処理施設（略）

一九七三年

例一七、ラ・アーグ再処理工場の溶液漏れ事故（略）

一九八〇年五月二一日

一九八一年一月四日

例一八、セラフィールド再処理工場（略）

一九九二年九月八日

例一九、トムスク７事故

一九九三年四月六日

一九九三年四月六日午前九時頃、ロシア共和国西シベリアにある軍事閉鎖都市トムスク７の再処理工場で爆発事故が発生した。

トムスク７は、西シベリアにある人口五〇万人のトムスク市の北西約一五キロメートルに位置し、核兵器用を含む軍需工場が密集する軍事を理由とした閉鎖都市である。トムスク７は、プルトニウム生産・再処理・ウラン濃縮を行う化学コンビナートを有し、そこには、再処理施設、放射性廃液地下注入所、ウラン濃縮施設、プルトニウム生産炉（原子炉）五基が存在すると言われている。またトムスク７には、就業人口約二万人を含む約一一万人の住民が居住・生活しているとされる。

・事故は、使用済燃料から高レベル放射性廃棄物（＝死の灰）とプルトニウムを分離した後の、ウラン溶液貯蔵系において、残存しているプルトニウムをさらに分離しようとする工程（工程上はウラン・プルトニウム溶液タンクと推定される）で発生した。

・事故原因は、プルトニウムが残存するウラン溶液から、さらにプルトニウムを分離しようとして地下に設置してある右溶液タンク（約二五立方メートル）に硝酸を注入したところ、撹拌が不十分だったことから硝酸濃度の高低が生じ、右ウラン溶液に残存していた有機溶媒との間で反応が生じてガスが発生し、右タンクの圧力が上昇して爆発に至ったとされている。

この際､爆発の衝撃で右タンクの容器の「フタ」が飛ばされ､「建屋」の屋根も破壊された。また右爆発によりウラン溶液タンク付近の機器も破壊された。

二、東海再処理工場の運転経過と事故例

我が国最初の再処理工場であり、本件再処理工場もその技術の一部を導入している東海再処理工場では、本格操業開始（一九八一年一月一七日）以降、科学技術庁が発表した事故だけでも、別表の通りの多数回に及んでいる。

表（略）

三、化学工場の爆発事故と有毒物質の漏洩事故

１、セベソ（略）

２、ボパール（略）

四、安全対策の不十分性

１、核施設としての危険性とその対策の不備―臨界安全性について

（一）臨界計算技術の未確立

原子力施設の設計にあたり、臨界安全性以外の項目は、直接にそれを検査することが可能であるが、臨界安全性（特に日本の科学技術庁の方針であり、本件再処理工場がとっている直接に実効増倍率をメルクマールとする手法の場合）は直接には検査不可能であり、計算により担保するしかない。そして、その計算を裏づけるものは実験の積み重ねしかないが、再処理工場で問題となる溶液状態のウラン、プルトニウム、特に本件再処理工場で問題となる低濃縮ウランとプルトニウムの混合水溶液の大容積容器での臨界安全性は、原子力の分野で臨界実験が最も遅れている分野の一つである。再処理工場における臨界安全計算は、到底十分な実験により裏づけられたものとは言えず、仮説の域を出ていないというべきである。

前述のように日本原燃は、本件再処理工場の臨界計算の手法すら示さず、自らが参加して作成したお手盛りの「臨界安全ハンドブック」のみを引用し､「核的制限値に対応する単一ユニットとしての実効増倍率が十分に検証されたコードシステムで〇・九五以下となるようにする」とするだけである。しかし、まず、その引用する「臨界安全ハンドブック」自体が、事業者の参加により、事業者の都合がよいように大部分のケースで諸外国の基準に比べ臨界下限値を大きくし、安全余裕を従来より小さくして容器の設計条件を緩和し、大規模な容器を作りやすくしたものである。このような経済性を優先し、安全上はギリギリの設計にする方針は、到底安全サイドの設計方針とは言えない。もちろん、臨界安全ハンドブックの作成にあたっては、解析を更に理論的につめる作業が前提とされているが、実験によって十分裏づけられていない仮説をいくら理論的につめても、それは砂上の楼閣に過ぎない。

そして、現在のところ、日本原燃及び本件安全審査書のいうところの「十分に検証されたコードシステム」は､「十分に検証する」という言葉を本来の意味で用いる限り、存在しない。日本原燃は、どのような臨界計算手法を採用するかすら申請書に記載していないが、異議申立の口頭審理の際の科学技術庁の回答によれば、他の原子力事業者同様、一般形状の容器についても一応答えを出せるという便利さから、いわゆるモンテ・カルロ法（ＫＥＮＯ―Ⅳコード）を採用し、核データについてはＥＮＤＦ／Ｂ―Ⅳから作成した多群定数ライブラリMGＣＬを利用するＪＡＣＳコードシステムを用いるとされる。しかし、第一段階の核データファイル自体、実験で改訂される度に大きく数値が変更され、また各種の核データファイル間で同じ原子核についての数値が全く異なるもので、まだまだ信頼性が低い。核データを処理した後の計算でも、モンテ・カルロ法は統計的手法である故に、計算結果自体に幅がある上、そこで得られる平均値と誤差そのものの信頼性もあまり高くない。実際、例えばＪＡＣＳコードシステム信頼性検証のために原研で実際の臨界系についての計算を実施したものでは、実に約八％の過小評価誤差を生じたものすらある。この場合、実効増倍率〇・九五で設計した場合に実際の実効増倍率は一・〇三にまでなりうる（この値なら当然臨界事故になる）のであるから､計算上実効増倍率が〇・九五以下でも臨界にならないことが保証される訳ではない。特に､この種のベンチマーク計算では、本件再処理工場で問題となるウラン・プルトニウム混合水溶液系については、実施例が少ないにもかかわらず、誤差が極めて大きい。現状では、特にウラン･プルトニウム混合水溶液系について、ＪＡＣＳコードシステムも含め信頼できる臨界計算コードなど存在せず､計算上の実効増倍率が〇･

九五以下程度では未臨界を保証できない。

(二) 綱渡りの臨界管理

臨界管理においては、原理的には形状寸法管理が最も確実であり（と言っても臨界計算自体に信頼性がなければ到底確実とは言えず、また非安全形状容器への移送が行われるのであれば無意味である）、次いで中性子吸収材法、それも困難な場合、質量、濃度制限法が、安全上の観点からは採用される。

本件再処理工場では、全濃度形状寸法管理の機器が少なく、特に抽出塔以前のウラン・プルトニウム混合水溶液系では、全濃度形状寸法管理は全く採用されていない。そして、抽出塔以降の分離、分配、精製系も申請段階では主要機器につき単独の全濃度形状寸法管理を強調していたが、一九九一年五月の補正により一斉に「全濃度形状寸法管理、制限濃度形状寸法管理、濃度管理、同位体組成管理及び中性子吸収材管理並びにこれらの組合せにより」臨界を防止すると書き替えられた。単独で未臨界を維持できる臨界管理方法を重畳させるのであれば安全上望ましいが、複数の組合せではじめて未臨界を計算上維持できるという臨界管理は、複数の一つでも失敗すれば臨界に達する危険があるのであり、単独の臨界管理より更に危険が大きい。異議申立の口頭審理の際の科学技術庁の回答によれば、本件再処理工場ではそのような重畳的な臨界管理は全くなく、複数の臨界管理が行われている機器は全て、組合せではじめて未臨界を維持できるとのことであった。明らかに安全性を犠牲にした方向での補正と言わざるを得ない。しかも複数の組合せによる臨界管理は、ミスが起こりやすいだけでなく、臨界計算そのものが複雑となり誤差が大きくなる（特に中性子吸収材管理を組み合わせた計算ではその傾向が強い）。そのため、運転上のミスがなくても臨界安全上危険が大きい。従って、本件再処理工場がプルトニウム系で中性子吸収材管理を採用していることは、その効果を前提として臨界計算をしている（異議申立の口頭審理の際の科学技術庁の回答によれば、中性子吸収剤の効果を前提にしているとのことであった）以上、極めて危険が大きいと言わねばならない（なお、固体の中性子吸収材による管理は安定的に見えるが、運転開始後の効果の維持には問題が残り、その確認方法を確保することが重要であるが、本件申請書にはその記載が見当らず、事業者の安全上の知識、能力、意欲を疑わせる）。

そして、本件再処理工場での臨界事故対策は、非常に手抜がなされている。

まず、各工程での中性子増倍率などはほとんど計測されていない。中性子計装が行われているのは、わずかに溶解槽と分配設備のプルトニウム洗浄器及び補助抽出器だけで（それも後二者は本来プルトニウムが残らないはずなのに、残ると困るという点の方に関心があるようである）、他の容器などでは中で臨界状態になっていても直接には検知できない。

また、分離工程以降の主工程はウラン濃縮度一・六％以下、プルトニウムの同位体組成でプルトニウム二四〇（非核分裂性）が一七％以上ということを前提としているが、この点も全工程中、計量・調整槽において摂取した試料を分析設備に持っていって測定するだけである。分析設備では各種の分析が行われており、送られてきた容器の識別票を見て確認して、どの分析をするかを決めるわけであり、他の資料と取り違えてＯＫでも出されれば一巻の終わりである。

さらにそれ以外にも、本件再処理工場では、濃度管理による部分が多く、それも、前工程でサンプル分析により濃度を確認していることを前提とする部分が多い。このような分析の確実な実施が期待できないことは、動燃東海再処理工場での事故例を見れば明らかであり、本件再処理工場の臨界安全設計の欠陥をよく示している。特にウラン・プルトニウム混合水溶液系は、全ての機器で濃度管理に依存している上、低燃焼度の使用済燃料（ウラン二三五が多い）については、その燃焼度を測定して可溶性中性子吸収材を注入し、それを大前提としてようやく未臨界を維持する設計であり、二重に運転員の行為が正確であることに依存している。

しかも、日本原燃は、補正の過程で、元々ギリギリの安全設計を更に削っている。前述のように一九九一年五月の補正で組合せ臨界管理を導入した上、一九九一年七月の補正では臨界事故に備えた中性子吸収材注入装置を溶解槽のみに限定し、セルの漏洩液受皿の形状（厚さ）管理をプルトニウム濃度の高いセルの漏洩液受皿のみに限定している。

また、溶液漏洩時の移送先もでたらめである。

例えば溶解施設（清澄・計量設備も含む）での機器からの漏洩液はスチームジェットポンプにより硝酸調整槽、中継槽等に移送するとされているが、硝酸調整槽も中継槽も非安全形状容器である。分離・分配設備での機器からの漏洩液は、抽出廃液供給槽、分離建屋一時貯留処理設備第一ないし第二一時貯留処理槽（もっとも、これは後の補正で分離・分配施設の方の記述は変えずに、受け入れ側の一時貯留処理設備の方の記述だけ第一を第七に変えて矛盾させるなど全くいい加減だが）に移送するとされるが、抽出廃液供給槽は非安全形状容器である。

（三）まとめ（略）

２、火災爆発事故の危険性とその対策の不備

（一）化学プラントとしての本件施設の危険性

本件再処理工場は、化学工場として極めて危険な物質を用いる工場である。危険性の根源は、使用される有機溶媒などの引火点・発火点が低く、またプロセス中でレッドオイルなど危険な物質が生成しやすく、発火爆発しやすいこと、プロセスが高い放射能を帯びているため、自ら発熱する性質を持っていること、放射線による分解作用のため爆発性の水素が発生すること、などが既に指摘されている。

（二）水素爆発の危険性

本件施設では、主要工程のほとんどにおいて、溶液の放射線分解によって水素の発生が避けられない。水素は、爆発的に燃焼するなど化学的に反応性が極めて大きい物質である。また、分子が小さく、粘度も小さいので、微細な穴や接合部分のすきまなどから漏洩しやすく、検知も難しい。水素は非常に着火しやすい。水素の最小着火エネルギーは〇・〇二ミリジュールと他の可燃性ガスと比較しても極めて少ない。静電気のスパークなどで容易に発火する。水素は発火しても、可視部での発火はなく目に見えない。従って、発見が遅れて大きな事故になりがちである。

水素は、可燃性ガスの中でも爆発範囲が非常に広い、という特徴を有している。爆発範囲（発火源があると火炎が発生して全体に伝搬する濃度範囲）は、常温常圧の空気中で実に四・一％から七四・二％の広範囲に及んでいる。この爆発範囲は、高温高圧ではさらに広くなる。

爆発における火炎速度が音速を越えると、破壊力が飛躍的に増大する。これを単なる爆発と区別して「爆ごう」と呼ぶが、水素の爆ごう範囲も他の可燃性ガスと比較して広いという特徴がある。

最後に、水素の特有の性質として、金属を脆化する作用が指摘できる。水素分子は物質中でもっとも小さく、金属中に容易に侵入し、金属の脆化を引き起こす。特に高温高圧の下ではこの作用は大きくなる。

このような水素の性質から、化学工場で爆発火災事故が多発していることは、前述したとおりである。

（三）レッドオイル爆発の危険性

ＴＢＰとノーマルドデカンの混合水溶液が濃縮工程で硝酸と反応すると、硝酸ウラニルというニトロ化合物を生成し、高温に加熱されると爆発を起こすことが知られている。この時赤い色のレッドオイルという物質が生成される。レッドオイルの爆発点は約一五〇度であり、極めて低い温度で爆発してしまう性質を持っている。前述した一九五三年のサバンナリバーでの爆発は、このような反応が原因である。特に、本件施設の分配施設中のウラン濃縮缶では、レッドオイルによる爆発の危険性が指摘されている。申請書添付書類六―四―四によると、ウラン濃縮缶はレッドオイルの爆発防止のため、加熱蒸気の温度が一三五度を超えないよう温度制御するとされている。しかし、一三五度という温度制御の目標値の信頼性に疑問がある上に、（六）の「冷却の失敗による危険性」で詳述するように、その設備の詳細は不明であり、その機能が適切に働かない事態として様々なケースが想定できる。レッドオイルの爆発の危険性は大きいと言わざるを得ない。

（四）剪断工程におけるジルコニウム火災の危険性（略）

（五）静電気による着火の危険性（略）

（六）冷却の失敗による危険性

一般の化学施設においては、異常反応による温度上昇を抑制する必要があるが、本件施設においてはこれに加えて、内蔵されている放射性物質は自ら発熱する性質をもっており、常にこれを冷却し続ける必要があるという顕著な特徴をもっている。従って、ほとんどすべての工程で発生する熱を除去し続けるシステムが必要となる。これが安全冷却水系統である。安全冷却水系統は、添付書類六―九―五によると冷却塔と冷却水循環ポンプなどからなっている。しかし、その設備について

は系統が明らかにされているだけで、詳細は全く不明であり、その機能は十分検討出来ない。安全冷却水系統は､冷却水循環ポンプなどを多重化し、非常用電源に接続できる設計とされている。しかし、ポンプは多重化されていても、冷却系統事態は多重化されておらず、安全冷却水系統が十分機能しない事態は様々な場合が想定できる。本件施設の温度制御の範囲は、使用する有機溶媒などの引火点が低いため極めて厳しく、温度検出器のちょっとした故障（ないし応答遅れ）で制御範囲を越える事態は容易に推測される。たとえば、停電時に非常用発電機が共倒れ故障のために起動しない場合や、ショートなどによって電気系統自体の健全性が失われた場合には対処できない。また、安全冷却水系統は多重化されていないので、その配管の破断などによって、冷却水系統自体が機能しなくなる事態も予測され、その場合には冷却は不可能となる。また、ボパール事故の場合のように、操作ミスによって、冷却系統を切った状態で設備が運転されるというような異常な事態もありえないことではない。

また、冷却能力を越える異常反応の進展、強い放射能を帯びた不溶解残渣などからの異常発熱などにも対処することは出来ない。

(七) 溶液の漏洩の危険性

過去の数多くの事故に示されているように、再処理工場では極めて強い硝酸を使用すること、放射線の強い環境下にあること、機器が複雑で多数の溶接個所があること、水の放射線分解により水素が絶えず発生し金属の脆化作用を引き起こしていることなど､腐食の生じやすい環境にあるため、溶接ミス個所などから抽出塔や各槽類のステンレスに穴あきが生ずる危険性は常に存在している。前述したように、動燃事業団の東海再処理工場で発生した故障・事故の大半は、このような穴あき事故であった。穴があけば当然溶液の漏洩が起こる。しかし、事故例一八のように、漏洩検知システムが確実に働かないケースが最近(一九九二年)においても報告されている。また、内圧の上昇によって、配管の継ぎ手などの部分からの漏洩も起こりうる。溶液の漏洩は様々な事故に発展する引き金の役割を果たす事故であり、漏洩検知が確実になされないときには容易に大事故に発展していく。

３、電源喪失時の対策の不備

添付書類六―九―二によれば、本件施設においては、外部電源喪失時の対策として非常用所内電源を二系統設けることとされている。しかし、その事故想定としては、外部電源喪失時に二系統の非常用所内電源のうち一系統だけの不作動を想定し、二系統の共倒れを想定していない。事故例一三で前述したように、停電の復旧時に非常用電源がショートしたラ・アーグ再処理工場一九八〇年四月の事故を見ても、非常用ディーゼル発電機と蓄電池の二系統が共に作動しないような事態は十分考えられる。また、仮りにどちらかが作動したとしても、蓄電池だけでどれだけの時間、どの範囲の安全設備の運転が可能かは不明

４、事故時の対策とりわけ高性能フィルターの性能の欠陥（略）

五、立地評価事故想定の誤り

１、プルトニウム精製設備のセル内での火災事故

再処理工場安全審査指針３によると、「施設の設計の基本方針に多重防護の考え方が適切に採用されていることを確認するために設計基準事象を選定し評価するほか、一般公衆との離隔距離の妥当性を判断するために立地評価事故を想定し評価する。」とされている。そして、立地評価事故ついて「設計基準事象よりは発生する可能性はさらに小さいが、設計基準事象の範囲を超える放射性物質の放出量を工学的に仮想」するとされている。

申請書の八―四―九によると、立地評価事故としてプルトニウム精製設備のセル内での火災事故が想定されている。申請書によると､この事故は、有機溶媒が漏洩し、有機溶媒の回収後に漏洩液受け皿の集液部に一部の未回収有機溶媒が放置されたまま滞留し、なんらかの理由で引火点以上に加熱され、かつ着火して火災が発生すると仮定した場合、燃焼有機溶媒中に含まれる放射性物質がセルの排気系統及び精製建屋の排気系統を経て放出される事故である。

この事故想定では、燃焼する有機溶媒は、申請書八―三―二で述べられている設計基準事象の場合と全く同一の七〇リットルにすぎない。もっと大量の燃焼事故や施設内の他の区画への延焼、爆発現象への発展など十分に想定可能な事態が全く想定されていない。このような事故想定が、「設計基準事象よりは発生する可能性はさらに小さいが、設計基準事象の範囲を超える」ものと評価で

きるのだろうか。設計基準事象の場合と違うのは、放射性物質の移行割合と高性能フィルターの除去効率だけなのである。設計基準事象では移行率は一%、除去効率は九九・九%とされていたのに対し、立地評価事故では移行率は一〇%、除去効率は九九・五%とされているにすぎないのである。この立地評価事故は事故シークエンスは全く同一で、パラメーターだけを少しいじって設計基準事象の五〇倍の放射能放出の場合を計算して見ただけなのである。これでは、安全審査において、設計基準事象とは別に「一般公衆との離隔距離の妥当性を評価するために」立地評価事故を設けた理由は全くないと言わざるを得ない。

２、本件再処理工場における臨界事故

（一）はじめに

本件安全審査においては、本件再処理工場における臨界事故として、溶解槽における臨界事故のみを評価している。確かに、前述の通り、現在の臨界計算においてウラン・プルトニウム混合水溶液系について計算誤差が大きい上、特に溶解槽のように、ウラン・プルトニウム混合水溶液に固体状の燃料が置かれている系については、実効増倍率を過少評価しやすいことを考えれば、溶解槽は設計上臨界計算のミスを犯しやすく、臨界事故が発生しやすい機器である。その意味で、溶解槽について臨界事故の解析を行うことは不可欠である。

しかし、他方において、臨界事故が発生した場合でも、溶解槽においては、その容量から、連続溶解工程中の三㎥の溶液状の放射性物質が存在するにとどまり、せん断工程が事故によりストップするという前提ならば、最大限想定でも三㎥の溶液中の放射性物質の漏洩にとどまる。

これに対し、本件再処理工場では、溶解槽と同じウラン・プルトニウム混合水溶液系の廃液分離前の工程においても、容量二五㎥、即ち溶解槽の数倍の溶液状放射性物質を内蔵し得る容器が四つ存在する(計量前中間貯槽、計量・調整槽、計量後中間貯槽、溶解液中間貯槽)。

これらの容器はいずれも形状寸法管理がなされておらず、臨界事故の可能性は十分に考えられるのであるから、立地評価事故としては、これらの容器での臨界事故をも考慮すべきである。

なお、臨界事故においては、今までに信頼できる解析コードは存在せず（臨界計算についての解析コードは、いずれも、ある系が臨界に達しないことの確認のためのものであり、臨界に達した場合どうなるかの評価には役立たない）、事業者の申請でも極めて大雑把な計算にとどまっており、それにも拘らず到底保守側とは言えない安易な仮定が多く、このような解析は行政庁と事業者の気休めに過ぎない。

（二）溶解槽における臨界事故

本件安全審査では、立地評価事故ですら、核分裂数1020、蒸発溶液量一・四㎥、希ガスとヨウ素以外は大半（ルテニウム九九%、それ以外は九九・五%）が蒸気中に移行せずに溶液中に残るとし、更にフィルターにより漏洩放射性エアロゾルの九九%が除去されるという前提で解析している。

まず核分裂数の1020は、海外の施設で、かつ高濃縮ウランではあるが、現実の事故として4×1019が発生しているのであり、しかも、本件再処理工場は、従来の海外の基準よりも安全余裕を削った「臨界安全ハンドブック」を基準として設計されるのであるから、臨界への安全余裕が小さく、またウラン・プルトニウム混合水溶液についての臨界実験が十分に行われていないことから、設計上臨界に達しやすいこと（海外の再処理工場における臨界事故があの程度の件数にとどまっているのは、科学技術庁側のいう過剰な安全余裕のおかげというべきである）、動燃再処理工場の事故でわかるように、我が国の運転員のレベルは決して信頼に値しないこと、そして本件再処理工場がこれまでに事故を起こした施設より大型の施設であることを考慮すれば、この程度の臨界事故は「運転中の異常な過渡変化を越える事象」で扱うべきであり、立地評価事故としては、もう二桁は上げるべきである。

放射性物質の蒸気への移行量についても、再処理工場のように燃料が溶解している上、放射性物質が種々の化学的形態をとり得る系においては、本件安全審査のごとき想定はあまりにも楽観的に過ぎる。希ガス、ヨウ素以外についてはせめて五〇%程度の蒸気への移行を考えるべきであろう。更に、エアフィルターの事故時の信頼性については前述の通りであるから、配管や建屋への吸着、エアフィルターによる哺集をあわせても、事故想定としてはせいぜい五〇%の除去と見るべきであろう。

以上のように、本件再処理工場のギリギリの臨界設計に対応して事故想定をすれば、核分裂数1022、希ガス、ヨウ素は全放出、蒸気溶液量三㎥、溶液中の放射性物質は五〇％蒸気に移行、フィルター等による除去効率五〇％となる。本件安全審査は核分裂数で二桁、従って希ガス、ヨウ素の放出量で二桁の過少評価である。その他の放射性物質については評価する核種が極めて少なく（例えば、Sr九〇がそれだけあれば、Cs一三七はそれ以上あるはずなのに、全く評価していない）、放出量では少なくとも四桁過少評価である。

(三)　計量前中間貯槽等における臨界事故

計量前中間貯槽等の廃液分離前のウラン・プルトニウム混合水溶液系の二五㎥の容器において臨界事故が発生した場合、溶解槽と異なり、可溶性中性子吸収材緊急供給系もないので、長時間にわたって臨界状態が維持される可能性が強い。より正確には、臨界に達した発熱により蒸気ボイドが発生して一旦未臨界となり、ボイドの収縮—蒸気放出—により再度臨界に達するという過程の繰り返しとなる。ハンフォードの一九六二年の臨界事故では、三七時間も事故が続いている。その結果、容器中の溶液の大半（溶液が未臨界形状となるまで発熱が続く）が蒸発することになり、しかも、これらの容器では放射性物質は全て溶解しており、溶液中の放射性物質の多くは蒸気に移行すると解すべきである。

そして、これらの容器内の溶液中の放射性物質の濃度は、不溶解残渣が除かれる以外溶解槽内の溶液と全く変わらず、結局これらの容器内には、溶解槽よりはるかに大量の放射性物質が存在する。

従って、これらの容器において臨界事故が発生した場合、溶解槽における臨界事故よりはるかに大量の放出性物質が放出されると解される。

六、予想される最大想定事故の危険性

１、バーンウェル再処理工場に関するゴフマンの事故影響評価

一九七二年一月七日の南カロライナ州議会において、ゴフマンは次のような証言を行った。

建設途上で計画放棄されたバーンウェル再処理工場は、年間処理能力一、五〇〇ｔの規模をもつ最大級の計画であった。ゴフマンが行った事故影響評価は、そのままどの再処理工場にもあてはまる一般的なものであり、再処理工場の事故の影響の深刻さを良く示していると思われるので、以下に要点を紹介する。

この工場には、毎年米国内の各原発から使用済燃料が持ち込まれる予定であったが、その中に含まれる「死の灰」は、原爆七七〇メガトン分の出す「死の灰」に相当する。

この放射能の一部（例えば一％程度）は、大規模な事故によって環境中に放出されるかもしれない。大規模放出の原因となるのは、爆発・火災などの事故、冷却設備故障にともなう事故、地震、戦争やテロなどによる施設の破壊などが考えられる。ゴフマンは、(一)　貯蔵放射能の一％が放出されるような大事故の場合、(二)　より小規模で、より起こり易いような、貯蔵放射能の〇・〇一％（一万分の一）が放出される場合の二つの事故について、その影響を評価している

(一)　一％の放射能が外部に放出した場合

(1)事故が起こると、まず放射能の雲ができる。この時、秒速約八・六メートルの風がバーンウェルからワシントン方向に吹いているとすると、雲は約七五〇㎞離れたワシントンまで丁度一日かかって到達し、その時の放射能雲の大きさは半径約一六〇㎞である。

この雲がバーンウェル再処理工場の放射能の一％を含むとすると、

雲中の放射能量：四、七〇〇万キュリー

この雲が雨であらわれて、死の灰が地上に降下すると仮定すれば、

地表汚染（雲の直下で）：

三、六〇〇キュリー／㎢

これによる人体の外部被ばくは、

地表からの外部被ばく：

一七〇ミリレム／日　五、〇〇〇ミリレム／年

となる。この値は、単に地表に降下した放射性物質のガンマ線の効果だけを考えたものであり、飲食物からのとりこみは全く考えていない値である。

もちろん、こんな場所に人間は住むことができないから、ワシントンのあるコロンビア特別区の全域、メリランド、デラウェア両州の大半、ヴァージニア、西ヴァージニア両州の多くの地域からは人々は退避しなくてはならなくなる。気象条件によっては、退避の地域が異なってくるが、いずれにせよ数千万人の人口を含む広大な地域から完全

に人間を追い出さないと、ガンや白血病の被害は避けられなくなる。

⑵雨がもっと早く、例えば事故後八時間で降った場合、放射能の広がる地域は約一〇分の一になるが、その地域の地表汚染は前の計算値の一〇倍に達し、おそらく退避命令が間に合わずに障害を受ける人が続出する。

⑶幸い晴天が続いて、放射能の雨が降らない場合には、いくらかましな事態となるだろう。しかしその場合には、死の灰は、いわゆるフォールアウト（放射性降下物）となって地上に舞い降りるので、農業に与える影響を考えると、やはり深刻な事態が生じる。

例えば平均風速六・七メートルで放射能雲がニューヨーク州バッファローの方向に移動するとすると、約二日後に丁度カナダとの国境（ナイアガラ）に到達する。この時、雲は直径約四七〇㎞に拡がっているので、図・1に示した扇形の部分に降下物が沈降する。

図（略）

今、例えばセシウムとストロンチウムの影響を考えると、その地表濃度とミルクの汚染による人間一人当りの全身被ばく線量は、表・1の如くになる。

結局、約四〇万㎢の地域の農産物は何年にもわたって廃棄せざるを得ず、その被害は膨大なものとなる。

（二）〇・〇一％の放出があった時

その影響についてゴフマンは、牧草―牛―ミルク―子供の食物連鎖を通じてのセシウムとストロンチウムの影響のみを評価している。

今、バーンウェル再処理工場内の放射性物質の〇・〇一％が大気中に放出され、（一）の時と同様に、二四時間後に雨が降ってこの放射能が地表に降下して来ると考える。この放射能で汚染した牧草を牛が食べ、その牛のミルクを子供が一日一ℓずつ飲み続けた場合の集積効果を考えると表・2の如くなる。

表（略）

このミルクの影響だけを考えても、到底人間の耐えられる環境ではないが、この上に、地表そのものの汚染による長年の外部被ばくや他の農産物の影響を考慮すると、〇・〇一％の放出事故が一度発生しても、周辺一〇万㎢にもわたる地域が回復不能の影響を受ける。

これらの評価に若干の不確定さを考えても、再処理工場の事故は想像を絶する影響を周辺何百万㎢にもわたって与える可能性があり、そのような事故がいつ起こるかもしれない施設である再処理工場は、絶対に操業すべきでない、というのがゴフマンの結論である。

２、西ドイツＩＲＳの事故評価

一九七五年の七月、西ドイツの内務省はケルンにある原子炉安全研究所（ＩＲＳ）に対して、再処理工場と原子力発電所に対する大事故の影響評価を依頼した。この研究は一九七六年八月に完成し、報告書が内務省に提出された。一九七七年一月、この報告が環境団体によって暴露されるまで、内務省はその存在すら明らかにしようとしなかった。それは、その結果があまりにもショッキングだったからである。この報告の結果から推定すると、「西ドイツで現在計画されているような大規模再処理工場で、使用済燃料貯蔵プール及び高レベル放射性廃液貯槽の冷却系に事故が起こると、大量の放射性物質が環境中に放出され、一〇〇㎞の遠方に住む人でも風下では致死量の一〇倍から二〇〇倍にのぼる放射線被ばくを受け、風向によっては死者は三千万人に達する」ことがわかる。

この報告書は、再処理工場で大事故が起こる経過を明らかにした点で注目に値する。それによれば、再処理工場の大事故として、次の二通りのシナリオが想定されている。

（一）使用済燃料貯蔵プールの事故

再処理工場には、各原発から使用済燃料が持ち込まれる。この報告書で想定されている年間処理能力一、四〇〇ｔの大規模再処理工場では、加圧水型原子炉のウラン燃料の場合、総計約八七〇ｔが貯蔵されるとしている。

その内訳は、

プールの広さ　　一七m×五六m×一五・五m

燃料集合体の数　一、四〇〇体

燃料棒の数　集合体あたり二三六本

ウランの燃焼度　平均三万四、〇〇〇メガワット日／ｔ

冷却日数　　二〇〇日

さて、冷却系が事故を起こし、プール水が冷却されなくなると、使用済燃料の中にたまった放射性物質（死の灰）の放射能の熱で、プール内に残った水は温度上昇を始める。その後の経過は図・2に示すようなる。但し、プール水の冷却系の事故ではなく、プール水そのものが漏れ出る事故の場合には、放射能放出までの時間はぐっと短縮されることになる。

図２（略）

（二）高レベル放射性廃液貯槽の冷却系の事故

再処理工場では、化学処理が行われた後の高放射性の廃液は、貯蔵タンクに貯蔵される（固化などの処理が行われ得るとしても、その後の話である）。この廃液貯槽の大きさ及びその内容物は、この報告書では以下の如く想定されている。

貯槽の大きさ　一六m×一六m×三・九m（水深）

廃液の総量　一、〇〇〇㎥

廃液中の放射能濃度　三、四五〇キュリー／ℓ

廃液中の放射能総量　三、四億五、〇〇〇万キュリー

このような強放射性溶液は、冷却されなくなると、放射能の熱で自己温度上昇を始め、ついには放射性物質が環境中に放出されることになる。それまでの経過を図式に示すと図・３のようになる。

図３（略）

（三）放射能放出による住民被ばく

これらの経過を経て、放射性物質が環境中に放出されると、風下に住む人々にどれだけの被ばくが起こるだろうか。この研究報告では、いくつかの気象条件、放出高の条件などのもとで計算を行っているが、二つの場合を示す（図・４）。

図４（略）

（Ａ）の方の曲線は、前述の（一）のケースに相当し、中でも条件のとり方で一番被ばく量が小さいケース、（Ｂ）は前述の（二）のケースに相当し、計算されている中では一番厳しい被ばくとなる場合である。

これらの図を見ると、この想定がなんとも恐ろしいものであることがよくわかる。人間の瞬間致死放射線量を六〇〇レムと考えると、(二)の場合、事故発生源から一万㎞離れて、やっとその線量まで下がることになる。地球の周囲は四万㎞だから、風下に居合わせるとすれば、地球上どこにいても致命的な大被害となる。

もし本当にこんな事故が起こったら、全地球的な大惨劇となるであろう。

３、グリーンピース報告の評価

このグリーンピース報告は、国際環境保護団体GREENPEACE（グリーンピース）の依頼を受けて、Ｕ・フィンケ、フォン・ラーベンホルストらハノーバーとハンブルクの四人の科学者が行ったもので（SchwereUnfalle in der Wiederaufarbeitungsanlage Wackersdorf—Ablauf und Folgen：ヴァッカースドルフ再処理工場の重大事故－その経過と結果、一九八八年一二月)、ヴァッカースドルフ再処理工場が対象である。

事故があった場合、風下にいる人間は、（イ）直接に雲からの外部被ばく、（ロ）大地の汚染からの外部被ばく、(ハ）汚染した空気の吸入による内部被ばく、(ニ）汚染した食物の摂取による内部被ばくを受ける。

４、高木仁三郎（原子力資料情報室）による評価

本件再処理工場について、事業指定申請書に公表されたデータをもとに予想される大事故の被害評価を行った例がある。

原子力資料情報室の高木仁三郎代表（原子核化学専攻）の評価がそれである。この詳細は、「核燃料サイクル施設批判」（七つ森書館二二二ページ以降）に詳しいが、以下にその内容を要約して紹介する。

（一）プルトニウム濃縮セルで火災が起こり、大量の溶媒が燃焼した場合。

プルトニウムを含む溶媒が火災を起こし、一㎥が完全に燃え、その中に含まれていたプルトニウムの一〇％が外部に放出されると考える。火災の場合には、煤が大量に発生するため、フィルターが働かなくなると考えられるからである。そうすると、プルトニウムの放出量は、申請書のデータからして、

プルトニウム―二三八　6.4×10^{13}（六四兆）ベクレル

二三九　5.7×10^{12}（五・七兆）〃

二四〇　9.0×10^{12}（九兆）〃

二四一　2.1×10^{15}（二、一〇〇兆）〃

となる。

火災の場合、温度の上昇のため、他の槽類などから核分裂性物質も漏洩し、加熱されて放出される可能性もあるが、ここではその量は考えないこととする。

さて、これだけのプルトニウムが放出された場合、風下地帯の汚染はどのようになり、どのくらいの被ばくと被害が考えられるのであろうか。

(計算結果)

風下方向の距離と被ばく線量のグラフ（a晴天.b雨天）は図・7に示すとおりである。
一〇〇㎞を越え、六〇〇～七〇〇㎞遠方の首都圏でさえ、想定被ばく線量が一〇〇ミリレム（公衆の年間許容量）前後になるから、風下にあたったなら十分に要警戒地域となる。青森県下はほぼ全面的に緊急避難地域である。これは、一〇レムを避難線量とする原子力安全委員会の基準に従っても、そのように言うことができる。

図（略）

この評価は、事故直後の影響を評価したものである。プルトニウム二三九に限定した初期の地表汚染度と葉菜の汚染度を表・6に示す。

表（略）

この強い汚染度を見ても、農業は風下方向一〇〇～四〇〇㎞の広い範囲にわたって打撃を受け、青森県などは壊滅的打撃を受けることがわかる。しかも、プルトニウムの半減期は長いので、食生活や農業への影響は半永久的である（横方向のひろがり角度は、この計算では一五度で、その範囲では均一に図に示す線量となる。従って、一〇〇㎞の風下で幅は約二六㎞、五〇〇㎞では一三〇㎞にも広がり、風向き次第では、本州の東部は全面的に大打撃を受ける）。

表・6の汚染値は、プルトニウム二三九に限ったものであり、実際には、他のプルトニウム(二三八・二四〇・二四一）の効果も考えに入れると、アルファ放射能全体の影響を約二〇倍して考える必要がある。

甘いとして評判の悪いＥＣの新食品基準値では、アルファ放射能の総ベクレル数を乳製品で二〇ベクレル／kg、その他の食品で八〇ベクレル／kgとしている。表の数字を二〇倍にして考えると、五〇〇～六〇〇㎞遠方までこの基準をオーバーしてしまうことになる。

(二）航空機墜落あるいは大地震によって廃液タンクが破壊され、貯蔵放射能の一部が外部に放出された場合。

廃液タンクからの放射能漏れ事故は、航空機事故の墜落だけでなく、大地震による破壊によっても、西ドイツのIRS-290報告で解析されているようなタンクの冷却能力の喪失によっても起こる可能性がある。

ここでの基本的仮定は、強く濃縮された廃液一〇〇㎥を含むタンクが破壊され、その内臓放射能（ストロンチウム九〇、ルテニウム一〇六、セシウム一三四、セシウム一三七が問題となる）の一％が外部に放出されたと考えることとする。航空機墜落とか地震などの状況では、フィルターなどの機能は期待できないので、より大量の放射能放出もあり得ると仮定してよいかもしれない。ここでは、控え目に一％という仮定にしておくこととする。

すると、実際の放出量は、

ストロンチウム—九〇
　　1.7×10^{15}（一七〇〇兆）ベクレル
ルテニウム—一〇六
　　1.1×10^{15}（一一〇〇兆）　〃
セシウム—一三四
　　1.3×10^{15}（一三〇〇兆）　〃
セシウム—一三七
　　2.3×10^{15}（二三〇〇兆）　〃

となる。他の計算の前提・仮定は先のプルトニウムの場合と同じであるが、放出高は地上〇ｍと考えている。

(計算結果)

風下方向の距離と被ばく線量のグラフを図・8に、雨天の時を日本地図におとした等線量圏を図・9に示す。

図（略）

図（略）

この結果が、ケース（一）のプルトニウム放出の場合よりさらに驚くべきものであることは図から明らかであろう。その結果は、まさに目をそむけたくなるようなものである。

雨天の場合、なんと一〇〇㎞を越える範囲が緊急避難範囲となり、晴天でもほぼ青森県全域は避難範囲となってしまうのである。雨などの条件にもよるが、十分に警戒を要する一〇〇ミリレム圏は、東京・横浜を越え、遠く名古屋あたりにまで達することになる。集団線量は、風向き、気象条件次第であるが、優に一〇〇〇万人レムから数千万人レムに達し、はるかに立地指針の「二〇〇万人レム」を越えることは間違いない。

本件施設のような大型再処理工場で大事故が起こったら、このような結果が出るのはある意味では当たり前で、「ここで仮定した条件は決して極端なものとは言えない」と高木氏は指摘している。高木氏の言うように「ひとたびでもこのような事故が起こったら、永遠に日本の土地の多くとその上に生きる生命を失うことになる」のである。

第一三　本件指定処分の内容的違法性（四）・・・平常時被ばく

一、はじめに（略）

二、放出(廃棄)される物質の危険性

１、本件施設から放出される物質の放射能量

（一）本件施設から放出される物質の放射能量およびこれと他施設との比較は以下のとおりである。

表（略）

（二）これら放出物質のうち、クリプトン八五、トリチウムなどは、「蓄積しない」などの理由でそのまま環境に放出されることは前記のとおりである。

２、放出される放射性物質の危険性

（一）クリプトン―八五

⑴右の表の希ガスの内、ほぼ一〇〇%が半減期一〇・八年のクリプトン八五である。事業者によれば、クリプトン八五は環境への蓄積も生体等への濃縮もない（又は少ない）とされるが、近時の知見はこれとは全く相反する。即ち、チェルノブイリ事故の経験では、クリプトン八五は皮膚被ばくのみでなく、血液中に入って染色体異常の原因となることが判明し、また、その電離作用によって大気中のイオンが増加し酸性雨や雷の原因となるなど、環境への悪影響が注目されている。

⑵そしてクリプトン八五は、元来、自然界には存在しない核分裂生成物であり、軍事用プルトニウムの製造および本件施設のような再処理施設の稼働により、大気中の濃度は過去三〇〇年間で二五倍、現状で推移すれば（即ち、本件施設のように除去・処理されることなく放出されれば)、二〇〇〇年には現在の一六倍の濃度になるものと推測されている。

（二）トリチウム

⑴トリチウムは水素の三倍の重さを有する（三重水素）半減期一二年の放射性物質である。化学的には水素と同類であり、水の形で容易に生体および環境中に入ってくる。事業者は、このトリチウムについても、生体や環境への濃縮・蓄積がない（又は少ない）とするが、この点も近時の知見とは異なる。

⑵即ち、京大原子炉実験所の学者グループの実験結果によれば、トリチウムは動物の体内に入ると脳や肺などに長期間残留し、放射線（β線）を出し続けてガンの起因要素となり得ることが明らかにされ、また帝京大における植物実験では、染色体異常の原因となり得ることも明らかにされている。

（三）ヨウ素

⑴第三次補正書によれば、本件施設が放出するヨウ素は、年間で、

《気体	ヨウ素一二九	一一〇億ベクレル
	ヨウ素一三一	一八〇億ベクレル
《液体》	ヨウ素一二九	四三〇億ベクレル
	ヨウ素一三一	一八〇〇億ベクレル

とされる。この点、申請書では気体のヨウ素一三一が五六〇億ベクレル、液体のヨウ素一二九が二六〇億ベクレルとされ、右の補正値と大幅な相違があるが、その理由は明らかではない。

⑵放出量だけからするとヨウ素一三一が多いが、(イ）ヨウ素一二九と一三一の年摂取限度（職業人)は前者が後者の五倍であること、(ロ）ヨウ素一三一の半減期が八日であるのに対し、ヨウ素一二九は一六〇〇万年であることなどから、生体や環境への蓄積という点ではヨウ素一二九の危険性がより重視される。

ヨウ素は環境中に放出されると、気体の場合は雨などに伴って沈降して農産物や牧草を汚染し、これを通じて人体に入って甲状腺に蓄積される。液体の場合は、特に海草に濃縮してこれを通じてやはり人体の甲状腺に蓄積される。チェルノブイリ周辺で、ヨウ素一三一の影響として種々の甲状腺障害が発生していることは、近時、よく報道されているところである。

（四）右のほか、本件施設からは炭素一四やコバルト六〇その他のベータ放射体、プルトニウムやアメリシウムその他のアルファ放射体が大量に放出される。その内、トリチウム、ヨウ素以外の液体廃棄物の年間の合計放射能放出量は、ベータ放射体（コバルト六〇など）で「一般人の年摂取限度」の約六億倍、アルファ放射体（プルトニウムなど）で約一八億倍（但し、申請書の数値による）にも達し、本件施設の危険性を端的に示している。

三、放出される放射性物質の処理可能性

１、クリプトン、トリチウム放出の理由付け

前記のとおり、本件施設では少なくともクリプトン八五（希ガス）とトリチウムおよび炭素一四については、何らの除去・回収の措置を講じることなく環境中に放出される。その理由は、これら物質の回収について、「実用段階で実証された技術が確立されていない」（第三次補正書）からとされている。

しかしこれは理由とはなり得ない。

２、批判

第一に、前記のとおり、本件申請前に青森県に提示された施設計画では、クリプトンとトリチウムの処理建屋が予定され、図示までされていたこと。

第二に、ヴァッカースドルフ再処理工場（ドイツ、年間処理容量三五〇トン。但し、建設計画は廃止された）では、クリプトンとトリチウムの回収を前提とした計画が立案され、これが実用化技術の段階に至っていること（同工場の運転開始予定は一九九六年だった）。

第三に、動燃事業団は、一九八三年頃からクリプトンの回収技術の研究を開始し、一九八八年三月からは、同事業団の東海再処理工場（年間処理容量二一〇トン、一九七七年運転開始）において、実機試験を実施していること。

３、全量放出の真の理由（コスト）

これらによれば、そして放出される放射性物質の前記の危険性を考慮すれば、本件施設においてクリプトンやトリチウムの回収・除去施設を設けることは十分可能であり、かつ必要だった。

ところが、これら施設の計画が放棄されたのは、唯一、経済的理由によるものと考えざるを得ない。

即ち、再処理コストの概算は、トン当り、

東海再処理工場　　二億四、八〇〇万円

現行の英、仏再処理委託費　一億六、〇〇〇万〜一億八、〇〇〇万円

ヴァッカースドルフ（独）　三億二、〇〇〇万円

ＵＰ－３（仏）　　一億一、〇〇〇万円

セラフィールド（英）　　九、〇〇〇万円

と推定されるのに対し、本件施設は建設費を現行の八、四〇〇億円と仮定して（現実には、一兆二千億円とも一兆五千億円とも言われる（一九八九年五月二二日付け電力時事通信）。一九九三年八月二五日付け日本経済新聞によると一兆七千億円）、そのコストは二億七千万から二億八千万円にも上ると思われ、これでは商業施設とはなり得ない、との判断が優先されたからに外ならない。

現に、ヴァッカースドルフ再処理工場の建設計画が廃止に追い込まれた理由の一つは、右で比較したコスト高と言われている。

４、まとめ

このように本件施設は、住民や環境上の諸利益よりも、経済性を優先させたものであり、このことを理由に、本来は可能な安全技術の適用を放棄したものであって、違法なものと言わざるを得ない。

四、実効線量当量評価の違法性

１、事業者による実効線量当量評価

(一) 第三次補正書によれば、本件施設敷地境界外の一般公衆の実効線量当量は、左表内訳により、年間約2.2×10-2ミリシーベルトと（約二・二ミリレム）される。

本件申請書の段階では、右の合計の実効線量当量は約二・三ミリレムとされており、補正によって、さらに被ばく線量が低下したことになる。

その理由は、主に、「漁具等への移行パラメータは、先行再処理施設（＝東海再処理工場）の線量当量評価に使用された値を用い」たからとされ（補正書。申請書では漁具・魚網からの外部被ばくは、〇・三六ミリレムとされていた）、「従来、海中で魚網につく放射線量を軽水炉原発式に計算していたが、東海村での再処理工場にのっとった『現実的な評価に変えて』影響を低く見積もったのが主な原因」（一九九一年七月三一日付け河北新報）と報道されているが、その真偽は疑わしい。

	経　路	実効線量当量（mSv/y）
気体廃棄物による線量当量	放射性雲からの外部被ばく	約 3.9 × 10^{-3}
	地表沈着による外部被ばく	約 2.9 ×-10^{-3}
	呼吸摂取による内部被ばく	約 5.7 × 10^{-4}
	農作物摂取による内部被ばく	約 8.7 ×-10^{-3}
	畜産物摂取による内部被ばく	約 8.9 × 10^{-4}
	大気合計	約 1.7 × 10^{-2}
液体廃棄物による線量当量	海水面からの外部被ばく	約 2.5 × 10^{-6}
	魚網からの外部被ばく	約 8.5 × 10^{-4}
	船体からの外部被ばく	約 2.0 × 10^{-6}
	海中作業からの外部被ばく	約 4.6 × 10^{-5}
	海産物摂取による内部被ばく	約 4.1 × 10^{-3}
	海洋合計	約 5.0 × 10^{-3}
合計		約 2.2 × 10^{-2}

(補正書七-一五-一三二)

（二）また補正書によれば、本件施設からの直接線およびスカイシャイン効果（＝ＳＳ効果、又はＳＳ線。空に向って放出された放射線が、はね返って地表の人を被ばくする効果）による線量当量は、年間5×10-3ミリシーベルト（〇・五ミリレム）とされており、これを前記(一)の実効線量当量(約二・二ミリレム）と併せれば、合計約二・七ミリレムの被ばく線量となる。そしてこれをもって事業者は、「平常時における一般公衆の実効線当量は、仮に、放射性物質の放出に伴う実効線当量ならびに施設からの直接線およびスカイシャイン線による線量当量を実効線量当量として足し合わせても十分小さい」（補正書七一五一七八）と主張する。

２、事業者の評価に対する疑問

(一）申請書と補正書の相違

⑴本件申請書の被曝線量評価をまとめれば、下表のとおりである。（但し、廃棄物管理施設からの被ばくを考慮するため、Ｃ欄を付加する）

表（略）

⑵右申請に対し、第三次補正書では、

（イ）実効線量当量を、前記のとおり二・二ミリレムと低減させ（右表のＡ欄参照)、

（ロ）本件施設からの直接線とＳＳ効果についても、前記のとおり〇・五ミリレムと低減させ（右表のＢ欄の上段参照)、

（ハ）申請書には存在した使用済み燃料の受入れ施設および貯蔵施設からの直接線とＳＳ効果（右表のＢ欄の下段）についての検討を削除している。

(以上、補正書七一五一二三、七一五一七八)

⑶これらにより、申請書では住民の合計の実効線量当量が年間三・七ミリレムであったのに、補正書では前記のとおり年間二・七ミリレムと低減してしまっている。

これらの補正の合理性と妥当性は不明であり、被ばく評価の恣意性を示すものと言わざるを得ない。

（二）計算方法の恣意性

⑴事業者による被ばく評価は各種のパラメーターを適用した計算結果だが、これらのパラメーターは、積（＝掛け合わせ）の結果をもたらすので、如何なる基本値を用いるかによって直ちに数百倍の「誤差」をもたらすことになる。

⑵とりわけ、液体の放射性物質については、

（イ）海水による希釈割合（海水の流動）

（ロ）魚介類の生息地の評価、分析

（ハ）魚介類中の放射能濃度（濃縮率、係数）

（ニ）魚介類の消費（摂取）実態

など、不明ないし差異の生ずる要素が多くあり、申請書や補正書のように一義的な結論（＝安全）を導くことは正しい科学的検討とは到底言い難い。

⑶この点、一例を挙げれば以下のとおりである。

（イ）魚類に対するセシウムの濃縮係数は『三〇』とされているが、チェルノブイリ原発事故に関して、事故から二年余経過した一九八八年夏に、スウェーデンで捕獲された淡水魚パーチで最高四八〇ベクレル／ｇの放射能（セシウム）が計測されており、このように高い汚染はこれまでの（＝事業者が採用した）濃縮係数の知見では説明できないこと。

（ロ）魚介類の消費（摂取）実態は、住民各自の生活形態に応じて相当の差異が生ずると思われるが、本件申請書ではこれが三一八ｇ／日とされ（申請書七一五一一〇九)、第三次補正書ではこれが三五二ｇ／日とされていること（補正書七一五一一二四)など、基準となる数値の設定に相当の幅があり、従ってこれらに基づく計算値にも有意の差が生じることは明らかである（そして、その差は、結論

的には「住民にとって不利益＝事業者にとって有利」となる)。

３、現実的な実効線量当量評価

(一) 考慮すべき放射能（略）

(二) 申請書に基づく実効線量当量

(三) 実効線量当量の現実的評価

⑴動燃事業団の東海再処理工場周辺において、異常に高いレベルの放射性物質（ヨウ素一一二九)が検出されたことが、国立放射線医学総合研究所研究員の論文によって明らかとなった。それによれば、放射性のヨウ素一二九の非放射性のヨウ素一二七（自然界に存在）に対する割合が一〇万分の一・八（松の葉に蓄積されたもの）であり、これは通常の自然界の存在比率の約一〇〇〇倍も高い。　同論文は、その理由を、「これらのヨウ素一二九の高いレベルは東海村の核燃料再処理プラント（注・動燃・東海再処理工場）からの、この核種の環境への放出のためであることを示している」、「再処理プラントからのヨウ素一二九の放出量はこの二〜三年減ったことを示唆しているが、これは高いヨウ素吸着の新フィルタを煙突につけたためと思われる」(村松、大桃論文）と結論づけている。

即ち、再処理施設も原子力発電所と同様に、その事業者の意図のとおりの機能を発揮しないこと、それ故、被ばく線量も事業者の期待（希望ないし処分庁への申請値）を実現するものではないことを、右論文は証明している。

⑵以上の諸点、とりわけ、(イ）本件施設から放出される放射性物質については、これをできるだけ安全の側（＝合理的に予想しうる最大の放出を想定する）から想定し、(ロ）計算式の誤差については、各検討要素（例えば、海産物の摂取量など）毎に安全の側にとり、(ハ）現実に、当該事業管理者の想定を超える事態が発生していること（＝右の東海再処理工場のヨウ素一二九の事例）などを併せ考慮すれば、本件施設における現実的な実効線当量は、最大で年間五四〇ミリレムとなり得る。これは一般人の「許容」被ばく線量（一〇〇ミリレム）を遥かに超えるから、かかる違法な放射能量を放出する施設が適法に存在する余地はない。

５、平常時被ばくの悲劇―セラフィールド再処理工場の例―

ヨークシャー・テレビが一九八三年一一月に放映した「ウィンズケール―核の洗濯場」は、「ウィンズケールの周辺地域では、小児白血病が全国平均の一〇倍も高い」という放射能汚染の実態を茶の間に生々しく映し出し、イギリス国内だけでなく全世界にセンセーショナルな波紋を投げかけた。

この告発が大きな反響を巻き起こしたため、イギリス政府は直ちに、王立医科大学の元学長ブラック卿を中心とするブラック委員会に白血病の集中発生の原因調査を行わせた。

その結果、一九八四年その報告（「西カングリアにおけるガン発生頻度の増加の可能性に関する報告」通称ブラック報告）が出され、セラフィールド周辺の白血病発生率は全国平均の一〇倍であるというヨークシャー・テレビの数字を認めはしたものの、セラフィールドとの関連性は現時点では裏付けられないという結論が下されている。

つまり、白血病は多発しているが、病気が工場から排出される放射能によるという因果関係までは立証されなかった、というのである。ただし「モニタリング・システムの不備や秘密主義のため、データがあまりにも不足しており、なお多方面にわたる追跡調査が必要である」と勧告している。

ところでブラック委員会の調査の過程で、他にも白血病の多発地域があることが判明している。核兵器を製造しているバークシャーのオルドマストン工場、ドンレイ高速増殖炉（敷地内に再処理工場がある）などの核施設周辺である。

さて、こうしたブラック委員会の勧告を受けた政府は、翌一九八五年に医学者で構成された「環境放射能の医学的側面に関する委員会（ＣＯＭＡＲＥ)」を設置し、セラフィールド、ドンレイ、オルドマストンなどの周辺地域における白血病多発の原因について、あらためて調査を実施させた。

ＣＯＭＡＲＥ委員会は、要約すると次のような結論を出している。

①原子力施設の特性のいずれかが、周辺の白血病の多発をもたらしているという仮説は支持するに値する。

②ドンレイ周辺の白血病多発の説明として、純粋に偶然によって症例が集中した可能性も捨てることはできないが、セラフィールドの事例も考え合わせると、その可能性は低いと考えられる。

③この白血病に関する知見が偶然による結果ではなく、セラフィールドやドンレイの操業と関連

していのであれば、そのメカニズムを見つけて、矯正することが可能なはずである。

同委員会のバブロフ委員長は、その後の記者会見で、次のように語っている。「反論が立証されない限り、白血病の多発は核施設と関連があると推定せざるを得ない。今度は推進側が、両者の無関係を立証する番だ」と。

一方この報告を受けて、サザンプトン大学のマーティン・ガードナー博士を中心とする調査団も、シースケール村における小児や学童の追跡調査を行っている。

ガードナー調査団は、一九八七年一〇月、シースケール村に住む母親から生まれる子供にだけ全国平均の一〇倍の白血病多発の現象が見られると発表し、次いで一九九〇年二月、小児白血病の原因は父親の被ばくにあるという報告を出した。このガードナーレポートはイギリス国内だけでなく、全世界に衝撃を与えたことは記憶に新しいところである。

セラフィールドの放射能とガンや白血病の因果関係を医学的に証明することは難しいことに違いない。しかし、この地域一帯の海も陸地も放射能で著しく汚染されている事実は誰の目にも明らかで、疫学的な因果関係の存在は、政府の調査でも否定することのできない厳然たる事実である。

六ヶ所村民や青森県民が、このような「セラフィールドの悲劇」を背負わなければならない理由は何ひとつない。その意味で、本件指定処分は理不尽この上ないものであり、断じて許すことはできない。

六、まとめ（略）

第一四　輸送中の事故の危険性

一、はじめに

二、輸送は安全審査の対象外
１、安全審査から除外する理由（略）
２、施設と一体の安全審査の必要性（略）

三、輸送の方法
１、本件施設への使用済燃料輸送の方法（略）
２、使用済燃料輸送容器は開発段階（略）
３、核燃施設に集中する核燃料物質等と輸送回数の増大（略）
４、安全の未確認と国民の理解（略）

四、使用済燃料の初輸送の問題点
１、日本における使用済燃料の初輸送（略）
２、初輸送以前の使用済燃料輸送の安全研究（略）
３、初輸送以後の使用済燃料輸送の安全研究（略）
４、原子力開発の姿勢と安全研究の欺瞞（略）

五、輸送中の事故の危険性（略）

六、むすび

使用済燃料の輸送問題は、本件再処理施設の安全性の問題と切り離すことは出来ない。

しかるに、本件安全審査は、使用済燃料の輸送を除外した。これは、「核燃料施設安全審査基本指針について」や「再処理施設安全審査指針」が輸送中の事故を考慮していないためである。

しかし、原子力推進事業者が言うところの「厳重な安全対策を施した」原子力発電所でさえ、臨界爆発、炉心溶融の危険がつきまとう。ましてや輸送容器においては、いかに堅固に作ろうとも、事故への備えは万全とは言えず、燃料の溶融を食い止める手段さえもない。その上、本件再処理施設で扱うのは、今まで輸送の実績がない、高燃焼度の使用済燃料である。

そのような状況を勘案するならば、高燃焼度使用済燃料の輸送中の事故を考慮しない本件安全審査の違法性は明らかである。

第一五　防災対策の欠如

一、原子力防災計画の問題点
１、防災計画の概要

一九八九年二月、青森県はそれまでの「青森県地域防災計画（原子力編）」を修正した。この防災計画において原子力防災対策を重点的に充実すべき地域の範囲は、むつ市と六ヶ所村となっている。むつ市は原子力船「むつ」、六ヶ所村は核燃料サイクル施設ということなのであろう。

この防災計画では、基本方針として「住民に対する原子力防災に関する知識の普及および啓蒙、防災業務関係者に対する教育訓練、通報連絡等に係わる必要な体制をあらかじめ確立するとともに、緊急時においても迅速かつ的確な応急対策活動が実施できるよう防災関係機関相互の協力体制を確立するなど所要の措置を定める」としている。

また、原子力事業者に対し、原子力施設内の防災対策及び施設外への協力体制に関しての安全協定を、県及び関係市町村（むつ市及び六ヶ所村）と締結することを求めている。

「原子力防災計画」の内容は次の項目からなっている。

２、防災計画の問題点

（一）再処理工場等を考慮した防災計画の必要性

この計画は、核燃料サイクル施設のうちのウラン濃縮工場と低レベル放射性廃棄物埋設施設だけを想定し、再処理工場とその関連施設を考慮した計画となっていない。再処理工場についての国の安全審査の経過をみながら県の原子力部会で再修正の必要があるかどうかの検討を進めることになっており、必ずしも、再処理工場にも係わる原子力防災計画に修正することにはなっていない。

（二）県独自の安全性チェックの必要性（略）

（三）重点地域拡大の必要性（略）

（四）片寄った構成メンバー（略）

（五）関係市町村への県の指導助言並びにそれ以外の市町村に対する指導（略）

（六）住民の防災訓練参加の必要性（略）

（七）住民に対する情報伝達体制の必要性（略）

（八）施設上空の飛行規制の不備（略）

（九）核燃料物質等の輸送対策の欠落（略）

（一〇）県職員等の安全対策の欠落（略）

（一一）環境モニタリング体制の欠如（略）

（一二）事故状況の把握の不十分性（略）

二、防災対策の欠如（略）

第一六　原子炉等規制法第四四条の二の要件不該当

本施設の建設が、原子炉等規制法その他の原子力関係法規に基づく法的根拠を一切有しないこと及び本施設によって原子力災害が発生する危険性があることは前述のとおりであるが、以下に、原子炉等規制法第四四条の二第一項三号（事業遂行の技術的能力・経済的基礎）の許可基準の不適合につき述べる。

一、技術的能力の欠如（略）

二、経理的基礎の欠如（略）

申請者である日本原燃は、前述のように一九九二年七月一日に合併して、資本金一、二〇〇億円となった会社であるが、事業計画の採算、事業失敗のリスク、現在の経営状態、事故時の損害賠償能力、支援会社など、肝心の経理的基礎がすべて欠如している。以下詳述する。

１、杜撰な事業計画（略）

２、事業計画は、計画通りにならず失敗する。

（一）既存の核燃料サイクル事業は技術的に失敗している。（略）

（二）需要のない供給施設は、本質的に失敗して当たり前である。（略）

３、日本原燃の経営状態

（一）設備投資を借入金に頼る危険な経営（旧原燃サービス）（略）

（二）合併相手（旧原燃産業）も同様に危険な経営（略）

（三）私腹を肥やす経営者（略）

（四）膨れ上がる累積損失（略）

４、損害賠償能力の欠如

（一）日本原燃自身の賠償能力

原子力損害の賠償に関する法律（原賠法）により、再処理事業者は三〇〇億円の原子力損害賠償責任保険を掛けることが義務付けられている。この額を超える被害については、国が面倒を見るとよく言われているが、正確には、国は「国会の議決に基づいて政府に属せられた権限の範囲内において必要な援助をする」のであって、借入金の連帯保証人による支払のような法的義務が規定されているわけではなく、責任の主体は、あくまで日本原燃が負わされている。

再処理工場が大事故を起こした場合は破局であるが、放射能漏れに至らない事故でも、風評被害の畏れが高い。青森県は人口が約一五〇万人、県内総生産は三兆五、三二五億円（一九八九年度）である。このうち、農林水産業は二、九六三億円（一九八九年度）で、全国第七位である。風評被害が青森県内の農林水産業全部に及んだ場合、最大で約三、〇〇〇億円近い賠償が必要になり、しかも、それは一年分に過ぎない。また、風評被害については、原子力損害賠償責任保険では填補されない。一九八九年三月に風評被害対策基金なる財団（財団法人むつ小川原地域・産業振興財団）が、電気事業連合会（以下電事連という）五〇億円の出資、利息は電事連負担の銀行借入金五〇億円、青森県一、〇〇〇万円合わせて一〇〇億一、〇〇〇万円の基金で設立されているが、基金一〇〇億一、〇〇〇万円ではあまりにも低額であるばかりでなく、これは一時的な立替えであって補償そのものではない。従って、原子力損害賠償責任保険三〇〇億円にしろ、風評被害基金一〇〇億一、〇〇〇万円にしろ、これらを超える分については日本原燃の負担となる。ところが、すでに述べてきたように日本原燃は、累積損失が七八億一、六〇〇万円（一九九三年三月三一日現在）に達している状態であり、また資産を換金しようにも、総資産の九五％以上が売却不能な放射能を含んだ固定資産である。換金可能な流動資産の合計は約二二一億円（一九九三年三月三一日現在）に過ぎず、事故や風評被害に対応する損害賠償能力はない。

（二）電力会社の「支援」の欺瞞（略）

第一七　再処理計画の破綻・・・核燃料サイクルの終焉

一、はじめに（略）

二、再処理の必要性（根拠）は失われた。（略）

三、長期計画でのＦＢＲ（略）

四、再処理はゴミを増やす

国や事業者は、再処理の利点として環境保護と廃棄物の適切化の二点をあげる。牽強付会も甚だしいというべきである。

第一点目として、使用済燃料の使い捨てでは、燃え残りのウランやプルトニウムを未利用資源のまま廃棄物にすることになると共に、次々とウラン資源を開発し、輸送し、加工し、発電利用し、廃棄するなど環境へのインパクトは大きく、再処理・プルトニウムリサイクルによって、資源の開発・輸送が効率化できるという。相も変わらぬポジティブな側面だけを強調する一方的言い分である。原子力発電のもつネガティブな面である放射能（線）による環境汚染を無視し、再処理施設が原発の数十倍を超える放射性物質を日常的に放出することに目を塞いだ議論である。

次に、国・事業者は、「再処理によって高レベル廃棄物が増えるのではない。有用な資源を回収して、高レベル廃棄物を分離するのだから、高レベル廃棄物の量は減容化し、プルトニウムが除かれるので適切化される。一方、使い捨てだと、プルトニウムを含めて使用済燃料それ自体が廃棄物になってしまう」と、第二の利点を強調する。使用済燃料を一〇〇とした場合、回収ウランが九〇、抽出プルトニウムが一で、高レベル廃棄物は九まで減容されるというのである。

イギリスの一九九三年五月一〇日付インディペンデント紙によれば、「再処理工場の解体まで含めれば、もともとの使用済み燃料の一八九倍にも増える。」としている。また一九九三年五月二一日～二二日の両日放映されたＮＨＫスペシャル「プルトニウム大国・日本」では、直接処分に対して再処理した場合には廃棄物量は、約六倍になるとされている。これについて動燃広報室の見解でも、本件施設申請書から推定した同様の結論を追認するメモをだしている。更に、一九九三年二月二五日の衆院予算委員会で、科学技術庁の石田寛人原子力局長は、「推定は極めて難しいが、多分二、三〇倍ということになるだろう」と答弁している。倍率に幅はあるものの、確実に廃棄物は増えるのである。「新しい燃料」を取り出したつもりが、処理しなければならない、しかも処理することの難しい「ゴミ」を作り出してしまうのである。

再処理とは、「核のゴミ」生産工場であり、繕いようがない非生産的施設である。

五、再処理は経済的に引き合わない（略）

第一八　結論

以上のように、本件指定処分は、手続面並びに内容面に明らかな違法が存する。

よって、本件指定処分の取消を求めるため、本訴に及ぶ。

証拠方法

口頭弁論において提出する。

添付書類

一、訴訟委任状　一五八通

一九九三年一二月三日

右原告ら訴訟代理人

弁護士　浅石紘爾
同　高橋牧夫
同　金沢　茂
同　竹田周平
同　浅石晴代
同　小野允雄
同　澤口英司
同　石岡隆司
同　小田切達
同　内藤　隆
同　海渡雄一
同　伊東良徳
同　東澤　靖
同　佐藤容子
同　水野彰子
同　齋藤　護
同　里見和夫

青森地方裁判所　　御中

［出典：核燃サイクル阻止1万人訴訟原告団資料］

第Ⅲ部　核燃料サイクル施設問題後期
(1995-2010)

第Ⅲ部　＜核燃料サイクル施設問題後期＞資料解題

茅野恒秀

第Ⅲ部＜核燃料サイクル施設問題後期前期＞には、50点、220ページにわたる資料を収録した。ここで「後期」とは、1994年から95年にかけて高レベル放射性廃棄物の一時貯蔵が開始された時期から現在までを指す。

この解題では、核燃料サイクル施設問題後期において、焦点となるべきトピックを提示し、本資料集に収録している資料の解説と補足を試みる。すなわち、高レベル放射性廃棄物問題とは何か(第1節)。再処理工場の不良施工問題に端を発して事業者はなぜ信頼を失ったのか（第2節)。国の核燃料サイクル政策にどのような異論が出され、なぜ「再処理路線」は維持されたのか（第3節・第4節)。ウラン試験・アクティブ試験の実施に至る意思決定過程はいかなるものか（第5節)。六ヶ所村に集中する多種多様な放射性廃棄物にはどのようなものがあるか（第6節)。むつ小川原開発の動向はいかなるものか（第7節)。福島原発事故後、青森県と六ヶ所村は原子力政策見直しの流れにどのように応答したか（第8節)。こうした問題群を検討しつつ、一連の資料を解説する。

1．高レベル放射性廃棄物問題と木村知事の接岸拒否

まず、1994年から95年にかけての時期における、核燃料サイクル施設、いわゆる「３点セット」の状況を確認しておこう。ウラン濃縮工場は1988年10月に着工、1991年7月に青森県、六ヶ所村、日本原燃産業が安全協定を締結し、1992年3月に本格操業を開始していた。低レベル放射性廃棄物埋設貯蔵施設は、1990年11月に着工、1992年9月に安全協定が締結され、同年12月に低レベル放射性廃棄物のドラム缶が初めて搬入、操業を開始した。再処理工場は、1993年4月に着工され、当初の目論見では1997年頃に操業開始の予定であった。

青森県政は、1991年2月の県知事選で「反核燃」を掲げた金澤茂候補を破り、４選を果たした北村正哉知事が、六ヶ所村政は、土田浩村長が1989年の初当選時には核燃「凍結」を公約に現職の古川伊勢松村長を破ったものの、その後、１期目の途中で凍結を「解除」し、いずれも核燃料サイクル事業の推進を強力に後押ししていた。

核燃料サイクル施設の立地構想が明るみに出た当初、電事連から青森県への要請には、ウラン濃縮、低レベル放射性廃棄物、再処理工場の「３点セット」が前面に出されていた。1984年4月20日に電事連から青森県へ包括的立地要請があった直後の6月の県議会で、社会党の鳥谷部孝志県議は北村知事に対し、以下のような質問を投げかけた[1]。

> 「電事連の平岩会長から要請があった際、三施設のほかに「その他の施設」という要請があったと聞いていますが、「その他の施設」とは一体どういう施設なのかをお伺いします。（略）私は、今青森県に要請され、一番急がれている施設は、百万本の低レベル廃棄物貯蔵施設と、各原発で近いうちに満杯になる使用済み燃料の貯蔵プール、1990年ごろ英仏から返還される回収燃料と低・高レベル廃棄物の貯蔵施設ではないかと思うのであります。もしそうだとします

と、一番急がれているものが意図的に隠されているような気がしてならないのであります。」

これに対して、北村知事は

「複数なり複々数なり多数なりそのものを指す場合に「など」――「リンゴ、桃、ナシなど」と、「など」というのは、必ずしもそのほかにプラスアルファがなくてもその三つを示す場合に「など」と言う、私はそういうふうに受けとめたわけであります。（略）前後の事情から、鳥谷部議員御解釈の「など」ではないと私は受けとめております。」

と、高レベル放射性廃棄物の貯蔵が含まれていたことを認識していなかったことを示唆している。鳥谷部県議は「原燃サービスの会社の事業計画の内容は、1990年ころ英仏から返還されるであろう高レベル廃棄物の貯蔵となっている」と反論し、北村知事は「メーンのものは3つで、そのほか附帯していろんなものが出てくるでありましょう」と応じた。ここで「その他」「など」「附帯」とされ、その実相と受け入れの是非が明確に論議されなかったのが、高レベル放射性廃棄物であった。

「高レベル放射性廃棄物貯蔵管理センター」は再処理工場に隣り合って1992年に着工し、1994年には施設が完成、電力会社がイギリス・フランスに再処理を委託した高レベル放射性廃棄物が返還されるのを待つ段階となった。施設の操業の前には、安全協定の締結が必要となる[2]。91年の県知事選での敗北を契機に支持勢力を少しずつ失っていった反核燃運動団体が、94年4月の「反核燃の日」六ヶ所集会〔Ⅲ－３－１〕で、土田六ヶ所村長に対して「高レベルの安全協定締結の是非について、村民が直接意思表示できる場を設けること」とする要請書を提出したように、高レベル放射性廃棄物貯蔵管理センターの安全協定締結・操業開始が1994年当時、目下の争点となっていた。高レベル放射性廃棄物は「死の灰」と形容されるものであり、ひとたび事故が起これば これまで人類が経験したことのない放射能汚染が青森を襲う。高レベル放射性廃棄物（ガラス固化体）の最終処分方法および処分地は未だ決定しておらず、六ヶ所村が貯蔵を受け入れれば、そのままなし崩し的に最終処分地になってしまうとの懸念があった。

1994年11月16日、北村知事は政府に対して、高レベル放射性廃棄物の最終処分について、書面で照会を行った。田中真紀子科学技術庁長官は、11月19日、六ヶ所村の施設は処分場となるものではない、管理期間の終了時点でガラス固化体は搬出される、地元＝知事の了承なくして青森県が高レベル放射性廃棄物の処分地に選定されることはない、との３点を大意とする確約書を北村知事に提示した〔Ⅲ－１－１－１〕。この確約書をもって北村知事は高レベル放射性廃棄物貯蔵の安全協定を締結する意思を固めた。確約書を受けて、土田六ヶ所村長は北村知事に対して、「六ヶ所村で高レベル放射性廃棄物の最終処分が行われないことを確認すること」「工事の発注や物資の調達は地元企業、商店を最優先する対策を講ずること」「温泉施設を核としたアメニティ施設の整備を図ること」など、様々なレベルの要望を含む32項目の要望書を提出した〔Ⅲ－１－３－１〕。この要望書は、1985年1月に六ヶ所村の「原子燃料サイクル施設対策協議会」が提出した37項目にわたる要望書を彷彿とさせる。ただし、当時の古川村長は、核燃料サイクル施設の立地を「三施設がむつ小川原地区への企業立地としてむつ小川原開発を推進することになり、かつ本村全体の振興に大きく寄与する」として受け入れたのであるが、高レベル放射性廃棄物の貯蔵受け入れは、企業立地によるむつ小川原開発の推進とはかけ離れたものであり、後述するようにむつ小川原開発そのものは完全に行き詰まっていた。これをもって、核燃料サイクル施設立地による地域振興策は、低レベル・高レベルを中心とした放射性廃棄物受け入れによるマネーの獲得という新たな局面に入ったと認識すべきであろう。

六ヶ所村の要望書が提出されてから10日後の12月26日、六ヶ所高レベル放射性廃棄物貯蔵管理センターの安全協定が、青森県、六ヶ所村、日本原燃の３者、電事連の立会によって締結された〔Ⅲ−1−4−1〕〔Ⅲ−1−4−2〕。明けて1月25日、六ヶ所村に隣接する市町村長と日本原燃との間で、安全協定が締結された〔Ⅲ−1−4−3〕。

1995年2月、青森県選出の木村守男衆議院議員（新進党）が、5期目を目指した北村知事を破って新知事に就任すると、北村県政下で合意していた高レベル放射性廃棄物の受け入れをめぐって、一石が投じられた。木村知事の当選後、2月23日に、フランスのシェルブール港から日本へ返還される高レベル放射性廃棄物を積載した船が出航したが、海上輸送のルート、入港月日、ガラス固化体の内容等の情報が、青森県に対して公開されなかった。これを不服とする山内和夫県議らを中心とする県議6名が、①返還される高レベル放射性廃棄物の内容を公表すること、②高レベル放射性廃棄物の国における安全審査の経過、結果を公表すること、③海上輸送のルートを公表すること、④（むつ小川原港への）入港の日時を公表すること、⑤情報公開がなされない場合、知事は入港拒否を明確にすることの5点の緊急動議を3月14日の県議会本会議に提出し、可決された〔Ⅲ−1−2−1〕。その後、接岸が間近になると、木村知事は輸送船の接岸を拒否し、政府に対して青森県が高レベル放射性廃棄物の最終処分地にならないことの確約を求めた。4月25日、田中真紀子科学技術庁長官は、前年11月に北村知事に提示した確約書に続き、「知事の了承なくして青森県を最終処分地にできないし、しないことを確約します」とする確約書を提示した〔Ⅲ−1−1−2〕。木村知事の接岸拒否に対しては、事業者の日本原燃とその母体である電事連も、「管理期間終了時点で、ガラス固化体を最終処分に向けて同施設より直ちに搬出する」「（日本原燃は）将来にわたって高レベル放射性廃棄物の最終処分地としての事業を青森県においては、一切行わない」とする確約書を提出した〔Ⅲ−2−1〕〔Ⅲ−2−2〕。

反核燃運動の主張の焦点も、多くが高レベル放射性廃棄物の搬入に向かっていった。毎年4月の「反核燃の日」を中心に、高レベル放射性廃棄物搬入阻止の声明が発信されている〔Ⅲ−3−2〕〔Ⅲ−3−3〕。

青森県を高レベル放射性廃棄物の最終処分地としないとの約束は、その後、青森県知事の求めに応じて、政府、日本原燃・電事連との間で幾度となく確認されている〔Ⅲ−1−1−8〕。木村知事は1998年3月にも再び高レベル放射性廃棄物を積載した船の接岸拒否を行い、搬入が予定より3日遅れる出来事があった。1998年7月には、確約書ではなく覚書として、「再処理事業の確実な実施が著しく困難となった場合には、日本原燃株式会社は、使用済燃料の施設外への搬出を含め、速やかに必要かつ適切な措置を講ずる」との内容を合意している〔Ⅲ−1−4−4〕。この「再処理事業の確実な実施が著しく困難となった場合」というのはいったいどのような状況を指すのだろうか。次節以降に見るように、再処理事業は2000年代に入って、現場レベルでも政策レベルにおいても、操業に向けた先行きに暗雲がたちこめる出来事が次々と起こっていくのである。

２．再処理工場の不良施工問題に端を発する事業者不信

再処理工場は政府に事業申請を行った1989年の時点で、1997年から操業を開始する予定を立てていたが、1993年の着工時は2000年に操業開始の計画を立てた。その後、幾度となく操業時期の

延期を行ってきた。1996年に大幅な設計変更を要したため、2000年の予定を2003年1月に延期したのを皮切りに、現在まで19回も操業時期が延期されている。

2000年10月に青森県、六ヶ所村、日本原燃が使用済燃料受け入れ貯蔵施設の安全協定を締結し、再処理工場へ全国の原子力発電所から使用済燃料の搬入が本格開始した。この時期、第Ⅳ部で詳述するように、むつ市においても使用済燃料の中間貯蔵施設の立地構想が明るみに出、青森県に多種多様な放射性廃棄物が集中し始めていた。使用済燃料の本格搬入が開始された2000年12月19日の東奥日報は、その状況と関係者の思惑を以下のように描写する。

「六ヶ所村への使用済み核燃料搬入は、あらゆる放射性廃棄物が本県に一極集中する契機となる可能性が大きい。安全協定締結という当面の最大のハードルを越えた電力業界は、待ち構えていたかのようにMOX燃料加工場や高ベータガンマ廃棄物処分場などの立地計画を次々と打ち出し始めた。むつ市の中間貯蔵施設誘致のように、県内の自治体が自ら手を挙げる例も出始め、放射性廃棄物集中の流れは止まりそうにない。『こちらは頼みたいものはたくさんあるが、相手（青森）は一人だから、順番に申し入れないと…』。安全協定問題が大詰めを迎えていた7月下旬、電力業界幹部は本県への“期待感”をこう語った。使用済み核燃料や高ベータガンマ廃棄物、ウラン廃棄物、超ウラン廃棄物などを指してのことだ。使用済み核燃料の再処理後には高レベル廃棄物が残る。あらゆる放射性廃棄物が本県に集中しようとしている。」[3]

このような既成事実化が着々と進行しようとしていた矢先、使用済燃料の本格搬入からわずか1年後の2001年12月、再処理工場内の使用済み核燃料貯蔵プールからの漏水が発覚した。施工を請け負った企業の溶接工事が杜撰だったとする原因が明らかになるまで約1年の時間を要したとともに、日本原燃は貯蔵プールからの水漏れを2001年7月の時点で検知し、1時間に1リットルもの水漏れが生じていたことを把握していたにもかかわらず、半年近くも公表していなかったことが人びとの不信感を増幅させた。船橋・長谷川（2012）によれば、世界に約500基ある使用済み核燃料貯蔵プールの中で、水漏れ事故を起こしたケースはほとんどなく、きわめて初歩的なミスであった。

日本原燃は、2003年1月から貯蔵施設全体の点検作業を開始したが、工事を請け負った溶接業者が、貯蔵施設だけでなく、再処理工場の水や薬品を貯める複数の貯蔵プール（貯漕）でも同様の溶接を行ったと証言した（東奥日報、2003年1月22日)。このため、事態を重く見た県は、再処理工場内の全ての貯漕を対象に県職員立ち会いの下での点検を事業者に行わせた。結果、不良溶接の疑いがある不自然な研磨痕が発見された溶接は、使用済み核燃料受け入れ・貯蔵施設で297ヶ所、他の貯漕で16ヶ所にのぼった（東奥日報、2003年2月6日)。この補修のため、内張りのステンレスを全て張り替える必要が生じた他、不良溶接の調査と並行して行われた、配管などを支える金属製基盤埋め込みの点検枚数は、のべ48万枚に上った。

2003年6月、経済産業省原子力安全・保安院は日本原燃を厳重注意、総合資源エネルギー調査会に「六ヶ所再処理施設総点検に関する検討会」を設置した。10月26日の同検討会では、不適切な施工について、委員からは「イロハのイができていない」など厳しい批判が相次いだ。

再処理工場のウラン試験は、再処理工場全体で機器の品質確認作業を行うため、2003年6月からの開始を断念。日本原燃は2004年2月13日、不良溶接の原因などを調べた「再処理施設品質保証体制点検結果報告書」を、原子力安全・保安院へ提出した。保安院は、「六ヶ所再処理施設総点検に関する検討会」においてこれを審議し、評価結果を3月31日に日本原燃へ通知、翌4月1日、三村申吾青森県知事と古川健治六ヶ所村長へ報告した。報告を受けて、青森県は4月2日に県議会議員説明会、4月7日に県議会全員協議会を相次いで開催した〔Ⅲ−1−2−3〕。全員協議会は開始早々から、日本原燃の経過説明を出席県議が遮るなど、この問題に対する事業者への不信感が頂点に達していることが窺えた。自民党の滝沢求県議は「県民が日本原燃に対して積み重ねた不安、不信というものを払拭するのは極めて困難ではないか」と発言した。原子力安全・保安院と日本原燃は、4月8日から12日にかけて、六ヶ所村議会全員協議会、青森県原子力政策懇話会、青森県市町村長会議で相次いで報告を行った。日本原燃は4月20日から23日にかけて、六ヶ所村、青森市、八戸市、弘前市で説明会を開催した〔Ⅲ−2−4〕。六ヶ所村の会場では、末永洋一青森大学教授が司会進行を務め、約200人が出席する中、佐々木正社長の陳謝から始まった。参加者からは、日本原燃の管理能力を疑問視する厳しい意見が出る一方で、地域振興のために再処理工場を早期に操業するよう求める声もあった。さらに、不良施工の原因や社長の責任問題、今後のトラブルの可能性など、質疑応答は予定を超え3時間近くにわたった。

国による報告書の評価、県議会・市町村長会議・県原子力政策懇話会における質疑応答を経て、不良施工問題に端を発した一連の問題は、収束へ舵が切られた。三村知事は4月16日以降、近藤駿介原子力委員長、藤洋作電事連会長、福田康夫官房長官、中川昭一経済産業大臣、茂木敏充科学技術政策担当大臣、河村建夫文部科学大臣と相次いで会談し、核燃料サイクル政策の堅持を確認。4月28日、日本原燃に対して品質保証体制の確立に向けて積極的な取り組みを要請した上で、安全確保を大前提に使用済み核燃料の搬入再開を了承、ウラン試験の安全協定締結に向けて手続きの検討に入ることを表明した。

その後、青森県は5月12日から14日にかけて、青森市、六ヶ所村、むつ市、八戸市、五所川原市、弘前市で「六ヶ所再処理施設総点検に係る説明会」を開催した〔Ⅲ−1−2−4〕。県、原子力安全・保安院、日本原燃がそれぞれ出席し、経過説明を行ったが、県からは三村知事が出席せず、副知事が説明を行ったため、内容以前に知事の姿勢に対して、参加者から不満の声が上がった。

日本原燃は一連の不良施工問題が収束した直後、佐々木社長が退任し兒島伊佐美社長が就任、社長直属の組織である「品質保証室」、再処理事業部内の「品質管理部」の設置などが行われた。人心を一新して、再処理工場の焦点はウラン試験の可否へと移ることになったのである。

3. ゆらぐ核燃料サイクル政策

1995年に起こった高速増殖炉「もんじゅ」ナトリウム漏れ事故は、核燃料サイクル政策を根底から揺るがす大事件であった。核燃料サイクル工場で使用済み核燃料から再処理・分離されたプルトニウムは、高速増殖炉で利用する計画であったためである。政府は、高速増殖炉が実用化を実現できなかった場合に備え、プルトニウムを利用する方法として、ウランとプルトニウムを混合したMOX燃料を製造し、軽水炉で利用する「プルサーマル」を打ち出した。電事連はMOX燃料の製造者として日本原燃に白羽の矢を立て、2001年8月に日本原燃は青森県と六ヶ所村にMOX燃料加工工場の立地協力申し入れを行った。なお、前節で述べたように、日本原燃は使用済燃料貯蔵プールからの漏水を2001年7月に検知していながら、同年12月までその事実を公表していなかった。その間のMOX燃料工場立地の申し入れであったことは見逃せない。

同時期、2002年8月に東京電力が福島第一、福島第二、柏崎刈羽の各原子力発電所で、検査記録を改ざんして、必要な補修を行わないまま操業を継続していた問題が発覚し、東京電力は管内の全原発を停止せざるを得ないほど、電力会社および原子力行政に対する不信が大きく高まった。この事件が、原子力政策にもたらした最大の問題は、余剰プルトニウムを活用する唯一の選択肢であったプルサーマルについて、この事件をきっかけに原発立地県が事前了解を撤回するなど、地元同意を得ることが極めて難しくなったことである。

原子力委員会は、2002年11月より「核燃料サイクルのあり方を考える検討会」を設置するとともに、東京、新潟県刈羽村、青森市で市民参加懇談会を4回にわたって開催した。原子力委員会は検討結果を踏まえ、2003年8月に報告書「核燃料サイクルについて」をまとめ、「エネルギー安全保障や環境適合性の観点から、原子力発電はもとより、核燃料サイクルについても、我が国にとって実現するに足る魅力と妥当性を有している」とした。あわせて同月には「我が国におけるプルトニウム利用の基本的な考え方について」を決定し、六ヶ所再処理工場の稼働を見据え、プルトニウム利用を進めるにあたっての考え方を整理した〔Ⅲ－1－1－3〕。

（1）原子力業界内部からの異論

東京電力の副社長、次いで日本原燃の社長を務めた豊田正敏は、2002年10月の月刊『エネルギー』誌のインタビューに応じ、当面の間、ウラン需給が逼迫するとは考えられない中、割高なプルサーマルを選択すべきではなく、「原子燃料サイクル政策を見直す必要がある」との意見を発表した[4]。同時に発表した論文では、

「（原子力委員会が依拠する資料は）恣意的に再処理・プルサーマルが有利になるように、再処理費、MOX燃料加工費および高レベル廃棄物処分費を不当に安く設定されている。（略）現在、ウランの需給は緩み、価格は50ドル／kgU程度。一方、再処理費およびMOX燃料加工費は、20年前の推定値の数倍に上昇、また、高速増殖炉の見通しは極めて不透明である。このような状況変化を考慮すれば、当然、原子燃料サイクル政策の見直しを行うべきだろう。」[5]

と、問題点を指摘した。業界誌で、日本原燃の社長経験者からこのような発言が出ることは異例であり、豊田氏の発言は大きな反響を呼んだ。『エネルギー』誌では、翌11月号に核燃料サイクル開発機構の河田東海夫が反論を発表、河田は以下のように再処理・プルサーマル路線の有用性を説いた。

「増殖炉サイクルが将来目指すべき完全リサイクルであるとすれば、プルサーマルは部分リサイクルであり、後者においては資源の利用効率改善という点では飛躍的な効果は期待できないのは事実である。（略）再処理・プルサーマルについては、原子力関係者の間からも、直接処分や長期貯蔵オプションに比べて経済性の面で劣ることが指摘されている。その指摘はまさにそのとおりであるが、その差は発電コスト全体でみれば大きな差とはいえず、燃料費の変動などによる他電源の発電単価の変動に比べればむしろ小さい。」[6]

これに対して豊田は翌12月号に再び論文を発表、河田の主張を「社会とかけ離れた我田引水的な原子力村の一部にしか通用しないような経済性を無視した観念論[7]」と批判した。豊田の主張は、使用済燃料は40年から50年間原発敷地内に貯蔵して、その後の状況判断を待つべきというものであり、それは、電力会社の経営の中枢にいた者としての、経営判断から導き出される結論であった。その後、河田は翌2003年1月号に、豊田が翌2月号にそれぞれ再反論を発表し、さながら誌上討論

の様相を帯びた。

2003年6月の『エネルギー』誌には、「原子力未来研究会」なるグループが登場した。この研究会は、原子力政策を専門とする中堅研究者グループで、鈴木達治郎、山地憲治、谷口武俊、長野浩司らによって1997年頃に結成された。同研究会は『原子力eye』誌に掲載した論文で、六ヶ所再処理工場を、経済、社会面などから総合評価したうえで「一時延期、その間に議論を尽くして運転回避」すべきと発表した[8]。この論文は連載原稿として発表されたが、1回目が発表された後、突然の打ち切りとなった。『東奥日報』は、この連載中止の経過を「核燃料サイクルの確立という建前（国策）と本音が、取り繕えないほど乖離してしまった現状の表れ」と評した（東奥日報、2003年12月8日）。「豊田－河田論争」を掲載した『エネルギー』誌も、2003年8月号では使用済核燃料の直接処分に対して再処理・高レベル地層処分の有用性を説いた河田の論文を掲載、同年11月号には永崎隆雄（原子力産業会議調査役）の「再処理は子孫に優しい選択」と題した論文を発表するなど、豊田が主張した経済性の問題を封じ込めるような論文が相次いで掲載された。

（2）核燃料サイクル事業のコストが明らかに

前項のように、核燃料サイクル事業の経済性に関する問題が業界内部からも指摘されていた2003年11月、総合資源エネルギー調査会・電気事業分科会のコスト等検討小委員会に、核燃料サイクル事業にかかる総事業費の試算結果が提出された。

電事連・日本原燃が核燃料サイクル事業に必要な全コストを公表したのは初めてで、再処理工場が40年間稼働することを前提に、再処理工場とMOX燃料工場の各建設費・ランニングコスト・操業終了後の解体費用、低レベル放射性廃棄物埋設事業や高レベル放射性廃棄物貯蔵管理事業、ウラン濃縮工場の解体費用などで、総額は18兆9000億円にのぼることが判明した。これまで日本原燃が公表してきたのは、再処理工場建設費として2兆1400億円（当初は8400億円とされていた）、高レベル放射性廃棄物貯蔵管理施設建設費540億円、MOX燃料加工工場建設費1200億円のみだった。2004年1月に電事連が発表した資料でも、「バックエンド事業に関しては、その超長期性に起因する特質、すなわち費用の発生時期が発電時点よりも遥かに遅れることにより、これまで回収されていない費用が存在している」とされ、原子力発電のバックエンド費用が膨大な額にのぼる可能性が示唆された〔Ⅲ－2－3〕。

原子燃料サイクルバックエンド事業費の見積

事業	事業総額（億円）
再処理	110600
返還高レベル放射性廃棄物管理	3000
返還低レベル放射性廃棄物管理	5800
高レベル放射性廃棄物輸送	1900
高レベル放射性廃棄物処分	25600
TRU廃棄物地層処分	8100
使用済燃料輸送	9500
使用済燃料中間貯蔵	10100
MOX燃料加工	11900
ウラン濃縮工場バックエンド	2400
合計	189100

出所：2003年11月11日、総合資源エネルギー調査会・電気事業分科会・コスト等検討小委員会資料
※端数処理の関係で表中の数値と合計が合わない

4．原子力政策大綱の策定と核燃料サイクル路線維持

核燃料サイクル政策の妥当性に根本的な疑義が投げかけられる中、原子力委員会は新たな原子力長期計画の改定に取り組むことになった。「原子力の研究、開発及び利用に関する長期計画」は、

1956年の策定以後、概ね5年を目安に改定がされてきた。長期計画は2000年に改定がなされていたが、2004年6月、新たな計画を策定することを決定し、そのため、「新計画策定会議」を設置することとした〔Ⅲ－1－1－4〕。同会議は、近藤駿介原子力委員長の議長とし、藤洋作電事連会長から、原子力資料情報室の伴英幸共同代表など、原子力事業の推進・実施者から批判者として発言してきた組織の代表まで、32名の委員で構成された。会議は2004年6月21日に第1回を開催し、2005年9月29日まで、33回にわたる論議を行った。

新計画策定会議での最大の争点が、核燃料サイクル政策の是非だった。特に、使用済燃料の再処理路線を引き続き選択するのか、直接処分（ワンススルー）方式を選択するのか、両者の選択肢の妥当性が論争の焦点となった。

7月5日、資源エネルギー庁が1994年2月4日に総合エネルギー調査会原子力部会の作業グループ会議において、事務局提出資料として、核燃料サイクルの経済性試算を行っていたことが明らかになった。この資料[9]（同日の会議では「要回収」とされ、公表されなかった）によれば、使用済燃料を直接処分した場合のコストは1.35円/kWhであるのに対して、国内施設で再処理した場合のコストは2.90円/kWhと倍に跳ね上がる[10]。しかしこの試算は、同年6月10日にまとめられた報告書では、「最終処分費の見積りが極めて不透明であることから、両路線の比較を行うこと自体が困難である」として却下されていた[11]。

9月24日の第8回会議は、三村青森県知事を招き、「青森県知事のご意見を聴く会」として開催された〔Ⅲ－1－1－5〕。ここで三村知事は、

> 「青森県は、あくまでも国策として全量再処理されることを前提に六ヶ所再処理施設に使用済燃料を受け入れているものであり、万が一にもこれらが再処理されないとすれば、一体だれがどこで保管するのでありましょうか。（略）なぜ今ごろになって原子力委員会が突然に直接処分も含めて検討することとしたのか、このことに強い不信感が生まれており、私としてもその事態に困惑している。（略）我が国の将来を長期的に見据え、国として責任を持った揺るぎない政策を示すべきである。」

と、使用済燃料の再処理路線が揺らいでいることに懸念を表明した。また、席上、吉岡斉委員と伴英幸委員から、再処理路線の見直しの可能性・必要性について言及があると、三村知事は、

> 「再処理事業の確実な実施が著しく困難となった場合には、県、村及び日本原燃株式会社が協議を行い、覚書の立会人であります電気事業連合会の協力のもと、施設外への搬出について、誠意を持って迅速かつ適切に対応されるものと考えております。」

と、再処理路線が維持されなければ、これまでの確約書・覚書に基づいて使用済燃料は搬出する必要があることを改めて主張した。

新計画策定会議は、11月12日に「核燃料サイクル政策についての中間取りまとめ」を作成し、今後の核燃料サイクルの進め方について、特に使用済燃料の取り扱いに関する４つのシナリオを想定した〔Ⅲ－1－1－6〕。すなわち①適切な期間貯蔵された後、再処理、②再処理能力を超えるものは直接処分、③直接処分、④当面貯蔵し、その後再処理するか、直接処分するかのいずれかを選択、の４つであった。結果、再処理路線は直接処分路線に比較して優位であると評価された。これによって、核燃料サイクル政策は現状維持を選択することとなったのである。原子力委員会は2005年10月、「原子力政策大綱」を決定した〔Ⅲ－1－1－7〕。

5．ウラン試験とアクティブ試験の実施

原子力委員会新計画策定会議が、「核燃料サイクル政策についての中間取りまとめ」で再処理路線の維持を打ち出した2004年11月12日から6日後の11月18日、三村知事は青森県庁で臨時記者会見を開き、再処理工場のウラン試験に係る安全協定を締結することを表明した〔Ⅲ－１－２－６〕。これに先立って、日本原燃と青森県は2004年6月と7月に相次いでウラン試験の実施に関する説明会を開催していた〔Ⅲ－２－５〕〔Ⅲ－１－２－５〕。

再処理工場では、ウラン試験を行い、その後、使用済み核燃料を300トン程度実際に処理するアクティブ試験が行われる。これは、再処理工場が単なる巨大なコンクリート施設でなくなることを意味する。工場は放射能で汚染されるとともに、試験後に核燃料サイクル政策になんらかの見直しが生じた場合、その時点で放射性を帯びている工場の解体には膨大な経費がかかる。その意味では「ウラン試験を行うか否か」の意思決定は、日本のエネルギー政策の岐路に立つ重要問題であったと言える。新計画策定会議の結論からわずか10日後、2004年11月22日にウラン試験に関する安全協定は締結された〔Ⅲ－１－４－５〕〔Ⅲ－１－４－６〕〔Ⅲ－１－４－７〕。

再処理工場のウラン試験の最終段階である「総合確認試験」は、2006年1月に終了した。日本原燃は建設工事・操業準備の最終段階であるアクティブ試験に向けて、2月18日に「ウラン試験結果及びアクティブ試験計画に関する説明会」を開催した〔Ⅲ－２－６〕。青森県と六ヶ所村も2月14日に原子力安全・保安院から報告を受け、16日に県議会議員説明会、22日に県議会全員協議会、23日に村議会全員協議会、24日に県原子力政策懇話会と県内市町村長会議、25日から27日まで県内6会場で県民説明会を開催した〔Ⅲ－１－２－７〕。3月4日には青森市内で、農林水産商工、反核燃、学識経験者など24の団体・個人が出席、160人が傍聴する意見聴取会が開かれた他、六ヶ所村も3月14日から17日まで地区説明会を開催した。

3月28日、三村知事はアクティブ試験の安全協定締結を記者会見で表明し、翌日、青森県、六ヶ所村、日本原燃はアクティブ試験の安全協定を締結した〔Ⅲ－１－２－８〕〔Ⅲ－１－４－１０〕〔Ⅲ－１－４－１１〕。31日午前には周辺5市町村（三沢市、野辺地町、横浜町、東北町、東通村）が日本原燃と安全協定〔Ⅲ－１－４－１２〕を結び、年度末最終日の同日午後、日本原燃はアクティブ試験を開始、翌4月1日には、使用済み核燃料の切断・溶解作業に着手した。

このように、アクティブ試験開始の意思決定は、極めて短期間に各種の手続きが進められた。試験が年度末押し迫った3月31日に開始されたのは、日本原燃の2005年度決算に、電気事業者からの再処理役務費を計上する既成事実を作る必要があったという経営事情が明らかになった（東奥日報、2006年4月1日）。燃料の切断を開始した翌日の4月2日、放射性物質が大気中に放出され始めたことが日本原燃から公表された。

アクティブ試験は2006年3月から開始したが、約7年が経過した2013年1月現在でも、試運転は完了していない。最大の問題は、再処理後の高レベル放射性廃棄物をガラス固化する工程で、溶け残った白金族が炉内に堆積する不具合が生じたことである。この問題は2008年12月に白金族の堆積を防止するための撹拌棒が折れ曲がる、撹拌棒を除去しようとした際に溶融炉を損傷させたことなど、技術的に深刻なミスを発生させた。これらの不具合の解消と高レベル廃液のガラス固化工程は、2012年に入ってようやく見通しが立つようになった、という段階である。

これらの「不具合」による稼働の遅れの間にも、原子力委員会新大綱策定会議の資料によれば、六ヶ

所再処理工場の安全確保、機能維持のためには、年間約1100億円の経費が必要とされる〔Ⅲ－１－１－１０〕。言うまでもないが、再処理工場は、1993年の着工以来、使用済燃料や高レベル放射性廃棄物の貯蔵という電力会社の利得を除いて、何も生産せず、当然利益も生み出していない。その負担はすべて電気料金に附加されている。

６．多種多様な放射性廃棄物の埋設・貯蔵地としての六ヶ所村と活断層問題

（１）廃炉廃棄物処分場

核燃料サイクル施設として立地を受け入れた「三点セット」の他にも、六ヶ所村には原子力関連施設が立地し、多種多様な放射性廃棄物の搬入が計画されている。

2002年、日本原燃は低レベル放射性廃棄物の「次期埋設施設」に関する調査を開始し、2006年3月に終了した。「次期埋設」とは、低レベル放射性廃棄物のうち放射能レベルの比較的高い廃棄物（高ベータ・ガンマ廃棄物）で、具体的には原子力発電所の廃炉廃棄物がその対象となる。これまで埋設してきた低レベル放射性廃棄物に比べて、地中深くに埋設する「余裕深度処分」を行うこととなっている。「次期埋設施設」については、現在まで、具体的構想は明らかになっていない。

（２）MOX 燃料加工工場

2005年4月19日には、かねて日本原燃が立地の申し入れを行っていたMOX燃料加工工場の立地に関する基本協定書が締結された〔Ⅲ－１－４－８〕〔Ⅲ－１－４－９〕。MOX燃料工場は2007年4月に着工予定としていたが、2010年10月、本体着工に着手した。

（３）海外返還低レベル放射性廃棄物

電力各社はイギリス、フランスに使用済燃料の再処理を委託してきたが、2005年、「英国原子力グループ・セラフィールド」社（旧英国核燃料会社）が、日本に対して、この委託再処理で発生した低レベル放射性廃棄物を、同等の高レベル廃棄物と交換して返還することを提案した。この方式のメリットは、輸送コストを減らすことができることである。この廃棄物は、超ウラン元素（TRU）を含み、半減期が長い低レベル放射性廃棄物とされている。電事連と日本原燃は青森県と六ヶ所村に、2006年10月にこの貯蔵施設の立地を申し入れた。三村知事は当初、「検討できる状況にない」と返答したが、2010年3月、石田徹資源エネルギー庁長官と電事連、日本原燃、さらに直嶋正行経済産業大臣が相次いで受け入れ要請をした〔Ⅲ－２－７〕。同年7月、直嶋経済産業大臣は、地層処分相当の低レベル放射性廃棄物について高レベル放射性廃棄物と同様、青森県を最終処分地にしないことを確約した〔Ⅲ－１－１－９〕。これを受けて、8月、三村知事は海外返還低レベル放射性廃棄物の受け入れを表明した。

（４）活断層問題

一方で、多種多様な放射性廃棄物の搬入が進行している六ヶ所村の敷地内に活断層が存在するのではないかという問題は、核燃料サイクル施設問題前期から様々な専門家より指摘があった。2008年5月、変動地形学を専門とする渡辺満久東洋大学教授らが、核燃料サイクル施設の直下に未発見の活断層が存在するとの研究結果を発表した。新たに発見された断層は「六ヶ所断層」と呼ば

れ、渡辺らは日本原燃がこの存在を認めないことを問題視した〔Ⅲ－4－1〕。

7．むつ小川原開発のゆくえ

1995年に就任した木村守男知事は、就任直後、むつ小川原開発の見直しを明言していた。その後、青森県は財団法人日本立地センターに委託して、むつ小川原開発第2次基本計画フォローアップ調査を実施した〔Ⅲ－1－2－2〕。

むつ小川原開発の担い手として経団連が主導して設立した「むつ小川原開発株式会社」は、取得したむつ小川原開発用地が売却できず、経営は実質的に破綻していた。1997年、バブル経済崩壊後の金融の混迷の中で、北海道東北開発公庫などから同社への融資打ち切りが検討され、体制を一心する必要に迫られた。同社が借り入れていた2300億円のうち1680億円は債務超過と判断され、債権者に一定の債権放棄を要請した上で、2000年8月、「新むつ小川原開発株式会社」として出直しをはかった〔Ⅲ－2－8〕。

青森県は1998年に新たなむつ小川原開発計画の骨子案をまとめたが、そこには石油化学関連施設の誘致に代え、国際熱核融合実験炉（ITER）やMOX燃料加工工場の誘致などが明記された。2001年には液晶フラットパネルディスプレイ関連産業の集積をはかる「クリスタルバレイ構想」を打ち出し、2工場を誘致したが、失敗に終わっている。

2007年5月14日、青森県は「新むつ小川原開発計画」を策定した〔Ⅲ－1－2－9〕。1995年の計画見直し着手から12年が経過しての策定で、①環境・エネルギー・科学技術分野における研究開発機能の展開、②液晶産業など成長産業の立地展開、③森と湖に囲まれた新たな生活環境の整備を進め、「科学技術創造圏」の形成をめざすとしている。骨子案では国際熱核融合実験炉（ITER）の誘致が前提となった計画内容であったが、最も期待の大きかった本体施設の立地がフランス・カダラッシュに決まり、計画の前提はまたしても崩れてしまったのである。

8．福島原発事故の衝撃と原子力政策の見直しの中での核燃料サイクル政策と六ヶ所村

2011年3月11日、東北地方太平洋沿岸をM9.0の巨大地震が襲い、同時に大津波によって東日本太平洋側のかなりの地域が甚大な被害を受けた。福島第一原発事故については、メルトダウン、水素爆発を引き起こし、大量の放射性物質が周辺地域を汚染している。

原水爆禁止日本国民会議（原水禁）など全国レベルの団体と、核燃サイクル阻止1万人訴訟原告団など県内の反核燃運動団体とは、相互に連携して、六ヶ所再処理工場の本格稼働を中止するよう、申し入れた〔Ⅲ－3－6〕〔Ⅲ－3－7〕〔Ⅲ－3－8〕。

福島原発事故は全世界に衝撃を与え、民主党政権下で2012年9月、「革新的エネルギー・環境戦略」が打ち出された。核燃料サイクル施設のお膝元である六ヶ所村議会では、古川健治村長が「サイクル政策を着実に推進することを国に求めてまいりたい」とする従来の姿勢を崩さず、「脱原発は正式な政府の方針とはとらえていない」と表明した〔Ⅲ－1－3－2〕。2011年12月、三村知事も建設中を含む県内５つの原子力関連施設の安全対策に対して「了とする」旨を表明し、全国でもっとも早く、稼働・建設再開の条件を整え、国を牽制した。

日本原燃が六ヶ所村の財政・経済に与える影響は大きく、人口約1.1万人の村の予算規模は毎年のように100億円を超える。財源の多くが、核燃料サイクル施設立地による固定資産税と、電源三

法交付金である。青森県においても、毎年の県税収入の1割前後が核燃料税によるものであ。地元自治体の財政に根を張り、地元の政治や産業にも大きな影響を与えている「核燃マネー」（朝日新聞青森総局,2005）は、六ヶ所村のみならず下北半島の原子力半島化・放射性廃棄物半島化を今も加速させているのである。

注

1　青森県議会第158回定例会会議録（1984年6月12日）。
2　ただし、この安全協定なるものには法的根拠は何らない。
3　東奥日報、2000年12月19日。
4　「どうする どうなる核燃料サイクル――豊田正敏氏に聞く」『エネルギー』35(10):25-27.
5　豊田正敏 ,2002,「再処理・プルサーマルの経緯」『エネルギー』35(10):27-29.
6　河田東海夫 ,2002,「なぜ、いま再処理・プルサーマルか」『エネルギー』35(11):25-29.
7　豊田正敏 ,2002,「なぜ、いま再処理・プルサーマルか――河田論文への反論」『エネルギー』35(12):41-45.
8　原子力未来研究会 ,2003,「時代遅れの国策の下では原子力に未来はない」『原子力 eye』49(9):49-55.
9　総合エネルギー調査会原子力部会核燃料サイクル及び国際問題作業グループ（1994年2月4日）資料4。
10　割引率0%の試算である。
11　「総合エネルギー調査会原子力部会中間報告書」（1994年6月10日）。

参考文献

朝日新聞青森総局 ,2005,『核燃マネー――青森からの報告』岩波書店 .

船橋晴俊・長谷川公一 ,2012,「巨大開発から核燃基地へ」船橋晴俊・長谷川公一・飯島伸子『核燃料サイクル施設の社会学』有斐閣 :19-84.

第１章　行政資料（政府・県・六ヶ所村）

第1節　政府資料

Ⅲ-1-1-1	19941119	科学技術庁長官　田中眞紀子	高レベル放射性廃棄物の最終的な処分について
Ⅲ-1-1-2	19950425	科学技術庁長官　田中眞紀子	高レベル放射性廃棄物の最終処分について
Ⅲ-1-1-3	20030805	原子力委員会	我が国におけるプルトニウム利用の基本的な考え方について
Ⅲ-1-1-4	20040615	原子力委員会	原子力の研究、開発及び利用に関する長期計画の策定について
Ⅲ-1-1-5	20040924	原子力委員会新計画策定会議	原子力委員会・新計画策定会議（第８回）
Ⅲ-1-1-6	20041112	原子力委員会新計画策定会議	核燃料サイクル政策についての中間取りまとめ
Ⅲ-1-1-7	20051011	原子力委員会	原子力政策大綱
Ⅲ-1-1-8	20080423	経済産業大臣　甘利明	高レベル放射性廃棄物の最終処分について
Ⅲ-1-1-9	20100712	経済産業大臣　直嶋正行	地層処分相当の低レベル放射性廃棄物の最終処分について
Ⅲ-1-1-10	20120509	内閣府原子力政策担当室	政策選択肢「留保」の意見について（案）

第2節　青森県資料

Ⅲ-1-2-1	19950314	青森県議会	青森県議会第201回定例会会議録
Ⅲ-1-2-2	19970399	日本立地センター	むつ小川原開発第2次基本計画フォローアップ調査報告書
Ⅲ-1-2-3	20040407	青森県議会	青森県議会議員全員協議会記録
Ⅲ-1-2-4	20040512	青森県	六ヶ所再処理施設総点検に係る説明会議事録
Ⅲ-1-2-5	20040726	青森県	六ヶ所再処理施設のウラン試験に係る説明会議事録
Ⅲ-1-2-6	20041118	青森県知事　三村申吾	臨時会見／ウラン試験に係る安全協定関係
Ⅲ-1-2-7	20060225	青森県	六ヶ所再処理施設におけるアクティブ試験等に係る説明会議事録
Ⅲ-1-2-8	20060328	青森県知事　三村申吾	臨時会見／アクティブ試験に係る安全協定締結表明について
Ⅲ-1-2-9	20070599	青森県	新むつ小川原開発基本計画

第3節　六ヶ所村資料

Ⅲ-1-3-1	19941216	六ヶ所村長　土田浩	要望書　原子燃料サイクル事業の推進に伴う諸対策について
Ⅲ-1-3-2	20110905	六ヶ所村議会	六ヶ所村議会平成23年第5回定例会会議録

第4節　協定書等

Ⅲ-1-4-1	19941226	青森県知事ほか	六ヶ所高レベル放射性廃棄物貯蔵管理センター周辺地域の安全確保及び環境保全に関する協定書
Ⅲ-1-4-2	19941226	青森県知事ほか	六ヶ所高レベル放射性廃棄物貯蔵管理センター周辺地域の安全確保及び環境保全に関する協定の運用に関する細則
Ⅲ-1-4-3	19950125	三沢市長ほか	六ヶ所高レベル放射性廃棄物貯蔵管理センター隣接市町村住民の安全確保等に関する協定書
Ⅲ-1-4-4	19980729	青森県知事ほか	覚書
Ⅲ-1-4-5	20041122	青森県知事ほか	六ヶ所再処理工場における使用済燃料の受入れ及び貯蔵並びにウラン試験に伴うウランの取扱いに当たっての周辺地域の安全確保及び環境保全に関する協定書
Ⅲ-1-4-6	20041122	青森県知事ほか	六ヶ所再処理工場における使用済燃料の受入れ及び貯蔵並びにウラン試験に伴うウランの取扱いに当たっての周辺地域の安全確保及び環境保全に関する協定の運用に関する細則
Ⅲ-1-4-7	20041203	三沢市長ほか	六ヶ所再処理工場における使用済燃料の受入れ及び貯蔵並びにウラン試験に伴うウランの取扱いに当たっての隣接市町村住民の安全確保等に関する協定書
Ⅲ-1-4-8	20050419	青森県知事ほか	ＭＯＸ燃料加工施設の立地への協力に関する基本協定書
Ⅲ-1-4-9	20050419	青森県知事ほか	風評による被害対策に関する確認書の一部を変更する覚書
Ⅲ-1-4-10	20060329	青森県知事ほか	六ヶ所再処理工場における使用済燃料の受入れ及び貯蔵並びにアクティブ試験に伴う使用済燃料等の取扱いに当たっての周辺地域の安全確保及び環境保全に関する協定書
Ⅲ-1-4-11	20060329	青森県知事ほか	六ヶ所再処理工場における使用済燃料の受入れ及び貯蔵並びにアクティブ試験に伴う使用済燃料等の取扱いに当たっての周辺地域の安全確保及び環境保全に関する協定の運用に関する細則
Ⅲ-1-4-12	20060331	三沢市長ほか	六ヶ所再処理工場における使用済燃料の受入れ及び貯蔵並びにアクティブ試験に伴う使用済燃料等の取扱いに当たっての隣接市町村住民の安全確保等に関する協定書

第１節　政府資料

Ⅲ－１－１－１
高レベル放射性廃棄物の最終的な処分について――６原第148号
平成６年11月19日

核燃料サイクルの確立は我が国の原子力政策にとって最も重要な課題であり、青森県六ヶ所村において計画が進められている核燃料サイクル事業に対する貴職をはじめとする青森県関係者の皆様の御理解と御協力に対し、深く敬意を表するとともに心から感謝いたします。

平成６年11月16日付青むつ第501号をもって貴職より照会のあった事項については、下記のとおり回答いたします。

青森県知事　北村正哉殿

科学技術庁長官　田中眞紀子

記

１．廃棄物管理施設について

青森県六ヶ所村で建設が進められている返還高レベル放射性廃棄物ガラス固化体に関する廃棄物管理施設は、ガラス固化体の一時貯蔵を行う施設であり、処分場となるものではありません。

当該施設において日本原燃（株）により貯蔵管理されるガラス固化体については、管理期間は30年間から50年間とされ、管理期間終了時点では、電気事業者が最終的な処分に向けて搬出することとしています。科学技術庁としては、ガラス固化体が管理施設において適切に管理され、管理期間の終了時点でガラス固化体が当該施設より搬出されるよう指導していく所存です。

２．高レベル放射性廃棄物の処分の具体化に向けた努力について

「原子力の研究、開発及び利用に関する長期計画」に、高レベル放射性廃棄物の処分に関する役割分担、手順及びスケジュールが示されており、処分方策を進めていくに当たって、国は処分が適切かつ確実に行われることに対して責任を負うとともに、処分の円滑な推進のために必要な施策を策定することとしています。

科学技術庁としては、長期計画に示された役割分担、手順及びスケジュールに沿って処分が実現されるよう、関係機関と協力して所要の施策を推進していく所存です。

３．高レベル放射性廃棄物の処分について

青森県において高レベル放射性廃棄物の最終処分が行われないことを明確化する旨の今般の貴職の照会については、核燃料サイクル事業はもとより、原子力船「むつ」開発など国の原子力政策の推進に貢献されてきている貴職がその意向を明確にされたものであり、これを重く受けとめるべきものと認識しています。

高レベル放射性廃棄物の処分予定地の選定については、処分事業の実施主体の設立を待って行うこととされています。実施主体による処分予定地の選定については、地元の意向を十分尊重して進めることとしてきていますが、地元の意向が確実に取り入れられるよう、地元の了承を得て選定を行うこととし、その旨が長期計画に明記されました。

このように、処分予定地の選定は、地元の了承なしに行われることはなく、また、今般、貴職は青森県において処分が行われないことを明確にするよう照会されています。科学技術庁としては、今後、処分事業の実施主体が処分予定地の選定を進める際に、関係機関の協力を得つつ、貴職の意向が踏まえられるよう努める所存です。このような状況においては、青森県が高レベル放射性廃棄物の処分地に選定されることはありません。

［出典：青森県『青森県の原子力行政』］

Ⅲ－１－１－２
高レベル放射性廃棄物の最終処分について――７原第53号
平成７年４月25日

標記の件については、平成6年11月19日付け6原第148号をもって示しているとおりであります

が、今般、貴職より、高レベル放射性廃棄物について、青森県を最終処分地にしないことの確認をしたいとのご要請がありました。

科学技術庁としては、処分予定地の選定に当たって、上記文書に則って行うこととしており、知事の了承なくして青森県を最終処分地にできないし、しないことを確約します。

青森県知事　木村守男　殿

科学技術庁長官　田中眞紀子

［出典：青森県『青森県の原子力行政』］

Ⅲ－1－1－3

我が国におけるプルトニウム利用の基本的な考え方について

原子力委員会決定　平成15年8月5日

我が国の原子力利用は、原子力基本法に則り、厳に平和の目的に限り行われてきた。今般プルトニウム利用を進めるにあたり、原子力委員会は平和利用に係る透明性向上の観点から下記の基本的考え方を示すこととする。

記

1．プルトニウムの平和利用に対する考え方

我が国は核兵器の不拡散に関する条約（ＮＴＰ）を批准し、それに基づく厳格な保障措置制度の適用を受けることにより、プルトニウムの平和利用に対する国際的な担保がなされている。しかしながら、プルトニウムという機微物質の利用に対する国内的及び国際的な懸念を生じさせないためには、プルトニウムの利用の透明性向上を図ることにより国内外の理解を得ることが重要である。そのため、原子力委員会としては、利用目的のないプルトニウム、すなわち余剰プルトニウムを持たないとの原則を示すとともに、毎年プルトニウム管理状況を公表するなど関係者がプルトニウム平和利用に係る積極的な情報発信を進めるべきであるとの方針を示してきたところである。

我が国初の商業用再処理工場である六ヶ所再処理工場については、現在建設が最終段階に達しており、アクティブ試験の段階から使用済燃料からのプルトニウムの分離、回収が開始されることとなる。

六ヶ所再処理工場の操業に伴い、今後は相当量のプルトニウムが分離、回収されることとなるため、原子力委員会としては、当該プルトニウムの利用目的を明確に示すことにより、利用のより一層の透明性の向上を図ることが必要であると考える。

2．プルトニウムの利用目的の明確化のための措置

プルトニウムの利用目的を明確に示すため、原子力委員会は、以下の基本的考え方を満たす措置を実施することが必要であると考える。この措置により明らかにされた利用目的の妥当性については、原子力委員会において確認していくこととする。

①プルトニウム利用計画の公表

電気事業者は、プルトニウムの所有者、所有量及び利用目的を記載した利用計画を毎年度プルトニウムを分離する前に公表することとする。利用目的は、利用料、利用場所、利用開始時期及び利用に要する期間の目途を含むものとする。ただし、透明性を確保する観点から進捗に従って順次、利用目的の内容をより詳細なものとして示すものとする。

②利用計画の変更

プルトニウム利用計画が国内外に対する透明性の向上のための手段として実効性を有するためには、最新の状況をふまえた利用計画とすることが必要である。そのため、電気事業者のプルサーマル計画の進捗状況、日本原燃の再処理工場等の稼働状況等により利用計画への影響が懸念される場合には、電気事業者及び日本原燃は、取るべき措置についての検討を行い、必要があれば利用計画の見直しを行うこととする。

③海外で保管されるプルトニウム及び研究開発に利用されるプルトニウムについて

海外で保管されているプルトニウムは、プルサーマルに使用されるものについては、海外でＭＯＸ燃料に加工された上で我が国に持ち込まれることとなる。そのため、その利用について平和利用の面から懸念が示されることはないと考えられるが、透明性の一層の向上の観点から、燃料加工された段階において国内のプルトニウムに準じた

措置を行うものとする。

核燃料サイクル開発機構東海再処理施設において分離、回収されたプルトニウムについては、核燃料サイクル開発機構など国の研究機関において保管され、また研究開発等に利用されているが、これら研究開発に利用されるプルトニウムについても、研究開発が有する情勢の変化によって機動的に対応することが求められるという性格に配慮しつつ、利用の透明性向上が図られるよう、核燃料サイクル開発機構など国の研究機関は、商業用のプルトニウムに準じた措置を行うものとする。

［出典：原子力委員会資料］

Ⅲ－１－１－４

原子力の研究、開発及び利用に関する長期計画の策定について

原子力委員会決定　平成16年６月15日

１．新たな計画策定への着手

原子力基本法は、我が国における原子力の研究、開発及び利用を、平和の目的に限り、安全の確保を旨として、民主的な運営の下に、自主的にこれを行うものとし、その成果を公開し、進んで国際協力に資するものとすることを求めています。

原子力委員会は、この方針に係る国の施策を計画的に遂行するために、原子力の研究、開発及び利用に関する長期計画（以下、「計画」という。）を策定してきています。原子力委員会は、昭和31年（1956年）に最初の計画を策定して以来、計画の進展や策定時との情勢の変化等を踏まえて概ね5年毎に計画の評価・見直しを行い、今日に至るまで合計9回にわたって計画を策定してきました。現行の計画は、平成12年11月に策定されたものであり、来年11月で5年を迎えることになります。

我が国の原子力研究開発利用活動は、ほぼ期待通り進展しているところもありますが、核燃料サイクル事業を中心に遅れが見られます。また、電気事業の自由化の進展や新たに制定されたエネルギー政策基本法に基づくエネルギー基本計画の策定、原子力安全規制体制や企業活動における品質マネジメント体制の強化、原子力二法人の統合、人材育成に対する新しい取り組みの必要性や核不拡散、核物質防護努力の一層の強化の必要性の顕在化など、新たな状況も生じてきています。

こうした状況を踏まえて、原子力委員会は、広聴の精神を踏まえて、本年1月より15回にわたって「長計についてご意見を聴く会」を開催するとともに、広く国民を対象に「意見募集」を実施し、「第7回市民参加懇談会～長計へのご意見を述べていただく場として～」を開催して、新たな計画策定に関して各界各層から提案・意見を聴取してきました。その結果、原子力委員会は、新たな計画を、平成13年の中央省庁の再編により原子力委員会が内閣府に属することになってから初めての計画であることにも配慮しつつ、平成17年中に取りまとめることを目指して検討を開始することとします。

２．検討の進め方

（１）新計画策定会議の設置

（イ）策定に必要な事項の調査審議を行い、新たな計画案を策定する新計画策定会議を原子力委員会に設置します。新計画策定会議の委員は別紙のとおりとします。委員は、調査審議に広く国民の意見を反映させるため、原子力委員会が、地方自治体、有識者、市民／NGO等、事業者、研究機関から、専門分野、性別、地域のバランス、原子力を巡る意見の多様性の確保に配慮して選んだものです。原子力委員も構成員となります。

（ロ）調査審議を円滑に行うため、必要に応じ、新計画策定会議に小委員会等を設けて論点整理等を求めることとします。小委員会等の構成員は原子力委員会が定めることとします。

（ハ）調査審議が終了したときには、新計画策定会議及び小委員会等は廃止するものとします。

（２）審議の進め方

（イ）新計画策定会議及び小委員会等は公開とし、また、それらの議事録は会議終了後速やかに作成して公開します。ただし、新計画策定会議または小委員会等の議長が公開しないことが適当であると判断したときは、この限りではありません。

（ロ）新計画策定会議の議長は原子力委員長が務めます。

（ハ）意見募集や市民参加懇談会の開催等により幅広く国民の意見を聴取して、これを審議に反映させるとともに、必要に応じ特定分野の参考人の出席を求め、意見を聴くこととします。

(参考：補足説明)

1．新たな計画策定に求められるもの

新たな計画の策定作業においては、現行計画の評価等を行い、原子力の研究、開発及び利用の基本原則、目標、実施責任主体等を明確にしていくことが重要と考えます。その際、可能な限り定量的に検証するなどにより、政策の妥当性を明らかにしていくことが重要と考えます。

特に、エネルギーとしての原子力利用に係る施策に関しては、行政各部門、研究開発機関、大学、民間が果たすべき短期、中期、長期的役割とこれを達成するために必要な国の規制・誘導施策の基本方針を明らかにする必要があります。

また、放射線や核反応の利用に係る施策に関しても、研究開発の有力なツールとして利用できる放射線発生装置等の整備から産業における利用に至る短・中・長期的課題に対する取り組みのあり方やその実施主体等に関する基本方針を明らかにしていくことが重要です。

このように、新たな計画は、原子力利用に関する国の内外の活動を展望して、短・中・長期的視点から、国の進めるべき施策の基本構想を示すものであることが求められていると考えます。

2．新たな計画策定において考えられる検討の視点

○エネルギー供給における原子力発電の位置づけ
○安全の確保、広聴・広報活動等、国民・社会と原子力の調和の在り方
○原子力発電を基幹電源として利用するために必要な政府と民間の役割、及びこれに必要で合理的な核燃料サイクルシステムの在り方
○高速増殖炉とその核燃料サイクル技術等、原子力エネルギー利用に係る研究開発の在り方
○人類社会の福祉と国民生活の水準向上及び科学技術の発展に向けた、放射線、核反応を用いた原子力科学技術の多様な展開
○原子力の研究、開発及び利用を効果的かつ効率的に推進するための国際共同活動及び相互裨益の観点に立った二国間及び多国間協力活動
○国際社会と原子力の調和への貢献

［出典：原子力委員会ホームページ］(http://aec.jst.go.jp/jicst/NC/iinkai/teirei/siryo2004/kettei/sakutei040615.pdf)

Ⅲ－1－1－5

原子力委員会・新計画策定会議（第８回）

青森県知事のご意見を聴く会

1．日時　平成１６年９月２４日（金）１３：００～１５：５５
2．場所　タイム２４ビルセミナーホール１・２
3．議題
（１）青森県知事のご意見を聴く会
（２）基本シナリオの評価③
（３）その他
4．配布資料（略）
5．出席者

ご意見を伺った方：三村申吾青森県知事

委員：近藤委員長、井川委員、井上委員、内山委員、岡﨑委員、勝俣委員、河瀬委員、神田委員、木元委員、草間委員、齋藤委員、笹岡委員、佐々木委員、末永委員、住田委員、田中委員、千野委員、殿塚委員、中西委員、庭野委員、伴委員、藤委員、前田委員、町委員、山地委員、山名委員、吉岡委員、渡辺委員

内閣府：塩沢審議官、後藤企画官、森本企画官

6．議事概要

(後藤企画官）定刻となりましたので、第８回の新計画策定会議を開催したいと思います。

なお、本日は、会議の冒頭を「新計画策定会議・青森県知事のご意見を聴く会」とさせていただきます。

それでは委員長、よろしくお願いします。

(近藤委員長）本日は、委員の皆様におかれましては、連休の谷間で、静かに仕事ができると楽しみにしておられたのかなと思うのですが、第８回の新計画策定会議を開催するべくご案内を申し上げましたところ、多数の皆様にお集まりいただき

まして、誠にありがとうございます。

本日は、ご紹介のように、会議の冒頭を新計画に関してご意見を聴く会とさせていただきます。

本日ご意見を伺う方は、青森県知事の三村申吾様でいらっしゃいます。

知事におかれましては、ご多用中のところ、本策定会議にご出席をいただきまして、誠にありがとうございます。本日は、我が国の重要原子力施設の立地県の首長のお立場から、忌憚のないご意見をお述べいただけることと存じます。よろしくお願いいたします。

次に議事の順序について申し上げます。まず三村知事から15分程度でご意見をお述べいただきまして、その後、若干時間をいただけると理解していますので、15分ほど委員の皆様からのご質疑にお答えいただければと存じます。

それでは知事、よろしくお願いします。

（三村青森県知事）青森県知事の三村申吾でございます。

本日は、原子力利用長期計画の策定につきまして、青森県としての意見を述べる機会を与えていただき、感謝いたします。

さて、我々青森県と原子力施設とのかかわりは、昭和42年の原子力船「むつ」の母港決定から、40年近く現在まで続いております。原子力船「むつ」については、ご承知のとおり、昭和49年の放射線漏れ事故、さらには昭和59年の廃船にかかわる騒動がありました。放射線漏れ事故が発生した原子力船「むつ」は、母港への再入港について漁業関係者との間で合意がなされるまで、1カ月半もの間、海上を迷走せざるを得ませんでした。また、昭和59年には、自由民主党科学技術部会が突然この「むつ」の廃船を決定いたしましたが、原子力委員会では「むつ」の開発継続を決定し、その後、自由民主党では「むつ」検討委員会を設置し、開発継続を決定するなど、国の対応に混乱が見られたことを記憶しております。

これらの一連の騒動は、県民に対し、原子力安全や原子力政策への不安、不信を募らせたところでありますが、地元関係者の血のにじむような努力により、原子力船「むつ」は所要の実験航海を終了し、研究開発の目的が達成されたところであります。

この原子力船「むつ」の経験は、安全確保を第一義に、地元との信頼関係を重視するという本県における原子力施設への立地対応の原点ともいうべき重要な出来事でありました。

一方、青森県では、エネルギー分野における国家プロジェクトとして、むつ小川原開発計画があり、これまで、国策により、国家石油備蓄基地や原子燃料サイクル施設が立地するなど、我が国のエネルギー政策に大きく寄与してきたところであります。

青森県における原子燃料サイクル事業については、昭和59年の電気事業連合会による立地協力要請を受け、専門家による安全性の検討、六ヶ所村の意向確認、県議会各会派及び県内各界各層の意見聴取等の一連の手順を経て、国のエネルギー政策、原子力政策に沿う重要な事業であるとの認識のもと、安全確保を第一義に、地域振興への寄与を前提として受諾したものであります。

立地協力要請から今日まで、私ども青森県としては、原子燃料サイクル事業の国策上の位置づけについて節目節目で確認するとともに、施設の操業に当たっては事業者との間で安全協定を締結するなど、安全確保を第一義に、慎重に対処してきたところであります。

六ヶ所再処理施設は20年をかけてようやく試験運転段階を迎えておりますが、この間、幾多の苦難の時期を経て今日に至っております。

まず、昭和61年に発生いたしましたソ連チェルノブイリ事故の影響から、県内の農業者を中心に再処理工場に反対するうねりが続き、県としては、県独自の安全性チェック検討体制の構築、風評被害対策の措置、国・県・事業者による県内地域座談会の開催など、その対応に追われたところであります。

その後、六ヶ所再処理施設は平成5年に着工し、工事の進捗率が約84％を迎えた平成14年2月、使用済燃料受入れ貯蔵プール水の漏洩が確認され、このプール水漏洩に始まる一連の問題については、原因究明及び点検の結果、291カ所にものぼる多くの不適切な施工が確認され、日本原燃株式会社の品質保証体制までも見直しせざるを得なくなったことは、県民の安全と安心の確保上、極めて重大な問題でありました。

国においても、日本原燃株式会社の総点検結果を厳しくチェックし、施設の健全性を確認したほか、日本原燃株式会社の品質保証体制の改善策の実施状況を厳しくフォローアップしていくとしたところであります。

私としては、国及び事業者の対応を厳しく見極めながら、県議会、市町村長、青森県原子力政策懇話会等のご意見を伺い、一方では内閣官房長官をはじめとする関係閣僚等に直接お会いして、安全確保や信頼回復のため、政府一体となって取り組むとの強い姿勢を確認したところであります。

今回の一連の問題に対しては、私は慎重な上にも慎重に、手順を踏んで対処してきましたが、最終的には県から日本原燃株式会社に要求いたしました「常設の第三者外部監査機関の設置」をはじめとする5項目の安全確保対策について、同社長から全て遵守するとの決意表明がなされたことを踏まえ、4月28日、使用済燃料の搬入再開を了とし、ウラン試験の安全協定の検討に着手することとしたところであります。

特に、品質保証の外部監査機関により事業者の体制をチェックさせ、その結果を公開するということが、緊張感を持って事業を推進する上で大きな効果を発揮するものと私としては期待しているところであります。

県及び六ヶ所村では、ウラン試験に係る安全協定素案を去る6月23日に公表し、これまで二度にわたり、県議会、市町村長、青森県原子力政策懇話会等からご意見を伺うなど、慎重に手順を踏んできているところであります。

一方、青森県では、これまで六ヶ所再処理施設において、平成18年の操業を前提として、全国の原子力発電所から使用済燃料を4282体、約986トン受け入れてきておりますが、県民の間に受け入れた使用済燃料が再処理されずにそのまま置かれるのではないかという不安、懸念があったことから、平成10年7月、県・村・事業者との間で「再処理事業の確実な実施が著しく困難になった場合には、青森県、六ヶ所村及び日本原燃株式会社が協議のうえ、日本原燃株式会社は、使用済燃料の施設外への搬出を含め、速やかに必要かつ適切な措置を講ずるものとする。」との覚書を締結しているところであります。現在においても、使用済燃料の取扱いについては、県民の間に不安、懸念が払拭されていない状況であります。

このように、青森県は、あくまでも国策として全量再処理されることを前提に六ヶ所再処理施設に使用済燃料を受け入れているものであり、万が一にもこれらが再処理されないとすれば、一体だれがどこで保管するのでありましょうか。私としても、知事就任以来、昨年12月、今年の4月の2回にわたり、内閣官房長官をはじめとする関係閣僚等に直接お会いし、核燃料サイクル政策に揺るぎのないことを確認し、そのことを県議会、市町村長、そして県民に説明しているところであり、県民の間には、なぜ今ごろになって原子力委員会が突然に直接処分も含めて検討することとしたのか、このことに強い不信感が生まれており、私としてもその事態に困惑しているところであります。

また、青森県では、海外再処理に伴う返還ガラス固化体を892体受け入れているところでありますが、高レベル放射性廃棄物の最終処分について、県としては、青森県を最終処分地にしないという国との約束、高レベル放射性廃棄物の最終処分については、知事の要請に応えるよう政府一体としての一層の取組みの強化を図るという国の約束の履行を冷静にかつ厳しく見極めることとしており、これら国と青森県との約束及びその履行について国に度々確認してきているところであります。

さて、私どもは、常日ごろ、国及び事業者に対して、安全確保はもとより、情報公開を徹底することによって県民理解を促進するよう強く要請してきているところであります。特に事業者に対しましては、今後実施されるウラン試験において想定されるトラブル及びその対応を取りまとめさせ、県民に対して説明会を開催するなど、徹底した情報公開を通じて地域住民の理解促進を図ることが住民との信頼関係を築く基本であると考えます。原子力政策こそは、立地地域の住民はもとより、国民の理解と合意形成が図られて進められることが最も重要なことであると考えるからであります。

また、六ヶ所村の隣接、隣であります東通村では、東通原子力発電所が来年操業予定となっておりますが、村の誘致決議以来既に約40年が経過しており、さらに全炉心ＭＯＸ燃料使用の大間原子力発電所は、30年ほど経過し、ようやく国の安全審査の段階に至っております。

このように、原子力施設の立地は、いずれも長い年月を経て、地元の理解を得ながら信頼関係を一つ一つ積み重ねて進められてきたものであります。現在、原子力委員会では新計画の策定作業が進められており、様々なオプションが検討されているようでありますが、策定に当たっては、国としての明確な責任のもとに、これまで築いてきた立地地域との信頼関係を損なうことのないようにしていただきたいと思います。

また、私は知事就任の当初から、原子力施設安全検証チームを設置するなど、県民の安全はもとより、安心に重点を置いた対応をすべきと考えておりました。使用済燃料受入れ貯蔵施設におけるプール水漏洩や今回の美浜発電所の事故など、安全確保を第一義とする原子力施設において、あってはならないことが起きており、そのことは県民に大きな不安を与えたところであり、私は、県議会、市町村長、青森県原子力政策懇話会等のご意見を伺うなど、一つ一つ慎重に手順を踏みながら、県民の安全、安心に重点を置いた対応をして参っております。

ところで、青森県原子力政策懇話会委員でございます東京理科大学の久保寺昭子名誉教授が、安全と安心について次のように述べておいでです。「安全という言葉は安心という言葉で並べられない言葉と理解しています。安全という言葉は確率統計論に基づいて語られる技術論なんです。安心は一人一人価値観が違います。安全に操業した上で安心していただくためには、信頼という架け橋が相互の人の心と心に架けられて初めて安心という言葉が語られます。」

事業者が安全操業を積み重ねるということは受入れの前提ではありますが、そのことだけでは住民の安心は得られません。住民の心に信頼という気持ちがなければ、本当の安心につながらないと思います。原子力について、県民、国民の信頼を得るため、国、事業者が誠意を持ってどのように取り組んでいくのかが今問われているのだと私は思います。

次に私は、原子力を含むエネルギーの分野は、食糧の安全保障、防衛の安全保障と並んで明確な国家戦略のもとに、国策として国が責任を持って進めるべき政策であると考えております。

原子力発電は我が国の総発電電力量の約3分の1を占める基幹電源であり、エネルギー資源に恵まれない我が国は、将来にわたるエネルギーの安定確保や環境保全の観点から、核燃料サイクルの推進を基本政策としております。このことは、これまで9次にわたり策定されました原子力利用長期計画においても一貫してうたわれてきたことであり、また、昨年10月に閣議決定されたエネルギー基本計画においても同様の位置づけがなされております。

核燃料サイクル政策に対しましては、様々な意見があることは承知しておりますが、我が国の将来を長期的に見据え、国として責任を持った揺るぎない政策を示すべきであると考えます。

ウラン資源はあと100年は大丈夫、今急いで再処理する必要はないというご意見もあるようでありますが、中東の石油情勢、中国、インドのエネルギー事情等を踏まえますと、もっと危機感を持って対処すべきであり、私たちの子孫が22世紀になってもエネルギー確保に窮することのないよう、必要な準備をしていくことが私たちの責務であると考えます。

また、再処理はコストが高いから、使用済燃料はコストの低い直接処分とすべきとのご意見がございますが、果たしてコスト論だけで論じていいのか、直接処分が技術的、社会的に国民に受け入れられるのか、さらにエネルギーの安定確保上問題はないのかなど、責任ある現実的な対応をお願いしたいと思います。

我が国では、原子力の開発当初から、核燃料サイクルを基本とし、自主技術の確立を目指してきており、これまでに蓄積してきた核燃料サイクルの技術を無駄にすることなく、むしろ科学技術の分野で世界をリードしていくために、また被爆国として、原子力の平和利用のため、積極的に世界に貢献していくべきであると考えます。

さて、最後になりますが、新計画における核燃料サイクル政策、原子力政策については、国民への説明責任はもとより、我が国のエネルギー安全保障上の責任というものがありますので、新計画策定会議の委員の皆様には、賢明かつ現実的な対応をお願いするとともに、原子力委員会に対しましては、新計画に対する国民の合意形成が図られますよう、積極的な情報公開や理解活動をお願いして私の意見とさせていただきます。

ご清聴ありがとうございました。（拍手）

（近藤原子力委員長）どうもありがとうございました。

それではこれより質疑に入ります。質疑は、時間の関係上3人か4人と思いますけれども、ご質問されたい方は手を挙げて意思表示をしていただければと思います。藤委員。

（藤委員）ありがとうございます。

最初に一言、関西電力社長といたしまして、当社美浜3号機におきます2次系配管の破損事故について申し上げます。

まず、5名もの尊いお命が失われて、6名の方が重傷を負われるという極めて重大な事故を起こしまして、被災されました皆様、ご遺族、ご家族の皆様、木内計測様並びに地元皆様方や原子力立地自治体の皆様に、大変なご迷惑をおかけいたしましたことにつきまして、改めて深くおわび申し上げます。お亡くなりになった方々のご冥福と、重傷を負われた方々の一刻も早いご快復を、心からお祈り申し上げます。誠に申しわけございませんでした。

事故発生以降、本策定会議などをやむなく欠席させていただき、委員、事務局の皆様方に多大なご迷惑をおかけしましたことについても、おわび申し上げます。

今回の事故後、福井県殿より、順次計画的にプラントを停止し点検するようご要請をいただきました。現在まで、原子力安全・保安院殿、福井県殿のご確認を受けた上で5プラントの点検が終了し、運転を再開させていただいております。お忙しい中、精力的にご審議いただきました福井県原子力安全専門委員会の先生方、西川知事を始めとする事故対策本部会議のメンバーの方々及び国の事故調査委員会の先生方に厚く御礼を申し上げます。

原子力事業においては何よりも地元の方々の安心が重要で、これなくして一歩も進めないわけでございますが、今、知事のご発言にありましたとおり、安心は安全操業の積み重ねによって、ご地元の方々のご信頼が得られて初めて得られるものだということを肝に銘じまして、作業安全の確保、2次系配管肉厚管理の厳正化などの当面の対策や、社外委員も加えました原子力保全機能強化委員会を設置いたしまして、1次系・2次系を含めました保全業務の機能強化を図るなど、再発防止と信頼回復に向けてあらゆる努力を続けていきたいと考えております。

今回、このような重大な事故を起こしましたことは、悔やんでも悔やみきれません。なかんずく、この事故が、原子燃料サイクルの推進に関し、その最も重要な基礎である地元の方々のご信頼と安心を揺るがしかねないことになったことは、電気事業者の代表として大変忸怩たる思いでございます。

しかしながら、原子燃料サイクルの推進は、エネルギー基本計画にうたわれているとおり、国の重要なエネルギー政策であり、必要不可欠なものであります。

知事様のご発言にもございましたとおり、地元の方々は長い長い葛藤の末、国の政策への協力の観点から、政策の一貫性を前提に、原子力施設のような巨大かつ長期にわたるプロジェクトの誘致に至り、大変なご苦労とともに共存を図られてまいりました。

このことの重みを考えましたとき、原子力政策を検討するに当たっても、こうした地元のご苦労を十分尊重しつつ、慎重に議論を進めるべきであります。

もちろん、政策論議自体の意義を否定するものではございませんが、六ヶ所再処理事業などのオン・ゴーイングのプロジェクトの撤退や凍結などを軽々しく論じることは、現政策を前提に立地を受け入れていただいている地元の皆様を裏切ることになると考えます。この期に及んでの政策変更などは考えられないというのが事業者としての正直な思いでございます。

地元との信頼関係は国にとっての貴重な財産であります。これを損なうことは国益を損なうことであることを改めて認識し、エネルギー政策基本法と整合的な、一貫性のある政策を選択すべきではないでしょうか。

最後に、本日の知事様のご意見を胸に刻みまして、地元の方々のご安心がより確かなものとなるよう、全力を尽くして取り組んでいく決意を新たにいたしました。今後ともご指導、ご鞭撻を賜りますよう、よろしくお願い申し上げます。

本当に申しわけございませんでした。

ありがとうございました。

（近藤委員長）河瀬委員。

（河瀬委員）今、青森県知事からご発言をいただきましたけれども、私も原子力発電所を持つ地域の代表といたしまして、知事の今の発言を支持したい、このように思っております。

基本的には国としてしっかりとした政策を持っていただく、そのことが本当に必要だということをお話を聞きながら切実に感じたわけでございますし、特に今回のこの委員会での策定は本当に重要なものである、私ども立地地域にとりましては１つの聖書であるというように位置づけを持ちながら、今、この委員として参画をさせていただいておるところでございまして、そういう意味において、やはり自治体、また私どもは福井県でありますし、またそれぞれの地域、県という立場の皆さん方と、これからもしっかりと連絡をとりながら、いい利用計画になるように、本当に微力でありますけれども頑張りたい、このように思ったところであります。その意味で知事に対しまして拍手を送りながら、私どももこれから引き締めて頑張っていきたい、このように感じたところであります。

以上です。

(近藤委員長) 吉岡委員。

(吉岡委員) 今日はお越しいただいてどうもありがとうございました。

1点私の意見を述べたいのですけれども、原子力委員会が今度新しく長期計画を改定する作業に踏み出すに当たって、従来の既定路線の妥当性を改めて評価しようという、タブーにとらわれずに評価しようという、そういう姿勢をとっているものと私は理解しておりまして、その場合には、核燃料再処理政策、これの妥当性も当然その範疇に入ります。それを一番重要なテーマとして私たちは認識し、それの妥当性について、月2~3回のペースで7月以来集中的に審議しているところであります。

諸外国でも同じような審議が、日本よりも先立って行われまして、その結果として政策転換を行った国も少なくない。日本でそういう政策転換の可能性を検討するというのは最初の機会ではありますけれども、これから常に改定のたびに真剣な議論がなされる、今回がその最初であるというふうに認識しており、それゆえ将来の再処理政策というのは十分に可変的であるという、そういう認識を持っておりますし、状況変化によって変えなきゃいけない場合も生ずる。それは国民のため、人類のためであって、かつステークホルダーである青森県民についても、当然その利害は考慮されなければいけないと思っております。

そこで、前置きはこれまでにして、これから本論をちょっと言いたいのですけれども、従来の政策、つまり国が再処理を進めるという立場をとって民間にその実施を期待して推進させる、直接処分については法令整備を進めないというのが今までの立場ですけれども、そういう従来政策を推進した場合にどういうことが起きるか。いろんなことが将来の状況によって起こってくると思うのですけれども、1つのケースとしては、全てうまくいって、再処理工場が順調に動いて、そのガラス固化体が県外に出て行くという、そういうケースもあり得ますが、もう1つのケースとして、再処理工場を運転してみたけれども余り動かないという、それはプルトニウム需給バランスの問題もありますし、技術的な問題もあると思いますけれども、その場合に、再処理をやるという路線をとっているわけですから、六ヶ所村にどんどん使用済核燃料が積み上がっていって、今は986トンですけれども、5000トンになり1万トンになる。10年ぐらいたてばそうなる可能性はあるわけですけれども、そのときに中止になった場合には一体どうなるのか。残るのは1万トンの使用済核燃料であり、かつ六ヶ所村再処理工場の大量の廃棄物ということになるわけで、そういう可能性もあるのだというふうに私は認識しております。順調にいくとは限らないという、そういう前提を持って対応していっていただければありがたいと思います。

以上です。

(近藤委員長) 知事は時間は何時までよろしゅうございますか。もう余り時間はないのですか。はい、わかりました。

伴委員、ご発言を希望されていますね、どうぞ。

(伴委員) 2点だけ発言させてください。

今日はどうもありがとうございます。いい話を聞かせていただきました。そして政策の継続性の重要性ということもあります。それも思いますが、他方、見直さなければならないときにはやはり見直していかなければならないというふうに思い、今回はその再処理政策の見直しを、まあ結果はどうなるかわかりませんが、見直しをテーマに置いて、さらにその上、その政策変更に伴う影響等も考慮に入れるということなので、私としては、今その再処理政策は見直す時期であるというふうに思い、その気持ちでこの場にいます。

2点目ですが、この前も発言させていただいたのですが、県の政策推進室が2000年からアンケートを取っていらっしゃることは知事もご存じかと思いますが、その中で青森県民の方の原子力関連施設への不安ということのアンケート、これは政策マーケティングブックのNo.3だと思いますが、その2003年のアンケートで81.6%がなお不安を感じている。これは2000年から取って、少しは下がっていますけれども、これは全国的なレベルの3倍ぐらいは不安があるわけですよね。

委員会の方の目標は50%だということで、何とか不安を感じる人を減らしたいということで、いろいろ努力されていると思うのですが、やはりこの不安を、これは裏返せば安心ということになると思うのですが、その不安を取り除かないで先に進めることはできないのではないかと思います。ぜひそのことをもう一度念頭に置いていただいて、まずはこの不安を取り除いていただきたいと思いますので、これはお願いしたいと思います。

（近藤委員長）ありがとうございました。

あと、お二方から手が挙がっていますので、時間がないことを十分念頭に置かれてご発言いただきたいと思いますが、神田委員。

（神田委員）先ほどは知事の大変いいお話、ありがとうございました。

いろいろな立場があるので発言しにくいのですが、1つはもちろんこの策定会議の委員として、4つのストーリーで今見直しをしている作業員というか、委員の1人であることを承知の上で、片方では六ヶ所の品質保証体制の検討会の主査として、今週の火曜日も知事のされた5つの提案というのを、こんなのを政府の会議でやるのかと思いながら、全部の項目について検討させていただきました。そして、ごもっともな主義、主張であり、日本原燃も保安院の方も十分それに応えていっているということを確認いたしました。

そういう意味では知事は大変満足な状態にどんどん持っていっておられる最中だと思いますが、片方で、策定会議の結論がしかるべき方向にきっちり決まるまで全て待とうというのは、安全協定など現在の長期計画に基づいて進めるべきことは、進めておいて、いざ実施するというときだけに策定会議の意見を参考にされればいいのだけれども、それが出るまで作業を止めて待とうというのは、ちょっとやり過ぎではないかということを、検討会の後、委員たちが集まって雑談したときに話していましたので、念のためお伝えしておきます。

以上です。

（近藤委員長）それでは最後に、千野委員。

（千野委員）昭和42年からの長いお話を簡潔にありがとうございました。国策を持ってしっかり進めてほしいというお考えに対しては私も全く同感です。

そこで、それに関連してお伺いしたいと思う点が1点だけあります。つまりその国策ということと、これから電力自由化の問題というのがますます大きな問題になってきていると思うのですが、これまでは国策民営化というようにいかにも日本的に行われてきたと思うのですが、知事は国策と電力自由化の問題、まあ兼ね合いといいますか、それをどのようにお考えになっていらっしゃるかということ、それをお伺いしたいと思います。

（近藤委員長）それではこれで質問を終わりにして、知事にまとめてお答えなりご見解をいただければと思います。

（三村青森県知事）では、吉岡委員からのお話がございました。先ほども話をさせていただきましたけれども、覚書があるわけでございます。使用済燃料の受入れは再処理施設本体の操業が前提であり、六ヶ所再処理施設については、日本原燃株式会社として計画の実現に向け最大限の努力をしていくとしておりまして、また電気事業連合会としても、六ヶ所再処理施設の操業に向けて一丸となって不退転の決意で取り組んでいくということとしております。

したがって、現時点において、要するに再処理事業の確実な実施が著しく困難となった場合の具体的な措置について、予断を持って申し述べることは適切ではないと考えておりますが、万々が一、再処理事業の確実な実施が著しく困難となった場合には、県、村及び日本原燃株式会社が協議を行い、覚書の立会人であります電気事業連合会の協力のもと、施設外への搬出について、誠意を持って迅速かつ適切に対応されるものと考えております。覚書にそうきちんと書いてあります。

伴委員から不安の問題ということでございました。いろいろなアンケートの形があるのだと思いますが、昨今、県民意識1万人アンケートということを行ったのですけれども、ここでの原子力関連施設の安全対策についてどのぐらい現状に満足しておりますかというのに対して、やや不満18%、不満20%、何とも言えない50%という回答もありました。

アンケートというものを論拠、根拠になさるのですと、いろんな形で、聞き方によって揺れ動くことは統計上皆様方もご存じだと思います。

そういったことの前提の上ででではありますけれども、青森県では、国策であります原子燃料サイクル事業について、国のエネルギー政策、原子力政策に沿う重要な事業であるとの認識のもと、安全確保を第一義に、地域振興への寄与を前提として協力してきたところであります。

しかしながら、たび重なる原子力施設における事故などにより、私どもの県民の間に原子力の安全性に対する不安や原子力行政に対する不信が募り、それが払拭されない状況にあることは認識いたしております。

原子力に対する県民、国民の信頼を得るためには、先ほど久保寺先生の話も申し上げさせていただいたのですけれども、普段から原子力に関する積極的な情報公開を行うことによって、原子力行政や事業者の活動に対する透明性を一層向上させることが私は重要であると考えております。また、県民、国民の視点に立った情報提供の充実を図ることにより、県民、国民がエネルギー、原子力について正しく理解し、判断するための環境を整えていく必要があるものと考えております。

私としては、それらのことを国及び事業者に対して厳しく求めるとともに、知事就任の当初から、県民の安全はもとより、安心に重点を置いた対応をすべく、原子力施設安全検証チームを設置するなどしており、今後ともこれまで以上に原子燃料サイクル施設及び原子力発電所の安全性等について、県民の理解が一層促進されるよう、私どもとしての県民の目線に立った広報広聴活動の充実に努めてまいりたいと思っております。久保寺先生の話は繰り返しませんけれども、まさに信頼の上に安心ということができていくということを私どもも非常に重要なことと考えます。

続いて、千野委員からは、国策と電力の自由化についてどう関連づけるか、どう考えるかということでございました。

私は、まず申し上げたいとすれば、先ほども若干申し上げましたが、食糧確保という安全保障、防衛ということに対する安全保障、そして今の時代において、エネルギーの安全保障、これらは国家としての非常に重要な責務である。食糧、防衛上の安全保障、エネルギー、これらは国家としての重要な責務であると考えるところであります。

私どもも、様々な分野で自由化が進んでいる中において、電力の自由化ということも進んでおるということもご理解申し上げております。しかしながら、国策と自由化の問題とはリンクするものではないと考える次第でございます。

また、あえてもう1点申し上げれば、実は、昼、若干記者会見等してきたのですが、私ども青森県においては、今、マイクログリッドと申しますが、風力、太陽光、バイオマスを組み合わせた分散型電源の研究開発、あるいはその他水素世界を目指すところのエネルギーの研究開発、このような、まさしく日本の国の環境分野とエネルギー分野の先進的特区の地域としての様々な研究開発のみならず、青森県の八戸市で実証するのですけれどもそういう形でエネルギーのベストミックスというのでしょうか、エネルギーというものをいかにして自分たちの地域としても確保していくかということを、行政施策の1つとして進めているということもございます。もしご興味があれば、11月14日に青森県八戸市においでいただければ、エネルギー関連の特区を持った地域のサミットということも行います。

まさに、このエネルギーということは、総合的にどう確保していくかということを考えていくべきであるわけですが、何よりも、繰り返しになりますが、国家としていかにしてこの確保について責任を持つかということは、大変に重要なことであると私は考えます。

（近藤委員長）ありがとうございました。

それでは、これにて新計画についてご意見を聴く会を終了させていただきます。

三村知事には、ご多用中にもかかわりませずこの会にご出席を賜り、本当に貴重なご意見をいただきまして誠にありがとうございました。

（三村青森県知事）大変ありがとうございました。

（拍手）

出典：原子力委員会ホームページ（http://aec.jst.go.jp/jicst/NC/tyoki/sakutei2004/sakutei10/siryo5.pdf）

Ⅲ－1－1－6

核燃料サイクル政策についての中間取りまとめ

原子力委員会新計画策定会議　平成16年11月12日

1．経緯

原子力委員会「新計画策定会議」は、新しい「原子力の研究、開発及び利用に関する長期計画」を平成17年中にとりまとめることを目指して、本年6月15日に設置された。この会議は6月21日から検討を開始し、先ず、委員の最も関心の高いテーマとされた「核燃料サイクル」について集中的に検討を行うこととした。本日も含め12回の会合を開催し、延べ30時間にわたる審議（下記「技術検討小委員会」と合わせると、計18回、延べ45時間）を実施した。

審議においては、今後の核燃料サイクルの進め方について、使用済燃料の取り扱いに関する次の4通りの基本シナリオを想定した。

シナリオ１：使用済燃料は、適切な期間貯蔵された後、再処理する。

シナリオ２：使用済燃料は、再処理するが、再処理能力を超えるものは直接処分する。

シナリオ３：使用済燃料は、直接処分する。

シナリオ４：使用済燃料は、当面貯蔵し、その後再処理するか、直接処分するかのいずれかを選択する。

そして、これらの基本シナリオを、①安全の確保、②エネルギーセキュリティ、③環境適合性、④経済性、⑤核不拡散性、⑥技術的成立性、⑦社会的受容性、⑧選択肢の確保、⑨政策変更に伴う課題、⑩海外の動向の各視点から総合的に評価した。

今回の評価においては、総合資源エネルギー調査会「2030年のエネルギー需給展望」のリファレンスケースを基に、2000年から2060年までの原子力発電電力量を約25兆kWh（原子力発電の設備容量は今後増大していくが、2030年以降58GWで一定）と想定した。

なお、原子力委員会は、経済性の評価に資する技術的検討を行うために、策定会議に「技術検討小委員会」を設置した。この小委員会は、これまで６回の会合を開催し、この評価作業に必要な使用済燃料の直接処分に係る費用の試算、前記の４つの基本シナリオについての核燃料サイクルコストの算定等専門技術的事項について、延べ１５時間にわたる審議を実施した。

2．基本シナリオの評価

4つの基本シナリオの各視点からの評価結果は別添資料に示す。これらの視点は、１）安全の確保、技術的成立性という、シナリオが成立するための前提条件として必要不可欠な視点、２）エネルギーセキュリティ、環境適合性、経済性、核不拡散性、海外の動向という、シナリオ間の政策的意義の比較衡量を行うために有用な視点、３）社会的受容性（立地困難性）、政策変更に伴う課題という、シナリオの実現に対する現実的な制約条件としての視点、４）選択肢の確保、つまり、シナリオに備わっている将来の不確実性への対応能力の視点の4つに分類することができる。そこで、以下には、各基本シナリオの評価の概要をそれぞれのグループごとにとりまとめて示す。

（１）前提条件として必要不可欠な視点からの評価

- 「安全の確保」については、いずれのシナリオでも、安全評価指針に基づく想定事故の評価も踏まえて適切な対応策を講じることにより、所要の水準の安全確保が達成可能である。但し、現時点においては、使用済燃料の直接処分については、我が国の自然条件に対応した技術的知見が不足しているので、その蓄積が必要である。なお、再処理を行うシナリオ1やシナリオ2では、使用済燃料を取り扱う施設数が他のシナリオに比して増えることから、放射性物質の環境放出量が多くなる可能性があるとの指摘がある。しかし、この放出による公衆の被ばく線量は安全基準を十分に満足する低い水準であることはもとより、自然放射線による線量よりも十分に低いことを踏まえると、このことがシナリオ間に有意な差をもたらすとはいえない。
- 「技術的成立性」については、再処理技術は過去の経験を反映してスケールアップが図られてきていること、ガラス固化体（再処理後の高レベル放射性廃棄物）の処分については、既に制度整備がなされ実施主体も明らかになり、引き続き技術的知見の充実が継続的に行われているのに対して、直接処分については国内の処分環境における処分の妥当性を判断する技術的知見の蓄積が不足していることから、シナリオ1が最も技術的課題が少ない。シナリオ4については、長期間にわたって技術選択が先送りされることから、結果的に利用されない可能性がある技術基盤や人材を維持するための投資を長期間にわたって継続しなければならないという困難な課題がある。

（２）シナリオ間の政策的意義の比較衡量を行う視点からの評価

- シナリオ1は、現在のウラン価格の水準、現段階で得られる技術的知見等の範囲では「経済性」においては他のシナリオに劣るものの、①「エネルギーセキュリティ（供給安定性、資源節約性）」の面では1～2割のウラン資源節約効果がある、②「環境適合性」の面では、ウランやプルトニウムを含んだ使用済燃料を直接処分せずに、再処理してウランやプルトニウムを取り出し、利用するというプルトニウム管理を行うことにより、1000年後の高レベル放射性廃棄物（ガラス固化体）の潜在的有害度が直接処分の約1/8、高レベル放射性廃棄物の体積が3～4割、その処分場の面積が1/2～2/3となることから、資源をなるべく有効に使用し、廃棄物量をなるべく減らすという循環型社会の目標に対する適合性が高く、優位性がある。さらに、高速増殖炉サイクルが実用化すれば、優位性が格段に高まることになる。なお、政策変更に伴う費用まで勘案すると、「経済性」の面でも劣るとはいえなくなる可能性が少なからずある。

  これに対して、総合評価にあたっては、高速増殖炉が実用化されていない段階で、ウランの節約効果を追求する手段には、再処理に加えて、ウラン濃縮工程におけるテイルウラン（濃縮ウランを製造する際に、天然ウランを濃縮した後に残ったウラン）濃度の低減等があり、再処理よりも少ない費用で同程度の節約効果が得られることにも留意すべきとの指摘もある一方、シナリオ1の優位性は、高速増殖炉サイクルの確立があって格段に高まることから、高速増殖炉の実用化に向けての道筋をより明確にされているべきとの指摘があった。

- シナリオ3は、再処理を行うシナリオに比べて、現在のウラン価格の水準、現段階で得られる技術的知見等の範囲では核燃料サイクルコストが0.5～0.7円/kWh低いと試算されていることから、「経済性」の面で優位性がある一方、利用可能なプルトニウムを、人間の管理下におかず、地層処分することから「エネルギーセキュリティ」、「環境適合性」の面ではシナリオ1に劣る。なお、政策変更に伴う費用まで勘案すると、「経済性」の面での優位性が失われる可能性が少なからずある。これに対して、循環型社会の実現を目指して行われている工業製品のリサイクルに要する費用の大きさ1）

  1）工業製品のリサイクルに要する1台あたりの費用は、自動車で13000円、冷蔵庫で4830円、エアコンで3675円。他方、核燃料サイクルコストの差は、1世帯あたり年間600～840円に当たり、年間電気代（72000円）の1%程度、また平均的な事務所ビルでは年間7～9万円となり、同じく年間電気代（650万円）の1%程度となる。等を踏まえれば、「環境適合性」等に優れるシナリオ1の核燃料サイクルコストがシナリオ3のそれより0.5～0.7円/kWh高いとされることについては、国民の理解が得られるとの指摘もあった。

- 「核不拡散性」については、再処理を行う場合、核拡散や核テロの発生に対する国際社会の懸念を招かないよう国際社会で合意された厳格な保障措置・核物質防護措置を講じることが求められる。シナリオ１では、再処理工場において純粋なプルトニウム酸化物単体が存在することがないように、硝酸ウラン溶液と硝酸プルトニウム溶液を混合させてＭＯＸ粉末（混合酸化物粉末）を生成するという、日米間で合意された技術的措置を講じた上で、これらの国際約束を誠実に実行するとしていること、他方シナリオ３では使用済燃料中のプルトニウムに対する転用誘引度が高まる処分後数百年から数万年の間における国際的に合意できる効果的で効率的なモニタリング手段と核物質防護措置を開発し、実施する必要があることを踏まえると、核不拡散性に関してこれらのシナリオ間に有意な差はない。

- 「海外の動向」については、各国は、地政学要因、資源要因、原子力発電の規模やコスト競争力などに応じて、再処理路線あるいは直接処分路線の選択を行っている。総じていえば、フィンランド、スウェーデン、ドイツ、ベルギー等原子力発電の規模が小さい国や原子力発電からの撤退を基本方針としている国、米国、カナダ等国内にエネルギー資源が豊富な国などは直接処分を、フランス、ロシア、中国等原子力発電の規模が大きい国や原子力発電を継続利用する基本方針の国、国内にエネルギー資源の乏しい国などは再処理を選択する傾向がみられる。なお、直接処分を選択している米国においても原子力発電を今後とも継続利用するためには、それに伴って必要となる高レベル放射性廃棄物の処分場の規模や数の増大を最小限にすることが重要との判断から、それに役立つ先進的再処理技術の研究が始められている。

- シナリオ2やシナリオ4は、再処理をする部分については上記シナリオ1、直接処分する部分については上記シナリオ3と同様の長所短所がある。

（3）現実的な制約条件となる視点からの評価

- シナリオ1には現行政策からの変更はないが、シナリオ3については、政策変更を伴うため、①現時点においては我が国の自然条件に対応した技術的知見の蓄積が欠如していることもあり、プルトニウムを含んだ使用済燃料の最終処分場を受け入れる地域を見出すことはガラス固化体の最終処分場の場合よりも一層困難であると予想される、②これまで再処理を前提に進められてきた立地地域との信頼関係を再構築することが不可欠であるが、これには時間を要し、その間、原子力発電所からの使用済燃料の搬出や中間貯蔵施設の立地が滞り、現在運転中の原子力発電所が順次停止せざるを得なくなる状況が続く可能性が高い、といった「立地困難性」や「政策変更に伴う課題」がある。
- シナリオ4には、①長期間事業化しないままで、再処理事業に関する技術や人材及び我が国が再処理を行うことについての国際的理解を維持するのは困難、②数多くの中間貯蔵施設（2050年までに9～12ヶ所）が必要となるが、貯蔵後の処分の方針が決っていないために、中間貯蔵施設がその言葉通り「中間貯蔵」に留まると地元が確信しにくいことから、その立地が滞り、現在運転中の原子力発電所が順次停止せざるを得ない可能性が高い、③既に開始された高レベル放射性廃棄物の最終処分場の立地活動が政策変更の影響を受け、長期にわたって停止する可能性が高い、といった「立地困難性」や「政策変更に伴う課題」がある。

（4）選択肢の確保（「将来の不確実性への対応能力」）の視点からの評価

今後の技術開発動向、国際情勢をはじめとする経済社会の将来動向には不確実性が存在することから、我が国に体力がある現在のうちに「将来の不確実性への対応能力」を確保することに役立つ事業や投資を進めておくことが望ましい。

この観点からすると、シナリオ1は、再処理事業に関連して様々な状況変化に対応できる技術革新インフラ（人材、技術、知識ベース）や我が国が再処理を行うことについての国際的理解が維持されることから、他のシナリオに比べて「将来の不確実性への対応能力」が高いといえる。ただし、再処理施設のような大きな投資を必要とする施設を含むシナリオは、投資の回収に時間を要することから路線を変更し難いという点で、他のシナリオに比べて硬直性が高いので、このシナリオにより事業を推進する場合、再処理路線以外の技術の調査研究も進めておくべきではないかという指摘があった。一方、シナリオ4は、こうした対応能力を維持して将来において取るべき道を決めるとするものであるから、論理的には不確実性に対する対応能力があるはずであるが、現実には、長期間事業化しないままで、こうしたインフラ及び国際的理解を維持することは困難である。

３．今後の我が国における核燃料サイクル政策のあり方に関する基本的な考え方

これらの基本シナリオの実現を可能にする核燃料サイクル政策のあり方に関する基本的考え方は、再処理路線をベースにするものと直接処分路線をベースにするものに集約される。そこで策定会議は、これまで実施してきた４つの基本シナリオに関する上記２．で述べた評価を踏まえて、いずれが今後の我が国における核燃料サイクル政策のあり方に関する基本的考え方として適切であるかについて審議を行った。

これまでの審議の結果、今後の我が国における核燃料サイクル政策に関する基本方針、当面の政策の基本的方向、及び今後の進め方は以下のとおりとされた。

（1）基本方針

我が国における原子力発電の推進にあたっては、経済性の確保のみならず、循環型社会の追究、

エネルギーセキュリティの確保、将来における不確実性への対応能力の確保などを総合的に勘案するべきとの観点から、核燃料資源を合理的に達成できる限りにおいて有効に利用することを目指すものとし、「安全性」、「核不拡散性」、「環境適合性」を確保するとともに、「経済性」にも留意しつつ、使用済燃料を再処理し回収されるプルトニウム、ウラン等を有効利用することを基本方針とする。

この基本方針を採用する主な理由は以下のとおりである。

①政策的意義を比較衡量すると、再処理路線は直接処分路線に比較して、政策変更に伴う費用を考慮しなければ現在のウラン価格の水準や技術的知見の下では「経済性」の面では劣るが、「エネルギーセキュリティ」、「環境適合性」、「将来の不確実性への対応能力」等の面で優れており、将来ウラン需給が逼迫する可能性を見据えた上で原子力発電を基幹電源に位置づけて長期にわたって利用していく観点から総合的にみて優位と認められること。

②国及び民間事業者が核燃料サイクルの実現を目指してこれまで行ってきた活動と長年かけて蓄積してきた社会的財産（技術、立地地域との信頼関係、我が国において再処理を行うことに関して獲得してきた様々な国際合意等）は、我が国が原子力発電を基幹電源に位置づけて適宜適切に技術進歩を取り入れつつ長期にわたって利用し、「エネルギーセキュリティ」、「環境適合性」、「将来の不確実性への対応能力」等の面での優位性を享受していくために、維持するべき大きな価値を有していること。

③原子力発電及び核燃料サイクルを推進するには、国民との相互理解の維持・確保が必須であり、再処理路線から直接処分路線に政策変更を行った場合においても、立地地域との信頼関係の維持が不可欠であるので、国及び民間事業者はその再構築に最大限の努力を行うべきであるが、そのためには、時間を要することが予想され、その間、原子力発電所からの使用済燃料の搬出が困難になって原子力発電所が順次停止する事態が発生することや中間貯蔵施設と最終処分場の立地が進展しない状況が続くことが予想されること。

なお、基本的考え方の審議の過程で、直接処分路線は、再処理路線に対して、「経済性」においてのみならず、「安全性」、「核不拡散性」等においても優位であるので、この路線に基づくものを採用することが適切であるとの意見が表明された。基本シナリオの評価において、施設の設計・建設・運転が国の定めた安全基準に適合して行われ、国際社会で合意された厳格な保障措置・核物質防護措置が講じられるものとすれば、両路線は「安全性」、「核不拡散性」の面で有意な差がないとされたところであるが、こうした意見のあることも踏まえて、国や事業者は、事業の実施に当たり、内外に向けての透明性の確保に配慮しつつ安全確保活動や保障措置活動等を厳格に実施するとともに、これらの規制や運用に係る技術基準の妥当性について定期的に再評価していくべきである。

また、民間事業者が再処理と直接処分のいずれを行うことも可能とするという政策の考え方も提出されたが、国の基本方針をこのような事業者の選択に委ねるものに転換しても、当面その効用が生じないにもかかわらず政府の技術開発活動を含む行政費用が増大すること、中間貯蔵施設の将来に対する疑念が生まれてその立地が困難になることなど前記のシナリオ４と同様の問題があるので、検討対象とならないとされた。

（２）当面の政策の基本的方向

当面は、利用可能になる再処理能力の範囲で使用済燃料の再処理を行うこととし、これを超えて発生する使用済燃料は中間貯蔵することとする。中間貯蔵された使用済燃料の処理の方策は、六ヶ所再処理工場の運転実績、高速増殖炉及び再処理にかかる研究開発の進捗状況、核不拡散を巡る国際的な動向等を踏まえて2010年頃から検討を開始する。この検討は基本方針を踏まえ柔軟性にも配慮して進めるものとし、その処理に必要な施設の建設・操業が六ヶ所再処理工場の操業終了に十分に間に合う時期までに結論を得ることとする。

国においては、この基本方針に則って、必要な研究開発体制、所要の経済的措置の整備を行うとともに、安全の確保や核不拡散に対する誠実な取組み、国民や立地地域との相互理解を図るための広聴・広報等への着実な取組みを行うべきである。特に、プルサーマルの推進や中間貯蔵施設の立地について一層の努力を行う必要がある。

民間事業者には、これらの国の取り組みを踏まえて、この基本方針に則って、安全性、信頼性の確保と経済性の向上に配慮しつつ、核燃料サイクル事業を責任をもって推進することが期待される。特に、六ヶ所再処理工場に関しては、安全・安定操業の確保、トラブルへの対応策の準備を含む事業リスク管理の徹底とリスクコミュニケーションによる地域社会に対する説明責任の徹底を通じて、これを円滑に稼動させていくことが期待される。

また、プルトニウム利用の徹底した透明化を進めるため、事業者は、プルトニウムを分離する前に、プルトニウム利用計画を公表し、その利用量、利用場所、利用開始時期及び利用に要する期間の目途などからなる利用目的を明らかにすることが適切であり、事業の進展に応じて順次これらをより詳細なものにしていくなどにより、これを誠実に実施していくことが期待される。

なお、国及び民間事業者は、長期的には技術の動向、国際情勢等に不確実要素が多々あることから、それぞれにあるいは協力して、こうした将来の不確実性に対応するために必要な調査研究を進めていくべきである。

（3）今後の進め方

今後、本策定会議は、現行長計の進展状況のレビューを踏まえ、高速増殖炉、軽水炉高度化、燃料サイクル技術等の技術開発、プルトニウムの平和利用に関する透明性の確保のあり方、広聴・広報のあり方、放射性廃棄物の管理・処分の進め方（海外からの返還廃棄物、ＴＲＵ廃棄物の取扱い等）、将来の不確実性に対応するために必要な調査研究のあり方等、この基本方針に基づき核燃料サイクル政策を進めていくために必要な施策の方向性を検討していくものとする。

出典：原子力委員会ホームページ（http://aec.jst.go.jp/jicst/NC/tyoki/sakutei2004/sakutei12/siryo3.pdf）

Ⅲ－１－１－７

原子力政策大綱

原子力委員会　平成17年10月11日

はじめに

我が国における原子力の研究､開発及び利用は、原子力基本法に基づき、厳に平和の目的に限り、安全の確保を前提に、将来におけるエネルギー資源を確保し、学術の進歩と産業の振興とを図り、もって人類社会の福祉と国民生活の水準向上とに寄与することを目的としている｡原子力委員会は、この目的を達成するための国の施策が計画的に遂行されることに資することを目的として、1956年以来、概ね5年ごとに計9回にわたって原子力の研究、開発及び利用に関する長期計画（以下、「長期計画」という。）を策定してきた。現行の長期計画は2000年11月に策定されたものである。

原子力の研究、開発及び利用は、多大な投資を必要とする先端的な巨大技術に関わるものを含み、原子力以外の分野の科学技術研究や多様な一般産業活動にも支えられて、国民の理解の上に展開されるものである。このため、原子力の研究、開発及び利用が上述の目的を達成するには、研究開発、規制、誘導、財政的措置等により国が大きな役割を果たす必要がある。

我が国の原子力行政は、2001年1月の中央省庁再編により内閣府に属することになった原子力委員会が、毎年、長期計画に基づいてこの目的を達成するために必要な施策の基本的考え方を定め、関係行政機関がそれを踏まえて、それぞれの所掌する分野において必要な施策を企画・実施・評価して推進されてきている。

原子力委員会は、今後数十年にわたる我が国における原子力の研究、開発及び利用に関係する国内外の情勢を展望して、情勢変化が激しい時代を迎えている我が国社会においては短期、中期、長期の取組を合理的に組み合わせて推進することが重要との認識に基づき、今後10年程度の期間を一つの目安とした、新たな計画を策定することとした。このため、原子力委員会は、2004年6月に、新たな計画策定のために、原子力に関係の深い有識者のみならず、学界、経済界、法曹界、立地地域、マスメディア、非政府組織等の各界の有識者を構成員とし、原子力委員も委員として参加する新計画策定会議（以下、「策定会議」という。）を設置した。

国においては、原子力政策と密接な関係を有するエネルギー政策や科学技術政策に関する基本方針を具体化したエネルギー基本計画や科学技術基本計画が策定されている。また、内閣府に属することとなった原子力委員会には、原子力行政の実施を担う各省庁に対し、基本的な施策の方向を示す役割が期待されていると考えられる。このような状況から、新たな計画は、原子力の研究、開発及び利用に関する施策の基本的考え方を明らかにし、各省庁における施策の企画・推進のための指針を示すとともに、原子力行政に関わりの深い地方公共団体や事業者、さらには原子力政策を進める上で相互理解が必要な国民各層に対する期待を示す、原子力政策大綱とした。

審議は総合的視点に立った結論を導くことを重視して、基本的には策定会議で行った。また、その進め方は、重要課題ごとに現行の長期計画の評価と国内外の情勢変化を踏まえつつ、今後の取組のあり方について議論を行い、その結果を「中間取りまとめ」や「論点の整理」として取りまとめた。審議においては、我が国における原子力の研究、開発及び利用が一連の事故・不祥事により国民の不安や不信を克服できていない現実を厳しく見据え、国民の期待に応えるとはどういうことかをはじめとする原点からの議論を進めた。同一事項について様々な見解が存在する場合にはそれらを踏まえつつ審議を行い、その結果を「論点の整理」等に反映することに努めた。なお、核燃料サイクル政策や国際問題に関する議論に限っては、技術検討小委員会及び国際問題に関するワーキンググループを設けて、専門的な事項についての論点整理を行った。

策定会議は、最後にこれらの「論点の整理」等を踏まえて新計画を起草する方針を「新計画の構成」と題する文書に取りまとめ、これに対する国民の意見を公募して、393名の方からの758件の意見を得た。また、原子力政策大綱（案）については国民の意見を公募するとともに、５ヶ所でご意見を聴く会を開催して、併せて701名の方から1717件の意見を得た。策定会議は、これらも踏まえつつ審議を重ね、原子力政策大綱（案）を取りまとめた。

33回に及ぶ策定会議、技術検討小委員会（計6回開催）、国際問題に関するワーキンググループ（計3 回開催）、策定会議に並行して開催した長計についてご意見を聴く会（計21回開催）の審議は全て公開し、審議に供された資料及びその議事録はインターネットを通じて公開するなど、透明性の高い審議に努めた。

以下、第1章においては我が国における原子力の研究、開発及び利用が目指すべき基本目標を示した後に、その現状分析を行い、今後の取組における共通理念を示している。第２章から第６章においては、この共通理念を踏まえた主要課題領域における今後の取組の基本的考え方を示している。また、巻末には、策定の基礎とした資料及び用語解説並びに審議の過程で作成した「論点の整理」等を添付している。

原子力委員会は、今後の我が国の原子力の研究、開発及び利用が原子力政策大綱に示す、目指すべき基本目標、今後の取組における共通理念及び基本的考え方を踏まえることを期待する。なお、その際、原子力関係者は、原子力施設には危険性が潜在することを片時も忘れず、また、原子力技術の優れた潜在特性にとらわれてその優位性を過信することなく、優れた他者と性能を競い合い、切磋琢磨し、必要に応じ躊躇することなくそのあり方を変革していくことにより、国民の負託や期待に将来にわたり応えていくことを原子力委員会は切望する。

第１章　原子力の研究、開発及び利用に関する取組における共通理念

(中略)

１－２－７．核燃料サイクルの確立

核燃料サイクルは、天然ウランの確保、転換、ウラン濃縮、再転換、核燃料の加工からなる原子炉に装荷する核燃料を供給する活動と、使用済燃料再処理、ＭＯＸ燃料の加工、使用済燃料の中間貯蔵、放射性廃棄物の処理・処分からなる使用済燃料から不要物を廃棄物として分離・処分する一方、有用資源を回収し、再び燃料として利用する活動から構成される。使用済燃料を再処理し核燃料をリサイクル利用する活動は、供給安定性に優れている等の原子力発電の特性を一層向上させ、原子力が長期にわたってエネルギー供給を行うことを可能とするので、我が国では使用済燃料を再処理し、回収されるプルトニウム、ウラン等を有効利用する核燃料サイクルの確立を国の基本方針としてきた。そして、この基本方針に基づき、合理的な範囲内で核燃料サイクルの自主性を確保することを目指し、様々な取組が以下のように行われてきている。

天然ウランの確保については、国内にはウラン資源が殆ど存在しないことから、電気事業者による長期購入契約を軸とした対応が図られてきてい

る。しかしながら、中国等の原子力発電活動の進展による需要の増大、西欧諸国の在庫圧縮、解体核からの供給終了の見通し等によりウラン需給が逼迫し、今後、国際的にウラン資源の確保競争が激しくなる可能性がある。

ウラン濃縮については、国内需要の大半を海外に依存しているが、国内においてもこれまで事業化を推進してきた。現在事業者による工場が操業中であり、また、より経済性の高い遠心分離機を開発中である。転換については全量を海外に依存しており、濃縮後の再転換については、これが可能な事業者は、ウラン加工工場臨界事故後、国内において1社となっている。

燃料加工については、ほぼ全量の国産化が実現している。これらの活動はいずれも競争的な国際市場が成立しているが、海外市場は寡占化が進みつつある。

軽水炉使用済燃料の再処理については、これまで日本原子力研究開発機構（日本原子力研究所と核燃料サイクル開発機構との統合による独立行政法人（2005年10月設立））の東海再処理施設に委託された一部を除いて、海外の再処理事業者に委託されてきた。この間、事業者が六ヶ所再処理工場の建設を進めてきており、当初の計画より遅れているものの、現在、2007年度の操業開始を目途に、施設試験の実施段階に至っている。

回収されたプルトニウムについては、軽水炉で混合酸化物（ＭＯＸ）燃料として利用すること（プルサーマル）が、原子力発電の燃料供給の安定性向上や将来の核燃料サイクル分野における本格的資源リサイクルに必要な産業基盤・社会環境の整備に寄与するものとして、電気事業者により計画されている。電気事業者は、海外委託再処理により回収されるプルトニウムは海外において、また、六ヶ所再処理工場で回収されるプルトニウムは国内において、それぞれＭＯＸ燃料に加工するものとし、国内のＭＯＸ燃料加工工場については、2012年度操業開始を目途に施設の建設に向けた手続きを進めている。1999年に発覚した英国核燃料会社（ＢＮＦＬ）の品質管理データ改ざん問題を始めとする不祥事等により、電気事業者の示したこの計画の実現は遅れている。ただし、最近に至り、いくつかの電気事業者が、その実施に向けての原子炉設置変更許可申請を行うなどの進展がみられる。

また、使用済燃料の中間貯蔵は、使用済燃料が再処理されるまでの間の時間的な調整を行うことを可能にするので、核燃料サイクル全体の運営に柔軟性を付与する手段として重要であり、現在、事業者が操業に向け施設の立地を進めている。

将来における核燃料サイクルの有力な選択肢である高速増殖炉サイクル技術については、日本原子力研究開発機構を中心として研究開発が進められている。高速増殖原型炉「もんじゅ」については、1995年のナトリウム漏えい事故以降運転を停止しているが、同機構はナトリウム漏えい対策等に係る改造工事計画について国の安全審査を終え、2005年2月に福井県及び敦賀市より安全協定に基づく「事前了解」を受領し、2005年9月より同工事を開始した。

（中略）

第３章 原子力利用の着実な推進

３－１－３．核燃料サイクル

（１）天然ウランの確保

天然ウランを将来にわたって安定的に確保することが重要との観点等から、国際的な資源獲得競争が激化する可能性を踏まえ、電気事業者においては、供給源の多様化や長期購入契約、開発輸入等により天然ウランの安定的確保を図ることが重要である。

（２）ウラン濃縮

我が国として、濃縮ウランの供給安定性や核燃料サイクルの自主性を向上させていくことは重要との観点等から、事業者には、これまでの経験を踏まえ、より経済性の高い遠心分離機の開発、導入を進め、六ヶ所ウラン濃縮工場の安定した操業及び経済性の向上を図ることを期待する。なお、国内でのウラン濃縮に伴い発生する劣化ウランは、将来の利用に備え、適切に貯蔵していくことが望まれる。

（３）使用済燃料の取扱い（核燃料サイクルの基本的考え方）

我が国は、これまで、使用済燃料を再処理して回収されるプルトニウム、ウラン等を有効利用することを基本的方針としてきた。その方針に従い、海外の再処理事業者に再処理を委託する傍ら、東海再処理施設を建設・運転して技術を習得して、六ヶ所再処理工場の建設を進め、再処理で発生する高レベル放射性廃棄物のガラス固化体の地層処分の事業実施主体、資金確保制度及び処分地選定プロセス等を規定した法制度やそれに基づく事業体制を整備してきた。しかしながら、再処理で回収されたプルトニウムの軽水炉による利用の遅れ、2005年には操業を開始する予定であった六ヶ所再処理工場の建設が遅れて現在なお試験運転の段階にあること、もんじゅ事故による高速増殖炉開発の遅れ、電力自由化に伴う電気事業者の投資行動の変化、諸外国における原子力政策の動向等という状況変化の中で、使用済燃料の再処理を行うこととしている我が国の核燃料サイクル事業の進め方に対して、経済性や核不拡散性、安全性等の観点から懸念が提示された。

そこで、原子力委員会は、今後の使用済燃料の取扱いに関して次の4つのシナリオを定め、それぞれについて、安全性、技術的成立性、経済性、エネルギー安定供給、環境適合性、核不拡散性、海外の動向、政策変更に伴う課題及び社会的受容性、選択肢の確保（将来の不確実性への対応能力）という10項目の視点からの評価を行った。

シナリオ1: 使用済燃料は、適切な期間貯蔵した後、再処理する。なお、将来の有力な技術的選択肢として高速増殖炉サイクルを開発中であり、適宜に利用することが可能になる。

シナリオ2:使用済燃料は再処理するが、利用可能な再処理能力を超えるものは直接処分する。

シナリオ3:使用済燃料は直接処分する。

シナリオ4:使用済燃料は、当面全て貯蔵し、将来のある時点において再処理するか、直接処分するかのいずれかを選択する。

その結果は以下のとおりである。

①安全性

いずれのシナリオにおいても、適切な対応策を講じることにより、所要の水準の安全確保が可能である。ただし、直接処分する場合には、現時点においては技術的知見が不足しているので、その蓄積が必要である。再処理する場合には放射性物質を環境に放出する施設の数が多くなるが、それぞれが安全基準を満足する限り、その影響は自然放射線による被ばく線量よりも十分に低くできるので、シナリオ間に有意な差は生じない。

②技術的成立性

再処理する場合については、高レベル放射性廃棄物の処分に関して現在までに制度整備・技術的知見の充実が行われているのに対して、直接処分については技術的知見の蓄積が不足している。シナリオ4については、結果的に利用されない可能性がある技術基盤等を長期間維持する必要がある。

③経済性

現在の状況においては、シナリオ1はシナリオ3に比べて発電コストが1割程度高いと試算され、他のシナリオに劣る。ただし、政策変更に伴う費用まで勘案するとこのシナリオが劣るとは言えなくなる可能性がある。

④エネルギー安定供給

再処理する場合には、ウランやプルトニウムを回収して軽水炉で利用することにより、１～２割のウラン資源節約効果が得られ、さらに、高速増殖炉サイクルが実用化すれば、ウラン資源の利用効率が格段に高まり、現在把握されている利用可能なウラン資源だけでも数百年間にわたって原子力エネルギーを利用し続けることが可能となる。

⑤環境適合性

再処理する場合は、ウランやプルトニウムを回収して利用することにより、高レベル放射性廃棄物の潜在的有害度、体積及び処分場の面積を低減できるので、廃棄物の最小化という循環型社会の目標により適合する。さらに、高速増殖炉サイクルが実用化すれば、高レベル放射性廃棄物中に長期に残留する放射能量を少なくし、発生エネルギーあたりの環境負荷を大幅に低減できる可能性も生まれる。

⑥核不拡散性

再処理する場合には、国際的に適用されている保障措置・核物質防護措置や日米間で合意された技術的措置を講じること等により、国際社会の懸念を招かないようにすることになる。直接処分する場合には、プルトニウムを含む使用済燃料を処分することを踏まえて、国際社会の懸念を招かない核物質防護措置等を開発し、適用することになる。それぞれについてこのような対応がなされる限り、この視点でシナリオ間に有意な差はない。

⑦海外の動向

各国は、地政学要因、資源要因、原子力発電の規模等に応じて、再処理するか直接処分を行うかの選択を行っている。原子力発電の規模が小さい国や原子力発電からの撤退を基本方針とする国、国内のエネルギー資源が豊富な国等では直接処分を、原子力発電の規模が大きい国や原子力発電の継続を基本方針とする国、国内のエネルギー資源が乏しい国等では再処理を、選択する傾向が見られる。なお、直接処分を選択している米国においても、高レベル放射性廃棄物処分場数を最小限にすることが重要として、それに必要な再処理技術の研究が始められている。

⑧政策変更に伴う課題及び⑨社会的受容性

現時点においては、直接処分する場合についての我が国の自然条件に対応した技術的知見の蓄積が欠如していることもあり、プルトニウムを含んだ使用済燃料の最終処分場を受け入れる地域を見出すことはガラス固化体の最終処分場の場合よりも一層困難であると予想される。核燃料サイクル政策を直接処分を行う政策に変更する場合には、これまで再処理政策を前提に築いてきた原子力施設立地地域との信頼関係を直接処分に向けて必要な措置を受け入れてもらうことを含めて改めて構築することが必要となるが、これには時間を要するから、この間に使用済燃料の搬出が滞って原子力発電所が順次停止する可能性が高い。

⑩選択肢の確保（将来の不確実性への対応能力）

シナリオ１においては技術革新インフラや再処理を行うことについての国際的理解が維持されるので、状況に応じて多様な展開が可能である。ただし、このシナリオにおいても再処理以外の技術の調査研究も進めておくことが不確実性対応能力をさらに高めるとの指摘もある。シナリオ４は、選択を後日に行うので対応能力が高いと思われたが、長期間事業化しないままで対応に必要なインフラや国際的理解を維持することは現実には困難と判断される。

我が国における原子力発電の推進に当たっては、経済性の確保のみならず、循環型社会の追究、エネルギー安定供給、将来における不確実性への対応能力の確保等を総合的に勘案するべきである。そこで、これら10項目の視点からの各シナリオの評価に基づいて、我が国においては、核燃料資源を合理的に達成できる限りにおいて有効に利用することを目指して、安全性、核不拡散性、環境適合性を確保するとともに、経済性にも留意しつつ、使用済燃料を再処理し、回収されるプルトニウム、ウラン等を有効利用することを基本的方針とする。使用済燃料の再処理は、核燃料サイクルの自主性を確実なものにする観点から、国内で行うことを原則とする。

国は、核燃料サイクルに関連して既に「原子力発電における使用済燃料の再処理等のための積立金の積立て及び管理に関する法律」等の措置を講じてきているが、今後ともこの基本的方針を踏まえて、効果的な研究開発を推進し、所要の経済的措置を整備するべきである。事業者には、これらの国の取組を踏まえて、六ヶ所再処理工場及びその関連施設の建設・運転を安全性、信頼性の確保と経済性の向上に配慮し、事業リスクの管理に万全を期して着実に実施することにより、責任をもって核燃料サイクル事業を推進することを期待する。それら施設の建設・運転により、我が国における実用再処理技術の定着・発展に寄与することも期待する。

（４）軽水炉によるＭＯＸ燃料利用（プルサーマル）

我が国においては、使用済燃料を再処理し、回収されるプルトニウム、ウラン等を有効利用するという基本的方針を踏まえ、当面、プルサーマルを着実に推進することとする。このため、国においては、国民や立地地域との相互理解を図るための広聴・広報活動への積極的な取組を行うなど、一層の努力が求められる。事業者には、プルサーマルを計画的かつ着実に推進し、六ヶ所再処理工場の運転と歩調を合わせ、国内のＭＯＸ燃料加工事業の整備を進めることを期待する。なお、プルサーマルを進めるために必要な燃料は、当面、海外において回収されたプルトニウムを原料とし、海外においてＭＯＸ燃料に加工して、国内に輸送することとする。このため、国及び事業者は、輸送ルートの沿岸諸国に対して輸送の際に講じている安全対策等を我が国の原子力政策や輸送の必要性とともに丁寧に説明し理解を得る努力を今後も継続していくことが必要である。

（５）中間貯蔵及びその後の処理の方策

使用済燃料は、当面は、利用可能になる再処理能力の範囲で再処理を行うこととし、これを超えて発生するものは中間貯蔵することとする。中間貯蔵された使用済燃料及びプルサーマルに伴って発生する軽水炉使用済ＭＯＸ燃料の処理の方策は、六ヶ所再処理工場の運転実績、高速増殖炉及び再処理技術に関する研究開発の進捗状況、核不拡散を巡る国際的な動向等を踏まえて2010年頃から検討を開始する。この検討は使用済燃料を再処理し、回収されるプルトニウム、ウラン等を有効利用するという基本的方針を踏まえ、柔軟性にも配慮して進めるものとし、その結果を踏まえて建設が進められるその処理のための施設の操業が六ヶ所再処理工場の操業終了に十分に間に合う時期までに結論を得ることとする。

国は、中間貯蔵のための施設の立地について国民や立地地域との相互理解を図るための広聴・広報活動等への着実な取組を行う必要がある。事業者には、中間貯蔵の事業を着実に実現していくことを期待する。

（６）不確実性への対応

国、研究開発機関、事業者等は、長期的には、技術の動向、国際情勢等に不確実要素が多々あることから、それぞれに、あるいは協力して、状況の変化に応じた政策選択に関する柔軟な検討を可能にするために使用済燃料の直接処分技術等に関する調査研究を、適宜に進めることが期待される。

（後略）

［出典：原子力委員会ホームページ　http://www.aec.go.jp/jicst/NC/tyoki/tyoki.htm］

Ⅲ－１－１－８

高レベル放射性廃棄物の最終処分について（回答）――資第５号

平成 20 年 04 月 23 日

青森県知事　三村申吾殿

経済産業大臣　甘利明

核燃料サイクル事業の推進に当たっては、貴職を始めとする関係者の皆様の特段の御理解と御協力を賜り、心から感謝いたします。

青森県においては、核燃料サイクルの要とも言える六ヶ所再処理工場の本格操業を間近に控えておられます。この再処理工場の本格操業に伴い、高レベルガラス固化体が本格的に製造される予定です。

そのような中、貴職が青森県の方針として最終処分を受け入れる考えはない、と表明されていることは十分承知しております。

これらにかんがみ、経済産業省としては、平成20年４月23日付け青原立第63号をもって照会のありました件につきましては、下記のとおり回答いたします。

記

1．平成６年11月19日付け６原第148号及び平成７年４月25日付け７原第53号で科学技術庁長官から貴職に示した文書については、青森県と国との約束として、現在においても引き継がれております。
2．青森県を高レベル放射性廃棄物の最終処分地にしないことを改めて確約します。
3．青森県を高レベル放射性廃棄物の最終処分地にしない旨の確約は、今後とも引き継がれていくものであります。
4．高レベル放射性廃棄物の最終処分地については、国民の理解を得て、早期選定が図られるよう、国が前面に立ち政府一体として不退転の決意で取り組む所存です。

［出典：青森県『青森県の原子力行政』］

Ⅲ－１－１－９

地層処分相当の低レベル放射性廃棄物の最終処分について（回答）

平成 22 年 7 月 12 日

平成22・07・06資第4号

青森県知事　三村申吾殿

経済産業大臣　直嶋正行

核燃料サイクルの確立については、エネルギー安全保障上不可欠であり、我が国エネルギー政策の基本方針であるところ、その推進に当たって、貴職を始め青森県民の方々の特段の御理解と御協力を賜り、心から感謝いたします。

去る3月6日に青森県を訪問し、貴職や六ヶ所村長殿に海外から返還される低レベル放射性廃棄物等の貯蔵管理の受入れについて要請いたしました。貴職が青森県の方針として、地層処分相当の低レベル放射性廃棄物について、高レベル放射性廃棄物と同様に、最終処分を受け入れる考えはないことは十分承知しております。

これらにかんがみ、経済産業省としては、平成22年7月5日付け青原立第211号をもって照会のありました件につきまして、下記のとおり回答いたします。

記

1.地層処分相当の低レベル放射性廃棄物について、高レベル放射性廃棄物と同様に、青森県を最終処分地にしないことを改めて確約します。
2.青森県を地層処分相当の低レベル放射性廃棄物の最終処分地としない旨の確約は、今後とも引き継がれていくものであります。
3.地層処分相当の低レベル放射性廃棄物の最終処分地については、国民の理解を得て、早期選定が図られるよう、国が前面に立ち、政府一体として、不退転の決意で取り組む所存です。

［出典：青森県『青森県の原子力行政』］

Ⅲ－1－1-10

政策選択肢「留保」の意見について（案）

内閣府原子力政策担当室　平成24年5月9日

■留保について
- 「留保」（wait & see）のやり方を2種類に分けて、議論してはどうか。
- 意思決定を留保（判断の先送り）
- 不確実な情報を見極めるため、活動は継続しつつ意思決定を留保すること。
- 活動を留保（モラトリアム）
- 不確実な情報を見極めるまで、活動を一時中断すること。

■留保の可能性について
- 核燃料サイクルの政策選択肢を決定する上で、将来の原子力発電規模のように不確実性が高く、現時点では十分な情報が得られていない場合、その決定を留保する方が望ましい、と判断されることがありうるとの指摘があった。
- また、政策変更への課題を解決するための時間を確保することも留保のメリットとして挙げられている。
- 将来、核燃料サイクルの政策選択肢を決定するために必要な判断材料としては、原子力発電規模に加え、「六ヶ所再処理計画の進展を見極める」ことが挙げられている。

■六ヶ所再処理工場の意思決定を留保
- 核燃料サイクル政策の決定までの間、六ヶ所再処理工場で試験規模の再処理を行い、円滑に稼働するかどうか等を確認することが、判断材料になりえるのではないか。
- 判断に重要な情報：
  アクティブ試験、及びその後の稼働状況
  プルトニウム利用計画の見通し
  →その他参考情報として、核燃料サイクルを巡る国際的な動向等がある。
- 判断先送りの課題
- 地元との信頼関係への影響の可能性（プルサーマル計画の遅れ等）
- 民間企業である日本原燃の事業リスクの増加と捉えられる可能性（セーフティネットの整備の必要性）等
- 判断先送りの期間
- 上記の判断には、5年以内との意見などがあったが、どの程度の期間が必要か。

■六ヶ所再処理工場の操業を一時中断
- 核燃料サイクル政策の決定までの間、六ヶ所再処理工場の操業を一時中断（ガラス固化試験は実施）するとの意見もある。
- 判断に重要な情報は、判断先送りとほぼ同じ。
- 一時中断の課題
  地元との信頼関係への影響
  　使用済燃料管理容量を超え、運転停止する原子力発電所が出てくる可能性
  　返還放射性廃棄物を受け入れることができなくなり、国際問題となる可能性等
  民間企業である日本原燃への影響
  　六ヶ所再処理工場の停止期間中の維持費の発生と、これに伴う操業費の増加
  　事業リスクの増加（民間事業を国が政策的に中断させることに対するセーフティネットの整備）等
  雇用、地元経済に与える影響等
- 中断の期間
  上記の判断には、5年や20年程度との意見があったが、どの程度の期間が必要か。

参考：六ヶ所再処理工場の稼働開始が2012年か

ら2017年に遅れた場合の評価
■六ヶ所再処理工場の稼働開始が2012年から2017年に遅れた場合の解析結果（略）
■六ヶ所再処理工場の稼働開始が2012年から2017年に遅れた場合の影響
• 使用済燃料貯蔵量
①再処理の稼働開始が2012年から2017年に遅れ、その後再処理を開始した場合には、国内における使用済燃料貯蔵量が2030年時点で再処理されない分（約0・4万トン）増加する。(略)
②この場合、発電所の使用済燃料貯蔵容量に六ヶ所再処理工場プール容量を加えた容量（略）を2025年頃に上回ることとなる。
③なお、再処理の稼働が5年遅れることによって、六ヶ所再処理工場から使用済燃料を搬出することを求められた場合には、使用済燃料貯蔵量（略）は2018年頃に貯蔵容量（略）を上回ることとなる。
④②及び③の場合は、発電所毎に貯蔵状況は異なるので、上記の時期よりも早く貯蔵容量を超える発電所が出てくる可能性がある。
• サイクル関連事業の停滞
この間、六ヶ所再処理工場の安全確保、機能維持のために年間約1,100億円の経費が必要となる。
なお、政策的な理由以外によるサイクル関連事業の停滞は、留保により発生するコストとして取り扱うべきではない。
■再処理工場が停止中でも機能維持に必要な費用
• 再処理工場が停止中でも機能維持に必要な費用について至近の日本原燃費用支出より算出する。
• 至近（2010年度）の日本原燃の再処理事業における費用支出は約2,800億円。
この主な内訳は
減価償却費関連：約1,600億円
運転保守関連(修繕費や人件費・委託費など)：約600億円
その他諸経費（諸税や一般管理費・支払利息等)：約600億円
• 再処理工場の維持管理にかかる費用について
施設の法定検査、安全管理などは、操業中と同様の費用が必要。
再処理費用の太宗は再処理量の多寡に依存しない設備維持管理等にかかる固定的費用。
変動的費用である化学処理に伴う電気代や薬品代等については、操業状態と比べ減少しており、40億円弱（フル操業で推定170億程度)。
• トラブル対応等の費用について
ガラス溶融炉に関連して、フルスケールのモックアップ試験や、六ヶ所工場での復旧対策にコストがかかっており、2010年度は100億円程度。
• 再処理工場が停止中でも機能維持に必要な費用は、再処理事業の費用支出2,800億円のうち、減価償却費関連（1,600億円）や、トラブル対応等の費用（100億円）を除く、およそ1,100億円となる。
■六ヶ所再処理工場の稼働開始が2012年から2017年に遅れた場合の影響（略）
［出典：原子力委員会新大綱策定会議（第18回）資料第1-3号］

第２節　青森県資料

Ⅲ－１－２－１

青森県議会第201回定例会会議録　第７号

平成７年２月

平成七年三月十四日（火）議事日程　第七日
本日の会議に付した事件
第一、議案第一号から議案第三十四号までに対する質疑（山内和夫、佐藤純一、久保晴一、中山安弘各議員)
第二、議案第三十四号委員会付託省略
第三、議案第一号から議案第三十三号まで委員会付託

第四、陳情委員会付託
第五、海外からの高レベル放射性廃棄物の返還に係る安全性確保と情報公開に関する緊急動議提出・議題・提出理由説明、委員会付託及び討論は省略し採決
第六、議長休会提議

出席議員　五十名
議長　佐藤寿君　副議長　清藤六郎君
一番　佐藤寿君　二番　中新鐵男君　三番　佐藤斌規君　四番　西谷洌君　五番　今誠康君　六番　中山安弘君　七番　木村太郎君　八番　田中順造君　九番　下田敦子君　十番　久保晴一君　十一番　鹿内博君　十二番　清藤六郎君　十三番　神山久志君　十四番　佐藤純一君　十五番　小比類巻雅明君　十六番　成田一憲君　十七番　三村輝文君　十八番　石岡朝義君　十九番　平井保光君　二十番　山田弘志君　二十一番　菊池健治君　二十二番　木下千代治君　二十四番　奈良岡峰一君　二十五番　太田定昭君　二十六番　上野正蔵君　二十七番　冨田重次郎君　二十八番　成田守君　二十九番　秋田柾則君　三十番　丸井彪君　三十一番　澤田啓君　三十二番　中村寿文君　三十三番　長峰一造君　三十四番　成田幸男君　三十五番　相馬しょういち君　三十六番　間山隆彦君　三十七番　須藤健夫君　三十八番　金入明義君　三十九番　森内勇君　四十番　山内和夫君　四十一番　毛内喜代秋君　四十二番　和田耕十郎君　四十三番　高橋長次郎君　四十四番　鳴海広道君　四十五番　高橋弘一君　四十六番　櫛引留吉君　四十七番　小原文平君　四十八番　滝沢章次君　四十九番　野沢剛君　五十番　工藤省三君　五十一番　浅利稔君
欠員　一名　二十三番

出席事務局職員（略）
地方自治法第百二十一条による出席者（略）

◯議長（佐藤　寿君）　ただいまより会議を開きます。
(略)
◯議長（佐藤　寿君）　山内和夫君外五名より「海外からの高レベル放射性廃棄物の返還に係る安全性確保と情報公開に関する緊急動議」が本職あて提出されました。所定の賛成者がありますので動議は成立いたしました。本動議を職員に朗読させます。
〔職員朗読〕海外からの高レベル放射性廃棄物の返還に係る安全性確保と情報公開に関する緊急動議
　理由
　去る二月二十三日フランスのシェルブール港から出発した海外からの返還高レベル放射性廃棄物については、海上輸送のルート、入港月日、ガラス固化体の内容について企業秘密として公開されていません。これでは、県議会としても協力できません。
　よって、県民の負託にこたえるため、県議会は、別紙決議案に基づき議決をされるよう、緊急動議を提出する。

平成七年三月十四日
提出者　山内和夫
賛成者　和田耕十郎
神山久志
西谷洌
毛内喜代秋
太田定昭

青森県議会議長　佐藤寿殿

以上

◯議長（佐藤　寿君）　お諮りいたします。本動議を日程に追加し、順序を変更して直ちに議題とすることに御異議ありませんか。
〔「異議なし」と呼ぶ者あり〕
◯議長（佐藤　寿君）　御異議なしと認めます。よって、本動議を日程に追加し、順序を変更して直ちに議題とすることに決定いたしました。
　本動議を議題といたします。
◯議長（佐藤　寿君）　提出者の説明を求めます。四十番山内和夫君の登壇を許可いたします。山内君。
〔四十番（山内和夫君）登壇〕
◯四十番（山内和夫君）「海外からの高レベル放射性廃棄物返還に係る安全性確保と情報公開に関する決議」の提案理由を説明いたします。
　知事は今議会において、企業の秘密より人の命を優先するという考え方で安全性にはこれまで以上に万全を期していく、そして情報公開も進めていくと答弁をしておられるのであります。我が県議会も——昨年九月、県議会において私たちは、安全協定について、高レベル放射

性廃棄物の最終処分地についても国に対して青森県を最終処分地にしないという確約書を提出させるなど、県民の原子燃料サイクル事業についての不安についてその解消のために努力をしてきたところであります。そして私たちは、この原子燃料サイクル事業については安全が守られなければ協力できないと一貫してきているところであります。昨年十二月締結した安全協定にも、ガラス固化体の輸送計画、安全対策について事前に連絡することとあります。よって、私たちは青森県民に対してこれが公開されるものと信じていました。しかし、今回二十日ほど前にフランスのシェルブール港から出港した海外からの返還高レベル放射性廃棄物については、二十日たってもいまだにむつ小川原港入港の月日、また個々のガラス固化体の内容について企業秘密として全然公開されていないのであります。さらに、南米三カ国においては関係国領海内の輸送を拒否していることも報道されているなど、今や国際的問題となっております。これでは、返還高レベル放射性廃棄物が安全かどうか、危険なことを秘密にしているのではないかと思わざるを得ません。よって、県民の不安解消のために県議会は次のことを決議する。一つ、返還される高レベル放射性廃棄物の内容を公表すること、一つ、高レベル放射性廃棄物の国における安全審査の経過、結果を公表すること、一つ、海上輸送のルートを公表すること、一つ、入港の日時を公表すること、一つ、以上の諸点について情報公開がなされない場合、知事は入港拒否を明確にすること。

以上申し上げ提案理由の説明といたします。議員各位の御賛同をお願い申し上げます。

○議長（佐藤　寿君）　ただいまの説明に対し質疑を行います。質疑はありませんか。

〔「質疑なし」と呼ぶ者あり〕

○議長（佐藤　寿君）　質疑なしと認めます。

○議長（佐藤　寿君）　お諮りいたします。本件は委員会付託及び討論は省略し直ちに採決いたしたいと思います。これに御異議ありませんか。

〔「異議なし」と呼ぶ者あり〕

○議長（佐藤　寿君）　御異議なしと認めます。よって、本件は委員会付託及び討論は省略し直ちに採決いたします。

本動議を起立により採決いたします。「海外からの高レベル放射性廃棄物の返還に係る安全性確保と情報公開に関する緊急動議」に賛成の方は御起立を願います。

〔賛成者起立〕

○議長（佐藤　寿君）　起立総員であります。よって本動議は可決されました。なお、決議の取り扱いについては本職に御一任願います。

（略）

○議長（佐藤　寿君）　本日はこれをもって散会いたします。

［出典：青森県議会会議録］

Ⅲ－１－２－２
むつ小川原開発第２次基本計画フォローアップ調査報告書
財団法人日本立地センター　平成９年３月

（中略）

D. 高レベル放射性廃棄物貯蔵管理センター

海外への再処理委託に伴い返還される高レベル放射性廃棄物のガラス固化体約3千数百本（最終規模）のうち、1,440本分の施設について平成4年4月に事業許可がなされ、同年5月に着工、平成7年1月に竣工している。そして、同年4月にはフランスより第1回分のガラス固化体28本が搬入され操業を開始。また、平成9年3月にはフランスより第2回分のガラス固化体40本が搬入された。

表2－3　原子燃料サイクル施設立地の全体計画と進捗状況

施設名	再処理工場	高レベル放射性廃棄物貯蔵管理センター	ウラン濃縮工場	低レベル放射性廃棄物埋設センター
建設地点	青森県上北郡六ヶ所村弥栄平（いやさかたい）地区		青森県上北郡六ヶ所村大石平（おおいしたい）地区	
施設の規模	最大再処理能力800トン・ウラン／年 使用済燃料貯蔵容量3,000トン・ウラン	返還廃棄物貯蔵容量 ガラス固化体 1,440本 将来的には 約3千数百本	150トンSWU／年で操業開始 最終的には 1,500トンSWU／年規模	約20万立方メートル（200リットルドラム缶約100万本分相当） 最終的には約60万立方メートル（同約300万本相当）
用地面棟	弥栄平　約380万平方メートル（専用道路などを含む）		大石平　約360万平方メートル（専用道路などを含む）	
建設・運転計画	・事業指定申請平成元年3月30日 ・事業指定 平成4年12月24日 ・建設工事着工 平成5年4月28日 ・事業変更許可申請 平成8年4月26日 ・使用済燃料受入れ開始 平成9年6月予定 ・竣工 平成15年1月予定 ※再処理工場については、国の事業変更許可申請中であり、事業者発表のものです。	・事業許可申請 平成元年3月30日 ・事業許可 平成4年4月3日 ・建設工事着工 平成4年5月6日 ・安全協定締結 平成6年12月26日 ・操業開始 平成7年4月26日	・事業許可申請（600トンSWU／年） 昭和62年5月26日 ・事業許可（600トンSWU／年） 昭和63年8月10日 ・建設工事着工 昭和63年10月14日 ・安全協定締結 平成3年7月25日 ・操業開始 平成4年3月27日 ・事業変更許可（450トンSWU／年） 平成5年7月12日 ※運転規模を順次150トンSWU／年ずつ増加させ、最終的に1,500トンSWU／年とする計画	・事業許可申請（約4万立方メートル（200リットルドラム缶 約20万本相当） 昭和63年4月27日 ・事業許可 平成2年11月15日 ・建設工事着工 平成2年11月30日 ・安全協定締結 平成4年9月21日 ・操業開始 平成4年12月8日 ・事業変更許可申請 平成9年1月30日
建　設　費	約1兆8,800億円	*1 約800億円	約2,500億円	*2 約1,600億円
要　　員	操業時	約2,000人	操業時 約300人	操業時 約200人

※1：高レベル放射性廃棄物（ガラス固化体）1,440本分の建設費
※2：低レベル放射性廃棄物約20万立方メートル（200ℓドラム缶約100万本相当）分の建設費

②立地に伴う開発効果

A. 地域振興の観点からみた開発効果

原子燃料サイクル施設の立地に際しては、施設建設そのものが大規模かつ長期にわたることから、その間の工事需要等による大きな波及効果を期待することができる。

また、ウラン濃縮、使用済み燃料再処理といった複雑な加工・処理工程を有するプラント施設を中核としていることから、高水準の技術・技能をもつ従業員の雇用と育成、多様な関連支援産業の立地等による経済効果も期待される。

さらに、原子燃料サイクル施設の建設がわが国のエネルギー政策等において有する重要な役割に鑑み、その立地受け入れ地域である六ヶ所村および周辺市町村、または青森県全体を対象として国および事業者等から供与されている各種の助成・支援策を通じ、これら地域の振興に資する諸事業の進展が図られているところである。

以上のような開発効果を具体的に整理すると、次のとおりである。

a. 施設建設時における経済波及効果（工事発注、建設就労）

原子燃料サイクル施設の建設による工事発注額は、昭和60年度から平成8年度上期までで7,610億円であり、このうち約1,640億円が県内企業に発注されている。

また、原子燃料サイクル施設の建設に従事する就労者数については、昭和60年度から平成8年度上期までで延べ約351万人であり、このうち約253万人が県内からの就労者である。

b. 事業者等の雇用効果

日本原燃㈱およびその関連会社の社員数は2,120人であり、このうち約1,232人が県内から採用されている。（表2－4）

なお、施設全体の操業時の社員数は、2,500～3,000人と見込まれている。

c. 関連企業および研究機関等の立地

原子燃料サイクル施設の操業に係る補助管理、メンテナンスサービス、関連機器製造等の業務を行う関連企業としては、㈱原燃輸送、アトックス㈱、東北緑化環境保全㈱、東電環境エンジニアリング㈱等が立地している。（表2－4）

また、原子力関連試験研究機関として（財）環境科学技術研究所が平成2年12月に設立されすでに研究を開始しているほか、原子力関連の教育研修機関として、㈱青森原燃テクノロジーセンターが平成7年4月に開所している。

d. 電気事業連合会の仲介による誘致企業の立地

電気事業連合会の仲介により、21社25事業所が県内各地に立地しており、すでに20社24事業所が操業している（現在の雇用は約1,400人）。（図2－4）

e. 電源三法交付金等による産業基盤・生活基盤の整備

（電源立地促進対策交付金）

地域基盤の整備を図るため、六ヶ所村および周辺14市町村に対して昭和63年度から平成8年度までに約381億円の交付実績が見込まれており、平成9年度までで総額約423億円が交付されることとなっている。

（原子力発電施設等周辺地域交付金）

電気料金の割引や市町村による工業団地の整備、産業・観光振興施設の整備のため、六ヶ所村および周辺14市町村に対して、平成元年度から毎年約7億円が交付され、平成6年度から5年間の特別措置として、同交付金が大幅に増額された。なお、平成8年度までの交付実績見込額は約171億円となっている。

（電力移出県等交付金）

平成6年度から県に対して毎年6億円交付されており、電源地域市町村が行う企業導入・産業近代化事業等に対する青森県電力移出県等補助金の交付、立地企業に対する施設等資金の貸し付け等に活用されている。

（電源地域産業育成支援補助金）

産業振興のための地域産業の発掘、育成および地域活性化を図るため、六ヶ所村および周辺14市町村において、平成元年度から平成7年度までで約5億4千万円が交付されている。

f. その他

（(財) むつ小川原地域・産業振興財団の助成事業）

県内の市町村、産業団体の産業振興プロジェクトの推進事業に対して、平成元年度から8年度までで約30億円の助成が見込まれている（地域・産業振興プロジェクト支援事業）。

また、六ヶ所村および周辺14市町村を除く県内52市町村に対し、平成6年度から10年度までの5年間、原則として1市町村につき5,000万円を限度に助成し、全県振興の一層の充実を図っている（原子燃料サイクル事業推進特別対策事業）。

（核燃料物質等取扱税の創設）

平成3年度に核燃料物質等取扱税が創設され、平成7年度までで約16億円納税されている。

これらのうち、電源三法交付金等による基盤整備事業や各種助成事業については、対象各地域における公共施設整備や居住環境整備の水準を高めるとともに、平成元年に設立された（財）むつ小川原産業活性化センターの活動とも相まって、農業畜産分野や観光関連など地域資源を活用した今後の内発的な産業振興につながる支援事業を強化する観点からも今後の波及効果が期待されるところである。

表2－4　日本原燃㈱及び関連社員数（平成8年10月1日現在）

会社名	社員数	県内雇用数	備考
日本原燃（株）	県内　1,106 その他　450	県内　541 その他　190	昭和61年度以降の新規採用者数は856人、うち 地元採用者数は676人
原燃輸送（株）	21	16	
むつ小川原原燃興産（株）	97	97	
六ヶ所原燃警備（株）	109	109	
関連会社　＊	337	279	
合計	2,120	1,232	

＊サイクル施設及び付帯施設の関連業務（メンテナンス等）を行う会社。

- アトックス（株）六ヶ所事務所、東北緑化環境保全（株）六ヶ所支社、東電環境エンジニアリング（株）六ヶ所事業所、日揮（株）六ヶ所現場事務所、清水建設（株）他共同企業体、（株）ユアテック六ヶ所建設センター、原子力システム（株）六ヶ所支所、日本安全保障警備（株）、六ヶ所げんねん企画（株）、青森宝栄工業（株）、ウラン濃縮機器（株）

図2－4　電気事業連合会の仲介による誘致企業の立地状況

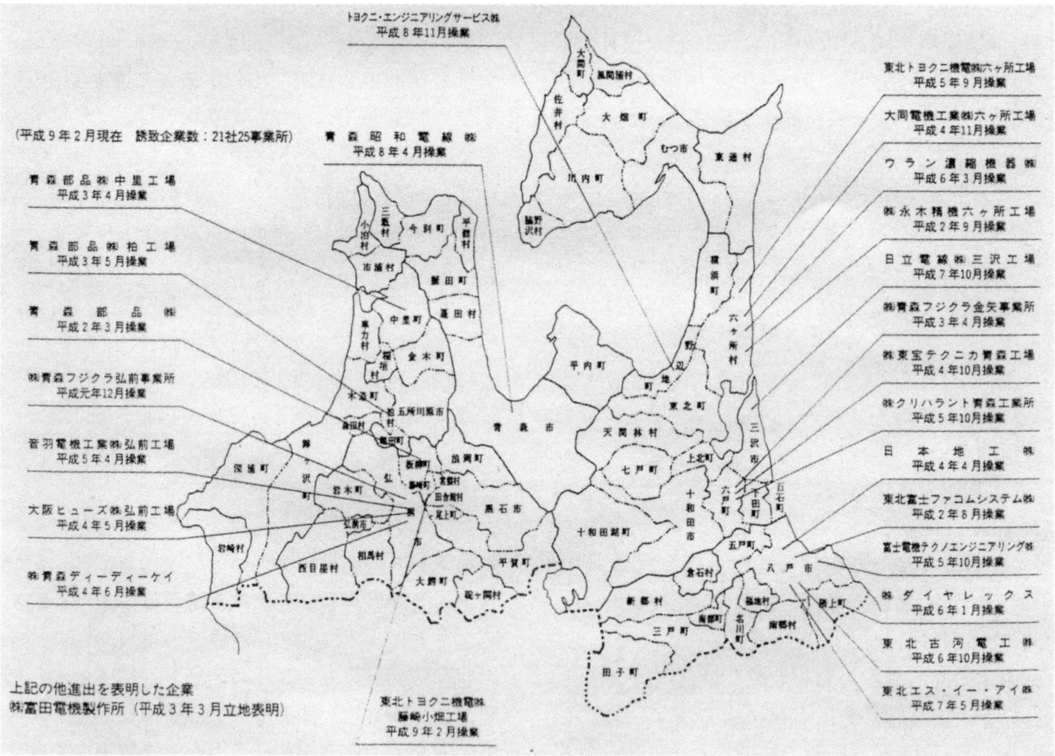

（中略）

1　むつ小川原開発の新たな目標像

1－1　目標像再構築の必要性

(1) 開発の経緯

昭和44年5月、新全国総合開発計画において、むつ小川原地区、苫小牧東部地区、秋田湾地区、志布志湾地区における大規模工業基地建設が構想された。これらのプロジェクトは国家プロジェクトといわれ、同時に地域経済発展の起爆剤として期待された。

むつ小川原地区では構想の実現に向けて、昭和46年3月に開発に必要な土地の先行取得を行うなど大規模工業基地開発の推進主体としてむつ小川原開発株式会社が設立された。

昭和47年6月、青森県は、石油コンビナートの導入を柱とする「むつ小川原開発第1次基本計画」を作成。以降、その具体化について調査が行われ、昭和50年12月、「むつ小川原開発第2次基本計画」が作成された。この計画については昭和52年8月、むつ小川原総合開発会議において、“関係省庁が計画を参酌しつつ具体化のための所要の措置を講ずるものとする”との申し合わせが行われるとともに、この申し合わせに基づき閣議口頭了解がなされた。

これにより、港湾、道路等の工業立地基盤の整備が進められ、現在までに国家石油備蓄基地、原子燃料サイクル施設、（財）環境科学技術研究所などの立地をみている。なかでも国家石油備蓄基地の立地は、1980年代を通じた世界的な石油価格緩和の一因となるとともに、平成3年の湾岸戦争時における経済的および政治的（国際的）安全保障面での主体性の確保等において、わが国経済および国家政策全般に対し大きく寄与した。

(2)　目標像再構築の必要性

むつ小川原開発がスタートした1970年代以降四半世紀の間に、2度のオイルショックを契機としたわが国の石油精製、石油化学工業の国際競争力の急速な喪失、そしてその後、わが国経済社会の構造変化や産業・経済活動のグローバル化が大きく進展するなかで、従来、国内への分散立地を主体としてきたわが国工業の立地展開は海外へのシフトを急速に強め、アジア地域を中心とした緊密な国際分業体制が構築されつつある。

こうした環境変化のもとで、装置型工業の立地を基幹とする「大規模工業基地」の建設をむつ小川原開発の中心的な目標像として維持しつづけることは極めて困難となってきている。また、装置型工業の立地を想定した大規模工業用地の確保にかかわる様々な問題点が生じてきており、その解決策を検討していくことが必要となってきている。

一方、後にも述べるように、むつ小川原地域を取り巻く立地環境条件は近い将来にかけて大きな変化を遂げようとしており、高速道路・新幹線等の基盤整備の進捗や情報通信ネットワークの飛躍的発展とも相まって、従来余儀なくされてきた国土構造上の空間的な制約条件は大幅に克服されようとしている。

さらには、21世紀に向けたパラダイムシフトが世界レベルで進行するなかで、わが国が果たすべき国際貢献のあり方や次代の国土づくり・地域づくりのための開発思想の転換等が改めて問われるに至っている。

これらを背景とした青森県およびむつ小川原地域の全国的・広域的な位置づけや開発ポテンシャルの変化を十分に踏まえながら、今後中長期にわたる新たなむつ小川原開発の開発理念と目標像を再構築していくことが求められている。

1－2　むつ小川原開発がめざすべき方向

(1)　21世紀に向けた潮流変化

21世紀を間近にひかえ、わが国の経済社会を形づくってきた国内外の諸条件は大きく変化してきている。

①地球時代

東アジア諸国の経済発展のテンポは現在もなお速く、世界経済の中でのこの地域の重要性は今後一層高まっていく方向にある。

アジア地域の急速な経済成長による需要の拡大は、日本の生産機能のアジアシフトを惹起し、あわせて、アジア各地での新規石油コンビナートの計画等により、むつ小川原地域での石油化学工業の立地はもはや困難な状況となっている。

一方、東アジアの成長は、資源・エネルギー、環境分野で大きな問題を惹起することが予想されている。

②本格的な高度情報社会の時代

産業、地域経済、文化、生活などあらゆる分野で急速に情報化が進展し高度情報社会に入ってきている。こうした地域の情報化、産業の情報化、生活の情報化の進展は、高齢化社会における健康および医療問題、地域産業経営に関する情報確保・交換などを容易に行うことを可能にする。

③　自然再認識の時代

“もの”の豊かさから“こころ”の豊かさ、生活の“うるおい”への価値観の変化という流れのなかで、地球環境問題の世界的広まりを契機に、生態系としての自然やその有する環境の維持・調節機能、生物多様性の重要性についての認識が一層深まりをみせている。

④人口減少・高齢化時代

わが国は、今後本格的な人口減少の局面を迎えるとともに、高齢化が一層進行することが明らかになっている。こうした人口減少・高齢化の進行は、21世紀初頭以降の経済成長の低下と投資余力の減少をもたらすほか、地域社会の大きな変容を引き起こすことが予想されている。

⑤複数国土軸形成の時代

第一国土軸から複数国土軸の形成、すなわち地域連携軸の形成による国土構造づくりの方向が模索されている。この地域連携軸は、各地域の持つ産業・都市機能の連携およびネットワーク化による機能の相乗効果と広域的な市場圏を形成していこうとするものである。あわせて、地方分権の議論も活発に行われている。

⑥地域産業システムの構築による新産業創出の時代

近年の円高、国際分業体制の構築による生産機能の東アジアへの移行および国内市場の成熟化による量的生産拡大の鈍化により、従来の量産型工場の国内立地の減少が続いている。

今後、日本では、よりレベルの高い国際競争力の形成、新たな市場創造に向けた新産業創出のための地域産業システムの構築が産業立地の課題となってくる。

⑦ソフトな科学技術の時代

これまでの企業側の技術シーズに基づく“もの”づくりとそれを支えてきたハードな科学技術指向のあり方だけでなく、地球環境の保全、社会の持続的発展、安全、健康、医療、福祉といった生活する人間の質的に多様かつ深いニーズに対応するソフトな科学技術の開発と普及が求められてきている。

(2) むつ小川原地域を取り巻く立地環境条件の大きな変化

むつ小川原地域の内外を取り巻く立地環境条件は、大きな変化を遂げようとしており、新たな開発ポテンシャルが醸成されつつある。

①外生的な変化

東北縦貫自動車道八戸線の全面開通、下北半島縦貫道路の整備、東北新幹線盛岡以北の整備など高速交通体系の基盤整備の進展、情報通信システムの高度化と地球的なネットワークの形成などの高度情報通信システムの急展開は確実に大都市圏との空間的制約を小さくしていく。

また、自然を指向する新しい価値観の芽生えが、地方の生活環境整備と相まって人々の地方への回帰、企業の地方立地の新たな促進要因となってきている。このように、地域の豊かな自然環境と相まって新しい考え方に基づく開発の可能性がでてきている。

②内生的な変化

原子燃料サイクル施設系の立地に伴い、エネルギーに関する戦略拠点性が高まり、関連プロジェクトの誘引条件が高まってきている。

科学技術基本計画と全県的な科学技術振興策とが相まって、高度研究開発機能のシーズの醸成といったソフトな基盤が形成されつつある。

(3) むつ小川原開発がめざすべき方向

今後、むつ小川原開発がめざすべき方向について、これまでの基本計画における計画思想と異なる点を整理すると以下のようになる。

1）エネルギー・環境分野をはじめとした全国的・国際的な戦略拠点の形成

主導産業の生産機能拡大のための戦略拠点（大規模工業基地）形成から、今後は、新たな産業創出のベースとなる創造活動およびR&Dのための戦略拠点形成への転換を図っていく。

①エネルギー・環境分野をはじめとした全国的・国際的な戦略拠点の形成

現在立地している原子燃料サイクル施設、(財)環境科学技術研究所などをシーズとして、エネルギー、原子力、環境分野をはじめとした国家的なプロジェクトの展開について、受け入れ可能な地域条件が形成されつつある。こうした地域条件を活かし、ITER級の国際プロジェクトの誘致・導入に対応した国際貢献と国際交流の新たな拠点づくりが推進されるべきである。

②　21世紀の国土づくりにおける新たな戦略拠点の形成

北東国土軸の戦略拠点として、全国的・国際的な拠点機能群の積極的な誘導・整備の可能性が醸成されつつある。

東京一極集中型の国土構造から多軸構造への転換を図る北東新国土軸形成の戦略的な空間としての可能性、すなわち、北東北連携軸—津軽海峡軸（交流圏）の戦略拠点としての開発ポテンシャルが評価される時代になってきている（約300km間隔の国土軸上の結節拠点を北東地域において新たに整備する）。

③東北インテリジェントコスモス構想推進のための一拠点の形成

東北地方が21世紀の日本の頭脳（研究開発）

と産業開発の国際拠点となり、未来型社会〜重層的産業構造を有する地域となるための拠点の一つとして位置づけていく。

2) 地域産業と次世代科学技術の連携による新産業創造拠点の形成

これまで、大規模コンビナートの展開それ自体が「地域開発の起爆剤」として期待されていた。今後は、地域産業の内発的展開との連携による新産業創造拠点の形成を図っていく。

①地域産業・住民との連携による地域づくり

むつ小川原地域の内外で取り組まれている地域産業振興・地域活性化への取り組み（農畜産振興などの地域産業おこし、まちづくり等）との連携を図っていくことが必要である。すなわち、むつ小川原地域を中心として、地域ニーズに基づく新しい科学技術（次世代科学技術など）による地域づくりをめざす。なおそのためには、地元自治体や地域社会（住民・生活者、農業生産者等）の内発性を生かしつつ推進するための体制づくりが不可欠となる。

- 実験研究〜産業化開発を踏まえた新規成長産業の創出（雇用創出等）
- 地域住民の生活ニーズに立脚した新たな地域づくりを先導
- 県内外・国内外との広域的な連携・交流による開かれた地域づくりを推進

②青森県の地域構造の再編・再統合と連動した新たな開発拠点の形成

［青森・弘前（テクノポリス）—八戸（新産業都市・頭脳立地）］中心の県内二極構造の再編成を図り、広域的な地域連携軸—新国土軸への統合を牽引する新たな県内開発拠点として位置づけていく。

従来の工業開発プロジェクトであるテクノポリス・頭脳立地は、むつ小川原地域を中心とした実験研究プロジェクトと接触・連関しながら、既存の工業集積・都市集積をベースとした産学官等の連携ネットワーク化の促進を図る。

むつ小川原地域は、新技術・新分野にかかわる産業化機会の増幅により新たな産業展開を担う「新産業創造拠点」としての役割を分担していくことが求められる。

3) 自然環境を重視した全国的・国際的な科学技術都市の形成

大規模工業基地の造成といった単一機能空間の形成から、むつ小川原地域を中心とする下北半島のもつ優れた自然環境を保全、活用し、エネルギー・環境などをテーマとする研究、教育、居住、レクリエーション等の複合機能を有する新しい科学技術都市を形成していく。

①むつ小川原地域の環境を重視した持続的な地域づくり

豊かな自然環境を保全しながら新たな開発思想による21世紀型国土づくりのフロンティアとして評価していく。

豊かな自然との共生、環境への負荷が低い資源循環システム、寒冷・風雪等の風土に適合した技術・インフラによる快適性・利便性を確保しながら、現在のシーズを活かした分散型の新たな都市／地域づくりとライフスタイルの実現を先導していく。

②質の高い生活実現に資する新しい社会システムの実験実証の“まち”づくり

豊かな生活空間の実現それ自体をソフトとして実験実証しながら進化する社会システムが組み込まれた都市（科学技術都市）の形成を進めていく。

1－3　新たなむつ小川原開発の基本理念と目標像

(1) むつ小川原開発における地域づくりの理念

以上のような全国的および地域的な視点からみた開発ポテンシャルの再評価をもとに、今後のむつ小川原開発が志向すべき地域づくりへの取り組みを、新たな開発理念として改めて提示すれば次のようにまとめられる。

①多様な知的創造活動を基軸とした産業展開と地域づくり

産業・経済活動のグローバル化が進むなかでわが国国内では、次代の新産業・科学技術・生活文化等を生み出す高度な研究開発や企画・構想・計画化等の多様な知的創造活動の展開が、今後の経済社会の発展を促す最も重要な原動力とみなされている。

こうした観点から国内地域においては、従来のような量産型工場の立地に依存した地域発展のシナリオから脱し、地域産業の新たな成長分野への展開を促す多様な知的創造活動を基盤とした地域経済社会の発展が志向されつつある。

今後のむつ小川原開発においても、県内他地域の既存集積をベースに新たな産業構造への転換を模索する地域産業振興施策との相補的な連携を図りつつ、エネルギー・環境関連の戦略拠点形成に向けた地域ポテンシャルを最大限に生かし展開し得るように、高度研究開発機能をはじめとする多様な知的創造活動の展開を基軸とした複合機能型の地域づくりの理念を志向するべきである。

②科学技術の新しいあり方を踏まえ、持続可能（サステナブル）な社会発展のフロンティアに挑戦する地域づくり

知的創造活動を基軸とした次代の地域づくりには、20世紀産業文明を脱した「科学技術の新しいあり方（パラダイム）」にもとづく21世紀型の社会公共技術や社会システムの開発・適用が不可欠である。

そこでは主として、従来の科学技術研究の側からの“シーズ主導の論理”を脱却した“ニーズ主導”のもとで、新たな科学技術シーズ／ニーズの統合化のあり方が求められており、このことは21世紀型科学技術の研究開発とその実用化・産業化に際して、従来以上に開かれた社会的な実験実証プロセスの重要性を示唆するものとなっている。

かかる21世紀型科学技術にもとづく地域づくりとは、必然的に、産業・経済活動のみならず生活・文化等の人間活動の全体を、さらにはこれらの人間活動と自然環境（地球環境）全体とのかかわりを踏まえて推進されるべき取り組みとなろう。

すなわち、多様な知的創造活動や個性的な生活者ニーズに対応しうる柔軟で可変的な社会組織・システムや生活・文化インフラ（個性創出インフラ）、自然環境との調和・共生を重視した資源・エネルギー循環型の社会システム等を基礎とした「持続可能（サステナブル）な地域づくり」が求められている。

むつ小川原地域においては、「大規模工業基地構想」の目標実現が困難を余儀なくされた結果として、かつての20世紀型科学技術と産業文明による「開発」の中心地域からは遠隔にあって、豊かな自然環境を有したまとまりのある利用可能な空間が存在している。かかる地域条件を、上記のような21世紀科学技術による持続可能な地域づくりのフロンティアとして改めて評価し、自らこれに挑戦していくことが必要である。

これにより、むつ小川原開発においても、かつて欧米諸国へのキャッチアップが国家目標とされていた時代の開発理念から脱し、人類社会の持続的発展への寄与を基調とした世界のフロントランナーとしての国際貢献の理念（科学技術基本法等）を積極的に体現した地域づくりの理念を掲げるべきである。

(2) むつ小川原開発の新たな目標像

以上の基本理念を踏まえ、今後のむつ小川原開発が新たに目指すべき目標像を提示する。

ソシオ・サイエンス・フロンティアへの挑戦―21世紀科学技術による持続可能な地域づくり― 21世紀社会に向けた新たな地域づくりを体現する環境調和型・生活融合型の先導的な地域社会システムを、次世代科学技術の社会的な実験実証を通じて実現していく。

新たなむつ小川原開発は、すでに進展している原子燃料サイクル施設の立地拡大や環境科学技術研究所等の機能展開をもとに醸成されつつあるエネルギー・環境分野における拠点形成のポテンシャルを最大限に生かしながら、広範な領域での知的創造活動とその母体となる新たな地域社会システムの創出を基軸とした次代の地域づくりを自ら体現し、先導していくことが必要である。

また、かかる先導的な地域づくりへの取り組みを通じ、従来の大規模工業基地といった単一機能の空間利用から、研究開発、生活・文化等の多様な機能を複合的に有する空間形成を進めていくことが必要である。

ここでの目標像の実現に向けたより具体的な拠点形成のイメージについては、むつ小川原地域内外への主たる機能導入の方向と機能配置（地域整備）の方向等を踏まえた以下のような戦略拠点像として示すことができよう。

◆エネルギー・環境分野をはじめとした国際的な実験研究拠点の形成

原子力関連の現状立地施設の機能展開をもとに、エネルギー・環境分野をはじめとした先導的な実験研究プロジェクトを国際的な視点を踏まえつつ展開するとともに、これにかかわる多様な産業・機能群の立地導入を促す。

◆地域産業や地域社会・住民等と連携した未来志向型開発拠点の形成

むつ小川原地域の内外で展開されている地域産業の振興・高度化や地域活性化への取り組みと連携し、地域社会・住民等の内発性を生かしつつ、次代の青森県を支える新たな産業の創造や生活環

境の整備を先導する未来志向型の開発拠点を形成する。

◆緑と湖沼を生かした国際的な科学技術都市の形成

むつ小川原地域を中心とする下北半島の冷涼な気候、豊かな丘陵と湖沼による広大で貴重な自然環境・景観を生かしながら、国際的な広がりで展開される高度な研究活動や交流活動を支援し、全国―世界から集まる研究者とその家族に対して質の高い生活環境を提供する。

以上のような新たな目標像への転換は、かつて「大規模工業基地」の建設という目標像の実現が石油シリーズ等の工業導入を比較的短い期間内で想定していたこととは対照的に、中長期ないし超長期におよぶ「時間軸」の再設定を要請するものであることはいうまでもない。

そして、かかる目標像の実現に向けた上記の戦略拠点の形成に際しては、今後わが国と世界が直面するであろう地球的規模の環境問題や人口問題、資源・エネルギー問題等への対応を特に重視し、21世紀産業文明を超える持続可能な社会システムの創出とこれに支えられた新しい都市づくりへの端緒を切り拓くべく、概ね21世紀初頭の10年間を想定することとする。

＜ソシオ・サイエンス・フロンティア＞とは

経済成長のためだけの科学技術から、地球環境の保全、持続的発展のための社会公共的なニーズや生活者の側からのニーズを充足する科学技術の必要性が強調されている。

そうした科学技術には、実際の就業あるいは生活空間の中で利用しながら、環境保全性、安全性、快適性、経済性などのフィージビリティを高めていくというしくみが必要になってくる。

ソシオ・サイエンスとは、そうした科学技術のあり方であり、フロンティアとは、そのあり方を実験実証していくための新開拓地である。

(中略)

検討経過

むつ小川原開発調査検討委員会

(平成7年度)

平成7年11月8日　第1回　平成7年度調査主旨の説明、調査方法および内容

(産業立地専門部会、産業・生活基盤専門部会との合同開催)

平成8年3月25日　第2回　中間報告（案）

(産業立地専門部会、産業・生活基盤専門部会との合同開催)

(平成8年度)

平成8年6月6日　第1回　科学技術振興の基本的方向／平成8年度調査の方法、内容および体制

(産業立地専門部会、産業・生活基盤専門部会との合同開催)

10月29日　第2回　専門部会および研究会の作業進捗状況（報告）／企画委員会の設置／新たなむつ小川原開発の基本方針の策定

平成9年3月26日　第3回　新たなむつ小川原開発の基本方針（案）／専門部会および研究会の報告

(産業立地専門部会、産業・生活基盤専門部会との合同開催)

むつ小川原開発調査企画委員会

(平成8年度)

平成8年11月8日　第1回新たなむつ小川原開発の基本方針（骨子案）1

12月2日　第2回新たなむつ小川原開発の基本方針（骨子案）2－継続討議－

平成9年 1月17日　第3回　新たなむつ小川原開発の基本方針（骨子案）3－継続討議－

2月13日　第4回　新たなむつ小川原開巻の基本方針（骨子案）4－継続討議－

むつ小川原開発調査産業立地専門部会

(平成7年度)

平成7年11月8日　第1回　平成7年度調査主旨の説明、調査方法および内容

(検討委員会、産業・生活基盤専門部会との合同開催)

12月22日　第2回　第1回検討委員会の意見（論点）への対応方向と作業方針

平成8年　2月9日　第3回　基本的考え方（産業立地関連)、骨子案の検討

3月25日 第4回　中間報告（案）

(検討委員会、産業・生活基盤専門部会との合同開催)

(平成8年度)

平成8年 6月6日　第1回　科学技術振興の基本的

方向／平成8年度調査の方法、内容および体制
(検討委員会、産業・生活基盤専門部会との合同開催)
　　　6月28日　第2回　青森県の産業開発戦略の基本的方向とむつ小川原／青森県の工業振興の現状と課題／むつ小川原工業基地の現地視察
(地域産業振興ワーキングとの合同開催)
　　　9月10日　第3回　産業等にかかわる機能導入の方向／地域産業の展開方向（中間取りまとめ（案））
平成9年3月26日　第4回　新たなむつ小川原開発の基本方針（案）／専門部会および研究会の報告
(検討委員会、産業・生活基盤専門部会との合同開催)

むつ小川原開発調査産業・生活基盤専門部会
(平成7年度)
平成7年11月8日　第1回　平成7年度調査主旨の説明、調査方法および内容
(検討委員会、産業立地専門部会との合同開催)
平成8年1月12日　第2回　伊藤滋氏（慶応義塾大学環境情報学部教授）ご講義
　　　2月23日　第3回 吉田達男氏（(財) 都市化研究公室専務理事）ご講義
　　　3月25日　第4回 中間報告（案）について
(検討委員会、産業立地専門部会との合同開催)
(平成8年度)
平成8年4月29日～30日　第1回むつ小川原工業基地の現地視察
　　　6月6日　第2回　科学技術振興の基本的方向／平成8年度調査の方法、内容および体制
(検討委員会、産業立地専門部会との合同開催)
　　　9月2日　第3回　21世紀を展望した生活・都市環境整備の方向（中間取りまとめ（案））
平成9年3月26日第4回　新たなむつ小川原開発の基本方針（案）／専門部会および研究会の報告
(検討委員会、産業立地専門部会との合同開催)

むつ小川原開発調査科学技術研究会
(平成8年度)
平成8年5月20日　第1回　研究会の設置主旨、位置づけ、今後の進め方
　　　6月14日　第2回 研究会の進め方、各委員の問題提起
　　　7月23日　第3回 21世紀科学技術への潮流変化と新たなむつ小川原開発の構築
　　　9月3日　第4回 21世紀科学技術への潮流変化と新たなむつ小川原開発の目標像（案）(中間とりまとめ（案））
　　　9月30日　第5回21世紀科学技術への潮流変化と新たなむつ小川原開発の目標像（案）(中間とりまとめ（案））―継続討議―
地域産業振興ワーキング
(平成8年度)
平成8年6月21日　第1回調査の方法、内容および体制
　　　6月28日　第2回青森県の産業開発戦略の基本的方向とむつ小川原／青森県の工業振興の現状と課題／むつ小川原工業基地の現地視察
(産業立地専門部会との合同開催)
7月23日　第3回地域産業振興の展開状況について
9月4日　第4回青森県の産業開発戦略の基本方向とむつ小川原地域
11月27日　第5回青森県の産業開発戦略の基本方向とむつ小川原地域－継続討議－
基盤整備ワーキング
(平成8年度)
平成8年6月4日　第1回調査の方法、内容および体制
　　　7月4日　第2回　むつ小川原地域開発の現状と課題／新たな都市整備のイメージ
　　　9月27日　第3回先導プロジェクトの展開と機能導入ステージ

むつ小川原開発調査委員名簿
むつ小川原開発調査検討委員会（五十音順）
　委員長　笹生仁　(株) 開発計画研究所会長
　委員長代理　飯島貞一　(財)日本立地センター顧問
　(産業立地専門部会長)
　委員　石井威望　慶応義塾大学環境情報学部教授
　委員　梅内敏浩　(株) 青森銀行頭取
　委員　今野修平　大阪産業大学経済学部教授
　(産業・生活基盤専門部会長)
　委員　佐貫利雄　帝京大学経済学部教授
　委員　大道寺小三郎　(株) みちのく銀行頭

取
委員　永松恵一　（社）経済団体連合会産業本部副本部長
（前任　立花宏　（社）経済団体連合会産業基盤部部長）
委員　藤野慎吾　（社）日本港湾協会会長
委員　森一久　（社）日本原子力産業会議専務理事
委員　渡辺貴介　東京工業大学社会工学科教授

むつ小川原開発調査企画委員会
（五十音順）

委員長　笹生仁　（株）開発計画研究所会長
委員　飯島貞一　（財）日本立地センター顧問
委員　今野修平　大阪産業大学経済学部教授
委員　中橋勇一　（協）プランニングネットワーク東北専務理事
委員　成田正光　青森県むつ小川原開発室室長
委員　平澤冷　東京大学教養学部教授
委員　吉野隆治　（財）日本立地センター常務理事

むつ小川原開発調査産業立地専門部会
（五十音順）

部会長　飯島貞一　（財）日本立地センター顧問
委員　河本哲三　立命館大学客員教授
委員　下平尾勲　福島大学経済学部教授
委員　中橋勇一　（協）プランニングネットワーク東北専務理事
委員　真野博司　（株）産業立地研究所代表取締役
委員　和田正武　帝京大学経済学部教授

むつ小川原開発調査産業・生活基盤専門部会
（五十音順）

部会長　今野修平　大阪産業大学経済学部教授
委員　阿部和彦　（財）日本開発構想研究所主幹研究員
委員　稲村肇　東北大学大学院情報科学研究科教授
委員　井上隆　青森大学経営学部助教授
委員　川端直志　（株）ケイ・プランナーズ代表取締役
委員　戸部栄一　椙山女学園大学生活環境学科教授
委員　六波羅昭　（財）建設経済研究所常務理事

むつ小川原開発調査科学技術研究会
（五十音順）

座長　平澤冷　東京大学教養学部教授
委員　東晴彦　新技術事業団技術参事
委員　増川重彦　文理情報短期大学　教授

［出典：財団法人日本立地センター『むつ小川原開発第２次基本計画フォローアップ調査報告書』］

Ⅲ－１－２－３

青森県議会議員全員協議会記録

平成16年４月７日

◎開催案件
一、日本原燃株式会社六ヶ所再処理施設の総点検に係る報告について
◎配付資料目録（略）

平成十六年四月七日（水）午前十時三十三分開議
開催場所　西棟大会議室

出席議員　四十七名
議長　上野正蔵　副議長　小比類巻雅明
高橋弘一　山内和夫　太田定昭　冨田重次郎　上野正蔵　間山隆彦　相馬しょういち　成田一憲　小比類巻雅明　三村輝文　菊池健治　神山久志　中山安弘　鹿内博　諏訪益一　西谷洌　山内崇　高樋憲　斗賀寿一　三上和子　滝沢求　田名部定男　長尾忠行　中村弘　大見光男　平山誠敏　越前陽悦　清水悦郎　中谷純逸　升田世喜男　森内之保留　三上隆雄　渡辺英彦　工藤兼光　相川正光　熊谷雄一　藤本克泰　岡元行人　山内正孝　今博　中村友信　松尾和彦　山田知　伊吹信一　新保英治　山谷清文　三橋一三
欠席議員　三名

丸井彪　北紀一　阿部広悦
欠員　一名

出席事務局職員（略）
出席説明員（略）

◯上野議長　ただいまより議員全員協議会を開催いたします。

去る三月三十一日、知事より、日本原燃株式会社六ヶ所再処理施設の総点検に係る報告について議員全員協議会を開催されるよう要請がありましたので、本日開催した次第であります。

◯上野議長　知事の報告を求めます。――知事。

◯三村知事　本日、県議会議員全員協議会の開催をお願いいたしましたのは、日本原燃株式会社六ヶ所再処理施設の総点検結果について国及び日本原燃株式会社から報告がなされたことから、その内容について御報告し、御意見をお伺いするためであります。

平成十六年三月三十一日に、日本原燃株式会社の佐々木代表取締役社長から本職に対して再処理施設の総点検に係る報告がありました。また、四月一日には、経済産業省原子力安全・保安院の薦田審議官から、日本原燃株式会社が実施した品質保証体制点検結果報告書に対する国の評価について報告がありました。

日本原燃株式会社からは、施工上問題のある溶接箇所が見つかった使用済み燃料受け入れ・貯蔵施設の補修を行い、平成十六年一月二十八日、国から使用前検査の合格証が交付され、健全なものに復旧したこと、品質保証体制点検については、設備及び建物の健全性の確認を書類点検、現品点検で行い、施設全体の健全性に問題のないことを確認したこと、また、品質保証体制については、反省点が五点抽出され、社長みずからが先頭に立って全社を挙げて改善に取り組み、県民の信頼回復に最大限の努力をすること、原子力安全・保安院からは、日本原燃株式会社が実施した点検、補修等は妥当であり、再処理施設の設備等の健全性は確認されたが、品質保証体制については改善すべき点があり、今後、改善策が確実に実行され、それをフォローアップしていく必要があるとの内容でありました。

県としては、使用済み燃料受け入れ・貯蔵施設のプール水漏えいに始まる一連のトラブルに関連して、使用済み燃料受け入れ・貯蔵施設での不適切な施工、それに対する補修の実施、また品質保証体制の点検を行わざるを得なくなったことは極めて遺憾であります。

さきの県議会議員説明会において、国及び事業者から議員の皆様に再処理施設の総点検結果や国の評価について直接御説明したところでありますが、本日はこの県議会議員全員協議会において、県民を代表する議員各位の御意見をお伺いしたいと存じますので、何とぞよろしくお願いいたします。

以上、御報告といたします。

◯上野議長　次に、日本原燃株式会社から、六ヶ所再処理施設の総点検に係る報告について説明を求めます。――佐々木社長。

◯佐々木日本原燃社長　日本原燃の佐々木でございます。

本日は、県議会議員の皆様方におかれましては、大変お忙しい中、改めましてお時間をいただきまして、まことにありがとうございます。

また、日ごろより当社事業に対しまして特段の御指導、御支援を賜りまして、心から感謝申し上げます。

初めに、当社の使用済み燃料の貯蔵プール水漏えいに端を発しました諸問題につきまして、長期間にわたり、県議会議員の皆様、さらには県民の皆様に多大なる御心配をおかけいたしました。この場をおかりいたしまして、改めまして深くおわび申し上げます。

さて、四月二日は長時間にわたりまして再処理施設における総点検結果につきまして御報告させていただきましたが、本日は、御質疑に先立ちまして、後ほど再処理計画部長の鈴木よりその要点を御説明させていただきます。

先般御報告させていただきましたが、今回の品質保証体制の改善策が有効に機能し、しっかりとしたものとして確立していくための基本といたしましては、四つの改善策のうち先頭に掲げましたトップマネジメントによる品質保証の徹底が極めて重要でございまして、かつ基本になると考えておるところでございます。

このため今後、私自身が設定いたしました品質方針のもとに、協力会社を含むすべての社員に品質保証を徹底させるとともに、品質保証計画の立案、実行、評価、改善といったサイクルが経営として確立いたしますよう努力を傾注してまいる考えでございます。

最後になりますが、今後当社といたしましては、今回の点検で明らかになりました反省点を踏まえまして、品質保証体制の改善策を着実に推進するために、決意を新たに、全社一丸となって取り組んでまいる所存でございます。

県議会議員の皆様方におかれましては、引き続き特段の御指導、御支援を賜りますよう、よろしくお願い申し上げます。ありがとうございました。

それでは、再処理事業部長の鈴木より要旨を御報告申し上げます。

○鈴木日本原燃再処理計画部長　再処理計画部長の鈴木でございます。引き続き私の方から説明させていただきたいと思います。

本日準備させていただきました資料でございますけれども、この緑色のファイルの中に報告書、それから、報告書は非常に量が多うございますので、その要旨をまとめました「再処理施設　総点検結果について」という資料を用意させていただきました。私の方から、この「再処理施設　総点検結果について」という資料を用いて御説明させていただきたいと思います。

緑色のファイルを開いていただきたいと思います。

まず最初に目次をつけてございます。一番目が……

○上野議長　部長、説明は先般もやっておりますから、簡潔にしてください。

○鈴木日本原燃再処理計画部長　わかりました。

資料は、まず報告書を用意してございます。

説明資料「総点検結果について」の方を一枚めくっていただきたいと思います。

〔太田議員、議事進行について発言を求める〕

○上野議長　ちょっとお待ちください、今議事進行が出ておりますから。――太田議員。

○太田議員　申しわけありません。時間を有効的に活用するために皆さん方はこの点検資料を前もって我々に配付しているわけですよ。我々は何も勉強していないわけでないんですよ。だから、これを省略して、そこで意見交換に入るようにやらないと……

〔「異議なし」と呼ぶ者あり〕

○上野議長　ただいまの太田議員の御発言のとおりにしたいと思いますが、御異議ありませんか。

〔「異議なし」と呼ぶ者あり〕

○上野議長　では、そのようにいたします。説明は省略いたします。

次に、日本原燃株式会社から提出された品質保証体制点検結果報告書に対する国の評価について、経済産業省原子力安全・保安院から報告を求めます。なお、簡潔にしてください。

○薦田原子力安全・保安院審議官　原子力安全・保安院の審議官をしております薦田でございます。

本日は、大変お忙しい中このような時間を割いていただきまして、まことにありがとうございます。

御存じのように、日本原燃株式会社の提出いたしました再処理施設品質保証体制点検結果報告書に対します当院の評価書が、この三月三十日に開催されました総合資源エネルギー調査会の六ヶ所再処理施設の総点検に関する検討会において基本的に了承されたところでございまして、また、翌三十一日には原子力安全委員会に報告したところでございます。

この総点検の発端となりました原燃再処理施設のＰＷＲ燃料貯蔵プールにおきます漏えいが確認されてから二年以上経過したところでございます。これ以降も、非常に多くの不適切溶接施工の発見であるとか、ウラン脱硝建屋での不適切なシール部材の使用によります硝酸漏えい等、原燃の品質保証体制の不備に起因いたします多くのトラブル、ふぐあいが発生してきたところでございます。また、一昨年八月には東京電力の自主点検記録に係ります不正事案が生じるなど、皆様方におかれましては、原子力施設への信頼を裏切り、あるいはまた長期間にわたり大変御心配をおかけしてきたものと存じておるところでございます。心からおわび申し上げるところでございます。

今回の品質保証体制点検というのは、このような状況の中で、この再処理施設全体が設計どおり適切に建設、施工されているのだろうか、もう一つ、今後原燃は、ウラン試験、さらには次の試験ステージに入っていくわけでございますけれども、原燃はこれを行うのに十分な品質保証体制というものが確立されているのかという二点を検証するために行ったものでございます。

そして、この点検、検証に当たりましては、国といたしまして先ほど申し上げた検討会を設置いたしまして、今ここにいらっしゃいます神田先生に主査をお願いいたしまして、そのほか、原子力、再処理、あるいは品質保証、法律、消費者、マスコミ等非常に幅広い分野から委員をお願いいたしまして、これまで検討会はすべて公開で運営してきたところでございます。

昨年九月に第一回をやりまして、この三月三十日まで十一回もの検討会を開催したところでございますが、この間、地元の視察も含めまして極めて活発な議論がなされてきたのではないかというふうに思っているところでございます。

当方のこの評価書の結論というのは、今、知事からも御報告がございましたように、非常に簡単に申し上げれば、再処理施設が設計どおりに適切に施工されている点からの健全性につきましては、現時点において全体として確認されているということでございます。もう一つ、事業者の信頼性となります品質保証体制につきましては、仕様に幾多の問題点というのが浮き彫りにされまして、今回原燃から非常に多くの改善策が提示されたところでございます。

しかしながら、このシステムについては十分立派なものができ上がっているというふうに思いますけれども、これに本当に魂が入っているのかということにつきましては、今後国の方でしっかりとフォローアップしていかなきゃならないというのが結論であったわけでございます。

今後、原子力安全・保安院といたしましては、今申し上げましたように、このフォローアップを通じ、あるいは、まだ残っております使用前検査、あるいは施設定期検査というものを通じまして、この再処理施設の安全に万全を期していく所存でございます。よろしくお願いいたします。

○上野議長　これより、知事、日本原燃株式会社及び国の報告及び説明に対する質疑を行います。

(略)

それでは、滝沢求議員の発言を許可いたします。――滝沢議員。

○滝沢議員　自由民主党の滝沢求でございます。

日本原燃株式会社の使用済み燃料受け入れ・貯蔵施設プール水漏えいに関してこのような全協という場面で協議するのは今回二回目であります。前回の平成十四年十二月二十六日には、プール水漏えいの原因判明を受けての質疑でございました。そして今回は、日本原燃が二年間の長きにわたって点検、補修を終えて、国の評価を受けての議論であります。

しかしながら私は、この間県民が日本原燃に対して積み重ねた不安、不信というものを払拭するのは極めて困難ではないか、そう思うのであります。

先般、日本原燃の佐々木社長がこの結果報告で三村知事を訪れた際、知事は社長に対して、あいた信頼の穴はステンレスでは埋められぬ、そう申されたようであります。私も知事と全く同感であります。

今、日本原燃に対して県民が求めているのは、しっかりと日本原燃が変わったその姿を明確に示すこと、これが必要ではないでしょうか。そのためには、徹底した情報公開も必要でしょう。そしてまた、透明性の確保、わかりやすい広報も必要でしょう。そして何より、真摯な、誠実な対応、これが求められているのであります。

一方、国においても事業者に対していろいろと注文をつけているようでありますが、我が国の原子力事業の監督官庁として責任がしっかりと明確に示されていない部分がある、そういう考えでおりますので、まず先に国の方にお伺いしたいと思います。

今般、多数のずさんな工事が発見され補修を実施したことで、同じ施設で二度も使用前検査を受けているわけですが、規制当局として安全審査を行っている国にも責任があるのではないかと私は思いますが、いかがでしょうか。

○上野議長　薦田審議官。

○薦田原子力安全・保安院審議官　議員御指摘のように、二百九十一もの不適切な溶接施工が見つかりまして、そして、この不適切な部分をすべて張りかえ、国におきまして結果的に二度の使用前検査を行うことになったということは事実でございます。

これは、このような事態の発生を防止するための品質保証につきましては事業者がみずから自主的に達成すべきものというふうに従来認識しておったところでございますが、結果的にこのことが今申し上げたようなことを誘発したということも考えられまして、規制当局といたしまして大いに責任を感じているというところでございます。

この品質保証の問題につきましては、昨年十月からスタートいたしました新しい規制制度の中で既に法令の中に位置づけたところでございまして、この中で、再処理施設の今後の保安規定の認可であるとか、あるいは保安検査を通じまして、国としては原燃の品質保証というものを許認可行為の中で見ていくことができるようになったというふうに考えておるところでございます。

こういう行為の中で、国として、今御指摘のございました国の責任をしっかりと果たしていきたいと考えておるところでございます。

○上野議長　滝沢議員。

○滝沢議員　四月二日の説明会もそうでございましたが、今回も先ほど若干触れられていましたが、国は日本原燃の品質保証体制がきちんと機能しているかフォローアップするとしていますが、具体的に何をするのか、そしてどう確認していくのかお伺いいたします。

○上野議長　坪井課長。

○坪井原子力安全・保安院核燃料サイクル規制課長　核燃料サイクル規制課長の坪井でございます。

去る三月三十一日付の院長名の文書をもちまして原燃の方に再処理施設品質保証体制点検結果報告書に対する評価を伝えましたが、その際に、当院から、同報告書に盛り込まれた改善策を実施することを原燃に求めるとともに、必要なフォローアップを行うということもこの通知文書に書かせていただいております。

まず一つは、ただいま審議官からも御説明いたしましたが、昨年十月の制度改正をもちまして、原子力施設の保安活動に関する品質保証が義務づけられております。

これにつきましては、まず、品質保証を取り入れた保安規定の申請が今原燃から出されております。これは今審査しておるところでございますが、これを認可した後につきましては、この品質保証の問題も含めて保安検査でこれを確認していきます。この保安検査は年四回行うものでございます。

一方、今回の品質保証体制の改善策には必ずしも保安規定に含まれないものもあるわけでございますが、それについては、行政指導の一環という形になろうかとは思いますが、これについても原燃から報告を受けていきたいと思っております。

こういった報告の内容及び保安検査の結果といった全体につきましては、公開で開催されます六ヶ所再処理施設総点検検討会にも御報告するという形で、しっかりしたフォローアップを行っていきたいというふうに考えているところでございます。

○上野議長　滝沢議員。

○滝沢議員　その確認したことをぜひとも県民に速やかに公開していただきたい。そして県の方にもしっかりと連絡していただきたい。内部で終わらせるのではなくて、しっかりと県民にお願いいたします。

そして、私ども自由民主党は、六ヶ所における原子燃料サイクル事業に今日まで協力してきたわけです。国のエネルギー政策、そして原子力政策に私どもはしっかりと理解を示して、国策として今日まで協力してきた経緯がございます。ですから、この原子力施設の安全確保というものには国がしっかりと責任を持つべきであり、そして、この点検結果にもこれから今まで以上にしっかりと対応することをひとつ国の方に指摘しておきたいと思います。

次に、日本原燃にお伺いいたします。

まず、そもそも不良溶接を行った根本的原因はどこにあるのかお伺いいたします。

〔佐々木日本原燃社長、発言を求める〕

○上野議長　職名を言ってから発言してください。

○佐々木日本原燃社長　日本原燃社長の佐々木でございます。

○上野議長　佐々木社長。

○佐々木日本原燃社長　ただいまの御質問に御回答申し上げます。

私どもは、今回の品質保証体制の点検結果といたしまして、施工上問題のあった溶接施工などの事象について根本原因を検討いたしましたが、御指摘の不適切な溶接を行った根本原因は、発注者でございます当社、受注者でございます元請会社ともにそれぞれの品質保証上の配慮が十分でなかったということが最大の原因ではないかと考えておるところでございます。

具体的に申しますと、プールの溶接工事につきましては、これまでの原子力発電所におきます受注者の実績や安全上の重要度から見て、元請会社に任せても問題はないとの認識がございました。プールの構造的な特徴や工法に関する施工計画についての事前検討が十分になされていなかったんではないかということでございます。

また、例えばでございますが、現場管理に当たる人員配置につきましても、原子力発電所のプールに対しまして五倍（後刻「六倍」に訂正）の仕事量があったにもかかわらず、それが今度の場合に反映されておりませんでした。

また、現地のプロジェクト責任者に権限が集中しておりまして、その指揮のもとに行われた不適切工事をチェックする体制になっておりませんでした。

さらにはまた、当社、元請会社ともにプールの不適切施工に関する知見がなく、そのような状態が起こった場合について思いが至らなかったことがございます。

原因分析につきましては、聞き取り調査や記録確認等によりまして明らかとなった事実をもとにいろいろな事象を分析いたしました結果を総括して申し上げますと、正規の手続をとらずに継ぎ足し溶接を行うといった現場の状況をつくり出した事前の検討不足、このような判断をした現場責任者の意識レベル、さらには、かかる誤った判断を見過ごしてしまった不十分な管理体制といったこと、すなわち品質保証体制の不十分さがあったことが主たる原因であると考えております。

以上でございます。

◯上野議長　滝沢議員。

◯滝沢議員　次に移ります。

日本原燃株式会社は、放射性物質にかかわる部分のみではなくて、それ以外の部分についても万全な品質保証体制を構築すべきではないかと思いますが、いかがでしょう、お伺いいたします。

◯上野議長　鈴木部長。

◯鈴木日本原燃再処理計画部長　日本原燃再処理計画部の鈴木でございます。

今、議員から御指摘があったことはそのとおりであると考えてございます。この点につきましては、今回の総点検の結果として導き出しました五つの反省点の中に、放射性物質に係らない化学安全の観点及びふぐあい発生時の影響、これはすなわち補修の困難さでございますけれども、これを考慮した品質保証上の配慮が十分でなかったということを取り上げてございます。

この反省点を踏まえまして、当社は、品質保証のやり方、これはすなわちルールでございますが、これを見直しまして、化学安全の観点及びふぐあい発生時の影響も勘案して品質重要度を上げ、これに応じて、当社の試験、検査等にかかわる関与を深めること、それと抜き打ち的検査手法を取り入れることなどにより品質保証体制に万全を期してまいりたいと思っております。

さらに、品質保証組織を拡充強化するわけでございますけれども、それによりまして今後の品質保証活動を継続的に評価、改善してまいりたいと思います。

以上でございます。よろしくお願いします。

◯上野議長　滝沢議員。

◯滝沢議員　二年余りにわたって県民に不安を与えてきたわけですが、その責任をどうとっていくのか、そしてもう一つ、何をもって県民の信頼が回復したと判断するのか伺います。

◯上野議長　佐々木社長。

◯佐々木日本原燃社長　ただいまの御質問のように、私どもは、プール水の漏えい発見以来二年余りにわたりまして県民の皆様に大変御不安と御心配をおかけしました。

私どもの現在果たすべきことは、今後二度とかかることを起こさないように、今回の改善策に基づき品質保証体制を確立し、その実効性を達成できますように努めてまいりますとともに、県民の皆様にその具体的な内容につきましてわかりやすく御説明するなどいたしまして御理解を得ていくことや、県民の皆様の御意見をよく伺って経営に生かしていくことなどが求められていることかと存じます。

信頼回復は一朝一夕にできるものではございませんが、今後御理解が得られるよう、安全確保を基本といたしまして、御安心いただけますように全社を挙げて努力を積み重ねてまいる所存でございます。

私からは以上でございます。

◯上野議長　滝沢議員。

◯滝沢議員　今、社長の方からは全社を挙げて取り組むという話です。

日本原燃株式会社は地元青森県の企業でございます。そうですね。そしてまた六ヶ所村の企業でもあります。私は、県民の代表として、県民の、その地域に住む住民の信頼を得られるような企業になっていただきたい、そういう望みがあるわけですよ。ましてや原子力に関連する企業であれば、その地域の住民の信頼というものは絶対条件なんですよ。ですから、冒頭に申しましたように、県民から原燃は変わったなと言われるような、そういう姿をしっかりと示していくことが必要なんですよ。

よって私は、議員として、これからの原燃は本当に変わっていくのか、また、変わるのをしっかりと見定めていきたい、このことを指摘しておきたいと思います。

次に、知事に伺います。

今回の事業者の点検結果報告、そしてそれに対する国の評価が出されたわけですが、県はこれからどのように対応していくのかお伺いいたします。

◯上野議長　知事。

◯三村知事　日本原燃株式会社六ヶ所再処理施設の総点検につきましては、県では、日本原燃株式会社からは、施工上問題のある溶接箇所が見つかった使用済み燃料受け入れ・貯蔵施設の補修を行い、平成十六年一月二十八日、国から使用前検査の合格証が交付され、健全なものに復旧したこと、品質保証体制点検については、設備及び建物の健全性の確認を書類点検、現品点検で行い、施設全体の健全性に問題のないことを確認したこと、また品質保証体制については、反省点が五点抽出され、社長みずからが先頭に立って全社を挙げて改善に取り組み、県民の信頼回復に最大限の努力をすること、そして原子力安全・保安院からは、日本原燃株式会社が実施した点検、補修等は妥当であり、再処理施設の設備等の健全性は確認されたが、品質保証体制については改善すべき点があり、今後、改善策が確実に実行され、それをフォローアップしていく必要がある、という報告を受けたところであります。

使用済み燃料受け入れ・貯蔵施設のプール水漏えいに始まる一連のトラブルに関連して、当該施設の不適切な施工、それに対する補修の実施、また品質保証体制の点検を行わざるを得なくなったことは極めて遺憾であり、県としては国に対して、施設の安全確保に万全を期すよう事業者を厳しく監視、指導することを求めてきております。

六ヶ所再処理施設の健全性及び日本原燃株式会社の品質保証体制の問題については、県民を代表する県議会、市町村長、青森県原子力政策懇話会の御意見を伺うなど、慎重な手順を踏んでまいりたいと考えております。

今後とも、国及び事業者の対応状況を見きわめつつ、県民の安全、そして安心に重点を置いた対応をすべく、安全確保を第一義に慎重に判断してまいりたいと私どもは考えております。

◯上野議長　滝沢議員。

◯滝沢議員　今、知事の方から、県民を代表する県議会、市町村長、また、知事が任命している原子力政策懇話会ですか、その意見も伺って、手順を踏んで判断するというお話でございました。

そこで、最後に、国策に協力するにしても、しっかりと県民の目線に立って、そして最終的に総合判断をしていただきたい、そのことを要望して私の質疑を終わります。

（略）

［出典：青森県議会会議録］

Ⅲ－１－２－４

六ヶ所再処理施設総点検に係る説明会議事録

（六ヶ所会場）

１．日時：平成16年5月12日（水）15:00~18:20　　２．場所：六ヶ所文化交流プラザスワニー 大ホー

ル
3．参加者数：約290人
4．議事録（質疑応答時）

質問（司会）
それではこれから質疑応答の時間といたします。先程の休憩時間におきまして、かなり多くの質問を寄せていただいておりますので、まずこの質問をいただいた方の質問を私の方で読み上げますので、それぞれ関係者に答えていただきたいと思います。
機器レベルのトラブルは避けえないと書いてあるが、我々住民にとっての心配は、放射能が外部へ出るのか出ないのかである。放射能が出ない設備になっているのか。機器を品質保証の観点からどのようにチェックしたのかというご質問でございます。
回答（原子力安全・保安院 核燃料サイクル規制課長）
機器レベルのトラブルなどは避けえないと書かせていただいておりますが、もともとこの再処理施設の安全設計は、多重防護という形でそういったひとつのトラブルが、外部環境へ放射能が出ていくと、そういったことがないように何重もの防護措置を講じているということでございます。具体的には放射能レベルが非常に高い溶液などは、セルと呼ばれる閉じられた空間の中で処理されるのが基本になっております。また、そういった所での漏洩があったとしても、それが外部に出ないように換気系ですとか、そういった所を負圧にしながら管理をする、そういった点などを含めまして、多重防護という思想で施設の設計がなされており、そういった部分の機器について、国が直接検査をするというような形をとっている所でございます。
質問（司会）
今回のプール水漏洩について、その原因である不適切施工は、法令に基づく安全規制に抵触するものではないにもかかわらず、保安院が関与しているが、今後も原子力におけるトラブルの事象によっては、安全規制に抵触するものでなくても継続的に関与していくのかというご質問でございます。
回答（原子力安全・保安院 核燃料サイクル規制課長）
ご指摘のとおり今回のプール水の漏洩、ひとつの事象として捉えてみますと、この部分については、溶接検査の対象でない部分での溶接の問題でございました。国の法令に基づく溶接検査では、放射能レベルの高い溶液なり、気体を含むもの、また、圧力が高い部分については、厳格な溶接検査をする訳でございますが、使用済燃料のプール水というものはそういったレベルに達していないということです。プールの基本的な機能は使用済燃料を冷やすということと、一定の量の水の中に入れるということで放射線を遮蔽するという機能でございます。今回漏洩した量は1時間に1リットルと、ＰＷＲプールの場合そういうものでございましたが、そもそもプール全体の蒸発量は、1時間に数百リットルあるといわれておりますし、プール水を保持するという意味では、プール水を補給する能力は1時間に5万リットルあります。そういった意味で溶接部分でのトラブルは安全に影響を与えるものではないという判断はいたしておりました。しかしながら、この問題から発展して、原因が不適切施工であったという点、実際全体の溶接を点検した結果、291箇所にものぼる多数の不適切施工があったという点についてはやはり、重大な問題と受け止めて、そこから発展して、このような非常に慎重な体制を組んで検討会というものも設けまして、この問題に対応させていただきました。法令の観点からいいますとこれは、あくまでも行政指導ベースのものということですので、できましたらこういったことがないよう、原燃の方ではこのようなことが今後ないようになってもらいたいと思っております。一方法令に基づく検査は今後も再処理施設本体は、まだ使用前検査の途中でございますので、法令に基づいた検査はしっかりやっていきたいというふうに思っております。
質問（司会）
近い質問でございますが、原子力安全･保安院、すなわち原子力施設を規制する側の体制、人材教育等はどのように行っているのか、というご質問でございます。
回答（原子力安全・保安院 核燃料サイクル規制課長）
国の検査官につきましては、一定の大学卒業、理工系の大学卒業などの場合、さらに2年以上の実務経験とか、保安院で行います研修といったものを義務付けることで、一定レベル以上の能力のある者だけが検査官の資格を得られるという形になっております。また、最近ではメーカーからの中途採用という形もございますが、メーカーで原子力関係のかなりの経験をふまれた方を保安院の検査官として担っていただくという形もとっておりまして、専門性を持った者だけが検査を出来るという体制を組んでおります。さらに、海外の規制機関への研修派遣、特に再処理施設に関しては、イギリスやフランスがすでにこういった施設の経験を持っている訳でございまして、そういった規制機関への派遣といったことも実際行ってきまして、検査官の質の向上に努めてきているという所でございます。

質問（司会）

使用済燃料貯蔵プールは漏水検知線によって漏水を把握することになっている。しかしながら、漏水箇所は当初壁面に、その後床面に発見されたのはなぜか。漏水検知溝が正しく設置されていなかったのではないだろうか。この質問をお願いいたします。

回答（原子力安全・保安院 核燃料サイクル規制課 統括安全審査官）

今のご質問の通り、原燃では、当初壁面の方に漏洩欠陥があるという誤認をいたしまして、その後さらに詳細な調査をした結果、壁面にはなくて、床面に発見されたという経緯でございましたが、もともと原燃の方でその貫通孔を調べるために、カラーチェックと申しまして、赤い塗料を塗って貫通孔を調べていくということをやる訳でありますけれども、この検査方法は、普通のちょっと傷があっただけでも赤い発色をいたしますので、それだけでは貫通孔かどうかなかなか分からないということがございまして、貫通孔が疑われる部分につきましては、真空発泡検査と申しまして、真空引きをして石鹸水を塗ると貫通孔でございますと、泡がたってくる。そういった検査を併用して行ったわけでございますけれども、作業性が悪いということもございまして、真空箱の隙間から空気が漏れ込みますと、泡が発生してしまう。それで、初めに誤認したという経緯はございます。そういった検査を併用しながら、貫通欠陥を絞っていった。そういうことでございまして、我々もその試験等すべて確認をしながらやってきたところでございます。

回答（原子力安全・保安院 核燃料サイクル規制課長）

ひとつ補足いたしますと、検知溝の話がございましたが、PWRプールは直方体でございますが、検知溝から出てくる検知水については、壁面を8つに分けましてそこの物が1つに集まって、検知できる構造になっていたので、あるひとつの一定の面積の範囲がありますので、側面と床面がありますが、そこで同じ所、その中でどこの場所を特定するかということで、最初のところの側面は、間違えて表面の傷が貫通していると誤認したということでございますが、決して検知溝がなかったということではないと理解をしております。

質問（司会）

溶融炉の液位計の配線接続ミスをどうして確認できなかったのですか、国と県のチェック機能が全く働いていない証拠ではなかったのかと思う。これはまず、日本原燃から事象につきましてご説明いただきたいと思います。

回答（日本原燃㈱）

まず、今回溶融炉の誤配線というものがございまして、もともと溶融炉とはどのようなものかと申しますと、ガラスを溶かす炉でございます。ガラス電極と申しまして、電気で溶かすんでございますけれども、その炉の中に、溶かすための電極というものを設けてございます。この電極に電気を送るための配線がございまして、その配線を取りまとめている箱、コネクターボックスと呼んでございますけども、その箱がメルターの外に付けられております。今回の事象はこの配線が間違っていたというものでございます。品質保証点検につきましては、これらのようなものにつきましては、我々は過去の不具合の水平展開として確認することとしてございます。具体的なやり方はどういうようなやり方をやっているかと申しますと、実際に試験運転を行いまして、その試験運転の値を見ることによって確認をしていくというやり方をとってございます。今回、ガラスの溶融炉は初めて化学試験を実施いたしました。その中でもともとこういう物を見つけようと考えていたんですけれども、その中で見つかったものというものでございます。

質問（司会）

世界最高技術を持ったプラントが全くくだらない杜撰な、しかも、単純な施工ミスで水漏れ事故が起きたことはお粗末としか言いようがない。一体事業者はどのような基準で施工業者を選定しているのか。なぜ、溶接技術のない業者を使ったのか。業者との癒着があったのではないか。不良溶接を行った業者へのペナルティーはいかがか。損害賠償の請求はどう考えているのか。今後も同じ業者を使っていくのか、という質問です。日本原燃の方でお願いいたします。

回答（日本原燃㈱）

まず1点目、どのような基準で施工業者を選定したのかということでございますけども、仕事をお願い場合、これは実際に契約を結んで仕事をお願いするということでございますけども、お願いするにあたりましては過去の実績、それから会社の規模、経営状態等を勘案して、選んで仕事をお願いいたしました。プールの場合ですけども、特に当時は実績を重視するということで、プールのライニングの施工を行った業者は原子力発電所等で数多くの実績があるということで、選定いたしました。実際に溶接を行った技術者でございますけれども、溶接を行う作業をされる方につきましては、きちんと公的な資格を持った人を使っているということを確認した上で、仕事をお願いしてございます。業者と癒着があったのではないかということでございますけれども、そのようなことは決してございません。溶接を行った業者へのペナルティーでございますけれども、これは最初にも説明いたしましたように、契約に基づいて仕事をお願いしているわけでございますので、きちっとした性能を持った施設が出来てなかったということに鑑みまして､かかった費用につきましては、今後業者と話を進めるべく、今準備をしているところでございます。損害賠償についても、当然その話し合いの中で請求していきたいというふうに考えています。今後､この業者ですけれども､プールのライニングの溶接を行った業者は、その後、会社の経営状況が悪くなりまして、現在、原子力関係の仕事を行っていませんけども、今後仕事をお願いする時には、技術能力、それから経営状態、実績だけでなくて、品質保証への取り組み等も勘案した上で選んでいく。お願いすべき所はお願いしていくというふうに考えてございます。以上でございます。

質問（司会）

機器レベルのトラブルは避けえないと書いてあるが、我々住民にとっての心配は放射能が外部へ出るか出ないかである。放射能が出ない設備になっているのか、品質保証の観点からはどのようなチェックをしたのか､という質問でございます。

回答（原子力安全・保安院 核燃料サイクル規制課長）

基本的には先程お答えしたことと同じになりますが、多重防護という思想で閉じ込め機能などを設けておる所でございます。

質問（司会）

平成14年2月頃からだと思いますが、使用済燃料貯蔵プールの漏洩が確認されてから、調査、原因の特定、補修工事の完了と時間がかかっているが、何故そんなに時間がかかったのか。国、県、村と事業者との間でどのようなやり取りがあったのか教えていただきたいというご質問でございます。

回答（日本原燃㈱）

まず、時間がかかった最大の理由は、使用済燃料貯蔵プールという施設におきまして、漏洩が発生したというのが当社ではもちろん初めてですし、国内でも前例のない事象でありましたことから、点検の方法、それから修理の方法についていろいろな技術検討を行いながら進めてきたということが実態としてございます。もう少し詳しく説明しますと、プールの水にトレーサーといわれる一種の薬品でございますけれども､それを入れて、確かにプールの水が漏洩検知管の方に漏れ出しているということを確認したのが、平成14年2月でございますけれども、その後、漏洩箇所の特定作業というところに入りました。漏洩箇所を特定できたあかつきには、何故漏洩したかということを調べるということで、通常であれば、その部分を切り出して研究施設に運んで、どのような穴が開いていたかと。穴が開いているということであればその原因も調べるということでございますけれども、場所を切り出すためには、やはり水があっては出来ませんので、水を抜くという作業を行うといったような、そういう一連の作業を、これも我国で初めての作業ですけれども行った上で調査を行いました。漏洩箇所は最初、先程保安院から説明がありましたけれども、間違った場所を切り出しまして、再度調べ直した上で、確かに漏れている場所を特定して原因を調べたわけですけれども、原因は本日最初にも説明させていただきましたように、溶接が適正に行われてなかったということが実態としてあったわけです。そういうことから、同じような溶接がないかどうかということを徹底的に調べるということで、調査についても、半年以上の時間がかかったわけです。後は、見つかった箇所、これも全てを修理するということで修理の方法を検討する。それから修理にあたっては、国の認可を得るという手続きを行なって、それに、昨年の9月から今年の1月までかかったわけでございます。このような過程で、国、県、村と、事業者の間でどのようなやり取りがあったかということでございますけれども、基本的には、毎月進捗状況を報告するということ、それから修理や点検の方法につきましては、その方法についてもご説明させていただき、ご理解いただいた上で作業を行いました。以上でございます。

質問（司会）

もうひとつの質問でございますが、補修後どのような確認を行ったのか先程の説明の中にもあるかと思いますが、カラーテストそれから、実際に注入してのテストというようなご質問でございますが、日本原燃の方からお願いいたします。

回答（日本原燃㈱）

補修後に、その溶接線に対しまして寸法とか、外観検査、それから先程お話がありました表面の欠陥を調べるためのカラーチェックといいます浸透探傷試験、それから貫通の欠陥を調べるための真空発泡試験、さらにそれが全て終わりました段階で、実際に水を張りまして、耐圧漏洩試験と、必要な検査全てを当社の立ち会いのもとで実施してございます。以上でございます。

質問（司会）

ラ・アーグではかなりのトラブルがあったとのお話がありました。もちろんトラブルを隠すことは良くないのですが、あまりにも多いと不安感も出ると思います。小さいトラブルもあるかもしれませんし、発表等についてなんらかの基準があってもよく、その基準作りも必要であると思います。多分これも、関連いたしますので、合わせて読みますが、内外の再処理施設の事例から様々なトラブルの発生は避けえないものといわれるだけでは不安である。住民に影響するようなトラブルはないと言えないのかということでございます。2つの質問合わせてお答えいただければと思います。

回答（原子力安全・保安院 核燃料サイクル規制課長）

まずトラブルの基準でございますが、国際的なトラブルの尺度に関しましては、英語で言うとＩＮＥＳという尺度がございます。これは段階として0から7まであり、さらに対象外という所までもあります。ラ・アーグの再処理施設のトラブルもフランスの方ではこの尺度に合わせまして、この尺度も含めて公表しているということが2月の総点検の検討会を六ヶ所村で開催した時に、フランスの方からも、説明がございました。大部分は0とか、0にも該当しないトラブルだというような報告があったと承知しております。ご指摘のように当然こういったトラブルの多くが、外部への影響がないようにしなくてはいけませんし、そういう形で設計がなされているというのが基本でございます。ただ、こういったことが絶対ないとか、そういったことを言うのはなかなか難しいと思います。あくまでも、そういったものがないように、我々もあらゆる知恵を講じてそういうものがないように、外部への影響がないように措置をしているというのがお答えできることではないかというふうに思っております。

質問（司会）

今のご質問、2人の方のをまとめて申し上げましたけれども、同じようにウラン試験には、多くのトラブルが発生すると言われています。そのようなトラブルについても説明会を行うのか、また、原子力防災については説明会を行うのか、というご質問でございます。

回答（青森県 環境生活部長）

トラブルに関してのお話でございます。トラブルが発生した場合には直ちに、原燃から第一報を受けるということにしてございます。それから、原子力防災につきましては、これは地域防災計画（原子力編）がございます。これに基づきまして、適切な対応をするということで考えてございます。

回答（原子力安全・保安院 審議官）

先程の、原燃の今後の地元への説明ということでございますけれども、今回の評価書にも書かせていただきましたけれども、今後ウラン試験中にはいろいろなトラブルというのが出ることは避けられないと。ただし安全上は、全く問題ないということは国としても既に安全審査の段階で確認しておりますし、それからこういう安全装置がちゃんと働くということも、検査の中で確認していくこともございますけれども、ただし、原燃自らが、やはりどういうものが起こるんだ、その影響は、それに対して原燃はどのように対処を予め考えているんだ、あるいは出た時にどうするんだ、ということについては、報告書にありますように、原燃は予め、やはり住民の方々、そして地方公共団体の方々に事前に説明しておくことが重要であるということを指摘させていただいたわけでございまして、我々としては当然、原燃として非常に分かりやすい形で、これはおそらく説明会というよりも、むしろパンフレットとか、いろんな形を、どういう形が良いのか少し県ともご相談していただきたいと思いますけれども、パンフレットという形が良いかもしれませんけれども、何かを作っていただいて、説明していただくことが重要ではないかと考えておりまして、当然原燃においてこのようなことをされるというふうに認識をしている所でございます。

回答（日本原燃㈱）

ただいま審議官からお話がございましたが、ウラン試験において海外でいろいろトラブル事例がございますので、私ども今それをまとめておりまして、村民の皆様、県民の皆様にどういうような形で事前に、内容やそれに対して私どもが今採っている対策、それから実際に起きた時の対処方法などにつきまして、具体的にどういう形でご説明するかの検討を関係者との間でつめて、実施して参りたいと思っております。

回答（青森県 環境生活部長）

県の方から補足させていただきます。先程の説明の中でも、4月28日、知事の方からでございますけれども、原燃の社長宛に5つの項目を要請した所でございます。そのうちの1つに、今後想定されるトラブル事象への対応について、というのがございます。要すれば、今後想定されるトラブル事象の具体的な内容、それからこれら体制の構築等に係る具体的方策を速やかに予め明示し、かつ、確実に履行すること、ということについても求めてございます。社長の方からは、先程も申し上げた通り、全て厳守するという言明があった所でございます。

質問（司会）

5日の新聞、デーリー東北と書いておりますが、使用済燃料再処理工場ガラス固化溶融炉内で問題が発生し、これについて、原子力安全・保安院、日本原燃株式会社から、より分かる内容で示して欲しいということでございます。
先程お答えしていただいた溶融炉の関係だと思いますが、補足する点がございましたらお願いします。

回答（日本原燃㈱）

先程ご質問がありました当社のガラス固化施設の溶融炉の話と同じご質問だと思います。先程もご説明いたしました通り、事象が発生しましたのは、電極のコネクターボックスの中の配線のミスでございました。これらにつきましては、先程もご説明させていただきました通り、過去の不具合の水平展開の一環として点検することにしてございまして、これらのやり方としては、試運転の中で確認していくこととしてございます。ガラス溶融炉は今回初めて化学試験実施いたしましたので、その段階で見つかったものということでございます。以上でございます。

質問（参加者）

設計上の問題なのか、施工上の問題なのかそこをはっきりしてください。もう1点は、先程大江工業が、原子力産業に関わっていないと言うんですけども、これは明らかに関わっているんですよ。そういう嘘つかれると困るんですよ。信頼回復する意味では。加工事業及び再処理工事に関わる平成15年3月、経済産業省の16年2月5日のやつなんですけれども、この中で大江工業は核燃料サイクル開発機構の東海再処理工場に関わっているんですよずっと。これは駄目だ、そんな嘘ついては。信頼回復になりませんよあんた方。平気でこんな所で嘘ついてもらったら困るんだよ。そういうことで、ちゃんと嘘は嘘だと言ってください。

回答（日本原燃㈱）

大江工業の事ですけれども、大江工業につきましては、当然当社の施設でも、工事として入ってございました。ただこの問題が発覚した後ですけれども、民事再生法の手続きをとりまして、会社が建て直しに入った所でございます。建て直しに入る際には、原子力の分野からは撤退するということをプレスしたと聞いております。それはただ、他社の話でございまして。

参加者

現在も今やっているからこう書いてある。それだから、信頼回復できないんだよ。さっきも言っ

たように皆言っていることが・・・・・
司会
ちょっとお持ちください。今のご質問は今でも作業をしているということでございますか。
参加者
これはだから、平成16年2月5日の経済産業省原子力安全・保安院から出たやつなんですよ。その上でしゃべっていることだから、それでこれ、15年10月8日までやっている作業なんですよ。まだ継続中だから、去年もまだやっている話なんですよ。
調べてから言ってください。回答する時は説明者が整理した上で説明しないと、円滑に行かないはずなんだよ。そういうでたらめなこと平気で言うから、事がおかしくなっちゃうんだよ。着実にやる場合はかなりきちんとした精査した上でものごと言わないと困るわけ。
回答（日本原燃㈱）
サイクル機構の中でどのような作業をやっているかは申し訳ございませんけれども、全ては把握してございません。当社の契約の中で、今後仕事を頼む時の説明をさっきさせていただいたものでございます。舌足らずで申し訳ございません。
司会
日本原燃としてどうかということでお答えいただければと思いますが。
回答（日本原燃㈱）
日本原燃としましては、今後仕事をお願いするというか、この問題が起こってから新たに仕事をお願いしているものはございません。
質問（司会）
それで間違いございませんね。それでは、次の質問に参りますけども、原子力安全・保安院は独立せよ、独立することによって、国民の安全の一歩になりうるとも考える。保安院の誠意ある回答を誠意ある内容で示していだだきたいというご質問でございます。
回答（日本原燃㈱）
今のご質問の前にもう1つ、今回のメルターの問題が、設計の問題であったのか、施工上の問題であったのかというご質問を受けてございます。私の方からちょっと答えさせていただきますと、今回の問題は、設計段階で接続に係る図書に誤りがあったものでございまして、工場におけますガラス溶融炉の製造段階で、誤った図面の通りに物が製作されたということでございます。以上です。
司会
原子力安全•保安院は、独立することによって、国民の安全の一歩になり得るものと考えるということで保安院からのお答えをいただきたいということでございます。
回答（原子力安全・保安院 審議官）
いわゆる保安院の独立問題、ということでございますけれども、昨年12月に開催されました核燃料サイクル協議会におきまして、やはり、青森県知事から、県民の間には、原子力安全・保安院の経済産業省からの分離・独立を求める声が少なくないところである、このことを踏まえ安全規制に関する組織体制を明確にしてほしいという要請があったわけでございます。その時に当方の中川大臣の方から原子力推進の大前提は安全の確保と地元の理解であるということ。それから、東京電力の問題の再発を防ぎ、国際水準の安全規制を実施するため、先程申し上げましたように平成14年度に、電気事業法の改正が行われて、原子力安全・保安院は昨年の10月からでありますけど、抜本的に見直された安全規制の実施と、同時にこの保安院の業務の執行状況を調査いたします、チェックいたします内閣府の原子力安全委員会の機能も強化されているということでございまして、こういう新たな仕組みが出来たということでございまして、こうした取り組みについて積極的に地元の皆様に説明をし、またご理解をいただくと共に、広くご意見を伺いつつ、安全規制の効果を検証して行きたいというふうに大臣から述べた所でございます。非常に勝手に申し上げれば、昨年10月からの新しい規制、こういうものを大臣として、しっかりと、実効性を見極めていきたいというふうにおっしゃったという所でございます。我々保安院の人間といたしましては、こういう考え方を胸にいだきつつ、安全規制の厳正な運用に努めていくということで、対処して行きたいと考えている所でございます。
質問（司会）
プール水漏洩が溶接工事の非常に単純な施工ミスであったこと。さらには291ヶ所にも及ぶ大量の不良溶接が行なわれたことに対しては、本当に驚くばかりであり、原子力に対する不安が、より一層強まった感がする。今回の説明では日本原燃の報告書に対し、プールの健全性について妥当であるとの評価のようであるが、国策としてエネルギー政策を進めるのであれば、一業者に任せきりにすることではなく、国の主導型でもっと積極的に取り組むべきでないか。関与するべきではないか、規制するべきではないかという意見、ご質問だと思います。

回答（原子力安全・保安院 核燃料サイクル規制課長）

これだけ多数の不適切施工があったということを深刻に受け止めまして、ある意味では、品質保証体制全体の点検をこちら側から指示をいたしまして、またこの点検作業が、的確に行われることについては、再処理施設総点検の検討会という場を設けまして、公開の場で点検計画のご審議、また点検の進捗状況のご審議、また点検結果のご審議と、こういった一連の検討体制を組みまして、対応させていただいたというふうに思っております。

回答（検討会主査）

先程のご質問にちょっと私からコメントさせていただきます。国の関与とは一体なんだという問題です。昨年の10月にエネルギー基本計画というのが、閣議決定しまして、これで我が国のエネルギーの問題を初めて政策として、国会が取り上げたわけです。その中で、原子力発電はエネルギーの基幹電源として位置付けが明確になったということと、それまで原子力に関して国がどういうスタンスで接するかというのが明らかでなかったのが、基本計画で国が積極的に関与していくという国の立場を明らかにした。国民との関係についても、今日これをやっていることも1つかもしれませんが、国は、前面に出て、国民との対話をしていくという原子力が基幹電源であるということと、国がそれに対して関与していくということを明らかにしたということが言えると思います。したがって、再処理事業についても、さっきのご質問で一民間企業に任せてよいのかという質問、日本原燃という会社一社に全部の責任を押し付けるというのではなくて、国の問題として考えるというのが明確になっているということです。今日私がここに来ているのも、3日間ほど青森県でこういう説明会を全部付き合うつもりでいますが、それは青森県六ヶ所村というのが国の本当にエネルギーの安全保障上、重要な位置付けにあるということを強く認識して、本当に3日間六ヶ所村のことで付き合いたいというふうに申し出て、今日出席させてもらっているわけです。もう一度言います。原子力というのは国のエネルギー政策上、非常に重要であるということを、国がちゃんと表向きに認めた。それに従って、全ての行動が行なわれ始めているということをご理解いただきたいと思います。

質問（司会）

恐縮でございますが、検討会主査への質問ということでございますが、主査の説明はとても分かりやすかったけど、もう一度安全だと言ってもらいたい、というご質問が出ておりますが。

回答（検討会主査）

ありがとうございます。先程私が申し上げましたのは、検討会はどうやって日本原燃を認めたのかというご質問に関して、私たちの検討会の心の動きというのをご説明したつもりでいます。その結果として、現在思っていることは、いわゆる安全上の問題は起きると考えていません。しかし、小さいトラブルとか、住民に上手く説明しきれないとか、それから、設計ミスや施工ミスとか、操作ミスとか、人間が造った物は必ず壊れますし、人間というものは失敗しますから、そういうことが起きた場合の対処の仕方が十分であろうかということについては、やはり心配なことが残っている。それで、検討会を続けさせていただきたいということを言って、それが認められて、日本原燃の方も、そのことを了解していただいたと思っています。だから、安全かどうかを言ってもらいたい。それは、安全だと思います。いわゆる安全とは何かですが、住民が被ばくするというようなことをもって安全と言うのであれば、これは大丈夫だと思います。ただし、中でやったことをずっと隠していたということをもって、安全じゃないって言うんだったらやっぱり不安ですから、これからも厳しくチェックしていきたいというふうに思っております。

質問（司会）

プール水漏洩の点検補修が厳しい管理の下で行われ、今回の問題の背景となった、品質保証体制の不備が的確に是正されたことがよく分かりました。再処理の安全性が確保されるものと考えます。とはいえ、機械である以上、トラブル発生は避けられないと思いますが、トラブル発生時の対応方法をもっと具体的に教えていただきたいということでございます。通報体制とか広報の仕方とかだと思いますが。
回答（日本原燃㈱）
トラブルが発生した時の対応ということでございますけれども、ウラン試験が始まってからは工場という形になりますけれども、そういう工場の中にトラブル時の対応基準、ルールを作っておりまして、そのトラブルが発生した場合にどういう部署がどういう行動を行う、初期対応をどう行う、そして公表について、あるいは通報について、どういう部署がどういう任務をもって対応するということを決めてございます。それに従って、初期対応等をまず行うわけでございます。先程の公表基準のお話がございましたけども、その公表について所内で一応基準を決めました。そしてこれにつきましては、検討会で1回ご紹介いたしましたけれども、法令に基づく重要なものや、あるいは私どもが日ごろやっている、先程出ました軽微なトラブル、これにつきましても事前に分類しまして、それを分かりやすい形で皆さんに公表させていただく、そういうものを適切に使いまして、これからウラン試験を行うにあたっての対応を皆様方にご心配かけないような形でやっていきたいと考えてございます。以上でございます。
質問（司会）
再処理の試運転中となっておりますが、まだ、試験段階でもございますが、予想される機器、設備の不具合を予め、ホームページ等で公開した上で、今後の信頼回復に努めたらどうかというご質問をいただいております。日本原燃からお答えいただければと思います。
回答（日本原燃㈱）
先程もご紹介いたしましたように、トラブルというのは、先程検討会主査からもご紹介ございましたように、やはり私ども人間がやるもの、そして造ったもの、必ず何らかのトラブルというのが起こります。したがいまして、私ども皆様方に、ご心配をかけないように予め、当面まず、ウラン試験で行なう我々の行為に対して、あるいは設備の状態に対して、どんなトラブルが起きるかということを、出来るだけサンプルを多く作りまして、私どもの準備、心の準備の一環とすると共に、こういうものが起きる可能性があります。そうした時にどの程度の影響があります。そしてどういう対応を私どもがとりますというような、一連の資料を、一件一葉のような形で整理いたしまして、これまでの検討会で30事例ほどご紹介させていただきましたけれども、これを近々公開させていただきます。これを、ホームページ等で公開すると共に、紙の形でも公開したいと考えてございます。こういうものを1つの参考にしていただいて、実際にトラブルが起きた時には、私ども、そういうふうなことをやっているんだなと、そしてその影響はこの程度なんだなという判断の一材料にして今後進めて行きたいと考えてございます。以上でございます。
質問（司会）
核燃料サイクル事業が始まれば、放射能が煙突、排水口より排出され、農民として、安全で栄養のあるおいしい食糧を消費者に提供できなくなる心配がある。放射能の完全除去は可能か。事故がなくても年々汚染され、自然が汚染されると、人間の生活が出来なくなる土地が拡大されると思うが対策はあるか。今まで、安全性ばかり強調されてきたので、核燃施設が国民の生命、健康、経済、環境等に重大な影響を与える大事な事業であるのに、内容を良く知らない国民が多く、不備な仕事を一般の建設業者と同じ程度で行っている。あと、原子力に対する教育が今まで十分でなかった。この後、国民に対する教育方針を示してくださいという質問が4つばかりあるんですが、もう1つですが、万が一事故があることを思い、一般住民に対する避難訓練を隣接町村でもやって欲しい。4つの質問をまとめて話したんですけれども、まず最初の、放射能の排出の関係でございますので、これにつきましてまず、事業主体である日本原燃の方からお答えいただきたいと思います。
回答（日本原燃㈱）
私ども再処理工場を操業いたしますと、1年間に800トンという処理を行ないます。この800トンを処理した場合に、放射能をどの位出すのかということが、非常に皆様のご関心にあると思います。私ども、最新の技術、最良の技術を使って出来るだけ放射能を出さないように設計それから、これからの運転管理に努めてまいる訳でございますけれども、いかんせん0ではございません。その量がどの程度か、そして、影響がどの程度かということにつきましては、これは私どもが、1989年からの安全審査で、4年間にわたった安全審査でご説明した一番重要な事項でございました。この数値につきましては、ちょっと数値を申し上げて恐縮でございますけれども、この影響としまして、日本、それから世界の自然放射線との比較で申し上げますと、ミリシーベルトという単位で、放射線の影響を考えるわけでございますけれども、日本の平均値がだいたい、1ミリシーベルトでございます。それに対して、私どもが先程申し上げました800トンの操業をいたしますと1年間に約50分の1であります0.022シーベルトという数値で私ども国に説明し、原子力安全委員会等のダブルチェックを受けて、ご了解いただいたわけでございます。それから、この値そのものは自然放射線と、人工放射線の違いはないと聞いてございます。そして、ご存知のように自然放射線につきましても、国内でも、地域によって約3割程度の増減がございます。その3割以内の値で抑えられているということをご理解いただきたいと思います。それが1つでございます。

司会

補足する点がございますでしょうか。お願いします。

回答（原子力安全・保安院 審議官）

今、ご質問、あるいは私は、原燃が先般、住民説明会を行なった際の農民の方からの不安といったようなものの議事録を読ませていただきました。特に国として反省すべき点というのは、低線量の、あるいは放射能が表に出て行くときの影響について、あるいは安全との関係において、これがなかなかまだ正しく、ご理解をされていないということを、実感せざるをえないと思っている所でございます。私どもといたしましては、例えば今、原燃の方から、絶対量の話がいろいろありましたけれども、例えば、ちょっと違った例でお話いたしますと、特に農家の方が使っておられます、リン酸肥料というのがございますけども、リン酸肥料というのは結構、放射性物質が含まれておりまして、例えば、単肥あるいは複合肥料どちらでもよいんですけれども、その表面からは、だいたいバックグラウンドと、バックグラウンドというのは宇宙から来る放射線、それから地面から来るのと同じ位の量の放射線が出ているんですね。そういう中で、皆さん暮らしていると、あるいは、空気中には、ラドンが含まれていまして、今、原燃の方から1ミリシーベルトとありましたけども、今は平均的にはですね2.4ミリシーベルトと言われておりまして、そのうちの半分がラドンから出ている訳でありまして、我々はこういう中で生活し、生きてきている訳でございます。おそらく、こういうようないろいろな放射線の関係の事柄というものは、なかなか正しく理解されていないということがございまして、これはおそらく保安院といたしましても、まさに規制値であるわけでありますので、何らかの形で、皆様方に正しく、あるいは実感を持って、ご理解いただけるように、今後少しいろいろな形でお知らせしていきたいということを、つくづくと感じた所でございます。

参加者

安全であれば、排気塔はもっと低くても十分ですよね。150メータの高さ・・・・・

司会

ちょっとお持ちください。ご質問をなさる場合ちょっと挙手を、また後ほどお願いしたいと思いますが。ちょっとお待ちいただけますか。

質問（司会）

今のご質問の中で、万が一事故がある場合に備え、一般住民に対する非難訓練を隣接町村でも、というご質問が入っておりますので、お願いいたします。

回答（青森県 環境生活部長）

避難訓練と申しますか、まず、青森県地域防災計画（原子力編）というのがございます。この中でどういうふうになっているかと申しますと、まず基本的に防災対策を実施すべき市町村の範囲というものがございまして、これにつきましては、原子力安全委員会の原子力施設等の防災対策について、ひらたく防災指針というんですけれども、これを十分に尊重して作られてきてございます。この基本的な考え方でございますけれども、防災資機材、モニタリング設備、非常用通信機器等の整備、避難計画等の策定と防災対策を重点的に充実すべき地域の範囲については、先程の防災指針において提案されています。これは、防災対策を重点的に充実すべき地域の範囲の目安というのがございまして、これを基準として、各原子力施設ごとに行政区画、地勢等地域に固有の自然的、社会的周辺状況等を勘案して、ある程度の増減を考慮しながら具体的な地域を定めるものとされてございます。結論を申しますと、特に被ばくの低減のための防護処置、屋内退避、避難等を講ずべき地域につきましては、県の地域防災計画（原子力編）においては、六ヶ所村の中に限られてございます。それから、これと関連いたしまして、訓練についてでございます。県の方ではこれまで、毎年1回の頻度で、原子燃料サイクル施設を対象に要素ごとの防災訓練を実施してきた所でございます。昨年度、平成15年度の原子力防災訓練につきましては、六ヶ所再処理施設を対象として、昨年の10月下旬に実施してございます。想定事故については、再処理施設精製建屋の火災発生に伴うものでございまして、訓練の内容としてはこれまで行なってきました防災訓練を踏まえまして、県庁、それから六ヶ所村役場、並びに現地における災害対策本部等の設置運営訓練、緊急事態応急対策拠点施設、要するに六ヶ所オフサイトセンターの立ち上げ訓練、それから環境中の放射線等を測定する緊急時モニタリング訓練なんかもございます。それと、昨年度新たに避難の
指示を行なう住民避難誘導訓練なども、住民の参加を得て実施しておる所でございます。

司会

先程のお答えに対して、ちょっと挙手のご質問がありましたので、先程のお答えに対するということに限定して、ご質問お願いいたします。

質問（参加者）

先程お話された、検討会主査の隣の方に聞きたいんですけれども、安全であれば、お金をかけて150メートルにもなる高い排気塔を造る必要ないですよね。高さ10メートル位でも、十分じゃないですか。それともう1つ、先程原子力防災計画が六ヶ所村だけという話でしたけれども、前の木村知事が原子力防災上、避難道路として津軽海峡大橋が必要だという話をしていました。という事は、青森県民が北海道に逃げる位ですから、六ヶ所だけでは済まないはずですよね。北海道まで逃げないといけない位ですから。稚内であれば、相当な距離ですよ北海道も。ということも考えた時になんで、六ヶ所だけで良いのかという話と、矛盾していませんか。だから、その2点ちょっとお答えください。

回答（原子力安全・保安院 審議官）

まず、煙突の話がございましたけれども、この低線量の被ばくの問題でございますけれども、今、私は、みんな、こういう被ばくの中に生きていると申しましたけれども、やはり不必要で、避けられるのであれば、避けていくというのも、放射線安全の基本でございます。そういうことから、やはり煙突を高くすることによって、希釈という自然の原理を使いまして、被ばくを避けていくということも非常に重要なことだと認識をしておりまして、そういう点で、この高さが決まっているというふうにご理解いただければと思っております。

回答（青森県 環境生活部長）

道路のお話が出たんですけれども、先程申し述べましたとおり、特に被ばくの低減のための防護措置、例えば屋内退避、避難等を講ずべき範囲につきましては、青森県地域防災計画（原子力編）におきまして、先程も申し上げました原子力安全委員会の原子力施設等の防災対策について、その中の防災対策を重点的に充実すべき地域範囲の目安を基準として定めた所でございます。

質問（司会）

今2点ご質問いただきましたけれども、一応先程冒頭に午後5時までという予定をさせていただきましたけれども、大分質問が残っておりましてまだ回答してございませんので、このまま、継続したいと思います。

それでは､次の質問いただいた方から､経営トップの意思が現場の末端に届き理解されるまで、1年程かかると聞いたことがある。協力会社を含めると相当の時間を要すると考える。そういった中で、今回のような意図的な手抜き工事を本当に防げるのか疑問が残る。下請け、孫請けに対して大丈夫といえるのというか、というご質問でございます。

回答（日本原燃㈱）

今回の反省を踏まえまして、経営トップの意思が、直接的に各社員、それから各協力会社の皆様の所に声が届く様に改善をいたしました。それが先程ご説明いたしました、各社長が、品質方針を各社員と直接顔が見える形で、それぞれ説明していくという場を設けたり、あるいは、協力会社におきましては、前回4月20日に実施いたしました、品質マネジメント会議のような、会議体を通じてお互いに品質保証の意識の共有化を図っているということで、末端まで理解されるように努めているつもりでございます。そういうようなことをしていながらも、今回こういうような不正の工事が、意図的な工事が防げるかどうかということに関しましては、先程の改善策の中にも申しました

けれども、今回の点検に使いましたいろいろな点検の要領を、我々が今持っております規定類、それから要則類等に反映いたしまして、これらの工事を、確実に実施出来るような体制を作ってございます。したがいまして、今後は、これらのものが適正に管理できるものと考えてございます。以上でございます。

質問（司会）

再処理施設の安全性と高品質を確保する為には、品質保証活動を粘り強く実施していくことが必要であると思います。社長直属の品質保証室の設置は有意義と思います。ついては、品質保証室の体制、業務内容等について、具体的に教えてください。

回答（日本原燃㈱）

品質保証室は今ご質問にありました通り、社長の直属のスタッフとして設置されました。今ご説明しております、私も、今準備室に所属してございますけれども、品質保証室になった時の部長でございます。それで、品質保証室の役割でございますけれども、品質保証室は社長の片腕となりまして、全社的な品質保証の推進、展開を図っていく部屋でございます。社長は、トップマネジメントということで、自ら品質方針を設定いたしまして、品質の浸透を図ってまいります。ただし、社長一人ではなかなか出来ませんのでそれを補佐して、全社的に品質保証の浸透、並びに展開をするのが、今、私の所属しております品質保証室の仕事になってございます。以上でございます。

質問（司会）

今の品質保証につきまして、その品質保証体制が強化されて、定期的にフォローしていくとのことですが、その頻度と、具体的にどのように行っていくのか、というご質問でございます。

回答（原子力安全・保安院 核燃料サイクル規制課長）

国の方のフォローアップにつきましては、まず品質保証が保安規定の中に位置付けられますと、保安規定の遵守状況は、保安検査ということでいたします。保安検査は、四半期ごとにやるということで、これは年に4回結局やることになります。この結果につきましては、毎回、これまでも保安検査結果ということで公表しておりますし、原子力安全委員会の方にも報告するという形になっております。品質保証の問題も、この保安検査の結果という中で、検査をして、それを報告をしていくという形が、基本だろうというふうに思っております。

質問（司会）

何件か、品質保証関係のご質問が出ておりますが、かなり類似しております。その中でこれまでお答えいただいていないのですが、ロイド・レジスター・ジャパンに定期的に監査を受けるとされているのだが、ここは信用できる機関なのか、というご質問が入っております。

回答（日本原燃㈱）

ロイド・レジスター・ジャパンと申します会社でございますけども、世界規模の品質保証及び、ＩＳＯと申します国際的な品質保証規定の認証をする組織でございます。ロイド・レジスターという会社は本部をイギリスに持ってございまして、アジア地域の担当というのがございます。その、アジア地域担当の下にロイド・レジスター・ジャパンという、要領書、あるいは決められたルール通りに適正にやられているか調べる会社でございます。その会社の業務といたしましては、主に電力会社、これは原子力発電所あるいは火力発電所でも同じでございますけれども、品質保証システムの審査を含む、安全管理審査の他、各種技術審査等をやってございまして、実績がありますので、十分に我々の期待に応えていただけると考えてございます。以上です。

質問（司会）

テーマが変わりますが、本説明会に対しどのような宣伝、広報、お知らせの仕方だと思いますが、行なったのかという、各機関のホームページを探したが、保安院のホームページのトピックスでやっと見付けたということではございましたが、このことについてお答えをお願いいたします。

回答（青森県 環境生活部長）

具体的に申し上げますと、地元3誌の日曜日の朝刊、それからテレビ、ラジオのスポットこれは、1日あたり5回これを3日間という形で実施してきております。

質問（司会）

県民の声を政策に反映するという県の考え方が変わらないのであれば、再処理をするかしないかについても、県民の意見を、アンケート等を実施して行うべきではないかというご質問でございます。

回答（青森県 副知事）

県民の意見を聞く、いわゆる県民投票については、民主主義制度の中で民意を取り組む、非常に大切な1つの方策であると認識しております。ただし県民に対し、十分に説明がなされ、その情報が十分に周知された上で、判断できるような総合的な環境が整うかどうかという、見極めなど、県民投票にふさわしい要件が整うかどうかが大事であり、いずれにしても慎重に判断すべきものと考えております。

県民の安全性に関する、県行政の中でも、特に重要な原子燃料サイクル事業等、原子力行政については、県としては常に安全確保を第一義に慎重かつ総合的に対処して参りました。県としては今後とも、県民の代表である県議会でのご議論、地域住民の代表である市町村長のご意見、そして、有識者からなる、原子力政策懇話会のご意見を伺うなど、安全確保を第一義に手堅く手順を踏んで慎重かつ総合的に対処して参りたいというふうに考えております。

質問（司会）

青森は国策に50年以上にわたり協力してきている。むつ製鉄、それから、ビートの供給、原子力船むつ、そして、むつ小川原巨大開発、すべて県の失敗である。なぜ、現在国策なのか、国策の定義の考え方を示してください、というご質問と、いくつかありますので、まとめて申し上げます。横浜町の住民にとって食の安全、生活の安心感の上で不安であります。使用済核燃料を受け入れないなど見直しの考えはないのか示してください。元北村知事の地域振興策をなぜ、見直さないのでしょうか。三村知事の責務、責任について、誠意ある回答を分かるように示してください。プールが安全かという県の、原燃のプールのことかと思いますけれども、安全であるということを県民の目線で示してください、というご質問でございます。4点ございますが、まずは、国に協力してきた国策の定義を示していただきたい、ということでございますが、お願いいたします。

回答（青森県 商工労働部長）

ご質問の中で国策の定義はという話ですが、その例として、例えば今までの青森県が、国の政策に協力してきたむつ製鉄とか、あるいは、原子力船むつとか、そういったものを例としてあげているわけですが、当然国策というのは国の固有の事務といいますか、具体的には、むつ小川原の場合もそうですが、閣議了解、閣議口頭了解とか、国の計画とか、そういうことで国策というふうに位置付けられると思っております。特にエネルギーに関しては、まさにエネルギー政策、国の根幹をなすものでありまして、先程、検討会主査の方からも話がありました、国の固有の事務、責任であろうかと思っております。そういった意味で、今回のこの六ヶ所における核燃料サイクル事業、そういったものも国策として、私どもは考えております。

次に2つ目の、横浜町の住民にとり、というふうな形ですが、非常に生活の安定上不安であると、これも多くの県民の方が、原子力関連事業に対して、不安を持っているということは、これは先に県が実施した県民1万人アンケートの中でもそういった結果が出ていることは承知しております。午前中の青森会場においても、そういうご意見がございました。これは、ある意味では当然のことであります。本県のみならず、全国各地で様々なトラブルが発生している状況を考えますと、原子力政策に対する、そのものに対しては賛成であっても、不安を持っているという人は、数多くあるというのが実態ではないかと思っております。こういった不安を助長しているのが、私は、情報不足といいますか、正しい情報がこれまでオープンになっていなかった。そういったことが、大きな原因にあるのではないかと思っております。そういった意味で、これからもこういう県民に直接説明する、あるいは対話する、そういった機会を数多く持ちながら、出来るだけ不安を解消するような、そういったふうに努めていきたいと思っております。

司会

今の、同様の質問が、もう一方からもございました。先程の質問が残ってございますのでお願いいたします。

回答（青森県 環境生活部長）

プールの安全性について県民の目線でというお話しでございます。六ヶ所再処理施設総点検に関する検討会、これが昨年9月12日に第1回目が開かれまして、今年の3月下旬の11回目までの全てについて、私どもオブザーバーとして出席してきてございます。この間、第1回目以降、3回にわたってオブザーバーとして出席した中で、国に対し、十分な審議を行い県民が安心できる施設になるよう、県民の目線に立って事業者を厳しく指導するようと、そういった主旨で私どもが、国に対し、求めてきた経緯がございます。今般、原燃からの総点検結果報告書、これに対する国の評価についてどういうふうに考えるかということで、今まで、いろいろな手順を踏んで、先程申し上げたような形で慎重に、対処してきたということについては申し上げた通りでございます。

質問（司会）

同じ方がもう1つの質問なんですが、使用済500トンと書いてあるんですが、新たな核のごみ問題を発生させるということでしょうか。受け入れ計画を白紙にということでございます。原子力の自由化の大きな流れにも、問題があり、青森県側の誠意ある回答を示してください、という質問が、分かりにくいかもしれませんが。

もし、差し支えがなければ、ちょっと私の読み方が間違っているといけませんので、質問された方よろしければ、解説していただければ、どういう主旨かを解説していただければ、ありがたいのですが。

質問（参加者）

まず国策についてですけれども、ご存知の通り原子力船むつが放射線漏れを起こしたのが、今からちょうど30年前なんです。開発に関わってから、すでに40年たっているんです。何の解決策も見いださないまま、放射能が青森県に全国から押し寄せてきている。これは、まさに、国策という定義が、曖昧なまま、国の旗の下に県に持ってくると、今までの舵取りはどっか、同じ舵取りだったけれども、舵取りを安全安心と言うならば、放射能というものは、完全についてまわって来ているんだから、だから青森県に放射能が来ている訳だから、その点で、国策という大義名文が全く意味をなさないことをもう少し、説明の責任が、履行されているとは聞いてもなにも感じなかったわけです。これがまず1点。

それから今、4つあったんだけども、要するに使用済燃料を518トン受け入れると、これだけわずかな間に、バタバタと手順を踏んでやるというのは、非常にいかがなものかと思う部分があるわけ。つまり、1年くらい置いても、これは当然冷やして、その上でこの説明会が開かれてもよかれと思っているわけ。ですから、そこら辺の考え方を、きちんと責任ある説明を果たしてもらいたい。4点ほど先程あったけれども、これを2つに割ってお願いします。

回答（青森県 環境生活部長）

私が先程説明いたしましたように、国に対して核燃料サイクル政策について、プルサーマル計画について、などの5点について県の方から確認する必要があるということで、国の方に知事自らが参りまして、4月16日と26日でございます。これについていろいろ確認をして来たという所でございます。これについては、先程申し上げた通りでございます。

それから、使用済燃料云々の件につきましての、先程の段々の経緯につきましては、時間が大分掛かりましたけれども、先ほど申し上げた通りでございます。使用済燃料受入れの年間計画があるということは、承知してございますが、具体的には安全協定に基づきまして、2週間前までに、連絡があるということになっております。

質問（司会）

まだ大分質問用紙が残っておりますので、こちらの方を進めていきたいと思います。知事は、県の最高責任者であるが、なぜ出席できなかったのか、納得のいく回答をしてください、ということでございまして、この方から3点質問がありますけども、まず、今の質問についてお答えいただければと思います。

回答（青森県 副知事）

今回の説明会につきましては、知事が出席できないか、日程の調整を随分行なったわけですが、どうしても、前からの約束があるということで、出席がかなわないということでございまして、知事から、副知事が知事の代理として、きちんと県民の声を聞いて、その結果を詳細に報告しなさいという指示を受けて、今日私、副知事が参っている訳であります。そしてまた、原子力安全対策課を抱えている環境生活部、そして、資源エネルギー課を抱えている商工会労働部、そして原子力施設安全検証室を抱えています特別対策局のそれぞれの責任者が、今日はここに来ていろいろな皆さんのご意見を聞いているわけでございますので、ご理解をいただければありがたいと思います。

質問（司会）

同じ方からなんですが、知事は、漏水の原因、その内容の判断をどのように、誰がするのか示してください。知事は、総点検のチェック機能の確立が十分か示してください。知事は、総点検に関する説明はこれで十分と思っているか示して下さい、という質問です。まとめてお答えいただければと思います。

回答（青森県 副知事）

ただ今のご質問でございますが、内容の最終的な判断ということについてということですけれども、先程も環境生活部長からご説明申しあげましたように、三役関係部長会議を開催し、また一方で原子力施設安全検証室の意見を知事が聞きまして、そして最終的には知事が判断するということでございます。

それから、知事は総点検のチェック機能の確立が万全と考えているかいうことでございますが、先程もご説明いたしましたように、私ども、保安院から報告を受け、日本原燃からも報告を受け、それに基づいて県民を代表する県議会において、全員協議会を開催いたしまして様々なご意見をいただいたわけでありますし、また、地域住民の代表であります市町村長のご意見も賜りました。そして、有識者からなる、原子力政策懇話会のご意見もいただき、その上で更に、国に、あるいは原子力委員会委員長、電気事業連合会会長にいろいろなことを確認した上で、最終的な判断を行っている訳でございますので、私どもとしては、慎重の上にも慎重に手続きを踏んで来たということで、対応しているわけでございますのでご理解いただきたいと思います。

質問（参加者）

なぜ、県知事が出席できないのかということは、いくら副知事であろうとも、そこらにずらっと並んだ、今言われた責任者であろうと、知事の代わりを副知事をはじめ、あなた達はできますか。できないでしょ。知事の最高責任者としてのあくまでもこの核燃料受入れについては、国がどうであろうと知事の判断でもって、ノーかイエス、決まる問題だと思います。であれば、知事は自ら住民の声を聞く、昨年の10月11日の原子力委員会にもあるでしょ。何てありますか。核燃料サイクルの取組みについて、原子力委員会としては、国民の意見を広く聴き、国民に十分に説明し、地元をはじめ、地元をはじめですよ、国民の理解を得ることに全力を尽くす、こういうことを去年の10月11日、原子力委員会で言っている。その基本に基づいてやるべきじゃないですか。それだから、いくら副知事であっても、くり返すけれども、知事の代わりはできない。地元住民として、あるいは国民、県民としても、理解せよと言っても、全く責任のない答弁であると、私はこのように思います。それから、漏水の原因、その内容判断は誰がするのか。知事は、この疑問について専門家ですか。分かっていますか。結局、原子力委員会なり、それらの意見なり、そういったことを聞いて判断する、それしかないでしょう。であれば、我々六ヶ所村民、あるいは県民が命と生活を守るために、この原子力もあなたたちがすることについて、知事の判断がそんな軽い判断でもって、ものも分からないでしょ、知事は。三村知事分かりますか。原子力について専門家ですか。そういうふうなことを、誰が判断して、どうするのかということを言っているわけですよ。判断のできない人が、人の意見だけを聞いて決めるということは、全く六ヶ所住民あるいは県民を愚弄している。私はこのように思うわけです。であるから、3点目、もちろんこれもまあ同じようなものですけれども、総点検のチェックの確立が万全を示しているかということも、説明も不十分だ。今、確認しますけれども。ただ単に、1回や3回、2時間や3時間、県民に説明をした。それで県は説明をしたと、理解をしたと、そういうような判断をされては全く困るわけです。市町村とかいろいろな方々の意見は聞いただろうけれども問題は国民ですよ。原子力委員会でも言っているとおり、国民一人一人の意見を聞くと、これが原則ですよ、何を言っていますか。考えが全くなっていませんよ。私はそういうようなことから、この原子力政策について、もっともっと知事をはじめ国民が理解できるような説明を、何十回も何百回も続けてもらいたいと、このように思っています。

それから3点ですけれども、あと2点あるはずですけども、2枚に書いているから、これは漏れていますけどもそれは、今取り上げてもういいですか、あと2点ありますけれども。

司会

だいぶいっぱいありますので、今のご意見、先程のご質問でお答えしましたけれども、補足する点があればお願いします。

回答（蝦名副知事）

知事が来ないので云々と言っておりましたけれ

ども、私どもの今日の発言や、あるいはいろいろな説明については、全て知事の責任ということになるわけでございまして、私ども、今日は副知事である私、関係部局長来ておりますけれども、私どもの行動というものは、そういうものでございます。そういうことをご理解いただきたいと思います。

それから知事が専門家でないのに判断したのではないかということですが、私どもとしては、大変な手続きを経て、そしていろいろなものを検討しながら、慎重に判断したわけであります。県議会のご意見や、地域住民の代表である市町村長のご意見、原子力政策懇話会のご意見などなど、たくさんのご意見を聞いて判断をしたわけでございます。それから今、県民一人一人のご意見を聞くべきではないか、いうご意見でございます。そういう私どもが判断したことについて、あるいは日本原燃の考え方について、あるいは国がこの品質保証体制についての評価について、今日はご説明申し上げて、県民のご意見を伺っているわけでございます。私どもこういう会議につきましては、先程も商工労働部長が言いましたように、できる限り機会を設け、説明を県民に対して行っていきたいという考え方を持っております。そしてまた、今日いろいろな意見が出されましたけれども、そのご意見については詳細に知事に報告し、そして今後のいろいろな原子力政策、あるいは核燃サイクル政策を進める上で、十分に参考にしていきたいというふうに考えております。

質問（司会）

国の原子力委員会によると原子力発電所から出る使用済核燃料は、全量再処理するとしてきましたが、そうした基準を定めた計画の中で再処理せずに地中に埋める直接処分や、中間貯蔵の位置付けについて検討すると報告されているようですが、県はこれについてどのように思っているのか、というご質問でございます。まずこのご質問にお答えしていただきたいと思います。

回答（青森県 商工労働部長）

最近、今ご質問にあったような新聞報道がなされていることは、承知しております。しかし原子力委員会によりますと、現在は、今新たな原子力長期計画の策定に係る準備作業の一環として、各界、各層から新たな長期計画のあり方などについて幅広く意見を聞いているところであり、様々な意見はあるものの、まだ準備作業の段階であり、核燃料サイクル政策の抜本的な見直しを決めた事実はない、というふうに言っております。したがって、県としては今後とも原子燃料サイクル事業の国策上の位置付けについて、節目節目で確認を行いながら、国及び事業者の対応状況を厳しく見極めつつ、今後とも安全確保を第一義に、慎重かつ総合的に対処して参りたいと思っております。

質問（司会）

ただいまの答えでございますが、県としての対応ということだったんですが、これに関連します今その引用しております、いろいろ議論がなされているという関連質問が5名の方から出ております。現在いろいろ新聞報道等で出ております一連の原子力長計とかですね、その辺の問題につきまして、国の方からご回答いただければと思いますが。

回答（内閣府 参事官）

先ほど県の方からご説明いただきましたように、現在、本年の.. 1月から原子力長期計画について広く意見を聴く会とか、広く国民の皆様を対象にしまして意見を募集するというような準備作業をやっているところでございまして、特に連休前後から何件か新聞報道で大きな方針転換だとか、FBR（高速増殖炉）関係も出たかと思いますけれども、そういうことが決まったかのような報道がなされてございますが、先ほどのご説明にありましたように、そういう準備作業でいろいろなご意見を聞かせていただいているという段階でございまして、したがいまして、そういう政策転換とか、それに対する作業を実質的に開始しているというような事実はございません。それで昨日、原子力委員会の定例会議で委員長のほうからも、こういうミスリーディングな報道については十分注意して欲しいというような申し入れを報道関係の方にさせていただきましたので、これもご報告させていただきます。

司会

これに関連いたしまして資源エネルギー庁の方からございましたらお願いいたします。

回答（資源エネルギー庁 核燃料サイクル産業課長）

お寄せいただいたご意見にあるとおり、核燃料サイクル、大変重要な事業でございます。また長期にわたる事業ということもありまして、いろいろな方に大きな関心を寄せていただいており、またいろいろなご意見、あるいはいろいろな提言がなされているということは、私ども資源エネルギー庁、行政としても十分に承知をしているところでございます。常にこうして意見や提言にやはり真摯に常に耳を傾けていく、そして議論を深めていくということは、重要なことだというふうに考えてございます。特に、原子力政策あるいはサイクル政策を推進していく上で、先ほど来、縷々ご意見をいただいているところでございますが、やはり広く各層のご理解をいただくということが大前提でございますので、政策そのものについてのご理解を深めていただくという意味においても、こういった議論を深めていくということは重要だというふうに考えてございます。

それで私ども常に、いろいろな機会にご説明をさせていただいているわけでございますけれども、我が国はとにかくエネルギー資源をほとんど持ってございません。エネルギー自給率はわずか4%でございます。したがいまして、長期的な観点からエネルギーを安定的に国民に対して供給していくということ、これが一つの大きな課題でございますし、また地球環境問題への対応という観点からも原子力あるいは核燃料サイクルの果たす役割は非常に大きいということで、我が国のエネルギー政策の基本として原子力及び核燃料サイクル政策というものを選択して、今日まで着々といろいろな努力を積み重ねてきたわけでございます。このことは昨年10月に閣議決定されましたエネルギー基本計画においても明記されているということは、先ほど検討会主査からもあるいは県の方からもいろいろ説明があったとおりでございます。私どもといたしましては今後ともこのエネルギー基本計画にのっとりまして、もちろん安全確保を大前提として、そして国民の皆様、地域の皆様のご理解をいただくということに努めながら、引き続き核燃料サイクルを着実に一つ一つ進めていくことが重要だと考えてございます。以上でございます。

質問（司会）

続けてで恐縮でございますが、バックエンド費用のことのご質問も合わせて入っているものですから、これにつきましてお答えいただければと思います。

回答（資源エネルギー庁 核燃料サイクル産業課長）

バックエンド費用に関しては、電気事業制度改革、いわゆる自由化が進展していく中で、我が国のエネルギー政策の基本でもございます原子力及び核燃料サイクルを順調に進めていくにあたって、自由化という制度改革の下で、はたして原子力あるいはバックエンドに対してどんな経済的措置が必要なのかどうかということを検討するために、まずはどれぐらいそれに費用がかかるのかという試算がなされました。それがいわゆる報道でも大きく扱われましたけれども18.8兆円という金額でございます。ただし、もちろんこの18.8兆円というのは、今後バックエンド事業という非常に長期にわたるものでございます。数十年にわたる、事業によっては百年近くかかる、それの費用の総計でございまして、キロワットアワーあたり、普通ご家庭で電気を購入される際にはキロワットアワー 20円とかあるいは15円とか、そういう代金を支払うわけですが、キロワットアワーに直すと原子力発電はいくらかというと、5.数円ということでございまして、こういったバックエンド費用、数十年におよぶ費用ですから、その金額自体をそれだけを取り上げれば、たいへん大きな印象を受けるわけでございますけれども、そういった費用を含めてもなお、原子力発電は他の電源に比べて経済的に遜色はないと、そういう委員会での検討結果が得られたところでございます。それについて、はたしてどんな経済的な措置が必要なのかどうかということに関しましては、引き続き電気事業分科会のほうで検討が進められている所でございますけれども、いずれにいたしましても、こういった原子力の果たす役割ということ、環境問題への対応、あるいはエネルギーセキュリティーの観点ということも含めた上で、経済性の問題も総合的に判断して、これからバックエンドの問題ということについても取り組んでいく必要があると考えてございます。

質問（司会）

原子力長計が見直された場合に、先ほどお答えがありましたが、ＦＢＲ路線を改める可能性が高いと報じられている。六ヶ所再処理工場操業で生じるプルトニウムをどのように消化していくのか、また、海外返還プルトニウムは約38トンあると言われているが、その使用を先行するならば、再処理工場操業を数十年先送りするべきではないか、というご質問でございます。

回答（内閣府 参事官）

前半の部分は先ほどお答えさせていただきましたので省略させていただきますが、プルトニウムの利用に関しましては当面のところ、今電気事業連合会を中心に計画していただいておりますプルサーマルによりまして、これが順調にいきますと16～18基規模でプルサーマルを2010年度ぐらいまでに実施したいという計画を持っておりますけれども、これが順調にいきますと大間等も含めまして、年間で5～8トンの利用が見込まれておりますので、海外のものも含めまして、需給バランスというのに大きな問題が生じるというふうには考えてございません。

質問（司会）

核燃料サイクル、これは再処理、プルサーマルなどということですが、そのものについて村民を含む県民全体の、さらに国民全体の論議、理解の深め合い等はほとんどなされていない。おそらく都会の住民は核燃料サイクル、使用済燃料の再処理とか、プルサーマルといってもほとんど関心がなく、分かっていないと思う。国民的論議が必要ではないかということだと思うのですが、十分になされていない現状で、国策の名のもと進めていくことに反対しますと、県民、国民による論議と理解が十分と思うか、ということでございますがいかかでございましょうか。

回答（資源エネルギー庁 核燃料サイクル産業課長）

原子力それから核燃料サイクル、重要な国の課題ということでございます。そういう認識をしております。これについてはこれを進めていくためにも、広く国民の皆様のご理解をいただくということが基本的前提ということで、私どもも今日のような機会も含めましていろいろな手段を通じ、またいろいろな機会を通じて、これまでも様々な努力を積み重ねてきておりますが、今なお必ずしも十分な理解が得られていないという声もたくさんあるということは十分認識してございます。引き続き、大変物によっては難しい言葉が出てきたり、あるいは難しい数字が出てきたり、分かりにくい部分があるわけでございますが、できるだけ分かりやすい言葉で、そしてまた一方的に説明するということではなくて、むしろ皆さんのご意見を広くお聞きするということを、そういう視点で議論を積み重ねていく、そういうことが重要というふうに認識しておりまして、引き続き努力をして参りたいと考えてございます。

質問（司会）

今の関連で、先の5月8日に自由民主党の河野太郎代議士が青森で講演をなさったということを引用いたしまして、国の政策が正しいかどうか検討したことがあるのかという質問とかですね、そういう発言があるんですけれどもどのようにお考えなりますかと、国のこれまでの原子力政策に変更がないのか確認したいというご質問が出ておりますが、今の答えの中に大体含まれているものと思いますが、なにか補足する点ございましたらお願いしたいと思いますが。

回答（資源エネルギー庁 核燃料サイクル産業課長）

時間もないので特に重ねてはご説明申し上げません。大変重要なテーマと課題ということでいろいろなご意見がある、いろいろな提言がある、そういったことに関して、やはり私ども真摯に耳を傾け、また真摯に答えていく、そういったことを通じて広くご理解もまた深めていただくということに努力を重ねて参りたいというふうに考えてございます。

回答（青森県 商工労働部長）

ご質問の中に、県は独自に国の原子力政策が正しいかどうか検討したことがあるか、ということがあるのですが､県としては国のエネルギー政策、その一環としての原子力政策に地域振興にもつながるものとして、もちろん安全確保を第一義として、これまで協力してきたものであります。したがって国のエネルギー政策が正しいかどうかを直接検討する立場にはないわけですが、しかし国のエネルギー政策、原子力政策がもし仮に大きく変更する、そういったことがあって、県に大きな影響がある、あるいは県にとって不利益になる、そういったことがもしあるとすれば、そういったものに対してはこれはもう厳しくチェックし、また厳しくものを言っていく必要があるだろうというふうには考えております。

質問（司会）

県として今回の事業者の不祥事を当然重く受け止めていることと思いますが、日本原燃が品質保証体制を構築したのと同様に、県としても、事業者への監視体制を強化する等の対策を講じたのでしょうか、講じたとしたら具体的にどのような内容だったのかお知らせください、ということでございます。

回答（青森県 環境生活部長）

まずは基本的な考え方に関わるお話をしたいと思います。原子力施設に関する安全確保の問題、健全性をひっくるめてもよろしいかと思いますけれども、第一義的には事業者が責任を持って取り組むということが大事でございます。それとともに法令に基づきまして、一元的に安全規制を行ってございます国がその役割を果たしていくことが基本でございます。それで県の立場でございますけれども、県としては県民の安全それから安心を確保するという立場から今までも、原子力施設につきましては立地村、再処理施設でございますと六ヶ所村とともに事業者と安全協定を締結しまして、施設周辺地域の住民の安全確保、それから環境保全ということで安全協定を締結しまして環境の監視なり、施設の立入調査を実施するなどの取組みをしてきてございます。今般の一連の問題に関して申し上げるならば、私どもの職員も点検補修作業につきましても、そういった観点から、職員を現地に派遣しまして、作業に毎日立ち会ってきたところでございます。それで基本的な考え方としては、県としては今後とも県民の安全性に関する県行政の中でも、とりわけ重要な原子力行政につきましては、国それから事業者に対して安全対策の強化を厳しく求めて、その対応状況を見極めながら県民の安全、それから安心に重点を置いた対応をするよう、安全確保を第一義に慎重かつ総合的に対処して参りたいと思います。なお補足して申し上げますならば、そういった観点から先程の説明の中でも申し上げましたように、品質保証体制について申し上げるならば、私どもの方からいろいろ熟慮したことでもございまして、常設の第三者機関を設けてという形で会社の方に求めまして、会社としてもそれを遵守するということでの回答をいただいたところでございます。

質問（司会）

国の評価が出てすぐに、国は使用済燃料受け入れを認めることになったと新聞に載っていたが、なぜそんなに早く認めることになったのか、これはたぶん、国の評価が出てすぐに国はとなっているんですが、国の評価が出てすぐに県はということだと思うんですが、使用済燃料受け入れを認めることになったと新聞に載ってあったが、なぜそんなに早く認めることになったのか、県は税収の落ち込みによるサイクル税に頼らざるをえなくなり、その結果、使用済燃料搬入を受けることになったのではないか、県民説明会後に県民の判断を確認してから決めるべきである。今回の説明会はそのような判断材料になる説明会ではないのか、というご質問でございます。

回答（青森県 環境生活部長）

税収との関係でのお話がございました。今回の判断にあたっての基本的な考え方は、私の方から縷々述べたとおりでございまして、今回の件につきましては、慎重の上にも慎重に手順を踏んで判断したものでございます。県としては今後とも県民の安全性に関わる県行政の中でも、先ほども述べましたけれども、とりわけ重要な原子力行政でございます。国それから事業者に対して安全対策の強化を厳しく求めまして、それを見極めながら、県民の安全そして安心に重点を置いた対応をするよう安全確保を第一義に慎重かつ総合的に対処して参りたいというふうに考えてございます。それから今回の説明会に、先ほどの私どもが4月28日に判断するに至った経過につきましては、私の方から述べたとおりでございますけれども、県民説明会につきましては、これは県としては六ヶ所再処理施設の一連のトラブルについての日本原燃による六ヶ所再処理施設の総点検結果、それからこれに対します国の評価が出たところでございますので、これを広く県民にお知らせするという主旨で国と県との共催による、ここは六ヶ所会場でございますので、六ヶ所村もひっくるめて実施することとなったものでございます。ただ今回の説明会につきましては、28日に判断したということもございますので、あわせてそれについても説明することとしたものでございます。

司会

ここで会場の皆様にちょっとお願いをしたいと思います。だいぶ時間が過ぎております。1時間以上過ぎておりますが、公務の都合上、内閣府の参事官、それから資源エネルギー庁の核燃料サイクル産業課長が退席されることになります。それで資源エネルギー庁関係、内閣府関係、ご質問等ございましたら、質問用紙等にまた後程書いていただければと思います。かなりご質問にお答えしていただいて、まだかなり質問が残っておりますが、もう少し続けていきたいと思いますので、その点ご理解の程よろしくお願いいたします。

質問（司会）

先日、知事が使用済燃料搬入再開については了とする。ウラン試験の安全協定については手続きの検討に入ると言ったが、手続きの検討とは具体的には何を指すのかよく分かりません。はっきりとウラン試験をやっていいと言えばすむのではないか、というご質問です。

回答（青森県 副知事）

ウラン試験の安全協定につきましても、先ほどからいろいろな意見がありますように、今後アクティブ試験、あるいは運転開始というふうに進んでいくことになるわけでございます。したがいまして、その前提であるウラン試験の安全協定というのは極めて重要なものであるというふうに考えております。したがいまして、その手続きの進め方、あり方等につきまして現在検討しているところでございまして、どんな手続きでやるのか、東通の原子力発電所の例を挙げれば、県議会のご意見、あるいは市町村長のご意見、そして原子力政策懇話会のご意見等を踏まえ、さらに国に対して確認した上で、安全協定を締結するという手続きを踏んできたわけでありますけれども、今回のウラン試験の安全協定について、この手続きのままでよいのか、あるいはそれにさらに加えるものがないのか等々について、現在検討を行っているところでございます。それから先ほど日本原燃のトラブル事例等の話もございました。ウラン試験につきましてはそういうトラブルもあるとのことでございますので、それらも含めて、慎重に検討しなければならないというふうな考え方で今対応しているところでございます。

質問（司会）

新聞記事の中に日本原燃の社長を辞任に追い込むような記事があったが、県としてその辺をどのように考えているのか、という質問でございます。

回答（青森県 副知事）

日本原燃株式会社は民間の会社でございまして、県が社長の動向について、どうのこうの言える立場にはないと思っております。先般4月30日の記者会見で、今の品質保証体制の道筋をつけたということで、6月の定期株主総会において、退任されるやに新聞報道がなされておりますし、私も社長自らからそういうお話を賜ったわけでございますが、それはあくまでも日本原燃あるいは社長のお考えのもとに判断されたというふうに認識しております。

質問（司会）

県民の安全は分かるが県に対して経済効果に大きな貢献をしている日本原燃をもっと応援してもよいのではないか、少なくとも村内で反対する者はほとんどいない。原燃を政治の道具や一部の反対者の遊び道具にさせてはいけない。原燃の事業の遅れは我々にとって大きな不利益をもたらしていることをもっと認識すべきだ。これはご意見として扱わさせていただきたいと思います。 次の質問ですが、今回一連のトラブルで不安を取り除くことができないまま、出席いたしましたが、国、県等のこれほどの人材による保証体制に安心しました。これからも信頼回復のために村としては、村民にどのようにしていくのか具体的に説明してください、というご意見とご質問です。

回答（六ヶ所村 村長）

まずただいまの質問の中に、安心しましたという言葉がありました。その言葉を聞いて、改めてこの説明会の意味を確認させていただいたところであります。冒頭の挨拶の中にも申し上げましたように、村としてはこれまでも安全確保を第一義に対処してきたところでありますが、今後ともこのような基本的な姿勢に立って厳しく対応して参りたいと思っております。信頼回復につきましては情報公開が鍵であるという、これまでの基本姿勢に立って、事業者の品質保証体制の改善状況等を含め、積極的な情報公開を行い、村民に分かりやすい情報提供を求めて参りたいと考えております。また国に対しては、安全確保のために事業者を厳格に監視していただくよう強く求めながら、信頼回復のために努めて参りたいと思っております。以上であります。

司会

この他に質問ではございませんが意見といたしまして、12枚ほどございますが、かなり慎重にですけれどもきちっとやっていただきたいというような意見をいただいているのがございます。一応一件々々ご紹介いたしませんけれども、ともかく一生懸命やってほしいという、一言で言いますとそういうことでございます。それからだいぶ時間も過ぎてまいりまして皆さんにおかれてはそれぞれのご事情もあるかと思いますので、まだ読んでいない方もいらっしゃるんですけども、これにつきましてもかなり重複した答えになるものと考えておりますので、ここで閉めたいとは思いますが、もし今まで挙手なさってない方でどなたか一言言っておきたいという方がいらっしゃいましたら、お願いしたいと思います。

意見（参加者）

国、県、村の関係各位の皆さん、本当にご苦労様でございました。私は村民として、今までの再処理施設における不祥事や事故に関しては、逐次経過報告と改善された説明を何回となく受け、理解しております。起きてしまったこの不祥事、不具合、こういうことは二度と繰り返してはならないと思いますし、国も県も今回の教訓を十分生かしていただきたいと存じます。そして今回の件につきましては、2年間にわたる日本原燃の原因究明の努力に対しましては、並々ならぬご努力があったと存じております。そしてそれも評価をするものです。重大な国の原子力事業に関わる日本原燃に関わる、従事する社員、従業員、それなりの使命感と誇りを持って、自信を持ってことにあたっていることと存じますけれども、日本の重要なエネルギー政策に関わるものとして、堂々と事業を推し進めていただきたいと思います。私たち村民も住民もやはり1回や2回でなくて、何回もこういう説明会に出させていただいて、そして理解していかなければならないと思います。本当に今日はいろいろ勉強させていただきました。これからもよろしくお願いいたします。

質問（司会）

国それから事業者、県からもお答えさせていただいているわけなんですが、1つ質問の中でまだ県の1つの部署としてお答えしてないところがございました。それを今申し上げます。県民に対して安全、安心を確保する県の責務は大変大きい。ついては今回点検及び原子力安全に関する県の体制、役割を具体的に教えてほしい、ということでございまして、特別対策局の原子力施設安全検証室の役割は何か、今回の点検について原子力施設安全検証室は具体的にどのように関わったのか、原子力施設安全検証室の人数と専門知識の程度は、というご質問でございます。

回答（青森県 特別対策局長）

まず県の組織の中での特別対策局の原子力施設安全検証室、それから商工労働部の資源エネルギー課、環境生活部の原子力安全対策課の役割ということであります。これ非常に大事な点でございますので申し上げますが、まず県の中で、原子力関連施策につきましてやエネルギー政策の推進に関しては商工労働部資源エネルギー課が、また放射線監視や安全協定に基づく安全対策といった安全監視対策に関しましては、環境生活部原子力安全対策課が担当しているところであります。これに対しまして、これら事業者や国と日常的に接触する組織とは別に、第三者的立場で事業者や国の報告内容等について全体的な観点から分析をするといった意味合いでの検証を行い、その結果等について知事に報告し、知事の政策判断の一助に資する役割を担うのが、特別対策局原子力施設安全検証室であります。今回の原子力施設安全検証室の具体的な関わり方についてでありますが、特別対策原子力施設安全検証室は県民の安全、そして安心に重点を置いた対応する観点から、県内に立地いたします原子力施設の安全に関わる事項に関する分析を、先程申し上げましたように第三者的立場に立って行うとともにその結果を知事に報告し、知事が政策判断するのをサポートする組織でありますことから、今回の点検結果報告及びそれに対する国の評価につきまして、県民を代表する県議会のご意見、各地域住民の代表であります市町村長のご意見、青森県原子力政策懇話会のご意見を踏まえ、全体的な観点から分析するという意味合いでの検証を行い、その結果を知事に報告したものであります。このような観点から今回検証を行い、知事に報告いたしましたが、再処理施設の設備及び建物の健全性についてでございますけれども、これについての原子力施設安全検証室としての考え方を申し上げたいと思います。この点についてはちょっと長くなりますけれども、まず国が不適切溶接箇所、それから埋め込み金物のスタッドジベル、それから耐硝酸性でないシール部材について、それから施設全体の建屋及び設備について、日本原燃株式会社の健全性評価の判断を的確に行われたと評価するという具合にしております。このような状況の下で原子力施設安全検証室といたしましては、青森県原子力政策懇話会において再処理施設の設備及び建物健全性については評価する旨のご意見が多く出されたこと、さらには4回にわたります施設現場における点検補修及び品質保証体制の状況等に関わる確認等を勘案すれば、再処理施設の設備及び建物の健全性に関する国の評価については理解できる旨、知事に報告いたしました。それから品質保証体制の改善策の点についてでありますけども、この点につきましては、国としては品質保証体制について、今後改善策が確実に実行され、それをフローアップしていく必要があると、いう具合にしておるところであります。また、青森県原子力政策懇話会におきましては、県民に分かりやすい情報公開の徹底、安全、安心を保障できる体制の確立、今後予想されるトラブル事象の対応の必要性についてのご意見が多く出されたところであります。したがいまして、以上の諸点及び4回にわたる施設現場における点検補修及び品質保証体制の状況等に関わる確認等を踏まえまして、原子力施設安全検証室といたしましては、青森県として日本原燃株式会社に対し、品質保証体制の改善策の実行に関わる次に掲げる事項の履行を強く求めるべきであると考える旨、知事に報告いたしたところであります。その中身は4つあるわけでありますけども、1つとして常設の第三者外監査機関の設置について、2つとして県民に分かりやすい情報の積極的な公開について、3つとして今後想定されるトラブル事象への対応について、4つとして安全安心文化の構築について、ということで知事に報告申し上げたところであります。それから最後でありますけども、原子力施設安全検証室の構成でありますけども、これにつきましては、原子力施設安全検証室は、原子力、建築、土木の専門職員等5名で構成されております。以上でございます。

司会

たぶんお手元に質問用紙まだお持ちの方、それからもうない方もいらっしゃるかと思いますが、このあとまだ質問をご要望の方につきましては、この質問用紙に質問をお書きの上、住所氏名をお書きになっていただきまして外にございます回収箱入れていただきたいと思います。また腕章をつけた県の担当がおりますので、そちらにお渡しいただければと思います。だいぶ時間を超過いたしまして、皆様いろいろご都合あるところご迷惑かけたと思います。どうもありがとうございました。これにて終了させていただきます。

［出典：青森県資料］

Ⅲ－1－2－5

六ヶ所再処理施設のウラン試験に係る説明会議事録

（六ヶ所会場）

1．日時：平成16年7月26日（月）14：30～17：05
2．場所：六ヶ所村文化交流プラザ「スワニー」大ホール
3．参加者数：約170人
4．議事録（質疑応答時）

司会

まず事前にいただいておりますご質問に対して関係者から回答をいただくということで、それが全部終わった後で、改めていろいろなご質問、ご意見等をいただきます。ご質問につきましても、事業者・県・国が出席しておりますので、それぞれ適当なところで、その時点で確認したいご質問がおありでしたら、そういうご質問はお受けして、進めてまいりたいと思いますので、よろしくお願いします。同時に、ご質問に対する回答が終わった後にでも、できるだけ多くの方にご意見を出していただきたいと思いますので、ご協力よろしくお願いいたします。

質問（司会）

第一のご質問として、日本原燃株式会社に対してウラン試験が遅れているが、操業はいつになるのかというご質問があります。

回答（日本原燃（株））

再処理工場を計画どおり操業するということは、我が国の原子力計画を推進していくうえで、極めて重要と考えておりまして、事業を担う者としては、その達成に最大限の努力をするというのが、基本的な姿勢でございます。ただ、今後ウラン試験、それからアクティブ試験と入っていくわけでございますけれど、当然試験というものは本日説明させていただきましたように、いろいろなトラブル等が起こることが予想されまして、安全を最優先に取り組むということでございまして、ウラン試験については安全第一に取り組むとともに、その後のアクティブ試験計画の期間については、今後のウラン試験の実施状況を見ながら検討

をしてまいりたいと考えています。以上でございますが、繰り返しになりますが、現地点では操業については、現在の計画を達成できるよう努力をしつつ、安全確保を第一優先として取り組んでいくということで、その状況を見ながら、今後検討をしたいということです。

質問（司会）

ウラン試験に使用するウランは濃縮工場から持って来るのかということですけど、もう一つ、ウラン試験ではレベル0以下のトラブルしか起きないのか、という2つにお答え願います。

回答（日本原燃（株））

ウラン試験で使用するウランは、核燃料サイクル開発機構の人形峠の環境技術センター及び米国等から調達いたします。当社のウラン濃縮工場からのウランは使いません。

2点目のご質問でございますが、130の事例集というのは、先行施設のトラブル情報を基に安全確保の取り組みを行ってもなお、発生を避けることが困難な軽微な機器故障などを中心にとりまとめたものでございます。したがいまして、事例集に記載しているもの以外にも、トラブルは発生しうるものと考えております。しかしながら、レベル0以上の事象が発生するかにつきましては、そのようなものが起きないよう十分注意して、ウラン試験を実施したいと考えております。

質問（司会）

使用済燃料の冷却期間はこれまで4年以上と聞いていたが、今回の説明では5年以上とのことだった。どちらが正しいのか、それとウラン試験で使用した劣化ウランはどうするのか、という2つについてお答え願います。

回答（日本原燃（株））

一番目のご質問ですが、使用済燃料の冷却期間は原子炉停止時からせん断処理開始まで4年以上でございます。私、4年以上と言ったつもりですけど、隣に聞いてみましても、5年以上という私の発言があったということですけど、全く私の間違いでございます。申し訳ございませんでした。

2つ目のご質問でございますが、ウラン試験で使い終わったウランはどのようにするのかというご質問でございますが、6割から7割程度はウラン粉末といたしまして、ウラン酸化物貯蔵設備で保管いたします。残りの3割から4割は、ウラン溶液といたしまして分離施設、あるいは精製施設でアクティブ試験の時に、これは難しい話になりますが、抽出操作の前段階として、準備段階としてウラン平衡ということをいたします。その時にこの3割から4割のウラン溶液として保管したものを活用することになっております。

質問（司会）

再処理工場が操業すると0.022ミリシーベルトということですが、なぜ分かるのですか。また、なぜそれが影響ないといえるのですか、というご質問です。

回答（日本原燃（株））

0.022ミリシーベルトという値は現在のウラン試験を考えた値ではなくて、将来1年間に800トン使用済燃料を再処理するという条件でございます。その操業の時に大気、あるいは海洋中に放出される放射性物質によって、それがどのように人に影響をおよぼすかということを考えてございます。大気に放出されるものは空気中に漂っているわけですけど、それらを、専門用語ですみませんが、放射性の雲と書いて、放射性雲と呼んでいます。そういったものから、放射線を受ける、あるいは一部のものは地表に溜まっていく、地表沈着と言いますが、そういったものが線源になる、あるいは海に出て行く方は海に放出される放射性物質が線源となって、漁業において線量を受ける。これらみんな体の外から受ける放射線の影響を評価することとしてまいりました。もう一つは、空気中に入っておりますので、それを呼吸する、肺から体内に入る影響、そういったことを考慮しております。さらに、食べ物、農産物・畜産物、それからお魚とか海草、こういったものに放射性物質が取り込まれていって、それを私どもが食べて、食べた結果として1年間にどれだけの影響を受けるか、こういった形を評価して、1年間に0.022ミリシーベルトと評価してございます。これは、先程ご説明いたしましたけれども、普段私達がこういう生活をしている中でも、世界の平均の数値として、2.4ミリシーベルトと評価されているわけですが、その数値の百分の一程度ですし、日常の自然の変動の範囲の中に十分埋もれてしまう程度の値でしかありません。そういった観点から、私どもは健康には全く影響がないレベルだということで考えてございまして、それは国の専門の先生方の安全審査においても、承認された結果となっております。

質問（司会）

作業員の被ばくについてのご質問がございます。特に劣化ウランを使用するということで、劣化ウランの線量とか、あと被ばくは大丈夫なのかというご質問です。

回答（日本原燃（株））

作業員の被ばくについてでございますけど、ウラン試験の時は、ウランはアルファ線を出す放射性物質ですけど、アルファ線は紙一枚の厚さのものでも遮へいすることができますので、作業員の方に外部から放射線の影響ということで、健康に害がおよぶことはないと考えております。口など呼吸で体内に取り込んでしまうことは避けなければならないことですけど、それらはそういう環境での作業がどうしても必要になるならば、マスクを着けるとか、周辺に集塵装置を付けるとかして環境を改善する等の条件を整えて、作業することにしております。ウランを取り扱う部分に関して、全く問題はございません。私ども、今回の話題は再処理ですけども、ウラン濃縮工場では10年以上ウランを取り扱っている経験を持ってございます。ご心配いただくことはないと思っております。

質問（司会）

用語について教えてくれということですけど、保安規定とは何なのか、住民の安全との関わりでは負圧とは何か、なぜそれが漏えい対策になるのか、というご質問です。

回答（日本原燃（株））

日本国には原子炉等規制法という法律があります。等というのは再処理とか濃縮が含まれるわけですが、保安規定はこの法令で求められる保安のために講ずる措置を定めたものでございます。言い替えますと、再処理工場の運転、あるいは試験操作を行う際の私どもが守らなければならない憲法に当たるものであると考えていただいて結構です。それから、負圧とは何かというご質問ですが、負圧とは周辺と比較して圧力を低くするものでございます。再処理工場で具体的に申しますと、一番外側に大きな建屋があります。その建屋の中側にセルがあります。そのセルの中に、装置、例えば貯槽のようなものが設置されております。圧力は、貯槽が一番低くなっております。その次にセル、そして建物、それよりさらに高い圧力で大気圧があるわけでございます。したがいまして、空気の流れは外から内の方に流れるということでございまして、仮に容器に付いている配管で漏れが生じたとしても、それが外の方に漏えいしないわけで、負圧という呼び方をしております。

質問（司会）

マニュアルのことで、作業員の操作ミスが原因でトラブルになったケースが多い、ウラン試験ではこういったことがないようにしっかりとマニュアルを整備し、作業員の教育を行ってほしいということで、これに対してお答えをお願いします。

回答（日本原燃（株））

貴重なご意見、ありがとうございました。私ども、段階的に試験を行いながら、マニュアルを整備、かつ充実させているところでございます。いずれにしましても、安全第一でウラン試験を進めて行きたいと考えておりますので、ご理解のほどをよろしくお願いいたします。

質問（司会）

人体への放射線の影響がでるのは何ミリシーベルトからですか、また人工放射線プラス自然放射線が相乗的に影響してくるのか、という意味合いのご質問です。

回答（日本原燃（株））

自然の放射線が2.4ミリシーベルトとご説明申し上げていますが、その上に再処理工場からの線量が上乗せになって増えていくことによって、大変ではないかというご心配ではないかと思いますけど、広島・長崎に原爆が投下されて59年、来年は60年という年月が経っておりますが、投下された当時に約20万人の方がお亡くなりになっておりまして、その時に生存された方が約17万人いらっしゃいます。現在は8万人の方が現在も生きていらっしゃいます。その方々の献身的な協力によりまして、世界の放射線の疫学調査といいますけど、人間の体にどういう害が現れているのかということを専門に調査される先生方が集まりまして、17万人の方々の貴重な体への影響というのを調査されてきております。その結果、現在のところまで200ミリシーベルトより少ない線量を浴びられた方については、なんら放射線の影響が認められていません。それがいろいろな放射線の防護の基準になるうえで非常に重要なデータになっております。私どもの再処理工場の安全審査にあたりましては、これは私どもだけではなく、原子力発電所も皆同じですが、国の基準としては1年間に200ミリシーベルトの200分の1、1ミリシーベルトを超える条件では許可が下りません。1ミリシーベルトは、超えません。さらに、基準は1ミリシーベルトでございますが、さらに努力してその20分の1にしなさい、0.05ミリシーベルトを超えないように努力せよと、原子力施設については設計がされ、その後の操業もされています。0.022ミリシーベルトは1ミリシーベルトより十分に小さな値であり、そういった貴重な人たちの調査結果に基づいても、人体に何ら有害な影響をもたらさない値であることをご理解ください。1ミリシーベルトの上に、たとえ1ミリシーベルト加わって、2ミリシーベルトとしてもほとんど問題ないレベルとご理解いただければと思います。

質問（司会）

もう一つですけど、環境中に放出される放射性物質の値を盛り込んでいる、これが放出管理目標値ということでしょうが、その数値は何を基準にしたものなのか、何を引用したものなのか、管理基準の何％を放出基準とするのか、というご質問です。

回答（日本原燃（株））

今回の安全協定の案に示されているものは、使用済燃料を受入れ貯蔵する条件において、環境に放出する可能性がある量と規定した量で、これは従来の安全協定に盛り込まれている値でございます。さらに、今回ウラン試験を行うということで、ウラン試験の状況を勘案して、アルファ核種を放出する可能性のあるものを項目として追加して、ウラン試験という条件を基に設定されているものです。この値は、0.022ミリシーベルトを評価した800トンの操業時の条件より、はるかに小さな値になってございます。

司会

今までのご質問に対するお答えについて、この時点で確認したいとかですね、どうしても再質問したい方がありましたらお願いします。では引き続き質問にお答えするということで、進めさせていただきます。

質問（司会者）

保安院に対する質問が出ております。いろいろな委員会で、原燃の妥当性を評価しているようだが、有識者は独自の理論を持っているはずで、それによって賛成、反対の色が出てくる心配がないのか、大学教授が万能ではなく、そういった委員会の人選基準を教えていただきたい、という質問です。

回答（原子力安全・保安院 核燃料サイクル規制課長）

お手元の資料の一番下に、今回関係する3つの委員会を書かせていただきましたが、だいたいここには15人から17人位の委員の先生に入っていただいております。まず、委員にどういう形で入っていただくかという時に、その委員会で検討する分野に関してどういった方々に入っていただくか、できるだけ関係する多くの分野の方々に入っていただこうという形で、まず人選が行われます。一つの例ですが、六ヶ所再処理施設総点検に関する検討会、こちらでは原子力を専門にする大学の先生も入っておりますが、いわゆる化学、爆発とかそういった分野の先生、また品質保証を専門とする先生、そういった人も入っております。また、実際に現場で再処理をやられる方、また研究開発された核燃料サイクル開発機構とか、日本原子力研究所でやられた方、さらにマスコミの方ですとか、実際の検査の専門家の方、それにこの問題では特に地元の関係ということで青森県の方も二人入っていただく、そういった形で、この問題に関連するなるべく幅広い方に入っていただこうということがございました。実際に人それぞれ理論とか考え方が違うということは、まさにそれはそのとおりでございまして、こういった検討の場では、意見を出し合って、お互いに納得する、議論をしていくというプロセスの中で行われていくものだろうと思っております。また、実際に最終的な選考については、総合資源エネルギー調査会というものの一部なので、そこの運営規定の中ではこういった委員会の上部組織に当たる部会長、例えばこの核燃料サイクル安全小委員会でいえば、原子力安全・保安部会の部会長に最終的な了解を取るという形になります。また、こういった委員会はあくまでも諮問委員会でございますので、ご意見はいただいても行政的な、あるいは安全審査の関係で判断をするのは、行政庁たる保安院になりますので、判断の責任は最終的には保安院にあるというわけでございます。

質問（司会）

県に対するご質問がございますので、それについて、県知事はなぜ来ないのか、その理由は何かということ、また県知事は生の声の説明を速やかに示してください、というご質問でございます。

回答（青森県 副知事）

副知事である私が知事からの指示を受けまして、原子力、核燃料サイクル行政の責任者であります環境生活部長、商工労働部長、特別対策局長、原子力施設安全検証室長とともに出席して、県民の皆様からのご意見を伺っているところでありまして、皆様からいたいたご意見等については、詳細に知事に報告することとしておりますので、ご理解をいただきたいと思います。

質問（司会）

なぜいろいろな声が出ている時にウラン試験を急ぐのかということですけど、これに対してお答えをお願いします。

回答（青森県 環境生活部長）

先ほどの副知事の冒頭の挨拶と重複しますけど、今後ウラン試験が計画されている六ヶ所再処理工場につきましては、県の方から示しておりました5つの要請事項について、6月10日に日本原燃株式会社から、例えば常設の第三者外部監査機関と定期監査契約を締結したということや、ウラン試験時に発生が予想されるトラブル等と、その対応をとりまとめたこと等々の報告があったわけでございます。特に、後者の六ヶ所再処理工場のトラブル等に対する対応につきましては、6月16日開催の総合資源エネルギー調査会原子力安全保安部会核燃料サイクル安全小委員会再処理ワーキンググループにおける審議、それから6月21日の六ヶ所再処理施設総点検に関する検討会、それから6月22日の核燃料サイクル安全小委員会に報告されたという事情がございます。こういった状況を踏まえまして、ウラン試験の安全協定書素案等について先般来、県民を代表する県議会、それから地域住民の代表である市町村長、さらには原子力政策懇話会などの意見を伺ってきているところです。今後につきましては、更なる手続きについて、現在検討中ではございますけれども、一つ一つ手順を踏みながら、総合判断に向けてまいりたいと考えてございます。なお、これは後ほどご質問の中にございますが、どの時期になるのだということもございます。現在、こういう形で一つ一つ手順を踏んでいるところでありまして、いつということはお答え申し上げる段階ではないと考えております。

質問（司会）

原子力長計でいろいろと議論されている中で、待つべきだとか、それから急ぐべきではないということで、今のご質問と同様のことかと思いますが、長計で議論されているところに対する答弁をお願いします。

回答（青森県 商工労働部長）

現在の原子力長期計画、これについては平成12年11月に策定されているわけですが、現計画の中で原子力発電は供給安定性に優れ、環境負荷が少ないという特色を持っており、引き続き基幹電源に位置付け、安全性の確保等に細心の注意を払いつつ最大限に活用していく。また、核燃料サイクルについては、使用済燃料を再処理し、回収されるプルトニウム、ウラン等を有効利用していくことを国の基本的考え方とするというようにされております。

更には、平成15年10月に閣議決定されましたエネルギー基本計画においても、同様の位置付けがなされております。

現在、見直しが進められております長期計画、これについては、これまでもほぼ5年毎に見直しが行われてきておりまして、今回の見直しについても、現在、原子力委員会としてこれまで長計についてのご意見を聞く会を開催し、各界、各層から幅広く意見を伺ってきており、その上で去る6月15日には新計画策定会議を設置し、新たな原子力長期計画の策定に着手したと聞いております。県として、こうした原子力委員会における新計画策定の動向を注視してまいりたいと考えておりますが、いずれにしても、これまでも県としては、我が国におけるエネルギー政策、原子力発電および核燃料サイクルの位置付け、これについては節目、節目で確認をしてきてございます。今後とも、核燃料サイクル協議会、これは内閣官房長官をはじめ、関係閣僚等で構成されておりますが、こうした核燃料サイクル協議会等を通じて、節目、節目で確認をしていきたいと思っております。

質問（司会）

今後の手順、スケジュールということもありますが、先ほど環境生活部長からお答えしましたとおり、今後いろいろな手順を踏みながらということですので、その中でお答えしたものと受けとめております。それから、青森県としては原燃を大事な地元企業だと思っているのか、あまり安全協定が遅れると原燃が苦しい立場になると聞いておりますが県当局の見解は、という質問です。

回答（青森県 環境生活部長）

先程の話と重複する部分があるかと思いますが、いずれにしましても、ウラン試験の安全協定に関しては、各方面からのご意見も伺いながら、一つ一つ手順を踏みながら、慎重に対処したいと考えてございます。

質問（司会）

安全協定素案でなぜ濃度管理より放出管理の方が厳しい管理方法なのか、分かりやすく説明をお願いします。

回答（青森県 環境生活部長）

例えば、放射性気体廃棄物の場合について申し上げますと、放射性物質の放出量と申すのは放射性物質の濃度に排気量を乗じたものであります。そういうことですので、放射性物質の放出量を管理するには放射性物質濃度と排気量の両方を管理しなければなりません。したがいまして、放出量管理の方が濃度管理より厳しい管理方法であるというふうにいえます。

質問（司会）

安全協定素案が出されているが、使用済燃料受入れ貯蔵施設の時とどこが違うのか分かりづらいので分かりやすく説明してほしい、とのことです。

回答（青森県 環境生活部長）

全てとはまいりませんけど、まず名称、それから第1条の適応範囲はさておきまして、大きく変わりましたところは、まず第2条で品質保証体制の充実・強化を明文化した。それから、第11条で、これは平常時の報告、その中で品質保証の実施状況について報告を求めるということにしたところが大きな違いであります。これは、先ほども申し上げましたと思いますけど、先般のプール水漏えいの問題の教訓を踏まえまして、こういう形で盛り込んでございます。その他のものとしては、第11条の平常時の報告について、報告頻度を東通原子力発電所の安全協定並に引き上げることとしております。それと、大きなものとしては第13条、トラブル等の対応要領に関するものが、これまでの使用済燃料受入れ貯蔵施設に係る安全協定と大きく異なるところでございます。

回答（司会）

資料の表記のことだと思いますけど、国、県の資料では六ヶ所のケが小さかったはずである。今回の協定素案では大きい字になっているが、今後はどうするのかということですが。

回答（青森県 環境生活部長）

貴重なご指摘でございまして、同じヶでございまして、大きい方のケの方は契約書等の公文書で使用されているようでございます。ただ六ヶ所村役場の広報資料では小さい方のヶが使用されているということでございます。いずれにいたしましても、この安全協定素案は県と村とで作成したこともございますので、村ともよく相談しながら扱い方を決めてまいりたいと考えてございます。

質問（司会）

県は中間貯蔵を青森県内で認めておりますが、いつ頃まで貯蔵する予定なのでしょうか、また直接処分の場所が決まらない場合はどのように対応する予定ですか、というご質問です。

回答（青森県 商工労働部長）

県として、中間貯蔵を青森県内で認めていますが、というご指摘ですが、これは県として認めた事実はございません。むつ市が誘致を表明している中間貯蔵施設のことをおっしゃっているのであれば、これについては県として、去る2月18日に東京電力株式会社から、立地協力要請を受けたところであり、これについては、今後、県民の安全、安心に重点を置いた対応の観点から、六ヶ所再処理施設の操業に向けた取り組みを見極めたうえで、使用済燃料中間貯蔵施設の立地協力要請についての検討に着手することとしております。現時点では、したがいまして検討に着手していないという状況でございます。

質問（司会）

安全協定絡みでもう1件あります。ウラン試験が始まれば、青森県はどうなるのか考え方を示してください、ということです。

回答（青森県 環境生活部長）

県としての立場から申し上げます。素案の前段でも申し上げましたけれども、原子力施設に関する安全を確保するためには、第一義的には事業者が責任をもって取り組むこと。それとともに法令に基づいて、一元的に安全規制を行っている国がその役割を果たすことが基本です。一方、県としても県民の安全と安心を確保するという立場から、これまでも原子力施設については立地村とともに安全協定を締結し、環境の監視を行うとともに、施設への立入調査を実施するなど、安全確保を第一義に取り組んできておりまして、昨年4月には現地に青森県原子力センターを設置するなど、機能強化を図ってきております。いずれにいたしましても、ウラン試験についても安全確保を第一義とする姿勢を堅持してまいりたいと考えております。

司会

安全協定に関するご質問はこれまででして、今までのところで県に対して確認しておきたい、再質問しておきたいということがございましたら、どうぞ。この後、サイクル政策全般ということで、先ほどのコストの問題その他を含めまして、ご質問が何件か出ております。

質問（会場）

一つは県知事が生の声をいろいろな場面で出さないと、そこにいるひな壇で話しているだけでは県民の目線でということを力強く知事は言っているわけ、それが届いていないということはどこで知事は生の声を聞き、安全、安心、あるいは県民の目線ということになりうるのか、今聞いていると、説明責任は履行したと思っていません。したがって、いつどこでそういう場面を設定してやるのか、1週間あるいは1ヶ月以内にそういったことを明記して、発表して下さい。それと、先般、県議会でいろいろな会派の反応があったわけですけれども、それでも安全協定とウラン試験のことは今やるべきではないと、かなりの数が示しているわけですから、そのことを踏まえたうえで、まだまだ議論がされていない。県民は、その辺のところが議論されているとは思っていない。まして、この問題は日本や世界の問題を抱えているだけにきちんと踏まえて考えてください。そうでないとするならば、青森県が誤りの行為をしたことになりうるから、その辺のことはきちんと踏まえてください。そういうことで、よろしくお願いします。

回答（青森県 副知事）

先ほども説明申し上げましたように、三村知事から指示を受けて、副知事である私、それから関係部局長が出席して、皆さんの声を聞いているということであります。いろいろな手続きを経て、最終的には三役と関係部局長会議というものがございまして、そこでいろいろな議論を交わしながら、最終的に知事が判断するということになります。したがって、その関係部局長会議というのは三役と環境生活部長、商工労働部長、特別対策局長、原子力施設安全検証室長が参加いたしますけど、その7人のうち今日は5名出席しているわけでございまして、県民の声を真摯に受けとめて、聞いているわけでございます。したがって、いろいろな県民の声につきましては詳細にわたって知事に報告するということでございまして、皆さんの声は知事に届いているわけでございます。ただ、知事が直接県民の声を聞くべきではないかというご意見については知事に伝えてまいります。

それから、安全協定の案につきまして、まだ議論が深まっていないのではないかというご意見でございますが、これにつきましては先般7月12、13日、県議会全員協議会、市町村長会議、そして原子力政策懇話会という会議を開催したわけでございますが、原子力政策懇話会につきましては、もう1回開くべきだとする委員の意見がございまして、これにつきましてはもう1回開くことを知事が決断したということであります。それから、県議会全員協議会、市町村長会議につきましても、知事がいろいろ判断いたしまして、安全協定素案とトラブル事例について、まだ議論が深まっていないという判断をもとに、8月下旬にもう一度、その会議を開きたいということで決断をしておりまして、いろいろな安全協定素案、トラブル事例について、さらに県議会、市町村長会議、原子力政策懇話会の議論を深めて行きたいと考えております。それらのものを十分に参考にしながら、県として総合判断するものとなっていくと考えております。

質問（司会）

後ご質問が7、8問ありますので、進めさせていただきます。後でご質問、ご意見の時間をとりたいと思いますので、よろしくお願いします。使用済燃料の直接処分について、10年前に総合エネルギー調査会原子力部会で試算が示された際に、再処理に比べて安い費用が公表されることを好ましくないと判断したメンバーは、青森県において再処理を進めてきた面々である。もし、その資料が10年前に公表されていれば、再処理事業を進めるか否かについて国民的議論が可能だったと思われる。原子燃料サイクル政策を誤って導いてきた責任をどう取るのか、経緯の明確な説明を求めたい、ということでそれぞれ関係者の方に答弁をお願いいたします。

回答（資源エネルギー庁 青森原子力政策企画官）

まず平成6年当時の資料についてでございますが、議論の材料の一つということでございます。

これをもちまして、有識者による検討の結果、直接処分の費用の見積りは極めて不透明という結論をいただいております。しかしながら、この試算の存在というのが分かった時点で直ちにこれを公表いたしまして、現在、この試算についての詳細を調査中であります。この調査につきましては、早急に結論を出して、またご説明したいと考えております。なお、原子力政策というのは経済性のみで決まるものではないと思っております。昨年10月のエネルギー基本計画は閣議決定され、国会に報告されましたが、こちらにもありますように、核燃料サイクルというものはエネルギー情勢、あるいは地球環境問題等、様々な観点から選択されているものと理解しております。

回答（電気事業連合会）

先ほどの答弁の繰り返しになるかもしれませんが、電気事業連合会が直接処分について試算を行ったとの認識は基本的にはございません。それに加えまして、直接処分などの他のオプションとの比較にあたりましては、直接的なコスト評価を行うというだけではなくて、それが社会的、技術的に本当に成立するのか、将来のエネルギー・セキュリティ確保、環境の適合性等の観点ではどうなのか、そのような我が国のエネルギー政策として、総合的、多面的に評価する必要があると我々は思っております。このような認識に基づいて、当初からこの10年の間も長計やエネルギー基本計画において、サイクルの推進が国の重要な政策として位置付けられてきたと認識しております。したがいまして、ご指摘にありますように、原子燃料サイクル政策の議論が10年遅れたというご指摘を我々は持っていない、そういう認識はしておりませんのでご理解お願いします。

質問（司会）

先ほど県が答えておりますが、国に対しても聞きたいということで、ウラン試験を急ぐことはこういう議論がなされている中で、どういうことなのか、国の考え方も聞きたい、というご質問です。

回答（内閣府 原子力委員会事務局）

ウラン試験を急ぐことについての国の考え方を示してくださいとのことですが、現行の長期計画におきましては、資源の乏しい我が国としまして、エネルギーの安定供給の確保ですとか、あるいは環境負荷の低減といった観点から、使用済燃料を再処理いたしまして、回収されるプルトニウム等を再び燃料として有効利用するという核燃料サイクル政策を、原子力政策の基本として考えているところでございます。今後の長期計画の策定作業におきましては、経済性のみならずエネルギーの安定供給、先ほども申し上げました地球環境負荷の低減の確保とか、様々な方面の考え方を総合的に勘案いたしまして、核燃料サイクルの今日的意義ですとか、あるいはその妥当性について検証して、今後議論していただくことになると考えております。

質問（司会）

これも内閣府からお答えいただくことかと思いますけど、再処理はエネルギー資源の乏しい我が国にあって、エネルギー政策の根幹を支える事業であると考えるので、直接、あるは間接処分の検討にあたっては、我が国の実状を踏まえ、冷静に議論し、判断をお願いしたいという、ご意見です。

回答（内閣府 原子力委員会事務局）

先ほどと同じ話になってしまうのですが、現行の長計におきましては、核燃料サイクル政策を基本として考えているということでございまして、今後の長計の議論におきましても、適宜議論をしていくということになっております。

質問（司会）

直接処分する技術は確立されているのですか、また確立されているとしてもそれを受け入れる場所はあるのですか、直接処分した場合の環境への影響はどうなるのですか、というご質問です。

回答（資源エネルギー庁 青森原子力政策企画官）

我が国におきまして、直接処分の技術は確立されていないと認識しております。これまで技術的検討はされておりませんので、環境に対してどのような影響があるのか、詳しくは分からない状況です。

質問（司会）

資源エネルギー庁に聞きたいということで、直接処分の試算をしていたようだが、原子力を選択しなかったら化石燃料のコストはどれだけ上がるのかといった試算はしているのか、試算していないと本質的なコスト論議はできないと思うが、どうか。それから、日本のエネルギーについて、原子力を行わないとした場合、それに代わり得る十分な新しい発電方式は現段階であるのでしょうか、この2つのご質問についてお願いします。

回答（資源エネルギー庁 青森原子力政策企画官）

最初のご質問ですが、原子力を選択しなかったら、化石燃料のコストはどれだけ上がるのかということですが、これにつきましては化石燃料のコストの上昇ということについては、正確な試算は難しいものというふうに認識しております。しかしながら、エネルギー資源をめぐる国際情勢などを鑑みますと、中国でのエネルギー需要が伸びてきている等の観点から、石油・石炭等の価格も上がるという傾向がございます。こういった観点から、我が国は原子力を基幹電源という位置付けでやっております。コスト論議のみならず様々な観点で、エネルギー源の選択をしていくべきと考えております。

それから、もう一つご質問がございました。原子力に代わり得る新しい発電方式は現段階であるのかということでございますが、技術としては風力発電や太陽光発電、あるいは需要側として燃料電池などの技術がございます。しかし、現段階では量的に代替するというところまでは至っていないということでございます。風力・太陽光などの新エネルギーといわれるものですが、現在我が国のエネルギー供給の1％を占めております。これを2010年までに3％に引き上げることを目標にしております。具体的に申し上げますと、風力発電では2010年までに300万キロワット、太陽光発電で480万キロワット程度の導入、それから燃料電池にしても200万キロワットを目指して導入をしていくということにしております。

質問（司会）

ＯＥＣＤ/ＮＥＡとはどういう機関なのかということ、それから、電力業界はサイクル事業を断固とした決意で行うことで問題はないのかという、この2つの質問です。

回答（内閣府 原子力委員会事務局）

ＯＥＣＤ/ＮＥＡとは何かというご質問ですが、これは経済協力開発機構原子力機関の略でございまして、原子力の平和利用における発展を目的といたしまして、原子力政策あるいは技術に関する意見交換、規制上の問題等の検討、各国の原子力法の調査、経済的側面の研究などを行うために設立されている国際機関でございます。

回答（電気事業連合会）

電力業界はサイクル事業を断固とした決意で行うことに間違いはないのですか、というご質問です。答えは間違いございません。先ほどもご紹介申し上げましたが、私どもこの5月に、全電力会社の社長を集めまして、「六ヶ所再処理施設の操業に向けて、業界が一丸となって進めていくとの不退転の決意で臨む」ということを満場一致で決議しております。この決議というのは、手前味噌でございますけど、電気事業連合会は数十年来の歴史を持っていますけど私が知る限り、その中でもたぶん初めて行った行為だと思います。したがいまして、この不退転という言葉以上にもっと決意を示せる言葉があれば、それを使いたいというような気持ちでございます。したがいまして、先ほどのご質問にありました断固とした決意で行うことで間違いはないのか、間違いございません。しっかりやっていきます。よろしくお願いいたします。

司会

以上で、事前にいただいたご質問に対する答えは全て終わりました。あと予定の時間から15分ほどありますので、これまでのご質問に対する再質問でもよろしいですし、改めてのご質問でもいいですから、ご質問・ご意見を承りたいと思います。幅広く、ご意見を伺えればと思いますので、積極的に挙手を願えればと思います。

質問（参加者）

直接処分の試算を隠した問題について、県議会の全員協議会も傍聴しましたけれども、そちらに座っている政府の関係者とか、資源エネルギー庁の方々、いろいろいらっしゃるけど、どうして局長が来ないのかですね、要するにあなた方は役不足だと言われていた人たちがまた、ここに来てしゃべっているわけですよ。私は、先日資源エネルギー庁長官に会いまして、今回の試算隠しの問題、どういうことの経緯だったのか説明を福島瑞穂と一緒に聞きました。いまだに、何も分かっていない状況にありますという説明しかできていない。ですから、皆さんが言っている問題でかたが付く問題ではないことを頭に入れてほしい。それから、10年前に隠した試算の話は全く関係ないじゃなくて、その間に2回も長期計画を見直してきて、今ようやく3回目にして長計の議論の叩き台に着いたばかりで、今日配られた試算の資料の中に不誠実さを感じるのは、実は議事録を一緒に付けてもらえれば、ここの会場にいる皆さんがいかにこの試算を隠して再処理を進めてきたかがよく分かる、そういう経緯が載っています。中部電力の社長とかがこの試算を公表されては再処理を進められない、高すぎるそういうことを言っているじゃないですか。そういう議事録を皆さん見ているでしょう。見ていながら、それをここでは示さないで、隠そうとしていること自体、腹立たしいと思っています。ですから、そういう試算が10年前に示されていれば、当時六ヶ所の再処理工場は航空機対策の問題、いろいろな問題で安全審査の見直しとかやっていた時期がありますので、再処理工場をこれ以上進める必要がないという結論を迎えていたかもしれない時期があったことも頭に入れて、再度答弁いただきたいと思っています。

それから、放射能の問題で、200ミリシーベルト以下であれば被ばくは問題ないと原燃の方が言っていましたけど、本当に恐ろしい話ですが、それでは日本の原子力発電所の中でどの位までの被ばくが許容されているのですか。日本では、今、50ミリシーベルト、世界では5年間で100ミリシーベルトと基準が決まっています。だから、200以下であれば大丈夫ということではなくて、どんどん安全性について厳しい見直しがなされてきていることが、実際あるわけでしょう。それを相変わらず、200ミリを引き出して、だから安全だということはまったく言葉の論理としては、なってないんじゃないですか。新しい基準でもって、話をしていただきたい。そのように考えています。それから、管理目標値の問題が出ていましたけど、放出数値はどの位になるのでしょうか。管理目標値は分かりました。放出基準はどの位を想定しているのか、改めてお答えいただきたい。

回答（日本原燃（株））

先ほどの放射線の影響に関する数値のお話と放出管理について、お答え申し上げます。最後のご質問に関しましては、これからウラン試験をやってまいりますので、何回か繰り返し試験を行うことが考えられます。実際にどのくらい放出するのかというのは、除去装置の性能等がこれからまさに確認される段階ですので、今の段階で申し上げるのは難しいと思っております。この値を超えないように、今後の試験をやっていくということでご了承いただきたいと思います。それから、先ほどご質問の前に司会者の方に、マイクをいただきたいと思ったんですが、まずはお詫びいたしますけど、先ほどの線量に関する説明が足りませんでした。200ミリシーベルト以下なら問題ないですというような言い方をしていたなら、私が間違っていまして、200ミリシーベルトを超えていなければ放射線による影響は検出されていない、こういうことが事実としてあるということが1点であります。それから、1ミリシーベルトが国の基準になっていますということを申し上げました。それは敷地の外にいる皆様方に対しての基準でございます。赤ちゃんも、子供も、お腹の中に赤ちゃんを抱いているご婦人の場合も同じでございます。そういう人たちと成人である我々とでは、同じ放射線を受けても、影響は我々よりも大きく出ます。どういう人たちが周辺にいるか特定できない、そういうことで敷地の外では1ミリシーベルトとなっております。それで、作業員の方の被ばくに関するご質問も中にありましたけれども、再処理工場の中に入って、仕事をされる方々の線量の管理目標値は、5年間で100ミリシーベルト、ただし1年間で50ミリシーベルトを超えないことです。今ご発言された方のそのとおりであります。そういった形で運用していることを数年前からやっておりまして、今後のウラン試験、将来の操業においても、その考え方で管理をしていくこととしております。これは国のルールで決められており、その基は国際放射線防護委員会というところで、世界的にそういう運用でやろうという形になっております。その大元は、先ほどの17万人の方々の貴重なデータによってございます。

回答（資源エネルギー庁 青森原子力政策企画官）

なぜ、局長は来ないのかということでありますが、今回のスケジュールの中で、様々な調整をしました上で、止むを得ず、私の出席という形になっております。ご理解いただきたいと思います。それから、資源エネルギー庁長官と福島党首の会談のお話がございました。そこでは何も分かっていないのではないかというご指摘でございますが、その時長官からご説明したと思いますが、現在調査中ということで、できるだけ早くその調査結果を出したいというふうに考えております。調査結果につきましては、きちんと公表し、またご説明をする機会をもちたいと考えております。それから、平成6年当時の議事録につきましてでございますが、当時の審議会、何も総合資源エネルギー調査会だけではなく、一般的に非公開という形になっておりました。非公開を前提の上に、忌憚のないご意見をいただいている形で開いているものでございます。したがいまして、当時の議事録につきましても、非公開を前提にしたものでございますので、現在ここにお出しすることができないということで、ご了承願いたいと思います。以上でございます。

回答（内閣府 原子力委員会事務局）

原子力委員会が試算を隠したという報道がございまして、その点についてご質問があったと思いますけど、こちらは元々、分科会が非公開で開催されておりまして、また分科会の報告書の方は公開されてございます。したがいまして、隠したというものではなくて、非公開の資料を今回積極的に公開させていただいたということでございます。平成6年当時の長期計画の結論といたしましては、直接方式と再処理方式のコストの差を総発電コストから考えると、それほど本質的には大きな差がないということになっておりまして、ウラン受給ひっ迫の可能性、あるいは環境を大切にするといった総合的な観点から、再処理方式が優位であるということで、再処理方式に取り組むということを平成6年当時の長期計画としております。

回答（電気事業連合会）

繰り返しのようなことで申し訳ないのですが、我々も当時10年前、課長クラスの勉強会でケーススタディをやったという位置付けでございまして、それをもってサイクル路線、直接処分路線を選択するというような判断をする性質のものではないという認識には変わりはございません。したがいまして、先程の内閣府と同様ではございますが、隠したという意識は全然ございませんで、今般話題になったということで過去の例を調べたところ、そのような状況にあったというようなご報告をしたとの認識でおります。

司会

まだご発言ない方で、時間も少々ですが、ここでご発言したい、しておきたいという方がございましたら、どうぞ。

質問（参加者）

先ほど私3点ほど質問を書いてありましたが、県知事はなぜ来ないのかとありましたけど、前回の5月22日でしたか、ここで説明会をやった時も、私は青森県の問題は県知事に責任があるのになぜ来ないのかと聞いているはずです。にもかかわらず、今回もまた来ない。県民を愚弄するにもほどがある。どういう考え方だろうか。話によれば、先ほど5人、7人の会議で云々ということですけど、やはり、生の県民の声を聞いて判断するのが県知事の責任であると思っています。副知事以下が来て参加していますけど、最終的に決めるのは県知事だと、私は前回も言っていますけど、まさにそのとおりです。やはり、会場に来て聞くべきです。そんな県知事は、世界にいません。なぜかというと、ウラン試験が始まると、青森県はどうなるかと質問を出していますけど、どうなるのかあなた方は知っていますか､知っているでしょう、たぶん。青森県は嘘とごまかしに騙され続けて来ました。にもかかわらず、まだまだ嘘とごまかしに騙され続けるのですか。こんな青森県は、中央から見ると馬鹿だと。馬鹿だけ揃っていますか。やはり、この問題は金ほしさに、県は札束がほしいだけでしょう。毒の入った札束と考えないで、漁民なり農民なりいろいろな産業を自ら青森県が考えるのが問題でしょう。何もこの原子力政策に頼らなくとも、いろいろとあるはずです。私に言わせると、県は狂っていると思います。だから、日本原燃の社長も来ているにもかかわらず、県知事が来ない。抗議をする、一県民として。その責任はいかにありますか。いろいろな問題が将来生じて来るであろう。青森県人は自殺ということに追い込まれるかもしれません。これから、やはりウラン試験が始まればどうなるか、県民の生活はどうなるか、命はどうなるかと考えれば、やはり県知事はどのような責任を取るのか、考えてほしいと私は思っています。

回答（青森県 副知事）

核燃料サイクルにつきまして、昭和60年に立地協定を結んで、それから既に20年という時が経過しているわけでございます。これまで、県民を代表する県議会のご意見、地域住民を代表する市町村長のご意見、あるいは有識者からなる原子力政策懇話会などなど、あるいは県においてもいろいろなところでシンポジウムを開き、県内のたくさんの声を聞きながら、今まで判断をしてきたわけでございます。原子燃料サイクルを進めるにあたって､一番大事なことは安全性でありまして、安全を第一義的として地域振興を前提として受け入れたということを、私どもはこれからも守っていかなければならない。そのために、皆さんのご意見を聞いているわけであります。先ほどのご意見につきましては、当然のことながら詳細にわたって、知事に報告をいたします。
司会
先ほどのご質問ですけど、ご意見も2件ほどいただいておりますので、ここで紹介させていただきます。直接処分の試算を含む核燃料サイクルコストについて、不正確な国会答弁を行ったことは問題であったかもしれませんが、結果として国の政策に影響をおよぼすものでなければ、大きな問題ではないと思います。むしろ国としてエネルギー・セキュリティの観点から核燃料サイクルの必要性を訴えるべきではないでしょうか。
それから、もう一つあります。安全に重点を置くことはあたり前のことですが、一連のトラブルによる遅れによって村内外の経済、雇用に大変な影響が出ております。スムーズに安全協定を結び、ウラン試験、アクティブ試験に進むようにお願いします、というご意見が2件出ておりましたので、紹介させていただきます。
ほぼ定刻を過ぎております。ここで、今までご発言された方以外で、一言言っておきたいという方がおりましたら、1名だけいらっしゃいませんでしょうか。今回、ご質問の形でいろいろいただいておりますので、貴重なご意見ですので、先ほど副知事が申し上げたとおり、知事にもお伝えしていきますということです。ございませんか。では、これで終わらせていただきます。長時間、お付き合いいただきましてありがとうございました。
［出典：青森県資料］

Ⅲ－１－２－６
臨時会見／ウラン試験に係る安全協定関係

会見日時：平成16年11月18日（木）16時00分～16時45分
会見場所：第三応接室
会見者　：三村知事

○幹事社
それでは安全協定に関する知事の記者会見を行います。お願いいたします。
○知事
平成14年2月の六ヶ所再処理工場の使用済燃料受入れ貯蔵施設のプール水漏えいに始まる一連の問題については、原因究明及び点検の結果、291箇所もの施工上問題のある溶接箇所が確認され、ひいては日本原燃株式会社の品質保証体制までも見直しせざるを得なくなったことは、県民の安全と安心の確保上、極めて重大な問題であり、国においても、事業者の総点検結果を厳しくチェックし、施設の健全性を確認したほか、品質保証体制の改善策の実施状況を厳しくフォローアップしていくこととしたところであります。
また、県としても、日本原燃株式会社に対し、品質保証の外部監査機関により事業者の体制をチェックさせ、その結果を公表させるということが緊張感を持って事業を推進する上で大きな効果を発揮するものと期待して、「常設の第三者外部監査機関の設置」を始めとする5項目の安全確保対策を強く求めたところであります。これに対し、社長から「全て遵守する」との決意表明がなされたことを踏まえ、本年4月28日、六ヶ所再処理施設におけるウラン試験の安全協定について、手続きの検討に着手し、県及び六ヶ所村でとりまとめた安全協定書素案を去る6月23日に公表いたしました。
ウラン試験に係る安全協定書素案については、現在締結している使用済燃料受入れ貯蔵施設に係る安全協定を基本としつつ、
⑴プール水漏えい問題を踏まえ、事業者が品質保証体制の充実強化に努めるよう規定したこと。
⑵事業者が「品質保証の実施状況」を定期的に文書により報告するよう規定し、具体的報告事項として「品質保証の実施計画、実施結果、常設の第三者外部監査機関の監査結果」を規定したこと。また、東通原子力発電所に係る安全協定で報告頻度を増やした項目については、同様に報告頻度を増やしたこと。
⑶ウラン試験時のトラブル対応に万全を期す観点から、事業者は、異常事態に該当しないトラブル事象についても、トラブル等対応要領に基づき適切な対応を行うよう規定したこと。
など内容の強化を図ったところであります。

しかしながら、コスト論議による核燃料サイクル政策の見直し論や過去のコスト試算問題、関西電力株式会社美浜発電所の事故等、様々な問題が相次いで発生したことから、県としては、慎重の上にも慎重を期し、これらの事案も含め、3度にわたり、県議会議員全員協議会、市町村長会議、青森県原子力政策懇話会において御質疑、御意見を賜ったところであります。

さらに、ウラン試験の概要や安全協定書素案などについて広く県民にお知らせするため、県内6箇所で説明会を開催し、参加された方々から出された様々な御質問等にお答えしました。

また、一部の団体から再処理事業に反対する立場での申し入れ等もお受けいたしました。

関係各位からいただいた御意見等を総括しますと、

⑴県議会議員に対しては、6月23日に開催した県議会議員説明会において御説明をし、その後、7月12日、8月25日、10月7日の三度にわたり開催されました県議会議員全員協議会及び県議会9月定例会において質疑がなされ、これらの経緯を経て、県議会各会派等から知事に対し報告・申し入れがなされました。

会派からの意見の内容については、「自由民主党」及び「公明・健政会」の2会派からは、「安全協定書（素案）は了とする。締結については国の政策確認等を踏まえ知事が総合判断していただきたい。」旨、文書で私に対し報告があったところであり、また、「新政会」会派からは、「安全協定書（素案）は了とする。」旨の報告がありました。

一方、「社民・農県民連合」及び「日本共産党青森県議団」の2会派並びに無所属議員からは、「安全協定は締結すべきではない。」旨、文書で報告・申し入れがありました。

⑵市町村長に対しては、7月13日の六ヶ所周辺市町村長・全市町村長会議及び8月26日の市町村長会議、また、関西電力株式会社美浜発電所3号機の事故等に関して開催された10月12日の市町村長会議において、御意見等を伺い、安全協定書（素案）については特段の異議はなく、今後の対応については、

○知事の総括的判断に委ねる。

○安全協定は、慎重に、判断材料を見ながら対応して欲しい。

○安全協定に基づき十分気をつけて対応して欲しい。

などの御意見があったところです。

⑶青森県原子力政策懇話会においては、6月28日の第5回懇話会での御説明、7月8日の核燃料サイクル開発機構東海事業所再処理施設の現地視察を経て、同月13日の第6回懇話会、9月6日の第7回懇話会、また、「関西電力株式会社美浜発電所3号機の事故について」を議題とした10月12日の第8回懇話会を含めて、計3回の意見交換がなされたところであり、安全協定書（素案）そのものに対する御意見は発言全体の中では少なかったものの、その主な御意見としては、

安全協定の素案については、

○青森県及び六ヶ所村の権限を充実させることが極めて重要である。第14条の立入調査において、専門能力を持った職員の配置と育成をお願いする。

○ウラン試験に係る安全協定について、きちんと県民と事業者、そして国、県も含めて、これであれば、なるほど安全が担保できるというような議論の過程にあることから、お互い何処で理解し合えるかということを議論して、お互いが信頼出来るような状況にもっていければ、一番良いのではないか。

○安全協定は地元と事業者の信頼関係の上に成り立つものであるので、両者十分に協議し適切なものを必要なタイミングで改訂すればいいのではないか。

などの御意見があったところです。

また、六ヶ所再処理施設のウラン試験時に発生が予想されるトラブル等への対応については、

○怖い、気持ち悪い、不安だと言う方々は多いと思う。そのため、これからも国、県、自治体等いろんな方面からのきめ細かな広報活動が必要だと痛切に思った。

○事故や重大なトラブルだけではなく、軽微なトラブル、不具合が生じた場合にも積極的に情報公開を行い、地域住民の不安を取り除く努力をする体制を整備したことは評価できる。協力会社を含めた全従業者に情報公開の意味と重要性をよく理解させていただきたい。

○トラブルなどへの対応についてはそれなりの体制ができたと考えるが、その内容は既知のトラブルへの対応策やトラブル時の報告や公表が主と受け取れる。迅速且つ確実な情報公開は勿論であ

るが、如何なる事態でも万全な処置が迅速に講じられ、周辺の安全が十分に確保されるという現実に即したシナリオが見えることが必要であると考える。

○ウラン試験だけでなくアクティブ試験、本稼働と先を読んで安心を訴えるのが事業者の役割だと思う。

○予想されるトラブルの対応については、教育訓練が非常に大事である。

○小さなトラブル等は、実際にウラン試験の中で起きる可能性があるが、恐らくこのトラブル事例のままではないと思う。これを如何に応用するのかということが結構重要と思うので、よろしくお願いしたい。

○日本原燃株式会社及びそれに関わる社員の安全意識及び任務の重要性を十分認識し、絶対にトラブルを起こさないで欲しい。

○事業者の素早い情報公開などの対応を評価する。書面を作る人だけでなく現場で作業する人がトラブル集をチェックしながら事故が起きたときにどのように対応するかという訓練をたくさんやるべきである。

などの御意見があったところです。

その他の御意見としては、

○原子力の推進機関である経済産業省の中に、原子力の安全規制についてのチェックをする原子力安全・保安院が一緒に同居しており、推進と規制の分離を徹底すべきである。

○美浜発電所の事故は、国にも非常に責任があるのではないか。国の機関として、検査や認可を処理すればそれで良いというようなことではないと思うが、現実的には国のチェックがきちんと行き届かなかったから、この事故が起こった。

○原子力施設の第三者機関による施設の外部監査制度を立法化することによって、今回発生した美浜発電所の事故の諸問題を是正することができる。

○今回発生した美浜発電所の事故を含め、人間の管理も含めた品質管理がまず重要であり、この他、情報公開、コミュニケーションの三つを大切にしなければ、原子力行政というものは成り立って行かない。

○青森県に核燃料サイクル施設や原子力施設ができることによって、必ずしもマイナスだけでなく、地域振興などの関係で財政的な恩恵を受けてくることも事実であることから、安全を第一義的にして、施設を有効的に使うということを真剣に考えなければならない。

などのほか、

安全安心を保証できる体制の確立、県民に分かりやすい情報公開の徹底などの御意見が多く出されたところであります。

⑷平成16年7月26日から28日にかけて県内6地区において県の主催で開催した「六ヶ所再処理施設のウラン試験に係る説明会」には、6会場合わせて約900人が参加し、項目数で168件の質問・御意見が出されたところであり、安全協定の素案については、

○ウラン試験に係る安全協定素案は、これまでの安全協定とどう違うのか。

○放出管理目標値について、なぜ放出量管理の方が濃度管理より厳しい管理方法であるのか。

○安全協定締結が遅れるのは問題であり、県はどういう見解を持っているのか。

などの質問、また、

○県が県民の安心に向けて取り組んでいることは承知しており、速やかに安全協定の手続きを進めるべきである。

○安全協定案では品質保証の実施状況の報告などを求めているが、県民にその結果を分かりやすく説明していく必要がある。

○県は主体的に調査等を行う必要がある。国や事業者の言うことを聞くだけでは、安全協定の当事者となる資格はない。

などの御意見があったところです。

また、原子力施設安全検証室から、11月13日に、

⑴「ウラン試験におけるトラブル等対応要領」（仮称）については、県、村、事業者が協議して定めることなどを規定すべきである。

⑵日本原燃株式会社による品質保証体制の確立に係る改善策の実行の確実性を高めるため、当該改善策の実行に対するフォローアップの履行に係る国からの確認を求めるべきである。

⑶東京電力株式会社の不正問題、日本原燃株式会社の使用済燃料受入れ貯蔵施設のプール水漏えい問題、関西電力株式会社の美浜発電所事故などに係る一連の経緯等にかんがみ、電力業界全体における品質保証体制の確立に係る水平展開、情報共有等を担保するための常設の第三者機関の設置を求めることを含め、国及び事業者に対し、安全確

保対策の強化を求めるべきである。
などの報告を受けました。

このような経緯を踏まえ、県としては、我が国における原子燃料サイクル事業の国策上の位置付けを含む核燃料サイクル政策や安全規制の強化等について、国の姿勢を確認するため、核燃料サイクル協議会の開催を要請いたしました。

去る11月15日に開催された第8回核燃料サイクル協議会には、細田内閣官房長官、棚橋科学技術政策担当大臣、中山文部科学大臣、中川経済産業大臣、近藤原子力委員会委員長、藤電気事業連合会会長に御出席をいただきました。

協議会の場において、私からは、

○核燃料サイクル政策について

○プルサーマル計画について

○高レベル放射性廃棄物の最終処分に係る見通しについて

○安全規制の強化並びに情報公開について

の4項目に係る要請及び確認をいたしました。

1点目の「核燃料サイクル政策について」は、近藤原子力委員会委員長から、「原子力委員会の第12回新計画策定会議において、使用済燃料を再処理することを基本方針とする中間取りまとめを行った」との御発言があり、また、細田内閣官房長官及び関係閣僚等からは、「プルサーマルを含む核燃料サイクルの国内における確立は、我が国原子力政策の基本であり、政府一体となって着実に推進していく」との御発言がありました。

これに対し、私から、プルサーマルを含む核燃料サイクルについては、引き続き、政府一体として責任をもって推進することには変わりがないのか重ねて確認を求めたところ、細田内閣官房長官及び中川大臣から、プルサーマルを含む核燃料サイクルの確立については、我が国原子力政策の基本であり、安全確保を大前提に、引き続き、政府一体となって推進するとの方針は変わらないとの強い決意を改めて確認いたしました。

2点目の「プルサーマル計画について」は、棚橋大臣及び中川大臣から、「プルサーマルは核燃料サイクルの確立の第一歩として重要であり、その実現に向け、国民の理解を得る活動を前面に出て実施する等、政府一体となって取り組む」、「九州電力株式会社の玄海原子力発電所、四国電力株式会社の伊方原子力発電所に関しては、プルサーマルの実施に向け、着実に準備が進められている」、また、藤電気事業連合会会長から、「一日も早いプルサーマル計画の実施に向け、不退転の決意で臨んでいく」との御発言がありました。

私としては、プルサーマル計画については、国及び事業者が責任をもって関係者と積極的に話し合いを進め、地元の方々や国民の理解を得ながら進めるべきものと考えており、今後とも、プルサーマルを巡る動向を厳しく見極めることといたしました。

3点目の「高レベル放射性廃棄物の最終処分に係る見通しについて」は、細田内閣官房長官及び中川大臣から、「青森県を最終処分地にしない」という国の約束、「高レベル放射性廃棄物の最終処分については、知事の要請に応えるよう、政府一体としての一層の取り組みの強化を図る」という国の約束については現内閣としても引き継がれていること及びその履行に全力を尽くしていることについて、御発言がありました。

私としては、国と関係者が一体となって進めている最終処分事業については、処分地の早期選定に向け、なお一層、政府一体として強力に取組むよう改めて要請いたしました。

4点目の「安全規制の強化並びに情報公開について」は、国に対し、

○再処理施設の安全確保に万全を期すため所要の検査を厳正に実施するとともに、万全の品質保証体制を確立するよう、事業者を厳しく指導・監督すること。

○県民の間には、原子力安全・保安院の経済産業省からの分離・独立を求める声が少なくないところであります。このことを踏まえて、安全規制に関する組織体制を明確にすること。

○原子力施設の品質保証体制を確立し、事業活動を安全に進めるために、協力会社を含め、原子力産業従事者の人材育成に積極的に努め、高いモラルが維持されるよう、事業者を厳しく指導するとともに、その状況を確認すること。

○県民の安全と安心を確保するために、安全安心文化の構築とともに、より積極的かつ分かりやすい情報公開を行うよう、事業者を厳しく指導すること。

との要請をいたしました。

これに対し、中川大臣からは、安全規制の強化等について、「国として、再処理施設の安全性の確保に万全を期していく」、「原子力従事者の人材

育成については、保安検査を通じ、事業者の取組みを促していく」、「積極的な情報公開は極めて重要であり、必要な指導を行う」との御発言がありました。

また、安全規制体制については、「昨年10月から国民の立場に立って品質保証を重視する新体制に移行しており、今後とも、広く御意見を伺いつつ、安全規制の改善に努める」との御発言がありました。

これに対し、私からは、六ヶ所再処理施設について、引き続き、国のフォローアップを求めるとともに、県民の間には保安院の分離・独立を求める声があることを踏まえ、県民の不安・懸念に応えるよう、安全規制体制の一層の強化について改めて要請いたしました。

さらに、今回、私としては、日本原燃株式会社の使用済燃料受入れ貯蔵施設におけるプール水漏えい問題に対する本県としての経験などを踏まえ、電気事業連合会に対しては、

○電気事業者においては、自らが協力会社との連携を強化する体制を構築するとともに、第三者によるチェックを行い、その結果を公表すること。

また、事業者・協力会社間で事故情報等を共有化し、事業者の行う品質保証活動に適切に反映されているということについて、第三者機関を設けて、定期的にチェックを行い、その結果を国民に公表すること。

との具体的な要請をいたしました。

これに対し、藤電気事業連合会会長からは、「協力会社を含めた原子力関係者間の情報共有の徹底や協力会社との責任の明確化等、品質保証体制の再構築等を講じていく」、「電気事業者からの独立性を持った新たな体制を構築し、電気事業者の品質保証活動について、外部の専門家や専門技術者による厳正な評価を行い、その結果や勧告の内容を公表する」との御発言がありました。

私からは、「電気事業者として、自らの品質保証活動を第三者の視点からチェックし、公表するために、電気事業者から独立性を持った体制を構築するということなのか」確認を求めたところ、藤会長からは、「知事の意向を受け止め、早期に構築するよう取り組んで参りたい」と、原子力産業全体として品質保証体制を再構築するとの強い決意表明がなされました。

このことは、電気事業連合会として、私からの要請を真摯に受け止め、原子力産業界全体として品質保証体制を再構築するとの強い決意の現れであり、評価したいと思います。

私としては、核燃料サイクル協議会における細田内閣官房長官をはじめとする関係閣僚、また、原子力委員会委員長及び電気事業連合会会長からの誠意ある回答を重く受け止めたところであります。

私どもの原子力施設安全検証室からは、協議会を踏まえ、11月15日に、

「日本原燃株式会社社長に対し、

⑴協議会における、日本原燃株式会社の原子燃料サイクル事業に直接的に関連する部分に関する説明の諸点について、どのように考えるのか。

⑵私から要請した「常設の第三者外部監査機関の設置」をはじめとする5項目の各対策に係るその後の取組状況はどのようになっているのか。

⑶トラブル事象発生時における情報公開として、県への報告・説明及び県民への公表・説明について具体的にどのように取り組んでいくのか。

⑷六ヶ所再処理工場に係る取り組みが建設主体から運営主体へ移行していくことについてどのような基本的考え方の下に対応していくのか。

について、確認を求めるべきである。」との追加報告があったことから、私としては、本日、これらの事項について日本原燃株式会社兒島社長に確認したところです。社長からは真摯に誠意を持って取り組んでいくとの回答がございました。

また、原子力安全・保安院井田審議官に対し、ウラン試験に関連する原子力安全・保安院の対応について、改めて確認するとともに、

○今後予定されている六ヶ所再処理工場におけるウラン試験について、県民の安全と安心が確保されるよう、国において、現地における試験状況のきめ細かな監視指導も含め、万全の安全規制と適時適切な対外説明を行うこと

○日本原燃株式会社の品質保証体制が効果的に機能するよう、その運用状況について、引き続き「六ヶ所再処理施設総点検に関する検討会」の検討も踏まえながら、適切にフォローアップしていくこと

○原子力安全・保安院長には、速やかに現地に来て、現地職員を督励してほしいこと。

について要請をいたしました。

これについて、井田審議官から、知事の要請に

誠意をもって対応する旨回答がありました。

さらに、六ヶ所村長に対し、安全協定書案の申し入れを確認したところ、村長からは、安全確保を第一義に地域振興に寄与することを前提に、全員協議会、住民説明会、庁議などを開催して総合判断した結果、申し入れについては了とする旨発言がありました。

このように、県としては慎重の上にも慎重に手順を踏んで参り、三役・関係部局長会議を開催して協議した結果、

○関係各位からいただいた御意見等を総括すると、先に公表した安全協定書素案、細則素案をもって安全協定を締結することについて、大筋として了とする方向にあること

などについて確認するとともに、核燃料サイクル協議会における国等からの回答、原子力施設安全検証室からの報告、日本原燃株式会社社長に対する確認結果、原子力安全・保安院井田審議官に対する確認結果、六ヶ所村長の意向等を勘案すると、安全協定を締結することは適当との意見の一致を見たところです。

私としては、これまでいただいた御意見や確認結果等を踏まえながら、手堅く、慎重の上にも慎重を期して参りましたが、これらを踏まえ総合判断した結果、安全協定を締結することは適当との判断に至り、先に公表いたしました協定書案、細則案について、日本原燃株式会社兒島社長に提示し、協定締結を申入れることといたしました。また、ウラン試験に係る安全協定書案、細則案においてより強化した部分等について、ウラン濃縮工場、低レベル放射性廃棄物埋設センター、高レベル放射性廃棄物貯蔵管理センターに係る安全協定書、細則にも盛り込むため、これらの安全協定書、細則の一部を変更する覚書案の締結を併せて申し入れることとしております。

さて、原子力は国のエネルギー政策上重要な位置付けにあるものですが、その推進に当たり、安全確保が大前提であることは言うまでもございません。

原子力施設に関する安全を確保するためには、第一義的には事業者が責任をもって取り組むとともに、法令に基づいて一元的に安全規制を行っている国がその役割を果たしていくことが基本であり、国及び事業者においては、これまでの一連の問題を踏まえ、一層の責任と使命感を持って安全確保の徹底を図るとともに、国民の理解を得るために説明責任を果たしていくべきであると考えています。

一方、県としては、県民の安全と安心を確保するという立場から、これまでも原子力施設について、立地村とともに事業者と安全協定を締結して、環境の監視を行うとともに、施設への立入調査を実施するなど、安全確保を第一義に取り組んできているところであり、今後ともこの姿勢を堅持し、県民の安全と安心に重点を置いた対応をすべく、安全確保を第一義に慎重かつ総合的に対処して参ります。

以上であります。ご質問がおありでしたらお受けいたします。

○記者

今ご説明の中に、国、事業者に対して、事業推進に向けてという意味だと思うんですが、国民の理解を得るために説明責任を果たしていくべきだというお考えを示されたのですが、立地協力している県として、主体的にそこをどういう形で判断して、安全協定を申し入れされる判断をされたのかお伺いさせていただきたいと思います。

○知事

大変恐縮ですけれども、縷々説明するために、これだけの時間をちょうだいし、まさにこれまでの経緯等を踏まえ説明申し上げたわけでございます。大変恐縮ですけれども、それであればもう一度読めということは、さすがにこれは、資料お配りしましたので、恐縮ですが参考としてください。

○記者

すいません。お聞きさせていただいた一連の手続の中で、県議会等、各機関の意見としてはレクされたのですが、県としてそれを、この表現では、総合的に判断されたという表現になっているのですけれども、具体的にどういう判断に至ったのかという主旨の質問なんですけれども。

○知事

大変私が記者の質問に対してご意見を申し上げるのはなんですけれども、議会であるとか、肝心なところを全部また読めということですか。

○記者

議会等の判断は分かるのですけれども。

○知事

議会あり、協議会あり、市町村長会議あり、また各機関含めてのやりとりあり、サイクル協議会

あり、そういったものを様々様々重ねてきて、私どもとしての総合判断に至ったということを、全体の中で極々申し上げたというふうに御理解をいただきたいと思います。

○記者

三村知事が今回、申し入れに至るに当たって、最も大切にして、最も重要視した判断の材料というのはどういうところなのでしょうか。

○知事

安全協定という言葉が示すとおり、ウラン試験に係る安全協定の締結に当たっては、私としては、150万県民の安全ということが、最も大切であると考えております。そのような観点から、品質保証の外部監査機関により事業者の体制をチェックさせ、その結果を公表するということが緊張感を持って事業を推進する上で大きな効果を発揮するものと期待し、日本原燃株式会社に対して、「常設の第三者外部監査機関の設置」を要請したところであり、既に、外部監査機関による監査及びその結果の公表が行われております。

また、これは今回のことですけれども、美浜発電所の事故などを踏まえ、先日の核燃料サイクル協議会において、藤電気事業連合会会長に対しまして、電気事業者の行う品質保証活動について、第三者機関を設けて、定期的にチェックを行い、その結果を国民に公表することを求めたところであります。

藤会長からは、電気事業者から独立性を持った体制を構築し、電気事業者の品質保証活動について、外部の専門家や専門技術者による厳正な評価を行い、その結果や勧告の内容を公表するような体制を早期に構築するよう取り組んで参りたいとの決意表明がなされました。

このことは、電気事業連合会として、私どもからの要請を真摯に受け止め、原子力産業全体として品質保証体制を再構築するとの強い決意の現れであり、評価したいと思っております。

さらに、本日、原子力安全・保安院に対して、日本原燃株式会社の品質保証体制が効果的に機能するよう、その運用状況について、引き続き「六ヶ所再処理施設総点検に関する検討会」の検討も踏まえながら、適切にフォローアップしていくことを求めました。つまり安全ということを確立していくために、それぞれの方面に対しての品質保証ということについて、徹底して求めていくという姿勢を示してきたということでございます。繰り返しになりますけれども、まさに安全協定ということでありますから、150万県民の安全を図るための方策、方向等について最大に配慮する方策を講じたということであります。

○記者

三村知事にとっては、重く難しい決断だったとお考えでしょうか。

○知事

常にこの原子力政策に係る判断については、第一義的にはご存じのとおり事業者、国においてその方向性等が明示され、その責任において進められるものでありますが、まさにこの安全協定等、地域、地元において締結等決断することは、常に重い責任であると私自身としては自覚しております。

○記者

今回総合判断されるに当って、新計画の策定会議の中間報告というのがだいぶ大きい判断される上のファクターだったかと思いますが、その結論が第二再処理工場については、結論出ていない、あるいは高レベルの廃棄物の最終処分地についてもまだ未定であるということだったんですけれども、そういう中で再処理は路線は維持するということでしたが、その中間報告の結果について判断される上で物足りなさというものはお感じにならなかったでしょうか。その理由もお聞かせいただければと思うのですが。

○知事

要するに中間報告というものについて、判断の材料となったかということが第一点ですね、高レベル等についてまだ、要するに搬出場所等がはっきりしていないのではないかというご質問の2点ですね。

○記者

ですからそれについて物足りなさを感じなかったということなんですが。

○知事

私は先程から申し上げておりますとおり、私のみならず、これまで知事において節目節目においての確認ということが行われてきました。今回高レベルの部分について申し上げるのであれば、確かに現状においての部分、国からの報告として、要するに本県を最終処分地にしないということについての確約といいましょうか、現内閣においてもそれはきちんと引き継がれているということがあったことは大きいと思っていますし、また、国としてそれぞれ大臣からの答えとして、高レベル放射性廃棄物の最終処分について、我が国の核燃料サイクル政策を進める上で極めて重要な課題であるとの認識があるとの言葉があり、平成12年に「特定放射性廃棄物の最終処分に関する法律」を策定し、国と関係者一体となって最終処分事業を進めているところですが、いわゆる概要調査地区の選定に至っていない状況を踏まえて、私どもとすれば非常に強く要請をした訳ですけれども、国からは早期選定に向けて、強力に取り組むという言葉をいただきました。これまで以上の強い言葉をいただいたと思っていますし、その言葉において最初の約束共々、当事業がきちんと履行されるということを感じております。

○記者

これでウラン試験に係る安全協定の判断がされたわけですけれども、本県においては原子力施設について、むつ市の中間貯蔵施設ですとか、六ヶ所村のＭＯＸ工場の立地協力要請がきているかと思います。県として次にどういったことを検討されていくのか教えてください。

○知事

現状は私どもこの後、日本原燃さんに対して、六ヶ所村長さん共々、もう投げ込み等しているのですけれども、申し入れをします。向こうからの返事があって、締結するという段取りがあると思います。したがってこれまで、ウラン試験に係わるところの安全協定の締結というところの判断を優先してきましたので、その後につきましては、また、今後ということになると思います。要するに調印に至っておりませんので。

○記者

知事はですね、最終判断に至るまでの経緯の間で国や事業者に対して、県民の不安や不信は払拭されていないんだということを常々訴えておられました。今回の最終判断に至った判断の中で、それは払拭しつつあるという認識ですか、それともまだまだという認識ですか。

○知事

先程の総合的なペーパーの中で申し上げましたけれども、であるからこそ、国及び事業者、そしてまた私どもについても、それぞれの立場において説明していく、また、安全ということを積み重ねていくということが必要だと私は思います。

前と同じような話をして恐縮ですけれでも、久保寺先生が話しておりました、要するに大半の方々に安心という思いを抱いていただくには、やはり安全に操業していく、安全を積み重ねていくことが大事であるという言葉を私たちいただいたことがあります。まさに安全と安心、私ども食糧の場合でも青森県の安全・安心の食糧作りとかそういう話を申し上げているのですけれども、確かに同列では並べられない言葉であるとも思います。安全という言葉は先生の言葉で言うと、確立統計論に基づいて語られる技術論、しかし技術面の安全というものには裏付けがあるけれども、安心にはそういうことがないんだと、お互いに安全ということに対する、実際に安全を積み重ねていくということが安心に至る道なんだと、一人一人安心ということについては価値感が違う部分がある、だからこそ、安全操業に至る道筋というものを厳しく厳しく求めていくことが重要であると思いますし、国及び事業者については、これまでのあらゆるいろいろな出来事の反省にきちんと立って、そういった道筋を歩んでいただきたいと思います。であればこそ、本来私どもが第三者機関ということを原燃に対しても、あるいはもうひとつの観点の電気事業者それぞれに対してでも、申し上げてそれを形づくり、いわば監査していただくという形は、本来私どもが申し上げなすべきこととしては、非常に私どもの権限より大きい問題なのかもしれませんけれども、しかしながら、それでもそういった第三者機関を用いてまででも安全を積み重ねていくための仕組みを作るということを提案し続けなければいけなかったということを大いに国及び事業者に自らを省みていただきたいという思いがあります。

○記者

すいません、もう一点だけよろしいですか。今日改めて国と事業者について確認されましたけれども、その内容に関しては、これまでの経緯の中で全く触れていなかったものではないのかと思うのですが、それを改めて今日確認されたのかということなんですけれども。

○知事

触れていたとは思えないものもあるわけですから、それぞれについて再確認ということ。私どもも常に新しい観点からこの安全、したがってその先にある安心の確立のために努力していくという思いで今日、両者に対応いたしました。

ありがとうございました。

以上

[出典：青森県資料]
http://www.pref.aomori.lg.jp/message/kaiken/kaiken20041118r.html

Ⅲ－1－2－7
六ヶ所再処理施設におけるアクティブ試験等に係る説明会議事録

（六ヶ所会場）

1．日時：平成18年2月25日（土）16：00～18：00
2．場所：六ヶ所村文化交流プラザスワニー　大ホール
3．参加者数：約160人
4．議事録（質疑応答時）

司会者

これまで説明したことについてご質問・ご意見のある方は挙手をお願いします。

質問者

資料1－1の7ページのところに、「放射線作業従事者の被ばくについては」と書いていて、「管理区域における線量当量率」というふうに書いています。私が以前聞いたときに、再処理工場で働いている従業員の方々が、5年間で100ミリシーベルトを超えないように、そして、1年間では50ミリシーベルトを超えないようにというふうに聞いていましたけれども、それで間違いないのかという確認と、それに関連して、資料1－2の10ページの左下のほうに書いている図がありますけれども、この2.4、1.0、0.022ミリシーベルトという中に、一般公衆の線量限度1ミリシーベルトというのがあります。一般の方は1ミリシーベルトを超えないようにするということですけれども、従業員の方は1ミリシーベルトを超えてもいいというのは、同じ人間として差をつけるのはよくないのではないかというのが1点です。

この0.022ミリシーベルトというのも、大人を対象に試算した値だと思いますけれども、イギリス、フランスで小児がんとか白血病が多いというのは、例えば、胎児なんかは体重が少ないわけですから、そういった部分では、影響を受けやすい子供の場合はどうなのだろうかという心配がまず一つあるのと、例えば防災計画でも、同じ人間でありながら、私みたいに六ヶ所村民ではない人は防災訓練も受けられないし、対象にはなっていないわけですけれども、今避難が必要な原子力事故が起これば、私は取り残されて、六ヶ所村民の訓練を受けた方だけがぱっと避難するというのも、これもどうかと思うので、そういったところで、人によって基準に差があるというのはどうかということに対して回答していただきたいのですが。

回答者（日本原燃(株)）

最初に、線量の限度について、一般公衆が1ミリシーベルトであるのに、従事者については1年間に50ミリシーベルト、5年間で100ミリシーベルトという基準が2つあるようで、差があっておかしいのではないかというお尋ねが1点でございます。

これについては、従事者の方の基準は5年間で100ミリシーベルト、ただし1年間では、50ミリシーベルトを超えないという基準があります。従事者になるためには、健康診断を受け、線量の管理を行い、放射線のある場所で働く条件をきちんとコントロールされて、放射線を受ける場で働くという形になっています。健康診断もきちんと定期的に行い、その人の状態が管理される方たちです。

一般公衆の方たちは、そういった健康診断とか、年齢とか、性別とか、妊娠している方ですとか、そういうことを管理することができなくて、自由に動くわけでございます。そういう方たちは、従事者のように5年間で100ミリシーベルトも浴びるということは、リスクの上からは好ましくないということで、1年間1ミリシーベルトとなっています。この値は、子供、女性、男性、すべてにわたって統一です。

したがって、0.022ミリシーベルトという六ヶ所再処理工場から放出する放射性物質による評価結果は、年齢に関係なく、1ミリシーベルトの基準を十分に下回っているもので、安全であるというふうに考えております。

なお、年齢別に評価というものを一部やってい

ますが、結果的には0.022ミリシーベルトの値にほとんど違いはございません。

回答者（青森県）

原子力防災に関する話です。青森県における原子燃料サイクル施設に係る防災範囲については、国が防災指針の中で示している目安、再処理施設で半径約5キロメートル、これを参考に、地元の産業事情、交通事情及び災害応急対策の実効性を総合的に勘案しまして、県の防災会議におきまして、六ヶ所村全域としたものでございます。

なお、再処理施設から半径5キロメートルの範囲と申しますと、六ヶ所村の行政区域の中におさまるものでして、他の市町村に及ぶものではございません。

ちなみに、この防災指針に示されております防災範囲の目安は、原子力施設において十分な安全対策がなされているにもかかわらず、あえて技術的に起こり得ないような事態までを仮定して、原子力事業所の種類ごとの評価を行い、十分な余裕を持って原子力施設からの距離を定めたものとなっていると承知しています。

質問者

先ほど安全協定書を説明されました3条のところで、住民との情報共有というふうに書いていますけれども、情報を共有する前に、やはり日本語を共有するべきだと思うのです。

いつもですけれども、こちらが質問しているのと関係のない回答をするのです。具体的に私が言ったのは、その説明は前にも聞いていますけれども、例えば、今この状況で県外から来ている方もいます。そうすると、防災訓練を受けていない方はここに取り残されていいのかという話になったときに、それについてはどうなのですかということです。

回答者（青森県）

基本的には、地域住民の安全を守るという観点から、防災対策というものはなされています。ただし、たまたまこの地に滞在した者についてどうするかということについては、連絡をきちんと取って、その場で誘導するということになっています。

質問者

たまたま今日は人がいるところにいますけれども、車でだれもいないところに行ったら。

司会者

司会の了解を得てから発言してください。よろしいですか。

質問者

聞いていることにちゃんと答えていないので。たまたま今日こういうふうに六ヶ所村民の方といればついて行けますけれども、何も知らないで車でどこかにひとりでいる場合、どういうふうに連絡受けるかも、その人は知らないですよね。

回答者（青森県）

先ほど申しましたように、防災範囲の目安というものがございまして、これは六ヶ所村内にとどまるというお話で、六ヶ所村を防災範囲ということにしていまして、六ヶ所村の隣接もひっくるめまして、そういうところについては、六ヶ所再処理工場から十分離れていますので、原子力防災訓練に参加していただくことは考えてございません。

ただし、一時的に滞在した方には、先ほど申し上げたような形で対応することになっています。

質問者

原子力安全・保安院と日本原燃に対し、推定年間放出量のことで、年間最大再処理量が800トンあるということで、気体廃棄物の中に示してあるヨウ素129、ヨウ素131について、この地域と青森県に放出される生物への影響と環境について、日本原燃の内容をしっかり連絡してください。

もう一点は、ヨウ素129、ヨウ素131について、同社に放射能測定器があるのかないのか、しっかり内容を示してください。

アクティブ試験に入ると、さらなる風評被害が考えられるが、現に十和田市農業者より報道され、問題の発生があるように、青森県にはより精度のよい放射能物質の測定が必要である。日本原燃と青森県は、ヨウ素131、ヨウ素129の測定器をまず導入してください。それが導入されないのであれば、放射能を測れないということになるので、そこを止めてください。

回答者（原子力安全・保安院）

再処理施設から発生する気体、液体の放射性廃棄物については、ヨウ素も含めた最大年間放出量が、年間最大再処理能力800トンウランから算出されています。それを踏まえて、周辺住民への被ばく経路、これは非常に重要ですので、被ばく経路に基づいて線量評価をした結果が0.022ミリシーベルトということです。

被ばく経路としては、放射性雲、プルームと呼んでいますが、プルームからの外部被ばく、地表沈着による外部被ばく、呼吸摂取による内部被ばく、さらには農畜産物摂取による内部被ばくというようなものを評価対象としています。

また、液体の放射性物質の方ですが、海水面、漁網、船体及び海中の作業からの外部被ばく、海産物の摂取による内部被ばくを評価しています。これらについては、原子力安全委員会の定めた指針に基づいて評価をしているところです。

なお、ご質問のありましたヨウ素について、どれだけの放出量かということを申し上げますと、気体の方ですが、ヨウ素129の方は1.1×1010ベクレル、ヨウ素131の方が1.7×1010ベクレル、それから、液体の方ですが、ヨウ素129は4.3×1010ベクレル、ヨウ素131は1.7×1011ベクレルです。

これらの放出量、それに先立ちます除染係数なども含めて技術的評価をした結果、最終的に人体への影響としては、評価値として、0.022ミリシーベルトと保安院としては評価させていただいているところです。

回答者（青森県）

先ほど、県の方で測れる体制になっているのかということですが、結論から申しますと、測れる体制になっています。私どもの原子力センターが平成15年にできています。そこの職員が現実にそれを測定している状況です。

回答者（日本原燃㈱）

風評被害についてのご質問がありましたので、お答えさせていただきます。

確かに、風評被害に遭ったということで損害賠償の請求があった、これは私どもにとっても極めて残念なことです。今後、請求に至った経緯であるとか、契約解除に至った理由といった事実関係を確認して、誠実に対応してまいりたいと考えております。

当社の事業に起因して、地元の皆様にご迷惑をおかけすることがないように、安全確保を第一に事業を進めていくことが最も重要です。また、県民、国民の皆様から、事業の理解がより一層得られるよう、正しい情報をわかりやすく、適時、的確に提供していくことも重要です。

このため、私どもの会社としては、各種の説明会、広報紙、あるいは、新聞、テレビ、ホームページなどを通じて、また、全国レベルという意味では、電気事業連合会であるとか、全国の電力会社の協力をいただきながら広報活動を実施してきており、今後ともこれらの活動に努めてまいる所存です。

質問者

今の回答ですけれども、計測器というか、加速器というのは、原燃と青森県にあるのかないのか。23日に原子力センターから聞いたところ、ゲルマニウムで測っているということは聞いたのです。ところが、日本原子力研究開発機構から僕が直接聞いたところ、この加速器というのは我が国にたった2台しかなくて、東京大学とむつの事業所にしかないのです。ですから、測れないのです。

そういういい加減なことでは困るのよ。測れないものをこんなのに書いて、どういうことなんだ。説明責任を果たしてくれよ。機械を購入してから、試験の中止までした上で、導入してからやってくれ。そんないい加減なことで、ここに住んでいる人は、とんでもない話だよ。我が国どころか、世界に及ぼす影響なのです。まず測定器があるのかないのか示してくれ。

司会者

お待ちください。今お答えしますから。

質問者

ゲルマニウムで測っていると聞いたんですよ。ところが、日本原子力研究開発機構は加速器で測っているわけ。そして同時に、先ほど言ったように、日本原子力研究開発機構では、このことしか測れないものがあるわけ。そこで何で測ってないんだよ。ふざけたこと言っちゃ困るよ。

回答者（青森県）

ヨウ素131については、ゲルマニウム半導体検出器により測定している。ヨウ素129については、放射化学分析により測定しているというふうに聞いています。

質問者

精度の悪い測定器で測っても、意味なさないわけ。精度のいいものを導入した上で出さない限り、あなた方適当にやっているという話じゃないの。

回答者（青森県）

いい加減にやっているというお話は、私どもはそういうふうには考えていません。

質問者

加速器があるのかないのか。ないんだろう。

回答者（青森県）

先ほど申し述べたような形でやっております。

回答者（日本原燃㈱）

青い資料（資料1－2）の10ページ目をご覧ください。ただ今のヨウ素に関わるお尋ねですが、10ページの右下に、ヨウ素は大気と海洋と両方から放出されますけれども、大気の方は十分拡散されて、線量への影響というのはその他の中にくくられてしまって、非常に小さなものになってしまうのです。

海洋の方に放出されるものについては、非常に小さな値ですけれども、ヨウ素129が0.00032ミリシーベルト、ヨウ素131が0.00039ミリシーベルトと、極めて影響の小さなものです。1年間かかっての値なのです。それで、今ご指摘された、むつの研究所にある測定器といいますのは、極めて精度が高く測れる特別な装置です。日本に2台しかない種類と言ったのも、そのとおりです。

我々は、環境への影響、人体への影響を評価する上で、現在やっている我々の測定精度をもって足りると思っておりますけれども、研究機関は、世の中の物質を解明するという、非常に高精度の自然界の挙動を追いかけようというような目的でいろいろな測定調査をやっているわけでして、人への影響ということだけではなくて、物質循環という目的で、非常に微量な測定を求めている部分があります。それぞれ用途が違って、違う測定方法が用いられているというふうにご理解ください。

確かに、むつで測定される高精度のものというのは、私どもの機関にもありませんし、青森県の原子力センターでも持ってはいませんけれども、人への影響を評価するに必要なレベルのものについては、用意して測定しているというふうにご理解いただければと思います。

質問者

1つは、原燃に聞きたいのですけれども、今日渡された「アクティブ試験時に発生が予想されるトラブル等とその対応について」ということで、15件ばかり具体例として挙げております。この中を見てみましたけれども、A情報というのはこの資料には一件も載っておりません。あえてA情報というものを載せなかったのか、アクティブ試験時においては、A情報となるものが発生しないということではないと思うのです。

原子力政策懇話会を傍聴へ行ったとき、このくらい厚い資料をいただいてきたのですけれども、この中には12、3件くらいのA情報というのが書かれています。その点について具体的に説明してもらいたいと思います。

それから、内閣府の方で、国際原子力委員会から保障措置がされているということですけれども、旧動燃の関係の東海再処理工場では、操業開始から2004年までの間に、1,089トンの使用済核燃料が再処理されて、約7トンのプルトニウムを回収したそうですけれども、2003年度の時点においての有意量をはるかに超える59キログラムの受払間の差異があったとあります。

具体的に、東海再処理工場より、六ヶ所の場合は約10倍近くの再処理能力があると思われます。そういう問題点について、例えば、プルトニウムが8キロで1個の爆弾ができますよ、約20％の濃縮されたウランでありますと、25キロで爆弾ができますというのがいろいろな書物に書かれております。このような問題について明らかにしないで、六ヶ所の再処理工場を操業するということに大きな問題点があろうかと思いますけれども、その点について具体的に知らせてもらいたいと思います。

それから、3点目として、一昨日の新聞ですが、確かに六ヶ所の全員協議会が開かれていたと思うのです。その後、だれが言ったかわかりませんけれども、マスコミ報道によれば、3月の下旬あたりに安全協定を締結すると。そうすれば、なぜこのような説明会を開催したり、さらには、各地で、県だとか、国だとか、原燃が主催をしていろいろな対話をしている最中に、3月下旬に安全協定が締結される、そういうことが報道されるようなことであれば、極めて我々が一生懸命に議論したって、何もならない。ただ先に結論があって、アリバイ的に県民との対話をしているということが言えると思いますけれども、その部分についてもはっきりとご説明を願いたいと思います。

回答者（日本原燃㈱）

1点目のA情報についてのお話を回答させていただきます。

今、資料1－3をご覧になったかと思います。この中にはございませんけれども、資料の1－2の最後のページをご覧いただけますでしょうか。最後のページに、トラブル等の連絡・公表の基本的な考え方の中に、A情報のひとつとして傷口汚染がございます。それから、A情報の一例として、放射性液体の100リットル以上の漏えい、こういう例を挙げております。

今日お手元に配らせていただいた抜粋版には、こういうものが載っていませんでしたけれども、全体のトラブル事例集はホームページで公表したり、六ヶ所村ではリーブにおいてトラブル事例集を公開させていただいています。この中には、今、例示として挙げました傷口汚染のような、いわゆる体内に不幸にも放射性物質が入った場合、これはA情報になりますので、そういった事例を挙げたりして、A情報も幾つか載せています。

回答者（内閣府）

保障措置関係についてご説明申し上げます。旧動燃の再処理工場におきまして、受払の差異があったということ、それから、六ヶ所の再処理工場は、東海と比べれば処理量が10倍ぐらいあるということ、そして、大型の再処理施設でプルトニウムを分離するという中にあって、爆弾を造るために8キロもあればいいのに、それが十分管理できるのか、おおむねこのようなことだというふうに受けとめさせていただきました。

東海再処理工場におきます受払間の数値については、直ちにわかりませんが、おおむね1,000トン強の使用済燃料を再処理し、そして、プルトニウムを回収してきたということは事実です。その中で、どのようにして計量を行っていくかということを研究開発の場として行ってきたわけです。

そして、六ヶ所再処理工場におきます再処理に関する保障措置については、まさに核兵器への転用が絶対になされないように、日本だけではなくて、ＩＡＥＡ、アメリカ、フランス、ドイツ等、多くの国が入って、こうした大型再処理施設についてどのように保障措置を適用すれば、核兵器への転用がなされないように、また、それを正確に計量管理ができるかということを技術開発も含めて行ってきたわけです。

そして、ＩＡＥＡから初めて大型再処理工場に対する保障措置の適用対象として、六ヶ所再処理工場が2004年に国際的に合意されたものです。

もちろんその中にあって、常に今後も査察を含めて、設計だけで対応するのではなく、国及びＩＡＥＡの査察官が常時六ヶ所再処理工場の中に常駐し、単に計量管理をするだけではなく、追加的な保障措置手段と呼ばれますが、ニアリアルタイム計量管理技術、あるいは、ソリューションモニタリング等、技術的な細かい言葉になりますが、プルトニウムが入った溶液が入っている液のレベルであるとか、密度であるとか、こういったものを連続的にモニターして、申告者、これは日本原燃になりますが、申告者が言ったとおりになっているかということを追加的な手段を適用して確認します。

したがいまして、計量管理に加えて、こうした措置を伴って、ＩＡＥＡ及び国の方で保障措置を厳格に適用しているところです。

回答者（青森県副知事）

安全協定締結について、3月下旬ではないかということですが、先般、アクティブ試験に係る国の判断がなされたわけでして、その結果が知事に報告されました。また、六ヶ所村長にも報告されました。それを受けて、県民を代表する県議会にまずご説明し、県議会全員協議会を開催したところです。先日、原子力政策懇話会、市町村長会議等々にもご意見を賜っているわけです。これから2月定例会においても、県議会議員からいろいろな質問がなされ、議論されていくものと承知しています。

そして、3月4日には、各団体のご意見を賜るということで、これは北村知事が昭和59年に核燃サイクル施設の六ヶ所立地に同意する際に、経緯として各団体の意見を聞いたということも踏まえて、反対派の団体の意見をも含めて、3月4日にご意見を賜ることになっているわけです。

私どもはこれまで、さまざまな手順を慎重に踏んでいます。もちろん賛成の意見もありますし、反対の意見もあるわけです。そういうものを慎重に判断しながら、最終的な判断に向かっていくということでして、スケジュールありきで進めているものではございません。そういうことをご理解願いたいと思います。

この県民説明会においても、さまざまなご意見を賜って、判断材料の参考にしていくということですので、ご理解いただきたいと思います。

司会者

この会場の時間は6時までとなっています。3月上旬に、青森市で全県を対象に改めて県民説明会を開催することとしていますので、残った質問については、その場で質問していただければと考えています。この場で改めて質問したいという方おりましたら、お願いします。

質問者

まず第1点目ですけれども、2月20日の溶液の漏えい、これはなぜ起きたのか。品質保証体制の向上ということと、これはどういうふうに説明されるのかお聞きします。

第2点、電事連の資料にありましたけれども、六ヶ所再処理工場回収プルトニウム利用計画、平成18年度と書いてあります。この中で、17年度分のプルトニウム量が、小計では0.1となっていますね。これはなぜでしょうか。まだ何もされていないはずです。17年度というと、あと1ヶ月しかない。これはどういうことなのかということをお聞きしたい。あと、18年度も1.5トンというふうになっています。これもまだ、計画としてあるのでしょうけれども、いつから始まるのかということがないまま、なぜこういうふうな数字になるのか。

あとは、横の方に、大間原子力発電所の利用量が1.1トンとなっています。大間は、今申請中ということを聞いております。申請中の原発がなぜプルトニウムの計画に入ってくるのか、これもあわせてお聞きします。

もう一つ、高レベル廃棄物の最終処分場の問題です。再処理工場が動き出すと、年間ガラス固化体が約1,000本出てくると聞いています。ところが、今あるガラス固化体の最終処分地もまだ決まっていない。最近、NUMOの広告というのが出たそうですけれども、その広告によると、平成10年代後半までに最終処分地の概要地は決まるというふうに書いてあったそうです。これについて、現実的に一体どうなっているのか、これは本当にごまかした広告ではないのかということをお聞きしたいと思います。

回答者（日本原燃(株)）

最初の低レベル濃縮廃液の漏えいについてお答えしたいと思います。

低レベル濃縮廃液の受槽を収納する部屋の中で起きたわけですが、起きた原因は、低レベル濃縮廃液、アルカリ性だったのですが、これを中和する作業をしていました。その中で、硝酸を入れて攪拌した際に、短時間で二酸化炭素が生成されて、液が上昇し、受槽の上部のマンホールから漏れたものです。

この対策としては、今まで何度もやっていたのですが、誰がやっても同じような作業内容となるようには手順が明確に書かれていなかったということで、攪拌を行いながら、数回に分割して少量ずつ試薬を投入するように手順を見直しました。

トラブルの発生というのは非常に遺憾なことですが、発生後の対応については、定められたルールに則り的確にできたものと考えています。しかしながら、品質保証、これの原則の一つに継続的改善というものがあります。ゴールはなく、さらに改善を継続していかなければならないと考えています。

その意味で、今後ともトラブルが発生したとしても、的確に対応できるよう改善を行い、県民の皆様に安心していただけるよう取り組んでいきたいと思っております。

回答者（電気事業連合会）

先ほどのご質問で、17年度、18年度、それぞれ0.1トン、1.5トンというふうにプルトニウムの予想量があるけれども、これは計画であって、実際にやっていないのではないか、そのとおりでございます。

まさに17年度これから一月、それと18年度ということで、今、再処理計画を作っている日本原燃の情報をもとに評価すると、こういう数字で上がってくるという予想値でございます。これは冒頭のご説明の中に、予想割当プルトニウム量という形でご説明したと思っております。

それと、申請中の大間原子力発電所の1.1トンが入っているのはなぜかということですが、これも、17年度、18年度で回収されるプルトニウムが対象の一部ですけれども、年平均各電力会社がどのぐらい使うか。

もちろん、これを使う時期は、説明にも申し上げましたけれども、六ヶ所村のMOX燃料加工工場が操業を開始する予定であります、平成24年度以降に使うであろうというところで評価していますので、平成24年度以降には大間発電所の方も、年間平均目安値として1.1トンを使うであろうという予想のもとに、この表を作っています。

回答者（資源エネルギー庁）

高レベル放射性廃棄物については、NUMO（原子力発電環境整備機構）という組織がありまして、先ほどご質問された方もお話しされていましたが、高レベル放射性廃棄物を処分する事業体として、法律に基づいて設立されているところでございますが、そこから今日は来ておりませんので、資源エネルギー庁からお答えしたいと思います。

ＮＵＭＯは、高レベル放射性廃棄物の最終処分を、平成40年代後半を目標として開始しようということで、事業を進めることになっています。そのためには、どこでそういう事業を行うかという処分地の選定を行う必要があるわけでして、平成40年度後半に処分を開始するためには、30年代の後半に決定しなければならないのではないか。こういう計画で進めていまして、ここに至るまでにさまざまな段階を設定して、幾つかの候補地をあらかじめ設けた上で、詳しい調査をする。その前には、文献などの資料によって調査をする。このようなステップを経た上で処分地を決める、そういうスケジュールにしてございます。

ＮＵＭＯの計画によると、先ほど紹介があったように、最初の段階、すなわち、候補地をいろいろと文献等によって調査する、これを概要調査と言っておりますが、この地区の選定を平成10年代の後半を目標としてやっていこう。平成10年代後半ごろというふうに言っていると思いますけれども、それを厳密に平成10年代の後半というと、平成19年、すなわち来年だというお話かと思います。

私どもも含めて、この目標をＮＵＭＯが定めているということで、ご紹介のあった新聞広告というのも、そういう目標時期がだんだん迫ってきているということもあって、広報活動あるいは理解促進活動に力を入れている一環でございます。

来年だという感じとお考えなのかもしれませんが、ただ今この時点は平成18年2月ということですし、年度でいえば平成17年度ということです。年度でいえばあと2年ぐらいの時間がある。その中で理解促進活動を進めていって。

申し遅れましたけれども、候補地を決めるというプロセスは、ＮＵＭＯが勝手に決めるということではなくて、処分候補地を募集しているということで、たくさんの自治体から応募していただきたい、こういうことで進めているわけでして、残された期間の間で一生懸命努力をして、一つでも多くの自治体からの応募をいただければということで進めているところです。

残念ながら、まだ応募している自治体がない状況ですけれども、ＮＵＭＯから聞いたところによると、幾つかの自治体から問い合わせを受けているという話もありますし、先ほど申し上げたような理解促進活動を続けていくことによって、また、国としても、各地でシンポジウムを開くことによって、より多くの自治体から応募していただけるように努力してまいりたいと思っているところです。

司会者

もう6時に近くなりましたので、最後の1人にしたいと思います。岩手県の方は、その後終わってから5分間だけ質問できます。

質問者

六ヶ所生まれで酪農、畜産をやっております。先ほど風評被害の話が出たので、それについて私の意見を申し上げたいと思います。

その前に、こういった施設ができると、賛成、反対あって当たり前です。賛成は賛成、反対は反対の意見、これは当然だと思います。また、今日聞いている範囲では、非常に反対の方にも丁重に答えている、この姿勢は国、県、関係者を評価したいと思います。

その中で、私は六ヶ所に生まれて57年になります。開拓二世ですけれども、酪農を始めて43年、六ヶ所村には今、7,000頭以上の牛がおります。私の牧場にも1,800頭の牛がおります。そして、乳製品、チーズを作っているのが現状です。

何を言いたいかというと、いまだかつて、この施設が来たことによって、六ヶ所村の乳製品、牛乳、野菜、魚が売れなくなった事実は一度もないのです。しかしながら、今のアクティブ試験にまだ入っていない、また、事故も起きていない、こういう状況の中で、あたかもそれが原因で売れなくなった、風評被害だと言うこと自体が、私から言わせれば風評被害なのです。ありもしないことをあったように言う、これは何でしょう。風説の流布に当たるのではないですか。そして、今の言い方を見ていますと、意図的に、再処理工場の操業を遅らせるために風評被害だと騒いでいるように思います。

また、訴えている方の話を聞きますと、わざわざ、私は米を作っています、再処理工場から40キロぐらい離れている、危険なものだ、放射能が出ます、そういうところで作っている米でもあなたは買いますかというふうなアンケートを出したと聞いています。

そうやって、事実でないものを、あたかも事実のようにしている。何回も、何回もやっています。これはどんなものでしょう。言っている方も、代表の方も農業者だと思います。同じ農業者なのです。やってないこと、起きてないことを起きたように言うこと自体、大変な問題だと思います。

私は、六ヶ所の村民、そして、農業者として、このやっている事実は、容認することはできません。もし、再処理工場、問題も起きません、事故も起きません、何も出ません、その中でも、現在風評被害認定委員会に届けていますけれども、これらのことが原因で六ヶ所村の農産物に影響が出るならば、この行動を取っている人に私は責任があると思います。ここのところをよく考えていただきたい。

賛成、反対、あってしかるべきです。しかしながら、ありもしないこと、起きてもいないことをあたかも起きたような形で言うこと自体、我々六ヶ所村民としては、絶対に許せない。この事実は重いものだと思います。

これからいろいろな意見が出るでしょう、いろいろな説明会があるでしょう、しかしながら、わかっていただきたいのは、いまだかつて六ヶ所村は風評被害で農産物が売れなくなった事実は全くないのです。これからも私どもは、牛を飼い、牛乳を絞り、乳製品を作り、野菜を作って、ここで一次産業を永遠と営んでいます。私も開拓二世です。六ヶ所に生まれて、六ヶ所に住んで、これからも六ヶ所で皆と一緒になってやっていきたい、そういうふうに思っています。

関係者の方々は大変だと思います。しかしながら、事実でないものに対しては、毅然とした態度で臨んでいただきたい。しかしながら、反対意見に対しては十分説明をしていただきたい。そして、皆さん納得する状況で進めていただきたい。

もう一度言います。日本原燃さん、関係の方々、事実に関しては十分な対応をしていただきたいけれども、事実でないものに関しては、毅然とした態度でこれからも事業を進めていただきたい。

以上、六ヶ所村の一農家としての意見です。終わります。

司会者

貴重な意見として受けとめておきます。最後に、岩手県の方から質問いただきたいと思います。

質問者

僕の質問は単純明快です。この前、盛岡市にイギリスのセラフィールドの問題に詳しい方が来て、こういうことを言ったのです。イタリアでも再処理工場の計画があったのですけれども、そこに反対派が、イギリスのセラフィールドの近海でとれた魚で作ったピザを送って、食べてくださいと言ったところ、だれ一人食べなかったと。そういうことが起こって、それでイタリアは再処理工場を断念した。そういう話を聞いたのです。

ここにいらっしゃる皆さんに聞きたいのですけれども、単純明快に、仮に、アクティブ試験終了後、六ヶ所の近海でとれた魚を、僕が料理して皆さんに振る舞いますと言ったときに、ちゃんと食べていただけますか。そういうことなのですが。何人ぐらい食べていただけるか。お願いします。

回答者（日本原燃(株)）

まず、私は喜んでいただきます。それから、昨年イギリスの方が来てお話しをされたと今おっしゃいました。その方はどういう方かご存知でいらっしゃいますか。

質問者

わからない。

回答者（日本原燃(株)）

その方は、講演案内のビラによると、イギリスでＣＯＲＥ（コア）の会、カンブリア地方というところにイギリスの再処理工場がある、そのＣが頭のＣＯＲＥの会ということで、現地で環境保護活動をやられている団体の方です。

その環境保護活動をやっている団体は、セラフィールドの再処理工場から放出する放射性物質が環境にどういう影響を与えているかという評価をする、地域情報委員会というのがございます。そこでは、イギリスの再処理工場の会社での測定結果から、国の食糧庁の方の環境の食べ物の中の放射性物質の測定結果から、国の環境省の方の放射性物質の測定結果、そういった再処理工場周辺の放射線のデータを委員会の中にかけられまして、それによって食べる物等の評価を行って、周辺の人たちがどのくらいの放射線を受けているかという評価をします。

年に2回その委員会が開催されます。そこの委員会のメンバーとして、ＣＯＲＥの会というものが環境保護団体として加えられています。そこで評価をされている委員会の結果として、周辺の人たちが食べて、線量を受けた評価結果の値というのは、2003年の実績で0.21ミリシーベルトとなっています。これはホームページに載っています。

私どもは、それよりさらに10分の1低い0.022ミリシーベルトというのを目標にこれからアクティブ試験をきちんとやって、その後の段階に備えていきたいと思っております。来られた方は、イギリスの自分の国の、自分の生活しているところで行われている再処理工場の操業に対して、その委員会で合意を得られた数値を認められている方です。そこをぜひご理解ください。

司会者

それでは、閉会の時間がまいりました。以上をもちまして、本日の説明会を終了させていただきます。長時間にわたりどうもありがとうございました。

［出典：青森県資料］

Ⅲ－1－2－8　臨時会見／アクティブ試験に係る安全協定締結表明について

会見日時：平成18年3月28日（火）　18:45～19:50
会見場所：第三応接室
会見者　：三村知事

○知事

私は、青森県知事就任以来、原子力はもとより、風力、太陽光、バイオマスなど、再生可能エネルギーの利用や、それらを活用した、マイクログリッドの実証研究、さらには研究会を立ち上げました、水素燃料電池分野への取組みなど、エネルギー分野全般に深く係わって参りましたが、この中でも、原子力には批判的なご意見がつきものであります。

私は、県民の安全・安心第一という立場から、こうした意見に対しても、常に謙虚に耳を傾けて参りましたが、何故日本は、原子力を進めているのか等について、今一度ふり返って、この国の将来や、人類の将来を見据えた議論や、コンセンサスが必要なのではないかと感じております。私は20世紀はまさに、欲望の時代であったと思います。人間の欲しいままに資源やエネルギーが際限なく地球から搾取されてきた時代であります。その結果はどうであったでしょうか。地球は緑と水の惑星であり、大気、海洋と生物とが、40億年をかけて共に進化をして生み出されたものであり、微妙なバランスの上に成り立っております。しかし今や、そのバランスに影響を与えかねないほどの存在となっておりますのが、今日の人類であります。正月のNHKのテレビでも放送がございましたが、現に太平洋に目を転じてみただけでも母なる太平洋に抱かれた、ミクロネシアの国々からは、島が、国が消えかねないという悲痛な叫びが聞こえております。津波による影響、地球温暖化という、あるいは気象変動という世界レベルの危機が海水面を上昇させているのであります。私は、このうちの何センチかは、ひょっとすれば、私たち日本人の責任であるかもしれない、そのように恐れるものであります。

そしてそれは、海水面の上昇だけではございません。二酸化炭素などの温室効果ガスの増加による、温度上昇というものは異常気象をもたらし、世界中の人間と食糧、更に全ての生物に大きな影響を及ぼします。そしてその影響が、顕在化してから対策を実施しても、その効果が現れるのは、数十年かかるだろうと言われております。だからこそ私たちは、ただ単に日本のエネルギーの安定供給だけではなく、それぞれの立場で今、地球的視野に立った行動を起こさなければならないものと考えております。それぞれの分野が、それぞれの立場で今なし得ることを行わなければならないと考えております。私は、私ども青森県が独自に進めるものとして、先程も申し上げました、再生可能エネルギーの利用、風力、太陽光、バイオマス等によるマイクログリッドの実証研究や、水素燃料電池分野の取組み等について、強い意志を持って今後とも継続していきたいと、そう考えております。

こういった自身の思いというものを、この機会に申し上げた上で、お配りさせていただきました、要旨に入らさせていただきます。

平成16年12月21日に開始した、六ヶ所再処理施設のウラン試験については、本年1月22日、試験の最終段階である総合確認試験が終了したことから、日本原燃株式会社では、これらの結果等を取りまとめた「再処理施設ウラン試験報告書（その2)（総合確認試験)」を1月31日、原子力安全・保安院へ提出しました。

2月14日、原子力安全・保安院薦田審議官から私に対し、ウラン試験結果及び同社が昨年12月22日に提出した、「再処理施設アクティブ試験計画書（使用済燃料による総合試験)」の確認結果について、

再処理施設全体の閉じ込め機能等について使用前検査を行い確認したこと等により、ウラン試験は所期の目的を達成したものと考え、安全上、アクティブ試験への移行に支障はないものと判断する。

アクティブ試験計画については、試験運転段階の安全規制に関する核燃料サイクル安全小委員会報告に示された考え方を踏まえて確認した結果、臨界安全、閉じ込め、火災・爆発の防止等について、安全対策を講じることとしていることなどから、妥当との判断に至った。同社の品質保証体制については、原子力安全・保安院においても確実にフォローアップを行っていく。

県及び六ヶ所村の要請を踏まえ、今後とも、責任を持って同社に対し厳正な安全規制・指導を行うとともに、これらの状況について適時、県等に説明していく。

との報告がありました。

また、同日、アクティブ試験に向けた準備状況について、日本原燃株式会社兒島社長から私に対し、

ウラン試験計画書で計画していた試験はすべて終了し、アクティブ試験の開始に必要な安全機能を含め、確認すべき事項はすべて確認した。

国の指示に基づき、再処理工場等の設計等に関する点検を行い、この結果については、第18回再処理施設総点検に関する検討会において、「日本原燃株式会社の品質保証体制は、アクティブ試験に向けて実効性が期待できるものである。」との評価を得た。

日本原子力技術協会によるレビュー結果として、「自主保安活動は着実に実施されており、またこれまでに行ってきた各種試験の経験により、さらに向上しつつある。」また、アクティブ試験への取組体制に関して、「準備が着実に進められている。」との評価を得た。

アクティブ試験の実施に必要な安全機能を確認でき、安全に係る体制が整ったことから、アクティブ試験に係る保安規定を国に申請する。

アクティブ試験時に発生が予想されるトラブル等の事例集を公表するとともに、県民の理解を得るため、県内4地区で住民説明会を開催する。

との報告があったところです。

一方、原子力委員会が平成15年8月5日に決定した「我が国におけるプルトニウム利用の基本的な考え方について」において、電気事業者は、プルトニウムを分離する前にプルトニウム利用計画を公表することとされていることから、各電気事業者は、平成17年度と平成18年度に行われる六ヶ所再処理工場のアクティブ試験で回収されるプルトニウムの利用計画を本年1月6日に公表したところです。

その後、原子力委員会は、1月10日、計画を公表した各電気事業者及び同計画に関連する日本原燃株式会社からプルトニウム利用計画についてヒアリングを実施し、これを踏まえて、計画に示された利用目的の妥当性について確認を行い、1月24日の原子力委員会において妥当なものと判断しました。

この確認結果については、1月26日に、内閣府戸谷参事官から私に対し、

原子力委員会は、各電気事業者により明らかにされた平成17、18年度に回収するプルトニウムの利用目的は、1月10日の各電気事業者等の説明を踏まえると、現時点の状況を適切に示しており、我が国におけるプルトニウム利用の透明性の向上の観点から妥当なものと考える。

原子力委員会は、今後とも、プルサーマル計画の進捗や六ヶ所再処理工場の建設・運転操業等の状況を注視していくとともに、電気事業者には、次年度以降、取組みの進捗に応じて利用目的の内容をより詳細なものにしていくことを期待する。

旨の報告がありました。

以上の経緯を踏まえ、県としては、アクティブ試験に係る安全協定の手続きに入る一定の諸条件が整ったことから、安全協定について、手続きの検討に着手し、2月16日、県及び六ヶ所村は、アクティブ試験に係る安全協定書（素案）を公表しました。

その後、2月17日、私及び六ヶ所村長は、六ヶ所再処理工場で回収されるプルトニウムの利用についての透明性の確保並びにプルサーマル計画の着実な実施が重要であるとの考えから、電気事業

者各社の取組みについて、各社長から直接確認するとともに、原子力委員会近藤委員長に対し、今後とも、プルトニウム利用の透明性をより一層高めるため、電気事業者の対応を厳しく見極めていただきたい旨、また、資源エネルギー庁小平長官に対し、政府一体となってプルサーマルを含む核燃料サイクルの着実な推進に、一層取り組んでいただきたい旨を要請したところです。

その際、電気事業者においては、東京電力株式会社勝俣社長から、「原子燃料サイクルの確立は当社としても至上命題であり、特に、六ヶ所再処理工場で回収されるプルトニウムを着実、確実に利用する強い意思の下、プルサーマル実現に向け、全身全霊を傾ける。東京電力株式会社としては、国策を担う事業者の立場からもプルサーマル実現に全社を挙げて取り組む。」との発言があるなど、プルサーマル実施に向けて、各地点の状況及びそれに応じた取組みについて、各社長から決意の程の説明があり、更に、各電気事業者の総意として、電気事業連合会会長から、「電気事業者は、かねてより、2010年度までに、全国で16基から18基の原子力発電所でのプルサーマルの実現を目指して、不退転の決意で取り組むと表明し、各社とも経営の最重要課題として取り組んでいる。今後とも、各社社長が一致協力・連携しながら、青森県からの期待と信頼を裏切らないよう全力を傾注していくことを約束する。」など並々ならぬ決意の表明があったところです。

また、近藤委員長からは、事業者がプルサーマル計画を着実に推進していくことと、次年度以降プルトニウム利用目的の内容を詳細なものにしていくことについて、改めて発言があり、小平長官からは、プルサーマル実現に向けて積極的に取り組み、プルサーマルを含めた核燃料サイクル政策を着実に進めていくとの発言がありました。

また、2月20日、内閣府原子力安全委員会片山事務局長から私に対し、同日開催された原子力安全委員会において、原子力安全・保安院から2月13日に報告のあった「日本原燃株式会社六ヶ所再処理事業所における再処理事業の指定後の段階における重要事項の審議についてのうち、使用済燃料を用いた総合試験の計画について」は、調査審議の結果、アクティブ試験の安全な実施はもとより、その後の安全な操業に備えて行うべき試験計画として妥当なものとする原子力安全・保安院の確認結果は適切と判断した旨、報告がありました。

県では、これらを踏まえウラン試験結果やアクティブ試験計画及びプルトニウム利用計画、これらに対する国の確認結果並びにアクティブ試験に係る安全協定書（素案）等について、2月から3月にかけて、県議会議員、市町村長、青森県原子力政策懇話会に対し説明し、ご意見を伺ったほか、県内6地区で県民を対象とした説明会を開催しました。

さらに、昭和59年当時、原子燃料サイクル施設を受け入れる際に、各界各層の意見聴取を行った経緯を踏まえ、県内の商工・農林水産等各種団体や学識経験者を含めた各界各層のご意見を私が直接伺う「六ヶ所再処理工場アクティブ試験に関する意見聴取」を開催したところです。

(県議会の対応状況について)

六ヶ所再処理施設のアクティブ試験に係る安全協定書（素案）については、本年2月16日に開催した県議会議員説明会において県から説明をし、その後、2月22日に開催された県議会議員全員協議会及び県議会2月定例会において質疑・応答がなされたところです。

これらの経緯を経て、県議会各会派等からは、3月20日に六ヶ所再処理施設のアクティブ試験に係る安全協定書（素案）に関する意見について私に対し報告がなされました。

各会派等からの意見の内容については、「自由民主党」会派からは、「アクティブ試験に係る安全協定書（素案）については、ウラン試験に係る安全協定を基本とし、『業務従事者の安全管理の強化』や『住民の信頼関係の確保』などが新たに盛り込まれる等、施設周辺住民の安全確保及び環境保全を図るうえで十分な内容となっており、この安全協定書素案をもって安全協定を締結することを了とする。知事は、この意見を踏まえ、安全確保を第一義に、アクティブ試験に係る安全協定締結を総合判断していただきたい。」旨、「公明・健政会」会派からは、「アクティブ試験に係る安全協定書（素案）については、信頼関係の確保などの強化がなされており、これを了とする。安全確保を大前提に、国策である原子燃料サイクル事業についての国の取組みを見極めていくことが重要であり、このことを十分踏まえ、安全協定締結を総合判断していただきたい。」旨、文書で私に対し報告があったところであり、また、「新政会」会派からは、「知事の判断を了とする。知事は自信を持って決意されたい。」旨、「真政クラブ」会派からは、「安全協定書（素案）を了とする。」旨の報告があったところです。

一方、「社民・農県民連合」会派からは、「脱原発、再生可能な地域分散型エネルギーの実現を目指しているので、アクティブ試験には同意できない。」旨、「日本共産党青森県議団」会派からは、「アクティブ試験によって本県が取り返しのつかない環境におかれることは容認できないこと、また、今、アクティブ試験を行わなければならない必要性や論理的根拠が何もないことから、知事に対し、アクティブ試験及びその前提となる安全協定の締結をしないよう厳重に要求する。」旨、文書で報告がありました。

無所属議員からは、「現時点では、判断できる材料、環境が十分でないことから、公開質問状を提出する。回答を受けた後に意見を報告する。」旨の報告があり、その後3月27日、「アクティブ試験は実質的本格操業であり、安全協定を締結する必要性も環境も全くない。」との報告がありました。

（市町村長の対応状況について）

六ヶ所再処理工場におけるアクティブ試験等に関して開催された2月24日の市町村長会議において、ご意見を伺ったところですが、安全協定書（素案）については特段の異議はなく、

もう一段高い国の安全規制が必要である。

国等で万全を期しており、不安感がないと受け止めているが、慎重を期していただきたい。

不幸にして風評被害が出た場合、事業者として被害の補償をする責務を果たさなくてはならないが、発生源を詳細に検証して、言われなき風評被害については、毅然とした態度で対応しなければならない。

などのご意見がありました。

（青森県原子力政策懇話会における検討状況について）

青森県原子力政策懇話会においては、日本原燃株式会社の六ヶ所再処理施設のアクティブ試験に係る安全協定書（素案）等について、2月17日の第13回懇話会で説明し、さらに同月24日の第14回懇話会で意見交換がなされ、

安全協定書（素案）については、

安全協定書（素案）は妥当なものと考える。特に、「事業者は、住民との情報共有、意見交換等により相互理解の形成を図り、信頼関係の確保に努める。」の記述が入ったことの意味は大きく、今後この精神があらゆるところで活かされることを願っている。

安全協定書（素案）において、放出量の実績を事業者に月毎に求めていることは、多くの県民が関心を持つ放射性物質の環境影響を的確に把握し管理できると評価する。

協定を守るためには「何をすべきか」について各関係者が検討・議論した内容を明示することが大切である。

安全協定書（素案）の中に、国の責任関与を明確にした文言を入れるべきである。

などのご意見がありました。

また、六ヶ所再処理施設のアクティブ試験については、

国の厳正な審査を経たものであり、核燃料サイクルの研究や教育に携わる者としても、安全上問題ないものと判断する。

これまでの事業者の説明や資料等から、安全性が確保されるのであればアクティブ試験は、実施してもよいと思う。

アクティブ試験は未経験分野への挑戦ということを再認識し、一層の安全性確保に留意し、本県と我が国の将来に光をともす事業という高い志で取り組まれたい。

放射性物質が拡散・希釈されたとしても将来的に直ちに消えるわけではなく、蓄積・濃縮されたときは環境に影響を与える懸念が残る。

放射性物質の海洋放出にあたっては、「青森県の海は汚い海だ」、「青森県の産物は食べられない」というようなことにならないように、二重、三重のチェック体制を敷いて安全性を確立していただきたい。

アクティブ試験では、ある程度のトラブルが発生する可能性があり、トラブル事例集に記載されていないトラブルにも適切に対応できるよう日ごろの訓練、準備が必要である。

ウラン試験段階までの試験により、運転員の技術力も高まっているものと考える。これらの段階で得られた情報を今後の運転保守に活かすべく、体系的に整理、活用していくことが重要である。

重要操作のダブルチェックにおいて、人間はミ

スを犯したり手抜きをすることを前提とすれば、チェック機能を第三者に委ねなければ正常に機能しないことが懸念される。

放射性物質の安全性についての説明においては、相手の立場となって説明できる人でなくてはならないので、事業者および県においては、専門家を抱えもつことが望まれる。

アクティブ試験は、環境に微量の放射性物質が放出されることから、放射性物質の放出に関する事項は的確に県民に情報公開し、正しい理解が得られるよう取り組んでいただきたい。

アクティブ試験中の放射線等の管理と安全性に不安があると、風評被害も予想されるので、環境モニタリングの結果評価は厳密に行っていただきたい。

などのご意見がありました。

その他のご意見としては、

マニュアルは、その行間を読むことが大事であり、一人一人が自分の仕事に習熟し、誠実に正確に遂行するならば、トラブルを起こすこともなく、県民に安心していただける、そういう信頼関係を時間をかけて築いていただきたい。

どんなに立派なマニュアルがあったとしても、現場に徹底していなければ意味はなく、すべての安全は第一線で働く人たちの教育から始まる。

プルトニウム利用について、もっと確実な保証がほしい。

国においては、高レベル放射性廃棄物の最終処分地について早急に対応してほしい。

などのご意見がありました。

(アクティブ試験等に関する県民説明会における質疑等状況について)

本年2月25日から27日にかけて及び3月9日に県内6地区において県民を対象として開催した説明会には、合わせて約1,000人の方が参加し、参加者から多数のご質問・ご意見が出されました。

質問としては、

安全協定書（素案）の中では、年間の管理目標値だけで濃度規制値を示していない。ウラン濃縮工場では濃度規制で管理をしており、再処理工場はなぜ濃度規制による管理はできないのか。

安全協定書（素案）第3条で、事業者に対し、「住民との情報共有、意見交換等により相互理解の形成を図り、信頼回復の確保に努める。」とあるが、県は、今までの事業者の進め方を実感してのことなのか。

安全協定に国も当事者の一人として入るべきと思うが、どう考えるか。

なぜ、そんなに急ぐのか。急ぐことの具体的なメリットはあるのか。

イギリス、フランスの再処理工場の近くに小児ガンや白血病が多いのは放射性物質の放出による影響ではないのか。

などの質問があり、

また、ご意見としては、

使用済燃料を再処理することで我が国のエネルギーを確保し、二酸化炭素を抑制することで、地球の自然環境をこれ以上悪化させないことが非常に大切だと思っている。

エネルギーの自給率は大変重要であることから、今不自由なく使っている電気を孫子の時代まで使えるようぜひ再処理工場を安全第一に順調に進めていただきたい。

日本原燃株式会社と共存共栄を選んだ県民の思いを受け止め、安全第一で着実に事業を進めてほしい。

安全協定書（素案）の放射性物質の放出量の管理目標値は、事業指定申請書に記載された年間800トン再処理の推定放出量となっており、アクティブ試験時の再処理量に合わせて下げるべきである。

日本原燃株式会社の説明が、岩手県、特に沿岸漁業関係者にきちんとなされた後に、アクティブ試験の安全協定締結の判断をしていただきたい。

事故が起こった時に、日本原燃株式会社からの情報がいち早く県に知らされることが大事であり、県はその状況を判断して、的確な指示を出さなければならない。

風評被害の防止のためには、事業者が何よりも安全に事業を進め、正しい情報を速やかに公開し誠意を持って対処してほしい。

県民投票を実施し、安全協定締結の是非を判断すべきである。

放射性物質の自然界への放出が長期間続いた場合の蓄積によって、自然界の生物に悪影響を与えることは絶対ないのか。希釈するだけで安全だと決めつけて操業することは、県民、国民を愚弄することである。

高レベル放射性廃棄物の最終処分地について、全国公募している概要調査地区の選定が平成10

年代後半になっているが、具体的に進んでいない中、再処理工場の操業が始まれば、そのまま永久貯蔵されることになりかねない懸念を持っている。

などのご意見がありました。

そのほか、プルサーマル計画や防災対策などに関するご質問・ご意見が出されました。

（六ヶ所再処理工場アクティブ試験に関する意見聴取における発言状況について）

六ヶ所再処理工場のアクティブ試験について、私が直接県内各界各層から意見を聴取するため、本年3月4日に青森市において開催した「六ヶ所再処理工場アクティブ試験に関する意見聴取」では、県内の農林水産商工等各種団体10団体10名、反核燃団体7団体8名及び学識経験者6名の計24名からご意見を伺ったところですが、その主なご意見としては、

各種団体からは、

日本の原子力は、平和利用・民政安定に利用されており、核燃料サイクル事業の順調な進展は、福祉の充実、豊かな生活水準の維持に繋がるとの考えから安全を第一義に事業を進めてほしい。

日本のエネルギーを確保する核燃料サイクルの重要な施設である六ヶ所再処理工場は、国民の生活を支えるエネルギー資源の安定的な確保と地球温暖化対策など、我が国が果たすべき国際的な責任に応える施設である。

本県農業の持続的かつ安定的な発展、食の安心・安全確保の観点から、最後の試験となるアクティブ試験は、再処理工場の揺るぎない安全性を確保して進めるよう強く要望する。

本県は食料自給率120％の食料供給県であり、アクティブ試験が農産物の販売にマイナスになることが予想されることから、県外に農産物の安全性をＰＲしてほしい。

核燃料サイクル事業は、日本のエネルギーの根幹に関わる大事な事業であり、進めるべき事業と認識しているが、我々漁業関係者、県民、国民にアクティブ試験が安心・安全な試験であることを示してほしい。

住民の多くは知識が不十分で、わかりやすい広報活動が必要である。

安全管理は、特定の人間が管理業務に従事するのではなく、第三者による監視が随時行われる体制を採ることで、不安全要素が徹底的に排除される。

日本原燃株式会社の良識は理解できるが、末端の一人一人、一つ一つが最も大切であることを徹底させ、県民の信頼回復に努めていただきたい。

技術的なトラブルが起こった場合の社内体制など、考えられるすべての要件を満たしているとすれば、安全協定を締結してきちんと進めるべきと考える。

反核燃団体からは、

六ヶ所再処理工場の操業開始は、負の遺産を青森県の子どもたちに押しつけ、子どもたちと青森県の未来を脅かすほか､青森県の安全･安心イメージを悪化させることから、実質的な稼働となるアクティブ試験は行うべきではない。

いくつかの原子力発電所でプルサーマル実施への動きはあるが、40トンを超えるプルトニウムを保有する現在、六ヶ所再処理工場を稼働させる緊急性がない。

六ヶ所再処理工場から出る放射能は、連鎖と蓄積を繰り返して私たちの農地をむしばみ、環境保全型農業の確立に努力する農業者のこれまでの努力は水の泡になる確率が高くなる。

放射性物質の特徴は、食物連鎖で数千倍、数万倍にも濃縮されることから、六ヶ所再処理工場は私たちから安全や安心を奪う何ものでもなく、大間のマグロ、日本一のリンゴ、米、野菜などの風評被害が発生したら、事態は深刻である。

高レベル放射性廃棄物最終処分場が決定していない中で、アクティブ試験を行うことは、六ヶ所村に高レベル放射性廃棄物が膨大に貯蔵されることであり、アクティブ試験の断念を強く求める。

六ヶ所再処理工場は、クリプトン85やトリチウムを大量に環境へ放出するが、その量が許容量だから良いという考え方は捨て、除去の努力をしていただきたい。

学識経験者からは、

六ヶ所再処理工場の稼働は、資源弱小国の我が国にエネルギー資源をもたらし、エネルギー供給の安定化に繋がるとともに、核燃料サイクルは、地球温暖化防止などグローバルな観点からもしっかりと機能させていただきたい。

六ヶ所再処理工場は、機器の機能や安全性が段階的に確認され、トラブル等についても安全に対処する体制が整備されていることから、青森県の経済活性化、雇用促進の観点からも操業に不可欠

なアクティブ試験の早期開始を強く望む。

もんじゅのナトリウム漏れ、東海村での臨界事故など大きな事故により県民、住民の原子力に対する不安が消えていないこと、MOX燃料の需要が今のところほとんどないことなどから、アクティブ試験実施の延期を提案する。

原子力技術はかなり高度な技術であるが、完璧ではないし、それを使う人間も能力の限界を持っているわけだから、トラブル等はあり得るということを前提に事業者も行政も対応を考えるべきである。

事業者と県は、環境モニタリングを行い情報公開もしているが、様々なレベルの方にわかりやすくかつ安全が安心に変わるような情報公開の仕方を工夫していただきたい。

日本原燃株式会社は、社員自らマニュアルの間違いに気づくような教育を社員にしていただきたい。

原子力に限らず企業が起こす不祥事、トラブルは倫理観の欠如、気の緩みを起因とするものが多い。企業倫理を保持する方策・教育を継続し、常に緊張感をもっていただきたい。

などのご意見がありました。

以上のような状況を総合的に勘案し、3月22日、原子力施設安全検証室から私に対して、以下の4点について報告がありました。

（アクティブ試験実施に係るより一層の安全性の確保について）

日本原燃株式会社は、プール水漏えい等の問題が発生したことにより品質保証体制の見直しを行い、これまで、第三者外部監査機関であるロイド・レジスター・ジャパンによる年2回の定期監査を受けながら品質保証活動の実効性の確保と質的向上を目指して、継続的な改善に取り組んできているところである。

同社の品質保証体制については、本年1月25日、ウラン試験に係る安全協定に基づき県に対し報告のあった平成17年度第2回第三者定期監査結果において、「改善策の一環として導入された諸制度が定着段階に入り、良好な品質システムが構築されつつある」と評価されており、また、同月26日に開催された第 18回六ヶ所再処理施設総点検に関する検討会において、「アクティブ試験に向け実効性が期待できる」との結論がなされたところである。

さらに、2月9日に、県に対し、客観性をもった第三者的立場の法人である日本原子力技術協会の石川理事長から、「日本原燃株式会社再処理事業所について、『安全確保に対する自主保安活動の実施状況』に着目し、レビューを行い、その結果、『安全確保に対する自主保安活動は着実に実施されており、先行試験の経験により更に向上しつつある』と評価した」ことの報告があったところである。

また、アクティブ試験計画については、本年2月14日に原子力安全・保安院からアクティブ試験計画書については妥当と判断した旨、同月20日には、原子力安全委員会からアクティブ試験の安全な実施はもとより、その後の安全な操業に備えて行うべき試験計画として妥当なものとする原子力安全・保安院の確認結果は妥当であり、アクティブ試験のために必要な準備は整っているものと判断した旨の国の確認結果について、それぞれ県に対し報告があったところである。

このように、日本原燃株式会社の品質保証体制やアクティブ試験の安全性については、一定の評価・確認がなされたところである。

しかしながら、アクティブ試験は、実際に使用済燃料を用いることによって、新たにプルトニウムや核分裂生成物を取扱うこと、新たな放射性物質の放出や放出量が増大することから、県議会議員全員協議会、青森県原子力政策懇話会等のご意見を伺う場や県民説明会において六ヶ所再処理施設の安全性等について不安・懸念の質問・意見が多く出されたところである。

これらに鑑み、県として、県民の安全、安心に重点を置いた対応をする観点から、

知事から日本原燃株式会社社長に対し、マニュアルの遵守はもちろんのこと、マニュアルに頼ることのない一人一人の技術の習熟や誠実かつ正確な業務の遂行が図られるような教育・訓練の徹底、六ヶ所再処理工場における協力会社を含めた組織・勤務体系を横断する全社的な安全文化の醸成及び品質保証体制の更なる向上を図るよう求めるべきである。

県に対する原子力安全・保安院のアクティブ試験計画等の確認結果報告の際、同院薦田審議官から、「日本原燃株式会社の品質保証体制については、原子力安全・保安院においても確実にフォローアップを行っていく。今後とも、責任を持っ

て同社に対し厳正な安全規制・指導を行うとともに、これらの状況について適時、県等に説明していく。」との言明があったところであるが、このことについて、改めて国に確認すべきである。

環境への放出放射能量等の基本的な安全性の評価については、県民の関心も高く、また、安全確保の観点からみたホールドポイントの重要性に鑑み、知事から日本原燃株式会社社長に対し、ホールドポイントにおける評価結果を、国への報告時に併せて県に対し報告するよう求めるとともに、国に対し、同社のホールドポイントにおける評価結果について、国が厳正な確認を行い、その結果を県に報告するよう求めるべきである。

（高レベル放射性廃棄物の最終処分地の早期選定に向けた国等の取組強化について）

県として、六ヶ所再処理施設が最終処分場になるのではとの県民の不安・懸念に応えるべく、県民の安心に重点を置いた対応の観点から、知事から国に対し、核燃料サイクル協議会の開催を要請し、改めて、最終処分地の早期選定に向けて、国の責任において政府一体としてより一層の取組強化を図るよう強く要請すべきである。また、知事から電気事業者に対し、最終処分地の選定は、自らの事業の円滑化にとって不可欠で、喫緊の問題として強く認識し、早期選定に向けて、国民への広範な理解活動に積極的に取り組むよう強く求めるべきである。

（プルサーマルの実現に向けた国の取組強化について）

県として、各電気事業者において、今後ともプルサーマルへの取組みを着実に進めるとともに、六ヶ所再処理施設が稼働していくためには、原子力発電所において確実にプルサーマルが実現されていくことが最も重要であると認識しており、県民の安心に重点を置いた対応の観点から、核燃料サイクル協議会において、知事から国に対し、改めて、プルサーマルの実現に向けた、政府一体としての更なる取組強化を図るよう強く要請すべきである。

（六ヶ所再処理施設の安全性等に関する県民、国民理解促進のための広聴・広報活動の充実・強化について）

県として、県民の安心に重点を置いた対応の観点から、県民の六ヶ所再処理施設の安全性等に対する不安・懸念を払拭するため、知事から、国及び日本原燃株式会社社長に対し、今、県民が知りたい情報は何か、どんな事に不安を持っているのかなどを広聴活動等の中で十分把握し、それにより得られた意見等を踏まえて、創意工夫のもと真に実効ある広報活動を行うよう強く求めるべきである。また、国、日本原燃株式会社及び電気事業者に対し、今後、国策である核燃料サイクル政策を円滑に進めるためには県民、国民の理解と信頼が不可欠であり、特に、「攻めの農林水産業」を進めている本県にとって、言われなき風評を招かないことが大事であることから、日本原燃株式会社及び電気事業者はもちろんのこと、より一層国が前面に立ち、首都圏等農林水産物の大消費地や近隣県等全国各地で、誤解や不安・憶測を招かないよう、核燃料サイクルの必要性や放射線を含む再処理施設の安全性等に関する国民理解を促進するための広聴・広報活動を行うよう強く求めるべきである。

これらいただいたご意見や報告を踏まえ、3月23日、私から日本原燃株式会社兒島社長に対し、

マニュアルに頼ることのない教育・訓練の徹底、協力会社を含めた全社的な安全文化の醸成及び品質保証体制の更なる向上について

ホールドポイントにおける評価結果の県等への報告について

核燃料サイクルの必要性や放射線の安全性等に関する県民の理解促進のための広聴・広報事業の一層の充実・強化について

地域振興の一層の推進について

の4項目に係る要請をしたところ、

兒島社長からは、

アクティブ試験における運転操作は、より一層、迅速かつ的確な対応が必要であり、高度なレベルに入ってくることから、マニュアルどおりに運転することはもちろん、その背景や目的についても理解できる、いわゆるマニュアルの行間を読めるまで社員一人一人の習熟度を上げて行かなければならないと認識しており、引き続き、社員一人一人に対して、これらの教育・訓練を徹底していく。

アクティブ試験は、放射能レベルの低いものから少量ずつ、安全を確認しながら進めていくこととしており、この一歩一歩進めていく過程の中で、現場の社員一人一人に蓄積されたノウハウを整理・体系化し、データベース化していくことが当社の財産・社風となり、安全文化の源となるも

のと確信している。また、協力会社とは、同じ志をもつ仲間として、品質保証マネジメント会議や合同パトロール等を通じ、機会あるごとに確認し合い、共有していく。

このような活動の定着化に向けて、引き続き、ロイド・レジスター・ジャパンの監査を受けていくとともに、日本原子力技術協会のレビューの指摘を踏まえ、自主保安活動の一層の充実に取り組んでいく。

このような活動を展開しながら教育・訓練を徹底し、品質保証体制の更なる向上に努め、全社的・横断的な安全文化の醸成に向けて、全力をあげて取り組んでいくことを約束する。

ホールドポイントの評価結果を国に報告する際には、県及び六ヶ所村に対しても報告することを約束する。

安全協定書（素案）の第3条において「住民との情報共有、意見交換等により相互理解の形成を図り、信頼関係の確保に努める。」旨が追加されているが、これは改めて広聴・広報活動の重要性が強く求められているものと認識しており、広聴・広報活動をさらにもう一段、二段深く掘り下げ、県民の心にある不安や懸念を敏感に察し、感じ取り、よりきめ細かな広報ができるよう丁寧な活動を実施していく。特に、環境放射線の実態について、誤解や憶測を招かないよう、国、電気事業連合会等とも連携を取りながら、生産者や消費者に対し、正確でわかりやすい情報提供に努めていく。また、今後、環境モニタリング等のデータをホームページ上でリアルタイムで知らせるとともに、放射線の理解活動を専門的に行うための体制を充実・強化していく。

このような活動は、これから地域と末永く共生していくうえで大変重要な課題であり、経営層としても積極的に対応し、原子燃料サイクルの必要性と放射線に関する県民、国民の理解促進に向けて、全力をあげて取り組んでいくことを約束する。

県及び六ヶ所村のメンテナンス関係の協議会等と連携を取りながら、プラントメーカー等と地元企業が、メンテナンス業務について、情報交換ができるような機会を作っていく。また、メンテナンス業務にはどのようなものがあるのか、工場や部品保管庫等に案内し、地元企業自らの目で確かめてもらえるような機会を作っていく。併せて、メンテナンス業務に対応するための技術レベルや品質レベルに関する情報を提供していくとともに、これらの技術を身につけるための研修機会も増やしていく。

地元企業と一緒になって、安全で安心な再処理工場の運転を継続していくことにより、地場産業として定着し、地域の振興に寄与できるよう取り組むことを約束する。

以上のように、4つの要請事項について、真摯に取り組んでいくことを約束するとの回答がありました。

また、3月27日、第9回核燃料サイクル協議会が開催され、私から国等に対し、

核燃料サイクル政策について

高レベル放射性廃棄物の最終処分について

原子力施設の安全性の確保について

広聴・広報事業の強化について

地域振興策について

の5項目に係る確認及び要請を行いました。

まず、1点目の「核燃料サイクル政策について」は、

政府一体としての核燃料サイクルの推進について

プルサーマルの推進について

核燃料サイクルの確立に向けた研究開発への取組強化について

の3項目について確認要請をしたところ、

「政府一体としての核燃料サイクルの推進について」は、安倍内閣官房長官から、「プルサーマルを含む核燃料サイクルの国内における確立は、我が国原子力政策の基本であり、安全確保を前提に、国民、住民の理解と協力を得ながら、政府一体となって推進していくという方針は、現内閣においても変わりがない。」との発言があり、二階経済産業大臣から、「プルサーマルを含む核燃料サイクルの国内における確立は、我が国原子力政策の基本であり、安全確保を大前提に、地域振興にも留意し、国民、住民の理解と協力を得ながら、政府一体となって着実に推進していく。」との発言がありました。また、近藤原子力委員会委員長から、「昨年10月に閣議で決定された『原子力政策大綱』において、回収されるプルトニウム、ウラン等を有効利用することを基本的方針とするとしている。」との発言があり、さらに、勝俣電気事業連合会会長から、「電気事業者としても、今後とも、国のエネルギー政策に沿って、安全と品質の確保を最優先に、六ヶ所村をはじめ青森県民

の理解と協力を得ながら、業界一丸となって推進していく。」との発言がありました。

「プルサーマルの推進について」は、二階大臣から、「プルサーマルの着実な実施は、極めて重要であり、今後とも、プルサーマルの必要性や安全性について多くの方々に理解いただけるよう、政府一体として取り組んでいく。」との発言があり、近藤委員長から、「国と事業者は、安全確保を大前提として、立地地域をはじめとする国民の理解を得つつ、プルサーマルを着実に推進していくべきと考えている。また、プルトニウム利用の透明性を高く維持することが重要であり、電気事業者のプルトニウム利用計画の公表を含む対応を注視していく。」との発言がありました。また、勝俣会長から、「各社が一致協力・連携しながら、青森県民の期待と信頼に応えるよう全力を傾注していく。また、プルトニウム利用計画については、透明性を確保する観点から、プルサーマル計画の進捗にしたがって、順次内容をより詳細なものとしていく。」との発言がありました。

「核燃料サイクルの確立に向けた研究開発への取組強化について」は、松田科学技術政策担当大臣から、「次世代の再処理技術を含む核燃料サイクルに関する研究開発について、原子力政策大綱の方針に沿って行われるよう取り組んでいく。」との発言があり、小坂文部科学大臣から、「高速増殖炉、再処理等の核燃料サイクルに関する研究開発を積極的に推進していく。次世代再処理技術については、日本原子力研究開発機構において行われている高速増殖炉の使用済燃料再処理技術の研究開発成果が、将来の第二再処理工場に係る検討を円滑に進めるに当たっても有効に活用できるものと考えている。」との発言がありました。また、二階大臣から、「現在、審議会において、高速増殖炉を本格的に活用する核燃料サイクルの実現について検討しており、その結果も踏まえ、政府一体となって、次世代の再処理技術の研究開発に取り組んでいく。」との発言がありました。

2点目の「高レベル放射性廃棄物の最終処分について」は、

高レベル放射性廃棄物の最終処分に係る国との約束について

概要調査地区の選定に向けた政府一体としての一層の取組強化について

の2項目について確認要請をしたところ、

「高レベル放射性廃棄物の最終処分に係る国との約束について」は、安倍長官から、「これまで政府、関係閣僚と青森県知事との間でなされた約束事については、現内閣においても、しっかりと継承していく。」との発言があり、二階大臣から、「これまで国と青森県知事との間でなされた約束事については、変更はない。国は、平成12年に『特定放射性廃棄物の最終処分に関する法律』を制定し、関係者と一体となって最終処分事業を推進している。」との発言がありました。

「概要調査地区の選定に向けた政府一体としての一層の取組強化について」は、松田大臣から、「概要調査地区の選定に向け、原子力政策大綱の方針に沿って、全国の地域社会及び国民各層の理解と協力を得るべく取り組んでいくことが重要と考える。」との発言があり、二階大臣から、「最終処分地については、まだ具体的な応募はないが、関心を有する地域から様々な問合せを受けており、国として、概要調査地区の早期選定に向け、原子力発電環境整備機構や電力会社等と一体となって、最大限の取組みを行っていく。」との発言がありました。

3点目の「原子力施設の安全性の確保について」は、

原子力産業における品質保証体制と従業者のモラル及び技術レベルの維持・向上について

原子力施設の安全規制について

の2項目について確認要請をしたところ、

「原子力産業における品質保証体制と従業者のモラル及び技術レベルの維持・向上について」は、松田大臣から、「日本原燃株式会社の品質保証体制の確立が安全確保のために重要であると認識しており、経済産業省が日本原燃株式会社に対し行っている規制活動について、この観点も踏まえ原子力安全委員会がチェックしている。」との発言があり、二階大臣から、「事業者は法令により、品質保証に基づいた保安活動を実施することが義務付けられており、国は検査によりこれを確認してきている。六ヶ所再処理施設については、専門家による検討会を設け、品質保証の状況を点検している。また、日本原燃株式会社及び協力会社の従業者が一丸となり、高いモラルと技術レベルが維持されることが重要であり、国としても、教育訓練等の充実について事業者を指導していく。」との発言がありました。また、勝俣会長から、「品質保証体制の確立については、トップが先頭に立ち、現場の一人一人まで実践していくことが重要であるが、併せて、第三者によるチェックも重要であり、日本原子力技術協会などの評価を受けながら、日々改善・向上に努めていく。」との発言がありました。

「原子力施設の安全規制について」は、安倍長官から、「より質の高い安全規制に基づく安全の実績を地道に積み重ねていくことにより、その結果が、国民の信頼につながるものと認識している。」との発言があり、松田大臣からは、「規制行政庁による規制活動を原子力安全委員会が監視・監査する体制を有効に機能させることが肝要である。」との発言がありました。また、二階大臣から、「経済産業省原子力安全・保安院が安全規制を実施し、それを原子力安全委員会が客観的、中立的な立場から厳しく監視しているという体制の下で、原子力安全規制を厳格に実施している。その状況を地元をはじめ国民に十分に説明し、理解を深めていただくよう努めていく。」との発言がありました。

4点目の「広聴・広報事業の強化について」は、核燃料サイクルの必要性と放射線の安全性等に関する広聴・広報事業の一層の充実・強化について確認要請をしたところ、

松田大臣から、「原子力政策大綱を踏まえ、政府全体として、広聴・広報活動の充実による国民との相互理解、電力の供給地と消費地の人々との相互理解等の促進を中心として引き続き広聴・広報活動に取り組んでいく。」との発言があり、小坂大臣から、「電気の消費地も含む全国の地方自治体を対象としたエネルギーや原子力に関する教育の取組みへの支援を強化し、核燃料サイクルの必要性や放射線の安全性等に対する国民の理解増進を図っており、今後とも、立地県をはじめとした国民の理解と信頼を得られるよう広聴・広報事業の充実・強化に取り組んでいく。」との発言がありました。また、二階大臣から、「核燃料サイクルの必要性や放射性物質の安全性等について、大消費地や青森県の隣接県等を含む国民の理解が一層促進されるよう、政府として、広聴・広報活動に積極的に取り組んでいく。」との発言があり、近藤委員長から、「私自身、全国の立地県、立地市町村を訪問し、原子力政策大綱を説明し、対話を重ねてきており、今後とも、国、事業者が、立地自治体はもとより、近隣県等を含む国民を対象とした広聴・広報活動を充実していくことが重要と考えている。」との発言がありました。さらに、勝俣会長から、「青森県内はもとより全国各地の皆様に向けて、様々な機会をとらえてわかりやすい正確な情報の提供に努めている。また、直接、住民との対話を行うなど、広聴活動も行っているが、今後ともさらなる広聴・広報活動に努めていく。」との発言がありました。

5点目の「地域振興策について」は、「原子燃料サイクル事業については、安全確保を第一義に、地域振興に十分寄与することを前提として、立地協力要請を受諾したものであることを踏まえ、六ヶ所村のみならず、全県的な地域振興に寄与するよう、今後とも最大限努めていただきたい。」旨、要請をしたところ、

勝俣会長から、「地域振興については、青森県内での企業立地に協力するとともに、財団法人むつ小川原地域・産業振興財団を通じた地域振興事業などを支援している。また、地元企業への発注なども行っているが、今後ともでき得る限り協力していく。」との発言がありました。

私としては、核燃料サイクル協議会における安倍内閣官房長官をはじめとする関係閣僚、また、原子力委員会委員長及び電気事業連合会会長からの誠意ある回答については、私に対してというよりも、むしろ、青森県民全体に対してお約束いただいたものと理解し、その発言内容を重く受け止めたところであります。

次に、2月14日付けで日本原燃株式会社が、国（原子力安全・保安院）に申請（3月23日付けで一部補正申請）していたアクティブ試験に係る保安規定については、3月27日、原子力安全・保安院薦田審議官から私に対し、

日本原燃株式会社から申請のあったアクティブ試験の実施のために必要となる保安規定については、アクティブ試験計画で示された基本的な考え方、方針との整合性がとられていることを確認し、同日、認可を行った。

今後の対応として、原子力安全・保安院としては、保安規定の遵守状況について厳しく法定の検査を行い、品質保証に関しては、「六ヶ所再処理施設総点検に関する検討会」にも諮り確認をしていく。

旨、報告がありました。

報告後、私から、法令に基づいて一元的に安全規制を行っている国において、今後とも品質保証活動も含め、責任をもって厳しく事業者の規制・指導をすること、また、ホールドポイントにおける評価結果を含め節目節目に県等に説明するよう要請したところ、鷹田審議官からは、「ホールドポイントにおける評価については、極めて重要視しており、厳しくチェックして、結果を報告にあがりたい。」などの回答がありました。

さらに、本日、六ヶ所村長に対し、安全協定の締結についてご意向を確認したところ、村長からは、六ヶ所村議会議員全員協議会、住民説明会、庁議などを開催して総合判断した結果、安全協定の締結は了とする旨の発言がありました。

原子力は、国のエネルギー政策上重要な位置付けにあるものですが、その推進に当たり、安全確保が大前提であることは言うまでもありません。

原子力施設に関する安全を確保するためには、第一義的には事業者が責任をもって取り組むとともに、法令に基づいて一元的に安全規制を行っている国がその役割を果たしていくことが基本であり、国及び事業者においては、一層の責任と使命感を持って安全確保の徹底を図るとともに、国民の理解を得るために説明責任を果たしていくべきであると考えています。

一方、県としては、県民の安全と安心を確保するという立場から、これまでも原子力施設について、立地村とともに事業者と安全協定を締結して、環境の監視や施設への立入調査を実施するなど、安全確保を第一義に取り組んできているところであり、今後ともこの姿勢を堅持し、県民の安全と安心に重点を置いた対応をすべく、安全確保を第一義に慎重かつ総合的に対処して参ります。

現在、経済活動が進展する一方で地球温暖化により危機を迎えていると言われています。また、経済発展が目覚ましい国々によるエネルギー需要の増加などにより、化石燃料のみならず、ウランの供給不足すら懸念されているところです。

このように地球温暖化とウランを含めたエネルギー資源供給不足の懸念がある中で、我が国は、核燃料サイクル政策を基本方針としております。私は、六ヶ所再処理工場が、エネルギーセキュリティーの観点並びに地球温暖化の防止など、我が国のエネルギー政策に大きく貢献するものと考えております。

このような観点から、県としては慎重の上にも慎重に手順を踏んで参り、三役・関係部長会議を開催して協議した結果、

関係各位からいただいたご意見等を総括すると、先に公表した安全協定書（素案）、細則（素案）をもって安全協定を締結することについて、大筋として了とする方向にあること

などについて確認するとともに、核燃料サイクル協議会における国等からの回答、原子力施設安全検証室からの報告、日本原燃株式会社社長に対する確認結果、六ヶ所村長の意向等を勘案すると、安全協定を締結することは適当との意見の一致をみたところです。

私としては、これまでいただいたご意見や確認結果等を踏まえながら、手堅く、慎重の上にも慎重を期して参りましたが、これらを踏まえ総合判断した結果、安全協定を締結することは適当との判断に至り、安全協定書案、細則案について、日本原燃株式会社に提示し協定締結を申し入れることといたしました。また、アクティブ試験に係る安全協定書案、細則案においてより強化した部分等について、ウラン濃縮工場、低レベル放射性廃棄物埋設センター、高レベル放射性廃棄物貯蔵管理センターに係る安全協定書、細則にも盛り込むため、これらの安全協定書、細則の一部を変更する覚書案の締結を併せて申し入れることとしております。

なお、この後20時30分から六ヶ所村長とともに日本原燃株式会社に対して申し入れを行います。

以上であります。

○記者

今後のスケジュールについてお聞かせ下さい。

○知事

今日この後、先ほどお話ししたとおり、事業者に協定書案等を提示して、協定締結を申し入れることとしております。そういう状況でございます。事業者において異存がなければ締結したい。今日ということではありませんけれども、要するに我が方としては、先様からそういうお話がございましたので、提示するのであれば今日、この後ということでありましたので、提示しますという段階です。いまのところは。

○記者

知事に昨日東京でも伺いましたが、今日は昨日

の質問をさせていただきたいと思います。ようやく判断に至ったわけですけれども、とても重い判断であったと思います。改めてその重さというかですね、一番知事がお悩みになった点ですとか、そういう部分についてお聞かせいただけないでしょうか。

○知事

それは判断材料という意味ですか。

○記者

率直な、どちらかといえばお気持ちという部分で、やはり国内で初めてのこういった商業型の再処理工場ですし、前例がない施設でもありますので、それをこう、同意をされたというか、その思いをお聞かせいただければと思います。

○知事

思いとなると非常に長くなるんだけどいいですか。冒頭でもお話し申し上げたわけですが、私どもはいま県として、県民が独自にできる問題として、例えば再生エネルギー関連のことをやっております。あるいは、今月の31日ご存知のとおりエスコ事業、要するにコジェネの事等もかなり本格的にスタートしますし、エスコ事業については職員からの提案もあり、要するに省エネ分野というんですか、我々非常に重要なことは我々として先ほど申し上げた思いがあるものですから、いかにしてその環境負荷を抑えられるかということをいろいろやっています。しかしながらその中においても、化石燃料というものの課題が大きくのしかかっています。この化石燃料というものを我々は日本とか、いわゆる先進的な国がそれぞれの国の発展のために消費してきたわけですけれども、これを使うということについては非常に地球的リスクがあるということを私は考えています。ですから、こういった化石燃料等をいかに使わない仕組みを作っていくかということは、非常に自分にとっては大きな課題であるからこそ、自分の分野でできることとしての、再生可能なエネルギーの分野であるとか、省エネの分野でやるということを、ご存じのとおりこの3年間、知事就任以来徹底して伸ばして参りました。それは、自分にとりましては従って、この国ということではありませんが、世界のためにもそういう分散型の電源のパッケージシステムを作るとか、あるいは、省エネの仕組み作りをしていくとか、これから伸びてくる国のためにエネルギーが安定供給されるということは、それぞれの国やそれぞれの国民にとって、やっぱりその暮らしの安全・安心ということにつながるものであります。そういったことを、いかに確保していくか、これまで使ってきた我々の責任として仕組みを示していくということをどんどん研究開発してきたということが自分のいまある状況であります。その中で、どういう思いでこれを判断したかということだと思うのですが、まさに自分としては重い決断でございます。まさにこの青森県民の安全・安心ということをどう確保していくかということ、だからこそ早い時期から例のロイド・レジスタージャパンであり、また技術協会であり、何よりも品質保証体制というものを日本原燃株式会社にしっかりと確立して欲しいということを、とことん打ち出し、とことん要求してきた、そういう流れでございます。また、それは国に対しても、原子力安全・保安院に、私ほど足を運び、また、討論とまでは言いませんが、とにかくこちらの思いを言い続けた、また大臣に対してもそうでございますが、そういったことを重ねてきた知事は、自分であると思う次第でございます。従って、一言で言えと言われると非常に困るんですけれども、様々な思い、また自分としてなすべき手順というものを考え､次々と提案し、そしてまた、サイクル協議会もそうですし、原燃に対する申し入れもそうですし、様々な申し入れをし、様々な約束等をいただき、そういったすべてのものを判断材料として、ここに自分の判断に至ったわけでございますが、何よりも申し上げたいことは、どうせはしょられると思うんですけれども、最初に申し上げた、私としては知事就任以来という冒頭の部分、冒頭の数分間の部分は、強い思いとしてあります。それを抱きながら、しかしながら今後、我々青森県としての、県民のための安全・安心等、エネルギーの安定確保、それはしかしながら日本から世界に向けての思いでもあるわけですが、それは先ほどお話させて頂いたわけですが、そういった様々な使命感等を思いながら、しかし、県民の安全・安心、なによりも、ということで、この決断に至ったという思いが、非常に様々な思いが交錯しますけれども、そういうところでございます。

○記者

ここまでのスケジュールなんですけれども、見てると反対派が言うことには、すごくテンポが早かったんではないかと、その中にですね、原燃さんがたとえば年度内とかを目指しているような感じがするんですが、そういった事業者側のスケジュールに非常に合わせた、配慮された形で進めてこられたんじゃないかという意見もあるんですが、その点についてどうでしょうか。

○知事

先ほど以来、累々申し上げました、いかなる手順等含め、またいかなる確認等含め、我々として進めてきたと、まあいろいろ申し上げてきたわけですけれども、繰り返しになりますけれども、これまでも県議会議員、市町村長、原子力政策懇話会でのご意見を初め、県民説明会であるとか各種団体の意見聴取、また県議会の各会派からの意見も伺ったところでございます。また、いただいたご意見等も踏まえて、3月23日に日本原燃に対して新たなる4項目の要請をし、今後の同社の取組みについて確認した上、さらに核燃料サイクル協議会を開催して、国との対応について確認をさせていただくなど、私どもとすれば、考えられるあらゆる手順というものを丁寧に踏んできたと考えておりまして、そのように慎重な上にも慎重な手順を踏んだ上で、私としてはまさに、機が熟したという言い方は非常に短絡的な言い方なんですけれども、慎重な上にも慎重な手順を踏み、むしろ総合判断に至ったというふうに表現させていただきたいと思います。

○記者

それは、県がやるべき事をやったので、相手方に合わせたスケジュールということではないということでしょうか。

○知事

左様でございます。それはいま、ご報告をお聞きいただければ、様々なご意見に対してもまた、我々として要請、確認すべきことに対してもどう対応すべきか等を勘案し、そしてひとつひとつ前へやってきたということは、ぜひ報告書というか要旨についてはペーパーをお配りしておりますので、ご覧いただければと思う次第でございます。

○記者

佐賀の玄海原発でプルサーマルが許可になって、さらに今日は伊方の原発でも原子炉の認可申請が認可されたのですが、こういったことはその知事のご判断の中に、追い風というかなにかとても影響を与えるようなことであったのかどうかお聞かせいただけますか。

○知事

佐賀県知事さんが玄海の発電所に関してプルサーマルを同意したことは、各社にいろいろと私ご存知のとおり2月17日に行った時に言ったわけでございますけれども、九州電力においてプルサーマル計画が着実に推進されているということと受け止めております。私としては先ほど話しました2月17日、電気事業者の社長さん方が私に対して決意された取組みを、それぞれ着実に進めていくということが最も重要であると考えておりまして、従って逆に言えば、今後とも電気事業者の動向というものは、むしろ注視していきたい、そう考えております。

○記者

今回のご判断には何か影響はありましたか。立て続けに見通しがついたということについては。

○知事

私どもは私どもとしての様々な確認を行ってきたわけですが、たまたまそういうふうな形で、もともと九州とか四国とかは先行していたというか先発していた、そういう状況でございましたので、これは偶然という言い方は変でございますけれども、たまたまスケジュール的にそうなったのかなというわけでございます。

○記者

昨日のサイクル協議会の会見の後にですね、知事が二階大臣については3月22日に来ていただいただけではなく書簡をいただいたという話であったと思うんですが。

○知事

いわゆる六ヶ所の方で21日に様々お話しを頂いたわけですけれども、そのことに関して知事宛て大臣名ということで書簡を頂いてはおります。内容は六ヶ所でお話ししたことでございますが、口頭のみならずこういった親書という形というんですか、それで22日付で頂いたということはやはり私どもとしては重く受け止めたいと思っております。内容は21日のことが書いてあります。内容とすれば、青森県民の皆様方には多大なご協力を頂いて今日に至っていることに感謝しまして敬意を表するということがまずありまして、知事からお伺いしている再処理工場の建設に関する県民の皆様の懸念につきましてはこれをしっかりと受け止め、対応して参ります。特に高レベル放射性廃棄物最終処分に関しましては、これまで関係閣僚と青森県知事との間でなされた約束事につきましては、昨日も申し上げましたとおり、責任を持って守って参ります。核燃料サイクルの国内における確立は、我が国の原子力政策の基本であり、安全確保を大前提に地元の皆様をはじめとする国民の皆様のご理解を得つつ、着実に推進して参る所存であります、云々、ということが、内容は21日のことですが、そのようなことが書いてございます。

○記者

それに一つ関連してですね、原燃と国に対して改めて地域振興策の充実というか継続を求めたかと思います。地域振興に寄与することを大前提に立地を表明したという経緯はあったんでございますけれども、財政面での核燃料税などや電源三法交付金などの支援もあるし、むつ財団による地域振興の仕組みもできあがってはおるのですが、知事としてまだその地域振興の仕組みは足りないものだと思われているので要請されたということになりますか。

○知事

議会及び各団体からも、地域振興ということについては大きなご意見としてあったわけでございます。そして私とすればいま東京大学といろいろ進めておりますが、原子力に関わるだけじゃないですけれども、青森としての沢山のエネルギーの方向としての我々として、どういうふうに新たな産業を創出していくかということをいま、10月くらいまでにまとまるのですけれども、そういったこととしていまして、まさにこの分野含めて、我々が、再生エネルギーも含めて、そのエネルギー分野にいかに産業を興していくかということが重要になってくるわけでございまして、そういったこと等含めて私自身はまさに、エネルギーの産業の本家本元でございますから、期待するところはございます。当然、再生可能エネルギーの研究、まさに我々独自でやっている部分でございますけれども、その分野、水素とか太陽光、風力、バイオマスとか、そういったことについての協力、支援も期待してございますし、また先ほども勝俣会長からのお話しとしてご報告しましたとおり、地域に対してのいわゆる実際の発注であるとか、あるいはその今後必要になってくるメンテナンスの分野について実際にいろいろみてもらってどういうことが必要になるかということをきちんと対応するということ等も頂いております。非常に重要な観点であると思っております。

○記者

再処理工場から排出される放射性廃液に関してですね、岩手の方から大分不安とか懸念の意見が出ておりまして、今日やっと日本原燃（株）が岩手県内で説明会を実施したわけですけども、その会場の参加者からはですね、日本原燃（株）が一回説明会を開いただけで、青森県や日本原燃（株）は見切り発車すべきではないというふうな意見もたくさん出たというふうに聞いております。こういうふうな岩手側の動きとか意見に対してはどういふうにお感じになっていますか。

○知事

昨日来というか、前々から申し上げてるんですが、私自身の立場とすれば、青森県民から負託されている知事職として、青森県民の安全・安心ということ、これについてやはり最優先に考えていく、そのための活動を知事就任以来し続けてきました。そしていわゆる国の方からも、このお話の中で申し上げたとおり、いわゆる他地域、他地域っていう言い方は大変恐縮なんですけども、国及び事業者が説明を行っていく責任というものがあるのではないかと私は考えるのであります。

○記者

今の質問に関連してですね、今日の判断に岩手県で日本原燃（株）が説明会を開いたことについて、今日の判断の中に含まれるのでしょうか。

○知事

少し丁寧に申し上げるべきかどうかあれだけれども。私どももですね、日本原燃（株）が今日、久慈と宮古で説明会を開催したということ、また、その内容の概略については、説明を受けたという状況にあります。

○記者

今の関連なんですけども、表明の時期ですが、表明の時間。これは説明会が終わったのを待ったとかなんですかね。

○知事

もう一回繰り返しになるんですけども、岩手県において説明会が開催され、国及び事業者から、岩手県の方々に説明があったことは広報・広聴活動の一環であると受け止めています。今後とも、国及び事業者の対応を注視して参るわけでございますが、先程もお話させていただいたとおり、やはり私とすれば、青森県民に対しての、安全・安心を最優先にすべきものという立場でおります。

○記者

くどいようで申し訳ないんですけども、一義的な責任は国や事業者にあると考えてらっしゃるようですけども、今日この場で、この時期に説明されるということに当たっては、そのことを重く受け止めて、表明時期については、それが終わるのを待ってたということではないんですか。

○知事

ご存じのとおり、昨日来、私どもとしては、検証室の報告であるとか、三役関係部長会議等を頻繁に開いて参りましたし、その間にご承知のとおり、いろんな案件が、本日も年度末でございますし、まさに年度末的なもの、具体に言えば、消防の事があったりとか、宣伝させていただけば、大韓航空の事があったりとか、そういったこと等いろんなものを経てくる中で、こういう時間になったのかなというふうに。ま、その間にそういった、日本原燃（株）及び国が説明会等を行ったということは、その内容については把握しております。

○記者

二階大臣からの書簡についてなんですが、これを受け取られたときに、驚かれたとか、どんなお気持ちだったかいうことと、

○知事

ご存じのように六ヶ所においでになって、いろんな踏み込んだお話等もしておられたわけですが、大臣として、いわばこの事業、そしてまたこの事業に関連して私どもとして懸念している事等に対して、やはり言葉だけでなく、こうして親書という形でもお話を、お話というか、頂けたということは、大臣がその職責について大変大きな責任を果たすべく活動してらっしゃるということを私は強く感じました。まさに、大臣たるものこういう姿が、やはり私どもとしてはですよ、ああ、まさに大臣たるものだという思いでございます。

○記者

驚かれたとかそういうのはないんですか。

○知事

着いたのが24日だったから、率直な言葉で言えばあれですけども、二階さんっていう人はほんとにきっちりした人だなとあらためて、私とすればそういう思いを持ちました。

○記者

初めてのことでしょうか。異例なことなんでしょうか。

○知事

自分自身初めて、知事としても初めてですし、県としてもないですね。

以上

［出典：青森県資料］
http://www.pref.aomori.lg.jp/message/kaiken/kaiken20060328r.html

Ⅲ－1－2－9

新むつ小川原開発基本計画
——世界に貢献する新たな「科学技術創造圏」の形成を目指して

青森県　平成19年5月

むつ小川原地域地図（略）

1　開発の意義

むつ湾及び小川原湖周辺のむつ小川原地域において、巨大臨海コンビナートの形成を軸とした大規模工業基地の建設を推進する構想が、昭和44年5月に策定された新全国総合開発計画に位置付けられた。

当時、我が国では、全国総合開発計画で構想された新産業都市及び工業整備特別地域といった拠点開発により、人口、産業の効率的分散は一定の成果を上げつつあったものの、過密・過疎現象はさらに深刻化し、これを根本的に解決することが喫緊の国家的課題であった。

また、産業界では、激化する国際競争に対処すべく、新たな生産機能の展開を迫られていたが、大都市圏の既成工業地域への立地は困難を極めており、その受け皿の創出が急務とされていた。

こうした状況を打破し、国土利用の抜本的再編成を図るべく、遠隔地大規模工業基地建設の推進が新全国総合開発計画で提唱された。

むつ小川原開発は、その一つとして位置付けられ、以後累次の計画にも、引き続き位置付けられることとなる。

むつ小川原開発は、まさに時代の要請への対応を基本としつつ、農林水産業を主体とする地域の産業構造を、石油精製、石油化学などの基幹型工業の導入を契機に高度化し、地域の住民、ひいては広く青森県民全体の生活の安定と向上に寄与することを目標として計画され、国、青森県、産業界などが一体となって取り組んできた国家プロジェクトである。

これまで、むつ小川原開発基本計画については、関係省庁などの協力を得ながら、青森県が策定し、最終的には、むつ小川原総合開発会議（関係省庁会議）での計画の推進についての申合せと、その申合せに基づく閣議口頭了解がなされ、事業全体の総合調整が図られてきている。

こうした中で、むつ小川原地域は、我が国のエネルギー政策にとって重要な施設である国家石油備蓄基地や原子燃料サイクル施設の立地に加えて、研究施設の立地をはじめとした多角的な土地利用も進みつつあり、我が国に残された数少ない、貴重な大規模利用適地として、我が国はもとより、青森県、さらには、産業界のため、今後とも活かしていかなければならない重要な地域となっている。

一方、むつ小川原開発は、計画が実施に移された直後を襲った二度のオイルショックをはじめとして、経済社会情勢の大きな変化に強く影響を受けた。

我が国の石油精製、石油化学工業を巡る環境変化や、産業経済活動のグローバル化、国際競争の激化などにより、我が国の工業は、国内から海外へと生産拠点を移し、また、世界的にみても、緊密な国際分業体制が構築されつつある。

こうした状況を踏まえると、むつ小川原開発の新たな展開を図るためには、従来の大規模工業基地の建設に替わる新たな開発の方向を設定し、豊かな自然環境を残しつつ、開発可能性の高い広大な空間を活用していくことが重要である。

この計画は、地域の一体性を確保しつつ開発を効果的に展開する観点から、これまでのむつ小川原地域を基本とした12市町村を対象とし、開発に当たって進むべき方向を明らかにするとともに、関係機関の緊密な連携、協力体制の下に取り組むべき、2020年代までの基本的指針を取りまとめたものである。

２　開発の基本方向

（1）開発の方向

今世紀半ばには、世界の人口が90億人に迫ることが予想される中で、温暖化をはじめとした、人間活動に起因する地球規模での環境悪化は一層進行することが懸念され、また、食料、資源・エネルギーの供給が全世界的に不足する可能性もあるとされている。

こうした国際的な諸課題に対応するためには、科学技術が果たす役割への期待がますます高まっていくとの認識の下に、国では、平成７年11月に科学技術基本法を制定し、科学技術の振興を最重要政策課題の一つとして位置付け、科学技術創造立国を目指した施策の展開を図っている。

とりわけ、高度情報通信社会の急速な進展に対応したＩＴ（情報技術）等の情報通信分野や、健康で活力に満ちた安心できる生活を実現するために重要なライフサイエンス分野、さらに地球温暖化対策等近年重要性が高まっている環境分野などの重点分野については、積極的、戦略的に投資を行い、研究開発を推進することとしている。

むつ小川原地域において、こうした科学技術を活かした成長産業の立地が進展すれば、中国や韓国、台湾といった東アジア諸国の急迫を受ける中で、我が国が抱える産業の空洞化への対応に資するとともに、特に労働集約型で付加価値が低いという青森県製造業の弱点克服の打開策ともなり得る。

幸い、30年以上にわたるむつ小川原開発の展開により、むつ小川原地域は、港湾、道路などの基盤整備が進められ、国策により国家石油備蓄基地や原子燃料サイクル施設、財団法人環境科学技術研究所が立地したことに加え、クリスタルバレイ構想の一環として、液晶関連企業が立地するなど、環境・エネルギー問題といった国際的課題に対応し得る研究開発や新しい時代を切り開く産業集積の拠点形成の素地ができている。

また、今後の研究開発機能の展開や成長産業等の立地展開には、研究者・技術者等の活動をサポートする「人・」「家族」を重視した環境づくりが不可欠であり、魅力ある生活環境を整備することが、研究開発機能の展開や成長産業等の立地展開を左右するポイントの一つとなる。

そこで、むつ小川原開発においては、日本が目指す科学技術創造立国の実現に向け、我が国及び国際社会への貢献や青森県の雇用拡大など地域振興に資する観点から、環境、エネルギー及び科学技術の分野における研究開発機能の展開と成長産業等の立地展開を図るとともに、森と湖に囲まれた、アメニティあふれる新たな生活環境を整備し、多様な機能を併せ持つ、世界に貢献する新たな「科学技術創造圏」の形成を進める。

（2）開発の方針

開発に当たっては、以上の方向の下、次の方針に沿って進める。

① 六ヶ所村尾駮沼及び鷹架沼周辺から三沢市北部に至る臨海部の約5,180ヘクタールを「むつ小川原開発地区」とし、ここにおいて開発を展開することを基本とする。

② 開発の展開に当たっては、国の科学技術政策や産業動向などを見据えつつ、むつ小川原地域の特性を活かし、環境、エネルギー及び科学技術の分野において、国レベルで取り組むべき研究開発機能等の展開と液晶関連産業の集積など成長産業等の立地展開を図る。

③ 研究者・技術者等とその家族のための住環境の整備に当たっては、ライフスタイルや職住近接など居住条件のニーズに配慮しつつ、開発の展開に伴う定住人口の動向を踏まえ、アメニティあふれる生活環境の整備を進める。

④ 研究開発の交流・連携や産業活動の促進、住民の広域的な都市的サービスの享受を支援するため、既存の施設を活用しつつ、今後の開発の展開に応じ、交通、情報通信など各種の基盤整備を図る。

⑤ 開発の展開に当たっては、環境影響評価の結果を踏まえ、緑や湖沼などの多様で豊かな自然環境を保全するとともに、開発に伴う環境負荷を極力少なくすることなどを通じて、自然と共生した良好な生活環境等の保全を図り、環境に十分配慮した開発を行うこととする。

なお、環境影響評価書において、具体的な配慮内容として取りまとめた環境配慮指針等に基づき、環境の保全に万全を期すこととする。

⑥ 開発に当たっては、むつ小川原開発地区における研究開発機能の展開と成長産業等の立地展開はもとより、人材・資源等の供給、生活機能の向上など開発を促進する機能の発揮や、地域産業の振興、新産業の創出など開発がもたらす効果の波及を通じて、むつ小川原地域の振興を図る。

3　開発の展開

（1）開発の視点

21世紀に入った今、科学技術は一層の広がりと深まりをみせ、その進歩は、人類の生活と福祉、経済社会の発展に一層貢献し、世界の持続的な発展のけん引車となることが期待されている。

我が国が、知の創造と活用により世界に貢献できる国、国際競争力があり持続的発展ができる国、安全・安心で質の高い生活のできる国として存立していくためには、科学技術が新たな知を生み出し、国民の生活や経済活動を持続的に発展させ、また、国際的な貢献を果たすべきものであるという視点に立った、積極的な科学技術振興が不可欠である。

むつ小川原地域においては、我が国で、今後、国家的・社会的課題に対応し重点的に取り組むこととしている環境分野と、国の存立にとって基盤的なエネルギー分野を中心に、情報通信・ライフサイエンス等の分野をも視野に入れ、これまでの関連施設の集積や基盤整備の進展を活かしながら、研究開発機能の展開を図り、我が国が目指す科学技術創造立国の実現の一翼を担う。

また、一層のグローバリゼーションが進行するとともに、我が国を含む先進諸国間の大競争時代が到来する中、新産業の創出につながる産業技術を強化し、強い国際競争力を回復することが必要である。

我が国が培ってきた高い技術力や知識力を活かし、経営資源と技術資源の選択と集中を行うことによって産業競争力を強化し、さらに規制改革を通じた民業拡大が新たな市場を創出して消費者の潜在需要を実現することが、我が国の経済の活性化にとって重要である。

むつ小川原地域においては、これら国内外の産業動向を踏まえ、新しい時代を切り開く、多角的な産業集積の拠点形成を進めつつ、環境・エネルギー分野における規制緩和等の先行導入を通じて実証試験や技術開発、制度設計を推進しながら、成長産業等の立地展開を図り、我が国の構造改革の先進モデルとして今後の改革推進の原動力ともなる。

（2）研究開発機能の展開

地球温暖化対策の一環としての、二酸化炭素の削減に資する技術開発への対応については、先進国日本としても国家的な取組が求められており、また、化石燃料の枯渇やウラン資源の有限性への対応として、次世代エネルギーの研究開発で世界をリードし、国際貢献していくことは、科学技術創造立国を目指す日本にとって大きな意義がある。

こうした環境、エネルギー及び科学技術の分野における研究開発の拠点を、我が国のエネルギー政策上の要衝であるむつ小川原開発地区に整備していくことの意義もまた大きい。

現在、核融合による恒久的エネルギー源としての「人工太陽」の実現を目指し、国際熱核融合実験炉（ＩＴＥＲ）計画が、日本、ＥＵ、ロシア、アメリカ、中国、韓国及びインドの七極による国際協力プロジェクトとして進められている。

我が国がＩＴＥＲ計画の効果的な推進に大きな役割を果たし、核融合研究開発で世界に貢献する主要な役割を担っていくため、むつ小川原開発地区に、次世代核融合炉の実現に向けた核融合研究開発を行う国際研究拠点の整備を進める。

また、持続可能な発展に向け、既存のエネルギー利用との協調を図りつつ、クリーンなエネルギーの利用等による経済社会の実現が求められているが、むつ小川原地域は、農林水産業等に由来する豊富なバイオマス資源や、近隣に天然ガス田、メタンハイドレートの開発等による天然ガス供給の可能性も高まっていることに加え、これらを活用した水素利用の大きなポテンシャルを有している。

このようなことを踏まえ、水素を軸とし、資源、事業、国・地域の枠を超えた、ボーダレスな次世代向けのエネルギーシステムの創出を目指し、むつ小川原スタンダードの発信も視野に入れ、むつ小川原開発地区にバイオマス、天然ガス、水素等のクリーンなエネルギーの利用等に係る研究開発や実証試験等の集積を進める。

一方、財団法人環境科学技術研究所は、平成２年12月の設立以来、放射線や放射性物質が生物や地球環境に及ぼすメカニズムの解明とその対応策など、世界的にも独創的な研究を進めており、今後、生物に対する放射線の影響を遺伝子レベルで解明するための先端分子生物科学研究センターの整備など、同研究所における機能の拡充を促進する。

また、新しい科学技術として、高輝度光源を持つ放射光施設は、広く国民生活の向上に寄与しているが、現在、つくば市にある高エネルギー加速器研究機構の放射光研究施設（ＰＦ）を北限としており、広範なユーザーが利用可能な放射光施設をむつ小川原開発地区に設置する意義は大きい。

本地区の放射光施設が、東北、北海道で最初の施設になることを考慮し、産学官の連携の下、放射光を用いた生命科学(医学､獣医学､農･生物学)､理工学などに係る基礎及び応用研究や人材育成の機能を有する施設としての整備を進める。

なお、これらの施設については、具体の研究開発が相互に関連することも多いと考えられることに加え､高齢社会に対応した医薬品等の開発など、地域住民に直結する研究開発や、発展途上国への農業技術支援に資する研究など、国際貢献に資する研究開発が想定されることから、相互の連携を強化しつつ､広範な視点から効果的な展開を図る。

このような環境、エネルギー及び科学技術の分野における研究開発機能の展開に当たっては、関連する研究施設等の立地や、大学、公設試験研究機関など地域の研究機関との交流を促進するとともに、科学技術に関する国際的な研究開発を進める上で欠かせない人材の育成や産学官連携の拠点として、大学院大学等の中核的な研究・人材育成機能の整備を目指す。

（３）産業の立地展開

ＩＴ革命の進展による液晶応用製品の需要拡大に支えられ、大きな世界市場が形成されつつある液晶産業の将来性に着目し、フラットパネルディスプレイ（ＦＰＤ）関連の生産工場がむつ小川原開発地区へ進出し始めており、その集積を図るとともに、ＦＰＤ先端技術に関する設備や人材を有する研究機関の整備と、液晶分野における技術者不足に応え得る実践的な技術習得の機能を有する研修施設の整備を図ることなどにより、国際貢献にも資する新たな産業拠点「クリスタルバレイ」の形成を進める。

一方、循環型経済社会の実現に向け、金属溶融還元・金属精錬などの長年にわたり蓄積された技術を活かしたリサイクル産業の形成が芽生えつつある八戸市との産業連携を図りながら、環境・エネルギー分野における研究開発成果の活用や規制緩和等の先行導入により、先端技術・事業ノウハウ等を蓄積し、新産業や新たなビジネスの創出を促進するほか、これら事業環境の向上を通じて先端産業やものづくり産業の立地展開を図る。

原子燃料サイクル事業については、エネルギー資源に恵まれない我が国のエネルギー政策、原子力政策に沿う重要な事業であるとの認識の下、安全確保を第一義に、地域振興に寄与することを前提として協力してきたところであり、今後とも、その国策上の位置付けについて節目節目で確認しながら、県民の安全、そして安心に重点を置いた対応をすべく、安全確保を第一義に慎重かつ総合的に対処していく。

さらに、研究開発機能の展開を契機とした関連企業の誘致はもとより、原子燃料サイクル事業に関連する技術開発を含め、関連産業の立地や、国際貢献をも視野に入れたエネルギーの安定供給に資する備蓄施設の立地など、むつ小川原開発地区のポテンシャルを活かしながら、産業の立地展開を図る。

（4）土地利用想定

①　土地利用区分

むつ小川原開発地区約5,180ヘクタールの土地利用区分については、用地条件、自然環境等を勘案し、研究開発機能の展開と成長産業等の立地展開、さらには新たな生活環境の整備のための用地として約3,290ヘクタール、港湾、道路などに供する公共用地として約210ヘクタール、環境保全などのための緑地として約1,680ヘクタールを見込む。

②　土地利用エリアの想定

研究開発機能の展開と成長産業等の立地展開、さらには新たな生活環境の整備のための用地としては、概ね次のように想定するが、具体の土地利用に当たっては、開発の展開を踏まえつつ対応する。

ア　研究開発機能展開エリア

〔弥栄平一部地区、沖付一部地区、鷹架地区、幸畑・新納屋地区〕

鷹架沼の南北に位置する地区は、多様な研究開発ニーズへの対応を考慮し、環境、エネルギー及び科学技術分野における研究開発機能の展開エリアとする。

イ　産業立地展開エリア

〔弥栄平一部地区、大石平地区、平沼地区、天ヶ森地区〕

弥栄平一部地区及び大石平地区には、現在、国家石油備蓄基地や原子燃料サイクル施設のほか、風力発電施設、液晶関連企業などが立地しており、これらの集積やこれらとの連携のメリットを考慮し、成長産業等の立地展開エリアとする。

また、平沼地区及び天ヶ森地区については、一団の土地確保の容易性などを勘案し、長期的視点に立って大規模な土地利用を必要とする産業の立地展開エリアとする。

なお、天ヶ森地区に所在する防衛施設（三沢対地射爆撃場）については、その重要性にかんがみ、防衛施設の機能を阻害することのないよう措置するものとする。

ウ　生活環境整備エリア

〔尾駮地区、沖付一部地区〕

尾駮地区（尾駮レイクタウン）には、現在、立地企業の社宅、商業施設、文化施設などが立地し、市街地が形成されており、同地区と沖付一部地区との機能連携や一体性を考慮し、生活環境の整備エリアとする。

土地利用想定図（略）

4　住環境整備

研究開発機能の展開や成長産業等の立地展開には、研究者・技術者等の活動をサポートする「人」・「家族」を重視した環境づくりが不可欠であり、魅力ある生活環境を整備することが、研究開発機能の展開や成長産業等の立地展開を左右するポイントの一つとなる。

このため、住環境の整備に当たっては、研究者・技術者等とその家族のライフスタイルや職住近接など居住条件のニーズに配慮しつつ、地域住民との交流の推進をも視野に入れ、開発の展開に伴う定住人口の動向を踏まえ、沖付地区において、外国からの研究者・技術者等が利用する際の利便性をも考慮した居住空間を整備するほか、尾駮レイクタウンの隣接地域及び周辺市町村においても居住区の整備に努めるなど、アメニティあふれる生活環境の整備を進める。

新たな居住区においては、上・下水道、公園、住区内道路などの基礎的な生活基盤の整備を進めるほか、最適なエネルギーシステムを取り入れた、庭付き一戸建てなど、生活形態に応じたゆとりある居住環境の整備を図るなど、研究者・技術者等とその家族のための快適な居住空間を構築する。

なお、千歳平北地区については、来訪者を対象とした歓迎機能や生活・福祉等の分野で魅力とゆとりを創造する機能など、むつ小川原開発地区における開発の進展と時代の要請に応え得る機能の導入展開を図る。

5　基盤整備

（1）港湾

むつ小川原港は、開発における物流の中核を担う港湾として、昭和52年9月に重要港湾の指定を受け、これまで、外港区の大型タンカー受入施設30万トン級一点係留ブイバースや、鷹架沼内港区において、5千トン級岸壁2バース、2千トン級岸壁1バースなどが整備されてきており、国家石油備蓄基地や原子燃料サイクル施設の立地など、開発の進展に寄与してきた。

今後とも、多様な研究開発や産業活動を支援するため、既存の施設を活用しつつ、新たな産業などの立地展開に応じ、適切に対応する。

（2）道路

これまで、東西幹線や南北幹線といった幹線道路の整備がむつ小川原開発地区内で進められるとともに、東北縦貫自動車道八戸線をはじめとして、百石道路、第二みちのく有料道路などの整備に加え、下北半島縦貫道路の整備など、高規格幹線道路や地域高規格道路等規格の高い道路の整備も着実に進んできている。

今後、研究開発や産業活動の展開、定住人口の動向を見極め、防災機能の側面にも配慮しつつ、むつ小川原開発地区内の道路の整備を進める。

また、研究開発の交流や産業活動の促進、住民の広域的な都市的サービスの享受を支援するため、東北縦貫自動車道八戸線や下北半島縦貫道路といった規格の高い道路の整備促進を図るほか、東北新幹線七戸（仮称）駅、三沢空港等を含めた広域的な高速交通体系へのアクセス性を高めるためにも、国道338号、国道394号などの道路機能の強化を進める。

（3）鉄道、空港

東北新幹線八戸駅が開業するとともに、青森空港については、滑走路の3,000ｍ化、計器着陸装置等の高カテゴリー化が実現するなど、むつ小川原開発地区を取り巻く高速交通体系は着実に充実しつつある。

今後、同地区に定住、来訪する研究者・技術者等のニーズに対応し、国内各地とのアクセス強化と国際交流の推進に資するため、東北新幹線八戸・新青森間の着実な整備を推進するとともに、青森空港及び三沢空港の機能向上などの促進を図る。

（4）情報通信

研究開発成果や産業情報の国内外に向けた情報発信・交流など、ボーダレスな研究開発や産業活動を支援するため、大容量通信幹線（光ファイバー等）など情報通信インフラの整備を促進する。

（5）水供給

研究開発機能の展開と産業の立地展開に伴う工業用水需要や、定住人口の増加に伴う上水需要には、将来の需要増大をも考慮しつつ、むつ小川原開発地区周辺における地下水、河川水及び湖沼水の利用等により的確に対応する。

（6）治水等

安全で安心に暮らせる地域を確保し、むつ小川原開発地区内における研究開発や産業活動の展開を支えるため、高瀬川水系などにおいて災害の発生を防止する治水施設等の整備を図る。

6　環境保全

開発の展開に当たっては、環境影響評価の結果を踏まえ、緑や湖沼などの多様で豊かな自然環境を保全するとともに、開発に伴う環境負荷を極力少なくすることなどを通じて、自然と共生した良好な生活環境等の保全を図り、環境に十分配慮した開発を行うこととする。

このため、むつ小川原開発地区内に分布する森林などの植生については、開発用地とのバランスに配慮し、防災空間としての機能も勘案しつつ、貴重な動植物の生息・生育場所や大型動物の移動経路、湿地、斜面緑地など生態系の基盤要素となっているものを緑地として活かすなど、その保全を図る。

また、産業排水や生活排水を適正に処理し、公共用水域及び地下水の水質の保全を図る。尾駮沼、鷹架沼をはじめとした閉鎖性水域である湖沼群においては、水質の汚濁を未然に防止するとともに、鳥類等の生息場所としての機能、さらに水質浄化機能などの環境保全機能を併せ持つ湖岸部の保全を図り、高瀬川水系をはじめとした河川においては、河川環境の保全を図る。また、開発地区及びその周辺においては、地下水涵養機能の維持及び効率的な水利用等により良好な水循環の維持を図るとともに地盤環境の保全を図る。

さらに、研究開発施設及び産業施設における緑地の確保、公園緑地の設置、沿道緑化の推進など、開発地区内の緑化を図る一方、研究開発施設及び産業施設における排ガス対策、排水の浄化・リサイクル利用や、廃棄物の発生抑制・リサイクル利用等を通じて開発地区内のゼロエミッションを進めるなど、良好な生活環境の保全を図るとともに、温室効果ガス排出量の低減を図り、さらに開発地区に残された良好な自然環境、歴史的・文化的環境を、親水・森林レクリエーション空間や歴史・文化に触れる場として活用を図る。

なお、環境影響評価書において具体的な配慮内容として取りまとめた環境配慮指針に基づき、施設の具体化に当たっての環境保全への配慮を徹底させるとともに、適切に環境監視を行う等により、環境の保全に万全を期すこととする。

7　地域振興

開発に当たっては、むつ小川原開発地区における研究開発機能の展開と成長産業等の立地展開はもとより、人材・資源等の供給、生活機能の向上など開発を促進する機能の発揮や、地域産業の振興、新産業の創出など開発がもたらす効果の波及を通じて、むつ小川原地域の振興を図る。

（1）人材・資源等の供給

研究開発機能の展開や成長産業等の立地展開などに伴う労働力需要の増大が見込まれることから、地域の安定的な雇用の確保を図ることはもとより、教育、職業訓練などによる人材育成を通じて、さらなる雇用拡大の実現を図る。

また、研究者・技術者等とその家族の定住に伴う食料品などの需要増大に対応するため、地域内の農林水産物の生産振興や流通体制の整備などを進めるほか、エネルギー関連をはじめとする各種プロジェクトの円滑な実施に向け、地域の意向を尊重しつつ、バイオマス資源など開発の展開において求められる資源の安定的な確保・供給体制の整備を図る。

さらに、開発の展開により創出される相当規模の建設、輸送、サービス等の需要に対する地域からの資源等の供給を通じて、地域企業の活用を促進する。

（2）生活機能の向上

開発を進める上で、外国人を含む多様な就業者・来訪者等に配慮した住環境や、医療・福祉、教育・文化、消費等の都市的サービス、自然利用型レクリエーションなど、生活機能の提供が欠かせないものであり、これらの向上に努める。

（3）地域産業の振興、新産業の創出

研究開発機能の展開により見込まれる、物理、材料、医学、環境等の幅広い分野での先端技術開発や基礎科学研究、実証研究などの成果を活かし、地域の主産業である農林水産業の生産技術の向上や新たな視点からの地域資源の高付加価値化、地域産業の高度化を図り、さらには新たな産業分野への進出など、新産業の創出を促進する。

また、国際的な研究開発機能の展開による知名度の向上に伴い見込まれる、研究視察、コンベンション開催等の増加、観光客の増大など交流人口の拡大に対応し、受入施設の充実、観光コースへの研究施設の組入れなどにより、開発の展開を地域の観光振興につなげる。

（4）開発と地域との交流環境の整備

地域産業の振興や新産業の創出は、地域に雇用創出効果をもたらし、新規学卒者等の受入れに寄与するが、それに止まることなく、その担い手となる地域企業等の技術レベルやマーケティング能力を高める地域コーディネーターの人材育成に努め、地域が開発効果を十分に受け止めることができる交流環境の整備に努める。

また、高齢社会に対応した技術開発など、地域住民の基礎的な医療・福祉等に直結する研究開発成果が地域に円滑に波及するよう、研究者等と地域企業等との技術交流を進める。

（5）新たな地域社会の形成

地域住民の生活ニーズをも踏まえながら、研究開発機能の展開などを活かした地域づくりを目指すほか、国内外の研究者・技術者等との交流をコミュニティ活動などを通じて地域の広がりのある交流につなげ、また、世界水準の研究開発に貢献する地域としての誇りの醸成に努めるなど、開発を契機として新たな地域社会の形成を目指す。

［参考］むつ小川原開発のあゆみ（略）

［出典：青森県『新むつ小川原開発基本計画』］

第３節　六ヶ所村資料

Ⅲ－１－３－１
要望書　原子燃料サイクル事業の推進に伴う諸対策について
六ヶ所村　平成６年12月

むつ小川原開発計画の一環として進められている原子燃料サイクル事業については、既に操業しているウラン濃縮施設、低レベル放射性廃棄物埋設施設に続いて今般高レベル放射性廃棄物管理施設の完成を控え、来春には海外から高レベル放射性廃棄物が返還受入されることとなっており、現在県、村、事業者の当事者で施設操業の前提となる安全協定(案)を協議しているところであります。

村としても、安全協定に議会並びに村民の意向を反映させるため、去る8月22日には議会全員協議会に対して協定(案)を説明し、8月30日から9月1日にかけては、村内9会場において安全協定(案)に係わる説明会を開催し、議員並びに村民の意見を聴取したところであります。この説明会を通じて議会並びに村民の中には、依然として高レベル廃棄物管理施設に対する不安があり、なかでもこのまま六ヶ所村がなし崩し的に最終処分地になるのではとの不安が多数あるのが現状であります。

一方、原子燃料サイクル事業がほぼ順調に進んでいる中で、むつ小川原開発計画全体を俯瞰した場合、村内の道路を始めとした基盤整備や村民の生活環境整備、産業振興対策等の遅れなど、これまでのむつ小川原開発計画の跛行的な進展状況に対する不満も多く見られ、特に計画推進にあたっての国・県の取り組みに対する根強い不信が見られるところであります。

むつ小川原開発計画の推進や国のエネルギー政策について協力してきた村、村議会としては、村民のこうした意向は無視できないものがあり、このような状況が継続することは今後のむつ小川原開発計画や原子燃料サイクル事業の進展に大きな支障を与えかねないものと強く懸念するものであります。

原子燃料サイクル事業の新たな段階を迎え、こうした本村の状況を踏まえながら、この度むつ小川原開発計画全般に伴う諸対策について要望を申し上げることとした次第であります。原子燃料サイクル事業に伴う要望としては、既に昭和60年1月に貴職からサイクル事業に伴う村論の集約依頼に対して、村の要望事項を申し上げた際及び同年4月に電気事業連合会から原子燃料サイクル施設立地協力要請を受諾した際に、当村の原子燃料サイクル施設対策協議会の「37項目の要望事項」を当面の要望として付しているところであります。これらの要望事項の一部は既に実現を見たものもありますが、むつ小川原開発や原子燃料サイクル事業の進展状況を踏まえながら、これらの要望事項を見直し、別紙のとおり要望事項を取りまとめたところであります。

つきましては、貴職におかれましてもむつ小川原開発や原子燃料サイクル事業を巡る村民の意向等本村の現状を十分に斟酌の上、要望事項の実現に対して特段のご理解とご協力を賜りますようお願い申し上げます。

平成6年12月16日

青森県知事　北村正哉殿

六ヶ所村長　土田浩

六ヶ所村議会議長　橋本道三郎

六ヶ所村議会むつ小川原開発対策特別委員長　辻浦鶴松

【別紙】

要望事項

(1)　安全対策について

イ、国の安全審査指針等安全規制体系の整備、強化を図ること

原子力施設に関する安全規制は、国の専管事項とされていることから原子力施設の安全性、信頼性のより一層の向上を図るため､安全審査、施設検査及び監視体制を充実、強化を図っていただきたい。

ロ、事業主体における強固な安全対策の確立を図ること

事業者は、国内外における運転経験、技術開発等から得られる最良の技術を採用し、原子力施設の設計、建設及び管理運営に万全を期すこ

とされているが、ウラン濃縮工場の度重なるトラブルの発生は軽微事象とはいえ、原子力施設の安全性に対する村民の信頼を損うばかりではなく、不安や疑念を増大させることになる。

こうした不安等を解消するため、事業者においては強固な安全管理体制の確立を図り、安全第一に事業を進めるとともに、国・県においても事業者に対して厳しい指導、監督を行っていただきたい。

ハ、高レベル放射性廃棄物の処分について、国が責任を持って体制を整備すること

最終処分予定地の選定が行われていない現状から、村民の中には六ヶ所村が、なし崩し的に最終処分地となるのではないかとの不安が根強く見られる。村民の懸念を解消するため今般「原子力長期計画」に示された国の方針、スケジュールに即し、確実に最終処分の実施主体の決定を行うなど、高レベル放射性廃棄物の最終処分に向けての諸施策の推進を図っていただきたい。

また高レベル廃棄物の処分事業が極めて長期にわたることから、最終処分場の管理等についての国自らの関与責任を明確に示してしていただきたい。

ニ、六ヶ所村で高レベル放射性廃棄物の最終処分が行われないことを確認すること

商業規模の再処理施設及び海外からの高レベル返還廃棄物管理施設という我が国において他に類のない原子力施設の立地に協力している本村の立場に留意し、本村において高レベル放射性廃棄物の最終処分が行われないことを明確に確認していただきたい。

ホ、海外原子力施設視察研修の実施による原子力PA対策を講ずること

原子燃料サイクル施設広報・安全等対策交付金事業による海外原子力施設視察については、村単独での実施は困難であるとされている。しかし、原子力施設等の視察研修は、原子力等に対する理解を深める方法としては最良のものであると考えられる。原燃サイクル施設に依然として不安があるなかで、より一層の理解を深めるために、県事業による原子力PA対策として村の各種団体等を対象に含めた海外原子力施設視察研修を実施していただきたい。

ヘ、原燃PRセンターの整備拡充を図ること

原燃PRセンターは見学者が40万人を越えるなど訪れる見学者も増大しているが、これらの見学者に充実した展示内容を提供し、より一層PR効果を高めるためにも展示施設をはじめ施設の整備拡充を図っていただきたい。

⑵　地域振興対策について

イ、むつ小川原開発第二次基本計画の見直しを図ること

むつ小川原開発第二次基本計画は、策定以来既に20数年が経過したものの、立地業種は国家石油備蓄基地及び原子燃料サイクル事業のみで約1,500haの広大な土地が放置され、第二次基本計画の基幹産業である石油製精、石油化学等の企業進出が図られていない状況にある。この間、社会経済情勢の変化により計画と現実の乖離は極めて大きいものがあり、むつ小川原地域の発展のために立地業種の見直し等計画の抜本的かつ早期の見直しを進めていただきたい。

ロ、農業、酪農、漁業との共存共栄対策を講じ、とくに流通機溝の充実を図ること

加工技術、流通対策等の課題解決に当たっては、県農産物加工指導センター等を積極的に活用し、その充実を図ることとしているが、特に村ではファームランド構想のなかで、牛肉・牛乳処理加工施設の整備を図り、酪農振興を推進することにしている。また農業、漁業においては新技術の活用や増養殖、加工対策を実施しているが、県、事業者においても村の事業計画に対して　積極的な支援を始めとしたサイクル施設との共存共栄対策を講じていただきたい。

ハ、商工業の育成を図るため建設工事の発注や物資の調達は地元企業、商店を最優先する対策を講ずること

これまでも日本原燃㈱、ゼネコン、メーカー等に対し、地元企業、商店への建設工事の発注、物資調達の優先を強く要請してきているが、今後とも事業者のより一層の理解と協力をお願いするとともに、県においても事業者に対し地元企業、商店の活用を最優先にした対策、指導を実施していただきたい。

ニ、内陸型企業及び関連企業の誘致を積極的に進めること

むつ小川原開発の促進を図るため、平成6年度に創設した「むつ小川原工業基地企業立地促進費補助金」制度の積極的な活用を図り、企業

立地を進めるとともに、電気事業連合会等事業者においても更に内陸型企業や関連企業など多角的な企業立地活動を促進していただきたい。

ホ、原子力研究機関等の設置を図ること

平成2年12月に(財)環境科学技術研究所が設立され、現在研究棟の整備が進められているが、同研究所の研究内容の充実と施設の整備拡充を図るとともに、新規の原子力関連試験研究機関等の設置について、積極的に促進していただきたい。

へ、宿泊休養施設等を整備し、観光対策の充実を図ること

村では観光振興ビジョンを策定し、観光振興対策の強化、充実を図ることとしているが、ホテル、温泉施設など宿泊休養施設の早期整備について理解と協力をいただきたい。

⑶　基盤整備対策について

イ、高速交通体系の整備促進を図ること

企業立地促進、産業振興及び生活の利便性向上の観点から高速交通体系の整備は必要不可欠であるので、盛岡以北の新幹線整備、東北自動車道八戸以北の延伸、下北縦断道路等高速交通体系の整備促進、また八戸・三沢・六ヶ所間の臨港道路の整備について、強力な整備促進を図っていただきたい。

ロ、国道338号線、倉内、鷹架防潮堤間(平沼バイパス)の早期着工を図ること

国道338号線については、本年4月から倉内バイパスや鷹架防潮堤の完成により暫定的に県道を利用した迂回路が供用開始になっているものの、平沼バイパスを始め、倉内～防潮堤間が未整備となっているなどむつ小川原開発区域の主要幹線整備の遅れが目立っており、交通基盤整備を進めるため早期に着工していただきたい。

ハ、B住区の早期整備及び、千歳平橋の複線化を図ること

B住区の整備については、これまでも再三にわたって関係機関に要望してきているが、未だに粗造成すらなされず166haの土地が放置されたままの状態となっており、利用計画の見直しを始め具体的な活用を早期に図っていただきたい。

また千歳平橋についても、交通量の増加に伴う交通安全対策等の観点から早期に複線化整備を進めていただきたい。

ニ、むつ小川原港の整備促進を図ること

むつ小川原港は工業基地の中核となる基盤施設であり、むつ小川原地域への企業立地を始めむつ小川原開発計画の促進のためにも港湾の早期完成に向けて、より一層を整備を進めていただきい。

⑷　生活福祉と環境整備対策について

イ、地元雇用の最優先対策を講ずること

従来から県始め日本原燃(株)、ゼネコン・メーカーに対し地元雇用の優先を強く要請してきているが、再処理施設の建設等に伴う雇用需要の増大に対して一層の地元雇用機会の拡大を図っていただきたい。

また地元雇用の実態について報告を求めるなど状況把握に努めたいのでご理解とご協力をいただきたい。

ロ、雇用対策として技術習得に必要な職業訓練校等の充実を図ること

村民から各種資格や技術習得のための講習会等の要望が増加しているが、サイクル事業関連の地元雇用を確保するためにも三沢高等技術専門校、むつ高等技術専門校の訓練内容の充実を図っていただきたい。

また平成7年度開設予定の(株)青森原燃テクノロジーセンターの施設活用が図られるよう講座内容、設備等の充実を図っていただきたい。

ハ、事業者等の宿舎の配置については、三施設立地周辺の集落を十分考慮して建設すること

事業者の寮等はこれまで千歳平、尾駮、尾駮浜等に建設しているが、今後計画している家族寮、社宅等については建設計画に基づいて早急に整備を進めていただきたい。

ニ、スポーツ・レクリエーション施設の整備充実を図ること

村ではスポーツ・レクリエーション需要に対応した観光振興ビジョンを作成し、今後施設計画等を進めることとしているが、ゴルフ場、サッカー場など新たなニーズに対応したスポーツ・レクリエーション施設の整備が早期に行われるよう支援をいただきたい。

ホ、温泉施設を核としたアメニティ施設の整備を図ること

事業者では村のファームランド計画に合わせ温泉施設を核としたアメニティ施設の整備計画を進めているが、温泉施設は村民のニーズも高く期待も大きいので早急に整備を進めていただきたい。

ヘ、生活環境整備対策を講ずること

原子燃料サイクル事業の進展、特に再処理施設の建設着工により、工事関係就労者が増大することが予想されており、これに伴い交通安全対策、防犯対策、ゴミ・し尿処理対策等の諸対策の強化が必要となっている。これらの対策にあたって費用の地元負担などによる地元への影響を最小限にくい止めるよう実効性のある対策を講じていただきたい。

ト、下水道整備事業に対する助成を講ずること

村では、住み良いまちづくりや生活環境保全などの必要から、「下水道整備推進委員会」を設置し、村内全域を対象として下水道整備計画を進めているが、この計画の実施に対し財源的な助成を含めた支援をいただきたい。

チ、音楽会など芸術・文化活動に対する支援を図ること

平成9年度には文化交流プラザもオープンする予定であり、村で実施するコンサート等の芸術・文化活動へ支援をお願いしたい。

リ、有線テレビ(CATV)整備事業への支援を図ること

原燃サイクル施設の情報告知(運転状況、事故情報等)や村民への各種情報提供の手段としての有線テレビ事業を計画しているが、実施にあたって支援をいただきたい。

ヌ、幼稚園の設置を図ること

村民の中でも幼児教育の重要性への関心が高まり、村民アンケートでも幼稚園の開設要望が強いので、事業者においても村民の利用が可能な幼稚園の開設を図っていただきたい。

⑸　財源対策について

イ、海外返還高レベル放射性廃棄物管理施設を三法交付金の交付対象にすること

海外返還高レベル放射性廃棄物管理施設は、再処理施設とは独立の施設として、安全協定の対象となっていることから、新たに三法交付金の交付対象施設としていただきたい。

ロ、電源三法交付金の使途の拡充を図ること

電源三法交付金の交付額の30%を一般財源として活用が図られるよう制度の見直しを図っていただきたい。

ハ、核燃料物質等取扱税の市町村配分を講ずること

核燃料物質等取扱税はサイクル施設の立地に伴う行政需要に充てるため県税として徴収されているが、サイクル施設立地に伴う行政需要は立地市町村等でも同様であり、財源確保対策として他県の例と同様に同税の50%程度を立地村及び周辺市町村へ配分していただきたい。

ニ、(財)むつ小川原産業振興財団の基金増額を図ること

金利の低下により(財)むつ小川原産業活性化センター、六ヶ所村まちづくり協議会の運営が厳しく、目的である産業育成事業や人材育成事業等の実施に支障を来しているので、こうした事業が円滑に実施出来るよう基金を増額していただきたい。

ホ、青森県電力移出県補功金制度の延長及び交付額の拡大を図ること

サイクル施設の稼働に伴い県に交付される電力移出県等交付金の一部を市町村へ交付しているが、交付年度が6～8年度の3ヶ年、各市町村1千万円で一回限りとなっている。しかし同交付金は施設の存在する限り交付されるものであり、電源地域の産業振興を図るために制度の延長及び交付金額の増額を図っていただきたい。

ヘ、三法交付金施設の維持管理費用に対する財政援助を講ずること

昭和63年度から電源三法交付金事業による公共施設等の整備を進めているが、事業実施に伴う一般財源の持ち出しや交付金施設の維持管理費等の支出により、村財政状況が悪化しているので、三法交付金施設の維持管理費用として年間1億円程度の財政援助をいただきたい。

以上

［出典：六ヶ所村役場資料］

Ⅲ－1－3－2
平成23年第5回定例会　六ヶ所村議会会議録（第2号）
平成23年9月5日

平成23年9月5日（月曜日）

◎議事日程
日程第1　一般質問

◎出席議員（18名）
1番　高田博光君
2番　鳥山義隆君
3番　鳥谷部正行君
4番　木村廣正君
5番　高橋文雄君
6番　岡山勝廣君
7番　橋本　勲君
8番　小泉　勉君
9番　木村常紀君
10番　橋本喜代二君
11番　松本光明君
12番　橋本隆春君
13番　小泉靖美君
14番　附田義美君
15番　相内宏一君
16番　中村　勉君
17番　三角武男君
18番　橋本猛一君
◎欠席議員（なし）
◎出席説明員（略）
◎出席議会事務局職員（略）

議長（橋本猛一君）　議員の皆さん、おはようございます。

これより本日の会議を開きます。

日程第1、一般質問を行います。

順次質問を許します。

7番橋本　勲議員の質問を許します。7番。

7番（橋本　勲君）　今回、2点ほど通告しております。一つにはエネルギー政策の見直しについてであります。二つには、ことしの農業、漁業の状況とその対策についてであります。

通告の案件に入る前に、ちょっとさま変わりしたといいますか、そういうことがありまして、前段、一言申し上げたいと思っております。

なお、今回、私を含めて3人の質問者、通告を見ますというと、いずれも原子力事情について通告されておりますが、私は、このことについて議員の一人として大変力強く思っております。近いうちにこのエネルギー政策の基本計画といいますか、改革がなされる、そういう検討に入るというようなことでありますが、だとすれば、今こそ議会としての意思表示、村としての意思表示が一番重要なことだと考えております。したがって、私は、今回この原子力の政策の見直しについての質問をぜひともお願いして、村長の忌憚のない、村長の明確な答弁を求めたいと、こういう意味でここに質問したわけであります。

質問通告後、皆さんご承知のとおり野田内閣が誕生し、原子エネルギーに対する考え方が多少変わってきたように、トーンが変わってきたように感じます。それは、新規増設は難しいが、現在ある施設の安全性がきちんと専門家などによって確認できれば、再稼働するべきだというような発言だったと理解しております。しかし、だからといって、本村の再処理工場等、これはモックスも含めてでありますが、見直しはないと受けとめることはできません。いまだなお予断を許さない状況に私は変わりがないと、そういう思いで通告どおり質問をさせていただきます。

1番のエネルギー政策の見直しについてでありますが、ご承知のとおり、東日本大震災に伴い、原子エネルギーに対する国民の視線というものは大変厳しい状況にある。そこで、国はエネルギー政策の見直しを余儀なくされていることはご承知のとおりであります。安全基準を高め、再稼働の判断を行うためのストレステスト基準を定めたのも、それらがゆえんであると考えます。しかし、原発等の、これもモックスを含めます、速やかな再稼働は果たして期待できるのかどうか、極めて私は不透明であると思います。

したがって、(1) 以上のような状況から、再処理工場の何が指摘を受け障害となっているのか。試験再開のめどは。また、2012年の10月竣工に影響がないのか。村民は大変、私も含めて不安を持って見つめていると考える。

(2) 国においても、まだ右往左往していて断定的なものであるとは理解しがたいが、この見直しが実行された場合に本村の財政、雇用、経済に影響を与えないのか。村民の一人として極めて不安にたえません。

(3) こうした国の考え方にどのように対応しなければならないと考えているのか。また、今その時期ではなく機会を見て、機を見て敏なりと言うが、だとすればそれはいつごろになると想定しているのか。

(4) 仮定上の質問になるが、再処理工場が実質上停止となり廃棄物だけが残るという最悪の事態はどんな手段をもってしても死守しなければならないと考えるが、どうか。そうならないように死守しなければならないと考えるが、どう考えているのか。

(略)

議長（橋本猛一君）　村長。

村長(古川健治君)　皆さん、おはようございます。

それでは、7番橋本議員からございました質問にお答えを申し上げます。

1件目のエネルギー政策の見直しについて、4点ありましたので、順次お答えを申し上げます。

1点目の再処理工場に係る質問についてでありますが、国から指示されました緊急安全対策とシビアアクシデント対応については、適切である旨の評価がなされたと伺っておりますが、経済産業省から発動されました電力使用制限令に加え、県の設置した原子力安全対策検証委員会の検証結果が出されていないこと、及びサイクル施設のストレステストについては実施を別途検討するとしているものの、日本原燃株式会社に対しては今のところ具体的な指示がないと伺っております。このままですと試験再開のめどが立たず、2012年10月の竣工に影響を及ぼすのではないかと危惧しているところであります。

2点目の村の財政、雇用、経済への影響に係る質問についてですが、少なからず影響を及ぼすものと思っております。

3点目の国の考え方への村の対応に係る質問については、ご承知のように、現段階ではエネルギー政策の見直しの方針について国から具体的に示されていない状況にありますので、村としていつの時点においてどのように対応するのか、具体的な対応策を決めておりませんが、新首相及び担当大臣の方針と県の原子力安全対策検証委員会からの取りまとめ状況を見きわめつつ、議会とともに、時期を見て、サイクル政策を着実に推進することを国に求めてまいりたいと考えております。

また、福島第一原子力発電所の事故を踏まえ、本村を含む下北半島7市町村で組織する原子力発電所に係る関係市町村連絡会議において、避難道路、ＥＰＺ、緊急時の医療体制等に関する防災対策の検討を進めており、10月中に取りまとめ、その後、国、県に要望することとしております。

4点目の廃棄物だけが村に残ると仮定した場合への対応についてでありますが、立地基本協定の趣旨に反することとなることから、容認できるものではないので、そうならないよう強い決意を持って対処していかなければならないものと考えております。

(略)

議長（橋本猛一君）　次に、2番鳥山義隆議員の質問を許します。

2番（鳥山義隆君）　おはようございます。

(略)

ご承知のとおり、福島第一原子力発電所の事故によって、我が国のエネルギー政策が大きく方向転換されようとしております。脱原発の風潮は、本村で進められている原子燃料サイクル事業にどのような影響を与えるのか。村長は6月の定例会で3番議員の質問に対し計画どおりに進められるものと認識していると答弁しておりますが、今もその認識に変わりはないでしょうか。明快な回答を求めます。

また、新たな原発の建設は認められないという政府方針に、原子力燃料サイクル事業の推進を通して我が国のエネルギー政策に協力してきた村として、このまま容認していいのか、多くの村民は不安な気持ちと危惧の念を持っております。村長の率直なお考えをお聞かせ願いたい。

また、多くの村民の不安解消のため、何か行動を起こす必要があると考えるがいかがでしょうか。村長は、提出案件説明要旨の中で、国の動向を注視してまいりたいと考えを示されましたが、新聞報道によると、前原政策調査会長は原子燃料サイクル事業やもんじゅなどを見直すとの方向性を示しており、公明党も同様な方針を打ち出しておりますが、この段階でも国の動向を注視し国の決定を待つというスタンスで対処するのか、お考えをお伺いいたします。

（略）

議長（橋本猛一君）　村長。

村長（古川健治君）　それでは、2番鳥山議員からございました質問にお答えを申し上げます。

1件目として、原子燃料サイクル事業について3点ありましたので、順次お答えを申し上げます。

1点目の国のエネルギー政策の方向転換が原子燃料サイクル事業に与える影響に係る質問についてでありますが、現段階では見直しの具体的な内容がよくわかりませんが、もし仮に、方向転換により再処理工場の規模が縮小されたり、再処理しないこととなった場合は、事業全体のみならず、関連企業、村の財政、雇用、経済に少なからず影響を及ぼすものと思っております。

2点目の脱原発という政府の方針に係る質問についてですが、本職としては、脱原発は正式な政府の方針とはとらえておりませんので、ご理解を賜りたいと存じます。

3点目の村民の不安解消のための行動についてでありますが、ご承知のように、現段階ではエネルギー政策の見直しの方針について国から具体的に示されていない状況にありますので、村として、いつの時点においてどのように対応するのか、具体的な対応策を決めておりませんが、新首相及び担当大臣の方針と県の原子力安全対策検証委員会の取りまとめ状況を見きわめつつ、適時適切な時期を見て、議会とともに、サイクル政策を着実に推進することを国に求めてまいりたいと考えております。

（略）

［出典：六ヶ所村議会会議録］

第４節　協定書等

Ⅲ－１－４－１

六ヶ所高レベル放射性廃棄物貯蔵管理センター周辺地域の安全確保及び環境保全に関する協定書

青森県（以下「甲」という。）及び六ヶ所村（以下「乙」という。）と日本原燃株式会社（以下「丙」という。）の間において、丙の設置する六ヶ所高レベル放射性廃棄物貯蔵管理センター（以下「貯蔵管理センター」という。）の周辺地域の住民の安全の確保及び環境の保全を図るため、「原子燃料サイクル施設の立地への協力に関する基本協定書（昭和60年4月18日締結）」第５条の規定に基づき、相互の権利義務等について、電気事業連合会の立会いのもとに次のとおり協定を締結する。

（安全確保及び環境保全）

第１条　丙は、貯蔵管理センターで行う高レベル放射性廃棄物（我が国の電力会社が、海外に再処理を委託した使用済燃料の再処理に伴い発生する高レベル放射性液体廃棄物をステンレス鋼製容器にほうけい酸ガラスを固化材として固化したものであって、我が国の電力会社に返還されるもの。以下「ガラス固化体」という。）の一時貯蔵管理に当たっては、放射性物質及びこれによって汚染された物（以下「放射性物質等」という。）により周辺地域の住民及び環境に被害を及ぼすことのないよう「核原料物質、核燃料物質及び原子炉の規制に関する法律（昭和32年法律第166号。以下「原子炉等規制法」という。）その他の関係法令及びこの協定に定める事項を誠実に遵守し、住民の安全を確保するとともに環境の保全を図るため万全の措置を講ずるものとする。

２　丙は、貯蔵管理センターの品質保証体制及び保安活動の充実及び強化、職員に対する教育・訓練の徹底、業務従事者の安全管理の強化、最良技術の採用等に努め、安全確保に万全を期すものとする。

（情報公開及び信頼確保）

第２条　丙は、住民に対し積極的に情報公開を行い、透明性の確保に努めるものとする。

２　丙は、住民との情報共有、意見交換等により相互理解の形成を図り、信頼関係の確保に努めるものとする。

（管理期間等）

第３条　第１条の「ガラス固化体の一時貯蔵管理」（以下「廃棄物管理」という。）の期間（以下「管理期間」という。）は、それぞれのガラス固化体について、貯蔵管理センターに受け入れた日から30年間から50年間とし、丙は、管理期間終了時点で、それぞれのガラス固化体を電力会社に搬出させるものとする。

（施設の新増設等に係る事前了解）

第４条　丙は、前条の廃棄物管理に係る施設を新設し、増設し、変更し、又は廃止しようとするときは、事前に甲及び乙の了解を得なければならない。

（放射性物質の放出管理）

第５条　丙は、貯蔵管理センターから放出する放射性物質について、別表に定める管理目標値により放出の管理を行うものとする。

２　丙は、前項の放出管理に当たり、可能な限り、放出低減のための技術開発の促進に努めるとともに、その低減措置の導入を図るものとする。

３　丙は、管理目標値を超えたときは、甲及び乙に連絡するとともに、その原因の調査を行い、必要な措置を講ずるものとする。

４　丙は、前項の調査の結果及び講じた措置を速やかに甲及び乙に文書により報告しなければならない。

５　甲及び乙は、前項の規定により報告された内容について公表するものとする。

（放射性液体廃棄物及び放射性固体廃棄物の保管管理）

第６条　丙は、放射性液体廃棄物及び放射性固体廃棄物の保管に当たっては、原子炉等規制法その他の関係法令に定めるところにより安全の確保を図るほか、必要に応じ適切な措置を講ずるものとする。

（環境放射線等の測定）

第７条　甲及び丙は、甲が別に定めた「原子燃料サイクル施設に係る環境放射線等モニタリング構想、基本計画及び実施要領（平成元年３月作成）」に基づいて貯蔵管理センターの周辺地域における環境放射線等の測定を実施するものとする。

２　甲及び丙は、前項の規定による測定のほか、必要があると認めるときは、環境放射線等の測定を実施し、その結果を乙に報告するものとする。

３　甲、乙及び丙は、協議のうえ必要があると認めるときは、前項の測定結果を公表するものとする。

（監視評価会議の運営協力）

第８条　丙は、甲の設置した青森県原子力施設環境放射線等監視評価会議の運営に協力するものとする。

（測定の立会い）

第９条　甲及び乙は、必要があると認めるときは、随時その職員を第７条第１項又は同条第２項の規定により丙が実施する環境放射線等の測定に立ち会わせることができるものとする。

２　甲及び乙は、必要があると認めるときは、その職員に第７条第１項の規定による測定を実施するために丙が設置する環境放射線等の測定局の機器の状況を直接確認させることができるものとする。この場合において、甲及び乙はあらかじめ丙にその旨を通知し、丙の立会いを求めるものとする。

３　甲及び乙は、前２項の規定により測定に立ち会わせ、又は状況を確認させる場合において必要があると認めるときは、その職員以外の者を同行させることができるものとする。

（ガラス固化体の輸送計画に関する事前連絡等）

第10条　丙は、甲及び乙に対し、ガラス固化体の輸送計画及びその輸送に係る安全対策について事前に連絡するものとする。

２　丙は、ガラス固化体の輸送業者に対し、関係法令を遵守させ、輸送に係る安全管理上の指導を行うとともに、問題が生じたときは、責任をもってその処理に当たるものとする。

（平常時における報告等）

第11条　丙は、甲及び乙に対し、次の各号に掲げる事項を定期的に文書により報告するものとする。

(1) 廃棄物管理状況

(2) 放射性物質の放出状況
(3) 放射性液体廃棄物及び放射性固体廃棄物の保管廃棄量
(4) 第７条第１項の規定に基づき実施した環境放射線等の測定結果
(5) 品質保証の実施状況
(6) 前各号に掲げるもののほか、甲及び乙において必要と認める事項

２　丙は、甲又は乙から前項に掲げる事項に関し必要な資料の提出を求められたときは、これに応ずるものとする。

３　甲及び乙は、前２項の規定による報告を受けた事項及び提出資料について疑義があるときは、その職員に丙の管理する場所等において丙の職員に対し質問させることができるものとする。

４　甲及び乙は、第１項の規定により丙から報告を受けた事項を公表するものとする。

（異常時における連絡等）
第12条　丙は、次の各号に掲げる事態が発生したときは、甲及び乙に対し直ちに連絡するとともに、その状況及び講じた措置を速やかに文書により報告するものとする。
(1) 貯蔵管理センターにおいて事故等が発生し、ガラス固化体の受入れを停止したとき又は停止することが必要となったとき。
(2) 放射性物質が、法令で定める周辺監視区域外における濃度限度を超えて放出されたとき。
(3) 放射線業務従事者の線量が、法令で定める線量限度を超えたとき又は線量限度以下であっても、その者に対し被ばくに伴う医療上の措置を行ったとき。
(4) 放射性物質等が管理区域外へ漏えいしたとき。
(5) ガラス固化体の輸送中に事故が発生したとき。
(6) 丙の所持し、又は管理する放射性物質等が盗難に遭い、又は所在不明となったとき。
(7) 貯蔵管理センター敷地内において火災が発生したとき。
(8) その他異常事態が発生したとき。
(9) 前各号に掲げる場合のほか国への報告対象とされている事象が発生したとき。

２　丙は、甲又は乙から前項に掲げる事項に関し必要な資料の提出を求められたときは、これに応ずるものとする。

３　甲及び乙は、前２項の規定による報告を受けた事項及び提出資料について疑義があるときは、その職員に丙の管理する場所等において丙の職員に対し質問させることができるものとする。

４　第１項各号に掲げる事態によりガラス固化体の受入れを停止したときは、丙は、ガラス固化体の受入れ再開について甲及び乙と協議しなければならない。

５　甲及び乙は、第１項の規定により丙から連絡及び報告を受けた事項を公表するものとする。

（トラブル事象への対応）
第13条　丙は、前条に該当しないトラブル事象についても、「六ヶ所高レベル放射性廃棄物貯蔵管理センターにおけるトラブル等対応要領」に基づき適切な対応を行うものとする。

（立入調査）
第14条　甲及び乙は、この協定に定める事項を適正に実施するため必要があると認めるときは協議のうえ、その職員を丙の管理する場所に立ち入らせ、必要な調査をさせることができるものとする。

２　前項の立入調査を行う職員は、調査に必要な事項について、丙の職員に質問し、資料の提出を求めることができるものとする。

３　甲及び乙は、第１項の規定により立入調査を行う際、必要があると認めるときは、甲及び乙の職員以外の者を同行させることができるものとする。

４　甲及び乙は、協議のうえ立入調査結果を公表するものとする。

（措置の要求等）
第15条　甲及び乙は、第12条第１項の規定による連絡があった場合又は前条第１項の規定による立入調査を行った場合において、住民の安全の確保及び環境の保全を図るために必要があると認めるときは、ガラス固化体の受入れの停止、環境放射線等の測定、防災対策の実施等必要かつ適切な措置を講ずることを丙に求めるものとする。

２　丙は、前項の規定により、措置を講ずることを求められたときは、これに応ずるとともに、その講じた措置について速やかに甲及び乙に対し、文書により報告しなければならない。

３　丙は、第１項の規定によりガラス固化体の受入れを停止したときは、ガラス固化体の受入れの再開について甲及び乙と協議しなければならな

い。

（損害の賠償）

第16条　丙は、貯蔵管理センターの廃棄物管理に起因して、住民に損害を与えたときは、被害者にその損害を賠償するものとする。

（風評被害に係る措置）

第17条　丙は、貯蔵管理センターの廃棄物管理等に起因する風評によって、生産者、加工業者、卸売業者、小売業者、旅館業者等に対し、農林水産物の価格低下その他の経済的損失を与えたときは、「風評による被害対策に関する確認書（平成元年３月31日締結。平成17年４月19日一部変更）」に基づき速やかに補償等万全の措置を講ずるものとする。

（住民への広報）

第18条　丙は、貯蔵管理センターに関し、特別な広報を行おうとするときは、その内容、広報の方法等について、事前に甲及び乙に対し連絡するものとする。

（関連事業者に関する責務）

第19条　丙は、関連事業者に対し、貯蔵管理センターの廃棄物管理に係る住民の安全の確保及び環境の保全並びに秩序の保持について、積極的に指導及び監督を行うとともに、関連事業者がその指導等に反して問題を生じさせたときは、責任をもってその処理に当たるものとする。

（諸調査への協力）

第20条　丙は、甲及び乙が実施する安全の確保及び環境の保全等のための対策に関する諸調査に積極的に協力するものとする。

（防災対策）

第21条　丙は、原子力災害対策特別措置法（平成11年法律第156号）その他の関係法令の規定に基づき、原子力災害の発生の防止に関し万全の措置を講ずるとともに、原子力災害（原子力災害が生ずる蓋然性を含む。）の拡大の防止及び原子力災害の復旧に関し、誠意をもって必要な措置を講ずる責務を有することを踏まえ、的確かつ迅速な通報体制の整備等防災体制の充実及び強化に努めるものとする。

２　丙は、教育・訓練等により、防災対策の実効性の維持に努めるものとする。

３　丙は、甲及び乙の地域防災対策に積極的に協力するものとする。

（違反時の措置）

第22条　甲及び乙は、丙がこの協定に定める事項に違反したと認めるときは、必要な措置をとるものとし、丙はこれに従うものとする。

２　甲及び乙は、丙のこの協定に違反した内容について公表するものとする。

（細則）

第23条　この協定の施行に必要な細目については、甲、乙及び丙が協議のうえ、別に定めるものとする。

（協定の改定）

第24条　この協定の内容を改定する必要が生じたときは、甲、乙及び丙は、他の協定当事者に対しこの協定の改定について協議することを申し入れることができるものとし、その申し入れを受けた者は、協議に応ずるものとする。

（疑義又は定めのない事項）

第25条　この協定の内容について疑義の生じた事項及びこの協定に定めのない事項については、甲、乙及び丙が協議して定めるものとする。

平成６年12月26日締結
平成12年10月12日一部変更
平成16年11月22日一部変更
平成18年３月29日一部変更

甲　青森市長島一丁目１番１号
青森県知事　三村申吾
乙　青森県上北郡六ヶ所村大字尾駮字野附475番地
六ヶ所村長　古川健治
丙　青森県上北郡六ヶ所村大字尾駮字沖付４番地108
日本原燃株式会社
代表取締役社長　兒島伊佐美
立会人　東京都千代田区大手町一丁目９番４号
電気事業連合会
会長　勝俣恒久

（別表）

項目	管理目標値（３箇月平均値）
排気口における排気中の放射性物質濃度	放射性ルテニウム　1×10^{-7}（$Bq／cm^3$） 放射性セシウム　9×10^{-7}（$Bq／cm^3$）

［出典：青森県『青森県の原子力行政』］

Ⅲ－１－４－２ 六ヶ所高レベル放射性廃棄物貯蔵管理センター周辺地域の安全確保及び環境保全に関する協定の運用に関する細則

青森県（以下「甲」という。）及び六ヶ所村（以下「乙」という。）と日本原燃株式会社（以下「丙」という。）の間において、六ヶ所高レベル放射性廃棄物貯蔵管理センター周辺地域の安全確保及び環境保全に関する協定書（以下「協定書」という。）第23条の規定に基づき、次のとおり細則を定める。

（関係法令）

第１条　協定書第１条及び第21条に定める「関係法令」には、核原料物質、核燃料物質及び原子炉の規制に関する法律（昭和32年法律第166号。以下「原子炉等規制法」という。）第51条の18に規定する保安規定を含むものとする。

（事前了解の対象）

第２条　協定書第４条に定める廃棄物管理に係る施設は、原子炉等規制法第51条の２第２項第２号に規定するもののうち、ガラス固化体に係るものをいう。

２　事前了解を必要とする変更は、原子炉等規制法第51条の５の規定に基づく事業許可の変更申請を行う場合の変更とする。

（測定の立会い）

第３条　協定書第９条第１項及び第２項に定める甲及び乙の職員は、甲又は乙の長が発行する測定の立会い又は状況の確認をする職員であることを証する身分証明書を携行し、かつ、関係者の請求があるときは、これを提示しなければならない。

２　協定書第９条第３項に定める甲及び乙の職員以外の者は、甲が設置した青森県原子力施設環境放射線等監視評価会議の委員及び乙が設置した六ヶ所村原子力安全管理委員会の委員とする。

３　前項の者は、測定の立会い等に同行する際、甲又は乙の長が発行する立会い等に同行する者であることを証する身分証明書を携行し、かつ、関係者の請求があるときは、これを提示しなければならない。

（連絡の時期）

第４条　協定書第10条第１項に定めるガラス固化体の輸送計画に関する事前連絡は、輸送開始２週間前までとする。

（報告の時期等）

第５条　協定書第11条第１項に定める平常時の報告に係る報告の時期等は、次のとおりとする。

報告事項	報告頻度	報告期限
(1) 廃棄物管理状況		
イ　受入れ、管理数量（計画）	年度ごと	当該年度開始前まで
ロ　受入れ、管理数量（実績）	月ごと	当該月終了後30日以内
ハ　主要な保守状況	月ごと	当該月終了後30日以内
ニ　定期検査の実施計画	検査の都度	当該検査開始前まで
ホ　定期検査の実施結果	検査の都度	当該検査終了後30日以内
ヘ　従事者の被ばく状況	四半期ごと	当該四半期終了後30日以内
ト　女子の従事者の被ばく状況	四半期ごと	当該四半期終了後30日以内
(2) 放射性物質の放出状況	月ごと	当該月終了後30日以内
(3) 放射性液体廃棄物及び放射性固体廃棄物の保管廃棄量	月ごと	当該月終了後30日以内
(4) 環境放射線等の測定結果	四半期ごと	当該四半期終了後90日以内

報告事項	報告頻度	報告期限
(5) 品質保証の実施状況 イ　品質保証の実施計画 ロ　品質保証の実施結果 ハ　常設の第三者外部監査機関の監査結果	 年度ごと 半期ごと 半期ごと	当該年度開始前まで 当該半期終了後30日以内 当該半期終了後30日以内
(6) その他の事項	その都度	その都度協議のうえ定める

2　協定書第11条第３項に定める甲及び乙の職員は、甲又は乙の長が発行する丙の管理する場所等において丙の職員に質問する職員であることを証する身分証明書を携行し、かつ、関係者の請求があるときは、これを提示しなければならない。

(異常事態)

第６条　協定書第12条第１項第８号に規定する異常事態は、放射性物質等の取り扱いに支障を及ぼす事故、故障をいう。

2　協定書第12条第１項第９号に規定する国への報告対象とされている事象は、「原子炉等規制法」に基づき報告対象とされている事象をいう。

3　甲、乙及び丙は、異常事態が発生した場合における相互の連絡通報を円滑に行うため、あらかじめ連絡責任者を定めておくものとする。

4　協定書第12条第３項に定める甲及び乙の職員は、甲又は乙の長が発行する丙の管理する場所等において丙の職員に質問する職員であることを証する身分証明書を携行し、かつ、関係者の請求があるときは、これを提示しなければならない。

(立入調査)

第７条　協定書第14条第１項に定める甲及び乙の職員は、立入調査をする際、甲又は乙の長が発行する立入調査する職員であることを証する身分証明書を携行し、かつ、関係者の請求があるときは、これを提示しなければならない。

2　協定書第14条第３項に定める甲及び乙の職員以外の者は、甲が設置した青森県原子力施設環境放射線等監視評価会議の委員及び乙が設置した六ヶ所村原子力安全管理委員会の委員とする。

3　前項の者は、立入調査に同行する際、甲又は乙の長が発行する立入調査に同行する者であることを証する身分証明書を携行し、かつ、関係者の請求があるときは、これを提示しなければならない。

4　甲及び乙は、協定書第14条第３項の規定により職員以外の者を同行させた場合、その者がそこで知り得た事項を他に漏らすことのないように措置を講ずるものとする。

(安全確保のための遵守事項)

第８条　協定書第９条、第11条、第12条及び第14条の規定により丙の管理する場所に立ち入る者は、安全確保のための関係法令を遵守するほか、丙の定める保安上の遵守事項に従うものとする。

(協議)

第９条　この細則の内容について疑義の生じた事項及びこの細則に定めのない事項については、甲、乙及び丙が協議して定めるものとする。

平成６年12月26日締結
平成12年10月12日一部変更
平成16年11月22日一部変更

甲　青森市長島一丁目１番１号
青森県知事　三村申吾
乙　青森県上北郡六ヶ所村大字尾駮字野附475番地
六ヶ所村長　古川健治
丙　青森県上北郡六ヶ所村大字尾駮字沖付４番地108
日本原燃株式会社
代表取締役社長　兒島伊佐美

[出典：青森県『青森県の原子力行政』]

Ⅲ－１－４－３
六ヶ所高レベル放射性廃棄物貯蔵管理センター隣接市町村住民の安全確保等に関する協定書

三沢市、野辺地町、横浜町、東北町及び東通村（以下「甲」という。）と日本原燃株式会社（以下「乙」という。）の間において、乙の設置する六ヶ所高レベル放射性廃棄物貯蔵管理センター

（以下「貯蔵管理センター」という。）の隣接市町村住民の安全確保及び環境の保全を図るため、青森県（以下「県」という。）の立会いのもとに次のとおり協定を締結する。

（安全協定書及び協定の遵守等）
第１条　乙は、貯蔵管理センターで行う高レベル放射性廃棄物（我が国の電力会社が、海外に再処理を委託した使用済燃料の再処理に伴い発生する高レベル放射性液体廃棄物をステンレス鋼製容器にほうけい酸ガラスを固化材として固化したものであって、我が国の電力会社に返還されるもの。以下「ガラス固化体」という。）の一時貯蔵管理に当たっては、県及び六ヶ所村と乙が締結した「六ヶ所高レベル放射性廃棄物貯蔵管理センター周辺地域の安全確保及び環境保全に関する協定書」（平成６年12月26日締結。平成12年10月12日、平成16年11月22日及び平成18年３月29日一部変更。以下「安全協定書」という。）によるほか、この協定に定める事項を遵守し、隣接市町村の住民の安全を確保するとともに環境の保全を図るため万全の措置を講ずるものとする。
２　乙は、貯蔵管理センターの品質保証体制及び保安活動の充実及び強化、職員に対する教育・訓練の徹底、業務従事者の安全管理の強化、最良技術の採用等に努め、安全確保に万全を期すものとする。
（情報公開及び信頼確保）
第２条　乙は、住民に対し積極的に情報公開を行い、透明性の確保に努めるものとする。
２　乙は、住民との情報共有、意見交換等により相互理解の形成を図り、信頼関係の確保に努めるものとする。
（管理期間等）
第３条　第１条の「ガラス固化体の一時貯蔵管理」の期間（以下「管理期間」という。）は、それぞれのガラス固化体について、貯蔵管理センターに受入れた日から30年間から50年間とし、乙は、管理期間終了時点で、それぞれのガラス固化体を電力会社に搬出させるものとする。
（施設の新増設等に係る事前了解の報告）
第４条　乙は、安全協定書第４条の規定による事前了解について、甲に報告するものとする。
（環境放射線等の測定結果の通知）
第５条　乙は、安全協定書第７条第２項目の規定による測定結果を県と協議のうえ甲に通知するものとする。（ガラス固化体の輸送計画に関する報告）
第６条　乙は、安全協定書第10条第１項の規定により事前連絡を行ったときは、甲に報告するものとする。
（平常時における報告）
第７条　乙は、甲に対し、安全協定書第11条第１項第１号から第５号までに掲げる事項を定期的に文書により報告するものとする。
（異常時における連絡等）
第８条　乙は、安全協定書第12条第１項各号に掲げる事態が発生したときは、甲に対し直ちに連絡するとともに、その状況及び講じた措置を速やかに文書により報告するものとする。
２　甲は、異常事態が発生した場合における連絡通報を円滑に処理するため、あらかじめ連絡責任者を定めておくものとする。
（トラブル事象への対応）
第９条　乙は、前条に該当しないトラブル事象についても、安全協定書第13条の規定による「六ヶ所高レベル放射性廃棄物貯蔵管理センターにおけるトラブル等対応要領」に基づき適切な対応を行うものとする。
（適切な措置の要求）
第10条　甲は、第８条第１項の規定による連絡を受けた結果、隣接市町村住民の安全確保等のため、特別の措置を講ずる必要があると認めた場合は、乙に対して県を通じて適切な措置を講ずることを求めることができるものとする。
２　乙は、安全協定書第15条第２項の規定により文書による報告を行ったとき及び安全協定書第15条第３項の規定により協議を行ったときは、甲に報告するものとする。
（立入調査及び状況説明）
第11条　甲は、この協定に定める事項を適正に実施するため必要があると認めるときは、その職員を乙の管理する場所に立入らせ、必要な調査をさせ、又は乙の管理する場所等において、状況説明を受けることができるものとする。
２　前項の立入調査を行う職員は、調査に必要な事項について、乙の職員に質問し、資料の提出を求めることができるものとする。
３　甲の職員は、立入調査を実施する際、甲の長が発行する立入調査する職員であることを証する身分証明書を携行し、かつ、関係者の請求があるときは、これを提示しなければならない。
4　甲は、立入調査結果を公表できるものとする。
（損害の賠償及び風評被害に係る措置）
第12条　乙は、安全協定書第16条及び第17条の規定による事項に誠意をもって速やかに当たるものとする。
（住民への広報）
第13条　乙は、安全協定書第18条に規定する広報を行おうとするときは、事前に甲に対し連絡するものとする。
（諸調査への協力）
第14条　乙は、甲が実施する住民の安全の確保及び環境の保全等のための対策に関する諸調査に積極的に協力するものとする。
（安全対策への協力）
第15条　乙は、甲の防災体制を十分理解のうえ、県及び六ヶ所村が講ずる安全対策に対して積極的に協力するものとする。
（違反時の措置）
第16条　甲は、乙がこの協定に定める事項に違反したと認めるときは、その違反した内容について公表するものとする。
（協定の改定）
第17条　この協定の内容を改定する必要が生じたときは、甲又は乙は、この協定の改定について協議することを申し入れることができるものとし、その申し入れを受けた者は、協議に応ずるものとする。
（疑義又は定めのない事項）
第18条　この協定の内容について疑義の生じた事項及びこの協定に定めのない事項については、甲及び乙が協議して定めるものとする。

平成７年１月25日締結
平成12年11月29日一部変更
平成16年12月３日一部変更
平成18年３月31日一部変更

甲　青森県三沢市桜町一丁目１番38号
三沢市長　鈴木重令
青森県上北郡野辺地町字野辺地123番地の１
野辺地町長　亀田道隆
青森県上北郡横浜町字寺下35番地
横浜町長　野坂充
青森県上北郡東北町上北南四丁目32番484
東北町長　竹内亮一
青森県下北郡東通村大字砂子又字沢内５番地34
東通村長　越善靖夫
乙　青森県上北郡六ヶ所村大字尾駮字沖付４番地108
日本原燃株式会社
代表取締役社長　兒島伊佐美
立会人　青森県青森市長島一丁目１番１号
青森県知事　三村申吾

［出典：青森県『青森県の原子力行政』］

Ⅲ－１－４－４

覚書

青森県及び六ヶ所村と日本原燃株式会社は、電気事業連合会の立会いのもと、下記のとおり覚書を締結する。

記

再処理事業の確実な実施が著しく困難となった場合には、青森県、六ヶ所村及び日本原燃株式会社が協議のうえ、日本原燃株式会社は、使用済燃料の施設外への搬出を含め、速やかに必要かつ適切な措置を講ずるものとする。

平成10年７月29日

青森市長島一丁目１番１号
青森県知事　木村守男
青森県上北郡六ヶ所村大字尾駮字野附475番地
六ヶ所村長　橋本寿
青森市本町一丁目２番15号
日本原燃株式会社代表取締役社長　竹内哲夫
立会人
東京都千代田区大手町一丁目９番４号
電気事業連合会会長　荒木浩

［出典：青森県『青森県の原子力行政』］

Ⅲ－1－4－5

六ヶ所再処理工場における使用済燃料の受入れ及び貯蔵並びにウラン試験に伴うウランの取扱いに当たっての周辺地域の安全確保及び環境保全に関する協定書

青森県（以下「甲」という。）及び六ヶ所村（以下「乙」という。）と日本原燃株式会社（以下「丙」という。）の間において、丙の設置する六ヶ所再処理工場（以下「再処理工場」という。）の周辺地域の住民の安全の確保及び環境の保全を図るため、「原子燃料サイクル施設の立地への協力に関する基本協定書（昭和60年4月18日締結）」第5条の規定に基づき、相互の権利義務等について、電気事業連合会の立会いのもとに次のとおり協定を締結する。

（適用範囲）

第1条　この協定は、再処理工場で行う使用済燃料の受入れ及び貯蔵並びにウラン試験に伴うウランの取扱いについて適用する。

（安全確保及び環境保全）

第2条　丙は、再処理工場の運転保守に当たっては、放射性物質及びこれによって汚染された物（以下「放射性物質等」という。）により周辺地域の住民及び環境に被害を及ぼすことのないよう「核原料物質、核燃料物質及び原子炉の規制に関する法律（昭和32年法律第166号。以下「原子炉等規制法」という。）」その他の関係法令及びこの協定に定める事項を尊守し、住民の安全を確保するとともに環境の保全を図るため万全の措置を講ずるものとする。

2　丙は、再処理工場の品質保証体制及び保安活動の充実及び強化、職員に対する教育・訓練の徹底、最良技術の採用等に努め、安全確保に万全を期するものとする。

（情報公開）

第3条　丙は、住民に対し積極的に情報公開を行い、透明性の確保に努めるものとする。

（施設の新設等に係る事前了解）

第4条　丙は、再処理施設を新設し、変更し、又は廃止しようとするときは、事由に甲及び乙の了解を得なければならない。

（放射性物質の放出管理）

第5条　丙は、再処理工場から放出する放射性物質について、別表に定める管理目標値により放出の管理を行うものとする。

2　丙は、前項の放出管理に当たり、可能な限り、放出低減のための技術開発の促進に努めるとともに、その低減措置の導入を図るものとする。

3　丙は、管理目標値を超えたときは、甲及び乙に連絡するとともに、その原因の調査を行い、必要な措置を構ずるものとする。

4　丙は、前項の調査の結果及び講じた措置を速やかに甲及び乙に文書により報告しなければならない。

5　甲及び乙は、前項の規定により報告された内容について公表するものとする。

（使用済燃料等の保管管理）

第6条　丙は、使用済燃料及びウランの貯蔵並びに放射性固体廃棄物の保管に当たっては、原子炉等規制法その他の関係法令に定めるところにより安全の確保を図るほか、必要に応じ適切な措置を講ずるものとする。

（環境放射線等の測定）

第7条　甲及び丙は、甲が別に定めた「原子燃料サイクル施設に係る環境放射線等モニタリング構想、基本計画及び実施要領（平成元年3月作成）」に基づいて再処理工場の周辺地域における環境放射線等の測定を実施するものとする。

2　甲及び丙は、前項の規定による測定のほか、必要があると認めるときは、環境放射線等の測定を実施し、その結果を乙に報告するものとする。

3　甲、乙及び丙は、協議のうえ必要があると認めるときは、前項の測定結果を公表するものとする。

（監視評価会議の運営協力）

第8条　丙は、甲の設置した青森県原子力施設環境放射線等監視評価会議の運営に協力するものとする。

（測定の立会い）

第9条　甲及び乙は、必要があると認めるときは、随時その職員を第7条第1項又は同条第2項の規定により丙が実施する環境放射線等の測定に立ち会わせることができるものとする。

2　甲及び乙は、必要があると認めるときは、その職員に第7条第1項の規定による測定を実施するために丙が設置する環境放射線等の測定局の機器の状況を直接確認させることができるものとする。この場合において、甲及び乙はあらかじめ丙にその旨を通知し、丙の立会いを求めるものとする。

3　甲及び乙は、前2項の規定により測定に立ち会わせ、又は状況を確認させる場合において必要があると認めるときは、その職員以外の者を同行させることができるものとする。

（使用済燃料等の輸送計画に関する事前連絡等）

第10条　丙は、甲及び乙に対し、使用済燃料及びウラン試験に用いるウランの輸送計画並びにその輸送に係る安全対策について事前に連絡するものとする。

2　丙は、使用済燃料及びウラン試験に用いるウランの輸送業者に対し、関係法令を遵守させ、輸送に係る安全管理上の指導を行うとともに、問題が生じたときは、責任をもってその処理に当たるものとする。

（平常時における報告等）

第11条　丙は、甲及び乙に対し、次の各号に掲げる事項を定期的に文書により報告するものとする。

(1) 再処理工場の運転保守状況
(2) 放射性物質の放出状況
(3) 放射性固体廃棄物の保管廃棄量
(4) 第7条第1項の規定に基づき実施した環境放射線等の測定結果
(5) 品質保証の実施状況
(6) 前各号に掲げるもののほか、甲及び乙において必要と認める事項

2　丙は、甲又は乙から前項に掲げる事項に関し必要な資料の提出を求められたときは、これに応ずるものとする。

3　甲及び乙は、前2項の規定による報告を受けた事項及び提出資料について疑義があるときは、その職員に丙の管理する場所等において丙の職員に対し質問させることができるものとする。

4　甲及び乙は、第1項の規定により丙から報告を受けた事項を公表するものとする。

（異常時における連絡等）

第12条　丙は、次の各号に掲げる事態が発生したときは、甲及び乙に対し直ちに連絡するとともに、その状況及び講じた措置を速やかに文書により報告するものとする。

(1) 再処理工場に事故等が発生し、運転が停止したとき又は停止することが必要になったとき。
(2) 放射性物質が、法令で定める周辺監視区域外における濃度限度等を超えて放出されたとき。
(3) 放射線業務従事者の線量が、法令で定める線量限度を超えたとき又は線量限度以下であっても、その者に対し被ばくに伴う医療上の措置を行ったとき。
(4) 放射性物質等が管理区域外へ漏えいしたとき。
(5) 使用済燃料又はウラン試験に用いるウランの輸送中に事故が発生したとき。
(6) 丙の所持し、又は管理する放射性物質等が盗難に遭い、又は所在不明となったとき。
(7) 再処理工場数地内において火災が発生したとき。
(8) その他異常事態が発生したとき。
(9)、前各号に掲げる場合のほか国への報告対象とされている事象が発生したとき。

2　丙は、甲又は乙から前項に掲げる事項に関し必要な資料の提出を求められたときは、これに応ずるものとする。

3　甲及び乙は、前2項の規定による報告を受けた事項及び提出資料について疑義があるときは、その職貞に丙の管理する場所等において丙の職員に対し質問させることができるものとする。

4　第1項各号に掲げる事態により再処理工場の運転を停止したときは、丙は、運転の再開について甲及び乙と協議しなければならない。

5　甲及び乙は、第1項の規定により丙から連絡及び報告を受けた事項を公表するものとする。

（トラブル事象への対応）

第13条　丙は、前条に該当しないトラブル事象についても、「六ヶ所再処理工場におけるウラン試験等に係るトラブル等対応要領」に基づき適切な対応を行うものとする。

（立入調査）

第14条　甲及び乙は、この協定に定める事項を適正に実施するため必要があると認めるときは協議のうえ、その職員を丙の管理する場所に立ち入らせ、必要な調査をさせることができるものとする。

2　前項の立入調査を行う職員は、調査に必要な事項について、丙の職員に質問し、資料の提出を求めることができるものとする。

3　甲及び乙は、第1項の規定により立入調査を行う際、必要があると認めるときは、甲及び乙の職員以外の者を同行させることができるものとする。

4　甲及び乙は、協議のうえ立入調査結果を公表するものとする。

（措置の要求等）

第15条　甲及び乙は、第12条第1項の規定による連絡があった場合又は前条第1項の規定による立入調査を行った場合において、住民の安全の確保及び環境の保全を図るために必要があると認めるときは、再処理工場の運転の停止、環境放射線等の測定、防災対策の実施等必要かつ適切な措置を講ずることを丙に対し求めるものとする。

2　丙は、前項の規定により、措置を講ずることを求められたときは、これに速やかに応じ、その講じた措置について速やかに甲及び乙に対し、文書により報告しなければならない。

3　丙は、第1項の規定により再処理工場の運転を停止したときは、運転の再開について甲及び乙と協議しなければならない。

（損害の賠償）

第16条　丙は、再処理工場の運転保守に起因して、住民に損害を与えたときは、被害者にその損害を賠償するものとする。

（風評被害に係る措置）

第17条　丙は、再処理工場の運転保守等に起因する風評によって、生産者、加工業者、卸売業者、小売業者、旅館業者等に対し、農林水産物の価格低下その他の経済的損失を与えたときは、「風評による被害対策に関する確認書（平成元年3月31日締結）」に基づき速やかに補償等万全の措置を講ずるものとする。

（住民への広報）

第18条　丙は、再処理工場に関し、特別な広報を行おうとするときは、その内容、広報の方法等について、事前に甲及び乙に対し連絡するものとする。

（関連事業者に関する責務）

第19条　丙は、関連事業者に対し、再処理工場の運転保守に係る住民の安全の確保及び環境の保全並びに秩序の保持について、積極的に指導及び監督を行うとともに、関連事業者がその指導等に反して問題を生じさせたときは、責任をもってその処理に当たるものとする。

（諸調査への協力）

第20条　丙は、甲及び乙が実施する安全の確保及び環境の保全等のための対策に関する諸調査に積極的に協力するものとする。

（防災対策）

第21条　丙は、原子力災害対策特別措置法（平成11年法律第156号）その他の関係法令の規定に基づき、原子力災害の発生の防止に関し万全の措置を講ずるとともに、原子力災害（原子力災害が生ずる蓋然性を含む。）の拡大の防止及び原子力災害の復旧に関し、誠意をもって必要な措置を講ずる責務を有することを踏まえ、的確かつ迅速な通報体制の整備等防災体制の充実及び強化に努めるものとする。

2　丙は、教育・訓練等により、防災対策の実効性の維持に努めるものとする。

3　丙は、甲及び乙の地域防災対策に積極的に協力するものとする。

（違反時の措置）

第22条　甲及び乙は、丙がこの協定に定める事項に違反したと認めるときは、必要な措置をとるものとし、丙はこれに従うものとする。

2　甲及び乙は、丙のこの協定に違反した内容について公表するものとする。

（細則）

第23条　この協定の施行に必要な細目については、甲、乙及び丙が協議のうえ、別に定めるものとする。

（協定の改定）

第24条　この協定の内容を改定する必要が生じたときは、甲、乙及び丙は、他の協定当事者に対しこの協定の改定について協議することを申し入れることができるものとし、その申し入れを受けた者は、協議に応ずるものとする。

（疑義又は定めのない事項）

第25条　この協定の内容について疑義の生じた事項及びこの協定に定めのない事項については、甲、乙及び丙が協議して定めるものとする。

附則

1　甲、乙及び丙が平成12年10月12日付けで締結した六ヶ所再処理工場の使用済燃料受入れ貯蔵施設等の周辺地域の安全確保及び環境保全に関する協定は、この協定の締結をもって廃止する。

2　この協定は、この協定の施行前に受入れた使用済燃料についても適用する。

この協定の締結を証するために、本書4通を作成し、甲、乙、丙及び立会人において、署名押印のうえ、各自その1通を保有するものとする。

平成16年11月22日
甲　青森市長島一丁目1番1号
青森県知事
乙　青森県上北郡六ヶ所村大字尾駮字野附475番地
六ヶ所村長
丙　青森県上北郡六ヶ所村大字尾駮字沖4番地108
日本原燃株式会社代表取締役社長
立会人　東京都千代田区大手町一丁目9番4号
電気事業連合会会長

(別表)

放射性液体廃棄物の放射性物質の放出量の管理目標値

核種	管理目標値
H－3	5.6×10^{10} Bq／年
I－129	3×10^{7} Bq／年
その他核種	
アルファ線を放出する核種	1.3×10^{8} Bq／年
アルファ線を放出しない核種	6.3×10^{9} Bq／年

放射性気体廃棄物の放射性物質の放出量の管理目標値

核種	管理目標値
Kr－85	5×10^{13} Bq／年
H－3	1×10^{11} Bq／年
I－129	1×10^{8} Bq／年
その他核種	
アルファ線を放出する核種	6.1×10^{6} Bq／年
アルファ線を放出しない核種	1×10^{7} Bq／年

［出典：青森県『青森県の原子力行政』］

Ⅲ-1-4-6
六ヶ所再処理工場における使用済燃料の受入れ及び貯蔵並びにウラン試験に伴うウランの取扱いに当たっての周辺地域の安全確保及び環境保全に関する協定の運用に関する細則

青森県（以下「甲」という。）及び六ヶ所村（以下「乙」という。）と日本原燃株式会社（以下「丙」という。）の間において、六ヶ所再処理工場における使用済燃料の受入れ及び貯蔵並びにウラン試験に伴うウランの取扱いに当たっての周辺地域の安全確保及び環境保全に関する協定書（以下「協定書」という。）第23条の規定に基づき、次のとおり細則を定める。

(関係法令)

第1条　協定書第2条及び第21条に定める「関係法令」には、核原料物質、核燃料物質及び原子炉の規制に関する法律（昭和32年法律第166号。以下、「原子炉等規制法」という。）第50条に規定する保安規定を含むものとする。

(情報公開)

第2条　協定書第3条に定める情報公開については、核不拡散又は核物質防護に関する事項について留意するものとする。

(事前了解の対象)

第3条　協定書第4条に定める再処理施設とは、使用済燃料の再処理の事業に関する規則（昭和46年総理府令第10号）第1条の2第1項第2号に規定するものをいう。

2　事前了解を必要とする変更は、原子炉等規制法第44条の4の規定に基づく事業指定の変更の許可の申請を行う場合の変更とする。

(測定の立会い)

第4条　協定書第9条第1項及び第2項に定める甲及び乙の職員は、甲又は乙の長が発行する測定の立会い又は状況の確認をする職員であることを証する身分証明書を携行し、かつ、関係者の請求があるときは、これを提示しなければならない。

2　協定書第9条第3項に定める甲及び乙の職員以外の者は、甲が設置した青森県原子力施設環境放射線等監視評価会議の委員及び乙が設置した六ヶ所村原子力安全管理委員会の委員とする。

3　前項の者は、測定の立会い等に同行する際、甲又は乙の長が発行する立会い等に同行する者であることを証する身分証明書を携行し、かつ、関係者の請求があるときは、これを提示しなければならない。

(連絡の時期)

第5条　協定書第10条第1項に定める使用済燃料及びウラン試験に用いるウランの輸送計画に関する事前連絡は、輸送開始2週間前までとする。

(報告の時期等)

第6条　協定書第11条第1項に定める平常時の報告に係る報告の時期等は、次のとおりとする。

報告事項	報告頻度	報告期限
⑴再処理工場の運転保守状況		
イ　使用済燃料の受入れ貯蔵数量（計画）	年度ごと	当該年度開始前まで
ロ　使用済燃料の受入れ貯蔵数量（実績）	月ごと	当該月終了後30日以内
ハ　ウラン試験に用いるウランの使用数量（計画）	————	協議のうえ定める
ニ　ウラン試験に用いるウランの使用数量（実績）	月ごと	当該月終了後30日以内
ホ　主要な保守状況	月ごと	当該月終了後30日以内
ヘ　定期検査の実施計画	検査の都度	当該検査開始前まで
ト　定期検査の実施結果	検査の都度	当該検査終了後30日以内
チ　従事者の被ばく状況	四半期ごと	当該四半期終了後30日以内
リ　女子の従事者の被ばく状況	四半期ごと	当該四半期終了後30日以内
ヌ　ウラン試験実施状況	月ごと	当該月終了後30日以内
⑵放射性物質の放出状況	月ごと	当該月終了後30日以内
⑶放射性個体廃棄物の保管廃棄量	月ごと	当該月終了後30日以内
⑷環境放射線等の測定結果	四半期ごと	当該四半期終了後90日以内
⑸品質保証の実施状況		
イ　品質保証の実施計画	年度ごと	当該年度開始前まで
ロ　品質保証の実施結果	半期ごと	当該半期終了後30日以内
ハ　常設の第三者外部監査機関の監査結果	半期ごと	当該半期終了後30日以内
⑹その他の事項	その都度	その都度協議のうえ定める

2　協定書第11条第3項に定める甲及び乙の職員は、甲又は乙の長が発行する丙の管理する場所等において丙の職員に質問する職員であることを証する身分証明書を携行し、かつ、関係者の請求があるときは、これを提示しなければならない。

(異常事態)

第7条　協定書第12条第1項第8号に規定する異常事態は、放射性物質等の取り扱いに支障を及ぼす事故、故障をいう。

2　協定書第12条第1項第9号に規定する国への報告対象とされている事象は、「原子炉等規制法」に基づき報告対象とされている事象をいう。

3　甲、乙及び丙は、異常事態が発生した場合における相互の連絡通報を円滑に行うため、あらかじめ連絡責任者を定めておくものとする。

4　協定書第12条第3項に定める甲及び乙の職員は、甲又は乙の長が発行する丙の管理する場所等において丙の職員に質問する職員であることを証する身分証明書を携行し、かつ、関係者の請求があるときは、これを提示しなければならない。

(立入調査)

第8条　協定書第14条第1項に定める甲及び乙の職員は、立入調査をする際、甲又は乙の長が発行する立入調査する職員であることを証する身分証明書を携行し、かつ、関係者の請求があるときは、これを提示しなければならない。

2　協定書第14条第3項に定める甲及び乙の職員以外の者は、甲が設置した青森県原子力施設環境放射線等監視評価会議の委員及び乙が設置した六ヶ所村原子力安全管理委員会の委員とする。

3　前項の者は、立入調査に同行する際、甲又は乙の長が発行する立入調査に同行する者であることを証する身分証明書を携行し、かつ、関係者の請求があるときは、これを提示しなければならない。

4　甲及び乙は、協定書第14条第3項の規定により職員以外の者を同行させた場合、その者がそこで知り得た事項を他に漏らすことのないように措置を講ずるものとする。

（措置の要求等）

第9条　協定書第15条第1項に定める「再処理工場の運転の停止」には、安全確保のため必要な操作は含まないものとする。

（安全確保のための遵守事項）

第10条　協定書第9条、第11条、第12条及び第14条の規定により丙の管理する場所に立ち入る者は、安全確保のための関係法令を遵守するほか、丙の定める保安上の遵守事項に従うものとする。

（公表）

第11条　甲及び乙は、協定書に基づく公表に当たっては、核不拡散又は核物質防護に関する事項について留意するものとする。

（協議）

第12条　この細則の内容について疑義の生じた事項及びこの細則に定めのない事項については、甲、乙及び丙が協議して定めるものとする。

附則

1　甲、乙及び丙が平成12年10月12日付けで締結した六ヶ所再処理工場の使用済燃料受入れ貯蔵施設等の周辺地域の安全確保及び環境保全に関する協定の運用に関する細則は、この細則の締結をもって廃止する。

2　この細則は、この細則の施行前に受入れた使用済燃料についても適用する。

この細則の締結を証するために、本書3通を作成し、甲、乙、丙において、署名押印のうえ、各自その1通を保有するものとする。

平成16年11月22日

甲　青森市長島一丁目1番1号

　青森県知事

乙　青森県上北郡六ヶ所村大字尾駮字野附475番地

　六ヶ所村長

丙　青森県上北郡六ヶ所村大字尾駮字沖付4番地108

　日本原燃株式会社代表取締役社長

［出典：青森県『青森県の原子力行政』］

Ⅲ－1－4－7
六ヶ所再処理工場における使用済燃料の受入れ及び貯蔵並びにウラン試験に伴うウランの取扱いに当たっての隣接市町村住民の安全確保等に関する協定書

三沢市、野辺地町、横浜町、上北町、東北町及び東通村（以下「甲」という。）と日本原燃株式会社（以下「乙」という。）の間において、乙の設置する六ヶ所再処工場（以下「再処理工場」という。）の隣接市町村住民の安全確保及び環境の保全を図るため、青森県（以下「県」という。）の立会いのもとに次のとおり協定を締結する。

（適用範囲）

第1条　この協定は、再処理工場で行う使用済燃料の受入れ及び貯蔵並びにウラン試験に伴うウランの取扱いについて適用する。

（安全協定書及び協定の遵守等）

第2条　乙は、再処理工場の運転保守に当たっては、平成16年11月22日付けで県及び六ヶ所村と乙が締結した「六ヶ所再処理工場における使用済燃料の受入れ及び貯蔵並びにウラン試験に伴うウランの取扱いに当たっての周辺地域の安全確保及び環境保全に関する協定書（以下「安全協定書」という。）」によるほか、この協定に定める事項を遵守し、隣接市町村の住民の安全を確保するとともに環境の保全を図るため万全の措置を講ずるものとする。

2　乙は、再処理工場の品質保証体制及び保安活動の充実及び強化、職員に対する教育・訓練の徹底、最良技術の採用等に努め、安全確保に万全を期すものとする。

（情報公開）

第3条　乙は、住民に対し積極的に情報公開を行い、透明性の確保に努めるものとする。

2　前項に定める情報公開については、核不拡散又は核物質防護に関する事項について留意するものとする。

（施設の新設等に係る事前了解の報告）

第4条　乙は、安全協定書第4条の規定による事前了解について、甲に報告するものとする。

（環境放射線等の測定結果の通知）

第5条　乙は、安全協定書第7条第2項の規定による測定結果を県と協議のうえ甲に通知するものとする。

（使用済燃料等の輸送計画に関する報告）

第6条　乙は、安全協定書第10条第1項の規定により事前連絡を行ったときは、甲に報告するものとする。

（平常時における報告）

第7条　乙は、甲に対し、安全協定書第11条第1項第1号から第5号までに掲げる事項を定期的に文書により報告するものとする。

（異常時における連絡等）

第8条　乙は、安全協定書第12条第1項各号に掲げる事態が発生したときは、甲に対し直ちに連絡するとともに、その状況及び講じた措置を速やかに文書により報告するものとする。

2　甲は、異常事態が発生した場合における連絡通報を円滑に処理するため、あらかじめ連絡責任者を定めておくものとする。

（トラブル事象への対応）

第9条　乙は、前条に該当しないトラブル事象についても、安全協定書第13条の規定による、「六ヶ所再処理工場におけるウラン試験等に係るトラブル等対応要領」に基づき適切な対応を行うものとする。

（適切な措置の要求）

第10条　甲は、第8条第1項の規定による連絡を受けた結果、隣接市町村住民の安全確保等のため、特別の措置を講ずる必要があると認めた場合は、乙に対して県を通じて適切な措置を講ずることを求めることができるものとする。

（立入調査及び状況説明）

第11条　甲は、この協定に定める事項を適正に実施するため必要があると認めるときは、その職員を乙の管理する場所に立入らせ、必要な調査をさせ、又は乙の管理する場所等において、状況説明を受けることができるものとする。

2　前項の立入調査を行う職員は、調査に必要な事項について、乙の職員に質問し、資料の提出を求めることができるものとする。

3　甲の職員は、立入調査を実施する際、甲の長が発行する立入調査する職員であることを証する身分証明書を携行し、かつ、関係者の請求があるときは、これを提示しなければならない。

4　甲は、立入調査結果を公表できるものとする。

5　甲は、前項の公表に当たっては、核不拡散又は核物質防護に関する事項について留意するものとする。

（損害の賠償及び風評被害に係る措置）

第12条　乙は、安全協定書第16条及び第17条の規定に与る事項に誠意をもって速やかに当たるものとする。

（住民への広報）

第13条　乙は、安全協定書第18条に規定する広報を行おうとするときは、事前に甲に対し連絡するものとする。

（諸調査への協力）

第14条　乙は、甲が実施する住民の安全の確保及び環境の保全等のための対策に関する諸調査に積極的に協力するものとする。

（安全対策への協力）

第15条　乙は、甲の防災体制を十分理解のうえ、県及び六ヶ所村が講ずる安全対策に対して積極的に協力するものとする。

（違反時の措置）

第16条　甲は、乙がこの協定に定める事項に違反したと認めるときは、その違反した内容について公表するものとする。

（協定の改定）

第17条　この協定の内容を改定する必要が生じたときは、甲又は乙は、この協定の改定について協議することを申し入れることができるものとし、その申し入れを受けた者は、協議に応ずるものとする。

（疑義又は定めのない事項）

第18条　この協定の内容について疑義が生じた事項及びこの協定に定めのない事項については、甲及び乙が協議して定めるものとする。

附則

1　甲及び乙が平成12年11月29日付けで締結した六ヶ所再処理工場の使用済燃料受入れ貯蔵施設等の隣接市町村住民の安全確保等に関する協定は、この協定の締結をもって廃止する。

2　この協定は、この協定の施行前に受入れた使用済燃料についても適用する。

この協定の締結を証するために、本書8通を作成し、甲、乙及び立会人において、記名押印のうえ、各自その1通を保有するものとする。

平成16年12月3日
甲　青森県三沢市桜町一丁目1番38号
　　三沢市長
　青森県上北郡野辺地町字野辺地123番地の1
　　野辺地町長
　青森県上北郡横浜町字寺下35番地
　　横浜町長職務代理者
　　横浜町助役
　青森県上北郡上北町中央南四丁目32番地484
　　上北町長
　青森県上北郡東北町字塔ノ沢山1番地
　　東北町長
　青森県下北郡東通村大字砂子又字沢内5番地34
　　東通村長
乙　青森県上北郡六ヶ所村大字尾駮字沖付4番地108
　　日本原燃株式会社代表取締役社長
立会人　青森県青森市長島一丁目１番１号
　　青森県知事
［出典：青森県『青森県の原子力行政』］

Ⅲ－１－４－８

ＭＯＸ燃料加工施設の立地への協力に関する基本協定書

青森県（以下「甲」という。）及び六ヶ所村（以下「乙」という。）と日本原燃株式会社（以下「丙」という。）は、昭和60年４月18日付けで締結した原子燃料サイクル施設の立地への協力に関する基本協定書（以下「現協定書」という。）の趣旨を踏まえ、丙が甲及び乙に協力要請をしたＭＯＸ燃料加工施設の立地に関し電気事業連合会（以下「丁」という。）の立会いのもとに次のとおり協定を締結する。

(基本的事項)
第１条　甲及び乙は、丙がＭＯＸ燃料加工施設を青森県上北郡六ヶ所村のむつ小川原開発地区内に立地することに関し協力するものとし、丙は、甲及び乙が推進する地域振興対策に協力するものとする。
２　丙は、甲及び乙がＭＯＸ燃料加工施設の立地が国のエネルギー政策、原子力政策に沿う重要な事業であるとの認識のもとに、同施設の安全確保を第一義に、現協定書に規定するサイクル三施設（以下「サイクル三施設」という。）とともに地域振興に寄与することを前提としたその立地協力要請を受託したものであることを確認し、同施設の建設及び管理運営並びに前項の地域振興対策への協力に当たっては、甲及び乙の意向を最大限に尊重するものとする。
(事業構想の実現)
第２条　丙は、甲及び乙に提出した「ＭＯＸ燃料工場の概要」に示されている事業構想を確実に実現するものとする。
(立地環境調査の実施)
第３条　丙は、ＭＯＸ燃料加工施設の立地に当たっては、必要かつ十分な立地環境調査を実施するものとする。
(安全対策)
第４条　丙は、ＭＯＸ燃料加工施設の安全を確保するため、丙が甲の委嘱した専門家に示した品質保証体制の確立を含む主要な安全対策を確実に履行するほか、国内外におけるＭＯＸ燃料加工施設についての運転経験、技術開発等から得られる最良の技術を採用し、ＭＯＸ燃料加工施設の設計、建設及び管理運営に万全を期するものとする。
(安全協定等の締結)
第５条　丙は、甲及び乙の求めに応じ、ＭＯＸ燃料加工施設周辺の安全を確保し、地域の生活環境を保全するため、必要な協定を締結するものとする。
(広報)
第６条　丙は、ＭＯＸ燃料加工施設の安全性等について住民の理解を深めるため、丁の協力のもとに、長期継続的な広報活動の充実強化に務めるものとする。
(事故、風評による被害対策)
第７条　丙は、万一原子力損害が発生した場合は、原子力損害の賠償に関する法律等に基づき厳正適切に対処するものとする。
２　丙は、甲及び乙と協議の上、風評による被害が生じた場合に備え、必要な措置を講ずるものとする。
(地域振興)

第８条　丙は、地域の振興に寄与するため、丁の協力のもとに、現協定書第８条に規定する地域振興施策について、サイクル三施設とともに一体的な推進に努めるものとする。

（資料等の提供）

第９条　丙は、安全確保対策、地域振興対策等のために必要とする事項について、資料、情報等の提供を甲又は乙が求めた場合には、これに協力するものとする。

（立会人）

第10条　丁は、サイクル三施設の立地協力要請を行った経緯及び丙がＭＯＸ燃料加工施設の立地協力要請を行った経緯に鑑み、ＭＯＸ燃料加工施設の事業構想が確実に実現されるよう丙の指導、助言に当たるものとする。

２　丁は、前項に定めるもののほか、本協定及び本協定に基づく覚書の履行について、丙の指導、助言に当たるものとする。

（覚書）

第11条　この協定の施行に関し、必要な事項については、甲、乙及び丙が協議の上、別に覚書で定めるものとする。

（その他）

第12条　この協定に関し疑義が生じたとき、この協定に定めのない事項について定める必要が生じたとき、この協定に定める事項を変更しようとするときは、甲、乙及び丙が協議の上、定めるものとする。

この協定の成立を証するため､本書４通を作成し、甲、乙、丙及び丁が署名押印の上、各自１通を保有する。

平成17年４月19日

甲　青森市長島一丁目１番１号

青森県知事　三村申吾

乙　青森県上北郡六ヶ所村大字尾駮字野附475番地

六ヶ所村長　古川健治

丙　青森県上北郡六ヶ所村大字尾駮字沖付４番地108

日本原燃株式会社代表取締役社長　兒島伊佐美

丁　立会人　東京都千代田区大手町一丁目９番４号

電気事業連合会会長　勝俣恒久

［出典：青森県『青森県の原子力行政』］

Ⅲ－１－４－９　風評による被害対策に関する確認書の一部を変更する覚書

青森県（以下「甲」という。）及び六ヶ所村（以下「乙」という。）と日本原燃株式会社（以下「丙」という。）及び電気事業連合会（以下「丁」という。）は、平成元年３月31日付で締結した風評による被害対策に関する確認書（以下「現確認書」という。）の一部を変更する覚書を次のとおり締結する。

１.現確認書前文を以下のとおり改める。

青森県（以下「甲」という。）及び六ヶ所村（以下「乙」という。）と日本原燃株式会社（以下「丙」という。）及び電気事業連合会（以下「丁」という。）は、昭和60年４月18日付で締結した「原子燃料サイクル施設の立地への協力に関する基本協定書（以下「現協定書」という。）」第７条第２項及び平成17年４月19日付で締結した「ＭＯＸ燃料加工施設の立地への協力に関する基本協定書」第７条第２項の風評による被害対策の基本に関して以下のとおり確認する。

２.現確認書第１条中に「丙及び丁」を「丙」に、「原子燃料サイクル施設」を「現協定書に規定するサイクル三施設及びＭＯＸ燃料加工施設」に改める。

３.現確認書第２条中の「丙及び丁」を「丙」に、「認定委員会（仮称）」を「風評被害認定委員会（以下「委員会」という。）」に､「当該認定委員会（仮称）」を「委員会」に改める。

４.現確認書第３条中の「丙及び丁」を「丙」に、「丙、丁及び戊」を「日本原燃サービス株式会社、日本原燃産業株式会社及び丁」に改める。

５.現確認書第４条を以下のとおりに改める。

（処理要綱）

第４条　委員会の措置、性格、組織、運営等は、風評被害処理要綱によるものとする。

６.現確認書第５条中の「丙、及び丁」を「及び丙」に改める。

現確認書を以上の部分に改め、添付資料のとおりとする。

以上、この覚書の締結を証するため、本書４通を作成し、甲、乙、丙及び丁が記名押印の上、各自１通を保有する。

平成17年４月19日

（甲）青森県青森市長島一丁目１番１号
青森県知事　三村申吾
（乙）青森県上北郡六ヶ所村大字尾駮字野附475番地
六ヶ所村長　古川健治
（丙）青森県上北郡六ヶ所村大字尾駮字沖付４番地108
日本原燃株式会社代表取締役社長　兒島伊佐美
（丁）立会人
東京都千代田区大手町一丁目９番４号
電気事業連合会会長　勝俣恒久

［出典：青森県『青森県の原子力行政』］

Ⅲ－１－４－10
六ヶ所再処理工場における使用済燃料の受入れ及び貯蔵並びにアクティブ試験に伴う使用済燃料等の取扱いに当たっての周辺地域の安全確保及び環境保全に関する協定書

青森県（以下「甲」という。）及び六ヶ所村（以下「乙」という。）と日本原燃株式会社（以下「丙」という。）の間において、丙の設置する六ヶ所再処理工場（以下「再処理工場」という。）の周辺地域の住民の安全の確保及び環境の保全を図るため、「原子燃料サイクル施設の立地への協力に関する基本協定書（昭和60年４月18日締結）」第５条の規定に基づき、相互の権利義務等について、電気事業連合会の立会いのもとに次のとおり協定を締結する。

（適用範囲）
第１条　この協定は、再処理工場で行う使用済燃料の受入れ及び貯蔵並びにアクティブ試験に伴う使用済燃料等の取扱いについて適用する。
（安全確保及び環境保全）
第２条　丙は、再処理工場の運転保守に当たっては、放射性物質及びこれによって汚染された物（以下「放射性物質等」という。）により周辺地域の住民及び環境に被害を及ぼすことのないよう「核原料物質、核燃料物質及び原子炉の規制に関する法律（昭和32年法律第166号。以下「原子炉等規制法」という。）」その他の関係法令及びこの協定に定める事項を誠実に遵守し、住民の安全を確保するとともに環境の保全を図るため万全の措置を講ずるものとする。
２　丙は、再処理工場の品質保証体制及び保安活動の充実及び強化、職員に対する教育・訓練の徹底、業務従事者の安全管理の強化、最良技術の採用等に努め、安全確保に万全を期すものとする。
（情報公開及び信頼確保）
第３条　丙は、住民に対し積極的に情報公開を行い、透明性の確保に努めるものとする。
２　丙は、住民との情報共有、意見交換等により相互理解の形成を図り、信頼関係の確保に努めるものとする。
（施設の新設等に係る事前了解）
第４条　丙は、再処理施設を新設し、変更し、又は廃止しようとするときは、事前に甲及び乙の了解を得なければならない。
（放射性物質の放出管理）
第５条　丙は、再処理工場から放出する放射性物質について、別表に定める管理目標値により放出の管理を行うものとする。
２　丙は、前項の放出管理に当たり、可能な限り、放出低減のための技術開発の促進に努めるとともに、その低減措置の導入を図るものとする。
３　丙は、管理目標値を超えたときは、甲及び乙に連絡するとともに、その原因の調査を行い、必要な措置を講ずるものとする。
４　丙は、前項の調査の結果及び講じた措置を速やかに甲及び乙に文書により報告しなければならない。
５　甲及び乙は、前項の規定により報告された内容について公表するものとする。
（使用済燃料等の保管管理）
第６条　丙は、使用済燃料及び製品の貯蔵並びに放射性固体廃棄物の保管に当たっては、原子炉等規制法その他の関係法令に定めるところにより安全の確保を図るほか、必要に応じ適切な措置を講ずるものとする。

（環境放射線等の測定）

第７条　甲及び丙は、甲が別に定めた「原子燃料サイクル施設に係る環境放射線等モニタリング構想、基本計画及び実施要領（平成元年３月作成）」に基づいて再処理工場の周辺地域における環境放射線等の測定を実施するものとする。

２　甲及び丙は、前項の規定による測定のほか、必要があると認めるときは、環境放射線等の測定を実施し、その結果を乙に報告するものとする。

３　甲、乙及び丙は、協議のうえ必要があると認めるときは、前項の測定結果を公表するものとする。

（監視評価会議の運営協力）

第８条　丙は、甲の設置した青森県原子力施設環境放射線等監視評価会議の運営に協力するものとする。

（測定の立会い）

第９条　甲及び乙は、必要があると認めるときは、随時その職員を第７条第１項又は同条第２項の規定により丙が実施する環境放射線等の測定に立ち会わせることができるものとする。

２　甲及び乙は、必要があると認めるときは、その職員に第７条第１項の規定による測定を実施するために丙が設置する環境放射線等の測定局の機器の状況を直接確認させることができるものとする。この場合において、甲及び乙はあらかじめ丙にその旨を通知し、丙の立会いを求めるものとする。

３　甲及び乙は、前２項の規定により測定に立ち会わせ、又は状況を確認させる場合において必要があると認めるときは、その職員以外の者を同行させることができるものとする。

（使用済燃料の輸送計画に関する事前連絡等）

第10条　丙は、甲及び乙に対し、使用済燃料の輸送計画及びその輸送に係る安全対策について事前に連絡するものとする。

２　丙は、使用済燃料の輸送業者に対し、関係法令を遵守させ、輸送に係る安全管理上の指導を行うとともに、問題が生じたときは、責任をもってその処理に当たるものとする。

（平常時における報告等）

第11条　丙は、甲及び乙に対し、次の各号に掲げる事項を定期的に文書により報告するものとする。

(1) 再処理工場の運転保守状況

(2) 放射性物質の放出状況

(3) 放射性固体廃棄物の保管廃棄量

(4) 第７条第１項の規定に基づき実施した環境放射線等の測定結果

(5) 品質保証の実施状況

(6) 前各号に掲げるもののほか、甲及び乙において必要と認める事項

２　丙は、甲又は乙から前項に掲げる事項に関し必要な資料の提出を求められたときは、これに応ずるものとする。

３　甲及び乙は、前２項の規定による報告を受けた事項及び提出資料について疑義があるときは、その職員に丙の管理する場所において丙の職員に対し質問させることができるものとする。

４　甲及び乙は、第１項の規定により丙から報告を受けた事項を公表するものとする。

（異常時における連絡等）

第12条　丙は、次の各号に掲げる事態が発生したときは、甲及び乙に対し直ちに連絡するとともに、その状況及び講じた措置を速やかに文書により報告するものとする。

(1) 再処理工場に事故等が発生し、運転が停止したとき又は停止することが必要になったとき。

(2) 放射性物質が、法令で定める周辺監視区域外における濃度限度等を超えて放出されたとき。

(3) 放射線業務従事者の線量が、法令で定める線量限度を超えたとき又は線量限度以下であっても、その者に対し被ばくに伴う医療上の措置を行ったとき。

(4) 放射性物質等が管理区域外へ漏えいしたとき。

(5) 使用済燃料の輸送中に事故が発生したとき。

(6) 丙の所持し、又は管理する放射性物質等が盗難に遭い、又は所在不明となったとき。

(7) 再処理工場敷地内において火災が発生したとき。

(8) その他異常事態が発生したとき。

(9) 前各号に掲げる場合のほか国への報告対象とされている事象が発生したとき。

２　丙は、甲又は乙から前項に掲げる事項に関し必要な資料の提出を求められたときは、これに応ずるものとする。

３　甲及び乙は、前２項の規定による報告を受けた事項及び提出資料について疑義があるときは、

その職員に丙の管理する場所等において丙の職員に対し質問させることができるものとする。

4　第１項各号に掲げる事態により再処理工場の運転を停止したときは、丙は、運転の再開について甲及び乙と協議しなければならない。

5　甲及び乙は、第１項の規定により丙から連絡及び報告を受けた事項を公表するものとする。

（トラブル事象への対応）

第13条　丙は、前条に該当しないトラブル事象についても、「六ヶ所再処理工場におけるアクティブ試験等に係るトラブル等対応要領」に基づき適切な対応を行うものとする。

（立入調査）

第14条　甲及び乙は、この協定に定める事項を適正に実施するため必要があると認めるときは協議のうえ、その職員を丙の管理する場所に立ち入らせ、必要な調査をさせることができるものとする。

2　前項の立入調査を行う職員は、調査に必要な事項について、丙の職員に質問し、資料の提出を求めることができるものとする。

3　甲及び乙は、第１項の規定により立入調査を行う際、必要があると認めるときは、甲及び乙の職員以外の者を同行させることができるものとする。

4　甲及び乙は、協議のうえ立入調査結果を公表するものとする。

（措置の要求等）

第15条　甲及び乙は、第12条第１項の規定による連絡があった場合又は前条第１項の規定による立入調査を行った場合において、住民の安全の確保及び環境の保全を図るために必要があると認めるときは、再処理工場の運転の停止、環境放射線等の測定、防災対策の実施等必要かつ適切な措置を講ずることを丙に対し求めるものとする。

2　丙は、前項の規定により、措置を講ずることを求められたときは、これに速やかに応じ、その講じた措置について速やかに甲及び乙に対し、文書により報告しなければならない。

3　丙は、第１項の規定により再処理工場の運転を停止したときは、運転の再開について甲及び乙と協議しなければならない。

（損害の賠償）

第16条　丙は、再処理工場の運転保守に起因して、住民に損害を与えたときは、被害者にその損害を賠償するものとする。

（風評被害に係る措置）

第17条　丙は、再処理工場の運転保守等に起因する風評によって、生産者、加工業者、卸売業者、小売業者、旅館業者等に対し、農林水産物の価格低下その他の経済的損失を与えたときは、「風評による被害対策に関する確認書（平成元年３月31日締結。平成17年４月19日一部変更）」に基づき速やかに補償等万全の措置を講ずるものとする。

（住民への広報）

第18条　丙は、再処理工場に関し、特別な広報を行おうとするときは、その内容、広報の方法等について、事前に甲及び乙に対し連絡するものとする。

（関連事業者に関する責務）

第19条　丙は、関連事業者に対し、再処理工場の運転保守に係る住民の安全の確保及び環境の保全並びに秩序の保持について、積極的に指導及び監督を行うとともに、関連事業者がその指導等に反して問題を生じさせたときは、責任をもってその処理に当たるものとする。

（諸調査への協力）

第20条　丙は、甲及び乙が実施する安全の確保及び環境の保全等のための対策に関する諸調査に積極的に協力するものとする。

（防災対策）

第21条　丙は、原子力災害対策特別措置法（平成11年法律第156号）その他の関係法令の規定に基づき、原子力災害の発生の防止に関し万全の措置を講ずるとともに、原子力災害（原子力災害が生じる蓋然性を含む。）の拡大の防止及び原子力災害の復旧に関し、誠意をもって必要な措置を講ずる責務を有することを踏まえ、的確かつ迅速な通報体制の整備等防災体制の充実及び強化に努めるものとする。

2　丙は、教育・訓練等により、防災対策の実効性の維持に努めるものとする。

3　丙は、甲及び乙の地域防災対策に積極的に協力するものとする。

（違反時の措置）

第22条　甲及び乙は、丙がこの協定に定める事項に違反したと認めるときは、必要な措置をとるものとし、丙はこれに従うものとする。

2　甲及び乙は、丙のこの協定に違反した内容について公表するものとする。
（細則）
第23条　この協定の施行に必要な細目については、甲、乙及び丙が協議のうえ、別に定めるものとする。
（協定の改定）
第24条　この協定の内容を改定する必要が生じたときは、甲、乙及び丙は、他の協定当事者に対しこの協定の改定にについて協議することを申し入れることができるものとし、その申し入れを受けた者は、協議に応ずるものとする。
（疑義又は定めのない事項）
第25条　この協定の内容について疑義の生じた事項及びこの協定に定めのない事項については、甲、乙及び丙が協議して定めるものとする。

附則
１　甲、乙及び丙が平成16年11月22日付けで締結した六ヶ所再処理工場における使用済燃料の受入れ及び貯蔵並びにウラン試験に伴うウランの取扱いに当たっての周辺地域の安全確保及び環境保全に関する協定は、この協定の締結をもって廃止する。
２　この協定は、この協定の施行前に受入れた使用済燃料及びウランについても適用する。

この協定の締結を証するために、本書４通を作成し、甲、乙、丙及び立会人において、署名押印のうえ、各自その１通を保有するものとする。

平成18年３月29日

甲　　青森市長島一丁目１番１号
青森県知事　三村申吾
乙　　青森県上北郡六ヶ所村大字尾駮字野附475番地
六ヶ所村長　古川健治
丙　　青森県上北郡六ヶ所村大字尾駮字沖付４番地108
日本原燃株式会社代表取締役社長　兒島伊佐美
立会人　東京都千代田区大手町一丁目９番４号
電気事業連合会会長　勝俣恒久

（別表）
放射性液体廃棄物の放射性物質の放出量の管理目標値

核種	管理目標値
○H－３	1.8×10^{16}Bq／年
○よう素	
Ｉ－129	4.3×10^{10}Bq／年
Ｉ－131	1.7×10^{11}Bq／年
○その他核種	
アルファ線を放出する核種	3.8×10^{9}Bq／年
アルファ線を放出しない核種	2.1×10^{11}Bq／年

放射性気体廃棄物の放射性物質の放出量の管理目標値

核種	管理目標値
○希ガス	3.3×10^{17}Bq／年
Kr－85	
○H－３	1.9×10^{15}Bq／年
○C－14	5.2×10^{13}Bq／年
○よう素	
Ｉ－129	1.1×10^{10}Bq／年
Ｉ－131	1.7×10^{10}Bq／年
○その他核種	
アルファ線を放出する核種	3.3×10^{8}Bq／年
アルファ線を放出しない核種	9.4×10^{10}Bq／年

［出典：青森県『青森県の原子力行政』］

Ⅲ－１－４-11
六ヶ所再処理工場における使用済燃料の受入れ及び貯蔵並びにアクティブ試験に伴う使用済燃料等の取扱いに当たっての周辺地域の安全確保及び環境保全に関する協定の運用に関する細則

青森県（以下「甲」という。）及び六ヶ所村（以下「乙」という。）と日本原燃株式会社（以下「丙」という。）の間において、六ヶ所再処理工場における使用済燃料の受入れ及び貯蔵並びにアクティブ試験に伴う使用済燃料等の取扱いに当たっての周辺地域の安全確保及び環境保全に関する協定書（以下「協定書」という。）第23条の規定に基づき、次のとおり細則を定める。

（関係法令）

第１条　協定書第２条及び第21条に定める「関係法令」には、核原料物質、核燃料物質及び原子炉の規制に関する法律（昭和32年法律第166号。以下「原子炉等規制法」という。）第50条に規定する保安規定を含むものとする。

（情報公開）

第２条　協定書第３条に定める情報公開については、核不拡散又は核物質防護に関する事項について留意するものとする。

（事前了解の対象）

第３条　協定書第４条に定める再処理施設とは、使用済燃料の再処理の事業に関する規則（昭和46年総理府令第10号）第１条の２第１項第２号に規定するものをいう。

２　事前了解を必要とする変更は、原子炉等規制法第44条の４の規定に基づく事業指定の変更の許可の申請を行う場合の変更とする。

（測定の立会い）

第４条　協定書第９条第１項及び第２項に定める甲及び乙の職員は、甲又は乙の長が発行する測定の立会い又は状況の確認をする職員であることを証する身分証明書を携行し、かつ、関係者の請求があるときは、これを提示しなければならない。

２　協定書第９条第３項に定める甲及び乙の職員以外の者は、甲が設置した青森県原子力施設環境放射線等監視評価会議の委員及び乙が設置した六ヶ所村原子力安全管理委員会の委員とする。

３　前項の者は、測定の立会い等に同行する際、甲又は乙の長が発行する立会い等に同行する者であることを証する身分証明書を携行し、かつ、関係者の請求があるときは、これを提示しなければならない。

（連絡の時期）

第５条　協定書第10条第１項に定める使用済燃料の輸送計画に関する事前連絡は、輸送開始２週間前までとする。

（報告の時期等）

第６条　協定書第11条第１項に定める平常時の報告に係る報告の時期等は、次のとおりとする。

報告事項	報告頻度	報告期限
(1) 再処理工場の運転保守状況		
イ　使用済燃料の受入れ量、再処理量及び在庫量並びに製品の生産量（計画）	年度ごと	当該年度開始前まで
ロ　使用済燃料の受入れ量、再処理量及び在庫量並びに製品の生産量（実績）	月ごと	当該月終了後30日以内
ハ　主要な保守状況	月ごと	当該月終了後30日以内
ニ　定期検査の実施計画	検査の都度	当該検査開始前まで
ホ　定期検査の実施結果	検査の都度	当該検査終了後30日以内
ヘ　従事者の被ばく状況	四半期ごと	当該四半期終了後30日以内
ト　女子の従事者の被ばく状況	四半期ごと	当該四半期終了後30日以内
チ　アクティブ試験実施状況	月ごと	当該月終了後30日以内
(2) 放射性物質の放出状況	月ごと	当該月終了後30日以内
(3) 放射性固体廃棄物の保管廃棄量	月ごと	当該月終了後30日以内
(4) 環境放射線等の測定結果	四半期ごと	当該四半期終了後90日以内
(5) 品質保証の実施状況		
イ　品質保証の実施計画	年度ごと	当該年度開始前まで
ロ　品質保証の実施結果	半期ごと	当該半期終了後30日以内
ハ　常設の第三者外部監査機関の監査結果	半期ごと	当該半期終了後30日以内
(6) その他の事項	その都度	その都度協議のうえ定める

２　協定書第11条第３項に定める甲及び乙の職員は、甲又は乙の長が発行する丙の管理する場所等において丙の職員に質問する職員であることを証する身分証明書を携行し、かつ、関係者の請求があるときは、これを提示しなければならない。

（異常事態）

第７条　協定書第12条第１項第８号に規定する

異常事態は、放射性物質等の取り扱いに支障を及ぼす事故、故障をいう。

２　協定書第12条第１項第９号に規定する国への報告対象とされている事象は、「原子炉等規制法」に基づき報告対象とされている事象をいう。

３　甲、乙及び丙は、異常事態が発生した場合における相互の連絡通報を円滑に行うため、あらかじめ連絡責任者を定めておくものとする。

４　協定書第12条第３項に定める甲及び乙の職員は、甲又は乙の長が発行する丙の管理する場所等において丙の職員に質問する職員であることを証する身分証明書を携行し、かつ、関係者の請求があるときは、これを提示しなければならない。

（立入調査）

第８条　協定書第14条第１項に定める甲及び乙の職員は、立入調査をする際、甲又は乙の長が発行する立入調査する職員であることを証する身分証明書を携行し、かつ、関係者の請求があるときは、これを提示しなければならない。

２　協定書第14条第３項に定める甲及び乙の職員以外の者は、甲が設置した青森県原子力施設環境放射線等監視評価会議の委員及び乙が設置した六ヶ所村原子力安全管理委員会の委員とする。

３　前項の者は、立入調査に同行する際、甲又は乙の長が発行する立入調査に同行する者であることを証する身分証明書を携行し、かつ、関係者の請求があるときは、これを提示しなければならない。

４　甲及び乙は、協定書第14条第３項の規定により職員以外の者を同行させた場合、その者がそこで知り得た事項を他に漏らすことのないように措置を講ずるものとする。

（措置の要求等）

第９条　協定書第15条第１項に定める「再処理工場の運転の停止」には、安全確保のため必要な操作は含まないものとする。

（安全確保のための遵守事項）

第10条　協定書第９条、第11条、第12条及び第14条の規定により丙の管理する場所に立ち入る者は、安全確保のための関係法令を遵守するほか、丙の定める保安上の遵守事項に従うものとする。

（公表）

第11条　甲及び乙は、協定書に基づく公表に当たっては、核不拡散又は核物質防護に関する事項について留意するものとする。

（協議）

第12条　この細則の内容について疑義の生じた事項及びこの細則に定めのない事項については、甲、乙及び丙が協議して定めるものとする。

附則

１　甲、乙及び丙が平成16年11月22日付けで締結した六ヶ所再処理工場における使用済燃料の受入れ及び貯蔵並びにウラン試験に伴うウランの取扱いに当たっての周辺地域の安全確保及び環境保全に関する協定の運用に関する細則は、この細則の締結をもって廃止する。

２　この細則は、この細則の施行前に受入れた使用済燃料及びウランについても適用する。

この細則の締結を証するために、本書３通を作成し、甲、乙、丙において、署名押印のうえ、各自その１通を保有するものとする。

平成18年３月29日

甲　青森市長島一丁目１番１号
青森県知事　三村申吾
乙　青森県上北郡六ヶ所村大字尾駮字野附475番地
六ヶ所村長　古川健治
丙　青森県上北郡六ヶ所村大字尾駮字沖付４番地108
日本原燃株式会社代表取締役社長　兒島伊佐美

［出典：青森県『青森県の原子力行政』］

Ⅲ－１－４－12

六ヶ所再処理工場における使用済燃料の受入れ及び貯蔵並びにアクティブ試験に伴う使用済燃料の取扱いに当たっての隣接市町村住民の安全確保等に関する協定書

三沢市、野辺地町、横浜町、東北町及び東通村（以下「甲」という。）と日本原燃株式会社

（以下「乙」という。）の間において、乙の設置する六ヶ所再処理工場（以下「再処理工場」という。）の隣接市町村住民の安全確保及び環境の保全を図るため、青森県（以下「県」という。）の立会いのもとに次のとおり協定を締結する。

（適用範囲）
第１条　この協定は、再処理工場で行う使用済燃料の受入れ及び貯蔵並びにアクティブ試験に伴う使用済燃料等の取扱いについて適用する。

（安全協定書及び協定の遵守等）
第２条　乙は、再処理工場の運転保守に当たっては、平成18年３月29日付けで県及び六ヶ所村と乙が締結した「六ヶ所再処理工場における使用済燃料の受入れ及び貯蔵並びにアクティブ試験に伴う使用済燃料等の取扱いに当たっての周辺地域の安全確保及び環境保全に関する協定書（以下「安全協定書」という。）」によるほか、この協定に定める事項を遵守し、隣接市町村の住民の安全を確保するとともに環境の保全を図るため万全の措置を講ずるものとする。

２　乙は、再処理工場の品質保証体制及び保安活動の充実及び強化、職員に対する教育・訓練の徹底、業務従事者の安全管理の強化、最良技術の採用等に努め、安全確保に万全を期すものとする。

（情報公開及び信頼確保）
第３条　乙は、住民に対し積極的に情報公開を行い、透明性の確保に努めるものとする。

２　乙は、住民との情報共有、意見交換等により相互理解の形成を図り、信頼関係の確保に努めるものとする。

３　第１項に定める情報公開については、核不拡散又は核物質防護に関する事項について留意するものとする。

（施設の新設等に係る事前了解の報告）
第４条　乙は、安全協定書第４条の規定による事前了解について、甲に報告するものとする。

（環境放射線等の測定結果の通知）
第５条　乙は、安全協定書第７条第２項の規定による測定結果を県と協議のうえ甲に通知するものとする。

（使用済燃料の輸送計画に関する報告）
第６条　乙は、安全協定書第10条第１項の規定により事前連絡を行ったときは、甲に報告するものとする。

（平常時における報告）
第７条　乙は、甲に対し、安全協定書第11条第１項第１号から第５号までに掲げる事項を定期的に文書により報告するものとする。

（異常時における連絡等）
第８条　乙は、安全協定書第12条第１項各号に掲げる事態が発生したときは、甲に対し直ちに連絡するとともに、その状況及び講じた措置を速やかに文書により報告するものとする。

２　甲は、異常事態が発生した場合における連絡通報を円滑に処理するため、あらかじめ連絡責任者を定めておくものとする。

（トラブル事象への対応）
第９条　乙は、前条に該当しないトラブル事象についても、安全協定書第13条の規定による「六ヶ所再処理工場におけるアクティブ試験等に係るトラブル等対応要領」に基づき適切な対応を行うものとする。

（適切な措置の要求）
第10条　甲は、第８条第１項の規定による連絡を受けた結果、隣接市町村住民の安全確保等のため、特別の措置を講ずる必要があると認めた場合は、乙に対して県を通じて適切な措置を講ずることを求めることができるものとする。

２　乙は、安全協定書第15条第２項の規定により文書による報告を行ったとき及び安全協定書第15条第３項の規定により協議を行ったときは、甲に報告するものとする。

（立入調査及び状況説明）
第11条　甲は、この協定に定める事項を適正に実施するため必要があると認めるときは、その職員を乙の管理する場所に立入らせ、必要な調査をさせ、又は乙の管理する場所等において、状況説明を受けることができるものとする。

２　前項の立入調査を行う職員は、調査に必要な事項について、乙の職員に質問し、資料の提出を求めることができるものとする。

３　甲の職員は、立入調査を実施する際、甲の長が発行する立入調査する職員であることを証する身分証明書を携行し、かつ、関係者の請求があるときは、これを提示しなければならない。

４　甲は、立入調査結果を公表できるものとする。

５　甲は、前項の公表に当たっては、核不拡散又は核物質防護に関する事項について留意するものとする。

（損害の賠償及び風評被害に係る措置）

第12条　乙は、安全協定書第16条及び第17条の規定による事項に誠意をもって速やかに当たるものとする。

（住民への広報）

第13条　乙は、安全協定書第18条に規定する広報を行おうとするときは、事前に甲に対し連絡するものとする。

（諸調査への協力）

第14条　乙は、甲が実施する住民の安全の確保及び環境の保全等のための対策に関する諸調査に積極的に協力するものとする。

（安全対策への協力）

第15条　乙は、甲の防災体制を十分理解のうえ、県及び六ヶ所村が講ずる安全対策に対して積極的に協力するものとする。

（違反時の措置）

第16条　甲は、乙がこの協定に定める事項に違反したと認めるときは、その違反した内容について公表するものとする。

（協定の改定）

第17条　この協定の内容を改定する必要が生じたときは、甲又は乙は、この協定の改定について協議することを申し入れることができるものとし、その申し入れを受けた者は、協議に応ずるものとする。

（疑義又は定めのない事項）

第18条　この協定の内容について疑義の生じた事項及びこの協定に定めのない事項については、甲及び乙が協議して定めるものとする。

附則

１　甲及び乙が平成16年12月３日付けで締結した六ヶ所再処理工場における使用済燃料の受入れ及び貯蔵並びにウラン試験に伴うウランの取扱いに当たっての隣接市町村住民の安全確保等に関する協定は、この協定の締結をもって廃止する。

２　この協定は、この協定の施行前に受入れた使用済燃料及びウランについても適用する。

平成18年３月31日

甲　青森県三沢市桜町一丁目１番38号
三沢市長　鈴木重令
青森県上北郡野辺地町字野辺地123番地の１
野辺地町長　亀田道隆
青森県上北郡横浜町字寺下35番地
横浜町長　野坂充
青森県上北郡東北町上北南四丁目32番地484
東北町長　竹内亮一
青森県下北郡東通村大字砂子又字沢内５番地34
東通村長　越善靖夫
乙　青森県上北郡六ヶ所村大字尾駮字沖付４番地108
日本原燃株式会社代表取締役社長　兒島伊佐美
立会人　青森県青森市長島一丁目１番１号
青森県知事　三村申吾

［出典：青森県『青森県の原子力行政』］

第２章　企業財界資料

Ⅲ-2-1	19950424	電気事業連合会会長　安部浩平	高レベル放射性廃棄物の最終処分について
Ⅲ-2-2	19950424	日本原燃株式会社代表取締役社長野澤清志	高レベル放射性廃棄物の最終処分について
Ⅲ-2-3	20040199	電気事業連合会	原子燃料サイクルのバックエンド事業コストの見積もりについて
Ⅲ-2-4	20040420	日本原燃株式会社	再処理施設の総点検結果に関する説明会（六ヶ所会場）の実施結果について
Ⅲ-2-5	20040617	日本原燃株式会社	再処理工場のウラン試験に関する説明会の実施結果について
Ⅲ-2-6	20060218	日本原燃株式会社	「再処理工場のウラン試験結果及びアクティブ試験計画等に関する説明会」の開催結果について
Ⅲ-2-7	20100399	電気事業連合会・日本原燃株式会社	海外返還廃棄物の受入れについて
Ⅲ-2-8	20120399	新むつ小川原開発株式会社	新むつ小川原開発株式会社　会社概要

Ⅲ－２－１

高レベル放射性廃棄物の最終処分について——電連原第 62 号

平成７年４月24日

青森県知事
木村守男殿

電気事業連合会
会長　安部浩平

拝啓　時下ますますご清栄のこととお慶び申し上げます。

青森県六ヶ所村の原子燃料サイクル事業につきまして、貴職をはじめ青森県関係者の皆様のご理解とご協力に対しまして、深く敬意を表するとともに心より感謝申し上げる次第であります。

さて、六ヶ所村高レベル放射性廃棄物貯蔵管理センターにおける高レベル放射性廃棄物の管理につきましては、平成6年11月18日、電力会社9社及び日本原子力発電株式会社の各社長より、文書で回答させていただいているところであります。

高レベル放射性廃棄物の最終処分の問題につきましては、現在、高レベル事業推進準備会において、最終処分の実施主体の設立等について鋭意検討、準備が進められております。私ども電気事業者としましても、同準備会の当事者として全力を挙げて取り組んでおります。

今般、貴職より、私ども電気事業者が青森県を高レベル放射性廃棄物の最終処分地としないことの確約を求められました。

私ども電気事業者は、平成6年12月26日付で、貴県及び六ヶ所村が日本原燃株式会社との間で締結された「六ヶ所高レベル放射性廃棄物貯蔵管理センター周辺地域の安全確保及び環境保全に関する協定書」第2条において規定されている個々のガラス固化体の管理期間終了時点で、ガラス固化体を最終処分に向けて同施設より直ちに搬出することとし、青森県を高レベル放射性廃棄物の最終処分地としないことを確約いたします。

敬具

[出典：『核燃問題情報』第51号]

Ⅲ－２－２

高レベル放射性廃棄物の最終処分について——立広発第４号

平成７年４月24日

青森県知事
木村守男殿

日本原燃株式会社
代表取締役社長　野澤清志

拝復　時下ますますご清栄のこととお慶び申し上げます。

青森県におかれましては、弊社の原子燃料サイクル事業につきまして、深いご理解とご協力を賜っておりますことに心から厚く御礼申し上げる次第でございます。

事業の推進にあたりましては、安全確保を最優先に取り組むことはもとより、県民の皆様のご懸念やご不安の解消に努めるべく、積極的な理解活動を展開しているところであります。

弊社の高レベル放射性廃棄物貯蔵管理センターは、平成4年4月3日付で国から一時貯蔵施設として許可を受けた施設であります。また、平成6年12月26日付で、貴県及び六ヶ所村と弊社との間で締結した「六ヶ所高レベル放射性廃案物貯蔵管理センター周辺地域の安全確保及び環境保全に関する協定書」第2条に規定している個々のガラス固化体の貯蔵管理期間終了時点で、電気事業者がガラス固化体を同施設から最終処分に向けて搬出することとしております。

従いまして、弊社は将来にわたって高レベル放射性廃棄物の最終処分地としての事業を青森県においては、一切行わないことを確約いたします。

敬具

[出典：『核燃問題情報』第51号]

Ⅲ－2－3
原子燃料サイクルのバックエンド事業コストの見積もりについて――電気事業連合会

平成16年1月

1．今回の見積もりの位置付け

原子力発電に伴い原子炉から取り出されるいわゆる「使用済燃料」は、その全体を廃棄物と考え直接処分すると表明している国もあれば、残存する90数％の有用物質と数％の廃棄物とに分け、有用物質をリサイクルして再利用を実施している国もある。こうした違いは、その国をめぐる地政、経済、環境等の諸条件に基づく各国のエネルギー政策選択の違いに起因するものである。

資源に乏しい我が国では、使用済燃料を再処理して抽出したプルトニウム等を利用することは、エネルギーセキュリティの確保と環境保全の観点から国の重要な政策とされ、その実現に向け、電気事業者も効率性の観点から一翼を担って来たところであり、今後も同様の認識の下、全力を挙げてこの重要なエネルギー政策の実現に向けて努力していきたいと考えている。

しかしながら、この政策の実現のために必要となる再処理事業や関係放射性廃棄物の処分事業などは、極めて長期間を要するものであり、その不確定性が大きい。また、発電にかかる費用は本来発電時点（＝消費時点）でその電気を利用したお客様にご負担いただくべきものであるが、バックエンド事業に関しては、その超長期性に起因する特質、すなわち「費用の発生時期が発電時点よりも遥かに遅れる」ことにより、これまで回収されていない費用が存在している。これらの点は、電力小売り自由化の拡大に際して大きな経営課題となっており、適切な経済的措置などの仕組みが必要と考えている。

そこで、電気事業分科会の答申（平成15年2月18日）で求められている検討に資するよう、電気事業者においてバックエンド事業全般にわたるコストを見積もり、それを含めた原子力発電全体の収益性に関するデータを明らかにすることとした。

なお、見積もりに際しては、コスト等検討小委員会の委員からのご指摘や議論等も踏まえて、数値等の見直しを行うとともに、海外事例との比較や変動要因等についても検討を行った。

その結果、コスト見積もりの総額は、表1に示すとおりとなった。

2．原子燃料サイクルバックエンド事業の見積もり項目と想定スケジュール

今回の見積もりにあたっては、原子燃料サイクルのバックエンド事業の範囲を以下のとおりと考え、各費用項目について算定を行った。

⑴　使用済燃料の再処理
⑵　抽出されたプルトニウムのＭＯＸ燃料（混合酸化物燃料）への加工
⑶　残滓となった廃棄物の処理、貯蔵、輸送、処分（海外からの返還廃棄物を含む）
⑷　使用済燃料の輸送、中間貯蔵
⑸　再処理工場、ＭＯＸ燃料工場、ウラン濃縮工場など、六ヶ所原子燃料サイクル施設の最終的な解体と廃棄物処分

バックエンドコストの算定に当たっては、前提となる各事業の実施スケジュールを想定する必要がある。先ず六ヶ所再処理工場の運転期間を竣工（2006年7月）から40年間とし、2046年度末までに再処理される使用済燃料の量を約3.2万トンと想定した。また、六ヶ所再処理工場の稼働以前に海外へ委託した再処理から発生する返還廃棄物の貯蔵管理、六ヶ所再処理工場から発生するプルトニウムを用いたMOX燃料加工、関係放射性廃棄物の処理処分、六ヶ所再処理工場で再処理される量（約3.2万トン）を超える使用済燃料の中間貯蔵、各原子燃料サイクル施設の廃止措置などの事業スケジュールを図1の通りと想定した。

バックエンドの事業費用は、電力小売り自由化範囲の拡大する2005年4月を起点とし、この図1のスケジュールに沿って各事業ごとに見積もりを行った。なお、今回の費用算定に当たっては、自由化移行に伴う経済的措置等の制度を検討するために各バックエンド事業の実施スケジュールを仮定し、処分基準など未確定の部分についても一定の前提を置いており、これらの前提の変化等により費用算定の結果は変わり得るものである。

以上

図1　原子燃料サイクルバックエンド事業の想定スケジュール（略）

表1　原子燃料サイクルバックエンドの総事業費

事業	項目	費用（百億円）	
		項目別	事業総額
再処理	a.操業（本体）	706	1,100
	b.操業（ガラス固化体処理）	47	
	c.操業（ガラス固化体貯蔵）	74	
	d.操業（低レベル廃棄物処理・貯蔵）	78	
	e.操業廃棄物輸送・処分	40	
	f.廃止措置	155	
返還高レベル放射性廃棄物管理	a.廃棄物の返還輸送	2	30
	b.廃棄物貯蔵	27	
	c.廃止措置	1	
返還低レベル放射性廃棄物管理	a.廃棄物の返還輸送	14	57
	b.廃棄物貯蔵	35	
	c.処分場への廃棄物輸送	3	
	d.廃棄物処分	2	
	e.廃止措置	4	
高レベル放射性廃棄物輸送	a.廃棄物輸送	19	19
高レベル放射性廃棄物処分	a.廃棄物処分（注1）	255	255
TRU廃棄物地層処分	a.TRU廃棄物地層処分（注2）	81	81
使用済燃料輸送	a.使用済燃料輸送	92	92
使用済燃料中間貯蔵	a.使用済燃料中間貯蔵	101	101
MOX燃料加工	a.操業	112	119
	b.操業廃棄物輸送・処分	1	
	c.廃止措置	7	
ウラン濃縮工場バックエンド	a.操業廃棄物処理	17	24
	b.操業廃棄物輸送・処分	4	
	c.廃止措置	4	
合計		1,880	

注1：高レベル廃棄物処分費については、「特定放射性廃棄物の最終処分に関する法律」に基づき、電力が拠出すると想定される費用を算定。

注2：再処理、MOX工場等から発生するTRU廃棄物（地層処分相当）の処分費用は、各事業でなくTRU廃棄物地層処分の項目に計上。

注3：端数処理の関係で、表中の数値と合計が合わない場合がある。

［出典：総合資源エネルギー調査会電気事業分科会コスト等検討小委員会資料］
http://www.meti.go.jp/policy/electricpower_partialliberalization/costdiscuss/siryou/pre.pdf

Ⅲ－2－4
再処理施設の総点検結果に関する説明会（六ヶ所会場）の実施結果について

1．日時　平成16年4月20日（火）18:00～20:43

2．場所　六ヶ所村文化交流プラザ スワニー 1F大会議室

3．当社　佐々木社長、平田再処理事業部長、赤間常務、鈴木再処理計画部長、高橋試運転部長、新澤品質保証準備室部長、青柳技術部長、原広報渉外部長（8名）

4．司会　末永 洋一 青森大学教授（総合研究所長）

5．参加者　約200名

6．概要

（1）佐々木社長挨拶

（2）説明（18:10～18:47）

鈴木再処理計画部長より資料に基づき、プロジェクターを使用して説明をした。

（3）休憩・質問・意見記入時間（18:47～19:05）

（4）質疑応答（19:05～20:43）

(司会)

これから質疑応答に入らせていただきます。先ほど休憩に入る前に皆様方から多数のご質問等をいただいております。それを事務局でそれぞれの内容にまとめまして私に渡されましたので、それに基づいて内容を簡単に申し上げそれに対して回答していただくという形をとりたいと思います。その際に質問者の方々のお名前を申し上げますので、もしその回答に対して追加の質問がございましたら、その場で私に対してわかるように手を挙げていただければご指名申し上げるということでやらせていただきたいと思います。よろしくご協力ください。

先ず第一番目ですね。このような内容でございます。

不良溶接が行なわれた原因について、ということでご質問いただいてます。六ヶ所村の種市さん、それから天間林村の哘さん、横浜町の杉山さん、それから六ヶ所村の菊川さんとお読みすると思いますが、それから野辺地町の澤口さん。以上の方々のご質問は不良溶接が行なわれた原因についてということにまとめさせていただきましたが、それに関しまして、まず回答を社長の方からいただきたいと思います。よろしくお願いします。

(当社)

質問者によって若干ニュアンスは違うようでございますが、基本的には同じことをご質問されていると思います。今日のご説明した中で我々が原因究明を行なった、その原因究明をまとめますとこういった形になるということでございまして、それは自己評価とそれに基づいて改善策を作った、その自己評価の内容が先ほど説明させていただきました7ページに書いてあります。抽象的で具体的な本当の原因がわからないから、その点を明らかにしてほしいということでございます。おっしゃるとおりだと思いますので、これについては検討会等では十分な資料を提出して、国にご説明し、且つそれも公開はされておりますが、本日はその辺まで全体の中で触れられませんでしたので、これについても若干概略になりますが、私から申し上げさせていただきます。

私どもは今回の品質保証体制の点検結果といたしまして、施工上問題のありました溶接施工などの事象につきまして、根本原因の調査を行なったと、ただ今申し上げた通りでございます。ご指摘の施工上の問題のある溶接を行ないました根本的な原因は、これは色んな形でまとめられると思いますが、特に大きな問題というのは発注者である私ども、それから受注者である元請会社、これはエリアによって分担がございますので、少数でありますが、複数でございます。そういった元請会社と共にそれぞれの立場における品質保証体制への配慮が十分でなかったということが一番大きな原因だと思っております。

それだけでは多分まだわからないというのは当然であると思います。その意味で、いくつか具体的に例を申し上げたいと思います。

具体的にはプールの施工工事でありますが、これは元々、我々のプールは、使用済燃料を入れ、その使用済燃料を次の過程で切断して再処理するわけでございまして、発電をした後の使用済燃料を発電所の中で我々のところに来るまで置いてあるプールと性格は同じであります。ところが規模が違う、それからさらに、我々は次の工程のためにどれだけ燃えているのかというのを、きちんとテストした上で次の工程に進むとかといった点を考えますと、規模とか、あるいは特殊な構造であるとかという点については、プールという点では同じでも、十分な配慮を払う必要があったにもかかわらず、長い間、原子力発電所のプールを担当してきたという実績、あるいはまたその安全上の重要度という点も考えて、やはり元請会社が主体的に仕事をしても問題はない、というように考えたところが1つの大きな問題であったと反省をしております。

構造的な特徴、あるいは工法等について、我々も元請にしかるべき注意を払うまでの注文をし、且つ元請についてもそのことを十分承知して、さらに具体的に工事をする施工会社にその旨を伝えきちんと管理をする。それから、状況が、通常でない場合には報告をする、といったような点について品質保証の上できちんとやっておくべきものがなされていなかったという点がございます。

例えば、現場管理にあたる人員の配置でございますが、先ほど規模が大変大きい、あるいは特殊な構造だと申し上げましたが、そういった点を配慮しますと、発電所の仕事量と比較しましては6倍くらいの大きさになります。それは、事後に評価をしてきちんと原因分析を行なった結果ではそういった点がありますが、それらが具体的な仕事にあたっての、いわゆる員数の問題等についても反映がされていなかったというのも1つの例でございます。

それからまた、今までのプールの施工実績から申しまして、プロジェクト、実際にそこにある責任者にいろんな権限が集中しておりまして、実際にはその者が発電所の工事等の施工にあたって、やはり問題なくやってきたという実績のもとで、そういった問題そのものが責任者として行なった施工について、それをチェックする体制がきちんとできていなかった。さらには当社、また元請会社ともにプールの施工上問題のある溶接に関する知見がなく、またそのような状態、いわゆる、元々不正な溶接は起こるべしということを考えてなかったが故に、そういうものが起こった場合の措置についても適切な思いが至らなかったということから、適切な措置がとれなかった。こういったことが具体的な例としてたくさんございますが、挙げさせていただきました。

原因分析については、私ども関係した者の聞き取り調査をできる限り色んな実際の施工にあたった者、もうすでに会社をやめておりましたが、監督をした者。そういった点から確認をする、あるいは記録をすべて確認することもやりまして、明らかになった事実を元に、そういった事象を総括して申し上げますと、やはり私は正規の手続きを取らずに、継ぎ足し溶接を行なうといった現場の状況を作り出した事前の検討不足。といった点が1つ。あとこのような判断をした現場責任者の意識レベルについての管理の問題。それからさらには過った判断を見逃してしまった不十分な管理体制といったことが、今回の不正溶接の主な原因であると考えております。時間の関係でございますので、少し詳細に申し上げましたが、取りまとめて申しますと、以上の通りだと私は考えております。以上でございます。

(司会)

はい、ありがとうございました。あの、私のほうでいささかまとめたといいますか、舌足らずで不良溶接が行なわれた原因ということで申しましたけれども、今、社長の方から漏水の原因、あるいは不良施工がなぜ行なわれたか、それからさらには施工段階でどういう問題があったのか、その辺をすべてまとめて皆様方のご質問に答えるという形でご発言いただきました。この質問に関しまして、先ほど申し上げた方々で再質問がございましたら。先ほど申し上げた方です。どうぞ、お名前お願いします。手短かにお願いします。

(質問者)

六ヶ所の種市です。今の問題について、結局現場管理とか、施工の問題、あるいは元請、あるいはチェックと、こういういろんなことをごじゃごじゃ並べていますけれども、いずれにしても、会社である以上、社長自らが全責任をとる。他の会社ではみんな辞めてるんですよ。なぜあなただけはのうのうと出てきているんですか。

(当社)

今のご質問はよくわかりました。色んなトラブルというか大事故があってお辞めになっているケースもございます。私は、私の自らを処する考え方として、トラブルが起こったものについてきちんと正常な状態に戻すということが私の果たすべき責任だと考えております。以上でございます。あの、ケースによって色々なことがあろうかと思います。すべてうんぬんということではない、と私はかように考えております。以上でございます。

(司会)

よろしいですか。ちょっと待ってください。先ほどの質問用紙を寄せられた方で質問ということですので。では、前の方どうぞ。お名前お願いします。

(質問者)

天間林村の岉と申します。計画の段階で水が漏れるようには計画してなかったと思うんです。絶対漏れないように計画してやっていたのに、漏れてしまった。つまり今からもう1回体制見直してやったとしても、放射能でも水でも漏れないように考えてやってるわけですね。考えてもやっぱりなってしまったということですよ前回は。だから今回はたまたま水漏れで不幸中の幸いでよかったと思うんですよ。これが放射能であれば、もう大変な日本中大騒ぎだったと思うんですね。そういう意味で私が1点確認したいのは、漏れないようにしたのに漏れたというこの事実をしっかり認識して、今の体制を見直しても放射能がまた漏れることも、またっていうか水でも何でもこれから何をやろうとするかあれですけども。水漏れでも放射能漏れでも、どんな考えた体制でも漏れることも十分ありえるということを私は今回教訓としてそのように感じました。その認識で間違いないですか。

(当社)

回答させていただきます。今のお答えでございますが、おっしゃるようにこのコンクリートでできましたプールに、私どもの水があると。その水がコンクリートに染み込みますので、表面にステンレスの板を張った。それで、もともとおっしゃるように、これは漏れないように張ったわけでございます。ところが今回の場合は、たまたま板を張る時に、ちょっと寸法の短い板ができてしまった。その時に、本来なら寸法の短い板ができましたと元請さんないしは私どもに言っていただきまして、板を作り変えるか、ないしはちゃんとした溶接をして、いわゆる、こういうときにはこういうふうにするというように、溶接は全部ちゃんと決まってますのでそのように言っていただいて、修理というか修正をしていただいたら良かったんですが、たまたまそういうこと言わないで、元請さんの下の施工会社の方がささっと溶接してしまった。それを元請さんも見逃したし、私どもも見逃した。それで今日ご報告しました報告書は、そういうすべての現場の悪さ加減の全責任はわが日本原燃にあるということで、お役所の方から、そのすべての悪さを日本原燃のすべての悪さとして、それで反省をして、それでどうするか報告書を作ってきなさい、ということが先ほどご説明した内容でございます。それで、プールが漏れましたというのは、確かに今回漏れました。その水は、全部建屋の中で回収できるように実は溶接の線に沿って、その裏に水が流れる水道（みずみち）がつけてあります。そしてその水道を通って、すべて建屋の中でポットみたいなのがありまして、全部溜まるようになってあります。そして、溜まりましてある量になりますと、自動的に信号が出て、中央制御室に水が出てきたよと警報が出るようになってます。そして私どもの運転員が見に行って、実はその水道のどのパイプから漏れてるか、このパイプだと。このパイプだったら、あの広いプールのパイプで、このパイプが漏れたらプールのこの辺ですよと全部区分けしてあります。そのうちの1本が漏れました。それで漏れた分は全部回収して、処理をしております。

(司会)

先ほど申しましたが、不良溶接が行なわれたうんぬんということでお二人から再質問いただきました。全く違う角度から、これに関してということで。はい、挙手されたあなた。

(質問者)

不良溶接ということで言われておりますけれども、実際の問題として、コンクリートのプールの方が少し大きくできたのか、それとも設計施工上における問題点があったのではないかと思うんですよ。したがって、コンクリートのプールがちょっと誤差の関係で大きくなったがために、ステンレスの方は当たり前の板で切断されてきたと思うんですけども、それに合わせて足りなくなったから、ステンレスの方が溶接をせざるを得なくなったんじゃないかということも考えられると思うんですよ。そこらへんのことについてどう考えているか。

(司会)

じゃあ、簡単明瞭にお願いします。

(当社)

私のほうから回答させていただきます。おっしゃるとおり、コンクリートの建物というのは作るときに誤差がございます。実際、コンクリートの建物の内側にこのステンレスを張る場合にはきちっと寸法を測定して、所定の長さ、足りなくならないようにした上で、切って張るというのが本来の手順であります。今回の工事はそのような手順が明確に定められていなかったということで、結果として、建物の寸法に合わない板を持ってきて付けるというのが理由であります。このようなことが判明しましたので、今回手順書の方はそれを反映するということで対応してございます。

(司会)

はい、ありがとうございます。この問題まだありますか。じゃあ、そちらでお手を上げられている方。

(質問者)

先ほど伺いましたけれども、プールは原発と規模が違うとおっしゃいましたけれども、これははじめからわかりきっていることですよね。こういうわかりきっていることを考慮に入れないで作ったプールというのは一体何なのか。というふうに私は非常に腹が立つんですね。地元の住民として、今私農家なんですけど、すごく忙しい時期なんです。それで、わざわざ説明会にきて、こういうことを言わなければならない。その時間に関してもすごく腹が立ちます。一体、日本原燃の方は何を造っていたのか、認識していたのか、そういうことを私は聞きたいです。初歩的な認識が足りない。そういうことをやっている会社がプールよりもっともっと複雑な設計である再処理工場を動かしてしまったら、地元は一体どうなるのかと思います。私の意見です。

(司会)

はい、ありがとう。そのプールのことについてお答えください。あと、これは時間の設定やなんかは、これも苦労されたんでしょうけども、いろいろあったと思いますが、プールのところだけ、簡単に。

(当社)

今いただきましたように、確かにプールを造りますときに原子力発電所の6倍くらいございます。それに対して、原子力発電所に50基ほど同じプールを作った非常に経験の深いメーカーさん、施工業者さんであったというところで、おっしゃるように私どもの管理体制が、プールの電力会社の発電所のプールの6倍の管理体制になっていなかったというのは確かでございます。そこは反省点で出ております。それと、こういうことで大変ご心配をおかけしましたので、品質保証総点検をやりまして、再処理工場の設備が全部こんなことになっていないかと、これは私ども自身も、大変申し訳ないですが、心配してやらせていただいたというのが今回の結果でございます。

(司会)

はい、ありがとうございました。そういうことであります。それでは、この問題まだ色々ご質問あると思いますけども、他の方とまた兼ね合いで出てくると思いますので、次の方に、大変恐縮ですが移らせていただきます。

次は、たったお1人ですが、三沢の笹川さまですか。点検者、あるいは補修を行なったのは誰か。及びその点検の費用はどうなっているのか。ということで鈴木部長さんから。

(当社)

私のほうから回答させていただきます。点検・補修を行なったのは誰かということですけども、点検は当社の社員が自ら行ないました。ただ、点検装置を実際に動かすような作業というのは日立、三菱にお願いして実施しております。それから補修作業、これは実際にステンレスの板を切ったり溶接したりする作業がありますので、この部分は日立製作所及び三菱重工業にお願いしました。ただ、当社社員がすべての検査に立ち会って出来具合を確認してございます。以上です。

(司会)

はい、今ので質問の内容は回答になったと思いますのでよろしいですね。はい、それでは時間の関係がありますので、30分は伸ばしますので安心してください。次の質問に行きます。

点検補修における水抜きの必要性というのを、お二人からいただいております。横浜町の杉山さん。六ヶ所村の種市さん。先ほどもご質問された方ですね。これも鈴木部長さん、お願いします。

(当社)

引き続き私の方から回答いたします。点検補修作業の水抜きの必要性でございます。点検作業は先ほど、もう少し説明させていただければよかったんですけども、まず先ほど紹介したような、溶接の後グラインダをかけたということが原因でわかったものですから、まずグラインダの跡を探すことを行ないました。

その次に、グラインダだけでは溶接はわかりません。そのグラインダ跡に溶接線が隠されてるかどうかというのをフェライトの量を測定するという方法で行ないました。フェライトというのは非常に難しい言葉で、ちょっと説明をさせていただきたいと思います。普通のステンレスの板、これはどこのご家庭にもある、いわゆる18−8とか18−10ステンレスという、記号でいくと304ステンレスというものですけども、通常は磁石にくっつきません。ところが溶接した部分については磁石にくっつきます。それは溶接部分にはフェライトという、これは結晶構造の名前なんですけども、そのように磁石にくっつくかくっつかないかということで溶接線があるかどうかというのがわかります。そういうことからグラインダの跡を見つけた後は磁石でくっつくかどうかということを調べることによって溶接線を探しました。それで見つけた溶接線については、超音波、中に超音波を入れることによりまして中が分かりますので、そこに溶接線が本当にあるかどうかというのを調べる作業を行ないました。

これらの作業につきましては、水中であっても空気中であっても同じ正確さで見つかるということを試験により確認したうえで実施してございます。そういうことから水中で行なった検査も空気中で行なった検査も同じ精度で確認できたと考えております。それから補修作業ですけども、実際の作業はすべて空気中で工事を行ないました。ただ、水の中にあった溶接線が4箇所ほどございました。ここにつきましては、その部分だけを空気中に出すという装置を水の中に沈めまして、その中で作業を行なうということで、実際は水中にあったものもすべて空気中で補修工事を行なってございます。

（司会）

はい、ありがとうございます。種市さん、杉山さん。お二人のさらに詳しい内容はほとんど同じですので、どちらか。じゃあ杉山さんお願いします。追加質問あるでしょう。

（質問者）

僕は今まで国の検討委員会に11回ありまして、10回出席しているんですけども、その上で、それと六ヶ所の原子力安全保安院の検査官の所長と会って話を聞いた上で、今ここにきて発言します。その上で、聞いてください。今、真ん中のプールがＰＷＲ、プール3つありますよね。その両端が今まだ、手をかけないまま水中でやっただけですよね。今のところ。それは、はじめの段階の時、6ヶ月とか10ヶ月かかってるんだよね、わかるまで。不手際が。それからみると他の物も相当ありえると想定できるわけ。僕は、国から色々聞いてるから。そうすると、今まで鈴木さんが国で説明するんだけども、行く度にきれい事ずらっと並ぶわけ。行く度に。それはただ報告するということが前提になっているとしか聞こえないわけ。したがって、やはり先ほど言われたように、これはきちっとした道筋をつけて、これからこうしないっていう方針をここで明確に示さない限り、他のプールは当然検査の対象になるっていうこと。そこんとこ示してください。

（当社）

今おっしゃいました、最初に漏れた穴を見つける。これに平成14年の2月から平成14年の10月までかかりました。そして、その漏れた穴が見つかった。それを切り取りまして、継ぎ足し溶接がしてあった。それから一斉に全部の継ぎ足し溶接、今鈴木が説明したような溶接線がないかなという調査を、これは一斉に、同時に全設備をやりました。それで、そういう疑いのある変な溶接線がないかなっていうのを全部調査した結果が先ほど申し上げた結果でございます。

（質問者）

他のプールもありうるからそれも検査の対象にしなければだめだと言っているんだ。

（当社）

ご指摘の通りでして、我々としても検査もせずに使い続けるということは当然できないとうことから、両方のプールもすべて点検を行ないました。その結果、ちょっと今数字ありませんけども、それぞれのプールにも何箇所か直さなければいけない溶接線がありまして、その部分については今回きちんと直しました。以上です。それは報告させていただいてると思いますけども。

（司会）

はい。杉山さん。いいですね。もう一言ね。はい。

（質問者）

プールっていうのは前に1回取ったらカビが生えてますよね。カビが。それで、プールから水抜けば3ヶ月かかりますよね。3ヶ月。なのに早くやるためにそういうことをやってないのかっていうのを危惧するから僕は言ってるわけ。3ヶ月水抜きかかったよね。ですから、あと二つのプールがあるとすれば斜路もあるわけで。そうするとそれにどのくらい及ぼす時間がかかるのか。従って、早くこの時間を前倒しして早くウランの試験やろうとかそれが前倒ししてるからこういうことになってるんじゃないか。したがって、それも検査の対象にしろということを言ってるわけ。

（当社）

ちょっと改めて説明させていただきたいと思います。もちろん徹底的に点検して悪い所を直すというのはもちろん基本であります。そのためにどういう方法で点検をすればいいか、どういうふうに直せばいいかということを社内で徹底的に議論した結果に基づいてやっております。その結果、水をもちろん全部抜くという方法もございます。その他にも、水中であれば人が行ける所はダイバーを使いました。それから、ロボットも使いました。それで、空気中で人が直接張り付いて点検する結果と、それからダイバーを使ったりロボットを使ったりした場合に結果が違うかどうかという色んな、モックアップ試験といいますけれども、そういうような方法も使って行ないました。その結果、確かに直さなきゃいけない溶接線っていうのは見つかりました。ですから、今回、この点につきましては皆さんに自信を持って報告できるというふうに思います。直す時も色んな方法で直す方法も検討しました。結果はやはり空気中でその部分を切り取って、それで切り取ったところには溶接はそのままできませんので、裏に金属の板を入れて、そのうえで溶接をします。それについてはやっぱり空気中でやるのが一番いいということで、燃料が入っていて、今回水を抜かなかったプールについても、その部分に部屋を沈めまして、その中の水を抜いて作業員が入って、その中で空気中で直しました。ですから、今回の点検・補修については我々も最良の方法でできたというふうに自信もってみなさんにご説明できます。

(司会)

はい。じゃあ、時間の関係がありますので、時間があったらまた振りますから。では、もう1つですね。これは2つなんですが、一括でご回答いただきたいと思います。先ほど鈴木部長のパワーポイント使ったときの説明に、信頼回復の1つの問題として地域会議というふうなものを開きたい、開催すると。その地域会議っていうのはどのような形で開かれるのか詳細について知りたいというご質問が、笹川さん、㕵さん、杉山さん、それから天間林の石川さん、この4人の方から挙がっております。あと先ほど菊川さんがご質問のときにちょっと申されたことですが、例えば今日のような説明会、こういうふうな日時の設定について、ちょっといかがなものかというご質問もありますので、この両方に関しまして、赤間常務の方からご回答いただきたいと思います。よろしくお願いします。

(当社)

ご紹介いただきました、広報部門を担当しております赤間と申します。県民の皆様、あるいは村民の皆様方に今ご説明しました内容を、噛み砕いてできるだけやさしくということで、技術部門と日夜苦労しながら、苦心しながらご説明をさせていただくのですが、今ご質問にありました信頼回復に向けて地域会議っていうのは一体いつどのような形でどんな目的で開設するのだろうということですが、私どものこのサイクル事業は県民の皆様あるいは村民の皆様方からの絶大なるご信頼をいただいて、そういう前提で仕事を進めさせていただくということであります。従いまして、皆様方に私どもの事業をどのように理解していただき、またどんなふうにお受けとめいただいているのかということで地域会議を設置いたました。メンバーの構成は県内各地から色々な分野で活躍されている方を8名ほど選出させていただいております。また村内からも。それから、運営方法に関しましては、だいたい1年間に2回～3回の会議を開催いたしまして、それらの会議の内容につきましては、また皆様方にお知らせするということで予定しております。そういうことで今現在は、今月の末ぐらいには開催されるかなということで計画中で調整いたしております。それから、もう一点、説明会の運営方法について、この指示、設定、それから開催日、それから時間等について納得できないというご質問であります。私ども先ほどもご説明いたしましたけれども、1月にプールの補修が終わりまして、使用前検査に合格いただき、また、4月のはじめには県から私どもの総点検の結果の評価をいただき、順次県ご当局に社長からご報告し、また皆様方の代表であります、県議会の方々、それから村議会の方々にもご説明し、また、知事の主催される会合、懇話会にもご説明するなどしまして、順次皆様方のご説明の開催計画をしておりました。ようやく段階的に参りましたので、今回この開催にこぎつけたわけでございます。各市町村くまなくご説明するということが本来の趣旨でございますが、まずはお世話になっております、六ヶ所でスタートとなりまして、県内の主要都市で開催するという経過にいたったわけでございますので、何卒ご理解をいただきたいと思います。以上でございます。

(司会)

質問の方々に短くと言って、回答の方が長いようですので、回答の方も要を得てということでよろしくお願いしたい。私の資質を疑われますから、まぁ疑われてるでしょうけども。地域会議に関しましてはそういうことで開かれるということで、今常務の方からご説明がありました。それから説明会の方ですね。先ほど菊川さんが申しましたように、休日じゃないこういう忙しい時大変だということでしたけれども、今常務の説明にあったことを私の方で解釈すれば、なかなか日程の取り方が大変難しくてこのようになったということだったと思いますので、ということでこれに関する質疑は終わらせていただくということにさせていただきたいと思います。とにかく質問がたくさんあるんですよ。初めは5つぐらいかと思ったら倍以上きてますので、なるべく全部触れましょう。それでまた、最後に総括的なご質問でもまたやっていただきますから。次は、これもちょっと先ほどのとダブっている気がするんですが、種市さんのほうで誰が検査したの、これはさっきありましたな。よろしいですね。

これはちょっと違いますので、高橋部長にご回答いただきます。書類点検だけで安全かどうか分かるのか、ということでですね。野辺地の澤口さん、もう1人は名前がありませんが、こういうふうなご質問がありますので、この点高橋部長お願いいたします。

(当社)

高橋でございます。まず今回の品質保証体制点検ということでございますけれども、まず書類点検をやったわけですけども、設備と建物を全体を27万件という非常に多い件数でございましたので、なるべく合理的に区分けをしようということで、品質保証という観点からなるべく均一になるように非常に細かいグループ、具体的には4千弱というグループでございますけれども、そういうグループに分類をしまして、グループごとに設計の管理、施工検査管理というようなものについて点検を行なって、現品点検も対象を抽出したということにしてます。書類点検においては、判定基準を設けなければいけないということでございまして、この判定基準につきましては、過去の建設の段階で色々経験したこととか、それから化学試験とか、今試験を進めておりますのでそういう中での不適合というようなものを踏まえて、なるべく不具合が抽出できるようなもの。これは管理要件と呼んでますけども、この管理要件を点検ごとに定めましてチェックをしたということでございます。そしてその中で、各グループの中で、全部マルのもの、それから不十分なものというようなものを仕分けをしていったというのが書類点検のやり方でございまして、バラバラに見たというよりは、設備全体を合理的に区分けをして書類点検の中でチェックをしてきたということでございます。書類点検の中で、問題が出てきたもの。先ほど、鈴木部長の方から16万基というような紹介がありましたけれども、この16万基につきましては、現品を点検してチェックをしたということでございます。それから全部マルだった11万基につきましても、代表機器を選定いたしまして、これについても全部現物を見にいっております。そういうようなことで、書類点検だけではなく、現物を見るということを書類点検で合理的にスクリーニングをした上で、現品点検を見て全体の設備の健全性を確認したということになったということです。

(司会)

はい、ありがとうございました。澤口さん。はい。

(質問者)

野辺地町の澤口です。今、書類点検の関係で、点検結果約11万基が書類だけで OK だよと。そして、現物確認をしましたよということなんですけれども、具体的に11万基の内の抜き取り検査を何基ごとにやったかと。例えば100基ごとに抜き取り検査したものか、1000件についてその中で抜き取り検査をしたのか、その辺を聞きたいと思います。

(当社)

ちょっと複雑になりますけれども、書類点検については、先ほど申しましたように各グループ毎にチェックをいたしまして、例えばグループの中で数が多いものについては、最低1%を抜き取るというような形で書類の点検をいたしました。書類の点検をしたもののうち、全部マルになっているもの、これは11万件でございますけれども、11万件については、各グループの書類点検も信頼性・信憑性というものを確認するという意味合いから、各グループから1基を抜き取りまして、現品点検に進んで結果がマルだったわけです。それから残りの16万件については、これは管理要件の中でバツのものを抽出をいたしまして、バツのものについては原則全部現品点検に進み、現品点検の中で考え方の整理をして、現物を見るもの、それからもう一度書類を見るもの、それからバルブのように分解点検をしたり、材料をチェックしたりというようなことを点検して、全体の設備全体の健全性を確認したということになっております。

（司会）

そういう手順を踏んだということでこれはよろしいですか。

それでは次に、これはこういう質問なんですね。再処理工場全体の健全性というのは何を持って判断するのかというなかなか難しい問題ですが、同じような質問をお二人から頂いています。一人は野辺地町の白戸さん、もう一人は八戸の山内さん、このお二人でございますが、また高橋部長と一部青柳部長の方からご回答頂けますか。

（当社）

まずひとつは私、設備健全性検証チームのチームリーダーをやらせて頂きましたけれども、とにかく設備の健全性を社員がもう一度きちんと見るということで出来る限り、納得がいくまで点検をやってきました。具体的には点検計画につきましては専門家のご指導を頂くというようなこと、それから国の検討会でご審議を頂きまして、結果的に12月に改定計画書というのをお出しさせて頂いておりますけれども、そういうようなレビューを頂きまして、点検計画に基づいて点検をやりました。また点検にあたりまして、例えば、国の検査官の方とか、適宜、県とか村の立会いというようなことも頂きながら進めてきたということでございます。今後も設備上問題はあり得るという意識を常に持ちながら、不具合が発生した場合にはまず一つは直ちに公表するということをしていきたいと考えております。さらに試験運転というのがこれから進んでいくわけでございますけれども、この目的の一つとしては、営業運転開始以降に各設備の機能や性能がきちんと出るように確認をして設計上の問題があるとか、設備の改善点や不具合を見つけ出すということで調整とか手直しが出てくるというケースがあると考えております。また設備が、車の例でもそうですけれども、使っていくと経年変化ということも考えられますので、性能が低下した場合には例えば部品を取替えというケースはあると考えておりまして、この辺の点についてはご理解を頂きたいというふうに考えて思います。

（司会）

質問はい、もし補足があれば、青柳部長、補足的なことで。

（当社）

技術の青柳でございます。白戸様の方から健全性を確認について、住民の健康、安全等に何らか影響はないのかというようなご質問がさらに書いてございます。私自身、この再処理工場の安全設計をずっとやってまいりまして、今高橋の方から申し上げました、ものが設計通りに出来ているかどうかというのが一番まずベースでございます。そしてそのものが出来ていない場合でも、住民の方に迷惑を掛けないように設計するにはどうしたらいいかということが、再処理施設、原子力施設では要求されておりまして、私ども、そういうものを作るように努力してまいりましたし、これは国の法律、指針、そういうものが要求してございます。すなわち、何かトラブルがあった場合はそれを出来るだけ影響がないようにするための別の設備を多重防護と非常に難しい言葉で呼んでいるわけですけれども、とにかく設備の中で閉じ込めてしまおうと、放射性物質等を閉じ込めてしまうような設計を私どもはやっております。そしてこれが大丈夫かどうかということを敢えて設計をやりながら、ここでトラブルが起きたらどういうふうに進展するか、そして一体どれくらいの放射能が出るかということを一個一個潰してまいりました。これを平成元年から4年間に渡りまして国に説明致しまして、一個一個評価して頂いた結果がこうなってございます。しかし先ほど申し上げましたとおり、この私どもが考えていたとおりのものが出来ていなければ何にもなりません。そこを今私どもが総点検ということでやらせて頂いたわけでございます。

（司会）

はい、ありがとうございました。白戸さん、何か今のあれに対して、簡単にお願いします。

（質問者）

野辺地町の白戸です。そもそも根本的なことになりますけれども、原子力施設にしましても、再処理施設にしましても私個人としては、全体として、本当に住民の、或いは人間の健康ということに関して、完全な安全性というものがあるかということを私個人としては疑問に思っているものなんですね。そういう中で、本当に健康のこととか環境のこととか、それを充分にやっていって頂きたいと思うんですけども、しかし今のご説明頂きましても、先ほどの件数のこととか万の単位とか、溶接箇所もキロの単位とか、それこそ素人が考えますと想像もできないような数や範囲ですよね。

そうしますと、細かい所でそういう問題が起きているということが現実的にあるわけですけども、全体を本当に把握している方はいらっしゃるんですか。部分的にここの部署はここだと、今もそういう形でそれぞれの方々をこういう形でご回答なさるんですけれども、全体の問題を本当に把握なさる、例えば、社長が全部分かってるんだとおっしゃるのか、部分的にしか実際には分からないんだと。全体の問題を一人の人、或いはチーム全体で把握しているのかどうか、その辺り如何なんでしょうか。

（司会）

これは社長。

（当社）

只今の質問に大変お返事が難しい点がございます。と、申しますのは、私が会社のことを隅々まで全部知っているのかと言われた時に、これは無理だと答えざるを得ません。と言った場合は、その会社はどういった形でエラーがないようにきちんと経営をしていくのかというのが、私自体の責任でございまして、例えばそのためには勿論ある部分だけではございません。私を補佐する副社長だとか或いはまた先ほどから返事を申し上げている専務だとかいう者にとっても同じように細かい部分を全部ではございません。従いまして、やはり適切な人間を信頼し、その者が特殊なことがあった時にはきちんと報告をする体制、それから組織がきちんと動く体制、それから一番大事なのは、やはり第一線の現場において、個々に仕事をやる者がそれぞれの責任を果たす、それと更にその人に全面的に任せるのではなくて、やはりその人が間違うことがあるといった点から、やはりチェックをする体制といったものの全体を会社の機能として組み立てていくことが大事だと思ってますし、我々はいずれにしても今回、プールの問題、或いは硝酸の問題等について、内容については違うにしてもあります。そのトータルとしてこれから品質保証の改善策を作ったわけでございますから、只今申し上げたような形を隅々まで徹底するように私が先頭に立って、またそれを補佐する者から現場の者に至るまで全社一丸となって取り組んでいくという構えでこれから一生懸命進んで参りたいというのが反省でありますし、私の気持ちでございます。以上です。

（司会）

はい、白戸さん、念のために言いますと私の方で振っているのは、事務局の方から最適人者ということで振ってますので、ご了承下さい。私もわからないことがありますので事務局のほうに頼んで最適人者ということですから。それでは、八戸の山内さんです。はい、どうぞ。

（質問者）

原燃の方は健全性が保証されていると言いますけど、今までもそう言っていて、4個くらいの原発や核施設で何度も事故や情報隠しが行われているじゃないですか。その度に安全だということを言っているけど、僕らは何をもって、そのことを信用すればいいんですか。言うのは簡単ですよ。誰でもどんな言葉でも使えますよ。

（当社）

実は、私どもの原子力の設備というのは機械は必ず壊れる、人間はミスをする、これを前提にシステムの取り組みをしているわけです。そういう中で、今おっしゃりますように他社の原子力発電所でいろいろなことがあったという、ご質問でございますが、私は地域の方に迷惑を掛けるようなことを、大事故をめったに起こしてはならない。当然の話です。しかしながら、少し組み立てが悪かったからポンプが振動出た、ポンプが漏れたと、これは今後とも私は出ると思います。そのために私どもは24時間、人間が現場を巡視してポンプの異音がしてないか、温度が上がってないか、変な警報は出ないかという監視をしながら物ごとの運転をしているという立場でございます。一つその辺はご了承頂きたいと思います。

（質問者）

それじゃあ、何を、僕らは信用すればいいんですか。

（司会）

あとでまた時間振りますから、

（質問者）

大事な問題ですよ、これ。

（司会）

大事な問題よく分かりますから、あとでまた振りますから。

（質問者）

あなた達の中で、この辺に住んでいる人いるんですか。みんな違うでしょう。東京とか、あなた大阪住んでいるんでしょう。

（当社）

私はここに、8年住んでおります。

(司会)

日本原燃は殆どがここに移ってきてるでしょ。だからその質問はやめましょう。そういう形では。それでは、まだまだ質問があるのであとでまたちゃんと取りますからね。こういう質問があります。これは㫖さんです。今度見直した品質管理体制等で絶対に放射能事故が起こらないと約束できますかという質問でございます。どなたか。誰がいこうか。鈴木部長。

(当社)

私の方から回答させて頂きます。今後絶対トラブルは無いのかということでございますけれども、先ほど、高橋それから青柳の方からも説明ありましたとおり、機械装置である以上、何らかのトラブルというのはあり得べしという心構えで常に取り組んでいるのが実態です。勿論、再処理施設というのは、中に使用済燃料というのも扱いますので、放射性物質があるわけでございますけども、原子炉と違って圧力は高くない、温度は高くないということから急速にトラブルが拡大することはシステム的にはございません。ただし、色々な不具合があることは想定した上で設計しています。これは先ほど青柳が説明したとおりです。そのような場合でも、放射性物質、放射線が外に出ないように二重、三重の閉じ込めということで対応しています。設備はそういうことで対応しています。さらにそのものを動かしたり、保修したりする人、この人達がきちんとした仕事をするのが、その上に勿論重要になります。そのために教育訓練ということで、例えば、実際に運転をしたり保修する人は、再処理工場は六ヶ所が初めてではございませんで、国内であれば、サイクル機構の東海再処理工場、海外でもフランスのラ・アーグ再処理工場というものは実際に動いておりますので、そういう所に運転員とか保修をする人を派遣して訓練を積んできてございます。さらに試運転に当たりましては、工場に、日本の東海の工場、それからフランスのラ・アーグ再処理工場で実際に運転とか保修をしてきた人たちが駐在する体制を踏んでございまして、いろいろなものが起こってもすぐ対応できるような体制を敷いて実施したいということでございます。繰り返しになりますけれども、トラブルはあるべしということを前提にいろいろな対策をとって取り組んでいくのが現状でございます。

(司会)

はい、ありがとうございました。いいですか。

(質問者)

簡潔に言うとトラブルがあって、放射能が漏れることもあるということですよね。わかりやすく言うと。トラブルもこれからいろいろなことが一切無いということでは無いということですよね。人のミスもあれば機械のミスもあって、それが原因で放射能事故もこれは仕方が無くも完璧なものはないですから、あるっていうことですよね。私は聞いていて簡単にまとめれば、そういうことかなと思いましたけれども。

(司会)

じゃあ、どなたか、はい。

(当社)

今のお話でございますけれども、先ほどから申し上げておりますように、やはり人が行なうこと、それから物でございますので、劣化、それから人が行なうということからミスがあるという大前提でございます。そしてそれがあっても、その周辺の方に影響を与えないような設備とはどういうものかということを私ども設計の中で長いことやってまいりました。それは例えば、今日ご議論頂いていますプールの問題がございます。このプールの問題、先ほど出ましたけれども1秒間に何滴かの漏洩が発生いたしましたと。こういうものが設計の中で考慮されていたかということが、まずご説明する必要があろうかと思います。これは私ども、安全審査の中でこういう漏洩あった中でそのプールの水は何のために必要かと、

(質問者)

簡単に答えて。可能性があるのか、どうか。

(当社)

はい。可能性は出来るだけ小さくするように運転していきたい、それからそのための人間の訓練もしていきたいということをやっておりますけれども、皆さま、ご存知のように全ての技術に絶対な安全というのはこの世の中にはございませんので、ゼロではございませんけれども、

(質問者)

それじゃ、やめちゃえばいいんじゃないの。

(司会)

そういうのはやめて下さい。それからいいですか。さっきの答えてください。最後のことをもう

1回繰り返してください。それでいいですから。

（当社）

はい、皆さまに影響の与えるような放射能漏れはないと私は考えております。

（司会）

はい、もういいでしょう。水掛論になるから。哘さん、水掛論になるから。8時までを30分伸ばしますから、宜しいですね。回答できないところは、後日会社の方から確実にさせますから、誠意をもってさせますから。私も青森県民ですから本当に真剣なのもわかりますし、会社の方も今真剣に取り組もうとしてますから、会社も誠意を持って回答しているということは認めてください。よろしくお願いします。

ではその次お願いします。その他の改善に向けて取り組むということで過去の点検との関係ということなんですが、98年12月、2000年2月と品質保証体制の強化が行われているにもかかわらず、今回同じことを繰り返した、これでは信用できないんだけどもこれでいかがなのかということと、これは鈴木部長お願いします。それからもう一つ、再処理施設で働いている会社は全国的にみても信頼できる企業なのか、どのような基準で企業を選定しているのかというご質問、この両方一括、鈴木部長に答えて頂きますが、前者の方は菊川さん、後者は六ヶ所村の小原さんからのご質問です。

（当社）

過去の点検との関係についてお答えしたいと思います。確かに今まで例えば、内部部品取付けミス等のいろいろなトラブルがありまして、その都度、水平展開ということで同じようなものはないかという点検は繰り返し行なっております。先ほど水平展開の言葉の説明もさせて頂いたとおりで、すなわち品質保証というものは、一度やればそれで完全というわけではないというつもりで取り組んでおりまして、それを専門的には継続的な改善というふうに呼んでございます。そのような改善を何度か繰り返した結果が今の設備でございまして、今回27万基点検を行なった結果、非常に重要な問題は見つからなかったという結果だと考えております。当然、今後とも何かあった場合にはそのような改善は常に取り組んでいきたいと考えております。それから2点目の全国的にどのような会社が協力会社になっているのかということでございますが、現在、仕事をお願いする時には実績、これは発電所等もありますし、国内の再処理工場等もあります。他の産業もありますが、どのような実績があるか、これは一つの一番大きな指標でございます。それから技術的能力ということでお願いしようとする仕事に対して、例えば、社内でどのような技術開発をしているか、要員の訓練をしているかという技術的な能力、それから品質保証体制がしっかりしているかどうか、これは社員の教育も含めて評価をした上でどの会社に仕事をお願いするかを決めております。その結果が現在仕事をしている会社ということです。

（司会）

今の回答に対して菊川さんと小原さん。再質問どうぞ。

（質問者）

菊川です。今までの品質保証体制、今度で 3 回目ですけれども、今までのものとどう違うのかよく分からないんです。根本的な失態が露呈してきたと思うんですけど、今までの経験はまったく生かされていなかったということなんですか。それとも技術は上がっていてこういうことになったということなんでしょうか。

（司会）

鈴木部長、はい。

（当社）

説明が十分じゃなかったので申し訳ございませんでした。今までは水平展開ということで何か明らかになった事象にまた同じものがないかということで、どちらかというと仕事を行なっている現場で点検を行なっている。その結果、勿論、社長まで報告していたわけですけれども、そのような形で行なってきました。ですから、点検を何回かやってもやはり点検を行なってなかった部分については、ものごとが起こるというのが今までの最大の反省点でございます。今回の改善点は資料の中にもありましたように改善策1から4とありまして、全社的に体制を見直して問題が起こらないための予防的な検討もきちんとできると、これは当然働く人の意識とか能力とか、品証に取り組む姿勢というようなものを一から再度、教育し直していくということが最大の違いでございます。

（司会）

はい、それでもう一つ端的にお答えください。八戸の鈴木さんからこの品質保証に関して、ＩＳ

Ｏのような公的な基準というのはあるのかと質問がありますので。では、新澤さん。

(当社)

品証準備室の新澤でございます。品質保証に関する公的な基準はありますかという質問でございますが、ご存知のとおり国際的に通用されておりますＩＳＯという基準が一つございます。今回当社の品質保証はこのＩＳＯを取り入れながらＪＥＡＣと言いまして国がＩＳＯを中心とした品質保証規定というものを法律の中に盛り込みました。その規定を使って品質保証体制の改善をしたわけでございます。

(司会)

今のご回答に対して、ご質問された方、宜しいですか。これに関しましては以上で終わります。次に、若干ダブりますが、もう一度ご回答頂くことにします。一つは種市さんですが、品質マネジメントシステムのマニュアルにおいて、施工後の品質を点検した際、不適切な施工等の検出は、できる仕組みはあるのか、それからこれと重なるような形で今回の改善策で本当に手抜き工事を無くするようにできるのかという質問、あと三沢の中川さんで、改善策で新しくやっていくことで問題が起こらないのか、具体的に説明して欲しいという質問が届いております。これも新澤部長お願いします。

(当社)

今回の反省といたしまして、やはり我々の管理が、関与が薄かった所に出てました、というのが事実でございます。そういう意味合いにおきましては今回のご指摘にありましたとおり、放射性物質、つまり化学薬品系統、或いは法定溶接検査の対象外となっている設備につきまして、これまで当初関与が薄かったのは事実でございます。これらは真摯に反省致しまして今後の不具合の発生状況、要するにこれからの保修が困難になるとか、或いは期間なども考慮致しまして基本的に管理レベルを上げることで対応したいと考えております。またこのようなレベルの低い一般的なものにつきましても、今回の管理規定等を改定し、抜き打ち的な検査手法を取り入れるなど致しまして、しっかりした管理をしていきたいと考えております。さらには先ほども鈴木の方でご説明致しましたけれども、今回点検で使いましたいろいろな判定基準であります管理要件を今改定しております要領書、或いは規定文の中に取り込むことによって、今後このようなことが防げると考えております。

(司会)

それでは、さきほどお名前申し上げたお三人、どうぞ。お名前。中川さん、どうぞ。

(質問者)

今までの話を聞いていると、とってもきれい事に聞こえるんですよ。何で下請けの業者が溶接をして不具合があった時に報告しないでそのままやったかということですよ。その人たちが悪党だってことですか。納期があったからじゃないんですか。経済性の問題があったからじゃないんですか。今、非常に丁寧な改修工事をしたと言いましたけれども、それはめちゃくちゃ金を掛けてるんでしょう。そういう経済性の問題なんかは抜きにしておいて、きれい事ばかり言っても全然信用できないんですよ。今皆さん、とっても高いお金をもらって。そのお金ってどこから出てるんですか。あなた達は再処理工場やって、再処理工場としてのお金もらってないでしょ。

(司会)

中川さん、後半の方ちょっとあれですよ。最初の質問に。

(質問者)

私が聞きたかったのは、今の体制になったときに、今実際起きた水漏れの事故が起きないという体制であったならば、こういう事故は起きなかったんだということを具体的に説明して欲しいんです。こうこうこういう所で、こういうことが出来ない仕組みになっているということを具体的に言って欲しいんです。きれい事だけじゃ全然分からないですよ。

(司会)

じゃあ、新澤部長もう一度お願いします。

(当社)

具体的にご説明致しますと、今回の反省を踏まえまして、溶接特に我々の関与の薄かった溶接の技術基準というのを見直してございます。具体的には、今まで我々は最後の溶接の出来上がりの検査しかしておりませんでしたけれども、今後はどのような溶接の仕方をしているのか、或いはもうちょっと前にいきまして、どのようなライニングであれば板の張り方をしているのか、そういう所までちゃんとメーカーさん、或いは協力会社さんと話をしながら、それを要領書という形で提出して頂いて見ながら現場で管理していくということで考えてございます。
(司会)
私から質問しますよ。さっき言ったのはあまりにも経済効率ばかり追いかけたんじゃないかという質問だったんです。それに対してあるか無いか。
(当社)
はい、経済効率ばかり追いかけたということではございません。
(司会)
そういうことです。いいですね。
(質問者)
今みたいなことをやっていると滅茶苦茶になりますよ。安全第一でやるんですね。社長、慎重に、慎重にやるということを約束して下さいよ。
(司会)
社長、ご指名ですので、それに対して端的に。
(当社)
我々は当然のこと、安全が基盤でございますから安全を大前提として、かつまた、民間企業です。民間企業といえども、電力事業との関係において、皆さんに大変お世話になっている会社でございますから、双方が安全を前提として壊れないように更に、会社としての基盤をしっかり目を光らせて両面が成立するように致してまいります。
(質問者)
両面みたいなことをやってるから、今みたいなことが起きたんでしょうが。安全にやるんだったら、経済性のことはほっといて再処理なんか止めなさいよ。
(当社)
申し訳ありませんが、これは考え方の違いで、ただ時間がいたずらに過ぎればいいとのいうことではございません。全力を尽くして必要な時間は我々は使ったというふうに考えております。以上です。
(司会)
ありがとうございました。それでは次の問題にいきましょう。きちんと安全性を確認しながらやるということですから。次にいきます。天間林の石川さんですけど、これもさっきと似てますね。これもさっき鈴木部長がパワーポイントを使って頂いた時に。要するに他の協力社員等がかなりいると、そういうことに対して、トラブルがあった後も何でこんなに比率が多いのか。だんだん減らしていくというご説明ありましたけれどもね。これに対して。
(当社)
結局当社で採用した人間が少なくて15年後に90％に持っていくと申し上げました。当社では昭和61年から社員採用、定期採用しております。最初に入って優秀な方は今部長の直前まで来ております。そして普通の場合は優秀な方で当社に入って課長になるのにだいだい15年かかります。それで当社に入りますと、
(質問者)
そんなこと聞いてないですよ。
(司会)
端的にこれからどんどん減らしていくというその方針･･･。
(当社)
ですから、現在の特別管理職は出向者の方が多いんです。当社の採用した方が特別管理職、課長、部長になるのに、今の人をシミュレートしますと約15年くらいかかる。で、90％になるということです。
(司会)
分かりました。会社の全体の社員の構成、そういうことから来てるということですから、分かりましたね。再質問の方、名前から。端的にどうぞ。
(質問者)
天間林の石川です。社員の率を上げていくというのは今の体制がまずいから上げていくということですよね。
(当社)
そうじゃなくて、今出向者の方に管理職に来て頂いているのを、当社の純社員に置き換えていくと、育たないと置き換えられませんので。まずいのではなくて、当社の課長、部長が当社の採用サイドで育ってないのでしたくても出来ないと。
(質問者)
だから、今の体制がまずいから変えるんでしょう。
(当社)
まずいんじゃないんです。
(当社)
私から申し上げます。先ほど申し上げたとおり、会社が若いのでございます。定期採用をしてから10年余、その前からも少数は採ってございまし

た。したがって本来的に我が社に入った社員で会社を構成するのが企業としては当然です。電力会社から人をお借りしてそれでやっているのはやはり全体の人数が若くてそこまで育っていないからでございまして、ここで改めて目標を立てたというよりも明快に目標を示すことによって、我々の決意を示したということでご理解を頂きたいと思います。

恐縮ですが、育っていないのではなくて、十分にその職位としては育っております。しかしながら若い方が部長級を勤めることは無いことはご承知の通りです。以上でございます。

（司会）

はい、ありがとうございます。それではこの質問は終わります。あと、10分少々時間を取っていきます。佐々木社長、大変お辛いでしょうが、こういう一連のトラブルに対してどう責任をとるのか、それに合わせて内部告発制度があるのかどうかというご質問を頂いております。社長、端的にお答えください。

（当社）

どういう責任をとるのかという意味合いにおいては、先ほどお返事を申し上げました。只今我々としては今果たすべきことは、トラブルを起こしたものを正しく元に戻すこと、そして我々の本来の事業をきちんと進めていくことということでございますが､もっと具体的に申し上げますと、プールの補修は終わり、かつまた品質保証体制については国からのご了解を頂きました。とはいえ、これからがやはりその内容について皆さまにご理解を頂き、かつまた我々がたてました品質保証体制についてきちんと実効あるものにするのが、私の責任だと思っております。長くなりますので、二つの点にまとめさせて頂きますと、一つはやはりただ今申し上げましたように「仏作って魂入れず」ではございませんが、実効あるものにするためには若干の時間はかかります。とはいえ、一歩一歩積み重ねないと出来ないのが改善策だと思っております。そういった意味で具体的な活動をこれからきちんと進めていく。先ほど、その内容については申し上げましたので、それをきちんと進めていくという決意をその点について申し上げます。第二点はやはり新しく今我々としてはプールの補修も終わり品質保証の点検の終わりましたが、そのステージから次のステージに行くための大事な問題というのは、そのことをご理解を頂いて特に本日は六ヶ所村でやっております。とはいえ､六ヶ所村、更に周辺の方々、更には県民の方々、広くは全国の方々、社会の方々に対しまして、私どもは信頼を回復するために、損なった信頼を回復するために、やはりこれからのただいま申し上げました、品質保証体制の実効あるものにするためにということは、実行の状況について適時適切にご報告を申し上げる、それからいろいろな、例えば試運転がこれから新たなフェーズに入ったとします。そういった場合の条件についても同じように情報公開するといったことによって、我々にとっては安全確保を大前提としながらそれが安心という形になるように最大限の努力を尽くしていくことを、これは私の決意というよりも我が日本原燃の決意としてここで申し上げておきたいと思います。以上でございます。

（司会）

ありがとうございます。中川さん、簡単にやってくださいね。今の社長の発言に対してですよ。

（質問者）

今日の説明会、開いてくれたことは大変ありがたいと思っているんですけれども、基本的に再処理という問題の特殊性について非常に認識が甘いような気がするんですよ。再処理工場というのは普通の化学工場とは違いますよね。放射能が莫大に詰まっているものを環境上に出さなければ操業出来ないものですよ。さっき、青柳さんが言ってましたけども、外に出さないようにすると言ってますけれども、原発よりも。出さざるを得ないから基準が甘くなっているわけでしょう、国の基準だって。そういうことをあたかも出ないようなキレイ事を言ってくれると困るんですよ。それで、プールだから良かったですよ。まだこれから、放射能を入れた実際の実験をやってトラブルが起きたときに、その補修とか莫大な金もかかるし、ものすごいことになるわけですよ。そういうことを考えるんだったら、もっともっと時間をかけて、それから、さっきは東海村に行って研修したとかラ・アーグに行って研修したとか言ってますけれども、東海村だって満足に動いてないじゃないですか。ラ・アーグだって放射能をバンバン出しているでしょう。そういう実態を見ながら、それでよしとしてやるんだったら、僕ら全然安心できないですよ。ラ・アーグの放射能の問題解決しました。ね、そんなこともちゃんとやりました。自信持って僕らに説明して、それからやってくださいよ。

（司会）

中川さん、あなたには特に時間を取りました。正直申しまして、そういう意見をお持ちの方もいると思います。ですから、それに対してどなたか、こうなんだということで回答してください。

（当社）

いま非常に具体的なお話頂きました。先ほど放射能を出さないのかというお話がございましたけれども、ご存知のように私どもの管理放出ということでクリプトン等を若干出しながら操業させて頂きます。ただし、それについても、私どもどれくらいの影響度があるかということをご説明しまして、ここの六ヶ所村の自然放射能に比べたら、大体数字を申し上げて恐縮でございますけれども、1ミリシーベルトという一般的な国内の平均に対してその50分の1程度になるだろうという数値をご説明しているわけです。平常時において。そして先ほど、トラブルがあっても出さないのかというお話がございました。これも確かに私ども事故評価というのをやっておりましてトラブルが起きた時に若干出ますと、それの最大値は大体どの程度ですかいうことを説明させて頂いております。それも最大値で私ども臨界事故を想定しておりますけれども、1ミリシーベルトと今ここで皆さんが浴びている自然放射線に比べて500マイクロですからそれより一桁少ない数値であると私ども事業指定申請書という、安全審査を経て公開されたものに記載させて頂いております。そういうことを別に隠しているわけではございません。平常時においても、事故時においても、この程度は出る可能性はあるけれども、それを抑えるために設備をしっかり作るということと人間の研修をこれからも一生懸命やるというようなことをやらせて頂いてご理解頂きたいと思います。

（司会）

不定期発言はやめて下さい。もういよいよ時間が無くなりました。そういうものに対してはここにありますので。あなた質問者ですか。はい、じゃ、あなた。

（質問者）

私はむつから来ました櫛部と申します。内部告発の関係で、質問したんですけど、会社としてこういう不良施工とか、その他のトラブル等についての、社の体制として、内部告発制度というのはきちんとあるかどうか、聞きたかったわけです。なぜかと言うと、この品質管理体制とか見れば、社長からトップマネジメントとかって、あるいは監査体制とかいってそういうのを強化されることになっています。でも、上からもそういう締め付けそういう監視でやろうとしてるわけですね。だけど、私は逆だと思うんですよ。本当にこういうトラブルなんかが、ちゃんときちんと対応するためには下からの、風通しが良くなければ改善されないと思うんですよ。東京電力を見てみなさい。十数年間隠されてきて、結局は内部告発はなかった。外国から来た人にするという、そういう形になったわけでしょ。同じ日本の会社として、そういった点はね、ちゃんと学んでないわけですよ。だから、先ほどから言ってるように、小さなトラブルがあるんだ。絶対安全じゃないんだ。と言っておきながら、じゃあ、トラブルがあった時、そういう事故があった時どういう体制で、品質管理の安全性を確保しておくのかが、ここにないじゃないですか。これは改善策としては非常に私は納得がいかない。まずいものだと思います。もう一回練り直してください。

（当社）

一つはお詫びを申し上げます。これは、私どもは名前はダイレクトラインと称しておりますが、私どもの会社、もちろん社内。当然でございますし、それから協力会社を含めまして、周知を図っております。ダイレクトラインと言うものがございまして企業倫理窓口ということで設定してございます。なかなか現在出てまいりません。従いましてこういうものは自由に使って頂いて、私どもも今、トップダウンでやるのはおかしいと言っておりますが、これは逆に社長をトップとして全社をあげてやりますと、これを申しますと逆に下のほうは考えていないのかということですので、一応それについて社長という職位はまさに会社の中の社員の若い層がどういうように考えるのかというのは平素から考えていることでございますが、これは難しく思います。したがって、社員を対象に社長ご意見箱というものを設けております。これは意外にいろんな建設的意見が多ございますが、私宛に社員にだしてくれという目安箱でございますから私が自ら直接に原稿は書いてもらったにせよ、自分の言葉で自分が伝えるということでやっているのもやはり社内の若い方々下から上がる意見をきちんと聞く体制がなければ、トップダウンは全く機能しないというのが、ただいまのご意見の通りだと私は思っております。したがって、ご意見のように進んでまいりたいということでございます。

(司会)

それでは、あと2つほど今までと違うのがありますのでご紹介して回答していただいて、あるいはもうちょっと再質問というかたちにします。一つは先ほどの鈴木部長の方からパワーポイントを使ってご説明あった時に保安監査部と品質管理部これのすみ分けがどうも明確じゃないと、これを明確にしていただきたいと。役割分担ですね。それと関わりまして、品質保証室の独自性これを保障すべきではないのか。というご質問がございます。前者のお名前はありません。後者のものは横浜町の杉山さんですが。これに関しまして、新澤部長。

(当社)

最初の質問でございます保安監査部と品質管理部の違いでございますけれども、先ほど鈴木の方がパワーポイントでご説明しました通り、今まで技術的な品質管理というのを、各ラインがやっておりまして、独立した組織としてやってございませんでした。そういう意味合いで、今回ですねこのような点になったことは反省いたしまして、それを独自に行ないます品質管理を独自に行なう品質管理部を新たに設定いたしました。ただ、品質管理部そのものはちゃんと定められたマニュアルあるいは、定められた要領に従ってなされているかこれを監査する必要がございます。そういう意味合いにおきましてこの保安監査部が、これが品質管理部を監査する役目を持ってございます。これが住み分けになっており

ます。

(司会)

それでは、もう一つじゃ社長お願いします。

(当社)

品質保証室については、今日説明した中にありますように、社長直属の専属の組織としてと書いております。したがって私からご説明します。独立性が無い品質保証室は、機能しないということを私自体が心配してます。私ども事業部という仕事がそれぞれ社内で違っておりますから。それぞれの責任者を集めた品質保証室は、役員待遇のポストの者を当てておりますが、更に今日出ているような、専務・常務・副社長の様な上級職もおります。したがって品質保証室は、私の直結であるから品質保証室の室長と意見衝突するような問題が起こる様であれば、それは私が全て裁くと他の者に伝えてございます。そして本人にもそのつもりで仕事をするようにと、少なくても上級職員から言われようと独立していることを明確にしないと出来ないということでございます。

(司会)

ありがとうございました。今の解説でよろしいですね。かなり明確であったと思います。

はい、では杉山さん、簡単に。

(質問者)

品質保証室というのは、11回の検討委員会でもっとも議論が盛んになった要因なんです。それはなぜかというと、品質保証室というのは、まさに日本原燃の生命線だと思うわけ。なぜならそこは、もっとも忙しく仕事しなくてはならないわけ。なのにそこが機能するかしないかが、ここ6ヶ月に、まあ検討委員会が残ってるのだが、そこにどれだけ機能が果たすのか、それが情報を通して開示されるのか、おもてに。

そこに、県民の目線と書いてる様に、地域の信頼を得るというものは、何によってそれは担保されるのか、そこをきちんと説明してください。

(当社)

恐縮ですが、今のお話は質問というよりも、そういう形で仕事をせいという、激励というか叱正というかで私は受け止めました。実際に品質保証室がどのような形で機能するか、しているのか、わかるような形で運営をしてまいるつもりでございます。

(司会)

まだまだ質問がありまして、仕分けが難しくて何回かそれがダブって時間をとったようなことがあります。で、最後に私から会社にお願いして、これで終わりますけども、その他に関しては、特にこちら側に述べていないのがありますので、これに関しましては確実に一番下の欄に記入されている方には会社の方から回答していただくように私からも要望します。それでまた、会社もやってくれるものと確信しております。その中で、それ

は、もう簡単ですので。わかりやすい資料を作ってくれというのがあります。赤間常務。
（当社）
これからご要望に応えまして出来るだけ分かりやすい資料を作成していきたいと思います。今日も分かり難いところについては写真を使ったり、イラストを使ったりやってますけれども、或いは用語解説集とかですね。用語解説を作らなくてもきちんと分かりやすく説明できるはずだと、資料がつくれるはずだという意見もありますので、それらのご意見を頂きながら、これからの皆さんのご理解を得られるための出来るだけ分かりやすい資料を作成して心掛けてまいりますので、一つご理解のほどよろしくお願い致します。
（司会）
最後にどうしてもという方。お一人どうぞ。端的にお願いしますね。
（質問者）
六ヶ所村の福沢といいます。
今日の東奥日報で原燃さんが一面広告を出されましたね。ああいう形で質問を全部出して、そしてそれに対する回答を全部載せて欲しいです。決して無理だとは思いませんので。
（司会）
それは、公にしろということですね。それは、私の方から会社の方に言っておきます。検討してください。なるべく、そういう方向で出来るのならば、ということでお願いしておきます。もう一人だけ。あ、じゃ、もう二人行きます。
（質問者）
むつの新谷です。私は4項目も出したんですけど、私の名前は挙げられなかったんで。今日のような説明会が県議会や或いは知事から開けという要請があって開かれたということは、一歩、民主的な方向で進んだと思います。しかし、こうした複雑な再処理の問題を最初から1時間半とかね2時間ということで設定するということに私は本当に住民から信頼される原燃となっていく点では、当初からもっと民主的に計画にして欲しいと思います。ヨーロッパでは、2,3日もかけて住民の声を聞いていると聞いてます。そういうことをやって欲しい。そういうことが、今のこの原燃の住民から信頼を得る確かなことではないかと申し上げます。
（司会）
ご意見として承わって、会社の方で熟慮させて頂きます。社長宜しいですね。
それでは、種市さん最後にお願いします。
（質問者）
最後のとりを取らせて頂きます。今まで慎重なご意見ばかり多数占めておったんですけど、私、今までお話を伺って、やはり、今後、事業展開を図っていく上で非常に大切だなと思った点は、メモしてあるんですけども、事業者、技術専門家、行政、地域、メディア等ですね、異種領域間での対話の反復によってお互いの相互理解が深まるものだと考えております。そういったところを重々、念頭に置かれた上で今後積極的な再処理事業の展開を推進して頂きたいというふうにお願い致します。私どもも地域の一員としましてこの再処理事業に関しては、必ず必要なものだというふうなことに、県と村当局、こういったところで、誘致・事業、安全協定等手続きを進めてるところなんですけども、今後一日でも早い稼動に向けたウラン試験、総合試験、そういったところを着実に進めていただきたいというふうに、切に要望をさせて頂きたいと思います。
（司会）
もう、8時40分ですので、勿論、時間が足りないと言われるとそれまでですが、色々とご都合もあるでしょうし、こういう説明会に対して2時間。いや、1時間40分かな。取りましたので、かなり民主的とか、民主的じゃないとか言うのは、これは、どういうはかり方をするかということで、あまり軽々には使ってもらいたくないんだけども。しかし、今日は、先ほど、どなたかが言ったんですけども、私はあえて、こちらに来た中で見ながら会社にとって都合の悪い質問ばかり実は、ぶつけたんですよ。そういう中でやって参りましたので。いやいや、もういいです。お願いします。種市さん。大変だったと分かりました。しかし、今日の会社の説明、一生懸命、答えていただきました。ここにいる方も十分でないという方もいらっしゃると思いますけど、今後とも社長以下、一丸となって説明会、或いはやさしい資料を作って、皆様方に広報していくということでありますので、その辺もある意味でお汲み取りいただきたいと思います。時間が経過した割には私の司会がまずかったと。それからかなり糾弾会的な要素も持つんですな。また、そういうようなこともありまして、なかなか、うまくいかなかったのは、お詫びしますが、今日、お答えできなかったものに関しては、何らかの形、例えばＥメールアドレス・住所を書いてる方が多いので、会社から責任を持って回答させて頂くということです。それからもっと幅広くやれということも会社の方でご検討頂くということでご要望申し上げまして、検討していただくということで、今日の説明会は終わりにさせていただきます。

大変長い時間、6時から始まり2時間40分、熱のこもった説明会になったと思います。

どうもご参加の皆さん、今日はありがとうございました。

以上

［出典：日本原燃株式会社ホームページ http://www.jnfl.co.jp/event/040511-recycle.html］

Ⅲ－２－５

再処理工場のウラン試験に関する説明会の実施結果について

１．日時　平成16年6月17日（木）18:00～20:45

２．場所　六ヶ所村文化交流プラザ スワニー１Ｆ大会議室

３．当社　鈴木副社長、青柳再処理工場技術部長、鈴木再処理計画部長、小松試運転部部長、瀧田環境管理センター長、渡辺広報渉外室部長

４．司会　末永 洋一（青森大学教授（青森大学総合研究所 所長））

５．参加者　約300名

６．概要

(1) 鈴木副社長挨拶

(2) 説明（18:10～18:59）

青柳技術部長より資料に基づき、プロジェクターを使用して説明をした。

(3) 休憩・質問・意見記入時間（19:01～19:15）

(4) 質疑応答（19:16～20:45）

主な質疑応答は、次のとおり。

(司会)

それでは、ほぼ定刻になりましたので質疑応答の方に入らせていただきたいと思います。それで時間のことなんですが、当初6時から8時、すべてで2時間程ということになっておりました。ただご質問も色々あると思いますし、ご意見も色々あると思いますので今事業者側の方と話し合いまして、最大8時半までやらせていただくということで30分間程の延長をお願いしておりますのでそのような形で進めさせていただきたいと思います。

それから先ほども申しましたけれどもこういう説明会でございますので、円滑且つまた有意義なものにしたいというふうに私としても思っております。従いまして、いくつかの点においてお約束していただきたいと思います。一つは途中での不正規発言。つまり、ヤジ等々ですね。そういったものは現に、みなさん方当然のことですのでないと思いますが、極力と言いますかそれは差し控えていただきたいというのが第1点です。それから第2点目といたしましては、もし仮にこの説明会を妨害するようなそういう事象がありましたら、その場合は私司会進行としてそういう権限があると思いますので、あるいはご退席いただくということになりかねませんので、その点もよろしくお願いします。それから第3番目として質問に対する回答。および質問、再質問等やっていただきたいと思いますが、それに関しましてはなるべく要領よく且つまたなるべく時間をかけないようにやっていただきたいと思います。そのようなお約束をさせていただきまして、これから質疑応答に入らせていただきます。

それではすでに質問のペーパーをいただいておりますので、私の方からお名前とそれから質問内容を読み上げまして、それぞれ事業者側の方からご回答・ご説明いただくという形にしたいと思います。

まず、第1番目でありますが、これは六ヶ所村、泊の小笠原さまのご質問でございますが、ウラン試験で使い終わったウランはどうするのか。ということでございます。これに関しましては小松部長の方からご回答いただきたいと思います。よろしくお願いします。

(当社)

先ほどウラン試験では約53トンのウランを使用すると説明しましたけれども、そのうちの約

20トン程度というのは分離建屋、および精製建屋でウランとかプルトニウムとかを抽出する前の状態で抽出工程のところにウランを、きれいなウランを入れておいてその状態で実際にアクティブウランとかプルトニウムを入れますのでそういったウラン平衡用として残しておきます。残りの30数トンにつきましてはウラン脱硝施設におきまして先ほども説明がありました脱硝塔というところで硝酸のウラニル溶液というものをＵＯ3というウランの酸化物の粉末にして回収します。

（司会）

はい、ありがとうございました。小笠原さま、いらっしゃいますか。今の回答でよろしいでしょうか。はい、ありがとうございました。それでは、今のご質問に対する回答はこれで終わりにします。次にウラン試験に使用するウランの調達先と搬入時期はいつか教えていただきたいということで、これに関しましても同じ小笠原さまでございますが、青柳部長ですか。ご回答いただきたいと思います。

（当社）

まず調達先でございますけれども、ウランにつきましては核燃料サイクル開発機構の人形峠から運んできたものと、それから一部アメリカから輸入しております。これは毎回、色々な所で聞かれるんですけれども、六ヶ所の濃縮工場でのウランを使わなかったのはスケジュール的に成立しなかった、と。六ヶ所の場合は許認可が必要だということで、私どもが必要な時期に六ヶ所のウランが使えなかったというようなことで核燃料サイクル開発機構と米国から輸入したということであります。それから納入時期は、安全協定というものがこれから県・村と締結させていただくことになると思いますけれども、その後になります。ですからまだ、ウラン試験の直前にならないと搬入はできません。以上でございます。

（司会）

同じ小笠原さまですけれどもよろしいでしょうか。再質問ございますか。はい、では簡単にお願いします。

（質問者）

今の質問にも関係すると思うんですけれども、先ほど情報の公表についての説明がありました。私たち一般の村民には非常にたくさんの情報を出されても非常に困る場合があります。それで、私たちにとって何が大切なのか、何が重要なのか、そういった情報のポイントを整理してから流していただくことが必要だと思うんですけれども。

（司会）

はい。先ほどの質問とは若干ずれてると言いますか、違うと思いますが、これもどなたか。はい、では渡辺部長お願いします。

（当社）

渡辺でございます。お答えいたします。おっしゃるとおり私ども先行事例を調べた結果、色々多くのトラブルがあるということがわかりました。とは言いながら、できるだけ情報を公開していく努力をしていこうと。そうなりますと、おっしゃられますとおり、多くの情報がたくさん出て行く。そうなるとどの情報がどうなのか、ということも非常に関心ごとになるというふうに思っております。

そういうようなことを考えまして、先ほど青柳部長の方から説明ありましたように、情報を3つの区分、「事故・トラブル情報」、それからその次が「保全情報」、そして「運転情報」というように3つに分けている。しかもそれらについては、事の軽重と言いますか、そういった区分に分けてお出しする。さらに当然のことながら情報の中に事前にお知らせしている事例集の中ではまず最初に工場の中と外に影響があるか、ないか。ということを一生懸命説明させていただくというふうな努力をしているつもりでございます。そういうようなことで、できるだけ、情報の量は増えるかもしれませんが、分かりやすいと言いますか、知りたい情報に近づいて行くように一生懸命努力したいと思います。よろしくお願い致します。

（司会）

はい、ありがとうございました。小笠原さん、今の回答でよろしいでしょうか。それでは次の質問に移らせていただきます。ウラン試験の開始にあたっての社員教育ですね。人的ミスというものは完全に防ぐことはできないと思うが、社員の教育はどうなっているのか、ということでございますが、これも青柳部長からご回答いただきたいと思います。

（当社）

先ほども少しご説明いたしましたけれども、社員教育といたしましては私ども隣町にテクノロジーセンターというものがございます。こういったところで基礎研修及び専門研修というようなことで、座学をまず十分やっております。それから先ほど申し上げましたように、実地訓練といたしまして国内外の再処理工場。これは建設していただいたメーカーさんの施設にもあるわけなんですけれども、そういったところに技術研修ができるような施設がございます。そういったものを併せまして、座学と実習。こういったものを並行してやってございます。

それから先ほども少し触れましたけれども、こういう事故が起きましたときに一番重要なのは運転員の当座での適切な対応でございます。そういった点から大きな事故にならないように私どものサイトの中に、中央制御室の中に訓練施設というものを設けました。これは事故・トラブル等が起きた時に適切に対応できることを訓練するために中央制御室と同等の制御室の模型を作りまして、その中で実地訓練を行なってます。以上のようなフェーズで社員教育と訓練を行なっていきたいというわけでございます。以上でございます。

(司会)

はい、ありがとうございます。これは質問の方お名前申し上げないで大変失礼いたしました。六ヶ所村の佐々木さまでございます。佐々木さまいらっしゃいますか。今のご回答について再質問ございますか。よろしいでしょうか。じゃあ、ないということで進めさせていただきます。

次でございます。六ヶ所村内の福澤さまからのご質問でございます。東京での経済産業省の交渉ではウラン試験の前提となる当該区域の保安規定が未承認との見解を得ました。いまだウラン試験云々をする段階ではないと思いますが。ということでこの保安規定のことと、それからウラン試験開始のことに関しましてのご質問だと思います。これに関しても青柳部長お願いします。

(当社)

保安規定は私ども再処理工場の試験、あるいは操業するための、運転員のためのいわゆる憲法。ルールでございます。これは国の認可を必要としていまして、今まで私どもウラン試験用の保安規定というものを申請して参りました。それで今のご質問なんですけれども、たまたま今日ウラン試験用の保安規定が認可されました。従いまして、ウラン試験を第1グループ、第2グループ、第3グループと3つに細かく申し上げますと、段階的に入っていこうと考えておりますけれども、その第1グループの保安規定が本日認可されましたので、そういう状況は整ったと考えております。以上でございます。

(司会)

はい、ありがとうございました。福澤さま、いらっしゃいますか。再質問がもしあればどうぞ。

(質問者)

第2グループ、第3グループについてはいかがですか。

(当社)

今第1グループの保安規定を認可していただいたんですけれども、この後第2グループ用の保安規定を申請させていただきまして、第2グループの開始時までにこれが必要だということになります。

(質問者)

その第2グループ、第3グループの認可を受けるという見通しはどうなってますか。

(当社)

第1グループで保安規定の重要なところは、ほとんど議論し尽くされておりまして、第2グループについては範囲が広がる保安規定の認可になりますので、私どもとしては国が認可する事項でございますので、私どもがどうこういうことはできませんけれども、技術的な議論はだいぶ進んでいるので、そういった範囲の認可は私どももそんなに時間を経ないで認可をいただけるのではないかと。まだ申請してませんので、なんとも言えませんけれども、そういうふうに理解してございます。

(司会)

よろしいでしょうか。まだそういう段階だということで。まだ続けますか。

(質問者)

今のお答えでしたら、まだ申請をしていないという段階でウラン試験にはまだ入れないんじゃないんですか。

(当社)

第1グループ、先ほど小松の方から、粉末を溶かしてウラン試験、これは脱硝建屋でウラン粉末を溶かして硝酸溶液にするということを第1グループでやるわけでございますけれども、この部分の認可がされましたので、その行為については了解されたということですので、それはウラン試験の開始と理解しておりますので入れると思っております。
（司会）
はい。以上でよろしいですね。それでは次の質問に移らせていただきます。六ヶ所村の佐々木さま。先ほどもありましたが、ウラン試験に関しても外部の会社に委託して行なう部分があるのか、ということでございます。それで、もしそういう会社があるとすれば、そういう会社の名前を公表できないものかどうか。というふうなご質問でございます。これは小松部長お願いします。
（当社）
一部の施設におきまして、当社社員の管理のもとに協力会社の方に委託してもらうような作業はあります。その委託にあたっては社員に準じた教育をちゃんとやった上で委託の作業に従事してもらうことを予定しています。それで会社名の公表なんですけれども、会社名の公表については差し控えさせていただきたいというふうに思います。
（司会）
佐々木さま。先ほどもありましたが、今のご回答でよろしいでしょうか。はい。それではないということで次に進ませていただきます。
その次でございますが、ウラン試験の開始時期に関しましてですが、いつなのか。また後工程はどのようになるのか。そのことをご教授いただきたいというご質問を、これはお名前等ございませんがこれに関しても鈴木部長お願いします。
（当社）
ウラン試験の開始に向けては、今質問のありました保安規定なども含めて色んな手続きが必要であります。現在そのような手続きの状況を見ながら検討を進めているところでございまして、その結果がまとまり次第、皆様にご説明させていただきたいと考えてございます。
それからその後につきましては、当然安全を最優先に事業を行なう以上、我々計画を持っているわけでございますけれども、そこを目指して、色々検討を進めて行きたいということで、これについても検討結果がまとまり次第ご報告させていただきたいというふうに考えてございます。以上でございます。
（司会）
はい。お名前ございませんので、どなたか分かりませんが、もし今のことでありましたら、挙手をお願いしたいんですが。よろしいですね。では今のご回答で終わりということにいたします。
その次でございます。運転継続時期の安全性ということで、トラブルが発生しても状況に応じて、機器又は設備等を停止せずに運転を継続したまま補修などの復旧作業に当たるということだが安全性は確保されるのか。というご質問でございます。青柳部長ですか。お願いします。
（当社）
先ほど、私の方の説明が十分でなかったのかもしれません。まずトラブルが起きた時に安全性を確認するというのが大前提であります。それで安全性を確認した上で先ほど申し上げましたように、トラブルの大きさによっては、狭い範囲でクローズするようなものについては確認した上で他のところの試験運転なんかはそのまま継続してもいいという判断があればするわけでございます。まず、その安全性を確保するということが大前提でございます。それが言葉足らずになったことをお詫び申し上げたいと思います。
（司会）
ただ今のご質問はまた、すいません、お名前申し上げるのを忘れましたが、六ヶ所村の菊池さまでございます。それでは菊池さま、再質問お願いします。
（質問者）
はい。聞いてまして、急がないで着実に失敗がない試験をしてほしいと思いまして、質問いたしました。よろしくお願いいたします。
（司会）
そのようなご要望ですので、よろしくお願いします。菊池さまよろしいですね。それでは、その次に参らせていただきます。これは三沢市の井出さま。先行プラントとは異なる設備のトラブル検討は十分なされているのかどうか、ということでのご質問です。これも青柳部長からご回答いただきたいと思います。
（当社）
先行プラントで最終的なチェックを行なったわけですけれども、私どもの設備ではじめて使うような工程のところも若干ございます。こういうものにつきまして、今まで昭和55年以来十数年に渡って、様々な試験、事前のモックアップ試験という言い方をするんですけれども、事前の試験を行なって、一つ一つ確実に稼動するということを確認した上で、実機プラントに反映してございます。そういったものをまずやった上で設計がされてるわけでございます。そしてものができた段階において再度、先行プラントのトラブル事例でチェックをした、ということでございますので、初めて使うようなところにつきましては何重にも段階を踏んでやって参ってきました。この辺のご説明が今日はなかったというのも少し足りなかったと思います。以上でございます。

(司会)

三沢市の井出さま、再質問ありますか。それでは今のご回答で納得されたということでお願いいたします。続きまして、外乱試験に関しまして、これも青柳部長からお答えいただけると思いますが。六ヶ所村の行天さまと申すんでしょうか、外乱試験についてですが、説明の中で停電を模擬するとありましたが、他にも停電以外で何か考えていらっしゃいますか。想定されますか、ということでございます。これも青柳部長お願いいたします。

(当社)

色んな試験を行ないますけれども、停電が一番広く影響するんですが、再処理工場を動かすために、色んな、一般的にはユーティリティという言葉を使いますけれども、空気とか水とか冷却水とか、こういうものを供給して各工程が動くようになっております。そこでそういった空気とか水とか、そういうものを停止させて、空気なんかの場合は色んな弁を開閉したりするんですけれども、そういうものが空気を送らなかったらどうなるか。そういったことを建屋ごとにチェックいたします。そういった様々な安全性に影響するような動力源のようなものを断って、しっかり設計どおりの状態にそういう影響が落ち着いていくということを確認するというのが外乱試験でございます。以上でございます。

(司会)

よろしいでしょうか、今のご回答で。はい、どうぞ。よろしいですか。では、納得していただけたということで終わらせていただきます。

次にトラブル情報の反映ということでこれまでのトラブルを考慮し、これは先行事例ということだと思いますが、より高度な安全対策、並びに環境対策について現在どの程度まで確立されているのかお聞きしたいということで、これはいわゆる安全対策・環境対策の問題だろうと思いますが、この辺小松部長よろしくお願いします。

(当社)

先ほど青柳部長の方から説明ありましたように、先行施設の色々なトラブル状況を約1,200件ほど集めまして、そのうち850件につきましては六ヶ所の再処理工場に反映すべきものだというご説明をしたと思います。そのうち約500件につきましては、すでに改造工事、あるいは運転要領書、手順書、そういうものについてすでに反映済みです。それで残りの350件につきましては、今後の試験の結果ですとかそういうことを結果が来た上で今後とも反映していくということで今考えております。

(司会)

よろしいでしょうか。今のご回答に対して、質問された方、よろしいでしょうか。もし再質問ございましたらお手をお挙げください。なんかないみたいなので、ＯＫということでさせていただきます。

それではその次であります。今度は自然災害ということなんですが、地震発生等の自然災害はトラブルとして想定されているんでしょうかということで、六ヶ所村の加藤さまからご質問いただいております。これは青柳部長。

(当社)

地震につきましては、設計の段階で六ヶ所近辺の地震、過去の地震を調べまして、その中で最大となるものを包含できるような地震波に対して十分もつように設計されております。そして、こういった耐震設計と申しますけれどもこういったものは安全審査ということで、平成元年から4年間かけてやった国の安全審査。これによってしっかり確認されておりまして、それによりまして十分耐震性はＯＫだということで了解されております。そしてそういったものが着実に設備あるいは建物に反映されているかどうかっていうことは、使用前検査ということで国の審査を受けて現在ほぼそれが終了してございます。

(司会)

六ヶ所村の加藤さま、今の回答でよろしいでしょうか。再質問ございませんでしょうか。よろしいでしょうか。それじゃ終わらせていただきます。先ほど私の方で失念いたしましたが、先ほど小松部長にお答えいただいた方は三沢市の小泉さまでございますが、小泉さま改めて再質問ございますでしょうか。よろしいですか。それじゃ、そういうことで終わらせていただきます。

その次でございます。段階的に試験を実施してきているのになぜトラブルが起きるのか。わかりやすく説明してほしいということで、素人にもわかりやすくということで、かなり青柳部長もだいぶ苦心されてご説明しておりましたが、その点に関してもっとわかりやすくということだと思いますが。菊池さま、六ヶ所村のですね。ご質問いただいておりますが、青柳部長。大変でしょうけれども。

(当社)

例えば、例を挙げて申し上げますと、配管に先ほど継ぎ手というのがある絵が出ました。フランジと申しますけれども、例えば一番最初に水、空気でまず確認するときには、水を流してみてそこから漏れるかどうか、漏れたらそこのパッキンがおかしかったらパッキンを取り替える。閉め方が足りなかったら増し締めをして締めるというふうなことをまずやります。

ところが､その次に化学試験というものをやる。化学試験では今度硝酸を流してみた。すると硝酸は薬品でございますので水と違って部材を損傷するリスクは高いわけでございますけれども、昨年私ども硝酸漏えいというのを実際に起こしてしまいましたけれども、そこに硝酸にもたないようなパッキンが使われていたわけです。そういったことが実際に試験をやってみたらそこから案の定漏れてしまった。化学試験ではそれが分かった。そこで今度はそれを対薬品性をもつパッキンに取り替えた。

そしてそういうことの次にウラン試験をやってみた、というときに今まで水とかそういうものでは検知できなかった、ウランの場合は非常に微量ですけれどもやっぱり放射線を出しますので、少量でも少しでも漏れると検出できます。そういった観点から段階的にそういうものを確認していって、放射能があるものについては非常に微量でも検知できますので、逆に最終的にはそういうものが検知できなくなれば、当然ですけれども水とか硝酸とかそういうものは全く漏れないということで、各段階段階にやっぱり使うものによってトラブルの因果関係にあるものは摘出できるというようなことでございます。ちょっと説明になったかどうかわかりませんけれども、そういう段階を踏むことによってどんなものでもできるだけ見つけるということで段階を踏んでいるということでございます。

(司会)

はい、ありがとうございました。ただ今のご質問は先ほどもご質問がありました六ヶ所村の菊池さまでございますが、なかなか難しいことをわかりやすくということで、今大変ご苦労されてご回答いただけたと思いますけれども、菊池さま、今のでよろしいですか。はい。じゃあ、今後ともまたご質問ください。もっとわかりやすくすると思います。

それでは次の質問に移らせていただきます。これは三沢市の久松さまだと思います。これは先行施設のトラブルについてということで、ちょっと長い質問ですが私の方で読ませていただきます。A4資料6ページによると、先行施設におけるトラブル例にはＩＮＥＳの2までフランスで起きている。今回は全く説明がなかったがこれはウラン試験中のトラブルではないということでよいのか。省いたのか。しかし6ページによるとＩＮＥＳ2の場合は所内電源喪失であり、これはウラン試験中でも起こり得ると思われる。少なくてもＩＮＥＳ1,2の件に関してはどういう事故であり、原燃の場合はどのような対策を行なっているのか説明してほしい。ということで三沢市の久松さまからご質問いただいております。これに関しましても青柳部長お願いしたいと思いますが、よろしいでしょうか。

(当社)

まず、ＩＮＥＳの2のトラブルでございますけれども、これは所内電源喪失でございまして、これはウラン試験中のものではございません。所内電源喪失はウラン試験期間中でも電源を喪失してしまえば同じことですけれども、ウラン試験期間中と操業中。すなわち使用済燃料を用いている時に起きる所内電源喪失というのは影響の程度が全然違います。すなわち所内電源喪失になりますと、再処理工場では最も重要な冷却機能とか水素掃気機能というものが喪失しまして、そのために非常用電源というのが用意してあるんですが、そういうので給電されるということになりますけれども、ウラン試験期間中にはそういう電源が不可欠な安全性に関する要件というのはございませんので、ウラン試験期間中に起きてもこういうふうなＩＮＥＳのレベルは高くなりません。低いレベルで判断できると思います。このＩＮＥＳの判断というものは国が判断するものですので、私どもが本当はこういうことを申し上げるのは越権行為かもしれませんけれども、ウラン試験の状態における電源喪失と操業中は違うということをまず申し上げたいと思います。

(司会)

はい､三沢の久松さま､再質問ございますでしょうか。はい。

(質問者)

すいません。言いたかったことはこういうことが起きて、おそらく電源のバックアップというのは当然フランスでも考えられていただろう。しかしながらＩＮＥＳ2までいってしまったということに対して、ウラン試験だからとかホット試験だからということではなくて、そういうことが起きてしまったというようなメカニズムと言いますか、そういうメカニズムがあったんだとフランスの工場ではあった。それを原燃さんではこれに対してどういう対策を立ててらっしゃるのかということをお聞きしたかったんです。

(当社)

分かりました。私どもは電源喪失につきましては、ウラン試験等、操業中でも同じ状態で設備を稼動いたします。これは一番大事なのは、先ほどの繰り返しになりますけれども、電源が、ここがもし停電になったというようなときには、非常用電源というのが独立して2系統用意されております。電源がなくなると困る設備には自動的に給電するようになってございますので、そういうものをウラン試験においても同じようにバックアップするようにいたしましてやるわけですけれども、先ほど申し上げましたように、ウラン試験と操業中は違いますけれども、体制としてはそういうことでやらせていただきたいと思っております。

(司会)

久松さま、よろしいでしょうか。はい、ありがとうございました。それでは、ただ今のご質問に対する回答はこれで終わりということにします。じゃ、次の質問に移らせていただきます。これは六ヶ所村の財前さまからです。ウラン試験で発見されなかった不具合がアクティブ試験で発見されたらどうなるのか｡例えば､人が入って直さなきゃいけない配管等で漏えいがあった場合、相当な被ばくがあると考えられるがその場合は事故に区分されるのか、というご質問でございます。これは瀧田センター長でしょうか。どうぞよろしくお願いします。

(当社)

ウラン試験中は非常に線量が低い状況ですが、ウランからアルファ線が出ます。それ以外に娘核種としてベータ線を出すような核種があります。ところがアクティブ試験になりますと、まさに使用済燃料を処理しますのでたしかに線量は高くなります。ただし、その中で作業等を行なう場合には、例えば1つは除染という作業をするわけです。中にある放射性物質を取り除いてそこで人が入って作業する。もちろん作業中は放射線管理上、十分な放射線防護対策等をとって実施をするわけです。

それから事故になるかどうかというのは、例えばその漏れた量とかによって事故扱いされるか、あるいは先ほどのお知らせで収まる場合もございますが、基本的には私どもは漏えいがあったという事実をお知らせして、こういう対策を取りますという話になると思います。

(司会)

はい、ありがとうございます。六ヶ所村の財前さん。今のご回答でよろしいでしょうか。再質問ございますか。じゃあないというふうに判断させていただきます。

それじゃあ、また瀧田センター長にご質問でございます｡六ヶ所村の菊川さんからでございます。ウラン試験中、作業員の被ばくはあり得ると思います。仮に環境への影響がないとしてもです。もし作業員が被ばくした場合、その治療はどこで行なうんでしょうか。ということですね。これも瀧田センター長ご回答いただければと思いますが。

(当社)

先ほども申しましたように、被ばくと申しますと外部被ばくにつきましてはウランを取り扱っている場合にはガンマ線等は非常に少ないため、外部被ばくがまず問題になることはないと思います。その代わり、アルファ核種ですのでやはり内部、体内に取り込んだりいたしますと、内部被ばくという問題がございます。そのため、作業にあたっては防護マスク等必要に応じてつけて作業いたします。

また、万一ケガをした場合、そこに放射性物質が付着した。こうした場合には施設内で除染。例えば水で流したり、あるいは除染剤を使って汚れをとる。また傷口につきましては、当社の産業医等の指導のもとに除染を行なう。ただし、緊急、人命上、急を要する場合には、当社は八戸にございます青森労災病院というところと緊急医療協定を結んでおりまして、どうしても緊急上必要な場合には汚染拡大防止、外部に汚染が飛び散らないような処置ですね、こういう処置をして、八戸の労災病院で処置をしていただく。そういうふうに考えております。

（司会）

菊川さま。はい、では再質問お願いします。

（質問者）

青森の労災病院ですけれども、そこでは被ばく医療を今までされたことはあるんでしょうか。

（当社）

被ばく医療を実際にされたことはございません。ただ、原子力安全研究協会等の研修等を受けて、被ばく医療に対して知識を積んでいこう。あるいは実際の研修を受けていこうということで進めていると聞いております。

（質問者）

もし事故が考えられるとしたら、そういう試験を始める前に作業員のためだけにでも十分な被ばく医療の準備と、それから機器の準備をしてから試験に入るべきではないでしょうか。

（当社）

ウラン試験開始にあたりましては、関係する社員に対しまして、除染訓練、あるいは管理区域からの救助訓練、こういったものを実施するようにいたしております。

それから所内には緊急医療のための設備等を用意しておりまして、そこで当社産業医と一緒に放射線管理員等も携わりまして、十分な除染・管理を行なっていく予定にしております。

（司会）

菊川さま、よろしいですか。はい、では今の質問に対するご回答は以上ということにします。色々来てますんで、少し急ぎます。今のところ、特に皆さん方の質問の用紙では1番とかあるいは4番、この辺に関しましての質問を中心にして質問させていただいております。ただ裏方が大変混乱しておりまして、色々なものを持ってくるので私もちょっと分けづらいんで、その辺はちょっとご容赦いただきたいと思います。

それでは、次に六ヶ所村の行天さま。先ほどもご質問ありましたが、これはその他というふうになっているんですが、化学試験の進捗率はということでご質問があります。これに関しては小松部長さん、お願いします。

（当社）

現在、化学試験を実施している建屋は高レベル廃液のガラス固化建屋です。それの進捗率は約12％ほどになっております。それ以外の主な建屋につきましてはすべて化学試験は終了しております。それからこのガラス固化建屋ですけれども、これにつきましては今現在化学試験中ですけれども、ウランの最終段階まで化学試験を継続して、他の設備と同じような形で進んでその段階で合流するということでございます。特に化学試験が遅れてるというわけではなくて、当初の計画どおり化学試験の方を進めているところでございます。

（司会）

六ヶ所村の行天さま。よろしいでしょうか。はい、じゃあよろしいということで、ありがとうございました。

それではこれはちょっと変わった質問ですが、重要なことでありますので、福澤さま。先ほどもご質問いただきましたが、その他ということでありますが。前回の住民説明会のことだと思いますが、プールの水漏れの反省としてトップマネジメント、つまり社長から自らの関与が大きな改善ポイントとしてあげられました。今回も社長が不在のままウラン試験の説明というのでは前回の反省が活かされてないんじゃないか、というお叱りともいえるようなご質問をいただいております。これは鈴木副社長お願いいたします。

（当社）

本日、ご承知のとおりウラン試験の概要と想定されるトラブルへの対応についてというテーマでの説明会ということで開催させていただいたものでございます。従いまして、この目的に添う形で私も含めて責任ある回答をできる各部長を5人とりそろえておるわけでございまして、本日の説明会がトップマネジメントと対比させて云々というのは、これは当たらないというふうに私は思っております。

（司会）

福澤さま。はい、再質問、どうぞ。まあ、ご意見ですな。
(質問者)
　私も佐々木さんの大ファンでしたんで、前回、本当に並々ならぬご決意で私自身の責任だということをおっしゃられたんで、それならば本当にそのことの責任を具体的にどのような対応を取られるのかということを注目してました。それにもかかわらず、今回お見えにならない。あるいは替わられるのかもしれませんが、また新たな社長さんがお見えになるのかもしれない。でもそういう場面で本当にこういうことを言ってほしかったんです。なぜならば、誰が責任を取るのかといったときには、やっぱり最高責任者は誰だということには当然なるわけですよね。それは本当にはっきりそれを示してほしかった。という点では、今回トップマネジメントっていう方がおられなかったというのは本当に残念なことだと思います。以上です。
(当社)
　ご意見として承りますけれども、私、今しがた申し上げましたように、本日はあくまでもウラン試験並びにそれに伴って予想されるトラブルへの対応の説明会ですので、トップマネジメントとは関わりのないものだというふうに思っております。繰り返しになりますが以上でございます。
(司会)
　はい。よろしいでしょうか。はい、では端的に。
(質問者)
　じゃあ、今のもご意見として伺っておきます。
(司会)
　それでは副社長から佐々木正社長ですか。伝えていただきます。大変あなたが愛してるということもですね。伝えていただきます。愛してるっておかしいですか。好きだということを伝えていただきます。よろしくお願いします。それでは以上がウラン試験の概要、あるいはウラン試験で発生が予想されるトラブル等についてという点に関しましての主としてのご質問でございました。
これから第2番目の安全対策及び環境対策の方に比重を移しながら、ご質問の方の、またご回答をいただきたいと思います。まず、これは似たようなご質問でございますので、3つ。3人のお方のご質問を一括、私のほうで読み上げさせていただきます。質問者は六ヶ所村の佐々木さん、同じく財前さん、それから六ヶ所村のこれは根路銘というんでしょうか。根路銘さま。この3名でございます。まずご質問の内容は海洋放出に当たってウランは絶対に出さない。出ないのかとかですね。あるいは気体廃棄物、液体廃棄物は具体的にはどのような物質が含まれているのか。これらの物質は自然界に元々あるものなのか、ないものなのか。あるいはウラン試験の実施に伴い、大気及び海洋に放出される放射性物質の出量。出る量ですね。それはどのくらいか、というふうなご質問をいただいております。
(当社)
　それではウラン試験時の放出がどの程度あるかという点について説明いたします。まずウラン試験ではウランを硝酸に溶かします。それから溶媒抽出という抽出試験を、抽出を酸の濃度を変えたりして行なっていくわけです。そうしますと、全部ウランが有機溶媒側に抽出されるわけではなくて、一部はまだどうしても硝酸の方に残ってしまいます。そういったものが廃液系に回ったり、あるいは粉体を取り扱っている時にそれは換気系へ乗って気体廃棄物処理へ回る、ということになります。したがって、まったく試験中は廃棄物は出ないというのではなくて、やはりウランは気体の側にも出ます。
　その量といたしましては、現在、先ほども青柳が申しましたように、保安規定に放出管理目標値というのを定めて、試験中に出る放射性物質の量を規定するようにしております。その量につきましては、現在申請いたしました保安規定の中には、大気放出、気体廃棄物として、6.1×10の6乗ベクレルというアルファ線を放出する核種として規制しております。また液体、海洋放出の液体廃棄物これにつきましては1.3×10の8乗ベクレルという数値を定めて、これを超えないように管理していくこととしております。 それから試験中、廃棄物処理という形では操業時と同じような処理設備を動かすわけで、気体ではフィルターでろ過をしたり、あるいは排ガスの洗浄。こういったものを行なって放出するという形になってます。また液体の方は蒸発処理、あるいはろ過等を行なってできるだけ放射性物質を取り除いたあと放出していくという形になっております。放出量といたしましては、先ほど申した量でございますが、なお自然界にも天然ウランと申しますが、そういったものが存在しております。これは土の中、あるいは肥料にもあります。海水中には最も多く含まれておりますが、それらの量に対してそれほど大きな変化を与えない量であると考えております。放出によりまして、線量、環境への被ばく線量がどのくらいになるかと申しますと、22マイクロシーベルトに対しまして、はるかに低い100分の1以下の線量に評価できるというふうに考えております。以上です。

（司会）

はい、ありがとうございました。先ほどお名前申し上げました六ヶ所村の佐々木さま、財前さま、根路銘さま。何か再質問ございましたら、お願いいたします。よろしいでしょうか。十分理解していただきましたか。それではこれに関しては終わりにさせていただきます。

それからその次ですね、同じく環境対策に関して、これも瀧田センター長からご回答いただきたいと思いますが。菊川さまからです。先ほどもご質問いただいた菊川さまです。3つほどに分けられますが、まず1つはトリチウム、クリプトンの放出をなんとか止めてほしいということでございます。2つ目としてヨウ素129、炭素14の測定もすべきであるというのが、第2番目のご質問でございます。第3番目としてモニタリングポストは風下に設置すべきであるというふうな3つの質問をいただいております。一括、瀧田センター長からよろしくお願いします。

（当社）

まず、ウラン試験におきましては、ウランしか使わないため、試験中、試験に伴うトリチウムやクリプトンというものの放出はございません。しかし、使用済燃料の受入貯蔵施設、こちら側からは現在もですが、トリチウムこれは、発電所からのプール水にあり、燃料を運んでくる時に一緒に持ち込まれるものでございますが、それが放出されるという状況です。

それから、操業時にはやはりその燃料をせん断して溶かしていくわけですから、クリプトン、トリチウム等がどうしても出てしまいます。クリプトンにつきましては、希ガスと言われまして、非常に反応性の少ない物質でございます。従って、そのクリプトンを回収、除去するという技術はまだ確立された技術としてはない。一部、東海の再処理工場で試験的に、回収するという設備は設置しておりますが、これも全量実施されているというわけではございません。

それから回収したあと、どのように安全に貯蔵・保管するか、という技術でございます。これが、現在のところ貯蔵する技術についてはまだ、十分、確証されたものがないという現状でございます。従いまして現在の所、クリプトンにつきましては大気中へ放出しているという状況でございます。また、トリチウム、これにつきましても、性質的には水と同じでございます。従って、再処理工場の中、硝酸等は再利用して使っていくのですが、やはり処理をしている間にどうしても廃液側へ回っていくという状況でございます。これもやはり水という形をとった場合に、どこまで取れるかという技術等がトリチウムとしての回収技術がまだありません。これも、安全にどう貯蔵しておくかというものがございませんので、現在のところ、放出という状況になっています。

ただし、放出に当たりましては、皆様方に対して、できるだけ放射線の影響が少なくなるように十分な拡散、希釈効果がある排気筒、大気ですと150mの排気筒。海洋ですと沖合3ｋｍの地点から海洋に放出という形で、できるだけ放射線による影響が少ない様な形で放出させて頂きます。

それから、ヨウ素129につきましては、私どもの環境モニタリングは、青森県が定めましたモニタリング計画に基づいて実施をしてございます。その中で、ヨウ素につきましても、モニタリング計画上は、本体の運転前からヨウ素129等が入っております。炭素 14、これにつきましては現在、精米、米ですね、米を対象に測定をしております。ただ、その測定方法が天然にあるもので簡単ではない。また、ヨウ素129ですと非常に少ないものです。ヨウ素129につきましては、半減期が長いため、蓄積状況を見ていかなければいけないということで、表土、土ですね、土のところにどのように変化していくかというのを中心に測定を行っています。

モニタリングポストでございますが、当社の再処理側の敷地には、敷地境界に9個のモニタリングポストを設けており、各方位で測定できるような形でございます。また、敷地の外側には当社のモニタリングステーションが3基。それから、青森県さんが設置しましたモニタリングステーションが6基。計9基で施設を取り囲むように配置して放射線の状況を見ている。そういう状況でございます。

(司会)
ありがとうございました。菊川さん、再質問あればどうぞ。
(質問者)
今の、はじめの様な質問をしたのは、ウラン試験によるトラブル事例集ということで、そういう心がまえで来たんですけれども、このトラブル事例集の中の６ページを読みますと、この中に、スリーマイルの事故とかチェルノブイリの事故まで入っていますね、それを聞いてギョッとしまして、やはりウラン試験は再処理工場の操業につながっていくのだということを改めて認識いたしました。
そこで、先ほどのような質問をさせてもらったんですけれども、この中で先ほど、トリチウムとクリプトンについては､回収する技術がまだ､フィルターがないとおっしゃったんでしたかね、というふうにさっきお答えを聞きましたけど、これについては、私はフランスのクリラッドという民間の研究所、中立の調査研究所の方から聞いたんですけれども、フィルターは確かに開発されているというふうに聞いております。でも、非常に高価であるためにこれをつけると、非常に負担が重くなってしまうので、付けられないのだというふうに聞いています。この点をもう一回確認したいと思います。そして、このフィルターが、もし、あると聞いておりますけど、あるのでしたら住民の健康を守るためにはどんなに高価であってもそれを付けてから操業するというふうにしていただきたいと思います。
(司会)
ありがとうございます。センター長もう一度。
(当社)
フィルターと申されましたけれども、例えばある気体の中からクリプトンを分離するという、そんな感じの膜というのは確かにございます。それから、トリチウムを分離するという膜も確かにございます。ただ、その回収した放射性廃棄物、これをどのように安全に貯蔵するかという、そういう貯蔵技術の面でまだ確立ができていないと。例えば現在、サイクル機構東海では、試験的に深冷法といって、非常に温度を下げて、クリプトンだけを取るという技術は開発されています。ただ、回収したクリプトンをどのように安全に貯蔵しておくかという所ではまだ、ガスボンベに貯蔵、そういう状況が実態でございます。回収したものを安全に長期間、保管しておくと、こういう技術の開発がまだ進んでないというのが現状でございます。
(司会)
菊川さん。再々質問ですか。簡明に。それから、回答の方もなるべく簡単に。時間がだんだんなくなってきましたので。はい。じゃ、菊川さん。
(質問者)
端的に申し上げますけど、どんなに難しい問題があったとしても、それが可能ならば、それを取り付けてほしいと思いますし、もし、保存に問題があるのでしたら、そういうものは出すべきではないというふうに思います。他、色々とありますけど、少し短く言いますと、一番気になるのは、ヨウ素のことで、これは今、土から測っているとおっしゃいましたけれども、一番たまるのは海藻ですよね。海藻の濃度を測ってほしいと。他にも、色々ありますけれども、これだけ要望したいと思います。
(司会)
センター長、回答を。
(当社)
ヨウ素につきましては、フランスの処理技術と違いまして、気体側でできるだけ処理をするという技術を使っております。そのため、フランスと放出量を比べましたらば、10分の1以下となります。それから現在、ヨウ素129につきましては、モニタリング対象になっておりませんが、必要であれば海藻等も含めまして考えていきたい。基本的にはヨウ素131を見るというのが現状でございます。
(司会)
ありがとうございました。菊川さん。よろしいですか。すみませんが再々質問までいきましたんで、終わらせていただきます。
それでは、これもですね、先ほどと大分、ダブるのですが、また出てきましたんで、小松部長にお答え頂きたいんですが、八戸市の山内さまからのご質問です。不適合処置を残したままウラン試験を開始するのはなぜなんですか。というふうなご質問を、先ほどもありましたけれども、同じようなのが。もう一度お答えください。
(当社)
ウラン開始前に必要な工事につきましては、ウラン試験前に行います。ウランを直接扱って試験をするような部分ですとか、あるいは、安全にかかわるような部分につきましては、必要な工事がすべて終わってから、ウラン試験に入るというふうにしております。ウラン試験以降に行うような工事につきましては、安全委員会だとか、そういうところで、安全上支障がないという所定の手続きを踏んだ上で、工事と試験を並行して進めていくというふうに考えております。

（司会）

はい。ありがとうございました。今の山内さんのご質問でしたがよろしいでしょうか。再質問ございますか。はい。どうぞ。

（質問者）

今のお話ですと、ウラン試験前にやる工事はすべて終わっているのでしょうか。

（当社）

ウラン試験に必要な、今言った直接ウラン試験を扱うような部分ですとか、安全性に関るような部分につきましてはすべて終わっております。

（司会）

再々質問はありますか。よろしいですか。それじゃ、終わりにします。それではこれからですね、トラブルの公表、あるいは、公表方法の内訳等々に関しまして主にさせていただきます。

まず、トラブルなどの公表についてということで、微細な事情を始めとするトラブル発生時の情報公開のあり方について、すべてを公表することは安全性の理解度を高める意味で有効的手段なのか、疑問とするところであり、むしろ不安を増幅させるんではないかと考えます。まして、そのあり方について内部的な議論に止まることなく、地域との一貫した共通認識の開発に取り組む必要性を感じるところでありますが。というので、六ヶ所からの種市さまからご質問をいただいてますが、渡辺部長よろしくお願いします。

（当社）

お答えします。先ほど、お答えしたのに近いかもしれませんが、やはり、公表の考え方。説明でもありましたように、法令に基づく報告とか、安全協定に基づく報告事象とか、火災が出た、こういう場合は速やかにプレスを行うとか。あるいは、それ以外のものにつきまして、レベルが下がっていけば、それほど安全に大きな関りはないというものについては、ホームページなどとは言いながら先ほど言ったとおり、色々な事例が多くなってきている。従いまして、私どもが公表する事例は、おっしゃるとおり多くならざるを得ない。そこのところで、先ほども言いましたけれども、できるだけ直接的に外に出るもの。あるいは、そうではないものというようなことの軽重をつけながら公表していくということにウラン試験以降、取り組んでいくということをお話させていただいたわけでございます。

こういうことで、一生懸命ご理解を得ようという努力をしているということをご理解いただきたいと言いながら、今いただきましたように、地元の皆様方から公表のあり方について、あまりにも語弊あるかも知れませんが、お騒がせ情報じゃないかとか、そういうなことがございました。そこら辺の所を、どういうふうに皆様方と良く理解し合える様になるかということはよくご意見いただきながら、今後とも私ども考えて行きたいというふうに思っております。とりあえず、今回はウラン試験以降は先ほどご説明したような形で公表させていただきたいというふうにさせていただくということでございます。よろしくお願い致します。

（司会）

種市さまと申すんでしょうか、自分で言いたいと書いてあったんですが、私が読んでしまって失礼致しました。再質問ということで、もしあれでしたら、種市さま。はい。どうぞ。

（質問者）

色々な情報公開の過程の中において、ちょっと語弊を招くような報道のあり方とか、そういった所も、万が一あってはならないというようなこともありますので、出来る限り事業者側だけではなくて、その地域、ひいてはそのメディアの方々、取り組んだそういった共通認識を持つ必要性を今後はご検討いただけるのかな。というふうに要望させていただきます。

（司会）

ありがとうございました。要望ということですね。渡辺部長一言。

（当社）

ありがとうございます。

（司会）

よろしいですか。

（当社）

はい。

(司会)

同じようなご質問。どなたかわからないのですが。お名前ないんで、分かりませんけどいただいております。それではこれは終わりに致します。その次。また、渡辺部長にご回答いただきますが、六ヶ所村の小泉さんからです。事業進展状況。進捗状況の説明等に関しては、資料のトラブルなどの公表だけでは住民が理解できないと思うんですが、その点はどのようにしてフォローしていくんでしょうか。ということで、やさしく、かつまた、理解できるよう、ということですが、これお考えありましたら。

(当社)

トラブルの情報の他、当社事業の状況について、ということがございまして、ほとんど皆さんご承知と思いますけれども、当社の広報誌であります「新かわら版青い森・青い風」こういうものを使ったり、それからホームページに事業の状況というのを載せさせていただいております。

また、それ以外にも、私どもの青森市であれば、日本原燃サイクル情報センター、それから、こちらであれば、私どもの会社の方に直接聞いていただいても結構です。正直言いまして、私どもの事業の状況について、その情報につきましてもできるだけお答えしたいと思っております。また、このようにご興味持っていただけたこと自体、大変ありがたく思っております。今後ともよろしくお願い致します。

(司会)

小泉さん。六ヶ所村の。再質問どうぞ。

(当社)

再質問ではないんですけれども、私も六ヶ所の村民の一人として、一つ意見を述べさせていただきたいと思います。我々住民が、どういう時に不安を感じるかと言いますと、事業者と我々住民の間に、隔たりですとか、距離を感じた時なんですけど。いわゆる情報が的確に開示されてないですとか、説明会なんかに行くんですけれども、その説明していること自体が難し過ぎてわからない、というのがあります。そして何より、普段、事業者としての顔が、事業者いわゆる人間なんですけれども、顔が我々住民に見えてこないということが一番不安に感じるような気がしております。

今後、これは私の要望になるんですけれども、今後青森県の、何より、六ヶ所村の地元の企業として、是非、顔が見えるような説明会なり、その対話の場を、もっと今日のようなことも含めてなんですけれども、もっと設けていただきたいと。そして、是非、住民が安心できるようにしていただければなというふうに思っております。期待しております。以上です。

(司会)

はい。ありがとうございました。今、ご要望ということですんで、大変ありがとうございます。副社長もしあれば一言。

(当社)

おっしゃるとおり、そこが一番大事なところだと認識を持っておりますので、色々な場面で今後とも、私どもも努力してまいりますし、具体的なご提案と、また、お伝えいただければありがたいと思っております。どうもありがとうございました。

(司会)

はい。どうもありがとうございました。それでは、その次の質問に移らせていただきます。

三沢市の山田さまでございます。周辺市町村への連絡内容については、今後結ばれる安全協定によって内容が拘束される。現時点ではどのような内容について周辺市町村に報告するのか。ということで、これは渡辺部長さんが良いのでしょうかな。はい。じゃ、渡辺部長さん。

(当社)

現在、ウラン試験に関する安全協定につきましては、県当局を始めとして、検討中であるというふうに私ども承知しております。という状況でございます。なお現在、締結しております使用済燃料の受入貯蔵施設の安全協定につきましては、放射性物質の放出状況とか使用済燃料貯蔵量、このようなものを報告する内容になっております。ということでよろしくお願い致します。

(司会)

ありがとうございました。今、山田さま。三沢の山田さま。はいどうぞ。再質問どうぞ。

(質問者)

今の安全協定に基づきますと、今回長年、2年位かけて漏水発覚から使用済燃料搬入中止までに至った事象については、報告義務がないと承知しています。

私が聞きたかったのは、これから作るものですから皆さんが出す問題ではありませんけれども、例えば東通村みたいに、今の再処理工場の内容に比べて、報告義務の内容が月1回に変わったとか、色々厳しくなっています。そういう変更の内容も含めて結ばれるものというふうに考えていますけれども、ウラン試験特有の事例について、さっきも紹介したような、実は法令に基づいて報告しなくても良いんだけれども、再処理工場をまた止めなければいけない様な事故が起き得るんではないかというふうに考えますので、その辺のところについて報告内容を見みますと、130の事例の中、全部0です。ＩＮＥＳ0以下。この想定が果たして良いのなのか、どうなのか、私は非常に疑問を感じていますがね。だから、そういうものについて我々今まで作られてきた安全協定では不備だと思っていますので、特に周辺市町村に関しては。そこのところを、これから原燃さんと周辺市町村これから結んで行く訳ですので、そこで反映させていただけるような内容に努めていただきたいなということも含めて、要望も含めてお願いです。

(司会)

ありがとうございます。簡単に誰か、渡辺部長あるいは…じゃ、副社長。はい。

(当社)

ご指摘の点につきましては、関係する周辺ご当局とご協議させていただきながら、つめていくものというふうに理解しておりまして、ご意見として承っておきます。

(司会)

はい。よろしいですね、山田さん。それじゃ、同じ山田さんからあと2つ質問がございます。これは共に、青柳部長が最適だと思いますのでよろしくお願いします。

公表方法の内訳についてということであります。一つは、1,200回くらいのトラブルが想定されているが、試験が順調に始まっても、1年以下の期間しかない。毎日3、4件のトラブルに対応するだけの技術陣が用意されているのかどうか。また、その都度マスコミ、あるいはホームページを通じて報告されるんですか。そもそも化学試験の時のように、後にまとめて公表するんですか。発表するんですか。というご質問。それから、公表基準に関してということで、これも山田さまです。トラブルの想定は、ＩＮＥＳの0以下を想定した。今これご質問されましたね。ちょっと違いますか。

(質問者)

ちょっと違いますね。A3の6ページのとこなんですが。

(司会)

じゃ、ちょっとそれを質問してください。

(質問者)

事象の例の所に、右側の方に上から3行目の所に、放射性物質が法令で定める周辺監視区域内における濃度限度超えて放出された時というふうになっています。それで先ほどのＩＮＥＳの基準を読みますと、いわゆるレベルの4の所にそういうような事象、同じ様に記述があるので、その対比について伺っているところです。

(司会)

青柳部長、先ほど私が申しましたのと、今の一括お願いいたします。

(当社)

まず、このトラブルが起きた時には、先ほど申し上げました様に再処理工場は、建屋が非常に多くのもので構成されております。それに対応するような組織と致しまして、私ども前処理ですと前処理課、分離ですと分離課というふうに課で運転員及びそれからエンジニアを抱えております。そういったものが、特にエンジニア、日勤のエンジニアが、トラブルに対して対応することになっておりまして、これは運転員とは別に用意されてございます。従いまして、軽微のトラブルについては、日々の作業の一貫として、そういうトラブルをシューティングしていく。というようなことを、同時並行的に複数の課が対応できるようにしてございます。それから、そういうものをサポートするために、保修部というのがございまして、その保修部がもう少し大きなトラブルに対する改善等を行うようにバックアップ体制がございます。それが一つでございます。

そ　れから、ＩＮＥＳの話でございますけれども、4には放射性物質の少量の外部放出ということがＩＮＥＳの4にございます。そしてもう一つ。私どもが今ご指摘いただきましたA3のところに休祭日を問わず、速やかに公表するというのは、放射性物質が法令で定める周辺監視区域外における濃度限度を超える。この対比についてどうかということでございます。これは、数値的には等価のものでございますので、同じレベルのものでございます。

但し私どももここで、このＡ3の公表区分をご説明したのは、ウラン試験において、こういうことで運用し始めますよ、ということを申し上げたわけでございます。そして実際にウラン試験は先ほども申し上げましたようにウランだけを取り扱いますので、これは相当のトラブルがあったとしても、こういうふうな放射線物質が法令で定めるような周辺監視区域の濃度限度が超えるようなトラブルというのは物理的に想定できませんので、これが適応できるようなトラブルがウラン試験で起きるとは、私たちは考えてございません。

ただ、考え方としてはこういうレベルについては、公表区分として、直ちに夜間も問わず、直ちに報告する。あるいは、プレス発表するというような区分にしている。これについては将来とも、アクティブ試験あるいは、操業中においてもこういう区分でやっていくということでございます。そして今回ウラン試験でトラブルの事例として考えて想定しましたのは、その中の保全情報のレベルでございますけれども、これは先ほど繰り返しになって恐縮ですけれども、過去の事例からいって、その辺が非常に多いということから、事例集を作ってその対応状況を皆様にご説明することによって、どういうことを我々がやろうとしているかをご理解いただくために事例集をつくったものでございます。

それでもう少し上のものも作るべきではないか。という意見は確かにこれを作ってから様々なところからご指摘いただいておりますので、もう少し火災とか、そういうものについても事例を充実させて拡張していきたいと思っております。以上でございます。

(司会)

はい。山田さん。時間の関係で端的に。はい。

(質問者)

そうすると6ページで作ってる中で、保全情報、翌平日に公表以外の部分については、想定以外、今回のウラン試験では、こういうことはおき得ないというふうな、説明で良いですか。

(司会)

じゃ、はい。青柳部長。

(当社)

これは絶対というのはございませんので、絶対こういうことはありませんということは申し上げられませんけれども、公衆いわゆる敷地境界の外に、こういうふうな放射線被ばくを与えるような事故というのは、ウラン試験では私は、起きないと信じております。絶対起きませんという言い方をしますと、技術的にはやはり信頼性を失う言い方になりますので、それだけのことはやったつもりでございますし、しかもそのウランというものが持っている放射能の大きさからいってそういう放出があったとしても、こういうことが周辺に濃度限度を超えるような影響というのはない。というふうに理解してございます。

(司会)

はい。じゃ、山田さんよろしいですね。それでは次に移らせていただきます。いよいよ時間がなくなってきました。もうちょっとだけ、皆さん方大変でしょうけど頑張っていただきたいと思います。これから項目的なことだけ言います。

財前さんから。風評被害が発生した場合の対応はどうするのかということで、渡辺部長ご回答ください。端的に。お願いします。

(当社)

風評被害が発生した場合ということ。

(司会)

はい。そうですね。そういうご質問ですね。

(当社)

はい。色々な施設の安全性を確保するという努力をしてございますけれども、万が一、当社施設の運転などに起因して、風評被害が発生したという場合、非常に残念なそんな場合、その時、当然、当たり前のことでございますが、当社は被害を受けた方と誠意を持って話し合いをさせていただきます。そして解決に努めていく。これが基本でございます。

そうであっても、色々整理がつかない、解決に至らない、そういうことも考えざるを得ない。そんな場合におきましても、国においては原子力損害賠償審査会というのがございます。あるいは、青森県さんの方におきましては、風評被害認定委員会というのもございます。こういう公正な立場での適切な判断というものに従って、私ども、必要な賠償をしていくという気持ちでございます。以上でございます。

(司会)

よろしいでしょうか。そういう対応していくということで。それじゃ、時間がありません。それから後、大分ちょっと残りますが、後2、3点だけ。それから是非ともご意見述べたいという方が6、7人いらっしゃいますが、そのうち2人ぐらい、ご意見をいただきたいと思います。

一つは、これは私も是非聞きたいことなんで、鈴木部長にご回答いただきますが、いわゆる再処理路線の見直し発言が中央ではある。例えば河野太郎代議士ですね、そういうふうな慎重論も出てくるが、そういう中でウラン試験の開始を急ぐ必要があるのか。説明していただきたいということで、鈴木部長。一つよろしくお願いします。

(当社)

お答えしたいと思いますけれども、六ヶ所の再処理プロジェクトといいますものは、古い話になりますと平成12年11月にとりまとめられた国の原子力長計に従って言っている訳ですけれども、それについては最近色々な観点から意見があるのはもちろん我々は承知してございます。

昨年、そんな中ですけれども、昨年8月には原子力委員会がとりまとめた、「核燃料サイクルについて」というものや、10月に閣議決定されたものでございますけれども、「エネルギー基本計画」においても、重要性が国として再認識されているところでございます。 この六ヶ所再処理という、今日青柳の方から説明あった訳ですけど、この大規模、かつ、複雑な技術というものを確立していく為には、非常に長期間にわたる着実な取り組みというものが不可欠でございます。着実にといいますのは、この技術者を集めまして、これ日々努力を積み重ねるということでございますけれども、そのようなことを取り組みによって初めて確立できるというものでございます。エネルギー資源が非常に乏しいわが国におきましては、短期間の先行きを見るだけではなくて、長期にわたる視野にたって着実にやっていくということが、非常に重要だと考えておりますので、我々はそういう認識で取り組んでいるところでございます。そういう点ご理解いただきたいと思いますので、よろしくお願いします。

(司会)

ただいまのご質問は、六ヶ所村の河原木さまですが、もし再質問ございましたら。よろしいでしょうか。それでは、後質問としては一応それに対するご回答ということではこれを最後にさせていただきたいと思います。

それからご意見を述べたいという方は2、3いらっしゃいます、6人ほどいらっしゃいますので、1人、2人、ご意見いただきます。それから、あと県外の方で2人ほど。合計4点のご質問をいただいておりますので、それに対する処置を私の方で申し上げたいと思います。

最後の質問に対する回答ということでさせていただきますが、これは渡辺部長にお答えいただきたいと思いますが、先ほどもご質問ありました福澤さま。それから六ヶ所村の橋本さまからですね。このような説明会というのは大変良いと、しかしもっと時間をかけて、県内でも、何箇所かでやってほしい、というふうなご質問いただいております。これに対してどういう対応されるか、渡辺部長の方でよろしくお願いします。

(当社)

はい。今回施設の立地県であります青森県、その中でも当該の村であります六ヶ所村で説明会を開かせていただいた。私どもこういうようなことで説明をさせていただくという努力は今後とも一生懸命続けていきたいと思っております。

ただし、その説明のやり方、具体的な方法これは、色々な方法がありまして、説明会も重要な一つの方法ではありましょうし、また、ホームページなどによる情報提供。これも非常に重要な方法だと思っております。それから更に私どもは、業界団体とか、地域の団体の方々の所に出向かせていただいて、ご説明させていただく。これも、重要な説明の方法かと思っております。

それ以外に、テレビ、ラジオでの広告とか、新聞を使っての広告と、これもやはり重要なものと認識してございます。いずれにせよ、色々な形で説明する努力をしていきたい。説明会の開催ということにつきましては、色々な方々のご意見、こういうものも伺いながら、今日もいただいたと思いますけれども、その改善については、色々な説明をする方法の中から、どういうようなものが良いかという中の一つとして柔軟に対応して参りたいというふうに考えてございます。よろしくお願いします。

(司会)

ありがとうございます。そういうことで、対処していくということでございますんで、我々も期待して待っていようと思います。よろしくお願いします。

それでは、是非とも意見を述べたいという方は複数いらっしゃいまして、時間の関係もありますので、2人ほどご指名いたしますので、簡単にご意見を頂きたいと思います。1人は、三沢市の北村さまでございます。それからもう1人は、六ヶ所村の種市さまですね、2人にご意見いただきたいと思いますが、北村さまご意見おありだということですので是非お願いいたします。はいどうぞ。これはご質問ではありません。ご意見ということで、お伺いいたします。

(質問者)

再処理工場に関しての課題は安全性に尽きると思います。私も安全性に関して是非お願い、要望したいと思います。私は経済学を長く勉強しまして、その視点から少し述べさせていただきたいと思います。

やはり先ほども、おっしゃられましたように、天然資源に乏しい日本にとりましては、輸入に頼ることなく、それからかつ、廃棄物から再処理してエネルギーを作り出すという点で、非常に高く評価されて良いのではないかと思います。こういう二重のメリットですね、ちょっと見逃していることかも知れません。それでやはりこれも安全性という影に隠れて見逃されている点かも知れませんが。今日本はちょっと、石油価格が高騰というわけではないのですが、アメリカの知人に聞きましたら、中東の…そういうことを、そういうメリットを考えましてもやはり安全性のほうが大事でございます。なので、色々と説明していただきました。

例えば、トラブルが起こった場合のリスクマネジメントですね、それから、それに対しての、なんかトラブルあった場合の公表するということで、コミュニケーションをはかる。これは企業の責任ですので、みんなの関心事はやはりそれを、約束をただ言うだけでは誰でもできます。なので、本当に確約できるかということは、これからの企業責任としての課題になってくると思います。その点を是非お願いしたいと思います。確約してください。

(司会)

確約できますね。副社長一言。

(当社)

私ども事業存立の基盤だと思っておりますので、大変貴重なご意見ありがとうございました。

(司会)

はい。ありがとうございました。北村さん。これ後で副社長等々にお見せしますからあなたたくさん書いてあるんで。種市さん端的にお願いします。ご意見ということで伺っておりますので。

(質問者)

ホームページの方で拝見させていただいたんですけれども、130項目にのぼる予想されるトラブルの内容について。あらかじめ、ああいった内容のトラブルが評価されて的確な対応等がシミュレーションされていること自体、非常に我々地元住民として安心している次第であります。そういった危険予知活動と言いますか、そういったことを今後も継続していただきたいというふうに要望させていただきます。

ちょっと余談になりますけれども、先日私、Day after tomorrow という映画を見させていただきましたけれども、まさに、私どもがここで議論しているような内容が集約されていると思ってるんですけれども、地球規模で進む環境問題に対して、原子力エネルギーの位置付けというのは必要不可欠な故に、仮に不測の事態によってトラブル等が起ったにしても、次世代、我々、未来を担う世代のために何が何でも再三再四、安全性を最優先して、一日も早い操業稼動を、強く念じて要望とさせていただきます。よろしくお願いします。

(司会)

日本原燃さんに対する叱咤と激励だと思いますんで、同じようなご意見は六ヶ所村の高橋さま、それから二本柳さま、これはお名前ないな。それから伊藤さま等々からもいただいております。本当はご発言いただきたいとこなのですが、なんせ時間がありませんので、割愛させていただきます。それから先ほど申しましたが、実は県外の方から2人、4件のご質問いただいております。ちょっとだけお名前とそれから内容を、簡単に紹介させていただきます。

また、取り扱いに関しましては、時間の関係、それから本日は県民対象ということでございますので、何も排除する訳ではございませんが、責任もって日本原燃の方でお答えするということでございますので、何らかの形をとって、それでご容赦いただきたいと思います。

まず、埼玉県さいたま市の鈴木さまから3点であります。化学試験報告書によると、まだ工事対応等を終了してない不適合が67件残っており、そのうちの11件はウラン試験以降に持ち越すとのことですが、不適合はウラン試験までになぜ済ます方針を持たないのですか。その方が安心だと思います。急ぐ理由はなんでしょうか。これも先ほどありましたけど、これに対してもまたきちっとお答えさせていただきます。それから、同じ鈴木さまのご質問。品質保証体制に関して5つの反省点。これは略でなんかありますので、ちょっとわかりませんね。これは私の能力ではわかりません。ちょっと日本原燃さん後でお願いします。ちょっと、略、略、略で書いてあってわかりませんけれども、要するに品質保証体制に関して色々反省点があったと。それを十分活かしていってもらいたいということですね。そういうご質問ご意見だと思います。それから同じ鈴木さまです。ウラン試験中に起きたトラブルにより風評被害及び実被害が生じた場合、相当因果関係が証明できない場合でも損害賠償を行うのか。また、賠償金額に上限があるのはいくらか。先ほどもこれ渡辺部長の方から若干の回答がありましたけれども、それに類することですが、これに関してもきちんと回答させていただきたいということでございます。

それから、スミスさんであります。京都市のですね。日本原燃は、六ヶ所再処理工場ではＩＮＥＳのどのレベル以上のトラブルは起らないと予想していますか。それはなぜですかというご質問でございます。スミスさんはメールアドレス、住所をお書きになっておりませんが、後ほどお知らせいただければ、こちらの方でご回答するということになっております。以上4点、2人の方々からのが、県外でございます。そういうことで、後で日本原燃の方できちんと答えるということであります。

それから後3件ほど、似たようなものがありましたので、時間の関係でちょっと割愛させていただきますが、これらに関しましても、日本原燃の方からきちんと回答させていただくという形にしたいと思います。大変、私、もともと早口ですが、更に早口でやってまいりました。しかし、8時45分にならんとしております。実に1時間半に渡ってこの質疑応答をやってまいりました。それで、今日の、説明会に関しましては、以上で終了とさせていただきたいんですが、特に一言、言いたいという方、もし、いらっしゃいましたら。はい。短く、福澤さんでしたね。短く。

(質問者)

先ほどもなんか、私も出しましたけれども、改めて県内各地で何度でも、県民が納得いくまで説明会を開いてください。お願いします。これは一方的な説明だけでは本当に分かりません。本当に納得したいし、理解したいし、ご支援したいんですから。よろしくお願いします。

(司会)

はい。ありがとうございました。それじゃ、日本原燃の方で十分に検討させていただくということです。よろしくお願い致します。それではこれで今日の説明会を終了させていただきたいと思います。

本日は大変長時間に渡りまして、熱心にご質問、それからご回答いただけたと思います。また、会場の皆様方も、大変真摯に、非常に立派な態度で、マナーを守って、この説明会に臨んでいただいて、司会としては大変有り難く思っております。以上で終わりますが、また先ほど申しましたように、この内容等々に関しましてもホームページ等々で掲載させていただきますので、それらも是非ご覧いただけたらなと思います。そういうことで、本日の説明会終わらせていただきます。どうも、長い間ありがとうございました。

以 上

［出典：日本原燃株式会社ホームページhttp://www.jnfl.co.jp/event/040630-uran-recycle.html］

Ⅲ－2－6

「再処理工場のウラン試験結果及びアクティブ試験計画等に関する説明会」の開催結果について

1. 日時 平成18年2月18日（土）9:30～12:15
2. 場所 六ヶ所村文化交流プラザ「スワニー」
3. 出席者

当社：代表取締役社長 兒島伊佐美、代表取締役副社長 鈴木光雄、再処理事業部再処理工場技術部長青柳春樹、品質保証室部長 新沢幸一、再処

理事業部再処理計画部長　中村裕行、再処理事業部品質管理部長　朝日隆一、安全技術室放射線管理部長　宮川俊晴
電気事業連合会：原子燃料サイクル事業推進本部部長　田沼進
4．司会者　青森大学総合研究所所長　末永洋一氏
5．参加者　約200名
6．配布資料
・ウラン試験結果の概要について
・アクティブ試験計画の概要及び試験時に発生が予想されるトラブル等とその対応について
・再処理工場のアクティブ試験時に発生が予想されるトラブル等とその対応について（抜粋版）
・再処理施設ウラン試験結果報告書（その1）
・再処理施設ウラン試験結果報告書（その2）
・再処理施設アクティブ試験計画書
7．議事概要
　当社より、①ウラン試験結果の概要について、②アクティブ試験計画の概要及び試験時に発生が予想されるトラブル等とその対応について、それぞれ説明を行った（9:36～10:03）後、会場の参加者の方々と質疑応答を行った（10:15～12:15）。
詳細は次のとおり。

（質問者）
　すみません、今回の説明会はどういうつもりでやられているのか、お聞かせください。
（司会）
　では社長、今回の説明会の趣旨を簡単にお話しください。
（当社）
　本日は、ウラン試験の結果及びアクティブ試験の計画についてご説明を申し上げたく、説明会を開催したものであります。日ごろから大変ご理解とご支援を賜わっておりますことを、先ほども御礼申し上げたとおりであります。ウラン試験の結果につきましては、その都度、ホームページもそうでありますが、先般も（その1）についてのご説明をさせていただきました。本日は、総合確認試験の結果も含めたウラン試験の結果と、これから予定しておりますアクティブ試験の計画について、皆様方にご説明を申し上げて、ご理解を賜わりたく、開催させていただいたものであります。どうぞよろしくお願い申し上げます。
（司会）
　ありがとうございました。それでは、早速質問に入らせていただきます。これから質疑応答ということになりますが、冒頭にお願いいたしましたとおり、途中で野次等、不正規発言は一切おやめください。よろしくお願いいたします。
　それでは、1番目のウラン試験全般に関するご質問を幾つかいただいております。まず最初に、ウラン試験中に発生した廃棄物の種類と量はどうですかということで、横浜町の種市様からご質問をいただいております。青柳部長、お答えください。
（当社）
　皆様のお手元にございますウラン試験報告書（その2）の67ページに書いてございますけれども、ウラン試験開始から終了までに発生した固体廃棄物の発生量は、低レベルの濃縮廃液の固化体としてドラム缶で296本。それから、洗濯廃液、これは所内で使用する衣類を洗った廃液を処理する施設でございますけれども、廃活性炭というのがございまして、これが20本。それから、非圧縮減容体、これはさまざまな雑固体に関するものでございますけれども、これが108本でございます。
（司会）
　横浜町の種市様、今の回答でよろしいでしょうか。
　次に移らせていただきます。次の質問は、六ヶ所村の村畑様からのご質問です。ウラン試験での試験結果の評価はどのように行ったのかということでございます。これも青柳部長､お願いします。
（当社）
　ウラン試験結果の評価の判断基準につきましては､私どもが申請しております事業指定申請書や、設計及び工事の方法の認可申請等の設計図書の数値を一つの判断基準とするとともに、目標値というのがございまして、そういうものはＣＯＧＥＭＡ等の先行施設の経験から目標設定をいたしまして、その範囲に入っているかどうかということを一つの判断基準としてやっております。そして、それを達成したかどうかというのは、各担当部がまず評価するわけですが、それが妥当かどうかというのは、技術検討委員会のような社内組織がございまして、そこでチェックをして、これでいい

ということになれば、それで決まりということで評価しております。

（司会）

村畑様、よろしいでしょうか。

それでは、次にまいります。次のご質問は、三沢の渋谷様からです。ウラン試験に社外の人の立ち会いはあったのかというご質問でございます。これも青柳部長、お願いします。

（当社）

重要な試験につきましては、先ほど原子力安全・保安院に結果を確認していただいたということをご説明いたしましたけれども、保安院からも立ち会いをしていただきました。それから、日常的には、保安検査官が六ヶ所に常駐しておりますけれども、そういった人たちも日常的に立ち会って、すべてではございませんけれども、確認をしていただくということはございます。

（司会）

渋谷様、よろしいでしょうか。再質問、マイクがいきますので、簡明にお願いいたします。

（質問者）

保安院の方の立ち会いと保安検査官の立ち会いですが、どちらも保安院という立場だと思うんですが、2種類のように聞こえましたが、もうちょっと説明してください。

（当社）

失礼しました。重要な試験については、保安院の諮問機関である再処理安全小委員会というのがございまして、その下に再処理ワーキングという、専門の先生方が参加している保安院をサポートする組織がございます。そういった先生方に来ていただいて、立ち会いをしていただいております。保安検査官というのは、こちらに常駐されている行政官が、日常的に来ていただくということでございます。

（司会）

よろしいですか。ありがとうございました。

それでは、その次のご質問に移ります。今後、ウラン試験が終わってアクティブ試験が始まるまでに不適合が発生したらどうなるのかということで、六ヶ所村の田高様からご質問をいただいています。これは朝日部長、お願いいたします。

（当社）

今後、アクティブ試験が開始されるまでの期間に不適合が発生しましたら、従来どおりの手続きに基づいて、適切に処置を行っていきます。また、それらについては、従来と同様、取りまとめまして、ホームページに掲載して公表いたします。なお、ウラン試験からアクティブ試験への移行条件、当然、当社で確認いたしまして、さらに国の確認も実施していただきますが、その確認の1項目として、不適合等の処置状況を確認した上でアクティブ試験に入っていくということで考えております。

（司会）

田高様、よろしいですか。

それでは、次のご質問に移らせていただきます。次は東北町の田村様からのご質問です。ウラン試験報告書で、不適合の処置の強化として、不適合処置の的確化、迅速化を挙げているが、具体的には何をするのかということで、これも朝日部長、お願いします。

（当社）

ウラン試験報告書（その2）の10ページにその辺の対策について書かれていますが、読ませていただきますと、10ページの一番下の「不適合等の処置の強化」というところですが、「ウラン試験報告書（その1）を報告してから総合確認試験を開始するまでに、各建屋におけるウラン試験の不適合事項に起因した水平展開の検討や改善事項の検討に時間を要した例が散見された。このため、下記の事項を実施することにより、不適合処理の的確化、迅速化を図ることとしている」。これは、設備で、例えば不具合や故障が起きて、その時の処理が遅れたというわけではなくて、改善事項などの検討に時間がかかったということであります。

①といたしまして、「試験の目的に照らして妥当な試験結果が得られたかについて、先行施設の経験を有する者が参画し、横断的に評価することによって、的確に試験に係る不適合事項や改善事項を抽出する」、②といたしまして、「アクティブ試験の項目の終了ごとに、試験に係る不適合事項や改善事項の抽出もれがないことを速やかに確認することとする。なお、改善事項については、試験項目のくくりには捉われず、試験運転における幾つかの事例に基づいた提案や類似事象の発生頻度を評価した上で提案することもある」という対策をとっていくことと考えております。4

（司会）

田村様、よろしいですか。

それでは、次の質問に移らせていただきます。三沢市の田中様からです。アクティブ試験中の補修方法についてご質問をいただいております。これは青柳部長、お願いいたします。

(当社)

アクティブ試験中に不具合が起きますと、これは操業時とほとんど同じなんですけれども、その内容をしっかり把握した上で、汚染のレベルや放射線のレベルをよく評価した上で補修を行います。例えば、放射線が強いところですと、クレーンやマニピュレータ、これはマジックハンドのようなものなんですけれども、こういうものや、専用キャスクを使いまして、壊れたもの、あるいは不具合の起きたものを一括して交換するという方法をとります。こういった方法については、これまでも試験運転の中で訓練してきております。

それから、どうしても人が入らなければいけない、セルの中、あるいは少し汚染のレベルが高いところに入らなければいけないという時には、そこをしっかり除染して、そこにある放射性物質をできるだけなくして、線量をしっかり把握した上で補修を行います。被ばく線量につきましては、法令を遵守することはもとより、できる限り低くなるよう計画を立てて実施する予定でございます。

(司会)

田中様、よろしいですか。

それでは、その次に移らせていただきます。六ヶ所村の佐々木様からのご質問です。技術・技能認定制度に関しまして、日本原燃ではそれをやっているということだが、何名を認定しているかということで、朝日部長、お願いします。

(当社)

技術・技能認定制度というのは、技術力やモチベーションの向上、あるいは技術力の確認という観点から、平成15年8月から運用を開始しております。現在は現場に携わる運転要員、保修要員及び放射線管理要員について認定をしております。運転要員408名、保修要員85名、放射線管理要員71名を認定しているところでございます。

(司会)

佐々木様、よろしいですか。そういう数でございます。

以上で1番目のウラン試験についてのご質問は終わりだと思いますが、よろしいでしょうか。また後に出てくるかもしれませんので、そのときには追加して質問、回答させていただきます。

2番目のアクティブ試験についての質問に移らせていただきます。まず、六ヶ所村の平田様からでございます。第1ステップで使用する30トンの使用済燃料はどのように取り扱われるのかということで、これは青柳部長、ご回答いただきます。

(当社)

今のご質問で、どのようにというのは、最終形態はどうなるかということかと思いますので、少しその辺を説明させていただきます。先ほどお配りしましたアクティブ試験計画書の8ページと9ページをご覧いただきますと、この30トンをまず第1ステップで、約2ヶ月弱の期間で使用いたします。私どもの施設は1日4トン再処理できるプラントでございますので、こんなにかからないわけですが、その期間は、まずせん断を15日1本やってみて、その状況を確認する。次の日に、もう2本ぐらいやってみて、状況を確認するというようなことでございますので、せん断、前処理から後ろの方には、最初のうちはあまり流れていきません。そういったことを少しずつやって、分離施設、精製施設に少しずつ流れていって試験が進むわけでございますけれども、この燃料自体は、第2ステップ、第3ステップの段階まで、各施設に溶液として存在します。第2ステップ、第3ステップで上流から燃料がどんどん入ってきますと、下流に押し出されて、粉体の製品として、最終的には製品貯蔵庫にいきます。これで回答になっていますでしょうか。

(司会)

平田様、今のご回答でよろしいでしょうか。ありがとうございました。

それでは、先ほどの第1番目のウラン試験全般に関しまして、もうひとつまいりましたので、またそちらに戻らせていただきます。これは六ヶ所村の福澤様からのご質問です。ウラン試験、アクティブ試験それぞれで発生した放射性廃棄物は、最終的にそれぞれどのように処分するのかというご質問をいただいています。青柳部長からお答えいただければと思います。

(当社)

ウラン試験及びアクティブ試験で発生する廃棄物につきましては、これは放射性廃棄物でございますので、放射性廃棄物については、液体では蒸発処理をして、上澄みを流す、それから、窯残という、残ったレベルの高いものについては、先ほどドラム缶での廃棄物とご紹介いたしましたけれども、そういう形にする、さらに、高レベル廃棄物については、ガラス固化体で適切に貯蔵する、雑固体も同じでございますけれども、そういった事業指定に基づく処置を行ってまいります。

（司会）

今のご質問は六ヶ所村の福澤様ですが、再質問、どうぞ。

（質問者）

適切に処分すると言われますけれども、高レベル廃棄物に関しては、まだ処分地が決まっていません。それに対してはどう思いますか。

（司会）

中村部長。

（当社）

高レベル廃棄物の処分につきましては、ＮＵＭＯ（原子力発電環境整備機構）という団体が設立されまして、現在、そこで処分地の公募を行っているというところで、法律に基づきまして、きちんと処分場が整備されるものと考えております。

（質問者）

それは何年後ですか。

（当社）

2035年くらいまでにきちんと処分場を整備するということになっております。

（司会）

鈴木副社長、お手が挙がっていますが、補足をお願いします。

（当社）

ただ今中村が答弁したとおりでございます。平成40年代の後半を目途に、今、種々の活動がなされておるというところでございます。

（司会）

もう一回ですか、どうぞ。

（質問者）

それは随分曖昧模糊とした、あなたたちが嫌がる仮の話ではないですか。仮定上の話ではないですか。決定されたわけではないですよね。

（司会）

鈴木副社長、どうぞ。

（当社）

ただ今申し上げました、平成40年代の後半というのは、4年ほど前に閣議了解がされているものでございます。

（司会）

よろしいですか。

（質問者）

ちょっと時間が長くなりますので、保留します。少なくともこれに関しては、どこに、誰が、どういうふうに処分するかというのは、まだ決定されていないということははっきりしておきたいと思います。

（司会）

分かりました。ありがとうございました。

それでは、その次、ウラン試験全般に関してですが、これは三沢市の山田様からです。私の方で要約して申し上げます。トラブル対応訓練の要員は何名なのかということと、30分から90分くらいで、居住地などを考えれば、要員の確保は出来るのかというご質問をいただいております。一括して、朝日部長。

（当社）

まず、訓練についてですが、平成17年11月8日、防災業務計画に基づき、臨界事故を想定した退避訓練、誘導訓練、通報訓練、モニタリング訓練、点呼訓練を目的として防災訓練を実施いたしました。訓練では、社長を本部長とする全社対策本部を設置し、臨界警報吹鳴、退避命令、外部への通報と、社員が約400名参加いたしました。万一のトラブル時の初期対応に必要な要員につきましては、24時間体制で工場内に確保しております。さらに、社員の多くが六ヶ所村及びその周辺に住んでいるため、支援要員を確保出来ると考えております。

（司会）

ありがとうございました。三沢市の山田様のご質問でした。再質問どうぞ。

（質問者）

社員とメーカーと、それぞれ要員がいらっしゃると思うんですけど、その数と、いわゆる常時会社の中で用意している以外で、支援を受ける場合、30分から90分、三沢から来れば90分かかるのかも分かりませんけれども、六ヶ所村内で即座に対応するということを考えた場合に、30分や90分というのは長いんじゃないかと私は考えております。その辺を聞いているので、細かいところですけれども、数字を挙げていただければありがたいです。

(司会)

要員の確保にどのくらい時間がかかるかということです。青柳部長。

(当社)

今までのウラン試験でも、何回かトラブルが起きまして、実際にどれぐらい時間がかかるかというのもデータを取っております。私はこの近くに住んでいるんですけれども、連絡はまず統括当直長という責任者から入ります。近くにいて、すぐ出られる者には招集がかかるんですが、大体30分から1時間以内程度に、六ヶ所にいる者、これは当番で待機している者もいるんですけれども、そういった者が駆けつけます。それがだんだん、訓練とともに早くなってきておりますので、今の時点で習熟しはじめてきているのかなと私は理解してございます。

(司会)

山田様、再質問いいですか。ありがとうございました。

それでは、次に移らせていただきます。ウラン試験の多分最後だと思います。ウラン試験の不適合は想定内のものかどうかということでございます。これは青柳部長。

(当社)

不適合については、私どもトラブル事例集というのを作らせていただきました。事故には至らないけれども、こういうのは起きそうだなというのを作らせていただきましたけれども、不適合を予想しているということではなくて、その不適合が原因でトラブルになることから事例集を作らせていただきました。

物を作ったら必ず不具合は出ますが、これまでご紹介しましたように、通水作動試験では2,000件ぐらい、化学試験で800件ぐらい、そしてウラン試験で800件ぐらいと、だんだん減ってきておりまして、そういう不適合をつぶすというのが試験運転の目的ですので、あらかじめどういうものが発生するかという予想はしてございません。とにかく発生したものをつぶすという作業がこの試験運転の大きな目的でございます。それに基づいて、こういう小さな不適合が予想されるトラブルという形で表面化してきますので、そういったものを皆様にご理解いただくために事例集を作らせていただいたものでございます。

(司会)

今のご質問は六ヶ所村の辻様ですが、再質問ございますか。今の回答でよろしいですか。

それでは、次に移らせていただきます。また、アクティブ試験全般に関するご質問になります。これは野辺地町の小泉様からでございます。アクティブ試験のホールドポイントの評価を行う技術評価委員会はどんな人が参画しているのかというご質問でござ
います。青柳部長。

(当社)

技術評価委員会は、再処理工場の副工場長がトップになりまして、実際これからアクティブ試験になりますと、放出放射能等の経験が非常に重要になりますので、東海工場で経験した人や、それから、これは安全性の問題をしっかり議論しなければいけませんので、我々の施設の基本設計を経験したメーカーの人たちに参画してもらって、安全性について、設計どおりになっているかどうか、それから、過去の東海、あるいは、そういった先行施設の経験を反映して評価してみるとどうなのかというチェックをするために、そういう人たちに参画していただいております。

(司会)

今のご質問、小泉様、よろしいですか。

アクティブ試験に関しましては、多分これが最後だと思いますが、三沢の中川様からです。周辺の放射線量が想定を上回れば試験を中止するんですかというご質問です。これは青柳部長、お願いします。

(当社)

先ほど説明の中で、アクティブ試験計画書の中の放出管理目標値というものを掲げさせていただきました。周辺の数値として、0.022ミリシーベルトに相当する放出量が放出管理目標値になってございます。したがいまして、その放出管理目標値をしっかり守ることによって、周辺の線量というのは、十分、自然の放射線の変動の中に収まると私どもは見ておりますので、この放出管理目標値さえしっかり守っていれば、周辺が基準値を超えることはないと理解してございます。もちろん、法令では1ミリシーベルトという数値がございますけれども、これを超えるようなことになれば、当然、試験は止めます。

(司会)

中川様、どうぞ。

（質問者）

今の点が一番心配なんですけれども、要するに、出すところで目標値が抑えてあれば、0.022ミリシーベルトになるというのは、そちら側が勝手にいろんなことを仮定して積み重ねた値ですよね。僕は基本的に、そこからまいた放射能がどこへ行くかなんて、誰も分からないと思うんですよ。分からないことを無理に分かったようにするためにいろんな数式を持ってきて、いろんな数値をやった仮説にすぎないでしょ、0.022ミリシーベルトというのは。それを出すところで、その目標値に抑えているから大丈夫だなんていうのは、全く僕は信頼できないです。原子力発電所で出している量の何百倍という量を再処理工場は出すわけでしょう。その辺のところの認識がどうなのか、きちんとお答えください。

（司会）

ありがとうございました。宮川部長。

（当社）

もう一つ、放射性廃棄物を放出することについて、どういうふうに考えているのかというご質問も一緒にいただいていたかと思いますので、あわせてお答えしたいと思います。

私どもは、再処理工場を計画する段階で、気象環境調査というのをやりました。それは私どものサイトの、当時はまだ予定地に気象観測装置を設置して、1年間どういう風が、どういう方向に、どのくらいの風速でというのをずっと調べました。サイトだけでは足りませんので、八戸とむつの気象庁の測候所の過去のデータからいろいろ調べまして、六ヶ所村の再処理工場を設置するに当たって、1年間にどういった気象環境を想定9したらいいのかということをまず準備の段階で調べております。そういうことで、排気筒から放出した放射性物質が、どこにどのように拡散していくかということについては、勝手に仮定しているわけではなくて、そういった気象データに基づいて設定してございます。

再処理工場は、大体1年間平均してずっと運転しているような感じになりますので、たとえば1年間の放出量を1週間で全部出すと仮定すると、ある方向にたくさんの放射性物質が行って、そこのところは大きな影響になるということがあり得るわけですけれども、再処理工場はほぼ1年間を通じて操業していきますので、1年間の気象条件で、いろんなところに拡散、希釈していきます。ただ、特徴的なのは、六ヶ所村は西から吹いてくる風の出現頻度が高くなっています。また、6月から9月まで、ヤマセと呼ばれますけれども、太平洋側から風が吹いてくるというケースもございます。多くは西から吹くか、東から吹くか、南北方向での出現頻度は少ないということになっています。それらを考慮して、周辺への放射性物質がどういった分布になるかということを設定し、そこで放射線が人間にどういう影響を与えるかということを評価した結果が、1年間で0.022ミリシーベルトという結論になっているものでございます。

（司会）

ありがとうございました。再質問、簡単明瞭に。

（質問者）

勝手なという表現はちょっと悪かったんですけれども、科学的にデータをとったとしても、じゃあ、明日それがどこに行くかは分からないでしょう。そこのところを言いたいんですよ。もう一つは、僕の今の感覚なんですけれども、今、1年間で幾らと言っていましたけれども、それじゃ1日の管理の規制というのはあるんですか。

（司会）

宮川部長、簡単に。

（当社）

線量の目標というのは、1年間に0.022ミリシーベルトなんですけれども、もともとは人間はどうなったら放射線による害を受けるかという大本の考え方があって、1年間に1ミリシーベルトというのを周辺に住んでいる人たちは超えてはいけませんという基準が大前提にあるわけですね。1ミリシーベルトというのは、安全なレベルだというふうにぜひご理解いただきたいんですが、それに対して、0.022ミリシーベルトというのは、十分下回っている状況でございます。それは1年間全体の量を継続して
出してという前提です。ですから、住民の人たちの放射線に対する影響というのを考えたときに、一日一日どのくらいだというふうに決めて管理をするということの必要性はないと私どもは考えております。

（質問者）

そうじゃなくて、放出する量については、1日の管理があるかということです。

(当社)

放出する量についても同じです。それに基づいて影響が及ぶわけですから。ですから、今日あっちに吹いた、今日はあっちにということを日々細かく見ることによって、周辺の皆さん方の影響は小さいなと確認することまでやらなくても、ある期間をずっと通じて見ていれば、それで十分低いということの確認は今後の試験の中でもできると私どもは考えています。10

(質問者)

ですから、一番最初に質問したかったのは、0.022ミリシーベルトだから大丈夫だとお宅らが言うんですから、0.022ミリシーベルトよりも大きくなる事例があったときに、試験をやめるかどうかということです。

(司会)

宮川部長、端的に。

(当社)

0.022ミリシーベルトは、基準に比べて十分低いですから、それを超えるようなことが想定されれば､何らかの原因があったと私どもは考えます。それに向けて、いろんな調査などをやりますが、その段階で試験を止めるとか、止めないとか、そういう判断の基準にはしておりません。

(司会)

次の質問に移ります。次は安全対策に関してであります。六ヶ所村の梅田様からご質問をいただいています。宮川部長にお答えいただきますが、海洋放出量に関して、なぜ排水口を沖に設置しているのか。排水に危険物が含まれているのかというご質問でございます。よろしくお願いします。

(当社)

まず、危険物という意味での化学物質に関しては、公害防止条例に基づいた管理をしておりますので、そちらの管理に適合する形で処理をしてございます。放射性物質ととらえますと、十分に拡散、希釈して、周辺の皆様方への影響が問題ないレベルとする必要性がございまして、沖合3ｋｍ、深さ44ｍという地点に海洋へ放出する放出口を設定してございます。

(司会)

梅田様、よろしいですか。再質問、簡明にお願いします。

(質問者)

ということは、相当な危険物を排出しているということですか。それともう一つ、放射線に関して、県は年に1回しかモニタリングしていない、4月に周辺の海水をとって、1回しかモニタリングしていないということなんですけど、そのような状況が続くんでしょうか。

(司会)

宮川部長。

(当社)

十分拡散をして、影響がないようにしているということでございます。県のモニタリングの頻度につきましては、ちょっとデータを確認していませんけれども、海水のモニタリングというのは、おっしゃるとおり行われていまして、必ずしも1回ではないような気がします。ご連絡先を教えていただければ、確認いたしまして、後ほどご回答したいと思います。

(司会)

梅田様、よろしいですか。もう一回、簡単に。

(質問者)

拡散しなければだめなほどの濃度の放射線を排出しているわけですか。

(司会)

宮川部長。

(当社)

1年間で周辺の皆様方への影響がないように、ちゃんとした処置をしているということです。

(司会)

よろしいですね。次にいきます。

次、安全対策です。六ヶ所村の菊川様からです。長い文章なんですが、防災対策を講じる地域、範囲、それに対してお答えいただきたいということで、これは青柳部長。

(当社)

防災対策を行う範囲というのは、国の方で、防災対策を重点的に行う範囲として、目安として5ｋｍというのが定められております。この5ｋｍは、再処理工場の持っている核燃料物質や放射性物質等を鑑みて、この範囲だったら十分であろうと、専門家が集まりまして検討した数値でございます。私どもは、それに基づきまして、訓練としても十分な対応がとれるように図っておるわけでございます。

ちなみに、先ほど申し上げたように、施設自体は、防災対策が要らないように多重防護という観点で造ってございます。そういった観点で、私ども、事故で皆様方にご迷惑をおかけしないという施設づくりに全力を尽くしてきたわけでございます。

（司会）

菊川様。

（質問者）

防災範囲のことをお伺いしましたけれど、私の住んでいるところは再処理工場から直線で6ｋｍのところなんですね。これはちょっと聞いたんですけれど、三沢のフランス村に住んでいるＣＯＧＥＭＡの技術者の家族が、防災避難訓練を、万一の事故のために防災計画を持っているということなんです。三沢まで40ｋｍか50ｋｍぐらいですか、そこまで離れていて、エンジニアの家族の方がなお万一の事故の心配をしているということを聞きまして、六ヶ所村の5ｋｍというのは、ものすごく隔たりがあると思います。プロとしての心配というのも、私はすごく現実性があると思うんですよ。その辺についていかがでしょう。

（司会）

青柳部長。

（当社）

それでは、防災についての考え方をちょっとご紹介したいと思います。私ども、まず再処理工場を造るときに、安全に造るということで、先ほど多重防護と言いましたけれども、それが十分かどうかというのを判断するために、あえて事故を想定して、事故評価を行いました。そして、その事故評価も国の安全審査の重要な事項になっておりまして、その中で、私どもは7つほどの事故を想定して、こういう事故があった場合でも、5ｋｍ、6ｋｍという距離ではなくて、敷地周辺の境界でどれくらいの線量になるかということを評価いたしました。その中で一番私どもが大きいレベルとして評価したのが臨界事故でございますけれども、これが約0.6ミリシーベルトでございます。まず、そういうふうに物をしっかり造って、それから科学的に評価をしたということが安全審査の段階でございます。

しかし、国も私どもも、それで安心するのではなく、さらに万が一、万々が一の場合について、防災対策を別途とるということが法律でも要求されておりますし、私どももそういうふうに準備してまいりました。その防災対策として、5ｋｍの範囲をしっかり重点的にやることが重要だという国のガイドラインもございますので、私どももそれに準じてやっているということでございます。

（司会）

フランス村で云々というのはどうなんですか。そういうことは聞いているんですか、事実ですか。

（当社）

それはちょっと把握してございません。失礼いたしました。

（司会）

何でしたら、事実を確認してください。

（当社）

確認いたします。

（司会）

菊川様、今の回答でよろしいですか。

（質問者）

もう一言だけ。やっぱりプロのエンジニアの方が、自分たちの作っているものをそのように心配しているということは、現実性がかなりあると思うんです。ですから、もうちょっと厳しい事故を想定して、村の防災対策を立てていただければと、これは村の行政の方も来ていらっしゃると思いますけれども、そのようにお願いいたします。

（司会）

事実確認の上、さらに、その辺に関して詰めさせていただきたいと思います。よろしくお願いします。

それでは、次の質問に移らせていただきます。次は環境対策です。まず、お名前はございませんが、シーベルトとベクレルの違い、どちらを基準に判断するのかというご質問です。宮川部長、簡単にお願いします。

（当社）

放射線のことを考える場合に、放射性物質が物理的にどういう状態であるのかというときに使われる単位として、ベクレルという単位があります。どのくらいの放射性物質がそこにあるのかという単位になります。放射性物質によって、人間にどの程度の影響があるのかというふうに見るときには、シーベルトという単位を使っております。人間が関わっていないところでの話はベクレルという単位が使われる、関わるところではシ13ーベルトという単位が使われるというふうにまずご理解いただきたいと思います。放射性物質は、たくさんあれば人間への影響があって、ベクレルが高ければシーベルトが高くなるという関係はあるわけですけれども、その間に遮へいを置いたり、距離を離したりすれば、ベクレル数が同じでもシーベルトの値は小さくすることができますので、どういう条件でそれが使われているかということを確認されることが大切だと思います。人間が関わるか、関わらないかということでご理解いただければと思います。

(司会)

お名前ないんですが、よろしいですか。

それから、また安全対策に関わるものが一つ来ましたので、これも戻りましてやらせていただきます。六ヶ所村の木村様です。放射性物質を事故で放出したときの対応策はいかがかということでございます。これは青柳部長。

(当社)

繰り返しになって恐縮ですけれども、放射性物質を放出しないように運転する、そして、設備を作るということに私どもは全力を尽くしてまいりました。放射性物質、あるいは放射線が実際に出た事故というのは、ご存知のように、かつて日本にもございましたけれども、そういった万が一のときには協力をしまして、関係市町村、行政、それから関係事業者と一緒になって対応をするということになります。繰り返しになって本当に恐縮ですが、私どもは皆様方にご迷惑をかけない施設を造る、そういうことに今まで心血を注いでまいりました。そういうことで、私自身としても、ご迷惑をかけないように、最後まで努力していきたいと思っております。

(司会)

木村様、よろしいですか。

それでは、環境対策に再び戻ります。三沢の山田様からのご質問です。かいつまんで申し上げます。東海再処理工場のメンテナンス作業の被ばく量は、労働災害認定に比べＩＣＲＰ基準値が高過ぎるので、作業時の基準値を低くすべき、六ヶ所村では低くすべきだというご質問だと思いますが、これに関しまして、宮川部長、お願いします。

(当社)

手元のデータで、まず、東海の再処理工場における平成16年度の作業者の線量がございまして、多くの人の平均値は0.1ミリシーベルト、最大の方、個人1人が6.1ミリシーベルトというデータがあります。原子力施設では今、全国で6～7万人ぐらいの方が従事者として登録されておりますけれども、再処理工場全体の値としては少ないのが現状です。発電所の方がもう少し高いという状態です。

ご指摘がありましたけれども、私ども、無駄な被ばくは絶対にさせないということで、これからのアクティブ試験ですとか、操業に向けて取り組んでおりますので、ケース・バイ・ケースで作業計画というのをきちんと立てて、線量管理をやってまいります。よろしくお願いいたします。

(司会)

再質問、山田様、どうぞ。

(質問者)

今、六ヶ所では土木の仕事がなくて、メンテナンスの業務に就きたいという人が多くなっていると聞いていますけれども、要するに、法令の基準というのは20ミリシーベルト、5年間で100ですよね。場合によっては50浴びるかもしれないということに14なるんですけど、労災認定の場合は、5ミリシーベルト以上を数年間浴びたことによって、がんや死者が出る場合ですから、さっき言った6でも高いわけですね。ついこの間、漏水が発覚したときに、中に入って作業した人がいます。皆さんが出した資料を見ると、10ミリシーベルトぐらい浴びているじゃないですか。だから、法令の20じゃなくて、5ミリシーベルト以下に抑えて、なおかつ、そういうがんの死者などを出さないように努力すべきじゃないかなという提言でありまして、ですから、何かあったときに対応して、皆さん、もう既にそういう人を出しているわけですから、それに比べたら、もっともっと努力して出さないようにするということで、言ってもらわないと安心できないんじゃないかと。6であれ、10であれ、浴びさせますよ、しょうがないじゃないですか、20過ぎなければいいでしょ、50までいかないから大丈夫ですという話じゃないわけですから。そこのところをどうするかということを聞いているんです。

(司会)

宮川部長、簡単に。

(当社)

機器の点検等をする上で、ある時間の範囲で処理をするということも重要なことですから、一人の線量を少なくする方法としては、たくさんの人で分けて作業をするという選択肢が出てくるわけですけれども、そういうふうにする方が、その状況で一番的確なのかどうか、そういったことの判断も入れて、作業計画というのは作られるようになっております。私どもはもちろん、年間20ミリシーベルトを超えない管理をしていくことにしておりますけれども、基本的には、無駄な被ばくがないようにしていくということで、少なくする方向には努めたいと思っております。5以下にするとか何とかということを今、ここでお約束できる状況ではありません。

（司会）

山田様、簡単に。

（質問者）

もう一つ、日本原燃の方に言っておきたいんですけれども、皆さんの会社で作業している中に、下請の労働者が既にたくさん入っているわけです。青森県内で採用された方で。そして、日本原燃の社員が入りたがらない場所に自分が追いやられて、被ばく作業をさせられているけれども、自分がどのくらい被ばくしたか会社が教えてくれないので、分からないんだという不安を抱えている人が青森県内にたくさんいます。そういう実態も知ってもらって、皆さんが入りたがらない作業現場にそういう労働者を追いやらないような環境を作っていただきたい。そして、最低限、被ばくした人には被ばくデータをちゃんと教える、そういうことを徹底していただかないと不安が増長します。そのことをお願いします。

（司会）

はい、ありがとうございました。宮川部長。

（当社）

大変申し訳ありませんが、今、自分がどのくらい放射線を浴びているかを知らされていないということに関しては、それは事実かどうか、きちんと私にお伝えください。私はそれを否定しますから。私どもは、管理区域に入る際には個人の線量計を必ずつけて入っておりますので、出るときに、自分自身がその数値を確認することが必ずできています。もしおっしゃることが事実だとすると、個人が確認すべき行為が行われていない可能性があるということで、私どもは、現場に入る人たちに、改めてそれを十分徹底する必要があります。そのために、ぜひそれはどういう状況かということを教えていただきたいと思います。

（司会）

ありがとうございました。それでは次に移ります。環境対策です。これは三沢の中川様ですね。大量の放射性物質を取り扱うこと、また、環境中に放出することについて、どのような認識を持っているのかということであります。宮川部長。

（当社）

これは先ほどお答えしたということで、よろしゅうございますか。

（司会）

では、改めて。

（当社）

私どもは、操業するに当たって、放射性物質で取り除けるものは極力取り除くということを、冒頭、青柳からの設備や放射線管理についての説明で、概要をご報告したとおりでございます。周辺の人たちへの影響は、健康への影響がないというレベルまでやった結果として、現状のような放出管理目標値を今後守っていくということで、安全は確保できると考えておりますので、よろしくご理解をいただきたいと思います。

（司会）

中川様、簡単に。先ほどと重なりますので。

（質問者）

取り除くのであれば、最初の計画にクリプトンを除去する建物とか、トリチウムを除去する建物が設計上にありましたよね。何でそれが消えちゃったんですか。

（司会）

宮川部長。

（当社）

アクティブ試験の青い資料の10ページをご覧いただきたいと思います。最終的な設備の計画をする段階におきまして、クリプトンの除去装置の技術開発ですとか、トリチウムの除去装置に関しての技術開発ですとか、そういったことについても、いろんな検討、調査をやってまいりました。結論的には、それらの装置を六ヶ所に設置して、取り除いたクリプトンやトリチウムを安定に貯蔵、保管するというところまで見通した場合に、適切な技術が完成しているという判断には至りませんでした。その結果として、現在のような設備計画になってございますけれども、今の放出管理目標値を守っていくことで、10ページの右下に、それらの核種による放射線の人間への影響を、ミリシーベルトとして、小さい字で申し訳ありませんが、お示ししています。十分安全を確保できる状態にしていると考えております。よろしくご理解ください。

(司会)

次に移ります。これも中川様で、トラブル等の対応とありますが、環境対策ということで宮川部長にお答えいただきます。放射能で汚染された配管にトラブルがあったときには、どのように処理するのかということで、お答えいただければと思いますが、よろしいでしょうか。

(当社)

青柳からも、トラブルのときにというお話を申し上げました。具体的にどうこうという話ではないんですが、原則論としては、アクティブ試験計画書の45ページの一番下に、故障等に関する安全対策について簡単に、またいろんなケースがあるので、一般的な表現で記載しております。基本は、作業をする現場がどういう状況であるかということをまずきちんと確認をして、放射線がある可能性が多いわけですから、それによって、人間が作業に関わっているときに、どういう措置をすることで放射線から守れるようにするか、あるいは、他の危険物があれば、それから守れるようにするか、そういったことを事前に全部検討した上で、対策に入っていくということでございます。

(司会)

中川様、簡単に。

(質問者)

青柳さんがおっしゃってましたけど、人の手を使わないで外すと、そういうふうにお伺いしたんですけれども、外したものをその後どうするんですか。どこにいったって人の手が最終的には加わるでしょう。とにかく汚染してしまった大量の放射能を配管の中に流すんでしょう。アクティブ試験をやるということは、今までのウラン試験とは全く違うんですよね。その辺をどう思っているのかということをお伺いしたいんです。

(司会)

青柳部長から。

(当社)

汚染されたものを修復したり、今おっしゃったように、あらかじめ交換するということで設計したものもございます。まず、交換を前提としたようなものにつきましては、先ほど申し上げました、遠隔で外して、それを廃棄物の適切な貯蔵庫に持っていく、そして、そこで安全に保管するということを考えておりまして、これまでも訓練でその実現性については確認してまいりました。

それから、今おっしゃったような、配管などで詰まってしまったり、交換しなければいけないというものにつきましても、今までの先行施設の経験等を設計に反映いたしまして、詰まりそうなものについては二重にしたり、そういったこともしてございます。最終的にどうしてもここは直さなければいけないというときには、今、宮川が言いましたように、作業計画をしっかり立てて、無駄な被ばくをしないような、しっかりした計画を社内的に確認した上で、段取りをつけて、それから、場合によっては、モックアップと言いますけれども、同類のものを造って、まず訓練をしてからやるということも考えていきたいと考えております。

(司会)

実は、予定されたのが11時ということなんですが、冒頭に私から申し上げましたように、また、会社の方にもお願いしておいたんですが、30分ぐらいの延長はやむを得ないだろうと、また、質問に対する回答もまだ半分ぐらいしか終わっておりません。したがいまして、今、11時10分ぐらいでありますが、あと20～30分延長させていただきます。よろしくお願いします。

それでは、次、環境対策です。六ヶ所村の田中様から、陸奥湾を越えて、東津軽郡まで放射性物質が行く影響はないのか心配だというご質問をいただいています。宮川部長。

(当社)

先ほど、1年間の気象条件等を調査した上で評価をしているというご説明を申し上げました。その評価結果として、線量評価した地点は、当然、工場から比較的近い地点の影響が一番大きく出るわけです。その地点でも十分低い結果になっておりますので、遠いところについては、それ以上高くなるということはありませんので、ご心配に及ぶことはないと考えております。

(司会)

田中様、よろしいでしょうか。

それでは、環境対策の次の質問です。これは三沢市の中川様、それから六ヶ所村の福澤様からほぼ同じようなご質問だと思いますので、一括して宮川部長にお答えいただきます。安全であるという根拠について、具体的に説明してほしい。5年後、10年後の実情を現在のデータのみで判断することはできないのではないかというご質問です。宮川部長、よろしくお願いします。
（当社）
放射性物質の蓄積についてのお尋ねだと思います。放射性物質にはいろんな種類がありますが、蓄積のことを考えなければいけないのは、地表に沈着するだとか、そういった性格の粒子状の放射性物質だと私どもは考えております。今回の0.022ミリシーベルトを評価する段階におきましては、約20年間、毎年溜まり続けるという前提で、放射性物質の濃度が高くなるということを考慮しております。クリプトンやトリチウムというものは、水蒸気や普通のガス状態なものですから、どこかに溜まり続けるという性格のものではなくて、広く拡散していきますので、それらのものについての蓄積という考え方は取り込んではおりません。将来についての想定も織り込んで評価をしてございます。
（司会）
中川様の手が挙がりましたので、簡単にお願いします。
（質問者）
まず最初にトリチウムですけれども、トリチウムは人体の中に入ってきませんか。水と同じですから、人体の中に水がたくさんあるんですから、その中にトリチウムが入ってくると当然考えられるんじゃないですか。
それから、もう一点ですけれども、皆さんがおっしゃる一番最大のところで、何年間か食べてて大丈夫だよと、0.022ミリシーベルトになっていると言っていますけれども、そこを想定している場所はどこの場所で、どういうものを具体的に食べているかということを教えてください。どういうことの想定でやっているのか、分かりやすく言ってください。
（司会）
2点、宮川部長。
（当社）
トリチウムは全く水と同じ挙動をしますので、ご指摘のとおり、体の中に入ってくることを前提に評価をしております。
それから、評価地点、あるいは食べ物の話については、私どもが国に申請しております事業指定申請書、その内部の書類の中に示してございますが、西からの風の影響が大きいということで、評価の地点としては、東側の地点になります。どういったものを食べているかについては、周辺でとれるもの等を調査いたしまして、それらの結果から、食べているものとその量について示してございます。そのデータは、昭和60年ぐらいになりますけれども、地元の皆様方のご協力をいただいて、詳細な生活調査というものをさせていただき、それに基づいて設定してございます。
（司会）
福澤様。福澤様でこの質問を打ち切りたいんですが、他にもたくさんありまして。福澤様、どうぞ。
（質問者）
別な用紙にも書いたんですけれども、今、読み上げられなかったのですが。
（司会）
多分、他に行っています。
（質問者）
単に蓄積する、沈殿だとか、溜まるというだけではなくて、食物連鎖による生態系の濃縮ということもあると思うんです。そういうことについては今、全然触れられませんでしたけれども、それが10年、20年後もモニタリングできたという仮定でされているんですか。
（当社）
野菜や魚の中に、環境中にある放射性物質がどのように取り込まれていくかということに関しては、移行係数、濃縮係数、そういった項目で評価をしてございます。それらの内容については、国の安全審査の段階で評価された内容でございますけれども、考慮されてございます。
（司会）
中川様、ちょっと、中川様に偏って……。
（質問者）
大事なことだから。
（司会）
もう一回だけどうぞ。
（質問者）
さっきから科学的にどうだこうだと言ってますけど、例えば、どなたかから質問がありましたけれども、放出管から非常に濃い、毒性の強い海水が出るわけですよ、汚染した水が。その近くで、それを食べた魚がいたとして、その魚をたまたま誰か人が食べるかもしれないじゃないですか。そうしたら、その計算なんて全部飛んでしまいます。一挙に何千倍、何万倍の被ばくをすることになるんですよ。じゃなければ、今、ラ・アーグとかセラフィールドなんかの周辺で白血病が多いという事実がありますね。チェルノブイリであれだけの放射能がばらまかれて、日本にも来たじゃないですか。それで、放射能汚染したお茶は全部廃棄しなければならないような状態になったんですよ。そういうことは計算ではできないことなんですよ、現実にどうなるかは。それをあなたたちは、0.022ミリシーベルトで大丈夫だ、大丈夫だとおっしゃっていますけれども、そういうことは一切根拠がないというか、実際にはそういうことは起こり得ないんですよ。実際にこれから先、どういうことが起きるか分からないんですよ。分からないことに関して、国が大丈夫だと言っているからとか、私たちは大丈夫だとか言っていても、そんなもの、僕らは全然信頼することができませんよ。

(司会)

分かりました。宮川部長、一言だけ。

(当社)

評価はいろんな技術的な根拠に基づいてやっておりまして、その事実については、これからの操業、あるいはアクティブ試験の段階で、環境モニタリングということもきちんとやっていきますので、それが一体どういうことであったのかということは、きちんと確認されていくというふうにここで申し上げたいと思います。

(質問者)

ですから、モニタリングでオーバーしたら、その時点で試験をやめてくださいよ。

(司会)

中川様、見解の相違等々はあると思いますが、ちょっと打ち切って、後で宮川部長、個別にきちんと対応してください。お願いします。たくさんの方がみえていますので、たくさんの方々のご質問をいただきたいと思います。よろしくお願いします。

それでは、これまた中川様ですが、これは今のご質問で大体終わったと思いますので、省きます。

それでは、その次です。これは六ヶ所村の木村様。もし環境中に多大な損害を与えるようなことがあれば、社長以下皆さんはどのような責任を取るつもりですかとありまして、宮川部長、そして社長、簡単に。「もし環境中に多大な損害」とあるんですけれど、要するに、重大なことが起こったらどういう責任を取るんですかということです。社長、お願いいたします。

(当社)

多大な損害を与えるようなことはないようにしていくわけでありますが、万が一そのようなときには、まず、事実関係をきちんと調査させていただいて、損害をおかけした場合には、きちんと適切に、その損害を賠償するなど対処してまいります。よろしくお願いします。

(司会)

木村様、よろしいですか。これは木村様になっていますが。

(質問者)

それは私の質問です。そういう損害とか何かじゃなくて、もし人が死んだときにどういう責任が取れるかということですよ、取りようがないでしょうが。あなたたちが今やろうとしていることは、そのくらい重大なことなんですよ。そういう意識を持ってくださいということです。アクティブ試験をやることによって、危険な大量の放射能がばらまかれるわけですよ。その前に十分な準備もきちんとしないで、こんなアリバイづくり的な説明会で、ちょっとした時間だけとって、それで進めようとしているあなたたちの考え方が信頼できないということです。

(司会)

それは分かりました。それは中川様のご意見として承っておきます。ありがとうございました。私が今、読み上げたのは木村様なんですが、中川様も同じようなご質問があったようです。木村様、何かありますか。よろしいですか。

中川様のが次に出てきましたので、これはよろしいかと思います。

それでは、その次です。三沢の山田様です。アクティブ試験資料の9ページに管理目標値が示されているが、これは年間800トン再処理のときの放出量ではないのか。アクティブ試験は17ヶ月で430トンなので、この基準を適用するのはおかしくないかというご質問です。これは宮川部長ですか。

(当社)

先ほども申し上げましたけれども、800トンの操業時の前提で、放出管理目標値というのが設定されているということは、ご理解のとおりです。

その結果として、この放出管理目標値を守っていくことの結果、影響というのは非常に小さなものであると認識しておりますので、この目標値に基づいて、アクティブ試験も進めてまいりたいと考えてございます。

（司会）

山田様、再質問、簡単にお願いします。大変恐縮ですが。

（質問者）

日本語が分からないんですかね。430トン再処理するのと、800トンと同じ計算値で出して、どうしてそれが目標なんですか。まずそれを聞きたい。

（当社）

800トン再処理する場合の放出管理目標値は、十分安全なレベルであると私どもは考えているということをまず申し上げました。実際は、トン数が少なくなれば、それより少なくなるということは当然だと思っていまして、そこは評価をしていく中で、考察をしていくこととしたいと考えております。

（司会）

山田様、簡単に。

（質問者）

今、電力会社のホームページで出している、経済産業省のホームページで出しているのもありますけど、原発が52基もあって、放出している放射能というのは、六ヶ所の再処理工場の気体、液体と比べれば、6桁とか8桁くらい低い数字を出しているのは皆さんご存知でしょう。見れば分かるんですから。それに比べて高過ぎるという線量を出してきて、しかも、年間200トンぐらいしかやれないのに、800トンの数値を持ってきて、この目標値以下だから大丈夫と言われても、それは信用できないんですよ。原発に比べてこれはすごく高いんです。それに比べてどうなのかという話を聞いているときに、800トンの数字を出して、このとおりやるからいいんだと言われても、それは皆さんを信用できないんですけど、その説明をちゃんとしてくださいよ。

（司会）

宮川部長、一言だけ。

（当社）

どういう影響があるかということは、評価をしてきたということを先ほどかいつまんで申し上げましたけれども、その放射線に対して人をどう守っていかなければいけないのかという基準から照らし合わせると、今の私どもが設定した管理目標値については、このレベルで今後やっていきたいと考えておりまして、その考え方そのものについては、国においても妥当であると評価されておりますので、発電所は全く問題がないというのはそのとおりですが、では再処理工場が問題かというと、私どもは、今の評価の結果から、安全なレベルであると認識しておりますので、そこはぜひ皆様方にご理解をいただきたいと思っているところでございます。

（司会）

よろしいですね。次に移ります。

六ヶ所村の柳楽様から、アクティブ試験に関してのご質問なんですが、環境対策の中でお願いいたします。宮川部長にお答えいただきます。アクティブ試験中に放出される放射能はどの程度になると評価しているのか。何度も同じような質問がありましたが、もう一度お願いします。

（当社）

放出管理目標値の数値そのものは、800トン再処理をしたときを前提として設けてございます。先ほどから申し上げておりますけれども、周辺の影響についての評価結果の0.022ミリシーベルトそのものは、800トンを再処理したときを前提にして評価された結果でございます。

（司会）

柳楽様、よろしいですか。

それでは、環境対策は非常に多いようですが、あと3件ぐらいだと思います。まず、中川様からですね。トリチウムのことは先ほどおっしゃっていたと思いますが、もう一度読み上げます。トリチウムの人体への影響はということと、1.80×1016ベクレル／年というのは、一般人の規制からいうと3億2,000万人分もの量になると思いますが、どのように認識されていますか。これは先ほどもお答え等々をいただいて、再質問であったと思うんですが、お分かりになりますか、宮川部長。

（当社）

これは多分、放出量を一般公衆の限度のベクレル数で割られてこの数値をお出しになったんだと思います。一般公衆の限度の値は、1ミリシーベルト、その状態で1年間ずっといた場合に1ミリシーベルトになるという線量をベースに値が導き出されているものですけれども、六ヶ所の場合は、44mの深いところから、大量の海水の中に、また、排水するときには約600トンのタンクに水をためて、それがいっぱいになったらその中を測定して、それから排水、放出するんですね。ですから、一遍にどっと出ていくということはありませんので、十分希釈、拡散されますから、これは数値の上ではこういうような数値が出てくると思うんですけれども、六ヶ所の場合は、それで影響がないように管理できると思っていますし、そうしてまいります。ご理解いただきたいと思います。

(司会)

中川様、簡明にお願いいたします。

(質問者)

今のところにすべてが出てると思うんですけれども、毒でも薄めればいいという考え方が非常に危険だと思うんですよ。薄める場合に、じゃあ、全部等質に薄められるかと、そういうことは実際にはないわけですよ。だから、それだけ大量に毒を扱っているんだと、ものすごい毒ですよ、これは。そういう認識が非常に薄いんじゃないかと思うんですよ。

(司会)

中川様、ご意見として承っておいて、いろんなことはまた、個別にでもよろしくお願いします。

次は、六ヶ所村の菊川様のご質問です。ヨウ素129は蓄積していくことは明らかである、どのくらいの量になるか、影響はどうなのかお知らせくださいというご質問です。宮川部長、よろしくお願いします。

(当社)

ヨウ素は、ヨウ素追い出し槽という設備を工場の中に作りまして、気体廃棄物処理系で除去するという設計になっておりますので、全体としてのヨウ素の放出量というのは、海外の再処理工場から比べると少なくする対策を立てていると思っております。ヨウ素の蓄積については、土のヨウ素を測定していくというのが現在の県の環境モニタリング計画の中に決められております。その項目のひとつとして、これからも測定はされていくと思いますけれども、私どもは、影響は極めて小さいものと考えております。

(司会)

菊川様。すみません、簡単にお願いします。よろしくお願いします。

(質問者)

そこにも書きましたけれども、ちょっと私、半減期が定かではなかったんですけれども、ヨウ素129の半減期というのは、1万6,000年だったか……

(司会)

あなた1万6,000と書いてますね。

(質問者)

ええ。それとも1,600万年だったか、ちょっと私も分からなくなったんですけど、どちらだったでしょうか。

(当社)

後ろの方だと思います。

(質問者)

1,600万年ですね。そうすると、本当に微量でも、それが出される分だけそのまま積もっていくということになると思いますが、それが、例えば、5年後、10年後、20年後ぐらいに人体に全く影響がないというふうに考えるのは、私は全くおかしいと思うんです。これもぜひサンプリングをして、この後どうなるかということだけではなくて、できれば出さないでほしいと私は思うんですけれども、その辺については、捕捉できないものでしょうか。

(司会)

宮川部長。

(当社)

気体廃棄物の処理系にヨウ素フィルタというのをつけてございまして、極力とれるようにはしてございます。それから、蓄積傾向は、将来、そういうことについては、きちんと見ていく必要があるというふうに私どもも青森県もお考えになっていまして、一番継続して蓄積が見られるのは、土なんですね。野菜などは食べて、採ってと一年一年でどんどん変わっていってしまいますけれども、土はずっと蓄積が継続しますので、まず、土のところはきちんと見ておきましょうと。野菜を測っても、とても測れるようなレベルの量にはならないだろうという想定のもとに、土のモニタリングというところに重点が置かれております。

(司会)

菊川様、簡単に。

(質問者)

人間が食べていくのは1年ごとになくなるわけ

ではありませんから、人間の体の中の蓄積ということもすごく怖いことになってくると思いますが、その辺のシミュレーションというのはなされているんですか。

(当社)

体の中での影響というのは、国際放射線防護委員会などでもモデリングみたいなものができているんですけれども、どんどん溜まっていくわけではなくて、新陳代謝とともに人間の体の中でも、そういった物質は代謝をされていきます。ある程度は溜まりますけれども、それから排泄されるものと取り込まれるものとのバランスで、体の中はできるというふうになっております。

(司会)

ありがとうございました。それでは、先ほど同じ菊川様から、三沢市のフランス村、どうやら下田のようでございますが、これについて、さっき後でということでしたが、青柳部長、簡単に補足説明願います。

(当社)

ＣＯＧＥＭＡの下田に住んでいる家族に対して、八戸北消防署と一緒に、一般の地震及び火災時を想定した防災訓練を一昨年、1年半ぐらい前にされたということが確認できました。

(司会)

それでよろしいと思います。そういう事実ですね。ありがとうございました。これはそのままにしておきます。

その次に、もう一つ、環境対策ということで、これは多分最後になると思います。中村部長からお答えください。ＢＰ(バーナブルポイズン)ピット漏えいに対して、ピット水はどのように排出したのかということであります。

(当社)

昨年6月に発生しましたＢＰピット漏えい事象におきまして、漏えいした水、これは自動的に回収しております。建物の中で回収をしております。この水につきましては、低レベル廃液処理設備に移送しまして、蒸発処理を行いました。その蒸留水を水質、放射能濃度を確認した後、海洋放出をしてございます。ちなみに、コバルト等の分析結果は、ゼロ、検出限度以下ということでございます。

(司会)

これまたお名前を最初に言うのを忘れました。六ヶ所村の梅田様の質問です。梅田様、よろしいですか。

それでは、その次、トラブルの方に移ります。実は30分ぐらい延ばすということで、30分過ぎましたが、もうちょっとだけ。

質問、梅田さん、どうぞ。失礼しました。

(質問者)

今、処理したと言われましたけど、今後もそういう処理の方法でいくわけですか。

(当社)

万一、ＢＰピット、あるいはプール等の漏えい、ないとは思っていますが､万一ありました場合は、このような方法できちんと処理をして、海洋放出をいたしたいと思っています。

(質問者)

先ほどちょっと説明がありましたが、600トンの水で薄めて流すということだったんですけど、逆に、会社としてはそういうプールをつくって、そこにしばらく置いて、生物への危険がなくなってから排出するのが筋じゃないですか。

(当社)

宮川部長。

(当社)

工場を操業していきますと､やはり冷却したり、いろんなところで水を使いますし、空気なども大量に使いますので、それらをずっとため続けていくということは、どこの工場でもなかなかできないことです。そのために、放出するに当たって放出管理目標値というのを定めて､きちんと測って、影響がない範囲であるということを確認して放出をする、そういう管理運用をやっていくというふうに考えてございます。ご理解ください。

(司会)

ありがとうございました。よろしいですか。

(質問者)

先ほどの説明では、年間を通したら目標値になるけれど、その都度では、濃度の濃い排水をしているということですか。

(当社)

600トンの水をゆっくり流しているわけですから、そんなに大きな影響になるというふうには考えてございません。

(質問者)

それじゃ、一番初めに質問した、何であんな遠いところに排水口を設けなきゃいけないんですか。危険じゃないものを何で丘のところに設けないんですか。

(当社)

底から放出をすることによって、影響のないようにしているという意味です。

(質問者)

それでは、影響のある水を出しているということですね。

(司会)

宮川部長、もう一言どうぞ。

(当社)

影響がないように管理をきちんとしているということでございます。先ほど、中川様から線量の数値などもございましたけれども、私どもはたくさんの量の放射性物質を取り扱っておりますので、その分については、十分安全にしていかなければいけないと、その考え方に基づいて行っているものです。

(質問者)

あれは親潮の主流のところまで行っているんですよね。ということは、流してごまかしているとしか思えないんですけどね。

(司会)

それはご意見として承ります。ありがとうございました。

それでは、次はトラブルです。三沢市の山田様からです。事例集にＣＯＧＥＭＡ社や東海の例はあるのかということでご質問がありますが、青柳部長。

(当社)

事例集を作成するに当たっては、先行の知見が必要ですので、東海やＣＯＧＥＭＡ、ＢＮＦＬという、名前は変わりましたけれども、イギリスの会社の事例を十分参考にして作っております。むしろ、そちらの方が多いくらいでございます。

(司会)

山田様、再質問。

(質問者)

ウラン試験の時もアクティブ試験の時も、非常に事故の対応というか、中身が、過激事故に対する備えがない、逆に言うと、低め低めに抑えて、いわゆる国際的な事故の事例でいけばゼロクラスのものしか挙げていないように思うんですね。もう少し過激な事故、例えば、最近イギリスで起きたような、あれはいわゆる溶液が漏れたわけですけれども、構造が違うというふうに逃げるかもしれませんけれども、そういうことが六ヶ所で起きないという保証はないわけでしょう。貯蔵プールであれだけ漏水が発覚した理由も、実は作業施工時において不良施工が行われた、その原因究明ができないから、後から安全なものと認識するためにいろいろと対策をとって、ようやく今、ここまで来ている。次にアクティブ試験が始まって事故が起きたときに、また原因究明をしたら、もともとの作業施工時における不良が発覚したというふうになるかもしれない。だから、作業施工時にさかのぼっての安全性が確認できない状況の中でこれから動き出して、放射性物質を取り出すわけですから、どういう事故が起きるのか、もっと過激な事故を想定して、皆さんは対応していくべきではないでしょうか。

(司会)

青柳部長。

(当社)

もう少しレベルの厳しい事故を想定すべきじゃないかというお話でございますが、これは先ほど申し上げましたように、周辺の方々に影響を及ぼすような事故が起きないようにということでこの工場を造ったわけですけれども、それを確認するのが安全審査でございます。その安全審査の中で、今おっしゃったような事故につきましては、私ども運転時の異常な過渡変化という言い方をしますけれども、それを超える事故、これは合わせて1,200ほど考えて、事故評価をいたしました。それで、先ほど申し上げました、その中で一番厳しい事故が臨界事故で、約0.6ミリシーベルトということで評価しました。これは安全審査の段階までに設計対応も含めてやってきたことでございます。そういう大きな事故は決して起きないように造ったわけなんですけれども、それよりもう少し細かいトラブルというのは、これから大量に起きるであろうということで、それに対する説明が十分でなかったということで、ウラン試験の前に、そういった細かいトラブルに対しても、あらかじめ、後で報道でお聞きになられると皆様方の不安をあおるということも心配いたしまして、小さな不具合といったものも発表して、事前に説明していこうということで、この事例集を作らせていただいたものでございます。

(司会)

ありがとうございました。山田様、簡単に。
（質問者）
漏水発覚の後に、結局、現場作業でどのようなことが行われたのか、その不良施工した人が誰なのか、どういう形で行われたのか、最後まで追求できない、原因究明ができない、このようにしていって、不正が発覚したんだろうという報告しか出せなかったわけでしょ。もともと作業した人がどういう作業をしたかまで、皆さんは確認できなかったわけですよ。
もう一つ、トラブル事例に関して言えば、これから起きる事例に関しての想定が甘いという理由は、そういう不良施工が、あれだけ多くの人間が作業した場合に、青森県民がほとんど入らないで、他から来た作業員を勝手に翌日から作業者だと認定して、専門業種に就かせてやった結果がそうなっているわけじゃないですか。その辺の反省があれば、もともとの工場全体の安全性を皆さんがより真剣に確認するということをまずしなければいけない。それをしないで、結局は、抜き打ち検査でもって合格だけ出したと、そういうことでやってきているわけでしょう。その後に安全審査が通ったんじゃなくて、安全審査はその前に通っているわけですからね。安全審査が通って、設計、工事をやってきて、こういう異常、トラブルを起こしているわけだから、安全審査が万全だったなんてことは、口が裂けても言えないと思いますけど。
（司会）
簡単にどなたか。青柳部長。
（当社）
確かに、漏水の問題が起きた後に、私ども、もう一度振り返って、今おっしゃったように、安全審査でお約束した事項が確かに建設、そして、物作りに反映されて今できているかどうかというのをチェックしてまいりました。その結果も発表させていただきましたけれども、おっしゃるとおり、最初にお約束した事項が、品質管理とともに最終的な製品に、設備の形に反映していないといけませんので、そういう形のチェックを再度やらせていただいたということでございます。
（司会）
では、これは打ち切ります。補足は簡単に。
（当社）
前回のプールの漏えいに際しましては、実際に作業をされた方に、直接お話を伺っています。どういった行為をしたのか、どのような場所でしたのか、そういったところも、100％聞き取れているとは必ずしも思っておりませんが、聞き取りをしまして、それを踏まえて、点検計画を作って点検を実施したということでございます。
（司会）
ありがとうございました。
（質問者）
一言だけ言わせてもらいます。今の話で点検したというけれども、2回目の漏水のときは、どういう形でなったかも、これは、結果的に点検していないわけじゃないですか。そこまで原因究明できなかったじゃないですか。そのことは事実でしょう。
（司会）
中村部長。
（当社）
前回の点検の時に、今回、ＢＰピットで漏れたところを見逃したというのは事実でございます。その見逃した原因と申しますのは、場所がコーナー部になっていて、光が集まって見えにくい場所であった。そこで見逃してしまったということで、その点については反省しまして、今回はそういった箇所について、直接、光が重ならないように、きっちり見えるまでしっかりと調べて、再度点検を実施いたしました。
（司会）
そういうことで、どうも事実に対する認識の若干のズレや何かがあると思いますので、その辺はきちんと後で詰めてください。よろしくお願いします。
質問が一部の人に偏っております。ご意見も含めてですが、まだこんなにたくさんあります。もう11時40分を過ぎました。予定の時間は当初から若干短かったと思いますが、それでも45分ほど延ばしてまいりました。少し急いでお答えいたしますが、あと最大許されても12時ぐらいだと思いますので、その辺よろしくお願いしたいと思います。何もこれは通過儀礼としてやるのではございませんが、やはり時間というものは一定の制約がございますので、その辺はご認識いただきたい。かつまた、もし疑問等々があれば、これからもさまざまな手段をとって会社等にご質問いただければと思います。その辺、司会者としてはよろしくお願いいたします。

それでは、サイクル政策全般に関してであります。村内の山本様。再処理工場で作られた製品が使用されず、ウランがたまっていた場合でも、製品は作れるんでしょうかということで、中村部長からお答えいただきます。ほぼ同じような質問が山田様からもありますので、よろしくお願いします。

(当社)

再処理工場から回収される核分裂性のプルトニウムは、本格操業段階で毎年約4トンと想定しております。一方、本年1月6日に、電力各社がプルトニウム利用計画を公表しておりますが、ここではプルサーマルが16基から18基導入された段階で、核分裂性のプルトニウムを年間約5.5トンから6.5トン利用するということで想定されています。したがいまして、本格的プルサーマルが行われる段階では、需要が供給を上回るということで、確実に当社の製品であるプルトニウムが消費されていくものと考えております。

それから、回収ウランでございますが、これにつきましても、昨年10月の原子力委員会で決定された政策大綱におきまして、有効利用することを基本方針とするという記載がされております。これにつきましては、再濃縮をするなどして有効に利用されていくものと考えております。当社といたしましては、それまでの間、回収ウランにつきましては、安全に貯蔵していくという計画としております。

(司会)

山本様、山田様、よろしいですか。

それでは、次にいきます。サイクル政策全般に関して、六ヶ所村の福澤様からのご質問です。再処理工場本体の閉鎖後、放射化された機器、本体の最終処分はどのように行われるのかということであります。これに関しても中村部長、お願いします。

(当社)

再処理工場は40年の操業を計画しておりますが、操業終了後の解体廃棄物としまして、低レベルの放射性廃棄物が発生いたします。この廃棄物につきましては、その性状に応じて区分をして、その区分に応じて安全に処分をするということで、区分の考え方につきまして、現在、国で検討されているところでございます。したがいまして、その区分の考え方に従って、処理をして、処分をしていくということで考えております。

(司会)

福澤様、すみませんが、ごく簡単にお願いします。

(質問者)

今までいろいろお伺いした中で、本当に机上の空論という言葉しか浮かびません。机上のデータを扱って、机上の仮定の理論でお話ししている、そういうふうにしか響きません。具体的に、じゃあ、いつ、どこで、誰が、どういうふうに最終処分するのか、あるいは、六ヶ所村にいる私たちにとっては、絶対六ヶ所村に持ってこないという保証はあるのか、再処理工場で出た廃棄物が六ヶ所村で処分されないことは、というふうに、本当に信じられるのかという確約すら何もないまま、再処理工場をこれからまた本格試験へ突入するというのがちょっと許せません。

(司会)

ご意見として承ります。ありがとうございました。

その次、再処理施設等々に関して、これは山田様ですね。再処理計画はいつ、どのように公表されるのか。アクティブ試験開始後、再処理計画が始まるが、各年度の計画は、いつ、どのように公表されるのかということで、ご質問をいただいています。中村部長。

(当社)

再処理計画につきましては、昨年11月18日に公表させていただいています。ちなみに、量を申し上げますと、平成17年度、2005年度ですが、15トン。2006年度が258トン。2007年度が392トン。これ以降、800トンになるまでの計画について、公表させていただいております。

(司会)

よろしいですか。山田様。

それでは、その次にいきます。これは菊川様からのご質問です。再処理で回収されたウランとプルトニウムはまだどこで使うか決まっていません。アクティブ試験で抽出したプルトニウム、ウランの用途はどうなんでしょうかということで、中村部長、あるいは、田沼部長でも結構ですが。田沼部長。

(電気事業連合会)

先ほどのご質問、ちょっと私の手元にございませんので、正確なお答えになるかどうか分かりませんが、少なくとも六ヶ所再処理工場で回収されるプルトニウムにつきましては、この1月6日に公表させていただきましたけれども、各電力会社が責任を持ってプルサーマルに利用していくということを公表しております。六ヶ所再処理工場から出るプルトニウムについては、そういう形でＭＯＸ加工工場が出来上がる平成24年以降使い切るという計画を持っております。それ以前の2010年度までに、16ないし18基でプルサーマルを実施するということを皆様にお約束しておりますが、そのＭＯＸ工場が出来上がるまでの間は、海外に保有しておりますプルトニウムを利用していくという考え方で今、努力しているところでございます。

(司会)

菊川様、よろしいですか。本当に簡単にお願いします。

(質問者)

海外にもまだたくさん、43トンですか、プルトニウムが残っていると思いますが、それでもまだ使い道がはっきり、どこでもプルトニウムを使うところはありませんよね。六ヶ所村の再処理工場を今、どうしても動かさなければいけないという必然性はないように思います。このような危険な工場を、何のあてもないプルトニウムを取り出すために動かすというのは、絶対に反対いたします。

(司会)

ご意見として承っておきます。ありがとうございました。

それでは、次ですが、アクティブ試験の費用はどのくらいかかるのか。あるいは、経営面の収支に関してはどうかということで、六ヶ所村の西村さんからご質問をいただいています。鈴木副社長、お願いいたします。

(当社)

費用面の細部については、オープンにしておりませんので、ご勘弁いただきたいと思います。日本原燃は民間会社でございますので、当然のことながら、操業に当たりましては、あるいは試験に当たりましては、安全性の確保を最優先として、かつまた、安定な操業を継続することにより、経営の健全性を確保していきたいというふうに考えております。これは繰り返しになりますが、アクティブ試験だからということではなくて、その後操業するに当たりましても同様でございます。安全・安定な操業こそが一番大事な経営面の課題だと思っております。

(司会)

よろしいでしょうか、西村様。

それでは、あと5問ほど質問がありますので、これは終わらせたいと思います。風評被害に関してです。六ヶ所村の橋本様から、風評被害に対する対策はどうですかということでご質問をいただいております。鈴木副社長、お願いいたします。

(当社)

ただ今申し上げたことと同様でございますけれど、事業を進めるに当たりましては、最も重要なことは、安全を最優先に安定操業を行うことでございます。そして、もし万一事故が発生した場合には、これは速やかに関係機関、市町村等へ通報、連絡するとともに、プレス発表もいたしまして、あるいはホームページにも掲載いたしまして、正確な情報が適時適切に公開されるよう努力してまいることが大事だと思っております。

当社施設が環境に与える影響につきましては、青森県及び当社がこの六ヶ所村及び周辺市町村に置いておりますモニタリングステーションであるとか、あるいは、モニタリングポスト、こういったもので放射線の連続監視を行っているわけでございます。また、施設周辺の農畜産物、海産物、こういったものに含まれる放射性物質の量を定期的に測定しておりまして、当社のホームページや、県が発行する「モニタリングつうしんあおもり」、こういったものに公表していく考えでございます。十分に安全であることを確認していただけるようになっておるわけでございます。今後とも、放射線、放射能についての正しいご理解というのが必須でございますので、こういった説明会等の広報・広聴活動を積極的に行ってまいりたいと考えております。

(司会)

回答の方も簡単にお願いいたします。

それから、環境対策で1問抜けていたようです。三沢の中川様からです。お米の放射性物質が90ベクレル／キログラムということは、茶碗1杯でも毎秒7～8個の放射線を受けることになるが、その90ベクレルは平均値ではないのかというご質問です。宮川部長。

（当社）

先日、青森県の環境の委員会で県からご報告された報告書の資料をご覧になってご質問いただいていると思います。精米1キログラムの中に、炭素14という放射性物質が90ベクレルぐらい、再処理工場からの寄与として見込まれますというふうに資料としてご報告させていただいております。ここでご質問いただいた、お米1キロ90だから、茶碗1杯100グラムだとすれば、9ぐらいという計算はそのとおりです。炭素14というのは自然界にもある放射性物質ですから、今、食べているお米にも1キロ当たり90ベクレルぐらいの炭素14というのが入っております。それは何の問題もなく皆さん、私もいただいているわけですけれども、それが多少上昇するということは想定されているということでございます。それらも含めて影響評価をした結果、十分低いという内容でございます。

（司会）

中川様、簡単にお願いします。

（質問者）

さっき青柳さんに説明していただいたデータがありますけれども、今、自然放射線が2.4ミリシーベルトあって、周辺住民は1ミリシーベルトになっていますね。それは2.4あるので、それ以上増やしたくないから1ミリというふうにして抑えられているんでしょう。コメの場合でも、90ベクレルと、さっき言った、今、茶碗1杯食べている間に9ぐらい放射線が出てくるわけですよ。それは自然にあるからいいものじゃなくて、自然でも危険なんですよ。そういう認識はないんですか。それがさらに倍になるんですよ。しかも、その0.022ミリシーベルトという根拠にしているのは、平均値でしょう。その辺にあるコメとこの辺にあるコメと、全部ならしたらそういうことで、その多くなるコメを食べる人だっているわけですよ。そういう人は放射線を、めちゃくちゃ害を浴びるということになりませんか。

（司会）

分かりました。宮川部長。

（当社）

自然の放射線、年間2.4と言っているのが、他の放射性物質も日常的にみんな食べているわけなんですよね。そういったことがまずベースにありますので、それに再処理工場からの若干の寄与が加わるということが評価の結果、得られているわけです。日常的に食べている量を危険だというふうにどなたも認識されていないし、現に、それで問題が起きているわけではありません。それよりはるかに低いところの話を私どもは危険だというふうには認識しておりません。

（司会）

それでは、打ち切りにいたします。

風評被害に戻ります。あと3件であります。よろしくご協力ください。12時に限りなく近づきましたが。

この説明会に関しまして同じような質問が出ておりますので、これは一括で答えられると思いますので、一括してお願いします。むつ市の櫛部様から、県内全域で説明会をすべきというご意見。それから、六ヶ所村の福澤様から、説明会の開催が社長の発表からわずか数日、なぜ急いだのかというご質問。それから、もう一つ、説明会をもう少し親切にやるべきじゃないかということで中川様からご質問をいただいております。副社長、あるいは、社長、お願いいたします。

（当社）

それでは、一括してご説明させていただきます。

まず、今日、明日もまた別の地点でさせていただきますが、この予告といいましょうか、計画発表が15日になったことについてのご指摘が一つあったわけでございます。私どもも、もっともっと余裕を持って、事前に公表できればよかったんですけれど、会場手配の都合、その他事情がございまして、こういうことになりましたことをまずはお詫び申し上げたいと思います。

それから、県内全域でやるべきということにつきましても、今回のこの説明会は、今日、明日で合計4ヶ所、南部地方で2ヶ所、津軽地方で2ヶ所ということでやらせていただくわけでございます。多い方がいいのかもしれませんけれど、やはり開催の時間の関係等もございまして、こうなっておりますことをご理解賜わりたいと思います。

また、丁寧にということは、私どもそのつもりで努力しているところでございます。例えば、今日も冒頭の説明に30分、あるいは、質疑に1時間を考えておったわけでございますけれども、既に2時間に近いところまで延びておるわけでございます。許容できる範囲で私どもも誠意を持って説明をさせていただきたいと思います。また、これを3時間、あるいは4時間やれというご意見もあろうかと思いますけれど、広く県民の皆様方にご参加いただくという趣旨からすれば、やはり3時間も4時間もというわけにはいかないと思います。確かにまだご質問があるという方もおありでしょうけれど、これは別途、私どもの会社の方にご質問をいただくなり、あるいは、ホームページを使って疑問点をお寄せいただくなり、いろいろなことでカバーしていきたいと思います。ぜひご理解を賜わりたいと思います。

(司会)

丁寧にというのは中川様からでありまして、課題をもっと絞ってやれということですので、今後ご検討いただければと思います。よろしくお願いします。

はい、どうぞ。

(質問者)

あまりにも急だという問題なんですよね。15日から3日間しかありません。私はむつにいるんですが、大体生活は皆さんも同じで、1週間単位で考えて、長い人は1カ月単位とかあると思いますけれども、最低でも1週間の行事なり用事を考えながらやっているわけです。3日前に突然言われると、本当に大変なんですよ。今日は私もやっと、他の仕事を都合つけて来たんですけども、そういった点では、やっぱり県民の生活感情を考慮していないという点が一つあると思います。

それから、全県下の問題は、先ほどからの回答の中にも出てきますように、やっぱり風向きによっては、陸奥湾を越えるわけですよね、ヤマセとか何かありますから。チェルノブイリの場合は数百キロも風向きによって被害が出ているわけですから、津軽一帯、あるいは大陸までということも、あなた方の仮定からいけば、私もどんどん仮定しますと、そうなるんですよ。それで、そういった点も考えれば、本当に県内、最低でも青森県全市町村で説明会をしていただきたいということが一つです。

(司会)

櫛部様、時間の関係もありますので、質問を絞ってくださいね。

(質問者)

分かりました。それから、加えて言えば、海へ放出した放射能がどんどん流れていって、岩手、三陸沖までずっといきます。そういった点では、岩手県の漁業者から要請がありますように、当然、そちらにも説明する必要があると思います。ビキニ環礁の約50年前のものが今、日本の海岸に来ているということも事実で、証明されているわけですよね。

丁寧な説明の問題も、これは本当に皆さん、いろいろ質問を遠慮しているわけですよ。名前を書けと言われれば、なかなか出せませんよ。出した人たちの質問も、司会の方が中断、打ち切りでやっていますよね。これ毎回のことなんですよ。だから、本当に皆が納得できる、県民の一人一人が納得できる説明会の設定をして、時間の配分も日程もとってください。そうしないと、私は本当に納得できません。

(司会)

分かりました。要望として、私は打ち切ったつもりはありませんが、そのように映ったのはお許しください。ただ、多くの人に質問をいただきたいと思いましたので、若干時間を制限いたしました。今の説明会に関しては、中川様から質問がありましたので、中川様、どうぞ。説明会に関してです。

(質問者)

いろいろと丁寧にやっていただいているとは思うんですけれども、僕なんか今、関心があるのは、極端に言えば、ウラン試験の結果の報告なんかどうでもいいんですよ。要するに、アクティブ試験という、今まで扱っていなかった、今までせっかく閉じ込めていた、放射能が大量に入っているサヤをぶち壊すわけですよ。大量に放射能を配管の中に通すわけですよ、環境中にも出すわけですよ。というくらい、アクティブ試験というのは非常に大きな問題なんですよ。アクティブ試験とは言っているけれども、再処理が始まるのと同じじゃないですか、事実とすれば。何でそういう重大なことを、例えば、ウラン試験と一緒に報告するんですか。青柳さんの説明の中でも、最初の部分は全部ウラン試験のことでしょう。そんなことじゃなくて、ウラン試験の報告をやってくれるのは結構です、それはそれでやっていただいて、さらに、アクティブ試験のことについて、こんなに重要なことですよ。今まで、実際、再処理工場が建っていますけれども、まだ放射能はたいして出てないんですよ。アクティブ試験をやると大量の放射能が出るんですよ。その重大性を考えたら、3日前に報告してやるとか、県内4ヶ所でしかやらないとか、時間にしたって、質問の時間は50分しか設定していなくて、1時間延ばしたからって、やったでしょ、丁寧でしょって言ったって、誰も納得しませんよ。

（司会）

分かりました。

（質問者）

それから、もう一点だけ言いますけれども、先ほどの方も言っていましたけれども、今回、海流に出したものは大量に出すわけですから、大量にあちこちに行くわけですよ。そうすると、当然、岩手県の漁業関係者にも影響があるわけでしょ。岩手県の漁業関係者、三陸の漁業関係者みんな、青森県に対しても日本原燃さんに対しても、慎重にやってくれという要望が出ているはずです。それで、僕はある人から聞いたんですけれども、この説明会にも出たいという希望を出したそうですけれども、これは青森県民でなければ参加できないと言われたそうですけれども、そのことについてどう考えているのか。

（司会）

分かりました。県民じゃないと参加できない云々は、事実としてあったんですか。その辺、事実をお答えください。副社長。

（当社）

私自身は聞いておりません。

（司会）

分かりました。

（質問者）

では、例えば、八戸とか青森とか弘前の会場に岩手県の関係者が来て質問することは構わないですね。

（司会）

どうぞ、副社長。

（当社）

基本的には、青森県民の説明会だと私どもは認識しております。したがいまして、青森県民の方がこういうことについて日本原燃の考え方を聞きたいということがなければ、それは受け付けることもできるかもしれませんけれど、基本的には青森県民の方、特に六ヶ所で開催する今日の場においては、六ヶ所村及びその周辺の方々にご参加いただいたものと認識しております。

（質問者）

青森県外の方でもいいということですね。

（当社）

ですから、時間があれば、いただくこともできると。

（司会）

櫛部様、簡単にどうぞ。

（質問者）

社長にお願いしたいんです。14日に知事に会っていますよね。その際に、広報体制強化の一層の定着化と情報公開をさらに推し進めて、県民皆さんにちゃんと説明するということを社長自ら言っているわけですから、ここの場でも、県内全自治体でやるとか、岩手県ほか影響あるところにもちゃんと説明するとか、これをはっきり回答してください。

（司会）

では、社長、ご指名ですので簡単にお願いします。

（当社）

今日は時間を延長いたしましたけれども、必ずしもご満足いただく、あるいは、十分なものでなかったかもしれません。冒頭に差し上げたご案内のとおり、まだ残っているものがありますれば、私ども個別にまたお返事を差し上げる、あるいはまた、お尋ねいただければお答え申し上げたい、こんなふうに思いますので、説明会が全部必ずしも十分ではないというふうに思いながらも、しかし、いろんな事情や時間との兼ね合いでこうなっておりますことをご理解賜わりたいと思います。

また、今おっしゃった全市町村というのは、いささか現実的ではないのではなかろうか、皆様の交通の便も考え、たくさんの方が住んでおられる、そういう中心的なところで説明をするのが現実的ではなかろうかなという感じもいたします。しかし、それもまた十分でなければ、またいろいろな面で補足をしていく、お手紙を頂戴したり、質問状を頂戴したり、あるいは、ホームページ等で補足していくという方法があるのではなかろうかと、こんなふうに思います。

それから、もう一つ、広報体制の点については、さらに一層充実し、私どもが今、どのような作業をし、どういうふうになっているかということがホームページ等ですぐに分かるように一層努力し、かつまた、地域の皆様方に私どもが出て行って、対話をさせていただきながら、双方向の意見交換、あるいはむしろ、お聞きする姿勢で今後進めてまいりたい、こんなふうに思っております。どうもありがとうございました。

(司会)

後者の方はそういうことで、よろしくお願いします。説明会の持ち方に関しましては、いろいろご意見、ご要望がありましたので、今後、さらに検討していただくということでお願いしたいと思います。

はい、どうぞ。簡単に。

(質問者)

すみません。説明会のことで質問状を提出しました福澤です。別途と言われますが、私ども、何回か別途質問状を出したり、原燃ＰＲセンターに出向いて、そのときには広報課が出てきますけれども、その場で、1つには、カメラ撮影とテープレコーダーでの録音はやめてくださいと言われました。これは社長さんのご意向ですか。私たちとしては、本当に一字一句でも間違った受け止め方をしてはいけないということで、テープレコーダーを用意したり、どなたの意見かということを確かめるためにも写真を撮ったりします。それを認めないということは、社長さんの意向でしょうか。もしそうであるならば、それは改めて、これからは認めてください。

同時に、別途意見ということに関しては、このような形で社長さんや技術部長さんや副社長さんと直接お話することはなかなかかないません。日本原燃広報部の方々が出てきて、本当に社長さんに伝わったのか確認するしかない現状です。そういう中で、別途改めてご意見をくださいと言われても、なかなかこういう機会は、ほかの県民にとっては、例えば、十和田市の方にとって、五所川原の方にとって、黒石の方にとって、こういう機会はないんです。設けてください。

(司会)

分かりました。そういうことで、ご要望も十分に承ってやっていきたいと思います。社長、写真云々というのは私は分かりませんが、ご質問だったので、そこだけ簡単に。お答えできる範囲で。

(当社)

写真がなぜ必要なのか、写真を撮る必要があるということであれば、そのことを事前におっしゃっていただきながら、ご対応というか、お会いしたい、そんなふうに思っております。要は、ご疑問に思っていること等、あるいは、ご意見等を私どもがきちんとお伝えし、かつお聞きすることが一番大事なことでありまして、その辺に照らしながら、今のご意見をその都度その都度、考慮させていただいて、またお話をさせていただきたい、こんなふうに思っております。

(司会)

改善すべきところは改善していただくようにいたしますので、ご要望として承りました。

以上でご質問は終わりで、あと、意見が5点ほど出ております。サイクル政策は必要不可欠なもので、自信を持って進めていただきたいというご意見。同じようなのが2件。それから、その他、風評被害が心配だというご意見。それから、アクティブ試験の計画がよく分からないということで、質問よりもご意見であります。もう一つは、説明会の持ち方ですね。ここにも櫛部様のものがありますが、時間の都合上、読み上げるのは差し控えたいと思います。

会場の方で、もし、どうしても意見なり質問なり、一言という方。お2人ぐらいいかがでしょうか。今までご発言等がなかった方、よろしくお願いします。ありませんか。

福澤様、どうしてもですか。では1つだけ。簡単に。

(質問者)

すみません。今回のアクティブ試験で予定している使用済核燃料は、どこの原発から出された使用済核燃料でしょうか。それ1点だけ。

(司会)

青柳部長。

(当社)

これは先ほどご説明しましたけれども、どこの原発というよりも、広く電力会社のものを使っておりまして、燃焼度や、先ほど申し上げました段階的に取扱量を増やしていく観点で、現在、既に私どもの貯蔵プールの中に千五百数十トンございますけれども、その中から選びました。ですから、この電力会社のものを選ぶという選び方ではござい36
ません。

(司会)

ありがとうございました。もう1人ぐらいありますか。他の方、何とかお願いしたいんですが。右側の方、どうぞ。

(発言者)

本日、このような説明会を開催していただいて、地元の住民としては感謝に耐えないところでございます。これまでの通水作動試験、化学試験、ウラン試験を通じて、施設の健全性については、正しく評価されてきたというふうに、私ども地元住民は正しく理解しております。これまでの歴史的な背景からしても、六ヶ所村の歴史の中で、かなり喧喧諤諤とした議論がなされてきた、そういった経緯の中で現状に至っていること自体、我々自身、これからの将来に関して、六ヶ所村に必ずしも必要だということで私どもは重く受け止めて、今後、この施設との共存をぜひとも前向きな姿勢で取り組んでいきたいというふうに思いますので、今後のアクティブ試験、操業稼働におきましても、あくまでも皆様方が主張されるように、安全性第一義に考えて、慎重に進めていただきたいと考え、要望させていただきます。ありがとうございました。

(司会)

ご要望として受け止めます。

予定よりは確実に長くなると思いましたが、1時間15分ほど経過いたしました。事務局でいろいろ仕分けしていますが、精査すれば、あるいは、ご質問にお答えしていないところもあると思います。それらに関しましては、会社の方に誠意を持って回答するように、私からも要望しておきます。また、説明会の持ち方等に対してもいろいろご要望がありましたので、社長、副社長等、それを重く受け止めて、これからのあり方等々もご検討いただきたい。ましてや、原子力に関しましては、広報・広聴がぜひ必要ですので、その辺に関しましても、これからもご尽力いただきたいということを、司会者として、大変まずい司会で申し訳なかったんですが、ご要望します。

最後に、社長からもしあれば一言ということで、終わりにしたいと思います。よろしくお願いします。

(当社)

一言、お忙しい中、また、先ほど来、通知してから時間が短かったというお詫びを申し上げながら、今日の活発な質疑を頂戴し、お答え申し上げたものでありまして、心から厚く御礼を申し上げて、私からのご挨拶といたしたいと思います。ありがとうござい

ました。

(司会)

それでは、長い間、どうもありがとうございました。これで終わります。

以　上

［出典：日本原燃株式会社ホームページ　http://www.jnfl.co.jp/event/060315-recycle.html］

Ⅲ－２－７

海外返還廃棄物の受入れについて

電気事業連合会　日本原燃株式会社　2010年３月

１．はじめに

電気事業連合会は、海外からの返還を計画している低レベル放射性廃棄物について、2013年より返還を開始することで仏国事業者（AREVA NC 社）と合意しております。しかしながら、低レベル廃棄物受入れ・貯蔵施設は、種々の工期短縮工作を講じたとしても、2013年の返還までに操業開始することは困難であると想定されることから、2013年からの返還開始を実現するため、低レベル廃棄物受入れ・貯蔵施設の建設に加え、高レベル放射性廃棄物貯蔵管理センターに機能追加等を実施することにより、返還低レベル放射性廃棄物を受入れ、貯蔵することを計画しております。

なお、受け入れた返還廃棄物については、最終的な処分に向けて搬出されるまでの期間、適切に一時貯蔵してまいります。

２．海外からの返還低レベル廃棄物の受入れ

電気事業連合会は、海外からの返還廃棄物について、高レベル放射性廃棄物ガラス固化体に続き、低レベル放射性廃棄物についても計画的な返還を実現するため、下記のとおり受け入れることを計画しております。

（１）返還低レベル廃棄物の概要（表1参照）

・使用済燃料の再処理に伴い発生する燃料被履管のせん断片（ハル）・燃料集合体端末片（エンドピース）及び雑固体廃棄物を圧縮処理し、ステンレス鋼製容器に封入した個型物収納体（以下、「CSD-C」という。）及び低レベル濃縮廃液をほ

うけい酸ガラスで固型化した低レベル放射性廃棄物ガラス固化体（以下、「CSD-B」という。）の２種類の受入れを計画しております。

・形状は、高レベル放射性廃棄物ガラス固化体とほぼ同じで、放射能濃度及び発熱量は高レベル放射性廃棄物ガラス固化体よりも約300kg重く850kgとなり、CSD-Bの重量は高レベル放射性廃棄物ガラス固化体と同等の約550kgとなります。

・返還本数は、CSD-Cが最大約4,400本（現状見通し1,700本～2,600本）、CSD-Bが最大約28本（現状見通し10本程度）となります。

（２）英国からの低レベル放射性廃棄物との交換廃棄物の受入れ

・廃棄物交換については、英国事業者の提案を受け、日本国政府にて議論をしていただき妥当とされました。この際、放射性による影響が等価であることを判断基準とし、ITP（Integrated Toxic Potential：累積影響度指数）という指標を用いることにより、単一返還の実施が妥当とされております。

・その指標を用いると、英国から返還される低レベル放射性廃棄物は、高レベル放射性廃棄物ガラス固化体約70本（現状の想定値）に相当します。

・電気事業連合会は、この提案を受入れ、高レベル放射性廃棄物貯蔵管理センターにて受入れ、貯蔵することを計画しています。なお、交換される放射性廃棄物は、既に、日本原燃株式会社にて受入れ・貯蔵のご了解を頂いております高レベル放射性廃棄物ガラス固化体そのものであり、本提案の採用による施設の改造等の必要はありません。

３．低レベル廃棄物受入れ・貯蔵施設の新設

日本原燃株式会社は、低レベル放射性廃棄物の受入れ・貯蔵を実現するために以下の施設の建設を計画しております。

（１）新設施設概要

・低レベル廃棄物受入れ・貯蔵施設は、再処理事業所敷地内の南西に配置する計画です（図１参照）。また、施設の主な諸元は次表のとおりです（図２参照）。

貯蔵容量	8,320本
貯蔵方式	収納管方式（自然空冷）※高レベル放射性廃棄物貯蔵管理センターと同様
階　数	地上２回・地下３階建て
建屋規模	約85m（東西方向）×約80m（南北方向）×約20m（地上高さ）
建屋構造	鉄筋コンクリート造（一部鉄骨鉄筋コンクリート造、鉄骨造及び鋼板コンクリート造）

・施設に設計に際しては、放射性しゃへい、放射性物質の閉じ込め、火災及び爆発の防止、崩壊熱の除去、飛来物防護等について適切な安全対策を行います。

・2006年9月改訂の耐震設計審査指針を満足するような十分耐震性を持った設計とします。

・2012年度に着工し、2018年度に操業開始する計画です。

（２）六ヶ所村再処理工場において製造される低レベル放射性廃棄物の同施設内での貯蔵（表１参照）

・使用済燃料の再処理に伴い発生するハル・エンドピースを圧縮処理し、ステンレス製容器に封入したハル等圧縮体は、CSD-Cとほぼ同じですが、処理される使用済燃料の燃焼度が高いことから、放射能濃度及び発熱量はやや高くなります。

・年間800トン再処理時の製造本数は、約700本／年となります。

４．高レベル放射性廃棄物貯蔵管理センターにおける返還低レベル廃棄物の受入れ、貯蔵

・日本原燃株式会社は、2013年から低レベル放射性廃棄物が返還する計画に対し、上述のとおり、低レベル廃棄物受入れ・貯蔵施設の操業開始時期を2018年頃と想定しているため、高レベル放射性廃棄物貯蔵管理センターにおいて、以下に示す装置の機能追加等を実施の上、2013年から低レベル廃棄物を受入れ、貯蔵する計画としております（図３参照）。

①受入れ検査装置

②放出管理設備

③その他（ソフトウェア機能追加等）

・なお、取扱クレーン及び貯蔵建屋の改造の必要はありません。

５．おわりに

電気事業連合会及び日本原燃株式会社は、「海外からの返還低レベル廃棄物の受入れ」、「低レベ

ル廃棄物受入れ・貯蔵施設の新設」及び「高レベル放射性廃棄物貯蔵管理センターにおける返還低レベル廃棄物の受入れ・貯蔵」を計画しています。

地元の方々のご理解及びご協力をお願いします。

表１（略）

図１（略）

図２（略）

図３（略）

以上

［出典：電気事業連合会資料］

Ⅲ－２－８

新むつ小川原開発株式会社　会社概要

平成24年３月

新むつ小川原開発株式会社　会社概要（平成24年3月現在）

1.目的

国、青森県、経団連等と緊密な連携と協調のもとに、むつ小川原地域の開発に寄与することを目的として、土地の一体的な確保、造成、分譲等の事業を行います。

2.本社

所在地　東京都千代田区大手町1-3-2

事業所　青森県上北郡野辺地町字助佐小路12-1

3.資本

733億円（平成24年3月末純資産合計）

国（日本政策投資銀行）議決権比率49.56%

青森県 15%

銀行・生命保険会社等（23名）35.44%

4.役員

（常勤）

代表取締役社長　永松惠一（前日本経済団体連合会常務理事）

代表取締役専務　井澤睦雄（日本政策投資銀行（出向））

取締役　小山内一男（前青森県農林水産部農商工連携推進監）

（非常勤）

取締役　野村哲也（日本建設業団体連合会会長）

取締役　坂本敏昭（東北経済連合会専務理事）

取締役　椋田哲史（日本経済団体連合会常務理事）

取締役　佐竹俊哉（日本政策投資銀行地域企画部長兼公共ＲＭグループ長兼地域振興グループ長）

監査役　川俣尚高（弁護士）

監査役　梶田孝（日本経済研究所理事長）

5.職員数

９名

6.経営諮問会議

会社の自律性、透明性を図る観点から、経営方針、経営状況、その他業務執行に係る重要事項について評価・助言を行う機関として、外部の有識者から構成される経営諮問会議が設置されています。

座長　米倉弘昌（日本経済団体連合会会長）

座長代理　大西隆（東京大学教授）

委員　泉山元（青森経済同友会代表幹事）

宿利正史（国土交通事務次官）

末永洋一（青森大学学長）

沼田廣（青森県経営者協会会長）

橋本徹（日本政策投資銀行代表取締役社長）

林光男（青森県商工会議所連合会会長）

古川健治（六ヶ所村村長）

三村申吾（青森県知事）

7.むつ小川原開発に係る関係機関との連携

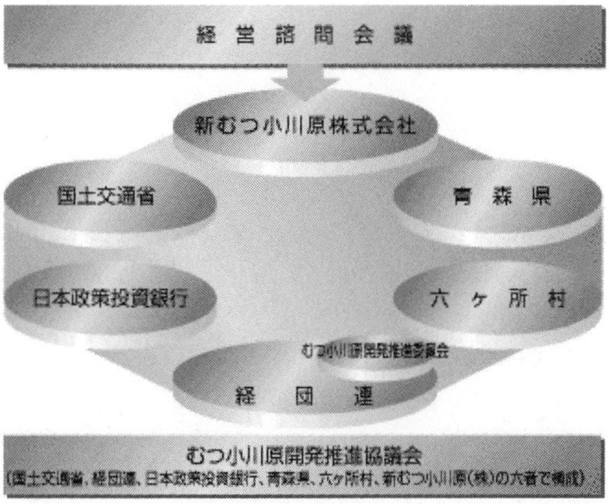

［出典：新むつ小川原開発株式会社ホームページ http://www.shinmutsu.co.jp/info/］

第３章 住民資料

Ⅲ-3-1	19940410	「4・9反核燃の日」六ヶ所集会参加者一同	4.9六ヶ所集会における六ヶ所村長への要請書
Ⅲ-3-2	19950409	4.9「反核燃の日」共同行動実行委員会	『4.9「反核燃の日」高レベル搬入阻止共同行動』集会アピール
Ⅲ-3-3	19990415	高レベル核廃棄物搬入六ヶ所現地抗議集会	高レベル核廃棄物の搬入に抗議する決議
Ⅲ-3-4	20020499	止めよう再処理！全国実行委員会	再処理工場の稼働中止を求める署名のお願い
Ⅲ-3-5	20080412	第23回「4.9反核燃の日」全国集会参加者一同	第23回「4.9反核燃の日」全国集会　アピール
Ⅲ-3-6	20110603	原水爆禁止日本国民会議ほか	六ヶ所再処理工場・青森県の原子力施設の運転・建設計画を撤回させ、青森県を放射能汚染から守る申入れ
Ⅲ-3-7	20110603	原水爆禁止日本国民会議ほか	六ヶ所再処理工場の本格稼働をやめ、核燃サイクルから撤退する事の申し入れ
Ⅲ-3-8	20111227	核燃サイクル阻止１万人訴訟原告団	抗議文

Ⅲ－３－１

4.9 六ヶ所集会における六ヶ所村長への要請書

1994 年４月 10 日

青森県議会全員協議会が核燃受け入れを決定した 1985 年４月９日から、９年の月日が流れました。わずか９年の間に、緑豊かだった野山が削られ、掘りかえされて、次々に施設が建設されてきました。ウランが運ばれ、放射性廃棄物が日本全国の原発から、この村に搬入されています。

「凍結」という公約を掲げて当選された貴職の村政を、核燃に反対をしている私達も興味深く見守ってまいりました。しかしながら、ウラン濃縮工場の安全協定に続いて、核燃サイクル諸施設の建設・操業は「凍結」どころかとどまることなく進んでいます。これは、我々村民の貴職への信頼を踏みにじったやり方であり、再選された今でもなお許しがたい思いがあります。

また、高レベル放射性廃棄物管理施設の建設も急ピッチで進められており、「海外返還廃棄物は受け入れない」との貴職の公約も、事実上反故にされようとしています。核燃三点施設のかげに隠して、住民を欺きながら進めてきたこの事業は、一時貯蔵といいながら、事案主体も、処分方法も、最終処分地さえ決まっていないというあいまいなものです。しかし、その毒性の強さは、何千年、何万年、何十万年という人間の生活からは想像さえできない長期間続いていきます。内部からの強い崩壊熱にさらされながら、ガラス固化体がはたして何年間形をとどめるのかさえ、今はまだわからない段階です。仮に最終処分地が 30 年後に確保されたとしても、その間に大きな事故が起きないという保証はありません。

いま、巨額の三法交付金で、村の財政は潤っています。地元への経済波及効果も確かにあるのでしょう。しかし、そのすべてが何十年後かの将来、村を永久に取りかえしのつかない放射能で汚染させる代償であると知っていたら、はたして村民の何割が核燃を受け入れたでしょう。村の行政に携わっている方々には、今育ちつつある子供たちの未来、これから生まれてくるであろう子供たちの未来まで売り渡す権利はない、と私達は考えます。

これまで、「核燃サイクルの技術は既に確立されている」と繰り返し宣伝されてまいりました。しかし、その宣伝がなんら根拠のあるものではなかったことは、度重なるウラン濃縮工場のトラブルでも明らかです。そのように未熟な技術しかない事業者に、より危険な高レベル放射性廃棄物管理や再処理事業を許可するというのは、自殺行為にも等しい、と私達は考えます。

この村で生まれ育った私達は、美しい自然と豊かな人情の中で、四季おりおりの生活を楽しんでまいりました。たとえ貧しくても、親から子へ、子から孫へと、豊かな海と大地が受け継がれてきたのです。いま、村に埋められていく放射性廃棄物は、もう二度と持ち去ることはできません。いつかそれは地下水に移行し、土を汚し、海を汚していくことでしょう。先祖から受け継ぎ、子供たちに残していかなければならない恵み多い貴重な自然を、もうこれ以上汚したくないと私達は願います。村の財産は、お金や立派な建物だけがすべてではないと私達は思うのです。

「四・九反核燃の日」にあたり、六ヶ所集会に参加した私達は、地域の住民感情を無視して強引に進められていく核燃サイクル事業に強く抗議すると共に、集会参加者全員の同意のもとに次のことを要請します。文書による速やかな回答をお願い致します。

一、モニタリングポストに自動的な警報装置を連結すること

二、ウラン濃縮工場の安全協定の全面的な見直し

三、村の立入検査の結果を村民に公表すること

四、高レベルの安全協定締結の是非について、村民が直接意思表示できる場を設けること

五、国道三三八号の迂回路の撤回

1994 年４月 10 日

94 年「4・9 反核燃の日」六ヶ所集会参加者一同

集会参加村民一同

[出所：『核燃問題情報』第44号]

Ⅲ－3－2

『4.9「反核燃の日」高レベル搬入阻止共同行動』集会アピール

1995年4月9日

10年前の今日、北村前知事は県議会で「核燃」の受け入れを表明した。その時、県民は「核燃」の全貌を知らされず、「核燃」立地の是非を論じることもないまま、知事が受け入れた事実のみを知らされた。その後、「核燃」は国策だ、国家プロジェクトだとの宣伝はあったが、私たちは「核燃」の全貌を未だに示されないでいる。当初3施設の「核燃」は、今や4施設となり、今後7施設、将来はもっと数多くの施設が林立すると言われている。それが「核燃」なのだと、事業者側は言い逃れている。だが私たちは、「核燃」の全貌を知らされなくても、「核燃」の行き着く果てが「核のゴミ捨て場」となることは知っている。そして、子孫が安心して生きていくために、「核燃」とは絶対に共存できないことを知っている。今、4点目の施設となる高レベル管理施設に向け、ガラス固化体28本を積んだパシフィック・ピンテール号が太平洋を航行中である。この輸送は世界に先駆けての公開実験を兼ねており、輸送の安全を確認した資料は公表されず、航路も到着予定日も一切示されていない。そして輸送沿岸諸国の反対と抗議を無視して強行されている。これを「返還輸送」と言うが、なぜ六ヶ所村に「返還」なのか誰も説明しない。日本の電力会社とフランスの再処理会社との再処理契約に基づく「返還」と言うなら、発生者責任に基づいて原発敷地内へ「返還」すべきである。最終処分を回避する「確約書」があるから一時貯蔵だとする者がいるが、その間に垂れ流す放射能と私たちが同居すべき理由はどこにもない。さらに、昨年末の「はるか沖地震」の影響評価が不十分で、貯蔵中に大地震が起きた場合の対策のないまま、貯蔵を強行することは絶対に許されない。また来年からは、国内再処理のための使用済核燃料の輸送が始まろうとしている。再処理の過程で垂れ流す放射能を回収するのは技術的に可能だが、経済的には不可能と言うのが「核燃」事業者の言い分である。私たちの生命よりも、経済性を尊重する「核燃」事業者を、私たちは絶対に認めない。私たちは、核燃のない故郷、放射能に脅かされずに安心して暮らせる故郷を創るため、次世代の子どもたちに誇れる美しい故郷を残すため、一貫して核燃反対の運動に取り組んでいく。

1995年4.9「反核燃の日」高レベル搬入阻止共同行動

出典：4.9「反核燃の日」共同行動実行委員会
「『1995年4.9「反核燃の日」高レベル搬入阻止共同行動』集会アピール」

Ⅲ－3－3

高レベル核廃棄物の搬入に抗議する決議

1999年4月15日

今日、四月十五日、フランスからの四回目の返還高レベル核廃棄物・ガラス固化体四十本が、青森県六ヶ所村むつ小川原港へ陸揚げされた。これまで、三回にわたる返還で百二十八本のガラス固化体が既に運び込まれており、今年の下半期にはさらに百四本を運び込む計画をたてている、安全性に対する疑問や不安も解明されず、さらに最終処分の場所も事業主体も決まらず不明のまま、搬入が強行され続けることに強く抗議する。高速増殖炉「もんじゅ」は火災事故で実用化が困難となり、余剰プルトニウムの消化ため、プル・サーマル計画をたてたものの、国民や県民の反対により、計画どおり進んではいない。また、動燃東海再処理工場爆発事故や使用済み核燃料輸送容器のデーター改ざん事件などにより、国民の原子力政策への不信や不安も増大している。さらに、プルトニウム利用の先進国フランスでは、高速増殖炉「スーパーフェニックス」の廃炉・解体を決定した。このように、プルトニウム利用は、国内外で「安全性と経済性」の確保が困難となり撤退し、いま、再処理を行い、プルトニウムや高レベル核廃棄物をつくり出す必要性は全く無く、世界は脱原子力の方向に進んでいる。すでにそのことを知っている電力会社は、液化天然ガスの高効率複合発電所の建設に着手し、六ヶ所再処理工場本体工事進捗率を、わずか十二%に放置しており、四年後に操業開始をすることはまったく困難となっている。世界が脱原子力・脱プルトニウムの時代に入っている中、日本では「もんじゅ」の火災事故に引き続き一連の事故不祥事が発生し、原子力政策への信頼を失墜させ、不信を増大し、国民から見直しの声が高まっている。こうした国民や県民の声を無視し、高レベル核廃棄物や低レベル核廃棄物、さらに、使用済み核燃料や外国の「高速増殖炉燃料やMOX燃料など」の高レベル核廃棄物までも、六ヶ所に搬入しようとしている。私たちは、国内外の大きな状況の変化を受け、国に原子力政策の変更と、青森県に「核燃料サイクル施設立地基本協定」の白紙撤回を強く要求する。私たちは、四度目の高レベル核廃棄物・ガラス固化体搬入に強く抗議し、六ヶ所を「核のゴミ捨て場」にさせないため、断固闘うことを決議する。

一九九九年四月十五日

高レベル核廃棄物搬入六ヶ所現地抗議集会／青森県反核実行委員会／
社会民主党青森県連合／青森県平和推進労働組合会議／原水禁青森県民会議

［出典：青森県反核実行委員会ほか「高レベル核廃棄物の搬入に抗議する決議」］

Ⅲ－３－４

再処理工場の稼働中止を求める署名のお願い

2002年４月

止めよう再処理!全国実行委員会
（原水禁国民会議
原子力資料構報室
青森県実行委員会）

各位

六ヶ所村の再処理工場は、2005年7月の本格稼働を目指して急ピッチで建設が進められ、すでに「通水作動試験」が始まり、2003年2月からは「化学試験」、同年7月から「ウラン試験」なども予定され、操業前の2004年7月には使用済み核燃料を用いた「総合試験」という名の試運転が行われ、工場び周辺地区の放射能汚染が目前に迫っています。

プルトニウムを使う高速増殖炉「もんじゅ」は事故で止まり、プルサーマル計画はデータ改ざん事件や反対が多数を占めた住民投票などにより頓挫し、海外で取り出したプルトニウムの使用も不透明で、六ヶ所村の再処理工場を稼働させ原爆・核兵器の材料となるプルトニウムをつくり出す必要は全くありません。

こうした中、これまで再処理計画を推進してきた学者や電気事業者、政府の内部にも再処理は中止すべきと言う人たちが現れています。最初に六ヶ所再処理工場の建設に着手した日本原燃サービスの初代社長豊田正敏氏でさえも、「旧式で採算が取れない工場」と指摘し、再処理工場の稼働中止を求めています。

当初、8400億円の建設費は2兆1400億円に膨れ上がり、さらに増額すると言われており、音を上げた電気事業者は、政府に援助を要講し始めています。

また、すでに完成した「使用済み核燃料貯蔵プール」では、水漏れや停電などのトラブルが次々発生し、安全性に大きな不安と疑問が出ています。

さらに、再処理工場の稼働により、大量の高レベル放射性廃棄物がつくり出されますが、いまだ最終処分場も決まっていません。

このように、危険で採算が取れず、廃棄物の処分すら出来ない再処理工場の稼働に、多くの疑問が出されるのは当然で、このまま建設を進め試験を繰り返し、工場を放射能で汚染させ、巨大な「核のゴミ捨て場」をつくり出す事態を私たちの力で止めなければなりません。 そこで、六ヶ所再処理工場の稼働中止を求める100万人署名を取り組みますので、ご協力をお願い申し上げます。

記

1、署名用紙　別紙の署名用紙をご活用ください。
2、取組期間　2002年4月7日から10月20日まで。
3、送 付 先　集まった署名用紙は、下記にご送付ください。

「止めよう再処理!青森県実行委員会」
〒030-0811青森市青柳＊＊＊＊＊

［出典：「止めよう再処理!青森県実行委員会」資料］

Ⅲ－3－5
第23回「4.9反核燃の日」全国集会　アピール
2008年4月12日

日本原燃の六ヶ所村再処理工場では、2006年3月から続けてきた試運転で、ガラス固化溶融炉の致命的な故障がありながら、試運転第5ステップ(最終試験)を2月14日より強行し、3月31日には使用済み燃料のせん断を再開しました。

そこで現在も、原燃はせん断のたびにクリプトンやトリチウム等の放射性物質を大量に垂れ流しています。

人材派遣会社からの派遣社員等、協力会社を含めて約3千人の交代勤務で進められる第5ステップ試運転の終了目途から、総工費約2兆1,930億円の再処理工場は、しゅん工が本年2月から5月に延期されました。(2月25日に12回目の延期を発表)。

しかし昨年11月に開始したガラス固化体製造試験はガラス固化体57本を製造したものの「溶融炉の底に金属がたまり、容器への充てんに時間がかかる」ため、製造は現在も中断したままです。原燃は今月にも「炉内状況が悪化する前に底をかき混ぜたりすることで、安定した運転は可能」としていますが、東海再処理工場で不十分さが明らかとなった技術を克服することは容易ではありません。私達は安易な妥協を許しません。

しかも再処理工場の敷地内外では陸海域ともに断層が散在しています。耐震設計上考慮すべき活断層とされる(Ss対象)の「出戸西方断層」は敷地内の「f-1断層」に、沖合いの大断層「大陸棚外縁の断層」も敷地直下に伸びている可能性、さらには東京電力が活断層か否かを再調査中の「横浜断層」と、再評価に揺らぐ六ヶ所再処理工場の耐震問題は、これからが正念場です。

再処理工場では日常的に大量の放射能が放出されるばかりか、臨界事故や爆発事故などの危険性が伴います。日本原燃に環境を放射能で汚染する権利はありません。

さらに青森県議会が「青森県を高レベル放射性廃棄物最終処分地としないことを宣言する条例案」を否決したのは、青森県が県民の側に立っていないことの証左です。

私たち「止めよう再処理!全国実行委員会」は「再処理施設におけるアクティブ試験」即時中止と、六ヶ所再処理工場計画の撤回を求め、闘いつづけることをここに宣言します。2008年4月12日

第23回「4.9反核燃の日」全国集会　参加者一同

［出典：青森県反核実行委員会資料］http://ameblo.jp/kakunenhantai/entry-10087879287.html

Ⅲ－3－6
六ヶ所再処理工場・青森県の原子力施設の運転・建設計画を撤回させ、青森県を放射能汚染から守る申入れ
2011年6月3日

青森県知事　三村　申吾　様

原水爆禁止日本国民会議
議長　川野　浩一
原子力資料情報室
共同代表　西尾　漠
社会民主党青森県連合
代表　渡辺　英彦
青森県平和推進労働組合会議
議長　江良　實
原水爆禁止青森県民会議
代表　今村　修
（公印省略）

今年3月11日14時46分、東北地方太平洋沖地震が発生し、その後に発生した巨大津波とあわせて、未だかつて経験したことがないような大被害を東北地方にもたらしました。被災者の多くは、未だに避難所に暮らすなど、不便な生活を強いられています。そして、福島県民は新たな放射能被曝の恐怖との闘いを強いられることとなりました。

地震発生直後、既に破壊が始まっていた東京電力・福島第一原発の損壊については、事故直後の情報が最近になった公開されるようになりました。その中で、1－3号機のメルトダウンと1－4号機の爆発の進行に伴い、放射能が広く拡散したことも明らかとなりました。その結果、福島県民の200万人が、放射能の影響調査対象とされるこ

とになりました。

そして、被ばく許容量については、原発事故の収束に従事する作業者は、5年間で100ミリシーベルト未満であった基準を、1年間で250ミリシーベルトまでに引き上げました。また、敷地境界の住民に対して被ばく許容量は1ミリシーベルト未満としていたのに、それを引き上げ、子どもたちに20ミリシーベルトまで浴びて大丈夫としました。いずれも、その被ばく線量での安全確認が行われたことはなく、これでは国民が被ばくの実験台にされているに等しく、絶対に容認できません。

なお、青森県の原子力施設でも、福島の悲劇が再現される可能性が高いと考えます。4月7日の余震により、再処理工場と東通1号機では、外部電源と非常用電源の喪失が発生するあわやの事態が起きました。両方とも外部電源が喪失し、非常用電源が起動しました。再処理工場では５台のうち２台、東通原発では３台のうち１台が起動しました。しかし東通原発では、起動した１台が途中で軽油漏れを起こし、再処理工場では重油漏れを起こしました。もし外部電源復旧が遅れたならば、福島原発４号機のように、使用済み核燃料が冷却不能の事態になったかも知れません。この軽油漏れの原因が取り付けミスによるものであり、本当に首の皮一枚で、大事故遭遇に至らなかっただけであったのです。

以上のことから、貴職には、以下の事を申し入れます。

記

1.　日本の核燃料サイクル政策の抜本的な見直しを国に働きかけ、青森県に展開している原子力施設の運転・建設計画の撤回を事業者に要請すること。

また、以下について、質問しますので、回答をお願いします。

記

1.　青森県の原子力防災計画について、いつ、どのように見直すのか。
2.　既に貯蔵している使用済核燃料は、再処理が行えない場合、どのように処分するのか。
3.　高レベル放射性廃棄物の長期貯蔵後に、最終処分場が未確定であるが、搬出期限を守らせる用意はあるのか。

以上

［出典：原水禁ホームページ］http://www.peace-forum.com/gensuikin/seimei/110603moushiire.html

Ⅲ－３－７
六ヶ所再処理工場の本格稼働をやめ、核燃サイクルから撤退する事の申し入れ

2011年６月３日

日本原燃株式会社
社長　川井　吉彦　殿

原水爆禁止日本国民会議
議長　川野　浩一
原子力資料情報室
共同代表　西尾　漠
社会民主党青森県連合
代表　渡辺　英彦
青森県平和推進労働組合会議
議長　江良　實
原水爆禁止青森県民会議
代表　今村　修
(公印省略)

今年3月11日14時46分、東北地方太平洋沖地震が発生し、その後に発生した巨大津波とあわせて、未だかつて経験したことがないような大被害を東北地方にもたらしました。被災者の多くは、未だに避難所に暮らすなど、不便な生活を強いられています。そして、福島県民は新たな放射能被曝の恐怖との闘いを強いられることとなりました。

地震発生直後、既に破壊が始まっていた東京電力・福島第一原発の損壊については、事故直後の情報が最近になった公開されるようになりました。その中で、1－３号機のメルトダウンと1－4号機の爆発の進行に伴い、放射能が広く拡散したことも明らかとなりました。その結果、福島県民の200万人が、放射能の影響調査対象とされることになりました。

そして、被ばく許容量については、原発事故の収束に従事する作業者は、5年間で100ミリシー

ベルト未満であった基準を、1年間で250ミリシーベルトまでに引き上げました。また、敷地境界の住民に対して被ばく許容量は1ミリシーベルト未満としていたのに、それを引き上げ、子どもたちに20ミリシーベルトまで浴びて大丈夫としました。いずれも、その被ばく線量での安全確認が行われたことはなく、これでは国民が被ばくの実験台にされているに等しく、絶対に容認できません。

なお、東京電力と政府の安全対策の不足がマスコミの脚光を浴びていますが、貴社には、非常用電源の不足があったことを、明らかになりました。

3月11日、フロッシングにより使用済み核燃料貯蔵プール水が約600リットル漏水しました。3月15日、冷却水循環ポンプ2台のうち1台が停止しました。これに対し貴社は4月21日に、外部電源・非常用電源を喪失した場合に備えて、大型電源車を3台用意しました。

しかし、以上の措置にどのように備えたのかが、県民には見えないのが遺憾です。

なお、日本の原子力発電所は、早晩停止を迎えますが、貴社には使用済み核燃料を再処理する能力が完璧には備わっていません。そこで、各原発サイトに使用済み核燃料を長期貯蔵させ、貴社の再処理工場を操業しないことが必要なのではないのでしょうか。

以上のことから、貴社には以下のことを申入れます。

記

1.日本の核燃料サイクル政策の抜本的な見直しを国に働きかけ、再処理工場のアクティブ試験中断に取り組むことを要請する。

また、以下について、質問しますので、回答をお願いします。

記

1.約240m^{3}の高レベル廃液が貯蔵されているが、電源喪失すると、どのようになるか。
2.既に貯蔵している使用済核燃料は、再処理が行えない場合、どのように処分されるのか。
3.高レベル放射性廃棄物の長期貯蔵後に、最終処分場が未確定であるが、搬出期限を守るべき用意はあるのか。

以上

［出典：原水禁ホームページ］http://www.peace-forum.com/gensuikin/seimei/110603moushiire.html

Ⅲ－3－8

抗議文

平成23年12月27日

青森県知事　三村申吾殿

核燃サイクル阻止1万人訴訟原告団
代表　浅石紘爾

1．運転・工事再開の了承

福島原発事故の被ばくが深刻化し、被害が拡大するさ中、貴職は、昨日青森県内に立地する原子力事業者が実施した緊急安全対策につき、これを了承する旨の見解を表明し、これにより、六ヶ所村再処理施設の試運転再開、東北電力東通原発の運転再開、大間原発・リサイクル燃料備蓄センターの工事再開に事実上のゴーサインを出した。

2．危険性判断の丸投げ

知事は、青森県原子力安全対策検証委員会（以下、「検証委員会」という）の報告、県議会各会派及び市町村長の意見聴取において理解が得られたことを了解の理由としている。

しかし、検証委員会が妥当とした事業者の安全対策とは、従来の対策に加えて、電源車・消防車の整備、非常用電源設備の増設、訓練の充実・強化、防災対策の取組みなどであるが、これらは事故に対する単なる「対症療法」にすぎない。何故、福島原発で多重防護が機能せず、絶対起こらないとされたメルトダウンが引き起こされたのか。原子力施設の構造、運転技術そのものの根本的かつ具体的な安全対策の欠陥に対する検証・検討は何らされていない。

換言するならば、知事が検証委員会に検証を求め、各会派、市町村長に意見を徴した事項は、緊急安全対策のみに限定され、原子力施設の本質的な安全性を問うたものではない。

そもそも、県内原子力施設の推進にストップがかかった原因は、3・11の東日本大震災による福島原発事故であった、従って、試運転、工事再開の判断基準は、この事故を踏まえた事故原因の徹底究明、100%の事故再発防止策の確立の存否でなければならないはずである。

しかるに、いまだ政府の原発事故調査委員会の最終結論も出ておらず、再処理施設のストレステスト、東北電力東通原発のストレステスト、活断層や津波の再評価も未了の段階でゴーサインを出したことは拙速のそしりを免れず、“何がなんでも推進”の意図が透けて見える。福島原発事故の教訓は知事に届かなかったのであろうか。

事業を再開するかどうかは、最終的には事業者の判断に任せる姿勢をとっているが、事業者は最初から事業を進める意向を示しており、これをチェックするのが県の役目なのであるから、これはまさに責任回避と言わざるを得ない。これではまるで、「暴走運転で免許を取消された運転手に無条件で免許証をくれてやるようなもの」である。

会派や首長の意見は、知事の了承を補強するものではなく、事業者に対する「了承」は危険判断を「丸投げ」したにすぎない。

更に、再処理工場及び東北電力東通原発の安全性については、「国の審査、確認」にゲタを預けているが、これでは何のために県民の税金を使って検証委員会を設置したのかわからない。

3．なぜ急ぐのか？

知事の手法は、核燃マネー、原子力マネーにしがみつく県議会各派と首長が結託し、人間が原子力を抑制できない現実を見て見ぬ振りし福島原発事故の悲惨に目をつむり、誤った県政を推し進めようとするものであり、県民の命と健康、財産を守る責務の放棄に等しい。

他の原発立地県の首長は、福島原発事故がいまだ収束せず、その原因や再発防止対策が不明確な状況下で原発再開を強く拒否している。

また福島県は、原発の危険に警鐘を鳴らし、脱原発宣言を行ない、浜岡原発周辺の地方自治体では廃炉決議が続いている。

もんじゅの実用化が頓挫し、使用済燃料の直接処分方式優位性が再確認され、核燃料サイクルの前途に暗雲がたれこめている。原子力政策大綱の見直作業は諸についてばかりであり、六ヶ所再処理の先行きは全く不透明である。

このような現状に背を向け、福島原発事故などなかったかのような無神経さをもって、旧態依然とした原子力政策にしがみつく知事の施策は、脱原発の国民世論に逆行した時代錯誤も甚だしい姿勢であると言わざるを得ない。

4．県民合意の不存在

知事は今回の見解を表明するにあたり、形通りの意見聴取のみに終始し、多くの県民意見に耳を傾けようとしなかった。知事は今年7月に開催した県民説明会で県民の意見聴取は十分であると判断した旨報道されている。しかし、この説明会は、検証委員会の結論が出される前に開催されている点で言い訳にならないばかりか、この説明会においては、圧倒的多数の参加者が原子力を推進する県政に異議を唱えている。知事の見解は、県民を無視した独断と言わざるをえない。

知事の安全対策の容認宣言は、専門家がつとに指摘する、県内原子力施設を襲うかもしれない大地震、大津波による施設の破壊、更には三沢基地を発着する航空機、天ヶ森射爆撃場で訓練する軍用機の墜落がもたらす放射能放出による住民被ばく・環境汚染の不安を何ら解消するものではなく、逆に増幅させるものである。

知事見解は、科学的な根拠に基づくものではなく、極めて政治的な安全宣言であるが故に、県民を惑わせ、青森県の未来を誤った方向に導く政策選択である。

原告団は、このたび知事見解の表明に強く抗議し、この暴挙を直ちに撤回することを要求するものである。

[出典：核燃サイクル阻止1万人訴訟原告団資料]

第４章 論文等

Ⅲ-4-1 渡辺満久・中田高・鈴木康弘 原子燃料サイクル施設を載せる六ヶ所断層

III－4－1

原子燃料サイクル施設を載せる六ヶ所断層

渡辺満久（東洋大学社会学部）
中田高（広島工業大学環境学部）
鈴木康弘（名古屋大学大学院環境学研究科）

海岸で見られる階段状の地形を海成段丘と言い、平坦な部分を「海成段丘面」、急な崖の部分を「段丘崖」と呼ぶ。海成段丘面は、過去の温暖期に海が形成した平坦面であるが、その平坦さゆえに、地殻変動によって生ずる異常を記録しやすい。約12.5万年前に形成された海成段丘面は分布が広く「S面」と呼ばれている(1)。S面は、日本だけではなく世界中で広く分布する海成段丘面であるため、非常に優れた地殻変動センサーとなっている。

青森県六ヶ所村周辺には、約12.5万年前に形成されたS面が広く分布している(2)。本地域においては、このS面を海側（東側）へ撓曲(3)させる逆断層（活断層）が地下に存在する(4)。地表で確認できる変形を六ヶ所撓曲、その変形をもたらす活断層を六ヶ所断層と命名する。六ヶ所断層は、原子燃料サイクル施設を載せる逆断層である（図1、図2）。この指摘に対し、日本原燃や原子力安全保安院は、新たな知見はないとして無視している(5)-(7)。六ヶ所断層に関する記載と検討結果は、すでに報告してある(4)ので、以下では、日本原燃による地形区分の矛盾を中心に報告し、調査と審査の不備を指摘する。

撓曲崖を段丘崖と誤認

六ヶ所村周辺のS面とそれより若い段丘面（MI～MIII面）の分布を図1に示す。MI面の1～4露頭位置では、昔の浅海底が干上がって陸化した後に、Toya火山灰が堆積している(4)。Toya火山灰とは、11.2万～11.5万年前に、北海道の洞爺湖の大噴火によって飛来した火山灰である(8)。洞爺湖の噴火直前の温暖期は約12.5万年前であるので、MI面が「S面」に当たる。MII面・MIII面は、約10万年前以降に形成された段丘面であると考えられる。

S面は、もともとは緩く一様に海側へ傾斜していたはずである。ところが、尾駮沼北方のS面は、内陸側では緩く（0.6％程度）海側へ傾斜しているが、途中から傾斜を増し（2％以上）、老部川より大きな勾配で東側（海側）へ傾いている（図1・A-A’）。このような勾配変化は、六ヶ所断層の活動によってS面が撓曲したことを示している。このような活構造は、地下構造探査結果(9)(10)にも示されている(4)。

日本原燃は、六ヶ所撓曲も六ヶ所断層も認めていない（図2）。図2は東奥日報の記事(11)を簡略化して示したものであり、(A) がわれわれの主張を、(B) が日本原燃の主張を示している。図2 (B) によると、S面とそれより低い（新しい）段丘面があるので地表高度は海側へ低下し、見かけ上、段丘面が海側へ急に傾斜しているように見えるのだという。地表面の高度変化から見て、S面がそのまま海側へ連続しないことは認めているが、それに対する説明がわれわれとは異なっているのである。地下には褶曲構造はあるが、活構造ではないとしている。

しかしながら実際には、図2 (B) の解釈にある段丘崖も、地下の水平な地層も認められない(4)。日本原燃は、海寄りの段丘面が「S面より若い海成段丘面」であるとする資料も提示しているが、それらは河川がS面を浸食した谷の中で得られている可能性が高く、段丘の形成年代を示す証拠とはなりえない。

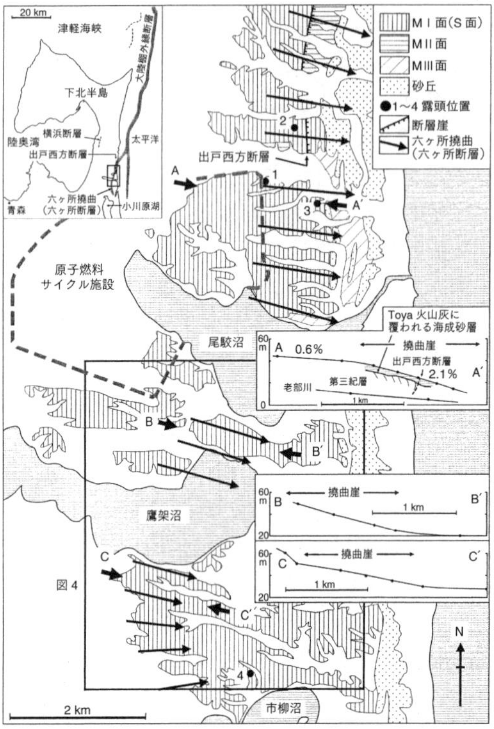

図 1——六ヶ所村周辺のS面の分布と六ヶ所断層による変形。S面より古い段丘は図示していない。A-A’～C-C’は地形断面であり、S面が海側へ撓曲している様子を示している(4)。

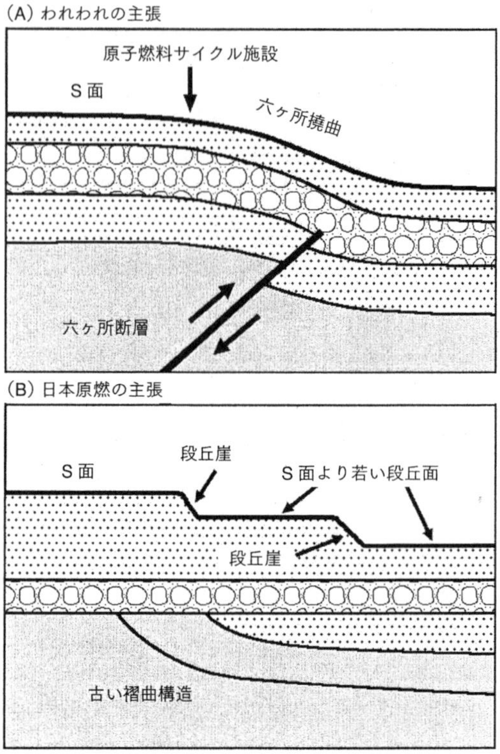

図 2——S面の撓曲にかかわる見解の相違。東奥日報が図示したもの(11)を簡略化した。

日本原燃の段丘分類図の矛盾

尾駮沼北方では、地表面の傾斜が通常の段丘とは異なることは、われわれも日本原燃も共に認めている。その原因に関して、日本原燃は複数の海成段丘面が存在するためとしているが、それが無茶な説明であることを述べた。

ところで、六ヶ所撓曲は陸上部で約10km以上連続しており、鷹架沼周辺においても、S面が撓曲している（図1）。図3は、図1のC-C’の位置において、六ヶ所撓曲を海側（東側）から撮影したものである。急な斜面に見えるが、実際は、700～800mの区間で20m程度高くなる程度である。階段状に高くなるのではなく（段丘崖はなく）、徐々に高度が高くなる。日本原燃は、もちろんこの撓曲も認めていないが、以下に述べるように自己矛盾に陥っている。われわれが撓曲崖と判断したものを段丘崖とするのであれば、段丘区分図において矛盾なく示されていなければならないが、実際にはそうなっていないのである。

図4は、日本原燃が示した鷹架沼周辺の段丘分類図である。M1面がS面であり、M2面・

M3面はS面より若い段丘面とされている。この図によると、周囲より明らかに傾斜が急な部分のすべてがS面（M1面）とされている。尾駮沼北方（図1のA-A’付近）では、傾斜が急になっている（六ヶ所撓曲がある）わけではなく、複数の海成段丘面があって高度が低下していると、苦しい説明をしていたのであるが、ここではS面の分布しか示されていない。S面の急斜により、六ヶ所撓曲の存在をあっさりと認めてしまっていることになる。

なお、日本原燃は撓曲の東側（低い側）にM2面を示しているが、S面とM2面との間には段丘崖は認められない（図3）。また、M2面の露頭番号4（図1と共通）では、S面であることを示す確実な証拠が得られている[(4)]。すなわち、この地域において、S面とM2面を区分することはできない。鷹架沼南方のM1面とM2面はいずれもS面であり、それが六ヶ所断層の活動によって撓曲しているのである。

さらに、鷹架沼の北方（図1と図4のB-B’）においても、M2面が撓曲していることを、日本原燃の図が認めている（図4）。われわれはこのM2面をS面としたが、露頭がないので詳細は不明である。いずれにしてもここでも、日本原燃自身が六ヶ所撓曲の存在を認めていることになる。

図3——鷹架沼南（図1・図4のC-C’）におけるS面の撓曲。急な崖に見えるが、実際は、700〜800mの区間で20m程度、徐々に高くなっている。日本原燃[(9)(10)]は、撓曲している部分をM1面（S面）に、その手前側をM2に区分しているが、段丘崖は認められず、そのような区分はできない。

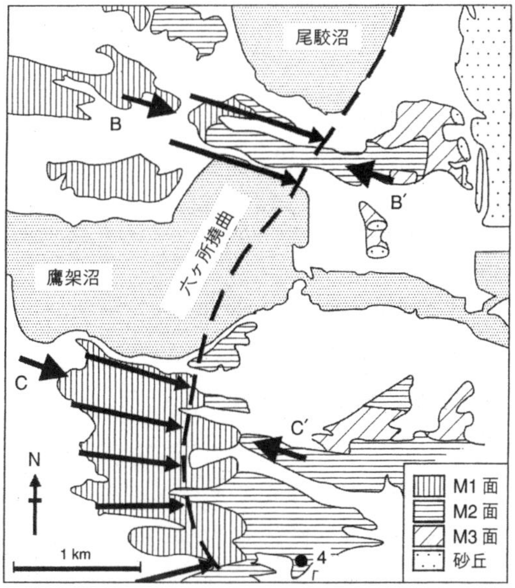

図4——日本原燃による段丘面区分と六ヶ所断層。M1面がS面に、M2面・M3面はそれより若い段丘面とされているが、M2面もS面である（本文参照）。日本原燃の資料によると、B-B’ではM2面が、C-C’ではS面が撓曲していることになる。

大陸棚外縁断層との関係を含めた再検討を

六ヶ所断層は、S面を撓曲させる活断層である。日本原燃はそれを認めず、尾駮沼北方において複数の段丘面を区分し、「異常な傾斜」を何とか説明しようとしているが、そこには合理性はない。一方で、鷹架沼周辺では1つの段丘面が撓曲していることを認めてしまっており、そのことに気付いていない。このような矛盾に満ちたきわめて杜撰な調査結果が報告され、それが審査の場で了承されようとしている。これが正常な姿であるはずがない。

原子燃料サイクル施設は、六ヶ所撓曲に近接して建設されており、六ヶ所断層はこの施設を載せていることになる。また、六ヶ所断層は、下北半島東方の海底に認められている「大陸棚外縁断層」の南方延長に位置している（図1）。両者の連続性に関しては、複雑な議論もあるようであるが、ごく素直にみて見て、六ヶ所断層が大陸棚外縁断層の延長にあると考えるのは自然に思われる。また、小川原湖東方沖においても活断層が存在する可能性が示されている[(14)]。これらのことから、大陸棚外縁断層が活断層である可能性は否定できないと考えられる。大陸棚外縁断層は、音波探査によって活断層ではないとされている[(10)(12)(13)]が、そもそも音波探査によって活断層の可能性を否定することには強い疑義が示されている[(4)(15)(16)]。また、音波探査結果のみによって活断層の存在を否定することは、「活断層等に関する安全審査の手引き」に違反している[(17)]。音波探査記録の扱いに関しては、今後の慎重な検討が必要である。

文献および注

（1）「S 面」とは、神奈川県の下末吉という地域で詳しく調査された「下末吉面」の頭文字を取って「S 面」と呼ばれるようになった。今から約 12.5 万年前は、現在より少し海面が高い温暖期であり、海面高度が安定していたため、広い平坦面が形成された。

（2）小池一之・町田洋編：日本の海成段丘アトラス、東京大学出版会（2001）

（3）断層運動が起こっても岩石が切断されずに、岩層の連続性が維持されて形成される S 字状の褶曲のことである。

（4）渡辺満久・他：活断層研究、29,15（2008）

（5）日本原燃：「六ヶ所再処理工場の直下に活断層か」などの主張に関する当社の考えについて（2008） http://www.jnfl .co.jp/event/080528-dislocate.html

（6）内山太介：日本原子力学会誌、50,748（2008）

（7）渡辺満久：科学、本特集（2008）

（8）町田洋・新井房夫：新編火山灰アトラス、東京大学出版会（2003）

（9）日本原燃：再処理施設及び特定廃棄物管理施設「発電用原子炉施設に関する耐震設計審査指針」等の改訂に係る耐震安全評価報告—— 敷地周辺・敷地近傍・敷地内の地質、原子力安全・保安院、合同 W4-3（2008）

（10）日本原燃：再処理施設及び特定廃棄物管理施設「発電用原子炉施設に関する耐震設計審査指針」等の改訂に伴う耐震安全性評価について—— 出戸西方断層と向斜構造との関係、合同 B2-2（2008）

（11）東奥日報 2008 年 6 月 24 日記事

（12）東北電力：東通原子力発電所大陸棚外縁断層の評価について（1996）

（13）日本原燃：下北半島東方沖大陸棚外縁の断層評価について（1996）

（14）日本原燃：再処理施設及び特定廃棄物管理施設「発電用原子炉施設に関する耐震設計審査指針」等の改訂に係る耐震安全性評価報告—— 天ヶ森沖周辺の海上音波探査結果、合同 B6-3-2（2008）

（15）渡辺満久：地理科学、60,17（2005）

（16）石橋克彦：科学、79, 9（2009）

（17）中田高：科学、本特集の「活断層調査において変動地形学的手法がなぜ重要か」（2008）

［出典：『科学』Vol.79 No.2:182-185］

第Ⅳ部　他地域：むつ市、東通村、大間町の動向

第Ⅳ部　＜むつ市、東通村、大間町の動向＞資料解題

茅野恒秀

第Ⅳ部＜むつ市、東通村、大間町の動向＞には、24点、91ページにわたる資料を収録した。

この解題では、むつ市、東通村、大間町の動向について、焦点となるべきトピックを提示し、本資料集に収録している資料の解説と補足を試みる。すなわち、むつ市における使用済み核燃料中間貯蔵施設問題（第1節）においては、中間貯蔵施設の立地・誘致構想とそのねらいはいかなるものか（第1項）、誘致の決定までの過程はいかなるものか（第2項・第3項）、中間貯蔵施設の誘致をめぐる住民投票条例はいかにして否決に至ったのか（第4項）、東京電力の正式立地協力要請と立地協定の締結はいかなる過程で行われたか（第5項）。東通原子力発電所および大間原子力発電所問題とはいかなるものか（第2節・第3節）。

1．むつ市における使用済み核燃料中間貯蔵施設問題[1]

（1）唐突な立地構想の表明と誘致のねらい

2000年8月31日、むつ市に原子力発電所から出た使用済み核燃料を発電所外に保管する「中間貯蔵施設」の立地計画が明らかになった。杉山粛市長に対する県紙『東奥日報』の取材によって明らかになったもので、計画は1997年から水面下で打診が続けられていたという〔**資料Ⅳ-1-1**〕。杉山市長は、取材に対して「県議時代から海外にも出掛けてさまざまな原子力関連施設を視察してきたが、中間貯蔵施設は原発と違って核分裂もなく、原子力関連施設の中で最も安全な施設と考えている」と答えた。スクープ的な形で計画が明るみに出、事業者となる東京電力は「むつ市から申し入れを受けたことはない」と事実関係を否定した（東奥日報、2000年8月31日）。

この『東奥日報』による報道は、誘致計画の「発覚」といえるほど衝撃的で、市議会では、直後の定例会で中間貯蔵施設に関する質問を行った7議員のうち、6議員が「寝耳に水」と表現したことがそれを象徴している。杉山市長は「今の時点で立地の可能性はないということだが、東京電力からの立地可能性調査の申し入れがあれば受け入れたい。実際に申し入れがあれば、まず議会に諮ることになる」（東奥日報、2000年9月12日）と答弁していた。ところが市長は11月末に、市議会全員協議会で「180度方針転換となった」とむつ市からの立地可能性調査実施要請を行うことを説明した。直後、市助役が東京電力を訪れ、調査実施要請書を提出した。翌11月30日の『東奥日報』の見出しは「核燃中間貯蔵施設の”誘致表明”」と、むつ市が「誘致」に踏み出したことを表現している。

要請書を受けて一週間後に、東京電力は青森県庁に木村守男知事を訪ね、同市関根浜地区で調査を開始することを報告、知事の了解を得た。東京電力は、2001年1月、むつ市内に中間貯蔵施設立地調査所を開設した。調査所は、2月に市議会議員、市職員を対象にした事業説明会を開催した。3月に入ると市民向けの説明会を開催し、のべ510人が参加した。調査所は、4月1日から一年間、気象データを観測するとともに、ボーリングによって地質・地下水調査等を進めた。むつ市は、

4月1日に「中間貯蔵施設立地調査対策室」を設置した。むつ市議会では、3月定例市議会に「使用済み核燃料中間貯蔵施設『リサイクル燃料備蓄センター』に関する調査特別委員会の設置について」の動議が提出・可決され、全議員が委員となり、2003年6月まで審議を続けた。

むつ市はなぜ中間貯蔵施設を「誘致」したのだろうか。この構想が明るみに出た際、杉山粛市長は「原子力工学を中心とした大学の設立資金などに活用」と発言していた〔**資料Ⅳ-1-1**〕。一方で、2000年9月の市議会定例会、11月の東京電力に対する立地可能性調査実施要請書には「恒久的な財源確保」が理由として挙がり、2001年に入ると原子力関係のメディアのインタビューに対して「全国から学生を集められるような大学をむつ市につくろうところからスタートした」「高校のレベルを充実させよう」というねらいがあったと話す〔**資料Ⅳ-1-2**〕。6月には「関根浜を日本、あるいは太平洋の海洋研究の基地にしたい。その金をつくるのが中間貯蔵施設」と発言（東奥日報、2001年6月7日）。市長の説明は、いくつかの理由を表示しながら、その後も学術研究都市建設構想と財政再建の両者をいったりきたりする発言が続いた。

では、原子力事業・政策における中間貯蔵施設の位置づけはいかなるものか。東日本大震災前、日本の原子力発電所からは年間900～1000トンの使用済み燃料が発生していた。国外で再処理を委託する以外の使用済み燃料は、各原子力発電所のサイト内に貯蔵され、その量は11000トンを超えている。原発サイト内に設定されている使用済み燃料貯蔵プールは、その管理容量に対して貯蔵量が増え、中間貯蔵施設は、原子力発電事業の維持には欠かせない施設と認識されるようになっていた。総合資源エネルギー調査会・原子力部会は、1998年6月に「リサイクル燃料資源中間貯蔵の実現に向けて」をまとめ、この報告を受けて、1999年6月に「核燃料物質及び原子炉の規制に関する法律（原子炉等規制法）」が改正され、「貯蔵の事業に関する規制」が定められた。

事業者にとっては、各原発サイト内での使用済み燃料保管に代わる施設が認められたことは願ってもないことであった。たとえば、東京電力・福島第二原子力発電所では、すでに2001年の段階で貯蔵量が管理容量の94%に達していた。

原発サイト内の貯蔵が限界に迫る原子力事業の背景を踏まえて、国は中間貯蔵施設を、他の原子力関連施設と同様に電源立地施設と位置づけた。それは、立地地元市町村を、電源三法（電源開発促進税法、電源開発促進対策特別会計法、発電用施設周辺地域整備法）による交付金の交付対象とすることでもある。この動きに、自治体が誘致に乗り出したという構図が、むつ市にあてはまる。

（2）誘致表明に向けた周辺状況の進捗

東京電力が立地可能性調査を開始したことで、2001年度よりむつ市には「電源立地等初期対策交付金」年額1.4億円が交付された。その後、電源三法交付金のひとつで操業開始5年後までに交付される「電源立地促進対策交付金」が総額35億円にのぼると試算されていること、交付金の総額は、50年間で総額322億円にのぼることなどが市民に示されている[2]。同年7月に策定したむつ市の「新長期総合計画」では、市の将来像として世界的な海洋科学研究都市を掲げている。同年9月30日に行われた市長選挙は、杉山粛が５期目の当選を目指し出馬、むつ商工会議所会頭の菊池健治県議会議員は中間貯蔵施設「凍結」を掲げ、むつ市出身の弁護士で原子力長期計画策定委員を務めた石橋忠雄が「反対」を掲げ、それぞれ出馬した。結果は、杉山が12000票余、菊池が10000票余、石橋は5000票余をそれぞれ獲得し、杉山が５選を果たした。

2003年4月、東京電力はむつ市を訪れ、立地可能性調査の終了報告を行った〔**資料Ⅳ-1-3**〕。報告は、「全ての調査において、施設の立地に支障となる技術的データはなく、むつ市関根浜港周辺地域において中間貯蔵施設「リサイクル燃料備蓄センター」を建設することは、技術的に可能であると判断できる」とするものだった。

立地可能性調査を終え、むつ市は市内の商工・文化など各団体の幹部24人からなる「使用済燃料中間貯蔵施設対策懇話会」（委員長：工藤強男・むつ市行政連絡員連絡協議会監事）と、放射線や地質などの識者7人で構成する「専門家会議」（主査：山路昭雄・元海上技術安全研究所原子力技術部長）を設置した。

「懇話会」は、2003年4月9日の第1回会合で東京大学原子力研究総合センター助教授による講演を実施。その後も日本原子力文化振興財団を経由する講師が放射線や地域振興をテーマに講演をし、それに対する質疑応答と意見交換という審議内容であった。委員からは、「推進派ばかりでなく、反対派の有識者の講演も聞きたかった」との声もあがった（東奥日報、2003年5月28日）。また、この懇話会では、誘致理由をめぐる市長の発言が二転三転するという問題があった。第1回会合では、杉山市長は誘致の理由を、あくまで市の財政建て直しとしていた（東奥日報、2003年4月10日）。しかし最終回となった第5回会合で、「財政が悪化したから誘致するというのは、市長が今までの失策を白状するようなもの」と委員が意見したことに対して、杉山市長は「財政は市町村合併で立て直す」とし、海洋科学研究都市構想や公立学校の新設などの資金確保のためであることを強調した。このため、工藤委員長も「夢のような市長の構想を聞いて非常に驚いた。誘致が財政再建のためではないと分かっていれば、『それなら、あえて誘致する必要はない』との意見が増えただろう」と話した（東奥日報、2003年6月6日）。

「専門家会議」は2003年4月17日に第1回会合（むつ市・下北文化会館）、第2回（4月23日・茨城県東海村）、第3回（4月24日・東京）、第4回（5月8日・東京）の会合を経て、5月21日に仙台で開いた第5回会合で杉山市長に答申した〔**資料Ⅳ-1-4**〕。5回のうち、地元での開催は1回のみ、実質的な審議は3回のみという急ピッチで行われた開催方法や、多種多様な検討項目に対して、わずか5週間で答申をまとめたことには批判が相次いだ。この専門家会議がとった、事業者が調査し、報告した内容に限り評価を加え、最終的な安全審査は国が行うとするスタンスは、青森県が核燃料サイクル施設立地に際して設置した「原子燃料サイクル事業の安全性に関する専門家会議」のスタンスと酷似している。

（3）杉山市長による市議会における誘致表明

「懇話会」で市民の声を、「専門家会議」で専門家の声を、いずれも事業推進として受けとめ、市は「中間貯蔵を急がなければならない」「赤字再建団体への転落防止という事情を抱えている」として、中間貯蔵施設誘致の意思決定を急ぐ方向を明らかにした。具体的には市議会2003年6月定例会において、誘致の是非の判断を求めることとした。

この方針に対して、5月2日には、早期誘致を求める「むつ商工会議所」と、誘致判断をとりやめることを要望する市民団体「下北の原発・核燃を考える会」が同日に要望書を市長に提出した。むつ商工会議所の鷹架武一会頭は「倒産が増えているため、市にハッパをかけて誘致を急がせろ、という声が多くなってきている」と市財界の声を代弁した（東奥日報、2003年4月24日）。5月19

日には商工会議所により、「リサイクル燃料備蓄センター誘致推進協議会」が設立された。協議会は誘致に賛同する市内有権者の署名を集め、6月9日までに19570人分の署名と要望書を市と市議会に提出した。

このような状況下、2003年2月8日に結成していた「むつ市住民投票を実現する会」は、5月24日から住民投票条例制定請求の署名活動を開始することを発表した。しかし、女性スキャンダルに端を発して5月15日に木村守男県知事が辞職を表明、知事選が6月29日に行われることが決定し、地方自治法の規定により投票日まで署名活動ができなくなってしまった。これに対して「市民に対し運動が始まったことをアピールしたい」との思いから、5月20日に、むつ市に対して住民投票条例制定請求の手続きを行った。

杉山市長は6月5日に「懇話会」答申を受け取った直後の記者会見で、「私が判断したことを申し上げる時期は5日間早い」と、6月10日の市議会調査特別委員会が意見集約の場となることを示唆した（東奥日報、2003年6月5日）。同日の特別委員会は、誘致理由および市長の姿勢についての質疑、使用済燃料の永久貯蔵の懸念に関する質疑、電源三法交付金に関する質疑が交わされた。最終的に、「専門家会議の報告、懇話会の答申、立地が想定されております地元水川目町内会、関連4団体の要望書、昨日提出されました商工会議所の2万名にも及ぶ誘致の署名、十数回に及ぶ本特別委員会の知見の集積によりまして、立地に支障なしと委員長報告をまとめるべきものである」[3]という、宮下順一郎市議の総括を経て、委員長に委員長報告の意見集約を迫るものとなった。委員長報告は「立地は可能」との文言で集約され、立地に反対する3名の少数意見を付してまとまり、2年以上にわたる調査特別委員会の審議は終了した〔**資料Ⅳ-1-5**〕。少数意見の主な内容は、「安全性に問題がある」、「住民投票の結果を見極めるべき」、「議論は尽くし足りない」の3点に集約される。

6月17日より開会した市議会定例会では、初日に調査特別委員会報告が了承された。議会最終日の6月26日、一般質問を含むすべての議事が終了した閉会直前、杉山市長によって誘致表明が行われた〔**資料Ⅳ-1-6**〕。杉山市長の誘致表明には、誘致理由の筆頭に「赤字再建団体に転落寸前の財政」が挙がり、そのために「財政需要を恒久的に満たす努力が必要不可欠」とされた。すべての議事が終了しており、本会議への提出案件ではなかったため、誘致表明の是非は本会議による議決も行われず、一方的に行われた形となった。この誘致表明は、複数の市議より「議会の議決を得ないで職権による誘致表明を行うことは職権濫用そのもの」（東奥日報、2003年6月27日）と強い批判をうけたが、杉山市長は「議会に議決事項として示すものの範囲には入っていない[4]」という理由から、特別委員会の検討経過を踏まえ、本会議の最後に考え方を示したと説明する。しかし、一方で筆者らのヒアリングに対して、特別委員会は「立地は可能」と結論づけたのであり、「立地に向けた誘致を実施する」とは結論づけていない、との疑問を呈する市議もいた[5]。

このように、市のもっとも大きな意思決定の場である市議会本会議においては実質的審議が行われないまま、杉山市長による誘致表明をもって、むつ市は使用済み核燃料中間貯蔵施設の誘致を決定したことになる。

（4）住民投票条例の制定請求をめぐる論議

市議会における市長の誘致表明後、青森県知事選の終了を待って、2003年6月30日に「むつ市住民投票を実現する会」が住民投票条例制定請求のための署名収集活動を開始した。法定数は有権者の2%でおよそ800筆が必要となるが、その数を上回るのは確実で、どこまで署名数を延ばすことができるかが焦点となった。署名は､受任者70名が戸別訪問や街頭で収集した〔資料Ⅳ-1-7〕〔資料Ⅳ-1-8〕。

署名は開始から3日で543筆、8日間（7月7日まで）で1057筆となり法定数を超えた。「署名したいのに受任者が自宅に来てくれない」という声に対応するために、急きょ5ヶ所の「署名ステーション」も設置した。7月17日には2810筆、8月4日に市選挙管理委員会へ提出した署名数は5855筆に達し、選管による審査の結果、最終的な署名数は5514筆で確定した。むつ市有権者の13%弱となり、法定数を大きく上回った〔資料Ⅳ-1-9〕。この住民投票条例制定請求は、9月定例市議会で審議されることとなった。

総説で述べたとおり、この間、1999年12月に市長が砂利販売会社社長に中間貯蔵施設誘致計画を漏らし、翌年1月には市幹部が会社社長に建設候補地を示す図面を渡し、会社社長が当該土地を購入・転売して利益を得ていたことに加え、市長がこの会社社長から政治献金を受けていたことが判明した。誘致情報が特定の人間に漏えいし、市長への政治献金につながっていたことで、誘致計画に対する市民の目は厳しくなった。「使用済燃料中間貯蔵施設対策懇話会」の工藤強男委員長は、「市長の越権行為だ」と市の体制を強く批判、5514筆の住民投票条例制定請求署名を集めたばかりの「住民投票を実現する会」は「特定の者にだけ情報を提供し、秘密裏に誘致活動を進めてきた結果」と断じた（東奥日報、2003年8月20日）。誘致情報漏えい疑惑で揺れる市政に対して、「住民投票を実現する会」による住民投票条例制定の本請求が8月27日に行われた〔資料Ⅳ-1-10〕。

住民投票条例案を審議する市議会9月定例会では、開会初日、誘致情報漏えい疑惑に端を発する市長不信任決議案の緊急動議が高田正俊市議から出された〔資料Ⅳ-1-12〕。賛成6票、反対15票で不信任決議案は否決されたが、当時、与野党の比率が19:3と言われる市議会内の勢力分布からすると、市長への批判票が顕在化した結果であった。

9月4日、杉山市長によって住民投票条例案が提案された。提案には市長意見が付され、そこでは東京電力による立地可能性調査、地区別説明会と視察会、「専門家会議」と「懇話会」、市議会調査特別委員会など、「安全性の確保を第一義に、市内各界各層の意見聴取を行い、さらにはこれまでの市議会における議論を踏まえ、本職として結論を導き出したもの」であるとし、「住民投票を実施する必要はないものと判断しているので、本条例の制定には賛成できない」とあった〔資料Ⅳ-1-11〕。

以下、焦点となった市議会9月定例会における論議をまとめよう〔資料Ⅳ-1-12〕。

9月5日は、一般質問登壇者4名全員が中間貯蔵施設に関連する質問を行い、主に条例案の質疑となった。5名の市議からの質疑の後、正副議長を除く議員全員（19名）による「使用済み核燃料中間貯蔵施設の誘致に関するむつ市住民投票条例にかかわる特別委員会」の設置が決定された。

9月9日、特別委員会において「むつ市住民投票を実現する会」を代表して野坂庸子・斎藤作治両代表が参考人意見を発表した。野坂代表は「市民の総意をくむため、市民の権利として、未来世代への義務として、市民みんなの投票で決めるべき」、斎藤代表は「住民投票の基本は住民の良識に信頼すること。条例制定後は、市民が誘致の可否を勉強することになるため、市民自身が政治課題を学ぶ最高の機会になる」と意見を述べた（東奥日報、2003年9月9日）。

条例にかかわる特別委員会は、定例市議会最終日の9月11日午前に採決をとり、条例案を3対15

で否決した。次いで本会議で行われた特別委員会報告に対して、7名の議員による賛成・反対討論が行われた。討論要旨は下記の通りである。

石田勝弘議員（賛成：4月からのたった2ヶ月間で住民の意見を十分に聴取したとは思えないので住民投票は方法のひとつ）

馬場重利議員（反対：市議会は6月市議会ですでに立地可能との判断をし、市長は正式な誘致表明も行っている。改めて住民投票を実施する必要はない）

新谷昭二議員（賛成：2000年8月の計画発覚以来、市議会に議題として提出せず、立地可能性調査は市長に執行権で行い、議会の下級機関である特別委員長報告をもって誘致を発表する市の進め方は民主主義に反する）

山本留義議員（反対：リストラや企業倒産、皆無作の稲作、ホタテの大量へい死などむつ下北地域の経済の悪化を考えると、中間貯蔵施設で一条の陽光が差すことを願う）

高田正俊議員（賛成：市民の声をよく聞くことがむつ市の行政に求められている。住民投票の結果を尊重すればいいのではないか。難しいことではない）

宮下順一郎議員（反対：下北は一つと考えれば、むつ市民のみの住民投票では決められないし、法に基づいた立地であることを踏まえるべきである。市議会での審議・議論・決定の過程に瑕疵はない）

川下八十美議員（反対：住民投票そのものは否定するわけではない。5514筆の署名は重く受けとめる必要があるが、反面、議会制民主政治を否定しかねない。また6月議会で誘致是非の判断を強行したとする請求者代表の考えには重大な事実誤認も認められる）

次いで採決が行われ、賛成者3名、反対者17名により、中間貯蔵施設誘致の賛否を問う住民投票条例案は否決され、むつ市議会177定例会は閉会した。

5514筆の署名を集めながら、条例制定がかなわなかった「むつ市住民投票を実現する会」は、10月8日に「運動報告のつどい」を開き、会の解散を決定した。解散から約3ヶ月を経て、活動の回顧を座談会形式で行った〔**資料Ⅳ-1-14**〕。

（5）東京電力の正式立地協力要請と立地協定の締結

2004年2月、東京電力はむつ市に対して正式に、むつ市の立地要請を受けた社内検討の結果を報告し、改めて「リサイクル燃料備蓄センター」への立地協力を要請した〔**資料Ⅳ-1-13**〕。

その後の中間貯蔵施設立地に関する意思決定には、青森県が加わり、核燃料サイクル施設の事業進捗状況を睨みながら事態が進んでいった。2004年前半は、日本原燃が再処理施設の総点検を実施し、その県民への説明が完了していなかった。三村申吾青森県知事が、中間貯蔵施設の立地に踏み出すのは、2004年11月、六ヶ所再処理工場の総点検が完了し、ウラン試験実施の協定を締結したことがきっかけとなった。

青森県は、中間貯蔵施設の「安全性チェック・検討会」（主査・平川直弘東北大学名誉教授）の検討を経て、県議会全員協議会（5月16日）、県民説明会（5月25日から、5ヶ所）、県民対象の「ご意見を聞く会」（6月19日）を相次いで開催した。

2005年10月に投開票されたむつ市長選挙は、現職の杉山粛市長が、財政再建を公約に立候補した石橋忠雄、中間貯蔵施設誘致白紙撤回を掲げた吉田麟らを退けて、6選を果たした。選挙結果を受けて、三村知事は10月19日、中間貯蔵施設立地に同意を正式表明し、「使用済燃料中間貯蔵施設に関する協定書」が締結された〔**資料IV-1-15**〕。

2．東通村における原子力発電所立地問題

六ヶ所村の北側、むつ市の東側に位置する東通村では、1965年に村議会が原子力発電所の誘致を決議していた。それを受けて東北電力と東京電力が用地取得に乗り出したが、当初の目論見は原子力発電所20基という空前の規模のエネルギー基地であった。その後、1981年に4基の原子力発電所建設計画を発表したが、漁業補償問題が長期化して妥結を見たのは1990年代であったため、建設計画は大幅に縮小・変更されていた。

白糠、小田野沢、尻労、猿ヶ森、老部川内水面、泊の各漁協は、1995年までに漁業補償協定を東北電力・東京電力と締結した。東北電力は同年から、東通原子力発電所１号機の環境影響評価書、原子炉設置許可申請書を国に提出するなど、建設の具体的準備を進めた。原子炉設置許可申請書の提出から約１年後の1997年9月、国は原子力委員会・原子力安全委員会に、原子炉設置許可申請書の基準適合性について諮問、両委員会は1998年8月に答申し、同月、国（通商産業省）が原子炉設置を許可した〔**資料IV-2-1**〕。東北電力は翌月に工事計画認可申請を提出し、1999年3月、東通原子力発電所１号機に着工した。

東北電力の工事がほぼ完了に近づくと、三村県知事は、2003年の就任後、新たに設置した「青森県原子力政策懇話会」の席上、東通原子力発電所に係る安全協定の締結に向けて、協定案を提示した。懇話会で多くの委員は、安全確保・防災のあり方について質問した〔**資料IV-2-2**〕。

2004年2月、「東通原子力発電所周辺地域の安全確保及び環境保全に関する協定書」は、青森県知事、東通村長、東北電力社長の３者によって締結された〔**資料IV-2-3**〕〔**資料IV-2-4**〕。次いで、「東通原子力発電所隣接市町村住民の安全確保等に関する協定書」がむつ市長、横浜町長、六ヶ所村長、東北電力社長との間で締結された。

安全協定の締結に伴い、青森県は東北電力東通原子力発電所1号機の核燃料に課税する核燃料税について、核燃料価格の12％とすることで総務省の同意を得、2004年6月より施行した。東北電力東通原子力発電所1号機は、同年12月に燃料を装荷、試運転を開始、2005年1月に臨界に達し、12月より営業運転を開始した。

2006年9月、東京電力が東通原子力発電所１号機の原子炉設置許可申請書を経済産業省に提出し、同年12月から準備工事を開始した。2010年12月、経済産業省は東京電力に原子炉の設置を許可したが、翌年3月11日に発生した東日本大震災・福島原発事故の影響により、工事は中断したままとなっている。

3．大間町における原子力発電所立地問題

津軽海峡に面して「大間マグロ」で有名な大間町では、1976年、町議会が「原子力発電所新設に係る環境調査」実施の請願を採択して、原子力発電所誘致の動きが町内からわき上がった。それ以前、1973年頃から北海道への電力輸送の海底ケーブルの調査のため、国の特殊会社である電源開発株式会社が大間町を訪れていた（鎌田,1991:256）。1982年には電源開発が立地適地調査を開始、84年に町議会が原子力発電所の誘致を決議、1994年に大間・奥戸の両漁協が漁業補償協定に

調印し、その後、炉の設計や出力変更など幾度となく計画を変更した上で、フルMOX（ウラン・プルトニウム混合酸化物）燃料を装荷する原子力発電所として、2008年5月に着工した〔**資料Ⅳ-3-5**〕。

町内には大間原発に反対する住民で組織された「大間原発を考える会」「大間原発に土地を売らない会」などが結成されており、青森全県レベルでは「大間原発に反対する地主の会」が結成されている〔**資料Ⅳ-3-1**〕〔**資料Ⅳ-3-2**〕。建設現場付近では、現在も、地権者の家族が土地の買収を拒否、「あさこはうす」を建て、大間原発反対運動を続けている。また、津軽海峡を隔てて最短で23kmの距離にある函館市は、2007年7月、2008年6月に函館市議会が相次いで意見書を提出〔**資料Ⅳ-3-3**〕〔**資料Ⅳ-3-4**〕。工藤壽樹市長自ら、大間原発建設の無期限凍結を求めるなど、対岸の大間町に原発が作られることに危機感を感じている（図１）。

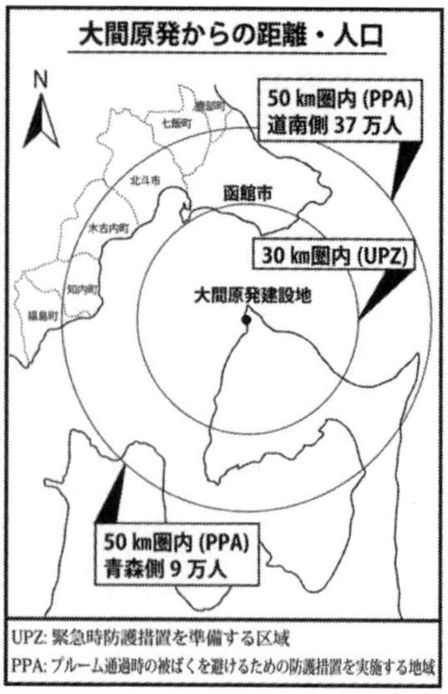

図１ 大間原発と函館市[6]

注

1 本節の内容は、茅野・吉川・川口（2006）に加筆・修正を施したものである。

2 その後の試算では、電源三法交付金の総額は約 60 年で 1290 億円になることが明らかになっている。

3 むつ市議会・使用済み核燃料中間貯蔵施施設「リサイクル燃料備蓄センター」に関する調査特別委員会会議録（平成 15 年 6 月 10 日）。

4 むつ市議会・使用済み核燃料中間貯蔵施施設「リサイクル燃料備蓄センター」に関する調査特別委員会会議録（平成 15 年 6 月 10 日）。

5 2003 年 7 月、むつ市議Ａ氏へのヒアリング及び 2005 年 9 月、前むつ市議Ｂ氏へのヒアリング。

6 函館市ホームページ http://www.city.hakodate.hokkaido.jp/soumu/ohmagenpatsu/

参考文献

鎌田慧 ,1991,『六ヶ所村の記録（下）』岩波書店 .

茅野恒秀・吉川世海・川口創 ,2006,「使用済み核燃料中間貯蔵施設の誘致過程——青森県むつ市を事例として」『法政大学大学院紀要』56:171-187.

第１章　むつ市中間貯蔵施設問題

Ⅳ-1-1	20000831	東奥日報	「使用済み核燃料中間貯蔵施設　むつ市が誘致打診」（東奥日報記事）
Ⅳ-1-2	20010406	（社）原子燃料政策研究会	子供たちが世界へ羽ばたく学校を：杉山粛むつ市長インタビュー
Ⅳ-1-3	20030403	東京電力株式会杜むつ調査所	「リサイクル燃料備蓄センター」立地可能性調査報告について
Ⅳ-1-4	20030699	むつ市役所	使用済燃料中間貯蔵施設に関する専門家会議　会議の経過と報告
Ⅳ-1-5	20030617	むつ市議会	むつ市議会第176回定例会委員会　審査報告書
Ⅳ-1-6	20030626	むつ市長　杉山粛	使用済燃料中間貯蔵施設に関する誘致表明
Ⅳ-1-7	20030699	むつ市民住民投票を実現する会	チラシ　中間貯蔵施設の誘致は住民投票で決めましょう
Ⅳ-1-8	20030699	むつ市民住民投票を実現する会	チラシ　受任者は直接請求署名を集める運動の支え手です
Ⅳ-1-9	20030815	むつ市民住民投票を実現する会	住民投票ニュース「ふるさとの声」第7号
Ⅳ-1-10	20030827	むつ市議会	むつ市条例制定請求書
Ⅳ-1-11	20030904	むつ市長　杉山粛	使用済み核燃料中間貯蔵施設の誘致に関するむつ市住民投票条例（議案第54号）
Ⅳ-1-12	20030911	むつ市議会	平成15年9月むつ市議会　会議録（第177回定例会）
Ⅳ-1-13	20040218	東京電力株式会社	「リサイクル燃料備蓄センター」の立地協力のお願いについて
Ⅳ-1-14	20040420	下北の地域文化研究所	むつ市中間貯蔵施設住民投票座談会
Ⅳ-1-15	20051019	青森県知事ほか	使用済燃料中間貯蔵施設に関する協定書

Ⅳ－1－1 「使用済み核燃料中間貯蔵施設 むつ市が誘致打診」（東奥日報記事）

原発から出た使用済み核燃料を発電所外に保管する「中間貯蔵施設」について、むつ市が一九九七年に仲介者を通して東京電力（本社東京）に誘致を打診したものの、東京電力から明確な回答はなく、棚上げ状態になっていることが三十日、分かった。むつ市は、中間貯蔵施設立地によって得られる電源三法交付金などを原子力工学を中心とした大学の設立資金などに活用することを想定していた。本紙の取材に対して、杉山粛市長が明らかにした。

使用済み核燃料は、全国の原発で年間約九百トン発生する。各原発の貯蔵プールに保管した後、六ヶ所再処理工場（最大処理能力年八百トン）で再処理される計画。

しかし、六ヶ所再処理工場が計画通り稼働しても、二〇一〇年ごろには貯蔵プールの容量を上回る。このため、電力業界は全国数地点に中間貯蔵施設を立地して二〇一〇年に操業を開始することを目指しているが、候補地は未定。

総合エネルギー調査会原子力部会（通産相の諮問機関）の資料によると、施設の規模は貯蔵容量約五千トン、敷地面積約十万平方メートルと想定。貯蔵方法は、プール方式ではなく、キャスクと呼ばれる放射線遮へい容器による乾式貯蔵で約五百基を保管する。

むつ市によると、中間貯蔵施設立地に伴う歳入として電源三法交付金と固定資産税で計二十二億－二十三億円（年間）を見込めると試算。これらを財源として、民間主体に構想されている四年制大学を設立したり、財政赤字の解消に役立てる意向だった。杉山市長は「県議時代から海外にも出掛けてさまざまな原子力関連施設を視察してきたが、中間貯蔵施設は原発と違って核分裂もなく、原子力関連施設の中で最も安全な施設と考えている」と話している。

鹿児島県・種子島周辺では、昨年から住民約四百人が東京電力・福島第一原発への無料見学旅行に参加するなど中間貯蔵施設の誘致に向けた動きがあった。しかし、鹿児島県知事が今年三月に立地反対を表明、誘致構想はとん挫した。

むつ市幹部が中間貯蔵施設の誘致打診を明らかにしたことについて、東京電力は「当社は中間貯蔵施設の候補地について幅広く検討を進めているが、むつ市から申し入れを受けたことはない」（広報部）と事実関係を否定している。

［出典：東奥日報2000年8月31日］

Ⅳ－1－2 子供たちが世界へ羽ばたく学校を：杉山粛むつ市長インタビュー

今時原子力施設の誘致？

――原子力船「むつ」では、大変お世話になりました。

【杉山市長】私は「原子力船を動かす」という公約で選挙に出たのです。当時、北村正哉青森県知事さんが私の応援に来てくださいました。北村さんが市町村長選の応援に出かけられたのは、私が初めてだったそうです。

――あの当時も原子力についてのイメージはかなり厳しくて、原子力を進めるということを早くから言いつつ選挙に出られる方は、あまりいらっしゃらなかったと記憶しています。きょうは、むつ市が使用済燃料の中間貯蔵施設を受け入れたいと表明されたことにつきまして、いろいろお話を伺えればと思います。反対派の方も言っておりますが、今時、原子力施設を積極的に誘致しようとしておられる自治体は、非常に珍しいと言うことですが。

【杉山市長】私は今年の9月が選挙なのですよ。

――しかも選挙前にそのような施設誘致を表明するということは大変なことなのではないですか。

【杉山市長】原子力施設に反対の人には、狂っているのではないかと言われました。

――中間貯蔵施設をどうして誘致されることとなったのか、その経緯とか、むつ市としての目論見とかは。

【杉山市長】この話を進め始めたのは、全国から学生を集められるような大学をむつ市につくろうというところからスタートしたのです。それにはまず、資金を集めなくてはならない。しかし、企業誘致などは非常に難しい。それならば、建設費はともかくとして、原子力関係事業ならこれからも縮小することはないだろうと考えました。

私は、海洋研究で有名な米国のウッズホール海洋研究所というところへ時々行くのです。ボストンから北上しまして、カナダの国境に近いところです。その研究所はハーバード大学とマサチューセッツ工科大学(MIT)と提携しながら研究しているのですが、研究所自体には学校という形ではなく、徒弟制度のようなかたちで研究を進めています。研究所に勤める日本人の方でアメリカの国籍を取得された方が、「一定の課程を終えると学士までは学位を出せる」と言うのです。原子力でもそういうことができるのではないでしようか。

実は、東北町(上北郡)がそれに取り組んだのですが、結局、原子燃料サイクル分野では「無謀である」ということでやめてしまった。これは難しいかなと思っていたのです。関根浜にある「むつ」の海洋研究室を海洋研究所に昇格させて、そこには、定数枠の明確なものはまだないのですが、定数の半分までは外国人研究者の枠をつくる。そうすると、外国の研究者は単身赴任ということはしませんから、小学校から高校まで地元の学校に自分の子供を入れなければならない。地元の学校に入れても、今のむつ市の学校のレベルではちょっと期待が薄いので、高校のレベルを充実させようじゃないかということになりました。

世界を対象にした高校教育を目指して

【杉山市長】例えば、鹿児島にラサールという高校があります。いまは函館にもあります。当時は東大合格を目標にした田舎の学校だったのです。アメリカのその海洋研究所の関係者で、私どもの相談にのっていただいている方が、「東大だけが大学じゃないだろう。ケンブリッジもあるだろうし、ハーバードもある。世界には名の通った学校、大学がいっぱいあるじゃないか。そういう学校に子供が入れるような授業をやらなければいかん。小学校から高校まで通してできれば一番いいけれども、とりあえずいい高校をつくろうじゃないか。市立の学校にするにしても、私立にするにしても、それなりのお金は必要だろう。その金をつくろうじゃないか。」と言うことで中間貯蔵施設の話なったのです。

アメリカ人は原子力発電所が嫌いだと言っていますから、この方もそうなのかと思っていたのです。この方がなぜアメリカの国籍を取ったかというと、米海軍からも研究所に研究資金が入っているわけです。30%が米海軍、30%が自力で稼ぐ、30%はアメリカ科学技術振興財団(日本語に直せばそんなところ)からです。そのため米海軍としょっちゅう交流しなければならないので、日本国籍ではまずいようです。アメリカにはまだそういうところがあるのでしょう。そういう方ですから、アメリカ的な発想が大変強いのです。ところが、その方は「中間貯蔵施設というのはいいじゃないか」と言うのです。わたしは、ちょっと安心しました。

ただし、学校の敷地面積はかなり必要だ。日本の高校のように4haもあればいいというのではなく、野球場もサッカー場もみんな別々につくって、オックスフォードやケンブリッジの発想のように、体を鍛えながら頭も鍛えていくという発想が原点にあります。ファルマス(Falmouth:マサチューセッツ州)という町なのですが、その町の私立の高校を2回見せていただいたのです。その高校はひどくラフでいて、またひどくしっかりしているのです。全校集会というと生徒を芝生に座らせて、校長以下の先生方が一人ずつ説教するわけです。生徒たちはそれをちゃんと聞いているのです。これが世界に通用する学校なのかという思いをしました。

そのような高校をつくるにしても、財政事情が悪い。地方行政では、いま町村合併が大前提になっていますが、周辺の7つの町村はみんな財政運営に四苦八苦しています。当然わが市も四苦八苦し、平成12年度で7億ぐらいの赤字になります。でも、それは周辺の町村がやるべき仕事を全部集約してわが市が受けている部分があるわけです。ごみも共同処理でむつ市が引き受ける、介護保険の認定作業も全部むつ市が行っている。屎尿処理も引き受けている。

いい町だといわれるほどの社会基盤の整理

【杉山市長】いずれ合併しなくてはならないのが、いまの日本の三千二百幾つある市町村の将来像です。自治省、今は総務省の管轄でしょうが、財政的にいいという市町村は2割か3割でしょう。しかし、そのようなところでも過疎とか少子化が進んでいるわけです。過疎、少子化、高齢化を救う道は合併しかないでしょう。いま黒字だからといって、いつまでも黒字でいられるという保証はないわけです。

そこで、われわれのところは社会基盤整備が遅れていますから、それを整備し、教育、学校も柱にして、世界中どこから来られても、「ああ、この町はいい町だ」と思っていただけるような町にしなければならない。

むつ総合病院という病院がありますが、ベッド数480ぐらいの中規模病院です。そこで毎年8億円から赤字が出るのです。外来棟と検査棟だけの病院を建てたときには120億円ぐらいかかりました。できた当時は開業している先生方から恨まれました、患者を取るなと。しかし来るからしょうがない。そこでチラシを配って、「掛かり付けのお医者さんを持ちましょう」と呼びかけたのですが、全く逆効果でした。いま、周辺を含わせて10万人弱のエリアをカバーしていますが、この地域から50%の患者さんが来るわけです。お医者さんはとにかく正しい診断をしよう、いい治療をしようと、機械を5年毎に全部取り替えるのです。

——お医者さんは病院の運営を任されているわけではないのですから。

【杉山市長】そう、腹は一切痛まない。RI設備も5年で替えてしまいました。CTスキャナーも、これは解像力が低いから新しいのに替えてくれと。一気に2億～3億円、RIは4億～5億円するのです。しかし、地域の医療レベルを下げるわけにいかないだろうということになります。

もう一ついい面は、医療機器を整備することでお医者さんが来てくれるだろうということです。弘前大学は医学部の学生の定数を減らしました。医者余りの時代というので。しかし入学する医学部の学生の6割が県外なのです。卒業して一定の年数が過ぎると、自分の出身地のそばの病院を紹介してくれとか、あるいは父親と一緒に診療するからといって出ていきます。いま県内はすべて医者不足なのです。そこで、住宅を整備し、医療機器を整備することで医者不足を食いとめようという苦肉の策です。

何をするにもお金がかかる

【杉山市長】そのようなことで、すべてに資金が必要です。しかし、そのために柱にするものは何か。私は昭和59年(1984年)にフランスのラアーグ再処理工場とドイツのゴアレーベンの中間貯蔵施設に視察に行きました。これは県議会の超党派で視察に行ったのです。ゴアレーベンに行くときバスの運転手が、「ドイツは道路標識が世界で一番整備されているから、絶対間違うことはありません」と言ってまた。しかし1時間ちょっと遅れました。

——標識が分かり難かったのですか。

【杉山市長】ゴアレーベンの施設の所長さんが「そうでしょう、遅れたでしょう」と言われました。「どうしてかおわかりですか」「反対運動をする人たちが大学のある町から来ます。ゴアレーベンの町で運動をスタートさせた組織は、一つか二つだけなのです。あとはよそからの人達です。」それで標識をはずしたのだそうです。

動機的に、地方の主張としては決して間違ってないのですが、いまの国の経済状態、地方自治体の財政事情を考えると、何か事業を行おうとしても金がない。宮沢財務大臣の発言がニュースになり、「消費税を上げざるを得ない」と言っていました。つまり、国自体が膨大な赤字国債を抱えて、それを何でカバーするか。国民総生産の上昇だとか国際収支がいくら黒字になっても、税収は幾分増えるのでしょうが、国家財政には直接関係しないわけですから。

でも、私どもむつ市の議会がそういう情勢の中で何かをしようと、市会議員はみなそう思っているわけです。ところが、自ら財源をつくり出すという立場にもないし、手法も知らないわけです。

中間貯蔵施設については、情報公開はもちろんのこと、説明会をし、討論会も開催する。しかし住民投票については、私の選挙が途中(今年秋)にありますから、住民投票と性格的には同じものと考えています。ただ、私の支持者には、施設に反対だけれども投票するという人がいるかもしれないけれども、それはそれでいいのではないかと思います。というのは、原子力船「むつ」を動かすのに6年かかったのです。昭和60年に当選して、平成3年までかかりました。その間、随分いろいろな人と話をして、実際に動かしてみたら、「なんだ、こういうものだったのか」ということになったわけです。

そういうわけで、原子力船の基地だった周辺の人たちは、今回の施設の誘致にほぼオーケーなのです、そこの町内では、早く説明会を開いてくれと言われているのです。

——「むつ」の問題でいろいろもめて、いろいろな議論がなされて、それが逆に言えば原子力を理解する上での肥やしになっているようですね。

中間貯蔵は電力会社の資産を預かる施設

【杉山市長】原子力研究所と別に、私は個別の説明会を行ったのです。町内会長さんたちに集まっていただいて、サキイカを買ってきて一杯飲みながら説明と話し合いをしたのです。協力金を出せという要求があったのですが、ちょうどそのときには関根浜に漁港を建設中で、「金は出さない。稼いで金を取ればいいじゃないか。漁港は5年計画だけれども、3年で完成させる」と約束しました。その後当時の副知事と話し合いをして、漁港の建設を早めることで協力していただけることになりました。杉山というのは漁港の早めに建設するということをきちんとやった。その後のフォローもきっちりしている。だから原子力船も動かして大丈夫なのだろう、ということに在りました。直接、船の話だけしたのではないのです。

——信頼関係の構築ですね。

【杉山市長】そうなのです。ですから、日本原子力研究所も、あるいは海洋科学技術センターも、ほぼ1年に1回、周辺の漁協の組合長さんや一般の人に集まってもらって、何らかのお祝いをやるわけです。みな溢れんばかりに集まってきます。そういう信頼が底辺にありますから、議員さんたちも安心なのです。

中間貯蔵施設についても、「杉山が外国で見てきて、『いい』と言っているのだから」「杉山はさわってきたそうだ」、と。そのようなレベルのものですよ、核燃料サイクルの中でも最も何も起こさない施設ですよと言っているのです。

いま六ヶ所村で使用済燃料の搬入が進んでいますが、それをわが地域にも施設をつくってもらって協力するよと言うところが出てきたら、相乗効果が出てくると思うのです。

——使用済燃料は、結局は再処理をしてウランとプルトニウムを取り出し、それをまた燃料に作り直して発電所に入れるわけですから、電力会社にとっては大切な資産なのです。それをこちらで預かりましょうということは、両方にとってもいいことです。

【杉山市長】中間貯蔵じゃなくて、最終貯蔵にするのではないかと言う人がいますから、六ヶ所の施設だけで全部貯蔵しきれないほどのものが出る。貯蔵しきれないものを受け入れても、ただ、いったん入れたものをきちんとしまっておくだけ、ということではない。早くに貯蔵したものから再処理するのだから、順繰りに送り出していって、また新しいものが入ってくる。同じものは留まらず、回転するのだけれど、常に使用済燃料が入っていることになるから、永久貯蔵施設のようなものかもしれない。それは考え方だよと言っています。それを言葉のあやで、反対するための理屈として「永久貯蔵じゃないか」というのは、ちょっと受け入れがたい論理ではないかと言っているのです。

「原子力は、どこにも最終処分場がないではないか」ともよく言われるのですが、いや、ドイツだって、私が行ったときは岩塩層に埋めると言っていたけれども、まだ岩塩層のきちんとした研究が終わっていないということで、フランスから持ってきた廃棄物は保管してある。そういう状態が慎重の上にも慎重を期すということなのだと説明しています。ドイツ国民らしい慎重な進め方ではないか。それをわが国も手順として見習わなければならない。岩塩層というのは非常に安定した地層で、ドイツにはたくさんあるようですが。

——うらやましい限りですね。

【杉山市長】私は「北海道と本州を結ぶ橋を架ける会」の会長なのです。会長にさせられてしまったのですが。この橋の話は、私ども青森の木村知事がおっしゃるには「ロマン」で、北方四島を結んで、さらにロシア本国まで橋を架ける。それで物流が一層生じる、というところまでロマンが広がっているのです。ですから、そのころになったらわが国も地層、地質の調査もだいぶ進むでしょう。国内に適地がないのであれば、外国で保管料を払うということもあり得ることです。これは陸上を運ばなくても、船でも運べるわけですから。

関根浜の原研の港がそのまま使える

——ドイツのゴアレーベンやアーハウス中間貯蔵施設への運搬には列車を使います。それを反対運動が妨害して大変だという話は聞いております。

【杉山市長】関根浜の構想では公道を1mmたりと

も使わないということです。ロケーションとしては一番揃っていると思うのです。日本原子力研究所の港もありますし。

——港を拡張する必要がありますか。

【杉山市長】拡張工事は必要ありません。原子力船「むつ」は8,000tで、そのための港でした。「むつ」が入港するときには、タグボートが2隻なければだめだったそうです。今度仮に船で運び込むということになったとしても、せいぜいその船は1,000t未満です。ですから、タグ1隻で十二分に安全に入港できます。

——ドイツのアーハウスの関係者に伺った話では、そこで反対運動をしている人は、週末にその地域に住む人たちだそうです。大都市で働いて、週末にはアーハウスにある家、別荘のような感じですが、そこに住んでいる。そういう人たちが反対するという話で、地元の人の反対はほとんどないと、だいぶ施設の関係者も怒っておられました。

【杉山市長】さっきの、大学のある町から反対者がやってくると言うことですね。実は施設の視察については、ドイツなどに行って見て、調べて、話し合ってきてもらわないとならないと思っています。各国の中間貯蔵施設については、「電気新聞」がずっと連載しました。そのコピーを全部もらいました。

放射線の治療施設が緊急時医療に

——貯蔵施設の誘致に関連して、杉山市長から国に対して要望することはありますか。

【杉山市長】いま考えとしてありますのは、放射線による治療や、放射能が漏れた場合に対応できる施設、例えば放射線総合医学研究所が行っているような医療施設を建てることです。昨日(2月19日)、昭和40年代のNHKの特集番組の再放送があり、イリジウム172の紛失事件ですか、眠いのを我慢して見ていました。あの当時、放射線被曝をお医者さんが診断できなかった。原因不明の皮膚病ということで片付けられた。そういうことがあってはならない。それともう一つは、進行癌などに対する医療も併せてできないかという考えです。しかし、私の基本的な考え方は、物取り主義はやめようよということです。「あれもこれもやってくれ」ということは言うべきではないとの思いがあります。

——重粒子線による治療が日本でも本格的になりつつありますが、かなりの金額がかかりますので、そこが非常に難しい。

【杉山市長】概算で100億円はかかるだろうと言っていますが、100億円かけてできるのでしたら安いものです。むつ総合病院は、建物だけで80億円です。諸医療機器を入れて120億円ぐらいですから、100億円でできて、それで高度医療ができるということであれば、少なくとも東北全地域の患者さんに利用していただける。

——JCO事故後、原子力施設での万が一の事故に対応した第二次医療施設を各地域で整備するということになっており、その整備が進められていますが。

【杉山市長】青森県が指定したのは、むつ総合病院です。

——六ヶ所村に原子燃料サイクル施設、東通村に原子力発電所、大間町に原子力発電所の建設や計画があり、むつ市はちょうどそれらの真ん中に位置しますね。ところが、二次医療ができるお医者さんを置くにしても、そのレベルを常に保っておくことはなかなか難しい。ましてや原子力施設での従業員が大量に被曝するような事故は皆無に近い。そうするとお医者さんの訓練にもならない。そこで、重粒子線やX線による放射線治療の施設があり、日頃からその方面に心血を注いでおられるお医者さんがいるといないのでは、ずいぶん違います。そういう意味ではその様な施設の敷設は一石二鳥で、非常にいい考えだと思うのですが。

【杉山市長】県の防災計画が見直しになって、緊急時医療施設の指定を受けたのがむつ総合病院です。県からは対応を考えろと言われました。県としてはそのための予算は出さないけれども、指定はするというわけです。

むつ市が中心となって介護を進めている

——それは困った話ですね。ところで、むつ市は、下北の経済圏での中心都市として、経済分野の中心的な役割を果たしてきたと思いますが、市長から見て、将来的に向かって理想的なむつ市のあり方とは、どの様なものだと思われますか。

【杉山市長】非常に難しいですね。

——若い人を対象に、例えば学校教育を豊かにするという話を伺いましたが、その中の一つの手法として中間貯蔵施設を誘致して、それを振興の起爆剤として利用するというお話だったと思うのですが。

【杉山市長】アンケート調査をしましたら、住民が行政に要求するのは、「自然を守ってくれ」というのが70%なのです。そう言いながらも、このような、あのような施設が欲しいと言います。私が市長になって16年目ですが、学校はずっとつくってきました。いま手がけている学校で五つ目です。3年に1校ずつつくっているという勘定になります。まず学校と病院は絶対きちんとしておかなければなりません。学校の先生の中には、むつ市内の学校に転勤になるということが一つのプライドになってきているようです。

病院の患者さんは、半分はむつ市外の人たちです。それだけ信頼されていると言えるのでしょうか、患者さんは文句ばっかり言いますけどね。「医者が悪い、看護婦が威張ってばかり」とね。「じゃあなぜ来るの」と聞くと、「ほかの病院ではここまで見てくれないから」と言います。まず生きるための基礎になるのは、子供と病院ということで、ここまでやってきました。

介護保険のルールとして、まずかかりつけのお医者さんの判断が必要なのです。かかりつけのお医者さんはむつ総合病院ですということになってくるわけです。ですから、介護保険もみんなむつ市で受けましょうということになります。むつ市の職員は大変ですが。

次は、老人の問題です。老人の問題だけ対策を進めているわけではなく、若い人もいますので、若い人たちが余暇を楽しむための施設を町村が競争でつくるわけです。無駄になるわけです。ある町長は、隣の町で施設をつくったのだから、わが町でもつくらなければということになります。結局、半端なものしかつくれない。

むつ市は陸上競技場をつくったのです。県下で初めての市立の二種公認陸上競技場です。弘前、青森、八戸にもなかったのです。それを電源三法交付金でつくりました。当時、通産省が反対したのです。交付金の目的にそぐわないと。そうしましたら、当時の青森県のむつ小川原開発室長さんが、「それはおかしい、働く人たちのための施設をつくれとか、観光のための施設をつくれと言っているけれども、解釈のしようでいかようにもなるだろう」と助言をしてくれまして、それでまあいいだろうということになりました。市民には大変喜んでもらいました。むつ市の後、弘前市が新しくつくり、八戸市がつくりまして、全国大会に出てもそれなりに活躍できるようになってきたのです。

住民の要望に応えたい

【杉山市長】図書館も去年の4月にやっとオープンしました。日本一の図書館です、蔵書数を除けば。蔵書数はいま未整理のものを含めると10万冊に達します。6万冊でスタートさせたのですが、その後、買ったものや、篤志家が寄付をしたいとしていただいたもので、目標10万冊で進めています。利用者の購入希望図書も買い揃えていますが、そんなに早急には増やせません。いま図書購入費が大体4,000万円ぐらいです。最終的には建物と構造の完成は来年になると思うのですが、図書館設計賞をもらおうという設計屋さんのねらいがあるからです。

青森市にある県立図書館は、荒川というところにあるのですが、バスを乗り継いで行かなければならない。今度できた市の図書館は、旧田名部町と大湊町のちょうど真ん中で、一番交通量の多く、JRバスも下北バスも停まるところなのです。周辺は買い物する地域で、本屋とか、スーパー、コンビニ、マクドナルドまであります。ただ箱ものをつくれば町の仕事は終わりだということではないのです。

いま一生懸命進めているのが介護保険です。「介護保険はあるけれども、介護がない」という批判を受けないような体制づくりが必要です。県の協力を受け、克雪ドームという、冬の間、土に親しんだり、温水プールをつくって運動ができるようにする。そういう箱ものもつくらなければなりません。

同時に人々の心を豊かにするということ、これはどういうことなのかよくわからないのですが、皆それぞれ違います。選挙に出るときはみんな「心豊かなまちづくりをしましょう」というのです。ゆったり過ごせるということは、自然に心のほうも豊かになるという仕掛けになるのではないでしょうか。一人ひとりの心をのぞき込んで、「こうします」というわけにはいきません。そこでアンケートを2年に一度ぐらいずつ行い、何を望んでいるかを把握して、それに応えていきます。

——町村合併が社会的風潮になりつつありますが、むつ市周辺ではどうですか。

【杉山市長】周辺の七つの町村のうち、六つまでが合併しても良いと言い出しています。そのときに周辺の町村とどう一つにまとまれるかということです。明治には、幹線街道の町々で行政を行き渡らせるために合併を行いました。それから昭和30年代の合併は、これは財政が厳しかったからという面と、多少強引にアメリカ軍が進めたということもありました。アメリカには小さい村がいっぱいあって、人種や歴史がよその村とは別ですということもあるようですが、日本では、そこまで歴史と人間的な違いを強調しなくてもいいと思います。

ただ、いまは財政面からスケール・メリットを追求することが重要で、そのためには合併したらいいことがありそうだというムードづくりを進めなくてはならない。町をつくるのに、イベントを開催したり、建物をつくって人を集める、交流人口を増やすという手法は反省期に入ってますでしょう。皆さんの気持ちをまとめていくことが何より大切です。

──いろいろなお話を、どうもありがとうございました。

［出典：（社）原子燃料政策研究会,『Plutonium』No.33（2001年春号）］

Ⅳ－１－３

「リサイクル燃料備蓄センター」立地可能性調査報告について

平成 15 年 4 月 3 日

東京電力株式会社　むつ調査所

当社は、むつ市からのご依頼に基づき実施してまいりました「リサイクル燃料備蓄センター」の立地に係わる技術調査(立地可能性調査)を完了し、本日、むつ市に対し別添のとおり最終報告を行いました。

立地可能性調査は、むつ市関根浜港周辺地域におきまして、「気象」「地盤」「水理」「地震」「社会環境」「その他(動植物、景観等)」の6項目について、平成13年1月から文献調査を、また、同年4月から現地調査を開始し、本年3月をもって、全ての調査を完了いたしました。

調査により得られたデータに基づき評価を行った結果、施設の立地に支障となる活断層や火山がみられないこと、施設の支持層となり得る地層が存在することを確認するなど、実施した6項目全ての調査におきまして、施設の立地に支障となる技術的データはありませんでした。

したがいまして、当社は、むつ市関根浜港周辺地域におきまして「リサイクル燃料備蓄センター」を建設することは、技術的に可能であると判断いたしました。

地域の皆さまのご協力をいただき、立地可能性調査が完了できましたことを感謝申しあげます。

最終報告の内容につきましては、地域の皆さまにご理解いただけるよう説明してまいりますとともに、「リサイクル燃料備蓄センター」につきましても、より一層ご理解いただけるよう引き続き努めてまいります。

［出典：東京電力株式会社むつ調査所,「リサイクル燃料備蓄センター」立地可能性調査報告について］

Ⅳ－１－４

使用済燃料中間貯蔵施設に関する専門家会議　会議の経過と報告

設置要綱

(設置目的)

第一条

東京電力から提出される「リサイクル燃料備蓄センター」立地可能性調査結果報告及び事業構想について、客観的な視点に立ち技術的、専門的な立場から調査検討を行うため、使用済燃料中間貯蔵施設に関する専門家会議（以下「専門家会議」という。）を設置する。

(所掌事項)

第二条

専門家会議は、「リサイクル燃料備蓄センター」立地可能性調査の調査結果の妥当性及び事業構想の内容に関し、調査検討を行う。

(組織)

第三条

専門家会議の委員は七名とし、施設、放射線、地質、地盤、地震、動植物、科学ジャーナリストの各専門分野の専門家のうちから、市長が委嘱する。
(主査及び副主査)
第四条
　専門家会議に主査及び副主査を置き、委員の互選により定める。
2　主査は、会務を総理し、会議の議長となる。
3　副主査は、主査を補佐し、主査に事故のあるとき、又は主査が欠けたときは、その職務を代理する。
(会議)
第五条
　専門家会議は、主査が招集する。
2　専門家会議は、委員の半数以上が出席しなければ会議を開くことができない。
(報告)
第六条
　専門家会議は、調査検討した結果を報告書にまとめ、市長に報告する。
2　専門家会議は、必要に応じ、使用済燃料中間貯蔵施設対策懇話会等において、報告概要を説明する。
(任期)
第七条
　委員の任期は、委員の委嘱を受けた日から平成十六年三月三十一日までとする。
(庶務)
第八条
　専門家会議の庶務は、中間貯蔵施設立地調査対策室において処理する。
(委任)
第九条
　この要綱に定めるものの他、専門家会議の運営などに関し必要な事項は主査が定める。
附則
この要綱は告示の日から施行する。
―――――――――――――――――――――――

専門家会議の経過・・・。
●第1回　平成15年4月16日…むつ市
・立地可能性調査報告書と事業構想について、東京電力株式会社からの説明
・調査の方法や調査結果の評価方法、結論の妥当性、事業主体などの事業の運営面、安全設計の考え方や安全管理の考え方などについて審議
・立地可能性調査が行われた関根浜港周辺地域の地形や土地利用の状況について現地視察
●第2回　平成15年4月23日…東海村
・金属キャスクによる使用済燃料の貯蔵を行っている日本原子力発電株式会社東海第二発電所の乾式キャスク貯蔵施設を視察し、貯蔵状況・安全確保の状況について調査
・立地可能性調査報告書と事業構想に係わる第1回会議における委員の質問に対する東京電力株式会社の回答について審議
・中間貯蔵施設の政策上の位置付けを把握するため、核燃料サイクル政策について経済産業省から説明及び質疑
●第3回　平成15年4月24日…東京都
・「金属製乾式キャスクを用いる使用済燃料中間貯蔵施設のための安全審査指針」について、指針の内容などを把握するため、原子力安全委員会事務局から説明及び質疑
・総括審議を実施するとともに、市民への広報の方策について審議
●第4回　平成15年5月8日…東京都
・立地可能性調査報告書に係わるこれまでの会議における委員の質問に対する東京電力株式会社の回答について審議
・立地可能性調査報告書と事業構想についての調査・審議を踏まえ、取りまとめた報告書（案）について審議
・広報資料について審議
●第5回　平成15年5月21日…仙台市
・報告書（案）について審議、承認
・広報資料（案）について審議
・市長への報告書の提出及び説明
―――――――――――――――――――――――

東京電力株式会社による『リサイクル燃料備蓄センター』立地可能性調査及び事業構想に関する調査検討報告書

はじめに
　使用済燃料中間貯蔵施設に関する専門家会議(以下、『専門家会議」と記す。）は、東京電力株式会社からむつ市に対して提出された「『リサイクル燃料備蓄センター』立地可能性調査報告書」(以下、『調査報告書」と記す。）及び「『リサイクル燃料備蓄センター』の事業構想について」(以下、「事業構想」と記す。）の妥当性について、むつ市長からの委嘱を受けた施設、放射線、地質、地盤、

地震、動植物の各分野の専門家と科学ジャーナリストが、客観的な視点に立ち、技術的、専門的な立場から調査･検討を行うために設置されました。

調査・検討に当たっては、東京電力株式会社から「調査報告書」と「事業構想」についての説明を受け、調査対象となった関根浜港周辺の地域についても視察を行いました。

また、経済産業省から国の核燃料サイクル政策や使用済燃料中間貯蔵施設の必要性について、原子力安全委員会事務局から金属製乾式キャスクを用いる使用済燃料中間貯蔵施設のための安全審査指針について説明を受け、さらに、日本原子力発電株式会社東海第二発電所乾式キャスク貯蔵施設の貯蔵状況・安全確保の状況について、日本原子力発電株式会社から説明を受けるとともに、同施設の視察を行い確認しました。

専門家会議は、これらの説明や視察を踏まえて、「調査報告書」と「事業構想」について、総合的に審議を行いました。

以下に、専門家会議が実施した調査報告書及び事業構想についての調査・検討結果を述べ、これに基づく総合評価を報告します。

平成15年5月

使用済燃料中間貯蔵施設に関する専門家会議

主査　山路昭堆

主査・山路昭雄氏（放射線遮へい）

◆経済産業省総合資源エネルギー調査会核燃料サイクル安全小委員会中間貯蔵WG委員◆日本原子力学会原子燃料サイクル専門部会リサイクル燃料貯蔵分科会副主査◆元独立行政法人海上技術安全研究所原子力技術部長◆

副主査・三枝利有氏（施設）

◆財団法人電力中央研究所我孫子研究所上席研究員（リサイクル燃料貯蔵技術重点課題責任者）◆経済産業省総合資源エネルギー調査会核燃料サイクル安全小委員会中間貯蔵WG委員◆日本機械学会使用済燃料貯蔵施設分科会主査◆

尾崎正直氏（科学ジャーナリスト）

◆科学ジャーナリスト◆元朝日新聞科学部長◆元朝日ジャーナル編集長◆

田中和広氏（地盤）

◆山口大学理学部化学・地球科学科教授◆原子力発電環境整備機構技術アドバイザリー国内委員会委員、地質環境分科会主査◆土木学会原子力土木委員会地下環境部会地質WG委員◆

奈良正義氏（地質）

◆元青森県立田名部高等学校校長◆日本第四紀学会会員◆日本地学教育学会会員◆

古川博氏（動植物）

◆日本白鳥の会副会長◆日本鳥類保護連盟専門委員◆日本野鳥の会青森県支部顧問◆日本山岳協会参与◆青森県環境影響評価審査会委員（自然環境分野）◆

源栄正人氏（地震）

◆東北大学大学院工学研究科災害制御研究センター教授◆日本建築学会災害委員会幹事◆日本建築学会構造委員会振動運営委員会地盤振動小委員会委員◆

１．立地可能性調査結果について

⑴気象に関する調査結果

東京電力株式会社から提出されたリサイクル燃料備蓄センター立地可能性調査報告書（以下、調査報告と記す。）では、「文献調査及び現地調査の結果、最寄の気象官署及び現地における観測データには、極端な低温・高温、乾燥・多湿、豪雪等がないことを確認した。」と評価している。

調査検討の結果、むつ地域における気象データは、国内外における既存の貯蔵施設が立地する地域の気象データ（気温、湿度、降水量）に比べ、大きな違いは見られなかった。積雪については、むつ地域は国内の他立地点に比べ積雪量が多いものの、施設を立地する上で支障となるものではない。これらのことから、調査報告に記された評価は妥当と考えられる。なお、事業者が今後事業許可を国に申請する場合には、予想される最大の積雪によっても、貯蔵建屋吸気口は塞がれることなく、自然空冷は阻害されることのないことを再度確認する必要がある。

⑵地盤に関する調査結果

立地に支障となる可能性のうち、地盤に関する主な事項としては、

a．関根浜港周辺の立地可能性調査地域（以下、当該区域と記す。）及びそのごく近傍に活断層が分布し、将来地盤が変位することにより施設が倒壊する可能性、

b．当該区域及びそのごく近傍において発生した火山活動によりもたらされた火砕流等により施設が倒壊する可能性、

c. 施設構造物の基礎地盤において著しく軟弱な地盤が分布する可能性、
d. 当該区域及びそのごく近傍において地すべりの発生や顕著な侵食により、施設の機能が著しく損なわれる可能性、が考えられる。

a.については、調査報告に以下の結果が示されている。

・当該地域周辺に分布する第四紀後期に形成された中位段丘面は平坦であり、変位が認められない。
・露頭調査やボーリング調査の結果、当該地域には断層破砕帯は確認されていない。
・ボーリング調査の結果、当該地域の地層は連続し、ほぼ水平に堆積している。
・当該地域の前面海域において実施した海上音波探査の結果、当該地域へ連続する活断層は認められない。

以上の調査結果より、当該地域及びその近傍に立地に支障となる活断層は分布しないものと評価した調査報告の結論は妥当であると判断する。

今回の調査では、歴史地震、半径30㎞内のリニアメント調査、活断層調査、海上音波探査など詳細な調査が実施され、その結果は妥当なものと判断される。事業者が今後事業許可を国に申請する場合には、調査を継続するとともに、当該箇所で、斜めボーリング、ボアホールテレビジョン（注1）による孔壁観測、物理探査（注2）などにより、活断層が存在しないことの検証をより確実にしていくことが望ましい。

b.については、調査報告に以下の結果が示されている。

・最も近傍にある第四紀火山として、恐山と燧岳がある。両火山ともに、主活動時期は後期更新世初頭（およそ10万年前）までであり、特に、恐山は噴気活動の存在により活火山とされるが、活動度はCランク（注3）と最も低い。

また、当該地域は火山フロント（注4）より太平洋側にあるため、火山噴火の直撃は想定されない。

以上より、当該地域内のボーリングコアに火砕流が一部認められるものの、火山活動は10万年以上前のものであり、施設の供用年数を考えても、立地に支障となるものではないとする調査報告の結論は妥当であると判断する。

なお、事業者が今後事業許可を国に申請する場合には、噴火履歴等、火山の活動について整理しておくことが必要と考える。

c.については、調査報告に以下の結果が示されている。

・5本のボーリング調査の結果では、当該地域周辺では上位から沖積低地堆積物、中位段丘堆積物、田名部層、砂子又層が分布する。
・標準貫入試験により、施設の支持層となり得るN値（注5）50以上の地層を深さ40から50m以深で確認した。施設の立地が考えられる付近にある日本原子力研究所燃料・廃棄物取扱棟は杭によって支持されており、その支持基盤はN値50以上の砂子又層と考えられ、この地域に広く分布することが確認されている。

以上により、当該地域には基礎岩盤として十分な強度を持つN値50以上の地盤が広く分布することが明らかであり、立地に問題ないとする調査報告の結論は妥当であると判断する。

当該地域内のボーリング調査結果では、田名部層の下部に腐植質シルト及び砂主体とされるN値が10以下の軟弱な地層が谷地形を埋めるように分布している。杭基礎はさらに下位の砂子又層を想定しているが、上面標高は変化することが予想されるため、事業者が今後事業許可を国に申請する場合には、ボーリング調査により砂子又層の分布の確認を行っておくことが必要と考える。

d.については、調査報告には具体的記述はないが、専門家会議に提出された資料によれば、以下の調査結果が示されている。

・平成14年及び昭和23年に撮影された空中写真の判読結果によれば、当該地域には地すべり地形は認められず、平坦な地形をしており、過去54年間で新たな地すべりの発生や顕著な地形変化は認められない。
・ボーリングコア観察の結果において、地すべりを示唆するコアは認められていない。
・ボーリングコアや野外調査の結果、地すべりを誘発するような地質構造や軟弱層は地層中には確認されていない。
・測量年の異なる2万5千分の1の地形図を用いて求めた当該地域付近の海岸線の変化は、年平均0～30cmと侵食傾向にある。また、港湾技術研究所による昭和23年と昭和44年の空中写真の比較から、付近は25mの堆積から20mの侵食が認められるとしている（信頼限界は20～30m）。

以上により、当該地域には立地に支障となる地すべりは存在しないとする調査結果は妥当と判断する。

また、海岸侵食は認められるものの、平成3年以降に開始された離岸堤の建設により侵食量は小さくなっているものと考えられ、今後においても適切な護岸工事により侵食は防ぐことは可能と考えられる。これらのことより、立地に支障がないとする調査報告は妥当と判断する。

なお、事業者が今後事業許可を国に申請する場合は、地すべり及び海岸侵食について調査を継続し、データを蓄積することが必要と考える。

⑶水理に関する調査結果

水理に関して施設の立地上､問題となる事象は、

a．洪水時の河川の氾濫と施設の冠水、破壊、

b．津波による施設の冠水と破壊、が考えられる。

a．については、文献調査及び現地調査の結果、河川は流域面積が小さいこと、流路延長が短いこと、流量も小さいことから、「施設の立地上、問題がないものと判断する。」とした調査報告は妥当なものと評価される。今後も、地下水位、河川流量や水質などの基礎的なデータの収集を行うことが望ましい。

b．については、文献調査の結果、1933年昭和三陸津波及び1960年チリ地震津波において1m～1.7mが記録されていること、太平洋沿岸部津波防災計画手法調査報告書において想定地震津波波高がむつ市においては3.7mとされていることが明らかとなった。仮に想定地震津波が来襲したとしても、当該地域は標高20m～30mの高さの丘陵地であり、「施設の立地上、問題がないものと判断する。」とした調査報告は妥当なものと評価される。

⑷地震に関する調査結果

調査報告では、過去の地震に関する文献調査、弾性波探査及び当該地域における地震観測についての調査結果が示されている。

過去の地震調査における論点としては、「震度6以上は見られない」こと及び当該地域に最大の影響を及ぼす地震が挙げられ、当該地域の地震動特性に影響を及ぼす地盤構造についての評価に関係する弾性波探査と地震観測に関する調査での論点としては、「解放基盤面（注6）及び地震基盤（注7）はなだらかに広がっている」こと及び「地震観測記録からも地表での大きな増幅は見られない」ことが挙げられる。

当該地域において過去に震度6以上の揺れが見られなかったという調査報告については、調査に用いられた文献は適切なものであり、それに基づく調査結果についても妥当なものと判断される。また、これらの資料から、この地域に最も顕著な被害を与えた地震は1968年十勝沖地震であり、最も影響を与える地震は同地震と同様の地域で発生する青森県東方沖の地震と考えられる。

地盤に関する評価については、この地域で実施した弾性波探査の結果から、原子力施設の設計においてその地震動を定義するS波速度が0.7㎞/s程度の岩盤が地下200m前後になだらかに広がっていることが確認できた。さらに深い地盤構造についても､S波速度が3㎞/s程度の岩盤が地下約1・5㎞前後になだらかに広がっていることが確認された。このことから、深部の段差状の地盤構造が原因とされる1995年兵庫県南部地震（阪神・淡路大震災）の際に生じた「震災の帯」のように、深部地盤の影響で地表の揺れが大きく増幅されるような現象はこの地域では生じないと判断される。

また、調査地点の地震観測記録と防災科学技術研究所の強震観測網（KiK-net）との比較結果から、実際の地震時の揺れも地表において大きく増幅されるような傾向が見られないことが確認されており、地盤に関する調査結果を裏付けるものとなっている。

以上の結果から、地震に関して施設の立地上問題がないとする調査報告の結論は妥当であると考えられる。なお、事業者が今後事業許可を国に申請する場合には、立地地点において更に詳細な調査を実施し、国の指針等に基づいて施設の耐震安全性に十分配慮することが望まれる。

⑸社会環境に関する調査結果

下北地域は、1市3町4村からなり、その人口は約9万人である。その約半数の5万人弱がむつ市に集中している｡施設立地予定の関根浜港周辺は、むつ市街地から10㎞程北の津軽海峡に面した海岸段丘地で、農業用地及び牧草地となっている。

関根浜港周辺の半径5㎞程度内の集落は、むつ市は13集落1千020世帯2千849人、大畑町は1集落50世帯122人、東通村は4集落224世帯765人の計1千294世帯3千734人である（平成13年4月末現在)。学校、病院等の公共施設は、小学校5、中学校2がある。関根浜港近辺には、日本原子力

研究所むつ事業所、海洋科学技術センターむつ研究所、財団法人日本海洋科学振興財団のむつ科学技術館がある。

むつ市における主な産業は、サービス業・卸売業・小売業・飲食業等の第三次産業、次に建設業・製造業の二次産業となっている。当該地域における主な産業は、農業・畜産業・漁業の第一次産業で、その主な農作物は、牧草、青刈りトウモロコシ、野菜等である。主な家畜は、乳用牛、肉用牛である。また、主な海産物は、ホタテガイ、各種魚類、スルメイカ、コンブ等である。

当該地域の交通状況は、県道関根・蒲野沢線、市道美付線があり、国道279号線、国道338㎜号線に接続している。海上交通路としては、当該地域の沖合に定期航路はないが、関根浜港の北西約30㎞に位置する大間港から函館港へフェリーの定期航路がある。

関根浜港の防波堤延長は、1千160m、泊地水深は9.0m、バース延長200mである。

また、航空関係としては、関根浜港の南西約16㎞に大湊飛行場、南南東約75㎞に三沢飛行場及び三沢空港、南西約80㎞に青森空港がある。当該地域上空には「V11」及び「V13」と呼ばれる定期航空路がある。当該地域では、航空機の離発着が行われないこと、上空は巡航状態で航行されることなどが調査報告されている。

以上、当該地域における社会環境等について調査・検討した結果、施設の立地に大きな影響を及ぼすダムが設けられた河川並びに危険物等の製造・貯蔵設備等の工場はない。また、交通の状況についても、搬入は関根浜港から専用道路のとりつけ計画があり、施設の立地周辺にも大きな影響を及ぼすものではない。

これらのことを総合的に検討した結果、調査報告で施設の立地上問題がないと判断していることは妥当であると考える。ただし、近年当該地域に砂採取場があり、今後とも土地利用される場合には、立地地点の選定、施設の設計（基礎地盤安定解析等）に際し検討を行い、安全を確保する必要がある。

⑹その他の調査結果

調査報告では、「動植物調査で確認した種への影響、景観、確認された埋蔵文化財等については、今後、充分に配慮していくことにより、施設の立地上、問題ないものと判断する。」と報告がなされており、検討の結果、その評価は、概ね妥当と考えられるが、今後、継続した調査を希望する。

また、リサイクル燃料備蓄センターの立地が確定した場合には、立地場所を選定する際に、生息する動植物の種の生存及び生態系への影響、景観、埋蔵文化財等について再度詳細な調査をし、その保全に対し、関根浜海域で確認された海底林を含め、充分なる配慮の上、対処していただきたい。

⑺評価

専門家会議は調査報告で気象、地盤、水理、地震、社会環境、その他に関する調査を項目として選定したことは妥当であると評価した上で、調査報告に記載された内容を、東京電力株式会社からの説明、当該地域視察等を踏まえ、技術的立場から「リサイクル燃料備蓄センター」の立地可能性を調査検討した。

その結果、調査報告に記載の「実施した6項目全ての調査において施設の立地に支障となる技術的データがないことを確認し、むつ市関根浜港周辺地域において「リサイクル燃料備蓄センター」を建設することは、技術的に可能である。」との評価内容は妥当なものと判断する。

なお、事業者が今後「リサイクル燃料備蓄センター」の事業許可を国に申請し、建設・運営を行う場合は、地盤、地震に関する詳細データの取得、環境保全、埋蔵文化財等への配慮等、各調査結果項目に記載の留意事項を遵守する必要があると考える。

２．事業構想について

調査検討に当たっては、「リサイクル燃料備蓄センター」の事業構想について（以下、事業構想と記す。）に記載された内容及び安全性について東京電力株式会社から説明を受けた。さらに、経済産業省より国の核燃料サイクル政策について、原子力安全委員会事務局より「金属製乾式キャスクを用いる使用済燃料中間貯蔵施設のための安全審査指針」及び「使用済燃料中間貯蔵施設における金属製乾式キャスクとその収納物の長期健全性」について、それぞれ説明を受けた。また、日本原子力発電株式会社東海第二発電所乾式キャスク貯蔵施設を視察した。

事業構想では、事業の主な内容として、「リサイクル燃料備蓄センターを建設し、原子力発電所から発生する使用済燃料を安全に貯蔵・管理すること」と記載されている。専門家会議では、国のエネルギー政策、使用済燃料の発生状況等を踏まえて調査検討した結果、使用済燃料を中間貯蔵する必要性は認められると判断する。

事業の内容の内、運営面では、事業主体、事業開始時期、貯蔵量、貯蔵期間及び使用済燃料搬入予定量について、施設面では、貯蔵方式、施設の規模及び建設工事期間、設備・機器、港湾施設、輸送道路等について、それぞれ構想を把握した。

安全性に関しては、金属キャスク貯蔵施設に要求される4つの基本的安全機能（閉じ込め機能、遮へい機能、臨界防止機能、除熱機能）について、設計に当たっての考え方を確認した。閉じ込め機能については、金属キャスクは二重の蓋を持つ構造として、万一、一方の金属ガスケットに漏えいが生じても、キャスク内部の放射性物質が外部に放出されることはない設計とすることを確認した。遮へい機能については、金属キャスク自体で遮へいを行うとともに、建屋壁でも遮へいを行うことにより、敷地境界における線量が十分低くなるよう設計されることを確認した。臨界防止機能については、中間貯蔵施設における貯蔵中はもとより原子力発電所や再処理工場において水中での使用済燃料の取扱等あらゆる状況においても臨界とならない設計とすることを確認した。除熱機能については、動的な機器を持たない自然換気方式を採用し、使用済燃料からの崩壊熱が適切に除熱できる設計とすることを確認した。さらに、閉じ込め機能、遮へい機能及び除熱機能については、貯蔵中にそれらの機能が健全であることを常時監視する設計とすることを確認した。耐震設計については、想定される最大級の地震が発生した場合であっても、基本的安全機能が維持できるような設計とすることを確認した。電源喪失や火災・爆発に対しても適切な設計対応がなされることを確認した。貯蔵中に異常が発生した場合については、例えば、閉じ込め機能については、ガスケットの交換や三次蓋等の取付などを行うことによって、適切に対処できる設計とすることを確認した。検査、試験、保守及び修理については、安全上の重要性及び必要性に応じ、適切な方法により実施できる設計とすることを確認した。また、具体的な検査の内容については、原子力学会において定められた民間基準に従って実施されることを確認した。

上記設計に際しては、「金属製乾式キャスクを用いる使用済燃料中間貯蔵施設のための安全審査指針（平成14年10月3日原子力安全委員会決定）」に十分適合すること、施設の建設・運営では安全確保を最優先とし、人身、設備、交通等の安全確保に万全を期すことを確認した。

上記の事業構想について、専門家会議は、原子力発電所での貯蔵実績、安全管理の状況、専門的知見等を踏まえて調査検討し、さらに、事業を実施する場合は、国が事業者の経理的基礎、技術的能力及び施設の安全性等について十分な審査を行うこと等の法令上の手続きを考慮すれば、事業者は「リサイクル燃料備蓄センター」の建設及び事業の運営を適切に実施できると判断する。

なお、安全審査指針策定時に別文書として要望のある「事業者は、中間貯蔵後の輸送における金属キャスク及びその収納物の健全性確認の観点から、原子力発電所内での乾式貯蔵の状況調査等を継続的に実施し、長期健全性に関する知見の蓄積を図ること。」については、事業の運営が開始された以降もむつ市としても事業者における知見の蓄積状況及び行政庁の合理的な発送前検査方法の検討状況を確認していく必要があると考える。

3．総合評価

東京電力株式会社から提出された立地可能性に係る調査報告及び事業構想について、専門家会議は客観的な視点に立ち技術的、専門的な立場から調査検討を行った結果、むつ市関根浜港周辺地域に「リサイクル燃料備蓄センター」を建設することは技術的に可能であると判断する。

なお、事業者が今後事業許可を国に申請する場合には、より詳細な調査を実施する必要があると考える。

［出典：『むつ市政だより』中間貯蔵特集号（2003年6月）］

Ⅳ－1－5

むつ市議会第176回定例会委員会 審査報告書

平成15年6月17日

使用済み核燃料中間貯蔵施設リサイクル燃料備蓄センター」に関する調査特別委員会

委員会審査報告書
本委員会に付託の事件について、審査の結果を次のとおり会議規則第40条の規定により報告いたします。

記

1　審査事件
第167回定例会(平成13年3月16日)付託事件
(1)中間貯蔵施設に関する諸問題について
2　審査の経過
平成13年3月16日の組織会から平成15年6月10日までの計15回委員会を開くとともに、平成13年5月30日、7月9日、平成15年2月13日及び2月14日の4回にわたり現地並びに先進地を視察した。
前回定例会までの審査の経過及び概要については、既に報告済みであることから省略し、それ以後の審査について報告するものである。
4月17日、5月26日、6月3日及び6月10日に委員会を開き、市長はじめ助役、収入役、総務部長、企画部長ほか関係説明員の出席を求めて、事情を聴取し審査した。
3　審査の概要
4月17日に、東京電力株式会社から「リサイクル燃料備蓄センター」立地可能性調査報告書の提出と事業構想の報告を受けた市長から、その概要について説明があった。
なお、同委員会の休憩中に、東京電力株式会社から、実施した立地可能性調査6項目の報告と中間貯蔵施設の「事業構想」について、詳細にわたり説明を受けた。
また、使用済み核燃料中間貯蔵施設の立地可能性調査結果の妥当性を検討するため設置された、「使用済燃料中間貯蔵施設に関する専門家会議」が、4月16日、非公開で開催されたことについて、数名の委員から公開すべきとの意見が出され、全会一致で専門家会議の一般公開を求める要望書を市長と専門家会議の山路主査に提出することを決定した。このことについては、5月1日付で回答があり、次回の会議から公開されることとなった。
5月26日に、市長から、5回にわたり開催された、「使用済燃料中間貯蔵施設に関する専門家会議」の調査検討結果が、「関根浜周辺地域にリサイクル燃料備蓄センターを建設することは、技術的に可能であると判断する」との内容であったことについて報告があった。
なお、同委員会の休憩中に、専門家会議の委員から、調査検討内容について詳細にわたり説明を受けた。
6月3日に、市長から、電源三法交付金に関する説明があった。その中で、東京電力株式会社が示した事業構想に基づいて施設を立地した場合、電源三法交付金の総額は約60年で1,290億円になるとの試算を明らかにした。
なお、同委員会の休憩中に、経済産業省資源エネルギー庁職員から、電源三法交付金に関する国の方向性について詳細にわたり説明を受けた。
6月10日に、市長から、5月31日及び6月1日開催された「市民説明会」及び6月5日に「使用済燃料中間貯蔵施設対策懇話会」から受けた意見報告書の内容について報告があった。
市長は、懇話会の報告書について、それぞれ受け止め方に違いはあると思うが、「住民投票で誘致の可否を決めるべき」という意見や慎重な意見等はあったものの、全体としては賛成意見が大勢を占めているとし、今後、本特別委員会の意向を伺いながら、使用済燃料中間貯蔵施設の誘致の是非について、判断したいとの考えを示した。
委員長報告の取りまとめの際に、2委員から中間貯蔵施設の「立地は妥当である」、「立地に支障なし」との意見が出され、これに大半の委員が賛同したことから意見のすり合わせをし、「立地は可能である」との表現で本委員会の最終調査結果とすることとした。
なお、3委員から出された、「安全性に問題がある」、「住民投票の結果を見極めるべき」、「議論は尽くし足りない」等の反対意見については、少数意見の留保として取り扱うこととした。

平成15年6月17日
むつ市議会議長　川端澄男様
使用済み核燃料中間貯蔵施設
「リサイクル燃料備蓄センター」に関する
調査特別委員会
委員長　馬場重利

少数意見報告書
6月10日の使用済み核燃料中間貯蔵施設「リサイクル燃料備蓄センター」に関する調査特別委員会において、留保した少数意見を次のとおり会議規則第102条第2項の規定により報告いたします。

記

1　審査事件

第167回定例会(平成13年3月16日)付託事件

⑴中間貯蔵施設に関する諸問題について

2　意見の要旨

東京電力株式会社の「リサイクル燃料備蓄センター」立地可能性調査最終報告書が、4月11日に市長に提出され、4月17日には当特別委員会でその報告と、事業構想について説明を受けた。

4月から6月初旬までのわずか2ヵ月間に、専門家会議を5回、市民懇話会を6回開催し、それぞれ「施設建設は技術的に可能」及び「市の財政危機を考え、消極的賛成が多数」との報告がなされている。

しかし、専門家会議の調査報告は、東京電力の報告書を元にした書類審査が主で、科学的調査とは言えないものである。

市民懇話会の委員は各団体からの推薦で選ばれたが、団体代表ではなく個人の資格での発言となっている。

また、講師は推進派の科学者だけで、批判派の科学者は除外された中で行われた。しかも、最終会合で市長は、施設誘致は市財政を救うためではないと発言し、委員からそれなら誘致する必要がないなどと反発を招いた。これは懇話会が議論してきた前提が崩れる重大な問題である。

海外の中間貯蔵施設建設では、賛否両論者がかなりの数の議論をしてから両者納得の上、結論を出していると言われる。

さらに、地方自治法に基づく「住民投票」を実現させるための運動も行われることから、その結果を見てから判断しても遅くないと思う。

安全性については、貯蔵施設にはプルトニウムなど放射性物質を含む危険性の高いものが貯蔵され、その規模は2棟で6千トンと、全国の原子力発電所から排出される使用済核燃料6年分に相当し、キャスクによる50年という長期にわたる貯蔵は、世界でもまだ経験が無く、この間、臨界や放射線漏れなどの事故が発生しないとは言えない。

また、2005年に操業開始予定の六ヶ所の再処理工場は、800トンの処理能力をもつが、全国の原子力発電所からの排出量は、年間1,000トンであり、年間200トンが再処理されないことになる。第二再処理工場の建設計画は未だ明らかになっていない。

高速増殖炉の事故に加え、プルサーマル計画が、福島県、新潟県知事の反対などで、わが国のプルトニウム政策は行き詰まっており、むつ市の中間貯蔵施設からの搬出先も明らかになっていない。

経済効果の面では、キャスクを除く建設工事費は2棟分で200から300億円であり、さらに地元業者には30パーセント程度にとどまり、期待していたのよりはかなり少ない。

また、電源三法交付金は60年間にわたって交付されるとは言え、一般財源とは成り得ず、いわゆるひも付き財源であることから、市の赤字補てん策に成り得ないことは明らかである。

以上のことから、本特別委員会での議論が尽くし足りたとは思えない。従って、「立地は可能とする」特別委員会の最終報告に同意できない。

平成15年6月17日

むつ市議会議長　川端澄男様

使用済み核燃料中間貯蔵施設
「リサイクル燃料備蓄センター」に関する
調査特別委員会
意見者　新谷昭二
賛成者　高田正俊
賛成者　石田勝弘

［出典：むつ市議会資料］

Ⅳ－1－6

使用済燃料中間貯蔵施設に関する誘致表明

長引く平成不況の中、地域経済は疲弊し、企業倒産も増加し、雇用問題が深刻化しております。

こうした中で、当市の財政は赤字再建団体に転落寸前の状況にあります。税収不足と地方交付税の縮減見直し等で歳入が減る一方、長引く不況を反映した扶助費の増加、少子・高齢化への対応、むつ総合病院の赤字や公債費の償還がピークを迎えております。行政需要は増大し、収支のバランスを著しく欠く状態となっております。しかしながら、一方で少子・高齢化社会はますます進展していくものと思われます。安全で住み良いまちづくりを主目的として、社会福祉資本の整備、教育環境の整備及び地場産業を機軸とした地域活性化、雇用機会の拡大など多くの課題に長期的展望を持って対処することが必要になってきております。

特に、地方分権が進む中にあって、今後益々増大するであろう財政需要を恒久的に満たす努力が必要かつ不可欠であり、その為の財源の確保を模索するのは当然のことであると思っております。このことは、当市のみならず地方自治体が抱える共通の課題であります。その財源として、「リサイクル燃料備蓄センター」の立地に伴う財政効果を利用することに考えが至ったものであります。

我が国では、原子力発電所の使用済み燃料を再処理し、有用資源であるウラン・プルトニウムを回収したうえで、再び燃料として有効に・活用する「核燃料サイクル」の確立を図ることを原子力政策の基本としております。今後、核燃料サイクルにおいて、使用済み燃料が再処理されるまでの間、貯蔵しておく使用済燃料中間貯蔵施設が核燃料サイクル全体の柔軟性を確保する手段として必要とされております。

そこで、施設の誘致について検討するため、施設の立地が可能か否かを調査する「立地可能性調査」を平成12年11月に東京電力株式会社に依頼致したものであります。

東京電力株式会社の調査と並行して、市としましても多くの市民の皆さんに使用済燃料中間貯蔵施設を理解していただくために、地区別説明会の外、日本原子力発電株式会社東海第二発電所内の乾式キャスク貯蔵施設見学会及び講演会などを実施してまいったところであります。

東京電力株式会社の調査も、市民の皆様方のご協力を得て、本年3月に終了し、4月3日には同社から、「技術的に建設は可能」との調査報告を受け、4月11日にはリサイクル燃料備蓄センターの「事業構想」の説明を受けたところであります。その調査結果及び事業構想に関しましては、専門家会議を開催し、専門家の意見を聞き、また市民の代表である懇話会、市民を対象とした説明会を実施するなど、市民の声も拝聴してまいったところであります。

併せて、経済団体を中心に組織された「リサイクル燃料備蓄センター誘致推進協議会」からは、有権者の半数を超える2万人余の市民の誘致推進賛同の署名も提出していただき、大変有り難く、また心強く思っております。

一方、市議会議員には、東京電力株式会社の立地可能性調査の実施に伴い、市議会はもとより市議会内に「使用済み核燃料中間貯蔵施設『リサイクル燃料備蓄センター』に関する調査特別委員会」を設置いただき、施設の安全性や電源三法交付金等に関することなど、二年余にわたり、議論を重ねていただきました。その間、ドイツのゴアレーベン中間貯蔵施設及びスイスのヴューレンリンゲン中間貯蔵施設の視察や日本原子力発電株式会社東海第二発電所の視察、さらには、熊本県長洲町にある日立造船ディーゼルアンドエンジニアリング株式会社において金属キャスク製造工程の視察など、精力的に実施いただいたことを感謝申し上げます。

去る6月17日、むつ市議会第176回定例会において、調査特別委員会委員長より「立地は可能である」との調査特別委員会の最終報告をいただいたところであります。また、各市議会議員からも施設誘致に力強い後押しをしていただき、重ねて感謝申し上げます。

さて、現在、国が地方の自立を促すために、強力に推進している、市町村合併でありますが、下北地域の自治体も少子高齢化、雇用機会の減少、脆弱な財政基盤など当市と同様に、幾多の課題をかかえ、地域経営を根本から見直さなければならない、いわば存亡の時を迎えていると言っても過言ではありません。

将来の住民福祉を考えれば、合併によって、様々な国の優遇策やスケールメリットが活かせるため、当市を含む下北地域8市町村も、それぞれの地域の個性を活かしながら、自立できる自治体、活力ある自治体作りに取り組もうとしているところであります。

このような現状に鑑み、安全を第一義に、むつ市に「リサイクル燃料備蓄センター」を誘致し、建設の実現をはかることは、むつ市を含む下北地域の活性化に寄与し、ひいては豊かな郷土づくりに貢献するところは大きいと確信しております。よって、ここに当市に東京電力株式会社の計画による「リサイクル燃料備蓄センター」の誘致を表明するものであります。

平成15年6月

むつ市長　杉山粛

［出典：むつ市議会資料］

IV-1-7　　　　チラシ　中間貯蔵施設の誘致は住民投票で決めましょう

中間貯蔵施設の誘致は住民投票で決めましょう

■中間貯蔵施設は、子供や孫の代まで続く問題です。こんな重大なことは、市長と議会だけで決めるのではなく、市民みんなで決めたいですね。

●杉山粛市長の発言
「国民の権利であり、住民が行使するのをどうこういうのは論外」6月26日記者会見で住民投票についてはどう思うかと聞かれての発言（毎日新聞より）

よろしく！

●この署名（条例制定請願署名）は「誘致に賛成」や「誘致に反対」のものではなく、住民投票を実現するための署名です。誘致に賛成の人も反対の人も、みんなで署名しましょう。

お問い合わせは「むつ市民住民投票を実現する会」へ気軽にどうぞ
●本町1-1　☎23-5211　●中央2-5-21　☎29-4345

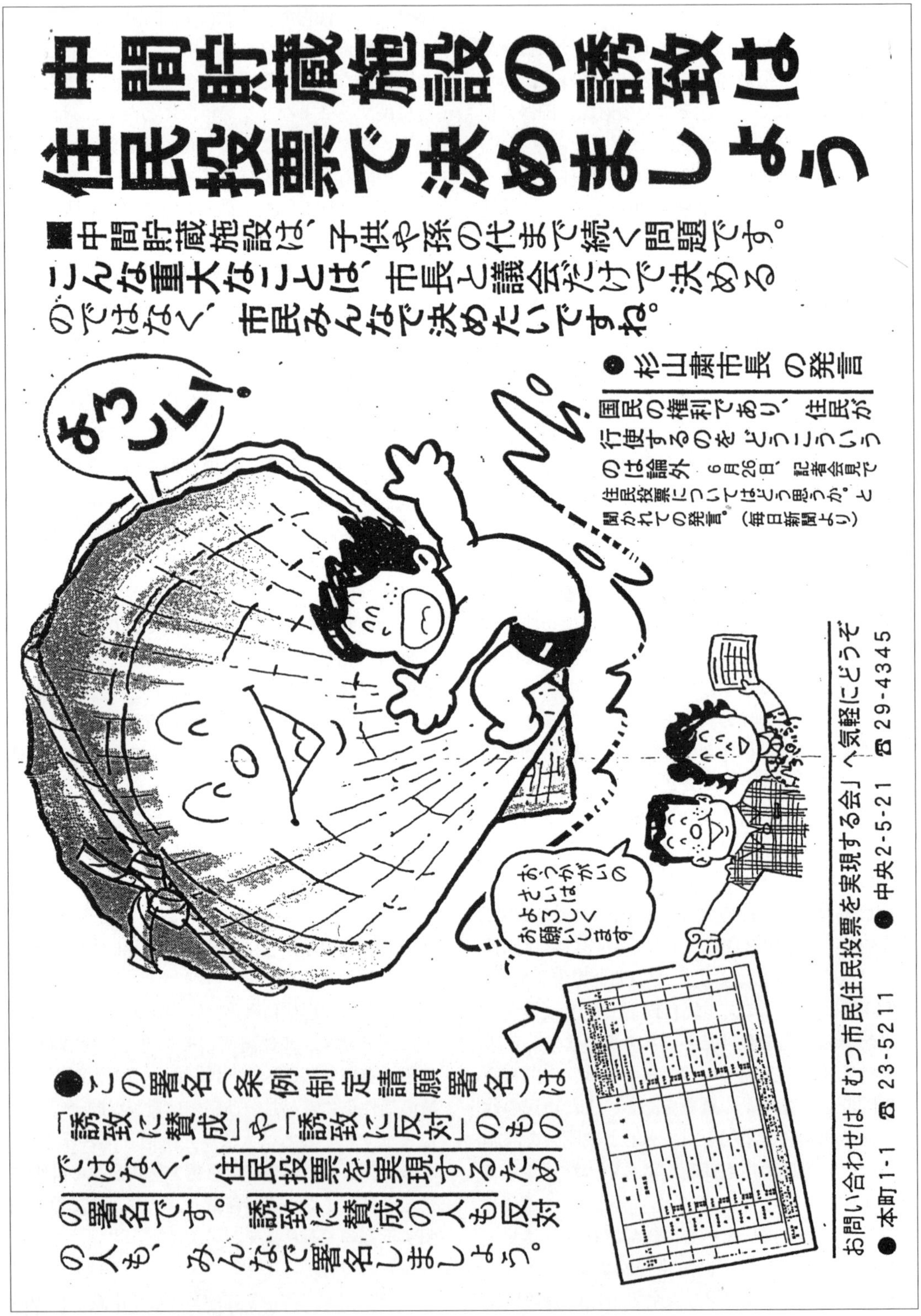

[出典：むつ市民住民投票を実現する会　チラシ]

Ⅳ－１－８
チラシ　受任者は直接請求署名を集める運動の支え手です

あなたも歴史的な市民運動に!!

受任者は 直接請求署名を集める 運動の支え手です

受任者とは

受任者というのは、直接請求代表者から、署名を集める役目を、委任された人という意味です。

受任者になった人は、直接請求代表者から委任状をもらって、有権者(選挙人名簿に載っている人)の署名を一人一人集めます。

署名は、署名する人が自筆で書くことになっています。受任者が代筆することは認められません。

署名はどれぐらい集める？

住民投票を実施するためには、むつ市で条例を作らなければなりません。条例を作るためには、市長が議会に提案しなければなりませんが、市長にその気がないときは、市民が直接請求するほかありません。市民からこういう条例を作ってほしいと請求するときは有権者の50分の一以上の署名を集めて市長に請求することができます。

むつ市の有権者は約４万人ですから、その50分の一で800人以上の署名を集めることになります。一人の受任者が10人分の署名を集めるとすれば、80人以上の受任者を必要とするというううことになります。

どんな人が受任者に？

選挙人名簿に載っている市民であれば、だれでも受任者になれます。ただし、公務員や学校の教育職にある人はなれません。また、民生委員とか教育委員とかはなれません。

しかし、これは地方自治法で禁じられているからではありません。地方自治法ではだれでも受任者になれるとありますが、公務員法が政治活動を禁じているから、受任者の活動が政治活動とされてしまえば処分されますというのです。だから公務員は受任者を引き受けない方が無難でしょうということです。

ですから、基本的には、普通の選挙で有権者であればだれでも受任者になれるというのが原則です。

署名したことで不利になることは？

署名が無効か有効かを判定するのは選挙管理委員会です。選管が有効と判断すれば７日間縦覧されます。そのあと署名簿は直接請求者に返還されます。

署名した人を差別したり不利な扱いをすると処罰の対象になります。市民が力をあわせて運動を盛り上げていくことが大切です。

No.＿＿＿＿

中間貯蔵施設の可否を問う住民投票条例の制定を求める直接請求署名のための
受任者登録用紙

ご氏名		生年月日	明·大·昭 年　月　日	ご職業	
ご住所				連絡先(電話)	
備考要望					

事務局確認年月日　2003年　　月　　日

［出典：むつ市民住民投票を実現する会　チラシ］

Ⅳ－１－９

住民投票ニュース「ふるさとの声」第７号

2003/08/15　住民投票ニュースふるさとの声　第7号

住民投票ニュース
ふるさとの声

２００３／８／１５（金）第７号

発行　むつ市住民投票を実現する会
連絡先
中央町事務所（２９－４３４５）
「檜葉」（本町 TEL23-5211）

市民のみなさん、署名活動へのお力添えに心から感謝申し上げます。

署名簿の選管審査終わる
有効署名は5,514筆
署名簿縦覧16日～22日まで
縦覧に受任者のみなさんの参加を

署名簿の選挙管理委員会による審査が終了し、明日16日より22日までの１週間、市役所選挙管理委員会で縦覧されることになりました。

選管からの連絡によりますと、審査結果は次のようになりました。

署　名　数	５８４７筆
有効署名数	５５１４筆
無効署名数	３３３筆

住民投票の会の最終チェックでは、署名数が５８５５筆でしたが８筆の差が出た原因はまだ確認できていません。また無効の署名は、判例によるものがほとんどとの選管からの連絡ですが、確認していません。これらについては16日からの縦覧の中で確認していきたいと思います。受任者のみなさんも縦覧に出かけて、ぜひ自分の収集した署名簿の確認をお願いします。

署名の重みいささかも揺るがず
法定署名数の6.88倍は市民の声
9月2日に条例案の採択を求める市民集会開催

市民の、住民投票を求める声の重みは、選管審査を受けた後の有効署名数が法定署名（802名）の6.88倍に達したことで、ますます明確になりました。市長ならびに市議会は条例案を採択し、「中間貯蔵施設」についての市民の意思を真剣に問うべきです。

住民投票の実現を求める市民集会
と　き　9月2日（火）
午後6時半～8時
ところ　下北文化会館大集会室

中央町事務所を8月末で閉鎖

下北教育会館の一室を借りて運営してきた住民投票を実現する会の中央町事務所は、会館の移転に伴い、8月末をもって閉鎖することになりました。新事務所は未定です。当分の間、連絡先は下記の通りとなります。なお本町の「檜葉」は従来通り事務所として存続します。

新連絡先：下北町3－33（吉田麟方）TEL23－1164

閉鎖に伴う移転作業を8月28・29日の両日に行ないます。雨天決行です。ご援助の程お願いします。

受任者・協力者のみなさん、また市民のみなさんへ
署名運動の経験や感想をお寄せください。歴史的な遺産として記録しましょう。

［出典：むつ市民住民投票を実現する会資料］

Ⅳ－１－10

むつ市条例制定請求書

平成 15 年８月 27 日

使用済み核燃料中間貯蔵施設の誘致に関するむつ市住民投票条例制定請求の要旨

一　請求の要旨

むつ市に原子力発電所から出る使用済核燃料の中間貯蔵施設が誘致されようとしています。この施設は、原子力発電所の施設の外に建設される国内初の施設です。

もっとも重要な点は、国の核燃料サイクル計画そのものが不安に満ちている点です。再処理工場は技術的にも経済的にも建設や操業が危ぶまれています。原子力発電の将来も世界の趨勢から見れば数十年後存続しているという保証はありません。この施設が、超長期的ないわば永久的ともいえる期間むつ市に据え置かれたままになる可能性を否定することはできません。

むつ市と地域は、長引く不況の中で切実な財政的経済的困難に直面しています。この状況を打開するために、この施設を誘致しようとしていますが、この危険と不安との引き換えにできる財政的保障は現実的には考えられません。また、このような施設から多額の歳入を得たとしても、それはむつ市の財政をゆがめ、地域の発展をむしろ阻害する要因にもなりかねません。

こうした点で、疑問と不安がまだまだ残っており、もっと慎重に、さまざまな角度からの検討を加えるべき余地があり、最終的な判断は市民の意思を充分に汲んで決定すべきであると考えます。このまま、六月議会で誘致の是非の判断を強行するというようなことがあれば、市民の市政と公共事業に対する強い不信を生じることになりかねず、これこそ地域の活性化の障害となり、この施設の運営にも障害を作り出すことになるでしょう。

私たちは、住民投票によって住民の意思を明らかにし、中間貯蔵施設の誘致の是非は住民の意見に基づいて決められることが必要であると考えます。未来を選択する権利は住民にこそあります。住民の安全と福利向上を第一義とする自治体作りと発展のために住民が、重要な政策の決定に直接関与することは当然の権利であり、未来に対する現在の住民の責務です。この中間貯蔵施設誘致の問題は、まさに住民投票に付すべきものと考えます。

そこで、使用済み核燃料中間貯蔵施設誘致を図ろうとしているむつ市において住民投票を実施するために、本条例の制定を請求いたします。

二　請求代表者

青森県むつ市大平町　郷土研究家　齋藤作治

青森県むつ市仲町　幼稚園職員　野坂庸子

右の通り地方自治法第七十四条第一項の規定により別紙条例案を添えて条例の制定を請求いたします。

平成十五年八月二十七日

むつ市長　杉山粛殿

一　制定請求条例名

使用済み核燃料中間貯蔵施設の誘致に関するむつ市住民投票条例

二　むつ市条例制定請求代表者

むつ市大平町 ******　齋藤作治

むつ市仲町 *******　野坂庸子

三　有権者数（平成十五年六月十一日告示）

総数 40095 人（男 19571 人　女 20524 人）

四　必要有効署名者数（有権者の五十分の一）

801 人

五　署名者数

5847 人

六　有効署名者数

5514 人

七　無効署名者数

333 人

条例制定請求の経過

五月二十日　むつ市条例制定請求代表者証明書交付中請書提出・受理

五月二十七日　むつ市条例制定請求代表者証明書交付及びその旨の告示

六月三十日～七月三十日　署名収集期間

八月四日むつ市選挙管理委員会へ署名簿提出

八月十五日　むつ市選挙管理委員会開催

八月十六日～八月二十二日 署名簿の縦覧

八月二十三日　有効署名の総数を告示

署名簿をむつ市条例制定請求代表者に返付

八月二十七日　　本請求提出
八月二十八日　　本請求受理
⑴むつ市条例制定請求代表者に通知
⑵請求の要旨の告示及び公表
［出典：むつ市議会資料］

Ⅳ-1-11
使用済み核燃料中間貯蔵施設の誘致に関するむつ市住民投票条例（議案第54号）
平成15年9月4日

平成十五年八月二十八日地方自治法第七十四条第一項の規定による使用済み核燃料中間貯蔵施設の誘致に関するむつ市住民投票条例の制定の請求を受理したので、同条第三項の規定により、次のとおり意見を附けて付議する。

平成十五年九月四日提出
むつ市長　杉山粛

使用済み核燃料中間貯蔵施設の誘致に関するむつ市住民投票条例
(目的)
第一条　この条例は、使用済み核燃料中間貯蔵施設の誘致について市民の賛否の意思を明らかにし、もって同中間貯蔵施設の誘致計画に市民の意見を反映させることを目的とする。
(定義)
第二条　この条例において「使用済み核燃料中間貯蔵施設」(以下「中間貯蔵施設」という。）とは、東京電力株式会社がむつ市関根浜地区に建設を予定している、同社事業計画の「リサイクル燃料備蓄センター」のことをいう。
(住民投票)
第三条　第一条の目的を達成するため、中間貯蔵施設誘致に対する賛否について、市民による投票（以下「住民投票」という。）を行なう。
(住民投票の執行とその措置)
第四条　住民投票は市長が執行する。
2　市長は住民投票における有効投票の賛否いずれか過半数の結論を尊重し、中間貯蔵施設の誘致についての態度を表明するものとする。
(情報公開)
第五条　市長は、住民投票の実施に際し、国、県、東京電力株式会社その他の関係団体と協議して、中間貯蔵施設誘致について市民が賛否の判断をするのに必要な情報の公開に努めるとともに市民の求めに応じて積極的に情報を開示しなければならない。
(住民投票の実施)
第六条　住民投票はこの条例の施行の日から六月以内に実施するものとする。
(住民投票の期日)
第七条　住民投票の期日(以下「投票日」という。）は市長が定める日曜日とし投票日の十日前までにこれを告示しなければならない。
(投票資格者)
第八条　住民投票における投票の資格を有する者（以下「投票資格者」という。）は、公職選挙法（昭和二十五年法律第100号）第二十一条第一項の「年齢満二十年以上」を「年齢満十八年以上」と読み替えて適用される者及び前条に規定する告示の日の前日においてこの適用を受ける資格を有する者とする。
(投票資格者名簿)
第九条　市長は、投票資格者について、使用済み核燃料中間貯蔵施設誘致についての住民投票資格者名簿（以下「投票資格者名簿」という。）を作成しなければならない。
(投票所における投票)
第十条　投票資格者は、投票日に自ら住民投票を行なう場所（以下「投票所」という。）に行き、投票資格者名簿又はその抄本の対照を経て、投票しなければならない。
2　前項の規定にかかわらず、規則で定める理由により、投票所に行くことができない投票資格者は、規則で定めるところにより投票をすることができる。
(投票の方式)
第十一条　住民投票は秘密投票とする。
2　投票は一人一票とする。
3　投票資格者は中間貯蔵施設誘致に賛成するときは投票用紙の賛成欄に、反対するときは反対欄に、自ら○の記号を記載し、投票箱に入れなければならない。
4　前項の規定にかかわらず、身体の故障または読み書きができないなどの理由により、自ら投票用紙に○の記号を記載することができない投票資格者は、規則で定めるところにより投票をすることができる。
（投票の効力の決定）
第十二条　投票の効力の決定に関しては、次条の規定に反しない限りにおいて投票した者の意思が明白であれば、その投票を有効にする。
（無効投票）
第十三条　住民投票において、次の各号のいずれかに該当する投票は無効とする。
一　所定の投票用紙を用いないもの
二　○の記号以外の事項を記入したもの
三　○の記号のほか、他事を記載したもの
四　○の記号を投票用紙の賛成欄及び反対欄のいずれにも記載したもの
五　○の記号を投票用紙の賛成欄及び反対欄のいずれに記載したのか判別し難いもの
六　白紙投票
（投票及び開票）
第十四条　投票所、投票時間、投票立会人、代理投票、不在者投票その他住民投票の投票及び開票に関しては、公職選挙法、公職選挙法施行令（昭和二十五年政令第八十九号）及び公職選挙法施行規則（昭和二十五年総理府令第十三号）の例による。
（結果の告示）
第十五条　市長は、住民投票の結果が判明したときは、速やかにこれを告示するとともに、市議会議長に通知しなければならない。
（投票運動）
第十六条　住民投票に関する運動は、自由とする。ただし、買収、脅迫等により市民の自由な意思が制約され、又は不当に干渉されるものであってはならない。
（委任）
第十七条　この条例の施行に関し必要な事項は規則で定める。
附則　この条例は公布の日から施行する。

意見

請求に係る条例案の趣旨は、東京電力株式会社が計画している使用済燃料中間貯蔵施設の誘致に対する賛否について、市長が住民投票を行い、その結果を尊重して誘致についての態度を表明することにあると解されます。

市としては、使用済燃料中間貯蔵施設の誘致について検討するため、まず、東京電力株式会社に立地可能性調査を依頼し、この調査と並行して、市民の皆様方にこの施設を御理解いただくために、地区別説明会を始め日本原子力発電株式会社東海第二発電所内の乾式キャスク貯蔵施設見学会及び講演会などを実施してまいったところであります。

立地可能性調査終了後は、東京電力株式会社の技術的に建設は可能との調査結果及び同社のリサイクル燃料備蓄センターの事業構想について「使用済燃料中間貯蔵施設に関する専門家会議」を設置し、専門家の意見を聴き、また、各種市民団体等から御推薦をいただいた委員で構成する「使用済燃料中間貯蔵施設対策懇話会」、市民を対象とした説明会などを開催し、首長として住民との対話を心がけ、その職責を果たすべく努力をしてまいったところであります。

一方、市民を代表する市議会におきましては、平成十三年三月に「使用済み核燃料中間貯蔵施設『リサイクル燃料備蓄センター』に関する調査特別委員会」が設置され、施設の安全性や電源三法交付金等に関することについて二年余にわたり議論を重ねていただき、その間、ドイツのゴアレーベン中間貯蔵施設及びスイスのヴューレンリンゲン中間貯蔵施設の視察、日立造船ディーゼルアンドエンジニアリング株式会社においての金属キャスク製造工程の視察などを精力的に実施していただいたところであります。

その結果として、さきのむつ市議会第百七十六回定例会において、同調査特別委員会委員長より「立地は可能である。」との最終報告が本会議においてなされたものであります。

このように、去る六月二十六日の誘致表明に当たっては、安全性の確保を第一義に、市内各界各層の意見聴取を行い、さらには、これまでの市議会における議論を踏まえ、本職としての結論を導き出したものであります。

以上のことから、本職としては、住民投票を実施する必要はないものと判断しているので、本条例の制定には賛成できないものであります。

なお、この度の条例制定請求については、これを謙虚に受け止め、今後とも安全性の確保を第一義とし、国、事業者を始め、すべての関係者に対してより完璧な管理体制をこれまで以上に強く求めるとともに、地域の活性化と豊かな郷土づくりのため最大限の努力を払ってまいりたいと存じます。

［出典：むつ市議会資料］

Ⅳ－1－12
平成15年9月　むつ市議会会議録（第177回定例会）
開会8月29日　閉会9月11日

（中間貯蔵施設問題にかかわる会議録を抜粋した）

議事日程第1号
平成15年8月29日（金曜日）午前10時開会・開議

本日の会議に付した事件
第1　会議録署名議員の指名
第2　会期の決定
第3　杉山市長不信任決議案審議（質疑、討論、採決）
第4　交通問題対策特別委員長報告
第5　公害対策特別委員長報告
第6　議案一括上程、提案理由説明（略）

◎開会及び開議の宣告
　　午前10時40分開会・開議
○議長（川端澄男君）　ただいまからむつ市議会第177回定例会を開会いたします。
　ただいまの出席議員は21人で定足数に達しております。
　これから本日の会議を開きます。
　本日の会議は議事日程第1号により議事を進めます。
◎日程第1会講録署名議員の指名
○議長（川端澄男君）日程第1会議録署名議員の指名を行います。
　会議録署名議員は、会議規則第82条の規定により、2番石田勝弘君及び20番木村亀治君を指名いたします。
◎日程第2会期の決定
○議長（川端澄男君）次は、日程第2会期の決定を議題といたします。
　お諮りいたします。本定例会の会期は、本日から9月11日までの14日間としたいと思います。これにご異議ありませんか。
（「異議なし」の声あり）
○議長(川端澄男君)ご異議なしと認めます。よって、会期は本日から9月11日までの14日間と決定いたしました。
（「議長、議事進行」の声あり）
○議長（川端澄男君）12番、議事進行の理由は何ですか。
○12番（高田正俊君）私は、ただいま議事進行を許可いただきましたので、杉山市長不信任決議案を文書で議長に提出をいたします。
　提出議員は、私高田正俊、それから賛成提出議員は新谷昭二議員、そして石田勝弘議員の3名であります。
○議長（川端澄男君）ただいま高田正俊君外2名から杉山市長不信任決議案が提出されましたので、本決議案の取り扱い協議のため暫時休憩いたします。(略)
○議長（川端澄男君）休憩前に引き続き会議を開きます。
　ただいま提出されました決議案について、提案の説明を高田議員からお願いいたします。12番。
○12番（高田正俊君）それでは、私から口頭ではありますが、杉山市長不信任決議案の理由について申し上げさせていただきます。
　このたび発覚した使用済み核燃料中間貯蔵施設の土地にかかわる情報を事前に特定者に漏えいした行為は、市民から負託を受けた市政運営の最高責任者としては許しがたく、市民に対する背信行為であります。このような行為は、市長自身も認めているように、杉山市長の責任は極めて重大であります。このように市長職を私物化している杉山市長は、市長としては適任者ではなく、ここに杉山市長の不信任決議案を提出することにいたしたものであります。
　以上でございます。
○議長（川端澄男君）これで高田正俊議員の説明を終わります。
　暫時休憩いたします。(略)
○議長（川端澄男君）休憩前に引き続き会議を開きます。
◎日程の追加

○議長（川端澄男君）先ほど提出されました杉山市長不信任決議案を日程に追加し、直ちに議題とすることにご異議ありませんか。

(「異議なし」の声あり)

○議長（川端澄男君）ご異議なしと認めます。よってこの際杉山市長不信任決議案を日程に追加し、議題とすることに決定いたしました。

◎日程第3杉山市長不信任決議案審議（質疑、討論、採決）

○議長（川端澄男君）日程第3杉山市長不信任決議案を議題といたします。

提出者から説明を求めます。12番高田正俊君。

(12番高田正俊君登壇)

○12番（高田正俊君）杉山市長不信任決議案について、その提案理由を申し上げさせていただきます。

このたび発覚した使用済み核燃料中間貯蔵施設の土地にかかわる情報を事前に特定者に漏えいした行為は、市民から負託を受けた市政運営の最高責任者としては許しがたく、市民に対する背信行為であります。このような行為は、市長自身も認めているように、杉山市長の責任は極めて重大であります。このように市長職を私物化している杉山市長は、市長としては適任者ではなく、ここに杉山市長の不信任決議案を提出するに至ったものであります。

ご承知のように、議員の任務というのは、私が考えておりますところによれば、市民の代理人であると、こう思っております。議員は、市長の代理人であってはならない、そういう思いでこれまで議会活動をしてまいりましたから、きょうご出席の議員の皆様方も十分ご理解をいただけるものと、こう思っております。どうぞ、私ども3人、高田正俊、新谷昭二議員、石田勝弘議員が提案をいたしました杉山市長不信任決議案に満場のご賛同をいただきますように、この場から心からお願いを申し上げて提案理由にしたいと存じます。よろしくお願いを申し上げます。

○議長（川端澄男君）これで提出者の説明を終わります。

ただいまの説明に対し、質疑ありませんか。

(「なし」の声あり)

○議長（川端澄男君）質疑なしと認めます。これで質疑を終わります。

討論の通告がありませんので、ただちに採決いたします。(略)

○議長（川端澄男君）投票を終了いたします。

議場の閉鎖を解きます。

(議場開鎖)

○議長（川端澄男君）開票を行います。

会議規則第31条第2項の規定により、立会人に6番白井二郎君、9番小林正君、14番中村正志君を指名いたします。

よって、6番白井二郎君、9番小林正君、14番中村正志君の立ち会いをお願いします。

(開票)

○議長（川端澄男君）念のため申し上げます。

本決議案の表決については、地方自治法第178条の規定により、議員数の3分の2以上の者が出席し、その4分の3以上の者の同意を必要といたします。

ただいまの出席議員数は21人であり、議員数の3分の2以上であります。また、出席議員の4分の3は16人であります。

投票の結果を報告いたします。

投票総数21票。これは、先ほどの出席議員数に符合いたしております。

そのうち

賛成6票

反対15票

以上のとおりで、賛成は所定数に達しません。

よって、杉山市長不信任決議案は否決されました。

暫時休憩いたします。(略)

議事日程第２号

平成15年9月4日（木曜日）午前10時開議

本日の会議に付した事件

第1　追加議案一括上程、提案理由説明

(1) 議案第54号使用済み核燃料中間貯蔵施設の誘致に関するむつ市住民投票条例

(2) 議案第55号むつ下北地域合併協議会の設置について

◎開議の宣告

午後3時50分開議

○議長（川端澄男君）ただいまから本日の会議を開きます。

ただいまの出席議員は21人で定足数に達しております。

本日の会議は議事日程第2号により議事を進めます。

◎会議時間の延長

○議長（川端澄男君）本日の会議時間は、議事の都合により、あらかじめこれを延長いたします。

暫時休憩いたします。（略）

○議長（川端澄男君）休憩前に引き続き会議を開きます。

◎日程第1追加議案一括上程、提案理由説明

○議長（川端澄男君）日程第1追加議案一括上程、提案理由の説明を行います。

議案第54号及び議案第55号を一括上程いたします。

市長から提案理由の説明を求めます。市長。

（市長杉山粛君登壇）

○市長（杉山粛君）ただいま追加上程されました2議案について、提案理由及び内容の概要をご説明申し上げ、ご審議の参考に供したいと存じます。

まず、議案第54号使用済み核燃料中間貯蔵施設の誘致に関するむつ市住民投票条例についてでありますが、本案は、去る8月28日地方自治法第74条第1項の規定に基づき、条例制定請求代表者齋藤作治氏及び野坂庸子氏から提出された同条例の制定請求を受理したので、同法第74条第3項の規定により、意見を付けて議会に付議するものであります。（略）

何とぞ慎重ご審議の上、議案第54号につきましては本職の意見に沿った御議決を賜りますよう、また議案第55号につきましては原案どおり御議決賜りますようお願い申し上げる次第であります。

○議長（川端澄男君）これで、提案理由の説明を終わります。

◎延会の宣告

○議長（川端澄男君）お諮りいたします。

本日の会議はこの程度にとどめ、延会したいと思います。これにご異議ありませんか。

（「異議なし」の声あり）

○議長(川端澄男君)ご異議なしと認めます。よって、本日はこれで延会することに決定いたしました。（略）

議事日程　第３号

平成15年9月5日（金曜日）午前10時開議

本日の会議に付した事件

第1　一般質問（市政一般に対する質問）

第2　議案審議（決算を除き質疑、討論、採決）

（略）

(9)　議案第54号使用済み核燃料中間貯蔵施設の誘致に関するむつ市住民投票条例

◎開議の宣告

午前10時02分開議

○議長（川端澄男君）ただいまから本日の会議を開きます。

ただいまの出席議員は20人で定足数に達しております。

本日の会議は議事日程第3号により議事を進めます。

◎日程第1　一般質問

○議長（川端澄男君）日程第1　一般質問を行います。

質問の順序は、抽せんにより新谷昭二君、石田勝弘君、高田正俊君、馬場重利君の順となっております。

◎新谷昭二議員

○議長（川端澄男君）まず、新谷昭二君の登壇を求めます。4番新谷昭二君。

（4番新谷昭二君登壇）

○4番（新谷昭二君）第177回定例会に当たり、一般質問を行います。始める前に、議長からお許しを得まして、このフリップを利用させていただきます。（略）

第1に、使用済み核燃料中間貯蔵施設についてであります。その一つとして、同施設の諸問題についてであります。市長は、6月17日、市議会第176回定例会において、議会の中間貯蔵施設に関する特別委員会の委員長報告を受けて、最終日の6月26日、中間貯蔵施設の関根浜誘致表明を行いました。しかし、市長は平成12年9月以来、議会に対し、中間貯蔵施設設置を議題として提案し、同年11月、東京電力社

長への関根浜立地調査依頼も議会の議決を得ず、今回の6月26日の中間貯蔵施設の関根浜誘致表明も、議会の下級組織である特別委員会の委員長報告をもとに正当づけ、誘致表明を行いました。この経過を見れば、地方自治法で保障されている市民の代表である市議会、一貫して軽視してきたのではないか。

その二つ目は、市長の情報漏えい問題についてであります。8月20日報道以来、市長は支持者だった会社社長に中間貯蔵施設の候補地の誘致構想を漏らしたことは大きな市の政治問題となり、8月29日、第177回定例会冒頭において市長不信任が上程され、採決では否決されました。しかし、市民の多くは疑問を抱き、納得していません。私は、市民から負託された議員の主たる任務としての市政のチェック、監視監督の責務を果たす立場から、その真相についての回答を求めるものであります。

その一つ、市長は中間貯蔵施設の誘致構想発表前の平成11年12月、誘致を内々に進めていることを支持者の会社社長に漏らし、その社長は翌平成12年5月、神奈川県内の会社から、原野3筆4ヘクタール購入、平成13年1月、東京都内の会社に転売したと言われています。この行為は、市政運営の最高責任者として許し難い、市民に対する背信行為ではないのか、明確なお答えを求めるものであります。

第3に、誘致構想の実務担当の市幹部が平成12年1月、自宅を訪れた会社社長に関根浜港近くの地図を渡したと言われている。その地図について、明確な答弁を求めるものであります。また、これは市長の命令で行ったのか、これも市長の執行権の乱用ではないのか。これら一連の問題について、事実関係を明らかにすることを求めるものであります。(略)

○議長（川端澄男君）市長。

(市長杉山粛君登壇)

○市長（杉山粛君）ただいま質問の冒頭に新谷昭二議員が引退されるという考え方を表明されました。考えてみますと、市議会議員になられましたのは私と同時期でございまして、昭和42年10月から議席を得たわけでありますが、その間一貫して市政の発展のためにご努力されてきましたことに心から敬意をあらわしたいと存じますし、今後ともご活躍なさいますようご期待を申し上げるところでございます。

次に、ご質問の順に従いまして、ご答弁申し上げたいと存じます。

まず、使用済み核燃料中間貯蔵施設に係る諸問題についてのご質問であります。その1点目は、同施設の誘致に係る今までの私の行為は議会を軽視し、執行権の乱用ではないかとのご指摘でありますが、平成12年11月、全員協議会においてリサイクル燃料備蓄センターの立地可能性調査を東京電力株式会社に依頼したい旨の報告をいたしまして、以来私は市議会本会議での審議、一般質問の場で幾度となく議論をしてご説明をいたしてまいりました。加えまして、平成13年3月、第167回定例会において使用済み核燃料中間貯蔵施設「リサイクル燃料備蓄センター」に関する調査特別委員会が設置され、同委員会において施設の安全性や電源三法交付金等に関すること、専門家会議及び懇話会からの報告書、市民説明会の状況等を2年余にわたりご報告、説明をして議論が重ねられてまいりましたことは、新谷昭二議員十分ご承知のことと思います。その間、ドイツのゴアレーベン中間貯蔵施設及びスイスのヴユーレンリンゲン中間貯蔵施設や日本原子力発電株式会社東海第二発電所の乾式キャスク貯蔵施設、さらには熊本県長洲町にある日立造船ディーゼルアンドエンジニアリング株式会社における金属キャスク製造工程の視察等、各委員には精力的にご検討いただき、むつ市議会第176回定例会冒頭において調査特別員会委員長より、立地は可能であるとの調査特別委員会の最終報告をいただいたところであります。私といたしましては、市議会のご協力を得ながら、2年余という長い期間をかけ、十分に議論してまいったと考えておりますので、ご理解賜りたいと存じます。

次に、第2点目の土地情報の漏えい問題についてでありますが、市の幹部職員が会社社長に渡したとされる図面はどのような図面なのか、図面を渡したのは市長の命令で渡したのではないか、市長が土地情報を漏らしたことは、市民に対する背信行為ではないかとのご質問であります。

まず、助役が幹部職員から当時の事情などを聞いた報告から申し上げます。私が幹部職員に、この中間貯蔵施設の誘致構想を伝えたのは平成11年11月ごろであり、それを受けて中間貯蔵施設に関する情報収集等に入ったとのことであります。この事業には、港湾や容易に確保できる遊休地が必要であるとのことで、そのためには関根浜港を中心とした広範囲の公図を張り合わせた図面を個人的な参考資料として作成しておったとのことであります。そして、平成12年の年始休日に自宅で公図の張りつけなどの作業をしていたところ、自宅に会社社長が訪ねてきたとのことであります。会社社長がこの公図を見て、砂を採取するための場所を探している、その図面が欲しいと言われ、幹部職員は砂の採取であればとの思いで深く考えずに渡したということであります。会社社長が幹部職員の自宅を訪れた時期は、中間貯蔵施設の誘致構想の段階で、まだ施設の候補地はおろか、立地可能性調査を依頼することすら不確定な時期のことで、電気事業者とも全く接触もないころのものであり、幹部職員はこのような結果になるとは全く考えが及ばなかったとのことであります。これが図面を渡した経緯でございます。

また、背信行為に当たるのではないかとの点については、このような大きな事業を具現化できるかどうか、構想段階において私一人で判断するのは孤独な政治家としてもつらいこともございました。海のものとも山のものともわからない段階の平成11年から平成12年にかけて、私の支持者である数人に相談をいたした経緯がございます。その中の信頼できると思っていた友人が、結果的にこういう事態を招いたことについてはまことに残念でなりません。今となれば、この会社社長に相談したことはまことに軽率であったとざんきにたえないところでありますので、ご理解賜りたいと存じます。(略)

○議長（川端澄男君）4番。

○4番（新谷昭二君）再質問を行います。

まず、中間貯蔵施設の市長の進め方についてであります。市長は、全員協議会などで議会に説明を行ってきた、そして今回の定例会においては特別委員会の委員長報告を経て進めてきたからと説明責任を果たしてきたと言っています。しかし、明らかに地方自治法に照らして、それは成り立たないものであると。特に特別委員会は本会議よりも下級の機関であります。

次の問題についてであります。中間貯蔵施設の、先ほどの市の幹部のことについてであります。今市役所の中にある市民にかかわる図面などについては、税務課が取り扱っていると思います。しかも、私の確認したところでは、このものについては、市民から希望があった場合には見せるだけで、これはファクスなどで渡しておらない、こう言っております。しかも、公用の際には受付簿を発行しておって、それも自由にコピーなどを渡しておらないと言っております。これについて、明確なお答えをいただきたいと思います。問題の重要な点からいって、当然これは市長は議会に提示して、自らその疑惑を解くことに努力をすべきことであると思います。このことについても明確なお答えを求めるものであります。(略)

○議長（川端澄男君）市長。

○市長（杉山粛君）まず、使用済燃料中間貯蔵施設についての再質問でございますが、特別委員会が定例会等の本会議よりも下級の審議機関であるというご指摘に私はお答えする資格がございませんので、申し上げませんが、それは議員各位がご判断なさることでありましょうと考えます。まして全員で構成する特別委員会でありますし、本会議から付託を受けて審議をいただいているわけでありますから、私どもの受けとめ方としては定例会、臨時会等の本会議と全く同等のご審議をいただいているものと判断をいたしておるわけでありますので、そのようにご理解を願いたいと思います。

その特別委員会でお考えを示していただきましたので、それを私はお受けして方針を打ち出したという経緯になっておりますので、それも本会議に方針をお示ししたということでありますので、ご理解をいただきたいと思います。

また、公図、これは手数料条例に定めがございませんので、自らトレーシングなどしたりすることについては認めておるようであります。公図をコピーしたりなどする際の手数料条例がございませんので、それだけの話でございます。でありますから、これを自ら示せという意味が私はよくわからないのでございますが、いずれにしても、トレーシングまでは認めているということにとどめたいと思います。(略)

○議長（川端澄男君）新谷昭二君に申し上げますけれども、時間の関係もありますから、簡潔にお願いします。4番。

○4番（新谷昭二君）幹部職員の図面の問題であります。先ほど市長は、条例にその取り扱いの定めがないから、それだけの話だと、非常に私は、この今重要な図面の問題は、あなたの情報漏えい問題とかかわりがあっている中で、こうした発言というのは私は本当に遺憾だと思います。これまで市長は、命令しなかったと言っているけれども、この職員が担当の関係からいって、市民や議会に公表する前に実際取り扱ってきた方でしょう。しかも、あなたは新聞報道にもこうした図面について、東京電力にこういうところがあるということを示したとも言っています。そうすれば、この幹部職員が会社社長に、今回の問題のところの図面を渡したと、こういうことであれば、私はいろんな角度から見ても、市長の責任に属するものがあると思います。大事な問題でありますから、明確にお答えをいただきます。（略）

○議長（川端澄男君）質問時間も超過しておりますから、答弁の方も簡潔にお願いします。市長。

○市長（杉山粛君）図面については、東京電力に示したという報道もないし、私も発言をいたしておりません。土地については、東京電力がそれぞれ検討すべきものであって、こういう土地がありますよということは申し上げたけれども、図面を提供するなどということはいたしておりません。（略）

○議長（川端澄男君）これで、新谷昭二君の質問を終わります。

◎石田勝弘議員

○議長（川端澄男君）次は、石田勝弘君の登壇を求めます。2番石田勝弘君。

（2番石田勝弘君登壇）

○2番（石田勝弘君）第177回定例会に当たり一般質問を行います。市長及び理事者におかれましては、明快で前向きなご答弁をお願いするものであります。

初めに、使用済み核燃料中間貯蔵施設問題のうち用地問題についてお伺いいたします。私は、この中間貯蔵施設の問題が浮上して以来、一貫して次の三つのことを主張してまいりました。その一つは、誘致を決めるためには多くの市民の合意を得ること、その2は、安全性の確認と永久貯蔵にはしないことを国の担保も考慮に入れて安全協定を結ぶこと、第3は、それにかかわる交付金は地方自治体の自主財源となるように制度改正を要求することであります。また、むつ市議会では平成13年3月定例会で中間貯蔵施設に関する特別委員会を設置し、ことし6月定例会前までに数多くの委員会を開き、審議し、6月定例会では施設の誘致は可能との結論で閉じてしまいました。私を初め3議員は、いまだ住民の意見を十分に聞いたとは言えない、もっと審議を尽くすべきだなどの少数意見で反対したのは記憶に新しいところであります。一方、むつ市住民投票を実現する会では、法定数の801人の約7倍の5,514人の署名を添えて、施設誘致に関しての住民投票条例の直接請求をし、今定例会に追加議案として上程されたところであります。そういう中、8月20日付の新聞報道で明らかになったように、中間貯蔵施設誘致にかかわる土地について、情報漏えいの疑惑が報道されました。中間貯蔵施設の誘致構想が表面化した2000年8月より約8ヵ月前の1月に、誘致構想の実務を担当していたむつ市の幹部宅を訪れた杉山市長の支持者である会社社長の求めに応じ、中間貯蔵施設の建設候補地を示す図面を渡した、そしてその後5ヵ月後の2000年5月に、その社長が建設候補地内の原野を神奈川県内の会社から購入したというものであります。私は、昨年の6月定例会において次のような質問を行っております。つまり平成14年6月3日付の地元有力紙が、中間貯蔵施設の建設予定地を地図入りで詳細に報道しておりますが、これには市がどのように関与しているのかとの質問に対し、市長は用地の選定に関しては、市が関与すべきものではないと考えていると答えております。しかし、この土地情報の漏えい問題から考えると、市の関与は十分過ぎるほど明らかであり、特定の業者に漏らしたことは、市長が常日ごろ言っております「公平、公正」の政治信条から見ればほど遠いどころか、まさに正反対であります。また、図面を渡したとする市幹部については、守秘義務違反の疑いもあります。以上のことについて、市長はどのように考えているか、ご見解をお伺いするところであります。

次に、その他の中間貯蔵施設に関しての諸問題についてお伺いいたします。前段で述べましたように、施設誘致のためには、まずはこの後最低でも50年から60年間、施設とともに暮らさなければならない市民の合意を得る必要があります。市長は、7人の専門家会議を5回開催、市内の24団体から推薦された24人の委員による懇話会が6回開催されたことなどにより、市民の合意が得られたと考えているようでありますが、私はそうは思いません。海外の先進地では、賛成、反対の両論の人たちが集い、100回、200回にも及ぶ議論をし、両者納得のうえ合意したと聞いております。むつ市でも同様な機会をつくるべきと考えておりますが、これについて市長のご見解をお伺いするところであります。

また、施設の長期間にわたる安全性の保障と永久貯蔵をしないという担保のとり方、その具体的な方法について考えていることがありましたらお知らせいただきたいと思います。

次は、施設の誘致を県に申請した後、知事の同意を得られた後の建設までのスケジュールについてお伺いいたします。また、知事の同意が得られた翌年から2年間、年間9億8,000万円ずつの交付金が交付されますが、その事業計画はどのようなものか、市長のご見解をお伺いいたします。最後は、10月からの法改正により、交付金の使途が大幅に緩和されると聞いておりますが、それによる市の事業及び市財政への影響はどのようなものか、あわせてお伺いいたします。(略)

○議長（川端澄男君）市長。

(市長杉山粛君登壇)

○市長（杉山粛君）石田議員のご質問にお答えいたします。

まず、使用済み核燃料中間貯蔵施設に関する用地問題についてお答えいたします。そのご質問の第1点目、特定の市民への情報漏えいについてのご質問であります。平成14年6月定例会において、用地の選定について市が関与するものではないと発言しているが、このたびの新聞が報道している内容と違うのではないかとのご指摘であります。この質問に関しましては、平成14年6月開会の第172回定例会において、石田議員及び高田議員からのご質問にお答えいたしたところでありますが、用地の選定に当たっては、立地可能性調査結果等を踏まえ、あくまでも事業者が適地を判断するものと考えております。用地の選定について、市が関与すべきものでないという考え方に変わりはないのでありますので、ご理解賜りたいと存じます。

また、漏えい問題は「公正、公平」の観点からほど遠いのではないかとのご指摘がございましたが、大きな事業を行う際には、市民の皆様に対しましては一定の下準備後構想をご説明いたすもので、ご説明した後に構想を練ることはあり得ないということは、まずご理解いただきたいと思います。このようなことから、支持者の中の有識者数人に相談をいたしたものであり、会社社長もその中の一人であったものであります。今現在会社社長とは絶縁状態であり、当時口のかたい身内だと思い相談したことが結果的にこのようなことになり、今になれば相談したことを軽率であったと深く後悔し、反省いたしておるところであります。しかしながら、政治家の一人として私自身に近い人に事前に相談し、助言をちょうだいすることは当然あり得ることでありますので、ご理解賜りたいと存じます。

次に、候補地の公図を渡したとされる市職員に関する調査結果についてのお尋ねでありますが、現在調査中であり、結果を出すまでに至っておりませんので、いましばらく猶予を賜りたいと存じております。

次に、施設誘致にかかわる諸問題として、市民の合意についてのお尋ねがありました。私が平成12年11月に東京電力株式会社に対しまして、使用済燃料中間貯蔵施設の立地可能性調査依頼を行って以来、市民の皆さんに対しましては、原子力全般や同施設の必要性などについてご理解を深めていただくための各種PA活動を継続的に行うとともに、節目節目において説明会を開催し、直接ご説明申し上げながら、市民の皆さんの疑問に感じていることに耳を傾け、それにお答えしてまいったところであります。また、本年6月17日開会むつ市議会第176回定例会では、すべての議員で構成する使用済み核燃料中間貯蔵施設「リサイクル燃料備蓄センター」に関する調査特別委員会委員長より、立地は可能であるとの報告がなされ、本会議において委員長報告が採択されたところであり、市民の負託を受けた議員各位による懸命なご判断を真摯に受けとめた次第であります。

また、時期を等しくして、市民を代表する委員で構成する使用済燃料中間貯蔵施設対策懇話会から同施設に対する委員それぞれのご意見をちょうだいいたしましたが、安全を大前提としながら、地域発展のためには必要な施設であろうとのご意見が大勢でありました。さらには、むつ商工会議所が中心となって組織されましたリサイクル燃料備蓄センター誘致推進協議会により、有権者の過半数を超える2万人余の誘致賛成署名が提出されたところであります。これらの状況を踏まえ、私といたしましては同施設誘致の政策が誤りではなかったことを再認識し、市民の皆さんの合意に背中を押される思いで誘致表明をいたしたものでありますので、ご理解いただきたいと存じます。

次の第2点目の安全性と法制化のめどについてでありますが、原子炉等規制法においては貯蔵終了後に使用済燃料が確実に搬出されることを担保することが必要との認識のもと、事業許可申請書に貯蔵の終了後における使用済燃料の搬出の方法として、搬出方法及び返還等の相手方を記載させることになっております。

他方、高レベル放射性廃棄物の最終処分については、平成12年に特定放射性廃棄物の最終処分に関する法律が制定され、これに基づき処分の実施主体として原子力発電環境整備機構が設立されて、現在概要調査地区の公募が行われているところであります。今後応募があった地区の中から調査地区を選定する等の事業を推進していくに当たっては、同機構が知事や首長の意見を聞きながら、地元の理解を得たうえで段階を踏んで着実に進めていくことが法律に規定されているため、地元の意に反して最終処分地になることはあり得ないものと認識しております。

また、青森県については、平成7年に当時の科学技術庁長官より高レベル放射性廃棄物について、知事の了解なくして青森県を最終処分地にできないし、しないことが約束されております。また、以前から申し上げているように、事業者との安全協定にも使用済燃料の貯蔵期間について明記する考えを持っております。このようなことから、使用済燃料中間貯蔵施設が最終処分施設になることはないものと考えております。しかしながら、施設の立地を進めるということになれば、市民の皆さんのご心配を払拭するために安全協定締結の際には国にも何らかの役割を担っていただく、あるいは法律の運用の考え方を整理したうえで、必要であれば、さらなる法制化を要望するなど、担保措置を国に求めるということも本年6月開会の第176回定例会の場でも申し上げたように、現在検討しているところでありますので、ご理解を賜りたいと思います。

次に、県知事の同意の期日と今後の施設建設までのスケジュールを示せということでありますが、去る7月22日、県知事を訪問し、東京電力株式会社に使用済燃料中間貯蔵施設を誘致することをお伝えするとともに、ご協力方についてお願いいたしたことにつきましては、8月26日開会されました全員協議会でご報告申し上げたところであります。この際、知事におかれましては、事業者からの立地申し入れがなされた後に、県としての対応を検討してまいりたいとのお話でありましたことから、現時点におきまして同施設を進めていくための今後の手順等についてご報告できる状況にないということでご理解を賜りたいと存じます。

次に、答弁が前後いたしますが、さきに新交付金制度に基づく交付金使途緩和と市財政への影響について答弁させていただきます。これまでに得られた情報によれば、新交付金の対象事業の範囲内であれば、他の交付金や地方公共団体の自主財源で整備された施設の法律補助がない維持運営費に活用できるということのようであります。したがって、学校、公民館、図書館、文化会館など教育文化施設を初めとして体育館などスポーツ等施設、一般廃棄物処理施設など環境衛生施設といった広範囲にわたる公共施設の人件費を含めた維持運営費に交付金を充てることができるということのようであります。従来これら施設の維持運営費については、全部または相当額が一般財源で賄われており、財政負担が非常に大きいものでありましたが、新制度においては、この維持運営費に交付金を使うことが可能になるということのようでありますので、結果として一般財源の振りかえがなされることになり、実質的には市財政にとりまして大きな効果をもたらすものと考えております。

次に、新交付金制度に基づく交付金と事業計画についてのご質問でありますが、具体的な事業計画策定作業は新交付金制度についての正確な内容、そして十分な理解をしたうえで行っていくことになりますが、ただいま答弁いたしましたように、一般財源への振りかえ効果を考慮するとともに、地域の振興や活性化にも配慮した事業計画を策定してまいりたいと考えておりますので、ご理解をお願いいたします。(略)

○議長（川端澄男君）2番。

○2番（石田勝弘君）若干再質問させていただきます。

まず、中間貯蔵施設の用地問題でございますが、前に市長はこういう施設をつくるには、適した土地があるということを東京電力さんに説明したというようなこともおっしゃっております。どこどこという説明はしないかもしれませんが、やはりこういう土地があるからこういう広い遊んでいる土地があるから、誘致できるのではないかという考えのもとだと思いますが、結局は全く手探り状態で来るわけでないわけです。市長さんがこういうところがありますよみたいな誘導があれば、その計画が実現に向けて動くわけでありますから、全く市と土地問題はかかわりないということではないです。ただ、実際は事業者が買いますので、その点については市は関係ない、当然関係ないわけです。今問題になっているのは、確かにこの誘致問題が明るみに出る前のことだから関係ないでしょうと、こういうような言い方ですが、実際市長は政治家ですから、いろんな構想でむつ市をよくしようという思いでいろんなことに取り組んできたわけであります。しかし、そのときそのたびに支持者とか特定の人に相談するというのは非常に混乱を招く、今回みたいに混乱を招くことになり得る、なるということなのです。市にはたくさん助役、収入役、それから優秀な部長さん方がいっぱいおります。やはりそういう人にいろんな事業といいますか、構想を相談して組み立てていくということが一番大事なのではないでしょうか。もちろんそれはなさっていると思いますが、その辺市長は先ほど軽率だったと言いますが、たまたまその社長さんが土地を購入したり、あるいは転売したりということで事実がはっきりしたので軽率だと、そんなことがなければ軽率でも何でもないわけですよね。したがって、今後その事業、市の事業をやる場合には十分に気をつけなくてはいけないと思います。それについて、市長、もう一つご見解がありましたらお願いしたいと思います。

また、職員につきましては、今調査中ということでございます。ただ､優秀な職員ですので、あらかじめそういう図面を用意して、これからの事業に向けて準備していたというようなことにもなり得るかもしれませんが、やはりこの職員も幾ら親しいとはいえ、そういう会社の社長さんに図面を渡したというものは、これはやはりしてはいけない行為だなという思いがいたします。それについては、市長は命じたことではないでしょうが、その点についてもう一度お聞きしたいと思います。

次は、中間貯蔵施設の市民の合意についてであります。確かに何度も説明会もやりました。それから、賛成の署名も2万人以上集まったといいます。しかし､住民投票を進める会で5,847人の署名を集めたところ、333人が除外されたと、そして5,514という数字になって最終的に直接請求されたわけであります。私聞いたところによりますと、この推進の意見、意見といいますか、署名は、法的な制約は受けない全く任意のものでありまして、しかもむつ商工会議所さんを中心とした組織がシルバー人材センター及びいろんな商工会の職員もそうかもしれませんが、手分けして商工会を構成している事業者を訪れてどんどん署名してもらったと。私のところにももちろん来ました。もう理由も何もない、もうとにかく署名してくれというようなことが多かったです。問題は、同じ人が3回も署名したという人が何人もいるのです。したがって、法律に基づいて署名運動をした住民投票でさえ333人も要件満たさないというような数字があらわれているのに､とにかくそういう雑な、雑なといいますか、非常に説明もそこそこ署名運動に走った人たちで署名したというのには、ダブって二重になっている人数も結構あると思うのです。ですから、2万人以上、それは1万人もいるわけでないのは明らかですが、そういうこともありますので、有権者の半分以上だというふうに市長は思っているでしょうけれども、そうでもないよという人もあります。私は何を言いたいかというと、そういうことで市民の合意を得られたというその安易な方法はまずいのではないかと。実際住民投票も一つの方法です。これについては、議案で出ていましたので、私は深くは触れません。触れませんが、2万人以上の賛成者だったら住民投票やればあっさり推進出ますよ。そして、はっきり推進うたって、私が言うのは、反対とか賛成とかという前に住民の意見をよく聞くか聞かないかという態度なのです。そこを考えれば、余りにも早過ぎる拙速に誘致を決めたのではないかなと、そういう思いがしているわけであります。そこで、私が壇上で申し上げたとおり、まだまだ市民にいろんな情報を提供して、しっかりのみ込んで、例えば補助金の問題もそうです。これからどうする、それから永久貯蔵はあり得ない、確かにあり得ては困るのです。そのために、ではどういうふうに担保をとるのか。具体的には、国への担保措置を考えていると言いますが、ではいつの段階でどうなのかというのは、もっとも事業者ではまだ知事の方には申請していないわけだから、これからの話だと言えばそれまでの話なのですが、結局むつ市民としてはそういう将来の心配があるので、住民投票させてくれとか、そういうような意見のある人がいっぱいいるわけです。だから、それを具体的にこうだよと、例えば将来何かトラブルがあったと、これから50年間の話ですから、雨が降ったり風が吹いたりなんかします。もう人間がつくることですから、何かしらトラブルがあるということはもう目に見えて明らかなわけです、つくってすぐそういうふうになることはないでしょうけれども。だから、そういう心配をしながら進んでいくという態度が大切だと思うのです。ですから、今まず大丈夫だから、こうするから、ああするからといって進めておりますが、一つ一つ安全性の永久貯蔵のことでもご答弁はいろいろ立派なご答弁をいただきました。しかしながら、一つ一つ心配があるわけです。そういうところを市長の思いがありましたら、ひとつお聞かせいただきたいと思います。

それから、今後のスケジュール、建設までのスケジュールと言いますが、まだ事業者から県に申請していない、だからわからないということですが、これはいつごろその申請されると予測されているかどうかお尋ねしたいと思います。

それから、交付金の使い道が緩和されたと。これは、先ほど市の財源でつくったいろんな教育施設、スポーツ施設、福祉施設の維持管理にも使える、人件費にも使える、だから間接的には市の財政が非常に助かるよと、この辺の理屈はわかりました。そうすると、6月定例会で、市民がこれから住民投票の署名運動を始めるという前に誘致を決定したということは、つまり9億8,000万円ずつ2年間早く来れば準用財政再建団体を免れるかどうかということも頭に入っていてそうしたのかどうか、それもお聞きしたいと思います。（略）

○議長（川端澄男君）市長。

○市長（杉山粛君）使用済み核燃料中間貯蔵施設について、何で支持者と相談したのだというようなことでございますが、特にスケールの大きい問題であるし、ただいま石田議員がご指摘されたようないろいろな市民との関係、理解を共有できるかどうかというようなことなどについても、これは市の幹部職員等と相談するのと違った考え方があるのではないかというようなこともあって相談をしているというのがこの問題についての支持者との相談ということでありますが、そのほかのことについては、ほとんど内部で協議して決めているというのがこれまでの私のスタンスであります。そのようなことでご理解を願いたいと思います。

また、決め方が安易な方法であり、拙速ではないかというご指摘がございましたが、実は東京電力さんがかなりな回数の説明会開いていらっしゃる。私どもがやった説明とか資料の配布といったものと別に事業者としての務めを果たすために説明会等をやっておられる。それらを足しますと、300回ぐらいになっているのです。こういうものは、時期的なものに縛られる部分がございますので、それなりの精力的な努力をしたうえで特別委員会の結論をいただいて私なりの判断をしたということでありますので、ご理解を願いたいと思います。

それから、東京電力が県に申し入れる時期はいつになるのかと、こういうことでありますが、新聞で私の誘致受け入れの申し入れをした際の発言、お気づきだと思いますが、住民投票条例の審議があるので、この問題に関しては慎重に対応しなければならないけれどもという条件をつけて受け入れを申し入れているわけでありますので、東京電力が態度を決めるとすれば、今議会が最大の注目の的であろうと、そう思っております。その結果によって申請がなされるものと思っておりますし、その結果がどう出るかによって、また先送りされる可能性もあるということでご理解を願いたいと思います。

また、急いだのは来年度交付される交付金を見込んだのではないかということでございますが、そうはいかないわけです。交付金は入ってはきますけれども、これはまだまだ使い道が制約を受けます。この電源立地等初期対策交付金の後に出てくるいわゆる交付金が一般財源的な振りかえ効果を発揮できるのでありますが、9億幾らというのは細かく使途が決められて来るものでありまして、赤字解消には一切役に立ちません。そういう事情をご理解願いたいと思います。あと、これは参考までに申し上げますと、2002年6月3日の新聞でありますが、東京電力がおおむね予定しておる場所というのが出てまいります。これは、東京電力側からの発表でありますので、参考までに申し上げておきたいと思います。（略）

○議長（川端澄男君）2番。

○2番（石田勝弘君）最後ですので、簡単に再々質問させていただきます。

中間貯蔵施設を永久貯蔵にしないというようなことについて、安全協定を結ぶ際には国に対して何らかの役割を担ってもらいたい、そして必要があれば法律、条文の整備もお願いしたいということでありますが、必要があればではなくて、必ずそういうふうにしてほしいと私たちはそう思っています。したがって、必要があればという言い方ではなくて、必ずそうするというような市長の強い決意をお聞きしたいと思います。それから、もう一つ、交付金についてですが、交付金は市の赤字には役に立たない、役に立たないといいますか、直接赤字対策にはなり得ないのだというような言い方を懇話会の結論づけたあの時期からずっと今までもしております。しかし、その前はやはり市民は交付金が来れば、もう市は助かるのだと、財政が豊かになって赤字から抜け出せるという思いがしていたのです。その当時の署名活動なのです、2万人は。だからそれが違うのだとなれば、こんなに集まったかどうかわからないです。その辺の思いがありましたらお伺いしたいと思います。

○議長（川端澄男君）市長。

○市長（杉山粛君）今永久貯蔵にしないということについては、経済産業省の担当職と協議をしております。どこにどのような法律改正が必要かというようなことも含めて相談をいたしておりますし、東京電力さんとも相談はしております。

交付金は二色あります。一つは、電源立地等初期対策交付金というのは、これは一般財源としては使えない。ただ、いわゆる電源三法交付金が来月、その制度改正が行われるということで事前説明受けております。その中で先ほど申し上げましたように、振りかえ効果が生じてきて一般財源に余裕が出てくると、こういうことでありますので、こちらは財政を楽にするための効果は発揮するということでありますので、二つを一緒にしてお考えにならないでいただきたいと思います。電源立地等初期対策交付金については、これは財政効果は持たない、電源三法交付金は10月に改正されて財政を快適にする効果が出てくると、こうご理解を願いたいと思います。

○議長（川端澄男君）これで、石田勝弘君の質問を終わります。（略）

◎高田正俊議員

○議長（川端澄男君）次は、高田正俊君の登壇を求めます。12番高田正俊君。

（12番高田正俊君登壇）

○12番（高田正俊君）私は、むつ市議会第177回定例会に当たり一般質問を行いますので、市長並びに教育委員会委員長におかれましては特段のご答弁をお願いするものであります。

私の質問は、中間貯蔵に関しては3点申し上げることにいたしております。そこで、その3点の質問に至るまでの間に前段に私の思いを十分市長に伝え、わかっていただきたいがために前段申し上げたいことがあり、これまで熟考してまいりました。まず、それを申し上げてみたいと、こう思うのであります。

一つは、私は今度の一般質問で、私の思いからすれば、市長は今別れの一本杉の心境に差しかかっているのではないかと、こう思って用意をしてきました。一本杉というのは、皆さんご承知のとおり、小川町から恐山までの間の真ん中にそびえ立っている一本杉のことであります。この一本杉は、私が営林署の恐山生産事務所に勤務しておったときにずっと見てまいりました一本杉でありますから、恐らく樹齢300年近い大木と、こう思われます。その一本杉が真ん中にそびえ立っておって、一本杉の上の方の恐山まではすべてヒバ林でありまして、杉の木は一本もございません。一本杉の下の方は、小川町から杉山を通って、この一本杉にたどり着くわけであります。恐山参拝客は、この一本杉まで来ますと、ちょうど約12キロの真ん中に来たという実感をする場所でもあります。別れの一本杉という言葉は、私が20代のころに、恐らくこの一本杉はそういう意味で春日八郎さんが歌った名曲「別れの一本杉」にちなんで観光名所になるであろうと、こういう思いを込めてひそかに命名してきた杉であります。でありますから、その一本杉のことを思い出しまして、杉山市長にはどっちに行くにしても、この中間貯蔵施設をめぐっては境目といいますか、分かれ目といいますか、そういう状況に差しかかっているのではないかと思い、そのことについて少しく述べてみたいと、こう思いました。しかし、諸般の事情を考えますと、それはまた別の機会に譲ってもいいのではないか、こう思いまして、別な話をさせていただくことにしました。

それは、人様が書いたものを借用して申し上げるわけでありますけれども、まずそのことについて申し上げてみたいと存じます。

一般質問の第1は、使用済み核燃料中間貯蔵施設にかかわる諸問題についての対応姿勢について質問をいたすものであります。世に言うところに、何事も3回目という言葉がありますが、このたびの中間貯蔵施設の土地情報漏えいをひそかに行った我がむつ市長の行為は、3年前の平成12年8月31日、トップニュースで報道されました中間貯蔵施設の誘致工作の行為を思い出させる恥ずかしい出来事であろうと、こう私は思っております。しかも、その後の記者会見では、このような行為について自らの落ち度は完全に認めたものの、道義的責任はないと断言し、その後さらに内幕が報道されますと、今度は私の責任は重大であると陳謝したと言われております。このように自らの発言を二転三転させることは過去にも数回ありましたが、さすがこのたびは何事も3回目なのか、本年8月26日の当市議会全員協議会では、この事の信憑性はともかく、この経緯について簡潔過ぎるほどの説明を行い、自らの責任の重大さを披露されたところであります。

私は、このような市長の言動を見聞きするときに、平成12年6月22日付の朝日新聞のコラムに載った夕陽妄語の嘘という投稿を思い出したところであります。投稿者は、加藤周一という評論家でありますが、その内容はまさしく的を射ていて、私にとっては一読に値するものであったのであります。要点だけご紹介させていただきますが、同氏いわく、人をだますために本当でないことを言うのがうそをつくことであると述べておられます。そして、政治家に限らず、だれにとってもうそをつくことは世渡りの必要ではあるが、それは程度問題で、うそを繰り返せば、当人の言うことはだれも信用しなくなる、それは寓話にもあるオオカミ少年のとおり、最後に当人を助ける人はだれもいなくなる。民主主義国家では、国民が主人であり、国民の支払う現金で雇われ、国民から委託された業務を行う政府は使用人の集団である。使用人が主人をだますのは原則として不正であり、民主主義の破壊であると述べております。私は、市長自らの政治資金団体政声の会に政治献金があったことも知らなかったとか、そういうのはいかにもお粗末この上もないうそと思われてもいたし方のないことではないでしょうか。このように、この問題にかかわる一連の発言を聞きますと、私としては市長の発言は一体どれが本当なのだろうかと思わざるを得ないのであります。したがいまして、私はこの際、多くの市民の方々が不信に思っている声を代弁して、次のことについて、まず壇上から質問をするものであります。

その第1は、いわゆる中間貯蔵施設にかかわる土地情報、特定の方に教えた背景と、その経緯についてお伺いをいたします。

その第2は、市長に対する政治献金の状況についてお伺いをいたします。

その第3は、その土地情報漏えい問題が当市の行政運営に与える影響をどのように考えているかお伺いします。あわせて、当市の中間貯蔵施設立地調査対策室に勤務する職員の所管業務内容などについてお伺いをするものであります。(略)

○議長（川端澄男君）市長。（市長杉山粛君登壇）

○市長（杉山粛君）高田議員のご質問にお答えいたします。

まず、使用済み核燃料中間貯蔵施設にかかわる諸問題についてのご質問であります。その第1点目、中間貯蔵施設にかかわる土地情報を特定の人物に知らせた背景と、その経緯について明らかにせよとのことであります。マスコミの報道による会社社長は、父親の代から選挙を手伝っていただいた方で、昭和42年、私が市議会議員選挙に立候補する際に、私にとって初めての選挙であったことから、父親の縁を頼りにお願いした大勢の方々の中の一人であり、しんから腹を割った友人としてつき合いのあった方でありました。

大きな事業を行う際には、市民の皆様に対しましては、一定の下準備後構想をご説明いたすもので、ご説明した後に構想を練ることはあり得ないということはまずご理解いただきたいと思うところでありまして、私自身に近い人に事前に相談することはあり得ることであります。このようなことから、心を許せる真の友人と思っていた会社社長に対しまして、4年ほど前、支持者の中の有識者数人に相談をいたしたものであります。今現在会社社長とは絶縁状態であり、当時口のかたい身内だと思い相談したことが結果的にこのようなことになり、裏切られ、残念な思いでいっぱいであります。今になれば、相談したことを軽率であったと深く後悔し、反省いたしておるところでありますので、ご理解賜りたいと存じます。

次に、私に対する政治献金の状況についてのご質問でありますが、高田議員ご指摘の方からの献金は、平成8年に適正な手続によって12万円を受けておりますが、その後は献金を受けておりませんので、ご理解を賜りたいと存じます。

次に、3点目の土地情報漏えい問題が当市の行政運営に与える影響をどのように考えているかというご質問ですが、私が中間貯蔵施設構想を会社社長に相談したことに起因し、一時的にせよ、会社社長が関根浜地区の用地を取得し、移転等の行為をしたということは、結果として間違ったことをしたと率直に反省し、陳謝いたしてまいりました。市の幹部が関根浜地区の公図を会社社長に渡したとされることも、市の幹部から、後になって報告を受け、知り得た次第であります。もちろん私から会社社長へ市の担当がだれであるかなど一切話しておりません。平成11年から平成12年の初めころは、あくまでも中間貯蔵施設について構想を描いていた時期でしたので、用地は当然業者が決めることでありましょうし、候補地も何も電気事業者との接触もない本当に具体的動きは何もない状況でありました。それゆえ、市の幹部は個人的な参考資料にするため個人的に作成した公図であったとの報告を受けております。会社社長においても、私から得た情報をもとに、そのことを意識して何らかの思惑のもとに市幹部に図面を要請したのかと思いますと、この点は否定し、あくまでも砂の採取が目的であるとし、市の幹部宅訪問の際も、そう述べているということであります。結局会社社長のその後の一連の動きを知るに及んでも、用地を取得後、砂採取の許可も得られず、移転というようにご当人は何もない結果となっております。このような経緯がございましたが、このことにより市行政運営の健全な発展を阻害するようなことに結びついたりするものではなかったと思っておりますし、市にとって何らかの行政上の弊害が生ずるようなこともないと申し上げてもよろしいものと考えております。

次に、4点目の当市の中間貯蔵施設立地調査対策室に勤務する職員の所管事務内容等についてのご質問にお答えします。現在の中間貯蔵施設立地調査対策室の組織及び分掌事務ですが、企画部内に課と同格の一室として組織し、むつ市行政組織規則第9条の2による理事職を置き、担当理事を命じておりますほか、室長、室長補佐、主任主査、主事の4名を配置いたしております。事務の分掌は、むつ市行政組織規則第4条第2号に定めるとおり、中間貯蔵施設立地調査に関すること、2、原子力発電安全対策等交付金事業に関することであります。この事務分掌に基づき、理事並びに中間貯蔵施設立地調査対策室長を初めとする職員の具体的事務分掌を定めておりますし、その内容は市監査委員会の定期監査資料にも添付するものであります。担当理事には、企画部長の専決事項を理事に専決させる旨の決裁により、中間貯蔵施設立地調査対策室に関する事務と同施設立地調査に係る障害に関する事務を担務させております。なお、中間貯蔵施設立地調査対策室には、ほかに使用済燃料中間貯蔵施設専門委員を1名、臨時職員を1名配置しております。（略）

○議長（川端澄男君）12番。

○12番（高田正俊君）再質問させていただきます。（略）

そこで、最後の中間貯蔵施設の問題であります。再質問したいことがたくさんあるのですが、その中から何点かとりあえず要点だけ再質問させていただきたいと、こう思います。市長が本会議で答弁しているわけでありますから、そのことについては私は100%信用したいと、こう思います。ただ、これは、もし当市議会に地方自治法第100条による調査特別委員会などが設置されますと、市長の言っていることが本当なのかどうかもすべて判明してしまうわけで、私はそういうことが今必要だなとは思っておりますが、そのことはさておいても、まず二、三点先にお聞きをしたいと、こう思います。恐らく新聞報道については、市長は否定をなさらないと、こう思います。私どもが議会で聞いた以外のことを記者会見などでおっしゃって、それが新聞報道になっておりますから、それをもとにして若干質問させていただくのであります。まず第1は、今度の土地情報を漏らしたということについて、漏らした事実は認めましたね、完全な落ち度だったということも認めました。しかし、道義的責任はないと、こういう言い方であります。恐らくこれもおっしゃったのでありましょう。ですから、道義的責任はないという、その道義的というふうなことを日本語の辞典で引っ張ってみますれば、これはまさしく道義的責任があるというふうに市民のだれもが感じるのではないでしょうか。政治的責任もあろうかと思います。あるいはまた、人の道に外れたという意味では倫理的な責任だって生ずるわけであります。それは、なぜかというと、市長は先ほどの答弁でも軽率であり、後悔して反省していると何回も繰り返しているわけです。そういうことを繰り返すということは、倫理的責任だってあるわけです。私は、政治的責任、あるいは倫理的責任については今申し上げません。道義的責任がないという、その道義的ということについてどういうふうにお考えになっておられるのか、まず一つお伺いをしたいと思います。

そして、また逆に道義的責任はないと言いながら、自らに重大な責任はありますと、こう言うのです。そうすると、私は多くの市民から聞かれました、トップニュースでありましたから。市長は道義的責任はないと言いながら、重大な責任があるというのは一体どういうことなのでしょうかと、つじつまが合わないのではないでしょうかと、こう言われまして、私も不思議に思って今お聞きをしたわけであります。

それから、市長は後悔し、反省し、落ち度だったと、これ認めていますが、これまで壇上での答弁でも、議会はもちろんですが、市民の方々におわびを申し上げますという発言は私は聞いておらないのです。市長が言ったのかどうかは定かではありませんが、聞いておりません。重大な責任があるといえば、必ず市長のことですから、最後には心からおわびを申し上げますという言葉がつくものと思っておりましたが、その辺はいかがでございましょうか。

それから、担当職員には指示をしていないと、図面を見せるとか、渡せとかという指示はしていないと。担当職員も指示はされていないと、こう言っておりますね。これは、どちらが一体本当なのでしょうか。新聞報道が間違って書いたのであれば、それで結構であります。それから、もし担当職員が市長から指示をされていないと本人も言っているのであったら、私が職員の立場だったら、一番最初に、もう市長のところに謝罪に行ますよ、市長申しわけないと、市長から指示をされないのに私が勝手なことをしたと、したがっておわびをすると、それこそおわびをするというのが常識的なことではないでしょうか。そういったことがあったのでありましょうか、まずお聞きをしたいと、こう思います。

それから、これは非常に重要なところなのです。いわゆる市長は重大な政策的な問題については下準備として自分のスタッフ、あるいはいろんな政策アドバイザー的なブレーンなどに相談することはあると、これはあるでしょう、政治家であれば、政策をつくっていくわけですから。ただ、その場合にスタッフというのは恐らく市の幹部であろうと思いますが、市の幹部1人だけに相談したのですか。市長の隣には、助役さん、収入役さんもいるわけです、通称三役と呼ばれる方が。前の助役さんには、相談されておったのですか。たった1人のその市の幹部職員だけなのか、そしてその市の幹部職員は当時どういう肩書の職員だったのですか。今のように中間貯蔵施設立地調査対策室の理事とか、あるいは室長とかということはなかったわけですね、対策室そのものは。そうすれば、どういう肩書のところにいた職員をスタッフとしてあなたは相談を、相談というのは話をしたのか、まずその辺のところを少しくお聞きをして、お答えをいただければ、次もう一回質問します。

○議長（川端澄男君）市長。

○市長（杉山粛君）（略）次に、中間貯蔵施設に関する問題でありますが、私は土地情報は漏らしておりません。中間貯蔵施設を立地したいと考えるが、場所は大体あの関根港の付近であるということを相談して、これでやっていけるだろうかという相談をしたのでありまして、それ以上のことは話をしておりません。ですから、土地情報の漏えいということには当たらないと考えております。

道義的責任はないというのは、それによって不当の利得を得たものはないと。しかし、漏らしたということになれば、何であろうと、これはまだ決まる前に、あるいは審議してもらう前に漏らしたということであれば責任はあるということで陳謝をしています。高田議員は、おわびをしたかと、こう言っていますが、陳謝はいたしております。陳謝とおわびは同じだと思いますので、そのことでご理解を願いたいと思います。

次に、図面があるから、それを示せということは指示していませんでした。図面があるのを知らなかったということも確かなのです。それで、そのことについてこの問題が発生してから担当者は申しわけないことをしたということでは来ております。

それから、スタッフと言いますが、助役、関係部長、そういうところとは相談はいたしております。ですから、1人に相談したということでは決してございません。助役に相談をし、さらに部長級の人間何人かに相談しておるということであります。

○議長（川端澄男君）12番。

○12番（高田正俊君）そういう答弁も信用しましょう。しかし、しかしですよ、市長、大変不思議な答弁をいただくのですね。例えば会社社長に情報を漏らしたけれども、それによって不当な利益を得た者はないと、だから漏らしたのは確かに責任重大だけれども、道義的責任はない。なぜ不当な利益を得ていないということがわかるのですか、あなたに。それは、どこか調査をしてみなければわからないことでしょう。いや、そう感じるのは感じてもいいのですが、自分が情報を漏らしたことによって不当の利益を得た者はないということが、なぜ、どういう根拠で言えるのですか。だれかそのことを、私もあなたも全部不当な利益は得ませんでしたと報告に来れば別ですけれども、まずその辺もお聞きをしておきたいと、こう思います。

それから、例えば市の幹部職員が図面を渡した会社社長はもらっていない、見せてもらっただけだと、この辺は先ほど答弁もらいませんでしたけれども、なぜ自宅でそういう行為をしたのか。これは、押しかけていったといえば、そうでありましょうけれども、なぜその市の幹部職員と言われる人が会社社長から見れば、この人がそういう図面などを持っているというふうに感じたのか。たれかが教えてくれなければわからないではないですか。市の幹部職員といったって、今並んでいる部長さん方いっぱいいるのです。その中から特定のその人にだけ行くと図面を見せてもらえる、あるいは渡してもらえるというふうになぜ会社社長がわかったのでありましょうか。まず、そのこともお聞きをしたいと、こう思います。

○議長（川端澄男君）市長。

○市長（杉山粛君）不当利得がないということをなぜ知っているのだと。それは、いろんな人の話を総合的に考えるとそうなってきます。例えば土地の異動については、土地の謄本等を見、その間に関連した人たちと接触している人がいます。その中でどういう動きがあったかということは程も教えてもらっております。そういうことで承知をしているという。

それから、市の幹部職員でありますが、これは要するに担当になるということをかぎつけたと考えられます。そう考えるのが一番わかりやすいわけでありまして、そこに行って話をしているうちに図面があるよということがわかったのではないでしょうか。そういうことで、では教えてくれということになったのではないかと思います。そのレベルでしか私は承知いたしておりません。

○議長（川端澄男君）12番。

○12番（高田正俊君）ですから、不思議なのです。なぜその担当職員が市長からそういう構想を聞いたときにすぐ、仕事熱心なのはわかります、恐らく28時間も働いているかもわかりませんから、ですから、なぜ市長からそういう構想を聞いたときに、すぐさま公図なのか図面なのかわかりませんが、そういうものを仕事の参考にしてつくる必要があったのかです。そして、その公図というのは税務課へ行かないと手に入らないのでしょう。そうすると、税務課に行って何と言ってその公図をもらってきたのか。つまり自分がその担当者になる前に、もう既に市長からその話を聞いただけで図面をつくって、税務課に行って、その資料をもらって、そして持っている。会社の社長のアンテナも高かったのでしょう。その人が持っているとかぎつけて行ったというなら、それはそれでいいのですが、なぜ構想を聞いただけでそういう図面つくったりするのでしょうか。私は、もっと市長が細かくその担当職員にしゃべっているのではないかと、こう推察をせざるを得ないのです。ですから、まず渡したのか見せたのか、ここだけははっきりしていただきたいと思います。

それから、政治献金の問題です。これも新聞報道によりますと、自分がつくった政治資金管理団体政声の会の名称は知らなかったと、そんなことがあり得るのかどうか、私にはちょっと解せないのですが。そうすると、この会社社長は平成8年に12万円政治献金したと、こう言っているのですが、私は余り半端金をつけたくない性格がありまして、10万円という切れのいいところでやるか、あるいは100万円とやるか、会社社長たる人が12万円という、１ヵ月1万円なら12万円ですけれども、とても不思議な感じがするのです。ですから、政声の会の名称すら市長が知らなかったというふうなこと、本当なのでしょうか、まずお聞きをしたいと思います。

○議長（川端澄男君）市長。

○市長（杉山粛君）非常に仕事熱心な幹部でありますから、大体関根港の近くになるだろうということは話はしていますから、それで見当をつけて空間地を探したということのようであります。これは、私との話し合いの中で空間地の地図を二つつくった・・・・・・記者会見の席でですね、2通りつくってあると、こういう話をしていますので、そういう経緯があったものと思っております。

さらに、地図を渡したか、渡さないかという点でありますが、それは渡したというふうに聞いております。

それから、政治献金の話でございますが、政声の会というのは、これは平成8年につくられている会のようであります。なぜ12万円なのかというので、この個人名簿を見てみますと、月3万円、４ヵ月分だと12万円になるわけです。そういうものが決まっているようでありまして、48万円だとか、18万円だとか、みんな3万円で割り切れる金額になっておりまして、だから12万円もそういう4ヵ月分で12万円ということになるということでありまして、切れのいい額でもらうには、政治資金規正法の範囲内で個人献金の可能な額ということでそういう決め方をしたのだろうと思います。それ以上のことは本当に知らないのです。

○議長（川端澄男君）12番。

○12番（高田正俊君）だんだん時間がなくなってきましたから。

そこで、余りその担当職員のことだけ質問しますと、重大な責任を感じている市長が大分にこやかになってきますので、もう一つお聞きをしておきますが、新聞報道によりますと、担当職員がなぜつくったのかということについて、こう言っているのです。つまり電力会社に説明するためにつくったという報道になっているのです。そうすれば、どうなのでしょうか。つまり中間貯蔵という仕事の担当者でもないのに、もう既にそのときに電力会社に説明するためにその資料をつくったと。これ新聞報道見ていませんか、恐らく見ていると思います。全然それこそ知らぬ存ぜぬでは、ちょっと私は大変困ると思います。ですから、ここは、ここはですよ、市長、職員を採用しているのは市長なのです。その市長に私はうそをついているとは思わないのです。恐らく本当のことを言っているでしょう。そして、本当のことを言っているにもかかわらず、まだその職員の行動についての調査中なのでしょう。もう何日たつでしょうか。ですから、私はそれ以上は申し上げません。ただ、やっぱりもう少しきちんとけじめをつけていただかないと困るということです。

それから、もう話どんどん飛びます。これも新聞報道です。市長は、この中間貯蔵施設なるものの情報、山崎竜男先生の元秘書がメッセンジャーだったと、これも認めておられます。これは、メッセンジャーというと、日本語に直すと、大体伝言者でありましょうから、私がいつか質問したように、ひそかにこの中間貯蔵施設構想の話を進めていたときの最大の仲介者ではないのかなという気がしておるのです。ですから、その辺は一体どうなのか、念のためにお聞きをしておきたいと、こう思います。

それから、中間貯蔵施設立地調査対策室に採用している専門員のお話をお聞きしたいと、こう思います。専門員の方は、これは大変ご苦労なことだと思いますが、むつ市の人なのか、それから1ヵ月どのくらいの給料を払っているのか、あるいはどんな仕事をしているのか、その辺のところをお聞かせを願えないでしょうか。

○議長（川端澄男君）市長。

○市長（杉山粛君）国会議員の秘書といいましても、当時は別な会社に勤めておりましたけれども、東京電力とは言わなかったのですが、電力会社がその敷地外で中間貯蔵を始めないと、もう敷地の中はあふれているという話は持ってきました。私もゴアレーベン、昭和59年に視察に行っていますから、中間貯蔵というのは極めて安全なものであるから、この話を少し探ってくれということは頼んでおります。そういうことから話が始まっている。これは、話が公になる前に高田議員にもちょっと話をしたことがあるわけですよな。市長室にわざわざおいでになって、これ前に進めましょうとおっしゃってくださったのがあなたです。そのような形で相談したこともあります。

それから、専門員の方の雇用条件、その他については企画部長がお答えします。

○議長（川端澄男君）企画部長。

○企画部長（杉山重一君）専門員についての出身と、それから待遇についてお知らせをいたします。

住所につきましては、茨城県でございます。辞令を紹介申し上げますと、使用済燃料中間貯蔵施設専門員を委嘱するということで月額30万円を支給してございます。期間につきましては、平成15年4月1日からでございまして、当事業終了の月の末日ということでございますので、年度区分いたしますと、ちょうど1年間ということになります。

以上でございます。

○議長（川端澄男君）12番。

○12番（高田正俊君）だんだん市長も本当のことを言ってきたなと思ったら、私のところへ来ましたから、一言だけ申し上げておきますが、私はそういう元秘書だとか、そういったことの話については承った覚えはありませんから、それだけはお断りをしておきます。それ以上のことは、後日機会があれば私の方から申し上げたいと、こう思います。

そこで、初めてその元秘書さんなる人にそういう話を調べてくれとか、そういう話もしているということを伺いました。一番最初の仲介者がどういう人物なのかという質問に対しては、原子力関係者と言いましたね。次は、そういう法律ができるよと教えてくれた人がいると。今度3回目は、元秘書が仲介的な役をしてくれたというふうに私は受けとめました。どうですか、そうするとその元秘書なる人のそういう話の仲介で、その後、仲介された後、東京電力の社長クラスの方々と当然私は秘書さんであれば面会させてくれるのではないかなと、こう思うのですが、そういう面会をしたために原子力関係者から中間貯蔵の話を聞いたというふうに最初おっしゃったのかどうか、その辺よろしかったらお聞かせをしていただきたいと、こう思います。

それから、会社社長は何らかの思惑で4ヘクタールという土地を先行取得したのではないかと、こういうことも新聞報道にありましたけれども、何らかの思惑があったというその内容について、知っておられるから縁を切ったのではないですか。その辺はどうなのでしょうか、お伺いします。
○議長（川端澄男君）市長。
○市長（杉山粛君）その元秘書というのは、秋田県のある全国的な管工事の会社の秋田の出張所だったと思いますが､そこに勤めておりまして、営業に来ておりました。秘書をやっていたころにも顔見知りなものですから、時々茶を飲みに来ていると、そういう状況がありました。営業に来て、その足で私の部屋に来るということをやっておりました。その中で、今の話がぼんと出て､そこから始まっていったわけです。私は、東京電力の社長さんとかそういう方々にお会いしたのは、この話が公になって、当時の助役が議会のご意見を伺ってから上京して東京電力に申し入れをした後に担当の副社長さんとはお会いしたことがありますけれども、社長さんなどという方々にはお会いしていません。この事業を進めるのには､東京電力は乗り気だけれども、まだまだかなり難しい問題があるということだけは聞かされてまいっておりますが、法律ができ、電力会社としても動きやすくなったというような背景があって、では決めましょうということになっていったということであります。
　会社社長の思惑というものは、これは報告で知りました。つまり砂をとるための機械を買っているという情報があったということを教えられまして、その砂をとるためにいろいろなことをやっているようだが、なかなか難しいようだということも知っています。ですから、その事業をやることはいいではないかというくらいの簡単な気持ちで考えていましたら、その後に少し法律的に奇妙な動きが出てきたと、そういう報告がありました。これ以上申し上げますと、かなりな人に傷がつく可能性がありますから、申し上げません。あえて私は黙秘しますけれども、それは私に関することではなくて、会社社長が行ったことについて承知はしております。承知はしておりますが、そのことを述べれば多くの人に傷がつくということだけははっきりしておりますので、これは申し上げないことにいたします。
○12番（高田正俊君）議長、最後になります、お許しをいただきたいと、こう思います。
○議長（川端澄男君）では､簡潔にお願いします。12番。
○12番（高田正俊君）これは、念のために申し上げておきますが、市長、市長は私に先ほど話をしたというふうなことを言われましたけれども、私は中間貯蔵施設なるものなどということについては全く不勉強で、そういうことはありませんから、それはお考え違いのないようにしていただきたいと、こう思います。
　そこで、市長、どうでしょうか。私は重大な責任があると、こう市長は言明をいたしております。そのとおりだと、こう思います。そうだとすれば、大政治家の一人だと、こう思って私はこれまでも申し上げてきました。ですから、この際どうなのですか。その重大な責任というのは、責任のとり方を含めなければ、重大な責任にならないのでありまして、自らの進退について考える、そういうお気持ちがあるのでありましょうか､お聞きをしたいと､こう思います。私としては、重大な責任があるというものでありますから、自らの進退、いわゆる辞職を考えて､そういう身の処し方をするべきが至当だと、こう思っております。辞職をすれば、当然選挙になりますが、杉山市長はまた立候補すれば当選するでしょう。いずれにしても、市民の信を問わなければ、市民の信を問うてもらわなければならない、これほどの重要な問題でありますから、自らの進退についてはどのようにお考えになっておられるのかお伺いをします。
○議長（川端澄男君）市長。
○市長（杉山粛君）中間貯蔵を立地したいということを漏らしたということに対しては、それが何度も申し上げておりますが、口のかたい男だと思って相談したら、その男が別なことに使ったという､そういうことに至ったことに対して、スタートの時点で責任があるということを申し上げたわけであります。先ほど声がございましたが、不信任案も否決されております。議場からは信頼されたと、支持されたというふうに解釈をいたします。でありますから、ここで辞職を考える気持ちはございません。
○議長（川端澄男君）これで、高田正俊君の質問を終わります。（略）
◎馬場重利議員

○議長（川端澄男君）次は、馬場重利君の登壇を求めます。5番馬場重利君。

（5番馬場重利君登壇）

○5番（馬場重利君）（略）昭和40年代に入ってから、我が国初の原子力商船の実験船「むつ」の母港化、六ヶ所村での核燃料サイクル施設の建設、東通村と大間町への原子力発電所の建設計画など、下北半島はにわかに国策としての原子力エネルギー基地として浮上し、現在にあります。見方によっては、過疎地域で遊休地の多い地域であったればこそ、世間の嫌われ者がやってくるのだと言われ、原子力半島とやゆされる面もありますが、私はむしろこれを好機ととらえ、地域の発展に結びつけ、地域住民の幸せを求めることに活用すべきと考えて行動してまいりました。そして、今我が国初の原子力発電所敷地以外への使用済み核燃料中間貯蔵施設の建設が浮上しているのであります。私たち地域住民は、未来永劫我が国のエネルギーを支える原子力施設との共存を余儀なくされているわけでありますから、共存、そして共栄を図るべく安全を第一義に住民生活の安定と地域福祉向上のために対応していかなければならないと思うのであります。（略）

質問の2点目は、中間貯蔵施設と市の財政運営についてであります。市長は、8月26日開催の全員協議会において、誘致を表明した使用済み核燃料中間貯蔵施設に関し、7月22日、三村県知事に対して協力方を要請し、翌23日に東京電力株式会社に対して公文書をもって立地要請を行った旨の報告をされました。今後東京電力株式会社を中心とする企業の設立、県に対する施設の立地要請・並行して行われるであろう施設の安全協定、立地協定等、その手順と想定される機関等についてお示しをいただきたいと思います。さらには、多くの市民の関心事であります新交付金における事業構想と市が抱える赤字解消計画への関連についてお伺いするものであります。（略）

○議長（川端澄男君）　市長

（市長杉山粛君登壇）

○市長（杉山粛君）（略）次に、新交付金での事業計画と赤字解消計画との関連についてのご質問にお答えします。既にお示しのとおり、平成10年度から5年間赤字決算が続いており、平成14年度の累積赤字額は14億6,648万5,000円となる見通しで、単純に本年度当初予算で雑入に計上した歳入不足額6億3,800万円を加えると21億円を超えることから、平成15年度決算では準用財政再建団体となることも危惧される財政状況となっております。このことが使用済燃料中間貯蔵施設の誘致表明に至った大きな要因でありますことからも、できるならば電源三法交付金は一般財源的に自由に使わせていただきたいという思いが強いわけですが、電力料金に含まれております交付金の原資である電源開発促進税は電源地域の振興に役立てる目的で電力会社が国に納めている目的税のため一般財源化は厳しいとしても、その使途については大幅に緩和してほしい旨、あらゆる機会を通じて国に働きかけてまいりました。

これらの要望にこたえて、国はエネルギー政策の見直しの一環として、平成15年10月1日以降、現行制度の各交付金を統合し、通称新交付金とする電源立地地域対策交付金を新設し、新たに地域活性化事業を交付対象事業に追加いたしました。あわせてこの交付金の対象施設の範囲内であることを前提にしまして、補助事業につきましては一部制限がございますものの、他の交付金や一般財源等により整備された施設の維持運営費についても活用できることとされました。さらに、同じく本年10月1日から施行されます発電用施設周辺地域整備法の改正に伴いまして、これまでの施設整備に係る整備計画を「公共用施設整備計画」とし、新交付金の対象事業の追加に伴い、電源振興地域の申請により地域活性化事業や維持運営事業にかかわる計画を利便性向上事業計画として都道府県知事が作成することができるとされることが去る8月27日に経済産業省東北経済産業局が仙台市で開催いたしました説明会において初めて明らかにされたところであります。今までは、交付金の使途制限が厳しかったこととあわせて、財政的にも交付金事業でなければ取り組めなかった大型事業を実施してまいりましたが、電源立地地域対策交付金交付規則の制定により、新たに追加された地域活性化事業のメニューとなっている福祉の増進及び医療の確保に関する事業、教育・スポーツ及び文化の振興に関する事業、地域資源利用魅力向上事業、地場産業支援事業、環境の保全に関する事業、人材育成事業など一般財源を充当せざるを得なかった事業に対して新交付金による展開が可能になっております。具体的な例を挙げますと、現在実施しております市道昭和町2号線などの基幹的市道に限らず、砂利補修や側溝整備の要望が多い生活道となっている市道の整備を公共用施設の整備､維持運営、補修塾業として「公共用施設整備計画」に取り組むことで舗装工事が実施可能となり、全額一般財源を充当しております道路や排水路の維持管理費に新交付金を充当することも可能となります。

また、医療の確保事業として、むつ総合病院の維持運営のための経費が計画として認められますと、一般財源の節減に大きく貢献することとなります。このような地域の特殊性を含んだ個々の具体的事案については、事業の対象となるかにつきまして、経済産業省との協議が必要でありますが､新交付金での事業が可能となり、使用済燃料中間貯蔵施設の誘致が正式に決定しますと、赤字解消が早まることは確実であり、大いに期待しているところであります。(略)

答弁に一部漏れがありましたので。中間貯蔵施設と財政運営についてのご質問でありましたが、その第1点目は、県知事の同意や協定等の手順を示せということであります。今後の進め方につきましては、さきに石田議員にもお答えいたしたところでありますが、去る7月22日、県知事を訪問し、東京電力株式会社に対して使用済燃料中間貯蔵施設を誘致する旨お伝えするとともに、ご協力方についてお願いいたした旨、8月26日開会されました全員協議会でご報告申し上げたところであります。この際、知事におかれましては、事業者からの立地申し入れがなされた後に、県としての対応を検討してまいりたいとのお話でありました。したがいまして、現時点におきましては、同施設を進めていくための今後の手順及び補償等に関する事項を含めた安全協定の締結者や時期等についての検討に入っておらないことから、ご報告できる状況にないということでご理解を賜りたいと思います。(略)

○議長（川端澄男君）5番。

○5番（馬場重利君）時間の関係もありますので、次に中間貯蔵施設と財政運営についての方で質問させていただきますが、もちろんこれから先の話になるわけですね、安全協定。先ほど石田議員の質問にもございましたけれども、国の関与はどこに来るのかと。私は、これは安全協定の中には必ず出てくるであろうと私は思いますし、そうしなければいけない。先ほど石田議員も言われておりましたけれども、万々が一、そんなことは私はないと思っておりますけれども、やっぱり最終的に国が責任を持つのだよということがないと、これは住民は安心できないと私は思うのです。その点について、市長、どのようにお考えか。

○議長（川端澄男君）市長。

○市長（杉山粛君）現行の法体系の中でも協定は担保されるという形になっております｡それで、今のところ十分だろうと、こういうお考えの方もいらっしゃるようでありますが、私はそれで不十分だと思っております。原子力船「むつ」の場台は、ごく短い期間しか原子炉を積んでいなかったにもかかわらず、前提としてはかなり科学技術庁の原子力局長が同行してきて調印をするというようなことをやったわけでありますから、今度は文部科学省ではなくて経済産業省の関与を求めていく必要があると、そう考えているわけでありまして、あくまでも国の担保を求めるというスタンスで進むべきであろうと思います。このことが、今後中間貯蔵をする別な自治体の方にもいいイメージをつくってくれるのではないかと。ひとりむつ市につくるもののみならず、今後の事業にそういうインシュアランスを与えるのではないかと、そう考えておるところであります。

○議長（川端澄男君）5番。

○5番（馬場重利君）事業者との協定といいますか、申し合わせといいますか、約束事といいますか、私はあえて立地協定という文言を使いましたけれども、事業者がどういう形の組織での企業体になるのか私はわかりませんけれども、その事業者と結ぶ協定についてお考えございませんか。

○議長（川端澄男君）市長。

○市長（杉山粛君）これは、私も参考にしていくのは原子力発電所が一番参考になると思いますし、あるいは六ヶ所村で締結したものなども参考になると思います。それらを参考にして、さらに全然静かに動かないでいるものですから、忘れられてしまう可能性がある。協定まで忘れられてしまっては困るわけでありますから、中身は厳重なものにしておかなければならない、そのように考えております。

○議長（川端澄男君）5番。

○5番（馬場重利君）私この立地協定の中で特に要望したいことは、いわゆる建設にかかわる地元受注の最優先なのです。できるだけ建設に関しては地元企業を最優先にしていただきたいということを、ぜひこれはお願いしたいのです。これは、もちろんこの地域の方々のためということもございますけれども、やっぱり原子力発電所もそうですけれども、何か事があっても、これゼネコンのやった仕事なのです。今六ヶ所村では、いろんな問題が出る、溶接の不良だとかいろんな工事不良が指摘されて、せっかく事業費を節約したつもりのものが莫大な損害をこうむっていると、その損害どこで出しているのかわかりませんけれども、やっぱり地域の施設は地域の人たちがつくったのだという思いが、私はそれも一つ安全性といいますか、市民に安心感を与えるといいますか、そういうことにつながるのではないかと。

これは、例ですけれども、六ヶ所村の今の核燃施設にかなりこちらの方からも行かれて仕事をされておる方がたくさんいらっしゃる。そこで仕事をされた方から話を聞いたのですけれども、孫請なのか、ひ孫請なのかわかりませんけれども、「ああいう工事じゃ、もうこれは事故が起きるよ」と言われたことがある、五、六年前ですけれども、それが今のことなのかどうかわかりませんけれども、非常に中身はずさんだということを漏らされたのを私聞いたことがある。そういうことがありまして、やっぱり地域のものは地域の人たちでつくったのだと、我々がこしらえたのだよということが私は必要だと思うのですけれども、その点についてお伺いします。

○議長（川端澄男君）市長。

○市長（杉山粛君）東京電力東通原発の工事についての事前の方針を伺ったことがあります。それは、東京電力東通原発の工事に関係するものは30ないし40%を地元に発注できるだろうと、それは当然地元に発注しますよと、こう言ってくれました。でありますから、中間貯蔵については技術力の問題はどうなるのかということはありますが、その辺については地元の業者にノウハウはないわけでありますから、当然に元請の業者の責任あるいはそれをコントロールする人たちの仕事として行われると思うのですが、地元でできるものは地元でということで求めてきていることは間違いございません。今馬場議員のご発言のような方向で取り組んでいただけるものと思っております。

○議長（川端澄男君）5番。

○5番（馬場重利君）電源三法交付金ですけれども、よくその試算額が1,290億円という試算をされて、その数値がひとり歩きしているのです。これは、市民からすれば1,290億円、50年間で入ってくる、26億円近い金が毎年来るのだと。ところが、これは来るのではないのですよね。交付されますよということではなくて、交付を受けることができますよということにしないと、私はこれは間違いだと思うのです。というのは、今電源立地等初期対策交付金が1億4,000万円、知事の同意が得られれば9億8,000万円という数値があるわけですね。これは、先ほどの答弁の中で、これは電源立地等初期対策交付金の場合は非常に事業が狭まっているからという話がありましたけれども、その積算値を私見ても、どうも解せないところがいっぱい出てくるので、これから先のこの交付金を目当てにした事業、先ほどの質問者の中での答弁でもございましたけれども、かなり来月1日からの改正された面を見ると大分緩やかになった。確認をいたしますけれども、平成11年以前に建設されたものについても全部維持管理、人件費まで見ることができる、先ほど私はそういうふうに聞いたのです。それが本当にそうなのかどうかということです。

それから、今後補助事業、これは例えば今やられている下水道工事もそうですけれども、これから出てくるし、し尿処理の衛生センター、これも莫大な予算になると思うのです。これも補助事業だと思うのです。これに使えるのかどうか、これをちょっとお聞かせください。

○議長（川端澄男君）企画部長。

○企画部長（杉山重一君）馬場議員のご質問にお答えをいたします。ことしに入りまして、この秋口から枠の拡大なされますよと、こういうことでこれまで一般質問等でもお答えをしてきたと思いますが、去る8月27目に、これは説明会が仙台で行われまして、市からも4人ほど担当職員が出向いてございます。確かにこの10月からそういった枠組みが非常に拡大されるということでございますが、もう既に15,16年につきましては、その使途がほとんど決まっているという状況でございます。ただ、これからの見直しもございます。馬場議員お話しのように、使い方によっては非常に効率に使えるということは事実でございますが、現在国でもどういう事業があるのかというつかみ切れないでいる現況でございまして、したがって市長が先ほど答弁いたしておりますように、事業の対象となる課につきましては、今後経済産業省との協議が当然これ必要でございます。一つ一つこれ協議が必要でございますけれども、かなり大きな期待をしていると。ただ、今お話しのように、国の制度に基づく補助金、これを使った場合は使えないという、これは大原則でございますので、その辺を踏まえまして今後対応したいと。これから生じますものは、補助事業等で箱物をつくった、建設したものでも、その維持管理等については使えるということでございますので、それが非常に魅力だということでございます。(略)

◎発言の取消し

○議長（川端澄男君）この際、市長から、先ほどの高田正俊君の一般質問に対する答弁について、発言の取り消しをしたい旨の申し入れがありましたので、これを許可いたします。市長。

○市長（杉山粛君）議長のお許しをいただきましたので、高田議員の一般質問に対する私の答弁の中で、高田議員に中間貯蔵施設の誘致を承知している旨の発言がありましたので、これは取り消しいたしたく、この部分の会議録からの削除をお願いいたします。

○議長（川端澄男君）お諮りいたします。市長から、発言を取り消したい旨の申し出がありました。この取り消しの申し出を許可することに、ご異議ありませんか。

(「異議なし」の声あり)

○議長(川端澄男君)ご異議なしと認めます。よって、市長からの発言の取り消し申し出を許可することに決定いたしました。(略)

◇議案第54号

○議長（川端澄男君）次は、議案第54号使用済み核燃料中間貯蔵施設の誘致に関するむつ市住民投票条例を議題といたします。

質疑ありませんか。10番。

○10番（川下八十美君）議案第54号使用済み核燃料中間貯蔵施設の誘致に関するむつ市住民投票条例について若干お尋ねをさせていただきたいと思います。

この住民投票条例制定は、市民の基本的権利であります直接請求に基づいた議案でありますので、私はこれに対しての対応は慎重にいたさなければならないと自覚をいたしておるものであります。顧みますれば、昭和55年の5月6日、第81回臨時会におきまして、私たちの奥内字浜平349番地の二本柳吉重さんからいわゆる直接請求が出されました。当時は、地方自治法の改正がなされないときでありまして、この議案は最低賃金制度の完全実施及び全国平均賃金との格差是正に関する条例でありました。こういう経緯はありますが、今回私たちが受けたこの条例案は、地方自治法の改正に伴う請求者代表を私たち議会に招致して意見聴取しなければならないということでありまして、私は当議会といたしまして、これから行われるであろう本条例案に対する特別委員会の設置をもって慎重にやっぱり対処していかなければならない、こういう姿勢には変わりのないところであります。が、今回私は、そういった代表者に対する意見あるいは質問はその場に譲るといたしまして、市長が意見を付して今回この議案第54号を出されたわけでありまするので、市長に対する質疑をこの場でさせていただきたいと思うのであります。

その第1点目は、意見書については、これは市長の立場として申し分はないのでありますが、本条例案は17条によって組まれておる内容であります。この内容について、2点ほどお伺いをいたしたいと思います。

その第8条に、投票資格者として、普通であれば20歳以上という選挙権を有した者でありますが、これは18歳からとなっております。この18歳に対する市長の見解をお聞きいたしておきたいと思うのであります。

それから、第9条の投票資格者名簿等を作成いたさなければなりません。要は、万が一この住民投票条例が施行されるということになれば、一体どの程度の予算が、経費がかかると想定されるのか、このことを2点目としてお伺いをいたすものでございます。

それから、ここの部分での3点目として、私たちはこの中間貯蔵施設の問題が出たときに、市長が東京電力に対して立地調査を依頼されました。この時点で市長としてこういった住民投票条例とか、あるいはそういう動きが恐らく将来起きてくるであろうというような認識、思い、そういったものがあられたかどうか、この際お伺いをいたしておきたいと思うのであります。

大きく第2点目でありますが、ご承知のとおりこの直接請求の内容は、私も何度となく実はチラシや、あるいは呼びかけ、私自身も実はその会合に1度出たことがあります。ということは、住民投票条例の制定の要求は、中間貯蔵施設そのものに対して反対の方、賛成の方、いずれをも問わず住民投票を実施していただきたいと、こういう呼びかけであったわけであります。ところが、この趣旨を見ますると、正直申し上げまして、反対意見ばかりであります。ですから、私は中間貯蔵施設に対して賛成の方もこの住民投票に私は一筆されておるということは想像することは明らかであります。私の知っている人も、そういう部分で署名をしております。となりますると、5,514筆ですか、この部分には中間貯蔵施設に賛成の方、反対の方、いずれの形でも署名がなされておるわけでありますが、その辺の部分について、市長としてどういう見解を持たれておられるのか、大きく2点目としてお伺いをいたしたいと思います。

それから、大きく第3点目は、市長から私たちはむつ市告示第44号として平成15年8月26日付で告知を受けました。私は、この告知の内容をつぶさに精査させていただきました。この中に、これは私の見解でありますが、大変な事実誤認の部分があると言わざるを得ません。市長は、この部分でお気づきになりませんでしたでしょうか、まずこのことをお伺いしておきます。

それから、当条例案の制定をされるときに、市民運動の方々は6月30日から7月30日、いわゆる1ヵ月間にわたって集められた。ところが、大変残念なことに、市長のこの中間貯蔵施設に対する漏えい問題が8月20日付で報道されました。以後、繰り返しこのことについては大きく報道され、本定例会においても一般質問で取り上げられたところであります。あわせて私たち44年たったむつ市議会において、いまだかつてなかった市長不信任案も出られて、それは否決という形で一つのけじめはついたけれども、市長としてのこれに対する責任は非常に重うございましょう。それは、あなたもこの提案理由の中で言っているように、この住民投票のいわゆる重大さを痛感しながら対処していきたいと申されておるわけでありますから、7月30日でこれが締め切られた。もし今の時点で住民投票の署名活動が行われたとすれば、私はどういう形で変動するかわかりませんが、かなりの署名の数が大きく変動されるのではなかろうかと、こう推察いたしております。このことについて、市長はどう洞察されておられるのか、最後の4点目としてお伺いをいたします。

以上でございます。

○議長（川端澄男君）市長。

○市長（杉山粛君）この条例案の中に18歳以上と書いてありますが、私どもはこの代表の方から提出された条例案そのものは、提出されたとおりに議会に提案しなければならないということになっておりますので、この条例案は提出されたとおりに提案しているということであります。

それから、名簿をつくる、あるいは住民投票をやる費用でありますが、ほぼ1,900万円と見込まれております。

また、東京電力に調査の申し入れをした段階で条例撤定の動きを察知していたのかと、こういうお尋ねでありますが、この種のものにつきましては、条例制定運動というのは大体出てくるようでありまして、特に先ほどご指摘がありました地方自治法の改正によって署名者の数が随分少なくなったということもありまして、条例制定要求は出るだろうという予感はいたしておりました。

また、賛成の方、反対の方、両方の方の名前が載っているではないかと、署名簿の中には。

このことについては、署名集めた方々の非常にテクニックのすぐれているところだろうと、そう言わざるを得ないわけでありまして、＿＿＿それはそれで住民投票によって決着をつけるという考え方からいけば、それは手法としては決して誤ったものではないとは思うのですが、ただ大体の住民投票条例というものはまだまだ日本では住民の直接民主主義がそんなに熟していませんので、ヨーロッパの国々のようにかなりの部分を住民投票に任せている国とは違って、事柄に対する、大変市民を愚弄しているのではないかと言われては困るのでありますが、直接制民主主義というものがそんなに浸透していないのでにないかと思うのでありますが、大体はこの種のものは反対を目標とするものでありますので、こういう点では私は意見を付しているような考え方で議会にご提案を申し上げているということであります。

告知については、私は実は大変申しわけないのですが､承知していないものでありますから、今担当部長から説明をさせます。

また、漏えい報道があった後に署名集めがあれば、もっと集まったのではないだろうかという、それは可能性としては否定できない事実だろうと、そう考えております。ただ、その辺については私が所感を述べるところではないと、そう思っております。

○議長（川端澄男君）総務部長。

○総務部長（田頭肇君）むつ市告示第44号にかかわる点でございますが、川下議員おっしゃることにつきましては、この条例制定請求の要旨ということで挙げておりますが、この告示内容そのものは、請求者の方からの要旨そのままを記載したものでございますので、今ご指摘の誤認があるということにつきましては、ちょっと不明でございます。

○議長（川端澄男君）10番。

○10番（川下八十美君）不明なところに関しては、そこの部分、告知に対する不明な部分に関しては、これは私の方から、これは市長に対してというよりは、私は請求者の代表にこれから申し上げていきたいと思っておりますが、少なくとも市長、市長の名前で告知しているわけですから、やはりこれはやっぱり目を通しておいていただいて、内容は周知しているけれども、私が言う事実誤認の部分に関しては承知していないと、こういうふうなことでいかないと、この内容そのものも市長は目を通していないのではないかというように誤解を受けられてもいけませんから、このことはひとつ要望しておきます。

一つだけ申し上げておきます。私たちの6月定例会、すなわち第176回定例会は6月17日に開会しまして、6月26日に閉会をし、私たちはこの特別委員会において委員長報告をして、立地可能という結果を出し、市長もそれに基づいて6月定例会の最後の日に誘致表明をされた経緯がございます。ところが、この告知の内容を見ますと、これは市長は認識しておくだけで結構でございます。いろんな内容の中の一句に、6月定例会で誘致の是非の判断を強行するというようなことがあればという部分があります。私は、このことは告知されたのが28日でありますから、既に我々議会が終わっておる段階であります。ですから、私は議会議員の一人として、この部分が我々議会制民主政治を尊重し、直接選挙によって選ばれた我々議員に対する挑戦であると、こう認識をいたしております。この部分が市長は認識をしておいていただくだけで結構であります。私は、直接請求の方々に、このことの真意をただしていきたいと思っておるところであります。

最後に、市長、私は5,514名の方々、これは住民投票を要求する市民の権利、ここのところは尊重をしなければならないと思います。しかしながら、例えばこの1枚のチラシを見てみましても、ここに明らかに誘致に賛成、反対にかかわらず住民投票をすべきと考えている方はぜひおいでください、こういう形での住民投票、その部分に関しては私も尊重しますが、やはり中間貯蔵施設そのものに対する賛成、反対の部分は、これは別問題であるという認識を持たざるを得ないと思うのです。となれば、私はこの5,514名ですか、5,514筆の方々の、私は議員の一人として、もっともっと自分自身が精査をしなければならないのではなかろうかと。特にこの住民投票条例を私が今特別委員会や、あるいは本会議や、この場での審議を尽くして、自分で納得のいく形で政治判断をいたしたい、こう思っておるからであります。

先ほどの2点だけのことについて、市長の認識だけ確認させておいていただきたい。

○議長（川端澄男君）市長。

○市長（杉山粛君）この告知でありますが、議会が強行したということは、まずない。少数意見を留保した方々にもきちんと発言を求めていますし、そして賛成多数という形で、非常に民主的な形で特別委員会の採決がなされたと、そう考えておりますので、この告知にありますような6月定例会で誘致の是非の判断を強行するというようなことはなかったと私は考えております。私は、それが非常にスムーズに進んだことを受けて誘致の意思表明をしたわけでありますから、あれが強行にもんだ末にやるということであると、これはなかなか簡単に誘致表明はできないものであろうと、そう考えております。

それから、賛成、反対を問わず署名していただくという方法は、これは住民投票というものの性質が賛成、反対問わずに署名しても構わないものでありますから、その点については初めから反対ありきで署名に応ずるわけでは決してないと思うのです。その点は、先ほども申し上げましたが、署名の集め方として実に上手であったと申し上げざるを得ないと思うのであります。しかし、その結果としてこういう告知文が出てくるということは、一種のまやかしがあったと、こう申し上げるべきではないだろうかと。集め方と告知文との持つ意味合いの違いというものをもっと強くご指摘をいただきたいと、そう思っております。

○議長（川端澄男君）10番。

○10番（川下八十美君）冒頭で申し上げましたように、これは私たちむつ市民が賛成といえども、反対といえども、むつ市民には変わりのないことであります。私も主権者である市民の立場というものを基本的に考える議員の一人として、市長は決してこの数や内容や、こういうことだけではなしに、むつ市でこういう住民投票、直接請求が出されたということを十二分に認識をされて、この事の重大さに対処していただきたい。特に健康に留意されて、傾向な報道や言葉はなくし、むつ市民の代表である最高行政責任者としての立場を堅持して、この問題に対処していただくよう心からご要望をいたしておきます。

（「議事進行」の声あり）

○議長（川端澄男君）12番。

○12番（高田正俊君）先ほどの答弁の中で、市長が本会議で発言をしてしまえば、発言をされた、つまり指摘をされた方々が反論する場所がないので、すべて市長の発言が真実になってしまう危険性があるわけです。それは、申し上げますが、先ほど署名の集め方として、市長の写真を持って市長がオーケーしたから署名をしてくれと、こう言われた職員がおると、そういう話を聞きましたと、こういう答弁をされましたね、たしか。それは、市長自身がその請求代表者がこの請求を持ってきた場合に、こういう話があるのですが、本当ですかとお聞きになって確かめたうえでの答弁なら私は何も申しません。しかし、だれかわからないけれども、そういう署名の集め方をされたということを確認できないまま、この本会議で答弁をしますと、その請求代表者で署名を集めた方々は反論の場がないわけですから、市長の発言がすべてそのとおりの形で事実として進行していく。そういうことになりますと、これは大変この条例制定の運動をした方々にとっても不名誉なことであります。ですから、私は本来であれば確認をして、それが事実であれば、これは当然そういう発言をされても構いませんが、答弁の仕方としては極めて不適切な答弁だと、こう思います。ですから、私は後日市長が答弁した内容を精査をしていただいて、やっぱりこの請求代表者に対する名誉にかかわるような答弁ともし判断をされたら、しかるべき適切な措置を議長にお願いをしたいものだと、こう思います。それでいいのだと言えば、それで結構でありますが、議長におかれましては、議事進行でありますが、議運を開いて取り扱うようなことは求めませんから、その辺は市長において後日、終わった後でも結構であります。よく考えていただいて、適切な表現が必要であればしていただきたいし、いや、自分がしゃべったものは間違いないというのであれば、それはそれで結構でありましょう。ぜひそういう点でのご賢察を要望いたします。

○議長（川端澄男君）暫時休憩いたします。

○議長（川端澄男君）休憩前に引き続き会議を開きます。

先ほどの高田議員からの議事進行について、議長において後刻速記を調査のうえ措置することにしたいと思います。これにご異議ありませんか。

（「異議なし」の声あり）

○議長（川端澄男君）ご異議なしと認めます。よって、そのように決定いたします。

ほかに質疑ありませんか。13番。

○13番（宮下順一郎君）若干お尋ねをいたします。市長からの意見が付された、この意見についてお尋ねをするところであります。この意見には、中間貯蔵施設をこれまでの市議会における議論を踏まえ、本職としての結論を導き出したものであり、本職としては住民投票を実施する必要はないものと判断しているというふうな形で、これまでの中間貯蔵施設の調査の内容、それから説明会、さまざまな市民の説明会及び2万人を超える署名、そういうふうなもろもろのことが書かれて議論を踏まえて結論を導き出したものだから、住民投票を実施する必要はないというふうな意見が付されておるところでございます。ところが、住民投票、全国各地最近は非常に制定、直接請求がなされているケースが多いわけでございますけれども、柏崎市でも、これ住民投票の条例、直接請求がございまして、その際の当時の、今もそうなのでしょうか、市長であります西川市長さん、それから私ども総務常任委員会でことし行政視察いたしました佐渡島の両津市、これも住民投票条例の直接請求がございました。そこで、その際市長が付している意見を見ますと、こういうふうなことが書いてあるのです。「現行の地方自治制度では、市長と議会の二元代表民主制を採用し、市長は執行権を、議会は議決権等を有している」「住民投票という手段は、代表機関が自らの職責をまっとうできないと判断したときに、発動すべきものである」というふうな意見を付しているところもあります。

さらに、直接民主制の一形態として、住民投票は地方自治法の規定には定められておりますが、現時点における我が国の地方自治制度の基本的仕組みは、あくまで住民から直接選挙によって選ばれた議会と長による代表民主制であり、住民投票を含む直接民主制度は、それを補完する一制度としての位置づけにすぎませんと、このような形で住民投票の本質に触れた意見が付されているのか各市でとられているその市長の意見なのです。

今回出されました市長の意見につきまして、そのような記述がないのは、あえてそのようなものを避けたのか、判断材料として、その部分をお尋ねをしておきます。

○議長（川端澄男君）市長。

○市長（杉山粛君）学説にも各種あるように、表現の仕方にも解釈の仕方、それからこの意見の場合は当むつ市議会のこれまでたどってきた道筋を明らかにして、どういう取り組みがなされたかというようなことをまず表に出しているということであります。直接民主主義についていろいろ書くことはできますでしょうが、それについて触れなかったのは、結論が先に出ているというような状態があったわけであります。そのことを前面に出してこういう意見になっているとご理解を願いたいと思います。

○議長（川端澄男君）13番。

○13番（宮下順一郎君）ちょっと感想だけお伺いしたいのですけれども、住民投票は代議制と対立するものかどうかということだけ一つご所見をお伺いしたいと思います。

○議長（川端澄男君）市長。

○市長（杉山粛君）先ほど引用された文章にございましたが、決して私は住民投票は代議制を補完するものではないと思うのです。対立するものであるかもしれません。補完能力だけの問題ではないと思うのですが、ただしここでも考えなければならないのは、こういう条例は必ず議会で審議を受ける。だから、補完という言葉を用いていいかどうかは、それはわかりませんが、事の本質は民主主義の幾つかの機能のうちの一つであると考えてはおります。

○議長（川端澄男君）ほかに質疑ありませんか。14番。

○14番（中村正志君）議案第54号につきまして質疑をしてまいりますが、私の質疑が、その範囲をもし超えた場合は、議長におきまして注意をしていただきたいと思います。

まず、市長の意見の中で、このたびの条例制定請求につきましては、これを謙虚に受けとめというふうな文章があるのでありますが、この謙虚に受けとめた部分というのはどういうものなのでしょうか。

また、今後この受けとめてどのように対処していくのかという決意みたいなものがありましたらお聞かせ願いたいと思います。

○議長（川端澄男君）市長。

○市長（杉山粛君）どの部分を謙虚に受けとめたかということでありますが、これは決まり文句です。つまりこういう運動に真剣に取り組んでいらっしゃる方が存在するという姿勢を出さないと民主主義の根底を揺るがすことになります。ですから、そういう表現を使わなければいけないということでありましょう。しかし、先ほど申し上げましたように、議会のこれまでのたどってきた道筋を振り返り、結論を尊重し、その結果を出しているわけでありますから。この意見のような形になるということであります。

○議長（川端澄男君）14番。

○14番（中村正志君）先ほどの宮下議員とちょっとダブるような聞き方になると思いますが、住民投票に関しましては、いろいろな見解、考え方を持つ人がいるわけでありますが、中には住民投票というものは本当の意味で住民の意思を反映し得ないというふうなことを申しておる学者もあるわけですが、市長のその住民投票に対します考え方、先ほどもちらっとお話ししていたと思いますが、その点についてお聞きしたいと思います。

○議長（川端澄男君）市長。

○市長（杉山粛君）直接制民主主義と代議制を採用している国は、国のレベルで言いますと、例えばスイスでありますとか、人口のそんなに多くない土地であり、さらにスイスの場合は公用語が三つになっておるというような国の生まれ育ってきた環境が異なるので、代議制だけでは十分民主主義の本質を表現できないということで、大体が憲法に決められている権利として直接民主主義が採用されているわけであります。地方自治体は、本来は規模が国のレベルよりは小さいところが多いわけであります。大きいところもあります。スイスより大きい市も、市といいますか、例えば東京都のようなところもあるわけでありますが、そういう地方自治体での住民投票というのはそれなりに大きな意味を持っていると考えます。ただ、先ほども申し上げましたが、まだこの条例制定しなければ住民投票ができないという、そういう手続になっておりますので、まだ十分に熟している制度だとは言いがたい部分があるのではないでしょうか。

○議長（川端澄男君）14番。

○14番（中村正志君）本請求に関しましては、住民投票を実施する必要はないものと判断しているということを述べられておりますが、それは今まで行ってきたことを考えると必要はないものと判断しているということでありますが、例えばこの問題を抜きにしてというと、ちょっと問題あるかもしれませんが、この問題を離れた場合、どういうふうな案件の問題だと住民投票が必要でしょうか。あるいは、どのような条件等があれば住民投票をした方がいいと思うか。市長の所見でよろしいので、お聞きしたいと思います。

○議長（川端澄男君）市長。

○市長（杉山粛君）姉妹都市、ポートエンジェルスでありますが、議員が7人で、その中から市長を互選するという形になっております。ただ、ポートエンジェルス市そのものは1万9,500人ぐらいの市でありますが、カウンティーを抱えております。それを加えますと5万人ぐらいになるのです。そのシティーの部分とカウンティーの部分との考え方の違いが判然としない場合もあるのではないでしょうか。アメリカのようなそういうシステムもありますし、我が国ではケース・バイ・ケースと申し上げるしか私の場合は答えようがないと思うのであります。住民にごく身近な問題で判断ができないというようなケースが出てくれば、これは住民投票にゆだねることも、自ら進んで住民投票に結論を探してもらうということもあり得るかもわかりませんが、いずれもケース・バイ・ケースということになろうかと思います。

○議長（川端澄男君）ほかに質疑ありませんか。5番。

○5番（馬場重利君）8月27日付でむつ市長杉山粛あてに住民投票条例の制定請求があって、

28日に告示公表したと、こういうことでありますけれども、先ほど川下議員も指摘されておりましたけれども、この文面を、これは明らかにこの文言は既に6月定例会が終了して2ヵ月もたったのに、これからあれば困りますよというような文面になっているので、先ほど総務部長は出されたとおりそのまま公示しましたと。これは、そういうふうにしなければならないというものなのかどうかということだけ確認をいたしておきます。

○議長（川端澄男君）総務部長。

○総務部長（田頭肇君）そのとおりでございます。

○議長（川端澄男君）ほかに質疑ありませんか。12番。

○12番（高田正俊君）一つだけお聞きをしたいと思います。

本来住民投票条例というのは、2通りできるのですね。つまり条例制定の直接請求するという署名を集めて市民がやる方法と、市長自らが必要に基づいて住民投票を行うという提案をする方法と、この二つがあると私は思っているのです。常々市長には自分から住民投票条例を提案したらどうだと、こういうことを申し上げてきたわけでありますが、そういかなかったのは全く残念なところでありますけれども、そこで市民団体が条例制定の請求をしたことに対する意見のつけ方でありますが、この意見のつけ方は、必ずしもこの住民投票を実施する必要はないということで、本条例の制定には賛成できないという意見をつけなければつけなくてもいいのですね。なぜかというと、この条例は先ほど川下議員あるいはどなたか言っていましたけれども、誘致に賛成とか反対とか、そういうことよりも、住民の意思がどこにあるか確認をされるものでありますから､意見のつけ方とすれば、請求者にかわって議会に提案する義務は法律上課せられておりますから、それはそれでいいのですが、意見のつけ方とすれば、こういう条例制定要求が出ましたので、議会の議員の議法にゆだねますという意見のつけ方だってできるわけです。それをこれまでの経過から見れば、誘致表明を行ってしまったから、この条例の制定には賛成できない、つまりもう誘致表明をしてしまったのだから、反対をする方々の気持ちというのは法律上でも確認する必要がないというふうにとられるのです。これは、そういう意味では非常にもう私から言わせれば、強権的な意見のつけ方だなと、こう思っているのです。ですから、もっと適切な意見のつけ方をするとすれば、先ほど言いましたように、条例制定請求者の条例案をその人たちにかわって上程をすると、ただし市長としては議会の議決にゆだねると、こういうことが、一番つまり賛成も反対もない、市民の意思を公的に確認する手段を求めている地方自治法の精神からいけば、そういうつけ方が適切だったのではないかと、こう思うのです。その辺のご見解はいかがでしょうか。

○議長（川端澄男君）市長。

○市長（杉山粛君）行政実例を引用すれば、賛否のいずれかを示した方がよろしいと、こういうことにされておりますので、そういう行政実例の指導するところに従って否の意見を付したということであります。

○議長（川端澄男君）ほかに質疑ありませんか。

（「なし」の声あり）

○議長（川端澄男君）質疑なしと認めます。これで質疑を終わります。

この際、お諮りいたします。ただいま議題となっております議案第54号は、正副議長を除く19人の委員をもって構成する使用済み核燃料中間貯蔵施設の誘致に関するむつ市住民投票条例にかかわる特別委員会を設置し、これに付託のうえ審査することにご異議ありませんか。

（「異議なし」の声あり）

○議長(川端澄男君)ご異議なしと認めます。よって、議案第54号は正副議長を除く19人の委員をもって構成する使用済み核燃料中間貯蔵施設の誘致に関するむつ市住民投票条例にかかわる特別委員会を設置し、これに付託のうえ審査することに決定いたしました。(略)

暫時休憩いたします。

○議長（川端澄男君）休憩前に引き続き会議を開きます。

ただいま開催されました特別委員会で、委員長に小林正議員、副委員長に新谷昭二議員が決定いたしましたので、ご報告いたします。

この際、議案第54号使用済み核燃料中間貯蔵施設の誘致に関するむつ市住民投票条例の審議に当たっては、地方自治法第74条第4項の規定により、議会は請求代表者に意見を述べる機会を与えなければならないことになっており、同法施行令第98条の2の規定により、議会はその日時及び場所を、また請求代表者が複数であるときは、意見を述べる請求代表者の数を定めることになっております。したがいまして、請求代表者に意見を述べさせる日時及び場所は、9月9日火曜日の午前10時、むつ市議場で開会の使用済み核燃料中間貯蔵施設の誘致に関するむつ市住民投票条例にかかわる特別委員会の場として、また意見を述べさせる請求代表者の数を1人としたいと思います。これにご異議ありませんか。

(「異議なし」の声あり)

○議長(川端澄男君)ご異議なしと認めます。よって、請求代表者に意見を述べさせる日時及び場所は、9月9日火曜日の午前10時、むつ市議場で開会の使用済み核燃料中間貯蔵施設の誘致に関するむつ市住民投票条例にかかわる特別委員会の場とし、また意見を述べさせる請求代表者の数を1人とすることに決定いたしました。

◎散会の宣告

○議長（川端澄男君）以上で、本日の日程は全部終わりました。(略)

―――――――――――――――――――――――――

むつ市議会第177回定例会会議録第5号

議事日程　第5号

平成15年9月11日（木曜日）午前10時開議

本日の会議に付した事件

第1　使用済み核燃料中間貯蔵施設の誘致に関するむつ市住民投票条例にかかわる特別委員長報告(質疑、討論、採決)

第2　決算審査特別委員長報告（質疑、討論、採決）

◎開議の宣告

午後1時00分開議

○議長（川端澄男君）ただいまから本日の会議を開きます。

ただいまの出席議員は21人で定足数に達しております。

◎市長からの発言申出

○議長（川端澄男君）この際、市長から発言の申し出がありますので、これを許可いたします。

市長。

(市長杉山粛君登壇)

○市長（杉山粛君）議長のお許しをいただきましたので、中間貯蔵施設の構想段階で市幹部職員が関根浜港周辺の図面を会社社長に渡したということについて、助役に指示しておりました調査の報告を受けましたので、ご報告申し上げます。

以下は、助役からの報告でありますが、これまで私が議会でご説明したり答弁したことと重複する部分もありますので、ご了承いただきたいと存じます。

幹部職員が市長から事業構想を聞いたのは、平成11年11月ごろでありました。この施設を誘致するとすれば、関根浜港周辺はどうかと思っているというようなことでありました。その後、12月ごろからこの事業構想が進むとすれば、関根浜港とその周辺の土地を利用することになるだろうと考え、周辺の土地の状況を知っておかなければと思ったそうであります。市長や上司から指示を受けたわけではありませんが、あくまで自分の判断で個人的な参考資料として作成していたものということであります。

図面は、関根浜港周辺の広範囲の図面で、関根浜港を中心にして遊休地などの公図を張りつけたものをつくっておりました。その図面には、予定地とか候補地とかを示したものではないということであります。当時は、構想段階であり、施設の候補地はもちろん、立地可能性調査を依頼することすらわからない状況であり、電気事業者とも全く接触のない時期であったと述べております。その図面を会社社長に渡したのは、平成12年1月の年始休日でありました。会社社長がどうして幹部職員の自宅を訪ねていったかはわかりませんが、顔見知り程度で全くつき合いがないということであります。しかし、全く知らない人ではないので、自宅に上げました。たまたまそのとき図面を広げて作業中のところを見られてしまったそうであります。関根浜のあたりで砂をとる場所を探しているので、その図面が欲しいと言われ、砂をとるのであればとの思いで図面を渡したということであります。今になってこのようなことになるとは、当時は全く考えが及ばなかったということであります。自分だけの参考図面であり、特別な資料とは思っていなかったというものであります。助役は、私に以上の要点を報告するとともに、次のように考察しております。

1、幹部職員が作成した図面は、職務上上司の指示を受けて作成したものではなく、あくまでも任意の個人的な参考資料であり、秘密に当たるものではないと考えられます。また、関根浜港周辺は地質調査が終わっており、土地の調査をしようとすれば、できる状況にあります。ただ、自らの参考資料としても、職務のうえでの資料であり、市の重要な資料という見方もありますので次の事項とあわせて専門家のアドバイスを受けながら慎重に検討する必要があります。

2、平成12年1月ごろは事業構想の段階で、候補地とか予定地は決まっておらず、関根浜港周辺の広範囲の図面を会社社長に渡したとしても、その後の立地可能性調査の要請などに影響がなく、問題はないものと思われます。しかし、図面に問題がないとしても、図面を渡したという行為は、公務員という立場から不適切であったとも考えられますので、慎重に検討いたします。

私に対する昨日までの報告は、以上のとおりであります。私といたしましては、人事に関する問題であり、専門家の助言を受けながら助役の調査結果を待って、結果が出れば地方公務員法に抵触するか否かも含め公正な取り扱いを期するため、むつ市職員懲戒等審査委員会に審査させたいと考えているところでありますので、ご理解を賜りたいと存じます。

○議長（川端澄男君）これで市長の発言を終わります。

（「議長、発言を許可願います、議事進行でお願いします」の声あり）

○議長（川端澄男君）議事進行の理由は何ですか。

○12番（高田正俊君）議事進行を許可していただきまして、大変ありがたく思っております。そこで、議事進行をなぜかけなければならないか。

それは、さかのぼって考えれば、市長のこれまでの一般質問の答弁では、これから助役が長になって調査をする、こういう答弁でしたね。そして、調査中であると、こういう答弁でございました。今度の市長発言の中で出てきたのは、結局結論からいけば、これからなお調査、そして懲罰委員会なるものに付して審査をさせる、こういうことで、事の真相というのはほとんど明らかになっておらない。しかも、事の真相だけではなくて、その結論をどうするのかということについてほとんど明らかになっておらない。我々の議会は、今の定例会、きょうで終わりであります。したがいまして、任期は10月15日まであろうかと思いますが、市長とやりとりをするということはないわけであります。そうしますと、今の発言でそのまま推移をするということが十分考えられます。この問題が発覚をしたのは8月20日であります。それから8月は11日間あったでしょう。9月もきょうで11日間あります。20日以上の時間をかけて、まだこういう中間的な調査結果しか出せないというのは一体どういう理由になるのか、私はなかなか理解がいかないところであります。

もう少し申し上げさせていただければ、例えば職員の懲戒については、これは市長の人事権に属するものであります。人事権発動の前には、当然内規に基づいて懲罰審査委員会なるものの開催をして、どういうものに該当するか、慎重に審査をする。これは、職員が地方公務員法上身分をきちんと守られているためであります。しかし一般的にどこの省庁でもそうでありますが、こういう不正、正しくないこと、あるいは疑惑が議会の中で持たれたということについて、市長は十分それこそ謙虚に受けとめてこられたわけでありますから、なぜその担当職員をその職務につかせたまま置くのか。本来であれば、その職務から外して調査をするというのが普通ではないでしょうか。どこの会社でも、あるいは市役所でもそうでありますが、例えばの話です、金銭を扱うところの部署におった職員がそういう不正や疑惑を持たれたときに、そのまま金の取り扱いをさせるという責任者はおりません。一刻も早くその部署から外して、そして調査を開始するというのが普通ではないでしょうか。なぜ20日以上にわたってこの・・・

（「長い、長い」の声あり）

○12番（高田正俊君）もう少し待ってください。こういうふうにしておくのか。私は、その意味で大変報告に疑問がありますので、暫時休憩を求めたいと、こう思います。

（「議長、13番、議事進行」の声あり）

○議長（川端澄男君）13番。

○13番（宮下順一郎君）ただいまの12番議員の議事進行に対しまして、私の方からも議事進行を提出させていただきます。

議事進行は、議事進行の発言とは、議長が適宜処理すれば足りることでありまして、議長は議事進行の発言がその趣旨に反するか、ただいまは市長がその報告をなしただけでありまして、質疑を求めたわけでもございませんし、そういうふうな意味では報告を受けるにとどまると、こういうふうなのが議事運営上必要であろうと思います。よって、この12番議員の議事進行は取り下げるべきであるというふうな私からの議事進行を申し上げます。

(「賛成」の声あり)

○議長（川端澄男君）わかりました。

暫時休憩いたします。

○議長（川端澄男君）休憩前に引き続き会議を開きます。

12番。

○12番（高田正俊君）先ほど議事進行をかけて暫時休憩をお願いし、私の希望についてご協議いただきましたので、これ以上時間を費やすということについては、私も大変心苦しく思いますので、本会議を進めてくださっても結構でございますので、よろしくお願いをいたします。

○議長（川端澄男君）本日の会議は議事日程第5号により議事を進めます。

◎日程第1使用済み核燃料中間貯蔵施設の誘致に関するむつ市住民投票条例にかかわる特別委員長報告（質疑、討論、採決）

○議長（川端澄男君）　日程第1　使用済み核燃料中間貯蔵施設の誘致に関するむつ市住民投票条例にかかわる特別委員長報告を行います。

議案第54号使用済み核燃料中間貯蔵施設の誘致に関するむつ市住民投票条例を議題といたします。

使用済み核燃料中間貯蔵施設の誘致に関するむつ市住民投票条例にかかわる特別委員長の報告を求めます。使用済み核燃料中間貯蔵施設の誘致に関するむつ市住民投票条例にかかわる特別委員長。

(9番小林正君登壇)

○9番（小林正君）本委員会に付託の事件について、審査の結果を次のとおり会議規則第40条の規定により報告いたします。

1　審査事件

第177回定例会（平成15年9月5日）付託事件

(1) 使用済み核燃料中間貯蔵施設の誘致に関するむつ市住民投票条例について

2　審査の経過

9月9日委員会を開き、地方自治法第74条第4項の規定により、請求代表者である野坂庸子氏から意見陳述を受けるとともに、引き続き、参考人として齋藤作治氏及び野坂庸子氏の両請求代表者に出席をいただき、意見聴取を行った。その後、市長初め助役、収入役、企画部長ほか関係説明員の出席を求めて、事情を聴取し審査した。9月11日2回目の委員会を開き、討論及び採決を行った。

3　審査の結果

本案は、使用済み核燃料中間貯蔵施設の誘致に関するむつ市住民投票条例についてであるが、2回にわたり慎重に審議した結果、否決すべきものと決定した。

○議長（川端澄男君）ただいまの委員長報告に対し質疑ありませんか。

(「なし」の声あり)

○議長（川端澄男君）質疑なしと認めます。これで質疑を終わります。

これから討論に入ります。討論の通告がありますので、順次発言を許します。まず、2番石田勝弘君。

(2番石田勝弘君登壇)

○2番（石田勝弘君）議案第54号に対しての特別委員長報告に対し、反対討論を行います。

私は、使用済み核燃料中間貯蔵施設誘致問題が3年前に浮上して以来、次の三つの点を主張してまいりました。それは、誘致を決めるためには多くの市民の合意を得ること、次に施設の安全性の確認と永久に貯蔵しないことを法的にも整備し、国の担保を求めること、そして施設にかかわる交付金は市の自主財源となるよう制度改正を求めることの三つであります。そのうちでも最重要なのは市民の合意を得ることであります。ところで、8月27日に齋藤作治氏、野坂庸子氏の両人から使用済み核燃料中間貯蔵施設の誘致に関するむつ市住民投票条例制定の直接請求があり、議案第54号として上程されたわけであります。その際、市長は、6月26日の誘致表明に当たっては市内各界各層の意見聴取を行い、また市議会の議論を踏まえ誘致決定を決意したもので、今改めて住民投票を実施する必要はないから、本条例の制定には賛成できないとの意見を付しております。市長は、市民への説明会の開催、7人の専門家会議を5回、市内24団体から推薦された24委員による懇話会が6回開催されたことで、市民の合意が得られたと考えているようでありますが、専門家会議も懇話会もことしの4月からたった2カ月間に急いで行われたもので、住民の意見を十分に聴取したとは到底思えないのであります。海外の先進地では、賛成派、反対派の両論の人たちが200回にも及ぶ論議を重ね、両者納得のうえ立地の合意に至ったとも聞いております。立地すれば、今後50年以上にも及ぶ長期間、ともに暮らさなければならないわけでありますから、さらに多くの市民の声を聞く必要があると思います。そのための方法の一つが住民投票であると思いますので、ただいまの委員長報告に反対いたします。

○議長（川端澄男君）次に、5番馬場重利君。

（5番馬場重利君登壇）

○5番（馬場重利君）使用済み核燃料中間貯蔵施設の誘致に関するむつ市住民投票条例に対する特別委員長報告に対し、賛成討論を行います。

市長が誘致を目的として東京電力株式会社に対し、同施設の立地可能性調査を依頼したことにかんがみ、当市議会は平成13年3月、同施設に関する調査を目的とした特別委員会を設置して、あらゆる角度からの調査、検討をいたしてまいりました。

特別委員会は、平成13年3月16日の組織会から平成15年6月10日までの間、15回にわたる委員会を開催するとともに、平成13年5月30日、同年7月9日、平成15年2月13日及び2月14日の4回にわたり、国内における原子力関連施設や乾式キャスクの製造工場、貯蔵施設等現地並びに先進地の視察を行ってまいりました。さらには、国の原子力安全委員会から講師を招聘し、金属製乾式キャスクを用いる使用済燃料中間貯蔵施設のための安全審査指針について及び経済産業省、資源エネルギー庁から講師を招聘し、使用済燃料中間貯蔵施設に係る交付金について、それぞれ研修の場を設けて研さんを積んでまいりました。また、12名の議員はドイツのゴアレーベン中間貯蔵施設及びスイスのヴューレンリンゲン中間貯蔵施設の視察を行い、現地の方々の意見をも聴取してまいりました。このような経過を経て、去る6月10日、施設の立地は可能であるとの特別委員会としての取りまとめを行ったものであります。私は、委員長として6月17日開会の第176回定例会において最終報告を行い、議員多数の賛成を得たものであり、それを受けて市長は、6月26日、正式に誘致表明を行ったものであります。当市議会は、それぞれに市民の負託を受けた議員として、その責務を果たすべく地域の振興発展はもとより、地域住民の福祉向上を願って責任ある行動をとってきたものであり、今改めて住民投票を実施する必要はないものと判断するものであり、さきの特別委員会において本条例の制定には強く反対の意見を述べたものであります。

議員各位のご賛同をお願い申し上げ、私の委員長報告に対する賛成討論といたします。

○議長（川端澄男君）次に、4番新谷昭二君。

（4番新谷昭二君登壇）

○4番（新谷昭二君）　議案第54号使用済み核燃料中間貯蔵施設の誘致に関するむつ市住民投票条例にかかわる特別委員長報告について反対討論を行います。

委員長報告は、住民投票を否とする報告でありますが、まず市長の中間貯蔵施設誘致の進め方は民主主義に反するやり方であります。市長は、この問題が発覚の3年も前から議会、市民に隠れて東京電力などと折衝、発覚以後も電源立地等初期対策交付金を使い、賛成世論をつくる大量な宣伝を行いました。しかも、平成12年9月以来、議会に議題として提出せず、同年11月、東京電力社長への関根浜立地可能性調査依頼申し入れも市長の執行権で行い、6月26日の議会においても議会の下級機関である特別委員長報告を受けて中間貯蔵施設の誘致を発表しております。市民懇話会、専門家会議を開き、意見を聞いたとはいえ、これも民主主義的ではなかった。使用済み核燃料中間貯蔵施設の誘致に関するむつ市住民投票条例制定請求代表者齋藤作治、野坂庸子両代表の制定請求の要旨によれば、この施設は原子力発電所の施設外に建設される国内初の施設で、最も重要な点は国の核燃サイクル計画そのものが不安に満ちていると指摘しています。そして、再処理工場は技術的にも経済的にも建設や操業は危ぶまれております。

きのうの東奥日報1面でも、日本原燃六ヶ所村の再処理工場は、プールの水漏れ不良溶接から点検計画を原子力安全・保安院がこの12日から審議することになり、2005年操業は延期され、また操業おくれに伴い、人件費などの増大で2兆1,400億円の建設費はさらに膨らむ可能性があると報じています。

さらに、自民党原子力部会でも使用済み核燃料全量再処理の基本方針を見直し、全国に中間貯蔵施設をたくさんつくり、貯蔵する議論が高まっております。また、請求者はこの施設は永久貯蔵のおそれがあると言っているのに、市長は中間貯蔵施設の使用済み核燃料は40年後、その世代の人が考えればよい、法律に定めるよう努めているというにすぎません。9日の特別委員会でも、請求代表者は、このような重大な問題は住民投票によって住民の意思を明らかにし、住民の意見に基づいて決めてほしい、未来を選択する権利は住民にこそあると言っております。この投票の行動を通じて、むつ市と市民の民主主義は発展するとも述べております。しかし、市長は議会へ提出の投票条例への意見の中で、本職としては住民投票を実施する必要はないと判断したと述べ、9日の特別委員会では新潟県刈羽村で村側が住民投票をやったら否定された、住民投票はそういう怖さを持っている、日本ではまだ直接民主主義の成熟度が足りないと言っています。これは、社会の発展やむつ市民が投票行動の中で成長、発展することを否定するものではないでしょうか。

さらに、8月20日発覚した市長の支持者の会社社長への事前情報漏えい問題は、市氏の疑問と怒りが高まっておりますが、議会特別委員会でも関根浜の図面を議会に提出するよう求めましたが、公にできないと今日まで逃げております。

また、日本共産党が過日1万人余の市民にアンケート用紙を配り、回答されたものを集計いたしました。これには、中間貯蔵施設の安全性と永久貯蔵について、答えは、不安だ78%、わからない11%、不安はない11%、市の誘致の進め方について、住民投票で決めるべき50%、進め方が強引だ36%、これでよいはわずかに8%、わからない11%であります。誘致について、どう思いますか、反対は65%、賛成は15%、わからないが20%となっております。よって、あくまで中間貯蔵施設は住民投票で市民の声を問うたうえで決するべきであります。以上の点から、委員長報告に対し、反対をいたします。

○議長（川端澄男君）次に、7番山本留義君。

(7番山本留義君登壇)

○7番（山本留義君）私は、ただいまの委員長報告に賛成であり、原案に反対の立場で討論をさせていただきます。

私は、中間貯蔵施設の誘致問題の議論が始まった当初から、むつ市議会議員の一人として、また本件を調査するために設置されました特別委員会委員として、長きにわたり議論をいたし、市当局初め事業者であります東京電力の説明、さらには専門家や国の説明を聞くとともに、国内、海外の先進地視察を行い、この問題に対して私なりに識見を深めてまいったものと自負しておるところでございます、また、現下のむつ・下北、そしてこの日本経済の底知れぬ悪化に思いをいたすときに、この地域住民の経済の状況については皆様どうでしょうか。私の見る限りでは、製造業、建設業の経営の悪化等でリストラや企業倒産で職を失い、家庭を守れず、その無念さで自ら命を絶つ人もおります。まことに悲しいことであります。また、1次産業においても、ことしの冷夏等で農作物の不作、稲作においては皆無状況にあります。漁業においても、ホタテの大量へい死などで、あすへの光さえ見えない現状にあります。このような状況下で、一条の陽光が差してくることを切に願うものでございます。この中間貯蔵施設は、それを可能にするものであるという信念を私は持ってございます。

私としても、直接民意を問う住民投票という方法については、これを頭ごなしに否定するものではございません。しかし、このたびの中間貯蔵施設に対する論議は十分にされ尽くしたとの思いは禁じ得ないものがございます。市長並びに関係部署の皆様の誠意あるご努力に対しては、これを深く評価をいたすものでございます。よって、このたびの議案第54号については、現状では適切でないと判断をいたしまして、賛成討論とさせていただきます。

議員各位のご賛同を賜りますようよろしくお願いいたしまして、終わります。ご清聴ありがとうございました。

○議長（川端澄男君）次に、12番高田正俊君。

(12番高田正俊君登壇)

○12番（高田正俊君）私は、議案第54号いわゆる使用済み核燃料中間貯蔵施設に関するむつ市住民投票条例でありますけれども、この議案は先般設置されました特別委員会で審議をされ、先ほど小林正特別委員長より議案第54号の住民投票条例案は否決すべきものとの報告がされました。その結果については十分承知をいたしますが、午前中の特別委員会においても申し上げてまいりました。特に住民投票の直接請求をされた代表者であります野坂庸子さん、そして齋藤作治さん、ご両名のむつ市の将来を心配する余りの多くの市民の声を背負って、このたびの直接請求をされたご努力には心からの敬意を表するものであります。私は、午前中の特別委員会でも、民主主義とは何かということについては、この本会議で少しく述べさせていただきたいと申し上げてまいりました。私がこれまで学校で勉強し、あるいは社会に出て多くの先般の方々から教わったこと、その中には現杉山市長さんも私のまた政治の師として私は仰いだこともございます。現在も、まだその気持ちは私は持っておるところであります。

そこで、民主主義というのは私から言わせれば、物語をご紹介して恐縮でありますが、述べさせていただきたいと思うのであります。私が昔読んだ物語の中に、皆さんご承知のとおりだと思いますが、「白雪姫」という物語がございました。思い出してみましたら、こんなことが書いてあるわけであります。「鏡よ鏡、この世の中で一番美しい者はだれ」と、こう魔女が鏡に向かって聞きました。鏡は、「魔女様、それはあなたでございます」と。そういう物語を読んだときに、私は私の鏡に、「このむつ市で一番物事を知っているのはだれだ」と、鏡は、「高田、それはおまえであります」と、こう言いましたけれども、市内には私などよりはるかに物の知っておられる杉山市長さんがおるということは、これはもう常識であります。でありますから、私は民主主義というのはやっぱり自分の考えが正しいと主張するだけでは、これはいけない。100人いれば、100人の人にはそれぞれの考え方があるわけでありますから、自分の考え方の正しさを証明しろと言われれば、証明の仕方はありません。相手の方々の意見を聞いて、それと自分の考え方を対比して初めて自分の考え方の正しさが確証できるわけであります。私は、そう思ってこれまで生きてまいりました。でありますから、そのことからいけば、私はいかに知識人であり、見識のある杉山市長さんであっても、これは市民の方々の声をよく聞く、そのことが私はこのむつ市の行政にも求められているものと思っているわけであります。

ご承知のように、地方自治法はよくできた法律であります。これは、日本国憲法の精神、理念を見事に具体化した法律でありまして、私は大変評価をいたしております。住民投票直接請求という条項も、この中にありますけれども、議案の提出は市長にあります。そしてもう一つは議会にもあります。さらに、それだけでは足りなくて、住民が直接条例を制定できる、そういう運動を認めているのも地方自治法であります。私は、そのことからいきますと、この三つの方法が地方自治、つまり自治体の機能をきちんと健全に運営させていくために地方自治法が定めた法律の趣旨であると、こういうふうに考えております。したがいまして、住民投票は私は本当にこの市民の願いから出たものであれば、この議会で議員の皆さんのご賛同をぜひいただきたいと、こう思うわけであります。

市長は、これまで私の質問に住民投票をやりたくないという思いの理由を述べてこられました。私は、うそをついたとは申しません。うそのことについては、先般の一般質問で重々申し上げておりますから、言ってみればごまかされたなと、こう思っております。何と言ってごまかしたか。私の質問は、こうであります。住民投票条例案は、市長自らも提案できるものであります、なぜそれをやらないのか、そう言いましたら、議会の特別委員会の結論を、立地は可能という結論を踏まえれば、市長が議会に提案をしても、それは否決される可能性がある、こういうご答弁だったわけであります。しかし、その後石田勝弘議員の質問に答えたのは、何と言って答えたでしょうか。住民投票の結果が怖い､予測できない結果が生じるかもわからない。したがって、そういうことになれば困るから、住民投票はやっぱりやりたくない、これが恐らく本音でありましょう。しかし、私が市長に申し上げてきました地方自治法の趣旨に沿うならば、住民投票の結果を尊重すればいいのではないですかと。ただそれだけでいいわけであります。難しいことはありません。住民投票は、市民に投票させればいい、させた結果を行政は尊重し、議会も尊重すれば事足りるわけであります。そのことによって、勝ち負けは私は存在しない、むしろむつ市の市民が自分たちのまちの将来を自分たちで決めていくという、この民主主義のルールをきちんとわきまえた運動であると、こう思いますときに、市長が言うように、直接民主主義、あるいは住民投票制度が成熟していないなどというのは、まさに市民が無知であるかのごとくの発言であって、これはいずれ訂正をしなければならないと、こう思っております。いずれにしても、今度の住民投票条例がもし可決されるようなことになりますと、むつ市では初めての出来事であり、市民の方々には大いなる拍手喝采をいただけるものと私は思っております。杉山市長には、それだけの政治見識が十分備わっておりますし、そしてまた期待をしたいと、こう思っております。

以上を申し上げまして、議案第54号使用済み核燃料中間貯蔵施設の誘致に関するむつ市住民投票条例案について、否決をした特別委員会の委員長報告については、ぜひとも否決をしていただきますように、心からのお願いを申し上げて終わりたいと思います。ご清聴ありがとうございました。

○議長（川端澄男君）次に、13番宮下順一郎君。

（13番宮下順一郎君登壇）

○13番（宮下順一郎君）議案第54号使用済み核燃料中間貯蔵施設の誘致に関するむつ市住民投票条例に対しましての特別委員長報告に賛成討論を申し上げます。

この議案は、むつ市民有権者約4万人のうち5,514筆の署名をもって直接請求された住民投票を求めるものであります。去る9日に実施された地方自治法第74条第4項に定められた代表者に意見を述べる機会を与えなければならないことにより特別委員会において陳述を伺うことができました。請求代表者のお一人である野坂庸子氏の陳述には、一議員として、さらに一市民として母なる感性を感じるに余りあるものがありましたことは事実でありました。これまで短期間の間に5,000人を超える署名を集めましたご労苦に対し、深甚より敬意の念を持つものであります。危ういものへの回避、忌避という母として持つ能力は、当該施設に対する私のさかのぼること平成13年9月定例会での一般質問でお尋ねしたものであり、その観点は軌を一にするものであるとの思いもいたしました。この陳述に対しても、敬意の念を持つものでありますし、政治家としては常に持つべき精神の一つでもあると思うところであります。

さらに、当該施設については調査特別委員会で立地は可能であるとの結論が出され、立地建設に向けては常に心して取り組むべきことは、去る6月定例会で私の述べた今後も課題は十分に慎重審査することを前提に、安全第一義は言うまでもなく、当該施設を誘致し、共存は可能であることについては私は何ら変わるものではありませんし、事業を進める事業者、判断する科学者、説明するむつ市行政体及び国策として使用済み燃料サイクルを進める国との相互の信頼関係が醸成されて初めて安全、安心となるわけでありますこと、以上の各位は常に心して取り組むべきものであります。

そこで、今般の直接請求された住民投票条例案についての意見を述べるものであります。住民投票条例案に付された市長の意見には、当該施設の審議過程等々の過程を述べるにとどまり、住民投票の本質についての意見が付されていないことに私は不足感を持つものであります。地方分権推進委員会の第2次勧告も住民参加の拡大、多様化の一環として住民投票制度を検討課題としてきたように、近年この住民投票は間接民主制を補完し・政策決定に住民の意思を反映させる制度の一つとして、住民投票への住民の期待が高まっていることは確かなことでありますが、現行法が明文で認めている住民投票は、憲法95条による地方自治特別法の制定の場合、それと自治法に定められた直接請求、つまりリコールに伴う住民投票であります。これら以外の住民投票については、憲法にも自治法にもはっきりした規定はありません。かつて住民投票を実施した新潟県刈羽村長品田氏は、その苦悩を次のように申しております。住民投票によって賛否が拮抗して、一方がわずかに上回ったとき、他方は納得して受け入れるであろうか、日本の政治風土で投票結果を受け入れる下地があるだろうか、甚だ疑問であると住民投票を実施した行政の当事者が述べていることもあります。

さらに、私は去る9日の特別委員会の齋藤作治参考人に問うた住民投票は国策である防衛とかエネルギーなど、その自治体だけでは完結しないテーマはなじまないのではないかとお尋ねいたしたところ、核燃料サイクルの一端として中間貯蔵施設を位置づけながらも、我々の活動はそこまでいっていないとの発言があったこと、現在の40%になんなんとする原子力発電に依存するエネルギー政策を享受しながらも、エネルギー政策を否定する自己矛盾を感ずるものでありました。なるほど将来はベストミックスでの原子力発電所の役割は可変するものの、当分の間はこの状況が続くものであることは市民の皆さんも理解できることであると存じます。このむつ・下北が国策に翻弄されてきた歴史を踏まえてのかの発言、ご意見であることは承知いたしておりますが、この部分において、かつて四十数年前に閣議了解事項でなく、現在は法に定められた立地であることと、これまで2年余にわたり一般質問、特別委員会、各種説明会、視察を通じて得た知見の集積として、政治家としての結論であることをご理解いただきたく存じます。

さらに、申し添えるならば、隣接である東通村原子力発電所の試運転が来年にも行われるという事実、そして合併の対象である大間町の原子力発電所の立地、そして横浜町がこの合併に加わるならば、隣接の六ヶ所村の再処理工場等の各種核燃料施設の立地状況を考えるならば、下北は一つの視点から、ひとりむつ市民のみ住民投票の住民と定義することに論理の無理を感じるものでもあります。

住民投票の直接請求権の行使は、住民の基本権の発動であり、同時にそれは間接民主政治の欠陥を補完するために認められているものであることは承知しております。しかしながら、市長の付した意見にもあるように、その議会での審議、議論、決定の過程に瑕瑕はなく、慎重に審査、審議されたものであり、有史以来多くの流血を乗り越えて市民がかち得てきた民主主義の一つの手段である議会制民主主義を守る立場から、住民投票条例案を退けるものであります。以上のことから、原案を否決すべきものと決定した委員会の委員長報告に賛同をいたすものであります。

以上です。

○議長（川端澄男君）次に、10番川下八十美君。

（10番川下八十美君登壇）

○10番（川下八十美君）使用済み核燃料中間貯蔵施設の誘致に関するむつ市住民投票条例制定にかかわる特別委員長報告に対し、賛成討論を試みるものであります。

ただいまの小林正特別委員長報告は、本条例案を否とするものであります。このことは、先ほどの特別委員会におきまして、私と同じ何人かの委員から反対討論がございまして、その趣旨にご賛同をいただいた議員各位の結果であると深く受けとめまして、敬意と感謝を申し上げる次第であります。すなわち議案第54号は、平成15年8月28日、地方自治法第74条第4項の規定に基づきまして、請求代表者の意見を求め、参考人として野坂庸子さん、齋藤作治氏の2名を当議会に設置した特別委員会においでをいただきまして、その場で請求の要旨等を聴取し、それに対し質疑応答をし、慎重にしてかつ慎重な審議をいたしたものであります。その結果明らかになったことは、一つに主権在民の市民に与えられている権利で、我がむつ市市制施行44周年、いまだ始まって以来と言ってもよいこの市民による直接請求そのものの重荷は厳粛に受けとめなければならないという事実であります。

二つに、署名期間は去る6月30日から7月30日までの1ヵ月といえども、むつ市選挙管理委員会認定数5,514筆であり、法定数の約7倍に当たり、市長と議会で決めるのではなしに、市民みんなで決めるべきであるといった直接民主政治を主張され、このことは反面では議会制民主政治を否定する受けとめ方にもなるわけであります。

三つ目といたしまして、この条例請求の趣旨に、たとえ代表である齋藤作治先生、立派な方であります。野坂庸子さん、私はかつてお父さんの高瀬達夫先生にご指導をいただいたとき、この方こそ私が主張する男女共同参画社会の先頭を切る女性だと、願わくば21日からの市議会議員選挙にでも出ていただいて、ともにむつ市発展のために尽くせる女性だと敬意を表しておるのであります。がしかし、その趣旨には重大な事実誤認が認められたこともこれまた事実であります。

しかるに、私はこういったことを総合的に判断をして、この条例制定そのものを深く思考をし、そして考察をしてみるときに、市民の基本的権利である住民投票そのものは決して否定するものではございません。しかしながら、かかる中間貯蔵施設の誘致に関しては、この誘致に賛成するもの、また誘致に反対するもの、いずれかの比率は別といたしまして、請求者の代表者も認められておられるように、誘致賛成、反対にかかわらない市民の方々の集大成であったことは、これまた事実であります。

しかも、最も大事なことは、本条例制定請求の趣旨に私たち議会が6月定例会で誘致の是非の判断を強行するというくだりがあったのであります。私たちは、去る6月17日開会、26日閉会の第176回定例会におきまして、私は倫理を勉強させていただいておりまするから、そういう点からは自重はいたしまするけれども、しかしながら去る平成12年に私はこの問題が発覚したときに、当初たった3人でこの特別委員会の設置を要求しました。しかしながら、否決になりました。しかしながら、平成13年3月16日、本会議において全会一致で特別委員会の設置が認められ、以来回を重ねること何と15回、立地可能という結論を6月定例会において出したのであります。

それだけではございません。ここが大事なのであります。結果的には、3名の方々の少数意見がございました。私は、議会人の一人として、同じ議員の立場を尊厳をして、この少数意見の留保をここで求めたのであります。こういう観点からすれば、請求者の代表でございます齋藤作治氏は、私の質問に対して、強行という文言は不適当であったと率直にお認めになられて、しかも快く訂正を出されたのは特別委員会の審査の経緯で明白であります。よって、私はむつ市議会が中間貯蔵施設の立地可能と結論づけたことは決して強行ではなしに、極めて自然に成立したものであるということが立証されたわけではございませんか。

我が日本国の政治体制は、地方自治体、中央自治体を問わず間接民主政治、すなわち議会制民主政治が定着をして、我がむつ市議会においても、私は市民の直接選挙によって選ばれた議会人の一人として、36年前、27歳で当選させていただいてから、一貫してこの信念を貫き通させていただいておりまするので、決して私はこのことが間違った、あるいは恥じる結論を出したと思っておりません。ですから、あえてここで住民投票を求めずしても、市民の皆々様方にきちっと責任を持って、この件に対しては、この神聖なる議場において宣言をいたしてもやぶさかでないのでございます。

前回の特別委員会で、賛成者の委員から、市当局の漏えい問題が出ました。だがしかし、これは市執行部の立場、いわゆる司法、行政、立法、三権分立の分野を相互に牽制し合い、私がむつ市議会にいる限りにおいては、この大きい目をさらに大きくして執行部を監視し続け、チェックし続けることをお約束申し上げ、これは住民投票の問題と全く別問題であるということをはっきりお断りいたしておくのであります。

最後に、結びに当たり一言申し上げさせていただきます。我がむつ市財政はもとよりのこと、我がむつ・下北の経済は冷え切っております。冷え切っておるどころか凍っておると言っても過言でありません。この中間貯蔵施設、安全性を第一義として我がむつ市に立地したとするならば、60年間で1,290億円の交付金、年間21億円の交付金が入るとするならば、これは個人的なことではなしに、むつ市民の、下北郡民の、否おくれておる我がむつ・下北の起爆剤としてもたらすべきことは火を見るよりも明らかなのであります。私の政治哲学、議会は四角いものは三角に、三角のものは丸くしていく、これが議会人としてやるべきことであります。どうか議員各位の皆々様方におかれましては、特別委員長の報告は否とするところであります。私も、これに満堂の賛成をするものでありまするので、各位には市民のご理解を賜ったうえで、この委員長報告にご賛同いただきますように心からお願いを申し上げまして、私の討論を閉ずるものであります。ありがとうございました。

○議長（川端澄男君）これで討論を終わります。これより議案第54号を採決いたします。

本案に対する委員長の報告は否決すべきものでありますので、原案について起立により採決いたします。議案第54号は原案のとおり決定することに賛成の諸君の起立を求めます。

(起立者3人、起立しない者17人)

○議長（川端澄男君）起立少数であります。よって、議案第54号は否決されました。(略)

◎閉会の宣告

○議長（川端澄男君）これで、本定例会に付議された事件はすべて議了いたしました。

以上で、むつ市議会第177回定例会を閉会いたします。(略)

署名

地方自治法第123条第2項の規定により、ここに署名する。

むつ市議会議長川端澄男
むつ市議会議員石田勝弘
むつ市議会議員木村亀治
むつ市議会議員野呂泰喜

［出典：むつ市議会会議録］

IV-1-13

「リサイクル燃料備蓄センター」の立地協力のお願いについて――東京電力株式会社

平成16年2月18日

当社は、本日、青森県およびむつ市に対し、「リサイクル燃料備蓄センター」の立地協力のお願いをいたしましたのでお知らせいたします。

本センターにつきましては、平成12年11月に、むつ市より技術調査のご依頼をいただき、翌年4月から現地調査を開始し、昨年4月には施設の建設は技術的に可能である旨の調査結果をむつ市にご報告するとともに、事業構想をお示しいたしました。

その後、平成15年7月には、むつ市より立地のご要請をいただいた後、社内で検討を重ねてまいりました結果、このほど本センターのむつ市への立地をお願いすることになった次第であります。

また、本事業への参画要望があった日本原子力発電株式会社と共同して本事業を進めてまいりたいと考えております。

今後も引き続き、「リサイクル燃料備蓄センター」の立地に向け、地域の皆さまに、より一層のご理解をいただけるよう努めてまいりますので、よろしくお願い申しあげます。

以上

［出典：東京電力株式会社資料］

IV-1-14

むつ市中間貯蔵施設住民投票座談会

2004年1月10日

出席者　野坂庸子　稲葉みどり　向井宏治　吉田麟　柳谷マサ子　吉田眞佐子　山本貫
司会　斎藤作治（「はまなす」編集長）
記録　都谷森五郎　佐々木佐市

司会　中間貯蔵をめぐる住民投票運動は、これまで政治の問題は首長や議員にまかせておけばいいのだという下北の政治風土を変えるほどの大きな出来事だったと思います。

今日は、この問題に実際にかかわってきた皆さんに集まっていただいて文章でなく、皆さんの言葉で住民投票運動の中身と意義について存分に語っていただいて「はまなす」の読者だけでなくむつ市の住民投票に関心をもっていた県内外の多くの方々に読んでいただきたいと思って企画しました。よろしくお願いします。

さて、「むつ市住民投票を実現する会」が発足したのは二〇〇三年二月八日ですね。年表をみると一年前の二〇〇二年二月一八日に準備会が発足していますので、発足までにずいぶんもたもたと手間どって、下北弁で言うと「かちゃくちゃねえ」(笑い）という状態だったのですがもたもたの最大の原因は、代表問題だったようですが、「ぐずぐずして代表も決めれないなんて情けない!」といつも怒っていた山本實さんに口火をきってもらいます。(笑い)

山本　いつも怒っているなんて情緒不安定者のように言われるが、代表の資格を無色透明な人という有りもしない透明人間を探すよりも、そこをさっさと切り上げて色がついても垢がついても（笑い）やる気がある人を早く代表に決めないと準備会だけしておいて結局できながったじゃないかと思われるのが心配だったのです。

柳谷　住民投票をやるということは、賛成の人も反対の人もとりこむということだから、知名度も高く、市民がこの人ならという人を代表にすれば運動も盛りあがっていくというので、たくさんの人に当たったようですが、なかなか決まらなくて、もどかしかったんですが、結果的には野坂さん斎藤さんが共同で代表になってよかったと思います。

稲葉　やっぱり名前を出したがらないのが、もたつきの原因で、これがむつ市の現状なんだなということを知らされました。結果的には持ち味の違うやる気のある二人が代表になってよかったと思います。

向井　私も、むつ市型人間で（笑い）そういう傾向がありますが、これは、むつ・下北では住民運動の経験がほとんどないのがこういう人間をつくったのだと思います。そういう意味で、今度の住民投票運動は署名という方法で自己主張するという従来のむつ市型人間から抜け出したという意味で、下北に貴重な歴史を残したと思います。ただ、実際問題として、無色透明な人はいないんですね。（笑い）だから、最初は色のつかない人を探すのは正解だと思いますが、それが難しいと判断したら、たとえ中間貯蔵に「反対」・「賛成」を公言している人でも、むつ市民の民意でこの問題を決めましょう。そのために住民投票をすることが大事だと訴えれば大丈夫だと思いました。

吉田ま　結論からいうと野坂・斎藤のコンビで代表をつとめたことは、とてもよかったと思っています。ただ、もっと中間貯蔵の学習や宣伝をしていたら結果はどうだったのかなあと後悔しています。巻町や刈羽村など、住民投票をおこなったところでは、原発やプルサーマルについて、たくさん勉強してから「さあ、この問題をみんなで投票して決めましょう」とやっているんですね。ここのところが私達にかなり不足していたんじゃないかと思います。これをやっていれば受任者を引き受けるときにも代表を選ぶ場合でも違った展開があったような気がしています。

吉田あ　準備期間がちょうど一年。長かったですね。協力者に会うと「どうなってるんだ。やる気あるんだが?」とせめられましたね。（笑い）記者団も最初は世話人会のたびに集まっていたが、途中からあきれてしまったのかこなくなってしまった。（笑い）この一年間、いろんな人に代表問題で接触してきました。おそらく五本の指に余る数でした。平行して受任者の組織づくりもやってきたが、これも当初目標の三桁はとてもムリだと思いました。やはり「名前を出さない協力をしたい。住民投票をするときになったらわいは反対投票するから」というんですね。なかなか住民自治を根付かせるというのは難しいんだなと思いました。

野坂　私もこんな大仕事の代表になるとは思ってもいませんでしたので責任の重さにやせる思いでしたが、思いだけでちっとも痩せませんでした。（笑い）結果的には代表選びに一年かかってしまったが、あれで、かえってよかったと思っています。大仕事をするわりには理論的にも、実務的にもまったくの準備不足だったので、この時間が準備期間としてとても貴重でした。

◆「会」つぶしの環境づくり急ピッチ

司会　私も代表の資格・条件として最初は、柳谷さんと同じでしたが、後半は山本説に傾くという典型的なコウモリ人間になりました。（笑い）たとえ、顔だけ名前だけの人でも知名度があって、色のない人が代表になればこの運動はひろがるというふうに考えていたからです。ところが運動が進むなかで考えが変わりました。やっぱりこんな小さな集団の代表は、頼朝のようにじっと鎌倉にいて戦況を指揮するよりも義経のように先頭にたって行動する人でないとダメじゃないかと思いはじめました。さくじさんはご高齢なので、とても義経だとは思えませんでしたが、（笑い）民主主義は自己主張を明確にすることが大事なので、名前をきちんと出して行動すべきだと学ばされました。

先に進みます。「住民投票を実現する会」が二月八日に設立されてから、むつ市では住民投票運動をつぶす環境づくりが物凄い勢いで進められているんですね。

　四月に入ってから専門家会議とか懇話会とかが相次いで結成され、六月には報告書を提出するという異常な速さで進められ、商工会議所の中間貯蔵誘致賛成の署名も全市的におこなわれ、あたかも「これだけの賛成者がいますよ。民意も十分聞いていますよ。住民投票なんかする必要がないですよ」と、うそぶいているように私には見えました。とても残念でした。もっとも公正な方法で民意を聞こうとする我々には「賛成」・「反対」を越えた住民自治という活動方針があったからです。

　稲葉さんと野坂さんで、懇話会の事で市役所の担当者とやりとりがあったようですが。

野坂　これは、あまりしゃべりたくないんですが。（笑い）実は、懇話会の名簿は大分前にできていたんですね。私は忘れていましたが、市役所の担当者から「野坂さんにも懇話会に入ってくださいと打診したんですが断られたんですよ」と言われて「あれは、打診だったのですか?」と思い出しました。文書もなくただ電話でのやりとりだったので「集まりがあったら出てくれますか」という程度の軽いものだと認識していました。

司会　柳谷さん。懇話会についての市民の受けとめ方は、いろいろな団体の代表者だと思っていたんじゃないですか。

柳谷　そうです。担当者は「懇話会には、団体じゃなく個人の資格で出てもらっている」と言っているが、名前の前にむつ市金融団とかむつ市婦人連合会という肩書きがついているのでこれらの団体を代表して出ているんだと思った人が多かったと思います。

吉田ま　私は、むつ市の女団連に入っているんです。会長が懇話会の委員になっているんですが、ちっとも女団連にこの件について語らないんですね。

　それで「あなたは懇話会に個人として出ているのですか。それとも、会長として出ているのですか」と聞いたら「会長として出ています」と答えたんです。それで「それなら、ここで会議の内容を報告してください」と言ったら参会者に「聞きたかったら懇話会は公開しているのだから傍聴したらいいでしょう」って非難されました。団体の肩書きをつけていながら問いただすと個人だというのです。市民をまどわすとてもずるいやりかただと思いました。

山本　美付の千葉さんにも関根浜漁協という肩書きがついているもんだから「べご屋がいづから魚屋になったんだ」（笑い）と聞いたら「わいは個人の資格で委員になったので関根浜漁協の代表じゃないんです」と言っていた。こんな大事なことを曖昧なまま進めているのですね。

稲葉　市長はなにかというと各界各層の意見と言っています。でも実際には懇話会のように個人の資格で言っているんです。それを団体全体の意見と思わせるような仕掛けを作っていたのですね。

吉田ま　亡くなった石崎さんが何人かの懇話会の人に会っているんですね。会った人たちから受けた印象として、ほとんどの人が中間貯蔵にたいして自分なりの答えを出していないので会合の持ち方によって影響されやすいのではないかと心配していましたが、懇話会の持ち方をみていると講師の選び方、見学地の選び方等すべて推進側に引き込もうとしているのがわかりますね。

吉田あ　私も石崎さんから聞いたんですが、懇話会がスタートする前に担当者が「個人の資格で発言してほしい」と委員の人たちに申し入れしたそうです。

　専門家会議の名簿は、たとえば地質・地震・動植物とか専門分野が最初にきて、次に名前、そして所属というふうになっているので、専門家として個人の資格で参加していることが誰にでもわかるが、懇話会の方は最初に所属団体がきて、そのあとで委員の名前が書かれているので、この名簿を見た人は所属団体の代表だと思いますね。だから、委員がしゃべったことは団体の意見だと思ってしまうんですね。

向井　懇話会のA委員とある会合で会ったときに聞いたんですが、報道されているように中間貯蔵誘致の目的の大きなものは、むつ市の巨額な財政赤字を解消することだったと懇話会発足のときに説明を受け、委員の報告書のなかでも、安全性などへの心配はあるが、赤字団体になれば大変なので、「仕方ねがべな」と報告した人がかなりあるんです。

　六月五日に報告書答申を提出したときに、市長が「誘致は財政赤字を救うためではない、財政は、市町村合併で立て直すのが基本である」と前言を翻したので、びっくりしたりあきれたりしたと言っていました。これは懇話会の答申をやり直すだけの大問題でしたね。市長は二〇〇四年の年頭記者会見では中間貯蔵による交付金・固定資産税などは財政の赤字補填に使いますと言ったと、毎日新聞に書かれていましたね。こういうふうに言うことがくるくる変わるんじゃ、自治体の首長として信用ができなくなりますね。

司会　これは事務局長の吉田さんにうかがいますが、五月二十日に仮請求書を提出していますね。これは、その後の運動のありかたを左右する大きな決断だったと私は思っているんです。というのは木村知事のセクハラ問題によって突然浮上してきた知事選のために五月二十四日から署名を始めようとしていた私達の運動が一ヵ月余も延ばされ六月三十日からでないとできなくなったのに、なんで急いで五月二十日なんですかという疑問がわいてくるんですが、いかがでしょうか。

吉田あ　当初は、五月二十四日ころに仮請求書を提出して、二十六日ころから署名をやればいいなと計画していました。これは、六月議会でほぼ決まるという予測をたてていましたから、この時期に署名運動をぶつけて議会を牽制しようという戦略だったんです。

　ところが知事選挙が計画されてから分かったんですが、最初は告示期間中だけ署名ができないと思っていたら、そうじゃなくて県会議長が「知事が辞任したので選挙をお願いします」と選管に申し入れたときから署名活動ができなくなるということを知ったんです。

　それで、このままじっとしていると署名開始までが長すぎて運動の実施までも疑われるので、五月二十日に仮請求書を提出して、知事選挙が終われば翌日から署名活動を行うのですということを内外に宣言したんです。ところが選挙の告示前までは、署名ができないが、宣伝はできるのでこれを活用しようと、およそ二週間宣伝活動にあてました。これは非常に効果的だったと思います。

司会　私もひさびさに街頭でマイクをにぎりましたが、結構びびりました。それに引き替え野坂さんはまるで動ずるところがなく、むしろルンルン気分で演説しているように見えました。まさに「女は度胸」ですね。(笑い) その辺どうでしたか野坂さん。

野坂　「野坂は度胸」ですか (笑い)。本人はそうでもないと思っています。ただ演説も態度もだんだんよくなってきましたね。(笑い)私はエィフリ (いい恰好) して原稿つくらないもんだから (笑い)、最初のころはやや情緒的だったが続けているうちに論点が整理されて、まとまってきたように思っています。外で訴えるということで「聞いたよ」とか「住民投票やるべし」というような話題を巻きおこしましたね。斎藤さんと二人で演説したんですが、同じ事を言っているようで、ちょっと違うんですね。これは、男と女の差かな、やっぱり年の差かなと思いました。(笑い)

柳谷　私は街頭演説をしてる場所で住民投票をやりましょうという呼び掛けチラシを配っていましたが、「そうですね。こういうことは賛成も反対も市民の投票で決めるというのはいいですね」という声をたくさん聞きました。だから宣伝というのは大事だなあと思いました。なんにもわからないで署名するより、こういう形で説明し理解してもらって署名してもらうという意味でも、街頭宣伝の意味は大きかったです。

司会　受任者の問題に移ります。この署名は受任者でなければ集められないということになっていて、全国の経験に学ぶと一人の受任者が集めているのは、およそ十筆から二十筆となつているので、どれだけの受任者を集められるかがこの運動の成否のカギを握っていたのですが、なかなか思うように受任者が集まらなかった。これは我々の運動のまずさなのか、それとも下北の政治風土なのか悩みました。その辺どうですか山本さん。

山本　これが署名活動の勝負を決める大事な決め手になるということはわかっていたが、受任者を集めるのに苦労し、わずか五十数名で署名活動を始めなければならなかったことは、いろいろな理由があったとしても第一義的には我々の側の取り組みの甘さ、緩みだと反省しています。

司会　反省だけだばサルでもするというが (笑い)。いろいろ言う前にまず自らを反省する山本発言は名前のとおり實 (まこと) ですね。(笑い) 受任者集めが大変だったことを浮き上がらせるために断られた経験を語ってもらいます。

吉田ま　消費税・産廃問題など、いろいろな活動をしている人でも「受任者にはなれない」と断るんですよ。どうしてなんだろうと色々考えました。先程話された住民投票をつぶす環境に負けたのかなと思いましたし、自分や家族に実害があると先取りして尻込みしたのかなとも思うんです。

稲葉　皆さん心配のしすぎだと思うんです。署名で廻ったときに「賛成とか反対の署名でなく、中間貯蔵の施設を誘致するかどうかを、市民の投票で決めさせてくださいという気楽な署名ですから」とすすめたんですが「うちは商店だから、署名をすれば息子に叱られるので」と断られたんです。大きな商店だから仕方がないのかなと思いました。それから数日後、これ本当に知らなかったんですが、偶然に息子さんの家を訪ねたら「ああいいよ」と言って、簡単に署名してくれたんです。また、「息子が六ヶ所で働いているからうちでは誰も署名できません」という人がいた。がっくりくるほど自己規制がよく働いていました。署名活動が始まってから受任者が増えたのは、やっているうちに、実害がないことに気づいたからではないかと思います。

司会　受任者というものを必要以上に重苦しくとらえたのかも知れませんね柳谷さん。

柳谷　そう思います。私が知っている人は、いろんな署名活動に参加する人なんですが「受任者にはなれないが協力者になるから」と言って、私が知らない人の名前・電話・住所をあげてくれ、そこをたどってずいぶん署名を集めました。そこまでやるんだから自分でやればと思うんだけど、どうしてでしょうね。名前を出したくないんでしょうね。

向井　私の知り合いの人も受任者になっているんですが、普通の署名と違っていろいろな規制があって戸惑っていたようです。なにしろ大げさにいうとむつ市はじまって以来、初めてという署名だから引き受けたもののやり方でモタモタしたと思います。

結局「これから署名をたのみに行くから」と、電話で伝えてから訪問するんですが、確実だけれども能率があがらなかったようです。

司会　私は、代表だから余り不安そうな顔は見せられないと思っていたが、五十数名の受任者でスタートしなければならなくなったとき、「これだと、いいとこ一〇〇〇をちょっと超えるぐらいかなと、とても心配でした。弱音を吐こうと横をみると吉田さんは泰然としているので、私も心配がないふりをしていました（笑い)。私はそのときに、事にのぞんでじたばたしない指導者のありかたを吉田さんに学びました。

吉田あ　私も不安でした。顔に出ないだけで。(笑い）しかし、たくさん集めることに如くはないけれども、法的に考えれば八〇一筆を超えれば成立するので、とりあえずそこを決めて、あとはそれに上積みすればいいと覚悟を決めたんですよ。そしたら、楽になりましたね。あんまり一万だの二万だのと考えたら、もうできないですよ。

司会　いよいよ署名活動という本丸に入っていきますが、街頭とか戸別訪問とか区別しないで、全体をとおして発言してもらいます。署名開始の日、六月三十日、とまぶモールマエダ店の前でお客さんから署名をもらっている様子が東奥日報に載っているんです。小笠原富久子さんと二人で、にこやかに活動している写真が大きく載った大男（笑い）山本實さんからどうぞ。

山本　野坂さんの演説がはじまってからマエダの前で署名活動をはじめたが、「これ、書いでもいいですか」と向こうから近付いてきたんです。おそらく、これが署名の第1号だったと思います。

みんなに報告したらみんなの顔もパッと明るくなりました。傍にいた報道関係の人もたっぷり対応してくれました。なんだか署名に元気が出てきました。これは私のひそかな自慢です。この日は、天気もよく買い物客も大勢だったので絶好の署名日和でした。署名は厳しいだろうと予想していたが、あまり断る人がなく前途に希望がもてました。脇野沢・横浜町の人が「わいも署名したい」と言ってきたのを「これは、むつ市民だけが署名できるんです」と断るのが辛かった。

※七月一日の東奥日報は、署名に応じた女性客（五五）は「子や孫の世代のことを考えると、施設誘致は不安が残る」と話していたと報じていた。

柳谷　個人的に歩こうと思っても足がないので、

なかなか成果があがらないんですね。それで、あまり動かなくても集中的に署名ができるマエダ百貨店・とまぶモール・アークスプラザなどで街頭宣伝するときには必ずでかけたんです。買い物にくる人たちだから印鑑を持っていないんだけど拇印で署名ができるので、なんの支障もありませんでした。

ただ残念だったのは、いくらでも取れた署名だったのに、こちらの人数が足りないのでずいぶん逃しました。もっと大勢でいけばよかったと悔やまれます。

吉田あ このころ市長がずいぶん問題発言を繰り返していたので、署名にはプラスになりました。とにかくこの署名活動は中盤から終盤にかけてものすごく盛り上がって一人で二百筆・三百筆をやるというゴジラとウルトラマンを足したような人（笑い）が何人も出てきたのにその教訓や奮闘ぶりを伝えきれなかったのは残念でした。

事務局では、機関紙「ふるさとの声」を何号もつくっていたが、それを配達する体制ができていれば、成果が上がらなかった人にも勇気を与えられたかもと思いました。

司会 この署名の特徴はいま吉田さんが言ったゴジラとウルトラマン（笑い）が多数出てきたことですね。署名が始まる直前に「わ、署名を百やるよ」と言った若い男がいたんですが、「いい加減なホラ吹ぐなじゃ」と思っていたが、三百筆を超える人が五人もでてきたのには驚き桃の木でした。（笑い）全国の平均署名数が十から二十と言われているが、かりに一日十筆の署名をあつめたとすると三十日の署名期間中、毎日十筆あつめたことになるからたまげますね。そのたまげ女（笑い）がここにいますので貴重な経験を語ってください。稲葉さんどうぞ。

稲葉 あまりほめないでください恥ずかしいから。（笑い）私は中盤あたりから地域に戸別訪問という形で入りました。よそからむつ市に入ってきてまだ日が浅いものだから、心配していたが、安ずるより産むがやすしでした。十軒のうち八軒は署名してくれて、とうとう三百を超えました。（拍手）ただ残念だったのは「夜、くれば息子たちが帰ってくるから」と言われても私は夜は出られないものだから、せっかくのチャンスを逃しました。だから受任者を昼組と夜組に分け、地図上でしっかりした地域割りをすれば一万はとれた署名だったと思っています。今後の参考にしてください。

佐々木 遅くなりましたが途中参加させてください。

いったん署名をもらったのに、夕方断られた苦い経験を話します。大湊地区のBを斎藤代表と二人で廻ったときのことでした。斎藤代表に「佐々木さん、あそこへ行ってくれ」と言われて、嫌な予感がした。なにしろ、そこの親父は、トラだかライオンだかの会員（笑い）だから署名してくれるはずがないと思っていたのです。ところが、運良く本人が居なくて奥さんと娘さんがこころよく署名してくれたんですが、夜になってから、「さっきの署名を取り消してください」と言ってきました。おそらく親父に叱られたのだと思いますが、奥さんも娘さんもホイホイと書いたのじゃなくて、説明を十分聞いてから自分の判断で署名したのに。男女共同参画いまだしという実態をみました。

吉田あ 法定の八〇一筆を七倍も超える署名を集めることができたのは大成果だった。この運動をマスコミ各紙が連日のように報道してくれたのは大きかった。とくに東奥日報の社説は核心をつく論調で我々を元気づけてくれた。署名簿の縦覧も心配したトラブルもなくきわめて順調に終わりました。C議員がしきりに署名者の名前をメモしていたのが目立ちました。おそらく、続いてはじまる市議会の選挙に大きなつながりがあると思ったのでしょう。

司会 住民投票特別委員会に話題を移します。七月三十日に署名を終えてから選管の諸手続きを終え、市議会に住民投票条例をつくるようにというお願いをする本請求が、八月二十七日に行われました。この日の東奥日報は私の言葉として「条例制定請求まで漕ぎ付けることができて感無量だ。自分の意見を言わない風潮がつよい下北で、これだけの署名を添えて直接請求できたのは革命的と言えるのではないか」と伝えているが、いまでもその思いは変わりません。これを受けて杉山市長は九月四日「条例の制定には賛成できない」という参考意見を付けて議会に提出し、住民投票条例制定の問題は議会の場に持ち込まれることになったのです。この議会審議の持ち方をめぐって四日の議運は大きくもめ、結局九日の特別委員会で審議することになり、野坂さんと私が議会に参考人として出席し、議員と質疑応答することになったのです。

人の値打ちは、苦しく辛い場面に遭遇したときにどういう態度をとるかでわかると言われますが、野坂さんの態度は立派でしたね。最初二人のうちどちらかが意見を述べるという段取りだったので、年配者の私がやらなければと思っていたが「野坂さんでどうでしょうか」と言ったら「はい」と二つ返事で承諾したのには驚きました。（笑い）普通は、儀礼的にも「大先輩の斎藤さんがいいと思います」と言うでしょうが（笑い）この方には、一般的な儀礼を超えた大きさがあると感心しました。その肝っ玉母ちゃんの野坂さんからどうぞ。（笑い）

野坂　肝っ玉じゃないです。（笑い）本当は気が弱く、「だめです」と言えなかっただけです。（笑い）意見書はみなさんで討議してつくったものだから立派なものができ、議場で胸をはって述べさせてもらいました。心配だったのは事前通告がなく、ぶっつけ本番でやる議員質問でしたが斎藤さんと二人で、どちらが答えるか相談しながらできたので思ったより楽で、一応自分の意見は言うことができたと思っています。

柳谷　二時間傍聴しました。あっという間に終わり、時間の長さを感じませんでした。二人とも堂々として議場を圧倒していた。議員の質問には、むつ市の未来展望の視点がなく近付く市議会議員選挙の対策がみえみえだった。この特別委員会は住民が議会で議員と議論して政策を決めるという大変な財産を残したと思っています。

吉田ま　議員の質問を聞くと、我々の署名活動を反対の手段として行っていると曲解している様子がうかがわれた。市民と議員が討論するという画期的な議会だったのにアジュールに放送されなかったことは、意図していなくても結果的には市民の耳をふさぐ事になったのです。残念です。

稲葉　この時ほど、二人が代表でよかったと思った事はなかった。二人の答弁は気迫の点でも、内容の点でも議員を圧倒していた。

司会　二時間という長丁場で意見を述べさせてもらって私達の意図するところを十分に陳述したが、九月十一日に行われた住民投票対策特別委員会と定例議会で相次いで十七対三で否決され住民投票条例制定の道は閉ざされたが、この日傍聴席占拠というとんでもないことがおこりました。稲葉さんからその辺を。

稲葉　私が市役所に到着したのは午前九時二十分頃だった。ところが傍聴席は全部ふさがって傍聴することができないというのです。やったのは商工会議所の会員と思われます。十時開会なのに早朝七時半ころから並んでいたそうです。

こちらは議案を提出している団体なのに傍聴もできないなんておかしいと議長に抗議したが「いまとなっては、仕方がない」ということで議場に入れず、市民相談室の庁内放送で聞きました。むつ市の民主主義の未成熟さを表した事件でした。

◆この運動の中で学んだこと

司会　貴重な意見をたくさんいただいて感謝しています。最後にひとことづつ締めの言葉をいただいて終わりにします。

山本　姪は子ども三人の母親で、こういう運動をしたことがない人だが、「これは、だまって見過ごすわけにはいかない」と言って知人のところを一軒ずつ歩いてくれました。むつ市は広い。私達が知らないだけでまだまだこういう人がたくさんいると思う。また、これは他の町に住む私の先輩のアドバイスだが、政治改革をするには、なんといっても首長を選ぶことが大切なので次期の市長選では、市長をとるだけの構えで資金準備と侯補者の選定などの備えをしておくべきだ。

向井　少ない受任者の中でこれだけの数字をあげられたのはなぜか。もちろん二百、三百と集めた人はスゴイけれども、みんなが自分の能力と都合のいい時間をみつけて、精力的に行動したのが大きかった。出戸、関根、金谷、角違を訪ねたが中間貯蔵にたいする関心は想像以上に高かった。これをこれからの運動にどう生かすかが問われると思う。

佐々木　この運動は、息の長い運動になると思うので、労働団体や若い人たちのグループにもっとつよく働きかけなければ息が続かないと思う。国民が主権者だと憲法でも保障しているが、地域に問題があったときに議員や市長まかせにせず、自分たちの意思で行動しなければ住民自治も絵に書いた餅になってしまう。

柳谷 もっと学習して自信をもって地域のいろんな人たちと対話できるようになりたい。

国のエネルギー政策が下北半島に集中している。これを打開するために、もっとエネルギーや原発のことなど、住民運動の先進地の経験を学びたい。

吉田ま この運動を通して、いかに自分が隣近所の人たちのことがわかっていなかったかということがわかった。もっともっと地域の人たちと対話をしたい。国会で「住民投票」をもっとしやすく、という国民の声で動きがあるようですが、与党の反対が強いのでしょうか。一定の住民の声があったら「住民投票」ができるようにしてほしいものです。

稲葉 住民投票に期待する声は多いが、自分でやる人が少ない。行動しなければ地域は変わらないのだから、ふだんから声をだせる情勢をつくっていくことが大事だと思った。署名者が日を追って増えていくのが目にみえて、とても楽しく、皆さんから元気をもらった活動でした。

野坂 ふられたりイヌに吠えられたり（笑い）いろんなドラマがあった。この運動を通して中間貯蔵の問題はひとまかせでなく自分たちが解決しなければならない問題だということを伝えることが出来たと思っています。

吉田あ 中間貯蔵の問題は、これで終わりでなく、これからまだまだ続く問題です。

市民に見える形で学習や中間貯蔵誘致の本質を伝える運動を続けなければならない。さきほどの山本発言にありましたが、もう政治を避けて通れないと思います。

「凄い成果をあげたのに、なぜ市議選で侯補者をたてないのか」と多くの市民から言われました。住民運動は、言わば火付け役で仕上げは議会がするものだということをしみじみ感じました。

司会 住民投票運動は住民自治にかかわる運動だった。不幸だったのは、むつ市の為政者や指導者が私逢の署名を「まやかし」と言ったり、傍聴席を占拠して言論・表現の自由を封殺したことは残念であった。結果的に住民投票条例は制定することができなかったが、下北の住民運動の行く末に一条のヒカリを灯したのではないかと思っている。

今回の運動では、とくに女性の活動が目立った。昔は、何をするにも「父さんがら聞いてから」と言っていた女性が、自分の意志で署名するだけでなく「父さんも署名しねばだめよ」(笑い）という場面に何回も出会った。

女が変われば世界が変わる。むつ市も変わる。(笑い）ということを実感させられた運動だった。長時間ありがとうございました。

［出典：下北の地域文化研究所他『はまなす』第20号(2004年4月)］

Ⅳ－1－15

使用済燃料中間貯蔵施設に関する協定書

青森県（以下「甲」という。）及びむつ市（以下「乙」という。）は、東京電力株式会社（以下「丙」という。）及び日本原子力発電株式会社（以下「丁」という。）が、使用済燃料を再処理するまでの間一時貯蔵する施設である使用済燃料中間貯蔵施設（以下「貯蔵施設」という。）を青森県むつ市大字関根字水川目地内に立地することに関し了承し、甲、乙、丙及び丁は、県民の安全、安心を確保する観点から、貯蔵期間終了後における使用済燃料の搬出及び品質保証体制の構築のため、次のとおり協定を締結する。

(使用済燃料の貯蔵期間)

第1条 丙及び丁は、丙が甲及び乙に提出した「リサイクル燃料備蓄センターの概要」に示されている使用済燃料の貯蔵について、次の事項を遵守するものとする。

(1) 使用済燃料の貯蔵建屋（以下「建屋」という。）の使用期間は、建屋の供用開始の日から50年間とする。

(2) 使用済燃料の貯蔵容器（以下「容器」という。）の貯蔵期間は、容器を建屋に搬入した日から50年間とする。ただし、容器の貯蔵期間の満了日の到来前において、当該容器の貯蔵に係る建屋の使用期限が到来した場合にあっては、当該使用期限の到来をもって容器の貯蔵期間は終了するものとする。

(3) 使用済燃料は、貯蔵期間の終了までに貯蔵施設から搬出するものとする。

２　丙及び丁は、前項の遵守事項について、丙及び丁が共同して設立し、貯蔵施設の建設及び管理運営を行う法人（以下「新法人」という。）に対しても遵守させるものとする。

(品質保証体制の構築)

第２条　丙及び丁は、貯蔵施設の安全を確保するため、新法人に品質保証体制を構築させることとする。

この協定の成立を証するため、本書４通を作成し、甲、乙、丙及び丁が署名押印のうえ各自１通を保有する。

平成17年10月19日

(甲)　青森市長島一丁目１番１号
青森県知事　三村申吾

(乙)　むつ市金谷一丁目１番１号
むつ市長　杉山粛

(丙)　東京都千代田区内幸町一丁目１番３号
東京電力株式会社代表取締役社長　勝俣恒久

(丁)　東京都千代田区神田美土代町１番地１
日本原子力発電株式会社代表取締役社長　市田行則

［出典：青森県『青森県の原子力行政』］

第２章 東通村原発問題

Ⅳ-2-1	199808—	通商産業省	東北電力株式会社 東通原子力発電所の原子炉の設置に係る安全性について
Ⅳ-2-2	20031117	青森県	「第2回青森県原子力政策懇話会」議事録
Ⅳ-2-3	20040205	青森県知事ほか	東通原子力発電所周辺地域の安全確保及び環境保全に関する協定書
Ⅳ-2-4	20040205	青森県知事ほか	東通原子力発電所周辺地域の安全確保及び環境保全に関する協定の運用に関する細則
Ⅳ-2-5	20040329	青森県知事ほか	東通原子力発電所隣接市町村住民の安全確保等に関する協定書

Ⅳ－２－１

東北電力株式会社東通原子力発電所の原子炉の設置に係る安全性について

通商産業省　1998年８月

Ⅰ　審査結果

東北電力株式会社東通原子力発電所の原子炉の設置に関し、同社が提出した東通原子力発電所原子炉設置許可申請書及び同添付書類（平成8年8月30日付け申請、平成9年7月31日付け一部補正）に基づき審査した結果、当該申請は、核原料物質、核燃料物質及び原子炉の規制に関する法律（以下「原子炉等規制法」という。）第24条第1項第4号の基準に適合しているものと認められる。

Ⅱ　申請内容（(略)）

Ⅲ　審査方針

１　審査の基本方針

審査においては、東北電力株式会社が東通原子力発電所として青森県下北郡東通村の敷地に設置する原子炉施設について、「原子炉等規制法」第24条第1項第4号に定める許可の基準に適合していることを判断するため、通常運転時はもとより、万一の事故を想定した場合にも一般公衆、放射線業務従事者等の安全が確保されるように、所要の安全設計等がなされていることをその基本的事項について確認することとし、そのため、次の事項を基本方針とすることとした。

（１）原子炉施設が設置される場所の地震、気象、水理等の自然現象、火災、飛来物等によって、原子炉施設の安全性が損なわれないような安全設計がなされていること。

（２）平常運転時に放出される放射性物質による一般公衆の線量当量については法令に定める周辺監視区域境界外における線量当量限度以下に抑えられることはもちろんのこと、さらに、それを合理的に達成できる限り低減されるような安全設計がなされていること。

（３）平常運転時においては、放射線業務従事者等が線量当量限度を超える線量を受けないように放射線の防護及び管理ができるような安全設計がなされていること。

（４）原子炉の運転に際しては、異常の発生を極力防止するとともに、異常の発生を早期に発見し、その拡大を未然に防止するような安全設計がなされていること。

（５）原子炉の運転に際しては、機器の故障、誤操作等が生じても、燃料の健全性、原子炉冷却材圧力バウンダリの健全性等が損なわれないような安全設計がなされていること。

（６）冷却剤を内包している原子炉冷却材圧力バウンダリの健全性が損なわれて冷却材が喪失するような事故、炉心の反応度を制御している制御棒が急速に炉心から落下することにより炉心の反応度が異常に上昇するような事故等の発生を仮定しても、事故の拡大を防止し、放射性物質の放出を抑制できるような安全設計がなされていること。

（７）重大事故及び仮想事故を想定しても、公衆の安全を確保し得るように、原子炉施設がその安全防護施設との関連において十分に公衆から離れている等の適切な立地条件を有していること。

２　審査方法

（１）審査は、申請者が提出した「東通原子力発電所原子炉設置許可申請書及び同添付書類」に基づき行うこととした。

（２）立地条件の評価に際しては、敷地の地質、地盤等の自然環境及び社会環境について、書類による審査のほか、必要に応じ、現地調査を実施することとした。

（３）平常運転時の原子炉施設周辺の一般公衆の受ける線量当量評価、制御棒落下（反応度の異常な投入又は原子炉出力の急激な変化）の評価及び原子炉冷却材喪失（仮想事故）の評価については、申請者が行った解析評価を審査するほか、別途に評価を行い、確認することとした。

（４）審査に当たっては、原子力安全委員会が用いることとした以下の指針のほか、法令で定める基準等を用いて審査を行うこととした。

①「原子炉立地審査指針及びその適用に関する判断のめやすについて」昭和39年5月（平成元年3月一部改訂）

②「発電用軽水型原子炉施設周辺の線量目標値に関する指針」昭和50年5月（平成元年3月一部改訂）

③「発電用軽水型原子炉施設周辺の線量目標値に対する評価指針」昭和51年9月（平成元年3月

一部改訂）
④「発電用軽水型原子炉施設における放出放射性物質の測定に関する指針」昭和53年9月（平成元年3月一部改訂）
⑤「我が国の安全確保対策に反映させるべき事項」について　昭和55年6月(平成2年8月一部改訂)
⑥「発電用軽水炉原子炉施設の火災防護に関する審査指針」昭和55年11月（平成2年8月一部改訂）
⑦「軽水型動力炉の非常用炉心冷却系の性能評価指針」昭和56年7月（平成4年6月一部改訂）
⑧「発電用原子炉施設に関する耐震設計審査指針」昭和56年7月
⑨「発電用軽水型原子炉施設における事故時に放射線計測に関する審査指針」昭和56年7月（平成2年8月一部改訂）
⑩「放射性液体廃棄物処理施設の安全審査に当たり考慮すべき事項ないしは基本的な考え方」昭和56年9月
⑪「発電用原子炉施設の安全解析に関する気象指針」昭和57年11月（平成6年4月一部改訂）
⑫「発電用軽水型原子炉施設の反応度投入事象に関する評価指針」昭和59年1月（平成2年8月一部改訂）
⑬「BWR.MARK Ⅰ型格納容器圧力抑制系に加わる動荷重の評価指針」昭和62年11月（平成2年8月一部改訂）
⑭「発電用軽水型原子炉施設に関する安全設計審査指針」平成2年8月
⑮「発電用軽水型原子炉施設の安全評価に関する審査指針」平成2年8月
⑯「発電用軽水型原子炉施設の安全機能の重要度分類に関する審査指針」平成2年8月
（5）また、旧原子炉安全専門審査会が取りまとめた以下の報告書も活用することとした。
①「沸騰水型原子炉に用いられる8行8列型の燃料集合体について」昭和49年12月
②「沸騰水型原子炉の炉心熱設計手法及び熱的運転制限値決定手法について」昭和51年2月
③「沸騰水型原子炉の炉心熱設計手法及び熱的運転制限値決定手法の適用について」昭和52年2月
④「取替炉心検討会報告書」昭和52年5月
⑤「原子力発電所の地質、地盤に関する安全審査の手引き」昭和53年8月
（6）さらに、原子炉安全基準専門部会が取りまとめた以下の報告書も活用することとした。
①「燃料被覆管は機械的に破損しないこと」の解釈の明確化について　昭和60年7月（平成2年8月一部改訂）
②「発電用軽水型原子炉の燃料設計手法について」昭和63年5月
③「発電用軽水型原子炉施設の安全審査における一般公衆の線量当量評価について」平成元年3月
④「被ばく計算に用いる放射線エネルギー等について」平成元年3月
⑤「配管の破断に伴う「内部発生飛来物に対する設計上の考慮」について」平成4年3月
⑥「沸騰水型原子炉に用いられる9行9列型の燃料集合体について」平成6年3月
（7）そのほか、平成8年11月に当省が取りまとめた報告書である「高燃焼度化の反応度投入事象への影響評価について」を活用するとともに、先行炉の審査経験、諸外国の審査基準等をも参考とすることとした。

Ⅳ　審査内容（略）

Ⅴ　審査経過

本審査書は、東北電力株式会社東通原子力発電所の原子炉設置に関し、同社が提出した「東通原子力発電所原子炉設置許可申請書及び同添付書類」（平成8年8月30日付け申請、平成9年7月31日付け一部補正）に基づき審査を行った結果を取りまとめたものである。審査の過程において、現地調査を実施したほか、通商産業省原子力発電技術顧問の専門的意見を聴取した。

なお、平成8年4月17日に開催した、「東北電力株式会社東通原子力発電所1号機の設置に係る公開ヒアリング」における地元意見等のうち、本審査に係るものについては、これを参酌した。

当該原子炉設置変更許可申請に係る審査過程で意見を聴取した通商産業省原子力発電技術顧問は以下のとおりである。(略)

［出典：通商産業省資料］

Ⅳ－２－２

「第２回青森県原子力政策懇話会」議事録

平成 15 年 11 月 17 日

日時：平成15年11月17日（月）13:00 ～ 16:00
場所：ホテル青森３階「孔雀西の間」
〔出席委員〕植村委員、鎌田委員、北村委員、久保寺委員、小林委員、佐々木委員、笹田委員、菅原委員、田中(榮)委員、田中(久)委員、田中(知)委員、種市委員（代理：神青森県農業協同組合中央会副会長)、月永委員、林委員、簗田委員、山本委員
〔欠席委員〕遠藤委員、小川委員、田村委員、宮田委員

１　開会（略）
２　知事あいさつ（略）
３　議事

【司会(三上原子力施設安全検証チームリーダー)】

本日の議題は、議題（１）として、去る10月14日に開催しました第１回青森県原子力政策懇話会の議題に対する質問等につきまして、委員の皆様に事前にお配りしております回答の中で、もう少しお聞きしたいという点について、質疑応答を30分程度行うこととしております。

なお、議題（２)、議題（３）に関する質問等につきましては、後ほどそれぞれの議題の時にお願いしたいと存じます。

次に議題（２）として、「東通原子力発電所に係る安全協定について」ということで、第１回目の懇話会において県から説明いたしました東通原子力発電所に係る安全協定書案について、45分程度意見交換を行うこととしております。

その後、午後２時20分頃、10分間程度の休憩を設けることとしております。

休憩後、議題（３）として、日本原燃株式会社再処理工場使用済燃料受入れ貯蔵施設に係るプール水漏えいと品質保証体制についてということで、はじめに日本原燃株式会社から現在の状況についてご説明申し上げ、次に経済産業省原子力安全・保安院から、再処理施設品質保証体制点検計画に対する評価意見についてご説明いたします。

その後、45分程度意見交換を行うこととしておりますので、よろしくお願いいたします。

（１）第１回青森県原子力政策懇話会の議題に対する質問等について（略）

（２）東通原子力発電所に係る安全協定について

【林座長】

それでは、次の議題２の東通原子力発電所に係る安全協定について意見交換をしたいと思います。当安全協定の案につきましては、前回の懇話会において県から説明があったわけでございます。この案について、皆様のご意見をお伺いしたいと思います。いかがでしょうか。

【山本委員】

山本です。防災対策について、少し確認を含めてお伺いをしたいと思います。

つい先日、国民保護法制が施行されました。住民避難の関係とこの法律の関係がどうなるのかですが、もしこういう原子力関連施設というのは、委員の皆さんも言っているように、万が一があっては大変なことになるわけですから、そういう防災対策のことは特に念には念を入れて対策しなければならないと思うのです。その国民保護法制の関係と、原子力災害特別措置法では、原子力の緊急事態宣言は内閣総理大臣が指示をするということになっております。青森県の場合、総理大臣の指示を待っていては、果たしてどうなのかな？ということもありますし、防災サイトの関係などもあるのです。

前の知事はそういう意味では、原子力災害特別措置法はあるけども、住民や県民の命と財産を守るためには、超法規的な対応をしたいとおっしゃったのです。このことが、果たしてそのとおり約束されるのかどうか。国民保護法制と、原子力特別措置法との関連でどうなるのかということを少しお伺いしたいと思います。

【林座長】

いかがでしょうか。国の方、先に、どうぞ。

【原子力安全・保安院坪井核燃料サイクル規制課長】

原子力安全・保安院の坪井でございます。

国民保護法制とこの原子力災害対策特別措置法の関係ですが、実は、まだ検討中ということでございます。国民保護法制については、これから、今、法律に具体化していく段階になるわけです。それと原子力災害対策特別措置法の関係は、議論をし

て、これから整理をしていくという段階にあると担当部局から伺っているところでございます。

【林座長】

よろしゅうございますか。山本さん。

【山本委員】

いずれにしても、それはそれでよいのですが、きちんとその整合性がはっきり担保されるような理解をされないと困るわけです。その辺のところを注意していただきたいと思います。

【原子力安全・保安院坪井核燃料サイクル規制課長】

法律で作ることですので、そういったところの整理はきちんとやった上でやっていくことが必要だと思っております。

【林座長】

それでは、県側から、答弁よろしゅうございますか。

【前田環境生活部長】

内閣総理大臣の指示でと言ったところですが、実際には、市町村長のところに指示がでまして、市町村長が住民に対しての避難措置をとることになります。

【林座長】

よろしいですか、山本さん。

【山本委員】

それだけですか、答弁は。前の知事は、超法規的なことをやるということでしたが。

【林座長】

それでは、現知事、いかがでしょうか。

【三村知事】

先般も火災の訓練を行いました。その際は、知事、副知事がいる時の訓練であったと。今後出張等でいない時の場合も含めてやってみようと検討を行っているところです。迅速な行動をより機動的に、災害対策というのは運用するべきだと。原子力に関わらず、そう思っておりますので、色々なパターンの訓練をやっていこうと、先般28日の訓練の後でも話をしたところです。

【林座長】

よろしいですね。他にございませんでしょうか。どうぞ。

【笹田委員】

安全協定のことについていくつか質問を事前にさせていただきましたが、回答についてはそれなりに理解するものでありますが、やはり安全協定そのものは、法的な規制のないものですから、できる限り安全協定の中身には県民の不安なり、事故が起こった時の対応なりをきちんと書き留めておくというふうなものにした方がいいのではないかと思います。国が示している安全協定のモデルがありますから、それに沿ってこの間の法律の改正、あるいは特措法の制定に伴って、サイクル施設に係る安全協定書の内容よりも、改定をしてありますので、それなりに理解するものでありますが、その辺のところをもう少し具体的にきちんと書き込んだ方がいいという部分があるのではないかと思います。それだけに、安全の基準というものをもう少し具体的に定める必要はないのか、というようなことを重ねてご見解をお伺いしたいと思います。

それからもう一つは、通報の問題であります。先般の六ヶ所の再処理工場でのケーブルでの火災事故、事故とは言えないとは思いますが、その際にも通報が若干遅れたという報道がありました。やはり、万全な連絡体制といいますか、相互の信頼関係というものが必要だと思いますので、その辺のところについても書き込める部分があるとすれば、書き込んだ方がいいのではないか。

それから立入検査の関係であります。やはり、県としての立入検査の体制というものが、条文には立入検査をするとありますので、その安全協定に基づいて立入検査をする体制を県の方できちんと作っておくこと。この安全協定そのものでは直接関係しませんが、そのバックアップする精神を生かすという体制をきちんととっていくことが必要なのではないかと思います。

【前田環境生活部長】

安全協定は条約になっておりますので、必要最小限のことを書き留めております。その他に記述として要綱等で細かいことを順次必要なことを加えながら定めるということをしていきたいと思っております。

通報の件に関しましては、できるだけ、できる限り早くということで留めておりますが、目途としては30分以内と考えております。

立入調査の件に関しましては、県の体制と、今、何回も立入調査をしておりますので、それらのことを踏まえながら、更に必要なところがあれば体制の強化を図って参りたいと思っております。

【林座長】

はい、どうぞ。

【菅原委員】

ただいまの火災の件でありますが、火災にもご承知のとおりでございますが、ボヤみたいなものから、拡大の危険性のあるもの、それから大災害に至るようなものなど色々あると思います。現状では、それについて全ての分野の人達が理解するというのは大変難しゅうございますが、まず、あらゆるところに情報としては「火事があった。どの規模の火災があった。」ということははっきりと伝える。その次に、それをどういうふうに対応するのか、という段になりますと、これはそれぞれの立場で色々な考え方があろうかと思いますが、そこのところで結局は、「この火災はこういうわけだ。だから、この位の被害があるかもしれない。」そういう情報を、あるいは被害はないかもしれないという情報をお互いに共有をいたしまして、これから先、非常に重要なことは、それをどう理解して、どうコミュニケーションをとって、どういう対策をするのか。こういうことだと思います。

消防の立場で言いますと、火災が起こった場合には、必ず現場に行かなければなりません。ところが、原子力におきましては、その中の放射線の漏れとか、そういう情報がどうなのかということは、例えばこのケースだと、原燃の方が一番詳しいわけですから、原燃の方の情報というものが、管理と外との接する部分と言いましょうか、そこのところでしっかりと情報交換をする。消防の方は、地域住民を代表する安全に関係するための機関の方でありますから、そこでどういう情報を受けて、更に中に入る必要があるのか、あるいは中の自衛消防隊でこれを解決するのかと。「こういったことをやりました」という経緯をまたはっきりと全体の方にお知らせするという手続きをしっかりやっていくことが大事でありまして、それから先はそれぞれが勉強をして、火災に対してどう対応すべきなのか、ということをやる必要がある。

だから、私も全く普通の住民として考えてみますと、原子力に関する色々な論議を見ますと、いきなり黒か白かという判断でやっているんですね。これは大変大きな無駄というのも変ですが、非常に余計なことを考えたりすることもあるし、あるいは考えないでえらいことになったということもあるかと思います。

そんなことで、少し専門的かもしれませんが、リスク判断ということに対して、皆、慣れていくと。先ほどの最終処分の問題も同じことで、とにかく最終処分場を設けて、そこで原子炉、ある一定の寿命がきたものは停止しなければいけないわけですから、そこでどういう処理をすれば、どのような放射線の発生があるのか。それは例えば、専門家の方に聞いてみると、「日常生活上、全く心配のない埋設のされ方をしたんだ」と。だから、もしそこで「それでも心配の方は、今度は移住とか何かについてご相談してください」と、「オーケーの方はそこにおられたらいかがでしょうか」と言う。こういうもっと突っ込んだ論議をこれからぜひ進めていきたいと各分野の方がおっしゃる必要がある。

それから、こういうところの論議に出て参りますと、いきなり専門用語が、当たり前のように飛び交うんですね。これは、できるだけ日本語に変えてお話をすることが大事であって、私は原子力の問題に詳しいんだという感じでやられることは、住民にとっては大変マイナスなことだと。かえって原子力はタブーで危ないものだという意識に繋がっていくような気がいたしますので、そういう努力というものはこれから必要ではないかと思います。

【林座長】

はい、ありがとうございました。どうぞ。

【久保寺委員】

ただいまのご発言に関して、もう一つ私は希望を述べさせていただきます。

日本国で初めて核燃料のサイクルの事業所が、この青森にできます。また、青森県民にとりましては、初めての原子力発電所が東通にできます。こういうことについて、やはり事業所の方々に今から、多くの方のご意見が出ておりましたように、情報提供のあり方、広報のあり方、どうぞ一般の市民の方たちの目線で、一般の市民の方たちが理解できる共通言語で、共通価値観で、ぜひ、この広報をもっともっと活発に広めていただきたいと思います。

水漏れにいたしましても、何か事業所からの色々詳細なご発表はあったにしても、技術的な面が多く、知らない方はプールからザバザバ水が漏れているように思っていらっしゃいます。291ヵ所漏れが見つかった。漏れるというか、不具合な場所が見つかったという表現ですら、291ヵ所から漏れていたから見つかったと思っている方が圧倒的に多いのです。そうではなく、2、3ヵ所からの漏れを見つけたことによって、これだけ努力してまだ漏れていないけれども不具合な溶接を見つけたということを丁寧に説明していただけていれば、まだまだ、ご理解をいただけれる面もあったかと思います。これは小さな事例でしかございません。

初めて青森県民の方たちが、この青森県に原子力発電所を迎えます。そして、日本国民は、日本に初めて核燃料のサイクルを含めて廃棄物まで、そういう事業所を持ちます。ぜひ、広報とか情報伝達のあり方を分かりやすくやっていただきたい、というお願いでございます。

【林座長】

はい、どうぞ。

【佐々木委員】

佐々木でございます。今、火災のことも、消防車のことなども出ましたので、私も追加でと思ったのですが。今、久保寺委員から出ましたのと同じ主旨ですが。

六ヶ所とかその他で、私は医師会でございますので、救急車が走ると、だいたい私のところにはその日のうちか、翌朝にはもう入っております。その辺をお話申し上げますと、地区の一般医師会の会員には、まだ、いっていないことがあったりしたことがありまして、お願いして、そういうことがないようにということでやってもらっていました。ということで、実際には色々なことをやっていらっしゃるのですが、そのことがもう少し上手く地域の住民のレベルにいっていただけるようなシステムを、できればもうちょっとで委員の方が不安を持っていらっしゃることが解決するところまできていると、私自身は思っております。残念ながら、その辺のことまで、色々と手続きのこととか、逆に言うと地元の方が色々なことに、何かあると「どうだ、こうだ」ということで騒ぎ過ぎてしまって、警戒心が返って強いのかなと冗談で申し上げたことがあるのです。

そういうことはないと思いますが、逆に言うと先ほど、双方向性に理解を深めるということが大事なんだと。私は医師会を代表してやっておりまして、そういうことを所々で感じていましたので、今、久保寺先生がおっしゃったようなことは本当に大事だし、先ほど企画官がおっしゃったことも。先ほどの委員の方も火災のこと、消防車のことを申し上げましたが、もうちょっとのところまできていると思いますので、ぜひ、地元の方々もその辺のことをもう少し時間をおかけて、双方向性に理解を深めていくんだということによって、素晴らしいものができるんだと、私自身は考えておりますので、その辺のことをもう一息、辛抱も必要ですし、努力も必要かと思っておりますので、よろしくお願いしたいと思います。以上でございます。

【林座長】

どうぞ、植村さん。

【植村委員】

安全協定の話が非常に大事なわけでございます。この中には、安全ということと、同じレベルで安心というものが作用しないと、安全に繋がっていかないと思う。安心感というものが、醸成されるような安全協定でなければならないと。こういうふうに考える時、原子力発電所が17年から稼動するという情勢になってきておりますが、これについては、人間に対する影響、この問題が一般的に当然ながら色々論議されております。と同時に、産業に対する安全そして安心感を醸成するような協定というものがあるわけです。私たちも原子力船の安全協定を作る段階で、非常に大きな不安情勢の中で、安全協定というのは、安心ということが非常に大事なんだと。そういう中で安全協定を結んで、実害に対する補償ということは、何人ともこれを云々する余地がないほど、当たり前のことでございます。風評被害ということになれば、どういう形でそれを認定するかという段階で、産業人とそうでない事業者の立場では、かなり違いがあるわけです。最近は、当然の如く安全と安心が一体的に論議されるようになってきておりますので、当然ながら風評被害に対しては、そのことについての色々な条約・協定というものが進められると思いますが、やはりそういうことについても、十分説明をしていかなければならない。

原子力船の場合は、いわゆる評価委員会とかそういうものを構成しながら、そのことについては幸い一度も発動したことはございませんが、原子力発電所については、やはり相当事故が発生いたしております。こういうことによりまして、しかも長期間に関わる問題ですから、安全と安心についての考え方をベースにしながら、そういうことも具体的にやはり論議する段階で、「これであれば安心だな」ということが認識されていくのではないかと。そうでない段階で、やたらに空を呼ぶような論議だけが先行して、イデオロギー的な感覚が原子力船の時代はあったものですから。最近は国民のかなりが原子力発電所について理解が深まっていっていると思いますから、我々国民もこういう施設は必要不可欠だということを認識する中で、安全・安心をより一層高度なものにしていかなければならない。こういうふうな考え方で私はこの懇話会に臨んでいるわけです。以上です。

【林座長】

どうぞ。

【天童商工労働部長】

ただいま、安全・安心ということの観点からのご指摘がございました。私ども、東通原子力発電所が動いていく際には、安全・安心というものが確保されなければ駄目だというのが大事だという認識を持っております。

風評被害の関係についてでありますが、これについて若干申し上げますと、この協定書上において、東通原子力発電所の運転保守等に起因する風評によって、農林水産物の価格低下、その他の経済的損失を与えたときは、その当事者が交渉において解決を図られるということになりますが、当事者間において解決できない場合において、当事者から県に対し紛争処理の申し出があり、必要があると認めるとき、県は東通原子力発電所風評被害認定委員会なるものを設置の上、公平かつ適切な措置を決定することとしております。

現在、私どもは原子燃料サイクル施設に係る風評被害認定委員会というものが設置されているわけですが、これにつきましては、ご指摘にあった点の観点からいくと、専門家あるいは産業関係団体の代表者、それから生活関係分野の代表者等々を網羅しながら、これに的確に対応できるということできているわけです。

従いまして、今後、東通原子力発電所に係る風評被害認定委員会の組織運営に関し、必要な事項については風評被害処理要綱で定めることとしておりますが、これまでの原子燃料サイクル施設に係る対応等も含めて、その辺は適切に対応して参りたいと考えております。以上でございます。

【林座長】

あと何かありませんか。どうぞ。

【東北電力（株）斎藤常務取締役】

東北電力の斎藤と申します。東通原子力発電所は、平成17年運転開始予定で、来年燃料搬入をいたしまして、燃料装荷は９月の予定であります。私どもにとりましては、東通原子力発電所は安全に建設することが第一。そして安全・安心できる、そして信頼のおける東通原子力発電所、これを建設、運転をして参りたいと考えております。

先ほど、久保寺先生はじめ色々情報公開を含めての話があったわけですが、何と言っても安心そして県民の方々に信頼をしていただけることは、情報公開が第一だと思っております。軽微な事象につきましても、今後、県さんとも十分協議をしながら、地元自治体そして県さんへも的確な通報連絡を進めていきたい。と同時に、地元の方々そして県民の方々に分かりやすく、そして情報を整理しまして、タイムリーな情報提供を積極的に行い、信頼される東通原子力発電所を目指して頑張って参りたいと考えております。

それから、現在、原子力発電所52基運転をしているわけでありますが、これまで風評による被害が出たケースはございません。これまでＪＣＯ事故によりまして、補償したケースはございますが、原子力発電所において風評被害による補償したケースは一切ございません。

我々といたしましては、まず安全を第一に、万が一の場合には、先ほどの県さんからのお話のように、責任を持って対応して参りたいと考えております。以上でございます。

【林座長】

田中さん、どうぞ。

【田中（久）委員】

田中と申します。昨日、六ヶ所あるいは東通の２ヵ所を見学させていただきまして、大変感動したといいますか、実際なされている作業、仕事の内容に感動することはさることながら、それに携わっている方々、迎える方々、そしてご説明してくださる方々の態度に触れまして、大変感銘を受けました。とても真摯に仕事に対する態度というか、毎日のお仕事、２千名の方々がおそらく危険と背中合わせで毎日お仕事をなさっているんだろうと思いますと、本当に私どものエネルギーの源を青森でやってくださっているということに大変感動いたしました。

トップの方々も、実際作業をなさっている方々も、事故を起こそうと思って作業はしていないと思うのですが、本当にそれに期待をして、信頼をして、お任せしたいと思っております。上手の手から水が漏るということもございますが、本当にお願いいたしますのは、作業をしている方々の安全も、それからトップの方々はどうぞ現地で実際に時々ご覧になって、安全を確かめていただきたいと思います。

たまたま、昨日帰りましたらば、ＦＡＸが入っておりまして、国際観光連盟というところから、この御時世ですのでテロの危険性があるので十分色々なことで注意をしてくださいというＦＡＸがございました。色々なことで気を付けていたとしても、不可効力という事故も多分に免れない、大変なことも有り得ることでございます。十分事故を起こさないということの検討はさることながら、先ほど簗田委員がおっしゃいましたように、事故が起こってからの対処というものをどのような対応を考えていらっしゃるかということ、本当に大事だと思います。佐々木委員もおっしゃいましたように救急体制とか、あるいは起こってしまった大地震とかテロとか、そういうことに関して、どのように早急に事故を最小限に食い止めていけるかということを、そっちの方もよろしく考えていただきたいと思っております。ありがとうございました。

【林座長】

どうぞ、菅原委員。

【菅原委員】

懇話会ではなかなか細かいところの論議までは難しいと思うのですが、基本的なことで思っておりますのは、最近よく使われるようになった安全・安心というのがあるのですが、私なりにも随分、色々安全問題とか考えていたものですから、なぜ安心というものがくっ付くようになったかということで考えてみますと、世の中の動きがまるで逆になった。今まではどちらかというと、非常に新しい情報とか、詳しい情報とか、専門的情報というのは、行政サイド、法律を作ったりする側から出てきた。色々な原子力の特別基本法とか、災害基本法というのも、大体は安全という観点でできる。つまり、安全基準というのは、法が作っていくものだと思います。

ところが、最近はどうも安全ではあるけれども、安心できない。こういう状況が出てきて、安心という言葉が急にクローズアップされてきたように思うわけです。ということは、結局のところは、法を作るにしても、今までの保育行政的な視点とか、オイコラ行政の視点から変わって、住民の立場で考えてみた場合には、この決めたことはどういうことなのか、というふうに、そっちからの発想でものができていくというように180度変わったのではないかと。そこで初めて安心という問題が起こってきて、住民の自分もその一人でございますが、本当に俺は安心なんだろうか、安全なんだろうかと思うこと、実は安心だろうと。そこの視点が欠けると、堂々巡りでよく分からない論議では安全・安心と言って済ましてしまうというこの曖昧さがあると思うのです。

ですから、ぜひものを決めていくという重要な立場にある、安全を作っていくという立場の方が、ぜひその安心というのを起点で、安全が決まっていくんだという、こういう見方から色々なものを整理していただくということが非常に重要で、これが住民との相互のコミュニケーションを高める。ここのところを曖昧にしますと、いつまで経っても堂々巡りになると思います。

【林座長】

はい、どうぞ。

【笹田委員】

二点質問と二点要望申し上げたいと思います。

質問の一点目は、この安全協定ですが、安全協定の当事者と言いますか、東通村だけなのかと。隣接、若しくは隣々接の自治体まで加える考えはないのかということが、まず第一点です。

二点目は、同じく東通村の原子力発電所に係る安全協定と並んで、すでに結んでおりますサイクル施設等に関する安全協定がありますが、この安全協定を、前回確か改定されるというふうなことを部長が言われたと思いますが、その改定する時期はいつ頃なのか。できるだけ速やかに改定された方がいいと思いますので、その時期等について考えていることがあればお知らせしてほしい。

要望の一点目です。この安全協定を生かすため、県の検証チームの体制、あるいは原子力安全対策課の体制強化をお願いしたいと思います。

要望の二点目です。安全協定についての懇話会での議論の前に、本当は原子力防災というものについてどう考えるのかという基本的な議論が必要なのではないかと思いますので、この懇話会で原子力防災についてどうするのかという議論をする時を与えてほしい。この二点です。

【林座長】

どうぞ。

【前田環境生活部長】

お答えをいたします。安全協定の当事者の件ですが、隣接の件はそのように考えております。ただ、隣々接の件は、今のところ想定をしておりません。

それから、サイクル施設の安全協定も東通のような形で改定すべきと私どもも考えておりますが、その時期につきましては、実はウラン試験が行われる前に安全協定を新たに締結する予定がございますので、その時にそのことを考えてみたいと思っておりますので、スケジュールはまだ決まっていない状況であります。以上です。

【林座長】

要望について二点あったのですが、一応、答えられる範囲で一つお願いします。

県の方の担当部門の体制強化ということと、原子力防災についてもう少しこの懇話会で話題にすべきだという二点の要望ですが。

【前田環境生活部長】

要望に関しましては、私ども真摯に受け止めまして、この後、検討して参りたいと思っております。よろしくお願いいたします。

【林座長】

そういうことで県の方に検討していただくということにさせていただきます。どうぞ。

【簗田委員】

今、東通原発の安全協定で、東通村は初めての原発ですが、原発そのものは50何基全国にありまして、それぞれの土地で安全協定は結ばれているわけです。だから共通だと思うのですが、やはり私の質問の回答にもあるのですが、協定というものはやはり契約的なものであるから、条文形式が適当であると考えます、こういうふうな返事です。しかしながら、安全協定の内容を一般の人向けに分かりやすく解説していくことの必要性は認識しています。

こういうふうな返事なのです。ということは、今まで50何件の原発、あるいは色々な施設での安全協定を結んでいても、いわゆる一般の人向けに分かりやすく解説したという実績はないのではないかと。あるのであれば、それを見せてもらいたい。あるのであれば、東通村でも、もうすでにそういったものが、咀嚼したものが、住民が分かりやすく理解できるようなパンフレットなり、チラシなり、そういったものが提供されていてしかるべきだと思います。

だから私は事業者側がいくら安全・安心に対して十分配慮して取り組んでいくとか、情報公開を徹底していきますとかおっしゃっても、それは意気込みとして分かるけども、現実的には全然そういったものがスケジュールには載っていないのではないかと疑っているのです。

今すぐ答えてもらわなくて結構です。答えがあるのでしたら、住民に向けて、どこの土地でも結構ですけども、住民に向けて分かりやすく説明して、しかもそこの住民から非常に好評であったという実績があるのでしたら、それを見せていただければ、何も疑問を持たずに、これ以上疑うこともなく安心できるわけです。何かその辺が心意気だけが空回りしているのではないか、そういう気持ちがします。

この懇話会、ずっとそうなのですが、求められているのはあくまで一般の人に分かってもらう。法的な契約上の条文的に問題があるか無いか、抜けがあるか無いかということは、それはそれで重要ですから、当然やってもらうのですが、そうではなく、知事がわざわざこういう懇話会を設けたということは、私達の裏に一緒にいる110万人の大人と147万人の県民、皆に安心してもらうためのアプローチが必要だと思う。私自身は、今現在、そういったアプローチはないのではないかと解釈していますので、いずれご回答をいただきたいと思います。

【林座長】

はい、どうぞ。

【前田環境生活部長】

今、お答えできる範囲内でお答えします。このペーパーでお答えをしましたように、条文は契約というふうなことで、この後、県民向けでできるだけ分かりやすいような形で出したいとは思っております。ただ、今、「青森県の原子力行政」というものに、少し今までも掲載しているところですが、これらの記事等も見直しをいたしまして、より分かりやすいような形で提供したいと思います。

先ほど、久保寺委員それから菅原委員等から地域住民の視点で情報公開を、というふうなご意見、たくさん頂戴いたしましたので、その視点に立った形で、できるだけ分かりやすいような形で、私ども努力して参りたいと思っております。

【林座長】

はい、ありがとうございました。だいぶご意見が出たのですが、どうぞ。

【田中（知）委員】

一つだけお願いしたいのです。現在52基の原子力発電所があって、東通は多分54番目になるのではないかと思うのですが、52基の発電所の中で、皆さんご存知のとおり、色々な問題、応力腐食割れとかひび割れとか、色々なことが新聞に載ったりしていますが、他の発電所でのトラブル等を参考にして、それがこの東通の発電所でそういうことが起こらないように、どういうふうに考えているのかということ。

その時に、そういうふうなことが起こらないようにする十分な技術者が発電所の中におるんだということをうまく県民の方に説明していただきますと、その場は安心の理解のための一つの方法ではないかと思いますので、どうぞよろしくお願いします。

【林座長】

どうぞ。

【菅原委員】

これは別にすぐにどうということではないのですが、ぜひ行政とか、色々な基準を作られる側で、内部で安心基準とか安心協定、こういう名前で仕事を始めてください。「安心協定を作るよ」というようなことを言ってしまうと、安心というのはものすごい複雑な概念ですから、なかなかできないのですが、気持ちとしてはそこが一番大事だと思いますので、その安心協定を作ろうとか、安心基準を作ろうという、そういう作業を中でやるということが、これはまさに横のコミュニケーションを作るきっかけになると思いますので、ちょっと要望でございました。

【林座長】

はい、ありがとうございました。

だいぶ、ご意見をたくさんいただきました。まだあるかと思いますが、また次回にしていただきまして、ここで10分くらい休憩をいたしまして、第３の議題に入りたいと思います。（略）

（３）日本原燃（株）再処理工場使用済燃料受入れ貯蔵施設に係るプール水漏えいと品質保証体制についてについて（略）

［出典：青森県資料］

Ⅳ－２－３

東通原子力発電所周辺地域の安全確保及び環境保全に関する協定書

青森県（以下「甲」という。）及び東通村（以下「乙」という。）と東北電力株式会社（以下「丙」という。）の間において、丙の設置する東通原子力発電所（以下「発電所」という。）の周辺地域の住民の安全の確保及び環境の保全を図るため、相互の権利義務等について、次のとおり協定を締結する。

（安全確保及び環境保全）

第１条　丙は、発電所の運転保守（試運転を含む。以下同じ。）に当たっては、放射性物質及びこれによって汚染された物（以下「放射性物質等」という。）並びに温排水により周辺地域の住民及び環境に被害を及ぼすことのないよう「核原料物質、核燃料物質及び原子炉の規制に関する法律（昭和32年法律第166号。以下「原子炉等規制法」という。）」その他の関係法令及びこの協定に定める事項を誠実に遵守し、住民の安全を確保するとともに環境の保全を図るため万全の措置を講ずるものとする。

２　丙は、発電所の自主保安活動の充実及び強化、職員に対する教育・訓練の徹底、最良技術の採用等に努め、安全確保に万全を期すものとする。

（情報公開）

第２条　丙は、住民に対し積極的に情報公開を行い、透明性の確保に努めるものとする。

（施設の増設等に係る事前了解）

第３条　丙は、原子炉施設及びこれと関連する施設を増設し、変更し、又は廃止しようとするときは、事前に甲及び乙の了解を得なければならない。

（放射性物質の放出管理）

第４条　丙は、発電所から放出する放射性物質について、別表に定める管理目標値により放出の管理を行うものとする。
２　丙は、前項の放出管理に当たり、可能な限り、放出低減のための技術開発の促進に努めるとともに、その低減措置の導入を図るものとする。
３　丙は、管理目標値を超えたときは、甲及び乙に連絡するとともに、その原因の調査を行い、必要な措置を講ずるものとする。
４　丙は、前項の調査の結果及び講じた措置を速やかに甲及び乙に文書により報告しなければならない。
５　甲及び乙は、前項の規定により報告された内容について公表するものとする。
（新燃料等の貯蔵管理等）
第５条　丙は、新燃料及び使用済燃料の貯蔵並びに放射性固体廃棄物の保管に当たっては、原子炉等規制法その他の関係法令に定めるところにより安全の確保を図るほか、必要に応じ適切な措置を講ずるものとする。
（環境放射線及び温排水等の測定）
第６条　甲及び丙は、甲が別に定めた「東通原子力発電所に係る環境放射線モニタリング基本計画、実施計画及び実施要領（平成15年３月作成）」及び「東通原子力発電所温排水影響調査実施計画（平成15年４月作成）」に基づいて発電所周辺地域における環境放射線及び温排水等の測定を実施するものとする。
２　甲及び丙は、前項の規定による測定のほか、必要があると認めるときは、環境放射線及び温排水等の測定を実施し、その結果を乙に報告するものとする。
３　甲、乙及び丙は、協議のうえ必要があると認めるときは、前項の測定結果を公表するものとする。
（監視評価会議の運営協力）
第７条　丙は、甲の設置した青森県原子力施設環境放射線等監視評価会議の運営に協力するものとする。
（測定の立会い）
第８条　甲及び乙は、必要があると認めるときは、随時その職員を第６条第１項又は同条第２項の規定により丙が実施する環境放射線及び温排水等の測定に立ち会わせることができるものとする。
２　甲及び乙は、必要があると認めるときは、その職員に第６条第１項の規定による測定を実施するために丙が設置する環境放射線の測定局の機器の状況を直接確認させることができるものとする。この場合において、甲及び乙はあらかじめ丙にその旨を通知し、丙の立会いを求めるものとする。
３　甲及び乙は、前２項の規定により測定に立ち会わせ、又は状況を確認させる場合において必要があると認めるときは、その職員以外の者を同行させることができるものとする。
（新燃料等の輸送計画に関する事前連絡等）
第９条　丙は、甲及び乙に対し、新燃料、使用済燃料及び放射性固体廃棄物の輸送計画並びにその輸送に係る安全対策について事前に連絡するものとする。
２　丙は、新燃料、使用済燃料及び放射性固体廃棄物の輸送業者に対し、関係法令を遵守させ、輸送に係る安全管理上の指導を行うとともに、問題が生じたときは、責任をもってその処理に当たるものとする。
（平常時における報告等）
第10条　丙は、甲及び乙に対し、次の各号に掲げる事項を定期的に文書により報告するものとする。
(1)　発電所の運転保守状況
(2)　放射性物質の放出状況
(3)　放射性固体廃棄物の保管量
(4)　第６条第１項の規定に基づき実施した環境放射線及び温排水等の測定結果
(5)　前各号に掲げるもののほか、甲及び乙において必要と認める事項
２　丙は、甲又は乙から前項に掲げる事項に関し必要な資料の提出を求められたときは、これに応ずるものとする。
３　甲及び乙は、前２項の規定による報告を受けた事項及び提出資料について疑義があるときは、その職員に丙の管理する場所等において丙の職員に対し質問させることができるものとする。
４　甲及び乙は、第１項の規定により丙から報告を受けた事項を公表するものとする。
（異常時における連絡等）
第11条　丙は、次の各号に掲げる事態が発生したときは、甲及び乙に対し直ちに連絡するとともに、その状況及び講じた措置を速やかに文書により報告するものとする。
(1)　原子炉施設及びこれと関連する施設の故障等により原子炉の運転が停止したとき又は停止す

ることが必要になったとき。
(2) 放射性物質が、法令で定める周辺監視区域外における濃度限度等を超えて放出されたとき。
(3) 放射線業務従事者の線量が、法令で定める線量限度を超えたとき又は線量限度以下であっても、その者に対し被ばくに伴う医療上の措置を行ったとき。
(4) 放射性物質等が管理区域外へ漏えいしたとき。
(5) 新燃料、使用済燃料又は放射性固体廃棄物の輸送中に事故が発生したとき。
(6) 丙の所持し、又は管理する放射性物質等が盗難に遭い、又は所在不明となったとき。
(7) 発電所敷地内において火災が発生したとき。
(8) その他異常事態が発生したとき。
(9) 前各号に掲げる場合のほか国への報告対象とされている事象が発生したとき。
2　丙は、甲又は乙から前項に掲げる事項に関し必要な資料の提出を求められたときは、これに応ずるものとする。
3　甲及び乙は、第2項の規定による報告を受けた事項及び提出資料について疑義があるときは、その職員に丙の管理する場所等において丙の職員に対し質問させることができるものとする。
4　第1項各号に掲げる事態により原子炉の運転を停止したときは、丙は、運転の再開について甲及び乙と協議しなければならない。
5　甲及び乙は、第1項の規定により丙から連絡及び報告を受けた事項を公表するものとする。
(立入調査)
第12条　甲及び乙は、この協定に定める事項を適正に実施するため必要があると認めるときは協議のうえ、その職員を丙の管理する場所に立ち入らせ、必要な調査をさせることができるものとする。
2　前項の立入調査を行う職員は、調査に必要な事項について、丙の職員に質問し、資料の提出を求めることができるものとする。
3　甲及び乙は、第1項の規定により立入調査を行う際、必要があると認めるときは、甲及び乙の職員以外の者を同行させることができるものとする。
4　甲及び乙は、協議のうえ立入調査結果を公表するものとする。
(措置の要求等)
第13条　甲及び乙は、第11条第1項の規定による連絡があった場合又は前条第1項の規定による立入調査を行った場合において、住民の安全の確保及び環境の保全を図るために必要があると認めるときは、原子炉の運転の停止、環境放射等の測定、防災対策の実施等必要かつ適切な措置を講ずることを丙に対し求めるものとする。
2　丙は、前項の規定により、措置を講ずることを求められたときは、これに速やかに応じ、その講じた措置について速やかに甲及び乙に対し、文書により報告しなければならない。
3　丙は、第1項の規定により原子炉の運転を停止したときは、運転の再開について甲及び乙と協議しなければならない。
(損害の賠償)
第14条　丙は、発電所の運転保守に起因して、住民に損害を与えたときは、被害者にその損害を賠償するものとする。
(風評被害に係る措置)
第15条　丙は、発電所の運転保守等に起因する風評によって、生産者、加工業者、卸売業者、小売業者、旅館業者等に対し、農林水産物の価格低下その他の経済的損失を与えたときは、誠意をもって補償等万全の措置を講ずるものとし、当事者間で解決を図るものとする。
2　前項の規定により解決できない場合において、甲は、当事者から紛争処理の申し出により、必要があると認めるときは、「東通原子力発電所風評被害認定委員会」(以下「認定委員会」という。)を設置のうえ、公平かつ適正な措置を決定するものとし、丙はその決定に従わなければならない。
3　認定委員会の組織及び運営に関し必要な事項は、別に定めるものとする。
(住民への広報)
第16条　丙は、発電所に関し、特別な広報を行おうとするときは、その内容、広報の方法等について、事前に甲及び乙に対し連絡するものとする。
(関連事業者に関する責務)
第17条　丙は、関連事業者に対し、発電所の運転保守に係る住民の安全の確保及び環境の保全並びに秩序の保持について、積極的に指導及び監督を行うとともに、関連事業者がその指導等に反して問題を生じさせたときは、責任をもってその処理に当たるものとする。
(諸調査への協力)

第18条　丙は、甲及び乙が実施する安全の確保及び環境の保全等のための対策に関する諸調査に積極的に協力するものとする。
(防災対策)
第19条　丙は、原子力災害対策特別措置法（平成11年法律第156号）その他の関係法令の規定に基づき、原子力災害の発生の防止に関し万全の措置を講ずるとともに、原子力災害（原子力災害が生ずる蓋然性を含む。）の拡大の防止及び原子力災害の復旧に関し、誠意をもって必要な措置を講ずる責務を有することを踏まえ、的確かつ迅速な通報体制の整備等防災体制の充実及び強化に努めるものとする。
２　丙は、教育・訓練等により、防災対策の実効性の維持に努めるものとする。
３　丙は、甲及び乙の地域防災対策に積極的に協力するものとする。
(違反時の措置)
第20条　甲及び乙は、丙がこの協定に定める事項に違反したと認めるときは、必要な措置をとるものとし、丙はこれに従うものとする。
２　甲及び乙は、丙のこの協定に違反した内容について公表するものとする。
(細則)
第21条この協定の施行に必要な細目については、甲、乙及び丙が協議のうえ、別に定めるものとする。
(協定の改定)
第22条　この協定の内容を改定する必要が生じたときは、甲、乙及び丙は、他の協定当事者に対しこの協定の改定について協議することを申し入れることができるものとし、その申し入れを受けた者は、協議に応ずるものとする。
(疑義又は定めのない事項)
第23条　この協定の内容について疑義の生じた事項及びこの協定に定めのない事項については、甲、乙及び丙が協議して定めるものとする。
この協定の締結を証するために、本書３通を作成し、甲、乙及び丙において、署名押印のうえ、各自その１通を保有するものとする。

平成16年２月５日

甲　青森市長島一丁目１番１号
　　青森県知事
乙　青森県下北郡東通村大字砂子又字沢内５番地34
　　東通村長
丙　仙台市青葉区本町一丁目７番１号
　　東北電力株式会社取締役社長

(別表)
放射性液体廃棄物の放射性物質の放出量の管理目標値

核種	管理目標値
全放射能（Ｈ－３を除く）	3.7×10^{9}　Bq／年

放射性気体廃棄物の放射性物質の放出量の管理目標値

核種	管理目標値
希ガス	1.2×10^{15}　Bq／年
Ｉ－131	2.0×10^{10}　Bq／年

［出典：青森県『青森県の原子力行政』］

Ⅳ－２－４ 東通原子力発電所周辺地域の安全確保及び環境保全に関する協定の運用に関する細則

青森県（以下「甲」という。）及び東通村（以下「乙」という。）と東北電力株式会社（以下「丙」という。）の間において、東通原子力発電所周辺地域の安全確保及び環境保全に関する協定書（以下「協定書」という。）第21条の規定に基づき、次のとおり細則を定める。

(関係法令)
第１条　協定書第１条及び第19条に定める「関係法令」には、核原料物質、核燃料物質及び原子炉の規制に関する法律（昭和32年法律第166号。以下「原子炉等規制法」という。）第37条に規定する保安規定及び発電用軽水型原子炉施設周辺の線量目標値に関する指針（昭和50年５月13日原子力委員会決定）を含むものとする。
(情報公開)
第２条　協定書第２条に定める情報公開については、核不拡散又は核物質防護に関する事項について留意するものとする。
(事前了解の対象)
第３条　協定書第３条に定める原子炉施設とは、実用発電用原子炉の設置、運転等に関する規則(昭和53年通商産業省令第77号) 第２条第１項第２号に規定する施設をいう。また、これと関連する施設とは、復水器の冷却に係る取放水施設をいう。
２　事前了解を必要とする変更は、原子炉等規制法第26条の規定に基づく原子炉設置の変更の許可の申請を行う場合の変更とする。
(測定の立会い)
第４条　協定書第８条第１項及び第２項に定める甲及び乙の職員は、甲又は乙の長が発行する測定の立会い又は状況の確認をする職員であることを証する身分証明書を携行し、かつ、関係者の請求があるときは、これを提示しなければならない。
２　協定書第８条第３項に定める甲及び乙の職員以外の者は、甲が設置した青森県原子力施設環境放射線等監視評価会議の委員及び乙が設置した東通村原子力発電所安全対策委員会の委員とする。
３　前項の者は、測定の立会い等に同行する際、甲又は乙の長が発行する立会い等に同行する者であることを証する身分証明書を携行し、かつ、関係者の請求があるときは、これを提示しなければならない。
(連絡の時期)
第５条　協定書第９条第１項に定める新燃料、使用済燃料及び放射性個体廃棄物の輸送計画に関する事前連絡は、輸送開始２週間前までとする。
(報告の時期等)
第６条　協定書第10条第１項に定める平常時の報告に係る報告の時期等は、次のとおりとする。

報告事項	報告頻度	報告期限
(1) 発電所の運転保守状況（試運転を含む。以下同じ。）		
イ　運転計画	年度ごと	当該年度開始前まで
ロ　運転状況	月ごと	当該月終了後30日以内
ハ　新燃料の貯蔵状況	四半期ごと	当該四半期終了後30日以内
ニ　使用済燃料の貯蔵状況	月ごと	当該月終了後30日以内
ホ　主要な保守状況	月ごと	当該月終了後30日以内
ヘ　定期検査の実施計画	検査の都度	当該検査開始前まで
ト　定期検査の実施結果	検査の都度	当該検査終了後30日以内
チ　従事者の被ばく状況	四半期ごと	当該四半期終了後30日以内
リ　女子の従事者の被ばく状況	四半期ごと	当該四半期終了後30日以内
(2) 放射性物質の放出状況	月ごと	当該月終了後45日以内
(3) 放射性固体廃棄物の保管量	月ごと	当該月終了後30日以内
(4) 環境放射線及び温排水等の測定結果	四半期ごと	当該四半期終了後90日以内
(5) その他の事項	その都度	その都度協議のうえ定める

２　協定書第10条第３項に定める甲及び乙の職員は、甲又は乙の長が発行する丙の管理する場所等において丙の職員に質問する職員であることを証する身分証明書を携行し、かつ、関係者の請求があるときは、これを提示しなければならない。
(異常事態)
第７条　協定書第11条第１項第８号に規定する異常事態は、放射性物質等の取り扱いに支障を及ぼす事故、故障をいう。
２　協定書第11条第１項第９号に規定する国への報告対象とされている事象は、「原子炉等規制法」及び「電気事業法」(昭和39年法律第170号。) に基づき報告対象とされている事象をいう。
３　甲、乙及び丙は、異常事態が発生した場合における相互の連絡通報を円滑に行うため、あらかじめ連絡責任者を定めておくものとする。
４　協定書第11条第３項に定める甲及び乙の職員は、甲又は乙の長が発行する丙の管理する場所等において丙の職員に質問する職員であることを証する身分証明書を携行し、かつ、関係者の請求があるときは、これを提示しなければならない。
(立入調査)
第８条　協定書第12条第１項に定める甲及び乙の職員は、立入調査をする際、甲又は乙の長が発行する立入調査する職員であることを証する身分証明書を携行し、かつ、関係者の請求があるときは、これを提示しなければならない。
２　協定書第12条第３項に定める甲及び乙の職員以外の者は、甲が設置した青森県原子力施設環境放射線等監視評価会議の委員及び乙が設置した東通村原子力発電所安全対策委員会の委員とする。
３　前項の者は、立入調査に同行する際、甲又は乙の長が発行する立入調査に同行する者であることを証する身分証明書を携行し、かつ、関係者の請求があるときは、これを提示しなければならない。
４　甲及び乙は、協定書第12条第３項の規定により職員以外の者を同行させた場合、その者がそこで知り得た事項を他に漏らすことのないように措置を講ずるものとする。
(措置の要求等)
第９条　協定書第13条第１項に定める「原子炉の運転の停止」には、安全確保のため必要な操作は含まないものとする。
(安全確保のための遵守事項)
第10条　協定書第８条、第10条、第11条及び第12条の規定により丙の管理する場所に立ち入る者は、安全確保のための関係法令を遵守するほか、丙の定める保安上の遵守事項に従うものとする。
(公表)
第11条　甲及び乙は、協定書に基づく公表に当たっては、核不拡散又は核物質防護に関する事項について留意するものとする。
(協議)
第12条　この細則の内容について疑義の生じた事項及びこの細則に定めのない事項については、甲、乙及び丙が協議して定めるものとする。

この細則の締結を証するために、本書３通を作成し、甲、乙及び丙において、署名押印のうえ、各自その１通を保有するものとする。

平成16年２月５日

甲　青森市長島一丁目１番１号
　　青森県知事　三村申吾
乙　青森県下北郡東通村大字砂子又字沢内５番地34
　　東通村長　越善靖夫
丙　仙台市青葉区本町一丁目７番１号
　　東北電力株式会社取締役社長　幕田圭一
［出典：青森県『青森県の原子力行政』］

Ⅳ－２－５
東通原子力発電所隣接市町村住民の安全確保等に関する協定書

むつ市、横浜町及び六ヶ所村(以下「甲」という。)と東北電力株式会社（以下「乙」という。）の間において、乙の設置する東通原子力発電所（以下「発電所」という。）の隣接市町村住民の安全確保及び環境の保全を図るため、青森県（以下「県」という。）の立会いのもとに次のとおり協定を締結する。

(安全協定書及び協定の遵守等)
第１条　乙は、発電所の運転保守（試運転も含む。以下同じ。）に当たっては、平成16年２月５日付けで県及び東通村と乙が締結した「東通原子力発電所周辺地域の安全確保及び環境保全に関する協定書（以下「安全協定書」という。）」によるほか、この協定に定める事項を遵守し、隣接市町村の住民の安全を確保するとともに環境の保全を図るため万全の措置を講ずるものとする。
(情報公開)
第２条　乙は、住民に対し積極的に情報公開を行い、透明性の確保に努めるものとする。２前項に定める情報公開については、核不拡散又は核物質防護に関する事項について留意するものとする。
(施設の増設等に係る事前了解の報告)
第３条　乙は、安全協定書第３条の規定による事前了解について、甲に報告するものとする。
(環境放射線及び温排水等の測定結果の報告)
第４条　乙は、安全協定書第６条第２項の規定による測定結果を県と協議のうえ甲に報告するものとする。
(新燃料等の輸送計画に関する報告)
第５条　乙は、安全協定書第９条第１項の規定により事前連絡を行ったときは、甲に報告するものとする。
（平常時における報告）
第６条　乙は、甲に対し、安全協定書第10条第１項第１号から第４号までに掲げる事項を定期的に文書により報告するものとする。
（異常時における連絡等）
第７条　乙は、安全協定書第11条第１項各号に掲げる事態が発生したときは、甲に対し直ちに連絡するとともに、その状況及び講じた措置を速やかに文書により報告するものとする。
２　甲は、異常事態が発生した場合における連絡通報を円滑に処理するため、あらかじめ連絡責任者を定めておくものとする。
（適切な措置の要求）
第８条　甲は、前条第１項の規定による連絡を受けた結果、隣接市町村住民の安全確保等のため、特別の措置を講ずる必要があると認めた場合は、乙に対して県を通じて適切な措置を講ずることを求めることができる。
（立入調査及び状況説明）
第９条　甲は、この協定に定める事項を適正に実施するため必要があると認めるときは、その職員を乙の管理する場所に立入らせ、必要な調査をさせ、又は乙の管理する場所等において、状況説明を受けることができるものする。
２　前項の立入調査を行う職員は、調査に必要な事項について、乙の職員に質問し、資料の提出を求めることができるものとする。
３　甲の職員は、立入調査を実施する際、甲の長が発行する立入調査する職員であることを証する身分証明書を携行し、かつ、関係者の請求があるときは、これを提示しなければならない。
４　甲は､立入調査結果を公表できるものとする。
５　甲は、前項の公表に当たっては、核不拡散又は核物質防護に関する事項について留意するものとする。
（損害の賠償及び風評被害に係る措置）
第10条　乙は、安全協定書第14条及び第15条の規定による事項に誠意をもって当たるものとする。
（住民への広報）
第11条　乙は、安全協定書第16条に規定する広報を行おうとするときは、事前に甲に対し連絡するものとする。
（諸調査への協力）
第12条　乙は、甲が実施する住民の安全の確保及び環境の保全等のための対策に関する諸調査に積極的に協力するものとする。
（防災対策）
第13条　乙は、原子力災害対策特別措置法（平成11年法律第156号）その他の関係法令の規定に基づき、原子力災害の発生の防止に関し万全の措置を講ずるとともに、原子力災害（原子力災害が生ずる蓋然性を含む。）の拡大の防止及び原子力災害の復旧に関し、誠意をもって必要な措置を講ずる責務を有することを踏まえ、的確かつ迅速な通報体制の整備等防災体制の充実及び強化に努めるものとする。
２　乙は、教育・訓練等により、防災対策の実効性の維持に努めるものとする。
３　乙は、甲の地域防災対策に積極的に協力するものとする。
（違反時の措置）
第14条　甲は、乙がこの協定に定める事項に違反したと認めるときは、その違反した内容について公表するものとする。
（協定の改定）
第15条　この協定の内容を改定する必要が生じたときは、甲又は乙は、この協定の改定について協議することを申し入れることができるものとし、その申し入れを受けた者は、協議に応ずるものとする。
（疑義又は定めのない事項）
第16条　この協定の内容について疑義の生じた事項及びこの協定に定めのない事項については、甲及び乙が協議して定めるものとする。

この協定の締結を証するために、本書５通を作成し、甲、乙及び立会人において、記名押印のうえ、各自その１通を保有するものとする。

平成16年３月29日

甲　青森県むつ市金谷一丁目１番１号
　　むつ市長　杉山粛
　　青森県上北郡横浜町字寺下35番地
　　横浜町長　杉山憲男
　　青森県上北郡六ヶ所村大字尾駮字野附475番地
　　六ヶ所村長　古川健治
乙　宮城県仙台市青葉区本町一丁目７番１号

東北電力株式会社取締役社長　幕田圭一　　　　　　　青森県知事　三村申吾
立会人　青森県青森市長島一丁目1番1号

［出典：青森県『青森県の原子力行政』］

第３章　大間町原発問題

Ⅳ-3-1	19970408	大間原発に反対する地主の会	大間原発に反対する地主の会会則
Ⅳ-3-2	199709—	大間原発に反対する地主の会	大間原発反対地主の会々報　第1号
Ⅳ-3-3	20070719	函館市議会議長阿部善一	大間原子力発電所の建設について慎重な対応を求める意見書
Ⅳ-3-4	20080626	函館市議会議長阿部善一	大間原子力発電所建設に係る函館市民への安全性に関する説明を求める意見書
Ⅳ-3-5	201212—	電源開発株式会社	大間原子力発電所建設計画概要

Ⅳ－３－１

大間原発に反対する地主の会会則

第一条（名称）　この会は、「大間原発に反対する地主の会」と称し、事務所を青森市内に置く。
第二条（目的）　この会は、地球の環境を守り、放射能被害を阻止するため、大間原発の建設に反対することを目的とする。
第三条（活動）　この会は、前条の目的を達成するため、大間原発建設用地の取得を行うとともに、必要な活動・資料の発行などを行う。
第四条（構成）　この会は、反対する地主およびこの会の目的に賛同する団体・個人で構成する。
第五条（機関）　この会に、次の機関を置く。
　１．総会　２．幹事会
第六条（会議）　総会は、毎年一回開催し、活動方針と報告、予算、決算、役員等を出席者の過半数で決定する。
　　　　　　幹事会は、総会で選出された役員で構成し、活動方針等の具体化と執行にあたる。
第七条（役員）　この会に、次の役員を置き、任期は１年とする。
　会長１名　副会長若干名　事務局長１名　事務局次長１名　幹事若干名　会計監査２名
第八条（運営）　この会の運営費は、会費、寄付金、その他の収入で賄う。
　　　　　　会費の額は、総会で決定する。
第九条（会計年度）　この会の会計年度は、毎年４月１日から翌年の３月３１日までとする。
第十条（規約改廃）　この会則は、総会出席者の過半数の賛成で改廃することができる。
　この会則は、1997年４月８日から施行する。
［出典：大間原発に反対する地主の会資料］

Ⅳ－３－２

大間原発反対地主の会々報　第１号

1997年９月号

大間原発に反対する地主の会を結成
　結成総会は「４．９反核燃の日」の前日青森県労働福祉会館（ハートピア・ローフク）で午後３時から各団体創名の出席で、これまでの経過報告を承認の後、別紙会則を制定のうえ金澤茂会長以下の役員を選出し、当面の活動方針を全体で確認しました。
　また、一坪地主運動については今後も引き続きカンパ活動を展開していくこととし、早い時期に登記手続きに入ることとしました。

確認された当面の方針
　地主の会が中心に具体的に運営していく。
　カンパ活動の集約。土地の買収を進めていく。
　会報の発行に努め情報を提供していく。
　登記についてはグループ毎に30～50坪で行う。
　会の運営費として一グループ年間二〇〇〇円を納付して貰う。
　今後も新規の買収を進めていく。

選任された役員

会長	金澤茂（弁護士）
副会長	今村修（社民党）
	白川清治（平和労組会議）
	中央団体
事務局長	盛徳広（平和労組会議）
次長	平野了三（自治労）
幹事	山田清彦（一万人原告団）
	佐藤亮一（現地の会）
	駒田正義（社民党）
	県外団体
	農業団体
監査委員	蝦名富士男（労組）
	原子秀夫（労組）

これまでの経過

97.4.8	結成総会
6.10	三役会議
20	幹事会
7.11	分筆申請
13	反対旗設置
8.4	現地調査立会
5	分筆申請却下
12	三役会議
9.1	双方協議

これまでの経過を踏まえ闘争強化にむけ現地で決起集会を開催！

青森県反核実行委員会は反核運動の前進を目指し、これまで大間原発に反対する土地所有者と接触し90年に土地を購入したが、農地の転用ができず一坪運動を展開できませんでした。

しかし昨年８月「大間原発を考える会」が土地売却の意志がある地権者に接触し、青森県平和労組会議が自らの運動として原野２筆約二〇〇〇平方メートルを10月24日購入し、同31日に役員個人名義に所有権移転登記をしました。

このことを受けて青森県反核実行委員会は十一月に委員会を開催、正式に一坪運動を展開していくことを確認し十二月の委員会で具体的に全国にこの運動を広めていくこととしました。

また、反核実行委員会の中に大間原発部会を設置して早急に仮称「大間原発に反対する地主の会」を結成していくこととしました。

現在県内外も含めて九六七口の申し込みがあり、別途カンパも二〇万円を超え大きなうねりとなってきています。

7月11日付で一ヶ所の分筆申請したこともあり、過日現地で闘争強化にむけた決起集会を、100人規模で開催しました。

また当日は「大間原発反対」の旗を購入した土地に立てました。しかし、8月4日の法務局の立会で双方意見がかみ合わず、申請は却下されました。

［出典：大間原発に反対する地主の会資料］

Ⅳ－３－３

大間原子力発電所の建設について慎重な対応を求める意見書

平成19年7月19日

函館の対岸に位置する青森県大間町に、電源開発（株）が建設しようとしている「大間原子力発電所」は、国内最大級の138万3,000kWの出力で、燃料にウランとプルトニウムを混合したMOX（モックス）燃料を世界で初めて全炉心で使用するABWR型原発です。

事業主の電源開発（株）は2006年9月に改訂された国の耐震指針をもとに、原子炉設置許可申請補正書を経済産業省原子力安全・保安院に提出しています。現在二次審査が行われており、早ければ、本年8月にも原子炉本体の着工、2012年には運転開始が予定されていますが、この大間原子力発電所には、その安全性をめぐって、以下の大きな問題点が指摘されています。

1　使用燃料がウランとプルトニウムを混合したMOX燃料をすべての炉心で使用する原子力発電所は、世界でも実用例がなく、どのような事故が起きるか十分に研究されていない。

2　建設予定地は、火山帯の上に位置している。

3　建設予定地付近に、100メートルクラスの東西断層が見つかっている。

また、活断層の調査が不十分であり、公表されているもの以外にも、見つかる可能性がある。

4　原子力発電所から出される温排水により、津軽海峡および太平洋沿岸への漁業被害が予想される。

5　原子力発電所が建設されることにより、函館市に水揚げされる海産物への風評被害が懸念される。

6　最短で18キロメートルしかない函館市との間には、いっさいの遮蔽物がなく、事故が起きた時には、放射能汚染による多大な被害を受ける可能性が高い。

こうした問題点に対する函館市民への十分な説明と理解・納得なしに、建設を進めることは将来にわたって禍根を残すことになりかねません。

よって、政府ならびに青森県は、函館市民および道南各市町住民の安心で安全な暮らしを守る視点から、次の事項の実現を図られるよう強く要望いたします。

記

1　大間原子力発電所の建設について、函館市民への住民説明会等を開催すること。

2　大間原子力発電所の建設について、青森県のみならず、函館市を含む近隣自治体の十分な理解を得ることなしに拙速な着工をしないこと。

以上、地方自治法第99条の規定により意見書を提出します。

平成19年7月19日

函館市議会議長　阿部善一

［出典：函館市議会資料］

IV－3－4

大間原子力発電所建設に係る函館市民への安全性に関する説明を求める意見書

平成 20 年 6 月 20 日

平成20年4月23日、経済産業大臣から電源開発株式会社に対し、大間原子力発電所原子炉設置許可が出されました。

建設許可が出された大間原子力発電所は、国内最大級の138万3,000kWの出力で、燃料にウランとプルトニウムを混合したMOX燃料を世界で初めて全炉心で使用する改良型沸騰水型軽水炉（ABWR）原発ですが、MOX燃料を全炉心で使用するのは世界でも実用例がなくその安全性が問題視されており、事故が起きた場合、最短距離で18キロメートルしか離れていない函館市への被害の可能性をはじめ、建設予定地が火山帯の上に位置していること、建設予定地付近の断層調査の不十分さ、原子力発電所からの温排水による海や漁業への影響、函館市に水揚げされる海産物の風評被害など、さまざまなことが懸念されております。

また、平成19年7月16日に発生した新潟県中越沖地震により柏崎刈羽原子力発電所が被災したことから、原子力発電所の耐震安全性などに大きな不安が持たれることとなりましたが、その調査の結果も十分分析されていないことや、耐震基準が5倍に引き上げられたにもかかわらず、大間原子力発電所は、従前の基準のままでの原子炉設置許可であり、不安に拍車をかける状況となっています。

政府は、函館市に対し、大間原子力発電所建設に係る第2次ヒアリングでの意見陳述は認めたものの、建設については函館市側の関与を何ら認めてこなかったものであり、仮に函館市および近隣に安全上何の影響もないとするのであれば、安全対策の必要がない旨について、函館市民および近隣の住民に説明のうえ理解と納得を得るべきであり、もし、単に自らが決めた基準を根拠として説明を要しないとするのであれば、行政執行の姿勢として不十分なものと言わざるを得ません。

よって、政府は、函館市民および近隣の住民の不安払拭のために、自ら大間原子力発電所の安全性について説明するとともに、事業者に対しても同様の対応を指導するよう要請いたします。

以上、地方自治法第99条の規定に基づき、意見書を提出します。

平成20年6月26日

函館市議会議長　阿部善一

［出典：函館市議会資料］

IV－3－5

大間原子力発電所　建設計画概要

計画の概要

●発電所の敷地

大間原子力発電所予定地は、青森県下北郡大間町に位置し、津軽海峡に面しています。敷地は、海岸沿いの標高10m以下の平坦地と標高10～40m程度のなだらかな海岸段丘からなっています。

●発電所の配置

発電所の主要な建物は、敷地中央の段丘の一部を掘削し造成した土地に建造します。造成地には、原子炉建屋、タービン建屋、コントロール建屋、廃棄物処理建屋、サービス建屋等を建設します。原子炉建屋等の重要な建物は、十分な耐久性を持たせるよう強固な岩盤上に設置します。また、発電所の前面に3,000D.W.T(重量トン)級の船が接岸できる物揚護岸を設置します。

●発電所の取放水

発電所の冷却用海水は、毎秒91m3を港湾内で表層取水し、港湾外に水中放水します。

発電所の主要施設

発電所には以下の主要な施設があります。

原子炉建屋
　発電所の中心となる建物で、中央部に燃料を収容する原子炉圧力容器や、その回りを取り囲む鉄筋コンクリート造の原子炉格納容器があります。
タービン建屋
　タービンや発電機、復水器など電気をつくる設備があります。
コントロール建屋
　発電所の運転をコントロールする中央制御室などがあります。
廃棄物処理建屋
　放射性廃棄物を安全に処理し貯蔵するための設備があります。
サービス建屋
　放射線の管理や作業員の出入管理を行う設備があります。

　大間原子力発電所建設計画概要

建設地点 青森県下北郡大間町
着工 平成20年5月
運転開始 未定※
電気出力 138万3千kW(キロワット)
原子炉 型式 改良型沸騰水型軽水炉(ABWR)
熱出力 392万6千kW(キロワット)
圧力・温度 7.07MPa(メガパスカル)、287℃ (出口)
燃料:種類 濃縮ウラン
およびウラン・プルトニウム混合酸化物(MOX)
燃料集合体 872体
原子炉・格納容器 種類 圧力抑制型
タービン 種類 くし形6流排気復水式(再熱式)
回転数 1,500回転/分
蒸気流量 約7,300トン/時
発電機 種類 横軸円筒回転界磁3相同期
容量 156万5千kVA(キロボルトアンペア)

ABWR：Advanced Boiling Water Reactor
MOX燃料：Mixed Oxide 燃料
　※ 運転開始時期については、今後、具体的な工事状況等を踏まえ検討して参ります。
［出典：電源開発株式会社ホームページ］

第Ⅴ部　その他（年表・意識調査など）

第Ⅴ部　その他（年表・意識調査など）：解題

船橋晴俊

第Ⅴ部には、むつ小川原開発と核燃料サイクル施設問題の青森県における歴史的経過を把握するために必要と考えられる、年表、統計資料、意識調査結果、重要な新聞記事を、「その他」の資料として収録した。

1．むつ小川原開発・核燃料サイクル施設関連の諸年表

年表というデータ集積の手法は、人文・社会科学の諸分野で、幅広く採用されているが、日本の環境社会学の分野では、専門研究を支える非常に重要な方法として、相当の蓄積がある（飯島、2007; 環境総合年表編集委員会、2010）。そのような経験の蓄積をふまえ、第1章には以下のように、六点の年表を掲載する。

「むつ小川原開発と核燃料サイクル施設問題年表」［**資料Ⅴ－1－1**］は、青森県におけるむつ小川原開発と核燃料サイクル施設の建設過程を焦点にして、1960年代から2011年までを対象にして作成された年表である。本年表は、本書の対象についての包括的、かつ基礎的な情報を提供するものであり、青森県におけるむつ小川原開発が、当初の石油化学コンビナート計画から変容し、核燃料サイクル施設建設へと進展していく経過のうち、重要な事項を選んで記載してある。この二段階の開発計画は、全国レベル、青森県レベル、六ヶ所村レベルという複数の水準に位置する諸主体の複雑な相互作用という過程をたどった。そこで、本年表では、「全国レベルの諸主体」「青森県レベルの諸主体」「六ヶ所村レベルの諸主体」「開発の進展状況および社会的、政治的、経済的、国際的背景」という4欄構成を採用し、全体的展望を得やすいように配慮した。

本年表は、六ヶ所村におけるむつ小川原開発の動向と、六ヶ所村に集中立地している核燃料サイクル関係の4施設をめぐる動向を中心に作成している。だが、青森県における原子力関連諸施設の立地は、六ヶ所村だけでなく下北半島全体に広がっている。それらは、六ヶ所村の諸施設と技術的な関係を有すると共に、総体として、日本の原子力政策を支える柱となっている。これら複数の施設の計画と建設過程は、相互に影響しあうとともに、政治過程、社会過程として見た場合、さまざまな共通性を示すものである。

「東通原発年表」［**Ⅴ－1－2**］は、六ヶ所村の隣村である東通村における東通村原発の建設と操業をめぐる社会過程を描くものである。東通原発は、当初は一つの原発敷地に東北電力が二基、東京電力が二基という形で複数の電力会社が立地を計画していた。また、地元の東通村は、1965年に誘致を決議したが、全体としての電力会社の取り組みは、早いテンポではなかった。漁業補償交渉は1982年に開始され1995年1月にようやく関係するすべての漁協との交渉が妥結した。当初は四基のいずれも加圧水型軽水炉（ＢＷＲ）炉の計画であった。東北電力一号機は1998年12月に着工し、2005年12月に営業運転の開始に至る。だが、東北電力二号機と東京電力一、二号機は、1999年3月に、両電力会社が改良型沸騰水型軽水炉（ＡＢＷＲ）に計画を変更し、温排水の

増大が帰結することから、漁業補償がやりなおしとなった。再度の漁業補償が、最終的に関係する全漁協と妥結したのは、2008年5月になった。しかし、2011年3月の東日本大震災の発生の時、東北電力一号機は定期点検中であったが、以後運転は再開しておらず、停止した状態が続いている(2013年1月)。東京電力の一号機は、2011年1月に着工したばかりであったが、震災と共に工事は中断し、2012年12月には建設断念の方針が固まった。

「大間原発年表」［Ⅴ－1－3］は、電源開発株式会社により大間町に建設されようとしている大間原発をめぐる経緯をまとめている。大間原発の計画立地過程には三つの特徴がある。第一の特徴は、計画段階での度重なる原子炉の変更である。計画当初、カナダ型重水炉を導入予定であった。だが、原子力委員会の反対により導入は見送られ、新型転換炉（ＡＴＲ）で建設することになった。しかし、採算性がないとして見直しが行われ、1995年8月に新型転換炉（ＡＴＲ）から改良型沸騰水型軽水炉（ＡＢＷＲ）へ変更となった。第二の特徴は、未買収地を残しての原子炉設置許可申請である。電源開発は1999年9月に原子炉建屋部分の土地が未買収の状態で、原子炉設置許可申請を提出した。しかし、2004年3月に用地買収の難航から原発の炉心位置を約200メートル南に移動した申請を再提出した。第三の特徴は、東日本大震災による建設再開の是非である。電源開発は2012年10月1日に建設再開を公表した。今後は、北海道函館市など周辺自治体の建設再開への反発や訴訟の動き、また、民主党政権の打ち出した革新的エネルギー・環境戦略との整合性の問題が焦点となろう。

「原子力船むつ年表」［Ⅴ－1－4］は、むつ市を母港とした原子力船「むつ」をめぐる経過をまとめたものである。原子力船「むつ」は日本で最初に企画された原子力船であり、その出発点においては、他の原子力事業と同様に大きな期待が寄せられていた。しかし、「むつ」の軌跡は、原子力政策と原子力事業の混迷を典型的に露呈させるものとなった。その帰結として、第二船以下の原子力船の建設による実用化は断念されることになった。その理由は、経済性と競争力の欠如、陸上の原子炉以上に安全性確保が困難なこと、母港の確保についての社会的合意形成の困難さという難点が明らかになったことである。「むつ」は、1991年の実験航海のみで、解役となり原子炉も撤去された。母港自体が、青森県むつ市大湊港、長崎県佐世保市、むつ市関根浜新港というかたちで次々と変更せざるをえなかったが、その原因となったのは、大湊港を母港として実施した1974年8月の最初の出力試験で、放射線漏れ事故を起こしたことである。以後、改修費や地元対策費、新港の建設などに、むつ本体の建造費の10倍以上の経費が投入された。政策の立案形成における社会的合意の未熟さ、予算の浪費的使用、政策転換の逡巡と迷走という点で、多くの教訓を残すものである。核燃サイクル施設をめぐる混迷の原型とも言えるような迷走が、「むつ」をめぐる政策決定過程には露呈している。

原子力船むつの解役工事は1995年に終了したが、その数年後に、むつ市は再び、新たな原子力施設の建設問題の焦点に立つようになる。「むつ市中間貯蔵施設年表」［Ⅴ－1－5］は、日本で初めての使用済み核燃料の中間貯蔵施設をむつ市に建設しようとする計画の経緯を記したものである。各原子力発電所の操業が長期間にわたると使用済み核燃料が増大し、各原発サイトの貯蔵プールでは収容しきれなくなるという事態が起こってくる。日本では、1997年頃より、そのような事態への対処の努力が本格的に始まり、1998年の総合エネルギー調査会原子力部会の報告書で、2010年までに利用可能になるように使用済み核燃料の中間貯蔵施設の建設が必要であるとされた。そのはじめての具体化が、2000年8月よりむつ市において進展することになった。東京電力は茨城県東海村の原発を操業する日本原子力発電と共同で、子会社「リサイクル燃料貯蔵株式会社」を設置し、東電分4000トン、原電分1000トン、合計5000トンの容量の貯蔵施設をむつ市の関根浜に建設することを計画している。計画では使用済み核燃料は、50年以内に搬出し、再処理されることになっている。この間、むつ市長は同施設建設に協力的であったが、反対の住民運動も起こり、住民投票条例の制定請求がなされる。しかし、むつ市議会はそれを否決し（2004年）、住民投票がなされないまま立地は決定され、2010年8月から中間貯蔵施設が着工した。東日本大震災後、一時中断した工事も再開された。

原子力政策のあり方を考える時に、ますます重要な問題になっているのが高レベル放射性廃棄物問題である。「高レベル放射性廃棄物問題年表」［V－1－6］は、高レベル放射性廃棄物をめぐるこれまでの動向を記載している。原子力発電を実施しているいずれの国も、高レベル放射性廃棄物への対処という難題に直面して頭を悩ませている。日本も同様であり、2000年に打ち出された地層処分という方式は、その具体化のための候補地を見つけ出すことすらできない。本年表は、当初の海洋投棄案が、どのようにして地層処分案となったのか、全国各地での拒絶がどのように続いているのかという経過を示している。その経過は、青森県が高レベル放射性廃棄物問題について、とりわけ重要な位置にあることを示すものである。とくに、1995年に海外返還高レベル放射性廃棄物がはじめて六ヶ所村の核燃サイトに搬入されたことは、開発の性格変容をもたらした。これによって、青森県は、日本の高レベル放射性廃棄物問題の焦点になり、青森県と政府・電力業界の間に、新たな大きな交渉課題が作り出されることとなった。その際、青森県知事と政府の間で「青森県を最終処分地にしない」ことが約束されているが、他のいずれかの地域に最終処分場を建設する展望はまったく見えない。そのような行き詰まり状況の中で、2012年9月に、日本学術会議が原子力委員会に出した「回答」は「総量管理」と「暫定保管」という新しい視点を提示している。

以上の六点の年表は、青森県、とりわけ下北半島の原子力施設の集中的立地の経過を総覧しやすいように作成されたものである。

2．統計資料

第2章には重要な統計資料を収録したが、その分野別の点数は、「人口」が2点、「経済」が3点、「財政」が11点、「核燃料税」が3点、「労働」が3点、「地域振興」が1点、「むつ小川原開発株式会社」が2点、「日本原燃株式会社」が2点である。

青森県における開発をめぐる歴史的経過の基本資料として、「青森県及び四自治体の人口動向」（人口1）［V－2－1］は、日本全体、青森県、および、重要な原子力施設が立地している六ヶ所村、むつ市、大間町、東通村の四自治体（以下、四市町村と略称する）の人口動態を示している。本資料からは、人口の都市部への流出傾向を読み取ることができる。さらに「青森県及び四自治体の年齢階層別人口」（人口2）［V－2－2］は、年齢階層の三区分ごとの人口の変化を示しており、少子化と高齢化の傾向が進行していること、高齢化傾向は郡部のほうにより顕著であることなど、原子力施設立地の背景となっている地域社会の状況が見て取れる。

経済についての基本資料として「青森県の総生産と県民所得」（経済1）［V－2－3］は、1970年以降の40年間にわたる青森県の県内総生産と、県民所得、および、一人あたり県民所得を、対全国比とともに示している。青森県の県内総生産と一人あたり県民所得は、1970 年以降上昇を続けてきたが、県内総生産については 1997 年が、一人あたり県民所得は 1996 年がピークとなっている。青森県経済の全国に占めるウエイトをみると、1970 年以降、漸増の長期傾向を読み取ることができるが、そのピークは 1997 年であり、以後は低減し、0.83-0.91% の間にとどまっている。一人当たり県民所得の対全国比は、1970 年代が 65% から 78% であった。1980 年代は、1980 年を唯一の例外として、70% 台の比率であった。1990 年代は、74-81% 台であり、2000 年以降は、72-85% の値を示している。このように数％単位の変動はあるが、全国比で、100% を超えたことは 1 回もなく、県民所得の相対劣位の状況が続いてきた。

「市町村民所得」（経済２）［Ｖ－２－４］は、本書が中心対象としている四市町村の「市町村内純生産」「市町村民所得」「一人当たり市町村民所得」を、青森県全体の数値と対比させながら、5 年ごとに示したものである。このうち、一人当たり市町村民所得の動向を見ると、1970 年から 1990 年にかけては、むつ市が、青森県全体と比べても、四市町村のなかでも、最も高い水準にあるが、1995 年以降は、むつ市の一人当たり市町村民所得は大幅な減少を示した。核燃料サイクル関連諸施設が本格化してからの 1995 年以降は、代わって六ヶ所村が最も高い数値を示している。これに対して、大間町と東通村は一貫して全県より低い値となっていたが、大間町は 2005 年以後、東通村は 2000 年以後、全県より大きい一人当たり所得を示している。

北村正哉知事は、核燃料サイクル施設の立地推進に際して、青森県の産業構造の高度化を提唱した。「経済活動別県内総生産の構成比」（経済３）［Ｖ－２－５］は、青森県の産業構造の特徴を、全国との対比で示したものである。「産業構造の高度化」の含意は、第二次産業比率の上昇であるが、一貫して青森県の第二次産業比率は対全国比で低いものにとどまっている。

このような地域経済の特徴と関係しているのが、自治体財政のあり方である。財政関係では、11 点の資料と 3 点の核燃料税関連の資料を収録した。

「青森県財政収入」（財政１）［Ｖ－２－６］は、1965 年以降から 2009 年度に至る「収入済額」を記載している。財政収入を表す数値には複数のものがあるが、本書では実績を表している「収入済額」を選んだ。歳入合計のピークは 2000 年度であり、その後、「小泉改革」による地方財政構造の変革の結果、青森県では、財政収入が急減してしまい、2003 年度以降は非常な緊縮財政に陥っている。収入構造を見ると、県税に対して、地方交付税と国庫支出金の比重が大きいことが一貫して見られるが、小泉改革以後は、国庫支出金も急減している。

「青森県財政支出」（財政２）［Ｖ－２－７］は、1965 年度から 2009 年度に至る実績を表している「支出済額」を掲載している。財政支出のピークは 2000 年度であり、その後は小泉政権の下で 2004 ～ 2006 年度に進められた「三位一体の財政改革」の帰結として急減している。支出分野としては、民生費が長期的に漸増しており、2000 年度以降も増加を続けている。他方、農林水産費と土木費は 1990 年代から 2002 年度頃までは高い水準を保っていたが、その後の減少が著しい。

「四市町村財政（一般会計）」（財政３）［Ｖ－２－８］は、原子力施設が立地する四市町村の一般会計の歳入と歳出を、1965 年度から 2009 年度に至る期間において示したものである。核燃諸施設が立地した六ヶ所村と原発が立地し操業に至った東通村は、1990 年代から財政規模が拡大し、100 億円の大台にのる年も出るようになった。

「六ヶ所村の五年ごとの財政収支」（財政４）［Ｖ－２－９］は、六ヶ所村の歳入と歳出を 5 年ごとに示している。再処理工場の建設工事が本格化した1995年ごろより、歳入が全体で100億円を超え、また固定資産税が急増し、歳入全体に対する村税の比率が増えている。反面、地方交付税は急減している。原子力関連諸施設の立地が、財政収入を潤沢にするということが、顕著に示されている。

原子力施設の立地は、自治体財政に対するインセンティブの付与を強力な推進手段としてきた。「主な電源三法交付金の交付実績（自治体別集計）」（財政５）［Ｖ－２－１０］は、青森県および県内の諸市町村に、どれだけの交付実績があったのかを示している。昭和56年度（1981年度）から平成23年度（2011年度）の31年間の総額は、市町村に対する交付の合計が1894億円、県への交付の合計が440億円で、総計2334億円に達している。

電源三法交付金の交付実績の詳細を、原子力施設の立地している四市町村と六ヶ所村に隣接している野辺地町に即して、各年度ごとに示したのが、「六ヶ所村電源三法交付金交付実績」（財政６）［Ｖ－２－１１］、「むつ市電源三法交付金交付実績」（財政７）［Ｖ－２－１２］、「大間町電源三法交付金交付実績」（財政８）［Ｖ－２－１３］、「東通村電源三法交付金交付実績」（財政９）［Ｖ－２－１４］、「野辺地町電源三法交付金交付実績」（財政１０）［Ｖ－２－１５］の諸表である。各原子力施設の計画の進展と立地に伴い、直接立地自治体のみならず、周辺の市町村にもさまざまな形で、交付金が交付されてきたことが示されている。これらの諸自治体の中で、野辺地町には直接的に原子力施設が立地していないので、交付金の額は他の立地市町村と比べて少ないものになっているが、どのような事業に支出されているかが表示されている。野辺地町において、電源三法交付金が非常に多様な分野に支出されていることが見て取れる。

次に、むつ小川原開発に要した総経費を見てみよう。「むつ小川原開発に要した経費」（財政１１）［Ｖ－２－１６］は、1970～2006年度の範囲での総経費をとりまとめたものであり、この期間の支出合計が、商工労働部所管分と基盤投資実績額と原子力環境対策費をあわせて、合計3148億円に達することがわかる。このような総括的データがわかりやすい形で公表されることは稀であるが、青森県議会における質問に答弁する形で、提示されたものである。

「大規模開発費と住民対策費」（財政１２）［Ｖ－２－１７］は、むつ小川原開発に関係する主要な財政支出として、一般会計の「大規模開発費」と「むつ小川原開発住民対策特定事業費」、および、港湾事業整備費のうち「むつ小川原港整備事業費」の経年変化を記している。「大規模開発費」は、道路、港湾、工業用水道などのインフラ整備に充てられており、巨額の予算が支出されている。「むつ小川原開発住民対策特定事業費」は1970年代のむつ小川原開発のための工業用地取得に伴い、移転が必要になった住民のための諸施策のための支出の変化を表している。この事業費は、1973年度から1993年度に至る２１年間支出され、累計で21億円弱に達したが、1994年度以降は支出されていない。「むつ小川原港整備事業費」の1979年度支出は176億円と突出しているが、これは漁業補償に対応しているものである。

青森県は、原子力関連諸施設への独自の課税を財源の強化の有力な手段としてきた。平成３年（1991年）に、「青森県核燃料物質等取扱税条例」を法定外普通税として制定し、当初は、ウラン濃縮と低レベル放射性廃棄物埋設施設から課税を開始した。その後、課税対象を拡大し、使用済み核燃料の受け入れ、使用済み核燃料の貯蔵、高レベル放射性廃棄物の管理、原子炉の設置、原子炉への核燃料の挿入に対して課税をするようになり、その税率も段階的に引き上げてきている。「課税対象等の変遷」（核燃税１）［Ｖ－２－１８］、「核燃料物質取扱税の更新について」（核燃税２）［Ｖ－２－１９］、「核燃料物質等取扱税」（核燃税３）［Ｖ－２－２０］は、この条例による課税基準の変遷を示すものである。注意するべきは、平成３年（1991年）の制度創設期には、受入れ量というフローに対する課税であったものが、平成18年（2006年）の制度更新の時から、貯蔵量というストックに対する課税が追加されるようになったことである。

次に、雇用関連の資料を三点掲載する。むつ小川原開発の開始以来、核燃料サイクル施設の建設の推進過程を通して、雇用の確保は青森県政における優先的な目標であった。

「就業者と失業者」（労働１）［Ｖ－２－２１］は、労働力人口と完全失業者数の推移を、青森県全体、市部、郡部、原子力関連四市町村に即して、1965年以後の５年ごとのデータを掲載している。失業率を大局的に見ると、2000年以前に比べて、2005年以降の方が上昇してしまっている。

「出稼ぎ労働者数」（労働２）［Ｖ－２－２２］は、1973年から2009年にかけての青森県全体と原子力施設の立地する四市町村の出稼ぎ労働者数を表示している。県全体の出稼ぎ労働者数は、1974年の８万人をピークとして漸減の傾向にあり、2000年には出稼ぎ者数が２万人を割り込み、以後さらに低下し2009年には最低の5306人までに低下した。このことと失業率の増加とは相関している。大都市部への出稼ぎ労働が減少することは、大都市での雇用機会の減少を意味しているが、そのような経済状況になる時代には、青森県でも失業率が高くなっているのである。

「有効求人倍率」（労働３）［Ｖ－２－２３］は、1963年度から2011年度に至る全国および青森県における有効求人倍率の推移を示している。全国的な有効求人倍率の変動に青森県のそれも相関していることが読み取れるが、全国に対して青森県の有効求人倍率は常に低い数値にとどまっている。ただし、1960年代から1980年代の前半にかけての時期においては、両者の間には大きな格差が見られるが、1990年代以降は、その格差が縮小してきた傾向が見られる。

青森県の核燃料サイクル施設への立地協力は、一貫して経済的波及効果への期待によって支えられていた。青森県の視点から、核燃料サイクル施設の立地に伴いどのようなマネーフローが生じているかを示したのが、「原子燃料サイクル施設等の立地に伴う地域振興」（地域振興１）［Ｖ－２－２４］である。このデータは、電源三法交付金によってどのような名目で、各自治体に核燃マネーと原発マネーが流入したのか、また、「むつ小川原開発地域・産業振興財団」の事業を通して、どのように各地に助成金が提供されたのかを総括的に示している。あわせて、核燃料サイクル諸施設の規模と立地手続きの諸段階がどのように経過したのかの一覧も掲載した。

土地の入手と再分配という側面で、むつ小川原開発を担った中心的組織は、「むつ小川原開発株式会社」である。同社の経営実績を示す基礎資料として、「むつ小川原開発株式会社損益計算書」［Ｖ－２－２５］と「むつ小川原開発株式会社貸借対照表」［Ｖ－２－２６］を掲載する。むつ小川原開発株式会社は、1973年から工業用地とすることを目指して広大な土地を借入金によって積極的に購入したが、石油備蓄基地の立地と核燃料サイクル諸施設の立地によって、その一部を売却したものの、売却できない土地が過半を占めている。核燃料サイクル施設の受け入れを表明する直前の1984年には、長期借入金は1408億円に達しており、このことが、核燃料サイクル施設の受け入れの素地となった。

核燃料サイクル施設の立地後も、むつ小川原開発株式会社の経営は好転せず、長期借入金の利子がますます長期債務を増大させるという悪循環に陥り、1994年には、長期借入金が1980億円に達し、ついには、2000年8月に存続不能となり、再編に至るのである。これら二つの資料は、その経過の検証のための基礎資料となる。

核燃料サイクル事業は、当初は1980年設立の日本原燃サービスが再処理事業を担当し、1985年設立の日本原燃産業がウラン濃縮事業と低レベル放射性廃棄物の埋設事業を担う形で出発した。両者が1992年7月に統合されて、日本原燃株式会社が発足した。これら三社の財務情報として、「日本原燃損益計算書」［**Ｖ－２－２７**］と「日本原燃貸借対照表」［**Ｖ－２－２８**］を掲載する。これらの財務情報については、これまでの調査の過程で、随時入手したものである。しかし欠落している年度もあったので、2012年12月に「損益計算書」と「貸借対照表」の欠落分の提供を日本原燃本社の広報担当者に要望したが、「そのつど直近5年分のみの情報を公開するが、それ以前にさかのぼっての公開はしない」という理由で、提供を拒絶された。しかし、かなりの年度の情報は入手できていたので、それら資料から、日本原燃の経営状況を分析することができるであろう。

統計資料の最後に、地域社会の政治状況を表すもっとも基本的資料として、「青森県知事選結果一覧」［**Ｖ－２－２９**］と「六ヶ所村長選結果一覧」［**Ｖ－２－３０**］を掲載する。各時点の選挙結果には、そのつどの世論あるいは社会意識のあり方と政治過程における諸主体間の勢力関係が反映している。それぞれの候補者の得票数の背後には、さまざまな政党、運動組織の盛衰がある。同時に、知事や村長にどのような政策を掲げる人物が当選するかによって、その後の地域社会の政策決定動向は大きく変化する。六ヶ所村において大きな岐路となったのは、1973年の村長選であった。この選挙で、開発推進派の古川氏が、開発反対を掲げる現職村長の寺下氏を破ったことが、その後の六ヶ所村政における開発推進を決定的にし、以後、2012年に至るまで、工業開発と核燃料サイクル施設の立地に協力する村政が続いている。青森県知事選挙では、一貫して、開発推進の政策を掲げる知事が当選してきたが、核燃料サイクル施設の立地をめぐる大きな岐路は、1991年2月の知事選であった。1986年のチェルノブイリ原発事故後、全世界で脱原発を志向する運動が勢いを得たが、青森県においても、農業者、市民団体、革新政党、労働組合などの諸団体が連携する形で反核燃運動が盛り上がりを見せた。1989年7月の参院議員選挙で、反核燃を掲げる三上隆雄氏が当選し、1989年12月の六ヶ所村長選挙においては、核燃「凍結」を掲げる土田浩氏が当選した。そのような核燃に反対あるいは慎重な世論が強まる中で、1991年2月の知事選挙では、反核燃統一候補として金澤茂氏が立候補し、24万票を獲得したが、核燃推進の立場をとる現職知事北村正哉氏（32万票）には及ばなかった。以後の知事選挙においては、反核燃陣営の得票は大きく減少し、核燃問題を知事選挙での中心的争点として推進派と競いあうことはできなくなった。

3．意識調査

青森県住民、とりわけ、六ヶ所村民が、むつ小川原開発と核燃料サイクル施設の建設に関して、どのような意識や意見を持っているかは、この開発過程を理解するのに重要な意義を有する。むつ小川原開発と核燃料サイクル施設建設問題については、新聞各社によって各種の世論調査が実施されることはあったが、深く掘り下げた専門的な意識調査は2002年末までの時点では、行われていなかった。

法政大学社会学部舩橋研究室は、2003年9月に、六ヶ所村において「まちづくりとエネルギー政策についての住民意識調査」を行った。本調査は、エネルギー政策についてこれまでになされた六ヶ所村民の意識調査としては、もっとも詳しいものである。また、ランダムサンプリングに基づいて回答者を選び、有効回収数311票、回収率も62%に達しているので、学術的情報価値を十分に有すると考えられる。この調査結果のもっとも基本的な情報を第3章に「青森県六ヶ所村『まちづくりとエネルギー政策についての住民意識調査』単純集計表」［Ⅴ－3－1］として掲載する。

この調査の主な調査項目は、回答者の属性、地域社会における日常生活、地域活動への参加、居住継続の意欲、投票の判断基準、地域社会についての意識、むつ小川原開発計画についての意見、核燃サイクル施設への意見、核燃施設についての知識、核燃施設についての不安感、まちづくりの方向、まちづくりの重要課題、核燃関連工事と雇用との関係、エネルギー対策についての意見、原子力発電についての意見、再処理工場の操業の可否、住民投票の是非、原子力事故の防止可能性、日本原燃との関係、講読新聞、年収などである。

これらの項目の単純集計表から、いろいろなことを読み取ることができるが、そのうちのいくつかの事項について記しておきたい。

第一に、むつ小川原開発と核燃料サイクル施設のそれぞれの諾否をめぐっては、そのつど、激しい地域紛争が展開したが、時間の経過と共にそれは過去の話となり、そのような歴史的経過について、「以前のことなので分からない」と答える人が、それぞれ、54%、41%にも達している。

第二に、核燃施設の安全性については、根強い不安感が存在している（問15のア、コ。問17。問い26のイ）。

第三に、同時に核燃施設の経済的メリットを住民の多数が認めている（問15のイ、エ。問い22のア）。

第四に、エネルギー政策については原子力より新エネルギーへの期待が高く（問23）、他の方法で雇用が確保されるなら核燃施設の縮小を望む者が多数を占めている（問22のイ）。また、放射性廃棄物の持ち込みをこれ以上を増やさないようにとの意見も多い（問15のス）。

第五に、家族の中に、日本原燃と仕事の上で利害関係を有する者が41%にも達しており（問30）、日本原燃が経済活動の中心主体になっていることがうかがわれる。

この調査データのより深い含意は、クロス表分析によって見出すことができるであろう。このデータを使いクロス表分析を行った結果の一部は、別途公表されている（舩橋晴俊、2012）。

4．重要新聞記事

青森県における開発過程については、全国紙と地方紙の新聞各紙が継続的に報道している。青森県で広く読まれている地方紙としては、『東奥日報』と『デーリー東北』がある。金山研究室と舩橋研究室では、長期にわたって、『東奥日報』記事の切り抜きを蓄積してきた。第4章では、これらの記事のうち、『東奥日報』における重要記事を厳選し、通常記事［Ⅴ－4－1］と、特集・シリーズもの記事［Ⅴ－4－2］の二つの大きなグループに分け、それぞれを時系列順に配列した。

通常記事［Ⅴ－4－1］としては、当初の工業開発計画の発表と各主体の態度から始まり、開発反対運動の動向、核燃料サイクルの立地提案と受け入れをめぐる動向、重要な選挙の報道、活断層問題、東通原発の動向、高レベル放射性廃棄物の搬入問題、再処理工場のウラン試験、再処理工場のトラブルなど、節目となるできごとの記事を収録した。特に、1971年以降のむつ小川原開発の構想の受け入れ過程、および、1984年以降の核燃料サイクル施設の立地過程については、さまざまな主体の反応と態度がわかるように記事を配列した。

『東奥日報』は、紙面の一角に「取材ノート」という欄を設定しており、日々の報道とは別に、その時々の重要なトピックを、記者の視点から分析的に掘り下げる形で記載している。「取材ノート」の分析的記述は、そのつどの状況を理解するのに非常に有益なので、節目のものを、なるべく掲載するようにした。

通常の単発的な記事と並んで、特集・シリーズものの記事［Ｖ－４－２］も、重要な情報を提供している。そこで、むつ小川原開発と核燃料サイクル施設に関連する特集・シリーズものの記事から重要なものを抽出して掲載する。特集・シリーズものとしては、開発をめぐるそのつどの具体的課題を扱うものと、長期的・包括的視点で、開発総体のあり方を問い直そうとするものとが、交互に組まれている。

1970年の「巨大開発の胎動」（全28回）は、新全総の一環としての下北半島を舞台にした巨大開発の展望を示す記事であるが、巨大開発への期待を高めるような内容となっている。出発点において、どういう認識のもとに、むつ小川原開発が着手され、推進されたかが伺える情報である。

1970年代の後半は、工業用地が取得されたが工場立地が一向に進展しない状況が続いた。ようやく1980年代初頭になって、石油備蓄基地が立地したが、その当時の状況を示しているのが、1983年の「むつ小川原開発は今／完成迫る石油備蓄基地」（全８回）である。

1980年代半ばから、核燃料サイクル施設の立地の可否をめぐって、青森県世論は分裂し、立地を推進する青森県知事、政府、電事連に対して、広範な反核燃運動が起こる。当時の活発な論争の内容を示すのが、1988年の「核燃論議の焦点」（全15回）である。

核燃の是非をめぐる論争は、その舞台となった六ヶ所村における開発の歴史を捉え返そうという問題意識を喚起する。1990年には「検証むつ小川原開発」のタイトルのもと「第１部・曲折の軌跡」「第２部・核燃と混迷」「第３部・不透明な視界」（合計41回）という形で包括的な特集が連載された。

1995年４月には、海外返還高レベル放射性廃棄物の受け入れ問題がホットな争点となり、当時の木村守男知事は、政府に対して、最終処分地にしないことを確約させるために、運搬船の接岸拒否という姿勢を一時は見せた。同月の「長き一時貯蔵」（全10回）は、この受け入れ問題を焦点にしている。

また1995年には「国際熱核融合炉」（ＩＴＥＲ）の立地点選択が国際的に問題化する。青森県は、その誘致による立地に乗り出し、以後、国内的、国際的誘致合戦の中に入っていく。青森県は六ヶ所村にＩＴＥＲを誘致するべく政府に働きかけたが、後に最終的にはフランスのカダラッシュに立地が決定された。「ＩＴＥＲ誘致課題と展望」（全３回）は、ＩＴＥＲをめぐる当時の経過と誘致の意味について検討している。

ついで、1998年には、国内各地の原子力発電所からの使用済み核燃料が、再処理工場の資源という名目で再処理工場に搬入されることとなる。その経過と意義に焦点をあてたのが「使用済み核燃料がやってくる」（全５回）である。

2000年１月から８月にかけては「巨大開発30年の決算」と題し、43回にわたって大型の特集が組まれる。その内容は、「第１部・移転者は今」（５回）、「第２部・色あせた“国策”」（８回）、「第３部・引き返した構想」（７回）、「第４部・核燃料サイクル」（９回）、「第５部・“脱”誘致型開発」（６回）、「第６部・提言」（８回）からなり、青森県における開発の空転と行き詰まりを見据え、そのよってきたるゆえんと、別の可能性を探るという根本的な問題意識に立つものであった。本書では、このうち、第1部、第2部、第6部を中心に記事を抽出し掲載する。

それ以後、21世紀に入ってからは、個別のトピックごとに、さまざまな特集が組まれてきた。本書では、2005年の四つの特集、すなわち、「MOX工場立地へ」（3回)、「誘致断念の波紋　六ヶ所ITER」(2回)、「ITER　この10年が問うもの」(3回)、「「50年」の選択／むつ・中間貯蔵施設立地へ」（3回）から、いくつかの記事を転載する。

さらに、2006年には、工事の遅延を重ねてきた再処理工場がアクティブ試験に入るが、これを対象にした「サイクル始動／六ヶ所再処理工場アクティブ試験」(3回）が連載された。2007年には、「連載／最終処分の行方　高レベル廃棄物　東通村が意欲」(3回）が、また2010年の「本格着工　むつ中間貯蔵施設」(7回）が掲載されるが、これらの連載は、下北半島が、放射性廃棄物処分施設の集中的立地点という性格を強めつつあることを示すものである。

このように『東奥日報』紙は、地方紙として、青森県の地域開発、原子力諸施設の立地について、通常の報道に加えて折に触れて特集記事を組んできた。そして、同紙は、むつ小川原開発と核燃料サイクル施設建設問題については、全国紙より詳しい情報を提供してきた。

なお、同紙の以前の記事については、「読者相談室」に申し込めば、コピーサービスによって入手可能である。(TEL: 017-739-1500)

参考文献

飯島伸子、2007、『新版　公害・労災・職業病年表　索引付』すいれん舎

環境総合年表編集委員会編、2010、『環境総合年表－日本と世界』すいれん舎

舩橋晴俊、2012、「開発による人口・経済・財政への影響と六ヶ所村民の意識」(舩橋晴俊・長谷川公一・飯島伸子『核燃料サイクル施設の社会学－青森県六ヶ所村』有斐閣、第四章 :139-169)

第１章　むつ小川原開発・核燃料サイクル施設問題関連の諸年表

凡　例

一般的事項

・各年表の各項目には、原則として、その出典を挙示した。出典リストと出典番号は、各年表の末尾に記載している。

・ただし、以下の主要な資料については、統一の略号によって、出典をあらわすようにした。

・新聞記事の掲載日付は、年、月、日を各２桁とし、それらを連ねて６桁の数字で表した。（例 :020717 → 2002 年 7 月 17 日）

新聞各紙の略号

Ａ :『朝日新聞』　Ｄ :『デーリー東北』　Ｍ :『毎日新聞』

Ｎ :『日本経済新聞』　Ｔ :『東奥日報』　Ｙ :『読売新聞』

その他の略号

Ｓ : source の略、各種の原資料を示す。

情 : 核燃料サイクル施設問題青森県民情報センター編集・発行『核燃問題情報』各号

反 反原発運動全国連絡会編集・発行『反原発新聞』各号

通 : 原子力資料情報室編集・発行『原子力資料情報室通信』各号

市 : 原子力資料情報室編（各年）『原子力市民年鑑』七つ森書館

V－1－1

むつ小川原開発と核燃料サイクル施設問題年表

年	A　全国レベルの諸主体（政府、財界、開発事業者など）	B　青森県レベルの諸主体（知事、県庁、県議会、諸団体など）
1964年（昭和39年）	2.－　日本工業立地センターによる下北臨海工業地区調査報告まとまる。（① 10:373）	
1968年（昭和43年）	12.23　通産省、工業開発の構想試案発表。（① 10:376）	7.－　竹内知事、日本工業立地センターに対しむつ湾小川原湖地域の工業開発の可能性、適性に関する調査を委託。（① 10:375）
1969年（昭和44年）	3.－　日本工業立地センター「陸奥湾小川原湖大規模工業開発調査」の報告まとまる。（① 10:376）	2.25　県庁内にむつ小川原開発対策連絡会議設置。（① 10:376）
	5.30　「新全国総合開発計画」（新全総）閣議決定。むつ小川原を大規模工業基地の候補地に指定。（S）	
	8.－　東北経済連合会、開発プロジェクト小委員会を設置。（① 10:377）	8.－　青森県は日本工業立地センター調査報告に基づいて「陸奥湾小川原湖地域の開発」と称するパンフレットを有力企業に配布。（① 10:377）
	10.30　東北開発審議会産業振興部会、臨海工業基地分科会を設置し、開発方式等を検討。（① 10:377）	
1970年（昭和45年）	4.9　産業構造審議会産業立地部会に、大規模工業基地委員会を設置し、開発方式を検討。（① 10:378）	4.1　県は「陸奥湾小川原湖開発室」を設置。（① 10:378）
	4.17　産業界の視察相次ぐ。三和グループ視察（17-19日）。富士グループ視察（22-23日）。（① 10:378）	4.20　県、関係16市町村からなる陸奥湾小川原湖大規模工業開発促進協議会発足。（① 10:378）
		4.20　東奥日報「巨大開発の胎動―むつ湾小川原湖」をキャッチフレーズに開発にむけて大キャンペーンを展開。（5月23日まで）（T:700420-0523）
		5.－　県は「住民対策部会」を設置。（① 10:379）
	6.15-16　三井グループ視察。（① 10:379）	6.1　県が公式に関係16市町村の農漁業団体に開発構想を説明し、協力を要請。（① 10:379）
	8.26　竹内知事の要請により、竹内知事、植村経団連会長、平井東北経済連合会会長の三者会談がおこなわれる。以後、経団連を中心に開発計画が具体化。（① 10:380）	7.－　県開発室作製の「陸奥湾小川原湖地域の開発」構図パンフレットを東京で配布。（① 10:380）
		7.－　県、新長期計画を策定。（① 10:380）
	10.21　佐藤経企庁長官現地視察。日本石油、石油化学工業協会視察（21-22日）。（① 10:381）	
	10.30　第一銀行、第一原子力産業グループ視察。（① 10:381）	11.4　県、むつ小川原を中心とする総合開発計画発表。（① 10:382）
	11.26　経団連「むつ小川原開発小委員会」開催。（① 10:392）	11.4　むつ小川原開発に関する青森県議会全員協議会を開催。（① 10:382）
	12.23　国土総合開発審議会、新全国総合開発計画をまとめる。（① 10:382）	11.16　陸奥湾小川原湖開発室を「むつ小川原開発室」と改称。三沢市に調査事務所。（① 10:382）

C　六ヶ所村レベル(村長、役場、村議会、諸団体など)	D　開発の進展状況および社会的、政治的、経済的、国際的背景
12.21　六ヶ所村村長選挙で寺下力三郎氏当選。(① 10:378)	

年	A　全国レベルの諸主体(政府、財界、開発事業者など)	B　青森県レベルの諸主体(知事、県庁、県議会、諸団体など)
1971年(昭和46年)	3. 22　関係10省庁からなる、むつ小川原総合開発会議設置。(① 10:383) (① 2:38)	1. 31　知事選、竹内氏三選なる。(① 10:383)
	3. 25　むつ小川原開発(株)が設立。(① 10:383)	3. 31　財団法人青森県むつ小川原開発公社設立。(① 10:383)
		5. 11　県議会にむつ小川原開発特別委員会を設置。(① 10:383)
		7. –　県、「むつ小川原地域開発構想の概要」を発表。(① 10:384)
		8. 14　住民対策大綱と立地開発立地想定業種規模(第1次案)を発表。および開発構想発表、関係市町村長、議長関係団体へ説明、意見聴取をおこなう(25日まで)。(① 10:384)
		8. 27　県議会全員協議会は住民対策大綱(第1次案)の手直しを要求。(① 10:385)
		8. 31　第1回青森県むつ小川原開発審議会開催。寺下六ヶ所村長、むつ小川原開発審議会委員を辞退。(① 10:385)
		9. 1　青森県労働組合会議、むつ小川原開発反対表明。(① 10:385)
		9. 2　竹内知事は「規模移転縮小代替地は提供地の半分」と発表。県は関係市町村、農業団体等へ代替地斡旋の協力を要請。(① 10:385)
		9. 7　自民党、県農業委員会は、村民村議団の説得工作と村長批判開始(20日まで)。(① 10:386)
		9. 18　自民党県議団は、村議団に対して「自民党試案」なる形で第2次案を提示。(① 10:386)
		9. 29　竹内知事は青森市で六ヶ所村村長、村議団に対して第2次住民対策案を提示。(① 10:387)
		10. 23　竹内知事、はじめて現地六ヶ所村で住民代表に、住民対策大綱と立地想定業種の第2次縮小案を説明。六ヶ所村民は、知事の現地説明会に激しい抗議。(① 10:388)
	10. 27　(株)むつ小川原総合開発センターが発足。(① 10:389)	11. 4　青森県農業委員会・事務局長会議はむつ小川原開発推進のアピールを採択。(① 10:389)
		12. 1　県農業委員大会で巨大開発の推進を満場一致で決議。(① 10:390)
1972年(昭和47年)		2. 4　北村副知事は、はじめて寺下六ヶ所村村長に協力を要請。(① 10:392)
	2. 12　むつ小川原開発(株)と開発公社が土地買収の業務委託を協定。(① 10:392)	2. 8　県は住民対策大綱修正案と土地斡旋案を関係市町村長、議長、教育、農漁業団体、商工団体に対し説明し、意見を聴取(9日まで)。(① 10:392)
		2. 13　むつ小川原開発公社による土地買収価格、および農業廃止の補償基準等を提示し、六ヶ所村7会場で現地説明会を開く。(A:720214)

C　六ヶ所村レベル（村長、役場、村議会、諸団体など）	D　開発の進展状況および社会的、政治的、経済的、国際的背景
7.31　六ヶ所村議会にむつ小川原開発六ヶ所村住民対策特別委員会を設置。（① 10:384） 8.8　「六ヶ所村むつ小川原対策協議会」設置。（① 10:384） 8.15　六ヶ所村議会は全員協議会を開催。（① 10:384） 8.20　寺下六ヶ所村長「開発反対」を表明。（① 10385） 8.21　六ヶ所村むつ小川原対策協議会は立ち退きの絶対反対を決議。（① 10:385） 8.25　六ヶ所村議会反対決議。（① 10:385） 8.31　平沼、倉内、鷹架の各地区で村主催の座談会（9月3日まで）。（① 10:385） 9.1　各地区で反対決議署名運動始まる。（① 10:386） 9.4　平沼老人クラブ、開発反対決議。新納屋部落、反対決議。（① 10:386） 9.18　泊漁場を守る会（反対派）が結成され、開発反対の署名運動を始める。（① 10:386） 9.20　倉内主婦の会（反対派）が結成され、開発反対の署名運動を始める。（① 10:386） 9.21　六ヶ所村村議会は開発反対運動のため、六ヶ所村対策協議会に1000万円の予算を計上し、可決。（① 10:387） 10.7　六ヶ所村民415名は、15班編成で鹿島開発地域を視察（11月26日まで）。（① 10:388） 10.15　六ヶ所村開発反対同盟が発足。（① 10:388） 10.26　むつ小川原開発促進六ヶ所村青年協議会が結成。（① 10:388）	8.16　ニクソン「ドル防衛策」を発表。ドル・ショックおこる。（① 10:384） 12.－　鉄鋼業界は深刻な過剰設備問題を抱え、粗鋼の不況カルテルを実施。（① 10:391） 12.－　石油化学業界が深刻な過剰設備問題をかかえる。（① 10:391）
1.6　村議会内の「むつ小川原開発住民対策特別委員会」正副委員長辞任、賛成促進派のリーダーが就任。（① 10:391） 1.14　寺下六ヶ所村長は、12会場で部落説明会を開き、強く公害をとき開発反対の決定を表明。（① 10:391） 2.13　むつ小川原開発公社による六ヶ所村新納屋での現地説明会は流会。（① 10:392）	

年	A　全国レベルの諸主体（政府、財界、開発事業者など）	B　青森県レベルの諸主体（知事、県庁、県議会、諸団体など）
1972年（昭和47年）	3.23　衆院予算委員会で木村経済企画庁長官は「むつ小川原開発が進めば国家事業として認める」と発言。（① 10:394）	4.13　県農業信用組合連合会は、開発促進のため20億円の特別融資額を決定。（① 10:395）
		4.18　（株）むつ小川原総合開発センター青森県事務所を野辺地町に開設。（① 10:395）
		4.27　県農業信用組合連合会は六ヶ所村農協へ5億5000万円の特別融資額決定。反対同盟は実質的買収と反発。（① 10:395）
		5.25　青森県は石油基地中心を骨子としたむつ小川原開発第1次基本計画と住民対策大綱を発表し六ヶ所村はじめ関係各市町村および、各種団体に説明（30日まで）。（① 10:396）
		6.6　青森県漁場確保対策協議会は公害の恐れのある工業開発に反対。（M:720611）
		6.12　青森県は第1次基本計画および住民対策大綱を内閣に提出。（① 10:397）
		7.25　県、むつ小川原開発公社は、新市街地を睦栄と千歳地区に決定と発表し現地で説明会を開催。（① 10:399）
	9.14　政府はむつ小川原巨大開発を閣議口頭了解。（① 10:402）	9.8　県は大石平地区の不法買収農地を業者に対して契約解除を勧告。（① 10:402）
	12.14　東北農政局長からむつ小川原開発株式会社に開発区域および新市街地区域の農地転用事前調査内示の交付。（A:721215）	
		12.25　県むつ小川原開発公社による用地買収交渉開始。（① 10:406）
1973年（昭和48年）		
	6.5　三井不動産社長は巨大開発に関連する土地取得について投機目的でないと県に回答。（① 10:411）	
	7.20　三井グループ進出断念、内外不動産取得800ha、公社に放出を決定。（① 10:412）	10.1　県議会でむつ小川原開発をめぐり竹内知事不信任案が出るが否決される。（① 10:413）
		10.30　県は六ヶ所村議会、開発地域内全地区を対象に新市街地構想について現地説明会開催（11月2日まで）。（T:731031）
1974年（昭和49年）		2.19　むつ小川原開発公社、新市街地の建設用地の農地転用の申請を行う。（① 10:416）
	4.17　むつ小川原総合開発会議開催。（① 10:418）	

C　六ヶ所村レベル（村長、役場、村議会、諸団体など）	D　開発の進展状況および社会的、政治的、経済的、国際的背景
3.7　六ヶ所村反対同盟は反対署名を知事に提出し、青森市で反対の集会、デモを行う。(① 10:393) 9.6　反対同盟は、決起集会を開き、木村建設大臣に開発反対を陳情。(① 10:401) 9.6　六ヶ所村でむつ小川原開発に関する気球による気象測定始まる。(① 10:402) 10.1　六ヶ所村議会特別対策委員会がむつ小川原開発の条件付き開発推進を決議。(① 10:403) 12.21　六ヶ所村議会は、寺下村長欠席のまま14項目からなるむつ小川原開発の推進に関する意見書を決議。(① 10:406)	3.10　石油審議会は、過剰設備で1975年度の新設備認可は行わない方針を打ち出す。(① 10:393)
1.5　開発反対期成同盟は橋本勝四郎特別対策委員長のリコール手続き。(① 10:406) 1.31　開発推進派は寺下村長リコールの手続きを行う。(① 10:407) 3.25　むつ小川原巨大開発反対全国集会が六ヶ所村で開かれる。(M:730326) 5.13　橋本村議のリコール投票は不成立。(① 10:410) 6.4　寺下村長のリコール投票は不成立。(① 10:411) 11.16　田中ニット工業、六ヶ所村工場起工式。(T:731117) 12.　2　六ヶ所村長に開発推進派古川伊勢松氏当選。(T:19731203)	10.17　第4次中東戦争による石油輸出機構（ＯＰＥＣ）の石油公示価格の引き上げと敵対国に対する石油輸出禁止阻止に伴うオイル・ショックおこる。(① 10:414)
1.8　古川六ヶ所村長は開発14項目について竹内知事と初会談。(① 10:415) 1.26　六ヶ所村役場内に企画室設置。(① 10:416) 4.5　開発賛成村議団は農林省、経済企画庁に対し新市街地の早期建設を陳情。(① 10:417) 4.24　開発反対村民代表は農林省に対して農地転用不許可を陳情。(① 10:417)	

年	A　全国レベルの諸主体(政府、財界、開発事業者など)	B　青森県レベルの諸主体(知事、県庁、県議会、諸団体など)
1974年(昭和49年)	6.26　国土庁発足。経済企画庁から国土庁地方振興局にむつ小川原開発の所管移る。(① 10:420) 7.10　国土庁地方振興局長は、竹内知事に対して、第2次基本計画の骨子を提出するように要請する。(① 10:420) 10.4　むつ小川原総合開発会議が開催され、公害防止の事前調査を前提に、第2次基本計画骨子をもとにした第2次基本計画の作成等について了承される。(T:741005) 11.13　むつ小川原総合開発会議が開催され、新市街地A住区の建設計画了承される。(① 10:412) 11.15　農林大臣が、開発区域内新市街地A住区の農地転用を許可。(① 10:423)	8.12　県は第2次基本計画の骨子案を決定し六ヶ所村長、村議会および陸奥湾小川原湖大規模開発促進協議会16市町村に説明。(T:740813) 8.31　県は、第2次基本計画の骨子を国土庁に提出。(① 10:422)
1975年(昭和50年)		2.22　青森県知事選で竹内氏四選。(T:750223) 4.11　むつ小川原開発の住民対策6事業について、知事・開発会社の間で覚え書きかわす。(① 10:425) 11.1　「むつ小川原開発第2次基本計画(案)」まとまる。北村副知事、港湾計画案を六ヶ所村に説明。(T:751103) 11.18　県、地元説明会を反対住民の座り込みにあって中止。(T:751108or09) 12.20　青森県、オイルショック後の石油需給を見通し、経済情勢の変化などを基にむつ小川原開発第2次基本計画を決定。工業地区5280ha、立地想定は石油精製計100万バーレル、石油化学160万t、火力発電320万kWと修正。(① 3:382) 12.24　第2次基本計画が国に提出される。(① 2:39)
1976年(昭和51年)	7.20　環境庁、開発の影響事前評価をテストケースとしてむつ小川原開発に適用決定。(① 15:142) 9.3　環境庁は青森県に対し、むつ小川原総合開発計画第2次基本計画に係る環境影響評価実施についての指針を与える。(T:760905or06)	7.11　原原種農場、村内移転を断念。天間林村柳平地区へ移転することになる。(T:760711) 7.29　県、漁業補償算定調査で説明。対象は六ヶ所海水、六ヶ所村、泊、三沢市の各漁協。(① 10:436)

C　六ヶ所村レベル（村長、役場、村議会、諸団体など）	D　開発の進展状況および社会的、政治的、経済的、国際的背景
5. 11　吉田開発反対同盟会長は辞表を提出（17日に辞表は撤回）。（① 10:418） 5. 19　寺下氏、参院出馬を突然表明（6月11日に出馬を断念）。（T:740521） 6. 11　六ヶ所村長から知事に対し地権者253名の新市街地入居希望書を添えて新市街地（A地区）の早期着工を要望。（① 10:419） 9. 23　開発反対同盟は、第2次基本計画骨子の粉砕村民決起集会を開く。（T:740924） 12. 26　古川村長に対するリコール告示。（① 10:424）	12. 20　新市街地A住区（280区画）起工式。（① 10:424）
1. 21　発茶沢工地改良区の付帯地96. 7haを公社に売却契約する。（① 10:424） 2. 3　新生会と暁友会の一部、村長リコール署名集め開始。（T:750204） 4. 27　六ヶ所村議会選挙で開発反対派が1議席から5議席に増える。（① 10:426） 5. 14　反対同盟は法定署名数の獲得困難のため、古川村長に対するリコールを中止。（① 10:426） 7. 16　六ヶ所村農業委員選考で、吉田又次郎氏（反対同盟会長）始め反対派全員落選。（① 10:428） 7. 17　開発反対同盟会長吉田又次郎氏が農業委員の選挙の責任をとり、辞表を提出（① 10:428） 10. 13　吉田又次郎氏が、開発反対同盟の会長にカムバック。（① 10:429）	12. 31　開発区域内用地買収が90%をこえる。（① 2:39）
2. 26　反対同盟、国土庁訪れ抗議、反対署名を提出。（T:760226）	

年	A　全国レベルの諸主体(政府、財界、開発事業者など)	B　青森県レベルの諸主体(知事、県庁、県議会、諸団体など)
1977年(昭和52年)	1. 11　むつ小川原総合開発会議開催、1975年12月青森県提出のむつ小川原開発第2次基本計画の線にそって5点にわたって13省庁合意に達する。(① 10:439)	1. 29　県は運輸大臣にむつ小川原港の地方港湾認可申請書提出。(① 10:440)
		2. 26　県はむつ小川原開発第2次基本計画に係る環境影響評価報告書(案の縦覧(3月25日まで)及び意見書受付(4月1日まで)開始。(① 10:440)
	3. 30　運輸省は、むつ小川原港の地方港湾認可。(① 10:441)	
	8. 30　むつ小川原開発第2次基本計画について閣議口頭了解。(① 10:443)	8. 12　竹内知事は、第2次基本計画に係る環境影響評価報告書を環境庁へ提出。(① 10:442)
	11. 4　第3次全国総合開発計画を閣議決定し、むつ小川原開発の推進を確認。(① 10:444)	
	11. 25　中央港湾審議会で、むつ小川原港建設計画を了承。(T:771126)	
	12. 2　むつ小川原港湾計画、運輸大臣承認。(① 10:445)	
1978年(昭和53年)		1. 14　青森県庁内に漁業補償対策会議発足。(T:780115)
	6. 5　経団連は、むつ小川原開発の企業進出、工業立地について経団連内に、むつ小川原開発分科会を設置し、開発推進のための強力な支援を政府と青森県に要望。(① 10:447)	3. 6　むつ小川原港建設の漁業補償の交渉を青森県と関係漁協の間で開始。(① 10:446)
	6. 19　通産省は、石油備蓄基地を、むつ小川原に建設する方針を決め、青森県に協力を要請。(① 10:447)	8. 18　竹内知事らは、漁業補償に関して六ヶ所村・同村議会の一行に補償額を提示。(D:780818)
	12. 6　小川原湖総合開発事業に関する基本計画建設大臣告示。主な内容は、湖岸堤整備による治水事業および湖の淡水化による利水事業の開始(昭和56. 8. 12変更告示)。(①5:061023)	8. 28　県むつ小川原開発公社は、開発線引き内の仮契約者703名に対して「土地を来年3月末日をもって引き渡すこと」という通知を関係農家に郵送。(T:780803)
	12. 23　建設省東北地方建設局高瀬川総合開発工事事務所は、上北町で小川原湖漁協に対し小川原湖総合開発事業に関する基本計画、その他の説明会を開く。(T:781224)	
1979年(昭和54年)		2. 26　北村正哉氏、青森県知事に就任。(① 15:143)
	5. 25　県が要請していたむつ小川原開発(株)の指定法人化と、第2次基本計画の指定計画が農林水産大臣により指定、本日付けで告示された。これにより六ヶ所村の市街化区域内農地は移転登記後直ちに用地造成に着手できる。　(① 2:41)	3. 22　県都市計画審議会が青森市の県建設会館で開催。県側から諮問された六ヶ所村の都市計画原案を最終審議した結果、原案通り承認され、同日付けで答申。(① 15:143)
		8. 3　米内山義一郎氏は六ヶ所村・海水漁協に支払われた漁業補償金総額133億円について、算定根拠となった漁獲高に水増しがあったとして住民監査請求を起こす。(D:790804)
	10. 1　石油備蓄基地(ＣＴＳ)のむつ小川原地区立地が正式決定。(① 2:41)	

C　六ヶ所村レベル（村長、役場、村議会、諸団体など）	D　開発の進展状況および社会的、政治的、経済的、国際的背景
3.14　六ヶ所村開発反対派は、開発推進と条件闘争に転換。(T:770314) 3.21　六ヶ所村開発反対同盟は、「六ヶ所村を守る会」に改称。(① 10:441) 5.2　吉田六ヶ所村を守る会会長は、守る会に辞表提出。反対運動から離脱。(T:770503) 12.4　六ヶ所村村長選がおこなわれ、古川氏再選。寺下氏に対して 900 票差。(T:781205)	
	2.14　県むつ小川原開発公社は 1977 年度の事業報告で 94% の土地買収を報告。(① 15:143) 12.-　むつ小川原港建設の前段階である新納屋の試験堤の工事が完了。(① 2:40)
1.16　六ヶ所村海水漁協は、むつ小川原港建設漁業補償費を 118 億円で県と合意。(D:790117) 6.14　むつ小川原港建設に伴う漁業補償交渉で、六ヶ所村内 3 漁協のうち 2 漁協が県と協定調印。補償額は同村海水漁協が 118 億円、同村漁協が 15 億円。(① 5:061023)	

年	A　全国レベルの諸主体(政府、財界、開発事業者など)	B　青森県レベルの諸主体(知事、県庁、県議会、諸団体など)
1979年(昭和54年)	12.20　むつ小川原石油備蓄会社が設立。(D:791220)	10.23　むつ小川原港建設漁業補償金額に不当な水増し分があるとして、米内山義一郎元代議士(元社会党)が青森地裁に、北村知事を被告とする損害賠償請求訴訟を提訴。(米内山訴訟)最終的に1989年7月14日最高裁判決、上告棄却。(① 5:061023) 11.10　宮城教授(弘前大学)、藤田教授(新潟大学)らのグループがＣＴＳ立地予定地下に活断層があることを報告。(D:791111)
1980年(昭和55年)	3.1　民間再処理事業者として、日本原燃サービス設立。(S) 3.28　むつ小川原開発センターが事業の具体化にともない、解散(T:800329)	5.17　むつ小川原港建設に関して、青森県と八戸漁協連翼下13漁協と三沢市漁協、百石町漁協との漁業補償交渉が17億5千万円で妥結した。(T:800518) 8.21　備蓄基地のパイプライン敷地で、石油公団が従来案を変更、北回りルートに傾いたことについて県は、各常任委でこれを認める方針を言明。(① 15:144)
1981年(昭和56年)	8.2　石油公団は、六ヶ所村へ第2の備蓄基地建設を計画し、適性検討調査の実施を今月中に県へ正式要請する見通し。県は受け入れの考え。(T:810806)	
1982年(昭和57年)		1.18　北村知事は、「むつ小川原港一点係留ブイ・海底パイプライン技術検討委員会」から「計画は妥当」との結果を得たと表明。(T:820119) 2.25　県は、むつ小川原港の一点係留ブイ・海底パイプラインの敷設計画に対して許可を出す。(T:820225) 3.19　石油備蓄会社が、管理運営計画概要を県へ提出。(T:820320) 8.4　北村知事、石油備蓄基地の積増しの可能性はきわめて厳しいと語る。(① 18:338) 12.6　射撃場移転をめぐる泊漁協の総会議決の無効を求める請求を、県は棄却。(T:821207)
1983年(昭和58年)	4.19　加藤国土長官が来県、視察。「これまでどおり基盤整備を進める」と表明。(T:830421) 12.8　中曽根総理大臣が総選挙遊説のため来県、「下北半島は原子力基地にしたらいい」と発言。(T:831209)	2.6　青森県知事選、北村氏が再選。(T:830207) 8.30　県・六ヶ所村と備蓄会社の間に公害防止協定が結ばれた。(① 15:145)

C　六ヶ所村レベル（村長、役場、村議会、諸団体など）	D　開発の進展状況および社会的、政治的、経済的、国際的背景
	11. 21　石油国家備蓄基地建設の起工式が行われた。（① 15:144）
2. 9　青森県と泊漁協との漁業補償交渉は 33 億円で妥協。（① 15:144） 2. 29　青森県と白糠漁協との漁業補償交渉は 5 億 5 千万円で合意、覚書に正式調印。（① 15:144） 3. 31　六ヶ所村泊漁協は 33 億円、東通村白糠漁協は 5 億 5000 万円で、県と漁業補償協定調印。（① 6） 8. 24　海水漁協に支払われた 118 億円の補償金配分をめぐり、12 人の組合員が、同漁協を相手取り配分基準の無効訴訟を青森地裁に起こした。寺下訴訟と言われる。（① 15:144） 12. 5　もめ続けていた泊漁協・漁業補償金 33 億円の個人配分基準案が決定、組合では、年内に配分を完了する方針。（T:801206）	1. 10　六ヶ所村の農地引渡し状況は 1 月 10 日現在、地権者の 89. 6％に達した。（① 15:144） 7. 23　むつ小川原港の起工式が行われた。（① 15:144）
2. 25　漁業補償金の配当をめぐって不満がくすぶっている泊漁協で、配分小委員会を開き不正がないことを説明。（T:810227） 3. 27　泊漁協に支払われた補償金 33 億円の配当をめぐり組合員 4 人が、「予定額よりも少ない」と青森地裁に提訴。（T:810328） 12. 6　六ヶ所村長選挙は、古川伊勢松氏が橋本氏、寺下氏に圧勝、三選。（T:811206）	
6. 17　陸上自衛隊は射撃場移転にともなう泊漁協との漁業補償が漁協で承認。7 月から新射撃場で訓練へ。（T:820617） 7. 1　六ヶ所村泊に移転した対空射撃場は開所式を行い訓練体制に入った。（T:820702）	11. 末　備蓄基地工事量の 70％完成。ＡＢ工区は 83 年にオイルイン、Ｃ工区も 84 年完成予定。（① 18:339）
	8. 31　ＣＴＳはＡ工区（タンク 12 基）と中継基地、一点係留ブイバースの一連の付帯施設が完成。（① 15:145） 9. 1　石油備蓄基地へのオイルインが開始。（① 15:145） 11. 30　石油備蓄基地Ｂ工区（タンク 17 基）完成。（① 18:339）

年	A　全国レベルの諸主体(政府、財界、開発事業者など)	B　青森県レベルの諸主体(知事、県庁、県議会、諸団体など)
1984年(昭和59年)	1.5　電気事業連合会(電事連)、核燃料サイクル施設の建設構想発表。(T:840106) 4.20　電気事業連合会(電事連)、青森県に「核燃料サイクル基地」(再処理施設、ウラン濃縮施設、低レベル放射性廃棄物貯蔵施設の三施設)の立地協力要請。(① 15:146) 7.27　電事連、県と六ヶ所村に、「核燃料サイクル基地」の六ヶ所村立地について正式な協力要請。(① 15:146)	8.22　県、原子燃料サイクル事業の安全性に関する専門家委嘱。(T:840823) 9.5　県、県内各界各層の意見聴取対象者に対し原子燃料サイクル事業の説明会開催(7日まで)。(T:840905) 9.17　県、県内各界各層から意見聴取実施(22日まで)。(T:840916) 11.26　県より委嘱された専門家グループ(11人)、「原子燃料サイクル事業の安全性に関する報告書」提出。「安全性は基本的に確立しうる」との内容。(T:841127)
1985年(昭和60年)	3.1　ウラン濃縮、低レベル廃棄物の埋設の事業主体として、日本原燃産業設立。(T:850301) 4.18　「原子燃料サイクル施設の立地への協力に関する基本協定書」(青森県、六ヶ所村、電事連、原燃2社の5者協定)調印。(T:850419) 4.26　「むつ小川原開発第2次基本計画一部修正」内閣口頭了解。「核燃料サイクル基地」立地が、むつ小川原開発の一部となる。(T:850426)	1.18　県、県内各界各層の第2次意見聴取実施(～22日まで)。(T:850119) 1.25　県労佐川議長他「核燃料サイクル建設立地に関する県民投票条例」制定請求代表者証明書の交付申請書提出。(① 15:146) 4.9　北村知事が県議会全員協議会で核燃施設立地受け入れを表明。翌日、電事連に回答した。受け入れ施設は再処理施設、ウラン濃縮施設、低レベル放射性廃棄物貯蔵施設。(① 5:070207) 4.10　北村知事、電事連に「核燃料サイクル基地」立地、受け入れ回答。(T:850411) 4.17　県、むつ小川原開発第2次基本計画「付」策定。(① 15:146) 5.27-28　県議会臨時議会開催、「核燃料サイクル施設建設立地に関する県民投票条例」を否決。賛成は社会党と共産党のみ。(T:850528) 8.19　八戸漁連、八戸地区原燃対策協議会、が核燃サイクル施設立地に係わる海域調査に合意。(T:850824) 8.23　三沢漁協が核燃サイクル施設立地に係わる海域調査に合意。(T:850824)
1986年(昭和61年)	6.2　原燃2社、「核燃料サイクル基地」立地のための海域調査開始。(T:890602) 8.28　むつ小川原開発株式会社と原燃2社、核燃料サイクル施設用地売買契約締結。723haを701億円で。(T:890829)	
1987年(昭和62年)	5.26　原燃産業、ウラン濃縮工場の事業許可申請を、科学技術庁に提出。(T:870526)	2.1　青森県知事選、北村氏が三選。(T:870202) 6.17　「放射能から子供を守る母親の会」は、核燃料サイクル計画の撤回の要求書を県に提出。(T:870617)

C　六ヶ所村レベル（村長、役場、村議会、諸団体など）	D　開発の進展状況および社会的、政治的、経済的、国際的背景
8.30　六ヶ所村、原子燃料サイクル施設対策特別委員会を組織。(T:840831)	
1.17　古川村長、知事に「核燃料サイクル基地」立地、受け入れ回答。(T:850118) 7.11　六ヶ所村漁協が原燃サイクル施設立地に係わる海域調査に合意。(T:850712) 7.31　六ヶ所村海水漁協、核燃サイクル立地に係わる海域調査に同意。(T:850801) 12.1　六ヶ所村村長選、古川伊勢松氏当選(四選,4343票)。滝口氏(2469票)、中村氏に大差。(T:851202)	12.12　石油備蓄基地オイルイン完了(435万kl)。(T:851213)
1－3月　泊漁協で、サイクル施設のための海域調査の受入れをめぐって激しい対立が続く。(S) 11.19　むつ小川原港建設に伴う代替として尾駮漁船船だまりが完成。(T:861119)	4.26　ソ連でチェルノブイリ原発事故が発生。青森県内にも衝撃。六ヶ所村では核燃施設建設に必要な海域調査への阻止行動が高まる。(T:860430)

年	A　全国レベルの諸主体(政府、財界、開発事業者など)	B　青森県レベルの諸主体(知事、県庁、県議会、諸団体など)
1987年(昭和62年)	9.7　日弁連、核燃料サイクル施設について危険性が高い等を理由に計画を中止すべきとの報告書を、科学技術庁と資源エネルギー庁に提出。(T:870908)	
	12.1　ウラン濃縮施設と廃棄物貯蔵施設を電源三法交付金の対象とする政令が施行される。(T:871204)	12.12　県農業4団体(農協青年部, 婦人部, 農政連, 農協労連)の「核燃料サイクル建設阻止農業者実行委員会」発足。(T:871213)
1988年(昭和63年)	1.14　伊藤科学技術庁長官、青森を訪れ、「核燃事業推進」を強調。(T:880115)	
	4.27　原燃産業、低レベル放射性廃棄物貯蔵施設の事業許可申請を科学技術庁に提出。(T:880427)	6.16　県生協連、知事に約5万9千人分の核燃料サイクル施設建設白紙撤回の署名簿を提出。(① 15:147)
		6.30　ストップ・ザ・核燃署名委員会、知事に約36万9千人分の核燃料サイクル施設建設白紙撤回の署名簿を提出。(① 15:147)
	8.10　科学技術庁、ウラン濃縮工場に対し事業許可。(T:880811)	8.6　青森県内外から約60人が出席し「核燃料サイクル阻止1万人訴訟原告団」結成。(T:880807)
		10.7　ウラン濃縮施設の許可に異議申立て。(S)
	10.19　電事連会長、風評被害に対する100億円基金財団の設立を公式に発表。(① 15:147)	10.8　核燃料サイクル施設予定地の活断層に関する内部資料を、社会党県本部が入手。(① 15:147)
1989年(平成元年)	3.3　県と事業者で、風評被害対策100億円基金協定締結。(T:890303)	
	3.30　原燃サービス、再処理施設・高レベル廃棄物管理施設の事業許可申請を、科技庁に提出。(T:890330)	5.15　自民党青森県連原子燃料サイクル施設立地に係る統一見解の取りまとめと、そのための「原子燃料サイクル特別委員会」設置を決定。(T:890516)
		7.12　県、電源三法交付金による総額268億8千万円分の整備計画を、国に対し承認申請。(① 15:147)
		7.13　核燃サイクル阻止1万人訴訟原告団、青森地裁に、原燃産業のウラン濃縮工場に対する許可取り消しの行政訴訟をおこす。(S)
	7.14　米内山訴訟の最高裁判決、上告棄却。(① 5:061023)	7.23　参院選、核燃サイクル施設反対を掲げた三上隆雄氏(社会党推薦)当選。(T:890725)
		8.末　この時点までに青森県内の農協の過半数が核燃反対を決議。8月のみで22農協が表明する。(T:890901)(① 3:385)
		8.19　県、参議院選の結果を踏まえ、電事連及び原燃2社に対し、県民の不安解消のための新たな対応を取るよう文書要請。(① 15:147)
		8.25　県、参院選の結果を踏まえ、科学技術庁長官及び通産大臣に対し、立地推進のため万全の措置を講ずるよう文書要請。(① 15:147)
		9.29　核燃1万人訴訟、青森地裁で第1回口頭弁論。原告側「許可、法的根拠ない」、 国側「原告適格欠く」と主張。訴え却下求める。(T:890930)
	10.27　原燃、低レベル放射性廃棄物貯蔵センターの設計大幅に変更。科技庁へ補足申請書。(T:891027)	10.18　「フォーラム・イン・青森」開始。(T:891020)

C　六ヶ所村レベル（村長、役場、村議会、諸団体など）	D　開発の進展状況および社会的、政治的、経済的、国際的背景
1.22　原燃2社、六ヶ所村3漁協に海域調査の協力料として1億1千万円を提示。(① 15:147) 10.14　ウラン濃縮工場に着工。日本原燃は、青森県に「断層は問題なし」と、地盤の安定性を強調。(① 15:147) 12.29　県農協代表者大会で、核燃料サイクル施設建設反対を決議。(① 15:147)	
4.9　六ヶ所村で、「反核燃の日」全国集会1万人参加。(① 15:147) 10.7　六ヶ所村泊漁協、板垣組合長解任。新組合長に慎重派の滝口氏。(T:891008)	

年	A　全国レベルの諸主体（政府、財界、開発事業者など）	B　青森県レベルの諸主体（知事、県庁、県議会、諸団体など）
1989年（平成元年）	11.18　九電力社長、来県。核燃推進の決意を示す。(T:891119)	11.2　「核燃の白紙撤回を！ 11月共同行動」実行委員会、11–13日に青森市と六ヶ所村で反核燃行動を決定。(T:891102)
		12.5　知事と農業者代表が懇談。(T:891205)
	12.26　自民党本部「原子燃料サイクル特別委員会」を設置。(T:891228)	12.11　核燃で自民県連が統一見解を取りまとめた。(T:891212)
1990年（平成2年）		2.9　県、核燃安全対策委を設置。(D:900209)
		2.18　衆院選で核燃反対を掲げた社会党が青森県で2議席を獲得。(T:900219)
		3.23　県、平成2年度の定期人事移動、組織改正。原子力環境対策室を新設。(T:900323)
		3.30　県農協婦人部協議会総会。核燃白紙撤回の活動計画の確認。長谷川蓉子会長退任。(T:900331)
	4.23　原燃サービス、再処理工場敷地の地質追加調査を中間報告。「安全性に問題なしと主張」。(T:900424)	4.20　県議会、総務企画常任委、再処理工場撤回を決議。(T:900421)
		5.27　第1回県民自主ヒアリング（7月5日まで5回開催）。(T:900524)
	9.19　原燃産業、低レベル放射性廃棄物貯蔵施設に関する事業許可補正申請書を提出。(T:900919)	
	11.15　低レベル廃棄物貯蔵施設に事業許可。(T:901115)	11.21　核燃阻止懇談会が開かれ、知事選候補として金沢茂氏の出馬を全会一致で承認。(T:901123)
		12.20　核燃立地協定破棄を求める52万余名分の署名を県に提出。(① 7:28)
1991年（平成3年）		1.10　低レベル廃棄物埋設施設の許可に異議申立て。(T:910111)
		2.3　県知事選で、核燃推進の北村正哉氏が四選（325985票）。反核燃の金沢茂氏（247929票）、凍結の山崎竜男氏（167558票）を破る。(T:910204)
		2.24　参院選青森県補選で、核燃推進の松尾官平氏が当選。(T:910225)
		4.7　青森県議会選挙で核燃反対候補の落選が相次ぐ。反核燃議員は3名のみ。(T:910408)
	7.25　B欄と共通	7.1　青森県核燃料物質等取扱税条例、県議会本会議で可決。(T:910702)
	7.30　日本原燃サービスが、科学技術庁に再処理工場の最終補正書を提出。(T:910730)	7.25　ウラン濃縮工場に関する安全協定を青森県知事、六ヶ所村長、日本原燃産業社長の間で締結。(① 8:63)
	8.22　科学技術庁、再処理工場の第一次安全審査を終了、原子力委員会と原子力安全委員会に第二次審査を諮問。(T:910823)	9.10　日本原燃産業と六ヶ所村の隣接6町村が、ウラン濃縮工場の安全協定を締結。(T:910910)

C　六ヶ所村レベル(村長、役場、村議会、諸団体など)	D　開発の進展状況および社会的、政治的、経済的、国際的背景
12.10　核燃政策を左右する六ヶ所村長選。「核燃凍結」の土田浩氏(無所属)が、現職の古川氏(自民党)を破り、初当選(土田氏3,820票、古川氏3,514票、高梨氏341票)。県や事業者に衝撃が走る。(T:891211)	
1.12　六ヶ所村議会で、核燃推進の請願が採択される。土田村長の方針と対立し、野党優位が浮き彫りになる。(T:900113) 3.17　六ヶ所村議会、電源三法交付金を含む新年度予算案を可決。(T:900317) 3.17　六ヶ所村で農業者ら約1700人、核燃反対のデモ、集会。(T:900318) 4.7　反核燃市民グループ、「核燃の白紙撤回を！4・9共同行動」スタート。(T:900408) 4.26　六ヶ所村で、低レベル放射性廃棄物貯蔵センターに関する公開ヒアリング。物々しい警備陣、反対派が抗議行動。(① 3:385)	4.3　原燃産業、ウラン濃縮工場への遠心分離機搬入をスタート。(T:900403) 7.20　北海道議会が、幌延町の高レベル放射性廃棄物貯蔵・研究施設反対決議。(T:900720) 9.13　ウラン濃縮工場への遠心分離器の1990年度分の搬入が終了。(T:900913) 11.30　核燃施設低レベル貯蔵施設が着工(事業許可は11.15)。94年12月に操業開始。(① 3:386)
3.28　ウラン濃縮工場の安全協定について村内地区座談会始まる。(T:910329) 5.10　六ヶ所村と青森県は、ウラン濃縮工場の安全協定案づくりについて事業者と協議に入る。(T:910511) 7.25　B欄と共通	4.14-18　第3回再処理廃棄物に関する国際会議(仙台)。500人の各国専門家が参加。(T:910413) 5.7　米軍三沢基地のF16戦闘機が滑走路より1.6kmの地点に墜落。(T:910508) 9.27　ウラン濃縮工場に天然六フッ化ウランを初搬入。(T:910928) 10.4　ウラン濃縮工場の慣らし運転開始。(T:911004) 11.5　宮沢内閣発足。(T:911106)

年	A　全国レベルの諸主体（政府、財界、開発事業者など）	B　青森県レベルの諸主体（知事、県庁、県議会、諸団体など）
1991 年（平成 3 年）	10. 30　C 欄と共通。	11. 7　1 万人訴訟原告団が、低レベル放射性廃棄物施設に対する許可取り消し訴訟を提訴。(T:911108)
1992 年（平成 4 年）		3. 23　県委託の専門家グループがガラス固化技術と地質地盤問題についての検討結果を知事に報告。「安全性に問題はない、活断層は存在しない」としている。(T:920324)
	4. 3　海外返還高レベル施設建設計画に対し国の事業許可が下りる。(T:920403)	4. 12　「反核燃の日青森集会」が青森市で開催。2800 人参加。(T:920413)
	4. 20　石渡動燃理事長が、高速増殖炉について、今後は増殖面にさほど力を注ぐ必要なし、との見解表明。(情 32:13)	5. 8　県農協農政対策委員会は、農政連等から出されていた、参院選での草創氏支援要請を否定する形で、自主投票とすることを決める。(① 18:344)
		5. 29　高レベル廃棄物管理施設の許可に異議申し立て。(T:920530)
	7. 1　原燃サービスと原燃産業が合体し日本原燃が発足。資本金 1200 億円、社員 1050 人。社長は野沢清志。(T:920702)	7. 26　参議院選挙で、松尾官平氏（26 万票）が、反核燃の草創氏（15 万票）、高橋氏（6. 6 万票）を押え当選。(T:920727)
	8. 28　高レベル廃棄物の最終処分対策を原子力委員会が発表。2000 年をめどに処分事業者を設立し、2030-2040 年代半ばまでに地下への埋設処分を始める。(T:920829)	9. 21　低レベル施設に対する安全協定が県、六ヶ所村と日本原燃の間で結ばれる。(① 18:64)
	9. 21　B 欄と共通。	10. 26　周辺 6 市町村と、県、日本原燃は低レベル施設の安全協定を締結。(T:921027)
	12. 24　再処理工場に国の事業許可がおりる。2000 年 1 月完成予定。(Y:080713)	12. 7　低レベル廃棄物を積んだ青栄丸がむつ小川原港に入港。反核燃団体や市民が抗議。(情 36:11)
1993 年（平成 5 年）		2. 19　1 万人訴訟原告団が、再処理工場の事業指定に対して異議申し立て。(T:930220)
	7. 13　科技庁は、ウラン濃縮工場第 2 期増設分の事業許可を日本原燃に出す。(T:930713)	3. 29　「エネルギー工学院」（東北町建設予定）の建設準備財団発起人会が解散。(T:930330)
	9. 15　B 欄と共通。	9. 15　江田科技庁長官が来県。各界関係者と懇談。これを機に、17 日に反核燃団体と東京で会見。反核燃団体側より、再処理工場建設中止等を要望する。(T:930915)
		9. 17　1 万人訴訟原告団は、高レベル貯蔵施設の事業許可取り消しを求めて提訴。(① 7:34)
		12. 3　1 万人訴訟原告団は、再処理工場の事業許可取り消しを求める行政訴訟を提訴。(T:931203)

C　六ヶ所村レベル（村長、役場、村議会、諸団体など）	D　開発の進展状況および社会的、政治的、経済的、国際的背景
10.30　再処理工場、高レベル施設の公開ヒアリングが六ヶ所村内で行われる。反対派も意見を述べる。(T:911031)	12.11　ウラン濃縮工場で濃縮作業が始まる。(T:911211)
	1.26　ウラン濃縮工場の停電再起動試験で異常が発生。(T:920128)
6.11　低レベル施設の安全協定の素案・細則案が六ヶ所村と県の間でまとまる。(T:920616)	2.14　原船むつ、実験終了を宣言、解役に。(T:920214)
7.7　六ヶ所村と県は、ウラン濃縮機器（株）と、93年春からの遠心分離機組立工場の立地基本協定を結ぶ。(情 33:9)	3.27　ウラン濃縮工場で本格操業開始。(① 9:343)
9.10　六ヶ所村と県、濃縮工場の運転再開を承認。(T:920910)	4.20　日本初の低レベル廃棄物運搬専用船「青栄丸」が小川原港に初入港、操舵訓練。(T:920420)
9.21　B欄と共通。	5.6　原燃サービス、海外返還高レベル廃棄物施設を着工。(T:920506)
10.7　反対派村民2名が役場を訪れ、土田村長に要請書を提出するとともに凍結解除に対して抗議。(① 18:345)	6.17　濃縮工場で電気系統異常のために遠心分離器を手動停止させる操業後初の停止事故。(T:920618)
	7.14　白糠漁協の臨時総会で、東通原発建設計画を受け入れ、知事再斡旋の漁業補償金を受諾。(T:920715)
	9.26　濃縮工場が本格操業再開。(T:920927)
10.30　東通原発建設について、泊漁協と東北・東京電力との交渉が10年ぶりに再開。(T:921031)	11.30　低レベル施設が完成。(T:921130)
	12.8　低レベル施設の操業開始。ドラム缶初搬入。9日に第1回廃棄物搬入は終了。(T:921208)
1.28　土田村長、科技庁次官と会談し、六ヶ所村への研究機関設置を要望。(情 37:7)	1.5　92年11月7日にフランスでプルトニウムを積み込み出港した「あかつき丸」が茨城県の東海港に到着。(T:930106)
3.23　倉内地区国道バイパス工事に地権者3人が、「核燃道路で公共性がない」と異議申し立て。(T:930324)	3.2　開発区域内に賃貸ビルとマンション完成。(T:930303)
9.21　六ヶ所村で郷土館など15施設の完成を祝って合同落成記念式典を約600人の出席で行う。(T:930922)	4.20　日本原燃は、六ヶ所村低レベル廃棄物埋設センターで第2次埋設設備に着工。(T:930421)
	4.28　日本原燃、使用済み核燃料再処理工場に着工。(① 8:64)
12.5　六ヶ所村村長選挙で土田氏（4196票）が、「核燃反対」の高田與三郎氏（1252票）を退け再選。(T:931206)	5.29　六ヶ所村で「環境科学研究所」が完成。(T:930529)
	8.9　細川内閣発足。(T:930810)
	11.18　六ヶ所村ウラン濃縮工場から、製品の濃縮六フッ化ウランを初出荷。(① 8:64)

年	A　全国レベルの諸主体(政府、財界、開発事業者など)	B　青森県レベルの諸主体(知事、県庁、県議会、諸団体など)
1994年(平成6年)	2.–　むつ小川原開発工業地域への企業導入促進のため、政府と県による用地購入助成金を、来年度より導入する方針固まる。(T:940228)	3.18　県議会答弁で、むつ小川原開発(株)の借入金は、93年12月で2000億円を超え、年間支払い利息が100億円に達していることが明らかになる。(T:940319)
	6.24　原子力委員会、新しい原子力開発利用長期計画を決定。使うあてのない余剰プルトニウムを持たないとの原則や情報公開を打ち出す。(T:940624)	6.26　青森市文化会館で「再処理を考える国際シンポジウム」が開かれる。(T:940627)
	9.22　日本原燃は、県から昨年、高レベル廃棄物の返還延期要請があったことを認める。(T:940923)	
	11.19　科技庁、高レベル放射性廃棄物の最終処分地問題に関し、知事の意向に反しては最終処分地に選定されないという趣旨の田中長官名の確約書を北村知事に渡す。(① 3:386)	
	12.–　むつ小川原開発株式会社、倍額増資が完了。(T:941222)	12.9　反核燃3団体、「高レベルガラス固化体の最終処分場拒否条例」の制定を求める請願を県議会に提出。署名102057人。県議会は不採択(16日)。(① 7:38) (情48:9)
	12.26　B欄と共通。	12.26　県、六ヶ所村、日本原燃、返還高レベル放射性廃棄物の安全協定に調印。(① 8:64)
1995年(平成7年)		1.25　六ヶ所村周辺6市町村、高レベル廃棄物の安全協定を結ぶ。(T:950125)
	3.13　科技庁、高レベル廃棄物輸送に関して「海没事故時の環境影響評価」の詳細報告を公表。(T:960314)	2.5　県知事選で木村守男氏(32.3万票)が現職の北村氏(29.7万票)、反核燃の大下氏(5.9万票)、西脇氏(2.9万票)を破り当選。(T:950206)
	3.28　むつ小川原開発(株)の株主総会。繰越損失は20億7100万円、借入金2104億円となる(1994年末)。(情50:9)	3.14　県議会で、高レベル廃棄物について「安全性の確保と情報公開がなされない限り輸送船の六ヶ所入港を拒否する」との自民党提案決議案が可決される。(T:950315)
		4.1　青森原燃テクノロジーセンター(東北町)が事業開始。(情50:9)
	4.25　科技庁事務次官が来県し、県知事に高レベル廃棄物の最終処分地についての科技庁長官の確約文書を提出。(T:950425)	4.20　木村県知事と反核燃団体(核燃阻止1万人訴訟原告団、県反核実行委員会)が初めての会談。(T:950421)
	5.19　日本原燃、ガラス固化体28本の受け入れ検査開始。(T:950520)	4.25　木村県知事、科技庁の「最終処分地」に関する回答を不服として、高レベル廃棄物輸送船のむつ小川原港接岸を拒否。科技庁長官の確約文書提出により1日遅れの26日に接岸許可。(① 3:386)
		7.23　参院選で反核燃を訴えた現職の三上隆雄氏が落選。(① 7:40)
		9.22　反核燃団体と県知事の第2回対話集会開かれる。(情53:6)
		10.18　青森県議会が、ＩＴＥＲ誘致の意見書可決。(T:950119)
		10.23　木村県知事、ＩＴＥＲの六ヶ所村誘致を正式に表明。(① 3:386)
1996年(平成8年)	1.23　ＩＴＥＲ日本誘致推進会議が東京で懇談会。(T:960124)	3.25　むつ小川原開発調査検討委員会、日本立地センターの第2次開発基本計画フォローアップ調査中間報告を了承。(情56:10)

C　六ヶ所村レベル（村長、役場、村議会、諸団体など）	D　開発の進展状況および社会的、政治的、経済的、国際的背景
4.10　150人参加して、六ヶ所村で反核燃集会。(T:940411)	2.7　ウラン濃縮工場でまたトラブル。運転停止。(T:940209)
5.6　村当局は県とともに、濃縮工場トラブルについて、安全協定にもとづいて立ち入り調査を実施。(T:940507)	4.28　羽田内閣発足。(T:940429)
7.22　村議会に対し、村側は、高レベル廃棄物貯蔵センターの安全協定草案を説明。(T:940723)	5.27　ウラン濃縮工場。4ヶ月ぶりに運転再開。県、トラブル防止を要請。(T:940527)
9.19　六ヶ所村3漁協は、日本原燃に対し、再処理工場海洋放出管建設の迷惑料増額を求める。(T:940930)	6.30　村山内閣発足。(T:940701)
12.16　六ヶ所村住民5人（寺下氏ら)、高レベル廃棄物受け入れの是非を問う住民投票条例制定を直接請求。六ヶ所村議会はこれを否決(24日)。(① 7:38)(情 48:9)	10.31　むつ小川原港で5万トン級大型岸壁の着工。(情 47:13)
12.26　B欄と共通。	12.28　三陸はるか沖地震、八戸市を中心に大きな被害。開発地域の道路に多数の亀裂発生。(T:941229)
1.15　泊漁協、東通原発漁業補償で、15億6400万円を受諾し、30年ぶりに決着。(T:950116)	1.17　阪神淡路大震災発生。原子力施設の耐震性が以後問題化。(T:950118)
3.7　六ヶ所村で、国際熱核融合炉（ＩＴＥＲ）誘致のための協議会発足。(情 49:12)	2.23　高レベル廃棄物輸送船、フランスから六ヶ所村に向け出港。到着は4月を予定。(T:950223)
4.23　六ヶ所村村議会選挙が行われ、唯一の反核燃候補高田氏が落選。(情 50:10)	4.26　高レベル廃棄物輸送船、1日遅れでむつ小川原港に接岸、搬入開始。(T:950427)
4.25　むつ小川原港で高レベル廃棄物搬入阻止抗議集会。(T:950425) 4.26　高レベル廃棄物管理施設にフランスからの返還ガラス固化体初搬入。(T:950427) 6.22　六ヶ所村核融合研究施設誘致推進会議、県議会に対し、ＩＴＥＲ誘致の請願書を提出。(T:950623)	8.16　返還高レベル放射性廃棄物収納前検査で、28本目の固化体から高い放射能が検出される。(T:950817) 12.8　高速増殖炉もんじゅ、ナトリウム漏れ事故で原子炉停止。(① 7:42)
12.13　六ヶ所村議会、ＩＴＥＲ誘致の請願を可決。(情 54:10)	12.28　動燃、岐阜県、瑞浪市、土岐市の4者、瑞浪市につくる高レベル廃棄物処分技術確立のための「深地層研究所建設協定書」に調印。(T:951229)
3.9　六ヶ所村、低レベル廃棄物施設に固定資産税を課税。(情 54:10)	1.11　橋本内閣発足。(T:960112)

年	A　全国レベルの諸主体（政府、財界、開発事業者など）	B　青森県レベルの諸主体（知事、県庁、県議会、諸団体など）
1996年（平成8年）	4.25　科技庁、第1回「原子力政策円卓会議」を開催。（情 56:11） 5.8　原子力委員会が、「高レベル放射性廃棄物処分懇談会」を発足させる。（T:960509） 9.2　低レベル廃棄物埋設施設に雑固体廃棄物用施設を増設する計画を、日本原燃が県に報告。（S） 9.20　科技庁、再処理施設の設計変更を許可。（T:960921） 9.25　東京で経団連むつ小川原開発部会が開かれ、国に支援求める意見書をまとめる。（情 59:8）	6.11　「原子力政策青森賢人会議」の第1回会合始まる。（T:960611） 10.29　むつ小川原開発調査検討委員会、むつ小川原開発基本方針を了承。「工業基地から脱皮し科学技術都市を目指す」。（T:961030）
1997年（平成9年）	1.14　通産省、総合エネルギー調査会、高速増殖炉開発政策を転換、プルサーマル計画の推進を決める。（T:970115） 2.4　政府が、プルサーマル推進計画について国策として閣議で了解する。（① 5:061014） 4.24　政府と自民党、社民党、さきがけ三党の財政構造改革会議、ＩＴＥＲを日本に誘致しないことで合意。（T:970425） 7.1　日本原燃、科技庁に対し、使用済み核燃料の六ヶ所村施設への搬入を10月以降に延期するとの変更願を提出。（T:970702）	1.27　県と六ヶ所村、日本原燃と電事連に対し、使用済み核燃料受け入れ施設への試験用搬入に関する安全協定案を提示。（T:970127） 3.18　高レベル廃棄物輸送船が六ヶ所港に2回目の接岸。木村知事、高レベル廃棄物の陸揚げを許可、一時貯蔵施設に搬入。（T:970318） 3.26　むつ小川原開発基本計画の見直しを進めてきた「むつ小川原開発調査検討委員会」が最終報告をまとめる。（T:970327）
1998年（平成10年）		3.13　三回目の返還ガラス固化体搬入。県知事の接岸拒否で3日遅れ。（T:970314） 10.9　青森県六ヶ所村に搬入される使用済み核燃料輸送容器の性能を示すデータの改ざんが発覚。科技庁と木村知事は日本原燃に、使用済み核燃料を使った校正試験と2回目の搬入の中断を要請。（① 6:080207）
1999年（平成11年）	4.26　日本原燃、再処理工場の操業開始を2003年から2005年7月に延期すると発表。総工費は8400億円から2兆1400億円に増大。（① 6:061023）	1.31　青森県知事選、木村氏が再選。（T:990201）
2000年（平成12年）	-　原子炉等規制法の政令の改正がなされる。（S） 6.7　「特定放射性廃棄物の最終処分に関する法律」が制定（S） 7.　-　電力業界は高β・γ廃棄物の処分場立地を、県・村に要請する方針を固める。（T:000729）	8.18　県議会で、県としては、「原子炉廃止措置により発生する炉内構造物」も立地協力要請に含まれていると、の答弁。（T:000819）

C　六ヶ所村レベル（村長、役場、村議会、諸団体など）	D　開発の進展状況および社会的、政治的、経済的、国際的背景
3.14　六ヶ所村、放射線医学研究施設誘致表明。(T:960315) 6.14　六ヶ所村核融合研究施設誘致推進会議、科技庁、経団連などにＩＴＥＲ誘致実現を要望。(T:960615) 10.14　六ヶ所村、県知事に対し、むつ小川原港整備の国予算獲得を陳情。(T:961015) 12.9　六ヶ所村議会で、土田村長、使用済み燃料搬入の前提となる安全協定の締結はかなり遅れるとの見方を示す。(情 60:8)	8.4　新潟県巻町で原発建設の是非を問う住民投票が行われ、建設反対が60%を超える。町長、町有地の売却拒否を宣言。(T:960806) 9.17　日本原燃、フランスから原料ウラン 620 トンを六ヶ所村へ初めての海上輸送。(T:960917) 11.25　日本原燃、海洋放出管試験を開始。(情 60:8)
1.27　B欄と共通。 1.27　六ヶ所村、日本原燃が計画している低レベル廃棄物埋設施設の増設を了承。(T:970127) 2.17　六ヶ所村で安全協定地区説明会が開始される(20 日まで)。(T:970218) 2.18「核燃から地域を守る会」は、土田村長に「核燃料サイクル施設建設の申し入れ書」を渡す。(T:970219) 3.10　六ヶ所村と同議会、県に対し、返還高レベル廃棄物貯蔵施設についても電源交付金の対象とするよう国に働きかけるよう要請。(T:970311) 5.16　六ヶ所村核融合研究施設誘致推進会議総会で、誘致運動の継続を確認。(T:970517) 11.30　六ヶ所村村長選で橋本寿氏が、現職で3選を目指した土田氏を破り初当選(橋本氏 4,407 票、土田氏 3,850 票、高田氏 84 票)。(T:971201)	3.11　動燃、東海村再処理場で低レベル放射性廃液のアスファルト固化施設で火災、爆発事故発生。(T:970312) 4.9　動燃、東海村の事故で虚偽報告を組織的に行っていたことが判明。各方面よりの批判強まる。(T:970413) 6.12　科技庁、新型転換炉原型炉「ふげん」の廃炉の方針を決める。(情 63:6) 6.19　ジョスパン仏首相、高速増殖炉スーパーフェニックスの廃止の方針を表明。(T:970620)
10.2　試験用の使用済み燃料初搬入。直後に輸送容器データの捏造・改竄が判明。(T:981003)	
7.30　寺下力三郎元村長が逝去。(① 19:15)	12.3　使用済み燃料貯蔵プールが、使用前検査に合格。(T:991204)
3.10　環境科学技術研究所で酸素漏れ爆発、5人けが。(T:000310)	2.23　海外からの高レベル放射性廃棄物の第5回搬入。(T:000204) 2.25　再処理施設に搬入された廃液貯槽3基に部品欠陥が発覚。(T:000226) 3.3　ウラン濃縮工場の一生産ライン停止。以後次々と停止。(① 11) (反 265:2)

年	A　全国レベルの諸主体(政府、財界、開発事業者など)	B　青森県レベルの諸主体(知事、県庁、県議会、諸団体など)
2000年(平成12年)	8.4　新むつ小川原(株)が設立、法務局にて登記。経営破たんした「むつ小川原開発会社」(本社東京)の事業を引き継ぐ新会社。この日、法務局にて登記手続きを行った。(① 3:388) 10.18　高レベル放射性廃棄物の処分を担当する「原子力発電環境整備機構」(原環機構、ＮＵＭＯ)が設立。(情 83:8)	10.12　六ヶ所再処理工場へ使用済み核燃料を搬入する前提となる安全協定と覚書締結。木村知事、橋本六ヶ所村長、竹内哲夫日本原燃社長の協定当事者三人と立会人の太田宏次電事連事業連合会会長が署名。(① 6:061010)
2001年(平成13年)	12.25　日本原燃は使用済み燃料貯蔵プールの水漏れ問題で、役員７人を減給とする措置を発表。(情 96:10)	8.24　日本原燃が青森県、六ヶ所村にＭＯＸ燃料加工工場立地の協力申し入れ。(T:010825)
2002年(平成14年)	5.29　政府、六ヶ所村を国際熱核融合実験炉(ＩＴＥＲ)の建設候補地として国際提案する方針を決める。小泉純一郎首相と森喜朗前首相らが首相官邸で会談して合意(2005年6月28日に閣僚級会合で、南フランスのカダラッシュに建設決定)。(① 6:061010) 5.31　政府が六ヶ所村をＩＴＥＲの国内建設候補地とすることを閣議了解。(T:020531) 12.19　原環機構が、高レベル最終処分地の公募を開始。(情 96:10)	3.15　核燃料サイクル一万人訴訟原告団がウラン濃縮工場許可の取り消しを求めて起こした行政訴訟判決が青森地裁で言い渡された。「濃縮事業は適法、国の判断に不合理な点はない」との内容で、原告の全面敗訴。(① 3:388) 6.1　県の「ＩＴＥＲ誘致推進本部」が発足し、「ＩＴＥＲ誘致推進室」が設置される。(T:020602)
2003年(平成15年)	1.1　日本原燃(株)本社を青森市から六ヶ所村へ移転。(① 5:061014) 1.27　名古屋高裁金沢支部は、もんじゅの原子炉設置許可は無効との判決を出す。(情 97:6) 4.25　総合資源エネルギー調査会、エネルギー長期基本計画策定に向けて初会合。(① 16:237)	1.26　県知事選で木村氏が三選。(T:030127) 5.15　青森県木村知事、辞職願を提出。原因は女性問題。16日に与野党が不信任決議案を提出し、議会が合意。(T:030516)

C　六ヶ所村レベル（村長、役場、村議会、諸団体など）	D　開発の進展状況および社会的、政治的、経済的、国際的背景
11.28　エコパワー社による風力発電所の建設が始まる。(① 14:60)	3.22　もんじゅの運転差止め訴訟で、福井地裁が住民敗訴の判決。(T:000322) 12.19　国内原子力発電所からの使用済み燃料の再処理施設への初搬入。
8.24　六ヶ所村に対して、ＭＯＸ燃料工場の立地申し入れ。(T:010825)	4.20　日本原燃が再処理工場で通水作動試験開始。(T:010421) 8.10　使用済み燃料受け入れ貯蔵施設での漏水問題発覚。(情 88:8) 12.28　使用済み燃料プールでの7月からの漏水が判明。(T:011229)
5.18　橋本六ヶ所村長が自殺。村発注の公共事業に絡む贈収賄の疑惑が持ち上がり、警察から事情聴取を受けていた。(① 3:388) 6.10　村が企画開発課内に「ＩＴＥＲ誘致推進対策室」を設置。(T:020611) 7.18　日本原燃は「高ベータ・ガンマ廃棄物」処分施設予定地の予備調査結果を村議会全員協議会に報告。(T:020719) 10.2　村は、日本原燃が計画する次期埋設施設「廃炉廃棄物埋設施設」について、本格調査開始を了解。(T:021003) 12.23　使用済み核燃料の搬入を中断。(T:021224) 12.20　原燃は使用済み燃料搬入を凍結することで青森県などと最終調整に入ったことが判明。(情 96:10)	2.22　福島第二原発が排出した低レベル放射性廃棄物200リットル入りドラム缶2,072本を同廃棄物埋設センター搬入。搬入済み同廃棄物の累計は141,403本。(① 6:080207) 4.23　女川原発の使用済み核燃料約15トンと福島第二原発から出た約54トンを貯蔵施設に搬入。使用済み核燃料の累積受け入れ量は約574トンとなった。　(① 6:080207) 10.－　豊田正敏が『エネルギー誌』10月号より2003年12月号にかけて、核燃サイクル事業への消極論を展開。(Ｓ) 10.24　日本原燃は、使用済み燃料貯蔵プールの漏水箇所を特定したと発表。(情 95:10) 11.1　再処理工場の化学試験の開始。(情 95:10) 11.13　日本原燃が高ベータ・ガンマ廃棄物を処分施設（次期埋設施設）の本格調査に着手 (① 13:080727) 12.1　再処理工場の核査察を主な目的とした、(財) 六ヶ所保障措置センターが完成。業務開始。(① 14:61)
	1.30　日本原燃佐々木社長、ウラン濃縮工場の7本の生産ライン中3本目の停止の方針を打ち出す。(情 97:6) 1-8月にかけて、再処理工場で不良溶接箇所と判断された所が、291箇所。(T:030807)

年	A　全国レベルの諸主体(政府、財界、開発事業者など)	B　青森県レベルの諸主体(知事、県庁、県議会、諸団体など)
2003年(平成15年)		
		6.26　杉山むつ市長が使用済み燃料の中間貯蔵施設の誘致を正式表明。(情99:9)
	10.－　総合資源エネルギー調査会、「エネルギー基本計画」を発表(A:031002)	
		6.29　青森県知事選で三村申吾氏初当選。(三村氏296,828票、横山氏276,592票、柏谷氏21,709票、高柳氏19,422票)(T:030630)
	11.11　総合エネルギー調査会・電気事業分科会のコスト等検討小委員会への提出資料で、電事連・日本原燃が、原子燃料サイクルバックエンド事業費を、18兆9100億円と試算。(T:031111)	10.14　県原子力政策懇話会の初会合が開催される。(情101:9)
	12.8　原子力安全・保安院、六ヶ所村の高レベル放射性廃棄物施設の増設計画を許可。原燃は2004年3月着工予定。(T:031209)	
2004年(平成16年)		
		1.26　日本原燃は、風評被害認定委員会にて、291箇所の再処理工場不良溶接の補修が終了と報告。(T:040127)
		2.－　県と東通村と東北電力は、東通原発1号機の安全協定を結ぶ。(T:040206)
	2.13　日本原燃、品質保証・総点検に関する報告書を原子力安全・保安院に提出。(T:040214)	4.14　県原子力政策懇話会。(T:040415)
	7.2　再処理は直接処分より割高という内容の試算を1994年と1998年に政府が行ったが、それを隠していたことが発覚。(T:040703)	9.1　むつ小川原開発新基本計画の素案がまとまる。(T:040901)
	7.2　核燃政策における「再処理方式」に比べ、「使用済み核燃料直接処分」のコストが半分以下であるという政府試算の未公表が明らかに。(T:040703)	11.22　再処理工場のウラン試験安全協定を、県、六ヶ所村、日本原燃が締結。(T:041123)
	11.12　原子力開発利用長期計画策定会議で、核燃サイクル政策維持という中間報告をとりまとめ。委員二人が反対。(T:041113)	12.24　東通原発一号機の試運転開始。(T:041225)
	11.12　原子力開発利用長期計画の新計画策定会議が、再処理路線の継続方針を決定。(①5:061014)	
2005年(平成17年)		2.1　青森県の専門家会議、「安全性チェック・検討会」は、三村知事に、ＭＯＸ燃料工場について、「施設の安全性は十分に確保できる」と答申。(T:050202)
	3.28　原燃は、再処理工場の操業開始時期を、2006年7月から、07年5月に延期する工事計画の変更を経産省に届け出た。(T:050329)	4.19　青森県、六ヶ所村、原燃がＭＯＸ燃料工場(ウラン・プルトニウム混合酸化物燃料工場)立地で基本協定を締結。(①6:061014)

C　六ヶ所村レベル（村長、役場、村議会、諸団体など）	D　開発の進展状況および社会的、政治的、経済的、国際的背景
	8.6　再処理工場貯蔵プールの漏水問題などを背景に行なわれた六ヶ所村再処理工場の点検調査が終了。ずさんな溶接は291ヶ所にのぼるなど、不良施行が問題化。（① 5:061014） 12.24　日本原燃は、再処理工場の化学試験の終了を発表。（情 102:9）
3.2　日本原燃、六ヶ所村議会に再処理工場不良施工問題の総点検結果を報告。（T:040303） 4.－　「とまりイベント広場」の開設。（① 14:56） 6.－　尾駮北地区を対象にした「まちづくり基本計画」の公表（T:040612） 12.14　文部科学省が、尾駮地区に六ヶ所原子力安全管理事務所を開設。（T:041214）	8.9　関西電力の福井県美浜原発で蒸気漏れ事故が発生し4人死亡。（T:040810） 12.21　再処理工場のウラン試験開始。（T:041222） 12.21　六ヶ所村再処理工場でウラン試験（稼動試験）開始。本格操業に向け機器の不具合・故障を操業前に洗い出す目的（060121には、試運転）。（① 5:061014）
1.14　増設工事中の高レベル廃棄物管理施設で冷却性能の安全解析の再分析を原子力安全・保安院が日本原燃に指示。（T:050115） 6.9　使用済み燃料プールでまた水漏れ。（T:050610）	1.7　鹿児島県笠沙町長が、町議会の全会一致の反対を受け、高レベル最終処分場誘致を撤回した。（T:050108） 11.18　敦賀発電所からの低レベル放射性廃棄物を埋設施設に搬入。累積量182,011本。（① 5:080207）

年	A　全国レベルの諸主体(政府、財界、開発事業者など)	B　青森県レベルの諸主体(知事、県庁、県議会、諸団体など)
2005年(平成17年)		
2006年(平成18年)		
2007年(平成19年)	1.25　高知県東洋町が、高レベル最終処分地の「設置可能性を調査する区域」に応募。4.23付けで取り下げる。(T:070126) (T:070424)	1.31　日本原燃は、再処理工場の操業開始を3ヶ月遅らせて、2007年11月にすると発表。(T:070131)
		4.18　再処理工場の耐震計算ミス問題が発覚。(T:070419)
	7.16　新潟県中越沖地震発生。柏崎刈羽原発で耐震基準を大幅に上回る揺れがあり、全機停止。原発の安全性が問題化。(T:070717)	6.29　青森県知事選、三村氏が再選。(T:070630)
	9.6　原子力安全委員会が、MOX燃料加工工場についての公開ヒアリングを開催。(T:070906)	8.17　日本原燃が耐震補強工事を終了。(T:070817)
		9.7　日本原燃は、再処理工場の操業開始を2008年2月に延期と発表。(T:070907)
		10.1　日本原燃、新潟県中越沖地震発生を受け、六ヶ所再処理工場東方沖で追加断層調査を開始。(T:071101)
	12.22　六ヶ所ウラン濃縮工場訴訟で、最高裁が、住民側上告を棄却。(T:071222)	
2008年(平成20年)	2.2　資源エネルギー庁は、高レベル最終処分地選定を従来のスケジュールより2年延期することを決定。(T:080203)	1.21　東通村で、高レベル放射性廃棄物最終処分事業についての最初の「議員有志勉強会」。(T:080122)
	2.14　総合資源エネルギー調査会核燃料サイクル安全小委員会は、ガラス固化体試験結果について、「十分ではない」と評価。(T:080215)	3.6　野党三会派は、高レベル放射性廃棄物の青森県内での最終処分地を拒否する条例案を提出。(T:080307)
	2.29　原子力安全・保安院は、経産省内で日本原燃、高レベル放射性廃棄物管理センターの設計と工事方法の認可への異議申し立てについての口頭意見陳述会を開催。異議申し立ては国が13年間放置。(T:080301)	3.11　県議会は、最終処分地拒否条例案を質疑・討論なしで否決した。(T:080312)
		3.27　高レベル放射性廃棄物の最終処分問題で、三村知事は甘利経産相に「青森県を最終処分地としない」旨の確約をあらためて文書で示すよう要請。(T:080328)
	4.2　原子力発電環境整備機構は全国の市町村を対象に最終処分候補地の公募を始めたと発表。(T:080403)	4.10　三村知事は、電事連と日本原燃に対して、ガラス固化体を貯蔵期間終了後、県外に運び出すという確約書を提出するよう要請。(T:080410)
		4.24　電事連と原燃は、六ヶ所村で貯蔵するガラス固化体について、30-50年間とされる貯蔵期間終了までに、県外へ運び出す旨の確約書を三村知事に提出。(T:080425)
		5.24　核燃料サイクル施設の直下に、これまで未発見だった活断層が存在する可能性が高いとの研究を渡辺満久東洋大学教授らが、まとめた。(T:080525)
		5.27　大間原発が本格着工した。2012年3月の運転開始を目指す。(T:080528)

C　六ヶ所村レベル（村長、役場、村議会、諸団体など）	D　開発の進展状況および社会的、政治的、経済的、国際的背景
	12.15　九州電力玄海原発からの使用済み核燃料約17トンを、六ヶ所村の貯蔵プールに搬入。累積受け入れ量は約1,541トン。（①5:080207）
	1.22　再処理工場のウラン試験が終了。（T:060122） 3.31　次期埋設施設の調査が終了。（T:060331） 3.31　日本原燃は、再処理工場で、プルトニウムを抽出するアクティブ試験を開始した。2007年8月に本格操業を目指す。（T:060401） 11.16　再処理工場でMOX粉末が完成。（T:061117）
5.21　六ヶ所村に整備される核融合関連施設の建設工事が21日、本格的に開始。（T:080521） 5.28　東通原発への改良型沸騰水型軽水炉導入に伴う追加漁業補償交渉が決着し調印。（T:080529）	2.14　原燃は再処理工場のアクティブ試験の第五ステップを開始。（T:080215）

年	A　全国レベルの諸主体(政府、財界、開発事業者など)	B　青森県レベルの諸主体(知事、県庁、県議会、諸団体など)
2008年(平成20年)	12.19　日本原燃が実施した再処理工場の耐震性再評価について、原子力安全・保安院は、妥当とする報告書案を提示。(T:081220)	7.2　日本原燃、再処理工場でのガラス固化体製造試験を、約半年ぶりに再開。しかし、すぐに(7.3)、中断。(T:080704)
2009年(平成21年)	7.10　原子力安全・保安院は、再処理工場の設計と工事の認可などに対する住民側からの異議申し立て10件を棄却。(① 17:3) 10.23　民主党への政権交代をふまえ、三村知事が、直嶋経産相、川端文科相、平野官房長官から、高レベル最終処分地にしないという従来からの確約が有効であることを確認したと発表。(① 17:4) 12.10　三村知事が、菅副総理と前原国交相と会談し、サイクル政策が不変であることを確認。(① 17:4)	4.4　「4・9反核燃の日全国集会」を青森市で開催、約1300人が参加。(T:090405) 8.31　日本原燃の川井社長は再処理工場の試運転の終了時期を、2009年8月から1年2ヶ月繰り延べて2010年10月にすると発表。(① 17:2) 10.9　核燃料税の税率を引き上げる県条例が可決。(① 17:4)
2010年(平成22年)	3.1　石田資源エネルギー長官が、三村知事に、海外返還低レベル放射性廃棄物を六ヶ所村で受け入れるよう打診。(T:100302) 4.19　原子力安全委員会は、むつ市の中間貯蔵施設と、六ヶ所村のMOX燃料加工工場について安全性と事業者の技術能力について問題ないとした原子力安全・保安院の審査を妥当と判断、経産相に答申。(T:100420) 5.6　日本原子力開発機構は、高速増殖炉もんじゅの運転を再開。(T:100506) 7.13　石田資源エネルギー長官は、海外返還低レベル放射性廃棄物受け入れ問題に関連して、「青森県を廃棄物の最終処分地にしない」などとした直嶋経産相名の確約文書を蝦名副知事に交付。(T:100714)	8.19　三村知事、海外返還低レベル放射性廃棄物受け入れを表明。(T:100819) 9.10　日本原燃、再処理工場の完工予定を2年遅らせ、2012年10月に延期すると発表。(T:100910) 9.22　日本原燃、電力会社などを引受先とした4千億円の第三者割当増資を正式決定。(T:100923)

C　六ヶ所村レベル(村長、役場、村議会、諸団体など)	D　開発の進展状況および社会的、政治的、経済的、国際的背景
9.19　東京・東北電力、リサイクル貯蔵の三社は、東通原発の南西約12キロに位置する横浜断層について、「耐震設計上考慮すべき活断層である」と正式発表。(T:080920) 11.11　電源開発、大間原発の運転開始時期を2012年3月から2014年11月に延期することを報告。(T:081111)	12.25　再処理工場溶融炉内の耐火レンガが、抜け落ちるトラブル発生。(① 17:1)
	1.21　再処理工場内で、高レベル廃液149リットルが漏れるトラブル。(① 17:1) 12.5　日本原燃は六ヶ所村のＭＯＸ工場の着工時期を2010年5月に延期することを発表。(① 17:6) 12.22　むつ市の中間貯蔵施設についての一次審査が、約2年9ヶ月かけて終了。(① 17:6)
6.17　再処理工場ガラス溶解炉内に落下していた耐火レンガが、難航の末、回収された。(報告書 10:2) 7.18　小泉金吾氏が逝去。(① 19:18) 8.18　古川六ヶ所村長は、三村知事に、海外返還低レベル放射性廃棄物受け入れの意向を表明。(T:100818) 8.31　むつ市で、使用済み核燃料中間貯蔵施設が着工(2012年7月に操業予定)。(T:100831) 10.28　ＭＯＸ燃料工場の本体工事に、日本原燃が着手。16年3月の完工をめざす。(T:101028) 12.15　六ヶ所村ウラン濃縮工場で七系統のうち稼働していた最後の一系統も停止。今後10年かけて、全遠心分離器の更新を行う計画。(T:101215)	

年	A　全国レベルの諸主体(政府、財界、開発事業者など)	B　青森県レベルの諸主体(知事、県庁、県議会、諸団体など)
2010年(平成22年)	8.26　もんじゅの原子炉容器内に3.3トンの装置が落下し、再停止。(T:100826) 12.21　原子力委員会が、「原子力政策大綱」を改定するための第1回会合を都内で開催。(T:101222)	
2011年(平成23年)	3.11　東日本大震災が発生。15日までに福島第一原発の1・3・4号機で水素爆発、2号機も危機的状況に。1～3号機でメルトダウン発生。(T:110316) 3.12　政府は福島第一原発から半径20km以内の住民に避難指示。(T:110313) 4.12　政府は福島原発事故を、国際原子力事象評価尺度でレベル7と発表。(T:110413) 7.13　菅直人首相、日本の首相としてはじめて「原子力に依存しない社会をめざす」と明言。(T:110714)	6.5　青森県知事選で三村氏三選。(T:110606)

出　典

①1：青森県商工労働部資源エネルギー課(2004)『青森県の原子力行政』青森県

①2: 核燃問題研究会(1994)『子どもたちにどんな未来を語るのか　私たちは核燃を拒否します』

①3: デーリー東北新聞社(2002)『むつ小川原の30年』デーリー東北新聞社

①4: 核燃情報センター HP　http://www.h2.dion.ne.jp/~kakunen/

①5: デーリー東北 HP　http://www.daily-tohoku.co.jp/tiiki tohoku/kakunen/kakunen-top.htm

①6: 東奥日報 HP　http://www.toonippo.co.jp/kikaku/kakunen/index.html

①7：核燃サイクル阻止1万人訴訟原告団(1999)『原告団10年の歩み』核燃サイクル阻止1万人訴訟原告団

①8: 青森県商工労働部資源エネルギー課(2003)『青森県の原子力行政』青森県

①9: 日本原子力産業協会監修(2006)『原子力年鑑2007』日刊工業新聞社

①10: 関西大学経済・政治研究所環境問題研究班(1979)『むつ小川原開発計画の展開と諸問題－「調査と資料」第28号』関西大学経済・政治研究所

①11: 原子力資料情報室編(2007)『原子力市民年鑑』

①12:『2007六ヶ所村勢要覧』

①13: 日本原燃 HP　http://www.jnfl.co.jp/

①14:『2012六ヶ所村勢要覧』

①15: 法政大学社会学部舩橋ゼミナール(1990)『むつ小川原開発・核燃料サイクル問題と地域振興に関する青森県調査報告書』(非売品)

①16: 法政大学社会学部舩橋研究室(2004)『むつ小川原開発・核燃料サイクル施設問題と住民意識―法政大学社会学部政策研究実習2003年度青森県調査報告書』(非売品)

①17: 法政大学社会学部舩橋研究室(2010)『エネルギー政策と地域社会(4)―青森県六ヶ所村・八戸市・大間町・岩手県葛巻町の調査より』(非売品)

①18: 舩橋晴俊・長谷川公一・飯島伸子編(1998)『巨大地域開発の構想と帰結―むつ小川原開発と核燃料サイクル施設』東京大学出版会

①19: 岩田雅一(2012)『カオス　抑圧の最前線―六ヶ所村から』ラキネット出版

情：核燃料サイクル施設問題青森県民情報センター編集・発行『核燃問題情報』

通：原子力資料情報室編集・発行『原子力資料情報室通信』

C　六ヶ所村レベル（村長、役場、村議会、諸団体など）	D　開発の進展状況および社会的、政治的、経済的、国際的背景
4.7　余震による停電で、六ヶ所村の再処理工場、ウラン濃縮工場などで、11 ～ 15 時間外部電源を喪失。(T:110408) 9.6　坂井留吉氏が逝去。(① 19:21)	6.30　ドイツの連邦議会で、2022 年末までに、国内の原発 17 基をすべて閉鎖する脱原子力法案が可決成立。(通 446:12)

Ⅴ－1－2

東通原発年表

1965. 5　村議会が原子力発電所の誘致を決議。(②1:1)

1965. 10　青森県議会が東通村よりの原子力発電所誘致請願を採択。(②1:1)

1970. 6　東北電力及び東京電力が東通村に原子力発電所を立地することを公表。(②1:1)

1970. 6. 24　両電力が用地買収に乗り出すことを正式決定。(A:700625)

1970. 7　村議会が原発建設対策特別委員会を設置。(②1:1)

1976. 3. 15　竹内青森県知事, 原発を巡る情勢変化により計画が大幅に遅れ, 規模も縮小されるだろう, と県議会で発言。(A:760316)

1982. 4. 1　東北電力が計画中の下北原発を東通原発に改称。(反49:2)

1982. 4　東北・東京両電力が、関係6漁業協同組合(白糠・小田野沢・尻労・猿ケ森・老部川内水面・泊)に対し、漁業補償交渉を申し入れ。(②1:1)

1982. 4. 19　東北電力が青森県と東通村に、東通原発1号機計画(東京電力と共同開発)の説明会。(反49:2)

1983. 8. 14　東通村の白糠漁協が漁業補償交渉の窓口を設置。(反66:2)

1984. 6. 4　東北・東京両電力が白糠・小田野沢両漁協に原発建設の漁業補償として54億8000万円の「最終案」を提示(12日、両漁協は拒否)。(反76:2)

1984. 7. 5　漁業補償提示額を拒否した2漁協に対し、青森県知事が「エゴ」発言。漁民が抗議。(反77:2)

1984. 9. 15　原発の建設に伴う白糠・小田野沢両漁協への漁業補償で、県が72億6700万円を提示。東北・東京両電力と漁協側の双方が了承。(A:840916)

1984. 11. 19　東通原発の建設に伴う漁業権放棄が小田野沢漁協の総会で可決(10月30日の総会では否決だった)。(反81:2)

1985. 2. 10　白糠漁協の臨時総会で, 組合執行部の独走を批判する組合員が反対し, 漁業補償金受け入れと漁業権一部放棄案を否決。(A:850211)

1985. 2. 17　白糠漁協の役員選挙で, 反対派の候補三人が上位3議席を独占。反対派の花部組合長誕生。(②3:90)

1985. 5. 5　白糠漁協の総会で、東通原発立地に伴う東北・東京両電力との交渉窓口の設置を許さず。(反87:2)

1985. 10. 27　白糠漁協が東通原発の建設に伴う漁業補償の交渉窓口を再設置。(反92:2)

1990. 9. 18　白糠漁協が県に、組合員1人当たり5000万円、総額326億円の補償額を提示(84年提示の県知事斡旋額の5倍)。(反151:2)

1991. 1. 23　県が白糠・小田野沢両漁協及び東北・東京両電力に対し、知事斡旋額見直しを表明。(②2:1101)

1991. 5. 22　白糠・小田野沢両漁協が7年ぶりに漁業補償交渉に関する合同会議。(反159:2)

1991. 9. 18　東通村議会が原発の早期実現を求める決議。(反163:2)

1992. 4. 20　東通村が原発立地対策室を設置。(反170:2)

1992. 6. 1　東通原発建設に伴う漁業補償の県知事斡旋額を提示(漁業補償額130億円、漁業振興基金40億円、磯資源等倍増基金10億円)。(②2:1101)

1992. 8. 21　県知事斡旋により、東北・東京両電力及び白糠・小田野沢両漁協との漁業補償協定書締結。(反194:2)

1992. 10. 30　東京・東北両電力が東通原発計画にかかわる周辺4漁協との漁業補償交渉を開始。(反176:2)

1993. 7　尻労・猿ケ森漁協との漁業補償協定書締結。(②1:1)

1993. 11　老部川内水面漁協との漁業補償協定書締結。(②1:1)

1995. 1. 15　六ヶ所村長の仲介で泊漁協との漁業補償協定書締結。補償金15億6400万円。(T:950116)

1995. 2. 27　東京電力が東通村と村議会に、東通原発計画にＡＢＷＲを導入する構想を正式説明。(反204:2)

1995. 3. 20　東通原発計画へのＡＢＷＲ導入提案に対し、村議会が当初通りの案で早期に着手するよう東京・東北両電力に求める決議。(反205:2)

1995. 11. 22　東北電力が東通原発1号機の建設計画に係る環境影響調査書を通産省に提出。(T:951123)

1995. 12. 9　東北電力が東通原発1号機、志賀原発2号機の環境影響調査書説明会を開催。(反214:2)

1996. 3. 25　東京電力がH8年度供給計画を通産省に提出。東通原発1、2号機の事業着手は9年度。着工は1号機が12年度、2号機は13年度。改良型炉の導入は見送り。(T:960326)

1996. 4. 2　東北電力がH8年度電力供給計画を発表。東通は従来どおりＢＷＲ2基建設の方針。(T:960403)

1996. 4. 4　電源開発調整審議会の電源立地部会が、東通村・大間町の地域振興計画への政府の協力方針をまとめる。(反218:2)

1996. 4. 17　東通原発第1次公開ヒアリングで、県反核実行委員会と「函館・下北から核を考える会」ら反対派200人が気勢。(T:960418)

1996. 6. 26　木村知事が三沢市と上北郡内5町村から、東通原発に関する意見聴取。これで、計画に関連ある14市町村すべてが建設に同意。(T:960627)

1996. 7. 15　木村知事が東通原発建設に同意。安全性確保が前提。国策としての国の責任・役割を要求。(T:960716)

1996. 7. 18　東北電力、東通原発1

号機が電調審通過。(反 211:2) (② 1:2)

1996. 8. 19　東通原発建設計画で東北電力は通産省資源エネルギー庁に修正環境影響調査書を提出した。希少種チョウの保全策などが中心。(T:960820)

1996. 8. 30　東北電力が通産省に、東通原発1号機の原子炉設置許可申請。(反 222:2)

1997. 4. 13　川原田敬造村長の死去に伴う東通村長選で，前村助役の越善靖夫氏が初当選。投票率は 90. 17%。(T:970414)

1997. 7. 4　県が東北電力に、東通原発建設の準備工事のための公有水面埋め立てを許可。9日に港湾工事に着手。(反 233:2)

1997. 09. 09　通産省が東通原発1号機計画は「災害防止上支障がない」とする審査結果を東通村に報告。(T:970910)

1997. 11. 27　東通原発の第2次公開ヒアリングが開催。17人が安全性をただす意見陳述。約320人が傍聴。傍聴者からは不満の声。反対派170人は会場外で抗議集会。(T:971127)

1998. 1. 19　東通村が東北・東京両電力に原発建設促進を要請。(T:980120)

1998. 3. 30　東通原発2号機の計画1年繰り延べを東北電力が発表。電力需要の落ち込みが原因。(T:980331)

1998. 7. 23　東通原発1号機の安全設計は妥当、と原子炉安全専門審査会が原子力安全委に報告。(反 245:20)

1998. 9. 1　通産省は東北電力に、東通原発1号機の設置許可証を交付(原子炉設置許可)。(T:980901)

1998. 12. 24　東北電力東通原発1号機の着工 (② 4:80)

1999. 3. 18　東京・東北両電力が東通村長に東通原発3基の改良型軽水炉導入を申し入れ。(T:990319)

1999. 3. 24　東北電力の東通原発1号機が着工。平成17年運転開始予定。(T:990325)

1999. 3. 24　東通原発着工で県反核実行委は青森で抗議集会。核燃料搬入阻止実行委は国、県、東電に抗議文を提出。(T:990325)

1999. 3. 26　東北電力が H11 年度の供給計画を発表。東通原発2号機の出力アップと着手時期の延期(2003年)、送電線むつ幹線の新設。(T:990327)

1999. 6. 2　東京・東北電力が東通原発出力増大について小田野沢・白糠両漁協に説明。温排水範囲 1. 38倍に。残り4漁協も順次説明。(T:990603)

1999. 10. 8　東通村の原発 PR 施設「トントゥビレッジ」がオープン。(T:991009)

2000. 1. 24　東通原発建設に伴う温排水拡散範囲の拡大について、東京・東北両電力は泊漁協の組合員を対象とした説明会を開始。(T:000125)

2000. 9. 21　東通原発1、2号機の設置に係る環境影響評価方法書を東京電力が通産省に届出。県・地元市町村に提出。22日から縦覧。(反 271:2)

2001. 2. 14　東京電力の「発電所凍結」発言について理事立地部長が東通村村長を訪れ、東通原発などの新設を計画通り進めることを伝え、理解と協力を求めた。(T:010215)

2001. 2. 15　東京電力の東通1、2号新設計画に係わる環境影響評価方法書につき、経済産業相が勧告。希少動植物への影響評価など四項目。(反 276:2)

2001. 3. 13　東通村長選は現職の越善靖夫氏が無投票再選。(T:010314)

風力発電所「岩屋ウインドファーム」(出力3万 2500 キロワット)が開所。一般家庭約2万世帯分の電力を発電する計画。(T:011108)

2002. 3. 31　東京電力の東通原発の建設計画に関する環境現況調査が終了。(T:020331)

2002. 8. 8　東京電力が東通原発1、2号建設の環境影響評価準備書を経産省に届出。(反 294:2)

2002. 8. 25　東通原発の影響を予測した環境影響評価準備書について東京電力は東通村で地元説明会を開催。(T:020826)

2002. 11. 24　東通原発計画の出力増大に伴う追加漁業補償で、電力側が55億円を提示。白糠・小田野沢両漁協は「まだ不十分」と拒否。(T:021125)

2003. 1. 31　県が東北電力環境影響評価準備書に関する環境保全の見地からの意見を国(経産省)に回答。(② 2:1)

2003. 2. 3　県が東通原発の環境影響評価の準備書についての知事意見書を経産省へ提出。(T:030204)

2003. 3. 24　むつ下北地域に横浜町を加えた8市町村が「むつ下北地域任意合併協議会」を設置。東通村は参加見送り。(T:030325)

2003. 3. 27　東京・東北両電力が 03 年度経営計画を発表。東通村に建設を計画している原発4基のうち、建設中の東北電力1号機を除く3基の運転開始時期を1年ずつ繰り延べ。(T:030328)

2003. 4. 15　東北電力が東通原発1号機の安全協定について、燃料搬入前の本年度中の締結を希望。(T:030416)

2003. 4. 20　東通原発計画への改良型沸騰水型軽水炉（ＡＢＷＲ）導入に伴う追加漁業補償交渉で、白糠・小田野沢両漁協は越善東通村長が仲介額として示した補償金 70億円を受諾。(反 302:2)

2003. 4. 25　東京電力が県境影響評価準備書に係る経済産業大臣勧告を受領。(② 2:1)

2003. 5. 9　東通原発計画の追加漁業補償で東京・東北両電力と白糠・小田野沢両漁協が協定を締結。(反 303:2)

2003. 8. 5　東北電力1号機が原子炉圧力容器据付検査に合格。(② 2:1)

2003. 9. 10　東通村は東通原発1号機の運転開始に先立ち、東北電力や県と締結する安全協定の原案を村議会全員協議会で説明。環境放射線や温排水の測定の強化によって漁業への影響が出ないように配慮。(T:030911)

2003. 9. 25　東北電力は、2005年7月の運転開始を目指して建設を進

めている東通原発1号機と、上北変電所を結ぶ「むつ幹線」の運転を開始。(T:030926)

2003.9.29　東通原発1号機など建設中の原発3基で、原子炉が大きく損傷するような設計基準を超える過酷事故を防止するための運転管理手法や設備の整備方針について、経産省原子力安全・保安院が妥当との評価。(T:030930)

2003.9.30　県が東通原発1号機について、核燃料税を検討していることが明らかに。(T:030930)

2003.10.7　東京・東北両電力は尻労・猿ケ森両漁協に5億3000万円の補償額を提示。両漁協は回答を保留。(T:031008)

2003.10.10　東通原発1号機がむつ幹線から所内受電開始。(② 2:1)

2003.11.19　経産省が東京電力1、2号機の設置にかかわる第1次公開ヒアリングを東通村で開催。(② 2:1)

2004.1.1　東通村は、東通原発4基が稼動すれば30年先まで財政に余裕が見込めるため、当面は合併せず村を存続させる方針を決定。(T:040102)

2004.1.16　東通村が、東京・東北両電力から条例などの法令整備を怠ったまま、地域振興のために年間十数億円の「分担金」などを徴収していたことが明らかに。(T:040116)

2004.2.2　共産党県議団(諏訪益一団長)は県に対し、東通原発1号機をめぐり県、村、同電力の安全協定を締結しないよう申し入れ。(T:040203)

2004.2.5　青森県と東通村、東北電力の3者が、建設中の東通原発1号機の安全協定を締結。(T:040206)

2004.3.2　東通原発1号機を対象に県が導入する核燃料税について、県と同電力は税率を当面の間12%とし、一定期間後に10%に引き下げることで合意。(T:040303)

2004.3.10　東通村は来年度以降、電力2社からの提供資金を「諸収入」で予算計上する方針を決定。(T:040311)

2004.3.31　東通原発の隣接3市町村と東北電力は、東通原発1号機の安全協定を締結。(T:040401)

2004.5.31　県税務課は、東通原発1号機の核燃料物質等取扱税の税率について総務省の同意を得たと発表。当分の間は核燃料価格の12%、原則は10%で、価格に対する税率としては全国で最高。(T:040601)

2004.6.3　東北電力は、建設中の東通原発1号機にかかわる原子力事業者防災業務計画を経済産業省に届出。(T:040604)

2004.7.5　建設中の東通原発1号機に予防保全対策を追加したことから、運転開始を3カ月延期し2005年10月にすることを東北電力が発表。(反317:2)

2004.7.8　東通原発へ核燃料初搬入。反対派が抗議活動。(② 2:1)

2004.7.21　東通原発1号機に2回目の核燃料搬入。県反核実行委が抗議行動を展開。(T:040722)

2004.8.12　東通原発の追加漁業補償交渉で尻労・猿ケ森両漁協は、前回交渉で両電力側が4億7000万円上乗せして提示した10億円を拒否。(T:040813)

2004.8.24　東北電力が東通原発1号機に核燃料約54トンを搬入。(T:040825)

2004.11.16　東通原発1号機の試運転を12月に控え、同原発の事故を想定した原子力防災訓練を実施。(T:041117)

2004.12.3　六ヶ所再処理工場のウラン試験問題で、東通村など隣接6市町村と日本原燃が安全協定に調印。(T:041204)

2004.12.15　「東通原発を止める会」と「東通原発の運転中止を求めるむつ市民の会」は、東北電力に対し、東通原子力発電所の操業に向けた一連の作業の中止を求める抗議文を提出。(T:041216)

2004.12.24　東北電力が、東通原発1号機の試運転を開始。(T:041225)

2004.12.27　東北電力・東通原発1号機試験運転開始を容認したとして、「核燃料廃棄物搬入阻止実行委員会」は、県に対し抗議文を提出。(T:041228)

2004.12.28　東通原発の出力変更による追加漁業補償交渉で、尻労、猿ケ森両漁協から仲介の要請を受けた越善東通村長が両漁協に対し、従来の電力側提示額より2億円多い12億円の補償額を提示。(T:041229)

2005.1.4　東北電力は、東通原発1号機で、空調配管に亀裂が走り、水が漏れたと発表。水は放射性物質を含んでいないもの。(T:050105)

2005.1.8　東通原発計画に関する追加漁業補償交渉で、尻労・猿ケ森漁協は仲介額12億円を受諾。(T:050109)

2005.1.11　東北電力は、東通原発1号機で、昨年から行っていた原子炉への燃料装荷の終了を発表。(T:050112)

2005.1.24　東北電力は、東通原発1号機の「臨界」を発表。(T:050125)

2005.01.28　東北電力は、東通原発1号機で「臨界・核加熱開始式」を実施。30日に核加熱試験を開始。(T:050129)

2005.2.11　試運転中の東通原発1号機でタービンが自動停止。潤滑油圧力警報の設定値入力ミス。(反324:2)

2005.3.13　東通村長選で越善靖夫氏が三選。投票率86.29%。(T:050314)

2003.3.24　東京電力が、東通原発の着工・運転をそれぞれ1年延期する方針を固めた。(T:050325)

2005.3.28　東北電力は、東通原発2号機の着工と運転開始の時期をそれぞれ1年延期する内容を盛り込んだ2005年度供給計画を経済産業省に届出。1年延期に伴い、着工は11年度以降、運転開始は16年度以降になる。2号機の工程延期は7度目。(T:050329)

2005.4.12　東通原発1号機で9日、制御棒の位置を確認できないために原子炉を手動停止するトラブルが発生したことを受け、「東通原発を止める会」(伊藤裕希世話人)、「東通原発の運転中止を求めるむつ市民の会」(稲葉みどり世話人)は、同電力に対し東通原発の操業中止を求める申入書を送付。(T:050413)

2005.4.12　９日の東通原発１号機のトラブルについて、東北電力は制御棒の位置検出装置(スイッチ)の故障が原因と県に報告。(T:050413)

2005.4.28　東通原発への改良型沸騰水型軽水炉(ＡＢＷＲ)導入に伴う追加漁業補償で、東京・東北両電力と東通村の老部川内水面漁協との２回目の交渉。(T:050429)

2005.5.4　東通消防署が開署。(T:050505)

2005.5.4　試運転中の東通原発１号機で、復水器水室の点検口から海水漏れ。(反327:2)

2005.6.19　東北電力は、東通原発１号機の蒸気弁に不具合があると発表。(T:050620)

2005.6.19　試運転中の東通原発１号機で、原子炉起動準備中に主蒸気隔離弁１個が開放作業中に停止。起動作業を中止。(反328:2)

2005.6.20　東通原発でトラブルが起きた問題で、東北電力青森支店の渡部和則支店長は、「10月の運転開始に向けて全力で取り組む姿勢に変わりはない」との見通し。(T:050621)

2005.6.29　東通原発のトラブルで、「東通原発をとめる会」「東通原発の運転中止を求めるむつ市民の会」が試運転中止を申し入れ。(T:050630)

2005.7.12　東北電力東通原発１号機で隔離弁のトラブルがあったことについて渡部青森支店長は、運転開始が１ヶ月程度遅れるとの見通しを示した。(T:050713)

2005.7.29　東北電力は、東通原発１号機の電気出力が100％に到達したと発表。予定より１ヶ月遅れ。(T:050730)

2005.8.10　東通原発１号機の営業運転を目前に控え、東通村と周辺市町村は、東通村防災センターなどで原子力防災訓練を実施。(T:050811)

2005.8.23　東北電力は、東通原発１号機の営業運転開始時期を今年12月に延期する工事計画の変更を経産省に届出。当初は10月の予定だったが、6月に発生した主蒸気隔離弁のトラブルの影響で２ヶ月ずれ込むことに。(T:050824)

2005.8.30　東通村議会で全員協議会が開かれ、東北電力東通原発１号機の運転開始延期について協議。議会は運転計画変更を了承。(T:050831)

2005.9.13　東通原発に関する追加漁業補償交渉で、東京・東北両電力は老部川内水面漁協に700万円の補償額を提示。(T:050914)

2005.10.3　試運転中の東通原発１号機で再循環ポンプ軸封部の温度上昇警報。(反332:2)

2005.10.14　東北電力が東通原発１号機を再起動。(T:051014)

2005.11.9　東北電力東通原発１号機の営業運転開始を12月に控え、村は原子力発電所安全対策委員会を設置。(T:051110)

2005.12.7　東北電力は、試運転中の東通原発１号機の営業運転を開始。当初予定より２カ月ずれ込んでの運転。県内では初の原発稼働、国内54基目の原発。(T:051208)

2005.12.8　東北電力東通原発１号機の営業運転開始を受けて、同電力の高橋宏明社長は安全確保へ決意。一方青森県反核実行委員会は東北電力東通原発１号機の営業運転開始に反対し抗議集会を開催。(T:051208)

2005.12.19　改良型軽水炉導入に伴う追加漁業補償交渉で、東京・東北両電力と老部川内水面漁協が11回目の交渉。電力側がこれまで提示していた補償額に500万円を上積みした1500万円を提示。同漁協の交渉委員会は満場一致でこの額を受諾。(T:051220)

2006.3.27　東京電力が、東通原発1、2号機の着工と運転開始の予定時期をそれぞれ１年延期する新工程を経産省に届け出たと発表。(T:060328)

2006.3.31　日本原燃が六ヶ所再処理工場で計画するアクティブ試験について、六ヶ所村に隣接する三沢市、野辺地町、横浜町、東北町、東通村と同社が安全協定を締結。(T:060331)

2006.4.18　東北電力が、東通村体育館で東通原発１号機の竣工祝賀会を開催。(T:060419)

2006.5.18　東芝が東北電力東通原発１号機に納入した原子炉給水流量計の試験データに改ざんがあった問題で、同電力は再発防止策を経産省原子力安全・保安院に報告。(T:060519)

2006.7.24　東通原発１号機で、燃料検査時に警報。放射線量監視装置の設定値変更を忘れて検査のため。(反341:2)

2006.7.26　東北電力東通原発１号機で交換用燃料検査時に放射線レベルの上昇を知らせる警報が鳴るトラブルが発生したことについて同電力は、検査時は感知器の警報設定値を変更するとともに、手順書に変更についての記載を盛り込む再発防止策を発表。(T:060727)

2006.8.2　東通村の越善靖夫村長と嶋田勝久村議会委員が三村知事を訪ね、東通原発1、2号機が「重要電源開発地点」に指定されるよう協力を要請。(T:060803)

2006.8.21　東通原発1、2号機建設に絡み、経産省から「重要電源開発地域」への指定の可否について意見を求められている三村知事が「異議ない旨回答したい」との意向を県議会各派に文書で伝えていたことが発覚。(T:060822)

2006.8.28　東京電力・東通原発1、2号機の「重要電源開発地点」への指定などを議題とした県原子力政策懇談会が開催。(T:060829)

2006.9.1　「重要電源開発拠点」指定について、三村知事が資源エネルギー庁長官に対し同意する内容の回答。(T:060901)

2006.9.29　東京電力が東通原発１号機の建設に向け、原子力安全・保安院に原子炉設置許可申請。2008年12月工事開始、14年12月運転開始と明記。(T:060930)

2006.9.30　東通原発への改良型軽

水炉導入に伴う追加漁業補償で、東京・東北両電力は六ヶ所村・泊漁協と第5回交渉を行い、4億4000万円の追加補償額を初めて提示。(T:061001)

2006. 10. 7　東通原発1号機の海水取水口に昆布が押し寄せたため、出力を降下。9日に再上昇。(反344:2)

2006. 10. 18　国の原発耐震指針が改定されたのを受け東北電力は、東通原発の耐震安全性評価の実施計画書を原子力安全・保安院に提出。(T:061019)

2006. 10. 26　東京電力は東通原発1号機の準備工事に向け、「東通原子力建設準備事務所」を設置。(T:061026)

2006. 11. 14　県、東通村と周辺市町村が東北電力東通原発1号機で原子力防災訓練を実施。(T:061115)

2006. 12. 4　東京電力は、同電力が東通村に計画している東通原発1号機の準備工事として敷地造成工事の開始を発表。(T:061205)

2006. 12. 26　市民団体「下北半島の核施設を考える準備会」が、「東京電力東通原発1号機の建設地は断層が多く、安全性に問題がある」として、建設中止や下北半島の核関連施設の操業中止を東京電力や県、国に要請。(T:061227)

2006. 12. 26　東通村長が高レベル廃棄物最終処分場受け入れに意欲。東奥日報記者とのインタビューで「原子力施設立地・周辺市町村が主体的役割を担うべきだ」と発言。(T:061227)

2007. 1. 2　三村知事が東通村長の最終処分場受け入れ意欲に対し、「青森県を最終処分地にしないという原則を忘れては困る」との見解。県の姿勢に変わりがないことを強調。核燃反対派は一斉に反発。一方、自民党の津島雄二、江渡聡徳両衆院議員は越善村長の姿勢を擁護。(T:070103)

2007. 1. 4　むつ市長が東通村長発言に理解を示す。むつ市の杉山粛市長は年頭会見で、東通村の越善靖夫村長支援ともとれる姿勢を示した。(T:070105)

2007. 1. 7　東通原発が初の定期検査。検査期間は約4ヶ月で、営業運転再開は5月上旬の見通し。(T:070108)

2007. 1. 15　東北電力の東通原発1号機が定期検査。燃料交換は68体。(T:070116)

2007. 1. 25　東通村長が高レベル放射性廃棄物の最終処分場受け入れに意欲を示したことについて、県エネルギー総合対策局の七戸信行総括副参事は、「村長は一般論を言ったのかな、という気がする」との見解。(T:070126)

2007. 1. 30　東通原発で変圧器火災。過電流で温度上昇。(T:070201)

2007. 2. 7　東通原発の原子炉建屋で43リットルの水漏れ。外部への影響なし。(T:070208)

2007. 2. 19　東北電力青森支店長がトラブル続発で陳謝。東通原発1号機で、変圧器を焦がす火災や放射能を含む水が排水受け口からあふれるトラブルが続発。(T:070220)

2007. 2. 22　東通原発の変圧器火災で最終報告書。過電流が原因。火災は、施工会社が空気圧縮機を使って蒸気タービンに付着したごみなどを除去する作業をしていて発生。(T:070223)

2007. 3. 3　東京電力の東通原発敷地内に多数の断層が集中していると、日本地質学会会員の松山力・元八戸高校教諭が指摘。(T:070304)

2007. 4. 4　東北電力が、東通原発1号機の原子炉へ水を送るポンプの弁(逆止弁)から約3リットルの水が床に漏れたと発表。漏出水から放射性物質は検出されず。(T:070405)

2007. 6. 3　三村知事が大差で再選。有効投票に占める得票率は過去最高の79.31%も、投票率は38.45%と過去最低。(T:070604)

2007. 6. 6　東通原発1号機が営業運転を再開。(T:070607)

2007. 7. 20　東通原発に中央制御室から地元消防につながる直通電話がなく、化学消防車も配備されていないことが経産省の発表で判明。(T:070720)

2007. 7. 26　東北電力は東通原発1号機に化学消防車を11月末までに配置することを決定。(T:070727)

2007. 8. 10　7月16日の柏崎刈羽原発の地震による火災を受け、東北電力が東通原発1号機の変圧器火災を想定した消防訓練を実施。(T:070811)

2007. 9. 19　東北電力が、東通原発1号機に取換え燃料約22.1トンを搬入。(T:070920)

2007. 9. 20　中越沖地震の際に柏崎刈羽原発で観測された揺れは、六ヶ所再処理工場と、東通原発1号機で想定している最大の揺れを上回ることが日本原燃と東北電力の報告で判明。(T:070921)

2007. 10. 5　東通原発追加漁業補償第9回交渉も妥協に至らず。漁協側「10億円では少なすぎる」。(T:071006)

2007. 12. 11　東通村議会有志が計画している高レベル放射性廃棄物最終処分事業を含む核燃料サイクル勉強会に絡み、六ヶ所村議会一般質問で、議員から「最終処分地にしない一との方針を振りかざし、県が行動を抑えようとするのはいかがなものか」と、東通村の動きを擁護する発言。(T:071212)

2007. 12. 20　東通村のユーラスヒッツ北野沢クリフ風力発電所(東京・ユーラスエナジーホールディングス)が、当初計画より約1年遅れで操業開始。東北電力に全量売電。スペイン製の2000kW発電機6基、総出力12000kW。(T:071226)

2008. 1. 30　東通原発1号機の給水ポンプ配管から水漏れ。(反353:2)

2008. 2. 15　東通原発の建設を計画している東京電力が、予定地近くの横浜断層に活断層の疑いがあるとして再調査を発表。(反360:2)

2008. 2. 20　既に東通原発1号機を運転中の東北電力が「活断層でも耐震性に影響なし」としながら、共同調査の方針を表明。(反

360:2)

2008. 5. 26　東通原発に改良型軽水炉を導入することに伴う追加漁業補償で、泊漁協は補償金を20億8000万円とする古川健治六ヶ所村長の仲介案受け入れを決定。同原発の周辺6漁協との補償交渉はすべて決着。(T:080527)

2008. 6. 3　3次下請け会社の18歳未満の臨時作業員8人が年齢をいつわって放射線管理手帳を取得、うち6人が福島第一、女川、東通の各原発で管理区域内作業をしていたと東芝が公表(各地労基署への報告は5月)。(反364:2)

2009. 3. 15　東通村長選は越善靖夫氏が4選。投票率79.12%。(T:090316)

2009. 6. 11　広島工大の中田高教授が大間原発周辺に活断層の可能性を指摘。東洋大の渡辺満久教授らが指摘した六ヶ所・東通周辺の活断層を含め、事業者側の一方的否定にマスコミなどからも強い批判。(反364:2)

2009. 7. 29　女川原発3号機と東通原発1号機で新検査制度を誤解、時期変更申請をせずに補助ボイラーを継続運転したので保安院が東北電力を2度の厳重注意。(反377:2)

2009. 10. 27　定検中の東通原発1号機で、ボルトの締め付け不足により残留熱除去系から水漏れ。(反380:2)

2010. 4. 12　東京電力東通原発1号機の保安院審査が終了。原子力委、安全委にダブルチェック諮問。(反386:2)

2010. 8. 11　東京電力東通原発1号機に係る第2次公開ヒアリングが開催。(反390:2)

2010. 10. 15　東北電力東通原発1号機で定検間隔延長を初申請の計画。11月上旬に申請と発表。従来の13ヵ月以内から16ヵ月以内へ。(反392:2)

2010. 11. 10　東北電力が、東通原発1号機での16ヵ月連続運転を初申請。(反393:2)

2010. 12. 24　東京電力の東通原発1号機に原子炉設置許可。即日、第1回の工事計画認可申請。(反394:2)

2011. 1. 1　東京電力が東通原子力建設所を設置。(反395:2)

2011. 1. 20　東北電力は、国で審議中の東通原発1号機の耐震安全性評価中間報告に関連し、昨年7月から行っていた地質調査結果を「断層活動の影響なし」と発表。(T:110121)

2011. 1. 25　東京電力東通原発1号機について、保安院は同電力が申請していたサービス建屋関連の工事計画を認可。(T:110126)

2011. 1. 25　東京電力が東通原発1号機の着工を発表。2017年3月の運転開始を目指す。(T:110126)

2011. 1. 28　東京電力・東通原発1号機の着工を受け、市民団体「核燃料廃棄物搬入阻止実行委員会」が東京電力に抗議文を提出。(T:110129)

2011. 2. 2　東通原発が6日から定期検査。認可後は長期サイクル運転。(T:110203)

2011. 2. 8　保安院が東北電力の東通原発1号機の「長期サイクル運転」に向けた保全計画について立ち入り検査を行うと発表。(T:110209)

2011. 3. 11　東日本大震災。東北電力東通原発1号機は点検中。震災の影響なし。(T:110317)

2011. 3. 17　東京電力が東通原発1号機の工事中断を発表。(反397:2)

2011. 4. 7　宮城県沖の地震で外部電源喪失,非常用ディーゼル発電機1台が起動(2台は点検中)。使用済み核燃料一時貯蔵プールは非常電源で冷却。8日に軽油漏れでディーゼル発電機が停止するも外部電源の一部復旧で全電源喪失は回避。(②4:81)(Y:110408)

2011. 4. 10　宮城県沖地震による東通原発の発電機トラブルで非常用発電機が一時機能せず。　国や電力会社に対策指示。(T:110410)

2011. 4. 21　東京電力が「東通原発延期」一部報道を否定。(T:110422)

2011. 4. 26　東通原発に保安院が立ち入り検査。(T:110426)

2011. 5. 5　県内で建設中の東通原発と大間原発は変電所が同一であり、この変電所が地震などで同時停止した場合原子炉が同時に自動停止する仕組みになっていることが判明。(T:110504)

2011. 5. 30　東京電力が福島第1原発事故を受けて東通原発の建設工事を見合わせている問題で、電源開発に同事業を売却して事業を継続させる案が原子力業界内に浮上していることが明らかに。(T:110531)

2011. 6. 16　経産省原子力安全・保安院は東通原発、六ヶ所再処理工場の災害時の緊急安全対策を適切と判断した評価結果を県幹部に報告。(T:110616)

2011. 6. 16　東北電力は東通原発の連続運転期間の延長を発表。導入期間を慎重に検討。(T:110617)

2011. 7. 8　原子力施設の安全対策をテーマとした県内市町村長会議が開催。稼働中の原発も含めた「ストレステスト」の実施を国が表明したことに対し、東通村長は原子力政策をめぐる政府の言動に一貫性がないと批判。(T:110709)

2011. 7. 21　原発の安全対策説明で東北電力が東通村の全戸訪問(約2700戸)を開始。(T:110722)

2011. 7. 25　東北電力が東通原発の安全評価1次に着手。(T:110726)

2011. 7. 29　東通原発の起動前作業が終了。再稼働は未定。(T:110730)

2011. 8. 24　東通原発が大容量電源の運用開始。原子炉冷温停止も可能に。(T:110825)

2011. 10. 24　東北電力東通原発1号機の敷地内に複数の活断層が存在するとの調査報告を、東洋大学の渡辺満久教授らが発表。(T:111025)

2011. 10. 27　東北電力が東通原発敷地内を調査。標高8mまで過去の海水の痕跡が見られると発表。(T:111028)

2011. 10. 27　東北電力は東通原発1号機の安全評価2次を開始。(T:111028)

2011. 10. 31　東北電力東通原発1号機の敷地内に活断層の存在が指

摘されている問題で、同社青森支局長は「活断層はない」という見解。(T:111101)

2011.11.4　東北電力が東通原発1号機検査のため原子炉を停止し、全交流電源喪失を想定した原子炉防災訓練を実施。(T:111104)

2011.11.8　東北電力が、運転停止中の東通原発や女川原発の再稼働に向けて設置した有識者懇談会を女川原発で開き、地元関係者や外部の専門家らと意見交換。(T:111109)

2011.12.8　東電、1月に着工した1号機の建設を断念する方針を固める。2020年以降の運転開始を予定していた2号機の建設も取りやめる見通し。(Y:111208)

2012.2.9　東北電力が東通原発で東日本大震災後初の本格的な冬季訓練。全電源喪失の事態を想定。(T:120210)

2012.3.7　東通村は、3月議会に前年度比32％減となる一般会計当初予算案を提案。総額82億5500万円で、39億円減。東北電力東通原発1号機の固定資産税収入は減価償却が進み、20億5200万円に。電源三法交付金は総額55億円から24億3000万円に減少。(T:120308)

2012.4.13　東北電力は、東通原発を襲う可能性がある津波の最大の高さ想定を10.1mに見直すと発表。従来の想定は8.8m。東通原発は地震によって63cm地盤沈下するとみているが、最大規模の津波に襲われても敷地は浸水しない、との結果に。(T:120414)

2012.07.10　東北電力が東通原発の3回目の敷地内断層調査を開始。(T:120711)

出　典

①1：青森県商工労働部資源エネルギー課(2004)『青森県の原子力行政』青森県
②1：東通原子力発電所(2011)『東通原子力発電所の概要』
②2：青森県エネルギー総合対策局原子力立地対策課(2011)『青森県の原子力行政』青森県
②3：高木仁三郎(1987)『われらチェルノブイリの虜囚』三一書房
②4：原子力資料情報室(2012)『原子力市民年鑑　2011-2012』七つ森書館
T:『東奥日報』
反：反原発運動全国連絡会編集・発行『反原発新聞』

V－1－3

大間原発年表

1976.4　大間町商工会が大間原発誘致のための「原子力発電所新設に係わる環境調査の早期実現」の請願を提出。(T:760622)

1976.5.4　大間町議会全員協議会、「原発誘致のための環境調査早期実現」を働きかける請願書を可決。(D:760524)

1976.5.28　大間原発反対共闘会議が「原発を考える住民のつどい」を同町公民館で開催。(D:760529)

1976.6.20　大間原発建設反対共闘会議、「原発建設反対、海を守る現地集会」開催。(D:760621)

1976.6.24　大間町議会、6月定例会で、「原子力発電所新設にかかわる環境調査の早期実現の請願」を賛成多数で可決。(D:760625)

1976.6.29　下北郡大間漁港は、総代会で原子力発電所建設の適否を決める環境調査の実施を認める決定。(T:760629)

1976.7.1　下北郡佐井村漁協は、大間原発原子力発電所誘致に反対する決定。周辺漁村が意思表示をしたのは初めて。(T:760702)

1976.7.3　社会党県本部の関晴正委員長は、竹内知事に対して大間原発誘致運動を県が許すべきでないと申し入れ。(T:760704)

1976.12　奥戸漁港は、12月末に臨時総会で「原発新設に係わる環境調査」の実施に同意。(T:780207)

1978.4.7　青森県下北郡の佐井村漁協、電発の大間原発建設事前調査拒否を村長に通知。(反1:2)

1978.5.26　青森県大間町、電源開発(株)に対し、ＣＡＮＤＵ炉立地の環境調査申入れ。(反2:2, T:780526)

1979.2　電源開発、日加原子力協力協定が決着したのを機に、大間町を立地候補地点に選びＣＡＮＤＵ炉導入を計画。(N:790205)

1979.2.8　青森県大間町の柳森次町長らは、電源開発の野瀬正儀副総裁に「原子力発電所の立地の適否にかかわる環境調査の早期実施について」文書で再度申し入れ。(N:790209)

1982.4.26　大間町当局、電源開発からの同年6月から適地調査を開始したい申し入れを了承。(D:820426)

1983.3.16　九電力社長会が、青森県大間町でのＡＴＲ実証炉立地調査の実施を了承。(反60:2)

1983.7.16　電源開発が大間原子力調査所を設置。環境調査実施へ。(反65:2)

1985.1　大間、奥戸両漁協が原発調査対策委員会設置の決議を否決。(A:850601)

1985.5.15　電事連の九電力社長会で新型転換炉実証炉の計画見直しを了承。電力の資金負担は3割増の1077億円。(反87:2, A:850516)

1985.5.31　政府のＡＴＲ実証炉建設委員会で新型転換炉（ＡＴＲ）の実証炉の建設計画が正式に決定。(A:850601)

1985.6.18　政府、総合エネルギー対策推進閣僚会議を開催。静岡県浜岡町と青森県大間町の2カ所を重要電源立地に指定。(A:850624)

1986.8　ＡＴＲ実証炉建設推進委員会、国の電源開発計画に盛り込むため1988年12月に電源開発調整審議会に上程する方針を決定。(A:880824)

1987.　ＧＥ社、米原子力規制委員会（ＮＲＣ）にＡＢＷＲの型式承認を申請。(A:960211)

1987.6.6　大間漁協の総会で原発調査対策委の設置を可決。(反112:2)

1987.4.8　電源開発、88年度事業計画を発表。青森県・大間町の新型転換炉などの建設構想を、年末の電源開発調整審議会に上程することを盛り込む。(A:880409)

1988.4.21～22　大間町の奥戸漁協が臨時総会を開催。85年1月の決議を撤廃し、漁業補償交渉の窓口である原発対策委員会の設置を決める。決議撤廃は賛成145票、反対131票、窓口設置は賛成144票、反対が132票の僅少差。(反122:2)

1988.7.20　政府は電源開発調整審議会を開き、88年度の電源開発計画を決定。新規電源開発地点は大間など29カ所で合計275万キロワットを目標。(A:880720)

1988.8　電源開発、大間町に建設計画中の新型転換炉の電源開発調整審議会上程について、当初予定の88年12月を1年繰り延べ89年12月とする方針を固める。地元漁協を中心に反対が根強く、漁業補償など一連の建設交渉が難航しているため。着工、運転開始時期もそれぞれ1年遅れ、92年4月着工、98年3月運転開始の予定。(A:870824)

1989.7.1　電源開発が大間原子力調査所を大間原子力総合立地事務所に改組。立地推進を強化。(反137:2)

1989.7.31　政府、電源開発調整審議会を開き、今後10年間の電力需要見通しと電源開発計画を決定。89年度分の着手目標は、青森県大間町の原子力61万キロワット含む、80万キロワット。(A:890801)

1989.8.25　ＡＴＲ実証炉建設推進委が大間原発の建設計画を、また一年繰り延べ。(反138:2)

1989.10.26　大間町の新型転換炉実証炉計画地の地権者代表委に、電源開発が価格を初提示。電源開発、原発用地130ヘクタールのうち、120ヘクタールを占める農地の地主430人に対し、1平方メートル2000円の買収価格を提示。(反140:2, A:900509)

1989.11.29　政府、電源開発調整審議会を開催。大間原発は地元との調整がつかず、89年度の新規着手地点への組み入れは見送られる。(M:891130)

1990.11.27　大間ＡＴＲの建設スケジュールをまた一年繰り延べにすることを建設推進委（資源エネ

庁・科技庁・電源開発・電事連・動燃)が決定。4回目の見直し。(反153:2)

1991.5　電源開発、新社長に杉山和夫氏就任。(A:910817)

1991.5.12　大間原発への給水用とされるダム計画で北限のサル生息地が危機、と共同通信が配信。(反159:2)

1991.6.12　奥戸漁協、臨時総会開催。漁業補償などを話し合う漁協側の窓口の原発交渉委員会の設置を反対96、賛成91で否決。(M:910613)

1991.9.19　大間原発への給水用と言われる奥戸川ダム建設で、北限のサルの生存が脅かされる、と批判されている問題で、青森県が環境アセスメントを開始。(反163:2)

1991.11.28　大間原発計画を再び一年繰り延べにすることを、通産省・科技庁・電事連・動燃・電源開発の5者によるATR実証炉建設推進委が決定。(反165:2)

1992.1.10　奥戸漁協が大間原発の設置に伴う漁業補償の交渉委設置を決める。(反167:2)

1992.7.15　政府、電源開発調整審議会を開催。「92年度電源開発基本計画」を決定。目標に入っている原子力は電源開発が青森県大間町に建設を予定している大間原子力発電所の新型転換炉一地点のみ。(M:920716)

1992.9.12　大間原発計画に係る漁業補償額提示。電源開発が大間漁協に対して漁業補償金52億円、水産振興基金20億円、奥戸漁協に対して同28億円、10億円を提示。(反175:2, A:930410)

1992.11.24　ATR実証炉推進委(電発社長・資源エネ庁長官・科技庁原子力局長・電事連会長・動燃理事長で構成)が、大間の計画をもう1年繰り延べ、来年12月電調審上程、2002年3月運転開始とすることを決定。(反177:2)

1993.4.21　大間ATR建設に伴う漁業補償額につき大間漁協が上積みを要求、と電気新聞が報道。(反182:2)

1993.5.6　大間原発の漁業補償交渉の打開求め、大間漁協が大間町の仲介を打診。電源開発側は青森県を仲介に打診したが、県は拒否していたことが10日判明。(反183:2)

1993.5.10　核兵器廃絶などを訴えて国内を縦断する「93非核・平和行進」、大間町を出発。(A:930715)

1993.9.1　大間町と町議会が、ATR実証炉の計画に伴う漁業補償につき、青森県に仲介を要請。25日に大間漁協、26日に奥戸漁協が県への交渉一任を受け入れ。(反187:2)

1993.10.5　大間、奥戸両漁協と大間町、町議会が青森県に、ATR実証炉の計画に伴う漁業補償交渉の仲介を正式要請。同日、電源開発も正式に仲介を要請。(反188:2)

1993.11.8　大間ATRの建設計画に伴う漁業補償交渉で、大間漁協が県の仲介条件を受諾(奥戸漁協は10月30日に受諾決定)。電源開発は12日、計画をまた一年延期することを表明。(反189:2)

1993.12.6　ATR実証炉建設促進委が、大間計画をまた1年先延ばしとすることを決定。(反190:2)

1994.4.22　大間漁協、電源開発の提示した漁業補償金96億100万円で新型転換炉の受入を決定。(A:940426)

1994.4.25　原子力開発長期計画の改定が大詰。各分科会の報告書が基本分科会に出され、総論につき審議。28日の専門部会に報告。6月に策定に向けて動きは急だが、プルトニウム利用をめぐってはなお揺れているとの情報も。(反194:2)

1994.4.25　奥戸漁協、臨時総会を開催。電源開発が建設計画中の新型転換炉(ATR)の実証炉について、電発側が示した48億8100万円(水産振興基金10億円を含む)の補償金を受け入れ、原発建設を認めることを決議。(A:940426)

1994.5.18　電源開発と大間・奥戸両漁協が、大間ATR実証炉計画に係る漁業補償協定に調印。(反195:2)

1994.11.29　ATR実証炉建設推進委が、大間原発の建設計画をまた1年先送り。8度目の延伸。(反201:2)

1995.7.11　大間ATRの見直しを電事連が関係者に要請。電事連、電源開発が大間町に建設を予定している大間原発の「新型転換炉(ATR)」の実証炉について、建設計画を中止し、従来の軽水炉を発展させた「最新型軽水炉」に切り替えるよう、通産省など関係5省庁、団体に要請。ATRの建設費、発電コストがともに軽水炉の3倍に達し、採算に合わないと判断。(反209:3, A:950712)

1995.7.18　電事連が新型転換炉(ATR)実証炉の建設中止を政府などに申し入れたことについて、田中真紀子・科学技術庁長官(原子力委員長)は閣議後の会見で、「企業の基本は採算がとれるかどうか。計画から撤退せざるを得ないという電事連のスタンスが、これから変わるとは思えない」と述べ、電力業界がATR計画から撤退することもやむを得ないとの認識を初めて示す。(A:950718)

1995.7.25　電事連が新型転換炉(ATR)実証炉の建設中止を政府などに求めた問題で、原子力委員会、実証炉建設の是非を含めた基本的な方針を同年8月末をめどに出すことで合意。(A:950726)

1995.8.25　大間町に建設される計画だった新型転換炉(ATR)の実証炉について、原子力委員会は、建設計画を中止することを決定。代わりに、プルトニウムとウランの混合酸化物(MOX)燃料を利用できる改良型の原発の建設を進めることも決定。(A:950826, M:950826)

1995.8.29　ATRの代わりにABWR(改良型沸騰水型軽水炉)を建設することになった電源開発は、ABWR開発のため、来年度は99億円を設備資金計画に盛り込むことを明らかにした。内訳は、40億円が技術開発のための調査費で、残る59億円が、建設予定

地の青森県大間町に対する地元振興費や漁業補償の追加費など。(A:950830)

1995.10.20　電源開発と大間町、同町議会が大間漁協に、ATRからABWRへの計画変更に協力を要請。(反212:2)

1995.10.23　電源開発と大間町、同町議会が奥戸漁協に、ATRからABWRへの計画変更に協力を要請。(反212:2)

1995.11.15　青森県で、県のイメージアップ事業として10月末からテレビCMで原子力施設のPRを開始。これに対し、県内の労組などが反発、県教組(小笠原美徳委員長)は15日までに、近く県に放映中止を求める方針を決定。(M:951116)

1995.11.25　電源開発が大間町議会と地元2漁協にATRからABWRへの計画変更を説明。138.3万kWと国内最大規模になり、温排水の拡散範囲は2倍。(反213:2)

1995.12.26　国の来年度予算にABWRの開発資金として、99億円の計上が決定。(A:951226)

1996.3.22　大間漁協が大間原発計画のABWRへの変更に伴う漁業補償交渉の窓口を設置。(反217:2)

1996.4.4　電源開発調整審議会の電源立地部会が、東通村・大間町の地域振興計画への政府の協力方針をまとめる。(反218:2)

1996.4.19　大間漁協が、大間原発計画のABWRへの変更に伴う漁業補償交渉の窓口設置を決定。(反218:2)

1996.6.30　大間原発計画の漁業補償再交渉の窓口設置を、奥戸漁協総会で可決。(反220:2)

1996.10.30　青森県平和労組会議は、大間原発予定地内の用地約1970平方メートルを購入する契約を、地権者と結ぶ。購入した用地を県内外の反原発グループや個人に分筆し、「一坪地主運動」を進める方針。(A:961031)

1996.12.2　青森県反核実行委が、大間の一坪運動購入地に杭打ち。(反226:3)

1997.1.9　前町長の病気退職に伴う大間町長選が投開票。前助役の浅見恒吉氏が、元代議士秘書の竹内滋仁氏を破り初当選。当日有権者は、5295人、投票率は88.95%(前回90.62%)。ともに新顔で原発推進の立場。(A:970120)

1997.2.10　大間原発計画の運転開始時期をさらに1年半遅らせる、と電源開発が同町議会に報告。漁業補償が合意に達していないため。工程変更は、新型転換炉(ATR)計画のころも含めて通算9回目。新計画では、事業着手を1998年3月、着工を2001年4月、運転開始を2006年10月とする。(A:970211)

1997.2.10　原子力委のITER懇談会が初会合。財界人などが経済性を考慮するよう指摘。(反228:2)

1997.2.13　大間町に電源開発(本社・東京)が建設を計画しているABWRについて、浅見恒吉町長、町長就任後初めて、大間漁協の役員会で原発計画に対する協力要請。(A:970214)

1997.2.13　県反核実行委員会、電源開発が大間町に建設を計画中のABWRの原子炉建屋建設予定地内にある共有地の地権者と売買契約交渉をしていることを明らかにする。(A:970214)

1997.2.14　漁業補償交渉の窓口となる8回目の原発交渉委員会、大間漁協で非公開で開催。電源開発の吉塚剛・大間原子力総合立地事務所長は、地元にもう1つある奥戸漁協が要求している温排水の放水管の延長問題について、計画内容の詳細を初めて説明。(A:970215)

1997.2.18　電源開発の杉山弘社長は町役場や地元漁協、周辺自治体を訪ね、1年先送りされる事業着手工程などについて、理解を求める。用地の完全買収が必ずしも事業着手の前提条件ではない、との見方を示す。(A:970219)

1997.2.19　電源開発の杉山弘社長、木村守男知事を訪問。事業着手工程などの遅れを陳謝、事業への協力を求めた。(A:970220)

1997.4.8　電源開発が大間町に建設を計画しているABWRを巡り、予定地の購入を進めている労組や市民ら、「大間原発に反対する地主の会」を発足。(A:970409)

1997.5.29　大間漁協で非公開で開かれた原発交渉委員会で、電源開発の吉塚剛・大間原子力総合立地事務所長、大間漁協(吉本繁雄組合長)に、漁業補償案を初めて提示。温排水の拡散範囲が広がる分のみ追加補償すると提案。同漁協は補償案を拒否。(A:970529)

1997.6.10　電源開発、大間漁協が求めている温排水拡散範囲の見直しはできない、と回答。(A:970611)

1997.6.19　電源開発の杉山弘社長、県庁に木村守男知事を訪ね、同社が民間に移行することを報告。(A:970620)

1997.7.11　「大間原発に反対する一坪地主の会」、青森地方法務局むつ支局を訪問。「一坪地主運動」に伴う建設予定地の分筆登記を初申請。社民党県連のグループに譲渡を予定している95平方メートルについて、分筆手続きをする。(A:970712)

1997.7.13　大間原発建設に反対する北海道の道南地区の市民団体「ストップ大間原発道南の会」、大間町の反対住民らと交流。現地視察は2回目。(A:970715)

1997.7.19　大間漁協の原発交渉委員会、電源開発から漁業補償金の提示を受けることを了解。(A:970720)

1997.7.22　奥戸漁協の原発交渉委員会、電源開発の漁業補償金提示の条件としているコンブ漁場造成の同社試算に納得せず物別れ。(A:970723)

1997.7.31　奥戸漁協の原発交渉委員会開催。同社が試算した漁業補償金提示の条件となるコンブ漁場造成の事業費について、双方の歩み寄り見られず。(A:970801)

1997.8.4　大間原発反対の一坪地主運動による分筆登記申請を、青森地方法務局むつ支局が却下。(反234:2,A:970805)

1997.9.1　大間原発に反対する地主の会・電源開発、双方が認める測量業者に「線引き」を依頼することで合意。(A:970902)

1997.9.11　大間原発に反対する地主の会、分筆登記に必要な土地境界の確定に向けて測量業者と契約。(A:970913)

1997.9.17　奥戸漁協の原発交渉委員会開催。漁業補償金提示の前提となるコンブ漁場造成費について、3億5千万円とする電源開発の最終的な回答を、岩泉会長が委員に伝える。(A:970919)

1997.9.27　奥戸漁協の原発交渉委員会開催。懸案の漁業補償額提示の前提となるコンブ漁場の造成費について、「補償額が大間漁協と同額でなければ、同社が示している3億5千万円には了承できない」とし、電源開発に再度回答を求める。(A:970928)

1997.10.1　大間原発に反対する地主の会と電源開発、現地で分筆登記に向けた境界確定に合意。県反核実行委員会や個人で購入した2977平方メートル(3区画)のうち、測量業者が分筆対象地の1977平方メートル(2区画)について線引き。(A:971002)

1997.10.21　奥戸漁協の原発交渉委員会、補償金提示の前提条件となっていた代替コンブ漁場の造成費について、電源開発側が示す3億5千万円で了解。(A:971022)

1997.10.23　奥戸漁協の原発交渉委員会、電発側から漁業補償金の提示を受けることを了解。(A:971024)

1997.11.13　大間原発に反対する地主の会、電源開発と合意した境界画定を受け、分筆登記に向け現地測量。(A:971114)

1997.11.14　大間原発計画に伴う漁業補償交渉で、電源開発が大間、奥戸両漁協に各10億円、6億円を提示。2漁協とも不満表明。(反237:2, A:971115)

1997.11.18　大間原発に反対する地主の会、青森地方法務局むつ支局へ建設予定地の分筆登記を再申請。(A:971119)

1997.11.25　青森地方法務局むつ支局、地主の会と電源開発の双方の立ち会いで現地を確認。浅見恒吉町長と町議会の泉徳實・原発対策特別委員長は中止を求める抗議声明。(A:971126)

1997.12.2　大間原発に反対する地主の会、青森地方法務局むつ支局で、建設用地のうち八筆分の分筆登記を申請。(A:971203)

1997.12.11　奥戸漁協の原発交渉委員会、補償金算出の考え方について電源開発から説明を受ける。(A:971212)

1997.12.15　大間漁協の原発交渉委員会、電源開発の追加漁業補償金に「提示額では納得できない」とする文書を同社に出すことを決定。(A:971216)

1997.12.16　大間原発計画地の一坪地主運動で、所有権移転の登記申請はじまる。(反238-2, A:971217)

1997.12.23　奥戸漁協の原発交渉委員会、電発が提示した六億円の追加漁業補償金に対し、上積みを求める文書を24日に提出することを決定。(A:971224)

1998.2.18　電源開発が、大間原発の建設計画で11回目の工程変更を大間町や町議会などに変更。(A:980219)

1998.3.6　電源開発が大間、奥戸両漁協に、大間原発計画の出力変更に伴う追加漁業補償額を提示。両漁協とも不満表明。(A:980307)

1998.5.20　大間町と町議会が電源開発に、大間原発計画に係る漁業補償金の再上積みを要請。(反243:12)

1998.5.24　ストップ大間原発道南の会の申し入れで、同会と大間原発に反対する地主の会が、一坪運動用地に栗の苗木約七十本を植樹。(反243:12)

1998.6.10　電源開発が大間、奥戸両漁協に大間原発推進に係る漁業補償上積みの額を再々提示。(A:980611)

1998.6.23　大間、奥戸の両漁協の交渉窓口は、漁業補償の提示の受け入れを決定。(A:980624)

1998.8.13　大間原発の建設計画に係る漁業補償の追加交渉で、奥戸漁協が臨時総会で受け入れを議決。(A:980814)

1998.8.15　大間原発の建設計画に係る漁業補償の追加交渉で、大間漁協も臨時総会で議決。(A:980816)

1998.8.21　大間原発の建設計画に係る漁業補償の追加交渉で、奥戸・大間の両漁協と電源開発が補償協定書に調印。(A:980822)

1998.10.27　大間原発計画の電調審上程を今年12月から来年7月に延期、と電源開発が発表。(A:981028)

1998.12.17　大間原発建設に係る第1次公開ヒアリング。(A:981218)

1999.7.16　大間原発計画の電調審上程に青森県が同意。(A:990717)

1999.8.3　電調審で、国の電源開発基本計画に大間原発を組み入れ。原子炉建屋部分を含む未買収地を残しての見切り発車。(A:990804)

1999.9.8　電源開発が通産相に、大間原発の原子炉設置許可を申請。フルMOXのABWR。原子炉建屋部分をふくむ未買収地がありながら、申請を強行。(A:990909)

2000.2.7　大間原発準備工事開始。(A:000207)

2000.4　電源開発社長が、未買収地を抱える大間原発計画の安全審査の長期化を示唆。(A:000421)

2000.7.13　大間原発ヒアリング訴訟に判決。(A:000714)

2001.4.14　大間原発準備工事を中断。用地買収ができず。(A:010415)

2001.10.24　大間原発の安全審査が正式にストップ、電源開発が原子力安全・保安院に正式要請。同院も了承。(反284:2)

2002.2.7　電源開発が大間原発建設をまた1年延期すると発表。(A:020207)

2002.3.25　電源開発の社長が、大間原発建設への政府支援を求める発言。(反289:2)

2002.12.18　大間町長・町議会議長らが電源開発の社長らに、未

買収地を避けて大間原発を建設するための炉心位置変更を要望。(A:021217)

2003.2.10　大間原発計画で炉心位置の変更表明　電源開発が青森県、大間町などに。(M:030211)

2003.4.18　大間原発計画の炉心位置変更で、地質調査開始。(A:030419)

2004.3.18　電源開発は用地買収の難航により、大間原発の炉心位置を約200m南に移動させることを盛り込んだ原子炉設置許可申請を原子力安全・保安院に再提出。(A:040319)

2005.2.21　大間原発敷地内の共有地地権者が、建設差止めを求め青森地裁に提訴。(反 324:2)

2005.5.10　大間原発計画地内の共有地分割裁判で、地権者の熊谷さんが敗訴。(反 327:2)

2005.6.16　経産省が大間原発の安全審査を終了、安全委・原子力委にダブルチェックを諮問。(A:050617)

2005.10.19　大間原発計画で第2次公開ヒアリング。(A:051020)

2006.2.17　2次審査中の大間原発の設置許可申請書に、誤ったデータ入力による安全解析(日立が実施)があった、と各社が保安院に報告。審査でミス見逃し。大間については電源開発が補正書を提出。(反 336:2)

2006.3.31　大間原発計画を巡る共有地分割裁判の控訴審で、地権者の訴えを排し金銭解決の判決。(反 337:2)

2006.5.15　電源開発が大間町議会に、耐震指針改定に伴う見直しで大間原発の着工は半年先送りか、と説明。(反 339:2)

2006.10.12　大間原発計画地内の共有地分割裁判で、最高裁が住民の上告棄却。(A:061013)

2007.1.12　大間原発準備工事の差し止めを求めた訴訟で、原告側が訴訟取り下げ。10月の最高裁判決で共有地明け渡しが確定のため。(A:070113)

2007.7.19　函館市議会が、政府と青森県に大間原発の「拙速な着工をしない」よう求める意見書採択。(反 353:2)

2007.8.20　8月着工予定だった大間原発の着工延期(時期未定)を、電発が青森県・大間町などに報告。(A:070820)

2008.4.23　大間原発原子炉設置許可。(T:080424)

2008.4.24　大間原発の第1回の工事計画認可申請。(A:080425)

2008.5.27　大間原発が着工。原子炉は日立、タービンは東芝に発注。(A:080528)

2008.6.11　広島工大の中田高教授が大間原発周辺に活断層の可能性大と指摘。東洋大の渡辺満久教授らが指摘した六ヶ所・東通周辺の活断層ともども、事業者側の一方的否定にマスコミなどからも強い批判。(M:080612)

2008.6.19　大間原発の原子炉設置許可に4541人が異議。(A:080620)

2008.11.11　電源開発が大間原発の運転開始予定を14年に繰延べ。(A:081111)

2009.3.6　電気事業連が、六ヶ所再処理工場で回収されるプルトニウムの利用計画を発表。青森県では、大間原発の運開が14年に延びたことから「10年度までに16～18基」との目標を削除して発表したために紛糾。9日に同連合会副会長が副知事を訪ね、「実現に全力で取り組む」と強調。(反 373:2)

2009.11.12　電源開発と7電力会社が大間原発用のプルトニウム譲渡契約。(反 381:2)

2010.7.28　函館市の「大間原発訴訟の会」が、フルMOX利用の原発の危険性や近海の活断層による巨大地震の可能性を理由に大間原発の許可取り消しを求める行政訴訟を函館地裁に提訴。(反 389:2, A:100729)

2011.3.17　3月11日の震災を受けて、東電が東通1号炉、電源開発が大間原発の、また、リサイクル燃料資源がむつ中間貯蔵施設の工事中断を発表。(反 397:2)

2011.5.24　大間原発の計画遅れで、大間町と町議会が電源開発に14億円の財政支援を要請。(反 399:2)

2012.10.1　電源開発は、2012年10月1日に大間原発の建設再開を正式に発表。福島第一原発事故以後、原発工事再開の表明は初。北海道函館市などの周辺自治体は建設再開に反発。(A:121001, A:121005)

出　典

A:『朝日新聞』
D:『デーリー東北』
M:『毎日新聞』
N:『日本経済新聞』
T:『東奥日報』
反:反原発運動全国連絡会編集・発行『反原発新聞』

V－1－4

原子力船むつ年表

1955. 10. 3　運輸省は官民合同の原子力船調査研究会を設置することについて、関連企業等の同意を得て、準備に着手。(A:551004)

1955. 12. 9　海運、造船業界の企業などが、原子力船調査会を発足。大型原子力タンカーの設計研究を行う。(A:551209) (④ 1:102)

1956. 8.　運輸省、当面の原子力船開発方針を決定。(④ 1:102)

1957. 12　原子力委員会に「原子力船専門部会」が設けられる。(④ 1:102)

1958. 8. 19　海運、造船業界の2団体29社が民間団体の「原子力船研究協会」を発足。原子力船調査会を発展解消したもの。(A:580820)

1962. 6. 15　原子力委員会の原子力船専門部会が「原子力船第一船は海洋観測船を建造すべきである」と答申。(④ 1:102)

1962. 12. 28　科学技術庁が要求していた原子力船建造に向けた次年度予算1億円が予算折衝で決まる。(A:621229)

1963. 5　原子力船開発事業団法が(通称、原船団法)制定。(④ 1:102)

1963. 8. 17　原子力船開発事業団発足。(④ 1:102)

1965. 3. 1　日本原子力船開発事業団が原子力船第一船の建造について造船大手7社の指名入札。約36億円の予算では難しいなどとして7社とも総辞退。(A:650301)

1965. 7. 29　原子力委員会、船価の見積もりなどをめぐって難航している原子力船の建造について、一応白紙に戻すことを決定。(A:650730)

1967. 3. 23　原子力委員会、原子力船建設の開発基本計画を改定。総トン数約8千トン、加圧軽水炉型、1967年着工1971年完成、完成後は特種運搬船として使用する計画。(A:670324)

1967. 5. 2　二階堂科学技術庁長官は、原子力船の母港について、船体建造を担当する石川島播磨工業に近い東京湾から横浜港を候補地に選んだと記者会見で語る。飛鳥田横浜市長は否定的な見解。(A:670502)

1967. 6. 23　科学技術庁は、飛鳥田横浜市長に原子力船の母港を同市金沢区富岡町に建設することについて正式に申し入れ。同市は、同日午後、経済性、安全性などの点から認めがたいと否定的な態度を示す。(A:670624)

1967. 8. 1　科学技術庁は、横浜市に原子力船母港の設置について再考を要請。飛鳥田市長は再び拒否。(A:670802)

1967. 9. 1　日本原子力船開発事業団の二階堂長官が上京中の竹内青森県知事と面談。原子力船の母港について横浜市を断念し、むつ市に建設を要請したと見られる。竹内知事は「正式な話は聞いていない」とのコメント。(A:670902)

1967. 9. 5　科学技術庁、運輸省、経済企画庁などは、原子力船の母港をむつ市の大湊港下北埠頭に建設することについて了承。(A:670906)

1967. 11. 14　竹内俊吉青森県知事、原子力船の母港を建設することについて政府と日本原子力船開発事業団に受け入れを正式受諾。(A:671115)

1967. 11. 27　東京の石川島播磨工業で原子力船の起工式。工費約80億円、1972年の完成をめざす。(A:681127)

1969. 4. 19　日本原子力船事業団は、国産原子力第一船の船名を「むつ」と決めた。船名は一般募集で48,937通の応募があり、うち「むつ」は768通。(A:690420)

1969. 6. 12　東京都江東区の石川島播磨工業で「むつ」の進水式。艤装や原子炉の設置を経て1972年完成予定。(A:690613)

1970. 7. 18　「むつ」が青森港の検疫びょう地に到着、約4kmを周航して青森市民に船体を披露。むつ市では歓迎ムードがある一方、「原子力船母港反対むつ市会議」などの反対も。(A:700718)

1970. 7. 30　原子力委員会の原子力船懇談会は最終的な報告書をまとめ、経済性の見通しがはっきりするまでは原子力船第二船の建造は見合わせるとした。(A:700731)

1971. 1. 27　朝日新聞が、「むつ」を運行する船主の引き受け手がなく、当面は日本原子力船開発事業団が運航の面倒をみる方針と報道。引き受け手がない理由は、特殊貨物船と任務を変えたにもかかわらず約1500㌧しか積載量がないこと。(A:710127)

1972. 8　「むつ」の原子炉(ＰＷＲ)の艤装工事完了。(④ 1:103)

1972. 9. 27　青森県漁協連合会と陸奥湾沿岸の20漁協の代表が、翌月予定の「むつ」出力試験をとりやめるよう日本原子力船開発事業団に申し入れ。受け入れられない場合は実力阻止の構え。湾内での核燃料運転はないと信じてきた漁協と、そんな約束はないという事業団との意見が対立。(A:720927)

1972. 10. 26　原子力船「むつ」が、原子燃料の積み込み、調整を終え、原子炉に"火入れ"する計画だったが、地元漁業関係者などの反対にあって無期延期となる。(Y:721026)

1973. 6　原子力船事業団、テスト海域を日本海に移して試験するという提案をし、沿岸漁民の強い反対にあう。(④ 1:103)

1973. 7　原子力船事業団、試験海域を太平洋上に移す案を発表。北海道など太平洋沿岸漁民の反対にあう。「漁場と他の船舶の航行に支障がなく、補助ボイラーで運行して試験が遂行できる最遠距離」として尻屋崎東方800kmの洋上が提案され、八戸漁連、北海道漁連、宮城県漁連等が条件付きで同意。(④ 1:104)

1973. 9. 30　むつ市長選挙で革新系

の県議・菊池渙治氏が、原子力船計画を推進してきた現職候補(河野市長)をやぶって当選(101921票対10537票)。原子力船問題にも波紋。(④2:157)(A:731001)

1973.10.30　原子力船「むつ」の出力上昇試験について竹内青森県知事が科学技術庁との確約文書を公表。(D:731031)

1974.5.28　原子力船「むつ」の臨界実験を促進するため、科学技術庁が関係省庁と青森県で構成する原子力船「むつ」対策協議会を十ヶ月ぶりに同庁で開く。(D:740529)

1974.7.27　青森県は、科学技術庁に対して、出力上昇試験の終了後に母港の移転を求めることを決め、同庁に伝える。(A:740728)

1974.8.26　午前0時45分、予定より16時間弱おくれて「むつ」が臨界試験に出港。出力試験に反対する漁船が強風と高波で包囲を解いた隙をついての出港。(A:740826)

1974.8.28　午前11時34分「むつ」が臨界実験に成功。平和利用の船舶用原子炉臨界に成功したのは、米、ソ、西独についで4番目。(A:740828)

1974.9.1　「むつ」で原子炉から放射線が漏れているのが発見される。出力を2%にまであげた時点で、0.1ミリレントゲン／時のガンマ線が測定される。周辺の部屋でも0.01ミリレントゲン／時を測定。(A:740902)

1974.9.3　政府は「むつ放射線遮蔽技術検討委員会」(会長は、福永博・科学技術庁原子力局次長)を設置。下部組織として、「技術検討委員会遮蔽小委員会」(座長は安藤良夫東大教授)が設けられる。専門家グループが9月8日から10日まで、「むつ」で調査。(④3:200)

1974.9.12　政府は、日本原子力船開発事業団にたいして安全性が確保されるまで「むつ」の出力試験を中止するよう指示。(A:740913)

1974.9.13　「技術検討委員会遮蔽小委員会」は、放射線漏れは設計値の千倍以上と発表。(④1:104)

1974.9.18　原子力船「むつ」の翌日十九日の母港帰港の中止を政府関係閣僚と自民党首脳の協議で決定。「むつ」の漂流が始まる。(D:740919)

1974.9.21　日本原子力船開発事業団が漁民説得のため、むつ事業所長ら幹部を三班に分けて関係四漁協に派遣、また漁協側が同事業団が提示した「仮停泊の条件」を検討。(D:740922)

1974.10.29　政府、「「むつ」放射線漏れ問題調査委員会」(会長は大山義年・国立公害資源研究所長)を設置。(④1:105)

1980.10.7　太平洋上の下北半島沖に漂流中の「むつ」から乗員の一部が42日ぶりに上陸。当面の運転に必要な人員のみを残す。(A:741008)

1974.10.14　自民党の鈴木総務会長、竹内青森県知事、地元漁民らが最終折衝、合意。主な内容は、「むつ」の帰港を認める、2年半をめどに母港の撤去、地元対策費12億円、など。(A:741015)　15日帰港。

1974.11.5　「技術検討委員会遮蔽小委員会」は「中間報告」をまとめる。(④3:197)

1974.11.24　むつ市の原子力船定係港撤去作業開始。(D:741125)

1975.1.28　原子力船開発事業団むつ事業所で、使用ずみ燃料貯蔵用プールの埋め立て作業が始まる。(D:750128)

1975.5　政府は、「むつ」の新母港として長崎県対馬の浅茅湾を第一候補として、地元の自民党議員に打診。(A:750510)

1975.5.13　「むつ」放射線漏れ問題調査委員会」(大山会長)が報告書をまとめる。(④1:106)(④3:201)

1975.5.17　政府は「むつ」の新母港として対馬の浅茅湾を断念、近くの三浦湾に重点を移して地元に打診。(A:750518)　地元の反対により後に断念。

1975.6.18　辻佐世保市長が記者会見で、「むつ」の修理工としての受け入れに前向きな姿勢を示す。(A:750619)

1975.8　「むつ」総点検、改修技術検討委員会発足。(④1:106)

1975.11.25　「むつ」総点検、改修技術検討委員会、第一次報告。(④1:106)

1976.2.7　佐々木義武科学技術庁長官が原子力船閣僚懇談会の議決を受けて長崎県の佐世保港における原子力船「むつ」の修理を要請。(④5:102)

1977.5.6　佐世保市で18団体による「反むつ佐世保市民連合」が発足。公明党および原水禁・原水協はオブザーバー参加を表明。(A:770507)

1977.9.25　むつ市長選挙で、母港存置派の河野幸蔵氏が返り咲き、母港問題に新局面。(A:770926)

1978.1.6　青森県むつ市、政府の大湊港での「むつ」修理要請に対応するための「原子力船問題対策委員会」設置。(A:780107)

1978.1.19　熊谷科技庁長官、佐世保港での「むつ」核付き修理を表明。(反0:2)

1978.4.8　久保勘一長崎県知事は、原子力船「むつ」の佐世保港での修理受入れを正式に表明。(A:780409)

1978.5.8　「むつ」総点検・改修技術検討委、「核封印で修理可能」と、科技庁長官、運輸大臣に答申。佐世保入港について再要請の方針。(A:780508)

1978.5.12　社会党などによる原子力船「むつ」母港化阻止長崎県民共闘会議は、入港実力阻止を決定。核封印方式による佐世保での修理を、核付き修理と変わりなく、ごまかしと批判。(A:780513)

1978.5.29　長崎県知事、「むつ」の核封印修理を議会に正式諮問。機動隊で傍聴者排除。母港化阻止長崎県民共闘会議が反対集会とデモ。(A:780529)

1978.6.1　長崎県議会は、原子炉封印方式による原子力船「むつ」の修理受入れを正式に決定。(A:780601)

1978.6.3　佐世保市議会は、原子炉封印方式による原子力船「むつ」の修理受入れを希望する辻一三佐世保市長の諮問を賛成多数で議決。(A:780604)

1978.7.6　長崎県漁連「むつ問題に

関する小委員会」、条件つきで「むつ」受入れ。(反 4:2)

1978. 7. 15　長崎県漁連と長崎信用漁連は、合同総会を開き、条件付きで原子力船「むつ」の原子炉封印方式での佐世保港修理受入れを決める。(A:780716)

1978. 7. 18　長崎県知事および佐世保市長、科技庁長官に「むつ」受入れを正式回答。(A:780719)

1978. 7. 21　科技庁長官他 4 者による「原子力船むつの佐世保港における修理に関する合意協定書」が締結。(④ 5:102)

1978. 7. 22　政府は、これまであいまいになっていた原子力船母港の建設条件を認定する方針を固める。電源三法交付金などを手本に地元への利益も法制化へ。(A:780723)

1978. 7. 25　科技庁長官、「むつ」の大湊再母港化を申入れる考えはいまのところない、と言明。(A:780726)

1978. 7. 31　原船事業団、科技庁に「入港届」提出。10 月 7 日青森県大湊港を出航、12 日長崎県佐世保港入港の予定。(A:780801)

1978. 9. 6　全日本港湾労組、定期大会初日、「むつ」入港阻止で抗議ストと海上封鎖の闘争方針提案。(反 6:2)

1978. 9. 25　「むつ」廃船を訴える「人民の船」、佐世保港を出港。(A:780925)

1978. 10. 11　「むつ」、大湊港を出港。(A:781011)

1978. 10. 15　辻佐世保市長、「むつ」の修理・点検港引受けを表明。漁連など反発。(反 7:2)

1978. 10. 16　原子力船「むつ」が修理のため、長崎県佐世保港に入港。(A:781016)

1978. 11. 07　熊谷科技庁長官、「むつ」の新母港について「石川県珠洲市などから非公式な打診もあり、意を強くしている」と表明。(A:781107)

1978. 12. 05　毎日新聞、「むつ」新母港候補地として十二ヵ所がリストアップされていると報道。(反 9:2)

1979. 2. 2　原子力船むつ新母港化反対全国連絡会議結成。(反 11:2)

1979. 7. 9　原子力船「むつ」が七年ぶりにドック入り。(A:790710)

1979. 7. 23　「むつ」、作業を終え、再び岸壁に戻る。(A:790724)

1979. 8. 23　原子力委原子炉安全専門審査会が「むつ」の遮蔽改修工事について鉄板の厚みを増すことで認める結論。(A:790824)

1979. 10. 16　佐世保で「『むつ』廃船要求集会」。三千人が参加。(反 19:2)

1979. 10. 22　原船事業団が「むつ」遮蔽改修工事の主契約会社を石川島播磨重工に変更。(A:791023)

1979. 10. 29　原子力安全委が、「むつ」遮蔽工事は安全、と答申。(A:791030)

1979. 11. 15　大平首相が「むつ」の改修工事を許可。(A:791116)

1980. 4. 9　原船事業団と佐世保重工が「むつ」係船契約を締結。(A:800410)

1980. 4. 11　原子力委員会が臨時会議で、原子力船の実用化を図るために研究開発を積極的に推進すべきとの見解をまとめる。(A:800412)

1980. 4. 24　「むつ」改修の準備工事開始。(反 25:3)

1980. 7. 15　長田科技庁長官が記者会見で、「むつ」母港の第一候補はむつ市に決定、と言明。(反 28:2)

1980. 8. 1　科技庁長官、「むつ」の改修工事を許可(4 日工事開始、11 日格納容器フタ取り外し、26 日一次遮蔽体撤去開始)。(A:800802)

1980. 8. 14　鈴木首相、中川一郎科技庁長官らが原子力船「むつ」の母港を大湊港とすることを青森県知事及びむつ市長に要請。(④ 5:94) (A:800814)

1980. 8. 22　むつ湾漁業振興会が大湊再母港化反対を決議(25 日県漁連理事会も了承)。(A:800823)

1980. 8. 29　科技庁長官、青森県漁連会長・むつ湾漁業振興会会長に大湊母港化要請。(A:800830)

1980. 9. 6　青森県漁連の理事会は全員一致でむつ市大湊港の原子力船「むつ」再母港化に反対の決議。(A:800907)

1980. 9. 7　「むつ」の核燃料が大湊港に貯蔵されていたことが判明(8 日には廃棄物も残されていることが、14 日には廃液二百七十㌧が港内に棄てられていたことが明らかに)。(A:800908, A:800916)

1980. 9. 24　大湊港で漁船約四百隻の「むつ」反対海上デモ。(A:800924)

1980. 10. 9　原船事業団、「むつ」のＥＣＣＳ改良など改修工事のため原子炉設置変更許可申請。(反 31:2)

1980. 10. 12　むつ市で「むつ」再母港化阻止東日本集会。(反 31:2)

1980. 10. 19　佐世保市で「むつ」廃船要求西日本集会。(反 31:2)

1980. 11. 12　参院科学技術振興対策委で、政府・原船事業団が「『むつ』の欠陥はメーカー側の責任」と初見解。三菱原子力工業は「心外」と反発。(A:801113)

1980. 11. 26　衆院を 10 月 30 日に通過していた原船事業団法改正法案が参院で可決成立(29 日公布、即日施行)。事業目的に「研究」を加え、名称も日本原子力船研究開発事業団に変更。(A:801126)

1980. 11. 28　中川科技庁長官が青森県知事･むつ市長に対し、「むつ」の出力上昇試験は外洋で行なうなどの安全性確認手順を提示。(反 32:2)

1980. 12. 1　青森県漁連、科技庁提示の「むつ」大湊港再母港化に伴う安全性確認手順を拒否。(A:801202)

1981. 3. 4　青森県知事が科技庁長官に「むつ」母港問題で、漁業団体の不信、不安を取り除く必要などの内容を含めた県内の意見集約結果を報告。(A:810304)

1981. 4. 1　原船事業団に研究開発室設置。商用船の研究開発開始。(反 37:2)

1981. 4. 9　青森県当局が「むつ」の母港問題で、新たな母港の候補地をむつ市関根浜にしぼり、地元漁協に対して協力要請をしていたことが明らかに。(A:810410)

1981. 4. 12　中川科技庁長官が青森

県漁連会長、県知事、むつ市長などと会談。「むつ」外洋母港(完成まで大湊停泊)で合意。(A:810413)

1981. 5. 12　政府は、むつ市大湊港の原子力船「むつ」再母港化を断念し、同市関根浜を新母港候補として青森県に要請。(A:810512)

1981. 5. 24　科学技術庁、日本原子力船研究開発事業団、青森県、むつ市、青森県漁連が共同声明を発表し、原子力船「むつ」の新定係港を青森県むつ市関根浜地区とすることを決定。(④5:127)

1981. 5. 30　科技庁と原船事業団が関根浜漁協に「むつ」母港建設のための調査申入れ。(反 38:2)

1981. 6. 1　科技庁と原船事業団が長崎県、佐世保市、県漁連に「むつ」修理期限の一年延長を要請。(A:810601)

1981. 6. 30　むつ市関根浜漁協が、科学技術庁からの原子力船「むつ」の外洋新母港建設のための立地調査請求を受入れ。(A:810701)

1981. 7. 27　原船事業団と関根浜漁協が「むつ」新母港の海域調査に関する覚書。(A:810727)

1981. 8. 5　「むつ」のＥＣＣＳ新設工事を科学技術庁が許可。(A:810806)

1981. 8. 18　「むつ」で、二次遮蔽体取りつけ工事。(反 41:2)

1981. 8. 31　科技庁長官・原船事業団理事長らが長崎県、佐世保市、長崎県漁連に、「むつ」の十ヵ月半工期延長を再要請。(A:810831)

1981. 9. 17　佐世保市議会が「むつ」の工期延長を認める議決(19日、佐世保重工業も延長を了承)。(反 42:2)

1981. 9. 28　長崎県石田町議会が「むつ」廃船の意見書を採択。(反 42:2)

1981. 11. 13　原船事業団と石播重工、三菱重工、三菱原子力工業が「むつ」の最終工事契約。計58億円。(反 44:2)

1981. 11. 26　「むつ」の修理延長で国・原船事業団と長崎県・佐世保市・県漁連が合意協定。(A:811126)

1982. 2. 23　岩手県漁連会長が科技庁長官と会見。「むつ」を同県の山田湾に仮停泊させてもよい、と申し入れ。(A:820224)

1982. 4. 7　原船事業団がむつ市の関根浜漁協の幹部役員を同市内のホテルに招いて酒宴を開く。(A:820413)

1982. 4. 14　日本原子力船研究開発事業団が、原子力船「むつ」新定係港建設をめぐってむつ市関根浜漁協に漁業補償交渉を申入れ。(④5:138)

1982. 4. 26　中川科技庁長官が原子力船「むつ」の新母港建設予定地であるむつ市関根浜を初めて訪れ、関根浜漁協に対し建設へ向けた協力を要請。(A:820427)

1982. 5. 2　むつ市の関根浜漁協が総会を開き、原子力船「むつ」新母港建設のための漁業補償交渉を受入れることを決議。(A:820503)

1982. 6. 20　昨年10月の「むつ」修理工期延長の見返りとして佐世保市の商工団体の一部会員に政府が二億円の極秘融資をしていた、と判明。(A:820621)

1982. 7. 1　原船事業団の倉元昌昭専務理事が長崎県知事を訪ね、「むつ」原子炉の制御棒駆動試験の実施を重ねて要請するとともに、「むつ」の佐世保出港は8月31日になることを表明。(A:820702)

1982. 8. 25　「むつ」出航後も長崎県の魚価安定基金は存続、と奇妙な農水省事務次官通達。(反 53:2)

1982. 8. 30　科技庁長官、日本原子力船研究開発事業団、青森県、むつ市、青森県漁連が「原子力船むつの新定係港建設及び大湊港への入港等に関する協定書」を締結。(④5:133)

1983. 9. 5　原子力船「むつ」の新母港建設予定地のむつ市関根浜の関根浜漁協が、建設に同意する協定書を、日本原子力船研究開発事業団と締結。漁業補償金額は総額23億円。(A:830906)

1982. 9. 6　「むつ」大湊入港。(A:820906)

1982. 9. 20　原船事業団から関根浜の「むつ」新母港用地買収を委託された青森県土地開発公社が、地権者に説明会。(A:820921)

1982. 9. 30　原産会議の原子力船懇談会が報告書。「『むつ』の技術はそのまま商用化できず、実証船が必要。開発費用は国が負担を。砕氷船なら在来船と比べて経済性あり」。(反 54:2)

1982. 10. 6　第二臨調第四部会の答申原案が明らかに。原研、動燃、原船の統合、電発の民営化など。(反 55:2)

1982. 12. 10　原船事業団が関根浜漁協に「むつ」新母港の最終施設計画を提示(22日、漁業補償六億二千万円を提示。漁協側は難色)。(反 57:2)

1982. 6. 12　「むつ」の新母港建設に伴い、仲介役の青森県が示した総額23億円の漁業補償費を討議するむつ市の関根浜漁協の臨時総会が開かれたが、受け入れ反対の意見が続出し、結論を出せず流会。(A:830613)

1983. 8. 19　「むつ」のあり方を見直すため、自民党有志議員が結成した「原子力船を考える会」が党本部で初会合を開催。(A:830820)

1983. 8. 25　自民党科学技術部会が科学技術庁の次年度予算概算要求について説明を聞き、了承したが、「むつ」廃船派から「『むつ』のあり方を見直すべきだ」との意見が出たため、秋の臨時国会召集後に改めて部会を開くことを決定。(A:830826)

1983. 9. 2　自民党三役と原子力船対策特別委員長、科技庁長官が「むつ」問題を検討。計画推進を再確認。(A:830903)

1983. 9. 5　原船事業団と関根浜漁協が漁業補償協定に調印。(A:830906)

1983. 10. 29　原船事業団が関根浜漁協に、「むつ」母港建設に伴う漁業補償金を支払い。(反 68:2)

1983. 10. 31　日本原子力産業会議が、原子力船開発のあり方について「むつ」の活用を骨子とする提言を発表。(④5:13)

1983. 12. 23　原子力委員会が昭和59年度末存続期限が切れる原船事業団を、日本原子力研究所に統合することを正式に決定。

(A:831224)

1983.12.27　「むつ」新母港の着工期限(青森県による公有水面埋立て免許の条件)を迎え、県が期限を二ヵ月延長。(反70:2)

1984.1.17　自民党政調会科学技術部会(林寛子部会長)が、原子力船「むつ」による船用炉の研究を中断し、今後、継続しないことを決定。(④5:12)

1984.2.22　むつ市関根浜で、原子力船「むつ」の新母港建設工事が着工。「むつ」の存続や港の将来の性格が不明確なままの着工。(A:840222)

1984.3.27　原船事業団を原研に統合する原研法改正案を閣議決定。(反73:2)

1984.4.19　原船事業団の解散法案を社会党が衆院に提出。(A:840420)

1984.4.19　原船事業団と日本原子力研究所を統合する法案が国会に提出された問題で、原研労組が法案が付託された衆院科学技術委に対し、「慎重審議」を要請。(A:840420)

1984.6.17　関根浜漁協が「むつ」新港の漁業補償金の配分を総会で決定。七割を均等配分(いわゆる“幽霊漁民”にも)。残り三割の配分で紛糾。(反76:2)

1984.7.6　原船事業団を原研に統合する原研法の改正案が成立。(反77:2)

1984.7.31　関根浜新港工事中止の仮処分申請却下。(反77:2)

1984.8.3　自民党の原子力船「むつ」検討委が委員会を開き、「むつ」の実験は、「必要最低限」の実験航海を実施、廃船するという委員会方針をまとめる。(A:840804)

1984.8.7　自民党は原子力船「むつ」による従来の実験計画を廃棄し、必要最小限のデータを得るための新実験計画を確定・実施した後、「むつ」の解役措置を取ることを科技庁長官に通知。(④5:18)

1985.1.9　科技庁が青森県、むつ市、県漁連などに「むつ」の実験計画を正式提示。(反83:2)

1985.3.31　政府は「日本原子力研究所の原子力船の開発のために必要な研究に関する基本計画」を策定。原子力船「むつ」を実験航海終了後解役することを決定。(④5:46)

1985.3.31　日本原子力船研究開発事業団を日本原子力研究所に統合。(④4:79)

1985.5.6　関根浜漁協の役員選挙で「むつ」母港化反対の松橋幸四郎氏がトップ当選。(反87:2)

1985.9.22　むつ市長選で原子力施設誘致慎重派の現職を破り積極推進の杉山粛前県議が当選。14,002対15,098。(A:850923)

1985.12.8　青森県とむつ市、同県漁連が原子力船「むつ」の新母港への回航の一年半延期に同意。地元を代表する形で同県知事がこれを了承。(A:851209)

1986.1.14　関根浜共有地の分割請求裁判に判決。(反95:2)

1986.5.15　浜関根共有地主会が建設を計画している反「むつ」の浜の家に建築確認おりる。(反99:2)

1986.8.11　関根浜に「むつ」の陸上施設を新設するなど、原子炉設置変更を原研が総理大臣に申請。(反102:2)

1986.11.11　関根浜訴訟に判決。(反105:2)

1987.3.19　原子力安全委が「むつ」の新母港としてむつ市に建設中の関根浜港について「安全上の問題はない」との答申を首相に提出。(A:870320)

1987.3.31　原子力船「むつ」の原子炉設置変更(関根浜新港の陸上付帯施設の建設)を首相が許可。(反109:2)

1987.5.19　関根浜の「むつ」新母港陸上施設の起工式。(反111:2)

1987.9.9　「むつ」が船内の廃材を陸揚げした岸壁クレーン撤去の障害になるため、5年ぶりに岸壁を離れ、補助エンジンによる自力航行で陸奥湾に出航。(A:870909)

1987.11.4　「むつ」の温態予備点検が終了。(反117:2)

1987.12.15～22　原子力船「むつ」で二回目の温態予備試験。(反118:2)

1987.12.16　関根浜の「むつ」新母港が完工。(反118:2)

1987.12.16　日本原子力研究所(伊原義徳理事長)がむつ市にできた「むつ」の新母港、関根浜港の開港式を次年1月14日に行い、同月下旬をメドに「むつ」を同市の大湊港から回航すると発表。(A:871217)

1988.1.26　「むつ」がむつ市の新母港、関根浜港へ向けて、同市の大湊港を出港。(A:880126)

1988.1.27　原子力船「むつ」がむつ市関根浜港に入港。(④4:79)

1988.2.1　「むつ」で機能試験はじまる。(反120:2)

1987.3.6　青森県むつ市の関根浜漁協が臨時総会を開き、「むつ」が停泊する関根浜港で昭和64年後半に計画されている出力上昇試験と放射性廃棄物の海中放出に反対する方針を決定。(A:880307)

1988.3.12　「むつ」の温態機能試験に着手(13日、制御棒駆動装置のパッキング不良で水蒸気漏れ)。(反121:2)

1988.3.14　日本原子力研究所が「むつ」の温態機能試験で、前日(13日)に制御棒駆動装置に付属するパッキンに不良が見つかったため、試験を一時中止し、パッキンを交換。(A:880315)

1988.11.1　日本原子力研究所が4日からむつ市の関根浜港で、「むつ」の核燃料を点検するための「ふた開放点検」を実施すると発表。(A:881102)

1988.11.4　「むつ」で行われていた原子炉のふたを開ける作業が終了。(A:881105)

1989.1.24　日本原子力研究所が前年夏から実施している原子炉容器のふた解放点検の結果、原子炉の制御棒や燃料体に点状の腐食が多量に見つかったと発表。(A:890125)

1989.2.27　浜関根共有地主会のメンバーらが、原子力船むつの原子炉設置変更許可取り消しを青森地裁に提訴。(A:890228)

1989.3.9　原子力船むつの燃料検査で新たに燃料棒一本に腐食

が見つかったと原研が発表。(反133:2)

1989. 6. 23　原研が「むつ」の燃料点検の中間報告。新たに44本の燃料棒に腐食発見。(A:890624)

1989. 6. 28　自民党の原子力船「むつ」に関する検討委員会が開かれ、日本原子力研究所が原子炉の復旧には予定より半年遅れの11月初旬までかかると報告。(A:890629)

1989. 7. 6　科技庁と原研が、原子力船「むつ」の実験計画の遅れにつき、青森県・むつ市・県漁連などに説明(24日、燃料集合体の点検・整備が終了、と原研が発表)。(反137:2)

1989. 8. 19　原船「むつ」の原子炉復旧作業はじまる。(反138:2)

1989. 10. 30　「むつ」の炉内点検終了。(A:891031)

1990. 1. 29　「むつ」で初の原子力防災訓練。(A:900129)

1990. 2. 23　「むつ」の出力上昇試験につき、青森県・むつ市・科技庁・原研の四者が関根浜漁協に協力を要請。同漁協役員会は「反対の旗は降ろさないが阻止行動はしない」との態度表明。(A:900224)

1990. 3. 29　原子力船「むつ」が関根浜港で岸壁における出力上昇試験を実施。(④4:79)

1990. 5. 28　「むつ」が洋上試験に備えむつ市関根浜港で原子炉を1カ月ぶりに動かしたが、1次冷却水の流量が少な過ぎ、このままでは原子炉が危険な状況になる、との信号が出て、緊急停止。(A:900529)

1990. 7. 10　原子力船「むつ」が第一次航海(洋上試験)実施のため関根浜港を出港。7月30日に帰港。以後、91年12月まで8回の航海を実施。(④4:79)

1990. 7. 13　「むつ」が岩手県宮古市沖の太平洋で、原子炉運転の洋上試験を開始。(A:900714)

1990. 7. 25　太平洋上で出力上昇試験をしている「むつ」が茨城県沖約400キロの水域で、出力70%で航行中、原子炉が緊急停止した。(A:900726)

1990. 7. 26　「むつ」の原子炉が緊急停止した原因が、制御室で試験員が出力自動制御盤の測定器のスイッチを誤って2つ同時に入れた操作ミスであったことが判明。(A:900727)

1990. 7. 28　太平洋上で出力上昇試験の「むつ」の制御棒の動作位置を指示する回路に雑音が入り、調査のため、手動で原子炉を停止。(A:900729)

1990. 7. 30　太平洋上での出力上昇試験を機器故障のために中止した「むつ」がむつ市の関根浜港に帰港。(A:900731)

1990. 9. 3　原研が「むつ」の7月の洋上試験が制御棒位置指示信号回路のトラブルで中断されたことにつき、可変抵抗器潤滑油の変質が原因であるとし、また対策についても発表。(A:900904)

1990. 9. 25　「むつ」が第2次洋上試験のため、むつ市の関根浜港を出港。(A:900925)

1990. 10. 1　太平洋上で洋上試験をしている「むつ」の制御棒位置指示装置が不調のため原子炉を手動停止。(A:901001)

1990. 10. 5　太平洋上で洋上試験中の「むつ」が1969年の進水以来初めて、原子炉出力100%を達成。(A:901006)

1990. 11. 9　洋上試験を中断した原子力船「むつ」が関根浜港に帰港。(A:901110)

1990. 12. 7　「むつ」が第4次出力上昇試験航海のため、むつ市関根浜港を出港。(A:901207)

1990. 12. 14　太平洋で第4次出力上昇試験のための航海をしていた「むつ」が予定されていた試験を順調に消化し、むつ市の関根浜港に帰港。(A:901214)

1991. 2. 14　科技庁と運輸省が「むつ」に対し、それぞれ原子炉の使用前検査合格証と船舶検査証書を交付。20日に完工式。25日から第一次実験航海。(A:910214)

1991. 3. 11　むつが第一次航海終了。(反157:2)

1991. 5. 8〜9　むつの放射性廃棄物を陸揚げ。廃液は処理後、13日〜15日に海中放出。(反159:2)

1991. 5. 22　2回目の実験航海に向けて、「むつ」が関根浜港を原子力で初出港。(A:910522)

1991. 6. 20　「むつ」が全航海を原子力で行なう実験航海から関根浜に帰港。(A:910621)

1991. 8. 16　「むつ」旧母港の大湊から新母港の関根浜へ、放射性廃液の移送はじまる。(反162:2)

1991. 8. 22　「むつ」が第三次実験航海のため、むつ市関根浜港を原子力航行で出港。(A:910822)

1991. 9. 25　「むつ」が第三次実験航海を終えて、むつ市関根浜港に帰港。(A:910925)

1991. 11. 13　「むつ」が第四次実験航海のため、むつ市関根浜港を出港。(A:911113)

1991. 12. 12　「むつ」が最後の実験航海を終え、むつ市関根浜港に帰港。(A:911212)

1992. 1. 20　日本原子力研究所と科学技術庁が地元に対し、「むつ」の解役計画を説明。(A:920121)

1992. 1. 25　むつ市関根浜港で最後の岸壁実験を実施している「むつ」がデータの取得を終え、原子炉を停止(すべての実験も26日に終了)。(A:920126)

1992. 2. 14　日本原子力研究所が原子力船「むつ」の実験航海終了を宣言。(④4:80)

1992. 3. 30　青森県、むつ市、県漁連が「むつ」の解役案を了承。(反169:2)

1992. 5. 22　日本原子力研究所、青森県、むつ市、青森県漁連が原子力船「むつ」の解役に関する安全協定を締結。(④4:80)

1992. 8. 3　原研が「むつ」の原子炉解体届と、船から撤去した原子炉の保管庫を建設するための原子炉設置変更許可申請書を科学技術庁に提出。(A:920804)

1992. 8. 25　科技庁が青森県とむつ市に、原子炉撤去後の「むつ」を海洋観測船とする、正式通知。(反194:2)

1992. 9. 18　日本原子力研究所が原子力船「むつ」の解役工事を開始。(④4:80)

1993. 5. 28　日本原子力研究所が「むつ」から使用済みの核燃料を取

り出す作業をむつ市関根浜港で開始。(A:930528)

1993. 7. 9　「むつ」の燃料取り出し完了。16日には原子炉などを展示する「むつ科学技術館」起工式。(反 185:2)

1993. 8. 25　むつ後利用の専門家会合による中間報告を科技庁が発表。海洋観測船に転用へ。(反 186:2)

1995. 5. 10　「むつ」の原子炉を撤去する作業開始。(A:950510)

1995. 6. 22　原子力船「むつ」の解役工事が終了。原子炉室を一括撤去。(④ 4:80)

1995. 6. 30　「むつ」の船体が原研から海洋科学技術センターに引き渡され、海洋観測船に改造される。(反 208:2)

1995. 7. 28　大型海洋観測研究船に改造されることが決まっている旧原子力船「むつ」の船尾が山口県下関市の三菱重工業下関造船所に回航。(A:950728)

1996. 7. 20　むつ科学技術館が開館。原子炉を外した船体は17日、海洋研究船「みらい」への改造はじまる。(反 221:2)

1996. 8. 21　旧原子力船「むつ」の船体を改造して生まれた海洋観測研究船「みらい」が東京都江東区の石川島播磨重工業東京第一工場で進水式。(A:960821)

1997. 11. 7　旧原子力船「むつ」から原子炉を外し、最先端の観測機器を搭載した海洋地球研究船「みらい」が母港のむつ市関根浜港に帰港(A:971108)

2001. 6. 30　むつ市に貯蔵されていた原子力船「むつ」の使用済み燃料が、原研東海研究所に向けて関根浜港を出港。(反 280:2)

2001. 11. 20　原子力船「むつ」の使用済燃料すべてを茨城県東海村の日本原子力研究所東海研究所に輸送完了。(④ 4:80)

出　典

④ 1: 日本原子力研究所労働組合 (1984)『原子力船「むつ」を考えるシンポジウムの記録』日本原子力研究所労働組合

④ 2: 中村亮嗣 (1977)『ぼくの町に原子力船がきた』岩波新書 (岩波書店)

④ 3: 倉沢治雄 (1988)『原子力船「むつ」－虚構の軌跡－』現代書館

④ 4: 青森県 (2006)『青森県の原子力行政』青森県

④ 5: 井上啓次郎 (1986)『開発記録　原子力船「むつ」』ラテイス

A:『朝日新聞』

D:『デーリー東北』

反 : 反原発運動全国連絡会編集・発行『反原発新聞』

V-1-5

むつ市中間貯蔵施設年表

1997.2.4　使用済み核燃料の原子力発電所内での貯蔵に加え，発電所外での貯蔵を閣議了解。(⑤1:20)

1997.3.28　増え続ける使用済み核燃料の貯蔵対策について資源エネ庁，科技庁，電事連が初会合。1年をめどに方針をまとめる。(A:970329)

1998.6.10　総合エネルギー調査会原子力部会，使用済み核燃料を再処理するまでの間，原子力発電所外に中間的に貯蔵する施設を2010年までに利用可能にすることが必要，との報告書作成。(M:980610)

1999.6.9　「核原料物質，核燃料物質及び原子炉の規制に関する法律」改正案が参議院で可決，成立。2000年6月施行。原子力発電所外での使用済み核燃料貯蔵を可能としたが，貯蔵方法や施設建設地は未定。(M:990610)

1999　電源立地等初期対策交付金(電源三法の一つ)の対象に，中間貯蔵施設を追加。立地可能性調査開始年度から知事受け入れ表明まで年間1.4億円を限度に交付。その翌年度から2年間は住民福祉・地域振興事業を対象に年間9.8億円を限度に交付するもの。(⑤1:20)

2000.8.31　1997年にむつ市が東電に対し，使用済み核燃用の中間貯蔵施設の誘致を打診したが明確な返答がなかった，と東奥日報が報道。(⑤2:64)

2000.9.5　むつ市が中間貯蔵施設の誘致を計画していた問題で、むつ市の反原発市民団体「R－DANむつ市民ネットワーク」が市長あてに計画撤回の申入書を提出。(A:000906)

2000.9.6　むつ市関根浜の浜関根共有地主会(松橋会長)が，誘致計画白紙撤回を市長に申し入れ。(A:000907)

2000.9.11　杉山市長が定例市議会の一般質問で、中間貯蔵施設誘致問題で「現時点で立地の可能性は低い」としつつも立地の可能性を今後も模索していくことに意欲。(A:000912)

2000.11.29　青森県むつ市が東京電力に，中間貯蔵施設の可能性を探る技術調査を求める要望書提出。(A:001129)

2000.11.24　原子力長計に，再処理されるまでの時間的な調整を可能とし，核燃料サイクル運営に柔軟性を付与する，と中間貯蔵施設の重要性を記載。(⑤1:20)

2000.12.18　東京電力がむつ市に使用済み燃料中間貯蔵施設の立地可能性調査を正式申し入れ。市長は、他電力会社の参加も含め協力表明。(A:001219)

2000.12　通産省，「使用済み燃料貯蔵施設(中間貯蔵施設)に係る技術検討報告書」。(⑤4:35)

2001.1.1　むつ市が「市原子力使用済み燃料貯蔵施設立地調査対策本部」を設置。(⑤2:65)

2001.1.　東電が日本原子力研究所関根浜港周辺の文献調査開始。(⑤6:4)

2001.1.30　東電がむつ市内に，「むつ調査所」を開設。(⑤2:65)

2001.2.19　東電むつ調査所が，むつ市議を対象に中間貯蔵施設と調査概要の説明会開催。3月6日、市民対象の概要説明会開始。初日は現地調査を行う関根浜港周辺地区。3月17日、市内で全市民対象に説明会。(⑤2:65)

2001.3.25　むつ市と日本原子力文化振興財団が，原子力講演会開催。中間貯蔵施設の重要性などを説明。(⑤2:65)

2001.3.　「むつ市議会調査特別委員会」の設置(2003年5月まで)。(⑤6:4)

2001.4.20　東京電力がむつ市で、使用済み燃料中間貯蔵施設の立地可能性調査のボーリングに着手。(反278:2)(⑤2:65)

2001.5.17　むつ市，電源立地初期対策交付金を県資源エネルギー課に申請。初年度交付は1.4億円近くの見通し。(⑤2:65)

2001.5.17　「中間貯蔵施設はいらない！下北の会」が，反対する1万279人分の署名を杉山市長に提出。3月28日には受け取りを拒否されていた。(A:010518)(⑤2:65)

2001.6.27　むつ市関根浜に保管の旧原子力船「むつ」の使用済み核燃料の搬出作業開始。30日に東海村に向け出航。(A:010628)

2001.7.18　関根浜漁協の松橋組合長が，中間貯蔵施設の立地に反対して調査への協力を拒否。(⑤2:65)

2001.7.26　東京電力むつ調査所がむつ市長に、使用済み燃料中間貯蔵施設の立地調査第一回状況報告。「現在のところ支障となる技術的データなし」(A:010727)

2001.9.30　むつ市長選で、貯蔵施設推進派の現職(杉山)が5選。多選批判・計画凍結派の菊池と直前に立候補した白紙撤回派の石橋の合計票は有効投票の6割近く。(A:011001)

2002.2.18　むつ市で「住民投票を実現させる会」の準備会が発足。(反283:2)

2002.4.3　東電むつ調査所は，関根浜漁協の協力が得られず海上音波探査が未終了，最終報告書が先送りになると発表。(⑤3:57)

2002.5.21　むつ市が，中間貯蔵施設計画に関する初の住民説明会。6月15日まで計17会場で開催の予定。(A:010522)

2002.7.15　誘致反対を表明していた関根浜漁協組合長交替に絡み，金銭授受があったとして内部混乱。理事5人が辞任。9月20日、前組合長葛野を組合長に選出，新体制に。(A:021218)

2002.12.16　関根浜漁協は、市長，東電による海上音波探査に

関する説明を受けることを決議(A:021218)。翌年1月21日、市長、東電による説明を受ける。(⑤3:57)

2003. 1. 8　むつ市住民有志が，中間貯蔵施設誘致の是非を問う「むつ市住民投票を実現する会」を結成。(A:020209)

2003. 3. 11　関根浜漁協，むつ市と中間貯蔵施設立地可能性調査と漁港整備に関する協議書に調印。東電とは海上音波調査に関する作業協定書。17日から東電が海上音波探査開始。(⑤3:57)

2003. 4. 3　東電が立地可能性調査報告書をむつ市に提出。「技術的に立地可能」とする。(A:040411) (⑤6:4)

2003. 4. 11　東電，中間貯蔵施設の稼働を2010年から，日本原子力発電と共同利用とする計画を決定，むつ市に正式通告。(A:030411)

2003. 4. 24　むつ商工会議所，臨時総会で中間貯蔵施設の誘致促進を決議。(⑤3:57)

2003. 4　むつ市が「中間貯蔵施設に関する専門家会議」を設置。(⑤6:4)

2003. 4　むつ市が「中間貯蔵施設対策懇話会」を開催(同年6月まで)。(⑤6:4)

2003. 5. 21　むつ市が設置した専門家会議が，むつ市への「中間貯蔵施設建設は技術的に可能」とする調査検討報告書をまとめ，市長に答申。(⑤3:57)

2003. 5　むつ市が「市民説明会」を開催(同年6月まで)。(⑤6:4)

2003. 5　むつ市で中間貯蔵施設の「誘致推進協議会」が推進署名を行う(同年6月まで)。(⑤6:4)

2003. 6. 26　むつ市長，市議会で中間貯蔵施設受け入れを正式表明。(A:030627)

2003. 7　東電がむつ市長より、中間貯蔵施設の立地要請を受領。(⑤6:4)

2003. 8. 19　杉山市長が誘致情報を事前に支持者に洩らし，支持者が候補地内の原野を先行取得していたことが判明，市長も事実を認める。(⑤3:57)

2003. 8. 27　「むつ市住民投票を実現する会」が，5514人分の署名を添えて住民投票条例制定を求める本請求。(A:030827)

2003. 9. 11　むつ市議会，住民投票条例案を17対3の反対多数で否決。(⑤3:57)

2004. 2　東電が青森県ならびにむつ市に対し「リサイクル燃料備蓄センター」の事業概要を公表し、立地協力を要請。(⑤6:5)

2004. 5. 17　むつ市議会が青森県に、中間貯蔵施設立地の早期な検討を求める要望書を提出。「むつ市は財政再建団体に転落しかねず，財政確保に猶予なし」と。(A:040518)

2004. 11. 30　むつ市長の要望に応えて青森県知事が、中間貯蔵施設について立地の検討に入ると表明。(A:041201)

2004. 12. 16　東電が青森県に、むつ中間貯蔵施設の立地協力を再要請。「確実に施設から搬出する」と，最終処分場になるとの懸念を打ち消す。(A:041217)

2005. 1. 12　東電がむつ市で住民説明会実施。関根地区の用地買収契約終了を明らかに。使用済み燃料を確実に搬出するという保証については具体的説明なし，「核燃サイクルは神話」という反論も。(A:050113)

2005. 1　青森県が「中間貯蔵施設に関する安全性チェック・検討会」を設置。(⑤6:5)

2005. 3. 15　青森県の使用済み燃料中間貯蔵施設安全性チェック検討委が、安全性は確保できると知事に報告。(A:050316)

2005. 4　青森県が「原子力政策懇話会」を開催。(⑤6:5)

2005. 5　青森県が「県議会全員協議会」を開催。(⑤6:5)

2005. 5　青森県が「市町村長会議」を開催。(⑤6:5)

2005. 5　青森県が「県民説明会」を開催。(⑤6:5)

2005. 6　青森県が「原子力安全対策委員会」を開催。(⑤6:5)

2005. 6　青森県が「県民のご意見を聴く会」を開催。(⑤6:5)

2005. 10. 2　合併後初のむつ市長選、4人を破り現職(杉山)が六選。前回も白紙撤回を訴えて出馬した石橋は敗退。(A:051003)

2005. 10. 19　三村青森県知事，東電・日本原子力発電の使用済み核燃料中間貯蔵施設受け入れを表明。(A:051019)　青森県ならびにむつ市、東電、日本原子力発電との間で「使用済燃料中間貯蔵施設に関する協定書」に調印。(⑤6:5)

2005. 11. 7　東電，建設予定の関根地区周辺住民を対象の説明会実施，13人参加。50年以内の搬出に関して，「搬出は県，むつ市との協定書に明記，再処理される」と回答。19日までに10地区で開催。(A:051108)

2005. 11. 21　中間貯蔵施設の建設・管理運営を担当する「リサイクル燃料貯蔵株式会社(ＲＦＳ)」を発足，むつ市の本社で設立式。東電(80％)，日本原子力発電(20％)の共同出資。24日には貯蔵施設建設に向け詳細調査開始。(A:051122, 051125)

2005. 11. 24　リサイクル燃料貯蔵株式会社が、施設設計に必要なデータ取得を目的とした詳細調査を開始。(⑤6:5)

2006. 10. 31　むつ市臨時市議会，老朽化した市庁舎の移転に東電・日本原子力発電から15億円(移転費の6割)の寄付を受けることを決定。内諾を得ていることを市長が明らかに。(A:061101)

2007. 3. 22　使用済み核燃料中間貯蔵施設の建設を進めるリサイクル燃料貯蔵(株)が事業許可申請書を経済産業大臣に提出。2010年12月の操業開始を目指す。(A:070323)

2007. 6. 21　佐賀県玄海町長が青森県むつ市を訪れ使用済み燃料中間貯蔵施設につき意見交換，誘致の検討を表明していたが，町に戻った21日、「今は考えていない」と軌道修正。周辺自治体や住民から反発の声が上がっていた。(A:070622)

2008. 2. 18　リサイクル燃料貯蔵、3月中の準備工事入りを前にした住民説明会を開始。東通原発1号機を計画している東電が，活断層の疑いで調査予定の「横浜断層」に関して，共同調査の考えを明らかに。(A:080219)

2008. 3. 24　リサイクル燃料貯蔵株式会社が中間貯蔵施設の準備工事開始。09年4月の着工，10年12月の操業開始を目指す。(A:080325)

2009. 3. 26　リサイクル燃料貯蔵社が、中間貯蔵施設の着工および操業開始予定時期を延期すると発表。着工は10年上期、操業開始は12年上期に。理由として中越沖地震の知見反映，横浜断層の追加調査などで安全審査に時間が掛かっていると。(A:090327)

2009. 12. 22　むつ使用済み燃料中間貯蔵施設の一次審査が終了。原子力委、安全委にダブルチェック諮問。翌年4月，二次審査終了。(反382:3) (反386:2)

2010. 5. 13　むつ使用済み燃料中間貯蔵施設に事業許可。(反387:2)

2010. 8. 31　27日に設計工事方法の認可を受けて、むつ使用済み燃料中間貯蔵施設が着工。(A:090101)

2011. 3. 17　リサイクル燃料貯蔵がむつ中間貯蔵施設の工事中断を発表。(反397:2)

2011. 4. 11　リサイクル燃料貯蔵が，中断していた工事のうち貯蔵建屋以外の工事を再開。(A:110412)

2011. 4. 23　むつ市に，ここ数年で15億円の匿名寄付が寄せられている，と『週刊東洋経済』が報道。東電と日本原電は2007年度に実名で15億円を寄付，それ以後の寄付は全て匿名。(⑤5:52)

出　典

A:『朝日新聞』

M:『毎日新聞』

N:『日本経済新聞』

反反原発運動全国連絡会編集・発行『反原発新聞』

⑤1: 山田栄司 (2001)「中間貯蔵施設と国の役割り　安全確保，地域振興支援」『エネルギー』2001 (10) :18-21

⑤2 : 寺光忠男 (2001)「原子力燃料サイクルの現場」『原子力 eye』47 (12) :62-65

⑤3 : 寺光忠男 (2003)「つながるか，核燃料サイクルの環」『原子力 eye』49 (11) :54-57

⑤4: 三枝利有 (2001)「リサイクル燃料資源の安全備蓄」『エネルギー』2001 (10) :33-46

⑤5: 高橋篤史 (2011)「むつ中間貯蔵施設と原子力マネーの深い霧」『週刊東洋経済』2011. 4. 23:52-53

⑤6: リサイクル燃料貯蔵 (2008)「リサイクル燃料貯蔵センターについて」(2008. 8. 6 リサイクル燃料貯蔵の説明資料)

Ⅴ-1-6

高レベル放射性廃棄物問題年表

1962. 4. 11　原子力委員会の廃棄物処理専門部会、中間報告書において、高レベル放射性廃棄物の最終処分の方法として深海処分と地層処分を挙示。海洋投棄を「国土が狭あいで、地震のあるわが国では最も可能性のある最終処分方式」と位置づけて研究開発の強力な推進を提言。ただし処分の実現は「安全性が確認されるまでは行うべきではない」とする。(⑥3)

1973. 6. 25　原子力委員会の環境・安全専門部会放射性固体廃棄物分科会、中間報告書にて「高レベル固体廃棄物の処分方法としては、わが国では、アメリカ等と同様人造の保管施設を用いた保管方式を採用することとし、この面での国際的な技術の進展に注目しつつ研究開発をすすめることが適当であると考える」と述べる。(⑥4)

1976. 7. 12　放射性廃棄物処分のあり方を集中討議する初の国際シンポジウムが米デンバーで開催。米、英、仏、西独、日本など7カ国の原子力機関代表と約700人の専門家が20世紀中に確立すべき放射性廃棄物の国際管理体制の在り方を議論。核燃料廃棄物の最終的な処分技術確立には国際的な合意が必要、規制も国際的な機関が関与して実施、これらのための国際機関の設立が望ましい、などで概ね意見まとまる。(A:760714)

1976. 10. 8　原子力委員会、放射性廃棄物対策を決定、1)高レベル放射性廃液は安定な形態にしてから、一時貯蔵した後、地下に処分、2)処分見通しを得るために必要な調査、研究開発を推進、3)処分については国が責任を負うこととし、経費は発生者負担の原則。(1976. 10. 8付原子力委員会決定)(⑥1)(⑥2)(A:761009)

1976. 10. 27　財団法人原子力環境整備センター（現・公益財団法人原子力環境整備・資金管理センター）発足。放射性廃棄物の処理処分、それに伴う環境保全の調査研究等を実施。(⑥2)

1977. 9. 30　電力10社と仏ＣＯＧＥＭＡ、再処理委託契約に調印。1982年から1990年の期間に、日本の核燃料1600トンの処理を委託。発生する放射性廃棄物は再処理後25年間は仏側要請に応じて日本に持ち帰るとの内容。(⑥1)(A:771001)

1978. 5. 24　電力10社と英ＢＮＦＬ、再処理委託契約に調印(⑥1)

1978. 7. 10　動燃、高レベル放射性物質研究施設に着工。(反4:2)

1979. 1. 23　原子力委員会に放射性廃棄物対策専門部会を設置。(⑥2)

1979. 3. 15　及川全漁連会長、原産会議の大会で、放射性廃棄物の海洋投棄を急ぐべきでない、と主張。(反12:2)

1979. 3. 17　政府、海洋投棄規制条約(ロンドン条約)承認条件を国会に提出。(⑥2)

1981. 1. 5　三菱金属が高レベル廃棄物地層処分に関する北海道・下川鉱山での基礎試験実施を動燃から受注。(反34:2)

1981. 4. 6　北海道下川鉱山で高レベル廃棄物地層処分の地層適性試験開始。(反37:2)

1982. 2. 2　宮城県の細倉鉱山で高レベル廃棄物地中投棄のための岩石試験を行なう、と細倉鉱業が表明(動燃事業団の委託で、三菱金属が実施)。(反47:2)

1982. 12. 15　動燃、高レベル放射性物質研究施設で実廃液のガラス固化のホット試験開始。(⑥2)(A:821215)

1983. 6. 15　電気事業連合会、陸地処分の推進へ向け、「原子力環境整備推進会議」の設置決定。(⑥2)

1984. 2. 14　長崎県大島村議会の特別委が放射性廃棄物処分試験施設の誘致を決議(16日、村長が科技庁に誘致を申し入れ)。(反72:2)

1984. 6. 15～16　全民労協が政策・制度要求中央討論集会。同盟系の全炭鉱が「放射性廃棄物の廃鉱への投棄」を雇用策に提案。(反76:2)

1984. 8. 7　原子力委員会放射性廃棄物対策専門部会、「放射性廃棄物処理処分方策について(中間報告)」をとりまとめ。動燃は1992年操業開始を目途に貯蔵プラントを建設。地層処分は地下数百メートルより深い地層中に行うものとし当面2000年頃の処分技術実証を目途として開発を推進(⑥1)

1985. 6. 3　動燃事業団、横路北海道知事と道議会議長に対し貯蔵工学センター建設に係る幌延町の現地調査の実施を申し入れ。(⑥1)

1985. 8. 22　原子力安全委が高レベル廃棄物安全研究の年次計画を決定。動燃の幌延計画を後押し。技術的な研究に加えて、管理組織、監視体制や安全評価の考え方といった社会科学的な研究の必要性を強調。(反90:2)(A:850823)

1985. 9. 13　横路北海道知事、動燃の高レベル放射性廃棄物の貯蔵工学センターの立地環境調査を拒否。(⑥2)

1985. 10. 7　原子力委員会放射性廃棄物対策専門部会、「放射性廃棄物処理処分方策について」をとりまとめ。動燃は開発プロジェクトの中核機関として体制を整備、国の責任の下に処分の実施担当主体を決定、電気事業者は処理・貯蔵・処分の費用を負担。(⑥1)(A:851008)

1986. 11. 21　科学技術庁原子力局が高レベル廃棄物の地層処分に関する研究開発五ヵ年計画を原子力委に提出、了承を得た。(反105:2)(A:861121)

1987. 3. 18　動燃、ガラス固化パイロットプラントの設置許可申請。(⑥2)

1987. 11. 16　高レベル廃棄物処分の地層試験を岩手県の新釜石鉱山

で行なう計画が判明。(反 117:2)(A:871117)

1987. 11. 27　原子力委員会、放射性廃棄物対策専門部会設置を決定。(⑥ 2)

1988. 2. 8　原子力委員会の放射性廃棄物対策専門部会が初会合。技術分科会と費用分科会を設置し、高レベル廃棄物処分の技術および費用確保策などを審議。(反 120:2)

1988. 2. 9　動燃事業団が東海再処理工場の敷地内に設置を計画している高レベル廃液のガラス固化技術開発施設の建設を内閣総理大臣が許可。3 月末に着工、91 年から試運転開始の計画。(反 120:2)

1988. 6. 29　動燃、高レベル廃液固化プラント着工、3 年後に処理開始。(⑥ 2)

1988. 10. 12　科技庁、核種分離・消滅処理技術研究開発推進委員会発足。(⑥ 2)

1988. 10. 25　原子力委が、高レベル廃棄物の群分離と消滅処理の技術開発を本格化するとの「群分離・消滅処理技術研究開発長期計画」を決定。(⑥ 2) (A:881026)

1989. 3. 30　日本原燃サービス㈱が六ヶ所村の高レベル放射性廃棄物貯蔵管理センターの事業許可申請。(市 98:234)

1989. 8. 1　釜石鉱山、動燃が建設予定の高レベル放射性廃棄物に関する地下研究施設の誘致決める。(A:890801)

1989. 12. 19　原子力委員会放射性廃棄物対策専門部会、「高レベル放射性廃棄物の地層処分研究開発の重点項目とその進め方」をとりまとめる。(⑥ 1) (A:891219)

1990. 7. 20　北海道議会、動燃が幌延町に計画する「貯蔵工学センター」に反対する決議案を自民党を除く賛成多数で可決。(A:900721)

1991. 3. 15　岡山県湯原町議会、町議会への放射性廃棄物持ち込みを拒否する町条例を全会一致で可決。(A:910317)

1991. 5. 16　日本原燃サービスが計画している六ヶ所高レベル廃棄物貯蔵施設について、事業許可申請の科技庁審査(1 次審査) が終了し、原子力安全委に 2 次審査諮問。(反 159:2) (A:910517)

1991. 6. 6　高レベル廃棄物処分の安全性に関する基本的考え方につき、原子力安全委が放射性廃棄物安全規制専門部会に調査・審議を指示。(反 160:2)

1991. 6. 14　動燃と仏原子力庁が、次世代高速増殖炉や高レベル廃棄物処分技術の開発で協力協定。(T:910615)

1991. 7. 30　原子力委員会、ＴＲＵ(超ウラン元素) 廃棄物地中処分について指針。(⑥ 2)

1991. 10. 4　高レベル放射性廃棄物対策推進協議会設置。国 (科学技術庁、通産省資源エネルギー庁)、動燃、電気事業者 (電事連) により構成。(⑥ 1) (⑥ 2)

1991. 10. 30　日本原燃サービス㈱高レベル放射性廃棄物貯蔵管理センター及び再処理工場に係る公開ヒアリングを六ヶ所村で開催。議論は平行線。(⑥ 1) (⑥ 2) (A:911031)

1992. 3. 26　六ヶ所高レベル廃棄物貯蔵施設にゴー・サイン。原子力安全委が安全性は確保できると内閣総理大臣に答申。(反 169:2) (⑥ 2)

1992. 4. 3　六ヶ所高レベル廃棄物貯蔵施設に事業許可。(反 170:2) (⑥ 1) (⑥ 2) (A:920403)

1992. 5. 6　六ヶ所村で高レベル廃棄物管理施設の第一期工事 (1440 本ガラス固化体貯蔵) に着手。(反 171:2) (⑥ 1) (⑥ 2) (A:920506)

1992. 7. 1　日本原燃サービス及び日本原燃産業が合併し、「日本原燃」が設立。(⑥ 2)

1992. 7. 28　原子力委員会、高レベル放射性廃棄物の処分などを重点に原子力長計を見直すため「長計専門部会」を設置。約 1 年かけて審議し、新長計を策定する方針。(A:920728)

1992. 8. 28　原子力委員会放射性廃棄物対策専門部会、「高レベル放射性廃棄物対策について」をとりまとめ、官民の役割分担を提案。(⑥ 1) (⑥ 2)

1992. 9. 29　動燃が高レベル廃棄物処分技術報告書を公表。2 年間の腐食実験の結果を受け、「最低 1000 年間は放射能が処分容器から外に漏れ出ることはない」と結論。(反 175:2) (⑥ 1)

1992. 12. 2　電事連・動燃・科技庁・資源エネ庁による高レベル廃棄物対策協、93 年 4 月をめどに処分事業推進準備会の設立で合意。(反 178:2)

1993. 1. 25　高レベルの返還廃棄物につき、仏核燃料公社が 94 年からの引き取りを要請と科技庁が明らかに。六ヶ所村貯蔵施設の完成は 95 年 2 月の計画。(反 179:2) (A:930126)

1993. 5. 24　東京都・国分寺市議会が「旧ソ連による日本近海への放射性廃棄物投棄に抗議する意見書」を全会一致で採択。(反 183:2)

1993. 5. 28　高レベル廃棄物の処分に向けた「高レベル事業推進準備会」が発足。六ヶ所村などの永久貯蔵の懸念を払拭するための官民一体の組織とされるが、この準備会も処分地の選定などは行わない。(反 183:2) (⑥ 1) (⑥ 2) (A:930529)

1993. 7. 20　原子力委・放射性廃棄物対策専門部会が、高レベル放射性廃棄物処分の研究開発進捗状況報告書。地下研の必要性を強調。(反 185:2) (⑥ 1)

1993. 8. 11　南太平洋フォーラムが核廃棄物の海洋投棄の全面禁止、核実験凍結の無期限延長などを中心とする共同声明。(反 186:2)

1993. 11. 2　原子力委員会、ロンドン条約締約国協議会議において低レベル放射性廃棄物の海洋投棄に関する議論が行われることを踏まえ、「我が国としては、今後、低レベル放射性廃棄物の処分の方針として、海洋投棄は選択肢としないものとする」ことを決定。(⑥ 6)

1994. 5. 18　高レベル廃棄物を核物質防護の対象から外す法令改正公布。(反 195:2)

1994. 6. 3　動燃とカナダ原子力公社が、高レベル廃棄物の地層処分

にかかわる研究開発で協力取り決め。(反 196:2)

1994.6.24　原子力委員会、原子力開発利用長期計画をとりまとめ。高レベル放射性廃棄物については、安定な形態に固化した後、30～50年間程度冷却のため貯蔵、その後、地下の深い地層中に処分することを基本方針とし、2030年代から遅くとも2040年代半ばまでの操業開始を目途とする。(⑥2) (A:940624)

1994.8.22　六ヶ所村議会全員協で、高レベル廃棄物貯蔵施設の安全協定案につき意見聴取。30日～9月1日には村内各地で村民への説明会。不安の声続出。(T:940823)

1994.9.17　高レベル廃棄物の返還時期が知事選への影響を恐れて延期要請されていた、と『朝日新聞』が知事のインタビューを掲載。同紙ではその後、県が高速増殖炉実証炉や核融合実験炉などを誘致していた、と連日の報道。(反 199:2)

1994.9.17　五十嵐官房長官、動燃の「貯蔵工学センター」建設計画について、一時貯蔵施設と最終処分研究のための深地層処分場とを切り離して立地することも検討すべきだとの考えを表明。(A:940917)

1994.9.20　青森県が課税する核燃税の対象に高レベル廃棄物管理施設と再処理施設を加えることを、自治省が内諾。(T:940921)

1994.9.30　青森県の北村知事、同県六ヶ所村に建設中の高レベル放射性廃棄物貯蔵施設について、県議会で「青森県を最終処分地にしないという確約を国が公文書でしない限り、(施設操業の前提となる) 安全協定は結べない」との考えを表明。(A:941001)

1994.10.12　青森県議会で、核燃料物質等取扱税を高レベル廃棄物貯蔵施設と再処理工場にも課税する条例改正案を可決。(反 200:2)

1994.11.19　高レベル廃棄物の最終処分地問題で、科技庁が青森県に「返還高レベル廃棄物の最終処分地は青森県としないこと」を文書回答。(⑥2) (A:941119)

1994.11.21　高レベル廃棄物受け入れの是非を住民投票で決める村条例の制定を求める直接請求で、六ヶ所村選管に署名簿提出。(反 201:2)

1994.12.14　高レベル廃棄物輸送の安全性について原子力資料情報室などが、米のE・ライマン博士に依頼した検討結果を日仏米で同時発表。現状での輸送は危険として、科技庁、青森県にモラトリアム要求。(反 202:2)

1994.12.24　青森県六ヶ所村議会、95年春に搬入が予想されるフランスからの返還高レベル放射性廃棄物受け入れの是非を問う住民投票案を否決。(A:941225)

1994.12.26　高レベル廃棄物貯蔵で日本原燃と青森県、六ヶ所村が安全協定締結。(反 202:2) (⑥1) (A:941226)

1995.1.18　高レベル廃棄物貯蔵施設が竣工。科技庁の使用前検査に合格。保安規定も同じ日に認可。(反 203:2) (⑥1)

1995.1.25　海外では輸送反対の声が高まり、ナウル、ドミニカなどが新たに反対を表明。(反 203:2)

1995.1.25　高レベル廃棄物貯蔵施設の周辺6市町村と日本原燃との間で安全協定を締結。フランスからの返還廃棄物受入れの態勢が整う。(反 203:2) (⑥2)

1995.2.20　動燃、高レベル放射性廃棄物のガラス固化を初めて実施、報道陣に公開。(A:950221)

1995.2.20　青森県六ヶ所村の住民らでつくる「高レベル廃棄物搬入阻止連絡会」が科技庁、電事連、東電にフランスからの返還高レベル放射性廃棄物の搬入中止を申し入れ。申し入れを受けた三者は「本日は回答できない」と回答を留保。(A:950221)

1995.2.23　第1回ガラス固化体返還輸送の輸送船、仏シェルブール港を出港。輸送ルート非公開の航海に、中南米、アフリカ、太平洋の諸国が通航拒否などを表明 (反 204:2) (⑥1) (A:950224)

1995.3.14　高レベル廃棄物返還の情報公開要求を青森県議会が決議。廃棄物の内容、安全審査結果、輸送ルート、むつ小川原港入港日時が公開されない場合、知事は入港拒否を明確にするよう求めた自民党提出の緊急動議を賛成多数で可決。(反 205:2) (A:950315)

1995.4.6　青森県の木村知事、田中科技庁長官に面会し、フランスから輸送中の返還高レベル放射性廃棄物の輸送ルートやむつ港への入港日時などの情報を公開するよう要請。田中長官は輸送ルートについては非公開となった事情を説明するにとどめたが、入港日時の公開は約束。(A:950407)

1995.4.24　電事連と電力九社など、青森県を「最終処分地にしないことを確約する」との文書を木村知事に提出。(A:950425)

1995.4.25　木村青森県知事、国による「青森県を最終処分地にしないこと」の確約が不十分として、フランスからの返還廃棄物を積んだ輸送船のむつ小川原港への接岸を拒否。同日夕になって田中科学技術庁長官が青森県知事に「知事の了承なくして青森県を最終処分地にできないし、しない」ことを改めて文書で確約し、木村知事もこれを受け入れ。(⑥1) (A:950425) (A:950426)

1995.4.26　第1回ガラス固化体返還輸送の輸送船、青森県むつ小川原港に入港。青森県知事の入港拒否で1日延期しての入港。(⑥1) (⑥2) (A:950426)

1995.4.26　日本原燃㈱高レベル放射性廃棄物貯蔵管理センター操業開始。(⑥1)

1995.8.21　動燃事業団、岐阜県、瑞浪市及び土岐市に「超深地層研究所」計画を申し入れ。市議会全員協で説明。(反 210:2) (⑥1) (⑥2)

1995.9.12　高レベル廃棄物処分に向けた国民的合意形成方針を原子力委が決定。原子力バックエンド対策専門部会 (25日初会合) と高レベル放射性廃棄物処分懇談会を設置。(反 211:2) (⑥1) (⑥2)

1995.9.14　科技庁長官が瑞浪市に「深地層研究所には放射性廃棄物

を持ち込ませないし、処分場にしない」旨の回答書。(反 211:2)

1995. 11. 30　青森県委嘱の高レベル廃棄物安全性チェック検討会が初会合。電事連・日本原燃から説明聴取。(反 213:2)

1995. 12. 20　96 年度政府予算大蔵原案内示。高レベル廃棄物の処分研究が大幅増。通産省に廃炉対策官新設。(T:951221)

1995. 12. 28　瑞浪超深地層研究所建設で岐阜県、瑞浪市及び土岐市並びに動燃事業団との間で、超深地層研究所の運営に係る協定を締結。市民から 21 日に調印一時凍結の賛否を問う住民投票条例制定の直接請求があったのを押し切る。地元の月吉では前夜、区民大会を開き絶対反対を確認。(反 214:2) (⑥1) (A:951228)

1996. 5. 8　原子力委員会、高レベル放射性廃棄物処分について様々な分野の人たちが意見を交わす初めての懇談会を開催。厳しい批判の意見も出される。(A:960509)

1996. 5. 27　高レベル事業推進準備会が、長計に基づいて推進する中間とりまとめ。原発から出る高レベル放射性廃棄物の処分には 3 ～5 兆円の費用が見込まれると試算。処分費用の推計がまとまったのはこれが初めて。(反 219:2) (A:960528)

1996. 11. 15　原子力委員会専門部会、高レベル放射性廃棄物の地層処分について研究開発を進める上での指針案を公表。原子力委が素案段階の文書を公表するのは初めて。(A:961116)

1996. 11. 28　原子力委員会原子力バックエンド対策専門部会、「高レベル放射性廃棄物の地層処分研究開発等の今後の進め方について(案)」をとりまとめ公表するとともに、12 月まで一般の方からの意見を募集(有効総数 186 件の意見)。(⑥1)

1996. 12. 4　電事連、日本原燃などが高レベル廃棄物の第二回返還に関する情報公開の方針を発表。輸送船出港の一日後にルート公表など。(反 226:3) (A:961205)

1997. 1. 13　第二回ガラス固化体返還輸送の輸送船、仏シェルブール港を出港(反 227:2) (⑥1) (A:970114)

1997. 2. 7　原子力委部会、報告書案「高レベル放射性廃棄物の処分研究の進め方」に寄せられた市民の意見を公表。200 件近い意見。(A:970208)

1997. 2. 13　原子力委の原子力バックエンド対策専門部会が、高レベル廃棄物処分について寄せられた一般意見の審議を開始。(T:970214)

1997. 2. 26　高レベル廃棄物輸送船、タスマン海を北上。28 日、ナウル首相は経済水域内航行の通知を遺憾とし、輸送自体に反対を表明。グリーンピースが 18 日、ＩＡＥＡの非公開文書を暴露、水深 200 メートル以下に沈没した輸送容器は引き揚げないとする考えを批判。(反 228:2)

1997. 3. 18　返還高レベル廃棄物(ガラス固化体)、むつ小川原港に入港。97 年度には 60 本を搬入、と 31 日、日本原燃が計画発表。(反 229:2) (⑥1) (A:970318)

1997. 3. 21　原子力委・高レベル廃棄物処分懇の特別部会が中間報告。「迷惑施設」を「共生施設」に変えるための地域振興策など求める。(反 229:2) (⑥2)

1997. 4. 15　原子力委員会原子力バックエンド対策専門部会、「高レベル放射性廃棄物の地層処分研究開発等の今後の進め方について」をとりまとめ公表。(⑥1)

1997. 4. 16　科技庁、動燃改革にあたり、業務の抜本的見直しを行うことを表明。ウラン濃縮や海外探鉱関連業務の整理縮小の一方で、プルトニウム・高レベル放射性廃棄物関連業務への重点化の方向性示す。(A:970417)

1997. 4. 24　動燃、3 月に「高レベル放射性廃棄物を考える多治見市民の会」など東濃地方の四つの市民団体から出されていた公開質問状に回答。「処分場計画とは明確に区別。処分場にすることはない」とした。(A:970425)

1997. 5. 12　「高レベル放射性廃棄物を考える多治見市民の会」など東濃地方の四つの市民団体が先に動燃東濃地科学センターが示した公開質問状への回答に不満があるとして、新たな質問状を提出。最終処分場にしないことのより明確な確認求める。(A:970513)

1997. 7. 18　原子力委の高レベル放射性廃棄物処分懇談会が報告書案まとめる。(T:970719)

1997. 8. 5　原子力委の高レベル廃棄物処分懇が報告書案への意見公募を開始。(T:970806)

1997. 9. 19　原子力委、高レベル廃棄物の処分に関する「地域での意見交換会」を初めて開催。大阪からスタート。(反 235:2) (⑥2) (A:970920)

1997. 9. 24　動燃、電力、原研などで構成される地層処分研究開発協議会が初会合。協力体制を強化。(反 235:2)

1997. 10. 2　フランスからの三回目の高レベル廃棄物返還で申請書提出。(反 236:2) (A:971003)

1997. 10. 30　原子力委の高レベル廃棄物の処分に関する「地域での意見交換会」が札幌で開催。幌延町での「貯蔵工学センター」計画白紙撤回を求める意見など相次ぐ。(A:971031)

1997. 12. 11　原子力委の高レベル廃棄物の処分に関する「地域での意見交換会」が名古屋で開催。岐阜県瑞浪市で動力炉・核燃料開発事業団(動燃)が進める地層研究計画を巡って、地元住民らから「最終処分地になりかねない」との声が相次ぎ、実質的な意見交換、議論に入れないまま、閉会。(A:971212)

1997. 12. 18　東京電力など電力四社と日本原燃は 18 日、海外から返還される三回目の高レベル放射性廃棄物について、搬入に伴う輸送ルートなど情報公開の方針を発表。むつ小川原港への到着予定日を前回(97 年 3 月)より一週間早め、二週間前に公表の意向。(A:971219)

1998. 1. 21　返還高レベル廃棄物の

輸送船が仏シェルブール港を出港。青森県のむつ小川原港には3月上旬頃到着予定と発表。(反239:2) (A:980123)

1998. 2. 20　仏から変換される高レベル廃棄物に、日本との契約上は本来ありえないＭＯＸ燃料などの使用済み燃料起源のものが含まれようとしていることがわかったとして原子力資料情報室が抗議声明。(T:980221)

1998. 2. 24　電事連、日本原燃など、仏からの返還高レベル廃棄物、3月10日にむつ小川原港に到着の予定と発表。(反240:2) (A:980225)

1998. 2. 24　原子力委の高レベル放射性廃棄物処分懇談会が東京で、公募者4人を含む8人から意見聴取。(反240:2) (A:980225)

1998. 2. 26　科技庁が北海道に、幌延町の貯蔵工学センター計画取りやめと深地層研究施設建設を申し入れ。(⑥2) (A:980227)

1998. 3. 7　木村青森県知事、返還高レベル廃棄物の輸送船のむつ小川原港への入港を前に、首相との会談が実現しなければ入港を拒否することもあり得ることを表明。(A:980328)

1998. 3. 24　通産・科技庁・電気事業者からなる使用済み燃料貯蔵検討会、2010年までに施設の建設が必要とする報告書を策定。(⑥2)

1998. 5. 26　高レベル廃棄物処分懇談会が報告書をまとめる。(T:980527)

1998. 6. 11　日本から搬出のものも含め、使用済み核燃料輸送容器計十五基に90年から94年にかけて汚染があったーと、原子力安全委放射性物質安全輸送専門部会で報告。ドイツやフランスでは輸送が全面的にストップし、再開の目途のたたない状況。(反244:16)

1998. 6. 11　原子力安全委が、高レベル廃棄物およびＲＩ・研究所等廃棄物処分の安全基準策定に着手。(反244:16)

1998. 7. 7　再処理工場からの一般廃棄物の焼却灰で放射能汚染を検出。(反245:20)

1998. 7. 31　東海再処理工場アスファルト固化施設内の除染終了、と動燃が発表。(反245:20)

1998. 10. 1　核燃料サイクル開発機構(旧・動燃事業団)発足。(⑥2)

1998. 11. 17　核サイクル機構が原子力委員会で「幌延町への高レベル廃棄物中間貯蔵施設の立地は将来ともない」と表明。科技庁に報告。道、町にもその旨を説明。(T:981118)

1999. 1. 14　総合エネルギー調査会原子力部会が、高レベル廃棄物処分事業のあり方で報告書案。地層処分前提に事業の要件など。(反252:2) (⑥2)

1999. 2. 25　四回目の返還高レベル廃棄物輸送船がフランスシェルブール港を出港。パナマ運河経由で四月中旬むつ小川原港到着の予定と、26日、電事連などが発表。(T:990226)

1999. 3. 23　総合エネルギー調査会原子力部会が高レベル廃棄物処分の実施主体などについての中間報告書を公表。(⑥2)

1999. 4. 15　仏からの第四回返還高レベル廃棄物を六ヶ所貯蔵施設に搬入。(T:990416)

1999. 8. 17　高レベル廃棄物処分に向け、資源エネ庁が原子力委に具体的な制度案の概要を報告。「高レベル放射線廃棄物処分推進法」(仮称)を次期通常国会に上程する予定。電力業界は、電事連原子力開発対策会議の下に「高レベル検討会」(仮称)を設置し、26日に初会合。(T:990819)

1999. 8. 18　核燃機構東海事務所で、地層処分放射化学研究施設(クオリティー)が試験開始。「地下深部を再現した」というふれこみの施設で、放射性物質を使い、高レベル廃棄物の処分研究。(反258:2)

1999. 9. 6　電気事業審議会の料金制度部会が、解体放射性廃棄物の処分費用を引当金として積み立て、電気料金の原価に算入することが適当とする中間報告。(反259:2)

1999. 11. 26　核燃料サイクル開発機構が原子力委に、「高レベル廃棄物処分の安全性は確保できる」との報告書(研究開発第二次取りまとめ)を提出。(反261:2) (⑥2)

2000. 12　高レベル廃棄物の五回目の返還輸送船が29日に仏シェルブールを出港する、と電事連などが発表。ガス炉・高速炉の使用済み燃料を処理した後の廃棄物が含まれ、日本への「返還」に疑問も。(反262:3)

2000. 2. 26　六ヶ所高レベル廃棄物貯蔵施設で、配電工事のミスによる停電。放射能排出防止の減圧システムが15秒間機能停止。(反263:2)

2000. 2　高レベル廃棄物輸送船が、むつ小川原港に到着。(T:000223)

2000. 3. 14　高レベル廃棄物処分法案を閣議決定。国会に上程。(反265:2)

2000. 5. 11　原子力委が超ウラン(ＴＲＵ)廃棄物処分の基本方針を決定。(⑥2)

2000. 5. 16　高レベル廃棄物処分法が16日に衆院通過。(反267:2)

2000. 5. 31　高レベル廃棄物処分法が参院本会議で可決、成立。(反267:2) (⑥2)

2000. 6. 7　高レベル廃棄物最終処分法公布。(反268:2) (⑥2)

2000. 6. 16　原子力安全委・放射性廃棄物安全規制専門部会、「安全規制の基本的考え方」とりまとめ。安全基準専門部会で今後、安全審査指針作りへ。処分費用関連の基準作りは総合エネルギー調査会原子力部会で。(反268:2)

2000. 6. 28　浜頓別町議会が、放射性廃棄物持ち込み拒否決議。「道北一円と町内に放射性廃棄物の持ち込みと最終処分に関する施設の受け入れを拒否する」として、幌延深地層研究所計画に反対を表明。(反268:2)

2000. 6. 30　西之表市議会が放射性廃棄物持ち込み拒否決議。27日には、南種子町で核関連施設立地反対決議。(反268:2)

2000. 7. 26　原子力安全委の放射性廃棄物安全規制専門部会が、高レベル廃棄物処分規制の基本的考え方を取りまとめ。(反269:2) (⑥2)

2000.9.14　高レベル廃棄物処分の実施主体「原子力発電環境整備機構」（ＮＵＭＯ）の設立発起人会。(反 271:2)

2000.9.29　政府が「特定放射性廃棄物最終処分に関する計画」を閣議決定。(⑥2)

2000.10.14　堀北海道知事が幌延町への深地層研究所の建設計画受け入れを表明。(⑥2)

2000.10.18　高レベル廃棄物処分の実施主体となる原子力発電環境整備機構の設立を通産相が認可、設立。(反 272:2) (⑥2)

2000.11.1　高レベル廃棄物処分の資金管理主体に「原子力環境整備・資金管理センター」を通産省が指定。(反 273:2)

2000.11.6　原子力委員会、「高レベル放射性廃棄物の処分に係る安全規制の基本的考え方について」(第１次報告) 公表。(⑥2)

2000.11.8　総合エネルギー調査会原子力部会で「高レベル放射性廃棄物処分専門委員会」の設置を承認。(⑥2)

2000.11.29　むつ市が使用済み燃料の中間貯蔵施設である「リサイクル燃料貯蔵センター」の立地可能性調査の実施を東電に要請。(⑥2)

2000.12.1　使用済み燃料輸送容器の検査漏れ隠し発覚。１日、内部告発を受けた「美浜・大阪・高浜原発に反対する大阪の会」が発表。英仏の両核燃料公社が自主検査を怠ったのを、容器所有の五電力会社が使用廃止を届け出ることで内々に決着。(反 274:2)

2000.12.13　中央環境審議会が新しい環境基本計画を首相に答申。放射性廃棄物対策の充実・安全確保・国民の理解を前提に原発推進。(反 274:2)

2000.12.18　東京電力、中間貯蔵施設（リサイクル燃料貯蔵センター）の立地調査をむつ市に申し入れ。(⑥2)

2000.12.25　鹿児島県上屋久町でも放射性物質持ち込み拒否条例制定。25日、町議会可決。原子力関連施設の立地も拒否。新たに使用済み燃料中間貯蔵施設の誘致の動きの出た吐噶喇列島の十島村では三月議会で制定へ。(反 274:2)

2001.1.3　電力九社と原電、イギリス原子燃料公社（ＢＮＦＬ）とフランス核燃料公社（ＣＯＧＥＭＡ）と輸送容器管理の強化を盛り込んだ契約を締結。(⑥2)

2001.1.10　アルゼンチンのブエノスアイレス行政裁が、高レベル廃棄物を積んで日本に向かっている輸送船の領海通過を禁止する決定。南米各国も輸送に懸念。(反 275:2)

2001.1.31　東京電力、使用済み燃料の中間貯蔵施設の立地で、青森県むつ市に調査所を開設。(⑥2)

2001.2.15　小浜商工会議所が、使用済み燃料中間貯蔵の勉強会。「誘致推進が前提ではない」と強調。(反 276:2)

2001.2.21　六ヶ所管理施設に六回目の海外「返還」高レベル廃棄物搬入。(反 276:2)

2001.3.21　十島村議会で使用済み燃料等拒否の条例案を可決。(反 277:2)

2001.7.16　青森県と六ヶ所村が、海外返還高レベル廃棄物貯蔵施設の増設を事前了解。(反 281:2)

2001.10.29　原環機構が、高レベル処分の概要地区選定に関する基本的な考え方を公表。来年度に調査受け入れ希望市町村を公募。03～07年をめどに選定。(反 284:2)

2001.12.6　仏からの返還高レベル廃棄物輸送船が出向、02年１月後半に到着と電気事業連が発表。(反 286:2)

2001.12.19　特殊法人等の整理合理化計画が閣議決定。原研及びサイクル機構を廃止した上で統合、独立行政法人化へ。(⑥2)

2001.12.26　端浪市議会が超深地層研究所計画への市有地賃貸契約締結案を可決。放射性廃棄物持ち込み拒否条例案は否決。(反 286:2)

2002.1.10　米エネルギー省（ＤＯＥ）のエイブラハム長官、核廃棄物政策法（ＮＷＰＡ）の規定に基づき、ユッカマウンテン地域を高レベル放射性廃棄物処分場候補地として推薦することをネバダ州知事に通知。(反 287:2)

2002.1.22　仏からの７回目の返還高レベル廃棄物輸送船が、むつ小川原港に到着。(反 287:2)

2002.4.26　小浜市議会有志らが初の使用済み燃料中間貯蔵の勉強会。(反 289:2)

2002.9.8　エネ庁、高レベル廃棄物処分で公開討論会開催。(⑥2)

2002.12.19　高レベル廃棄物処分場候補地の公募を開始、と原環機構が発表。(反 298:2) (⑥2)

2002.12.26　小浜市議有志による政策研究会が、使用済み燃料中間貯蔵施設の誘致は「市活性化の有効な手段の一つ」とする報告書。(反 298:2)

2003.2.17　上斎原村が高レベル処分場誘致も「選択肢の一つ」と市民団体に回答。(T:030218)

2003.2.17　核燃機構が旧動燃時代に行った高レベル処分地選定調査の開示文書で地域名などを非公開としたのは不当、と「放射能のゴミいらない！市民ネット・岐阜」が名古屋地裁に提訴。(T:030218)

2003.2.20　御坊市議会で使用済み燃料貯蔵施設誘致の動き。地元紙が報道。(T:030222)

2003.5.8　核燃機構の高レベル処分地選定調査書の一部非開示通知を、名古屋地裁が取り消し。(反 303:2)

2003.6.26　杉山むつ市長が市議会において、使用済み燃料中間貯蔵施設誘致を正式表明。(⑥2)

2003.7.11　北海道幌延町において核燃料サイクル機構幌延深地層研究所の着工式。(⑥2)

2003.8.26　政府、「使用済み核燃料管理および放射性廃棄物の安全に関する条約」に加入することを閣議決定。(⑥2)

2003.11.11　総合資源エネルギー調査会電気事業分科会コスト等検討小委員会第四回会合においてバックエンド・サイクル事業のコストの全容が明らかに。事業総額は80年で18.9兆円。(⑥2)

2004. 2. 18　東京電力、使用済み燃料中間貯蔵施設「リサイクル燃料備蓄センター」の立地協力を青森県及びむつ市に要請。(⑥2)

2004. 3. 2　高知県知事が県議会で、佐賀町での高レベル廃棄物処分場誘致の動きに対し、受け入れ拒否の答弁。隣接の窪川町長も反対を表明する中、佐賀町議会は18日、誘致請願を継続審議に。(反313:2)

2004. 6. 2　原子力安全委員会「放射性廃棄物処分の安全規制における共通的な重要事項について」公表。(⑥2)

2004. 6. 18　第12回総合資源エネルギー調査会電気事業分科会開催。バックエンド事業に帯する制度・措置のあり方に関する中間報告案について議論するも、意見集約ならず座長一任へ。(⑥2)

2004. 10. 7　原子力委員会技術検討小委員会、核燃料サイクルに関する四種類の基本シナリオのコスト試算内容を了承。(⑥2)

2004. 10. 12　政府、日本原子力研究所と核燃料サイクル機構を統合する独立行政法人日本原子力研究開発機構法案を閣議決定。(⑥2)

2004. 11. 26　独立行政法人日本原子力研究開発機構法案が参院本会議で可決、成立。(⑥2)

2005. 1. 28　核燃機構が高レベル処分地の調査報告書を一部開示。(T:050129)

2005. 2. 17　10回目の高レベル廃棄物輸送船か仏シェルブール港を出港。六ヶ所村に4月下旬到着予定。(T:050219)

2005. 3. 30　核燃機構が、1月末の一部開示に続き、残りの高レベル処分地選定調査報告書の不開示部分を開示。(反325:2)

2005. 4. 1　フランスから日本への10回目の高レベル廃棄物輸送に対し、ニュージーランド環境省が排他的経済水域に入らないよう要求。7日には太平洋島嶼国会議が航行に懸念を示す声明を発表。輸送船パシフィックーサンドパイパーは20日、むつ小川原港に到着。(反326:2)

2005. 5. 13　バックエンド積立金法が参院本会議で可決、成立。(⑥2)

2005. 10. 1　原研とサイクル機構が統合し、「日本原子力研究開発機構」が発足。(⑥2)

2005. 10. 11　経済産業省、バックエンド積立金法に基づき、資金管理法人に原子力環境整備促進・資金管理センターを指定。(⑥2)

2005. 10. 19　東京電力、日本原電が青森県、むつ市と中間貯蔵施設に関する協定に調印。(⑥2)

2005. 11. 1　総合エネ調電気事業分科会原子力部会の放射性廃棄物小委が、英からの返還廃棄物の「高レベル等価交換」につき審議開始。(T:051102)

2005. 11. 21　使用済み燃料貯蔵・管理を行う「リサイクル燃料貯蔵(株)」がむつ市に設立。(⑥2)

2005. 12. 22　総合エネ調原子力部会の放射性廃棄物小委が、英からの返還廃棄物の等価交換指標を承認。(反334:3)

2006. 4. 18　原子力委員会がＴＲＵ廃棄物と高レベル廃棄物の併置処分で技術的妥当性を示す。(⑥2)

2006. 5. 22　総合エネ調の放射性廃棄物小委が報告書案の骨子を了承。ＴＲＵ廃棄物と高レベル廃棄物の併置処分、英からの返還廃棄物の高レベル廃棄物への「交換」など。(T:060523)

2006. 10. 17　電事連が青森県、六ヶ所村に、英からの返還低レベル廃棄物と「放射能等量交換」しての高レベル廃棄物や、仏からの返還低レベル廃棄物受け入れを要請。三村県知事は「検討する状況にはない」と、回答を保留。(反344:2)

2006. 10. 20　滋賀県余呉町が、高レベル廃棄物処分場候補地応募について初の住民説明会。(反344:2)

2006. 11. 15　滋賀県余呉町議会の全員協で、高レベル廃棄物処分場に年内応募をめざす町長に批判意見が大半。22日には知事が改めて反対表明。(反346:2)

2006. 11. 19　高知県東洋町で、同町と徳島県海陽町の若者グループが高レベル廃棄物処分場問題学習会。21日、徳島県の隣接2町が東洋町に慎重姿勢を申し入れ。(反346:2)

2006. 12. 14　青森県と六ヶ所村が、六ヶ所再処理工場の高レベル廃棄物貯蔵施設など増設計画を了承。(T:061215)

2006. 12. 27　原子力委の原子力防護専門部会が初会合。高レベル廃棄物の核物質防護対象入りなどを検討。(反347:3)

2007. 1. 1　東通村長が高レベル処分場誘致に意欲、と『東奥日報』が報道。(T:070103)

2007. 2. 20　高レベル廃棄物処分場候補地調査に県内市町が応募するなら検討、と愛媛県知事が表明。(反348:2)

2007. 2. 26　福島県二丈町で高レベル廃棄物処分場候補地調査に応募の動き、と『毎日新聞』が報道。(反348:2)

2007. 3. 9　高レベル処分関連法改正案を閣議決定、国会上程。(反349:2)

2007. 3. 29　日本原燃が英国からの返還高レベル受け入れ延期を発表。ソープ再処理工場のガラス固化工程が不調なため、08年以降に。(反349:2)

2007. 5. 15　高レベル廃棄物処分関連三法案が衆院を通過。(反351:2) (⑥2)

2007. 6. 6　高レベル廃棄物処分関連三法が成立。(T:070607)

2007. 6. 6　総合エネ調の放射性廃棄物小委で、高レベル処分地確保の取り組み審議開始。(反352:2)

2007. 6. 20　鹿児島県宇検村議会が放射性廃棄物拒否条例案を可決。(反352:2)

2007. 7. 10　総合エネ調安全部会の廃棄物安全小委が、「放射性廃棄物でない廃棄物」の判断方法とりまとめ。使用履歴と設置状況などの記録により判断するが、当面は「念のための測定」も。(反353:2)

2007. 7. 22　秋田県上小阿仁村で研究所等廃棄物・高レベル廃棄物の処分場について検討、と村長が表明。(反353:2)

2007. 7. 28　秋田県上小阿仁村で「村内混乱」を理由に放射性廃棄物

処分場誘致を撤回。(T:070728)

2007. 8. 28　高知市在住の梅原務の名で高知県に、高レベル処分施設誘致支援のＮＰＯ法人設立認証申請。(反 354:2)

2007. 9. 12　高レベル廃棄物処分場選定に国からの申し入れ方式追加の案を、総合エネ調小委がまとめ、意見公募。(反 355:2)

2007. 10. 29　ＮＵＭＯが、全国の都道府県と市町村に高レベル処分地選定の公募書類を再送付と発表。(反 356:2)

2007. 11. 26　高レベル処分場誘致支援のＮＰＯ法人(高知市)の設立を高知県が認証。(反 357:2)

2008. 1. 21　東通村議有志(実質全員)の高レベル勉強会が初会合。処分場誘致が前提でないと強調。(T:080122)

2008. 1. 31　総合エネ調の放射性廃棄物小委が、高レベル廃棄物処分の基本方針・計画を改定。08年中の概要調査地区選定は変えず、精密調査地区の選定と処分場選定を2～3年延期しつつも処分開始は37年頃を堅持するというもので、調査と工事の期間を削減。08年中の概要調査地区選定がそもそも不可能で、およそ非現実的な変更。(T:080202)

2008. 3. 11　青森県議会、高レベル処分地拒否条例案否決。賛成は6日に同案を提出した5人のみ。(反 361:2)

2008. 3. 14　宮城県大郷町議会が放射性廃棄物拒否条例案を可決。研究所等廃棄物の処分地誘致の考えを撤回しない町長の姿勢に歯止め。(反 361:2)

2008. 3. 14　高レベル廃棄物処分の基本方針・計画を閣議決定。処分対象にＴＲＵ廃棄物を追加、交付金による地域支援の明記、処分地選定スケジュールの変更など。(反 361:2)

2008. 4. 2　ＮＵＭＯがＴＲＵ廃棄物の処分場公募を開始。(T:080403)

2008. 4. 24　電事連と電力十社、日本原燃が、国・電力業界は青森県を高レベル処分場にしないとする確約書の文書手交。処分地不明のまま再処理本格操業へ。(T:080425)

2008. 4. 25　経産相が青森県を高レベル処分場にしないとする確約書の文書手交。処分地不明のまま再処理本格操業へ。(T:080426)

2008. 6. 13　北海道夕張商工会議所が市長に六施設の誘致検討を提言。市長は、高レベル廃棄物と産廃の処分場は「検討の余地なし」と表明。(T:080614)

2009. 2. 22　青森県知事が首相と面会し、同県を高レベル廃棄物の処分地としない確約の継承を口頭確認。(T:090223)

2009. 3. 4　六ヶ所再処理工場で、高レベル廃液漏れのセル内洗浄中にクレーン1台が故障。7日にも別の1台で故障があり、9日、洗浄作業を中断。(T:090311)

2009. 3. 15　福島県楢葉町長が高レベル廃棄物処分場受け入れ検討を表明。15日付『朝日新聞』が報道。19日の町議会全員協で「国から要請あれば」の意と釈明。事実上、誘致の考えを撤回。(T:090316)

2009. 7. 31　六ヶ所高レベル廃棄物貯蔵施設の増設完工時期を来年10月にほぼ1年延期、と日本原燃が発表。耐震指針改訂が影響。(T:090801)

2009. 10. 23　三村申吾青森県知事と平野博文官房長官、直嶋正行経産相、川端達夫文科相が経産相と会談。核燃料サイクル政策堅持を確認。青森については高レベル廃棄物処分地にしないとも。(T:091024)

2009. 11. 26　内閣府が原子力に関する世論調査の結果を発表。推進が59％に増加。居住・隣接地域への高レベル処分場建設には80％が反対。(T:091127)

2009. 11　2010年度予算で事業仕分け。もんじゅについては「再開やむなし」と強引なまとめ。関連研究開発は凍結、高レベル廃棄物処分技術開発は見送りの方向とされた。(T:091118)

2010. 3. 9　英からの返還ガラス固化体が初到着。(T:100309)

2010. 9. 7　原子力委が、高レベル廃棄物処分について日本学術会議に提言を求めることを決定。(反 391:2)

2010. 12. 8　鹿児島県南大隅町議会に放射性廃棄物施設誘致の陳情。中間貯蔵と高・低レベル処分につき検討など求める。(反 394:2)

2010. 12. 17　地層処分推進のための自主的勉強会支援事業で九団体への支援決定、とＮＵＭＯが発表。(反 394:2)

2011. 3. 25　鹿児島県南大隈町議会が、高レベル処分場など誘致賛否の両陳情を共に不採択。「国が考えること」との理由で。(反 397:2)

2012. 9. 11　学術会議が、原子力委員会に対して、高レベル放射性廃棄物問題についての「回答」を手交。科学的知見の自律性、暫定保管、総量管理、多段階の意思決定を提案。(S)

出　典

⑥1: 原子力委員会高レベル放射性廃棄物処分懇談会 (2008)「高レベル放射性廃棄物処分に向けての基本的考え方について」(2008. 5. 29付) (略称)

⑥2:『原子力百科事典　ＡＴＯＭＩＣＡ』(http://www.rist.or.jp/atomica)

⑥3: 原子力委員会「1962. 4. 11付報告書」

⑥4: 原子力委員会「1973. 6. 25付報告書」

⑥5: 原子力委員会「1976. 10. 8付原子力委員会決定」

⑥6: 原子力委員会「1993. 11. 2 付原子力委員会決定」
A:『朝日新聞』
T:『東奥日報』
市：原子力資料情報室編（各年）『原子力市民年鑑』七つ森書館

第２章　統計資料

V－2－1
人口１：青森県及び四自治体の各年人口動向

	日本全国総数	青森県 人口総数	青森県人口の 対全国比率	市部計	郡部計	むつ市	六ヶ所村	大間町	東通村
1965	99,209,137	1,416,591	1.43%	773,994	642,597	39,282	12,890	7,783	11,660
1966		1,417,919		782,412	635,507	39,660	12,742	7,789	11,378
1967		1,423,186		794,096	629,090	39,703	12,560	7,791	11,069
1968		1,425,871		804,365	651,506	40,236	12,482	7,836	10,967
1969		1,424,517		811,960	612,557	40,579	12,027	7,845	10,459
1970	104,665,171	1,427,520	1.36%	818,802	608,718	41,134	11,749	7,673	10,735
1971		1,424,277		823,593	600,684	41,800	11,623	7,682	10,605
1972		1,427,754		831,832	595,924	42,497	11,492	7,748	10,473
1973		1,432,084		840,342	591,742	43,040	11,571	7,716	10,328
1974		1,438,650		850,621	588,029	43,930	11,258	7,776	10,130
1975	111,939,643	1,468,646	1.31%	877,783	590,863	44,646	11,321	7,753	10,174
1976		1,482,877		893,053	589,824	45,411	11,116	7,850	9,984
1977		1,493,450		905,051	588,399	45,875	11,135	7,818	9,869
1978		1,503,253		916,646	586,607	46,246	11,096	7,798	9,736
1979		1,511,297		925,636	585,661	46,876	11,058	7,756	9,734
1980	117,060,396	1,523,907	1.30%	938,948	584,959	47,609	11,104	7,624	9,975
1981		1,527,122		944,166	582,956	48,190	11,558	7,586	9,957
1982		1,528,083		948,596	579,487	48,854	11,261	7,560	9,921
1983		1,529,269		952,365	576,904	49,207	11,177	7,498	9,883
1984		1,527,363		954,078	573,285	49,224	10,920	7,453	9,782
1985	121,048,923	1,524,448	1.26%	953,613	570,835	49,291	11,003	7,487	9,675
1986		1,519,149		953,760	565,389	49,149	10,840	7,449	9,491
1987		1,514,966		953,990	560,976	49,403	10,722	7,424	9,453
1988		1,508,312		953,230	555,082	48,486	10,546	7,389	9,259
1989		1,500,752		951,523	549,229	48,244	10,450	7,265	9,099
1990	123,611,167	1,482,873	1.20%	941,471	541,402	48,470	10,071	7,125	8,794
1991		1,475,705		939,977	535,728	48,202	9,885	7,015	8,621
1992		1,471,206		940,316	530,890	48,021	9,774	6,966	8,518
1993		1,469,445		942,636	526,809	48,183	9,843	6,920	8,386
1994		1,470,996		945,891	525,105	48,195	9,968	6,915	8,289
1995	125,570,246	1,481,663	1.18%	955,252	526,411	48,883	11,063	6,606	8,045
1996		1,482,010		958,138	523,872	49,136	11,044	6,561	8,003
1997		1,479,950		958,057	524,893	49,053	11,090	6,548	7,861
1998		1,478,065		959,399	518,666	49,104	11,136	6,551	7,772
1999		1,475,078		959,548	515,530	49,408	11,219	6,537	7,716
2000	126,925,843	1,475,728	1.16%	960,316	515,412	49,341	11,849	6,566	7,975
2001		1,472,633		960,713	511,920	49,481	11,902	6,479	7,903
2002		1,467,788		959,702	508,086	49,554	11,924	6,381	7,847
2003		1,460,050		955,946	503,909	49,388	12,119	6,264	7,834
2004		1,450,947		951,853	498,770	49,052	12,119	6,127	7,747
2005	127,767,994	1,436,657	1.12%	1,044,992	391,665	64,052	11,401	6,212	8,042
2006		1,423,412		1,087,787	335,638	63,251	11,301	6,132	7,873
2007		1,408,589		1,077,728	330,935	62,345	11,154	6,073	7,727
2008		1,394,806		1,068,860	326,021	61,749	10,959	5,995	7,633
2009		1,382,517		1,061,081	321,556	61,249	10,901	5,950	7,515
2010	128,057,352	1,373,164	1.07%	1,053,591	317,818	60,831	10,913	5,970	7,382

注 1) 市部計、郡部計は『青森県統計年鑑』をもとに編者により算出
出典：青森県統計協会, 各年,『青森県統計年鑑』
　政府統計の総合窓口
　　http://www.e-stat.go.jp/SG1/estat/GL08020103.do?_toGL08020103_&tclassID=000001007702&cycleCode=0& requestSender=search
　　http://www6.pref.aomori.lg.jp/tokei/catdate.php?syori_no=3&key1=%C0%C4%BF%B9%B8%A9%BF%CD%B8%FD%B0%DC%C6%B0%C5%FD%B7%D7%C4%B4%BA%BA&key2=
太枠内出典：青森県企画部, 年,『青森県の人口移動』

V－2－2

人口２：青森県及び四自治体の年齢階層別人口

1965	総人口	15 才未満	同左比率	15-64 才	同左比率	65 才以上	同左比率
青森県	1416591	447068	32%	894521	63%	75002	5%
市部	773994	229195	30%	507927	66%	36872	5%
郡部	642597	217873	34%	386594	60%	38130	6%
むつ市	39282	12260	31%	25124	64%	1898	5%
六ヶ所村	12890	5670	44%	6669	52%	551	4%
大間町	7783	3016	39%	4312	55%	455	6%
東通村	11660	4784	41%	6236	54%	640	6%

出典：「第 16 表　年齢 (3 区分) 別人口および割合，幼年人口指数，老年人口指数，従属人口指数および老年化指数―市・町・村，人口集中地区 (昭和 40 年・35 年)」, p38-39、総理府統計局編『青森県の人口　昭和 40 年国勢調査全国都道府県市区町村人口総覧 都道府県の部その 2』, 1967

1970	総人口	15 才未満	同左比率	15-64 才	同左比率	65 才以上	同左比率
青森県	1427520	396883	28%	940235	66%	90402	6%
市部	818798	219760	27%	553673	68%	45365	6%
郡部	608722	177123	29%	386562	64%	45037	7%
むつ市	41134	11347	28%	27406	67%	2381	6%
六ヶ所村	11749	4584	39%	6549	56%	616	5%
大間町	7673	2515	33%	4655	61%	503	7%
東通村	10735	3928	37%	6049	56%	758	7%

出典：「第 18 表　年齢別人口－市町村，人口集中地区 (昭和 45 年 , 50 年)」, p48-49、総理府統計局編『青森県の人口　昭和 50 年国勢調査解説シリーズ NO. 2 都道府県の人口・その 2』, 1977

1975	総人口	15 才未満	同左比率	15-64 才	同左比率	65 才以上	同左比率	年齢不詳
青森県	1468646	380218	26%	977541	67%	110752	8%	135
市部	877783	226275	26%	593605	68%	57777	7%	126
郡部	590863	153943	26%	383936	65%	52975	9%	9
むつ市	44646	12183	27%	29475	66%	2988	7%	
六ヶ所村	11321	3790	34%	6776	60%	755	7%	
大間町	7753	2377	31%	4777	62%	599	8%	
東通村	10174	3109	31%	6210	61%	855	8%	

出典：「第 18 表　年齢別人口－市町村，人口集中地区 (昭和 45 年 , 50 年)」, p48-49、総理府統計局編『青森県の人口　昭和 50 年国勢調査解説シリーズ NO. 2 都道府県の人口・その 2』, 1977

1980	総人口	15 才未満	同左比率	15-64 才	同左比率	65 才以上	同左比率	年齢不詳
青森県	1523907	366454	24%	1022786	67%	134516	9%	151
市部	938948	228831	24%	637843	68%	72124	8%	150
郡部	584959	137623	24%	384943	66%	62392	11%	1
むつ市	47610	12701	27%	31115	65%	3794	8%	
六ヶ所村	11104	3194	29%	7009	63%	901	8%	
大間町	7624	2237	29%	4696	62%	691	9%	
東通村	9975	2569	26%	6454	65%	952	10%	

出典：「第 21 表　年齢〈5 歳階級〉別人口－市町村，人口集中地区 (昭和 50 年 , 55 年)」, p62-63、総理府統計局編『青森県の人口　昭和 55 年国勢調査解説シリーズ NO. 2 都道府県の人口その 2』, 1982

1985	総人口	15 才未満	同左比率	15-64 才	同左比率	65 才以上	同左比率	年齢不詳
青森県	1524448	338554	22%	1027329	67%	158547	10%	18
市部	953613	214711	23%	652754	69%	86130	9%	18
郡部	570835	123843	22%	374575	66%	72417	13%	0
むつ市	49292	12468	25%	32229	65%	4595	9%	
六ヶ所村	11003	2901	26%	7049	64%	1053	10%	
大間町	7487	1966	26%	4746	63%	775	10%	
東通村	9675	2255	23%	6331	65%	1089	11%	

出典：「第 19 表　年齢〈5 歳階級〉別人口－市町村，人口集中地区 (昭和 55 年・60 年)」, p58-59、総務庁統計局編, 1987,『青森県の人口　昭和 60 年国勢調査解説シリーズ NO. 2 都道府県の人口その 2』

1990	総人口	15 才未満	同左比率	15-64 才	同左比率	65 才以上	同左比率	年齢不詳
青森県	1482873	289082	20%	1000804	68%	191776	13%	1211
市部	941471	185860	20%	647874	69%	106558	11%	1179
郡部	541402	103222	19%	352930	65%	85218	16%	32
むつ市	48470	10767	22%	32129	66%	5552	12%	
六ヶ所村	10071	2277	23%	6527	65%	1267	13%	
大間町	7125	1560	22%	4597	65%	968	14%	
東通村	8794	1803	21%	5747	65%	1244	14%	

出典：「第 19 表　年齢 <5 歳階級 > 別人口－市町村，人口集中地区（昭和 60 年・平成 2 年）」, p68-59、総務庁統計局編『青森県の人口　平成 2 年国勢調査解説シリーズ NO. 2 都道府県の人口その 2　青森県』, 1992

1995	総人口	15 才未満	同左比率	15-64 才	同左比率	65 才以上	同左比率	年齢不詳
青森県	1481663	252414	17%	991311	67%	236745	16%	1193
市部	955252	165750	17%	654329	68%	133981	14%	1192
郡部	526411	86664	16%	336982	64%	102764	20%	1
むつ市	48883	9261	19%	32884	67%	6738	14%	
六ヶ所村	11063	2032	18%	7385	67%	1646	15%	
大間町	6606	1282	19%	4216	64%	1108	17%	
東通村	8045	1468	18%	5078	63%	1499	19%	

出典：青森県統計協会, 1997,『青森県統計年鑑』. 総務庁統計局「国勢調査」p. 25-27

2000	総人口	15 才未満	同左比率	15-64 才	同左比率	65 才以上	同左比率	年齢不詳
青森県	1475728	223141	15%	964661	65%	287099	20%	827
市部	960316	149358	16%	644122	67%	166116	17%	720
郡部	515412	73783	14%	320539	62%	120983	24%	107
むつ市	49341	8314	17%	32961	67%	8066	16%	
六ヶ所村	11849	1745	15%	8125	69%	1979	17%	
大間町	6566	1133	17%	4116	63%	1317	20%	
東通村	7975	1169	15%	5016	63%	1790	22%	

出典：青森県統計協会, 2002,『青森県統計年鑑』. 総務庁統計局「国勢調査」p. 25-27

2005	総人口	15 才未満	同左比率	15-64 才	同左比率	65 才以上	同左比率	年齢不詳
青森県	1436657	198959	14%	910856	63%	326562	23%	280
市部	1044992	148095	14%	674540	65%	222212	21%	145
郡部	391665	50864	13%	236316	60%	104350	27%	135
むつ市	64052	9408	15%	40373	63%	14271	22%	
六ヶ所村	11401	1649	14%	7500	66%	2126	19%	126
大間町	6212	948	15%	3802	61%	1462	24%	
東通村	8042	1014	13%	4969	62%	2059	26%	

出典：青森県統計協会, 2005,『青森県統計年鑑』. 総務庁統計局「国勢調査」p. 8-9

2010	総人口	15 才未満	同左比率	15-64 才	同左比率	65 才以上	同左比率	年齢不詳
青森県	1373339	171842	13%	843587	61%	352768	26%	5142
市部	1054602	134873	13%	656670	62%	258160	24%	4899
郡部	318737	36969	12%	186917	59%	94608	30%	243
むつ市	61066	8190	13%	37140	61%	15414	25%	322
六ヶ所村	11095	1453	13%	7370	66%	2235	20%	37
大間町	6340	837	13%	3990	63%	1513	24%	0
東通村	7252	822	11%	4435	61%	1995	28%	0

出典：独立行政法人 統計センター編, 2012,『平成 22 年国勢調査報告 第 2 巻 人口等基本集計結果その 2 都道府県・市区町村編①北海道・東北Ⅰ』p. 02:8, 02:11-02:27

注 1)「年齢不詳」について

・15 才未満と 15-64 才、65 才以上の三区分を足し、その合計値を総人口から引いた数値である。

・なお、このデータは編者が計算によって算出したものであり、必ずしも出典データに記載されているものではない。

注 2) 同左比率は編者により算出。

V－2－3

経済1：青森県の総生産と県民所得

	全国		青森県					
	県内総生産の合計(単位：百万円)	一人あたり県民所得(単位：千円)	県内総生産(単位:百万円)	対全国比	県民所得(単位:千円)	一人あたり県民所得(単位：千円)	対全国比	出典
1970	73,543,090	566.8	543,970	0.74%	525,878	368	64.93%	全国、青森県一人あたり県民所得(1977～1979)：内閣府「全国経済計算」 青森県：青森県統計年鑑昭和47年～昭和56年
1971	80,837,747	611.9	619,487	0.77%	599,928	414	67.65%	
1972	96,387,296	720.8	734,058	0.76%	701,663	484	67.15%	
1973	123,159,758	916.9	891,773	0.72%	877,954	605	65.98%	
1974	141,436,648	1,057	1,093,293	0.77%	1,081,498	741	70.10%	
1975	151,640,235	1,118	1,266,275	0.84%	1,236,575	842	75.30%	
1976	170,156,389	1,246	1,351,955	0.79%	1,380,005	970	77.84%	
1977	188,689,251	1,369	1,480,170	0.78%	1,535,760	1,021	74.58%	
1978	206,636,190	1,492	1,660,943	0.80%	1,722,027	1,136	76.17%	
1979	224,560,698	1,584	1,790,751	0.80%	1,880,516	1,225	77.30%	
1980	246,389,456	1,709	2,171,693	0.88%	1,864,283	1,656	96.89%	全国：内閣府「全国経済計算」 青森県：青森県統計年鑑昭和57年～平成14年
1981	263,751,285	1,824	2,286,698	0.87%	1,956,020	1,281	70.23%	
1982	275,933,243	1,898	2,414,753	0.88%	2,055,383	1,345	70.87%	
1983	288,882,170	1,971	2,575,815	0.89%	2,142,962	1,400	71.02%	
1984	306,417,960	2,083	2,782,312	0.91%	2,297,360	1,500	72.01%	
1985	326,976,768	2,205	2,853,716	0.87%	2,381,507	1,576	71.48%	
1986	342,495,589	2,293	2,980,941	0.87%	2,454,549	1,613	70.33%	
1987	362,389,833	2,415	3,090,563	0.85%	2,611,374	1,714	70.96%	
1988	389,992,386	2,589	3,332,280	0.85%	2,857,563	1,824	70.46%	
1989	418,124,693	2,771	3,462,017	0.83%	3,033,244	2,033	73.37%	
1990	451,252,197	2,941	3,679,994	0.82%	3,215,835	2,160	73.44%	
1991	472,688,495	3,053	3,749,612	0.79%	3,195,187	2,217	72.62%	
1992	478,026,990	3,083	4,032,888	0.84%	3,406,431	2,262	73.37%	
1993	480,128,585	3,073	4,125,304	0.86%	3,408,559	2,299	74.81%	
1994	484,251,858	3,086	4,335,049	0.90%	3,617,631	2,467	79.94%	
1995	492,227,973	3,138	4,451,058	0.90%	3,674,092	2,491	79.38%	
1996	508,658,160	3,231	4,635,780	0.91%	3,836,742	2,551	78.97%	
1997	504,765,251	3,187	4,572,422	1.10%	3,737,624	2,498	78.37%	
1998	497,104,582	3,093	4,510,436	0.91%	3,642,787	2,489	80.47%	
1999	493,820,314	3,079	4,523,234	0.92%	3,663,451	2,483	80.64%	青森県統計年鑑2003～2011
2000	509,701,677	3,101	4,707,063	0.92%	3,717,117	2,519	81.23%	
2001	499,723,542	2,971	4,493,613	0.90%	3,476,865	2,359	79.40%	
2002	493,182,433	2,916	4,251,493	0.86%	3,249,768	2,213	75.89%	
2003	495,772,222	2,958	4,248,077	0.86%	3,157,697	2,160	73.02%	
2004	508,411,112	2,978	4,300,365	0.85%	3,124,967	2,152	72.26%	
2005	516,166,228	3,043	4,274,837	0.83%	3,137,129	2,184	71.77%	
2006	518,824,080	3,069	4,623,886	0.89%	3,475,241	2,443	79.60%	
2007	520,249,343	3,059	4,570,246	0.88%	3,422,890	2,433	79.54%	
2008	502,710,058	2,917	4,509,961	0.90%	3,350,273	2,407	82.53%	内閣府「全国経済計算」
2009	483,216,482	2,791	4,416,985	0.91%	3,262,164	2,366	84.76%	

出典：内閣府, 各年,『全国経済計算』. 青森県統計協会, 各年,『青森県統計年鑑』

V－2－4

経済２：市町村民所得

	六ヶ所村			むつ市			大間町			東通村			青森県全体		
	市町村内純生産(単位：百万円)	市町村民所得(単位：百万円)	一人当たり市町村民所得(単位：千円)	市町村内純生産(単位：百万円)	市町村民所得(単位：百万円)	一人当たり市町村民所得(単位：千円)	市町村内純生産(単位：百万円)	市町村民所得(単位：百万円)	一人当たり市町村民所得(単位：千円)	市町村内純生産(単位：百万円)	市町村民所得(単位：百万円)	一人当たり市町村民所得(単位：千円)	県内純生産(単位:百万円)	県民所得(単位：百万円)	一人当たり市町村民所得(単位：千円)
1970	(※1)2,570	(※1)2,812	(※2)239	(※1)17,556	(※1)15,731	(※2)382	(※1)1,522	(※1)1,776	(※2)231	(※1)3,167	(※1)3,047	(※2)284	(※3)520,627	(※4)548,867	(※2)368
1975	(※5)6,980	(※5)6,927	(※5)611	(※5)40,552	(※5)39,169	(※5)877	(※5)3,509	(※5)3,864	(※5)495	(※5)7,191	(※5)6,132	(※5)603	(※8)1,276,503	(※8)1,247,092	(※8)842
1980	(※6)12,998	(※6)9,868	(※7)889	(※6)70,105	(※6)70,904	(※7)1,489	(※6)5,366	(※6)6,049	(※7)793	(※6)12,447	(※6)9,279	(※7)930	(※8)1,944,921	(※8)19,30,169	(※7)1,223
1985	(※9)16,706	(※9)13,361	(※9)1,214	(※9)86,833	(※9)83,447	(※9)1,693	(※9)7,275	(※9)7,251	(※9)968	(※9)13,617	(※9)11,897	(※9)1,230	(※8)2,531,736	(※8)2,448,877	(※9)1,563
1990	(※10)27,137	(※10)18,740	(※10)1,861	(※10)104,918	(※10)110,109	(※10)2,272	(※10)8,826	(※10)10,133	(※10)1,422	(※10)17,212	(※10)14,708	(※10)1,672	(※11)3,111,197	(※11)3,278,664	(※10)2,169
1995	(※12)71,894	(※12)30,619	(※12)2,768	(※12)131,895	(※12)134,382	(※12)2,749	(※12)12,309	(※12)11,801	(※12)1,786	(※12)21,258	(※12)17,652	(※12)2,194	(※11)3,507,349	(※11)3,585,058	(※12)2,480
2000	(※13)47,048	(※14)37,786	(※14)3,189	(※13)127,259	(※14)161,307	(※14)2,407	(※13)11,674	(※14)15,446	(※14)2,352	(※13)36,840	(※14)21,598	(※14)2,708	(※15)3,498,214	(※15)3,554,831	(※14)2,409
2005	-	(※14)36,221	(※14)3,177	-	(※14)142,358	(※14)2,223	-	(※14)14,469	(※14)2,329	-	(※14)20,967	(※14)2,607	(※15)3,100,955	(※15)3,156,401	(※14)2,197
2010	-	-	-	-	-	-	-	-	-	-	-	-	-	(※16)3,252,131	(※16)2,368

注 1. 表内の各値は公表されている最新の推計値。
2. 出典が異なる数値どうしは、推計方法が若干異なるため、互いに接続しない。
3. - は不詳。2012 年 12 月地点で青森県庁から入手したデータをもとに作成。

出典：※ 1: 青森県統計課『昭和 45 年度市町村民所得推計結果報告書』
※ 2: 青森県統計課『昭和 46 年度市町村民所得推計結果報告書』
※ 3: 青森県企画部統計課『昭和 55 年度青森県県民所得推計』
※ 4: 経済企画庁『長期遡及推計　県民経済計算報告』
※ 5: 青森県企画部統計課『昭和 50、51 年度市町村民所得統計』
※ 6: 青森県企画部統計課『昭和 55 年度市町村民所得統計』
※ 7: 青森県企画部統計課『昭和 56 年度市町村民所得統計』
※ 8: 内閣府経済社会総合研究所編『県民経済計算年報平成 14 年度版』
※ 9: 青森県企画部統計課『昭和 61 年度市町村民所得統計』
※ 10: 青森県企画部統計課『平成３年度市町村民所得統計』
※ 11: 青森県企画政策部『平成 15 年度青森県県民経済計算』
※ 12: 青森県企画部『平成８年度市町村民所得統計』
※ 13: 青森県企画振興部『平成 13 年度市町村民所得統計』
※ 14: 青森県企画振興部『平成 21 年度青森県県民経済計算市町村民経済計算』
※ 15: 内閣府経済社会総合研究所国民経済計算部編『平成 21 年度県民経済計算年報』
※ 16: 青森県企画政策部統計分析課『平成 22 年度青森県県民経済計算速報』

V－2－5

経済３：経済活動別県内総生産の構成比

			青森県産業別構成比（%）			全国平均産業別構成比（%）		
年度	総生産（億円）	対全国比率（%）	1次	2次	3次	1次	2次	3次
1970	5,206	1.012	21.8	22.3	55.2	6.2	42.3	55.2
1975	14,560	0.952	20.1	23.7	60.5	5.3	38.6	60.0
1980	21,705	0.876	10.1	22.9	70.2	3.5	37.8	62.6
1985	28,537	0.889	10.6	20.8	72.0	2.9	37.1	63.7
1990	38,228	0.840	7.7	22.2	72.0	2.1	35.5	65.5
1991	39,941	0.835	6.8	22.0	73.0	1.9	34.9	66.4
1992	41,521	0.859	7.2	22.5	72.5	1.8	33.9	67.7
1993	41,736	0.859	5.0	23.8	73.5	1.7	32.6	69.2
1994	43,699	0.889	7.0	23.1	72.6	1.8	31.7	70.4
1995	44,763	0.898	5.8	24.4	73.1	1.6	31.8	70.9
1996	45,704	0.892	5.7	23.8	74.1	1.6	31.8	71.0
1997	44,968	0.878	5.2	22.0	76.5	1.5	30.7	72.4
1998	45,187	0.883	5.0	22.3	76.3	1.4	29.6	73.4
1999	45,183	0.890	5.0	22.8	75.8	1.4	29.1	74.0
2000	45,667	0.895	4.7	22.1	77.0	1.3	28.9	74.3
2001	44,203	0.888	4.7	20.1	79.7	1.3	27.3	76.5
2002	42,870	0.868	4.7	19.4	80.8	1.3	27.0	77.0
2003	42,480	0.857	4.1	19.9	80.6	1.2	26.9	76.9
2004	43,523	0.857	4.9	18.8	80.5	1.2	26.6	76.2
2005	43,115	0.840	4.7	17.7	82.1	1.2	26.5	76.4
2006	46,660	0.900	4.4	24.1	75.5	1.1	26.6	76.1
2007	45,702	0.878	4.4	23.5	76.2	1.1	26.3	76.4

出典：経済企画庁（または内閣府経済社会総合研究所）編，各年，「県民経済計算年報」（1985 年以前は「県民経済統計年報」）．舩橋晴俊・長谷川公一・飯島伸子，2012，「核燃料サイクル施設の社会学」有斐閣選書 p. 143

V－2－6

財政1：青森県財政収入

項目	県税	地方消費税清算金	地方譲与税	地方特例交付税	地方交付税	交通安全対策特別交付金	分担金及び負担金	使用料及び手数料
1965年	5, 025, 572		1, 035, 139		13, 902, 744		615, 452	880, 379
1966年	6, 201, 943		1, 191, 666		14, 446, 126		602, 689	929, 402
1967年	7, 714, 184		1, 388, 581		17, 470, 897		880, 342	940, 891
1968年	9, 314, 602		1, 610, 246		20, 957, 302	55, 813	1, 174, 991	972, 942
1969年	11, 130, 548		1, 752, 188		25, 498, 711	74, 331	1, 637, 740	1, 010, 624
1970年	13, 162, 254		2, 094, 776		30, 631, 056	58, 489	1, 869, 626	1, 001, 926
1971年	14, 806, 881		2, 228, 700		35, 536, 291	95, 735	2, 497, 487	1, 059, 843
1972年	17, 382, 457		2, 370, 180		40, 587, 511	225, 278	3, 228, 191	1, 140, 035
1973年	22, 595, 720		2, 569, 313		49, 443, 562	280, 188	3, 434, 060	1, 352, 898
1974年	27, 957, 802		2, 886, 902		67, 106, 712	296, 643	3, 881, 056	1, 458, 750
1975年	28, 291, 743		3, 180, 231		76, 795, 754	366, 385	4, 288, 045	1, 709, 417
1976年	35, 372, 681		3, 037, 040		78, 645, 387	379, 401	4, 793, 785	2, 994, 020
1977年	42, 074, 826		3, 540, 014		86, 575, 110	481, 210	6, 719, 643	3, 412, 602
1978年	46, 897, 762		3, 549, 265		99, 981, 230	513, 171	8, 096, 024	4, 133, 156
1979年	54, 311, 110		3, 621, 269		111, 007, 590	503, 351	8, 962, 158	5, 020, 707
1980年	57, 921, 091		3, 376, 316		125, 539, 153	420, 655	9, 308, 741	5, 524, 341
1981年	60, 284, 068		3, 367, 561		139, 758, 714	387, 051	10, 490, 253	6, 284, 784
1982年	63, 015, 868		3, 592, 353		156, 916, 508	454, 186	9, 932, 221	6, 464, 619
1983年	67, 663, 044		3, 806, 150		144, 260, 332	430, 780	9, 913, 343	6, 771, 929
1984年	70, 291, 015		3, 359, 992		143, 885, 676	559, 946	9, 492, 930	7, 177, 792
1985年	70, 673, 766		3, 573, 902		172, 329, 036	582, 721	9, 754, 884	7, 828, 489
1986年	72, 587, 154		3, 714, 206		177, 301, 713	499, 336	9, 696, 724	8, 007, 955
1987年	79, 079, 359		3, 905, 314		189, 252, 834	846, 661	11, 139, 738	8, 697, 342
1988年	88, 683, 100		3, 857, 203		202, 382, 724	663, 365	9, 389, 465	9, 169, 883
1989年	89, 634, 848		8, 457, 641		236, 405, 451	562, 003	9, 799, 663	9, 578, 809
1990年	95, 723, 903		9, 671, 240		259, 637, 793	605, 806	9, 872, 963	9, 861, 177
1991年	104, 495, 746		10, 065, 656		272, 688, 324	727, 260	9, 728, 041	10, 197, 764
1992年	103, 766, 213		11, 056, 994		251, 258, 605	687, 695	11, 553, 665	10, 688, 766
1993年	104, 088, 353		11, 359, 154		247, 124, 765	668, 083	14, 633, 353	11, 008, 435
1994年	112, 951, 965		8, 873, 667		233, 904, 255	667, 162	11, 788, 295	11, 500, 939
1995年	114, 496, 560		9, 011, 067		233, 153, 498	666, 918	14, 924, 167	11, 723, 198
1996年	120, 358, 708		9, 430, 133		239, 982, 777	676, 589	14, 491, 082	11, 513, 151
1997年	118, 048, 320	6, 274, 397	4, 827, 136		245, 050, 955	675, 091	13, 437, 529	11, 066, 743
1998年	123, 123, 003	27, 776, 418	2, 385, 818		254, 147, 924	668, 480	16, 205, 907	11, 047, 017
1999年	121, 466, 018	26, 106, 715	2, 439, 420	1, 042, 477	275, 685, 980	659, 068	15, 096, 652	11, 209, 801
2000年	128, 474, 969	26, 935, 014	2, 470, 411	1, 027, 799	287, 391, 588	563, 379	14, 606, 430	10, 970, 286
2001年	130, 494, 179	26, 440, 477	2, 454, 055	951, 460	272, 263, 619	568, 754	13, 651, 502	10, 879, 246
2002年	115, 410, 895	23, 188, 792	2, 573, 316	941, 859	262, 863, 690	557, 853	12, 414, 544	10, 701, 912
2003年	116, 668, 449	26, 066, 299	3, 362, 423	2, 258, 897	241, 649, 505	600, 098	10, 240, 890	10, 738, 047
2004年	117, 236, 641	29, 051, 309	6, 174, 305	3, 834, 013	232, 424, 619	574, 267	11, 474, 339	10, 857, 810
2005年	121, 781, 541	27, 050, 461	11, 374, 512	9, 285, 697	236, 020, 419	566, 769	7, 801, 891	11, 061, 980
2006年	135, 813, 200	28, 647, 878	26, 340, 026	609, 849	231, 193, 920	587, 082	6, 712, 658	10, 574, 725
2007年	140, 722, 521	28, 134, 067	3, 663, 393	894, 421	225, 359, 153	568, 766	9, 425, 429	10, 053, 621
2008年	138, 565, 110	26, 049, 456	3, 337, 720	2, 214, 895	222, 712, 900	500, 139	6, 838, 307	9, 290, 455
2009年	125, 331, 314	26, 770, 320	10, 281, 475	1, 161, 116	209, 590, 017	504, 389	6, 185, 008	9, 185, 076

出典：「青森県一般会計歳入歳出決算書（歳入）」青森県統計協会, 各年,『青森県統計年鑑』

（単位：千円）

国庫支出金	財産収入	寄附金	繰入金	繰越金	諸収入	県債	臨時地方特例交付金	歳入合計
15, 629, 119	531, 103	15, 373	373, 254	437, 511	1, 145, 411	1, 521, 000		41, 112, 056
18, 721, 290	536, 417	31, 710	197, 667	760, 043	1, 478, 352	3, 423, 000	78, 908	48, 599, 217
21, 825, 068	768, 552	138, 320	1, 478, 794	498, 161	1, 597, 135	2, 580, 000		57, 280, 929
26, 153, 091	619, 814	21, 681	830, 146	694, 219	2, 028, 736	3, 118, 000		67, 551, 585
29, 653, 881	1, 424, 794	9, 890	14, 509	381, 261	2, 425, 766	3, 284, 000		78, 298, 245
30, 897, 905	1, 189, 081	30, 974	337, 140	714, 162	2, 254, 350	3, 182, 000		87, 423, 743
35, 016, 856	1, 595, 850	14, 214	365, 439	629, 576	2, 702, 880	4, 532, 200		101, 081, 955
45, 470, 250	1, 568, 930	45, 893	571, 648	719, 984	3, 826, 946	11, 680, 800		128, 818, 107
53, 948, 653	1, 694, 509	175, 469	560, 620	1, 093, 624	5, 035, 851	12, 293, 000		154, 477, 467
71, 825, 949	1, 631, 237	4, 976	1, 805, 816	1, 886, 857	6, 362, 461	13, 223, 533		200, 328, 699
95, 302, 082	2, 209, 699	55, 900	2, 587, 290	2, 060, 139	8, 638, 861	18, 869, 733		244, 355, 283
116, 552, 533	1, 809, 594	61, 106	773, 267	799, 749	10, 531, 755	33, 482, 000		289, 232, 322
128, 666, 050	2, 057, 993	686, 413	873, 610	1, 132, 814	12, 343, 638	38, 149, 100		326, 713, 028
138, 162, 067	2, 028, 090	60, 400	574, 441	1, 160, 279	11, 662, 413	46, 100, 000		362, 918, 303
146, 639, 501	2, 455, 501	18, 600	723, 974	899, 633	13, 551, 905	51, 932, 000		399, 647, 302
150, 402, 047	3, 271, 986	106, 900	523, 030	1, 526, 209	19, 433, 673	48, 019, 000		425, 373, 146
162, 138, 343	4, 466, 076	42, 520	3, 744, 368	1, 551, 663	24, 914, 670	51, 919, 000		469, 349, 074
159, 123, 730	3, 623, 440	6, 400	4, 827, 976	1, 190, 885	24, 217, 232	35, 647, 633		469, 013, 055
161, 620, 749	3, 306, 109	101, 000	4, 813, 106	1, 053, 106	24, 072, 582	55, 940, 266		483, 752, 427
156, 649, 307	4, 077, 061	2, 300	8, 328, 696	1, 603, 812	25, 473, 734	54, 754, 000		485, 656, 264
156, 487, 580	4, 020, 405	15, 000	6, 657, 257	877, 152	28, 628, 462	39, 609, 000		501, 037, 657
157, 268, 485	3, 739, 556	3, 000	4, 406, 801	408, 561	29, 877, 231	54, 148, 000		521, 658, 726
151, 869, 428	2, 728, 130	72, 000	21, 576	620, 554	27, 953, 865	71, 017, 027		547, 203, 831
135, 617, 092	2, 625, 096	3, 500	537, 831	870, 655	29, 097, 199	62, 562, 354		545, 459, 470
144, 661, 108	4, 396, 889	247, 000	939, 833	1, 417, 382	31, 969, 109	60, 107, 403		598, 177, 142
156, 569, 844	8, 280, 859	50, 000	5, 132, 557	1, 693, 507	34, 756, 176	58, 395, 913		650, 251, 743
157, 961, 607	10, 356, 674	-	6, 561, 672	1, 893, 639	35, 535, 277	69, 642, 426		689, 854, 091
186, 973, 001	9, 799, 589	121, 050	11, 112, 933	3, 082, 609	37, 003, 313	71, 894, 035		708, 998, 472
239, 132, 298	7, 119, 860	225, 551	5, 321, 213	2, 715, 684	45, 046, 737	95, 677, 687		784, 121, 177
251, 998, 576	7, 237, 595	103, 092	1, 876, 811	5, 811, 900	49, 047, 886	111, 483, 786		807, 245, 934
211, 323, 288	4, 808, 557	212, 663	14, 282, 157	5, 036, 798	52, 514, 816	128, 611, 800		800, 765, 491
200, 804, 234	4, 063, 647	7, 701	13, 438, 980	6, 834, 466	64, 870, 837	133, 975, 300		820, 447, 608
194, 143, 843	4, 005, 211	133, 500	20, 260, 145	6, 827, 961	90, 270, 061	133, 094, 600		848, 565, 497
200, 409, 291	3, 743, 549	255, 960	21, 810, 935	5, 683, 383	100, 979, 559	147, 980, 600		916, 217, 847
205, 625, 115	3, 135, 885	416, 251	29, 098, 180	11, 365, 784	103, 434, 043	141, 578, 660		948, 360, 053
215, 469, 767	2, 545, 065	54, 400	25, 661, 924	9, 355, 609	102, 603, 630	138, 559, 000		966, 689, 274
201, 562, 063	2, 354, 584	788, 484	17, 207, 179	13, 174, 111	113, 033, 585	133, 882, 411		939, 705, 711
171, 064, 449	2, 434, 629	351, 893	39, 708, 695	10, 518, 668	98, 729, 072	152, 268, 430		903, 728, 702
157, 195, 488	2, 590, 895	2, 400	20, 651, 048	7, 674, 613	88, 640, 502	128, 450, 454		816, 790, 012
144, 612, 957	2, 007, 261	10, 051	23, 176, 039	8, 505, 277	85, 752, 128	110, 638, 600		786, 329, 621
130, 365, 405	2, 249, 031	75, 847	9, 313, 947	5, 365, 651	78, 784, 904	99, 971, 400		751, 069, 458
108, 400, 201	2, 237, 318	226, 342	11, 796, 736	4, 288, 389	69, 040, 008	97, 138, 300		733, 606, 637
109, 557, 725	2, 647, 269	161, 210	21, 246, 827	3, 905, 254	57, 061, 753	96, 150, 700		709, 552, 114
119, 521, 261	2, 289, 508	38, 823	19, 854, 441	3, 690, 914	55, 343, 593	99, 088, 100		709, 335, 627
165, 156, 640	1, 936, 420	42, 556	20, 328, 431	3, 586, 960	53, 698, 455	114, 135, 900		747, 894, 083

Ⅴ－2－7

財政２：青森県財政支出

	議会費	総務費	民生費	環境保健費	労働費	農林水産業費	商工費	土木費	警察費
1965 年	154, 027	1, 886, 318	2, 444, 905	2, 023, 280	579, 857	7, 089, 024	733, 410	6, 553, 434	1, 846, 369
1966 年	165, 238	2, 727, 598	2, 861, 470	2, 328, 964	650, 421	8, 689, 903	869, 907	8, 417, 561	2, 163, 859
1967 年	191, 968	2, 857, 394	3, 309, 204	2, 464, 336	703, 866	10, 284, 372	995, 042	10, 877, 702	2, 494, 459
1968 年	213, 122	2, 631, 897	3, 833, 081	2, 538, 057	731, 891	12, 350, 395	1, 309, 398	12, 691, 560	2, 812, 789
1969 年	242, 879	4, 374, 352	4, 072, 620	2, 900, 037	819, 398	14, 062, 444	1, 490, 039	14, 505, 359	3, 133, 355
1970 年	271, 994	6, 736, 325	4, 737, 765	3, 656, 463	973, 156	15, 240, 486	1, 664, 399	17, 475, 838	3, 880, 776
1971 年	326, 798	4, 413, 306	5, 423, 382	4, 411, 169	1, 345, 312	19, 403, 593	1, 773, 035	21, 713, 059	4, 554, 899
1972 年	354, 258	5, 883, 907	7, 098, 080	5, 426, 249	1, 239, 151	24, 675, 658	2, 595, 660	29, 723, 896	5, 675, 078
1973 年	497, 169	7, 346, 723	9, 065, 942	6, 739, 699	1, 531, 643	28, 701, 809	3, 274, 246	32, 960, 821	7, 318, 269
1974 年	566, 749	8, 967, 437	11, 893, 199	9, 129, 619	1, 803, 264	33, 326, 374	4, 172, 802	39, 285, 870	9, 816, 537
1975 年	629, 729	10, 468, 965	13, 660, 514	10, 804, 644	1, 858, 131	41, 025, 355	4, 524, 759	46, 171, 467	11, 078, 752
1976 年	704, 997	12, 952, 140	15, 961, 992	12, 843, 767	1, 997, 691	45, 390, 502	5, 054, 264	60, 015, 645	12, 312, 528
1977 年	802, 868	16, 234, 476	19, 299, 058	14, 557, 908	2, 237, 392	59, 521, 812	5, 769, 207	62, 996, 656	13, 961, 081
1978 年	833, 248	18, 658, 846	21, 703, 967	14, 828, 094	3, 128, 085	69, 753, 458	6, 965, 803	73, 634, 182	15, 475, 744
1979 年	929, 680	21, 321, 257	24, 550, 339	15, 677, 579	3, 467, 361	77, 979, 146	8, 221, 146	81, 521, 842	17, 016, 848
1980 年	993, 897	19, 635, 860	25, 878, 386	19, 312, 737	3, 050, 584	82, 739, 963	10, 765, 979	85, 106, 513	18, 947, 709
1981 年	1, 045, 318	24, 045, 396	26, 984, 008	18, 373, 346	3, 163, 905	88, 864, 139	11, 961, 053	86, 136, 670	20, 026, 590
1982 年	1, 032, 455	23, 558, 997	27, 470, 498	17, 687, 137	3, 143, 369	84, 984, 584	13, 944, 243	85, 373, 379	19, 892, 705
1983 年	1, 062, 374	20, 400, 289	28, 779, 715	19, 296, 865	3, 052, 468	84, 279, 394	14, 359, 625	89, 158, 315	19, 778, 760
1984 年	1, 145, 329	19, 500, 342	29, 178, 935	20, 860, 351	2, 977, 576	82, 469, 533	14, 104, 301	91, 411, 832	19, 609, 282
1985 年	1, 162, 983	19, 155, 218	29, 596, 963	22, 175, 635	2, 838, 401	82, 230, 027	14, 755, 890	94, 724, 891	20, 743, 335
1986 年	1, 158, 369	20, 935, 931	31, 602, 016	20, 651, 778	3, 141, 100	83, 682, 931	15, 855, 098	99, 221, 471	21, 563, 081
1987 年	1, 294, 875	24, 737, 181	31, 935, 885	21, 433, 620	2, 911, 439	90, 913, 579	16, 136, 920	107, 306, 986	22, 886, 661
1988 年	1, 333, 282	30, 782, 251	32, 891, 435	20, 127, 116	2, 871, 253	90, 161, 159	19, 016, 929	100, 081, 770	23, 116, 046
1989 年	1, 248, 941	56, 199, 302	37, 603, 187	19, 639, 736	3, 162, 607	92, 586, 979	19, 025, 135	111, 953, 558	24, 424, 803
1990 年	1, 312, 761	76, 834, 069	40, 326, 618	21, 246, 591	2, 864, 932	94, 034, 371	22, 348, 142	112, 317, 967	26, 802, 771
1991 年	1, 466, 394	93, 013, 964	43, 298, 354	21, 340, 818	2, 880, 134	98, 807, 078	24, 442, 092	112, 083, 902	28, 210, 334
1992 年	1, 453, 534	65, 066, 262	45, 293, 388	21, 960, 487	2, 926, 503	112, 513, 063	29, 146, 131	138, 385, 808	30, 856, 441
1993 年	1, 626, 383	47, 070, 064	42, 728, 996	21, 883, 592	2, 975, 106	130, 677, 413	32, 403, 823	161, 261, 361	33, 337, 311
1994 年	1, 517, 311	52, 239, 124	43, 871, 655	22, 135, 814	2, 865, 593	136, 725, 079	34, 437, 982	155, 468, 132	34, 010, 466
1995 年	1, 515, 309	50, 084, 455	48, 023, 540	21, 654, 975	3, 644, 960	138, 756, 645	46, 010, 686	171, 588, 134	32, 576, 309
1996 年	1, 533, 305	46, 327, 454	53, 789, 616	26, 578, 618	3, 203, 000	143, 029, 591	50, 633, 762	170, 938, 348	34, 082, 311
1997 年	1, 550, 561	52, 671, 607	56, 893, 224	27, 117, 223	3, 298, 889	155, 714, 510	61, 017, 414	163, 043, 550	35, 080, 579
1998 年	1, 405, 142	52, 780, 084	57, 492, 503	36, 008, 990	3, 182, 342	153, 860, 530	75, 899, 005	173, 695, 661	37, 104, 174
1999 年	1, 521, 672	74, 565, 008	62, 975, 557	25, 148, 255	7, 023, 711	156, 818, 444	76, 893, 571	177, 239, 973	36, 364, 972
2000 年	1, 421, 512	88, 458, 156	65, 409, 415	28, 287, 810	4, 266, 466	152, 158, 925	74, 763, 957	170, 784, 439	36, 990, 745
2001 年	1, 454, 732	43, 551, 186	71, 266, 110	25, 323, 182	9, 507, 958	138, 311, 543	94, 494, 838	185, 092, 355	36, 066, 205
2002 年	1, 392, 534	44, 007, 983	70, 941, 430	27, 298, 301	4, 553, 593	128, 089, 775	86, 863, 419	172, 352, 207	35, 144, 805
2003 年	1, 399, 358	38, 958, 170	63, 726, 342	25, 489, 492	3, 059, 081	115, 823, 549	74, 656, 826	131, 680, 041	33, 522, 089
2004 年	1, 347, 337	37, 904, 883	63, 680, 116	25, 378, 500	3, 134, 950	105, 020, 353	65, 899, 620	120, 099, 571	33, 288, 599
2005 年	1, 277, 802	37, 109, 430	68, 375, 503	27, 586, 856	1, 918, 596	90, 718, 481	57, 281, 613	113, 607, 035	33, 298, 668
2006 年	1, 273, 441	36, 013, 705	71, 841, 291	24, 700, 297	1, 836, 559	84, 136, 051	53, 943, 292	113, 205, 642	32, 591, 264
2007 年	1, 263, 698	31, 628, 288	71, 797, 520	24, 949, 830	1, 759, 684	74, 793, 594	50, 372, 313	110, 978, 632	31, 893, 457
2008 年	1, 243, 361	35, 785, 176	77, 518, 256	25, 993, 474	11, 540, 028	69, 942, 888	48, 356, 719	103, 788, 832	32, 332, 447
2009 年	1, 209, 673	42, 036, 890	97, 037, 418	35, 158, 477	12, 017, 648	69, 384, 632	50, 767, 092	105, 458, 339	32, 183, 022

出典：青森県統計協会，各年，『青森県統計年鑑』

単位：千円

教育費	災害復旧費	公債費	諸支出金	歳出合計
13, 400, 628	2, 121, 467	1, 175, 098	158, 275	40, 166, 096
14, 890, 494	2, 766, 069	1, 326, 729	1, 226	47, 859, 439
17, 144, 831	3, 416, 243	1, 566, 737	155, 262	56, 461, 422
19, 380, 139	5, 448, 588	2, 775, 192	391, 951	67, 108, 036
22, 198, 554	6, 138, 960	2, 696, 668	651, 027	77, 285, 692
25, 741, 392	3, 246, 406	2, 278, 038	547, 196	86, 450, 239
30, 983, 590	1, 879, 481	2, 946, 708	849, 238	100, 023, 576
36, 749, 865	3, 555, 122	3, 708, 513	641, 868	127, 327, 310
44, 507, 565	5, 562, 976	3, 965, 978	879, 627	152, 352, 467
63, 519, 706	9, 076, 664	5, 405, 921	1, 108, 993	198, 073, 141
76, 674, 810	20, 021, 898	5, 750, 817	1, 955, 055	244, 624, 902
82, 118, 001	26, 954, 009	8, 877, 119	1, 692, 552	287, 944, 583
91, 154, 599	24, 968, 376	11, 891, 840	1, 942, 785	325, 338, 063
101, 404, 523	16, 916, 460	15, 744, 531	2, 600, 111	361, 647, 057
109, 854, 224	13, 689, 269	20, 810, 537	2, 431, 505	397, 470, 738
115, 958, 387	11, 358, 545	27, 727, 687	2, 103, 607	423, 579, 860
129, 853, 274	19, 055, 520	35, 506, 765	2, 685, 100	467, 701, 090
123, 623, 147	21, 052, 390	43, 433, 308	2, 413, 147	467, 609, 364
130, 112, 368	20, 412, 399	48, 501, 955	2, 448, 297	481, 642, 831
131, 597, 705	15, 444, 088	53, 746, 493	2, 389, 078	484, 434, 853
139, 763, 208	14, 017, 645	56, 731, 956	2, 444, 513	500, 340, 673
142, 277, 316	18, 200, 325	59, 776, 353	2, 675, 478	520, 741, 252
145, 170, 004	15, 458, 100	62, 961, 598	2, 862, 820	546, 009, 671
148, 423, 738	7, 330, 306	63, 633, 244	3, 975, 606	543, 744, 141
154, 385, 760	8, 717, 852	61, 451, 769	5, 569, 368	595, 969, 002
165, 991, 010	16, 442, 569	59, 267, 591	7, 831, 201	647, 620, 598
170, 811, 373	22, 622, 948	58, 431, 715	8, 762, 974	686, 172, 085
178, 663, 063	10, 318, 958	61, 221, 246	7, 908, 832	705, 713, 723
182, 012, 913	11, 123, 279	102, 624, 298	7, 923, 860	777, 648, 406
180, 082, 184	13, 140, 738	116, 059, 169	8, 772, 874	801, 326, 127
184, 060, 902	14, 340, 882	72, 677, 134	8, 367, 790	793, 301, 726
189, 229, 546	5, 260, 439	81, 154, 317	7, 157, 709	812, 918, 023
191, 383, 877	3, 636, 376	78, 561, 648	12, 168, 794	842, 138, 258
194, 190, 577	4, 159, 347	81, 098, 486	33, 110, 187	903, 987, 034
191, 331, 252	4, 891, 565	91, 140, 961	32, 083, 529	937, 998, 478
181, 793, 963	14, 295, 596	99, 273, 991	34, 779, 423	952, 684, 405
180, 899, 837	4, 348, 414	104, 114, 951	33, 980, 947	928, 412, 263
174, 878, 203	5, 712, 270	119, 506, 481	27, 430, 732	895, 271, 737
168, 221, 444	6, 008, 263	116, 528, 324	28, 348, 529	807, 421, 514
160, 982, 983	3, 613, 951	128, 768, 863	31, 135, 677	780, 255, 409
155, 529, 711	8, 889, 862	121, 791, 624	28, 876, 908	746, 262, 095
154, 296, 275	3, 581, 888	118, 404, 725	33, 158, 236	728, 982, 672
150, 139, 120	9, 113, 209	115, 192, 369	31, 131, 441	705, 013, 160
148, 386, 362	4, 111, 271	116, 921, 537	28, 785, 069	704, 705, 428
149, 887, 089	409, 324	117, 446, 315	29, 889, 230	742, 885, 155

V－2－8

財政３：四市町村財政（一般会計）

（単位：千円）

	六ヶ所村		むつ市		大間町		東通村	
	歳入	歳出	歳入	歳出	歳入	歳出	歳入	歳出
1965	293,042	277,647	660,114	650,062	106,823	94,387	207,804	177,834
1966	330,645	309,368	752,953	739,254	169,110	159,480	265,456	236,309
1967	304,945	283,834	862,801	854,971	154,236	145,438	296,406	275,486
1968	427,333	406,554	1,114,022	1,130,596	204,205	196,556	362,485	334,516
1969	410,707	383,090	1,227,207	1,271,349	240,961	231,666	471,161	430,254
1970	610,331	556,972	1,568,956	1,617,342	298,242	285,447	507,187	467,306
1971	621,709	539,557	1,856,769	1,854,681	400,455	379,271	656,095	615,254
1972	834,223	752,948	2,288,287	2,288,287	476,147	454,123	849,324	794,168
1973	1,336,832	1,226,789	2,815,734	2,815,734	569,170	540,891	1,136,926	1,098,874
1974	2,006,197	1,927,791	3,992,221	3,992,221	721,490	681,105	1,489,828	1,385,875
1975	2,662,706	2,627,486	5,043,656	5,043,656	895,173	945,724	1,926,230	1,777,335
1976	3,677,300	3,634,201	5,055,668	5,055,668	982,388	961,113	2,208,065	2,093,355
1977	3,790,838	3,747,433	5,671,515	5,671,515	1,175,809	1,160,291	2,119,814	1,965,922
1978	3,488,313	3,435,337	6,507,357	6,507,357	1,317,469	1,268,570	2,649,821	2,476,626
1979	3,741,849	3,707,778	7,484,269	7,484,269	1,646,794	1,605,746	3,118,527	2,946,450
1980	4,150,736	4,071,107	9,075,275	9,075,275	1,715,865	1,677,439	3,347,159	3,248,124
1981	5,840,395	5,748,923	9,783,942	9,783,942	2,251,224	2,128,211	3,921,918	3,834,344
1982	4,571,065	4,511,365	9,792,820	9,792,820	1,918,046	1,865,115	4,037,547	3,967,193
1983	3,775,371	3,729,189	10,851,889	10,851,889	1,858,345	1,818,855	4,003,573	3,902,130
1984	4,645,167	4,598,009	11,249,615	11,249,615	1,869,270	1,813,782	3,974,370	3,877,579
1985	5,644,089	5,602,194	11,332,156	11,731,553	1,912,475	1,846,887	4,186,903	4,065,444
1986	4,034,658	3,953,316	10,750,386	11,307,293	1,895,081	1,853,102	4,032,853	3,924,094
1987	3,929,090	3,834,071	11,674,255	12,240,056	2,121,165	2,072,226	4,406,048	4,293,743
1988	4,007,608	3,969,178	12,460,754	13,018,951	2,437,679	2,381,072	4,894,993	4,819,631
1989	4,520,177	4,392,678	14,169,168	14,662,084	3,225,498	3,175,988	5,766,904	5,692,921
1990	6,296,412	6,160,333	15,540,554	15,964,870	3,198,319	3,124,402	6,392,899	6,294,207
1991	6,384,309	6,264,135	17,427,880	17,557,897	3,691,465	3,597,152	5,858,541	5,714,835
1992	6,524,300	6,404,354	16,583,170	16,580,232	4,476,019	4,400,112	11,805,513	11,552,032
1993	8,916,874	8,775,388	16,034,561	16,027,878	4,750,394	4,640,009	8,571,186	8,520,967
1994	9,089,673	8,945,555	17,038,918	16,951,672	7,628,477	7,526,454	7,389,064	7,346,475
1995	10,296,891	10,142,333	18,235,333	18,184,744	5,375,756	5,284,180	7,885,772	7,827,305
1996	11,094,839	10,964,400	18,271,030	18,260,252	5,590,110	5,492,135	8,741,348	8,639,140
1997	8,229,660	8,090,279	19,711,477	19,608,543	4,147,824	4,099,932	9,298,318	9,162,151
1998	8,883,081	8,734,831	19,090,313	19,424,262	4,459,390	4,351,169	9,028,125	8,881,013
1999	8,284,519	8,139,714	20,535,888	21,179,425	4,004,847	3,932,704	10,197,676	10,109,583
2000	10,645,404	10,508,689	18,205,323	18,685,218	3,632,146	3,549,634	9,033,734	8,898,552
2001	10,925,246	10,736,335	18,944,547	19,598,962	3,884,738	3,824,246	9,031,805	8,903,427
2002	11,016,466	10,810,230	17,830,511	19,296,966	3,254,807	3,201,100	10,754,260	10,630,160
2003	11,537,594	11,273,337	18,485,784	19,786,993	3,435,666	3,400,535	10,963,958	10,868,196
2004	12,882,618	12,675,047	29,596,164	31,823,717	3,654,764	3,618,076	9,707,889	9,511,186
2005	12,033,589	11,847,268	29,019,025	31,506,793	4,925,893	4,850,189	8,576,936	8,102,038
2006	10,831,037	10,554,842	30,308,809	32,434,851	5,455,338	5,357,587	11,492,855	11,399,859
2007	11,195,493	11,000,818	29,123,756	31,225,599	4,679,738	4,589,502	10,974,892	10,835,071
2008	10,465,811	10,176,372	31,119,257	32,528,049	4,745,751	4,550,206	9,900,943	9,675,472
2009	13,533,176	13,285,413	37,289,005	37,974,379	4,578,229	4,480,682	9,060,545	8,545,715

出典：青森県統計協会，各年,『青森県統計年鑑』
財団法人地方財務協会「市町村別決算状況調」(1985～2009)
六ヶ所村「六ヶ所村と原子燃料サイクル 2008」(六ヶ所村 1980～84)
むつ市総務政策部企画調整課（むつ市 1965～1984)
大間町役場資料（大間町 1965～84)
東通村役場資料（東通村 1965～84)
六ヶ所村勢要覧（六ヶ所村 1965～84)

Ｖ－２－９

財政４：六ヶ所村の五年ごとの財政収支

（単位：千円）

		1965	1970	1975	1980	1985	1990	1995	2000	2005	2010
歳入	村税	19, 715	32, 950	228, 098	445, 944	1, 692, 128	1, 687, 128	3, 514, 411	7, 516, 013	7, 838, 155	7, 437, 780
	地方譲与税	-	-	9, 334	31, 333	32, 332	77, 816	99, 181	62, 266	114, 522	60, 670
	利子割交付金	-	-	-	-	-	19, 989	18, 797	35, 316	5, 351	4, 134
	配当割交付金	-	-	-	-	-	-	-	-	1, 221	1, 096
	株式等譲渡所得割交付金	-	-	-	-	-	-	-	-	1, 614	301
	地方消費税交付金	-	-	-	-	-	-	-	112, 705	126, 091	137, 808
	ゴルフ場利用税交付金	-	-	-	-	-	-	-	2, 276	1, 441	5, 927
	自動車取得税交付金	-	4, 361	11, 632	16, 619	18, 799	30, 693	38, 624	29, 497	25, 776	15, 626
	国有提供施設等所在市町村助成交付金	1, 039	1, 839	4, 769	5, 605	5, 325	5, 534	8, 268	5, 943	5, 770	8, 669
	地方特例交付金	-	-	-	-	-	-	-	36, 248	44, 529	19, 785
	地方交付税	112, 882	287, 500	577, 525	1, 219, 487	659, 731	1, 429, 994	798, 370	2, 032	170	24, 638
	交通安全対策特別交付金	-	62	440	778	1, 371	1, 962	2, 173	1, 632	1, 763	1, 420
	分担金及び負担金	387	7, 438	10, 462	48, 329	67, 600	59, 815	193, 284	119, 209	130, 100	275, 643
	使用料及び手数料	1, 284	6, 698	8, 952	33, 007	70, 240	94, 930	53, 050	62, 065	122, 964	141, 529
	国庫支出金	91, 676	114, 053	791, 462	614, 101	807, 474	1, 513, 958	4, 128, 798	1, 111, 656	2, 058, 355	2, 762, 405
	県支出金	18, 450	32, 522	117, 235	498, 475	383, 767	241, 172	408, 932	717, 362	338, 349	605, 161
	財産収入	3, 047	2, 541	1, 801	300, 526	563, 492	160, 835	102, 320	19, 970	9, 292	24, 193
	寄附金	72	-	-	-	-	-	1, 100	650	1, 500	1, 000
	繰入金	-	25, 000	176, 500	45, 062	709, 989	471, 613	124, 310	185, 467	345, 918	494, 983
	繰越金	9, 362	27, 617	78, 406	34, 071	47, 158	97, 498	42, 518	44, 805	57, 571	76, 921
	諸収入	16, 067	6, 150	247, 290	458, 729	324, 682	134, 572	432, 354	139, 233	270, 438	391, 088
	村債	19, 600	61, 600	398, 800	398, 670	260, 000	268, 910	330, 400	441, 100	532, 700	1, 150, 700
	歳入計	293, 041	610, 331	2, 662, 706	4, 150, 736	5, 644, 088	6, 296, 412	10, 296, 890	10, 645, 445	12, 033, 590	13, 643, 387
歳出	議会費	5, 262	13, 241	41, 899	68, 804	93, 660	110, 243	147, 560	149, 730	123, 126	126, 988
	総務費	33, 817	62, 018	225, 379	411, 444	846, 059	2, 170, 254	4, 630, 416	1, 736, 455	1, 594, 798	2, 944, 120
	民生費	5, 673	45, 186	194, 394	594, 582	450, 997	641, 095	1, 015, 449	879, 765	1, 019, 663	1, 636, 336
	衛生費	3, 299	50, 369	67, 374	139, 933	657, 080	212, 359	424, 105	671, 338	641, 106	657, 791
	労働費	207	343	2, 042	2, 888	2, 967	3, 202	2, 785	2, 285	1, 046	645
	農林水産業費	54, 365	57, 369	197, 275	794, 697	466, 485	549, 662	747, 003	498, 058	1, 149, 151	912, 486
	商工費	100	275	1, 120	4, 458	16, 571	26, 772	149, 059	135, 434	848, 041	168, 600
	土木費	14, 755	18, 628	162, 689	634, 472	424, 018	510, 132	680, 176	1, 327, 196	1, 875, 758	1, 222, 109
	消防費	14, 660	13, 810	44, 669	146, 144	210, 944	280, 218	387, 581	517, 520	556, 222	617, 495
	教育費	130, 877	218, 256	805, 821	620, 168	1, 486, 661	732, 001	919, 617	916, 427	1, 052, 881	3, 116, 975
	災害復旧費	405	2, 060	364, 205	28, 552	6	124, 613	32, 017	24	-	-
	公債費	5, 707	18, 232	61, 119	236, 301	428, 443	396, 306	345, 949	394, 319	381, 312	450, 420
	諸支出費	8, 520	57, 185	459, 500	388, 664	518, 303	403, 476	660, 616	3, 280, 179	2, 604, 164	1, 501, 429
	予備費	-	-	-	-	-	-	-	-	-	-
	歳出計	277, 647	556, 972	2, 627, 486	4, 071, 107	5, 602, 194	6, 160, 333	10, 142, 333	10, 508, 730	11, 847, 268	13, 355, 394
村税の推移	村民税	2, 999	6, 690	117, 479	252, 529	205, 755	353, 530	542, 779	562, 126	702, 930	798, 132
	固定資産税	7, 857	10, 451	39, 928	98, 309	1, 392, 686	1, 271, 985	2, 851, 772	6, 780, 166	7, 011, 175	6, 519, 096
	軽自動車税	1, 067	1, 772	2, 038	3, 479	6, 309	8, 416	10, 740	13, 460	16, 820	20, 824
	村たばこ税	5, 316	10, 092	16, 091	34, 761	42, 813	47, 128	69, 282	132, 531	107, 230	99, 728
	電気税	1, 198	2, 734	4, 533	15, 623	33, 603					
	木材取引税	737	1, 211	966	1, 882	1, 072					
	特別土地保有税	-	-	47, 063	39, 361	9, 890	6, 062	39, 838	27, 730		
	総額	19, 174	32, 950	228, 098	445, 944	1, 692, 128	1, 687, 121	3, 514, 411	7, 516, 013	7, 838, 155	7, 437, 780

出典：六ヶ所村役場資料

V－2-10
財政５：主な電源三法交付金の交付実績（自治体別集計）

H24. 6. 8
エネルギー総合対策局
原子力立地対策課地域振興Ｇ

主な電源三法交付金の交付実績（自治体別集計）

（単位：千円）

		これまでの交付実績（S56～H23）	うち近年の交付実績		
			平成21年度	平成22年度	平成23年度
市町村等	十和田市	15, 065, 722	658, 123	671, 724	1, 152, 699
	三沢市	11, 786, 836	496, 233	497, 408	762, 527
	むつ市	28, 380, 703	2, 227, 307	2, 880, 968	3, 076, 800
	平内市	3, 881, 911	155, 664	163, 198	247, 412
	野辺地町	6, 113, 914	298, 801	379, 806	446, 596
	七戸町	5, 809, 653	196, 586	220, 183	353, 310
	おいらせ町	6, 583, 729	268, 464	265, 946	395, 420
	六戸町	3, 563, 103	147, 479	205, 260	210, 850
	横浜町	6, 972, 737	175, 600	477, 150	368, 520
	東北町	10, 096, 901	356, 703	360, 843	474, 686
	六ヶ所村	41, 595, 223	2, 202, 441	2, 282, 998	2, 673, 819
	大間町	11, 747, 882	831, 767	851, 310	963, 515
	東通村	29, 996, 265	1, 169, 417	1, 177, 186	3, 715, 551
	風間浦村	2, 287, 968	275, 450	290, 144	309, 728
	佐井村	2, 241, 803	479, 033	234, 505	250, 288
	青森市	293, 089	7, 600	7, 000	23, 219
	八戸市	194, 000	17, 000	0	17, 000
	黒石市	150, 900	4, 500	21, 500	4, 400
	平川市	222, 605	4, 500	4, 500	21, 400
	鰺ヶ沢町	222, 870	21, 500	4, 500	4, 400
	深浦町	244, 319	21, 500	4, 500	4, 400
	西目屋村	222, 900	4, 500	21, 500	4, 400
	三戸町	222, 810	4, 500	21, 500	4, 400
	五戸町	97, 000	17, 000	0	0
	南部町	97, 000	0	0	17, 000
	階上町	94, 118	0	0	17, 000
	その他	1, 153, 463	0	0	0
	給付金加算措置積立金	97, 272	0	0	97, 272
	（小計）	189, 436, 696	10, 041, 668	11, 043, 629	15, 616, 612
県		44, 028, 284	2, 967, 649	2, 362, 139	3, 528, 112
合計		233, 464, 980	13, 009, 317	13, 405, 768	19, 144, 724

①この表は、「電源立地地域対策交付金」、「原子力発電施設等立地地域特別交付金」及び「核燃料サイクル交付金について」、当該年度に交付された交付金を集計したものである。
②交付金には、原子力立地給付金（以下、「給付金」）を含み、市町村ごとに集計している。
③交付金の中には、「県の給付金に係る事務費」及び「事務交付金」を含んでいない。
④次年度に事業繰越となった分についても、申請年度分に含めいている。
⑤一部事務組合に交付されている分については、原則、限度額内示の際に当該交付金が配分されている市町村に含めて整理している。
出典：青森県庁資料

V－2-11

財政６：六ヶ所村電源三法交付金交付実績

（単位：千円）

年度	促進対策交付金						初期対策交付金			長期発展	核燃料サイクル施設		特別		合計	核燃料サイクル施設		広報・安全		産業育成	合計
	ウラン	低レベル	再処理	低･高レベ	MOX	東通原発	MOX	次期埋設	東通		建設段階	運転段階	周辺	移出		MOX	中間貯蔵	東通	サイクル		
1981															0			1, 400			1, 400
1982															0			1, 400			1, 400
1983															0			1, 400			1, 400
1984															0			1, 400			1, 400
1985															0			1, 400	9, 000		10, 400
1986															0			1, 400	9, 000		10, 400
1987															0			1, 400	9, 000		10, 400
1988	148, 770	0													148, 770			1, 400	9, 000		159, 170
1989	211, 230	0	52, 454												263, 684			2, 100	13, 500		279, 284
1990	427, 040	42, 750	704, 372												1, 174, 162			2, 100	13, 500		1, 189, 762
1991	92, 600	76, 000	752, 262												920, 862			2, 100	24, 513		947, 475
1992	216, 900	329, 580	1, 022, 198												1, 568, 678			2, 100	27, 000		1, 597, 778
1993	139, 888	403, 502	1, 915, 974										64, 366		2, 523, 730			6, 300	27, 000		2, 557, 030
1994	424, 252	175, 792	2, 470, 516										116, 719		3, 187, 279			3, 150	27, 000		3, 217, 429
1995	568, 616	136, 334	2, 857, 100						30, 000				119, 048		3, 711, 098			3, 600	25, 650		3, 740, 348
1996	631, 603	240, 587	2, 617, 580						30, 000				126, 381	9, 682	3, 655, 833			6, 300	21, 600	7, 299	3, 691, 032
1997	2, 905	0	265, 650						30, 000	80, 000			97, 524		476, 079			6, 300	21, 600	9, 009	512, 988
1998		0	516, 350			54, 000			30, 000	80, 000			105, 607	10, 000	795, 957			6, 300	21, 600	19, 500	843, 357
1999		0	183, 800			241, 500			30, 000	80, 000			147, 629		682, 929			6, 300	21, 600	19, 500	730, 329
2000		0	0			73, 000			30, 000	200, 000			153, 305	18, 000	474, 305			6, 300	18, 628	18, 910	518, 143
2001		0	0			150, 000			30, 000	200, 000			150, 243	27, 000	557, 243			6, 300	21, 600	11, 878	597, 021
2002			141, 500	67, 500		0	49, 200		30, 000	200, 000			143, 075	27, 000	658, 275			6, 300	21, 600		686, 175
2003			254, 500	377, 000		247, 000		13, 000	30, 000	309, 900			142, 182	27, 000	1, 400, 582			6, 300	21, 600		1, 428, 482
2004			508, 770	377, 500		91, 600		132, 000	30, 000	230, 000			143, 643	18, 000	1, 531, 513			6, 300	21, 600		1, 559, 413
2005			230, 000	301, 234		13, 000	140, 000	140, 000	30, 000	370, 000			141, 346	27, 000	1, 392, 580			6, 300	21, 600		1, 420, 480
2006			105, 840	2, 150		79, 000	980, 000	140, 000	30, 000	230, 000			141, 637	22, 250	1, 730, 877			6, 300	22, 950		1, 760, 127
2007			291, 134			1, 813	980, 000	140, 000	30, 000	420, 000			144, 313	22, 250	2, 029, 510			6, 300	23, 060		2, 058, 870
2008					610, 900	74, 087		140, 000	30, 000	345, 000			145, 654	21, 250	1, 366, 891			6, 553	23, 035		1, 396, 479
2009					1, 286, 229	16, 000		140, 000	30, 000	285, 000			158, 083	18, 733	1, 934, 045			2, 866	20, 884		1, 957, 795
2010					1, 247, 000			140, 000	30, 000	285, 000			208, 216	18, 034	1, 928, 250			2, 740	19, 966		1, 950, 956
2011								140, 000	30, 000		1, 268, 577	800, 190	137, 718	19, 500	2, 395, 985	33, 350	15, 150	2, 866	20, 884		2, 468, 235
交付済計	2, 863, 804	1, 404, 545	14, 890, 000	1, 125, 384	3, 144, 129	1, 041, 000	2, 149, 200	1, 125, 000	510, 000	3, 314, 900	1, 268, 577	800, 190	2, 586, 689	285, 699	36, 509, 117			123, 275	537, 970	86, 096	37, 304, 958
未計画分	0	0	0	0	1, 815, 891	91, 900															
限度額	2, 863, 804	1, 404, 545	14, 890, 000	1, 125, 384	4, 960, 020	1, 041, 000															

出典：六ヶ所村役場資料

Ⅴ－2-12

財政７：むつ市電源三法交付金交付実績

（単位：円）

年度	電源立地等初期対策交付金相当部分	電源立地促進対策交付金相当部分						電源立地地域温排水等広域対策交付金	原子力発電施設等周辺地域交付金相当部分	電力移出県等交付金相当部分	核燃料サイクル施設交付金相当部分	合計
		六ヶ所サイクル関連施設	六ヶ所 MOX 燃料加工工場	東通原発（東北）	東通原発（東京）	大間原発	中間貯蔵施設					
昭和 63 年度		19, 000, 000										19, 000, 000
平成元年度		110, 400, 000							101, 849, 000			212, 249, 000
平成２年度		357, 000, 000							103, 210, 000			460, 210, 000
平成３年度		15, 104, 000							102, 403, 000			117, 507, 000
平成４年度		32, 720, 000							102, 809, 000			135, 529, 000
平成５年度		10, 400, 000							354, 403, 000			364, 803, 000
平成６年度		60, 312, 000							573, 260, 000	10, 000, 000		643, 572, 000
平成７年度		111, 888, 000						1, 800, 000	580, 798, 000			694, 486, 000
平成８年度								2, 000, 000	609, 379, 000			611, 379, 000
平成９年度									466, 180, 000			466, 180, 000
平成 10 年度				248, 222, 000					475, 489, 000			723, 711, 000
平成 11 年度				315, 878, 000					980, 701, 000	10, 000, 000		1, 306, 579, 000
平成 12 年度				187, 747, 943					999, 518, 000	52, 800, 000		1, 240, 065, 943
平成 13 年度	84, 382, 000			160, 438, 676					1, 005, 896, 000	79, 200, 000		1, 329, 916, 676
平成 14 年度	43, 245, 000	41, 000, 000		77, 065, 105					684, 367, 000	79, 200, 000		924, 877, 105
平成 15 年度	106, 283, 000			87, 988, 610					695, 203, 000	79, 200, 000		968, 674, 610
平成 16 年度	136, 506, 000			308, 091, 000		517, 733, 000			101, 266, 000	52, 800, 000		1, 116, 396, 000
平成 17 年度	336, 803, 000			341, 233, 267		787, 386, 686			450, 007, 000	79, 200, 000		1, 994, 629, 953
平成 18 年度	975, 478, 499			82, 587, 860		931, 875, 128			445, 276, 000	65, 100, 000		2, 500, 317, 487
平成 19 年度	783, 004, 704					585, 182, 544			457, 901, 488	65, 100, 000		1, 891, 188, 736
平成 20 年度			107, 346, 471	747, 539	590, 884, 894	1, 177, 567	240, 000, 000		1, 129, 235, 000	61, 500, 000		2, 130, 891, 471
平成 21 年度			44, 725, 623		637, 851, 147	4, 645, 075	341, 173, 000		1, 126, 512, 000	72, 400, 000		2, 227, 306, 845
平成 22 年度			20, 498, 000		239, 196, 000		356, 080, 000		2, 194, 794, 000	70, 400, 000		2, 880, 968, 000
平成 23 年度							127, 800, 000		1, 441, 240, 000	7, 760, 000	1, 500, 000, 000	3, 076, 800, 000
累計	2, 465, 702, 203	757, 824, 000	172, 570, 094	1, 810, 000, 000	1, 467, 932, 041	2, 828, 000, 000	1, 065, 053, 000	3, 800, 000	15, 181, 696, 488	784, 660, 000	1, 500, 000, 000	28, 037, 237, 826
限度額	－	757, 824, 000	196, 000, 000	1, 810, 000, 000	2, 312, 000, 000	2, 828, 000, 000	1, 470, 000, 000	－	－	－	－	－
残額	－	0	23, 429, 906	0	844, 067, 959	0	404, 947, 000	－	－	－	－	－

出典：むつ市役所資料

V－2-13

財政８：大間町電源三法交付金交付実績

（単位：千円）

年度	電源立地地域温排水等対策費補助金	重要電源等立地推進対策補助金	電源立地地域温排水等広域対策交付金	要対策重要電源立地推進対策交付金	初期対策交付金	促進対策交付金			周辺地域交付金		電力移出県等交付金		計	広報・安全等対策交付金	核燃料サイクル交付金	合計
					大間原発分	大間原発分	東通原発（東京）	中間貯蔵施設	周辺分（県間接）	サイクル施設（国直接、県直接）	移出県分	サイクル施設				
1983		5,000											5,000			5,000
1984	4,800												4,800	6,000		10,800
1985	6,500												6,500	6,000		12,500
1986	6,500												6,500	6,000		12,500
1987													0	7,600		7,600
1988													0	8,048		8,048
1989		2,000											2,000	9,000		11,000
1990		4,000											4,000	9,000		13,000
1991		7,000											7,000	9,000		16,000
1992	111,107	64,000											175,107	9,000		184,107
1993	117,570	59,000											176,570	9,000		185,570
1994	130,000	50,000	24,926										204,926	9,000		213,926
1995	118,541	58,308	22,969	300,000									499,818	9,000		508,818
1996	65,577	51,170	753,445	300,000									1,170,192	9,000		1,179,192
1997	80,802	39,154	15,000	282,000									416,956	7,000		423,956
1998	140,000	41,084		12,481									193,565	9,000		202,565
1999			38,715		30,323								69,038	9,000		78,038
2000					179,802								179,802	8,355		188,157
2001					269,522								269,522	9,907		279,429
2002					190,592								190,592	8,944		199,536
2003					322,200								322,200	10,203		332,403
2004					73,973	14,438							88,411	13,025		101,436
2005					79,995	812,340							892,335	12,909		905,244
2006					79,901	1,940,031							2,019,932	13,247		2,033,179
2007					80,000	1,108,697							1,188,697	11,659		1,200,356
2008					79,690	874,376			105,678				1,059,744	11,103		1,070,847
2009					80,000	537,471			93,190		11,127		721,788	10,654		732,442
2010					80,000	506,110		32,200	82,579		18,033		718,922	10,040	21,040	750,002
2011					80,000	402,210	69,200	182,800	57,229	19,076	19,520	41,585	871,620	8,727	2,730	883,077
合計	781,397	380,716	855,055	894,481	1,625,998	6,195,673	69,200	215,000	338,676	19,076	48,680	41,585	11,465,537	259,421	23,770	11,748,728
交付限度額					期間3運転開始まで80000千円／年	7260750	181000	212000								
残						1065077	111800	-3000								
備考	初期対策交付金に統合	初期対策交付金に統合	初期対策交付金に統合	初期対策交付金に統合												

出典：大間町役場資料

V－2-14

財政９：東通村電源三法交付金交付実績

（単位：千円）

年度	電源立地等初期対策交付金相当部分		電源立地促進対策交付金相当部分						原子力発電施設等立地地域長期発展対策交付金相当部分	原子力発電施設等周辺地域交付金相当部分	電力移出県等交付金相当部分	核燃料サイクル施設交付金相当部分	電源地域産業育成支援補助金	核燃料サイクル交付金	計
	東通原子力発電所		東通原子力発電所（立地分）		核燃料サイクル施設（立地分）										
	東北１号機地点	東京1,2号機、東北２号機地点	東北１号機	東京１号機	ウラン濃縮工場ほか	高レベル放射性廃棄物センター	再処理工場	MOX燃料加工施設							
1988					20,000										20,000
1989					90,000		21,299								111,299
1990	3,000				3,000		368,600								374,600
1991	3,000				32,000										35,000
1992	75,050				92,148		100,000						3,600		270,798
1993	213,000				29,000		1,040,765			48,230			4,500		1,335,495
1994	273,192						7,000			66,844			11,250		358,286
1995	554,628									62,783	10,000		11,250		638,661
1996	731,296									55,529			12,750		799,575
1997	943,708				197,660		70,000			52,234			12,750		1,276,352
1998	293,800		174,993							51,880			11,250		531,923
1999	82,305		1,563,251							144,513	10,000		10,125		1,810,194
2000	160,678		460,912							145,948	18,000		7,500		793,038
2001	26,931		653,561							145,746	27,000		6,000		859,238
2002	541,400		1,811,399			28,000				104,490	27,000		4,800		2,517,089
2003	61,352		721,000			108,000				105,607	27,000		10,350		1,033,309
2004	50,000	947,666	389,884							97,597	18,000				1,503,147
2005	50,000									98,872	27,000				175,872
2006		1,750,000							200,000	100,367	22,250				2,072,617
2007		1,715,779							240,000	116,226	22,250				2,094,255
2008		468,655		1,905,123				34,458	280,000	121,090	21,250				2,830,576
2009		50,000		485,534				36,471	300,000	112,274	18,733				1,003,012
2010		67,900		270,425				119,130	270,000	139,683	18,034			66,600	951,772
2011		50,000		2,752,633				148,143	227,515	185,436	19,520	25,339			3,408,586
合計	4,063,340	5,050,000	5,775,000	5,413,715	463,808	136,000	1,607,664	338,202	1,517,515	1,955,349	286,037	25,339	106,125	66,600	26,804,694

出典：東通村役場資料

V－2-15

財政 10：野辺地町電源三法交付実績

（単位：千円）

交付金名	事業名	区分	1985	1986	1987	1988	1989	1990	1991	1992	1993	1994	1995	1996	1997	1998	1999
電源立地促進対策交付金	空間放射線測定表示盤　※県管理	再処理					9, 677										
	町道湯沢線　※湯沢線開設事業費	ウラン・低レベル								8, 100	23, 000	28, 084					
	町道淋代線　※町道淋代線道路改良舗装事業費	ウラン・低レベル									50, 400	25, 624					
	内水面増養殖施設	ウラン・低レベル						12, 387	48, 100	64, 680	56, 409						
	中道児童公園　※中道ふれあい公園整備事業費	ウラン・低レベル												28, 577	30, 784		
	町道馬門温泉線	ウラン・低レベル													87, 663		
	町道烏井平松ノ木線　※町道烏井平松ノ木線道路新設舗装事業費	再処理								4, 870	40, 074	50, 815	164, 756	65, 585			
	烏帽子コミュニティセンター　※琵琶野地区消防センター建設事業費	再処理								14, 677	29, 528						
	野辺地町観光物産 PR センター	再処理					76, 789	175, 200	31, 111								
	むらおこし物産加工施設	再処理						7, 000	70, 700								
	一般廃棄物最終処分場　※建設事業費	再処理												111, 870	174, 130		
	町道石神裏上川原線	再処理													26, 000	64, 882	
	町道野辺地寺ノ沢線	東通(東北1号)															
	町道獅子沢線	東通(東北1号)															
	スクールバス購入事業	東通(東北1号)															
	町道市内支線９号線	低・高レベル															
	町道タラノ木線	低・高レベル															
	町道市内支線 24 号線	低・高レベル															
	野辺地町消防活動推進事業（人件費）	低・高レベル															
	学校給食共同調理場維持運営	低・高レベル															
	野辺地町消防活動推進事業（人件費）	MOX 加工															
	野辺地町消防活動推進事業（人件費）	東通(東京1号)															
	野辺地町消防活動推進事業（人件費）	使用済中間貯蔵															
	小　　計						86, 466	194, 587	149, 911	92, 327	199, 411	104, 523	164, 756	206, 032	318, 577	64, 882	-
原子力発電施設周辺交付金（電源立地特別交付金）	柴崎地区健康レクリエーション施設水洗化事業																24, 000
	のへじ海浜公園海水浴場整備事業　※企業導入・産業近代化事業補助金										38, 036	38, 036	38, 036	38, 036	38, 036		
	野辺地町観光案内標識設置事業　※企業導入・産業近代化事業補助金											26, 479	24, 841	25, 365	9, 810		
	中心商店街活性化事業（駐車場・道路設計）　※企業導入・産業近代化事業補助金															48, 070	3, 000
	中心商店街活性化事業（道路整備）　※企業導入・産業近代化事業補助金																13, 999
	福祉のまちづくり緊急対策事業																
	保健センター駐車場等整備事業																
	※電源地域振興特別事業費																
	福祉のまちづくり緊急対策事業																
	※電源地域振興特別事業費																
	学校給食共同調理場維持運営																
	野辺地町消防活動推進事業（人件費）																
核燃料サイクル施設交付金相当部分【サイクル施設】※原子力立地給付金	野辺地町消防活動推進事業（人件費）																
	小　　計										38, 036	64, 515	62, 877	63, 401	47, 846	48, 070	40, 999
電力移出県等補助金	森林レクリエーション施設トイレ等整備事業																10, 000
	海水浴場入口広場整備事業												10, 000				
	野辺地町消防活動推進事業（人件費）																
	野辺地町消防活動推進事業（人件費）																
核燃料サイクル施設交付金相当部分【サイクル運営】	野辺地町消防活動推進事業（人件費）																
	小　　計												10, 000	-	-	-	10, 000
電源立地地域対策交付金総計 ※平成 15 年 10 月より交付金事業の統一		電源立地地域対策交付金の合計					86, 466	194, 587	149, 911	92, 327	237, 447	169, 038	237, 633	269, 433	366, 423	112, 952	50, 999
電源地域産業育成支援資金補助金	地域活性化イベント支援事業									10, 647	10, 932	10, 897	7, 800	7, 198			3, 511
広報・安全等対策交付金	核燃料サイクル施設に係る広報・安全事業		1, 050	1, 050	1, 050	1, 050	1, 575	1, 575	3, 150	3, 150	3, 150	3, 150	2, 625	1, 050	1, 050	1, 050	1, 050
総　計			1, 050	1, 050	1, 050	1, 050	88, 041	196, 162	153, 061	106, 124	251, 529	183, 085	248, 058	277, 681	367, 473	114, 002	55, 560

出典：野辺地町役場資料

（単位：千

交付金名	事業名	区分	2000	2001	2002	2003	2004	2005	2006	2007	2008	2009	2010	2011	2012	事業合
電源立地促進対策交付金	空間放射線測定表示盤　※県管理	再処理														9,6
	町道湯沢線　※湯沢線開設事業費	ウラン・低レベル														59,1
	町道淋代線　※町道淋代線道路改良舗装事業費	ウラン・低レベル														76,0
	内水面増養殖施設	ウラン・低レベル														181,5
	中道児童公園　※中道ふれあい公園整備事業費	ウラン・低レベル														59,3
	町道馬門温泉線	ウラン・低レベル														87,6
	町道鳥井平松ノ木線　※町道鳥井平松ノ木線道路新設舗装事業費	再処理														326,1
	烏帽子コミュニティセンター　※琵琶野地区消防センター建設事業費	再処理														44,2
	野辺地町観光物産PRセンター	再処理														283,1
	むらおこし物産加工施設	再処理														77,7
	一般廃棄物最終処分場　※建設事業費	再処理														286,0
	町道石神裏上川原線	再処理														90,8
	町道野辺地寺ノ沢線	東通(東北1号)			4,400	71,000										75,4
	町道獅子沢線	東通(東北1号)				4,100	69,900									74,0
	スクールバス購入事業	東通(東北1号)				8,700										8,7
	町道市内支線9号線	低・高レベル			2,500	33,800										36,3
	町道タラノ木線	低・高レベル			3,100	31,470										34,5
	町道市内支線24号線	低・高レベル				1,800	14,800									16,6
	野辺地町消防活動推進事業(人件費)	低・高レベル						35,030								35,0
	学校給食共同調理場維持運営	低・高レベル					4,400									4,4
	野辺地町消防活動推進事業(人件費)	MOX加工									30,000	130,000	130,000		70,000	360,0
	野辺地町消防活動推進事業(人件費)	東通(東京1号)														
	野辺地町消防活動推進事業(人件費)	使用済中間貯蔵												100,000		100,0
	小　　計		–	–	10,000	150,870	89,100	35,030	–	–	30,000	130,000	130,000	100,000	70,000	2,326,
原子力発電施設周辺交付金(電源立地特別交付金)	柴崎地区健康レクリエーション施設水洗化事業															24,0
	のへじ海浜公園海水浴場整備事業　※企業導入・産業近代化事業補助金															190,1
	野辺地町観光案内標識設置事業　※企業導入・産業近代化事業補助金															86,4
	中心商店街活性化事業(駐車場・道路設計)　※企業導入・産業近代化事業補助金															51,0
	中心商店街活性化事業(道路整備)　※企業導入・産業近代化事業補助金		12,500													26,4
	福祉のまちづくり緊急対策事業		46,922	44,300												91,2
	保健センター駐車場等整備事業		基金積立	20,507												31,5
	※電源地域振興特別事業費			3,000	8,000											
	福祉のまちづくり緊急対策事業			基金積立	21,459	6,990										164,2
	※電源地域振興特別事業費				39,800	58,755	37,277									
	学校給食共同調理場維持運営						17,600									17,6
	野辺地町消防活動推進事業(人件費)							41,594	41,103	42,364	42,636	42,068	31,032			240,7
												基金積立	24,892			24,8
核燃料サイクル施設交付金相当部分【サイクル施設】※原子力立地給付金	野辺地町消防活動推進事業(人件費)													75,146	71,312	146,4
	小　　計		59,422	67,807	69,259	65,745	54,877	41,594	41,103	42,364	42,636	42,068	55,924	75,146	71,312	1,095,
電力移出県等補助金	森林レクリエーション施設トイレ等整備事業															10,0
	海水浴場入口広場整備事業															10,0
	野辺地町消防活動推進事業(人件費)							26,400	21,700	21,700	20,500	18,100	17,600		21,000	147,0
	野辺地町消防活動推進事業(人件費)													19,500		19,5
核燃料サイクル施設交付金相当部分【サイクル運転】	野辺地町消防活動推進事業(人件費)													21,605	22,556	44,1
	小　　計		–	–	–	–	–	26,400	21,700	21,700	20,500	18,100	17,600	41,105	43,556	230,6
電源立地地域対策交付金総計　※平成15年10月より交付金事業の統一		電源立地地域対策交付金の合計	59,422	67,807	79,259	216,615	143,977	103,024	62,803	64,064	93,136	190,168	203,524	216,251	184,868	3,652,
電源地域産業育成支援資金補助金	地域活性化イベント支援事業		3,678	3,604	3,548	3,442										65,2
広報・安全等対策交付金	核燃料サイクル施設に係る広報・安全事業		1,638	1,638	1,638	1,638	1,588	1,710	1,771	2,165	1,575	1,433	1,370	1,433		46,3
総　　計			64,738	73,049	84,445	221,695	145,565	104,734	64,574	66,229	94,711	191,601	204,894	217,684	184,868	3,763,

出典：野辺地町役場資料

V - 2-16

財政 11：むつ小川原開発に要した経費

a 商工労働部所管分（1970 ～ 2006 年度の累計）

	合計額（億円）	うち国庫負担分（%）
むつ小川原総務費	97. 2	0
むつ小川原開発推進費	989. 2	88. 9
開発調査計画費	210. 4	94. 2
工業用水道事業費	21. 3	5. 3
調査事務所費	1. 6	0
資源エネルギー課分	245. 9	98. 2
商工政策課分	0. 3	0
工業振興課分	11. 6	0
新産業創造課分	8. 8	78. 8
合計	1586. 2	83. 6

b 基盤投資実績額（1976 ～ 2006 年度の累計）

（億円）

漁業補償及び漁業対策費	171. 6
港湾公共事業費及び港湾附帯事業費	1154. 4
道路事業費	228. 0
工業用水道整備費	8. 0
合計	1562. 1

c 原子力環境対策費（1990 ～ 2006 年度の累計）

（億円）

原子力環境対策費	174. 4

出典：青森県議会議事録（2006 年 2 月）．青森県庁資料．船橋晴俊・長谷川公一・飯島伸子，2012,『核燃料サイクル施設の社会学』有斐閣選書，141 頁

V－2-17

財政 12：大規模開発費と住民対策費

(単位：万円)

	一般会計内の大規模開発費	むつ小川原開発住民対策特定事業費	港湾整備事業費歳出合計	(その内の) むつ小川原港整備事業費
1970	40, 008	0	33, 372	0
1971	31, 048	0	22, 078	0
1972	63, 493	0	35, 873	0
1973	33, 600	2, 303	23, 116	0
1974	34, 938	3, 384	19, 411	0
1975	34, 441	6, 711	392, 395	0
1976	32, 708	28, 796	493, 145	0
1977	28, 603	55, 938	317, 440	0
1978	29, 898	44, 989	671, 212	0
1979	40, 431	24, 122	2, 309, 328	1, 764, 018
1980	32, 569	12, 924	840, 660	175, 225
1981	61, 940	4, 784	1, 011, 882	5, 900
1982	108, 690	3, 628	927, 974	6, 272
1983	105, 194	7, 862	467, 951	6, 560
1984	80, 341	2, 292	398, 922	3, 110
1985	75, 671	2, 800	352, 506	7, 350
1986	82, 616	1, 930	319, 208	1, 940
1987	138, 739	669	327, 747	0
1988	120, 013	674	499, 689	54, 977
1989	234, 472	692	582, 229	62, 100
1990	484, 587	713	492, 245	34, 900
1991	418, 981	635	536, 419	12, 000
1992	680, 540	604	352, 802	5, 000
1993	832, 904	536	454, 523	8, 300
1994	1, 232, 454	0	616, 863	8, 300
1995	1, 098, 265	0	537, 634	26, 100
1996	1, 015, 364	0	446, 293	15, 000
1997	795, 187	0	715, 157	10, 000
1998	963, 452	0	439, 190	10, 000
1999	1, 092, 623	0	487, 458	10, 000
2000	1, 592, 440	0	522, 184	4, 000
2001	0	0	527, 243	12, 000
2002	0	0	446, 425	4, 000
2003	1, 202, 701	0	323, 486	4, 000
2004	1, 301, 434	0	361, 158	3, 500
2005	1, 094, 331	0	368, 998	0
2006	1, 177, 969	0	346, 688	0
2007	1, 274, 113	0	345, 973	0
2008	1, 194, 125	0	332, 690	0
2009	1, 266, 817	0	306, 588	0
支出合計	2, 0127, 770	206, 983	22, 178, 705	2, 272, 012

出典：舩橋晴俊・長谷川公一・飯島伸子編, 1998,『巨大地域開発の構想と帰結』東京大学出版会, 161 頁所収の表「一般会計内の大規模開発費 1970 ～ 1996」. 青森県統計協会, 各年,『青森県統計年鑑』. 青森県, 各年度,『青森県歳入歳出決算書』

V－2-18

核燃税1：課税対象等の変遷

	納税義務者	課税対象	課税標準	税　率
創設当初	加工事業者	ウラン濃縮	製品ウランの重量(kg)	7,100円
	廃棄物埋設事業者	廃棄物埋設	廃棄体に係る容器の容量(㎥)	29,800円
平成6年改正後	加工事業者	ウラン濃縮	製品ウランの重量(kg)	7,100円
	再処理事業者	使用済燃料の受入れ	使用済燃料に係る原子核分裂をさせる前のウランの重量(kg)	17,000円
	廃棄物埋設事業者	廃棄物埋設	廃棄体に係る容器の容量(㎥)	29,800円
	廃棄物管理事業者	廃棄物管理	ガラス固化体の容器の数量(本)	450,000円
平成8年(更新)	加工事業者	ウラン濃縮	製品ウランの重量(kg)	16,900円
	廃棄物埋設事業者	廃棄物埋設	廃棄体に係る容器の容量(㎥)	43,700円
	廃棄物管理事業者	廃棄物管理	ガラス固化体の容器の数量(本)	657,000円
平成10年改正後	加工事業者	ウラン濃縮	製品ウランの重量(kg)	16,900円
	再処理事業者	使用済燃料の受入れ	使用済燃料に係る原子核分裂をさせる前のウランの重量(kg)	24,800円
	廃棄物埋設事業者	廃棄物埋設	廃棄体に係る容器の容量(㎥)	43,700円
	廃棄物管理事業者	廃棄物管理	ガラス固化体の容器の数量(本)	65,7000円
平成13年(更新)	加工事業者	ウラン濃縮	製品ウランの重量(kg)	16,200円
	再処理事業者	使用済燃料の受入れ	使用済燃料に係る原子核分裂をさせる前のウランの重量(kg)	23,800円
	廃棄物埋設事業者	廃棄物埋設	廃棄体に係る容器の容量(㎥)	20,900円
	廃棄物管理事業者	廃棄物管理	ガラス固化体の容器の数量(本)	630,000円
平成16年改正後	加工事業者	ウラン濃縮	製品ウランの重量(kg)	16,200円
	原子炉設置者	核燃料の挿入	核燃料の価額	10% (当分の間12%)
	再処理事業者	使用済燃料の受入れ	使用済燃料に係る原子核分裂をさせる前のウランの重量(kg)	23,800円
	廃棄物埋設事業者	廃棄物埋設	廃棄体に係る容器の容量(㎥)	20,900円
	廃棄物管理事業者	廃棄物管理	ガラス固化体の容器の数量(本)	630,000円

出典：青森県資料(2012入手)

V - 2-19
核燃税２：核燃料物質等取扱税の更新について

平成18年6月12日
税　　務　　課

核燃料物質等取扱税の更新について

現行条例が本年9月27日をもって期間満了となるが、引き続き同税を実施することとし、県議会6月定例会に条例案を提出することとしている。

1　　課税の根拠
地方税法第4条第3項の規定により法定外普通税として課する。

2　　更新案
(1)　税率の見直し

課税対象施設	課税単位	更新案	現行	倍率
ウラン濃縮施設	製品ウラン1kgにつき	16,500円	16,200円	1.019
再処理施設	受入使用済燃料のウラン1kgにつき	19,400円	23,800円	※ 1.019
	貯蔵使用済燃料のウラン1kgにつき	1,300円	—	（新設）
廃棄物埋設施設	廃棄物1㎥につき	23,700円	20,900円	1.134
廃棄物管理施設	ガラス固化体1本につき	728,700円	630,000円	1.157
原子力発電所	挿入に係る核燃料の価額につき	12%（本則10%）	12%（本則10%）	1.000

※　現行税率の4/5対比の倍率（再処理施設に係る受入れ：貯蔵の割合、4：1）

(2)　税収見込額
約746億円　※　5年間税収見込額　約680億円
現行　約637億円（原発分含む。）
現行対比（5年間ベース）　6.8%増

(3)　その他
ア　再処理施設に係る課税方式の見直し
従来の使用済燃料の受入れ課税を原則としつつ、税収の安定・平準化を図る観点から、使用済燃料の貯蔵課税を併用する。
イ　実施期間の見直し
従来5年後9月27日としてきた終期を、県の歳入年度と整合を図る観点から、約5年6月後の平成24年3月31日までとする。（実施期間は、約5年6か月間。）

出典：青森県庁総務部総務課資料（2006年入手）

V－2-20

核燃税３：核燃料物質等取扱税

核燃料物質等取扱税

平成23年度税収実績額　　　　１４，６１８百万円

核燃料物質等取扱税は、地方税のうち総務大臣の同意（平成１２年度４月１日前は自治大臣の許可）を得て創設する法定外普通税です。

県では、平成３年に六ヶ所村に立地する原子力燃料サイクル施設に対して課税を行うこととする青森県核燃料物質等取扱税条例を制定し、核燃料物質等取扱税を創設しました。

その後、同条例の実施期間（5年間）の満了に伴い、平成８年８月、平成13年７月及び平成18年６月に条例を更新しました。

また、平成16年６月には、東通村に立地する原子力発電所を課税対象に追加するため、平成22年１月には、再処理施設における使用済燃料の貯蔵に係る税率の特例（暫定税率）を定めるため、条例を一部改正しました。

現行の核燃料物質等取扱税（実施期間：平成24年３月31日まで）の概要は、次のとおりです。（更新については、実施期間２年間とし、税率は【参考】のとおり。平成24年１月現在、国と協議中。）

納税義務者	課税客体	課税標準	税率		納付手続
			現行	【参考】更新案	
ウラン濃縮の事業を行う者	ウラン濃縮	課税標準の算定期間内において濃縮により生じた製品ウラン（六ふっ化ウラン）の重量	製品ウランの重量1kgにつき		課税標準の算定期間の末日の翌日から起算して2月以内に申告納付
			16,500円	19,100円	
再処理の事業を行う者	使用済燃料の受入れ	課税標準の算定期間内において受け入れた使用済燃料に係る原子核分裂をさせる前のウランの重量	原子核分裂をさせる前のウランの重量1kgにつき		
			19,400円	19,400円	
	使用済燃料の貯蔵	課税標準の算定期間内の使用済燃料の貯蔵に係る原子核分裂をさせる前のウランの重量	原子核分裂をさせる前のウランの重量1kgにつき		
			1,300円（当分の間、8300円）	1,300円（当分の間、8,300円）	
廃棄物埋設の事業を行う者	廃棄物埋設	課税標準の算定期間内の廃棄物埋設に係る廃棄体の容器の容量	廃棄体の容器の容量1㎥につき		
			23,700円	27,500円	
廃棄物管理の事業を行う者	廃棄物管理	課税標準の算定期間内の廃棄物管理に係るガラス固化体の容器の数量	ガラス固化体の容器の数量1本につき		
			728,700円	845,400円	
原子炉の設置者	原子炉の設置	課税標準の算定期間の末日における実用発電用原子炉の熱出力	—	1,000kwにつき9,000円	
	核燃料の挿入	核燃料の挿入に係る係る核燃料の価額	100分の10（当分の間、100分の12）	100分の13	核燃料の挿入がなされた日の属する月の末日の翌日から起算して2月以内に申告納付

※「課税標準の算定期間」－1月１日から３月31日まで、４月１日から６月30日まで、７月１日から９月30日まで及び10月１日から12月31日までの各期間。

出典：青森県資料（2012年入手）

V－2-21

労働１：就業者と失業者

1965	総人口	労働力人口			同左比率	非労働力人口
		総数	就業者	完全失業者		
青森県	1,416,591	655,704	645,429	10,275	1.57%	313,528
市部	773,994	350,710	344,260	6,450	1.84%	193,866
郡部	642,597	304,994	301,169	3,825	1.25%	88,793
むつ市	39,282	17,155	16,901	254	1.48%	9,866
六ヶ所村	12,890	5,872	5,845	27	0.46%	1,348
大間町	7,783	3,922	3,894	28	0.71%	845
東通村	11,660	5,405	5,382	23	0.43%	1,471

1970	総人口	労働力人口			同左比率	非労働力人口
		総数	就業者	完全失業者		
青森県	1,427,520	707,161	694,113	13,048	1.85%	323,457
市部	818,802	397,504	389,341	8,163	2.05%	201,523
郡部	608,718	309,657	304,772	4,885	1.58%	121,934
むつ市	41,134	19,689	19,337	352	1.79%	10,098
六ヶ所村	11,749	5,299	5,238	61	1.15%	1,866
大間町	7,673	4,050	4,019	31	0.77%	1,108
東通村	10,735	5,044	4,972	72	1.43%	1,763

1975	総人口	労働力人口			同左比率	非労働力人口
		総数	就業者	完全失業者		
青森県	1,468,646	708,001	688,057	19,944	2.82%	380,292
市部	877,783	414,144	401,649	12,495	3.02%	237,238
郡部	590,863	293,857	286,408	7,449	2.53%	104,703
むつ市	44,646	20,263	19,747	516	2.55%	12,200
六ヶ所村	11,321	5,023	4,761	262	5.22%	2,508
大間町	7,753	4,316	4,265	51	1.18%	1,060
東通村	10,174	4,563	4,408	155	3.34%	2,502

1980	総人口	労働力人口			同左比率	非労働力人口
		総数	就業者	完全失業者		
青森県	1,523,907	747,049	722,131	24,918	3.34%	408,210
市部	938,948	452,832	437,024	15,808	3.49%	255,901
郡部	584,959	294,120	285,110	9,010	3.06%	152,309
むつ市	47,609	21,880	21,177	703	3.21%	12,983
六ヶ所村	11,104	5,028	4,829	199	3.96%	2,855
大間町	7,624	3,485	3,387	98	2.81%	1,896
東通村	9,975	4,422	4,173	249	5.63%	2,965

1985	総人口	労働力人口			同左比率	非労働力人口
		総数	就業者	完全失業者		
青森県	1,524,448	755,372	718,014	37,358	4.95%	429,542
市部	953,613	464,410	439,495	24,915	5.36%	274,110
郡部	570,835	290,962	278,519	12,443	4.28%	155,432
むつ市	49,291	22,694	21,680	1014	4.47%	14,117
六ヶ所村	11,003	5,098	4,658	440	8.63%	2,989
大間町	7,487	3,710	3,581	129	3.48%	1,808
東通村	9,675	4,469	4,239	230	5.15%	2,942

	総人口	労働力人口			同左比率	非労働力人口
1990		総数	就業者	完全失業者		
青森県	1,482,873	751,672	717,945	33,727	4.49%	440,095
市部	941,471	469,309	447,315	21,994	4.69%	284,338
郡部	541,402	282,363	270,630	11,733	4.16%	155,757
むつ市	48,470	22,739	21,830	909	4.00%	14,923
六ヶ所村	10,071	4,981	4,583	398	7.99%	2,801
大間町	7,125	3,371	3,271	100	2.97%	2,192
東通村	8,794	4,272	4,054	218	5.10%	2,716

	総人口	労働力人口			同左比率	非労働力人口
1995		総数	就業者	完全失業者		
青森県	1,481,663	775,411	736,263	39,148	5.05%	451,323
市部	955,252	493,752	467,274	26,478	5.36%	293,482
郡部	526,411	281,659	268,989	12,670	4.50%	157,841
むつ市	48,883	24,786	23,736	1,050	4.24%	14,822
六ヶ所村	11,063	6,245	5,904	341	5.46%	2,782
大間町	6,606	3,294	3,184	110	3.34%	2,026
東通村	8,045	3,994	3,845	149	3.73%	2,580

	総人口	労働力人口			同左比率	非労働力人口
2000		総数	就業者	完全失業者		
青森県	1,475,728	771,302	729,472	41,830	5.42%	472,373
市部	960,316	495,544	467,680	27,864	5.62%	306,950
郡部	515,412	275,758	261,792	13,966	5.06%	165,423
むつ市	49,341	25,113	23,671	1,442	5.74%	15,911
六ヶ所村	11,849	7,125	6,875	250	3.51%	2,968
大間町	6,566	3,204	3,068	136	4.24%	2,229
東通村	7,975	4,118	3,979	139	3.38%	2,687

	総人口	労働力人口			同左比率	非労働力人口
2005		総数	就業者	完全失業者		
青森県	1,436,657	748,122	685,401	62,721	8.38%	475,552
市部	1,044,992	535,693	489,748	45,945	8.58%	347,572
郡部	391,665	212,429	195,653	16,776	7.90%	127,980
むつ市	64,052	31,841	28,832	3,009	9.45%	22,655
六ヶ所村	11,401	6,581	6,196	385	5.85%	2,994
大間町	6,212	2,986	2,650	336	11.25%	2,278
東通村	8,042	4,327	3,873	454	10.49%	2,696

	総人口	労働力人口			同左比率	非労働力人口
2010		総数	就業者	完全失業者		
青森県	1,373,339	702,668	639,584	63,084	8.98%	479,058
市部	1,054,602	533,548	484,478	49,070	9.20%	367,349
郡部	318,737	169,120	155,106	14,014	8.29%	111,709
むつ市	61,066	29,797	27,618	2,179	7.31%	22,273
六ヶ所村	11,095	6,621	6,250	371	5.60%	2,966
大間町	6,340	3,454	3,167	287	8.31%	2,049
東通村	7,252	3,936	3,599	337	8.56%	2,493

出典：青森県統計協会, 各年,『青森県統計年鑑』
（太枠内出典：総理府統計局編「青森県の人口」）

V－2-22

労働２：出稼ぎ労働者数

	青森県全体	むつ市	六ヶ所村	大間町	東通村
1973	78, 780	1, 136	1, 008	600	1, 069
1974	80, 486	1, 128	1, 507	748	984
1975	76, 714	1, 265	1, 445	636	1, 061
1976	73, 264	1, 162	1, 662	621	1, 055
1977	68, 076	786	1, 428	737	1, 500
1978	62, 978	680	1, 133	630	1, 466
1979	63, 698	486	1, 339	567	1, 493
1980	66, 115	1, 296	1, 279	849	1, 400
1981	68, 280	1, 343	1, 200	775	1, 250
1982	65, 444	1, 379	1, 370	797	1, 056
1983	60, 733	1, 188	1, 226	750	1, 003
1984	59, 192	1, 249	1, 276	707	949
1985	58, 131	1, 307	1, 214	788	880
1986	58, 147	1, 204	1, 327	854	852
1987	57, 783	1, 225	1, 220	775	802
1988	54, 902	1, 104	557	692	785
1989	54, 221	1, 034	541	698	768
1990	52, 913	969	953	765	786
1991	52, 471	1, 002	973	762	701
1992	47, 298	915	1, 048	665	666
1993	43, 567	848	1, 005	705	624
1994	38, 412	763	820	594	572
1995	33, 707	655	756	659	566
1996	30, 727	592	687	475	509
1997	28, 056	464	623	461	433
1998	24, 760	485	600	400	345
1999	20, 127	485	484	344	199
2000	17, 234	433	372	264	98
2001	15, 038	362	303	256	120
2002	13, 349	692	297	227	109
2003	11, 602	569	262	209	159
2004	10, 927	476	263	179	152
2005	9, 613	471	232	148	152
2006	8, 795	352	237	148	207
2007	7, 812	355	193	129	165
2008	6, 379	377	211	106	95
2009	5, 306	288	176	70	81

出典：青森県出稼対策室 (1973 ～ 2009)『出稼対策の概況』

V - 2-23

労働3：有効求人倍率

	全国	青森県	
	有効求人倍率（年度平均）	新規求人倍率（年度平均）	有効求人倍率（年度平均）
1963	0.73	0.40	0.19
1964	0.79	0.35	0.21
1965	0.61	0.32	0.17
1966	0.81	0.34	0.16
1967	1.05	0.39	0.18
1968	1.14	0.41	0.21
1969	1.37	0.40	0.26
1970	1.35	0.37	0.19
1971	1.06	0.39	0.20
1972	1.30	0.43	0.21
1973	1.74	0.43	0.23
1974	0.98	0.33	0.16
1975	0.59	0.31	0.15
1976	0.64	0.31	0.20
1977	0.54	0.21	0.15
1978	0.59	0.20	0.17
1979	0.74	0.20	0.17
1980	0.73	0.19	0.16
1981	0.67	0.16	0.14
1982	0.60	0.15	0.14
1983	0.61	0.17	0.16
1984	0.66	0.18	0.18
1985	0.67	0.19	0.19
1986	0.62	0.19	0.20
1987	0.76	0.30	0.29
1988	1.08	0.46	0.48
1989	1.30	0.53	0.59
1990	1.43	0.60	0.69
1991	1.34	0.59	0.64
1992	1.00	0.51	0.50
1993	0.71	0.45	0.40
1994	0.64	0.45	0.39
1995	0.64	0.45	0.39
1996	0.72	0.51	0.43
1997	0.69	0.48	0.40
1998	0.50	0.42	0.29
1999	0.49	0.48	0.34
2000	0.62	0.55	0.40
2001	0.56	0.45	0.30
2002	0.56	0.49	0.30
2003	0.69	0.50	0.31
2004	0.86	0.55	0.35
2005	0.98	0.64	0.42
2006	1.06	0.65	0.44
2007	1.02	0.70	0.48
2008	0.77	0.57	0.38
2009	0.45	0.53	0.29
2010	0.56	0.64	0.39
2011	0.68	0.75	0.46

出典：厚生労働省職業安定局，各年，『職業安定業務統計』
厚生労働省職業安定局，各年，『労働市場年報』
URL:http://www.whlw.go.jp/toukei/list/114-1.htm

Ⅴ－2-24

地域振興１：原子燃料サイクル施設等の立地に伴う地域振興

出典：青森県, 2002年,『豊かで活力ある地域づくりをめざして―原子燃料サイクル施設等の立地に伴う地域振興』

[電源三法交付金関連]

１　■電源立地等初期対策交付金相当部分

ＭＯＸ燃料加工施設、次期低レベル放射性廃棄物埋設施設について

・期間Ⅰ：立地可能性調査の開始年度～都道府県知事の同意年度
・期間Ⅱ：都道府県知事の同意翌年度～２年間

原子力発電施設について

・期間Ⅰ：立地可能性調査開始の翌年度～環境影響評価の開始年度
・期間Ⅱ：環境影響評価開始年度の翌年度～10年間
・期間Ⅲ：期間Ⅱの終了の翌年度～運転開始年度

において、六ヶ所村に対しては平成14年度から、むつ市に対しては平成13年度から平成19年度までの間、東通村に対しては平成4年度から、大間町に対しては平成4年度からそれぞれ交付されています。

■対象市町村（平成24年2月1日現在）

立地　六ヶ所村、東通村、大間町、むつ市

■平成22年度までの交付実績　（百万円）

施設名	交付額
MOX燃料加工施設	2,433
次期低レベル放射性廃棄物埋設施設	1,118
東通原子力発電所（東北電力１号）	5,310
〃　（東北電力２号、東京電力１号、２号）	5,150
大間原子力発電所	5,848
使用済燃料中間貯蔵施設	2,466
計	22,325

２　●電源立地促進対策交付金相当部分

発電用施設の設置工事が開始される年度から、運転開始5年後までの期間において関係市町村等に対して、交付されています。

本県では、昭和63年度から六ヶ所村及び周辺市町村に対し、平成10年度から東通村及び周辺市町村に対し、平成16年度から大間町及び周辺市町村に対し、平成20年度からむつ市及び周辺市町村に対してそれぞれ交付されており、総額で943億円が交付されることになっています。

■対象市町村（平成24年2月1日現在）
立地：六ヶ所村、東通村、大間町、むつ市
周辺：三沢市、野辺地町、横浜町、東北町、十和田市、平内町、七戸町、六戸町、おいらせ町、風間浦村、佐井村

■平成22年度までの交付実績　（百万円）

施設名	交付額
ウラン濃縮工場、低レベル放射性廃棄物貯蔵センター	8,684
再処理工場	33,600
低レベル放射性廃棄物埋設センター２号廃棄物埋設施設 高レベル放射性廃棄物貯蔵管理センター　二期増設	2,251
MOX燃料加工施設	4,685
東通原子力発電所（東北電力１号）	11,550
〃　（東北電力１号）	4,270
大間原子力発電所	12,332
使用済燃料中間貯蔵施設	1,006
計	78,378

３　●原子力発電施設等周辺地域交付金相当部分

■平成22年度までの交付実績　（百万円）

交付金名	交付額
原子力発電施設等周辺地域交付金相当部分	71,608

原子力発電施設等周辺地域交付金相当部分

本県では、六ヶ所村及び周辺市町村に対し、平成元年度から交付されており、施設が運転を終了するまで交付されます。なお、東通村及び周辺市町村については、平成11年度から東通原子力発電所分を含めて交付金が算定されています。大間町及び周辺市町村については、平成20年度から大間原発について交付金が算定されています。むつ市及び周辺市町村については、平成22年度から使用済燃料中間貯蔵施設について交付金が算定されています。

対策市町村

■原子力施設周辺市町村（平成24年2月1日現在）

六ヶ所村、東通村、三沢市、野辺地町、横浜町、東北町、十和田町、むつ市、平内市、七戸町、六戸町、おいらせ町、大間町、風間浦村、佐井村

■原子力立地給付金交付事業（電気料金の割引）の内容

対象市町村	区分	交付単価（割引金額）	
六ヶ所村	一般家庭	契約１口当たり	2,281円／月
	企業等	契約１ｋｗ当たり	570円／月
東通村	一般家庭	契約１口当たり	2,075円／月
	企業等	契約１ｋｗ当たり	518円／月
野辺地町	一般家庭	契約１口当たり	1,350円／月
	企業等	契約１ｋｗ当たり	337円／月
東北町、平内市、七戸町、六戸町、おいらせ町、三沢市	一般家庭	契約１口当たり	750円／月
	企業等	契約１ｋｗ当たり	187円／月
大間町	一般家庭	契約１口当たり	3,000円／月
風間浦村	一般家庭	契約１口当たり	2,100円／月
佐井村	一般家庭	契約１口当たり	2,100円／月
	企業等	契約１ｋｗ当たり	525円／月

注）平成22年度交付単価

４　●電力移出県等交付金相当部分

県内の発電電力量が県内の消費電力量を1.5倍以上の比率で上回っていることなどの要件を満たしている場合に交付されるもので、本県には平成6年度から交付されています。なお、一部は所在市町村及び隣接町村等に「市町村枠」として交付されています。

対象市町村（平成24年2月1日現在）　ｓｈｅｅｔ４

■原子力施設周辺市町村

六ヶ所村、東通村、三沢市、野辺地町、横浜町、東北町、十和田市、むつ市、平内町、七戸町、六戸町、おいらせ町、大間町、風間浦村、佐井村

■その他（火力・水力）周辺市町村

青森市、黒石市、鰺ヶ沢町、深浦町、西目屋村、平川市、十和田市、三戸町、八戸市、五戸町、階上町、南部町

■平成22年度までの交付実績

交付金	交付額
電力移出県等交付金相当部分	25,751

5　●原子力発電施設等立地地域長期発展対策交付金相当部分
本県では、六ヶ所村及び東通村に対し平成９年度から交付されており、原子力発電施設等が運転を終了するまで交付されます。

■対象市町村　　　(平成24年２月１日)
立地：六ヶ所村、東通村
■平成22年度までの交付実績　　　(百万円)

施設名	交付額
原子燃料サイクル施設	3,315
東通原子力発電力(東北電力１号)	1,290
計	4,605

6　●核燃料サイクル施設交付金相当部分
核燃料サイクル施設の設備能力、稼働実績に応じて算定される交付金で、平成23年度に新設されました。

7　●水力発電施設周辺地域交付金相当部分
運転開始後15年以上経過し、算定電力量等が一定規模以上の水力発電施設が所在している市町村に対し交付されるもので、本県には、昭和56年度から交付されています。

■対象市町村　　　(平成24年２月１日)
青森市、黒石市、鰺ヶ沢町、深浦町、西目屋村、平川市、十和田市、三戸町
■平成22年度までの交付実績　　　(百万円)

交付金名	交付額
水力発電施設周辺地域交付金相当部分	2,465

8　■電源立地等推進対策交付金の活用
●原子力発電施設等立地地域特別交付金
原子力発電施設等の設置及び運転の円滑化のために交付金を交付することが特に必要な都道府県に対して、都道府県が作成する「地域振興計画※」に基づき交付されます。
本県では、これまでに２事業について交付を受けています。
※地域振興計画について
1) 事業地域の地域振興に寄与するための事業に関する計画であり、
2) 原子力発電施設等の所在市町村及び周辺市町村の行政運営に資するものであり、
3) 原子力発電施設等の設置及び運転の円滑化等に資するための計画です。
なお、都道府県が作成する「地域振興計画」については、計画の妥当性や地域振興への寄与度等について、外部の有識者の意見を聞くことになっています。

■平成22年度までの交付実績　　　(百万円)

事業名	交付額
青森県農業試験場（仮）整備事業	5,000
並行在来線（青い森鉄道線）八戸・青森間延伸開業事業	5,000
計	10,000

●核燃料サイクル交付金
プルサーマル実施の受け入れや核燃料サイクル施設の設置に同意した都道府県に対して、都道府県が作成する「地域振興計画」に基づき交付されます。なお、一部について、所在市町村及び隣接市町村に対し交付されています。

■対象市町村　(平成24年２月１日現在)
六ヶ所村、東通村、三沢市、野辺地町、横浜町、東北町、十和田市、むつ市、平内町、七戸町、六戸町、おいらせ町、大間町、風間浦村、佐井村
■平成22年度までの交付実績　(百万円)

交付金名	交付額
核燃料サイクル交付金	344

[（財）むつ小川原地域・産業振興財団の事業]
9　●地域・産業振興プロジェクト支援事業
原子燃料サイクル施設の立地への協力に関する調査研究やプロジェクト活動に、
基本協定書に基づいて、むつ小川原地域等の地域振興・産業振興に資するため、平成元年３月に（財）むつ小川原地域・産業振興財団が設立され、100億円基金の運用により産業団体や市町村を対象に、活力ある地域づくり、産業おこしをめざすための調査研究やプロジェクト活動に、平成元年度から資金助成を行っています。
これまで、県内各地で、広い範囲において活用され、地域おこしや産業づくりに大きな成果をあげています。

■地域・産業振興プロジェクト支援事業の状況

年度	件数	助成額（千円）
平成元～10年度	1,140	3,433,658
11年度	125	249,193
12年度	139	259,310
13年度	133	265,048
14年度	139	268,991
15年度	126	244,056
16年度	124	241,978
17年度	137	256,244
18年度	109	246,387
19年度	75	202,805
20年度	93	191,744
21年度	95	186,993
22年度	105	206,661
計	2,540	6,253,068

10　●原子燃料サイクル事業推進特別対策事業

平成6年度から、原子燃料サイクル施設の立地に伴う全県振興策の一環として、原子燃料サイクル施設に係る立地及び周辺市町村以外の市町村の行う、

①施設整備・企業導入事業
②基幹産業育成事業
③創意工夫事業
④既存施設更新事業

に対し助成金を交付しています。これまで、市町村においては、地域の特性を活かした住みよいまちづくりのための基盤整備や地場産業の育成等に助成金を活用しており、地域の自主性や創意工夫にも基づく自立的な地域振興を促進するうえで、極めて重要な役割を果たしています。

■原子燃料サイクル事業推進特別対策事業の状況

年度	件数	助成金	平成14年度	61	521,658
平成6年度	43	485,536	平成15年度	56	520,931
平成7年度	41	751,843	平成16年度	95	580,028
平成8年度	34	471,379	平成17年度	78	580,595
平成9年度	28	435,318	平成18年度	74	588,463
平成10年度	18	325,924	平成19年度	78	613,425
平成11年度	61	628,104	平成20年度	114	887,489
平成12年度	67	672,933	平成21年度	67	531,576
平成13年度	60	686,374	平成22年度	59	613,399
			計	1,034	9,894,975

■原子燃料サイクル施設の現状と計画　　（H 24.2月末現在）

施設名	再処理工場	高レベル放射性廃棄物貯蔵管理センター	MOX燃料工場	ウラン濃縮工場	低レベル放射性廃棄物埋設センター
建設地点	青森県上北郡六ヶ所村弥栄平地区			青森県上北郡六ヶ所村大石平地区	
施設の規模	最大再処理能力 800トンU/年 使用済燃料貯蔵容量3000トンU	返還廃棄物貯蔵容量ガラス固化体2880本	最大加工能力130トンHM/年	150トンSWU/年で操業開始　最終的には1500トンSWU/年規模	約20万立方㍍（200㍑ドラム缶約100万本分相当）最終的には約60万立方㍍（同約300万本相当）
用地面積	弥栄平約380万平方㍍（専用道路などを含む）			大石平約360万平方㍍（専用道路などを含む）	
建設・運転計画	・事業指定申請 平成元年3月30日 ・事業指定 平成4年12月24日 ・建設工事着工 平成5年4月28日 ・安全協定締結（燃焼度計測装置校正試験用使用済燃料の受入れ及び貯蔵） 平成10年7月29日 ・事業開始 平成11年12月3日 ・安全協定締結（使用済燃料の受入れ及び貯蔵） 平成12年10月12日 ・安全協定締結（ウラン試験） 平成16年11月22日 ・安全協定締結（アクティブ試験） 平成18年3月29日 ・再処理工場本体竣工 平成24年10月予定 ・再処理施設本体工事進捗率約99%	・事業許可申請（1440本分） 平成元年3月30日 ・事業許可 平成4年4月3日 ・建設工事着工 平成4年5月6日 ・安全協定締結 平成6年12月26日 ・操業開始 平成7年4月26日 ・事業変更許可申請（1440本分増設） 平成13年7月30日 ・事業変更許可 平成15年12月8日 ・事業変更許可申請（返還低レベル放射性廃棄物の受入れ・貯蔵及び最大保管廃棄能力向上） 平成22年10月20日	・事業許可申請 平成17年4月20日 ・事業許可 平成22年5月13日 ・建設工事着工 平成22年10月28日 ・竣工 平成28年3月予定	・事業許可申請（600トンSWU/年） 昭和62年5月26日 ・事業許可（600トンSWU/年） 昭和63年8月10日 ・建設工事着工 昭和63年10月14日 ・安全協定締結 平成3年7月25日 ・操業開始 平成4年3月27日 ・事業変更許可申請（450トンSWU/年） 平成4年7月3日 ・事業変更許可（450トンSWU/年） 平成5年7月12日 ・事業変更許可申請（新型遠心機への更新（75トンSWU/年）） 平成20年12月16日 ・事業変更許可（新型遠心機への更新（75トンSWU/年）） 平成22年1月21日 ・新型遠心機（初期導入前半分37.5トンSWU/年）運転（慣らし運転）開始 平成23年12月28日	・事業許可申請〔均一固型化廃棄体分約4万立方㍍（200㍑ドラム缶約20万本相当）〕 昭和63年4月27日 ・事業許可 平成2年11月15日 ・建設工事着工 平成2年11月30日 ・安全協定締結 平成4年9月21日 ・操業開始 平成4年12月8日 ・事業変更許可申請〔固体状廃棄体分約4万立方㍍（200㍑ドラム缶約20万本相当）〕平成9年1月30日 ・事業変更許可 平成10年10月8日
建設費	約2兆1,930億円	約1,250億円	約1,900億円	約2,500億円	約1,600億円

※：低レベル放射性廃棄物約20万立方㍍（200㍑ドラム缶約100万本相当）分の建設費

V－2-25

むつ小川原開発株式会社損益計算書

（単位：百万円）

	12期 1982	13期 1983	14期 1984	15期 1985	16期 1986	17期 1987	18期 1988	19期 1989	20期 1990	21期 1991	22期 1992	23期 1993	24期 1994	25期 1995	26期 1996	27期 1997	28期 1998	29期 1999
営業収益	329			0	17, 399	47, 078	8, 513	39	802	2, 948	947	2, 093	3, 596	2, 609	805	250	3, 940	139
営業費用	929	547	639	502	15, 964	43, 375	8, 062	652	1, 342	3, 337	1, 627	2, 690	3, 880	2, 895	1, 334	809	4, 214	360
営業損失	599	547	639	502				613	540	389	679	597	284	286	529	559	274	221
営業利益					1, 435	3, 702	451											
営業外収益	419	444	456	479	388	268	239	260	522	649	263	252	228	177	98	66	41	57
営業外費用	383	408	420	440	374	362	218	238	437	505	184	120	113	38	6	4	4	3
経常損失	563	511	603	463				590	454	245	599	465	169	147	437	497	237	166
経常利益					1, 449	3, 608	471											
特別利益				3								4		13	42	2	2	
特別損失			3	2	2	4	5	1	1	3	3	5	3	3	5	8	196	170, 283
税引前当期損失								592	455	249	603	466	172	137		504	431	170, 449
税引前当期利益	564					3, 604	466											
法人税還付額									31									
法人税及び住民税						1, 838	39	1								2	2	2
当期損失	564	512	606	462				593	424	249	603	466	172	137	400	506	433	170, 452
当期利益					1, 447	1, 765	426											
前期繰越損失	1, 057	1, 621	2, 134	2, 740	3, 202	1, 755			156	580	830	1, 433	1, 899	2, 071	2, 208	2, 608	3, 115	3, 548
前期繰越利益							10	436										
当期未処理損失	1, 621	2, 134	2, 740	3, 202	1, 755			156	580	830	1, 433	1, 899	2, 071	2, 208	2, 608	3, 115	3, 548	174, 001
当期未処理利益						10	436											

注 1）第 11 期以前は官報にデータが公表されていない。
出典：官報

V - 2-26

むつ小川原開発株式会社貸借対照表

				1期	2期	3期	4期	5期	6期	7期	8期	9期	10期	11期	12期
				1971	1972	1973	1974	1975	1976	1977	1978	1979	1980	1981	1982
資産の部	流動	現金・預金		852	2,056	2,449	3,864	5,292	6,830	7,686	6,467	7,908	8,527	9,173	9,845
		売掛金												1,793	
		有価証券													
		販売用不動産													
		未成不動産		329	2,879	18,283	26,351	34,631	42,950	51,076	58,772	69,247	91,739	95,509	111,063
		前払費用			50	242	439	589	777	778	797	1,125	1,227	1,265	
		未収入金					72	103							
		前渡金							329						
		その他流動資産		4	8	16	26	37	133	140	655	699	769	792	2,241
		その他													
		流動資産計		1,186	4,993	20,990	30,752	40,652	51,019	59,681	66,692	78,979	102,262	108,533	123,150
	固定	有形	建物		32	27	94	84	192	175	169	155	168	201	
			土地			104	119	238	249	249	249	234	208	208	
			減価償却累計額												
			構築物				9	33	32	28	24	22	22	20	
			減価償却累計額												
			機械装置				5	4	11	8	6	3	2	1	
			減価償却累計額												
			車両運搬具	11	8	13	9	8	13	11	7	13	14	15	
			減価償却累計額												
			工具器具備品	10	13	9	9	7	7	5	11	8	9	20	
			減価償却累計額												
			建設仮勘定			24	3		8		2	1			
			有形固定資産計	22	53	178	248	374	511	477	469	437	423	466	572
		無形	電話加入権	1	1	2	2	2	2	2	2	2	2	2	
			施設利用権	1	1	1	2	2	2	1	1				
			無形固定資産計	2	3	3	4	4	4	3	3	2	2	2	1
		投資その他	関係会社株式			10	10	10	10	10	10	10	10	20	
			投資有価証券	100	100	101	101	101	101	101	101	101	1	5	
			長期貸付金	40	41	43	48	56	74	165	181	191	185	183	
			長期前払費用						4	3	2	1	3	5	
			差入保証金・敷金	16	23	23	23	27	28	27	47	47	58	55	
			投資その他の資産計	155	164	176	182	194	216	306	342	350	257	268	298
		固定資産計		179	220	357	433	571	731	786	813	788	681	736	872
	繰延	創業費		5											
		開業費		133	330	569	848	1,444	2,398	3,157	4,003	4,948	4,201		
		繰延資産計		138	330	569	848	1,444	2,398	3,157	4,003	4,948	4,201		
	資産合計			1,502	5,543	21,915	32,034	42,668	54,148	63,623	71,509	84,715	107,145	109,269	124,023

			1期	2期	3期	4期	5期	6期	7期	8期	9期	10期	11期	12期
			1971	1972	1973	1974	1975	1976	1977	1978	1979	1980	1981	1982
負債の部	流動	1年以内に期限到来の長期借入金												
		短期借入金				400	400	1,757	6,221	233	28,951	8,488	8,582	7,098
		未払金				102	76	272	104	86	82	1,136	309	
		未払費用	1	1	59	89	111	148	189	197	220	256	224	
		前受金							163			17,490		
		預り金	2	2	3	3	3	3						
		賞与引当金												
		その他流動負債							4	169	66	11	13	230
		流動負債計	2	3	62	594	589	2,181	6,682	685	29,319	27,380	9,128	7,329
	固定	長期借入金		2,550	18,885	28,580	39,405	49,596	54,719	68,830	53,708	79,175	87,322	105,284
		退職金給与引当金			3	6	8	9	9	12	15	19	23	25
		土地造成見積										70	10,854	10,005
		固定負債計	0	2,550	18,888	28,586	39,413	49,604	54,728	68,841	53,723	79,264	98,198	115,315
	負債合計		2	2,553	18,950	29,180	40,002	51,785	61,410	69,527	83,042	106,644	107,327	122,644
資本の部	資本金		1,500	3,000	3,000	3,000	3,000	3,000	3,000	3,000	3,000	3,000	3,000	3,000
	余剰金													
	欠損金			-10	-35	-146	-335	-637	-786	-1,018	-1,327	-2,499	-1,058	-1,621
	資本合計		1,500	2,990	2,965	2,854	2,665	2,363	2,214	1,982	1,673	501	1,942	1,378
負債・資本合計			1,502	5,543	21,915	32,034	42,668	54,148	63,623	71,509	84,715	107,145	109,269	124,023

出典：官報

（単位：百万円）

13期	14期	15期	16期	17期	18期	19期	20期	21期	22期	23期	24期	25期	26期	27期	28期	29期
1983	1984	1985	1986	1987	1988	1989	1990	1991	1992	1993	1994	1995	1996	1997	1998	1999
11,937	12,596	14,565	11,331	11,753	11,577	13,383	13,204	8,444	10,072	9,460	6,534	1,095	1,024	1,175		
125,357	138,239	151,478	160,246	143,202	146,591	157,722	170,800	183,823	196,273	209,904	219,016	227,414	235,784	244,692		
2,411	2,454	2,658	2,210	1,882	1,944	2,444	3,447	2,649	2,374	3,283	5,600	3,009	1,049	1,081		
139,706	153,290	168,702	173,787	156,838	160,113	173,550	187,452	194,918	208,721	222,647	231,150	231,518	237,858	246,950	252,980	76,431
551	528	508	508	496	488	472	459	460	464	460	446	495	619	572	517	490
1	1	1	1	1	1	1	1	1	1	2	1	1	1	1	1	1
288	272	224	198	181	177	176	172	505	505	824	818	831	815	805	129	117
841	801	733	707	679	667	650	633	967	971	1,286	1,265	1,327	1,436	1,379	647	608
140,547	154,092	169,436	174,495	157,518	160,781	174,200	188,086	195,885	209,693	223,933	232,415	232,845	239,294	248,329	253,627	77,040

13期	14期	15期	16期	17期	18期	19期	20期	21期	22期	23期	24期	25期	26期	27期	28期	29期
1983	1984	1985	1986	1987	1988	1989	1990	1991	1992	1993	1994	1995	1996	1997	1998	1999
12,579	12,785	19,249	1,337	2,965	10,475	21,619	14,752	14,178	8,105	8,322	12,352	22,332	19,744	43,925		
			28,175	4,283												
272	209	200	1,709	2,932	149	282	178	290	517	833	364	213	175	907		
12,851	12,995	19,449	31,222	10,181	10,625	21,901	14,752	14,468	8,622	9,155	12,716	22,545	19,919	44,832	56,714	122,578
117,424	131,857	141,540	128,456	122,112	123,583	127,350	149,771	158,389	179,783	195,328	198,023	188,804	198,651	183,906		
32	37	44	48	58	72	82	95	107	122	132	150	176	187	167		
9,373	8,942	8,604	13,524	22,156	23,063	22,023	21,048	20,750	19,598	18,217	17,597	17,528	17,145	16,539		
126,829	140,837	150,189	142,028	144,326	146,719	149,456	170,914	179,247	199,504	213,677	215,770	206,508	215,984	200,613	194,462	122,463
139,681	153,832	169,639	173,251	154,507	157,344	171,357	185,667	193,715	208,126	222,832	228,486	229,053	235,903	245,445	251,176	245,041
3,000	3,000	3,000	3,000	3,000	3,000	3,000	3,000	3,000	3,000	3,000	6,000	6,000	6,000	6,000	6,000	6,000
				10	436											
-2,134	-2,740	-3,202	-1,755			-156	-580	-830	-1,433	-1,899	-2,071	-2,208	-2,608	-3,115	-3,548	-174,001
865	259	-202	1,244	3,010	3,426	2,843	2,419	2,169	1,566	1,101	3,929	3,792	3,391	2,884	2,451	-168,001
140,547	154,092	169,436	174,495	157,518	160,781	174,200	188,086	195,885	209,693	223,933	232,415	232,845	239,294	248,329	253,627	77,040

日本原燃損益計算書

科目			金額												
			昭和54年度	昭和55年度	昭和56年度	昭和57年度	昭和58年度	昭和59年度		昭和60年度		昭和61年度		昭和62年度	
			原燃サービス	原燃サービス	原燃サービス	原燃サービス	原燃サービス	原燃サービス	原燃産業	原燃サービス	原燃産業	原燃サービス	原燃産業	原燃サービス	原燃産業
			第１期	第２期	第３期	第４期	第５期	第６期	第１期	第７期	第２期	第８期	第３期	第９期	第４期
経常損益の部	営業損益の部	売上高													
		売上原価													
		製品期首たな卸高													
		当期製品製造原価													
		合計													
		製品期末たな卸高													
		売上総利益													
		売上総損失													
		販売費及び一般管理費						715		695	688	844	541	285	606
		役員報酬						331		171	223	157	170	31	201
		給料及び手当						137		156	58	174	62	48	78
		退職金										55		48	0
		退職給与引当金繰入額										5	0	0	7
		福利厚生費						12		20	13	20	10	5	12
		雑給									4		8		12
		消耗品費						23		25	51	48	30	10	27
		賃貸料						78		85	183	91	96	54	91
		旅費及び交通費						48		73	36	88	60	24	49
		通信費						11		14	12	17	5	5	5
		租税公課													
		減価償却費						5		5	17	5	7	3	5
		業務委託費									20		8		7
		広告宣伝費													
		研修費													
		研究費													
		寄付金													
		その他						67		140	68	180	79	51	107
		営業利益													
		営業損失						715		695	688	844	541	285	606
	営業外損益の部	営業外収益						591		565	626	490	302	187	155
		受取利息						172		109	618	59	302	6	155
		有価証券利息										0		0	
		有価証券売却益								169		229		58	
		運用基金信託収益金								164		103		60	
		貸付信託収益金								115		92		58	
		加工施設等廃止措置負担金													
		不動産賃貸料													
		業務受託料													
		為替差益													
		社宅使用料													
		施設等貸付料													
		再処理施設建設分担金													
		雑収益						418		7	7	4		3	
		営業外費用								74	16	146	39	48	64
		支払利息										0			
		社債利息													
		創立費償却									14		14		14
		株式交付費													
		新株発行費償却								74			25	48	50
		雑損失									2				
		社債発行費償却													
経常利益															
経常損失								124		203	78	500	278	146	515
特別損益の部		特別利益													
		前期損益修正益													
		加工施設等廃止措置引当金戻入額													
		特別損失													
		前期損益修正損													
		臨時償却費													
		建設仮勘定償却													
		厚生施設評価損・処分損													
		子会社株式評価損													
		固定資産除却損等													
		遠心分離機開発計画変更に伴う損失													
税引前当期純利益															
税引前当期純損失								124		203	78	500	278	146	515
法人税、住民税及び事業税										3		8	9	5	4
当期純利益															
当期純損失								124		207	78	509	288	152	519
前期繰越損失								730		855	32	1,062	110	1,572	399
当期未処理損失								855		1,062	110	1,572	399	1,724	919

注 1) データの欠如している年度についても、日本原燃本社にデータの提出を求めたが、「直近5年以外のデータは公表していない」という理由で、提供を断られた (2012年12月)。

（単位：百万円）

昭和63年度		平成元年度		平成2年度		平成3年度		平成4年度	平成5年度	平成6年度	平成7年度	平成8年度	平成9年度	平成10年度
原燃サービス	原燃産業	原燃サービス	原燃産業	原燃サービス	原燃産業	原燃サービス	原燃産業	日本原燃	日本原燃	日本原燃	日本原燃	日本原燃	日本原燃	日本原燃
第10期	第5期	第11期	第6期	第12期	第7期	第13期	第8期	第14期	第15期	第16期	第17期	第18期	第19期	第20期
								5,553	19,487	20,985	42,250	44,247	47,702	56,570
								7,733	22,560	22,526	32,160	34,987	37,183	
								7,733	22,560	22,527	32,160	34,987	37,183	43,422
								7,733	22,560	22,527	32,160	34,987	37,183	43,422
										0				
											10,089	9,259	10,518	13,148
								2,179	3,072	1,541				
216	651	200	788	191	876	187	1,152	357	803	1,291	3,095	6,149	6,629	5,849
24	232	27	324	27	300	30	329	51	111	128	172	274	256	216
39	91	26	87	24	98	24	121	63	150	197	197	1,163	1,037	955
16	0	0	0	4	30	0	186	30	42	228	42	283	129	119
0	3	0	9	0	1	0	1	1	3	4	5	45	16	22
4	16	5	20	5	36	5	57	17	33	85	108	468	432	401
	15		14		10									
12	34	10	30	8	27	8	29	24	37	43	36	127	130	100
49	100	51	112	45	151	47	170	43	63	81	84	349	316	275
15	53	14	65	13	63	14	76	35	82	89	100	273	224	212
4	5	4	6	3	6	4	8	5	9	12	19	40	34	34
2	4	2	4	2	4	1	3	1	15	34	126	345	340	347
27	8	35	15	35	38	26	43	31	136	179	162	492	641	435
											808	811	927	838
											746	838	924	807
														297
											238	36	464	428
19	82	21	98	19	105	24	124	50	116	206	245	549	751	355
											6,994	3,110	3,889	7,298
216	651	200	788	191	876	187	1,152	2,536	3,876	2,832				
141	157	201	202	6	468			112	165	122	12,634	12,624	12,703	12,712
	157	193	202	0	468		158	83	97	53	43	23	40	63
		2		5		5		1	23	4	0		1	1
0														
130														
7		0												
											12,500	12,500	12,500	12,500
3		5		0		1	158	28	44	64	90	100	161	147
48	64	97	610	48	24	48	59	2,936	6,841	7,378	13,882	13,321	13,813	16,403
							34	2,819	6,696	7,298	13,740	13,003	13,464	16,138
	14													
48	50	97	24	48	24	48	24	67	48	48				
							0	49	96	30	142	318	349	265
											5,746	2,412	2,778	3,607
123	557	96	610	234	432	228	1,052	5,360	10,552	10,088				
	58													
	58													
	0													
											5,746	2,412	2,778	3,607
123	499	96	610	234	432	228	1,052	5,360	10,552	10,088				
7	10	8	7	10	7	10	7	11	10	10	10	10	11	11
											5,735	2,402	2,767	3,596
131	509	104	618	245	440	239	1,060	5,371	10,563	10,099				
1,724	919	1,855	1,428	1,960	2,047	2,205	2,487	2,445	7,816	18,380	28,479	22,743	20,341	17,574
1,855	1,428	1,960	2,049	2,205	2,487	2,445	3,548	7,816	18,380	28,479	22,743	20,341	17,574	13,977

（単位：百万円）

		科目	金額												
			平成11年度	平成12年度	平成13年度	平成14年度	平成15年度	平成16年度	平成17年度	平成18年度	平成19年度	平成20年度	平成21年度	平成22年度	平成23年度
			日本原燃	日本原燃	日本原燃	日本原燃	日本原燃	日本原燃	日本原燃	日本原燃	日本原燃	日本原燃	日本原燃	日本原燃	日本原燃
			第21期	第22期	第23期	第24期	第25期	第26期	第27期	第28期	第29期	第30期	第31期	第32期	第33期
経常損益の部	営業損益の部	売上高	57,429	58,529	57,080			64,207	106,094	318,096	290,380	305,414	285,532	308,209	301,702
		売上原価	41,598	40,786	38,233			32,165	73,699	254,477	241,368	267,499	252,442	263,256	252,203
		製品期首たな卸高									3,232				
		当期製品製造原価	41,598	40,786	38,233						238,136	267,499	252,442	263,256	252,203
		合計	41,598	40,786	38,233						241,368	267,499	252,442	263,256	252,203
		製品期末たな卸高													
		売上総利益	15,831	17,742	18,847			32,042	32,395	63,619	49,012	37,914	33,089	44,952	49,499
		売上総損失													
		販売費及び一般管理費	8,074	6,926	8,241			7,291	7,483	14,549	18,859	19,231	17,700	25,106	23,780
		役員報酬	197	182	170						261	304			
		給料及び手当	880	689	689						2,891	2,783	2,642	2,633	2,495
		退職金	126	92	65						130	612	72	72	64
		退職給与引当金繰入額	25	107	95						188	184	198	175	146
		福利厚生費	355	240	643						1,357	1,391	1,315	1,303	1,359
		雑給													
		消耗品費	92	81	136						568	292			
		賃貸料	256	263	1,058						1,832	1,855	1,829	1,768	1,809
		旅費及び交通費	212	217	151						264	272			
		通信費	38	38	50						71	82			
		租税公課									689	675	663	1,035	1,036
		減価償却費	155	146	472						1,371	1,444	1,428	1,410	1,543
		業務委託費	467	892	647						5,288	4,651	3,131	2,548	3,522
		広告宣伝費	875	879	770						1,093	1,093	1,070	1,020	937
		研修費	871	828	1,128						482	528			
		研究費	2,797	1,595	1,428						1,196	1,928	3,004	10,328	7,774
		寄付金	402	398	386						407	365			
		その他	319	273	346						765	765	2,413	2,811	3,090
		営業利益	7,756	10,816	10,605			24,751	24,912	49,070	30,152	19,231	15,319	19,846	25,718
		営業損失													
	営業外損益の部	営業外収益	12,703	12,814	12,813			1,476	1,090	6,855	3,315	9,055	1,925	4,888	2,352
		受取利息	16	35	7			10	9	245	8	14	2	1	2
		有価証券利息									348	314	103	274	425
		有価証券売却益													
		運用基金信託収益金													
		貸付信託収益金													
		加工施設等廃止措置負担金										6,589		2,815	946
		不動産賃貸料									670	700	713	733	738
		業務受託料									1,442	1,338	696	936	93
		為替差益						999	331	1,010	308				
		社宅使用料						167	184	183	187				
		施設等貸付料						150	149	477	482				
		再処理施設建設分担金	12,500	12,500	12,500										
		雑収益	187	279	306			149	415	1,651	535	97	408	127	147
		営業外費用	20,950	25,177	26,087			26,418	24,555	27,993	25,150	23,252	21,207	20,905	16,810
		支払利息	19,740	22,685	23,492			22,203	21,212	26,375	24,217	22,422	20,411	18,486	16,149
		社債利息						318	431	634	615	553	554	554	556
		創立費償却													
		株式交付費												1,401	
		新株発行費償却			219										
		雑損失	1,210	2,478	2,375						317	276	241	463	105
		社債発行費償却		14				6	47						
経常利益									1,446	27,932	8,317	4,485		3,829	11,260
経常損失			489	1,546	2,667			190					3,902		
特別損益の部		特別利益						14,148	159,572	304		1,766			
		前期損益修正益						14,148	159,572	304					
		加工施設等廃止措置引当金戻入額										1,766			
		特別損失		5,667	4,030			13,866	160,961	7,219	10,648	1,543	2,148	3,416	8,562
		前期損益修正損							158,410						
		臨時償却費						10,589							
		建設仮勘定償却						1,345							
		厚生施設評価損・処分損						1,260							
		子会社株式評価損						671							
		固定資産除却損等							2,550	7,219	10,648	1,543	2,148	3,416	8,562
		遠心分離機開発計画変更に伴う損失		5,667	4,030										
税引前当期純利益								91	57	21,017		4,708		412	2,698
税引前当期純損失			489	7,214	6,698						2,331		6,111		
法人税、住民税及び事業税			11	11	10			9	9	1,937	9	166	9	9	9
当期純利益								82	48	19,080		4,541		402	2,689
当期純損失			500	7,225	6,708						2,340		6,120		
前期繰越損失			13,977	14,478	21,703			57,239	57,156						
当期未処理損失			14,478	21,703	28,412			57,156	57,108						

出典：日本原燃資料

V－2－28

日本原燃貸借対照表

（単位：百万円）

		昭和54年度	昭和55年度	昭和56年度	昭和57年度	昭和58年度	昭和59年度		昭和60年度		昭和61年度		昭和62年度	
		原燃サービス	原燃サービス	原燃サービス	原燃サービス	原燃サービス	原燃サービス	原燃産業	原燃サービス	原燃産業	原燃サービス	原燃産業	原燃サービス	原燃産業
		第１期	第２期	第３期	第４期	第５期	第６期	第１期	第７期	第２期	第８期	第３期	第９期	第４期
資産の部	現金及び預金						262		1,399	585	375	624	908	967
	譲渡性預金									7,400		2,100		2,900
	売掛金													
	有価証券						3,621		7,482	973	2,771		1,425	
	原材料													
	仕掛品													
	製品													
	貯蔵品													
	原材料及び貯蔵品													
	前払金													
	前払費用						18		21	28	29	25	35	22
	未収入金						64		50	37	34	1	65	0
	コマーシャルペーパー													
	その他流動資産						105		74	31	28	43	4	27
	流動資産合計						4,072		9,029	9,055	3,239	2,794	2,438	3,918
	建物						66		57	69	56	59	54	50
	構築物													
	機械装置													
	車両及び運搬具						4		11	4	7	2	5	1
	器具及び備品						22		20	38	23	31	31	25
	土地													
	リース資産													
	建設仮勘定						3,363		7,972	807	42,000	23,889	81,382	41,058
	有形固定資産合計						3,457		8,061	919	42,087	23,984	81,473	41,136
	特許権													
	ソフトウェア													
	電話加入権						4		4	2	4	2	4	3
	施設利用権										1		1	
	その他													
	無形固定資産合計						4		4	2	5	2	5	3
	投資有価証券						2,269		1,764		1,266	2	1,264	
	関係会社株式												2	2
	従業員に対する長期貸付金													
	長期前払費用													
	廃止措置資産													
	敷金及び保証金								377	173	516	174	595	173
	その他投資等						366		2,141	0	115	3	143	8
	貸倒引当金（貸方）													
	投資その他の資産合計						2,636		2,141	174	1,898	179	2,005	184
	固定資産合計						6,097		10,207	1,096	43,990	24,166	83,485	41,324
	創立費									42		28		14
	新株発行費											50	97	74
	繰延資産合計									42		78	97	88
	資産合計						10,170		19,236	10,193	47,230	27,039	86,021	45,331
負債及び純資産の部	買掛金								1		5		2	
	短期借入金													
	1年以内に償還予定の社債													
	1年以内に返済予定の長期借入金													
	リース債務													
	未払金						399		217	279	1,705		1,151	696
	未払費用						26		25	17	47		49	137
	未払住民税												7	
	未払法人税等													4
	繰延税金負債													
	未払事業税													1
	前受金													
	再処理料金前受金													
	預かり金						13		12	8	14		16	10
	前受収益													
	その他流動負債						585		41		15			
	流動負債合計						1,025		299	304	1,787		1,226	850
	社債													
	長期借入金										7,000		26,500	15,100
	リース債務													
	長期未払金													293
	退職給付引当金										14		18	7
	再処理役務料金前受金													
	濃縮役務料金前受金													
	加工施設等廃止措置引当金													
	資産除去債務													
	その他固定負債													
	固定負債合計										7,014		26,518	15,400
	負債合計						1,025		299	304	8,802		27,745	16,251
	資本金						10,000		20,000	10,000	40,000		60,000	30,000
	資本準備金													
	資本剰余金合計													
	繰越利益剰余金													
	利益剰余金合計													
	評価・換算差額等													
	繰越ヘッジ損益													
	当期未処理損失						855		1,062	110	1,572		1,724	919
	欠損金合計						855		1,062	110	1,572		1,724	919
	資本合計						9,144		18,937	9,889	38,427		58,275	29,080
	負債・資本合計						10,170		19,236	10,193	47,230		86,021	45,331
	株主資本合計													
	純資産合計													
	負債及び純資産合計													

注1）データの欠如している年度についても、日本原燃本社にデータの提出を求めたが、「直近5年以外のデータは公表していない」という理由で、提供を断られた（2012年12月）。

		昭和63年度		平成1年度		平成2年度		平成3年度		平成4年度	平成5年度	平成6年度	平成7年度	平成8年度
		原燃サービス	原燃産業	原燃サービス	原燃産業	原燃サービス	原燃産業	原燃サービス	原燃産業	日本原燃	日本原燃	日本原燃	日本原燃	日本原燃
		第10期	第5期	第11期	第6期	第12期	第7期	第13期	第8期	第14期	第15期	第16期	第17期	第18期
資産の部	現金及び預金	3,661	1,157	4,343	1,044	3,325	1,022	3,782	994	13,553	13,780	13,933	15,034	12,245
	譲渡性預金		1,800		1,800		5,200		6,000					
	売掛金									2,371	1,872	2,334	4,443	3,866
	有価証券	173		72		132		139						
	原材料													
	仕掛品								92	3,963	1,941	4,798	4,247	5,118
	製品												-	
	貯蔵品								144	332	401	534	565	1,172
	原材料及び貯蔵品													
	前払金													
	前払費用	45	26	50	30	66	63	76	74	231	247	280	301	213
	未収入金	12	0	124	45	29	106	46	1,102	422	1,626	2,043	8,036	1,742
	コマーシャルペーパー			992										
	その他流動資産	9	69	231	49	371	131	505	703	1,243	110	27	102	579
	流動資産合計	3,902	3,053	5,813	2,970	3,924	6,523	4,549	9,111	22,118	19,980	23,953	32,732	24,937
	建物	81	82	73	75	68	67	65	18,052	25,494	29,757	72,769	83,855	88,726
	構築物								4,059	28,345	27,649	37,784	38,693	39,454
	機械装置								46,054	73,912	88,455	136,182	143,254	132,020
	車両及び運搬具	3	4	1	3	1	2		16	141	203	196	147	94
	器具及び備品	26	21	22	18	20	19	16	268	1,099	1,515	2,001	2,011	2,184
	土地	6	0	0	0	6	0	6	29,268	36,159	38,217	75,516	75,516	75,821
	リース資産													
	建設仮勘定	110,987	53,295	159,912	90,989	206,630	134,035	248,274	77,781	396,898	561,726	581,508	696,762	827,763
	有形固定資産合計	111,105	53,404	160,017	91,087	206,727	134,125	248,364	175,501	562,049	747,524	905,960	1,040,241	1,165,865
	特許権													
	ソフトウェア													
	電話加入権	5	4	5	4	5	8	5	9	18	18	21	28	27
	施設利用権	2		2		1		1	88	84	93	144	138	129
	その他									8	8	8	8	8
	無形固定資産合計	7	4	7	4	7	8	7	97	111	120	173	176	165
	投資有価証券	0		48	32	48	32	48	32	20	55	55	55	55
	関係会社株式	4	4	4	4	4	4	4	4	89	294	294	294	294
	従業員に対する長期貸付金													
	長期前払費用													
	廃止措置資産													
	敷金及び保証金	758	200	757	210	764	229	845	245	1,279	1,371	1,333	1,348	1,310
	その他投資等	161	28	137	28	178	37	145	37	228	213	192	197	209
	貸倒引当金（貸方）													
	投資その他の資産合計	924	232	948	274	995	303	1,043	319	1,616	1,933	1,875	1,894	1,869
	固定資産合計	112,037	53,641	160,973	91,366	207,730	134,435	249,415	175,918	563,777	749,579	908,009	1,042,312	1,167,900
	創立費													
	新株発行費	48	24	97		48	49		24	97	48			
	繰延資産合計	48	24	97		48	49		24	97	48			
	資産合計	115,988	56,720	166,884	94,337	211,704	141,009	253,965	185,055	585,993	769,609	931,963	1,075,044	1,192,838
負債及び純資産の部	買掛金	1		3		8		5	30	16	6	23	76	317
	短期借入金											16,000	-	
	1年以内に償還予定の社債													
	1年以内に返済予定の長期借入金					357	240	1,142	733	3,822	7,983	16,264	25,912	34,063
	リース債務													
	未払金	1,685	720	4,693	2,719	2,742	889	2,974	4,788	6,485	10,016	12,356	11,705	13,132
	未払費用	80	228	82	617	73	1,485	68	1,936	3,641	5,315	7,269	8,480	8,953
	未払住民税	7		8		10		10	7	11	10	10		
	未払法人税等		7		7		7						10	10
	繰延税金負債													
	未払事業税		1		1		1							
	前受金													
	再処理料金前受金													
	預かり金	16	11	21	18	25	22	21	22	58	52	50	73	57
	前受収益													
	その他流動負債	25	0		0		0	426	2	934	2,199	3,502	75	31
	流動負債合計	1,817	969	4,808	3,365	3,217	2,647	4,649	7,521	14,970	25,585	55,477	46,334	56,566
	社債													
	長期借入金	56,000	27,000	84,000	55,000	130,643	84,760	171,701	117,027	406,205	580,221	720,957	867,044	977,981
	リース債務													
	長期未払金		169				55			705	3,036	5,599	7,939	4,010
	退職給付引当金	26	9	36	18	48	34	60	54	141	246	299	336	369
	再処理役務料金前受金													
	濃縮役務料金前受金				8,000		16,000		24,000	31,788	38,899	38,109	36,134	34,252
	加工施設等廃止措置引当金													
	資産除去債務													
	その他固定負債													
	固定負債合計	56,026	27,179	84,036	63,018	130,691	100,849	171,761	141,084	438,840	622,403	764,965	911,453	1,016,613
	負債合計	57,844	28,149	88,844	66,384	133,909	103,497	176,410	148,603	453,810	647,989	820,442	957,788	1,073,180
	資本金	60,000	30,000	80,000	30,000	80,000	40,000	80,000	40,000	140,000	140,000	140,000	140,000	140,000
	資本準備金													
	資本剰余金合計													
	繰越利益剰余金													
	利益剰余金合計													
	評価・換算差額等													
	繰越ヘッジ損益													
	当期未処理損失	1,855	1,428	1,960	2,047	2,205	2,487	2,445	3,548	7,816	18,380	28,479	22,743	20,341
	欠損金合計	1,855	1,428	1,960	2,047	2,205	2,487	2,445	3,548	7,816	18,380	28,479	22,743	20,341
	資本合計	58,144	28,571	78,039	27,952	77,794	37,512	77,554	36,451	132,183	121,619	111,520	117,256	119,658
	負債・資本合計	115,988	56,720	166,884	94,337	211,704	141,009	253,965	185,055	585,993	769,609	931,963	1,075,044	1,192,838
	株主資本合計													
	純資産合計													
	負債及び純資産合計													

出典：日本原燃資料

成9年度	平成10年度	平成11年度	平成12年度	平成13年度	平成14年度	平成15年度	平成16年度	平成17年度	平成18年度	平成19年度	平成20年度	平成21年度	平成22年度	平成23年度
日本原燃	日本原燃	日本原燃	日本原燃	日本原燃	日本原燃	日本原燃	日本原燃	日本原燃	日本原燃	日本原燃	日本原燃	日本原燃	日本原燃	日本原燃
19 期	第 20 期	第 21 期	第 22 期	第 23 期	第 24 期	第 25 期	第 26 期	第 27 期	第 28 期	第 29 期	第 30 期	第 31 期	第 32 期	第 33 期
13, 540	8, 704	10, 491	12, 179	5, 890			28, 320	22, 640	29, 494	9, 978	3, 928	4, 619	45, 170	5, 424
12, 752	14, 341	13, 861	5, 883	6, 335			4, 556	85, 726	6, 284	7, 012	6, 963	4, 099	4, 775	4, 389
									39, 993	65, 874	61, 900	44, 200	400, 287	435, 518
										1, 396				
5, 558	5, 192	13, 573	41, 161	75, 876			163, 937	5, 539	9, 610	18, 450	17, 696	22, 411	22, 139	28, 429
									3, 232					
1, 665	1, 743	1, 794	2, 081	2, 072			8, 135	9, 051	18, 131	20, 159		34, 445	39, 850	44, 391
											27, 046			
							7	15	143					
86	97	57	140	44			120	743	745	779	812	834	731	725
1, 593	3, 474	1, 401	1, 149	4, 132			4, 438	2, 744	12, 202	5, 984	11, 966	3, 554	3, 248	96
88	2, 915	940	638	1, 717			5, 922	5, 869	2, 302	1, 267	1, 737	707	1, 803	1, 095
35, 286	36, 468	42, 120	63, 235	96, 068			215, 437	132, 331	122, 139	130, 903	132, 051	114, 872	518, 006	520, 070
94, 438	93, 695	195, 946	192, 849	187, 346			176, 119	169, 900	163, 193	157, 306	154, 083	147, 811	141, 888	147, 873
39, 113	38, 846	68, 060	72, 059	69, 934			64, 892	68, 874	68, 267	65, 434	61, 252	57, 523	56, 551	52, 691
161, 736	191, 653	326, 726	304, 864	271, 322			176, 918	153, 387	126, 045	107, 640	91, 095	73, 377	55, 386	80, 513
54	89	372	308	225			48	40	37	29	59	60	222	330
1, 984	1, 956	3, 906	4, 434	3, 885			2, 330	3, 484	4, 170	3, 424	3, 841	3, 637	3, 382	3, 220
76, 140	76, 839	77, 353	78, 050	79, 504			78, 774	78, 601	78, 598	78, 598	78, 598	78, 770	78, 768	78, 759
											894	3, 001	2, 472	2, 345
907, 747	1, 021, 587	945, 203	1, 149, 185	1, 340, 187			1, 690, 184	1, 815, 937	1, 719, 992	1, 628, 833	1, 539, 939	1, 474, 105	1, 401, 004	1, 291, 690
281, 214	1, 424, 668	1, 617, 568	1, 801, 752	1, 952, 406			2, 189, 267	2, 290, 226	2, 160, 304	2, 041, 267	1, 929, 764	1, 838, 289	1, 739, 676	1, 657, 424
												1	0	0
			62	144			421	940	1, 604	2, 772	2, 452	2, 048	3, 438	2, 662
28	29	29	29	29			30	32	32	32	32	32	32	32
118	107	107	95	83			42	31	21	15	11	7	6	5
8														
155	136	136	187	257			493	1, 004	1, 657	2, 770	2, 495	2, 089	3, 477	2, 700
55	55	55	55	55			144	144	55	55	55	55	55	55
294	1, 494	1, 494	1, 494	1, 494			773	773	862	902	902	902	902	1, 780
												9	16	21
				68, 150			175, 594	183, 237	177, 175	170, 810	154, 122	137, 613	121, 060	105, 082
												－	532, 335	543, 528
1, 306	1, 346	1, 125	1, 095	685						373	358			
609	672	767	1, 027	708			542	1, 095	749	342	307	623	580	578
			▲ 75	▲ 69			▲ 62	▲ 51	▲ 55	▲ 52	▲ 55	▲ 55	▲ 56	▲ 57
2, 264	3, 568	3, 442	3, 597	71, 024			176, 991	185, 198	178, 787	172, 431	155, 689	139, 148	654, 893	650, 988
283, 635	1, 428, 373	1, 621, 147	1, 805, 537	2, 023, 687			2, 366, 753	2, 476, 429	2, 340, 749	2, 216, 469	2, 087, 949	1, 979, 527	2, 398, 047	2, 311, 114
318, 922	1, 464, 842	1, 663, 268	1, 868, 773	2, 119, 755			2, 582, 190	2, 608, 761	2, 462, 889	2, 347, 373	2, 220, 000	2, 094, 400	2, 916, 054	2, 831, 184

216	45	56	14	213			2, 094	425	813	897	1, 446	1, 123	1, 312	3, 179
				37, 000								7, 000		
									5, 400					
42, 579	56, 254	97, 039	99, 702	121, 770			116, 349	117, 890	118, 722	130, 758	131, 289	147, 206	116, 398	149, 978
											147	634	635	715
11, 314	15, 291	17, 991	21, 918	26, 267			22, 191	33, 643	94, 852	49, 786	57, 061	50, 872	37, 542	50, 626
9, 338	9, 208	9, 092	9, 039	8, 971			7, 763	7, 538	6, 984	7, 579	6, 863	6, 471	6, 077	5, 428
11	11	11	11	10			570	258	1, 764	48	396	323	611	435
									179					
							792	12, 147		6, 335		865		
								1, 093, 888	1, 020, 555	947, 222	873, 888	800, 555	727, 222	653, 888
46	55	48	52	57			65	72	81	83	262	92	99	100
							0	0				0	0	0
3	601	602	601	1			244	0	7	7	40	4	650	924
63, 510	81, 467	124, 841	131, 338	194, 292			150, 072	1, 265, 865	1, 249, 359	1, 142, 718	1, 071, 397	1, 015, 151	890, 550	865, 279
			5, 400	5, 400			30, 400	40, 400	35, 000	35, 000	35, 000	35, 000	35, 000	35, 000
045, 225	1, 069, 839	1, 053, 428	1, 082, 325	1, 050, 188			1, 118, 316	1, 094, 626	1, 001, 304	986, 445	926, 406	863, 649	871, 251	802, 273
											791	2, 515	1, 949	1, 718
5, 187	7, 286	10, 255	8, 603	6, 472			6, 256	59, 901	6, 758	7, 141	7, 520	7, 716	15, 113	6, 941
		607												
457	543		1, 237	2, 056			4, 268	4, 799	5, 269	5, 907	6, 567	7, 456	8, 034	8, 319
50, 000	150, 589	322, 414	498, 217	699, 100			1, 115, 903							
32, 115	29, 093	26, 198	23, 352	20, 553			13, 633							
									2, 960	10, 527	8, 143	4, 858	22, 438	25, 443
													513, 260	525, 065
							496	276						
132, 986	1, 257, 351	1, 412, 904	1, 619, 137	1, 783, 875			2, 289, 275	1, 200, 003	1, 051, 292	1, 045, 023	984, 430	921, 196	1, 467, 048	1, 404, 761
196, 496	1, 338, 819	1, 537, 746	1, 750, 476	1, 978, 168			2, 439, 347	2, 465, 869	2, 300, 651	2, 187, 741	2, 055, 827	1, 936, 348	2, 357, 598	2, 270, 040
140, 000	140, 000	140, 000	140, 000	170, 000			200, 000	200, 000	200, 000	200, 000	200, 000	200, 000	400, 000	400, 000
													200, 000	200, 000
													200, 000	200, 000
										▲ 40, 368	▲ 35, 827	▲ 41, 947	▲ 41, 544	▲ 38, 855
							▲ 57, 156	▲ 57, 108	▲ 38, 027	▲ 40, 368	▲ 35, 827	▲ 41, 947	▲ 41, 544	▲ 38, 855
									265					
									265					
17, 574	13, 977	14, 478	21, 703	28, 412										
17, 574	13, 977	14, 478	21, 703	28, 412										
122, 425	126, 022	125, 521	118, 296	141, 587										
318, 922	1, 464, 842	1, 663, 268	1, 868, 773	2, 119, 755										
									161, 972	159, 631	164, 172	158, 052	558, 455	561, 144
							142, 843	142, 891	162, 237	159, 631	164, 172	158, 052	558, 455	561, 144
							2, 582, 190	2, 608, 761	2, 462, 889	2, 347, 373	2, 220, 000	2, 094, 400	2, 916, 054	2, 831, 184

V－2－29

青森県知事選結果一覧

1967年2月26日

当落	得票数	得票率	候補者	党派(推薦)	知事歴
○	340,082	70.56%	竹内俊吉	自民	現職
	112,279	23.30%	千葉民蔵	社会	新人
	29,588	6.14%	沢田半右衛門	共産	新人

1971年1月31日

当落	得票数	得票率	候補者	党派(推薦)	知事歴
○	372,862	62.44%	竹内俊吉	自民	現職
	224,295	37.56%	米内山義一郎	無所属	新人

1975年2月22日

当落	得票数	得票率	候補者	党派(推薦)	知事歴
○	354,540	66.66%	竹内俊吉	自民	現職
	112,749	21.20%	関晴正	社会	新人
	64,549	12.14%	須藤昭四郎	共産	新人

1979年2月4日

当落	得票数	得票率	候補者	党派(推薦)	知事歴
○	378,522	73.77%	北村正哉	自民	新人
	134,597	26.23%	須藤昭四郎	共産	新人

1983年2月6日

当落	得票数	得票率	候補者	党派(推薦)	知事歴
○	409,404	70.52%	北村正哉	自民	現職
	122,408	21.08%	佐川礼三郎	清潔で豊かな青森県政を作る会	新人
	48,770	8.40%	沢田半右衛門	共産	新人

1987年2月1日

当落	得票数	得票率	候補者	党派(推薦)	知事歴
○	326,817	61.64%	北村正哉	自民	現職
	165,642	32.14%	関晴正	社会	新人
	37,441	7.12%	沢谷忠則	共産	新人

1991年2月3日

当落	得票数	得票率	候補者	党派(推薦)	知事歴
○	325,985	43.96%	北村正哉	自民	現職
	247,929	33.44%	金沢茂	無所属	新人
	167,558	22.60%	山崎竜男	無所属	新人

1995年2月5日

当落	得票数	得票率	候補者	党派（推薦）	知事歴
○	323, 928	45. 59%	木村守男	無所属	新人
	297, 761	41. 91%	北村正哉	無所属	現職
	59, 101	8. 32%	大下由宮子	無所属	新人
	29, 759	4. 19%	西脇洋子	みんなの会	新人

1999年1月31日

当落	得票数	得票率	候補者	党派（推薦）	知事歴
○	423, 086	78. 51%	木村守男	無所属	現職
	89, 010	16. 52%	今村修	社民	新人
	36, 825	4. 98%	飯田洋一	無所属	新人

2003年1月26日

当落	得票数	得票率	候補者	党派（推薦）	知事歴
○	313, 312	53. 59%	木村守男	無所属（自民・公明・保守新推薦）	現職
	229, 218	39. 20%	横山北斗	無所属（民主・自由・無所会推薦）	新人
	34, 970	5. 98%	平野良一	無所属（共産・社民推薦）	新人
	7, 184	1. 23%	石舘恒治	無所属	新人

2003年6月29日

当落	得票数	得票率	候補者	党派（推薦）	知事歴
○	296, 828	48. 30%	三村申吾	無所属（自民・公明・保守新推薦）	現職
	276, 592	45. 01%	横山北斗	無所属(民主・自由・社民・無所会推薦)	新人
	21, 709	3. 53%	柏谷弘陽	無所属	新人
	19, 423	3. 16%	高柳博明	共産	新人

2007年6月3日

当落	得票数	得票率	候補者	党派（推薦）	知事歴
○	351, 831	79. 31%	三村申吾	無所属（自民、公明推薦）	現職
	48, 758	10. 99%	堀幸光	共産	新人
	43, 053	9. 70%	西谷美智子	無所属	新人

2011年6月5日

当落	得票数	得票率	候補者	党派（推薦）	知事歴
○	349, 274	74. 53%	三村申吾	無所属（自民・公明推薦）	現職
	83, 374	17. 79%	山内崇	無所属（民主・国民新推薦）	新人
	35, 972	7. 68%	吉俣洋	共産	新人

出典：選挙の記録（青森県選挙管理委員会）

V－2-30

六ヶ所村長選結果一覧

1967年1月11日　投票率90.20%

当落	得票数	候補者	党派（推薦）	知事歴
○	5,647	長谷川信平	無所属	新人
	5,486	田中正二	無所属	新人

1969年12月20日　投票率84.26%

当落	得票数	候補者	党派（推薦）	知事歴
○	3,033	寺下力三郎	無所属	新人
	2,927	沼尾秀夫	無所属	新人

1973年12月2日　投票率90.47%

当落	得票数	候補者	党派（推薦）	知事歴
○	2,566	古川伊勢松	無所属	新人
	2,487	寺下力三郎	無所属	現職
	1,863	沼尾秀夫	無所属	新人

1977年12月4日　投票率90.04%

当落	得票数	候補者	党派（推薦）	知事歴
○	3,999	古川伊勢松	無所属	現職
	3,074	寺下力三郎	無所属	元職

1981年12月6日　投票率92.58%

当落	得票数	候補者	党派（推薦）	知事歴
○	4,378	古川伊勢松	自民	現職
	3,291	橋本嵩	無所属	新人
	212	寺下力三郎	無所属	元職

1985年12月1日　投票率83.78%

当落	得票数	候補者	党派（推薦）	知事歴
○	4,343	古川伊勢松	自民	現職
	2,469	滝口作兵エ	無所属	新人
	80	中村雄喜	無所属	新人

1989年12月10日　投票率94.02%

当落	得票数	候補者	党派（推薦）	知事歴
○	3,820	土田浩	無所属	新人
	3,514	古川伊勢松	自民	現職
	341	高梨酉蔵	無所属	新人

1993年12月5日　投票率68.00%

当落	得票数	候補者	党派（推薦）	知事歴
○	4,196	土田浩	無所属	現職
	1,252	高田與三郎	無所属	新人

1997年11月30日　　投票率95.42%

当落	得票数	候補者	党派(推薦)	知事歴
○	4,407	橋本寿	無所属	新人
	3,850	土田浩	無所属	現職
	84	高田与三郎	無所属	新人

2001年11月25日　　投票率88.96%

当落	得票数	候補者	党派(推薦)	知事歴
○	5,598	橋本寿	無所属	現職
	2,401	古泊宏	無所属	新人
	77	高田与三郎	無所属	新人

2002年7月7日　　投票率73.80%

当落	得票数	候補者	党派(推薦)	知事歴
○	5,114	古川健治	無所属	新人
	1,339	大関正光	無所属	新人
	170	高田与三郎	無所属	新人

2006年6月20日　　投票率62.41%

当落	得票数	候補者	党派(推薦)	知事歴
○	5,393	古川健治	無所属	現職
	374	梅北陽子	無所属	新人

2010年6月20日　　投票率60.31%

当落	得票数	候補者	党派(推薦)	知事歴
○	5,106	古川健治	無所属	現職
	274	梅北陽子	無所属	新人

出典：核燃問題情報第42号, 1994年2月1日
選挙の記録(青森県選挙管理委員会)
東奥日報, 1997年12月1日朝刊
web東奥, 2001年11月25日, 2002年7月7日

第３章　意識調査結果

Ⅴ-3-1　青森県六ヶ所村「まちづくりとエネルギー政策についての住民意識調査」
（単純集計表）

Ⅴ－３－１　青森県六ヶ所村「まちづくりとエネルギー政策についての住民意識調査」（単純集計表）

2003年12月

法政大学社会学部 舩橋晴俊 研究室

■調査の概要

本調査は、青森県上北郡六ヶ所村における今後のまちづくりとエネルギー政策について、既存の様々な地域開発に関する調査や当該地域における調査をふまえて、現時点での住民意識を明らかにすべく、実施したものである。

なお、本調査は、他からの依頼によるものではなく、当研究室が学術的関心に立脚して、独自に企画し、実施したものである。

調査の方法、期間及び規模は以下の通りである。

①調査方法
- 六ヶ所村選挙人名簿をもとに等間隔抽出法を用いてサンプリングを実施した
- 調査票の配布、回収は郵送留置法を用いた

②調査期間
- サンプリング　2003年7月7日
- 調査依頼状の送付　2003年8月22日
- 調査票の送付　2003年8月28日
- 回収期間　2003年9月6日～9日（不在者には郵送回収を依頼）

③調査規模
- 調査票配布数　502通
  - 有効回収数　311通　回収率62.0%
  - 無効回収数　2通
  - 回収不可　189通

※不可理由の割合は以下の通りである

回答拒否・面会拒否	32.3%
回答不可	7.4%
出稼ぎ・就学などの長期不在	17.5%
既転居	16.9%
不在（長期不在ではない）	24.3%
その他	1.6%

■調査結果単純集計

［問１］あなたの性別に○をつけてください。

問1：性別

	度数	割合
男性	140	45.02%
女性	171	54.98%
計	311	100%

［問２］あなたの年齢について、あてはまるものに○をつけてください。

問2：年齢

	度数	割合		度数	割合
20代	55	17.68%	50代	59	18.97%
30代	53	17.04%	60代	37	11.90%
40代	65	20.90%	70代	42	13.50%
			計	311	100%

［問３］あなたのお住まいはどちらですか。あてはまるもの一つに○をつけてください。

問3：居住地区

	度数	割合		度数	割合		度数	割合
泊	91	29.26%	室ノ久保	4	1.29%	千歳	5	1.61%
石川	3	0.96%	戸鎖	11	3.54%	千歳平	24	7.72%
出戸	11	3.54%	千樽	3	0.96%	庄内	11	3.54%
尾駮	58	18.65%	鷹架	0	0.00%	六原	3	0.96%
二又	8	2.57%	平沼	34	10.93%	端	3	0.96%
雲雀平	1	0.32%	豊原	2	0.64%	倉内	29	9.32%
弥栄平	1	0.32%	睦栄	1	0.32%	中志	6	1.93%
						その他	2	0.64%
						計	311	100%

［問４］あなたは六ヶ所村にいつからお住まいですか。あてはまるもの一つに○をつけてください。

問4：居住年数

		度数	割合
(1)生まれてからずっと		110	35.37%
(2)３年未満		23	7.40%
(3)３年以上１０年未満		26	8.36%
(4)１０年以上２０年未満		21	6.75%
(5)２０年以上３０年未満		23	7.40%
(6)生まれてからずっとではないが３０年以上		51	16.40%
(7)村の出身だが一時よそで暮らしたこともあり、また村にもどってきた		54	17.36%
(8)その他		2	0.64%
無回答		1	0.32%
	計	311	100%

＜つぎに、地域社会における日常の生活についてお聞きします＞

［問５］あなたは六ヶ所村での生活についてどのように感じていますか。以下から一つ選んでください。

問5：生活満足度

	度数	割合
(1)とても満足している	19	6.11%
(2)まあ満足している	165	53.05%
(3)やや不満	98	31.51%
(4)とても不満	28	9.00%
無回答	1	0.32%
計	311	100%

［問６］あなたの暮らしむきのなかで、お宅の収入にどれほど満足していますか。一つ選んでください。

問6：収入満足度

	度数	割合
(1)非常に満足	6	1.93%
(2)まあ満足	104	33.44%
(3)少し不満	86	27.65%
(4)非常に不満	60	19.29%
(5)どちらともいえない	52	16.72%
無回答	3	0.96%
計	311	100%

［問７］あなたは六ヶ所村で生活していて、町内会（あるいは常会）についてどうお考えですか。以下からあなたのお考えに近いものを一つ選んでください。

問７：町内会観

	度数	割合
(1)生活上の諸問題を解決するために町内会、常会が必要である	101	32.48%
(2)土地のしきたりとして町内会、常会があるのだからそのしきたりに従っていればよい	54	17.36%
(3)わずらわしいので、できればない方がよい	28	9.00%
(4)町内会、常会ではなく、もっと自由に村民の組織や運動が必要である	24	7.72%
(5)生活をよくするためには新しい住民組織が必要だが、あまり政治的でない方がよい	98	31.51%
無回答	6	1.93%
計	311	100%

［問８］あなたはこの一年間（去年の９月頃から今まで）の間にどのような活動に参加しましたか。
　　　　実際に、活動に参加したことがあるものを、すべて選んで○をつけてください。

問8：地域活動への参加

	度数	割合		度数	割合
(1)町内会、常会	83	26.69%	(9)労働組合	5	1.61%
(2)PTA活動	44	14.15%	(10)農協、漁協	29	9.32%
(3)商店会、同業組合	16	5.14%	(11)氏子会、お神楽の会	10	3.22%
(4)サークル活動、趣味の会、スポーツ団体	49	15.76%	(12)議員などの後援会、政党	22	7.07%
(5)老人クラブ	18	5.79%	(13)宗教団体	1	0.32%
(6)婦人会	19	6.11%	(14)ボランティア団体	18	5.79%
(7)青年団、青年会	4	1.29%	(15)その他	10	3.22%
(8)防犯協会、消防団、交通安全協会	18	5.79%	(16)特に活動していない	136	43.73%
			回答者数	311	

※複数回答のため総数は100%にならない

［問９］村政に対して何かご不満やご要望があったとき、どのようにして解決しようと思いますか。以下から一つ選んで○をつけてください。

問9：不満解決方法

	度数	割合
(1)役場などの関係機関に直接たのむ	108	34.73%
(2)議会に陳情・請願する	10	3.22%
(3)議員などの政治家にたのむ	25	8.04%
(4)地元の有力者にたのむ	21	6.75%
(5)町内会・常会にたのむ	30	9.65%
(6)解決のための運動の組織づくりをする	2	0.64%
(7)マスコミに訴える	4	1.29%
(8)何もしないだろう	80	25.72%
(9)不満がない	18	5.79%
無回答	13	4.18%
計	311	100%

［問 10］あなたはこれからもずっと六ケ所村に住み続けたいと思いますか。それとも、できれば他の地域へ引っ越したいと思いますか。一つ選んで○をつけてください。

問10：居住継続の意向

	度数	割合
(1)ずっと住んでいたい	137	44.05%
(2)しばらくは住んでいたい	56	18.01%
(3)できれば引っ越したい	51	16.40%
(4)引っ越したいができない	35	11.25%
(5)迷っている（わからない）	28	9.00%
無回答	4	1.29%
計	311	100%

(1) (2) (5) を選んだ方は
［問 11］へお進み下さい。

(3) (4)　を選んだ方は
［問 10-2］へお進み下さい。

［問 10-2］問 10 で「引っ越したい」と答えた方(3 または 4 を選んだ方)にお聞きします。次の１から９の中より、最大の理由と、２番目の理由を一つずつ選んで、（　）の中に番号を記入してください。

問10-2　転出指向の理由

	最大の理由		2番目の理由	
	度数	割合	度数	割合
(1)住宅事情や道路・上下水道などの生活基盤がよくない	10	11.11%	9	10.00%
(2)医療福祉体制が十分でない	21	23.33%	12	13.33%
(3)子供の教育機会が十分でない	3	3.33%	11	12.22%
(4)良い働き場所が少ない	19	21.11%	9	10.00%
(5)核燃への不安がある	11	12.22%	10	11.11%
(6)天候条件が厳しい	7	7.78%	17	18.89%
(7)行事・近所づきあいが面倒	1	1.11%	4	4.44%
(8)娯楽や文化活動の機会が乏しい	11	12.22%	7	7.78%
(9)その他：	4	4.44%	2	2.22%
無回答	3	3.33%	9	10.00%
計	90	100%	90	100%

非該当：221

［問 11］あなたは村長選挙・村議会議員選挙の際にどのようなことを重視して投票していますか。最も重視していることと、次に重視していることを一つずつ選んで、（　）の中に番号を記入してください。

問11：選挙での投票基準

	最も重視		次に重視	
	度数	割合	度数	割合
(1)候補者の人柄	100	32.26%	53	17.10%
(2)地元代表で地元の世話をよくすること	79	25.48%	53	17.10%
(3)自分と知り合いの人であること	17	5.48%	20	6.45%
(4)まちづくりについての政策	35	11.29%	45	14.52%
(5)核燃問題についての政策	23	7.42%	20	6.45%
(6)親戚や知人からの依頼	23	7.42%	26	8.39%
(7)職場や取引先の依頼やつながり	21	6.77%	31	10.00%
(8)その他	7	2.26%	6	1.94%
無回答	5	1.61%	56	18.06%
計	310	100%	310	100%

※順序なし回答者が一件（1と4を選択）

［問 12］一般に、地域社会について次のような四つの意見があります。率直に言って、あなたのお考えに近いものを一つお選びください。

問12：奥田の住民意識モデル

	度数	割合
(1)この土地にはこの土地なりの生活やしきたりがある以上、出来るだけこれにしたがって、人々との和を大切にしたい。	90	28.94%
(2)この土地にはたまたま生活しているが、さして関心や愛着といったものはない。地元の熱心な人たちが地域をよくしてくれるだろう。	34	10.93%
(3)この土地に生活することになった以上、自分の生活上の不満や要求をできるだけ村政その他に反映 していくのは、住民としての権利である。	55	17.68%
(4)地域社会は自分の生活上のよりどころであるから、住民がお互いにすすんで協力し、住みやすくするように心がける。	127	40.84%
無回答	5	1.61%
計	311	100%

＜つぎに、地域開発と核燃料サイクル施設に関してお聞きします＞

［問 13］あなたは、昭和 46 年（1971 年）に発表された「むつ小川原開発計画」について、どのような態度をとられましたか。あてはまるもの一つに〇をつけてください。

問13：むつ小川原開発への賛否

	度数	割合
(1)一貫して反対であった（現在も反対である）	27	8.68%
(2)一貫して賛成であった（現在も賛成である）	47	15.11%
(3)初めは反対であったが、現在は賛成している	48	15.43%
(4)初めは賛成であったが、現在は反対している	16	5.14%
(5)昔（大分以前）のことで分からない	169	54.34%
無回答	4	1.29%
計	311	100%

(1)～(4)を選んだ方は［問 13-2］へお進み下さい。
(5) を選んだ方は［問 14］へお進み下さい。

［問 13-2］（問 13 で１～４と答えた方にお聞きします）あなたは、今の段階でむつ小川原開発をどのように評価しますか。あてはまるものを一つ選んでください。

問13-2：むつ小川原開発の評価

		度数	割合
(1)よかった		35	24.65%
(2)仕方がなかった		49	34.51%
(3)あまりよくなかった		33	23.24%
(4)まずかった		8	5.63%
無回答		17	11.97%
	計	142	100%

非該当：169

［問 13-3］（問 13 で１～４と答えた方にお聞きします）当初のむつ小川原開発に際して、あなたが悩んだことはなんですか。あてはまるものすべてを選んで○をつけてください。

問13-3：むつ小川原開発で悩んだこと

	度数	割合
(1)海や湖の汚染	49	34.51%
(2)村民間の感情的対立と村がもっていたまとまりの喪失	30	21.13%
(3)農業や漁業への悪い影響	54	38.03%
(4)村民間の所得格差の発生・拡大	22	15.49%
(5)集落間の富裕格差の発生・拡大	14	9.86%
(6)青年の流出	6	4.23%
(7)村民の勤労意欲の低下	16	11.27%
(8)下北半島の自然環境の破壊	13	9.15%
(9)これまでにない社会問題発生への危惧	26	18.31%
(10)過疎化の進行	6	4.23%
(11)土地の売買に関する問題	19	13.38%
(12)その他	4	2.82%
(13)特に悩まなかった	20	14.08%
回答者数	142	

非該当：169／複数回答のため総数は100%にならない

［問 14］あなたは六ヶ所村への核燃料サイクル施設導入の際にどのような態度をとられましたか。

問14：核燃施設への賛否

		度数	割合
(1)一貫して反対であった（現在も反対である）		31	9.97%
(2)一貫して賛成であった（現在も賛成である）		54	17.36%
(3)初めは反対であったが、現在は賛成している		73	23.47%
(4)初めは賛成であったが、現在は反対している		12	3.86%
(5)以前のことなので、わからない		127	40.84%
無回答		14	4.50%
	計	311	100%

［問 15］核燃施設については、次のようなアからスまでの意見があります。それぞれについて、あなたはどう思いますか。あなたのお考えに近い番号に、一つずつ○をつけてください。

ア　核燃施設は危険であり、環境を汚染する可能性が高い

問15ア：危険性

	度数	割合
(1)そう思う	97	31.19%
(2)どちらかといえばそう思う	116	37.30%
(3)どちらかといえばそう思わない	50	16.08%
(4)そう思わない	33	10.61%
無回答	15	4.82%
計	311	100%

イ　核燃施設は、交付金や税収で村の財政を豊かにする

問15イ：財政効果

	度数	割合
(1)そう思う	142	45.66%
(2)どちらかといえばそう思う	95	30.55%
(3)どちらかといえばそう思わない	24	7.72%
(4)そう思わない	25	8.04%
無回答	25	8.04%
計	311	100%

ウ　核燃施設の建設が進むと、いままでどおりには農業や漁業をやっていけない

問15ウ：農漁業被害

	度数	割合
(1)そう思う	44	14.15%
(2)どちらかといえばそう思う	80	25.72%
(3)どちらかといえばそう思わない	90	28.94%
(4)そう思わない	73	23.47%
無回答	24	7.72%
計	311	100%

エ　核燃施設は雇用を増やし、村民を豊かにする

問15エ：雇用効果

	度数	割合
(1)そう思う	74	23.79%
(2)どちらかといえばそう思う	96	30.87%
(3)どちらかといえばそう思わない	72	23.15%
(4)そう思わない	41	13.18%
無回答	28	9.00%
計	311	100%

オ　核燃施設は若者の村外流出をくい止める

問15オ：若者流出阻止

	度数	割合
(1)そう思う	58	18.65%
(2)どちらかといえばそう思う	80	25.72%
(3)どちらかといえばそう思わない	85	27.33%
(4)そう思わない	57	18.33%
無回答	31	9.97%
計	311	100%

カ　友人や知人との間で、核燃施設について批判的な意見は話題にしにくい

問15カ：話題回避

		度数	割合
(1)そう思う		32	10.29%
(2)どちらかといえばそう思う		53	17.04%
(3)どちらかといえばそう思わない		88	28.30%
(4)そう思わない		111	35.69%
無回答		27	8.68%
	計	311	100%

キ　国や県は、核燃施設について村民に十分な情報を提供している

問15キ：情報提供

		度数	割合
(1)そう思う		27	8.68%
(2)どちらかといえばそう思う		100	32.15%
(3)どちらかといえばそう思わない		101	32.48%
(4)そう思わない		57	18.33%
無回答		26	8.36%
	計	311	100%

ク　核燃施設のことは、難しすぎてよくわからない

問15ク：難解

		度数	割合
(1)そう思う		88	28.30%
(2)どちらかといえばそう思う		121	38.91%
(3)どちらかといえばそう思わない		44	14.15%
(4)そう思わない		41	13.18%
無回答		17	5.47%
	計	311	100%

ケ　核燃施設は、村のイメージダウンにつながる

問15ケ：イメージダウン

		度数	割合
(1)そう思う		24	7.72%
(2)どちらかといえばそう思う		62	19.94%
(3)どちらかといえばそう思わない		121	38.91%
(4)そう思わない		71	22.83%
無回答		33	10.61%
	計	311	100%

コ　万一の事故が起きても、事業者と行政は安全に対処する態勢ができている

問15コ：事故対策

		度数	割合
(1)そう思う		31	9.97%
(2)どちらかといえばそう思う		83	26.69%
(3)どちらかといえばそう思わない		90	28.94%
(4)そう思わない		73	23.47%
無回答		34	10.93%
	計	311	100%

サ　核燃施設は既にたくさん建設されたので、好むと好まざるとにかかわらず、この現実は変えられない

問15サ：既成事実

	度数	割合
(1)そう思う	130	41.80%
(2)どちらかといえばそう思う	122	39.23%
(3)どちらかといえばそう思わない	23	7.40%
(4)そう思わない	12	3.86%
無回答	24	7.72%
計	311	100%

シ　核燃施設があるため、村のことを村民自身が決められなくなっている

問15シ：自律性喪失

	度数	割合
(1)そう思う	62	19.94%
(2)どちらかといえばそう思う	80	25.72%
(3)どちらかといえばそう思わない	87	27.97%
(4)そう思わない	53	17.04%
無回答	29	9.32%
計	311	100%

ス　これ以上、六ヶ所村に持ち込む放射性廃棄物の量や種類を増やさないでほしい

問15ス：放射性廃棄物抑制

	度数	割合
(1)そう思う	141	45.34%
(2)どちらかといえばそう思う	84	27.01%
(3)どちらかといえばそう思わない	38	12.22%
(4)そう思わない	29	9.32%
無回答	19	6.11%
計	311	100%

［問 16］あなたは六ヶ所村の核燃料サイクル施設に関して、次のことを知っていますか。あなたが知っていることすべてについて、その番号に○をつけて下さい。

問16：核燃施設についての知識

	度数	割合
(1)1995年以来、海外から返還された高レベル放射性廃棄物が、50年間の約束で貯蔵されていること	199	63.99%
(2)国際熱核融合実験炉（ＩＴＥＲ、イーター）の有力な建設候補地になっていること	243	78.14%
(3)使用済み核燃料再処理工場内の貯蔵プールで、昨年８月に水漏れが起こったこと	272	87.46%
(4)再処理工場が、２００５年（平成１７年）夏から操業を始める予定であること	168	54.02%
(5)原子力発電所が廃炉になった時に出る廃棄物（高ベータ・ガンマ廃棄物）の処分場をつくることを想定して、そのための調査が進められていること	72	23.15%
回答者数	311	

※複数回答のため、総数は100%にならない

［注］調査票においては、上記の(3)の文中において、「昨年８月に」と表記したが、正確な表現は「2001年７月」であった。この集計表では、元の文章を変えずに掲載する。］

［問 17］あなた自身のことは別にして、村民のあいだに、核燃料サイクル施設の安全性についてはどのような意見が多いと思いますか。一つ選んでください。

問17：村民の不安感

	度数	割合
(1)安心よりも不安を感じている人のほうが、ずっと多いと思う	116	37.30%
(2)安心よりも不安を感じている人のほうが、やや多いと思う	92	29.58%
(3)不安を感ずるよりも安心している人のほうが、やや多いと思う	27	8.68%
(4)不安を感ずるよりも安心している人のほうが、ずっと多いと思う	10	3.22%
(5)わからない	59	18.97%
無回答	7	2.25%
計	311	100%

＜つぎに、これからの、まちづくりの方向についてうかがいます＞

［問 18］六ヶ所村は将来、どのような産業を中心として発展すべきだと思いますか。あなたの考えにもっとも近いものを一つ選んで下さい

問18：中心とすべき産業

	度数	割合
(1)農林業・漁業を中心にしていく	68	21.86%
(2)商業を中心にしていく	17	5.47%
(3)観光、レクリエーション産業を中心にしていく	50	16.08%
(4)文化・教育に関する産業を中心にしていく	42	13.50%
(5)原子力に関連した工業を中心にしていく	67	21.54%
(6)原子力以外の工業を中心にしていく	43	13.83%
無回答	24	7.72%
計	311	100%

［問 19］まちづくりのために、今後、行政に特に努力してほしいと、あなたが思う課題は何ですか。あてはまるもの三つに○をつけてください。

問19：まちづくりの課題

	度数	割合		度数	割合
(1)自然環境の保全	68	21.86%	(9)子供の学校や教育条件	75	24.12%
(2)買い物の便利さ	67	21.54%	(10)自然災害対策	19	6.11%
(3)交通の便利さ	102	32.80%	(11)原子力の安全対策	81	26.05%
(4)芸術・文化に触れる機会と施設	6	1.93%	(12)農林業・漁業の振興	42	13.50%
(5)スポーツ・レジャーの余暇施設	43	13.83%	(13)地元企業の振興	47	15.11%
(6)ごみ処理や上下水道などの生活環境	44	14.15%	(14)雇用機会の確保	77	24.76%
(7)保健･医療の施設やサービス	117	37.62%	(15)その他	5	1.61%
(8)福祉や介護のための施設やサービス	90	28.94%			
			回答者数	311	

※複数回答のため、総数は100%にならない

［問 20］六ヶ所村で、「まちづくり」の計画をつくる場合に、あなたは、住民と行政のどちらが主導するのがよいと思いますか。あてはまるもの一つに○をつけてください。

問20：まちづくりの主導権

	度数	割合
(1)住民主導でつくるのがよい	69	22.19%
(2)どちらかといえば住民主導でつくるのがよい	162	52.09%
(3)どちらかといえば行政主導でつくるのがよい	51	16.40%
(4)行政主導でつくるのがよい	18	5.79%
無回答	11	3.54%
計	311	100%

［問 21］六ヶ所村で「まちづくり」の計画をつくるために、住民が参加して発言できる機会が設けられた場合、あなたはどうしますか。あてはまるもの一つに○をつけてください。

問21：まちづくりへの積極性

	度数	割合
(1)自発的に参加し積極的に発言する	55	17.68%
(2)誘われれば出席して発言する	81	26.05%
(3)出席するが発言しない	65	20.90%
(4)出席しないで、行政や地域の役職者にまかせる	99	31.83%
無回答	11	3.54%
計	311	100%

［問 22］あなたは、これからの雇用の確保について、次のア、イの意見についてどう思いますか。それぞれについて、あてはまるもの一つに○をつけてください。

ア「村内の雇用機会を減少させないために、核燃施設に関連する工事をずっと続けてほしい」

問22ア：雇用のための核燃への期待

	度数	割合
(1)そう思う	60	19.29%
(2)どちらかと言えばそう思う	84	27.01%
(3)どちらかと言えばそう思わない	41	13.18%
(4)そう思わない	53	17.04%
(5)わからない	65	20.90%
無回答	8	2.57%
計	311	100%

イ「核燃施設の操業や関連する工事をやめても、別の方法で雇用が確保されるなら、核燃施設は縮小したほうがよい」

問22イ：雇用前提での核燃縮小

	度数	割合
(1)そう思う	92	29.58%
(2)どちらかと言えばそう思う	94	30.23%
(3)どちらかと言えばそう思わない	22	7.07%
(4)そう思わない	40	12.86%
(5)わからない	58	18.65%
無回答	5	1.61%
計	311	100%

［問 23］あなたは地球温暖化を防止するために、今後どのようなエネルギー対策を講ずるのが良いと思いますか。次のなかから、いくつでもあげてください。

問23：温暖化防止の方法

	度数	割合
(1)天然ガスの利用推進	39	12.54%
(2)太陽光発電、風力発電などの新エネルギーの導入	244	78.46%
(3)原子力発電の開発推進	62	19.94%
(4)省エネルギーの推進	148	47.59%
(5)特に何も行う必要はない	19	6.11%
計	311	

※複数回答のため、総数は100%にならない

［問 24］今後、日本は原子力発電をどのようにすべきだと思いますか。あなたの考えに一番近いものをお答えください。

問24：原子力発電の今後

	度数	割合
(1)積極的に増設する	7	2.25%
(2)慎重に増設する	94	30.23%
(3)現状を維持する	70	22.51%
(4)将来的には廃止する	62	19.94%
(5)早急に廃止する	4	1.29%
(6)わからない	66	21.22%
無回答	8	2.57%
計	311	100%

［問 25］あなたは、六ヶ所村にある使用済み核燃料再処理工場が操業することについて、どう思いますか。あなたのお考えにもっとも近いもの一つに○をつけてください。

問25：再処理工場の操業

	度数	割合
(1)不安はないので、操業してほしい。	24	7.72%
(2)不安はあるが、村への経済的効果があるので操業したほうがよい。	122	39.23%
(3)不安があるので、できるものなら止めたい。	69	22.19%
(4)使い道のはっきりしないプルトニウムを生み出すだけだから、操業しないほうがよい。	31	9.97%
(5)わからない	61	19.61%
無回答	4	1.29%
計	311	100%

［問 26］あなたは、次のア、イの意見についてどう思いますか。それぞれについて、もっともあなたの意見に近いものに一つずつ○をつけてください。

ア 「六ヶ所村の核燃料サイクル施設の増設は、住民投票によって決めるべきだ」

問26ア：住民投票による立地決定

	度数	割合
(1)そう思う	99	31.83%
(2)どちらかと言えばそう思う	89	28.62%
(3)どちらかと言えばそう思わない	19	6.11%
(4)そう思わない	34	10.93%
(5)わからない	66	21.22%
無回答	4	1.29%
計	311	100%

イ「原子力の事故を完全に防ぐことは不可能だ」

問26イ：原子力事故の可能性

	度数	割合
(1)そう思う	126	40.51%
(2)どちらかと言えばそう思う	96	30.87%
(3)どちらかと言えばそう思わない	19	6.11%
(4)そう思わない	25	8.04%
(5)わからない	42	13.50%
無回答	3	0.96%
計	311	100%

［問 27］六ヶ所村には他の地域から放射性廃棄物が搬入されていますが、同時に、開発とともに税収や雇用の機会も増えたと言われています。地域間の公平という点から見ると、六ヶ所村は他の地域に比べて公平に扱われていると思いますか。一つ選んで下さい

問27：地域間の公平

	度数	割合
(1)公平に扱われている	34	10.93%
(2)だいたい公平に扱われている	125	40.19%
(3)あまり公平に扱われていない	102	32.80%
(4)不公平に扱われている	30	9.65%
無回答	20	6.43%
計	311	100%

［問 28］他の県の人々は、原子力政策に関する六ヶ所村の立場をよく理解していると思いますか。一つ選んで下さい

問28：他県民の理解

	度数	割合
(1)理解していると思う	21	6.75%
(2)理解していないと思う	174	55.95%
(3)わからない	113	36.33%
無回答	3	0.96%
計	311	100%

［問 29］あなたのご職業について、あてはまるもの一つに○をつけてください。

問29：職業

	度数	割合		度数	割合
(1)民間企業	61	19.61%	(7)工業・サービス業などの自営業	33	10.61%
(2)建設業	34	10.93%	(8)主婦	44	14.15%
(3)公務員	14	4.50%	(9)無職、年金生活者	39	12.54%
(4)専門職（教員、医師、会計士など）	10	3.22%	(10)学生	1	0.32%
(5)農業、酪農、林業	34	10.93%	(11)その他	17	5.47%
(6)漁業	7	2.25%	無回答	17	5.47%
			計	311	100%

［(1)(2)(3)を選んだ方のみお答え下さい］

［問 29-2］お仕事の内容はどのようなものですか。

問29-2：仕事内容

	度数	割合
(1)管理職、経営者	14	11.20%
(2)技術・研究開発	20	16.00%
(3)事務職	27	21.60%
(4)工員、店員、現場作業員、現業職	33	26.40%
(5)その他	11	8.80%
無回答	20	16.00%
計	125	100%

非該当：186

［問 30］あなたご自身も含めてご家族に、お仕事の上で日本原燃とのつながりがある方がいらっしゃいますか。一つ選んでください。

問30：日本原燃との関係

		度数	割合
(1)家族の中に、日本原燃で働いている者がいる。		47	15.11%
(2)家族の中に、日本原燃の関連会社で働いている者がいる。		54	17.36%
(3)家族の中に、仕事上、日本原燃やその関連会社との取引が重要である者がいる。		27	8.68%
(4)家族の中に、仕事上、日本原燃やその関連会社との関係がある者はいない。		171	54.98%
無回答		12	3.86%
	計	311	100%

［問 31］あなたが最後に卒業した学校は次のどれでしょうか。中退も卒業として一つ選んでください。

問31：学歴

	度数	割合
(1)中学校・旧制小学校	128	41.16%
(2)新制高校、旧制中学、旧制女学校、旧制実業高校	125	40.19%
(3)短大、新制高専	21	6.75%
(4)大学、大学院、旧制高等専門学校	30	9.65%
無回答	7	2.25%
計	311	100%

［問 32］次のうちで、あなたが、ほぼ毎日、読んでいる新聞はどれですか。あてはまるものすべてに○を、つけてください。

問32：購読している新聞

	度数	割合		度数	割合
(1)東奥日報	173	55.63%	(6)毎日新聞	5	1.61%
(2)デーリー東北	119	38.26%	(7)日本経済新聞	8	2.57%
(3)河北新報	1	0.32%	(8)その他	14	4.50%
(4)朝日新聞	14	4.50%	(9)どれも読んでいない	41	13.18%
(5)読売新聞	17	5.47%	回答者数	311	

※複数回答のため、総数は100%にならない

［問 33］立ち入ったことをおたずねして恐縮ですが、あなたのご家族全体の年収は合計（税込み）で、およそどのくらいですか。一つ選んで下さい。

問33：年収

	度数	割合		度数	割合
(1)200万円未満	37	11.90%	(6)1000万-1200万円未満	9	2.89%
(2)200万-400万円未満	88	28.30%	(7)1200万-1500万円未満	10	3.22%
(3)400万-600万円未満	53	17.04%	(8)1500万円以上	19	6.11%
(4)600万-800万円未満	38	12.22%	無回答	36	11.58%
(5)800万-1000万円未満	21	6.75%			
			計	311	100%

第4章　重要新聞記事

Ⅴ-4-1　東奥日報・通常記事
Ⅴ-4-2　東奥日報・特集記事

凡　例

- 2004年までの記事の図、表、写真は原則として省略している。
- 〔関連記事は2面に〕などの注記は省略している。
- 元の記事における明白な誤字や日付の明白な誤記は訂正した。

V -4-1
東奥日報・通常記事

1971年3月25日
むつ小川原　巨大開発　踏み出す

官民協力の新会社創立総会　第一に用地取得

【東京支社】日本一の大規模工業開発が行われる、むつ小川原巨大開発の事業主体「むつ小川原開発株式会社」(授権資本六十億円、払い込み資本十五億円)が発足した。同社の設立総会は二十四日午後一時半から東京・大手町の経団連会館で開かれ、定款の承認、役員選任などを行ない、拍手のうちに同三時に終わった。同社はわが国の一流企業百五十社が出資、当面は用地買収などを進めるが、今月三十日に設立登記を行ない、四月から事業を始める。

社長 安藤　副社長 阿部氏

この日、経団連会館十一階にある国際会議場は正面には「むつ小川原開発株式会社創立総会」の字幕が張られ、発起人、出資者の参集を待った。

午後一時半過ぎ、まず発起人代表の植村経団連会長のあいさつのあと議事にはいり、創立に関する事項報告、定款承認、取締役および監査役の選任を異議なく原案どおり承認。事務的なペースで議事が進行、取締役会で、社長に安藤豊禄氏らの常勤役員を内定案どおりに決めた。

定款では①土地の取得、造成、分譲②公害防止のための廃棄物の共同処理施設、地域冷暖房設備、公用緑地の設置、管理および譲渡等工業基地開発、新都市開発を促進するに必要な事業などを行なう一ことにしている。

大規模工業基地開発の成否は、用地の早急な先行取得にあることから、官民協調の新会社が設立されたもので、今後の事業スケジュールは開発予定面積三万㌶買収のため、第一期として一万九千㌶の買収、造成、分譲を行ない、引き続いて第二期に着手する予定。第一期は用地買収が四十六年度から五年間、造成、分譲は四十九年度から十一年間で完了することになっている。第一期の所要資金は約二千三百億円（買収造成関係費一千七百七十億円、一般経費五百三十億円）を見込んでいる。

役員人事では社長に安藤豊禄小野田セメント相談役、副社長には阿部陽一麻生セメント取締役、専務に中尾博之元大蔵省理財局長ら取締役三十人、監査役三人を選び、竹内俊吉知事は役員に加わらず相談役となった。植村甲午郎経団連会長、木川田一隆経済同友会代表幹事、中山泰平興銀相談役、永野重雄日本商工会議所会頭、平井寛一郎東北経済連会長は相談役兼任の取締役に選任され、役員には財界首脳が、ほとんど名を連ねた。

本県の岡本省一前県教育長は常務取締役に、菊池県出納長（県むつ小川原開発公社理事長に内定）と沼山県信連会長、山内善郎県公営企業局長（県むつ小川原開発公社専務理事に内定）は取締役に選ばれた。

役員の顔ぶれ

▽代表取締役社長・安藤豊禄＝大正十年東大工学部応用化学科卒、大正十年四月小野田セメント入社、昭和二十二年十一月専務取締役、二十三年八月取締役社長、四十一年五月取締役相談役。

▽代表取締役副社長・阿部陽一＝昭和十三年東大法学部卒、三十七年石炭協会事務局長、四十三年同辞任。

▽代表取締役事務・中尾博之＝昭和十五年東大法学部卒、四十年大蔵省理財局長、四十二年国家公務員共済組合連合会理事長、四十五年同辞任。

▽常務取締役・山﨑雄一郎＝四十一年仙台通産局長、四十四年日本産業巡航見本市協会専務理事、東大卒▽横手久＝四十二年北海道東北開発公庫東北支店長、東大卒▽鶴海良一郎＝四十年建設省大臣官房長、四十二年首都圏整備委員会事務局長、四十五年三菱開発会社常務、東大卒▽宇田成尚＝四十三年日本興業銀行仙台支店長、四十四年同行営業第二部長、東大卒▽岡本省一＝二十三年青森商校長、三十八年県教育長、東洋大卒▽小鍛冶芳二＝三十六年三井不動産企画室次長、四十六年同社宅地開発部調査役、東大卒▽平沢哲夫＝四十三年東北電力総務部長、四十五年同社理事、宮城支店長、中大卒。

▽相談役兼取締役・植村甲午郎（経団連会長）木川田一隆（東京電力社長、経済同友会代表幹事）中山素平（日本興業銀行相談役）永野重雄（日本商工会議所会頭）平井寛一郎（東北経連済会長）

▽取締役・出光計助（出光興産社長）稲山嘉寛（新日本製鉄社長）井上薫（第一銀行頭取）岩佐凱実（全国銀行協会連合会会長）越後正一（伊藤忠商事社長）

江戸英雄（三井不動産社長）小川栄一（国土総合開発社長）菊池剛（県出納長）辻良雄（日商岩井社長）沼山吉助（県信連会長）長谷川周重（住友化学社長）花村仁八郎（経団連専務理事）宮崎一雄（日本長期

信用銀行頭取）山内善郎（県公営企業局長）渡辺武次郎（三菱地所会長）

▽監査役・奥田亨（北海道東北開発公庫監事）安西正夫（昭和電工社長）福田久雄（日本船主協会会長）

▽相談役・竹内俊吉（県知事）

住民に快適な生活を

▽安藤社長の話＝四月から業務を始めるが、相当の調査期間も必要だと思う。地域住民が公害のない、快適な生活が出来るようにしたい。立地企業は生産性も上がり、公衆衛生にもよいということが必要だ。事業は地域開発と同時にナショナルプロジェクトの使命になっている。鹿島開発の十倍の大事業で視野を広くすることが望まれる。用地買収にあたっては青森県の場合、林野の地積図がよく出来ているので仕事がしやすい。

県公社と車の両輪

▽竹内知事の話　この会社と県むつ小川原開発公社が車の両輪となって進むことになる。用地買収については、公社はあくまでも会社から委託された事務を行なうもので、会社にまた売りするものではない。

土地取得資金が困らないようにするということだが、政府の財政投融資を期待している。

1973年11月19日
むつ小川原開発どうみる

部落別で大きな差

県立三沢商業高校の三年四組の生徒六人は、竹中司郎教諭指導で、七月二十二日から二十五日まで「むつ小川原巨大開発」と住民意識調査を行ったが、このほど調査結果がまとまり、開発について村民の意識が部落別に差異があることや、賛成・反対側の考えも掌握できたとしており、これを教室全体で討論するなど、生きた社会科の教材としてとらえている。

賛成派多い尾駮地区　三沢商が調査　泊では漁業に期待

調査には、六ヶ所村泊部落にキャンプを張り、あらかじめ四十三問の質問を設定して訪問調査をしたもので、調査対象部落は尾駮、泊、倉内の三地域。開発に対する住民意識を調べ、開発とは六ヶ所村にとってなにかを住民とともに考えてみたかったーとしている。

調査項目四十三問のうち「公害対策はどうあるべきか」「開発に対する期待」「村が将来どうあるべきか」など具体的に突っ込んだ項目もあるが、今回まとめたのは第一次分としての二十四項目。調査人員（有権者を対象）も最初から人数を定めず、質問項目に回答した尾駮六十六人（男三十七人、女二十九人）倉内五十八人（男二十九人、女二十九人）泊二百十一人（男八十八人、女百二十三人）についてまとめた。主な調査結果は次の通り。

◇主たる職業＝▽農林漁業八六・五％（尾駮）八二・八（倉内）六三・一（泊）▽販売業三（尾駮）一四・七（泊）八・七（倉内）▽サービス業四・二（尾駮）三・四（倉内）八・一（泊）

◇個人所得＝▽二十万円未満二十一・二％（尾）三六・二（倉）二七・五（泊）▽二十万－四十万円一五・二（尾）▽六十万－八十万円一七・一（泊）▽八十万－百万円一三・六（尾）一五・六（泊）▽四十万－六十万一二・一（倉）

◇高等学校は必要か＝▽必要九八・五％（尾）九三・二（倉）九五・三（泊）＝大半が必要と答えており教育に関心を払っている。

◇家の暮らしは五年前と今と比べてどうか。▽楽になった三一・八％（尾）三七・九（倉）二八・九（泊）▽苦しくなった二一・二（尾）二九・三（倉）四五・〇（泊）▽変わらない三三・四（尾）二二・四（倉）一七・一（泊）とあり、イカなど漁獲高が下向きの泊部落は苦しくなったというのが多かった。

◇楽になった理由＝▽土地を売った二八・六％（尾）▽出稼ぎ収入で四〇・九（倉）二六・二（泊）一四・三（尾）▽農業生産がふえた二八・六（尾）二七・三（倉）商売が伸びた二〇・四（泊）▽働く人がふえた一五・六（泊）－としており、開発線引内の尾駮は土地を売ったことと、農業生産、出かせぎの順で生活が楽になったとしているのに比べ、線引き外の泊、倉内は出かせぎ収入を一番手にあげている。

◇暮らしが苦しくなった理由では＝▽物価が上がった五〇・〇％（尾）三五・四（倉）三一・五（泊）▽日常生活費がふえた二一・五（尾）三二・四（倉）二二・六（泊）▽米の減反で一四・三％（尾）一七・七（倉）といった具合で、地域的には理由に差異がある。

また「家族に出かせぎ経験があるか」との問いには八三・四（尾）八六・一（倉）六二・一（泊）というように漁業の泊はやや低いものの、尾駮、倉内には出かせぎ経験が多い。

◇これからさき、出かせぎについて＝▽行きたくない四七・四％（尾）二七・七（倉）一八・〇（泊）▽行かせたくない二四・二（尾）三一・一（倉）

三一・八（泊）▽いちがいにいえない二二・七（尾）三四・四（倉）四〇・三（泊）

◇現在のところに住みたいか＝▽永住したい五七・六％（尾）七〇・八（倉）七一・一（泊）▽村内のどこかに移転したい二二・七（尾）▽村外のどこかに移転したい三・四（倉）五・七（泊）▽なんともいえない七・六（尾）一三・八（倉）一三・七（泊）としており土地を売った尾駮では村内の移転希望が目立った。

住みよい理由は＝▽自然環境よい三九・四％（尾）四七・四（倉）三九・〇（泊）▽人情がよい二五・〇（尾）一六・二（倉）一一・〇（泊）▽公害がない二一・二（尾）一五・〇（倉）三三・一（泊）としており、住みにくい理由には尾駮では農、漁業に不適と医師不足をあげ、倉内では働く所がない、子供の教育に不便。泊では働く所がない、医師不足をそれぞれ一、二番目にあげている。

◇あなたの住んでいる所を豊かにするには＝尾駮では①巨大開発の推進三一・三％②農業者育成二一・二③漁港整備八・六。倉内では①農業者育成二七・〇②農業生産拡大と流通合理化二〇・一③巨大開発推進一六・七。泊では①漁港整備三四・九②漁業資源開発一三・九③水産業体質改善九・八で、開発推進は七番目の四・八％と低く、漁業に期待を寄せている。

1974年1月8日
古川六ヶ所村長が知事を訪問

村と県がやっと対話　早速「開発」14項目を要望

上北郡六ヶ所村の古川伊勢松村長が七日午前、県庁を訪れ、竹内知事に村長就任のあいさつをした。むつ小川原開発に揺れる同村は、開発反対派の寺下力三郎村長時代、竹内知事との対話の機会がなく、断絶状態が続いていたが、昨年末、開発賛成派の古川村長の誕生で、ようやく県と村当局とのパイプがつながった。

古川新村長が寺下前村長と事務引き継ぎをしたのが、昨年の十二月十九日。肝心の竹内知事が翌二十日から年末まで予算獲得運動のため状況、両者が会う機会はなかったが、年明けとともにようやく二人の会見が実現することになった。古川村長と竹内知事が公式に会見したのは、この日がもちろん初めてだが、村の行政の最高責任者と会うのは竹内知事にとっては足かけ四年ぶりのことだ。

古川村長はこの日、地元村議をはじめ、岡山、工藤両県議の案内でまず北村副知事らに村長就任のあいさつをしたあと、竹内知事と知事室で会見。樋口むつ小川原開発室長、山内同公社理事長らも同席した。古川村長が入室するのを待ち構えていた竹内知事は、さっそく右手を差し延べながら古川村長とガッチリと握手して「おめでとう」とニッコリ。「元気か」という知事の問いに寡黙で、温厚な人柄の古川村長は心持ちうなずいたが、引き続き現在新築中の村庁舎の完成時期を聞かれて「今月末」と答え、しばらく雑談。このあと非公開で本題に入り、古川村長は、むつ小川原開発事業に関連した同村の懸案事項を要望した。

この中で話題となったのは、古川村長の選挙公約である開発に関する十四項目の実現。四十九年度の泊中学校、尾駮地区の公民館、保育所、小学校の講堂建築をはじめ、泊漁港修築の早期実現、イカの不漁対策としての長期融資、利子補給、昨年の集中豪雨災害復旧のための技術協力、農業振興地域指定に伴う実施計画の策定などを古川村長が要望。特にむつ小川原開発事業の用地買収に伴う税金対策、今後の村政運営のための財源ねん出問題などが論議となり、会談は一時間以上にわたった。

古川村長は会談終了後、県政記者クラブで記者会見を行い「私は開発賛成の村長と報道されているが、住民の幸せになる開発、住民が納得する開発でなければならず、それには県としてやってもらわなければいけないものがある。知事は財政的に検討して、できるだけ努力すると答えているが、村民のためには、行政的援助がぜひ必要なので、知事とのひざ詰め談判で解決したい」と語った。

1975年4月11日
むつ小川原開発　住民対策に六事業

生活再建テコ入れ　農協施設拡充盛る

むつ小川原開発への抵抗をやわらげるため、県とむつ小川原開発会社は地権者対策に大わらわ。一足先に発足した開発奨学資金や開発福祉基金はかなりの利用実績をあげているが、今年度からはさらにキメ細かな住民対策を行うことになり、このほど六つの事業実施について竹内知事、安藤豊禄社長の間で覚書をかわした。営農技術を身につける農民へは、研修期間中毎月五万円を支給したり、生活再建に必要な各種免許を取らせるための講習会を開くなど、いたれりつくせりの内容となっている。

むつ小川原開発の拠点となる上北郡六ヶ所村では、開発予定地域の用地買収に協力する人たちを対象とした住民対策事業が四十八年度からスタートした。子弟が高校や大学へ入っている間は月額八千円から二万一千円まで学校の種別に応じ奨学資金を貸与する制度、月額一万円の敬老手当をはじめ各種の福祉手当を支給する制度の二つが大きな柱だ。

どちらも、しり上がりに申込件数が増え、関係者は「住民対策事業が軌道に乗ってきた」とホクホク顔。五十年度からは、こうした金銭面のテコ入れだけでなく開発の進度に合わせた生活再建指導にも本腰を入れる必要があるとし、県とむつ小川原開発会社で細かな話し合いを進めていた。その結果、実施が決まったのが次の六事業。生活再建のため各種の免許を取らせたり、転校を余儀なくされる児童生徒のためスクールバスを購入したり、農業生産物の変化に合わせて地元農協に必要な施設をさせるといったように、内容的にはかなりキメ細かく「住民対策事業はこれでさらに前進するだろう」と県では見ている。

▽農業生産物の変化に伴う農協等の施設整備事業＝新市街地の建設に協力し、土地や建物を提供した人たちの営農再建策として、稲作の合理化、収益性の高い畑作園芸、酪農などを中心とする産地形成に目標を置く。これによって生ずる農業生産物の変化に対応するため、六ヶ所村農協に資金を交付し共同育苗施設、集出荷施設をこしらえさせるほか、畑作栽培に必要なトレンチャー、スプレーヤーなどを整備させる。

共同育苗施設は、水田面積おおむね三十㌶を受益対象とする規模とする。集出荷施設は三百二十平方㍍で、ベルトコンベヤー、フォークリフトなどの搬送施設などの搬送施設を付帯させる。畑作集団産地は六団地を指定、必要な機械設備を整えさせる。

▽施設園芸の実験施設整備＝新しい生活設計に施設園芸を取り入れようとする人たちのため、六ヶ所村農協に実験施設をつくらせる。温室施設で規模は三百三十平方㍍ぐらい。鉄骨ファイロンまたはガラス張り。付帯施設として暖房、かん水、換気、薬剤散布、土壌消毒、給水などの施設も整える。

▽営農技術の研修手当支給＝新しい生活設計に施設園芸を取り入れるため、営農技術を学ぼうという人に月額五万円の開発営農技術研修手当を支給する。土地、建物を提供する人で、県畑作園芸試験場で研修を受ける者が対象。支給期間は十カ月以内。

▽開発の広報広聴活動＝地権者や関係者団体に対し、村が開発のPRを行えるような体制をとる。事業内容は毎年度、村の意見を聞いたうえ県とむつ小川原開発会社が協議して決める。五十年度予算は広報車の購入、部落説明会の開催費用など中心に二百六十十万。

▽各種免許の取得＝開発予定地域の住民が生活再建に必要と認められる各種免許の取得のための講習会を開く。講習内容は毎年度六ヶ所村の意見を参考に、県とむつ小川原開発会社が協議して決める。五十年度予算は五十万円。危険物取扱者、調理師などの免許を取らせ、生活安定を目指す。

▽転校円滑化対策＝開発計画の進展により転校を余儀なくされる児童生徒へ、村が負担軽減などの措置をとり、就学の確保を図る。事業内容は毎年度、村の意見を聞いたうえ、県とむつ小川原開発会社が協議して決める。五十年度予算は四百四十一万円。学校統合される地域の子供たちのためスクールバスを購入するほか、通学服（スポーツウェア）を買い与える。

1978年8月16日

巨大開発推進に厚い壁　六ヶ所

取材ノート　買収拒む新納屋地区

上北郡六ヶ所村の巨大開発地域五千五百㌶のうち、民有地三千二百八十六㌶を買収する県むつ小川原開発公社（山内善郎理事長）は、事業を進めてから八年目、九四・四六％を手中にしたが、同村新納屋地区の強い反対に、買収速度はここ二、三年は足踏み状態。そこで、これからの公社の方針と「新納屋部落土地を守る会」の会長にその辺の事情を聞いてみた。（平山記者）

「地道に説得続ける」と公社
〝住民抜き〟に反発　守る会

新納屋部落は、以前から開発反対の根強い部落だった。しかし反対運動も下火になった時、「部落だけでも団結しよう」と新納屋土地を守る会（小泉金吾会長）が誕生した。四十九年一月七日のこと。

しかし、部落全戸が結束したワケではない。「農業だけでは食っていけない、開発が来た方がよい」それに「金も欲しい」―という人もあって八十四戸のうち三十二戸は同会に加入せず結局、五十二戸が会員となった。

「この開発は第一次計画より第二次計画が縮小され、しかも、当初の陸奥湾を含めた構想からは大きく後退している。それだけに開発に期待するものが小さくなった。われわれが、この開発に反対する第一の理由は、土地を買いっ放しであとの生活を考えてくれないことだ。最初から住民に対する対策があって、そのうえで買収を進めるなら応じたと思う。土地を売ってしまってから、生活をどうしたものかと、土地を売ったみんなが心配している。しかも、すでに土地を売った人は来年七月に、土地を引き渡さなければならなくなった。なんで生活していくのだろう」小泉会長はこう語った。

「新納屋部落は確かに公社の最終目標で、これを買収できれば買収は大半終わることになる。この二、三年は、もっぱら新納屋の人たちを説得にでかけている。新納屋の総面積、水田、原野、畑だけで三百十㌶あるが、すでに六〇％は売買契約をした」と開発公社はいう。戸数からすると土地を守る会に入っていない人たちのなかに多く土地を放す傾向があるが、土地を守る会のなかでもまた土地を放している人もある。しかし将来の生活のため、水田を放す人たちは、代替地を求めてがんばっている。

「金がどうしても要る人は、会員でも土地を売ってもよいことにしている。財産権は個人にあるのでやむを得ない。しかし、将来の生活に困るような売り方はするなといっているのです。開発が来ても、われわれにも恩恵があって働き口があるのなら、みんな売ってもかまわないが、働く場はほんの少しでしょう。そりゃ村や県は税金や固定資産で甘い汁を吸うが、農民には…」と鋭い観察をする小泉会長だ。

開発計画のなかでの新納屋部落は、幹線道路が通ることになっている。それだけに開発公社としては、いわば至上命令だ。同公社の豊川昭一用地課長は「出かせぎ現場に慰問かたがた説得に行きました。それが効果あって承諾を得たのも多かった。もちろん交渉は新納屋の場合最後になりましたが、初めのうちは、話し合いどころでなかった。しかし最近は話しに応じるようになってきた。これからも説得して協力をお願いしていく」と態度は変わっていない。

しかし土地を守る会としては金の要る人は、三分の一まで売ってもよいが、三分の二は残すように指導しており、同社の間にはまだまだ曲折があるようだ。

新納屋部落は百二十年の歴史を持つ古い部落だ。以前は海岸寄りにあって、海で漁をしていた。しかし砂が寄って遠浅になるにつれて、船も使えなくなり、現在地に部落が移った。海岸時代六十年、現在地に転居して六十年といったところだ。土地を売ってどこへ行って、どう生活していくのか、当てがない。歴史も古いだけに現在の土地に執着するのもまだ当然のようだ。それだけに公社にとって新納屋のカベは厚い。

1979年10月2日
むつ小川原石油国家備蓄事業　通産省が正式決定

来月中旬にも用地起工

通産省は一日午前、省議を開き、わが国第一号の石油国家備蓄事業を本県のむつ小川原地区で実施するとの正式決定を行い、事業主体である石油公団（徳永久次総裁）に早急な事業推進方を要請した。同事業は上北郡六ヶ所村弥栄平地区に五百六十万㌔㍑規模の備蓄基地を建設し、五十七年度までにオイルインを完了する計画で、県の最大懸案であるむつ小川原開発の実質的な企業立地第一号ともなる。同決定について北村知事は「地元経済や雇用面等への波及効果も期待され、全面的に協力したい」と談話を発表した。

石油の国家備蓄事業は、民間石油会社の備蓄を補完する目的で計画されたもので現在、タンカー備蓄の形で石油公団が約五百万㌔㍑を保有しているが、これは恒久備蓄基地建設までの暫定的措置。五十七年度末一千万㌔㍑、六十年度ごろまでに三千万㌔㍑の備蓄確保を目指す国としては、早急に本格基地を建設する必要に迫られている。

その候補地として挙がったのがむつ小川原地区、福井県福井臨港地区（以上陸上方式）、長崎県上五島、福岡県白島（以上洋上方式）—の四地区で、このうち、地元受け入れ態勢等の面で抜きん出ていたのがむつ小川原地区。さる三月には「技術的、経済的にも問題はない」との結論が石油公団の調査結果として出されている。その後、土地所有者である第三セクターのむつ小川原開発会社と公団との用地価格交渉が難航したことなどから立地正式決定が延び延びとなっていたが、先月開かれた公団の専門家検討会議やむつ小川原総合開発会議（十三省庁で構成）は、いずれも事業推進方を了承、これに次いで、最終決定権を持つ通産省が同日の省議で“ゴーサイン”を決定した。

同日の決定は資源エネルギー庁を通じ石油公団に伝えられたが、内容は「むつ小川原地区における国家備蓄事業の実施については、石油備蓄の早急な増強を図るため今後、安全の確立と環境保全等に万全を期す一方、地方公共団体の理解と協力を得て円滑かつ研究に推進されたい」というもの。この決定について北村知事は「同事業はむつ小川原開発の一環として受け止めており、その意味でも喜ばしく、感慨深い。建設段階で大規模投資に伴う地元経済への波及効果が考えられるし、建設後も経済面、雇用面等に相当なメリットが期待できる。これを契機にむつ小川原開発の関連事業も進展を期したい」と述べた。

通産省決定を受けあす三日には徳永総裁が来県して、むつ小川原開発地区を初視察したあと、北村知事と会見し、正式決定の旨を文書で通知する。国備事業は、同公団と東亜燃料工業を中核会社とする民間石油関連会社、県および地元企業（東北電力、青森銀行、みちのく銀行）ほか、損害保険会社等が共同出資する「むつ小川原石油備蓄会社」（仮称）が建設、管理に当たる計画で、十二月二十日には設立される予定。

約二百七十㌶の基地用地については、むつ小川原開発会社が、実施設計等の作業を進めており、近く開発許可を申請する手はずを整えており、来月中旬には用地造成の起工にこぎつけたい考えだ。

1984年1月4日
「むつ小川原」立地浮かぶ　核燃料サイクル基地

ウラン濃縮　再処理　廃棄物貯蔵
電力業界中心に検討

むつ小川原開発地域、ウラン濃縮工場から再処理工場、低レベル放射性廃棄物貯蔵施設の三施設をセットにした核燃料サイクル基地を建設する計画が持ち上がってきた。隣接する東通原発と、展望が開けないままのむつ小川原との関連で開けないままのむつ小川原開発との関連で、電力業界を中心に検討しているもので、行政ルートを通じての正式打診はまだ県当局にはない。しかし北村知事は「うわさはさまざまある」として、核燃料サイクル構想そのものは否定していない。下北半島では既に東通原発や大間原発、原子力船「むつ」関根浜新定係港などが計画され、むつ小川原に核燃料サイクル基地が建設されると、わが国でも有数の原子力基地となる。具体化するにつれて再処理工場や放射性廃棄物貯蔵施設は、安全面から不安を唱える声が予想され、実現へ向けて動き出すかは微妙だ。

正式打診なし

ウラン濃縮、使用済み核燃料の再処理、廃棄物の貯蔵は原子力発電所で一度使った核燃料を再び利用しようという核燃料サイクルの根幹をなす施設。わが国の現状は、ウラン濃縮や再処理は小規模なパイロットプラントがあるものの、廃棄物貯蔵施設は全くなく、多くを海外に依存しているのが現状。海外での処理も限界となってきており、わが国自前の三施設をセットにした核燃料サイクル基地の建設は、原子力開発のうえで宿題になっている。

核燃料サイクル基地の候補地として、むつ小川原が浮かび上がってきたのは①むつ小川原開発に企業立地がなく行き詰まり状態になっている②第三セクターのむつ小川原開発会社は多額の借入金を抱え、土地処分を迫られている③開発地域は五千㌶を超す広大な敷地で、港湾建設が進み、漁業補償が決着しているなど、立地しやすい条件にある—などのためとみられている。

むつ小川原の核燃料サイクル基地構想は、むつ小川原開発会社から国や電力業界などに働きかけたとの観測もあるが、膨大な投資を必要とする構想だけに、電力業界を中心に水面下の動きが続いていた。

ただ、自民党県連の一部では国家石油備蓄基地建設後、むつ小川原開発の企業立地の見通しがつくまでの“代替措置”として三点セットのうち再処理施設だけを六ヶ所村に誘致する動きがあった。

北村知事は「公式の場での話としては聞いていない」としながらも「これまでもさまざまな話は出てきており、具体化してきた段階で安全性はどうなるのかなど、慎重に対処していかなければならない」と冷静に受け止めている。

むつ小川原開発は、石油精製や石油化学など石油を中心とした開発だが、二度にわたるオイルショックなどにより、国家石油備蓄基地以外に、石油関連企業の立地の見通しは立っていない。第三セクターとして約五千二百㌶を買収した、むつ小川原開発会社は、企業立地がなく、土地が売れないため、昨年末で約千三百億円の借入金を抱えていることから「むつ小川原を原子力基地に転用したいというのは、あり得る話」（県幹部）との見方もある。

一方、地元の六ヶ所村は、開発の遅れから雇用不安が出てきており、原船「むつ」の新定係港に立候補する動きがかつてあるなど、原子力開発に比較的寛容な部分もある。再処理工場や廃棄物貯蔵施設に、ウラン濃縮工場を含めた核燃料サイクル施設としてセットで出てきた場合は、多額の建設投資や地元への交付金、雇用拡大などのメリットもあり、“乗りやすい話”となる可能性がある。

しかし、核燃料サイクル基地は、石油シリーズを根幹としたむつ小川原開発の基本を変えかねない。特に再処理工場と放射線廃棄物処理施設は、いくつかの地域が候補地に上がりながら、安全性の点から拒絶反応が強く「むつ小川原核燃料サイクル基地構想」は今後、大きな議論を呼びそうだ。

開発の行方　安全性問題　論争の火ダネに

解説：核燃料サイクルはそのままでは危険な核のゴミである使用済み燃料から燃え残りウランやプルトニウムを取り出し、再び燃料に使うという“核の一貫システム”。むつ小川原にサイクル構想が浮上したのは将来、東通原発から生まれるものの①持って行き場のない使用済み燃料をどう始末するか―という電力業界の悩み②膨大な土地を抱えながらこのままでは展望が開けないむつ小川原開発をどう打開するか―という地元の焦り、の双方の接点が折り合う環境にあるといえる。

低レベルの放射線廃棄物貯蔵施設だけなら「核のゴミ捨て場」として強い拒否反応が出るのは確実だ。このためにウラン濃縮工場と使用済み核燃料からウランやプルトニウムを抽出する再処理工場を合わせた“三点セット”で、隣接する東通村―六ヶ所村にそれぞれの施設を配置するのが望ましいと考えるのは、操業コストの面でも大いにメリットがある。

これまで本県と核再処理工場とのかかわりでは、東京、東北電力が原発を建設する東通村や、原子力船「むつ」新定係港のむつ市関根浜が候補地にうわさされた経緯がある。廃棄物貯蔵施設、ウラン濃縮工場とともにサイクル構想で浮上したのは今回が初めて。ただ行政レベルとは別に、むつ小川原開発との関連で石油備蓄建設後の“つなぎ役”として再処理工場を誘致する構想が自民党県連の一部にあった。再処理工場だけで雇用人員千人、建設費五千億―七千億円といわれる。

一方、むつ小川原開発計画の変質を伴う核燃料サイクル構想を県をはじめ行政レベルで推進するには、環境が整っていない。第一に六ヶ所村をはじめ東通村を含め周辺市町村の合意を得る必要があり、開発計画区域内への立地となれば国土庁をはじめ政府各省庁との協議も不可欠の条件となる。

「下北を原子力開発のメッカにしたらよい」との中曽根発言は社会党をはじめ野党から強い反発を呼んでおり、首相発言と符合する核燃料サイクル構想は、安全性やむつ小川原開発の在り方と併せ、政治的にも新たな議論の的となろう。

1984年4月21日
電事連、県に正式要請　核燃料サイクル施設

具体案は明示せず　立地点、来月にも決定

下北半島太平洋側に核燃料サイクル三施設の立地を決めた電気事業連合会の平岩外四会長（東京電力社長）、大垣忠雄副会長、玉川敏雄東北電力社長らは二十日来青、北村知事ら県当局に対し、正式に協力を要請した。しかし立地点については「構想より早く決めたい」と語り、一～二カ月中にも明示する意向を示唆した。これに対し北村知事は「必要な調査も研究して行い、慎重に検討したうえで判断したい」との見解を示し、今後通産省をはじめ国に対しても直接関与を求める意向を重ねて強調した。

電事連と県による初のトップ会談は午後三時過ぎから青森市のホテル青森で行われた。平岩会長は口頭で「下北半島の太平洋側に核燃料サイクル三施設を立地したい」と公式に申し入れた。しかし会談では使用済み燃料の再処理、ウラン濃縮、低レベル放射性廃棄物貯蔵の三施設についてどこに立地させるか、各施設の規模、建設・操業着手の時期など細部については明らかにせず、本県立地に対する「包括的要請」にとどまった。

会談後の記者会見で平岩会長は「立地地点や事業規模など、まだ何も決まっていない。具体的な構想をまとめるまでには多くの詰めを残している」としながらも、立地地点については「できるだけ早い時期に決めたい。それが核燃料サイクルの早期具体化につながる」と語った。

これは十八日の九電力社長会後に表明した「夏ごろまで」との表現を一歩進め、早ければ一―二カ月中にも県と地元に提示したいとの意向を示したものである。

要請に対して、知事は立地にあたっては①地元の意向が優先、尊重されなければならない②国家的見地から進められるべき事業であり、国の政策上の位置付けをはっきりしてほしい③立地地点は電事連で決めることである④国の指導、援助のもとに地元と十分連携して進めるべき―との四点を要望したことを、記者会見で明らかにした。

電事連の要請によって、今後は地元が受け入れるかどうかの、本県側の対応がカギとなってくる。しかし立地地点が決まっていないことや、核燃料サイクル三施設の事業内容や規模があいまいなため、候補地となっている上北郡六ヶ所村、下北郡東通村とも慎重な態度をとり続けている。

県内では自民党や民社党が賛成の意向を示す一方、社共両党をはじめ住民団体から反対の声が上がっており、核燃サイクルの許諾を巡って今後大きな議論となろう。

関係者の談話

調査研究し判断　北村知事

包括的な立地要請であり、立地点など具体的な細部はすべてこれからのこと。事態の推移に応じ調査もし、研究もし慎重に検討し判断する。第一義的には地元の意向を優先して尊重しなければならない。第二義的には国家的見地から進められるべき大事業であるから国に政策上のポジションを明確にするよう求める。国の考え方をただし指導を受け地元と連携し対処していく。

地元の了解先決　平岩外四電気事業連合会長

核燃料サイクル施設を下北半島の太平洋岸に立地できるよう､県当局に口頭で包括的な要請を行った。立地点と具体的構想はこれから詰めることになるが、立地点は極力急いで決めたい。まず地元の了解を得るのが非常に大切だ。県と地元は日本のエネルギー事業に高い見識を持っているので、まずお願いする。正式に立地を要請した意味は極めて大きい。

実現へ力尽くす　玉川敏雄・東北電力社長

わが国の均衡ある発展はまず東北が大きな役割を果たさなければならない。東北では青森県が中核的な振興の場になってもらいたい。核燃料サイクル施設は将来のエネルギー安全保障に必要欠くべからざるものだ。ぜひ立地を推進し、これを通し地域の振興が図られるよう念願する。実現に地元電力会社としてできる限りの力を尽くしたい。

慎重に検討する　古川伊勢松・六ヶ所村長

受け入れる場合、いろいろな要求がある。まず安全性と雇用対策。六ヶ所の人を頼まない（雇用）なら、私だってこの話を否定する。また第二次基本計画とのかね合い、企業誘致に影響あるのか、など検討して決めなければならない。いずれにしろ話はまだきていない。申し入れがあれば、県の意向もただしながら議会にも相談、住民サイドにもこの話をおろして慎重に検討、判断したい。

原発へ影響心配　川原田敬造・東通村長

当村は原発によって地域振興を図ろうとし現在、原発の漁業補償交渉を進めている。そこへ、再処理工場を建設したいとの話が出てきたことで、漁業補償交渉が難航するのではないかと心配だ。原発を建設することが出来るのだから、再処理工場の立地も可能だと思うが、正式の要請があった段階で、村議会や住民とよく話し合って対応をしたい。

1984年4月21日
不信､戸惑い　揺れる半島　核燃料サイクル施設計画

原発計画に影響は？　“試練”幾度も…冷静な住民

下北半島の太平洋岸に核燃料サイクル施設を立地したいという巨大プロジェクト計画が、水面下から急浮上、二十日、正式に本県に伝えられた。東通原発、そして原子力船「むつ」を含め、半島をわが国有数の原子力施設集中地帯として選択するか否か―やがて県民に重大判断を迫ることになるが、青森市と現地上北郡六ヶ所村および下北郡東通村でこの日の表情を追ってみた。

―東通村

村当局は原発への影響に、戸惑いをみせながらも「対応はする」と、柔軟態度。しかし、原発に大きなかかわりを持つ再処理工場に強い拒否反応を示している。

川原田敬造村長は「これによって原発漁業補償交渉がうまく運ばないのではないか」と心配。森勇男助役は「『電力側が本当に原発を造る気があるのか』といった不信感があるだけに、村民のなかに『原発をやめて再処理工場に切り替えるのでは』との混乱も起きかねない」と気をもんでいる。しかし「再処理工場については、計画が具体的になってきた段階で検討しなければならないと思う。住民とよく話し合って対応したい」（川原田村長）と頭から拒否はしていない。一方、電力側と現在、原発の漁業補償交渉を進めている漁協の受け止め方はかなり違う。白糠漁協の高嶋徳治組合長は「交渉の最中に再処理工場の話を持ち出してくるのは、電力側がさらに原発を先に延ばそうとする手段ではないか。再処理工場には関知したくない」とズバリ。

また、小田野沢漁協の川口照雄組合長は「うちの組合では漁業補償交渉の窓口を設置する前の全員協議会（五十七年）で『再処理工場は絶対反対』との確認をしている。本当の目的は、原発よりも再処理工場なのではないかと疑いたくなる」と、不快そうな表情だ。

村内の受け止め方が微妙とあって、村商工会の川畑勇吉会長は「いまはなんともいえない。今後、対応の仕方を話し合うことになるだろう」と慎重である。

―六ヶ所村

「村長として先走って申し上げても…。慎重に判断したい。その点を皆さん方も分かっていただきたい」「電事連が県に対して要請した二十日午後、古川伊勢松村長は、慎重に言葉を選びながら、記者団と相対した。村に正式な話がない今、不用意な発言を避けようーという配慮が働いてのことだが、一大プロジェクト進出が取りざたされる割には、村民の反応は鈍く、村は平静を保っている。

夜来の雨が降り続いたこの日、同村は肌寒い一日となった。村民に核燃料サイクル施設の話を向けても「よく分からない」の返事ばかり。「開発だって先にマスコミが騒ぎたてて、それから地元にきた」と。対応が注目される村海水漁協では､この日会議。しかし核サイクルの話は出なかった。「賛成とか反対とか、今はいえない、これから勉強」と組合長。

だが、ある組合員は「個人的意見だが、私は反対。

開発だ開発だというが､うまい汁は村外の人ばかり。村の人は、二、三年の土木作業でポイ。開発に協力して土地を手放したのに…。孫子の代が心配だから反対」。これに対してある組合員は「基本的には反対だ、だれもがそう考えると思う。だが、企業がこない今、何がある。開発が一段落した今、あすのことで困っている。ドクでも食べなきゃ、生きてゆけない」。役場の職員は「うちは開発という大きな試練をくぐり抜けてきているから」。

巨大開発で揺れに揺れた村。それだけに慣れ、体験もある。大方の村民は、核サイクル施設は村内に設置されるーと予測しているが、未知の施設だけに受け止め方は慎重。国、県の対応をじっくり見る、という空気が強い。

1984年4月29日
核燃基地　六ヶ所村が誘致へ

前提は安全の確認　村議会全員協　古川村長が表明

上北郡六ヶ所村議会の全員協議会が二十八日開かれ、同村への立地が見込まれている核燃料サイクル施設問題を論議した。質疑の中で古川伊勢松村長は「安全性が確定的であるなら誘致すべきだ」との考えを示した。村長はこれまでこの問題について一貫して慎重な姿勢をとり続けてきたが、この日の発言は、前提条件付ながらも誘致の意向を明快に示唆した発言と受け止められ、関係方面に与える影響は大きいものとみられている。同村では今後、先進地視察などを実施､安全性を含めて綿密な検討にはいる。

協議会は、同村への立地が伝えられている核燃料サイクル施設に関して、これまでの経過を議会に説明する―との村の要請に基づき、二十人の議員が出席して開かれた。

村側の説明に対して各議員は､電事連の要請は｢下北半島太平洋岸とあるが、六ヶ所も包含されていると認識しているか」｢核燃施設は企業誘致の障害にならないか」｢危険なものを受け入れるには、国が絶対の責任を持つようでなければならない」などの質問が出た。

これに対して村長は「六ヶ所も基地の候補地と判断」｢安全性に問題ないなら、雇用を考えた場合、誘致企業として喜ぶべき。あまりにも危険だったなら喜ぶべきじゃない。この辺を探ってゆく」と答弁した。

さらに議員から「学習が先決。そのうえで大丈夫だとの結果が出た場合、誘致の決意はあるか」との問いに対し村長は「問題は安全性。これが確定的なら誘致すべきだ」と述べたほか「確定的であれば当然誘致すべきとの判断をもっている。前向きで勉強しながら将来の六ヶ所村を築くために判断すべきだ」と、積極的な取り組みの姿勢をみせた。

正式立地要請後、初の議会との話し合いとあって注目されたが、安全性を指摘する半面「平和利用に使うなら何人も拒むものではない」など、誘致に対して特に異論が出なかっただけでなく「来るものとして進めた方がいい」など、積極的な取り組みを求める意見が多く出された。

しかし安全性も含め、未知の施設とあって戸惑いも多く、学習、勉強の機会を早急につくるべき―との要望が相次いだ。これに関して村長は、同村への立地要請のいかんを問わず、先進地視察を検討することを確約した。

1984年7月28日
電事連 正式に協力要請 核燃料サイクル施設立地

県、六ヶ所村に計画提示
村は受け入れの姿勢

電気事業連合会の小林庄一郎会長、大垣忠雄副会長、松田彰東北電力副社長らは二十七日来県、北村知事および上北郡六ヶ所村で古川伊勢松村長らに会い、わが国初の核燃料サイクル三施設の事業化計画を示し、むつ小川原開発地域内への立地に協力を要請した。事業計画は去る十八日決定の事業規模、建設スケジュール、建設費、用地面積に加え①再処理施設は同村弥栄平地区、ウラン濃縮と低レベル放射性廃棄物貯蔵施設は大石平地区に建設する②再処理、廃棄物貯蔵に使う港湾はむつ小川原港を利用する③立地調査はできるだけ早く着手したい―などを明示、同時に環境保全と安全対策に触れた。これに対し北村知事は「村ともども内容を吟味し結論を出したい」と慎重な構えを崩さなかったが、古川六ヶ所村長は「要請には誠意をもって対処する」と、積極姿勢を示した。

小林電事連会長らは同日午後四時、上北郡六ヶ所村を訪れ、古川伊勢松村長らと会談。正式に立地協力要請を行った。これに対し古川村長は①立地要請には誠意をもって対処する②村民の意見集約はできる限り早く行いたい③遅れているむつ小川原開発の急速な展開を図るための起爆剤としてサイクル事業に大きな期待を寄せているーと述べ、村内世論を背景に事実上受け入れを前提とした積極姿勢を見せた。

立地要請は中央公民館内で行われ、村側から古川村長ら三役、小泉時男議会議長、古泊実むつ小川原開発特別委員長らが出席、約四十分にわたり三施設の立地点、施設規模、建設時期など初めて具体的内容を提示した。

それによると①再処理施設は年間約八百㌧U②ウラン濃縮施設は年間約千五百㌧SWU③低レベル放射性廃棄物貯蔵施設は約二十万立方㍍（ドラム缶約百万本相当）—とし、先に九電力社長会が決めた規模と同じスケール。立地場所は再処理施設が弥栄平地区三百五十㌶、ウラン濃縮と低レベル貯蔵施設は大石平地区三百㌶とし、三施設の概括的なレイアウトを付した。総建設費は約九千六百億円で、六十一年ごろ準備工事、六十六年ごろ操業開始を予定している。

また事業主体は再処理施設は日本原燃サービス、残る二施設は電事連が主体となって設立する新会社。三施設の付帯施設として荷役のため三千㌧級船舶が接岸できる港湾は、むつ小川原港の利用を予定するとし、港湾と再処理施設を結ぶ専用道路を建設する考えを示した。このほか安全対策と環境保全対策として、再処理施設の多重構造設計や放射能封じ込めの配慮を示したが、総じて一般的事項の域を出ず概括的な内容となっている。

協力要請後、小林会長は「先に村と議会からは誘致の陳情をいただいた。三施設は最新の技術を導入し、周辺の環境保全に万全を尽くし、地域と共存共栄を図りたい。村民の理解を期待し、できれば早めに青森推進本部を村に移転し、村民に事業内容を説明したい」と述べた。

これを受け古川村長は、村の対応として「今の段階では時期はいえないが、できる限り早くと思っている。第一に議会の意見を聴きながら村民の幅広いレベルの意見集約を目ざす」と積極姿勢を示した。

また大垣副会長は、むつ小川原港の利用は「港湾計画にある鷹架沼内港部（掘り込み港湾）の五千㌧バースを使えるよう期待している」と述べた。

共存共栄を強調

六ヶ所村への要請に先立ち小林電事連会長らは午後一時から青森市のホテル青森で、北村知事ら県三役に協力を要請した。

記者会見した小林会長と大垣副会長は、六ヶ所村への三施設一括立地について「県からの説明や現地本部の情報を基に総合的に判断した。早期立地の確率は（東通よりも）六ヶ所が高い。大石平と弥栄平については港湾や天ケ森射爆場との関係も考えた。地質や地盤など問題はない」と説明。また「地元雇用や資材の調達、電源三法による交付金、固定資産税のほかに、質の高い労働者の工場への就職など、長い目で見て地域開発に役立つようにしたい」と語り、地元と共存共栄の考え方を強調した。

北村知事は①具体的な内容を検討して結論を出す②国の指導、協力を求める③専門家会議を設置するほか、県内各界各層の意見を聴く④安全性の確保を基本に慎重に対処する—との考えを示した。

また、むつ小川原開発の見直しについて「第二次基本計画の一部変更は必要となるが、開発の基本理念は変わらない」との考え方を繰り返した。

慎重のうえにも慎重に

北村知事　県は四月二十日に電事連から協力要請を受けた際、立地地点を決めるのは電事連であり地元の意向が尊重されるべきだと主張してきたが、今回の要請は県の要望を踏まえたものと受け止めている。地元六ヶ所村とともに、具体的な内容を十分に検討して結論を出していきたい。また国とも連携をとりながら指導、協力を求めていく。サイクル施設は安全性の確認が基本であり、慎重のうえにも慎重に対応する。

安全性を第一に

小林庄一郎電事連会長　内外の実用化された最良の技術を採用し、安全性の確保を第一義とする。また周辺環境の保全に万全に期し、地域との共存共栄を図っていく。電事連としてはできるだけ早い機会の同意を望んでいるが、地元の情勢や国との関連もあり、期限をつけることは考えていない。

開発の期待大

古川伊勢松村長　核サイクル事業は石油備蓄に次ぐ大型の企業誘致との認識に立っている。むつ小川原開発の急速な展開を図るため起爆剤として大きな期待を寄せている。むつ小川原港の整備と都市計画道路の促進、河川修理など本村にとっての基盤整備が課題であり、協力要請を機に課題解決につなげたい。安全性と住民対策をただし、村議会、県とも協議し検討を進めたい。

9月ごろに結論

小泉時男議長　動燃の東海再処理工場などの先進地を視察し事業に対する理解を深めている。今後の村民の意見集約の過程を見守りながら議会の意見を慎重に固めたい。村内に混乱や動揺を避けるため拙速には走らないが、判断は早い方がいい。時期は村内情勢の推移を注意深く見守り、九月ごろには結論を出したい。

全面的に協力する

阿部陽一むつ小川原開発会社社長　電事連から内々に話があり、核燃料サイクルの商業化という国策とも言えるプロジェクトだったので、全面的に協力することにした。石油シリーズを基幹とするむつ小川原開発になじまないという地元の考えもあるだろうが、これを契機に開発が動き出すと考えれば大きな前進と言えるのではないか。施設の具体的な立地場所などについてはこれから正式な交渉に入ることになるが、事業の重大性をよく認識して謙虚な態度で対応していきたい。

非常に残念だ

川原田敬造東通村長　六ヶ所村立地となったことは、正直にいって非常に残念だ。しかし、この決定は電事連が県の意向を尊重しながら決めたことであり、隣村として全面的に協力していく。行政区域では分かれているものの、立地予定地は運命共同圏ともいえる地点であり、いわば異体同心という心境で、この大プロジェクトに対処していく。

運動見直される

中村亮嗣むつ市を守る会代表　原子力問題は、むつ市の原子力船「むつ」、東通村と大間町の両原子力発電所などから、これまで下北住民だけの問題とみられてきた。このため、われわれの闘争も孤立したものだった。しかし、核燃料サイクル三施設が六ヶ所村に建設されることに決まったことで、被害想定地域がグンと広がり、多くの人が無関心ではいられなくなったはずだ。つまり、ヤマセが吹けば“死の灰”が青森市へまで及ぶし、海へ出される場合は三沢—八戸市方面へまで及ぶからである。原子力開発がクリーンなイメージからダーティーなものへと変わってきており、運動も見直されると思う。

今後の対応は…

立地まで課題山積

県・六ヶ所村 安全性など検討へ

県と六ヶ所村は核燃料サイクル施設立地について本格的な検討に入る。しかし安全性に対する不安が解消しておらず、むつ小川原開発との関連、地域への影響など、課題は山積している。

知事は核燃料サイクルについてこれまで「地元の意向が尊重されるべき」「県としても県内各界各層の意見を聴く」「安全性の確認が前提条件となる」などの考えを示し、二十七日には県論集約に期限をつけないと語った。

安全性の確認について県は八月中旬にも専門家会議を発足させ、三施設に分かれて、それぞれ安全性に関する報告を知事に行う。このほかの分野についても、知事が必要と認めた場合、改めて専門家を委嘱する考えだ。

ただ県は、専門家会議の報告書は公表を前提に検討をするとしている一方で、専門家会議は安全性について知事が知見を得るために設置するとしており、どこまで公開・公表の姿勢が貫けるか、疑問を残している。また専門家会議の人選を巡っては、社共両党が「科学技術庁や日本原子力産業会議に人選を頼んでいては、推進派の学者ばかりで、公平な審議は望めない」と早くも反発している。

県内意見の取りまとめは、知事自身「地元六ヶ所村の意向が尊重されるべきだ」としており、六ヶ所村の現地情勢を見極めてからとなりそうだ。県は原子力船「むつ」の佐世保から大湊の入港にあたって周辺市町村や漁業団体などの意向を聴取しており、今回も同様の手順を踏む形となる。

一方、地元六ヶ所村では一日にも、村議会全員協議会を開き、古川村長が電事連からの正式要請について報告する。村民の先進地視察などを通じて、合意づくりに取り組むものとみられている。

しかし村議会の中にも、立地に慎重な意見が根強く残っており、開発に対する反対運動も小規模ながら続いている。また六ヶ所村海水漁協などから、核燃料サイクル立地に伴う新たな漁業補償の要求が出ることも予想され、予断を許さない。

電事連は八月早々には六ヶ所村に現地事務所を設立、地元との交渉に入る。既に青森推進本部の人員を十三人から二十八人に増員。主力を現地事務所に置き、各地区ごとに説明会を開く予定。

電事連は六十一年から準備工事に入る計画で、その前に一年間の立地環境調査が必要なことから逆算すると、本県側の立地諾否についての結論は本年末がメドになるとみられている。

1985年4月10日
「核燃」受け入れ決定　県議会全員協議会

知事　「県論集約」と見解

きょう電事連に回答

電気事業連合会から立地協力要請を受けている核燃料サイクル三事業に関する県議会全員協議会が九日に開かれ、北村知事が「要請に応じてしかるべきとの最終判断に至った」と報告、理解を求めた。これに対し六会派代表が質疑を行った。自民、民社が積極推進、公明、清友会が要請受諾やむなしの立場で、社会、共産は反対した。議会終了後、北村知事は県議会の理解を得て立地要請受け入れの県論を取りまとめたとの見解を示した。知事は十日上京、小林庄一郎電事連会長に口頭で受諾の意向を伝える。県は十五日に県むつ小川原開発審議会と県総合開発審議会に報告、了承を求め、今月中にも十項目の要望、条件を付して電事連に要請受諾を正式に回答する運びである。

県議会全員協議会は、反対派の阻止行動によるトラブルのため予定より四十六分遅れて午前十一時四十六分開会。北村知事が核燃料サイクル施設の立地受け入れを表明、むつ小川原開発第二次基本計画の調整案を示した。これに対して六会派代表が質疑を行い、大勢意見が知事報告を了承する形で。立地要請受け入れの県論を集約、午後五時五十五分閉会した。

席上、知事は核燃料サイクル立地問題について報告。①核燃料サイクルの確立は重要な政策的な課題である②安全性は基本的に確立し得ると考えられる③地元六ヶ所村が受け入れを決定している④国の政策上の位置づけを確認できた⑤電事連の取るべき措置を確認した⑥県内各階層の意見聴取では大勢が立地協力要請を受け入れるべきとの意見であった。⑦地域振興に効果がある—との判断材料を挙げ、立地受け入れを表明した。

これに対して鳴海広道（自民）須藤健夫（民社）両議員が「英断を持って進めるべきである」との積極的推進論、浅利稔（公明）杉山粛（清友会）両議員が「安全性確保などを前提に立地を受け入れざるを得ない」との条件付き賛成論、鳥谷部孝志（社会）木村公麿（共産）両議員が「協力要請は拒否すべき」との反対論を展開した。

質疑の中で知事は①安全性確保のため事業主体と協定書を締結、確約を得る②立地による地域振興策は直接的な効果ばかりでなく、複合的な地域形成に役立つものである—との見解を表明した。

むつ小川原開発第二次基本計画との調整については「開発の基本理念は変わらず、核燃料サイクル施設を盛り込む形で、二次基本計画の修正を行う」との案を説明。県むつ小川原開発審議会の意見を聴いたうえで、十四省庁で構成するむつ小川原総合開発会議に提出し、閣議口頭了解を得るとの今後の方針を示した。

全員協では過半数を占める自民はじめ公明、清友会、民社が立地受け入れに同意。昨年四月に電事連から協力要請のあった核燃料サイクル施設は、上北群六ヶ所村のむつ小川原開発地域への立地が正式に決まった。

今後の取り運びについては、知事は事業主体である原燃サービス（再処理を担当）原燃産業（ウラン濃縮と低レベル放射性廃棄物貯蔵を担当）との間で①事業構想の実現②安全対策の履行③建設時、操業時の安全確保④万一の事故時の損害賠償と風評に対する補償⑤事業主体への責任体制の継承⑥地域振興への積極的協力⑦地元雇用の拡大⑧教育、訓練機会の創出⑨研究機関の設置⑩広告活動の充実　の十項目を盛り込んだ協定を取り交わし、電事連に正式に立地受諾の回答を行うことを明らかにした。

関係者の談話

不安解消に努力

北村知事　一部から批判、反対があったが、謙虚に受け止め理解を求めていく。不安に思っている人が多数いることは確かであり、特に婦人がそうだ。本当でない情報が多く流され、理解されないがための不安があると思う。こうした不安解消に県、国、事業主体が一体になって努める必要がある。三施設の安全確保と地域振興の二つの多くの目標は村とともに協力しながら実現を図る。

安全確保第一に

古川伊勢松六ヶ所村長　全員協議会で立地受諾の方向が表明され、県の基本的態度が決まった。知事に受諾を回答した時述べたように県と歩調を合わせながら村民の期待を実現していく。知事には三十七項目の要望の実現を強く要望した。なすべきことは安全性の確保を第一に地域振興にかかわることで、特に農、漁業者の不安解消の問題を大きく考えている。

民主主義を否定

佐川礼三郎県労議長　反対する人が増え県論が統一されていない段階で全員協議会を開いたのは県民を無視した強引なやり方だ。極論すれば民主主義の否定につながる。県民投票条例制定を求める署名運動を通じ農民、漁民がかなり反対運動に結集した。今後は具体的に一つの運動体として太平洋岸一帯の農漁民の組織づくりを追及したい。

共存共栄目指す

小林庄一郎電事連会長　青森県議会全員協でかねてお願いしていたサイクル施設立地の受け入れ決定の知らせを受け、誠にありがたい。これまで慎重に精力的に検討を重ね、県論集約をはかられた知事はじめ県、県議会、県民の皆さまに深い敬意を表する。電事連は立地を進めるに当たり、施設の安全確保を最優先に、地域の環境保全に努め、共存共栄を目指して期待に沿うよう全力を傾注する。

1985年4月26日
むつ小川原開発計画修正　核燃立地推進図る

けさ閣議で口頭了解

二十六日の閣議で河本嘉久蔵国土庁長官は、むつ小川原総合開発会議（十四省庁会議）の申し合わせを説明、核燃料サイクル事業立地によるむつ小川原開発の推進を閣議口頭了解した。閣議口頭了解では「関係省庁は、むつ小川原総合開発会議の申し合わせに基づき、むつ小川原開発の推進を図るものとし、そのために必要な施策について適切な措置を講ずる」と、国の支援を約束した。閣議口頭了解により、むつ小川原開発第二次基本計画の修正作業はひとまず終わり、むつ小川原開発は石油シリーズを軸として残しながらも、実質的には当面、核燃サイクル事業の推進で原子力開発の道を歩むことになる。

国が支援を約束

むつ小川原開発第二次基本計画は、五十二年八月三十日に閣議口頭了解され、これに基づいて港湾や道路の整備を進めてきた。核燃サイクル三施設は石油を中心とした二次基本計画の想定業種に含まれていないため、県は二次基本計画に核燃サイクル立地を織り込んだ形での調整案を十七日に策定、改めて閣議口頭了解を得るため、十四省庁で構成するむつ小川原開発会議に計画修正を提出していた。

むつ小川原総合開発会議は二十四日、「核燃サイクル立地はむつ小川原地区の開発に資するものであり、安全の確保を前提として、地域の調和を図りつつ、計画修正の趣旨に沿ったむつ小川原開発を推進する」としたうえで、①立地の具体化にあたっては各種計画との調整を図りつつ進める②安全性の確保に万全を期す③地域住民の十分な理解と協力を得て、円滑に進められるよう努める－との申し合わせを確認。県の二次基本計画修正に沿う形で了承した。

二十六日の閣議では、むつ小川原総合開発会議の申し合わせを踏まえて、「核燃サイクル施設のむつ小川原地区への立地は、工業開発を通じて地域の開発を図るというむつ小川原開発の基本的考え方に沿うものであり、かつわが国のエネルギー政策や原子力政策の見地からも重要な意義を持つ」と強調。「関係各省庁は申し合わせに基づき、むつ小川原開発の推進を図るものとし、そのために必要な施策などについて適切な措置を講ずる」と、国のバックアップ態勢を明確にした。

核燃サイクル立地に伴うむつ小川原開発第二次基本計画の調整は、全面的な見直しか、一部修正にとどめるかで、議論となってきたが、閣議口頭了解により、県の計画に沿って一部修正にとどめた。

石油精製、石油化学、火力発電所を想定した二次基本計画は今後も二次基本計画の主柱として生き続けるが、石油産業の立地の見通しはなく、さしあたりは核燃サイクル事業によって、むつ小川原開発は原子力に比重を置いた開発の方向をたどることになる。

閣議口頭了解

むつ小川原開発については、さる五十二年八月三十日の閣議口頭了解にしたがい、各般の措置が講ぜられてきたところであるが、今般、関係省庁は青森県が提出してきた核燃料サイクル施設の立地にかかる「むつ小川原開発第２次基本計画」の修正について検討した結果、むつ小川原総合開発会議において申し合わせを行った。

核燃料サイクル施設のむつ小川原地区への立地は、工業開発を通じてこの地域の開発を図るというむつ小川原開発の基本的考え方に沿うものであり、かつ、わが国のエネルギー政策および原子力政策の見地からも重要な意義をもつことにかんがみ、関係各省庁は、今後、この申し合わせに基づき、むつ小川原開発の推進を図るものとし、そのために必要な施策等について適切な措置を講ずるものとする。

1986年4月5日
泊漁協　反対・慎重派　書面議決書の公開求める

紛争に輪、と県提示拒否

上北郡六ヶ所村泊漁協の滝口作兵エ理事ら反対・慎重派の理事三人は四日、県庁に山内副知事を訪れ、書面議決書の公開を求めた。

滝口理事らは、「先月二十三日の総会は成立しておらず、核燃料サイクル海域調査の同意はなされていない」としたうえで、「書面議決書があるなら、それを見て確認したい」と求めた。

しかし山内副知事は「板垣組合長の意向を聞かずに、県が独自に出すことはできない。公開することは、泊漁協の紛争に輪をかける」と提示を断った。また二十三日の総会については「事務的には好ましくない部分もあるが、組合長が書面議決書を受け取っており総会は成立している」との見解を繰り返した。

1986年4月10日
白紙撤回求め気勢

泊で反対派が４・９集会

県労が主催する核燃サイクル基地建設反対4・9青森県集会は九日午後、現地上北郡六ヶ所村泊の泊漁港荷揚げ場で行われ、県下各地から労組員ら約六百六十二人（主催者発表）が参加「村を核のゴミ捨て場にするな」「海を守れ」などと気勢を上げた。集会の後、デモ行進し、原燃二社に建設計画、立地調査の白紙撤回を求める抗議文を手渡した。

集会は、昨年四月の九日の県議会全員協議会で、立地受諾の県論を集約したのを受け、この日を建設阻止行動の日に設定、第一回の全県集会として開いた。

主催者を代表して佐川礼三郎県労議長が「再処理施設は世界的にも安全性が確立されておらず、危険な施設である。多くの学者から批判があるにもかかわらず強引に村に立地しようとしている。正式立地要請からわずか九カ月での県の受け入れは暴挙。泊の漁民の反対運動を県民の連帯で、発展させよう」とあいさつした。

続いて社会党本部の細井石太郎副委員長、共産党県委員会の堀幸光政策委員長、泊漁協の滝口作兵エ理事ら来賓が「核燃は百害あって一利なし」「三月二十三日の書面議決書は偽造されたもの。非民主的やり方を許すわけにはいかない」「青い海、青い空を孫子に伝えるために命をかけて戦う」などと、核燃事業阻止の決意を述べた。

社会党の関晴正代議士は、近く国政レベルで社党の調査団が来県する計画を明らかにしたほか、高木仁三郎氏が、原子炉等規制法の一部改正案を「改悪」と批判した。核燃から郷土を守る上十三地方連絡会議の寺下力三郎代表、放射能から子供を守る母親の会の千葉仁子代表が決意を表明、抗議文と集会宣言を採択した。

集会参加者は、弘前からの百三十七人を最高に泊から百三十人など。集会後、泊地区をデモ行進し、佐川議長らが尾駮の原燃二社に抗議文を手渡すため訪れたが、面会人数の制限を受けたため、反対派の漁民、労組員らが激高、金網の防護サクを挟んで警備員と怒号まじりで小ぜり合いを続けるなど、一時は険悪な気配となった。

1986年4月19日
議決書の公表を約束

泊漁協慎重・反対派　水産、科技庁に直訴

【東京支社】核燃サイクルの海域調査に同意した総会議決（三月二十三日）は無効、としている上北郡六ヶ所村泊漁協の慎重・反対派組合員は、県へ議決取り消しを請求をしたのに続いて十八日、水産庁と科学技術庁へ“直訴”した。そのなかで、漁協の指導官庁である水産庁は、組合員が問題視している書面議決書について、役員へ公表させるよう指導する、との考えを示した。

この日、総会の決議無効を訴えたのは、泊漁協の滝口作兵エ、赤石憲二、村畑勝千代の三理事と坂井留吉組合員（「核燃」から漁場を守る会副会長）の四人。これに社会党の関晴正代議士、鳥谷部孝志（県議）、細井石太郎両県本部副委員長が同行した。

滝口理事らは、水産庁に対して総会当日の状況を説明しながら「議決は水産業協同組合法、漁協定款に照らして無効なのは明らか」と訴え①水産庁の立場からそれを調査して正しく指導してもらいたい②問題となっている書面議決書を少なくとも役員全員に公表させるよう指導してほしい―と申し入れた。

同庁では鷲野宏漁政部長らが対応したが、書面議決書の公表については「そのように指導する」と約束した。また、滝口理事らの「理事会を賛成派理事四人だけで開き、われわれ三理事へは連絡さえなかったが、成立するのか」との質問に「そんなことはあり得ない」との判断を示した。

滝口理事らは一方、科技庁に対しては、総会決議無効との考えを伝えて「海域調査に同意していないのだから、県及び原燃二社が住民のコンセンサスを得て慎重に調査を進めるよう指導してほしい」と要請した。

同庁では河野洋平長官が対応したが、同長官は「先日、青森県を訪問した際、知事に対して『みんなの意見を聞きながらきちんと進めてほしい』と話した。その気持ちは変わらない」と答えるにとどまった。

1986年6月4日
漁船　巡視艇入り乱れ　核燃調査海域

怒号、警告飛び交う
調査団3度目に強行突破

陣取り合戦のような洋上の厳しい攻防だった。核燃料サイクル施設の海域調査に伴う測定機器設置作業は三日午後、泊地区の調査海域を舞台に調査・警備側と反対派漁民の船が入り乱れ、警告と怒号の中で終わった。にらみ合うこと三時間半、二度の調査海域突入、撤退を繰り返した調査団側は三度目に固い警備に守られて強行突破を図った。

午後一時五十分、阻止行動のため前夜から待ち構えていた反対派漁船の前に調査船が姿を現した。白糠漁協の支援船を加え、約三十隻で海域を占拠していた反対派だが、調査側の隻数もほぼ同数。調査船のタグボードを守るように並ぶ第一、第二管区海上保安部の巡視船・艇群。これに県警の警備船二隻、空にはヘリコプター二機が旋回し大警備陣を組んでいた。

午後二時十五分、最初の調査海域突入。進路を漁船に阻まれるとあっさり退却。「今のは様子見だ。油断するな」と反対派漁船。二度目は三十分後、両船団ともかなり接近して緊迫した。タグボートの警笛、巡視艇の警告に反対派のリーダー滝口作兵エ泊漁協理事は「自分たちの海を守って何が悪いんだ」とマイクで応酬した。激しいやり取りのうち調査船はかなり調査地点近くまで近づくが結局は撤退。

三度目の突入までは、一㌔ほど離れたまま二時間以上の長いにらみ合いが続いた。日没近くなり、イライラした漁船団は漁業無線を使って調査船側の動きをうかがう。上空を何度もヘリコプターが低空飛行を繰り返す。

午後五時二十八分、調査船団が満を持したように動き出した。「いよいよ本番だぞ」と漁業無線ががなりたてる。漁船は一斉に調査船に白波をけたてて向かった。巡視艇二隻が迎え撃つ形で先頭へ。両わきにそれた漁船団は横から調査船に近づこうとするが、ぐるりと囲んだ二十隻の巡視艇に力で排除された。「○○丸、走路妨害です」の警告が連呼される。

漁船団は「帰れ、帰れ」と怒りをぶつけたが、作業を見守るだけ。最後は厚い警備陣にはね返された。

今後は海生生物調査

佐藤豊作原燃サービス所長

二日に続き、本日計画した五点の流動観測装置が無事終了した。これで海域調査の基本的な項目である流動観測に着手できたわけで、今後は引き続き四季別の海生生物調査などを実施していきたい。調査にあたり、県や村当局のほか海保、県警など警備当局の指導、支援、関係漁協の協力に心からお礼を申し上げたい。今回の調査地点を、今後は定期的にパトロールし、点検、航行の安全を図るよう努めたい。

苦しさ分かち合う

船主組合の伊勢田義雄さん（原発対策委副会長）

二日の船主組合の話し合いで阻止行動ではなく抗議行動にし、午後五時には引き揚げると申し合わせた。しかし、海上であと少し泊に応援してほしいという滝口さんの悲痛な叫びを聞くと、もう少し頑張ってやらねばの気持が強くなった。船の故障や海水が入ったり、隣の漁民として苦しいとき助け合わなければ…。（日本原燃サービスは）説明をするといいながら全くないのはおかしい。態度が煮え切らない花部組合長へも不信の声が大きい。

阻止行動に悔いなし

滝口作兵エ泊漁協理事

海上保安庁が観測用のブイを入れたようなものだ。まさか国家権力がここまでやるとは、想像していなかった。体を張って阻止行動をしたので悔いはない。戦いはこれで終わったわけではない。泊漁協は海域調査に同意してはいない。海域調査は権力と企業が組んだ全くの芝居だ。

無視へ怒りの出動

白糠漁協　船主組合　予期せぬ占拠行動

核燃料サイクル施設海域調査は、慎重・反対派漁民の抗議行動の“荒波”にさらされた。主力の翼を担ったのが泊海域に隣接する白糠漁協の船主組合だった。海域調査に伴う影響問題の対象外と決めつけられ、事前説明もなく全く無視されたことへの反発が、泊漁協の慎重・反対派をしのぐ船団での海域占拠に発展した。船主組合は白糠漁協内の任意団体。東通村に予定される東通原発建設には、慎重・反対派の中軸で、原発対策委員会の執行部を制して慎重審議を続ける。先のソ連のチェルノブイリ原発事故を契機に安全性に疑問が生じたと、一時的に審議を凍結してしまった。審議は常に委員同士の発言を出し尽くし、総意を満場一致にまでまとめ一歩ずつ前進させてきた。

今回の海域調査について原発対策委員を兼ねる総代の定時大会が開かれた二月十三日に、花部与三郎白糠漁協組合長に対して、考え方と見通しをただし検討する機会を求めていた。明確な返答がないまま事前説明会は立ち消えになる中、五月三十一日に集まりをもち「隣接した海で影響も予想されるのに説明がないのは不満」の声が大勢を占めた。

翌一日、伊勢田芳勝船主組合長ら十九人が日本原燃サービス現地準備事務所へ県、村を交えた説明会を開くよう申し入れた。二日午後に説明会を開く約束を取りつけたというが、実現せずに終わったため態度を硬化させ、二日午後七時から全員協議会を開催、九時すぎまで対策を話し合った。

説明会が開かれなかったのは原燃側が白糠漁協の花部組合長と連絡をとったところ「内輪で解決する」という返答があったためという報告があり、組合長から事情を聞くべきだという声がわき上がった。しかし、組合長との連絡がつかず不信の声を残したまま、抗議の漁船出動を決めた。

船主組合には、今月一日から組合員の前へ姿を見せない花部組合長への不信が強まっていた。さらに事前説明会もなく海域調査が強行されたこと、同じ海に生きる隣同士の心情がない交ぜになり、予期せぬ“白糠の反乱”にかりたてた。

ドキュメント

２日午後11･0　核燃から漁場を守る会、社会党、県労が泊漁協前で海域調査実力阻止集会。

同11・05　泊漁協の慎重・反対派組合員の漁船八隻出港。

３日午前3･30　白糠漁協からも二十数隻が出港。

同４・25　県警機動隊、泊漁港前に到着。泊まり込んだ反対派とにらみ合い。「帰れ」のシュプレヒコール。

同４・30　三沢漁港から調査船三隻、監視船一隻出港。

同５・０　八戸港から資材運搬船出港。

同６・25　社会党、県労が抗議集会。

同７・48　作業船が出戸沖三地点で測定機器設置作業開始。

同８・53　作業を完了。

同９・０　資材運搬船、出戸沖に到着、待機。

午後１・50　資材運搬船が泊沖まで北進。

同２・15　資材運搬船と海上保安庁の巡視船、巡視艇が泊海域の調査地点への突入を図るが、反対派漁船が妨害、果たせず。

同２・45　再度の突入を試みるが、反対派漁船が進路に突っ込むようにして妨害。阻止行動は強まる一方。調査は身動き取れず。

同５・０　白糠漁協の漁船の一部「われわれは抗議行動をしにきたので、阻止行動が目的ではない」として帰り始める。

同５・28　待機中の資材運搬船が発進。調査地点に三度目の突入。

同５・45　泊海域の第１ポイントに到着。約二十隻の巡視艇が資材運搬船の外側をぐるぐる回りながらガード。反対派漁船は近づけず。

同６・30　第１ポイントの機器設置作業を終了。沖の第２ポイントへ移動。

同７・03　第２ポイントの設置を終え、二日間にわたっての作業を完了した。

1987年12月13日

反対へ広く署名運動

農業４団体　核燃阻止実行委を発足

上北郡六ヶ所村の核燃サイクル施設建設に反対している県農協青年部など農業四団体は十二日午後、青森市の県農協中央会会議室で「核燃料サイクル建設阻止農業者実行委員会」を発足させた。同委は今後、核燃施設の建設阻止に向け県内の農業者一丸となって署名運動やデモ、総決起大会などを推進していくことを決めた。

実行委を発足させたのは、県農協青年部、同婦人部、農民政治連盟県本部、全農協労連県支部の農業四団体。去る九月十五日青森市の県農業会館で開いた「核燃料サイクル施設反対農業者総決起大会」で実行委の結成に向け準備を進めることで合意をみていた。

十二日の実行委には各団体の代表八人が出席、今後の運動方針を協議した結果、反対署名や各地に看板を立てる、県に環境保全調査報告書の公開を要望する、核燃に対する学習会を各地で開催する―などを決めた。また、この日の初会合では出席者から「核燃と農業は全く両立し得ない。建設は絶対に認められない」「この施設があるだけで、農作物、乳製品に対する風評被害が発生する」「単に農業者のみでなく、広く漁業者や他の団体にも参加を呼びかけたい」などの意見が出された。

四団体のメンバーは総勢四万人余りとなるだけに、核燃料サイクル施設の今後の推進計画に大きな影響を及ぼすのは必至とみられる。

1989年7月21日

核燃に「慎重」「反対」8割

本社の県民意識調査

「消費税」「リクルート事件」と並んで今回の参院選の本県選挙区で大きな争点となっている「核燃サイクル」「農政」について東奥日報社は、県民がどう受け止めているのか、参院選世論調査と併せて意識調査した。この結果、「核燃サイクル」について「推進」はわずか七％だけで、「慎重」「反対」が合わせて八〇％以上と県民は極めて厳しい見方をしている。「農政」は、農産物の輸入自由化に対し、本県の場合、農業が地域経済に与える影響が大きいことを反映し「慎重」、「反対」が約八割を占めた。

推進派わずか7%　厳しい見方４年間で倍増

核　燃

今回の調査で、上北郡六ヶ所村の核燃料サイクル施設について、県民が極めて厳しい見方をしていることが分かった。推進の意見はわずか七％にすぎず、慎重、反対意見が合わせて八〇％以上を占めた。東奥日報社は核燃立地受け入れ決定四カ月前の五十九年十二月にも電話で県民にアンケート調査しているが、その時は賛成二九・二%、反対三六・四%だった。ここ四年間で、核燃に対する厳しい見方が倍増した格好。この傾向は年齢別、男女別でもほぼ同じなほか、核燃立地推進の立場の自民党を支持する県民も大半が慎重、反対意見を示したのが特徴。核燃問題は、今参院選で八一・六%が「考慮に入れる」「ある程度考慮」と答えられており、選挙結果に大きな影響を与えそうだ。

今回調査の質問は「積極的に推進すべきである」「安全性に不安があるから急ぐべきでない」「建設に反対である」「分からない・無回答」の四項目選択方式で行った。この結果、総回答者数六百五十八人のうち、四一・三%（二百七十二人）が「急ぐべきでない」、四〇・六%（二百六十七人）が「反対」と答え、慎重、反対意見が八二%を占めた。次いで「分からない・無回答」が一一・一%（七十三人）と続き、「積極推進」はわずか七・〇%（四六人）しかいなかった。

＜地域別＞東青、中弘南黒、三八・上十三・下北の三地域に大別すると、施設が立地する三八・上十三・下北地域で反対が四四・五%と最も多く、「推進」は五・七%と最も少なかった。調査した三十三市町村のうち「推進」が「反対」を上回った市町村は一つもなく、いずれも「反対」か「慎重」がトップを占めた。

＜男女別＞「推進」は男性八・四%に対し、女性五・八%で、女性が少ない。逆に、反対は男性四二・四%なのに、女性は三八・九%と、男性が多く、「反対」「慎重」を合わせると、男性八四・五%、女性七九・五%で、男性がより厳しい意識を持っている。

＜年齢別＞「反対」は二十代、三十代が最も多く、四六%台。他はいずれも「急ぐべきでない」が四一-四五%台でトップ。「推進」は二〇代が一〇・四%だったが、他はすべて一ケタ台。四十代ではわずか四・七%しかなかった。

＜党派別＞県内では自民、民社両党が推進、公明党が慎重、社会、共産両党は反対の立場だが、今回調査では自民党支持者でも「推進」がわずか九・七%で、「急ぐべきでない」「反対」が八二・三%を占めた。民社党支持者も「推進」は一六・七%だけ。慎重、反対意見は合わせて六六・六%に達している。支持する党派の立場にかかわらず、県民は核燃に厳しい見方をしていることを示した。

前回のアンケート調査

昭和五十九年十二月一、二の両日、県民九百六十人を対象に電話で聴き取った。有効回答は八百六十六人。六十年四月の立地受諾決定の判断材料となった専門家会議報告書が五十九年十一月二十六日に公表された。電話アンケートはその後に行った。この結果、立地賛否については「反対」三六・四%、「分からない」三三・七%、「賛成」二九・二%の順で、県民の意向はほぼ三分された。また、女性は「反対」が三八・九%で、「賛成」を上回ったが、男性は四四・六%が賛成で好対照の反応を見せていた。

自由化反対38%　郡部、高年代ほど強い反発

農　業

農政問題は「農産物の輸入自由化をどう思うか」との設問。これに対し全体では「食糧の自給率を守るため慎重に進めるべきだ」の慎重派が四三・八%、「日本の農業がつぶれてしまうから反対だ」の反対派が三八・〇%、「食糧の価格が下がるから賛成だ」の賛成派が八・五%、「分からない・無回答」は九・七%だった。来春にはリンゴ果汁など、二年後には牛肉など、輸入自由化が目前に迫り、さらにはわが国の主食糧であるコメの市場開放要求が高まる。価格の安さだけを優先させては農業で生活できない—と農家は危機感を強め、減反や米価引き下げ傾向とともに大きな農政批判の柱となっている。自由化要求は大都市の消費者を中心に根強いが、本県の場合、生産県であり、農業が地域経済に与える影響が大きいことを反映し、慎重、反対合わせ約八割、賛成の声は小さかった。

市郡別でみると郡部は、反対が四六・三%で、慎重を一〇㌽上回る。有権者十万人未満の市部では、慎重が四一・〇%で、反対を四㌽上回る。有権者十万人以上の市部では反対はさらに低く、慎重が半分の五一・二%で賛成が一割を占める。十万人以下の市、郡部での賛成は六%台にとどまっている。

職業別でみると、やはり農林漁業者は反対が圧倒的で六六・七%、ほかの職種でも慎重が大勢を占め、賛成が一割を超えたのは、管理職や労務職、主婦。年代別でみると年代が上がるほど反対が多くなる。

1989年7月26日
核燃推進から軌道修正　本県選出国会議員

相次ぐ慎重論　三上氏圧勝で危機感

【東京支社】県選出国会議員の間から、核燃の一時凍結論や慎重論が頭をもたげてきた。これまで核燃推進の立場をとってきた国会議員の“変身”ぶり

は、参院選本県選挙区で、核燃サイクル反対を訴えた三上隆雄氏が、全県で圧倒的な支持を得て初当選したという事実が背景にある。県選出国会議員たちの核燃一時凍結論は、核燃推進の立場をとり続ける北村県政にも、微妙な影響を与えそうだ。

核燃サイクル施設については、推進の立場をとる北村知事を、県選出国会議員がスクラムを組んで後押ししてきた。しかし、核燃反対の三上氏が三十五万票を超す大量得票をしたという事実は、推進の立場をとってきた各国会議員に衝撃を与えたようだ。

竹内黎一代議士は「現在、工事が進められているウラン濃縮工場も、一時工事をストップし、一年間ぐらい互いに広報活動をし、その上で県民世論を集約することを考えるべきだろう。県民投票も意見集約の一つの方法だ。その結果、県民がノーと言うなら、核燃はやめるしかない。いさぎよく撤回すべきだ」と語る。

竹内代議士は、本県が核燃サイクル施設の受け入れを決めた当時の科学技術庁長官で、北村県政を支えてきた国会議員の一人だ。その竹内代議士が、計画を一時凍結し、県民投票などによって核燃について県民の意思を聞くべきだという。

「『核燃はメリットがなく、農業にもマイナス』という論に、県民は圧倒的な軍配を上げた。この事実を真剣に見詰めるべきだ」と言うのは津島雄二代議士。津島氏もまた、「県民が核燃サイクルを建設して良かったという状態をつくれないなら、計画を考え直すぐらいの姿勢が必要。それまでは凍結し、県民の理解を得られるような努力をすべきだ。それでも理解が得られないなら、凍結のままにするしかない」と一時凍結論を主張する。

また、大島理森代議士も「選挙の結果は冷厳な事実として受け止めなければならない。この結果を無視して、核燃を推し進めるわけにはいかないだろう」と語った。

自民党県連会長の山崎竜男参議院議員（環境庁長官）は、「冷却期間を置くというのは必要かもしれない。しかし、国会議員の方から凍結論を出すことはできない。それをすれば、知事を孤立させることになる」と言う。自民党県連は三十日午後、今度の参議院選の総括を兼ねた県連役員会を開く。その席で、核燃問題が論議を呼ぶのは必至。これまで推進の立場をとってきた国会議員の慎重論や凍結論が今後、どのような形で県の姿勢に反映されることになるのか注目される。

1989年12月11日

核燃凍結の声が届いた

六ヶ所村長選「公約実現、誠心誠意で」　土田さん誕生日と二重の喜び

核燃サイクルは「推進」か「凍結」か、それとも「白紙撤回」かー三つの異なる主張が火花を散らした上北郡六ヶ所村の村長選。村民は向こう四年間の村政を「凍結」の土田浩氏（五八）に託した。反核燃の高まりの中、全国的に注目された立地村の選挙で初めての慎重派村長の誕生に、事務所いっぱいに詰めかけた支持者は「絶対に勝つと思っていた」「村の将来を託すのは、土田さんしかいない」と肩をたたき合う。最後まで予断を許さない選挙戦だったが、若さで厚い現職の壁を突破した土田新村長は五十八歳の誕生日とも重なって「皆さんのお陰です」と笑顔で握手にこたえていた。

「今後は公約の実現を誠心誠意果たしていきます」。拍手と歓声がこだまするなかで、土田氏は言葉短に勝利宣言。表情には喜びというよりも、どこかぎこちなさがあり、まだ当選が信じられないといった様子。しかし、ダルマに目を入れ、勝利のカンパイ、支持者との握手を繰り返しながら、徐々に喜びがこみ上げてくるかのように、表情を緩ませた。

土田陣営の選挙事務所に、開票所から勝利の一報が入ったのは、開票作業が始まってから一時間もしない午後八時十五分ごろ。事務所に集まっていた約百五十人の支持者の間に「ウォー」「やった」の歓声と拍手が巻き起こる。しかし、あまりにも早過ぎるというので、再度、確認の“伝令”が開票所へ飛んだ。

約三十分後、再び事務所は歓声と拍手に沸き返った。土田氏が初子夫人とともに、支持者にもみくちゃにされながら事務所内に姿を現した。支持者に深々と頭を下げたあと、「全国が注目する選挙に当選でき、喜びに堪えない。今後は公約の実現へ誠心誠意を尽くす」とあいさつした。

この日は土田氏の誕生日とあって、当選祝いと誕生祝いの二つのデコレーションケーキも酒ダルと一緒に準備された。ダルマに目を入れ、初子夫人とともにケーキのロウソクを消しながら、ようやく勝利の喜びがこみ上げてきたようで、次々と支持者たちと握手を交わした。

一緒に支持者からのお祝いの言葉をかけられる初子夫人は「今は大変な時期。夫の責任は重大。喜びの涙など流す気にはなれません」と、表情を引き締めていた。

「開発、成功したと…」古川さん悔しさにじませ

古川氏は午後九時過ぎ、尾駮地区の事務所で「選挙に負けました。支持者の皆さんには誠に申し訳ない」と深々と頭を下げた。

核燃問題については「村民はやめるべきだと判断したのだろう。新村長はどう対応するのか？。選挙中は街頭でもチラシでも言っていたのだから、当然やめるのではないか。これまで積極推進を唱えてきたが、選挙に負けたんだから、あとは何を言っても…。これからも村のことをよく見守っていきたい」と悔しさをにじませた。

また、過去四期十六年の村政を振り返り「開発は大成功したと判断している。財政が強化されたし、高校もできた。村の発展がこれからという時に…」と一度言葉をのみ込んだあと、「選挙に負けた以上、野に下って努力するしかない。やり残した、そんな気分だ」と、唇をかんだ。

選挙事務所には開票が始まる前から支持者が続々と詰め掛け結果を待った。しかし、午後八時五十五分、事務局が正式に敗戦を伝えると、それまでの熱気がウソのように消え、支持者はガックリ肩を落とした。

「悔いなし健闘した」　高梨さん「闘いこれから」

泊地区にある高梨氏事務所には、反核燃、反原発市民グループの支援者ら約七十人が詰めかけ、開票所からの電話連絡を待った。午後八時半過ぎ、高梨氏も待機していた自宅から駆けつけ、報道陣との雑談に「選挙戦中は何が何だか夢中で分からなかった」と笑顔もみせていた。が、九時前、TVニュースで「土田氏当確」の報が流れると身を乗り出して食い入るように見つめ、事務所内はどよめきとため息のまじった重苦しい雰囲気に包まれた。「悔いのない健闘をした。ひるむことなく反核燃運動を続けたい」と敗戦の弁に、支持者からの拍手と「頑張ろう」の檄（げき）が飛んだ。寺下力三郎元村長は「日本全国挙げての反核燃の闘いだった。核燃阻止の闘いは、これからだ」と高らかに宣言。浅石紘爾弁護士は「土田氏は公約の凍結をいかに行うか早急に村民に示す必要がある。この選挙で白紙撤回の一枚岩がさらに強固になった」と語った。

村民に依然不安が…　知事、厳しい表情で会見

北村知事は六ヶ所村長選の結果を受け、十日午後九時半過ぎから県庁で記者会見、「自民党公認候補が当選できなかったことは残念だが、土田氏に対してはお祝いを申し上げたい。今回の結果は村内特有の事情もあったと思うが、チェルノブイリ事故以来、原子燃料サイクル事業に対する県内外の反対運動の影響、加えて村民の間にも施設の安全性について不安が依然あることなどによるものと受け止めている」と述べた。

また、土田氏の主張する凍結論については「具体的によく分からないので十分聞いてみたい。県、村が進めてきたむつ小川原開発の意義を踏まえ、その一環としてのサイクル事業について新村長と十分協議しながら進めたい」と語った。

記者団からの「土田氏の当選で県の立場に変更はあるのか」「村側が立地協定破棄を申し入れてきたら、どう対応するのか」との質問に対しては①土田氏の基本的な考えを聞いて判断するが、核燃事業はぜひとも必要なものであり、県民の理解を求めていくという県のこれまでの姿勢に沿って対応する②土田氏は現段階で協定破棄を言っていないと理解しているが、今後そういう事態になればその段階で考えるーと答えた。

知事は記者会見中、終始厳しい表情で、「安全性に対する不安が依然強く、厳しい状況と受け止めている。その辺について国や事業者の努力をさらに要請していく」とも語った。

厳しく受け止める　原燃合同本社代表

原燃合同本社の平沢哲夫代表は同夜、青森市の同社で記者会見、「今回の選挙結果を厳しく受け止め、新村長はじめ村民の皆さんに原燃サイクル施設について一層のご理解が得られるよう、懸命の努力を積み重ねたい。安全性について徹底追求し、事業を通じて地域の発展に寄与したい、という基本姿勢について新村長と十分話し合いたい」とのコメントを発表した。

平沢代表はさらに、土田氏の凍結の主張に対し「具体的にどう展開していくのか分からないので新村長と早速話し合うが、立地協定については行政の継続性も含めて考えていきたい」と述べた。「新村長と話がつくまで工場現場の作業を止める、という考えはないか」との質問には、「その辺も含めて話し合い、判断したい」と答えたが、「基本的に核燃反対の村長が生まれたとは考えていない」と強気の姿勢も示した。

反対運動は成功　核燃料基地に反対し続けてきた寺下力三郎元村長（高梨西蔵派）の話

全国から予想以上の支援者とカンパが集まり感謝している。選挙は負けたが反対運動は成功だった。

この盛り上がりを今後も運動につなげていきたい。

新村長に理解求める　那須翔電事連会長の話

私どもは、村民の意向を常に尊重して仕事を進めており、これからもその考えには変わりはない。現在､六ヶ所村で進めている原子燃料サイクル事業は､わが国の二十一世紀のエネルギー安定確保のために必要不可欠のものだ。このプロジェクトが六ヶ所村民、青森県民、さらに広く日本国民に必ずや役立つと信じて進めている。安全を最優先として進めることはもとより、私どもは地域の一員として地元をはじめ県全体の地域振興の一翼を担う覚悟で取り組んでいる。新村長にはこうした点を理解してもらえるよう十分意を尽くし説明していきたい。

1990年12月14日
「住民投票しない」核燃で六ヶ所村長答弁

上北郡六ヶ所村の土田浩村長は十二日、村議会定例会の一般質問で核燃事業について「住民投票はしない」と答弁した。

野党の大湊茂議員（清風会）の関連質問に立った橋本寿議員（自民クラブ）が「村議選の時に掲げた核燃凍結が解けたという声が側近から聞かれるが、統一選挙後に村民投票する考えはあるのか」とただした。これに対し、土田村長は「来春の村議会議員選挙での票の動きで再度確認し、また、これから冬場にかけて部落座談会を開いて村民の考えを把握することにしており、住民投票はしない」と答えた。

土田村長は昨年十二月の村長選で、核燃について「安全性と政治的、社会的環境整備を含めた村民に理解されるまで凍結する。最終的には村民の意思決定により決着させる」と村民投票条例の考えのあることを示していた。

1991年2月4日
北村氏が知事４選

金沢氏に７万８千票差
「経験と実績」を選択

第十三回県知事選挙は三日投票が行われ、即日開票の結果、現職で自民党公認・民社党支持の北村正哉氏（七四）が三十二万五千九百八十五票を獲得、反核燃統一候補で社会党・共産党推薦の金沢茂氏（五四）に七万八千五十六票の差をつけて突き放し、四選を果たした。激戦を反映し､投票率は六六･四％と前回の四八・三〇％を一八・一六ポイント上回った。

金沢氏は反核燃、保守離れの県民意識を背景に迫ったが届かなかった。参院議員から転身を図った元環境庁長官の山崎竜男（六八）は、善戦及ばず敗退した。北村氏は自民党や経済界のかつてない強力なテコ入れで保守県政を死守､批判票を抑え込んだ。「保守分裂では勝てない」といわれたが、自民党は総力戦で臨み厳然とした力を見せつけた。ただ、金沢氏に山崎氏の得票を加えると北村氏を上回ったことで核燃についてはまだかなり否定的な傾向がうかがえる。

投票は県内九百八十二カ所（青森市田代平少年の家投票所は一日繰り上げ二日実施）の投票所で、午前七時から午後六時まで（一部地区繰り上げ）一斉に行われた。開票作業は町村の一部が午後六時半、大半が同七時、市部が同七時半から始まり、八時ごろ北村氏の当選が確実になった。今回の知事選は、人口減少問題、低迷を続ける県民所得の向上、急速に訪れる高齢化社会への対応など多くの課題を抱える本県のかじ取りを決める選挙。今後四年間の県政をだれに託すかが問われた。

しかし、三候補とも政策に明確な違いがなく、一昨年の参院選、昨年の衆院選で保守にとり逆風となった核燃料サイクル施設に対する姿勢が最大の争点となった。北村氏は｢推進｣､金沢氏は｢白紙撤回｣､山崎氏は「凍結」で臨んだ。

北村氏は、三期十二年の実績を前面に、雇用の場の拡大による「産業構造の高度化」など、自ら進めてきた保守県政の継続を訴えた。選挙戦では、過去三回と同じく自民党公認を得たものの、保守が分裂し厳しい戦いを強いられた。

自民党や経済界、中でも電力業界が地方の知事選としては異例の総力戦で奔走、現職の強みもあり、業者や関係団体への締め付けを徹底した。

このため、有権者が最も多い青森市や八戸市、地元の上十三で他候補を退けた。しかし、弘前市や南郡、北郡などでは、票の伸びが望めなかった。地域的なバラつきはあったものの､総体的に優勢に立ち、最終的には浮動票も流れ込んだ。

金沢氏は、核燃反対の県民意識の高まりを背景に「白紙撤回」を掲げ、自民党・保守一辺倒の県政の刷新を訴えた。若さと既成の政治家にない新鮮味をアピール、農業者や労働者を基礎に浮動層への浸透を図った。

しかし、一昨年の参院選のような盛り上がりに欠け、陣営の動きも今一つ。弘前市や津軽の農村部では北村氏と互角の戦いを演じ、八戸、弘前の両市でも迫ったが、大票田の青森市や八戸市で浮動票を集めきれなかった。国政選挙で受けた追い風は現職、自民党の猛攻の前に風速を急速に弱めた。

山崎氏は政治生命をかけ、十二年前に出馬を断念した雪辱を期した。保守同士ながら北村氏に政権交代を迫り、自民党を相手に真っ向から挑戦。亡父・岩男知事の代からの根強い支持者を頼りに、田沢吉郎代議士の支援や津島雄二代議士後援会の一部の応援で、独自の草の根運動に徹した。

だが、自民党の組織力の壁は厚く、締め付けも厳しく苦戦。強いといわれた津軽や「地元」意識に訴えた青森、八戸、むつの各市でも抑え込まれた。「核燃凍結」による保守批判票の取り込みも奏功しなかった。

批判票多く厳しい勝利

解　説

県民は九〇年代前半の県政のかじ取りを北村氏の続投に託した。県民の多くは現職としての経験と実績に安定を求めた。しかし、勝ったとはいえ批判票も多く同氏にとって厳しい結果だった。有力三氏による激戦ということもあり、有効票の得票率は四三・九六%と、前回の六一・六四%から大きく後退、支持率が低下したことを意味する。

選挙戦では北村陣営の攻勢がすさまじかった。自民党は海部総理を筆頭に橋本蔵相ら閣僚、党三役など地方の知事選では見られない豪華な顔ぶれを送り込んだ。また、核燃に否定的な候補が勝つことに危機感を抱いた電力業界も全面的にバックアップ。大勢の電力社員を運動員として投入した。

金沢氏は反核燃陣営が「知事選は核燃を止めるため、最後で最大の戦い」と位置付けて担いだ。しかし、参院選の時のような国政レベルの追い風がなく、農業者や労働者の運動も盛り上がりを欠いた。

「保守でも革新でもない」と訴えたが、保守二候補が金沢氏の革新色を突き、有権者の革新アレルギーを呼び覚ました。

山崎氏は参院選四回連続当選のうち二回、無所属で自民党公認候補を破った実績があるが、自民党、経済界が総力を挙げた今回ばかりは力尽きた。草の根選挙で末端への浸透を身上とする選挙術も組織力に負けた。

しかし、選挙結果をみれば北村氏に対する批判票や核燃反対の票が金沢氏や山崎氏にかなり流れたのも事実。特に革新勢力を背景とする金沢氏が約二十四万八千票を獲得し知事選で保守から離れた票としては過去最高を記録、変革を求める意識が高まりつつあることを裏づけた。

保守分裂の厳しい戦いを勝ち取った自民党は、分裂の後遺症を引きずり今後も波乱含みだが、まずはほっと一息。金沢氏を応援した社会党は追い風に衰えも見え、“敵失”に頼らない力をつけることが課題として残った。共産党は一歩離れて金沢氏を支援、陰に隠れた感がある。北村氏を全面支援した民社党は自らの弾みにつなげられるか。自主投票で臨んだ公明党は独自性を出せなかった。

このあとすぐ六日告示の参院補選、四月には県議選などの統一地方選が控える。知事選の結果が補選にどのような影響を与えるのか。それを受けて行われる統一地方選での各党の消長は…。「91政治決戦」はまだ続く。

1991年2月4日
企業誘致で人口増　新幹線フル規格に

県政進展さらに努力 北村氏が4選目の抱負

北村正哉氏は三日夜、四選の喜びに沸く青森県造道沢田の選挙事務所で、核燃料サイクル施設、新幹線、人口定住対策などについて、次のような感想と抱負を述べた。

一、三者鼎（てい）立でのかつて経験したことのない苦しい、つらい、厳しい選挙だった。革新県政を避けたい意識が県民に強かったのが勝因だ。今まで以上に県政伸展、福祉増進に大きな努力をする。

一、核燃について「推進」ではなく、推進する事業者、これをバックアップする国に協力する「協力派」だ。新しい行政を拓（ひら）くためには常に困難が伴い、困難を回避するのでは建設者の資格はない。核燃施設工事の推進に（私の当選は）プラスになる。核燃論争に結論はつけたいが、つかないだろう。（白紙撤回の人たちは）これから盛り上げるかもしれない。仏国ラ・アーグの反対運動も着工以降止まるのに五、六年かかっている。日本は核アレルギーが強いのだから、簡単に収まらない。安全性の認識をいただくのが基本だ。

一、平成三年度政府予算案で、四十五億円の本格着工予算のつくことになった東北新幹線盛岡以北は、完成までの期間短縮と、日本列島のバックボーンをなし北海道へつなぐためにも、ミニ新幹線ではなくフル規格しかない、と訴えていく。また、沼宮内―八戸間がJRから経営分離される並行在来線問題は、運輸省、JRの協力を求め、県、市町村が団結して、われわれの手で存続させたい。

一、知事就任前から人口問題に取り組んできたが、それでも四万人減った。今までの努力を反省しながら、県外へ出ていくエネルギーを引き止めるため、産業構造の高度化による働く場を増やし、そのための地場産業育成、県外からの企業誘致をさらに強めたい。

批判票多く複雑な表情　科技庁

知事選で核燃料サイクル基地建設を進める現職の北村氏が当選した。しかし「白紙撤回」を求めた金沢氏と「凍結」の山崎氏の票を合わせると批判票の方がかなり上回った。

このため科学技術庁は推進派現職の当選に胸をなで下ろしながらも「施設の安全性について地元には依然強い不安や懸念があることは否定できない」(原子力局幹部）と手放しでは喜べない様子で、これまで以上に地元対策を重視する姿勢を示している。

人口減　歯止め策急務　「盛岡以北」「コメ」問題山積

北村県政の課題

戦後、民選制となって十三代目の県知事に北村正哉氏が四選された。県民は大きな変化を求めず、三期十二年の経験と実績による手堅い行政手腕から北村県政の継続を選択した。

県論を二分した最大の争点である核燃施設に“推進”の審判が下ったことで、事業促進機運が高まろう。むつ小川原地域の企業立地が最重要課題となり、ネックの工業用水について小川原湖の淡水化が遅れているため、暫定的な水の確保対策が急がれる。また、根強く残る核燃への県民の不安や疑問解消に、引き続き徹底した広報活動の展開が求められる。

県人口の減少歯止め対策も急務だ。昨年の国勢調査で、五年前に比べ約四万人減り、百四十八万人台に落ち込み、県内に衝撃が走った。出生数の低下、転出超過による社会減、五万人台で推移する出稼ぎ—と人口減少要因の解消に向けた全庁挙げての本格的な取り組みと、具体的施策の対応を早急に県民の前に示す必要に迫られる。

県民悲願の東北新幹線盛岡以北も十月には本格着工するものの、建設に伴う地元負担の財源対策、開業時にJRから経営分離される並行在来線八戸—沼宮内の沿線住民の足をどう確保するか、平成五年度の見直しで政府・与党申し合わせ実現によるミニ新幹線のフル規格格上げ—など課題も多い。

一方、本県農業を守るための食管制度の根幹を維持すべきとの基本姿勢だが、コメの生産過剰という現実を踏まえ、高収益の地域特産物の導入など積極的な推進などが求められる。

北村氏は選挙中「はつらつとして潤いのある青森県」を訴えた。道路、港湾、空港、漁港建設など産業基盤づくりに県政発展の比重を高めていく一方、県民こぞって芸術に親しむ美術館、演劇ホール、音楽堂など、文化振興の核となる施設の整備をはじめ、“芸術文化”へ本腰を入れ、心豊かな人づくりも急がれる。

このほか、国際交流促進のため北方圏、特にソ連極東地域との交流や、二十一世紀の超高齢化社会をにらんだ福祉対策や地域社会の活性化、進学率の向上—など四期目の北村県政の抱える問題は山積している。

1995年1月27日
「地質データ公開を」反核燃13団体 原燃・県へ申し入れ

県内の反核燃十三団体は二十六日、青森市の日本原燃本社と県むつ小川原開発室に対し、六ヶ所村の核燃サイクル施設の地質調査データの公開などを申し入れた。

事業所の原燃本社には八人が訪れ、高レベル廃棄物搬入阻止連絡会事務局の菊川慶子さんが、野沢清志社長あての申し入れ書を能瀬聡同社広報課長に手渡した。

申し入れ書は地質調査のデータ公開、耐震設計の抜本的な見直しなどを求めている。

データは、県民クラブの鹿内博県議か久保晴一県議に一月中に提出するか、提出できない場合は、理由を説明するよう口頭で求めた。

昭和六十三年、同社（当時、日本原燃サービス）の内部資料から断層二本の存在が明らかになったが、同社は元年二月、県議会常任委に対し「十分な地質調査を行ったが、活断層は存在しない」との見解を表明した。

反核燃団体は①当時の説明会では地質調査データを公開しておらず、活断層だったのを隠しているのではないか②阪神大震災で活断層の持つ破壊力を再確認した。三陸はるか沖地震後、M8クラスの地震発生の可能性が指摘されており、高レベルガラス固化体を搬入することは危険—などと指摘した。

1995年2月4日
大地震が起きたら 六ヶ所の核燃は耐えられない

原子力情報室　高木代表が会見

わが国の原子力政策に批判的な立場を取っている原子力資料情報室（東京）の高木仁三郎代表（五六）

は三日、三沢市政記者室で記者会見し、「六ヶ所村の核燃料サイクル施設は阪神大地震級の地震が起きると安全性は確保できない」と述べ、耐震設計の見直しの必要性を強調した。

高木代表は、「核燃の重要施設は、建築基準法の三倍の強さの地震を想定して設計しているが、その指針は地震の加速度にして六百ガル程度であり、阪神大震災のような七百から八百ガルの加速度の地震には耐えられない」と指摘した。

直下型地震についても、高木代表は「核燃はマグニチュード（M）6.5しか想定しておらず、阪神大震災のような7.2の地震には耐えられない」と批判した。

さらに、昨年末の三陸はるか沖地震で、核燃の敷地に沿って走っている東西幹線道路に多数の亀裂が入っている現状を指摘し、「核燃敷地内で本当に異常がなかったのかどうか、公的な調査を入れるべきだ」と述べ、近く科技庁に申し入れる意向を示した。

高木代表は、知事選に立候補している大下由宮子候補の応援を兼ね、核燃の地震に対する対策などを調査するため来県した。

高木氏の指摘に対し、事業者の日本原燃六ヶ所本部は「核燃の敷地内に活断層はなく、直下を活断層が走っている阪神大震災をそのまま当てはめるのは無理がある。M6．5を超える直下型地震は起こり得ないし、耐震設計についても、もっとさまざまな角度から考慮しており、安全性は大丈夫」と反論している。

1995年2月27日
東通原発の改良炉導入問題

取材ノート
“寝耳に水”地元当惑

東通原発への改良型沸騰水型軽水炉（ABWR）百三十五万㌔㍗級導入を東京電力が検討し始めたことで、漁業補償問題の再燃による計画遅れの可能性が浮上してきた。十三年がかりの交渉が決着してわずか一カ月、降ってわいた話に村をはじめ、苦悩の末に原発受入れを決めた漁業者、さらに交渉窓口として奔走した東北電力地元事務所に大きな波紋を広げている。地元との信頼関係を事あるごとに強調してきた両電力だけに、不安解消のために一刻も早く明確な説明をすべきなのだが…。（むつ支局・本間善幸記者）

東電側の説明なし
募る不安「補償」波乱も

「新聞報道だけでは答えようがない」。改良型導入を報じる新聞を傍らに淡々と答える伊勢田芳勝・白糠漁業組合長。物静かな口調だが、地元に一言の説明もない事業者の対応が納得できない様子。

「平成四年の協定締結時、『百十万㌔㍗級』だったのをわざわざ『百十万㌔㍗』に直して結んだ。一基だけ百十万㌔㍗にしても約束違反に変わりない。また、ひと騒動か…。」あらしが過ぎ去り二年半、ようやく落ち着きを取り戻した同漁協だけに、組合員六百六十四人を再び寸断しかねない動きには敏感だ。

弱肉強食の論理

同漁協内でかつて慎重派のリーダー格だった伊勢田義雄さんは「土地や海を買えば何でもできるという電力のやり口は予想通り」と悪い予感的中に語気も鋭い。「国策だ、エネルギー需給論だ、と持ち出すが、われわれをどういうふうに見ているんだ。土地や海を手放し弱っている者に、弱肉強食の論理で襲いかかってくる」と交渉仕切り直しは徹底抗戦も辞さない構え。

東通で再交渉となれば、出力変更に伴う温排水量の増加や拡散範囲の拡大という補償金算定の大きな基準が議論の中心となる。そのため、これまで以上に金額を問題にする条件闘争的色彩が強まり、スムーズに事が運ぶかどうかは微妙だ。

地元東通村では事業着手を前提とした交付金を当てに、ここ数年次々と大型事業に着手しており財政状態は火の車。さらに、十七年度をめどにした地域振興計画を予定しており、計画遅れを招きかねない動きに村関係者は「村が間に立った漁業者との信頼関係は相当揺らぐ。われわれも県に疑念を抱く」と話す。

電力間に温度差

改良型導入の動きはこれまで度々言われてきた両電力の地元に対する意識の違い、いわゆる「温度差」を一層浮き彫りにした。大井慎之助東北電力東通原子力準備事務所長は「炉型変更については全く連絡を受けていないので答えようがない」とパートナーの動きにも冷静。しかし、周囲には大企業の東電が、地元との信頼関係を重視する“格下”の東北電を引きずるようにも映る。「東京は軽過ぎるんだよなあ」とは、長年にわたり一軒一軒隅々まで理解を得ることに心血を注いできた現地社員の恨み節だ。

一方、“震源地”東電の東通事務所では「地元では何も聞いてない」の一点張り。数年前から改良型導入の動きがあったことは認めた上で、耐震性などの安全性、放射性廃棄物の軽減、建設・運転コストのダウンなどメリットばかり強調する。事務所開設からまだ一年八カ月、「漁業補償交渉の窓口は東北さんに一本化しており当事者ではないので…」と鈍い反応。

現在、両電力は新年度施設計画発表に向け調整中と説明するだけ。「原船『むつ』の時と同じ。大事な話はいつも中央から出て地元はいつも後回し」(杉山黎逸下北漁連参事）という言葉に、国や電力など巨大な力に振り回されてきた。“原子力半島”の住民の苦悩が表れている。

1995年2月27日
核燃下の活断層 本当にないのか

◇阪神大震災に関連し、六ヶ所村の核燃施設下の活断層に不安を訴える県民の投書に対する、県むつ小川原開発室と日本原燃立地広報部の回答を読んだ。紋切り型凡庸な内容で、説得力がない。開発室は「阪神大震災は神戸市近郊に存在することが知られていた活断層によって発生」としているが、新聞では「未知の活断層が震災後発見された」と報道している。神戸ですら十分な地質調査がされず、ポートアイランドが強行建設されてきたということだろう。

◇原燃は「鷹架層と呼ぶ安定した地盤に直接設置」とあるが、一帯は湖沼と砂地である。本紙でも「地盤に関係なく断層沿い大被害」「硬軟の地盤が複雑に混在した所でなぎさ現象発生」と報道している。安定した地盤などなく、液状化現象を心配すべきだろう。

◇さらに「敷地周辺は詳細な調査を実施済みで、活断層は存在しないことを確認」とあるが、一九八八年には「状況証拠だけで第三者から活断層と言われたら説明できない」「将来裁判時には、このままの証拠で活断層でないとは言いきれない』との原燃内部資料が暴露されている。

◇しかも、国の安全審査では、過去の地震の中で最大被害の一九六八年十勝沖地震を除外したうえでの審査だろう。むつ小川原開発室、原燃広報部共に金科玉条のごとく強調する調査報告書自体、地元タレントの著作名をもじれば「消しゴムで書かれた六ヶ所村核燃施設活断層調査報告書」ではないか。とすれば活断層があるはずがない。(弘前市・自営業・野宮政子・47歳）

1995年3月24日
肖像権の侵害認め10万円支払い命じる

寺下さん訴訟青森地裁判決

「核燃料サイクル施設の広報誌に、反対派である自分の写真を無断で掲載したのは肖像権の侵害と名誉棄損に当たる」として元六ヶ所村長寺下力三郎さん（八二）＝同村尾駮家ノ前＝が、冊子を発行した事業者側に新聞などへの謝罪広告掲載と慰謝料百万円を求めた訴訟の判決言い渡しが二十八日、青森地裁であった。片野悟好裁判長は「核燃に反対する者の意に反して、写真を撮影、掲載しないようにすべき注意義務を怠った」として肖像権侵害などを認め、事業者側に慰謝料十万円の支払いを命じた。

判決によると、日本原燃サービスと日本原燃産業(現在は合併して日本原燃)、電気事業連合会は、冊子「ふかだっこ」を同村全世帯に無料配布していたが、三年十月号の表紙に「今日はたくさん罠（わな）にかかったかな？」という見出しとともに、尾駮沼でゴリ漁をしている寺下元村長の写真を、本人に無断で掲載した。

判決理由のなかで、片野裁判長は原告と判断できる写真を事業者側の冊子に無断掲載されたことは、原告の肖像権と名誉感情を侵害すると認めた。しかし名誉とは民法上、社会から受ける客観的な評価であって名誉感情は含まないとし名誉棄損の請求は棄却した。

1995年3月29日
「受け入れ望まぬ」6割

高レベル廃棄物貯蔵　県労連が県民アンケート

高レベル放射性廃棄物に関する県民への電話アンケート調査を行った県労連は二十八日、調査結果について県庁で記者会見し、全回答者の約六割が「来てほしくない」「来ない方がよい」と思っている－と発表した。西崎昭吉事務局長は「核燃については一時期あきらめ派が多いといわれていたが、高レベル廃棄物には県民が強い関心と反対を示している。受け入れを阻止したい」とした。

調査によると、高レベル廃棄物の海上輸送については回答者九百三十一人のうち八十五％が「知っている」とした。「知っている」人のうち四四％は「絶対来てほしくない」と答え「できれば来ない方がよい」も二五％あった。

以下「決められたことなので仕方ない」一三・五％「分からない」一三・四％と続き「引き受けるべき」は四％だけだった。

地域別では「絶対来てほしくない」との回答は、

弘前市で六割を超えるなど津軽方面に集中したのに対し、上北郡では一八％、三沢、十和田、むつ・下北郡は二〇％台にとどまるなど、核燃施設周辺地区とは対照的な結果となった。

調査は電話帳から二千人を無作為抽出し、三月十八、十九の両日実施。電話につながった千百六十二人のうち九百三十一人が回答した。五項目の回答分類はニュアンス、言葉の強弱により県労連の担当者が独自に判断したという。

1995年4月25日
怒りこらえ「納得できぬ」

高レベル輸送船接岸拒否
知事、国へ強い不信感

本県を最終処分地にしないという科技庁の確約文書を接岸許可の重要な判断材料としていた木村知事。しかし、同庁から提出された文書は、「玉虫色」「分かりにくい」との批判があった昨年十一月の回答の域を出ず、知事は「口頭了解の内容とかけ離れ、とても納得できるものではない」などと不信感をあらわにした。

「トップ同士約束果たしたはず」

今月六日、知事は田中科技庁長官を訪ね、「本県を最終処分地にしない」という政府の見解を将来にわたって維持するよう念押し。「再三、最終処分地に反対であることを伝え、将来にわたって最終処分地にしないことを長官から確認した」と強調していた。

「接岸認めず」を言明した二十五日の朝の記者会見で、知事はメモを開き、この際の長官とのやり取りの概要を「田中長官『知事の承認なくして青森県を最終処分地にしない』。知事『最終処分地にしませんね』。長官『しません』」と、自ら再確認するように披歴。

この経緯を踏まえ「口頭でトップ同士が約束した基本が守られるものでなければならない」と、文書に対する不満を隠さなかった。

事業者側から確約文書が出された後の二十五日未明の記者会見では、「国の返答次第では接岸を認めないこともあるのか」の質問に対し、知事は「あり得ます」と明言。その立場を貫いた。

「(国から）協議の申し出があれば対応する」と知事。ボールは強い勢いで国に投げ返された。

口真一文字　苦悩の決断

「自らの責任を果たすべく一貫性を持ち、冷静に誠意を持って今後も処しますから県民は見守ってほしい」―。二十五日午前七時四十五分、き然とした表情で記者会見を終えた木村知事。口を真一文字に結んだまま真っすぐ知事室へ。

十分後、知事室から出てきた顔からは硬さが消え一転、晴れ晴れとした表情。時折、笑みも浮かべ「皆さんも腹減っただろう。一緒に飯を食いに行こう」と秘書課の職員を誘い、庁内の喫茶店で十四時間ぶりに食事を取った。

知事は二十四日午前九時から青森市内のホテルにこもり、事業者側からの最終処分地に関する回答を待った。県庁に戻ったのは同日午後九時過ぎ。十一時半から行われた事業者側との会談終了後は、知事室で約二時間仮眠をとっただけ。秘書課によると「ずいぶん悩んでいる様子だったが、県民が最も危ぐしている最終処分地に関して納得できる回答がない限り入港拒否という基本的な態度は固まっていたようだった」という。

翻意理解できぬ　田中科技庁長官

田中真紀子科学技術庁長官は二十五日、木村知事の入港拒否を打ち出したことについて「予期せぬことで誠に残念。木村知事には六日にお会いした際、最終処分地にしないということについてのこちらの考えをよく理解していただいたと思っていたのに、今になってなぜ急に態度を翻したのか理解できない」と険しい表情で述べた。

田中長官は今後の対応について「知事が理解なさるよう文言を明確にしたい」と述べ、高レベル放射性廃棄物の最終処分をめぐる文書をあらためて知事に示す考えを明らかにした。

話し合いを指示　村山首相

村山首相は二十五日午前、高レベル放射性廃棄物輸送船の六ヶ所村むつ小川原港入港拒否問題に触れ、記者団の「核廃棄物最終処分地をめぐって、青森県側が国の最終処分地にしないという確約を求めているようだが」との質問に、「前の知事との話もあるので、継続ということで間を置かずに話し合うよう指示した」と答えた。

25日中の荷揚げ微妙　日本原燃

日本原燃の登内弘常務は二十五日午前十一時すぎ、六ヶ所村・むつ小川原港のプレスセンターで記者会見し、パシフィック・ピンテール号は「むつ小川原港の東防波堤沖合一・五㌔の地点で停泊中」で「日没前に荷揚げを完了するには、午後一時から同二時に接岸しないと無理」との見通しを示した。

また、木村知事の接岸拒否については「大変つらい思いである」とし「できるだけ早い機会に許可をいただきたい」と述べた。

科技庁、文言の変更認めず
徹夜交渉も決裂

接岸拒否―高レベル放射性廃棄物の入港に対し木村知事が下した決断は、夜を徹しての断続的な科学技術庁との交渉が決裂した結果だった。

知事が、入港の判断材料として田中科技庁長官に求めた新たな回答文書が入ったのは二十四日午後十時。結果的にはいわば最後通ちょうだったが、同庁が派遣した興直孝官房審議官が提出したものだった。

しかし､その文面は「本県を最終処分地にしない」と主張する知事の納得のいくものではなく、むつ小川原開発室など県側は、事後折衝があるものとして弁護士など法曹界の専門家も交え深夜の協議。国の文書と調整をとる必要もあるとして、事務レベルですり合わせのための県案策定に着手、この間、並行して知事が国に掛け合った。

二十五日午前五時過ぎ。県案は「知事の了承なくして青森県を最終処分地にすることはできないし、しない…」などを盛り込んだ内容でまとまり、知事室で事務担当が知事と折衝。知事は「十分ではない」と強い姿勢を示したが、同六時三十分過ぎに知事が了解。

引き続き、市内に待機していた興官房審議官を知事室に招請。「この県案を体してほしい」と要請。同審議官は「原子力局長に連絡し対応する」と約束、この場で木村知事は同審議官に「この修正が通らなければ、重大決意をする。接岸できない状況もあり得る」と訴えた。

しかし、科技庁側は午前七時段階で、「文言の変更は一切認めることはできない」と返答。これにより、徹夜の交渉に終止符が打たれた。知事は「回答は田中長官との会談で口頭の確認から、かけ離れている」と失望。県知事に許可権のある接岸について、多くの予想を越え明確に「ノー」と回答した。

1995年4月26日
高レベル輸送船　知事一転、接岸認める

「本県を最終処分地にしない」
国の新確約書了承

フランスから日本に返還される高レベル放射性廃棄物の輸送船パシフィック・ピンテール号の接岸を拒否していた木村知事は二十五日午後、本県を最終処分地にしない―との科学技術庁の新たな確約文書を評価、むつ小川原港への接岸を認めた。返還第一便となった廃棄物のガラス固化体二十八本を積んだ輸送船は同日朝、知事が接岸を拒否したため入港できずに沖合で待機。事業者は午後になって同日中の接岸を断念していた。県と国との合意により「足止め」という異常事態は一日だけで回避された。輸送船は二十六日午前八時に入港する。順調に進めば正午すぎには陸揚げ作業を終え、廃棄物ガラス固化体は同日中に六ヶ所村にある核燃サイクル施設の管理施設に搬入される予定だ。国の新たな確約文書は二十五日午後四時、急きょ青森入りした村上健一科学技術庁事務次官が県庁で知事に提示した。「知事の了承なくして青森県を最終処分地にできないし、しないことを確約します」と、これまでより踏み込んだ内容。前日提示された日本原燃、日本原子力発電、電力九社と合わせ、本県を最終処分地にしない―との内容の確約文書が関係四者分そろったことになる。

廃棄物きょう陸揚げ

高レベル放射性廃棄物輸送船パシフィック・ピンテール号の六ヶ所むつ小川原港入港に関し、木村知事が二十五日朝、「科学技術庁の回答文書を不満」として接岸を拒否したことを受け、同庁の事務次官らが同日夕、急きょ来青した。知事との会談で科技庁側は、田中真紀子長官名の「知事の了承なくして青森県を最終処分地にできないし、しないことを確約します」とした新たな文書を提出。知事がこれを了承したことから、輸送船は予定から一日遅れの二十六日朝、接岸することが決まった。

県庁を訪れたのは、村上健一事務次官、岡崎俊雄原子力局長、興直孝官房審議官。県側は木村知事、成田正光むつ小川原開発室長らが応対した。村上次官は「知事から確約文書の要請があったが、時間もなく、公文書は慎重な検討を要すことから結果として十分､対応できなかった。知事の意向に沿うよう、長官の回答文書を持参した」と理解を求めた。

これに対し、知事は文書への回答を前に、田中長官が同日の閣議後の会見で「接岸拒否は予期せぬこと。四月六日に会った時には理解してもらった。なぜ二十日間も何も言わず急に対応をひっくり返したのか…」などと発言したことに遺憾を表明。「六日の発言を長官は重く受け止めなかったのか。長官の命で来た事務担当者との話し合いでは、問題のかなめの点で認識が薄く、これまでの経緯からも文書回答を求めた。責任ある場でトップ同士が決めたことであり､今回の動きは私が翻したということはない」と反発した。

問答を繰り返した後、回答文書に目を通した知事は「結構だ。私としては受ける。後は当事者から接岸の手続きを進めていただき、私が判断する」と明言、了承した。

しかしこの際、知事は「安全第一であり、入港後、県の立ち入り検査をやらせてもらい、安全値をオーバーするデータが出れば荷揚げは許可しない」とくぎを刺した。

田中長官から提示された文書は、県の事務当局が前日来、徹夜で第一次の“田中文書”に修正を加えた県案と大筋で変わらない内容。同案は「知事の了承なくして…」の文言が入っており、事務協議の段階では知事が「不十分」と難色を示し、必ずしも満足しなかった内容だった。

しかし、県側は田中・木村会談を踏まえ安全協定など国側の立場を無視はできないとして同文言を加え、国側もこれを採用した。会見で知事は「長官自らの言葉に極めて近く、確認ではなく私が求めた確約という表現を採ったことを評価したい」としたが、評価の程度には言及しなかった。

再提示された科技庁文書（全文）

青森県知事　木村守男殿

科学技術庁長官　田中真紀子

「高レベル放射性廃棄物の最終的な処分について」

表記の件については、平成6年11月19日付け6原第148号をもって示しているとおりでありますが、今般、貴職より、高レベル放射性廃棄物について、青森県を最終処分地にしないことの確認をしたいとのご要請がありました。

科学技術庁としては、処分予定地の選定に当たって、上記文書に則って行うこととしており、知事の了承なくして青森県を最終処分地にできないし、しないことを確約します。

1995年6月23日
六ヶ所に熱核融合炉

経団連が誘致決定　経済的な波及効果大

経団連は二十三日、日本、米国、欧州、ロシアで共同研究中の国際熱核融合実験炉（ITER/イーター）の六ヶ所村への誘致に乗り出すことを明らかにした。「むつ小川原開発」が六ヶ所村に所有する約四千五百㌶の土地への誘致を目指す。

熱核融合は、原子核が衝突・融合する際に発生するエネルギーを発電などに利用するシステム。核分裂のエネルギーを利用する現在の原子力発電とは異なる。次世代のエネルギーと期待されており、二十一世紀半ばの実用化を目指している。

誘致に乗り出すことにしたのは①約二千億円の累積債務を抱えるむつ小川原開発が所有する土地の約三分の二の利用方法が依然として決まっていない②ITERは約一兆円の大型プロジェクトで、経済的な波及効果が大きい―などから。米国、フランス、ロシアのほか日本でも既に数個所が誘致の名乗りを上げている。

県は国際熱核融合実験炉誘致についてまだ態度決定をしていないこともあり、むつ小川原開発室は「(日本への誘致については）経団連側でも、まだ内部検討段階であると聞いている」と、冷静に受け止めている。

六ヶ所村から誘致協力の要望を受けた木村知事は今のところ、手順を踏んで慎重に対処する姿勢を保っている。

誘致に弾み　土田浩六ヶ所村長の話

経団連がむつ小川原開発地域に誘致先を決定したことは、わが村にとって大変ありがたく、今後の誘致活動の大きな助っ人となる。村に誘致するには大きな政治判断がなければ容易ではない。このうえは、村の核融合研究施設誘致推進会議が県に提出した、イーター誘致請願を受け入れていただいて、早く地元の誘致態勢をつくってほしい。

1996年4月26日
東京・原子力円卓会議

国民の合意必要 / 生データ提供を
要望、疑問相次ぐ

高速増殖炉原型炉もんじゅ事故をきっかけに原子力政策に国民の意見を反映させる目的で、原子力委員会（委員長・中川秀直科学技術庁長官）が設けた「原子力政策円卓会議」の初会合が二十五日、東京都千代田区の日本海運倶楽部で開かれた。

出席者は電力関係者や研究者のほか、反対派市民団体、新潟、静岡両県代表、米国人弁護士ケント・ギルバートさん、樋口恵子東京家政大教授ら十二人と四人の原子力委員。

会合はまず、平山征夫新潟県知事が「原発立地で国策に協力してきたが、原子力利用の国民的合意がないまま、地域の問題になってしまう現状は納得がいかない」と国の姿勢に疑問を投げかけた。

また、情報公開の問題では「分かりやすくした情報だけでなく、生データが即時分かるように」「“広報、PRのための情報公開”という考え方は捨てるべきだ」などといった指摘が相次いだ。

一回目とあって、会議の在り方について「意見を聞いたという形作りのための会ではないか」と高木仁三郎原子力資料情報室代表らが指摘。伊原義徳原子力委員長代理は「国民の意見のくみ上げが不足していた。政策に反映するよう努力する」と約束した。

今後、論点をまとめて会議ごとのテーマを絞り、出席者にも若者や女性を増やし、継続的に討論することで一致した。次回は五月十七日、東京都千代田区の富国生命ビルで開かれる。

1996年5月9日 高レベル廃棄物処分で原子力委懇談会が発足

石橋弁護士（青森）国を批判

原発で発生する放射能レベルの高い廃棄物の処分のあり方を検討する原子力委員会（委員長・中川秀直科学技術庁長官）の「高レベル放射性廃棄物処分懇談会」が八日発足、初会合が都内のホテルで開かれた。

使用済み核燃料や再処理廃液など高レベル放射性廃棄物は、ガラスで固めて深地層に処分する研究を各国が進め、日本では六ヶ所村で一時貯蔵中の固化体を二〇三〇年以降に最終処分する計画。

しかし、北海道幌延町に処分の研究施設を造る計画が周辺の反対でストップするなど最終処分のめどが立っていないため、原子力委員会が国民の意見を聴く場として懇談会を発足させた。

委員は学会、産業界、法曹界、労働団体などから二十五人。座長には近藤次郎元日本学術会議会長を選んだ。

本県からは国の原子力政策に批判的な立場を取っている青森市の石橋忠雄弁護士が出席、「これまでの経過にとらわれず、ゼロからの出直し論議が必要だ」と主張した。

石橋氏は懇談会の設置に関して「一歩前進」と一応の評価を下しながらも「十年遅かった」と指摘。従来の原子力政策について「原子力委員会の内部だけでものごとを決め、まずいことがあっても自分たちだけで処理しようとした。これが国民の不信を募らせてきた」と厳しく批判した。

同氏はまた「国民の意見を政策に反映させるための法的な枠組みづくりが必要。原子力開発から廃棄物処理に至るまで、計画段階から国民に情報を公開し、国民環視の中で政策をつくっていくのが本来の在り方だ」と話し、今後の審議を通じ、環境アセスメント法の制定など法整備の必要性を訴えていくことを明らかにした。

石橋氏によると、米国では最終処分場の認可が下りるまで中間貯蔵施設は造らないことが法律で定められているという。

伊原義徳原子力委員長代理は「日本がこの分野で遅れているのは事実だ」と指摘を認め「発想を変えて議論を」と要請した。

原子力と無縁だった委員もいるため、会では九月ごろまで基本的な知識を共有するための懇談を重ね、その後処分の具体的な方法を探るとしている。

1996年6月12日 青森賢人会議が初会合

原子力政策幅広く議論　14委員出席　座長に大道寺氏

各界の有識者らで組織する本県独自の原子力政策青森賢人会議は十一日、青森市の八甲荘で初会合を開き、国の原子力政策や安全性、地域振興などに関する幅広い観点からの議論をスタートさせた。委員十八人のうち十四人が出席し、座長に大道寺小三郎青森経済同友会代表幹事を互選。会議は県と事業者側による県内の原子力プロジェクトなどの説明が中心となったが、核燃税条例などについて突っ込んだ質疑も行われた。国による国民の合意形成活動もにらみながらの実質的な議論は、十九日の二回目以降となる。

木村守男知事は、委員一人ひとりに委嘱状を交付した後、「優れた意見をできる限り県行政の判断に生かしていきたい。国策とは何か、国策としての(国の）責任の確立を求めたいとの思いを強めている」とあいさつ。大道寺座長は「あらん限りの知恵を絞り出して、後世に遺漏のないような賢い判断をしたい」と述べ、原子力政策について、国民的な議論の機運となるような疑問や提言の情報発信を目指したいとの意向を表明した。

委員への現状説明では、県側が核燃施設や東通、大間の両原発建設計画の概要を述べた後、二回目以降の会議で議題となる東通原発１号機や原料ウランの海上輸送計画について松田泰東北電力副社長と佐々木史郎日本原燃副社長が資料を基に詳述した。

質疑では西口和夫連合青森会長が、核燃料税県条例の更新について質問。原子力政策の動向などを見極めて判断するとしている知事から、判断の環境が整わなければ期限切れによる空白もあり得る—との答えを引き出すひと幕もあった。また金上幸夫県医師会副会長から、微量放射線の人体への影響についての質問もあった。

今回は西澤潤一東北大学学長ら四人が都合で欠席となったが、県外からは田中知東大工学部教授や森千鶴夫名大工学部教授が出席。県の既存組織の原子燃料サイクル安全対策委員会と放射線監視等評価会議からも計四人がオブザーバーとして参加した。また、座長代理には菊池武正県経営者協会長と金上県医師会副会長を選んだ。

二十七日に三回目の会議を開いたあとは、現地調査会などを含め二カ月に一回程度開く予定。

1998年2月15日
「2003年操業」先送り？　六ヶ所再処理工場

取材ノート
貯蔵プール工事先行
工場全体まだ4%　“中間置き場”の懸念

六ヶ所再処理工場への使用済み核燃料搬入は、再処理してプルトニウムを回収することが前提だ。しかし、工場内の貯蔵プールは工事進ちょく率九八%なのに対して、肝心の工場本体はわずか四%。「使用済み核燃料の冷却期間として四年以上必要」と早期搬入を目指す日本原燃の説明も根拠に乏しい。本県が「使用済み核燃料置き場」になることを懸念する木村守男知事とすれば、再処理が予定通り二〇〇三年に確実に実施されるのか慎重な見極めが必要となりそうだ。　　　（政経部・福田悟記者）

◇

「使用済み核燃料貯蔵プールの操業を急ぐのは、使用済み核燃料の行き場がないからか」

昨年十一月、青森市で開かれた原子燃料サイクル施設環境放射線等監視委員会の席上、高橋弘一委員（県議会議長）が日本原燃に対して皮肉たっぷりに尋ねる場面があった。これまで核燃サイクルを推進してきた自民党議員からの思わぬ“追及”。「貯蔵プールの操業はあくまで工場本体を稼働させるため」と同社は慌てて取りなした。

同社の再処理事業指定申請書によると、使用済み核燃料は原子炉から取り出して原発の貯蔵プールで一年以上、切断処理（再処理の最初の工程）するまでに四年以上冷却する。貯蔵プールと工場本体の操業予定時期に六年（昨年段階）の開きがあるのは、そのためという。

搬入急ぐ必要なし

ところが、日本原燃の“兄貴分”である動燃の東海再処理工場は一九七七年七月に使用済み核燃料を受け入れ、二ヵ月後の九月には再処理工場本体を稼働させている。「原子炉から取り出して百八十日以上の期間をとれば、使用済み核燃料の切断は可能」が動燃東海事業所の説明だ。動燃の説明に従えば、原発の貯蔵プールで半年以上冷却された使用済み核燃料を選別して搬入すれば再処理に問題なく、日本原燃のように搬入を急ぐ必要はまったくない。

国内の使用済み核燃料発生量は、管理容量九千五百六十トンに対して、五千百二十トン（昨年一月現在）とひっ迫。電力業界にとって原発から使用済み核燃料を搬出することが緊急課題になっている。日本原燃が搬入を急ぐのは、再処理工場を「中間貯蔵施設」として利用するためとみられても仕方がない。

工場本体の「二〇〇三年運転開始」も不透明だ。六ヶ所再処理工場は、高速増殖炉（FBR）の実用化見通しと歩調を合わせるように操業時期が先送りされてきた“実績”がある。

マイナス要因ばかり

貯蔵プールは工事進ちょく率九八%なのに対して、再処理本体はわずか四%。原子力委員会の高速増殖炉懇談会が昨年十一月、高速増殖炉の実用化時期をこれまでの「二〇三〇年」から「柔軟に対応」に後退させたことを考え併せれば、操業延期の可能性は十分にある。

日本原燃は「当社の方から再処理事業を放棄するということはあり得ない」（田沼四郎副社長）と強調するが、プルトニウムを通常の原発で燃やす「プルサーマル計画」の停滞、電気料金の値下げ圧力―と外部環境はマイナス要因ばかりだ。

「使用済み核燃料の貯蔵場所と高レベル放射性廃棄物の処分地を確保しなければ、原発システムが核のごみ問題でパンクする。そのため、国・事業者は（経済性のない）再処理や高速増殖炉開発をやめたくても、なかなかやめられない状態だ」。高速増殖炉懇談会委員を務めた吉岡斉九州大学教授（科学技術史）は一月に青森市で開かれた核燃シンポジウムでこう語った。

木村知事は、使用済み核燃料搬入に関する安全協定への対応について「事業者にとってはまだ時間がある」（一月五日の会見）と述べて日本原燃を慌てさせた。知事発言の裏には、六ヶ所に持ち込まれた使用済み核燃料が本当に再処理されるのか―という強い疑念があるようだ。

1999年11月25日
75%が「核燃反対」推進から変化29%　臨界事故機に抵抗感

本社県民意識調査

東奥日報社は今月二十、二十一の両日、県民を対象に、六ヶ所村の核燃サイクル施設に対する意識調査をした。東海村臨界事故を契機に「核燃推進」だった考えが「核燃反対」に変わったという回答が二九・〇％に上り、「事故前から反対だった」という回答と合わせると「核燃反対」が七四・六％に達した。今後の対応については「建設中の再処理工場の操業やウラン濃縮の増設はやめるべき」という回答が三八・四％で、「安全審査や防災体制を強化するなら進めていい」という回答（三五・〇％）を上回った。

九月三十日に起きた東海村臨界事故後では少なくとも六十九人が被ばく、国内最悪の原子力事故となった。事故を踏まえて、核燃施設に対する考え方を聞いたところ、「事故前から反対だった」と答えた人が四五・六％と最も多く、「推進から反対になった」が二九・〇％と続いた。これら二つの回答を合計すると「核燃反対」は七四・六％と圧倒的な多数を占めた。事故後も「推進の考えは変わらない」と回答したのは一六・九％にとどまった。回答を職業別に見ると、事故後に「推進から反対になった」が農林漁業で三四・八％と全職業平均を５・８㌽上回っているのが目立った。性別にみると、「推進の考えは変わらない」男性が二六・一％だったのに対して、女性は九・九％と大きな開きが見られた。年代別にみると、二十代では「推進の考えは変わらない」が二九・四％で、全世代平均を一二・五㌽上回っている。「推進から反対になった」のは三十代が最多の三四・八％だった。

一方、核燃施設への今後の対応については「今ある施設は仕方ないが、建設中の再処理工場の操業やウラン濃縮工場の増設はやめるべき」という回答が三八・四％と最も多く、「安全審査や検査体制、防災体制を強化するなら進めていい」三五・〇％、「事業をすべて中止すべき」一八・八％の順だった。「これまで通り進めていい」という回答は二・三％と少数だった。

回答を性別にみると、男性は「安全審査や検査体制、防災体制を強化するなら進めていい」という回答が四二・九％と最も多かったのに対し、女性は「建設中の再処理工場の操業やウラン濃縮工場の増設はやめるべき」という回答が四三・三％で最多だった。「事業をすべて中止すべき」という回答は男性一六.四％に対して、女性は二〇・五％と、総じて女性の方が核燃に対して慎重な姿勢だった。

根強い不安浮彫り

解説　核燃サイクル施設に関する意識調査の結果は、東海村臨界事故の衝撃の大きさとともに着々と事業が進む現実を前にして、なお核燃施設に対する抵抗感が県民に根強いことを浮き彫りにした。

臨界事故では、行政庁と原子力安全委員会による国の二重の審査体制も、施設の安全を完全に保証するものではないことがはっきりした。茨城県産の農水産物に風評被害が出るなど、原子力事故はいったん発生すれば、広範囲に影響が及ぶことも見せつけられた。

設問が異なるため単純に比較できないが、東奥日報社が平成七年七月に行った調査では、核燃サイクルと「共存できる」が八・四％、「共存できない」が二八・九％。これらはそのまま「推進」「反対」に置き換えられるが､最も多かったのは「不安だが、やむを得ない」という現状追認型の回答で五三・八％だった。

今回調査では､この“消極的推進派”の多くが､「反対」に転じたとみられる。臨界事故を受けて「推進から反対」に二九％も転じたというのは、そのまま衝撃の大きさの表れを示すと同時に、核燃施設に対する潜在的な不安が露出した結果とみられる。また「推進から反対」に転じた割合が農林漁業で三四・八％と全職業平均を上回ったのは、風評被害への懸念が強いためとも言えそうだ。

七年以降、高レベル廃棄物や使用済み核燃料が続々搬入され、ウラン濃縮工場に代表される生産工場のイメージの一方で、核のごみ置き場という負のイメージも強まりつつあることも反対意見が多数を占めた要因の一つと考えられる。

年明け以降焦点となる使用済み核燃料本格搬入のための安全協定は、核燃料加工事業より臨界の危険性が数段高いとされる再処理施設の操業が前提。同施設がフル操業すれば、毎年１千本の高レベル廃棄物が出る。県は核燃サイクル事業に対し、防災体制の充実を国に求めるだけでなく、県民の生命・財産を確保するため、より根本的な施策を模索する必要に迫られている。

質問と回答

茨城県東海村の核燃料加工会社で臨界事故が起こり、作業員らが被ばくし、住民らも避難するなどの事態となったことに関連してうかがいます。

▽今回の事故で六ヶ所村の核燃施設に対する考えは変わりましたか。次の中から選んでください。

1・「推進」の考えは変わらない 109 人（16・9％）

2・これまでは「推進」だったが「反対」になった　187人（29．0%）
3・臨界事故の前から「反対」だった294人（45・6%）
4・分からない。無回答55人（8・5%）

▽今後、六ヶ所核燃サイクル事業は、どうするべきだと思いますか。次の中から選んでください。

1・これまで通り進めていい15人（2・3）
2・安全審査や検査体制、防災体制を強化するならいい226人（16・9%）
3・今ある施設は仕方ないが、建設中の再処理施設の操業やウラン濃縮工場の増設はやめるべき248人（38・4%）
4・事業をすべて中止し核燃施設を撤退させるべき121人（18・8%）
5・分からない。無回答35人（5・4%）

（質問文は一部省略した。カッコ内は率。小数点第二位以下を四捨五入した）

調査の方法

層化二段階無作為抽出法で県内八十地点。千二百人を有権者名部から抽出。そのうち電話番号が判明した九百二十六人を対象に十一月二十、二十一日、電話聴取法で実施した。

旅行、病気などで不在の人を除く六百四十五人から回答を得た。有効回答率は、六九・七%。

回答者の内訳は男性四三・四%、女性五六・六%。年齢構成は二十代一〇・五%、三十代一四・三%、四十代二十一・四%、五十代二〇・八%、六十歳以上三十三・〇%。

2000年1月1日

むつ小川原開発の歩み

【昭和】

39年3月3日　八戸地区が新産業都市区域に指定される。小川原湖周辺の開発については調査を継続することを付記

43年12月23日　通産省が工業開発の試案発表

44年5月30日　「新全国総合開発計画」（新全総）を閣議決定。むつ小川原地域を大規模工業基地の候補地に

45年4月1日　県が「陸奥湾小川原湖対策室」設置

4月20日　県内16町村による陸奥湾小川原湖大規模工業開発促進協議会が発足

10月7日　県が開発の基本構想を発表。基幹産業に鉄鋼、アルミなど8業種想定

46年3月24日　事業主他愛の「むつ小川原開発株式会社」設立

4月1日　用地先行取得のための「むつ小川原開発公社」が発足

4月7日　県、「むつ小川原地域開発構想の概要」を発表

8月15日　ニクソン・ショック（ドル・ショック）が発生

8月20日　寺下力三郎六ヶ所村長が「開発反対」を表明

10月23日　竹内知事が六ヶ所村で住民代表へ説明。村民が激しく抗議

47年5月24日　県が石油基地を中心としたむつ小川原開発第1次基本計画と住民対策大綱を発表

9月14日　政府がむつ小川原開発について閣議口頭了解

9月22日　経団連の陸奥湾小川原湖開発研究会が現地視察

12月25日　むつ小川原開発公社が用地買収開始

48年3月25日　むつ小川原巨大開発反対全国集会が六ヶ所村で開かれる

10月6日　第4次中東戦争がぼっ発、第一次石油ショックが発生

12月2日　六ヶ所村長選で、開発推進の古川伊勢松氏が開発反対の寺下力三郎氏を破って初当選

50年11月25日　県、むつ小川原開発第2次基本計画を政府へ提出

52年3月　六ヶ所村の開発反対派が条件付きで開発推進を認める方向へ転換

8月30日　むつ小川原第2次基本計画を閣議口頭了解

53年12月　イラン政変がぼっ発。原油価格が急騰し、54年に第2次石油ショックが発生

54年10月1日　通産省がむつ小川原地区に石油国家備蓄基地の建設を正式に決定

11月10日　石油公団むつ小川原石油備蓄事務所が開設

55年7月23日　むつ小川原港の起工式

11月21日　石油国家備蓄基地の建設起工式

58年4月19日　加藤国土庁長官が来県、現地視察。「これまで通り基盤整備進める」と表明

12月8日　中曽根首相が総選挙遊説で来県、「本県を原子力のメッカに」と発言

59年1月5日　電事連、核燃サイクル施設の建設構想を発表

4月20日　電事連、県に「核燃サイクル基地」

立地協力要請

7月27日　電事連、「核燃サイクル基地」の六ヶ所村立地について正式に協力要請

60年4月10日　北村知事が電事連へ立地受け入れ回答

4月18日　県と六ヶ所村、立地受諾を正式回答。日本原燃サービス、日本原燃産業と基本協定締結

4月26日　「むつ小川原第2次基本計画一部修正」を閣議口頭了解。核燃サイクル施設の立地がむつ小川原開発の一部となる

9月20日　石油国家備蓄基地が完成

61年4月26日　旧ソ連チェルノブイリ原発で放射能漏れ事故

63年6月30日　ストップ・ザ・核燃署名委員会、北村知事にサイクル施設建設白紙撤回の署名簿約37万人分を提出

8月6日　核燃料サイクル阻止1万人訴訟原告団が結成

8月10日　科学技術庁、ウラン濃縮工場に事業許可

【平成】

元年4月9日　六ヶ所村で「反核燃の日」全国集会。約1万人参加

7月13日　核燃料サイクル1万人訴訟原告団、ウラン濃縮工場への行政訴訟を青森地裁に起こす

7月23日　参院選で核燃料サイクル施設反対を掲げた三上隆雄氏当選

12月10日　六ヶ所村長選で、核燃凍結論の土田浩氏が初当選

2年1月12日　六ヶ所村議会、核燃推進の請願採択

3年7月25日　ウラン濃縮工場に関する安全協定締結

11月7日　核燃料サイクル阻止1万人訴訟原告団、低レベル廃棄物施設に対し提訴

4年3月27日　ウラン濃縮工場が本格操業開始

9月21日　県、六ヶ所村と日本原燃との間で低レベル廃棄物施設に関する安全協定締結

12月24日　再処理工場に事業許可

6年2月7日　ウラン濃縮工場でトラブル、運転停止（5月27日再開）

11月19日　科学技術庁、高レベル廃棄物の最終処分地問題について、知事の意向に反しては最終処分地に選定されない旨の確約書を知事に渡す

12月26日　高レベル廃棄物の安全協定に調印

7年4月25日　木村知事、最終処分地に関する科学技術庁の回答を不服とし、高レベル廃棄物輸送船の接岸拒否。科学技術庁長官の確約文書提出を受け、翌26日に接岸許可。フランスからの返還ガラス固化体を初搬入。

10月23日　木村知事、ITERの六ヶ所村誘致を正式表明

9年3月26日　県の「むつ小川原開発調査検討委員会」が2年間の最終報告として「新たなむつ小川原開発の基本方針」まとめる。「国際的な科学技術都市」形成を打ち出す

10年3月9日　高レベル放射性廃棄物輸送船の接岸を前に、木村知事は科学技術庁長官と通産相と会談し、橋本首相との会談を求めたが物別れ。知事は接岸拒否

3月13日　木村知事、首相と会談。最終処分地決定に努力するとの確約を得、輸送船接岸を許可

7月29日　六ヶ所再処理工場への試験用使用済み燃料搬入に関する安全協定に調印

10月2日　使用済み核燃料を六ヶ所村へ初搬入

10月7日　使用済み核燃料輸送容器の中性子遮へい材のデータ改ざんが発覚。科技庁と木村知事は日本原燃に、使用済み核燃料を使った校正試験と2回目以降の使用済み核燃料搬入の中断を要請

12月　むつ小川原開発会社、金融機関への元利払い滞る

11年7月5日　木村知事、校正試験と使用済み燃料搬入の再開を容認

7月31日　むつ小川原開発の再建問題で、木村知事と関谷国土庁長官が会談。話し合いにより再建策づくりを進めることで一致

9月3日　使用済み核燃料を搬入、11カ月ぶり再開

9月30日　ジェー・シー・オー東海事業所で臨界事故

10月22日　使用済み核燃料、3回目の搬入

11月3日　科学技術庁が再処理工場（建設中）の貯蔵プールに合格証

11月16日　木村知事がむつ小川原開発の債務処理協議に応じる意向表明

12月20日　木村知事と中山国土庁長官が、県の負担を約40億円軽減する債務処理案に正式合意

2000年1月1日

むつ小川原県民意識調査

「豊かさもたらさず」53%　事業継続　期待感薄く

東奥日報社は昨年十一月二十、二十一日の両日、「むつ小川原開発」に関する県民意識調査を実施し

た。むつ小川原開発は県民の暮らしを豊かにしたかという問いに対し、「何も豊かさをもたらさなかった」という回答が過半数の五三・三％に上り、巨大開発が当初の目的とは大きくかけ離れた結果に終わっている現状を浮き彫りにした。「少しは豊かにした」の二九・五％と「豊かにしたと思う」の五・一％を合わせた肯定的な評価は三四・六％にとどまった。

むつ小川原開発地域に当初は想定していなかった核燃サイクル施設が立地したことについては、「迷惑施設であり誘致すべきでなかった」という否定的な評価が四五・七％で、「良かった」という積極的な評価（五・四％）を圧倒的に上回った。反面、「開発が進まない中、受け入れもやむを得なかった」という当時の県の判断に一定の理解を示す消極的な評価が四〇・〇％あった。開発を継続することへの賛否については、「分からない・無回答」が最多の四〇・二％で、これに「開発を中止してしまうべき」（三八・四％）が続き、開発への期待・関心が薄れつつあることをうかがわせた。

むつ小川原開発は、六ヶ所村などに二千八百㌶の工業用地を造成、石油化学コンビナート基地の形成を目指したものの、実際に立地したのは国家石油備蓄基地や核燃料サイクル施設など。

依然として、千四百五十㌶の用地が売れ残り、事業主体の第三セクター「むつ小川原開発会社」（本社東京）は約二千四百億円の累積債務を抱え、事実上経営破たんした。

40代以上否定的

県と国土庁は、債権者である日本政策投資銀行（旧北海道東北開発公庫）と民間金融機関、県の三者が債権総額の六九・二％に当たる千六百七十五億円を放棄し、資本金七百六十五億円の新会社を設立させ、再スタートする案に合意している。新会社への出資は、国が二百九十四億円、県が八十九億円、民間が三百八十三億円となっている。

むつ小川原開発の目的は「国家的意義を認めつつ、これを契機として、農林水産業者を主とするこの地域の住民、ひいては広く県民全体の生活の安定と向上に大きく寄与すること」（第一次基本計画）だった。しかし、むつ小川原開発について「何も豊かさをもたらさなかった」と答えた人が五三・三％と最も多く、「少しは豊かにした」が二九・五％、「豊かにしたと思う」が五・一％と続いた。

回答を年代別にみると、「何も豊かさをもたらさなかった」という回答が四十代で六〇・一％、五十代で五七・五％、六十代以上で五四・五％と、四十代以上で否定的な評価が目立った。対照的に二十代に限ってみると、最も多い回答は「少しは豊かにした」で過半数の五四・四％を占めた。職業別に見ると、商工・サービス業では「少しは豊かにした」が四八・一％と、「何も豊かさをもたらさなかった」の四四・二％を上回っており、「豊かにしたと思う」の三・八％と合わせると肯定的な評価は過半数の五一・九％に。

「推進派」は21％

開発を推進してきた県や国土庁は、開発計画を継続させる方針だ。開発継続への賛否を尋ねたところ、最も多かった回答は「分からない・無回答」の四〇・二％だった。「開発は中止してしまうべき」という開発打ち切り派は三八・四％で、「青森県を豊かにするため開発を続けるべき」という開発推進派は二一・四％にとどまった。次に「青森県を豊かにするため開発を続けるべき」と回答した人を対象に、県がむつ小川原開発会社から徴収を猶予している公共事業負担金（約百二十億円）の債権の一部を放棄することや新会社に新たに出資することへの是非を聞いたところ、「県の負担には反対」が過半数の五〇・七％で、「県が負担するのはやむを得ない」の四六・四％を上回った。

また、「開発を進めるべき」と回答した人には今後、半分ほど売れ残った開発用地を今後どう活用すべきかについても意見を聞いた。最も多かった回答は「原子力以外の一般企業の誘致を目指すべき」の三七・七％で、「研究機関など公的な施設の誘致に力を入れるべき」の三四・八％、「原子力関連施設の集中を」の二一・〇％が続いた。

昭和六十年に県が開発地域への受け入れを決めた核燃サイクル施設は、売れ残り用地の処分という側面は否定できない。同施設を受け入れた県の対応については、「迷惑施設であり誘致すべきでなかった」が最多の四五・七％で、以下、「開発が進まない中、受け入れもやむを得なかった」四〇・〇％、「分からない・無回答」八・八％、「地域振興に役立っており良かった」五・四％と続いた。

性別で見ると、女性が「誘致すべきでなかった」が過半数の五一・〇％を占めたのに対し、男性は「やむを得なかった」が四七・九％で、「誘致すべきでなかった」の三八・九％を上回った。年代別に見ると、「やむを得なかった」という回答が最も多かったのが二十代の四八・五％で、最も少なかったのが六十代以上の三三・八％だった。職業別に見ると、「やむを得なかった」という回答が管理職では六二・五％に達し、全職業平均を二二・五ポイント上回っているのが目立った。

質問と回答

【問一】大規模工業基地建設を目指した「むつ小川原開発」は県民の暮らしを豊かにしたと思いますか。

1　豊かにしたと思う　33人（5.1％）
2　少しは豊かにした　190人（29.5％）
3　何も豊かさをもたらさなかった　344人（53.3％）
4　分からない・無回答　78人（12.1％）

【問二】今、国などは二千四百億円の借金を抱える「むつ小川原開発会社」に代わる新しい会社をつくり、開発計画を継続しようとしていますが、あなたはどう考えますか。

1　青森県を豊かにするため開発を続けるべき　138人（21.4％）
2　開発は中止してしまうべき　248人（38.4％）
3　分からない・無回答　259人（40.2％）

【問三】（【問二】で1と答えた人に）「むつ小川原開発」を続けるために、県はこれまで出資した数十億の債権を放棄した上、新たな出資もしなければなりませんが、どう思いますか。

1　県が負担するのはやむを得ない　64人（46.4％）
2　県の負担には反対　70人（50.7％）
3　分からない・無回答　4人（2.9％）

【問四】（【問二】で1と答えた人に）半分ほど売れ残った開発用地は今後どのように活用したらいいと思いますか。

1　研究機関など公的な施設の誘致に力を入れるべき　48人（34.8％）
2　原子力以外の一般企業の誘致を目指すべき　52人（37.7％）
3　原子力関連施設を集中させるべき　29人（21.0％）
4　分からない・無回答　9人（6.5％）

【問五】青森県は「むつ小川原開発」地域に核燃サイクルを受け入れましたが、核燃受け入れをどう思いますか。

1　地域振興に役立っており良かった　35人（5.4％）
2　開発が進まない中、受け入れはやむを得なかった　258人（40.0％）
3　迷惑施設であり誘致すべきではなかった　295人（45.7％）
4　分からない・無回答　57人（8.8％）

（質問分は一部省略した。カッコ内は率。小数点第二位以下を四捨五入した）

調査の方法

層化二段階無作為抽出法で県内80地点、1200人を有権者名簿から抽出。そのうち電話番号が判明した926人を対象に11年11月20, 21日の両日、電話聴取法で実施。旅行、病気などで不在の人を除く645人から回答を得た。有効回答率は69.7％。回答者の内訳は男性43.4％、女性56.6％。年齢構成は20代10.5％、30代14.3％、40代21.4％、50代20.8％、60歳以上33.0％。

2000年07月23日
取材ノート　むつ小川原開発再スタート

多角的エネルギー基地にMOX加工工場が浮上
「原子力」集中の懸念も

「新むつ小川原会社」の設立発起人会が十八日に開かれ、むつ小川原開発は再スタートを切った。県は液晶産業立地を目指す「クリスタルバレイ」構想のほか、天然ガスなど多角的なエネルギー供給基地の建設構想を打ち出し、土地活用に積極的姿勢を強めている。「エネルギー・環境問題を考えた場合、必ずあそこの土地は必要になってくる」（永松恵一経団連常務）とする新会社の方針とも合致するが、MOX（プルトニウム・ウラン混合酸化物）燃料加工工場の立地が浮上するなど、原子力施設がさらに集中する可能性も高まってきた。

（政経部・福田悟記者）

県は、むつ小川原開発地域などへの多角的エネルギー基地形成の可能性を探るため、今月末に検討会を設置する。①国際的な原油備蓄基地②天然ガスの供給基地③天然ガス液化技術によるガソリン製造工場④積雪地帯でも導入可能な新型太陽光発電や風力発電などからなる自然エネルギー基地―などの実現可能性を検討し、年度内に中間報告をまとめる。

ロシアのサハリン沖からパイプラインを敷設して、むつ小川原開発地域に天然ガス供給基地を建設するように提唱してきた大道寺小三郎みちのく銀行会長の意向が強く反映されている。

エネルギー関連では、八戸沖で産出する天然ガスや西津軽海盆のメタンハイドレート（水和物化合物）を活用して燃料電池の原料となる水素の供給基地を造ることも可能とする識者もいる。

「土地売れる」と強気

資源エネルギー庁長官の私的諮問機関「燃料電池実用化戦略研究会」委員を務める県立保健大学の金谷年展助教授は「燃料電池は原発に代わるベース電源になり得る―というのが業界の常識。青森県は地域特性を考えて、資源を総合的に使ったエネルギー地域に変えていくことが重要だ」と提言する。

水素は水を電気分解してつくり出せるため、風力発電など自然エネルギーと燃料電池を組み合わせて使えば、より環境に配慮した発電システムになるという。環境保全や新エネルギーへの関心の高まりが、むつ小川原開発地域に追い風となる可能性がある。

「土地が何年もまったく売れないという状況は想定していない。必ず土地は売れる」。新むつ小川原会社社長に就任する永松常務は十八日に開かれた設立発起人会終了後の記者会見で強気の姿勢を崩さなかった。

一方で、原子力施設が集中する懸念もある。電力業界は使用済み核燃料搬入の安全協定が締結されるのを待って、MOX燃料加工場について県と六ヶ所村に立地協力要請する意向を固めた。県は表向き「正式には聞いていない」としながらも、「処理場ではなく生産工場なのだから、いい話だ」（県幹部）と歓迎する声もある。

MOX燃料加工場のほかにも、原子炉の運転や解体に伴って発生する高ベータ・ガンマ廃棄物（炉内構造物等廃棄物）をどこで処分するのか―という問題も積み残したまま。電力業界の視線が既に放射性廃棄物が持ち込まれている六ヶ所村に向かう可能性は高い。

経団連は新会社の経営安定化を図るため、十億円基金を積み立てる方針だが、基金を拠出するのは「現在行われている事業（核燃料サイクル）と関係ありそうな電力、重電メーカー、ゼネコンが中心」（経団連）になるという。核燃料サイクル事業が開発を支える構図は強まる気配を見せている。

ITER誘致は困難

「核燃料サイクル施設立地を契機に多くの企業が進出することを期待したが、もう結果は出た。原子力施設立地地域には結局、原子力関連施設しか張り付かない」。昭和六十年当時、県むつ小川原開発・エネルギー対策室で核燃料サイクル施設の受け入れを担当した職員はこう漏らす。

百三十㌶の土地需要が見込まれる国際熱核融合実験炉（ITER）の立地は、民間企業が自国への誘致を働き掛けているカナダが本命視されている。

二〇〇一年四月に日本政府が国内誘致活動の凍結を解除しても、むつ小川原開発地域への誘致は困難とする見方が強い。

2001年1月26日
核燃施設　「安全性に不安」86%

県有識者会議　県民意識を調査

県が設置した有識者会議が行った県民意識調査の中で、「核燃料サイクル・原子力関連施設の安全性に不安を感じるか」と聞いたところ、不安を感じるとの回答が八六・八%に上ったことが分かった。この調査結果を受けて、だれが対策を講じるべきか各界代表四百人にあらためて聞いたところ、国（一九・二%）と県（一八・〇%）の役割を求める意見が多く、五年後には不安を感じる人の割合を五〇%程度の水準になるよう努力すべきとした。

県民意識調査は「政策マーケティング委員会」（委員長・古田隆彦青森大学教授）が昨年七月・県民の生活満足度を向上させるにはどんな政策が必要なのかをさぐるために行った。対象は県民二千人で、七百三十人が回答した（回答率三六・五%）

質問は「安心」「つながり」」「自己実現」「適正負担」の四分野六十六項目で、核燃料サイクル施設の安全性に関する質問は「安心」分野で取り上げた。

総理府の「エネルギーに関する世論調査」（一九九八年）では「原発に不安を感じる人」が六八・三%、東北通産局の「エネルギー原子力に関する調査」（二〇〇〇年）では「原発が安全ではないと考える人」が四六・七%だった。単純には比較できないものの、県民意識調査の結果はこれらを大きく上回っている。

調査結果について県むつ小川原開発・エネルギー対策室は「原子力施設立地県と、そうでない県との間で差が出るのは当然だが八六・八%の数字は高い。まず事業者、それから行政が不安を取り除くよう努力していく必要がある」と調査結果に驚いている。

一方、同委員会事務局の県政策推進室は「意識調査は毎年行って五年後に目標をどれだけ達成できたか確認する」としている。

2001年6月3日
「数年内に見直し」の声も　プルサーマル計画停滞、膨らむコスト

取材ノート

揺れる六ヶ所・再処理事業

国の核燃料サイクル政策をけん引するはずのプルサーマル計画の行き詰まりが、日本原燃の六ヶ所村再処理工場建設計画に影を落としている。東京電力が一日、新潟県の柏崎刈羽原発への導入を当面見送ったことで、プルサーマル実施の見通しは立たない。国は従来路線の継続を強調、日本原燃も事業の進展に影響ないというが、専門家からはここ数年で

核燃サイクルの国策に変化が生じる―との見方が出始めた。　（政経部・若松清巳記者）

◇　◇

「二〇〇三年ごろまでには、電気事業者サイドから再処理見直しを求める動きが出る可能性がある」。国の原子力委員会委員を務める青森市の弁護士・石橋忠雄氏は、六ヶ所再処理工場の行く末を予測する。

03年からウラン試験

再処理工場では四月、設備の作動状況を確認する一連の試験が始まり、〇三年からは施設に実際にウランを通す試験を行う予定。ウランなどの放射性物質を試験で用いた後に再処理工場の建設中止が決まったとすれば、施設解体時に放射能汚染を取り除くための大変な手間とコストが掛かる。再処理見直しはウラン試験実施以前―というのが石橋氏の考えだ。

〇五年の操業開始を目指す再処理工場の総工費は二兆四百億円という膨大な額で、電力自由化の中、核燃サイクルで生じる高コストは電気事業者にとって重荷となる。加えてプルサーマルの先行きが見えないとなれば、石橋氏の予測は現実味を帯びる。

一方、電気事業者が早急に解決しなければならない課題の一つに使用済み核燃料がある。〇〇年三月末現在、国内の原発には約八千五百トンの使用済み核燃料が存在。各原発の貯蔵能力合計は約一万三千トンで、年間発生量が約千トンとしても四年程度しかもたない計算だ。

五月二十日、青森市で講演した日本科学者会議原子力問題研究委員の岩井孝氏は「使用済み核燃料の置き場所を確保しなければ原発が止まるが、再処理を前提としない限り再処理工場に持ち込めない」と、電気事業者の立場を解説。全量再処理の国策に基づいて使用済み核燃料を六ヶ所村に運び、地域住民の反対を理由にプルサーマルを保留するが「プルサーマルはやりたくない―が本音だ」とみる。

かぎ握る中間貯蔵

使用済み核燃料の問題を解消する一つのかぎが中間貯蔵で、東電はむつ市で施設の立地へ向けた調査を進めている。岩井氏は「中間貯蔵にめどがつけば、電気事業者は素直に再処理を考え直す」と述べ、六ヶ所再処理工場が稼働する〇五年前に何らかの動きが出ると予想する。

日本原燃は、反対票が過半数を占めた刈羽村の住民投票に続き、東電が導入見送りを決めたことに対しても「関係者ではあるが当事者ではない」としてコメントを控える姿勢を崩さない。

国はプルサーマル導入へ一層の理解を求める構えだが、具体的な打開策が示されない現状では「このまま六ヶ所村に使用済み核燃料がたまり続けるのでは…」という県民の不安は増す一方だ。

操業開始へ向けた試験が始まった六ヶ所再処理工場。本当に操業するのか、県民の不安は根強い。

2001年11月19日

ITER誘致、賛成16.5%

県民意識調査285人回答　「反対」の半分未満

ITER（国際熱核融合実験炉）の本県誘致に賛意を示す県民は16.5%で、反対意見の半分に満たない―。青森市の財団法人青森地域社会研究所がまとめた県民の意識調査で、このような結果が出た。ITERそのものについても「知らない」が回答数の四分の一を超え、県民の認識が深まっていないことを示している。

「計画知らない」27%

「ITER計画について知っているか」との問いに対しては「名前は聞いたことがある」という回答が三割近くで最も多く、次いで多かったのが「知らない」。「知っている」「何となく知っている」を合わせても40%に満たず、ITERへの関心の低さを示した。

「本県へのITER誘致に賛成か反対か」の設問では「分からない」が四割以上と最も多く、一般県民のITERへの認識が深まっていないことが明らかになった。次に多かったのは「どちらかといえば反対」で、「反対」を合わせると36%以上が誘致に否定的な考えを示した。「賛成」「どちらかといえば賛成」はいずれも8%台と低かった。

県は同研究所が調査を実施する前月の七月下旬、県議会議員全員協議会や県原子力政策青森賢人会議などに誘致の方針について説明。「理解は得られた」との認識を示した上で、国へ誘致提案書を提出した。

その後も県は、県内六カ所でITER説明会を開くなど県民の理解を深める施策を重ねてきたが、十月には誘致に伴い多額の地元負担が生じることが明らかになり、県議会などから説明不足を指摘する批判の声が強まっている。

調査は同研究所が今年八月、「県民のエネルギー意識調査」として、県内の二十歳以上の県民五百四十一人を対象に実施。二百八十五人（男性百五十八人、女性百二十七人）が回答し、回答率は52.7%だった。

2001年12月12日
イーパワー破産申請

エンロン系　国内計4社　六ヶ所計画とん挫

六ヶ所村のむつ小川原地域に、大規模火力発電所の建設を計画していたイーパワー（本社東京）の親会社エンロンジャパン（同）は十一日、両社など国内のエンロングループ四社が十日に破産法に基づく破産申し立てを申請したと発表した。イーパワーの破産で、六ヶ所火力発電所計画はその動きが表面化してから一年でとん挫した。

エンロンジャパンの発表によると、四社はグループ親会社の米エンロンが今月二日に経営破たんしたことを受け、破産を申請した。申請先の裁判所名は明らかにしていない。米エンロンは会社再生手続きを申請中だが、国内四社の破産申請でエンロンは日本市場から撤退することになり、エンロンジャパンとイーパワーが六ヶ所村など国内四カ所で進めていた発電所建設計画はいずれも白紙となる。

県商工観光労働部によると、イーパワー及びエンロンジャパンから事前連絡はなく、両者との連絡も取れない状態と言う。蝦名武部長は「情報の確認を急いでいるが、破産申請であれば計画実現の可能性はない」と、六ヶ所火力発電計画のとん挫を認めた。

またイーパワーのニコラス・オディ社長と十一月二十九日に面談した際、計画について三週間以内に結論をまとめ、連絡する―としていた約束が履行されなかったことについて蝦名部長は「残念で、誠意が感じられない」と不快感を示した。木村守男知事は「火力発電所計画は白紙に戻ったと認識している」とのコメントを発表した。

2002年5月29日
六ヶ所誘致へ気勢 県ITER推進会議

県ITER誘致推進会議（会長・梅内敏浩青森商工会議所名誉会頭）は二十八日、青森市のホテル青森で二〇〇二年度の総会を開いた。早ければ二十九日にも政府がITER（国際熱核融合実験炉）の国内建設候補地を一本化する可能性があることを踏まえ、六ヶ所村への誘致を国へアピールするとともに、国内候補地に決まっても引き続き誘致運動を展開することを申し合わせた。

木村守男知事が「誘致活動は正念場。誘致実現へ向け残された期間も誠意をもって活動に取り組み、国の懸命な判断を信じたい」とあいさつ。梅内会長は「ここ数日で候補地一カ所が決まるかもしれないが、今度は国際競争に向かう必要がある。〇二年度も引き続き誘致へ向かいたい」と決意を新たにした。総会では〇一年度事業報告および〇二年度事業計画案などを原案通り承認した。

EUは2か所提案

文部科学省に入った連絡によると、欧州連合（EU）の理事会が二十七日開かれ、来月四日にフランスで開かれる国際熱核融合実験炉（ITER）の建設に向けた公式政府間協議で、フランスのカダラッシュとスペインのバンデロスの二カ所を欧州の候補地として正式提案する方針を了承した。

2003年9月20日
再処理工場操業延期

核燃政策失速印象付け　“ゴミ捨て場化”懸念も

日本原燃が再処理工場の操業開始を一年遅らせ二〇〇六年七月としたにもかかわらず、電力関係者には「再処理事業に重大な影響はない」との楽観的な見方が強い。しかしプルサーマル計画が停滞し、高速増殖炉実証炉「もんじゅ」も運転再開のめどが立たない中での操業延期は、核燃サイクル政策の失速を国民、県民に印象づけることになりかねない。

電気事業連合会が一九八四年に県と六ヶ所村へ再処理工場を含む核燃サイクル施設立地を申し入れた当時、同工場の操業開始は九五年ごろと見込まれていた。以来一九年で原燃は操業開始時期を七度にわたり延期され、操業開始は当初計画から十一年遅れることとなった。

さらに操業延期は今回限りにとどまらない可能性もある。原燃はウラン試験の一月着手を目指す考えだが、試験の前提となる原燃と県、村との安全協定が一月までに締結されるかどうかは極めて不透明なためだ。

県は、「原燃はウラン試験より、不良施工が発覚した同工場の健全性確認を最優先するべきだ」（県幹部）との姿勢。三村申吾知事も取材に対し、「ふざけないで、きちんとやってほしい」と、同工場における原燃の品質保証のずさんさを強く批判した。県議会でも安全協定をめぐって激論が予想され、締結までには長期間かかるのでは―との見方が強い。

一方、反核燃団体などは操業延期について、同村の「核のゴミ捨て場」化を裏付ける―とみている。国が再処理工場の操業延期を認め、使用済み核燃料受け入れ貯蔵施設の補修と受け入れ再開を急がせるのは、国内の原発であふれる同燃料の受け入れ場所を急いで確保するため―との見方だ。

原子力資料情報室（東京）の澤井正子氏は「電力業界でも、コストのかかる再処理は急ぐべきでない―との論議が高まっている。操業延期は当面の対応にすぎず、国や電力業界は最終的に再処理工場本体の操業をあきらめ、貯蔵施設だけを活用するつもりなのでは」と警戒している。

県と村に延期報告　原燃

日本原燃は十九日、六ヶ所村に建設中の再処理工場の操業開始時期を、現行計画の二〇〇五年七月から一年先送りし二〇〇六年七月とする工事計画変更を経済産業省に届け出るとともに、県と村に報告した。同工場の操業延期は、一九八四年の県と六ヶ所村に対する電気事業連合会の立地申し入れ以来、通算七度目。

佐々木正社長と電気事業連合会の濱田隆一専務が県庁を訪れ、工事計画変更について三村申吾知事に説明した。知事は「操業延期は、施設の健全性を責任をもって確認するためと受け止める」と理解を示したが、同工場で見つかった多数の不良施工に対しては、「極めて遺憾」と繰り返した。

佐々木社長はこの後、取材に応じ、操業開始の延期に伴い必要となる費用は約四百億円だが、建設費が現行の二兆一千四百億円を上回らないよう企業努力を重ねる意向を示した。

操業延期の理由について原燃は「使用済み核燃料受け入れ貯蔵施設の漏水など、工場全体で二百九十一カ所の不良溶接が判明し、想定外の品質保証点検作業や補修工事が必要となったため、ウラン試験など今後の試験運転を計画通り行うことが不可能になった」としている。

また、日本原燃の猪股俊雄副社長、平田良夫専務は同日夕、六ヶ所村役場を訪れ、操業延期について戸田衛助役に報告した。

猪俣副社長は「村民に多大な心配をかけた」と陳謝した上で「工事計画の変更による地域への影響を払しょくするよう取り組む」と述べた。

上京中の古川健治村長に代わって、戸田助役は遺憾の意を示しながらも「（操業延期は）施設の健全性を確認するために必要な措置と受け止める。村民が安心できる施設になるよう最大限の努力を傾注し、情報公開に努めてほしい」と述べた。

2003年12月8日
原子力業界内の論文が波紋 六ヶ所再処理工場「凍結を」

取材ノート
「国策」転換迫る　関係者は敵視と評価

六ヶ所再処理工場の本格操業に備えたウラン試験が来春に迫る中、同工場の凍結を訴える研究グループ「原子力未来研究会」（代表・山地憲治東大教授）の論文が原子力業界に波紋を広げている。同研究会を重用してきた業界誌「原子力eye」（日刊工業出版プロダクション）が「時期的に適当でない」と論文の連載を突然打ち切ったのに対し、核燃料サイクル政策の見直しを国に訴える福島県知事が「さまざまな観点から国民的議論をすべきで、非常に残念」と不快感を示した。同研究会の訴えは「核燃料サイクルの確立」という建前（国策）と本音が、取り繕えないほど乖離（かいり）してしまった現状の表れともいえそうだ。　（むつ支局・福田悟）

◆

同研究会は、中堅の研究者や実務家六人で組織する、れっきとした原子力推進グループ。代表以外に鈴木達治郎、谷口武俊、長野浩司（いずれも電力中央研究所）の三氏が実名を公表している。

論文は、六ヶ所再処理工場を①計画通り運転②運転開始後、短期運転して中止③一時延期、その後運転④一時延期、その後廃止⑤即時廃止―という五つの選択肢を用意。経済、社会面などから総合評価したのが特徴で、「一時延期、その間に議論を尽くして運転回避せよ」との結論に達した。

電事連は今秋、同工場の操業費や放射性廃棄物の処分費、解体費などは総額十八兆九千億円に上るとの試算を公表した。

テロの危険性も懸念

研究会は「莫大（ばくだい）な金額」を要する同工場の本格操業に突き進めば、日本原燃（本社・六ヶ所村）は多額の負債を抱え「倒産が避けられない」と指摘。プルトニウムの在庫量を増やすことにもなり、国際的批判やテロの危険性を招くと懸念する。

仮に工場を廃止した場合は、使用済み核燃料貯蔵費と地元補償対策費が必要になる。しかし、研究会は、中間貯蔵は経済性に優れ、自治体に入る予定だった交付金や税収、失職者への補償を合わせても対策費は一千億円以内で再処理よりはるかに合理的と推定した。

電気事業者が同工場の廃止を言い出せない最大の要因は「約束違反だ」と本県や六ヶ所村から使用済み核燃料やガラス固化体などの搬出を迫られる可能性が強いため、との見方がある。貯蔵終了後の使用済み核燃料は再処理する、むつ市民に強調してきた東京電力の中間貯蔵施設立地計画にも影響が出るだろう。

本音の議論重ねて

研究会はこの「最も恐れるシナリオ」を避けるた

めにも即時廃止は避け、ホット運転（ウラン試験）を最長二年間凍結し、停滞した事業の再評価を実施せよ、と提言。さらに利害関係者が本音の議論を重ねる場を設け合意形成を目指せ、と訴える。

業界内には「獅子身中の虫」と同研究会を敵視する向きもあるが、「頑固親父（国、事業者）に直言する孝行息子」と評価する声も少なくない。

論文の掲載中止について同研究会はホームページで「再処理とプルトニウム利用の開発に巨額の資金と人材を投入してきた『国策』は時代錯誤で、改める必要がある。原子力開発の中止を主張しているわけではない」との見解を掲載した。

提言、受けとめるべき
原子力問題に詳しい石橋忠雄弁護士（原子力委員会専門委員＝青森市）の話
原子力未来研究会は以前から再処理事業の根本的見直しを提言していたのに、今になって「原子力eye」誌が国が核燃料サイクルを堅持する方針だから―との理由で掲載を中止したのは納得できない。当初、七千億円と試算された六ヶ所再処理工場の建設費は三倍に膨れた。この例でゆけば、約十九兆円という六ヶ所再処理工場の関連費用は、本格操業すれば五十兆円を超える可能性もある。溶接工程の不正工事がホット試験や本格操業に入る前に発覚したことは、青森県民だけでなく、日本原燃や電事連にとっても良かった。原子力委員会は今こそ提言を真摯（しんし）に受けとめ、サイクル政策の総合評価に着手すべきだ。

2004年7月20日
核燃料処理コスト試算隠し

取材ノート
「内部告発で発覚」見方強く
経産省内の対立露呈？

使用済み核燃料の再処理と直接処分のコスト試算を経産省などが隠していた問題が、六ヶ所再処理工場のウラン試験実施に影を落としている。三村申吾知事は「県民に原子力政策への誤解や不信感を与えかねない」と国に不快感を表明、自民党県議からも批判が噴出している。問題発覚のきっかけは経産省中枢の官僚らによる内部告発との見方が強く、試算隠しは六ヶ所再処理事業をめぐる省内の深刻な意見対立をも露呈させた格好だ。知事のいらだちは試算隠しそのものより、再処理事業推進に経産省が一枚岩になっていない点に向けられている。

（経済部・福田悟）

「信頼関係が崩れる。このままでは事業への協力を約束できない」

「（ウラン試験は）しばらく見合わせるべきだ」

十二日の県議会全員協議会。本題はウラン試験の前提となる安全協定素案だったが、経産省の試算隠しに自民党県議からも厳しい意見が相次ぎ、素案の審議に入れない異常な事態となった。

本紙など複数のマスコミが試算隠しを一斉に報じたのは三日。国の原子力委員会が原子力長計の改定作業に着手し、県がウラン試験の安全協定締結に向けた作業を開始したばかりだった。

県幹部は「あまりにもタイミングが良すぎる。六ヶ所再処理事業の中止を狙った内部告発としか思えない」と話す。

霞が関に怪文書

県は以前から、経産省内に再処理中止を画策するグループが存在するとにらんでいた。「止まらない核燃料サイクル」との副題が付いた怪文書「十九兆円の請求書」が今春、東京・霞が関に大量に出回ったからだ。「政策的意義を失った十九兆円ものお金が国民の負担に転嫁されようとしている」と再処理中止を訴える内容で、作成者は経産省の官僚グループということは霞が関では半ば常識となっているという。

経産省・資源エネルギー庁幹部も「試算隠し問題は『十九兆円の請求書』を書いた省内のグループがマスコミにリークしたのだろう。役所といえども、内部にさまざまな意見があるのは仕方ないことだが…」と苦々しい表情を浮かべる。

五月以降に相次いだ「国がサイクル政策見直し」「再処理工場のウラン試験を凍結」など中央の報道についても同グループがリークした結果と県は見ていた。後ろ盾だったとされる同省幹部は六月下旬に退任。グループの動きは終息に向かう―と県が胸をなで下ろしていた矢先に試算隠し問題が発覚した。

「退任した幹部の最後っ屁（ぺ）＝最後の抵抗＝だったのかもしれない」と県幹部。

反核燃団体勢いづく

一方、ウラン試験直前の国の“失態”に反核燃団体は勢いづいている。

核燃サイクル阻止一万人訴訟原告団の浅石紘爾弁護士は「試算隠しは経産省の役人の内部告発で、『試算はない』との国会での虚偽答弁への反発から出てきた。核燃料サイクル政策の中止を主張している経産省の主流派が省内で勝利すれば、青森県ははしごを外されかねない」と安全協定の締結拒否を訴える。

県は試算隠しと再処理工場の安全性は別問題との認識で、再処理のコストが直接処分に比べて割高なのも当然とみている。協定締結を遅らせれば、告発者グループを利することにもなるため、試算隠し自体は比較的冷静に受け止めている。

しかし、試算隠しへの批判が収まらない中、協定締結を安易に進めれば、批判の矛先が県に向かうのは必至。再処理事業推進の立場の県にとって痛し痒（かゆ）しの状態がしばらく続きそうだ。

2004年9月1日

科学技術創造圏を形成

むつ小川原開発　県が新基本計画素案

ITER誘致前提

むつ小川原開発基本計画の見直し作業を進めていた県は、六ヶ所村を中心とする同開発地域が二〇二〇年代までに目指すべき開発の方向を明らかにした新基本計画の素案をまとめた。国際熱核融合実験炉（ITER）の誘致を前提に、世界に貢献する新たな「科学技術創造圏」の形成を目指すことを基本計画として打ち出した。今後、環境アセスメントなどを実施し、〇六年七月の新計画策定、閣議了解を目指す。

06年度閣議了解目指す

新たな開発は、研究開発機能の集積と産業立地の二本立てで進める。

研究開発機能としては①ITERの誘致②水素などグリーンエネルギーの利用に関する研究開発や実証実験の集積③環境科学技術研究所の機能拡充④放射光施設の整備⑤大学院大学など研究・人材育成機能の整備―を想定。

産業立地としては①液晶産業集積による「クリスタルバレイ」の形成②規制緩和による新産業創出や先端産業の立地③核燃料サイクル事業への慎重で総合的な対処④同事業関連の技術開発、産業の立地⑤エネルギー備蓄施設の立地―を目指す。

一方で、開発に伴う居住人口の動向を踏まえ、六ヶ所村の沖付地区に新たな居住空間「レイクサイドビレッジ」を整備するほか、尾駮レイクタウンの隣接地域でも居住区の整備に努め、快適な生活環境の整備を進める方針も盛り込んだ。

石油化学コンビナート建設を目指した現行の第二次基本計画（一九七五年策定）は石油ショックや企業の海外進出などで実現が絶望的になったため、県は九五年に見直しに着手。九八年六月には「国際的な科学技術都市の形成」を目指す新計画の骨子案を策定した。

新計画素案は、骨子案でも新たな開発のけん引役として位置付けていたITERの誘致決定を待って策定する方針だったが、六ヶ所村と仏カダラッシュとの誘致合戦はこう着状態に陥り、打開の見通しが立たない状況が続いているため、“見切り発車”となった。

2004年12月21日

再処理ウラン試験開始

1年かけ機器確認

六ヶ所原燃　06年操業へ前進

日本原燃は二十一日午前、六ヶ所再処理工場で、劣化ウランを使ったウラン試験（稼働試験）を開始した。機器の不具合・故障を操業前に洗い出すのが目的で、二〇〇六年七月に予定されている本格操業に向けて大きく踏み出した。

同工場の中央制御室で行われた試験開始式では、日本原燃の峰松昭義・再処理事業部長が「安全第一、情報公開、地域貢献の三つを誓い、日本のエネルギーセキュリティー（安全保障）を支えているとの誇りと責任を持って工場を運転管理していこう」と訓示。澁谷淳・再処理工場長が試験開始を指示した。

これを受け午前九時二十六分、ウラン脱硝建屋では、担当社員が、ウラン供給槽に酸化ウラン粉末を送り込む気流輸送装置に同粉末入り容器を据え付ける作業を始めた。年内に実施するのは、酸化ウラン粉末を硝酸で溶かし溶液を作る溶解試験までで、本格的な試験は年明けに行う。

前処理建屋に搬入した模擬ウラン燃料集合体は、来年一月中旬以降に始める「せん断試験」に使用し、せん断処理性能を確認する。

ウラン溶液は分離、精製、脱硝設備の抽出性能などを確認するために使うという。

日本原燃は試験時のトラブル発生を想定し、百九十件の事例を事前に公表している。トラブルは▽詰まり・たい積▽漏えい▽機械動作不良▽計測・制御系の不良▽電源系の異常▽汚染▽破損▽火災―など十分類。発生しても「いずれも環境に影響を与えるものではない」（同社）という。

ウラン試験は一年間かけて行い、停電などの異常事態をわざと起こす外乱試験なども実施する。終了前には主要機器・設備を納めた「セル」と呼ばれる小部屋を、放射能を閉じ込めるためコンクリートで密封する。

ウラン試験後は、県や六ヶ所村などとの協議を経て、本物の使用済み核燃料を使った「総合試験」に移行する。

核燃料再処理工場

原燃の使用済み核燃料から、再利用のためにウランとプルトニウムを取り出す工場で、電力会社などが出資する日本原燃が本県六ヶ所村に立地。設備はほぼ完成したが、ウラン試験の結果を基に、必要な手直し作業を検討する。年間800トンの使用済み核燃料を処理する計画だが、この際に生じる危険な高レベル放射性廃棄物の処分が懸案。核兵器に転用可能なプルトニウムを大量抽出する点でも国際的に注目されている。

サイクル確立は多難

解　説

六ヶ所再処理工場でウラン試験が始まった。同工場が本格操業に一歩近付いたのは確かだが、核燃料サイクルの確立には多くの障害が立ちはだかっているのが実情だ。

一つ目は、同工場ではトラブルの発生が避けられないことだ。先行施設である旧動燃・東海再処理工場では一九九七年に施設外に放射性物質が飛散する火災・爆発事故も起きた。トラブル対応を誤れば、操業が中断し、再処理凍結論が再び勢いづくことになるだろう。

二つ目は、日本が海外再処理などで抽出した約四十トンのプルトニウムを既に保有していることだ。プルトニウムを通常の原発で燃やすプルサーマルを早期に始めなければ、使い道のないプルトニウムは持たない―との日本の国際公約に抵触しかねず、工場操業が大きく制限される可能性がある。核兵器への転用が可能なプルトニウムの保有は核疑惑を招くからだ。

三つ目は、プルトニウム利用の本命・高速増殖炉の実用化が大幅に遅れていることだ。プルサーマルではウラン資源の節約効果はわずかで、「もんじゅ」の運転再開と早期実用化が欠かせない。

六ヶ所再処理工場は、使用済み核燃料の搬出先として重視されていることは周知の事実。国や電力業界がこれらの課題を解決できなければ「再処理工場は操業しても“開店休業”状態になるだろう」（岩井孝・原研労組委員長）との指摘が現実味を増してくる。

（政経部・福田悟）

2008年6月24日

再処理工場・活断層問題

六ヶ所再処理工場の直下に未知の活断層が存在する可能性がある－という渡辺満久・東洋大教授（変動地形学）らの研究グループの指摘が波紋を広げている。

「事業者の日本原燃の調査は、変動地形学的な研究手法＝メモ参照＝を適切に活用していない。私の立場は原発反対ではないが、安全性を確保するために、より厳密な再調査を」と渡辺教授は訴える。一方の日本原燃は「変動地形学的な手法も採り入れ、可能な限りの調査を行ったが、そのような活断層は存在しない」と主張する。議論のポイントはどこか、両者の主張はどう食い違って言うのかを整理してみた。

（編集委員・櫛引素夫）

「段丘面」の位置付け鍵　1つの面が変形

逆断層、たわみ生む

渡辺教授（東洋大）ら

議論の出発点は、「下末吉（しもすえよし）面」と呼ばれる、約十二万年前から十三万年前に形成された海岸段丘面＝メモ参照＝だ。六ヶ所村一帯では、その上に、約十一万五千－十一万二千年前に噴火した北海道・洞爺火山の火山灰が載っていることが多く、その後の地形変化の有無を調べる手がかりとなっている。

渡辺教授らは、六ヶ所村一帯の火山灰の分布や地形・標高、空中写真を詳細に調べた結果、本来なら平たんなはずの下末吉面に「撓曲（とうきょく）」、つまり、段丘面のたわみが表れていると分析した。

たわみの大きさは、幅一－二キロの段丘面に対し、標高差が三十－四十メートル程度。車で通りかかると見過ごしてしまう緩やかさだが、変動地形学的にみると、平たんであるはずの段丘面の傾きにしては「非常に大きい」（渡辺教授）という。

地表と同じ構造

さらに渡辺教授らは、日本原燃が実施した地下調査データを調べ、地表面と同じような傾斜を持つ地質構造があることを突き止めた。

このような特徴を持つ地形ができる原因は、地下深いところにある「逆断層」しかない。それが研究グループの結論だった。逆断層とは、地盤が両側から強く押された結果、地震とともに面的な破壊が生じて、一方の地盤がもう一方のうえにずり上がってできる断層だ。

この「地下の逆断層」は十数万年の間に、数十回にわたって地震を伴う活動を起こし、地盤をたわませながら持ち上げた－と渡辺教授はみる。そして、日本原燃が耐震上、最も重視する「出戸西方断層」は、「地下の逆断層」の活動が生み出した「子分」のようなものと位置付ける。また、「出戸西方断層

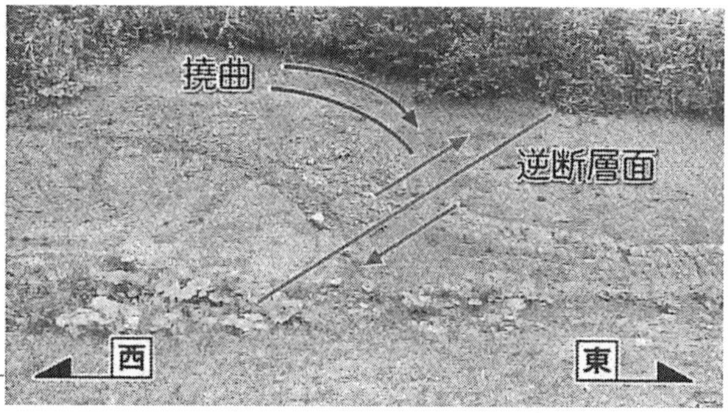

六ケ所村内にある出戸西方断層（逆断層）の露頭。左側（西側）がずり上がっている

は約三万二千年前以降に活動しているが、単独ではなく『地下の活断層』の活動に伴って動いているはず」と推測する。

渡辺教授らが見いだしたとする撓曲は、再処理工場付近から北北東に延びているという。その延長線上、太平洋の海底には、長大な「大陸棚外縁断層」という断層が存在する。この撓曲を生んだ「地下の逆断層」は、大陸棚外縁断層とはつながっていないのか、それが次の疑問だった。

「大陸棚」検証を

東海村への原発建設などに絡んで、東京電力や東北電力、海上保安庁が大陸棚外縁断層を調査してきた。また、県も一九九一年、九六年に、独自の調査を実施した。そして、「この断層は七十万－八十万年前以降、活動していない」という結論が一応得られている。

「しかし、海底の地質調査は制度に限界があり、断層活動の有無を検討しても水掛け論になる。だから、陸上のデータをきちんと検証したうえで、大陸棚外縁断層が陸上の断層活動と結び付いていないかどうか、きちんと検証を」と渡辺教授は主張する。

研究グループが懸念するのは、「地下の逆断層」が想定通り活動し、大陸棚外縁断層とつながっていれば、今後、再処理工場の敷地に大きな地形の「ずれ」が生じ、建造物に大きな被害を与えるのではないか－という点だ。この場合、最大でマグニチュード（M）8級の地震が起きる可能性があるといい、渡辺教授らは、施設の耐震性や「ずれ」対策の検証を提唱する。

渡辺教授は今後、原燃側の指摘を詳細に検証した上で、さらなる議論や、他の研究者への意見聴取も検討するという。

もともと3つの面　地盤ゆっくりと隆起

日本原燃

一方、日本原燃は渡辺教授らの指摘を「新たなデータや知見に基づいたものではない」ととらえ、活断層である「地下の逆断層」の存在そのものを否定する。

まず、渡辺教授らが「一つの面」と位置付けた海岸段丘面については、ほぼ同じ時代にできた三つの別々の段丘面であり、最近の活断層の活動を反映するものではないとする。

「下北半島一円は近年、一万年当たり三－四㌢のペースで隆起している。加えて下末吉面が形成された期間中も、海水面は何段階かにわたって変動していたとされる。両者の要因が組み合わさって、三段の段丘面が出来上がった」というのが原燃の見方だ。

火山灰の層に差

その大きな根拠の一つは、時代を識別する手掛かりになる「洞爺火山灰」の状況が、段丘面によって微妙に異なることだという。

原燃のデータによれば、三段の段丘面のうち最も高い面では、洞爺火山灰が、陸上で積もった他の火山灰の間に挟まっている。しかし、次に高い面では、水中で積もった砂層の間に洞爺火山灰が挟まっている。つまり、洞爺火山灰が積もった環境が違うことになり、「これらが一体となって形成された段丘面とは考えられない」と原燃は分析する。

ただし、このシナリオには前提がある。地震を伴う、断層活動のような激しい地盤の動きとは別の、長期間にわたって、地盤を一万年あたり三－四㌢隆起させる、何らかのメカニズムを想定しなければならないのだ。

原燃は「このような隆起の原因として、どんなメカニズムが考えられるか、まだ十分に解明されていない」と説明しながらも、現実の地盤隆起にはさまざまな条件が複雑に絡み合っているため、活断層以外のメカニズムもあり得ると強調する。

さらに原燃は、再処理工場の敷地一帯、半径約五㌔以内のエリアで、人工地震による地震波の伝わり方を調べ、一体の地質条件を徹底的に調査した。また、東西・南北方向のさまざまな断面で、ボーリング調査を実施。このほか、空中写真の判読から、断層の存在を示すような地形をつぶさに調べた。

それらのデータに基づき、専門家に助言を求めた結果、「再処理工場の敷地一帯には、施設の耐震設計上、考慮すべき活断層はない」という判断に至った。「もともと、主要施設は地表を掘り下げて、約五百三十万年前の『鷹架（たかほこ）層』という固い地層に直接、建設しており、地形のずれによる影響はない」と原燃は強調する。

最近の活動否定

再処理工場付近の地下に見られた、傾斜した地層構造については、約五百三十万年前にできた地層が、その後の地層活動などで変形した「向斜構造」だと結論づけ、最近の断層活動によるものではないとした。調査地点によっては、傾斜した約五百三十万年前の地層の上に、少なくとも七十万－八十万年前以前の地層が平らに堆積(たいせき)しており、それ以降の断層活動の影響は見いだせない―と原燃は主張する。

このほか、太平洋の海底にある「大陸棚外縁断層」は、データを精査した結果、やはり七十万－八十万年前以降は活動していないといい、陸上部分とのつながりも見つからないという。

なお、渡辺教授は日本原燃に対し、変動地形学的な手法の導入や分析の視点が不十分だと批判しているが、原燃側は「変動地形学の常識は十分に認識しており、手法も採用している」と反論している。

メモ

変動地形学的な研究手法

原子力施設などの耐震性の検証では、以前は、空中写真の判読などによって、直線的ながけをはじめとする「リニアメント」（直線構造）から活断層を見いだす手法が中心的だった。近年は、広範囲にわたる段丘面の変形、平行する河川の系統的な屈曲といった、「変動地形」に関する、より多くの指標を手掛かりとするようになっている。

海岸段丘

海岸付近で一定の期間、波の作用で平らに削られた地形が、地盤の短期間の隆起や、海水面の低下に伴い、海岸の背後に階段状に位置するようになったもの。地盤が沈降していたり、海水面が上昇していたりする場合は形成されない。本県では深浦町・千畳敷付近の西海岸などで発達している。

主張・見解の相違点

地表・地下の構造

渡辺教授らのグループ

○再処理工場一帯の段丘面のたわみが、地下深部の逆断層の存在と、12 万 5000 年前以降の活動を示している。地下にも、同様にたわんだ地層構造が存在する。

○この「地下の逆断層」は、地表面を幅 1-2㌔にわたり、30-40㍍持ち上げている。地盤のずれと、地震による変動が被害を及ぼす可能性がある

日本原燃

○再処理工場一帯の地表付近は、1 つの段丘面が逆断層の活動でたわんだのではなく、3 つの高さが異なる段丘面がある。この 3 つの段丘面をつくったのは、地球規模の海水面の変動と、下北半島一帯を緩やかに 1 万年で 3-4㍍隆起させるメカニズムだ。断層以外にも隆起のメカニズムは存在する

○再処理工場敷地の南東方向には、地下に「向斜構造」と呼ばれる、少なくとも 100 万年以上前の傾いた地質構造がある。しかも、尾駮沼南側の道路の一部に沿って行ったボーリング調査によれば、その向斜構造の上に、平らに、少なくとも 70 万 -80 万年以前の地層が載っており、断層等による変形はみられない

「出戸西方断層」の位置付け

渡辺教授らのグループ

○日本原燃が重視する出戸西方断層は、地下の逆断層に派生してできた、いわば子分の逆断層にすぎない。大きな被害が懸念されるのは「地下の逆断層」の活動で、出戸西方断層ではない

○出戸西方断層は約 3 万 2000 年前以降に活動したが、あくまでも親玉である「地下の逆断層」の活動に伴って動く。つまり、「地下の活断層」がこのころ活動した

日本原燃

○出戸西方断層は、再処理工場に最も近い活断層であり、想定される「三陸沖北部を震源とする地震」と並んで、最も大きな影響を及ぼすと考えられる存在である。それを前提として、しかも、それが敷地直下まで延びているという仮定も踏まえて、耐震安全性評価を行っている

○再処理工場の北東方向、老部川の南側でのボーリング調査を行った結果、それ以上南方面（敷地側）には出戸西方断層が延びていないことを確認している

「大陸棚外縁断層」の位置付け

渡辺教授らのグループ

○下北半島の太平洋沖には、長大な大陸棚外縁断層

段丘面と地質構造

渡辺教授らの見方

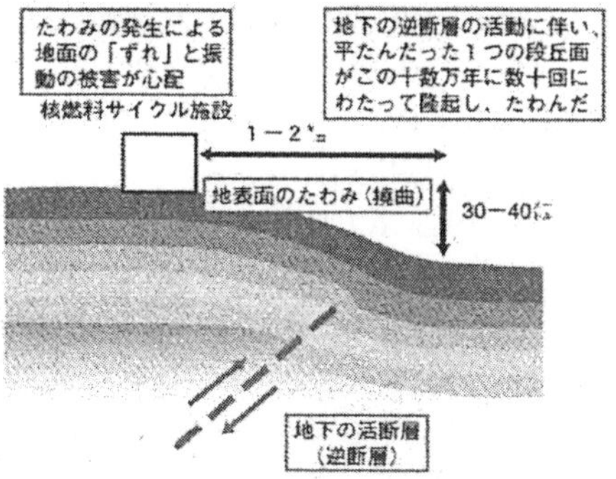
たわみの発生による地面の「ずれ」と振動の被害が心配
地下の逆断層の活動に伴い、平たんだった１つの段丘面がこの十数万年に数十回にわたって隆起し、たわんだ
核燃料サイクル施設
1－2㌔
地表面のたわみ（撓曲）
30－40㍍
地下の活断層（逆断層）

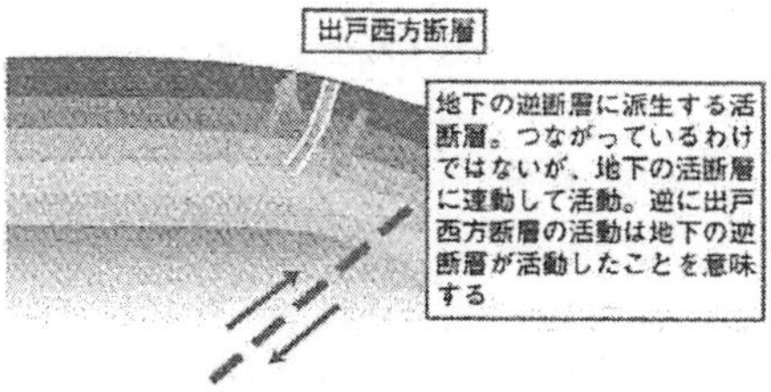
出戸西方断層
地下の逆断層に派生する活断層。つながっているわけではないが、地下の活断層に連動して活動。逆に出戸西方断層の活動は地下の逆断層が活動したことを意味する

「撓曲」

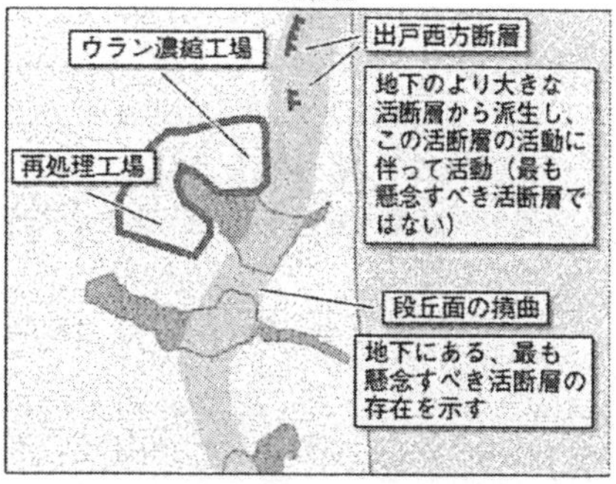
ウラン濃縮工場
出戸西方断層
地下のより大きな活断層から派生し、この活断層の活動に伴って活動（最も懸念すべき活断層ではない）
再処理工場
段丘面の撓曲
地下にある、最も懸念すべき活断層の存在を示す

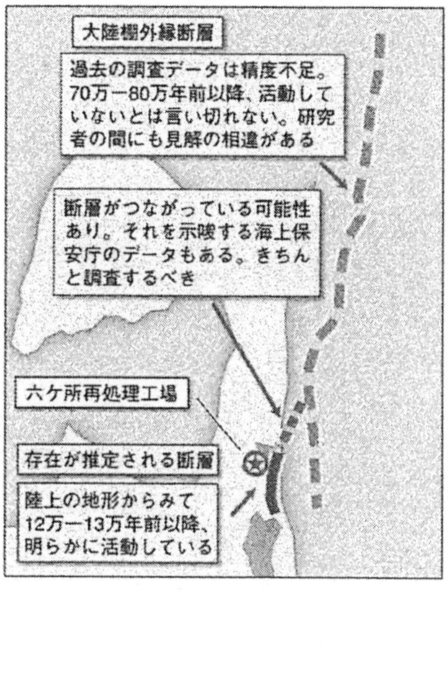
大陸棚外縁断層
過去の調査データは精度不足。70万－80万年前以降、活動していないとは言い切れない。研究者の間にも見解の相違がある
断層がつながっている可能性あり。それを示唆する海上保安庁のデータもある。きちんと調査するべき
六ケ所再処理工場
存在が推定される断層
陸上の地形からみて12万－13万年前以降、明らかに活動している

原燃の見方

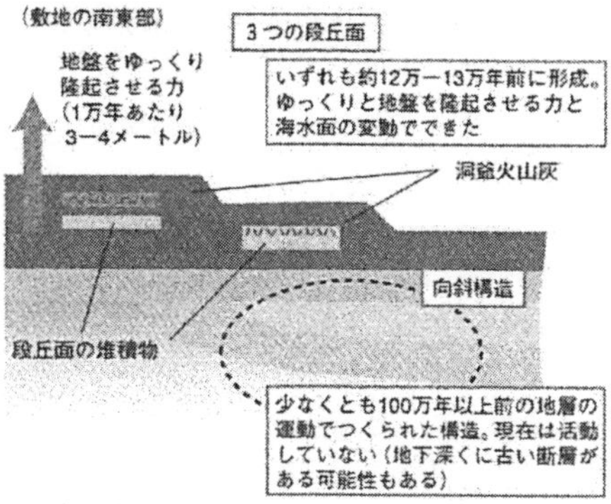
（敷地の南東部）
3つの段丘面
地盤をゆっくり隆起させる力（1万年あたり3－4メートル）
いずれも約12万－13万年前に形成。ゆっくりと地盤を隆起させる力と海水面の変動でできた
洞爺火山灰
向斜構造
段丘面の堆積物
少なくとも100万年以上前の地層の運動でつくられた構造。現在は活動していない（地下深くに古い断層がある可能性もある）

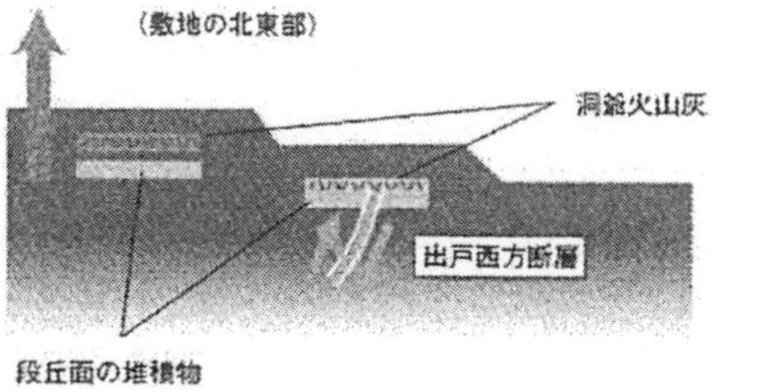
（敷地の北東部）
洞爺火山灰
出戸西方断層
段丘面の堆積物

「向斜構造」

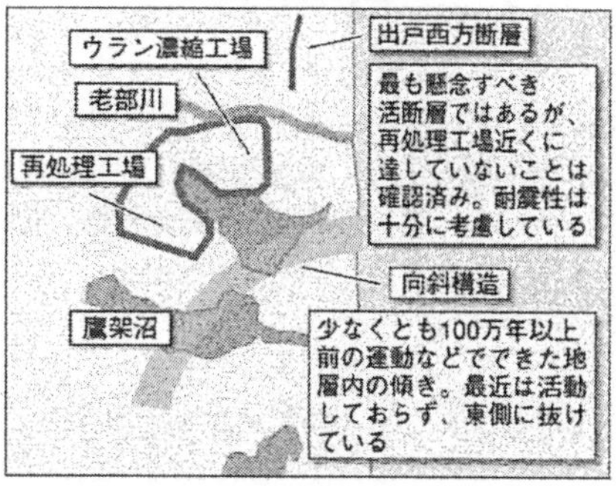
ウラン濃縮工場
出戸西方断層
老部川
最も懸念すべき活断層ではあるが、再処理工場近くに達していないことは確認済み。耐震性は十分に考慮している
再処理工場
向斜構造
鷹架沼
少なくとも100万年以上前の運動などでできた地層内の傾き。最近は活動しておらず、東側に抜けている

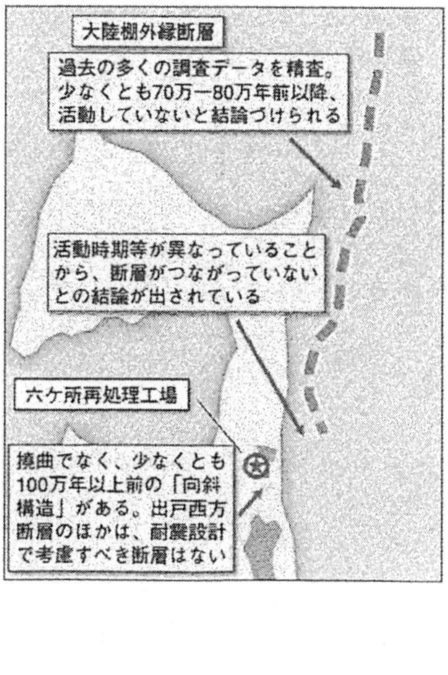
大陸棚外縁断層
過去の多くの調査データを精査。少なくとも70万－80万年前以降、活動していないと結論づけられる
活動時期等が異なっていることから、断層がつながっていないとの結論が出されている
六ケ所再処理工場
撓曲でなく、少なくとも100万年以上前の「向斜構造」がある。出戸西方断層のほかは、耐震設計で考慮すべき断層はない

がある。70万-80万年前以降は活動していないとされるが、根拠となったデータは精度が低いので、判断は保留するべきだ
○海上保安庁のデータでは、大陸棚外縁断層が内陸に向かって曲がっている可能性を示唆するものもある
○この大陸棚外縁断層と、再処理工場付近に存在する可能性がある「地下の逆断層」がつながっていないことをきちんと確認するべきだ。
日本原燃
○大陸棚外縁断層については、東京電力や東北電力、海上保安庁などが多くの調査を実施しており、データを精査した結果、少なくとも70万-80万年前以降は活動していないと考えられる
○再処理工場の北東方面、老部川の南側でボーリング調査を行った結果、出戸西方断層はそれ以上延びていないことを確認済み。また、敷地近傍（半径5㌔以内）での反射法探査の結果、他に活断層が存在していないことを確認した。
○敷地の南東方向にある地下の「向斜構造」は途中で太平洋側（東方）へ抜けており、北にはつながっていない

「ずれ」「震動」への対策
渡辺教授らのグループ
○仮に、大陸棚外縁断層と「地下の逆断層」がつながっていれば、最大でM８クラスの地震が起き、大規模な地形の「ずれ」も発生する。建物の安全性がこれに耐えられるか、検証すべきだ
日本原燃
○敷地近傍には、出戸西方断層以外に、耐震設計上、考慮すべき活断層はない。従って「ずれ」が生じることは考えられない。また、主要建造物は、地面を掘り下げて「鷹架層」という頑丈な地盤に建てており、十分に耐震性を検証している

研究上の問題点
渡辺教授らのグループ
☆変動地形学的手法できちんと調査せず、逆断層と撓曲の関連性についても知識が欠落しているため、活断層本体を見落としている。「変動地形」としての段丘と地震の関係を適切に把握しているか
日本原燃
☆変動地形学的な調査手法は既に導入しており、専門家の意見も聞いている。逆断層と撓曲の関係も承知しているが、再処理工場付近の地形はそれに該当しない。

ポイント
①再処理工場付近の段丘面を「１つの段丘面の撓曲(とうきょく＝たわみ)」とみるか、「３つの段丘面」とみるか…撓曲とみれば逆断層の存在が推定される。３つの段丘面とみれば一般的な地形である
②「大陸棚外縁断層」が70-80万年前以降、活動しているか否か
③「大陸棚外縁断層」が、陸上とつながっているか否か

むつ・中間貯蔵施設立地

知事きょう同意表明

東京電力などがむつ市に計画している使用済み核燃料中間貯蔵施設の立地問題で、三村申吾知事は十八日、記者会見を開き、立地への同意を表明する。使用済み核燃料を原発敷地外に長期間保管する中間貯蔵施設の受け入れは全国で初めて。

三村知事はこれまで、施設立地の総合判断に向けて県議会全員協議会や原子力政策懇話会、市町村長会議などで意見聴取したほか、六月には「意見を聴く会」を開催。

さらに、使用済み核燃料が再処理されないまま半永久的に貯蔵されるのではないか—との懸念が根強いことから、七日以降、関係閣僚や原子力委員長、事業者への要請・確認作業を続けていた。

十八日は県三役・関係部長会議を開いた上で記者会見し、立地同意に至った経緯などを説明する。翌十九日には、県とむつ市、東京電力、日本原子力発電の四者が文書を取り交わす見通し。

東京電力などの計画では、むつ市関根地区に施設を二棟建設し、計五千トンの使用済み核燃料を最長五十年ずつ保管する。東京電力と日本原子力発電が共同出資する新会社が事業主体となる。

2005年10月18日

MOX立地協定に調印

県と六ケ所村、日本原燃

事業許可　きょう申請

日本原燃が六ケ所村に建設を計画しているMOX（ウラン・プルトニウム混合酸化物）燃料工場について、県と六ケ所村、日本原燃の三者は十九日、立地協力基本協定を締結した。協定には、工場を確実に建設するよう求める条文も盛り込んだ。協定締結を受け、日本原燃は二十日、国に事業許可申請をする。日本原燃のMOX燃料工場は、商業用としては国内初の施設となる。

【関連記事2面に】

MOX燃料工場の立地協力基本協定書に調印する（左から）兒島社長、三村知事、古川村長＝19日午後3時34分、青森市のホテル青森

青森市のホテル青森で行われた調印式には、三村申吾知事、古川健治村長、兒島伊佐美社長のほか、立会人として電気事業連合会の勝俣恒久会長が出席した。

基本協定は安全対策や被害対策、地域振興などに関する全十二条で構成。第二条には「日本原燃は、県と村に提出した『MOX燃料工場の概要』に示されている事業構想を確実に実現する」との条文も盛り込んでいる。

当初計画では二〇〇四年四月ごろ着工、〇九年四月ごろの操業開始を目指していたが、再処理工場の貯蔵プール水漏れ問題などで協定締結がずれ込んだため、日本原燃は計画を見直す方針だ。

今後、日本原燃は国の法の認可を得て着工し、県と村との安全協定締結を経て操業する。

調印式で三村知事は「品質保証体制の確立、協力会社を含めた従事者のモラル向上、人材育成に不断の努力を続け、万全の態勢で事業に臨んでほしい」、古川村長は「原子力施設のトラブルに起因する世論により、事業の先行きが危ぶまれる事態が度々発生し、村民から不安の声が出ている。安全の上にも安全を積み重ねてほしい」とあいさつした。

兒島社長は「核燃料サイクル事業の前進に向け、大変大きな一歩。安全確保を第一に、操業中の施設とともに事業構想を確実に実現していくことで地域との共存共栄を

2005年4月20日

再処理工場放出のクリプトン85

「経済的理由で除去せず」

元原研・市川氏が指摘

　日本原子力研究所の元職員で、日本科学者会議・原子力問題研究委員会委員の市川富士夫氏（放射化学）が四日、青森市のアピオあおもりで開かれた「六ケ所再処理工場アクティブ試験の危険性を考える学習・決起集会」で講演し、同工場から大気中に放出される放射性物質クリプトン85の除去装置を日本原燃が取り付けないのは「経済的な理由からだ」と指摘した。

　同集会は、「核燃料サイクル施設立地反対連絡会議」の主催。

　六ケ所再処理工場では、使用済み核燃料の切断に伴って、フィルターなどで除去できないガス状のクリプトン85が排気塔から全量放出される。市川氏は「旧動燃（動力炉・核燃料開発事業団）が研究を進め、クリプトン85を除去・保存する技術はほぼ出来上がっている。（日本原燃が）除去する装置を付けないのは経済的な理由から。お金がかかるからだ」と説明した。

　「技術開発しながら、旧動燃が東海再処理工場（茨城県）に装置を付けなかったのは、六ケ所再処理工場でも装置を付けないわけにはいかなくなるからだ」とも述べた。

　クリプトン85を全量放出することについて、日本原燃は、除去後のクリプトン85を隔離・保管する技術が未完成で、人体への影響も小さいため―と説明している。

再処理問題で講演する市川委員

2006年3月5日

原燃と安全協定締結

隣接5市町村　再処理試運転開始へ

　日本原燃が六ケ所再処理工場で計画する最終的な試運転（アクティブ試験）について、六ケ所村に隣接する三沢市など五市町村と同社は三十一日午前、三沢市内で、試験開始の前提となる安全協定を締結した。県や六ケ所村は既に同社と安全協定を締結済みで、これで試験に向けた手続きはすべて終了。同社は同日午後、試運転を開始する。使用済み核燃料からプルトニウムを初めて抽出する試運転は、実質的な操業開始となる。

　三沢市総合社会福祉センターで行われた協定書調印式には鈴木重令三沢市長、亀田道隆野辺地町長、野坂充横浜町長、竹内亮一東北町長、越善靖夫東通村長、日本原燃側から兒島伊佐美社長が出席。県環境生活部の小山石康雄次長が立会人となり、県の協定に準じ安全確保の強化など盛り込んだ十八条の協定書に署名、調印した。

　調印後、鈴木市長ら首長が一人ずつあいさつ。地域住民の安全確保に万全を期すことや、風評被害の発生防止、地域振興への協力などを重ねて強く要請した。兒島社長は「アクティブ試験実施に当たり、社員一人一人が、隣接地域住民の安全確保、環境の保全という安全協定の趣旨を心に刻み、安全を最優先に緊張感を持って慎重に取り組んでいく」と述べた。

　同センターの外では、社民党上十三支部などの関係者数人が、再処理工場稼働阻止を訴え、協定締結に抗議した。

協定書に調印する鈴木三沢市長㊧と兒島原燃社長

2006年3月31日

農家の申し立て不受理

風評被害認定委「さらなる協議必要」

日本原燃六ケ所再処理工場のウラン試験に伴いコメの売買契約を解除された―として、無農薬栽培に取り組む十和田市の女性が、県の風評被害認定委員会に被害処理を申し立てた問題で、同委員会は二十七日、申し立てを受理しないことを決めた。申し立ての前提となる「解決を図るための誠意をもった協議」を、女性側と日本原燃が十分に行っていないため―としている。

申立書などによると、女性はコメの売買契約を交わしていた消費者に、ウラン試験が始まることを知らせたところ、安全面などを理由に契約を打ち切られた。このため残ったコメを買い取るよう日本原燃に求めたが、応じてもらえなかったため、今年二月に同委員会に申し立てを行った。

青森市のアラスカで開かれた委員会では、女性側、日本原燃双方から聞き取りをした副会長の中林裕雄弁護士が「当事者間の直接協議が二回しか行われておらず、被害の因果関係などについての話し合いもない。まだまだ双方で話し合う必要がある」と報告、委員会として判断する段階にないとの見解を示した。

ほかの委員からも異論はなく、不受理が決まった。

決定に対して、女性の代理人である「再処理工場について勉強する農業者の会」の哘清悦会長は「委員会で審議してもらったことで、今後の交渉が早まると思う。それでも解決できない場合は、もう一度委員会に申し立てをしたい」と語った。

日本原燃は「当社は申し立て以前から十分話し合いたいという姿勢を示している。引き続き誠意を持って対応したい」としている。

「風評の定義が漠然」

被害処理要綱を認定委見直しへ

県の風評被害認定委員会は二十七日の会議で、委員から「風評の定義が漠然としている」などの意見が出たことを受け、新たに小委員会をつくり、被害処理要綱を見直すことを決めた。

同委員会で被害申し立ての審議をしたのは今回が初めて。委員からは「扱う風評の定義や〝誠意〟の認定など、申し立ての前提となる基準があいまいだ。恣意(しい)的に流れる恐れがある」といった問題点が指摘された。

2006年4月28日

六ケ所村長選 反核燃団体が候補擁立断念

「必然的結果」村民冷ややか

高齢化などで活動衰退

長期的運動は今後も継続

取材ノート

二十日告示の六ケ所村長選で、出馬表明している現職に対抗するため、地元の反核燃候補擁立を目指していた「核燃から郷土を守る上十三地方住民連絡会議」（種市信雄会長）が十一日までに候補擁立を断念、戦後初の無投票が濃厚となっている。メンバーの高齢化、社会情勢の変化による後継者不在などで候補が途切れた形だが、村内で政治基盤を失って久しい反核燃団体だけに「必然的結果」と冷静に受け止める声が大勢を占める。反核燃運動に痛手ーという見方に対し、地元では「生粋の村民による活動は既に過去のものになった」と冷ややかだ。

（野辺地支局・珍田秀樹）

◇　◇

「ここで候補を出せなかったら、寺下（力三郎元村長、故人）さんに何と言って謝ればいいか…」。六日、三沢市政記者室で同連絡会議の山田清彦事務局長は、反対運動のシンボル的存在・寺下元村長の名前を挙げ危機感をあらわにした。反核燃派にすれば、村長選は象徴的運動の一つ。だが、地元民にとっては「反対派による四年に一度の打ち上げ花火」にすぎず、複数の政治関係者は「反核燃候補が立候補しても、もはや脅威には成り得ない」と公言する。

寺下氏は、村助役を経て一九六九年から村長を一期務めるなど村内に一定の政治的支持基盤を持っていた。しかし、その流れは次世代に引き継がれず、反核燃候補は近年、体制批判の受け皿にもなっていないのが実情だ。背景には、日本原燃再処理工場の建設が進むにつれて、多くの村民が何らかの恩恵を受け、時間の経過とともに反対派の空洞化が進んだことが挙げられる。

組織の弱体化に拍車

さらに、核燃凍結を訴えて土田浩氏が初当選した八九年の村長選では、土田氏支援と反核燃候補支援で反対派が分裂し、そのしこりが組織の弱体化に拍車をかけた。今はほとんど活動の実態が無く「日常的に反対運動をしている様子は見たことがない」と、同村泊地区の四十代女性。ある村民は「残り火をかき集めた活動」と表現した。村議会与党・六新会の三角武男会長は「反対意見はあっても良いが、現実を見据えるべきだ。私たちだって、事業者には厳しい姿勢で臨んでいる」と、推進の立場でも村民の安全に配慮できると語る。

同住民連絡会議にしても、泊地区の種市会長が代表ではあるが、村外メンバー主導の組織、との感は否めない。五月三十一日、村役場で行った村長選説明会に出席した種市会長は「毎回出席しているので、個人として来ただけ」と言葉少なで、連絡会議代表の立場ではない、と繰り返した。

山田事務局長は「勝ち目のある選挙ではなく、反核燃を訴える選挙という意味で、地元出身者に捨て石になってもらいたかった」と候補擁立に動いた理由を説明する。

手法に懐疑的な意見

しかし、選挙直前になって無理に候補者を選ぶ手法に懐疑的な意見もある。村の南部で農業を営みながら反対を訴える菊川慶子さんは「村長選よりも、村議会に議員を送り出すため、日ごろの地道な活動が必要と感じている」と語る。

行動を共にする福沢定岳さんは「ぎりぎりで出馬して反核燃を訴えるだけでは、一般村民の心を動かせない」と話す。不戦敗については「反対の火が消える、というマスコミ報道は分かりやすいが、必ずしも現実を反映していない」として村の問題を全国に伝える活動に変わりがないことを強調した。

また、県反核実行委員会委員長の渡辺英彦県議は、候補擁立ができず残念ーとしつつ「われわれの運動は何十年も続いてきて、これからも続く。短期的な活動ではないので影響はない」、核燃料廃棄物搬入阻止実行委員会共同代表の鹿内博県議も「六ケ所村民を争わせ、判断を委ねるだけの問題ではなく、選挙で問うて終わりの問題でもない。今後の反核燃運動に影響するとは思わないし、悲観はしていない」と話した。

1日に開かれた連絡会議の会合。反核燃候補擁立を目指すことを決めたが6日後には断念＝三沢市労働福祉会館

2006年6月12日

東通村長 受け入れ意欲

高レベル廃棄物最終処分場

「原子力に理解」立地地域の利点強調

使用済み核燃料の再処理に伴い排出される高レベル放射性廃棄物（ガラス固化体）最終処分場の選定について、東通村の越善靖夫村長は本紙インタビューに対し、「長年の広報活動により原子力への理解が得られている原子力施設立地・周辺市町村が主体的役割を担うべきだ」などと述べ、最終処分場受け入れを視野に入れていることを明らかにした。青森県内の市町村長が、高レベル廃棄物の最終処分場受け入れに意欲を示したのは初めて。本県は、六ケ所村での核燃料サイクル事業に関連し、「知事の意向に反する形で、本県を最終処分地にすることはない」という趣旨の確約書を国から取り付けており、今後、議論を呼びそうだ。

【関連記事30面に】

東北、東京両電力の東通原発建設予定地は合計約818㌶と広大。現在は、東北電力１号機が営業運転をしている＝東通村

インタビューは十二月二十六日、東通村役場村長室で行われた。

越善村長は、県外の複数の自治体が処分場誘致に関心を示しながらも、世論の反発や知事の反対などで断念する事態が続いていることを指摘し、「何も原子力施設がない自治体が誘致しようとしても、一から理解活動を始めなければならず大変だ。原子力に住民理解が得られている原子力立地・周辺市町村の方が最終処分事業についても理解が得られやすい」と強調。

「自分たちの地域で出た廃棄物は、自分たちの地域で処理する—という考えに基づいて物事を進めるのは当然だと思う。最終処分問題は次世代に先送りすることなく現世代が責任を持って対処すべき問題であることは明白だ」などと述べた。

高レベル廃棄物の処分方策を定めた「特定放射性廃棄物の最終処分に関する法律」に基づき閣議決定された計画では、最終処分地は、文献調査、概要調査、精密調査を経て決定される。精密調査地区は平成二十年代前半に、最終処分地は平成三十年代後半に選定する。最終処分の開始目標は平成四十年代後半。

実施主体の原子力発電環境整備機構は二〇〇二年から概要調査地区を公募している。これまでに鹿児島県の笠沙町や宇検村、滋賀県余呉町、高知県の東洋町や津野町、長崎県の新上五島町や対馬市などで誘致に向けた動きがあったが、正式に応募した自治体はない。

東通村では東北、東京両電力が原発建設計画を進めており、東北電力1号機が運転中。当初は計二十基の原発を建設する構想だったため、敷地面積は出力世界一の東京電力・柏崎刈羽原発（計七基、約四百二十㌶）の約二倍の約八百十八㌶。現行計画通り計四基の原発が建設されても、なお広大な土地が残る。

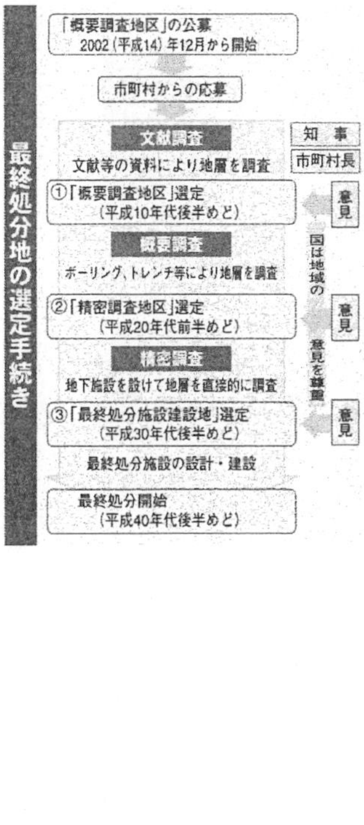

「科学技術圏」形成へ

県、新むつ小川原計画策定

県の基本計画案を了承したむつ小川原開発審議会

県は十四日、六ケ所村を中心とするむつ小川原地域の二〇二〇年代までの開発の基本指針となる「新むつ小川原開発基本計画」を策定した。青森市で同日開かれた県むつ小川原開発審議会（井畑明男会長）の了承を受け、正式決定した。十五日に国に提出する予定。一九九五年の計画見直し着手から十二年を経て、ようやく新たな方向が定まった。

新計画は、〇四年に発表した素案を、現状に合わせて修正した内容。①環境、エネルギー、科学技術分野における研究開発機能の展開②液晶産業など成長産業の立地展開③森と湖に囲まれた新たな生活環境の整備－を進めた上で、世界に貢献する「科学技術創造圏」の形成を目指すとしている。

素案段階は、国際熱核融合実験炉（ＩＴＥＲ）の誘致を前提とした内容だったが、誘致に失敗したことから「次世代核融合炉の実現に向けた、核融合研究開発を行う国際研究拠点の整備」などの文言に改めた。

新計画は国へ提出後、関係府省会議を経て、早ければ六月中にも閣議了解される方向。了解後、国や県、財界などそれぞれが計画に沿った施策・事業を展開していく。

2007年5月15日

取材ノート

再処理試運転再開　知事〝駆け足了承〟

核燃税 目減り嫌う？

耐震計算ミス問題で揺れた日本原燃の六ケ所再処理工場が八月三十一日、四カ月ぶりにアクティブ試験（試運転）を再開した。補強工事の完了報告から、三村申吾知事の再開了承までわずか十日余り。異例とも言える〝駆け足日程〟には、与党県議からも「もう少し余裕を持った形で」との不満の声が上がった。県が了承を急いだ背景には、原燃の使用済み核燃料の搬入自粛に伴う核燃料物質等取扱税（核燃税）の目減りを少しでも防ぎたい―という思いが見え隠れする。

（政経部・藤本耕一郎、三沢支局・赤田和俊）

四月に突如発覚した耐震計算ミス問題。順調にアクティブ試験を進めていた原燃にとって大きな痛手だったが、県にとっても別の意味で痛手となった。

問題発覚の一週間後、原燃は、国内原発からの使用済み核燃料の搬入自粛を発表した。「安全を最優先するため」が理由だった。再処理工場に運び込まれる燃料に対し核燃税を課している県にとって、それは当面まとまった税収が入らないことを意味していた。

「原燃の一方的決定」

「原燃が使用済み核燃料の受け入れを自粛したのは、県との〝駆け引き〟だよ」。六ケ所村幹部は、一連の動きをそう解説する。この幹部によると、使用済み核燃料の搬入自粛は「原燃側の一方的な決定だった」。試運転と燃料受け入れをセットにされたことで、県は速やかに再開手続きを進めなければならなくなったという。

原燃は、本年度第1四半期（四―六月）に計約百五十四㌧の使用済み核燃料を受け入れる予定だったが、自粛に伴い、そのまま第2四半期（七―九月）に繰り延べる計画変更を行った。現時点で第2四半期に予定している使用済み核燃料の搬入量は変わっていない。原燃は試運転再開と同時に使用済み核燃料の受け入れ自粛を解除する方針を表明したが、実際の搬入再開は十月にずれ込む見通し。計画量は下方修正される可能性が高い。

県は本年度当初予算で、核燃税収入を約百三十八億円予定しているが、ある自民党県議は「燃料受け入れの自粛で、六十億円は損している」と指摘する。

工事長期化も想定外

県にとっては、計算ミスのあった装置の補強工事が長引いたことも想定外だった。

原燃は四月の発覚当初、「それほど時間はかからない」との見通しを示していたが、再発防止策などに対する国の審査は慎重を極め、工事認可が出たのは六月下旬。工事自体も、水を抜いたプールの放射線量がなかなか下がらないなど、予定外の事態が相次いだ。

さらに夏期の作業のため、七月下旬には作業員が脱水症状に見舞われる事態が立て続けに発生。これらの影響で工事は長引き、県は県議会全員協議会の開催要請予定などをたびたび変更しなければならなかった。

補強工事完了から、試運転再開「了承」まで窮屈なスケジュールとなった裏側には、こうした事情もあった。

県幹部　燃料搬入中断「苦しい」

八月三十一日の試運転再開了承後の記者会見。試運転再開の了承と核燃税の関係について問われた三村知事は、「特にない」と答えた。

しかし、ある県幹部は試運転の再開前、こう本音を漏らしていた。「使用済み核燃料の搬入は核燃税の大きな部分を占める。燃料が入ってこないのは苦しい」。

核燃料物質等取扱税

核燃料サイクル施設に搬入される使用済み核燃料や放射性廃棄物、原発の原子炉に挿入される核燃料などに県が課している法定外税。再処理工場への使用済み燃料搬入については、受け入れ設備の仮置きラック（台）に置かれた段階で課税できる。1㌔当たり1万9千4百円の税率で、事業者が4半期ごとに申告納付する。県は昨年度途中から、貯蔵中の使用済み核燃料にも課税できるようにした。

耐震計算ミス問題で厳しい意見が相次いだ県議会全員協議会。県側の日程設定に対し、与党議員からも不満の声が上がった＝8月29日

東通が意欲 広がる波紋

高レベル放射性廃棄物最終処分場

県、〝火消し〟に躍起

東通村議会有志が、高レベル放射性廃棄物最終処分事業を含む核燃料サイクルの勉強会を企画したことが大きな波紋を広げている。同村の越善靖夫村長は昨年末の本紙インタビューで最終処分場誘致に意欲的な発言をしており、勉強会開催は村長発言に呼応した動きとみられるからだ。本県の歴代知事は、本県を最終処分地にしないよう国に求めてきた経緯があり、東通村の一連の動きは、本県の原子力政策の〝タブー〟に踏み込んだ格好。六ケ所再処理工場の本格操業を控え、最終処分地の早期選定を国に求め続けてきた三村申吾知事は深刻なジレンマを抱えることになる。三村知事が担当大臣と会談し、本県を最終処分地にしない－との方針をあらためて確認したり、蝦名武副知事が副村長を呼び出し、勉強会の趣旨を確認したりするなど県は〝火消し〟に躍起だが、隣接する六ケ所村の議会からは東通擁護論が飛び出すなど、混乱は収まりそうにない。最終処分事業をめぐる課題や展望、国内外の現状などをまとめた。

処分地選定が進まないことを受け、経済産業省資源エネルギー庁は九月、従来の公募方式に加え、国が直接市町村に調査を申し入れる方式を導入することを決めた。事業主体の「原子力発電環境整備機構」（NUMO）も広報部を独立させ理解活動を強化した。

青森県が最終処分場を受け入れない方針を決めたのは、フランスからの高レベル廃棄物返還を翌年に控えた一九九四年。

自民党県連の意向も踏まえ、北村正武知事（当時）が科学技術庁に、本県が最終処分地にならないことを確約するよう要請した。同庁は同年十一月、①六ケ所村では一時貯蔵に限り管理を行い、最終処分を行うことはない②核燃料サイクル施設立地という他県に例のない国策への協力に留意し、本県では知事の意向に反しては最終処分地に選定されない－との文書を北村知事に提出した。

本県に最終処分場は造らせない－との方針は歴代知事に引き継がれた。三村知事は今月六日、甘利明経済産業相と会い、政府の意向を確認したばかり。

誘致構想 全国で頓挫

これまで最終処分場の誘致を検討していることが報道されたのは鹿児島県の旧笠沙町や宇検村、高知県の旧佐賀町や東洋町、津野町、長崎県新上五島町、滋賀県余呉町など十以上の自治体。しかし、いずれも地元の知事や住民らの反対で誘致構想が頓挫。処分地選定は難航している。

東洋町は今年一月、全国で初めて第一段階の「文献調査」に応募した。しかし、四月に行われた出直し町長選で、前町長は反対派候補に大敗し、応募撤回に追い込まれた。その後、秋田県上小阿仁村の村長も誘致の意向を示したが、村議会などの反対で断念した。

日本原燃・高レベル放射性廃棄物貯蔵管理センターで検査中の海外返還ガラス固化体（日本原燃提供）。固化体は六ケ所再処理工場からも発生する

高レベル放射性廃棄物

原発の使用済み核燃料を再処理し、プルトニウム、ウランを取り出した後には極めて強い放射線を出す放射性廃液が残る。この廃液をガラス原料と混ぜ、固めたものが高レベル放射性廃棄物ガラス固化体。六ケ所村にある貯蔵施設には海外から返還されたガラス固化体1310本が保管されている。使用済み核燃料を年間最大800㌧処理できる六ケ所再処理工場がフル操業すると年間約1000本のガラス固化体が新たに発生する。高レベル廃棄物の放射能レベルがウラン鉱石並みに減衰するには約1万年かかるため、人間の生活圏から隔離して処分する。

処分地化 法的に阻止
条例制定 動き広がる

高レベル放射性廃棄物の最終処分候補地に関心を寄せる自治体がいる一方で、処分地化を法的に阻止するために条例を制定する動きも全国に広がっている。

地層処分を研究する日本原子力研究開発機構・東濃地科学センターがある岐阜県土岐市は一九九九年に放射性廃棄物等に関する条例を制定。使用済み核燃料を含む放射性廃棄物の持ち込みや、最終処分場・関連施設の建設を拒否した。

青森県と同様、岐阜県にも九八年、「知事の了承なしに高レベル廃棄物の最終処分場にしない」との確約文書が国から提出されており、二重の歯止めをかけた格好だ。

原子力機構・幌延深地層研究センターがある北海道も似た状況だ。センターの最終処分地化を心配した北海道に対し、国は九八年、北海道の許可なく最終処分地にしない－とする確約文書を提出。北海道はさらに二〇〇〇年、特定放射性廃棄物に関する条例を制定し、高レベル廃棄物は受け入れがたいと宣言した。

一時は文献調査に応募した高知県東洋町も今年四月の出直し町長選の後、放射性物質（核燃料・核廃棄物）の持ち込み拒否に関する条例を制定した。拒否条例を制定したのは、ほかに鹿児島県屋久町や島根県西ノ島町など十近くの自治体。

東通村議会による勉強会開催が報道された後、青森県議会でも「豊かな県土のイメージを打ちだそうと努力している県民に冷や水を浴びせるようなもの。処分場を拒否する条例などを議会に求め、知事自身が県民に見える形で行動を起こすべきだ」（古村一雄議員）との意見が出たが、蝦名副知事は「今のところ条例は一切考えていないが（最終処分を拒否する）県としての毅然（きぜん）とした態度は堅持していく」と答弁した。

最終処分地の選定手続き

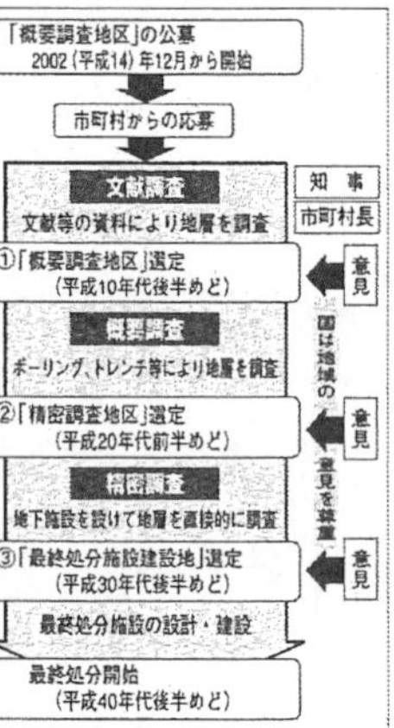

3段階調査で処分地決定
多額の交付金が魅力

原子力発電環境整備機構（NUMO）は二〇〇二年末から最終処分候補地の公募を開始した。最終処分地は、対象地区で過去に起きた地震などを資料などで調べる「文献調査」、ボーリングやトレンチ調査などを行う「概要調査」、実際に地下に施設を建設し、地層の物理的および化学的性質を調べる「精密調査」の三段階の絞り込みを経て決定する。

処分場の候補地になれば、文献調査（約二年間）の期間中に計約二十億円、概要調査（約四年間）の期間中に計七十億円の交付金が入る。金額は周辺自治体や県の分も含んでおり、実際に候補地の自治体に入るのはその半額程度だが、地方の自治体にとっては大きな魅力なのは間違いない。

「文献調査」への応募については地元知事の了承は必要ないが、「概要調査」以降の段階では知事の意見を聴き、十分に尊重しなければならない仕組みとなっている。

高レベル廃棄物の処分方策を定めた「特定放射性廃棄物の最終処分に関する法律」（二〇〇〇年制定）に基づいて閣議決定された計画では、平成四十年代後半をめどに高レベル廃棄物の最終処分を開始する。このため、NUMOは平成二十年代前半に精密調査地区、平成三十年代後半に最終処分地をそれぞれ選定する必要があり、厳しいスケジュールとなっている。

国外の状況
北欧など計画進む

高レベル放射性廃棄物の最終処分事業が最も進んでいるのは、二〇〇一年に処分地を決めたフィンランドだ。日本原子力産業協会の資料によると、ユーラヨキ地点はオルキルオト原発の隣接地。高レベル廃棄物（同国は使用済み核燃料を直接処分）最終処分の実施主体、ポシヴァ社は〇四年六月、同地点で処分場建設の前段階となる地下研究施設の建設に着手した。最終処分場は一三年着工、二〇年操業開始の予定。

ポシヴァ社がユーラヨキ地点を選定したのは、①国内で発生する使用済み核燃料の大半を占めるオルキルオト原発に隣接していて、輸送作業を大幅に削減できる②同原発の産業基盤を利用できる③地元住民の60%が最終処分場の誘致に賛成している－などが理由。

スウェーデンは、処分場をオスカーシャム、エストハンマルの二地点に絞った。現在、サイト調査を実施中で、二三年からどちらかで処分を開始する。

フランスは地層処分のほか、長寿命放射性核種の分離変換などの選択肢も検討中。同国北西部にあるビュール地下研究所の周辺が最終処分場の候補地となっている。

米国の最終処分地はネバダ州ユッカマウンテン。地元の反対に遭い、難航しているが、米国エネルギー省は〇八年にも許認可申請し、一七年に処分を進める見通し。

2007年12月17日

「約束重い」知事否定的

高レベル最終処分地の拒否条例

高レベル放射性廃棄物の最終処分場誘致を視野に入れたとみられる東通村の動きが一向にやまない中、最終処分地を拒否する県条例を制定すべきだとの声が高まりつつある。本県が旧・科学技術庁から取り付けた「青森県を最終処分地にしない」との確約書は「知事の了承なくして」との限定条件付きで、法的担保がないことも要因のようだ。東通村の動きを受け、三村申吾知事は県内全市町村長に「最終処分を受け入れる考えはない」との文書を送付するなど神経をとがらせているが、条例制定については「政治家の約束は重い」と否定的だ。一見、矛盾するような三村知事の姿勢に「政治取引の材料に使うため、処分場受け入れの余地を残しているのではないか」と反対派は疑心暗鬼を募らせている。

（政経部・藤本耕一郎、福田悟）

反対派「受け入れ余地残す」

「最終処分地にしない」という約束を何回も国から取り付けたと言うが、足元では東通村長が（誘致に）色気を出し、村議会は三村県政を挑発するように勉強会を始める。知事は最終処分地を拒否する条例の制定を議会に求め、県民に見える形で行動を起こすべきだ」

昨年十二月の県議会決算特別委員会。古村一雄県議（県民クラブ）は、頻繁に関係大臣を訪ね、本県を最終処分地にしないことを念押しする三村知事を皮肉りながら条例制定を求めた。

しかし、蝦名武副知事は「今のところ、条例等については一切考えていないが、（最終処分を拒否する）き然とした態度は今後とも堅持していきたい」と答弁した。

確約を3回取り付け

三村知事も条例制定には後ろ向きだ。一月四日の年頭会見で三村知事は「（最終処分場拒否の姿勢は）知事として、公に、あらゆる場所であらゆる人に約束したことだ。政治家の約束の重さということを考えてほしい」と強調し、国との間の確約で十分との認識を示した。

最終処分に関し、県は確約を国から三回取り付けた。最初は科技庁が九四年に提出した「貴職（知事）の意向が踏まえられるよう努める。このような状況では青森県が最終処分地に選定されることはない」旨の文書。翌九五年、同庁は「知事の了承なくして青森県を最終処分地にしない」旨の文書を提出。九八年には政府側が「（処分地選定に向け）政府一体の取り組みを強化する」旨の文書を渡した。

本県特別扱いせず

本県の最終処分地化に強く反対しながら、条例制定には否定的。分かりにくい三村知事の姿勢について県関係者は「条例をつくったとしても、推進派の知事が当選すれば、条例はあっという間に覆ってしまうだろう。『知事の了承なくして…』との確約があれば十分で、条例制定はあまり意味がない」と解説する。

ただ、「知事の了承なくして最終処分地にしない」ことは自明のことで、国が本県だけを特別扱いしているわけではないとも言える。最終処分事業について定めた「特定放射性廃棄物の最終処分に関する法律」（二〇〇〇年制定）第四条には「経済産業相は、概要調査地や最終処分地などを定めようとするときは、知事・市町村長の意見を聴き、これを十分に尊重しなければならない」と明記されているためだ。

核燃サイクル阻止1万人訴訟原告団代表の浅石紘爾弁護士は「法律は知事の意見を尊重するという条文になっているのだから、国からの確約文はとりたてて強調するほどのものではない」と指摘。県がかつて核燃事業への協力を、新幹線整備促進のための政治取引に使おうとしたことを例に、「三村知事は、処分場受け入れへの同意権は国や電力業界との最大の取引材料になると考え、縛りをかけずに、懐にしまっておこうとしているのではないか」と疑っている。

六ケ所村むつ小川原港に陸揚げされる海外返還高レベル放射性廃棄物の入った輸送容器。同廃棄物は六ケ所再処理工場からも大量に発生する＝2007年3月

「処分予定地の選定は、地元の了承なしに行われることはなく、また、貴職（知事）は青森県において処分が行われないことを明確にするよう照会されています。科技庁としては（中略）貴職の意向が踏まえられるよう努める所存です。このような状況においては、青森県が高レベル放射性廃棄物の処分地に選定されることはありません」

（旧・科技庁が1994年に本県に提出した文書）

「科技庁としては、処分予定地の選定に当たって（中略）知事の了承なくして青森県を最終処分地にできないし、しないことを確約します」

（旧・科技庁が1995年に本県に提出した文書）

「経済産業相は（最終処分のための）概要調査地区などや最終処分施設設置の所在地を定めようとするときは、所在地を管轄する都道府県知事及び市町村長の意見を聴き、これを十分に尊重しなければならない」

（特定放射性廃棄物の最終処分に関する法律　第四条）

取材ノート

本県同様　確約ある北海道

意思表明必要と制定

高レベル放射性廃棄物の持ち込みや最終処分地化を法的に阻止するために条例を制定する動きは全国に広がっている。特定非営利活動法人「原子力資料情報室」（東京）のまとめによると、二〇〇七年三月までに拒否条例を制定したのは鹿児島県屋久町や島根県西ノ島町など十二の自治体。一時は最終処分候補地の調査に応募した高知県東洋町も昨年四月の出直し町長選の後、拒否条例を制定した。

北海道は、高レベル廃棄物の地層処分技術に関する研究を行う原子力機構・幌延深地層研究所（幌延町）の最終処分地化を懸念し、一九九八年に「道知事をはじめとする地元が処分場を受け入れない意思を表明している下では、道内が処分場の立地場所になることはない」との文書を旧・科技庁から取り付けた。同庁が本県に提出した文書とほぼ同じ内容だ。

しかし、道は確約書だけでは満足しなかった。二〇〇〇年には「特定放射性廃棄物（高レベル廃棄物）の持ち込みは慎重に対処すべきであり、受け入れがたい」と宣言する内容の条例を制定し、二重の縛りをかけた。

道資源エネルギー課は「道内数カ所で開いた『道民の意見を聴く会』で住民から出た意見や、道議会での議論を踏まえ、道として〝文書〟だけでなく、きちんと意思表明する必要があると考えた」と経緯を説明する。

北海道と同様に地層処分を研究する原子力機構・東濃地科学センターを抱える岐阜県土岐市は一九九九年、「放射性廃棄物等の最終処分場と、関連するすべての施設の建設を拒否する」との条例を議員提案で制定した。

岐阜県には九八年、「知事をはじめとする地元が処分場を受け入れる意思がないことを表明している状況では、岐阜県内が処分地になることはない」との確約書が旧・科技庁から提出されたが、地元・土岐市はあらためて担保を取る措置を取った。

「県と国との間の確約はあったが、市民の間で放射能への不安を訴える声がやまず、市議からも同様の意見が出て、条例をつくることにしたと聞いている」と同市環境課の担当者は話している。

2008年1月27日

原燃「情報公開」と言うが…

取材閉ざす再処理工場

制限「恣意的」批判も

六ケ所再処理工場・前処理建屋で一月に起きた油漏れトラブルで、本紙が現場写真の撮影を求めたのに対し、日本原燃はこれを拒否し、トラブル発生時の情報公開に疑問符が付く形となった。原燃は「情報を隠すようなことは絶対しない。制約はあるが、できる限りオープンにしていく」と強調するものの、大半の施設への立ち入りを認めておらず、報道機関がトラブル発生直後に現場を確認するのは不可能に近いのが実情。反核燃団体は「外部への公開が大原則なはず。情報操作の危険が残る」と原燃の姿勢を批判している。

（政経部・藤本耕一郎）

油漏れトラブルの発生から10日後に日本原燃が公表した再処理工場内の現場写真。写真右半分の床に大量の油が見られる

取材ノート

一月一日夜、再処理工場内で八百㍑もの油が漏れた―との発表を受け、本紙は前処理建屋内にある当該室内の取材・撮影許可を原燃に求めた。すでに消防関係者が入っており、火災や放射能漏れもないことから、「立ち入りは可能では」との判断からだった。

原燃の回答は「室内にあるせん断関連装置はフランス側の設計であり、日仏原子力協定の関係上応じられない」。ところが、トラブル発生から十日後の十一日には、国への報告書の中で室内の写真を一転して公表した。

外観撮影も禁止

特定非営利活動法人「原子力資料情報室」（東京）の澤井正子さんは「設計・工事段階では非公開とした建屋や機器類でも、今回の油漏れのように事故が起こると詳細な図面や写真が出てくる。公開基準は原燃が恣意（しい）的に決めている」と批判する。

二〇〇六年三月のアクティブ試験（試運転）開始以降、トラブルの現場が報道陣に公開されたことはない。撮影が許されているのは、中央制御室を見下ろす見学者ギャラリーなど、ごくわずか。敷地内では、原則として工場の外観を撮ることも認めていない。

原燃によると、四つの制約があるという。一つが「核物質防護」。分かりやすく言えば「核物質を盗まれたり、テロ攻撃などを防ぐため」だ。写真に監視カメラなどが写るのは〝ご法度〟。外観撮影を禁止するのは主にこのためだ。同じような理由に「核不拡散への対応」がある。核兵器などに利用可能な情報の流出を防ぐ―という趣旨だ。

次いで「商業機密」。ウラン、プルトニウムから硝酸を取り除く工程などは他国に見せられない技術だという。「契約先に不利益を生じさせられない」と原燃。四つ目が日仏、日英原子力協定。

原燃には苦い経験がある。〇四年六月、原燃が工場内の「ウラン・プルトニウム混合脱硝建屋」などを報道陣に公開したところ、国の原子力安全・保安院から「核物質防護上の配慮を著しく欠いている」として厳重注意処分を受けた。「あれはショックだった」と同社幹部。以降、同社は通常時の公開にも神経をとがらせるようになった。

〝検閲〟に猛反発

同年十二月には「撮影結果を（原燃に）提出する」など、検閲とも受け取れる条件を報道各社に提示。猛反発を受け、撤回した経緯がある。

一九九五年に高速増殖炉原型炉「もんじゅ」（福井県敦賀市）で起きたナトリウム漏れ事故では、旧動燃（動力炉・核燃料開発事業団）によるビデオ隠しが発覚。原子力トラブルが社会的事件にまで発展し、原子力業界に大きな教訓を残した。

市民団体「核燃サイクル阻止1万人訴訟原告団」代表の浅石紘爾弁護士は「施設によっては制約に抵触しない場所もあるはずだ。企業秘密より、安全が優先する施設。あくまでも『原則公開、一部非公開』でなければならない」と強調している。

2008年2月4日

先送りの手法繰り返す

高レベル処分

知事が新確約書要求へ

拒否条例回避狙いか

高レベル放射性廃棄物の最終処分問題で、科学技術庁（現・文部科学省）が一九九四年、九五年に本県に提出した「青森県を最終処分地にしない」旨の確約書について、同庁幹部と文案を協議した複数の元県幹部が「将来にわたり本県を最終処分地にしない―との担保にはならない」と明言し、元科技庁幹部の証言もこれを裏付けた。三村申吾知事は、これらの確約書を盾に「本県を最終処分地にしないということは絶対的な原則」と強調していたが、二月二十九日の県議会一般質問で、国に新たな確約書を求める考えを表明した。しかし、法的担保のない確約書では、最終処分場受け入れの余地が残ることは避けられない。歴代知事の手法を繰り返す三村知事の姿勢には、議員発議の動きがある最終処分場拒否条例の制定を回避し、問題を先送りしたいとの思惑が見え隠れする。

（政経部・福田悟）

科学技術庁が1994年、95年に本県に提出した高レベル廃棄物最終処分に関する確約書

取材ノート

「文意からすると担保になっていない。はっきり言うと〝その場逃れ〟。棚上げしておきましょう―ということだ」

「極端に言えば、知事が了解すればいいと、そういう感じだ。それを否定するものではない」

元県幹部の証言は率直だった。確約書は、科技庁が青森県を納得させるというより、むしろ、核燃料サイクル事業を地域振興の切り札と位置付ける県が、同事業を円滑に進めたいがために国に用意させた、最終処分問題から県民の目をそらすための〝仕掛け〟だったと言えよう。

「了承あれば造れる」

確約書を元県幹部らの証言から再定義すれば、次のことが言えそうだ。①「知事の了承なくして青森県を最終処分地にしない」とは、知事の了承があれば処分地を造れるということ②確約書は、後任の知事までは拘束しない③確約書は国の「通達」にすぎず、将来とも本県を最終処分地としないことを担保するには法律、条例の制定が必要となる―などだ。

三村知事が従来の方針を転換し、国から新たな確約書を求めることにしたのは「昨年十一月に六ケ所再処理工場のアクティブ試験でガラス固化体（高レベル廃棄物）の製造が始まり、搬出や最終処分地をめぐり議論がある」ためだという。

北村正武知事（当時）が国に確約書を求めた九四年当時と現在は、二つの点で似ている。①大量のガラス固化体の発生前（九四年は海外からの返還前）だった②最終処分拒否条例を求める動きが活発化していた―ことだ。

ただ、「知事の了承なくして最終処分地にしない」ことは、二〇〇〇年に制定された「特定放射性廃棄物の最終処分に関する法律」の中で、「経済産業相は（処分地選定に向けた）概要調査地区などや最終処分施設設置の所在を定めようとするときは、都道府県知事及（およ）び市町村長の意見を聴き、これを十分に尊重しなければならない」（第四条）と規定された。三村知事に対し、国が新たな確約書を提出したとしても、同法をなぞったものしか出ないことは十分に予想される。

残る受け入れの余地

「仮に将来とも（青森県を最終処分地に）しないということ（要請）であれば、大臣として言えない（確約できない）。もし、そう（確約するの）であれば、例えば法律で定めるなどの行為が伴わないと駄目だ」（元科技庁幹部の証言）からだ。結果的に、本県が最終処分地になる余地は残ってしまうことになるだろう。

ある電力会社幹部は、東通村の最終処分場誘致に向けた動きを歓迎しつつも「最終処分に関する議論が盛り上がって、確約書にある『知事の了承なくして』との文言が外れるような事態になったら大変だ」と拒否条例制定を強く警戒している。

2008年3月3日

語らぬ知事

二転三転の副知事

高レベル最終処分問題

取材ノート

高レベル放射性廃棄物最終処分問題が最大の焦点となった定例県議会が二十一日閉会した。歴代知事が旧・科学技術庁から取り付けた二通の確約書は「将来とも本県を最終処分地にしない—との担保とはならない」とした元県幹部らの証言を本紙が報じたのに対し、蝦名武副知事は「国と苦しい折衝をして得たもの」などと火消しに躍起だった。しかし、確約書の効力をめぐる同副知事の答弁は二転三転。最終処分場をなぜ拒否するのか、三村申吾知事から明確な説明もなく、確約書問題が、間近に迫った六ケ所再処理工場の本格操業に影響しないよう、その場しのぎの対応に終始する県の姿勢だけが目立った。（政経部・福田悟）

昨年2月に六ケ所再処理工場中央制御室を視察した甘利明経産相（右から3人目）と三村知事（同2人目）。三村知事は経産相に新たな確約書を求めるという

再処理へ影響懸念か

新確約書で沈静化狙う

「後世の知事がどう判断するかは、後世の知事が判断すること」（四日の県議会一般質問）

「県民に対する大きな約束であり、これは後世の知事も当然に拘束される」（十一日の県議会質疑）

確約書の効力に関する蝦名副知事の答弁はわずか一週間の間に百八十度変わった。県の慌てぶりが伝わってくるような迷走劇だった。

そもそも、なぜ最終処分場を拒否するのか、三村知事が答弁する場面はなく、定見がないかのようだ。しかも、本県を最終処分地にしない担保としては、歴代知事が取り付けた確約書について現閣僚に確認すれば十分—としていたのに、定例県議会では「現職知事として、あらためて国から確約文書を得ることが必要」と方針転換した。

「最大の弱点突いた」

それは確約書に関する本紙報道が、六ケ所再処理工場操業を当面の最重要課題と位置付ける県の「最大の弱点を突いた」（県幹部）からなのだろうか。

県が、再処理工場の本格操業にゴーサインを出すには課題があった。①再処理で回収するプルトニウムを消費するプルサーマル計画（軽水炉でのプルトニウム利用）②再処理で発生する高レベル廃棄物ガラス固化体の最終処分地の選定—の二事業の進展だ。

プルサーマルについては九州電力、四国電力に加え、関西電力、中部電力でも計画実施に向けて動きだした。しかし、処分地選定に進展はなく、国は作業スケジュールを延期する事態となった。加えて、歴代知事が取り付けた確約書があてにならないとなれば、本県が最終処分地にならない—との根拠は根底から崩れてしまう。

三村知事は経済産業相に新たな確約書を求めることで事態の沈静化を図る考えのようだが、処分事業は地元の意向を無視して進められないことは最終処分に関する法律（二〇〇〇年制定）で既に自明のことだ。同法には「経済産業相は、概要調査地区などや最終処分地を定めようとするときは、知事・市町村長の意見を聴き、これを十分に尊重しなければならない」と明記されている。

北村正武、木村守男の歴代知事が旧・科学技術庁に確約書を求めた一九九四年、九五年当時、六ケ所村長だった土田浩氏（七六）は「知事が『私が在任中のうちは最終処分地にするなよ』と国に求めれば、国は『うん、分かった』と言うはず。しかし、未来永劫（えいごう）、青森県を処分地にしない—とは国も、青森県も言えないと思う」と話す。

県は強く言えぬ立場

▽将来にわたり処分地にしない—という確約書を国が提出すれば、選挙を控えた全国の知事が次々と同様の確約を求めるようになる▽再処理工場などの核燃料サイクル施設は、県が誘致した施設で、最終処分について県は強く言える立場にない—ためだという。

多くの疑問を残しながら、野党三会派が提案した最終処分拒否条例について質疑・討論なしで否決した県議会の動きも不可解だった。その場しのぎの県側、追随する自民党—。確約書問題は、県政の根幹となる重要問題に直面した際の県議会の在り方をも問うことになった。

2008年3月24日

東通原発・追加補償決着まで10年

電力側 炉型変更し交渉延々と

着工引き延ばし〝成功〟

東通原発への改良型沸騰水型軽水炉導入に伴う追加漁業補償は、東京・東北両電力が二十八日に泊漁協（六ケ所村）と協定を締結したことで、対象六漁協との補償交渉がすべて決着した。一九九九年の計画変更から足かけ十年。東京電力は交渉決着を表向き歓迎しているが、炉型変更は電力側の着工引き延ばし作戦だった―というのが実情のようだ。「漁民の理解が得られないため」との大義名分があれば、電力会社は原発着工遅れの責任を回避できるからだ。着工引き延ばしの背景には電力需要の伸び悩みがある。東通原発が計画通り四基建設されるかは依然、不透明だ。（三沢支局・福田悟）

「改良型沸騰水型軽水炉は、最初から導入しようと思えばできたんです。まずは漁業補償交渉を一回決着させて、次に炉型を変更する。すると、漁民は抵抗し、追加交渉は延々と長引くから、着工を遅らせることができるでしょ。東京電力はやり方が実に巧妙だ」

東通原発の漁業補償にもかかわった電力関係者はこう語る。東京電力は、着工を延期するため炉型変更を利用したというわけだ。

最初の漁業補償が行われた一九八五年。原発予定地に最も近い白糠漁協（東通村）が知事の仲介案を否決したことがある。このとき、現地を訪れていた東京電力の担当常務は「良かった」と言って喜んでいたという。

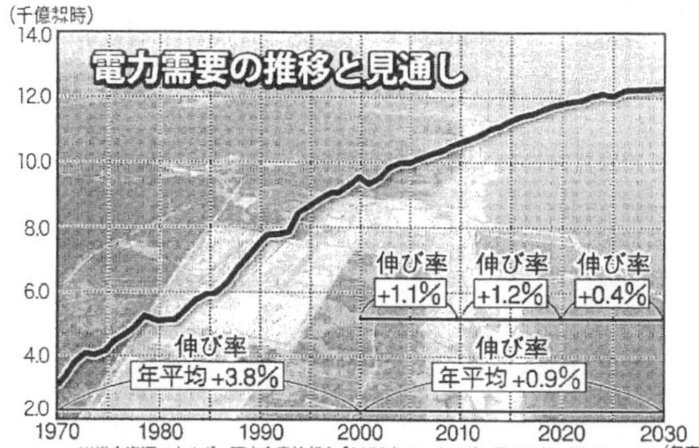

※総合資源エネルギー調査会需給部会「2030年のエネルギー需給展望」（答申）

取材ノート

延期狙い苦心惨憺

「東京電力は着工を延期するのに苦心惨憺（さんたん）していましたよ。東京電力は大義名分がほしかったんです。自社の都合で遅らせたということになると、世間的、社会的な責任が出てくるから」（電力関係者）

伸びぬ電力需要 背景に

4基建設、実現は不透明

東京電力が着工を遅らせた要因として、計画当初に見込んでいた電力需要が、高度経済成長の終わりとともに鈍化したことが挙げられる。

一九七〇－二〇〇〇年まで年平均3・8％だった電力需要の伸びはその後、1・1％で推移。二〇二〇年以降はわずか0・4％と見込まれている。

別の電力関係者によると、当初は現在運転中の東北電力1号機も改良型炉に変更する方針だった。

しかし、東北電力の現地事務所長が「県や地元の期待をこれ以上、裏切るわけにはいかない」と抵抗。他の三基とは切り離し、一九九九年に着工に踏み切ったという。

東京電力が東通原発建設を急がない理由はほかにもある。福島第一原発の増設計画があるからだ。増設は新規建設よりコストを抑えることができる。加えて福島の場合、大電力消費地の東京に近い。今回の交渉決着が残る三基の着工に直結するわけではない。

東通村幹部は「東京電力幹部は長く付き合っても、決して腹を見せようとしない」と不信感を募らせる。

原発計画に追い風

それでも、ここに来て東通原発計画に追い風が吹いてきた。新潟県中越沖地震による東京電力・柏崎刈羽原発の停止と、原油高騰などによる世界的な原子力再評価の流れだ。柏崎刈羽原発は全七基が現在も停止中で、復旧のめどが立たない。

経産省関係者は「東京電力は、柏崎刈羽原発の全基の運転再開を目指すのか、東通原発計画の推進に本腰を入れるのか、検討しているはずだ」と話す。

2008年5月29日

再処理工場　ガラス固化ようやく再開へ

国の「追試」合格なるか

当初計画に詰めの甘さ

半年間にわたり中断している六ケ所再処理工場のガラス固化体（高レベル放射性廃棄物）製造試験が、ようやく再開される見通しとなった。日本原燃は、三十日に開かれる国の核燃料サイクル安全小委員会で、提出したガラス溶融炉の運転改善策が了承されれば、週内にも炉への廃液の供給を始める予定。一方、改善策を通して、原燃が当初立てた運転計画そのものに甘さがあったこともはっきりしてきた。

（政経部・藤本耕一郎）

「（事前に）いろいろ試験をし、先行施設の情報も得ていたが、やってみて初めて分かったこともあった」「溶融炉に優しくない運転をした」

率直に失敗認める

運転改善策を国に提出した今月十一日、原燃の技術担当者はアクティブ試験（試運転）第四ステップでのガラス固化試験を振り返り、率直に失敗だったことを認めた。

使用済み核燃料の再処理で生じた高レベル廃液を、溶かしたガラスと混ぜて冷やすことで処理するガラス固化。第四ステップでは、廃液に含まれる金属（白金族元素）が炉の底に堆積（たいせき）して、溶液をうまく容器へ流し込めなくなり、中断に追い込まれた。

堆積の原因の一つが、溶融ガラスの上面にできる膜「仮焼層（かしょうそう）」の出来だった。仮焼層は高レベル廃液を入れると生成され、十分に広がると"落としぶた"の役割をして、ガラスの加熱を安定させる。

しかし前回行った運転では、仮焼層が大きくなり過ぎたり、逆に溶けたりしたため、ガラスの温度も上下。結果として、白金族が想定以上に沈んだという。

四カ月間にわたる分析で見えてきたのは、⑴廃液中に含まれる硫黄などの微量成分⑵仮焼層中の崩壊熱（放射性物質の崩壊で生ずる熱）―が仮焼層の形成に悪影響を与えるということだった。原燃は当初これらの点を考慮に入れていなかった。

このため改善策では、廃液に調整液を添加して微量成分の影響を和らげるなど、大きく運転方法を変えている。裏返せば、当初計画の詰めの甘さを証明した形。原燃の兒島伊佐美社長も五月の定例会見で、「模擬試験時の内容分析や温度の値など、もっともっと詳細に詰めた形で備えておくべきだった」と反省点を口にしていた。

これから行われることになる試験は、国が課した「追試」。原燃の計画では、前回試験で使ったA系の溶融炉で十六体程度ガラス固化体をつくり、その中で白金族がたまり始めた際の対応策も実証する。次にB系溶融炉でも十体ほど製造する予定。終了までは「約一カ月間」としている。

ただ、これまで試運転が原燃のスケジュール通りに進んだ例は少ない。ある県関係者は「原燃はかなり運転方法を詰めてきたと思うが、やってみなければ分からない部分は残っている」と指摘する。

「試験期間短すぎる」

一方、市民団体「核燃サイクル阻止1万人訴訟原告団」の山田清彦事務局長は「異常やトラブルが起きないかを確認するには、もっと長い期間をかけ試験するべきだ。片方の炉で十体程度とは短すぎる。工場を本格操業させるためのアリバイづくりだ」と批判する。

原燃は今度こそ「安定した運転状態」を実現できるか。仮に失敗すれば、試運転終了の見通しは極めて不透明なものになってしまう。

取材ノート

ガラス溶融炉の概略図

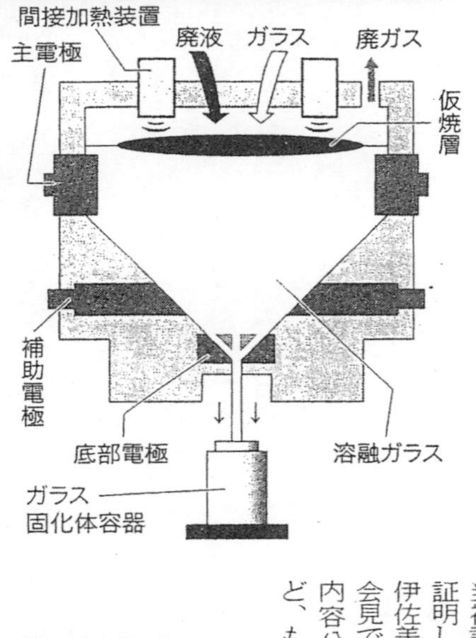

「攪拌」作業が中断
再処理工場ガラス固化

六ケ所再処理工場のガラス固化体（高レベル放射性廃棄物）製造試験が難航している問題で、溶融炉内の状況を改善するための「攪拌（かくはん）」作業が二十三日からストップしていることが、二十七日分かった。炉に差し込んだ金属棒がうまく動かないためで、原因は不明だという。

攪拌は、炉底にたまった金属粒子（白金族元素）を減らすため、棒で炉内をかき回す対策。二十三日夜に作業を終え、棒を抜き出そうとしたところ、多少の引っ掛かりが感じられたため、抜くのを中止した。棒を動かす遠隔操作装置に異常はないため、炉側に問題のある可能性が高い。

日本原燃は「無理やり抜くと、機器に影響を与える恐れがあるため、慎重に進めている」としている。

同工場では、炉底に白金族がたまったことを示す指標が出たのを受け、十月下旬から攪拌などを続けているが、状況は依然改善していない。原因究明が長引くと、試運転のスケジュールに影響を与える可能性もある。

2008年11月28日

再処理工場
攪拌棒引き抜き成功
溶融炉の損傷確認開始

六ケ所再処理工場のガラス溶融炉に差し込んだ攪拌（かくはん）用の棒が曲がった問題で、日本原燃は二十二日、棒の引き抜きに成功し、続いて監視カメラを炉内に入れたことを明らかにした。溶融炉内部と棒に損傷がないかを確認した後、残っている溶融ガラスをすべて抜き取って炉底部を観察するために、炉の再加熱を開始する。

原燃によると、十九日午後十時、準備の最終段階として、棒の引き抜き時に炉が傷付かないようにする「スリーブ」（ステンレス製の筒）を炉に取り付ける作業を開始した。翌二十日の午前八時ごろに棒の引き抜きを開始し、約一時間で無事に抜き終えて、溶融炉があるセル（小部屋）内に仮置きした。

さらに、スリーブの取り外しを経て、二十二日早朝、監視カメラを炉内に入れ、損傷の有無の確認を始めた。炉や棒の観察には数日かかる見通しという。

観察をいったん終了後、炉内に残った約九百㍑の溶融ガラスを溶かして抜き取るため、カメラを取り出し、炉を約二週間にわたり再加熱する。溶融ガラス抜き取り後、カメラを再び入れることができる程度まで炉を冷ますには、さらに二週間程度が必要とみられ、炉底部の状況を確認するには、あと一カ月程度かかる見込みだ。

2008年12月23日

れんが6キロ抜け落ちる

再処理工場 溶融炉損傷　原燃「修復しない」

六ケ所再処理工場のガラス溶融炉が損傷した問題で、抜け落ちた炉天井の耐火れんがは重さ約六キロにも及ぶことが、二十四日明らかになった。れんがは炉の底に沈んでいるため、日本原燃は溶融ガラスを抜き出した後、遠隔操作で取り上げることにしている。蝦名武副知事は同日、急きょ県庁に原燃幹部を呼び、トラブルの状況について確認した。

【関連記事2面】

抜け落ちたのは、天井のれんが同士をつなぎ、落ちないようにしている「アンカーれんが」（長さ二十四センチ、幅十四センチ、高さ二十四センチ）の下半分で、底面から七センチまでの部分（重さ約六キロ）が、割れて無くなっていた。天井部分は、溶融ガラスとは接しないという。

原燃は、曲がった攪拌（かくはん）用の棒が当たってれんがが割れた以外にも原因が考えられる—としているが、「断熱機能や強度は維持できている。使い続けても問題ない」としており、修復はしない方針だ。

れんがの落下が炉底部に与えた影響については、「溶けたガラスの中をゆっくり落ちたはずなので、損傷を与えた可能性は少ない」としている。また当該れんがの下半分が欠けても、周囲の耐火れんがは支えられる—と強調している。

炉内に残っている溶融ガラスを抜き出すのに先駆け、原燃は炉下部にある流下ノズルを加熱して、中にあるガラスを抜く作業を行う予定。うまく抜けない場合は、下からドリルを入れ、ガラスを削ることも検討している。

原燃の兒島伊佐美社長は同日の会見で、難航しているガラス固化体（高レベル放射性廃棄物）の製造工程について「英仏も、かつて相当な苦労を重ねた。登山で言えば最後の〝頂上アタック〟に来年こそ取り組みたい。今は九合目半だ」と語った。

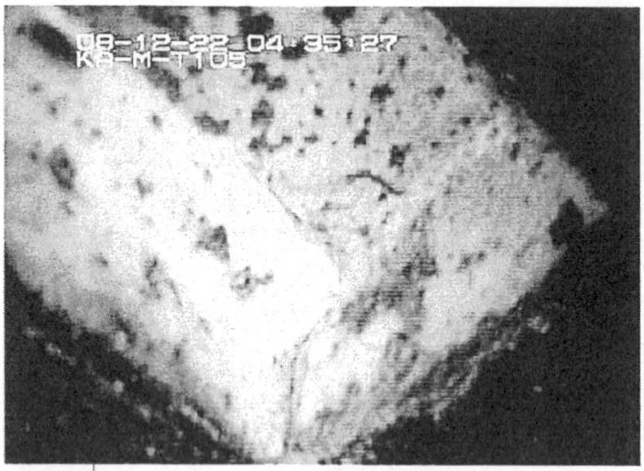

溶融炉内部から見上げた天井の損傷部分（日本原燃提供）

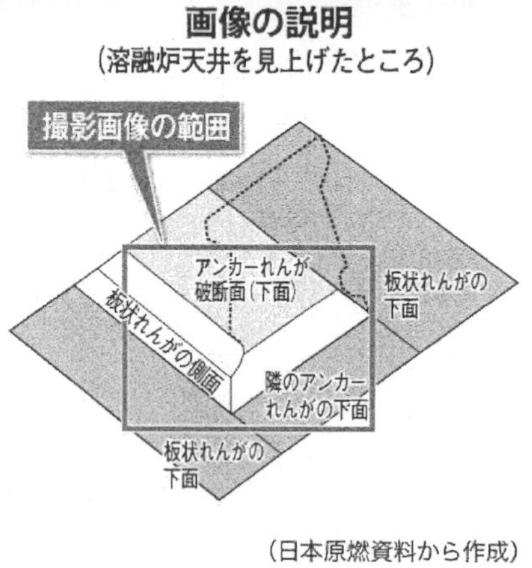

（日本原燃資料から作成）

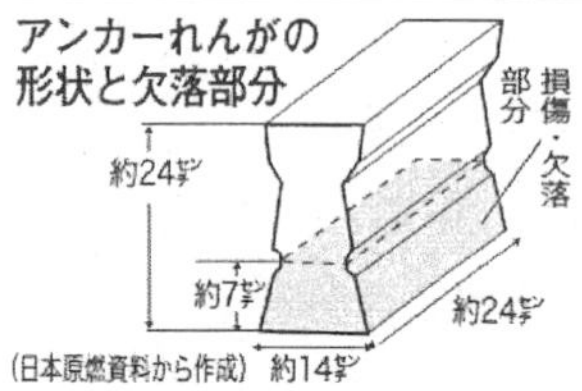

（日本原燃資料から作成）

2008年12月25日

六ケ所再処理

高レベル廃液漏れ

原燃「外部に影響なし」

日本原燃は二十二日、六ケ所再処理工場の高レベル廃液ガラス固化建屋で、配管から高レベル放射性廃液が漏れるトラブルがあった―と発表した。漏れた場所は、セル（コンクリートで密閉した部屋）内で、外部への放射能漏れなどはないという。原燃は約二十リットルの廃液を回収し、漏れた量に相当するかどうか確認している。

高レベル廃液漏れトラブルの概略図

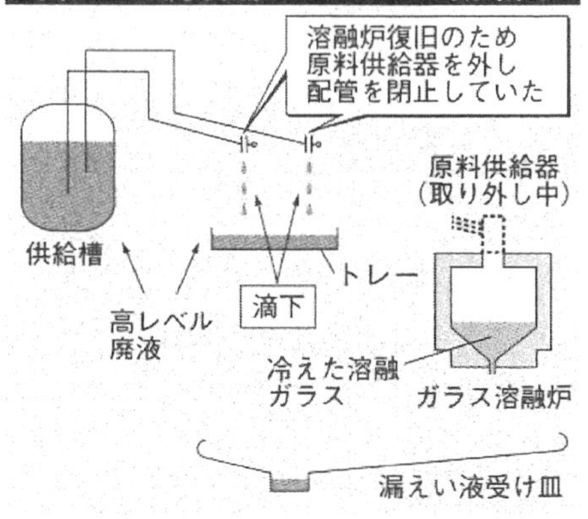

二十一日午後に、配管を閉じている金具部分から廃液が滴っているのを発見。遠隔操作で金具のボルトを締め直したところ、漏れは止まったという。原因調査のため、中断中のガラス固化体（高レベル放射性廃棄物）製造試験の再開は、さらに遅れる見通し。年度内のアクティブ試験終了（完工）も厳しい状況になってきた。

トラブルを受け、国の原子力安全・保安院は二十二日、原燃に対し、三十日までに原因と再発防止策を報告するよう指示した。保安院核燃料サイクル規制課は「法令報告対象ではないが、高レベル廃液の漏えいは看過することができない」としている。

原燃によると、二十一日午後三時ごろ、セル内にある漏えい液受け皿の液位上昇を伝える警報が出たため、廃液を調べたところ、セシウム137で一ミリリットル当たり百六十億ベクレルという高い放射能濃度が出た。セル内を監視カメラで観察したところ、溶融炉へ高レベル廃液を送る二本の配管から、廃液が滴っているのが見つかった。

廃液は、配管のすぐ下にあるトレー（幅十センチ、奥行き五十センチ、高さ二センチ）に一リットルほどみられたほか、七メートル下にある受け皿でも約二十リットル確認された。トレーからあふれた廃液が落ちたとみられる。

原燃は昨年十二月中旬、撹拌（かくはん）用の棒が曲がったトラブルによる炉内の損傷を調べるため、炉上部の「原料供給器」を取り外し、供給器につながる配管をフランジと呼ばれる金具で閉じていた。

フランジはそれぞれ三本のボルトで締めているが、どちらも十分に締まっていなかった。一方、配管を閉じた際には、廃液が管に流れ込まないようにしていたという。

2009年1月23日

高レベル廃液また漏れる

六ケ所再処理　配管残留気付かず

　六ケ所再処理工場で配管から高レベル放射性廃液が漏れたトラブルで、日本原燃は二日、当該配管の一本から再び廃液が漏れた―と発表した。漏えい量は一ミリリットルほどで、外部への放射能漏れはないという。原燃は一月下旬に配管内の廃液を抜き取っていたが、管の中に廃液が残っているのに気付かなかった。

　廃液の漏れは一日午前八時半すぎ見つかった。一月の漏えいと同じ「フランジ」と呼ばれる配管をふさいでいる金具部分で、廃液が滴っているのを監視カメラで確認した。遠隔操作でフランジのボルトを締め直したところ、漏れは止まった。

　同日午後にフランジを開け調べると、内径約二センチの配管の出口付近に、廃液や固形状の物質が二百ミリリットルほど残っていたという。

　原燃は先月二十一日に発覚した廃液漏れを受け、二十八日から二十九日にかけて二本の配管に残っていた廃液約一リットルを抜き取っている。しかし、この時はフランジを少しだけ緩めて廃液を流し落とす方法だったため、管の中に固形物があるのを確認できなかった。ボルトは作業後に締め直しているが、十分ではなかった。

　漏えいの原因について、原燃は「フランジ部に不純物が挟まっていたためかどうか分からない」としている。固形物については「通常は廃液中にはない。残っていた廃液が蒸発してできた可能性がある」としている。

　一方、国の原子力安全・保安院核燃料サイクル規制課は、再度の漏えいについて「作業計画に見通しの甘さがあるのではないか。原燃からきちんと原因報告などをしてもらう」としている。

2009年2月3日

安全意識欠如 浮き彫り

再処理工場・保安規定違反

作業計画なく　原燃、完工へ焦り？

　六ケ所再処理工場の高レベル放射性廃液漏れをめぐり、日本原燃が国の法律に基づく保安規定違反を五件も起こしていたことが明らかになった。国は同社の安全管理の在り方そのものを問題視しており、経営陣にとって厳しい指摘となった。実施中の試運転は、ガラス固化工程の完成という技術上の課題に加え、安全上の懸案も浮上した形で、八月の終了（完工）は極めて難しくなった。

（政経部・藤本耕一郎、赤田和俊）

◆

　一月に発覚した高レベル廃液漏れは、ガラス溶融炉の不具合を補修しようと、炉と廃液タンクとをつなぐ配管を取り外して作業していた際に起きた。原燃は配管に廃液が流入しないと想定していたが、現実にはタンクから廃液が流れ込んだ。

「組織に問題」

　「漏えいがあった時『（事前の）作業計画段階でどう（考慮）したのか』ということを何度も原燃にただしたが、残念ながら計画について全く言及がなかった。組織としての対応に問題があるのではないかと思っている」

　今月二日、経済産業省で開かれた総合資源エネルギー調査会の「六ケ所再処理施設総点検に関する検討会」。同省原子力安全・保安院の石井康彦・核燃料サイクル規制課長は、厳しい口調で違反を指摘した背景を説明した。

　保安院は再処理工場の保安検査を、三月二日から十三日までの予定で始めた。しかし保安規定違反が疑われる内容が次々に出てきたため、急きょ十九日まで延長。核燃料サイクル規制課から二人の職員を応援に出す異例の対応を取った。

　文書で指摘された五件の違反は、原燃の安全意識の甘さを浮き彫りにした。保安院が特に問題視したのは、補修作業の実施計画を事前につくらないまま作業に入り、トラブルを誘発した点。

　「なぜ計画をつくらないのか疑問。本来幹部は『ちゃんとやれ』と言うべきものだろう」と石井課長は話す。

遠のく本格操業

　ある電力関係者は「原燃の経営陣にとっては今回の指摘は痛い」と表情を曇らせた。

　規定違反の内容からは、試運転終了（完工）に向け作業の進展を急ぎ、前のめりとなっている原燃の姿勢も透けて見える。

　二〇〇七年十一月のガラス固化体（高レベル放射性廃棄物）製造試験の開始から今年一月まで、原燃は二―四カ月という間隔で小刻みに完工時期の延期を繰り返した。この間に、溶融炉に差し込んだ棒の曲がりや廃液漏れなどのトラブルが起きている。

　周到な準備をせず補修作業に入った今回の違反も含め、近づく目標に向けた〝焦り〟があった感は否めない。

　原子力資料情報室（東京）の西尾漠共同代表は「安全は二の次で、本格操業に入りさえすればよい―という原燃の体質があらためて出た。この体質では大きな事故を起こしかねない。それを今まで分からなかったとするなら、保安院にも問題がある」と批判する。

　蝦名武副知事は今月三日、ガラス固化試験再開は六月にずれ込む―との見通しを報道陣に示した上で、再開後についても「だいぶ時間がかかると思う」と語り、八月完工が厳しいと受け止めていることを示唆した。本格操業の開始は遠のく一方だ。

委員から原燃への厳しい指摘が相次いだ総合資源エネルギー調査会の検討会＝２日

国が指摘した5件の保安規定違反

▽床の漏えい液受け皿に液体がたまっているのを検知しながら、すぐに回収しなかった

▽受け皿の漏えい検知装置が、設備に求められる状態を満足していない恐れがあるのに、確認せず作業を進めた

▽同装置が動作不能だったのに、関連機器の適切な管理をしなかった

▽廃液供給配管の取り外し作業で、補修作業の実施計画をつくらなかった

▽（汚染した機器の）洗浄作業で、補修作業の実施計画をつくらなかった

高レベル廃液漏えい問題の経過

2009年	
1月22日	・日本原燃が再処理工場内で高レベル放射性廃液が漏れたと発表
30日	・漏れた量が約149リットルだったことが明らかに
2月 2日	・再び高レベル廃液が漏れたと発表
24日	・原燃が１度目の漏えいに関して、廃液タンクへ圧縮空気を送る調整弁に作業員が誤って触れた可能性が高いと発表
3月 2日	・原子力安全・保安院の保安検査始まる
19日	・保安検査終了
4月 2日	・保安院が廃液漏れに関して、５件の保安規定違反があったと指摘。原燃に改善を指示
3日	・原燃の鈴木輝顕副社長が県に陳謝

取材ノート

2009年4月6日

原燃　MOX工場2015年6月操業
耐震強化で総工費600億増

日本原燃は十六日、六ケ所村に計画するMOX（プルトニウム・ウラン混合酸化物）燃料工場の着工時期を今年十一月、操業開始時期を二〇一五年六月にそれぞれ延期することを正式に発表した。国の原発耐震指針改定に伴う安全審査が長引いていることなどが原因。また、施設の耐震性強化などのため工事計画を変更、工事費を約六百億円増額し約千九百億円とした。同日、国に事業許可申請書の補正書を提出した。

原燃はMOX燃料工場の〇七年十月着工、一二年十月操業を予定していた。操業延期によるプルサーマル（軽水炉原発でのプルトニウム利用）計画への大きな影響はない、としている。

工事計画変更では、新潟県中越沖地震による東京電力・柏崎刈羽原発の被災で得られた知見を反映させ、建物の壁を厚くするほか、機械設備の補強などを行う。

また、横浜断層による地震を「耐震設計上検討する地震」に追加した。

建設予定地での準備工事は今年三月末に終了。原燃は今後、国の安全審査を経て、工事の認可申請や建築確認申請を行う。試運転は一五年一月ごろ開始予定だ。原燃は、県や六ケ所村から要請があれば、操業前に安全協定を結ぶ考え。

また原燃は同日、横浜断層の影響などを反映した六ケ所再処理工場の耐震安全性評価報告の補正書を国に提出した。同断層が活動しても工場の基準地震動（想定される地震による最大の揺れの強さ）は下回るとした。

MOX燃料工場は、再処理で抽出したMOX粉末を軽水炉原発用の燃料に加工する国内初の商業用施設。

2009年4月17日

取材ノート

「負の連鎖」断てるか

六ケ所再処理工場の高レベル放射性廃液漏れトラブルや保安規定違反について、日本原燃が四月末に国に提出した報告書では、トラブル発生による工程の遅れが社員の重圧となり、さらなるトラブルを引き起こす―という「負の連鎖」が起きていたことが浮き彫りになった。原燃は兒島伊佐美社長自らが社員に「安全最優先」をあらためて求めるなど異例とも言える対応を取り、再発防止に躍起。しかし、社員の重圧となっている工場の完工（試運転終了）時期について、今年八月の予定を崩さないことなどから、再発防止の実現を疑問視する向きもある。

（政経部・赤田和俊）

原燃がトラブル再発防止策

「絶対に安全性を劣化させない、と国民に約束してほしい」―。四月三十日、兒島社長は全社員へ「社長安全最優先宣言」と題したメールを送信した。

平易な言葉で語りかけ、一人一人の安全意識を呼び起こそうとするかのような文面について県幹部は「それだけ危機感を感じているということ」と解説する。

「8月の完工は無理」

報告書では、工程の遅れが社員の焦りを生み、安全確保を冷静に考える意識が希薄になって「安全より工程優先」という結果を招いた―と分析。組織内の連絡不足から漏えいを見過ごしたことなども要因に挙げている。

再発防止は可能なのか。兒島社長は同日の定例記者会見で「完工への日程をめぐる議論が結果として現場への重圧になっていた」と自省してみせたが、今年八月を予定する完工時期については「今は一つ一つ工程を積み上げている段階。完工時期の変更を検討する段階に至っていない」と繰り返した。

原子力資料情報室（東京）の澤井正子さんは「八月の完工は現実的に無理なのに、（会見で）無理と言わないことこそが社員への重圧になっている。裏付けのない日程を示すのは無責任だ」と厳しく指摘する。

実効性に疑問も

再処理工場の試運転（アクティブ試験）は最終の第五ステップまで進みながらガラス固化体（高レベル放射性廃棄物）製造試験でトラブルが多発。法律に基づく保安規定の違反まで重ね、原燃は〝剣が峰〟に立たされた状態だ。

来月から保安検査

経済産業省原子力安全・保安院の石井康彦核燃料サイクル規制課長は、日本航空（JAL）では一九八五年のジャンボ機墜落事故の教訓が社内に定着していることを例に挙げ、「百のうち九十九が無事でも、一つの失敗が安全にかかわるなら会社は信用を失う。その見落としがどれだけの事態を招くか考えなければならない」と指摘する。

保安院は報告書について「問題意識が率直に書かれている」と評価。六月上旬から同工場の保安検査をして、報告書通りに作業が実施されているか確認、同下旬にも総合資源エネルギー調査会（国の諮問機関）の「六ケ所再処理施設総点検に関する検討会」を開いて結果を報告する。

県は国の判断を待って、県議会全員協議会の開催を要請する考え。昨年十二月から中断しているガラス固化試験の再開は全員協議会の実施後とみられ、早くても七月以降となることが濃厚だ。

高レベル放射性廃液漏れや保安規定違反などを重ねている六ケ所再処理工場のガラス溶融炉（日本原燃提供）

高レベル放射性廃液漏れに関する社内組織上の要因（日本原燃の報告書を要約）

【廃液漏れ】	【漏えい発見の遅れ】
①漏えいの可能性を把握・管理する姿勢が不十分だった	⑤常に最悪の事態を想定する姿勢が不十分だったため、液体を視認しながら廃液と推定できなかった
②相次ぐ完工時期延期が重圧となり、安全確保を冷静に考える意識が希薄になった	⑥廃液貯槽の液位低下に気付いた作業員もいたが、情報共有が不十分で結果的に見過ごした
③トラブル多発で仕事量が増えたのに人員投入が不十分だった	⑦漏えい発見に必要な業務に手順が具体化されていないものがあった
④上層部と中間管理職の意思疎通や、現場の意見をくみ上げる努力が不足していた	

2009年5月20日

試運転終了めど立たず

六ケ所再処理工場

年内完工も微妙に
試験再開へ課題山積

六ケ所再処理工場の試運転について、日本原燃は二十八日、予定する八月の終了(完工)が困難になったとの認識を示した。中断しているガラス固化体（高レベル放射性廃棄物）製造試験の再開までに克服すべき課題は多く、周辺からは「年内の完工すら微妙だ」との声が聞かれる。【関連記事2面】

「八月の時期をどうするかは、今検討に入る状況にない」。原燃の兒島伊佐美社長は同日青森市内で開いた定例会見で、新たな完工時期を定める見通しが立っていないことを示唆した。

三カ月余りを残し八月完工が早くも絶望的になっているのは、一月の高レベル廃液漏れで、ガラス溶融炉復旧に向けた作業が増えたためだ。セル（コンクリートで密閉した部屋）内装置の不具合もあり、廃液の洗浄作業は二カ月以上中断したまま。ある原燃幹部は「一月に完工の半年延期を決めた時点の想定から、もう数カ月遅れている」と話す。

懸案となっている炉底に落ちた耐火れんがの回収には、炉を再加熱して一度ガラスを溶かす必要がある。だが廃液が炉に給電する配線部分にかかり、絶縁抵抗が下がってしまったため、加熱ができない状況。水で洗い流さなければならない。

また耐火れんがを取り出せたとしても、その後炉内を調べ、れんがが欠落や攪拌（かくはん）用の棒が曲がった原因を突き止める作業が待っている。その際、炉底に金属粒子（白金族元素）がたまっていれば除去する作業も入ってくる。

さらに、不溶解残さ（使用済み核燃料の溶解時に溶け残った白金族など）を廃液に混ぜた状態でも、安定してガラス固化体を製造できる炉の運転方法を示さなければならない。

昨年十月の試験は、それまで順調だった炉からのガラス流下が、不溶解残さを入れた途端に悪くなった。原因の特定はガラス固化試験再開の必須条件となっている。

県が想定する県議会全員協議会の開催は、これらの対策が終わり、再発防止策などについて国の評価を受けた後となる。試験の再開は全員協議会後になる見込み。だが現状は最初のステップである洗浄すら再開できていない状況で、県関係者の一人は「開催は秋以降だろう」と話す。

反核燃派の奈良岡克也県議(社民・県民ク)は「今日の会見で、原燃は対策が長期戦になるのを認めたに等しい。いつ終わるか分からないのだから、現状を整理・検証する全員協議会を直ちに開くべきだ」と主張。

六ケ所村議からは「原燃の対応を見守るしかないが、いつまでも延びるのは…。これ以上問題が出たら、(開発が始まったばかりの）次世代炉ができてから－ということになりかねない」と心配の声が上がっている。

六ケ所再処理工場で今後想定される主な流れ

- セル内洗浄終了、溶融炉を再加熱
- 炉底に落ちた耐火れんがを回収
- 溶融ガラスの抜き出し、炉内観察
- れんが落下原因などの特定、炉運転方法の改善策取りまとめなど
- 国の審議、評価
- 県議会全員協議会
- ガラス固化体製造試験再開
- 試運転終了、完工
- 県民説明会、県議会への説明など
- 原燃が県や六ケ所村などと安全協定締結
- 本格操業開始

会見で試運転の8月終了が厳しくなったとの見通しを示す兒島社長㊥

2009年5月29日

六ケ所再処理工場・試験中断から半年

県、早期完工こだわらず

サイクル協　知事が異例の要請

取材ノート

工程立たぬ原燃に助け舟？

「じっくりと腰を据えた取り組みを」。17日の核燃料サイクル協議会で、三村申吾知事は六ケ所再処理工場に関し、早期完工へのこだわりを捨てるように出席者に要請した。試運転は昨年12月から半年間中断したまま。8月の完工予定が迫っているが、日本原燃はガラス溶融炉損傷の原因すら突き止められずにいる。異例とも言える知事の要請は、新たなスケジュールを立てられない原燃に県が「助け舟」を出した―という見方もできなくはない。

（政経部・藤本耕一郎、赤田和俊）

「数カ月（工程を）延ばして、また駄目だったということを原燃は繰り返してきた。それが本当に良かったのか。完工時期はじっくり見極めた上で設定し、焦りが出ないようにやってほしい―との思いを込めた」。協議会終了後、蝦名武副知事は三村知事の意図を代弁した。

プレッシャーと焦り

背景には、1月に起きた高レベル放射性廃液漏れがある。

原燃は4月、「工程の遅れが社員の重圧になっていた」などとする原因報告をまとめた。その中には「当社の置かれた四囲の状況下で、大きなプレッシャーと焦りを感じていた」の記述もあった。

「スケジュールに関して何か言及すると、原燃を刺激してしまう。今は何も言えない」と、ある県幹部は話す。これ以上のトラブルや延期の繰り返しは、県にとってもマイナス。原燃の企業体質の変革までをも求めた今回の知事要請は、県側の危機感の表れだったとも言える。

一方、8月完工の延期が確実視されているのに、原燃が新たな工程を示せないのは、ガラス固化体（高レベル放射性廃棄物）製造試験の見通しが、全く立たないためだ。

同試験は昨年10月にいったん再開したが、廃液に不溶解残さ（使用済み核燃料の溶解時に溶け残った金属粒子）を混ぜた段階になって、溶融ガラスの炉からの流下が悪くなる不具合が再発した。

直ちに対応策を検証するはずだったが、12月に見つかった炉内耐火れんがの欠落や今年1月の廃液漏れで試験は完全に停滞。今も廃液で汚れた機器の洗浄を終えられずにいる。

ただ流下悪化について、すでに複数の原因が検討されてはいる。

一つは、残さそのものが悪影響を与えたとする見方。また一つは、はがれ落ちたれんが破片が炉底の流下口の一部をふさいだのが主因―との見方だ。

原燃幹部の一人は「今は、れんが原因説に傾いている」と話すが、底に落ちた破片を回収できていないため、確認が取れない状況。欠落は当初、折れ曲がった金属棒の先がぶつかったため―とみられていたが、それ以前にひとりでに落ちたとすれば、炉の安全にかかわる話となってくる。

残さが原因の場合も有効な対策が示されているわけではない。ある原子力関係者は「残さを混ぜて何の問題もなく処理できるようになるのは、次世代炉になってからだろう」と難しさを語る。

年度内操業も厳しく

年内はおろか、年度内の操業開始も厳しくなりつつある六ケ所再処理工場。近藤駿介・原子力委員会委員長は17日、工程に関し「納得感のある説明をしなければならない」と訴えた。直面する課題の大きさや対策の見通しなど、原燃は現状について率直に県民に語る時期に来ている。

核燃料サイクル協議会で六ケ所再処理工場の試運転などについて要請した三村知事（中央）＝17日、東京都千代田区のグランドプリンスホテル赤坂

核燃料サイクル協議会

青森県知事が内閣官房長官や関係閣僚らと原子力政策の課題について協議する会議。1997年以降、これまでに10回開かれている。今月17日の協議会は、電力業界がプルサーマル計画を5年先送りしたのを受け、都内で開催された。政府はプルサーマルを含む核燃料サイクル路線を堅持することを明言。県側は六ケ所再処理工場の試運転に関し、国内外の知見を結集して課題克服に当たることなどを要請した。

2009年6月22日

再処理工場 試運転開始4年

原燃、信頼回復へ正念場

トラブル続き工期に遅れ 10月終了も厳しく

六ケ所再処理工場のアクティブ試験（試運転）が、3月31日で開始から丸4年を迎えた。当初予定していた2007年8月の終了は、相次ぐトラブルで先送りを繰り返した。今後越えなければならないハードルも多く、現在の目標である今年10月の試験終了は厳しくなっている。日本原燃にとって試運転5年目は、国策である核燃料サイクル政策の事業者として信頼を取り戻せるかどうかの正念場となりそうだ。（政経部・赤田和俊）

◇

取材ノート

「六ケ所再処理施設の安全操業をはじめとする、核燃料サイクル政策の推進を確認させていただきたい」。三村申吾知事は3月6日、海外返還低レベル放射性廃棄物の受け入れを求めた直嶋正行経済産業相に対し、検討の条件として再処理工場の操業を含むサイクル政策推進に対する国の確約を求めた。

知事は06年10月、電気事業連合会から同様の要請を受けた際「今は試運転の安全着実な実施に全力を傾注すべきではないか」と門前払いした経緯がある。その後3年以上たっても試運転が終わらず、検討開始のため大臣の言質を取らざるを得なくなった格好だ。県担当者の1人は「当時、試運転がここまで延びるとは誰も思わなかったろう」とこぼす。

知事「安全最優先に」

関連会社を含め数千人が勤務し、本県最大級の工場である六ケ所再処理工場。その完工遅れは、本県にさまざまなしわ寄せをもたらした。海外返還廃棄物のほかにも、工場から得られる固定資産税収入が先送りされたほか、県は核燃料物質等取扱税の税率を見直すことになった。

それでも知事は「スケジュールにこだわらず、安全を最優先に」と繰り返さざるを得ない。高レベル放射性廃液漏れの一因として「スケジュールが従業員に対する重圧になった」と指摘されたからだ。県企画政策部の佐々木郁夫部長（前県エネルギー総合対策局長）は「工期優先なら本末転倒だ。工程を一つずつクリアし、再処理事業を前に進めてほしい」と話す。

原燃は、昨年1月に発覚した高レベル廃液漏れの対策と汚染した機器の洗浄にほぼ1年を費やした。残る主な課題は①ガラス溶融炉の底に落ちた耐火れんがの取り出し②炉の健全性確認③炉内の残留物除去④ガラス固化試験で炉にたまる金属粒子対策―の四つだ。3月17日には溶融炉の加熱を開始しており、まもなく最初のハードルであるれんがの回収に着手する予定だ。

耐火れんが回収装置の模型。回収は同装置を遠隔操作し、溶けた高温のガラスの中かられんがを拾い上げる難しい作業となる

れんがの回収は、加熱して液体になったガラスの中から遠隔操作機具で拾い上げる作業で、れんがが見えない状態で回収する難しさがある。原燃は機具の開発、改良と操作訓練を繰り返しており、試験では回収確率が上がってきたと強調する。

残留物除去では、従来の数倍の効率で作業できる新型装置を開発。金属粒子対策も、茨城県東海村にある試験炉で試験を繰り返し習熟度を高めている。

業界内部も疑問視

しかし、昨年8月に発表した現在の工程スケジュールは既に大幅に遅れている。「遅れは工程全体の中で吸収可能だ」とする原燃の見通しについては電力業界内部からも疑問視する声が聞かれる。

旧動燃事業団（現・日本原子力研究開発機構）で実務の経験もある京都大学の山名元教授（再処理工学）は、最も重要な工程としてガラス固化試験を挙げ、「溶けたガラスの状態を制御する難しさがある。長期安定運転のため、まずは一定の安定運転条件を見いだすことが大事だ」と強調。「試運転5年目は、溶融炉を確実に動かせる状態にすることを優先させるべきだ。慎重さを欠いて、問題を広げてはいけない」と指摘した。

2010年4月1日

東北デバイス破たん

県クリスタルバレイ構想中核

民再法申請　負債37億円

経営再建へ出資者探し

県がむつ小川原工業地域で液晶関連産業の集積を進める「クリスタルバレイ」構想の中核企業の一つで、照明機器開発製造の東北デバイス（相馬平和社長、本社・岩手県花巻市、資本金8千万円）は2日、東京地裁に民事再生法の手続き開始を申し立てた。同日付で同地裁から保全処分命令と監督命令を受けた。同社によると負債は約37億円。同社は事業を継続しながらスポンサーを探し、再建を目指す。

【関連記事25面】

民事再生法の適用を申請した東北デバイスの青森工場＝2日午後6時半ごろ、六ケ所村尾駮

申立代理人は加藤寛史弁護士（東京）ら3人。

代理人によると、同日付で債権者約200人に対し、民再法申請を文書で通知した。債権者向け説明会を6日に東京、7日に青森市で開く。

六ケ所村にある青森工場は同社の主力で、次世代の照明機器として普及が期待された白色有機EL（エレクトロ・ルミネッセンス）パネルを量産可能な体制に整えている。同社によると、事業計画に基づく設備投資の時期とパネル需要がかみ合わず、過剰な有利子負債を抱え、資金繰りを圧迫した。負債のうち今年5月末の時点で金融債務は約18億円に上る。

同社従業員は青森工場を中心に49人。新規スポンサー探しの一方、今後の再生計画の作成過程で、債権カットの有無やカット率、従業員雇用の維持などが焦点となる。雇用に関し代理人弁護士は「できれば維持したいが、スポンサーの意向次第となる」と説明している。

県は青森工場の立地の際、用地取得や設備投資費用などとして約2億3500万円を拠出した。県商工労働部は「それ以降、直接的な支援はない」としている。

県が設立にかかわった地域ファンドで、2007年に同社に2億円弱を投資した「あおもりクリエイトファンド」運営のフューチャーベンチャーキャピタル（京都市）青森事務所の担当者は、東北デバイスの民再法申請について「有機EL業界の中で先駆けて量産工場を実現するなど、急成長の可能性を秘めていたことに期待して、多くの出資をしただけに、残念」と話した。

東北デバイス

電子部品製造のエーエムエス（中泊町）の「デバイス事業部」が独立する形で2005年3月に設立。青森工場は、県が主導したクリスタルバレイ構想に基づく立地第2号の工場として06年4月に完成した。岩手県花巻市の本社は研究開発・情報収集を担い、東京にも事務所を構える。白色有機ELは次世代の照明として成長が期待される素材で、消費電力が少ないほか、薄くて軽く複雑な配線がいらないなどの特長がある。

クリスタルバレイ構想

むつ小川原工業地域に液晶関連産業の拠点形成を目指す県の構想。雇用者やその家族、生活サービス関係者計2万人が居住する都市の形成などを目標に掲げ、2001年にスタートした。同年、第1号の企業としてエーアイエスが立地した。構想に基づく進出企業は東北デバイスと合わせ2社のみ。

着実な再生期待

三村申吾知事の談話

クリスタルバレイ構想推進の中核的な企業として将来に大きな期待を抱いていただけに、今回の事態は大変残念。早期に再生計画を作成し、円滑な遂行により、着実に企業再生が図られることを強く期待する。県としては、同社で培われた貴重な地域技術を維持発展させるとともに、地域の雇用を守るという観点から、同社や関係機関と連携し、今後の対策に万全を期したい。

構想の行き詰まり象徴

【解説】東北デバイスの経営破綻（はたん）は、県の「クリスタルバレイ構想」が行き詰まっている実態を浮き彫りにした。むつ小川原工業地域には、同社とともにエーアイエス（AIS）が中核企業として立地している。AIS設立当時の有力な出資者で、構想の立ち上げにもかかわった安田昭夫社長（当時）のアンデス電気は2009年に破綻。構想の将来を不安視する地元の声は多かった。

東北デバイスは国内で唯一の有機ELの量産体制を確立した。しかし、国内外で有機EL自体が普及せず、設立から5年連続で赤字決算。黒字に転じることはなく、財務内容は債務超過状態に陥った。

株式上場を目指し、資本金は設立当初の約1億円から12億5千万円にまで繰り返し増資した。

しかし、09年末には財務体質のスリム化に方向転換せざるを得ず、8千万円にまで減資した。

6月2日の本紙取材に同社側は「海外市場への展開を検討している」「用途が異なる部分でLEDとはすみ分けできる」と強調していた。だが、半年ほど前から従業員への給与支払いは遅れ、経営は限界に達していた。

むつ小川原工業地域に液晶関連産業の集積を目指す同構想はスタートから10年目。07年には誘致対象企業を自動車産業などにも拡大したが、成果は全く表れていない。

同構想は事実上破綻しているといえ、次への策が見えない状況だ。

（政経部・岩崎満）

2010年7月3日

海外返還廃棄物

知事受け入れ表明

サイクル協「節目で要請」

英仏両国から返還される低レベル放射性廃棄物について、三村申吾知事は19日、県庁で会見し「総合判断した結果、了解すべきとの判断に至った」と述べ、六ケ所村への受け入れ容認を表明した。国と事業者が要請してから約5カ月。返還廃棄物をめぐる動きは一つの節目を迎えた。（この記事は一部地域で重複します）

【関連記事2面、この記事の動画はウェブ東奥と東奥NETテレビに掲載しています】

海外返還低レベル廃棄物の受け入れを表明した後、報道陣の質問に答える三村知事＝19日午後、県庁

三村知事は会見に先立ち、電話で直嶋正行経済産業相に受け入れを伝えた。

会見で三村知事は、受け入れを決めた理由について①1985年に締結した核燃料サイクル施設の立地基本協定に含まれる②国と事業者が安全確保を約束している③県議会や県内各界各層が大筋で受け入れを容認している―点などを挙げた。

県議会や県民説明会などで意見が出ていた地域振興については、関係部局に具体的な検討を指示したことを明らかにし「これまでも電源三法交付金などを活用してきたが、さらに財源が得られるのであれば、いいアイデアを出していきたい」と話した。

一方、県議会最大会派の自民党が求めていた「核燃料サイクル協議会」の開催については、最終処分地選定などで国から既に確約を得たことを挙げ「今回の受け入れでは開催を求めなかったが、今後、核燃料サイクル政策の重要な節目では速やかに要請したい」と、現時点で開催に否定的な考えを示した。

会派幹部からは早期開催を求める声もあるが、三村知事は「会派の文書では『今後、サイクル政策にかかる重要な場面においては開催を求めること』と書いており、特に齟齬（そご）はない」と述べた。

知事の表明を受け、日本原燃は近く、廃棄物管理事業の変更許可を国に申請する方針。

仏国からの返還は2013年開始予定。英国分は低レベル廃棄物を同等の放射線影響量の高レベル廃棄物（ガラス固化体）に置き換えて輸送回数やコストを削減する「単一返還」が導入される予定だ。

県民に深く感謝

直嶋正行経済産業相の話　受け入れ表明は、核燃料サイクル政策上、非常に意義深いものであり、県民の皆さまのご理解、ご協力に深く感謝申し上げる。最終処分地については、国民のご理解を得て早期選定が図られるよう、国が前面に立ち、不退転の決意で取り組んでまいりたい。

決まらぬ最終処分地　確約以上の担保を

解説　英仏両国からの返還廃棄物受け入れを表明した三村申吾知事の判断は、県民説明会や県議会、各界各層からの意見集約など、これまでの核燃料サイクル政策の節目と同様、既定の手続きを踏んで出した結果だ。受け入れの後ろ盾になったのは「安全性は確保できる」とした県有識者会議の検討結果である。

県議会や県民からも安全性への異論は少なく、受け入れ容認の意見が大勢を占めた。ただ、手放しで容認しているわけではない。地層処分相当の廃棄物の最終処分地選定が遅々として進まない現実があるからだ。

最終処分地の選定は2007年に高知県東洋町での処分場誘致が頓挫してから停滞。選定作業の初段階である文献調査すら進まない状況が続く。県民説明会や原子力政策懇話会などの出席者の多くが、受け入れの賛否にかかわらず、処分場が決まらないことへの不安を強く訴えている。

今回の知事の受け入れ表明は、核燃料サイクル政策における本県の実績がまた一つ増えた形。国や事業者が「本県を最終処分地にしない」と確約しても、このまま出口の見えない状況が続けば、実績を積む本県がなし崩し的に最終処分地になるのではという不安がつきまとう。

こうした不安をぬぐい去るために、国や事業者は、最終処分地の早期選定に取り組み、確約以上の"担保"をいち早く県民に示す必要がある。県も国や事業者を厳しく注視するだけではなく、搬出期限の明示を迫るなど具体的な行動を起こす時期に来ている。

（政経部・安達一将）

2010年8月20日

六ケ所再処理工場

完工時期2年延期

溶融炉不具合響く

日本原燃が、今年10月に予定していた六ケ所再処理工場の完工時期を約2年延期する方針を固めたことが1日、複数の関係者への取材で分かった。来週末にも公表する。実際の高レベル放射性廃液を使ったガラス固化体（高レベル廃棄物）製造試験の再開は、年明け以降になる見込み。

固化体製造試験　年明け以降

再処理工場では、最終試運転（アクティブ試験）の最終段階であるガラス固化体製造試験が長期にわたり中断していた。日本原燃は、試験を従来以上に慎重に進めるため、長期間の延期に踏み切ったとみられる。

複数の関係者によると、延期幅は約1年10カ月～2年とみられ、9日に全国の電力会社社長が出席する会議で正式決定し、10日にも三村申吾知事へ報告するもよう。国の原子力安全・保安院、資源エネルギー庁も大筋で了承しているという。

ガラス固化体製造試験中断の一因である、溶融ガラスの流下不調について、同社は、炉内の温度管理に問題があったとして昨年11月から今年6月まで、茨城県東海村の実規模試験炉で、模擬廃液を使って流下不調の原因などを調査していた。

同社は7月、これまで試験を行ってきたA系統溶融炉から試験未実施のB系統溶融炉に変更して試験を再開する方針を固め、炉内の温度の測定ポイントを増やし温度管理を徹底することなどを盛り込んだ報告書を国に提出した。原燃は国の審議結果を待ち、試験を再開する方針だ。

原燃は試験再開にあたり、まず模擬廃液を使って試験炉の結果との比較から始める。年明けに放射性廃液を使った試験に移行。その後、A系統炉でも試験を行う。A系統炉に残っている金属残留物の除去には3カ月程度かかるため、長期間の延期は避けられない状況だった。

完工時期の延期について日本原燃の担当者は「工程については現在、検討している。まとまった段階でお知らせしたい」と話している。

2010年9月1日

再処理工場 完工大幅延期

「影響は？」「予想できた」

県内関係者ら懸念、批判

日本原燃が、今年10月に予定していた六ケ所再処理工場の完工を約2年延期する方針を固めたとみられることについて、県の関係者や県議からは1日、「原燃も背水の陣」「大幅延期の真意が分からない」などの声が上がった。地元・六ケ所村の関係者からは、税収の先送りを心配する声も聞かれた。

三村申吾知事は本紙取材に「現時点で延期の話を聞いていない」とコメント。ある県幹部は「2年間の延期が本当なら、これまでの延期幅で最長。原燃も背水の陣なのだろう」と推測する。

県議会で行政側や事業者の姿勢をただしてきた、自民党県連の阿部広悦政調会長は「正式な報告を受けていないので大幅延期の真意は分からないが、エネルギー政策全体や本県に与える影響を確認したい」、県議会特別委委員で民主党会派の山内崇県議は「詳しい内容を聞いてからコメントしたい。まず県に確認した上で、事業者から話を聞く必要がある」と答えた。

完工延期が正式に決まった場合、地元・六ケ所村に与える影響は大きい。完工が越年すると、施設の機械などが固定資産税の課税対象から外れ、初年度15億～20億円とされる税収はまたしても先送りされる。

三角武男村議会議長は「もし本当に完工が2年延期されるなら、財政的に大変な影響が出るだろう。議会としても事業者側にきちんと説明してもらう場を設けたい」。古川健治村長は「原燃から延期の連絡を受けていないのでコメントできない」とした。

同工場のガラス固化体（高レベル放射性廃棄物）製造試験はトラブルが続いており、県内の反核団体は冷ややかだ。核燃料廃棄物搬入阻止実行委員会の澤口進代表は「長期間の延期は予想できたこと。再処理事業は事実上頓挫した」と批判。核燃サイクル阻止1万人訴訟原告団の浅石紘爾代表は「再処理廃止も含め、国策・核燃サイクル事業の全面見直しの時期に来た」と指摘した。

原燃は延期時期について「まだ検討中」として言及していない。関係者によると、同社の役員会や、10日にも行われる国内電力会社の社長が出席する会合などを経て延期幅を正式決定する。国への届け出後、県に報告するとみられる。

県民の理解 どう得る

解説　日本原燃が六ケ所再処理工場の完工時期の延期方針を固めた。約2年の延期幅は、18回目となる計画延期の中では過去最長。既に高レベル廃液漏れや溶融炉のレンガ落下により、10月完工は避けられない事態となっていたが、また延長か―との県民の不信は増大する一方だ。

大幅延期は、作業遅れに加えて、①温度計設置などの炉内改造工事に対する国の審議結果が出ていない②模擬廃液を使った実規模試験炉との比較後に、放射性廃液を使った試験に移行するなど手順が多い―など物理的、技術的要因もあるとみられる。また、原燃は大詰めを迎えながら中断が長引く最終試運転（アクティブ試験）を着実に進めるため、あえて工期に余裕を持たせたようだ。

原子力政策大綱では六ケ所に続く第二再処理工場の検討が10年ごろから始まるとされる中、肝心の「第一再処理工場」はトラブルが続く。専門家によると「海外の再処理工場でも操業まではトラブルがあった」と指摘するが、「六ケ所は本当に稼働するのか」と県民の不安も尽きない。

県民の理解をどのように得て進めるのか、竣工（しゅんこう）の実現性は十分担保されるのか。これ以上の延期は許されず、原燃はまさに正念場を迎える。

（政経部・安達一将）

2010年9月2日

六ケ所

MOX工場着工

16年3月完工目指す

日本原燃は28日午前、六ケ所村尾駮地区に計画していた、MOX（プルトニウム・ウラン混合酸化物）燃料工場の本体工事に着手した。事業許可申請から約5年半。使用済み核燃料を再処理して取り出したMOX粉末にウラン粉末を混ぜ、原発用の燃料に加工する国内初の商用施設が、2016年3月の完工に向け、ようやく動きだした。

同日、現地で行った安全祈願祭には、川井吉彦社長のほか同社、工事関係者ら約100人が出席。神事などを行い工事の安全を祈った。川井社長は「核燃料サイクルの一翼を担うMOX工場の着工は誠に意義深い。目指すは世界一の工場。総力を挙げて取り組む」などと決意を語った。

午前11時3分、池田紘一副社長の合図で、オレンジ色の重機が掘削を開始。出席者が万歳三唱で、着工を祝った。

原燃は05年4月に事業許可を申請。当初は07年4月着工、12年4月完工を目指したが、付近の横浜断層が活断層と認定されたことなどから、新耐震指針などに基づく国の安全審査が長引き、これまで着工を4回、完工を3回延期していた。

2010年10月28日

電源交付金が仕分けで「精査」評価

「圧縮なら極めて遺憾」

知事 サイクル協で訴え

政府の事業仕分けで電源立地地域対策交付金について「精査する」と評価されたことを受け、三村申吾知事は15日、都内で開いた「核燃料サイクル協議会」で、仙谷由人官房長官ら関係閣僚に対し「予算圧縮になれば極めて遺憾」として、電源立地地域振興の維持と充実を求めた。サイクル協終了後に会見した三村知事によると、国側は「地元からの要望に可能な限り対応したい」と前向きな姿勢を見せたという。

特別会計を取り上げた、先月下旬の事業仕分けをめぐっては、同交付金について文部科学省所管分が審査対象の大部分を占めており本県の施設は事実上、対象外となっていた。

ところが、事業仕分けの結果、同交付金の文科省所管4事業について「1～2割をめどに予算圧縮」と判定され、本県への交付金にも影響する経済産業省所管分についても「同様に精査」と結論づけられた。

このため、三村知事は、14道県でつくる原子力発電関係団体協議会副会長の立場で11日に経産省へ要請したのに続き、この日のサイクル協でも、地域振興の拡充を関係閣僚に直接訴えた。

三村知事によると、大畠章宏経済産業相は「地元からの要望に可能な限り応え、地域振興につながるようにしっかり対応する。原子力発電の円滑な推進には、立地地域との相互理解が不可欠だ」と応じたという。

また、会見で三村知事は、第2再処理工場への取り組み強化を国に求めたことについて「国策として、プルトニウムの平和利用と全量再処理の流れで話を聞いた。それ以上のことはない」として、本県への誘致を視野にした発言ではないことを強調した。

発言裏付ける行動を

解説 政権交代後、初めて開かれた核燃料サイクル協議会で、国側は核燃サイクル政策の堅持を明言。地域振興についても「地元からの要望に可能な限り応える」と応じた。「国の政策にぶれがないことを確認したい」（三村申吾知事）として、サイクル協開催を求めた県の目的は一応、達成できたといえる。

尖閣諸島付近の中国漁船衝突の映像流出事件で国会が揺れる中、仙谷由人官房長官ら5閣僚が出席したサイクル協は、直後に予算委員会が控えていたこともあり、わずか30分間で終了した。このため、協議は大枠の議論にとどまったとみられる。

国策・核燃サイクルの現状は厳しい。今回、サイクル協開催の発端となった六ケ所再処理工場だけではなく、高速増殖炉原型炉もんじゅもトラブルが続発、出力試験の1年遅れも想定される。高レベル放射性廃棄物の最終処分場の問題も、初段階である文献調査すら進んでいない。

サイクル協の場で閣僚らは、国が前面に立った取り組みや支援に前向きな姿勢を示した。だが、これらの発言はサイクル協以外の場でも言い続けてきたことで、今回、さらに踏み込んだ発言は見られなかった。

三村知事は終了後の会見で「誠意ある発言をいただけたことを重く受け止める」と手応えを語った。だが、30分間の協議で出た国側の発言が単なる〝口約束〟で終わらず、協議が実りあるものであったことを裏付けるためにも、国と県、そして事業者には具体的な行動と一層の努力が求められる。

（政経部・安達一将）

2010年11月16日

エーアイエス（六ケ所）破産申請

負債57億、209人解雇

県クリスタルバレイ構想　誘致第1号企業

県がむつ小川原工業地域で液晶関連産業の集積を目指す「クリスタルバレイ構想」の誘致第1号企業で、携帯電話用液晶カラーフィルターなどを製造するエーアイエス（六ケ所村、花田俊郎社長）は29日、青森地裁に破産手続き開始の申し立てを行った。負債総額は約57億7300万円。全従業員209人は同日、解雇した。

申立代理人は綾克己弁護士（東京）ら4人。

同社は2000年、アンデス電気（八戸市、民事再生手続き中）などメーカー6社の出資により設立。主に携帯電話用のカラーフィルターやタッチパネルの部品を製造している。クリスタルバレイ構想に基づき、「オーダーメード型貸し工場」（残債約20億円）、補助金（計約3億6300万円）など、県や県の外郭団体から多額の支援を受けている。

同社の発表資料によると、08年ごろから世界不況のあおりで受注が急激に減少、資金繰りが悪化した。同年12月に金融機関などに返済の猶予を要請したが資金繰りは改善せず、今年10月には従業員への給与も遅配していた。所有不動産の売却などもしたが、運転資金は確保できなかった。

同社では、29日夜も一部の社員が関係先との連絡などを行っていた。本紙取材に応対した社員の一人は「破産手続き開始についての知らせを出したことは聞いているが、詳細について取材に答えられる立場の者がいない」と語った。

資金繰りが悪化し、破産手続き開始申し立てをしたエーアイエス＝六ケ所村尾駮、昨年1月撮影

善後策を検討

三村申吾知事の話　エーアイエスは、本県がむつ小川原工業地域で進めるクリスタルバレイ構想推進の中核的役割を担っていただけに、今回の事態は誠に残念。今後、従業員への対応策などについて情報収集に努めるとともに、オーダーメード型貸し工場の活用について、21あおもり産業総合支援センターと連携し、善後策を早急に検討していきたい。

連絡来ていない

六ケ所村の戸田衛副村長の話　村に対しては（破産手続き開始に関する）会社側からの連絡が来ていないので、コメントできる状況にはない。

クリスタルバレイ構想　むつ小川原工業地域に液晶関連産業の拠点形成を目指す県の構想。雇用者やその家族、生活サービス関係者計2万人が居住する都市の形成などを目標に掲げ、2001年にスタートした。同年、第1号の企業としてエーアイエスが立地した。構想に基づく進出企業は東北デバイスと合わせ2社のみ。

見直し遅れ失敗招く

解説　むつ小川原工業地域への立地第1号であるエーアイエス（AIS）の破産申請は、一企業の破綻（はたん）にとどまらず、県の産業政策の柱である「クリスタルバレイ構想」の事実上の破綻を意味している。今年7月には立地第2号だった東北デバイスも民事再生手続きに入った。

2001年に始まったクリスタルバレイ構想は、本年度で目標とした10年の期間が終了する。しかし、立地企業はわずか2社。当初、5千～6千人を想定した雇用数は現時点で260人余りにとどまるなど、県が思い描いた構想とは大きくかけ離れている。

同構想の事業費は総額約42億円で、うち県の一般財源から約11億円を支出。ほかにも「オーダーメード型貸し工場」に関連する県の損失補償額として約20億円が残っている。

AISの工場については「ほかの企業に買ってもらうこともできる」と県側は主張するが、その見通しは立っていない。甘い見通しから抜本的な見直しが遅れ、構想の失敗を招いた県の結果責任は重い。（政経部・岩崎満）

「結果責任は十分認識」

構想破綻　副知事が陳謝

むつ小川原地域への液晶関連産業の集積を目指す県の「クリスタルバレイ構想」の行き詰まりが指摘されていることについて、蝦名武副知事は29日の県議会質疑で、「結果責任は十分認識している」と答弁した。同構想の立地第2号企業で、民事再生手続き中の東北デバイス（本社・岩手県花巻市）の再建を軌道に乗せることが責務―との認識も示した。

同社が滞納していた工業用水料金の債権放棄の議案に関連して、渋谷哲一（民主）、諏訪益一（共産）の両議員が同構想について質問した。商工労働部幹部としてクリスタルバレイ構想の策定にかかわった蝦名副知事は「東北デバイスの債権放棄を県議会にお願いしなければならなくなったことは、県民に謝罪し、責任も感じている」と答弁した。

一方、自らの責任の取り方については、東北デバイスが量産体制を構築している有機EL（エレクトロルミネッセンス）分野に、事業譲渡先の親会社が期待をかけている―と強調。その上で「10年後に1千億円産業が県内にできるように、東北デバイスの雇用確保などに努力していくことが責務を果たすことになると考える」と述べた。

2010年11月30日

県、最大20億円損失も

エーアイエス破産

「貸し工場」補償残額

売却先など選定急ぐ

約57億7300万円の負債を抱えて破産申請した液晶カラーフィルター製造のエーアイエス（AIS）に対する「オーダーメード型貸し工場制度」の工場部分の補償として、県は最大で約20億6千万円の損失を被る可能性があることが30日、分かった。県は今後、損失額を現時点より減らすため、工場の売却先や新たなリース契約先の選定を急ぐ方針だ。県などはこれまでも、東北デバイス（民事再生手続き中）、アンデス電気（同）など液晶関連産業を支援するために多額の公費を投じている。

【関連記事2面】

貸し工場制度は、県の外郭団体の財団法人・21あおもり産業総合支援センターが銀行から資金を借りて企業の注文に応じた工場を建設し、リースする仕組み。県は銀行に対し、財団の借入額を損失補償する。

10月末時点で、県の損失補償残額は約20億6千万円。AISの経営悪化を受けて財団は2008年8月から、リース料支払い（月約4517万円）を猶予する契約を結んでいたため、リース料残高約14億2759万円のうち、約12億4600万円（10月末）が猶予分として財団の未収金となっている。

このほか、県はAISに対して創業時などに約3億6300万円を補助。財団などが出資する「あおもりクリエイトファンド」も1億円投資。さらに、AIS、東北デバイスの工業用水道の建設に約5億7千万円を費やしている。

県が今後、オーダーメード型貸し工場にかかわる損失額を軽減するためには、工場を売却するか、AISと同様に工場をリースする企業を探すことが必要となる。葛西崇県工業振興課長は「早急に複数の企業と折衝していきたい」と述べ、財団の吉﨑秀夫専務理事も「県と協力して売却先などを探したい」と話している。

一方で、AISに次いでむつ小川原工業地域に立地した東北デバイスに対し、県は2億1720万円の補助や約1億6800万円の債務保証をしているほか、工業用水料金約1340万円の債権放棄を決めている。同ファンドからも1億9360万円の投資がある。

また、県が液晶産業発展のために支援したアンデス電気には、約57億7600万円に上る事実上の債権放棄などをした。

オーダーメード型
貸し工場の仕組み

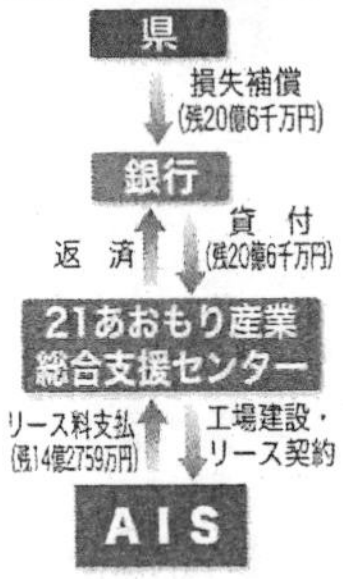

貸出金11億1100万 回収不能の恐れ

みち銀

みちのく銀行は30日、取引先のエーアイエス（六ケ所村、花田俊郎社長）が青森地裁に破産手続き開始申し立てをしたことに伴い、同社への貸出金11億1100万円に対し、取り立て不能または遅延の恐れが発生したーと発表した。

同行によると、担保や引き当てにより保全されていない6億9400万円については、2010年4～12月の第3四半期決算で引き当て処理する。11年3月通期の業績予想に変更はないという。

2010年12月1日

クリスタルバレイ検証 ①失敗に学んだか

45億円かけ目標達成ゼロ

県、反省生かす具体策なし

むつ小川原工業地域に液晶関連産業の集積を目指す「クリスタルバレイ構想」は、雇用者とその家族、関係者計2万人が居住する都市の形成を目標に掲げていた。2011年はクリスタルバレイを10年かけて整備する目標の最終年に当たる。しかし、10年には同地域に誘致した中核企業2社が相次いで経営破綻した。県が示した検証結果では、雇用数や立地した事業所数など産業振興の面で目標を達成した項目は一つもなく、壮大な構想の実現には遠く及ばなかった。

県は昨年7月から、クリスタルバレイ構想の検証を本格的に開始していた。4日、開会中の県議会定例会で示された検証結果を見ると、10年間で同構想に投じられた公費は約45億5千万円に及ぶ。内訳は国費32億7千万円、県費12億8千万円。

立地した事業所数は2社（目標達成率20%）、雇用者数262人（同5・2%）。年間出荷額は33億円で目標達成率はわずか1・4%、設備投資額も45億円（同2・2%）などと、当初のもくろみとかけ離れた数字が並ぶ。

クリスタルバレイ構想の当初目標と結果

項目	目標数値	結果	達成率
①事業所数	10～15社	2社(10年4月現在)	20%
②全敷地規模	100万平方㍍	4万5千平方㍍	4.5%
③全延べ床面積	20万平方㍍	13990平方㍍	7.0%
④設備投資額	2千億円	45億円(09年決算)	2.2%
⑤雇用者数	約5千～6千人	262人(10年4月現在)	5.2%
⑥年間出荷額	2400億円	33億円(09年決算)	1.4%

※県資料から抜粋

クリスタルバレイ構想への公費投入額

	国費	県費	計
構想推進	2.7	1.1	3.8
研究開発	27.8	5.8	33.6
人材育成	2.2	0.1	2.3
立地補助	0	5.8	5.8
計	32.7	12.8	45.5

（単位：億円）

検証結果では、「構想」を策定して産業政策を推進した手法について「農林水産業が主体で製造業の蓄積が薄いため、ある程度政策的な産業誘導を図っていくことが必要」と手法の正当性を強調。その一方で、「産業構造の変化に対応した軌道修正が必要な場合には、弾力的な対応や修正が難しくなることは否めない」と、状況に応じた適応力を欠いたことを反省点に挙げた。

集積する産業を液晶関連に絞ったことについては「ほぼゼロからスタートし、グローバル競争を勝ち抜くための戦術の検討と、ステップの明示が不十分であったことは否めない」「急速に市場の寡占化が進み、大型投資が一巡する状況の中では、従来の時間軸の感覚による投資では効果が期待通りにならないことも指摘できる」としている。つまり、戦略が未熟な上に、先端産業の変化のスピードに全く対応できなかったーと認めた。

今後の課題として①経済環境の変化を踏まえたチェック機能②本県の競争力を維持し、生かせる産業分野を的確に捉えること③構想などの推進では最終目標だけでなく、適時適切な修正を行っていくこと④資金供給について公的支援の必要性への適正な判断ーなどを挙げている。

しかし、これらの反省点を生かすための具体策が何も明示されないまま、県は、新たに29億円もの税金で無利子融資しようとしている。

クリスタルバレイ検証 ②教訓生かせるか

責任の所在、言及なし

県はエーアイエス（AIS）破綻からわずか3カ月余で「オーダーメード型貸し工場」を相和物産に貸与する方針を固めた。4日、県は「クリスタルバレイ構想」検証結果を公表したが、拙速な議論で貸し工場制度を整備したことや、構想が事実上失敗したことの責任の所在についての言及はなかった。教訓は生かされるのかー。

本紙のこれまでの取材によると、県は2001年に同構想が最終的にまとまる前、予算措置を待たず、いわば強引に貸し工場制度をつくり上げた経緯がある。既に見込まれていた受注を逃さないためだった。

今回の相和物産も同様だ。AISの取引先だった企業からの受注を逃すまいと、相和物産による工場存続を急ぐ県。県の検証結果には、貸し工場制度をつくる際、十分な議論を欠きスピードを最優先したことへの反省は示されていない。

一方で、責任の所在にも触れていない。相和物産は、合弁企業を設立してタッチパネル製造に事業を拡大する計画があるとはいえ、規模を縮小しただけでAISが失敗した液晶カラーフィルター製造を始める。構想が頓挫した責任、事業が破綻した場合の責任は誰がどのように負うのか明確ではない。

今回、県はAISの技術者の離散を防ぐことも重視した。検証結果では、10年間で培われた人材とネットワークを成果として強調し、今後本県の財産として活用すると展望している。

だが、県は当初約29億円の無利子貸し付けを含む補正予算案の採択後に、検証結果を公表する予定だった。失敗の総括を後回しにしようとする姿勢に「クリスタルバレイ構想の失敗が次の産業政策につながるのか」との県議会の声もある。

クリスタルバレイ構想

壮大な産業都市図描く

県の「クリスタルバレイ構想」は2001年に策定された。アンデス電気の安田昭夫元社長から、むつ小川原工業地域の活用方法として、液晶関連産業の一大拠点をつくることを提案されて動きだした。構想には企業誘致だけでなく、液晶関連の人材育成、研究開発も含まれ、10年間で壮大な産業都市を整備するという絵を描いた。

10年間の経緯をみると、01年に携帯電話用液晶カラーフィルター製造のエーアイエス（AIS）が操業開始。06年には白色有機ELパネル製造の東北デバイス青森工場が操業した。

その後企業誘致は進まず、07年に誘致対象の業種を自動車産業、太陽光発電システム、電子材料に拡大した。県はこれに関連して、むつ小川原工業地域の周辺地域の八戸市にセンサ工業八戸工場（08年）、三沢市に多摩川精機三沢工場（08年）、八戸市にスズキ納整センター（09年）、同じく八戸市に三和精機（09年）が立地した―としている。

しかし、10年に入り、まず7月に東北デバイスが民事再生法の適用を申請。化学メーカーのカネカ（大阪市）の子会社「OLED青森」が事業を譲り受けた。さらに11月、AISが破産申請。むつ小川原工業地域への立地企業2社が経営破綻し、構想の期間が満了する11年を前に、多額の公費がつぎ込まれたクリスタルバレイは事実上頓挫した。

東通・大間原発

安全対策後に再開容認

民主・岡田氏が見解

民主党の岡田克也幹事長は15日、大間町の町総合開発センターで下北地域の5市町村長と意見交換した。岡田氏は、東京電力・福島第1原発事故などを踏まえ、電源開発が建設中の大間原発についても周辺の避難道路整備が必要との考えを示した。東北電力・東通原発1号機など定期検査中の原発や大間原発については、安全対策で科学的な裏付けなどが得られれば、再開を容認するべきだ―とした。

（本紙取材班）

【岡田氏の一問一答、関連記事2面】▼この記事の動画はウェブ東奥と東奥NETテレビに掲載しています。

大間原発の工事状況などについて説明を受ける岡田氏㊨＝15日、大間町

現在、大間原発周辺には、地域の中核道路として国道279号がある。だが、道幅が狭いなどの課題があり、周辺の国道、県道なども道路環境が悪く、冬期間は閉鎖されることから、災害時の避難道路対策を求める声が下北地域から上がっている。

大間町の金澤満春町長は、下北縦貫道路（一部供用開始）の工事が遅々として進まない現状を指摘。さらに、周辺の国道・県道の整備などを求めた。

岡田氏は「いざという時のアクセス、避難できないという面で問題があるなと感じた。現状のままでいいとは思わない」として、避難道路整備に前向きな考えを示した。

定期点検中の東北電力・東通原発1号機や建設中の大間原発など、工程が中断している各原子力施設について「既にできているもの、できつつあるものは安全性を高めながら利用しないと、日本の電力が賄えないのも厳然たる事実」と説明。「（安全）基準強化と同1号機については関係するが、基本的には再稼働を認めないといけない。一定のハードルを設けた上できちんと動かすのが政府の方針」と話した。

岡田氏は同日、大間原発や青森市の青森港なども視察。その後、同市内で報道陣の取材に応じ「住民の安全確保という観点から避難道路の必要性を感じ、党として対応しないといけない」と説明。

大間原発の建設や日本原燃・六ケ所再処理工場のアクティブ試験再開については「（安全対策を）科学的にきちんと検証して必要であれば追加的な対策をして、その上で次のステップに進んでいく」と話した。

視察終了後、岡田氏は知事選に同党推薦で出馬する山内崇氏の演説会に出席した。

党の原子力政策発信を

解説　民主党の岡田克也幹事長は知事選告示まで1週間を切ったタイミングで来県、六ケ所再処理工場、大間原発などを駆け足で回った。菅直人首相が中部電力浜岡原発の全面停止を要請したのが6日。8日に浜岡原発以外の停止要請はないと言明。12日には岡田氏が会見で大間原発の建設継続を容認する発言をしている。

政権と党が次々と今後の方針を発信しているが、きちんと整合性が取れた決定なのか。もちろん、核燃サイクル事業は堅持されるのか―。福島第1原発事故の収束が見えない中、原子力・エネルギー政策の先行きに対し、本県の原子力施設立地地域からは不安の声が上がっている。

しかし、岡田氏は今回、電力需給の観点から原発、核燃サイクルの必要性は認めつつも、安全性に対する「科学的な検証」が前提である―と繰り返し、具体的対策の発信は乏しかった。

岡田氏の視察は知事選に出馬する山内崇氏の要請だ。視察箇所は山内氏の公約である「避難道路整備」「青森港の機能強化」に合致している。地元の首長らの前では期待感を抱かせる発言もした。自民党推薦の現職の知名度・組織力への劣勢を挽回する選挙対策としての思惑も見え隠れする。

知事選は4月の統一地方選後初めて民主・自民両党が激突する大型選挙である上、原子力政策の在り方が争点となることから、全国的に注目を集めている。

それだけに、地元には党としての今後の原子力・エネルギー政策について踏み込んだ方針表明を期待する向きもあった。原子力施設が集中立地する本県。立地自治体への具体的姿勢を早急に示す必要がある。

（熊谷慎吉）

2011年5月16日

再処理工場

来週にも溶融炉熱上げ

試験再開準備始まる

日本原燃は5日、六ケ所再処理工場で中断しているガラス固化体（高レベル放射性廃棄物）製造試験再開に向けて、周辺設備を稼働させる準備作業に入った―と発表した。関係者によると、早ければ来週中にも、ガラス溶融炉の温度を上げる「熱上げ」作業に着手する。熱上げが終了すれば、試験の絶対条件である、ガラスを溶かしながらの作業が可能になる。実質的な試験再開にあたる、模擬廃液を使った「事前確認試験」は、1月下旬から2月上旬になる見通しだ。

原燃によると、4日夕方、熱上げ前の作業として、高レベル放射性廃液濃縮缶などから発生した使用済みの硝酸を回収、処理する設備を稼働した。原燃は今後、1週間から10日程度かけて高レベル放射性廃液濃縮缶や、ガラス溶融炉から出る廃ガスを処理する設備の稼働を進め、正常に作動するか確認する。

原燃は「慎重に一つ一つ作業を進めたい」として、熱上げの具体的な時期について言及しなかったが、関係者によると、周辺機器に問題がなければ、来週後半にも、熱上げに着手できるという。

熱上げには約2週間かかる見込み。原燃によると、A、Bの2系統ある溶融炉のうち、まずB系統炉で事前確認試験を行い、その後、B系統炉で実際の廃液を使って試験を実施する。A系統炉では模擬廃液を使った試験のみを予定。この間の工程は5～6カ月程度を見込んでいるが、試験の状況次第では短縮も可能だという。

（安達一将）

2012年1月6日

核燃サイクル小委

留保案「有効な政策」

事業継続2~5年　凍結5年

3選択肢と別に評価

核燃料サイクル政策の在り方を考える国の原子力委員会の小委員会は16日、使用済み核燃料の取り扱いを軸とした「全量再処理」「全量直接処分」「再処理と直接処分の併存」の政策選択肢3案のほかに、これらの基本政策の決定を一定期間「留保」した場合の2案についての総合評価を取りまとめた。会議では「併存」を支持する意見が委員の多数を占めた。ただ、留保についても、目的や留保期間中の具体的な取り組みなどを明確にすることで「『単なる先送り』ではない、有効な政策的措置となる可能性がある」（会議資料）と明記している。（本紙取材班）

【関連記事2、7面】

留保案について小委員会の鈴木達治郎座長は「留意する事項として指摘した」と会議後の取材に述べ、政策選択肢には含めない方針をあらためて説明した。一方、原子力委員会の近藤駿介委員長は会議後の取材に「留保という選択肢」「第4の道」などと語り、有力な案との見方をにじませた。同じ原子力委員会メンバーで留保案に対する見解が割れた形だ。

留保案は六ケ所再処理事業を限定的に継続する「活動継続・留保」と、同事業を凍結する「凍結・留保」の2案。東京電力福島第1原発事故の影響により、現時点で将来の原子力発電規模やプルサーマル計画、六ケ所再処理工場の稼働状況などの見通しが不確実なことから取り上げた。

2案のうち再処理事業活動を継続しながらの留保は、国が2~5年内に事業の継続性を検証することを想定。凍結しての留保は、海外からの回収プルトニウムの取り扱いの見通しがより明確になるとみられる5年程度を猶予期間として設定した。

「活動継続・留保」の長所は、再処理工場の操業見通しがある程度明確になってから政策判断できる点。「凍結・留保」は、国内のプルトニウム在庫量が増えない―としている。

一方、短所は「活動継続・留保」「凍結・留保」ともに▽全量直接処分への政策変更の可能性があるため、事業を続けるリスクや雇用不安が生じる▽サイクル事業に関する地元同意の先送り・撤回の可能性がある―などと指摘。「凍結・留保」はこのほか、再処理工場の主工程停止により人材・技術を維持できない―なども指摘している。

政策選択肢をめぐる小委員会の議論は同日で終了。原子力委員会は、23日予定の原子力政策大綱策定会議の意見を踏まえた上で、今月中にも政府のエネルギー・環境会議に提示する。鈴木座長は「どの選択肢も課題が多い。優しい選択肢はない」と強調した。

核燃料サイクル政策の判断を先送りする「留保」2案の評価（案）

	サイクル事業の「活動継続・留保」案	サイクル事業の「凍結・留保」案
期間	2~5年内	5年程度
案の主な内容	・六ケ所再処理事業はアクティブ試験を終了させ、日本原燃の計画に従った操業を始めることとする ・再処理工場の稼働状況に基づき、事業の継続性について国による検証を行う ・MOX工場の建設を含めプルトニウムの消費の取り組みを進め、その進ちょく状況から今後のプルサーマルの実現性を検証する	・六ケ所再処理事業の計画、MOX工場の建設を凍結する。ただし、ガラス固化体技術の試験・操業は継続して行う ・当面、海外回収プルトニウムについてプルサーマルか代替方策により処分することへの合意を進める。その間プルサーマルは凍結し、今後の回収プルトニウムの処分の方策を検討する
主な長所	・再処理工場の操業見通しについて、実際に再処理を実施する方がより明確化される ・留保期間後に政策変更がある場合の準備期間が得られる	・国内のプルトニウム在庫量は増えない ・再処理活動やMOX工場の建設を中断することによって客観的検証が可能
主な短所	・留保後に全量直接処分への政策変更があり得るため、再処理工場操業停止の可能性が残り、事業リスクや雇用不安が大きい ・中間貯蔵施設の設置やプルサーマルの新規の申し入れに対して、留保期間中の受け入れが延期となる可能性 ・現在同意が得られているプルサーマル計画等の白紙撤回となる可能性があり、その場合、留保そのものが成立しなくなる	・再処理工場の主工程停止により人材・技術を維持できない可能性 ・留保後、再処理工場操業停止の可能性が残るため、事業リスクや雇用不安が大きい ・中間貯蔵施設の設置やプルサーマルの新規の申し入れに対して、留保期間中の受け入れが延期となる可能性 ・現在同意が得られているプルサーマル計画等の白紙撤回となる可能性があり、留保そのものが成立しなくなる

「第4の道」なり得るか

解説　今後の核燃料サイクル政策をめぐる原子力委員会小委員会の議論が一区切りした。政策決定の判断を先送りする「留保」案については、「全量再処理」「全量直接処分」「再処理と直接処分の併存」という三つの政策選択肢とは別に、評価案に「有効な政策的措置の可能性」と明記された。ただ、留保案をめぐり原子力委員会委員の見解が割れるなど、位置づけは依然不透明なままだ。

留保案は六ケ所再処理事業を継続する場合と、ガラス固化体製造試験の継続のみに限定する場合の2案。留保期間は2~5年間。将来の原発比率、MOX（プルトニウム・ウラン混合酸化物）燃料を原発で燃やすプルサーマル計画や再処理工場の稼働状況の見通しなどの不確実性が高いことなどから、留保案を「第4の道」（近藤駿介・原子力委員長）と、現実的な選択肢の一つとする見方もある。

ただ、再処理工場の稼働延期により800億~4100億円の追加コストがかかるという試算もある。原燃が研究開発を進める新型のガラス溶融炉の進捗（しんちょく）にも影響を与えかねない。留保期間の根拠も不明確だ。全量直接処分への政策変更があった場合、操業停止に追い込まれるという事業リスクもある。

これらのデメリットを踏まえた上で、留保が第4の道となり得るか、単なる結論の「先送り」にすぎないのか、今後の議論に委ねられる。

（安達一将）

2012年5月17日

再処理工場ガラス固化

3年半ぶり試験再開

終了まで100日以上

日本原燃は18日、六ケ所再処理工場でガラス固化体（高レベル放射性廃棄物）製造試験を再開したーと発表した。２００７年11月から開始した試験は、固化体を作り出すガラス溶融炉のトラブルや、東日本大震災の影響で中断していたが、08年12月以来、約3年半ぶりの再開となった。（本紙取材班）【関連記事3面】

原燃は7日に炉の温度を上げる「熱上げ」を終了。その後、溶けたガラスの流下、新設の温度計の性能などを確認。模擬のガラスビーズを入れて7本の固化体を製造し、異常がなかったことから試験再開に踏み切った。

18日午前8時、今回新たに導入した、実際の高レベル放射性廃液を含まない「模擬廃液」を使って炉の温度を確認する「事前確認試験」に着手。工場内にA、Bの2系統ある炉のうち、ほぼ未使用のB系炉を使用した。再処理工場の溶融炉を模した実規模試験炉（ＫＭＯＣ）で実施した試験結果との比較検証を行い、高レベル廃液も使いながら慎重に作業を進める。

その後、高レベル廃液を使って溶融炉の安定運転、性能を本格的に確認する「ガラス固化試験」をB系炉、A系炉の順で進め、事前確認試験と合わせ、全体で最大１５０本程度の固化体を製造する予定だ。

固化体の製造期間は順調に進んだ場合、約１００日とみられるが、試験中は、溶融炉内部を浄化する「洗浄運転」も実施。さらに、事前確認試験終了後は国に報告書を提出、確認を受けるため、試験期間はさらにかかる見込み。原燃の川井吉彦社長はこれまで「10月完工は非常に厳しい。試験の進捗（しんちょく）状況を踏まえ、精査した上で検討したい」と工程見直しと完工延期を示唆している。

国は原発から出る使用済み核燃料の処分方法について、現行の「全量再処理」に、「再処理と直接処分（地中廃棄）の併存」「全量直接処分」を加えた三つの選択肢の中から結論を導き出そうとしている真っ最中。核燃サイクル政策が揺れ動き、先行き不透明な中で試験再開を決断した原燃は「安全を最優先に慎重かつ段階的に試験を進める」とのコメントを出した。

ガラス固化体

ガラスは水に溶けにくく、変質しにくいことに着目、高レベル放射性廃液をガラスと一体化した状態でステンレス容器に入れ、固めたもの。30～50年間貯蔵し冷却した後、生活環境から隔離するため、３００㍍より深い地下に造る最終処分場に埋める。金属製容器に収納して地下水との接触を千年防ぎ、周りを粘土で覆って放射性物質が溶け出ても移動しにくくする。

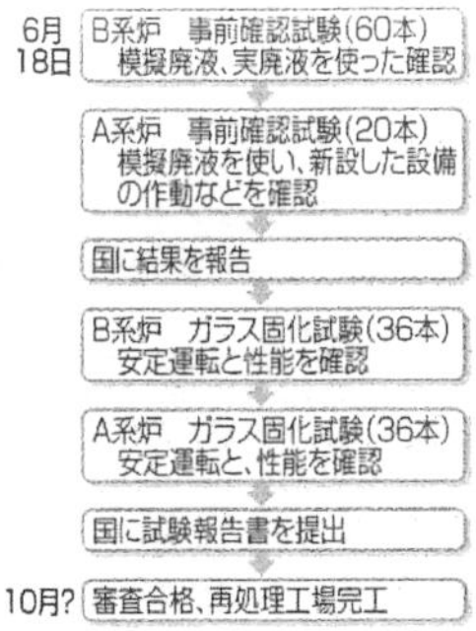

ガラス固化体製造試験の今後の流れ

かっこ内はガラス固化体の最大製造本数
事前確認試験では、炉内を洗浄する作業で別の固化体も発生する

再処理工場内にあるガラス溶融炉。ガラス固化体製造試験の中核を担う（日本原燃提供）

2012年6月19日

核燃縮小「負の影響」9割

本紙・県内企業159社アンケート

雇用や消費悪化懸念

詳報8、9面

核燃料サイクル事業や原発の将来的な方向性について国が検討を進めている中、核燃事業や県内の原発事業が中止や計画縮小になった場合、県経済にマイナス影響があると考える企業が9割近くに上っていることが、東奥日報社が実施した県内主要企業アンケートで分かった。雇用への影響をはじめ、受注機会の減少、県や関係市町村の財政悪化、消費の低迷などを懸念している。一方、エネルギー政策の将来的な在り方については「現状と同程度で原発を継続」や「原発を増設」よりも「減原発」「脱原発」を選択した企業のほうが多かった。

（本紙取材班）

原発や核燃事業が中止や計画縮小になった場合の県経済への影響は？

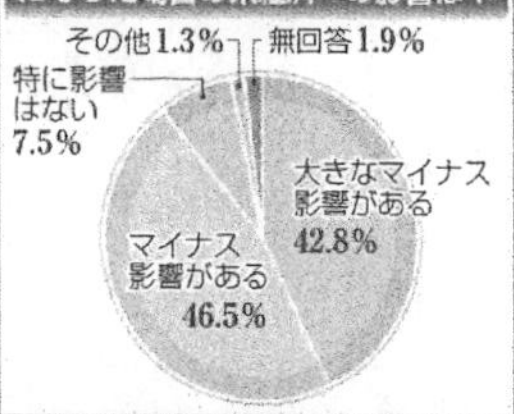

2030年時点でのエネルギー依存をどう考えるか？

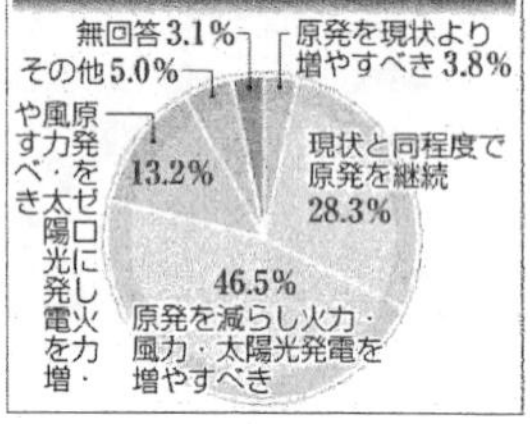

将来の選択「減原発」多く

調査は、6月に県内の主要企業350社を対象に郵送で行い、159社から回答を得た。

県内の原発や核燃サイクル事業が中止や計画縮小になった場合の県経済への影響に関する設問では「大きなマイナス影響がある」と「マイナス影響がある」とする企業が合わせて89・3%に上った。「特に影響はない」は7・5%で「プラスの影響がある」と回答した企業はなかった。

マイナス影響の理由としては「離職者が増える」「雇用機会が失われる」「税収の減」「原発関係の補助金の減少」「受注の減少」「雇用がなくなり、消費も減って悪循環」などが上げられている。

自社への直接的な影響については、42・2%の企業がマイナスの影響があるとした。建設業や運輸業でマイナス影響の割合が高く「従業員が半数以上解雇となる」（上北郡・建設業）との回答もあった。

一方で「特に影響はない」という企業が54・1%を占めた。影響がない理由としては「原発関係の事業にかかわっていない」がほとんどだった。

18年後の2030年時点での原発の在り方に関する設問では「原発を現状より減らし、火力や風力、太陽光発電を増やすべき」が46・5%で「現状と同程度で原発を継続」の28・3%を上回った。「原発をゼロにすべき」は13・2%で「原発を増やすべき」は3・8%だった。

六ケ所村の使用済み核燃料再処理事業については「計画通り事業を実施すべき」が38・4%で多かったものの「一定の時間を置いて判断」が37・7%だったほか「事業をやめるべき」も13・2%あった。

大間原発や東京電力東通原発1号機の工事が中断していることについては「国の原子力政策が固まるまでは工事再開を保留すべき」が52・2%で最多。「早期に工事を再開すべき」が24・5%あった半面、「建設をやめるべき」も15・7%あった。

青森大学経営学部の赤坂道俊教授（経営史）は「核燃・原発事業の県経済への影響と、自社への影響は別と考えている企業が過半数あることが注目される。原発から自然エネルギーなどへの転換を進めるべきとの意見も6割近くになっており、東日本大震災以降、県内企業の意識が変わってきているのではないか」と話している。

2012年7月2日

再処理工場 ガラス固化事前試験

温度管理の徹底奏功

原燃がB系炉評価結果

日本原燃は30日、六ケ所再処理工場で3年半ぶりに再開したガラス固化体（高レベル放射性廃棄物）製造試験について、B系統のガラス溶融炉で実施した事前確認試験の評価結果を取りまとめ、発表した。過去の試験では、高レベル放射性廃液に含まれる金属粒子（白金族元素）が、溶融炉の底部に堆積する不具合を解決できなかったが、今回は、温度管理などの改善策が奏功、白金族の堆積を抑制できたと評価した。（安達一将）

事前確認試験の評価結果などについて説明する、原燃の中村部長（中央）ら

6月18日から7月27日まで行った事前確認試験では、溶融炉を模した実規模試験炉（KMOC、茨城県東海村）でこれまで行ってきた試験のデータと比較しながら作業を進行。終盤には、長期に及ぶ試験中断の要因となった「不溶解残さ」（せん断した使用済み核燃料を溶かした際に出る溶け残った金属粒子）も投入したがトラブルなく終了した。

２００７年11月に始まったこれまでの試験では、炉内のガラスの〝落としぶた〟の役割をする仮焼層（上面にできる膜）がうまくつくれず温度が不安定となり、白金族が堆積、ガラスが流れなくなった。

原燃は過去の失敗を踏まえ、測定ポイントを増やすため温度計を増設したほか、温度変化を予測する機器のプログラムを改良するなどして炉内の温度管理を徹底、仮焼層ができやすいよう、炉内の各部分で温度を調整した。また、金属粒子を薄めて炉外へ押し流す「洗浄運転」も定期的に行い、炉の健全化に努めた。原燃の中村裕行・理事再処理計画部長は「改善策は全て期待した通りの効果を発揮し、ガラス温度の安定性、流下性の確保などについても満足のいく結果が得られた」などと話した。

原燃は8月上旬、もう一つのA系統炉の熱上げに着手し、同月下旬から9月中旬にかけて模擬廃液のみを使った事前確認試験を行う。その後、B系、A系炉双方で炉の安定運転と性能を確認するための試験を4～6カ月程度かけて行うため、原燃が目指す再処理工場の10月完工は絶望的。川井吉彦社長はA系炉の事前確認試験の結果などを踏まえて新工程を発表する方針を示している。

ガラス固化体製造試験の今後のスケジュール

※（　）内は製造されるガラス固化体の数

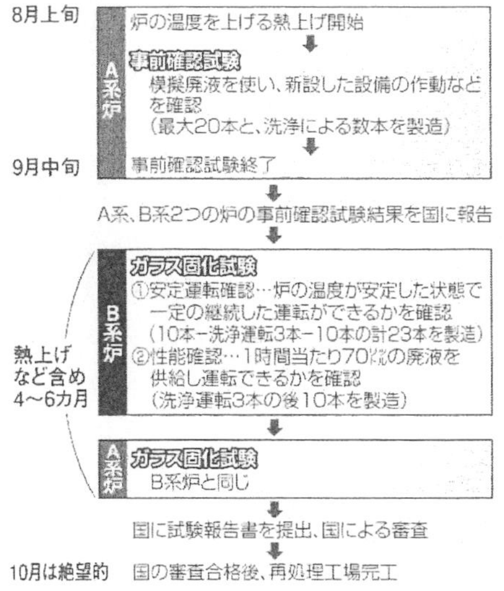
8月上旬
炉の温度を上げる熱上げ開始
A系炉
事前確認試験
模擬廃液を使い、新設した設備の作動などを確認
（最大20本と、洗浄による数本を製造）
9月中旬
事前確認試験終了
A系、B系2つの炉の事前確認試験結果を国に報告
B系炉
ガラス固化試験
①安定運転確認…炉の温度が安定した状態で一定の継続した運転ができるかを確認
（10本－洗浄運転3本－10本の計23本を製造）
②性能確認…1時間当たり70㍑の廃液を供給し運転できるかを確認
（洗浄運転3本の後10本を製造）
熱上げなど含め4～6カ月
A系炉
ガラス固化試験
B系炉と同じ
国に試験報告書を提出、国による審査
10月は絶望的
国の審査合格後、再処理工場完工

2012年7月31日

サイクル政策 堅持要請

知事、関係閣僚と会談

　政府の新エネルギー戦略策定を前に、三村申吾知事は22日、都内で枝野幸男経済産業相や古川元久国家戦略担当相、細野豪志原発事故担当相ら原子力政策の関係閣僚と相次いで会談し、原発・核燃料サイクル政策の堅持を求めた。

　要望内容は①将来の原発比率選択に際し、電源確保の見通し提示②サイクル政策の必要性に関する認識の明確化③使用済み核燃料の解決策の提示④本県を放射性廃棄物の最終処分地にしない確約を踏まえた国の取り組み前進―の4項目。各省庁を訪れた三村知事は、本県が国策に長年協力してきた経緯を説明し、立地地域に配慮したエネルギー政策づくりを要請した。

　これに対し政府側は「青森県の提言は重く受け止める。今後とも核燃料サイクル協議会などを通じて青森県との話し合いの場を持ちたい」(藤村修官房長官)などとするにとどまった。

　古川担当相は21日の会見で将来的に原発ゼロを目指す考えを示したが、県側出席者によると各閣僚から将来の原発比率やサイクル政策に関する具体的な言及はなかったという。

　また、枝野経産相は最終処分地問題について「青森県を最終処分地にしない約束はしっかりと守る」と述べ、本県との確約を尊重する姿勢を強調した。

　三村知事は終了後の取材に「立地地域の現状、経緯を十分に踏まえ責任ある選択をしていただきたい」と訴え、サイクル政策については「国としてどういう判断をしていくか、しっかり示すべきだ」と強調した。

　当初、原発立地道県などでつくる「原子力発電関係団体協議会」で要請する予定だったが、原発再稼働問題で足並みがそろわず本県の単独要請となった。

（阿部泰起）

枝野経済産業相㊨に要望書を手渡す三村知事＝22日、経産省

2012年8月23日

V -4-2

東奥日報・連載記事

1970年4月20日
巨大開発の胎動—生まれ変わる陸奥湾・小川原湖—

北方工業のエース 想像つかぬ変容 スケールは全国一
無公害、無雪都市　最も住みよい理想の町

陸奥湾・小川原湖の大規模工業開発が急速に動き始めた。二十二日には、富士銀行を中心とする富士グループ十二社が、現地調査を行なうが、これまでにも三井、三菱、住友などの企業集団が調査を進めており、いずれも開発に積極的に構えを示している。財界が描く工業開発の構想は“公害なき巨大コンビナート”であり、巨大経済の中核としての陸奥湾・小川原湖であるようだ。大規模工業開発の方向と問題点は何か—。本社は先発工業地帯の現況を調べるため鹿島（茨城）、中南勢（三重）、苫小牧（北海道）の各地と関係省庁、財界に記者を派遣するとともに、北方工業化時代のエースとして浮かび上がってきた陸奥湾・小川原湖開発計画の展望を試みた。以下は取材班のレポートである。

（特別取材班・相木、中川、和田記者）

A 陸奥湾・小川原湖大型工業基地開発は、いよいよ“バラ色の夢”に包まれて動き出した。“わが国最大の工業地帯”“太陽と緑の工業地帯”とか、いろんなキャッチフレーズで企業、財界から注目されているが、一体、どんな工業基地になるのか、資本ゼロ地帯がわずか十年足らずで巨大工業地帯に生まれ変わる—と聞かされてもピンとこない向きが多いと思うが…。

全国で11の候補地

B 作業を進めている県首脳部でさえ“想像を絶する”といっているくらいだから、とにかくどえらい規模になることだけは間違いないね。通産省の大型工業基地開発計画に陸奥湾・小川原湖も含めて十一カ所が候補に上っている。そのなかで一番スケールの大きいのが陸奥湾・小川原湖地区だ。開発可能面積が実に二万三千㌶、工業用地だけで一万㌶というからケタはずれの広さだ。これは現在最大の鹿島（茨城）のざっと三倍、中南勢（三重）の八倍、東三河（愛知）の二十倍に当たる。

C 用地が広いだけじゃないか。それだけで開発が進むのか—といぶかる向きもあるかも知れない。ところが、通産省あたりでは用地の広さを第一条件にしているのだ。工業用地三千㌶以下の地区はまずダメだといっている。だから、現段階では福井新港、徳島臨界など規模の小さい地区はすでにふるいにかけられたという話だ。その点、陸奥湾・小川原湖は手前ミソを抜きにしてナンバーワン・ランク（第一級）というのが大方の一致した見方じゃないのか。

工業生産は百兆円

B　ところで、大型工業基地の開発構想がどんな背景から生まれてきたのか。その辺をまず考えてみないと、陸奥湾・小川原湖開発の意味が分からないんだが—。

A　その通りだと思う。まず四十三年に通産省が出した「工業開発の構想」（試案）と昨年五月、企画庁が発表した「新全国総合開発計画」（以下、新全総と略す）で打ち出された考え方が根拠になっている。内容を簡単にいうと「本格化する経済の国際化と国際競争の激化のなかで、昭和六十年の工業生産目標額百六十兆円を達成する必要がある。海外資源の依存度の高い基幹資源型は、今後の船舶の大型化、大規模化、基盤整備のための投資額の巨大化、エネルギー使用の効率化などの条件から大都市圏から遠距離に立地すべきである」と、まずで陸奥湾・小川原湖を念頭において作文したような考え方なんだね。従来までは、需要地に近いところが条件とされていた。それを“遠隔地”に立地するよう一八〇度の転換を示している。

既成都市はもうダメ

C　さきごろ産業構造審議会産業立地部会でまとめたところでは、わが国の工業立地は関東臨界、近畿臨界、さらに東海、山陽を加えた太平洋ベルト地帯に全国の七四％が集中していると指摘している。しかし、これらの地区の過密化はひどく、労働力不足や工業用水難、果ては公害問題などで身動きできない状態だ。しかも、企業サイドからいわせると、国際競争に打ち勝つためにはプラントが老朽化し使いものにならなくなっているのは、なんとしても頭痛のタネとなっている。そこでスクラップ・アンド・ビルドより遠隔地に思い切った設備投資をする方が得だという発想法が芽ばえてきたわけだね。

A 「新全総」ではこのような大型工業基地を全国に二、三カ所つくるよう提言している。その有力候補に陸奥湾・小川原湖があがっているわけだが、立地する企業は既存の規模を一回りも二回りも大きいものになることは疑いのないところだ。その意味で巨大経済時代の文字通りエースとして、陸奥湾・小川原湖がさっそうとデビューしてきたというところか。

来月中に基本計画案

B　来月中には県がかねて日本工業立地センターに依頼していた“ラフ・スケッチ（基本計画案）”ができ上がる予定になっている。それが公表されるとおおよその見当がつくことになるが、基本方向は昨年三月、同センターがまとめた「陸奥湾・小川原湖調査報告書」と大差ないものとみてよいだろう。規模や業種、さらにニュータウンの配置計画については、万国博の本館に展示されている模型を見れば大方の想像がつく。この模型は陸奥湾・小川原湖の開発計画を想定して通産省が出品したものだが、マンモス石油タンクが林立する臨界工業地帯は壮観というか、ひと口では説明できないくらいだ。さる十二日、「二十一世紀は日本の世紀」と予測した未来学の大御所、ハーマン・カーン博士（米ハドソン研究所長）は、この模型を見て「これだ。このダイナミックなエネルギーこそ日本にとって大事なのだ」と明らかに興奮した態度で叫んだという。（十四日付け朝刊）

アッと驚く規模

C　カーン博士も“アッと驚く”陸奥湾・小川原湖開発ということになるね。その内容だが、大ざっぱにいうと臨界性基幹産業型と呼ばれる性格のものになるだろう。これに張り付けられる業種は鉄鋼業、アルミ工業、石油精製、石油化学工業、電力業の業種が考えられている。規模は鉄鋼が粗鋼ベース年間二千万㌧、電力四百八十五万㌔㍗、石油精製日産八十万バーレル、石油化学エチレンベース年間百万㌧、アルミ精製年間四十万㌧となる予測だ。これらの工場が小川原湖からむつ市周辺までの二万三千㌶の開発予定地にそれぞれ立地されることになろう。

B　実際の工業立地がどうなるかは、まだマスタープランができていないので現段階ではにわかに即断できない。しかし、地盤が比較的堅く、小川原湖用水の取得が容易な太平洋岸に、鉄鋼業とエネルギー源としての原子力基地、さらにアルミなど電力多消費方の非鉄基地が配置されることになるのではないか。海外から輸入する原鉱石や原料炭の窓口として、わが国最大の掘り込み港湾がつくられる予定だ。一方、五十万㌧級タンカーは宿泊できる“天然の良港”を持つ陸奥湾沿岸には石油精製、石油化学コンビナートが張りつくことになろう。日本工業立地センターのプランでは、ニュータウンはほぼ人口二十万人で無公害、無雪都市の新設が考えられている。実現すると、大体青森市並みの規模で、わが国で最も“住みよいニュータウン”が十年足らずの間に文字通りこつ然とそびえ立つわけだね。

〔大型工業立地〕

通産省の計画によると、わが国の工業用地は昭和六十年に約三十万㌶（四十年の約三倍）になると推定している。この膨大な工業用地需要をまかなうと同時に、既成工業地帯の過密化を防ぐため、現在はほとんど工業立地がなされていない地点に、十分な事前調査と計画に基づいた大規模な‘公害なきコンビナート’を建設するもの。

候補地は第二苫小牧（北海道）陸奥湾・小川原湖（青森）秋田臨界、東三河（愛知）中南勢（三重）福井臨海、福島臨界、周防難（山口）周防灘臨界（福岡、大分）日向（宮崎）志布志（鹿児島）の十一ヵ所。このなかで陸奥湾・小川原湖が最有力視されている。

1970年4月21日
巨大開発の胎動―生まれ変わる陸奥湾・小川原湖―2

北方工業のエース②

初めて原子力採用　六業種が計画的に立地

熱意示す財界首脳

C　陸奥湾・小川原湖がわが国北方工業のエースとして登場してきたことは、もはや企業、財界が一致して認めている。新全総が発表になったのが昨年の五月だった。ところが、八月には植村甲午郎会長を団長とする経団連の視察団が、早くも現地にさぐりを入れにやってきた。そして年内には三菱、三井住友、古河と各企業グループが続々現地入りを済ませている。

なかでも三井不動産は江戸英雄会長が直接視察するほどの熱の入れようだ。近く訪れる富士グループと三和グループで大手企業グループの第一次視察が終わるが、一年足らずの間にこれだけの“資本家”が足を踏み入れた開発地域は、ほかに例がないだろうね。ことに今度の富士グループは日本鋼管、日立製作所、昭和電工といったトップ企業がズラリ、企業側のなみなみならぬ熱意がうかがえる。周防灘（福岡、山口、大分）では、“うちも大型工業基地に立候補しているのだから、青森だけを視察するのは差別待遇じゃないか”と経団連にねじ込んで周防灘も視察させたという話もあるくらいだから、財界の目は陸奥湾・小川原湖一点に注がれているといっても過言ではないようだ。

A　八戸新産業都市を除いて大規模な工業が育たなかった本県に、突如として鉄鋼、原子力、石油コンビナートが十年足らずの間にでき上がるというのだから驚かない方がよっぽどどうかしているよ。それはともかく、陸奥湾・小川原湖開発の特色というか、これまでに想定されている計画のうちで、他地区と変わっている点はなんだろうか。

B　まず第一に、六業種に及ぶ基幹資源型が一度に立地されるということだろう。これまでの例だと京浜、阪神、名古屋臨海にしても、既成の工業力が波及する形でいろんな業種が張り付いていった。そして無秩序にふくれ上がって成長したため、動脈硬化現象が起こり、ニッチもサッチもいかなくなった。これは皮相な見方をすると、どん欲なまでの企業エゴイズムの“自損行為”ともいえるわけだ。今度の陸奥湾・小川原湖は、そんな反省から計画的な企業立地に踏み切ったといえよう。したがって、単なる地域開発にとどまらないことはもちろん、企業エゴイズムも清算した国全体の要請によるものと考えないと、大勢の判断を誤ることになりかねないのじゃないかな。

百万キロワットの発電で

C　それと、基幹産業のなかで最も比重の重い鉄鋼業と原子力との組み合わせが特徴といえる。むろん、基幹エネルギーとして原子力を採用するのは初めてのことで、モデルケースとして注目を集めることになるに違いない。そこで問題になるのは製鉄に原子力発電を利用するさいの採算性だ。既存の高炉で一番規模が大きいのは、住友金属和歌山の粗鋼ベース年間六百七十万トンで、高炉容積は約一万立方メートル。川崎製鉄千葉の約一・五倍新日鉄君津（千葉）の約四倍という大型高炉だが、陸奥湾・小川原湖は千万トンあるいは二千万トンの高炉が考えられている。

一千万トン高炉に必要とされる電力は、百七十万キロワットアワーというのが大ざっぱな計算だ。アメリカではすでに単基百万キロワットの発電炉が開発され、コストも火力発電の半値になっているというんだね。しかも、商業ベースに乗せるには、通常百万キロワット以上でなければ意義がないとされているだけに、千万トン高炉に単基百万キロワットの原子力発電はきわめて実益性に富んだ組み合わせということができよう。

A　わが国の技術では、百万キロワット発電開発は時間の問題とされている。四十八年ごろには実用化のメドがつくようだネ。原発の設置が決まった下北郡東通村では、いま約千万平方キロの用地買収が進められているが、鉄鋼だけでなく電力多消費型のアルミ工業の立地も考えられているだけに、いち早く用地買収に乗り出したのは賢明だったといえるのではなかろうか。

B　もう一つの大きな特色は、開発可能地として下北半島の首根っ子に当たる二万三千ヘクタールがそっくり使えることだ。つまり、臨海埋め立て工業地帯と臨海内陸工業地帯の長所を合わせ持つ性格がある。埋め立てだと、用地取得コストが高く、後背地利用の臨海内陸型は内陸部の工場用地化に限度があるということで、どちらも“帯に短し、タスキに…”のたぐいだ。ところがその点では、陸奥湾・小川原湖は両方の長所を兼ね備えているわけだね。

そのうえ、未利用地や原野がほとんどを占めていることから、自由自在にスケッチを描ける優位性がある。日本工業立地センターが「大規模開発拠点として基本的な工業立地条件をもっている地区は、日本列島のなかでも他に類例がない」と太鼓判を押しているのもうなずける気がするね。それに加えて水深が深く、年間を通じて潮流がゆるやかで、潮位の変化が少ない“天然の良港”陸奥湾をもっているのも強みだ。

アルミ工業も有望

A　鉄鋼業に関連して、アルミ工業も有望な業種の一つだ。アルミの需要は、めざましいものがある。サッシ、ドアなどの建築部門、自動車、トラック、コンテナ、鉄道などの輸送部門、さらにはテレビ、電気洗たく機など、家庭電化製品部門の需要は目白押しで、供給がとても追いつかないのが現状だ。通産省の長期見通しでは昭和五十年百十四万トン、六十年には二百三十万トンに達すると試算している。こうした需要の増大から、陸奥湾・小川原湖に配置されるプラントサイズは、年産三十万～四十万トンと、現在日軽金苫小牧に建設中の四十万トン（最終）と同じ規模になることは確実だろう。

ところが、鉄鋼と同じく電力多消費型なんだが、とても鉄鋼なんかと比べようがないんだな。アルミ一トンの生産に、一万八千キロワットアワーの電力を消費するというんだ。そこで当然、原子力発電との組み合わせが必要となってくる。現在の電力費は一キロワットアワー当たり二円八十銭とハジキ出されているが、単基百万キロワットの原発ではちょうど半額の一円四十銭で済むといわれている。すると製造原価は二〇％近く引き下げられる勘定になるわけだ。この点、鉄鋼にしてもアルミにしても、エネルギー源としての原子力発電所にすべてがかかっているといっても過言ではないだろうね。

メモ　候補地のプロフィル

用地面積が最も大きいのが陸奥湾・小川原湖の二万三千ヘクタール。以下第二苫小牧の八千ヘクタール、十勝臨海の六千六百九十ヘクタールなどで、あとはいずれも通産省が最低条件としている三千ヘクタールを下回っている。（十勝臨海は昨年末、立候補を取り消している）用水では、秋田臨海の一日四百万トンがトップ、次いで日向灘（宮崎）の百五十万トン、志布志湾（鹿児島）の百三十万トン、それに陸奥湾・小川原湖が百二十万トン。港湾では、第二苫小牧、陸奥湾・小川原湖、福井臨海の三カ所が掘り込みで、あとは全部埋め立て港湾となっている。

1970年4月22日
巨大開発の胎動—生まれ変わる陸奥湾・小川原湖—3

北方工業のエース③

一番手は石油化学　52年ごろ操業開始へ

日産80万バーレル

A　太平洋岸に電力、鉄橋、アルミといった文字通りの基幹型工業が張り付くとすると、陸奥湾沿岸は、やはり石油関係ということになるだろう。CTS（原油共同輸入基地）を軸とした石油精製、石油化学のコンビナートだ。ひと口に石油コンビナートといっても精製から第一次中間原料、第二次中間原料の生産、それに加工まで一貫して行なうというんだから膨大な規模になる。昭和五十年から五十五年ごろの操業を前提とした場合、少なくとも石油精製が日産八十万バーレル、石油化学がエチレンベース年産百万トンのプラントスケールでないと、採算に合わないと通産省では見ているネ。

八十万バーレルというと、リットルに換算すると一億二千四百二十万リットルに当たる量だ。ドラムかんにすると、なんと六十九万本、一基十万リットルの石油タンクに入れるとなると百二十四基の石油タンクが林立する計算になる。これが一日でからっぽになるというのだから。ちょっと想像もできないネ。

後楽園球場の40倍

C　いま建設が進められている鹿島（茨城）は石油コンビナートが日本最大規模だといわれている。とにかく、とてつもなくデカイというので全国の注目を浴びているが、陸奥湾・小川原湖に比べたらおとなと子供みたいなものだよ。鹿島石油では直径九十メートル、高さ二十二メートルという、後楽園球場がすっぽりはいってしまう石油タンクが三十二基できるというが、それでも日産六十万バーレルの処理能力しかない。

陸奥湾・小川原湖は八十万バーレルだから四十基できる計算になる。後楽園球場の四十倍、既成の石油コンビナートを念頭にしたのではとても理解できない大きさだ。よほど頭を切り替えてかからないと…。

これだけの規模のコンビナートを造るとなると、石油精製だけで用地はざっと五百万平方メートルが必要だというんだな。これは万国博会場の約一・七倍の広さに相当する。マンモス球場の甲子園のざっと百四十個分というから気の遠くなる話だ。ハーマン・カーン博士がため息をつくのも無理がないね。

C　ところで、石油精製だが石油化学との関連をどう位置づけたらよいのだろう。

A　もともと石油精製は、輸入原油を重油、アスファルト、パラフィン、LPG（液化ガス）軽油、灯油、揮発油などに分解するだけの業種なわけだね。ところが、現段階では重油に比べて揮発油の需要は非常に少ない。そこに石油精製業のジレンマというか、限度みたいなものがある。自動車用ガソリンとか家庭燃料としての灯油など全体の需要はふえるだろうが、エネルギー源としての石油を考えた場合には、たとえば原子力が普及してくると相対的な地位の低下は免れなくなってくる。

そこで、需要の伸びがめざましい石油化学の基礎原料とした総合石油コンビナートに移行しつつあるわけだ。

需要が65倍伸びる

B　通産省の調べでは、石油化学工業は昭和三十三年から四十三年までの十年間の製品の伸びはなんと六十五倍。エチレンベースで年間七十三万トンに達しているが、これが五十年には五百二十万トン、六十年には千百万トンにふえるだろうと推定している。この指定をもとに工場規模を考えると、エチレンベース年間百万トン、つまり、全国の約十分の一を陸奥湾・小川原湖が受け持とうという考え方が出てくる。現に鹿島の三菱油化では百万トン工場の建設が進んでおり、今年度から一部操業するそうだ。

A　いろんな進出業種のなかで、将来性という点では石油化学がもっとも有望な気がするんだが、どんなものだろう。というのは、化学工業の技術革新がめざましく、最近では特に人口肉の開発など、需要が爆発的に増大しそうな気配なんだね。業界でも敏感な反応を見せ、旧財閥系非財閥系とも再編成の動きが活発になっている。昨年秋、中南勢（三重）に立地を断念した日本石油が、その足で陸奥湾・小川原湖地区を視察したいきさつなんかを見ていると、こと石油化学工業に関しては“バスに乗り遅れるな”という空気が非常に強い。

県の今野開発室長は「早ければ五十二年ごろには第一号工場が操業を始めることになろう」と語っているが、業種については「たぶん石油関係になるはずだ」と補足説明していることからも、石油化学が最も早いペースで立地されることは間違いないのではないだろうか。

来年中に認可申請

C　消息筋によると日石に限らず、現地視察した企業グループでは、早ければ来年中にも通産省に認可申請する動きが出ているということだ。五十二年操業を前提とすれば、早過ぎるということはないわけだからね。

A　原油の九八％を海外から輸入している現状では、港湾が重要なカギとなってくる。中近東などからタンカーで運ぶわけだから、コスト面からタンカーの大型化はますますエスカレートするのは必至だ。五十万㌧時代もそう遠くないだろうといわれている。その点、“天然の良港”陸奥湾がにわかに脚光を浴びることになろう。二年ほど前にCTSの候補地にあげられていたが、喜入町（鹿児島）に次いでわが国二番目のCTSとなるのは時間の問題とされている。

四十二年八月、東北電力が調べたところでは水深三十㍍等深録が最小〇・五㌔、最大五㌔でこのほか波浪、潮流、津波（台風）地形など十四項目の条件にいずれも合致しており、総合判定でも“最もすぐれている”と太鼓判を押しているほどだ。アラスカ石油、ソ連の天然ガスなど北方原油の開発が進めば、文字通り北方工業のエースにのし上がる条件が整うことになる。

メモ　石油化学工業

原油を蒸留したさいにできるナフサを原料にエチレン、プロピレン、ブチレン、芳香族などを分離精製して多くの製品をつくる工業。

エチレンから最も需要の多いプラスチックやポリエチレン製品が加工されるので、石油化学工業の規模を表わす単位に使われている。加工製品はあらゆる分野にまたがっており、ざっと並べただけでプラスチック、塩化ビニール、ブレンド用アルコール、ポリエチレン、塗料、香料、化粧品、合成洗剤、ナイロン、医薬品、農業、化学調味料、合成タンパク（人工肉）など衣食住に密接な関係のある製品が生み出される。企業界では原材料の確保、コストの切り下げ、副産物や廃物利用などを図るため巨大コンビナート（企業集団）化の傾向を強めている。

1970年4月23日
巨大開発の胎動　生まれ変わる陸奥湾・小川原湖—4

北方工業のエース④

20万㌧級が出入り　造り惜しみできぬ港湾
カギを握る公共投資

B　壮大な計画も最終的には昭和六十年度を目標としたもので、あたかもあすにでも巨大な工場群が林立しそうな甘い期待をいだくのは慎むべきだという意見がある。確かにその通りだと思う。しかし、竹内知事も再三言っているように、軌道に乗れば予想よりかなり早いペースで計画が進むのは確実だ。また事実進んでいるわけだからネ。原子力発電所の用地買収、掘り込み港湾の四十七年度着工、各企業グループの現地視察といった一連の動きをみていると、まさに“胎動”したという印象が強い。

A　そこで問題になるのは、計画に並行して公共投資が順調に行なわれるかどうかということだ。鹿島を例にとると、港湾、道路といった公共投資だけで二千億円。参加三十一企業の投資総額は、軽く一兆円を越しているという。もともと公共事業は、政府予算の総体の伸びのなかで操作される性格のものだけに、きわめて不安定要素が濃い。公共投資と企業投資のバランスがくずれると、計画自体に破たんが起こらないとも限らない。そのあたり、県ではどう考えているのだろうか。

C　正直なところまだ調査段階なので、たとえば道路、鉄道、港湾をはじめ、ニュータウンまで含めた公共投資がどのくらいになるのかは、ちょっと見当がつかないといったところだ。ただ、掘り込み港湾については、ざっと千五百億円とはじき出している。これは四十七年度からスタートする港湾設備新五カ年計画に乗せようということで、運輸省が積極的に調査事業を行なっているためで、計画の中で一番進んでいるといってよい。しかし、ほかの公共事業については、マスタープランが決まらないとラチがあかないだろう。

B　掘り込み港湾については千五百億円と金額がはじき出されているわけだから、基本計画に近い一応のスケッチはあると思うが…。

千五百万平方㍍を

C　日本工業立地センターが描いたものによると、二種類の規模が示されている。A案とB案と称するのがそれなんだが、どっちを採用しても航路と泊地面積は千五百平方㍍ていどのものにしないとダメだと言い切っている。鹿島港は三百三十万平方㍍だから、ざっと五倍の規模を想定していることになるネ。最大二十万㌧級の船舶が、安全に停泊して、しかも二千㌧から三千㌧級の小型輸送船舶に混じって荷役できるのが最低条件だ。

A　大きいことはいいことだというが、掘り込み港湾の場合、このことばがぴったりなんだネ。埋め立てだと増設は可能だが、掘り込みだと一度造ったらそれっきりだ。一世紀は持ちこたえられる工業基地建設が目標だというからには、最初から大きな入れものを造って置くべきではないだろうか。一部には五十万トン級を考えろ—という意見も出ているようだが…。

B　事実、鹿島ではもう狭すぎるという話も出ているしネ。ただ、太平洋岸に建設する港湾は、タンカーを対象としないで原鉱石、原料炭の輸入、それに製品の積み出し専用港とすれば、二十万トン級で十分だという考え方もあるわけだ。五十万トン級タンカーは陸奥湾を専用にするという前提でネ。

C　いずれにしても膨大な工事費になるので、運輸省では大型船の接岸は一点保留方式にし、直接接岸は一万トン以下にする工法を考えているようだ。

A　陸奥湾と太平洋岸を結ぶ、いわゆる「陸奥運河」を再検討したらどうか、という考え方も依然根強いようだが…。

B　四十二年に県で調査した事実があるが、いつの間にかタナ上げされた格好になっている。うがった見方かもしれないが、むつ原子力船母港からの使用済み燃料を運ぶルートとして考えられたフシもないではないんだネ。開発計画の一環としては現在ではむしろ“無用の長物”とする考え方が強いのではないか。

急がれる道路計画

A　港湾はひとまず計画がスタートしたことになるわけだが、道路、鉄道といった陸上交通ネットワークの整備が非常に重要になってくる。そのへんの基本構想はある程度固まっているのだろうか。

C　当然、消費市場と直接結ぶ高速道路の張り付けが必要になるだろうし、工業基地の機能を効果的なものにするためには、地域内の道路整備も同時に行わなければならないだろう。それでは具体的にどうかというと、全国的な視野からのネットワークとしては、東北高速自動車道の盛岡—八戸間を延長して三沢市、上北郡野辺地町経由の盛岡—青森線の路線認可がまず浮かび上がってくる。すでに県議会では数回にわたって陳情に行っており、運動は始まっているといってよい。これと関連して三沢市からむつ市、下北群大畑町を縦断し、北海道室蘭と結ぶネットワークも検討され始めている。

B　一方、地域高速道路構想も注目されてくると思う。いまのところ、野辺地町—むつ市—三沢市をつなぐ環状線が考えられている。膨大な原材料や製品の移動は少なくとも年間一億トンを越すだろう。そのころには海上輸送が主役になるとしても、陸送の占める比重はそんなに低下しないばかりか、絶対量が多くなるところから、域内高速道の重要性はますます強まることは必至だ。

A　道路はいわゆる小回りがきくという特色があって利用度は伸びる一方だろうが、やはり鉄道の存在価値は捨てられないと思うネ。それが、単なる臨海鉄道的な性格ばかりではなく、大量同時輸送のキメ手として大いに活用される可能性が強いからだ。もちろん、蒸気機関車という従来のイメージの鉄道とはがらり姿の変わった形で…。それに、もっと重要な役割をするのは、ニュータウンからの通勤用、特急電車じゃないだろうか。もっとも、そうなれば、オールマイカー時代になっているかもしれないがネ

掘り込み港湾

“天然の良港”のないところに臨海工業地帯はないというのがこれまでの既成工業地帯の常識とされていた。事実、わが国の工業地帯を見ると京浜、京葉、東海、阪神、北九州などいわゆる太平洋工業ベルト地帯では東京湾、伊勢湾、大阪湾といった良港をよりどころに発展している。

しかし、遠隔地に大規模工業基地を建設するとなると、たとえば陸奥湾・小川原湖や鹿島灘、第二苫小牧、福井新港などのように、いきなり外洋に面した地区に立地しなければならない地区が出てくる。そこで、埋め立てではなく、内陸部をしゅんせつして港湾を作ろうというのが掘り込み港湾の考え方。埋め立てがとかく漁業補償問題がからんで割り高になるのに比べ陸奥湾・小川原湖、鹿島などのように後背地が原野、砂浜で用地取得が容易なところでは掘り込みが有利だとされており、建設費も安い。

1970年4月24日
巨大開発の胎動—生まれ変わる陸奥湾・小川原湖—5

北方工業のエース⑤

暮らしを最優先　高層化で緑地帯を広く

50万都市が誕生

A　基幹産業型の業種が計画通り立地すると、従業員はどのていど見込まれるのか。通産省のモデルコンビナート案では、鉄鋼、電力、石油精製、石油化学、特殊鋼、アルミ、造船、その他関連産業を合わせても約二万八千五百人で済むとしているようだが、実際問題としては少なくとも十万人から十二万人は必要だと思う。竹内知事も十万人以上の従業員を想定しているようだ。

C　とすると、従業員の家族を含めると一世帯四人として、四十万人を収容する住居地域を造らなければならない計算になるネ。

B　いや、四十万人もの工場関係者が工場近くの社宅、あるいは公営住宅に住むだけの話なら別だが、これだけの人口が集中すればショッピングをはじめ、学校、諸官庁といった都市機能が当然要求されるわけで、そうなると五十万人規模にふくれ上がるのは目に見えている。まあ、仙台市ぐらいの都市が誕生する—と考えたらピンとくるのじゃないか。

工場と住宅街を分離

C　そこで、このニュータウンの理想像というか、あり方が問題になる。工場近くに住宅街が無秩序に拡大していくのでは、旗印を掲げている“公害なきコンビナート”はとても望めないわけだから、全く新しい形式のニュータウンを造ろう—というのが通産省の考え方だ。つまり、抽象的な表現かもしれないが、コンビナートの中に生産の場、つまり工場地帯と業務地区（ビジネスセンター）さらに生活の場としての居住地域と都市園施設をはっきり分離しようというわけですネ。

A　実際にどのようなニュータウンが考えられるのかといえば、日本工業立地センターが作成したモデルに示されている。それによると、ニュータウンの全体面積は三千㌶ていどとし、域内高速道路で四地区に分割したうえで土地利用を考えている。大体の土地利用は、住宅街と官庁地区やショッピングセンターなどを配置したショッピングセンター（都心）が五〇％、残りと道路（グリーンベルトも含む）三五％、都市公園一五％の割り合いで使おう—というものだ。

B　万国博日本館に展示されているものを見ると、一地区は約二十万人ていどの団地規模と見なして、中央部に官庁街、中央ショッピングセンターを配置する形をとっている。これは一地区をちょうど青森市ぐらいの地方都市に見立てたうえで、四地区が同じバランスで都市機能を発揮できるよう工夫したものだ。簡単にいうと四地区を一つにして仮に“小川原市”と名付けたとすると、一地区がたとえば、鷹架区とか、尾駮区とか、大都市での区割りみたいになると思えば、どんなものか想像がつく。

C　立地センターの開発計画を見ると、住宅は建ぺい率二—三割ていどの中、高層アパート方式を考えているようですね。広い空間を取って緑化面積をふやそう—というのがねらいだろうが、中、高層アパート方式には、やはり“庭園付きの一戸建て”がよい—という向きもあるのではないか。鉄とコンクリートばかりでは何となく潤いがないといったような、一種のコンクリート文明に対する反発みたいなものが…。

余熱利用で雪を解放

A　しかし、高度な都市機能を持たせるためには一区画十㌶ぐらいのスーパーブロック方式はやむを得ないと思うね。たとえば、計画だと居住建て物は全部セントラルヒーティングにすることになっている。そうなると中、高層アパート方式でないと実現がむずかしくなってくる。それに余熱利用の無雪都市を目ざすからには、パイプを通す場合でもスーパーブロック方式の方がはるかに効率的だ。

B　余熱利用によるセントラルヒーティングと無雪道路に関連するが、都市計画全体を見ると確かにわが国で初めての試みが多い。どだい、昭和六十年までの間に仙台市規模のニュータウンができるという話自体が画期的なことなんだからね。道路にしても幹線道路は高速道路で、四地区はそれぞれインタチェンジで連結される仕組みだ。区内の道路網は片側三車線、シビックセンターと居住地域とは百㍍幅と三十㍍幅のグリーンベルトで区分けしよう—という基本計画なんだが、ちょっとした空中都市を連想させるネ、この“完成予想図”は…。

C　それに幹線道路をはじめ主要地区内の連絡道路の上下水道、電気、ガス、電話などはみんな地下に埋めてしまう共同溝（こう）を採用することになるだろうしね。

B　さっきも話に出たようにあまり機能本位すぎて、いわゆる人間くさいところがない印象を受けるのは確かだ。ここでは一戸建てのマイホームというニュアンスは感じられない。かといって、まるっきり無味乾燥なニュータウンというわけではないだろう。

A　それはむろんそうだ。都市公園、文教地区だって配置されるだろうし、同じ文教施設にしてもそのころには“小川原工業大学”なんかができているかもしれないしね。都市公園は一カ所四十五㌶単位として十カ所造る構想だ。その中には市民広場、劇場、屋外ステージ、総合運動場が有効に配置されることになっている。

C　いずれにしても“太陽と緑の工業都市”がキャッチフレーズなのだから、暮らしを最優先に考えたニュータウンにしてもらいたいものだネ。

ニュータウン

都市に対する人口の集中は最近、特に目ざましく、そのために都市の過密現象、工業地帯での公害など、生活環境が急速に悪化している。そこで大都市の近郊で未開発地域を開発して新しい都市を造り、住宅の供給を大量に行なおう—というもの。大都市近郊では東京の多摩ニュータウン、名古屋の高蔵寺ニュータウン、大阪の千里ニュータウンなどがある。陸奥湾・小川原湖地区は同地区の大型工業基地開発に伴って全く新しいタイプのニュータウンで“太陽と緑の工業都市”をキャッチフレーズに無公害、無雪を目ざしている。

1970年4月25日
巨大開発の胎動—生まれ変わる陸奥湾・小川原湖—6

魅力の条件　豊かな用地と用水
全国で類をみない条件　取得が比較的容易

A　これまでの話で大体の“完成予想図”の図柄はつかめたと思うのだが、陸奥湾・小川原湖地区が、果たしてこんな巨大工業の立地を受け入れる能力があるのかどうか。広大で安い土地、豊かな用水、労働力というキャッチフレーズなんだが、実際問題として立地条件がたとえば用水の取水が一体どのくらい可能なのか、あるいは気象条件が通年操業に影響がないのか—といった疑問が出てくると思う、県では一応その辺の基本調査を実施しているわけだが…。

C　通産省が大型工業基地の条件と考えているのは第一に大規模な用地、用水があること、次に大量輸送の条件、特に海上輸送の条件が整っていることをあげている。さらに計画的な拡張、増設が可能であり、大気汚染などの公害防止の条件が整っていなければならないとしているわけだが、具体的にいうと用地は二千㌶から三千㌶ないと立地の条件とはならない。巨大開発の立地条件を考えた場合、既存の工業立地地帯を延長する形での開発は困難であり、“相当な隔地での開発”という考え方を打ち出している。これは一応陸奥湾・小川原湖を念頭において条件を作ったようなものなんだネ。

B　二十一日現地視察した富士グループの赤坂日本鋼管社長は「陸奥湾と太平洋岸をそのまま使えるうえに、小川原湖という淡水湖がある地形は日本ではここだけだ。この好条件の場所が開発から取り残されていたこと自体に驚かざるを得ない」と感想を述べていた。ざっと企業立地条件を述べると開発用地が二万三千㌶という類を見ない広さで、しかも未利用地が多く、用地取得が比較的容易なことがあげられる。用水はおもに小川原湖から取水するが、広さが約六十三平方㌔で貯水量は七億五千万㌧。一日に百二十万㌧は楽に使えるというから用地、用水とも文句のつけようがない。富士グループの一行が一様に“ウーン”とうなったのもうなずける話だネ。

偏東風で公害防ぐ

A　東北は雪が深くて通年操業が出来ないという一種の迷信みたいな考え方がある。また、雪は少なくても冬季間の操業に支障があるのではないかという懸念も生まれてくると思うが…。

B　県が調べたところでは年間の平均気温がむつ市で九・三度、三沢市で一〇・一度というからアメリカのデトロイトと大差はない。積雪は二月が最も深く、平均でむつ市四十㌢、三沢市二十六㌢というから実際に見た感じでは“サラッと積もった”というていどじゃないだろうか。風速も年平均で三㍍から四㍍までで操業に影響があるとは思えない。むしろ冬季に西風、夏季に偏東風が吹くのが有利な条件にさえなっている。

A　四日市では年間を通じて臨海部から内陸部に風が吹くため、公害騒ぎの要素になっている。今野開発室長はこの風をうまく利用すると煙突の高さは百五十㍍に規制すれば、公害はほとんど防げるだろうといっているが、よくしたもので半島の首根っ子になっており、陸奥湾と太平洋に吹き抜けるという地形はまさに工業立地にとっておあつらえ向きといってよいネ。

ほとんど未利用地

C　いくら広大な用地があるといっても全部が全部平野というわけじゃないだろう。仮にA企業がまとめて一千万平方㍍ほしいといってきたところで、いざ適地となると丘陵地帯あり、原野、山林ありで土地利用の面で問題が出てきそうな感じだが…。

B　二万三千㌶の開発可能用地を見ると大まかにいって小川原地区七千三百㌶、六ヶ所地区六千九百五十㌶、東通地区七百㌶、むつ地区千三百六十㌶、横浜地区二千二百六十㌶、野辺地地区千百八十㌶、平野地区千三百㌶、内陸部では甲地地区六百㌶、上北地区二百七十㌶となっているが、ほとんど平地といってよい。だから、丘陵地帯を地ならしする必要はいまのところまったくない。とにかく、富士グループの一行が口々にいっていたように三沢市山中地区、砂森地区など現地を見れば「よくこれまで手つかずで残っていたものだ」と感嘆させられるからネ。土地利用状況をみても水田一八・四％、畑二九・三％、山林原野三二・六％で未利用地が大半を占めている。この点、土地ブローカーが介入しない限り、大都市周辺と比べると用地取得は常識的にみて容易といえるのではないだろうか。

堅い地質も合格点

A　地耐力はどうかというと昨年の地質調査でわかったのだが、小川原湖地区で震度四～七㍍でN値（地耐力を表わす単位）三五～五〇、原子力発電所の予定地東通地区ではN値六〇以上だったという。N値三十で“堅い”といわれているから東通地区などは“非常に堅い”ということになる。大体、太平洋側が堅い地盤におおわれているところから、“原発”あるいは鉄鋼、アルミ、チタン工業に向いているとされているわけだネ。

C　すべての点で巨大工業基地の適地とされているが、一部には小川原湖は完全に淡水ではないのが問題になっているネ。

B　高瀬川を通じて海水が逆流して塩分がふえているという説なんだが、原因はともかく、塩分が含まれていることは確かだ。表層から十五㍍までは二百～五百PPMで湖の北部、つまり、太平洋とつながっている高瀬川に近いほど塩分が強いことが確認されている。しかし、専門家はこのていどの塩分なら問題はないといっているし、仮に支障が出てくる場合でも赤坂日本鋼管社長は「このていどなら企業ベースでも淡水化は簡単だ」とほとんど問題にしていない様子だった。

経団連の花村専務によると大型工業基地の候補地に陸奥湾・小川原湖・志布志湾（鹿児島）周防灘（福岡、大分）の三カ所がクローズアップされているが、志布志は内陸部が狭くて鹿児島特有のシラス土壌でうまくない。周防灘も行政区域が二県にまたがっているうえ、水資源が不足だということで、陸奥湾・小川原湖が最適だとしきりに強調していた。

メモ　計画の地域

計画の行政区域は三沢市、むつ市、上北郡野辺地町、横浜町、東北町、上北町、六ヶ所村、下北郡東通村、東部平内町の二市七町村、地域内の人口は約十六八千人（四十四年現在）で県全体の一一・七%、面積一七・三%に比べると“過疎地帯”といえる。一平方㌔当たりの人口密度は一〇〇・七で県内でも最も人口希薄な地域。地域一帯は太平洋、陸奥湾に向かって二〇～一〇〇㍍のおおむね平な海成段丘地で台地部は砂、粘土、怪石を含む火山灰からなる洪積層でおおわれ、海岸線には砂丘がある。水産業は湾内がホタテ貝、ノリなどの増殖漁業が主で、年間水揚げ高は二十億円、小川原湖内水面はワカサギ、シラウオなど一億五千万円の漁獲高で生産性は低い。

1970年4月26日
巨大開発の胎動―生まれ変わる陸奥湾・小川原湖―7

見直された“ゼロ”未開発こそが魅力
都市に振られた大企業
資本総攻撃の背景

A　昭和四十六年は「青森県」が誕生してからちょうど百年目。“青森二世紀”のスタートでもあるが、陸奥湾・小川原湖の開発は新世紀の大きな課題として浮かび上がってきたといえる。現地を視察した富士グループのある社長は「陸奥湾・小川原湖の開発は東北の夜明けともいえるのではないか」ともらしていたが、単に本県の新しい元来像として登場したという意味にとどまらず、東北に光りを投げることにも通ずるわけだ。

B　しかし“東北の夜明け”とは、何とも複雑な響きがある。言い換えると、過去百年の本県―そして東北は“日の当たらない地域”だったということを物語っているもので、ひがんだ見方をすると、いまさら夜明けとは…と言い返したいようなものだ。

確かに、本県の百年を振り返ってみると、日本経済の発展過程の中で欠落した部分として取り残されてきたといえる。作家の野間宏だったか、かつて北郡の十三地方を訪れたとき“資本ゼロ地帯”と評したが、県南の原野はそのまま広大なゼロを形づくっている。

C　そこに、突如として資本の総攻撃が開始されようとしているわけだが、急激にクローズアップされてきた背景をもっと掘り下げる必要があるのではないか。

A　戦後の開発政策の足どりを探り、陸奥湾・小川原湖の位置づけをする必要はあるが、その前に小川原湖そのものにも開発の歴史があることを知ってほしい。

竹内知事が時事通信の「地方行政」版に「東日本最大のプロジェクト」と題して一文を寄せているが、その中で「本地域の開発の芽ばえ、実に遠く久しい」として小川原湖の開発小史を紹介している。

それによると、明治中期に小川原湖北東部の最狭部を開さくして、太平洋と直結する運河をつくるという大構想が立てられた。三沢市谷地頭に牧場を経営する旧会津藩士の広沢安任翁の夢だったが、運河を開くことによって小川原湖を軍港と貿易港にするという欲ばった構想のようだった。

しかし、この広沢構想は東北本線の開通、大湊海軍基地の設置などによって後退した。その後、昭和十三年に三沢に海軍航空隊が開設されたが、同時に小川原湖の周辺に一大軍需工業地帯を建設しようという動きもあった。しかしこれも終戦で消え去った。戦後も関係市町村が一丸となって「開発期成同盟会」がつくられ、運河構想の実現が進められた。八戸港の補助港、避難港、商工業港、漁港としての小川原港を考えたものだった。

新産ではタナ上げ

B　小川原湖については、八戸新産業都市計画においても議論があった。しかし、はっきりした開発計画が出されず「当面は小川原湖周辺の調査を継続し、その結果によって基本方針を再検討する」という付帯事項にとどまったものだ。

工業立地センターの調査報告にもあるが、いずれにしても、広大な用地、豊富な水など開発可能性のスケールが並はずれて大きいことが、かえって開発を遅らせ、現在まで放置されていたと言える。手がつけられなかった処女地の魅力—いわば“壮大なゼロ”の存在が改めて資本の顔を向けさせたものと思う。

C　そこで思い起こすのは、忘れもしない“むつ製鉄”で“フジ製糖”だ。冷徹な資本の論理をイヤッというほど見せつけられたが、今度は企業グループが先を争って乗り込んでくる—そこには素朴な意味で“驚き”を感ずるが、やはりそれだけの必然性があるようだ。

A　陸奥湾・小川原湖が正式な開発計画の課題として登場したのは「新全国総合開発計画」—いわゆる“新全総”の中である。この計画は、国土総合開発法に基づいて国土の総合的な開発ビジョンを描いたもので、七〇年代における日本列島の未来像を打ち出している。

その中で、今後ますます国際化、大型化する日本経済をささえるため巨大な工業生産機能を受け入れる新しい工業立地の必要性が提起された。

B　その中で、特に遠隔立地という考え方が出てきた。つまり、既設の工業地帯では過密の弊害で身動きがとれず、公害を増すだけであるということから、遠くの未開発地域に立地しようということだ。全国的な交通通信のネットワークが整備された場合、“遠い”という不利性はだんだん解消される。

しかも、巨大なコンビナートをつくるということになると、土地、用水、港湾などの条件から既設工業地帯を延長した形では実現できない。そこに遠隔立地の必然性があるわけだ。

残された資源活用

C　前にも巨大コンビナートの規模はふれたが、一工場の規模は鉄鋼が現在の三倍—四倍、石油が三倍—六倍といったスケールが要請されている。用地にしても一万ヘクタール以上、工業用水百万トン（日量）以上など、とにかく大きなスケールだ。工業出荷額も三—四兆円といった具合だ。そうなると、全国を捜してもそうザラにはない。その点で、陸奥湾・小川原湖に白羽の矢が立ったわけだ。

A　通産省の企業局では、大規模工業基地を設ける場合の考え方として幾つかの問題点を提起しているが、その一つとして「広大な面積をまとめて確保できる地点は、日本においては次第に限られてきており、これら残された慎重な資源の活用という点からも国家的な立場から検討すべきだ」と強調しているが、その意味では、前に現地を見た経団連の一行が「日本に残された最後の宝だ」と絶賛していたのもうなずける。

B　“最後の宝”かも知れないが、それは工業開発という視点からだ。一方では、自然保護という立場から見ると“未開発”こそ宝だともなる。高度成長経済を維持するためには工業の発展が基礎となるが、一度破壊された自然は再び元に戻らない。工業立地の条件が整っているということだけで工業開発を考えるのは危険である。

A　工業開発と自然保護については次の機会に取り上げてみたい。

メモ　大規模工業基地委員会

通産大臣諮問機関である産業構造審議会であるが、その中に産業立地部会大規模工業基地委員会が設けられた審議は陸奥湾・小川原湖が中心テーマとなろうが、全国の知事では竹内本県知事と田中三重県、亀井福岡県両知事が委員となっている。委員は次の通り。

▽委員長＝土屋清（経済評論家）▽委員＝秋山竜（日本空港ビル会長）安藤豊禄（経団連大規模プロジェクト部会長）出光計助（出光興産社長）稲葉秀三（国民経済研究会長）上野幸七（関西電力専務）小川栄一（国土開発社長）向坂正男（エネルギー経済研究所長）竹内俊吉（青森県知事）田中覚（三重県知事）徳永久次（新日本製鉄専務）土光敏夫（東京芝浦電気社長）中山素平（日本興業銀行 会長）長谷川周重（住友化学 社長）原文兵衛（公害防止事業団理事長）山本三郎（三井港湾開発社長）

1970年5月19日
巨大開発の胎動—生まれ変わる陸奥湾・小川原湖—25

原子力施設　中核は発電と製鉄

第二センターの構想も　東通村の予定地

Ａ　陸奥湾・小川原湖の将来像をいろいろ描いてきたが、現在、具体的に動いている計画の一つに原子力発電所の建設計画がある。下北郡東通村小田野沢と老部地区を結ぶ地域に設置しようというもので、県が窓口となって、用地の買収交渉が進められている。発電所は東京電力と東北電力の協力で造られるものだが、用地については海岸線で南北に二分し、南側を東北電力、北側を東京電力が所有する。

なぜ用地を両社が二分するのかは明らかでないが、推測するなら①資金事情②将来の設置規模。現在は両社で一基となっているが、場合によっては数基設置される―などと関連するようだ。

Ｂ　もう一つ考えなくてはいけないのは、原子力製鉄を中心とした原子力コンビナート造りである。日本の製鉄業はアメリカ、ソ連に次いで世界のトップレベルにあるが、七〇年代の最大課題として原子力製鉄の実現と高温原子炉を中心とした巨大コンビナート建設があげられている。さる一月には通産省と日本鉄鋼協会（藤本一郎会長）がその構想を発表、陸奥湾・小川原湖地区を建設適地としてあげている。

原子力製鉄所を建設するとなれば、専用の原子力エネルギーを確保しなければならないといわれ、その場合は東京電力などが役割りを果たすことになろう。用地を二分した背景にはそうした推測も成り立つと思うが…。いずれにしても、原子力発電所と原子力製鉄が開発計画の中核として浮かびあがってこよう。

多目的炉の開発

Ａ　鉄鋼業は、もともと電力をすこぶる消費する産業だ。わが国の場合は、全産業用電力の約二五％を消費するといわれ、電力消費型産業の典型的な業種とされている。電力コストが低下すれば、経済性の向上には直接ハネ返ってくるわけだ。

通産省や鉄鋼協の計画を受けた形で、三井グループが本県に原子力コンビナートを建設する意向を固めており、さる四月二十四日に三井不動産の本社で竹内知事から県の開発計画について説明を受けている。

Ｃ　しかし、原子力製鉄を実現するために、まだ技術的に未開発な点がある。従来は原子力エネルギーというと、発電の面からおもに考えられていたが、製鉄や海水の脱塩などに直接利用できるような「多目的原子炉の開発」ということが課題となっている。

原子力エネルギーは大別して二つある。一つは、原子が原子炉で分裂するときに発生する熱。もう一つは医療や農産物の品種改良などに使われる放射線だが、熱エネルギーは蒸気として取り出し、電気に変えている。ところが、軽水炉を主とする現在の発電用原子炉の蒸気熱は三〇〇度Ｃ前後で、多角的に利用するには限界がある。そこで一〇〇〇度Ｃ以上の高温の熱を取り出せる多目的原子炉の開発が急がれているわけだ。

研究進む欧米諸国

Ｂ　「高温ガス冷却炉」は多目的原子炉の本命といわれるが、わが国ではまだ開発されていない。この炉はヘリウムガスを冷却材とするものだが、アメリカ、イギリス、西ドイツなどでは開発研究が相当に進んでいる。わが国の場合、通産省の開発スケジュールによると、四十五年度に設計をスタートさせ、四十七年度に実験炉を完成し、五十二年度に完成させるというもの。

ところが、アメリカや西ドイツの研究が予想以上に進み、すでに米国のガルフ・ゼネラル・アトミック社がわが国の製鉄業界に高温ガス冷却炉の売り込みを始め、伊藤忠商事に輸入権を与えている。そこで通産省としても国産炉の開発ピッチをあげることになり、場合によっては輸入炉でコンビナートを建設するという考え方に立っているようだ。その建設予定地として本県があげられているわけで、わが国産業のトップ技術と膨大な投資が行われることになろう。

Ａ　原子力の多目的利用という段階では、工業エネルギーの大部分を原子力に依存する形のほか、ニュータウンの地域暖房や海水の脱塩などにも利用されよう。経済界では、陸奥湾・小川原湖に一つの理想図を描いており、ニュータウンも文字通りの新しい町―二十一世紀の工業都市にしたいという意気込みがあるようだ。そこで、地域ぐるみの集中暖房とか消雪装置なども考えられるわけだ。

原子力を利用した地域暖房は、諸外国では実用化されている所がある。ソ連のレニングラードやアメリカのニューヨークでも一部に利用されている。スウェーデンのストックホルム近郊にあるファルスタ団地（人口四万人、一万五千戸）は、機能的な居住地に重点を置いた都市計画を行なっているが、暖房は原子力発電所に依存した地域暖房。町に近いところに発電所があるが、安全性の面から原子炉は岩盤の内部にほら穴を掘って格納しているという。

Ｃ　本県の場合、原子力施設を設置する点では、非常に好適だ。原子力施設を設置する条件としては、①復水冷却水が得やすいこと②周辺の人口密度が低いこと③敷き地の地盤条件がよいこと―などがあげられている。

まず冷却水の取得だが、これは温水を利用し、しかも温度は比較的低いので発電コストもよい影響を与える。人口密度は、東通村についてはほとんど間違いにならない。開発計画地域全体でも一平方キロ当たり一〇〇・八人で、県内では最も希薄である。さらに地盤条件については、すでに調査済みだが、岩盤が浅い層に広がり、地耐力は申しぶんないとされている。

原子力産業会議の調査によると、立地条件を満たす地域は、海岸線総延長の一一・八%よりないとされ、下北半島はその最も有望な地域とされている。したがって、単に原子力発電所の適地というより、原子力コンビナート、そして第二原子力センターの構想も描かれているようだ。

B　原子力船の母港誘致をきっかけとして、原子力のメッカとなることが想定されたが、着々と具体化の方向へ歩んでいることは事実だ。と同時に、安全性に対する対策は改めて検討することが望まれる。

メモ　原子力発電所

わが国に“第三の火”が誕生したのは、茨城県東海村の日本原子力発電・東海発電所一号機が最初。三十五年に着工、四十一年七月から発電、十六万六千キロワットのフル運転にはいった。発電炉はコールダーボール改良型で、茨城県の電力消費の五割を得られる。建設費は四百六十五億円。二号機は四十四年に福井県の敦賀に完成、三十二万二千キロワットを発電している。

一号機がテストプラントとして完成したが、二号機は本格的な営業運転を始めたもの。続いて、本年の十月には東京電力の福島（四十六万キロワット）、関西電力の美浜（同三十四万キロワット）が完成する。東京電力は福島に引き続き二号機（七十八・四万キロワット）、三号機（同）、四号機（同）と大規模の原子力発電所を建設する計画だ。

このほか中部電力、中国電力、四国電力、九州電力がそれぞれ計画を進めており、原子力発電がエネルギーの将来をリードすることは間違いない。

本県の陸奥湾・小川原湖の場合は、原子力を中心とした超大型コンビナートとした場合、九百万キロワットの原子力発電が見込まれる。

1983年8月14日

むつ小川原開発は今　1

完成迫る石油備蓄基地　需給緩和前途にかげり

Ａ工区、来月から備蓄　オイルイン

巨大な備蓄タンクが立ち並ぶむつ小川原石油国家備蓄基地。五十五年十一月から始まった建設工事はＡ工区が八月完成、九月からオイルインが始まる。残るＢ工区も十一月、Ｃ工区も五十九年八月には完成する。企業立地第一号というべき備蓄基地の完成で、むつ小川原開発は一つの節目を迎える。備蓄基地建設費用は千六百二十億円、地元には経済的な波及効果はあった。しかし、その一方で完成が時間の問題となった今、備蓄基地完成後の景気の落ち込み、雇用不安なども深刻となってきた。

薄緑、薄紫、薄青に塗られた備蓄タンク群。タンク上部には赤や黄、緑のラインが付いている。自然環境に調和、威圧感をなくするための配色だという。直径八十一・五メートル、野球場を一回り小さくしたような大きさだ。Ａ工区の十二基はほぼ完成しており、Ｂ工区十八基は塗装工事の真っ最中。Ｃ工区二十一基は本体工事が九分通り出来上がっている。

むつ小川原石油国家備蓄基地は、国家備蓄基地の第一号だけに、全国的に注目を集めてきた。立地が決まったのが五十四年十月。十二月には石油公団や東亜燃料、県などが出資してむつ小川原石油備蓄会社を設立。途中、工事期間はやや延びたものの、完成はもう間近に迫っている。

全国消費の10日分

備蓄基地は、オイルショックの教訓を踏まえ石油情勢の変化に対応し、安定的に供給できるよう、原油を貯蔵しておく施設。いったん貯蔵した原油はほぼ半永久的に貯蔵できるという。むつ小川原備蓄基地は五十一基、五百七十万キロリットルの貯蔵態勢だが、五十一基すべて満タンにするわけではない。非常用に一基、タンククリーニング用に五基ほどを空きにしておくため、実際に原油を入れるのは四十五基程度になりそうだ。わが国の一日の原油消費量は約五十五万キロリットル、わが国の消費量の十日分程度が、むつ小川原備蓄基地に貯蔵されることになる。

むつ小川原にはまだタンカーが接岸できる港湾がない。このためオイルインには一点係留ブイバースを利用する。浮きブイを海上に設置しタンカーを係留する仕組み。タンカーの原油はいったん海底に敷設したパイプラインを通って中継基地に運ばれたあと、陸上部のパイプラインで備蓄基地のタンクにオイルインとなる。パイプラインは海上四キロ、地上十二キロの十六キロにも達する。

一点係留ブイバースについては、五十四年に統計研究会の公害研究委員会（委員長・都留重人一橋大名誉教授）が現地視察を行い、「波の荒い外洋にシーバースを設けることは、地域特有の強風などに無防備であり、事故が発生しやすい。また夏から秋にかけて濃霧が著しく、ブイバースと漁船が衝突する危険性もある」と警告、安全論議があった。

安全性に強い自信

この点について、河村敏尚むつ小川原備蓄会社六ヶ所事業所副所長は「二つの意味で安全といえる。一つはブイとパイプラインが別々となっており、ブイとパイプがからまないので、万が一にブイに事故があっても、パイプには影響が出ないこと。もう一つはブイが三六〇度回転し気象条件の変化などに対応できることであり、海外では一点係留ブイの安全性は実証済みである」と自信のほどを示す。

オイルインには風速一五㍍、波高一・五㍍以下が安全基準となっているが、オイルイン当初は暫定的に風速一三㍍、波高一・三㍍以下と、基準を厳しくして操業する予定。慎重のうえにも慎重に、安全性は最も重要な課題だ。

全体の完成も間近となったむつ小川原石油国家備蓄だが、ここにきて前途にかげりが出てきた。石油需要の伸び悩みによる国家備蓄基地計画の繰り延べがそれだ。むつ小川原は国家備蓄第一号であり、既にほぼ完成していることから、計画見直しの影響は少ないと見られる。だが八月中に完成するＡ工区はまだしも、Ｂ、Ｃ工区については完成が遅れる可能性も出てきた。

1983年8月15日

むつ小川原開発は今　2

完成迫る石油備蓄基地

完成後には六百人失業　企業進出一件もなし

村の焦り　みなぎる危機感

六月末、上北郡六ヶ所村の古川伊勢松村長と六ヶ所村議会が県庁に山内副知事を訪れ、むつ小川原開発の促進を陳情した。だが今回の陳情、これまで幾度となく繰り返された陳情とは、ムードが違っていた。普通、陳情はお願いして、少し話し合いをすればそれで終わる。だが今回の陳情では、村が開発の先行き不安を訴え、一歩も退かぬ構えを見せ、時間も三十分の予定が一時間以上にわたった。このため山内副知事が「県は六ヶ所村を見捨てたことはないし、今後も切り捨てるようなことはない」と声を高くして説得しなければならないひと幕もあった。備蓄基地の完成が間近に迫ってきた今、村と村議会には強い危機感がみなぎってきた。

裏切られた思惑

備蓄基地には当初、むつ小川原開発の起爆剤にしたいとの期待感があった。備蓄基地ができれば、石油精製や石油化学の企業が進出してくるのではないかとの思惑だった。備蓄基地の建設工事と共に、港湾や道路の工事も進んできた。備蓄基地は基盤整備には効果があったものの、肝心の企業立地は今もってなく、開発の起爆剤とはならなかった。

また備蓄基地には、企業立地までの“つなぎ役”との期待もあった。しかしつなぎ役の設備基地が間もなく完成しようとする現在、つなぐべき企業の進出はない。

建設業者や商店は備蓄基地工事によって、これまで潤ってきた。村からは備蓄基地に六百人ほどが働きに出ている。その工事が間もなくなくなる。そして代わるべき企業のメドはつかない。これでは村全体に危機感が広がるのも無理はない。

募る雇用不安

古川村長は「建設工事だから無期限に続くわけではないのは分かっている。一定期間で完成すれば仕事がなくなるのも、当初から決まっていたことだ。ただ、村長の立場として、現在働いている六百人の雇用をどうすればいいのか、それを考えると頭が痛い。村では村独自事業で人員を吸収、県にも港湾や道路の雇用拡大をお願いしているが、六百人を雇用できるかどうか。村民からこれからどうなるんだとの不満も出てきているが、村長だけの力ではどうにもならない。落胆してはいないが、正直困っている」と苦しい胸の内を明かす。

また橋本徳保助役も「寝ても覚めても、余った人をどうするかが、頭から離れない。企業誘致も相手があることだし、今すぐというわけにはいかないだろう。せめて備蓄基地の積み増しでもあればだいぶ違う。五百万㌔㍑でなくとも、三百万㌔㍑でもいい。あと五、六年は息がつけるのだが」と嘆く。

備蓄増に淡い期待

一方、村議会も悩みは同じだ。古泊実むつ小川原開発住民対策特別委員長は「全村民に危機感がある。それではどんな対策が取れるのかと聞かれるのが一番困る。県も備蓄の積み増しへ努力してくれているが容易ではないだろう。このままでは村民から開発に対する批判が出てきかねない」と懸念する。

ポスト備蓄へ、解決の妙案はなにもないのが現状。村としては国や県にお願いするしかないとしているが、現在の経済情勢では早急な企業立地は望み薄だ。しかし、その一方で雇用不安は備蓄基地の完成とともに確実にやってくる。村は焦りと苦悩の色を深めている。

1983年8月16日
むつ小川原開発は今　3

完成迫る石油備蓄基地
何で生活？お先真っ暗　開発移転悔やむ声も
雇用不安　4割、生産基盤なし

むつ小川原石油国家備蓄基地ではピーク時の昨年、作業員は約五千五百人を数えた。だが、現在は三千人ほど。八月末にＡ工区が完成すると、作業はさらに減ることが予想されている。作業員宿舎にも空きが目立ってきた。

県むつ小川原開発室のまとめによると、むつ小川原開発関連の事業に働いている六ヶ所村村民は約八百三十人で、このうち備蓄基地が五百五十人となっている。備蓄基地完成とともに五百五十人の働く場所がなくなるだけに、雇用不安は深刻だ。特に、土地を売った旧地権者が四〇％ほど含まれており、生産基盤を持たないだけに、失職はすぐ生活不安につながりかねない。Ａ工区の完成を八月末に控え、解雇される人も出てきた。

同村千歳平の新住区に住む佐藤政一さん（四九）は、新日鉄の孫請けの土木会社に雑工として勤務している。契約は九月までで、十月になると失職してしまう。「これからどうして生活していくのか。出稼ぎに行かなければならないのか。そのことが寝ても頭から離れない。お先真っ暗だ」と不安を訴える。佐藤さんの弟の正義さんは六ヶ所での生活に見切りをつけ、北海道根室に漁師として働きに出ている。

出稼ぎ考えねば・・・

雇用不安から佐藤さんの矛先はむつ小川原開発自体にも向けられる。「新住区に来れば働く場所があるからという条件で、土地をすべて提供して移って来た。これでは話が違う。生活の糧を売り渡してしまったので、これからの生活が本当に心配だ。酪農をやってた頃は苦労しながらも楽しかった。ここは便利かもしれないが、それだけだ。こんなことだったら、だれも開発に協力して移転などしなかった」と話す。

新住区に移り住んだ旧地権者は二百戸余り。土地を売り渡した金で立派な家を建てた。だが、働く場所がない現状では貯金を取り崩して生活費に充てる人も目立ってきた。一部には税金を納められず、代替地として買った農地を切り売りしている人もあるという。新住区の斎藤行雄さん（五四）は「全財産と家を交換したようなもので、働く場所がなければ、その日から生活に困ってしまう。金が入ってきた時、派手に札を使ったのも、競争して家を建てたのも事実だが、それも金を使っても働く場所があるからいいということだったためだ。金がなくなってきたこれからが本当の勝負だ」と覚めた目で言う。

働ける場がほしい

高田友吉さん（四四）も雑工として備蓄基地で働いているが、契約は七月末まで。作業が遅れているためまだ働いているが、間もなく失職する。「家でブラブラしているわけにはいかないし、出稼ぎを考えざるを得ない」と話す。高田さんの家庭では、高田さんが備蓄基地に働きに出、妻が埋蔵文化財の発掘作業に携わり、そして農業を行い、三つの柱で生計を立ててきた。だが、出稼ぎに行くとなれば農業まで手が回らなくなる。「六、七千円にならなくてもいい。四、五千円でも年間通して働ける場所がほしい」と、高田さんの願いは切実だ。

県むつ小川原開発室では、備蓄基地完成後の雇用対策について、特に新住区に移転した旧地権者は埋蔵文化財発掘作業などで優先的に採用したいとしている。しかし、発掘作業は一戸一人だけ、それも日当三千五百円から四千円では生活費を賄うことはできない。

新住区での暮らしは、設備が整っているだけに金がかかる。電気代、ガス代、水道代に食費で、ぜいたくをしなくても月二十万円はかかるという。これまでは夫が備蓄基地、妻が文化財発掘など、みんなで働いてどうやら生活のバランスを取ってきた。それが備蓄基地の完成によって、崩れようとしているだけに、影響は深刻だ。

1983年8月17日
むつ小川原開発は今　4

完成迫る石油備蓄基地
「来年以降の仕事は？」 見通しなく不安募る
建設業界　今年はなんとか

上北郡六ヶ所村には建設業協会加盟の建設業者が二十一社ある。むつ小川原石油国家備蓄基地やむつ小川原港、道路整備などで、開発によって最も直接的に潤ってきた業種だ。年間伸び率一〇％台は普通、業績のいい事業所は年間三〇％以上の伸びを示したという。

地元業者は土木工事が中心で、備蓄タンクの概成によって工事は減ってきた。それでもまだ今年はＡ工区とＢ工区の工事があるが、五十九年はＣ工区の工事を残すばかり。それも来年八月にＣ工区が完成すれば、備蓄タンクの工事は終了する。「ピークだった昨年は無我夢中で工事が取れるよう働いていたが、今年に入って備蓄基地は先が見えてきた」と話す建設業者の言葉には、来年以降の仕事に対する不安感が色濃く出ている。

同村建設業協会の高田竹五郎会長は「仕事量は減ったが、今年はなんとかなる。問題は来年以降がどうなるかだ。備蓄完成で減る仕事を、港湾などの公共事業でカバーできればいいのだが」と話し、業界では「なにか明るい話がないか」あいさつ代わりになっているとも言う。

首切りたくない

高田さんの経営する高田工業には社員二十二人、作業員七十五人の百人近くが働いている。高田さんは「工事量が減れば人員削減も考えざるを得ないのだが、みんなそれぞれ生活を持っており、簡単に首を切るということはできない。事業は、伸ばすのは比較的楽だが、縮小するのは面倒だ」と苦しい胸の内を明かす。

新住区にある鳥山土木工事の場合も事情は同じだ。むしろ、農業などほかに生活基盤を持たない新住区の住民を作業員として控えているだけに、事態は深刻とも言える。

鳥山和一郎社長は「作業員は一緒に土地を売って来た人たちで、これまで一丸となって働いてきただけに、人員削減などはしたくない。田んぼや畑をやっていて小遣い稼ぎに働きに来ている人ならまだしも、会社に来ているのはこれで飯を食っている人ばかりだ。今いる人間をどうやって休ませず働かせるか、頭の中はそればかりだ」と言う。鳥山さんのところには「備蓄の仕事が間もなく終わるので雇ってくれないか」と訪ねて来る人も多いという。だが、手持ちの人間をどうして引き続き雇用していくかで頭を悩ませている鳥山さんにとって、新たに採用する余裕はない。

鳥山さんは今「べらぼうにもうけなくてもいい。コンスタントに、いまいる人間を動かせられればそれで十分だ。ここ一、二年切り詰めて、なんとかしのげればいい」との心境だと言う。

設備投資が重荷に

備蓄基地の完成によって、建設業界は“冬の時代”に入ろうとしている。「公式事業はあるが、今後は備蓄がある時のようにはいかないだろうから、しばらく辛抱しなければ」との声はよく聞かれた。ただ問題はいつまで辛抱すればいいのか、長期的な見通しが立たないことだ。鳥山さんも「二、三年先に確実に仕事が増えるというのであれば、我慢もしやすいが、見通しがない。このままで開発は終わらないと思うが、先行きどうなるんだろうとの不安はある。」

備蓄基地の建設とともに、村内の建設業者は土木機械などの設備投資をしてきた。また指名を受けるためには、設備投資をしなければならないという背景もあった。第二備蓄基地の建設をあてこんで多額の機械を購入した業者もあるという。だが、過剰投資が今、重い負担になろうとしている。経営悪化が伝えられる業者もあり、備蓄後の工事がなければ、倒産が現実のものになろうとしている。

1983年8月18日
むつ小川原発は今　5

完成迫る石油備蓄基地　売り上げ減少の一途
企業誘致の願い切実　商業来年以降へ募る不安

六ヶ所村の商店全体の売り上げはここ数年、毎年一〇％の伸びを示してきた。特に備蓄基地工事がピークだった昨年は三〇％を超え、年間売り上げは約百二十五億円に達した。この中でも酒やたばこなどは、昨年は一昨年に比べ約五割アップの驚異的な伸び。備蓄基地の工事によって、人が村に入ってくれば食事をし、酒を飲み、たばこも吸う。有形無形さまざまな金が地元に落ちる…。

今年に入って備蓄基地の工事が減り、作業員が引き揚げ始めると途端に小売業の売り上げも減り始めた。昨年の三割減、一昨年の水準に戻るだろうと予想されている。備蓄基地が完成する来年以降はどうなるのか。商店主の間にも不安が広がり始めてきた。

六ヶ所村商工会の佐々木兼太郎会長は「継続的な仕事がない以上、備蓄基地工事が終われば売り上げが減るのは初めからわかっていた。備蓄基地工事をしている間に、企業立地などの対策を採ってほしかった。商工会として困っているが、企業進出がない限り、これといった妙案もない。県に陳情に行っても、また中央から経済人が視察に来ても、むつ小川原開発は将来性があると言ってくれる。しかし、地元として十年先、二十年先のことではなく、あす、あさっての収入をどうするかの問題だ」と話す。

原船誘致の苦肉策も

備蓄基地工事関連の売り上げ減に加えて、今年は冷害不安が小売業者にも影を落としている。「村内の商店はもともと第一次産業よって支えられてきた。それが農業が冷害、漁業が不振となればすぐ売り上げに響く。また先行き不安から買い控えムードが出てくるのが怖い」と佐々木会長の表情は深刻だ。

六ヶ所村商工会は原子力船「むつ」新定係港の村内への誘致を決議、村と村議会に陳情した。村と村議会は、むつ市関根浜漁協が交渉中であるとして陳情については静観の構えで、具体的な動きには至ってない。この点について佐々木会長は「備蓄基地に代わるものとして新定係港を考えたが、関根浜の事情もあり強く言えない。ただワラにもすがる思いで定係港誘致を打ち出したのであり、それだけ六ヶ所は苦しいんだということを知ってほしい」と窮余の一策だったことをうかがわせた。

まさに“存亡”の危機

六ヶ所村開発商事は備蓄基地へ食料品などの物資を供給するため、商工会のメンバーが中心となって五十五年二月に設立された。上弥栄台小学校跡を改造して、備蓄基地の作業員用にスーパーを開業している。しかし、備蓄基地完成後はスーパーは閉店せざるを得ない。会社は今、存亡の危機に立っている。

戸田一社長は「五十五、五十六年度は赤字かトントン。五十七年度は三億九千万円を売り、黒字になったと思ったら、今年は作業員が減り売り上げも落ち込んできた。備蓄基地が完成する来年八月以降になったら、どうすればいいのか。もともと地元商工業の振興と住民対策として、県や村も仲介役として入ってつくった会社。備蓄基地工場が終わったから、会社をやめろといわれても納得できない」と不満がいっぱいだ。

開発商事では、スーパーに代わるものとして村給食センターの請け負いや村内他地域への進出も計画したが、給食センターには村外業者が入り、他地域への進出は既存業者を圧迫するとして、打開策がないのが現状。「来年以降、十一人の職員の生活をどうするのか、開発は備蓄基地だけで終わらないと思うが、企業進出があるまでのつなぎの仕事がほしい」と語る戸田社長だった。

1983年8月19日
むつ小川原開発は今　6

完成迫る石油備蓄基地
メド立たぬ原油確保　需要衰え　輸入が減少
消えた第二備蓄　情勢が大きく変化

地元六ヶ所村では第二備蓄建設に寄せる期待は大きいものがある。備蓄基地や建設による波及効果が大きかったのと、企業立地のメドがつかない現状では備蓄基地に頼らざるをえないためだ。古川伊勢松村長は「国家備蓄三千万キロリットル体制では無理かもしれないが、五千万キロリットル体制になれば可能性はある。決して悲観も落胆もしていない」—橋本徳保助役も「五百万キロリットルでなくとも、三百万キロリットルの積み増しでもいい第二備蓄が始まればあと五、六年はつなぎとして息がつける。土地があるのだから、やろうと思えばいつでもできるはずだ」と第二備蓄の建設を訴える。

石油公団は五十六年、第二むつ小川原石油国家備蓄基地の立地可能性調査（フィジビリティ・スタディ）を行った。調査は二百六十万キロリットル、五百万キロリットル、五百三十万キロリットル積み増しの三つの場合を想定、いずれも「安全性は確保され、技術的にも問題はなく、経済的にも実現性がある」と太鼓判を押した。当時はすぐにでも積み増しが可能とも見られた。しかし情勢は大きく変化し、現在では第二備蓄の可能性は薄らいでしまった。

情勢の変化とは、国内の石油消費の落ち込みをさす。毎年伸びると予想されていた石油消費は、景気の低迷や脱石油の影響から、逆に毎年減少した。消費量の落ち込みから原油輸入量も当初見込みを下回っている。

タンク作っても…

一方、民間備蓄は九十日備蓄体制を目指してタンクを建設してきた。その結果、タンクはできたが、入れるべき原油が無い事態が生まれてしまった。

民間の備蓄能力は現在、六千七百万キロリットルあるが、石油各社が貯蔵しているのは五千二百万キロリットルほどで、国家備蓄用の四百六十万キロリットルを民間タンクに回しても、なお一千万キロリットルのタンクが空っぽとなっている。

国家備蓄は六十三年度までに三千万キロリットルの原油を備蓄するため、むつ小川原をはじめ苫小牧東部（北海道）福井、秋田、白島（福岡）上五島（長崎）の六カ所に建設を決定。第一号のむつ小川原がまもなく完成するほか、苫東も来春に一部完成。福井と秋田は今年度着工、白島と上五島は事前調査中となっている。

建設財源も窮迫へ

しかし国家備蓄建設の問題点は、民間備蓄に空きタンクが目立つように、三千万キロリットルのタンクを造っても、入れるべき原油のメドがはっきりしないことにある。国家備蓄の原油は現在、民間タンクに回している四百六十万キロリットルのほか、タンカー二十七隻による洋上備蓄七百八十五万キロリットルの合計千二百五十万キロリットルがあるが、三千万キロリットルにははるかに足りない。

石油需給の減少でタンクに余裕がでてきた一方、国家備蓄基地の建設費の利子補給財源である石炭石油特別会計は今年度、一千億円もの減収が見込まれている。このため通産省資源エネルギー庁では六カ所の国家備蓄基地の建設計画を二年程度繰り延べる方針を決めた。

既に立地が決まっている国家備蓄基地でさえも石油情勢の変化のなかで計画の見直しが迫られている現状では、その次を目指す第二むつ小川原の立地可能性は急速に遠のいてしまった。

1983年8月20日

むつ小川原開発は今　7

完成迫る石油備蓄基地

１割に満たぬ進行率、63年度取水は不可能

小川原湖総合開発　大幅に遅れる計画

小川原総合開発事業は、小川原湖の河口にせきを造り海水の流入を食い止めて湖を淡水化、湖水をむつ小川原開発の工業用水や周辺市町の上水道、水田のかんがい用水に利用しようという計画。五十三年十二月には建設省により小川原湖総合開発事業基本計画が策定されている。五十二年度に着工、六十六年度までの十五カ年で総事業費五百八十九億円が見込まれている。しかし今年度までの工事費は五十四億円余り、進行率は一〇％にも満たない。基本計画では六十三年度一部取水開始、六十六年度完成となっているが、淡水化に時間がかかるため六十三年度の取水開始は不可能。計画は大幅に遅れている。

むつ小川原開発は、土地と港湾、工業用水が、企業立地を進めるうえでの“売り物”。小川原湖からの工業用水の確保は、開発推進への重要な要件となっている。しかし、小川原湖総合開発事業は、財政難の折から予算措置が十分でなく、今後に難関の漁業補償交渉を控え、取水開始のメドがつかないのが現状。むつ小川原開発の行方に微妙な影を投げかけている。

進出ゼロが足かせ

小川原湖総合開発事業は、水害を防止するための治水事業と、淡水化した湖水を利用する利水事業に分けられる。治水事業は小川原湖の湖岸八十三㌔を湖岸堤と管理用道路で囲う計画。だが用地買収の遅れと、湖岸堤建設による水田のほ場整備の地元負担問題が難航しているため、湖岸堤は上北郡上北町旭地区の一・五㌔が完成、同町砂土路地区一・二㌔が工事中で、工事はまだこれから。

一方、利水事業は淡水化した小川原湖の湖水を、むつ小川原開発の工業用水に一日四十八万立方㍍、小川原湖周辺の九市町村で組織する小川原湖広域水道企業団の上水道に十一万立方㍍を供給するとともに、流域の八千三百万㌃の水田のかんがい用水に利用する計画。

しかし、ここで大きな問題になるのは、工業用水を供給しようにも、むつ小川原開発は企業進出がなく、工業用水を利用するメドがないこと。企業立地ゼロのむつ小川原開発の現状では、小川原総合開発事業の緊急性は薄い。ただ小川原総合開発事業は工業用水だけではなく、上水道やかんがい用水にも利用する総合計画だけに、工業用水だけで遅らせるわけにはいかないジレンマを抱えている。

漁業補償は、小川原湖が小川原湖漁協、高瀬川は六ヶ所村漁協と三沢市漁協が漁業権を持ち、対象漁協となっている。だが、小川原湖を淡水化することにより漁業への影響が懸念されるだけに、漁協との交渉は難航。五十七年度でようやく漁業実態調査を終わったばかり。今後は河口ぜきに造る魚道の効果や影響などの話し合いに入るが、交渉はまだ入り口にもついていない段階。決着の見通しは立っていない。

補償と予算も難題

小川原総合開発事業の遅れについて、斎藤晴雄建設省高瀬川総合開発事務所長は「段階的には施工しているが、工業開発の遅れもあり、一気にやるような情勢ではない。ただ上水道の方からは早期取水の要望が出ている。予算が大きな問題であるが、いつからでも工事が本格化できるよう態勢は整えている」と語る言葉も歯切れが悪くなりがち。

小川原総合開発事業は六十三年度一部取水開始、六十六年度完成の計画だが、取水までには河口ぜき建設に三年、湖水の淡水化に三年の合計六年を要するため、逆算すると六十三年度の取水開始はもはや不可能。今後に漁業補償と予算の難題が控えており、小川原湖総合開発事業がどう進展するのか、重大な岐路に立たされている。

1983年8月21日

むつ小川原開発は今　8

完成迫る石油備蓄基地　依然、先行きは不透明

県新たな“道”を探る

開発の行方　見直し論が噴出

むつ小川原開発の指針となっているのは、五十年十二月に県が作成、五十二年八月に閣議口頭了解された「むつ小川原開発第二次基本計画」である。第二次計画では石油精製、石油化学、火力発電を開発の柱とし、六十年ごろまでの第一期計画で石油精製一日五十万㌭、石油化学年産八十万㌧、火力発電所は百二十万㌗出力の石油コンビナートを建設。更

に第二期計画を含んだ全体計画では石油精製百万バレル、石油化学百六十万トン、火力発電三百二十万キロワットを想定している。

しかし現実には、石油関連産業の立地は一社もなく、あるのは巨大な石油備蓄タンク群だけ。石油国家備蓄基地の建設によって、石油コンビナート建設の起爆剤になるのではとの期待感もあったが、はかない夢に終わった。石油コンビナートの六十年ごろの一部操業開始は、工場の建設期間を考えると事実上不可能。そして将来の立地見通しも立っていない。

このため、むつ小川原開発は政治の争点となり、論議の対象となってきた。社会、共産両党は県議会などを通じて「むつ小川原には今もって企業立地がなく、石油コンビナートはもはや時代遅れである」として、開発の見直しを迫ってきた。

望み薄な早期立地

これに対して北村知事は「予定より遅れているのは事実だが、長期的な開発計画である。石油精製や石油化学など厳しい情勢だが、老朽化した施設のスクラップアンドビルドの可能性はある。重質油分解プラントなども考えられる。第二次計画の基本を崩す考えはないし、当面見直しはない。計画は多くの場合、遅れることもあり得る」「本県の産業構造改革のため、むつ小川原開発推進の立場を取ってきた。開発を取り巻く環境は年ごとに逆境に向かいつつあるが、難しいからやめるというのは弱者のすることだ」として、見直し論を真っ向から否定してきた。

しかし知事も認めているように石油関連産業をめぐる状況は厳しい。通産省は石油精製や石油化学を特定不況業種に指定、設備の削減に入っている。老朽化した施設の建て替え（スクラップアンドビルド）以外に、新規の建設を認めない方向で、むつ小川原開発への早期立地はもはや望み薄だ。

このため県が最近検討しているのは重質油分解プラントや原料燃料貯蔵施設。重質油分解プラントは、今後の原油の重質化傾向に対応するための施設だが、調査地点三カ所にむつ小川原は入っておらず、石油業界は採算性から消極的であるなど、実現へはまだなんともいえない段階。

将来考える時期に

むつ小川原開発の六十年ごろ一部操業開始が事実上不可能となっているなかで、県はむつ小川原港や小川原湖総合開発事業の基盤整備が進む六十三年ごろ一部操業開始へ、軌道修正をしようとしている。しかしこれとても、基盤整備は予定より遅れており、六十三年ごろに一部完成するか不確実。まして企業立地となると先行きの見通しは立っていない。

進展しないむつ小川原開発に、県幹部のなかにも「むつ小川原は時代が悪かった」「石油シリーズを見直そうにも、代わるべきものがない」「用地買収を県ではなく、第三セクターのむつ小川原開発会社にやらせたのが、買収費用が直接県にはね返らず、せめてもの救い」といった“嘆き節”が出始めてきた。

五千ヘクタールを超す広大な土地を見渡す時、開発の見直し論議は別としても、むつ小川原開発の将来について今じっくりと考えるべき時期にさしかかったようだ。

1988年11月22日
核燃議論の焦点　1　不信

説得力ない「安全性」チェックは推進の国任せ

上北郡六ヶ所村に世界初の三点セットとして計画されている核燃料サイクル施設は、ウラン濃縮工場が十月十四日着工し、いよいよ実施段階へ移った。核燃問題は、高まる市民グループなどの反対運動と国、県、事業者の支援に乗り出した県内経済団体の推進運動がせめぎ合っている。一体、安全なのか危険なのか。問題点はどこにあるのか。核燃論議の焦点を整理してみた。（核燃問題取材班）

明確に答えぬ県側

「県は何も分からずに立地を受諾したのか」「県民の命を何だと思っているのか」―。六月三十日、青森市の県共同ビルの会議室に主婦たちの怒りの声が飛び交った。

この日、反対市民グループ「ストップ・ザ・核燃全国署名実行委員会」は県内外から集めた約三十六万九千人分（うち県内分約八万人）の反対署名簿を同会議室で県に提出した。主婦たちの怒りは、このあと行われた公開質問状に対する県の回答をめぐって爆発した。「放射能が生体に一定限度以上濃縮されない根拠は何か」「一般公衆の被ばく線量を諸外国より低く抑えるというが、どの程度抑えるのか」「飛行機墜落事故の事故の防止策はどうするのか」などの質問に、県側は「分からない」「まだはっきり決まっていない」「国が調整していくことになっている」などとし、明確に答えられなかったからだ。

会議の結論に疑念

核燃料サイクル施設の最大の問題点は、放射能を取り扱うので、安全性論議が極めて専門的にならざるを得ない点にある。このため、県は五十九年に十一人の専門家会議を設置した。この専門家会議の「安全性は確保し得る」とする検討結果が、県がサイクル施設の立地受け入れを決める最大の判断材料となった。

しかし、六十一年のソ連チェルノブイリ原発事故以来高まっている反核燃運動の中で、専門家会議の結論は判断材料になり得ない—とする声が強まっているのも事実。「安全を確保できるとは断言していない」「推進派のメンバーばかりだから、立地に好意的な結論を出すのは当然」「専門家会議は立地条件を全く考慮せず、机上の検討だけで結論を出しており、意味がない」などがその理由だ。専門家の間でも推進、慎重両派に分かれていることが、こうした主張の背景にある。

県は「事業許可の際は国が安全審査をするので、危険な施設は許可するはずがない」とも強調する。しかし、国が安全を保証していた原船「むつ」は放射線漏れを起こし、大湊港から出て行くと約束しながら、結局、再び舞い戻った。新幹線建設についても数多くの約束がありながら、実現していない。県民の間には国策に対する不信感が根強い。しかも、核燃料サイクル施設の場合、国は安全審査を行う一方で、事業者と同じく推進する立場にある。「サイクル施設は安全」と繰り返しても、説得力を持たないのが現状だ。

こうした中で県は「放射能に関する安全審査は国の所管」「専門的過ぎて県の力では判断が難しい」との立場を取ってきた。このため、反対派の間で「県民が頼れるのは県だけ。立地を受諾しておきながら、安全チェックは国任せでは無責任」との批判が高まってきた。

県内分は28万6千人

ことしに入って、県農協青年部協議会ら農業関係四団体が約十四万六千人分の農家の反対署名簿を、また県生協連が六万人分をそれぞれ県に提出した。「ストップ・ザ・核燃」と合わせ県内分だけで約二十八万六千人に上り、北村知事の三選の際の得票数三十二万六千票に迫る数値となった。

反核燃運動のうねりは風評被害を恐れる農業者に波及。これまでに実質決議を含め十農協が反対決議している。県経済連は同施設立地に伴う電源三法交付金を返上した。二十五日に行われる県農協大会では核燃反対動議が出ることが予想されている。「サイクル施設は農家のため」とする北村知事の考え方が、農業者そのものから否定されかねない情勢だ。反対市民グループは「一万人訴訟原告団」を結成、法廷闘争を目指し、既にウラン濃縮施設の許可取り消しを求め、国に異議申し立てをしている。

こうした反対運動の高まりに対し、推進側は「一流の専門家も国の安全審査も信用できないというのではどうにもならない」と困惑しきっている。これに対し、反対派は「一度被害が出れば取り返しがつかないのが放射能。専門家の間でさえ安全性に疑問が出ているのに、強行しようというのはおかしい」と反論、対立は深まる一方だ。

1988年11月27日
核燃論議の焦点　６　事故

主婦ら切実な恐怖感
反原発運動に新しい流れ
放射能の集積所

核燃料サイクル施設は放射能の集積所といわれる。再処理工場には全国の原発から使用済み燃料が集まり、燃え残ったウランや新しくできたプルトニウム、核分裂生成物などに分けられる。貯蔵センターには、原発の床の洗浄水、手袋や衣類を燃やした灰などの低レベル放射性廃棄物が貯蔵される。十月十四日に着工したウラン濃縮工場は、最終的に百万キロワット級原発十二基分の燃料を供給することになっている。

「再処理工場は通常でも微量とはいえ、放射能を環境中に放出するので心配。事故が起こったらそれこそ大変です」。一万人訴訟原告団の代表の一人、八工大の大下由宮子助教授はまゆをひそめる。ソ連チェルノブイリ原発事故以来、事故による放射能汚染を心配する声が急速に高まっている。チェルノブイリ原発事故が起きたのは六十一年四月二十六日未明、原子炉爆発により、放射性物質が飛び散り、ヨーロッパを中心に広い範囲にわたって放射能汚染を引き起こした。わが国でも五月三日ごろから放射性物質が検出され始め、濃度は同七日ごろにピークに達した。

この事故で、事故処理のために動員された人々など二百三人が急性放射線障害と診断され、これまでに三十一人が死亡した。また、ヨーロッパの放射能汚染が激しかったところでは牛乳や農作物を処分せざるを得なくなるなど、大きな影響を与えた。

「起こるはずない…」

この事故は、原子力関係者にとって「起こるはずがない事故」だった。さまざまな人為的ミスや規則違反が原因だったとはいえ、それが現実のものとなったことで、原子力技術に対する疑問や不信が強まった。

特に、輸入食品が放射能汚染されているどうかに気を配らなければならなかったことで、台所をあずかる主婦らが目に見えない放射能への恐怖を切実に感じ始めた。これが、それまでイデオロギー的性格が強かった反原発運動に新しい流れをつくり、市民運動的な様相強めさせる原因となった。

電気事業者側は「原子炉の型が違うので、わが国では起こらない事故」と説明してきたが、ことし二月の四国電力伊方原発二号機で出力調整試験を強行したため、反原発の炎が一気に広がった。チェルノブイリ原発の事故が低出力時に起きたことから、同じ危険を伴う実験―と見なされ、反原発派が猛反発した。その勢いが今、六ヶ所村の核燃料サイクル施設に雪崩を打ってきた。

わが国の原発は「トイレなきマンション」といわれる。使用済み燃料や放射線廃棄物を処理したり貯蔵する本格的な施設がないからだ。核燃料サイクル施設はその「トイレ」の役目を果たすほか、原発への燃料供給基地ともなる。いわば全国の原発のかなめとも言える。原発ストップを目指す反原発運動の究極的な標的となり、反核燃運動が全国的な広がりを持つ理由もここにある。

かみ合わぬ安全論議

核燃料サイクル施設は化学工場なので、プルトニウムを一カ所に集めないように管理している限り原発事故のような爆発はない。事業者は「再処理技術も、フランス、イギリスで三十年ぐらいの実績があるうえ、茨城県東海村の再処理工場も順調に稼働しているので、確立されている」と説明する。さらに、トラブルに備えて何重もの防護措置を講じているので、放射能漏れもない―と強調する。

しかし、反対派は①イギリスのセラフィールド再処理工場は、日本の原発のような軽水炉型の燃料を扱っていない②フランスのラ・アーグ再処理工場は五十五年に変電器の火災で電源がストップし、常に冷やしておかなければならない放射性廃液の冷却システムもストップ、軍事用電源車で急場をしのいだものの、重大事故につながるところだった③東海再処理工場はピンホール問題で、十年間で一年の処理能力をはるかに下回る実績しかない―などと反論。事業者側の技術確立論を否定する。

さらに、六十一年一月に米オクラホマ州のセコイヤ核燃料工場で六フッ化ウランが漏出、一人が死亡し、多数の住民が目やのどに激しい痛みなどを訴える事故も発生した。こうしたことから「絶対安全はあり得ない」とする反対派と事業者の論議はここでもかみ合わない。(核燃問題取材班)

1988年11月28日

核燃論議の焦点　7　断層

地盤の安定性に疑念
原燃、新調査で危険否定　原燃内部資料で発覚

「日本は世界有数の地震大国である。六ヶ所村の地盤で、放射能を取り扱う建物が地震に耐えられるのか」。社会党を中心に地盤の安定性に対する疑念が指摘され核燃論議の大きなポイントになっている。「一万人訴訟原告団」の弁護団も、地盤の安定性を含む立地条件の問題が、法廷闘争となった場合、最大の焦点になりそうだとみている。

というのも、「断層があるのではないか」とささやかれていた憶測が、再処理工場を建設する日本原燃サービス(豊田正敏社長、本社・東京)の内部資料から事実であることが分かったからだ。

十月十三日、豊田社長ら同社首脳は北村知事を訪ね、内部資料問題について説明した。この中で、社側は「断層は再処理工場敷地内に二本あるが、古い地層にできており、地盤は安定している。だから、施設を建設する上で支障はない」と強調した。

地層は表面に近い第四紀層と、その下の第三紀層から成る。第四紀層は約百七十万年前ごろからの地層。この部分に断層がおよんでいる場合、ごく最近、活動したことを示すので活断層と呼ばれ、危険視される。再び活動する可能性が高いからだ。

「地震があったら…」

同社によれば、再処理工場敷地内の断層は二本とも二千四百万年前から五百十万年前にできた第三紀層下部の鷹架層にあり、第四紀層に達していないばかりか、第三紀層上部の砂子又層にもおよんでいないという。「二本の断層はいわば『死火山』に相当する」と、安全性に自信を見せた。

東大の木村敏雄名誉教授も「青森市内よりは強い地盤で、地震があっても大丈夫と思う」と話している。

同社はさらに、六ヶ所沖に約八十㌔にわたって走る断層についても「活断層でないことが今回の調査で分かった」と、新たな事実を明らかにした。この断層は日本の地質学界ではこれまで活断層とされており、核燃料サイクル施設周辺に大型地震を引き起こす可能性があるとして、社会党や反核燃市民グループが重要視していた。同社は活断層であることを否定することで、反対派の不安の根拠も否定したわけだ。

これに対し弘大の宮城一男教授は「仮に活断層でないとしても、地震が起きれば断層が動き、被害が大きくなる。宮城県沖の地震では断層沿いに震度７を記録している。当然、被害も大きかった。他の地域はこの時、震度５か６だった」と、活断層でない

から安全—とする事業者側の主張に反論する。

「死火山」とは有史時代に噴火した記録がない火山を指すだけで、昭和に入って噴火すれば直ちに活火山に昇格する程度の言葉にすぎないともいう。「五十四年十月に有史以来、初めて噴火した御岳山がそのいい例。断層と活断層の関係も同じことが言える」と宮城教授。「四十六億年の地球の歴史から見れば、百万年単位の期間は問題にならない。五百万年前以降に活動していないから安全ということにもならない」

詳しいデータ未公表

宮城教授は、六ヶ所沖の断層が活断層でないとする事業者側の見解については、データを見ていないことを理由に論評を控えているが、「活断層であるというのが学界の定説。活断層でないとするなら、学界で認められなければ信用されないだろう」と話す。

これに対し、日本原燃サービス側は「従来の調査は探査記録の一部に不鮮明なところがあったが、今回、大型コンピューターで画像処理する方法が開発され、より確実な解析が可能になった。学界でも十分に論証できるし、国の安全審査で証明されるはず」と言い切る。

しかし、同社は事業許可申請前であり、資料の保管が必要だとして詳しいデータを公表していない。このため、社会党は「裏付けのない言葉だけでは信用できない」と反発。さらに「分かっているデータでは軟らかい地盤と固い層が交互に続く〝サンドイッチ盤〟の可能性もある。この種の地盤は地震に最も弱い」と疑問を投げかける。（核燃問題取材班）

1988年11月29日
核燃議論の焦点　８　飛行機墜落

施設と基地至近距離　心配な放射能漏れ事故
不安の声高まる

六月二十五日、愛媛県の山中に米軍海兵隊の大型ヘリコプターが墜落、乗っていた七人が全員死亡した。現場は四国電力伊方原発からわずか一キロの距離。地元関係者にとってヒヤリとさせられる事故だった。

本県でもこの事故を契機に、核燃料サイクル施設への飛行機墜落事故により、放射能漏れ事故が起きないか—という心配が高まっている。同施設は天ヶ森対地射爆場から約十五キロ、米軍三沢基地からは約三十キロと、四六時中軍用機が飛び交う空域とは至近の場所に建設されるからだ。

社会党は「原燃二社の資料を入手して分かった」として、七月十八日の県議会総務企画任委で、自衛隊や米軍機の施設周辺での飛行回数は年間四万二千回以上に達することを明らかにした。原燃二社は、これらの軍用機が墜落する確率は百万分の一と計算。さらに、防衛庁や米軍とも、操業時は施設上空を飛行しないことで合意しているという。このため、基本的には飛行機の墜落はあり得ないとする。

しかし、反対派は「飛行機事故は操縦が不能になるから起きる。そんな状態の飛行機に施設上空を飛ぶなといっても無理」「スクランブル（緊急発進）がかかるような事態でも果たして合意が守られるのか」などと疑問を投げかける。

一瞬の誤りで飛来

弘大など、県内の大学関係者たちで構成する「核燃料サイクル施設問題を考える文化人・科学者の会」によると、天ケ森射爆場で訓練する飛行機のコースは、サイクル施設から二キロぐらい離れているが、F16戦闘機などは音速以上で飛行するため、二キロ程度ならわずか数秒で到達すると指摘する。一瞬の操縦の誤りで施設上空へ飛来してしまうというのだ。

伊方原発近くの墜落事故があって間もなくの九月二日には、米軍三沢基地から飛び立ったF16戦闘機が岩手県に墜落した。さらにその後、F16に欠陥があることも分かった。六十二年七月には十和田市上空で陸自ヘリコプター同士が接触、一機が墜落し、一機は不時着して炎上した。こうした事実が飛行機墜落による放射能漏れへの不安を一層かきたてている。

事業者側は、これらの不安に対し、「万が一の飛行機墜落についても考慮している」と強調する。再処理工場について豊田正敏日本原燃サービス社長は六月一日の県むつ小川原開発審議会で「建物自体が墜落の影響に耐えられるよう、コンクリートを厚くして万全を期す」と言明した。さらに、建物の中にあり、放射能を直接封じ込めているセル（厚い遮へいを施した区画）ももちろん飛行機が衝突しても大丈夫—とし、飛行機墜落に対し安全性を二重に確保することを強調した。

ウラン濃縮工場については建物自体は壊れるものの、予想される最悪の場合を想定しても、敷地に最も近いところで、漏れた放射能による放射線量は六十ミリレムにとどまる—と、日本原燃産業は分析。国の規制値である年間五百ミリレム（六十四年度からは百ミリレム）をはるかに下回るので、一般公衆への影響は小さいとしている。

この計算は、機体の胴体部分が工場の中で最もウラン包蔵量の多いウラン貯蔵庫の外壁を貫通、航空燃料による火災が発生した場合を想定している。それによると、貫通した場合、六フッ化ウランの入った製品シリンダー十五本が損傷し、火災の熱でシリンダー内の固体六フッ化ウランが気化する。しかし、空気中の水分と反応して重い粒子になるため、建物の外には一割くらいしか漏れ出ないという。火災時間は、三分程度を見込んでいるが、計算では余裕を取って、六分間続くと仮定した。

理解しにくい対策

これに対し、反対派グループは「飛行機が落ちて壊れない建物なんてあり得るのだろうか」「飛行機が墜落する際の速度、角度、爆弾を搭載しているのかどうかなどが明らかになっていない」として、まだ納得していない。

「そもそも、こんなに飛行機が飛び交うなかに重要施設をつくること自体理解できない」との素朴な疑問も広がっている。事故対策は技術的な要素が多く、一般県民には理解しにくいのも事実だが、事業者側の分かりやすい説明がまだ欠けている―との声も多い（核燃問題取材班）

1988年11月30日
核燃論議の焦点　9　　不透明　上

消された「地下水位」原燃、説明なくパンフ変更
「いいことだけPR」

「県民に関心がある点は隠し、都合のいいことばかりPRする。」事業者に対し、こんな不満が県民に根強い。反核燃運動がにわかに高まってきた原因には、核燃の安全論議が平行線をたどり、専門家の間でも意見が分かれていることのほかに、事業者側の対応が不透明だと受け取られている点も見逃せない。

その一つが、地下水位問題についての対応だ。県は五十九年に専門会議を設置し、安全性が確保し得るとの判断を得たため、立地を受諾した。その専門家会議報告によると、低レベル放射性廃棄物貯蔵センターは「原則として地下水位以上に設置する」ことになっていた。県も県民にそのように説明してきた。

しかし、日本原燃産業がことし四月に国に提出した同センターの事業許可申請書によると、帯水層の中に建設する計画に変わっていた。

反核燃グループは以前から「施設予定地周辺は地下水位が高く、その上に設置するのは無理」と指摘していた。これに対し、推進側は専門家報告書を有力な説明材料としてきた。電気事業連合会（電事連）は当初、地下水位の上に施設が位置する図の入ったパンフレットを作り、県民にPRした。

このため、事業許可申請後でさえ、施設が地下水位の上にできると思っていた県民も少なくなかった。県も事業者も、帯水層に設置することになった点について特に説明しなかったからだ。

必要性を認識せず

原燃産業はその後、地下水位を示さない図を載せたパンフレットに作り変えた。しかし、帯水層に設置することを前提としたものだが、前のパンフレットとの違いについて特に注釈を加えていないため、一般県民は一読しただけでは状況の変化に気づかない。

これについて、原燃産業は「改めて県民に説明すべきだったかもしれない」とはしているものの、「専門家会議の報告では、地下水位の上に造ると断言しておらず、現地の状況次第では変更があり得ることも含んだ表現になっている」と話す。このため、事業許可申請当時は特に説明の必要性を認識しなかったという。専門家会議報告書は机上だけの検討であり、土地受け入れの判断材料になり得ない―とする反核燃グループの論拠とも重なる。

一方、県は「事業許可申請前から県議会で論議になり、帯水層に建設されることが事実上、明らかになっていたので、あえて説明し直す必要がなかった」と話している。

こうした県や事業者の姿勢について、反核燃グループは「県にとっても県民にとっても、立地受諾の根拠になったのが専門家会議報告書。その判断材料の根底が大きく変わったのだから、当然県民に正式に説明するのが筋。しかも、問題点として指摘されていた事項だったのだから、なおさら必要なはず」と、一様に反発する。特に、説明もなく、パンフレットから地下水位を示す部分を消し去った原燃産業への風当たりが強い。

推進の立場に立つ人の間でも「核燃問題は推進側がどう思って対応しているかではなく、県民がどう受け止めているかを念頭に置いて対応しなければ前進は難しい。その意味では妙な誤解を与えかねない対応だった」との苦言も聞かれる。推進側には「反対する人はどんなに説明しても反対するのではないか」とする気持ちが強いのも事実。できるだけ刺激するのは避けたい―との考えもある。しかし、不透明な対応は不信感を生み、反対の機運を高めるばかりだ。

塩分濃度不明のまま

原燃産業は「帯水層であってもコンクリートで厳重に囲うので放射能の拡散は防止できる。コンクリートの寿命について心配する声もあるが、世界的に見れば、水につかっていても百年以上耐えている実例がある。仮に漏れたとしても、監視システムによってすぐ分かり、補修できるので安全性は確保できる」と説明している。

これに対し、反核燃の立場から地質問題を中心に追及している社会党は「安全と言いながら、コンクリートの寿命に重大な影響を与える地下水の塩分濃度について、いくら要求しても明らかにしない。これでは信用しろと言っても無理」と、不信感をむき出しにする。　(核燃問題取材班)

1988年12月1日
核燃論議の焦点　10　不透明　下

やはりあった断層　原燃内部資料で明るみに

「断層はやっぱりあったんですよ」。十月七日、県議会社会党控室は朝早くから押しかけた記者団でごった返した。“新事実”を明かす社会党県議らもやや興奮気味。同党はこの日初めて、再処理工場の敷地内に二つの断層があることを示す日本原燃サービスの内部資料を公表した。

あいまいだった対応

宮城一男弘大教授らは早くから「サイクル施設周辺は断層ゾーンである」と指摘してきた。これに対し、事業者や県は断層がないとは言っていないが、あるとも認めていなかった。

八月十日に事業許可が下りたウラン濃縮施設に対する国の安全審査では「影響のある断層は認められない」としている。九月県議会で社会党県議が「それでは影響のない断層はあるのか」と質問したのに対し、県側は「周辺に構造谷はあると聞いている」という答え方をしている。断層の存在についてはあいまいな格好で推移していた。存在しないかのような印象も強かった。だから断層の存在を明確に示す内部資料は県にも県民にも大きなショックだった。

事業者側はこうした情報は事業許可申請前であることや、国の安全審査中であることなどを理由に公表するのを避けてきた。しかし、地下水位の問題と同じように断層問題も県民にとっては重大な関心事となっていたことから「事業者は都合が悪いと思うのはすべて隠しているのではないか」との不信や批判が噴き出す形となった。

暴かれた国との連携

資料はさらに、県民にとってショックを受けずにはいられない国関係者と同社との微妙なやり取りが記されていた。「二つの断層の派生断層が数多く存在することが考えられる。第二試掘坑を実施するのが申請受理の条件」「今の状況証拠だけでは第三者から活断層と言われたら十分説明できない」「将来、裁判になった時、このままの証拠では活断層でないと言い切れない」—などとある。

また「f-1断層の北の連続はJNFI(日本原燃産業)サイトの断層とも関連するかもしれない」と指摘、低レベル放射性廃棄物貯蔵センター用地にも断層があることを前提としたやり取りも出てくる。

社会党は「国関係者の指導にしては行き過ぎ。活断層隠しとも受け取られかねない行為」と糾弾する。さらに、国の第二試掘坑実施要請に対し、原燃サービス側はこれまでの調査やその拡大で十分と反論している個所もあり、同党は「国の指導にも応じないのでは、安全性を主張しても信用できない」と憤慨する。

十月十三日、豊田社長ら同社重役は北村知事に内部資料問題で陳謝と事情説明を行い、その後、記者会見で地盤の安全性について強調した。この中で、資料内容は大筋で認めたものの、第二試掘坑については「国からそのような指摘は受けていない」「資料は個人的なメモであり、記載者が自己流に解釈して書いたのではないか」など、歯切れの悪い説明に終わった。さらに、ボーリングコアの公開についても「保管する必要があり、国会議員に限定するならいいが、安全審査後も一般公開はできない」と否定的だった。

資料で暗に断層の存在を指摘された日本原燃産業は、「今は安全審査中なので、断層があるともないとも言えない」とコメントを避ける。こうした事業者側の姿勢に「内部資料が暴露されない限り、事実を明らかにしないのか」「県民の不安解消より、国の手続きが大事なのか」といった声さえ出始めている。

厳しい姿勢見せる県

この問題を重視した県は、内部資料が公表されると同時に、事業者側に事情説明を要請。さらに、十月十三日には知事名で、自主・民主・公開の原則を守るよう、異例の厳しさで県民対応への努力を求めた。事業者側の説明についても「地盤の安定性は理解できるとしても、個人的メモと言うだけでは、内容に関する県民の不信感はぬぐい切れない」として、すべてに満足はしていないとの態度だ。

県はこれまで事業者と一体—との印象を与え続けてきた。しかし、内部資料問題を境に「本来、事業推進の全責任は事業者にある」とし、県はあくまでも「共同事業者」ではなく、「協力者」であるとの立場を鮮明に打ち出している。事業者にとって内部資料問題は大きな“失点”となった。今後どのようにばん回していくのか。それは、県民の疑問に答えるすっきりした情報公開の姿勢を打ち出せるかどうかにかかっている。　（核燃問題取材班）

1988年12月2日
核燃論議の焦点　11　風評被害

影におびえる農業者　不買運動が不安に拍車

県内の農業者の間で「弘前市民生協が、原発のある愛媛県伊方町のミカンの不買運動をしている。」という話が広く言い伝えられている。そして、これが農業者の反核燃運動の盛り上がりを一層大きなものにしている。

四国電力は昨年十月と今年二月、出力調整試験を実施した。チェルノブイリ事故は同種の実験により引き起こされた。チェルノブイリと原子炉の種類は違うものの伊方原発の出力調整試験に市民グループは猛反発した。しかし四国電力は試験を強行した。この電力側の強引な姿勢が、チェルノブイリ事故以来の不安感に火をつけ、反原発のうねりの原点となった。

弘前市民生協では「昨年の今ごろ、一部組合員の間で『伊方のミカンの扱いはやめるべきだ』との声が出た。しかし、試験前と後のデータを比べると変化が無かったので、引き続き取り扱っている。不買運動はしていない。扱い量も減っていない。あくまでも科学的に対応しなければならない」と言う。

要するに、伊方のミカンの話は“風評被害が出ているという風評”だったのである。しかし、このことは逆に、風評というものがいかに恐ろしいものであるかを、雄弁に物語っている。そして見えない影に農業者はおびえている。

恐れ現実のものに

この不安を、さらにかきたてるかのように、消費地から農協県連に「核燃ができたら県産農産物を買わない」との手紙が相次いで寄せられ、消費者グループが来青し、不買運動をちらつかせる。強烈だったのは、常盤村農協などと三億数千万円の取引がある東京南部生協が「核燃が稼働すれば、取引の再検討をしなければならない」と乗り込んで来たことだった。不安が現実のものになりかけている。

この消費者の動きに事業者、国は慌てた。十一月十七日、科技庁原子力局の結城章夫核燃料課長と、資源エネルギー庁の大宮正原子力局産業課長が青森市で「これらの議論は何ら科学的根拠に基づくものではなく、核燃を進めないようにするため農業者に心理的動揺を与えることを目的にした行為。いわれなき風評被害が発生しないように正確な知識普及に努力する」と異例の声明を発表した。二十五日の県農協大会をにらんでのことだったが、大会は反核燃の叫びに包まれ、声明の効き目は無かった。

事業２社が基金造成

事業者の原燃二社は「安全だから風評被害はありえない。（排水口から放射能漏れを起こした）敦賀原発を除くと、無事故の原発で風評被害が出た例は一つもない」としているが、九月定例県議会の乗り切りを図る県は「万が一の時のために」と基金造成を要請、両社は風評被害対策として百億円の産業振興基金を造成する。被害が出た場合、認定委員会が認めた補償額を、基金を取り崩し支払うという内容。無限補償がうたい文句だが認定委と被害申請者との間で合意しなければ、裁判などの結果を待って支払うことになる。

核燃料サイクル施設建設阻止農業者実行委員会（久保晴一委員長）は「風評被害は立証が難しいので、被害が起こっても認定されない可能性が大きく、基金は絵にかいたもち。金さえ出せば事足りるとする姿勢は承服できない。これまで無事故原発では風評が無かったというが、核燃で風評被害が起こらないという保証はどこにもない。第一、事故が起これば年間三千億円の本県農業、壊滅状態になる」と、基金は幻想でしかない、とする。

「安全」求める消費者

原燃二社と電事通は、ダイレクトメール作戦の第二弾で「農水産業に悪い影響を及ぼすことは決してない」とPRしている。しかし実行委は「農業と核燃は共存できない。農産物の放射線汚染に対する不安と恐れは、農家だけでなく県内外の消費者にも広まっており、どんなに安全性を強調しても、もはや不安をぬぐい去ることはできない。飽食の時代になり、消費者は食料の安全性を強く求めてきている。安全性を前面に打ち出した農産物の産地間競争が年々激化してきている。だから核燃はいらない。核燃は百害あって一利なし。事業者は、消費者の志向の変化を知る必要があり、消費者の声を甘く見てはならない」と強く反論する。

県農協中央会の蛯名年男会長は「次代の本県農業を担う人たちが核燃に危機感を持っていることを認識しなければならない。農協組織は核燃問題を避けて通ることはできない」と言う。農業者の反核燃の声が、核燃の行方を左右しかねないほど大きくなっているのは紛れもない事実である。

（核燃問題取材班）

1990年8月26日
検証むつ小川原開発第1部・曲折の跡―5―

2つの挫折　広がった政治不信

下北、上北地方は農業の生産性が低く、早くから開発が大きな課題となっていた。戦後の同地方に対する県の政策は開発模索の歴史と言っていい。しかし、期待が膨らんだ途端に挫折するという苦い経験を繰り返した。その反動がむつ小川原開発への夢を一層大きくしている。

本県の戦後初めての総合開発計画は、下北地方を対象に作られた。戦災復興さなかの昭和二十四年、国は国土総合開発に本腰を入れることになり、各県の調査に補助を出したのがきっかけだった。下北郡を対象としたのは、下北半島の地下資源、森林資源、水産資源、軍の遺留施設を活用しようとの狙いがあったからだ。

この開発計画は、二十六年の国土総合開発法に伴う特定地域開発の候補として申請した。結局、国に認められなかったものの、下北の資源活用による開発は、むつ製鉄事業に引き継がれる。

準備進めたが…

三十年前期に下北では九つの鉱山が稼働し、砂鉄の埋蔵量は八千三百万㌧に上るとみられていた。三十三年、県議会はこの砂鉄を活用した工業立地についての地元の要望を採択した。国もこれを認め、東北開発会社が砂鉄から特殊鋼を生産する鉄鋼一貫工場を企業化することになった。

東北開発会社は三十七年に三菱グループと企業提携するなど、着々と準備を進めた。しかし、このころ千葉県木更津市にも特殊鋼の量産工場を建設する計画が発表になった。

価格がむつ製鉄に比べ、一㌧当たり二千円安くなっていたため、、むつ製鉄は計画を見直さざるを得なくなり、中止説さえ流れ始めた。自民、社会両党の東北開発委員会が、それぞれこの問題を取り上げ、むつ製鉄は政治問題に発展する。

しかし、三十年代のわが国の鉄鋼業界は目覚ましい勢いで技術革新が進んでいた。高炉特殊鋼の量産体制が進み、砂鉄特殊鋼の価値と需要が小さくなり始めていた。さらに大型専用船の実用化により、運賃が低減、安い鉄鋼原料を海外から輸入できるようになったことが、むつ製鉄にとって致命傷となった。

こうした状況から、企業採算に乗らないとの理由で、三菱グループが三十九年、資本参加を含む企業提携を辞退した。この時点でむつ製鉄の運命が決まった。四十年に国も事業断念を閣議了解した。

このころ、本県ではテン菜導入の挫折という苦い体験も重なった。国は、砂糖の統制撤廃に伴い、二十八年に「てん菜生産振興臨時措置法」を施行し、保護政策をとった。本県ではその栽培を奨励し、フジ製糖が三十七年に上北郡六戸町に製糖工場を建設した。

しかし、栽培が本格化した三十八年、国は砂糖の輸入自由化に踏み切る。海外から安い原料が入ってきたため、工場の採算性が大幅に悪化、四十二年に閉鎖に追い込まれた。

二つの開発の挫折は当時、大きな政治不信を生んだ。特に、むつ製鉄問題は県を挙げての開発運動だっただけに、失望感も大きかった。秋田立郎県企画部長（当時）は、企業化への雲行きが怪しくなったころ「これが失敗すれば何を信じたらいいんだろうか」と部下に漏らした。本格的な工業開発のスタートとして、県がどれだけ力を入れていたかがこの言葉からうかがえる。

無駄にはならず

しかし、むつ製鉄の挫折は全くの無駄にはならなかった。責任を感じた国は、むつ製鉄の代わりに新たな開発を探るため、政府調査団を現地に派遣した。政府の経済政策のブレーンであり、津島文治知事時代に本県の経済顧問を務めた稲葉秀三氏が団長だった。

これにより、むつはまなすライン（国道279号）の全面舗装、むつアツギナイロンの誘致、八戸市への日曹製鋼（現大平洋金属）誘致などが実現した。

「何とか力になってやってほしい―と佐藤総理(当時）から頼まれてね…」と稲葉氏は述懐する。稲葉氏は八戸新産都市建設事業の進展にも大きな力になった。それは間接的にむつ小川原開発のデビューの舞台をつくる役割を果たした。

1990年8月27日
検証むつ小川原開発　第1部・曲折の跡―6―

水面下のデビュー　「新産」指定決め手に

工業開発を模索する本県の戦後の政策のなかで、初めて大きく花を開かせたのが八戸地区新産業都市建設計画だった。むつ小川原開発は、この新産業都市計画の中で具体的な構想として生まれ、表舞台に飛び出すばかりに芽をはぐくんでいた。

昭和三十年代のわが国の目覚ましい高度経済成長は既存工業地帯への人口、産業の過度集中を生み、地域的な発展のバランスが大きく崩れていた。このため、国は三十七年、地域間の均衡ある発展を基本目標とする第一次全国総合開発計画を策定し、拠点開発構想を打ち出した。

その実施法律として三十七年に制定されたのが新産業都市建設促進法だった。既存の四大工業地帯に次ぐ規模の新しい産業都市を、地方に建設するという内容で、各県はこぞって名乗りを上げた。最終的に四十四地区が競合する激しい指定争いとなった。

猛烈な陳情攻勢

本県は八戸地区を候補地として陳情合戦に参加した。出足が遅れたものの、岩手県を応援に加えて猛烈な攻勢をかけた結果、三十八年の閣議で全国十三カ所（のちに二カ所追加）の一つに内定した。

翌三十九年に建設計画がまとまり、新産業都市建設事業はスタートしたが、内閣総理大臣の承認を受けたこの新産業都市計画の最後に「付」として「小川原湖周辺の開発のため諸調査の促進を図る」という表現が盛り込まれた。

「付」という項目は、当時の他のどの新産業都市計画にもなく、八戸地区特有のものだった。実はこの「付」が五年後の新全総で華々しくデビューするむつ小川原開発の“前夜”を意味していた。

県と八戸市は、三十七年に産業都市建設計画の基礎となる「八戸地域工業開発構想」をまとめた。この中で、八戸地区工業拠点都市化の一環として、小川原湖に一大総合コンビナートを展開する計画を打ち出し、新産業都市計画の第二段階の開発と位置付けた。

場所は上北郡六ヶ所村でなく、三沢市を中心に想定し、小川原湖の北半分を港湾に、南半分は淡水化して工業用水に活用しようという構想だった。

当時、県庁職員として開発関係に携わっていた鈴木裕さん（六六）は、「新産業都市計画で、最初は八戸地区の当時の工業出荷額二百億円を七千億円に伸ばす目標を立てた。そのうち、半分以上の約五千億円は、小川原湖周辺の開発分として算定していた」と話す。新産都市計画策定の時点で既にむつ小川原開発が焦点になっていたというのだ。

工業化は見送り

小川原湖周辺の工業化は、本県が粘り強く主張したにもかかわらず、まだ調査が必要とする国の判断で結局見送られたが、「付」として付け加えることを許したあたりに、本県は国の小川原湖への熱いまなざしを感じとった。

「八戸地区が新産都市の指定を受けることができた決め手は、むしろ大きな可能性を秘めた小川原湖周辺開発が背後にあったからではなかったか」というのが、当時、鈴木さんが受けた感触だった。

実際、国は八戸地区の内定理由について「今後、…八戸市の北部から小川原湖周辺にいたる豊富な用地、用水条件を活用して重化学工業基地として発展することが期待され…」と発表した。

むつ小川原がなければ、八戸新産都市の誕生もなかった…。そんな仮説が成り立つのかもしれない。少なくとも、八戸新産都市計画は、むつ小川原開発の水面下でのデビューでもあった。新産都市内定の前後から国、県とも小川原湖周辺開発へ向け本格的な調査を次々と行う。

四十年代に入り、陸奥湾が原子力船「むつ」の母港となり、通産省が全国十六ヶ所を対象にした原油輸入基地調査の一つに陸奥湾を選んだことで、天然の大型港湾としての陸奥湾に対する評価もにわかに高まっていった。

そして陸奥湾、小川原湖、太平洋を結ぶ広大な未利用地に大型工業基地を建設しようとする一大構想へと発展していく

1990年8月28日
検証むつ小川原開発　第一部・曲折の跡―7―

幻の原子力シリーズ　注目買う計画模索

昭和五十九年、電気事業連合会（電事連）がむつ小川原開発区域に核燃料サイクル施設の立地を表明し、本県は翌六十年、これを受け入れた。「むつ小川原開発は石油コンビナートを建設するはずだったのに、原子力施設とは…」と、県民の多くがびっくりした。しかし、開発のシナリオをつくる構想過程では、原子力シリーズを真剣に考えた時期があった。

「国は当時、むつ小川原開発はまだ時期尚早で、始めるとしても昭和六十年の開発だと言う。本県はそんなに待っていられなかった。何とか国、産業界の腰を上げさせようと思い、開発のメニュー探しに躍起になった」「当時は超高度成長の時代。しかも本県は中央から見れば大変な遠隔の地。規模が大きく、目新しいメニューでなければ見向きもされなかった」

県企画部長兼務で陸奥湾小川原湖開発室の初代室長を務めた今野良一さん（七二）は、当時を振り返ってこう話す。

新全総（四十四年）で、むつ小川原開発構想が発表される前の四十二年ごろ、今野さんは国や財界に

足しげく通った。この過程で「これなら脈がある」と思ったのが、実は原子力シリーズだった。

四十年前後は、原子力が将来のエネルギーの主力になると考えられ、一躍脚光を浴びた時期だった。四十年十一月、わが国初の商業用原子力発電所である日本原子力発電会社の東海発電所から東京電力の送電線に初めて原子力の電気が流れ、原子力発電時代が幕を開けた。

これを契機に、各電力会社は次々に原子力発電所建設計画を打ち出し、大手メーカーも原子力部門に続々と進出し始めた。だれもが将来の原子力時代の到来を予感していた時期だった。

「原子力シリーズは当時、通産省が乗り気で、中央の産業界も大きな関心を示した。これならむつ小川原の特徴を出せると思った」。今野さんの心も原子力に大きく傾いていった。

石油精製などのほかに、原子力産業の立地をも模索した痕跡は、当時の資料からも垣間見ることができる。

県が、日本工業立地センターに委託して四十三年度にまとめた開発計画報告書には「当地域は、原子力発電所の立地要因として重要なファクターである地盤および低人口地帯という条件を満足させる地点を持ち、将来、大規模発電施設、核燃料の濃縮、成型加工、再処理等の一連の原子力産業地帯として十分な敷地の余力がある」と記述している。

当時は、まだ核燃料サイクルについては本気で考えていなかったようだが、今野さんは原子力発電所、原子力の熱を利用した原子力製鉄、余熱の地域暖房などへの活用を念頭に置いていた。原子力製鉄は現在もまだ実用化していないが、当時は六十年代には実用化するだろうとみられていた。

原子力コンビナート構想が当初、浮上した背景には当時の県内事情もあった。四十二年に大湊港が原子力船「むつ」の母港に決定した。さらに、通産省が下北郡東通村で原発立地調査を三十九年に実施、四十年には同村が原発誘致運動に乗り出していた。既に下北が原子力半島として全国の注目を集めつつあった。

実際、東通村には原発立地が決定し、東京・東北両電力の委託を受けて県が四十五年から用地買収に着手した。百万㌔㍗級の原発二十基の建設を想定していたが、約九百㌶という用地面積の広さを考えれば、原子力製鉄所立地分も含んで買収したフシがある。

原子力シリーズは最終的にむつ小川原開発計画からは除外された。「竹内知事（当時）が原子力はまだ緒に就いたばかりで、安全性や将来性などまだ問題がある―と難色を示した」（今野さん）ためだ。

しかし、最も有力とみて計画化した石油シリーズが挫折し、当初の構想段階で除外した原子力産業が核燃という形でよみがえる。この皮肉な現実が、曲折するむつ小川原開発を象徴している。

1990年８月31日
検証むつ小川原開発第１部・曲折の跡―９―

虚構の名称　消えた陸奥湾構想

世界最大規模の開発という金看板で、県民に大きな夢を振りまいたむつ小川原開発。しかし、新全総で華々しくデビューしてからわずか二年で早くも停滞を暗示する陰りが出始めていた。マスタープラン（第二次基本計画）を策定する前の構想段階の時点である。

対象区域を縮小

昭和四十六年八月、県は開発に伴う住民対策大綱とともに開発対象区域を公表した。開発対象区域は一万七千五百㌶とする内容だった。二万八千㌶の当初構想から大幅に後退していた。陸奥湾沿岸を開発区域から除外したのが縮小の原因だった。

陸奥湾が小川原湖開発構想の中で重要性を増したのは、原子力船「むつ」の大湊港母港化が決定したころ（四十二年）からで、その最大の理由は天然の良港であるという点だった。

水深が深く、五十万㌧級の船が出入りできるほか、津軽半島と下北半島に囲まれているので、防波堤を造る必要がなかった。このことは、すぐに港として活用できることを意味した。

「当時のわが国の産業界は鉄鋼にしろ、石油関連にしろ、需要が高まる一方なのに、公害問題で既存の工業地域に設備拡大ができず、大規模コンビナートの地方建設を急いでいた」と話すのは、千代島辰夫・前県出納長（県信用組合理事長）。鉄鋼、石油精製など基幹産業型コンビナートの建設には、原料を海外から運び入れるため、港が必要不可欠だったのだ。

県や産業界は当初、陸奥湾にシーバースを建設し、巨大タンカーを入れることを考えた。石油化学や石油精製の工場は陸奥湾沿岸の上北郡の野辺地町、横浜町、東郡平内町に配置する構想を立てていた。

小川原湖周辺開発構想が、一躍、世界最大の巨大開発構想に発展した理由がここにある。このため、太平洋と陸奥湾をつなぐ運河を開削しようという壮大な発想も登場した。

「むつ小川原開発」の名称の由来も陸奥湾の活用

を加えたところから出ている。当初は「陸奥湾小川原湖開発」だった。この名称が長ったらしいということで、「むつ小川原」になった。

県は、陸奥湾沿岸を開発区域から除外した理由について「調査が不確定のため」と説明した。しかし、実際は陸奥湾を漁場に生計を営む漁民たちから反対の声が上がったためというのが真相だ。

ホタテ養殖成長

当時、陸奥湾ではホタテ貝の養殖がようやく軌道に乗ろうとしていた。陸奥湾のホタテ増殖事業が始まったのは昭和二十四、五年ごろ。二十八年には補助事業となり、その後の地道な研究の結果、ようやく四十二年から養殖生産が始まった。

ホタテ養殖事業は急激に発展する。四十二年にはわずか七十四の漁家しかなかったのが、四十六年には千百十六に増え、漁獲量も上昇の一途をたどった。むつ小川原開発構想が表面化したのは、ちょうどホタテ養殖の将来に大きな光が見えたころだった。

石油タンカーが陸奥湾に入るとの構想に、漁業団体の幹部らは色めき立った。石油で湾内が汚染されれば、発展が約束されたばかりのホタテ養殖がだめになるばかりか、湾内で漁業ができなくなるのではないか、との危機感からである。

「私もだめだと言った。陸奥湾は広いように見えるが、漁場として見れば、すでに余地がない。タンカーの航路を取れる場所なんてなかった。漁業補償で金をよこされたって意味がない。漁師が海を失ったら、何も残らない」。植村正治県漁連会長は当時の気持ちをこう語る。

実際、陸奥湾は外海との潮の交換が少ないというデータもあり、汚染の心配がないわけではなかった。このため、陸奥湾利用について県も強気の姿勢を貫くことができなかったようだ。

産業界とずれ

陸奥湾の港湾化が絶望となった時点で、「むつ小川原」は虚構の名称となった。開発構想の前途にも暗雲が垂れこめてきた。太平洋側に港を造るとすれば、防波堤の建設から始めなければならず、相当の年月が必要。大規模コンビナートの建設を急ぐ産業界の思惑との間に微妙なずれが出始めた。

1990年9月1日
検証むつ小川原開発第1部・曲折の跡—10—

村の反乱　県側、対応にまずさ

陸奥湾活用の道を閉ざされたむつ小川原開発は、同時に大変な難問を抱えることになった。上北郡六ヶ所村をはじめとする地元から開発反対のシュプレヒコールが巻き起こったためだ。

直接の原因は、昭和四十六年八月十四日に発表した住民対策大綱だった。開発区域となる三沢、六ヶ所、野辺地の三市町村のうち、移転の対象となるのは三十四集落で、合わせて二千二十六世帯、九千六百十四人という内容である。

人口の半分移転

開発区域が当初の二万八千㌶から一万七千五百㌶に縮小した分、移転対象戸数も当初の四千戸から大幅に減ってはいる。しかし、具体的に集落名や数字が示されると、その規模の大きさに地元市町村は驚きを隠し切れなかった。

「県の構想だと、六ヶ所村は人口の半分以上が移転することになる。村がなくなってしまうのと同じだ。しかも、移転先がどこになるのかもはっきりしなければ、移転した村民が十分な暮らしができるという保証もなかった」。当時、六ヶ所村長だった寺下力三郎さん（七八）は憤まんやるかたないといった口調で話す。

四十六年八月二十日、開発地域の関係市町村で組織するむつ小川原開発促進協議会の席上、県の住民対策に対する強い不信感があらわになった。小比類巻富雄三沢市長（当時）が「住民対策大綱はあいまいな表現が多く、本当の住民サイドからの対策とはいえない」と厳しい注文をつけた。

移転規模が最も多い六ヶ所村の寺下村長（当時）は「これでは開発難民をつくるためのもので、村長としては開発に協力しろと村民に言えない。移転対象となっている住民の九割が絶対反対の空気だ」と、事実上の開発反対姿勢を打ち出した。

六ヶ所村議も直ちに県の住民対策に全員一致で反対を表明し、それまで開発に期待していた多くの村民の間にも反対の機運が急激に盛り上がった。

県は約一カ月後、開発区域を七千九百㌶に縮小する修正案を示した。二分の一以下という思い切った縮小だった。これにより、移転対象住民は大幅に減る見通しとなったが、一度火がついた村民の開発反対の感情は治まらず、寺下村長を会長とする住民の反対期成同盟会が発足した。

同年十月二十三日、二次案について説明するため、村を訪れた竹内俊吉知事（当時）は、反対を叫ぶ村民にもみくちゃにされたり、公用車にコブシをたたきつけられるなど、散々な目に遭った。

村崩壊の危機とみた寺下村長は「村長としては、一人でも反対する村民があれば、その一人を最後まで守っていかなければならない」とし、開発反対の立場をますます強めていった。

村二分した「金」

しかし、二次案となる内容が示され、開発を当て込んだ土地ブローカーによる土地買収で住民の手に多額の金が転がり込むにつれ、再び開発賛成の声も村内に戻ってきた。開発反対を打ち出していた村議会は一年後の四十七年秋には条件付き賛成に態度を変えた。

この結果、村長と議会との溝が急速に深まり、村は開発をめぐって賛成、反対両派が対立する苦悩と混乱の時期を迎える。開発推進議員と反対を唱える村長に対して、それぞれリコール合戦が行われるなど、村は真っ二つに割れた。

四十八年十二月の村長選で、開発推進を訴えた古川伊勢松氏が現職の寺下氏を破って当選し、村が開発推進の方向へ統一されるまで、こうした状況が続いた。

いたずらに村に混乱を巻き起こした原因は、県の対応のまずさにもあったようだ。寺下さんは「当時、県から村に対して全く計画の事前相談がなかった」と話す。村の分裂は、住民とのコンセンサスを欠いたむつ小川原開発の一面を象徴していた。このため、巨大開発からの後退という高い代償を支払うことになった。

1990年9月5日
検証むつ小川原開発 第1部・曲折の跡―13―

土地ブーム　買収遅れ地価急騰

「ずいぶん土地買いが走り回り、何があるのかと思っていたら、開発があるということを新聞で知った」と話すのは、上北郡六ヶ所村の寺下力三郎元村長（七八）。

ある村民は「最初は牧場でもつくろうとしているのかと思った」と土地ブームのはしりのころを振り返る。多くの住民が、むつ小川原開発について知らないうちに、開発区域の土地は虫食い状態で人手に渡り始めていたのだ。

不動産屋が暗躍

土地を買いあさっていたのは、ほとんどが開発によってひともうけしようという中央の不動産業者だった。開発構想が表面化すると、土地の値段は日増しに上がり、開発の話がなかったころに比べ十倍にも二十倍にも跳ね上がった。

六ヶ所村では、新全国総合開発計画（新全総）でむつ小川原開発構想が打ち出された昭和四十四年の八月から本格的な土地ブームが始まった。村に入り込んだ不動産業者は三百人ともいわれ、村民は四十六年末まで、既に千五百ヘクタールの土地を手放していた。実に村内民有地の十三％に当たる面積である。

当時はまだ高度経済成長の真っ盛り。開発を急ぐ産業界にとって、土地の虫食い状態が広がるのは深刻な問題だった。経団連は、新全総から一年たったころには土地を先行取得する体制づくりの検討を始め、四十六年三月、むつ小川原開発株式会社を設立する。国と県、そして企業百五十社の出資による第三セクターだった。

同開発会社の委託を受け、直接買収作業に当たる実戦部隊・県むつ小川原開発公社も同月発足した。同公社は、東通原子力発電所用地の買収交渉の経験を持つ県からの出向職員七十五人、開発会社からの派遣職員二十五人、専門職員一人の合わせて百一人という大所帯でスタート。土地ブームさなかの四十七年二月に買収予定価格を発表し、同年十二月から買収に入った。

破格の値段提示

開発公社が発表した十アール当たりの買収予定価格は、水田が一等級七十六万円、二等級で七十二万円、畑地が六十七万円から六十万円、山林・原野が五十七万円から五十一万円だった。

開発構想が表面化する前の村の山林原野は七、八千円、畑地でも一万円か二万円程度だった。開発公社が提示した値段は破格だった。不動産業者の暗躍に伴い、すさまじい勢いで土地が値上がりしていたことを示している。

四十四年五月の新全総で、むつ小川原地区とともに大規模工業立地の候補となった北海道の苫小牧東部開発地区の場合、買収価格は最高で水田の三十三万円（十アール当たり）だった。山林はわずか三万円のところもあった。同公社の買収予定価格の水準がいかに高かったか、このことからも分かる。

この差は、買収に入ったタイミングの違いによる。苫小牧東部の場合、開発構想を示す前の四十四年十月から北海道庁が直接、用地買収に乗り出した。むつ小川原は、土地ブームがピークに達したころ、ようやく買収を始めた。不動産業者による地価引き上げの度合いが全く違っていた。

もちろん、こうした事態は当然予想はできた。「用地の先行取得についていろいろ議論したようだが、結局、少し高くなっても、地元住民の得になればいいという考えがあったようだ」というのは県OBの話。

やや遅れ気味の用地買収となった背景には、県が直接乗り出すには荷が重過ぎ、体制作りを待たなければならなかったことのほか「村民に少しでも多く金をつかませよう」との政治判断もあったらしい。

知事の依頼暴露

しかし、用地の虫食い化は県にも少なからず動揺を与えた。不動産業者のうち、三井不動産の子会社は、一社で八百㌶もの用地を買い占め、問題になった。同社の江戸英雄相談役（当時は社長）は今年四月、不動産協会理事長退任の記者懇談会で「土地を買ったのは当時の青森県知事に頼まれたから」と暴露した。

江戸氏は当時、三井グループの首脳の一人として開発地域の視察に訪れ、竹内前知事とも接触があった。「知事から頼まれた」とする発言は他の人の証言もあり、信憑（ぴょう）性がある。同社はその後、開発区域内の取得用地約百二十㌶を転売利益のない適正価格で開発公社に譲渡したが、このことは竹内前知事が同社を通じて用地の早期取得に動いたことを示唆している。

1990年9月23日
検証むつ小川原開発 第2部・核燃と混迷－2－

六ヶ所への道㊤　水面下、候補地選び

「下北半島は日本有数の原子力のメッカにしたらいい」。昭和五十八年十二月八日、総選挙のための遊説で本県を訪れた当時の中曽根康弘総理は記者会見でこう述べた。

原子力船「むつ」の母港・関根浜新定係港、東通原子力発電所の建設計画、大間町の新型転換炉（ATR）の実証炉建設計画など、下北の当時の事情を念頭に置いたものとだれもが思い、あまり関心を払わなかった。

突然の建設計画

本県に核燃料サイクル施設の建設計画があるとのニュースは、この中曽根発言から一カ月もしない五十九年一月三日に県内を駆け巡った。北村知事をはじめ、県首脳、幹部は「まだ何も聞いていない」と一様に驚きの表情を示した。突然の建設計画—。そんな受け止め方が一般的だった。

しかし、ある科学技術庁OBは「下北を原子力半島に—といった時点で、青森県に核燃料サイクル施設の建設を計画していることは中曽根総理の耳に入っていたと思いますよ」と話す。本県への建設計画は、ニュースが流れるもっと以前から水面下で動いていたというのだ。

それはいつごろまでさかのぼるのか。このことについて電力業界はいっさい公式にあきらかにしていない。しかし、周辺の話を総合すると、その時期は五十六年ごろになりそうだ。

「私が開発課（現企画部調整課）の課長時代に、上司から『これを勉強しておくように』と言われたのが、核燃料サイクル施設だった。五十六年ごろだったと思う」。内山克己県むつ小川原開発室長の話である。

内山室長が勉強を命じられたのは県に電力業界から打診があったからではない。「鹿児島県の方の島で反対により、核燃の立地が難しくなったので、今度は下北が候補になりそうだ、というニュースをテレビ局が流したため」（内山室長）だった。

内山室長は「なんでこんなものを…と意外に思った」と言うが、一年もたたないうちに一気に真実味を帯びる。

「初の民間処理工場　関根浜が最有力」。五十七年一月六日の本紙朝刊にこんなカット見出しが大きく躍った。そして、半年後の同年七月五日の朝刊には「核燃料再処理　東通村建設説が浮上」の記事が続く。

関係筋はこの後、口を閉ざしたため、パタリと情報が途絶え、あたかも一過性のニュースであったかのような印象を与えた。しかし、水面下で着々と県内の候補地選びは進んでいたフシがある。

900㌶の用地確保

核燃の立地は再処理工場から動き出した。建設主体となる日本原燃サービスを電力各社が中心となって建設したのが五十五年三月。同社社長が九州電力出身だったことから、最初は九州に候補地を求めたようだ。関根浜説が流れたころは既に長崎県平戸市、鹿児島県徳之島などの名前が挙がっていた。

しかし、反対の動きがあったことや、十分な広さを確保できないことなどが原因で、立地協力要請をする前から断念せざるを得なかった。こうした経緯を踏んで、候補地選定の目は一転、北へ向いた。

北海道奥尻島の名前も挙がったが、本県も特異な存在として浮上した。東北、東京両電力会社が原子力発電所用地として確保していた九百㌶もの広大な用地が、下北郡東通村に手付かずで残っていたからだ。

しかも、地盤の良さは三十九年の通産省の原発立地可能性調査で折り紙付き。本県は最有力候補地として登場する。これが五十六年ごろだったらしい。

ただ、東通原発用地は漁業補償が妥結していないという難点を抱えていた。当時、日本原燃サービスは再処理の操業開始を六十五年度（平成二年度）に置いて、立地場所の選定を急いでいた。スケジュール的にみて漁業補償妥結の見通しが立たないことは、立地点として致命傷にも等しかった。

「関根浜に再処理工場建設計画」のニュースは、東通村立地を目指しながら、漁業補償という壁にぶつかり、新たな立地点の選択を迫られた事業者の苦しい状況と密接な関連がある。この報道は、事業者が県内に再処理工場の立地点を絞っていたことを証明していた。

1990年9月24日
検証むつ小川原開発 第2部・核燃と混迷－3－

六ヶ所への道㊦　一括立地が急浮上

「関根浜に再処理工場建設計画」というニュースが昭和五十七年に流れたことについて、山内善郎副知事は「当時の中川一郎科学技術庁長官が関根浜を原子力船『むつ』の母港とする予算を獲得するため、大蔵省と折衝している時の言葉が原因だったようだ」と話す。

発端は中川発言

原子力船「むつ」は四十九年に放射線漏れ事故を起こして以来、長崎県佐世保港で修理を続けていた。本県には帰って来ないことになっていたが、国は五十五年に大湊港の「むつ」再母港化を本県に要請した。県漁連などがこれに反対したため、五十六年四月、国は新定係港の外洋移転を提案。関根浜地区がその候補地となり、同年五月の五者会談で合意した。

国はさっそく立地調査や港の建設へ向けて準備を始めるが、この過程で中川長官は「関根浜は単に『むつ』の母港とするだけでなく、将来は懸案となっている再処理工場の立地など、さまざまな可能性を秘めている」と大蔵省に説明したという。

山内副知事は「中川長官としては、新しく造る関根浜港の重要性をできるだけ訴え、予算を勝ち取ろうとしたのではないか。その説明内容がどこからか聞こえてきて、広まったらしい」と推測する。

事業者は下北郡東通村の漁業補償の見通しが不透明なため、複数の再処理工場立地候補地を模索していた。中川発言は、事業者が候補地の一つとして関根浜立地を検討していた事実を裏付ける形となった。

しかし、調査の過程で関根浜案は消えていく。再処理工場は当時、多くの水が必要と考えられていたが、関根浜地区はこの水や広い用地の確保、地盤の問題でやや難があった。さらに「むつ」問題に割り込み、関根浜新母港問題を複雑にするという決定的なマイナス要素もあった。

こうした状況の中で、上北郡六ヶ所村のむつ小川原開発地区が浮上した。広大な用地があり、水は小川原湖の淡水化が遅れてはいるものの、再処理工場に必要な分は付近の川から確保できる。港湾建設が始まっており、漁業補償も終わっていた。

五十九年の正月に、本県への核燃料立地計画が表面化した際、県は「正式には何も聞いていない」と強調した。これは「正式には聞いていないが、内々には打診があった」ことの裏返しとも受け取れる。

当時の関係者の話や、計画が表面化してわずか四カ月足らずで電事連が本県に包括的な立地要請をしていることなどから、少なくとも五十八年には水面下で事業者が、県やむつ小川原開発会社に何らかの打診をしていたとみて不思議はない。

この過程で、三点セットとしては世界初の核燃料サイクル施設の本県一括立地構想が浮上する。

再処理工場は当初から迷惑施設と考えられていた。そこで、濃縮工場を付け加え、経済波及効果をより高めて、県民に受け入れやすい形にしようという方向へ傾く。貯蔵センターもこの時に付録として加えられた。

電力業界は当時、ウラン濃縮施設を岡山県に建設する構想を持っており、低レベル放射性廃棄物貯蔵施設はまだどこにするか決めかねている状況だった。濃縮工場、貯蔵施設ともこの段階では事業会社さえできていなかった。再処理工場建設計画が終盤になって一気に核燃三点セットの建設計画に膨れ上がったのだ。

立地場所示さず

電事連は五十九年四月、こうした地ならしを経て本件に包括要請した。下北半島太平洋岸を希望するとして、具体的な立地場所を示さなかったのは、東通村立地案を捨て切れなかった事情もあるが、地元にもある程度の選択肢を残そうという配慮があったためとみられる。

この時期、東通原発の漁業補償交渉は知事にあっせんを要請する方向で進み、七月の大筋合意、十二月の電源開発調整審議会（電調審）上程を目指していた。しかし、七月五日の記者会見で北村知事が「漁民は補償金を分けあって勝手に使わず、何かに役立てるべきだ」といった趣旨の発言をし、これに漁民が反発、知事への調整要請をいったん白紙に戻した。

これにより、漁業補償交渉は決着の糸口を失った。同時に、核燃施設の立地の可能性も消えた。電事連は同月十八日の九電力社長会で、核燃施設を六ヶ所村に集中立地することを決定した。

1990年9月30日
検証むつ小川原開発 第2部・核燃と混迷―6―

チェルノブイリ　恐怖感じわじわと

立地環境が一変

昭和六十二年二月の北村知事三選までは、核燃料サイクル施設の本県立地計画は順風に乗って進むかに見えた。しかし、ソ連のチェルノブイリ原子力発電所の事故の影響が一呼吸遅れて表面化し、核燃をめぐる状況をガラリと変える。

ウクライナ共和国のキエフ市北方約三十㌔にあるチェルノブイリ原子力発電所四号炉が、大爆発を起こしたのは六十一年四月二十六日早朝。この事故で二百三人が急性放射線障害で入院し、三十一人が死亡した。発電所から半径約三十㌔の地域の住民およそ十三万五千人が避難するという大事故だった。

炉内の放射性物質は国境を越え、ヨーロッパ諸国を中心に広く放射能汚染を引き起こした。このため、わが国は、ヨーロッパからの輸入食品に対し、放射能汚染をチェックする体制を取った。十日ほどすると放射性物質は約九千㌔離れた我が国にも飛んできた。台所を預かる主婦の間に目に見えない放射能への恐怖が浸透していった。

原発の危険性や放射能の怖さを訴える一部の専門家たちの主張が実感として説得力を持ち始め、放射能による白血病や遺伝子障害を心配する主婦たちを中心に、心理面でチェルノブイリ原発事故の影響はじわじわと広がっていった。

こうした中で六十三年二月、四国電力は伊方原子力発電所で出力調整試験を強行した。チェルノブイリ原発事故は低出力運転での実験中に起きたため、この出力調整試験も「同じ危険を伴う」とみなされ、反原発派が猛反発、反対運動に火がついた。

原発の燃料を生産し、トイレの役割も果たす本県の核燃は反原発運動の最大の攻撃目標となった。全国的な動きと並行して、県内でも農業団体、市民グループの間で反核燃の動きが活発になる。

六十三年四月から六月にかけ、県農協青年部協議会など農業関係四団体や県生協連、市民グループらが相次いで県に核燃反対署名簿を提出した。県内分だけでも合わせて二十八万人以上に上った。八月には法廷闘争での核燃阻止を目指し、市民グループらが、訴訟原告団を結成した。

核燃施設や放射能についての市民レベルでの学習会が県内各地で開かれ、県民はそれまで知らなかった危険性について知識を深めていった。

このころ青森市内の主婦（四〇）は「勉強会がある度に出かける。子供の食事や主人の世話もおなざりにせざるを得ない。タクシー代もかかる。なぜ、こんなに苦労しなければならないのか。国や県がちゃんと疑問に答えてくれればこんなことにならないのに…」と悲痛な表情で訴えた。心配でじっとしていられないというのだ。

ずさんな広報

この当時の国、県、事業者の広報体制はずさんとしか言いようのない状態だった。県民の疑問に答える窓口もなく、疑問や不安は県に持ち込むケースがほとんどだったが、県自体こうした事態を予想していなかったため、専門的な知識を欠いていた。

必然的に「わからない」「そのように聞いている」といった回答が多く、対応する度に「無責任」の非難を浴びる結果となったのも事実である。

しかも、県は提起された不安や疑問を、県民に代わって国や事業者に向け、説明を引き出すという姿勢にも欠けていた。具体的な説明ができないまま「心配ない」と主張するなど、逆に国や事業者の代弁者的対応が目立ち、県民の信頼を損ね、問題をこじらせていった。

北村知事は県議会などで「不安や疑問を持つのは理解が足りないため。広報活動で解消されるはず」と述べ、「チェルノブイリの後の勉強で原子力の危険性について多くのことを知った」とする県民の気持ちをたびたび刺激した。

県民に不公平感

核燃問題の底流には「中央が受けるメリットが大きいのに、本県はメリットが小さく、リスクだけが大きい」という不公平感がある。中央と地方の主張の対立といってもいい。この点で、知事の姿勢は中央迎合主義、体制主義と県民には映った。六三年六月の県議会で社会党議員が「知事はだれの知事か、電事連のイヌか」と叫び、議会が空転する場面もあった。

「状況が変わった」とする認識が県民の間に高まっていたのに対し、県は「県民はいったん受諾した」「安全性は専門家の保証もあるし、国が厳重にチェックするはず」との規定の認識で核燃問題に対応し続けた。これが県民との間に大きなギャップを生み、混迷の度合いを深める要因となったのは否定できない。

1990年10月2日
検証むつ小川原開発 第2部 核燃と混迷—8—

農業者の反発　知事発言　怒り招く

「サイクル施設は農家のことを考えて受け入れた。農家のための開発を拒否すれば、かたくなに先祖伝来の土地だけを守る哀れな道をたどるだろう」

昭和六十三年四月二十七日、県農林部出先機関長会議の席上で北村知事は核燃料サイクル施設についての持論を展開した。この発言が農政不信と重なり、県内の農業者を刺激、県内農業界を反核燃の方向へ押しやるきっかけとなった。

一カ月後の県農協中央会臨時総会で「知事発言は農家をぐろうするもの」「知事に正式に抗議を申し入れるべきだ」などの声が相次いだ。県農協青年部協議会などで組織している核燃料サイクル施設建設阻止農業者実行委員会も抗議の公開質問状を県に突きつけるなど、知事発言は農業界に大きな波紋を投げかけた。

反響の大きさに、知事は発言の真意を伝えようと、六月二十九日に県農協幹部らで組織する県農協農政対策委員会と、八月十日に核燃料サイクル施設建設阻止農業者実行委員会とそれぞれ対話した。

しかし、県農政対策委からは「工業化の必要性はわかるが、工業化イコール核燃施設というのは論理が飛躍している」との評価を受け、農業者実行委との話し合いは核燃の安全性をめぐって平行線をたどった。

「実際に農業者の前であんな表現をしたことは一度もない。厳しい農業環境の中で農政を進める県職員だったから、職務への精励を求める意味で使った言葉だったのに…」。後日、知事は予期せぬ舌禍に心底弱ったという表情でつぶやいた。

自説を曲げずに

発言が問題視されて以来、知事は農業者との話し合いの場や県議会で「表現が不適切だった」と反省の弁を繰り返した。しかし、開発は農家のためになり、核燃もその開発の一環—とする自説は曲げなかった。

本県の農家総所得は一戸当たり五百七十万円(五十九—六十年度平均)。これに対し、全国平均は六百八十九万円。この差は、本県が農業所得で全国平均を三十万円上回っているにもかかわらず、農外所得で百六十万円下回っていることから生まれている。

だから、農家の所得を増やすには、農外収入を増やす必要があり、農外収入を得る場をつくるために開発が必要だ—というのが知事の論理だ。

また、農業は自由化などに対抗するため、今度は大規模化の道を進まざるを得ない。農地を譲って他産業へ転身する人が出てくるのは必至。そうした人に雇用の場を確保してやるためにも、開発が必要だという、産業構造高度化論が知事の主張の背景にあり、「開発は農家のため」という言葉につながる。

しかし、農業者の立場からは「低農薬農産物が人気を集めるなど、消費者は食物の安全性にきわめて敏感になっている。放射能に対する消費者のアレルギーもチェルノブイリ原発事故の際に証明済み。核燃立地により、本県農産物が消費者から敬遠されるのではないか」という心配が先に立つ。「一度事故が起これば、本県農業は壊滅する」との不安もある。

農業者の危ぐは六十三年夏ごろから急激に高まった。消費地から「核燃ができたら県農産物を買わない」という手紙が農協県連に相次いで寄せられ、消費者グループが直接来県して不買運動をちらつかせたからだ。

本県の農協と三億数千万円の取引がある東京南部生協が「取引の再検討を考える」と乗り込んできたことが、その不安に現実味を加えた。

核燃反対を決議

同年十一月の県農協大会は核燃をめぐり大混乱となり、仕切り直しのため、暮れも押し詰まった十二月二十九日、県農協・農業者代表会議を開いた。この席で、県農業は核燃反対を決議する。平成元年夏までに県内九十二総合農協のうち、五十農協以上が核燃反対の意思表示をした。

県、上北郡六ヶ所村、事業者は平成元年三月に「風評被害があった場合、事業者が無限責任で補償する」との覚書を交わした。しかし、体制に従ってきたのに、体制から見放されつつあると感ずる農業者にとって、ここでも「被害が必ず認定されるとは限らない」という不信が先に立つ。

「核燃は農業者のため」とする知事の主張は農業者自身から否定される形となり、核燃問題は、本県の基幹産業に従事する農業者が反対姿勢を示したことにより、政治色を帯びながら混迷の度をさらに深めていく。

1990年10月3日
検証むつ小川原開発 第2部・核燃と混迷—9—

事業者の不手際　断層発覚不信募る

昭和六十三年十月十四日、核燃料サイクル施設のトップを切って、ウラン濃縮工場が着工した。核燃三点セットとしては世界初の施設。商業用濃縮工場としてはわが国初めての施設である。しかし、着工式典は一切行わず、いかにも寂しい着工風景だった。

事業主体の日本原燃産業は「天皇陛下のご病状への配慮」と説明した。しかし、着工する日を事前に発表せず、当日明らかにするといった抜き打ち着工だったことからも、むしろ反核燃運動の高まりを意識した措置だったことは察しがつく。県内部でも当時は「堂々と着工式をやればいいのに」との声が聞かれた。

社会党が暴露

県内の反核燃機運の高まりの背景には、チェルノブイリ原子力発電所の影響だけでなく、こうした秘密主義的な事業者のやり方に対する不信が少なからずあった。実際、事業者は県民感情を刺激する行為を次々と重ねた。

同年十月七日、社会党県本部は日本原燃サービスの内部資料を公表した。再処理工場敷地の直下に二本の断層が走っていることを暴露する資料だった。断層は、地層表面近くに及んでいる場合、ごく最近、活動したことを示すので、活断層と呼ばれ、危険視される。再び活動するケースが想定され、地震の原因となるからだ。

反核燃派は、上北郡六ヶ所村の核燃施設が立地する地域は断層ゾーンであるとして、立地場所として不適当だと指摘していた。これに対し、事業者は、断層があるということは一切明らかにしていなかった。ないとも言っていなかったが、どちらかと言えば、ないかのような印象を与えていた。このため、内部資料は県や県民に大きなショックを与えた。

同社の豊田正敏社長は、ただちに県を訪れ、断層の存在を認めるとともに、この断層は「五百十万年以上も前の地層にできたもので、活断層でないから心配はない」と強調した。

しかし、県民が問題視していたことに対し、適切な情報を公開していなかったことを証明した形となり、県民の不信感を強めたのは否めない。

事業申請遅れる

この内部資料問題が原因で、同社の国に対する再処理工場の事業指定申請は、当初予定より四カ月遅れの平成元年三月になった。同社は「地質調査は十分に行った」としていたが、断層の内側と外側の地質が均一であることを科学技術庁に説明し切れず、申請後、改めて地質の追加調査をせざるを得なくなった。今年中にはその結果を補正書にまとめ、科技庁に提出する予定だ。

日本原燃産業は六十三年四月、低レベル放射性廃棄物貯蔵センターの事業許可申請を国に提出した。核燃立地を本県が受諾する根拠となった専門家会議報告書では「原則として地下水位の上に設置する」となっていたのに、申請書では地下水の下に設計されている。

地下水問題は早くから論議を呼んでいたにもかかわらず、同社は専門家会議報告書と違う点について改めて説明しなかった。だから、多くの県民はしばらくこのことに気がつかず、かなり後で知り、びっくりした。

日本原燃産業は、地下水対策について安全審査中の科技庁に説明し切れず、平成元年十月、貯蔵センターの大幅な設計変更を含む補正書を提出した。「安全性は万全」としていた同社の言葉はここでも県民にとってむなしく響いた。

再処理工場の事業指定申請をする前は、県議会で地質調査のデータ公表を求めたのに対し、申請前という理由で詳しく提示しないなど、秘密主義が問題視されるケースも多かった。また、押しかけた反核燃団体に「思想信条の違う人と話したくない」などと発言するなどし、県民から感情的な反発を招いた。

条件付きで核燃立地に賛成していた公明党は平成元年四月、推進派から離脱したが、こうした事業者の対応が転換の原因の一つになった。

わが国の原子力政策は、国民や地域住民の理解と協力を前提としている。原子力発電所立地の際は、用地買収や漁業補償交渉の段階で住民と接点を持つが、核燃の場合、その必要がなかったため、逆に接点をもち得なかったという不幸な側面があった。

しかし、県民がどう受け止めるだろうか―という視点を欠いた事業者の基本姿勢が、燃え上がりかけた県民の反核燃感情に油を注ぐ形となったのは否定できない。

1990年10月4日
検証むつ小川原開発　第2部・核燃と混迷―10―

激震　革新が参院選圧勝

平成元年七月二十三日夜、県政界を激震が走ったこの日投票の参院選で、核燃料サイクル施設建設反対を訴え、社会党と組んで農業界から出馬した三上隆雄氏＝当時（五五）＝が自民党公認候補と現職を大差で破り、初当選を果たした。有効投票の五割以上を獲得しての圧勝で、本県参院選史上、初めての革新系議員誕生だった。

「本県で無名の新人がこれほど圧勝するなんて…。まさに革命前夜。これじゃ、だれが出たって勝てない」。この選挙結果に、保守陣営の選挙参謀は信じられないといった表情を隠さなかった。

“強気”影潜める

この時点まで本県は衆参合わせて九議席をすべて自民党で独占していた。その一角に、革新系のクサビを打ちこんだ農業界は保守の票田といわれ続けてきただけに、本県に君臨する自民党にとって衝撃は予想以上だった。

核燃立地協力姿勢を堅持していた北村県政にとっても、県の立場と選挙結果との整合性をどう取るかという点で、審判は深刻な事態を意味していた。三上氏は「反核燃候補」として登場し、反核燃団体はこの衆院選を事実上の核燃県民投票と位置付けて戦っていたからだ。

知事は同夜の記者会見で「(核燃が) 影響を与えたことは否定できないが、即建設反対という県民意思の反映とは考えにくい」と述べ、自民大敗の原因は、リクルート事件による政治不信、消費税、保守分裂､農業者の強い危機感にあるとの見解を示した。

しかし、知事は核燃について選挙前と同じような強気の姿勢を間もなく修正せざるを得なくなる。八月四日の定例記者会見で「衆院選結果は反核燃の県民意思の表れ」と認め、県民世論を十分に配慮して対応していく意向を表明した。この後、知事の「反対したり、不安を抱く人は理解が足りない」といった強気の発言はパタリと影を潜める。

保守政界は参院選の結果にひどく動揺し、核燃問題についての考え方も、それまでの強硬推進姿勢に異論が出るなど、微妙に変化し始めていた。知事の「路線変更」もこうした厳しい状況変化を無視できなくなったためだった。

「県民意思の反映とは考えにくい」とする知事のコメントについては後日談がある。事務レベルで原案を作成する過程ではこの表現がなく、もっと「素直な」受け止め方の表現になっていたというのだ。トップレベルのどこかで書き加えられたらしく、県首脳陣の社会現象の変化に対する判断の甘さを浮き彫りにした。

大きくトーンを変え始めた知事は「立地協力も知事の立場だが、県民の代表として県民の意思を伝えるべきところに伝えるのも知事の義務」とし、国と事業者に新たな県民対応を迫るとともに、自民党県連や県選出自民党国会議員とも今後の対応について意見交換に乗り出した。

後方退く知事

この過程で、核燃問題で矢面に立ち続けてきた知事は､後方へ退き､県は県民の不安や疑問に対し､国､事業者から説明させるという潤滑油的役割を模索し始めた。この時点から国、事業者が前面に出るようになり、核燃問題をめぐる役割分担がようやく正常な姿に整ってきた。

しかし、いったんむき出しになった核燃推進や農政に対する農業者の反発は、反自民、反核燃の様相をますます強めていった。参院選から半年後の二年二月の衆院選でも核燃、農政は大きな争点となり、反核燃市民グループや農業者の支援をバックにした社会党が一、二区とも議席を奪還。自民独占の壁に二つの風穴を開けた。

「それでも自民票は有効票の六〇％台」「もともと自民独占というのが異常。本来の議席構成に戻っただけ」との声もあった。

しかし、参院選では消費税問題、リクルート問題も大きな争点となっていたため、自民退潮は全国的傾向だったが、衆院選では自民党は大きく盛り返していた。自民退潮の流れに拍車が掛かったかのような本県の衆院選結果は明らかに特異性を持っていた。

それは、新幹線、農政といった本県特有の政治課題と密接に関連した形で、核燃問題が最大の政治課題に発展したという事実を物語っていた。

1990年10月5日
検証むつ小川原開発　第２部・核燃と混迷―11―

ひざ元で余震　「凍結」村長が誕生

平成元年十二月十日、核燃料サイクル施設が立地する上北郡六ヶ所村の村長選挙で、核燃積極進姿勢を取る現職の古川伊勢松氏＝当時（七三）＝が敗れ、核燃凍結を訴えた新人の土田浩＝同（五八）＝が初当選した。

参院選で反核燃候補の三上隆雄氏が大勝してから約五カ月。全県的に燃え上がった核燃料サイクル施設反対の機運が、頂点に達していた時期である。

推進側に打撃

四期十六年の実績を持ち、村のボス的存在だった古川氏が敗れ、核燃凍結の首長が誕生したことは、核燃推進側にとって参院選に続く激震だった。核燃推進派に対する批判が具体的な選挙結果となって、核燃のおひざ元にも波及したことを示す形となったからだ。

村長選には古川、土田両氏のほか、核燃反対を訴えた新人・高梨酉蔵氏＝（七三）＝も立候補した。高梨氏の得票はわずか三百四十一票で、有効投票数の五％にも満たなかった。この点で、同村長選は反核燃候補が大勝した参院選、参院選と同一視するわけにいかない面がある。

事実、土田氏の支持者は核燃について推進、慎重、反対の立場の人が混在していた。土田氏は「前職の古川さんは自分の考えに賛成する村民にしかいい顔をせず、村内部の対立を深めていた。これでは村の発展にならないと思った」と立候補の動機を話す。

村長選の根っこには、核燃問題そのもとは違った村内部の要因があったことを示唆する言葉である。しかし、そうした村の矛盾が表面化し、選挙結果に表れたことは、核燃問題と無縁ではない。

古川氏は昭和四十八年、むつ小川原開発推進を掲げ、開発に反対する当時の現職の寺下力三郎氏に挑戦、初当選した。以来、村の権力の座に十六年間も君臨し、揺るぎない土台を築いていた。一部の村民の間には声にならない不満がうっ積していたが、対抗できる力をもち得なかった。

村長選で土田氏を頂点とする新勢力が、古川氏の勢力を上回る力を示した背景には、選挙戦術の問題もあるが、既存の権力に対して「ノー」と言おうというムードをつくった反核燃機運の盛り上がりが多分に影響していた。

土田氏は六十三年十二月の県農協・農業者代表者会議で農業界が核燃反対決議をした際、核燃推進の意見を述べた数少ない一人である。このため、基本推進論者とみられている。その土田氏が、核燃凍結を掲げて村長選を戦ったこと自体、核燃をめぐる県民世論の動向を反映していた。

土田氏は当選した際「村民はまだ自信を持って核燃ノー、イエスと言える段階にない。もっと議論する時間が必要だ。今のままではやみくもに推進できる環境にない」と話した。

核燃凍結の選挙公約を意識した言葉である。同時に、古川村政にはなかった対話政策を実行しようという意欲の表れでもあった。

土田氏の「凍結」は判断の先延ばしという響きがこもるが、一方で「行政の継続性を無視するわけにいかない」「周辺市町村の意見も聞く必要がある」などと強調するあたり、少なくとも核燃反対という雰囲気はない。

一時「再処理工場を受け入れるかどうかは村民投票で決める」としていたが、最近は「やはり村民投票になじまない。議会制民主主義にのっとり、村会議の判断で決めたい」と言うなど、やや推進寄りにトーンを変えている。

村民の判断重視

しかし、村民の判断に核燃問題をゆだねるという態度を崩してはならない。関係者によると「古川前社長は『そんなものはいらない』と言った」国と住民の直接対話の村内開催を要請したり、村民向け勉強会も開いたりしている。

核燃立地に伴う交付金についても「村会議がいらないと言えば受けない」と議会で明言するなど、立地協力の立場を貫こうとする北村知事とは違ったスタンスといっていい。

ウラン濃縮工場への遠心分離機搬入作業が大幅に遅れ、本格操業が当初予定より五カ月ズレ込んで来年九月となったことも、土田村長誕生の影響である。

六ヶ所村長は核燃立地協力基本協定の当時者であり、いつでも協定を破棄できる権限を持っている。推進寄りといわれながらも、ある意味では中立を保とうとする土田氏の姿勢は、核燃推進側にとって気が許せない。村議会選挙などで示される村民の意向次第でどうにでも態度を変え得る姿勢を取っているからだ。

1990年10月8日
検証むつ小川原開発　第2部・核燃と混迷—13—

直接対話　国が「草の根広報」

「核燃について国が広報キャラバンチームを組織し、草の根広報の一環として、県民との直接対話を展開していきたい」。参議院から一カ月後の平成元年九月二十八日、山本雅司通算資源エネルギー庁長官（当時）が来県し、国が前面に立って県民対応に乗り出す方針を明らかにした。

新人当選の衝撃

「一つの原子力プロジェクトのために、国の課長級を含む担当官がチーム編成して現地へ対話しに来るなんて、大変なことですよ」。当時の科学技術庁青森原子力連絡調整官事務所（現在の青森原子力企画調整事務所）の大塚洋一郎所長はびっくりした表情を見せた。

国の異例の措置は、核燃に反対する農業界代表の新人が圧勝した参院選結果が、核燃を国策として推進しようとする国にいかに大きな衝撃を与えたかを物語る。

昭和六十一年四月のソ連チェルノブイリ原子力発電所の事故以来、原子力施設や放射能をめぐる環境は大きく変わった。一つは、原子力施設を立地する際、広域的に住民の理解を得なければならなくなったことだ。

原子力施設は、これまでは立地点周辺住民の理解を得ることができれば、ほぼ立地がスムーズに進んできた。しかし、チェルノブイリ原発事故により、放射性物質がヨーロッパばかりか、九千㌔も離れたわが国にも到達したことで、遠く離れたところに住む人たちも原子力施設の立地について問題視するようになった。核燃問題が全県的な広がりを見せた理由もここにある。

もう一つは、放射性物質から出る放射線の人体に与えるリスクについて、一般の人たちが敏感になったことである。

これまでは、安全やリスクの問題は国や専門家たちが国民に代わって決定したり、判断したりしてきた。しかし、チェルノブイリ原発事故以降、地域住民自らがリスクにかかわる判断に参加しようという機運が出始めた。

北海道で二年前、泊原発の運転の是非をめぐり、九十万人を超える署名簿を集めて住民投票条例制定を直接請求した動きもその一つだ。

直接対話は「フォーラム・イン・青森」の名称で平成元年度は県内十六市町で行い、二年度も各市町村で続けている。その都度、課長級を含む国の担当者たちが来県して地域住民とひざを交えながら話し合っている。

こうしたわが国の原子力行政の新しい流れは時代の要請でもあったといえる。核燃問題は、直接対話という形で、国の原子力政策と一般住民との間に接点を持たせるきっかけとなった。新しい流れを作る上で画期的な役割を果たしているのだ。

昭和四十九年に大湊港を出港した原子力船「むつ」が放射線漏れ事故を起こしたのを契機に、原子力安全委員会が誕生した。この結果、原子力発電所において行政庁と同安全委が安全性を審査するダブルチェック体制が確立した。本県はわが国の原子力政策に新たな流れを吹き起こす奇妙な因縁がある。

県民の声に変化

平成元年度の十六回の直接対話には、合わせて六百四十九人の県民が参加した。各会場とも、風評被害への心配や「高レベル放射性廃棄物貯蔵施設の最終処分地になるのではないか」「なぜ学者の間で安全性について両極端に意見が割れるのか」「絶対に安全なんてありえない」など、素朴な疑問、厳しい意見がいまも相次いでいる。

参加した県民の声は「風評被害など、納得できる説明ではなかった」という厳しい受け止め方が多かった。しかし、公開の場で県民と不安や疑問について直接やり取りし、判断材料を提供するといった推進側の対応は、それまで全くなかっただけに、国の説明は不安に揺れる県民の心に微妙な変化を与えたようだ。

東奥日報社の意識調査によると、元年七月の参院選時と二年二月の衆院選時では県民の核燃に対する反応が変わっている。「推進」はいずれも一〇％前後しかなかったが、「反対」が減少し、「慎重（急ぐべきでがない）」が半数前後に増えていた。

「時間の経過が県民にじっくり考えてみようという冷静さを取り戻させた」と見る向きもあるが、国の直接対話の影響を否定する人は少ない。

1990年10月11日
検証むつ小川原開発 第2部・核燃と混迷―15―

攻勢　立地メリット強調

「事業者の人たちは各電力会社からの寄せ集め。だから、原子力発電所立地の経験しかない。原発は、立地点周辺住民だけを相手にすれば良かったが、核燃のように全県的な対応を迫られたのは初めて。しかも、漁業補償交渉とか用地買収交渉とかの取っ掛かりが何もない。どう対応すればいいのか…」

県内に反核燃機運が高まり始めたころ、電力関係者のこんな嘆きがよく聞かれた。国だけでなく事業者も、核燃問題が原発立地と全く異様な原子力問題であることに戸惑っていた。当初、県が国や事業者の代弁者のような役割を担った背景にはこうした状況があった。

しかし、反核燃機運が高まるにつれ、事業者も手をこまぬいていることができなくなる。「事業の主体でありながら、全面に出て県民対応をするという姿勢が見えない」との不満の声が、県議会でも問題視され始めたからだ。

地元に広報移転

電気事業連合会（電事連）、日本原燃サービス、日本原燃産業の三者は平成元年三月二十九日、青森市に原燃合同本社を開設し、東京の本社や本部の広報部門を移転した。これを契機に、事業者の県民説得活動は急展開する。

核燃についての説明会・勉強会を津軽地域にまで広げ、元年度は一万二千人余りを対象に開いた。また、茨城県東海村にある動力炉核燃料開発事業団（動燃）の再処理工場などの現地視察会に五千五百人余りを運んだ。

しかし、こうした広報活動は高まる核燃論議の中で、それほど目に見えたものではなかった。核燃反対色の人を避け、特定の団体を対象として公にしない形で進めたからだ。原発立地の場合によく見られる切り崩し作戦と受け取る人がいる。

原子力施設に関する住民合意は、一般的に一部の反対派と一部の推進派の論議が沈黙する多くの人たちの判断材料になり、適正な形で実現するといわれる。この点で、事業者の説明会や勉強会は、一般県民に広く判断材料を提供する効果を上げげたかは疑問だ。

それまでにウラン濃縮工場の抜き打ち着工、内部資料問題、データや情報の非公開など、県民感情を刺激する失態を繰り返していた。旧態依然とした手法の住民対応は必ずしも事業者に対する県民の不信感を和らげる効果を持ち得なかった。

直接対話を開始

それを証明するかのように、元年七月の参院選は反核燃候補が大勝する。核燃推進へ危機感を強めた事業者は、参院選を契機に県民対応の戦略を変えざるを得なくなる。

上北郡六ヶ所村の核燃施設建設現場のバス見学会を公募によって行ったのがその第一弾だった。ようやく不特定多数の県民との直接対話に乗り出した。

元年八月下旬から始めたこのバス見学会には、元年度だけで九百二十四人の県民が参加した。二年度はバス見学会のほか、東海再処理工場の視察会も公募により実施、約百五十人が参加した。二年八月からは県内各地で初めて一般県民を対象にした直接対話集会もスタートさせた。

その一方で、核燃立地による地域メリットを強調する戦略も展開した。企業誘致と地元雇用がその中心で、二年六月までに電事連のあっせんにより五社、六工場が県内進出を決め、三年度にはさらに上場企業を含む四社が進出する予定だ。

ウラン濃縮工場の主要設備である遠心分離機の組立工場も、むつ小川原開発区域内に立地する方向で動き出した。

二年度までに事業者が採用した高卒男子社員は二百五十二人だが、このうち県内からの採用は二百十五人に上る。こうした事業者の戦略は、雇用の場が少ないために、多くの若者が県外に流出、人口減少を招いている本県ののど元をくすぐる。反核燃機運の高まりに動揺する自民党に、核燃立地のメリット論の補強材料を提供する効果もある。

この間にも、遠心分離機の搬入問題などで直前発表したり、発表と違う方法で実施するなど、相変わらず言行不一致や秘密主義のやり方があった。ことし九月十九日の低レベル放射性廃棄物貯蔵センターに関する補正書の提出について、県議会総務企画常任委に対しあいまいに答え、同常任委が与野党一致で抗議することを決議する結果も招いた。

しかし、最近は企業誘致の努力に対し、自民党の間から評価する声が出始めている。失態による後退を重ねながらも、事業者の攻勢が目立ってきたのは事実だ。

1990年10月12日
検証むつ小川原開発 第2部・核燃と混迷―16―

交付金　官が民を側面援助

原子力施設の立地に伴う特徴は、民間プロジェクトであるにもかかわらず、国が地域振興のためさまざまな資金を交付し、側面から支援する点だ。

核燃料サイクル施設の場合、電源三法交付金として三百七十億円を、むつ小川原開発地域十五市町村を対象に交付することになっている。ウラン濃縮工場と低レベル放射線廃棄物貯蔵センター分が合わせて百億円（第一期工事、第二期工事分ともそれぞれ五十億円)、再処理工場分が約二百七十億円だ。

国策的な役割

国が側面援助するのは、原子力施設はわが国の電力エネルギーを賄う国策的な役割を果たすからである。核燃の場合、直接、発電はしないが、わが国の原子力発電所の核燃料を供給したり、廃棄物を引き受けたり、あるいは将来の新しい発電所のためのプルトニウムを使用済み核燃料から取り出すため、三百八十万㌔㍗の発電をする施設とみなしている。百万㌔㍗級の原発四基分に相当するというわけだ。

既にウラン濃縮工場が着工した昭和六十三年度からこの電源三法交付金の交付が始まり、十五市町村でこれを財源とした公共事業が始まっている。

また、電力料金の割引や工業団地造成など企業導入・産業近代化のための費用に充てる特別交付金も十五市町村を対象に出ている。平成二年度は六億五千万円あまりだったが、再処理工場が着工すれば、交付単価がアップするので、年間交付額もほぼ二倍になる。

電源三法交付金は三年度から交付単価を改定し、二五％引き上げることになっている。昭和五十三年度以来、単価が同じだったため、「この間の物価上昇分を考えれば、交付金額は実質的に目減りしている」との指摘にこたえる意味もあるが、ソ連のチェルノブイリ原子力発電所事故後の反核燃、反原発機運の高まりを意識した、てこ入れ策であることも否定できない。

濃縮工場、貯蔵センターの第二期分（五十億円）を除いた核燃料サイクル施設の電源三法交付金総額は三百二十億円。これが単価アップにより、約三百九十五億円に増額する見通しだ。

通産省は県の要請にこたえ、本県に電力移出県等交付金を交付することも決定し、三年度概算要求に六億円を盛り込んだ。これは、県内の発生電力量が消費量の一・五倍以上の県に対し交付する。

本県の場合、元年度では五十四ｷﾛﾜｯﾄ時を消費した。このうち二十八億ｷﾛﾜｯﾄ時は県外からの移入。しかし、サイクル三施設が着工すると、発生電力は二百七十一億ｷﾛﾜｯﾄ時と見なすことになるので、逆に大量の電力移出県となる。

二年度から四十六億円の予算を計上し、新規にスタートした電源地域振興センター関連事業も、反核燃の高まりを意識した措置だ。電源地域への進出企業に対し、利子補給したり、補助金を交付したりするのが目的で、むつ小川原開発地域への企業進出に対しては、他地域へ進出する場合に比べ、補助を二割増しとする特典を設けている。

こうした国の措置に対し、核燃に反対する人たちは「カネで問題の解決を図ろうとする強引なやり方」「電源三法交付金は一過性のカネ」などと批判している。しかし、対象となる十五市町村が交付金を受け取り、地域振興事業を既に始めているほか、地域住民が電力料金の割引を受けているのも事実だ。

反応に微妙な差

「われわれが核燃に反対すれば、隣の町が電源三法交付金を受けることができなくなる」。県南地域には、こんな声が出始めている。「津軽は核燃立地場所から離れているといっても、中央の消費者には分からない」。こんな認識から、風評被害の心配ばかり強まり、メリットは何もない―とする津軽地方の人に対し、実際に交付金を受けている県南地方の人の核燃に対する反応は微妙に違っている。

国の補助や交付金制度の拡充は、県内の保守勢力にメリット論の補強材料を与え、核燃支持の立場を保ってもらおうという政治的な意味も持っている。じわじわと強まる国の攻勢の一つともいえる。法定外普通税として、県の直接税収となる核燃料税のような制度の創設についても着々と検討が進んでいる。

1995年4月18日

長き一時貯蔵 高レベル廃棄物返還始まる―１―

総返還数は３千数百本　管理終了100年も先？

海外委託再処理

二月二十三日にフランス・シェルブール港を出港した高レベル放射性廃棄物輸送船パシフィック・ピンテール号は一路、六ヶ所村を目指して太平洋を北上、二十五日にもむつ小川原港に到着する。十八日は県、村、事業者らが核燃施設の立地協力基本協定を締結して満十年の日に当たる。節目の年に、極めて放射能の強い「核のごみ」が初めて県内に持ち込まれる。返還は十数年に及び、やがて再処理工場が操業すれば数万本もの固化体が発生する。三十―五十年間の「一時貯蔵」とはいえ、最後の一本の管理が終わるのは一世紀も先になる可能性すらある。

トラブル続き

わが国は昭和五十年代半ばから原子力の平和利用に取り組み、プルトニウムや回収ウランを準国産エネルギーと位置付けて核燃料サイクル路線をひた走っている。

しかし、五十六年から稼働した東海再処理工場はトラブル続きもあって、現在でも「年間九十ﾄﾝ規模の処理能力」（動燃）しかない。このため日本原子力発電を加えた電力十社はこれまで、COGEMA（コジェマ＝フランス核燃料会社）とBNFL（英国核燃料会社）との間で軽水炉燃料を主体に約七千百ﾄﾝの再処理委託契約を結んでいる。

今回返還されるのは、コジェマ社のラ・アーグ再処理工場UP―３が約四十ﾄﾝの使用済み燃料を処理して出た二十八本のガラス固化体。同社によると、燃焼度から放射能を計算し「日本の委託分量に見合った数量が返還される」。

昭和四十五年前後の初期契約分には廃棄物の返還規定がないものがあるほか、燃焼度の低いガス炉の天然ウラン燃料も千五百ﾄﾝ（BNFLに委託）含まれるため、海外からの総返還数は三千数百本に上る見込み。本年度後半には二回目の返還が控えており、今後十数年間にわたり年一、二回程度の海上輸送が続く。

一方、あかつき丸がFBR（高速増殖炉）実験炉「もんじゅ」用に一ﾄﾝのプルトニウムを運んだのは平成五年一月。ピンテール号同様、ルート沿岸諸国の抗議を受けながらのフランスからの航海だった。

今後の委託再処理で回収されるプルトニウムは約三十ﾄﾝ。プルトニウムを取り出した後に残るのが、原爆の死の灰と同じ核分裂生成物を主成分とする高レベル廃棄物であり、両者は表裏一体の関係にある。ガラス固化体は、近くに数十秒いるだけで致死線量を浴びせる「厄介なごみ」として、反原発・反核燃団体の格好の標的になっている。

高レベルのほか、半減期が長いTRU（超ウラン元素）を含む中・低レベル廃棄物も、いずれは返還日程に上ってくる。事業者の立地協力要請には、その六ヶ所村での一時貯蔵が含まれており、県側は十二月議会答弁で「セメントなどで固化された状態」で返ってくることを明らかにしている。

ドラム10万本

容積を減らす工夫が検討されているほか、BNFLが同じ放射能の高レベル放射性廃棄物を返す方向で英国政府と協議しているなど、数量などは未確定だが、ドラム缶で十万本という数字も取りざたされている。

反原発運動の中核を担う原子力資料情報室の高木仁三郎代表は「ドラム缶換算で十五万本から四十万本の可能性がある」として、輸送回数増大による危険性と貯蔵の難しさを指摘。独自に環境エネルギー問題の民間調査団体「WISE—パリ」に返還廃棄物の全体量の調査を委託している。

WISEの数値は地層処分に欠かせぬオーバーパック（容器）の容積も含めたものだが、代表のマイケル・シュナイダー氏は「一㌧当たりの廃棄物はコジェマによると六・六立方㍍だが、われわれの推計では十七・二立方㍍になり二・六倍」と主張。ワンス・スルー（使用済み燃料の直接処分）だと二・七立方㍍で済むとして、再処理路線そのものの放棄を訴えている。

1995年4月19日
長き一時貯蔵 高レベル廃棄物返還始まる —2—

安全性めぐり論議続く　消えぬ品質面の不安

ガラス固化体

原発の使用済み燃料からプルトニウムと燃え残りのウランを回収すると、後には廃液が残る。これに熱を加えて濃縮すると、放射能レベルは高くなるが、量は減る。一五〇〇度の高温でガラス原料（ホウケイ酸ガラス）に混ぜて溶かし、直径四三㌢、高さ百三十四㌢のステンレス製のキャニスター（容器）に流し込む。二十四時間冷やした後、ふたを溶接するとガラス固化体が出来上がる。

総重量は14トン

表面の放射能汚染密度を測定し、基準以下のものは三—四年間貯蔵した後、返還される。キャニスターの重量は約九十㌔。ガラス成分は約四百㌔で、今回返還される固化体二十八本の総重量は十四㌧になる。

このガラス固化体については、詳しい仕様書がなかなか公開されなかったこともあり、安全性をめぐって論議が続いている。

原子力資料情報室の高木仁三郎代表は①熱に弱い②放射能に弱い③機械的に弱い④ステンレスが腐食に弱い⑤溶接のチェックができない—と指摘。核分裂でできたセシウム、ストロンチウムや、プルトニウム241などが出す放射線の潜在的な危険性を問題視する。

また同情報室が独自に安全性の評価を委託した米プリンストン大学のエドウィン・ライマン博士は、放射能の崩壊熱でガラスが不安定化しやすく、キャニスターも腐食しやすい—と判定。これらを受けて反核燃団体は「ガラス固化技術は未確立で、安全性も保証されていない」と主張してきた。

電気事業連合会がCOGEMA（コジェマ＝フランス核燃料会社）のガラス固化体の標準的なデータを公表したのは、返還開始を二十日後に控えた二月十三日。固化体全重量の七・五%。が高レベル廃棄物成分で、一㍍離れた地点の線量当量率は一時間当たり四二〇シーベルト。一般の人が一年間に浴びるとされる自然放射線量の約一ミリシーベルトと比べると極めて高い。

一方、科技庁はライマン氏の主張を「根拠なし」ときっぱり否定する。固化体サンプルによる発熱量、化学組成など実証試験結果はすべて仕様の範囲内で問題はなく、落下による破壊試験などもクリアしていると指摘した。

だが、フランスの民間調査団体「WISE—パリ」のマイケル・シュナイダー代表は、ガラス固化体の品質保証に強い疑問を示す。「コジェマ社は品質チェックの破壊検査を約三千本について三本しか行っていない」などというのだ。

電気事業者が、ガラス固化体の仕様について科技庁原子力局長の承認を得たのは昭和六十三年。事業者の検討結果をさらに検討した上で承認しているが、これは整備された法令に基づくものではなく、これが疑念を生む元になったといえそうだ。

ガラス固化体の安全性は、原子炉等規制法に基づく高レベル廃棄物管理事業の規制、設計・工事方法の認可、使用前検査などを通じてトータルに確保される—というのが、国の考え方。事業申請書が示す固化体のデータに対応して施設を安全審査しているため、固化体個々ではなく施設全体について安全確認しているというわけだ。

３段階で確認

また、フランスから発送する前には、輸送容器にガラス固化体を収納した状態の放射線量、温度などが国の技術基準にかなっていることを確認。①製造段階で電力会社②発送前に国③受け入れ時には原燃の検査・確認―と三段階のチェックを行うため問題はないという。

国内でも動燃が、ガラス固化技術開発施設（TVF）で試験運転に入っており、二月には第一号が完成している。しかし、二日後にはガラスが目詰まりを起こし、早々とトラブルに遭遇した。再処理工場などと同様、東海事業所の技術は六ヶ所村の核燃施設に移転されるのだが、不安はなかなか消えそうにない。

1995年4月20日
長き一時貯蔵 高レベル廃棄物返還始まる ―3―

国と事業者、安全性強調　反対派「甘い試験」指摘

輸送

高レベル放射性廃棄物の輸送船パシフィック・ピンテール号（五、〇八七㌧）は、船底や船側が二重構造で極めて沈みにくい。IMO（国際海事機関）の安全基準に沿って衝突予防装置付きのレーダーを備え、消火設備も完備。船倉には輸送容器（キャスク）の冷却装置もある。使用済み核燃料の輸送の実績もあり、荷主の電気事業者と国は輸送の安全性を強調する。

約7㌔は陸送

輸送上の責任はまだ英仏側にあるが、日本の領海に入ると日本原燃に移る。同船が予定通り二十五日朝、むつ小川原港に接岸すれば、日本原燃は専用の百五十トンクレーンでキャスクを六軸四十八車輪の専用車両に積み降ろし、国道３３８号を横切って専用道路に入り、貯蔵管理センターまで約七㌔の道を選ぶ。

キャスクは直径二・四㍍、長さ六・六㍍。三重のカバーで強い放射線を遮り、銅製の放熱板で表面温度は八五度以下に保つ。本体は九十八㌧、固化体二十八本を収納すると百十二㌧という重量物だ。

遮へい能力を保ちながら、いかに軽く造るかという点にノウハウがある。フランスが設計、神戸製鋼が製造した。

キャスクは使用済み燃料の容器と同様、船舶火災を想定した八〇〇度、三十分の耐火試験をはじめ、水深十五㍍での八時間の耐圧試験、九㍍からの落下試験を経てIAEA（国際原子力機関）の安全基準をクリアしている。

しかし、反核燃・反原発団体は試験の“甘さ”を指摘、ルート非公開のまま進められる世界で初めての輸送の危険性をルート沿岸各国に訴えてきた。

原子力資料情報室は、米国の専門家に委託した調査を基に「船舶火災では一一〇〇度の火災が二十四時間続くというデータがあり、キャスクの蓋の合成ゴム製リングは、この熱に耐えられない」として、IAEAの安全基準そのものに疑問を投げ掛ける。

国際的環境保護団体グリーンピースも、第三者機関による海上輸送の厳密な環境影響評価の実施や情報公開、輸送中止を訴え、所有船ソロ号（二、一六七㌧）でピンテール号をフランス出港から追跡。「輸送は地球規模の壮大な環境破壊実験」とさえ言い切って活発な運動を展開している。

観光や漁業を中心産業とする国々には、事故の確率がどんなに小さいとしても海上輸送は降りかかった迷惑。結局、三十カ国以上が懸念や抗議の声を上げてきた。国際海洋法の秩序に反する―との主張もある。

これに対し、科学技術庁は「ゴム製リングは使用済み輸送燃料でも十分な使用実績がある」ことを強調する。また、海没事故を想定し電力中央研究所に委託した独自の環境影響評価の結果も発表している。

影響評価では、水深二百㍍まではサルベージを前提としながら①沿岸では六ヶ所村沖七㌔の水深二百㍍②太平洋では同三千―五千㍍の海底―でキャスクが壊れ、放射性物質が拡散したと想定。汚染海域の魚介類を食べた場合や、海辺での作業による被ばくをコンピューターでシミュレーションした。

結果は、沿岸が一般の人の放射線の年間被ばく限度（一㍉シーベルト）の千分の一以下、太平洋が一億分の一以下で全く問題なしとしている。

ルート非公開

しかし、ルート非公開に関する抗議には苦渋の色を隠さない。十八日には日本原燃など事業者側から入港日とともに、キャスク表面の線量当量（一時間当たり〇・三㍉シーベルト＝法定基準値以下）などが公表されたが、ルートについては「太平洋を順調に航行中」としただけだった。

日英仏政府間の協議で既に非公開が確定しているためだが、その理由としている「航行の安全性、円滑性確保」とは、グリーンピースの妨害行動からの回避を指している。

1995年4月21日
長き一時貯蔵　高レベル廃棄物返還始まる―4―

放射能封じ固化体冷却　温度ムラでひび懸念も

高レベル放射性廃棄物貯蔵管理センターは一月十八日に完成した。主要施設は滑空状態の戦闘機の衝突にも耐えられる設計といい「直接的な建設費は約六百億円」（日本原燃）。輸送容器（キャスク）を受け入れる地上三階、地下二階の建屋と、ガラス固化体を検査し一時貯蔵する地上・地下とも二階建ての建屋から成り、地下でつながっている。

固化体の年間最大受け入れ本数は五百本。現在は計千四百四十本貯蔵できるが、返還本数が増えてくると増設する。

当初は再処理施設の一部という位置付けだったが、昭和六十一年の原子炉等規制法改正で再処理とは別の事業形態とされ、四年五月に単独で着工。新たに第四の施設として浮上した経緯がある。しかし、再処理付属の施設は許可を得ているだけで八千本もの規模。むしろ、貯蔵管理センターは再処理操業の第一歩とみた方が正確かもしれない。

「万全の態勢」

搬入した固化体は、天井のクレーンでキャスクから一本ずつ取り出し、検査室で外観や放射能量、発熱量、放射能の閉じ込め性能、表面の汚染密度などを点検。これをパスしたものだけが保管される。固化体がむき出しになる場所は遠隔操作が中心。日本原燃は「万全の態勢で受け入れる」（野沢清志社長）として、入念な訓練を続けている。

一時貯蔵の最大の問題は、放射能の崩壊熱によるガラス固化体の発熱だ。

固化体一本の最大発熱量は、COGEMA（フランス核燃料会社）製が電気ストーブより高めの二㌔㍗以下、BNFL（英国核燃料会社）製が二・五㌔㍗以下。二㌔㍗の固化体を千四百四十本収納した状態では、固化体表面は約二三〇度、中心部が約四一〇度とされており、地層処分時に、岩盤などに影響しない温度になるまで冷やし続けなければならない。

このため貯蔵庫では、煙突と同様の極めて単純な仕組みを取り入れ、長さ約十六㍍の収納管に固化体を九段に積んで、固化体の熱を利用した自然通風力で冷却する。取り込む外気は収納管の外側を通るため固化体には触れず、炭素鋼に腐食防止のアルミメッキを施した収納管は、内部の塩素をフィルターで取り除いてある。

二㌔㍗の固化体の五十年後の発熱量は、電気事業者の試算では数百㍗程度と推定されている。

一方、強烈な放射線は、地下に設けた貯蔵区域や検査室では厚さ約一・五―二㍍のコンクリートと周囲の土が遮へい効果を発揮。さらに施設内は、外部より気圧を低くしているため、万一の時も放射能が漏れない構造だ。

固化体の発熱といっても、放射線のエネルギーが変化したものでもあり、放射能と発熱の問題の根は同じともいえる。

「安全」に反発

高レベル廃棄物は、ウランが核分裂してできるセシウム137、ストロンチウム90のほか、アメリシウム241、ネプツニウム237などのTRU（超ウラン元素）が主なもの。全体では約百年で放射能が十分の一になる。

しかし、中にはネプツニウム237のように半減期が二百十四万年のものもある。最終処分が極めて厄介だとされるのはこのためだ。

こうした難問がある一方、ガラス固化体と貯蔵施設について反核燃サイドは「放射性物質の濃淡に偏りがあれば、温度にムラができ、ひび割れが起こる」と指摘。

また「爆弾を積んだ戦闘機が墜落する可能性は否定できないはず」と、米軍基地なども問題視する。

科技庁は、放射性物質はガラスと混ざるのではなく、色ガラスと同様、ガラス成分の一つとしてガラスそのものになる―と、固化体の安定性を強調するが、そうしたことがまた反対派から「技術的安全神話の押しつけ」との反発を買っている。

1995年4月23日

長き一時貯蔵　高レベル廃棄物返還始まる―5―

「安全性確認」へ扉開く　ルート最後まで秘密

県議会の「高レベル放射性廃棄物の安全性確保と情報公開に関する決議」は三月十四日、多数野党・自民党の緊急動議として与党欠席のまま採択された。「入港拒否」の文言や経緯はともあれ、決議を「重く受け止める」とした木村知事の動きで、安全性確認にもつながる情報公開の扉は大きく開いたといえる。

しかし、核物質防護、核不拡散、財産権の保護に関する情報は原則非公開とされているのが現状で、今回の海上輸送ルートも財産権の保護を理由に非公開のまま。入港予定日も、ルートに予断を与える恐れがあるとして、一週間前の公表にとどまった。

形の上では「秘密航海」だが、輸送の危険性を訴えるグリーンピースの追跡活動で航行位置は逐一暴かれてきた。それでも、次回以降の輸送に縛りをかけないよう非公開を貫き、二十一日時点でさえ事業者側は「太平洋を順調に航行中」としか説明しない。

掛け声倒れ

あかつき丸の反省から政府、事業者とも早くからルート公開を公言していたにもかかわらず、英仏側が「一部に輸送を妨害しようとする動きがある」として難色を示し、最終的には政府間協議で日本側が押し切られたのが実情だ。昨年策定した原子力開発利用長期計画は、余剰プルトニウムを持たない原則と「透明性の確保」を掲げたのだが、ルートに関しては掛け声倒れといわれても仕方ない。

結局、知事の要請に基づいて日本原燃と電事連は二十一日までに、決議が求めた四項目のうち「高レベル廃棄物の内容」と「入港日時」を知事に報告。「国の安全審査の経過と結果」として科技庁から、未公表分の貯蔵施設の設計・工事方法の認可申請書が公開された。

公開情報の中でも、輸送容器（キャスク）のデータは、容器の間近で積み降ろしなどに従事する作業員の安全確認のためにも重要だった。フランス出港前に測定した線量当量率は表面で一時間当たり〇・三ミリシーベルト（法定基準値二ミリシーベルト）、表面温度は六四度（同八五度）。放射性物質の表面密度も法定基準値以下だった。入港時も測定後に公表される。

また、長期貯蔵の安全性の保証になるというガラス固化体のデータでは、発熱量は二十八本とも電気ストーブよりやや高めの一・四キロワットで、施設で管理可能な最大発熱量二・五キロワットを下回り、放射能濃度も基準値をクリアした。万一の場合の責任を明らかにしておくために、固化体の整理番号と所有者の電力会社名（東京、関西、四国、九州）も公開された。

不十分の声も

これに対し、県議会決議に賛成した鹿内博、久保晴一の両議員（県民クラブ）は、公開情報は不十分だと迫る。二十一日に開かれた知事の決議に関する議員説明会で両議員は、ガラス固化体の製造年月日や放射性物質の種類、量なども明らかにならない限り「五十年間貯蔵できる保証にならない」と主張。逆に、三十年間で管理を終えられるものが、必要以上に長く貯蔵されはしないか、と疑問をぶつけた。

さらに鹿内議員は立地基本協定第九条の「安全確保対策のため、情報などの求めに応じなければならない」旨の規定違反の疑いも指摘。「ノウハウや財産権の保護を持ち出すと、何も明らかにならない」と、いらだちを隠さなかった。

ルート問題について事業関係者の一人は「英仏は核保有国で軍事機密が当然の国。日本とは考え方が違う」と文化の壁を持ち出し、公開は反対派の妨害行為を利するだけ—との論理だという。逆に反対派は、万一の事故を考えれば非公開は考えられない—と主張。輸送責任が英仏にあるため、議論は平行線をたどるばかりだ。

1995年4月24日
長き一時貯蔵 高レベル廃棄物返還始まる—6—

知事、機能強化を明言
「県独自」には限界も　安全チェック

「安全を確認できないものは荷揚げさせられない」。返還高レベル放射性廃棄物の受け入れを目前に控えた二十一日、木村知事は輸送船内への立ち入り調査結果が基準値を超えれば「入港を拒否」すると明言。六ヶ所村とともに二十五日の荷揚げ直前まで、最大限の安全チェックに努める姿勢を鮮明にした。

核燃施設に関する選挙公約で「原子力平和利用と安全性確保のため、県独自のチェック機能の強化を図り慎重に対処していく」とした知事は、就任記者会見でも「県民の不安が払しょくされているとは思わない」と強調。反核燃団体からも期待を集めた。

二十日の反核燃団体との対話集会で、安全チェック体制を真っ先に問われ、知事は「県民の安全を守る責任を果たしていくことが重要な使命」と語った上で①異常時にアドバイスを受けるため学識経験者で構成する技術顧問グループを委嘱②既存委員会の機能強化と、行政範囲が広域多岐にわたるため原子力関係部局を強化—の方向を示した。

県の根拠は国

しかし、県が貯蔵施設の安全性を主張するときの根拠は、科技庁と原子力安全委員会などの安全審査（ダブルチェック）であり、施設の使用前検査や保安規定の認可などを通じた規制も重要な要素。スタッフを潤沢にそろえ、法令に基づいて厳格な審査を行う国に対し、県独自のチェックでは限界があるのも事実だ。

既に、難しさが先に立つ技術的な国については、県独自に委嘱した専門家による核燃施設（五分野）の安全性チェックを完了。高レベル廃棄物貯蔵施設については平成四年に「ガラス固化技術」と「地質・地盤」に「問題なし」の報告があり、県内各界代表を委員にした県原子燃料サイクル安全対策委員会でも説明している。

これに対し、核燃阻止一万人訴訟原告団の平野良一運営委員は対話集会で、これまでは「どちらかというと安全審査の側に立つ方々が専門家に委嘱されている」と批判。知事の対話継続姿勢を高く評価した上で「もう少し幅広い形でチェックすることも考えてほしい」と、立ち入り調査への反対派代表の参加を要望した。

大きな一歩か

一方、当面の安全確保は、安全協定に基づき「万全の措置」を日本原燃に求めるしかない。協定は、放射性物質の放出管理や県と六ヶ所村による立ち入り調査などを明記。国が認可した保安規定は、排気・排水や放射線の管理方法などを定めている。

また平成三年に始まった環境放射線のモニタリングでは、施設周辺の放射線などを連続的に測定・監視。測定データは、三カ月ごとに開く県原子燃料サイクル施設環境放射線等監視評価会議が検討、評価する。

知事が、六月の補正予算にどういった施策を盛り込めるかは未知数だが、情報公開や安全確保面で既に実績を挙げつつあるだけに、期待は大きい。

二十五日は輸送船立ち入り調査に加え、輸送容器の施設搬入時にも環境放射線測定への立ち会いや、作業状況の確認などを行う予定。また、反対派が安全性を疑問視するガラス固化体については、事業者が五月連休明けから約一カ月かけて検査し、国も立ち会いのうえ確認する。

船内立ち入りは、事業者が公開したデータを確認する意味もあり、木村県政の安全チェック機能強化の第一歩。大きな一歩になるかどうか、県民もチェックすることになる。

1995年4月25日
長き一時貯蔵　高レベル廃棄物返還始まる—7—

住民参加の防災訓練を　不安残る「断層」問題

地震対策

昨年十二月の三陸はるか沖地震（Ｍ７・５）、今年一月の阪神大震災（Ｍ７・２）を機に、原子力施設の地震対策が本当に万全なのか議論を呼んできた。特に、高レベル放射性廃棄物貯蔵管理センターもある再処理工場敷地直下には、反対派が活断層と疑う日本の断層が走っているため、直下型地震が起きる可能性があるのではないか—と、あらためて不安が広がった。

高レベル廃棄物搬入阻止連絡会は、三陸はるか沖地震を契機にしたＭ８クラスの地震発生の可能性を指摘。三月の県原子燃料サイクル安全対策委員会では、阪神大震災で「壊れるはずのない高速道路が壊れた」ことから、あらためて耐震設計基準への疑問が噴き出した。

これに対し日本原燃は、重要施設の設計で想定する地震の揺れは、施設を支える岩盤上の加速度（揺れの強さを現す単位）で最大三百七十五ガル。この揺れが一般の地表まで伝わると二—三倍になるため、阪神大震災のような八百ガル程度の揺れにも耐えられると説明。三陸はるか沖地震の観測でも、施設の基礎レベルの加速度は百十五—百五十ガル程度で問題はなかったとする。

また一般建築物の三倍の設計基準に加え、地質構造的に考えられる限界的な地震も想定。通産省青森原子力産業立地調整官事務所の原昭吾所長は「Ｍ６・５以上の地震が起きる活断層なら調査で分かる」ことから、直下型地震はＭ６・５と想定して万一に備えているのだという。

しかし三陸はるか沖地震では、むつ小川原港岸壁が一—三㍍沈下したこともあり、県は雪解けを待って現地調査を実施。地震の影響と騒がれた県道の亀裂は重量物運搬によるもので、高レベル廃棄物を運ぶ専用道路などは異常なし、と結論付けた。

活断層問題は、科技庁による第一次審査で、事業者が一年間の追加調査を行わざるを得なくなるなど慎重に進められ、県が独自に安全チェックを依頼した専門家報告（平成四年）では存在を否定、一応の決着はついている。

しかし「新編日本の活断層（活断層研究会編）」に図示されている六ヶ所全面海域の断層は、反対派が「核燃の立地条件は最悪」と主張する根拠の一つになっており、再処理工場本体にも直接影響する問題だけに尾を引いている。

一方、三月末に行った核燃施設の防災訓練では、新たに貯蔵管理施設も対象に加えた上で、初めて地震（震度６以上）被害を想定した。ところが、国の安全審査に基づく最大被害想定に沿うと、移動中のガラス固化体が落下・破損しても放射能漏れはないことになり、通報・連絡体制を確認しただけ。要望の強い住民参加の避難訓練は今回も見送られた。防災範囲の見直しを進めている県防災会議原子力部会も、高レベル廃棄物貯蔵施設は「原子力発電所より危険性が少なく、防災計画・対策の必要がない」との見解だ。

六ヶ所に限定

見直しは、八年度からの使用済み燃料貯蔵プール操業をにらんで最終段階にあるが、再処理工場の防災範囲は半径五㌔で十分とした国の指針に基づき、六ヶ所村だけに限定する方針を固めている。

しかし、目に見えぬ放射能に不安を抱きながらもいや応なしに「共存」を迫られるのは住民。施設が着々と増えていく中で、厳しい監視を続けていくしかない。それだけに、地震も含め万一の事故に備えた訓練への参加を求める声は、六ヶ所村ばかりでなく周辺市町村でも根強く、訓練内容の充実が不可欠になってきている。

1995年10月26日
ITER誘致課題と展望　上

安全、合意どう確保　他候補地とし烈な争い

国際熱核融合実験炉（ITER）の誘致問題は、県議会の「意見書」採択と木村知事の六ヶ所村への誘致表明により新たな段階を迎えた。木村知事は県議会とともに二十五日、科技庁などに誘致実現を要望、早々と行動を起こして積極姿勢をアピールした。半面、かぎを握る安全性の裏付け、県民合意の確立は誘致運動と並行して行わねばならず、国内外の誘致競争も考え合わせると、道のりは平たんではない。ITER誘致の課題と今後を展望した。

ITERの核融合は、重質水素とリチウム（三重水素）を燃料とし、一㌘が石油換算で八㌧に相当するという。資源としては豊富なため、核融合は人類の恒久的なエネルギー源になると期待されており、二十一世紀半ばごろの発電実用化へ向けて日本、米国、欧州連合（EU）、ロシアの四極が共同で実験炉計画を進めている。

知事も二十三日の誘致表明で、地域振興とともに「二十一世紀への対応、国際貢献、環境問題や人類のエネルギー問題解決へ価値ある動きにしたい」と強調した。

しかし、安全性確保と県民合意の条件と、十二月から本格化する国際的建設協議のタイムリミットに板挟みになりながら、県の態度決定までには曲折があった。

六ヶ所が先行し活動

県と六ヶ所村による誘致に向けた内部検討が表面化した昨年九月以降、誘致活動は同村が先行せざるを得なかった。千五百㌶の未売却用地を抱えて停滞するむつ小川原開発の進展を期待し、土田浩村長が意向表明したのは今年一月末。民間の同村核融合研究施設誘致推進会議も呼応して、県や国に要請活動を続けた。候補地を念頭に立地要件などを検討する特別レビューグループ（議長は十和田市出身の苫小牧地顕氏）の初会合が二月に開かれたが、何としてもそれ以前に意思表示する必要があったからだ。

知事選控え動けず

県は当初、村と連動して動く構えもあったが、全体計画が不明確だったことに加え、知事選を控えていたため動けなかった。

二月に、むつ小川原開発計画の見直しを公約に掲げた木村知事が就任。しばらく開発計画の先行きが見通せなかったが、結果的に苦肉の策の六ヶ所村先行は、いままで誘致の望みをつないだ形となった。知事にとってITERは「開発計画見直しの過程で日程に上ってきた」というのが本音だろう。

七月末には経団連が、むつ小川原開発工業基地を候補地とした日本への誘致推進方針を固め、六ヶ所村が一気に浮上。

前後してITER理事会で、特別レビューグループの検討結果を受けた中間設計報告と立地要件が出され、ようやくITERの青写真が姿を現した。

県は、これを持って県議会や県内各界に説明を始める慎重さだった。

しかし、十二月のITER理事会以降、サイト選定協議が本格化する東時間的制約があるとはいえ、説明から三か月後の結論では、県民に性急と映るのも無理はない。だからと言って青写真もないまま説明を始めていればどうだったか…。

一方、国内のライバル北海道・苫小牧東部工業基地は六年七月、民間の北海道核融合研究施設推進会議（四年四月設立）が国に要望、堀達也知事も誘致を公約に掲げている。茨城県・那珂町も六年八月、町長が国に要望。ITER工学設計チームが常駐し、実績を強調している。

出遅れをようやく挽回した形の本県だが、海外では米国、フランス、ドイツなどが名乗りを上げており「予断を許さない状況」（知事）だ。経団連は十一月中にITER日本誘致推進会議を設立、県も産学官一体の運動構築へ進むが、まず日本への誘致が大前提であり、実現までの道のりは長い。

1995年10月27日
ITER誘致　課題と展望　中　議論尽くして判断を

安全性

県民へ情報提供不可欠

木村知事は、二十三日の国際熱核融合実験炉（ITER）誘致表明で「誘致の方向が固まれば固まるほど、安全性の裏付けを積み重ねていかなければならない」と、安全性と県民合意確立が立地の前提条件となることを強調した。

しかし、県議会での安全性論議は「不明な部分が多い」「大事なことが何も分かっていない」との時期尚早論と、原理的な安全論の立つ県側の主張がかみ合わないままに過ぎた。

安全性の評価には放射性物質の環境放出量な

ど、いわゆるリスクの定量的な把握が不可欠だが、ITERの工学設計終了は一九九八年。現状の中間設計では定性的な判断しか下せない。最終的には、実施主体が決まり、国の安全基準に沿った詳細設計が見えてこないと、細部にわたる正確な議論はできない。

その意味でも「県民の理解を得る作業は、またこれから始まる」（成田正光むつ小川原開発室長）ことになる。

98年に建設着手予定

ITER計画は、一九八五年、レーガン・ゴルバチョフ会談の「雪解け」ムードを反映してスタート。九八年の建設着手、二〇〇八年以降、二十年間の運転・試験を予定しており、①科学的実証（茨城県那珂町の臨界プラズマ試験装置JT―60など）は終えて②工学的実証（ITER）③プラント実証（原型炉、二〇二〇年以降）④実用化（実証炉、二十一世紀半ば）―と進む計画だ。

平成三年五月の衆院科学技術委員会で、国際貢献へ向けたITER研究の積極的努力―を社共両党を含め全会一致で可決した決議にも、科学技術への夢と期待が込められている。

プラスの電気を帯びた原子核は反発し合うが、超高温（プラズマ）状態で磁場の力により高密度に閉じ込めると衝突、融合する。ITERは、水素の同位元素である重水素とトリチウム（三重水素）の混合気体を一億度以上熱し、これを強力な磁場の中に閉じ込める。この反応からはヘリウムと高速中性子が出てくる。将来的には中性子の運動エネルギーを熱に変え、蒸気でタービン発電していくのが核融合炉構想だ。

核分裂は、燃料が一定の量になると自然に連鎖反応が始まるのに対し、核融合は技術的な課題が多く、そのことが逆に、燃料供給をやめれば自動的に反応が止まるという原理的安全性の根拠になっている。

閉じ込めのためプラズマの中に電流を流すのがITERのトカマク型という方式で、核融合が連続して起きる「自己点火条件」達成と、まだ十五秒間どまりの燃焼時間を、一千秒間続けることが目標だ。

熱出力は百五十万キロワット。直径約三十メートル、高さ約二十メートルでJT―60の倍ぐらいの大きさ。大型の超電導コイルや高効率のプラズマ加熱技術の開発など工学技術面の課題は多いが、それがまた新技術開発への期待とともに不安にもつながっている。

技術面は科学者任せ

安全面で焦点の放射性物質のトリチウム。県は「平常時の環境放出は現時点で日量約〇，〇一グラム水準以下の見込み」「放射線の弱さ、拡散・希釈の速さなどから問題のない水準」と判断。数キロ単位の取り扱いについても、日本原子力研究所や米国での十一百数十グラムの使用実験を根拠に取扱い可能とし、異常時も多重防護で対処できるという。

また真空容器など構造材の放射化問題も、廃棄物の量は原発の解体廃棄物と大幅に異ならず、数年―数十年の冷却で低レベル放射性廃棄物としての処分、再利用が可能としている。

これに対して反対論は、核燃施設立地の経験、反省を踏まえ、判断材料の少なさや県民合意の不完全さ、廃棄物の処分方法の不透明さなどを論拠に、誘致決定を拙速と指摘してやまない。半面、推進側には技術面は科学者任せ―の楽観的姿勢も見え隠れする。

しかし、立地が決まったわけではなく、知事も「安全性が確保されないものは拒否する」としている以上、推進、反対側とも冷静かつ十分な議論により安全性を判断していくべきだろう。

超最先端技術を結集する実験炉という性格上、技術論は難しくなりがちなだけに、県が今後も県民へ的確な情報提供を続けることが不可欠だ。

1995年10月28日
ITER誘致　課題と展望　下　開発の起爆剤と期待

地域振興
したたかな運動が必要

「県全体への計り知れないメリットを踏まえ、県、国挙げて積極的な取り組みをお願いしたい」。県商工会議所連合会の沼田吉蔵会長は十月五日、国際熱核融合実験炉（ITER）の六ヶ所村誘致を知事に熱っぽく訴えた。

陳情書では自然・文化と科学技術の共存が本県の二十一世紀の方向だとし、最先端技術研究のメッカとして国際的な情報発信源になり得る、と提唱した。

こうした声を受けて知事は誘致表明で、地域振興などのメリットを強調。研究機関の集積も本県が進むべき一つの道とし、むつ小川原開発の新計画にも位置付けることを明言した。

円高が進み企業誘致もままならない中で、「学術研究都市建設の夢さえ抱かせる」国際プロジェクトであることが、県議会で新進ク、自民ともども積極推進を打ち出す動機になっている。

主な立地要件は①用地面積＝百三十ヘクタール以上②人員＝約千五百人の国際チーム③建設費＝周辺設備も含め約一兆円規模④用水＝海水冷却で毎分約五千トンの

冷却水⑤電力供給＝最大百万㌗級⑥交通基盤＝大型港湾、国際空港へのアクセス⑦生活インフラ（基盤）＝住宅、ショッピング、教育・医療施設整備―など。

小さくないメリット

投資効果に期待が集まる一兆円のうち、八千億円のITER本体建設費は日、米、欧州、ロシアの四極分担だが、社会インフラ整備は誘致国の負担。しかし、新技術開発にもつながる研究開発をリードできるとなればメリットは小さくない。各国とも誘致に懸命なる理由がここにある。

要件について県は、用地は港湾近接地に約二百五十㌶を確保し、電力供給は東通原発（二〇〇五年運転開始予定）や火力発電所建設を検討。港湾は五万㌧岸壁の重点整備を進め、青森空港への所有時間は中期的に一時間を目指すなど、基本的に対応できるとみる。

土地の狭さがネックといわれる茨城県那珂研究所の敷地面積と、用地要件百三十㌶がぴったり合致するように、現段階で振り落される候補地はない。しかし問題はむつ小川原開発に直結する今後の展開だ。

特に、千五百人の研究者・技術者とその家族が移動、定住できるような社会・生活インフラの整備は並大抵ではない。

県は「当然国家的な財政支援は期待できる」「やるとなれば本腰をいれなければならない」（成田正光むつ小川原開発室長）として、三沢市、六ヶ所村などと調整しながら生活基盤の整備計画をつくっていく方針。経団連も、国に公共投資基本計画への位置付けを求め、科学の町を目指す六ヶ所村は、ITER誘致が「超一級のインフラ整備」（土田浩村長）の起爆剤になると期待する。

過度な期待に警鐘も

これに対し、諏訪益一県議（共産）はインフラ整備の地元負担や二十年間の研究終了後の展望が不透明と指摘。木下千代治県議（県民連）は、原子力施設の集中立地だと批判し、経済効果への過大な期待感に警鐘を鳴らす。県計画の用地二百五十㌶は、むつ小川原開発地区の未売却用地の二割に満たないのも事実だ。

県は、むしろ開発地域は立地条件に優れ、核燃施設、関連研究機関立地の実績など優位性を備えている―と主張。実験炉に続く原型炉の誘致も視野に入れるが、起死回生の国際プロジェクトになるか、またも巨大開発のバラ色の夢で終わるのか…。

まず国際協議の場で国の外交力が試され、日本に誘致できたとしても、本県は新幹線問題と同様、最終的には、政治力が問われることにもなる。

核燃施設や原発立地など国の原子力政策への協力も第一目標は地域振興だった。変転を続けたむつ小川原開発を振り返った時、経団連との連携を武器にしたしたたかな誘致活動が求められるのは間違いない。

1998年8月26日
使用済み核燃料がやってくる　1

県「慎重に手順踏んだ」　駆け込み締結？
参院選の結果も影響か

県と六ヶ所村に続き、隣接六市町村が日本原燃と安全協定を調印したことにより、九月にも試験用使用済み核燃料三十二㌧が六ヶ所村へ搬入される。一年半の紆（う）余曲折を経て六ヶ所再処理工場は平成十五年の本格操業に向けて大きく踏み出す。安全協定締結の周辺と今後の課題を探った。（政経部・福田悟記者、野辺地支局・野田尚志記者）

「核燃料サイクル協議会の国側メンバーは、国民から不信任を突き付けられた橋本首相の退陣に伴い、失脚が決まっている人たち。死に体の内閣と〝駆け込み〟的に成立した協議の実効性には疑問がある」

七月二十四日、東京で開かれた「核燃料サイクル協議会」終了を受けて、「核燃サイクル阻止一万人訴訟原告団」代表の浅石紘爾弁護士は木村守男知事に抗議文を送った。協議会を終えた知事は「国の説明に誠意を感じた」と事実上の協定締結を表明、国批判の矛を収めていた。

首相が退陣するとは

「たまたま核燃料サイクル協議会の開催が七月下旬にずれ込んだだけ。知事が掲げた手順を慎重に踏んできた結果だ」。県むつ小川原開発・エネルギー対策室の木村敏昭室長は、浅石弁護士の〝駆け込み締結〟との批判は当たらないと強調する。木村室長によると、科学技術庁長官、通産大臣が出席する「核燃料サイクル協議会」は、当初は一カ月前の六月二十三日に開けないか、県は国に打診を続けていたという。

ところが、想定外の事態が起きる。知事が県内の意見聴取の最終手続きと位置付けていた県議会全員協議会の開催を高橋弘一議長が「安全協定について知事の姿勢だけさっぱり見えない」と拒否。六月八日に全員協議会、同二十三日に核燃料サイクル協議会開催―という県が描いていたスケジュールは、知事と自民党県議団との〝綱引き〟の余波を受けてずれ込んだ。

結局、全員協議会は高橋議長が折れる形で六月二十三日に開催されたが、「まさか、参院選後に橋本首相が退陣するとは思わなかった」と木村室長は内閣改造直前のサイクル協議会は偶然の積み重ねの結果であることを説明する。木村室長の説明に従えば、知事は六月時点で既に締結に意欲を示していたことになる。

影潜めた「核燃反対」

一方、県庁内にはこれとは異なる見方がある。

「知事は、参院選で反核燃候補が惨敗したのをみて、安全協定を締結しても来年の知事選には響かないという見極めを得たはずだ」。参院選後、県幹部の一人は知事が早々に安全協定締結に踏み切ることをこう予想してみせた。

七月十二日投票の参院選で「核燃反対」を訴えたのは高橋千鶴子（共産党公認）鳴海清彦（無所属）の二候補。しかし、両候補の得票数を合わせても十二万票でそれぞれ法定点(有効得票数の八分の一)さえ満たせず供託金没収となった。「核燃推進」の田名部匡省（無所属）金入明義（自民党公認）の両候補が得た六十万票と比べ五分の一だった。

昨年三月に起きた動燃東海再処理工場の火災爆発事故後、再処理工場の火災爆発事故後、再処理工場の安全性や高レベル放射性廃棄物の最終処分に対する不安が高まりをみせたが、平成元年の参院選で三上隆雄候補が三十五万票を得票したような反核燃のうねりは影を潜めた。六ヶ所村の隣接六市町村が日本原燃に対して安全協定を申し入れた二十四日、日本原燃のある社員は声を潜めて言った。「ここまでくるのに長かったが、知事は動燃事故で振り上げたこぶしの下ろし方に困っていたのでは。本気で再処理事業をやめる意思はないだろう」

1998年8月27日
使用済み核燃料がやってくる　2

目減り続く県内受注額　施設工事
業者の競争　激しさ増す

「肝心の再処理工場本体の工事が進まない限りは就労者も増えない。われわれ商工業者がいま一番苦しんでいる」

「知事の慎重姿勢は理解できるが、理解しても村民は食べていけない。このままに、三カ月過ぎれば自殺者が出るのでは」

六月八日、県庁第二応接室に六ヶ所村村議団の悲痛ともいえる声が響いた。安全協定締結に踏み出さない木村守男知事にしびれを切らした村議ら二十人が安全協定の早期締結の〝直訴〟に及んだ。核燃サイクル施設にどっぷりと漬かる村経済の実態が浮かんだ。

北海道東北開発公庫青森事務所の十年度調査によると、県内企業が計画している設備投資額三千二百七十五億円のうち、八割に当たる二千六百五十五億円が核燃サイクル施設が原発といった電力関連が占めた。

日本原燃は「重量物の運搬作業や貯蔵プールの管理作業などの仕事が入ってくるはず」と使用済み核燃料搬入による地域振興効果を強調する。

急に仕事は増えない

しかし、知事への〝直訴〟劇にも参加した建築業、附田義美村議（五五）は地域振興に期待しつつも、さめた見方だ。附田村議は「確かに商業・食料品関係といったサービス業は人が増えることによる経済効果を期待できるが、土木・建築業は急に仕事が増えることはないだろう」という。

平成十五年に稼働予定の再処理工場本体は工場進ちょく率が六％にとどまっているものの、既に道路などの地元の建築業者が参入できる付帯工事はほとんど終了したからだ。

本体工事が進むとしても、今後は中央の央手メーカーによる設備機器の搬入が中心となる。

日本原燃の竹内哲夫社長自身、「今回、調印した安全協定は貯蔵プールに関するもので、再処理本体工事とは直接的に関係ない」と使用済み核燃料の搬入と再処理本体工事の関連を否定した。本体工事が足踏みしている要因は別にあるというわけだ。

設備投資したものの

九年度上半期までの核燃サイクル施設工事の発注総額は八千九百十四億円に上る。だが、このうち県内総受注額は千七百七十億円と全体の二〇％。建設費の大半が地元に落ちることなく、中央に〝還流〟していく。核燃サイクル施設工事の県内受注額は平成六年の三百四十六億円をピークに減少に転じた。核燃サイクル施設の工事を当て込んで設備投資をしたものの、ほとんど稼働できずに休業状態の業者も出てきた。

昭和四十年代に始まった大規模工業開発「むつ小川原開発」の歴史がある六ヶ所村内には大小の土木建設会社約九十社がひしめく。村の就業者総数五千九百四人（平成七年度）のうち、建設業が千七百二十二人で突出。三人に一人が建設業に関与している計算だ。しかし、核燃サイクル施設工事は県内受注額の目減りに加え、県内全域の建設業者が入り込むため、業者間の受注競争が激しさを増す一方だ。

附田村議はいう。「むつ小川原開発は港湾建設、国家石油備蓄基地の建設と進んできたが、途中で必ず仕事が落ち込んだ。核燃の工事も（一過性の）台風のようなもの。あと三年もすれば景気が過ぎ去ってしまうだろう」

1998年8月28日
使用済み核燃料がやってくる　3

再処理で年産１千本　“高レベル”生産工場
最終処分問題一層重く

「再処理事業の確実な実施が著しく困難となった場合、県、六ヶ所村および事業者が協議の上、事業者が使用済み燃料の施設外搬出を含め、速やかに必要かつ適切な措置を取る」―。

安全協定締結に当たり、木村守男知事はこんな内容の「覚書」を付属させた。日本原燃に安全協定を提示した昨年一月二十七日、知事は「県民の間には受け入れた使用済み核燃料が再処理されずそのまま置かれるのでは―との不安、懸念があることを踏まえた」と覚書の狙いを説明している。

増え続ける固化体

「再処理事業の確実な実施に全力を注いでいく」。覚書に呼応するように、日本原燃の竹内哲夫社長は、六ヶ所村隣接市町村との安全協定調印を済ませた二十五日、コメントを発表した。

しかし、再処理が確実に実施されても再処理工場が「廃棄物置き場」にならないわけではない。使用済み核燃料を再処理してプルトニウムを取り出した後には、高レベル放射性廃棄物（ガラス固化体）が残る。六ヶ所再処理工場は、毎年大量のガラス固化体を生み続ける。再処理工場の“廃棄物生産工場”としての一面だ。

日本原燃は県民に対して積極的に説明することはないが、その量は「フル稼働時で毎年千本」（立地広報部）に上る。現在、フランスから返還され、高レベル放射性廃棄物貯蔵管理センターに貯蔵されている外国産のガラス固化体とは別の“六ヶ所生まれ”の高レベル廃棄物だ。

平成十五年の操業開始予定の再処理工場本体には、高レベル放射性廃棄物貯蔵管理センターとは別にガラス固化体八千二百本分の貯蔵容量を持った貯蔵施設が付設される。日本原燃は同施設を十年分の貯蔵量と見込んでおり、これ以降は施設の増設を繰り返してガラス固化体の増加に対応していく方針だ。

現行の原子力開発利用長期計画では、実際に最終処分事業が始まるのは二〇三〇年代―二〇四〇年代半ばだ。仮に二〇四五年から最終処分地への搬出が始まるとして、最大約四万本が蓄積される計算だ。英仏からの返還ガラス固化体は計三千数百本だから、これを十数倍上回ることになる。

TRU廃棄物難物

高レベル廃棄物のほか、処分方法が決まっていない「中・低レベル廃棄物」も生まれる。使用済み核燃料に含まれる金属製の燃料被覆管やプルトニウム汚染物質などで、高レベル廃棄物に比べると放射能濃度や発熱量は低いものの、プルトニウムやアメリシウムといった放射能濃度が半減するのに数千―数十万年かかる「TRU廃棄物」を含む。

TRU廃棄物は原発から出る低レベル廃棄物のように浅い地下へ埋めて処分することはできず、高レベル廃棄物に準じた取り扱いが必要とされる。

放射性廃棄物の最終処分問題は青森県に今後、一層重くのしかかってくる。

「沖縄米軍基地問題ほどではないにせよ、高レベル廃棄物輸送船の接岸拒否によって、青森県には高レベル廃棄物問題、再処理施設問題があるという認識が全国に広まったのはよいこと。しかし、モーションを起こす（安全協定締結）のはもっと国民の間に議論が高まってからでも決して遅くない」

知事が安全協定を調印する一カ月半前の六月上旬に開かれた原子力政策青森賢人会議で、大道寺小三郎座長は知事にこう注文を付けた。

1998年8月29日
使用済み核燃料がやってくる　4

知事「これは国策なんだ」　国のお墨付き
十分だったか情報戦略

高度経済成長期の昭和四十年代に計画され、一大石油コンビナート基地の建設を目指した「むつ小川原開発」。核燃サイクル施設の受入れは、膨大な売れ残り用地を抱え苦境に陥っていた第三セクター「むつ小川原開発会社」の救済という側面が強い。同社は、最大の融資元である北海道東北開発公庫の日本開発銀行への統廃合を控え、今まだ先行きが危ぶまれている。

むつ小川原開発の不振は、その前提となった工業生産予測が外れたことが要因だ。むつ小川原開発の推進を初めて盛り込んだ新全国総合開発計画（昭和四十四年）で、国は工業需要を「昭和六十年には、昭和四十年水準に比し、鉄鋼四倍、石油五倍、石油化学十三倍となる」と予測した。

しかし、現実には鉄鋼（粗鋼生産）が二倍、石油（精製）が二倍、石油化学（エチレン生産）が五倍にしかならなかった。政府のもくろみは大きく外れ、県が期待した石油関連企業の進出はなかった。立地したのは石油備蓄基地と核燃サイクル施設などで、工業用地千五百㌶が売れ残ったままだ。

自主精神弱い県行政

「工業生産予測が外れて空振りに終わったのは表面的な要因で、深層により深刻な問題がある。新全総に盛られたプロジェクトのうち、実際に着手されたのがなぜ、むつ小川原開発など限られたものだけだったのか考えるべきだ」。むつ小川原開発の“失敗”を分析した「巨大地域開発の構想と帰結」の著書のある法政大学の舩橋晴俊教授（環境社会学）はこう指摘する。

舩橋教授が「より深刻」というのは①ものごとを独自に考え判断する自主・独立の精神が弱く、国に追随しがち②県民の意思を尊重する姿勢が弱い—という青森県行政の傾向だ。二点は裏表の関係にある。

—再処理工場本体の工事進ちょく率は五％。平成十五年には稼働しないのではないか。大間ATR（新型転換炉）のように計画が突然中止された例もある。

「政府は事業計画の変更はないと確約している」

—再処理工場は商業ベースなのだから、採算がとれなければやめるはず。

「しかし、これは国策なんだ」

八月三日夜、青森市のホテルで行われた反核燃団体との対話集会。再処理工場本体工事が進まず、使用済み核燃料置き場になる可能性を指摘する市民団体メンバーに対し、木村守男知事は国の見解を重視する姿勢を鮮明にした。

見通し不透明なまま

プルトニウム余剰の懸念、プルトニウム燃料を通常の原発で燃やすプルサーマルと再処理の経済性、再処理後に蓄積し続ける高レベル廃棄物と中・低レベル廃棄物…。再処理事業の行方と最終処分事業の見通しは不透明だ。

しかし、動燃東海再処理工場の爆発事故から安全協定締結までの一年半、知事が求めたのは国の“お墨付き”だった。これに対し国は昨年六月以降①原子力委員長の談話②原子力安全委員長の談話③首相との会談—を用意し知事の要請にこたえた。

「国だけでなく、県独自の主体的な情報戦略が弱かった。県の責任ある見極めが甘く、（計画）見直しの決断がなされないまま私が引き継いだ」。四日の定例会見で、知事はむつ小川原開発について「国策だ」と前置きしつつも前知事の責任に言及。県の主体的な判断の重要性を指摘した。

安全協定への対応は、核燃サイクル事業に関して県が発揮できる残り少ない“主導権”だった。「県独自の情報戦略」は十分だっただろうか。

1998年8月30日
使用済み核燃料がやってくる　5

消費地も“痛み”共有を

しわ寄せ　廃棄物、地方から地方へ

「科学技術庁長官、通産大臣からプルサーマルの事業計画についてはいささかの変更もないという明確な表明があった。通産大臣が直接、福島県知事のコメントについて言及されたことは重い」

七月二十九日、木村守男知事は、福島県の佐藤栄佐久知事がプルサーマル計画導入に理解を示したことを理由の一つに挙げて、試験用使用済み核燃料搬入に関する安全協定締結を表明した。

国を挟んだ駆け引き

使用済み核燃料からプルトニウムを取り出す再処理工場。そのプルトニウム燃料を通常の原発で燃やすプルサーマル計画。高速増殖炉開発が停滞している現在、プルサーマル計画が進まなければ再処理工場から出るプルトニウムは行き場がない。木村知事が、安全協定締結の条件としてプルサーマル計画の進展を挙げたのは当然のことだった。

試験用使用済み核燃料の搬出施設となる福島第二原発がある福島県の佐藤知事は、プルサーマル計画導入の是非を判断するために昨年七月、県幹部の勉強会「核燃料サイクル懇話会」を設置し、検討を進めてきた。今年七月十四日には稲川泰弘資源エネルギー庁長官が出席し、使用済み核燃料対策などについて説明。佐藤知事は「私どもの考えをしっかり受け止めていただいている」と取り組みを評価し、プルサーマル受け入れに柔軟姿勢を示した。この発言が木村知事に安全協締結を踏み切らせる材料になった。

ところが、その佐藤知事は今年四月の懇話会では、プルサーマルの経済的難点を指摘した有識者に対し、「暴論だが、コストがどうでも、プルトニウムがどうでも、わが県には関係ない。使用済み燃料をどこかに持っていってくれればいい」と発言。原発立地県の本音が使用済み核燃料の早期搬出にあることを吐露している。

使用済み核燃料が留め置かれることを懸念するの

は本県も福島県も同じだ。使用済み核燃料搬入が先か、プルサーマルが先か—。国を間に挟んだ本県と福島県との“駆け引き”は、原子力問題はまさに廃棄物の問題であることを、あらためて浮かび上がらせた。

「だれかが犠牲に…」

「あなたは原子力の電気を使っていないのですか。私はしょうがないとあきらめています。何かをするには、何のものでも、だれかが犠牲にならなくてはならない時もあります」。六ヶ所村で農業をしながら反対運動を続けている菊川慶子さんたちが昨年八月、村民を対象に実施した使用済み核燃料搬入の是非を問うアンケート調査にこんな回答があった。

六ヶ所村を何度も訪れている「むつ小川原開発会社」のある社員は「前に勤務していた会社からむつ会社への出向が決まったとき、同僚から『六ヶ所村に行ったら空気を吸わない方がいい』と真顔で言われた」と複雑な表情を浮かべる。

電気を大量に消費する大都市を支えているのが原発立地県なら、廃棄物を受け入れることで原発立地県を支えているのが本県だ。しかし、地方の“痛み”は原子力施設のない消費地には意識されることもなく、新たな放射性廃棄物が生み出されていく。

四月に東京で開かれた日本原子力産業会議年次大会。パネリストとして参加した世界最大の原発・柏崎刈羽原発（七基）がある新潟県柏崎市の西川正純市長は会場の原子力関係者に向かって呼び掛けた。

「今、扱いに困っている使用済み核燃料は電気使用量に応じて各都道府県が引き取るようにすればどうか。そうすれば、青森県だけに（負担を）しわ寄せせず平等の原則でやれるはず」

2000年1月1日
むつ小川原 検証 巨大開発30年の決算—1
第1部・移転者は今

「生活楽に」崩れた夢
貧乏しても酪農を続けた方がよかった
補償手に貧しさ脱却
残った人を考えると喜んでばかりいられない

陸奥湾と小川原湖周辺に大規模工業基地をつくる巨大開発構想が国の新全国総合開発計画（昭和四十四年）に盛り込まれてから三十年。一流企業や最新鋭工場が立ち並ぶはずだった開発地域は半分以上の用地が売れ残り、雑草が生い茂る。多大なカネとヒトをつぎ込みながら、六ヶ所村に立地したのは当初想定していなかった核燃サイクル施設。事業主体「むつ小川原開発会社」（本社東京）は経営破たんしたため、県と国などが新会社を設立して再スタートする方針だが、大規模工業基地の建設は幻に終わりそうだ。巨大開発は本県に何をもたらしたのか、三十年を決算する。

「農民は土地を売れば終わりですよ。当時、もっと勉強すべきだった。土地を手放すということは『農業』という仕事も手放すということだった。代替地といってもいいところがない、そういう問題があったのだが、気が付かなかった」

上十三地方に住む無職、田辺義助さん（六五）＝仮名＝は、ため息交じりにこう話す。昭和四十八年に現在地に移転するまでは、六ヶ所村の“消えた村”上弥栄（かみいやさか）に住んでいた。むつ小川原開発に協力し、宅地と農地を売り渡した。

田辺さんは昭和九年、旧満州に生まれた。父親は福島県の出身。満州開拓という「国策」の先遣隊を務めた第一次弥栄武装移民団の団員だった。

昭和二十年八月の旧ソ連軍の侵攻に追われ、九死に一生を得て日本に引き上げた。

買うのは塩だけ

津軽出身の団員に先導され、田辺さん一家が上弥栄に入植したのは昭和二十二年。十一歳のときだった。当時は辺り一面松林。家族総出で松を伐採、クワを使って根を一本ずつ掘り起こした。年間十一二十㌃ずつ畑を広げ、ジャガイモや大豆、小豆、ナタネなどを作付けした。

「学校で他の集落の子どもたちが白いコメの弁当を広げているとき、われわれ開拓民の子どもが食べたのはジャガイモ。お金を出して買うのは塩だけで、自給自足に近い生活だった」

中学を卒業し、田辺さんはすぐに農業を手伝った。しかし、昭和二十八、二十九年と二年連続の大凶作が続き、畑作物は皆無作だった。畑作に限界を感じ始めた田辺さんは昭和三十五年ごろに北海道からホルスタイン種一頭を導入し、酪農に比重を移したものの、苦労の連続だった。

「畑も牧草地に変えて現金収入が減るのに、酪農は軌道に乗るまでに数年かかる。乳牛を導入するのも牛舎を建てるのも、政府の開拓者資金を借りた」と田辺さんは回想する。この間、離農者も相次ぎ、むつ小川原開発の話を耳にするころには八十九世帯あった開拓農家が五十六世帯に減っていた。ブラジルに渡った農家も三世帯あった。

開発の話は風のうわさで聞いた。昭和四十五年ごろのことだ。既に中央の不動産業者二百数十社が土地の買い占めに走っていた。次に土地買収に現れたのが､県の別動隊ともいえる「むつ小川原開発公社」の用地交渉員。繰り返し説明会を開き、六ヶ所村には石油関連企業、三沢市北部には製鉄工場を張り付けると宣伝、移転に協力を求めた。

当時、田辺さんの用地交渉を担当した職員は、公社の「創立十周年記念誌」に以下のように記している。

「私はこれまで開拓営農指導員を長らく務め開拓者の苦労を肌に感じている関係から、今一歩頑張ると酪農者として一本立ちできる見通しにあるこれら地帯の開発に疑問を持つ反面、経営基盤も弱く、その日の生活に事欠く人々に対しては、この開発を契機に生活の再建を図ってあげたいという責務みたいなものも感じていました。（中略）用地交渉の作戦会議は大坂冬の陣になぞらえ、『本丸を攻め落とすには、先ず外堀を埋め立てる』作戦でした。このため、特定の人を対象に昼夜の別なく訪問し、代替地の確保、移転先、移転後の職業あっせん、税対策等生活相談所と連携をとりながら東奔西走したものでした」

結束長く続かず

「公社の用地交渉員は、県の開拓営農指導員だった人で、それまでお世話になった人ばかり。開拓農家の家計が大変だと知っている人たちが、今度はレッテルを変えて土地を買う人になったのだから、公社としては仕事がやりやすかったのだろう」と田辺さん。

団体交渉を進めるために上弥栄地権者組合も組織されたが、結束は長くは続かなかった。上弥栄の開拓農家のほとんどが牛舎やサイロなどの設備投資のため二百一三百万円の借金を抱えていたためだ。

田辺さんは乳牛を二十頭に増やし、さらに規模拡大を目指していたが、昭和四十七年ごろに公社と土地売買の契約をした。乳牛は、運送業者に委託して野辺地町にあった乳牛出荷処理場に共同出荷していた。物品購入も開拓農協を通していた。酪農を一人で続けるのは難しかった。昭和四十八年、銀行などの紹介で現在地に移転した。生計の足しにするため貸家を建て、五十㌃の水田も購入した。六ヶ所村に比べはるかに人口が多いため､仕事を見つけやすく、暮らしも楽になると期待していた。しかし、一家を待ち受けていたのは地域の冷たい視線だった。

「税金も払わないで来た金持ちだ」

「ああいう山から出て来て、どういうつもりだ」

心ない中傷が心に突き刺さった。

「六ヶ所村からやって来たというと当時は大変なものだった。移転後､初めて町内会に出たとき『二、三年すれば金がなくなるだろう』と言われたことが忘れられない。子どもたちも学校で『お前の家には金があるから、どこにでも就職できるだろう』と教師に言われたようだ。開発で一番困ったのが“風評被害”だ」と田辺さんは唇をかむ。

子どもの心に傷

職探しも期待外れだった。既に三十九歳、畑作と酪農以外に仕事の経験のない田辺さんは、土木作業員をやるしかなかった。水田も他の農家に貸し付けただけ。“風評被害”は四人の子どもたちに心の傷として残ったようだ。長男以外の三人は「地元にいたくない」と関東方面に就職した。

「貧乏しても酪農を続けていた方がよかった気がする。何のために開発したのか。開発地域に石油備蓄タンクは立っているけれども、再発されていないもの。開発を始めていなければ、核燃サイクルも来なかったはず。おそらく六ヶ所村は高レベル廃棄物の最終処分場だろう。これはやった人の責任だ」。田辺さんの三十年の決算だ。

新庄駅まで延長された山形新幹線の通過駅となり活気づく山形県天童市。松田伝さん（六八）は昭和四十八年十二月、六ヶ所村上弥栄から、将棋ごまの生産地として知られる人口五万人のこの街に移って来た。二十年間務めた温泉旅館の夜警の仕事も三年前にやめ、悠々自適の生活。子ども四人は独立、孫九人に恵まれた。市内に住む兄姉三人が集まってのカラオケが何よりの楽しみだ。

「開発サマサマ」

「開発サマサマですよ、はっきり言うと。そういう人が大半でないですか。『六ヶ所村なんて、人が住む所じゃない』と言われていた。好きで開拓に入ったわけではないし、戦争に負けてどこにも行くところがなかった。開発がなければ、と考えるとゾッとしますよ」。松田さんはそういって屈託なく笑った。

昭和六年､樺太で生まれた。父親は炭鉱労働者だった。昭和二十三年、終戦に伴い親類を頼って北海道砂川市に引き揚げて来た。父親は当初、三井砂川炭鉱に出て働いたが、食糧難の時代にこども九人を養うのは難しかった。農家になれば、たくさん食べられるのではないか―。期待を抱いた一家は翌二十四年、炭鉱生活に見切りをつけ上弥栄の離農者の跡地に入植した。

「六ヶ所村の暮らしは大変なんてものではない。着たきりで引き上げてきたんだから。掘っ立て小屋に住み、布団もなし。ゴザの上に草を敷いて、その上からゴザを掛けて寝た。冬に目が覚めると顔のあたりに雪が積もっているんだから」と松田さんは振り返る。十八歳で山形県河北町から嫁入りした妻スゲさん(六七)は、六ヶ所村の冬が忘れられない。「ふぶくと一間先も見えないぐらい。道を外れると腰のあたりまで雪に埋まってしまい、馬の背中を歩いているようだった」

昭和二十六年、入植資格を得た松田さんは、離農者の借金を肩代わりして、上弥栄の農地四・八㌶を取得、独立した。大豆、小豆、ナタネなどを作付けしたが、土壌は硬く収量は思うように上がらなかった。冬場は、国道279号（通称・はなますライン）の建設現場で働いた。下北の砂鉄を原料に一大精錬所を目指した「むつ製鉄」の失敗の見返りとして国が整備を急いだ道路だった。兄と姉は、“口減らし”のために隣の弥栄平集落にあった、種芋を生産する農林省上北原原種農場へ働きに出た。

景色一変に驚き

昭和四十年代後半に入ると、むつ小川原開発公社の用地交渉員や預金獲得を目指す銀行員がひっきりなしに家を訪れるようになったことを覚えている。大規模工業基地を造るというむつ小川原開発のためだった。

「それまで全然相手にされなかったんだけど、家には銀行員が置いていったマッチ箱がたまる一方。まったくひどい話で､貧乏はできないなあと思った。ああだ、こうだと反対した人もいたが､結局全部ね、消えてしまった。だって、力のない者が反対したってどうしようもない。国の方針でそれだけの補償はしてくれるというから出たんだ」と松田さんは回想する。

むつ小川原開発公社に土地を売ったのは昭和四十七年ごろ。移転先は父親と妻の出身地だった山形県にした。浪費しないように天童市内に三軒分の宅地を購入した。移転から二年後に親類の紹介で温泉旅館に夜警として働きに出て、二十年間勤め上げた。上弥栄では子どもを高校に進学させる農家はほとんどなかったが、四人全員が高校を卒業したことがうれしい。

八年ほど前、青森を旅行し、六ヶ所村にも足を延ばした。かつての砂利道が高速道路のような立派な幹線道路に一変していたのに驚いた。核燃サイクル基地の建設工事も始まっていた。

「私は本当に開発で助かりましたよ。こういうところにいれば、（六ヶ所村に）何ができようと関係ないといえば、関係ないんだから。ただ、この間茨城県で事故があったけどね､ああいうものができて、心配な人はたくさんいると思う｡だから､地元に残った人のことを考えると喜んでばかりもいられないわけね」

2000年1月3日
検証 むつ小川原 巨大開発30年の決算－２
第１部・移転者は今

チャンス　続く借金 農地売り返済

「入植者にはコメや現金が二年間支給されるそうだ。いいところだから行ってみてはどうか」。大光寺村（現平賀町）に住んでいた佐藤サキさん（七一）＝仮名＝が、六ヶ所村に弟がいるという村内の男性から熱心に勧められ上弥栄に嫁入りしたのは昭和二十二年、十九歳のときだった。村長、助役からも説得され、断り切れなかった。結婚相手も大光寺村出身で、満州からの引き揚げ者だった。

上弥栄に足を踏み入れたサキさんは驚いた。「いいところ」は、ただの松林。家は、掘っ立て小屋にムシロを掛けただけだった。「最初は何とかなるのではと思ったが､かま一丁、くわ一丁買うのも借金。借金はどんどん増えるし、だまされたと思った」とサキさんは苦笑いする。

夫と一緒に松を切り倒し、大豆や小豆、ナタネなどを植えてみたが、冷たいヤマセが吹き込み、収量は上がらなかった。「今度こそ生活が楽になると思った」と、サキさんが期待を寄せたのが三十四年から県が開拓農家に奨励したビートだった。砂糖の原料となるビートは根を出荷した後に残る茎の先端を、家畜の飼料にできる利点もあった。しかし、県が六戸町に誘致したフジ精糖（本社静岡県清水市）は、貿易自由化による砂糖の市況悪化で四十二年に工場を閉鎖。ビート栽培はあっけなくとん挫した。

畑作から酪農に転換

一家は畑作に見切りをつけ、酪農に転換する。しかし、乳牛を導入するのも牛舎を建てるのもすべて借金だった。それでも長男は酪農を継ぐため、下宿しながら農業高校に通った。四十五年、卒業した長男が上弥栄に戻ってきた途端、持ち上がったのがむつ小川原開発だった。

「最初、開発地域は（村南部の）庄内の方だと聞いて、こっちも入ればいいのにと、うらやましかった。開発が来て借金がなくなれば、ありがたい、と。酪農で生活はかえって苦しくなっていたもの」とサキさん。開発は借金生活から逃れるチャンスに思えた。

上弥栄が開発区域に入ることを知った親類が土地代金で津軽地方の水田を購入するよう勧めた。酒が入ると怠けがちになる夫に、サキさんはまじめに稲作をすることを誓う念書を書くように迫ったが、夫は応じなかった。夫は農業を続ける意思がないのだと思った。

四十七年十二月二十五日、むつ小川原開発公社は一斉に用地買収に乗り出す。土地買収価格（十㌃当たり）は水田が七十二万—七十六万円、畑が六十万—六十七万円。「値段のないような土地を十倍、二十倍（の高値）で買う。農民からすればチャンスだった」と当時、開発公社常務だった千代島辰夫元県出納長（七九）は回顧する。契約第一号として新聞に紹介されたのは上弥栄の部落長や上弥栄開拓農協組合長を務めた人物だった。上弥栄は一気に用地売り渡しへ傾いた。

「ワも津軽衆だ。悪いようにしないから任せろ」という用地交渉員に夫は農地五㌶を売る契約した。四十八年十月、銀行員の紹介で青森市に移転。アパートを二棟建てると、部屋はすぐに埋まった。夫は倉庫管理の職に就くことができた。

「交渉員に今も感謝」

夫は青森市へ移転後、開発のことを口にすることはほとんどなかったという。肝臓を患い、平成十年に七十七歳で亡くなった。サキさんは開発公社の用地交渉員や銀行員にお世話になったと今でも感謝している。「朝、弁当を持って出れば午後五時に帰れたんだから、夫も良かったと思っていたのではないか。これ以上ないぐらい働いて、これ以上ないぐらい貧乏をした。苦労ばかりだったから、私は上弥栄の土地を見るのはもううたくさん」

2000年1月4日
検証 むつ小川原 巨大開発30年の決算—3
第1部・移転者は今

石油工場が核燃施設に　怒り

「今考えると、最初から日本原燃（核燃サイクル）が来る計画だったのだろう。最初から日本原燃ということであれば、だれも賛成しないと国は考えたはず。そのために『石油精製工場が来る』ということにしたのではないか。私はそう考えている。土地は売って登記されていたんだから、今さらどうにもならないが…」

「新住区」と呼ばれる六ヶ所村千歳平に住む無職、中村謙太郎さん（八八）は苦々しい表情でこう話す。昭和五十四年、弥栄平（いやさかだいら）から現在地に移転してきた。弥栄平には現在、海外から返還された高レベル放射線廃棄物が貯蔵され、再処理工場の建設が進む。

明治四十四年、六ヶ所村出戸に生まれた。小学校卒業後は、八戸港所属のイカ釣り船に乗ったり、択捉島の缶詰工場に勤めたりしていたが、土地を持ちたいという一心で昭和十二年に弥栄平は十一年に県営業集団農耕地に決定し、兄が一足先に入植していた。

ジャガイモを中心に大豆、麦、アワ、ヒエ、ナタネなどを植えたが、コメを入手するため大豆と交換しなければならず生活は苦しかった。三十二年、中村さんは現状を打破するため、仲間と弥栄平土地改良区を設立。三十四㌶の開田事業に着手した。現場長だった中村さんは鷹架沼からの揚水に奔走したものの、コメは三年間収穫できなかった。沼の水に塩分が混じっていた。

開田に成功の矢先

「他の集落から川の水を分けてもらったら、今度は当たり前のコメが取れた。うれしかったな。開田するときは銀行からいろいろ借金したが、コメは取れるし野菜も取れる。借金は全部返済できた。大して生活が楽になった」。中村さんはコメを収穫できたときの感激が今も忘れられない。四十四年にはさらに二百二十㌶の開田に成功。ホッとしていたときに、むつ小川原開発が持ち上がった。

「あそこの家が契約した」「あなたの家屋は特別高く買うから」。むつ小川原開発公社の用地交渉員はさまざまな方法で説得を試みた。中村さんは「子どもをだますようなことを言うな。売る側の身になってくれ」と言い返したことがある。

「弥栄平では、最後まで他の集落の対応を見よう—ということにしていた。移転するときは一緒だということで。しかし、だんだんと抜けていく人がいた。本当は開発に賛成したくなかったが、一人で残ってみても農業もできなくなるし、それで『全部契約しましょう』と言って出て来たんだ」と中村さん。

村外、県外出身の入植者が多かった上弥栄は移転先もばらばらだったが、ほとんどが村内出身だったので弥栄平の住民は多くが新住区に移転した。移転したときは既に六十八歳、水田は購入しなかった。

「バカなことをした」

移転から数年後、弥栄平に立地が決まったのは、石油精製工場ではなく、核燃サイクル施設だった。建設工事が始まったとき、千歳平老人クラブ会長だった中村さんは会員と一緒に見学し、施設の規模に驚いた。自宅にはPRセンターで記念撮影した写真が飾ってある。今は核燃料サイクル施設は「危険なものだ」と考えられている。高レベル放射線廃棄物も永久に六ケ所から出ていかないだろう、という。結果的に核燃立地をもたらした県や開発公社に対する怒りがこみ上げてくる。

「開発の話が持ち上がった後、どんどん開発公社が土地買いに入ったから、石油精製工場が本当に来るのだと思ってしまった。開発公社は急いで土地を買い過ぎた。会社が必ず来るという覚悟で買ったものなのか、訳が分からない。今、考えてみると本当にバカなことをした。あのまま弥栄平にいても暮らしていくことができたのに」

2000年1月5日

検証 むつ小川原 巨大開発30年の決算―4
第1部・移転者は今

成功 “核燃特需”建設業潤う

総務庁の平成八年度調査によると、六ヶ所村内の建設業は八十七事業所、従業者千三百八十人。今や全従業者の二十三％を占める村の基幹産業だ。新住区・千歳平に住む鳥山和一郎さん（六四）は、村内で四社しかない県の指名業者「特A」に格付けされる建設会社を経営している。

鳥山さんの父は岩手県出身。旧国鉄大湊線の工事作業員として働き、横浜町に婿入りした。工事終了後は、漁師として樺太や択捉島に働きに出たが、土地を入手するため、昭和十年に県営開拓が始まった六ヶ所村弥栄平に入植したという。

鳥山さんは中学卒業後、金木町にあった営農実習場で一年間、農業技術を学び、それから家業の畑作を手伝った。そのうち、三十代後半になって、農業の合間に建設業を始めるようになった。冬場の出稼ぎで建設現場へ行き、そこで覚えた仕事のやり方をまねて始めたものだった。

移転前には付近の住民十人ほどを雇う有限会社になっていた。むつ小川原開発公社の用地買収が始まったのが四十七年十二月。しかし、鳥山さんによれば、その四、五年前から不動産業者が土地を買い取っていたという。

「あんたたち、何のために土地を買うのか」。不審に思った鳥山さんはこう聞いたことがある。

「牧場にするんだ」「競馬用の馬を買う」。工業開発の言葉を口にする人はいなかった。

農業では生計立たず

やがて、むつ小川原開発公社の用地交渉員が「工事を進出させるには、土地を買わないとどうにもならない。賛成して土地を売ってくれ」と、毎晩現れるようになった。弥栄平では、県や企業の担当者、開発反対派の学者を講師に招き、勉強会も開いた。

「用地交渉員は『責任を持って地権者を雇用の面で優遇する』と意気込んでいた。私は子どもが五人いたから、農業では生計を立てられないと思い、開発に賛成した。開発が来れば、少なくとも子どもたちは勤めることができると思った」。鳥山さんが用地買収に応じた理由だ。

土地は四十八―四十九年にかけて売却、五十三年に公社が用意した新住区に移転した。そのころ、鳥山さんは農業から建設業に仕事の比重を移す。道路や港湾工事が急激に増加していた。下請けから抜け出すために株式会社に改組した。現在の従業員は約六十人。新住区からも十五人ほど雇用している。石油国家備蓄基地が完成したころ警備・管理の仕事が増えると見込んで設立した別会社でも新住区の女性二十人が働く。

「石油備蓄会社に勤めている人も結構いる。日本原燃だって雇用の面で言えば相当大きい」。鳥山さんの長男は建設会社の社長、二男は専務として後を継ぎ、三男、四男は日本原燃に就職した。公社の宣言した石油コンビナート基地はできなかったが、鳥山は開発計画があったから、今日があると考えている。

しかし、鳥山さんのように成功した人ばかりではない。村外に移転した知人は、四千万円を投資してキャバレーを開店したものの倒産。高利貸から立ち退き寸前まで追い詰められた例もあったという。

「核燃必要」貫く信念

鳥山さんが村議選に初出馬したのは平成三年。二年前の村長選で、「核燃推進」の古川伊勢松氏が、「核燃連結」を掲げた土田浩氏に敗北し、危機感を抱いたのがきっかけだった。「村長選で応援していただいた古川さんが負けたから、村役場の仕事は取れない。反対論も盛り上がっていた。だとすれば、一般村民でいるより議員になって核燃を推進した方が良いと考えた」。村に核燃は必要という鳥山さんの信念は一貫している。

それでも、昨年九月末に起きた東海村臨界事故はショックだった。鳥山さんは自宅を訪れる日本原燃の職員に、最近こう言うようになった。「住民と同じように立場でものを考えないとまずいよ。仮に微々たる事故であっても、事故が起きれば『鳥山のうそつきめ』と私は村民から非難される。この気持ちを分かってくれ」

2000年1月6日
検証 むつ小川原 巨大開発30年の決算―5
第1部・移転者は今

抵抗　結束崩した“人間公害”

むつ小川原開発会社によると、開発に従って移転が必要とされたのは六ヶ所村の九集落・二百九十七世帯。用地買収は四十七年十二月以降急ピッチで進んだものの、開発の第二次基本計画が閣議了解された五十二年八月三〇日時点でも民有地の六%が残っていた。開村から百年以上の歴史がある新納屋集落だった。

新納屋の元住民田中与七郎さん（六三）は「子供には進出企業に勤めてほしかったが、私は年齢からいって農業しかできないと思っていた。千歳平に移転した人に『だまされた。企業に勤めることができない』と不満を言う人もいるが、五十歳以上になって『だまされた』もないのではないか」と淡々と話す。現在、新納屋の二十九世帯が集団移転した六ヶ所村新城平で養豚業を続けている。

田中さんは新納屋の水田農家の二男として生まれた。両親は「春から秋まで懸命に働いても、冬は仕事がなく稼ぎを使い果たしてしまう」暮らしだった。中学卒業後はイカ釣り船に乗った。売れ残ったイカをブタのえさとして活用しているうちに養豚業を始めた。

「うまい話なんて…」

四十五年、県は開発の基本構想を発表。しかし、田中さんは冷めていた。「むつ製鉄、原子力船むつ、と『むつ』の名前が付くものは失敗続きだったから、恐らく企業は来ないだろうと考えていた。そんなにうまいは話はあるものじゃない」

新納屋は半農半漁の生活が長く続き、所有地も一世帯あたり三㌶と他の開拓集落に比べて少なかった。山林の共有地もなし。むつ小川原開発公社が土地買収を始めた四十七年は開村百年の節目の年だった。自然に移転拒否の考えが強くなった。

四十八年の村長選で「開発反対」の寺下力三郎氏が「開発推進」の古川伊勢松氏に惜敗。「開発公社にだまされる」と危機感を抱いた田中さんは、発起人になって「新納屋土地を守る会」を発足させる。初代会長を務めた小泉金吾（七〇）は「われわれが生きていくためには、先祖から受け継いだ土地を生かしていくことが大事だ、土地を絶対に売るな―と回覧版で呼び掛けたら、七十七世帯のうち五十三、四世帯が署名してくれた」と振り返る。

しかし、新住区・千歳平で新築ラッシュが始まり、石油国家備蓄基地の建設が進むと結束を維持するのは難しかった。五十人以上いた会員は七年間で二十人以下に激減。田中さんは二代目会長に推されると、小泉さんとたもとを分かち、条件付き賛成に転換。農業を続けられるように一世帯当たり二十アールの農地・宅地を用意することを条件に、五十八年に移転した。

“副産物”には懐疑的

田中さんは移転自体は後悔していないが、“開発の副産物”ともいえる放射線廃棄物の「一時貯蔵」には懐疑的だ。「ここの住民は開発が来て良かったと話している。そうでなければ、一生懸命働いても二千―三千万円の家は建てられないもの。開発で移転補償をもらい、ローンもないのは開発のおかげだ。ただ、高レベル廃棄物とは共存しかないという気持ちになっている。どこも引き受けるところはないだろうから」

一方、小泉さんは、「巨大開発」の結末を見届けようと現在でも新納屋に残っている。小泉さんは、明治六年に新納屋に移住して集落の基礎を築いた小泉金助から数えて四代目。開発に浮かれてはいけない、農民の転職は簡単ではない、と自分を戒めてきた。

「ネクタイ下げて便利に生活したい―というのが地方に住む者の夢だ。夢を見せるために行政と企業がカネをばらまいたもんだから、親子、兄弟げんかが起き、だまっていても（結果が）崩れていった。工場が来てからの公害じゃなく、“人間公害”だ。開発は人間の精神はずたずたにしてしまった」。小泉さんの開発に向ける目は今も厳しい。

2000年1月24日
検証 むつ小川原 巨大開発 30年の決算―1
第2部・色あせた“国策”

国に追随、前提崩れる　甘い経済見通し

むつ小川原開発がとん挫した要因は石油ショックだけだったのか。第二部では関係者の証言などを基に、開発の軌跡から浮かび上がる問題点を探る。

「基幹産業の生産規模は、昭和六十年には、昭和四十年水準に比し、鉄鋼四倍、石油五倍、石油化学十三倍となる」。むつ小川原開発の推進を初めて盛り込んだ新全国総合開発計画（四十四年）で、国は将来の工業需要をこう予測した。高度経済成長は今後も続くという極めて強気な読みだった。

新全総が反映された県の開発計画も当然のように破格の規模となる。四十五年十月に示した基本構想では、鉄鋼二千万㌧（年産）、アルミ百万㌧（同）、石油化学二百六十万㌧（同）、石油精製百五十万バレル（日量）の工場群立地を想定した。

当時、世界最大の鉄鋼工場は、日本鋼管福山工場の千二百万㌧、国内のアルミ生産量は計八十万㌧、国内最大の石油化学コンビナートは水島の約百五十万㌧だから、県の基本構想はどの業種も日本一の規模だった。四十七年に策定した第一次基本計画では、鉄鋼やアルミを除外したが、石油精製は二百万バレル、石油化学は四百万㌧へとさらに上方修正していた。

すべて中央に仰ぐ

県は工業需要をどのように予測したのだろうか―。北村正哉元知事（八三）は「県独自で計画を作れるわけがない。県は、産業界の将来なんてわからないから、もっぱら経団連に依存しながら、通産省、資源エネルギー庁を相手に研究しながら計画をまとめ上げた。それが第一次基本計画だ。結論として取り上げたのが石油シリーズで、これは国の主導だった。石油需要は将来も伸びるというので、こちらもかなり乗り気だった」と話す。

お金も情報も知恵もすべて中央に仰ぐ手法。むつ小川原計画は新全総など国の予測が的中しない限り、実現しない計画だったとも言える。

しかし、六十年の実際の生産規模は四十年に比べて鉄鋼が二倍、石油が二倍、石油化学が五倍にとどまる。新全総に盛られた国の予測は大きく外れた。むつ小川原開発地域へ立地した石油関連産業は石油国家備蓄基地だけだった。悔やまれるのは用地買収を始める四十七年十二月以前に経済情勢の変化に気付き、国の工業需要予測に疑問を抱かなかったのかという点だ。

四十六年には石油輸出国機構（ＯＰＥＣ）が原油値上げを打ち出したのをはじめ、ニクソン米国大統領がドル防衛政策を発表し、為替不安が起きた。同年十二月には、石油化学工業界は深刻な設備過剰に陥り、エチレンを自主的に減産。翌年五月には石油審議会も精製工場などの完成時期繰り延べを答申するなど、高度経済成長を支えていた枠組みに変化が現れていた。

情勢変化を見逃す

四十五年、県庁に新設された陸奥湾小川原湖開発室（現むつ小川原開発・エネルギー対策室）の参事に就任した千代島辰夫元出納長（七九）は「当時、経済問題に詳しかった平野善治郎前副知事のところへ就任あいさつに行ったら、『もう臨海型重工業の時代ではなく、内陸型の先端技術の方向だ』と言われてハッとした。確かに流れはそうだった」と悔やむ。石油ショック以前に開発の前提は既に揺らいでいた。にもかかわらず、工業需要予測を国や経団連に頼り切って疑わなかった県は、経済情勢を見逃してしまう。

新全総が発表されてから三十年。当時、経済企画庁調査官として新全総をまとめ、後に国土事務次官や国土審議会会長などの要職を務めた下河辺淳・東京海上研究所理事長（七六）は、国の産業政策の見通しの甘さを認める。「当時は通産省や産業構造審議会の産業政策がめちゃくちゃに元気だった。結果として見ると、石油産業の立地が困難となり、失敗という烙（らく）印を押されたが、その限りでは見通しの失敗かもしれない」

2000 年 1 月 25 日

検証 むつ小川原 巨大開発 30 年の決算―2

第2部・色あせた“国策”

「処理困る」撤退できず　広すぎた工場用地

新全国総合開発計画（新全総）の大胆な工業需要予測を反映して、むつ小川原開発に伴う買収予定地域も広大だった。昭和四十五年四月、県は庁内に陸奥湾小川原湖開発室（現むつ小川原開発・エネルギー対策室）を設置して、計画の実現に着手。

開発区域は最大で陸奥湾沿岸から三沢市なども含む太平洋に至る二万八千㌶を想定し、石油精製、石油化学、製鉄など基幹型産業の立地が可能との見方を強める。

当時、国内最大の工業基地は、鹿島臨海工業地帯（茨城県）の二千九百四十五㌶だから、その十倍。

「当初、買収地域は三沢市も入るような、ものすごい広さだった。竹内俊吉知事（当時）に『こんな買収、一体どこから着手すればいいんですか。まるでダムで水没する部落と同じですよ。そういう考えでやるのでなければ、こんな大きな地域への工業開発計画は描けないのではないか』とこぼしたのを覚えている」。用地買収の実行部隊となった県むつ小川原開発公社の用地部長を務めた三橋修三郎さん（七九）は当時の驚きをこう話す。

開発区域何度も縮小

しかしその後、開発の行方を暗示するように開発区域は下方修正を重ねる。陸奥湾漁民の反発が強かったため、県は四十六年八月に住民対策大綱とともに公表した開発対象区域で陸奥湾沿岸を除外、一万七千㌶に縮小した。それでも住民の移転規模が予想以上だったため、関係市町村が反発。県は二ヶ月後の十月には開発区域を七千九百㌶に縮小する修正案を提示する。

規模縮小により、開発区域の中心地は相対的に人口が少なく、生活の不安定な開拓者集落に向けられていく。移転対象となった六ヶ所村新納屋集落に今なお住み続ける農業、小泉金吾さん（七〇）は、線引きの縮小が地域住民の反対運動を弱体化させたとみている。

「線引きから外された住民は、自分たちは犠牲にならなくて済むものだから、途端に『開発来い、来い』だ。開発が来れば、楽をして食っていけると考えたんだろう。さらに村会議員や組合長といった肩書を付けた人たちが率先して不動産屋の手伝いをしてみたり、小遣い稼ぎをするものだから、住民が振り回されてしまった」

結局、五十年十二月の第二次基本計画では、当初構想から鉄鋼などを除外した上で、開発区域も六ヶ所村を中心とする五千二百八十㌶に修正。二千八百㌶お工場用地に石油精製、石油化学といった「石油シリーズ」を張り付ける計画に落ち着いた。

今なお処分に苦しむ

それでも、三十九年から用地造成が始まった八戸新産業都市・第二臨海工業団地（百七十五㌶）に比べると十六倍の広さ。石油国家備蓄基地や核燃料サイクル施設の立地により、約四〇％の土地を分譲したものの、依然千五百㌶が売れ残り、今なお処分に苦しむ。

工業用地の広さは自治体の開発能力をはるかに超えていたとも言える。事業主体は国や経団連をも巻き込んだ第三セクターだから、という安易さがリスクの大きな大規模用地の先行取得に走らせたという側面も否定できない。

八戸新産業都市の企業誘致に携わり、工業開発がいかに危険性が高いか知っているはずだった―という千代島辰夫元出納長（七九）は、自ちょう気味にこう話す。「立地契約しても、景気が後退した途端に進出を取りやめるのが企業だった。しかし、日本経済はバンバンいく、むつ小川原だけは懸念材料がないと思い込んでいた。工業団地は半分売れたら成功なんだが、むつ小川原開発は大き過ぎた。あれだけの土地があると、売れ残っても後始末に困るから、なかなか開発計画をやめられなかった」

2000 年 1 月 26 日
検証 むつ小川原 巨大開発 30 年の決算―3
第2部・色あせた“国策”

陸奥湾消え企業去る　虚構の名称

「むつ小川原地域の複数の県にまたがっておらず開発を進めやすい。それから当時いわれていたのは、陸奥湾が天然の良港で、これが使えるんじゃないかということだった」

経団連が組織した「陸奥湾小川原湖開発研究会」のメンバーで、昭和四十七年九月の現地観察にも参加した内田公三経団連事務総長（六四）はむつ小川原地域の魅力について、こう回想する。「むつ小川原開発」という名称が示す通り、同開発の目玉の一つが陸奥湾の利用だった。陸奥湾は平均水深が約三八㍍と深く、五十万㌧タンカーでも航行可能。しかも、周囲が二つの半島に囲まれているため、高波の心配がなく、防波堤も要らない。県や経団連は陸奥湾にシーバース（着船場所）を造成、沿岸に石油基地を建設することを構想した。陸奥湾なら増加が予想された工業需要にも即対応可能と考えたからだ。

昭和四十五年に県庁に新設された陸奥湾小川原湖開発室参事を務めた千代島辰夫出納長（七九）は、もともとは陸奥湾の開発だったと強調する。「日本鋼管の社長が何回もこっそり竹内俊吉知事（当時）に面会に来ていた。扇島（東京湾）に大規模鉄鋼基地を造ろうとしていたが、公害問題でうまくいっていなかった。だからもし、むつ小川原が間に合えば、こっちに造りたい―ということだった。ところが、開発区域が陸奥湾から太平洋に移ったら企業がぱったり来なくなった。日本石油なんかサッとやめてしまった」

漁民の抵抗で断念

県が陸奥湾を断念したのは漁民の強い抵抗のためだ。四十三年には七十一㌧にすぎなかった県内のホタテ収穫量は、四十六年には二千四百十九㌧に急増。むつ小川原開発は、天然採苗の技術革新により、湾内のホタテ養殖が軌道に乗り出した時期と重なっていた。

四十六年八月、県内の漁民二千五百人が青森市で県漁民総決起大会を開き、「あらゆる汚染公害を排除し、漁場と水産資源を守る」という大会宣言を採択、市内をデモ行進した。平内町漁組合長などを務めた植村正治県漁協連会長（六九）は「開発そのものに反対したのではない。ホタテは陸奥湾内の三分の一の海域で養殖されていて、残りは海水を還流させるために必要な海域。タンカーを係留・停泊させる余裕はなかった。ただ、企業誘致よりもホタテ養殖を地場産業として育てたいという当時の行動が現在の成功につながっていると思っている」と話す。

四十六年九月、県は立地想定業種規模の第二次案を発表。陸奥湾沿岸地域と三沢市、野辺地町は開発区域から外され、開発地域は六ヶ所村に限定されていた。十和田湖町からむつ市に至る十六市町村の総合開発計画はこの時点で”六ヶ所開発”に変ぼうしていた。

消えた目玉がもう一つある。小川原湖の鉄鋼積み出し港としての利用だ。六十年の鉄鋼生産を一億八千万㌧と想定した新全総をまとめた下河辺淳経済企画庁調査官（現東京海上研究所理事長）＝（七六）＝自身の決断によるものだった。

「鉄鋼は重すぎた」

「鉄鋼に詳しい経団連の稲本嘉寛さん（当時、新日本製鉄社長）が『鉄鋼の生産規模はそんなに大きくならない』『そういうことで下北半島をいじるとまた失敗するよ』ということを当時から話していた。小川原湖を鉄鋼の港にして、膨大な工業用水を取得することは立地としてはちょっと重すぎたため、鉄鋼は中止したいと県に言った」

新全総の工業需要予測の一端は、策定当事者によって直後に否定されていたことになる。第一次基本計画が策定された四十七年以降、「むつ小川原開発」は虚構の名称となり、すぐに利用可能な工業適地を求める企業にとっては魅力の薄い計画になっていた。

2000年1月27日

検証 むつ小川原 巨大開発 30年の決算—4

第2部・色あせた“国策”

用地買収見切り発車　進む”虫食い”

「既存の工業基地が拡張できないなら全部むつ小川原で引き受けよう、苫東もあるが、南はもう駄目だ—。こういう発想の、いわば財界挙げての計画だった。むつ小川原開発地域への視察者は昭和四十五年だけで約二千人。全員を案内して本当に大変だった」。陸奥湾小川原湖開発室（現むつ小川原開発・エネルギー対策室）参事を務めた千代島辰夫元出納長（七九）は、当時の熱気をこう話す。

土地買い占めに300社

新全総から三年後の四十七年十二月、むつ小川原開発社の委託を受けた県むつ小川原開発公社が用地買収に乗り出す。県や経団連には、工業用地確保に支障を及ぼしかねないという危機感があった。開発ブームに乗ってひと山当てようと、既に三百社近い不動産業者、土地ブローカーが小川原湖周辺の土地買い占めに走っていたからだ。

四十六年末までに村民が手放した土地は、村内民有地の一三％に当たる千五百㌶。小川原湖周辺を工業開発区域から外し、より北側の尾駮沼と鷹架沼周辺に絞ったのも”虫食い”が一つの要因だった。

ただ、用地買収の開始は関係者の総意ではなかったようだ。当時、経済企画庁調査官として新全国総合開発計画をまとめた下河辺淳東京海上研究所理事長（七六）は「新全総を読んでもらうと分かるように、むつ小川原開発地域は（大規模工業基地の）候補地であって、やろうとは書いていない。やろうと決めるのには、もっともっと調査が要るということ。もっと確かな工業基地への確信ができてから土地手当をすべきだというので、（経企庁は）反対していた」と話す。

ところが、下河辺理事長の言葉と裏腹に、政府は四十七年九月、むつ小川原開発について閣議口頭了解、結果的に用地買収を後押しする形になる。確実に企業が立地するという保障は何もないままの、閣議口頭了解という「国策」に頼った見切り発車であった。

「用地買収が終われば、事業を九九％達成したのと同じだ—というぐらいに当時は言われていた。だから、用地買収をいかに早く切り上げるかが課題だった」と開発公社の用地部長を務めた三橋修三郎さん（七九）。

開発公社による用地買収は猛スピードで突き進む。第一次石油ショックが発生したのは買収開始からわずか一年後の四十八年十月。この時点で、開発公社は民有地の七割（二千二百六十㌶）近くを買収してしまっていた。

「『おれの土地に何が建つのか—と地権者に質問される。これに答えられないと用地交渉がしにくい』と担当者が当時の専務にこぼしたら、専務は『何が建とうと予定しているのだから買えばいい。そんなことに、いちいち答えていても駄目だ』と言っていた。いったん買い進んでしまった以上、全部買うということだった」と三橋さんは回想する。

もくろみ大きく外す

買収方式について関係者の間では、土地借り上げ方式も検討されたが採用されなかった。一括買収方式は、企業の早期進出を促す県の決意の表れだったが、契約してしまうと後戻りできない一種のかけでもあった。県のもくろみは大きく外れ、その後の混迷を招く。石油ショックにより、高度経済成長を支えていた枠組みの崩壊が決定的になると、むつ会社を設立した経団連傘下の企業さえ見向きもしなかった。

三橋さんは「結局、閣議口頭了解をしても、ただ了解しただけの話で、必要な手は一つも打てない。当時『国策として、きちんと位置付けられた』と受け止めたが、最終的に国は『県の計画だ』なんて言うんだから。あのへんが（国の）役人の上手なところだ。反省させられる」と話している。

2000 年 1 月 29 日
検証 むつ小川原 巨大開発 30 年の決算―5
第2部・色あせた“国策”

「むつ製鉄」の教訓裏目　責任あいまい

「東京で知り合いに会うと『竹内俊吉知事(当時)って、どういう人物なんだ』と聞かれたものだ。民間は一流会社ばかり百五十社が出資する三セクをつくり上げたんだから、経済界での評価は大変なものだった」。県陸奥湾小川原開発室の参事を務めた千代島辰夫元県出納長（七九）は、昭和四十六年の「むつ小川原開発会社」設立時の雰囲気をこう話す。

むつ会社には国と県、経団連傘下の企業が出資した。推進主体の多様さがむつ小川原開発の特徴の一つだ。当初、開発方式は①国直轄②県直轄③東北開発会社の活用―も検討されたが、竹内知事の強い働き掛けもあり、三セクに落ち着いた。背後には、下北の砂鉄を原料にした製鉄製鋼一貫工場を目指しながら四十年四月の閣議で事業化断念が決まった「むつ製鉄」の教訓もあったという。

「むつ製鉄には政府の許可も出て、政治・行政的には大成功だったが、企業（三菱グループ）は採算が取れないとして動かなかった。竹内知事はこのとき、深刻な経験をしたと思う。いくら政治・行政が頑張っても企業が『ウン』と言わなければだめだ、工業基地はやはり企業だ、と。それで経団連中心にやったのだと思う」と千代島元出納帳。

工業開発は企業の立地を見込んで用地を先行取得するなどリスクが大きい。三セクは株式会社だから、最悪の場合でも負担は出資金の範囲で済むという計算も県にはあった。

財界と県　思惑にずれ

しかし責任の分散は一方で責任の所在をあいまいにした。高度経済成長が終わり土地分譲が進まない事態に陥ると、工業需要に対応した低廉な工業適地の確保を狙っていた経済界と、企業誘致による地域振興を目指す県の思惑のずれが目立つ結果となった。「むつ会社でよくやってくれたのは建設省出身の鶴海良一郎専務だけ。むつ公社とむつ会社の月例会議で、『購買部門だけで、販売部門がない不動産会社を初めて見た』と会社幹部を皮肉ったこともある」と三橋修三郎・開発公社元理事長（七九）。

一方、むつ会社の母体となった経団連の内田公三事務総長（六四）は、三セクの意思決定が思うに任せなかったと反省する。「当初予定していた業種が立地しない事態にもっと早く対応できなかったのかーという思いはある。しかし、関係者の一人がプロジェクトは見直さなければならないと思っても、なかなか大勢は変わらない。新銀行設立法案の国会審議の際、宮沢喜一蔵相（元経企庁長官）は『どうして日本は戦争を早くやめなかったんだと戦後生まれの方は思ってらっしゃるに違いないが、その渦中にいるとやめられないんですね。だれもやめるということは言い出せない』と答弁したが、言い得て妙だ」

三セクに加え、大蔵省、通産省、運輸省など八省庁（後に十四省庁）の「むつ小川原総合開発会議」を発足させた。しかし、経企庁は事務局で、どの省庁も包括的な決定権を持たなかった。

官側にリーダー不在

経団連の「むつ・小川原開発小委員会」委員長を務めた中山素平・元日本興業銀行頭取（現国際大学特別顧問）＝（九三）＝は開発が行き詰まった理由の一つに官側のリーダー不在を挙げる。「民は植村甲午郎経団連会長（当時）が必死に取り組んだのに、官は八省庁共管のため、責任があいまいで推進力がない。例えば、むつ小川原開発のような大計画を国として進めようというのだから、むつ小川原港の着工順位を当然優先しなければならないのに、運輸省はばらまき型の公共事業で、あちこちに港湾を造る。港湾整備が進まないものだから、企業は早期進出ができず、経済環境の変化に巻き込まれてしまった」

2000 年 1 月 30 日
検証 むつ小川原 巨大開発 30 年の決算―6
第2部・色あせた“国策”

続く国費投入　計画見直しの機運そぐ

昭和四十八年の石油ショックを契機に、産油国政府は原油価格を四倍に値上げした。五十四年にも第二次石油ショックが発生し、石油関連産業（石油シリーズ）の立地を想定したむつ小川原開発は、すっかり時代遅れの計画となっていた。にもかかわらず、計画の見直し作業は平成七年に知事が交代するまで遅れることになる。

備蓄基地は“ヘ理屈”

「石油国家備蓄基地を誘致したころは、本当は計画を見直さなければという気持ちがあったが、備蓄基地は石油シリーズの操業に備えた貯蔵施設として必要という“へ理屈”をつけた。だから、政府のむつ小川原総合開発会議（十四省庁開発会議）に諮って直ちに変えるということが備蓄基地を誘致する理由がなくなるものだから」

山内善郎元副知事（八五）は苦笑交じりにこう話す。県の“へ理屈”や経団連の後押しもあって、通産省は五十四年十月に、むつ小川原地区への備蓄基地建設を正式決定する。石油国家備蓄基地の立地は、むつ小川原開発地区が全国第一号だった。

県があえて見直しを避けた理由はもう一つあった。国費の投入にブレーキをかけないためだ。第二次基本計画の閣議口頭了解に伴って、政府は五十二年にむつ小川原港を重要港湾に指定した。翌年から港湾整備に多額の国費が投入された。鷹架沼を掘り込み港湾にすることによって分断される国道３３８号の付け替え道路の整備も進んだ。

四十七年には四十五人にすぎなかった六ヶ所村の建設業従業者は、五十三年に三百十三人に急増。企業立地が進まない中、建設業は農地を手放した住民の雇用の受け皿となっていた。公共事業費が減少することは、村の雇用不足に直結した。

むつ小川原開発の場合、基盤設備の経費は国と県だけでなく、むつ小川原開発会社も負担する仕組みだ。港湾事業は、国の支出分を除く経費のうち県が二八・一%、むつ会社が七一・九%を負担する覚書を結んでいる。事業費のうち約半分は国の支出分を除く経費の全額をむつ会社が負担してきた。基盤整備は将来立地する企業のための理由だからだった。

公共事業が目的化

平成十年度までの基盤整備投資額は、約千三百五億円。むつ会社はこのうち約四百四十九億円を「公共事業負担金」として支出していた。開発に伴う基盤整備事業は県にとって非常にうまみのある仕組みだった。「計画を根本的に変えなかったのは、計画を変える国とインフラ（基盤）整備がストップするからだ。事実、木村守男知事が就任した後、計画の見直しを言い出したら、港湾その他のインフラがストップして地元の建設業者が大いに困った」と山内元副知事。むつ小川原開発は第二次石油ショック以降、企業誘致により県民所得の底上げという本来の目的を離れ、公共事業そのものが目的化してしまったといえる。

旧北海道東北開発公庫を通じた豊富な財政投融資も計画の現状維持を可能にしてきた。土地分譲の成否にかかわらず北東公庫から追加融資が続いたためだ。会計検査院の調査によると、むつ会社に対する平成五年度から九年度までの北東公庫の融資のうち、七七・六%は利払い費だった。

しかし、計画の見直しの遅れは、最終的には事業の中に確実に大きなリスクを抱え込ませる結果となった。電事連が県に核燃料サイクル施設の立地を正式に要請する昭和五十九年には、むつ会社の借入金は千四十六億円に増加していた。

北村正哉元知事は言う。「最後には、およそ工業、企業と名の付くものは何でもいいから誘致したい、ということにまでなった」

2000年1月31日
検証 むつ小川原 巨大開発30年の決算－7
第2部・色あせた“国策”

村に決定権なし　金で村民の“理解”促す

「寺下力三郎村長（昨年七月死去）は、『開発は資本にいい思いをさせるだけ』と主張する米内山義一郎代議士（旧社会党）と極めて密接な間柄だった。寺下村長や村議会に対する竹内俊吉知事の根回しが十分でなく、『おらほサ何にも教えないで』となってしまったという事情もある」。北村正哉元知事（八三）は、昭和四十六年八月のむつ小川原開発立地想定業種規模の発表後、寺下村長を先頭に六ヶ所村で激しい反対運動が起きたことについてこう回想する。県は村の抵抗を真剣に受け止めていなかったようだ。

「村内の反応は極めて冷淡だ。九割までが立ち退きに絶対反対する空気がある。地域住民を最初から無視した開発だと受け止められている」。同二十日、関係市町村で組織するむつ小川原開発促進協議会で寺下村長が開発反対を表明したのが抵抗の始まりだった。

同二十五日には村議会も開発反対を決議。十月二十三日、竹内知事は六ヶ所村に赴き開発構想を説明しようとしたが、村民の激しい抗議を受けた。県内各団体への説明会では異論がなかっただけに、村の抵抗に県は慌てた。

村への説明は不十分

むつ小川原開発は県や国、経団連によって外から持ち込まれた計画。地元・六ヶ所村の関係者を交えて練り上げた形跡は見られない。村の面積の五分の一、十一集落三百六十七世帯を移転させる発想自体が、六ヶ所村に自己決定権がなかったことの表れともいえる。

県陸奥湾小川原湖開発室（現むつ小川原開発・エネルギー対策室）参事を務めた千代島辰夫元出納長（七九）は「各団体の代表者を集めて説明する従来の行政手法はもう通用しない時代に入っていたのだが、県は気が付いていなかった。説明は住民一人ひとりに対してすべきだった。そうすれば反論もいっぱい出て計画を修正できていたはず」と話す。

しかし、当時の県当局は村長や住民との本格的な話し合いを待たずに翌四十七年六月、第一次基本計画を決定する。住民はともに考えるのではなく、納得させる対象だった。住民の“理解”を促したのは、むつ小川原開発会社を通じて三十七の金融機関から流れ込んだ金。むつ小川原開発公社が住民に提示した用地価格は水田なら津軽地方の一等田に匹敵する十㌃当たり七十二万―七十六万円。村内三漁協には港湾建設に伴い百六十六億円という巨額の漁業補償金が支払われた。

工事依存の構造生む

用地買収終了後も、基盤整備、核燃料サイクル関連工事、電源三法交付金という形となって金の流れは続く。企業立地が進まない中、公費投入は村に“開発工事依存型”の産業構造を生み出した。用地買収が始まる前の四十七年度に十一事業所・従業者四十五人にすぎなかった村内の建設業が平成八年度には八十七事業所・千三百八十人に増加。村内純生産の八割近くを占めるのが建設業だ。

「六ヶ所が農業だけにしがみついて暮らしていたら、もっと貧困が深刻だったと思う。東京の評論家、マスコミには、せっかくの農地をつぶして開発なんてのはとんでもないという向きもあるが、津軽地域の半分しか生産性がない農業の実態を分かっていない。開発は六ヶ所にとっては救済策だったとも言える」と北村元知事。

しかし、六ケ所村でグリーン・ツーリズム運動を模索している菊川慶子さん（五一）は、開発によって村民は精神的にも依存性が強まったと話す。「電源三法交付金をもたらすほか、地域の行事にまで助成金を出す日本原燃は“打ち出の小槌（こづち）”のように見られている。お年玉みたいに努力しなくても手に入るお金を出してくれる側を、村民はどうしても向いてしまう。お上の言うことを素直に受け入れる風土がもともとあったところだが、自分たちで村づくりを考えようという風潮はまったくなくなった」

2000年2月1日

検証 むつ小川原 巨大開発30年の決算－8

第2部・色あせた“国策”

冷徹な視線 「原子力に最適の地」

「県民一人当たりの生産所得額は全国平均並みになる」「むつ小川原開発地域の工業出荷額は、六十年時には二兆四千億―三兆二千億円」

昭和四十五年十二月、県がむつ小川原開発の投資額と経済効果（第一次試案）で描いた本県の将来像だ。県が目指したのは農業県から工業県への脱皮を図る「産業構造の高度化」だった。その後、石油ショック後の五十年に県が策定した第二次基本計画は、さすがに経済効果も大幅に下方修正している。

目標額にはほど遠く

開発の目標と現状を比較すると、どんな結果になるのだろうか―。

まず、所得水準。第一次試案では、開発が県民全体の一人当たり所得を六十年に「全国平均並み」へと押し上げると見込んだが、実績は七三％。第二次基本計画はむつ小川原開発地域（十六市町村）の所得水準を六十年に全国水準の八〇％程度に向上させることを目標に掲げたが、六十年時点で七四・三％、平成五年時点でも七六・一％と届かなかった。

十六市町村の六十年の工業出荷額は実績値で千五百九十億九千八百万円。これは第一次試案のわずか五―七％にすぎない。第二次基本計画で見込まれた立地企業による工業出荷額（第一期計画）五千五百億円程度と比較しても、現状では二九％止まりだ。

工業基地内の六十年の従業員数は、第一次基本計画では三万五千人に激増すると見込まれたが、六十一年の六ヶ所村内の製造業従業者は二百四十二人で、目標値の〇・七％にすぎなかった。

これに対して、開発に対する県、国の総投資額は平成十年度までに約二千三百五十億に達した。このうち、県むつ小川原開発・エネルギー対策室が費やした経費は同室職員の人件費も含めて約八百七十四億円。同室職員は延べ千二百六十三人に上る。

多額な資金と人材を投入したにもかかわらず、産業構造高度化による県民所得の底上げという県の目標が、現状とは大きく懸け離れていることは数字の上からも明らかだ。県陸奥湾小川原湖開発室（現県むつ小川原開発・エネルギー対策室）参事を務めた千代島辰夫元出納長（七九）は、人材の面からも県の損失は大きいとみる。

「県は四十五年に陸奥湾小川原湖開発室を設置してから、四十―五十人の優秀な人間をそろえて今日までやって来た。むつ小川原開発の功罪となれば、これは非常に大きい。金を使ったから、というだけではない。それだけの人材を他（の政策）に有効なエネルギーとして使っていれば、（現状は）だいぶ違ったのではないか。私の感想では、内陸型工業誘致の方が手薄になった。あの人間を企業誘致に使っていれば、もっともっと内陸型工業の方も進展したと思う」

ただ、「国益」の視点からみれば評価は異なるようだ。

新全国総合開発計画をまとめた下河辺淳・元国土事務次官（七六）（現東京海上理事長）は、むつ小川原開発が間違っていたとは全く思わないという。

いつでも使える土地

「人口が一億三千万人にも増えて、都市化が進んだ日本列島で、これだけの（広大な）土地を持っていることが千年後に評価されるといいと思う。日本の国が生きていくためには、（苫小牧東部と）二カ所ぐらい、そういう土地が用意されていて決して悪くない」「日本列島をいろいろ調べているが、原子力にとって恐らく下北半島が最適の場所だ。全国の原子力発電所の燃料処理をどこでやるっていったって、今、下北半島にお願いするしかない。非常に実務的にいうと（日本列島の管理上）下北半島は必要だったと思う」

現在、下北半島全体で原子力の開発利用を進めるために「下北原子力基地特別法」の制定を提唱している同理事長の発想には、引き受け手の見つからない施設の立地政策上、いつでも使える土地の確保は重要という国土プランナーの冷徹な視線が見え隠れする。

2000年8月15日

検証 むつ小川原 巨大開発30年の決算－1
第6部・提言

船橋晴俊・法政大学教授　国頼みの発想 転換を

むつ小川原開発がなぜ失敗したのか。歴史的経緯を見れば、事実関係は単純だ。工業需要予測が過大で、あまりに無謀なまま強引に事業を始めてしまった。昭和四十六―四十八年に慎重に経済状況を見ていれば、三千㌶もの土地買収に踏み切ることがないまま石油ショックを迎えることができた。この性急さが放射性廃棄物を呼び込んでいくつまずきの大きな第一歩だ。

新全国総合開発にはいくつもの大規模開発プロジェクトが盛られたが、着手したのは苫小牧東部開発、むつ小川原開発などに限られる。深層には、なぜ青森県が開発に突っ走ったのかという問題がある。

当時、関係者みんなが開発に賛成していたわけではない。六ヶ所村を中心に、特に公害に対する批判や疑問の声が出ていた。反対論を力でねじ伏せて強引に進めた結果、まったく裏目に出たという点で県の責任は非常に大きい。住民の合意形成を図った上でものごとを進めていくという姿勢があれば、慎重な決定に結びついたはずだ。

政府の能力過大評価

他方、県は工業需要予測が正しいのか吟味しておらず、政府を素朴に信じた。そこに自治体としての主体性の欠如という問題がある。政府といっても個別の問題に絞り込むと、担当しているのは五―十人の部署にすぎない。係レベルの仕事が省で承認され、省の判断が政府の判断になる「役割効果」がある。これだけの大規模開発であれば、本来は独立した複数の研究者グループに需要予測を検証させるべきだった。①民意を軽視した②政府の能力を過大評価し、自主的な判断が欠如していた―という二面において県には問題があった。

「国策」という言葉はマジックワードであり、神聖さがある。しかし、ある組織が要求する利害とある組織が主張する利害がどう対立するのかという、むき出しの利害関係として考えるべき。むつ小川原開発は「国家的事業」でしかなく、「国家事業」ではない。県は「国に全面的に支援してほしい」という願望を投影しているが、国の見方は冷ややかで、全然責任を取ろうとしていない。外から有力な主体を呼び込んで地域経済の浮揚を図ろうという誘致型開発の発想が根本的にまずかった。

政府に対する心理的距離を青森県庁と、私の住む神奈川の県庁とで比較すると、青森県庁の方がはるかに政府に近い。政府の一挙手一投足を見て、敏感に反応する。政府と県庁は価値判断や事実把握が一体化し、逆に県庁と県民が乖離（かいり）するいびつな構造になっている。県行政の中心課題は、いかに補助金を獲得するかで、いかに地域住民の知恵を集めて政策形成するかではない。

県民の知恵集めよ

新聞記事もそれを反映しており、どんな事業に補助金が出たかが詳細に報道される。工業開発がこれだけ悪い結果をもたらしたのは、例がないと思う。政府に頼らず県民の知恵を集めるという発想の転換が必要だ。

むつ小川原開発会社に融資した金融機関にも責任がある。開発地域の住民から見れば、彼らを翻弄（ほんろう）したのは金の力だ。金の流れの根元にあるのは会社の借入金。会社に渡った金は恐るべき政治的支配力に転化し、反対派をたたきつぶした。賛成派と反対派の間に圧倒的な力の差が生じるのはこのためだ。多額の金の前では、正論を主張しても通用しなくなる。

昭和四十五年前後の東奥日報のキャンペーン記事（連載「巨大開発の胎動」など）も良くなかった。工業需要予測は本当に正確なのか、という冷静な視点がない。工業開発は県民所得を向上させるための悲願だったのだろうが、あたかも計画が実現するかのような幻想を振りまき、反作用で県庁もそれを信じる結果となった。

◇　　◇

第六部は、むつ小川原開発が失敗した要因や土地活用策を識者四人に分析・提言してもらうとともに、開発構想が持ち上がった昭和四十年代に取材した東奥日報記者OBに、当時の報道ぶりや反省点などを語ってもらい、連載を締めくくる。（政経部・福田悟記者）

〈略歴〉ふなばし・はるとし。昭和23年神奈川県生まれ。東京大学大学院社会学研究科博士課程を51年中退、63年から現職。専門は環境社会学。著書に「巨大地域開発の構想と帰結―むつ小川原開発と核燃料サイクル施設」（東京大学出版会）、「新幹線公害」（有斐閣）。

2000年8月16日
検証 むつ小川原 巨大開発30年の決算－2
第6部・提言

長谷川公一・東北大教授　用地開放し産廃排除

むつ小川原開発の最大の教訓は、国や企業は開発計画から逃げられるが、地元の青森県や六ヶ所村は逃げられないという、あまりにも当然のことだ。責任をあいまいにしておけば逃げられるのだから、国や経団連が責任をあいまいにしておくのは、ある意味で当然のこと。結局、地元がお人好し過ぎたということだ。

太宰治の小説「津軽」に、帰郷した太宰を友人たちが「酒だ、肴だ」などと大はしゃぎでもてなす場面がある。これは地理的に遠隔地で立地条件が悪いところにわざわざ来てくれる人はありがたい―というコンプレックスから来る青森県民の精神をよく表している。外部のお客さんに過剰に迎合してしまい、ありうるリスクを冷徹に評価できないという「習性」がある。

青森県は中央の権威や「国策」には甘い期待を抱きがちだ。広大な土地を一括買収すれば、企業が立地すると思い込み、土地が売れないリスクを背負い込むことにもなるという視点が足りない。

備えの発想がない

核燃料サイクル施設にしても、受け入れによって企業誘致が進むと思い込み、企業誘致は逆に遠ざかるかもしれないという最悪のシナリオを想定して備えるという発想がない。

行政のリーダーに求められるのは、何が長期的で大局的な利益なのかを見極めるクールさだ。しかし、青森県は貧乏な県であるが故に、既得利益を守ろうという心理が働き、開発計画を見直すタイミングを失ってしまった。核燃料サイクル施設の受け入れにしても、港湾・道路整備事業を存続させるために、第二次基本計画はほとんどを崩さないまま「付(記)」という最小限の修正で済ませた。目先の利益を守ろうという知恵は働くが、大局を見通すことができない。

昭和五十四年の知事交代は本来、前任者の施策をチェックする非常にいい機会なのだが、開発に積極的だった北村正哉知事が就任したため、機会を逸した。北村県政が四期も続いたのは、開発を防衛するためといえる。開発防衛のための長期政権だから、計画はますます硬直的になった。青森県の場合、保守の中に改革者的・批判的な人材が乏しいことも悲劇だ。

むつ小川原開発と同様に苫小牧東部開発（北海道）も失敗したが、危険施設は今のところ立地しておらず、ダメージを最小限で食い止めている。むつ小川原開発の場合、引き受け手のない“核のごみ”を受け入れてしまい、今後ますます集中する可能性がある。そこが苫東と決定的に違う。

新スキーム（枠組み）の下でも用地の売却は進まないと思う。今、あの土地を買うメリットはどの企業にもないからだ。逆に言えば、メリットがあるのは他に立地できない業種に限られる。

自民党の野中広務幹事長が官房長官の退任官僚（昨年九月）に発言したような産廃処分場や放射性廃棄物処分場などだ。地価を安くする仕組みを作れば作るほど産廃的なものが集まる危険性が高まる。

土地の一筆確保も

廃棄物の集中を避けるため、土地を一筆で確保しておき、切り売りしないことが一つの考え方だ。緊急の用途がなくても、万が一のために保有しておく緩衝的な空間が日本社会の中にあっていい。例えば、千五百㌶の一筆の土地があれば、災害によって東京が壊滅的打撃を受けたときに首都機能の一部を移転するという使い方もできる。特別立法をして一種の土地保有機構をつくり、国の費用を充てて土地を確保しておくことを国民合意で許容すればいい。

土地は切り売りすべきではないが、なるべく使った方がいい。季節は限定されるものの、オートキャンプ場やイベント広場、遊歩道、迷路的な空間として活用することも考えられる。いろいろな人たちがイベントを楽しむために土地を開放して、出入りさせる。これが六ヶ所村に危険施設を入り込む余地をなくす一つの方策ではないか。

最近具体化した、貸借した用地に風力発電機を多数設置する計画は、用地の活用とクリーンな電力の生産を可視化する上でも意義が大きい。

〈略歴〉はせがわ・こういち。昭和29年山形県生まれ。東京大学文学部社会学研究科博士課程を58年に単位取得退学、平成9年から現職。専門は社会変動学。著書に「脱原子力社会の選択―新エネルギー革命の時代」（新曜社）「マクロ社会学」（同）など。

2000年8月19日

検証 むつ小川原 巨大開発30年の決算－5
第6部・提言

本紙記者OB座談会①

金が住民の心狂わす　何書いてもトップに

―むつ小川原開発の取材を始めたきっかけは何か。

木村　社会部時代の昭和四十四年、ただ同然の土地に値段が付いたという情報をつかみ、六ヶ所村に取材に入った。土地ブームの実態をつかむのは半年ぐらい遅れた。最初は大阪の不動産業者が入ってきた。大型テスト牧場をつくるという触れ込みで、一帯を平らにするということだったが、牧場は平らにしなくてもいいはず。これは、おかしいと思った。

和田　昭和四十四年に政経部に配属された。県企画部回りの先輩記者がむつ小川原開発を担当していたが、人出が足りなくなって取材チームに加わった。取材している間に「これは大変な計画だな」という感じはした。当時の政経部長には「ジャンジャンやれ（報道しろ）」と指示を受けた。政経部長は戦後の開発をずっと取材してきた人で、開発に青森県の命運をかけていたところがあった。むつ小川原開発の記事は何を書いてもトップニュースになるという具合だった。

―当時の六ヶ所村はどんな様子だったのか。

木村　開発地域内の上弥栄、弥栄平とも旧満州の地名だ。農家の二、三男対策でもあったが、海外からの引き揚げ者を受け入れるための開拓者集落だった。当時、青森県は開拓農家に酪農を勧めていて牛乳も採れたが、道路事情が悪く、冬場は牛乳を集配できなかった。開拓者の人たちは寝る布団も買えないほど生活が苦しくて大変だった。農協組合長でさえそうだったのだから、一般組合員は推して知るべしだ。

―借金を抱えていた開拓農家は次々と土地の売却に応じたようだが。

木村　ほとんどの開拓者集落はばらばらに崩れてしまい大変だった。六ヶ所村企画課の職員が当時、売れた土地に赤い印を付けていたが、一週間ごとに赤く染まっていき、「村が壊れていく」と話していた。まとまっていた集落は山形県出身者が集まった庄内。「組合が金を貸すから、生活が苦しくても土地を売るな」と庄内酪農協の組合員たちを引き留め、脱落者を出さなかった佐藤繁作組合長は偉いと思った。

―昭和四十五年に開設された県陸奥湾・小川原湖開発室の参事を務めた千代島辰夫元出納長は「開発の熱気はムンムンしていた。農漁業の指導者で開発に反対する人はだれもいなかった」と回想していた。

木村　「なにー」という感じの、あまりに壮大な構想だった。「いいことだ、いいことだ」という雰囲気で、開発にブレーキをかけようとでもすれば「お前はバカではないか」と言われかねない状況だった。

和田　東北は日本の食糧基地だとして、県は増反政策を次々と打ち出し、二万㌶の新田開発を進めていた。しかし、国は昭和四十四年に減反政策に転じ、新田計画がダメになった。その途端に竹内俊吉知事は工業開発に走った。「農業でいきます」と言っていた知事がいきなり「工業でいきます」と変わったのだから、県民はびっくりしたのではないか。県民所得向上という大義名分はあったが、むつ小川原開発の効果が津軽に直接は及ばないということで竹内知事は悩んでいた。

―開発に伴って六ヶ所村に流れ込んだ大量の金に、住民が振り回された面もあるのではないか。

木村　共有地を売却した集落を取材したことがある。集会所に現金を持ち込んで住民に代金を支払ったのだが、それまで「開発反対」と主張していた大の男が窓をたたいてオイオイ泣き出した。「仲間外れにしないで、おれにもお金を分けてくれ」ということだった。大金を前にすると、人はこんなに変わるものかと思った。浮気が原因で殺人事件も起きた。親子げんかもあった。金は人の心を狂わすものだと痛感した。（聞き手は政経部・福田悟記者）

木村修一郎（きむら・しゅういちろう）　昭和28年東奥日報社入社。社会部長、事業局長、取締役などを務め平成5年退社。昭和44年以降、社会部記者、野辺地支局長として開発に伴う六ヶ所村の悲喜劇を現場取材。著書に「あすなろ随談」（東奥日報社）。68歳。

和田満郎（わだ・みつろう）　昭和33年東奥日報社入社。政経部長、論説委員長、常務などを務め平成9年から常任監査役。政経部時代の昭和44年からむつ小川原開発を取材、45年に大型連載「巨大開発の胎動」を先輩記者2人と共同執筆。著書に「東奥日報コラム抄　天地人」（サイマル出版会）。66歳。

2000年8月20日

検証 むつ小川原 巨大開発30年の決算－6

第6部・提言

本紙記者OB座談会②

推進派の後ろに国政　閣議了解はごまかし

―昭和四十四年前後に始まった“土地ブーム”にまつわる話を教えてほしい。当時は、取材で六ヶ所村を回っていると、開発に踊らされた話が毎日あったとか。

木村　大金を使うことは、当時の村民の夢だった。第二平沼という開拓者集落でデコボコの坂道を車でやっと上がると、Aさんの自宅前に当時二百万円はする赤い「フェアレディZ」が止まっていた。Aさんに「この車はどうしたんだ」と聞いたら、「土地を売ったお金で息子に買い与えたのだが、車高が低すぎて坂の上まで運ぶのにえらい目にあった。木村さんの車と取り換えてくれ」と頼まれた。室ノ久保のBさんには「新築した家を見に来い」と言われ、出掛けたことがある。ちょっと前まで貧しい暮らしをしていたのに、居間には当時八十万円したというシャンデリアが下がっていて、床にはクマの毛皮が敷かれていた。高級酒ナポレオンも置いてあった。四―五年後、Bさん宅を再び訪ねると出稼ぎに行っていた。

―木村さんは、開発推進・反対両派の天王山の戦いとなった昭和四十八年の村長選も取材したとか。

木村　開発推進の古川伊勢松陣営に資金提供していたCさんを密着取材したが、選挙戦終盤になってCさんは「タマ（選挙資金）が足りなくなったので融通してくれ」と東京に電話していた。電話の相手がだれか尋ねたら、当時の橋本登美三郎自民党幹事長（後にロッキード事件で逮捕）だった。政権党の幹部が村長選のために直接電話を受けるのだからびっくりした。ただの地域開発ではない、国政が後ろについているんだなと思った。

―新納屋集落で移転を拒否し続けている小泉金吾さんは「村議や組合長といった肩書を付けた者たちが率先して不動産屋の手伝いをしてみたり、小遣い稼ぎをするものだから、住民が振り回されてしまった」と嘆いていた。

木村　村議たちはめちゃくちゃで、指導者なんてものではなかった。「青森市のキャバレー『ゴールド』に連れて行ってくれ」とよく頼まれたものだ。「六ヶ所村」というだけで銀行も相手にしなかった時代だったから、「『ゴールド』でツケが利くようになった」と村議たちは誇らしげだった。キャバレーに行くのが村議の一番の楽しみだったのではないか。村内でお金を使う場所がなかったため、公用車を使って青森市まで出掛けた。ホステスのアパートに泊まり込んで、十日間も村に帰って来ない有力村議もいたほどだ。

―開発計画の位置付けについて、北村正哉元知事が「リードしてきたのは国、中身は完全に国策だ」と力説していたのに対し、新全国総合開発計画をまとめた下河辺淳・元国土事務次官は「中国じゃあるまいし、国策で官営工場を造るなんてことを考えるか？　国策であるが、民策でもあり、県策でもある。（責任問題から）逃げたいときに、国策だと言う人がいるのではないか。そんなのは素人の話だ」と素っ気なかったのが印象に残った。

和田　青森県は国の“お墨付き”を得ようとした。「国策的に進めてください」という意味なんだろう。まずくいったときは国の力で財政的に援助してください―という担保が欲しかったわけだ。「閣議決定」までいってもらえれば、ありがたい、と。しかし、国は「うん」と言わず、「閣議口頭了解」という極めて裏付けのないものでごまかされた。むつ小川原はうまくいかない―という予感が国にもあったのではないか。それに、昔みたいに国を挙げて開発を進めるというのはあり得ないことだ。

―「むつ製鉄」で失敗した竹内俊吉元知事は、民間企業を巻き込むために経団連傘下の企業も出資した第三セクターを事業主体にするよう強く働き掛けたと聞いた。

和田　経団連傘下企業の出資金は「開発がうまく

いった際はうちが開発地域に進出します」という権利金のようなもの。だから、経団連はまったく責任を取ろうとしていない。半分は逃げ腰で、何かあれば進出する―という民間企業の体質がそのまま出ている。第三セクター方式はそういう責任逃れの側面もあった。

2000年8月21日
検証 むつ小川原 巨大開発30年の決算－7
第6部・提言

本紙記者OB座談会③
県構想なぞる記事も　提言する姿勢あれば

―東奥日報が昭和四十五年四月から朝刊一面に二十八回にわたって掲載した大型連載企画「巨大開発の胎動―生まれ変わる陸奥湾・小川原湖」は、「想像つかぬ変容／スケールは日本一」「世界的工場地帯に／経済大国の一翼担う」「出稼ぎ解消に夢／きっと周辺の労力吸収」などの見出しが躍り、県内に多大な影響を及ぼしたといわれている。

木村　「巨大開発の胎動」は、あれはあれで良かった。今なら良くないことだが、当時の東奥日報は竹内俊吉知事から随分と褒められた。

和田　そうかな。「君たちは何を書いているんだ」と竹内知事にしかられたということは聞いたことはあるが…。「国策」でむつ製鉄やビート栽培を進める計画がダメになって、その直後にむつ小川原開発が出てきた。最初は、県内の工業化に大いに役立つのではないか、という感じはした。国も参加して開発を進めるという位置付けで指定されたのだから、これは本物かな、と。だから、県の構想なり考えなりを開発の理念として、特に県南の住民に伝えていこうという趣旨で始めたのが「巨大開発の胎動」だ。第一段階としては間違っていない。記者が自発的に他県の工業地帯へ取材に出掛けたこともあるが、今にしてみれば、県の考え方をいくらかなぞって書いたところもあるのかな、と思う。

―当時、開発に反対していた住民たちは東奥日報の報道をどう見ていたのか。

木村　六ヶ所村の反対派住民が昭和四十六年に旗揚げした「六ヶ所巨大開発反対期成同盟会」の吉田又次郎会長は「東奥日報は開発推進機関だ」と言っていた。

―「巨大開発の胎動」は、あたかも開発計画が実現するかのような幻想を県民にふりまいた―と指摘する識者もいる。

和田　県内の産業構造が変わるんだという意味で、工業化に伴ってどういうことが起こるかを中心に記事を書いたつもりだ。その後、日本経済がどう変わるかということまで予想するのは、われわれの限界を超えており、分からなかったことだ。読者の反応は最初、「すごいな」だったけれども、農漁業だけで暮らしてきた六ヶ所村民にはストレートには受け入れられなかったようだ。連載企画は年度ごとに続編を掲載する予定で、「巨大開発の胎動」は序章のつもりだった。しかし、開発計画が半減され、また半減され、「これはどうもおかしい」ということになって続編は掲載されなかった。

木村　例えば、原子力施設の立地構想が浮かんだら、原子力施設立地という地域活性化策もあるが、別なこういう方策はどうか―と提言する報道姿勢があれば良かったと思う。われわれのころはそういう頭が回らなかった。特に社会部あたりは「徹底して現象を追え」「理想を追ってもダメだ」と言われたものだ。

―北村正哉元知事は、むつ小川原開発が「つまずいた」要因について①二度にわたる石油ショックの発生②企業の海外進出による産業の空洞化③旧北海道東北開発公庫の貸出金利が高く、金利分を土地価格に上乗せせざるを得なかったこと―などを挙げているが、どうみるか。

木村　石油ショックの発生を見通せなかったからだと当時の県幹部は言うが、石油ショックがなくても最初の計画通りにいったかどうか疑問に思う。恐らくダメだったろう。

和田　あのころは高度経済成長時代で、何でも倍々に増えていくという幻想みたいなのがあって、そういう幻想に踊らされた。アジア各国は日本の後追いをしてきたが、日本でダメになった産業を東南アジアが吸収していって自国の産業にしていった。今はIT（情報技術）革命といわれる。産業構造は十年単位ぐらいでどんどん変わっていくが、変革の動きをとらえられなかった。県にそういう能力がなかったと思うし、仮に予測できる人がいたとしても、計画はあまりにも独善的だった。

2000年8月22日
検証 むつ小川原 巨大開発30年の決算－8
第6部・提言

本紙記者OB座談会④
核燃受け入れは誤り　住民意思尊重すべき

―むつ小川原開発の現状をどうみているか。

和田　質的にまったく変わってしまっているにも

かかわらず、昭和四十四年当時の夢をまだ追い続けている。当初、食品メーカーなどが小口の土地を売ってほしいと立地を申し込んできたが、拒否していた。だから今、そういう企業は来ない。ほかにないような広大な処女地を細かく開発しても意味がない、むつ小川原開発は従来の開発とはと違う一という当初の夢が温存されている。しばらくの間、石油化学にしても鉄鋼にしても何かあれば進出するだろうという期待感はあった。しかし、実際は日本経済の構造がガラリと変わってしまい、夢物語でしかなくなった。売れたのは、主に核燃料サイクル施設と石油国家備蓄基地だけなのだから、いびつだ。

一核燃料サイクル施設事業を取材していると、反対派の市民団体からは、東奥日報の報道は積極的な核燃推進だったとみられているように感じる。

和田　私が（社説を執筆する）論説委員（昭和五十九年一六十一年）だったときは「核燃料サイクル事業を基本的に支持するんだ」というのが基本姿勢だった。しかし、計画が変容するにつれ、私は反対めいた論調の社説を書くこともあった。

一土地分譲事業を引き継ぐ「新むつ小川原会社」が今月四日に設立された。売れ残った開発地域を今後どう活用すべきか。

木村　事業を清算するだけでは県に何のメリットもない。計画されているのは原子力施設などだから理想的なものではないが、他に替わるアイデアが県にも国にもない。県は結局、「どうしてくれるのか」と国に頼ることになるのだろうが、それだけでは何か足りない。国はしばらくは動くつもりはないだろう。あと二十年ぐらいたてば、世の中が変わってくるかもしれない。インパクトを上手に利用することが大切だ。

和田　開発体制が身動きできないぐらい凝り固まって、応用が利かなくなっている。昭和四十年代の計画はまったくダメだ、と完全に認めないと展望が開けない。ITER（国際熱核融合実験炉）のような大規模プロジェクトばかり追いかけていてもダメではないか。同じエネルギーにしても、環境に優しく永続性があるソフトな発電に取り組んでみる必要がある。例えば、六ヶ所村だって風力発電をやろうと思えば、やれないことはない。民間ばかりでなく、通産省が年次計画を立てて、もっと風力発電の導入促進に力を入れるべきではないか。今までそういうものを導入していくという考え方がなかったのが不思議だ。

一元取材記者として、むつ小川原開発の三十年をどう評価しているか。

木村　巨大開発も今となっては“虚大”開発だ。しかし、いろいろな人が来て、いろいろな出来事もあり、六ヶ所村は変わった。開発がなければ、村は依然としてあのままだった。暮らしていけない村民は村を捨て去り、村自体がなくなっていたかもしれない。結果は別として、六ヶ所村で工業開発をする発想は竹内俊吉知事の一つの功績だ。これから下北半島はまだまだ動くと思うが、やはりそこに住む人々が自主的に判断し、県も住民の意思を尊重することが大事だ。

和田　竹内知事はむつ小川原開発を途中であきらめていたフシがある。しかし、開発を無駄にしたくない一というわらをもつかむ思いで、後任の北村正哉知事が受け入れたのが核燃料サイクル施設だ。何か来ないものか、何か来ないものか一と県が手を伸ばしていたところに電力業界は目を付けたのだろう。原子力の危険性の代償に、一兆円を超す投資が期待できる一。北村知事はこれらを両てんびんにかけて、相当な決意をしたのだろうが、県政最大のミステークだ。

木村　むつ小川原問題はまだ一応、流動中なのではないか。その過程で結論を言ってしまうのはどうか。

和田　それでは、「ミスリード」ではどうか。

MOX工場立地へ　——上

「構想は当初から」

再処理施設と表裏一体

既定路線

「六ケ所再処理工場と一体的な施設であるMOX（ウラン・プルトニウム混合酸化物）燃料工場は、核燃料サイクル事業にとって不可欠。安全確保を第一義に、地域振興に寄与することを大前提に立地協力要請を受諾する」—。

十四日、県庁。三村申吾知事は記者会見を開き、MOX工場立地への同意を表明した。二〇〇一年八月に日本原燃の立地協力を受けてから三年八カ月。再処理工場のプール水漏えいなどによる立地検討の一時中断を挟んでの県の最終決断だった。

三村知事は昨年十二月に立地検討を再開してから「安全性チェック・検討会」での追加的な議論に加え、県議会や原子力政策懇話会、「ご意見を聴く会」での意見聴取など慎重に手順を踏むことにこだわった。

IAEAから指摘も

ただ、大局的に見れば、立地同意は既定路線だったといえる。MOX燃料工場がなければ、せっかく巨費を投じて再処理工場でプルトニウムを回収しても燃料として使えないからだ。「再処理推進である限り、MOX燃料工場立地に『ノー』という選択肢はあり得ない」（電力会社幹部）。三村知事が昨年十一月、再処理工場ウラン試験にゴーサインを出した段階で、電力関係者はMOX燃料工場の立地同意も時間の問題とみていた。

再処理工場が今年十二月に総合試験を始めると実際にプルトニウムが発生し始める。

県も早期同意の必要性を感じていた。「プルトニウムを加工しないまま放置しておけば、核不拡散の観点からIAEA（国際原子力機関）の指摘を受け、問題化しかねない」と県幹部は話す。

"あうんの呼吸"

停滞するむつ小川原開発の現状を打開するために県むつ小川原開発室（当時）が一九九一年四月にまとめた「むつ小川原開発企業導入促進計画」。同計画には、開発区域に導入すべき施設としてLNG（液化天然ガス）基地や製紙産業などとともに燃料加工施設（MOX燃料工場）やウラン転換施設が盛り込まれ、最も優先的に立地を図るべき「第一グループ」に位置付けられていた。

「今後需要拡大が見込まれる混合酸化物（MOX）燃料加工施設など、既存立地施設との物的生産連関に基づく新規関連施設の立地展開が想定される」。県が財団法人・日本立地センターに委託し、九七年三月にまとめた構想「新たなむつ小川原開発の基本方針」でもMOX燃料工場が取り上げられた。

MOX工場立地は、県の早くからの願望でもあった。立地計画は県と電力業界の"あうんの呼吸"で着々と進んでいたとみていいだろう。

八四年の県、六ケ所村への核燃料サイクル施設立地要請にかかわった電事連幹部は、こう打ち明ける。「六ケ所村へのMOX燃料工場立地は急に浮上したわけではなく、当初からあった構想だ。われわれとしては六ケ所村を（茨城県東海村に続く）第二の原子力センターにしたいと思っていた」

◇　◇

県と六ケ所村は十九日、MOX燃料工場に関する立地協力基本協定を日本原燃と締結し、六ケ所核燃料サイクル基地に新たな原子力施設が加わることになった。構想の背景や関係者の思い、課題などをまとめた。

（政経部・福田悟、野辺地支局・珍田秀樹）

2007年５月の本格操業を目指し、稼働試験を実施中の六ケ所再処理工場。ＭＯＸ燃料工場は、手前右端の空き地部分に建設される

MOX工場立地へ

――中

経済効果に期待感

地域振興

原燃、地元へどう便宜

「地元と原燃の間に、雇用面であまりに温度差がある」「これまで仕事をくれていた商工業でも、今は中央から直接物が入ってくる」「原燃がしてきた地域振興は、数えるほどしかないではないか」―。三月二十四日の六ケ所村村議会全員協議会。MOX（ウラン・プルトニウム混合酸化物）工場建設に関する議会の最終意見を述べる場で、日本原燃に対する不満が噴出した。同議会は、同工場建設には異論がないとしながら、日本原燃の地域振興策に対して完全な「落第点」をつけた。

原燃によると、同工場の予定建設費は約千二百億円に及ぶ。予定操業人員は約三百人で、このうち新規採用は六十―八十人程度。建設にかかわる資材調達、運搬、施工や、工場で働く職員の新規採用などで、どう村に便宜を図るか。原燃に突きつけられた〝追試〟の内容は非常に重いものとなった。

就労者数は減少

厳しい声が上がる背景の一つに、膨大な費用を掛けた再処理工場の建設がほぼ終わり、村内のさまざまな業種で仕事が激減したことがある。二〇〇三年度までに核燃サイクル施設にかかわった延べ就労者数は千二百六十三万七千人に及ぶが、〇一年度の二百五十三万八千人余をピークに減少し、〇三年度（〇四年二月まで）は五十三万六千人に落ち込んだ。また、発注総額は一九八五―二〇〇三年度で二兆一千七百七十七億円だが、このうち県内企業の受注は三千七百億円（17％）にとどまり、村内企業に至っては千百七十四億円余（約5・4％）にすぎない。

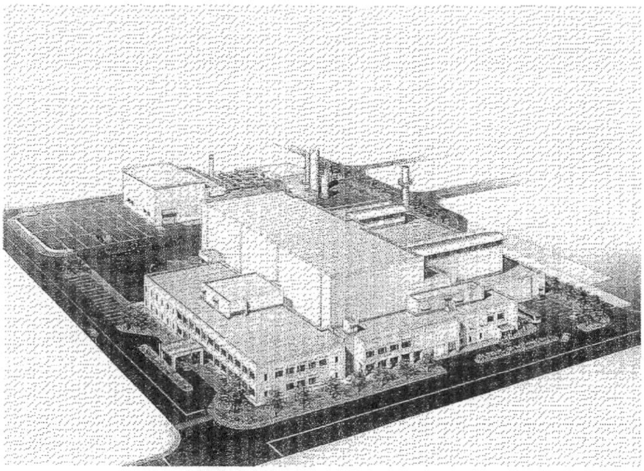

ＭＯＸ燃料工場のイメージ図

開発の波に乗り増加した村内建設関係業者数は、四月一日現在で土木五十九社、建築四十二社（一部重複有り）。このほか物品納入業者が四十九社などとなっている。過当競争とも言える状況の中で、少しでも仕事が欲しい業者がMOX燃料工場にかける期待は大きい。ある若手経営者は「公共事業削減など、業者にとって明るい材料がない中で、一つの光になる」と話す。ただ「台風のような（一過性の）仕事だけではどうにもならない」とも語り、生き残りのため施設の保守・整備などメンテナンス事業への進出を視野に入れる。

「うまみない」の声も

一方、周辺町村のある大手業者は「はずれた時の落胆が大きいので、期待しすぎないようにしている」と話す。核燃サイクル施設の建設が始まってからは、関連する従業員の住宅、道路などのインフラ整備などでも大きな恩恵があった。だが「MOX燃料工場では、そこまでの期待はできない。費用が掛かるのは内部の設備。建屋の数が少なく、うまみはない」と冷静な見方だ。

「私が店を始めたころは、にぎわいという点ではもう下火だった。それでも次々お客が来たもの。今は本当に大変」。かつて、むつ小川原開発の恩恵を受けた野辺地町で、飲食店を経営する女性（五三）はこうこぼす。新規施設に対しては「今より、少しでも上向くなら」と波及効果に期待感をにじませる。また、財政難にあえぐ同町役場の幹部も期待を隠さない。同町の財政赤字は、〇四年度決算までに八千万円ほどまで圧縮できそうな見込みだが、厳しい緊縮財政だけに「たとえ一滴の水でも逃したくない」という切実な思いがある。核燃頼みの手法を非難する声も少なくないが「それが本来のまちづくりの姿でないことは承知している。だが、赤字を解消できないことには街づくりのスタートが切れないんです」。

2005年4月21日

MOX工場立地へ ―下

プルトニウム

歩み遅い利用計画

国際管理案も影落とす

日本原燃が計画しているMOX（ウラン・プルトニウム混合酸化物）燃料工場は、最大加工能力が年間百三十㌧。フル操業すれば年間八㌧のプルトニウムを生み出す六ケ所再処理工場に見合う能力を持たせた。

各電力会社からの注文に応じる受注生産システムのため、工場操業はプルサーマル計画（軽水炉でのプルトニウム利用）の進展が大前提となる。プルトニウム利用の本命だった高速増殖炉の実用化は「もんじゅ」の事故で行き詰まっているためだ。電力業界が一九九七年に打ち出した計画では、二〇一〇年度までにプルサーマルを導入する原発は十六－十八基。

しかし、九州電力（玄海原発）、四国電力（伊方原発）両社の導入計画が安全審査入りするなどの進展はみられるものの、業界のけん引役の東京電力、関西電力の大手二社は不祥事や事故の影響で計画が大幅にずれ込んでいるのが実情だ。

〝開店休業〟を懸念

東京電力は、同社の原発十基が集中する福島県の佐藤栄佐久知事との関係が修復し難いほど悪化。電力関係者は「佐藤さんが知事でいる限り、福島でのプルサーマルは無理だろう」と口をそろえる。プルトニウム余剰は核疑惑を招く恐れがあり、利用計画が進まなければ両工場は〝開店休業〟に追い込まれかねない。

「プルトニウム利用が進んでいないのに再処理事業が強行され、再処理事業の存在意義を打ち出すために今度はMOX燃料工場が造られようとしている」。原子力資料情報室（東京）の澤井正子さんは、プルトニウム生産だけが突出する核燃料サイクル政策の現状について、こう指摘する。

三村申吾知事が十二日、近藤駿介原子力委員長や藤洋作電事連会長（当時）らと相次いで会談し、プルトニウム利用計画の推進を求めたのも危機感の表れといえる。

総合試験までに公表

知事の要請に対し、藤会長は「プルトニウム利用の透明性を確保するため、六ケ所再処理工場で総合試験（十二月開始予定）が始まる前までにプルトニウム利用計画を公表する」と答えた。

六ケ所村で回収されるプルトニウムとは別に、日本が英仏に再処理を委託して既に回収したプルトニウム量は約四十㌧。各電力会社が今後八カ月という短期間でプルトニウム利用に道筋をつけるには非常に困難な作業が伴うのは間違いない。

再処理－MOX加工事業の足かせとなりかねないのは、プルサーマル計画の停滞という国内事情ばかりではない。今年に入って国際原子力機関（IAEA）の多国間管理構想という国際的な要因も浮上しつつある。

IAEAのエルバラダイ事務局長が提案している同構想は、新規の再処理やウラン濃縮施設の建設を五年間凍結する内容。

核不拡散のために両施設などを国際共同管理下に置く構想が実現するまでの暫定措置という位置付けだが、日本の核燃料サイクル事業に影響を及ぼす可能性がある。

このため、県や日本原燃は「仮に六ケ所再処理工場が五年間凍結されれば、事業が止まってしまう恐れがある」（蝦名武副知事）「大変困る。受け入れられない」（児島伊佐美社長）など国際的な動向に神経をとがらせている。

ベルギーのベルゴニュークリア社の工場で加工中のMOX燃料棒（ベルゴニュークリア社提供）

2005年4月22日

誘致断念の波紋 ▷下◁

六ケ所ーITER

〝一発狙い〟また失敗

地域振興 手法問われる

「核融合が〝夢のエネルギー〟というのは疑問。素晴らしい科学技術都市をつくるというが、夢物語ではないのか」

二〇〇一年二月、青森市内で開かれた県むつ小川原開発審議会。松山圭子委員（青森公立大学教授＝科学技術論）は、国際熱核融合実験炉（ITER）を〝主役〟に位置付けた新むつ小川原開発計画（骨子案）の実現性に疑問を投げ掛けた。

「県民は夢を持ってはいけないというのか」。質問に対し、山口柾義副知事（当時）は色をなして反論し、新計画の妥当性を強調した。その後、松山委員は二度と同審議会委員に委嘱されることはなかった。

当初計画が頓挫

あれから四年。松山委員の指摘は現実のものとなり、国際科学都市づくりを目指す「むつ小川原開発」の行方に再び黄信号がともり始めた。

県が六ケ所村へのITER誘致を表明したのは一九九五年。むつ小川原開発地区には八五年に再処理工場を中心とする核燃料サイクル施設の立地が決まったものの、当初想定した石油化学コンビナート建設計画は頓挫。工業用地（約二千八百㌶）の分譲率は約三割にとどまり、村は核燃に続く大型工事を求めていた。「核燃料サイクル施設立地を契機に多くの企業が進出することを期待したが、結局、原子力立地地域には原子力関連施設しか張り付かなかった」（県幹部）という事情もあった。

国や県、民間企業が出資した第三セクター「むつ小川原開発会社」は〇〇年に約二千四百億円の債務を抱えて経営破たん。三者の債権放棄により無借金の新会社を設立したのを機に、同開発は国際科学都市の形成へと目標を変更した。新開発計画のシンボルが国際協力プロジェクトのITERだった。

新計画はITER誘致のほか、▽クリーンエネルギーの利用に関する研究開発、実証試験の集積▽環境科学技術研究所の拡充▽放射光施設の整備▽大学院大学の整備―を想定。液晶産業集積による「クリスタルバレイ」の形成や新産業創出、先端産業立地も目指す。

経済効果1兆円

県は、ITERが立地した場合の経済波及効果を三十年間で約一兆二千億円と試算。七十㌶の休眠地を一気に処理できるという魅力もあった。

しかし、巨大プロジェクト誘致による一発狙いの地域振興策という、むつ小川原開発の〝伝統的手法〟はまたも失敗。外国人研究者や技術者の居住による国際化の進展や新住区整備を思い描いていた六ケ所村や三沢市の街づくり計画も修正を余儀なくされそうだ。

「政府から正式な話がない」（三村申吾知事）。公式見解を繰り返す県に呼応するように、誘致運動を後押ししてきた自民党県議も「ITERを誘致できないことを認めると、野党から責任を追及されるから、『望みは捨てない』としか今は言えない」と口をつぐむ。

むつ小川原開発審議会委員を務めた松山教授は本県の開発行政について「青森県庁や議員たちは核融合開発を超大型公共事業と思っているため、すぐ国策に乗ってしまうのではないか。巨大科学を地域振興のレベルで考える癖は直すべきだろう」と話している。

開発用地の分譲率は4割足らず。右奥の弥栄平地区がITER建設候補地だった＝六ケ所村、05年3月撮影

2005年6月24日

『50年』の選択

むつ・中間貯蔵施設立地へ――㊤

知事同意

昨夏 自民県連に意向

年金改革やイラクへの自衛隊派遣を争点に舌戦がスタートした二〇〇四年六月二十四日の参院選公示日。青森市内で自民党候補の第一声を見届けてから県庁に向かった同党県連幹部とむつ市選出県議が、三村申吾知事、蝦名武副知事と知事室で向かい合っていた。むつ市に計画されている使用済み核燃料中間貯蔵施設の立地問題に関し、複数の関係者によると、双方でこんなやりとりがあったという。

自民党県連幹部「MOX（ウラン・プルトニウム混合酸化物）燃料工場の立地は認めておいて、中間貯蔵施設の立地は認めない、というのでは行政に一貫性を欠く。安全性なら中間貯蔵施設の方が高い」

三村知事「私は立地に反対しているわけではない。ただ、手順の問題がある」

県連幹部「いつやるのか。先行きが見えないと地元は不安だ」

知事「来年二月ごろには方向性を出す」

県連幹部「知事の意向をむつ市長に伝えていいか」

知事「私から電話はしないが、そちらからであれば伝えても構わない」

圧力的言動静まる

施設受け入れの方向性が決まった瞬間だった。県庁を後にした自民党県連幹部らは、杉山粛むつ市長に知事の意向を伝えるため、むつ市に向かった。知事の早期同意を求める、杉山市長の圧力的な言動はこれ以降、鳴りを潜めた。

この自民党県連幹部は「むつ・下北では参院選の自民党候補と民主党候補の支持率が拮抗（きっこう）していた。むつ市長を訪ねたのは、中間貯蔵施設立地の方は自民党がしっかりと進めるから、市長は自民党候補の支援のために汗をかいてほしい―と伝えるためだった」と明かす。

昨年11月には自民党県連の大島理森会長㊨らが、中間貯蔵施設立地の検討作業を始めるよう三村知事（手前）に要請した

三村知事が立地判断に向けて動きだしたのは、六ケ所再処理工場ウラン試験の安全協定を締結した〇四年十一月。県庁を訪れた杉山市長やむつ商工会議所幹部らの要請を受ける形で、中間貯蔵施設の立地検討作業に着手することを表明した。

課題の手順 着々と踏む

年明け以降は、専門家会議「安全性チェック・検討会」を発足させ、施設の安全性を検討させたほか、県議会全員協議会や原子力政策懇話会、「意見を聴く会」で意見聴取するなど、着々と〝手順〟を踏んでいった。

三村知事が施設受け入れを決断したのは、核燃料サイクル事業推進を掲げる自民党県連の意向を尊重せざるを得ない政治的立場にあることが最大の理由だろう。

判断の余地小さく

もともとは非自民の衆院議員だった三村氏は、二〇〇三年六月の知事選で自民党県連に担ぎ出されて出馬し、初当選した経緯がある。自民党県連の基本政策は原子力事業推進であり、原子力行政の分野で三村知事が独自の判断をできる余地は小さい。

「中間貯蔵施設受け入れに、三村知事が慎重だったというわけではない。県選出国会議員の一人という時代と違い、今は自分一人の意向で物事が決まる。知事としての責任の大きさをかみしめていたということだろう」。施設立地問題への三村知事の取り組み姿勢について、東京電力幹部はこう解説している。

◇　◇

三村知事が十八日、使用済み核燃料を最長五十年保管する中間貯蔵施設の立地に同意を表明した。財政難にあえぐむつ市の杉山市長が、施設立地に伴う電源三法交付金を期待して〇三年六月に誘致表明してからも慎重姿勢を貫いてきた三村知事が〝ゴーサイン〟を出すに至った背景やむつ市の事情、施設が抱える課題などをまとめた。

（政経部・福田悟、むつ支局・松山智美）

2005年10月19日

「50年」の選択
むつ・中間貯蔵施設立地へ ―㊥

財政窮乏
基盤強化の切り札に

「中間貯蔵施設でも何でも、安心ならやって、地域経済に活力を付けて―との市民の思いが表れたのではないか」

六選を果たし、一夜明けて臨んだ三日の記者会見。むつ市の杉山粛市長は、使用済み核燃料中間貯蔵施設の白紙撤回を掲げた候補の得票が約二千票にとどまった結果をそう分析してみせた。

カラ財源12億円計上

杉山市長は同施設立地を、脆弱（ぜいじゃく）な財政基盤から抜け出す切り札と位置付ける。今回の選挙戦でも「地方交付税や交付金が減らされる中、税源移譲されても納付してくれる方がいない。新しい財源を求めることは重要な要素」と繰り返し、自主財源確保の有効策であると訴えてきた。

「（知事同意後）あらためて（市民に）説明する手順は必要ない」。選挙結果や市町村合併後も説明会を開いてきた経緯を踏まえ、市としては施設立地は決着済み―との認識を示す。

むつ市は七年連続で当初予算に財源の裏付けのない「カラ財源」を計上、企業の倒産に当たる財政再建団体転落の危機に面している。

二〇〇四年度末で約二十二億七千八百万円の赤字を抱え、本年度当初予算では十二億五千六百万円のカラ財源を計上した。

財政再建団体転落ラインは約三十一億円。市は、歳出抑制などで〇五年度末では転落ラインを超えない―との見通しを示すが、財政再建は喫緊の課題だ。

使用済み核燃料中間貯蔵施設のイメージ図

中間貯蔵施設に関し、市にはこれまで初期対策交付金相当部分として年間一億四千万円の電源立地地域対策交付金が交付されてきた。三村申吾知事の立地同意を受け、来年度から二カ年は年額九億八千万円に跳ね上がる。

その後も施設着工から運転開始後五年間で計十六億円、運転開始から六十年間で計一千億円以上など莫大（ばくだい）な交付金が市にもたらされる。

莫大な交付金どう活用

電気料金の割引を

しかし、元「むつ市原子力船の母港を守る会」会長で原子力マネーに詳しい同市の今村恒喜さん（八一）は、同交付金の使途について、危険負担する市民への電気料金還元を優先すべき―と訴える。

電源地域振興センター（東京）によると、全国の原子力発電供用施設が立地する二十五市町村のうち、岐阜県瑞浪市を除く二十四市町村が電気料金割引措置を取っている（〇四年度実績）。

市がこれまで原子力マネーで整備したものに釜臥山観光道路（約二十六億円）、早掛レイクサイドヒルキャンプ場（約十億円）、産業振興拠点施設「むつ来さまい館」（約十五億円）などがある。

キャンプ場の使用料収入は例年、百八十万―二百五十万円ほどにとどまる。旧田名部駅前に建設した「むつ来さまい館」も、同じ通りの筋向かいに観光物産館「まさかりプラザ」があり、似たような施設がすぐ近くに必要なのか―と議会でも取り上げられた。

「施設をジャンジャン造って赤字を増やしていくやり方では、いくら交付金をもらっても赤字は解消できない」と、今村さんは警鐘を鳴らす。

2005年10月20日

「50年」の選択

むつ・中間貯蔵施設立地へ ——㊦

建前論議

「第二再処理」は不透明

「（使用済み核燃料の）一時貯蔵なのだから、当然、お持ち帰りいただく。（これは）事業者と共通の認識であるべきだ」。三村申吾知事が、中間貯蔵施設の立地同意を正式表明した十九日午前の記者会見。使用済み核燃料の搬出先とされる「第二再処理工場」が建設されないことが明確になった場合の対応を問われ、三村知事はこう述べた。

「知事の言われる通りであります」。同日夕、青森市内のホテルで協定書への調印を済ませた東京電力の勝俣恒久社長は、三村知事に同調する考えを会見で強調した。貯蔵された使用済み核燃料が再処理されず、半永久的に放置されるのではないか—。こんな不安を払しょくするため、三村知事は関係閣僚と会談し、貯蔵終了後は確実に使用済み核燃料が搬出される確約を得たという。中川昭一経済産業相からは「中間貯蔵された使用済み核燃料は最終的にはすべて再処理される」との発言まであった。

柔軟性持たせる役割

中間貯蔵は、時間的な余裕を持たせ、使用済み核燃料を再処理するか、直接処分するか、政策に柔軟性を持たせるのが本来の役割。貯蔵期間中に高速増殖炉が実用化され、再処理技術が進んでいれば、再処理すればいいし、そうでなければ直接処分すればいい—という考え方だ。核燃料サイクルの先進国フランスでさえ、再処理しているのは使用済み核燃料の発生量の三分の二で、三百年に及ぶ使用済み核燃料の保管も検討されている。

「NIMBYシンドローム考—迷惑施設の政治と経済」などの著書がある福島大学の清水修二教授は「操業四十年目までに搬出先に関する協議を始めるという東京電力の説明は、話している方も聞いている方も本気じゃない。取りあえず、こう話しておけば、その場を取り繕えるというだけだ。五十年先に核燃料サイクルが国策として予定通り進んでいる、と本気で考えている人がどれだけいるのか」と話す。

使用済み核燃料を納めた巨大なキャスク（容器）が並ぶ、日本原子力発電・東海第二発電所（茨城県）の「乾式キャスク貯蔵施設」。むつ市に建設される中間貯蔵施設にイメージ的に近いという＝2001年12月撮影

覚書がネック、本音言えず

原発運転停止を危ぐ

中間貯蔵に関する本音の議論を阻んでいるのは、六ケ所再処理工場への使用済み核燃料搬入に際して日本原燃が一九九八年に県、六ケ所村と取り交わした「覚書」の存在だ。覚書は、再処理が困難になった場合、使用済み核燃料の施設外への搬出を含めて適切な措置を講ずる—との内容。

「再処理しない使用済み核燃料は持ち去れ—というのが青森県の基本方針であることを考えると、貯蔵後の使用済み核燃料は再処理しない、とはさすがに言えない。本当はわれわれも再処理されるとは思っていないのだが…」と東京電力社員。

事業者や国が建前論を押し通してでも中間貯蔵施設立地に躍起になっているのは、使用済み核燃料を一時保管している原発内のプールが満杯となり、原発が運転停止に追い込まれる危険性があるためだ。唯一の搬出先の六ケ所再処理工場も順調に稼働する保証はない。

県幹部は「中間貯蔵が必要なのは、再処理事業がうまく進んでいないからで、あんなものは本当は必要ない。しかし、企業誘致もままならない下北地域では、原子力施設だって悪い選択肢とは言えない。働く場がどうしても必要だ」と話す。

景気の動向と一致するとされる有効求人倍率。本県は〇・四〇倍（八月）で、全国最下位の状況が三十八カ月も続いている。中間貯蔵施設の安定操業時の従業員は三十人程度だが、建設時には延べ二十一万人の雇用が見込まれるという。

サイクル始動 (上)

六ケ所再処理工場アクティブ試験

疑心暗鬼

凍結論警戒、手順踏む

「莫大な金額を要する六ケ所再処理工場の本格操業に突き進めば、日本原燃は多額の負債を抱え倒産が避けられない」「六ケ所再処理工場は一時延期し、その間に議論を尽くし運転回避せよ」

二〇〇三年夏、東大教授や電力中央研究所の研究者ら六人で組織する「原子力未来研究会」が業界誌に連載した論文が大きな波紋を広げた。

自治体に入る予定だった交付金や税収、失職者への補償を合わせても対策費は一千億円以内で、再処理より合理的—と工場を廃止して使用済み核燃料中間貯蔵に切り替えた場合の対応策についても研究会は提示した。

研究会は自主的なグループを名乗っていたが、東京電力社長も経験した大物の了解、支援を得ての行動だった、という見方が支配的だ。

国や電力へ不信感

「国策」に反旗を翻したのは民間だけではなかった。電力小売り自由化論議が大詰めを迎えた〇二年、経済産業省幹部が六ケ所再処理工場の操業断念を電事連幹部に促したことがあったという。高コストの再処理事業は、電力自由化範囲の拡大の足かせになりかねない、との判断だった。

経済産業省と電力業界の一部が足並みをそろえての再処理凍結論に県は疑心暗鬼を募らせた。「青森では、再処理事業推進に不退転の決意で臨む—と宣言しておきながら、東京に戻った途端、舌の根も乾かぬうちに再処理凍結論を言い出す」と県幹部は国や電力への不信感を隠さなかった。

広がりつつあった凍結論を抑えたのが藤洋作電事連会長(当時)だった。関西電力社長だった藤氏は〇二年九月に電事連会長に就任後、強いリーダーシップを発揮し、揺れ動いていた電力業界で「再処理事業推進」を再確認したという。三村知事は国や事業者に安全確保を強く求める一方で、再処理凍結派の動きを警戒しながら、再処理推進に向けて意見聴取などの県内での手順を着々と踏んでいった。

「電力業界内で信用できるのは藤さん(電事連会長)だけだ」。三村知事は当時、周辺にこう漏らしていたという。

トラブル発生相次ぐ

しかし、再処理事業の足を引っぱるような不祥事はウラン試験後も続いた。昨年一月に再処理工場のガラス固化体関連建屋で設計ミスが発覚したのに続き、同年六月には使用済み核燃料貯蔵プールで再び水漏れが発生。

三月二十九日にアクティブ試験の安全協定締結—というスケジュールは二月中旬には固まっていたが、三村知事が二月十四日に県議会に全員協議会開催を要請した途端、今度は再処理工場で非常用バッテリーを焼くボヤが発生。イライラを募らせた三村知事は日本原燃専務を県庁に呼び出し、環境生活部長を通じて厳重注意した。

保守系県議は「再処理事業を進めようとする度にトラブルが起きる。日本原燃の中にも凍結派がいるんじゃないのか」と冗談交じりに話す。

「地球温暖化とエネルギー資源供給不足の懸念がある中で、わが国は核燃料サイクルを基本方針としている。私は、六ケ所再処理工場がエネルギー安全保障、地球温暖化防止など、わが国のエネルギー政策に大きく貢献すると考えている」。今月二十八日夜、アクティブ試験開始への同意を表明した記者会見で、三村知事はこれまでにない強い調子で再処理事業推進への意欲を示した。

◆　◆

県と六ケ所村は二十九日、六ケ所再処理工場アクティブ試験に関する安全協定を日本原燃と締結し、試験に"ゴーサイン"を出した。アクティブ試験では、使用済み核燃料から実際にプルトニウムを抽出するため、事実上の操業となる。核燃料サイクルの柱となる再処理工場をめぐる状況や関係者の思いなどをまとめた。

(政経部・福田悟、野辺地支局・珍田秀樹)

使用済み核燃料を使ったアクティブ試験が始まる日本原燃・六ケ所再処理工場

サイクル始動㊥

六ケ所再処理工場アクティブ試験

隣県の異議

事業者説明に不満募る

「ワカメや海藻類、ホタテやサケ…みんな、三陸ブランドに誇りを持っている。もしそれが放射性物質に汚染されたら…青森の人にも分かるでしょ、この気持ち」。二十七日、岩手県久慈市内。六ケ所再処理工場の最終的な試運転（アクティブ試験）に懸念を示す五十代の会社員男性が、そう漏らした。久慈、宮古両市での日本原燃の説明会を翌二十八日に控えていた。

久慈市での説明会は約二百人が会場を埋めた。試験開始で放射性物質の海洋放出を心配する岩手県普代村の関係者は「海に放出するから三陸沿岸の人々の不安をあおる。六ケ所村や青森県の中だけで処理できないのか」と質問、拍手が続いた。漁業者ら岩手県民の拒否反応の根底にあるのは、放射性物質の放出という目に見えないものへの不安だ。岩手県には医療用以外に原子力施設がない。県民のほとんどは今回、いわば初めて身近な問題として原子力政策に向き合ったともいえる。

住民感情を逆なで

原子力施設の事故やトラブルの度に、国や事業者は「地域の住民、国民の理解を得て原子力政策を進める」と繰り返してきた。だが、岩手での疑問、不安の声の噴出は、理解を得る努力が国民全体どころか隣接県にすら及んでおらず、実効性の乏しさを露呈した。

岩手県での説明会は結果的に実現したものの、日本原燃は当初、同県や三陸沿岸十五市町村長が要求した地元での説明会開催を渋り、六ケ所村での開催を通知。「不誠実だ」と岩手側は一斉に反発した。

岩手側で高まる異議の声について、電力関係者の中には、青森県内での運動に限界を感じた反核燃グループが、反対運動がまだ活発でない岩手での運動に軸足を移したからではないか—との見方もある。だが、それだけで十五もの市町村長らに広がった危機感を説明できるはずがない。

説明会で事業者ら主催者側は、放射性物質の海洋放出について「放出水はいわば、やかんの湯気を冷やしてできたようなもの。きれいな水にして放出する」「どう考えても、六ケ所沖で拡散・希釈された放射性物質が、（三陸に）固まって来るようなとらえ方は考えられない。非科学的論理を広げている人がいるのか」などと発言。理解を得ようと重ねたはずの言葉が、むしろ参加者の気持ちを逆なでする場面もあった。会場からは「しょせん企業側の論理。説明が本当なのか判断できない」との声も漏れた。宮古会場では、時間の関係で質問できなかった参加者から不満を訴える怒号が飛び、騒然となった。

消えない"傷"の痛み

本県と六ケ所村が日本原燃と安全協定を締結した二十九日、宮古市の熊坂義裕市長は「岩手での説明会は既成事実をつくるためだったのではないか」とする抗議文を、本県と原燃に送った。

一方、再処理工場の地元・六ケ所村。六十代の男性は、岩手の動向について「まるで二十年前の村の騒ぎを見ているようだ」と振り返る。核燃施設立地をめぐり村内は賛否で真っ二つに割れ、家族、親類同士すら対立した。月日が経ったとはいえ、深く刻み込まれた"傷"の痛みは消えてはいない。それをうかがわせたのが二十二日の六ケ所村議会全員協議会だ。

県議会自民党会派の議員総会で県議が「（原子力施設立地で）六ケ所村が独り勝ちしては駄目」と発言したと一部で報じられると、全員協で村議が「村民を愚弄（ぐろう）している」と猛反発した。長く苦しい時代、多大な犠牲を払ってきた—との思いを抱えているからにほかならない。当の自民党県議は後日「誤解だ」と釈明したが、発言は立地地域の心理の敏感な部分を刺激した。

「国民の理解」を強調してきた国、事業者側と、「説明責任」を求める岩手側のずれは現在も埋まっていない。岩手の訴えを、六ケ所村民も複雑な思いで見つめている。

放射性物質の海洋放出に、不安を訴える声が相次いだ説明会＝岩手県久慈市

2006年3月31日

サイクル始動 ㊦
六ケ所再処理工場アクティブ試験

原子力再興

「追い風」生かせるか

「なぜ急いで再処理工場を動かし、プルトニウムを取り出すのか。再処理工場から排出される放射性廃棄物は、子々孫々の代まで管理しなくてはならない代物だ。電気をつくる仕組みは原発ばかりではない」

「その意見は間違いだ。今、原子力発電を止めれば、火力発電に全面的に頼ることになる。そうなると炭酸ガスによって地球温暖化がさらに進み、むしろ子孫に悪い影響を与える。今、人類が文化的な生活を維持するには、原子力はやむを得ない選択だ」

三月九日、青森市民文化ホールで開かれた県主催のアクティブ試験の説明会。試験開始に異議を唱える参加者に対し、蝦名武副知事は持論を展開し、核燃料サイクル推進の必要性を訴えた。

蝦名副知事の強気の発言の背景には〝原子力ルネサンス（再興）〟といわれる世界的な原子力再評価の動きがある。

各国で新設の動き

例えば、米国は、将来のエネルギー需要が大幅に増加するという予測や近年の原油価格高騰を受け、四半世紀ぶりに原発新設に動きだした。使用済み核燃料を直接処分するワンスルー路線から再処理路線への復帰も検討している。

英国も原発新設に傾きつつある。既存の原発が老朽化する一方、頼りの北海油田のガス生産が低下し、発電用のガス輸入が急増していることが要因だ。経済成長に伴い、エネルギー需要が急激に高まっている中国は、二〇二〇年までに原発を三十六基建設するという大胆な計画を打ち出した。

高速増殖炉「もんじゅ」ナトリウム漏れ事故や東海村臨界事故、美浜原発死傷事故などによる原子力不信の高まりで、長く停滞していた日本の原子力開発にも明るい兆しが見えてきた。

今月二十六日には佐賀県が玄海原発3号機のプルサーマル（軽水炉でのプルトニウム利用）実施を了解。二十九日には、四国電力・伊方原発3号機が経産省から原子炉設置変更許可を受けた。プルサーマルを当面の柱とした核燃料サイクル実現への道は、徐々に開けてきた感がある。

「プルサーマル実施の大きな流れが確実にできてきた。各電力会社の懸命の努力も伝わってきている。二〇一〇年度までに全国十六―十八基の原発でプルサーマル実施という電力業界の目標は達成できると確信を持って言える」。三十一日、アクティブ試験開始後の記者会見で、日本原燃の兒島伊佐美社長は、再処理事業の前提となるプルトニウム利用の進展に大きな自信を示した。

しかし、原子力施設の場合、「もんじゅ」に象徴されるように、いったん事故を起こし、対応を誤れば、再稼働まで数年を要するケースも珍しくはない。国、電力業界が〝追い風〟を生かし、核燃料サイクルの実現に結び付けるためには、六ケ所再処理工場の安定操業が必要不可欠となる。

核不拡散などの観点から再処理凍結を求める国際圧力の可能性も消えたわけではないだろう。①米国次期大統領選の有力候補とされる民主党のヒラリー・クリントン上院議員は核不拡散への関心が大きい②中国、韓国、北朝鮮といった東アジア諸国は日本のプルトニウム利用を快く思っていない―ことなどが要因だ。

「日本は特別」通らず

「原子力、とりわけ再処理やウラン濃縮は核兵器と裏腹の関係にある。日本だけは特別だ、というのは国際的には通らない論理だ。〝原子力ルネサンス〟と浮かれてばかりいると、外圧で足元をすくわれかねない。国内だけでなく国際的な風向きもしっかり見極めて慎重に事業を進めるべきだ」

核不拡散を掲げたカーター米国大統領の時代に外務省初代原子力課長として日米原子力交渉に当たり、国内再処理実施に米国の了承を取り付けた金子熊夫エネルギー戦略研究会会長（六九）はこう強調している。

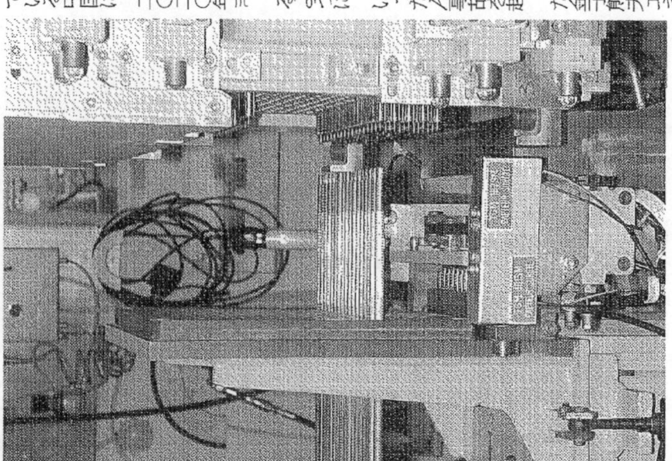

プルサーマルに使われるMOX（ウラン・プルトニウム混合酸化物）燃料棒＝フランス・メロックス社のMOX燃料工場

2006年4月1日

最終処分の行方 ▶上◀

高レベル廃棄物　東通村が意欲

原発20基分の用地

構想縮小で〝後続〟模索

東通村の越善靖夫村長が高レベル放射性廃棄物の最終処分場受け入れに意欲を示し、波紋を呼んでいる。本県は、六ケ所村での核燃料サイクル事業との絡みで、本県を最終処分地にしないよう国に求め続けてきた経緯がある。越善村長が最終処分事業に関心を示したことは、いわば本県の原子力政策の〝タブー〟にまで踏み込んだ格好。問題の背景や最終処分事業の現状をまとめた。

（政経部・福田悟、むつ支局・清藤敬、夏坂昌芳）

◇　◇

むつ市で立地計画が進む使用済み核燃料中間貯蔵施設。この中間貯蔵施設の立地を東京電力が当初、東通村に打診していたことは電力業界内ではよく知られた話だ。東通村が放射性廃棄物関連施設の受け入れに関心を寄せ始めたのは、この東京電力の打診がきっかけだったようだ。

東電の打診棚上げ

一九六〇年代の高度経済成長期に打ち出された東通原発構想は、計二十基の原発を建設する壮大なものだった。むつ小川原工業開発計画の頓挫に伴い、構想は大幅縮小となった。たとえ現行計画通り原発を四基建設したとしても広大な用地が残される。原発の港湾施設を利用できることも東京電力には魅力だった。

村幹部は、まずは計画通り原発を建設することが先決―としたため、東京電力の要請は棚上げとなった。結果的に中間貯蔵施設は、隣接するむつ市にさらわれた格好になり、村幹部はじだんだを踏んだようだ。

しかも、当初は難色を示していた三村申吾知事は二〇〇五年十月、自民党県連の意向に応えて立地に同意。「手順に時間をかけながらも、最終的には原子力施設立地を認める」（県内のある首長）三村知事の〝寛容さ〟に越善村長が期待したとしても不思議ではない。

越善村長が執着した原発の建設は、東京電力が十二月に東通原発1号機の準備工事を開始し、道筋が付いた。「東京電力は当面、新たな中間貯蔵施設は必要ない。東北電力の場合は、女川原発の貯蔵プールにまだ余裕がある」（電力幹部）。原発に続く原子力施設として、村長の関心は残されたビッグプロジェクト、高レベル廃棄物最終処分事業へと傾いていった。

「東通村には当初、原発が二十基建設される予定で、広大な敷地が確保されているが、完成したのは一基のみ。二基目以降の建設は不確実だ。村長はその用地を転用して迷惑料を得たいのだろう」。原子力委員会の新長期計画策定会議委員を務めた吉岡斉・九州大学大学院教授（科学技術史）はこう指摘する。

国の確約も不透明

本県を最終処分地にしない―との国の確約にしても絶対的なものとは言えない。当時の科学技術庁が一九九四年に本県に提出した回答書は「知事の意向に反する形では」という趣旨の条件付き。つまり、知事さえ了解すれば、最終処分地にできるとも読める内容だ。

当時、国に確約を求めるよう北村正武知事に進言した土田浩・元六ケ所村長は今、こう話している。「地盤・地層からいっても六ケ所村か東通村が最終処分の適地だと思う。そんなにいい場所は日本にはないもの。恐らく日本原燃や政府はそれを期待しているだろう。これは知事の判断になるが、本県を最終処分地にしないとの国の約束だって、状況の変化によっては変えざるを得ない時代が来るのではないか」

六ケ所村の「高レベル放射性廃棄物貯蔵管理センター」で検査を受ける、海外から返還された高レベル廃棄物ガラス固化体（日本原燃提供）

2007年1月3日

最終処分の行方 ▶中◀

高レベル廃棄物　東通村が意欲

3兆円事業

原発10基立地に相当？

「六ケ所村が進めている核燃料サイクル事業なら、企業誘致と言える。しかし、高レベル放射性廃棄物の最終処分の場合は企業誘致とは説明しにくく、住民も心配している。どうやって住民の理解を得ればいいのか…」

昨年十月二十三日、六ケ所村役場。最終処分場誘致を検討するため六ケ所村を訪問し、同村幹部と意見交換した滋賀県余呉町の議員団からこんな声が漏れた。

「私どもの方から説明させてほしい」。六ケ所村幹部が答えに窮していると、意見交換に同席していた原子力発電環境整備機構（最終処分事業の実施主体）の林弘理事はこう切り出した。

林理事によると、最終処分場で埋設される高レベル廃棄物（ガラス固化体）は少なくとも四万本以上。これらを埋めるため、地下に二百数十㌔のトンネルを約五十年かけて掘り進める。工場でガラス固化体を「オーバーパック」という金属製容器に入れ、「ベントナイト」という粘土で固める作業も必要になる。

「長期の公共工事」

「五十年ぐらいの間、公共事業が発生するということになるし、金属製容器に入れたり、粘土で固めるための工場が必要になる。そういう意味では企業誘致であり、公共工事が長期にわたり続くものと理解してほしい。当然、関連企業もいろいろと来るのではないか」。最終処分場誘致に伴う経済波及効果について、林理事はこう強調した。

最終処分施設の建設開始から操業、閉鎖までは六十年程度と見込まれるため、事業費も膨大だ。国の試算では、技術開発、調査、用地取得、設計・建設、操業、解体・閉鎖などを含めると約三兆円にも上る。

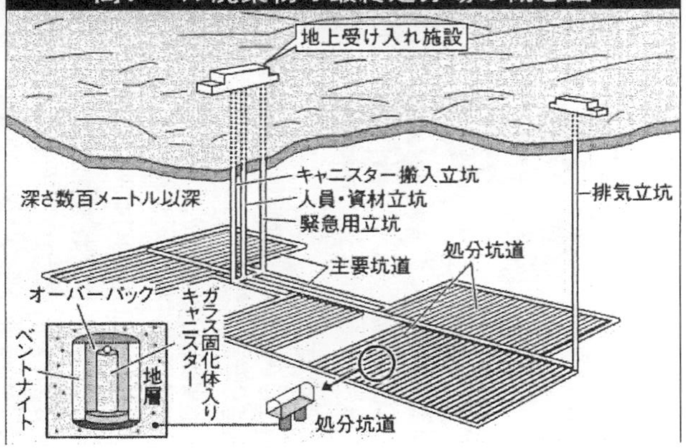

高レベル廃棄物の最終処分場の概念図

原子力委員会の新長期計画策定会議委員を務めた吉岡斉・九州大学大学院教授は「最終処分事業は現在の見積もりでは約三兆円だが、大幅に跳ね上がる可能性があり、原発十基分、またはそれ以上の巨大施設が立地すると考えればよい。そうなれば、東通村は、隣接する六ケ所村と双へきをなす核燃料サイクル基地となる」と見ている。

最終処分施設の建設・操業に伴い想定される経済波及効果は、国の試算によれば次の通り。

▽立地市町村を含む都道府県での地元発注額は約七千四百億円（年間約百二十三億円）▽生産誘発効果は約一兆六千五百億円（年間約二百七十五億円）▽立地市町村の固定資産税収入は約千六百億円（年間約二十七億円）

地域振興に期待大

「施設立地に伴う各種交付金、助成金があるほか、核燃料税も極めて大きい」と地域振興効果に太鼓判を押すのは「原発を誘致しよう！―優れた電源、地域振興で大きな成果」の著者がある経済評論家、渡部行氏。渡部氏は「青森県の方針も尊重しなければならないが（東通村長の意向は）原子力政策を推進している国、電力業界は大歓迎するだろう」と解説する。

「財政効果うんぬんの話をしているのではない。日本のエネルギー政策を総合的に考えたとき、しっかりと進めるべきだ、ということ」。越善靖夫・東通村長は最終処分事業について、こう話しているが、周辺市町村との合併を見送り、自立の道を選んだ同村にとって魅力的なビッグプロジェクトと映っているのは間違いなさそうだ。

2007年1月4日

最終処分の行方 ▶下◀

高レベル廃棄物 東通村が意欲

原発隣接地へ設置

北欧の事例がヒント

「長年の地道な広報活動により住民理解が得られている原子力立地・周辺市町村の方が最終処分事業についても理解を得られやすい」「自分の地域で出た廃棄物は自分の地域で処理する—という考えに基づき物事を進めるのは当然だ」—。

高レベル放射性廃棄物最終処分場の選定について、越善靖夫・東通村長は本紙インタビューで何度もこう強調した。念頭にあるのは、二〇〇一年に世界で初めて最終処分場の建設予定地を国会で決めた北欧フィンランドの先進事例のようだ。

中・低レベルも処分

日本原子力産業協会の資料によると、フィンランドの最終処分予定地はオルキルオト原発に隣接したユーラヨキ地点。高レベル廃棄物（同国は使用済み核燃料を直接処分）最終処分の実施主体、ポシヴァ社は〇四年六月、同地点で処分場建設の前段階となる地下研究施設の建設に着手した。最終処分場は一二年着工、二〇年操業開始の予定。

中・低レベル廃棄物を各原発の敷地で処分しているのも同国の特徴だ。

「高レベル廃棄物を〝核のごみ〟としてとらえるのではなく、最終処分は将来性のある産業としてやっていけるのではないか—と地元住民は考えているようだ」。数年前に現地を訪れたという科学ジャーナリスト、東嶋和子氏は、昨年十一月に青森市で開かれたエネルギーシンポジウムの中で、こう紹介した。

ポシヴァ社がユーラヨキ地点を選定したのは、①同国で発生する使用済み核燃料の大半を占めるオルキルオト原発に隣接していて、輸送作業を大幅に削減できる②同原発のインフラを利用できる③地元住民の60%が最終処分場の誘致に賛成している—などが理由。

高レベル廃棄物（ガラス固化体）が出る六ケ所再処理工場に近く、原発も抱える東通村との共通点が多い。東通村は電力関係者が「日本で最も原発に寛容」と口をそろえる地域でもある。

「県は容認」の見方も

ただ、フィンランドには原発が二地点にしかないのに対し、日本は十七地点。本県は低レベル廃棄物の最終処分を引き受け、高レベル廃棄物と使用済み核燃料の中間貯蔵も担っているという事情もある。〝負の遺産〟をこれ以上、引き受けることについては「相当、県民に抵抗がある」（蝦名武副知事）だろう。

それでも青森県が最終的には越善村長の考えを容認するのではないか—との見方は少なくない。

「下北半島の原子力施設誘致は、原子力船『むつ』の誘致以来、ある市町村がある原子力施設を誘致すれば、別の市町村は他の施設の誘致に走るという玉突き現象の歴史でもあった。〝歴史は繰り返す〟という言葉がある」と指摘するのは、むつ小川原開発を題材にした「巨大地域開発の構想と帰結」の著書がある長谷川公一・東北大学大学院教授（環境社会学）。

原子力委員会の新長期計画策定会議委員だった吉岡斉・九州大学大学院教授は「相談なしの東通村長の意向表明に青森県が表面上は不快感を示したとしても、やがて共同歩調をとる可能性が高い」と予測する。「東通村への最終処分場立地が実現すれば、青森県は電気事業者や国に対して有力な〝人質〟を獲得し、さらに強力なバーゲニングパワー（交渉権）を得られるためだ」という。

高ベータ・ガンマ廃棄物の処分施設設置に向け、日本原燃が六ケ所村尾駮の地下100㍍に造った試験空洞（日本原燃提供）。高レベル廃棄物の場合は、地下数百㍍に坑道を掘って処分する

2007年1月5日

本格着工

むつ中間貯蔵施設

▶1◀

交付金、欠かせぬ財源

財政再建

「ホッとしました」ー。27日午後、むつ市役所で、リサイクル燃料貯蔵（ＲＦＳ）の黒田雄二常務から工事計画認可の報告を受けた宮下順一郎市長は何度もこう繰り返した。

「8月中の着工」は市にとって大きな意味を持つ。電源立地地域対策交付金のうち、周辺地域相当部分の対象に中間貯蔵施設が算入され、増額となることがほぼ確定したからだ。規定では、9月1日以降の着工分は翌年度からの交付となり、市幹部や職員は認可の知らせを落ち着かない気持ちで待っていた。

中間貯蔵施設と周辺町村の原発により、市はここ数年、年間20億円を超える交付金を受けている。本年度は当初予算で約22億5千万円の見込み。2008年度までに市が受けた電源立地地域対策交付金は198億4836万円に上った。

市は、交付金を消防署や保育所など公共施設の運営、人件費に充てている。財政基盤が弱い市にとって交付金は今や欠かせない財源の一つだ。宮下市長が最重要課題に掲げる財政再建の原資としても期待は大きい。

親会社からも〝恩恵〟

むつ市は05年3月、川内、大畑、脇野沢の3町村と合併。05年度決算時点で24億880万円の累積赤字を抱え、06年度から、交付金を活用した新たな赤字解消計画に取り組む。

一部の交付金を前倒しで受けるなどし、赤字額を09年度決算時で7億3100万円にまで圧縮。「交付金で赤字を穴埋めするわけではないが、赤字解消を進めながら事業ができるのは事実。貢献度は高い」。宮下市長は率直にこう話す。

ただ、川内、大畑、脇野沢の3診療所が抱える、40億円を上回る不良債務が市の財政に重くのしかかる。市は、経営健全化を支援する計画で、本年度も約5億8千万円を一般会計から繰り出す。

〝恩恵〟は交付金だけではない。06年、旧ショッピングセンターへの市役所庁舎移転を検討していた市に、ＲＦＳの親会社である東京電力と日本原子力発電が計15億円を寄付。移転は09年9月に完了した。さらに操業が始まり、金属製キャスク（使用済み核燃料を貯蔵する専用容器）が搬入されれば、相応の固定資産税も期待できる。

「マネー、麻薬のよう」

こうした市の財政運営に対しては疑問の声もある。社民党県連の奈良岡克也副代表は「〝核燃マネー〟は一度もらうと麻薬のような効果をもたらす。地方財政の健全性を損なうのではないか」と批判する。これに対し、宮下市長は「原子力産業の発展に貢献し、行政として地域住民のためにしっかり使っていくのが役目」と反論する。

雇用創出効果は小さく

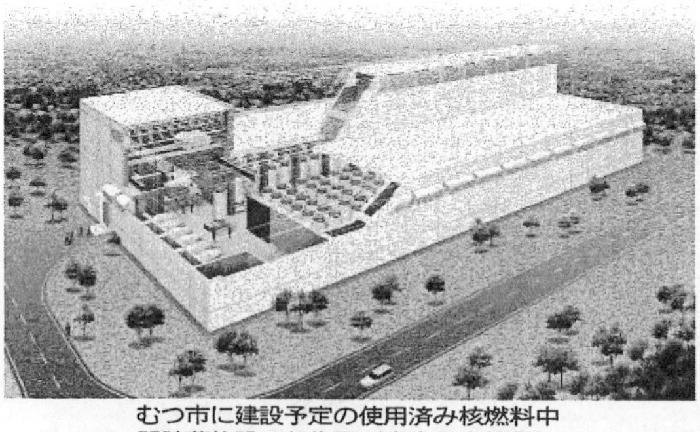

むつ市に建設予定の使用済み核燃料中間貯蔵施設の想像図（東京電力提供）

一方で、地元関係者の期待が大きかった雇用創出は難しいようだ。操業後の主な業務は監視や管理。現在、職員約50人が働いているが、基本的には現状維持の方針だという。久保誠社長は「安全性の規制は厳しいが、構内で使う資材の一部について、地元企業とメーカーと連携して製作できないか考えている。地域共生を目指したい」と話している。

◇

むつ市が2000年に東京電力に立地可能性調査を要請してから10年。国内初の使用済み核燃料中間貯蔵施設が31日、本格着工を迎える。施設立地に寄せるむつ市の期待や将来展望、立地までの経緯などをまとめた。

（むつ支局・加藤景子、政経部・福田悟、安達一将）

2010年8月28日

本格着工

むつ中間貯蔵施設

▶2◀

事業者との合意 急務

市、県の動向にも注目

新税構想

「むつ市に貯蔵される使用済み核燃料は、いずれ再利用される『資源』。財産として、当然、課税対象になると考えている」

2年後に予定される中間貯蔵施設の操業開始を前に、市は「使用済み核燃料税」（仮称）の創設を目指している。宮下順一郎市長は、課税自主権を行使して、新たな自主財源を確保したい考えだ。

全国ではすでに、新潟県柏崎市と鹿児島県薩摩川内市が使用済み核燃料税を導入、原発の敷地内に保管・貯蔵されている使用済み核燃料に課税している。2008年度、柏崎市は約5億5700万円、薩摩川内市は約2億9300万円の税収があった。

税収は安全対策に

むつ市が新税構想を公表したのは08年5月。09年には課税の素案を完成させたが、その内容は明らかにされていない。現時点では、使い道を特定しない「法定外普通税」として新税を導入する方針で、税収は住民の安全対策などに充てる―としている。

宮下市長は「住民の防災意識の高揚、ライフライン整備、イメージ向上、原子力施設との共生など安心・安全にかかわる事業の財源としたい」と述べる。

新税創設には、議会で条例を可決した後、国の同意を得なくてはならないが、何よりもまず、「納税義務者」となるリサイクル燃料貯蔵（RFS、本社むつ市）との合意が大前提だ。操業開始と同時に課税を行いたい市は「31日に本体工事が始まったら本格的な協議に入りたい」と意気込むが、一方のRFS側は、現段階で「課税は反対」との姿勢だ。

久保誠社長は「他市の前例もあるし、むつ市の言うことは分かるが…。今は会社として収入もない状態。課税は困る」と当惑気味に語る。両者が合意に至るまでの道のりは険しいことが予想される。操業開始予定の12年7月まで、残された時間は限られている。

課税「状況みて検討」

RFS側との接触を進めつつ、市は同時に、県の動向にも注目している。県も課税に踏み切るのではないか―との懸念があるからだ。

県は現在、核燃料サイクル施設に搬入・貯蔵されている使用済み核燃料や放射性廃棄物などに、法定外普通税「核燃料物質等取扱税」を課している。現行の条例の期限は12年3月末で、中間貯蔵施設は含まれていない。

今後、12年4月1日からの5年間について条例を更新する方針で、県税務課は「中間貯蔵施設についても、立地により県としてどのような財政需要が生じるのか、県内の原子力施設の状況などをみて総合的に検討したい」としている。

宮下市長は「市は市として、与えられた課税自主権を主張していくだけ。県の理解はいただけると考えている」と強調している。

使用済み核燃料に課税している２市の事例

	柏崎市（新潟県）	薩摩川内市（鹿児島県）
条例	市使用済核燃料税条例	市使用済核燃料税条例
種類	法定外目的税	法定外普通税
実施日	2003年9月30日	2004年4月1日
課税客体	原発での使用済み核燃料の保管	原発での使用済み核燃料の貯蔵
納税義務者	原子炉設置者	発電用原子炉の設置者
課税標準	1月1日時点で、保管する使用済み核燃料の核分裂をさせる前の重量	4月1日時点で、貯蔵されている使用済み核燃料のうち、1つの原子炉につき157体を超える数量
税率	1キロにつき480円	1体当たり25万円

2010年8月29日

本格着工
むつ中間貯蔵施設
▶3◀

第1候補地は東通村

「原発が先」と村長難色

消えた立地計画

「（東通村の）越善靖夫村長の元を訪れ、東通に使用済み核燃料中間貯蔵施設を置かせてほしい—とお願いしました。それが最善でした。われわれの広大な土地があるし、いずれ東通原発を造るわけだから、すごくいい。第一優先は東通村、次善の策がむつ市—という感じだったんです」

東京から電車で1時間半。相模湾に面した神奈川県二宮町は早咲きの菜の花で知られる。元東京電力常務の二見常夫氏（67）＝現・ビジネスブレークスルー大学大学院教授＝は閑静な住宅街の一画にある自宅で、むつ中間貯蔵施設立地〝前夜〟のエピソードを語り始めた。2000年秋ごろのことだという。

当時、東通村に隣接するむつ市の杉山粛市長＝故人＝が東京電力に同施設の誘致を打診したことが表面化していた。東京電力から明確な回答はない—とも杉山市長は話していた。背景にはこんな事情があった。

全国の原発で発生する使用済み核燃料は年間約900〜千㌧。これらは各原発の貯蔵プールで保管した後、日本原燃・六ケ所再処理工場（最大処理能力年800㌧）で再処理する計画だ。しかし、同工場が計画通り稼働しても、10年ごろには貯蔵プールの容量が不足すると当時、予想されていた。中間貯蔵施設の整備が電力業界の大きな課題だった。

中間貯蔵施設立地計画について証言する二見氏＝神奈川県二宮町の自宅

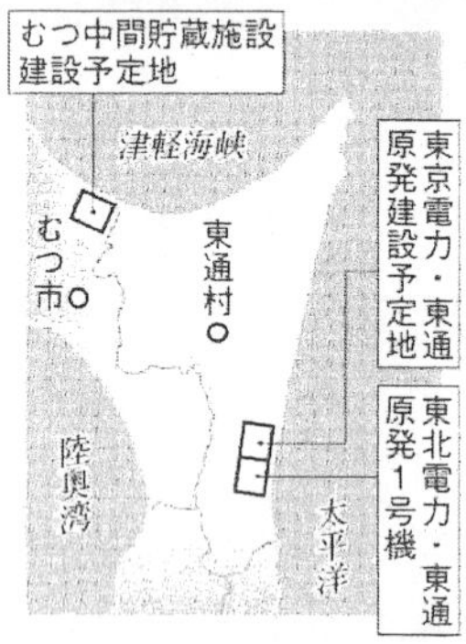

うってつけの場所

東京電力は東通村に原発建設予定地を保有している。高度経済成長期の1970年代に取得した敷地は約450㌶。原発10基を建設できるだけの広大な用地が手つかずで残っていた。原発用地に中間貯蔵施設を造れば、いずれ建設することになる原発専用港を使用済み核燃料の搬入に使える。東京電力にとって、まさにうってつけの場所だった。

「しかし、越善さんは非常にはっきりしてました。『われわれは30年以上にわたり原発を誘致してきた。それが中間貯蔵施設になってしまっては、原発誘致に命をかけた歴代リーダーの後を引き継いだ者として受け入れられない』と言うんですよ」。二見氏は当時の越善村長との会談をこう振り返った。

東通村議会が原発誘致決議をしたのは1965年。85年着工、90年運転開始予定だった東通原発計画は遅れに遅れていた。

〝ひき延ばし作戦〟

「原発を誘致しているのに、中間貯蔵施設と言われても…。住民は当然、『ばかげた話だ』と思うでしょう。先人が将来の東通村をどうしていくのか見極めた上で、やはり原発しかないと誘致したわけですから。『原発を造ることが先決。それによっては考えましょう』と（二見氏に）答えました」。越善村長の回顧だ。村長によると、二見氏の前に、東京電力副社長で、後に日本原燃社長を務めた人物からも中間貯蔵施設の立地要請を受けていた。村にとって、中間貯蔵施設立地は原発建設の〝ひき延ばし作戦〟に思えた。

東通村は、度重なる東京電力の施設立地要請に最後まで首を縦に振らなかった。東京電力が狙いを定めた第1候補地の立地の可能性はしぼんだ。これ以降、同社は、むつ市への施設立地に急速にかじを切ることになる。

2010年8月30日

本格着工

むつ中間貯蔵施設

▶5◀

地元合意形成へ新手法

理解促す〝準備期間〟に

立地可能性調査

むつ市が使用済み核燃料中間貯蔵施設の誘致に正式に名乗りを上げたのは2000年11月。これを受け、同社は翌01年1月、むつ市関根浜港周辺で立地可能性調査を始めた。

「むつの中間貯蔵施設立地はなぜ、うまくいったのか—と多くの人から聞かれますが、『立地可能性調査』という形でスタートしたのがポイントです。今までの立地のやり方は、事業者側が計画を決めてから地元にお願いすることが多かった。要するに地元有力者を視察に連れていき、水面下で取り決めるようなやり方。それは古いやり方だと思いました」。元東京電力常務の二見常夫氏(67)の回想だ。自治体の要請を受けてから、事業者側が立地可能性調査に乗り出すのは原子力施設立地では画期的な新手法だった。

国予算で施設を視察

東京電力は、むつ市が広報活動費として電源立地地域対策交付金を活用できるよう、国に働きかけることも忘れなかった。これにより、むつ市は国の予算を使って、県外の関連施設の視察に市内各団体を堂々と案内することができるようになった。

二見氏は常務に昇格する前、福島県大熊町にある東京電力・福島第1原発の所長だった。住民の合意形成のためには、十分な準備期間が必要—との考えは、大熊町長との会話がヒントになっているという。

01年5月、東京電力・柏崎刈羽原発のある新潟県刈羽村で行われたプルサーマル（軽水炉でのプルトニウム利用）計画をめぐる住民投票では、反対票が賛成票を上回り、衝撃が走った。

「みんな反対になる」

「住民投票は公選法の対象外だから、戸別訪問も構わないし、酒を持参してもいい。首長選挙と同じ期間で選挙運動みたいなことをやって投票するので、みんな反対になる。2年ぐらいの準備期間があればいいんだが…」。大熊町長はこう漏らしたという。

立地可能性調査の項目は気象、地盤、水理、地震など6項目だった。東京電力が調査終了まで丸々2年かけたのは偶然ではない。

「立地可能性調査は市民が勉強する期間でした。結果的に市を二分するような、のっぴきならない対立状態を引き起こさずに済みました。それは十分なリードタイムがあったから。それに尽きると思います」と二見氏。

立地可能性調査は反対派の批判をかわす〝避雷針〟の役割も果たした。反対派が「立地に反対」などと追及しても、市や東京電力は「建設するとは決まっていない」としばらくの間、反論できた。

「杉山粛市長（当時）＝故人＝はぜひ誘致したい—という姿勢でしたが、順序として、いきなり誘致では住民の理解を得られにくい。そこで、適地かどうかの判断からスタートしました。ある意味では画期的で、こうあるべき—という手法でした」。東京電力に立地可能性調査実施の要請書を持参した元むつ市助役の二本柳雅史氏(73)は、同社の手法を今も評価している。

本体工事が始まった中間貯蔵施設の建設予定地＝31日、むつ市関根

2010年9月2日

本格着工

むつ中間貯蔵施設

▶6◀

キャスク

原子炉の技術を応用

使用済み核燃料中間貯蔵施設の安全性を維持する上で、大きな役割を果たすのが「キャスク」だ。たる状の金属製容器で、1基の総重量は約120トン。

リサイクル燃料貯蔵（RFS）がむつ市に建設する施設では、日本初の本格的な輸送貯蔵兼用キャスクを導入する計画。貯蔵時は縦向きに建屋床面に固定し、約50年間保管する。

「経験生かしたい」

「キャスクは、原発の圧力容器に相当するクラスの（精密さが求められる）製品。製造や品質管理に、これまで原子力発電所建設で培った経験を生かしたい。キャスクはすでに東海第2原発（茨城県）に2基納めた実績があり、自信を持ってむつ市の施設に納品できる」

こう胸を張るのは、日立GEニュークリア・エナジー（本社・東京）の津山雅樹事業主管。RFSが使うキャスク製造を請け負うメーカー3社のうちの1社で、沸騰水型軽水炉（BWR）向けのキャスクを製造する。

キャスクは、使用済み核燃料の長期保存に耐え、輸送時の事故なども想定すると、十分な強度と安全性を確保することが必要だ。

日立GEニュークリア・エナジーは、中間貯蔵施設の安全性を高めるため、キャスク製造にいくつもの工夫を凝らすという。例えば、キャスク内部の中性子遮へい体に、日立グループ企業で共同開発したレジン（樹脂）を用いる。国内生産することで、安定供給や一貫した品質管理を可能にする。

使用済み核燃料を収納する格子状のバスケット（仕切り板）には、中性子を吸収するボロンを含んだステンレス鋼を使う。「ボロンは原発の制御棒にも使われている物質。また、溶接部をなくすため、私たちの設計ではバスケット材にスリットを入れて互いにはめこむ『菓子折り構造』を採用します」と津山事業主管。

さらに、キャスクのふたは二重構造にする。放射性物質の閉じこめ機能を強化するため、キャスク内部と、1次ぶた・2次ぶたの間にヘリウムガスを注入する。ふたには、ガスの漏れを監視する装置を設置する計画だ。

「毒性高い」指摘も

地元で反対活動をしている団体は「六ケ所再処理工場の試運転が難航し、使用済み核燃料の搬出が現時点で確実でない。むつ市に半永久的に貯蔵され『核のゴミ捨て場』になるのではないか。使用済み核燃料の放射性物質は高い毒性を持ち、貯蔵だけでも極めて危険。安全性は信用できない」（「核の『中間貯蔵施設』はいらない！下北の会」の野坂庸子代表）と批判している。

多重防護で安全確保図る

これに対し、津山事業主管は、劣化が想定される原因は熱と放射線が大きい―とした上で「想定温度を模擬した電気ヒーターを試作機に突っ込んだり、実際の数値をはるかに上回る放射線量を当てたりなど、試験を行ってデータを取り、どのくらい劣化が進むのかを確認している。（試験での熱や放射線の）強さは想定以上の数値で、それ以上になることは物理的にあり得ない」とキャスクの安全性を強調している。

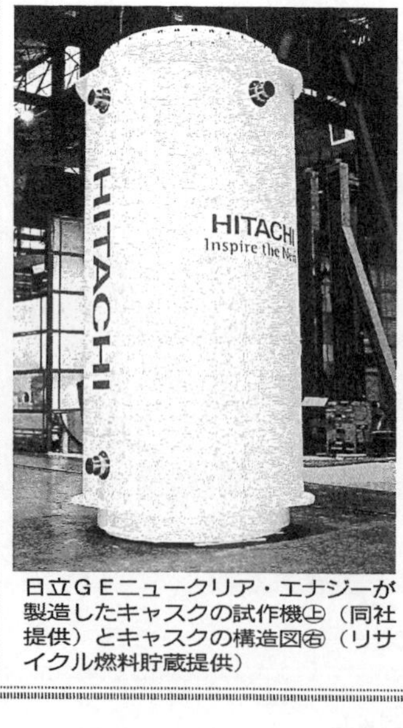

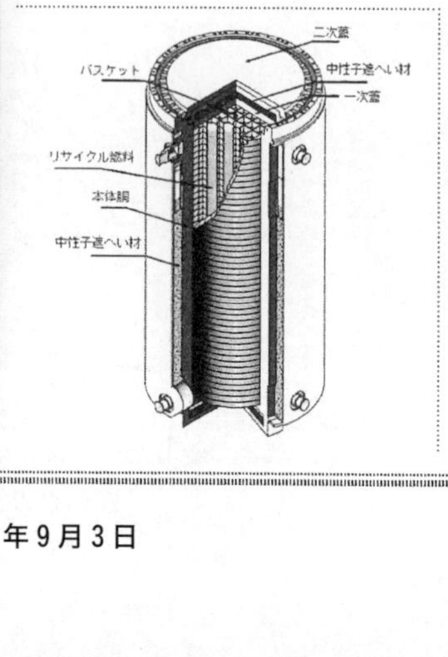

日立GEニュークリア・エナジーが製造したキャスクの試作機㊤（同社提供）とキャスクの構造図㊨（リサイクル燃料貯蔵提供）

2010年9月3日

本格着工

むつ中間貯蔵施設

▶7◀

「安全性十分な対策」

久保ＲＦＳ社長に聞く

期間過ぎれば必ず搬出

「掘削開始」。8月31日、リサイクル燃料貯蔵（ＲＦＳ）の久保誠社長の号令とともに、掘削用の重機が音を立てて動きだす。杉山粛むつ市長（当時、故人）の事実上の誘致表明から10年、使用済み核燃料中間貯蔵施設の本格着工が始まった瞬間だ。久保社長は着工に先立つ7月、本紙インタビューに「安全性を第一義に進めたい」と決意を語った。県民の間に根強く残る最終処分地化への不安についても、一時貯蔵後は必ず県外に搬出することを強調した。

一問一答は次の通り。

―キャスク、施設の安全性は。

「基本的にキャスクの中で放射性物質を閉じこめるので、外に漏れ出すことはない。閉じこめ、遮へい、臨界防止、防熱の4機能の安全性は十分に対策がなされている。建屋についても、新潟県中越沖地震などを加味しながら最新の知見を導入した耐震設計になっている」

「環境面で大事なのは放射線の遮へい。モニタリングポストを使って24時間、瞬時のデータを出せるようにしたい。工事中の環境対策も進めている」

―最長50年とされるキャスクの貯蔵期間について「65年ではないか」という声もある。

「50年と言ったのに何で65年なんだ」と市議会の全員協議会でも誤解があった。1棟目も2棟目も貯蔵期間は50年だが、2棟目を造る時期が10～15年後なので、全体を通すと最長で60～65年が貯蔵期間になる」

「キャスクごとも50年ということ。1棟目が満杯になるまで10年くらいかかる。最初に入ったのは50年だが、最後に入ったのはまだ40年ということ。使用済み核燃料単位で50年以下になることを理解してほしい」

品質保証管理と情報公開の重要性を説明する久保社長＝7月、むつ市のＲＦＳ本社

情報公開を社是に

―情報公開の在り方は。

「会社ができたときに品質保証と情報公開を社是にした。まずは（問題が）起こらないようにすることが大事。社員一人一人の意識の問題だ。自分の造っている設備、施設に愛情を込めるということ。原子力の安全、品質保証は『地域がお客さま』という意識で活動している」

「起こったことはすべて公開しようと。情報公開が地域の安全につながると思っている」

―最終処分の懸念もあるが、貯蔵期間が過ぎれば搬出する姿勢に変わりはないか。

「変わりはない。立地同意の協定書には、搬出する10年前から協議を重ねることになっている。最初の1基目が入った年から40年後には協議を始める。運び先がきちんと決まっていることに期待する。これは国策なので、全国の各電力会社も入ってきちんと決めていただきたい」

魂こめて設備造る

―着工にあたり県民にメッセージを。

「まずは安全を第一義に工事を進めたい。同時に、受け入れ時に齟齬（そご）を来さないように、きちんとした運営マニュアルを同時並行で整備していく。魂をこめて設備を造ることは大切。今まで議論してきたこと、規制当局から言われてきたことをやればきちんとできるはず」

＝終わり＝

2010年9月4日

主要参考文献一覧

単行本

青森銀行, 各年,『青森県民力』青森銀行.

青森県農林部農地調整課, 1976,『青森県戦後開拓史』青森県農林部農地調整課.

青森県立六ヶ所高等学校創立十年記念誌編集委員会, 1987,『十年の歩み』青森県立六ヶ所高等学校.

明石昇二郎, 1990,『六ヶ所「核燃」村長選』野草社.

明石昇二郎・高橋宏, 1992,『一揆―青森の農民と「核燃」』築地書館.

秋元健治, 2003,『むつ小川原開発の経済分析』創風社.

秋元健治, 2011,『原子力事業に正義はあるか―六ヶ所核燃料サイクルの真実』現代書館.

浅石紘爾編著, 1999,『六ヶ所核燃施設を大地震が襲うとき―危険な「安全審査」の実態』創史社.

朝日新聞青森総局, 2005,『核燃マネー―青森からの報告』岩波書店.

朝日新聞取材班, 2007,『震度6強が原発を襲った』朝日新聞社.

安藤良夫, 1996,『原子力船むつ―「むつ」の技術と歴史』ERC出版.

飯高季雄, 1989,『原子力の社会学』日刊工業新聞社.

飯田清悦郎, 1974,『ドキュメント下北開発戦争』現代史出版会.

飯田哲也・佐藤栄佐久・河野太郎, 2011,『「原子力ムラ」を超えて―ポスト福島のエネルギー政策』NHK出版.

石川欽也, 1983,『原子力委員会の闘い』電力新報社.

石川次郎, 1973,『語られなかった〈開発〉―鹿島から六ヶ所へ』辺境社.

岩田雅一, 1990,『岐路に立つ―六ヶ所村の人々と共に』新教出版社.

岩田雅一, 2012,『カオス　抑圧の最前線―六ヶ所から』ラキネット出版.

NHK取材班, 1985,『追跡ドキュメント・核燃料輸送船』日本放送出版協会.

江波戸宏, 2002,『検証むつ小川原の30年』デーリー東北新聞社.

岡本浩一, 2004,『JCO事故後の原子力世論』ナカニシヤ出版.

「核燃料サイクル施設」問題を考える文化人・科学者の会編, 1986,『科学者からの警告　青森県六ヶ所村核燃料サイクル施設』北方新社.

「核燃料サイクル施設」問題を考える文化人・科学者の会, 1989,『「核燃」は阻止できる』北方新社.

活断層研究会編, 1991,『新編日本の活断層』東京大学出版会.

金澤茂, 1991,『弁護士の備忘録』北方新社.

鎌田慧, 1991,『六ヶ所村の記録（上下）』岩波書店.

鎌田慧, 1996,『新版　日本の原発地帯』岩波書店.

鎌田慧, 2001,『原発列島を行く』集英社.

鎌田慧・斉藤光政, 2011,『ルポ下北核半島―原発と基地と人々』岩波書店.

菊川慶子, 2010,『六ヶ所村　ふるさとを吹く風』影書房.

技術と人間編集部編, 1976,『新装版・原子力発電の危険性―調査、資料、理論、そして闘い』技術と人間.

北川山人, 1989,『水鳥たちの哀号―核燃の村は訴える』北の街社.

北村正哉, 1990,『産業構造高度化のために―原子燃料サイクル事業について』内外情勢調査会.

北村行孝・三島勇, 2001,『日本の原子力施設全データ』講談社.

北村行孝・三島勇, 2012,『日本の原子力施設全データ完全改訂版』講談社.

九学会連合下北調査委員会, 1967,『下北―自然・文化・社会』平凡社.

倉沢治雄, 1988,『原子力船「むつ」―虚構の航跡』現代書館.

グリーンアクション・美浜・大飯・高浜原発に対する大阪の会共編, 2000,『核燃料スキャンダル』風媒社.

グリーンピースジャパン・桐生広人, 2001,『核の再処理が子どもたちをおそう』創史社.

グループテクノ・ルネッサンス, 1997,『日本の原子力発電ここが論点』日刊工業新聞社.

原子力安全システム研究所, 2004,『データが語る原子力の世論』プレジデント社.

原子力資料情報室，1998-，『原子力市民年鑑』七つ森書館．
原子力資料情報室・原水爆禁止日本国民会議，2010，『破綻したプルトニウム利用』緑風出版．
原子力のすべて編集委員会，2003，『原子力のすべて』国立印刷局．
小出裕章・渡辺満久・明石昇二郎，2012，『「最悪」の核施設六ヶ所再処理工場』集英社．
小宮山ハル，1981，『夢の陸奥運河―北千島からむつ小川原開発へ』．
坂昇二・前田栄作，2007，『完全シミュレーション　日本を滅ぼす原発大災害』風媒社．
坂本竜彦，1994，『下北・プルトニウム半島』朝日新聞社．
桜井淳，2001，『プルサーマルの科学―21世紀のエネルギー技術を見通す』朝日選書．
笹田隆志，1986，『下北半島「核」景色』自治体運動政策研究所．
佐藤一男，2006，『改訂　原子力安全の論理』日刊工業新聞社．
佐藤智雄編著，1985，『地域オピニオンリーダーの研究』中央大学出版部．
柴田鐵治・友清裕昭，1999，『原発国民世論―世論調査にみる原子力意識の変遷』ERC出版．
島田恵，1989，『いのちと核燃と六ヶ所村』八月書館．
島田恵，2001，『六ヶ所村―核燃基地のある村と人々』高文研．
清水修二，1994，『差別としての原子力』リベルタ出版．
清水修二，2011，『原発になお地域の未来は託せるか』自治体研究社．
清水修二・舘野享・野口邦和，1998，『動燃・核燃・2000年』リベルタ出版．
清水修二・野口邦和，2000，『臨界被爆の衝撃　いま改めて問う原子力』リベルタ出版．
「人生八十年―前青森県知事北村正哉の軌跡」刊行委員会，2000，『人生八十年―前青森県知事北村正哉の軌跡』アクセス21出版．
末永洋一編，1977，『「むつ小川原開発」関係文献リスト（あおもりみんけん資料）』青森県国民教育研究所．
菅江真澄，1971，『菅江真澄全集２　日集Ⅱ』未来社．
杉山邦夫，1998，『原子力船「むつ」から海洋地球研究船「みらい」へ』東京新聞出版局．
鈴木篤之，1985，『原子力の燃料サイクル』電力新報社．
住田健二，2000，『原子力とどうつきあうか』筑摩書房．
瀬尾健，2000，『【完全シミュレーション】原発事故の恐怖』風媒社．
鷹架小学校閉校記念誌編集委員会，1984，『閉校記念誌　たかほこ』鷹架小学校閉校記念事業協賛会．
鷹架部落閉村式実行委員会，1979，『鷹架部落閉村記念　鷹架』鷹架部落閉村式実行委員会．
高木仁三郎，1991，『下北半島六ヶ所村核燃料サイクル施設批判』七つ森書館．
高木仁三郎，1994，『プルトニウムの未来』岩波書店．
高木仁三郎，2000，『証言―核燃料サイクル施設の未来は』七つ森書館．
高木仁三郎，2000，『原子力神話からの解放』光文社．
高木仁三郎，2000，『鳥たちの舞うとき』工作舎．
高橋興，1987，『津軽選挙―地方における権力の構造』北の街社．
滝川康治，2001，『幌延―核に揺れる北の大地』七つ森書館．
竹内俊吉，1981，『青森に生きる―竹内俊吉・淡谷悠蔵対談集』毎日新聞社青森支局．
竹内利美編，1968，『下北の村落社会』未来社．
竹中司郎，1973，『むつ小川原巨大開発―５年の歩み』．
舘野淳，2000，『廃炉時代が始まった―この原発はいらない』朝日新聞社．
田中誠一，1985，『むつ市史』津軽書房．
地質調査所，1993，『下北半島沖海底地質図』．
地層処分問題研究グループ，2000，『「高レベル放射性廃棄物地層処分の技術的信頼性」批判』．
通商産業省資源エネルギー庁，1993，『エネルギー政策の歩みと展望』通商産業調査会．
塚原晶大，2006，『核燃料サイクル２０年の真実―六ヶ所村再処理工場始動へ』社団法人日本電気協会新聞部．
槌田敦ほか，2007，『隠して核武装する日本』影書房．
寺光忠男，1991，『青森・六ヶ所村―核燃施設と政争の現場』毎日新聞社．
デーリー東北新聞社，1971，『北奥羽の山河－むつ小川原の巨大開発－』デーリー東北新聞社．
東奥日報社，各年度，『東奥年鑑』東奥日報社．
トゥレーヌ他・伊藤るり訳，1984，『反原子力運動の社会学―未来を予言する人々』新泉社．
土井和己，1993，『そこが知りたい　放射性廃棄物』日刊工業新聞社．
徳山明・鳥井弘之・帆足養右・吉村秀寛，2000，『原発ゴミははどこへ』電力新報社．

鳥井弘之，1999,『原子力の未来　持続可能な発展への構想』日本経済新聞社.
七沢潔，1996,『原発事故を問う』岩波書店.
西尾獏，1999,『原発をすすめる危険なウソ―事故隠し・虚偽報告・データ改ざん』創史社.
西尾漠編，2001,『原発のゴミはどこにいくのか―最終処分場のゆくえ』創史社.
西尾漠，2002,『西尾漠が語る放射性廃棄物のすべて』原子力資料情報室.
西尾漠編，2003,『原発ゴミの危険なツケ―最終処分場のゆくえ 2』創史社.
西尾漠・末田一秀編，2009,『原発ゴミは「負の遺産」―最終処分地のゆくえ 3』創史社.
日本科学者会議編，1988,『暴走する原子力開発』リベルタ出版.
日本科学者会議，1990,『原子力と人類―現代の選択』リベルタ出版.
日本原子力産業会議編，1957 ～,『原子力年鑑』各年版，日本原子力産業会議.
日本原子力産業会議，1991,『再処理・廃棄物管理に関する青森国際シンポジウム記録集』日本原子力産業会議.
日本弁護士連合会，1999,『孤立する日本のエネルギー政策』七つ森書館.
日本弁護士連合会公害対策・環境保全委員会，1994,『孤立する日本の原子力政策』実教出版.
野口邦和，1998,『放射能事件ファイル』新日本出版社.
長谷川公一，1996,『脱原子力社会の選択』新曜社.
長谷川公一, 2011,『脱原子力社会の選択（増補版）』新曜社.
馬場仁，1980,『六ヶ所村　馬場仁写真日記』ＪＰＵ出版.
反原発事典編集委員会編，1978,『反原発事典Ｉ』現代書館.
反原発事典編集委員会編，1979,『反原発事典II』現代書館.
伴英幸, 2006,『原子力政策対大綱批判』七つ森書館.
平野良一・西尾漠，1996,『核のゴミがなぜ六ヶ所に―原子力発電の生み出すもの』創史社.
広河隆一，2001,『原発被曝―東海村とチェルノブイリの教訓』講談社.
広瀬隆，1988,『下北半島の悪魔―核燃料サイクルと原子力マフィアの陰謀』JICC 出版局.
広瀬隆・藤田祐幸，2000,『原子力発電で本当に私たちが知りたい 120 の基礎知識』東京書籍.
福澤義晴，2007,『欧州原子力と国民理解の深層―賛否両論はいかに形成されるか』郁朋社.
藤家洋一・石井保，2003,『核燃料サイクル―エネルギーのからくりを実現する』ERC 出版.
舩橋晴俊・長谷川公一・飯島伸子編，1998,『巨大地域開発の構想と帰結―むつ小川原開発と核燃料サイクル施設』東京大学出版会.
舩橋晴俊・長谷川公一・飯島伸子，2012,『核燃料サイクル施設の社会学―青森県六ヶ所村』有斐閣.
古瀬兵次編，1984,『原子力船「むつ」論議集』三国印刷.
放射線から子どもを守る母親の会 100 号編集委員会，1995,『かくねんまいね―放射能から子どもを守る母親の会 10 年の歩み』.
放出倫，2000,『放出倫―あづましい世界～核燃を生きる』「放出倫作品集」を刊行する会.
北海道東北開発公庫，1977,『北海道東北開発公庫 20 年史』.
北方新社編，1973,『対談集　むつ小川原開発反対の論理』北方新社.
本田靖春，1985,『村が消えた―むつ小川原 農民と国家』講談社.
前原あや，2007,『風の中を今日も行く―ハルコおばさんの願い』太陽への道社.
松原邦明，1974,『開発と住民の権利―むつ小川原の法社会学的分析』北方新社.
マルチーヌ・ドギオーム，2001,『核廃棄物は人と共存できるか』緑風出版.
宮崎道生，1970,『青森県の歴史』山川出版社.
宮本憲一，1973,『地域開発はこれでよいか』岩波書店.
宮本常一，1967,『私の日本地図 3・下北』同友館.
むつ・小川原開発問題研究会編，1972,『むつ・小川原開発読本』北方新社.
むつ・小川原巨大開発に反対し米内山訴訟を支援する会，1999,『米内山義一郎の思想と軌跡―むつ小川原開発との闘い』.
むつ原子力船母港を守る会編, 2002,『原子力船「むつ」回顧録』ウィークしもきた社.
むつ小川原開発株式会社，1981,『十年の歩み』むつ小川原開発株式会社.
もんじゅ事故総合評価会議，1997,『もんじゅ事故と日本のプルトニウム政策』七つ森書館.
山内善郎，1997,『回想県政 50 年』北の街社.
山岡淳一郎，2011,『原発と権力―戦後から辿る支配者の系譜』ちくま新書.
山地憲治・原子力未来研究会，1998,『どうする日本の原子力』日刊工業新聞社.
山田清彦，2002,『再処理工場の危険なゆくえ―青森・核燃施設の現状２』核のゴミキャンペーン.
山田清彦，2003,『下北「核」半島危険な賭け―再処理・核燃サイクルの行く末』創史社.
山田清彦，2008,『再処理工場と放射能被ばく―下北「核」半島危険な賭け２』創史社.
山本七平，1976,『日本人と原子力―核兵器から核の平和利用まで』KK ワールドフォトプレス.
山本若子・山田清彦，2001,『核のゴミを押し付けられて―青森・核燃施設の現状』核のゴミキャンペーン.
吉岡斉，1999,『原子力の社会史　その日本的展開』朝日新聞社.
吉岡斉，2011,『新板原子力の社会史　その日本的展開』朝日新聞社.
吉田文彦，2000,『証言・核抑止の世紀　科学と政治はこう動いた』朝日新聞社.
吉永芳史・渡辺利雄，1983,『青森県の産業と経済』北方新社.
六ヶ所原燃 PR センター，1988,『下北半島―風と海と光と』六ヶ所原燃 PR センター.
六ヶ所村史編纂委員会，1996-1997,『六ヶ所村史』六ヶ所村史刊行委員会.
六ヶ所村文化協会読書愛好会，1996-,『六ヶ所女性たちの発信』.
六ヶ所村弥栄平閉村記念誌刊行委員会，1979,『拓跡　弥栄平 43 星霜』六ヶ所村弥栄平閉村記念誌刊行委員会.
渡部行，2007,『青森・東通と原子力との共栄　世界一の原子力平和利用センターの出現』東洋経済新報社.

雑誌論文・記事、広報誌等

青森県職員労働組合・青森県職労自治研推進委員会，1973,「『むつ小川原開発』をめぐる住民の動向」『月刊自治研』15（2）:65-95.
浅石紘爾他，1987,「むつ小川原核燃料サイクル基地計画をめぐって」『公害研究』17（1）:32-39.
浅石紘爾，1989,「むつ小川原開発と核燃料サイクル計画の現状と展望」『公害研究』18 (3) :33-38.
浅石紘爾，1991,「核燃阻止訴訟の意義，現状と展望」『自由と正義』42（9）:41．44.
浅石紘爾，1995,「核燃料サイクルは何をもたらすか」『法学セミナー』491:47-51.
阿部陽一，1979,「むつ小川原開発の現況」『経団連月報』27（11）:38-42.
天笠啓祐，1986,「いま六ヶ所村は」『技術と人間』15（12）:58-69.
甘利明・斉藤鉄夫・中山義活，2004,「座談会　六ヶ所再処理工場凍結は『天下の暴論』」『エネルギーフォーラム』596:50-55.
飯田清悦郎，1973,「巨大開発を操る投機集団―むつ・小川原の場合」『中央公論』88（5）:95-109.
石尾禎佑，1991,「ウラン濃縮工場の危険性」『技術と人間』20（3）:63-75.
石川次郎，1972,「六ヶ所村民『会見』記」『公明』121:130-139.
石川治夫，1982,「核燃料サイクルを断ち切るために」『技術と人間』11（10）:17-22.
石橋忠雄，1988,「核燃料サイクル施設と法制上の問題点」『公害研究』17（3）:21-26.
石橋忠雄, 1990,「『直接対話』の意義と問題点」『原子力工業』36（9）:12-14.
伊藤三次，1978,「戦前の六ヶ所村の歴史」『国民教育』36:102-115.
稲垣慶一，1972,「むつ小川原―"巨大開発"への闘い」『経済評論』21（11）:187-199.
石見尚，1972,「むつ小川原開発における土地政策の検討」『レファレンス』22（5）:3-26.
宇沢弘文，1989,「むつ小川原の悲劇」『世界』524:189-197.
遠藤哲也，2003,「インタビュー　核燃料サイクル確立への課題」『エネルギー』36（6）:20-27.
遠藤哲也・山名康裕，2002,「核燃料サイクルを回す　エネルギーセキュリティは国の役割　当面の課題はプルサーマル」『エネルギー』35（6）:14-16.
大内秀明，1972,「日本経済の転形と虚構開発―むつ小川原計画と 70 年代ナショナル・プロジェクト」『現代の眼』13（2）:114-125.
大下由宮子，1990,「生命は必ず、勝利する」三輪妙子・大沢統子編『原発をとめる女たち』社会思想社 :8-23.
大島理森，2000,「インタビュー　核燃料サイクル推進が新原子力長計のポイント」『エネルギーフォーラム』551:82-85.
太田将一，1972,「巨大工業開発と農業―拠点地域〔むつ小川原〕六ヶ所村の苦悶」『農政調査時報』199:12-18.
大坪正一, 1999,「住民運動論に関する一考察―六ヶ所村の事例より」『社会学年報』28:31-52.

大坪正一，2009，「地域づくりにおける住民の学習課題―核燃サイクル施設建設反対運動の学習を事例に」『弘前大学教育学部紀要』102:141-154.

小川進，1980，「活断層が裂くむつ小川原国家備蓄」『技術と人間』9（8）:90-100.

核燃料サイクル施設問題青森県民情報センター，各号，『核燃問題情報』

鎌田慧，1971，「むつ・小川原開発計画の現場を行く」『中央公論』10（3）:202-224.

鎌田慧，1988，「下北半島核景色」『潮』364:140-152.

鎌田慧，1988，「下北"核"半島への対抗」『世界』512:277-288.

上之郷利昭，1981，「史録・むつ小川原―現代のモヘンジョダロを残して潰えた壮大なる野望」『諸君！』13（5）:142-201.

河田東海夫，2002，「なぜ、いま再処理・プルサーマルか」『エネルギー』35（11）:25-29.

神田健策，1998，「全総計画破たんの象徴―むつ小川原はいま」『住民と自治』423:30-33.

菊川慶子，1990-2000，『うつぎ』.

菊川慶子，1999，「闘いは生活のなかで―六ヶ所村からの報告」『技術と人間』28（3）:40-44.

北栄一郎，1978，「三全総と地方自治―むつ小川原開発の現場から」『地方自治』362:36-44.

木村キソ，1972，「むつ小川原開発反対運動と私たち（講演記録）」『国民教育』14:72-78.

木村守男，1998，「インタビュー　接岸拒否の真相を今こそ語ろう」『エネルギーフォーラム』1998年6月号:54-58.

木元教子，2006，「インタビュー　青森はもっと核燃サイクルに誇りを持ってほしい」『エネルギーフォーラム』623:72-74.

久保晴一，1989，「農業者は『核燃いらない』」広瀬隆編『原発が止まった日』ダイヤモンド社:248-258.

久保晴一・平沢保人，1989，「六ヶ所村に核燃サイクルはいらない」『教育評論』507:30-33.

黒滝竜治，1971，「むつ小川原開発の経済フレーム試算」『運輸と経済』31（4）:56-57.

経済企画庁総合開発局，1972，「むつ小川原地域の開発について〔昭46．11発表・全文〕」『月刊自治研』14（1）:78-94.

月刊きたおうう編集部，1976，「特集 六ヶ所の黒い霧」『月刊きたおうう』1976年12月号:5-25.

原子力未来研究会，2003，「時代遅れの国策の下では原子力に未来はない」『原子力eye』49（9）:49-55.

小泉貞彦，1972，「むつ小川原にみる開発、被開発の論理」『週刊エコノミスト』50（49）:24-29.

小泉貞彦，1973，「工業化と地域生活 むつ小川原―植民地化と自立更生との闘い」『ジュリスト』533:116-120.

小出裕章，1988，「核燃料サイクルの技術的・社会的問題」『公害研究』17（3）:13-20.

兒島伊佐美，2004，「インタビュー　万全の品質保証体制にリーダーシップを発揮」『エネルギーフォーラム』599:84-87.

近藤駿介，2003，「核燃料サイクル推進に原子力委員会はリーダーシップを」『エネルギーフォーラム』584:54-57.

近藤駿介，2004，「インタビュー　使用済み燃料再処理政策の見直しもありうる」『エネルギーフォーラム』593:62-64.

近藤康男，1972，「新全国総合開発計画と農村」『月刊自治研』14（6）:6-20.

斉藤孝一，1973，「むつ小川原巨大開発粉砕の闘い」『月刊社会党』196:90-95.

佐古井貞行，1982，「地域開発と生活変容―むつ小川原にみるその文化人類学的考察」『地域開発』218:91-104.

佐々木正，2002，「インタビュー　地域コミュニティの一員としてめざす原子燃料サイクルの確立」『原子力eye』48（4）:5-7.

佐々木洋，1972，「下北半島争奪戦と巨大開発のゆくえ―むつ小川原巨大開発と農・漁民の対応」『農林統計調査』22（1）:54-59.

佐藤正之，1971，「むつ小川原開発と住民意識」『エコノミスト』49（50）:140-144.

澤井正子，2006，「核再処理の危険性―六ヶ所村核燃料再処理工場計画の凍結を」『世界』752:58-65.

清水誠，1985，「米内山訴訟の意義―「巨大開発」の欺瞞との戦い」『公害研究』14（4）:53-57.

末永洋一，1978，『戦前の東北開発政策と青森県』「国民教育」36:134-145.

末永洋一，1987，「青森県下北半島の『核半島』化阻止のために」『日本の科学者』22（2）:96-101.

末永洋一，1988，「青森・六ヶ所　けたはずれの危険施設『核燃料サイクル』」『文化評論』332:48-54.

末永洋一，1989，「『核燃料サイクル』反対に立ち上がる農民たち」『あすの農村』171:58-63.

鈴木清竜，1972，「むつ小川原開発と教師」『国民教育』14:13-23．

鈴木清竜，1975，「むつ小川原開発—虚像と現実」『国民教育』23:128-139．

高木仁三郎，1985，「「プルトニウム神話」は崩壊する」『Asahi journal』27（10）:22-27．

高松圭，1972，「住民は " 虚大開発 " を拒否する—むつ小川原開発と六ヶ所村民」『公明』118:76-89．

田尻宗昭，1979，「むつ小川原港湾計画の問題点—危険な外洋シーバース」『公害研究』9（1）:14-20．

田尻宗昭他，1985，「むつ小川原開発の現地を訪ねて（座談会）」『公害研究』14（3）:50-58．

茅野恒秀，2005，「核燃料サイクル施設と住民意識—青森県六ヶ所村における住民意識調査報告」『環境社会学研究』11:253-261．

土田浩，1992，「インタビュー　生きている再処理の『凍結』公約」『エネルギーフォーラム』1992年11月号:64-67．

土田浩，2005，「核燃料サイクルの完結を迎えて—20年の歩み・村はどう変わったか」『エネルギーいんふぉめいしょん』29（8）:2-18．

土田浩，2009，「村制120年と再処理を考える」『Energy for the future』33（4）:24-27．

津村浩介，1991，「91年青森県知事選を考える—社会党青森県本部は本当に核燃を止めるつもりがあるのか?!」『技術と人間』20（4）30-44．

豊田正敏，1992，「原子燃料サイクルに関連する私見」『エネルギーフォーラム』1992年10月号:55-57．

豊田正敏，2002，「再処理・プルサーマルの経緯」『エネルギー』35（10）:27-29．

豊田正敏，2002，「なぜ、いま再処理・プルサーマルか—河田論文への反論」『エネルギー』35（12）:41-45．

永井進，1980，「むつ小川原開発の現時点での問題点」『公害研究』10（2）:58-59．

長沼石根，1973，「六ヶ所村リコール合戦—静かに進む民主革命」『朝日ジャーナル』15（5）:96-99．

長沼石根，1973，「『むつ小川原』の農地買収は合法か」『朝日ジャーナル』15（25）:31-35．

長沼石根，1974，「六ヶ所村に見る『開発』の現実」『技術と人間』11:6-19．

中村剛治郎，1988，「むつ小川原開発と地域経済振興」『公害研究』17（3）:2-12．

中村せつ，1974，「地域住民の学習と教育」『教育文化』1974年5月号:6-10．

中村留吉，1974，「地域住民の学習と教育」『教育文化』1974年5月号:11-18．

夏堀正元，1980，「下北半島成金村騒動記」『中央公論』95（12）:281-287．

南部捷平，1985，「核燃料サイクルに揺れるむつ小川原開発—現地からの報告」『公害研究』14（3）:59-67．

南部捷平，1987，「揺れる巨大開発—むつ小川原核燃料サイクル基地計画」『公害研究』16（4）:34-40．

二本柳正一，1985～1988，『六ヶ所村物語』広報ろっかしょ（1985年7月～1988年12月）．

野坂吉雄，1975，「むつ小川原開発と六ヶ所村の人びと」『国民教育』23:140-150．

長谷川公一，1991，『反原子力運動における女性の位置—ポスト・チェルノブイリの「新しい社会運動」』「レヴァイアサン」8:7-47．

長谷川公一，1998，「正念場を迎えたむつ小川原開発—『破綻』に向かう問題の構図」『環境と公害』28（1）:62-63．

長谷川公一，1998，「環境社会学の眼で見る（9）六ヶ所村はいま—巨大な空虚さ」『書斎の窓』479:22-26．

長谷川公一，1999，「『六ヶ所村』と『巻町』のあいだ—原子力施設をめぐる社会運動と地域社会」『社会学年報』28:53-75．

長谷川公一，2000，「放射性廃棄物問題と産業廃棄物問題」『環境社会学研究』6:66-82．

長谷川公一，2012，「コンセントの向こう側—『六ヶ所村』は何を提起しているのか」『社会運動』385:31-35．

長谷部俊治，2011，『原子力技術の法的制御—不確実性のコントロールに向けた法政策の課題』社会志林58（3）:23-51．

樋口栄一，1976，『むつ小川原工業基地』『通産ジャーナル』9（8）:50-51．

平井寛一郎，1971，「むつ小川原開発をめぐって」『経団連月報』9（2）:23-27．

深井純一，1972，「地域開発の「社会化」は可能か—京葉 - 鹿島 - むつ小川原の脈絡」『エコノミスト』50（18）:143-148．

福島達夫，1978，「六ヶ所村の村落構造」『国民教育』37:140-165．

福島達夫，1979，「六ヶ所村の村落構造（2）」『国民教育』38:136-151．

福田悟，2005，「むつ小川原開発計画の虚実」『都市問題』96（7）:27-31．

藤家洋一，2001，「藤家洋一・原子力委員会委員長

に聞く　世界は核燃料サイクルへ回帰」『エネルギー』34（10）:8-11.
藤家洋一，2002,「核燃料におけるプルサーマルの位置づけ」『日本原子力学会誌』44 (3) :238-240.
藤家洋一，2003,「インタビュー　原子力の原点に立ち返り核燃料サイクルへの疑問に答える」『エネルギーフォーラム』586:40-43.
藤家洋一，2008,「わが国が世界に貢献するために必要とされる核燃料サイクル」『原子力 eye』54 (6) :8-11.
藤岡貞彦，1977,「巨大開発と教師・住民―むつ湾小川原湖地域開発研究覚書」『国民教育』31:186-200.
古川健治，2011,「六ヶ所村から世界のエネルギー文化を発信する」『Energy for the future』35 (4) :22-24.
細井石太郎，1972,「むつ小川原開発の虚像を斬る」『月刊社会党』188:123-138.
前津武，1980,「核燃料再処理工場を許さない―西表島の反核闘争の前進」『月刊社会党』290:148-152.
三上乃茂，1981,「むつ小川原開発の現状と子どもたち」『国民教育』臨時増刊号:170-181.
三村申吾，2005,「インタビュー　なぜ、われわれは核燃料サイクルを受け入れるのか」『エネルギーフォーラム』602:105-107.
三村申吾，2011,「原子力政策大綱の見直しに関して」『Energy for the future』35（1）:10-12.
三村申吾・上坂冬子，2004,「対談　文人知事　核燃料サイクル問題に臨む」『Energy for the future』27（4）:4-9.
宮本憲一，1972,「地域開発と住民生活―むつ小川原地域開発自治研より」『月刊自治研』14 (6) :42-67.
武藤弘，1992,「砂上のシナリオ―核燃再処理プロジェクトの破綻」『原子力工業』38（5）:42-54.
村井仁，2004,「インタビュー　核燃サイクル確立は日本の国家戦略」『エネルギーフォーラム』598:46-49.
山崎康志，2011,「核燃サイクル"破綻"で原発全機停止の現実味」『週刊東洋経済』6330:50-53.
山地憲治，1999,「21世紀の核燃料サイクルの進め方」『エネルギーフォーラム』539:78-81.
山田清彦, 1988,「核燃まいね！下北からの便り」『技術と人間』17（4）:62-70.
山田孝男，2011,「進まない核燃サイクル見直し―「青森」「福井」「安保」が足かせ」『エコノミスト』90（25）72-73.
吉田浩，1988,「核燃料サイクル事業と泊漁業協同組合」『文化紀要』27:27-68.
吉田又次郎，1973,「巨大開発は何をもたらすのか(講演記録)」「SCHLAMMS」4:7-15.
吉永芳史，1971,「むつ小川原開発の将来性と問題点」『経済評論』20（6）:93-103.
吉永芳史，1971,「東北における地域問題―むつ小川原の現状」『地域開発』99:47-52.
米内山義一郎他, 1986,「むつ小川原開発の現状」『公害研究』15（3）:60-72.
渡辺乾介，1975,「"むつ小川原開発"に消えた314億円」『宝石』1975年9月号:198-209.
渡辺満久，2009,「原子力関連施設周辺における活断層評価への疑問」『科学』79（2）:179-181.
渡辺満久，2010,「原子力施設安全審査システムへの疑問―変動地形学の視点から」『環境と公害』39（3）:35-41.
渡辺満久・中田高・鈴木康弘，2008,「下北半島南部における海成段丘の撓曲変形と逆断層運動」『活断層研究』29:15-23.
渡辺満久・中田高・鈴木康弘，2009,「原子燃料サイクル施設を載せる六ヶ所断層」『科学』79 (2) :182-185.

報告書等

青森県，各年度，『青森県の財政』
青森県，各年度，『青森県統計年鑑』
青森県，各年度，『経済開発要覧』
青森県，各年度，『あおもりの農林水産業』
青森県，各年度，『青森県の原子力行政』
青森県，各年度，『豊かで活力ある地域づくりをめざして―原子燃料サイクル施設の立地に伴う地域振興』
青森県，各年度，『原子燃料サイクル施設環境放射線等調査報告書』
青森県，各年度，『東通原子力発電所温排水影響調査結果報告書』
青森県, 各回,『青森県原子力安全対策委員会の概要』
青森県，各回，『青森県原子燃料サイクル安全対策委員会の概要』
青森県，各回，『青森県原子力政策懇話会議事概要・議事録』
青森県，1950-2002,『青森県経済白書』
青森県，1960,『下北地域総合開発計画書』

青森県，1961-63,『小川原湖総合開発事業調査報告書』
青森県，1962,『青森県長期経済計画基本計画書』
青森県，1966-1999,『出かせぎ対策の概況』
青森県，1968,『第２次青森県長期経済計画』
青森県，1969-2002,『県民生活白書』
青森県，1971,『青森県新長期計画』
青森県，1971,『青森県むつ小川原開発審議会議事録』
青森県，1971-1972,『むつ小川原開発地域土地分類基本調査』
青森県，1972,『むつ小川原地域開発の構想』
青森県，1972,『むつ小川原開発基本計画』
青森県，1975,『むつ小川原開発第２次基本計画』
青森県，1977,『むつ小川原開発第２次基本計画に係わる環境影響評価報告書』
青森県，1977,『第４次青森県長期総合計画』
青森県，1979,『むつ小川原地域漁業開発調査報告書』
青森県，1983,『下北地域開発基本構想』
青森県，1984,『原子燃料サイクル事業の安全性に関する報告書』
青森県，1986,『下北地域半島振興計画』
青森県，1986,『第５次青森県長期総合計画』
青森県，1986,『東通原発地点海域温排水等影響調査報告書』
青森県，1987-1990,『原子燃料サイクル施設立地社会環境調査・報告書』
青森県，1988,『原子燃料サイクル施設環境調査報告書』
青森県，1990-1993,『欧州エネルギー・原子力調査報告書』
青森県，1990-,『モニタリングつうしんあおもり』
青森県，1991,『下北地域開発基本計画（第２次計画）』
青森県，1997,『新青森県長期総合プラン』
青森県，2002-,『青森県社会経済白書』
青森県，2004,『青森県民の意識に関する調査（県民意識１万人アンケート調査）報告書』
青森県，2004,『むつ小川原ボーダレスエネルギーフロンティア構想』
青森県，2004,『青森県生活創造推進プラン』
青森県，2007,『新むつ小川原開発基本計画』
青森県，2008,『青森県基本計画未来への挑戦』
青森県上北教職員組合，1980,『年表に見るむつ小川原開発の１０年』
青森県教育委員会，1972,『むつ小川原開発地域天然記念物調査報告書』
青森県生活共同組合連合会，1989,『「核燃料サイクル施設」に関する調査報告及び「私のひと言」集』
青森県反核実行委員会，1990,『核燃ヨーロッパ調査団報告書』
青森県むつ小川原開発・エネルギー対策室，2001,『むつ小川原開発室の思い出』
青森県むつ小川原開発公社，1971-1993,『公社だより』
運輸省，1972,『むつ小川原地域大規模工業基地開発パターン調査』
大間町，各年度,『大間町勢要覧』
「核燃料サイクル施設」問題を考える文化人・科学者の会，1985,『「核燃料サイクル施設」は安全か―「青森県専門家会議」報告に対する見解』
核燃サイクル阻止一万人訴訟原告団，各号,『原告団ニュース』
核燃サイクル阻止一万人訴訟原告団，1989,『六ヶ所ウラン濃縮工場の核燃料物質加工事業許可処分無効確認・取消請求訴状』
核燃サイクル阻止一万人訴訟原告団，1991,『六ヶ所低レベル放射性廃棄物貯蔵センター廃棄物埋設事業許可処分取消請求訴状』
核燃サイクル阻止一万人訴訟原告団，1993,『高レベルガラス固化体貯蔵施設訴状』
核燃サイクル阻止一万人訴訟原告団，1993,『六ヶ所再処理工場を止めよう（再処理事業指定処分取消請求事件訴状）』
核燃サイクル阻止一万人訴訟原告団，1999,『核燃サイクルを阻止するための必読資料』
核燃サイクル阻止一万人訴訟原告団，1999,『原告団十年の歩み』
核燃サイクル阻止一万人訴訟原告団，2008,『六ヶ所再処理工場　忍び寄る放射能の恐怖―暴かれた 22 μ Sv の虚』
核燃料サイクル開発機構，1999,『わが国における高レベル放射性廃棄物処分の技術的信頼性―地層処分研究開発第２次とりまとめ』
関西大学経済・政治研究所環境問題研究班，1979,『むつ小川原開発計画の展開と諸問題（「調査と資料」第 28 号）』
経済企画庁，1969,『新全国総合開発計画』
経済産業省原子力安全・保安院，2004,『日本原燃株式会社「再処理施設品質保証体制点検結果報告書」に対する評価』
原子力委員会，1956-1996,『原子力委員会月報』

原子力安全委員会，1991，『公開ヒアリング状況報告〔日本原燃サービス株式会社六ヶ所事業所における廃棄物管理の事業及び再処理の事業〕』
原子力安全委員会，2000，『高レベル放射性廃棄物の処分に係る安全規制の基本的考え方について（第１次報告）』
原子力資料情報室，各号，『原子力情報通信室通信』
原子力資料情報室，1993，『出口のない核燃料サイクル―世界のプルトニウム・廃棄物政策』
原子力資料情報室，1998，『プルサーマル「暴走」するプルトニウム政策』
原子力資料情報室・原水爆禁止日本国民会議，2004，『Ｑ＆Ａで知る　プルサーマルの正体』
原子力資料情報室編，1994，『いま、再処理の是非を問う「再処理を考える青森国際シンポジウム」報告集』
建設省，1971，『むつ小川原地域大規模開発計画調査土地条件調査報告書』
建設省，1972，『むつ小川原地域生態系調査報告書』
建設省，1973，『むつ小川原地域大規模開発計画調査幹線道路調査報告書』
建設省東北地方建設局，1972，『むつ小川原地域大規模開発計画調査　都市および主要集落の配置等に関する第一次調査』
建設省東北地方建設局，1974，『むつ小川原地域大規模開発計画調査自然環境保全調査報告書』
産業立地研究所，1976，『むつ小川原地域大規模工業基地環境保全総合技術調査報告書』
資源エネルギー庁，1998，『大間原子力発電所　発電所の設置に係る公開ヒアリング報告書』
資源エネルギー庁，1996，『東通原子力発電所　1号機の設置に係る公開ヒアリング報告書』
資源エネルギー庁，2003，『東通原子力発電所　1号機及び２号機の設置に係る公開ヒアリング報告書』
資源エネルギー庁監修，2006，『諸外国における高レベル放射性廃棄物の処分について』
下北郡総合開発促進協議会・資源科学研究所，1958-1960，『下北半島総合開発計画策定に関する基礎調査報告書』
鈴木広・内藤辰美，1998，『核燃サイクル施設と地域住民―青森県六ヶ所村の場合』
仙台通商産業局，1972，『むつ小川原地区大規模工業基地計画基礎調査』
仙台通商産業局，1974，『むつ小川原地区工業用水基礎調査報告書』
地域開発研究会，1995，『むつ小川原開発と核燃料サイクル施設問題』科学研究費補助金研究成果報告書.
通商産業省，1998，『使用済み燃料貯蔵対策検討会報告書』
東北経済連合会，1968，『東北地方における大規模開発プロジェクト』
東北経済連合会，1969，『東北開発の基本構想』
東北産業活性化センター，1993，『むつ小川原地域振興計画策定調査報告書』
東北大学未来科学技術共同研究センター，2008，『第1回原子力に関するオープンフォーラム「高レベル放射性廃棄物」に関する専門家と専門家の対話報告書』
日本原燃株式会社，各年度，『安全協定に基づく品質保証の実施計画書』
日本原燃株式会社，各年度，『安全協定に基づく品質保証の実施結果及び常設の第三者外部監査機関の監査結果報告書』
日本原燃株式会社，各号，『ふかだっこ』
日本原燃株式会社，2004，『再処理施設の品質保証体制点検結果報告書』
日本原燃株式会社，2005-6，『再処理施設ウラン試験報告書』
日本原燃株式会社，2006，『再処理施設アクティブ試験（使用済燃料による総合試験）中間報告書』
日本原燃株式会社，2007-8，『再処理施設アクティブ試験（使用済燃料による総合試験）経過報告』
日本原燃株式会社，2011，『第４低レベル廃棄物貯蔵建屋の設置に係る環境保全調査報告書』
日本原燃サービス株式会社，1989，『六ヶ所事業所再処理工場及び廃棄物管理施設に係る環境保全調査報告書』
日本原燃産業株式会社，1987，『ウラン濃縮施設及び低レベル放射性廃棄物貯蔵施設に係る環境保全調査報告書』
日本工業立地センター，1969，『むつ湾小川原湖大規模工業開発調査報告書』
日本システム株式会社，1974，『むつ小川原地域大規模工業基地環境保全総合技術調査報告書』
日本弁護士連合会，1990，『高レベル放射性廃棄物問題調査研究報告書』
日本弁護士連合会公害対策・環境保全委員会，1987，『核燃料サイクル施設問題に関する調査研究報告書』
日本立地センター，1997，『むつ小川原開発第２次基本計画フォローアップ調査報告書』
野村総合研究所，1975，『むつ小川原地域産業振興事業調査』
野村総合研究所，1991，『核燃料サイクル施設立地社会環境調査報告書』
東通村，各年度，『東通村勢要覧』
法政大学社会学部金山ゼミナール，各年度，『むつ小川原開発調査報告書』
法政大学社会学部金山ゼミナール，1983，『むつ小川原開発の過去，現在，未来―米内山義一郎氏を囲んで』
法政大学社会学部金山ゼミナール，1984，『むつ小川原開発の新局面―米内山義一郎氏を囲んで』
法政大学社会学部舩橋ゼミナール，1992-93，『むつ小川原開発・核燃料サイクル問題と地域振興に関する青森県調査報告書』
法政大学社会学部舩橋研究室，2002-2013，『エネルギー政策と地域社会』法政大学社会学部政策研究実習報告書
むつ小川原開発株式会社，1981，『十年の歩み』
むつ小川原開発調査の記録編集委員会，2002，『むつ小川原開発調査の記録』法政大学社会学部金山ゼミナール
むつ小川原開発農委協議会・青森県農業会議，1971，『巨大開発と農民の対応（むつ小川原開発に関するアンケート調査結果』
むつ小川原巨大開発に反対し米内山訴訟を支援する会，1980，『人が黙するならば石が叫ぶだろう―デタラメな県の漁業補償』
むつ小川原巨大開発に反対し米内山訴訟を支援する会，1980，『ウソとゴマカシ開発―米内山義一郎氏に聞く』
むつ小川原巨大開発に反対し米内山訴訟を支援する会，1984，『米内山訴訟の意義―ウソ・ゴマカシの巨大開発との闘い』
むつ小川原巨大開発に反対し米内山訴訟を支援する会，1987，『核燃サイクルでの尻ぬぐいは許さず―米内山義一郎氏に聞く』
むつ市，各年度.『むつ市勢要覧』
むつ市，2008，『むつ市長期総合計画』
六ヶ所村，各年度，『六ヶ所村勢要覧』
六ヶ所村，各年度，『六ヶ所村統計書』
六ヶ所村，各号，『広報ろっかしょ』
六ヶ所村，1974，『村勢発展の基本構想』
六ヶ所村，1989，『六ヶ所村総合振興計画』
六ヶ所村，1996，『第二次六ヶ所村総合振興計画』
六ヶ所村，2006，『第三次六ヶ所村総合振興計画』
六ヶ所村，2008，『六ヶ所村地域新エネルギービジョン・次世代エネルギーパーク整備プラン』
六ヶ所村教育委員会編，1979，『六ヶ所村戦後開拓史年表１―千歳・庄内地区』
六ヶ所村教育委員会編，1981，『六ヶ所村史史料編(1)』
六ヶ所村教育委員会編，1986，『六ヶ所村戦後開拓史年表２―上弥栄・弥栄平地区』.
六ヶ所村商工会地域ビジョン策定委員会，1989，『六ヶ所村商工会地域ビジョン作成事業報告書』
六ヶ所村文化財審議委員会郷土史年表編集部編，1985，『六ヶ所村郷土史年表』
六ヶ所村防災会議，1991，『六ヶ所村原子力防災計画』

むつ小川原開発関連写真

①開発が始まる前の六ヶ所村

尾駮の旧六ヶ所村役場 1972 年（金山ゼミ撮影）

尾駮沼、尾駮橋より北望 1984 年（金山ゼミ撮影）

室の久保集落 1974 年（金山ゼミ撮影）

戸鎖集落 1972 年（金山ゼミ撮影）

②むつ小川原開発による村の変化と抵抗

尾駮の十字路　六ヶ所を守る会事務所 1982 年（金山ゼミ撮影）

尾駮の雪景色、三船旅館前から六ヶ所村役場を北望 1984 年（金山ゼミ撮影）

新納屋保育園（1972 年当時反対集会の開催場となった）1982 年（金山ゼミ撮影）

千歳平　新市街地Ａ住区案内図 1976 年ごろ（金山ゼミ撮影）

千歳平小学校の建設中校舎 1976 年ごろ（金山ゼミ撮影）

新住区の新築家屋 1979 年（金山ゼミ撮影）

六ヶ所高校屋上からの新住区 1980 年（金山ゼミ撮影）

大石平 奥が体育館、手前は給食センター 1983 年（金山ゼミ撮影）

上弥栄小学校屋上から見た上弥栄地区 1972 年（金山ゼミ撮影）

③公共投資とＣＴＳ建設

上弥栄集落立ち退きの後の住宅跡 1981 年（金山ゼミ撮影）

原原種農場付近幹線道路の整備。道路沿いに石油送油管埋設 1982 年（金山ゼミ撮影）

上弥栄地区の東西幹線 1984 年ごろ（金山ゼミ撮影）

ＣＴＳタンク基礎工事 1981 年ごろ（金山ゼミ撮影）

建設中のＣＴＳ 1982 年（金山ゼミ撮影）

ほぼ完成したＣＴＳタンク群 1983 年（金山ゼミ撮影）

戸鎖坂上砂取り場。ＣＴＳ建設用山砂採取が公害と言われた 1984 年（金山ゼミ撮影）

港湾建設のテトラポット製造 1981年(金山ゼミ撮影)

④核燃料サイクル施設の建設

泊漁港の漁船 2003年(船橋撮影)

泊地区と泊漁港 2009年(茅野撮影)

核燃から漁場を守る会、泊地区 2003 年（舩橋撮影）

低レベル放射性廃棄物埋設施設 2003 年（茅野撮影）

低レベル放射性廃棄物のドラム缶（模型）。原燃ＰＲセンター 1995 年（舩橋撮影）

新納屋地区の立て看板 1984 年（金山ゼミ撮影）

六ヶ所村役場 2003 年（舩橋撮影）

青森県庁 2001 年 3 月（舩橋撮影）

尾駮レイクタウン 2001 年 3 月（舩橋撮影）

高レベル放射性廃棄物貯蔵施設 2002 年（舩橋撮影）

再処理工場 2003 年（茅野撮影）

放射性廃棄物運搬船 2002 年（舩橋撮影）

付記　調査参加者名簿

①本資料集の作成の基盤となった調査研究活動の参加者を参加当時の大学における研究チーム別に、また各人が最初に参加した年度別に記載する。調査に複数回参加している者も数多いが、その場合でも、最初に参加した年度のみを記載することとする。
②氏名は参加時点のもの。最初の参加時点で、大学院生あるいはなんらかの研究職にある者は(　)内にそのことを記す。氏名の後に記入の無い場合は、最初の参加時点で学部学生である。
③ 1972 年から 2012 年に至る長期の調査研究期間においては、法政大学、岩手県立大学以外の大学からも、青森県での調査への参加者があった。そのような参加者については、研究者あるいは大学院生としての立場で参加したメンバーに限って記載する。

各年度の研究チーム責任者

金山 行孝

1972 年度から 1999 年度まで 28 年間、法政大学社会学部金山ゼミナールの学生・卒業生からなる研究チーム責任者として調査を継続的に組織化し、指導。

船橋 晴俊

1990 年度から 1993 年度、および、2002 年度から 2012 年度に至る期間において、法政大学社会学部船橋研究室の学生・院生からなる研究チームの責任者として 15 回の調査を組織化。それとは別に、1981、1989 年度には、金山ゼミの調査に参加。1995 年度および、2001 年 3 月にも小人数での調査を実施。

茅野 恒秀

2011 年度と 2012 年度において、岩手県立大学総合政策学部茅野研究室の学生からなる研究チームの責任者として調査を組織化。それに先立ち、2002 年度以降、法政大学船橋研究室の調査チームに、大学院生あるいはティーチング・アシスタントとして参加。

法政大学社会学部　金山行孝ゼミナール

1972 年度　臼井 勝之　内山 松男　重田 純一　谷口 信雄　中工 一成　畠中 初　松本 晴生　室瀬 隆輝　山川 守

1973 年度　春日 克弘　新 高行

1974 年度　今井 彰　小川 清和　小関 礼子　小山 直樹　佐藤 しげ子　白井 秀樹　田村 智恵子　近森 隆司　鶴田 尚士　堂森 哲雄　武士 俣聡　松坂 和夫　山本 剛

1975 年度　奥津 佳也　貴島 裕子　堺 孝司　高田 尋志　高橋 敏　高橋 亮太　橋本 真喜子　南竹 哲美　米山 敦子　渡辺 晃

1976 年度　安西 英明　大門 哲郎　杉田 隆　関 光雄　武田 信行　鶴巻 宏治　三野輪 真明　山崎 清隆

1977 年度　阿部 康弘　荒井 昌幸　石井 美代子　市橋 彰　伊藤 佳弘　岩井 美文　鬼村 基
葛西 孝一　川村 研治　岸田 ひろ子　草田 尚子　倉田 新　仲田 俊博　山崎 明
山下 雄二　渡辺 伸樹　渡辺 広男
1978 年度　依田 素味　河原 光枝　鶴岡 明広　寺田 圭子　西谷 真弓　野仲 毅　前田 太樹
1979 年度　伊藤 利夫　稲村 貴　星野 敏昭　堀川 智彦　前田 英美
1980 年度　植元 広恵　桜井 亮子　篠崎 康之　菅原 央　高草木 俊夫　高野 泰匡
田中 京子　中山 徹　成田 潔　廣瀬 浩一　福長 宏司　村松 雅彦　山本 光昭
1981 年度　石井 国博　伊東 久美子　乾 建樹　荻 昌人　田辺 朗　栃木 良治　中嶋 章博
吉田 基樹
1982 年度　落合淳志　櫻井 隆夫　田村 孝司　中川 敦稔　野嶋 淳　平岡 薫　益子 浩美
1983 年度　江鳩 豊太郎　川嶋 慶太　川俣 幸司　君山 寿美恵　佐々木 千秋　島崎 憲一
根本 英次　古澤 照夫　山崎 高
1984 年度　浅尾 竜介　岩島 克哉　大沼 康之　木村 匠　郡司 貴志　小泉 伸一　坂田 淳
坂本 涼子　西村 一彦　福島 俊雄　森 孝之　守友 仁美
1985 年度　阿部 有造　井上 美香　北原 ひとみ　桐生 進一　熊澤 勝美　黒川 裕之
斉藤 奈津子　櫻井 和秀　志村 正人　菅野 順之　立麻 信　藤原 克巳
1986 年度　伊藤 憲司　垣花 満　佐野 武夫　鈴木 真　中嶋 孝治　深見 健吾　富士川 裕二
山田 明
1987 年度　鈴木 聡　鈴木 孝芳　福本 典孝　山岸 治子
1988 年度　石田 春彦　刀根川 義彦　長見 重能　羽根井 尉年　安田 英明　渡邊 政也
1989 年度　青木 悟史　小田 浩和　岸田 啓孝　小泉 俊彦　高原 正紀　中澤 武司
古川 みち子　水野 義人　吉田 寛子　渡辺 陽子
1990 年度　石引 亨　鎌田 成俊　神野 菜穂子　鴫 直俊　高橋 静麿　土山 浩樹　外山 裕記
藤野 瑞樹　松井 大　森田 珠代　渡辺 智生
1991 年度　稲見 佳幸　今井 友実子　大島 敏嗣　桶谷 嘉彦　近藤 健一郎　斉藤 友成
西牧 宏志　野原 志麻　堀 淳一　宮保 洋史
1992 年度　江川 典宏　工藤 幸治　斉藤 彰宏　櫻井 智規　平柳 拓也　丸山 和哉
1993 年度　有田 栄久也　石井 香織　石田 協　江崎 育平　金井 宏之　小池 正芳　阪田 玄
佐々木 剛　中見 文彦　古庄 大樹　水谷 拓司　諸星 治哉
1994 年度　新井 哲夫　大林 茂治　男全 典嗣　鈴木 憲一　瀬川 道代　側島 亜弥
高橋 省多　中島 幸男　永田 美保子　名倉敬之　藤波 正史　槙 伸也
渡辺 武司
1995 年度　青木 貴弘　熊田 宗洋　小泉 隆雄　小林 健二　佐藤 健一　柴崎 勝臣
柴原 宏佳　千田 晃文　高橋 大介　竹内 浩太　山本 隆司
1996 年度　市村 好信　内山 麻衣子　尾形 正　小田 久美子　小田 浩司　佐伯 元一朗
下田 逸樹　曽我 健太郎　林 文子　原田 大輔　原山 大也　藤田 明宏
村田 勇治　矢沢 津和野
1997 年度　岡田 竜太郎　栗島 瑞樹　高橋 英紀　西田 圭江　平井 篤　松本 ちはる

1998 年度　岡田 麻子　勝田 悠介　神田 裕美　橘川 敦　小林 寛　清水 隆弘　神野 真寿
高橋 猛生　林 昌明　広瀬 保　藤井 嘉人　吉田 博子　渡辺 隆行
1999 年度　君島 綾司　松崎 武史

法政大学社会学部　舩橋晴俊研究室

1990 年度　石原 和　川井 崇　国井 由美子　高橋 浩　野田 賢二　佐々木 宏
渡辺 晃一　柴田 祐加子（法政大学大学院）
1991 年度　井本 達哉　岡野 あゆみ　大西 康徳　小川 貴三郎　鈴木 和紀　中野 匡
本田 直樹　深山 晃伸　吉田 稔　和久本仁
1992 年度　島原 琢　高橋 博政　吉川 和宏
1993 年度　大舘 あずさ　田中 邦彦　堀内 理香
2002 年度　飯島 智子　小山 小百合　斎藤 賢一　坂本 彩子　嶋田 多江子　中島 雅子
長島 怜央　林 友紀　皆川 恭子　柳沢 哲郎　山中 火野子　山本 陽介
茅野 恒秀（法政大学大学院）　吉田 暁子（法政大学大学院）
2003 年度　神長 敦子　神谷 理沙　沓澤 謙一郎　小嶋 梨絵　権藤 大輔　斎藤 さやか
佐久間 萌　笹原 直美　佐藤 夏花　高城 尚太　直島 浩樹　中村 尚樹
野村 光枝　濱松 雄一　平山 貴士　増田 慎　松田 真由子　松村 奈穂子
百瀬 博亮　柳沢 哲郎
2004 年度　井上 武典　宇田 和子　川口 創　河野 清雄　古矢 薫　吉川 世海
小出 理恵（法政大学大学院）
2006 年度　飯田 康晴　伊藤 光秀　橋本 浩　森岡 佳大　安則 芳郎
2007 年度　浅野 真行　植木 啓太　片山 祐美　熊澤 翔　小比田 康二　菅 基
廣瀬 育子　三澤 正典　山田 耕一郎　渡辺 征爾　都戸川　哲（立正大学大学院）
2008 年度　安部 優里香　入澤 沙季　大西 奈緒美　上村 健太　楠 ありさ　小林 繁理
関 悠至　瀬田 陽太　清野 由伸　高橋 さやか　西島 香織　廣部 沙希
宮崎 遥　山崎 洋平　山下 貴子　吉田 尚美
2009 年度　稙山 友佳　川田 潤　久保 沙哉佳　窪島 祥子　策 紘一　澤津橋 幸枝
重田 力也　相馬 有人　平 祐輔　高田 恵美　辻 和美　中村 一樹　長岡 ありさ
西島 香織　早山 微笑　本田 裕人　本間 茜　本橋 大樹
湯浅 陽一（関東学院大学准教授）　大門 信也（法政大学大学院兼任講師）
2010 年度　麻賀 直樹　井上 加奈子　大羽 史子　緒方 友香　小林 春菜　木下 将平
高橋 夏央　田中 宏樹　中野 圭子　中野 弘之　廣瀬 勝之　南 克樹　若山 泰樹
小野田 真二（法政大学大学院）　北風 亮（法政大学大学院）
星 純子（法政大学サステイナビリティ研究教育機構）
高　瑜（法政大学大学院）　具　度完（韓国、環境社会研究所）
2011 年度　安達 亮介　今井 宏　梅澤 章太郎　押尾 浩道　尾上 葉月
方波見 啓太　木村 友亮　越坂 健太　昆野 駿太郎　鈴木 啓太　鈴木 宗太
田村 弘樹　樋口 真理　平井 順也

2012 年度　桔梗 夏妃　福永 和真　諸江 彩美

岩手県立大学総合政策学部　茅野恒秀研究室

2011 年度　阿部 未幸　伊藤 翼　堅持 拓真　小松 佳織　鈴木 佐和子　鷹木 智也
山内 雄貴

2012 年度　菊地 利次　北田 泰裕　嵯峨 康平　高橋 由羽　藤田 真衣

その他の大学

1989 年度　長谷川 公一（東北大学文学部）

1990 年度　飯島 伸子（東京都立大学人文学部）

1991 年度　石毛 聖子（東京都立大学大学院）　藤川 賢（東京都立大学大学院）

2003 年度　秋元 健治（日本女子大学家政学部）

あとがき

[1] 本書成立の経緯

本書は、法政大学社会学部の金山行孝研究室と舩橋晴俊研究室、および、岩手県立大学総合政策学部茅野恒秀研究室という三つの研究室の連携した調査活動を通して得られた諸資料を集大成した成果である。本書の刊行に至る協働の経緯を簡単に記しておきたい。

本書の共編者三名の中でも、本書の対象となっている青森県の下北半島地域、とりわけ、六ヶ所村の調査に、もっとも早い時期から、かつ、もっとも長期間にわたって取り組んだのは金山行孝法政大学名誉教授である。金山先生は、1954年に法政大学社会学部に助手として着任し1971年4月からは社会学部助教授として講義を担当し、1973年4月からは教授として「環境論」の講義を担当すると共に、1972年度よりは、ゼミナールとして青森県におけるむつ小川原開発問題の現地調査を開始し、資料収集と関係者への聞き取りを続けた。金山ゼミの調査は、2、3、4年生全員が参加し、さらに卒業生も加わって、数日間の現地調査合宿を行い、社会科学系と自然科学系の両方の要素を含んだ包括的な資料収集を行うものである。毎年の調査研究の成果は『報告書』としてまとめられたが、そのような精力的で粘り強い調査は、1999年度までの28年間、連続して遂行されたのである。金山先生は2001年3月に定年退任されたが、この金山ゼミの継続的な調査こそ、本書成立の第一の基盤となったのである。

もう一人の編者の舩橋は、1981年夏及び1989年夏に、青森県六ヶ所村で実施された金山ゼミの調査合宿に参加する機会を得た。その参加経験は、別の文献（舩橋晴俊、2012、『社会学をいかに学ぶか』弘文堂）に記したように、舩橋に大きな開眼と感銘をもたらした。1981年は石油備蓄基地の建設が進行中であり、1989年は核燃施設の受け入れの是非をめぐって青森県は大きな岐路に立っていた。青森県における核燃料サイクル施設建設問題の重要さを痛感した舩橋研究室では、1990年から1993年にかけて、東京都立大学人文学部飯島伸子研究室や東北大学文学部長谷川公一研究室とも協力しながら、独自に青森県調査を実施した。金山ゼミが六ヶ所村を中心的調査対象としていたのに対し、これら三研究室は、核燃料サイクル施設の立地問題をめぐる青森県全域の動向を対象としており、金山ゼミの調査とは補完的な情報収集を行うことができた。また舩橋は、1995年と2001年にも小人数での現地調査を実施した。これら三研究室の共同研究の代表的成果は次の二つの著作である。

舩橋晴俊・長谷川公一・飯島伸子編，1998，『巨大地域開発の構想と帰結——むつ小川原開発と核燃料サイクル施設』東京大学出版会

舩橋晴俊・長谷川公一・飯島伸子，2012，『核燃料サイクル施設の社会学－青森県六ヶ所村』有斐閣

三人目の編者の茅野恒秀氏は大学院生であった2002年度に、舩橋研究室の青森県調査プロ

ジェクトにティーチング・アシスタントとして参加するようになった。そして同氏は2003年度以降、毎年、青森県調査に参加を継続し、2011、2012年度においては、岩手県立大学総合政策学部における講師として同学部の学生とともに、舩橋研究室の夏の青森県調査に合流した。

以上のようにして、金山研、舩橋研、茅野研の三つの研究室は、2000年のみを例外として、ほぼ40年余にわたって毎年継続して、青森県におけるむつ小川原開発と核燃料サイクル施設を中心とする原子力諸施設の建設問題を対象に、調査と資料収集を続けてきた。そのような経過を通して、収集された資料を客観的な『資料集』として体系的に整理し、社会的に共有することが大切と考え、本書を企画・刊行するものである。

[2] 本書の準備過程

金山ゼミの青森県六ヶ所村調査は、金山先生が法政大学社会学部を退任されるまで28年間にわたって継続されたが、金山先生の退任時に、収集した膨大な資料はきちんと整理され、その継承と利用は舩橋研究室に託された。金山ゼミでは資料類に体系的な分類番号を付与するとともに、資料の利用のマニュアルやインデックス冊子も作成するという周到さであり、また金山ゼミの調査開始後30周年のタイミングで、独自に、次の資料集を作成していた。

『むつ小川原開発調査の記録』編集委員会（編集責任者　佐野武夫・前田大樹）編、金山行孝監修、2002、『むつ小川原開発調査の記録－1972～1999－』法政大学社会学部金山ゼミナール発行、非売品、iv＋610頁

この『記録』巻頭の「発刊にあたって」において、金山ゼミの調査の基本方針について、金山先生は、次のように記している。

「この調査の目的は学生実習であって、参加の学生諸君に地域開発の実相を直接感得させることにあった。開発の是非を他人の言葉を通じて理解するのではなく、自分の目で見、じかに肌で感じる。そして、現地で体得した数々の感激や疑問を生涯にわたって持ちつづけ、その思いや、疑問に対する回答を、終生自己の生活を通じて反芻することを望んだのである。

開発の実態、開発の功罪を知るためには同一視座からの継続調査による記録の蓄積が必須と考えた。その意味で学生として現地を視察したものが、該当年度の報告書の纏めに飽き足らず、卒業後全調査実習期間の記録を通観して、学生時代に担当した対象事象について総括できれば、これこそ我がゼミの真骨頂であって「調査の記録」刊行の意義は大きいと言わねばならない。」

このような精神で金山ゼミによって集積された膨大な情報を継承しつつ、舩橋研究室では、2002年度から法政大学社会学部の政策研究実習として、青森県調査に継続的に取り組むことにした。その調査は毎年の学部三年次生十名前後を主たる参加者としつつ、年によっては法政大学および他大学の院生が若干名参加する形で実施され、毎年度末に『調査報告書』（非売品）を作成してきた。その第2部資料篇の中に、毎年の事実経過を表す詳細年表を作成収録した。そして

同時に、各年度の参加者によって、本資料集の「準備資料」とするべく、各種の原資料をスキャナーで読み込むことによって電子ファイル化するとともに、それを利用して下記の諸冊子を作成してきた。

・法政大学社会学部舩橋研究室編集・発行、2004、『むつ小川原開発と核燃料サイクル問題資料集1』、141 頁
・法政大学社会学部舩橋研究室編集・発行、2005、『むつ小川原開発と核燃料サイクル施設問題資料集2』、219 頁
・法政大学社会学部舩橋研究室編集・発行、2006、『むつ小川原開発と核燃料サイクル施設問題資料集3』、53 頁
・法政大学社会学部舩橋研究室編集・発行、2007、『むつ小川原開発と核燃料サイクル施設問題資料集4』、81 頁
・法政大学社会学部舩橋研究室編集・発行、2008、『むつ小川原開発と核燃料サイクル施設問題資料集5』、99 頁
・法政大学社会学部舩橋研究室編集・発行、2009、『むつ小川原開発と核燃料サイクル施設問題資料集6』、123 頁
・法政大学社会学部舩橋研究室編集・発行、2010、『むつ小川原開発と核燃料サイクル施設問題資料集7』、67 頁

この期間の調査研究過程においては、法政大学社会学部の「政策研究実習費」と以下の科学研究費による支援を得ることができた。

・2001 ～ 2003 年度文部科学省科学研究費（基盤研究（C・1））（課題番号 13610235）「社会制御システム論にもとづく環境政策の総合的研究」（代表・舩橋晴俊）
・2004 ～ 2006 年度の文部科学省科学研究費（基盤研究（C））（課題番号 16530345）「環境破壊の社会的メカニズムと環境制御システムの研究」（代表・舩橋晴俊）
・2007 ～ 2010 年度の文部科学省科学研究費（基盤研究（A））（課題番号 19203027）「公共圏の創成と規範理論の探究－現代的社会問題の実証的研究を通して」（代表・舩橋晴俊）
・2011 ～ 2014 年度の文部科学省科学研究費（基盤研究（A））（課題番号 23243066）「公共圏を基盤にしてのサステイナブルな社会の形成－規範的原則と制御可能性の探究」（代表・舩橋晴俊）

以上のようにして得られた資料集積を生かして包括的な資料集を編集・刊行するという構想は、2002 年頃よりあたためられていたものであったが、2011 年度の秋に、2012 年度「科学研究費補助金・研究成果公開促進費（学術図書、課題番号 245182）」を申請し、それが採択されたことによって、本書の公刊が可能になったのである。

2012 年度を通して、舩橋研究室と茅野研究室とは、本書の編集に取り組んだが、第Ⅰ部から第Ⅳ部の編集・校正は茅野研究室が、第Ⅴ部の編集・校正は舩橋研究室が中心に担当した。茅野

恒秀氏は本書の主要部をなす第Ⅰ部から第Ⅳ部の編集を一手に担当し、精力的で的確なとりまとめを完遂した。本書の完成は、この点で茅野氏の大奮闘と貢献に多くを負っている。また、第Ⅴ部の編集にあたっては、2012年度の舩橋研究室の四年生の貢献が大きく、とりわけ全体のとりまとめの役割を担ってくれた若山泰樹君の努力が要になった。

[3] 本書の意義

上述の研究書や他の研究論文とは別に、このような『資料集』を刊行することには次のような積極的意義があると考えられる。

第一に、学問的、政策論的検討のために不可欠の基礎資料という意義がある。むつ小川原開発と核燃料サイクル施設建設をめぐる一連の地域問題や地域紛争の展開過程はきわめて複雑な様相を呈しており、日本社会における最大級の社会問題であると同時に、多数の政策的課題と学問的課題を提起するものである。政策論的文脈でも学問的文脈でも、地域開発のあり方、計画手法と将来予測のあり方、政府と自治体の関係、都市部と地方との関係、地域社会における合意形成のあり方、住民運動と住民参加、エネルギー政策のあり方、原子力政策、放射性廃棄物問題などをめぐって、多数の考えるべき問題群がある。これらの問題群については、多様な立場の主体が、それぞれの視点から問題を考える必要があるが、そのような政策論的検討や学問的検討に際して、包括性を備えた資料集積が存在することは、きわめて有益であると考えられる。事実についての正確な情報の集積こそが、政策論についても学問的検討についても、その内容を充実させるための不可欠の前提条件である。

第二に、多様な立場の諸主体の共有認識を形成するための基礎資料という意義がある。本件のような複雑な問題については、それぞれの立場の主体の視点から見れば、さまざまな意味付与や解釈が可能であるが、情報の収集・選択・使用が恣意的になされるならば、恣意的な歴史像を形成することは容易であり、この問題の複雑な全体像を把握することはできず、教訓の社会的な共有もできないであろう。この問題に真剣な関心を寄せる関係者に、基礎的な情報が客観的資料として共有されることは、事実経過についての共有認識を形成し、歴史的教訓の社会的共有の促進に貢献するであろう。また、本件のような複雑で大規模な問題については、多様な立場の主体の間で、継続的な討論がなされる必要があるが、その際、基礎的な資料の共有が、議論の質を高め、討論をかみ合ったものにすることに貢献するであろう。

第三に、遠い将来世代のために残すべき歴史的証言としての意義がある。むつ小川原開発の将来に及ぼす影響と帰結、とりわけ高レベルと低レベルの放射性廃棄物のもたらす長期的影響は、時間的に非常に長い文脈で考えなければならない。遠い将来を予想することは不可能であるが、現在までに六ヶ所村に搬入されてきた放射性廃棄物が、これから100年後、千年後、一万年後あるいは十万年後に、どのような事態を引き起こし、どのような取り扱いを受けているかに、我々は関心を持たざるを得ない。そして、遠い将来の世代が、20世紀後半と21世紀前半の社会的選択の結果として生み出された放射性廃棄物によって苦しみ、それへの対処をめぐる多大な困難に遭遇することになるかもしれない。そのとき、将来世代の人々は問うであろう。なぜ、こういうことになったのかと。本書は、そのような疑問に答えるために最低限必要な歴史的証言という意義を有するのである。この40年の青森県下北半島における原子力を軸にした開発の歴史的経過について、それを詳細な資料を集積した記録として残しておくことは、この時代を生きた私たちの世代が果たさなければならない、遠い将来世代に対する責務である。

本資料集には、以上のような意義づけが可能であるが、このような資料集の刊行企画を発案するにあたっては、水俣病に関連する『資料集』の実績が大きな示唆を与えた。1996 年に、水俣病研究会編の『水俣病事件資料集［上巻・下巻］』が、葦書房から公刊されているが、この２分冊からなる資料集は、水俣病事件にかかわる大量の重要文書を、歴史的段階と主体別に配列したものであり、水俣病事件の歴史と教訓を学ぶには不可欠のものとなっている。本資料集の企画に際しては、企画の意義づけと内容構成の両面にわたって、この水俣病に関する資料集から多くを学んでいる。

本資料集の情報集積は、書籍としては大部のものとなっているが、それでも、問題の複雑さから生み出された膨大な資料の一部しか収録されておらず、その意味ではいくつもの限界を有するものである。

第一に、本書に収録したのは、行政文書にせよ、開発関連事業主体の文書にせよ、住民団体文書にせよ、三研究室が収集した資料の一部にとどまる。例えば、各級の議会や審議会の会議録や、各住民団体の刊行している機関紙類などについては、ほんの一部を収録したものにとどまる。

第二に、三研究室は、むつ小川原開発と核燃料サイクル施設問題にかかわるさまざまな立場の主体から、膨大な数の聞き取りを実施してきた。その累積は概算で千件程にもなり、それらの聞き取りの文書化された記録と音声データは、三研究室に保管されているが、聞き取り記録は今回の資料集には掲載していない。

第三に、本書の対象については、新聞各紙に多数の報道があり、また、さまざまな雑誌に、多数の論文や記事が発表されている。それらの膨大な記事や論考のうち、本書では、東奥日報社の協力による新聞記事と、地震関連の学術論文などを数点掲載したのみである。

第四に、金山研究室では、２８年間にわたる調査を通して、膨大な写真資料や自然科学的分野の資料を収集してきたが、本書には、そのほんの一部が採録されているのみである。

したがって、「むつ小川原開発と核燃料サイクル施設問題」を本格的に検討する際には、本書の情報の参照は不可欠と思われるが、本書に収録されていない、各種資料・情報を別途、入手し共用することもまた必要であり、本書がそのような位置にあることを確認しておきたい。

[4] 謝　辞

本書の編集・公刊が可能になったのは、第一に、青森県現地における多数の方々の長期にわたる協力のおかげである。

青森県および県内のさまざまな市町村の行政組織の諸部局、また現職あるいは退任された首長の方々からは、継続的に調査に協力していただき、聞き取りによる情報提供とともに多数の資料の提供を受けた。そして、さまざまな政党会派に属する国会議員、県会議員、市町村会議員の方々からもそれぞれの視点からお話しを聞かせていただいた。

とくに青森県庁においては、多数の部局に協力をいただいた。組織の改編にともない部局名称も変化を続けているが、代表的な部局として、むつ小川原開発室、企画政策部企画調整課、商工労働部商工政策課、原子力施設安全検証室、環境生活部原子力安全対策課、エネルギー総合対策局（エネルギー開発振興課、原子力立地対策課、ITER 支援室）、総務部財政課、同税務課、農林水産部農林水産課、青森県行政資料センター、などの諸部局に協力していただいた。部局あるいは個人として協力いただいた市町村としては、六ヶ所村、大間町、むつ市、東通村といった本書の中心対象となっている諸自治体に加えて、八戸市、弘前市、三沢市、野辺地町、横浜町、浪岡町、東北町などがある。

むつ小川原開発についても、核燃料サイクル施設の建設についても、それに取り組む広範な住民運動が起こったが、運動を担った各地域の住民の方々、農業者組織、漁業協同組合、市民団体、生活協同組合、労働組合、医療関係団体に属する方々からも、聞き取りと資料収集について、幅広い協力をいただいた。個々のお名前を記すことはさし控えるが、お世話になったすべての行政あるいは住民の方々の好意と協力に、深甚なる感謝の意を表したい。

開発事業を推進する立場の、むつ小川原開発株式会社、新むつ小川原開発株式会社、日本原燃株式会社からも、調査の実施にあたって、さまざまに協力いただき、資料を提供していただいた。これら組織のそのような協力にはお礼申し上げたいが、本資料集の最終的とりまとめの段階で、日本原燃に、損益計算書と貸借対照表の提供を依頼したところ、直近 5 年より前にさかのぼっての資料提供については拒絶された（2012 年 12 月）。この点は、まことに残念である。日本原燃の事業の動向が日本社会の今後のあり方に大きな影響を与えるとともに、事業そのものが、さまざまな形で財政支出によって支えられている以上、国民へのきちんとした情報公開の必要があるはずであり、そのような方向への方針の変更を望みたい。

第二に、本書の基盤となっている資料収集の過程では、さまざまな専門家、専門職の方々からも豊富な教示を受け協力をいただいた。

広範な協力者の中でも、秋元健治氏（日本女子大学）には、2003 年の六ヶ所村住民意識調査に参加していただくとともに、本書に不可欠な貴重な諸資料の提供を受けた。

1990 年代初頭の舩橋研究室の調査は、前述のように東京都立大学飯島伸子研究室と東北大学長谷川公一研究室との共同調査として実施された。当時は核燃サイクルの是非をめぐって流動的な状況にある重要な時期であったが、三研究室の協働があったからこそ、その時点での青森県の全域にわたる情報収集が可能となった。

東奥日報社の福田悟記者には、長年にわたって舩橋研究室の調査に協力いただきそのつど貴重な資料と示唆深い視点を教えていただいたが、まことに残念なことに 2011 年 12 月末、病により急逝された。改めて感謝の念を表するとともに、本書を故人への報告としたい。

同じく東奥日報社の櫛引素夫氏には、1970 年代以降の同紙の諸記事の中でも、何が特に重要かについて多大な教示をいただいた。八戸市の浅石紘爾弁護士からは、核燃料サイクル諸施設をめぐるさまざまな訴訟関連の資料を提供していただいた。

本書第Ⅴ部においては、六点の年表を掲載しているが、これら諸年表の作成作業は、編者三人の研究室の収集した資料に立脚するとともに、東日本大震災の後、環境社会学会の有志を中心として取り組まれてきた『原子力総合年表』（すいれん舎、2013 年刊行予定）の企画と重ねあわせる形で取り組まれた。したがって、本書の六年表と『原子力総合年表』の対応する諸年表は多くの情報を共有している。これら年表の作成に際しては、金山研と舩橋研における新聞切り抜きが基盤を支えているが、実際の作表を最終段階で担ったのは、梅澤章太郎、中野弘之、若山泰樹、相馬有人、廣瀬勝之、方波見啓太の諸君（以上、舩橋研究室関係）と、寿楽浩太氏（東京電機大学）である。さらに、飯野智子氏には舩橋研究室における情報の整理や電子化を長期に渡って担当していただくとともに年表の作表にも協力いただいた。

本書で使用されている財政関連資料の入手については金山ゼミ卒業生の郡司貴志氏に、写真および金山ゼミ参加者名簿については、同じく前田太樹氏に多大な協力をいただいた。

このように資料収集と編集の過程で、積極的な協力と貢献をしていただいた全ての研究者や専門職の方々、並びに各研究室の関係者の方々の協力と教示に厚くお礼申し上げたい。

第三に、東信堂の下田勝司氏と、向井智央氏には、学術図書の中でも、きわめて膨大な資料からなる本書の刊行について、その意義をよく理解していただき、出版社の立場から積極的に協力と助言をしていただいた。さまざまな制約条件の中で、東信堂の献身的な協力無しには、本書の公刊は不可能であったと思われるのであり、同社および本企画の中心を担った両氏には、深く感謝したい。

[5] 結　び

三つの研究室・ゼミの40年間にわたる現地調査の結実である本書は、ここに完結する。

このような長期に渡る現地調査を続けることが出来たのはなぜなのだろうか。それは、まず、青森県下北半島地域、とりわけ六ヶ所村が抱えている問題の重要性と複雑さとが、我々を捉えて離さなかったからである。また青森県の下北半島地域を見つめることは、現代の日本社会の特徴や現代文明のあり方にさまざまな反省と洞察をもたらすからである。同時に、現地において懸命に生きているさまざまな人々との面談や交流が、学生を含むすべての参加者にとって、社会問題の実相に触れる新鮮な機会であると同時に、さらに、人生のあり方について考えることを促すという、とても貴重なものであったからである。

そして、なによりも、1972年からこの地域に注目していた金山教授の慧眼があり、ゼミにおける情熱的な学生指導を２８年間にわたって継続されたことと、資料収集と整理の徹底性があったからである。金山ゼミの姿勢は、法政大学校歌の歌詞「進取の気象、質実の風」を体現するものであった。とりわけ、1970年代の社会学部は過密な市ヶ谷キャンパスに立地しており、当時のマンモス私大の特有の諸困難を抱えていた。そのような困難さを乗り越えつつ、金山ゼミ歴代の学生諸君の奮闘があったからこそ、後に続いた舩橋研究室、茅野研究室の学生諸君も、青森県における調査の伝統を継承できたのである。学部レベルの学生諸君を主力にした調査が、三研究室の継承と連携によって本書として結実したことは、教員としても研究者としても最高に喜ばしいことと感じている。これら三研究室のすべての学生諸君の多大な努力と汗と、時として流した涙が、本書成立の礎となっているのであり、すべての諸君の奮闘を誇りに思うと同時に、あらためて「ありがとう」と言いたい。

本書の内容については、編者としてできる限りの努力を傾注したが、重要資料の欠落や、思わぬ誤謬もありうることと思われる。そのような不足や誤りについては、各位より、ご指摘、ご叱正いただければ幸いである。不完全な部分や誤りについては、今後、補足的な『資料集』（続編）を科学研究費プロジェクトの報告書や、舩橋研究室のホームページにおいて、公表していくことを目指したい。また、収集した資料については散逸させずに、広く市民や研究者や学生が使用できるようにアーカイブズとして保管する努力をしたいと考えている。そのようにして、本書が、東日本大震災の後の時代において、地域開発と原子力政策についての問題点の解明に貢献し、公論形成の一つの基盤になることを願うものである。

2013年2月1日
編著者を代表して
船橋　晴俊

編著者

船橋　晴俊（ふなばし　はるとし）

1948 年　神奈川県生まれ
1976 年　東京大学大学院社会学研究科博士課程中退
1979 年　法政大学社会学部専任講師
1988 年　法政大学社会学部教授
主要著書・論文
『核燃料サイクル施設の社会学－青森県六ヶ所村』(共編著、有斐閣、2012)
『組織の存立構造論と両義性論－社会学理論の重層的探究』(東信堂、2011)

金山　行孝（かなやま　ゆきたか）

1930 年　福岡県生まれ
1953 年　千葉大学文理学部生物学科卒業
1971 年　法政大学社会学部助教授
1973 年　法政大学社会学部教授
1974 年　法政大学大学院社会科学研究科社会学専攻教授
1986 年　法政大学社会学部長、評議員
2001 年　法政大学退職
理学博士 (東北大学)
主要著書・論文
「サケ科稚魚群における条件反射学的研究」(理学博士学位論文、1966 年)

茅野　恒秀（ちの　つねひで）

1978 年　東京都生まれ
2001 年　法政大学社会学部卒業
2012 年　法政大学大学院社会科学研究科政策科学専攻博士後期課程修了
博士 (政策科学)
2001 年～2010 年　財団法人日本自然保護協会勤務
2010 年より　岩手県立大学総合政策学部講師
主要著書・論文
「多様な生業戦略のひとつとしての再生可能エネルギーの可能性」(赤坂憲雄・小熊英二編著『「辺境」からはじまる』、明石書店、2012)
「自然保護問題」(船橋晴俊編『環境社会学』、弘文堂、2011)

「むつ小川原開発・核燃料サイクル施設問題」研究資料集　＊定価はカバーに表示してあります

2013 年 2 月 28 日　初版　第 1 刷発行　〔検印省略〕

編著者 © 船橋晴俊・金山行孝・茅野恒秀　発行者 下田勝司　印刷・製本　中央精版印刷

東京都文京区向丘 1-20-6　郵便振替 00110-6-37828
〒 113-0023　TEL 03-3818-5521 (代)　FAX 03-3818-5514
E-Mail tk203444@fsinet.or.jp　URL http://www.toshindo-pub.com/

発行所
株式会社 東信堂

Published by TOSHINDO PUBLISHING CO.,LTD.
1-20-6, Mukougaoka, Bunkyo-ku, Tokyo, 113-0023, Japan

ISBN978-4-7989-0163-3 C3036

東信堂

宰相の羅針盤 総理がなすべき政策 ―〔改訂版〕日本よ、浮上せよ！	村上誠一郎＋21世紀戦略研究室	一六〇〇円
福島原発の真実 このままでは永遠に収束しない ―まだ遅くない――原子炉を「冷温密封」する！	村上誠一郎＋原発対策国民会議	二〇〇〇円
3・11本当は何が起こったか：巨大津波と福島原発 ―科学の最前線を教材にした暁星国際学園「ヨハネ研究の森コース」の教育実践	丸山茂徳監修	一七一四円
2008年アメリカ大統領選挙 ―オバマの勝利は何を意味するのか	吉野孝・前嶋和弘編著	二〇〇〇円
オバマ政権はアメリカをどのように変えたのか ―支持連合・政策成果・中間選挙	吉野孝・前嶋和弘編著	二六〇〇円
オバマ政権と過渡期のアメリカ社会 ―選挙、政党、制度メディア、対外援助	吉野孝・前嶋和弘編著	二四〇〇円
政治学入門	内田満	一八〇〇円
政治の品位―日本政治の新しい夜明けはいつ来るか	内田満	二〇〇〇円
日本ガバナンス―「改革」と「先送り」の政治と経済	曽根泰教	二八〇〇円
「帝国」の国際政治学―冷戦後の国際システムとアメリカ	山本吉宣	四七〇〇円
国際開発協力の政治過程―国際規範の制度化とアメリカ対外援助政策の変容	小川裕子	四〇〇〇円
アメリカ介入政策と米州秩序 ―複雑システムとしての国際政治	草野大希	五四〇〇円
ドラッカーの警鐘を超えて	坂本和一・大内一寛	二五〇〇円
最高責任論―最高責任者の仕事の仕方	樋尾起年	一八〇〇円
介護予防支援と福祉コミュニティ	松村直道	二五〇〇円
震災・避難所生活と地域防災力 ―北茨城市大津町の記録	松村直道編著	一〇〇〇円
〔シリーズ防災を考える・全6巻〕		
防災の社会学〔第二版〕 ―防災コミュニティの社会設計へ向けて	吉原直樹編	三八〇〇円
防災の心理学―ほんとうの安心とは何か	仁平義明編	三二〇〇円
防災の法と仕組み	生田長人編	三二〇〇円
防災教育の展開	今村文彦編	三二〇〇円
防災と都市・地域計画	増田聡編	続刊
防災の歴史と文化	平川新編	続刊

〒113-0023 東京都文京区向丘 1-20-6 TEL 03-3818-5521 FAX03-3818-5514 振替 00110-6-37828
Email tk203444@fsinet.or.jp URL:http://www.toshindo-pub.com/

※定価：表示価格（本体）＋税

（シリーズ　社会学のアクチュアリティ：批判と創造　全12巻＋2）

- クリティークとしての社会学—現代を批判的に見る眼　西原和久・宇都宮京子編　一八〇〇円
- 都市社会とリスク—豊かな生活をもとめて　藤田弘夫・浦野正樹編　二〇〇〇円
- 言説分析の可能性—社会学的方法の迷宮から　佐藤俊樹・友枝敏雄編　二〇〇〇円
- グローバル化とアジア社会—ポストコロニアルの地平　新津晃一・吉原直樹編　二三〇〇円
- 公共政策の社会学—社会的現実との格闘　武川正吾・三重野卓編　二〇〇〇円
- 社会学のアリーナへ—21世紀社会を読み解く　友枝敏雄・厚東洋輔編　二一〇〇円
- モダニティと空間の物語—社会学のフロンティア　吉原直樹・斉藤日出治編　二六〇〇円

（地域社会学講座　全3巻）

- 地域社会学の視座と方法　似田貝香門監修　二五〇〇円
- グローバリゼーション／ポスト・モダンと地域社会　古城利明監修　二五〇〇円
- 地域社会の政策とガバナンス　岩崎信彦・矢澤澄子監修　二七〇〇円

（シリーズ世界の社会学・日本の社会学）

- タルコット・パーソンズ—最後の近代主義者　中野秀一郎　一八〇〇円
- ゲオルグ・ジンメル—現代分化社会における個人と社会　居安正　一八〇〇円
- ジョージ・H・ミード—社会的自我論の展開　船津衛　一八〇〇円
- アラン・トゥーレーヌ—現代社会のゆくえと新しい社会運動　杉山光信　一八〇〇円
- アルフレッド・シュッツ—主観的時間と社会的空間　森元孝　一八〇〇円
- エミール・デュルケム—社会の道徳的再建と社会学　中島道男　一八〇〇円
- レイモン・アロン—危機の時代の透徹した警世家　岩城完之　一八〇〇円
- フェルディナンド・テンニエス—ゲゼルシャフトとゲマインシャフト　吉田浩　一八〇〇円
- カール・マンハイム—時代を診断する亡命者　澤井敦　一八〇〇円
- ロバート・リンド—アメリカ文化の内省的批判者　園部雅久　一八〇〇円
- アントニオ・グラムシ—『獄中ノート』と批判社会学の生成　鈴木富久　一八〇〇円
- 費孝通—民族自省の社会学　佐々木衞　一八〇〇円
- 奥井復太郎—都市社会学と生活論の創始者　藤田弘夫　一八〇〇円
- 新明正道—綜合社会学の探究　山本鎮雄　一八〇〇円
- 米田庄太郎—新総合社会学の先駆者　中久郎　一八〇〇円
- 高田保馬—理論と政策の無媒介的統一　北島滋　一八〇〇円
- 戸田貞三—家族研究・実証社会学の軌跡　川合隆男　一八〇〇円
- 福武直—民主化と社会学の現実化を推進　蓮見音彦　一八〇〇円

〒113-0023　東京都文京区向丘1-20-6　TEL 03-3818-5521　FAX03-3818-5514　振替 00110-6-37828
Email tk203444@fsinet.or.jp　URL:http://www.toshindo-pub.com/

※定価：表示価格（本体）＋税